JN428706

BIODESIGN
THE PROCESS OF INNOVATING MEDICAL TECHNOLOGIES

Paul G. Yock
Stefanos Zenios
Josh Makower
Todd J. Brinton
Uday N. Kumar
F. T. Jay Watkins

바이오디자인
The Process of Innovating Medical Technology

인 쇄 : 2017년 12월 15일 초판 1쇄
발 행 : 2017년 12월 20일 초판 1쇄

지은이 : Paul G. Yock, Stefanos Zenios, Josh Makower, Todd J. Brinton,
Uday N. Kumar, F. T. Jay Watkins, Lyn Denend
옮긴이 : 김성민, 권지연, 이주환

발행인 : 송 준
발행처 : 홍릉과학출판사

주 소 : 서울시 강북구 인수봉로 50길 10
전 화 : 02-999-2274~5 팩스 : 02-905-6729
e-mail : hongpub@hongpub.co.kr
홈페이지 : www.hongpub.co.kr

ISBN : 979-11-5600-556-8 93470
정 가 : 57,000원

파본이나 잘못된 책은 교환하여 드립니다.

PAUL G. YOCK
STEFANOS ZENIOS
JOSH MAKOWER
TODD J. BRINTON
UDAY N. KUMAR
F. T. JAY WATKINS
LYN DENEND

바이오디자인

김성민 · 권지연 · 이주환 공역

BIODESIGN

The Process of Innovating Medical Technology

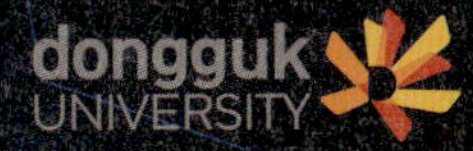

홍릉과학출판사

옮긴이 약력

김성민

- 학사학위: 연세대학교 전자공학과 (1985년)
- 석사학위: Department of Biomedical Engineering, University of Iowa (1991년)
- 박사학위: Department of Biomedical Engineering, University of Iowa (1995년)
- 동국대학교 의생명공학과 교수 (2009년 ~)
- 동국대학교 의료기기산업 특성화 대학원 주임교수 (2013년 ~)

권지연

- 학사학위: 서울과학기술대학교 기계설계학과 (2001년)
- 석사학위: 한양대학교 기계설계학과 (2003년)
- 박사학위: Department of Mechanical Science and Bioengineering, Osaka University (2011년)
- 동국대학교 의료기기산업 특성화 대학원 연구교수 (2013년 ~)

이주환

- 학사학위: 건국대학교 의학공학부 (2009년)
- 석사학위: 동국대학교 의생명공학과 (2010년)
- 박사학위: 동국대학교 의생명공학과 (2015년)
- 동국대학교 의료기기산업 특성화 대학원 연구교수 (2015년 ~)

발간사

전 세계적으로 의료기기산업은 고령인구 증가 등 사회, 환경적 영향으로 연평균 9% 내외에 이르는 비약적인 성장세를 보이고 있으며, 최근에는 4차 산업혁명에 대한 신산업 육성을 제시함에 따라 의료기기산업에 관심이 많아지고 있습니다. 이에 따라, 의료기기 R&D 분야는 국내 · 외 연구자들의 관심이 날로 증가하고 있으며, 국가에서도 의료기기 시장을 확보할 수 있는 연구개발 분야에 대한 집중 투자가 이루어지고 있습니다.

의료기기산업은 인간의 삶의 질 향상을 목적으로 하는 보건의료산업의 한 분야로, 사람 또는 동물에게 사용되는 기구, 기계, 장치, 재료 또는 이와 유사한 제품을 아울러서 의료기기로 분류하고 있습니다. 소량생산하며 기술 집약적이어서 혁신의 속도가 빠르고, 사람의 생명을 대상으로 하기 때문에 품질에 대한 안전성이 중요하며 정부의 의료정책과 제도의 영향을 많이 받는 인허가 규제사업의 영역으로 보험 등재가 가능한 특성을 지니고 있습니다. 또한 병원이 주요 수요처이기 때문에 수요가 한정적이고 진입장벽이 높으며, 국가 간 상이한 인증이나 허가제도는 비관세장벽으로 작용하고 있습니다.

의료기기산업의 고유한 특성을 바탕으로 고령화 사회로의 진입, 의료비의 급증 등 사회적인 문제를 해결하고, 질병의 진단과 치료에서 예방과 관리로의 의료서비스 패러다임 변화에 부응하기 위해 BT, NT, HT 등과의 결합을 통해 새로운 블루오션 창출이 필요합니다.

본 교재는 Stanford University의 Biodesign Program을 바탕으로, 의료기술에 있어서의 세계적인 기회와 가치에 기초한 혁신에 대한 실용적인 지침을 담고 있습니다. 의료 현장에서의 니즈를 통해 혁신적인 의료기술을 발굴하고 제품의 초기 개발단계에서부터 성능평가, 인허가, 임상, 보험등재 등을 고려 및 반영함으로써 신속제품화가 가능한 프로세스를 제공하고 있습니다.

산업의 패러다임이 융 · 복합 산업으로 이동하면서 최첨단 의료기기의 개발은 가속화되고 있으며, 신속제품화를 통한 글로벌시장에서의 선점은 표준화 정책에 있어서도 우위를 점할 수 있는바 신속한 상용화를 고려한 제품개발은 매우 필수불가결합니다. 본 교재에서는 70여건의 의료기기 개발 성공 및 실패 사례를 수록하면서 실무적인 지침을 제공하고 실제 프로젝트에 반영할 수 있도록 구성되었습니다. 아울러, 종래의 의료기기 기술개발(R&D) 교육과 더불어 제품기획, 연구, 개발, 생산, 허가, 유통 등의 업무수행이 가능하도록 실질적이고 종합적인 지식을 제공하는 것을 목적으로 하고 있습니다.

본 교재의 발간으로 아이디어 발굴부터 제품의 상용화에 이르기까지의 혁신적인 프로세스를 통해 학계 · 연구기관 및 관련 산업분야 종사자 여러분들에게 다소나마 유익한 정보자료로 활용되기를 바라는 바입니다. 전 세계 대상 국가의 규제기관 공시자료를 중심으로 작성되었으나, 규제의 속성상 내용이 변경될 수 있으므로 부족하거나 보완해야 할 부분에 대한 지적을 감사히 받아들여 계속해서 최신의 정보를 담은 개정판을 출시할 것을 약속드립니다.

동국대학교 의료기기산업학과 책임교수
김 성 민

목차

세부목차

PART I : 파악하기

PART II : 개발하기

PART III : 실행하기

파악하기 니즈 탐색

과정
단계
활동
파악하기
1. 니즈 탐색
2. 니즈 스크리닝
1.1 전략적 포커스
1.2 니즈 탐구
1.3 니즈 요구서 개발
2.1 질병 단계의 기초
2.2 기존의 해결책
2.3 이해관계자 분석
2.4 시장 분석
2.5 니즈 선택
개발하기
3. 컨셉 생성
4. 컨셉 스크리닝
3.1 개념화
3.2 초기 컨셉 선택
4.1 지적재산권의 기초
4.2 규제의 기초
4.3 보험의 기초
4.4 사업 모델
4.5 컨셉 탐색 및 시험
4.6 최종 컨셉 선택
실행하기
5. 전략 개발
6. 사업 계획
5.1 지적재산권 전략
5.2 R&D 전략
5.3 임상시험 전략
5.4 허가인증 전략
5.5 품질관리
5.6 보험 급여 전략
5.7 마케팅 및 이해관계자 전략
5.8 판매 및 유통 전략
5.9 경쟁우위 및 사업 전략
6.1 실행 계획 및 재정 모델
6.2 전략 통합 및 의사소통
6.3 펀딩 방법
6.4 대체 방안
프로젝트 런칭

많은 아이디어를 가지고 있어야만 좋은 아이디어를 얻을 수 있다.

- Linus Pauling[1]

사용자에게 그들이 원하는 것을 직접 묻는다면, 더욱 빠르게 정답을 얻을 수 있다.

- Henry Ford[2]

파악하기

1. 니즈 탐색

Pauling과 Ford는 가장 중요한 시작점인 니즈 탐색에 대한 통찰력을 제시한다. 의료 분야에서의 니즈를 찾아내는 것은 간단하고 분명해 보이지만, 실상은 그렇지 않다. 정확하게 니즈를 파악한다면 분명 기회가 찾아올 것이고, 그렇지 않다면 노력은 허사로 돌아갈 것이다.

니즈를 구체화하는 과정의 첫 번째 단계는 자료를 광범위하게 관찰하는 것을 포함하는데, 이는 니즈 탐색이라 하고, 추후 이를 걸러내는 스크리닝 과정도 포함한다. 비유를 하자면, 니즈 탐색은 스노클링을, 니즈 스크리닝은 심해 잠수를 의미한다.

니즈 탐색은 간단하면서도 매우 심오한 과정이다. 헬스케어 시스템의 모든 진료 및 치료 과정은 임상에서의 문제점을 해결하기 위한 근거를 제공한다. 임상에는 앰뷸런스, OR, ICU, 그리고 외래 진료에 이르기까지 많은 문제들이 도사리고 있다. 이러한 문제점을 해결하기 위한 근본적인 원리는 의료 절차와 기술들을 이해하기 위해, 환자들과 실생활의 상황들은 관찰하는 것이다. 그제서야 비로소 관찰자는 환자들 또는 치료 관계자들이 겪는 어려움과 수정될 여지가 있는 주요 문제들을 찾아낼 수 있다. 즉, 무엇을 놓치고 있는지를 면밀히 살펴보아야 한다(Henry Ford). 가장 중요한 과제는 의료 과정에서 어려움으로 작용할 수 있는 문제나 도전 과제를 발견하는 것이다.

가장 큰 문제점 중 한 가지는 높은 의료 비용이다. 치료 과정에 드는 비용이 왜 그렇게 비싼지에 대해 생각해 보라. 의료기기의 관리질을 유지하면서 경제적 이익을 창출하는 기회를 파악하는 데는 의사나 간호사보다 병원 관리자나 구매 대리점 직원들이 유용할지도 모른다.

이것은 탁상공론이나 어떠한 계시를 말하는 것이 아니고, 오히려 의료 문제에 대한 사려 깊은 관찰이 해결되지 않은 많은 문제들을 파악할 수 있음을 이야기한다. 이는 "제 3의 손"을 필요로 하는 외과의사의 요구일 수도 있고, 의료 문제가 발생할 때 나타나는 것들일 수도 있다. 의도치 않은 결과나 문제가 반대의 입장과 마주하게 되면, 현재 상황에 집중할 필요가 있다. 이때, 이노베이터가 다음과 같은 질문을 자신에게 던지게 되면 훌륭한 자극으로 작용할 수 있다. 왜 이런 문제가 생긴 것인가? 이 일을 해결할 방법은 있는가? 반드시 필요한 것인가?

NOTES

1 As quoted by Francis Crick in his presentation "The Impact of Linus Pauling on Molecular Biology," 1995.

2 Unsourced quotation widely attributed to Henry Ford.

1.1 전략적 포커스

목표

- 이노베이터가 전략적 포커스를 명시적으로 선택해야 한다는 것을 이해한다.
- 주어진 목표와 개인 또는 팀의 강점과 약점, 그리고 전략적으로 중점을 두고 있는 분야 간의 균형을 이루는 것이 중요하다는 것을 이해한다.
- 전략적 포커스의 선택과 관련된 단계들을 인식한다.

서론

바늘에 대한 공포심이 있는 어머니를 모시는 기술자가 어머니의 당뇨를 치료하기 위해 인슐린 주사바늘을 대신할 만한 방법들을 찾아낼 수 있었다. 척추 압박 골절을 치료하기 위해 사용하는 기구에 문제가 있다고 느끼는 척추 전문의들은 해당 기구의 기능 향상을 위해 노력을 하기도 하고, 아프리카에 있는 병원에서 출산과정을 목격한 경영 전공 학생은 출산 과정에서 뿜어져 나오는 피를 보고 놀랐다. 만약, 산모가 HIV에 감염이 되었다면 어땠을까 하며 출산을 담당하는 의료진에 대해 걱정했다. 종양학을 공부하는 사람들은 종양을 이해하기 위해 더욱 열정적이게 되고, 종양 연구를 위해 헌신하고 치료 방법을 찾기 위해 노력한다. 이러한 과정들은 충분한 가치를 지니고 있지만, 누구에게나 매력적이지는 않을 수 있다. 한 명의 이노베이터를 흥미롭게 하는 일이 다른 사람들에게는 흥미롭지 않을 수도 있다는 의미이다. 그러나 이러한 일들에는 공통점이 한 가지 있는데, 그것은 바로 해당 과정을 겪고 있는 사람들에게 있어서 만큼은 정말 재미있게 느껴진다는 점이다. 이러한 열정이나 흥미들을 이노베이터들의 독특한 경쟁력과 결합하고, 다양한 요소들을 이용하여 어떠한 프로젝트를 고르거나 거절하는 데 기준을 만듦으로써, 성공적인 방안의 수립에 대한 가능성을 높이게 된다. 또한 그 성공적인 방안은 바이오디자인 혁신 과정에서 마주하게 되는 많은 도전과제들을 해쳐 나감에 따라, 그들로 하여금 계속해서 동기를 부여하고 몰두하게 한다.

바이오디자인 혁신 과정의 가장 중요한 단계 중 한 가지는 개인적인 열정을 자극하는 전략적 포커스를 찾고, 그 문제를 해결하기 위해 열심히 노력하는 것이다. 우선, 어떠한 것에 초점을 맞출 것인가를 정확하게 결정해야만 다른 위험 요소들, 도전해야 할 과제, 그리고 수반되는 잠재적인 보상을 이해할 수 있게 된다. 전략적 포커스에 대한 효과적이고 의미 있는 결정을 내리기 위해 이노베이터들은 자신들에게 다음과 같은 질문을 던져야 한다. 왜 이 길을 선택하였는가? 내가 얻고자 하는 것은 무엇인가? 강점과 약점이 나의 노력에 어떠한 영향을 미칠 수 있는가? 더불어 선택한 주제와 관련 환경 요소들의 특징들에 대해 깊이 고민해 보고, 각각의 목표와 비교해 봐야 한다. 즉, 가장 성공적인 바이오디자인 프로젝트는 이노베이터의 가치와 주제(제품)경쟁력이 잘 어우러지고, 선택된 전략적 포커스의 대표적인 특징이 잘 나타나는 프로젝트라고 할 수 있다.

 전략적 포커스의 선택에 관한 동영상은 ebiodesign.org을 참조한다.

전략적 포커스의 기초

InCube Labs의 최고 경영자이자 20개가 넘는 의료기기 회사의 사장인 Mir Imran은 다음과 같이 말하였다.[1]

> "문제는 한번 찾기만 하면 꼭 해결할 수 있다. 내게 가장 어려웠던 것은 해결할 수 있는 문제가 어떤 것인지 결정하는 것이었다."

바이오디자인 혁신 과정을 위한 가장 생산적인 방법은 전략적 포커스를 선택하는 것이고, 적절한 전략 선택이 바로 이노베이터의 가장 중요한 경쟁력과 개인적 또는 구조적인 미션과 일치하는 것을 찾는 것을 의미한다. 전략적 포커스를 결정할 때는 다음을 고려해야 한다.

- 어떤 특정 수단이나 프로젝트와는 독립적으로 이노베이터 또는 기업이 추구하거나 이루고자 하는 것을 결정하는 것
- 목표를 달성하는 데 있어 도움이 되는 경쟁력 중 이노베이터나 기업이 보유하고 있는 것을 정확하게 파악하는 것
- 위 사항들을 반영하여 기회와 전략 분야를 결정하는 데 이용될 수 있는 기준을 생성하는 것

만약 임상 니즈를 발견하여 개발하고 새로운 의료 기술을 상용화하는 일련의 과정을 일종의 모험이라 생각한다면, 전략적 포커스의 선택은 모험에 대한 진로를 결정하는 것과 같다.

전략적 포커스 발전시키기

이노베이터들이 즉흥적으로 그들의 천재성에 의해 새로운 기술을 개발한다는 것은 터무니없는 말이다. 대부분의 경우, 아이디어는 특정 분야에서 기회와 문제점을 발견하고 난 뒤에 생성된다.

결정하는 것 또한 쉬운 것은 아니다. 그러나 구조가 잘 짜여진 접근법을 이용하는 것은 결정에 큰 도움을 줄 수 있다(그림 1.1.1). 전략적 포커스를 선택하는 것은 개별 아이디어 목록을 만드는 것으로부터 시작된다. 목표를 정의하고, 자신의 강점과 약점을 파악하는 것은 승인 기준을 정의하는 데 도움을 줄 수 있다. 여기서 승인 기준은 하나의 프로젝트가 적절한지 판단하는 기준을 의미하고, 외부적인 요인들에 의해 생성될 수 있다. 승인 기준에 대하여 익숙해지면, 이노베이터는 전략적으로 집중하기 위한 다양한 기회들의 평가를 시작할 수 있다.

개별 아이디어 목록 작성하기

개인적인 목록은 이노베이터들이 특정한 기회나 문제에 대해 생각해 보기 전에 이루어져야 한다. 이러한 목록의 목적은 개인이나 팀의 목표, 강점과 약점을 파악하는 것이다.

개인적인 목록이 프로젝트를 담당하고 있는 개인이 전략적 초점에 대해 열정적이고, 해당 초점을 성취하기 위해 요구되는 능력이 있다는 사실을 확실히 하는 데 도움을 준다는 것을 고려하면, 개인적인 목록을 작성하는 것은 개인의 이노베이터들, 학자들, 소규모 팀들, 신생기업들, 그리고 대기업에 또한 아주 중요하다. 해당 목록의 결과로써 나타나는 문제점들이나 우선순위는 그것을 작성하는 사람에 따라 다르게 나타날 수 있지만, 그것의 가치는 동일하다.

목표 설정 이노베이터는 자신의 임무에 대하여 명확하게 인지하고 있어야 한다. 임무는 개인 또는 집단이 달성하고자 하는 것을 정의하는 폭 넓은 지향점이기도 하다. 임무를 명확히 하는 것은 혁신 프로젝트를 위해 원하는 목적지를 설정하고 개인 또는 그룹이 달성하기를 희망하는 궁극적인 목표에 대한 명확성을 제공한다.

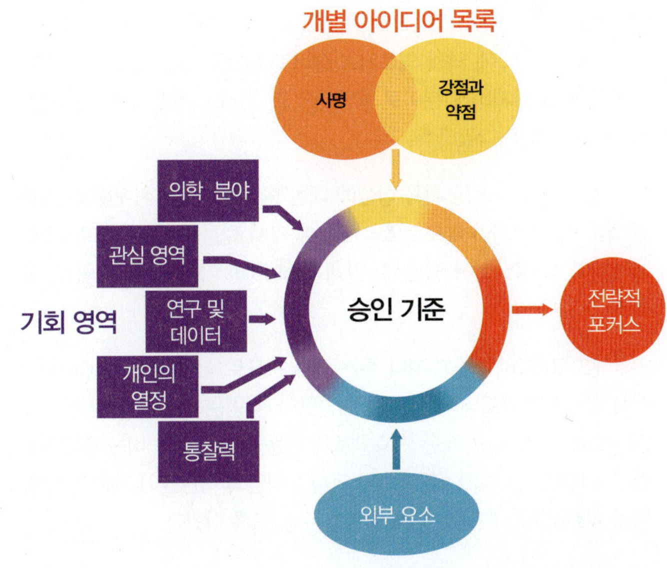

그림 1.1.1
내/외부 요소들을 고려한 구조적 접근을 통해 현 상태에 적합한 전략적 포커스를 발견할 수 있다.

목표를 정의하기 위해서는 반드시 임무의 우선순위를 고려해야 한다. 먼저 자신에게 무엇이 가장 중요한지에 대한 질문부터 시작해야 한다. 예를 들어, 연구 및 학계의 경력을 추구하는 사람의 우선순위는 헬스케어 시장에 큰 획을 그을 수 있는 훌륭한 연구에 참여하는 것이다. 물론, 장기적인 목표를 달성하기 위해서는 일생을 투자해야 하지만, 잠재적인 보상이 크기 때문에 이러한 헌신이 가치 있다고 생각할 것이다. 반면, 상대적으로 중요도가 떨어지는 프로젝트에 참여한다면 비록 적은 시간과 노력을 쏟겠지만, 추구하는 목표와 동떨어진 연구이기 때문에 덜 흥미로울 것이다.

기업 및 조직에서 임무는 흔히 '강령'이라고 불린다. 다음의 예제는 메드트로닉(Medtronic)의 강령을 보여준다.

대기업도 내부 부서 또는 그룹을 위한 특정 임무를 지정할 수 있다. 이 단계에서는 혁신 과정을 추구하기 때문에 다른 우선순위가 나타날 수도 있다. 상품을 활용(및 보호)할 수 있는 기존의 포트폴리오를 가지고 있는 부서가 항상 큰 혁신만을 추구하는 것은 아니다. 대신 기존 제품 라인의 점진적인 개선을 추진하여 경쟁에서 앞서나갈 수 있도록 하는 데 중점을 두기도 한다. 또는 보다 광범위한 자원을 활용하여 경쟁사를 차츰 뛰어넘을 목적을 가지고 좀 더 크고, 장기적인 투자를 할 수도 있을 것이다.

야심 찬 사업가 또는 젊은 창업 회사의 강령은 이와 다를 것이다. 즉, 대기업만큼 공식적이거나 광범위한 강령을 작성할 필요가 없다. 이는 임무가 명확하다면, 훨씬 더 비공식적 형식일 수도 있다. 또한 임무가 다소 실제적이고 응용된 것일 수 있다. 예를 들어, 광대하고 장기적인 연구 프로그램을 지원할 자원 없이 매우 적은 예산으로 함께 일하는 두 이노베이터들은 2~3년 내에 쉽게 달성할 수 있고, 재정 지원을 높일 수 있으며, 비즈니스 관점에서 충분히 설득력이 있는 해결책을 찾는 것을 주요 목표로 결정할 것이다. 이들은 연구원이나 야심 찬 학자와 달리 의미는 있지만 비용은 너무 많이 들지 않는 단기적 기회에 더욱 집중할 것이다.

현장에서 메드트로닉(Medtronic)

'의미 있는 강령'을 정의하다

메드트로닉은 1949년, Earl Bakken과 그의 처남인 Palmer Hermundslieco에 의해 의료기기 정비 매장으로 설립되었다. 이 신생 기업은 빠르게 서비스 분야로 확장하였고, 기기 디자인, 개발 및 생산 분야로 차츰 뻗어나갔다.[2]

사업 초기, Bakken은 회사 상품에 대한 환자들의 감정적 반응에 감동받았다. 많은 환자가 메드트로닉 덕분에 다시 걸을 수 있게 되고, 더 행복해지며 심지어 살아 있을 수 있게 됨에 크게 기뻐하였다(그림 1.1.2 참조).[3]

인류에 이러한 혜택을 가져다 주는 것을 목표로 삼기 위해, Bakken과 이사회는 '메드트로닉의 강령'을 창안했다. 강령은 회사의 가장 필수적인 요소로 남아 있고, 모든 프로젝트의 원동력이 되었다. 이는 일반적인 업무에 대한 길잡이가 되었고, 전 세계 수백만의 사람들이 가진 만성 질병을 치료하고자 하는 목표에 집중할 수 있도록 하였다.

메드트로닉의 강령은 다음과 같다.[4]

그림 1.1.2
메드트로닉의 아동 환자와 함께 있는 Earl Bakken (메드트로닉의 허가를 받아 사용)

- 통증 완화, 건강 회복, 생명 연장을 위한 기구와 기기 연구, 디자인, 생산과 판매에 의공학 기술을 적용함으로써 **인류 복지에 공헌한다.**
- **메드트로닉이 최고의 역량과 능력을 발휘하는 의공학 분야에서 계속 성장하고,** 이 분야에서 역량을 키워나가는 인력과 시설을 모은다. 교육과 지식 동화를 통해 이러한 영역을 지속적으로 구축한다. 독창적이고 가치 있는 공헌을 할 수 없는 영역에는 참여하지 않는다.
- 누구에게도 뒤지지 않는 비교 기준이 되고 헌신, 정직, 성실 및 훌륭한 서비스를 자랑하는 회사로 인정받기 위해 변화를 **두려워하지 않으며 높은 신뢰를 얻고, 최고의 품질을 만들도록 노력한다.**
- 현재의 활동에 대해 **합리적인 수익**을 창출하여 우리의 의무를 이행하고, 지속적인 성장을 추진하여 목표를 달성한다.
- 업무 성취에 대한 개인적 만족감을 주는 고용 프레임 워크와 안전성, 발전 기회 및 회사의 성공을 공유하는 수단을 제공함으로써 **직원 개개인의 가치를 인정한다.**
- 회사로서 **높은 수준의 시민 의식을 유지한다.**

메드트로닉의 전 CEO인 William Hawkins는 이렇게 말했다. "강령은 우리의 도덕적 나침반이며, 모든 사업을 묶는 일종의 접착제입니다. 강령은 우리가 하는 모든 것의 기반에 있으며 좋을 때나 힘들 때나 비즈니스 모델에서 결코 변하지 않는 우리의 핵심 가치입니다. 우리는 강령을 통해 바람직한 일을 제대로 하기 위해 노력하고 있습니다."[5]

강점과 약점 파악 이노베이터, 학자 및 연구원, 소규모 팀, 신생 기업과 대기업은 임무를 생각하는 것과 더불어 스스로의 강점과 약점을 파악함으로써 더 큰 이익을 얻을 수 있다. 특히, 무엇을 잘 하는지, 강점을 어떻게 자본화할 것인지를 심도 있게 고려해야 한다. 또한 경험이 적고 능숙하지 않아 자신이 없는 분야는 무엇이며 약점을 어떻게 보완할지도 생각해야 한다.

일부 사람들은 혁신을(특히 초기 단계) 스스로 행함으로써 성공할 수 있다. 하지만 많은 개인과 그룹이 강점과 약점을 먼저 파악한 후, 상이하고 상호 보완적인 능력을 가진 타자와 협력함으로써 더 큰 이익을 얻을 수 있다는 것을 깨닫는다. 예를 들어, 이노베이터가 좋은 임상의이지만 공학자가 아닐 경우, 부품 기술을 개발하는 것이 미션이라면 공학자와 협력하는 것이 도움이 될 것이다. 또한 임상의가 자신이 가진 아이디어를 사업으로 개발하는 데 관심이 있다면, 비즈니스 교육을 받은 사람이나 비즈니스 경험이 있는 사람과 협업하여 계획을 구성하고 실행하는 데 도움을 받을 수 있다. 창의성이 뛰어난 사람은 현실적이고 꼼꼼한 사람과 파트너를 이루는 것이 좋다. 본질적으로, 이 단계의 가장 중요한 목적은 역량 격차와 기회가 존재하는 분야를 파악하여 이노베이터가 적절한 시기에 대처할 수 있도록 알려주는 것이다. 기술 파악, 발명, 개발, 홍보 등에 필요한 재능을 한 사람이 모두 다 가진 경우는 매우 드물다. 그러나 이노베이터는 도움이 필요한 부분을 파악하고, 약점을 보완할 수 있는 팀을 구성하며 다양한 기술이 요구됨에 따라 팀을 확장할 수 있게 된다.

외부 요소 고려하기

개인적(혹은 내부적) 관점에 적합한 것을 찾는 것도 중요하지만, 의학 기술 분야가 점차 복잡해짐에 따라 외부 환경의 변화를 평가하는 것 또한 매우 중요해졌다. 지난 몇 년간, 이노베이터가 제어할 수 없는 외부 요소들이 극적으로 변화되었다. 미국의 경우 규제와 보험 경로가 훨씬 더 예측 불가능해졌고, 시간과 자원을 더욱 많이 소모하게 되었다. 동시에 자금 조달 방안이 더 불확실하고 어려워졌다. 거시경제 환경이 더 보수적인 정책을 채택하여 혁신을 둔화시킬 위험이 있는 유럽에서도 이러한 조짐이 나타나고 있다. 이러한 배경에서 환자를 비롯하여 의료계, 기관 및 구매자 모두 새로운 혁신 기술이 사용 가능한지 여부와 충분한 경제적 가치를 가지고 있는가를 더욱 비판적으로 바라보고 있다.

이노베이터는 개인의 함량과 더불어 외부 요소가 자신의 목표와 강점 및 약점에 어떠한 영향을 미칠지 생각해 보아야 한다. 외부 요소는 목표를 달성하는 데 필요한 시간, 비용 및 자원의 양을 증가시키고, 프로젝트에 큰 위험을 가져올 수 있다. 이노베이터들은 외부 환경적 위험 요소에 대해 각기 다른 "취향"을 가지고 있을 것이다. 어떤 사람은 비용이 들더라도 자신의 목표를 추구하는 반면, 또 다른 사람은 자신의 성공 가능성을 높이기 위해 보다 안전한 도전을 선호할 수도 있다. 이러한 요소를 개념적인 차원에서 이해하는 것은 향후 프로젝트 승인 기준을 정의하는 데 중요한 역할을 한다.

승인 기준 설정

승인 기준은 이노베이터가 혁신 프로젝트에 관심을 가지게 하기 위해 기본적으로 갖추어야 하는 조건이다. 승인 기준은 개인 아이디어 목록을 통해 얻은 스스로에 대한 정보와 외부 요소를 고려하여 정의된다. 이노베이터는 전략적 포커스 영역을 선택하고, 바이오디자인 혁신 과정에서 발견한 니즈에 수월하게 접근하기 위해 승인 기준을 적용한다.

물론 모든 개인이나 팀에게 일률적으로 적용되는 승인 기준은 존재하지 않는다. 대부분의 승인 기준이 공통적인 주제를 다루기는 하지만, 이노베이터에게 적합하게 만들어질 때 비로소 프로젝트가 반드시 충족해야만 하는 요구사항이 된다(그림 1.1.3 참조).

예를 들어, 대기업이 자사의 포트폴리오를 새로운 임상 영역으로 확장하여 회사의 더 큰 성장을 도울 제품을 개발하려는 목표를 가지고 있다고 가정하자. 승인 기준을 정의하기에 앞서, 회사는 이 목표를 이루기 위해 어떠한 강점과 약점을 가지고 있는지 고려할 것이다. 자원의 가용성(인력, 자금, 시간)은 풍부하겠지만 기존 판매 인력의 배치는 선택 분야에 따라 강점이 될 수도 있고, 약점이 될 수도 있다. 회사는 평가를 수행한 후 다음의 승인 기준을 충족하는 경우에 한하여 프로젝트에 참여할 것이다.

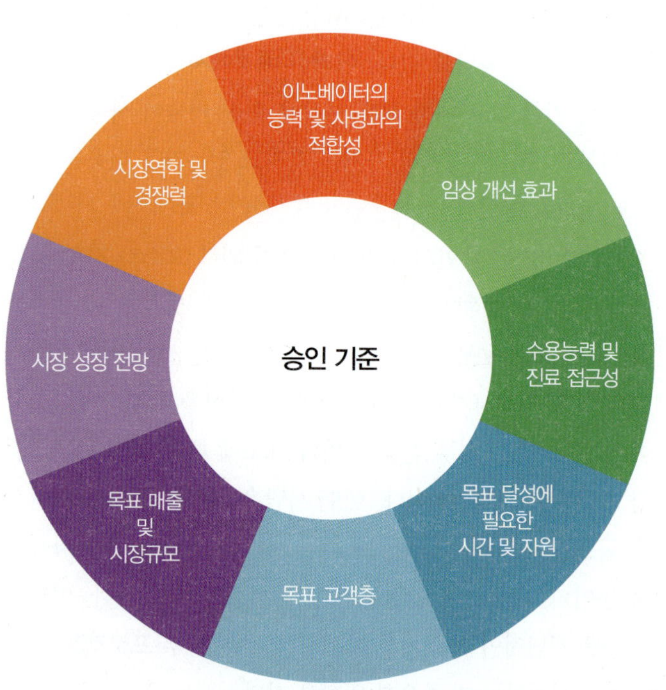

그림 1.1.3
승인 기준은 위와 같은 공통 주제의 조합을 바탕으로 생성된다.

- 회사에 새롭게 소개된 임상 분야이며 연간 최소 10%의 성장률을 보인다. 또한 최소 1억 달러의 매출을 창출해 낼 수 있다.
- 회사는 해당 기술의 규제 경로를 잘 이해하고 있으며 임상시험에 대한 요구가 뚜렷하여 2~3년 이내에 시장에 출시될 수 있다.
- 회사의 기존 판매 인력이 고객을 이미 확보하고 있으므로 상업적 적합성이 우수하다.
- 새로운 해결책을 통해 주요 의료 관계자는 비용을 유지하거나 절감할 수 있다.

1990년대 중반, AMS (American Medical Systems)는 이식형 요도 괄약근(Implantable Urinary Sphincter)과 음경 보철(Penile Prosthetic Line) 두 개의 주요 상품을 보유하고 있었다. 그들의 미션은 비뇨기 제품 라인을 확장하여 포괄적인 비뇨기 제품 회사가 되는 것이었다. 회사는 새로운 기회에 대한 승인 기준으로 다음과 같은 요소들을 고려하였다. (1) 동일한 고객이나 동일한 판매 루트를 대상으로 할 수 있는가 (2) 생물학적 기구보다 기계적 기구가 더 뛰어난가 (3) 연간 20% 이상 성장하여 회사의 매출 성장에 기여할 것인가.[6] 다른 상황에서(예를 들어, 기존 고객층이 포화 상태인 경우), 회사는 1번의 동일 고객층에 머물고자 하는 기준을 제거했을 수도 있다. 이를 통해 매력적인 잠재적 프로젝트에 대한 폭은 넓힐 수 있겠지만, 기존 판매 인력을 통해 동일한 고객에게 좀 더 폭넓은 라인의 제품을 제공하지 못함으로써 큰 경제적 효과를 달성하지 못할 수도 있다. 이러한 관점에서, AMS가 정의한 '승인 기준'은 당시의 우선순위를 적절하게 반영하였고, 기존 판매망의 힘을 효율적으로 활용하였다고 볼 수 있을 것이다.

기존 사업 때문에 생긴 제한이 없다면, 이노베이터나 젊은 기업들은 해결책이 사람들의 삶에 미칠 영향의 정도를 승인 기준을 정할 수 있다. 이러한 상황에서 환자의 치료 결과를 크게 향상시키기 위해, 이 프로젝트는 다음과 같은 승인 기준을 요구할 것이다.

- 10억 달러 이상의 시장 잠재력이 있는가
- 비용 중립 또는 비용 절감 효과가 있는가 (채용 가능 여부)
- 투자자를 유치할 수 있는가 (재정 지원 여부)
- 환자의 **삶의 질**에 중요한 영향을 미치는가
- 한 의료 분야의 이점을 신속히 활용하여 다른 분야의 환자에게 영향을 줄 수 있는 잠재력을 가졌는가
- 특히 대기업과의 경쟁을 염려하는 경우, 과도한 경쟁을 피할 수 있는 환자군에 초점이 맞추어져 있는가

위의 승인 기준은 익스플로라메드(ExploraMed), 더 파운드리(The Foundry), 이노베이션 팩토리(The Innovation Factory), 코리디아(Coridea)와 같은 의학 기술 **인큐베이터**에서 사용되는 기준과 유사하다. 위 기준은 기업이 다양한 분야에서 강력한 혁신을 지속적으로 추진할 수 있도록 도와주지만, 이는 단지 하나의 접근 방법일 뿐이다. 의학 기술 종사자의 다양성을 감안할 때 또 다른 인큐베이터, 기업 또는 이노베이터는 전혀 다른 승인 기준을 가지고 있기도 하다. 예를 들어, 박애주의를 지향하는 조직은 프로젝트의 가이드라인으로 다음과 같은 승인 기준을 삼을 수 있다.

- 하루 2달러 미만으로 사는 개인에게 혜택을 주는가
- 치료법은 있었으나 이전에는 비용이 많이 들었던 분야에 대한 의료 접근성이 크게 확대되는가
- 이중 시장 잠재력을 보유하여 부유한 고객에게는 "시장 가격"을 부가하고 자금이 부족한 고객에게는 보조금을 줄 수 있는가
- 재단 또는 비정부 기구의 우선순위에 부합하여 제품 개발을 위한 자금을 지원받을 수 있는가

승인 기준에 대한 기회 평가

일단 승인 기준이 정의되면, 이노베이터는 좋은 수익을 위해 다른 관심 분야를 탐구할 수 있게 된다. 이는 승인 기준에 따라 각각의 잠재적 기회 영역을 살펴보고, 기준과의 적합성이 떨어지는 것을 가려내며, 기준에 적합한 것은 더욱 깊게 들여다보기 위함이다. 이노베이터들은 반드시 전문 지식이 필요한 것은 아니라는 점을 염두에 두고 넓은 범위의 가능성을 고려해야 한다. 대부분의 경우, 한 분야에 깊이 빠져 있는 사람은 한 가지 방식만을 고수하기 때문에 이를 둘러싼 기회와 문제점을 발견하지 못한다. 다양한 현장 경험과 배경을 가지고 있는 개인과 팀은 현재 상태에 더욱 적극적으로 의문을 가지기 때문에 기회와 문제를 발견하는 데 있어 더욱 성공적일 수 있다.

개인의 관심사와 열정과 관련된 문제와 기회를 평가함으로써 시작하는 한 가지 접근법이 있다. 예를 들면, 사랑하는 사람을 유방암으로 잃은 사람이 유방암 관련 분야에서 일하는 것이다. 이는 전략적 포커스를 선택하는 확실한 방법이긴 하지만, 이노베이터는 피상적인 수준에서 벗어나 승인 기준 문제와 기회가 승인 기준에 어느 정도 적합한지 알아보기 위한 연구를 진행해야 한다. 또 승인 기준과 탐구 영역이 크게 다르다면 "빠져나올" 준비도 해야 한다. 이 또한 전략적 포커스에 대하여 더 자세하게 알아보는 데 도움이 된다. 예를 들어, 질병을 치료하기 위해 장기 연구에 착수해야 하는가, 아니면 보다 효과적인 유방암 치료를 위해 단기적 향상을 목표로 두고 새로운 분야를 개척해야 하는가와 같은 부분을 고려해야 한다. 이노베이터는 성공의 경험과 뛰어난 결과를 이끌어 낼 가능성이 가장 높은 영역에 집중하기 위해 다른 승인 기준을 사용할 수 있다.

만약 이노베이터가 특별히 열정을 가지고 있는 기회나 문제 영역이 없다면, 승인 기준에 맞는 잠재적 초점 분야를 살펴보기 위해 의료 관행 및 질병 상태와 관련된 높은 수준의 데이터를 조사하는 것부터 시작할 수 있다. 고려할 수 있는 통계 지표는 질병에 영향을 받는 사람의 수, 질병에 대한 임상 효과, 기존 치료법의 효과, 비용, 수익성 및 지출 증가율이 포함된다(표 1.1.1 참조). 또한 이노베이터는 특정 의료 분야에서 매년 확인되는 총 수익에서 예측할 수 있다(그림 1.1.4 및 1.1.5 참조).

이러한 평가 과정은 신중할수록 좋지만, 다른 임상 분야에 대한 대략적인 평가도 초점을 좁히는 데 도움이 될 수 있다. 예를 들어, 대규모 비즈니스 기회를 모색하는 이노베이터나 회사는 통계 및 기타 데이터를 검토하여(표 1.1.1 참조) 심혈관 분야에 즉각적인 관심을 가지게 될 수 있다. 하지만 이 분야가 상대적으로 포화상태인 분야라는 사실은 이노베이터의 다른 승인 기준과 충돌할 수 있다. 즉 아직 발견되지 않은 새로운 기회나 문제, 또는 오랜 기간 동안 혁신적이 제품 개발이 이루어지지 않은 분야에 전념하는 경우, 심혈관계가 아닌 다른 분야를 선택하는 것이 더 나을 수 있다. 시장 기회가 명확한 분야에서

표 1.1.1 선택된 조건에 대한 총 경비와 서비스 유형별 분배율과 같은 자료는 표에 나와 있듯이 이노베이터의 승인 기준을 충족할 수 있는 영역에 관한 흥미로운 아이디어의 원천이 될 수 있다(Agency for Healthcare Research and Quality, " Total Expenses and Percent Distribution for Selected Conditions by Type of Service: United States, 2010," Medical Expenditure Panel Survey Household Component Data, generated interactively (September 19, 2013)).

미국, 2010	총 경비(백만 달러)	서비스 유형별 분배율				
증상		병원 방문 환자	병원 입원 환자	응급실 방문	처방된 약품	가정 보건
심장질환	107,186.40	18.0	62.9	5.2	9.2	4.7
외상 관련 장애	82,303.57	43.2	38.0	13.3	1.8	3.7
암	81,734.62	50.2	36.8	0.3	8.3	4.4*
정신질환	73,060.24	24.1	15.1	1.4	45.3	14.0
만성 폐쇄성 폐질환 천식	63,782.99	23.5	27.2	4.4	37.7	7.1
관절염 및 기타 비 외상성 관절 장애	62,362.98	40.3	31.4	1.2	17.4	9.7
당뇨병	51,310.57	21.9	22.1	1.2	48.0	6.7
고혈압	42,943.38	30.4	12.5	2.0	47.4	7.8
요통	39,259.66	56.6	28.4	2.4	9.4	3.2*
고지혈증	37,174.19	25.7	2.7*	0.1*	69.1	2.3*
출산	34,945.69	23.6	72.8	2.3*	1.0*	0.2*
전신 홍반성 루푸스 및 전신 결합 조직 장애	30,836.17	48.1	29.5	2.2*	12.3	7.9*
기타 중추신경계 장애	25,898.88	44.0	42.6	2.8	7.5	3.1
상부 위장관 장애	23,457.37	20.3	18.5	4.5	53.7	2.9*
신장질환	22,967.52	47.7	33.8	8.2	6.8	3.5*
기타 동정맥 및 림프관 순환 장애	22,678.64	32.3	57.4	2.0	6.3	2.1*
담낭, 췌장 및 간 질환	22,646.35	15.7	72.4	8.1*	2.7*	1.2*
기타 내분비계, 영양 및 면역질환	22,097.34	52.4	25.3*	2.5*	15.4	4.3*
감염성 질병	21,909.62	21.6	32.0	4.1*	39.1	3.2*
뇌혈관질환	20,576.60	12.4	59.1	8.3*	5.9	14.3*

* 상대 표준 오차 30% 이상: 반올림으로 인해 총 백분율은 100%가 아닐 수 있음

는 치료의 새로운 기준을 만드는 시장에서 최고가 되고자 함은 치열한 경쟁이 필요하여 많은 부담이 있을 수 있다. 인기가 적은 분야는 경쟁은 덜 하지만 불확실성이 크다 – 경쟁과 불확실성은 투자 유치 능력과 환자 치료에 있어 전통 방식을 고수하는 의사의 행동 변화를 가속화하는 능력과 관련이 있다. 이러한 상황에서 이노베이터의 승인 기준(및 우선순위 결정 방식)은 계속 이어져온 갈등을 해결하고 효과적인 절충안을 찾는 데 도움이 된다. 이는 다양한 위험과 보상을 평가할 때 더욱 명확해진다.

이노베이터들이 승인 기준에 따라 기회 및 문제 영역을 평가하면, 전략적 초점 또는 수용 가능한 몇 가지 초점 영역이 나타나기 시작할 것이다. 바이오디자인 혁신 과정을 시작하는 모든 사람들은 자신이 선택한 영역에 상관 없이 "올바른 요소"를 반드시 인지하여야 한다.

익스플로라메드(ExploraMed)의 다음 이야기는 한 이노베이터가 전략적 초점을 선택하는 과정을 잘 설명해 준다.

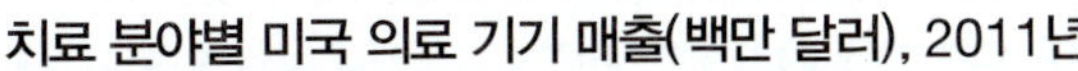

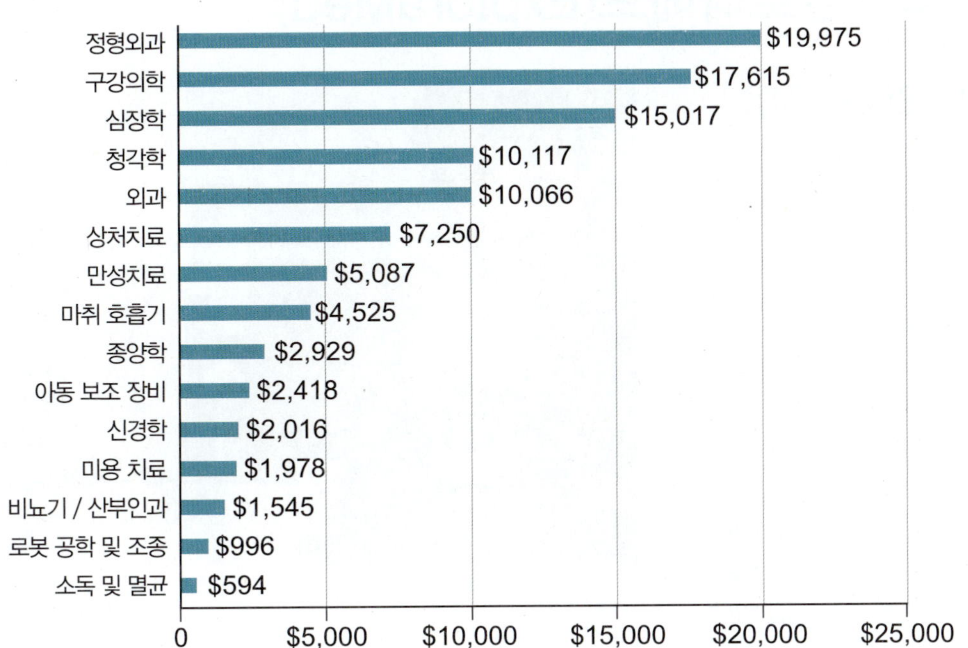

그림 1.1.4
의료기기의 수익에 대한 정보는 전략적 포커스를 정하는 데 도움이 될 수 있다(U.S. Medical Devices Market Outlook, Frost & Sullivan, 2012).

세계 의료 기기 시장: 생산품 종류에 따른 세분화, 2012

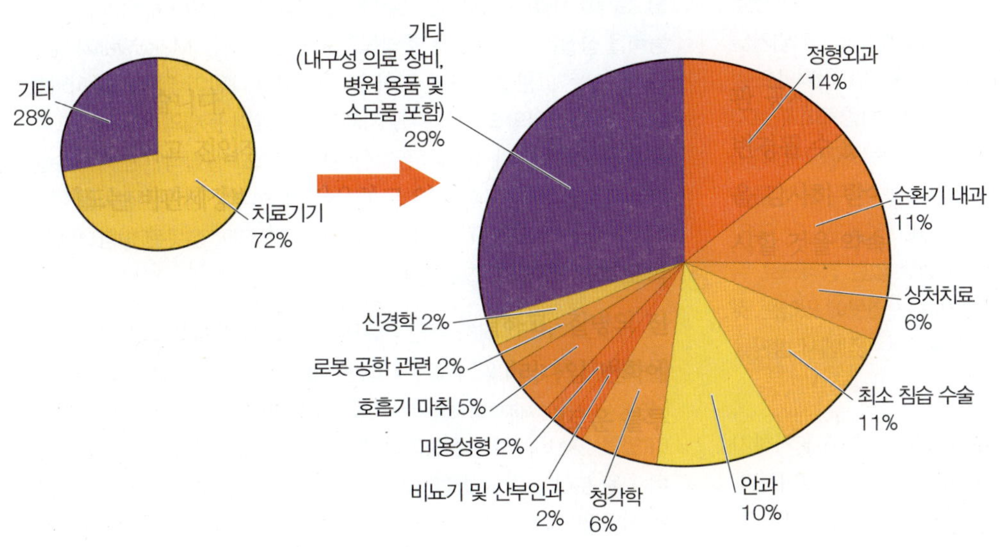

그림 1.1.5
제품 분류별 시장의 세분화는 지역에 따라 다를 수 있으므로 이노베이터는 다른 지역의 자료를 고려할 수 있다. 모든 그림은 반올림된 수치이며, 기준연도는 2012년이다(Global Medical Devices Market Outlook, Frost & Sullivan, 2013).

현장에서 익스플로라메드(ExploraMed)

전략적 포커스 평가에 대한 승인 기준 적용

추구해야 할 전략적 초점에 대한 명확한 결정을 내리는 것은 개별 이노베이터, 팀, 회사 및 인큐베이터 모두에게 필수적인 과정이다. 의료기기 인큐베이터 기업인 익스플로라메드의 창립자이자 CEO인 Josh Makower는 "적합하지 않은 것을 가려내는 것도 적합한 것을 결정하는 것만큼 중요합니다."라고 말했다.[7] 익스플로라메드는 새로운 의료기기 사업을 선정, 구상 및 개발하는 과정에 이 단계를 포함시켰다. Makower가 새로운 사업을 시작하면, 그와 연구진은 스스로의 상대적인 강점과 약점을 파악하고 잠재적 기회를 찾을 수 있는 승인 기준을 명확히 하는 데에 시간을 보낸다.

익스플로라메드가 정의한 강령은 "결과를 극적으로 향상시키고 독립적인 사업을 구축할 수 있는 임상 니즈에 초점을 맞추는 것"이다. "의료계에 큰 영향을 미치는 일을 진행하게 되면 매우 흥분됩니다. 실질적인 기여는 물론 잠재적으로 의료 서비스의 방향을 바꿀 수 있으며 수천, 수백만 명의 환자들에게 영향을 주는 프로젝트를 수행하고자 합니다. 많은 사람들이 어려움 겪고 있는 문제, 현재 치료 결과가 좋지 않은 분야는 살펴볼 필요가 있는 새로운 영역입니다."라고 Makower는 설명했다. Makower와 연구진은 자신들의 강점과 약점을 파악한 후 의약품, 진단, 그리고 기타 헬스케어 관련 기술은 다른 이노베이터나 기업가들에게 남겨두고 의료기기 관련 기회에 더 큰 노력을 쏟는다. 마지막으로, 그들은 "반대자"가 되는 것을 좋아한다. "우리는 다른 사람들이 가보지 않은 곳과 사람들이 적당한 기회가 아니라고 생각하는 곳에 도전하고자 합니다. 다른 방향을 선택함으로써 스스로 경쟁에서 우위를 만들어 내는 것입니다. 우리가 하고자 하는 또 다른 일은 대기업을 만드는 것입니다. 이렇게 하기 위해, 우리는 항상 경쟁자가 별로 없는 영역으로 뛰어들 준비가 되어 있습니다. 새끼 물고기는 자기가 큰 연못에 있다는 것을 알고 있을 때 크게 자랄 수 있습니다. 이미 붐비는 시장에서 발판을 마련하는 것보다 훨씬 더 매력적입니다."

익스플로라메드는 이렇게 정의된 승인 기준을 향후 기회를 평가하기 위해 일상적으로 사용한다. 다음의 예는 이러한 과정을 잘 보여준다. 회사 초창기, 팀이 새로운 프로젝트를 적극적으로 살펴보고 있을 때 Makower의 이모 할머니가 넘어져 골반이 부러졌다. "사고 전, 그 분은 에너지 넘치고 활기차며 적극적인 분이셨습니다. 하지만 그 사고 이후 그분의 삶은 완전히 바뀌었습니다. 일상 활동뿐만 아니라 자녀와 손주를 만나는 일과 같이 평소 좋아하던 활동까지도 어려움을 겪으셨습니다. 한 순간에 많이 늙어버리셨습니다. 이전까지와는 다르게 말입니다." 익스플로라메드의 프로젝트 제작자인 Ted Lamson (그림 1.1.6 참조)과 Makower는 이 분야의 문제와 기회에 대해 새로운 열정을 가지고 사업 영역을 알아보기 시작했다.

그림 1.1.6
기기를 시험 중인 Ted Lamson (익스폴라메드의 허가를 받아 사용)

그들은 고관절 골절이 매년 35만 건의 입원과 6만 건의 양로원 입원의 원인이라는 것을 빠르게 인지했다. 고관절 골절 환자의 4% 이상이 입원 초기에 사망하고 24%는 부상 후 1년 이내에 사망하며, 50%는 걷는 능력을 상실한다.[8] "이것은 충격적인 사망률입니다." Makower가 말했다. "우리는 고관절 대체에 있어 덜 침습적인 대안이 필요함을 파악했으며, 절개 부위의 크기와 수술 자체의 입원률이 문제의 핵심이라고 추측했습니다. 하지만, 이 추측은 잘못된 것이었고 실질적인 문제는 수술 과정이 아닌 수술 이후의 회복 과정에 있었습니다. 정의된 절차를 따르지 않았다면 우리는 초기 해결책에 쉽게 편향되어 잘못된 방향으로 빠졌을지도 모릅니다." 그는 강조했다.

익스플로라메드의 최초 승인 기준(문제의 크기와 심각성)은 팀이 문제에 적용한 첫 번째 필터였으며 고관절 골절은 유망한 시장으로 보였다. Makower와 Lamson은 이 시장에 어떤 회사가 존재하고, 어떤 혁신이 있었는지 이해하기 위하여 예비 조사를 실시했다. 고관절 수술과 장치 지원 분야는 많이 발전되었지만, 수술 후 치료 및 회복을 돕는 기술은 거의 없었다. "환자가 수술 후 통증을 잘 관리하여 즉시 일어날 수만 있다면, 그들은 근육의 손실 없이 걸어 다닐 수 있게 될 것입니다. 최상의 결과입니다. 그러나 통증이 잘 관리되지 않아 침대에 오랜 기간 머무르면, 상태가 악화되는 것입니다. 근육량이 줄거나, 병을 얻거나, 우울해지거나, 폐렴 혹은 다른 합병증으로 사망하게 됩니다." 고관절 골절과 관련된 비외과적 문제를 해결하기 위해 노력하는 개인이나 회사가 거의 없었기에 이 시장은 익스플로라메드에게 활짝 열려 있는 것처럼 보였다.

불행히도, Makower와 Lamson은 심도 깊은 연구를 진행해 나가면서 중요한 승인 기준과 충돌하는 점을 발견했다. 몇 주 동안 환자들과 의사들을 면담하고 현장을 연구하면서 이 시장에서 가장 매력적인 기회가 장비 기술 분야에 있지 않다는 것을 알게 된 것이다. "우리는 가장 시급한 문제가 환자가 더 빨리 걷기 위해 국부 통증 관리를 개선하는 것임을 알아냈습니다." Makower는 이렇게 회상했다. "이는 오픈 마켓(open market)에서 큰 기회였으나, 우리는 약물에 의해서 이 문제가 가장 잘 해결될 수 있음을 깨달았습니다. 그러나, 우리는 약물 프로젝트에 필요한 적절한 장비, 기술 및 자원이 없었습니다. 이 문제를 정말 해결하고 싶었지만, 일을 제대로 할 수 없다는 것을 깨달았습니다. 이 분야에 관한 열정과 관계없이 자신과 팀의 강점과 약점에 대해 솔직해질 필요가 있습니다."

고관절 골절 관련 기회를 포기할 것인지를 확실히 결정하기 위해 팀의 예측을 추가적인 연구와 현장 전문가의 자문을 통하여 확인했다. "추가 조사를 통해 우리가 수행하고자 했던 시스템이 이미 존재하지만, 건강 관리상의 제약이나 비용 때문에 상용화되지 못한다는 것을 발견했고 크게 실망했습니다. 해법은 이미 있었고 의사들도 알고 있었지만, 여러 가지 이유로 사용되지 못했습니다." Makower가 말하였다. 결국, 팀은 프로젝트를 취소하고 다른 곳에서 계속 기회를 탐색하기로 하였다. "수많은 실패를 감내해야 합니다." Makower는 본인의 경험에 비추어 말했다. "그러나 성공을 위해서 또 궁극적으로 옳은 길을 선택하는 데 필요한 매개변수를 이해하기 위해서는 계속 시도해야 하고 필요하다면 실패도 해야 합니다." 후에 Makower와 Lamson은 초점을 완전히 다른 임상 영역으로 재설정하고 수 개월간의 조사 끝에 모든 기준을 충족하는 완벽한 기회를 발견하여 네오트랙트(NeoTract)라는 주식회사를 설립하게 된다(네오트랙트에 대한 자세한 사항은 5.2 R&D 전략 참조).

전략적 포커스를 선택하기 위한 전반적인 고찰

전략적 포커스를 선택하는 기본 과정은 이노베이터가 미국, 유럽, 중국, 인도 또는 기타 지리적인 시장 중 어느 곳에서 일할지를 결정하는 것과 같은 과정이다. 그러나 의료기기 혁신의 진원지가 점점 미국을 벗어나고 있기 때문에 이노베이터들은 결정을 내리기 전에 지리적 초점을 내부 및 외부 분석의 명시적인 부분으로 설정하는 것이 좋다.

2012년 전 세계 의료기기 시장 규모는 3,310억 달러에 이르렀다.[9] 미국, 유럽이 여전히 전체 시장의 75%를 차지하고 있지만 신흥 시장의 의료기기 판매는 선진국보다 2~5배 빠르게 성장하고 있다.[10] 내년에는 중국, 인도와 브라질에서 총 의료비 지출 및 1인당 의료 지출이 가장 크게 증가될 것으로 예측된다. 중국은 세계 2위인 일본을 바짝 쫓아가며 2020년까지 세계에서 세 번째로 큰 의료 시장이 될 것으로 예상된다.[11] 이들 국가의 의료 지출은 많은 인구의 요구를 충족하기 위한 가치 중심의 저비용 기술의 수요에 의해 가속화될 것이다. 반대로 이스라엘, 일본 및 여러 유럽 국가의 1인당 지출은 고부가가치 제품과 고품질 제품 조합 분야에서 계속 증가할 것이다(그림 1.1.7 참조).

현재 의료 기술의 혁신은 주로 서구를 중심으로 이루어지고 있지만, 이는 향후 20년 동안 지속적으로 변화할 것이다. 이러한 변화는 위에서 언급한 외부적 요소의 경감을 추구하는 제조업체가 새로운 위치를 확립하거나 사업을 이전하는 등의 형태로 이미 진행되고 있다. 따라서 미국 내 · 외부의 많은 이노베이터들이 전 세계의 기회에 초점을 맞추게 될 것이다. 신흥 국가에서의 문제와 기회가 높은 수익을 제공할 수 있을 것인가에 대한 여부는 이노베이터의 승인 기준에 달려 있다. 예를 들어 중국, 인도 또는 아프리카는 매우 효과적이고, 저렴한 해결책을 필요로 하는 대규모의 환자 그룹을 보유하고 있다(그림 1.1.8 참조). 그러나 새로운 의료 기술의 비용을 어떻게 지불할 것인가에 대한 메커니즘은 여전히 개발 중에 있다(특히 소득이 적은 인구를 대상으로 하는 치료 기술). 재정적 이익을 최적화하는 데 관심이 있는 사람들은 다른 프로젝트를 선택하겠지만, 타인을 돕고 수많은 잠재적 환자들에게 큰 영향을 미칠 수 있는 강력한 승인 기준을 가진 이노베이터들은 이러한 기회에 몰려들게 될 것이다.

신흥 시장에서 전략적 포커스 영역을 모색하는 경우에는 마주하는 위험의 수준도 상대적으로 높게 나타난다. 중국을 예로 들어 보자. 중국은 지적재산권(Intellecture Property, IP) 보호 및 규제 프로세스가 여전히 개발 중에 있다. 이러한 불확실성으로 인해 일부 기업과 이노베이터들은 중국 시장으로 진출하지 못하고 진출하고자 하는 사람들에게는 추가적인 어려움이 발생하게 된다. 이러한 유형의 위험 요소 대부분은 시간이 지남에 따라 확연히 감소되거나 해결된다. 그러나 이를 위해서

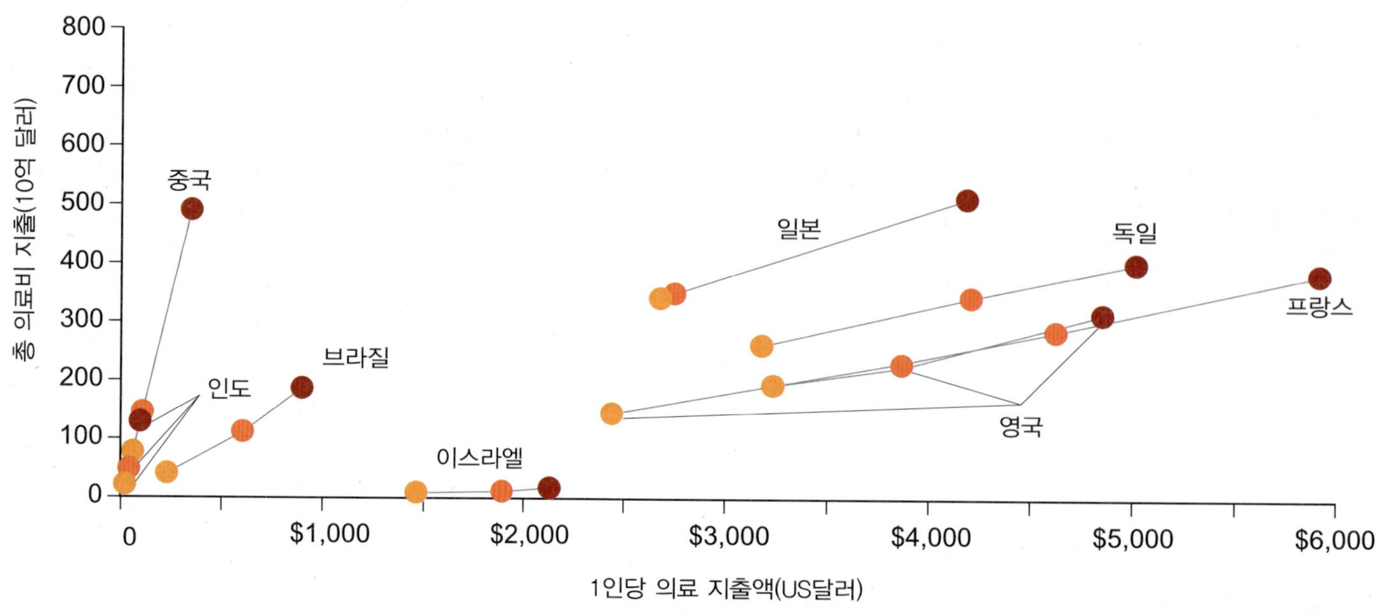

그림 1.1.7
세계 경향 분석 결과는 1인당 비용 대비 결과 중심 혁신에 대한 선호도가 국가마다 다름을 보여준다. 2007년 미국의 1인당 의료 지출액은 7,285달러이다. 같은 시기의 최저 비용인 인도의 40달러부터 최고 비용인 프랑스의 4,209달러와 비교해도 훨씬 높은 비용이다. 같은 해 미국의 총 의료비 지출액은 2조 1590억 달러였다 ("Medical Technology Innovation Scorecard: The Race for Global Leadership," PricewaterhouseCoopers, January 2011; 허가를 받아 사용).

는 큰 동기 부여와 이노베이터들의 헌신적인 노력이 필요하다.

또 다른 위험 요소는 이노베이터가 시장을 얼마나 잘 알고 있는가와 관련이 있다. 바이오디자인 혁신 과정의 중요한 측면은 환자의 위치와 상관 없이 환자를 깊이 이해하고 환자의 문제에 진심으로 공감하는 것이다. 미국에 기반을 둔 이노베이터들이 해외의 기회에 중점을 두거나 해외 이노베이터들이 미국의 문제에 집중할 때, 문제와 기회, 대상 인구, 그들의 상황에 대하여 효과적으로 접근, 연구하고 완전하게 이해해야 한다. 이 일은 결코 불가능하지 않다. 하지만 절대 간과되어서는 안 될 중요한 일이며, 먼 곳에서 해결할 수 있는 과제가 아니다.

바이오디자인 혁신 과정의 윤리

전략적 포커스를 선택하는 단계는 바이오디자인 혁신 과정 중 이노베이터가 첫 번째로 윤리적 딜레마를 마주하게 되는 순간이다. 윤리적 갈등이 발생할 가능성은 혁신의 여정에서 거의 모든 단계마다 존재한다. 윤리는 사람들의 의도적 선택이며 결정을 이끌어 내는 데 사용되는 기본적인 도덕 원칙이다. 윤리가 분명한 선택을 위한 가치 체계를 제공하지는 않지만 의사결정을 이끌어내기 위해 따라야 할 기본적인 원칙을 제공해 준다.[12] 일반적으로 "올바른" 단 하나의 선택이란 존재하지 않는다. 다시 말하면, 윤리는 사람 또는 직업 구성원의 행동을 유도하는 규칙 또는 기준을 제시하는 것이다. 새로운 의료 기술을 개발하고 도입함에 있어, 이 과정에 참여하는 모든 사람들은 가장 높은 도덕적 기준을 유지해야 할 필요가 있다.

윤리적인 문제의 가장 핵심이 되는 부분은 이해관계의 충돌이다. 이러한 갈등은 서로의 관심사가 다를 때 발생한다. 예를 들어, 비밀 유지(또는 무엇이 대외비 정보인지 알아보고 철저히 보호하는 것)는 의료계에서 가장 중요한 원칙이다. 한 쪽이 다른 쪽에 대한 정보를 공개하고자 하는 의도를 가진 경우, 이해관계의 충돌이 나타날 것이다. 의료 기술의 개발과 상품화에는 많은 개인과 집단이 관련되어 있기 때문에 이해관계의 충돌은 필연적으로 발생한다. 현실적으로, 이노베이터의 목표는 이러한 갈등을 피하는 것이 아니라 발생을 최소화하고 갈등이 발생했을 때 이를 윤리적으로 처리하고 해결하는 것이어야 한다. 이해관계의 충돌이 환자 또는 환자가 받게 되는 치료와 관련된 상황에서는 인간의 삶을 개선하거나 피해를 줄 수 있는 잠재성

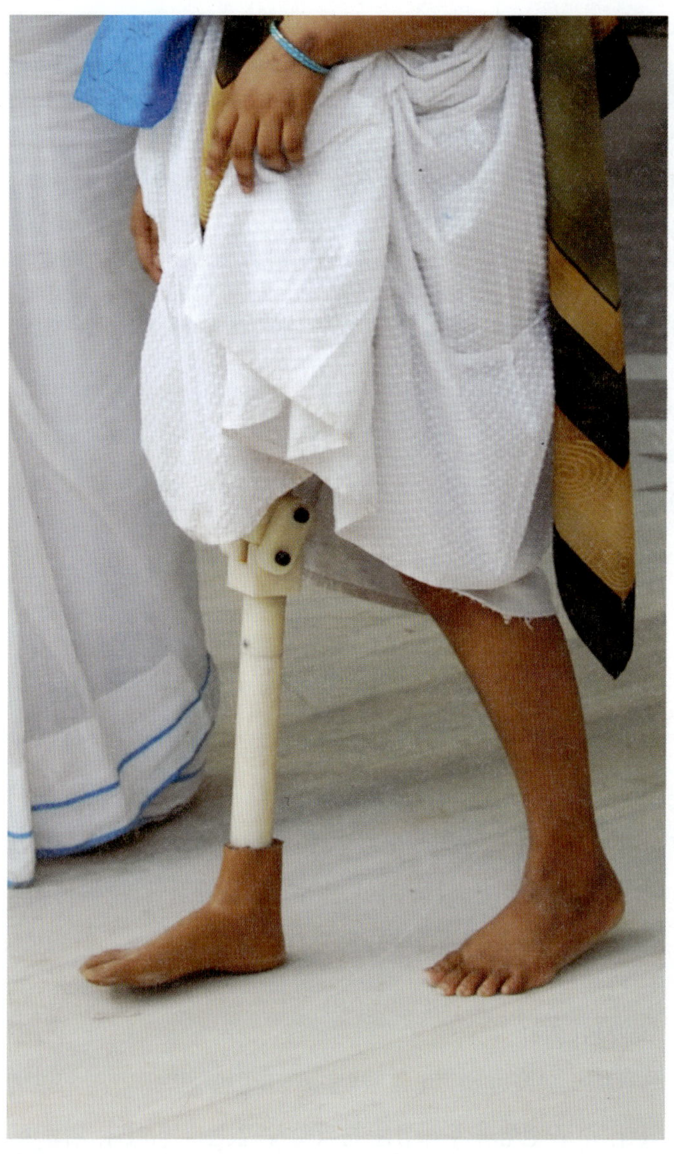

그림 1.1.8
자이푸르 의족(그림 참조)은 의료 비용을 지불할 능력이 떨어지는 저소득층을 대상으로 한 효율적이고 저렴한 해결책의 한 예시이다. 위 제품과 유사한 기술의 비용이 미국에서는 6천~3만 5천 달러인 것에 비해 이 제품은 단지 35~40달러밖에 하지 않는다(Stanford-Jaipur Knee team from Professor Tom Andriacchi's mechanical engineering course: L. Ayo Roberts, Joel Sadler, Angelo Szychowski, and Eric Thorsell, 허가를 받아 사용).

을 지니고 있기 때문에 이노베이터는 윤리적으로 행동해야 하는 특별한 의무를 가지고 있다.

터스키기(Tuskegee) 매독 실험 등으로 과거에 논란이 있었던 의료계의 윤리성 문제는 의료 제공자와 환자 사이에 공포와 불신을 만들어냈다. 이 실험은 미국 공중 보건국이 1932년부터 1972년까지 399명의 흑인을 대상으로 한 실험이었다. 대부분 가난하고 문맹이었던 말기 매독 환자들은 그들의 병이 무엇인지 알지 못했다. 실험에 참가한 의사들은 애초에 환자를 치료할 생각이 없었고, 시신을 부검하여 과학적 자료를 수집하는 것이 목적이었다. 수년간 환자들은 종양, 심장질환, 마비, 실명, 정신이상 등의 고통을 겪고 결국 죽음을 맞이하였다.[13] 이 사건을 계기로, 의료계 전반에 걸쳐 엄격한 윤리 강령을 실행하는 것에 대한 상당한 진전이 있었다. 더 나아가 의공학 이노베이터를 포함한 의료계의 모든 구성원이 윤리적 행동을 준수하고 증진시키는 데 중요한 역할을 맡게 되었다.

특히 바이오디자인 혁신 과정 초기에, 이노베이터는 중요한 의료 문제를 이타적으로 다룰 것인지 아니면 의도한 시장에서의 가시적인 성과를 목표를 할 것인지 사이에서 갈등하게 된다. 치료법 개발에 반드시 필요한 자본이 없이는 아무리 뛰어난 기술이라 할지라도 환자에게 제공하기 힘들다. 그러나 자본은 주로 상업 투자에 의해 제공되며 상업 투자자는 합리적인 수익 창출이 가능하다고 생각될 때 자금을 투입한다. 해결책에 대한 시장 또는 잠재 수익이 자금을 끌어 들이기에는 너무 적거나 위험 요소가 많다는 것을 발견하는 것만으로도 문제와 기회를 찾고 있는 이노베이터에게 실망스러운 일이 될 수 있다. 비록 정부 보조금, 비정부기구(NGO) 혹은 기부자로부터 자금을 공급 받을 수 있지만, 이런 유형의 자금은 혁신이 최대의 잠재력을 발휘하지 못하게 하는 내재적 한계를 가지고 있다.

진정으로 지속 가능한 해결책을 개발하기 위해서는 이노베이터가 대상 고객의 요구사항에 부응하고 환자의 이익을 최대화하며 투자자를 충분히 이해시키는 것 사이의 균형을 맞추어야 한다. 투자자를 보호하는 것은 흔히 '수탁자의 의무'라고 알려져 있다.[14] 수탁자라 함은 타인의 돈을 관리하는 데 있어 법적인 책임을 지는 개인이나 그룹을 의미한다. 수탁자로서의 이노베이터는 최대한의 "높은 신용, 정직, 성실, 충성 및 온전한 봉사"의 자세로 타인의 기금을 관리할 의무가 있다.[15] 가장 기본적으로 이노베이터는 수혜자가 아닌 어느 누구의(자신을 포함한) 이익도 우선시 해서는 안 된다.[16] 수탁자가 이 의무를 지키지 않을 경우 법적 책임을 질 수 있으며, 이는 윤리적 행위가 혁신 과정 전반에 걸쳐 중요한 또 다른 이유이다.

이해 관계가 충돌했을 때 적절한 균형을 유지하는 것이 어려

표 1.1.2 의료 윤리의 예시 (American Medical Association "Principles of Medical Ethics")

미국 보건국 의료 윤리 강령
의사는 연민과 인간 존엄성 및 권리에 대한 존중을 바탕으로 만족할 만한 수준의 의료 서비스를 제공하는 데 전념한다.
의사는 전문성 기준을 준수하고 모든 직업과 관련된 상호작용에 있어 정직해야 하고, 성격이나 역량이 충분하지 않거나 사기와 기만을 일삼는 의사를 해당 기관에 보고한다.
의사는 법을 준수하고 환자의 최선의 이익에 반하는 요소를 변화시키기 위해 노력해야 하는 책임이 있음을 인식한다.
의사는 환자, 동료 및 다른 의료 전문가의 권리를 존중하고 법의 범위 안에서 환자의 비밀과 사생활을 보호한다.
의사는 계속해서 과학적 지식을 연구, 적용 및 발전시키고 의학 교육에 헌신적으로 이바지하며 환자, 동료 및 대중에게 적절한 정보와 상담을 제공하며 필요한 경우 다른 전문의의 도움을 받는다.
의사는 응급 상황 이외에 환자를 치료함에 있어 누구에게, 누구와, 어떤 환경에서 의료 서비스를 제공할지를 자유롭게 선택할 수 있다.
의사는 지역 사회와 공중 보건의 개선에 기여하는 활동에 참여해야 할 책임이 있음을 인식한다.
의사는 환자를 치료하는 동안 환자를 최우선으로 생각해야 할 책임이 있다.
의사는 누구나 의료 서비스를 받을 수 있도록 힘써야 한다.

울 수도 있다. 반드시 기억해야 할 것은 "올바른" 해결책이란 각자의 윤리적 지침을 기반으로 하며 이노베이터마다 다를 수 있다는 것이다. "회색 영역"이 존재하고 자기 반성을 위한 시간이 필요하다는 것을 공개적으로 인정함으로써, 이노베이터의 가치와 가장 잘 부합하는 방식을 보다 쉽게 결정할 수 있게 된다.

혁신 과정에서 윤리적 갈등이 생길 때 이노베이터는 환자의 이익을 최우선으로 생각하고 문제를 해결하도록 권고 받는다. 제3자의 의견과 조언을 구하는 것은 갈등을 해결하는 데 있어 매우 귀중한 자원이 될 수 있다. 그러나 이노베이터는 대부분 개인 및 직업적 윤리 규정에 의존해야 한다. 다음 네 가지 원칙은 의료 분야에서 윤리적인 기준으로 널리 받아들여지는 것들이다.[17,18]

자율성 존중

자율성 존중이란 스스로 선택할 수 있는 권리를 말한다. 예를 들어, 새로운 혁신에 관심이 있는 관계자는 위험 요소와 혜택은 물론 개발과 제공 과정에 있어 이익과 관련된 잠재 갈등 요소와 선택에 영향을 줄 수 있는 모든 요소에 대한 정보를 제공받아야 한다. 궁극적으로 환자는 조사 연구에 대한 참여 제안을 거절할 권리를 가지고 있다.

선행

선행이란 선을 행하는 관행이다. 의료진은 자주 "첫째, 해를 끼치지 말 것"이라고 교육 받지만 기계의 사용이 합병증을 유발하거나 기계가 고장을 일으킬 경우 해를 끼칠 가능성이 존재한다. 이러한 원칙은 의료 혁신 분야에서 잠재적인 피해를 최소화하면서 이익을 극대화하는 데까지 확장된다.

무해성의 원칙

무해성의 원칙 또한 "첫째, 해를 끼치지 말 것"과 깊은 관련이 있다. 주로 선행과 무해성은 분리될 수 없는 원칙이다. 의료 혜택을 제공하는 과정에서 의료 제공자는 환자를 위험에 노출시킬 위험을 안고 있다. 임상시험을 예로 들면, 환자는 생명을 살릴 수 있는 의료기기가 시장에 출시될 수 있도록 도움으로써 다른 사람을 위해 스스로가 위험에 노출되는 것이다. 많은 의사가 히포크라테스 선서를 하는데, 이는 의료 전문의가 최소한의 위험 부담으로 최고의 의료 혜택을 제공할 의무를 명시한 것으로 무해성과 선행의 원칙을 기저로 한다.[19]

정의 또는 공정성

모든 의료 종사자는 경쟁 및 이익과 관련된 요소를 결정함에 있어 공정해야 할 의무가 있다. 기본적으로 이익과 관련된 잠재 갈등을 인지하고 때로는 제3자의 도움을 받아 어떻게 문제를 해결할 것인지를 객관적으로 결정해야 한다. 또한 이 원칙은 임상시험 대상자를 관리함에 있어서의 공정성까지 확장된다. 임상시험에서 얻은 정보를 보고하는 것, 부정적인 결과도 포함하는 것은 물론이고 대중에게 혜택을 가져다 줄 것, 특히 환자에게 혜택을 주지 않는 실험을 반복하지 않는 것까지도 포함한다.

바이오디자인 혁신 과정에 있는 많은 상호작용이 임상의를 포함하기 때문에 이노베이터는 관련 의료 전문의가 개발한 특정 윤리적 강령을 숙지해야 한다. 예를 들어, 1948년 제네바 선언에서 정의된 세계 의사 협회의 선서를 숙지하는 것이 도움이 될 수 있을 것이다.[20] 표 1.1.2는 AMA의 의료 윤리 강령이 기초를 두고 있는 미국 의사 협회의 윤리 원칙을 요약한 것이며, 이 원칙은 가장 널리 알려져 있고 널리 시행되는 윤리 강령 중 하나이다. 원칙과 도덕 원리 및 사법 위원회의 의견으로 구성된 강령 전문은 온라인에서 열람할 수 있다.[21]

갈등을 해결해야 하거나 어려운 결정을 내려야 하는 경우, 이노베이터는 확고한 윤리 강령을 필수 가이드로 사용할 수 있다.

온라인 자료

더 많은 자료는 www.ebiodesign.org/1.1을 방문한다.

"Getting Started"의 활동과 링크
- Take inventory
- Articulate a strategic focus

전략적 포커스에 관한 동영상

부록: 특정 질병 관련 의료 전문 협회 리스트

NOTES

1 From remarks made by Mir Imran as part of the "From the Innovator's Workbench" speaker series hosted by Stanford's Program in Biodesign, April 28, 2004, http://biodesign.stanford.edu/bdn/networking/pastinnovators.jsp. Reprinted with permission.

2 "Our History," Medtronic.com, http://www.medtronic.com/about-medtronic/our-story/garage-years/index.htm(September 11, 2013).

3 "Our Mission," Medtronic.com, http://www.medtronic.com/about-medtronic/our-mission/index.htm (September 11, 2013). Reprinted with permission.

4 Ibid.

5 From an exchange with William Hawkins, CEO of Medtronic, Fall 2008. Reprinted with permission.

6 From an exchange with Thom Gunderson, Medical Device Analyst for Piper Jaffray, Fall 2008. Reprinted with permission.

7 All quotations are from interviews conducted by the authors, unless otherwise cited. Reprinted with permission.

8 "Hip Fractures in Seniors: A Call for Health System Reform," American Academy of Orthopaedic Surgeons and American Association of Orthopaedic Surgeons, 2008, http://www.aaos.org/about/papers/position/1144.asp (September 12, 2013).

9 Mary Mosquera, "Global Medical Device Market Increases Just 3 Percent in 2012," *Healthcare Finance News*, May 28, 2013, http://www.healthcarefinancenews.com/news/medicaldevices-grow-3-percent-2012 (September 11, 2013).

10 Nicholas Donoghoe, "Medical Device Growth in Emerging Markets: Lessons from Other Industries," *InVivo*, The Business and Medicine Report, June 2012, http://www.elsevierbi.com/publications/in-vivo/30/6/medical-device-growth-inemerging-markets-lessons-from-other-industries (September 11, 2013).

11 "Medical Technology Innovation Scorecard: The Race for Global Leadership," PricewaterhouseCoopers, January 2011, http://download.pwc.com/ie/pubs/2011_medical_technology_innovation_scorecard_the_race_for_global_leadership_jan.pdf(September 19, 2013).

12 R. J. Devettere, *Practical Decision Making in Health Care Ethics*(Georgetown University Press, 2000).

13 "The Tuskegee Syphilis Experiment," Infoplease.com, http://www.infoplease.com/ipa/A0762136.html (September 18, 2008).

14 Jerry Sais Jr. and Melissa W. Sais, "Meeting Your Fiduciary Responsibility," Investopedia, http://www.investopedia.com/articles/08/fiduciary-responsiblity.asp (September 12, 2013).

15 Errold F. Moody, Jr., "Fiduciary Responsibility," EFMoody.com, http://www.efmoody.com/arbitration/fiduciary.html(September 12, 2013).

16 Ibid.

17 T.L. Beaucham and J.F. Childress, *Principles of Biomedical Ethics* (Oxford University Press, 1989).

18 "The Belmont Report: Ethical Principles and Guidelines for the Protection of HumanSubjects of Research," The National Commission for the Protection of Human Subjects of Biomedical and Behavioral Research, April 18, 1979, http://

www.hhs.gov/ohrp/humansubjects/guidance/belmont.html(November 26, 2013).

19 R. Gillon, "Medical Ethics: Four Principles Plus Attention to Scope," *British Medical Journal*, July 16, 1994, p. 184.

20 See The World Medical Association's Physician's Oath, Declaration of Geneva, 1948, http://www.cirp.org/library/ethics/geneva/ (September 12, 2013).

21 See "Council on Ethical and Judicial Affairs," American Medical Association, http://www.ama-assn.org/ama/pub/physicianresources/medical-ethics/code-medical-ethics.page? (September 12, 2013).

1.2 니즈 탐구

서론

두 명의 열의 있는 이노베이터는 흉골절제술을 개선할 수 있는 방법을 모색[1] 중이며, 두 사람 모두 선구적인 임상의와 연락하고 있다. 한 명은 단순히 인터뷰를 요청하고 다른 이는 수술 및 수술 후 관리를 통해 환자의 상태를 추적하고 이와 관련된 비용을 파악하는 데 도움을 줄 수 있는 담당자와 면담할 수 있는 권한을 요청한다. 두 명 모두 그들의 조사를 통해 중요한 것을 깨달을 수 있을 것이다. 하지만 실제로 의료 행위 절차를 관찰하고 환자의 회복 과정을 추적하며, 상황과 관련된 실질적인 비용을 파헤치는 이노베이터가 실제 가치가 창출되는 부분과 개선의 기회에 대하여 훨씬 더 많은 것을 배우게 될 것이다.

새로운 해결책에 대한 개발 과정이 완전히 자리 잡기 전에, 이노베이터는 처음 선택한 전략적 포커스 영역과 관련된 기회를 찾고 이해해야 한다. 이노베이터는 기회를 찾기 위해 배경 조사, 직접 관찰, 새로운 방법을 찾기 위한 의료 행위, 절차, 사건, 비용 및 자원 할당에 관한 인터뷰를 시행해야 한다. 이러한 활동을 통해 찾아낸 문제는 니즈를 정의하는 데 있어 핵심적인 역할을 한다 – 이를테면 바이오디자인 혁신 과정의 초석과도 같은 것이다.

 니즈 탐구와 관련된 동영상은 ebiodesign.org을 참조한다.

목표

- 효율적인 배경 조사, 관찰 및 인터뷰를 수행하는 방법을 배운다.
- 확실한 기회로 이어질 가능성이 높은 문제의 유형을 찾아낸다.
- 가치 탐색의 중요성을 받아들이고, 고부가가치로 이끌 수 있는 "이정표"를 인식한다.
- 문제, 인구, 결과 사이의 관계를 이해하고, 이를 종합하여 니즈 제안서의 기반을 만든다.

니즈 탐구의 기초

니즈 탐구는 새로운 기술 또는 해결책이 다루는 문제의 다양한 요소를 이해하는 것이다. **니즈**를 완전히 이해하기 위해서는 세 가지 차원에서 생각해 보는 것이 유용하다. 첫 번째는 *핵심 문제*이다. 이는 의료 서비스를 제공하는 과정에서 서비스의 질을 떨어뜨리고 가격을 높이는 기본적인 요소를 말한다. 명확히 드러나는 문제도 있지만 가까이에서 발생하는 문제임에도 불구하고 쉽게 인식되지 못하는 문제도 있다(그림 1.2.1 참조). 이는 같은 사안일 수도 있고 약간 변형된 것일 수도 있지만, 여러 가지 의료 환경에서 발견될 수 있다. 요구의 두 번째는 바로 문제에 영향을 받는 *인구*이다. 관련 인구는 환자의 하위 집단이거나, 전문 분야의 의료 제공자일 수도 있고, 비용 문제를 안고 있는 병원일 수도 있으며 어쩌면 의료 시스템 자체일 수도 있다. 마지막으로 세 번째는 바람직한 *결과*이다. 즉, 문제가 적절히 해결되었을 때 대상 인구가 경험하는 긍정적 변화나 개선 결과를 말한다. 결국, 이 세 가지 유형의 정보는 **니즈 요구서**에 나타난다. 1.3 니즈 요구서 개발에서 세부 사항을 다룰 것이다.

니즈 탐구를 수행하는 데 있어 가장 일반적인 세 가지 방법은 배경 조사, 관찰 및 인터뷰이다. 일반적으로 조사와 인터뷰를 준비하기 위한 연구가 가장 먼저 진행된다. 이 절에서는 이 과정을 효과적으로 수행하기 위한 접근 방법을 소개한다.

배경 조사

초기 단계에서 이노베이터는 관심 분야에 대한 더욱 세부적이고 직접적인 데이터를 수집하기 위해 배경 조사를 수행한다. 1.1절에서는 관심 영역을 방향성 있게 이해하기 위해 수준 높은 정보만을 조사하면 되었다. 예를 들면 이노베이터는 질병의 영향을 받는 총 인구 규모, 질병 부담의 본질, 진단 및 치료에 대한 연간 지출, 기존 기술의 일반적인 효과성, 그리고 경쟁자의 밀집성을 조사했다. 니즈 탐구 기간은 심도 있는 이해를 위해 더 많은 시간을 투자해야 하는 시기이다. 이 단계에서는 질병의 상태(병리 생리, 인구 통계 및 핵심 전문용어), 기존의 치료법(사용 가능한 기술과 관련된 기업 및 진단, 치료 적용 방법, 장소), **이해관계자**(핵심 과정, 절차 및 관련 상호작용과 관련된 인원)와 시장 요소(분야 내 주요 지출 항목 및 주요 품목)를 더욱 심도 있게 이해하여야 한다. 배경 조사를 마치고 나면, 이노베이터는 인터뷰와 관찰을 수행할 때 대화의 흐름과 상황을 더욱 잘 이해할 수 있다. 2.1절부터 2.4절을 가이드로 활용하여 각 단계의 기술 혁신 과정에서 어떤 요소를 연구할 것인지를 결정하는 데 도움을 받을 수 있다. 각 장은 연구를 수행하기 위한 세부적인 접근법을 개략적으로 설명한다. 이노베이터가 더욱 세부적인 니즈에 집중할 수 있게 됨에 따라 보다 상세하고 심층적으로 연구를 할 수 있을 것이다.

이노베이터가 연구를 통해 초점 영역에 대한 더 많은 지식을 얻음으로써, 획득된 정보를 바탕으로 관찰을 계획하고 인터뷰 질문을 준비할 수 있다. 이를 위해 헬스케어 시스템의 다양한

그림 1.2.1
직접 관찰은 중요한 임상 문제(및 관련 니즈)를 간과하지 않도록 도움을 준다.[2]

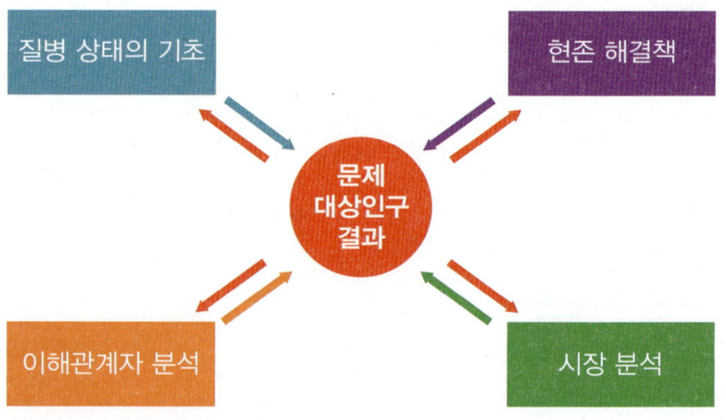

그림 1.2.2
니즈의 가치를 극대화하려면 질병, 기존 해결책, 이해관계자 및 시장 요인에 대한 근본적인 이해가 필요하다.

이해관계자(환자, 의사, 간호사 등)의 각기 다른 관점을 명확히 인식하여야 한다. 종종 기존 접근법의 부적절성과 제한점이 밝혀지면서 새로운 문제가 드러나기도 한다. 하지만 어떤 이해관계자는 문제로 생각하는 것이 다른 사람에게는 아무런 문제없는 당연한 것으로 받아들여지기도 한다. 어느 것도 놓치지 않도록 하기 위해서는 철저한 연구를 진행하고, 모든 참여자의 관점에서 일의 진행 과정을 살펴보는 것이 필수적이다. 여러 가지 관점에서 질문 또는 문의사항을 개략적으로 설명함으로써, 이노베이터는 이 분야의 잠재적 문제점과 기회에 대하여 폭넓은 이해를 할 수 있다. 참고로 그림 1.2.3~1.2.5에 수록된 질문은 정형외과 수술을 받는 환자를 여러 가지 관점에서 관찰하는 데 사용될 수 있다.

대장암 내시경 검사를 예로 들어 보자. 이 분야의 배경 조사를 위한 관찰과 인터뷰를 준비하는 데 있어 꼭 참고해야 하는 주요 이해관계자는 의사와 환자이며, 두 이해관계자의 관점은 치료 주기 전반에 걸쳐 다르다는 것을 인지해야 한다. 이노베이터가 단지 치료 과정을 관찰하고 의사하고만 소통한다면 환자와 관련된 중요한 통찰은 얻지 못할 것이다. 예를 들어, 의사는 가장 어려운 절차상의 문제로 장의 말단 부분까지 내시경이 들어가기 어렵다는 기술적 문제를 지적한다. 이와 대조적으로, 환자는 치료 전 "관장"을 가장 어려운 점으로 꼽았다. 환자는 심한 설사, 복부 팽창, 가스 등의 불쾌감을 동반하는 특수 약물을 복용해야 한다. 그러나 이 문제는 관찰하기 힘들다. 심지어 환자의 불편함에 대해 직접적으로 의사에게 물었을 때, 대부분의 의사가 대장 내시경을 상대적으로 쉽게 참을 수 있는 것처럼 묘사한다. 이러한 관점은 의사가 내시경이 삽입되었을 때 불편을 느끼는 일부의 환자만을 보고, 치료를 준비하는 과정에서 환자가 겪는 어려움은 축소하거나 생각하지 않기 때문이다. 배경 조사는 이노베이터에게 위와 같은 "관점 분리"의 중요성을 알릴 수 있고 종합 관찰과 인터뷰를 위한 가이드라인을 제공할 수 있다.

관찰과 인터뷰를 준비하기 위해 연구를 활용할 때, 이노베이터는 질문의 형태에 대하여 반드시 고려해야 한다. 질문의 방식이 대답에 영향을 주고 답변을 **편향**되게 만들 수 있기 때문이다. 예를 들어, 기구 혈관 형성술(혈관을 다시 여는 기구를 주입하기 위해 카테터를 막히거나 좁아진 동맥에 삽입하는 방법)의 개발 초기 단계에 많은 외과의가 흉골 절제가 불필요한 심장혈관계 질병 치료 기술의 **가치**에 대한 질문을 받았다. 많은 의사들이 가슴을 열어 심장을 멈추고 심폐 우회술을 시행함으로써 시각적으로 접근하여 동맥을 수술하지 않는 치료 방법은 잠재적 혜택이 크지 않을 것이라고 대답했다. 그러나 동맥우회술(CABG)을 견딜 수 없는 고위험군 환자의 치료를 위한 혈관 형성술의 효과로 질문을 재구성하여 물었을 때 대부분의 심장외과 의사들이 혈관 형성술을 유용한 대안으로 보았다.

환자

- 환자는 수술 전 검사, 예약 과정 등에 있어서 무엇을 경험하는가?
- 수술을 위해 환자는 몇 시에 일어나야 했는가?
- 전날 밤 식사가 허용되었는가?
- 어떤 종류의 준비가 필요한가?
- 준비 과정에서 부정적이거나 의도하지 않은 부작용이 있었는가?
- 병원 도착 시 어떤 일을 경험하는가?
- 얼마나 기다려야 했는가?
- 환자는 수술실로 들어갈 때 휠체어나 들것에 실려갔는가?
- 수술이 얼마 동안 진행 되었는가?
- 수술 절차는 무엇이었고 각 절차는 얼마나 소요되었는가?
- 수술 과정에서 전신 마취가 필요하였는가?
- 수술 과정에서 환자가 얼마나 많은 고통(혹은 불편함)을 겪었는가? 수술 전인가? 퇴원 후인가?
- 수술 전 과정에 무엇이 포함되었는가?
- 환자는 어떤 종류의 붕대를 받았는가?
- 비뇨기 카테터가 필요했는가?
- 정맥 주사가 필요했는가?
- 수술 과정에서 발생한 합병증이 있는가?
- 드레인, 카테터 혹은 정맥 주사를 중지하기 전까지 얼마나 많은 시간이 걸렸는가?
- 환자의 준비, 수술, 수술 이후 치료에 있어 환경 때문에 달라지는 측면이 있는가?
- 환자는 병원에 입원해야 했는가? 얼마 동안인가?
- 환자가 퇴원 후 도움이 필요했는가?
- 수술 후 감염과 통증 완화를 위한 약물 처방 계획은 무엇이었나?
- 환자가 일상 활동을 재개하기 위해 걸리는 시간은 얼마였는가?

그림 1.2.3
치료 전반에 거쳐 환자의 관점을 파악하기 위한 체크리스트

의료 서비스 제공자

- 수술을 위해 어떤 훈련과 절차가 필요한가?
- 수술을 위한 환자를 누가 준비하는가?
- 수술실에 몇 명이 있는가?
- 그들 각각의 역할은 무엇인가?
- 처음부터 끝까지 같은 사람이 수술을 진행하는가?
- 실무적인 인력 배치 수준과 역할 분배는 다른 환경과 동일하게 적용되는가?
- 이러한 방식으로 실무자에게 작업이 할당되는 이유가 무엇인가?
- 이것이 치료의 기준이 된 지 얼마나 되었는가?
- 현재의 접근법이 표준이 되기 전에는 어떤 식으로 수술이 진행되었는가?
- 수술과 관련된 주요 애로사항은 무엇인가?
- 수술 중 사용되는 도구와 장치들은 적절한 방식으로 사용되는가?
- 어떤 방식으로 장치를 사용하는가?
- 장치 사용에 대한 자신감이 있는가?
- 장치를 사용, 적용 및 이식할 때 어려움이 있는가?
- 장치를 올바르게 사용, 적용 및 이식할 때 얼마나 많은 인원이 필요한가?
- 장치를 사용할 때 실수를 하는가?
- 수술자의 피로나 방해 요소들이 존재하는가?
- 수술 후 얼마나 많은 외과 의사들이 필요한가?
- 수술 후 가장 흔한 합병증은 무엇인가?
- 누가 합병증을 관리하는가?
- 어떻게, 어디서 합병증이 관리되는가?

그림 1.2.4
환자 치료 전 과정에 있어, 의료 서비스 제공자의 관점을 이해하기 위한 체크리스트

관찰

임상 문제, 대상 인구, 바람직한 결과는 직접적인 관찰을 통해 얻어진다. 일반적으로 관찰은 이노베이터가 목격한 하나의 사건을 중심으로 진행된다. 실제적인 문제로 인식되고 바이오디자인 혁신 과정에 더 많은 관심을 모으려면, 관찰에서 제기된 문제는 의심, 불확실성, 어려움, 부적절한 요소 및 과도한 비용의 발생이 반복되는 상황에 대한 통찰을 포함해야 한다. 관찰이 어떻게 문제뿐만 아니라, 대상 인구, 바람직한 결과를 찾는 것에 도움을 주는지 구체적으로 설명해 주는 다음 예시를 살펴보자.

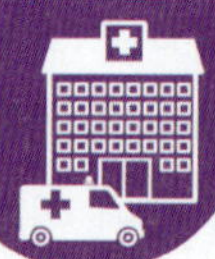

헬스케어 시스템의 다른 요소

시설, 의료비 지불자 등

- 수술에 얼마나 많은 돈이 지불되었는가?
- 배상 비율은 얼마인가?
- 의료비 지불자에 따라 배상액이 달라지는가?
- 수술의 수익성이 높은가?
- 어떠한 요소가 비용을 높이거나 낮추는가?
- 수술을 수행하는 데 얼마나 걸리는가?
- 수술에 있어 어떤 부분이 완료하는 데 가장 오래 걸리는가?
- 수술이 진행될 때 얼마나 많은 자원들이 묶여 있는가?
- 어떠한 시설(수술실 등)이 수술의 결과로 묶여 있는가?
- 수술 지원을 위해 어떤 장치, 장비, 혹은 보급품들이 필요한가?
- 장치, 장비 및 보급품의 비용은 얼마나 되는가?
- 위의 물품들이 수술의 효율성에 어느 정도 영향을 미치는가?
- 수술은 고정된 곳에서 진행되는가? 아니면 여러 장소에서 진행되는가?
- 합병증이 있는 경우, 누가 비용을 부담하는가?

그림 1.2.5
관찰 및 인터뷰 과정에서의 다른 관점을 나타내는 체크 리스트

관찰: 응급실에서 교육을 받고 있는 레지던트가 환자의 기관으로 호흡관을 삽입하는 데 어려움이 있어 환자의 산소 농도를 떨어뜨림

문제점: 응급 상황에서 기관내관을 삽입하는 것이 어려움

인구: 비 훈련된 / 비 숙련된 의료 종사자

결과: 위험 수준으로 산소포화도를 떨어뜨리지 않고 기관내관을 시기적절하게 삽입하는 능력

이노베이터는 적절한 기회를 찾기 위해 관찰에 주의 깊게 접근해야 한다. 예를 들어, 위의 예에서 이노베이터는 레지던트 이외의 더 많은 사람이 이 문제로 인해 어려움을 겪고 있는지 질문해야 한다. 더욱 광범위한 문제가 존재할 수 있지만, 결정은 추가 관찰 및 데이터 수집을 통해서 이루어져야 한다. 또한 관찰을 통해 문제를 찾는 과정에서 만들어진 모든 가정은 검증되고 테스트되어야 한다. 다시 말하지만, 이 예에서 언급된 문

제는 레지던트의 기술 부족으로 인해 튜브를 넣는 교육이 더 필요하다는 가정에 근거한다. 이것이 틀린 것으로 판명되면(아마도 문제는 해부학적 구조를 가진 특정 유형의 환자에 의해 야기되고 개선된 기술로도 변화되지 않을 수도 있음) 이노베이터는 잠재적으로 존재하지 않는 니즈를 추구하는 데 시간, 노력과 돈을 투자할지도 모른다. 이 경우 감소된 시간은 문제의 핵심으로 정의된다는 것을 알아두자. 그러나 시간적 요소는 수술 중 산소 포화도의 변화를 최소하는 것과 같은 특정 임상적 결과보다 환자 치료에 있어 덜 중요할 수도 있다.

두 번째 예제에서는 관찰, 문제, 대상 인구 및 결과 간의 관계를 강화한다.

관찰: 노인 환자가 심장 부정맥(비정상적인 심장 박동) 치료를 받고 병원에서 퇴원한 후, 기존의 약물이 바뀌고 부정맥 치료를 위한 새로운 약물이 추가됨. 일주일 후 추적 관찰을 위해 클리닉에 방문했을 때, 그가 복용하고 있는 약물에 대한 혼동이 있었고 생명을 위협할 수 있는 약물 간의 잠재적 상호작용에 대한 우려가 있었음

문제: 퇴원 후 의약품 사용법에 대한 지침

인구: 입원 후 퇴원한 노년층 환자

결론: 약물 상호작용으로 인한 재입원 비율을 줄일 수 있도록 퇴원 후 사용되는 약물과 관련된 명확한 지침

위의 두 가지 예시에서 이노베이터는 문제, 인구, 결과를 확정하기 전에 문제와 관련된 변수들을 반복적으로 확인한 후 이를 니즈 요구서에 반영해야 한다. 이는 이전에 설명되지 않았고 잠복해 있는 문제를 다룰 때 특히 중요하고 어렵다.

관찰 설정

이노베이터는 관찰을 수행하기 위해 적절한 임상 환경에 대한 접근 권한을 얻는 데 있어 때때로 어려움을 겪는다. 많은 수의 **의료 기술**이 의사 발명가로부터 나오는 주된 이유 중 하나는 자신의 일을 통해 정기적으로 관련 문제를 직접 관찰할 수 있기 때문이다. 임상의가 아닌 이노베이터라면 관찰 기회를 만드는 것이 어려울 수 있다. 환자 개인의 프라이버시 보호를 위한 많은 보호장치가 있는 경우 특히 더 어렵다(2장의 후반부에 제공되는 윤리 및 관찰에 대한 사항 참조). 가장 효과적인 접근 전략 중 하나는 개인적 인맥을 활용하여 다양한 시설에서 관찰을 수행하는 것이다. 또 다른 방법은 접근 문제를 해결하기 위해 의사 또는 의료 전문가와 협력하는 것이다. 이 두 가지 전략 모두 효과적이지 못한 경우에는 의료 시설에 "콜드 콜(Cold Call)"을 하여 현장 방문을 위한 허가를 요청할 수 있다.

접근에 대해 생각할 때 전체 진료 일정을 모두 관찰하는 것이 중요하다. 예를 들어, 이노베이터가 단지 몇 분간의 수술을 관찰한다면 중요한 장면을 놓칠 수도 있다. 관찰자가 초점 영역의 잠재적인 문제 및 해당 니즈를 진정으로 이해하기 위해서는 준비, 절차 및 수술 후 관리에 관련된 내용을 이해해야 한다. 이러한 이유로 수술실 또는 검사실에 대한 접근 권한만으로는 충분하지 않다. 관찰자는 대기실, 실험실 및 관리 구역을 관찰할 준비를 해야 한다. 가능하다면 환자가 최초 증상을 호소하게 만든 환경과 후속 치료 환경을 모두 조사해야 한다. 지불과 보험 절차와 관련된 상호작용을 이해하기 위해서는 병원의 재정 부서를 비롯하여 의사 사무실의 회계사에게도 접근할 수 있는 방법을 찾아야 한다. 이때 주요 초점은 의료 제공자가 어떻게 비용을 받고 그 비용을 누가 지불하는지에 대한 높은 수준의 정보를 수집하는 것이다. 대부분의 경우 이러한 각 대상 영역에 접근하려면 별도의 허가가 필요하다.

관찰하기

다음 단계는 이노베이터가 관심 있는 임상 환경에 몰입하는 것이다. 관찰 과정은 **민족지학적 연구**라고 불리는 접근법과 관련이 있다. 민족지학적 연구의 기본 방법은 연구자가 직접 연구하고자 하는 상황 속으로 들어가 그룹 내부의 사람들이 생각하고, 느끼고, 필요한 것 등에 대한 정보를 심층적으로 얻어 내는 것이다.[3] 바이오디자인 혁신의 맥락에서는 연구되는 그룹과 최대한 동화되어 "내부자"의 관점을 이해하고자 하는 것을 의미한다.

현대 민족지학적 연구의 핵심적 특징은 연구의 대상이 되는 사람들과 **공감대**를 형성하기 위하여 상당한 주의를 기울이는 것이다. 즉, 경험과 감정을 공유하는 것이다.[4] 이것은 이노베이터가 다른 사람의 입장이 되어봄으로써 사람들이 어떤 생각, 느낌, 경험을 하는지 심도 있게 생각하도록 한다. 역지사지의 방법 중 하나는 그들의 관점을 더 잘 이해하기 위하여 직접 관

찰된 것을 넘어 창의성을 발휘해 보는 것이다. 예를 들어 인도 시골 지역에 있는 무릎 절단 환자의 니즈를 탐색할 때, 한 학생 팀은 대상 표본의 환자 심리를 더 잘 이해할 수 있는 방법을 찾고자 했고, 이를 위해 구부러진 무릎에 맬 수 있는 특별한 의족 장치를 구했다. 인도 외곽 지역에서 흔한 울퉁불퉁한 땅에서 이 장치를 하고 걸어봄으로써 엔지니어들은 처음으로 인공 다리에 의존하는 것이 어떤 느낌인지 경험했다. 이러한 경험을 통해 그들이 시중에서 구할 수 있는 값싼 의족 중 상당수가 사용하기 두려울 만큼 불편하기 때문에 환자들이 걷는 것에 자신감을 가질 수 있는 편리한 장치가 나온다면 다리 절단 환자들에게 많은 혜택을 줄 수 있을 것이라고 깨달았다.[5]

공감을 얻는데 있어 또 다른 중요한 기술은 "초보자의 사고방식을 채택하는 것"이다. 발견은 적절한 시기에 적절한 장소에 있는 것과 일부 관련이 있다. 하지만 새로운 아이디어와 기회가 생길 때 이를 받아들이는 것도 중요하다. 이노베이터가 "전에 이미 본적이 있다"라는 사고 방식을 가지고 관찰에 임한다면 훌륭한 아이디어의 바탕이 될 수 있는 작은 깨달음을 발견할 가능성이 거의 없다. 이노베이터의 가정은 오해 또는 고정관념일 수도 있으며, 이는 형성할 수 있는 공감대를 방해한다. 초보자의 사고방식을 채택하여 다음에 나열된 요점을 따르면 이노베이터는 편견을 없애고 새로운 관점으로 관찰에 참여할 수 있다.[6]

- **판단하지 말 것.** 이해관계자의 행동에 대한 가치 판단, 상황, 결정 또는 기타 다른 표면적 이슈로부터 영향을 받지 말고 관찰을 수행하고 이해관계자와 관계를 맺도록 하라.
- **진정한 호기심을 가질 것.** 익숙하거나 불편하게 보이는 상황에서도 호기심을 갖고 질문하는 자세를 가지려고 노력해야 한다.
- **모든 것을 질문할 것.** 서로 다른 관찰로부터 생긴 새로운 질문에 관한 목록을 작성하라.
- **패턴을 발견할 것.** 이해관계자와의 상호작용 속에서 나타나는 흥미로운 주제나 맥락을 찾아라.
- **경청할 것.** 경쟁을 유발하려는 마음을 버리고 대화에 빠져들어라. 다른 것은 생각하지 말고 이해관계자가 무엇을 하는지, 무엇을 말하는지, 어떻게 말하는지 모두를 흡수하라.

관찰자는 연구 팀의 일원으로 인정받기 위해 관찰에 많은 시간과 에너지를 투자해야 한다. 예를 들어, 수술 중 사용되는 장비와 관련된 문제를 찾기로 결정했다면, 이노베이터는 외과의사와 동일한 시간에 병원에 도착해야 하며, 관련 없는 케이스도 관찰해야 한다. 그 이후에야 비로소 전체 수술 과정과 수술 후 과정을 관찰할 수 있다(그림 1.2.6 참조). 반대로 장비 사용

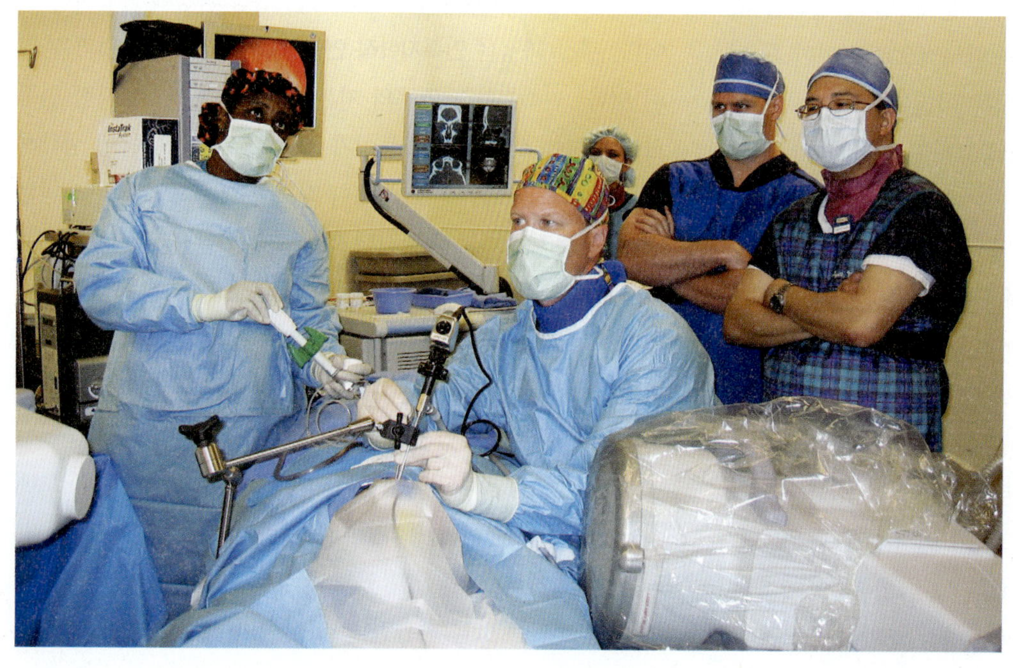

그림 1.2.6
ENT 신생 기업의 두 리더가 시너스 수술을 관찰하고 있다. 이상적인 상황이라면, 두 리더는 수술뿐만 아니라 수술을 둘러싸고 있는 치료의 전 과정을 관찰할 것이다(엑클라렌트(Acclarent)의 허가를 받아 사용).

직전에 도착하여 사용 직후 바로 수술실을 떠나버린다면 중요한 학습의 기회를 잃어버릴뿐더러 잘못된 인상을 남길 가능성이 있다. 외과의, 간호사, 그리고 다른 보조 전문의들은 관찰자가 자신들의 **치료 과정**에 참여하고 있다는 느낌을 받지 못한다면 문제를 발견하는 데 필요한 피드백과 의견을 공유하지 않을 것이다. 하지만 관찰자가 팀의 구성원으로서 함께 시간을 보내며 함께 휴식시간을 가지고 케이스가 끝나고 카페에서 함께 시간을 보내는 등의 활동을 한다면, 팀이 관찰자에게 마음을 열 확률은 훨씬 높아진다. 이러한 행동은 장비가 사용되는 것을 직접적으로 관찰하는 것만큼이나 효과적으로 문제에 관한 통찰력을 얻는 데 도움을 줄 수 있다. 보통 이러한 통찰력은 *공식적인* 발언으로부터 나오는 것이 아니라 팀 구성원이 일하는 과정에서 또는 그들의 *비공식적인* 토론으로부터 얻을 수 있는 정보에서 나온다. 언급한 바와 같이, 관찰하고 있는 의료 상황에 대해 이해하고 있으면(배경 조사와 의학 서적을 통해) 팀에게 호의적으로 비춰질 것이며, 이노베이터가 전문적이고 충분히 교육 받았으며 호감이 가는 태도를 지니고 있는 사람으로 인식될 수 있다.

고려해야 할 또 다른 쟁점은 "관찰자 효과"이다. 이는 관찰 대상이 관찰되고 있다고 인지함으로 인해 상황이 변화됨을 일컫는다. 예를 들어, 의사를 비롯한 의료 서비스 제공자들이 관찰자가 있기 때문에 문제를 다른 방식으로 처리하거나 반응하는 것이다. 환자도 마찬가지로 관찰자가 있을 때 행동을 바꾼다(고통에 대한 반응 등). 관찰자가 팀의 일부가 되었을 때, "관찰자 효과"는 줄어들 수 있다. 왜냐하면, 팀 구성원이 관찰자를 더 편하게 느끼고, 관찰자의 행동을 특별하게 생각하지 않게 되기 때문이다.

다른 환경에서 관찰을 반복하는 것도 필수적이다. 일반적인 임상 문제는 의료 시스템 전반에 걸쳐 존재하지만, 비슷한 문제가 서로 다른 의료 환경에서 처리되는 방식은 매우 다양하다. 예를 들어, 병원 관련 문제를 탐구하는 이노베이터는 대학 병원과 지역 민간 병원이 확연히 다르다는 것을 발견할 것이다. 이 관점을 설명하기 위해 일일이 봉합해야 하고 길게는 3시간까지도 걸리는 성형수술 후 피부를 덮는 과정을 예로 들어 보자. 대학 병원에서는 의사가 수술을 진행하고 마무리 봉합을 레지던트에게 맡긴다. 풍부한 경험을 하기를 원하는 레지던트들은 시간이 많이 걸리고 힘든 과정일지라도 열정적으로 참여하고자 한다. 그러나 지역 병원에서는 시간이 많이 걸리고 손이 많이 가는 마무리 작업을 해 줄 "추가" 인력이 없다. 외과 의사 스스로 시간이 많이 걸리는 봉합까지 마무리 지어야 하기 때문에 하루에 처리할 수 있는 케이스의 수가 줄고, 다른 종류의 환자 치료를 위한 의사의 능력에도 영향을 미치며, 의사와 의료 시설의 총 수입도 줄어들 수 있다. 다른 환경에 대한 통찰이 없다면, 이노베이터는 잠재적으로 문제 및 니즈와 관련된 중요한 동인을 놓칠 수 있다.

마지막으로, 관찰 과정 중 발생하는 특정 사건이나 행동 유형은 중요한 문제의 신호일 수 있다. 이러한 단서는(표 1.2.1에 제시된 것처럼) 종종 특정한 관점에 한정된다. 신호가 관찰되면 기회를 찾을 수 있는 가능성이 있기 때문에 추가적인 조사가 이루어져야 한다. 각각의 단서가 서로 다른 관점과 연결되어 있지만, 다른 관점을 취함으로써 얻을 수 있는 것이 많음에도 불구하고 대체로 의사의 관점만이 최우선시 된다. 예를 들어, 수술 중 신속한 절개 방법을 찾는 대신에 환자의 관점에서는 절개 자체를 하지 않는 방법이 더 나을 수 있다. 제3자의 관점 (공적 또는 사적 건강 보험 제공자) 또는 시설의 관점으로 (병원, 다른 외래병동 등) 문제를 바라보고 관찰을 수행하는 것도 동일하게 도움이 될 수 있다. 더욱이 모든 이해관계자가 시장 개입의 *가치*에 중점을 두고 있으므로, 이노베이터는 치료의 적정 가격과 관련된 문제와 기회를 적극적으로 찾아야 한다.

관찰 내용 문서화하기

관찰 내용을 빈틈 없이 문서화하는 것은 스스로 관찰을 수행할 때 매우 중요하다. 이노베이터들은 주로 **혁신 노트**를 사용하여 관찰 내용을 기록하고, 추가 분석을 통하여 문제와 통찰을 찾아낸다. 관찰한 내용을 문서화하는 작업이 빨리 완성될수록 (예: 관찰 중 또는 관찰이 끝난 직후), 더 정확한 데이터를 얻을 수 있고 중요한 부분을 놓치지 않을 수 있으며 이노베이터의 편견을 배제할 수 있다. 게다가, 비록 바이오디자인 혁신 과정의 초기 단계에서는 어떠한 발명도 자세히 세분화되지는 않지만, 문서화 과정 패턴이 수립된다면 이노베이터가 수행하는 작업을 보호해야 할 일이 생길 경우에 도움을 받을 수 있다(4.1 지적재산권의 기초 참조). 특히, **혁신 노트**의 초반부에 관찰 내

표 1.2.1 관찰 수행 시, 다음의 단서에 특별한 주의를 기울여야 한다. 기회의 신호일지도 모른다.

환자	
고통(통증)	치료 전 과정에 걸쳐 환자가 겪는 고통을 파악하기 위해 환자를 관찰해야 한다. 이때 고통은 가벼운 불편함부터 극심한 고통까지 다양하다. 때로는 통증이 쉽게 고쳐질 수 있는 문제이지만 다른 상황에서는 현재 절차 또는 장치에 대한 더 큰 문제가 있을 수 있다.
합병증	합병증은 최악의 경우에는 환자를 사망에까지 이르게 할 수 있는 치명적인 문제부터 환자에게 미미한 영향을 주는 사소한 문제까지 다양한 형태로 나타난다. 합병증이 관찰될 때마다 얼마나 자주 합병증이 발생하는지, 그것이 예방 가능한 문제인지에 대해 조사해야 한다. 큰 절개, 큰 출혈, 부족한 치료 또는 감염에 주의해야 한다.
스트레스	스트레스란 육체적, 정신적 또는 감정적 긴장상태를 말한다. 치료의 전 주기 동안 환자를 관찰하여 치료의 어떤 측면이 환자에게 불안감을 주는지 살펴야 한다. 또한 의사와 다른 진료 팀원을 관찰하여 언제 가시적인 스트레스(그리고 시기 또는 활동이 환자의 스트레스와 일치하는 정도)가 발생하는지 알아보는 것도 중요하다. 어떤 문제가 긴장 상태를 유발시키는지 찾아보아야 한다.
시간과 편의성	치료에 있어 의사의 시간만이 중요한 것은 아니다. 환자의 지위가 정보를 갖춘 소비자(그리고 구매자)로 향상됨에 따라, 환자의 시간과 편의성이 더욱 영향력 있는 요소가 될 것이다. 치료에 걸리는 시간, 그리고 직장을 쉬어야 하는 기간(무급인 경우가 많은)이 잠재적으로 중요한 니즈 영역이라는 것에 주의를 기울여야 한다.
의료 서비스 제공자	
위험	위험은 상해나 손해에 노출될 가능성이다. 일반적으로 의사는 "해를 끼치지 말 것"을 추구하기 때문에 치료 시 발생할 수 있는 위험을 최소화하고자 한다. 만약 의사(또는 다른 의료 제공자)가 높은 위험을 가진 대안 치료 방법을 주장한다면, 더 큰 위험을 가지고 있는 접근법이 어떤 문제를 안고 있는지 이해해야 한다.
오작동	장비 또는 다른 용품이 오작동할 때마다, 발생 문제의 원인과 오작동에 대하여 이해관계자들이 어떻게 반응하는지를 살펴야 한다. 오작동으로 인해 발생한 합병증, 스트레스 또는 고통 등도 고려해야 한다. 그리고 오작동의 원인이 장비 사용에 대한 부적절한 훈련 때문이었는지 또는 장비 사용의 복잡성 때문이었는지도 생각해야 한다.
불확실성	스트레스를 찾는 것 이외에도 어떻게 치료를 진행해야 할지에 대해 불확실하다고 느끼거나 결정하지 못하는 경우에 주의해야 한다. 이 시점에서 토의가 이루어진다면, 주요 쟁점이 무엇인지 주의 깊게 들어야 한다. 이를 통해 미해결 문제를 발견할 수 있다.
도그마	도그마는 최선의 행동인지 아닌지 여부와 상관 없이, 이미 확립된 의견, 원칙 또는 신념을 말한다. 만일 관찰자가 일련의 의료 절차가 왜 그러한 방식으로 수행되는지 물었을 때, 의료 서비스 제공자가 "왜냐하면 이렇게 배웠기 때문입니다." 또는 "이 일은 항상 이렇게 해왔습니다." 라고 반응하는 것은 오랜 기간 동안 비판적으로 평가되지 않았을 수 있다는 것을 나타내는 좋은 지표일 수 있다.
다른 건강 시스템(설비, 지급인, 기타)	
비효율	비효율성과 관련된 문제를 찾으려고 할 때는 환자, 의료 서비스 제공자, 그리고 시스템의 관점에서 치료 과정을 바라보아야 한다. 예를 들어, 어떤 경우에 환자가 검사 결과를 기다리는 동안 병원에 입원해야 하는가? 또 수술의 일부분을 진행하기 위해 추가적인 인력이 필요한 경우는 언제인가? 의료 분야 외에 다른 소비자 친화적인 비즈니스가 이러한 문제를 어떻게 해결할 것인가의 관점에서 문제를 바라보는 것도 좋다.
정보의 격차	한 개인 또는 그룹에서 다른 그룹으로 정보나 의료 활동이 이전되는 것은 오류와 스트레스의 원인이 될 수 있다. 특히 정보가 유출되지 않도록 주의해야 하고, 당사자에게 관심을 기울여야 하며, 왜 정보의 이전이 필요한지, 그리고 이전을 완료하는 데 얼마나 많은 시간과 에너지가 필요한지에 특별한 주의를 기울여야 한다.
비용	비용은 대개 직접적으로 관찰될 수 없다. 그러나 직원의 수준과 수술에 관하여, 의료 제공자의 기술 수준, 발생 장소, 자원 활용, 폐기물과 같은 비용 운용의 요인을 관찰할 수 있다. 참여자가 수행하는 역할과 환경 및 다른 자원이 효과적인 치료에 어떻게 기여하는지(또는 그렇지 않은지)를 이해하여야 한다 ("가치 탐구"절 참조).

용을 포함하는 것은 어떻게 아이디어가 결실을 맺을 것 인지와 관련된 스토리를 총체적으로 살펴볼 수 있도록 도와주며, 이는 발명이 경쟁에 붙여졌을 때 도움이 된다.

비록 관찰 내용을 기록하는 특정한 또는 "올바른" 한 가지 방법은 없지만, 중요한 것은 표 1.2.2와 같이 자세히, 그리고 있는 그대로 기록해야 한다는 것이다. 예를 들면,

환자가 침대에 똑바로 누워 있었다. 의사의 조수가 사타구니 부분을 소독하였고 의사는 사타구니를 통해 혈관으로 접근하려고 시도하였다. 시도는 반복되었다. 의사는 혈관이 너무 깊이 있고 찾기가 어려워 시도가 반복된다고 말했다. 환자는 바늘이 들어갈 때마다 고통스러워 보였고 의사는 점점 더 좌절했다.

표 1.2.2 이러한 유형의 정보는 관찰 과정의 일부로 정기적으로 기록되어야 한다.

문서화 가이드라인
관찰의 날짜, 시간, 장소
참석자(의사이름, 간호사 및 분과별 다른 스태프의 수)
현장에서 발생하는 구체적 요인, 숫자, 세부사항
감각적 인상: 시각, 청각, 질감, 후각
현장 노트를 기록하는 것에 대한 개인적 반응(예: 특정 효과가 언급되었을 때 누군가 의견을 제시하였나?)
구체적 단어, 구문, 대화 요약 및 내부 대화
과정, 절차 또는 상호작용에 있어 다양한 단계의 시기
사람 또는 그들의 행동에 관한 추후 조사를 위한 질문

이상적으로라면, 이노베이터는 문서를 계속적으로 완성해 나갈 것이다. 노트를 사설처럼 작성해서는 안 된다. 이 시점에서는 정보를 필터링하거나 분류하면 안 된다. 그리고 충분한 데이터를 수집하기 전에 정보를 해석하려는 위험을 감수하지 말아야 한다. 분석을 위한 데이터 자체를 모으는 데 집중하고, 충분한 데이터가 수집된 후 분석해야 한다(기록에 대한 더 많은 정보는 4.1절 참조).

만약 관찰 도중에 이노베이터가 발명에 대한 아이디어를 얻는다면 간단히 그 아이디어를 기록해 놓아야 한다. 그리고 바이오디자인 혁신 과정 전까지 아이디어를 내버려두어야 한다(3.1 개념화 참조). 무엇보다도 이노베이터는 진정한 문제를 이해하기 위한 절차가 완료되기 전까지는 어떤 특정한 해결책에도 머물러 있으면 안 된다.

윤리와 관찰에 관하여

관찰을 계획하고 수행할 때, 항상 직업 윤리에 벗어나지 않게 행동하고 주요 관계자를 대할 때 존중하는 태도를 취해야 한다. 사람들은 병에 걸려서 병원을 찾고 의료 환경은 알지 못하는 것들에 대한 두려움과 죽음 또는 장애에 대한 가능성으로 인해 두려움으로 가득 차 있다. 환자와 환자의 가족에게 힘든 시기이기 때문에 의료 제공자는 안전하고 환자를 존중하는 의료 환경을 제공해야 하는 윤리적 의무가 있다. 이러한 이유로, 이노베이터는 의료 환경에서 일할 때 환자의 프라이버시와 관련된 문제를 민감하게 다루어야 하고 환자를 보호하기 위해 의료 서비스 제공자와 의료 기관과의 관계에 있어 적절한 선을 유지해야 한다.

예를 들어, HIPAA(Health Insurance Portability and Accountability Act)의 개인 정보 법률에 따르면, 환자는 개인의 건강 정보 보호를 위해 포괄적인 연방의 보호 서비스를 제공받는다.[7] 2003년에 발효된 이 법은 개인 건강 정보(protectd health information, PHI)의 사용 및 공개에 대한 규제를 만들었고, 임상 환경에서 관찰을 수행하기 위한 허가를 요청하는 것과 환자의 정보를 공유할 때 주의하는 분위기를 만들었다. 환자와 관련된 데이터를 수집하는 데 필요한 관찰을 수행하고자 하는 이노베이터는 HIPAA 규정을 철저히 이해하고, 법에 따라 의료 서비스 제공자가 부여하는 제약 및 제한 사항을 잘 따라야 한다. 대부분의 시설과 의료 서비스 제공자는 관찰자에게 소정의 교육을 받아야 하는 HIPAA의 인증을 요구한다. 또는 관찰자에게 환자의 동의서를 받도록 할 수 있다. 원칙적으로, 이노베이터는 관찰 허가를 받을 가능성을 높이기 위하여 이러한 요청에 협조적이고 능숙하게 대처해야 한다. 확신할 수 없는 경우에는 환자의 치료 환경에 접근하기 전에 항상 지침을 찾아 보아야 한다.

이노베이터가 의료진과 환자에 접근하여 관찰을 수행할 수 있는 것은 큰 특권이다. 의료진은 관찰이 진행되는 동안에도 실제로 환자를 치료하고 있다. 따라서 환자의 치료가 정상적인 속도와 올바른 방법으로 이루어지게 하기 위하여 이노베이터의 의도와 목표는 2차적인 것이 되어야 한다. 이노베이터는 언제, 어디에서 관찰하고, 질문하는 것이 치료에 방해가 되지 않을지 반드시 생각해야 한다. 이와 관련된 사항은 상대적으로 시간적 여유가 있는 시기에 의료진과의 대화를 통해서 정할 수 있으며, 이러한 절차를 통해 의료진은 이노베이터의 태도에 대한 깊은 이해를 얻을 수 있다.

인터뷰

일단 충분한 관찰이 실시된 후 문서화되고 나면 이노베이터는 데이터를 조직하고 검토하여 흥미로운 문제와 관련된 통찰력을 얻으려는 시도를 시작한다. 이를 통해 특별히 기억에 남고, 깊게 생각하게 만드는 데이터를 찾아야 한다. 만약 팀 안에서 일한다면, "이야기 공유와 수집"의 방법을 사용하는 것도 도움이 될 것이다. 현장 연구 기간 동안 보고 들었던 것 중 가장 눈에 띄는 것을 설명하기 위하여 그룹의 멤버들에게 질문하는 것도 좋다. 모든 팀 멤버가 동일한 관찰에 참여했다 하더라도 각자의 관점에 따라 서로 다른 문제와 통찰점을 발견했을 것이다. 더 많은 정보를 듣고 조사함으로써, 팀 구성원의 경험을 통해 처음 인식한 것보다 더 많은 뉘앙스와 의미를 이끌어 낼 수 있으며, 이를 통해 통합의 과정이 시작된다. 각각의 주요 표제, 인용, 발견 또는 흥미 있는 정보를 포스트잇에 붙여 놓고 지속적으로 정보를 확인한다.[8] 시간이 지나면서, 이노베이터는 알게 된 것의 우선순위를 정하고 가장 매력적인 문제와 통찰점을 찾는다. 이때 중요한 것은, 한 사람의 견해를 다른 사람의 것보다 우위에 두려 하지 말고 서로의 견해를 통합하려고 해야 한다는 것이다. 특히 의료 교육을 받은 팀 구성원의 견해를 다른 배경을 가진 구성원의 견해보다 우선시 하지 않도록 주의해야 한다. 또한 완성되지 않거나 모순된 정보 또는 혼란스러운 정보를 주의해서 다루어야 한다. 이러한 문제는 실제로 일어나는 일을 명확히 하기 위한 추가 관찰과 인터뷰의 필요성을 알리는 신호가 될 수 있다.

인터뷰는 니즈 탐색에 있어 필수적인 절차이지만, 때로는 가치 없는 함정에 빠뜨릴 위험성도 가지고 있다. 특히 사람들이 누가, 무엇을, 언제, 어디서, 어떻게, 그리고 왜 하였는지에 대해 말하는 것은 다소 오해의 소지가 있을 수 있다. 풍선 부착 카테터를 비롯하여 수십 개의 의료기기를 발명한 Thomas Fogarty는 다음과 같이 말했다.[9]

> 이노베이터는 의사가 필요한 것을 관찰하려 하지 않고 의사에게 무엇을 원하는지 물어보려고 하는 경향이 있다. 의사를 비롯한 다른 의료진과 대화할 때는 그들이 말하는 것, 원하는 것, 그들이 기꺼이 비용을 지불할 것, 그리고 실제로 그들이 할 것을 구분하는 능력을 갖추어야 한다.

이러한 이유로 이노베이터는 관찰과 분리된 인터뷰를 진행해서는 안 된다. 즉, 관찰과 인터뷰가 결합하여 함께 작동할 때 최고의 결과를 만들어 낸다는 것을 명심해야 한다.

인터뷰를 준비하기 위해, 이노베이터는 초기 연구와 질문의 초안으로 되돌아가 관찰 결과를 바탕으로 이를 수정 및 보안 해야 한다. 그 다음 인터뷰할 대상의 특성에 맞는 인터뷰 가이드라인을 준비하여 배정된 시간에 적합한 질문의 수를 찾고, 인터뷰 대상의 관점과 전문성에 맞는 질문을 할 수 있도록 해야 한다.

실제 인터뷰를 진행할 때, 다음의 가이드라인들을 참고하면 도움이 될 수 있다.[10]

- **이유를 물어라.** 정답을 알고 있을지라도 때때로 예상치 못한 답변이 나올 수 있기 때문에 왜 그렇게 행동하고, 말하는지에 대해 물어야 한다. 하나의 질문으로 시작해서 필요한 만큼 계속 진행되어야 한다.
- **질문할 때 "보통"이라는 말을 사용하지 말라.** 대신 "가장 최근에 어떤 것을 했을 때를 말해 주십시오."와 같이 구체적인 사례를 물어보아야 한다.
- **이야기를 장려하라.** 말하는 이야기가 진실이든 아니든 그들이 세상을 어떻게 생각하는지가 드러나게 된다.
- **불일치를 찾아라.** 다시 말하지만, 인터뷰 대상의 말과 행동이 다를 수 있다. 중요한 통찰점을 숨기고 있을 수 있으므로 이러한 불일치를 조심하여야 한다.
- **비언어적 신호에 주의를 기울여라.** 몸짓과 감정에 민감해져라.
- **침묵을 두려워하지 말라.** 인터뷰를 진행하는 사람은 정적이 일어날 때 꼭 무언가를 물어야 할 것처럼 느끼곤 한다. 만약, 침묵을 두려워하지 않는다면, 인터뷰를 받는 사람은 자신이 했던 말을 되돌아 보고 더 심도 있는 내용을 말할 수도 있다.
- **질문에 대한 정답을 제시하지 말라.** 인터뷰를 받는 사람이 잠시 대답하기를 멈추더라도 그들을 돕기 위해 답을 제안해서는 안 된다. 이렇게 하면 사람들이 인터뷰하는 사람의 기대에 부합하는 대답을 하게 되는 경향이 있다.
- **양자택일을 피하라.** 양자택일 질문은 하나의 단어로 대답할 수 있다. 이야기를 기반으로 대화하는 것이 좋다.
- **서류화하기 위한 준비를 하라.** 두 명이 인터뷰를 진행하거나 혼자 인터뷰를 해야 할 경우 녹음기를 사용하라. **인터뷰에 참여하는 사람**에게 집중하면서 상세한 메모를 동시에 하는 것은 거의 불가능한 일이다.

멈추어야 할 때를 알고 다음 단계로 넘어 가는 것

니즈 탐구는 본질적으로 예측 불가능하고 비효율적이다. 이노베이터들은 명확한 쟁점이 드러나기까지 수십(혹은 수백) 개의 수술을 관찰해야 할지도 모른다. 어떤 상황에서는 그것으로도 부족할 수 있다. 유능한 사람도 흥미로운 분야를 탐색하고도 의미 있는 니즈를 발견하지 못하는 경우가 있다. 이는 초점 영역과 이노베이터 사이에 부조화가 있음을 의미는 것일 수도 있다. 하나의 전략만을 추구하는 것 보다 다시 조명된 초점 영역을 재평가함으로써 더 좋은 결과를 얻을 수도 있다(1.1 전략적 포커스 참조).

이노베이터가 니즈 탐구에 얼마나 많은 시간을 투자해야 하는지에 대한 기준점을 부여하기는 어렵다. 다음의 예시가 이에 대한 이해를 도울 수 있을 것이다. 스탠포드 바이오디자인 펠로십에서는 배경 연구, 조사 실행, 인터뷰 및 획득한 정보를 입증하는 데에 대략 2개월 정도를 소모한다. 보통 예비 연구, 관찰 및 인터뷰에 2개월 중 3주가량을 소모한다. 그 후 나머지 기간은 특정 관심 영역을 조사하는 데에 사용한다(의료 시설로 돌아가 더 많은 관찰과 대화를 하는 것도 포함된다). 그 후, 아이디어의 흐름이 점점 줄어든다. 점점 더 적은 *새로운* 관찰이나 통찰점이 발생하고 하나의 요소가 반복해서 눈에 띄는 것이 생기는 것이 흐름이 줄어든다는 신호이다. 그렇지 않고 임상적으로 중요하다고 생각하는 문제들을 계속해서 찾게 된다면, 다른 초점 영역으로 눈을 돌릴 때인 것이다.

다음 단계는 문제, 기회, 그리고 결과를 니즈로 전환시킬 때(1.3 니즈 요구서 개발 참조), 환자, 의료 서비스 제공자 및 관찰한 시스템 내 대표들과 좋은 관계를 확실히 맺는 것이다. 니즈 요구서가 개발되고 추가 연구가 시행되었다면, 개념 생성이 시작되기 전에 다시 임상 환경으로 돌아가 니즈를 검증해야 한다. 이해 관계자들과 좋은 관계를 유지하는 것은 검증 절차를 진행하는 데 큰 도움이 될 것이다.

다음 이야기는 신시내티 대학교의 다학제 혁신 팀이 어떻게 니즈 탐구 단계를 효과적으로 진행하였는지에 대한 예시를 제공한다.

현장에서 신시내티 대학교 의료기기 팀

니즈 탐구의 일환으로 문제 관찰하기

의공학과(Biomedical Engineering) 부교수 Mary Beth Privitera는 항상 의료 분야의 문제점을 탐색한다. 신시내티 대학교의 의료 장비 및 기업 활동의 공동 개발자로서 그녀는 의생명공학, 산업디자인, 상업 윤리 프로그램의 졸업반 학생을 모아 다학문 팀으로 나누고 실질적인 의료 쟁점에 대한 일년간의 혁신 프로그램에 배치한다. 이 프로젝트는 매년 많은 기업, 그리고 의료기기 분야의 연구소로부터 지원을 받고 디자인, 예술, 건축 및 설계, 공학, 약학, 그리고 비즈니스 분야의 경험 있는 교수진으로부터 지도를 받고 있다.

2006년 가을, 수면 및 호흡 문제 해결에 초점을 두고 있는 의료기기 업체인 레스피로닉스(Respironics)는 수면 무호흡 관련 문제 및 니즈를 찾기 위해 프리비테라에게 연락을 취하였다. 폐쇄 수면 무호흡증(obstructive sleep apnea, OSA)은 수면 중 기도의 폐색으로 인하여 호흡이 계속적으로 멈추는 상태를 말한다. OSA의 가장 흔한 증상으로는 심한 코골이와 수면 후의 피로감이지만 두통, 건망증, 우울함, 불안과 더불어 감정 기복까지 유발할 수도 있다. 심각한 경우, 수면 무호흡

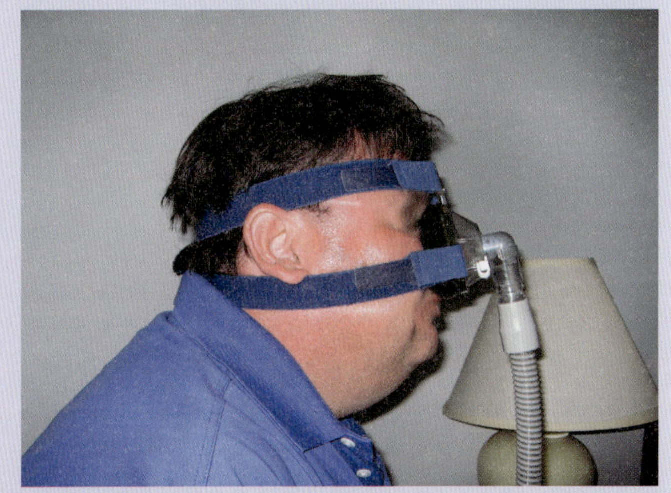

그림 1.2.7
폐쇄 수면 무호흡증 환자가 CPAP 장치를 어떻게 사용하는지 시범을 보이고 있다(Mary Beth Privitera와 신시내티 대학교의 허가를 받아 사용. 환자의 신상 보호를 위해 얼굴을 가림).

증은 심장에 무리를 가하여 궁극적으로는 심부전이나 뇌졸중을 유발하기도 한다. 미국에서는 5명 중 약 1명꼴로 적어도 경미한 무호흡 증상을 겪고 있다.[11] 일부 환자는 수술 치료를 통해 기도 구조를 바꾸기도 하지만 많은 환자들이 비수술 방법을 선택한다. 지속성 기도 양압호흡기(continuous positive airway pressure, CPAP)는 취침 시 착용하는 마스크처럼 생긴 장치로, 기도 폐색을 막기 위해 압축 공기를 지속적으로 공급하는 장치이다(그림 1.2.7 참조).

CPAP가 비록 수면 무호흡의 증상을 막는 데 효과적이긴 하지만 사람들은 이 장치가 불편하고 사용하기 어렵다고 느낀다. 결과적으로 "레스피로닉스는 환자의 수용 상태와 환자가 기기를 사용하는 데 있어 더 긍정적인 경험을 하도록 하는 데 관심이 있었다"라고 Privitera 교수는 이야기하였다.[12]

Privitera는 이 문제를 더 잘 이해하기 위하여 의공학자 및 산업 디자이너로 이루어진 팀을 조직했다. 환자의 수면 패턴이 주의 깊게 모니터되는 수면 클리닉을 이용할 수 있었음에도 불구하고, 레스피로닉스와 Privitera는 학부 팀이 환자를 집에서 관찰하고, 인터뷰하도록 지도했다. "저는 사람들이 가진 문제가 연구소에서 발생하지 않는다고 굳게 믿는 사람입니다." 그녀가 말했다. 문제 탐색 과정에서 신중히 제어되는 실험이 행해지고 있음에도 불구하고, Privitera는 환자가 CPAP를 사용하는 환경에서 어떻게 반응하는지를 관찰함으로써 학생들이 더 많은 것을 배우게 될 것이라고 느꼈다. "저는 항상 실제적으로 문제가 발생하는 곳으로 학생들을 보내려고 합니다." 이 접근법이 그녀가 수업 과정에서 지지하는 민족지학적인 연구와 일관성 있다는 것을 강조하였다.[13]

수면 무호흡증의 비외과적인 치료법과 관련된 문제에 대한 임상적 관점을 얻기 위해 교수팀은 관찰 과정의 일환으로써 수면 센터에서 수면 무호흡증 환자를 다루는 전문가들을 만나볼 것을 제안하였다. 이를 준비하기 위해 학부생들은 수면 무호흡증에 대해 연구하였고, CPAP 장치를 직접 사용해보기도 했다. Privitera는 임상의와 인터뷰하기 전에 이루어지는 사전 연구의 중요성에 대해 강조하며 다음과 같이 말했다. "우리는 의사들이 일상 용어로 이야기해 주는 것을 바라지 않습니다. 저는 학생들이 인터뷰하고 관찰하는 사람들이 쓰는 언어로 대화하길 원하죠."

학생들은 관찰과 자료 수집 과정 사이의 일관성을 확보하기 위하여 광범위한 인터뷰 프로토콜을 개발했다. "팀이 여러 명으로 구성되어 있기 때문에 우리는 인터뷰 과정에서 일관성을 유지할 수 있도록 모든 노력을 기울여야 합니다." Privitera가 전했다. "연구 프로토콜은 구체적인 질문과 관찰 활동들을 자세하게 안내하였습니다. 예를 들어, 환자를 인터뷰할 때 팀은 장치의 어떤 부분이 좋고 나빴는지, 무엇이 개선되면 좋을지, 그리고 어떻게 장치를 사용하는지 묻게 될 것입니다."

이러한 배경 조사 활동이 끝나면, 다음 단계는 관찰 과정에 참가할 환자와 의사를 찾는 것이다. "저는 학생들 스스로 관찰에 참여할 사람들을 모집하는 방법을 알아야 한다고 굳게 믿습니다." Privitera가 이어서 말했다. 학생들은 구역 내의 수면센터의 리스트만 가지고 "콜드 콜"을 통해서 클리닉과 약속을 잡고 관찰에 참여하고자 하는 환자에게 접근할 수 있는 허가를 얻어야 했다.

관찰 과정과 연관된 위험성을 반영하여 언제 관찰을 멈추어야 하는지 아는 것이 어려운 일이라고 말했다. "일반적으로 반복되는 행동 패턴이 나타날 때는 이미 충분한 정보를 가지고 있는 경우가 많습니다." 그녀가 말했다. "12시간 후 혹은 30시간 후가 될 수도 있지만 똑같은 상황이 여러 회 반복된다면 그때가 바로 멈출 시간인 것입니다." 또한 그녀는 관찰자에게 환자나 의사들이 말할 수 있도록 시간을 충분히 가질 것을 강조했다. 그녀의 경험상, 관찰자는 자신이 가진 지식을 보여주기 위해 정보를 제공하려고 하는 경향이 있다. 또한 관찰 대상의 대답을 예상하고 자신의 기대와 대답이 다를 경우 이를 잘못 해석하기도 한다.

수면 무호흡 프로젝트의 니즈 탐구 과정에 참여한 모든 학생들은 처음에는 예상치 못했던 문제를 발견했다. 신중한 관찰을 통해, 수면 무호흡 환자들이 직면한 문제가 다양하다는 것과 문제의 영향과 환자가 치료 요법을 따르는 것이 어느 정도 관련이 있는지가 명확해졌다. 이를 통해 팀은 서로 다른 "성향"을 기반으로 환자와 환자의 니즈를 구별할 수 있도록 했다. Privitera는 다음과 같이 설명했다. "우리가 분기별 계획을 작성할 때, 우리는 '성향'을 개발하리라 예상하지는 못했습니다. 하지만, 우리는 사용자를 6가지로 분류하게 만드는 서로 다른 상관관계를 보았습니다. 이 유형은 한 사람만을 반영하는 것이 아니라 같은 민감성이나 비슷한 생각을 가진 사람들의 그룹을 반영합니다"(그림 1.2.8 참조).

성향별로 환자를 구분하는 것은 팀이 환자의 문제, 인구, 바람직한 결과를 더욱 세분화하여 정의할 수 있도록 도와준다. 예를 들어 Hipster의 성향은 젊고, 싱글이며, 사회적으로 동기가 부여가 되어 있고 외모에 관심을 가진다. 이 부류가 원하는 구체적인 해결책은 기기를 사용할 때 조용해야 하고(룸메이트를 방해하지 않기 위해) 공동 아파트나 기숙사 생활 시 편리하게 사용할 수 있고 크게 눈에 띄지 않아야 하며 외관이 자연스럽고 개인의 스타일에 적합한 맞춤 제작이 가능해야 한다. 반대로, Metro는 건강을 염려하고 영적이며 개인적인 만족을 중시하였으며 경험의 질을 향상시키는 데 관심이 많았다. 이 부류의 환자들은 사용 시 소음이 적은 것을 원하고, 수면 마스크와 라디오를 포함하는 것을 선호했다. Dude는 완전히 다른 성향을 나타낸다. 이 부류의 사람들은 비교적 깔끔하지 못하고, 외모를 신경 쓰지 않으며, 다른 무엇보다도 편의성을 중시한다. 이 유형은 접촉면을 한 번 쓰고 버리는 상품이나, 견고하고 오래 가는 장치 혹은 자동 청소 기능이 탑재된 제품이나(혹은 교체나 청소할 시간이 되면 자동으로 알려주는 기능) 쉬운 사용 방법을 갖춘 제품을 선호했다.

바이오디자인 혁신 과정이 진행되면서, 팀은 이 정보를 이용하여 개인적인 니즈 요구서를 개발했고, 이후에는 각각의 성향에 따른 특정 니즈 기준을 개발했다. 팀은 이 정보를 기업에 제공하였고, 레스피로닉스에게 각 부류의 최대 관심사에 적합한 해결책을 잠재적으로 개발할 수 있는 기회를 주었다.

그림 1.2.8
팀에 의해 확인된 6개의 성향: Nomad, Hipster, Metro, Dude, Gramps, Trucker (Mary Beth Privitera와 Cincinnati 대학에 의해 제공)

가치 탐구의 초점

이 글의 중심 주제는 새로운 의학 기술 개발의 경제적 가치를 최대화하는 것이다. 강력한 가치 지향은 니즈 탐구 과정 중에 시작된다. 합리적인 가격으로 임상적 개선을 가져 오는 것은 이노베이터가 항상 추구해온 목표이지만 의료 서비스와 관련된 모든 이해관계자는 신제품이나 서비스와 관련된 가치 방정식에서 가격의 요소에 더욱 무게를 둔다. 오늘날에는 투자자나 기업이 비용 절감 기술에 정말 관심이 있다고 말하는 것이 그리 이상한 일이 아니다. 강조점의 중대한 변화는 새로운 기회와 도전을 만들어 냈고, 니즈 탐색에 있어서도 새로운 강조점이 만들어졌다. 이노베이터는 낭비, 비효율 또는 제거할 수 있는 지나친 비용이 발생하는 부분을 적극적으로 찾아야 한다. "**가치 탐구**"라고 생각될 수 있는 이 활동은 상품 및 서비스의 질과 결과는 유지하면서 (심지어 수용할 수 있는 정도로 약간의 품질을 감소시키면서) 잠재적으로 비용을 절감할 수 있는 니즈 영역을 살펴보는 것을 포함한다.

표 1.2.2에 나와 있는 목표 영역은 이노베이터가 가치와 관련된 기회를 발견하는 데 도움을 준다. 그러나 표 1.2.3에 나타난 바와 같이, 임상 관찰 시 확인할 수 있는 좀 더 구체적인 실행 기반의 표식과 가치 "이정표"가 존재한다.

표 1.2.3 관찰 가능한 가치 탐구 이정표는 치료 비용을 절감할 수 있는 기회를 찾을 수 있도록 도와 준다.

실행 기반의 가치 이정표
환자를 병원 및(또는) 응급실에서 퇴원시킬 수 있는 가능성
치료 장소를 덜 비싼 곳으로 바꿀 수 있는 가능성
입원 기간의 단축 가능성
주어진 상황에서 수술 시간 또는 자원 사용을 줄일 수 있는 가능성
수술 또는 의료 서비스를 저렴한 비용의 공급자로 이전할 수 있는 가능성
주어진 상황을 관리하는 데 필요한 인력과 노동 강도를 줄일 수 있는 가능성
합병증을 줄이거나 질병 진행을 늦추거나 예방하기 위해 조기에 증상을 진단할 수 있는 가능성

표 1.2.4 CABG (관상동맥 우회로 이식 수술)에서 혈관 성형술로의 변환이 의료 서비스 이해관계자들에게 가져다 준 다양한 경제적 가치

실행 기반의 가치 이정표	CABG 수술에서 혈관 성형술로 변환하며 나타난 가치의 예시
치료 장소를 덜 비싼 곳으로 바꿀 수 있는 가능성	치료는 수술실이 아닌 카테터 삽입실에서 이루어진다. 환자는 수술 후 중환자실이나 회복실이 아닌 집이나 병실로 옮겨진다.
입원 기간의 단축 가능성	시간이 흐름에 따라, 선택적 혈관 성형술은 외래 진찰 과정의 기본적인 절차가 되었다.
주어진 상황에서 수술 시간 또는 자원 사용을 줄일 수 있는 가능성	심폐 우회수술의 제거로 인하여 자원 낭비와 수술 시간이 모두 감소되었다.
주어진 상황을 관리하는 데 필요한 인력과 노동 강도를 줄일 수 있는 가능성	혈관 성형술은 전형적으로 전체 수술 스태프가 아닌 간호사 및 기술자를 대동한 심장 전문의 한 명에 의해 이루어진다.

이 글에 포함된 많은 예시는 제시된 가치 이정표 중 적어도 하나 이상의 방향을 따른다. 이 장의 앞부분에서 소개되었던 관상동맥 혈관 성형술의 개발이 대표적인 예시이다. 혈관 성형술은 긍정적인 환자의 치료 결과와 비용 절감을 통해 향상된 가치로 인해 특정 환자 그룹에게 시행되었던 많은 수의 우회 수술을 서서히 대체했다. 절감은 표 1.2.4에 요약된 바와 같이 여러 가지 방법으로 실현되었다.

자원이 매우 제한적인 환경에서 일하는 이노베이터에게는 가치 탐구가 더욱 더 중요하다. 모든 니즈 탐구가 다 그러하듯, 이노베이터가 가치 환경에 대한 직접적인 경험을 하는 것은 매우 중요하다.

실행 기반의 가치 이정표를 다시 살펴보면, 이 예시에 나온 팀은 부러진 다리를 고정하는 것과 관련된 자원의 사용을 확연히 줄일 수 있었다. 단순하고 직관적으로 올바른 사용법을 알 수 있는 장치를 만듦으로써, 의료 서비스 제공자가 자신의 업무를 보다 효과적으로 수행할 수 있도록 도와주었고, 숙련된 전문가들이 복잡한 부목을 대기 위하여 관여하던 관행을 막을 수 있었다.

더 큰 가치의 실현을 위한 기회는 어떠한 환경에서도 발견할 수 있다. 다시 이야기로 돌아가자면, 스탠포드의 응급 부서가 비용 절감 가능성이 가장 컸을 수도 있었다. 하지만 "단서"는 인도의 경우에서 더 분명하게 나타났다. 핵심은 **치료의 기준**에 대해 비판적으로 생각하고, 이 활동이 널리 보급된 이유에 대해 의문을 가지는 것이다.

예를 들어, 사무실 방문을 통해 의사의 환자 진료를 관찰할 때, 대면 상호작용이 필수적인 요소인지 주의 깊게 살펴보아야 한다. 가능한 해결책을 고안할 시기에 이노베이터는 대면 진단 비용이 덜 들어가는 방법 또는 다른 형태의 의사소통 수단으로 대체될 수 있는 방법에 대해 자문할 수 있다.

이노베이터는 실제 기반의 가치 이정표는 물론 의료 기술 분야(표 1.2.5 참조)에서 떠오르는 두 번째 가치 척도 또한 인지해야 한다. 예산 기반의 이정표는 임상 환경에서 직접적으로 나타나지 않는다. 이는 집중 임상 연구 준비 기간 동안의 배경 조사와 잠재적 문제 및 기회를 분명하게 하기 위해 수행하는 인터뷰에서 찾을 수 있다. 이정표의 경제적 측면과 관련된 정보가 시설 예산, 기관의 서류와 보고서에 있다는 사실을 고려할 때, 예산 기반 이정표를 찾아내는 것은 심도 있는 조사를 필요로 할 수도 있다. 이는 병원과 의료 시설의 재정부서 연락망을 통해 도움을 받을 수 있다.

다양한 형태의 질문을 통해 이정표를 탐색함으로써 이노베

표 1.2.5 예산 기반 가치 이정표는 직접적으로 관찰하기 힘들 수도 있지만, 혁신이 필요한 곳과 관찰할 수 있는 곳을 알려준다.

예산 기반 가치 이정표
비용 효과적 측면에서 진단, 치료, 절차의 특이점
의료시스템, 지불인, 시설 또는 의사 진료 예산의 주요 항목을 나타내는 진단, 치료, 절차
수익을 내지 못하는 진단 치료 또는 절차
다른 지역보다 비용이 훨씬 적게 드는 진단, 치료 또는 절차
총 비용에서 기술이 높은 비율을 차지하는 진단, 치료 또는 절차
평생 치료비용이 많이 드는 질환
책임 진료 기구(Accountable Care Organization)의 예산 절약 공유의 목표를 달성하기 어려운 제공자가 어려움을 느끼는 분야
"결코 일어나서는 안 될 사건" – 보험 페널티가 부여되거나(부여될) 합병증 또는 결과

현장에서 하이케어 리모(HiCARE LIMO)

가치에 초점을 둔 니즈 탐구

Darshan Nayak과 Pulin Raje는 스탠포드-인도의 집중 임상 기간에 만난 바이오디자인의 동료였다. 그들은 응급의학 분야에 연구의 초점을 두었고, 몇 주간에 걸쳐 지금까지 다루어지지 않은 스탠포드 응급 임상 실습 및 구급차 서비스와 관련된 문제점과 새로운 기회를 찾았다. 이 관찰 결과의 주요 사항을 요약해서 말해달라고 요청하자 Nayak이 말했다. "우리가 관찰했던 환경은 잘 훈련된 의료진과 최신 장비, 충분한 보급품을 가지고 있는 자원이 풍부한 곳이었습니다. 모두가 필요한 것을 가지고 있는 듯 보였습니다."

Nayak과 Raje는 인도에서도 다양한 응급의학 상황을 관찰할 기회가 있었다. 인도 의료 과학 연구소(All India Institute of Medical Sciences, AIIMS)의 멘토를 통해서, AIIMS 응급 부서, AIIMS 외상 치료 전문 센터, 지역 구급차 서비스, 시골 지역 병원, 1차 진료 센터의 다섯 가지 다른 상황을 살펴볼 수 있었다. Nayak과 Raje는 미국과 너무도 다른 상황에 크게 놀랐다. 인도의 응급실은 매우 붐볐고 의료진이 턱없이 부족했다. "몇 분마다 응급 환자가 여러 명씩 도착했고 환자를 돌볼 의사의 수는 극히 적었습니다. 이러한 상황에서 환자를 선별하고 치료하는 것은 매우 어려웠으며 명확한 프로토콜이 없거나, 있어도 지켜지지 않는 경우가 많았고요." 나약이 당시 상황을 떠올리며 말했다. 더욱이, 숙련된 의료진이 많지 않다는 것을 발견했다. 특히 3급 도심 지역 밖의 시설은 의료 서비스를 제공하는 데 필요한 장비, 보급품, 기타 자원이 매우 부족했다.

Raje는 응급의학 의료진 간의 단절이 수준 높은 의료 서비스를 제공하는 데 걸림돌이 되고 있음을 설명했다. "미국에서는 문제가 생기면 누구나 911에 전화해야 한다는 사실을 알고 있고 구급차와 응급실이 연계되어 지속적인 의료 행위가 이루어지지만, 인도에서는 환자가 다친 후 처음으로 의료기관에 연락하는 사람이 병원에 환자를 데려다 주는 인력거꾼인 경우도 있습니다."

의료 보험이 사실상 존재하지 않는 현실도 상황을 어렵게 만들기는 마찬가지다. 인도에서는 대부분 진료와 의료 장비 사용에 대한 치료비를 보험의 혜택 없이 환자가 모두 지불해야 한다. 따라서 환자와 의료 서비스 제공자 모두 치료비에 대해 걱정한다. Nayak에 따르면 모두가 "이게 정말 필요한가, 아닌가?"를 항상 고민한다고 한다.

인도 의료 시스템의 자원이 부족함에도 불구하고 인도의 의료 수준이 "나쁘다"기보다는 "단지 다른 것"이라고 Nayak은 강조했다. "인도의 환경은 미국과 너무나 달라서 비교조차 불가능했습니다. 따라서 우리는 인도의 상황과 스탠포드에서 봤던 상황을 분리해서 생각해야 했습니다." Raje가 덧붙였다. Nayak과 Raje는 인도의 의료 환경이 비용을 낮추고 의료 서비스의 질을 향상시킴으로써 가치를 증진시킬 기회가 풍부한 환경이라고 믿었다.

다양한 관찰을 하던 중 팀의 이목을 사로잡은 문제가 있었다. Nayak과 Raje는 뉴델리(New Delhi) 교외 지역 발라가(Vallabhgarh)의 병원에 찾아온 교통사고 환자를 보았다. "환자는 릭샤를 타고 의료진이 아닌 세 명의 일반인이 데리고 왔습니다. 남자의 다리는 부러진 상태였고 사고 후 고정되거나 지지되지 않은 상태였습니다. 처음 환자를 맞은 사람은 병동의 경비였고 이어서 주니어 레지던트가 환자의 기도와 호흡을 확인했습니다." Raje가 설명했다. 병원에 정형외가 전문의가 없었기 때문에 환자는 다른 병원으로 옮겨야만 했다. 다른 병원으로 이동 전, 병원 의료진은 거즈와 붕대를 사용하여 나무 판자에 부상당한 다리를 고정하였다. Nayak과 Raje는 이와 비슷한 문제를 또 발견할 수 있었다. 3차(teritary-level) 진료 기관인 AIIMS에는 팔다리가 부러진 환자가 자주 보내진다. 환자는 부러진 곳이 고정되지 않은 상태로 또는 임시방편의 부목을 달고 외상 센터에 도착하는 일이 다반사였다. 상대적으로 적은 수의 환자가 부목을 한 채 구급차를 타고 병원에 도착했다. 하지만 팀은 장비가 잘못 사용되고 있는 경우가 많다는 것을 발견했다.

추후 조사에서 많은 응급 의학 종사자가 팔다리 고정의 기본 개념을 이해하지 못하고 부목을 환자에게 맞게 대는 것을 어려워하는 것으로 나타났다.

Nayak과 Raje는 구급차 요원이 팔다리 고정과 관련하여 어떤 관점을 가지고 있는지 알아보기 위해 그들과 이야기를 나누었고, 이를 통해 중요한 사실을 알아냈다. "구급차 의료진은 장비에 대한 책임이 있습니다. 그래서 현존하는 부목 기술을 이용할 수 있다 하더라도 사용하지 않습니다. 비용이 많이 들기 때문입니다." Nayak이 설명했다. 팀은 또 다른 장면을 목격했다. 구급차 요원이 차로 이동하는 동안에는 부목을 대지만, 병원에 환자를 내려놓기 전에 부목 장비를 제거해 버리는 것이었다. 도중에 부목을 제거하는 것은 환자의 상태를 악화시킨다. 추가 조사를 통해 많은 병원과 1차 진료 센터가 재고로 있는 부목의 사용을 꺼려한다는 것이 밝혀졌다.

Nayak과 Raje는 환자와 의료진 모두에게 혜택을 가져다 줄 수 있는 가능성을 발견했고, 이동 중 환자의 상태가 악화되는 것(결과)을 방지하기 위해 외상 환자(대상)의 팔다리 고정(문제)에 관심을 가졌다. "이 문제를 해결하기 위해서는 부목의 가격이 합리적이어서 다시 회수할 필요가 없고, 동시에 효과적이고 사용하기 쉬워야 했습니다." Raje가 말했다. 기존의 패턴을 변화시키기 위해 상황을 더 잘 이해하고자 Nayak과 Raje는 구급차 요원과 구급차 회사의 구매 팀과 다시 이야기를 나누었다. "우리는 부목의 가격이 1200루피(약 20 US달러)라는 것을 알게 되었고, 구급 요원은 하나의 장비를 폐기하거나 환자에게 주기 전에 세 번에서 다섯 번 정도 재사용하는 것을 알게 되었습니다." Raje가 말했다. 이러한 정보를 통해 만약 300루피(5 US달러)정도 되는 부목이 있다면, 널리 사용될 가능성이 있다는 것을 알아냈다.

Nayak과 Raje는 효과적이고 사용하기 쉬우며 저렴하고, 이동 후에도 환자에게서 부목을 제거할 필요가 없는 다리 부목을 개발하기로 했다.

이 장비는 특별히 제작된 압축 종이와 보호 플라스틱 층으로 코팅되어 있다. 또한 세로 부분이 강화되어 팔다리를 효과적으로 고정할 수 있고, 사이즈와 좌우에 상관없이 모두 사용할 수 있다. 그리고 간단한 벨크로 끈을 사용하여 다리에 부착시킬 수 있다(그림 1.2.9 참조).

부목의 구성 요소 모두 방사선이 투과할 수 있기 때문에 X-선을 찍기 위해 부목을 떼어낼 필요가 없고, 이를 통해 부상이 악화되는 것을 막을 수 있다. 또한 쉽게 쌓아놓을 수 있어 구급차나 응급실에서 공간을 적게 차지하면서 쉽게 보관할 수 있으며 사용 후 폐기도 용이했다. 팀은 2013년 인도의 주요 제조 회사인 HLL 라이프케어(HLL Lifecare Limited)에 기술 허가를 내주었다. 이 제품은 현재 하이케어 리모(HiCARE LIMO)라는 브랜드로 시장에서 판매되고 있다. 제조업체는 이 상품의 혁신성과 가격 경쟁성이라는 가치를 바탕으로 시장 점유율을 넓혀가기를 기대한다.

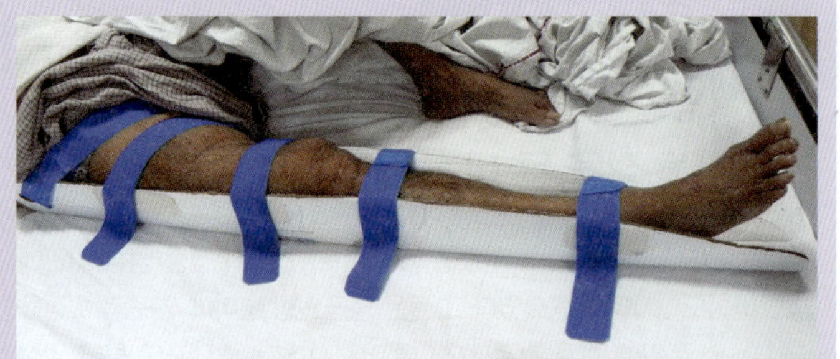

그림 1.2.9
임상시험의 일환으로 HiCARE LIMO의 부목을 사용하는 환자(Pulin Raje, Darshan Nayak, 스탠포드-인도 바이오디자인의 허가를 받아 사용).

Nayak과 Raje의 경험에서 알 수 있듯이 관찰하고 니즈를 파악하는 것은 매우 중요하다. Nayak과 Raje는 문제를 여러 관점에서 보아야 한다고 강조했다. "문제를 단지 하나의 임상적 관점으로 바라보아서는 안 됩니다." 우리는 의료 케어 프로세스를 넘어 그 배후의 구매와 비용 요소를 고려한 끝에 의미 있는 니즈를 찾을 수 있었다. Nayak과 Raje는 때로는 "간단한 해결책을 필요로 하는 간단한 문제"를 다룸으로써 중요한 가치가 생성될 수 있다고 말했다.

이터는 직접 관찰할 가치가 있는 추가 문제를 밝혀낸다. 예를 들어, 미국 의학 연구소(US Institute of Medicine)는 메디 케어 지출에 있어 지리적 차이를 불러오는 가장 큰 요인으로 급성 질환의 발병 후 발생하는 지출 분야(예: 가정 건강 서비스의 사용, 노인 전문 요양 시설, 재활 시설, 장기 요양 병원, 호스피스)[14]를 지목했다. 이는 이노베이터가 급성 질환 이후의 진료(예: 심근경색 후 환자 치료, 울혈성심부전, 고관절부 골절)에 집중함으로써 경제적 가치를 향상시킬 수 있는 기회가 있음을 의미하는 예산 이정표이다. 이 쟁점을 더 깊이 있게 다루기 위해, 이노베이터는 평균 지출 수준을 웃도는 시설과 밑도는 시설을 관찰할 수 있다. 이때 비용이 발생하는 주요 원인과 주요 차이점은 무엇인지를 명확하게 이해해야 한다. 또한 메디 케어 또는 납부자 관련 정책의 발전이 의료 종사자와 시설에 어떤 혜택을 주는지도 알아보아야 한다.[15]

David Green이 인도에서 수행한 니즈 탐구 경험에서 어떻게 예산 기반의 이정표가 흥미로운 니즈로 연결될 수 있는지에 대한 또 다른 예시는 찾을 수 있다. 세계인의 실명을 예방하고 시력 회복을 미션으로 하는 세바(SEVA) 재단에서 일할 때, David는 Govindappa Venkataswamy 박사의 연구에 매료되었다. Venkataswamy 박사는 아라빈드 안과 병원을 설립하기 위해 자신의 집을 담보로 내놓고 백내장 수술을 받을 여력이 되지 않는 인도 사람들에게 무료로 또는 매우 저렴한 수술비를 받고 백내장 수술을 해 주었다. 아라빈드 병원은 설립 첫해 5,000건의 수술을 했다.[16] 모델을 연구하는 동안, Green은 그의 수술 횟수가 환자에게 필요한 대체 렌즈 비용의 높은 비용 때문에 제약을 받고 있음을 알게 되었다. 미국 제조업체[17]로부터 만들어진 한 쌍의 렌즈는 최고 150달러에 달했기 때문에 아라빈드의 모델을 유지하기 위해서는 구매할 수 있는 렌즈의 수를 제한할 수밖에 없었다. 여기서 가치 이정표는 기술이 치료 전체 비용의 상당 부분을 차지한다는 것이다. 이에 대응하고자 Green은 새로운 제조 해결책을 고안하였다. 비슷한 렌즈를 한 쌍에 10달러[18]에 제공할 수 있게 한 것이다. 이로 인해 전체 비용에서 기술이 차지하는 비율이 현저하게 줄어들었다. Green의 기여로 아라빈드 센터는 서구의 병원보다 훨씬 저렴한 비용으로 백내장 치료를 지속적으로 제공할 수 있었다. 지역 간의 현저한 환경 차이에도 불구하고 결과의 차이가 크지 않다는 사실은 선진국 시장의 가치를 향상시킬 수 있는 또 다른 잠재 가능성의 신호가 될 수 있다.

예산 기반 가치 이정표와 관련된 새로운 기회는 미국에서 상당히 주목 받고 있는 **보험** 페널티와 관련된 것이다. 2013년 재정년도의 메디케어-메디케이드 서비스 센터(Centers for Medicare and Medicaid Services, CMS)는 병원의 재입원 감축 프로그램(Hospital Readmissions Reductions Program)을 시행했다. 첫 해 이 프로그램은 세 가지 질병(심근 경색, 심부전, 폐렴)으로 인해 퇴원 30일 이내에 재입원한 환자의 비율이 사전에 정의된 비율을 초과한 병원에게 보험액의 최고 1%까지 징수했다. 1%의 페널티는 약 2억 8천만 달러였다. 이 글이 쓰이고 있는 시점에는 최고 페널티가 인상될 예정이고, 다른 질병의 재입원까지 프로그램에 포함할 계획이다.[19] 에어케어(AirCare)의 설립자인 Xiangwen Zang과 같은 이노베이터는 이해관계자들의 페널티를 피하고자 하는 욕구를 이용하여 퇴원 후 환자를 모니터하는 기술과 시스템, 병원 밖에서도 환자의 건강 유지를 위해 적극적으로 개입하는 시설을 개발하고, 이를 자본화한다. Zang은 그의 니즈 탐구 프로세스를 인터뷰에서 설명했다. "저는 어떻게 헬스케어 산업을 개선할 수 있을지를 찾기 위해 돌아다녔습니다. 그리고 재입원이 병원 시스템에 있어 꽤 큰 문제라는 것을 알게 되었습니다. 재입원 페널티만으로도 병원 수익의 3분의 1을 잃을 수 있기 때문에 이는 병원 간부의 최고 우선순위 중 하나였습니다."[20] 회사가 궁극적으로 고안한 해결책은 환자가 증상에 대한 체크리스트를 작성하고 처방된 대로 약을 잘 섭취하고 있는지를 인터넷과 태블릿 기반의 애플리케이션을 사용하여 확인하는 것이다. 간호사는 환자에게 직접 전화할 필요 없이 관련 정보를 확인할 수 있었고, 이로 인해 많은 시간이 절약되었다. 또 상태가 심각한 환자의 리스트를 제공하여 시기적절하게 후속 조치를 받을 수 있도록 했다. 지금까지도 회사는 심장마비 환자의 재입원 비율[21]을 줄이는 것을 주요 목표로 삼고 있다.

니즈 탐구에 있어 세계적으로 통용되는 고려사항

니즈 탐구의 기본은 어느 지역에서건 동일하다. 그러나 이노베이터가 그 지역 출신이 아닐 때 고려해야 할 중요한 요소가 있다. 인터뷰나 관찰을 시작하기 전에, 사업 환경에서 지배적인 문화 규범을 이해하는 것이 필수적이다. 이노베이터의 접근법을 고객에 맞게 변화시킴으로써 더 효율적으로 다가갈 수 있다. 예를 들어, 어떤 옷차림을 해야 하는가와 같은 단순한 것부터 의사, 간호사, 환자, 헬스케어 이해관계자와 상호작용할 때 어느 정도의 격식을 차려야 하는지에 대한 정보를 사전에 숙지하는 것은 인터뷰 또는 임상 몰입을 훨씬 더 성공적이고 생산적으로 만들 수 있다.

또한 연구, 관찰, 인터뷰를 계획할 때 지역적 특수성을 고려하는 것도 매우 중요하다. 스탠포드-인도 바이오디자인 혁신 과정의 졸업생인 Ritu Kamal은 인도에서의 니즈 탐구 경험을 통해 고려되어야 하는 사항을 강조했다. "인도 전역의 헬스케어 시설의 종류는 다양합니다. 그래서 임상 관행을 관찰하기 위해 다양한 현장에서 집중 임상 기간을 가지는 것이 중요합니다." 그녀가 말했다. 헬스케어 서비스는 주나 지역에 따라, 또 1차 기관인지 아니면 2차, 3차 의료 시설인지에 따라, 공기관인지 사기관인지에 따라, 헬스케어 제공자가 시골 환경에 있는지 도심 지역에 있는지에 따라 크게 달라진다. 예를 들어, 나라야나 흐루다얄라야 병원과 클리닉 같은 도심 지역의 우수한 3차 의료 시설의 경우 유럽과 미국의 의사와 견주어도 손색없는 의료진과 최신 기술을 보유하고 있다. 하지만, 시골의 가난한 지역에 위치한 1차 진료 클리닉에서는 한 명의 의사가 청진기와 혈압계 밴드 정도만 가지고 지역 사회 구성원들을 위해 최선을 다하고 있다(의료 기술보다 의약품이 훨씬 보급이 잘 되어 있다). 더 나아가 고급 시설에는 분명한 의료 서비스의 기준이 있지만, 시골 지역이나 공공 의료 기관에서는 분명한 절차와 과정을 찾아보기 힘들다. 의료 서비스의 비용 또한 환자가 진단과 치료에 지출할 수 있는 능력에 따라 크게 달라진다. 이러한 극단적인 차이는 지역과 지역 사이의 문제 처리 방법, 영향 받는 대상, 향상된 결과의 필요성에 있어 큰 차이를 불러온다.

아일랜드 국립대학 바이오 혁신 의료 장비 훈련 프로그램의 감독인 Mark Bruzzi는 이노베이터가 유럽에서 경험할 수 있는 일에 대해 설명했다. 그는 알맞은 관찰 환경을 찾기 위해서는 목표 지역에서 어떻게 헬스케어가 이루어지는지를 충분히 아는 것이 중요하다고 언급했다. 예를 들어, 미국에서는 임상 관찰을 할 때 1차 진료 환경이 때때로 간과되기도 하지만 유럽에서는 1차 진료 환경을 결코 간과해서는 안 된다. "영국이나 아일랜드에서는 1차 진료 의료진이 병원과 전문 서비스의 문지기 역할을 합니다. 환자가 전문가에게 바로 찾아가는 것이 불가능한 경우가 많기 때문에 1차 의료진이 치료의 방향을 결정하는 데 중요한 역할을 합니다. 그들의 결정은 진료에 관한 설명부터 수술 후 관리까지 환자의 치료에 큰 영향을 줍니다." 그가 말했다.

Kamal이 제기한 또 다른 이슈는 접근성과 관련된 문제이다. "인도에서는 환자의 프라이버시 문제를 다루는 규칙이 거의 없기 때문에 의료진과 동행하며 관찰을 한다면 어디든 갈 수 있고 모든 것을 볼 수 있습니다." 그녀가 말했다. 이러한 환경에서는 니즈 탐색 동안 많은 것을 배울 수 있지만, 이노베이터는 자기 점검을 통하여 책임감 있게 행동하고 환자를 존중하며 환자의 존엄성을 지켜주어야 한다. 또 민감한 정보는 기밀로 해야 한다. "환자가 당신을 의사로 착각하지 않도록 주의해야 합니다." Kamal이 덧붙였다. "의사는 매우 존경 받는 사람이고 또 시간을 내기가 매우 어렵기 때문에 사람들은 실험실 가운을 입거나 신분 확인 명찰을 하고 있는 사람이면 누구한테든 의학적인 질문을 묻는 경우가 많습니다." 만약 이런 일이 생기면 이노베이터는 시설 내에서 환자를 도울 수 있는 사람에게로 빠르게 안내하는 것이 좋다.

아일랜드에서는 관찰을 하기 위해 임상 환경에 접근하는 것이 전적으로 의사에게 달려 있다. Bruzzi는 다음과 같이 설명했다. "아일랜드 시스템에서는 이노베이터의 방문과 관찰을 너그럽게 받아들이는 편이지만, 이는 전적으로 의사에게 달려 있습니다." 그가 덧붙였다. "하지만 임상 간호 관리자가 수술실이나 병동에서 일어나는 일에 대하여 굉장히 큰 힘과 영향력을 가지고 있다는 것을 강조하고 싶습니다. 따라서 이들과 알아두는 것이 굉장히 유용할 수 있습니다."

이해 관계자가 의외의 장소에서 예상치 못한 역할을 하는 경우도 있다. Kamal이 인도의 예를 들었다. "많은 환자가 병원이나 클리닉에 방문하기 위해 장거리를 이동해야 합니다. 따라서 가족 전부가 함께 병원에 오는 경우도 더러 있습니다. 그래서 많은 수의 환자 가족이 대기실이나 대기실 근처에 모여 있는 상황과 종종 마주하게 됩니다. 가족들이 병원과 가정에서의 치료에 훨씬 더 관여합니다." 상황에 따라서는 이노베이터가 환자의 가족을 주요 이해 관계자 그룹으로 고려하고 의료 행위에 있어 가족의 관여를 주의 깊게 다루어야 한다. "그러나 환자에게 직접 다가가기 전에 담당 의사에게 먼저 물어 보는 것이 중요합니다. 관찰자가 상당히 깊숙이 관여할 수 있는 상황에서 의사의 허가를 강조하는 것이 어색할지도 모르지만, 가족 구성원과의 관계는 다소 특별한 경우입니다. 따라서 담당 의사에게 먼저 확인해야 합니다."

주목할 가치가있는 마지막 쟁점은 서로 다른 환경에서 의료 기술이 어떻게 간주되는지 이해하는 것과 관련이 있다. 이노베이터는 이해 관계자가 의료 장비 사용에 수용적이고 의료 장비를 사용하는 것을 편안하게 생각하며 장비가 있으면 꼭 사용할 것이라고 추측하지 말아야 한다. 이노베이터는 자원이 부족한 환경의 의료 장비 부족과 한 번만 사용하도록 제작된 장비가 소독 후 여러 번 사용되는 현실에 놀라게 될 것이다. 또 다른 지역에서는 의료 장비가 중요한 니즈를 다루도록 고안되었지만 적절한 방법으로 사용되지 않거나 전혀 사용되지 않을지도 모른다. 디-레브(D-Rev) 팀의 예를 들어보자. 팀은 유아 황달 문제에 관심을 가지고 인도와 나이지리아의 광선 요법 분야에 대한 세부적인 평가를 시작했다. 이로부터 치료를 위한 의료 장비가 사실상 전무한 시골 지역에서는 황달이 치료하기 어려운 질병이라는 것을 확인했다. 심지어, 인도와 나이지리아의 도심 지역 병원이나 클리닉도 황달 치료에 어려움을 겪고 있다는 것을 발견했다. 도심 지역에서는 대개 광선 요법을 시행할 수 있었지만 디-레브가 스탠포드 의학대학과 함께 평가한 장비의 90퍼센트에 문제가 있었다. 자원이 부족한 지역을 위해 고안된 해결책의 대부분은 국제 수준에 못 미쳤으며 제대로된 치료를 제공하지 못했다. 디-레브의 연구에서 3분의 1의 광선 요법 장비에서 적어도 하나의 전구가 없거나 망가져 있었고 많은 의료진이 안정적으로 전구를 구하거나 대체하지 못했다.[22]

Bruzzi는 이와 반대되는 아일랜드의 환경을 설명했다. "대부분의 의사가 새로운 혁신과 이노베이터와 일하는 것에 대해 관심이 있습니다. 새롭고 개선된 장비를 찾는 데 열정적이었고, 기꺼이 새로운 기술을 시도하고자 합니다." 장비 기반의 테스트와 치료에 대한 수용력은 의료 제공자의 기술 사용 능력에 따라 매우 다양했다. 이러한 이슈는 집중 임상 기간 동안 반드시 탐색되어야 한다.

온라인 자료

더 많은 자료는 www.ebiodesign.org/1.2를 방문한다.

"Getting Started"의 활동과 링크

- Perform background research
- Set up observations
- Conduct observations
- Document observations
- Refine problems/insights through interviews

니즈 탐구에 관한 동영상

NOTES

1 In a sternotomy, a vertical incision is made along the sternum and it is cracked open to access the heart or lungs during surgery.

2 All cartoons by Josh Makower, unless otherwise cited.

3 "Understand Mixtape: Discovering Insights Via Human Behavior," Hasso Plattner Institute of Design, Stanford University, 2012, http://dschool.stanford.edu/wp-content/uploads/2012/02/understand-mixtape-v8.pdf (September 26, 2013).

4 "Empathy," *Merriam-Webster*, http://www.merriam-webster.com/dictionary/empathy (September 26, 2013).

5 "Global Health Innovation Guidebook," Stanford University Graduate School of Business, August 2013, http://csi.gsb.stanford.edu/sites/csi.gsb.stanford.edu/files/GlobalHealthInnovationGuidebook_2.pdf (September 26, 2013).

6 "Understand Mixtape: Discovering Insights via Human Behavior," op. cit.

7 See United States Department of Health and Human Services, "Health Information Privacy," http://www.hhs.gov/ocr/hipaa/ (September 26, 2013).

8 "Understand Mixtape: Discovering Insights via Human Behavior," op. cit.

9 From remarks made by Thomas Fogarty as part of the "From the Innovator's Workbench" speaker series hosted by Stanford's Program in Biodesign, January 27, 2003, http://biodesign.stanford.edu/bdn/networking/pastinnovators.jsp.Reprinted with permission.

10 Ibid.

11 A.S. Shamsuzzaman, B.J. Gersh, V.K. Somers, "Obstructive Sleep Apnea: Implications for Cardiac and Vascular Disease," *Journal of the American Medical Association*, October 2003, pp. 1906–14.

12 All quotations are from interviews conducted by the authors, unless otherwise cited. Reprinted with permission.

13 According to Privitera, ethnography is a research method completed through in-depth user interviews and directed observations in the context of people and tasks targeted with the design problems. Its primary advantages are that the approach: (1) helps uncover the differences between what people say and what they do; and (2) enables the researcher to describe what a device needs to do in context.

14 Joseph P. Newhouse and Alan M. Garber, "Geographic Variation in Medicare Services," *The New England Journal of Medicine*, April 18, 2013, http://www.nejm.org/doi/full/10.1056/NEJMp1302981 (February 25, 2014).

15 Robert Mechanic, "Post-Acute Care – The Next Frontier for Controlling Medicare Spending, *New England Journal of Medicine*, February 20, 2014, http://www.nejm.org/doi/full/10.1056/NEJMp1315607 (February 25, 2014).

16 "The New Heroes: Dr. Govindappa Venkataswamy ('Dr. V') & David Green," PBS.org, http://www.pbs.org/opb/thenewheroes/meet/green.html (February 27, 2014).

17 Ibid.

18 Ibid.

19 "CMS: The 2,225 Hospitals That Will Pay Readmissions Penalties Next Year," Advisory.com, August 5, 2013, http://www.advisory.com/daily-briefing/2013/08/05/cms-2225-hospitals-will-pay-readmissions-penalties-next-year(February 27, 2014).

20 "AirCare Aims to Fix Readmissions Problems," *Region's Business*, October 24, 2013, http://philadelphia.regionsbusiness.com/print-edition-news/aircare-aims-to-fixreadmissions-problems/ (February 27, 2014).

21 Ibid.

22 Lyn Denend, Julie Manriquez, Stefanos Zenios, "Brilliance I: From Prototype to Product Company," *Global Health Innovation Insight Series*, June 2012, http://csi.gsb.stanford.edu/brilliancei-prototype-product-company (September 26, 2013).

1.3 니즈 요구서 개발

서론

대개 이노베이터는 관찰하는 동안 빠르게 문제를 발견한다. 더 큰 어려움은 임상적 필요(니즈)를 이해하는 것과 문제를 의미 있는 니즈 요구서로 옮기는 것에 있다. 예를 들어, 흉부 수술을 위해 흉골을 자를 때 몇몇 의사가 겪는 어려움을 관찰한 후 의도가 확실한 이노베이터는 니즈를 "흉골 절개를 위해 더 효과적인 절단 기구"로 잡을 것이다. 이러한 니즈는 흉부 수술 시 최신 피부 및 뼈 절골에 대한 다양한 해결 방법을 조사하게 만들 것이다. 다른 이노베이터는 니즈를 "흉곽 장기 수술을 진행하기 위한 흉부로의 접근 방법"으로 잡을 것이며, 이는 훨씬 더 폭넓은 선택권을 제공한다. 사실 두 번째 요구서는 최소 침습성 개흉술로도 이어질 수 있다. 하지만 첫 번째 요구서는 그럴 수 없다. 궁극적으로, 두 번째 이노베이터의 해결책이 더 넓은 니즈에 부합하게 되며, 이로 인해 첫 번째 이노베이터의 새로운 절개 기술의 수요는 크게 줄어들게 된다.

니즈는 혁신의 기회와 일치한다. 니즈는 현재 특정 대상이 만족하지 않는 결과를 정의함으로써 특정되고, 이는 새로운 기회로 안내해 준다. 우수한 혁신이 "실제" 손님과 시장의 니즈를 잘 다루지 못해 자주 실패하곤 한다. 명확한 니즈 요구서를 만드는 것은 이러한 실수를 예방하는 가장 훌륭한 방법이다. 관찰한 니즈를 간단명료하게 설명함으로써 이노베이터는 어떤 것이 가장 매력적인 기회인지를 결정하는 데 도움을 받을 수 있다.

 니즈 요구서 개발과 관련된 동영상은 ebiodesign.org을 참조한다.

목표

- 관찰을 통해 찾아낸 문제, 대상 인구, 결과를 정확하고, 서술적이며 해결-독립 방식으로 임상 니즈 요구서에 표현하는 방법을 배운다.
- 니즈 범위 정하기의 중요성과 니즈 요구서의 효과성을 향상시키는 니즈 범위 정하기의 역할을 인식한다.
- 니즈 요구서를 개발할 때 발생하는 일반적 위험 요소를 이해하고 실수의 영향력과 어떻게 실수를 피할 수 있는지를 이해한다.

니즈 요구서의 기초

일단 관심이 가는 문제점이 조사, 관찰 그리고 인터뷰(1.2 니즈 탐색 참조)를 통해서 발견되면, 이노베이터의 다음 도전은 그들이 알게 된 것을 의미 있는 **니즈 요구서**에 반영하는 것이다. 왜냐하면 니즈 요구서가 바이오디자인 혁신 과정의 모든 추후 절차에 기반을 제공해 주기 때문이다. 이노베이터는 많은 시간과 에너지를 들여 조심스럽게 요구서를 구성해야 한다.

한 경력 있는 이노베이터는 니즈 요구서의 틀을 잡는 것을 예술에 비유하였다. 이는 대략적인 프로토타입으로 시작하여 점차 자세하게 만들고 개선시키기를 반복하는 과정으로 니즈 범위 정하기로 시작해 니즈를 확인하는 것으로 이어지는 과정이다.

1.2 니즈 탐구에서 이미 확인한 바와 같이, 잘 구성된 니즈 요구서에는 3가지 구성 요소가 있다: (1) 문제점 (2) 대상 인구 (3) 결과 (그림 1.3.1 참조).

*문제점*은 주의가 요구되는 건강 관련 딜레마이다. *대상 인구*는 문제를 경험하는(해결책에 대한 시장의 조짐을 보여주는) 그룹이다. *결과*는 평가될 해결 방법에 대한 목표 변화의 기대 효과를 구체적으로 제시한다.

많은 이노베이터가 문제점과 대상 인구를 니즈 요구서에 넣을 것인가를 결정하는 것에 직관이 작용한다는 것을 알고 있지만 결과를 구체화하는 것은 자연스럽고, 자동적으로 이루어지지 않는다. 하지만 결과를 명확하게 규정하는 것은 이노베이터가 최종 해결책을 효과적으로 목표 청중에게 전달할 수 있도록 목표에 계속적으로 집중하게 해 주기 때문에 매우 중요하다.

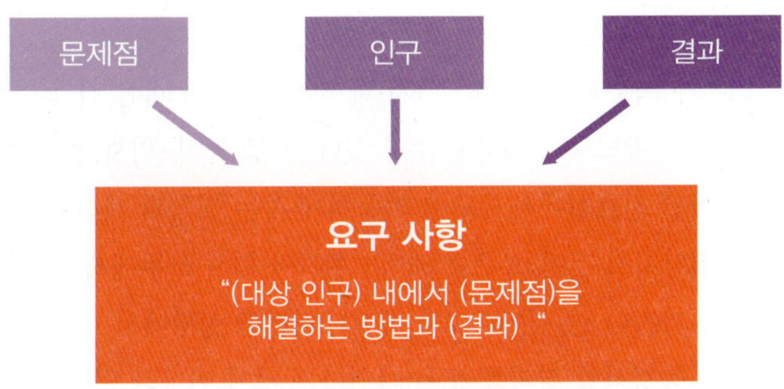

그림 1.3.1
효과적인 요구사항은 전형적으로 세 가지 필수적인 구성 요소가 있다.

다음은 1.2절에서 묘사된 관찰을 기반으로 한 니즈 요구서이다. *비숙련 의료진이 응급 상황에서 기관 내 튜브를 삽입 하는 시간을 줄일 수 있는 방법*. 이 요구서에서 구체적인 결과의 측정은 튜브 삽입 절차와 관련된 시간의 감소이다. 하지만, 추가 관찰과 조사로 인해 이노베이터가 결과를 다르게 정의할 수도 있다. *비숙련 의료진이 산소 포화도를 떨어뜨리지 않고 응급 상황에서 기관 내 튜브를 삽입하는 방법*. 두 요구서 모두 "맞지만", 서로 다른 결과를 목표로 하고 있어 상이한 해결책을 찾아낼 가능성이 있다. 니즈 요구서를 만드는 과정은 초점의 차이를 가져오고, 회사가 추구하고자 하는 새로운 기회에 대한 원칙을 만들며 다양한 정보를 바탕으로 결정을 내릴 수 있도록 한다.

이 예시에서 설명된 것처럼, 결과는 쉽고 효과적으로 측정될 수 있도록 객관적으로 서술되어야 한다. 표 1.3.1의 샘플은 바람직한 의료 니즈 요구서와 이를 어떻게 평가할 것인가에 대한

표 1.3.1 결과 내에서의 일반적인 변화와 이에 대한 니즈 요구서에서의 측정

결과	측정 방법
• 개선된 임상 결과	• 임상시험의 치료 성공률
• 환자의 안정성 증가	• 임상시험의 부작용 발생률
• 비용 절감	• 이용 가능한 다른 대안과 비교한 총 치료비용
• 의사/기관의 생산성 향상	• 절차 수행을 위해 필요한 시간과 자원
• (의사) 사용 편리상 개선	• 사용과 관련한 복잡한 요소를 제거하고 일의 흐름을 단순화시킴
• (환자) 편리성 향상	• 치료의 빈도와 발생, 치료 장소의 변화 (입원 환자 대 외래 환자, 의사의 오피스 대 가정 방문) 등
• 환자의 회복 속도 개선	• 입원 기간, 회복 기관 및 직장에서의 병가 사용 시간

권고사항을 제시한다.

니즈가 최종적으로 여러 가지 혜택(또는 많은 개선 결과)을 가져 오는 방법으로 해결될 수도 있다. 예를 들어, 의사가 수술실이 아닌 진료실에서 수술을 가능하게 하는 절차의 개선은 비용을 절감시킬 것이고(주요 혜택), 환자와 의사 모두에게 큰 편리함을 가져다 줄 것이다(2차 혜택). 이러한 상황에서 니즈 요구서는 긍정적인 결과를 모두 나열하는 것이 아니라 일반적으로 주요 결과만을 포함한다.

이를 통해, 이노베이터는 복잡한 절차 없이 가장 중요한 결과에 집중할 수 있다. 또한 이 방법은 모든 결과(예: 효과성 향상, 안전, 비용 절감 등의 쉽게 달성할 수 없는 목표)가 다 좋아야만 니즈가 성공적으로 해결된 것이라는 인식을 없애는 데 도움을 준다. 궁극적으로 결과는 니즈가 적절하게 다루어졌을 때의 가치를 보여준다. 이러한 이유로 이노베이터가 가장 큰 효과를 내기 위해서는 초점을 결과와 기회에 두어야 한다.

즉, 때때로 결과가 니즈 요구서에 명시적으로 제시되어 있지 않고 내포되어 있을 수 있다. 예를 들어, 단순화된 니즈인 "심방세동 환자의 뇌졸중을 예방하는 방법"을 살펴보자. 이 예시에서 뇌졸중 예방은 문제인 동시에 기대 효과이다. 그래서 결과를 다시 언급하는 것은 뻔해 보이거나 중복되게 느껴진다. 중요한 점은 니즈를 정의하고 평가할 때 팀이 조심스럽게 문제, 대상 인구, 결과를 평가하는 것이다.

어떻게 문제, 대상 인구, 결과를 요구서에 포함시킬 것인가를 고민할 때, 사용된 모든 단어를 조심스럽게 살펴보는 것이 중요하다. 왜냐하면 구체적인 단어의 사용은 잠재적으로 해결책의 큰 차이를 불러올 수 있기 때문이다. 다음의 단순화된 니즈 요구서의 차이를 살펴보자.

- 고위험군 환자의 고관절 탈구 예방법
- 고위험 환자의 고관절 탈구 재발을 방지하는 방법
- 첫 번째 고관절 탈구 수술 치료 후, 환자의 재발을 예방하는 방법

세 가지 요구서 모두 동일한 일반적인 임상 문제를 다룬다(위험군 환자의 고관절 탈구). 하지만 각각의 요구서는 모두 기존의 증상을 포함한다(과거 탈구 또는 과거 탈구로 인한 이전의 수술). 이는 서로 다른 대상 인구를 목표로 하여 성취하고자 하는 방향이 전혀 달라질 수 있다.

추가 예시를 통해 더 자세히 알아보자. 새로운 이노베이터로 구성된 팀이 집중치료실(ICU)의 장기 도뇨관 사용으로 인한 감염을 관찰했다고 상상해 보자. 팀의 구성원은 니즈 요구서 작성에 대해 멘토와 토론을 하고 있다.

이노베이터: "저는 *감염을 일으키지 않는 도관*을 니즈 요구서로 사용하기로 결정했습니다."

멘토: "모든 도관을 의미하는 것인가? 아니면 도뇨관만을 의미하는 건가?"

이노베이터: "도뇨관만을 다룰 것입니다."

멘토: "그렇군. 모든 도뇨관을 다룰 예정인가?"

이노베이터: "아니오. 2주 이상 사용된 도뇨관을 다룰 것입니다."

멘토: "좋네. 하지만 도뇨관 삽입이 유일한 해결책인가?"

이노베이터: "글쎄요. 다른 방법을 개발할 필요도 있어 보이네요. 도뇨관을 항상 체내에 두고 소변을 배출시킬 수 있는 방법을 고안하면 좋을 것 같네요. 또 요도 부분에만 부분적으로 항생제를 투여할 수 있는 이식 장치를 고안할 수도 있을 것 같아요."

멘토: "좋은 아이디어군. 해결책을 잠시 떼어 놓고 니즈에 집중해 보도록 하지. *ICU 환자의 요로 감염을 줄이기 위한 방법*이 자네가 하고자 하는 바를 더 적절하게 표현할 수도 있을 것 같네. 어떻게 생각하나?

이노베이터: "그게 좋을 것 같네요."

멘토: "그러면 ICU에서 요로 감염증을 감소시키는 것은 궁극적으로 어떤 가치를 만들어 내는가? 결과를 포함함으로써 더 자세히 이 프로젝트가 구현하고자 하는 가치를 제시할 수 있다네."

이노베이터: "그렇다면 *ICU 환자의 요로 감염증을 줄여 환자의 입원 기간을 줄이는 방법*으로 하는 것이 좋겠군요."

마지막 니즈 요구서는 문제의 본질, 기대하는 효과, 이를 달성하는 데 필요한 척도, 해결책으로부터 창출되는 잠재적 가치를 훨씬 더 명확하게 표현한다. 이 변화는 목표 청중에 더욱 집중한다. 만약 이노베이터가 첫 번째 니즈 요구서를 채택하였다면 많은 잠재 해결책(도관을 기반으로 하지 않는)이 결코 고려

되지 않았을 것이다. 구체적으로 명확하게 정의된 사용자가 없다면 잠재 해결책은 새로운 기술을 실제로 사용하지 않는 사람들을 위해서 개발될 수도 있다. 이 예시는 니즈의 적정 범위를 정의하는 것의 중요성을 강조한다. 목표는 니즈를 최대한 넓게 설정하되 구체적이고 입증된 문제와 연관시키는 것이다. 범위 설정과 관련된 추가 정보는 이 장의 후반부에 제공될 것이다.

니즈 요구서의 초안 작성

니즈 요구서의 초안을 작성하는 일은 다소 어려울 수 있다. 초안은 완벽할 필요가 없고, 대강의 프로토타입으로 생각해야 한다. 매드 립스(Mad Libs) 방법을 사용하여 시작해 볼 수도 있다. 메드 립스는 단어 게임으로, 한 사람이 다른 사람에게 템플릿의 빈칸을 채우기 위한 단어의 리스트를 생각해 내도록 하는 것이다. 이 경우에는 팀이나 이노베이터가 니즈 요구서를 템플릿으로 사용한다.(*영향 받는 [대상 인구]와 [문제점]을 해결하는 방법, 그리고 [결과]*) 그리고 관심 있는 각각의 문제를 통합적으로 요구서에 포함하기 위해 그들이 관찰한 것과 관련된 다양한 단어로 대체를 시도해 본다.[1] 많은 단어를 조합해 보고 수정하는 데 용이한 포스트잇이나 화이트보드 등을 이용하여 다양한 변화를 시도해 볼 수 있다. 처음에는 니즈 요구서의 "언어"를 말하는 것이 어색할지도 모르지만, 계속 연습한다면 더 자연스러워 질 것이다.

팀은 현재 가지고 있는 지식을 기반으로 가장 정확하고 완성도 높으며 호소력 있는 하나의 니즈 요구서를 선택한다. 2.1~2.4절에서 설명된 활동들을 통하여 니즈와 관련된 지식은 더욱 풍부해 질 것이며, 이를 통해 각 요구서를 수정하고 보완할 수 있다.

니즈의 범위 정하기

이노베이터가 니즈 요구서 초안을 작성한 후에 취해야 하는 다음 단계는 적극적인 테스트와 니즈 범위 정하기를 통해 이를 개선하는 것이다. 니즈 범위 정하기는 이노베이터가 일련의 사고 실험을 통하여 세 가지 각 구성 요소에 대한 설명이 "올바르게" 이루어지게 함으로써 문제, 대상 인구, 기대 효과의 세 가지 요소 간의 상호작용을 추가적으로 탐색하는 것이다. 범위 정하기의 핵심은 니즈의 일반적인 부분을 중심에 두고 니즈 요구서의 각 구성 요소에 서로 다른 초점과 특이성을 체계적으로 적용해 보는 것이다. 이노베이터는 다음과 같은 질문을 해 볼 수 있다.

- 문제가 요구서 초안에 제시된 그 문제와 동일한가? (예: 장의 도입 부분의 예, 흉골 절개) 아니면 문제의 범위가 더 넓어질 수 있는가 (예: 흉부에 접근하기)
- 이 이슈는 초반에 생각했던 것보다 더 많은 대상에 적용될 수 있는가? (예: 요도관 환자뿐만 아니라 요로 감염증이 있는 모든 환자)
- 자세한 조사 결과, 대상 인구의 일부 사람들에게만 니즈를 적용할 때 가장 직접적으로 관련되고 더 중요하지는 않은가?
- 니즈 요구서에 기술된 기대 효과가 실제로 가장 필수적인가, 아니면 더 매력적인 또 다른 효과가 있는가?
- 니즈의 범위와 팀의 전략적 포커스가 일관성 있는가?

이러한 범위 정하기 활동은 이노베이터가 니즈 요구서를 만들 때 세운 가정을 방법론적으로 생각해 보게 하여 니즈에 대한 최상의 구성에 도달하게 할 수 있다.

다른 예를 살펴보자. *노년층에게 고관절을 이식할 때 감염을 줄임으로써 입원 기간을 줄이는 방법*. 이 니즈가 노년층에서 특히 많이 발생되었다 할지라도 이노베이터는 대상 인구를 더 넓히고 일반화할 수 있는지 자문해 보아야 한다. 조사와 추가 관찰을 통해서 고관절 이식과 관련된 감염을 줄이는 니즈는 노년층에게만 국한된 것이 아니라는 것을 알게 될 것이다. 다음 단계는, 추가 조사와 관찰을 통해서 다른 관절 이식 수술에도 이 니즈가 적용될 수 없는지 탐색해 보는 것이다(예: 인공무릎). 결과적으로 잠재 목표 시장은 처음 예상했던 것보다 훨씬 더 크고 매력적이라는 결론에 도달할 수 있다. 또한 병원 입원 기간을 줄이는 것이 이 니즈에 있어 가장 중요한 측정 가능한 결과인지 조사해 보는 것도 가치 있을 것이다. 아마도 발병률을 감소시키는 것(예: 감염률과 관련된 고통)이 잘 측정될 수 있고 가장 설득력 있는 결과일 수도 있다. 마지막으로 이노베이터는 고려해야 할 더 큰 문제의 여부를 점검해야 한다. 예시에서 고관절 이식과 관련된 감염은 물론 해결되어야 할 가치가 있다. 그러나 이는 *골관절염 치료를 위한 더 나은 방법*이라는 큰 니즈의 일부이기도 하다. 이노베이터는 "고차원적" 니즈를 위해 일하는 것이 더 낫지 않은지를 반드시 고려해 보아야 한다.

니즈가 질병 상태의 근본적인 측면을 다룰 때 대체 니즈에 의해서 교체될 가능성이 적어진다. 대체 니즈는 고려 중인 니즈의 중심 또는 상부에 위치한 니즈로 해결되고 나면 불필요해지는 니즈를 말한다. 심방세동(AF)을 예로 들어보자. 심방세동은 불규칙한 심장 박동이 심장에 혈전을 형성하고 잠재적으로 혈전이 심장에서 빠져 나와 뇌로 흘러들어가 뇌졸중을 일으키는 것을 말한다. 한 이노베이터가 혈전이 심장을 빠져나와 뇌로 들어가는 것을 막는 방법을 고안하고자 할지 모른다(혈전이 자주 형성되는 심장의 외부 주머니인 심방을 봉쇄 등). 니즈의 범위를 정하는 과정에서 이노베이터는 니즈가 혈전 형성 자체를 막는 방법으로 교체될 수 있는지 고려해야 한다(더 나은 혈액 희석제를 제공함으로써). 하지만, 이 니즈도 최초 AF 발생 원인을 제거하는 것으로 교체될 수도 있다(약물을 통하여 심장 박동 유지, 수술 또는 카테터 기반 절제). 그림 1.3.2는 이러한 옵션을 나뭇가지로 보여준다.

보다 앞선 이노베이터는 나무의 몸통부터 시작하고 가지 부분은 제거하거나 교체할 가능성이 높다. 발명가이자 기업가이며 인큐브 랩스(InCube Labs)의 설립자인 Mir Imran은 다음과 같이 말했다.[2]

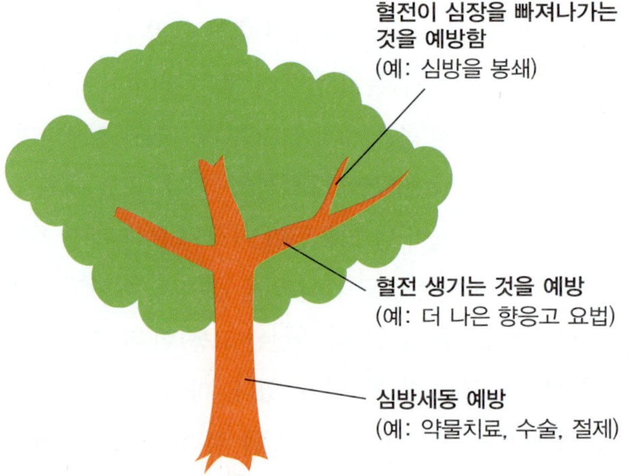

그림 1.3.2
대체 니즈의 예시와 관련 해결책

회사 경영진이 우려하는 여러 가지 요소 중 하나는 그들이 수년간 열심히 일해 온 기술이 잘 작동하고, 임상 문제를 정확히 해결했음에도 불구하고, 시장으로 진출할 때 쯤 다른 기술에 추월당하거나 임상 문제가 다른 방식으로 해결되는 것이다.

니즈를 만들어내는 일련의 사건들이 있고, 각각의 사건마다 독특한 니즈를 가지고 있다. 이는 이노베이터가 해결하고자 하는 이슈와 관련된 위험 프로파일에 직접적으로 영향을 주는 관련 니즈간의 위계를 만든다. 일반적으로 폭넓은 니즈(예: 치료법을 찾고 질병을 제거 또는 예방)는 다른 니즈를 대체할 잠재성을 가지고 있다. 반대로 현존 치료법의 변화에 초점을 맞춘 니즈는 대체 당할 위험에 처하게 된다.

물론 니즈가 너무 크게 구성될 위험성도 있다. 즉, 불필요한 제약을 피하기 위해 니즈가 더욱 많은 대상 인구에 영향을 미친다고 실제와 다른 가정을 함으로써 니즈를 과도하게 일반화시킬 수도 있다. 앞서 언급된 *노년층의 고관절 이식과 관련된 감염 사고 감소 방법*의 범위 정하기 활동에서 이노베이터는 이 니즈가 다른 관절(예: 무릎 이식)을 포함하도록 더 넓어져야 하는가를 고려한다. 하지만, 조사와 추가 관찰을 통해 두 관절 감염은 본질적으로 다른 민감성, 다른 결과 및 상이한 치유의 메커니즘을 가지고 있다는 것이 명백해질 것이다. 무릎 관절을 포함하는 것으로 초점을 넓히는 것은 고관절의 감염을 혁신적으로 해결책할지도 모르는 가능성을 배제시킬 수 있다.

임베디드 솔루션과 니즈 요구서의 함정

니즈를 구상할 때 범위를 너무 크거나 좁게 잡는 위험과 더불어, 니즈 요구서를 만드는 데 있어 언급할만한 중요한 문제들이 있다(그림 1.3.3 참조). 초보 이노베이터들에게 가장 어려운 점은 니즈에 해결책을 반영하는 것이다. 가장 기초적인 수준에서, 니즈 요구서는 언급된 문제점을 해결하기 위해 *어떻게* 문제가 다루어질 것인가가 아니라 결과에 어떤 변화가 요구되어지는가를 언급해야 한다. 관찰한 문제를 해결하기 위해 빠르게 아이디어를 구상하는 과정에서 이노베이터는 해결책의 요소를 빈번하게 니즈 요구서에 포함한다. 특히, 영향력 있는 인물이 니즈 영역 접근 방법에 대한 해결책을 제안할 때 그렇다. 이러한 과정은 눈에 띄게 발생하기도 하고 조심스럽게 발생하기도 한다. 어떤 경우든, 해결책을 니즈 요구서에 포함시키는 것은 가능한 새로운 기회의 범위를 크게 감소시키고 팀의 창의성을 제한하며 잠재 시장에 대한 불필요한 경계를 만든다. 더 중요한 것은, 이것이 실질적인 임상적 문제를 잘 표현하지 못하여 니즈를 효과적으로 다루지 못하는 결과를 낳는 니즈 요구서를 만들 수 있다는 것이다.

예를 들어, 한 신생 회사가 스텐트(좁은 영역을 확장하기 위해 혈관 내에 배치시키는 메쉬형 관형 지지체)에 관심이 있다고 가정하자. 회사는 스텐트가 개방형 동맥을 잡는 데는 효과적이지만 많은 색전(제자리에서 벗어나 혈류를 통해 이동하며 다른 작은 혈관을 막히게 하는 잔해)을 일으킨다는 것을 알아냈다. 이 문제에 집중하면서 회사는 니즈를 "*혈관벽 물질이 색전을 형성하는 것을 막을 수 있는 관상 동맥 스텐트(이 니즈의 내포된 효과는 뇌졸중의 위험을 최소화시키는 것)*"를 구상했다. 디자인 팀의 구성원은 스텐트의 지주 사이가 상대적으로 넓어 죽상 경화반 플라크 조각 또는 혈전이 혈관벽으로부터 빠져나와 말초 색전을 일으킬 수 있다고 가정했다. 따라서 늘어나는 재료를 사용하여 구멍을 막고 색전이 자유롭게 돌아다니는 것을 예방하는 "덮여진" 스텐트를 개발하기로 결정했다. 하

위험	 문제 있는 예시	 개선된 예시
너무 일반적인 요구	척추 수술 결과를 개선하는 방법 • 불명확한 수술, 첫 진단 또는 개선 방법	재수술을 줄이도록 좌골 신경통 허리 디스크 수술 후, 재발성 탈장 위험을 줄이는 방법 • 명확한 수술, 진단 및 합병증
너무 구체적인 요구	재발생률을 줄이는 좌측 관상동맥 분기 장애를 치료하는 방법 • 이런 모집단을 제한하는 이유가 없음. 많은 환자들이 다른 주요 관상 혈관 분기 장애를 가짐	재발생률을 줄이는 관상동맥 분기 장애를 치료하는 방법 • 적절한 환자 모집단을 증가시키는 것 • 같은 해결책이 모든 유형/환자들에게 적용되는 것
현 실습에 포함된 요구	흉골 와이어 골절 위험 없이 건절제술을 끝내는 방법 • 흉골 와이어에 집중함; 다른 접근법을 염가로 하는 것 • 결과를 전달하지 않는 수술 부분을 집중함	창상열개를 빠르게 그리고 안전하게 줄이는 동맥우회술 다음에 건절제술을 끝내는 방법 • 현재 해결책, 수술 목표를 언급하지 않음
내장형 해결책인 요구	수술에서 봉합 부분을 초음파로 봉합하는 방법 • 완벽히 한 접근법을 제한	수술 후 인지 지능 장애를 줄이도록, 최소한 또는 펌프를 사용하지 않는 인공대동맥판막을 보호하는 방법 • 남은 해결책이 개방하는 동안, 구체적 수술과 문제를 확인
부정이 전제된 요구	투석 카테터들이 관련된 전염을 막는 방법 • 한 해결책의 한 구체적인 주제에 부정적으로 집중함	전염 위험이 적은 혈액투석을 위해 오랫동안 높은 흐름의 혈관 통로를 확보하는 방법 • 너무 부정적이진 않음; 구체적 해결책보다 투석 카테터 목표에 집중하고 덜 제한됨

그림 1.3.3
요구 상태에 대한 잠재적 위험

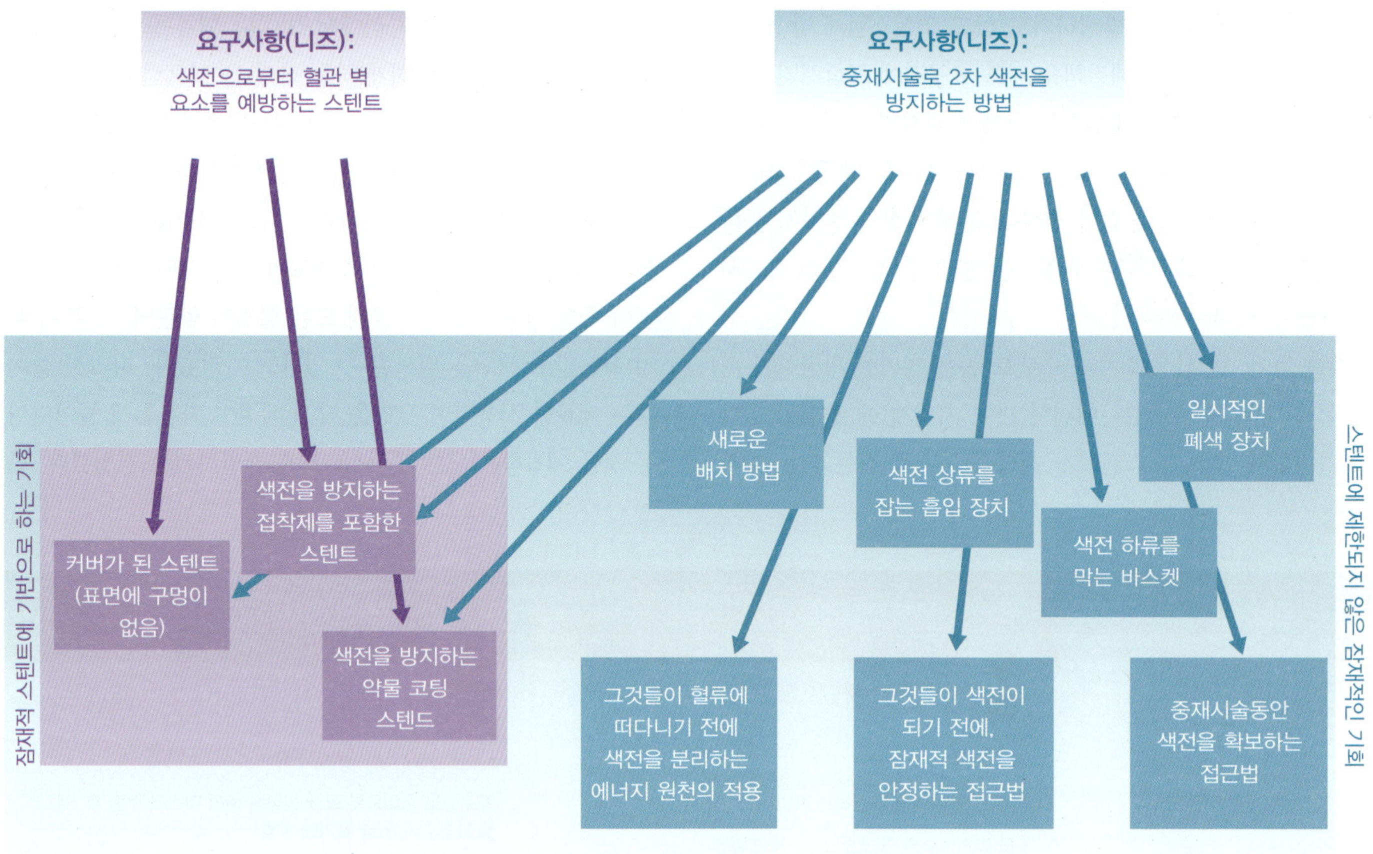

그림 1.3.4

이러한 예시에서 첫 기업은 내재형 해결책(더 좋은 스텐트)을 포함한 요구 그 자체를 제한했고 그렇게 함으로써 상대적으로 기회의 작은 세트(왼쪽에 점선으로 표시된 작은 상자) 그 자체를 제한하였다. 스텐트의 내재형 해결책을 제거하는 것과 예방된 결과(색전의 결과)에 집중하는 것은 기회의 더 넓은 세트에 개방되었다.

지만, 개발과 테스트 단계 이후, 수술 후 덮는 방식은 스텐트 근처에 혈관 표면이 재형성되는 것을 막아 더 많은 색전과 같은 심각한 합병증을 일으킬 수 있다는 것을 발견했다. 궁극적으로 팀은 상품을 시장에 내놓는 데 실패했고 회사는 문을 닫았다.

다른 기업은 스텐팅 후 색전 문제 해결에 대해 다른 접근법을 취한다. 이 기업은 관상동맥 중재시술을 겪는 환자들에 색전을 방지하는 방법으로 기본적인 요구사항을 구조화했다. 그 자체 요구사항에 포함된 해결책이 없다는 걸 주의하라; 이러한 요구 상태는 다수의 추구하는 다른 잠재적 방향을 개방한 채로 놓아둔다. 그 팀은 활동 중인 색전을 멈추는 것보다 오히려 중재 시술 자리에 나중에 배치된 바스켓에 의해 만들어진 색전을 잡는 것이 더 효율적일지도 모른다. 바스켓 장치의 발전 및 성공적인 임상시험 후, 이 기업은 주요 의료 장치 기업 중 하나에 의해 획득되었다. 특별한 해결책의 독립적 요구를 정의하면서, 그 팀은 스텐트에 기초한 접근법의 내재적 제한을 피했고 좀 더 다양한 범위의 가능성을 열어놓았다. 두 기업들은 재능 있고 창의적인 엔지니어를 직원으로 두었다.

그러나 처음은 요구가 구조화된 방법 내에서 내재된 해결책 **편향**으로 인한 불이익이 있었다. 궁극적으로, 특별한 유형의 해결책을 예상한 접근법을 취하는 것은 팀에 인위적인 제약을 부과했고 가능하고 효율적인 접근법을 고려하지 못하게 했다(그림 1.3.4 참조).

요구 계획에서 2개의 다른 위험들은 간략한 언급을 받는다. 첫 번째는 요구를 공식화하는 것에서 현재 의료 실습에 너무 가까워서 붙일 수 없다. 반면 여기서 문제는 우세한 접근법을 허락하거나 기술이 요구 상태를 나타낸다. 그림 1.3.3에 보여준 문제가 있는 예시들 중 하나에서, 그러한 요구는 흉골절개 폐쇄가 흉골 와이어를 요구하고 같은 결과를 이루는 다른 방법에 대해 창의적 생각을 불가능하게 한다고 가정한다. 한 방법으로 이 문제는 현재 의료 실습의 특별한 양상을 수용하며 요구 상태에서 그것을 만드는 요구에서 해결책을 내재시키는 변종이다. 몇 가지 경우에서, 팀이 돌파구 발견보다 기존 기술을 개선하도록 구체적으로 동기부여 받을 것이라고 지적하는 것은 중요하다(그것의 전략적 집중에 관한 선행을 통해). 기존 패러다임이 주제가 아니라는 것을 유지하면서 그 팀이 그것의 목표가 개선을 증가시키도록 하는 것을 명확히 하는 동안, 그것은 요구 상태에서 수용된 제약이 된다.

남아 있는 위험은 미묘한 것이다: 부정적 방법으로 요구를 공식화하는 것. 요구가 문제를 설명하기 때문에 자연스러운 경향은 문제를 제거하는 방법으로 그것을 구조화하는 것이다(피하거나 하는 것이 아닌). 부정적 요구 상태에 대한 도전은 그것이 가장 창조적인 해결책을 이끄는 허심탄회함을 제약하는 경향이 있다. 이노베이터들은 가능한 언제든지 긍정적인 결과를 최적화하는 방법으로 그러한 요구를 다시 논하는 시도를 해야만 한다.

까다롭지만 긍정적인 요구 상태는 더 개방적이고 건설적인 관념화 기간을 이끌 수 있다. 노스웨스턴 대학 바이오메디컬 엔지니어링팀에 대해 그 후의 이야기는 요구 상태 발전이 관련된 몇 가지 과제를 설명한다.

노스웨스턴 이야기를 설명할 때 효율적인 요구 상태를 발전

현장에서 노스웨스턴 대학 바이오메디컬 엔지니어링팀

요구 발견에 관한 과제들을 안내하는 것

얼마 전 노스웨스턴 대학의 바이오메디컬 엔지니어링에 최고의 업적을 남긴 David Kelso와 Matt Glucksberg는 국제 건강 문제와 관계된 설계 주제에 관심을 가졌다. "개발도상국에서 건강 문제를 해결하는 데 사용된 장비와 장치들을 포함한 도전은 나쁘게 디자인되지 않았지만, 그것들은 사용될 그 환경을 위해 설계되지 않았습니다"라고 Kelso는 말했다.[3] "만약 사람들이 자원이 빈약한 세팅을 위해 구체적으로 장치를 설계하는 것을 시작했었다면, 그들은 더 나은 해결책을 제시할 수 있었습니다."

차이점을 만드는 데 동기부여 받으면서, Kelso와 Glucksberg는 세계의 발전하는 부분에서 의료적 요구를 구체적으로 해결하는 해결책들을 디자인하는 기회를 고학년의 학생에게 주었던 프로그램을 시작했다. 그들의 목표가 "실제" 최종 사용자들을 위해 "실제" 프로젝트들에 대한 학생들의 일을 가졌던 동안, 그들은 처음으로 세계 보건 기구 또는 전 세계 다른 대학들에 의해 확인된 건강 관련 문제를 목표로 하는 프로그램을 추진하였다. 한 경우에서, 그들은 개발도상국에서 높은 유아 사망률을 해결하도록 돕는 인큐베이터를 발전시키기 위해 매사추세츠 공대 기술자들에 의해 시작된 프로젝트에 대해 읽었다. 방글라데시 같은 나라에서 Kelso와 5명의 학생으로 이루어진 팀이 초점을 맞추는 분야는 모든 출생 중 많게는 30%가 미성숙이었고, 이러한 지표는 하루에 대략 3,500명의 아이들이 미성숙으로 태어난다는 것으로 해석된다.

그 팀은 유아 사망률을 줄이는 것을 돕도록 지역의 상황을 위해 설계된 더 나은 인큐베이터를 발달시키는 것을 약속하였다. 그 과정에서 일찍이 전기 없이 작동시키고, 아기의 체온을 37℃로 유지하며, 전염으로부터 유아를 보호하고 현지 자료에 관해 높은 확률을 포함하고 낮은 제조 및 작동 비용을 가지는 시스템의 능력을 포함하면서, 그들은 또한 해결책을 위한 구체적인 요구 기준을 정의하였다. 10주 학기 4분기 정도의 과정에서 태어나기 전에 교육과 신생아 간호뿐만 아니라 남아시아에서 건강관리 제공에 대한 경험을 포함한 접촉으로부터 인큐베이터 설계에 대한 투입요소를 찾으면서 그 팀은 널리 연결하였다. 플라스틱 세탁 바

그림 1.3.5
그 팀의 초기 시작품 사진(courtesy of David M. Kelso에게 허가를 받아 사용)

구니(그림 1.3.5 참조)에서 첫 시작품을 개발한 후에 그 팀은 황마로 컨테이너를 만들기로 결정했다. 그래서 그것은 방글라데시에서 자원이 공급될 수 있고 낮은 비용으로 제조될 수 있었다.

그들이 새로운 모델에서 온도를 조절하는 데 사용되었던 변화 단계 재료는 전기적으로 작동 가능한 장치만큼 작동하였다. "우리는 정말 이것에 대해 흥분했습니다."라고 즉시 시작품과 생산에 대한 프로젝트를 취하는 방법을 찾기 시작한 Kelso가 전했다.

노스웨스턴 해외 연구 프로그램을 가볍게 참고하면서 Kelso는 남아프리카, 케이프타운에 위치한 두 번째 학생팀을 만들었고, 남아프리카 시장과 관련 있는 인큐베이터를 만드는 이 그룹과 일을 시작하였다. 그 지역에서 가장 중요한 신생아 집중 간호를 목표로 하면서, 그들은 Karl Bremer 병원의 부서장과 미팅 스케줄을 정했다. Kelso와 연구진을 사진과 그들의 인큐베이터 프로젝트를 묘사한 스토리보드와 함께 데리고 왔다. "그러나, 우리가 엘리베이터에서 내렸을 때, 우리는 구석에 쌓여 있는 인큐베이터들을 보았습니다."라고 그는 기억하였다. "그들은 우리의 인큐베이터 해결책에 관심이 없었지만, 우리를 안으로 초대했고 어떻게 그들이 미성숙 아기들을 간호하는지 보여주었습니다. 캥거루 엄마 간호라고 불리며 그들의 신생아들을 모두 간호하면서, 신생아 집중 케어 단위에 30명의 어머니들이 있었습니다."

개발도상국에 신생아 케어의 부적절성들을 극복하기 위해 캥거루 엄마 간호(Kangaroo Mother Care, KMC)는 콜롬비아의 보고타에서 1978년에 개척되어왔었다. 기본적인 생각은 유아(기저귀, 모자, 신발을 제외하고 옷 없이)를 엄마의 가슴 사이에 똑바로 놓는 것이다. 그 아기는 큰 천 조각으로 만들어진 파우치를 통해 엄마의 블라우스 안쪽에 있었다.[4] 그 방법은 피부와 피부 사이에 접촉과 산모와 태아의 유대를 통해 온도 유지로, 모유에 대한 수요를 증진시킨다. 몇 개의 큰 규모의 연구들이 주요 의학 학술지에 수행되어왔거나 출판되어온 동안, 캥거루 엄마 간호는 인큐베이터에 남겨진 아기들과 비교해서, 아기들이 더 빨리 안정되도록 돕고 전염으로부터 더 나은 보호를 제공하는 것으로 믿어졌다(자주 모유를 먹이는 것을 통해, 얻어진 항체로부터). 이러한 결과들이 여전히 연구 중이어도 대다수는 그것이 또한 미성숙과 저체중 유아들 사이에서 감소한 사망률을 이끌었다고 믿는다. "기본적으로, 그것은 비용 없이 뛰어난 결과를 제공합니다."라고 Kelso가 요약하였다.

"우리의 초기 논의동안 우리는 방글라데시에서 그들이 가르치는 것을 시도 중인 방법으로, 캥거루 엄마 간호에 대해 들었습니다."라고 그가 기억하였다. "그러나 그 개념은 그 팀의 설계에 영향을 미치지 않습니다." Kelso가 계속 말하면서, "설계 도전을 구체화하는 옳은 방법은 해결책 독립 형태에서 그것을 행하는 것입니다. 우리 인큐베이터를 발전시킬 것이라고 말하면서, 우리는 그러한 요구를 심하게 제약했었죠. 그렇지 않으면, 우리 목록에서 모든 요구 기준들은 거의 정확했습니다." 그들의 아기들로부터 떨어지지 않는 것을 선호한 엄마들뿐만 아니라 유아에게 다른 이득을 제공하면서, 그것은 단지 캥거루 엄마 간호가 또한 이러한 요구 기준을 충족하도록 발생하였다.

인큐베이터 해결책이 이 환경을 위해 더 이상 적절하지 않다는 걸 인식하면서, Kelso와 그의 팀은 빠르게 과정을 찾는 요구를 다시 찾았다. 그들이 포함하지 않은 관계된 요구들 중 하나는 신생아의 무호흡을 확인하는 방법이었다(비극적인 결과를 가질 수 있는 문제). 궁극적으로 그들은 아기들을 위해 적절했고 캥거루 엄마 간호와 함께 사용될 수 있는 혁신적인 감독을 발달시켰다.

시키는 것은 많이 되풀이되고 실험적인 많은 이노베이터들은 이 기술 "어려운 방법"을 숙달한다(실수를 하고 그것들로부터 배우는 것을 통해). 이것은 비싼 과정일 수 있다. 왜냐하면 상당한 시간, 돈, 노력이 투자된 후, 바이오디자인 혁신 과정에서 요구 상태가 더 늦게 표시를 놓치는 해결책까지, 명확하지 않게 정의된 요구 상태는 보통 발견되지 않기 때문이다.

요구를 범주화하기

일단 정의되거나 범주화되면 요구는 증대하는 요구 영역, 파란 하늘 요구 영역, 혼합 요구 영역의 세 가지 범주로 조직될 수 있다. 기존의 치료 패러다임 내에 그들이 작동하는 정도를 기반으로, 이러한 세 가지의 주요 요구 범주는 연속체로 존재한다(마지막에서 증대하는 요구, 다른 것에서 다른 요구, 그 사이에서 혼합된 요구). 그림 1.3.6을 참조하라.

요구를 범주화하는 것은 몇 가지 이유들에 유용하다. 첫째, 이러한 운동은 그의 전략적 초점을 포함하는 그 팀의 지지 체크포인트를 제공한다. 구체적으로, 주어진 유형의 요구 시간표와 예산을 그룹의 우선순위에 맞추는가? 한 팀은 1~2년 내에 새로운 제품을 도입하기 위해, 기업의 목표를 지원하는 프로젝트를 추진하는 것에 초점을 맞춰질 수 있다(그리고 증대하는 요구들에 집중할 것이었다); 또 다른 그룹은 암 분야에서 가장 큰 가능성이 있는 영향을 만드는 것을 생각해 볼 수 있다(파란 하늘 요구). 둘째, 이러한 태도로 요구를 조직화하는 것은 이노베이터들이 기존 기술의 잠재적인 해결책의 의존에 감사하는

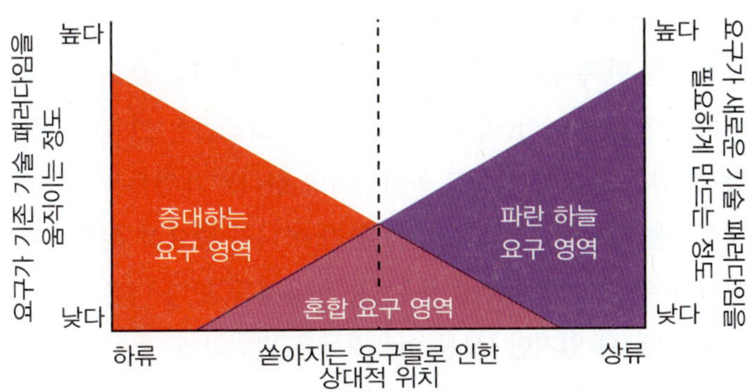

그림 1.3.6
다른 유형의 요구들은 다른 이득 및 위험을 가지고 있다.

것을 도울 수 있다. 파란 하늘 요구는 전형적으로 혁신에 대해 널리 열려 있다. 반면에, 많은 증대하는 요구와 혼합 요구는 설립된 실습 또는 패러다임에 지어진다. 마지막으로, 바이오디자인 혁신 과정의 이 단계에서 요구 상태를 범주화하는 것을 통해 이노베이터들은 그들의 관찰로부터 생겨나는 요구 범위를 더 잘 이해할 수 있다. 나중에 2.5 니즈 선택에서 그들은 다시 그들이 발명으로 나아가는 데 필요한 것을 선택하도록 돕는 몇 가지 선별 요인들 중 하나로 이러한 범주들을 언급할 수 있다. 각 범주는 다음 부분에 더 자세히 설명된다.

증대하는 요구

증대하는 요구는 문제를 처리하는 것과 장치 또는 다른 기술의 기능 같은 기존 해결책을 수정하는 것에 초점을 맞춘다. 예를 들면, 수술 시간을 줄이는 신경외과 수술 동안 종양을 제거하는 데 사용된 장치 막힘을 방지하는 방법은 증대하는 요구로 간주되었다. 전형적으로 증대하는 요구가 근본적인 치료 패러다임 또는 기술들이 사용되고 적용되는 것이 지속될 가정을 이해하는 것은 중요하다. 해결책들이 요구에 붙박인다고 말하는 것과 같지 않지만, 오히려 해결책들이 많은 요구들의 좀 더 하류로 되는 것에 의해 제약된다. 적어 놓았듯이, 새로운 기술 패러다임이 도입될 때 증대하는 요구들은 일반적으로 이해하기 쉽지만, 대체되는 위험을 겪는다.

파란 하늘 요구

다른 한편으로는, 파란 하늘 요구는 현재 이용 가능한 대안으로부터 출발점을 표현하고 쏟아지는 요구에 좀 더 상류인 요구를 처리하는 해결책을 요구한다. 결과적으로, 그들은 정의하기 어려울 수 있다. 파란 하늘 요구들은 다양한 질병 상태를 치료하는 것, 제거하는 것 또는 예방하는 것에 더 초점을 맞추고, 따라서 기존 치료 또는 해결책보다 생리학과 행동 메커니즘에 좀 더 집중한다. 예를 들면, 기존 장치 또는 수술의 개선에 오히려 집중하면서, 파란 하늘 요구는 생존을 향상하기 위한 대장암의 전염을 방지하는 방법 같은 무언가일지도 모른다. 만약 해결된다면, 파란 하늘 요구들은 자주 치료 영역 안에서 다른 관련 요구들을 대체할 것이다. 약한 균형은 파란 하늘 요구가 현재 시점에서 이해하기 쉬운지 아니면 그것이 더 연구가 필요한지를 결정하기 위해 존재한다. 이해될 수 있는 것으로서 품어지는 파란 하늘 요구를 위해, 적어도 근본적인 질병 메커니즘들이 의료 커뮤니티에서 이해되는 것이 중요하다. 이것은 해결책의 기본 장애물들이 아직 알려지지 않았고 해결되지 않을 것 같은 것을 위해 파란 하늘 요구를 "과학 실험" 또는 실행으로부터 차별화한다.

혼합 요구

혼합 요구는 연속체에서 증대와 파란 하늘 요구 사이 어딘가에 존재한다. 혼합 요구로 대다수의 문제는 정의될 수 있으며, 아직 해결책은 넓은 생각을 요구한다. 가슴조직을 최소화하는 동안 발생 부분으로부터 모든 부분이 제거되는 것을 보장하기 위해 외과적으로 수술 시기에 유방암을 제거하는 좋은 방법은 혼합 요구의 한 가지 예시이다.

중요하게도, 문제의 범위 또는 요구의 유형은 필수적으로 사업 기회 또는 잠재 시장의 크기와 일치하지 않는다. 만약 제때 조치가 취해진다면, 증대하는 요구들은 상당한 크기의 사업 기회들에 결과를 낳을 수 있는 해결책들에 의해 해소될 수 있다. 정반대로, 파란 하늘 요구는 산업에서 방향 전환 중인 해결책들을 낳지만 필수적으로 상당한 상업적 기회로 해석되지 않을 수 있다.

조기 요구 타당성

적극적으로 각 요구 상태를 살핀 후에 관찰되어왔고 요구가 그것과 관계된 문제에 대해 직접적으로 잠재적 이용자들, 고객들과 다른 이해관계자들의 얘기들로 정보를 더 모으는 것이 필수적이다. 이러한 논의들은 중요하다. 왜냐하면 요구로 짜인 변화는 목표로 하는 청중이 원하거나 요구하는 것에 의해 이끌어져야만 하기 때문이다. 만약 이노베이터들이 목표 모집단에 중요하지 않은 문제를 해결하는 것을 찾는다면 혁신은 널리 적용될 수 없다. 만약 관찰로 확인된 문제가 목표 모집단이 쉽게 알 수 없는 것에 대한 문제라면, 이노베이터들이 요구를 정당화시키는 것에 좀 더 도전적일 수 있다.

예를 고려해 보자. 대략 5~20% 정도의 결장경검사 수술에서 맹장(상행 결장 바닥에 있는 주머니)은 대장 전체에서 내시경 방향을 찾는 어려움으로 인해 전혀 닿지 않는다. 결과적으로 대장 안에 깊은 곳에 존재하는 대장암의 몇 가지 예시들은 발견되지 않는다. 현재 기술로 그들이 맹장에 닿을지 아닐지 확신을 의사들이 알기는 어렵다. 그러나 결장경검사 성공률이 상당히 다양하다고 공표한 사실에도, 내시경 의학자들은 인터뷰 시에 다들 이것은 그들이 개인적으로 경험한 문제가 아니라고 말한다. 이와 같은 경우 이노베이터가 의사를 직접 경험했는지 묻지 않고 연구를 기반으로 일반화된 방식으로 문제를 파악하면 성공적으로 대화할 수 있다. 이러한 접근으로, 의사들이 문제와의 개인적 친밀도를 인정하며 그들이 편안함을 느낄지 아닐지 더 신뢰할 수 있는 결장경검사의 성공적 결과를 위한 요구를 인정하고 논할 수 있다. 더욱이, 해결책이 모든 의사들을 위해 수술이 더 안전하도록 만드는 것으로 소개된다면, 추가적인 비용 또는 위험 없이 대다수는 그것을 적용할 것 같았다.

목표 모집단의 회원들과 얘기하면서 적어도 이 단계에서, 그것들을 성취하는 방법이 아니라 그들이 어떤 결과를 원하는지, 정확히 그들에게 묻는 것이 필수적이다. 그 점은 잠재적 해결책이 아닌 요구에 초점을 맞춘 논의를 유지하는 것이다(후에 어떻게 오는지, 팀 구성원이 결정할 때, 그들은 관념화에서 전문가를 포함하길 원하거나 그들은 피드백을 위해 이해관계자에 대한 개념 또는 시작품을 가져오거나 생산품의 특징에 대해 그들과 이야기하길 원한다). 매 단계에 이해되는 것을 보장하기 위해 각 요소에 대한 것을 깨면서 문제를 해체하라. 문제의 다양한 요소들 사이에서 가능한 상호작용을 이해하고 목표 청중에 의해 정당화되거나 부인될 수 있는 각 요소의 근본 원인에 대한 가설을 발전시키는 것을 확신해라. 그러고 나서 목표 모집단으로부터 투입 요소를 사용하면서, 이상적인 해결책이 그것들을 만족시키기 위해 포함되어야 하는 핵심 요소들을 확인하는 것을 찾아라(이상적으로 이러한 요소들은 그들이 해결할 것 같은 근본 원인들로 돌아가야만 한다). 개인들은 이러한 요소들을 확인하도록 요청받을 뿐만 아니라 중요성 순으로 우선화할 수 있다. 전문가들이 "보통 이용자들"보다 다른 요구사항을 가질 수 있지만, 보통 이용자들은 빈번하게 더 큰 시장을 대표한다는 것을 상기하라. 관찰된 임상문제에 대해 그들로부터 피드백을 모을 때, 그들은 또한 그들의 경험과 고려되어야만 하는 관점에 기반하여 다른 편견들을 가질 수 있다.

요구 상태 발전 후에 요구 비준은 올바르게 시작하지만, 요구 검사 곳곳에 반복되는 경향에서 반복된다. 요구를 확인하는 노력은 요구 상태를 개선하는 것과 요구 선택에서 필수적인 역할을 한다(2.5 니즈 선택 참조).

요구 기준

요구 기준은 2.5 니즈 선택의 부분으로 그들이 발전시킬 요구 구체화의 필수 요소들이다. 이노베이터들은 상대적으로 요구 상태에 관한 그들의 예비적 정의에 자신 있어 할 때, 그들은 어느 해결책도 정의된 요구를 해결하는 것을 충족해야만 하는 요구 기준에 대해 더 깊게 생각을 시작할 수 있다. 공급자, 환자 및 다른 이해관계자들과 한 인터뷰와 논의에서 얻어진 정보뿐만 아니라 요구 기준은 그 팀의 연구와 관찰에 기초해야 한다. 예를 들면, 입원을 줄이도록 집중치료실 환자들의 요로감염증의 발생 정도를 감소시키는 요구를 위해, 요구 기준은 다음을 포함한다.

- 해결책이 무엇이든지, 그것은 집중치료실 안에 이미 이용 가능한 개인에 의해 배치되어야 한다.
- 그것은 적어도 2주 동안 지속해야 한다(이것은 평균적으로 환자들이 얼마 동안 집중치료실에 있는지로 인해). 그리고 만약 그것이 2주로 제한된다면, 그것은 옮겨질 필요가 있다. 만약 필요하다면 부정적인 효과는 없다.
- 그것은 기존 치료에 비슷한 안전 프로필을 가져야만 한다(전통적인 소변 카테터). 요로 감염증보다 더 위험한 결과를 초래하면 안 되기 때문이다.

- 그것이 상업성을 가지기 위해서는 해결책 비용은 전통적인 카테터 비용에 비교 가능해야 한다(또는 약간 더, 요로 감염증의 발생 정도와 감염된 이들의 치료와 관계된 비용에 기초하여).

가장 중요한 요구 기준이 바람직한 결과의 형태에서 요구 상태로 통합되더라도, 이노베이터들은 목표 모집단의 값이 있는 지원 원칙에 대해 많이 배워왔을 것이다. 이러한 원리들은 쉬운 사용, 속도, 환자 편의와 같은 "더 부드러운" 해결책 속성을 포함할지도 모른다. 관찰을 수행하고 요구 상태 발전으로 일한 후에, 이노베이터들은 그들의 요구를 지원하는 잠재적 요구 기준 목록을 시작할 수 있을지 모른다. 요구 상태 자체 같은, 이러한 기준은 추가적 정보가 모일 때 시간을 넘어 개선될 것이다. 핵심은 그들이 간과하지 못하도록 보장하는 요구와 관계된 예방 요구사항에 대해 필수적인 통찰력을 적어놓는 것이다.

중요하게도, 어느 지점에서 요구 기준이 이노베이터들이 요구 상태를 수정하는 것을 고려하는 원인이 된다면, 그들이 (데이터와 추가적 관찰과 함께) 수정된 요구 상태가 여전히 타당한지 재확인하는 것이 필수적이다. 이러한 방법으로, 초기 요구 기준은 요구 검사 동안 좀 더 조사를 촉진하는 데 사용될 수 있는 추가적인 "경계 조건"을 이노베이터들에게 제공할 수 있다.

요구가 관계로부터 나타나기 때문에 관찰이 이뤄졌던 곳을 토대로, 이노베이터들은 요구 기준이 다양할 수 있음을 상기해야 한다. 예를 들면, 신생 건강관리 환경친화 체계를 포함하는 영역에서 낮은 자원 시설에서 요구를 탐구할 때 이노베이터들은 다음 해결책들을 위해 필수적일 수 있다.

- 값싼 비용
- 지역적으로 제조(상대적으로 단순한 제조 방법)
- 거친 환경 조건을 견뎌낼 수 있다(먼지, 습기).
- 부적절한 구조에도 사용 준비가 된다(불규칙한 전력 공급, 좋지 않은 시설).
- 최소한의 특화된 기술 또는 교육을 사용 가능하다.
- 쉽게 수리 가능하다(접근 가능한 대체 부분).

그러나 모든 설정을 넘어 이노베이터들이 추가적인 연구를 할 때, 요구 기준은 더 구체적이며 소송을 초래할 수 있을 것이다.

통찰력에 대한 최종 언어

이 문맥 몇 곳에서 언급했던 대로, 바이오디자인 혁신 과정의 핵심 "만트라(mantra)"는 *잘 특성화된 요구는 엄청난 발명의 DNA이다.* 의료기술 분야의 훌륭한 특징 중 하나는 이노베이터 또는 팀이 진실하게 약속한 요구를 확인할 수 있다면, 그들이 그것을 처리하기 위해 환자를 간호하는 해결책을 찾을 수 있는 높은 가능성이 있다. 사실은 중요한 기술 혁신 뒤에 실제 통찰력은 해결책이 아닌 요구의 인식일 때 많은 횟수들이 있다. 이 장의 뒤에 있는 Acclarent의 사례 연구는 이 지점의 좋은 예시를 제공한다. 창업 팀은 만성 부비동염의 모든 범주가 유관속폐쇄 치료를 위해 발전된 것들과 비슷한 카테터 기반의 도구로 형성될 수 있다고 인식했다(풍선 카테터, 가이드 등). 이 적용을 위한 도구를 발달시킨 것은 결코 사소하지 않지만 핵심 통찰력은 이러한 덜 외과적인 접근법에 대한 요구를 인정하는 것에 놓인다.

때때로, 중요한 요구 뒤에 핵심통찰력은 의료 실습의 해로 위장된다(이 같은 기회는 "잠재한 요구"로 불린다). 예를 들면, 관상동맥형성술의 초창기에 (동맥폐색카테터 기반의 개방), 환자들은 수술을 따르는 20~30분 정도의 "서혜부 방식"을 받았다(예: 카테터 삽입되어왔던 넓적다리 동맥 봉합을 돕는 의사 또는 간호사에 의해 적용된 수동적인 압력). 환자들은 일상적으로 그 방식은 단연코 고통과 불편함의 관점에 관한 수술의 가장 안 좋은 부분이었다고 불평했다. 그러나 짐작건대 의사들은 관상동맥을 여는 것의 극적 결과에 초점이 맞춰졌기 때문에, 이러한 불평은 상당한 문제로 등록되지 않았다. 마침내, 15년이나 혈관형성술을 시작한 후 의료기술 커뮤니티는 넓적다리 동맥에서 입구 부분을 관리하는 것이 중요한 요구라고 한 통찰력을 의식하였다. 다른 접근법들의 수는 동맥절개 부분을 봉합하기 위해 발명되었고 산업의 새로운 분야로 탄생했다.

불행하게도, 이노베이터들은 단독으로 요구 그 자체 내에서 근본적이거나 형질 변환 통찰력이 있는 요구를 발견하는 것을 확신할 수 없다. 그러나 요구 상태를 만드는 것에 대한 체계적 접근을 취하는 것을 통해 이노베이터들은 그들이 관찰해 온 것에 대한 그들의 이해를 분류할 것이고, 요구 영역 안에 상주하는 가장 가능성 있는 기회를 확인할 수 있을 것이다. 효율적이고 의미 있는 요구 상태를 공들이는 것에 쓰인 시간은 바이오디자인 혁신 과정을 곳곳에 성공시킬 귀중한 투자이다. 그리고 몇 가지 실습을 포함하며 이노베이터의 기술 세트의 필수적인 부분이 될 훈련을 표현한다.

온라인 자료

더 많은 자료는 www.ebiodesign.org/1.3을 방문한다.

"Getting Started"의 활동과 링크

- Translate problems, populations, and outcomes into need statements
- Confirm that needs are solution independent
- Scope each need
- Perform early needs validation
- Categorize needs and define need criteria

니즈 요구서 개발에 관한 동영상

NOTES

1 "Point-of-View Mad Lib," Stanford Institute of Design, http://dschool.stanford.edu/wp-content/themes/dschool/methodcards/point-of-view-madlib.pdf (September 30, 2013).

2 From remarks made by Mir Imran as part of the "From the Innovator's Workbench" speaker series hosted by Stanford's Program in Biodesign, April 28, 2004, http://biodesign.stanford.edu/bdn/networking/pastinnovators.jsp (September 30, 2013). Reprinted with permission.

3 All quotations are from interviews conducted by authors, unless otherwise cited. Reprinted with permission.

4 A.-M. Bergh, "Kangaroo Mother Care to Reduce Morbidity and Mortality in Low-Birth-Weight Infants," World Health Organization, Reproductive Health Library, http://apps.who.int/rhl/newborn/cd002771_bergham_com/en/ (September 30, 2013).

5 "What Is KMC?," Kangaroo Mother Care, http://www.kangaroomothercare.com/what-kmc-is.aspx (September 30, 2013).

6 Jane Neff Rollins, "Many New Colonoscopic Devices are in Pipeline," *Internal Medicine News*, August 1, 2006, http://www.thefreelibrary.com/Manyþnewþcolonoscopicþdevicesþareþinþpipeline.-a0171953276 (September 30, 2013).

Acclarent 사례 연구

바이오디자인 혁신 과정을 거치면서 이노베이터들은 그들이 통합과 상업적 추진을 발견하는 요구들로부터 움직일 때, 상호 연결된 도전과 기회의 계속된 흐름에 직면한다. 새로운 정보는 이전 결정을 다시 방문하고, 새로운 위험들을 처리하고 복잡한 균형을 간주하기 위해 그들에게 요구할 수 있는 과정의 모든 단계에 이용 가능하다. 더욱이 바이오디자인 혁신 과정은 경쟁적인 의료기술 분야 내에서, 증가하는 수요와 복잡한 국내와 국제적 건강관리 환경의 배경으로 일어난다.

아무것도 실제 세계의 예시보다 이 과정의 어렵고, 늘 변화하고, 아직 잠재적으로 보상하는 근원이 더 낫다는 것을 증명하지 못한다. 그것의 혁신적인 새로운 기술의 상업적 추진을 향해 바이오디자인 혁신 과정의 각 단계로 그것이 움직일 때, 다음의 사례 연구는 Acclarent 기업으로 불리는 기업의 이야기를 말한다.

1단계: 니즈 탐색

그의 가장 최근의 기업인 TransVascular을 Medtronic에 매각한 후, Josh Makower는 교차로 위에 서 있었다. Makower의 리더십을 포함하여 TransVascular는 기존 및 신생 혈관 내의 수술을 촉진하기 위해, 등록된 카테터 기반의 플랫폼 발달을 개척했었다. 새로운 기술은 관상동맥과 주변 맥관에서 폐쇄된 혈관을 우회하고 모든 폐쇄 방향을 잡는 실패한 시도를 복구하고 혈관 구조 내 정확한 위치에 치료제를 제공하기 위해 사용될 수 있다(예: 세포, 유전자, 약).[1] 시스템을 위한 한 잠재적 적용은 연간 심근경색을 앓는 150만 명보다 더 한 결과를 낳는 손상된 심장 문제를 고치는 것이다.[2] 2003년 9월, Medtronic은 TransVascular의 자산을 모두 인수하여 최대 9,000만 달러 상당의 거래를 성사시켰으며, Makower는 그가 다음에 하고 싶은 일을 결정할 수 있는 위치에 오르게 되었다. Medtronic에 대한 매각은 투자자와 직원들에게 긍정적인 재무 결과였지만, TransVascular 팀이 1996년에 "혈관 고속도로 개척자"로 진출했을 때 훨씬 더 높은 기대치에 미치지 못했다.

1.1 전략적 포커스

"당신이 멈추고, 물러서고 재평가하는 기회를 가지는 언제든지, 그것은 당신의 우선순위들과 당신이 옳은 방향으로 나아가는 중이라고 확신하는 삶에서 당신이 성취하는 것을 시도하길 원하는 것들을 확인하는 엄청난 시간입니다."라고 Makower가 얘기했다.[3] 그의 직업에서 신선한 전략적 집중을 정의하는 기회를 인식하면서, 그는 개인적인 재고를 개시했고, 그의 임무에 대해 생각한 것으로 시작하였다. "나를 위해, 그것은 내가 과거에 해 온 실수로부터 배웠다고 확신을 시도하는 것에 대한 것이다. 그리고 나는 또한 처음으로 의료 문제 규모를 해결하는 것에 진실하길 원했다. 만약 해결되었다면 수백만의 환자들이 아닌, 수천의 삶의 질이 상당한 개선되었을 것이었습니다."라고 그가 상기하였다.

그의 강점에 관해서, MIT로부터 기계 엔지니어링의 SB, 뉴욕 약대의 MD 그리고 콜롬비아대의 MBA를 하는 Makower는 그의 첫 번째와 두 번째 회사들로부터 투자자를 위해 성공적인 유동성 사건을 제공했었다. 이것은 그에게 가치 있는 교육 배경을 주었을 뿐만 아니라 실제 삶의 경험의 전투의 상처에 의존하는 것을 제공하였다. 게다가, "나는 내가 의존할 수 있는 기술이 많고 재능 있는 사람들이 함께하기 위해 충분히 강제한 프로젝트에 애쓰고 창출하는 중요한 것들을 조사하는 능력이었다고 느꼈다. 나는 또한 난 내가 돈을 벌고, 미래상을 보고, 프로젝트 입장을 분명히 하고, 우리가 가진 모든 것을 주는 것에서 나에게 참여하는 다른 이에게 충분한 열정을 전하도록 돕는 판매 기술을 가졌다는 것을 알았다."라고 그는 언급하였다. Makower는 TransVascular와 그의 스타트업 회사인 EndoMatrix에 투자를 해왔었던 벤처 자본회사인 NEA와의 긴밀한 관계에서 이점이 있다고 인식하였다.[4] 이 기업과의 연계는 그의 다음 생각을 주위에 토로하기 위해 그가 충분한 투자를 보장할 수 있다는 그의 믿음을 북돋았다. 그의 과거 경험(Pfizer의 전략 혁신 그룹뿐만 아니라 스타트업과 함께)과 가장 중요한 바이오디자인 혁신 과정의 숙달을 토대로, Makower는 또한 '어느 임상 분야에 그냥 도전하고 환자들의 삶을 개선시키는 것에 의미가 있도록 만드는' 그의 능력에 대해 자신이 있었다.

그의 약점을 평가하는 것뿐만 아니라 Makower 자신에게 야만스러운 정직함을 시도했다. "한 가지 약점은"이라며 상기하였다. "전 제가 CEO가 다시 되길 원하지 않는다는 것을 알았습니다. 적어도 오랫동안 하는 것은 원하지 않습니다. 제가 경영을 위해 요구되는 기술을 이해하고, 그 가치에 감사하고 아마도 그것을 할 수 있는 동안 그것은 단지 저를 위한 재미가 아니었습니다. 저는 큰 그룹의 사람들을 관리하는 것은 나를 위한 것이 아니고, 그것은 제가 TransVascular로 새로운 CEO, 제가 저의 역할을 다시 즐기는 것을 시작한 Wick Goodspeed를 데려왔을 때까지가 아니란 것을 알았습니다. 저는 해결책을 발견하는 것, 문제 해결사가 되는 것, 그리고 미래의 비전을 제시하는 것의 한 부분이 되는 것을 좋아했습니다. 그러나 나는 중요한 단계를 통해 사람들을 관리해야 하는 것을 즐기지 않고, 결과물 검토와 좋은 관리자들이 기업을 경영하고 이끄는 다른 모든 것을 수행하지 않았습니다." 이것은 그에게 그가 그들의 스타트업 동안 작은 팀들과 일하는 것과 그가 나중에 올지 모르는 10여 명 또는 수백 명의 직원을 이끌기 위해 합리적으로 CEO를 고용할 수 있는 한 시점에 사업을 성장시키는 것을 선호했다는 결론을 가져왔다.

게다가, "저는 제가 약을 한쪽에 치워두고 잘 알려지지 않은 의료 분야에서 완벽하게 새로운 개념을 탐구하는 것을 깊이 즐기는 동안, 기본 연구는 벤처 기업을 운영하기 위한 좋은 장소가 아닙니다."라고 그가 말했다. 이러한 종류의 일의 이론적인 근원과 이노베이터들이 직면하는 불확실성이 매우 높은 단계로 인해 Makower는 상기했다. "저는 비전에 동의하고 그들을 실망시키는 사람들 – 피고용인들과 투자자들을 얻길 원하지 않는 것에 대해 강한 느낌을 받았습니다. 왜냐하면 노력과 일을 매우 열심히 한 후에 우리 이론은 틀렸기 때문이다. 우리는 TransVascular에 있기 전에 그리고 내가 일한 사람들과 다시 일 하길 원하지 않았습니다. 저는 훨씬 더 구체적이고 합리적인 시간 내에 상업적으로 실현될 수 있는 기회를 찾고 싶었습니다."

그의 강점과 약점을 평가한 후, Makower은 그에게 새로운 프로젝트를 매력적으로 만드는 구체적인 프로젝트 수용 기준에 대해 생각했다. "저는 EndoMatrix와 TransVascular를 좋은 배움으로 보았지만, 성공은 아니었습니다. 저는 매우 성공적이었던 프로젝트를 제공하는 기회를 가지길 원했습니다. 저는 제가 배워왔었던 것을 쓰고 그것을 정말 적용한 그 시간 같다고 느꼈습니다." 이것은 그를 합리적으로 성공의 합리적으로 높은 확률을 포함하는 기회에 집중하도록 만들었다. "더 이상 과학적 시험이 없는"이 그와 그의 궁극적인 팀이 가능성을 평가하기 시작했을 때 만트라(mantra)의 종류가 되었다.

다른 핵심적 수용 기준은 많은 수의 사람들에 영향을 준 문제를 해결하는 Makower의 바람이었다. 주목할 만한 시장을 찾는 것 – 수백만의 사람들에 이르고 수입에서 10억 달러를 성취하기 위한 잠재력을 포함하는 기회 – 다른 중요한 요소였다. "우리는 우리가 우리 투자자의 수입 기대를 이루기 위해 합리적인 성장률을 포함하는 연례의 수입에서 10년의 시간 내에 100~200달러를 가질 수 있는 기업을 만드는 것이 필요했습니다."라고 상기하였다.

마침내, 그는 환자 죽음을 포함하지 않는 프로젝트를 약속하기로 결정했다. Makower에 따르면, "TransVascular에서 비판적으로 아픈 환자들을 목표로 한 기술에 공을 들였습니다. 환자들을 위태롭게 한 우리 중재는 그들을 구하는 걸 시도하는 노력에 존재합니다. 이러한 종류의 프로젝트는 알려지지 않은 것들을 잘못 계산하는 것에 대해 확실한 단계의 용기와 비참한 결과를 수용하는 의지를 요구합니다. 전 그것을 존중합니다. 저는 그것을 완료해왔습니다. 그러나 저는 그것을 다시 하길 원하지 않았지만, 적어도 다음은 거대한 것 같진 않았습니다. 환자들에게 걱정하면서, 그것은 단지 감정과 스트레스가 너무 많습니다."

정의된 이러한 (그리고 소수의 다른 이들) 수용 기준으로, Makower는 그의 요구사항을 충족시킬 하나 또는 더 구체적 전략적 집중 영역을 확인하러 나갔다. 이를 성취하는 것을 돕기 위해, 그는 의료 장치 인큐베이터 ExploraMed를 다시 시작했다. 본질적으로 1995년에 Makower에 의해 발견된

그림 C1.1
ExploraMed에서 일을 같이한 첫날 Chang과 Makower는 부비강 모형과 자세를 취하였다(Josh Makower에게 허가를 받아 사용).

ExploraMed I은 EndoMatrix와 TransVascular를 낳았다. 그것의 새로운 형태에서 ExploraMed II (로 불림)은 2개나 3개의 새로운 의료 장치 사업을 추진하는 것에 대한 플랫폼이 되는 것으로 의도되었다.

Makower의 첫 움직임은 인큐베이터 내에 핵심적 역할에 신뢰 있는 팀 구성원들을 보장하는 것이었다. Karen Nguyen은 재정을 감독하는 것에 서명하였고, Maria Marshall은 그의 비서로서 이 새로운 ExploraMed 벤처를 계속하는 데 동의하였다. 그의 첫 기술자 고용은 John Chang, 경험 많은 R&D 전문가이며, TransVascular에 엔지니어링 팀의 핵심 부분을 담당해왔다(그림 C1.1 참조). 사실 Makower은 다른 직업을 수용하면서, Chang이 피하도록 돕는 노력에서 ExploraMed를 재시작하는 그의 계획을 가속화했다. "저는 제 모델의 가장 중요한 부분 중 하나가 사람들에 주안점을 둔다고 생각합니다." 라고 그가 말했다. "하루 끝에, 사업의 가치는 사람들 안에 있습니다. 생각은 위대하지만 사람들은 그것이 모두 잘 되도록 만드는 사람들은 당신이 왜 성공하는지에 대한 이유입니다. 저는 John과 다시 일하길 원했습니다. 왜냐하면 그는 단지 가장 긍정적이고, 활력이 있으며, 행복하며, 열심히 일하고, 똑똑하며, 부지런하고, 충실하며 신뢰할 수 있는 남자입니다. 누구라도 팀에 포함하길 원할 것이었습니다. 그래서 ExploraMed는 제가 원했던 것보다 빨리 다시 시작해서, 우리는 다시 일할 기회를 가질 수 있었습니다."

Makower와 Chang은 함께 4가지 핵심 영역을 탐구하기로 결정하였다. 이러한 영역 중 2가지는 교정과 호흡기 질환이었다. 다른 것들은 Makower의 수용 기준을 충족시키는 울혈성 심부전(congestive heart failure, CHF) 무대 내에 아주 편한 자리를 찾는 걸 시도하는 것에 집중되었다. 이러한 분야는 TransVascular에 앞선 경험으로 인해 2명의 남자들에 흥미가 있는 중이었지만, 그들은 범위와 더 적용되는 초점을 정의할 필요가 있었다. "그 생각은 'TransVascular에서 우리가 한 것보다 더 단순해진 것을 우리가 알 수 있는 것이 있는가 – 우리에게 새로운 과학을 창조할 것을 요청하지 않을 무언가?'" 라고 Makower는 상기했다. 그들은 울혈성 심부전과 관계된 폐부종에 집중하기 시작하였다(밤 동안 잠을 잘 수 없는 환자들이 산소에 굶주리는 효과). 그들은 그것이 극적으로 환자들의 삶의 질에 영향을 미친 중요한 부작용이었다고 알렸지만, 그것은 몇 가지 흥미로운 기계적 영향을 가지는 것 같았다.

네 번째 잠재적으로 초점을 맞춘 영역은 귀 · 코 · 목구멍(ear, nose, and throat, ENT) 전문 – Makower가 이미 몇 가지 예방적 연구를 행해왔었고 몇 가지 생각을 사용해왔던 공간 – 이었다. 만성 부비동염으로부터 고통 받는 누군가로서 눈과 코 뒤에 구멍에 관해 다시 발생하는 정보를 포함하는 조건은 공통적으로 박테리아성 또는 바이러스성의 전염에[5] 기인하며, Makower는 이러한 조건을 위해 친밀하게 기존 치료 대안의 부적절성과 가까웠다. 극심한 전염이 발생할 때, 환자들은 보통 항생제를 포함하는 처방전 없이 살 수 있고 처방이 필요한 의약품으로 치료받았다. 사실 부비동염은 미국에서 처방된 항생제에 대한 5번째로 가장 보편적인 조건이었다.[6] 이러한 다른 치료들은 결과를 만들고 지속하는 데 실패했을 때, 스테로이드는 다른 유형의 치료법이었다. 상대적으로 적은 수의 나쁜 경우들에서 만성 부비동염 환자들은 그러한 것들 중 가장 보편적인 것은 기능적인 내시경적 만성 부비동염 수술(functional endoscopic sinus surgery, FESS)인 외과적 수술에 대한 자격을 얻었다. 효율성과 치료 대안의 근원으로 좌절되면서 Makower는 비공식적으로 이 영역에서 새로운 접근법을 탐색하기 시작하였다. Chang은 ExploraMed에 참여했을 때, 그 시간은 귀 · 코 · 목구멍에서 잠재적 기회들의 강점을 공식적으로 평가할 권리였다. "우리는 어느 다른 프로젝트 같이 이런 것을 치료할 시도되는 중인 그 시간 동안 제 이전 업무를 한쪽으로 제쳐두었습니다."라고 Makower가 말했다. "만약 우리가 같은 일반적인 결론과 내가 가져왔던 생각에 이르렀다면, 우리는 기본적 임상문제를 시작하고, 실제 임상 요구들에 깊은 이해를 발전시키며 그리고 보는 것에 상당한 주의를 할 필요가 있었습니다."

1.2 니즈 탐구

Chang에 따르면 2명의 남성이 교정 및 호흡기 질환 분야, 울혈성 심부전, 귀 · 코 · 목구멍에서 무엇이 진행되는 중인지 일반적인 정보를 포함하는 그들의 첫 몇 주를 보낸 계획을 발전시켰다. "저는 제가 아는 의사들과의 여러 미팅을 스케줄로 잡았고, 몇 개의 컨퍼런스에 출석했습니다."라고 그가 말하였다. 이러한 미팅에서 Chang은 기억했다. "우리는 말했습니다, '그래서 우리에게 당신 무엇을 하는지 말해요. 당신이 본 몇 명의 환자들에 대해 우리에게 말해 봐요. 의사로서 당신이 대면한 도전에 대해 우리에게 말해 봐요. 당신의 가장 최고의 요구는 무엇인가요?'" 때때로 의사들은 공유하기 위한 구체적인 생각을 가졌지만, 그들은 단순히 그들의 경험을 공유했고 어떤 불만이던지 그들에게 문제들을 주는 것에 대해 논의하였다. 그들이 현재 치료법을 논쟁하고 논의했을 때, 그 팀은 임상과 임상 미팅에서 그들의 환자들을 포함하면서, 실제 통찰력들이 수술실에서 관찰하는 의사들로부터 왔다는 것을 알았다.

부응해서, 다음 단계는 직접 얻은 관찰을 스케줄 잡는 것이었다. Makower는 설명하였다: "우리는 우리에게 대량의 사례를 보여주고, 많은 환자 경험을 얻어주고, 그리고 빨리 그 공간에 다가가는 임상의들을 찾는 것이 필요했다." Makower는 이미 바이오디자인에 스탠포드 대학의 프로그램 가르쳐왔던 중이었고, 결과적으로 확실한 전문성에 대해 접촉하는 대학의 의료센터에서 풍족한 네트워크를 소유하였다. 그러나 귀 · 코 · 목구멍 같은 몇 가지 분야에서, 그와 Chang은 병원에 "전화 권유"를 해야 했다. "우리는 전화해서 물었습니다, '누가 병원에서 비과학자입니까?'" Makower는 회상하였다.

일단 그들이 적절한 연계성을 만들었다면 공식적인 관찰 과정은 추진되었다. 귀 · 코 · 목구멍 공간에서 다시, "우리는 일상적인 그의 날에 대한 감사를 얻으면서, 임상 주위에서 외과의를 따르면서 며칠을 보냈다 – 어떤 환자들이 왜 오는지, 첫 방문인지, 수술 후의 관리 또는 다른 유형의 예약이라고 Chang이 말했다. "우리는 또한 '멍청한' 질문을 묻는 OR에서 시간을 보냈다, '나는 너에게 네 번이나 알린다. 왜 당신이 그것을 해야 하는가?' 그 생각은 시선을 유지하고 마음을 여는 것이었다."

"우리는 클리닉에 갔었고, 우리는 사례를 논했고, 우리는 환자를 얘기했고,우리는 수술을 관찰했습니다." Makower는 반복하였다. "그리고 기본적으로, 우리는 더 듣고 보고, 우리는 우리가 정말 여기에 무언가를 가졌다고 느끼기 시작했습니다." 만성 부비동염의 심한 사례를 치료하는 기능적인 내시경적 만성 부비동염 수술은 1990년대 중반에 그 분야에 내시경 도입으로 부비동 수술의 지배적 형태가 되었다. 이러한 접근법은 콧속 부비동 안 구멍에 직접적인 시각 조사인, 내시경으로 불리는 유리막대 눈의 삽입을 포함하였다. 그러고 나서 직접적인 시각화 아래에서, 몇몇의 자르고 쥐어 잡는 장비들은 부비동 통로를 개방하는 조력에서 비정상적이고 방해하는 조직을 제거하는 데 사용되었다. 다수의 사례들에서 외과적 수술은 전체적으로 콧구멍으로 행해진다(이전에 필요했던 것처럼, 환자의 얼굴, 입 또는 두피에 절개보다 오히려).[7] "개념적으로, 전문성은 앞으로 20년 전 큰 개방 절개로부터 가장 작게 외과적이고 비외과적으로 간주되었던 기능적인 내시경적 만성 부비동염 수술까지 이러한 거대한 급증을 만들었습니다," Chang이 언급하였다. "그러나 기능적인 내시경적 만성 부비동염 수술을 관찰할 때, 내시경 카메라부터로 나오는 비디오 이미지는 자주 붉은 바다였습니다. 제3자로서 당신은 이렇게 생각합니다. '이크, 아마도 사용된 것보다 더 나을 테지만, 나에게 비외상성 인 것처럼 보이지 않아. 아!'"

Makower에 따르면, 그 과정이 너무 피비린내 나는 이유 중 하나는 뼈와 조직의 상당한 양이 모든 수술에서 제거되는 것이기 때문이었다. 한 예로, 그는 다음과 같이 설명하였다.

> 구상돌기는 상악동 가장자리에 놓인 뼈이다. 그것은 절대 질병은 아니지만, 모든 관습적인 만성 부비동염에서 거의 완벽하게 제거되지 않는다. 나를 위해, 그것은 그들이 단독으로 구조를 제거하는 것이 놀라웠다. 왜냐하면 그것은 방해가 되기 때문이었다. 나는 2번 또는 3번 정도 질문을 해야만 했다. "그래서, 왜 당신이 그것을 얘기하는 오직 한 이유는 당신이 그것을 지켜볼 수 없기 때문인가?" "그렇다." "그러나 그것은 질병에 걸린 것이 아니었는가?" 그것은 믿기 힘든 종류였었다. 그리고 그것은 이상적으로 끝나게 된 것보다 수술에서 많이 더 줄이려는 현실화가 다가오는 우리의 시작이었다. 우리는 그것이 그들이 조금 큰 침실 문을 만들 필요가 있다고 결정하고 문 입구와 거실로 불도저를 운전하는 방법을 선택하며, 침실문까지 복도를 따라 부엌을 사라지게 한 누군가와 유사했다고 농담을 했다. 왜냐하면 그러한 모든 것들은 단지 "방해가 되었기 때문이다".

그들의 흉터 재발에 대처하기 위해 최적의 결과와 단독으로 반복된 수술 요구를 이끈 수술 동안 전해진 트라우마와 크게 관련되면서, 다른 주요 문제들은 수술 후 흉터를 포함하는 그들의 관찰로 확인하였다. 추가적으로, "상당한 수술 후 고통과 출혈을 언급하는 것이 아닌, 높은 수준의 복잡성이 있는 수술뿐만 아니라 뇌척수액 누출과 같은 다른 잠재 합병증들이 있습니다."라고 Makower가 덧붙였다. 그 팀은 단결하여 이러한 요소들이 더 나은 해결책을 제공하는 것을 통한 공간에서 상당한 가치를 창출하는 기회를 표현한다고 인지하였다.

1.3 니즈 요구서 개발

그들의 첫 관찰로부터 얻어진 정보를 사용하면서, Makower와 Chang은 요구 상태와 요구 기준의 예방 목록을 정의하였다. 그들의 제거에 관한 사건 개요 설명으로, Makower가 말하길 "우리는 출혈이 덜하고, 고통이 덜하고, 뼈가 덜 상하고, 조직 제거, 흉터의 낮은 위험 그리고 수행하기에 더 빠르며 쉽고 안전한 만성 부비강염을 치료하는 것에 최소한으로 외과적 접근법을 위한 요구를 보았습니다. 우리는 생각을 한쪽으로 치우는 것을 어렵게 시도했지만, 기회에 대한 우리의 흥분은 명확히 만들어지는 중이었습니다."

NOTES

1 "Medtronic Completes Transaction with TransVascular, Inc.," BusinessWire, September 24, 2003, http://www.businesswire.com/news/home/20030924005389/en/Medtronic-Completes-Transaction-TransVascular (September 16, 2013).

2 "Medtronic Agrees to Acquire Assets of TransVascular, Inc., Maker of Next-Generation Vascular Devices," BusinessWire, August 11, 2003, http://www.businesswire.com/news/home/20030811005356/en/Medtronic-Agrees-Acquire-Assets-TransVascular-Maker-Next-Generation (September 16, 2013).

3 All quotations are from interviews conducted by the authors, unless otherwise cited.

4 EndoMatrix was a medical device company focused on the treatment of incontinence and gastro-esophageal reflux. It was acquired by C. R. Bard in July, 1997.

5 "Balloon Therapy," Forbes, May 22, 2006, p. 82.

6 Carol Sorgen, "Sinus Management Innovation Leads to an Evolution in Practice Patterns," MD News, May/June 2007, http://www.clevelandnasalsinus.com/webdocuments/Acclar-

Cleveland–md–news.pdf (September 16, 2013).
7 "Fact Sheet: Sinus Surgery," American Society of Otolaryngology–Head and Neck Surgery, http://www.entnet.org/HealthInformation/SinusSurgery.cfm (March 22, 2014).

파악하기 니즈 스크리닝

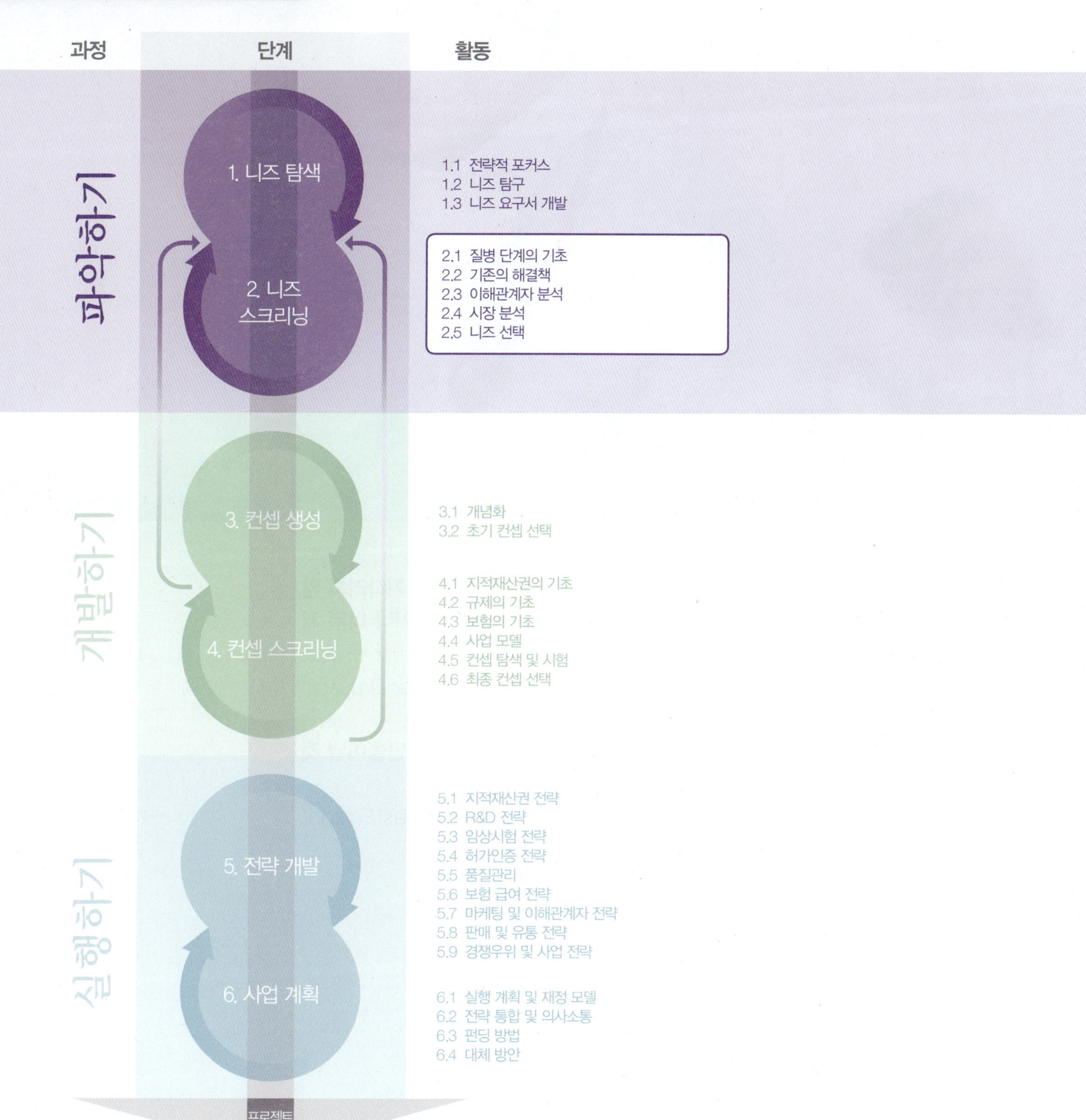

과정
단계
활동
파악하기
1. 니즈 탐색
1.1 전략적 포커스
1.2 니즈 탐구
1.3 니즈 요구서 개발
2. 니즈 스크리닝
2.1 질병 단계의 기초
2.2 기존의 해결책
2.3 이해관계자 분석
2.4 시장 분석
2.5 니즈 선택
개발하기
3. 컨셉 생성
3.1 개념화
3.2 초기 컨셉 선택
4. 컨셉 스크리닝
4.1 지적재산권의 기초
4.2 규제의 기초
4.3 보험의 기초
4.4 사업 모델
4.5 컨셉 탐색 및 시험
4.6 최종 컨셉 선택
실행하기
5. 전략 개발
5.1 지적재산권 전략
5.2 R&D 전략
5.3 임상시험 전략
5.4 허가인증 전략
5.5 품질관리
5.6 보험 급여 전략
5.7 마케팅 및 이해관계자 전략
5.8 판매 및 유통 전략
5.9 경쟁우위 및 사업 전략
6. 사업 계획
6.1 실행 계획 및 재정 모델
6.2 전략 통합 및 의사소통
6.3 펀딩 방법
6.4 대체 방안
프로젝트 런칭

성공한 기업가는 "뮤즈가 갑자기 그들에게 찾아와" 묘안을 줄 때까지 기다리지 않고, 끈임 없이 행동을 하며 자신의 일을 수행한다. 너무 큰 꿈을 가지거나 너무 서두르면 실패할 수 있다.

Peter Drucker[1]

세상이 원하는 것이 무엇인지 알게 되면, 나는 즉시 행동하여 그것을 만들어낼 것이다.

Thomas Edison[2]

2. 니즈 스크리닝

많은 니즈들을 수집한 후 고심(the deep dive)을 하기 전에 엄격한 후속 스크리닝과 설명 과정이 필요하다. 대부분의 경우 직관적인 기술에 관한 것이 아니다; 보통 똑똑한 사람들은 임상적 필요성에 직면하게 되고, 그 니즈가 실제로 가장 중요한 것인지 여부를 먼저 검증하지 않고 직접 해결책을 고안하게 된다.

모든 니즈들을 면밀히 살펴보는 것은 필수적이다. 경험 많은 이노베이터는 이러한 과정을 직관적으로 할 수도 있지만 공식적인 과정은 경험이 적은 사람들에게 매우 유용하다. "문제를 둘러싼" 반복적인 과정은 일시적인 냉각기간에 의해 지속될 수 있다. 니즈를 탐색하는 것은 인간의 자연스러운 모습이다. 감정에 좌우되지 않는 반성과 검토를 통해 WOMBAT(Waste of Money, Brains, and Time)을 방지할 수 있다.

이 심층적인 고심이 끝나면 연구 팀은 임상 특성, 시장 역학, 경쟁 업체, 현재 해결책 및 투자자 요구사항 등을 포함하여 니즈에 대한 상세한 설명과 함께 문제에 대한 절대적인 전문 지식을 갖추어야 한다. 이러한 요소들은 필수적이기도 하지만 부수적이기도 하다. 니즈의 가장 기본적인 특징, 즉 문제, 영향을 받는 개체, 새로운 해결책이 도출하고자하는 결과를 담고 있는 하나의 문장을 니즈 요구서라 한다. 이 항목은 전체 프로젝트에 대한 유전자 코드(Genetic Code)라고 볼 수 있다.

NOTES

1 Peter Drucker, Innovation and Entrepreneurship: Practice and Principles (HarperCollins, 2006).

2 Robert A. Wilson and Stanley Marcus, American Greats (PublicAffairs, 1999).

2.1 질병 단계의 기초

서론

이노베이터는 하나 이상의 주목할 만한 니즈를 인지한 것에 대해 흥분을 느끼며 한 발 앞서 신속하게 발명에 착수한다. 그러나 관련 질병 상태에 대한 상세한 지식을 쌓고 행동 메커니즘에 중점을 두어 모든 니즈를 인지하고, 그에 대한 최선의 대응 방법을 이해하는 것이 중요하다. 질병 단계 연구는 바이오디자인 혁신 과정의 필수적인 부분이며 임상과 비임상 이노베이터 모두에게 귀중한 활동이 될 수 있다.

목표

- 질병 단계 분석의 중요성과 역할에 대해 이해한다.
- 연구의 일환으로 어느 요인들을 조사해야 하는지에 대해 이해한다.
- 니즈 스크리닝 과정을 돕기 위해 정보를 효과적으로 검색하고 요약하는 방법에 대해 이해한다.

질병 상태의 원리를 이해하는 것은 역학, 해부학 및 생리학, 병태생리학, 증상, 결과 및 질병의 경제적 영향 등에 대한 조사를 포함한다. 이러한 정보들은 임상적 니즈를 탐색하거나 이미 확립된 니즈를 확인하는 과정과 관련 있다. 또한 위 과정은 현 상태에 대한 중요한 정보를 제공하여 의사나 현장의 다른 전문가와 같은 외부 의료 관계자와 대화할 때 이노베이터를 신뢰할 수 있게 한다.

 질병 단계의 기초와 관련된 동영상은 ebiodesign.org을 참조한다.

질병 단계의 기초

질병 상태의 연구는 반복적으로 수행된다. 전략적 포커스(1.1절)를 선택할 때, 관찰(1.2절)을 준비할 때, 그리고 니즈 요구서(1.3절)를 만들 때 질병 상태의 연구가 가장 많이 수행된다. 일단 니즈 요구서가 만들어지면 그 필요성은 더욱 커지게 된다. 질병 상태의 연구는 후에 바이오디자인 혁신 과정(2.5 니즈 선택) 내 다양한 니즈를 서로 스크리닝하기 위한 기반을 형성하는 데 중요한 역할을 한다. 또한 이노베이터들은 질병 해부학, 생리학, 병리생리학 및 행동 메커니즘에 대한 팀의 이해가 바이오디자인 혁신 과정의 발명 단계 동안의 개념 생성을 위한 기초를 제공한다는 사실을 종종 과소평가한다.

질병 상태의 연구는 의학서적 또는 의료 정보 웹 사이트와 같이 일반 과학 자료를 사용하여 진행한 다음 과거 및 현재 의학 문헌을 살펴보는 좀 더 포괄적이고 심층적인 검토로 전환하여야 한다. 이러한 접근법은 이노베이터가 질병에 대한 전반적인 이해를 할 수 있도록 돕고, 니즈와 가장 관련이 있는 상태에 대해 더욱 많은 지식을 습득할 수 있도록 한다. 질병이 생물학적 또는 생리학적 관점에서 어떻게 작용하는지 또는 행동 메커니즘의 조건에 대한 이해를 얻는 것이 특히 중요하다. 일부의 질병 상태는 잘 연구가 되어 있어 니즈 요구서 또한 쉽게 이해가 가능하다. 행동 메커니즘이 불분명한 질병 상태는 심각한 문제를 야기할 수 있으며 이러한 이유만으로 프로젝트에 필요한 니즈로서 선택되진 않는다.

질병 상태의 연구가 지루할 수 있으므로 이노베이터는 이 단계를 생략할 수도 있다. 의료적 배경 지식을 가진 사람들은 니즈와 관련된 질병 상태를 이해할 만큼 충분히 지식을 가지고 있다. 이와 대조적으로 비즈니스 또는 공학 관련 배경 지식을 가진 이노베이터들은 시장이나 기회가 유망한지 판단하는 데 도움이 되는 기타 요인을 평가함에 있어 소극적이다. 그러나 그에 따른 결과는 거의 항상 근시안적으로 나타난다. 질병 연구는 근본적인 질병 상태를 이해하는 기초를 제공할 뿐만 아니라 기존 치료, 현재 시장 및 중요한 이해관계자에 대한 조사에 도움이 된다. 또한 질병 상태에 대한 충분한 지식이 없이도 개념화에 도움을 줄 수도 있다. 이러한 정보는 바이오디자인 혁신의 추후 과정에서 최종적으로 개발될 모든 해결책 개념의 임상적, 기술적 및 상업적 타당성을 다시 평가하는 데 사용될 수 있다.

다음 예시는 1990년대의 가장 성공한 의료 기술 사례 중 하나로 경험이 풍부한 이노베이터 및 기업조차도 기존 경험과 훈련에 관계없이 질병 국가 연구에서 상당한 가치를 실현할 수 있으며 질병 상태의 분석을 필수 불가결한 것으로 간주해야 함을 나타낸다.

현장에서 존슨 앤 존슨(Johnson & Johnson)

니즈 스크리닝 과정 중의 하나로써 질병 상태에 대한 기본 이해

존슨 앤 존슨(J&J)은 자회사인 코디스(Cordis)를 통해 좁은 심장 동맥을 여는 데 사용할 수 있는 작은 철망과 같은 관형 스캐폴드인 금속 스텐트 시장을 개척하였다. J&J는 1994년에 Palmaz-Schatz®의 관상 동맥 스텐트가 출시되기 전까지 관련 시장을 지배하였다. 또한 다른 의료기기 제조업체와의 경쟁이 심화되기 시작한 1997년 전까지, 특히 가이던트(Guidant)의 Multi-Link® 금속 스텐트가 개발되기 전까지는 확고한 마켓 리더의 위치를 차지했다. 당시 J&J의 코디스 그룹 회장이었던 Bob Croce는 관상 동맥 질환을 가지고 있는 환자에게 적용되던 반복적인 절차를 감소시켜 회사의 위상을 되찾으려 하였다. 그는 그의 팀과 함께 니즈 스크리닝 과정의 일환으로써 질병 상태의 원리를 재조사함으로써 계획을 다시 잡기 시작했다.

관상 동맥 질환은 콜레스테롤과 다른 물질의 혼합물인 플라크가 죽상 경화증(그림 2.1.1 참조)이라는 과정을 통해 시간이 지남에 따라 동맥벽 안에 축적될 때 발생한다. 이로 인해 혈액 통과가 가능한 공간이 감소하게 된다.

심장의 혈류는 좁아짐의 정도에 따라 협심증(가슴 통증)을 초래하거나 심근경색(심장 발작)을 유발할 수 있다. 약 700만 명의 환자가 협심증에 시달리고 있으며,[1] 미국에서는 매년 120만 명이 새로 심장 발작이나 재발작을 경험한다.[2] 심장 발작의 약 40%가 치명적이며,[3] 심혈관질환이 미국에서 가장 큰 사망 원인이 되는데 기여하고 있다. 또한 관상 동맥 질환의 치료는 150억 달러에 달하는 심장 관련 기기 시장에 대하여 가장 큰 비중을 차지하고 있다.[4]

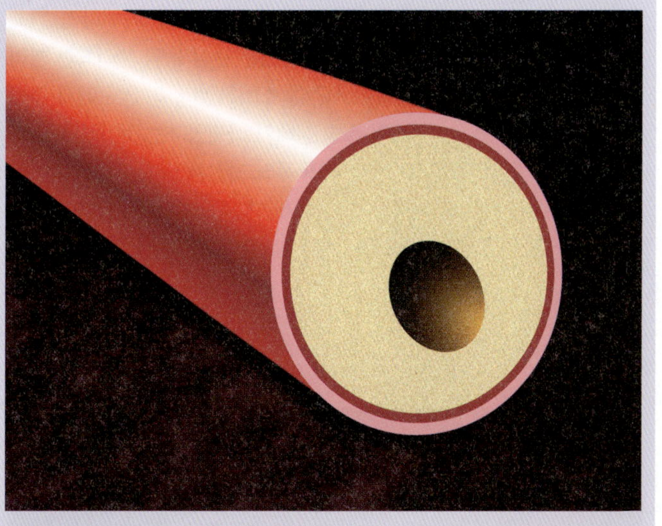

그림 2.1.1
죽상 경화증에 의해 좁아진 혈관(Yasuhiro Honda가 현상한 것으로 허락을 받아 사용함)

혈관 성형술은 관상 동맥 우회술에 비해 조금 덜 외과적이고 위험이 적은 대안이었고, 1977년에 관상 동맥 질환 치료에 혁명을 일으켰다. 혈관 성형술은 의사가 좁은 동맥에 끝이 풍선모양으로 되어 있는 카테터를 삽입하여 혈류를 증가시킨다.[5] 그러나 종종 풍선 카테터를 제거한 후에 동맥이 부분적으로 열린 채로 남아 있는 것을 의미하는 동맥벽의 반동 효과가 발생하였다. 또한 풍선으로 인한 상처에 대한 반응으로 동맥 내부에 흉터가 생기기도 하였다. 풍선에 의한 손상으로 인해 발생하는 재협착이 시술 6개월 이내 전체 환자의 30~40%가량에서 발생하였다.[6] 이러한 이유로 많은 환자들은 반복적인 혈관 성형술이나 우회

수술을 받아야 하므로 환자의 위험이 증가하고 의료 시스템 비용이 증가하게 된다.

이러한 문제를 해결하기 위해 베어메탈 스텐트(Bare metal stent)를 풍선 혈관 성형 수술 과정에 포함하였다. 풍선이 혈관이 막힌 지역에서 부풀 때, 작은 그물망 모양의 관형 스캐폴드의 스텐트가 확장되어 동맥벽에 고정되게 된다다(그림 2.1.2 참조).

스텐트는 물리적으로 동맥 개구를 유지하고 풍선이 추출된 후 반동 효과를 방지하였다. 결과적으로 반복 시행 횟수가 감소하고 환자의 재협착률이 약 20~25%까지 감소하였다. 베어메탈 스텐트는 엄청나게 획기적인 것으로 여겨졌지만 "실제적 통계는 그렇게 않았습니다."라고 Croce가 이야기하였다.[7] "스텐트는 동맥벽의 수축이라는 한 개의 문제만 해결해 주었습니다. 그리고 풍선만을 이용하는 것보다 더 좋은 결과를 나타내긴 했지만 불행히도 신생 내막 성장으로 인해 동맥의 재협착을 일으켰습니다." 신생 내막 성장은 스텐트 삽입과 그에 따른 인체의 반응과 관련된 외상의 결과로 스텐트 내에 반흔 조직이 형성됨을 의미한다. 따라서 동맥은 다른 메커니즘을 통해 결국 좁아지게 될 수 있다.

새로운 해결책이 만족시켜야 할 니즈 기준을 더 잘 이해하기 위해 Croce와 연구진은 신생 내막 성장과 관련된 관상 동맥 생리학과 병리생리학을 재검토하는 데 상당한 시간을 소비하였다. 이 연구에서 가장 중요한 발견 중 하나는 원래의 질병 상태가 바뀌었다는 것이었다. 니즈는 아테롬성 동맥경화증과 혈관 벽의 플라그를 제거하는 것뿐 아니라 궁극적으로는 신생 내막 성장에 따른 재협착증의 새로운 질병 상태를 알아보는 것에 있다. 질병 상태의 기본 원리는 일반적으로 잘 알려져 있었기 때문에 "동맥 내 신생 내막의 성장 주기가 아주 새로운 발견은 아니었습니다."라고 Croce가 말하였다. 그러나 "이 분야의 많은 전문가들은 오랫동안 신생 내막 증식에 대해 교육 받지 못하였습니다. 어떤 경우에는 실제로 신생 내막 증식을 접하지 않기 때문에 실제로 이해조차 하지 못했습니다."라고 이야기하였다. 질병 상태에 대한 철저한 연구를 통해 Croce와 연구진은 더욱 더 공부를 하였으며, 어떠한 요소도 간과하지 않았다는 자신감을 가질 수 있었다. "당신이 많은 경험이 있다 하더라도, 모든 것을 알고 있다고 생각을 가지고 이 과정에 참여하지 말아야 합니다. 열린 마음을 유지하고 질병의 모든 다른 측면을 분석하도록 하는 것이 필수적입니다."라고 그는 말하였다.

질병의 병리생리학에 대한 심층적인 이해는 약물 및 장치의 조합이라는 해결책 때문에 이러한 상황에서 특히 중요하였다. 이에 대한 해결책은 결국 약물방출형 스텐트가 되었다. 근본적인 니즈를 재검토하고 신생 내막 증식을 공부하여 질병 상태의 근본적인 측면은 연구팀이 스텐트 배치와 관련된 문제를 방지하기 위해 어떤 약물을 사용해야 하는지 알려주었다. 그러나 의료기기 개발자와 제약 관련 학자의 융합 연구는 쉽게 이뤄지지 않는다. 의료기기 회사는 스텐트가 동맥에 상처를 입히지 않을 것이라는 편견을 가지고 있고, 제약회사는 저분자와 바이오테크 물약에 대한 편견을 가지고 있다. "약물 방출형 스텐트가 나오기 전에, 제약과 기기가 복합된 제품이 출시된 적이 없었습니다. 그래서 이 프로젝트의 모든 면에 대하여 망설임이 많았습니다."라고 Croce는 기억했다. 또한 의사들은 새롭고 가치 있는 컨셉이 결과를 가져올 수 있다는 것에 회의적이었다. 그럼에도 불구하고 이 질병 뒤에 숨은 과학적 원리는 모든 당사자가 수렴할 수 있는 결합 요소를 제공하여, 그 노력을

(a)

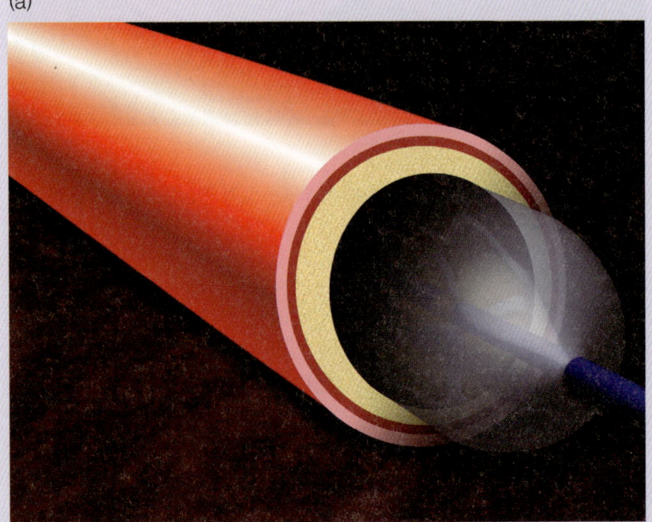

(b)

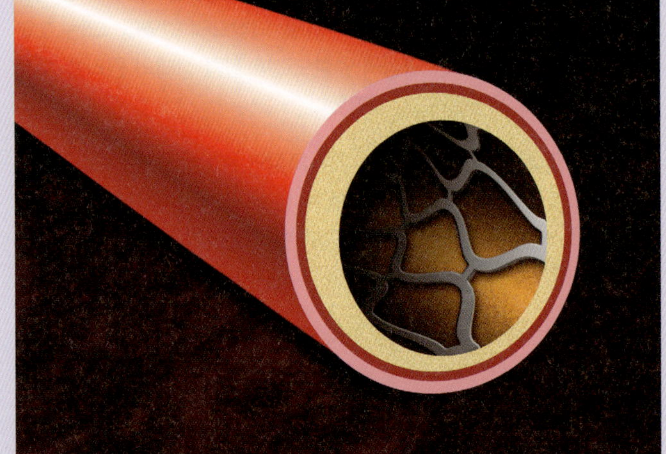

그림 2.1.2
동맥벽 내에 스텐트를 배치하기 위해 풍선을 사용(Yasuhiro Honda가 현상, 허가를 받아 재인쇄)

위한 중요한 구성 요소가 되었다.

수년간의 개발 끝에 J&J의 약물 용출 스텐트가 임상 실험 단계에 접어들었다. 최초의 인체 연구에서 Cypher 스텐트는 스텐트 내 재협착 비율은 0~3%, 혈관 내 재협착 비율은 단지 9%로 나타낸 반면, 베어메탈 스텐트는 재협착 비율이 33%로 나타났다.[8] Cypher는 2003년 4월에 FDA 승인을 받았으며, J&J는 관상 동맥 질환 치료에 있어 주도적인 지위를 회복하였다.

이 사례에서 알 수 있듯이 질병 상태를 이해하는 것은 역동적인 활동이 될 수 있다. 어떤 시나리오에서는 새로운 생리학적 문제가 기존의 널리 행해지는 치료에 의해 발생할 수도 있다. 그 결과, 이노베이터는 시간이 지나도 새로운 발전에 뒤쳐지지 않도록 노력해야 한다.

질병 상태 분석에 대한 접근법

질병 상태의 조사는 체계적으로 접근하는 것이 가장 좋다. 특히, 요구가 단일 특정 질병 분야와 관련된 경우 그렇다. 질병 상태에 대한 철저한 이해를 돕기 위해 표 2.1.1에 요약된 여섯 가지의 주요 분야가 고려되어야 한다.

하나 이상의 질병 분야를 교차하는 니즈로 인해 이노베이터는 상호 관련된 상태를 명확히 이해하여야 한다. 현실적으로, 니즈에 가장 직접적으로 관련된 다양한 질병 분야에 세심한 관심을 기울여 좀 더 넓은 관점을 가질 필요가 있다. 이러한 경우, 해부학, 생리학, 심지어 병리생리학을 연구하는 것은 특정 장기 또는 시스템에 대한 것이 아니라 다양한 질병 분야에 걸쳐 공유되는 기본적인 생물학적 과정을 알아보기 위한 것이다.

이 장의 나머지 부분에서는 심방이 비정상적인 리듬을 가진 질병인 심방세동의 질병 상태를 분석하는 예시를 설명한다. 중요한 것은 질병 상태의 기본 사항에 대한 평가가 질병을 해결하기 위해 사용된 기존 해결책을 이해하는 것과는 다르다는 것을 인지해야 한다는 것이다. 기존 해결책에 대한 심층적인 검토는 별도의 절(2.2 기존의 해결책 참조)에서 다룬다. 그러나 이용 가능한 진단, 치료법 및 관리 도구에 대한 분석은 질병 상태의 기본 지식에 대한 정확한 이해를 도모할 수 있으며 반대의 경우도 마찬가지이다.

역학

역학에 대한 검토는 특정 질병 상태의 폭과 영향을 이해하는 가장 효율적인 방법 중 하나이다. 이 데이터는 니즈 선정 과정에서 조기 결정을 내릴 때 매우 유용하다. 또한 시장 분석을 수행하는 데 필수적인 역할을 하게 된다(2.4 시장 분석 참조). 질병의 범위와 심각성을 이해하는 것은 니즈 요구서를 확인하고, 어떠한 니즈를 선택할지에 대해서도 유용할 수 있다.

효과적인 역학 평가는 구체적이고 상세히 묘사되어야 한다. 이노베이터는 질병과 관련이 있는 환자 집단뿐만 아니라 질병 전체에 대한 데이터를 획득해야 한다. 또한 미래 사회에 질병

표 2.1.1 질병 상태 분석의 여섯 가지 주요 분야

집중 분야	설명
역학	인구의 질병 원인, 분포 및 통제에 대해 설명한다.[9]
해부학 및 심리학	니즈에 따라 영향을 받는 신체의 여러 부위 또는 장기의 일반적인 해부학과 그 기능을 설명한다.
병태 생리학	질병 또는 다른 근본적인 물리적, 기계적, 전기적 또는 생화학적 이상으로 야기되는 일반적인 해부학 및 생리학의 교란에 대해 설명한다.
임상적 양상	질병과 관련된 환자 상태 및 임상 상태를 확인한다. 증상(환자가 느끼는 것과 경험)과 질병의 징후(임상시험이나 실험실 테스트에서 알 수 있는 것)을 포함한다.
임상 결과	질병에 걸린 환자가 경험한 가장 일반적인 결과를 정리한다.
경제적 영향	의료 시스템 내에서 질병 치료의 비용을 대략적으로 계산한다.

이 어떻게 영향을 미치는지를 알아보기 위해 성장 속도와 동일한 질병 역학에 대한 정보를 획득해야 한다.

역학에 대한 철저한 평가를 통해 질병의 발생률(즉, 연간 진단된 신규 환자의 수)을 다루게 된다. 또한 당시 유행병과 관련된 모든 사람들의 데이터를 다룰 수 있다.

심방세동 사례의 경우 이노베이터는 전체적인 질병 상태와 가장 연관이 있는 하위 집단(발작성 심방세동 등)에 대한 발병률 및 유병률 데이터를 수집해야 한다. 또한 발생률과 유병률이 어떻게 변하는지에 대해 이해하여야 한다.

해부학 및 생리학

니즈에 따라 영향을 받는 신체의 장기, 계통 또는 일반적인 해부학 및 생리학에 대한 기본적인 지식을 습득하는 것은 어느 것이 비정상인지 이해할 수 있기 때문에 매우 중요하다. 일부 질병은 특정 장기 또는 계통에 영향을 미치지만 다른 질병 상태는 신체의 여러 장기 또는 계통에 영향을 미친다. 일반적인 해부학 및 생리학에 대한 연구를 통해 이노베이터는 신속하게 하나의 장기 또는 하나의 분야로 초점을 맞추는 것이 적절한지 판단할 수 있어야 한다. 또한 연구를 통해 중요한 어휘와 맥락에 대한 이해를 할 수 있어 향후 연구에 도움이 되기도 한다.

영향을 받는 장기 또는 장기 계통에 대한 해부학 정보가 명확하게 이해되고 시각화될 수 있다면 질병을 훨씬 쉽게 이해할 수 있다. 예를 들어, 공학적 사고방식을 가진 이노베이터는 다른 계통과 관련하여 영향을 받는 장기 시스템의 위치, 크기 및 근접성을 파악하여 질병을 이해하는 데 도움을 받을 수 있다. 또한 육안 및 세포 해부학을 파악해야 한다. 육안해부학은 해부, 내시경 검사, X-선 등을 통해 거시적인 수준에서 해부학을 연구하는 것을 의미한다. 세포해부학은 조직학이라고도 하며 현미경을 사용하여 신체를 연구한다. 보통 육안해부학으로 시작하는 것이 효과적인데, 이는 육안해부학이 상대적으로 이해하기 더 쉽기 때문이다. 그런 다음, 육안해부학에서 얻은 지식을 기반으로 이노베이터는 세포해부학을 보다 효과적으로 이해할 수 있다.

생물학적 조직이 기능하는 방식을 연구하는 생리학은 종종 이노베이터가 정상적인 해부학 지식을 확립한 후에 더 잘 이해된다. 해부학과 마찬가지로 생리학도 육안과 세포 수준 모두에서 조사되어야 한다. 일단 이노베이터는 영향 받는 부위의 정상적인 기능 패턴을 배우게 되며, 질병 기능의 이해를 위한 기초 원리를 습득하게 된다. 생물학적 및 생리학적 과정은 기계적, 전기적 및 화학적 메커니즘의 틀 안에서 평가할 수 있다. 이러한 정보는 추후 바이오디자인 혁신 과정에서 반응 메커니즘에 영향을 미치는 새로운 개념에 대한 브레인스토밍의 기반이 될 수 있다.

심방세동 사례를 사용하여 이노베이터는 심방세동이 심혈관계의 일부인 심장의 전기 시스템의 질병임을 결정한다. 심장이 주로 영향을 받는 장기이기 때문에 심장의 기본 해부학적 구조와 정상 기능을 조사하는 데 집중해야 한다. 다른 구조와 관련된 심장의 크기, 위치 및 자세를 이해하는 것은 보다 복잡한 개념과

실제 사례
심방세동의 역학

미국 내 심방세동 발병률 및 유병률의 추정치는 의학지에 따라 상이하게 나타난다. 이러한 불일치는 연구 설계, 적용 기간, 출생 집단 및 일시적인 차이, 심방세동 진단 기술의 발달로부터 기인한다.[10] 2012년 발표된 연구는 2010년부터 2030년까지 미국 성인에게 진단된 심방세동의 발병률 및 유병률을 예측하고자 하였다. 연구원들은 2001~2008년 사이의 대규모 건강 보험 청구 데이터베이스를 사용하여 목표 인구로부터 지리학적으로 다양한 5%의 인구 분포를 나타내었다.

심방세동 발병률과 성장률은 역학 연령대 집단 시뮬레이션 진행 모델에 의해 예측되었다. 이 모델에는 향후 유병 기간 예측에 있어 후속 치료와는 관계없이 진단된 모든 심방세동 사례뿐만 아니라 본질적으로 만성적인 사례도 포함된다.[11] 이 모델에 따르면 2010년 심방세동 발생률은 120만 건이었으며, 2030년에는 약 2배가량 증가될 것으로 예상했다. 유병률은 2010년 520만 명에서 2030년 1,210만 명으로 증가 할 것으로 예측하였다.[12]

유병률의 급격한 증가는 부분적으로 일반 인구의 고령화 때문인 것으로 판단된다. 또한 관상 동맥 질환, 고혈압 및 심부전을 가진 환자의 수명이 연장됨으로써 만성 심장 질환이 증가하게 되고, 개인 심방세동의 위험을 증가시키게 되었다.[13]

상호작용을 탐구하기 위한 기본적인 지식을 제공할 수 있다. 예를 들어, 어떻게 심장의 전기적 시스템이 기관의 기계적 능력에 영향을 미치는 리듬을 만들어 내는지에 대해 이해 할 수 있다. 포함해야 할 세부 사항의 적절한 수준은 각각의 특정 니즈 및 그것과 관련된 질병 상태에 따라 상이하지만, 다음의 **실제 사례**는 예비 질병 상태 평가에 적합한 세부 사항을 나타낸다.

실제 사례

심장의 일반적인 해부학 및 생리학

심장의 펌프 작용은 그림 2.1.3과 같이 상부 로딩 챔버(심방)와 하부 펌핑 챔버(심실) 사이의 정밀한 전기적 조화에 달려 있다.

심방과 심실의 수축은 전기 신호에 의해 통제된다. 정상적인 사이너스(Sinus) 리듬[14] 동안 오른쪽 상부 심방에 위치한 동방결절(종종 심박 조율기로 지칭됨)은 심방을 수축시키는 신호를 방출한다. 그러면 전기 신호가 심방을 통과하여 심방과 심실 사이에 위치하여 심실에 대한 전기 활동의 전도를 조절하는 방실결절로 전파된다. 전기 신호는 푸르킨예섬유를[15] 통해 방실결절에서 심실 내로 전달되어 심실을 수축시킨다.

동방결절에 의해 방전된 전기 충격의 속도는 심장 박동을 결정한다. 휴식 시, 방전 빈도는 낮게 나타나고, 심장은 보통 분당 60~80회가량 박동한다. 운동이나 흥분으로 인한 심박수의 증가는 중추 신경계가 동방결절에 명령을 내려 중재되며, 동방결절은 이후 더 빠르게 방전된다.

동심방결정
우심방
좌심방
비활성화 방실 사이 영역
좌각
우심실
좌심실
왼쪽 내부의 반다발
방실결절
왼쪽 후반의 반다발
우각

그림 2.1.3
심장의 전기 시스템은 일반적인 해부학 및 생리학의 한 측면이며, 이노베이터는 심방세동 검사를 시작할 때 반드시 이 개념을 숙지하여야 한다(Steve Meek 및 Francis Morris, "ABC of Clinical Electrocardiography: Introduction," *British Medical Journal*, 324, 415–18, 2002, BMJ Publishing Group Ltd.의 허가를 받아 재인쇄).

심장의 기계적 및 전기적 결합은 장기의 근본적인 심장 세포 생리학의 결과라 볼 수 있다. 심장은 주로 연결 조직으로 구성되어 있고 심장 근육 조직은 전기적 신호와 기계적 펌핑의 전자 기계적 결합에 영향을 주게 된다. 근육의 수축은 본질적으로 세포 표면을 가로 지른 대전 이온의 이동으로 인한 세포 전압의 변화의 결과라 볼 수 있다. 이 초기 전압의 변화는 이온이 세포에서 세포로 흘러 나간 결과이며, 일반적으로 전압 변화가 본질적으로 반복되는 동방결절의 세포와 같은 심박 조율기 세포에 의해 시작된다. 이 전압 변화는 심근 세포 내 다른 이온의 움직임을 유발하여 수축을 일으키는 기계적 구조의 변화를 일으킨다. 심근 수축의 주된 원인은 나트륨 이온의 유입과 칼륨 이온의 방출로 인한 전압의 변화인 분극화 때문이다.

이 이온 흐름은 심장의 기준 전압을 변화시켜 칼슘 이온의 유입과 내부에 저장된 칼슘의 방출을 야기한다. 칼슘은 차례로 다양한 세포 성분의 상호작용을 일으켜 근육 세포의 기계적 필라멘트를 수축시킨다(그림 2.1.4 참조).

이 과정은 심장을 통해 세포에서 세포로 전파되어 모든 세포의 필라멘트가 수축하게 된다. 이러한 현상은 심근의 수축이 시간적으로, 그리고 공간적으로 수렴된 결과이다.

수축이 끝나게 되면 다양한 세포 구성 요소가 활성화되어 필라멘트 구조와 이온 균형을 재설정되고 위 과정이 다시 반복된다.

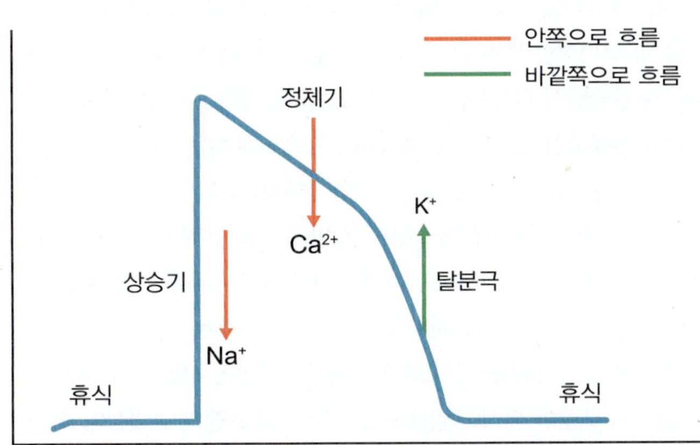

그림 2.1.4
탈분극은 나트륨의 내향성과 칼륨 이온의 외향성에 의한 결과이다. 탈분극으로 인한 기준 전압의 변화는 칼슘의 내향성과 세포 내 방출과 근육 수축을 초래한다.

병리생리학

일단 건강한 개체의 관련 장기에 대한 해부학 및 생리학적 이해가 이루어지면 이노베이터는 질병이 어떻게 정상적인 구조와 기능을 방해하는지에 대해 검사할 수 있다. 여기서는 대부분의 질병이 동질적이지 않다는 사실을 고려하는 것이 매우 중요하다. 일부 임상의들의 말을 빌려 다른 말로 표현하면, "질병은 교과서를 읽지 않는다."라는 것이다. 이 말은 책이나 다른 참고 문헌에서 질병에 대한 묘사가 단지 그것의 표현의 한 예일 뿐이라는 것을 강조한다. 질병에는 보통 여러 아형이 존재하며 환자 집단의 이종 성질은 주어진 질병 상태에 대해 광범위한 영향을 초래할 수 있다.

병리생리학을 연구함에 있어 첫 번째 단계는 질병이 생물학적 및 생리학적 관점에서 어떻게 작용하는지, 이것이 장기 또는 계통의 정상적인 기능에 어떻게 영향을 미치는지에 대해 명확하게 이해하는 것이다. 두 번째 단계는 질병을 특징짓는 위험 요소 및 인과 관계(예: 유전학, 연령, 관련 질병, 생활 습관)를 확인하는 것이다. 마지막으로 이노베이터는 질병 진행 과정을 이해할 수 있어야 한다. 질병 진행은 질병이 비정상적인 기능을 유발하는 비율(예: 하루, 한 주 또는 일 년 기준)을 알아보는 것이다. 어느 연령에서 가장 효과가 큰지와 질병의 각 단계에서 발생하는 변화 유형을 알아보는 것 또한 포함된다.

심방세동 사례에서 이노베이터들은 심장이 구조적으로 어떻게 변형되어 비정상적인 기능을 유발하는지, 그리고 그 상태가 장기의 구조적 변화를 야기할 수 있는지 여부를 탐색한다. 또

실제 사례
심방세동의 병리생리학

질병 기능

정상적으로 기능하는 심장에서 심방과 심실의 수축 속도는 일반적으로 동일하게 나타나고, 규칙적으로 심장 박동이 발생한다. 그러나 심방세동 동안 심실 및 심방 수축은 불규칙하고 비동기화된다. 전기 방전은 동방결절에 의해서만 규칙적으로 발생되는 것이 아니고, 급속하고 불규칙한 방전이 심방의 다른 부위에서 발생한다. 다른 부위에서 너무 빨리 방전되기 때문에 동방결절의 속도가 느려지고 규칙적인 속도가 억제되게 된다. 심방세동의 특징인 빠르고 혼란스러운 전기적 활동 패턴을 만들어 내는 몇 가지 "유발점"이 존재한다. 이 유발점의 대부분(약 94 %)은 좌심방에 연결된 4개의 폐정맥 주변에 위치한다. 조금 덜 보편적인 부위로는 대정맥, 우심방과 관상동맥이 있다.[16] 완벽하게 증명되진 않았지만, 인과적 요인(다음 참조)은 심장의 부상과 상해를 초래하여 심방세동을 유발하고 지속되게 하는 세포 구조의 변화와 비정상적인 전기 방전을 일으키는 성향이 있다.

이러한 불규칙한 방전의 결과로 심방은 분당 300~600회 정도의 수축을 겪는다.[17] 그러나 심방 전체가 실제로 수축하진 않는다. 심방의 일부가 급속히 수축되는 것은 정기적으로 뛰는 것이 아니라 섬유성 연축 또는 떨리는 것이라고 생각할 수 있다. 이로 인해 부적절한 혈액의 배출과 유입이 발생하고 심장 박동 과정의 효율성이 저하된다. 일반적으로 심방의 모든 전기 활동은 방실결절을 통해서만 심실에 도달할 수 있기 때문에 방실결절은 심방세동과 관련된 불규칙한 전기 방전을 필터링할 수 있어 심방에 심박동이 빠른 속도로 심실에 전달되는 것을 방지한다. 그러나 모든 신호가 차단되는 것은 아니며 심방세동은 종종 분당 50~150회의 불규칙한 심실 박동을 동반하기도 한다.[18]

원인 인자

심방세동의 가장 흔한 원인은 고령, 심장 구조이상, 고혈압, 갑상선 질환(예: 과기능 갑상선 또는 기타 대사성 불균형) 및 심장 자극제(예: 알코올)에 대한 급성 노출이라고 볼 수 있다.

질병 진행

미국 심장 협회(American Heart Association, AHA)에 따르면, 심방세동은 발작, 지속 및 영구의 세 가지 임상 하위 유형으로 분류될 수 있다. 심방세동의 경우, 대다수 케이스에서 하나의 아형이 다른 아형과 질병 진행이 수년이 지나도 동일하게 나타난다. 이러한 아형들은 심장 세동이 쉽게 끝나는 것으로 정의된다. 발작 심장 세동은 비교적 짧은 기간 후에 자발적으로 사라지는 재발성 또는 단독성의[19] 경우를 지칭한다. 지속적 심방세동은 규칙적인 사인 리듬을 회복하기 위해 약리학적 또는 전기적 심장율동전환[20](예: 약 투여 또는 심장 쇼크)이 필요하다. 영구 심방세동을 가진 환자의 경우, 규칙적인 사인 리듬을 회복할 수 없으며 불규칙한 심장 박동이 용인되게 된다.[21] 이러한 아형들은 가역성 원인(예: 갑상선 중독증,[22] 전해질이상)과 관련된 심방세동과는 아주 대조적이다. 급성 심근경색, 심장 수술 또는 급성 폐질환과 관련된 심방세동과도 아주 대조적이다. 유발 요소들이 치료되면, 심방세동이 재발하지 않을 가능성이 있으므로 이러한 조건은 별도로 고려된다.

한 심방세동의 일반적인 원인, 주요 위험 요소 및 심방세동의 진행 방식을 조사해야 한다. 각기 다른 유형의 심방세동 및 단계에 따른 질병 변이의 독특한 특성을 이해하는 데 시간을 투자해야 한다. 모든 심방세동 환자가 같은 진행 상태를 겪는지, 어떤 형태의 심방세동이 서로 다른 환자 그룹마다 가장 일반적으로 나타나는지, 환자가 한 유형의 심방세동에서 다른 유형으로 진행할 가능성을 알아보는 것도 포함해야 한다.

임상적 양상

임상적 양상에 대한 연구는 환자에게 질병이 미치는 영향에 초점을 두고 있다. 장애 또는 질병에 관한 증상(환자가 경험한 것)과 징후(질병 검사 중 의료 서비스 제공자가 식별하거나 관찰한 것)를 강조한다. 보통 치료 개선과 니즈를 해결하는 새로운 치료법을 위한 것이기 때문에 임상적 양상 대한 이해를 얻는 것이 중요하다. 임상 양상을 평가할 때에는 환자가 임상의를 보았을 때 불평하는 내용과 환자의 느낌에 대해 설명해야 한다. 동일한 질병을 가진 환자는 연령, 성별, 민족성, 공존 상태와 같은 여러 요인에 따라 다르게 표현할 수 있음에 주목해야 한다. 모든 개인이 각각 다르므로 증상이 약간씩 다르게 나타날 수 있다. 궁극적으로, 임상적 양상은 질병의 주요 효과에 따른 결과 또는 질병을 장기간 가지고 있었던 결과로 인한 징후/증상 속에서 나타날 수 있다.

심방세동을 연구할 때, 이노베이터는 질병에 걸린 환자의 가장 흔한 증상, 심방세동을 가진 환자들의 느낌, 그리고 해당 환자들에게서 가장 일반적으로 관찰되는 증상을 이해하려고 노력해야 한다. 또한 모든 심방세동 환자가 동일한 증상에 의해 영향을 받았는지, 그리고 제시된 증상(예: 연령, 공존 상태)에 가장 큰 영향을 미치는 요인을 고려해야 한다. 예를 들어, 젊은 환자의 경우 심방세동과 심계항진의 증상이 나이든 환자보다 훨씬 더 많이 나타날 수 있다. 이러한 사실은 다른 연령층의 치료 목표에 직접적으로 영향을 줄 수 있다.

임상적 양상의 평가에 도움이 될 수 있는 한 가지 전략은 의료 전달 체계(예: 보험 회사 또는 병원)의 관점을 취하는 것이다. 의료 전달자의 관점에서 어떤 증상이나 합병증이 환자를 진료 받도록 하였는가? 보험 회사의 관점에서 볼 때, 맨 처음 질병에 걸린 환자를 보았던 의료기관에서 어떤 종류의 청구서를 제출하고, 그에 대한 치료 빈도는 얼마나 되는가?

임상 결과

중요한 점은 임상 결과가 증상과 다르다는 것이다. 일반적으로 결과는 측정할 수 있는 질병과 관련된 설계점을 나타낸다. 고려해야 할 두 가지 중요한 유형의 임상 결과는 이병률(Morbidity)과 사망률(Mortality)이다. 이병률은 질병의 심각성 및 관련 합병증을 의미한다. 이병률의 측정은 삶의 질 설문지를 사용하여 평가할 수도 있고, 6분 내에 걸은 거리, 입원 또는 즉각적인 사망을 일으키지 않는 임상 사건(예: 뇌졸중, 심장

실제 사례
심방세동의 임상적 양상

어떤 환자는 심방세동으로 인해 눈에 띄는 증상을 겪진 않지만, 또 다른 환자는 피로, 호흡 곤란 또는 가슴 통증이 있을 수 있다. 달리기를 하는 듯 불안정하고 불규칙한 심장박동의 느낌 또한 아주 일반적 증상이다. 증후성 심방세동은 환자의 삶의 질, 기능 상태 및 심장 기능의 저하로 이어지는 것으로 널리 알려져 있다.[23]

중요한 점은 심방세동의 가장 일반적인 증상 중 하나가 뇌졸중이라는 것이다. 실제로 심방세동은 뇌졸중이 가장 흔하게 일어나는 심장 상태이다.[24] 심방이 진동하고 수축하지 않기 때문에 심방의 혈액 흐름은 특히 좌심방의 특정 부위에서 느려질 수 있다. 이 혈액이 응고되어 혈전이 생기게 되고, 혈전이 빠져 나와 심장에서 뇌로 이동하면 뇌졸중을 일으키게 된다. 결과적으로, 많은 심방세동 환자는 뇌졸중의 위험에서 벗어나기 위해 혈액 응고를 방지하는 의약품을 처방 받는다. 이러한 의약품은 출혈의 부작용을 초래할 수 있기 때문에 의사는 때때로 뇌졸중 치료 자체의 부작용으로 인해 환자를 치료해야 하는 경우가 생기기도 한다.

일반적으로 젊은 환자들은 심계항진 증상이 있어 더 많은 치료적 관리를 요하게 된다. 나이가 많은 환자는 심계항진의 증상이 거의 없거나 존재하지 않지만 피로로 인해 면역 반응이 제대로 발휘되지 못할 수 있다. 기존에 심부전과 같은 심장 질환을 앓고 있는 환자의 경우, 즉 기본적으로 심장이 제대로 기능을 하지 못하는 경우 심방세동이 발생하면 심하게 아플 수 있으며 때로는 응급 치료가 필요할 수도 있다.

발작)과 같은 보다 구체적인 평가 항목으로 평가할 수도 있다. 사망률은 질병과 관련된 사망 비율을 나타낸다. 임상 결과는 증상보다 더 쉽고 객관적으로 평가할 수 있고, 비용에 직접적인 영향을 줄 수 있으므로 보통 임상시험의 종착점 역할을 하기 때문에 특히나 중요하다.

심방세동 예시에서 다뤄야 할 주요 임상 결과는 심방세동과 관련된 이병률, 발생 가능성, 그리고 심방세동(예: 연령)에 가장 큰 영향을 미치는 요인이다.

경제적 영향

경제 연구의 초점은 연간 치료비용, 입원 및 결근으로 인한 생산성 손실 등 시스템 전반에 걸친 질병의 비용을 이해하는 데 있어야 한다. 시스템 수준에서 이러한 비용을 고려해야 하며, 개별적인 치료 대안이 반드시 필요하지는 않다. 2.2 기존의 해결책, 2.4 시장 분석, 4.3 보험의 기초의 일부로 비용 및 의료비 지불에 대한 보다 자세한 분석이 수행된다.

비용 분배를 이해하는 데 있어서는 매우 부지런할 필요가 있다. 급성 또는 만성 약물, 장치 기반 치료 또는 주요 수술에 대한 기본 지출인가? 증상의 치료를 위해 입원이 필요한가? 아니면 주로 외래 환자로서 치료가 가능한가? 일생 동안 간병하는 비용뿐만 아니라 입원과 같은 상황과 관련된 비용도 고려해야 한다. 이러한 질문들에 대한 대답은 가치 이정표의 존재를 강화시킬 수 있으며, 이는 이노베이터들이 중요성을 인식하여 심방세동에 의해 영향을 받는 사람들을 평가할 수 있음을 의미한다. 니즈와 관련된 잠재적 가치는 중요한 정보인 질병 상태 분석의 자료와 함께 2.4 시장 분석에서 더 자세히 설명된다.

심방세동의 경우, 이노베이터는 심방세동에 따른 연간 총 심방세동 시스템 비용, 치료 관련 연례 심방세동 비용, 연간 입원 비용 및 심방세동과 그에 따른 결손에 의한 생산성 손실의 연간 비용을 조사해야 한다.

질병 상태 연구의 최적화

이 장에서 설명한 질병 상태 연구에 대한 접근법은 이노베이터가 전 세계 어느 지역에서든 관계없이 모두 적용이 가능하다. 다만, 역학, 병리생리학, 임상 결과 및 질병의 경제적 영향과 같은 특정 측면은 지리적 조건에 따라 크게 다를 수 있음을 명

실제 사례
심방세동과 관련된 임상 결과

이병률(Morbidity)

환자가 응급실로 오는 가장 빈번한 이유 중 하나는 심계항진이다. 다양한 박동 장애가 심계항진을 일으킬 수 있지만, 심방세동이 가장 일반적인 원인 중 하나이다. 심방세동은 불규칙한 심장 박동을 유발할 뿐만 아니라 분당 최대 180회의 빠른 심장 박동을 유발할 수 있으며 이로 인해 환자는 구역질을 느끼거나 호흡이 곤란해질 수 있다. 이러한 증상은 종종 방실 전도를 느리게 하고 심장 박동을 감소시키는 정맥 약물 치료에 따라 호전될 수 있다. 심방세동은 극도로 무서운 질병이며 삶의 질에 중요한 영향을 미친다. 또한 매년 수많은 사람들이 응급실을 방문하고 있다.

급성 심근경색증의 급성적인 증상 외에도 심방세동은 뇌졸중의 위험을 4배에서 5배까지 증가시킬 수 있다.[25] 심방세동으로 인한 뇌졸중의 위험은 연령이 높아질수록 증가하며 50대에는 1.5%로 나타나고 80대에는 23.5%까지 증가한다.[26] 전체적으로, 심방세동을 가진 환자의 경우 연간 뇌졸중의 발생률이 다른 요인들의 영향에 따라 3~8% 정도까지 나타나며 심방세동을 가지지 않은 환자보다 약 5배 정도 뇌졸중 발생률이 높게 나타난다.[27] 이러한 위험 때문에 매년 환자들은 항응고시켜야 하며 뇌졸중 발생률을 감소시켜야 한다.[28] 결과적으로 환자와 의료 시스템에 막대한 영향을 미치게 될 것이다.

일반적으로 심방세동은 뇌졸중의 위험을 넘어 심장의 펌핑 능력을 20~30%까지 감소시키는 것으로 알려져 있다. 결과적으로, 심방세동(지속적인 심박수와 함께 지속되는 시간)은 울혈성 심부전을 유발할 수 있다. 보다 직접적으로 보자면, 이미 심부전이 있는 환자는 심방세동을 갖게 되면 심장이 대상부전이 되고 이에 따라 장기간 입원하게 된다.

사망률(Mortality)

심방세동은 사망 위험이 증가하는 것과도 관련이 있다. Framingham Heart Study에 따르면, 심방세동은 남녀 모두의 경우에서 사망률을 두 배로 증가시킨다. 합병증을 치료하고도, 심방세동을 가진 환자가 1.5배 더 높은 사망률을 나타낸다. 사망률의 증가는 주로 뇌졸중, 진행성 심실 기능 장애 및 심부전, 관상 동맥 질환에 의한 것이다.[29]

실제 사례
심방세동의 경제적 비용

2011년 발표된 연구에 따르면 심방세동으로 인해 매년 미국 의료 시스템에 최대 260억 달러의 비용이 소요된다. 2004년부터 2006년까지 MarketScan Commercial 및 Medicare Supplemental 연구 데이터베이스의 행정 소송에 근거한 이 후향적, 관찰상 코호트 연구에 따르면 연간 460,000건 이상의 입원이 심방세동을 일차 진단 이유로 가리키고 있다. 또한 저자들은 심방세동이 연간 80,000명의 사망에 기여한다고 결론을 내렸다.[30]

연간 심방세동 비용의 약 3/4 정도가 환자 입원과 관련되어 있다. 외래 환자 진료 및 검사에 23%가 지출되고, 4%는 외래 환자 처방약에 사용된다.[31] 보통 재입원이 필요하기 때문에 심방세동 환자들이 내야 할 병원비는 매우 고가이다. 미국 인구가 고령화가 됨에 따라, 심방세동과 관련된 비용은 상당히 증가할 것으로 예상된다.

심해야 한다. 예를 들어, 북미, 중남미, 유럽, 중동, 아프리카, 인도, 중국 및 기타 아시아 지역에 걸친 14,000명이 넘는 환자들은 고혈압이 전 세계적으로 환자의 62%에게 나타나는 가장 일반적인 심방세동의 위험 인자임을 입증했다. 그러나 유병률은 인도 41.5%, 동유럽 80% 등 다양하게 나타난다. 류마티스성 심장 질환은 중동과 중국에서는 15.3%, 아프리카에서는 22.0%, 인도에서는 30.9%로 나타난 반면, 북미 지역의 심방세동 환자에서는 2.1%만 나타났다. 아프리카에서는 심방세동 환자의 5% 이상이 심낭염이나 심근경색과 관련이 있었고, 다른 지역에서는 1%의 환자에게만 존재하였다.[32] 이노베이터는 광범위한 분야의 선도적 연구뿐만 아니라 자신이 목표로 하는 지역의 특정 질환 정보를 이해하는 것이 좋다.

이노베이터는 질병 상태 연구를 수행함에 따라, 질병에 시달리지 않도록 주의해야 한다. 권장하는 연구 접근법의 일부를 따라 임상적 양상을 공부하여 이를 좋은 출발점으로 삼을 수 있다. 그러나 이 탐구 방향조차도 과학적 경향을 나타내야 한다. 질병에 대한 완전한 이해를 얻기 위해 이노베이터가 환자, 가족 및 진료를 제공하는 사람들에게 미치는 정서적 고통을 이해하는 것이 도움이 될 수 있다. 심방세동을 가진 한 환자가 작성한 다음의 글은 질병 부담이 얼마나 큰지를 잘 보여주고 있다.[33]

> 저는 언제 심장 세동이 올지를 알 수 없습니다. 개를 씻기거나, 걷거나, 전화 회의를 하는 것처럼 어떠한 경우에도 올 가능성이 있습니다. 그래서 저는 항상 두려웠습니다. 심장에 퍼덕거리는 물고기가 있는 것 같았고, 너무 어지러웠고 몽롱했습니다. 또 기절할 것 같았습니다. 저는 마비가 되었고 두려웠습니다. 심방세동이 끝났을 때, 제가 할 수 있는 건 절망뿐이었습니다. 심방세동이 있는 생활은 정상적이지 않았습니다… 우리 가족은 [너무] 무서워서 나를 시야에서 벗어나게 하지 않았습니다. 우리는 캠핑카를 이용하여 함께 여행했습니다. 여행지 주변에는 항상 병원들이 있도록 계획했고, 경로 주변의 모든 병원을 알게 되었습니다. 심방세동을 겪지 않았다면 그게 얼마나 힘든지 알지 못할 겁니다. 신체적으로 정신적으로 너무 힘들고, 저를 포함한 가족 전부를 너무 힘들게 했습니다. 더욱 견디기 힘든 건 바로 경제적인 문제 입니다. 너무 비싼 병원비, 심방세동을 겪고 나면 모든 보험이 사라지고, 병치레 하느라 시간을 뺏겨 직장을 제대로 다니지도 못하게 되고, 그에 따라 돈을 벌지 못하게 됩니다. 어떤 사람들은 직장, 경력, 심지어는 집이나 노후자금까지 전부 잃게 됩니다.

질병의 인간적인 측면은 모든 니즈와는 관련이 없을 수도 있다. 그러나 경우에 따라 잠재적 해결책이 해결해야 할 니즈 항목에 대한 중요한 통찰력을 제공할 수 있다. 또한 주요 이해관계자에 대한 이해를 넓히고(2.3 이해관계자 분석 참조) 질병에 걸린 사람들에 대한 더욱 강한 공감대를 조성한다.

질병 상태 연구의 역학 측면에서 전문적인 의료 자원(교과서, 의학 저널 및 의사를 대상으로 한 그리고 공인된 의료 기관이 보증하는 웹 사이트)을 우선적으로 고려하는 것이 가장 좋다. 의학 저널은 일반적으로 가장 최신 자료를 포함하고 있다. 그러나 의학 저널에 게재된다는 것이 사실이라는 것을 보장하는 것은 아니기 때문에 모든 의학 저널이 반드시 동일한 가치를 지니고 있진 않다. 의학 저널의 질이 높을수록 연구 설계, 과정 및 결론이 정확할 확률이 높다. 저널의 신뢰성을 평가하는 한 가지 방법은 "임팩트 팩터"를 검토하는 것이다. 임팩트 팩터는 저널의 논문이 특정 연도 또는 기간에 인용된 빈도를 측정하는 데 사용되고, 해당 분야에서 저널의 중요성을 나타내는 지표로 사용된다. "인용 팩터"는 개별 저작물이나 저자의 중요성을 측정하는 데 사용될 수 있다. 임팩트 팩터와 인용 팩터 정보는 Thomson Reuters Web of Knowledge의 연례 *저널 인용 보고서*에서 확인할 수 있다.[35] Google Scholar와 같은 도구 또한 인용 빈도에 대한 정보를 제공한다. 저널이나 저자들이 신뢰할만하다 하더라도 이노베이터는 맹목적으로 정보를 받아들이지 말아야 한다. 사용 가능한 원본 레퍼런스를 항상 검색하고 여러 소스를 통해 데이터를 삼각화할 필요가 있다.

검색 시 "시작하기" 섹션에서 요약된 소스를 사용하여 검색(예: "심방세동")을 시작하는 것이 유용하다. 이노베이터가 해당 영역을 완전히 이해할 때까지 이용 가능한 정보의 격차는 추가적이고 직접적인 데이터 검색(예: 심방세동의 입원비용)을 통해 해결할 수 있다.

일반적인 질문에서 더 구체적인 질문으로 이동하는 것 외에도 질병 상태 연구를 완료하는 데 도움이 되는 또 다른 방법은 가장 유익한 문서에 인용된 참고 문헌을 찾은 다음 나열된 논문, 특히 상호 검토된 논문을 찾아보고 검토하는 것이다. 마지막으로, 분석가 보고서는 찾기 힘든 경제 영향 데이터를 이해하는 데 매우 중요하고, 이는 질병의 경제적 영향을 식별하기 위해 중요하다.

데이터 요약

질병 상태로부터 무엇을 얻었는지 요약할 때, 이노베이터는 반드시 대상 고객을 염두에 두어야 한다. 또한 개요를 적절한 방식으로 작성할 수 있어야 한다(잠재 투자자를 위한 의도라면 너무 기술적이지 않아야 하고, 임상의가 대상이라면 적절한 과학적 기술을 이용). 추가적으로 모든 통계, 연구 결과 및 임상 결과뿐만 아니라 의사 또는 다른 전문가와의 인터뷰 출처를 인용해야 한다. 이 정보가 제공되지 않으면, 연구의 신뢰성은 의문의 여지가 생기게 된다. 연구 과정에서 상충하는 정보가 발견되면 앞서 언급한 것처럼 공동 심의를 거친 의학 저널 또는 기타 유사한 자료의 데이터를 우선시해야 한다.

The Foundry and Ardian, Inc의 사례는 질병 상태 연구의 도전 과제에 어떻게 접근했는지에 대한 예시를 보여준다.

현장에서 The Foundry와 Ardian

혁신적인 치료를 위한 구성 요소로써 질병 상태 연구 사용

새로운 프로젝트를 발견하기 위한 노력의 일환으로, 의료기기 인큐베이터 The Foundry는 기존 기술에 의해 명확하게 처리되지 않는 질병의 상태를 정기적으로 조사한다. 이 회사는 임상적 니즈를 내부적으로 파악하고, 다른 이노베이터가 제시한 아이디어도 평가한다. 몇 년 전, 기업가인 Howard Gelfand와 Mark Levin이 새로운 아이디어를 가지고 The Foundry에 방문하였다. 심부전 심장전문의인 Levin과 생물의학 엔지니어인 Gelfand는 신체가 혈압과 체액 균형을 조절하도록 돕기 위해 작용하는 신장과 중추신경계 사이의 상호 관계를 연구하고 있었다. 그들은 신장 신경의[36] 활동을 차단하는 것이 심부전(HF), 고혈압(HT) 및 만성 신장 질환(CKD)의 세 가지 주요 질병 상태에 긍정적인 영향을 미칠 수 있다고 믿었다. 특히, 울혈성 심부전 환자의 과도한 수분을 제거하기 위해 투석 장치를 발명한 Gelfand와 Levin은 신장 신경을 통한 신호 전달을 막는 것이 심부전 환자의 병원 방문 횟수를 줄이는 데 도움이 된다고 가정했다. 기업가들은 신장 신경 활동을 차단할 수 있는 이식형 신경 자극기 또는 약물 펌프를 제안했다. 그들은 이러한 개념을 신장 신경 제거라고 칭하였다.

심부전 환자를 위한 더 나은 해결책에 대한 필요성이 늘 대두되고 있지만 이식 가능한 해결책의 결합과 결합한 신장 신경을 대상으로 하는 복잡한 생리학은 Foundry의 파트너인 Hanson Gifford에게 "과학 프로젝트"와 같이 들렸다. 그러나 파트너인 Mark Deem은 설득되지 않았다. 신장 신경을 다른 체계에 적용하기 위한 아이디어에 흥미를 느낀 Deem은 Gelfand와 Levin의 가능한 해결책을 제쳐두고 니즈와 관련된 행동 메커니즘을 더 잘 이해하기 위해 질병 상태 연구에 뛰어 들었다.

Deem은 심부전이나 고혈압에 대한 연구보다는 신장의 신경 생리학과 신체가 혈압과 체액을 제어하여 항상성을 유지하는 데 도움이 되는 통합된 과정에 중점을 두었다(그림 2.1.5 참조). "저는 신장 신경이 이 문제에 어떻게 작용 하는지를 이해하고 싶었습니다."라고 Deem은 말했다. 그는 Medline을 통해 관련 저널 기사에 접근함으로 연구를 시작했다. Deem은 자신의 프로세스에 대해 설명하였다. "잘 모르는 신체 시스템을 연구할 때 저는 키워드 검색의 액셀 스프레드 시트를 유지합니다. 첫 번째 열은 인용과 불 방식을 포함하는 정확한 검색 용어를 포함합니다. 두 번째 열은 히트 수이고 세 번째 열은 관련 히트 수 입니다. 그런 다음 표제와 저자를 가지고 인용당 한 줄을 움직이고 제가 연구에서 얻은 것을 메모 상자를 통해 세 줄로 요약합니다." Deem에 따르면, 이 시스템은 흥미로운 인용을 따라가 그가 최고의 키워드를 찾게끔 도와주기 때문에 연구가 체계적으로 유지되게 하고, 이미 경험했던 연구를 다시 반복하지 않도록 도와주었다. 또한 Deem은 저널 기사에서 구문을 강조하고 요점을 요약하기 위해 여백 메모를 사용한다. "저는 처음에는 중요하다고 생각하는 것을 강조하지만 사실은 다른 정보가 중요하다는 것을 깨달을 때도 있습니다. 여백 메모를 사용하면 가장 관련성 높은 정보를 빠르게 찾을 수 있습니다."

궁극적으로, Deem의 Medline 검색은 아이오와 의과대학 내과의 교수이자 부총장인 Gerald F. DiBona 교수가 작성한 논문으로 그를 이끌었다. "그는 세계에서 신장 신경 생리학에 관한 가장 큰 연구 결과를 생산한 분이었습니다" Deem이 회상했다. "그리고 수백 건의 논문 인용이 되기도 하였습니다. 저는 이러한 논문 한 편을 보는데 한 달에서 두 달이 걸리기도 했습니다. 따라서 저는 기본적으로 Gerry의 논문과 Gerry의 논문에서 인용된 모든 논문들을 연구실의 바닥에 두고 신장의 신경 생리학에 대한 기본적인 이해와 그것이 고혈압과 심장마비에 어떤 영향을 주는지에 대한 기초적인 이해를 하려고 했습니다."

그의 연구를 통해, Deem은 혈압의 감소, 교감 신경계로부터의 신호 또는 나트륨의 감소에 반응하여 신장의 특수 세포가 혈관을 수축시켜 혈압을 높이는 일련의 신경 호르몬 반응을 생성하고, 심장을 자극하여 더 활발하고 빠르게 펌프를 작동시키며, 몸이 물과 염을 유지하게 함을 확인하였다.[37] 항상성을 유지하기 위해 고안되었음에도 불구하고, 일부 환자에서는 이러한 조절 기전이 만성적으로 과활성화되어 심부전, 고혈압 및 만성 신장 질환의 특징인 지속적인 고혈압, 체액 과다 및 위험한 후유증을 유발하기도 하였다.[38,39] 따라서 신장 교감 신경 활동을 차단하면 이 주기가 중단되고, 질병의 상태에 큰 영향을 줄 수 있었다.

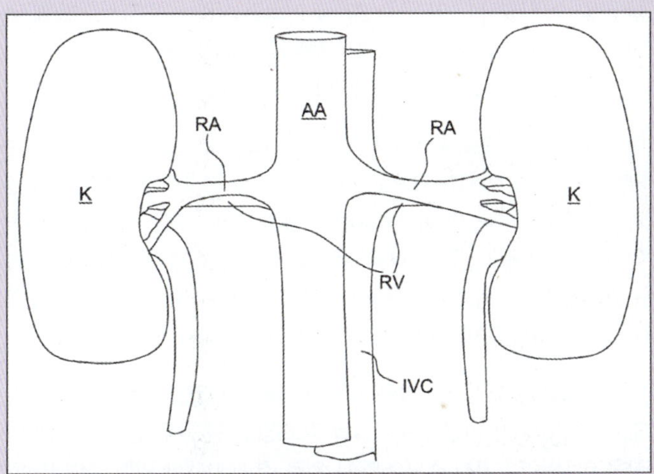

그림 2.1.5
첫 번째 그림은 팀의 초점이 질병 상태에 근거를 두고 있다는 사실을 반영한다(미국 실용 특허 7,653,438-14).

연구에 대한 심층적인 탐구에 이어, Deem은 현장에서 의사와 이야기하면서 배운 것을 시험할 준비가 되어 있었다. "저는 무작정 의사들과 함께 앉아 그들에게 많은 질문을 하는 경향이 있습니다."fk고 그는 설명했다. "저는 개인적으로 우리가 이야기하고 있는 해부학과 생리학에 대해 매우 정통할 때까지 기다리는 것이 더 유용하다고 봅니다. 그렇지 않으면, 진정한 토론을 할 수 없으며, 또 그들에게 도전할 수 없습니다. 그리고 이 분야에서 성공하는 엄청나게 많은 사람들이 우리가 속한 지역의 임상 실습 지침에 의문을 제기할 수 있다는 것입니다." '왜 그런가요?' 그리고 '이렇게는 안 되나요?' 그리고 '당신이 질문하는 시스템을 정확하게 이해하지 못하면 당신은 그것을 할 수 없다.'라는 접근법에 따라, Deem은 "내가 찾을 수 있는 모든 것"을 읽을 때까지 Gerry DiBona에게 연락하지 않았다고 회상했다. "우리는 생리학적 세부 사항에 대해 꽤 깊이 탐구했고, 마침내 그는 제가 누구와 함께 공부했는지에 대해 물었습니다. 제가 많은 자료들을 스스로 탐구하였다고 답하자, 그는 미소를 지었습니다. 이는 저에게 있어 큰 칭찬이었습니다."

DiBona와의 대화 이후에, Deem은 신장병학자에게 심부전 치료제로서 신장 신경 제거의 개념을 설명했다. 이 대화는 그를 초기 개념 증명으로 사용 작동하고 제안된 행동 메커니즘을 확인하는 데 도움이 된 중요한 역사적인 선례로 이끌었다. 구체적으로 그는 신장을 조절하는 교감 신경 체인의 일부가 외과적으로 제거된 1956년 오래된 절차에 관한 연구에 안내를 받았다. 위험도가 높기는 하지만 이 수술은 심부전의 진행을 늦추고 울혈성 증상을 해결하며 30~50%의 혈압을 낮추고 생존율을 증가시키는 것으로 나타났다. Deem은 또한, 수술적인 신경제거(신장 이식에서와 같은 신장 신경)가 잘 견뎌지고 소변량을 증가하고, 고혈압 상태를 유도하거나 유지하는 것을 거의 불가능하게 한다는 결론을 내린 최근의 연구를 발견했다.

Deem의 연구가 세 가지 질병 상태 모두에서 신장 신경의 역할을 확인한 반면 The Foundry 팀은 처음에는 심부전에 중점을 두었다. "신장병은 끔찍한 질병이지만 중요한 시장이 있을 것이라는 것은 분명치 않습니다. 그래서 그것은 출발에서 벗어났습니다. 심부전과 고혈압 사이에, 우리는 실제로 많이 앞뒤로 왔다 갔다 합니다."라고 Deem은 기억했다. Levin과 Gelfand의 심부전에 대한 전임상의 초점과 이전에 The Foundry가 생각하기로 거대한 의료 기회라는 사실은 팀으로 하여금 이 영역에 집중하도록 편파적으로 만들었다.

Foundry를 만들기 전에 심장혈관 장비회사에서 근무한 Gifford는 심부전에 관한 질병 관련 연구를 제공했다. 이 상태에서 환자의 심장 근육은 신체의 필요를 충족시키거나 심장에 혈액이 되돌아 올 수 있도록 하기 위한 충분한 혈액을 공급할 수 없다. 이 때문에 환자는 피곤하거나 약해진다. 또한 순환이 잘 이루어지지 않아 복부 및 사지에 액체가 쌓이고 팽창한다. 유체는 또한 폐에서 역류를 일으키며, 특히 운동 시 또는 누워 있을 때 발생한다. 의사들은 심부전 환자를 증상의 중증도에 따라 Class I에서 Class IV로 분류하고[40] 더 발전된 단계의 환자는 불안정해지는 경향이 있고 갑자기 증상이 악화되고 (갑작스런 부전적 심근경색) 병원에서 약물과 이뇨제로 치료한 후 일시적으로 호전되기도 한다.

임상 결과와 관련하여 Class IV 환자의 40%가 1년에 최소 4회 입원을 하며, 대부분 유체 과부하로 인한 호흡 곤란 때문이다. 말기 심장마비는 5년 사망률이 50%이다.[41] 당시의 역학 조사에 따르면 매년 미국에서 5백만 명의 심부전 환자와 백만 번의 심부전 관련 입원이 있었다.[42] 경제적 영향은 컸다; 심장마비는 2010년에 39.2억 달러로 추정되는 미국의 직접 및 간접 비용으로 가장 자원 집약적인 질병 중 하나다.[43]

Deem이 연구한 보상 호르몬 반응은 심부전 환자의 관류를 개선하기 위한 것이었지만 궁극적으로 심장에 더 많은 스트레스를 가하고 더욱 효율적이지 않게 만들었다.[44] 약물 치료는 도움이 될 수 있지만 심장마비가 진행됨에 따라 종종 효과가 없어졌다.[45] Foundry 팀은 질병 영역에 대한 향상된 이해를 바탕으로 입원기간과 빈도를 줄이기 위해 울혈성 심부전 환자를 약물보다 안정적이고 의학적으로 관리하기 쉬운 상태로 만들기 위해 약물보다 유체를 장기간 배출하는 방법에 초점을 맞추어 진행 방향을 개선했다. Deem과 연구진은 공식적으로 이 필요성을 추구하기 위해 2005년 1월에 신장 제거를 위한 RDN으로 명명된 Ardian을 설립했다.

시간이 지나 팀이 발전함에 따라 해결책은 이식형 기기에서 에너지를 사용하여 신장 신경을 침강시키는 카테터 기반 치료로 발전했다. 팀은 접근 방식이 기술적으로 타당하다고 믿었지만, 그들이 인류 최초의 획기적인 사건에 도달할 때 CEO인 Andrew Cleeland와 연구진의 다른 구성원들이 연구 그룹으로서의 심장마비 환자의 취약성과 예측 불가능성에 대해 걱정하기 시작했다. Deem은 다음과 같이 설명했다. "심부전의 가장 큰 문제점은 Class II 환자가 있고 그 후에 Class IV로 빠르게 진행된다는 것입니다. 병원에 데려다가 약을 가득 채우면 물을 마시고 다시 III 급으로 돌아갑니다. 그런 다음 그들은 II에 가서 IV로 돌아갑니다. 이러한 이유로 '불안정 심장마비'라 불리는 것입니다. 이 환자들은 특성을 밝히기가 정말로 어렵고 그 주위에서 연구하기가 어렵습니다." Ardian의 R&D 담당 부사장인 Denise Zarins는 다음과 같이 덧붙였다. "우리는 그들이 보상부전 상태에 있을 때 데려오는 것과 심지어 절차를 위해 그들을 눕히는 것이 어려울 것이라고 염려했습니다."

Deem의 심층 연구와 세 가지 질병 상태 모두에 대한 신장 신경의 영향으로 돌아가서 Cleeland와 연구진은 심장마비가 아닌 약물에 대한 저항을 가진 고혈압 환자를 치료하기 위한 인류 최초의 연구의 임상시험 계획을 변경할 수 있음을 깨달았다. "생각의 진화"라는 결정을 설명하면서 Cleeland는 "우리의 초기 목표는 우리가 인간으로부터 안전하게 신경을 제거할 수 있음을 보여주기 위한 것이었습니다 – 특정한 생리학적 반응을 일으키는 것은 아니었습니다. 그래서 우리는 상대적으로 건강하고 견고하기 때문에 고혈압 환자로 시작해야 한다고 생각했습니다. 고혈압은 심부전으로 이어지고 뇌졸중으로 이어지고 다른 모든 것까지 이어지는 전조입니다."라고 말했다. 반면에 고혈압은 많은 환자에서 안전하고 저렴한 약물로 관리될 수 있으므로 중재적 절차의 위험이 정당화 될 수 있는지는 분명히 밝혀지지 않았다. 회사가 고혈압 치료에 집중한다면 이 절차는 매우 안전해야 한다.

1차 시험의 결과는 안전성과 신경제거 증거를 증명했을 뿐만 아니라 연구에 참여한 고혈압 환자가 심각한 합병증 없이 상당한 혈압 감소를 경험했으므로 매우 고무적이었다. 따라서 팀이 고혈압 연구를 계속하고 2개의 심부전 그룹(만성 및 급성 비대상성)에서 시범 연구를 시작하는 동안 심부전 연구부문은 "팀이 혈압에 있어서 20~30정도의 감소를 보기 시작했을 때 꽤 빠르게 빠져 나갔습니다."라고 Deem은 회상했다. 그들이 무엇인가 이루고 있다고 확신했기 때문에 Ardian 팀은 1차 목표를 고혈압으로 변경하기로 결정했다.

Ardian의 Symplicity HTN-2라 불리는 최초의 중추적인 시도는 고혈압을 추구하겠다는 결정을 지지했다. 이 연구에는 유럽, 호주 및 뉴질랜드의 24개 센터에서 100명이 넘는 환자가 참여했다. 일차 평가 변수는 치료 후 6개월에 후 측정 한 진료소의 혈압이었다. 신장 신경제거치료와 항 고혈압제 치료에 무작위 배정된 환자는 6개월 후 평균 혈압(−32 / −12 mmHg)을 현저히 감소시키는 반면 제어집단(항고혈압제만 투여하도록 무작위 배정받은 환자)의 혈압에는 기준치(+1/0 mmHg)로부터 변화가 없었다.[46] 또한, 처방된 환자의 20% 이상이 의사가 처방요법을 변경할 수 있는 6개월 시점부터 고혈압 약을 줄이거나 복용량을 줄일 수 있었다.[47] 이 연구 결과에 따르면 Ardian은 자사 기술에 대한 CE 마크를 획득하고 유럽에서 제품을 상용화하기 시작했다. 그 직후, 회사는 Medtronic에 인수되었다.

이 기술을 미국으로 가져오기 위한 전략의 일환으로 Medtronic은 FDA와 협력하여 HTN-3으로 알려진 또 다른 중추적인 실험을 디자인하고 시작했다. 500명 이상의 치료 저항성 고혈압 환자에 대한 이 무작위 통제 연구에서 신장 신경제거는 1차 안전 종점을 충족시켰지만, 항고혈압제를 계속적으로 먹는 환자들 사이에서 6개월 동안 수축기 혈압을 낮추는 가짜 중재술로부터 중요한 차이는 보이지 않았다.[48]

이러한 결과는 교감신경 과활동과 같은 복잡한 질병 과정은 예측될 수 없고 연구하기가 어렵다는 사실을 강조한다. 이 경우 실험 결과에 영향을 미치는 몇 가지 주요 쟁점은 치료 결과에 대한 약물 투여 및 인구통계학적 혼합의 영향뿐만 아니라 장기 제거 에너지에 대한 신장 동맥 교감신경 반응의 정도를 비롯한 질병 요인과 직접 관련되어 있었다.

Medtronic은 HTN-3 결과에 대한 발표를 계기로 이 기술에 대한 의지를 재확인했으며 추가로 미국 임상시험을 준비하기 위해 FDA와 계속 협력 할 것이라고 밝혔다.[49] HTN-3 데이터에 대한 응답으로 팀의 우선순위 중 하나는 다른 인구 집단에서 고혈압에 대한 이해를 넓히고 질병과 신장 신경제거 사이의 연관성을 연구하는 가장 효과적인 방법으로 질병 상태 연구를 되돌리는 것이었다.

온라인 자료

더 많은 자료는 www.ebiodesign.org/2.1을 방문한다.

"Getting Started"의 활동과 링크

- Assess anatomy and physiology
- Understand the pathophysiology of the disease
- Understand clinical presentation
- Assess clinical outcomes
- Gather epidemiology data
- Evaluate the economic impact
- Assess and summarize the information

질병 단계에 관한 연구 동영상

NOTES

1 "What is Angina?," National Institutes of Health, National Heart, Lungs and Blood Institute, http://www.nhlbi.nih.gov/health/health-topics/topics/angina/ (October 16, 2013).

2 "State Heart Disease and Stroke Prevention Program Addresses Heart Attack Prevention," Centers for Disease Control and Prevention, http://www.cdc.gov/dhdsp/data_statistics/fact_sheets/fs_state_heartattack.htm (October 16, 2013).

3 Ibid.

4 "U.S. Medical Device Market Outlook," Frost & Sullivan, 2010, http://www.frost.com/prod/servlet/frost-home.pag (July 16, 2014).

5 In coronary artery bypass surgery, a patient's chest is opened and an artery or vein from another part of the body is attached to the diseased artery such that it allows blood to flow around, or bypass, the narrowing or blockage.

6 Matthew Dodds, Efren Kamen, and Jit Soon Lim, "DES Outlook: Adding the Wild Cards to the Mix," *Citigroup*, September 27, 2005, p. 4.

7 All quotations are from interviews conducted by the authors, unless otherwise cited. Reprinted with permission.

8 Robert J. Applegate, "Drug-Eluting Stents: The Final Answer to Restenosis?," Wake Forest University Medical Center, blogs.epfl.ch/stents/documents/Featured%20Article.doc (October 16, 2013).

9 "Epidemiology," Dictionary.com, http://dictionary.reference.com/search?r=2&q=epidemiology (October 16, 2013).

10 S. Colilla, A. Crow, W. Petkun, D.E. Singer, T. Simon, and X. Liu, "Estimates of Current Future Incidence and Prevalence of Atrial Fibrillation in the U.S. Adult Population," *American Journal of Cardiology*, 2013, pp. 1142-7.

11 Ibid.

12 Ibid.

13 J. S. Steinberg, "Atrial Fibrillation: An Emerging Epidemic?," *Heart*, 2004, p. 239.

14 Sinus rhythm is the term used to refer to the normal beating of the heart.

15 Purkinje fibers form a network in the ventricular walls and rapidly conduct electric impulses to allow the synchronized contraction of the ventricles.

16 Michel Haissaguerre, Pierre Jais, Dipen Shaw, Atsushi Takahashi et al., "Spontaneous Initiation of Atrial Fibrillation by Ectopic Beats Originating in the Pulmonary Veins," *New England Journal of Medicine*, September 3, 1998, p. 659.

17 "What is Atrial Fibrillation?," Cleveland Clinic: Heart and Vascular Institute, http://my.clevelandclinic.org/heart/atrial_fibrillation/afib.aspx (October 16, 2013).

18 Ibid.

19 In a "lone" episode, AF occurs in a heart that seems to be otherwise structurally and functionally normal.

20 Cardioversion is a method to restore a rapid heart beat back to normal.

21 Maurits A. Allessie et al., "Pathophysiology and Prevention of Atrial Fibrillation," *Circulation*, 2001, p. 769.

22 Thyrotoxicosis, or hyperthyroidism, is a condition in which the thyroid gland produces excess thyroid hormone (thyroxine) which affects the whole body.

23 Alan S. Go, Elaine M. Hylek, Kathleen A. Phillips et al., "Prevalence of Diagnosed Atrial Fibrillation in Adults," *JAMA*, vol. 285, no. 18, 2001, p. 2370.

24 "Advanced Imaging Can ID More Causes of Stroke Before They Strike," *Science Daily*, March 22, 2007, http://www.

sciencedaily.com/releases/2007/03/070320084738.htm (October 16, 2013).

25 Gregory Y. H. Yip and Hung Fat-Tse, "Management of Atrial Fibrillation," *The Lancet*, 2007, p. 612.

26 "ACC/AHA/ESC 2006 Guidelines for the Management of Patients with Atrial Fibrillation - Executive Summary," American College of Cardiology Foundation, the American Heart Association, and the European Society of Cardiology, 2006, p. 866.

27 Ibid.

28 "Atrial Fibrillation," American Heart Association, http://www.americanheart.org/presenter.jhtml?identifier=4451 (October 16, 2013).

29 Lloyd-Jones, Wang, Leip et al., "Lifetime Risk for Development of Atrial Fibrillation," *Circulation*, 2004, pp. 1042-6.

30 M. H. Kim, S. S. Johnston, B. C. Chu, M. R. Dalal, and K. L. Schulman, "Estimation of Total Incremental Health Care Costs in Patients with Atrial Fibrillation in the United States," *Circulation: Cardiovascular Quality and Outcomes*, 2011, pp. 313-20.

31 Matthew R. Reynolds and Vidal Esseberg, "Economic Burden of Atrial Fibrillation: Implications for Intervention," *The American Journal of Pharmacy Benefits*, 2012, pp. 58-65.

32 Jeff S. Healey et al., "Global Variation in the Etiology and Management of Atrial Fibrillation: Results from a Global Atrial Fibrillation Registry," *Circulation*, 2011, http://circ.ahajournals.org/cgi/content/meeting_abstract/124/21_MeetingAbstracts/A9174 (January 15, 2014).

33 Mellanie True Hills, "Patient Perspective: Living with Atrial Fibrillation," StopAFib.org, September 2008, http://www.stopafib.org/downloads/News109.pdf (January 15, 2014).

34 "The Thomson Reuters Impact Factor," *Web of Knowledge*, Thomson Reuters, http://wokinfo.com/essays/impact-factor/ (October 16, 2013).

35 "Journal Citation Reports," *Web of Knowledge*, Thomson Reuters, http://wokinfo.com/products_tools/analytical/jcr/ (January 15, 2014).

36 The renal nerves are the sympathetic nerves to and from the kidneys.

37 *Cardiovascular Physiology Concepts*, April 19, 2007, http://www.cvphysiology.com/Heart%20Failure/HF003.htm(November 17, 2012).

38 "High Blood Pressure Dangers: Hypertension's Effects on Your Body," Mayo Clinic, January 21, 2011, http://www.mayoclinic.com/health/high-blood-pressure/HI00062 (October 3, 2012).

39 Markus P. Schlaich, Paul A. Sobotka, Henry Krum et al., "Renal Denervation as a Therapeutic Approach for Hypertension: Novel Implications for an Old Concept," *Hypertension*, vol. 54, 2009, pp. 1195-201.

40 "NYHA Classification-The Stages of Heart Failure," Heart Failure Society of America, December 5, 2011, http://www.abouthf.org/questions_stages.htm (January 31, 2013).

41 C. D. Kemp and J. V. Conte, "The Pathophysiology of Heart Failure," *Cardiovascular Pathology*, vol. 21, no. 5, 2012, pp. 356-71, http://www.ncbi.nlm.nih.gov/pubmed/22227365 (November 18, 2012).

42 Ardian, Series B Financing Presentation, 2004.

43 D. Lloyd-Jones, R. J. Adams, T. M. Brown et al., "Heart Disease and Stroke Statistics, 2010 Update; A Report from the American Heart Association," *Circulation*, vol. 121, no. 7, 2010, pp. e46-215.

44 Richard E. Klabunde, "Pathophysiology of Heart Failure," *Cardiovascular Physiology Concepts*, April 19, 2007, http://www.cvphysiology.com/Heart%20Failure/HF003.htm (November 17, 2012).

45 L. De Bruyne, "Mechanisms and Management of Diuretic Resistance in Congestive Heart Failure," *PostGraduate Medical Journal*, vol. 79, 2003, pp. 268-71, http://pmj.bmj.com/content/79/931/268.full (November 30, 2012).

46 Symplicity HTN-2 Investigators, "Renal Sympathetic Denervation in Patients with Treatment-Resistent Hypertension," *The Lancet*, December 2010, http://www.thelancet.com/journals/lancet/article/PIIS0140-6736(10)62039-9/abstract (January 7, 2014).

47 Murray Esler, presentation at the American Cardiology Conference, 2012.

48 Todd Neale, "Medtronic's Renal Denervation System Fails," *MedPage Today*, January 9, 2014, http://www.medpagetoday.com/Cardiology/Hypertension/43715 (January 22, 2014).

49 "Medtronic Releases Results of SYMPLICITY HTN-3," Medtronic press release, March 29, 2014, http://newsroom.medtronic.com/phoenix.zhtml?c=251324&p=irolnewsArticle&ID=1913401&highlight= (April 25, 2014).

2.2 기존의 해결책

서론

이 팀은 테스트를 위해 2세대 프로토타입을 동물 실험실로 가져갈 예정이다. 200,000달러의 초기 종자 자본이 거의 소모되었기 때문에 압박이 있다. 그리고 나쁜 소식이 도착했다: 다른 집단은 이 접근법으로 8명의 환자를 처음으로 치료했고 이 기술이 쓸모 없다고 설명하는 논문을 방금 European College 회의에서 발표했다. 이 팀은 현재 독일에서 개발중인 다른 기술을 언급하면서 그들의 초기 임상 자문단 중의 한 명을 회상한다. 당시에 그들이 이 단서를 추적하기만 했다면 돈, 시간 및 회사를 구할 수 있었을 것이다.

모든 해결책의 목표는 특정 질병이나 장애가 있는 환자의 결과를 개선하는 것이다. 기존 해결책 분석에는 진단, 치료, 그리고 관리를 위해 위해 어떤 기존 또는 현존하는 제품과 서비스가 있는지 이해하고 그들이 어떻게 그리고 언제 사용되는지, 어떻게 그리고 왜 그것이 작동하는지, 그것의 효과, 비용, 그리고 그것이 가져오는 전반적인 가치를 이해하기 위한 구체적인 연구를 수반한다. 기존 해결책을 조사하고 조건이 일반적으로 어떻게 해결되는지 포괄적인 개요를 작성하는 과정을 통해 개선영역과 새로운 기회가 분명해질 수 있다. 이 분석은 또한 이노베이터에게 모든 새로운 해결책이 기존 대안과 동등하거나 우월하다고 간주되어야 하는 임상, 환자 관련 및 경제적 요구사항에 대한 이해를 제공한다. 또한 새로운 해결책의 독창성과 다른 장점을 궁극적으로 평가할 수 있는 지식의 기준을 설정한다.

 기존의 해결책 검색과 관련된 동영상은 ebiodesign.org을 참조한다.

목표

- 주어진 질병 상태의 진단, 치료 및 관리를 위한 기존 및 최신 해결책의 전체 범위를 이해하는 것이 중요하다는 점을 잘 알고 있다.
- 기존 해결책에 대한 정보를 효과적으로 검색하고 유용한 형식으로 요약하는 방법을 안다.
- 기존 해결책의 관점에서 가치를 창출할 수 있는 기회를 식별할 수 있는 차이분석을 수행하는 방법을 이해한다.

기존 해결책의 기초

기존 해결책은 질병 상태에 대한 실무 지식을 얻은 후에만 평가할 수 있다(2.1 질병 단계의 기초 참조). 질병 상태 분석과 마찬가지로 기존 해결책에 대한 초기 연구가 처음에는 광범위하게 수행되고 중요한 필요를 확인하거나 심사하는 과정의 일부로써 훨씬 더 자세하게 수행된다.

기존 해결책을 연구하는 주된 목적은 질병 진단, 치료 및 관리를 위해 어떤 대안을 사용할 수 있는지, 그리고 충족되지 않은 요구를 해결할 수 있는 가장 매력적인 기회가 존재할 수 있는 곳을 파악하는 것이다. 해결책 연구는 또한 궁극적으로 **필요**의 중요한 구성 요소가 되는 환자, 공급자 및 시스템 관련 필요사항을 더 잘 이해할 수 있는 기반을 제공한다(2.5 니즈 선택 참조).

고려해야 할 해결책 유형

이노베이터는 관련 진단, 중재적 또는 외과적 치료 또는 관리 도구 및 서비스를 간과하지 않도록 주의하면서 기존 해결책을 포괄적으로 검색하는 것이 좋다. 예를 들어, 혁신팀이 의료 기기 관련 요법 개발에 일차적 관심을 가질 수 있지만, 그들의 연구에는 장비(예: 약물, 수술), 그리고 환자의 건강 관리와 관련된 제품 및 서비스의 범위를 넘어선 모든 진단과 치료 대안을 포함해야 한다(예: 재활, 모니터링). 표 2.2.1은 평가할 전체 해결책을 개략적으로 설명한다.

기타 해결책 고려사항

주어진 질병 상태와 관련된 기존 해결책의 유형에 대해 철저히 조사하는 것 외에도 이노베이터는 각 서비스를 제공하는 제공업체 유형을 신중하게 평가해야 한다. 실무자에게 다양한 해결책을 보여주는 것은 **이해관계자 분석**에 유용한 입력이 될 것이다(2.3 이해관계자 분석 참조). 또한 각 공급자 유형의 능력에 대해 생각할 수 있는 구조를 제공한다. 예를 들어, 대장 내시경 검사는 환자의 불편함을 피하기 위해 의사의 손재주와 정교함을 요구한다. 일상적으로 이 절차를 수행하는 위장병 학자는 이 접근법을 사용하여 다른 섬세하거나 민감한 절차에 필요한 기술을 가질 확률이 높지만 다른 유형의 의사는 이러한 새로운 해결책을 제공하기에 적합하지 않을 수 있다.

각 해결책이 환자에게 적용하는 기술이나 요구사항도 고려해야 한다. 예를 들어, 정형 외과 수술 절차는 일반적으로 수술 결과를 최적화하기 위해 재활과 관련된다. 분명히, 규정 준수는 연령, 기능 상태 및 경제적 배경에 따라 각기 다른 환자 집단에 따라 다르다. 이러한 문제는 절차적 성공 또는 후속적 합병증의 가능성과 종종 관련이 있다. 보다 일반적으로 기존 해결책(재활, 약물 치료, 식이요법, 운동 또는 기타 생활 양식 요소)의 준수 정도는 요구사항을 평가할 때 조사 할 비옥 한 영역이다. 모바일 헬스(mHealth) "혁명"을 둘러싼 현재의 흥분은 신기술 및 서비스로 인해 준수 격차가 부분적으로 좁혀질 수 있다는 기대에 기반한다. 따라서 이노베이터는 질병 영역의 다양한 해결책이 환자의 관심, 동기 및 기능과 어떻게 조화를 이

표 2.2.1 기존 해결책을 조사할 때 해결책 유형을 간과하지 않도록 주의하라.

해결책 유형	설명
진단	주어진 조건에 의해 환자가 영향을 받는지 여부(그리고 어느 정도까지)를 결정
행동 및 생활 습관 치료	수정된 식이 요법 및 운동과 같은 환자 중심 해결책
약리학적 또는 생물학적 치료법	화학적 또는 생물학적 물질; 보통 주사되거나 경구로 전달
경피 치료	치료법은 카테터를 통해 시행
최소 침습적 치료법	작은 절개(예: 복부 또는 관절에 접근하기 위한 복강경 절차; 맥박 조정기 배치)를 사용하여 수행되는 절차
개방 수술	외과 의사가 관련된 구조나 기관에 직접 접근하기 위해 피부와 조직의 커다란 부분을 잘라내야 하는 절차
서비스	물리 치료 및 호흡 치료와 같은 인간 중심의 개입
질병 관리	환자의 상태를 모니터하고 치료를 안내하는 제품 또는 서비스

표 2.2.2 기존 해결책의 환경에는 몇 가지 서로 다른 유형의 차이가 존재할 수 있으며, 각각 다른 유형의 기회를 이끌어 낼 수 있다.

해결책 차이	설명
원하는 결과와 기존 해결책이 달성한 결과 사이의 차이	기존 해결책을 조사하고 평가할 때 예비 요구 기준에서 정의된 원하는 결과를 충족시키지 못하는 방법과 단점의 원인이 될 수 있는 방법에 대해 생각한다. 예를 들어, 임상적 필요에 부적절한 해결책을 적용함으로써 차이가 생길 수 있다. 또는 그들은 올바른 방법을 구현하는 해결책에서 비롯될 수 있지만 개선된 결과를 얻으려면 추가 개발이나 구체적인 개선이 필요하다.
환자의 특정 하위구분이 필요로 하는 것과 기존/신흥 해결책이 제공하는 것의 차이	질병 및 장애는 증상의 단계 또는 중증도에 따라 종종 다른 징후를 보인다. 노인이나 특정 합병증(예: 당뇨병)이 있는 환자와 같은 특정 하위 그룹도 다른 해결책에 다르게 대응할 수 있다. 따라서, 특정 환자 하위유형 또는 질병의 단계에 대해 차이가 존재할 수 있다.
기존 해결책 또는 신흥 해결책이 제공하는 성과/효과 간 격차와 비용	가치 격차는 효율성 대비 해결책의 비용을 고려한다. 시설 관리자 및 구매 관리자가 새로운 의료 기술에 대한 채택 결정에서 보다 중요한 역할을 하는 점차 비용에 민감한 환경에서 효과를 높이거나 비용을 절감하거나 이상적으로 이 둘 모두를 달성함으로써 가치 격차를 해결해야 한다.

루는지 생각해야 한다.

기회를 확인하기 위한 차이 발견

이 분석의 원하는 결과는 명시된 필요성을 해결할 수 있는 기회를 나타내는 기존 해결책의 풍경에서 차이(또는 차이들)를 찾는 것이다. 표 2.2.2에서 볼 수 있듯이 적어도 세 가지 유형의 고려해야 할 차이가 있다.

차이 분석을 수행할 때 해결책의 모습이 오늘날의 모습뿐만 아니라 앞으로 몇 년 동안 어떻게 나타날지 생각하는 것이 중요하다. 해결책은 움직이는 표적이기 때문에 기존 및 신흥 해결책에 대한 분석은 팀의 시장 진입 시점을 기준으로 해야 한다. 팀이 긴 개발주기를 예상하면 (일부 의료 기기는 환자 치료를 10년 이상 소요될 수 있음) 다른 기술이 시장에 진입하여 기회를 없애거나 실질적으로 변경하는 데는 훨씬 더 많은 시간이 필요하다. 이러한 현시적인 측면을 기존 해결책의 개선 및 새로운 해결책의 개발로 고려하지 않고도 이노베이터는 현재 기회 차이에만 집중할 수 있으며 이미 감소하고 있다는 사실을 깨닫지 못하거나 완전히 폐쇄될 수 있음을 인식하지 못할 수도 있다.

앞을 내다 보는 것이 중요한 만큼 뒤를 돌아 보면서 많은 것을 배울 수 있다. 해결책 풍경에 큰 차이가 있는 것으로 나타나면 이노베이터는 사전 진단, 치료법 및 관리 도구에 대한 연구를 수행하여 그 차이를 해결하려 하지만 실패할 수 있다. 다른 이노베이터의 실패한 실험을 연구하면 중요한 함정, 피할 수 있는 위험 및 앞으로 나아갈 노력을 가속화하기 위해 활용할 수 있는 기본 학습을 강조할 수 있다. Emphasys Medical이라는 The Foundry와는 다른 회사에 초점을 맞춘 다음의 예는 이러한 접근 방식을 보여준다.

현장에서 The Foundry와 Emphasys Medical

필요 선별 과정으로써 기존 해결책 이해하기

의료 기기 인큐베이터 Foundry는 혁신 과정의 초기에 질병을 진단, 치료 및 관리하는 데 사용할 수 있는 모든 옵션을 철저히 조사함으로써 다른 사람들이 놓친 아이디어를 얻을 수 있음을 알게 되었다.

1990년대 후반 Hanson Gifford와 Mark Deem의 관리 파트너들은 폐기종 치료와 관련된 기회를 추구하는 데 관심이 있었다(그림 2.2.1 참조). 초기 연구의 일환으로 그들은 확립되고 떠오르는 해결책 대안에 대한 상세한 평가를 수행했다. 당시 Gifford는 "폐기종의 유일한 치료법은 폐 용적 감소수술(LVRS)이었습니다."라고 지적했다.[1] 폐 용적 감소수술은 외과 의사가 폐의 나머지 부분에 산소의 흐름을 증가시키기 위해 환자의 가슴을 열고 약 30% 정도를 순서대로 제거하는 매우 침습적인 절차다. 이 수술은 수행하기가 어렵고 환자에게 극도로 고통스럽다. 또한 관련 사망률은 6~10%로 모든 선별 요법에서 가장 높은 것 중 하나다.[2] "수술을 더 잘 수행할 수 있는 방법을 이해하려고 많은 시간을 보냈습니다. 우리는 광범위한 문헌 연구를 수행하고 많은 외과 의사 및 폐병 학자와 이야기를 나누었고 자연사, 폐의 세포성 저하 등 질병 상태를 실제로 탐구했습니다."라고 Gifford는 설명했다. 질병 상태 분석 외에도 그들은 발명가, 기업 및 현장에서 일하는 전문가 및 다른 기업가와의 연결을 통하여 기존 및 새로 나온 해결책을 적극적으로 그리고 철저히 조사했다. 이 과정을 통해 신흥 기술은 점차적으로 폐 용적 감소수술을 개선하는 데 초점을 두었으며 외과 수술이 아닌 대안을 찾기 위한 연구가 거의 수행되지 않았음을 알게 되었다.

폐기종의 해결책 환경에 큰 차이가 있음을 인식하고 (환자에게 덜 고통스럽고 침습적인 옵션을 개발하고자 하는 욕구로 인해) Gifford와 Deem은 비수술 대안에 대한 해결책 연구를 다시 집중하기로 결정했다. Gifford는 다음과 같이 말했다. "우리가 어떤 장치를 떠올리든 우리가 정말로 해야 할 일은 비수술적인 절차를 만드는 것이라고 결정했을 때 가장 큰 돌파구 중의 하나가 생겨났습니다." 모두가 수술에 의존하고 있었고 이는 우리를 위한 해결책의 작은 코너가 되었습니다."라고 Deem은 덧붙였습니다. "아무도 수술을 받지 않은 이 거대한 영역이 잠재적 기회로 가득 차 있었습니다."

폐기종에 대한 비외과적 치료법을 추구하는 다른 이노베이터나 회사의 부재가 이 분야를 활짝 열어 놓았지만 또한 새로운 절차 및 장치를 개척 할 때 잠재적으로 직면하게 될 어려운 난제가 발생했다. 그들의 연구는 폐 전문의가 폐기종 환자를 정기적으로 보았지만 폐 용적 감소수술을 수행한 것은 외과의사였음을 보여주었다. 해결책이 비수술적이기 위해서는 폐병학자가 치료를 제공할 수 있어야 한다. 당시, "폐 전문의는 실제로 치료 절차를 수행하지 않았습니다."라고 Deem은 말했다. "어떤 면에서 우리는 새로운 의학 분야를 개발해야 하며, 적어도 폐기종을 위해 비수술적인 치료를 할 수 있는 전통적인 전문 분야를 확장해야 합니다." 그러한 전환의 타당성을 평가하기 위해 그들은 의사들 사이의 현재의 소개 패턴, 장비가 병원에 어떻게 조달되는지 및 자금 조달 방법, 그리고 폐병학자가 치료 절차를 수행하기 위한 적절한 기술, 자원 및 물리적 공간을 갖추고 있는지 여부 연구에 상당한 노력을 기울였다.

그들은 또한 해결책 분야의 경제성을 평가했다. Gifford는 "우리는 그 시점에서 재무에 대해 상당히 폭 넓은 노력을 기울였습니다. 우리는 비교 절차를 위해 의사, 병원 및 의료 시스템에 대한 전반적인 비용을 살펴 보았습니다. 왜냐하면-옳거나 그르던- 질병의 치료를 위해 이미 'X'

그림 2.2.1
The Foundry의 Mark Deem과 Hanson Gifford

달러를 지불하고 있다면 같은 액수를 얻을 수 있을 것"이라고 덧붙였다. 그는 "폐 용적 감소수술 비용은 2만~3만 달러입니다. 수천 달러에 불과한 치료 절차를 마련 할 수 있다면 합리적인 가격의 장치를 구입할 수 있는 여지가 생길 것"이라고 말했다.

현장에서 많은 어려움이 있었음에도 불구하고 Gifford와 Deem은 획기적인 제품의 가능성을 보았다. 미국에서만 371만 명 이상의 환자가 폐기종으로 진단되었다. 매년 비교적 적은 수의 폐 용적 감소수술 절차가 수행되지만 현재 폐 용적 감소수술 절차 및 수술과 질병과 관련된 환자의 통증 을 고려했을 때 덜 침략적인 치료 대안이 중요하다. Deem에 따르면, "폐기종 환자에게서 의사가 듣게 될 표준선은 '나를 치료하거나 죽여라. 나는 어느 것이 든 상관 없다. 그러나 호흡이 짧아서 너무 힘들다."이다.

궁극적으로 The Foundry는 2000년 Emphasys Medical을 설립하기 위해 John McCutcheon 및 Tony Fields와 협력하여 이 프로젝트를 진행하기로 결정했다. Emphasys는 최소 20분 내에 환자에게 삽입할 수 있는 이동식 밸브를 사용하는 최소 침습적 절차를 개발했다.

밸브는 폐의 질병이 있는 부분 안팎으로의 공기 흐름을 제어하여 더욱 건강한 부분이 정상적으로 기능하도록 도와준다. 이 **컨셉**은 외과적으로 조직을 제거하지 않고도 폐의 병이 있는 부분을 붕괴시키는 것이었다. Emphasys Medical에 대한 자세한 내용은 5.3 임상시험 전략 및 5.4 허가 인증 전략에서 찾을 수 있다.

기존 해결책 분석 방법

기존 해결책의 완벽한 분석은 다음에 요약된 핵심 영역에 정보가 포함되어야 한다:

- **해결책 옵션 측면**: 각 대안에 대한 요약, 실제 상황에서 일반적으로 사용되는 방법 및 사용자가 요구하는 기술을 포함하여 현장에서 관련 해결책에 대한 자세한 설명을 제공한다. 이는 차이 분석과 요구 기준의 개선을 위한 기반을 제공한다.

- **임상 해결책 측면**: 각 해결책을 사용하는 이유와 시기에 대한 임상적 근거를 기술한다. 특히 **행동의 임상적 메커니즘**, 안전성과 유효성에 대한 임상적 증거, 조짐, 그리고 환자 영역에 대해 개략적으로 설명한다. 이 정보는 차이 분석을 수행하고 요구 기준을 정제하는 데 유용할 수 있다.
- **경제 해결책 측면**: 직접 및 보조 비용과 누가 또는 어떤 기업이 이를 초래하는지를 포함하여 각 해결책과 관련된 비용을 간략하게 설명한다. 효과에 대비한 비용을 탐색하여 사용 가능한 치료 옵션의 가치를 이해하기 시작한다. 이 정보는 해결책 영역에 대한 심층적인 시장 분석을 수행하는 데 유용하다(2.4 시장 분석 참조).
- **활용 해결책 측면**: 임상 실습, 누구에 의해서, 어디에서 각 해결책이 사용되는지 설명한다. 이용은 시장 분석의 또 다른 중요한 구성 요소다.
- **새로운 해결책 측면**: 향후 3~10년 내에 해결책 환경에 영향을 줄 수 있는 상태의 진단, 치료 및 관리를 위한 새로운 제품 및 절차를 포착한다. 가능한 신흥 기술에 대한 부단한 연구는 틈새 분석을 준비하고 요구 기준을 조정하며 잠재적으로 새로운 해결책의 기술적 및 임상적 타당성을 지원한다.
- **해결책 환경 요약**: 현재 대안 환경과 새로 등장한 해결책 환경에서 잠재적 대안에 대한 응집력 있는 평가를 개발하여 이러한 대안과 정의된 요구 기준 사이의 차이에 중점을 둔다.

이 절의 나머지 부분에서는 위의 각 영역을 심방세동(AF)을 예로 들어 살펴 본다. 이 경우 기존의 치료법(폐정맥 격리)과 새로운 치료법(좌심방 부속 폐색)에 대한 상세한 분석이 제공된다. 이 사례를 더 잘 이해하려면 기존의 해법을 이해하는 데 관련된 심방세동의 측면을 제공하는 2.1 질병 단계의 기초 사항에 나와 있는 정보를 다시 참조한다. 이 장에서 다루는 두 가지 치료법에 초점을 맞추는 것은 설명을 위한 것이다. 실제로 이노베이터는 관심 분야 내에서 사용 가능한 해결책 및 해결책 유형을 모두 검토해야 한다.

질병 상태 분석과 마찬가지로 기존 해결책을 평가하기 위한 적절한 세부 수준은 특정 분야에 존재하는 대안의 수와 평가되는 다양한 요구의 수에 따라 크게 달라진다. 이노베이터는 반복적인 접근 방식을 택해야 하며, 각 해결책의 방향이 점차 명확해짐에 따라 점진적으로 각 해결책을 탐색해야 한다. 또한 바이오디자인 혁신 과정의 다른 단계(4.3 보험의 기초 참조)를 통해 추가 정보가 수집되므로 이 분석을 다시 검토해야 한다. 다음 예는 접근법의 단순화된 예시로서 상대적으로 높은 수준에서 준비되었다.

기존 해결책 측면

이 분석을 수행하는 첫 번째 단계는 질병의 현재 해결책을 조사하고 요약하는 것이다. 해결책 풍경에 대한 개요를 개발하는 것은 공통 또는 공유 기능을 기반으로 옵션을 분류하여 가장 잘 수행할 수 있다("심방세동에 대한 기존 해결책의 측면" 참조). 이러한 공통적인 특징은 일반적으로 특정 임상적 필요 영역에 고유하지만 환자 집단, 기술 기반 또는 심지어 행동 메커니즘을 포함할 수 있다. 이 분석을 특정 해결책 유형으로 제한하지 말고 외과 치료 및 질병 관리 도구를 개방하기 위해 진단 및 생활습관 수정에 이르기까지 모든 것을 포함할 것을 기억하라. 각각에 대해 해결책의 목적, 실제로 적용되는 방식(예: 해결책에 점진적 단계가 있습니까?), 해결책을 제공하는 사람 및 사용자가 요구하는 기술을 설명하라. 현재 실제로 사용되는 해결책 대안에 대한 완전한 의미를 제공하는 방식으로 정보를 구성하라. 또한 각 접근법의 상대적 강점과 약점을 자세히 설명하는 것도 중요하다.

실제 사례
심방세동에 대한 기존 해결책의 측면

심방세동은 불규칙하고 전형적으로 빠르고 혼란스러운 심장 리듬이 동박절(정상적인 심장 리듬)을 대체하는 질병으로 뇌졸중을 초래할 수 있는 혈병 형성뿐만 아니라 다양한 증상을 유발한다. 심방세동을 위한 유효한 처리는 전형적으로 3개의 다른 목적 중 하나를 달성하는 것을 목표로 한다: (1) 정상적인 동박절 복구 및 유지; (2) 심실 속도의 조절; (3) 혈전 형성 또는 제거의 위험 감소 또는 혈전 색전증 위험(다음에서 더 자세히 설명됨). 따라서 다른 치료법을 목적에 따라 이 세 가지 범주 중 하나로 분류하는 것은 자연스러운 일이다. 각 범주 내에서 다양한 약리학적, 수술적 및 장치 요법이 활용된다. 심방세동

(발작, 지속 또는 영구) 및 증상의 유형에 따라 적절한 치료법을 선택할 수 있다. 일반적으로 알코올과 카페인 섭취를 제한하는 것과 같은 생활 습관 변화와 함께 심방세동을 치료하기 위해 약리학적 접근법이 먼저 사용된다. 약물 치료가 효과적이지 않거나, 용인되지 않거나, 시간이 지남에 따라 효과가 없어지면 수술 및 장치 요법이 필요할 수 있다.[4]

동박절 복원 및 유지

리듬 제어라고 하는 심방세동 환자를 위한 한 가지 치료 전략은 증상을 개선하고, 심방 기능과 구조를 개선하고, 혈병 형성 위험을 줄이고 (따라서 뇌졸중 위험을 감소시킬 수 있고) 항응고제를 통한 장기 치료의 필요성을 잠재적으로 감소시키기 때문에 정상적인 동박절을 재확립하고 유지하는 것이다. 근원적인 심장 질환이 환자에게 존재하는지 여부에 관계없이, 동박절을 회복시키는 것은 향상된 산소 이용, 생활 습관 개선 및 운동 능력 증가와 관련된다.[5]

리듬 제어 치료의 주요 이점은 심장 기능 향상과 일부 환자의 증상 감소다. 리듬 제어 전략이 심방세동의 빈도를 줄이는 데 도움이 될 수 있지만 모든 것을 함께 제거할 수는 없다. 결과적으로, 리듬 제어 치료법을 사용하는 대부분의 환자들은 혈전 및 뇌졸중의 위험을 줄이기 위해 항응혈제를 장기간 복용해야 한다.

심장 율동 전환 및 약물학적 리듬 유지

심장을 동박절에 되돌리는 가장 보편적인 방법은 직류 심장 율동 전환을 이용하는 것이다. 이것은 심장 박동을 전기 카운터쇼크에 의해 정상 기능으로 복원하는 것이다. 또 다른 접근법은 심장 박동을 정상으로 전환시키는 항부정맥제의 사용을 포함하는 화학적 심박정상화이다.

심박정상화를 위해 전기적 또는 약리학적 접근법이 사용되는지 여부에 관계없이, 환자는 일반적으로 심방이 심장 율동 전환의 기절에서 회복되는 동안 혈전 형성을 막기 위해 심장 율동 전환 후에 일정 기간 동안 항응고제를 섭취해야 한다. 일부 환자는 심장 율동 전환으로 인한 뇌졸중의 위험을 줄이기 위해 심장 율동 전환 전에 그러한 약물을 복용해야 한다. 이것은 심방세동 재발의 가능성으로 인한 항응고제를 가지고 하는 장기 치료의 필요성과는 별개이다.

리듬 조절을 위한 심장 율동 전환 및 항부정맥 약물 치료 전략을 사용하는 비교적 높은 심방세동 재발률은 이 치료법의 주요 단점 중 하나다. 정상적인 동박절로 성공적으로 복귀한 후 1년 후 환자의 20~30%만이 동박절을 유지한다. 이 비율은 항부정맥 약의 지속적인 사용을 통해 40~80%까지 증가할 수 있지만,[6] 심방세동의 발생을 막는 데 도움이 되는 심장 세포의 전기 특성에 영향을 미치는 약물은 여전히 중요하다. 항부정맥제는 또한 새롭고 비정상적인 심장 리듬의 발달을 포함하여 심각한 부작용을 일으킨다.[7]

카테터 기반 폐동맥 격리

카테터 제거는 심방세동의 시작 및 유지를 지원하는 경로를 제거하고 "끊음"으로써 심방세동을 끝내는 데 사용되는 최소 침습적 절차다. 카테터는 심방세동의 원인인 특정 부위(주로 폐정맥이나 또는 그 주위에 위치)의 조직을 파괴하기 위해 심장에 직접 에너지를 주입하여 심장의 나머지 부분에 전기 자극을 시작하거나 유도하지 못하게 한다. 이로 인해 정상적인 동박절이 계속될 수 있다. 심방세동을 다루기 위해 현재 사용중인 카테터 절제술의 여러 변형이 있지만, 그들은 모두 심방세동의 폐정맥 방아쇠를 전기적으로 분리 또는 제거하거나 심방세동을 개시 또는 유지할 수 있는 좌우 심방의 다른 영역을 제거하려고 한다. 단순화를 위해 이 모든 다양한 절차는 이 예에서 "폐정맥 격리"라는 용어로 함께 분류된다.

Cox-Maze 수술

심방세동 환자에서 동박절을 회복시키는 주요 수술 방법은 Cox-Maze 절차이며, 이 과정에서 좌우 심방의 일련의 정확한 절개가 이루어져 정상적인 심장 기능에서와 마찬가지로 비정상적인 전기 자극의 전도를 방해하고 정상적인 부비동 자극을 방실결절에 연결한다.[8] 이 절차는 매우 침습적이며 복잡하기 때문에 일반적으로 뇌졸중 위험이 높은 환자와 이미 다른 형태의 심장 수술을 받고 있는 환자에게만 제공된다.

이식 가능한 심방세동제거기

동박절을 회복시키는 또 다른 방법은 이식 가능한 심방세동제거기를 사용하는 것이다. 이 장치는 비정상적인 리듬을 동박절로 변환하기 위해 심장에 삽입된 리드를 통해 작은 전기 충격을 전달한다. 환자는 증상이 발생하면 심방세동을 치료하기 위해 켜고 끌 수 있으며 자동으로 작동하도록 설정할 수도 있다. 장치는 X-선 유도법을 사용하여 심장 도관 연구소의 심장 전문의에 의해 삽입된다. 심방세동제거기의 가장 큰 한계는 상대적으로 큰 크기이며, 더 중요한 것은 그들이 제공하는 충격이 매우 고통스러울 수 있다는 것이다. 따라서, 현재 광범위하게 심방세동을 치료하는 데 사용되지 않고 있다.

심실 비율 조절

심실 세동 치료를 받는 환자에서 심실세동을 치료하거나 제거하려는 시도는 없다. 오히려, 이러한 치료 대안은 심방을 활성화하기 전에 일반적으로 심방으로부터의 모든 자극이 통과해야 하는 심장 전도 시스템의 부분인 AV 노드를 통한 전기 자극의 전도를 느리게 하는 데 초점을 맞춘다. 이 연결 지점에서 속도를 조절하면 심실의 심박수를 정상 범위로 되돌릴 수 있고 심장이 빠르게 뛰기 때문에 증상을 완화시킬 수 있다.[9] 심실세동이 계속되므로 혈액 응고 형성 및 뇌졸중을 예방하기 위해 항응고제를 사용하는 것이 좋다. 이러한 치료 방법과 관련된 또 다른 단점은 심장 박동을 적절하게 조절하고 장기적으로 증상을 완화시키는 것이 어려울 수 있다는 사실이다.[10]

약리학적 속도 조절

다양한 약물을 사용하는 요법 치료는 AV 노드의 문지기 특성을 활용하여 심실세동동안 분당 60~90회로 심실율을 감소시킨다. 이러한 변화가 불규칙한 심장 박동을 제거하는 것은 아니지만 심장 박동을 늦춤으로써 심장의 작업량을 감소시키고 잠재적으로 환자가 겪을 수 있는 증상을 감소시킨다.

AV 노드의 카테터 절제

AV 노드의 카테터 절제는 일반적으로 다른 치료 옵션에 실패한 환자의 최후의 수단으로 이용된다.[11] 이 절차에서는 카테터를 심장에 삽입하고 에너지를 전달하여 AV 노드를 파괴함으로써 심방과 심실 사이의 전기 경로를 분리한다. 폐와 신체로 혈액을 투입하는 심실의 수축을 야기하는 심방 원천이 없으면 정기적인 심실 수축을 복구하고 유지하기 위해 수술 시 영구적인 맥박 조정기를 이식해야 한다. 맥박 조정기는 전기 맥박을 심장 근육에 보내어 일정한 속도로 수축시키는 장치다. 심방이 세동을 계속함에도 불구하고 많은 환자에서 심실세동의 증상이 감소한다.

혈전 색전증 위험 감소

심실세동 환자에서 혈전 및 뇌졸중(혈전 색전증 위험)의 위험을 줄이기 위한 예방 치료는 모든 심실세동 치료법에서 중요한 고려사항이다. 항응고제 또는 항 혈소판 치료 약물은 단기(예: 전기 심장 율동 전후) 및 장기(예: 심실 속도 조절 치료와 함께)적으로 공통으로 사용된다. 항응고제와 항혈소판제는 출혈 위험이 있지만, 그것의 사용은 혈전 색전증 위험이 출혈 합병증 위험보다 큰 환자에게서 보장된다. 심실세동 환자의 뇌졸중의 주요 위험 인자는 허혈 발작 또는 뇌졸중, 고혈압, 나이, 당뇨병, 류마티스성, 구조적 또는 기타 심장 질환 및 심실 기능 장애의 과거력을 포함한다.[12]

약리 요법

수년 동안 혈전 색전증 위험을 치료하는 데 가장 많이 사용되는 약물은 아스피린과 와파린이었다. 아스피린은 항혈소판 치료제인 처방전 없이 구입할 수 있는 약물이다; 혈소판은 응고연쇄반응에 중요한 역할을 하는 혈액 성분이다. 순환하는 혈소판의 상호작용에 영향을 줌으로써 아스피린은 응고 형성의 가능성을 감소시킬 수 있다. 그러나 아스피린은 대개 젊고 심각한 구조적 심장 질환이 없는 심실세동 환자에서만 효과적이다. 와파린(쿠마딘)은 혈전증, 뇌졸중 및 심장마비를 예방하는 데 사용되는 항응고제다. 와파린은 여러 가지 혈액 응고 인자가 생성되는 속도를 감소시키는 비타민 K 길항제이다. 와파린의 신진대사와 활동은 다양한 다른 약물, 음식 및 생리 상태에 영향을 받을 수 있다. 따라서 와파린의 복용량을 면밀히 감시하고 환자의 혈액을 항응고시키는 정도를 확인하기 위해 빈번한 혈액 검사가 필요하다. 와파린에 의한 과항응고는 환자의 출혈 위험을 상당히 높일 수 있다.

혈전 색전증 위험을 예방하기 위한 직접 트롬빈 억제제(DTIs)의 개발은 의학적으로 큰 발전을 가져 왔다. 수년 동안 많은 기업들이 출혈 위험 없이 혈전 색전증 위험을 줄이기 위한 치료법을 개발했다. 직접 트롬빈 억제제는 비타민 K 길항제 및 인자 Xa 억제제를 포함하는 항응고제의 한 종류이다. 이 약물들은 초기에 심부 정맥 혈전증을 예방하기 위해 개발되었다. 그러나 그들의 안전성 개요는 판막 심장 질환으로 인한 것이 아닌 심방세동 환자에게 이상적으로 적합하다. 상업적으로 이용 가능한 DTI인 다비가트란(Dabigatran)(Pradaxa®)은 2010년 10월[13] 비평동성 심방세동 환자에서 뇌졸중 및 전립선 색전증 예방을 위해 미국 식품의약국(FDA)의 승인을 받았다. 미국심장협회/미국대학심장재단/심장리듬사회는 최근 다비가트란에게 두 가지 대규모 연구의 결과에 근거한 와파린의 대체 약리학적 약제로 사용하기 위한 Class I 적응 권고안을 발표했다.[14] PETRO 연구는 비판막 심방세동 및 혈전 색전증 위험이 증가한 502명의 환자를 평가했다.[15] RE-LY 연구는 와파린과 비교하여 18,113 명의 환자에서 다비가트란의 2가지 다른 결과를 평가하고 복용량에 따라 와파린에 대한 비열등성과 우월성을 입증했다.[16] 두 번째 DTI 리바록사반(Xarelto®)은 2011년 11월에 비심장판막 심실세동 환자에서 뇌졸중 예방을 위해 FDA의 승인을 받았다.[17] 이는 RABET AF 연구의 결과로 14,264명의 높은 뇌졸중 위험을 가진 비심장판막 심실세동 환자를 평가했다. 그 결과는 와파린 요법에 비해 비열등성을 보였으나 통계적으로 유의한 사망률 감소는 없었다.[18] 이 두 번째 DTI는 하루에 두 번 복용해야 하는 다비가트란에 비해 하루에 1회 복용하는 것이 유리하다는 장점이 있다. 이 두 치료법은 와파린과 같이 혈액 희석 효과를 정기적으로 모니터링할 필요가 없기 때문에 널리 채택되었다.

임상 해결책 측면

기존 해결책의 세계가 정의되면 다음 단계는 각각의 이유와 사용 시기에 대한 임상적 근거를 평가하는 것이다. 여기에는 다음 분야의 연구가 포함된다:

- **행동 메커니즘**: 발생한 질병의 단계 또는 순서에 따라 질병에 대해 알게 된 내용을 검토한다 – 또한 행동 메커니즘이라고도 불린다. 그런 다음 주어진 해결책 옵션에 의해서 어떤 질병 메커니즘이 목표되는지 그리고 어떻게 각각이 질병에 영향을 미치는지 식별한다.
- **지시**: 각 해결책이 지시되거나 금기사항인 환자 집단을 식별한다. 약물 및 기기의 경우 FDA 또는 미국 이외의 다른 규제 기관이 승인한 특정 지시를 고려한다. 모든 유형의 침습적 절차에 대해 해결책이 권장되는 특정 환자 부문이 있는지 확인하고 이유를 이해한다.
- **효능**: 각 해결책에 대한 이점을 정의한다. 이상적으로 이것은 관련 해결책 유형에 대한 임상시험에서 가장 잘 입증되는 측정 가능한 이익(예: 사망률 감소)이어야 한다.
- **안전**: 예방 조치 및 부작용을 포함하여 각 해결책의 위험을 설명한다.

실제 사례

폐정맥 격리를 위한 임상적 해결책 측면

폐정맥 격리는 심실세동을 시작하고 유지하는 비정상적인 전기 자극 심방에 도달하는 것을 방지하고자 한다. 이 과정은 폐정맥 주변에서 발생하는 비정상적인 "유발요인"을 파괴하거나 제거하는 데 중점을 두고 있으며, 더 이상 전기적으로 심장의 나머지 부분과 통신할 수 없도록 효과적으로 고립시키는 병변을 만든다.

절차는 계획된 절차의 복잡성과 길이에 따라 의식이 있는 진정 작용 (통증과 마취를 위한 정맥 약물) 또는 전신 마취를 사용하여 수행된다. 환자는 또한 카테터를 삽입한 사타구니 부위에 국소 마취제를 주사한다(환자의 불편함은 거의 없다). 절차는 심장 전기 생리학자가 수행하며 치료 영역의 수에 따라 3~6시간이 걸릴 수 있다(추정치는 2~10시간 정도로 추정되기도 한다). 주의 깊은 감시와 일련의 테스트가 이 절차 후 완료된다. 합병증이 없다면 환자는 약 24시간 후에 퇴원할 수 있다. 환자는 일반적으로 2~3일 후에 정상적인 활동을 재개한다.

행동의 메커니즘

폐정맥 격리 절차 중에 여러 카테터가 혈관을 통해 진행되어 심실의 여러 위치에 배치된다. 카테터는 심장을 전기적으로 자극하고 의도적으로 심실세동을 유발하는 데 사용되며, 그 후 카테터는 폐정맥 및 심방 안과 주변에서 심장의 전기 활동을 기록하고 발견한다. 이 데이터를 사용하여, 심실세동을 유발하는 비정상적인 전기적 충격을 담당하는 조직을 식별할 수 있다. 그런 다음 다른 유형의 카테터를 사용하여 이 조직을 파괴하거나 제거하기 위해 에너지를 적용할 수 있다. 고주파 에너지를 사용하여 조직을 가열하여 병변을 만들거나 냉동으로 병변을 만들기 위해 저온열이 사용될 수 있다. 초음파 및 레이저 기술

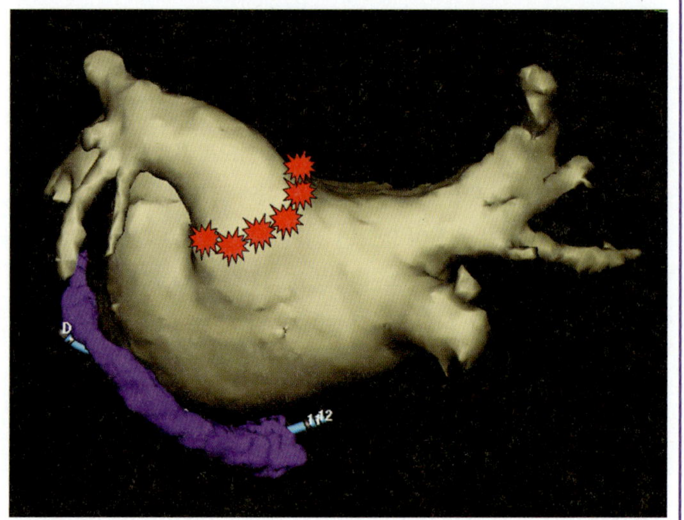

그림 2.2.2
폐정맥 격리(St. Jude Medical의 NavX ™ 탐색 및 시각화 기술을 사용하여 얻음) 이전의 좌심방과 폐정맥의 3차원 이미지. 별표 모양은 폐동맥 격리의 표적 부위를 나타낸다: 좌심방 아래의 구조는 심방을 감싸는 관상 동맥성 정맥의 위치를 보여준다.
이러한 접근 방식을 기반으로, 이 방법의 지속적인 변화가 추가적으로 심방과 같은 비 폐정맥 계기에 관한 확인과 박리를 포함할지라도, 폐정맥 격리는 심방 세동을 가진 환자들에게 가장 성공적이다.

또한 개발 중에 있다.

절개 병변은 심방 조직과 폐정맥 사이의 경계면에 위치하여 폐동맥을 전기적으로 격리하는 연속적인 둘러싸는 병변을 효과적으로 생성하여 이로부터 발생하는 비정상적인 충동이 나머지 심장에 도달하여 심실세동을 시작할 수 없도록 한다(그림 2.2.2 참조). 폐정맥에서 너무 깊게 제거하면 환자의 장기간 합병증을 일으키는 협착이 발생할 수 있다. 병변은 4~8주 내에 치유되며 폐정맥 주위에 흉터가 형성된다. 이 기술의 사용은 많은 환자에서 심실세동을 완치할 수 있다.

조짐

폐정맥 격리를 사용하여 심방세동을 치료하기 위해 의사가 사용하는 기술은 무선 주파수 절제 제품 및 극저온 카테터 절제 장치를 비롯한 진단 매핑 시스템과 치료 절제 시스템으로 구분할 수 있습니다.[19] 미국에서 FDA는 발작성의 심방 섬유성 연축을 가진 환자를 위한 임상적 사용을 위해 두 가지 기술을 승인했다. 비록 이러한 것이 FDA 승인이 아니므로 기술적으로 "**오프 라벨**(off-label)"[20,21]로 간주되지만 동일한 기술들이 지속적인 또는 영구적인 심방세동이 있는 환자에서 절차를 수행하는 데에도 사용된다. 미국 심장학 대학교, 미국 심장협회 및 2012년 유럽 심장 학회는 증상이 나타나고 약물 치료가 불충분한 발작성 심방세동 환자에게 Class I 지시 사항을 권고하고 있다. 또한 약물 치료가 제한적이거나 아예 없는 발작성 심방세동 환자에게는 2A 권장 사항(약간 낮지만 여전히 권장되는 표시)이 있다.[22] 마지막으로 증상이 지속되는 심방세동 환자의 경우 2A 표시가 있다. 영구적인 심방세동이 있는 환자나 장기간 지속되는 심방세동으로 곧 확인 될 환자에게는 그렇지 않다.[23]

그러나, 그들이 차후의 폐정맥 박리가 필요한지 결정하기 위한 검사 수단으로서, 모든 환자들에게 사용하기엔 너무 외과적이고 자원 집약적인, 심장 내의 맵핑 없이 부정맥의 원인을 결정하는 것은 임상의들에게 있어서 거의 불가능하기 때문에, 임상의들은 환자가 수술을 위한 좋은 후보일지 결정하기 위해 일반적으로 임상적 패턴과 환자의 신상에 의존하는 것을 필요로 한다.

효능

발작성의 AF를 가진 환자들에서 다양한 유형의 폐정맥 격리에 관한 효능을 증명하는 수많은 통제되지 않은 연구들이 존재하는 동안, 폐정맥 격리를 **표준적인 치료**들과 비교하는 몇 가지의 **무작위로 통제된 시험**들이 있었다. 각 연구가 제한을 가지는 동안, 그들은 관련 결과에 관한 제거 방법을 지지하는 모든 차이점들을 보고한다.

Wazni 등(2005)은 수술과 리듬-조절 전략을 비교하는 작고 무작위적인 시험들을 실행했다. 이 연구에서 AF 재발을 줄이는 것에서, 이익의 규모는 한 해에 엄청났다(폐정맥 격리에서의 13% 재발 대 의료 집단에서 63% 재발). 임상적으로 유의미함 고려했던 품질의 개선이 있었다.[24]

Pappone 등(2006) 은 발작성의 AF를 가진 환자들에서 폐정맥 격리를 항부정맥제 치료법과 비교하는 더 크게 무작위인 시험을 수행했다. 이 연구는 폐정맥 격리가 약간의 합병증을 가지는 약물 치료법보다 더 성공적이라고 결론을 지었다. 항부정맥제 치료법을 받은 환자들 중 22%에 반해, 폐정맥 격리를 받은 환자들 중 86%는 재발하는 심방의 빈박성 부정맥으로 자유로워졌다.[25]

Wilber 등(2010)은 Thermacool 시스템(바이오센스 웹스터: Biosense Webster)의 효율성을 조사하는 다중심으로 통제된, 2:1로 무작위 시험을 수행했다. 이 연구는 167명의 환자들을 평가했고 항부정맥 약으로 치료한 16%에 비해 카테터 기술로 치료한 66%가 9개월간의 기본적인 종점에서 심방세동으로부터 자유로워졌다.[26] 이 연구는 심방세동에 대한 첫 번째의 혼합 진단 맵핑과 치료 시스템의 승인을 이끌었다.

전반적으로, 이러한 연구들은 폐정맥 격리를 사용하는 심방세동의 치료를 위해 첫 번째 승인된 시스템에 대한 기초를 만들었다. 결과적으로, 몇 가지 진행 중인 연구들은 현재 치료를 위해 부차적인 시스템에 대한 승인을 얻는 노력에서 폐정맥 격리를 가진 경험을 넓히는 중이다. 궁극적으로, 장기간의 생존 데이터는 AF에 대한 치료법들에 관한 계획에서 그러한 기술들의 가치를 증명하기 위해 중요해질 것이다.

안전성

폐정맥 격리는 경험이 있는 의사들에 의해 수행될 때 일반적으로 안전이 고려되는 동안, 특히 구조적 심장 질환 같은 다양한 요소들로 인해 성공가능성이 낮을 수 있는 환자들에서 고려할만한 심각한 위험들이 있다. 그 수술로부터 합병증들은 표 2.2.3에 보여진 것들을 포함한다(1,000명의 환자들 이상을 포함하는 6개의 연구로부터 종합 자료에 기초하면서).

그 수술은 또한 심장 판막 손상, 식도 손상, 그리고 부정맥의 결과를 낳을 수 있다. 합병증들이 그 수술, 새로운 기술과 더 나은 임상의 경험을 위한 수정과 함께 퇴조를 보이는 것으로 나타난다. 그 수술을 위한 지지자들은 의료적 치료법과 관련된 그것이 안전하고 **질병률**과 사망률을 감소시킬 수 있다고 주장한다.[27] 비평가들은 좀 더 새로운 절제 수술의 단 기간의 안정성이 향상되어 왔다고 인정하지만, 심각하게 생명을 위협하는 합병증들이 존재하고 장기간의 안정성이 상대적으로 알려져 있지 않다고 주장한다.[28]

표 2.2.3 폐정맥 격리에 대한 보통의 합병증률(Atul Verma와 Andrea Natale, "왜 심방세동이 1차 치료에 대해 고려되어야만 하는지," 순환)

합병증	발생 확률
허혈성 뇌졸중	0.4%
영구적인 뇌졸중	0.1%
극심한 PV 협착증(70% 이상, 증상을 보이는)	0.3%
보통의 PV 협착증(40~70% 사이, 자각 증상이 없는)	1.3%
탐폰삽입/천공	0.5%
극심한 혈관통로 합병증	0.3%

경제적 해결책 측면

기존의 각 해결책을 대해, 건강관리 시스템의 수준에 더하여, 개인적인 수준에서 재정적인 영향을 이해하는 것은 중요하다. 이노베이터는 다른 것에 비해 특별한 해결책을 사용하는 것에 관한 잠재적인 비용 절약에 더하여, 해결책을 제공하는 것에 관한 비용을 확인하는 것을 찾아야만 한다(진단, 약물 비용, 수술, 입원, 재활, 진행중인 관리 등). 이러한 정보는 그 장에서 나중에 해결책의 효험이나 효율성과 결합하여 고려될 것이다.

케어에 관한 전체적인 에피소드를 지나서 해결책의 모든 비용을 결정한다는 것을 기억해라. 의료적 치료법과 같은 장기간의 치료는 한때 수술적 치료법 또는 장치 치료법의 이득에 비해 환자의 예상된 남아 있는 인생에 관한 그것의 장기간의 유익한 잠재력을 위해 평가되어야만 한다. 건강관리 시스템에서 다양한 이해관계자들을 통해 어떻게 비용 효율적인 각 해결책이 인지되는지 고려하는 것은 또한 중요하다. **배상**은 또 다른 중요한 고려사항이다; 그러나, 그것은 바이오디자인 혁신 과정에서 나중에 더 자세히 평가될 것이다(4.3 보험의 기초 참조).

활용 해결책 측면

다음은 이노베이터는 어떻게 각 해결책이 현재 임상 진료에 사용되는지에 관한 개요를 찾도록 시도해야만 한다. 이것은 언제(또는 왜) 확실한 해결책들이 사용되는지와 수술 빈도를 포함할 수 있다. 의사 조직들은 도움이 될 수 있는 가이드라인 문서들을 통해, 식이 요법 치료에 대한 최고의 진료법을 퍼뜨린다. 그러나, 의사들이 확실하게 의료적으로 적합한 환경에서 이러한 가이드라인(미국식품의약국: FDA 규정뿐만 아니라)으로부터 벗어 날 수 있거나 수정할 수 있다는 것을 상기해라. 의사들은 합법적으로 그들의 환자들에게 케어의 기준을 제공하게 하게 된다. 의료적 진료가 발달할 때, 그것은 때때로 규제력을 지닌 승인을 앞지른다. 그것은 특히 폐정맥 격리 장치의 분야에 관련이 있다. 왜냐하면 수십 수천의 수술들이 FDA 승인 없이 기존의 절제 장치를 사용하면서, 연례적으로 실행되기 때문이

실제 사례
폐정맥 격리를 위한 경제적 해결책 측면

폐정맥 격리 수술의 비용은 다양하고 제한된 데이터는 이용 가능하다. 그러나, 발작성의 AF를 가진 환자들에, 의료적 치료법의 비용과 카테터 절제술을 비교하기 위해 설계된 캐나다의 연구에서, 수술 비용은 중간값이 18,151달러 정도이며, 16,278달러에서 21,294달러 정도로 걸쳐져 있었다. 후속조치 비용은 한 해당 1,597달러에서 2,132 달러 정도 걸쳐져 있었다.[29]

또 다른 연구에서, Verma와 Natale는 1.5의 수술 후에 72%의 절제치료율을 가정하면서, 폐정맥 격리와 관계된 초기의 높은 비용은 3년 동안에 항부정맥약에 관한 진행 중인 비용을 차감할 것이었다. 4년 후에, 절제술은 항부정맥약 치료보다 더 비용 효율적이다.[30]

추가적인 연구들은 수술에 대한 가장 최고의 환자 후보들을 선택하는 눈과 함께 카테터 절제술의 경제성을 평가하기 위해 시도해왔다. 한 유럽의 연구는 절제술의 비용을 포함하여 장기간의 관리와 모니터링을 동반하는 요구와 함께, 심방세동에 대한 의료적 치료법의 비용을 비교했다. 만약 수술의 성공과 삶의 질에서 동반하는 이익이 5년 이상으로 지속하고 합병증률이 낮다면, 저자들은 카테터 절제술이 항부정맥약으로 치료가 어려운 발작성 심방세동을 가진 환자들에 기본적으로 비용 효율적인 수술이라고 결론지었다(저자들은 다량의 센터에서 경험된 더 낮은 합병증률이 좀 더 수술의 비용 효율성을 증가시켰다고 서술했다). 그러나, 삶의 질이 심방세동에 의해 상당히 영향 받지 않는 환자들과 낮은 삶의 질이 심방세동 외에도 다른 건강 조건이 원인이 되는 환자들을 위해, 카테터 절제술은 비용 효율적이지 않을 듯하다.[31]

일찍이 서술했듯이, 삶의 질과 부정적인 결과들(예: 뇌졸중 감소)의 잠재적인 감소와 장기간의 결과 데이터의 부족은 비용 효율성에 대한 확고한 진술을 방해한다. 인덱스 절차 후에 3년간의 치료 후 처리와 24개월 이상의 중간 투병에 대한 결과를 설명한 연구들을 검토하는 것을 통해, 최근의 체계적인 검토와 메타 분석은 이러한 이슈를 처리하도록 시도했다. 19개의 연구로부터 추출된 데이터들은 단독 심방세동 수술을 겪은 환자들의 53.1%가 다수의 수술(환자당 평균 숫자 1.51이었다)을 포함하여, 장기간의 수술 후 처리에서 심방성 부정맥으로부터 자유로웠고 장기간의 성공률은 79.8% 였다.[32] 비용 효율성의 결정뿐만 아니라 환자의 의사결정의 장기적 결과에 관한 중요성을 인식하면서, 저자들은 "환자들의 상당한 부분에서 다수의 수술들에 대한 요구를 고려하면서, 현재의 연구에서 표현된 데이터는 심방성 부정맥에 관해 장기적인 자유가 대다수의 AF 케이스들에서 성취될 수 있다고 제안합니다"라고 결론지었다.[33]

다. 이러한 유형의 사용은 단지 시장에서 어떠한 사용이 허가를 받는지가 아닌, 어떻게 진단, 약물, 외과적 수술, 장치 그리고 다른 서비스들이 매일의 진료에서 대다수의 의사들에 의해 사용되는지에 대한 시야를 얻는 것의 중요성을 강조한다.

신규 해결책 측면

기업들이 새로운 제품들과 의사들(그리고 다른 케어 제공자들)이 새로운 기술을 개발할 때, 임상적 해결책은 시간이 흐르면서 변한다. 몇 가지 질환 상태에 대해, 새로운 해결책들은 빠른 비율로 도입되고, 극적으로 전망을 바꾸는 잠재력을 가진다. 신규 해결책들이 잠재적으로 곧 일어날 듯이 이노베이터들에게 새로운 진단, 치료와 관리 도구들의 실용적 이해를 제공한다는 것을 연구하면서, 그들이 목표로 하는 영역과 그들의 발전을 위한 그들의 연대표가 시장에 진입한다. 이용 가능한 정보가 제한될 수 있을지라도, 가능성 있는 임상적 해결책 측면 부분 아래에서, 개요가 서술된 다수의 주제들을 포함하는 시도를 해라.

신규 해결책을 조사할 때, 그 분야에서 어떤 기술들이 개발 중에 있는지 알 것 같은 전문가들을 데리고 가는 것을 통하여 단서들을 찾아라. 임상의들은 임상적 시험을 거친 새로운 제품들과 서비스들을 알 수 있고 투자자들은 투자를 찾는 새로운 제품들과 기업들에 대한 정보를 가질 수 있다. 유용한 2차 연구에 관해, 이노베이터들은 그들이 새로운 기술들에 대해 최신의 정보를 얻는 것이 공표되자 마자, 관련된 임상 회의의 개요에서 신중하게 전망하는 것을 통해, 엄청난 거래를 알게 될 수 있다. 임상시험 데이터베이스들은 개발 중인 제품에 대한 정보의 또 다른 원천이다. 각 신규 해결책을 위해 질환의 어떤 메커니즘 또는 증상이 그것을 해결하는지와 어떻게 그것이 활동하는지 이해하도록 해라. 시장에 대한 그것의 예상 시간뿐만 아니라 가설에서의 효험과 해결책의 안전성도 평가해라.

실제 사례
폐정맥 격리에 대한 활용 해결책 측면

비용이 많이 드는 분석가의 보고서에 대한 접근없이, 각 해에 행해진 카테터 절제 수술의 수에 대한 자세한 정보를 얻는 것은 도전적일 수 있다. 2011년, 유럽에서 또 다른 60,000개의 절제술이 행해진 것과 함께, 대략 50,000개의 AF 절제술이 미국에서 행해졌다.[34] 이러한 AF 절제술의 대다수는 폐정맥 격리였다. AF 절제술의 사용은 한 해당 대략 15%의 비율로 상승 중이다.[35]

환자는 적어도 한 가지(아니면 두 개 또는 그 이상)의 항부정맥약에 실패해왔거나 항부정맥 치료법에 알레르기 또는 부작용을 가졌던 후에, 전통적으로, 폐정맥 격리는 치료법으로 사용되어 왔었다. 결과적으로, 많은 민간 보험들뿐만 아니라 메디케어와 메디케이드 서비스의 센터들은 특정 환자 집단을 위한 2차 치료법으로서 폐정맥 격리를 보장했다. 그러나, 2012년 가이드라인에서의 변화와 함께, 1차 치료법은 지금 널리 보장된다(**의학기술** 분야에서, 공공과 민간 보험회사들의 또는 **지급인**들의 역할에 대한 더 많은 정보를 위해 2.3 이해관계자 분석 참조).

실제 사례
좌심방 부속물 가리개에 대한 신규 해결책 측면

제거되는 색전증 또는 응어리 중 90% 정도가 좌심방 부속물(Left Atrial Appendage, LAA)로부터 기초한 AF와 관계되면서, 주머니 같은 파우치가 좌심방에 붙어 있다.[36] 전통적으로, 만성적인 항응고 치료법은 위험을 관리하는 데 사용되어왔다; 그러나, 75세 이상의 환자들에서 이러한 약물들은 안전성과 내성 문제가 있을 수 있다(AF 관련 뇌졸중 환자들 중 대략 절반을 설명하는 집단). 불행하게도, 아스피린 같은 항혈소판 약물들은 와파린 같은 약에 비교해서 더 효과적이다. 장기간의 와파린 치료법은 그것이 비용이 많이 들고 편리하지 않은 환자 모니터링을 요구하는 점에서 추가적인 불리한 면을 가지고, 예측 불가능한 약과 식이요법의 상호작용을 가질 수 있고 대략적으로 안정된 응고와 출혈에 관한 위험을 유지하는 것을 필요로 하는 빈번한 투여량 조절로 인해 관리하는 것이 어려울 수 있다.

좌심방 부속물(LAA)에 AF 형태에서 많은 덩어리들로 인해, 덩어리 형성을 방지하는 것에 대한 한 가지 옵션은 외과적 수단을 통해 좌심방 부속물을 막거나 제거하는 것이 될 것이다. 그러나, 좌심방 부속물 폐쇄를 평가하는 좌심방 부속물 폐쇄 연구(Left Atrial Appendage Occlusion Study, LAAOS)는 완벽한 폐쇄가 오직 봉합을 사용하는 케이스들 중 45%와 스테이플러를 사용하는 케이스들 중 72%에서 성취되었던 것을 보여주면서, 관상 동맥 우회로 조성

술에 관한 시기에 실행되었다.[37]

뇌졸중의 위험을 줄이기 위한 좌심방 부속물에서 혈전으로부터 오는 색전증을 통제하는 것을 통해, 이러한 관찰은 수술과 고전적인 약물 치료법의 결점을 해결하는 장치에 기초한 접근의 발전에 대한 기반을 다졌다. 이러한 장치들은 부속물과 좌심방 사이에서의 교류를 기계적으로 방지하는 것을 통해 작동한다. 그렇게 함으로써, 혈류로 빠져나가고 뇌졸중을 일으키며 뇌로 흘러 들어가는 것으로부터 이 위치에서 형성할 수 있는 해로운 크기의 색전을 방지하는 혈류로부터 좌심방 부속물을 고립시키거나 가리는 것이다.[38] 좌심방 부속물 가리개는 일반적으로 심방 쪽에서 이식 후 대략 4개월간 그 장치가 심방벽의 한 부분이 되는 내피세포증식을 촉진하는 도금이 된 니티놀 와이어 케이지를 가진다. 최소한으로 외과적 접근 또는 피부를 통해, 이러한 장치들은 심장절개수술 동안 외과적으로 놓이도록 설계되어왔다.[39]

Appriva 메디컬(나중에 ev3, 주식회사에 의해 얻어진)은 피부를 통하여 놓이도록 한 장치를 발전시킨 첫 번째 회사였다. 그 장치는 2002년에 니티놀에 기반한 PLAATO 시스템(피부를 통한 좌심방 부속물 경도관 흡장; Percutaneous Left Appendage Transcatheter Occlusion, PLAAO)에 대해 유럽에서 CE 마크 승인을 받았다(4.2 CE 인증과 규제력을 지닌 허가의 다른 형태들에 대한 더 많은 정보를 위해 규제력을 지닌 기초를 참조).[40] 궁극적으로, 그 장치는 미국에서 상업화되지 않았다.

그러나, WATCHMAN 장치(나중에 보스턴 사이언티픽 (Boston Scientific)에 의해 얻어진 Atritech를 통해)는 적극적으로 미국 시장을 목표로 두는 중이다. 2009년 미국 식품의약국(FDA) 검토 위원회는 그 장치의 승인을 추천하기 위해 처음으로 7:5로 투표를 했지만, 대행사는 시험의 실행을 포함하는 다른 이슈뿐만 아니라 초기의 프로텍트 AF 연구인 800명의 환자들에서 수술 합병증으로부터 안전성에 대한 염려를 인용하면서 2010년에 그것의 승인을 허락하지 않기도 했다.[41] 와파린을 포함하는 치료와 비교되면서, 초기의 연구는 그 장치에서 상당히 더 낮은 출혈성 뇌졸중을 보여주었다. 그러나, 더 안전한 사건들이 그 장치 집단에서 나타났다.[42] 그 후의 PREVAIL 연구는 더 낮은 비율의 수술 합병증뿐만 아니라, 허혈성 뇌졸중과 조직적인 색전에 의한 폐색에 관한 예방을 위해 그 장치와 와파린을 비교하면서 비열등성을 증명했다. 이러한 결과를 기초로 하면서,[43] 미국 식품의약국(FDA) 고문들의 2013 위원회는 WATCHMAN에 대한 승인을 추천하는 것에 13:1로 투표했다.[44] 미국 식품의약국에 여전히 추가적인 데이터를 요청했고 세 번째 위원회 회의는 1년 후에 개최되었다. 2014년 11월에, 미국 식품의약국의 최종 결정은 여전히 계류 중이었다.

마지막으로, 심방중격결손증을 의도하여 본래 설계된 Amplatzer 장치(St. Jude 메디컬에 의해 얻어진 AGA 메디컬을 통해)는 또한 부속물을 닫기 위해 사용되어 왔지만, 미국에서 이러한 조짐에 대한 규제력을 지닌 승인을 받지 못해왔다.

해결책 전망

일단 데이터의 포괄적인 세트가 수합되어 온다면, 이노베이터들은 해결책의 전망을 요약하는 포괄적인 틀에서의 모든 발견들을 합쳐야만 한다. 그러한 요약은 행동의 질환 메커니즘에 대해 무엇이 알려져 있는지, 어떤 메커니즘이 무슨 해결책에 의해 목표로 삼아지는지, 그리고 어떤 것들이 현재 목표로 삼아지지 않는지에 관한 개요를 포함해야만 한다.

대단히 중요한 개요를 만든 후에, 이노베이터들은 잠재적인 해결책의 차이가 어디에 존재하는지 더 잘 이해하기 위한 노력으로 여러 가지의 다른 방법으로 그들이 모아온 더 세부적인 정보를 평가해야만 한다. 해결책의 전망에서 기회를 가장 극대화할 것 같은 것들을 고르면서, 몇 가지의 이런 접근들을 실험해라.

원인 대 결과 다른 것들이 증상을 개선하는 동안, 확실한 해결책은 질환의 원인을 해결한다. 심방세동의 케이스에서, 리듬 조절은 질환 메커니즘을 목표로 삼아 활동하고 비율 조절는 심실 박동율과 관련된 증상의 개선을 목표로 한다. 본체에 더 가깝게 보여지는 원인과 그들로부터 진출하는 증상과 함께, 트리 다이어그램을 그리는 것은 도움이 될지도 모른다. 다이어그램에서의 체계를 이해하는 것을 목표로 하고 새로운 해결책들이 기존의 대안들을 대체할지도 모르는 위치 위에, 각 해결책을 두어라.

활동 빈도 기록에 관한 메커니즘 일반적으로, 많은 해결책들은 행위에 관한 단독 메커니즘을 목표로 할 수 있다. 임상적 요구 영역에 기초하여, 하나 이상의 메커니즘들은 목표가 될 수 있다. 다른 곳보다 어느 공간이 좀 더 붐비는지 보기 위해 각 영역에서 치료를 세어라. 예를 들면, AF에서 심실 박동율 통제에 비해 기본적인 부정맥 치료를 겨냥한 치료법의 수를 세는 것이 더 나을 것이다.

환자 부분 빈도 그림 다른 해결책들은 다른 환자의 집단을 위해 보여지고 활용된다. 얼마나 많은 옵션들이 각 부분에 이용 가능할지 나타내는 것은 서비스가 부족한 집단을 알아낼 수 있다. 예를 들면, AF에서 나이가 든 환자들은 리듬 조절 전략과 반대되면서 비율 조절 전략을 포함하는 더 나은 결과를 가지는 경향이 있다; 이것은 어린 환자들과 동일하지 않다.[45]

위험 대 이익 각 해결책의 위험들과 이익들을 요약해라. 그렇게 하면서 넓은 범위의 이익을 개선하는 동안, 각자 관련되며 내재된 상호 절충적 요소와 위험을 더 낮추기 위한 기회들이 어디에 존재하는지에 대해 생각해 보라.

비용 대 효율성 다양한 해결책들의 비용과 그들이 제공하는 그것들의 임상적 효험과/또는 결과들 사이에서 상호 절충적 요소를 구체적으로 묘사하는 것을 통해 비용 효율성 분석은 위험-이익 분석을 약간 다르게 바꾸기로 했다. 기존의 (그리고 신규) 해결책에 대한 이 분석을 행하는 것은 고려 중인 요구들에 대한 시장 분석을 시작하는 것과 그들이 영향을 미치는 이해관계자들에 대한 그들의 잠재적 가치를 평가하는 것에서 첫 번째 단계이다(이 주제에 관한 더 자세한 탐구를 위해 2.4 시장 분석 참조). 그것들의 실적과 가격에 대해 어떤 것이 알려져 있는지에 기초하면서, 이러한 분석을 표현하는 것에 관한 고전적인 방법은 한 축에서의 효율성과 다른 한 축에서의 비용을 포함하는 격자를 만들고 그러한 생각 안에 해결책을 두는 것이다. 이 방법에서 해결책의 전망을 보는 것을 통해, 이노베이터들은 잠재적으로 비용과 효율성의 더 나은 조합을 포함하는 해결책을 개발하는 것을 통한 가치를 만드는 기회와 관련될 수 있는 차이를 확인할 수 있다.

일단 여러 가지 분석들이 행해져 온다면, 이노베이터들은 이용 가능한 해결책에 관한 전반적인 격차 분석에서 그들의 주요 시사점을 요약하는 것을 유용할 수 있다.

실제 사례
심방세동에 관해 해결책의 전망에 대한 요약

AF는 해마다 미국에서 수백만의 사람들에게 영향을 미치는 가장 보편적인 일관된 심장부정맥이지만, 질환의 치료를 위해 명백히 규정되지 않았고 합의된 전략이 아니다.[46] 동박동 유지, 비율 조절 그리고 혈전색전성 위험에 관한 세 가지의 분야를 해결하는 치료들은 그 분야에 존재하는 일반적인 가이드라인에 따라 관리된다. 일반적으로, 심장 율동 전환과 항부정맥 약의 의 사용을 통해 임상 전문의들은 리듬 조절을 성취하도록 시도한다. 만약 그 접근이 실패한다면, 다음 단계는 심실 박동율 조절 치료법 또는 심박조율기의 삽입을 포함하는 방실결절 절개수술을 시도하는 것이다. 치료과정 도처에, 일반적으로 혈액응고 방지제와 함께, 혈전색전성 위험은 필요에 따라 기초로 대우 된다. 이러한 치료 옵션들에 관한 시각적 표상은 그림 2.2.3에 표현된다. (이 챕터 도처에 고려된 모든 해결책을 캐보는 것없이, 이노베이터들은 리듬과 비율 조절에 관하여 해결책 옵션들을 비교하는 법의 예시로서 논의를 고려할 수 있다.)

최근까지, 1차 치료법과 같이 비율 조절보다 리듬 조절을 선호하면서 고전적이고 어느 정도 순차적인 접근을 지지하는 작은 증거가 있었다. 4,060명의 환자를 포함하는 AFFIRM 시험에서, 한 가지의 접근법이 환자에게 이익과 위험에 관해 다른 이들에게 상당한 이익을 제공할지 결정하기 위해, 연구자들은 장기간의 리듬 관리와 비율 관리 치료 전략의 효과를 비교했다. 평균 치료 후 회복 기간인 3.5년을 넘어서, 그 연구의 결과는 비율 조절에 비해 리듬 조절 시에 명백하지 않은 이익이 있었다는 걸 보여주었다. 사실은, 리듬 조절 집단에서 증가된 사망률을 향한 트렌드가 있었다. 리듬 조절 집단에서 환자들은 또한 상당히 비율 조절 집단에서의 환자들보다 좀 더 입원하고 약물 부작용 영향을 가졌다.[47] 연구자들의 결론은 만약 그것이 완전히 만족스럽지 않다면, 비율 조절 치료법은 AF 치료에 대해 기본적인 접근법으로 고려되어야만 하고 리듬 조절은 일찍 버려야만 한다고 했다.[48] 그러나, 이 연구는 나이가 든 환자 집단에 집중해서 그 연구의 일반화 가능성이 조심스럽게 접근하는 데 필요하다. 또한, 이 시험은 리듬 조절을 위해 카테터 박리 전략을 포함했다.

이 정보는 그 연구가 AF의 관리에서 다른 것에 반해 치료 옵션의 한 유형을 평가하는 것을 시작하는 데에서 중요한 첫 단계인 동안, 더 많은 연구가 모든 환자 변화와 새로운 치료법들을 해결하는 확실한 가이드라인이 준비가 되기 전에 필요시 된다는 사실을 강조한다.

높은 단계에서, AF에 대한 기본적인 치료 대안의 이익과 위험은

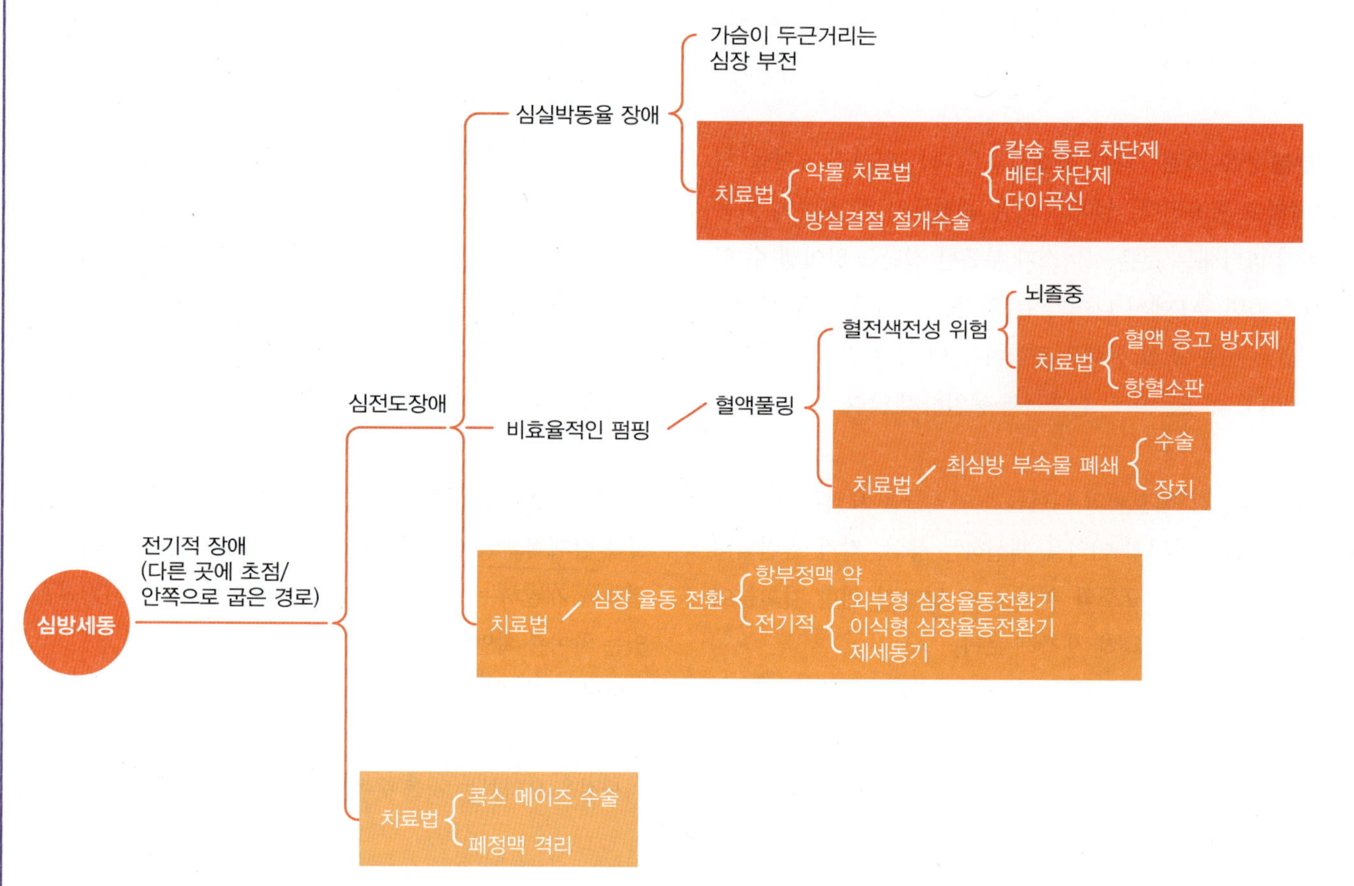

그림 2.2.3
AF 치료 옵션 선택에 관한 높은 단계

온라인 부록 2.2.1에 요약된다. 격차 분석은 온라인 부록 2.2.2에 제공된다. 보다시피, AF의 중요성과 결과에도 불구하고, 많은 분야들은 추후 연구와 발전을 위해 열려 있다. 많은 예시들은 더 높은 효험이 있는 절제 수술, 리듬 조절이나 비율 조절을 위해 향상된 약, AF 혈전색전성 합병증의 치료를 위한 더 좋아진 장치와 더 안전하고 덜 외과적인 수술 절차를 포함한다. 전반적인 치료법의 전망을 이해하는 것을 통해, 현재 치료 방법에서의 격차와 약점들은 혁신적인 해결책을 필요로 하는 유망한 임상적 요구들이 어디에 있는지 확인을 돕는 데 사용될 수 있다.

온라인 자료

더 많은 자료는 www.ebiodesign.org/2.2를 방문한다.

"Getting Started"의 활동과 링크
- Develop an overview of solution options
- Evaluate clinical solution profiles
- Analyze economic solution profiles
- Explore utilization solution profiles
- Investigate emerging solution profiles
- Summarize the solution landscape

기존의 해결책에 관한 동영상

시연 표본 부록
- 심방세동을 위한 위험과 이익의 요약
- 심방세동에 대한 격차 분석 매트릭스

NOTES

1 All quotations are from interviews conducted by the authors, unless otherwise cited. Reprinted with permission.

2 "Lung Volume Reduction Surgery," Thoracic Surgery Division, University of Maryland Medical Center, http://umm.edu/programs/thoracic/services/lvr (October 16, 2013).

3 "Understanding Emphysema?," American Lung Association, http://www.lung.org/lung-disease/emphysema/understanding-emphysema.html (October 16, 2013).

4 "What is Atrial Fibrillation?," Cleveland Clinic: Heart and Vascular Institute, http://my.clevelandclinic.org/heart/atrial_fibrillation/afib.aspx (October 16, 2013).

5 Nicholas S. Peters, Richard J Schilling, Prapa Kanagaratnam, and Vias Markides, "Atrial Fibrillation: Strategies to Control, Combat, and Cure," *The Lancet*, 2002, p. 596.

6 Leonard Ganz, "Patient Information: Atrial Fibrillation (Beyond the Basics)," Up-to-Date, http://www.uptodate.com/contents/atrial-fibrillation-beyond-the-basics (October 16, 2013).

7 Ibid.

8 "What is Atrial Fibrillation?," Cleveland Clinic: Heart and Vascular Institute, http://my.clevelandclinic.org/heart/atrial_fibrillation/afib.aspx (October 16, 2013).

9 Ganz, op. cit.

10 Ibid.

11 Peters, Schilling, Kanagaratnam, Markides, loc. cit.

12 Ibid., p. 600.

13 "FDA Approves Pradaxa to Prevent Stroke in People with Atrial Fibrillation," U.S. Food and Drug Administration, October 19, 2010, http://www.fda.gov/newsevents/newsroom/pressannouncements/ucm230241.htm (March 27, 2014).

14 A Class I indication recommendation means that there is evidence and/or general agreement that the treatment should be utilized as indicated. As the consensus to use the treatment increases, its class of indication is improved. Class I is the highest recommendation.

15 M. D. Ezekowitz, P. A. Reilly, G. Nehmiz, T. A. Simmers, R. Nagarakanti, K. Parcham-Azad, K. E. Pedersen, D. A. Lionetti, J. Stangier, and L. Wallentin, "Dabigatran with or without Concomitant Aspirin Compared with Warfarin Alone in Patients with Nonvalvular Atrial Fibrillation (PETRO Study)," *American Journal of Cardiology*, November 1, 2007, http://www.ncbi.nlm.nih.gov/pubmed/17950801 (March 27, 2014).

16 Connolly et al., "Dabigatran versus Warfarin in Patients with Atrial Fibrillation," *New England Journal of Medicine*, September 17, 2009, http://www.nejm.org/doi/full/10.1056/NEJMoa0905561 (March 27, 2014).

17 "FDA Approves Xarelto to Prevent Stroke in People with Common Type of Abnormal Heart Rhythm," U.S. Food and Drug Administration, November 4, 2011, http://www.fda.gov/NewsEvents/ Newsroom/PressAnnouncements/ucm278646.htm (March 27, 2014).

18 Patel et al., "Rivaroxaban versus Warfarin in Nonvalvular Atrial Fibrillation," *New England Journal of Medicine*, September 8, 2011, http://www.nejm.org/doi/full/10.1056/NEJMoa1009638(March 27, 2014).

19 Jeffrey Mandell, Frank Amico, Sameer Parekh et al., "Early Experience with the Cryoablation Balloon Procedure for the Treatment of Atrial Fibrillation by an Experienced Radiofrequency Catheter Ablation Center," *Journal of Invasive Cardiology*, June 2013, http://www.ncbi.nlm.nih.gov/pubmed/23735354 (April 10, 2014).

20 Oussama Wazni, Bruce Wilkoff, and Walid Saba, "Catheter Ablation for Atrial Fibrillation," *New England Journal of Medicine*, December 15, 2011, http://www.nejm.org/doi/pdf/10.1056/NEJMct1109977 (April 10, 2014).

21 If a device is used in a way that deviates from the indication on the FDA-approved label, it is called "off-label" usage. While physicians may elect to engage in off-label use, the manufacturer of the device is not allowed to promote any methods of use other than those cleared by the FDA.

22 A Class 2A indication means that the weight of evidence/opinion is in favor of the treatment's usefulness/efficacy as indicated.

23 Calkins et al., "2012 HRS/EHRA/ECAS Expert Consensus Statement on Catheter and Surgical Ablation of Atrial Fibrillation," EP Europace, March 27, 2012, http://europace.oxfordjournals.org/content/early/2012/02/29/europace.eus027 (March 27, 2014).

24 Wazni et al., "Radiofrequency Ablation versus Antiarrhythmic

Drugs as First-Line Treatment of Symptomatic Atrial Fibrillation," JAMA, 2005, pp. 634-40.

25 Pappone et al., "A Randomized Trial of Circumferential Pulmonary Vein Ablation versus Drug Therapy in Paroxysmal Atrial Fibrillation," *Journal of the American College of Cardiology*, 2006, pp. 2340-7.

26 Wilber et al., "Comparison of Antiarrhythmic Drug Therapy and Radiofrequency Catheter Ablation in Patients with Paroxysmal Atrial Fibrillation," *Journal of the American Medical Association*, January 27, 2010, http://jama.jamanetwork.com/article.aspx?articleid=185277 (March 27, 2014).

27 Ibid., p. 1219.

28 Benzy J. Pandanilam and Eric N. Prystowsky, "Should Ablation Be First-Line Therapy and for Whom: The Antagonist Position," Circulation, August 23, 2005, p. 1227.

29 Khaykin et al., "Cost Comparison of Catheter Ablation and Medical Therapy in Atrial Fibrillation," *Journal of Cardiovascular Electrophysiology*, September 2007, p. 909.

30 Atul Verma and Andrea Natale, "Why Atrial Fibrillation Ablation Should Be Considered First-Line Therapy for Some Patients," *Circulation*, http://circ.ahajournals.org/content/112/8/1214.full (March 27, 2014).

31 Josef Kautzner, Veronika Bulkova, and Gerhard Hindricks, "Atrial Fibrillation Ablation: A Cost or an Investment?," *Europace*, European Society of Cardiology, 2011, http://europace.oxfordjournals.org/content/13/suppl_2/ii39.full.pdf+html (April 10, 2014).

32 Anand N. Ganesan, Nicholas J. Shipp, Anthony G. Brooks et al., "Long-Term Outcomes of Catheter Ablation of Atrial Fibrillation: A Systematic Review and Meta-Analysis," *Journal of the American Heart Association*, March 18, 2013, http://jaha.ahajournals.org/content/2/2/e004549.full.pdf (April 10, 2014).

33 Ibid.

34 Andrew D'Silva and Matthew Wright, "Advances in Imaging for Atrial Fibrillation Ablation," *Radiology and Research Practice*, 2011, http://www.hindawi.com/journals/rrp/2011/714864/ (March 27, 2014).

35 Patrick P. Kneeland and Margaret C. Fang, "Trends in Catheter Ablation for Atrial Fibrillation in the United States," *Journal of Hospital Medicine*, September 2009, http://www.ncbi.nlm.nih.gov/pmc/articles/PMC2919218/ (March 27, 2014).

36 B. Meier, I. Palacios, S. Windecker, M. Rotter, Q. L. Cao, D. Keane, C. E. Ruiz, and Z.M. Hijazi, "Transcatheter Left Atrial Appendage Occlusion with Amplatzer Devices to Obviate Anticoagulation in Patients with Atrial Fibrillation," *Catheter and Cardiovasc Intervention*, vol. 60, no. 3, 2003, pp. 417-22.

37 Jeff S. Healey, Eugene Crystal, Andre Lamy, Kevin Teoh, Lloyd Semelhago, Stefan H. Hohnloser, Irene Cybulsky, Labib Abouzahr, Corey Sawchuck, Sandra Carroll, Carlos Morillo, Peter Kleine, Victor Chu, Eva Lonn, and Stuart J. Connolly, "Left Atrial Appendage Occlusion Study (LAAOS): Results of a Randomized Controlled Pilot Study of Left Atrial Appendage Occlusion During Coronary Bypass Surgery in Patients at Risk for Stroke," MedScape, September 9, 2005.

38 Ibid.

39 A procedures that is performed by entering the left atrium via the right atrium across the septum, which is the wall that separates them.

40 "APS: Appriva Medical Receives Approval to Commercialize PLAATO," ANP Pers Support, http://www.perssupport.anp.nl/Home/Persberichten/Actueel?itemId=40776&show=true(October 17, 2006).

41 David Pittman, "Watchman Afib Device Wins FDA Panel Nod," *MedPage Today*, December 11, 2003, http://www.medpagetoday.com/Cardiology/Strokes/43380 (March 27, 2014).

42 David R. Holmes and Robert S. Schwartz, "Controversies in Cardiovascular Medicine," *Circulation*, https://circ.ahajournals.org/content/120/19/1919.full (March 27, 2014).

43 "Final Results of Randomized Trial of Left Atrial Appendage Closure versus Warfarin for Stroke/ Thromboembolic Prevention in Patients with Non-Valvular Atrial Fibrillation(PREVAIL)," American Heart Association and American Stroke Association, http://my.americanheart.org/idc/groups/ahamah-public/@wcm/@sop/@scon/documents/downloadable/ucm_449994.pdf (March 27, 2014).

44 Pittman, op. cit.

45 Philip A. Wolf, Emelia J. Benhamin, Albert J. Belanger et al., "Secular Trends in the Prevalence of Atrial Fibrillation: The Framingham Study," *American Heart Journal*, vol. 131, 1996, pp. 790-5. Cited by Craig T. January, Samuel Wann, Joseph S. Alpert et al., in the "2014 AHA/ACC/HRS Guideline for the Management of Patients with Atrial Fibrillation," *Journal of the American College of Cardiology*, 2014, accepted manuscript.http://content.onlinejacc.org/article.aspx?articleid=1854231(April 10, 2014).

46 The AFFIRM Writing Group, "A Comparison of Rate Control and Rhythm Control in Patients with Atrial Fibrillation," *New England Journal of Medicine*, December 5, 2002, pp. 1825-33.

47 Ibid.

48 Ibid.

2.3 이해관계자 분석

서론

임상적 요구는 자주 환자들, 그들의 증상과 겪고 있는 의료적 문제로 시작한다. 그러나, 그것은 단지 빙산의 일각일 뿐이다. 환자의 케어에 관련된 의사들과 간호사들에 대해 생각해 보라. 또한, 비영업 부서 어딘가에서, 환자의 치료를 지원하는 필수적인 장비와 기반 시설에 투자할 것인지 아닌지 결정하기 위해 대량의 고속 처리를 하는 시설 관리자가 있다. 그리고 아마도 수천 킬로미터 떨어져, 제공 되어온 케어를 지불할 것인지 아닌지 결정하는 보험 관리자 또는 정부의 관리가 있다. 어떻게 그것이 궁극적으로 해결되는지에서, 이들 중 모두가 이해관계자들이다 – 요구에 의해 관련되고 이해관계를 가지는 개인과 집단들.

이해관계자 분석에서, 이노베이터는 체계적으로 환자에게 케어 비용을 대고 제공하는 것에 관련된 모든 집단 간의 직접적이고 간접적인 상호작용을 시험한다. 이 분석의 목적은 어떻게 이러한 단체들이 요구에 의해 영향을 받는지 이해하는 것과 그것이 어떻게 해결되는지에 대한 그들의 요구사항(또는 그들의 이해관계)을 결정하는 것이다. 이해관계자들은 다른 관점을 가진다 – 예를 들면, 몇몇은 만약 그러한 요구가 해결된다면 이익을 얻지만, 다른 이들은 불리하게 영향을 받을 수 있다. 이러한 관점과 잠재적인 갈등을 밝히는 것은 확인되어온 요구 항목과 예비 항목의 기준을 형성하고 개선하는 것에서 중요하다. 그것은 이노베이터가 가장 중요하며 영향력이 있는 이해관계자들 – (의사결정자들로 자주 언급되는) 사이에서 선택에 관한 그것의 기회를 최대화하기 위해 최종적인 해결책을 형성하는 요구사항들을 규정하고 우선적으로 처리하는 것뿐만 아니라 저항을 예견하는 것을 허락한다. 이러한 이유로, 요구들이 확인되고 평가되는 동안, 이해관계자 분석은 바이오디자인 혁신 과정에서 일찍이 시작해야만 한다. 해결책에 대하여 더 많은 정보가 알려지고 진전이 이루어질 때, 그것은 확장될 수 있다.

이것은 이해관계자들에 집중하는 두 개의 절 중 첫 번째이다. 여기에 기초적인 이해관계자 분석으로부터의 결과는 5.7 마케팅 및 이해관계자 전략을 알려준다. 그 절은 또한 2.4 시장 분석과 밀접하게 연결되어 있다. 다른 주제들 사이에, 시장 분석은 주어진 요구를 해결하는 경쟁자들(예: 경쟁 제품을 제공하는 기업들)과 제품의 공급자들의 평가에 집중한다. 경쟁자들은 확실히 그러한 요구에서 중요한 이해관계를 가지고 결과적으로 기술적으로 이해관계자들로 간주될 수 있다. 그러나, 그들이 항상 경쟁 이노베이터들을 통해 제안된 새로운 해결책들에 저항하기 때문에, 그들은 고전적인 이해관계자 분석으로부터 제외되고 새로운 아이디어의 선택에 대한 벽을 만들 수 있는 다른 시장의 힘들 사이에서 고려된다.

이해관계자 분석과 관련된 동영상은 ebiodesign.org을 참조한다.

목표

- 모든 영향력이 큰 이해관계자들을 확인하는 것을 배운다.
- 의료적 요구에 관한 각 이해관계자의 인식을 이해하고(초기) 해결책의 개념에 대한 그들의 반응을 예측한다(최종).
- 어느 이해관계자들이 갈등에 놓이거나 또 다른 것에 맞춰지는지 그리고 무슨 이유인지를 인식한다.
- 어느 이해관계자들이 주어진 요구에 대한 해결책이 궁극적으로 선택될지를 결정하는 것에 가장 중요한 의사결정자인지를 확인한다.

이해관계자 분석의 기초

이해관계자 분석에 대한 요구는 건강관리 시스템과 다수의 집단들과 개인들-(오직 손님 혼자가 아닌) 이 건강 관제품들과 서비스들에 관한 선택을 이끈다는 사실의 다면적 성질에 기초한다. 의사이며, 발명가이자 투자자인 Richard Stack은 간결하게 의료적 혁신의 복잡한 특성을 요약했고 상세한 이해관계자 분석을 위한 요구를 강화했다.[1]

> 너는 누가 너의 고객인지를 알아야만 한다. 확실히 너는 환자들이 무엇을 원하는지 알아야만 한다. 그러나 실제로 제품을 구입하는 사람인 너는 심리학을 매우, 매우 잘 알아야만 한다.

이해관계자 분석을 행하는 것에서 초기의 단계 중 하나는 요구와 관계가 있는 케어를 제공하고 비용을 대는 것에 관련된 많은 다른 집단들을 확인하는 것이다.

협력하여 수행해야만 하는 의료 분야에서 이해관계자들을 확인하는 것에 대한 두 가지의 기본적인 방법들이 있다. 첫 번째는 케어 주기-(환자 진단과 치료의 제공)와 관련된 이해관계자들에 집중한다. 이러한 접근법과 같이, 이노베이터들은 모든 다른 전문가, 그들의 역할과 이익을 기록하면서, 어떻게 환자들이 그들의 건강관리 경험을 통해 움직이는지 연구한다. 두 번째 방법은 환자 케어에 비용을 대는 것과 관련된 이해관계자들과 관계가 있다. 이러한 분석에서, 요금과 지급이 지불될 때, 이노베이터는 하나의 단체에서 그 다음까지로의 돈의 흐름을 따른다. 이러한 두 가지 방법의 결과는 질환 상태와 기존의 해결책 분석의 일환(2.1, 2.2절 참조)으로 수집된 데이터뿐만 아니라 요구 탐구(1.2절 참조) 동안에 행해진 관찰을 다시 언급하는 것을 통해 삼각측량으로 만들어질 수 있다.

그림 2.3.1은 규정된 요구를 해결하는 새로운 의료 기술에서 많은 다른 이해관계자들의 상세한 표현에 잠재적인 이익을 제공한다.

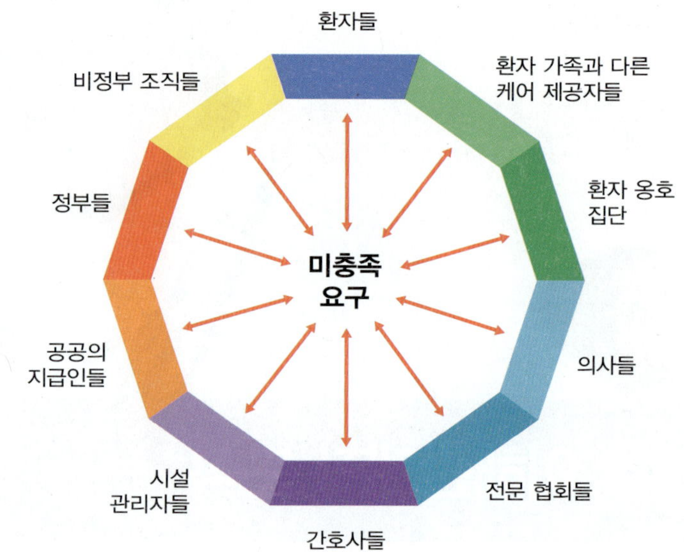

그림 2.3.1
모든 이해관계자들은 새로운 의료기술을 수용하거나 저항하는 능력을 가진다. 몇몇이 다른 이보다 더 많은 영향력을 행사하는 동안, 특히 예비 이해관계자 분석에서는 모든 것이 고려되어야만 한다.

간호 주기 분석

케어 주기 분석은 어떻게 환자들이 의료 시스템과 상호작용하는지를 기초로 한다. 평가에 관한 이러한 형태의 초점은 분명히 환자의 진단과 치료를 이해하는 것에 있다(아직 지급에 대해 걱정하지 않는다). 이노베이터들은 누가 상태를 진단하는지, 누가 예비 치료를 제공하는지, 만약 상태가 진전을 보인다면, 누가 다음 단계의 치료를 제공하는지, 어느 집단이 질환에 관한 진행 중인 관리에 관련되는지 그리고 그들의 케어에서 환자들, 그들 자신이 행하는 역할을 조사해야만 한다. 특히 이러한 주기에 어떤 다른 의료적 특별함이 관련이 있는지, 어떤 의뢰 형태가 존재하는지, 그리고 환자들이 진료 분야사이에서 이동할 때, 어떤 긴장감이 있는지에 주의를 집중하는 것은 중요

실제 사례
말기의 신장 질환에 대한 케어 주기

말기의 신장 질환(End-Stage Renal Disease, ESRD)는 신장의 만성적인 부전에 의해 특징지어진다. 이러한 상태에 대한 고전적인 케어 주기는 그림 2.3.2에 개요로 나타난 흐름과 유사하다. 그것은 1차 진료 의사(Primary Care Physician, PCP) 또는 극단적인 경우에 응급실(ER)에 대한 방문을 일으킬 수 있는 확실한 증상을 발전시킨 환자와 함께 시작한다. 두 상황에서, 일련의 연구실 시험은 진단하는 주치의에 의해 사용되는 것으로 행해진다. ESRD가 확정될 때, 그 환

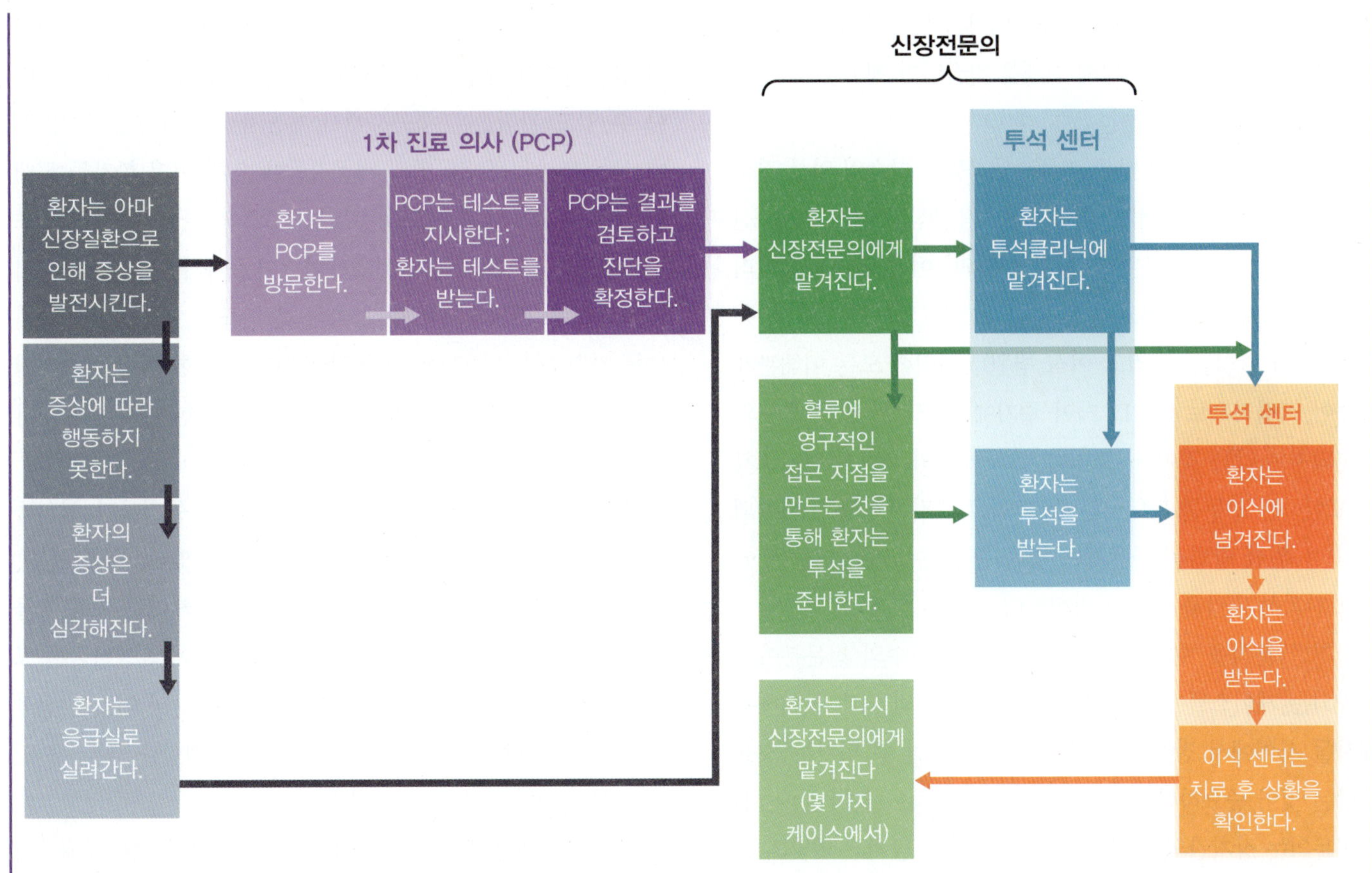

그림 2.3.2
다수의 제공자와 시설 유형을 수반하면서, 말기 신장질환(ESRD)에 대한 간호 주기는 상대적으로 복잡할 수 있다.

자는 신장전문의에게 맡겨진다(신장질환에서 전문가인).

신장전문의는 환자를 평가하고 진단이 필요한지 아닌지 결정한다. 만약 그렇다면, 그녀/그는 환자를 진단을 위한 환자의 접촉을 준비하는 혈관외과의뿐만 아니라 투석 클리닉에 맡긴다. (투석에서, 혈관외과의에 의해 만들어진 영구적인 접촉 지점을 통해, 바늘을 사용하여 환자의 혈류에 접근할 수 있다. 약해진 신장이 제거할 수 없는 독소를 청소해 주는 투석 기계의 필터를 통해 혈류는 우회된다. 투석은 한 주당 3가지의 긴 치료를 포함한다.) 동시에, 신장전문의는 환자가 신장이식을 위한 좋은 후보인지 아닌지 결정한다(ESRD 환자가 기증자로부터 새로운 장기를 받는 수술적 절차). 만약 그렇다면, 그녀/그는 환자를 이식 센터와 이식 전문의에게 맡긴다. 만약 환자가 이식을 받는다면, 이식 센터는 처음에 이식 신장전문의의 관여를 포함하는 이식 후 케어에 관련이 된다. 결국, 환자는 장기간의 이식 후 케어 동안 다시 원래의 신장전문의에게 맡겨질 수 있다.

하다. 실용 예시는 말기의 신장 질환에 대한 케어 주기를 보여준다.

일단 케어 주기가 발견되어 온다면, ESRD의 예시로서, 이노베이터의 목표는 누가 환자와 상호작용을 하는지, 환자와의 관계에 관한 성질과 상호작용의 지속과 시간을 검증하는 것이다. 환자를 포함하면서, 그 주기에서의 모든 개인과 집단들은 그 과정에서 이해관계자들로 간주되어야만 한다. 그러나, 이노베이터들은 각 이해관계자가 특별한 요구, 요청 사항 그리고 이익을 가지고 있다고 기록해야만 한다. 예를 들면, 환자들은 통제 아래에 거의 확실히 생명을 위협하는 의학적 상태를 제공받는 요청 사항을 가지지만, 또한 그들의 삶의 질에 질환의 영향을 최소화하는 것에서의 이익을 가진다. 케어의 제공과 관련된 다른 이해관계자들은 첫 번째 목표를 공유할 수 있는 동안, 그들은 두 번째와 관련이 있는게 아닐 수도 있다. 왜냐하면 그것은 그들에게 같은 방법으로 영향을 미치지 못하기 때문이고 그들은 일상적으로 투석에 대해 인생을 바꿀만한 행동을 해온 환자들을 다루기 때문이다.

ESRD 예시로부터의 다른 이해관계자들은 다수의 임상 전문의들을 포함한다(기본적인 케어 의사, 응급상황 케어 의사, 신장전문의, 이식 신장전문의, 혈관 외과의, 이식 외과의): 여러 가지의 간호 분야, 그리고 많은 시설 유형들(의사의 사무실, 응급실, 투석 클리닉, 그리고 이식 병원). 이러한 모든 이해관계자들이 직접적으로 ESRD 케어 주기에서 고려된 모든 요구와 관련되지는 않을 것이다. 그러나, 요구에서의 희박한 이익조차도 포함하는 모두를 확인하는 것(그리고 그것이 어떻게 해결되는지)을 위한 방법을 사용하는 것을 통해, 이노베이터들은 아무도 간과하지 않을 거라고 확신한다.

이러한 분석을 수행하는 것에서, 특히, 다수의 전문분야가 포함되는 케이스들에서, 케어 주기에서의 의뢰 형태가 이해관계자들 사이에서 잠재적인 갈등의 원천이 될 수 있다는 것을 깨닫는 것이 중요하다. ESRD 예시에서, 이식이 일어날 때, 신장전문의는 장기간의 케어 동안 그들에 다시 맡겨진 몇몇의 환자들을 포함하여, 그러한 지점에서 그들의 환자들을 잃는다(남아 있는 환자들은 이식 센터를 통해 케어된다). 환자들이 이식을 받은 후에, 투석 제공자에 대한 수입의 손실로 인한 비슷한 갈등은 투석 센터들과 이식 센터 사이에서 존재한다. 그래서, 그것이 만약 새로운 돌파구가 더 많은 환자들이 이식을 받는 것을 허락하는 것이 가능하다는 것을 따른다면, 신장전문의들과 투석 클리닉들은 몇 가지 저항에 마주 칠지도 모른다. 왜냐하면 그 변화는 잠재적으로 그들의 환자 케어 수입에서 상당한 손실을 이끌 수 있기 때문이다.

이러한 특별한 관점은 전반적으로 추측에 근거하지 않는다. 의약품에 관한 *뉴잉글랜드 학술지*에 게시된 한 연구는 신장 이식에 대한 대기자 명단에 놓여진 것의 가능성은 이 환자 집단에서 증가된 사망률을 이끌었던 비영리 목적의 투석 센터보다 영리 목적의 투석 센터에서 치료받은 환자들이 더 낮다.[2] 이러한 연구와 이전의 논의가 건강관리 제공자들과 의사들이 항상 그들의 환자에 관한 가장 큰 이익을 가질 수 없다는 것을 염두에 둔 제안을 하는 것을 나타내는 동안, 이 이야기에 진정한 메시지는 더 미묘하다. 의료 분야에서, 각 환자를 위해 치료에 관한 적절한 과정을 선택하는 것은 치료 옵션과 관련된 위험과 이익의 신중한 균형을 요구한다. 그러나, 이러한 상황은 애매할 수 있고 관점들은 제공자에서 제공자까지 다양할 수 있다. 예를 들면, 이식은 몇 명의 제공자들에 의해 어떤 환자들에 대해 너무 위험하다고 여겨질 수 있다(그들의 나이, 공존하는 조건 그리고 다른 요소들에 기초하여). 제공자가 다른 것보다 더 좋은 치료의 한 과정 (투석 대 이식)을 만드는 재정적인 인센티브를 가질 때, 그 상황은 더 복잡해진다. 이러한 상황들은 어떤 높은 위험의 환자들을 위한 특별한 치료에 관한 가능성에 영향을 미칠 수 있는 이익의 갈등을 초래한다.

그러한 저항은 때때로 관련 이해관계자의 동기들과 염려들을 이해하고 해결하는 것에 의해 극복될 수 있다. 예를 들면, ESRD 환자들은 명백히 이식 후에 진행 중인 케어를 위해 그들의 첫 신장전문의들에게 다시 맡겨진다(비록 이식 센터들은 그러한 서비스를 관리할 능력이 있다). 그러고 나서 이것은 신장전문의들 사이에 위험성이 큰 이식에 대한 저항을 줄일 수 있고 이식에 관한 진료를 더 격려할 수 있다.

국제 시장에서 성공하기 위해서, 이노베이터들은 이해관계자 분석의 결과가 치료가 일어나는 나라에 따라서 상당히 다를 것이라고 인식할 필요가 있다. 중요하게도, 그들은 미국을 기반으로 하는 이해관계자 분석이 다른 시장을 이해하는 데에 적절할 것이라고 가정해서는 안 된다. 이익에 관한 나라들의 상세한 분석은 이해관계자들의 태도, 선호 그리고 인식에서의 미묘한 차이들이 이해된다는 것을 보증하기 위해 반드시 수행되어야만 한다. 이 절 안에 그것들이 묘사되면서, 분석에 대한 원리와 접근법이 같아질 것이다. 그러나, 결과는 다를 것 같다. 예를 들면, 환자의 집단에 대한 케어 주기는 미국, 유럽 또는 다른 서부 국가들보다 중국에서 매우 다를 것이다. 일상적으로 한 나라에서의 건강관리 제공의 한 부분인 서비스는 또 다른 것에서 건강과 관련이 없는 것으로 간주될 수 있다. 예를 들면, 심장 부전 환자는 미국에서 ACE 억제제를 처방 받을지도 모르지만(고혈압을 조절하기 위해), 그러한 치료가 널리 사용되지 않는 몇 개의 남부 유럽국가들은 처방하지 않는다. 중국에서, 서부의 해결책 대신에, 전통적인 중국의 치료를 받는 환자를 포함하는 치료는 더욱 다를 수 있다.

인도에서는 치료의 질과 이용 가능성에서의 거대한 차이들은 건강관리 시스템의 특징이며 이해관계자의 경험에 영향을 미친다. 최첨단의 인도의 제2의 그리고 제3의 케어 기관들은 둘 다 그들의 세계적 수준의 서비스 받을 여유가 되는 환자들과 각 해에 대략 350,000명의 의료 관광객에게 영향을 미친다.[3] 그러나, 적절한 공급, 인력 또는 알맞은 케어를 제공할 능력이 없이, 건강관리 시설들은 인구의 대다수에게 제공하는 것에 책임이 있다. 공공의 그리고 민간의 둘 다 기존의 기반 시설의 상당한 비율은 믿을 수가 없다.[4] 건강관리 시설들의 침투가 낮은 지방의 환경에서, 환자들은 자주 건강관리를 위해 전통적인 치유자에 의지한다.[5]

중국 보건부는 공공 병원을 관리한다. 추가적으로, 이 조직은 전통적으로 병원에 기초한 도시의 건강관리 시스템을 감독하기 위해 지방 정부와 협력한다. 병원들은 3개의 하위 계급: A, B, C를 포함하면서 1급, 2급, 3급으로 분류된다.[6] 가장 세련되고 잘 갖추어진 병원들은 가장 높은 순위: 3A에 올라간다. 2급 병원들은 보통 지구차원에서 발견된다. 1급 병원들은 작은 지역사회 수준의 센터이다.[7] 이러한 병원들에 연관된 외래 환자 서비스들은 시스템에서 주요한 장애물들을 만드는 많은 환자들과 가벼운 질환들을 위한 케어의 첫 번째 지점이다. 긴 줄과 과도하게 붐비는 대기실들은 보편적이다.[8]

이러한 기초 정보가 제안할 때, 각 위치는 직접적으로 주어진 조건에 대한 건강관리 제공과 케어 주기에 영향을 미치는 특별한 요소들을 가진다. 그러나 요소들은 그 상황에서 이해관계자들의 다양성을 도입한다(미국에 기반한 이노베이터들 중 몇몇은 처음에 예견할 수 없다). 그들은 또한 이해관계자 태도, 선호 그리고 인식들이 완전히 이해되는 것을 보증하는 다수의 환경에 걸쳐 케어 주기를 연구하는 것의 중요성을 강조한다.

자금의 흐름 분석

자금의 흐름 분석은 케어 주기에 직접적 또는 간접적으로 비용을 대는 이해관계자들을 확인한다. 그것은 환자에 관한 진단과 치료에서 수행된 서비스와 절차들을 누가 지급하는지에 집중한다. 그 과정에서, 환자들과 그들의 가족들을 포함하면서, 그것은 요구와 관계된 직접적인 재정적 이해관계를 포함하는 모든 단체들을 강조한다. 가장 의사결정자일 것 같은 저 이해관계자들을 확인하기 위해, 이 분석은 자주 이노베이터들에 의해 사용된다.

자금의 흐름에서 그것이 이해관계자를 분석하는 것이 될 때, 가장 단순한 모델은 환자가 또한 그 수술에 지급하는 사람인 것이다. 이러한 **"본인 부담의 진료 비용"** 지급 구조는 다양한 수준으로 세계 모든 나라에서 발견될 수 있다. 그 대신에, 지급은 공공 또는 민간의 보험 프로그램을 통해 환자의 이익에서 이루어질 수 있다(더 많은 정보를 위해 4.3 보험의 기초 참조).

영국에서의 국민건강보험(National Health Service, **NHS**) 그리고 미국에서의 노인의료보험제도(Medicare)(연방 메디케어 및 메디케이드 서비스(Centers for Medicare and Medicaid Services, **CMS**)에 의해 관리되는)는 둘 다 납세자의 세금을 통해 운영되는 공공의 건강 보험 프로그램의 예시들이다. 미국에서 민간 건강 보험회사들의 예시들은 블루크로스 블루쉴드(Blue Cross Blue Shield, **BCBS**), 유나이티드 헬스케어(United Healthcare) 그리고 애트나(Aetna)이다. 그러나 기업들은 건강 보험 보장을 대가로 보험료를 지불하는 그들의 보험구독자들을 대표하여 보험을 제공한다. 모두는 아니지만, 의사들을 통해 환자에게 제공되는 대다수의 수술들이 이러한 계획 아래에서 상환된다. 그러나, 제3자의 지급 시스템을 포함하는 몇 나라들에서, 세금 공제와 선택적 수술에 대한 배제를 통해, 지급의 부담이 환자들로 옮겨가는 강한 경향이 있다. 보편적인 배제는 만약 의료적으로 필수적이라고 여겨지지 않는다면, 일반적으로 보장되지 않는 미적 정서(피부과학을 포함하여)와 확실한 재건 수술 절차(성형 수술과 치과 진료 안에서)들을 포함한다. 그렇지 않으면, 환자들은 이러한 선택적 수술에 대한 비용을 부담할 것을 요구 받는다.

실용 예시는 어떻게 미국에서 건강보험 재정 시스템이 작동하는지에 대해 몇 가지의 핵심 포인트로 윤곽을 나타낸다.

실제 사례
미국 건강보험 재정 시스템의 개요

공공 그리고 민간의 지급자들 둘 다 포함하면서, 미국 건강보험 재정 시스템은 명백하게 복잡하다. 미국의 건강보험 시스템과 케어를 제공하고 제공 받는 이해관계자들과 그들의 상호작용에 비용을 대는 것과 관련된 이해관계자들에 관한 가장 단순한 시점은 그림 2.3.3에 묘사된다.

미국은 다수의 민간 보험회사들뿐만 아니라, 두 가지의 공공 보험 프로그램들을 가지고 있다(노인과 장애인들을 위함 메디케어 그리고 저소득층을 위한 메디케이드). 메디케어와 메디케이드는 개인과 기업의 납세자의 세금에 의해 투자되고 메디케어에 대한 상당한 국가 개입으로 연방 메디케어 및 메디케이드 서비스(Centers for Medicare and Medicaid Services, CMS)에 의해 관리된다. 많은 예시들에서, 메디케어와 메디케이드는 그것들이 보장하는 이익의 관리를 위해 민간 보험회사들에게 하도급을 준다.

민간 보험회사들은 개인 보험 구독자들로부터 또는 그들의 피고용인들에 대한 건강 보험 이익을 제공하는 고용인들로부터 보험료를 받는다(역사적으로, 몇몇이 개인 보험을 구입할 수 있는 동안, 대다수의 고용된 나이가 들지 않은 사람들은 그들의 고용인을 통해, 건강 보험을 얻는다).

보험회사들(민간과 공공 둘 다)은 건강보험 제공자들(시설들과 의사들)에게 그들이 보험에 든 개인들에게 제공하는 서비스를 지급한다. 많은 예시들에서, 모든 요금을 보장하지 않는 보험회사들에 의해 이루어진 지급은 치료를 받는 개인들이 차액을 지급해야만 하도록 만들었다(고용인의 부담으로 불린다). 보장범위에서 세금 공제, 고용인의 부담 그리고/또는 제한을 통해, 그들의 모든 비용에 관한 큰 부분을 부담하도록 개인에게 요청하는 혼합된 접근을 개발하는 민간 보험 프로그램을 포함하면서, 이것은 점점 더 보편적으로 되어가는 중이다.

오바마 케어(Affordable Care Act, ACA)이 통과까지, 보험 범위없이 개인들은 모든 건강보험 서비스를 본인 부담의 비용으로 지급해야만 했다. 그러나, 2014년에 개인의 권한은 다수의 성인들이 건강 보험을 구입해야만 하거나 재정적인 벌금에 직면할 것이라고 규정한다. 미국에서 건강보험 재정과 배상에 대한 더 많은 정보를 위해, 4.3 보험의 기초를 참조하라.

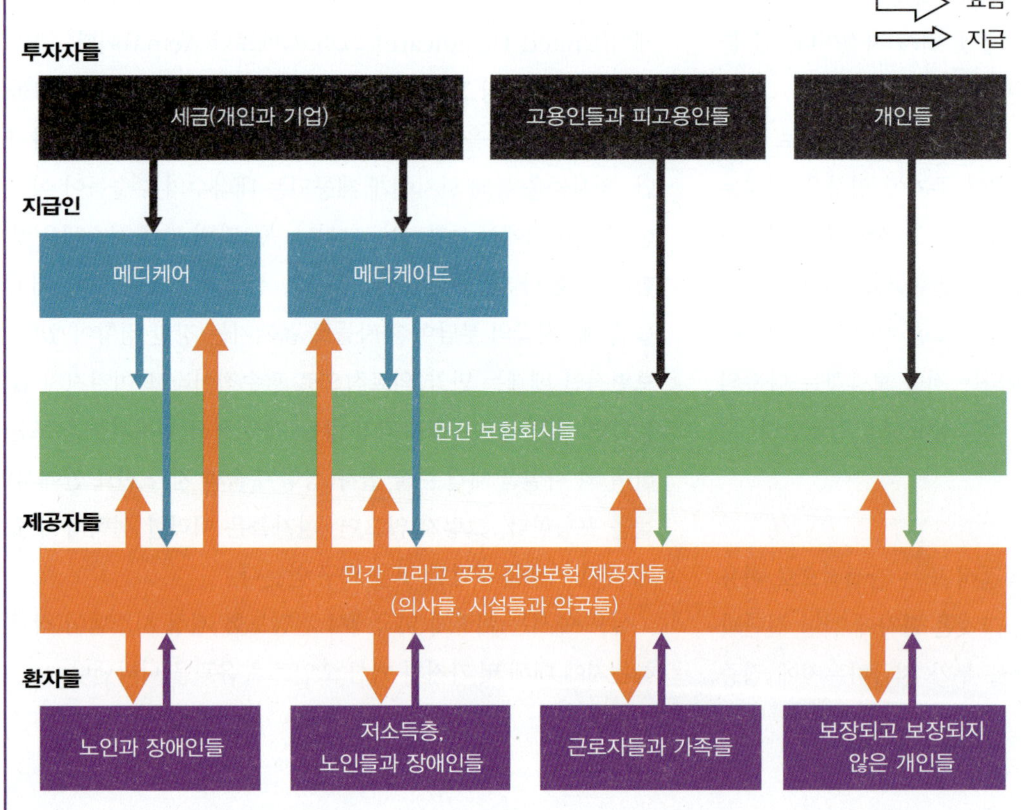

그림 2.3.3
미국 건강보험 시스템에서 자금의 흐름과 관련된 밀접한 연관이 있는 단체들이 있다(N. Sekhri를 기초로 하며, 세계 보건 기구의 공고, 78권, 제6호(2000); 832; 허락을 받아 게재).

참여자들 사이에 다수의 행위자들이 관여함에도 불구하고, 미국에서 많은 치료 분야에 관한 자금의 흐름은 정해진 루트를 따라가는 경향이 있다. 예를 들면, 심장 박동 장애의 치료를 위해, 이식형 심장 세동 제거기를 받은 많은 환자들은 개인 보험에 의해 의료보험이 포함하는 65세가 될 때까지(또는 장애가 생겼을 때까지) 보장을 받는다. 그러나, 항상 그 체계 안에서 특이 체질들과 변화들이 발생하기 때문에, 이노베이터들은 자금의 흐름에 관해서 추정 하는 것에 대해 주의해야 한다. 예를 들어, 개인 보험 없이 환자들이 투석을 시작한 후에, 많은 ESRD 환자들은 3달 동안 의료보험에 의해 보장받고, 그들의 연령과 상관없이 이식 후 3년까지 계속해서 보장을 받는다. 최초의 치료 3년간 개인 건강 보험 정책 아래에서, 개인 보험이 있는 많은 ESRD 환자들은 보장받지만, 곧 의료보험으로 전환된다(연령에 상관없이).[9] 이 시나리오에서, 이노베이터들의 해결책이 65세 아래의 모집단의 부분 집합을 목표로 삼는 데도 불구하고, 치료 영역에 관한 자금의 흐름에서 의료 보험의 역할을 이해하는 것과 주요한 이해관계자로서 이 그룹에 집중하는 것은 ESRD 공간에서 일하는 이노베이터들을 위해 반드시 해야 하는 것이다.

다양한 이해관계자들의 재정적인 인센티브에서 그것의 영향 때문에 미국 의료 서비스에서의 최근 움직임은 주목할 필요가 있다. 증가하는 추세의 공급인/지급인 네트워크는 공급인(치료주기에서의 직접적 참여자)과 지급인(자금의 흐름에서 지급의 직접적 출처)을 합치는 것을 드러내왔다. 이러한 유형의 협력에 관해서 가장 오래되고 잘 알려진 예시들 중 하나는 카이저 재단 건강 계획, 카이저 재단 병원과 퍼머넌트 의료 그룹(의사들을 대표하는)을 포함하는 통합 전송 네트워크(Integrated Delivery Network, IDN), 카이저 퍼머넌트(Kaiser Permanente)이다. Kaiser는 미국 8개의 지역을 차지하고 개인과 고용주 건강 피보험인들의 40%를 차지하는 캘리포니아 같은 대형 시장에서 중요하게 되어 왔다.[10] 그러나, 최근에 오바마 케어(Affordable Care Act)에 반응하여, 독립적인(*Independent*) 의사 집단들, 병원들 과 보험업자들의 자발적인 컨소시엄들이 책임진료기구(Accountable Care Organizations, ACOs)로 발전되어왔다. 정해진 기간을 넘어서 이 그룹들은 의료보험 수혜자들의 정해진 개체군을 관리하는 것에 대한 책임을 공유하는 것에 동의한다. 그 과정에서, 똑같거나 불필요한 과정과 시험을 피하는 좀 더 조직화된 관리를 통해, 그들은 자금을 절약하기 위한 인센티브를 얻을 수 있다.[11] 이러한 공급자/지급인 네트워크의 확산은 매우 중요하다 왜냐하면 그것은 관련된 이해관계자들의 이익뿐만 아니라 어떤 유형의 혁신에 대한 그들의 수용성을 변화시키기 때문이다. 예를 들면, 통합 전송 네트워크(IDN) 또는 책임진료기구(ACO)의 참여자들이 같이 환자의 장기간의 의료비용에 대한 책임이 있기 때문에, 그들은 더 높은 단기 비용을 초래하는 예방 치료 기술들과 해결책을 잘 받아 들일 수 있지만, 더 나은 시간대를 넘어서는 절약을 약속한다. 결과를 유지하는 동안, 통합 네트워크는 또한 치료비용을 낮추는 혁신에 더 집중하는 경향이 있다. 더욱이, 그들은 용량보다 **가치**에 의해 더 동기부여를 받는다.

세계에서 다수의 거대 기업들이 통합 전송 네트워크(IDN)와 책임진료기구(ACO)로서 최근에 대체로 똑같이 시작해왔다는 것이 또한 중요하다. 그들의 전체적인 비용 경쟁을 관리하게 위해서, 그들의 빠르게 상승하는 의료서비스 비용에 관한 통제력을 얻는 것이 필요하게 되어왔다. 왜냐하면 그들이 자주 수백, 수천의 고용인들과 먼저 은퇴한 전임자들에 관하여 장기적인 건강 보험을 드는 부담을 지기 때문에, 이러한 기업들은 단독의 공급인 또는 지급인을 결정하는 것보다 복지와 예방 치료를 둘러싼 다른 결정들을 하기 위한 동기부여를 얻는다.[12]

다른 나라에서, 특히 개발도상국에서, 부분적으로는 의료 비용이 의료 보험 대 본인 부담의 의료비용의 역할뿐만 아니라 공공의 대 민간의 지급에서의 변동성을 기초로 하면서 상당히 다른지 확인해 볼 수 있다(그림 2.3.4 참조). 예를 들면, 인도에서, 제3자인 공공과 민간 지급인의 역할은 상당히 사라졌고 환자들은 의료 비용 의 큰 부분을 부담한다. 2011년에, 국가에서 모든 의료 비용의 70% 정도가 개인들에 의해 발생했다.[13] 그에 반해서, 의료보험에서의 정부 지출은 전체 비용 중 25% 정도로 설명된다. 1인당을 기초로, 인도에서, 의료 보험에 관한 정부 지출은 2010년에 중국의 208달러 그리고 브라질의 964달러와 비교했을 때 오직 56달러 정도이다(모든 수치는 미국 달러 기준이다).[14]

인도에서 의료보험의 이용 가능성은 드물지만 성장하는 추세이다. 2003년에 오직 5천 5백만 명만이 의료 보험 정책에 의해 보장받았지만, 2010년까지, 이러한 수치는 주로 빈곤선 아래로 3억만 명으로 증가해왔었다. 여전히, 오직 국가에서 개인의 3~5% 만이 전부 또는 상당한 보장을 받는다.[15] 정부와 민간 보험업자 둘 다 이 문제를 처리하기 위해 진행 중이고 전문가들은 인구의 약 절반 정도가 2020년까지 의료 보험 보장의 몇 단계를 보장 받을 것이라고 평가한다.[16]

중국에서, 의료 보험 보장은 좀 더 광범위하다. 대략 중국 인구의 87%가 2008년 의료 보험 보장의 몇 가지 형태를 가졌다.[17] 2020년까지 정부가 100% 보장을 목표로 하면서, 2010

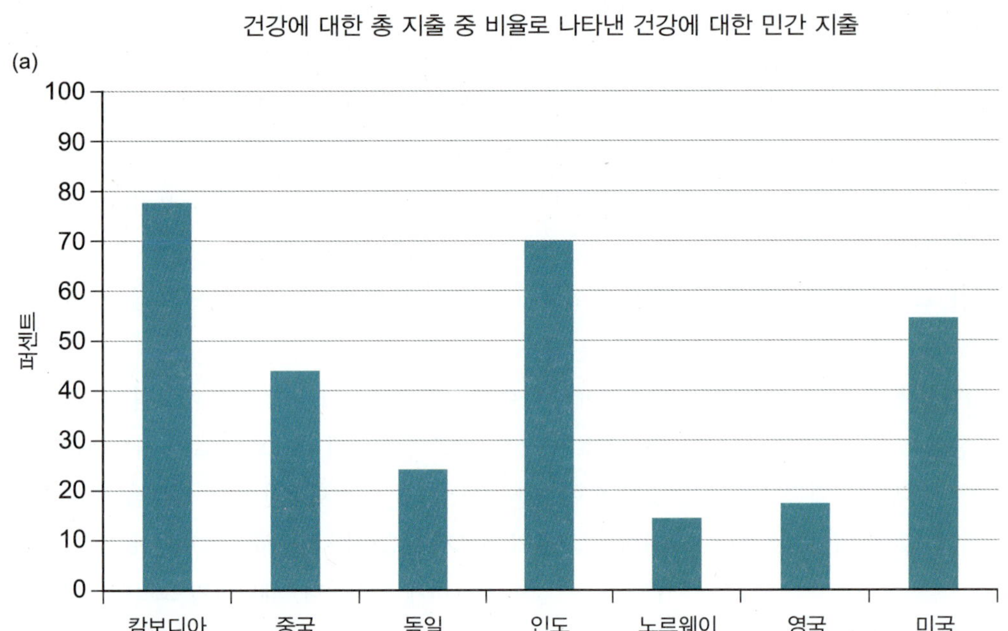

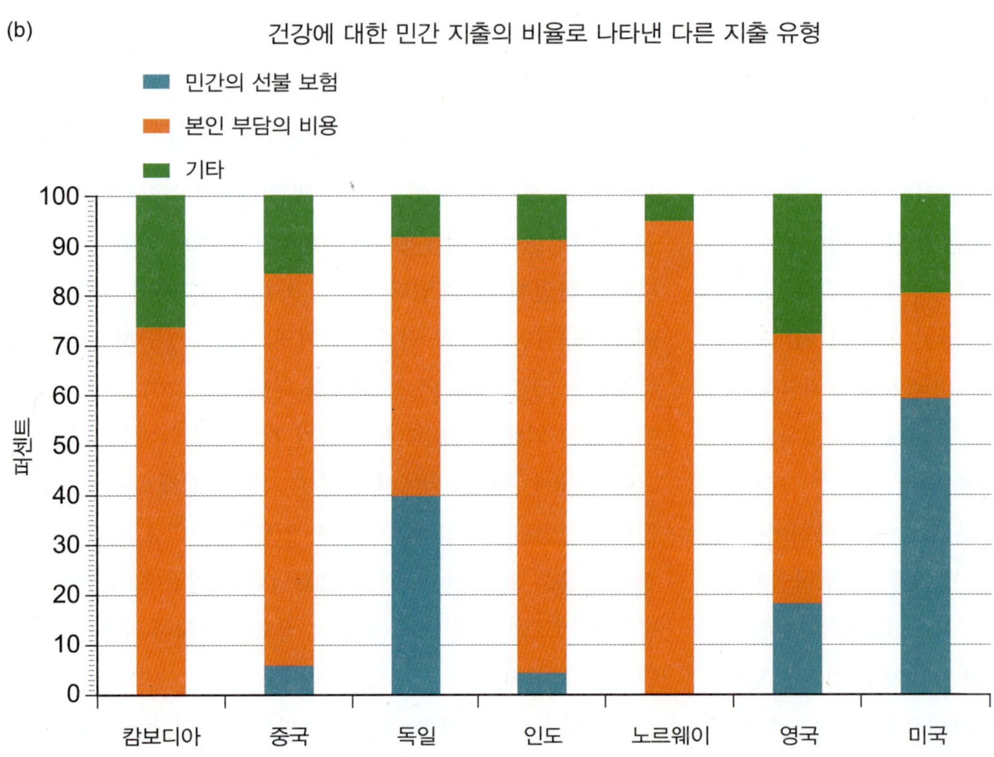

그림 2.3.4
전 세계의 다른 국가들에서 이노베이터들은 공공, 민간의 그리고 본인 부담의 의료비용에 관한 상대적인 중요성에서의 커다란 변화를 확인하는 것을 기대할 수 있다("의료재원조달: 나라를 통한 의료지출비율(Health Financing: Health Expenditure Ratios by Country)", 국제건강관측데이터저장소(Global Health Observatory Date Repository), 국제보건기구(World Health Organization)).

년까지 이 수치는 90%까지 증가해왔었다.[18] 이러한 진전에도 불구하고, 2011년에 민간의 지급에서 44%를 설명하면서, 환자에 의해 만들어진 본인 부담의 비용은 여전히 민간 의료 재정의 뚜렷한 원천이다.[19] 중국에서 보험을 들은 개인의 본인 부담의 비용은 높게 유지하는데, 왜냐하면 의료 보험이 엄청난 의료 비용을 적절하게 보장하지 못한다.[20] 예를 들면, 입원 치료를 위한 고용인의 부담은 치료의 전체 비용의 10~35% 만큼이 될 수 있다.[21] 결과적으로, 환자들은 비용에 민감하고 그들의 치료과정에서 사용된 의료기기들에 상당히 큰 영향력을 행사한다.[22]

이해관계자의 이익

일단 필요에서 이익이 가지는 모든 핵심적인 이해관계자들이 확인되어왔다면, 이노베이터들은 이해관계자들이 그들의 수용을 이끌 수 있는 개선점 또는 이익뿐만 아니라, 새로운 혁신에 관한 선택에 저항하는 원인이 될지도 모르는 장애물을 이해하는 것에 뛰어들 수 있다(2.4절은 어떻게 개선점들이 후에 핵심 이해관계자들을 위한 가치로 바뀔 수 있을지 논하는 것을 포함한다). 효과적인 분석은 직간접적으로 이해관계자들 행동에 영향을 미치는 요소들을 평가한다. 직접적 요소들은 직장으로부터 수입에서 손실/이익, 수익성에서 감소/증가, 시간에서 감소/증가를 포함할 수 있다. 간접적인 요소들은 평판, 용이성, 특히 **기회 비용**에서의 영향을 포함할 수 있다(또 다른 것을 추구하기 위한 하나의 대안을 포기하는 것에 관한 비용과 이익으로 정의된다).[23] 이해관계자 행동의 원동력을 이해하는 것은 이해관계자 행위에 영향을 미칠 수 있게 되는 것에 중요하다. 다음 단락은 주요한 네 개의 집단: 환자, 의사, 시설, 그리고 지급인을 위한 이해관계자 행동에 관한 몇 가지 공통적인 원동력을 설명한다.

환자

환자들은 그들이 명확한 테스트나 치료를 겪는 것에 동의할 것이었는가 아니었는가 하는 것에 대한 궁극적인 게이트 키퍼들이다. 전통적으로, 그들의 결정은 의사들로부터 얻은 정보와 조언을 기초로 하여 이루어져왔다. 그러나, 지금 환자들은 권한을 더욱더 받아왔고 다른 원천들로부터의 방대한 양의 의료 정보에 접근할 수 있다(예: 광고, 온라인 지식베이스와 블로그, 게시판, 그리고 논의 그리고 지원 그룹). 그래서, 그들은 이용 가능한 정보를 기초로 해서 의료 관련 선택에 더 활동적인 역할을 할 수 있다(비록 이용 가능한 모든 정보를 신용할 수 없을지라도). 미국에서는, 외래 진료에 관해, 병원들 중 50%와 의사들 중 40%는 환자에게 사용하기 위해 몇 종류의 인터넷 포탈을 제공한다.[24] 게다가, 비 재정적인 메커니즘뿐만 아니라 재정적 수단(고용인이 부담하는 요구사항)을 통해, 제약회사, 의료기기 제조사, 그리고 건강 보험회사들은 환자에 영향을 미치는 것을 갈수록 더 찾는 중이다.

인도 같은 지역에서 환자의 권한은 더 늘어 날 수 있다. 예를 들면, 대다수의 제 3차가 아닌 건강관리 설정에서, 그들의 관상 동맥에서 스텐트를 요구하는 환자들은 생산품 선택에 관해서 의사에 의해 정보를 얻을지도 모른다. 다국적 기업들에 의해 제조된 것들뿐만 아니라, 국내에서 만들어진 옵션들을 일반적으로 포함하여 이용할 수 있는 스텐트를 평가하기 위해, 이러한 환자들은 의료 물품의 지역 판매자들에게 갈 것이었다. 다국적 기업들에 의해 만들어진 의료 제품은 고품질로 인식되는 경향이 있지만, 값이 상당히 비싸다. 환자들은 평가될 절차의 관한 날에 그들이 가져올 수 있는 가장 비싼 제품을 자주 구입하고 그러한 것이 그들을 데려온다. 이 방법에서, 그들은 그들의 치료에 대한 최고 수준의 통제력을 행사한다. 환자 행동에 관해 2차적인 효과를 가지는 의사 또는 구매자의 추천과 더불어, 비용은 결정의 1차적인 요소가 되는 경향이 있다.

환자의 가족은 신중하게 고려해야 하는 또 다른 이해관계자 그룹이다. 특히 개발도상국에서, 가족들은 집과 직접적으로는 병원에서 케어를 제공하는 것에 좀 더 관계되는 경향이 있다. 그들은 또한 건강 관련 지출에 대하여 결정하는 사람들일 수도 있다. 특히, 높은 환자 지불 요건이 있는 환경에서 환자의 치료에 대한 자금을 대기 위해, 그것은 두 번째 직업을 얻어야만 하거나 다른 희생을 해야 하는 환자의 아들이나 딸이다.

선진국에서는, 이노베이터들은 또한 관련 환자를 옹호하는 집단을 평가해야만 한다. 이러한 독립체들은 환자의 선택에 영향을 주기 위한 권한을 가진다. 그들은 또한 빈번히 새로운 혁신에 의해 이익을 제공 받을 수 있거나 위협 받을 수 있는 대기업들에 의해 후원 받는다. 옹호 집단들과 그들이 제공하려고 의도했던 환자들의 이익과 함께 후원자들의 이익을 고려해라.

특정한 치료를 수용하는 것에 관한 환자 행동은 자주 다음의 *직접적인* 요소들에 의해 나타난다.

임상 결과 환자들은 그들의 우선적인 문제를 잘 해결할 치료에 관심이 있다. 그러나, 그들은 또한 증상의 제거와 치료로 인한 의도하지 않은 결과에 관한 회피를 염려한다. 이러한 요소들의 중요성에 관한 순서는 각각의 환자마다 다를 것이다. 예를 들면, 확실한 이득을 얻을 수 있는 새로운 치료의 대안에 대한 환자의 반응을 고려할 때, 환자의 외형이 변할 것인지 아닐지, 환자가 경험할 고통의 양과 또 다른 게 아닌 치료와 관련될지 모르는 다른 잠재적인 부작용에 대해 여전히 필수적으로 생각한다. 또한, 만약 치료가 도덕성을 연기시키는 것을 돕는다면, 이노베이터는 오래 사는 것의 이득을 평가해야만 한다.

안전성 절차들과 그들과 관계된 위험은 의사의 관점으로부터 일상적인 것으로 간주될 수 있지만, 특정한 치료를 겪는 것에 관한 생각은 환자들에게 충격적일 수 있다. 치료에 관한 안전성 측면과 환자만의 개인적인 선호를 기반으로 하여, 환자들은 병을 감수하는 것에 대한 비용이 치료받는 것에 관한 위험보다 더 높은지 고려해야만 한다.

경제적 충격 새로운 기술들에 관한 케이스에서, 환자들은 전체적인 치료 비용의 큰 부분을 감당할 것을 자주 요구 받는다. 또는 몇 케이스들에서, 그들은 모든 치료 비용들을 감당할 것을 요구 받는다. 다른 치료 대안에 관해 환자가 초래하기를 기대해야만 하는 어떤 본인 부담의 진료비를 결정해라. 그리고 임상 결과에서 예기된 변화에 반하는 이 비용을 평가해라. 저소득 국가들에 거주하는 이러한 개인들 중 90% 이상이 건강관리 비용으로 인한 빈곤선 아래로, 매해 대략 1억 명가량이 압력을 받는다는 것을 상기해라.[25]

편리함 새로운 치료가 환자의 삶에서 가질 수 있는 영향은 불편한 것에서 인생을 바꿀만한 것까지 다양할 수 있다(긍정적이거나 부정적인 방법에서). 치료에 대해 결정하는 것에서, 환자들은 치료가 이용 가능할지에 대해 얼마나 스케줄을 짜는 것이 쉬운지, 그들의 삶의 질에서 휴가와 장기간의 영향에 어떤 충격을 줄지 자주 생각한다.

환자 행동이 포함하는 것에 영향을 미치는 *간접적인* 요소:

기회 비용 이노베이터들은 만약 그들이 다른 것을 넘어 한 가지 해결책을 가지는 것을 선택했다면, 어떤 환자들이 그들의 시간, 돈 그리고 에너지를 사용할 수 있을지 고려해야만 한다. 단기간 그리고 장기간 동안 이러한 질문에 대해 생각해라. 또한 하나의 잠재적인 대안으로서 그 문제에 대해 방관하는 환자의 선택을 포함하는 것을 기억해라.

인지된 위험 치료와 관계된 실제 위험이 상대적으로 낮을지라도, 때때로 인지된 위험은 환자의 결정과정에 주요한 요소가 될 수 있다. 특히 실험적 치료를 위해, 어떻게 인지된 위험이 환자의 행동에 영향을 미칠 것 같은지 고려해라. 기존의 치료에 비해, 새로운 치료가 환자에게 미칠 것 같은 심리적인 영향을 고려하는 것 또한 중요하다.

중요하게도, 똑같은 의료적인 요구에 직면하는 모든 환자들이 그것을 같은 방법으로 인지한다는 것은 아니다. 일련의 환자의 프로필들을 발전시키는 것을 통해 환자 유형들 간에 차별화를 하는 것은 이노베이터들에게 유용할 수 있다. 그러나, 프로필 전체에 걸쳐서, 그러한 요구에 관한 환자의 인식과 어떻게 치료받았는지가 뚜렷해질 것이다. 이러한 프로필들 안에서, 이러한 프로필들이 어떻게 발전될 수 있었는지 이해하기 위해서, 신시내티 대학의 바이오디자인 팀이 수면성 무호흡에 관한 요구를 더 잘 이해하기 위해 어떻게 다른 환자의 모습을 만들었는지 묘사하는 1.2 니즈 탐구에서 그 케이스의 예시를 다시 언급해라. 이러한 유형의 프로필들을 확인하는 것은 또한 그 목표들 중 하나가 요구를 향해 통일된 인식을 가진 환자들의 명확한 부분을 정의하는 2.4 시장 분석에서 도움이 된다는 것을 증명할 것이다.

의사들

의사들이 환자 치료를 추천하는 첫 번째 사람이기 때문에, 그들은 거의 모든 의료적인 치료 선택에 관해 중요한 이해관계자들이다. 다른 무엇보다도 먼저 의사들이 가장 최고의 가능성 있는 치료를 환자들에게 제공하는 바람에 의해 이끌어지지만, 그들은 또한 생계를 유지하기 위한 요구에 직면한다. 새로운 절차를 만드는 이노베이터들은 이러한 바란 결과들의 양쪽 모두를 성취하도록 의사들을 자주 돕는다.

그러나, 새로운 기술들을 선택하는 것에서 의사들의 영향력은 상당히 다양하고 그들이 개업하는 조직의 유형에 의존한다(예: 개인영업, 카이저 퍼머넌트, 비영리, 지역사회중심 병원이나 의원 같은 통합 전송 네트워크). 역사적으로, 미국 같은 큰 시장에서, 우선적으로 의사들의 선호가 장치의 사용을 주도했다. 그러나, 병원들이 비용을 포함하는 증가된 압력이 직면할 때, 많은 곳이 결정을 지원하기 위해 기술 평가 위원회로 알려진 **가치 분석 위원회**(value analysis committees, VACs)를 선택해 왔다. 4,500개의 미국의 병원에 관한 설문 조사에서, 거의 응답자 중 75%는 의사가 선호하는 물품(physician preference items, PPI)을 표준화하는 것을 위한 전략을 가졌거나 개발하는 것에 착수하는 중이었다. 추가적으로, 병원들 중 64%는 의사가 선호하는 물품과 다른 보급품을 평가하고 선택하기 위해 가치 분석 팀들을 사용하는 중이었다.[26] 심지어 그들이 환자 케어의 최전선에 남아 있는 동안, 확실한 좀 더 중앙 집중화된 구매력을 향해, 이러한 책임진료기구(ACO) 확대와 비용 절감에 대한 시스템 전체의 집중을 지속하는 강력한 트렌드가 구매 결정에서 의사들의 개인적인 영향을 더 약화시키는 것으로 예상될 수 있다.

의사의 행동을 평가하고 예상하는 것에서 갈등이 발생하는 잠재력을 상기해라. 예를 들면 만약 기술이 환자들에게 한 가지의 특수성부터 다른 것까지 옮겨간다면, 이는 의사들 사이에 영역 싸움에 원인이 될 수 있고 기술의 선택에 대해 심각한 장애물을 만들 수 있다. 갈등을 증가시킬 지 모르는 다른 시나리오는 새로운 기술이 특수성에 관한 일련의 기술을 요구하는 것이지만, 이러한 특수성은 주어진 질환 상태를 위한 치료 주기에 현재 포함되지 않는다. 의사들이 개인 분야 안에서 점점 더 특화되었을 때, 이러한 종류의 갈등은 더 보편적이다. 코디스 회사(Codis Corporation)의 심장학, 혈관, 신경혈관 그리고 전기생리학 사업을 이끌었던 의사 겸 사업가인 Guy Lebeau는 심장학 분야의 예시로서 사용하면서, 이러한 트렌드의 이점에 대해 언급했다.[27]

> 나는 우리가 더 이상 일련의 지식을 가진 심장병전문의를 소유하지 않을 것이지만, 그들의 능력을 병의 한 가지 유형 또는 한 부분의 치료에 집중할 아마 10가지 다른 유형의 심장병 전문의들이 있다는 사실이 훌륭하다. 왜냐하면 이것은 의사들의 학습과 경쟁이 더 높아지는 상황을 만들 수 있다.

새로운 기술들이 의뢰 형태들을 방해할 때, 불리한 면은 특히 이렇게 제한적으로 정해진 하위 전문 분야 안에서의 의사들 사이에 "승자"와 "패자"를 만든다는 것이다. 이해관계자로서 의사들을 간주할 때, 이노베이터는 관련 전문분야를 위해서만 내다 보는 것은 아니지만, 그들 안에 존재하는 잠재적인 하위 전문 분야도 내다 보아야 한다. 그러고 나서 모든 이해관계자들의 이익이 고려될 필요가 있다.

드러나는 또 다른 이슈는 그들이 가능하게 하는 새로운 장치와 절차를 시도하기 위한 의사의 의지와 관련이 되어 있다. 확실한 전문가(예: 심장병 전문의)들은 새로운 기술들에 대한 그들의 이해력으로 알려져 있다. 그러나 다른 의사 집단들은 좀 더 위험 회피적이 될 수 있고 결과적으로 일하는 것에 관한 새로운 방법을 기꺼이 덜 선택할 수 있다. 기술을 향한 이러한 보수적인 태도는 특히 특정 지역에서 확인될 수 있다. 예를 들면, 인도에서 일하는 스탠포드 바이오디자인 연구원들(Standford Biodesign Fellows)을 때때로 새로운 장치들을 시도하는 것에 대해 열린 마음을 가진 의사들을 찾는 것이 어려울 수 있다는 좌절감을 표현한다. 이러한 이노베이터들은 발명의 얼리 어답터로서 역할을 하는 한 명 또는 두 명 정도의 핵심적인 의사들을 확인하기 위해 그들이 상당한 시간과 에너지를 쏟아야만 한다는 것을 보고한다.

전문적인 사회의 역할은 고려하기 위한 또 다른 중요한 요소이다. 가장 잘 설립된 의료 분야를 위해, 요구가 존재하는 분야를 처리하는 다수의 협회들이 있다. 이러한 집단에 포함된 의사들은 그들 각각의 분야에서 이론가들로 간주되었고, 그 분야에서 새로운 발전에 관한 비용과 이익에 대해 강한 의견을 가질 것 같았다.

새로운 치료의 잠재적인 활용에 관해 의사의 행동은 일반적으로 다음의 *직접적* 요소들에 의해 이끌어진다:

대행사 의사들의 권한은 그들의 환자들에 관한 최고의 이익을 대표하는 것이다. 환자의 대행인으로서 의사의 치료 권고는 반드시 신중하게 환자에 대해 위험과 이익의 균형을 맞추어야만 하고 환자의 선호를 고려해야만 한다. 의료 윤리는 이 관계로 기초를 이룬다(이 장의 "이해관계자 분석에서의 윤리적 고려사항"을 다룬 이 챕터의 그 부분을 보라).

임상 결과 새로운 해결책의 사용을 통해, 임상 결과는 태도와 의사들이 의료적 결과를 향상시킬 수 있는 정도를 언급한다. 대행사와 제휴하여, 이것은 새로운 기술을 선택하는 의사들을 얻기 위한 가장 설득력이 있는 요소들 중 하나이다.

경제적 충격 새로운 치료를 선택하는 것에 관해 의사에 대한 재정적인 영향은 중요한 고려사항이다. 이는 어떻게 (얼마나 많이) 의사들이 상환 받을지도 모르는지 또는 그렇지 않으면 치료와 그들이 매년 행할 치료들의 수를 위해 보상 받을지도 모르는지를 포함한다. 이러한 계산은 의사의 진료 내에서 기존의 기술과 그들의 중요성에 대해 이해가 되어야만 한다. 예를 들면 만약 새로운 해결책이 상당한 교육을 요구하고, 기존의 일의 흐름을 방해하고, 주요한 장비 구매를 요구하고 기존의 (비싼) 구식 장비를 제공한다면, 저항에 맞닥뜨릴 수 있다.

모바일 헬스(mHealth)와 원격 감시 기술은 어떻게 직접적인 재정 인센티브의 부족이 새로운 기술의 채택을 늦출 수 있는지에 대한 예를 제공한다. 비용을 줄이는 동안 케어를 개선하는 것에 관한 공약과 같이, 많은 디지털 기기들과 지원들이 미국에 도입되어왔다. 그러나, 서비스 지급 제도의 고전적인 수수료 아래에서, 그들은 폭넓게 상환되어 오지 못했다. 기술들이 가능하게 하는 효율성과 질 향상을 기반으로 하는 비용을 정당화시키면서, 몇몇의 의사들은 점차적으로 그들에 끌렸다. 그러나, 지급을 보장될 때, 오직 대규모의 선택이 이루어질 것이다. 책임진료기구(ACOs)와 환자 중심의 의료 시설 아래에서, 가치 기반의 상환을 향한 그 움직임은 잠재적으로 이러한 움직임을 위한 기폭제로서 역할을 할 것이다.[28]

위험 새로운 치료를 선택하는 것에 관한 의사에 대한 위험들은 임상적 불확실성에서 잠재적인 증가(또는 감소)를 포함한다 (예: 환자들에 관한 안전성 위험과 부작용). 그것은 의료과오 보험에서 변화의 영향뿐만 아니라, 과오행위 책임과 증거를 기반으로 하는 가이드라인에 순응하지 않는 책임을 보장한다. 몇 가지 케이스들에서, 새로운 혁신들은 의사의 위험과 과오행위 책임을 줄일 수 있다.

새로운 치료의 활용에 관해, 의사의 행위는 또한 일련의 *간접적인* 요소들에 의해 이끌어진다:

기회 비용 새로운 치료가 어떻게 진료에 적합할지 알아내는 것에서, 이노베이터들은 의사들이 어떻게 현재 그들의 시간을 사용하는지 분석해야만 한다. 얼마나 오래 현재 치료 옵션들을 관리하기 시작했는지, 어떻게 많은 절차들이 일반적으로 주어진 시간 안에서 실행되는지 이해해라. 결국 그것을 처리할 필요와 해결책에 대하여 알게 될 때, 이러한 정보는 기준이 될 수 있다. 구체적으로, 의사들이 새로운 해결책을 선택할 때, 시간 단위당 벌어들일 수입이 적어도 현재와 같은 시간 단위로부터 벌어들일 수입과 같아져야만 한다. 그렇지 않으면, 새로운 치료 대안의 선택과 관계된 기회 비용은 그것의 선택에 대해 호소하는 것에 너무 높게 인지될 수 있다. 이러한 케이스들에서, 의사의 실현 가능한 행위에서의 바람직한 변화를 만들기 위해, 임상의 이익은 극히 주목을 되어야 할 것이다.

일의 흐름 모든 새로운 치료법들이 중요한 자본 지출(예: 새로운 장치에서 대한 투자)을 동반할 수 없지만, 거의 모든 것들이 일의 흐름에서 변화를 요구할 것이다(또는 그것들이 사용되는 과정). 어떻게 새로운 치료가 기존의 의사 진료를 방해할 수 있는지 또는 그것이 보편적인 과정에서 상대적으로 균일하게 통합될 수 있는지 그리고 만약 그렇다면 이것이 비용은 얼마나 될지. 그들의 기존의 하루 일상에서 쉽게 합쳐질 수 있는 것과 비교되면서, 만약 그것이 그들의 익숙한 일의 흐름에 상당한 변화를 요구한다면, 새로운 치료를 선택하는 의사들을 얻는 것이 더 어렵다는 것을 기억하는 것이 중요하다.

각각의 사용 새로운 혁신이 의사의 직업이 더 쉽거나 더 어렵게 실행하도록 만들 것 같은지 아닌지 평가해라. 일의 흐름은 장치가 사용되는 과정을 고려하는 동안, 각각의 사용은 그 장치가 그 과정의 각 단계마다 사용하는 것이 얼마나 어렵거나 쉬운지 고려한다. 비용에 관해서, 이노베이터는 교육이 새로운 치료와 의사들이 발전시킬 필요가 있는 새롭거나 특별한 기술을 수행하기 위해 요구 받을지도 모른다는 것을 고려해야만 한다. 비용 면에서, 혁신이 의사들을 위해 효율적인 치료를 제공하는 것을 더 쉽게 만들지 모르는 방법을 확인해라. 각각의 사용은 새로운 기술과 수용을 빠르게 이끌 수 있는 요소에 대해 강한 이점이 될 수 있다. 가이던트 기업(Guidant Corporation)이 관상 동맥 질병을 치료하는 새로운 희귀 금속 스텐트를 소개했을 때, 이것이 증명되었다. 왜냐하면 사용하는 것이 훨씬 더 쉽기 때문에 (그리고 환자의 동맥 내에서 거의 같은 양의 의사의 경험과 효율적으로 놓아두는 기술을 요구하지 않았다), 코디스 기업이 먼저 그것의 제품을 내놓았다는 사실에도 불구하고, 그것은 빠르게 시장 주도자인 코디스 기업에 의해 알려진 희귀 금속 스텐트를 대체했다.

평판 새로운 혁신의 선택이 환자들에 의해 긍정적으로 또는 부정적으로 인지될지 모르는지와 차례차례 그것의 효과가 의사의 사회에서의 의사의 지위에 있을지도 모른다는 것을 고려해라. 만약 의사들이 그들의 분야에서 선구자가 되는 걸로 알려진다면, 혁신을 선택하는 것에 관해 그들의 진료에 대한 간접적인 이점(예: 시계)들을 평가해라. 정반대로, 만약 의사가 위험 회피적이고 증명된 치료를 제공하는 것을 자신이 있다면, 탐구적 해결책을 선택하는 것에 관해 알려진 비용을 고려해라. 의사들과 특별함 사이에 의사의 평판에 대해 새로운 기술들과 그들의 영향에 관한 인식에서 상당한 차이점들이 있다. 예를 들면, 국제적인 심장병 전문의들은 새로운 기술들의 얼리 어답터들가 된 그들 자신을 자랑하는 동안, 심장외과의들은 그들의 관점에서 좀 더 보수적이었다. 이것은 왜 새로운 기술들의 선택률이 이러한 두 가지 특수성들 사이에 극적으로 다양할 수 있는지를 설명할 수 있다.

시설

병원, 수술센터, 연구실, 그리고 서비스가 제공되는 다른 장소들 같은 시설의 1차적인 이익들은 크게 재정적으로 이끌어진다. 그러나, 필요에 관한 그들의 관점들은 그들의 수술이 어떻게 조직되는지에 크게 영향을 받을 것이다. 만약 그들이 단일 참여자 시스템에서 참여자(예: 노르웨이), 통합 전송 네트워크(IDN) (예: 카이저)또는 책임진료기구(예: 세다르-시나이 책임 케어(Cedars-Sinai Accountable Care))라면, 만약 그들이 좀 더 고전적인 시설에 지불하는 수수료로 구성된다면, 그들의 재정적인 동기부여는 더 복잡해질 것이다. 그러나, 이 단순한 진실은 일정함을 유지한다: 조달하는 비용을 줄이고 제3자의 상환에 대한 걱정이 없는 자들이 가장 수용할 것 같지만, 조달 비용을 증가시키는 혁신은 이러한 이해관계자 집단으로부터 가장 저항을 받을 것 같다.

이노베이터들은 또한 치료를 발생시키는 환경의 유형에 의존하는 재정적인 동기부여와 행위에 상당한 차이점들이 있다는 것을 이해해야만 한다. 만약 한 기관이 비영리 대 영리 목적의 조직 또는 학습 교육 센터 대 지역 병원일 때, 경제적 계산은 엄청나게 다를 수 있다.

미국 같은 여러 지역에서, 시설들은 또한 치료, 절차와 시험이 제공되는 위치를 옮기는 혁신에 민감할 수 있다. 왜냐하면 그들이 벌어들이는 수입이 위치에 기초하여 자주 조정되기 때문이다. 예로써, 헤모글로빈 A1c(HbA1c), 당뇨병에서 포도당 제어에 관한 표시로서 사용될 수 있는 헤모글로빈의 변종(혈액의 산소를 옮겨주는 분자)을 시험하는 **현장진단**(point-of-care, **POC**)를 고려해라. HbA1c를 시험하는 것은 일반적으로 외래환자 병실에 가는 환자를 필요로 한다. 현장진단 시험은 시험에 관한 장소를 연구실에서 병동까지 바꿀 것이었다(또는 의사의 사무실). 이런 시험들을 위해, 이해관계자들은 현장진단 시험들을 수행하는 의사들뿐만 아니라 이전의 서비스를 제공한 연구실들을 포함한다. 이런 현장진단 시험에 관해 **미국 식품의약국(FDA)**을 통한 승인을 따르면서, 메트리카 인뷰(Metrika InView), 일련의 연구들은 '최적의 표준'으로 고려되는 연구실 시험과 함께 현장진단 시험에서 연구실에서 진행된 시험으로부터의 것들까지의 결과들을 비교해서 행해졌다[29](제조업자에 의해 관리되거나 영향 받지 않는). 연구들은 결과들 사이에서의 연관성이 높았지만 연구실에서 현장진단 시험을 대체하도록 할 만큼 충분히 높지 않았다는 것을 보여줬다. 그 방법이 보증된 NGSP 인지 아닌지, 그것이 분야 설정에서 얼마나 잘 실행하는지 그리고 그것이 보편적인 방해로부터 자유로운지를 포함하는 HbA1C 현장진단 시험을 위한 새로운 방법을 평가할 때,[30] 이러한 연구들 중 하나를 동반하고 병리학 교수에 의해 쓰여진 사설은 고려할 수많은 이슈들이 있다고 논했다.[31]

이런 반응은 연구실에서 일하는 병리학자들이 현장진단 시험의 선택에서 이해관계를 가진다는 것을 증명한다. 의학 저널에서 그들의 관점이 나타날 때, 그들은 새로운 시험의 선택을 방해하거나 촉진하는 잠재력을 가진다. 이노베이터들은 이런 관점을 예상하는 것과 그것들을 획득하기 위한 전략을 발전시키는 것을 시도해야만 한다. 예를 들면, 적절한 증명을 보장하는 것과 신중하게 미국 FDA의 요구사항을 초과할 수 있는 임상 연구를 설계하는 것이 있다.

시설들은 수익성을 높이는 그들의 모든 절차들을 희망하는 동안, 그것은 "특매품 – 그들이 지불하는 것보다 덜 지불한 절차"로서 지정 받은 몇 가지를 위해 보편적이지 않다. 왜냐하면 그들은 그 시설의 다른 분야들에서 사업(환자 수송, 부대수입)을 하기 때문이다. 예를 들면, 많은 투석 센터에서 투석의 제공은 손해를 보고 실행된다. 왜냐하면 그것은 이익이 빈혈치료제의 관리, 적혈구 생산을 자극하고 빈혈증을 통제하는 것을 돕는 필수적인 약품 같이 환자들이 투석을 받는 동안 일반적으로 관리되는 다른 서비스로부터 작동되는 것에서 발생한다. 만약 혁신이 관리되거나 활용되는 시설을 위한 수익성이 없다면, 이노베이터는 혁신이 시설에 순 이익을 남긴다는 것을 조정하거나 제거하면서, 그것과 함께 딸려나갈 수 있는 관련 제품/서비스에 대해 창조적으로 생각해야만 한다.

책임진료기구에서의 참여는 절차, 시험 그리고 시설이 투자하는 치료에 영향을 미칠 수 있는 또 다른 요소이다. 케어의 질에서 수행 기준을 충족시키고 "환자들을 먼저 두는 동안", 병원과 책임진료기구를 형성하는 다른 제공자들은 의료 비용에서 그것의 집합적 성장을 낮추는 것에 대해 컨소시엄을 보상하는 의료보험 공유 절약 프로그램을 위한 자격이 있다.[32] 의료보험 수수료 규칙 아래에서, 책임진료기구에서 제공자들은 상환 지급을 돌려받는 것을 지속한다. 그러나, 만약 그들이 기존의 기준에 관해 정해진 질의 기준을 충족하거나 초과하고 최소한의 절약 비율(Minimum Savings Rate, MSR)에서 또는 그 위로 절약을 성취한다면, 그들은 그들의 평가 점수를 기반으로 한 전체 절약에서 공유한다.[33] 33개의 품질 지표들은 4개의 핵심 영역에서 국가적으로 인식된 조치를 사용하는 것으로 정의되어 왔다.[34]

- 환자/간병인 경험 (7개의 기준)
- 관리 조정/환자 안정성 (6개의 기준)
- 예방적 건강 (8개의 기준)
- 위험 환경에 있는 연령대
  - 당뇨병 (1개의 기준과 5개의 기준을 구성하는 1개의 혼합)
  - 고혈압 (1개의 기준)
  - 허혈 혈관 질병 (2개의 기준)
  - 심장 부전 (1개의 기준)
  - 관상 동맥 질병 (2개의 기준을 구성하는 1개의 합성)

중요하게도, 이런 생각은 그들의 케어 우선사항을 용량에서의 엄격한 중심에서 향상된 결과로 옮기기 위해 고전적인 수수료 제공자에게 건전한 재정적 근거(이전의 하나가 존재하지 않았던)를 제공하기 시작한다. 예를 들면, 시설 운영진들은 병원 재허가를 방지하고 응급실 사용을 줄이기 위한; 팔팔한 만성 질환 관리 프로그램을 만들기 위한; 병원에서 집으로의 환자 케어 이송의 관리를 향상시키기 위한(다른 케어 장소들); 그리고 환자 중심의 의료 시설 모델과 함께 실험하기 위한 이행에서 환자들을 활동적으로 관리하는 새로운 프로그램들과 기술에서 증가된 이익을 나타내 왔다.[35]

위에 적혀져 있듯이, 많은 집단들은 의사들, 시설 운영진들, 그리고 구매 전문가들을 포함하면서 시설의 치료(그리고 구입하는) 결정을 형성한다. 그러나, 의사들이 개별적으로 평가 받기 때문에 이노베이터들은 어떻게 관리와 구매가 전략적 분석 동안에 필요에 반응 하는지 이해 하는 것에 그들의 첫 번째 초점을 두어야 한다.

새로운 치료의 선택을 위한 시설 이해관계자의 행위를 이끄는 *직접적인* 요소들은 포함한다:

경제적 충격 어떻게 새로운 치료의 비용이 보장될 것인지에 의존하면서, 이노베이터들은 잠재적인 변화가 증가할 수 있을지, 감소할지 또는 주어진 질환 상태를 치료하는 것의 전체적인 비용을 변함없이 쥐고 있을지에 대해 생각하는 것을 시작해야만 한다. 왜냐하면 치료를 위한 고전적인 시설 사용료가 일반적으로 초래될 수 있는 증가된 비용을 더 높게 조정하지 않기 때문에(예: 시설들은 일반적으로 치료를 위해 고정된 사용료를 돌려받는다), 새로운 혁신은 시설의 예산에서 전체적인 비용을 감소시키거나 중성적 영향을 가지는 치료와 관계된 보조적인 비용을 감소시켜야만 한다. 예를 들면, 만약 수술을 위한 시설의 사용료가 고정되고 더 길게 머물러도 증가하지 않는다면, 수술을 따르는 병원에서 환자들이 머무르는 기간을 줄이는 것이 시설이 새로운 치료를 선택하도록 하는 큰 재정적인 인센티브를 제공할 수 있다(4.3 보험의 기초 참조). 또한, 현장진단 예시가 설명할 때, 치료가 관리되는 위치를 바꿀 수 있는 혁신에 대해 신중하게 생각해라(예: 시설로부터 사업의 주의를 돌린다). 만약 그 시설이 책임진료기구의 한 부분 이라면, 그들이 요구를 잘 받아들이는 것 같다고 인식해라. 만약 요구가 처리된다면, 그들은 자금을 절약할 뿐만 아니라 공유 절약 프로그램(Shared Savings Program)에서 장애물로서의 역할을 하는 품질 규격을 충족시키는 것을 도울 것이다.

위험 시설의 위험 프로필에서 새로운 치료의 효과를 고려해라. 다른 것들이 그것을 증가시키는 동안, 몇 가지의 절차들은 상당히 시설의 위험성을 줄인다. 책임과 보험에 영향을 주는 것을 통해, 위험의 증가는 직접적인 재정 비용을 동반할 수 있다.

새로운 치료의 선택에 관해서 시설 대표들의 행위에 영향을 미치는 *간접적인* 요소들은 포함한다:

기회 비용 시설들은 그것들의 제공자, 지원 스태프, 그리고 케어를 제공하는 물리적 공간에 관하여 제한된 자원을 가진다. 만약 새로운 치료가 각 해마다 행해지는 절차의 수를 변화시킬 것이라면, 그것은 작업실 또는 다른 환경에서 절차상 시간을 만들 수 있거나 소비할 수 있다. 이것은 다른 절차에서 사용될 수 있었던 시간이다. 그러므로, 절차상의 시간 단위를 발생시킬 수 있었던 잠재적인 이익은 기존의 절차를 통해 발생된 이익을 초과해야만 한다.

평판 명확한 분야에서 선구자로서 보여지는 것은 시설에 환자들을 끌어들일 수 있다. 만약 이노베이터는 추가적인 환자들을 끌어내는 시설을 위해 이끌어 들이는 역할을 한다면, 그 시설은 추가적인 환자 운송의 이익을 성취하기 위해 다른 분야들에서 균형을 만들 필요가 있을 수 있다. 특히 만약 추가적인 환자 운송이 시험 같은 추가적인 보조 비용을 위한 필요를 낳는다면, 향상된 외과 수술결과를 얻는 것과 덜 외과적인 절차를 만드는 것에 사용될 수 있는 혁신적인 외과 로봇인, 다빈치 로봇(DaVinci robot)가 그들의 평판을 강화하는 얼리 어답터인 병원에 의해 사용되는 기술의 좋은 예를 제공한다.

지급인

만약 지급인들이 의료 혁신을 위한 적절한 상환을 승인한다면, 그것은 보험 시스템이 지급 풍경을 지배하는 설정에서 선택을 자극하는 강력한 원동력이다. 반면에 만약 지급인들이 상환을 부인하거나, 미루거나 제한한다면, 치료가 직접적으로 그것을 지급하는 환자들을 충분히 얻는 것이 매력적이지 않는 한 새로운 치료의 성공에 대해 극히 해로울 수 있다. 많은 케이스들에서, 규제력을 지닌 허가를 얻는 접근을 발전시키면서, 상환하는 방법을 확인하는 것은 성공에 동등하거나 더 중요하게 되어 왔다. 중요하게도, 이노베이터들과 의료 장치 회사들은 규제력을 지닌 승인을 요구 받은 데이터가 때때로 지급인에게 강제적인 경우를 만드는 데에 충분하지 않다는 걸 인식해야만 한다. (4.3 보험의 기초와 5.6 보험 급여 전략은 지급인, 그들의 상환 결정과 어떻게 이노베이터들이 그들에게 영향을 미치는지에 대해 더 많은 세부사항을 제공한다.

역사적으로, 많은 새로운 혁신들은 지급인의 관점으로부터 증가된 비용과 아주 밀접해져 왔다. 특히, 이것이 주어진 환자를 위한 더 낮은 장기간 비용의 가능성을 동반할 때, 지급인들이 새로운 발명에 투자하는 것을 지속하는 이유는 더 나은 결과의 관한 약속이다(예: 많지 않은 입원 기간, 수술, 또는 케어의 다른 비싼 형태). 그러나, 만약 비용 부담이 너무 크거나 인지된 임상적 이익들이 상당하지 않다면, 공공 그리고 민간의 지급인들 둘 다 보장범위를 부인할 수 있고 환자 집단을 하위 집단으로 나누고 특정 하위 집단에 대한 배상을 제한하는 것을 통해 새로운 치료를 위한 자격이 있는 환자들의 수를 제한할 수 있다. 지급인들이 사용하는 또 다른 잠재적인 시나리오는 새로운 치료를 활용하기 전에 의사들이 대안 치료요법을 시도하도록 압박하는 단계적 치료 가이드라인을 이행하는 것이다.

일반적으로, 만약 그들이 중요성이 증가하는 이러한 후자 요소처럼 상당히 낮은 비용에서 어려운 임상 종점(사망, 사망률)을 향상시키는 것과 비교할만한 임상 결과를 이루는 것을 증명한다면(확실한 임상시험을 통해), 지급인들은 새로운 의료 기술들을 잘 받아 들일 것 같다.

환자의 편의, 의사의 편의 또는 삶의 질 같은 좀 더 부드러운 종점들은 개선점들이 의학적으로 필수적이도록 보여지지 않는 한 상환을 덜 얻을 것 같다(그리고 의료적 필요성은 그들의 상환과 마케팅 노력의 부분으로서 이노베이터들에 의해 형태를 자주 갖출 수 있는 약간 애매모호한 개념이다 – 5.6 보험 급여 전략과 5.7 마케팅 및 이해관계자 전략 참조). 지급인들은 또한 새로운 기술들이 치료 패러다임에 대한 위험을 더하지 않는 것을 확신시킬 필요가 있다.

몇몇의 국가에서, 지급인들은 이미 건강관리 지출에 대해 결정을 내리는 것에 명확한 증거를 기반으로 하는 접근을 수용해 왔다. 국민건강보험(National Health Service, NHS)는 그것의 국립보건임상연구원(National Institute for Health and Service Excellence, NICE) 통해 가장 잘 알려진 예를 제공한다. 공식적인 기술 평가 과정을 통해, 국립보건임상연구원 은 그것의 비용에 관해 그것이 얼마나 잘 수행하는지 측정하는 경제적인 증거에 따라 새로운 치료가 얼마나 잘 해결하는지 평가하기 위한 임상의 증거를 평가한다.[36] 이러한 평가에 기초하여, 추천은 국민건강보험이 어쩔 수 없이 합법적으로 따르는 것이 된다.[37] 이러한 평가들의 목적은 상환 불확실성을 줄이고 각지에 건강관리에 대한 접근을 표준화하는 것을 돕는 것이다. 그러나, 기술 평가들은 또한 국민건강보험이 그것의 한정된 자원의 가장 효율적인 사용에 대한 명확한 결정을 하는 것을 허가한다. 국립보건임상연구원은 국제적으로 다른 치료들과 그들의 임상의 효과; 품질 조정 수명 측정(QALY라 불리는)을 비교하기 위한 인식된 방법에 의존한다. QALY는 한 사람이 새로운 치료의 결과로서 얻을지도 모르는 합리적인 품질에 관해 얼마나 많이 삶의 몇 달 또는 몇 년 정도 되는지에 관한 평가를 제공한다. 비용 효율성은 QALY 당 치료 비용이 얼마나 되는지 계산하는 것에 의해 결정된다. 각각의 개입은 개별적으로 고려되지만, 국립보건임상연구원은 일반적으로 치료 비용이 QALY 당 20,000~30,000보다 더하다면, 그것은 비용 효율적이라고 간주되지 않는다고 규정한다.[38]

치료 상환을 정당화하는 증거 기반 분석을 사용하는 것에 대한 경향은 점점 세계의 지불인과 정부에 의해 수용되고 있습니다. 건강관리를 제한하는 것에 관한 생각은 정치적으로 유명해지지 않고 언론에서 비난을 받아온 미국에서 비교할만한 접근이 아직 널리 선택되지 않는 동안, 그것은 새로운 치료와 기술의 비용 효율성과 그들이 제공하는 가치는 오늘날의 예산 제약 환경에서 가장 중요하게 된다는 것이 명확하다. 이러한 접근들과 함께 한 가지의 도전은 호의적인 상환 결정을 정당화하기 위한 임상 실습에서 최종적인 비교 분석을 수행하는 것 또는 그 대신에 기술의 사용으로부터 데이터를 모으는 것을 요구 받는 추가 시간이 될 수 있다.

좋은 예는 뇌동맥류의 카테터에 기초해서 치료를 위한 동맥류 코일(Guglielmi Detachable Coil, GDC) 케이스이다. 1995년 미국에서 그 장치는 미국 식품의약국(FDA) 승인을 받았지만, 처음으로 그것을 사용하는 병원들은 부적절한 상환 지급 단계로 인해 관련 절차에서 자금을 잃었다. 2003년까지, 제품의 생산자인 보스턴 싸이언티픽(Boston Sceintific)은 병원 비용이 지급을 초과하는 규모를 증명한 연방 메디케어 및 메디케이드 서비스(Centers for Medicare and Medicaid Services, CMS)에 대한 노인 의료보험 청구 데이터의 분석을 표현할 수 있다는 것이 아니었다. 2004년에 연방 메디케어 및 메디케이드 서비스가 평균 지급 단계를 두 배로 만든다는 변화에 동의했다(5.6 보험 급여 전략 참조).

새로운 혁신에 대한 환자의 접근을 최대화하는 동안, 지급인들과 제조업자들은 때때로 가치를 증명하는 창조적인 접근을 사용할 필요가 있다. 예를 들면, 만약 초기단계의 유방암이 있는 여성은 화학 요법으로부터 이익을 얻는다면, 결정을 돕기 위해 고급 유전자 검사를 발전시킨 회사인 지노믹 헬스(Genomic Health)를 고려해라(오직 적은 비율의 환자에서 보편적으로 규정된 효율적인 치료). 비록 진단의 유효성이 강한 임상적 증거에 의해 돌아올지라도, 만약 부정적인 시험 결과를 가진 여성들이 화학요법을 받는 것은 아니지만 선택한다면, 지급인들에 대한 그것의 가치는 인식된다(효력이 없는 치료를 관리하는 것에서 자금을 절약함으로써). 그러나, 한 명의 지급인인 유나이티드 헬스케어(UnitedHealthcare)에 따르면, 비록 그들이 그것을 필요로 하지 않을 것을 제안했을지라도, 너무 많은 여성들이 여전히 화학 요법을 받는 중이었다. 이러한 이유로, 그것이 최초의 18개월 동안 시험의 비용을 보장하는 아래에, 결과가 감시되는 동안 유나이티드는 지노믹 헬스와 함께 조건부 동의에 들어갔다. 만약 진단에서 낮은 점수 얻은 충분한 여성들이 화학 요법을 피했다면, 유나이티드가 실제의 진료에서 시험이 의도한 영향을 가지지 않는 다는 것을 이유로 지노믹 헬스와 함께 낮은 가격을 협상하는 기회를 가졌을 것이다. 유나이티드헬스케어에서 종양학의 부회장을 맡고 있는 Dr. Lee N. Newcomer에 따르면, 이러한 준비는 어떻게 그것의 제품이 의료 시장에서 사용 되었는지에 좀 더 책임이 있는 제조업자를 만들기 위해 설계되었다.[39] 시험 기간 다음에, 유나이티드헬스는 에스트로겐 수용체 양성, 가슴의 음성 결절 유암을 가진 환자를 위한 시험에 대한 보장범위를 확장했다[40](지노믹 헬스에 대한 더 많은 정보를 위해 2.4, 5.7절 참조).

새로운 치료법의 선택에 관해서 지급인의 행위를 이끄는 *직접적인* 요소들은 포함한다:

임상 결과 이노베이터들은 기존의 치료 대안에 관해 결과를 향상시키는 것에서 장기간의 지속적인 치료뿐만 아니라 가까운 날의 의료적인 이점들도 고려해야만 한다. 증상들과 개별적인 치료를 자주 요구하는 부작용들의 제거는 지급인의 관점에서 또한 중요할 수 있다. 미국에서, 임상 결과를 위한 기준은 그들이 상환 결정에 따라 행동하기 전에, 점차적으로 상호 심사 학술지(peer-reviewed)에 발표된 두 개의 개별적인 전향적 무작위 비교연구(randomized controlled clinical trials)를 요구하는 많은 지급인들과 함께 증가해왔다.

경제적 충격 기존의 치료 대안에 관해, 여느 새로운 치료의 총 비용을 평가할 준비가 되었다. 잠재적인 해결책에 대해 더 알려질 때, 이노베이터는 치료 시 지급과 함께 시작할 수 있다(지급인이 새로운 절차를 위해 얼마나 상환할 의지가 있을 것인지). 그리고 한 해에 예기된 치료 숫자를 통해 이것을 크게 증가시킬 수 있다. 새로운 치료가 지급인 비용을 얼마나 증가시킬 것인지에 대안 치료가 계산하도록 이것과 데이터를 비교해라. 몇 가지 케이스에서, 이노베이터는 상환을 요구하는 입원 또는 추가적인 시험(피검사 또는 X-선) 같은 다른 서비스가 감소하는 것을 통해, 지급인에 대한 혁신이 가까운 기간 또는 장기간의 비용을 감소시킬 수 있을지 평가할 수 있다. 지급인에게 재정적인 충격에 관해 생각하는 다른 방법은 한 달에 한 사람당 그것의 비용에 대한 증대하는 증가 또는 감소이다. 만약 절차 당 증가가 크지만 환자의 수단의 상대적인 크기가 작다면, 지급인들은 더 좋은 결과의 더 높은 비용에 대해 미미하게 덜 민감할지도 모른다. 정반대로, 만약 비용에서의 증가는 작지만 환자의 수단가 크다면, 혁신은 저항을 예상할 수 있다. 만약 새로운 치료가 상당히 더 많은 환자들이 지급인에 대한 상당한 비용 증가를 대표할 수 있는 치료를 찾는 것과 같은 방법으로 치료를 위한 시장을 잠재적으로 확장할 수 있다면, 고려하는 것 또한 중요하다.

새로운 치료의 선택에 관해 지급인에 영향을 미칠 수 있는 *간접적인* 요소들이다:

경쟁 지급인들은 자주 집단으로 움직인다. 상환 결정에서 지급인들 사이에 경쟁 세력을 고려해라(특히, 민간 영역에서). 그리고 이점들(예: 시장 점유에 관해서) 그리고 새로운 해결책을 보장하는 첫(또는 나중) 지급인이 되는 것에 관한 비용에 대해 생각해라.

평판 새로운 치료를 제공하는 것에 관한 지급인의 평판에서의 효과에 대해 생각하는 것은 이노베이터들을 위해 도움이 될 수 있다. 만약 여느 새로운 치료가 널리 획기적으로 되는 것으로서 인지된다면, 지급인은 그것을 보장하지 않는 결정을 정당화는 더 어려운 시간을 가질 것이다. 정반대로, 만약 새로운 치료가 이용 가능한 대안에 관해 많은 비용이 들어서 아직 한정적으로 효과적이라면, 지급인은 그것만의 내부와 외부의 이해관계자들이 그러한 움직임과 같이 대단히 중요한 비용 자각적인 환경에서 상환을 정당화하는 인센티브를 덜 가질 것이다.

이해관계자들 사이에 상대적인 힘과 연결

이해관계자의 행위를 이끄는 원동력이 이해될 때, 이해관계자들은 그들의 특별한 성격, 동기 그리고 잠재적인 충격의 단계를 기초로 하여 분류될 수 있다. 중요하게도, 그것이 새로운 해결책의 선택이 될 때, 모든 의사결정자들은 이해관계자들이지만 모든 이해관계자들이 의사결정자들은 아니다. 이노베이터들은 이해관계자들이 근본적으로 선택 결정에 게이트 키퍼가 될 것과 그들이 영향력을 행사하는 역할을 하는 것을 확인하는 것이 필수적이다. 일반적으로, 영향력을 행사하는 사람에 놓여진 2차적인 강조와 함께 의사결정자들의 관여와 약속을 이해하고 관리하는 것에 더 많은 시간, 노력 그리고 자원들은 쓰여진다.[41]

핵심 이해관계자 집단들 사이에 관계들은 분석되어야만 한다. 의료 환경에서, 단독의 이해관계자 집단은 다른 집단들로부터 별개로 시행되지 않는다. 예를 들면 시설들 안에 구매 전문가들은 그들 만의 이슈, 우선사항 그리고 고려사항들을 가지지만, 그들이 관련된 의사의 필요와 수요를 또한 만족시켜야만 하고 조직의 수뇌부에서 운영진에 의해 사전에 설정된 전략적인 우선사항을 가진 그들의 노력을 조정해야만 한다.

환자들은 전형적으로 그들의 의사들의 지침을 따르지만, 치료 대안과 위치를 포함하면서 의료 의사결정에 대해 통제를 점점 더 행하는 중이다. 의사들과 환자들은 새로운 혁신을 포괄하는 것을 찾을 수 있지만, 지급인의 체계의 결정 과정에 의해 방해된 그들의 선택을 가질 수 있다. 이러한 타입들의 상호 연결된 이슈 결과로, 이해관계자들의 이익에 관한 민영화는 매우 중요하다. 왜냐하면 그것은 이러한 이익들이 처리되는 순서를 결정할 수 있다.

현장에서 이너펄스 주식회사(InnerPulse Inc)

혁신과정에서 이해관계자 반응을 예상하고 관리하는 것

그것이 발견되었을 때, 이너펄스 주식회사(InnerPulse Inc) (이전에 중재적 리듬 관리)는 PICDs™ (피부를 통한 이식형의 심장 제세동기)를 발전시키는 것에 집중되었거나 카테터를 기반으로 하는 접근을 통해 놓일 수 있었던 ICDs를 최소화했다. ICDs은 환자가 급성 심정지로 고통받을 때, 심장에 거칠게 충격을 주는 것을 통해 급성 심장사를 방지하는 데 사용된다.

그 회사의 제품은 총 길이에서 56센티미터 정도되는 연필처럼 가는 요소의 체인으로 만들어져 있다. 10분 안에 표준 카테터를 기반으로 하는 접근을 사용하면서, 그 장치는 피부를 통해 혈관계에 놓인다(피부 건너에). PICDs 두 가지 방법으로 관습적인 ICDs로부터 차별화 된다: 그들의 크기와 전달 방법. 관습적인 ICDs는 대략 하키 퍽 사이즈 정도이고 보통 환자의 가슴 상단에 수술로 이식된다. ICD 장치의 복잡성과 그에 동반하는 절차로 인해, 이식은 보통 심장 전기 생리학자(EPs)로 알려진 오직 소수의 심장 박동 전문의들에 의해 수행된다. 그에 반해서, 그것의 좀 덜 외과적인 전달 방법으로 인해, PICD는 심장 전기 생리학자와 혈관에서의 장애를 치료하기 위해 일반적으로 카테터를 사용하는 중재적 심장병 전문의(ICs)에 의해 이식될 수 있다. 결과적으로, 그것은 ICDs로부터 잠재적으로 이익을 얻을 다수 집단의 제세동기 지원자들에 접근이 쉬울 수 있다(그림 2.3.5 참조).

ICDs로부터 이익을 얻는 2개의 기본적인 환자 그룹들이 있다: 2차적인 예방 환자 – 급성 심정지를 겪은 사전 에피소드를 가진 환자들 그리고 1차 예방 환자 – 갑작스러운 높은 위험의 심정지에서, 35% 보다 작은 좌심실 박출 계수(<35%) (보통 박출 계수는 일반적으로 55% 크다 → 55%) 에 의해 나타난 약해진 심장을 가진 환자들. 1차 예방 시장이 ICDs가급속도로 이 환자들의 사망률을 감소시켰다는 걸 보여줬던 두 가지의 임상시험의 결과[MADIT-II(2001)와 SCD-HeFT(2004)]로서 급속도로 증가했다. 이러한 결과를 토대로, ICD 이식의 조짐은 급성 심장사에 대한 위험에서 비슷한 백만 명보다 더 늘어났다. 그러나, ICD를 찾는 1차 예방 환자들의 엄청난 수는 현재 전국에 걸쳐 1,800명의 심장 전기 생리학자를 압도하는 중이다. 이 문제의 결과는 잠재적으로 ICD로부터 수혜를 받는 오직 모든 환자들의 10~20%만이 장치를 받아왔다. PICDs는 이러한 거대하며 이전의 아직 손대지 않은 시장을 드러내는 잠재력을 가지고 있다. 제세동기 치료법을 시작하기 위한 제한된 수의 심장 전기 생리학자로 인해, 시장에 대한 이러한 침투는 PICDs가 역할을 할 수 있었던 점을 이해하는 것을 도와주는 것에서 중요한 요소이다.

왜냐하면 PICDs는 단지 심장 전기 생리학자 대신에, 중재적 심장병 전문의(ICs)에 의해 관리되기 때문에, 그들은 몇 가지 중요한 이해관계자의 이슈를 언급한다. 이너펄스가 급성 심장사를 방지하기 위해 덜 외

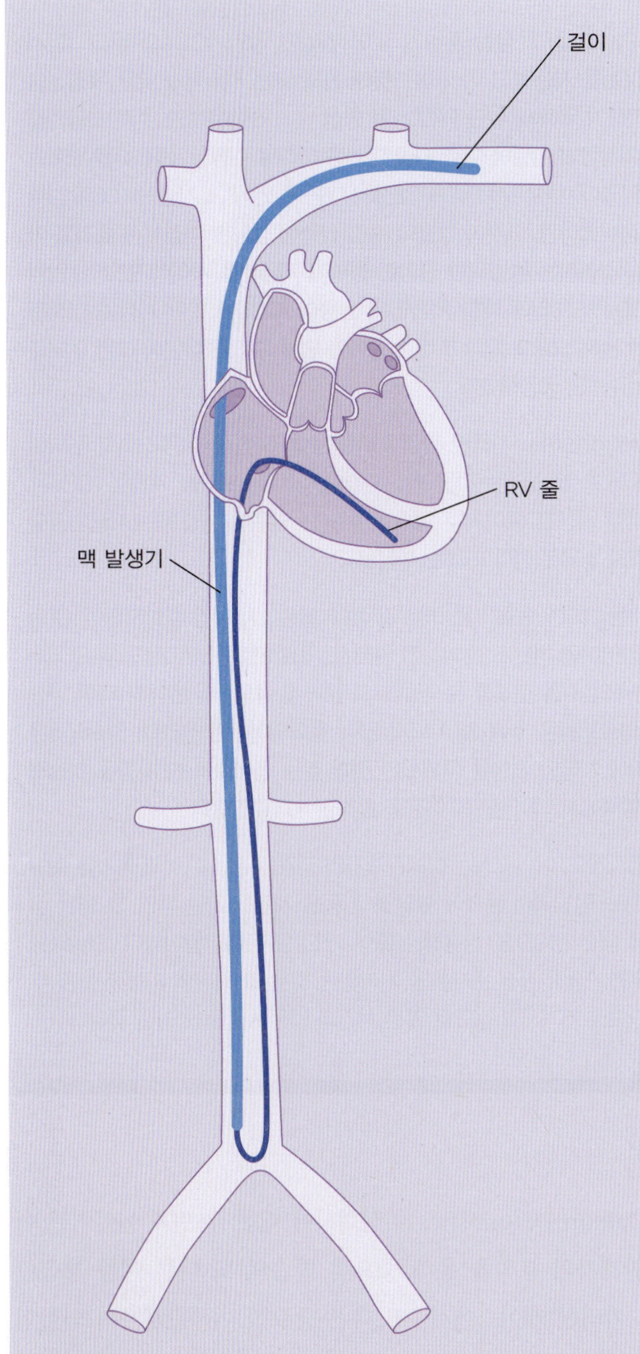

그림 2.3.5
도식으로 나타낸 이너펄스(InnerPulse) PICD (이너펄스 주식회사의 무료 제공)

과적인 방법을 발전시킬 필요를 처음으로 추구하는 중일 때, 그것은 비수술적인 이식이 그 분야에서 이해관계자들에 가질 효과를 고려해야만 했다.

의료 장치에서 불문의 관습적인 규칙 있다. 만약 새로운 장치가 또 다른 특수성으로부터 이익을 얻기 위해, 한 가지의 특수성으로부터 사업을 훔친다면, 새로운 기술의 선택에 대한 장애를 만들면서 특수성들 사이에 갈등이 뒤따를 수 있다. 예를 들면, 심장 수술과 외과적인 관상 동맥 우회 수술에 최소한으로 외과적인 대안으로서 기구 혈관 형성술의 도입을 따른 중재적 심장병 전문의 사이에서의 긴장감은 전설적이었다. 만약 비-심장 전기 생리학자에 의해 이식된 덜 외과적인 기술의 도입이 고전적인 ICDs 시장을 통제하는 심장 전기 생리학자와 비슷한 긴장감을 만든다면, 이너펄스의 팀은 그 자체에 질문을 해야만 했다.

회사 공동 설립자와 창업의 초기 투자자이자, 이너펄스 경영진의 회장인 Bill Straling은 만약 덜 외과적인 해결책을 위한 요구가 1차 예방 시장(2차적인 것과는 대조적으로)에 집중된다면, 영역 다툼은 이러한 경우에서 피해질 수 있다고 믿었다. 그는 설명했다: "여기에 더 나은 기회가 1차 예방 시장입니다. 전기 생리학자들은 전통적으로 이러한 시장을 무시해왔습니다. 왜냐하면 그들은 이런 환자들을 보지 않기 때문입니다. 심장 전기 생리학자는 오직 부정맥을 발전시켜온 2차 예방 환자들을 봅니다. 1차 예방 환자들은 간섭주의자들에 의해 보여졌습니다[ICs]. 1차 예방 환자들은 보통 관상 동맥 질환. 심장병 전문의들은 스텐트를 삽입하고, 몇 가지 약품을 그들에게 투여하고 그들을 시설로 보낸다 왜냐하면 그들이 더 이상 할 수 있는게 없기 때문입니다. 덜 외과적인 해결책과 함께, 간섭주의자들[IC]은 지금 환자를 위해 무언가 더 할 수 있었을 것입니다. 그리고 이들은 심장 전기 생리학자가 어쨌든 보지 않을 환자들입니다.[42] 즉, 심장 전기 생리학자에 언급되는 것에 앞서, 환자가 몇 가지 첫 치료나 평가를 위해 일반적으로 심장병 전문의 또는 중재적 심장병 전문의를 본 사실은 이해관계자의 관계를 이해하는 것에서 핵심이다. 심장학의 다른 분야에서 동료들로부터 소개 없이, 심장 전기 생리학자는 ICD 이식을 요구하는 환자들을 대면하지 않을 것이었다.

이너펄스에 따라, 결국 PICD로 이어지는 요구를 추구하는 것에 찬성하는 논쟁은 이것 조차보다 강하다. 그 회사는 이러한 요구를 처리하는 것은 중재적 심장병 전문의를 위한 새로운 사업을 만들었을 뿐만 아니라, 그것이 심장 전기 생리학자를 위한 시장을 확대할 것을 예견했다. 그 회사에 의해 공유된 유사점을 사용하면서, PICDs는 에어백 같은 것이다: 그들은 사고(급성 심장사)가 일어날 때, 죽음을 방지하지만, 그들은 또한 추가적인 서비스나 유지 작업을 이끈다. PICD을 가진 환자는 전기 충격을 경험할 때, 그는 그의 중재적 심장병 전문의를 방문할 것이다. 이것이 바로 중재적 심장병 전문의가 부정맥을 가진 그들의 환자들을 위해 무엇을 하는지 보여주기 때문에, 기회들로 그는 심장 전기 생리학자로 불려질 것이다. 에어백 유추로 돌아와서, 중재적 심장병 전문의는 에어백(PICD)를 설치하지만, 그 에어백이 부풀 때(급성 심장사), 현재 2차 예방 환자인 환자는 잠재적으로 더 복잡하고 고전적인 ICD와 함께, 치료/수리를 위해 심장 전기 생리학자에 보내진다.

중재적 심장병 전문의와 심장 전기 생리학자가 덜 외과적인 해결책을 위한 요구에 알맞게 반응할 것이라는 그들의 초기의 가설에도 불구하고, Starling과 심장병 전문의인 Richard Stack(다른 회사의 공동 창립자)는 어떤 것도 운에 맡기지 않았다. 바이오디자인 혁신 과정의 시작을 향해, 그들은 국제적으로 인식된 과학 사상 선구자들의 자문 위원회를 조직했다. 그들은 그들의 기초적인 가설을 시험하기 위한 5명의 중재적 심장병 전문의와 5명의 심장 전기 생리학자의 이 집단을 사용했다. 이러한 과정을 통해, 그들은 중재적 심장병 전문의와 심장 전기 생리학자가 둘 다 PICD같은 해결책이 두 개의 특수성들을 위해 실습과 시장을 확장할 것을 볼 수 있었다고 확인했다. 또한, 그것은 중재적 심장병 전문의가 이러한 장치들을 사용하길 원한다는 것이 그들에게 명확해졌다. 심장 전기 생리학자가 기술의 초기 선택에 중심이 될 것이기 때문에, 그러한 임상시험들은 심장 전기 생리학자에 의해 크게 관리될 것이었다. 이것은 부분적으로 실용적인 사업 결정이었다. 심장 전기 생리학자는 ICDs와 함께 시험을 운영하는 깊은 경험을 가져서, 시험 디자인은 손쉽게 미국 식품의약국에 의해 수용될 것이었다. 그러나, 그것은 또한 심장 전기 생리학자 사이에서 장치를 위한 매입의 엄청난 감각을 만들 현실적인 사업이었다(그들을 위한 장치로서 위치 선정을 통해, 심장 전기 생리학자가 보통 치료하지 않았던 환자들에서 중재적 심장병 전문의에 의해 또한 사용될 수 있었던 것), 그렇게 함으로써 어떤 잠재적인 갈등들을 최소화하는 것을 돕는다.

그밖에, Starling과 Stack은 앞으로 나아가는 걸 결정하는 것에 있어서 모든 다른 가능성 있는 이해관계자들을 고려하는 것에 신중했다. 핵심 이해관계자들의 개요, 그들의 우려 그리고 궁극적으로 각각의 이해관계자를 신뢰한 회사가 어떻게 PICD에 반응할 것인지를 후 표 2.3.1에서 보여진다.

그 회사가 발전하는 약 5년 정도 되었을 때, 나타난 한 이해관계자 '와일드 카드'는 새로운 기술에 대한 지급인들의 반응이었다. 상환 코드가 PICDs를 보장할 준비가 되어 있었던 동안, ICDs와 비교되면서 PICDs를 사용하고 이식하는 것에 관해 낮은 지속력과 낮은 복잡성을 반영하기 위해서, 일단 PICDs가 항상 널리 선택된다면, 주요 지급인들이 의사들과 시설에 대한 지급 단계를 아래로 수정할 것을 찾을 위험들이 있었다. 사실, MADIT-II의 출시 다음에, 만약 그 기술이 100% 침투를 성취했다면, 그것이 그들의 수입 상태에 상당한 부정적인 효과를 가졌을 것이라는 광범위한 편안한 합의가 지급인들 사이에 있었다. 만약 PICDs의 도입에 대한 지급인의 반응이 ICDs를 위한 시장을 넓히는 것에 관해 그들의 시야에 대한 장애를 만들 수 있었다면에 대한 여부를 이너펄스는 궁금해했다.

Starling는 여느 지급인 관련 이슈들은 최소가 될 것이고 회사에 의해 관리될 수 있었다는 것을 확신시켰다. 의료적 요구를 처리한 ICDs는 그러한 배상을 줄이거나 역효과를 낳는 범위를 제한하는 지급인들의 노력을 필요로 한다고 그는 주장했다.

역사는 그의 믿음을 지원하는 것 같다: 모든 1차 예방 후보자들이 ICDs를 얻어야만 하는지 논의하기 위해서, 의료보험은 MADIT-II와 SCD-HeFT의 시험 결과를 분석했다. 그러나, 임상의들의 반대가 너무 강해서 의료보험은 후에 얼마 되지 않아 철회되어야만 했었다. Starling은 과거에 지급인 저항을 극복했던 것과 같은 힘이 이러한 시장을 확장하는 탐색에서 이너펄스의 이점을 발휘한다고 주장했다.

불행하게도, 이너펄스는 이해관계자의 전망에 관해 그것의 평가를 해야만 했던 방법에서 문제에 부딪혔다. 동물 시험을 하는 동안, 그 팀은 심장에 대한 PICD를 연결하는 줄이 가진 문제들을 알아냈다. Stack에 따르면, "줄이 가진 문제들을 처리하는 것은 그 회사의 시장 진출을 무기한으로 연기시킬 정도로 많은 시간과 많은 시험들을 걸릴 것이다".[43]

위에 적었듯이, 이너펄스 팀은 만약 의사들 – 중재적 심장병 전문의를 선택하는 것에 관한 부분에서 충분한 이익이 있었다면, 그것은 결국 의료보험과 다른 지급인의 지원을 얻을 수 있을 것이었다. 그러나, 이러한 케이스가 쓰여진 시간 이래로, 배상을 얻는 것은 점점 더 저항을 받아왔다. 결과적으로, 이해관계자와 중요한 의사결정자로서 지급의 중요성은 과소평가되어서는 안 된다. 가능한 한 이러한 원동력을 요인으로 포함하고 그들의 이해관계자 분석에 새로운 의료 장치와 요소를 발전시키고 상업화할 것을 요구 받으면서, 이노베이터들은 이해관계자들의 상대적인 힘은 상당히 장기간에 걸쳐 바뀔 수 있다는 것을 상기해야만 한다.

Daktari Diagnostics 주식회사에 대한 두 번째 이야기는 이해관계자의 분석을 통해 중요한 학습의 또 다른 예를 제공한다. 이러한 케이스에서, 또 다른 중요한 이해관계자의 역할인 정부는 강조된다. 몇 가지 설정에서, 정부들은 새로운 의료적 기술의 선택에 영향을 미치는 많은 활동에 대한 지배적인 게이트 키퍼들이다. 예를 들면, 중국에서, 정부는 지난 10년에 걸쳐 의료보험 제공에서 그것의 역할을 널리 확장해 왔을 때, 민간 영역은 현재 의료보험 제공에서 꽤 많은 역할을 하지 않는다. 도시의 시설에서 환자들에게 제공된 케어보다 민간 분야 병원들은 10% 더 낮은 비율을 차지한다. 민간 지방 클리닉은 중국의 지방에 환자들의 50% 정도를 치료한다.[44] 보건부는 새로운 의료 장치를 구입하기 위해 공공 병원에 사용된 입찰 제도에 책임이 있다. 지방 단계에서 발행된 입찰은 중국의 많은 지방에 최대 한도로 가격을 설정한다. 그들은 또한 의료 장치 제조업자들에게 병원 조달 부서에 진입하는 지점을 제공한다. 1999년 이후, 중국은 공공 보건 센터가 의료 기기를 구입하는 것에 대한 공식적인 입찰 과정을 요구 해왔다. 이러한 공식적인 입찰절차는 구입의 투명성을 향상시키고 최종 사용자의 가격을 인하시켰다. 그러나 이 방법은 장치 제조업체 (입찰 수수료 및 입찰 보증을 통하여)의 비용을 상승시키고 구매주기 시간을 연장하고 관료적인 적자를 증가 시켰다. 입찰 절차는 광범위한 유통 네트워크, 정부와의 문화적 친화력, 높은 가격 경쟁으로 이익을 볼 수 있는 국내 제조자들을 선호한다. 예를 들어, 상하이 정부당국은 최근에 수입된 스텐트 가격을 밑도는 수준에서 관상동맥 시술에 사용되는 스텐트의 최고가격을 결정했다. 결과적으로, 오직 차액을 지불할 수 있는 환자들만이 일반적으로 지역에서 생산한 스텐트가 아닌 수입품을 선택한다. 마찬가지로, 국가별로 다르게 수입된 기기의 환급률은 국내 장비에 고정된 비율보다 낮을 수도 있다.

그에 반해, 인도 정부의 역할은 의료 시스템이 지나치게 민영화 되었기 때문에 훨씬 더 세분화되어 있다. 중국과 마찬가지로, 공공 의료 시설은 중앙 정부 또는 주정부 수준의 입찰 과정을 이용하여 의료 용품을 조달하고 있다. 이러한 절차들은 지역마다 다르고 관료주의적이며 새로운 회사들이 입찰에 참여하기가 힘들다. 그리고 불행히도, 이러한 시간 소모가 큰 입찰을 찾기 위해 자원을 쓰는 의료 기기 제조업체는 시장 전체의 작은 부분만 파악 가능하다. 인도에서는 10퍼센트 미만의 의료만이 공공시설에서 이루어진다. 정확한 수치는 지역마다 다르지만, 민간 부문이 병원은 대략 90퍼센트, 의사는 85퍼센트, 외래 환자 치료는 80퍼센트, 그리고 내래 환자는 60퍼센트를 차지한다.[45] 이노베이터들과 회사들은 남은 시장을 파악하기 위해 치료 방식이 다른 민간 병원과 진료소의 비율에 대한 정확한 진입점을 파악해야 한다. 그 결과 많은 사람들이 민간 영역의 의사나 물품 조달 인력과의 관계를 발전시키기 위해 수년간을 헌신해온 지역 분배망에서 종사한다.

Daktari Diagnostics가 일하고 있는 아프리카에서는 주요 시장의 대부분이 완전히 통합되어 있으며, 정부는 현대 의료의 주요 공급자와 의료 기술의 유일한 구매자 양쪽 역할을 모두 한다. 결과적으로, 정부가 중요한 의사결정자이다. 기업이 보건부에 신제품의 사용을 설득할 수 있다면, 그 나라 인구의 대다수에게 접근이 가능하다. 그러나 이러한 종류의 협정은 아프리카의 55개 국제적으로 인정 된 주정부에 걸쳐 케이스별로 협상되어야 한다. 다음의 Daktari의 사례처럼 정부가 결정을 하게 설득하는 것은 그 자체가 복잡한 작업이 될 수 있다.

현장에서 Daktari Diagnostics

주요 이해관계자 및 핵심 의사결정자로서 아프리카 정부 이해하기

사하라 사막 이남의 아프리카에서 전세계 HIV 70%가 감염되어 있으며, 약 2,300만 명의 감염자가 이 지역에 살고 있다.[46] 빠른 HIV 항체 검사가 가능하게 된 아프리카 국가들과 의료 자원이 부족한 다른 환경들에서 HIV 검사를 받고 그들의 상태를 알고 있는 성인들의 수가 많이 늘었다.[47] 정부 및 국제기구의 지원을 통해 HIV 환자의 치료에 항 레트로 바이러스(ARV) 약물의 이용 가능성이 커졌다. 2011년에 지역 내의 620만 명의 사람 – 혹은 적격 환자의 56% – 이 ARV 치료를 받았다(세계 평균 54%에 대비됨).[48] 10년 내에, 아프리카 사하라 사막 남부에서 HIV의 치료에 대한 접근성은 100배 이상 증가했다.[49] 그러나, ARV 치료를 시작, 실행, 유지하기 위해서는 환자의 CD4 항체 수를 주의 깊게 지켜봐야 한다. CD4 세포 숫자를 세는 유동 세포 계측법 진단 테스트가 시장에 존재하지만, 비싸고 복잡하고 열악한 자원 환경에 있는 환자와 의료 공급자는 구하기 어렵다.

10년 전 Bill Rodriguez는 아이티, 베트남, 북아프리카와 같은 다양한 저소득 지역에서 ARV가 사용 가능하게 일해온 세계적인 건강 선구자의 한 사람이었다. 하버드 의대의 HIV 전문의로서 그는 여러 개발 도상국의 보건 장관에 HIV 양성의 검사와 치료 방법을 조언하고 의료 기관의 훈련 프로그램을 실시했다. 그 후, HIV치료를 위한 세계적인 지침을 제공하는 세계보건기구(WHO)의 HIV 지침위원회의 일원이 되었다. 이러한 상호작용을 통해, 그는 의료서비스 제공자들이 적합한 치료를 제공하지 못하게 하는 CD4 세포 계수기 테스트에 대한 장애에 직접 배웠다. 저는 반복적으로 들었습니다. "CD4 세포 수를 측정하기 위한 더 좋은 시험이 필요합니다. 테스트는 현장의 의사와 간호사가 사용하기에 단순하고 쉬워야 합니다. 그것은 15분에 결과를 제공해야 합니다. 그리고 싸야 합니다."라고 Rodrigues씨는 회상했습니다.

Rodriguez가 2003년에 최고의료담당자로서 클린턴 재단에 가입했을 때, 그는 제약 회사, 진단 제공자, 보건부 사이에서 대규모의 중개를 조정하는 팀의 일원이었고 처음에는 아프리카 국가들에서 이후에는 개발도상국을 통해서 일했다. 이러한 토론이 순조롭게 진행되고 합리적인 가격의 ARVs가 폭넓게 이용 가능해졌음에도, 그는 CD4 세포 계측 테스트에 대해 같은 피드백을 지속적으로 받아 왔고 그것은 현재 현장의 의사들뿐 아니라 WHO와 같은 다국적 기구의 공무원과 대표로 부터 오고 있다. "CMO로서 나의 역할은 매일 이메일과 전화를 받습니다."고 Rodriguez는 말했다. "이것은 다양한 목소리로 똑같은 말을 하고 있습니다, 그것은 우리가 진단을 위해 새로운 기술이 절박하게 필요하다는 것입니다." 결국, 그는 여기서 해결되지 않은 요구가 너무 커서 무시할 수 없다고 생각했다. Rodriguez는 클린턴 재단을 떠나 개발도상국 환경에서 사용할 수 있는 간단하고, 합리적인 가격의, 그리고 정확한 진단 테스트를 만들기 위해 Daktari Diagnostics를 설립하였다. CD4 세포 수 검사는 조직의 첫 번째 프로젝트이다.

Rodriguez는 그의 광범위한 지구적 건강 경험을 근거로 CD4 세포 수 검사에 관심이 있는 다섯의 주요 이해관계자 그룹에 집중했습니다. "환자는 적절한 치료가 없으면 사망하기 때문에, 주요 이해관계자입니다." 라고 그는 설명했다. 치료주기에 있어 주도적인 입장을 고려할 때 어떤 테스트가 사용될지에 대해 의사결정자가 아닌 환자가 더 영향력이 있다. 환자들은 남아프리카의 치료활동캠페인(TAC), 우간다의 AIDS 지원단체와 같은 옹호 단체에 종종 대표된다. 그 다음은 내과의사들, 간호사들, 그리고 지역사회 보건요원들을 포함한 의료서비스 제공자들이다. 이러한 개인들은 환자를 위한 ARV 치료를 처방하고 관리하기 위해 이 시험을 이용한다. 최첨단 의료 제공자는 새로운 검사의 임상 필요와 요구사항에 대한 이상적인 소스이다. 환자처럼, 그들은 의사결정에 영향을 미칠 수 있지만, 일반적으로 그들 스스로가 의사결정자는 아니다. 많은 아프리카 국가에서는 대부분의 의료는 공공 부문을 통해, 특히 빈곤층에 제공된다. 보건부(MoH) 대표는 폭넓게 이용 가능한 의료 제품의 선택 및 구매의 주요 결정자이다. 재무부도 신기술에 돈을 쓰도록 설득되어져야 하지만 그들은 일반적으로 MoH 기술 전문가의 권장사항을 따른다. 마지막으로, 주요 이해관계자들은 WHO 세계 결핵 기금, 에이즈, 말라리아(GFATM), HIV/AIDS 합동 유엔 프로그램(UNAIDS), 메데신 셍 프론티어(국경없는 의사회) 그리고 미국 대통령의 에이즈 구호 긴급 계획(PEPFAR)과 같은 세계적인 국제 기관들이다. 그들은 어떤 기술들이 사용 되어야 하는지 그리고 어떻게 그 기술들을 효과적으로 배치할지를 추천할 때 영향력이 있다. 경우에 따라서는 개발 도상국 정부와 일부 비정부 조직에 보조금을 지급해서 새로운 기술의 발전을 돕게 하고 기술들이 대상으로 하는 사람들에게 더 저렴하게 제공되도록 한다.

Daktari는 처음에 CD4 세포 수 검사의 필요성을 더 잘 이해하기 위해 환자와 의사에게서 모아진 정보에 집중했다. Rodriguez와 그의 팀은 이해관계자 그룹 대표와 오랫동안 이야기 했고 Daktari씨가 궁극적으로 개발하고자 하는 해결책의 요구사항을 더 잘 이해하기 위한 사용 사례들을 만들기 시작했다.

Rodriguez는 다음과 같은 예시를 공유했다. "의료 관계자를 생각해보자. 그녀의 이름은 Molly이고, 그녀는 아침에 그녀의 가방을 배터리, 장갑 및 필요한 장비로 채운다. 가방의 무게는 3.5kg이며 진단 장비와 하루의 작업에 필요한 모든 물품이 들어 있다. 그녀의 작업 환경은 섭씨 10도에서 40도 사이로 다양하다. 그녀는 하루에 30명의 환자를 방문하여 먼지가 많거나 비가 오는 도로를 거닐거나 자동차 또는 오토바이로 여행한다." 이 팀은 이 분야의 전문가와 함께 이 유스 케이스를 테스트한 다음 세부 테스트 계획, 시장 요구사항 문서 및 새로운 테스트를 위한 제품 요구사항 사양을 작성하기 위한 가이드로 활용했다.

또한 Daktari 팀은 아프리카 국가의 의사결정권자와 의견을 교환하기 시작했다. 언급한 바와 같이, 정부 이해관계자들은 일반적으로 보다 비용 효율적인 CD4 세포 수 검사에 관심을 표명했다. 그러나 Rodriguez가 좀 더 구체적인 용어로 이야기를 시작했을 때, 그들은 필드에 널리 배치할 수 있는 낮은 가격대의 장치를 만들 수 있다는 것에 대해 의외의 의구심을 표명했다. Rodriguez는 이것이 젊은 조직이 직면 한 어려움 중 하나일 수 있다고 강조했다. "대기업들이 해결할 수 없는 문제를 어떻게 우리 같은 작은 회사들이 해결할 수 있겠습니까?"

Daktari는 그러한 비관에도 불구하고 제품 개발에 전진하기로 결정했다. 그러나 팀은 정부의 주요 의사결정권자가 예상치 못한 반대 의견에 대해 더 많이 배우려고 노력했다. Rodriguez와 연구진이 정부의 역할에 대한 보다 정교한 이해를 얻음에 따라 그들은 현장 기반 POC(point of-care) 테스트를 개발함으로써 MoH의 프로그램 관리자를 위한 "문제들"을 만들어 낼 것이라는 것을 깨닫았다. 그는 이렇게 말했다. "MoH의 중앙 프로그램 관리자는 그녀 근처의 중앙 집중식 시설에서 모든 CD4 테스트를 수행하는 데 익숙합니다. 그녀는 결과를 체크할 수 있고, 실험 결과가 정확한지, 장비들이 제대로 작동하고 있는지, 기술자들이 훈련을 제대로 받는지, 치료결정이 적절한지를 확인할 수 있습니다. POC 테스트는 간병 제공자, 환자 및 검사 결과를 같은 방에 동시에 넣지만 프로그램 관리자의 가시성과 통제력을 감소시킵니다. 그들은 눈이 멀었습니다."라고 Rodriguez는 덧붙였다. 새로운 테스트를 채택하기 위해 팀은 프로그램 관리자에게 적극적으로 참여해야 하는 정보에 대한 가시성과 주문형 액세스를 향상시킬 수 있는 방법을 찾아야 했다. "우리는 온라인 또는 휴대 전화로 액세스할 수 있는 대시 보드를 구상하여 상황이 바뀌고 어디가 잘못되었는지를 보여줍니다." 프로그램 관리자가 없으면 "제품이 없습니다."라는 이유로 니즈 요구서에서 중요한 부분이 되었다.

Daktari 팀이 바이오디자인 혁신 과정의 초기 단계에서 씨름한 또 다른 요소는 다양한 이해관계자가 자신의 행동을 바꾸고 새로운 기술을 채택하도록 강요하기 위해 새로운 테스트가 제공해야 하는 많은 가치였다. 처음에 Rodriguez는 기본적인 비용 효율성에 대한 트레이드 오프라는 측면에서 이 문제에 대해 생각했다. 중앙 연구소에서 수행 한 CD4 세포 수 검사는 매우 정확했지만 비용이 많이 들고, 느렸다. POC 진단은 빠르고 저렴하지만 본질적으로 덜 정확하다. Daktari는 임상가, 의사결정권자, 기금 모금인 및 지불인 모두를 만족시킬 수 있는 정확성과 비용 간의 완벽한 균형을 테스트해야 한다고 믿었다. Rodriguez는 "우리는 완벽한 정보와 불완전한 정보가 아닌 정보와 훌륭한 정보 사이의 상충 관계를 만들었습니다." 그는 팀원들이 다양한 시나리오를 "쇼핑"했지만 궁극적으로 가치 방정식에 대한 자신의 본능을 신뢰해야 했다. 환자 및 임상의의 매우 구체적이고 중요한 요구사항을 충족시키는 동시에 MoH 담당자가 테스트를 구매할 수 있을 정도로 설득력이 있다.

개발도상국의 정부를 주요 이해관계자로 포함하는 필요성을 효과적으로 추구한다는 조언을 구했을 때 Rodriguez는 여러 가지 아이디어를 공유했다. 첫째, 구매 프로세스에는 다소 시간이 걸릴 수 있다고 그는 말했다. 특히, MoH 대표들은 지역적인 연구를 통해 일반적인 의료 아이디어를 생각해 내려했다. 제조업체가 이웃 국가에서 임상시험을 실시하더라도 MoH는 독립적인 임상시험을 실시할 가능성이 높다. "모든 국가는 자신의 환경에서 제품을 조사하기 위해 자체 연구를 원합니다." 라고 그는 말했다. 조직은 제품을 제공하고 지원을 요청할 것이지만, 연구 계획 방법을 거의 통제하지 못할 수도 있다. 또한 Rodriguez는 **CE 마크**나 FDA의 승인을 받으면 대부분의 의약품에 대한 정부 입찰을 제출하는 데 필요한 사전 조건이라고 주장했다. ISO 13485 인증 또한 필요하다. 그는 또한 조직이 이러한 일련의 과정에서 차별화할 수 있는 한 가지 방법은 정부의 시판 후 서비스 및 의료 제품의 유지에 대한 필요성을 예상하는 것이라고 언급했다. "정부는 많은 고장난 미 사용 장비에 익숙합니다. 이노베이터들은 MoH에게 제품 서비스에 대한 계획을 갖고 있다는 것을 확신할 수 있어야 합니다."

그림 2.3.6
Daktari CD4와 함께 현장에 건강 관리 관련 종사자

마지막으로, Rodriguez는 정부 고객을 추적하면서 "많은 이해 관계, 그리고 환경에 대한 이해가 수반됩니다."라고 그는 덧붙였다. 이노베이터들은 중요한 글로벌 건강 전문 지식과 깊은 이해관계자 관계를 보유한 팀에 수년간의 노력을 통해서만 얻을 수 있는 개인을 추가해야 한다고 그는 말했다. "내가 글로벌 보건 기술을 가진 이노베이터라면, 몇 년 동안 세계 보건에 종사한 경험이 없는 사람없이 이 일을 수행하는 것을 매우 주저할 것입니다. 지금까지 재단, 다자간 단체, 제약 회사 또는 정부와의 협력에서 필요한 경험을 가진 많은 사람들이 있습니다. 그리고 나는 그들의 전문 지식으로 그들에게 향할 것입니다."라고 말했다.

2013년 말 Daktari는 현장에서 CD4 세포 카운트 결과를 제공하기 위해 마이크로 유체 및 전기 화학 테스트를 사용하는 저 자원 설정을 위해 특별히 설계된 빠르고 사용하기 쉬운 진단 프로그램을 개발했다(그림 2.3.6 참조). Daktari CD4 테스트는 늦은 단계의 제품 개발 및 테스트 단계에 있으며 2014년 중반에 첫 상용 판매가 예정되어 있다.

이해관계자 분석의 결과

이해관계자 분석이 완료되면 혁신자는 정보를 이해관계자 환경의 포괄적인 요약으로 엮어야 한다. 표 2.3.1은 InnerPulse에 대한 출력 샘플을 제공한다. 핵심 이해관계자를 요약하고, 의사결정자를 식별하고, 정의 된 필요성을 해결하기위한 새로운 해결책과 관련된 주요 이점 및 비용을 요약하고 각 그룹에 새로운 기술의 전체적인 영향에 대한 주관적인 평가를 제공한다. 중요하게도, 이 예는 해결책이 이미 알려진 이해관계자 분

표 2.3.1 InnerPulse의 이해관계자 분석 샘플은 해당 분석이 얼마나 간결하고 쉽게 쓰여지는지를 보여준다.

이해관계자	역할	기초적인 이익	비용	효과에 대한 평가
지불인	결정권자	생명을 구할 수 있는 기술의 발달	비용 상승	**부정적:** 세동 제거기 치료에 드는 총 비용이 올라갈 것이다. PICD를 더 빨리 이식할 수 있다면 ICD 및 / 또는 PICD에 대한 환급을 줄어들 것인가?
외과의: 중재 심장 전문의 (ICs)	영향을 주는 사람	확장된 치료 및 시장 확대, 추가 매출. EP 추천 없이도 초기 예방 환자를 유지하는 것에 대한 허가	새로운 절차 습득	**긍정적:** IC는 일반적으로 시장을 확대하는 새로운 기술을 신속하게 채택하고 있으며, 특히 매력적인 환급과 결합할 경우 더욱 그렇다.
외과의: 전기 생리학의 (EPs)	영향을 주는 사람	부정맥이 발생하여 2차 예방 환자가 되는 1차 예방 환자의 IC로부터의 전반적인 소개를 확대	1차 예방 환자 추천의 가능한 손실	**중립:** EP는 겉으로 보기에는 PICD를 사용하는 것에 흥미가 있어 보이고, 복잡한 부정맥에 집중하는 것을 선호한다. 하지만, 환자 소개에 대한 손실은 위협으로 느껴질 수 있다.
기관: EP 연구실과 IC카테터 삽입실	영향을 주는 사람	EP와 IC에대한 장치 삽입 용량 증가시키기	EP 및 IC에 대한 고가의 구성 요소를 포함한 전반적인 비용은 비슷해짐	**긍정:** PICDs에 대한 배상이 ICD에 대한 것과 같은 수준으로 머문다.
환자	영향을 주는 사람	전통적인 ICD에 비해 감소된 개입. 더욱 편안하고, 짧은 회복 기간	문서화 된 부정맥 후 재이식에 대한 필요	**긍정:** 침습성이 감소하여 환자는 치료의 과정에서 편안함을 느낄 것이지만, 궁극적으로는 전문의의 조언을 따라야 한다.

석을 다룬다. 대부분의 경우, 바이오디자인 혁신 과정의 이 단계에서 혁신자는 아직 해결책을 정의해서는 안 된다. 결과적으로, 이해관계자 요약은 채택 또는 저항을 자극할 수 있는 잠재적 요인을 보여준다. 최종 해결책에 대해 더 많이 알게 되면, 이해관계자 요약은 예제와 유사해질 때까지 더 구체적으로 만들 수 있다. 이 시점에서 특정 이해관계자 관리 전략을 개발하고 각 이해관계자 그룹을 이기는데, 얼마나 많은 시간과 에너지를 투자할지 결정하는 데 도움을 줄 수 있다. 또한 중요한 관계를 형성하고 다양한 이해관계자 그룹을 대상으로 하는 핵심 메시지를 개발하는 데 도움이 될 수 있다(5.7 마케팅 및 이해관계자 전략 참조).

이해관계자 분석에서의 윤리적 사고

1.1 전략적 포커스에서 설명한 바와 같이, 윤리는 사람들이 의도적으로 선택한 선택과 그들이 결정을 내리는 데 사용하는 기본 도덕 원칙에 중점을 둔다. 그들은 선택을 하기위한 구체적인 가치 체계를 제공하는 것이 아니라, 의사결정과 윤리적으로 이러한 선택이 생길 수 있는 이해 상충을 관리하는 데 따르는 일련의 기본 원칙을 제공한다.[50]

이해관계자 분석은 혁신 자에게 주어진 결정에 영향을 받을 수 있는 이해 유형을 알려주고 발생할 수 있는 잠재적 갈등을 식별하는 데 도움을 줄 수 있다. 개인적 이익(결정을 내리는 개인에게 가장 좋은 것), 사회적 관심사(지역 사회 또는 사회 전체에 이익이 되는 것) 및 직업적 이익(회사 또는 환자/고객에게 이익이 되는 것)은 일반적으로 필요한 요소이다. 때로는 이러한 이해 관계가 일치하고 갈등 수준도 낮다. 다른 때에는 직접 충돌하고 "올바른" 대답은 분명하지 않을 수 있다. 가령 투석 센터는 신장 이식을 보다 유용하게 만드는 혁신에 어떻게 반응하는가?

일반적으로, 이노베이터는 잠재적으로 윤리를 침해할 수 있는 입장에 이해관계자를 두지 않도록 모든 노력을 기울여야 한다. 이것은 이노베이터가 각 이해관계자 그룹과 상호작용하고 선택을 할 수 있도록 잘 정립된 윤리적 원칙을 체계적으로 사용한다면 성취 될 수 있다(이것은 제공된 치료 옵션뿐만 아니라 보류 된 치료 옵션 포함). 1.1 전략적 포커스에서 설명한 것처럼 의료 기기 혁신 업체의 핵심 윤리 원칙에는 진실성, 공정성, 선행 성, 무책임함, 존중 및 기밀성이 포함된다.

이노베이터가 이러한 원칙을 이해하면 자신의 선택을 통해 생각할 수 있을 뿐 아니라 이해관계자가 이러한 지침에 따라 윤리적 딜레마를 제시하면 새로운 혁신의 채택에 저항할 수 있는 이유를 설명할 수 있다(예: 다른 옵션에 비해 그 효능이나 안전성에 대한 질문). 예를 들어, 이 문제는 좌심실 보조 장치(LVAD)의 경우에 나타났는데, 이는 환자의 실패한 심장 펌프 혈액을 돕기 위해 가슴에 이식된 미니 펌프이다. LVAD는 처음에는 심한 심장 질환 환자가 심장 이식을 기다리는 동안 심장의 기능을 유지하는 데 도움이 되는 일시적인 "다리"로 승인되었다. FDA는 합병증 또는 연령으로 인해 심장 이식을 받는 것이 허가되지 않은 말기 환자의 LVADs 영구 사용을 허가했다.[51] 그러나, LVAD 제조업체가 FDA 승인을 완료했음에도, 생존율이 향상된 임상 데이터를 얻었다. 약물 치료와 비교하여 치료 비율을 높이고 공격적인 마케팅 캠페인을 시작한 의사는 부분적으로 열악한 경제에 기반한 치료법의 보급에 반대했다(절차는 실제 비용의 일부로 상환되었습니다).[52] 더 중요한 것은 의사들이 종종 심각한 LVAD 관련 감염에 대한 우려를 제기했기 때문이다. 감염 위험의 정도를 확인하는 효과적인 임상 증거가 없다면, 의사는 환자의 잠재적 이익을 선행 지침에 따라 증가된 안전 위험 또는 해를 입히지 않을 의무를 정당화하기에 충분하다고 인식하지 못했다. 그 결과 많은 사람들이 혁신을 채택하기가 어려웠다.

이 응답만으로도 이 기술에 대한 상당한 저항이 생겼지만 LVAD 사례의 해석은 훨씬 애매하다. 의료 예산이 끊임없이 압박되면서 의사들은 값 비싼 기술로 인해 환자의 진료가 어려워짐을 인식하게 되었다. LVAD의 경우 심각한 예산 제약에 직면하여 부당하다고 생각하여 특정 의사가 입양에 저항했다고 합리적으로 주장할 수 있다. 어떤 사람들은 의심스러운 이익과 심각한 안전 문제가 있는 기기에 20만 달러 이상을 지출하는 공정성에 의문을 제기했으며, 다른 환자는 보다 기본적인 치료에 어려움을 겪었다. 이러한 거대한 트렌드는 항상 의사결정의 배경에 있지만, 환자 개개인의 의사결정이 환자에게 영향을 미치는 의사결정에서 중요한 역할을 할 수밖에 없다. 혁신자는 그러한 개별 가치 판단이 새로운 혁신의 채택에 어떻게 영향을 미칠 수 있는지 예상해야만 한다.

이전에 언급했듯이 신기술과 관련된 위험 – 편익 비율은 궁극적으로 채택을 촉진한다. 의료 윤리는 의사가 환자와의 모든 치료의 위험과 이점을 신중하게 균형을 맞추고 토론하도록 지시한다. 규제 당국은 전반적인 시스템 수준에서 안전성 및 위험성에 대한 증거를 평가함으로써 장치를 승인하기로 결정한다. 그러나 의사가 환자와 동일한 데이터를 1 대 1로 평가할 때 위험 – 편익 비율이 크게 달라질 수 있다. 현장의 의사는 환자와 함께 의사결정을 내릴 수 있는 권한이 있다. 성공적으로 질병을 성공적으로 치료하고(아마도 더 중요하게), 질병을 성공적으로 치료한 경험은 임상적으로 입증된 증거, 특히 안전 문제와 관련하여 의사결정에 있어 더 강력한 힘이 될 수 있다. 위험이 심각할 때, 예를 들어, LVAD 예에서 알 수 있듯이, 말기 환자의 수명을 연장하기 위해 통계적으로 표시되었더라도 환자에게 치료를 권장하지 않을 수 있다. 모든 의료 분야에 특정 그룹의 "얼리 어답터(early adopters)"가 있지만, 의료 요원의 대다수는 신기술을 구현하기 전에 상당수의 환자에게 입증된 안전성 및 유효성에 대한 증거를 요구한다. 이는 혁신의 이점을 입증하기 위해 연구에서 다루어야 할 모든 조건을 가진 광범위한 환자를 포함하는 것으로까지 확대된다. 이러한 윤리적 문제는 환자, 기술을 적용하는 의료 인력, 기술을 구매하는 인력, 기술 비용 및 지원 그룹과 같은 각 이해관계자의 고려사항에 적용해야 한다.

온라인 자료

더 많은 자료는 www.ebiodesign.org/2.3을 방문한다.

"Getting Started"의 활동과 링크
- Identify stakeholders
- Outline benefits and costs for each stakeholder group
- Summarize net impact and key issues for each stakeholder group
- Classify stakeholders and assess trade-offs

이해관계자 분석에 관한 동영상

NOTES

1 From remarks made by Richard Stack as part of the "From the Innovator's Workbench" speaker series hosted by Stanford's Program in Biodesign, March 6, 2006, http://biodesign.stanford.edu/bdn/networking/pastinnovators.jsp (December 2, 2013). Reprinted with permission.

2 Pushkal P. Garg, Kevin D. Frick, Marie Diener-West, and Neil R. Powe, "Effect of the Ownership of Dialysis Facilities on Patients' Survival and Referral for Transplantation," *New England Journal of Medicine*, November 25, 1999, http://content.nejm.org/cgi/content/abstract/341/22/1653 (October 3, 2013).

3 "Stricter Rules Driving Away Medical Tourism from India," *The Economic Times*, August 15, 2013, http://articles.economictimes.indiatimes.com/2013-08-15/news/41413559_1_apollo-hospitals-prathap-c-reddy-overseaspatients(October 3, 2013).

4 "High Level Expert Group Report on Universal Health Coverage in India," Planning Commission of India, November 2011, p. 189, http://uhcforward.org/publications/high-level-expertgroup-report-universal-health-coverage-india (October 3, 2013).

5 Srinath Reddy, K. Srinath Reddy, Vikram Patel, Prabhat Jha, Vinod K. Paul, A. K. Shiva Kumar, and Lalit Dandona, "Towards Achievement of Universal Healthcare in India by 2020: A Call to Action," *Lancet*, vol. 377, 2011, pp.760-68, http://cghr.org/wordpress/wp-content/uploads/Towardsachievement-of-universal-health-care-in-India-by-2020-a-callto-action-2011.pdf (October 3, 2013).

6 Wang Fan, "Hospital Ratings Reflect a Flawed System," *ChinaNews.com*, August 28, 2012, http://www.ecns.cn/2012/08-28/23744.shtml (October 3, 2013).

7 Pacific Bridge Medical, "China's Hospital Market," January 1, 2011, http://www.pacificbridgemedical.com/publications/chinas-hospital-market/ (October 3, 2013).

8 Karen Eggleston, "Healthcare for 1.3 Billion," *Asia Health Policy Program*, Working Paper 28, APARC StanfordUniversity 2012, p. 6.

9 "Medicare Coverage of Kidney Dialysis & Kidney Transplant Services," Centers for Medicare & Medicaid Services, April 2012, http://www.medicare.gov/Pubs/pdf/10128.pdf(December 2, 2013).

10 Chad Terhune, "Kaiser Tops State Health Insurance Market with 40 Percent Share," *Los Angeles Times*, January 29, 2013, http://articles.latimes.com/2013/jan/29/business/la-fi-mohealth-insure-market-20130129 (October 2, 2013).

11 Jenny Gold, "FAQ on ACOs: Accountable Care Organizations, Explained," Kaiser Health News, August 23, 2013, http://www.kaiserhealthnews.org/stories/2011/january/13/acoaccountable-care--organization-faq.aspx (October 2, 2013).

12 "Employer Wellness Initiatives Grow Rapidly, Nut Effectiveness Varies Widely," National Institute for Health Care Reform, July 2010, http://www.nihcr.org/Employer-Wellness-Initiatives(December 2, 2013).

13 "Health Financing: Private Expenditures on Health as a Percentage of Total Expenditures on Health," World Health Organization, 2011, http://gamapserver.who.int/gho/interactive_charts/health_financing/atlas.html?indicator=i2&date=2011 (October 2, 2013).

14 "Taking Advantage of the Medtech Market Potential in India," PricewaterhouseCoopers, 2012, p. 4, http://www.pwc.com/en_GX/gx/pharma-life-sciences/publications/asia-pharmanewsletter/assets/taking-advantage-of-the-medtech-marketpotential-in-india.pdf (October 3, 2013).

15 "Government Sponsored Health Insurance in India: Are You Covered?," World Bank, October 11, 2012, http://www.worldbank.org/en/news/2012/10/11/government-sponsoredhealth-insurance-in-india-are-you-covered (October 3, 2013).

16 "Indian Pharma 2020: Propelling Access and Acceptance, Realizing Potential," McKinsey & Company, 2010, p. 18, http://www.mckinsey.com/~/media/mckinsey/dotcom/client_service/Pharma%20and%20Medical%20Products/PMP%20NEW/PDFs/778886_India_Pharma_2020_Propelling_Access_and_Acceptance_Realising_True_Potential.ashx (October 3, 2013).

17 Shenglan Tang, "Has China's Health Reform Improved the Affordability of Healthcare for the Rural Population," *China Health Policy Report*, July 2012, http://sites.duke.edu/chinahealthpolicyreport/2012/07/ (February 11, 2013).

18 William Gallo, "Chinese Healthcare Improves, But More Reforms Needed," *VOA News*, December 27, 2012, http://www.voanews.com/content/analysts-china-health-careimproving-but-more-reforms-needed/1573022.html

(October 3, 2013).

19 "Health Financing: Private Expenditures on Health as a Percentage of Total Expenditures on Health," op. cit.

20 Gallo, loc. cit.

21 "Private Health Insurance in China: Finding the Winning Formula," McKinsey & Company, 2012, https://www.google.com/url?sa=t&rct=j&q=&esrc=s&source=web&cd=1&ved=0CCwQFjAA&url=http%3A%2F%2Fwww.mckinsey.com%2F~%2Fmedia%2Fmckinsey%2Fdotcom%2Fclient_service%2FHealthcare%2520Systems%2520and%2520Services%2FHealth%2520International%2FIssue%252012%2520PDFs%2FHI12_74-84%2520ChinaPrivate Healthcare_R5.ashx&ei=IpZNUrf2LIznigKW_YHoBg&usg=AFQjCNFbzzSn1nM1R6cGHWRsY00GnINbVg&sig2=wS_FTrWWEKwFdotKjGEMmA&bvm=bv.53537100,d.cGE (October 3, 2013).

22 Celia Deng, Wei Sun, Zhiyi Tong, and Paul Zhang, "Tales of Three Medical Device Markets in China," *In Vivo: The Business & Medicine Report*, November 2012, p. 57.

23 "Opportunity Cost," Dictionary.com, http://dictionary.reference.com/browse/opportunity%20cost (September 22, 2008).

24 "Market Disruption Imminent as Hospitals and Physicians Aggressively Adopt Patient Portal Technology," Frost & Sullivan press release, September 27, 2013, http://www.prnewswire.com/news-releases/market-disruption-imminent-as-hospitalsand-physicians-aggressively-adopt-patient-portal-technology-225498752.html (October 3, 2013).

25 "The World Health Report, Chapter 1: Where Are We Now?," World Health Organization, 2010, http://www.who.int/whr/2010/10_chap01_en.pdf (October 3, 2013).

26 Ryan Saadi, Nicole C. Ferko, Peter Ehrhardt, and Daniel T. Grima, "Strategies for Medical Device Manufacturers to Address Hospital Value Analysis," Medical Device and Diagnostic Industry, News, May 7, 2013, http://www.mddionline.com/article/strategies-medical-devicemanufacturers-address-hospital-value-analysis (October 3, 2013).

27 From remarks made by Guy Lebeau as part of the "From the Innovator's Workbench" speaker series hosted by Stanford's Program in Biodesign, April 5, 2005, http://biodesign.stanford.edu/bdn/networking/pastinnovators.jsp (October 3, 2013). Reprinted with permission.

28 Sara Michaels, "Making Mobile Health Work," PhysiciansPractice.com, January 21, 2011, http://www.physicianspractice.com/articles/making-mobile-health-workyour-medical-practice (October 3, 2013).

29 Laurence Kennedy and William H. Herman, "Glycated Hemoglobin Assessment in Clinical Practice: Comparison of the A1cNow™ Point-of-Care Device with Central Laboratory Testing (GOAL A1C Study)," *Diabetes Technology & Therapeutics*, vol. 7, no. 6, 2005, pp. 907-12.

30 NGSP (National Glycohemoglobin Standardization Program) is a certification method beyond what was required for FDA approval.

31 Kennedy and Herman, loc. cit.

32 "Shared Savings Program," Centers for Medicare & Medicaid Services, http://www.cms.gov/Medicare/Medicare-Fee-for-Service-Payment/sharedsavingsprogram/index.html?redirect=/sharedsavingsprogram/ (October 3, 2013).

33 "Accountable Care Organization 2013 Program Analysis," Quality Measurement & Health Assessment Group, Centers for Medicare & Medicaid Services, December 21, 2012, http://www.cms.gov/Medicare/Medicare-Fee-for-Service-Payment/sharedsavingsprogram/Downloads/ACO-NarrativeMeasures-Specs.pdf (October 3, 2013).

34 Ibid.

35 Craig Abbott, "Healthcare Trends: Developing ACOs," Health Dimensions Group, http://www.healthdimensionsgroup.com/pdfs/HDG_WhitePaper_FINAL_print.pdf (October 3, 2013).

36 "About Technology Appraisals," National Institute for Health and Care Excellence, http://www.nice.org.uk/aboutnice/whatwedo/abouttechnologyappraisals/about_technology_appraisals.jsp (October 3, 2013).

37 Ibid.

38 "Measuring Effectiveness and Cost Effectiveness: The QALY," National Institute for Health and Care Excellence, http://www.nice.org.uk/newsroom/features/measuringeffectivenessandcosteffectivenesstheqaly.jsp(October 3, 2013).

39 Andrew Pollack, "Pricing Pills and the Results," *The New York Times*, July 14, 2007.

40 "Does Insurance Cover the Oncotype DX Assay?," OncotypeDX.com, http://www.oncotypedx.com/en-US/Breast/HealthcareProfessionalsInvasive/Insurance/InsuranceInfo(October 3, 2013).

41 "Stakeholder Analysis," NHS Institute for Innovation and Improvement, http://www.institute.nhs.uk/NoDelaysAchiever/ServiceImprovement/Tools/IT145_stakeholder.htm (November 13, 2006).

42 All quotations are from interviews conducted by the authors, unless otherwise cited. Reprinted with permission.

43 Frank Vinluan, "InnerPulse Cuts Jobs, Including CEO's," *Triangle Business Journal*, August 18, 2008, http://www.bizjournals.com/triangle/stories/2008/08/18/story1.html?page=all (October 3, 2013).

44 Eggleston, op. cit., p. 7.

45 "Private Sector in Healthcare Delivery in India," National Commission on Macroeconomics and Health, 2005, http://www.nihfw.org/WBI/docs/PPP_SessionBriefs/PPP%20Course%20sessions/Need%20and%20Scope%20for%20PPP/Private%20Sector%20in%20Health%20Care%20Delivery%20in%20India.pdf(February 22, 2013).

46 UNAIDS Fact Sheet, 2012, http://www.unaids.org/en/media/unaids/contentassets/documents/epidemiology/2012/

gr2012/2012_FS_regional_ssa_en.pdf (October 21, 2013).
47 "HIV Diagnosis," UNICEF, January 2008, http://www.unicef.org/supply/files/HIV_DIAGNOSIS_A_Guide_for_Selecting_RDT_Jan08.pdf (October 21, 2013).
48 UNAIDS, op. cit.
49 "HIV Treatment Now Reaching More Than 6 Million People in Sub–Saharan Africa," UNAIDS press release, July 6, 2012, http://www.unaids.org/en/resources/presscentre/pressreleaseandstatementarchive/2012/july/20120706prafricatreatment/ (November 3, 2013).
50 R. J. Devettere, *Practical Decision Making in Health Care Ethics*(Georgetown University Press, 2000).
51 Susan Conova, "FDA Approves Heart Pump for Terminally Ill Patients," *In Vivo*, December 4, 2002, http://www.cumc.columbia.edu/news/in–vivo/Vol1_Iss20_dec04_02/index.html(December 2, 2013).
52 Muriel R. Gillick, "The Technological Imperative and the Battle for the Hearts of America," *Perspectives in Biology and Medicine*, 2007, http://muse.jhu.edu/journals/perspectives_in_biology_and_medicine/v050/50.2gillick.html(October 3, 2013).

2.4 시장 분석

서론

모든 요구가 다 같지는 않다. 좋거나 아니거나, 이노베이터들은 겉으로 중요해 보이는 요구 또한 적절한 해결책이나 접근 가능한 시장이 없는 한 해결될 수 없다는 것을 인지해야 한다. 오늘날 건강관리의 환경에서 표적시장의 규모와 성장률과 경정의 출연과 본질은 요구(필요)의 매력에 영향을 준다. 게다가, 이노베이터들은 필요가 요구되는 분야에서 가치를 창출하기 위한 기회를 고려해야 한다. 또한 시장에는 새로운 해결책을 제시할 수 있는 여지가 있어야 하고, 그 해결책은 낮은 가격에서 향상을 가져올 수 있고, 이는 표적 시장의 이목을 끌 수 있고, 결국에는 시장에서 이 해결책을 받아 들일 수 있게 한다.

시장 분석은 이노베이터들이 그들의 어떤 요구가 시장과 연관되어 있는지 이해할 수 있도록 한다. 주요 고객, 전망 있는 개발자, 그리고 팀 자체가 요구를 해소하는 것에서 가치를 찾을 수 있어야 한다.

시장 분석은 시장 조감도로 시작을 하는데 이는 시장의 규모, 기존의 해결책과 경쟁자들의 범위 그리고 격차에 대한 이해를 돕고, 혁신에 대한 기회를 지칭할 수 있다. 그 이후에, 그것은 전반적인 시장 내부의 세분화된 시장의 디테일한 평가에 초점을 맞추고, 이는 이노베이터들이 목표로 삼아야 할 시장을 결정하는 것을 돕는다. 해당 분석의 중요한 부분은 가치 평가를 만들어내는 것이고, 이는 새로운 해결책이 얼마나 그리고 어떠한 개선을 만들어 낼지에 대해 알려 줄 것이고, 이는 표적시장에 의해 받아들여질 가능성에 대해 알게 해 준다.

2.4 시장 분석을 통해 모인 정보는 바이오디자인 혁신과정에서 중요하다. 이는 또한 2.5 니즈 선택에 필수적인 요소들을 제공한다. 이노베이터들이 요구를 해결하는 것에서 해결책으로 변화를 만듦에 따라, 시장 분석은 5.7 마케팅 및 이해관계자 전략과 함께 높은 수준에서 반복이 되고, 수행될 수 있다. 이 절의 결과는 6.1의 실행 계획 및 재정모델의 중요한 요소가 된다.

 시장 분석과 관련된 동영상은 ebiodesign.org을 참조한다.

목표

- 광범위한 시장 전망을 수행하는 방법을 이해하여 많은 요구사항을 처리할 때 시장에 대한 방향 감각을 익힌다.
- 시장을 비슷한 인식과 의학적 요구를 공유한 소비자들의 그룹으로 나누는 방법을 알아본다.
- 각 부문에 있어서 시장의 규모, 성장 그리고 경쟁적 역학을 어떻게 정의 할지를 고려한다.
- 이해관계자 니즈가 각 부문에서 현재 다루어지고 있는 범위를 결정하고 대안 해결책에 대한 비용을 지불할 이해관계자의 의지를 평가하며 시장 세그먼트에 대한 가치 추정을 위해이 정보를 모으는 방법을 인식한다.
- 표적 시장을 고르는 데 있어서 중요한 고려사항을 인지한다.

시장 분석의 기초

시장 분석은 바이오디자인 혁신 과정 초기에 수행되어 평가 대상 잠재력이 상업적으로 실행 가능한 시장과 관련이 있는지 평가한다. 혁신주의자는 잠재적인 고객의 의견과 가능한 투자자(또는 다른 자본 제공자)의 피드백을 이용하여 매력적인 시장을 구성하는 요소를 스스로 결정해야 한다. 이 3가지의 구성원의 관점은 다양하지만, 고객, 투자자 및 혁신자 모두가 가치 있는 해결책을 추구하기 위해 필요를 해결하는 데 있어 가치를 보아야 한다. 근본적으로, 대답되어야 할 질문은 다음과 같다. "고통을 참으면서 얻을 수 있는 이득이 충분한 가치가 있는가?"

의료 기기 개발 및 상용화와 관련된 비용 및 복잡성이 지속적으로 높아짐에 따라 많은 이노베이터들은 큰 시장을 갖는 것이 성공의 핵심 요소라고 여겨진다. 실리콘 밸리에 위치한 의료기기 회사 Synecor의 사장으로 지낸 Richard Stack은 다음과 같이 말했다.[1]

> 요구는 큰 시장이 뒷받침되어야 한다. 하루는 굉장히 길고, 작은 규모의 시장만큼이나 큰 규모 시장의 요구를 맞추는 것은 정말 쉬운 일이다.

반대로, 다른 혁신주의자 들은 대안적 접근법을 선호한다. 이는 바로 작은 시작에서 시작하고 점점 그 규모를 확장해 나가는 것이다. Boston Scientific의 공동 창립자는 다음과 같은 관점을 제시하였다.[2]

> 나는 거대한 시작을 한번에 장악하려 하지 않았다. 그 이유는 작은 규모로 시작할 때, 방해하는 요소가 상대적으로 적기 때문이다.

혁신자가 다른 시장 유형을 선호할 수 있지만, 발명에 어느 것이 필요하게 될지 결정하기 전에 시장 분석을 수행하는 것이 중요하다는 광범위한 동의가 있다. 추구해야 할 사항을 선택하기 위한 요인으로 시장 특성을 사용하면 이노베이터가 필요 영역에서 잠재적으로 생성되고 포착될 수 있는 가치의 범위를 이해할 수 있다. 시장 분석의 결과는 또한 혁신자가 필요 진술을 적절하게 정제하고 선택된 목표 시장의 고유한 요구와 요구사항에 초점을 맞춘 확장된 요구 사양(2.5 니즈 선택 참조)을 개발할 수 있게 한다.

시장 분석은 표 2.4.1에 설명 된 대로 점점 더 구체적인 조사를 통해 이노베이터를 이끌어가는 일련의 과정이다. 이 장의 나머지 부분에서는 각각의 중요한 단계를 자세히 설명한다.

1단계 – 시장 관찰

평가해야 할 수십 또는 수백 가지 요구사항으로 인해 이노베이터는 각 시장에 대해 심층적인 시장 분석을 현실적으로 수행할 수 없다. 종종 각 요구에 대한 광범위한 시장 환경을 파악하는 데 초점을 맞춘 높은 수준의 접근 방식으로 시작한 다음 반복 요구사항 심사 프로세스를 통해 요구사항 목록이 좁혀지면서, 깊이와 세부 수준을 높이기 위해 노력하는 것이 좋다.

시장 전망을 시작하는 데 유용한 방법은 필요 영역에 대한 전체 시장을 염두에 두고 시작하는 것이다. 이노베이터들은 질병 국가에 대한 지출 총액을 알기 위해 2.1 질병 단계의 기초의 일부로 수행된 연구로 돌아갈 수 있다. Moshe Pinto, Dean Hu, 그리고 Kenton Fong은 스탠포드 Biodesign 프로그램에서 공부한 학생들이었다. 가령, 그들은 만성 상처의 치유를 촉진 작업을 시작했다. 팀 연구의 일환으로, Pinto와 연구진은 상처 치료 시장은 거대하고, 미국에서 연간 의료 비용에서 200억 달러 이상, 상처 치료 제품에서 5억 6,600만 달러의 가치가 있다는 것을 발견했다.[3]

전반적인 시장에서 요구사항이 얼마나 잘 처리되고 있는지 생각하기 시작하면서, 혁신자는 2.2 기존의 해결책에서 수집한 정보를 다시 검토하고 구축할 수 있다. 이 평가를 통해 그들은 진단, 치료 및 치료가 필요 영역을 지배하는 최소한의 데이터와 대략적인 비용, 활용도 및 상대적 효율성에 대해 알게 된다. 이 정보를 사용하여 해결책의 관점에서 시장의 지도를 작성하고 누락된 데이터를 채우기 위해 필요에 따라 추가 조사를 수행해야 한다. 예를 들어, 해결책 맵의 간단한 버전에서 혁신자는 한 축에 비용을, 다른 축에 효율성을 배치한 다음 주요 치료 대안의 수준을 비교할 수 있다. 좀 더 발전된 버전에서는 각기 다른 크기의 "거품"을 사용하여 각 치료에 대한 시장의 대략적인 크기를 전달할 수 있다. 치료 이용률이 증가하는 속도

표 2.4.1 높은 수준의 시장 분석을 위한 3단계

단계	주제	조사할 질문들
1	시장 전망	모든 이해관계자 또는 전체 시장을 고려할 때, 현존하는 해결책들이 소비자의 요구를 얼마나 잘 해결하고 있는가? 만약 적절한 해결책이 현재 존재하지 않는다면, 소비자의 입장에서 볼 때, 요구의 규모 또는 중요성은 무엇인가? **격차** 이용 가능한 해결책이 이노베이터들이 해결하고자 하는 필요들과 얼마나 일맥상통하는가? 새로운 해결책이 가치를 더 해 줄 수 있는 곳에 어떠한 격차가 발생하는가? 소비자의 입장에서 이러한 격차를 해소하는 것을 얼마나 중요하다고 여겨지는가? **규모와 성장** 전체시장의 대략적인 규모는 어느 정도인가? 적절한 해결책을 이용할 수 있는 시장의 규모는 어느 정도인가? 어느 부분에서 가장 긍정적인 혹은 부정적인 성장이 야기되는가?
2	시장 세분화	전체시장을 세분화하는 데 사용될 수 있는 중요한 요소들은 무엇인가? 또한 그 세분화된 시장에서 사람들은 공통된 요구와 인식을 가지고 있는가? 의미 있는 차이가 존재하는가? **규모와 성장** 세분화된 시장 기회의 규모와 성장과 확장에 대한 잠재력은 어느 정도인가? **경쟁적 역학** 각각의 시장에서 처음 입문한 사람이 경험할 경쟁적 역학에는 무엇이 있는가? 경쟁은 얼마나 심한가? 신생 기업들이 생겨났는가? 그들은 성공적인가? 기존에 있던 기업들과 해당 기업들의 경쟁적 관계의 본질은 무엇인가? **요구 또는 필요** 세분화된 시장의 독특한 소비자의 요구는 어떤 것인가? **지급하고자 하는 의지** 어떤 이해관계자들이 새로운 해결책으로 만들어진 최고의 가치를 발견할 수 있는가? 어떤 수준 그리고 종류의 가치가 시장의 구성원들로 하여금 그들의 행동과 새로운 해결책을 받아 들이라고 할 것인가? 각각의 시장은 새로운 해결책에 지불할 용의가 있는가? 만약 그렇다면, 소비자들은 기존의 해결책에 무엇을 지불하고 있었는가? 각각의 세분화된 시장은 새로운 해결책을 받아들일 준비가 되었는가?
3	표적 시장	어떤 시장이 새로운 해결책으로 가장 많은 가치를 창출할 수 있는가? 어떤 시장이 다음의 인원들에게 가장 많은 이익 혹은 가치를 창출할 수 있는가: • 고객 • 투자자 • 이노베이터

(또는 수축)는 조경에 추가하는 것을 고려하는 또 다른 요소이기도 하다.

어떤 경우에는 이노베이터가 개입을 사용하는 환자의 총 수를 기준으로 각 치료에 대한 거품의 크기를 조정하는 버전과 총 연간 지출에 따라 크기를 조정하는 버전을 개발하는 등 여러 가지 향상된 수준의 시장 환경에 대한 여러 보기를 만든다. 또는 각 카테고리의 성장률. 혁신자는 한 축의 질병 중증도로 효율성을 대체하고 완전히 다른 지도나 조감도를 작성하여 질병의 다른 단계에서 환자가 사용할 수 있는 치료법(그리고 비용)을 평가할 수 있다. 또는 그들은 질병의 각 단계에서 환자에 대한 치료에 대한 총 지출 대비 환자당 치료 비용을 평가할 수 있다.

시장 전망에 대한 하나 이상의 견해가 만들어진 후에 이노베이터는 전반적인 시장에서 어떤 격차가 존재하는지 생각하는 것을 시작할 수 있다. 격차는 종종 가치 창출 및 제공 기회에 해당한다. 예를 들어, 한 종류의 치료가 다른 치료들에 비해 비용이 많이 드는 경우 혁신자는 사용 가능한 치료법을 대체하기 위해 새로운 해결책이 제공해야 하는 가치를 예측할 수 있다. 예상 값 구성에 대한 자세한 내용은 이 장의 뒷부분에 나와 있다.

그림 2.4.1은 이전에 참조한 상처 치료 프로젝트의 일부로, 만들어진 시장 다이어그램을 보여준다. Spiracur라는 회사를 찾았던 한 팀은 만성 상처 치료 시장에 상당한 비용이 들지만, 최고의 해결책과 동등한 효과와 상당한 차이가 있음을 확인했다. 그들은 또한 시장에서 가장 빠르게 성장하고있는 부식 방지제의 대대적인 치료 범주가 "박차를 가할 해결책"이라고 평가했다. 비슷한 결과를 제공하는 저렴한 해결책을 제공할 수 있다면, 시장에 진입해도 무방하다.

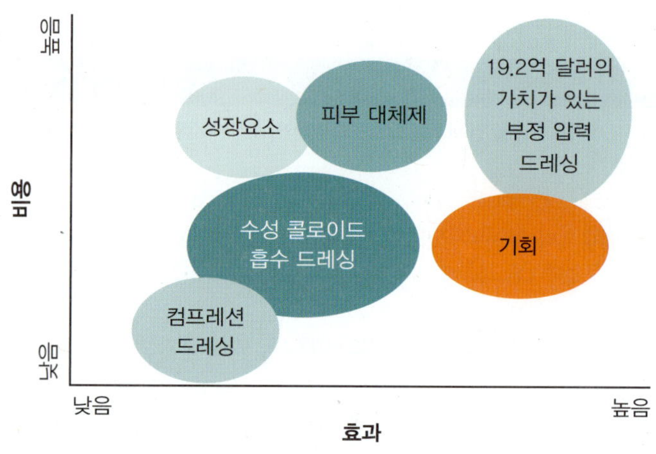

그림 2.4.1
상처 치유를 위한 높은 수준의 시장의 조감도

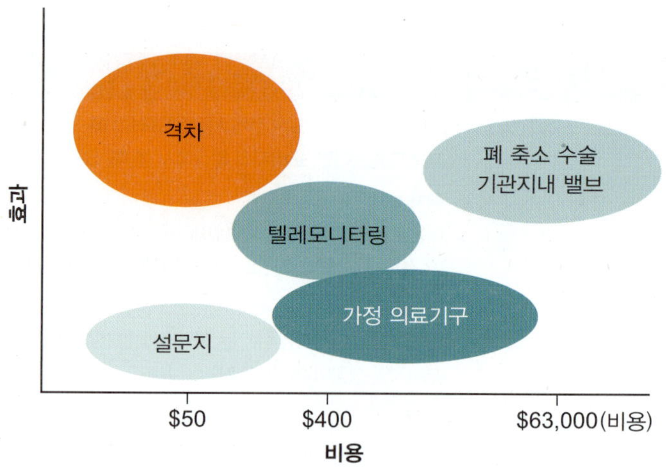

그림 2.4.2
만성 폐쇄성 폐질환 시장의 조감도

그림 2.4.2는 만성 폐쇄성 폐질환(COPD)과 관련된 필요성에 중점을 둔 팀의 또 다른 사례로서 미국에서 매년 이를 치료하기 위해 320억 달러의 비용이 든다. 이 이노베이터들은 질병 영역에서의 진단 및 치료를 위해 보다 효과적이고 합리적인 해결책에 대한 필요를 느꼈다. 팀의 구성원인 Michael Winlo는 다음과 같이 요약했다. "만성 폐쇄성 폐질환은 세계적으로 널리 퍼지고 있는 소수의 만성 질환 중 하나이며, 질병의 병적 상태는 매우 중요합니다. 그러나 이 상태를 효과적으로 치료할 수 있는 훌륭한 방법은 많지 않습니다."[4] 이 그룹은 기본 텔레모니터링보다 비용이 저렴하면서도 효과적이었던 질병 관리에 도움이 되는 해결책이 시장에서 존재하지 않는다고 생각했다.

여기에 표시된 것과 같은 지도는 가치가 높은 기회가 존재할 수 있는 곳을 조기에 파악하는 데 유용하게 쓰일 수 있다. 그러나, 그것들이 더 발전되고 더 자세하게 될 때, 그들은 또한 더 유용하게 쓰여질 수 있다. 예를 들어, 이노베이터들은 각 축을 더 정량화함으로써 새로운 해결책이 어떤 특정 가격 범위 내에서 제공해야 할 효과 수준을 더 정확하게 예측하여 이해관계자가 설득력을 발휘할 수 있는지 판단할 수 있다. 보다 자세한 분석을 통해 혁신자는 경쟁력 있는 대안에 대한 필요성과 "개선된" 해결책을 위한 여유 공간이 얼마나 정확하게 제공되는지에 대한 명확한 시각을 얻을 수 있다. 위험은 항상 그러하듯 혁신자가 고객의 관점에서 개선이 중요한 정도를 과대 평가하게 된다는 것이다. 이노베이터가 관리 가능한 요구사항에 초점을 맞추기 시작하면서 시장 분할(세분화)에 대해 생각하기 시작하면 조감도를 보다 유익하게 만들기 위해 이 추가 정보에 레이어링을 시작할 수 있다.

특정 요구의 범위에 따라, 기존 치료 영역 내에 존재할 수 있는 경쟁적 포지셔닝을 검토할 필요가 있다. 예를 들어, COPD의 경우, "가정용 장치"로 묘사된 접근법을 면밀히 평가하면 악화를 진단할 장치가 있는 공간에서 현재 경쟁자가 차지하고 있는 시장 위치의 지도가 된다(그림 2.4.3 참조). 이 유형은 특정한 제품 종류에 있는 참가자가 주어진 필요가 얼마나 잘 충족되고 있는지를 결정하는 데 도움이 된다. 또한, 경쟁력 있는 제품 제공의 격차를 부각시키고 이노베이터가 가치 창출을 위해 보다 구체적인 기회 영역으로 나아갈 수 있도록 안내할 수 있다. Winlo는 가정용 기기의 경우 "우리가 깨달은 것은 이 도구들 중 어느 것도 매우 효과적이지 않습니다. 대안은 거의 없었으며 휴대용 해결책의 민감도와 특이성은 매우 낮습니다."라고 말했다.

요구 그 자체와 마찬가지로, 관련 경쟁 구도는 다른 제품 범주를 보면서 "위 아래로" 범위를 지정할 수 있다. 이노베이터는 요구 범위 지정과 경쟁 분석 간의 강력한 관계를 인식하고 이 조감도 단계에서 확인된 해결책이 잠재적으로 경쟁력 있는 제품을 간과하지 않도록 비용 및 효과면에서 중복되는 경우 특히 주의해야 한다.

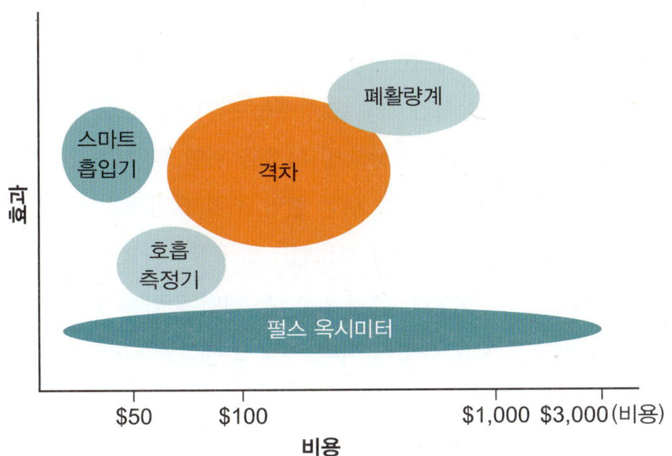

그림 2.4.3
화를 진단하기 위해 사용되는 가정 의료기구 시장에 대한 해당 조감도는 해당 장치들의 비용과 효과를 보여준다.

2단계 – 시장 세분화

필요를 해결하기 위한 새로운 해결책이 광범위한 의료 분야(예: 심방세동으로 알려진 심장 리듬 장애를 가진 모든 환자)의 모든 고객 또는 이해관계자의 요구사항을 충족시키는 것은 거의 없다. 전체 인구 중 일부(예: 폐정맥에서 시작하여 65세 이상의 발작 성 심방세동이 있는 환자, 전기 생리학자가 치료를 받은 여성, 메디케어가 적용되는 여성)의 요구를 해결할 수 있는 방법은 훨씬 더 많다. 혁신자는 환자, 지불 자 및 제공자(이 경우 의사 및 시설)를 필요에 대한 유사한 인식을 공유하는 구별된 그룹으로 나누기 위해 시장 세분화를 사용할 수 있다. 이 연습의 목적은 전체 시장을 구성하는 하위 그룹을 인식하고 이해하는 것이다.

효과적인 시장 세분화 체계는 그룹 간의 최대 차이를 유지하면서 가장 큰 유사성을 가진 인구의 하위 집합을 식별한다. 시장 세그먼트는 측정 가능하고 액세스 가능하며 내구성이 있어야 (너무 빨리 변경되지 않도록), 수익성이 높고 지속 가능한 서비스가 제공되어야 합니다.[5] 혁신자는 어떤 그룹을 대상으로 고객의 특성을 이해하여 하나 또는 두 개의 시장 세그먼트가 주어진 요구에 대한 해결책에 가장 높은 가치를 부여할 가능성이 가장 크다. 차례로 이들 세그먼트는 초기 목표 시장이 될 것이다.

의료 시장에 존재하는 여러 이해관계자 간의 복잡한 상호작용으로 인해 세분화는 반복적인 활동으로 간주되어야 한다. 각각의 과정마다 혁신자는 하나 이상의 속성을 사용하여 더 큰 그룹을 더 작은 그룹으로 나눌 수 있다. 그림 2.4.4는 시장 부문을 구별하는 데 사용할 수 있는 차원의 샘플을 요약한 것이다. 시장 분석을 수행할 때, 시장 부문 간의 중요한 차이점이 모든 차원에서 존재하지 않을 수 있음을 알고 있어야 한다. 그러나 하위 그룹을 구분할 중요한 요소를 간과하지 않도록 모든 요소를 고려하는 것도 필요하다. 또한 평가 대상 시장의 차별화된 특성을 고려하여 고려해야 할 추가 요소가 있을 수 있음을 명심하여야 한다.

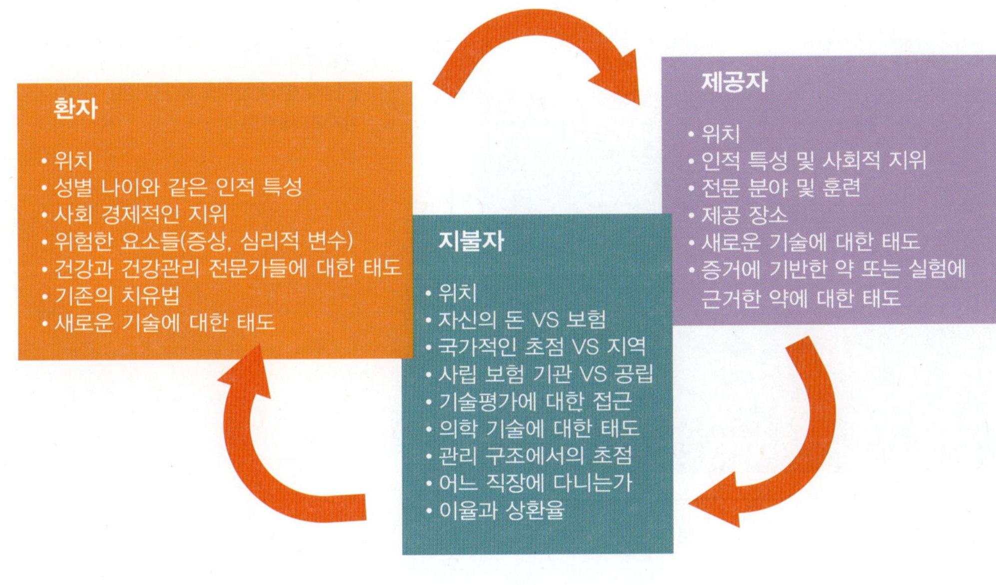

그림 2.4.4
세분화된 시장을 구분하는 데 다양한 특성들이 있다. 이노베이터들은 넓은 범위의 요인들을 고려해야 하며, 이는 의미 있는 세분화를 하기 위함이다.

세분화에 대한 하나의 접근법은 상대적으로 단순한 환자 기반 분석으로 시작하여 결국 시장 평가에서 고려해야 할 여러 가지 이해관계자 및 상호작용을 설명하기 위해 점차 복잡 해지는 요소(예: 지불자, 제공자)를 계층화하는 것이다. 이 방법을 실험하기 위해 네 단계를 사용할 수 있다.

1. 증상과 원인에 따른 환자 세분화
2. 치료에 따른 환자 세분화
3. 제공하는 인원에 다른 환자/치료 하위그룹 세분화
4. 지불하는 사람에 근거한 환자/치료/제공인의 세분화

만성 신장 질환(CKD)을 겪고 있는 환자에 기초한 예시들은 이와 같은 4단계를 보여준다.

증상과 원인에 따른 환자 세분화

첫째, 증상과 위험 요소에 따라 환자를 분류하기 위해 혁신자는 환자를 진단 및 진단되지 않은 범주로 나누고 질병의 단계에 따라 이들 그룹을 더 세분화할 수 있다[1–2 단계 ¼ 경도, 3 ¼ 중도, 4 ¼ 중증, 및 5 ¼ 말기 신장 질환(ESRD)]. 대부분의 1기 환자는 진단을 받지 못하고 5기는 대부분 진단을 받는다. 그림 2.4.5는 세분화의 결과를 보여준다. 다음의 다른 세분화 그림에서 각 하위 그룹의 영역은 포함된 환자 수로 세분화된 크기를 반영한다.

치료에 따른 환자 세분화

다음 단계는 환자가 받은 치료법에 따라 환자를 세분화하는 것이다. CKD의 일반적인 치료 범주에는 자가 관리(예: 식이 및 움직임 제한), 약물 치료(당뇨병 환자를 위한 혈당 조절 약물, 고혈압을 앓고 있는 환자를 위한 혈압 조절 요법 또는 빈혈 또는 골질환 환자를 위한 기타 치료법); 혈액 투석(HD); 복막 투석(PD); 또는 이식(Tx). 그림 2.4.6은 진단된 단계 5 (ESRD) 그룹의 환자가 치료 유형에 따라 어떻게 세분될 수 있는지 보여준다.

공급자를 기준으로 환자/치료 하위 그룹 세분화

ESRD 환자 5명을 위한 이 6개의 치료 단계는 환자에게 치료를 제공하는 제공자의 유형을 덮어서 다시 세분화될 수 있다. 일반적으로 CKD 시장에서는 제공자와 제공자가 일대일의 상관관계가 있다. 예를 들어, PD와 HD의 경우 투석 클리닉과 함께 신장 전문의가 치료를 제공한다. 이식의 경우, 그림 2.4.7과 같이 이식 프로그램과 협력하여 외과의가 치료를 시행한다.

지급하는 사람에 근거한 환자/치료/제공인의 세분화

최종 세분화 단계는 하위 그룹과 관련된 지급자 유형을 평가하는 것이다. 이 사례가 너무 복잡해지는 것을 막기 위해 그림 2.4.8은 민간보험과 공공보험이 적용되는 환자들 사이에서만 차별화를 모색한다(미국의 예시).

이 단순화 된 CKD 예제는 일련의 벤(Venn) 다이어그램을

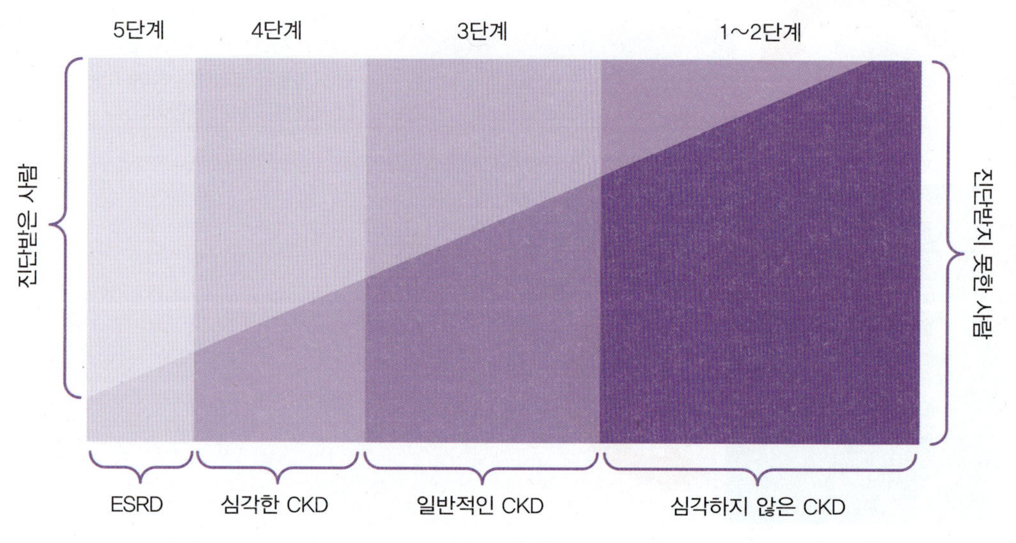

그림 2.4.5
진단과 병의 진척도에 근거한 환자의 세분화

그림 2.4.6
5단계로 진단된 환자의 치료 종류에 따른 세분화

진단되지 않음
1–2단계
경도 CKD
3단계
중등도 CKD
4단계
극심한 CKD
5단계
ESRD 진단
진단

세그먼트 = 5단계 진단 환자(ESRD)

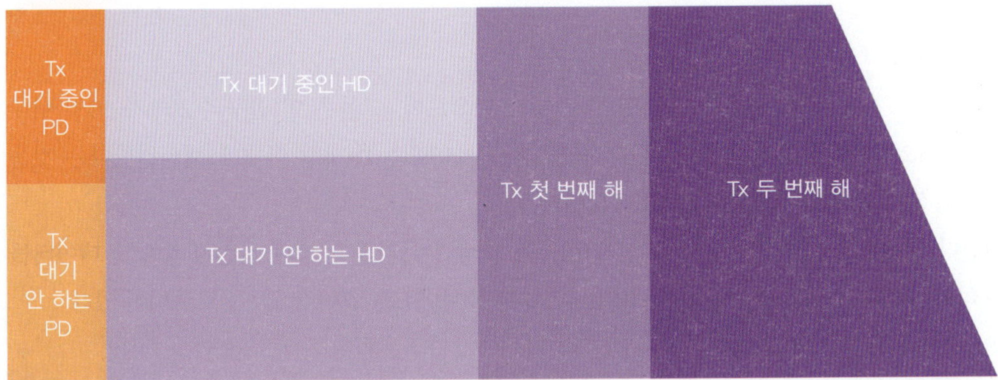

사용하여 점진적으로 환자, 제공 업체 및 지불자 세분화를 수행하는 단계를 보여준다. 이 방법은 복잡해 보일 수 있지만, 기본 접근법은 혁신주의자들이 바이오디자인 혁신 과정의 초기 단계에서 시장 세분화에 대해 생각하는 것에 대해 시작할 수 있는 구조화된 방법을 제공한다. 경험이 많은 이노베이터도 이러한 단계를 수행하지만 덜 구조화되고 본능적인 방식으로 수행한다.

시장 세분화를 설명하는 또 다른 방법은 간단한 테이블만 사용하거나 의사결정 트리와 유사한 다이어그램과 함께 사용하는 것이다. 가령, 만성 폐쇄성 폐질환과 관련된 필요성을 연구하는 팀이 미국 환자 1,200만 명을 분류하는 방법을 고려하고 있을 때 환자의 성별, 나이, 위험 요소, 치료 유형 등을 고려하여 다양한 접근법을 실험하였다. 이노베이터는 질병의 중증도에 따라 경증부터 중증까지 환자를 연구 했고, 이 질병 소그룹에서 환자를 더 차별화하기 위해 COPD의 각 단계와 관련된 악화율을 평가하고 상태가 악화됨에 따라 꾸준히 증가한다는

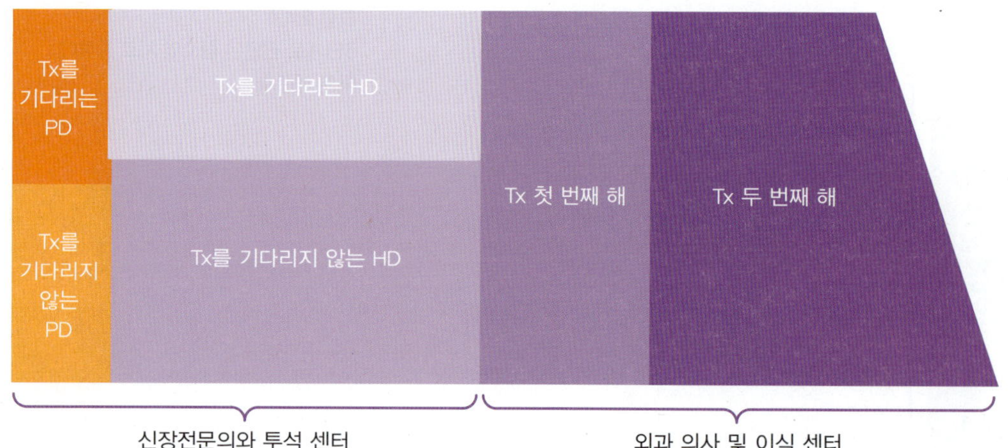

그림 2.4.7
5단계에서 진단된 환자의 관리 제공자를 기반으로 추가 세분화(ESRD)

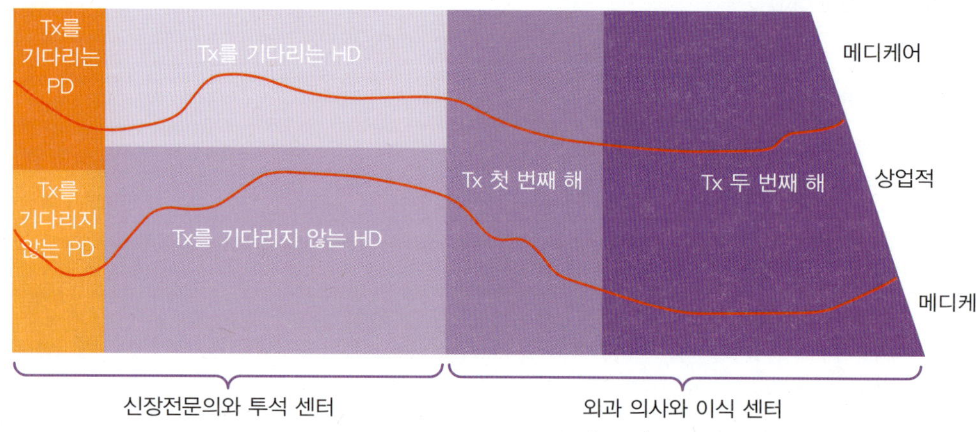

그림 2.4.8
지급자의 유형을 기반으로 하며, 5단계(ESRD)에서 진단된 환자들의 세분화 계층이 하나 더 생긴다. 라인으로 구분된 중앙 부분은 민간 또는 상업적으로 보험이 적용되는 환자의 비율을 나타내며, 나머지 부분인, 상단과 하단은 메디케어의 적용 대상을 보여준다.

것을 발견했다. 잇따른 연구에 따르면 악화는 치료 비용의 주요 원인이다. 모든 질병 하위 그룹에 걸쳐 120만 명의 환자가 만성 폐쇄성 폐질환(COPD) 사고 중 응급실(ED)에서 치료를 찾고 900,000명 이상이 병원에 입원한다. COPD 입원이 이 질병에 대한 지출의 43퍼센트 이상을 차지한다는 사실에 흥미를 느낀 팀은 COPD로 입원한 환자의 특성을 보다 자세히 설명했다. 그렇게 함으로써, 그들은 이 인구의 20%가 30일 이내에 다시 입실했고, 38%는 18개월 이내에 재입원한다는 것을 알게 되었다.

팀을 세분화 분석의 이러한 양상과 관련된 중요한 데이터들은 표 2.4.2에서 볼 수 있고, 그림 2.4.9에 묘사되어 있다.

표 2.4.2 질병의 중증도에 따른 진단된 환자의 악화와 입원 비율(Jonathan Hofius, Raymond Hoi, Zubin Huang, Peter Livingston, Michael Winlo)

질병의 중증도	모든 COPD 환자의 백분율	악화 비율/연	입원 필요/연	입원 횟수/연
심각하지 않음	40%	0.82	2%	64,800
보통	55%	1.17	7%	462,000
심각	4%	1.67	18%	324,000
매우 심각	1%	2.1	33%	118,000
총				968,800

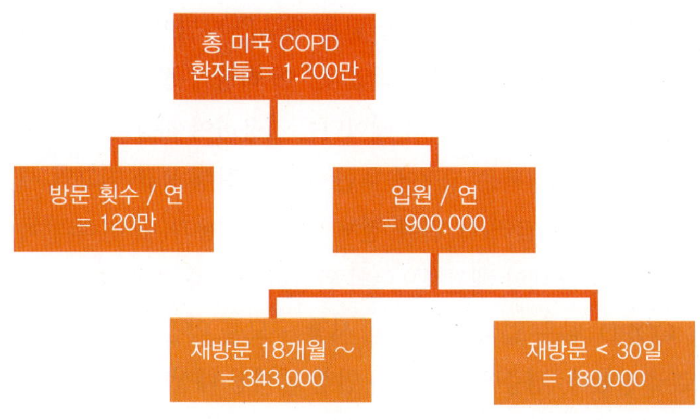

그림 2.4.9
악화로 인해, 입원한 US COPD 환자들을 위한 높은 단계의 환자 분할 (Mridusmita Choudhury, Jonathan Hofius, Raymond Hoi, Zubin Huang, Peter Livingston과 Michael Winlo 제공)

분할 크기와 성장을 평가해라

혁신적인 시장 분할을 정의한 후에, 이노베이터는 각 시장과 관련된 시장 기회의 크기를 정할 수 있다. 이것은 대답하기 쉽지 않은 일련의 중요한 질문을 해결하는 것을 항상 포함한다(그림 2.4.10):

1. 각각의 시장에서 몇 명의 환자가 있고(만약에 분할의 부분으로 계산되지 않았다면), 그리고 몇 명까지 도달할 수 있는가?
2. 각 분할 안에 어떤 진단법 및 치료법이 최근에 사용되고 있는가? 어떤 회사들이 이런 해결책들을 제공해 주고 있는가? 상대적인 시장 점유율은 얼마인가?
3. 각 시장 분할에서의 총 달러 가치가 얼마인가? (예: 치료의 총비용 또는 총 의료 지출)?
4. 분할에서의 전염병학의 성장 패턴은 무엇인가? 분할은 수축하는가 또는 확장하는가? 근기, 준기, 장기적인 성장 예상은 어떻게 보이는가?

항상 더 나아 질 거라고 더 크게 추정되는 것을 포함하며, 시장 분할의 크기가 공백 속에 고려되어서는 안 된다는 것을 상기해라. 몇 가지의 케이스들에서, 더 쉽게 접근 가능한 더 작은 시장이 제공에 관해 잠재적인 구매자들이 접근하는 데 어려움을 겪는 더 거대한 시장보다 더 매력적일 수 있다.

그림 2.4.10
시장 분석은 이노베이터에게 중요한 질문에 대해 혼란스럽거나 갈등을 일으키는 답을 제공할 수 있다. 그러나, 엄격한 평가 접근은 덜 애매한 정보를 활용하는 것을 도울 것이다.[6]

각 분할의 달러 가치를 계산하는 것에, 이노베이터들은 하향식이나 상향식 접근법을 택할 수 있다. 하향식 접근법은 질병 단계에서 총 지출을 시작하고 총 지출을 각 세그먼트의 소비자들의 비율에 기초한 범주에 따라 나눈다. 하향식 접근법 가진 문제점은 그것은 근본적으로 다양한 세그먼트들에 걸쳐서 환자당 똑같은 지출을 가정한다. 그러나, 이것의 장점은 이노베이터들이 여전히 다수의 요구를 평가할 때, 도움이 될 수 있는 많은 데이터 양을 요구하지 않는다. 상향식 접근법은 소비자의 수를 그들의 치료 비용으로 이루어진 각 세그먼트에 곱해 총 시장 크기를 알아낸다. 이것이 하향식 접근법보다 더 정확하지만, 바이오디자인 혁신 과정에서 쉽게 이용 불가능한 데이터를 요청할 수 있다. 즉, 이 두 방법 모두 시장 크기에 관한 높은 단계의 평가를 결정하는 데 사용될 수 있다. 하지만, 두 가지 분석을 사용하고 결과를 비교/입증하는 것은 유용할 수 있다. (상향식의 분석의 예시는 "한 번에 합치기: **환자들의 힘**"이라는 단락에서 보게 될 것이다. 그리고 하향식, 상향식의 더 많은 정보는 6.1 실행 계획 및 재정 모델을 참조한다.)

스피라쿨 팀은 만성 창상 치료 시장을 일찍 평가할 때 하향식으로 시장을 가늠하는 방법을 썼다. 이노베이터들이 본 단순한 시장 세그먼트 중 하나는 본 것은 정맥궤양에 고통 받고 있는 환자들이었다. 그들은 이런 일반적인 세그먼트에 흥미를 느꼈는데 그 이유는 이미 존재하는 해결책과 바라는 결과들의 차가 매우 좋았기 때문이다 – 대부분의 궤양은 12주의 치료 후에 두었다(터무니없이 긴 기간). 하위 그룹의 크기를 재기 위해, 스피라쿨 팀은 이용 가능한 역학 통계의 보외법에 기초하여, 정맥궤양을 겪고 있는 미국 인구의 0.5%와 1.5% 사이라고 평가했다. 비교 가능한 분석은 정맥궤양에 대한 날마다의 비용이 150달러라고 밝혔다.[7] 잠재적인 세그먼트의 가치를 얻기 위해, 스피라쿨 팀은 이만한 값을 테라피 기간 그리고 정맥궤양의 유행에 곱했고 2009년까지, 주식회사의 성장은 총 잠재적인 시장 사이즈가 총 120억 달러에 달한다고 평가했다[8](총 시장 크기는 정맥궤양을 가지는 모든 환자들을 포함했다). 분석할 시기에 시장 세그먼트는 대략 30% 정도의 침투율을 가졌다(즉, 3분의 1보다 적은 환자들만이 정맥궤양 치료를 받았다). 시장침투가 없었음에도 불구하고, 스피라쿨 팀은 새로운 방법이 360억 달러에 달하는 가능성이 있다고 믿었다.[9] 이 하향식 접근 방식은 벤치 마크와 비슷한 해결책의 데이터를 사용하여 시장 규모를 조정한다. 이 해결책은 고객에 대한 비용이 현행 동급 최고의 해결책(하루 150달러)에 관한 전체의 회피 비용과(이 견적의 목적상) 동등한 대안 해결책으로의 완전히 침투를 가정한다.

COPD 팀은 일찍이 하향식 시장 규모를 약간 다른 방식으로 추정했다. 경증에서 중증의 만성 폐쇄성 폐질환으로 입원한 환자를 대상으로 하는 미국 시장의 경우 불필요한 재허가 방지와 관련된 비용 절감을 토대로 총 시장 기회를 예측할 수 있다고 믿었다. 특히, 조사 결과 COPD에 대한 이러한 반복적인 입원 중 80%가 피할 수 있다고 의사가 믿는다는 연구 결과가 발표되었기 때문에, 퇴원 후 30일 이내에 재허가를 막을 수 있는 상당한 기회가 있다고 믿었다.[10] 입원당 비용은 1,500달러에서 40,000달러였지만 그들의 예비 하향식 계산에 평균 14,400달러를 사용하기로 결정했다. 이 데이터는 그들이 그림 2.4.11에 보여진 시장 기회 평가를 계산하도록 이끌었다.

스피라쿨 팀에 의한 비교할만한 접근법과는 달리, 시장 규

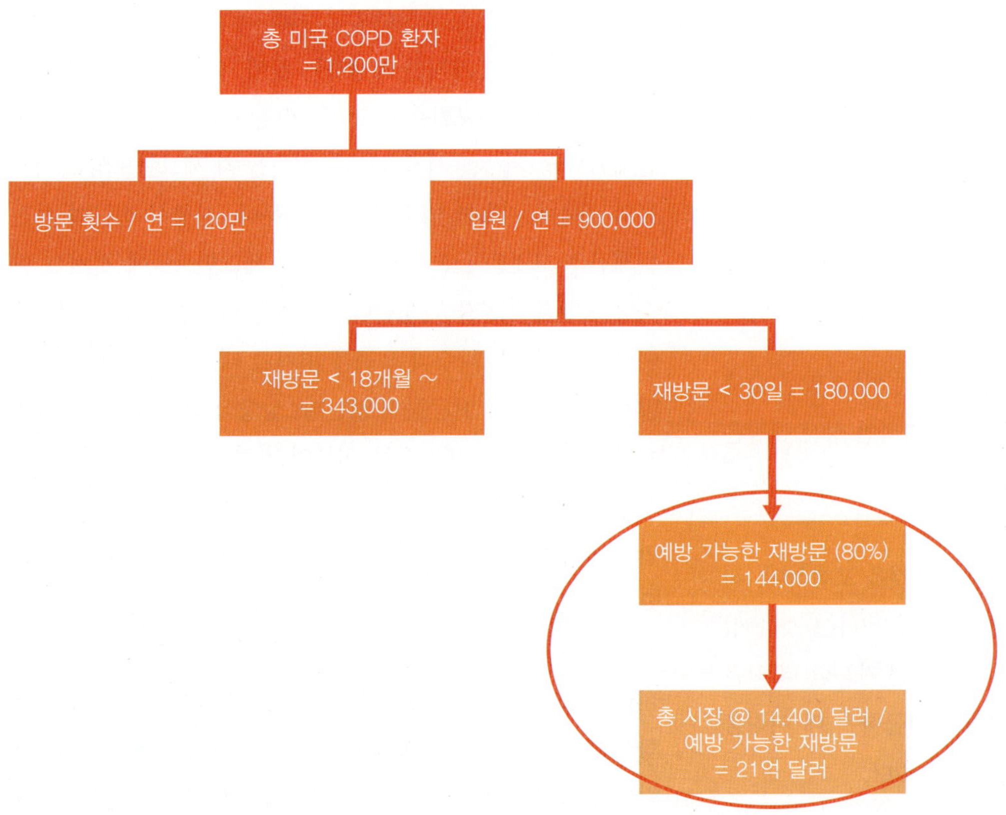

그림 2.4.11
경도부터 매우 극심한 COPD를 가지며, 입원한 미국 내 환자들의 세그먼트에 대한 평가된 전체의 시장 기회(Mridusmita Chouhury, Jonathan Hofius, Raymond Hoi, Zubin Huang, Peter Livingston과 Michael Winlo 제공)

모를 결정하는 이 접근 방식은 구매자 또는 지급인의 관점에서 총 "해결책 가치"를 고려한다. 특히, 그 팀은 재허가의 총 비용을 방지하는 알려지지 않은 해결책으로 대체할 것을 가정했다. 다른 말로 하면, 이 하향식 시장 평가는 해결책이 대상 고객에 대한 재허가 방지당 최대 14,400달러까지 가치가 있을 수 있다고 보여주었다. 중요하게도, 거친 하향식 시장 규모 모델은 종종 기회의 크기를 과대 평가한다.

이노베이터들은 잠재적인 절감(또는 다른 경제적 이익) 행동을 바꾸고 새로운 제안을 채택할 수 있는 인센티브를 그들에게 제공하는 해결책을 구입하거나 지급할 이해관계자(들)와 공유할 것을 기대해야만 한다. 이 아이디어는 COPD 사례에서 가장 잘 설명된다. 이 경우에서, 지급인(집단)은 재허가 관련 비용을 최대 21억 달러까지 피함으로써 해결책의 혜택을 가장 직접적으로 보게 된다. 그러나 이노베이터 또는 회사가 구매자에게 21억 달러의 원가 계산을 요구하는 제품을 통해 잠재적인 비용 절감액 21억 달러를 포착하려고 시도하면, 지급인들은 순수한 재정 조건으로 해당 제안에 무관심할 수 있다. 이 경우에서, 진료에서 변화를 장려하기 위해서 이노베이터들은 선택이 발생하도록 의미 있는 경제적 인센티브를 창조하는 지급인을 포함한 총 잠재적인 절약의 한 부분을 두는 것을 필요로 할 것이었다. 행동 변화가 일어날 수 있는 "한계점"을 이해하기 위해, 이노베이터는 새로운 해결책이 구매자에게 얼마나 중요한지와 어떤 수준의 저축이 잠재적으로 그것을 채택할 동기를 부여하는지 평가해야 한다. 비록 해결되는 시장의 규모에 따라 다양할지라도, 어림 감정은 이노베이터들이 새로운 해결책을 강요하기 위해 구매자와 저축액의 30~50%를 공유하는 것을 고려할 필요가 있을 것이다. 경우에 따라, 만약 저축 기회가 시설이 자산(예: 침대)을 보다 수익성 높은 서비스로 재배치하는 것을 허가한다면, 이 가이드라인은 다소 유연할 수 있다는 것에 주목해라.

시장 역학을 평가해라

각 시장 부문의 규모를 결정한 후에는, 시장 역학을 이해하는 데 더 많은 시간을 할애하는 것이 중요하다. 적극적인 경쟁자의 존재를 특징으로 하는 많은 시장에서, 이것이 의미하는 바는 그들이 누구인지, 서로 경쟁하는 방법, 그들의 강점과 약점이 무엇인지를 파악하는 것이다. 이노베이터들은 때때로 현재의 시장 상황이 수년간 새로운 해결책을 발전시키고 도입하는 것을 요구 받으면서 고정된 상태를 유지할 것이다. 분명히 시장 역학에 집중하는 것은 이노베이터들이 어떻게 핵심적인 시장 기회가 시간이 흐르면서 변하는지, 가능성 있는 장애물들을 확인하는지, 그리고 그 공간에서 경쟁자들의 그럴 듯한 반응을 예상할 수 있을지 예측하는 것을 돕는다. 예를 들면, COPD의 예로, 그것은 재허가를 방지하는 것에 집중한 새로운 해결책이 지급인들에게 매력적일 것 같지만 잠재적으로 수익을 감소시킬 수 있는 **배상** 모델의 요금 제도로 운영되는 병원에 대해서는 논란의 여지가 있는 것으로 보인다. 그러나, 이 병원들이 30일 이내에 재입원한 환자들에 대한 배상 벌금에 처해 있다면, 그들은 새로운 제안에 대해 훨씬 더 수용적 일 것이다. 그러한 요인은 현재와 미래의 시장 전망에 대한 철저한 평가를 통해서만 밝혀지고 이해될 수 있다. COPD 팀의 Winlo가 설명했듯이, 임박한 변화는 요구들이 COPD 관련 재허가를 방지하는 것이 상당히 더 매력적이도록 만들었다. "COPD 악화를 위한 재허가는 처벌을 받게 되어, 병원은 사전 예방 조치를 취할 수 있는 큰 인센티브를 제공하게 되었습니다." "또 다른 중요한 추세는 당시에 막 출현하기 시작한 책임 있는 의료기관(ACO)과 같은 가치 기반 **지급** 모델로의 의료비 상환의 이동이었습니다. 이 기관들은 케어와 고위험성 COPD 환자를 치료하는 데 있어 100%를 보장할 것이므로 불필요한 입원을 방지하는 데 도움이 되는 해결책을 지급하는 데 더 많은 동기 부여가 되었습니다."

시장 및 경쟁 역학을 평가함으로써, 이노베이터는 또한 다음에 대한 이해를 강화할 수 있다. (1) 새로운 해결책을 차별화하기 위한 어느 정도의 가치(향상된 성능 및 비용 측면에서)가 필요할 수 있다. (2) 제품 출시 이후 초기 시장 점유율을 현실적으로 얼마나 많이 확보할 수 있는지. 시장 분석의 이러한 측면은 이노베이터가 만드는 가장 일반적이며 비용이 많이 드는 두 가지 실수의 근원이다. 이노베이터가 단순하고 점진적인 개선을 창출 할 수 있는 기회와 고객 행동을 변화시키는 데 충분한 가치를 창출하는 데 필수적인 것을 구별하는 것이 중요하다. 사실상 모든 단점을 해결함으로써 모든 제품이나 서비스는 개선될 수 있다. 점진적인 정신력 개선 기회는 풍부하다. 그러나, 일단 이해관계자의 기본 욕구가 충족되면, 그러한 개선이 행동 변화를 동기부여하는 데 충분히 의미 있는 혁신의 한계성을 달성할 때까지, 점진적으로 제공된 것의 수행을 강화하는 제품의 성능을 점진적으로 향상시키는 새로운 기능을 업그레이드하거나 수용하는 데 저항적인 경향이 있다. 그들의 목표 시장 안에서, 이노베이터들이 이러한 한계성을 과소 평가하기 때문에 대부분의 해결책이 실패한다.

이노베이터들은 관심 분야 내에 혁신 내역을 검토하는 것을 통해, 잠재 고객의 주의를 끌기 위해 필요한 개선의 정도에 대한 통찰력을 얻을 수 있다. 직접적인 고객의 피드백은 또한 새로운 해결책에 대한 필요의 중요성과 바람의 정도를 입증하는 데 사용될 수 있다. 그러나, 언제나처럼 이노베이터는 가능한 한 객관적이어야 하며 이 피드백이 포함할 수 있는 **편견**에 주의해야 한다.

이노베이터는 시장에서 경쟁 업체 및 기타 역학을 평가하는 데 유용한 두 가지 기본 프레임 워크를 발견할 수 있다. 첫 번째는 **Porter의 5가지 힘(Forces of Five Forces)**으로 현장에서 전반적인 경쟁 구도를 평가하는 데 사용할 수 있다. 두 번째는 **SWOT 분석**이다. 이 분석은 개별 경쟁 업체를 둘러싼 역학을 이해하는 데 중점을 둔다. 이 단락에서는 이러한 두 가지 접근법이 시장 역학을 평가하기 위해 어떻게 사용될 수 있는지 간략하게 설명한다. 그것은 또한 시장 역학을 고려하는 것에 관한 중요성을 증명하기 위해 이너펄스(InnerPulse) 스토리(2.3 이해관계자 분석에서 소개)를 재검토한다.

Porter의 5가지 힘 Porter의 5가지 힘 프레임 워크는 하버드 비즈니스 스쿨(Harvard Business School)의 Michael Porter가 개발한 것으로 업계 내 경쟁을 이끄는 다섯 가지 기본 힘을 확인한다.[11]

- **시장에 대한 새로운 경쟁자의 위협** (그리고 시장 진입을 막는 장벽)
- **공급 업체의 협상력** (시장의 공급 업체 수와 공급 업체 간 전환 비용으로 측정)
- **구매자의 협상력** (구매자가 수익성 있는 판매에 직접적으로 영향을 미칠 수 있는 정도)
- **대체 제품 또는 서비스의 압력** (차별화가 필요함)
- 기존 경쟁자 간의 **경쟁 강도**

이 다섯 가지 힘은 산업(그리고 그 내부의 주요 기업)의 수익 잠재력을 형성하기 위해 서로 상호작용한다.[12] 각 요소와 이들 요소가 어떻게 상호 연관되는지 조사함으로써 이노베이터는 객관적으로 시장, 수익성 및/또는 잠재력을 특성화할 수 있고, 지속 가능성 및 관리해야 하는 중요한 문제를 특성화할 수 있다. 이 분석을 할 때, 이노베이터들이 가장 흔히 범하는 실수는 경쟁력 있는 R&D 파이프 라인을 과소 평가하고, 모든 대체 해결책(고객의 선택의 폭을 포함하여)을 설명하지 못하고, **전환 비용**이 구매자 행동에 영향을 미칠 수 있는 정도를 무시하는 것이다.

최적의 결과를 얻으려면 5가지 힘 프레임 워크는 단일 전문 분야 또는 치료 분야에 적용되어야 한다. 프레임 워크 개요 및 Medtech 특정 예제는 온라인 부록 2.4.1에서 이용 가능하다.

SWOT 분석 스탠포드 대학의 알버트 험프리(Albert Humphrey)에 의한 SWOT 분석은 프로젝트나 회사에 영향을 미치는 내부와 외부 요인(강점, 약점, 기회 및 위협 포함)에 중점을 둔다.[13] 경쟁 환경에서 발생하는 상황을 이해하기 위해 SWOT 분석을 사용하는 것은 이노베이터에게 시장의 주요 경쟁자를 식별하고 각 경쟁 업체를 개별적으로 평가하는 것을 요구한다. 그렇게 하면서, 첫 번째 단계는 각 경쟁자의 주요 목표를 확인하는 것이다. 그런 다음, 경쟁우위의 상대적인 힘을 결정하기 위해 다음 요소가 고려될 수 있다.[14]

- **강점** – 목표 달성에 도움이 되는 조직의 *내부* 속성. 회사의 경쟁 우위를 확인하고 제품 / 서비스를 차별화한다.
- **취약성** – 목표 달성에 해를 끼치는 조직의 *내부* 속성. 회사가 직면하고 있는 장벽이나 장애물을 고려해라.
- **기회** – 목표 달성에 도움이 되는 *외부* 조건. Medtach 분야에는 지적재산권(IP) 및 규제 문제, 파트너십, 이해관계자 만족도 및 기타 경제적 · 사회적 · 기술적 요인이 포함될 수 있다.
- **위협** – 목표 달성에 해로운 *외부* 조건. 회사의 직접 및 간접 경쟁 업체의 활동 외에도 앞서 나열된 것과 동일한 요인을 탐색해라.

경쟁 업체의 강점과 약점을 평가는 이노베이터가 시장의 다른 업체의 역량과 한계를 이해하는 데 도움이 된다. 장점은 극복해야 할 능력을 보여준다(예: 진입 장벽 및 / 또는 회사가 차별화 해야하는 그 자체에 반하는 속성). 약점은 경쟁사의 성공을 탈선시킬 수 있는 한계를 나타낸다. 이노베이터는 자신의 프로젝트 내에서 동일한 위험을 피하거나 완화시키도록 조심해야 한다(경쟁 업체의 약점을 기회로 활용하여 이를 이용하게 될 수 있다). 더 많은 정보와 샘플 Medtech SWOT 분석은 온라인 부록 2.4.2에서 찾을 수 있다.

각 시장 부문에서 가장 중요한 경쟁 업체에 대해 이러한 유형의 분석을 수행한 후, 이노베이터는 결과 데이터를 요약하고 이를 판매하는 제품 및 조직 전반의 동향 및 이슈를 찾을 수 있다. 그러한 요약에는 최소한 다음 정보가 포함되어야 한다.

- 시장 부문 내에서 일하는 기존 및 / 또는 신흥 기업의 수
- 제공되는 특정 제품 또는 서비스
- 제공되는 제품 또는 서비스의 성숙도
- 실제 또는 예상 가격
- 시장 침투
- 시장 점유율 추정
- 수익
- 실제 또는 예상 수익성

시장 역학의 일부로 고려해야 할 또 다른 중요한 요소는 공간에 대한 투자자의 관심이다. 거의 모든 의료 기술 혁신이 상업화에 도달하려면 상당한 자금이 필요하기 때문에, 이러한 "투자자들"이 고전적인 벤처 자본가들, 거대한 기존의 조직 내에 투자 프로젝트에 책임이 있는 임원들인지 또는 서비스가 충분하지 못한 사용자 집단의 요구를 해결하는 것을 목표로 한 기술로 돌아가는 토대인지에, 요구를 강제하는 것이 어떻게 자본의 제공자될 수 있는지 이해하는 것은 필수적이다. 이러한 자본 제공자가 해결책에 투자함으로써 가치를 실현할 것이라고 확신할 수 없다면, 프로젝트는 재원을 얻지 못할 것이고 고객의 요구는 해결되지 않을 것이다. 가장 단순한 경우, 목표 시장은 이미 이노베이터가 미래 개발 자금을 마련하는 데 필요한 자금을 모으는 것에 대해 낙관적으로 느낄 수 있는 충분한 투자자의 관심을 가질 것이다. 그렇다면, 이노베이터가 해야 할 과제는 시장이 상업적으로 매력적인 욕구를 가지고 있다는 것을 투자자에게 설득하는 것이 아니다(예를 들어, 팀이 요구를 파악한 첫 번째 경우에 때로는 어려운 도전이 될 수 있음). 대신, 필요성을 확인하고 이를 해결하기 위해 결국 선택되는 **개념**은 독특하고 기존 및 미래의 경쟁 제품과 구별될 수 있음을 확신하게 될 것이다. 궁극적으로, 투자자의 질문은 고객의 질문과 유사하다: "내가 투자하면, 내가 넣는 것보다 더 많이 얻을 가능성이 얼마나 높습니까?" 투자자가 이용 가능한 신호들은 합병과 인수 활동뿐만 아니라, 공백에서 투자자가 투자한 새로운 사업의 창조를 포함한다(투자자에게 수익성 있는 유동성을 제공하고 새로운 투자를 유도할 수 있는 경로 – 6.3 펀딩 방법 참조).

세그먼트 요구사항 이해

다음 과제는 이노베이터가 부문별 세그먼트의 이해관계자 요구가 어떻게 달라질 수 있는지, 그리고 현재 이러한 요구가 현재 기존 해결책으로 얼마나 잘 처리되고 있는지를 이해하는 것이다. 이 평가는 (다음 단락에서 설명하는 바와 같이) 지급할 세그먼트의 의사를 평가하는 것과 밀접하게 연관되어 있다. 궁극적으로, 세그먼트의 이해관계자가 잠재적으로 새로운 해결책을 채택하도록 동기 부여되는 정도와 아마 그들이 요구와 관련 있는 "*가치 평가*"를 제공하기 위해 얼마나 많이 지급할 의지가 있는지가 합쳐진다. 선택되는 합리적인 가능성을 가지기 위해서, 가치 평가는 정의된 비용 기준 이하로 또는 새로운 해결책이 제공해야 하는 개선의 양과 유형에 대한 이해를 지속적으로 확대하는 데 도움이 된다. 필요성을 해결하기 위해 아직 구체적인 해결책이 정의되지 않았기 때문에, 이 단계의 프로세스에서 가치를 정량화하는 것은 어렵다. 그러나, 이노베이터는 새로운 해결책을 채택하는 것과 관련하여 진정한 의사결정권자가 누구인지, 필요성을 인식하는 것이 얼마나 중요한지, 사용 가능한 해결책이 자신의 요구를 효과적으로 해결하는지 그리고 그러므로 서로 다른 개선 / 비용 방정식을 가진 새로운 기술을 제공하는 것이 얼마만큼 큰지를 고려하여 요구 영역에 대한 방향성 가치 평가를 개발할 수 있다.

2.3 이해관계자 분석(Stakeholder Analysis)에서 설명한 바와 같이, 필요 영역에 관련된 의사결정자를 식별하는 것이 필수적이다. 각 시장 부문 내에서, 이노베이터는 선택 결정을

내리는 사람과 그들이 일반적으로 어떻게 하는지를 이해하는 것을 확신해야 한다. 이 정보에 비추어, 그 팀은 각 하위 그룹 내의 의사결정자가 찾는 요구사항 또는 개선 사항을 구분하는 방법을 식별하기 위해 각 시장 부문에 대해 배운 것을 신중하게 고려할 수 있다.

목표는 최소한 요구에 대한 관심은 가장 큰 최대의 세그먼트를 찾는 것이 아니라 요구에 최대한의 관심이 있는 세그먼트(일반적으로 더 작은 세그먼트)를 찾는 것이라는 것을 기억하라. 만약 그들이 특이한 문제, 선호 또는 세그먼트 내에 존재하는 다른 요구사항과 어떻게 그들이 요구에 영향을 미치는지를 비춘다면, 지금까지 보기 위해 관찰과 바이오디자인 혁신 과정을 통해 수집된 다른 연구 형태의 메모를 참조하라. 어떤 경우에는, 추가적인 관찰이나 인터뷰를 수행해야 할 수도 있다.

다음으로, 각 하위 그룹 내의 핵심 의사결정권자의 요구가 현재 충족되고 있는지 잘 이해해야 한다. 광범위한 시장 환경의 일부로서, 이노베이터는 전체 시장에서 이러한 유형의 차이 분석을 수행했다. 이제는 각 시장 부문별로 보다 구체적이고 상세하게 파악할 수 있다. 이를 달성하기 위해, 각 부문 내의 환자에 대한 결과를 평가함으로써 시작할 수 있다. 예를 들면, 폐동맥에서 기원하는 발작성 심방세동이 있는 65세 이상의

실제 사례

이너펄스(InnerPulse)의 재검토

이너펄스(InnerPulse) (2.3 이해관계자 분석)에 의한 결정을 시험하는데 Porter의 Five Forces가 갑작스런 심장사(SCD)를 경험할 위험이 있는 환자를 위한 덜 외과적인 이식형 제세동기(ICD)를 개발하기 위해 사용될 수 있다. 2007년 이너펄스(InnerPulse)가 시작될 무렵, ICD 분야의 기존 경쟁 업체는 Boston Scientific, Medtronic 및 St. Jude Medical이었다(Boston Scientific은 Johnson & Johnson과의 입찰 전쟁에 따라 2006년 Guidant를 인수한 후 ICD 시장에 진입했다). 이 회사들은 전통적으로 강력한 IP 위치뿐만 아니라, 새로운 ICD 장치를 개발하고 승인을 받기 위한 높은 자본 요구사항을 포함하는 상당한 진입 장벽으로 인해 편안한 과점을 즐겼다. 산업계의 부품 공급 업체들은 약간의 권한을 사용했지만, 일부 제조업체는 이전에 공급 업체로부터 구매해야 할 부품을 독자적으로 개발할 때 감소하는 중이었다. 구매자(개인 보험 회사 및 메디케어와 같은 지급인)는 상당한 권한을 가지고 있었지만, ICD의 필요성을 뒷받침하는 임상 및 환자 옹호 노력을 통해 약화되어 왔었다. 경쟁적 경쟁에 대한 증거(예: 지적재산권 관련 소송 및 Boston Scientific과 Johnson & Johnson 간의 Guidant 인수 관련 입찰 전쟁)도 있었다. 그러나, 이 경쟁은 기존 기업들사이에서 보다 새로운 참여자들 사이에서 주로 관찰 될 수 있다. 또한, 2차 예방으로 고생했거나 1차 예방의 위험이 있는 환자(즉, ICD로서 SCD의 위험을 감소시키는 데 효과적이었던 것으로 입증된 약물은 없었음)를 치료할 수 있는 대안 또는 대체 해결책이 없었다. 중요한 것은 이너펄스의 경우, 전반적인 시장 침투력이 낮았기(약 20%) 때문에, 잘 침투된 중소 규모의 2차 시장과 달리, 주요 1차 예방 시장에서 상당한 성장 기회가 존재했다. 다른 방법으로 말하자면, 2차 예방 위험에 처한 5명 중 1명만이 ICD를 받았다. 이는 주로 ICD를 이식한 의사들에 의해 보여진 1차 예방 환자의 무능함으로 인한 것이었다.

이 빠른 분석은 현직자가 높은 수익을 안겨주고 있음을 시사한다(실제로 ICD의 매출 총 이익은 80%를 초과한다). 그리고 그들은 적극적으로 시장을 보호할 것이다. 이너펄스의 전략은 침투가 덜 된 1차 예방 시장(현직자로부터 기존 ICD 시장 점유율을 "훔치려고 시도"하는 것과는 대조적으로 전체 ICD 시장에서 큰 공백을 메울 수 있음)에 초점을 맞추고 있으며, 현직자들과의 직접적인 경쟁에 관한 과제를 인식한 것을 보여주었다. 이러한 접근 방식을 취함으로써 이너펄스는 시장에 진입하면서, 기존 제품의 제품과 이너펄스만의 제품을 차별화하는 가능성을 극대화할 수 있다. 현직자는 의심의 여지없이 1차 예방 시장을 성장 기회로 들여다 보았기 때문에, 이너펄스는 결국 인수 대상이 될 수 있다(6.3 펀딩 방법 참조).

가능하면, 창업 회사를 창설하는 이노베이터들은 처음에 강하게 확고부동한 경쟁자들과 직접 대면하는 세그먼트를 피하는 것을 원할 수 있다. 합리적인 시장 규모와 필요성을 지닌 미개척 시장이나 미흡 시장에 초점을 맞출 수 있다면, 그들은 잠재적으로 현직자들의 제품으로부터 그들의 해결책을 보다 효과적으로 차별화할 수 있다. 그러나, 이 지침은 절대로 절대적이지 않다. 2.3절의 이너펄스 예시에서 Stack의 의견을 상기하는 것은 때때로 이러한 방식으로 업계 구조를 조사하고 확고한 경쟁 업체의 제품 제공에서 특정 격차를 확인함으로써, 이노베이터는 조기 인수하는 입지를 구축할 수 있다. 이 시나리오는 풍선 혈관 성형술 및 스텐트 시술의 시장 진화에 여러 번 사용되었으며, 이 글을 쓰는 시점에서는 신장 신경 제거 초기에 그 사례가 입증되었다.

환자의 예후는 어떠합니까? 자신의 상태가 치료되지 않으면 어떤 결과가 나타나게 되나요?

일단 이 정보가 이해된다면, 시장 부문 내에서 **치료 기준**을 나타내는 기존 해결책의 결과로 예상되는 결과가 어떻게 변하는지 평가해라. 동일한 예를 사용하면, 폐동맥 절제술(또는 다른 관련 치료)과 같은 최소의 외과적 수술을 사용하여 폐동맥에서 기원하는 발작성 심방세동을 가진 65세 이상의 환자가 심장병 전문의에 의해 치료될 때 예후가 어느 정도 변화하는가? 이는 그것을 제공하는 의사의 만족도뿐만 아니라, 치료를 포함한 전반적인 환자의 만족에 상당한 효과를 가질 수 있을 때, 치료로 인한 합병증이나 새로운 위험 요소뿐만 아니라 결과의 개선에 유의해라.

기존 해결책이 의사의 요구와 함께 환자의 요구를 얼마나 잘 충족시키는지를 결정하는 것은 몇 가지 질적인 분석을 요구한다. 그들의 요구를 충족시키기 위해 제공해야만 하는 치료가 얼마나 큰 결과의 개선을 가져올지를 정의하는 규칙은 없다. 이상적으로, 각 치료는 장기적인 "치료법"을 제공하거나 치료하기 위해 발달된 상태의 결과를 예방하는 것이다. 그러나 완벽한 치료가 없다면, 이노베이터는 기존의 치료법이 환자의 결과를 향상시키는 것에서 얼마나 효율적인지와 각 치료법과 관련된 새로운 합병증과 위험의 정도가 비슷한 환자들과 의사들을 통해 수용 가능한 균형으로 어떻게 간주되는지 평가하기 위한 그들의 판단을 적용해야 한다.

이러한 요소들이 조합하여, 수용적인 의사결정자들이 어떻게 이용 가능한 해결책이 될 것 같은지를 결정하라. 연장을 통해, 기존 치료에 대한 만족도는 일반적으로 시장 부문 내에서 새로운 치료 대안에 대한 인지된 필요성의 수준과 일치한다. 만족도가 비교적 높은 경우, 반드시 새로운 치료가 필요하지 않음을 의미하지는 않는다. 그러나, 시장에 도입된 새로운 치료 옵션은 선택받기 위해 가능한 결과(개선된 결과 및 위험 / 합병증의 감소와 관련하여)보다 상당히 잘 수행되어야 하며 또는 상당히 저렴한 비용으로 비교 가능한 결과를 제공해야 할 것이다.

물론, 시설 구입 관리자 및 공공 및 민간 지급인과 같은 다른 이해관계자의 요구도 고려해야 한다. 이러한 개인 및 그룹의 요구는 비용과 관련이 있지만 그들은 비용 및 효율성 향상과 같은 다른 결과에도 관심이 있다. 명심해야 할 중요한 점은 지급인이나 구매 조직의 대표가 새로운 해결책을 선택하기 위한 주요 의사결정권자인 경우, 새로운 해결책은 다른 이득과 함께 강력한 경제적 이점을 제공해야 한다는 것이다.

개별 치료 대안을 검토하는 것 외에도, 이노베이터는 각 시장 부문에서 역학을 탐구 할 때 수행한 경쟁 분석을 검토해야 한다. 이 분석의 결과는 이노베이터가 전반적인 시장 요구를 평가할 때, 고려해야 할 광범위한 충족되지 않은 시장 요구사항과 경쟁 제품의 차이를 식별하는 데 도움이 될 수 있다.

경쟁 분석은 또한 이노베이터에게 시장 분야의 핵심 이해관계자가 행동하여 그들이 행동을 바꾸고 새로운 접근 방식을 선택하는데 원인이 되며 충분히 매력적으로 인지되는 새로운 해결책의 사례를 제공할 수 있다. 이 사례를 벤치마킹하여 상당한 시장 침투를 달성한 새로운 해결책에 의해 제공된 개선 정도에 관한 통찰력을 평가해라.

중요한 것은 모든 부문이 새로운 해결책을 동등하게 수용하는 것은 아닐 것이다. 일부 의료 분야에서, 새로운 치료법이 도입되고 빈번히 받아 들여진다; 다른 경우에는, 동일한 치료 패러다임이 수십 년 동안 사용되어왔다. 마찬가지로 특정 환자, 제공자 및 지급인 그룹은 새로운 해결책을 선택할 의지가 더 있거나 덜 있는 특성을 가지고 있다. 이 수용성의 중요성을 과소 평가하지 말고, 행동을 변화시키기 위한 특정 세그먼트를 얻기 위해, 이점이 중요할 것이라는 것을 상기해라.

지급하겠다는 의지를 평가하라

일단 시장의 요구가 이해된다면, 이노베이터는 시장 분야의 구성원이 새로운 해결책에 대해 얼마나 지급할 의사가 있는지 금액을 고려한 다음, 이 두 요인을 합산하여 가치를 추정할 수 있다. 지급할 의지를 이해하는 것은 새로운 해결책이 다른 표준에 적용될 수 있기 때문에, 세그먼트가 현재 기존 해결책에 대해 지급하는 금액을 묻는 것과 같지 않다는 것에 주목하라. 오늘날의 가치 지향적인 환경에서, 새로운 해결책이 상당한 선택을 추진하기 위해서 실질적으로 더 나은 성능 또는 의미 있는 비용 절감 – 또는 때로는 둘 다를 제공하기 위해 요구받는다.

시장 요구와 마찬가지로, 지급 의지는 새로운 해결책을 선택하는 것에 대한 의사결정권자가 누구이며, 누가 지급을 할 것

표 2.4.3 환자, 제공자, 시설, 지급인은 모두 새로운 의료 혁신에 대한 지급 의지에 영향을 미칠 수 있다.

의사결정자	지급 의사가 있는 일반적인 문제
지급인	• 지급인의 관점에서 보았을 때 충분히 중요하게 다루어져야 할 필요성이 있는가? ◦ 다른 기회에 비추어 측정된 새로운 해결책이 필요로 하는 이점의 크기는 얼마입니까? ◦ 기존 해결책이 있는 각 부문의 환자를 위한 총 치료 비용은 얼마이며, 새로운 해결책이 전체 치료 비용에 어떻게 영향을 미칠 수 있습니까? ◦ 새로운 해결책으로 인해 정의된 집단에 대한 관련 지출이 어느 정도로 감소되어야 합니까(예: 예방 및 / 또는 합병증 제거를 통해)? • 새로운 해결책이 기존 환급 코드의 보장을 받는가 아니면 새로운 코드가 필요합니까?
환자	• 요구에 대한 해결책을 위해 자비로 지급하는 환자에게 선례가 있습니까? • 그렇다면 환자가 관련 해결책에 대해 기꺼이 얼마나 지급 했습니까?
의사	• 새로운 해결책에 의해 의사가 경제적으로 영향을 받을 수 있습니까? ◦ 새로운 해결책이 생산성을 높일 잠재력을 가지고 있습니까? ◦ 의사가 수술을 위해 받은 보상에서, 새로운 해결책의 비용을 잠재적으로 보장할 수 있는 방법은 무엇입니까? • 의사의 관심을 얻기 위해, 기존 해결책에 비해 새로운 해결책이 제공해야 하는 임상적 이점은 무엇입니까? 유사한 혜택을 제공한 과거 해결책의 비용은 의사가 얼마를 지급했습니까?
시설	• 새로운 해결책의 채택은 어떻게 전반적인 시설 경제에 긍정적 또는 부정적 영향을 미칠 수 있습니까? ◦ 새로운 해결책으로 어느 정도 시설 비용이 절감할 수 있습니까? ◦ 새로운 해결책이 시장 침투를 확대할 수 있는 기회와 같은 시설에 대한 다른 시장의 혜택을 제공할 수 있습니까? ◦ 수술의 수익성이 그것을 대체 할 수 있는 새로운 수술보다 많거나 적습니까? • 새로운 해결책으로 인해 시설이 주요 품질 목표를 어느 정도 달성할 수 있었습니까?

이며, 새로운 혁신이 어떻게 영향을 미칠 것인가에 달려 있다. 일부 의사결정권자는 새로운 해결책에 의해 제공된 개선점에 매료될 것이지만, 그들의 이익에 영향을 주는 예산이 부족하다는 점을 기억해라. 이 시나리오는 시설 구매 관리자가 개별 의사의 지출 권한이 약화하는 동시에 구매 결정을 내리는 데 더욱 강력해지면서 점점 더 보편화되고 있다. 표 2.4.3은 새로운 장치 기술에 대한 그들의 반응을 예측할 때, 의사결정자로서 활동하는 몇몇 주요 이해관계자들과 고려할 문제들을 나타낸다.

이러한 문제들에 대한 답을 평가하고 이해하기 위해, 이노베이터들은 다음의 접근법들 중 하나를 사용할 수 있다. 가능한 언제든지, 수집한 정보를 삼각 측량하는 다수의 방법과 함께 실험해라. 요구를 해결하기 위한 특정 해결책이 아직은 정의되지 않았기 때문에, 분석에 지급하는 이러한 의지는 "방향성"이 있을 것이라는 것을 기억하라(그리고, 인정하건데 다소 추측에 근거한다).

1. **인터뷰 그리고/또는 설문 조사** – 새로운 해결책을 구매할 의사결정권자로부터 직접 정보를 수집하는 것은 매우 유용할 수 있다. 설문조사는 서면 형식으로 발행될 수 있지만, 유사한 정보는 종종 인터뷰 또는 기타 일대일 조사를 통해 수집된다. 아이디어는 의사결정자가 혁신의 정도에 따라 기꺼이 지급할 최대 지급액을 결정하는 것이다. 설문 조사는 잠재적인 해결책이 제공할 수 있는 개선 및 가격 범위에 대한 설명을 제공해야 한다. 사용자는 제시된 가격의 각각에 대해 특정한 개선점을 제공하는 해결책을 기꺼이 사용할 것인지 여부를 묻게 된다. 새로운 해결책으로 얻을 수 있는 이점에 대해 구체적으로 살펴보아라. 때로는 물어볼 만한 유용한 질문은 "제품의 설명된 이점을 구매하는 것에 대한 관심을 어느 가격으로 멈추겠습니까?" 고객은 새로운 해결책의 가능성에 대해 매우 열정적이어야 하고 가능한 변경에 대한 제한된 저항을 제공해야 한다. 이노베이터들은 합리적인 선택 기회를 갖는 새로운 해결책에 대해 설명한다. 일부 이해관계자는 특히 구매 의사결정에 적극적으로 참여하지 않을 경우 가격 민감성을 많이 나타내지 않을 것이다. 이러한 종류의 긍정적인 편견에 대한 잠재력을 인식하고 관련 구매 결정에 적극적으로 참여하는 이해관계자에게 도달하기 위해 열심히 노력해라.
2. **비교** – 시장 분야에서 원하는 것과 유사한 이익을 제공하거나, 필요성을 해결하기 위해 잠재적으로 적응되거나, 세그

먼트의 해결책 격차와 대략 일치하는 의료 분야의 기술 가격을 평가해라. 동일한 의료 분야에서 기존 해결책에 대한 가격 책정을 가능한 한 많이 배워라. 비록 새로운 해결책이 다른 기준에 유지될 수 있을지라도, 이 비교 항목은 시장 부문이 얼마나 높은 가격을 책정할 수 있는지에 대한 거친 벤치마크를 제공한다. 가격 책정은 역동적일 수 있다. 새로운 해결책이 출시되기까지 수 년이 걸릴 수 있다는 점을 감안하여 전반적인 부정적 경향을 나타내는 정보를 고려해야 한다.

일단 이노베이터가 세그먼트의 지급 의사에 대해 합리적인 감각을 갖게 된다면, 새로운 해결책이 요구에 대한 가치 추정치를 생성하기 위해 제공해야 하는 개선 사항과 함께 이 정보를 고려할 수 있다. 가치 추정치는 새로운 해결책이 선택해야 하는 합리적인 가능성을 갖기 위해, 정의된 비용 기준치 이하로 제공해야 하는 개선 사항의 양과 유형에 대한 지침을 제공하기 위해 의도. 2.5 니즈 선택에서, 이 데이터는 요구 사양의 부분이 되고 해결책 개발을 안내하는 **요구 기준**으로 변환된다. 일반적으로, 가치 추정치에 의해 정의된 요구사항은 "필수적"인 필요 기준으로 해석된다. 즉, 팀이 발명에 끌어들이기로 결정한 해결책에 의해 충족되어야 함을 의미한다.

COPD 팀은 가치 추정을 창출하는 것에 깊이 관여하지는 않았지만, 배경 연구는 구성원들이 제공할 필요가 있는 개선의 방향 감각과 새로운 해결책을 고안하는 데 있어 어떤 비용을 지급해야 하는지를 설명했다. Winlo가 설명했듯이, "당시 주요 의료 기관의 COO인 멘토 중 한 명은 COPD에 대해 많은 노력을 기울였습니다. 그의 조직은 가정 봉사 활동에서 초기 성공을 거두었다 – 간호사를 고용하여 최근에 퇴원한 COPD 환자들에게 전화를 걸어 그들이 어떻게 지내고 있는지를 파악합니다. 그러나, 이 간호사들은 오직 주어진 시간에 많은 환자들에게 접근할 수 있습니다." 이 간호 관리 팀은 환자를 준 중계 방식으로 접촉하여 환자의 상태에 대해 일련의 질문을 한다. 주기적으로, 그녀/그가 악화를 겪는 중 일때, 그들은 환자를 포착할 것이었다. Winlo 박사는 "증상이 악화되기 전에 신속하게 증상을 관리하고 환자가 의사를 만날 수 있게 함으로써, 간호사들은 일부 병원 재허가를 방지할 수 있었습니다. 그들은 문자 그대로 운으로 악화를 잡는 중이었습니다."라고 Winlo가 말했다. "우리는 더 좋은 방법이 없었다라고 판단했다." 반면에, 팀은 재입원의 요구를 진행되는 것으로부터 조기 치료가 효율적으로 악화를 방지한다는 사실에 의해 기운을 얻었다. 그들은 또한 이 모델을 개선할 수 있는 새로운 해결책에 대한 잠재력을 보았다. "이미 긍정적인 결과를 보여준 인프라가 있습니다." 그가 주목하길 "어떻게 하면 더 효과적일 수 있을까요?" 분석 결과, 치료 관리팀이 퇴원 후 30일 동안 주기적으로 후속 조치를 취하기 위해서는 환자당 약 400달러의 의료비를 지급해야 한다고 밝혀졌다. 제한된 정보가 이용 가능했지만 몇 가지 연구 결과에 따르면, 치료 관리팀의 후속 조치로 퇴원 후 30일 이내에 병원 재입원을 50%까지 줄일 수 있다고 한다. 이러한 방향성을 기반으로, 팀은 30일간의 추적 기간 동안 훨씬 더 많은 악화를 체계적으로 가로막는 (즉, 재허가를 75% 줄임) 해결책을 제시해야 하거나 관리 팀 구성원이 (즉, 더 많은 수의 환자를 관리하면서 비교 가능한 결과를 얻을 수 있도록 함) 후속 조치의 환자당 비용을 절감하는 동안 훨씬 더 생산적이도록 만들어야 한다고 평가했다. 세 번째 시나리오에서, 팀은 프로그램당 환자 비용을 절감하기 위해 더 많은 재허가를 막고 치료 관리 팀이 좀 더 생산적이도록 만드는 해결책을 창안하도록 시도할 수 있었다. 물론, 이 접근법은 새로운 해결책 구매자에게 가장 설득력이 있을 것이었다.

3단계 – 목표 시장을 선택하라

목표 시장을 선택하는 것은 시장 분석 프로세스 전반에 걸쳐 밝혀지지 않은 모든 정보를 고려하여 크기, 역동성, 필요성 및 지급 의사가 있는 가장 유망한 조합으로 세그먼트에 집중한다. 이상적인 목표 시장은 이노베이터에게 가치 창출의 기회를 제공할 수 있는 잠재력을 가진 고객, 잠재 고객, 예비 투자자, 그리고 마침내 스스로를 위한 시장 분야이다. 고객이나 구매자가 필요로 하는 영역에서 새로운 해결책의 가능성에 얼마나 호의적으로 반응하는지 평가하는 데 중점을 두어야 한다. 그러나, 이노베이터가 기회를 추구하도록 동기를 부여 받지 못하고 자본 제공자가 자금 조달을 원하지 않는다면, 시장은 상업적으로 실행 가능하지 않을 것이다(그림 2.4.12 참조). 이노베이터들은 잠재적인 고객의 열정을 시장 세그먼트의 실행 가능성과 혼동하지 않기 위해 특별히 주의해야만 한다.

	세그먼트 1	세그먼트 2	세그먼트 3	세그먼트 4
고객 (구매 결정을 하는 이해관계자들)	+	−	+	+
투자자 (자본의 제공자들)	+	+	−	+
이노베이터 (노동과 지적 자본의 제공자들)	+	+	+	−

그림 2.4.12
특정 시장 부문에 대한 필요성을 해결하는 것이 이러한 핵심 참가자들 – 고객, 투자자, 그리고 이노베이터를 위한 가치를 창출하는 잠재력을 가지지 않는다면, 그것은 상업적으로 실행 가능할 것 같지 않다. 중요한 요구를 해결하는 몇 가지 아이디어들은 상업적 사업의 발전을 지지할 수 없지만, 대신에 비영리 문맥에서 가치를 가질 수 있다는 것을 주목하라.

다른 위험 및 함정은 표 2.4.4에 요약되어 있다. 바이오디자인 혁신 과정의 이 단계에서, 특정 시장 부문 내에서 이러한 참여자를 위해 창출될 수 있는 가치의 정도를 확실하게 아는 것은 어렵다. 아이디어는 객관적으로 세그먼트를 비교하는 방법을 고려한 다음 가장 큰 전체 약속을 유지하는 것으로 보이는 하나를 목표로 선택하는 것이다.

때로는 가장 큰 기회는 비대칭적이 될 수 있다는 것을 상기해라. 즉, 특정 차원에서 예외적으로 강하고 다른 요소에서는 상당히 약할 수 있다. 일부 이노베이터는 목표 시장의 선택이 명확하지 않을 때 세그먼트를 채점하고 우선순위를 정할 수 있는 양적 평가 시스템을 만든다; 다른 이들은 순전히 질적인 평가에 의존한다. 두 방법 중 하나를 사용하여 최종 결정을 내릴 때 판단을 내려야 한다. 최선의 이용 가능한 목표 시장을 결정하는 것은 이노베이터가 의사결정자와 제한된 정보에 기반한 이해관계자 행동에 대한 일련의 가정을 만드는 것을 요구한다. 벤치마킹, 프록시 분석 및 매력적인 전문가는 모두 신뢰할 수 있는 가정을 개발하는 데 도움이 되는 도구들이다. 불확실성에 의해 마비되는 것을 피하기 위해, 정보를 수집하고 교육된 선택을 하도록 최선의 노력을 기울여라. 이노베이터들은 심사를 위한 입력으로 추정치를 사용하고 있으며, 초기 단계에서 아직 바이오디자인 혁신 과정이 진행됨에 따라 그들의 가정을 확인하기 위한 중요한 검증 작업을 수행할 시간이 있음을 명심해야 한다.

표 2.4.4 목표 시장을 선택하는 것은 어려울 수 있지만 다음 지침이 도움이 될 수 있다.

	고려해야 할 위험	대답하기 위한 질문	보편적인 이노베이터 실수들
고객 (구매 결정을 하는 이해관계자들)	• 해결책의 가치가 너무 작아서 행동을 바꿀 수 없다.	• 고객에게 필요성이 충분히 중요합니까? • 행동 변화를 동기 부여하기에 충분한 이득이 있습니까?	• 행동을 바꾸기에 개선이 충분하다고 가정해라 • "필요성" "기회"와 같다고 가정해라 • 구매 결정에서 가격이 차지하는 역할을 과대 평가해라 • 전환 비용의 과소 평가 선택에 대한 비현실적인 시간표
투자자 (자본의 제공자들)	• 시장이 너무 작아서 노력과 투자를 정당화할 수 없다. • 개발 및 상업화에 너무 오래 걸린다. • 경쟁 업체는 제품을 개선할 수 있다.	• 잠재 시장은 해결책을 개발하는 데 소요되는 비용의 최소한 3~4배가 됩니까? • 타임 라인을 단축하여 개발 중 위험을 완화 할 수 있는 방법이 있습니까? • 새로운 해결책이 시장에 출시되면 여전히 경쟁력을 갖추게 될 것입니까?	• 시간이 지남에 따라 제품 제공을 향상시키는 경쟁 업체의 능력을 과소 평가해라 • 프로젝트 비현실적인 시장 점유율
이노베이터 (노동과 지적 자본의 제공자들)	• 새로운 해결책을 개발, 기금 및 도입하는 데 필요한 시간을 정당화하기에는 요구가 너무 약하다.	• 해결책을 개발하는 데 얼마나 오래 걸릴 것입니까? • 기회 비용은 얼마입니까? • 이노베이터가 공백에서 성공했거나 실패했을 때를 언제 그리고 어떻게 알렸는가?	• 잃어버린 객관성 • 시장의 유효함을 의미하는 고객의 격려를 오해하는 것 • 너무 이른 포기 • 너무 늦은 포기

의료 소비자를 대상으로 하는 모바일 헬스(mHealth) 애플리케이션의 급속한 발전은 이노베이터가 어떻게 그들의 가정을 검증 할 수 있는지에 대한 좋은 예를 제공한다. 이러한 기술의 개발 비용이 낮고 시장 진입 시간이 전통적인 의료 기기에 비해 빠르기 때문에, 많은 이노베이터들이 이 분야에서 일할 동기를 부여 받는다. 그렇게 함으로써, 그들은 최소 생존 가능한 제품(MVP)이라는 개념에 초점을 맞춘 제품의 기능을 검증하기 위해 시장에 대한 이처럼 빠른 접근할 수 있다.[15] 아이디어는 초기 고객 집단 – 투자자 및 기업가들에게 가능한 한 최저 비용으로 – 목표 시장 분야를 거르는 동안, 제품의 제공을 반복하고 필요성을 입증하는 가장 좋은 방법이다. 그러나, 이노베이터들은 이것이 시장 선택의 다른 양상에서 그들의 불리한 점을 유난히 낮은 진입 장벽에 끌고 온다는 것에 주목해야 한다. 이러한 시장의 경쟁 전망은 매우 복잡하고 급변하며, 2013년에는 약 10만 건의 의료 앱이 소비자의 관심을 끌기 위해 경쟁하고 있으며,[16] 당분간은 한 해당 수는 매년 25%씩 증가할 것으로 예상된다.[17] 결과적으로, 마케팅 및 판촉은 경쟁이 투자받기가 점점 어려워지면서 동시에 중요하게 되었다. 이노베이터가 모바일 앱을 신속하게 개발하거나 장기간에 걸쳐 새로운 임플란트 치료법을 개발하든지, 핵심은 지속적인 정보 수집과 특정 가정의 검증을 통해 목표로 삼고 있는 시장의 특성을 완전히 이해하는 것이다.

분명히, 상세한 시장 분석을 수행하고 목표 시장을 식별하는 과정은 만성 신장 질환의 실제 사례에서 보여지면서, 엄청난 양의 정보를 수집하고 선택한 목표 시장을 지원하는 일관된 이야기로 통합하는 것을 포함한다. 예비 시장 분석의 결과는 또한 이노베이터가 목표 시장의 요구를 적절하게 다루기 위해 필요성 진술을 구체화한다(그리고 궁극적으로 요구 사양을 개발할 수 있게 한다). 결국, 이 산출물은 회사의 재무 모델 및 자금 조달 전략을 지원하는 것뿐만 아니라 상세한 마케팅 및 판매 계획(5.7, 5.8절 참조)의 개개발을 위한 기초로 사용된다(6.1, 6.3절 참조).

실제 사례
만성 신장 질환(CKD)에 대한 시장 분석

CKD 환자는 종종 병의 진행에서 후반에 진단되며 빈번히 입원한다. 그러나, CKD를 조기에 효과적으로 진단하면 입원률이 감소하고 질병 진행률도 감소한다. 결과적으로, 질병 진행을 예방하기 위한 케어 주기에서 CKD 환자를 성공적으로 진단할 수 있는 장치, 방법 또는 시스템이 필요하다.

시장을 전망한 후, 이노베이터는 질환 진행의 표시를 사용하여 환자 집단 간의 기본적인 유사점과 차이점을 파악하여 환자 기반 시장 세분화를 할 수 있다. 상기해라: CKD, 표시는 5개의 CKD 단계로 환자를 나눌 수 있는 신장 기능의 척도이다: 1~2 ¼ 경도, 3 ¼ 중등도, 4 ¼ 중증 및 5 ¼ ESRD (말기 신장 질환). (공급인 및 지급인의 고려사항은 이 예에서 나중에 고려된다는 것에 주목해라.)

일단 이러한 기본 세그먼트가 정의되면, 각 세그먼트의 크기(환자 수), 각 세그먼트의 의학적 요구 정도(사망률 및 이환률, 환자당 비용) 및 세그먼트 성장률을 식별하기 위해 1차 및 2차 조사가 수행될 수 있다. 선행연구 검색은 출발점으로 사용할 수 있지만, 그 이상의 경우 공개 데이터베이스가 관련 정보를 제공할 수 있다. 널리 사용되는 두 가지의 데이터베이스는 국립 보건 영양 설문조사(National Health and Nutrition Examination Survey, NHANES)[18]와 의료 비용 설문 조사(Medical Expenditure Panel Survey, MEPS)[19]이다. 이 설문 조사는 가족 및 개인을 위한 건강 상태 및 의료비와 관련하여 환자의 대형 샘플에 대한 종단 데이터를 제공하며, 예비 시장 분석에 사용될 수 있는 풍부한 정보를 제공한다. 이와 같은 소스의 데이터를 사용하여 다양한 세그먼트에 대한 시장 규모의 상향식 분석을 수행할 수 있다.

NHANES 데이터베이스는 이노베이터가 사망률, 이환률 및 입원 비용뿐만 아니라 CKD의 각 단계의 유행을 계산하는 데 사용할 수 있는 정보를 제공한다. 그림 2.4.13은 4개 부문의 환자 수와 그에 상응하는 입원율을 나타낸다. 이 데이터는 전체 환자 인구가 크기가 줄어들지만, 의학적 요구가 증가하는 부분으로 나누어진 "환자 타워" 형식으로 제공된다.

다이어그램 왼쪽(경도 CKD)에서 오른쪽(ESRD)으로 판독하면, 환자 수가 일반적으로 감소하지만, 증상의 심각도는 증가한다. 이러한 데이터를 나타내기 위해, 다른 시각적 방법이 사용될 수 있는 동안, 환자 타워 방법은 각 세그먼트의 환자 수와 각 세그먼트에 영향을 미치는 의료 문제의 심각성 사이에서의 균형을 시각적으로 대조하는 이점이 있다.

목표 시장을 확인하기 위해, 이노베이터는 또한 질병의 각 단계와 관련된 비용을 이해할 필요가 있다. NHANES와 같은 출처는 (비록 의료 서비스에 대한 정보를 제공하더라도) 비용 정보를 제공하지 않

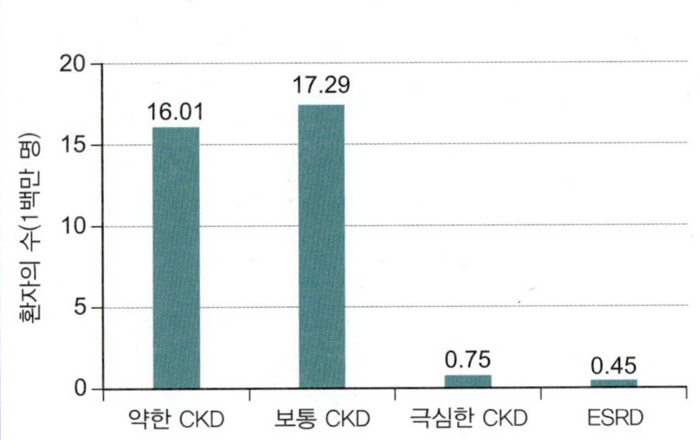

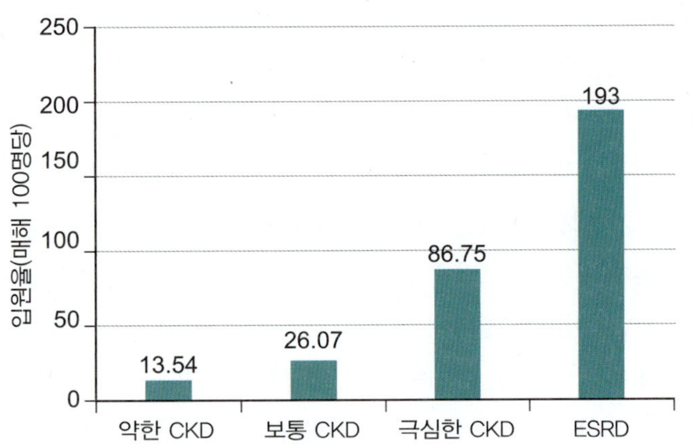

그림 2.4.13
CKD에 대한 환자 타워: (a) 세그먼트당 환자의 수, (b) 세그먼트당 입원율

는다. 따라서, 문헌 검색에서 얻은 수치를 사용한 일부 데이터 외삽법이 필요할 수 있다. 또 다른 잠재적인 전략은 일반적으로 지출 정보나 질병별 데이터 소스의 데이터를 포함하는 MEPS의 데이터를 사용하는 것이다. 그림 2.4.14는 데이터를 요약한 것이다(가로축은 각 세그먼트의 총 의료비를, 세로축은 각 세그먼트의 환자당 비용을, 버블의 크기는 예상 성장률을 나타낸다).

이 그림의 데이터는 미국의 신장 데이터 시스템 보고서에 기록된 지출 데이터를 기초로 했다(심각한 CKD의 사례당 연간 의료비는 20,784달러이며, ESRD 환자에 대해서는 59,412달러였다).[20] 다른 두 부분(데이터가 보고되지 않은 곳)에 대한 비용 견적을 얻기 위해 가정을 할 수 있다. 이 경우, 초기 단계의 CKD 비용은 4단계의 비용을 취하고 각 단계의 입원 비율의 비율을 곱함으로써 변경되었고 4단계를 넘어선 입원 비율에 의해서 나눠졌다[1단계에 대한 비용(또는 2) = 4단계의 비용 × 1 단계 (또는 2)의 입원 비율/4 단계의 입원 비율]. 이 접근법을 사용하여 각 단계의 총 연간 의료 비용이 산정되

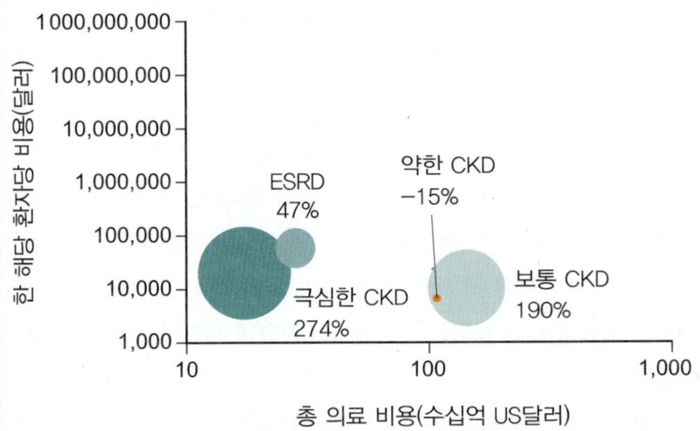

그림 2.4.14
CKD에 대한 시장 크기와 성장 분석

었다; (NHANES로부터 추정된) 일반 인구의 성장은 각 단계에 대한 총 비용의 증가를 얻기 위해 사용되었다.

이 정보를 통해 이노베이터는 이상적인 시장 부문의 특성을 정의할 수 있다: 총 의료비 지출(모든 부문에서 이를 충족함), 환자당 높은 비용(전체 환자 수가 상대적으로 작고 접근하기 쉽도록 함) 및 고성장율. 이러한 특성을 필터로 사용하면서 ESRD 및 심한 CKD 부분이 가장 매력적으로 나온다.

그러나 분석이 완료되기 전에 이노베이터는 상태를 가진 모든 환자가 실제로 그것을 인지하고 있는지 조사해야 한다(그렇지 않은 경우 치료를 받지 않을 가능성이 있어 잠재적인 시장 규모에 부정적인 영향을 미친다). 이 예에서 NHANES를 통해 제공된 데이터에는 신장 기능이 감소했는지 여부를 환자에게 묻는 설문 질문에 대한 응답이 포함되어있다. 이 조사에 따르면 심각한 CKD 환자의 25%만 이 사실을 알고 있었고 그 사실을 알고 있는 모든 사람들은 진단을 내리는 데 도움이 되는 다른 증상을 보였다(예: 알부민에서 크레아티닌 비율 상승, ACR). 이 정보는 올바르게 진단된 환자가 종종 ACR이 높은 환자임을 시사한다. 결과적으로 표적시장은 보다 구체적인 용어로 정의 될 수 있다: 심각한 CKD와 높은 ACR를 가진 환자.

어떤 사람들에게는 이 목표 시장에 대한 정의가 놀라운 것으로 보일 수 있다(결국 이것은 이미 진단받은 환자들이다). 그러나 이 환자군을 매력적으로 만드는 것은 그들의 질병이 이미 의료 시스템에 의해 인식되고 있기 때문에 이노베이터가 이 부분에 접근할 수 있다는 것이다. 이런 이유로, 이 환자들에 대한 더 나은 진단 또는 합병증 통제의 필요성을 해결하는 것은 현재 진단되지 않은 환자들을 표적으로 하는 것보다 임상적으로 실행 가능성이 높다. 후자 부문(진단되지 않은 환자)은 일단 예비 표적 시장이 해결되면 이노베이터에게 확장의 기회를 제공할 수 있지만 표적화하기는 쉽지 않을 수 있다.

주의사항

시장 분석에 있어서 가장 흔한 실수는 지나치게 낙관적인 시장 추산을 유도하는 가정을 하는 것이다. 시장 기회를 과대평가하는 것은 이노베이터에게 비현실적인 기대를 줄 수 있으며 달성 불가능하거나 지속 불가능한 사업 계획이라는 결과를 초래할 수 있다. 지나치게 공격적인 추정이나 비실용적 가정에 근거한 아이디어를 제시하면 투자자 및 기타 이해관계자와의 신뢰를 해칠 수도 있다.

이러한 일반적인 함정을 피하려면 다음 네 가지의 오류 원인을 조심해야 한다:

1. 혁신을 채택할 가능성이 가장 높은 시장 부문이 아닌 전체 시장을 기반으로 시장 규모를 계산하는 것. 이 오류는 특정 세그먼트의 요구사항과 다양한 채택 패턴을 이해하지 못해 발생할 수 있다.
2. 얼리 어답터가 행동을 변화시키는 데 얼마나 많은 개선이 필요한지를 과소평가. 채택을 촉진하기 위해 어느 정도의 이점을 얼마나 많이 제공해야 하는지 이해하기 위해 강력한 가치 추정이 필요하다.
3. 필요를 가진 모든 사람들이 그것을 해결하기 위한(예: 치료를 받음) 조치를 취하지는 않는다는 것을 인식하지 못한다. 이는 잘 통제된 연구에서 얻은 "살균된" 자료에 의존한 결과일 수 있다. 치료 영역에서 환자 수에 대한 수치를 얻으려면 수치들이 잘 관리된 학업 환경이 아닌 지역 사회 관행을 반영하는지 확인하는 것이 중요하다.
4. 신생 시장이 기존 시장에서 포착할 수 있는 시장 점유율의 양 또는 신흥 시장에서 새로운 혁신이 채택되는 속도를 과대평가하는 것. 이 오류는 종종 다음을 과소평가하는 경향에 의해 유발된다: (1) 경쟁의 영향; (2) 제품 판매에 필요한 자본 요건; (3) 판매 또는 유통 능력을 확립하는 데 필요한 시간. 대부분의 경우, 이노베이터는 첫 해에 1% 이상의 시장 점유율을 기대하지 않아야 하고, 이는 시장 상황에 따라 최대 15~30%까지 증가한다.

시장 분석은 복잡하고 어려울 수 있으며 잠재적으로 일정한 시행 착오가 있을 수 있음을 기억해야 한다. 시장 분석에 대한 반복적이고 보다 세부적인 접근 방법이 권장된다. 혁신주의자들은 잠재적인 해결책뿐만 아니라 필요성에 대해 더 많이 알려지면서 예비 시장 분석을 재검토하고 조정해야 한다. 지노믹 헬스의 이야기는 한 회사가 어떻게 시장 분석의 도전과제를 해결했는지 보여준다.

현장에서 지노믹 헬스(Genomic Health Inc.)

혁신적인 제품에 대한 시장 분석

목표 시장 부문을 파악하고 전체 시장 규모를 정하는 것은 획기적인 잠재력을 가진 필요성을 고려하지만 입증된 시장이 없는 이노베이터에게는 특히 어려울 수 있다. Randy Scott, Joffre Baker, Steve Shak이 설립 지노믹 헬스(Genomic Health Inc.)는 이러한 어려움에 직면 한 회사 중 하나다.

Incyte Corporation의 공동 창립자로서의 이전 역할에 있어서 Scott과 연구진은 주요 제약 회사가 분자 수준에서 표적 치료제를 밝히는 데 필요한 연구 및 개발 노력을 지원할 수 있는 지노믹 정보의 방대한 데이터베이스를 만들었다. 그러나 지노믹 정보의 비용이 내려감에 따라 (Scott이 생명 공학 분야에서 "무어의 법칙 효과"라고 불렀기 때문에) 환자별 지노믹 정보를 분석하고 질병 치료를 위해 진정으로 개인화된 체제를 개발하는 것이 가능해질 것이라는 것을 인식했다. 이 일을 돕기 위해 열정을 기울이면서 더욱 개인화된 치료 결정을 가능케 하기 위해 환자 맞춤형(유전자 발현) 유전체 검사를 기반으로 하는 높은 가치와 정보가 풍부한 진단을 위한 필요성을 추구하기 시작했다.

스콧은 처음에 그 아이디어를 Incyte에 겨냥했지만, 필요성은 혼합된 리뷰를 통해 충족되었다. Scott이 회상했다. "당시 Incyte에 대한 많은 논쟁들 중 하나는 의약품이 궁극적으로 상품이 될 것이며, 더 큰 가치는 질병에 관한 지노믹 정보에서 유래 할 것이라는 것이었다. 나는 해결책보다 정보에 더 많은 힘이 있다고 믿었다. 그 정보를 얻은 후에는 이를 치료할 수 있는 10가지 잠재적 치료법이 개발될 것이다. 이러한 약물은 궁극적으로 일반화될 것이지만 그 정보의 진단 가치는 유지될 것이다." Scott은 이것을 향후 30년 동안 점진적으로 발생할 의료산업의 패러다임 변화로 간주했다. Incyte가 이 방향을 잡는 데 관심이 없다고 판단했을 때 Scott은 혼자 이 아이디어를 추구하고 Baker와 Shak를 고용하여 자신과 함께 일하기로 결정했다.

필요성과 관련된 시장 기회를 분석하는 측면에서 Scott은 암 환자에 초점을 맞추는 데 초기 관심이 있음을 기억했다. 그러나 개인화되고 지노믹 기반의 의학의 이점을 이해하는 비교적 정교한 환자들에게 영향을 미치는 다른 많은 생명을 위협하는 상황에서 잠재 시장 분야에 대한 보다 심층적인 연구가 필요했다. 분할 분석의 범위를 좁히기 위해 맞춤의학에서 잠재적으로 이익을 얻을 수 있는 여러 분야(종양학, 염증, 심혈관, 불임 등)를 확인하고 시장 크기, 질병 진행을 예측하기 위한 지노믹 정보에 대한 가능성; 약물 개발 파이프 라인(그리고 신약에 대한 대응자의 비율이 높을지 여부); 치료 선택의 환자 개입; 새로운 치료 패러다임을 채택하려는 의사의 의지를 포함하여 여러 임상 및 시장 기준에 따라 등급을 매겼다. 이 분석을 수행한 후 Scott은 "요점은 우리는 계속 암으로 회귀합니다."라고 말했다. 라이프 스타일 요소가 질병 진행에 중요한 역할을 하는 심장 혈관과 같은 다른 질병과 달리 암은 대부분 지노믹 기반 질병이다. 또한, 기존 약물(또는 개발 중인 약물)에 대한 반응은 다양하고 불확실한 것으로 간주되었으며, 환자 지지의 강력한 역사는 환자가 새로운 기술의 채택을 촉진할 것이라는 것을 보여주었다. 그 외에도 종양학 약물 시장은 수백만 달러에 달했으며, 대부분의 제약 회사들은 몇 가지 새로운 치료법을 개발했다.

초점 영역으로 암을 확인하는 것이 좋은 첫 걸음이었지만, 그것은 단지 분할 분석의 시작에 불과했다. 다음 도전 과제는 어떤 유형의 암을 목표로 할지 정하는 것이었다. 궁극적으로 그들은 5가지 주요 이유로 유방암에 집중하기로 결정했다: (1) *사전 경험*: Shack이 Herceptin® (소설, 지노믹 기반의 암 치료제[21])을 위한 Genentech의 임상 개발 프로그램을 이끌었고, 그 임상 영역에서의 강력한 평판뿐만 아니라 방대한 네트워크를 가지고 있었다. (2) *위의 4가지*: 유방암은 가장 흔한 4가지 암들(결장암, 전립선 암, 폐암) 중 하나이며 팀은 "큰 일"을 원했다. (3) *시장 접근성*: 유방암은 환자 지원 단체의 대규모 시스템, 새로운 회사가 시장 세그먼트에 쉽게 접근할 수 있는 교육 채널이 특징이며 환자가 치료 결정에 매우 깊게 관여하는 경향 (4) *신기술 채택의 가능성*: 의사와 환자 모두 이 임상 영역에서 새로운 치료법을 채택 할 가능성이 높다. (5) *임상 지식*: 유방암의 유전적 근거와 새로운 테스트를 개발하고 임상적으로 검증할 수 있는 유방암 조직 샘플의 광대한 라이브러리에 대한 깊이 있고 광범위한 지식.

유방암에서 창립자는 목표 시장 부문을 더욱 정제하는 데 주력했다. 연구진은 유방암 환자에게 유용한 다양한 약제와 질병의 여러 단계에서의 효과 또는 비효율성에 대해 조사했다. 그들이 배운 것은 후기 암 환자의 경우 치료 선택이 모호하고 공격적이라는 것이다. 환자와 의사는 "희망을 포기"하고 싶지 않으며 질병을 막거나 늦추기 위해 모든 것을 시도 할 것이다. 이와는 대조적으로 조기 환자의 치료법(수술을 넘어서)에 대한 의사결정은 비교적 주관적이었으며 의사에 따라 크게 달랐으며 환자가 재발을 예방하기 위한 적절한 치료 과정을 결정하기 어려웠다. 대부분의 초기 단계 환자는 수술과 호르몬 치료만 잘한다. 그러나 화학 요법은 일반적으로 조기 유방암 환자 중 소수만 그것으로부터 이익을 얻음에도 불구하고(약 4%) 종양의 재발 가능성을 최소화하기 위해 처방된다. 이것은 팀을 위한 "a–ha"순간을 이끌어 냈다: 조기 환자에 대한 유방암의 먼 재발을 예측하는 것은 그들이 치료법에 대해 더 나은 결정을 내리는 데 도움이 될 것이다. 예를 들어, 먼 재발 위험이 낮은 환자의 경우 암이 돌아 오지 않을 가능성이 있으므로 육체적으로 스트레스가 되고 파괴적인 치료법인 화학 요법을 사전에 예방하도록 조언 받을 수 있다. 질병에 대해 알려진 사실을 기반으로 한 단계 더 나아가 팀은 예비 표적 시장을 초기 단계, 노드–음성(N), 에스트로겐 수용체 양성(ER+) 유방암 환자로 정의했다. 또한 초기 단계의 재발과, N–, ER+ 유방암을 예측하고 개인화된 치료 결정을 가능케 하기 위해 환자 수준(유전자 발현) 지노믹 테스트를 기반으로 하는 높은 가치와 정보가 풍부한 진단에 대한 요구사항을 해결하기 위해 시장 분석 결과를 토대로 필요 진술을 더욱 정제시켰다.

시장 분할이 확인되고 개선될 필요가 있는 상태에서 다음 과제는 시장 잠재력이 높은 임상 개발 비용과 예상 투자자에 대한 예상 위험을 정당화하는지를 결정하기 위해 부문의 규모를 결정하는 것이었다. 당시 회사의 추정에 따르면, 미국에서 매년 약 200,000건의 유방암 진단이 있었으며 이중 약 50%가 초기 단계의 N, ER+ 사례였다. 그러나 시장 규모를 (달러로) 합산하는 것은 어려운 일이었다. 왜냐하면 모든 임상 분야에서 비교할 만한 제품들을 찾기가 어려웠기 때문이다. 지노믹 헬스의 정의된 요구사항을 해결할 수 있는 해결책은 진단 테스트로 분류된다. 그러나 Scott과 연구진은 진단 회사가 전통적으로 테스트에 대해 25~50달러를 부과한다고 말하면서 5~10%의 마진만을 요구했다. 새로운 테스트를 위해 50달러의 가격을 사용하면 전체 잠재 시장 규모(완전 침투 가정 시)는 연간 500만 달러에 불과하다. 이 분석의 결과는 벤처 기업의 성공은 게놈 테스트를 실용적으로 만들기 위해 필요한 연구 개발에 대한 막대한 투자를 지원하기 위해 완전히 다른 가격 책정 패러다임을 필요로 한다는 것을 분명하게 보여주었다.

두 가지 유형의 분석은 테스트당 1,000에서 7,000달러 범위의 가격이 실행 가능할 수 있다고 제안했다. 첫 번째는 비교 가능한 분석이었다. 지노믹 헬스의 COO인 Kim Popovits는 "당시 유방암의 여성 유전성 위험을 평가하기 위해 BRAC–1과 –2 유전자의 돌연변이를 조사한 유전자 검사 결과가 시장에 또 하나 있었습니다."라고 회상했다. 이 테스트의 가격은 약 3,000달러였고 비교적 광범위하게 상환되는 중이다. 두 번째는 필요에 대한 가치 추정치에 기반한다. 시간이 지남에 따라 지노믹 헬스의 테스트는 전반적인 의료 시스템 비용을 절감할 잠재력이 있었으며 따라서 가격 결정력을 치료제에서 진단으로 전환할 수 있었다. 특히 초기 유방암 환자를 위한 화학 요법의 총 비용은 보수적으로 15,000달러였다. 이 검사로 화학 요법을 받는 환자의 수를 50% 줄이면(재발 위험이 낮다는 것을 예상 함으로써), 의료 시스템의 총 절감액은 환자당 약 7,000달러가 된다. 이는 지노믹 헬스가 테스트당 최대 7,000달러의 가격을 책정하여 의료 시스템에 판매되는 키트의 총 잠재 시장을 7억 달러로 만들 수 있음을 의미했다.

사실, 이 견적은 Scott과 연구진을 그들이 예비 자금을 조달했을 때 개발한 초기 시장 견적으로 되돌렸다. 그 당시 지노믹 헬스의 비즈니스 계획은 시장 부문 및 규모에 대해 정확하지 않았다(바이오디자인 혁신 과정의 일부로 시장 분석의 반복적 특성을 강조). 원래의 비전은 소비자가 게놈 테스트 결과를 위해 직접 지불해야 한다는 것이었다. 결과적으로, 팀은 합리적인 가격이 4가지 수치 범위의 어딘가에 있다고 생각했다(주로 소비자가 성형수술과 다른 선택 의료 절차에 대해 비슷한 금액을 지불했기 때문에). 테스트 비용을 기꺼이 지불할 의사가 있는 총 소비자 수에 대해 비슷한 예측치를 사용하여 창업자는 10억 달러 범위의 총 시장 예상치에 도달했으며 3천만 달러 이상의 투자를 올렸다. 약 1년 후, 그들은 시장 세그먼트에 집중했고 회사의 가치 예측을 개발했다.

지노믹 헬스팀은 조기 유방암 환자의 먼 재발 위험을 예측하기 위해 Oncotype DX® 테스트를 개발했다(그림 2.4.15 참조). 여러 임상시험에서 이 검사는 재발의 가능성을 예측할 뿐만 아니라 화학 요법에 대한 환자의 반응을 예측하는 데 효과적이라는 것이 입증되었다. 팀의 초기 가치 예측치에 따라 3,650달러로 책정되었으며 현재 테스트는 미국 임상 종양 학회와 전국 종합 암 네트워크(National Comprehensive Cancer Network)에서 제시한 치료 지침에 포함되어 있다.

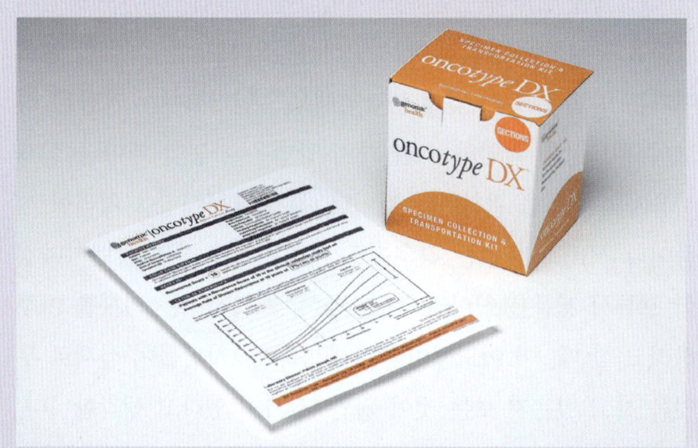

그림 2.4.15
Oncotype DX 표본 수집 및 운송 키트와 결과 보고서(지노믹 헬스의 허가를 받아 사용)

신흥 경제에서의 시장 분석

이 장에서 설명한 시장 분석 접근법은 모든 지리적 설정에서 효과적으로 활용할 수 있다. 그러나 신흥 경제에서 일하는 이노베이터들은 이를 실행하는 데 훨씬 더 큰 어려움에 직면할 수 있다. 이것은 특히 이노베이터가 문화, 비즈니스 및 의료 관습에 대한 깊이 있고 개인적인 지식이없는 장소에서 일하고자 하는 경우에 해당된다. 이러한 경우, 헬스케어 관계자의 근본적인 차이점, 어떻게 헬스케어가 지원되고 전달되는지 및 간병 표준의 중요한 변화는 시장 평가의 선도자로 이해되어야 한다. 마찬가지로, 지역 경쟁의 독특한 측면을 이해하는 데 많은 주의를 기울여야 하는데, 이는 이노베이터가 미국이나 유럽에서 보았던 것과는 크게 다를 수 있다.

덜 개발된 시장에서 일하는 것에 대한 또 다른 중요한 차이점은 신뢰할 수 있는 시장 데이터가 훨씬 덜 널리 이용될 수 있다는 것이다. 연구 보고서와 공식 데이터 세트가 거의 존재하지 않아 시장에 대한 학습을 어렵게 만들 수 있다. 시장 조사가 있는 지역에서도 정보가 부정확하거나 날짜가 잘못되거나 오도된 것일 수 있다. 데이터가 수집 된 방법을 이해하면 이노베이터가 관련성과 신뢰성을 평가하는 데 도움이 될 수 있다(필요성 심사 도중 2차 자료에 대한 부족을 고려하는 것과 관련한 자세한 정보는 2.5 니즈 선택 참조).

종종 이노베이터는 그들의 필요가 있는 공간에서 자신의 시장 조사를 수행해야 한다. 그러나 시장을 평가할 때 일차적인 데이터 수집에 전적으로 의존하는 데는 몇 가지 어려움이 있다. 의도적이든 아니든, 관련자들은 자신의 렌즈를 상황에 적용하려는 경향이 있다. 특히 현 상태를 유지하거나 변경하는 것에 관심이 있는 경우 그러하다. 이노베이터들은 수집된 모든 정보의 출처를 고려하고 모든 사람이 반드시 도움이 되고 싶지는 않다는 것을 기억해야 한다.

또한 이해관계자는 이노베이터에게 자신이 실제로 생각하거나 느끼는 것 대신에 그들이 듣기를 원한다고 생각하는 답변을 제공하려는 유혹을 받을 수 있다(이것은 어떤 지역에서도 발생할 수 있음). 인터뷰 대상자와 인터뷰를 실시하는 사람 사이에 감지된 권력 차이가 존재하는 경우 특히 그렇다. 케냐의 건강 해결책을 연구하는 한 이노베이터에 따르면 "당신은 당신의 질문을 구성하는 방법과 때로는 사람들의 대답을 소금 한 알로 여기는 방법을 주의 깊게 생각하세요." 인터뷰에서 제공된 정보의 유효성을 확인하는 한 가지 방법은 가능할 때마다 실제 사용자의 행동을 관찰하는 것이다. 특정 요구사항을 처리할 제품이나 서비스가 없는 경우에도 이해관계자 작업을 벤치마킹할 프록시 제품을 찾아라. 예를 들어, 지불하려는 의사를 이해하려고 할 때, 이 이노베이터는 계속해서 "사람들이 실제로 무엇을 사고 있는지 보는 것이 훨씬 더 가치 있다고 생각합니다. 그들이 실제로 돈을 쓰는 것에 대해 사람들이 보고하는 것과는 대조적으로 실제로 어떤 일이 일어나는지 살펴보십시오." East Anets West Foundation의 사장인 John Anner는 기사에서 이 점에 대해 "청취는 까다롭습니다. 사람들이 실제로 원하는 것을 여러 가지 방법으로 검증하지 않으면 언어와 문화의 장벽을 넘어 사람들이 필요하고 원하는 (좋거나 나쁜) 것을 진정으로 이해하는 것이 어려울 수 있습니다. 이것을 이해하는 최선의 방법은 다양한 옵션을 제공하고 사람들이 자신의 돈으로 투표하게 하는 것입니다."[22]

또 다른 문제는 주요 연구는 시간이 걸리고 종종 원거리에서 효율적으로 수행될 수 없다는 것이다. 이것은 이 분야에서 상당한 시간을 할애해야 하는 세계 보건 수요를 해결하는 데 관심이 있는 미국에 기반을 둔 이노베이터들에게는 도전이 될 수 있다. 비영리 제품 디자인 회사인 D-Rev의 Krista Donaldson CEO는 다음과 같이 설명했다:

> 당신은 당신이 이야기하고 싶은 사람들에게 다가가기 위해 많은 시간을 할애할 수 있다. 시골 길에서의 긴 자동차 여행이나 교통 체증에 시달리는 몇 시간을 의미할 수도 있다. 그런 다음 병원을 찾아 올바른 사람을 찾는다. 그리고 때로는 의료 관리자와 차를 한 잔 하는 것을 의미할 수 있다. 가끔씩, 하루 종일 한 사람과 이야기하기를 기다릴 수 있다. 특히 바쁜 병원에서 우리는 상대적으로 우선순위가 낮다. 이노베이터들은 종종 들어가고 나가기를 원한다 - 그것은 바로 웨스턴 치료다. 그러나 당신은 그렇게 할 수 없다. 이러한 유형의 작업에는 많은 인내와 관계 구축이 필요하다. 그리고 그것은 또한 흐름을 파악하는 능력을 요구하고 당신이 병원을 방문하려고 노력하고 일주일을 보내도 아무런 성과가 없을 수도 있음을 의미하지만, 당신은 여전히 많은 것을 배우고 있다. 당신이 뒤로 한 발자국 물러서서 그것에 대해 생각할 때까지는 그 점을 이해하지 못할 수도 있다.

Donaldson은 또한 이노베이터들이 그들이 멈추고 계속 전진하기에 충분한 정보를 알 때 어려움이 될 수 있다고 지적했다. 대답은 사례마다 다르지만, 그녀는 다음과 같은 조언을 전했다: "같은 이야기를 몇 번 반복해서 듣기 시작하면 좋은 연구를 한 것입니다."

궁극적으로 Consure Medical이 된 팀의 다음 이야기는 신흥 경제에서 시장 분석을 수행하는 데 관련된 몇 가지 도전과제를 강조한다.

현장에서 CONSURE MEDICAL PVT. LTD.

시장 분석을 통한 필요항목을 재정의하기

스탠포드-인디아 바이오디자인 프로그램에 참여한 Nish Chasmawala와 Amit Sharma는 캘리포니아에서 6개월 동안 바이오디자인 혁신 과정을 배우고 적용했다. 병에 걸린 어머니를 돌보는 일을 돕기 위해 급우들 중 한 명이 인도로 돌아갔다. 그 동료가 스탠포드로 돌아 왔을 때, Chasmawala와 Sharma는 그가 멀리 있는 동안 어떤 필요를 확인했는지 물음으로써 그의 걱정을 덜려고 노력했다. "그날 식탁에 던져진 필요는 대변실금이었습니다."라고 Chasmawala는 회상했다. "꽤 당황스럽고 아무도 그것에 대해 이야기하지 않습니다. 그러나 그것은 또한 진정한 필요이며, 어떤 좋은 해결책도 없는 것처럼 보였습니다."

그 해 후반기에 인도에서 모임이 열렸는데 요실금(FI)과 관련한 기회들과 문제들을 더 깊게 연구하기로 Chasmawala와 Sharma가 결심했기 때문이다. FI 환자는 장 운동을 조절할 수 없으므로 액체, 점액 또는 고형 대변이 직장에서 비 자발적으로 배출된다. 경미한 원치 않는 배뇨로부터 창자 통제의 완전한 상실로 심각하게 변하는 FI는 심리적으로 고통스러운 상태이며, 이는 삶의 질에 상당한 영향을 미친다.

6주 동안 이 팀은 대규모의 3차 진료 병원, 최신 최첨단 외상센터 및 농촌 지역과 지역 보건소를 포함한 다양한 의료 환경에서 관찰을 수행했다. 두 사람이 인도에서 태어나고 자랐지만 FI에 대한 보살핌주기를 지켜 보면서 그들은 놀랐다. 흡수 패드(또는 성인용 기저귀)는 대부분의 FI 환자의 치료 표준이었다. 가정 내에서 Sharma는 전형적인 상황을 다음과 같이 묘사했다: "대변실금으로 침대를 떠날 수 없는 65~70세의 남성을 상상해 보십시오. 인도에서는 일반적으로 여성 가족 구성원이 가정 간호를 제공합니다. 따라서 시아버지의 기저귀를 갈아 입히고 그 주변을 깨끗하게 해야 하는 며느리가 있을 수 있습니다. 그 두 가지 일은 모두 체면을 깎는 일입니다." 또한 그는 "기저귀는 심지어는 좋은 해결책이 아닙니다."라고 말했다. 기저귀는 여러 가지 결과를 냈다. 그들은 침대 오염을 방지했지만 피부 붕괴를 초래했다. 그들은 또한 착용하기가 불편했고, 불쾌하고 갈아 입는 데 시간이 많이 걸렸다. "현재의 금본위제를 보면 금이 전혀 없다는 것을 깨닫습니다."라고 Sharma는 지적했다.

병원 환경에서 상황은 똑같이 문제가 되었다. 과로한 간호사는 환자가 병원 치료를 받는 경우에도 종종 FI의 문제를 해결하기 위해 가족에게 의존했다. Chasmawala는 다음과 같이 설명했다. "인도의 농촌 지역 병원에서는 통풍이 제한되고 폐기물 처리 시스템이 부적절한 방에 보통 8개의 침대가 있습니다(그림 2.4.16 참조). 가족 구성원은 일반적으로 흡수 패드를 교체하고 환자를 깨끗하게 합니다." 관측 경험을 요약하면 "이 환경에서 시간을 보내면서 연민이 생겼습니다. 하지만 또한 우리는 이러한 비자발적 문제에 대한 해결책을 개발하도록 동기를 부여 받았습니다."[23] 그들이 본 것을 기반으로, 그들이 정의한 필요 진술 중 하나는 자원이 제한된 환경에서 FI를 보다 효과적으로 관리하기 위한 것이다.

질병 연구, 기존 해결책에 대한 평가 및 이해관계자 분석과 병행하여 Chasmawala와 Sharma는 FI 시장에 대한 이해에 전념했다. 그러나 정보 검색을 통해 인도 시장 조사를 수행하는 것이 어려울 수 있으며 신뢰할 수 있는 수치를 찾기가 어려울 수 있음을 확인했다. 대부분의 경우, 뇌졸중이나 신경계에 손상을 주는 다른 상태와 같은 주요 질병 상태에 이차적인 상태 또는 동반 질환이기 때문에 FI 시장을 규모화하는 것이 특히 어려웠다. 이것은 연구하는 데 있어서도 더욱 문제가 되었다. 대변실금의 유병률에 대한 연구는 거의 없으며 그 결과는 크게 다를 수 있다. 한 문헌 리뷰에서 밝혀진 바와 같이, 선정된 연구에서 대변실금의 추정 유병률은 0.4~18%까지 다양했다.[24]

FI 분야에서의 지출 및 경쟁 활동면에서 팀은 경쟁 해결책 자체의 비용보다는 당일 처리 부담에 대해 생각했다. 기저귀는 가장 널리 사용되는 제품이었으며 하루에 약 10달러 정도로 가장 저렴했다. 대변을 담

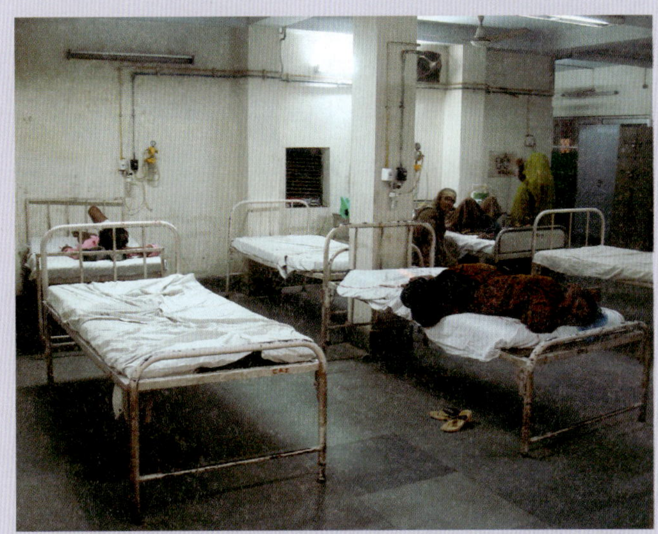

그림 2.4.16
대변실금을 앓고 있는 환자가 치료받는 인도의 전형적인 농촌 지역 사회 병원(Consure Medical Pvt. Ltd.)

는 데 약간 더 효과적이었던 수집 장치는 더 많은 임상적 합병증을 일으켰으며 하루 약 15달러의 높은 비용으로 이용할 수 있었다. 가정용 카테터는 하루에 60달러로 훨씬 비쌌다. 이 장치는 훈련된 의료 제공자만 설치할 수 있으며 일반적으로 집중치료실(ICU) 설정에서만 사용되었다. Sharma에 따르면, 그들은 또한 여러 면에서 차선책이었기 때문에 널리 받아 들여지지 않았다: "다른 요구사항을 처리하기 위해 존재하는 제품은 크기가 조정되고 FI에 사용되었습니다. 예를 들어, 대부분의 가정용 카테터는 본질적으로 요실금용 카테터의 큰 버전입니다. 아무도 직장의 생리학을 보지 못했고 대변실금에 대한 적절한 해결책을 고안하지 못했습니다." 신경 근육 저하로 인한 만성 대변실금에 대해서도 수술이 대안이었다. 그러나 이 치료법은 인도의 대다수의 환자에게 매우 비쌌다. 실제로 인도에서는 대부분의 환자가 의료비를 직접 지불했기 때문에 비용은 각 치료 범주에서 중요한 요소라고 믿었다. 이 모든 정보를 고려하여 Chasmawala와 Sharma는 시장 상황에 큰 차이가 있음을 확인했으며 가치를 창출 할 여지가 많이 있음을 확인했다(그림 2.4.17 참조). 그들의 주요 초점은 성인용 기저귀, FI 수집 장치 및 가정용 카테터를 새로운 해결책으로 대체하는 것이었다.

시장을 세분화하기 위해 그들은 전체 FI 환자 집단 내 다양한 여러 하위 집단을 평가함으로써 시작했다. 구체적으로, 그들은 다섯 가지 차원에서 환자의 특성을 조사 했다: (1) 급성 vs 만성 상태; (2) 소아과 vs 성인; (3) 외래 이동 vs 외래 이동; (4) 대 요실금 vs 소 요실금; (5) 병원 vs 가정 설정. 이 평가는 니즈에 대한 중요한 통찰력을 나타냈다. 예를 들어, 급성 장애(예: 뇌졸중과 관련이 있음) 환자의 경우 장의 기능이 일시적으로 손상된다. 대조적으로, 만성 FI를 가진 환자는 회복하지 못하는 장에 대한 신경근 손상 또는 다른 변화를 경험했다. 병원 환경에서 치료를 받는 급성 FI 환자는 치료를 돕는 숙련된 의료 서비스 제공자

(흡수 패드 를 넘어서)의 도움을 받을 수 있다. 그러나 만성 중환자실 환자는 장기간에 걸쳐 이러한 상태를 집에서 관리해야 하며, 환자를 돕기 위한 의학적 훈련을 받지 않은 가족 구성원을 의지해야 한다.

이 분석에서 팀은 잠재적 목표로 매력적이었던 두 개의 주요 시장 세그먼트를 정의했다. 첫 번째 세그먼트에는 종종 노후, 당뇨병, 여성의 외상성 출산 및 기타 그러한 상태와 관련이 있는 만성적인 경미한 요실금으로 고통받는 보행환자들을 포함했다. "이 환자들은 기침, 재채기 또는 큰 소리로 웃을 때 대변이 약간 누출되는 것을 경험합니다. 이것은 주요한 임상적 문제는 아니지만 환자들에게는 극도로 당혹스럽고 환자들을 고립시키고 억압하는 외상의 문제가 될 수 있습니다."라고 Sharma는 설명했다. 두 번째 시장은 주요 요실금 환자로 병원 진료를 시작한 후 장기 요양 보호 가정으로 이동하는 비 외래 급성 환자를 대상으로 한다.

Chasmawala와 Sharma는 두 가지 잠재 시장 분야에 대해 더 깊이 생각하면서 기본적인 시장 요구가 두 그룹 모두에서 유사하다고 생각했다. 예를 들어, 새로운 해결책은 두 세그먼트의 필요를 충족시키기 위해 사용하기 쉬워야 한다. 가정의 경우 해결책이 단순해야 숙달되지 않고 훈련받지 못하고 또는 문맹일 수 있는 가족 구성원이 관리할 수 있다. 자원이 부족한 병원 환경에서 간호사나 조수가 제공할 수 있는 해결책이 선호된다. 두 세그먼트 모두 보다 효과적이고 위엄 있는 해결책이 필요했다.

두 부분 간에 한 가지 중요한 차이점은 팀에서 어떻게 접근할 수 있는지에 있었다. 병원 부문인 주 요실금은 병원 조달 부서 및 의사 추천을 통해 달성할 수 있는 반면, 시장의 홈 세팅 세그먼트인 가벼운 요실금은 주로 의약품 가게를 통해 환자에게 카운터를 통해 제품을 판매하여 액세스할 수 있다. 더 나아가 Sharma는 "병원에서의 필요성이 더 커졌습니다. 임상적 관점에서, 대변실금의 소홀한 관리는 환자에서 더 높은 합병증의 비율로 이어질 수 있습니다. 따라서 병원 환경은 우리가 장치를 밀어야만 하는 가정 환경과는 대조적으로 '당겨야' 하는 요인과 관련이 있습니다." 복합적으로, 이러한 요소들은 팀이 병원 시장 부문을 최우선 과제로 삼도록 유도했다.

이 분야의 규모에 대한 보다 구체적인 이해를 돕기 위해 추가 문헌 검색을 실시했으며, 현장의 의사로부터 일화적인 시장 추정치를 수집하기 위한 1차 조사를 수행했다. 결국, 이용 가능한 정보가 부족하기 때문에, 그들은 주요 FI를 앓고 있는 비 외래 환자의 수를 미국의 기관 환경에서 2차적인 조건으로 조사했습니다. 그것이 불완전한 접근이었다는 것을 인정하면서 그들은 미국 인구가 인도 인구의 대략 1/3이라는 가정하에 미국의 데이터를 시장 규모에 대한 대략적인 대리 변수로 사용할 수 있다고 결정했다. 그러나 인도에서는 인구의 1/3만이 정기적인 임상 진료가 가능하다. 국내 임상 및 의료 기술 전문가와 함께 일련의 대략적인 수치를 확인한 후, 그들은 올바른 방향을 설정했음을 알 수 있었다. 이 연구는 그들의 목표 세그먼트가 매년 인도의 대략 1,600만 명을 포함하는 것을 제안했다. 그들은 전세계 시장 규모는 1억 명에 이르는 것으로 측정했다.

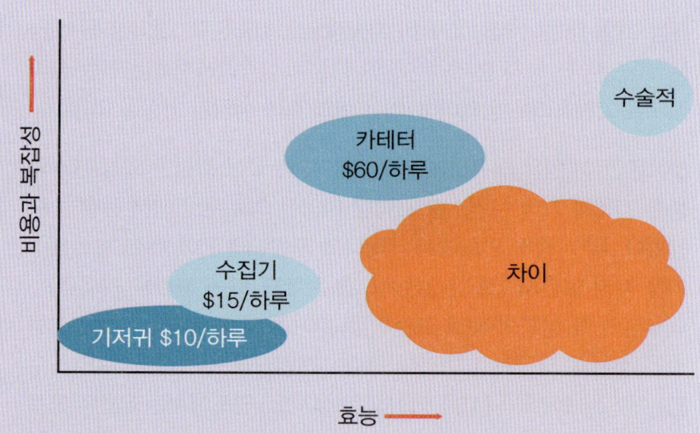

그림 2.4.17
조기 시장 평가에서 팀이 준비한 비교 조경의 고급 버전Consure Medical Pvt. Ltd.의 허가를 받아 사용)

Chasmawala와 Sharma는 지불할 의사의 관점에서 의사와 다른 이해관계자들이 새로운 해결책을 채택하도록 하기 위해서 제공되어야 하는 가치에 대해 깊이 생각했다. 효과 측면에서 볼 때, 수치는 상대적으로 낮게 책정되었으며, 비용을 충당할만 하면 환자와 간병 제공자가 기저귀와 서투른 수거 장치의 대안을 만장일치로 수용할 수 있다고 느꼈다. 기저귀를 비교 가능한 벤치마크로 이용하면서, 약 10달러의 비용을 들이고 있는 더 나은 접근 방법을 만들 수 있을 거라고 결정했고 그들의 해결책은 환자와 제공자가 자신의 행동을 바꾸기에 충분할 것이라고 생각했다.

그들의 시장 조사의 결과에 따라, Chasmawala와 Sharma는 그들의 필요 내용을 정제할 수 있었다. Sharma는 "새로운 필요성은 병원에서 얻은 감염을 최소화하고 간호 시간을 줄임으로써 임상 결과를 개선하고 병원 비용을 절감하기 위해 대변실금을 관리하는 더 나은 방법입니다."라고 말했다. Consure Medical이라는 이름을 가진 회사를 설립하여 수개월에 걸쳐 이 필요성을 해결하기 위해 단기 임플란트와 유사한 장치를 개발했다. Consure 해결책은 항문 장치의 연동 운동 및 기타 생리 기능을 방해하지 않으면서 모든 배설물을 직장에서 외부 수집 장치로 전환시켰다. 또한 청결하고 위생적인 방식으로 배치할 수 있는 매끄러운 삽입 메커니즘을 갖추고 있으며 간호사나 가족 구성원이 의사의 개입 없이 사용할 수 있도록 충분히 단순하게 설계되었다. 또한, 성인용 기저귀와 경쟁할 수 있는 가격이 책정되었다. 2013년 현재, Consure는 인도에서 10명의 환자 안전성 연구와 10명의 환자 유효성 연구를 완료하여 유망한 결과를 내놓았고 부작용이 발생하지 않았다. 이 회사는 또한 시리즈 A 라운드 자금을 모으고 이 장치에 대한 규제 허가를 얻는 중이다. 인도는 회사의 예비적인 지리적인 초점을 유지하고 있었지만 팀은 이 장치에 대해서 열광하고 있는 미국 그리고 영국과 이미 협업하고 있었다.

온라인 자료

더 많은 자료는 www.ebiodesign.org/2.4를 방문한다.

"Getting Started"의 활동과 링크

- Landscape the market
- Segment the market
- Size the segments
- Understand the dynamics of each segment
- Assess market needs
- Evaluate willingness to pay
- Choose a target market
- Bring it all together

시장 분석에 관한 동영상

시연 표본 부록

- 약물 용출 스텐트에 대한 Porter's Five Forces 분석
- 약물 용출 스텐트에 대한 SWOT 분석

NOTES

1 From remarks made by Richard Stack as part of the "From the Innovator's Workbench" speaker series hosted by Stanford's Program in Biodesign, March 6, 2006, http://biodesign.stanford.edu/bdn/networking/pastinnovators.jsp. Reprinted with permission.

2 From remarks made by John Abele as part of the "From the Innovator's Workbench" speaker series hosted by Stanford's Program in Biodesign, February 2, 2004, http://biodesign.stanford.edu/bdn/networking/pastinnovators.jsp. Reprinted with permission.

3 "U.S. Medical Device Market Outlook," Frost & Sullivan, 2008, http://www.frost.com/prod/servlet/frost-home.pag (July 16, 2014).

4 All quotations are from interviews conducted by the authors, unless otherwise cited. Reprinted with permission.

5 "Market Segmentation," www.QuickMBA.com, http://www.quickmba.com/marketing/market-segmentation/ (March 29, 2014).

6 Cartoons created by Josh Makower, unless otherwise cited.

7 KCI 10-K form for FY2006 and analyst reports revealed that the VAC device is rented at a monthly rate of $2,000. Adding to that the cost of the disposable elements of the therapy (screens, dressings, etc.) and the cost of the health care professional changing the dressings, the total cost was estimated at $150 per day.

8 It should be noted that ulcers larger than 5 cm^2 take longer to heal (68 days) but, to be conservative, it was assumed that the average healing time is 52 days, as it is for smaller venous ulcers.

9 Estimates from Spiracur analysis.

10 Estimate based on team interviews with practicing physicians.

11 Michael E. Porter, "How Competitive Forces Shape Strategy," *Harvard Business Review*, March–April 1979.

12 Ibid.

13 "SWOT Analysis," www.wikipedia.org, http://en.wikipedia.org/wiki/Swot_analysis (March 29, 2014).

14 Ibid.

15 "Methodology," The Lean Startup, http://theleanstartup.com/principles (March 29, 2014).

16 Chantal Tode, "Mobile Health App Marketplace to Take Off, Expected to reach $26B by 2017," Mobile Marketer.com, March 25, 2013, http://www.mobilemarketer.com/cms/news/research/15023.html (April 22, 2014).

17 "Health Policy Brief: mHealth and FDA Guidance," *Health Affairs*, Robert Wood Johnson Foundation, December 5, 2013, http://www.rwjf.org/content/dam/farm/reports/issue_briefs/2013/rwjf409203 (April 22, 2014).

18 National Center for Health Statistics, Center for Disease Control and Prevention, http://www.cdc.gov/nchs/nhanes.htm(March 29, 2014).

19 Medical Expenditure Panel Survey (MEPS), Agency for Healthcare Research and Policy, http://www.ahrq.gov/data/mepsix.htm (March 29, 2014).

20 "Cost of CKD and ESRD," 2007 U.S. Renal Data System, 2007, http://www.usrds.org/2007/pdf/11_econ_07.pdf (March 29, 2014).

21 Only those patients who over-expressed the genetic alteration for HER2 responded to the drug Herceptin. By screening patients with a genetic diagnostic for this marker, physicians could make more personalized, effective treatment decisions and prescribe Herceptin to only those patients with the greatest probability of benefiting from its effects.

22 Jonathan C. Lewis, "Product Paternalism," *Stanford Social Innovation Review*, June 10, 2013, http://www.ssireview.org/blog/entry/product_paternalism (March 29, 2014).

23 Stacey McCutcheon, Lyn Denend, and Stefanos Zenios, "Consure Medical I: Translating a Need Into an Actionable Path Forward," *Global Health Innovation Insight Series*, February 2013, http://csi.gsb.stanford.edu/consure-medical-i-translatingneed-actionable-path-forward (September 26, 2013).

24 A. K. Macmillan, A. E. Merrie, R. J. Marshall, and B. R. Parry, "The Prevalence of Fecal Incontinence in Community-Dwelling Adults: A Systematic Review of the Literature," *Diseases of the Colon and Rectum*, August 2004, pp. 1341–9.

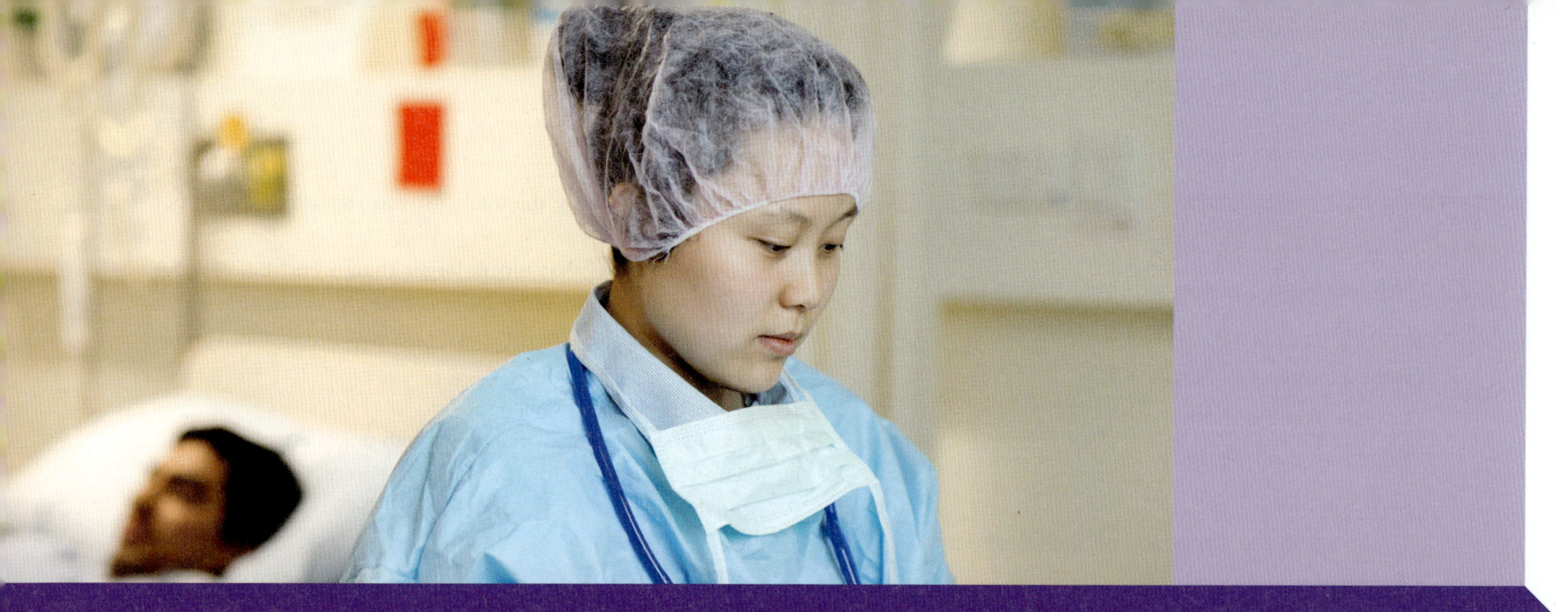

2.5 니즈 선택

서론

야심찬 바이오디자인 이노베이터에게, 올바른 니즈를 발명품으로 만들어 내는 것은 겉으로 보기에 좋아 보이는 사과, 오렌지(그리고 복숭아, 배, 바나나…)를 비교하는 것처럼 느껴질 수 있다. 수백만 명의 환자에게 충족되지 않는 한 가지 필요는 특정 증상을 완화시키는 것 이상의 효과를 거둘 수 있다. 질병을 치료하는 근본적인 기본 메커니즘과 관련된 또 다른 충족되지 않은 요구는 수천 명의 환자에게 영향을 미치기 위해 수년간의 연구가 필요하다. 누군가는 광대한 인구에 필수적이고 공통적인 필요를 해결할 수 있지만 환자가 치료를 위해 지불할 능력이 거의 없거나 없는 지역에서만 그러하다. 이러한 모든 상충 관계와 평가해야 할 도전 과제와 함께 이노베이터는 어떤 요구가 가치 창출 및 제공을 위한 최고의 기회를 제공 할 것인지를 결정하기 위한 체계적인 프로세스를 요구한다.

목표

- 필요 순위 시스템을 개발하는 방법을 이해한다.
- 단계적인 방법으로 필요성을 줄이기 위해 추가적인 연구의 통합을 통해 필요 순위 시스템을 반복적으로 활용하는 방법을 배운다.
- 핵심 이해관계자와 언제, 어떻게 상호작용하여 필요성을 확인하는지 파악한다.
- 최고 점수 요구사항에 대한 필요 사양을 만드는 방법을 배운다.

필요 선택은 바이오디자인 혁신 과정에서 이 시점까지 수집된 모든 데이터에 크게 의존한다. 이 활동의 목표는 고려중인 잠재적 인 필요성의 방대한 목록에서 추가 조사가 필요한 필요 사항의 작은 하위 집합(또는 때로는 단일 필요성)을 식별하는 것이다. 필요 선택 과정은 본질적으로 주관적이다. 즉, 어떤 필요가 전략 목표에 따라 정의된 이노베이터의 관심사 및 우선순위와 가장 잘 부합하는지 결정해야 하기 때문이다. 그러나 이노베이터의 성공 가능성을 극대화하기 위해 필요 선택은 중요한 객관적인 요인에 대한 중요한 데이터를 고려하고 적절한 무게를 부여하도록 해야 한다. 질병 상태, 해결책 환경, 이해관계자 및 시장에 대한 이해와 같이 각 필요의 다양한 측면에 대한 반복적이고 심층적인 연구를 통해 수집된 정보는 중대한 리스크가 가장 효과적으로 완화될 수 있는 요구사항으로 이노베이터를 유도하는 데 도움이 된다.

욕구 선택을 수행하는 "올바른" 방법은 없다. 그러나 중요한 가치는 상대적인 장점을 평가하는 데 사용되는 주관적 요인과 객관적 요인을 모두 사용하여 필요가 직접적으로 경쟁하게 함으로써 실현된다. 전체 요구가 점점 더 작아짐에 따라 점점 더 상세해진 내용에 의해 보완된 이러한 유형의 비교 접근법은 이노베이터가 궁극적으로 추구해야 할 몇 가지 높은 잠재력 요구사항을 결정할 수 있게 한다.

필요 사항 선택의 출력은 요구 사양이다 – 관찰, 연구 및 필요성 평가를 통해 수집된 모든 중요한 데이터를 종합하는 문서. "요구 사양"에는 필요를 충족시키기 위해 모든 해결책이 충족해야 하는 기준이 요약되어 있다. 이 정보는 예비 해결책 개념을 생성하는 출발점으로 사용된다.

 니즈 선택과 관련된 동영상은 ebiodesign.org을 참조한다.

니즈 선택의 기초

선택의 필요성은 이노베이터가 개념 생성에 들어가기 전에 가장 유망한 기회를 확인하기 위해 하나의 **필요성 선언**을 다른 필요성과 체계적으로 비교할 것을 요구한다. 대부분의 이노베이터가 필요를 찾아내는 단계에서 필요를 필요가 풍부하고 어느 것이 가장 큰 잠재력을 가지고 있는지 명확하지 않은 스크린하는 단계로 전환하기 때문에 요구를 선택하는 공식적인 프로세스는 수집 된 데이터를 사용하여 건전하고 편견 없는 결정을 내리는 데 도움이 된다. 2.1 질병 단계의 기초에서 2.4 시장 분석에 이르기까지 이 프로세스를 통해 이노베이터는 일반적으로 추구하는 기회 목록을 1~10가지 최우선순위 요구사항으로 좁힐 수 있다.

필요 선택의 과정은 다양한 방법으로 수행될 수 있지만, 엄격하고 체계적인 접근은 일반적으로 6가지 필수 단계를 포함한다.

1. 결정을 내리는 데 고려해야 할 요소를 선택한다.
2. 각 필요에 대한 각 요소의 등급을 지정한다.
3. 가치를 결합하여 필요를 평가하는 데 사용할 수 있는 점수를 산출한다.
4. 순위에 따라 더 조사할 필요가 있는 더 작은 세트를 선택한다.
5. 더 적은 수의 남은 필요에 대해 추가 조사를 수행하고 필요한 수가 줄어들 때 최하위 우선순위가 몇 개 남을 때까지 1~4단계를 반복한다(아래).
6. 핵심 **이해관계자**를 참여시켜 필요가 의미 있는지 확인한다.

각 단계는 이 장의 뒷부분에서 자세히 설명된다.

이노베이터가 얼마나 많은 필요와 시작하는지에 따라 1~4단계에서 설명한 반복적 프로세스를 여러 번 반복하여[1] 10가지 최우선 과제에 집중할 수 있다. 일부 이노베이터는 과정을 통해 결정적으로 이동하여 이러한 단계를 한두 번 반복하고 반면 다른 사람들은 보다 진보적인 순환 접근 방식을 사용하여 단계를 여러 번 반복하고 각 반복마다 측정된 부분을 만들 수 있다.

필요 선택의 핵심은 연구 및 분석주기가 너무 커서 프로젝트 진행을 방해하지 않도록 하면서 순위 필요에 관한 정보가 있는 선택을 하기 위해 각각이 과정을 통과하면서 충분한 정보를 얻는데 있다. 바이오디자인 혁신 과정은 이노베이터가 근본적으로 수십(또는 수백) 가지의 요구사항을 파악하도록 유도하기 때문에 각각을 조사하는 데 몇 주를 소비할 수 있다고 생각하는 것은 비현실적이다. 앞서 언급했듯이 2.1~2.4절에서 설명한 바와 같이 연구는 초기에 상대적으로 높은 수준으로 유지되어야 한다. 필요 사항이 반복적인 프로세스를 거쳐 심사되고 고려 대상 목록이 점진적으로 작아짐에 따라 이노베이터는 남아있는 요구사항에 대해 더욱 자세하고 철저한 조사를 수행해야 한다.

현신자가 연구에 얼마나 많은 시간을 사용해야 하는지를 적절하게 도와주는 한 가지 기술은 주어진 필요선택에 대해서 언제까지 완료가 되어야 하는지 마감일을 설정하는 것이다. 예를 들어 이노베이터가 100가지 요구사항을 조사하는 데 2주를 주면 연구는 필요에 따라 상대적으로 높은 수준이 된다. 그런 다음 예비 선정 과정에서 "살아남은" 40가지 요구사항을 탐구하기 위해 또 다른 2주간을 간다면 더 깊이 이해할 수 있게 될 것이다.

일부 이노베이터는 각 필요성을 철저히 조사하지 않으면 부주의하게 잠재적인 기회를 제거할 수 있다고 우려하고 있다. 그러나 바이오디자인 과정을 따라가면 이노베이터들은 거의 언제나 필요 선택 과정이 그들을 하여금 전략적 초점에 잘 부합되는 몇몇의 뛰어난 필요로 이끌고 그 시점까지 수행된 상세한 필요로 이끌게 되는 것을 발견하게 된다. 즉, 새로운 연구가 이전에 제거된 필요에 맞는 정보를 발견하면 이노베이터는 언제나 필요를 다시 확인하고 잠재적으로 그것을 재고할 수 있다. 물론, 이것은 경험적으로 이루어져야 하며, 이노베이터들에게 익숙한 필요를 "저장"해서는 안 된다. 그러나 이노베이터가 이것이 선택 사항이라고 이해한다면 예비 연구를 통해 유망한 필요를 제거하는 것에 대해 두려워하지 않을 수 있다. 요구사항을 수립하는 과정에서 매우 늦게 발생하는 **요구 사양**을 작성하는 과정에서 요구사항을 재조사 할 수도 있다. 요점은 연구가 필요를 선택하는 모든 과정에서 발생할 수 있다는 것이고 발견되는 모든 관련 정보들은 그것이 이전의 결정을 수정하는 것을 의미할 지라도 신중한 고려의 대상이 되어야 한다는 것이다.

다시 말하지만, 필요 선택을 수행하는 단일 방법은 없지만, 그림 2.5.1은 한 팀이 요구사항 선택 연습을 어떻게 수행했는지에 대한 요약을 제공한다. 마찬가지로 그림에서 알 수 있듯이, 이 팀은 필요 선택에 대한 접근 방식이 상당히 체계적이었

요구 수

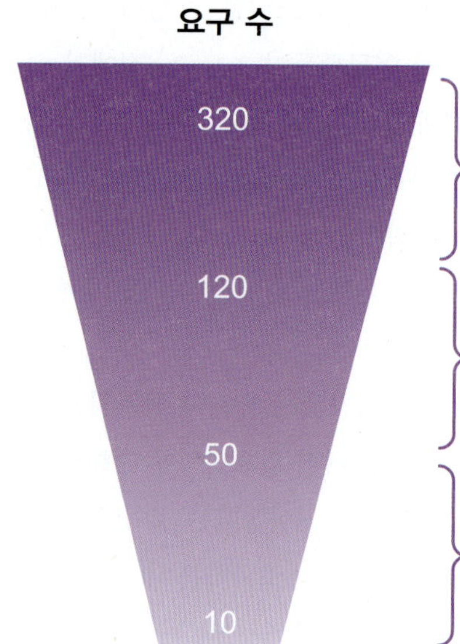

선정 접근 및 기준

- 접근법: 최소한의 연구와 직관을 기반으로 빠른 결정을 내린다.
- 주요 요인: (1) 중복이 필요합니까? (2) 큰 시장? (3) 진짜 필요? (4) 팀 관심사?

- 접근법: 적당한 연구와 직관에 기초한 가중 공식을 사용하십시오.
- 요인: (1) 시장 규모; (2) 환자 영향; (3) 공급자 영향
- 필요가 "적합" 하지 않다면 직감에 의존

- 접근법: 주요 연구 및 직관을 기반으로 가중 공식을 사용
- 요인: (1) 시장 규모; (2) 환자 영향; (3) 공급자 영향; (4) 필요 충족?; (5) 해결의 타당성
- 필요가 "적합" 하지 않다면 직감에 의존

그림 2.5.1
스탠포드 바이오디자인(Stanford Biodesign)의 여러 전문 팀이 사용하는 필요 선택 접근법의 예. 팀은 320개의 요구사항 집합으로 시작하여 120개로, 50개로, 마지막으로 10개의 목표 요구사항으로 줄였다. 점차적으로 세부적인 기준(보다 철저한 연구를 통해 개발됨)은 선정 과정의 각 단계에서 사용되었다(Uday N. Kumar의 허가를 받아 사용; John White, Kityee Au-Yeung 및 Joseph Knight와 공동 개발).

다. 따라서 이 팀의 경험은 6가지 요구사항 선택 단계를 설명하는 예제로 사용된다. 그러나 "현장에서" 예제에서 설명되듯 다른 이노베이터들은 다소 덜 구조화된 방식으로 작업할 수 있다. (1) 팀에게 중요한 주관적이고 객관적인 요소의 조합에 대한 요구사항을 엄격하게 평가하도록 한다; (2) 위치는 서로 경쟁해야 하며, 특히 비교적 짧은 기간에 많은 요구를 심사할 때 필요하다.

1단계 – 선택 요인 선택

필요 선정 프로세스의 첫 번째 단계는 고려 중인 요구사항을 비교할 때 평가할 요소를 명확하게 식별하는 것이다. 각 팀은 평가 대상 유형 및 구성원의 이익에 따라 어떤 요소(그리고 몇 가지 요소)가 가장 적합한지 파악해야 한다. 그러나 여러 가지 객관적인 요소와 하나 또는 두 가지 주관적인 요소(예: 필요성에 대한 팀의 열정 수준 또는 필요성이 인명 구조적인 정도)를 선택하는 것은 모든 요구사항을 이해하고 비교하기에 충분해야 한다.

이노베이터가 다른 필요성을 평가하기 위해 사용하는 가장 일반적인 객관적인 요인 중 일부는 표 2.5.1에 요약되어 있다. 배경 연구를 통해 이노베이터는 고려 중인 각 필요성에 대한 각 요인(표에 요약 됨)과 관련된 질문에 답할 수 있어야 한다.

표에 제시된 객관적인 요인 외에도 이노베이터는 평가 대상인 필요 유형을 고려하는 것이 도움이 되는 경우가 많다 – 파란 하늘, 혼합 또는 증대(1.3 니즈 요구서 개발 참조). 일부 이노베이터는 다양한 유형의 욕구 유형을 평가하기를 원하지만 특정 유형의 사람들을 조사하는 것을 선호하는 이노베이터도 있다. 일반적으로 어떤 유형의 필요를 추구해야 하는지에 대한 결정은 이노베이터가 바라는 위험 보상 방정식과 관련되어 있다. 파란 하늘의 요구는 일반적으로 중대한 위험을 수반하지만 더 많은 보상을 받을 수 있다; 점진적 요구에 대해서는 그 반대가 일반적이다. 이러한 이유로 이노베이터들은 때로 모든 요구를 유형별로 분류한 다음 자신의 선호도에 따라 각 카테고리에서 몇 개를 선택할지 결정했다.

욕구 선택 과정에서 객관적인 요인을 선택할 때 고려해야 할 필요성을 해결함으로써 얼마나 많은 가치가 창출될 수 있는지 생각하는 것이 중요하다. 선택 과정에 하나 이상의 가치 관련 요소를 포함시키는 것은 몇 년 전에 "선택 사항"이었을 수도 있지만, 지금은 필수적이다. 예를 들어, 비용에 민감한 의료 환경에서 의사결정 역할에 있어 이해관계자에게 유리한 경제적 결과를 가져올 수 있는 특정 증분 요구는 더 높은 비용으로 더 큰 임상적 이점을 제공하는 파란 하늘 요구보다 더 많은 견인력을 얻을 수 있다. 필요 유형에 관계없이 이노베이터는 임상적 및 경제적 측면에서 필요의 가치를 확인한 다음 이 정보를 필요 선택의 객관적인 요소로 사용해야 한다.

이노베이터의 선호도는 바이오디자인 혁신 과정의 시작 단계에서 결정된 전략적 포커스에 연결되는 일련의 주관적인 요

표 2.5.1 필요 선택 과정을 구조화하기 위해 선택할 수 있는 객관적인 요소들

요인	질문	이슈/영향
질병 상태 메커니즘 (2.1 질병 단계의 기초 참조)	필요와 관련한 질병 상태의 메커니즘은 잘 이해되고 있는가?	• 잘 이해되지 않은 질병 상태에 초점을 맞춘 필요성은 특히 장치(예: 자가 면역 결핍)로 해결하기가 더 어려울 수 있다. • 다 요인 질병 상태(예: 당뇨병)에 초점을 둔 필요는 질병 상태의 특정 측면을 목표로 하지 않으면 단순 / 직접 해결책을 산출하지 못할 수 있다. • 정보가 이용 가능하고 신속하게 발견될 수 있기 때문에(예: 위 식도 역류 질환) 많은 수의 사람들이 영향을 받는 질병 상태에 초점을 맞춘 필요 • 개발 도상국 및 신흥 시장의 환자는 선진국과 비교하여 특정 질병 상태의 후기 단계를 나타낼 수 있으므로 조기 진단 및 예방을 통해 치료시기를 전환할 수 있는 기회가 있을 수 있다.
해결책 모습 (2.2 기존의 해결책 참조)	필요가 현재 어느 정도 해결되고 있는가? 필요와 기존 치료(즉, 해결책이 없는 "공백") 사이에 차이가 있나?	• 필요성을 해결하는 치료 옵션이 현재 존재하면(해결책을 제공하기 위해 "조정될 수" 있거나), 시장에서 상당한 경쟁이 있을 수 있다. • 기존 치료가 존재하지만 필요가 여전히 충족되지 않은 경우, 정보의 원천으로서 한계 또는 부족을 이해한다. • 기존 치료법의 부족이나 제한이 비용과 관련되거나 복잡성으로 인한 것이라면 신흥 시장에서도 중요한 더 많은 가치 지향적인 방법으로 필요를 해결할 기회가 있을 수 있다. • 필요를 해결할 치료법이 없다면 주의를 기울여야 한다. 이는 기회와 위험을 모두 나타낼 수 있다.
이해관계자 영향 (2.3 이해관계자 분석 참조)	필요가 해결된다면 환자에게 주는 이익은 얼마나 중요한가? 의사와 시설은 어떻게 영향을 받을 수 있나? 의사결정권자는 필요를 해결하는 해결책을 위해 얼마나 많이 지불할 것인가?	• 필요를 해결하는 것과 관련하여 인식되거나 실제적인 윤리적 문제는 주요 이해관계자가 그 필요성을 받아들이는 방식에 영향을 줄 수 있다. • 일반적으로 환자의 결과를 개선하는 데 중점을 두는 것이 특히 중요하다고 여겨진다. • 일부 시설 및 의사에 의해서 실현되는 이점 이외에 해결책이 다른 사람에게 나쁜 영향을 미칠 수 있음을 명심한다(예: 사업을 해체하거나 특정 전문의 또는 시설에서 다른 시설로 의료활동을 이동). • 지불자가 의사결정자인 경우, 필요가 더 나은 사용자 경험이나 증가된 편리보다는 안전성이나 효능 또는 비용 절감과 관련이 있을 경우 보상을 제공할 가능성이 더 크다. • 시설 관리자 및 환자를 포함한 기타 이해관계자는 보험이 적용되지 않는 제품 및 서비스에 대한 의사결정권자의 역할을 점차 늘리고 있다. 선진 시장과 신흥 시장에서 이 고객들은 효율성과 경제성 모두에 관심이 있다.
시장 크기와 경쟁적인 역동성 (2.4 시장 분석 참조)	시장은 필요의 해결책에 대해 얼마나 큰가? 어느 플레이어(그리고 그 중 몇 명)가 필요 공간에서 치료법을 제공하거나 개발 중인가? 필요 분야의 해결책을 개발하고 상용화하기 위해 필요한 자금 규모는 어느 정도인가? 시장이 이 요구사항을 정당화하기에 충분히 큰가? 필요에 대한 잠재적 가치(임상적 및 경제적 결과 측면에서)는 얼마나 중요한가?	• 시장 규모는 이노베이터가 필요를 처리함으로써 가질 수 있는 잠재적 영향을 정량화하는 데 도움이 된다. • 시장 규모는 자금 조달 가능성을 결정하는 중요한 요소이기도 하다. • 파란 하늘 요구는 더 많은 자금 수요를 가지는 경향이 있으므로 이를 지원하기 위해 더 큰 시장이 필요하다. • 점진적 필요성은 자금 요구량이 낮을 수 있으며 다소 더 작은 시장 규모에서 실현 가능할 수 있다. • 필요 분야에서 경쟁의 수준과 성격은 시장에 침투하는 것이 얼마나 쉬운지(또는 어려운지) 중요한 의미를 갖는다. • 유형에 관계없이 합리적인 규모의 유리한 경제 성과를 이끌어내는 데 도움이 되는 필요성은 선진 시장과 신흥 시장에서 채택을 촉진할 가능성이 높다. • 건전한 시장 데이터는 신흥 시장에서 축적하기가 더 어려울 수 있으며 이노베이터로부터 더 많은 시간과 노력이 요구된다.

인을 통하여 고려되어야 한다. 1.1절에서 설명한 바와 같이, 수용 기준이라는 메커니즘을 통해서 이노베이터의 사명, 강점, 약점, 그리고 외부 환경에서 위험에 대한 내성은 혁신 프로젝트가 충족시켜야 하는 요구사항 목록에 포함된다. 가장 중요도가 높은 수용 기준을 선택 요인으로 변환함으로써 이노베이터는 니즈 선택 과정의 프로젝트가 실제로 개인 우선순위와 일치하도록 할 수 있다. 함께 일하는 혁신 팀의 경우, 각 팀 구성원이 제공한 개인적인 등급을 사용하여 평가에 가장 중요한 주관적인 요소에 대한 모든 사람의 의견을 수집하고 통합할 수 있다.

이노베이터가 니즈 선택 과정에서 사용하기로 결정한 선택 요소는 다양한 방법으로 추적될 수 있다. 몇몇 경험이 많은 이

노베이터는 마음속으로 정하기보다는 실제 행동으로 옮기기도 하지만 또 다른 사람들은 바이오디자인 혁신 과정의 기타 단계에 대해서 기록한다. 그러나 대부분의 혁신 업체, 특히 갓 시작한 사람들에게는 이러한 추적 기능을 수행하는 스프레드시트 또는 데이터베이스를 만드는 것이 매우 유용할 수 있다. 특히 전자 도구는 추적이 필요한 대부분의 경우에, 정보 정리 작업의 정렬에 뛰어난 기능을 제공한다. 그림 2.5.2는 한 팀이 선택한 선택 요소의 예와 데이터 베이스의 정보를 컴파일하고 관리하는 데 사용되는 방법의 예를 제공한다. 스크린샷에 표시된 데이터는 선택 프로세스를 통해 여러 번 반복되면서 점진적으로 수집되었다. 일부 초기 요구사항은 프로세스 초기에 몇 가지 주요 선택 요소와 관련된 정보를 바탕으로 제거되었지만, 선택 프로세스에서 추가로 고려해야 하는 요소는 전체 선택 요소 세트의 연구를 기반으로 평가되었다.

Need ID#: 245
Bucket: EPS & Ablation
Type of Need: Incremental
☐ Eliminate (50 to 12)

Personal Favorite: Kityee ☐ John ☑ Uday ☑ Joe ☐

Validation Owner: UK
Need Owner:

Need **A faster, more effective way to access and deliver therapy to the area of the pulmonary veins to improve the success of atrial arrhythmia procedures**

Est Market Size: Really only an issue in AF ablations, so market should be a 1 (but could become much larger)

Patient Impact: This should make the procedure faster and possibly reduce re-do rate since often don't isolate RLPV

Incidence_old:
Procedures Performed: 12000

Need met?: Current method is using adjustable ablation catheter; believed to work most of the time

Provider Impact: Could give provider improved ability to maneuver and provide full lesion set

AF	☑	Coronary Artery Disease	☐
Heart Failure	☐	Congenital Heart Disease	☐
SVT	☐	Bradycardia	☐
VT	☐	Other_disease	☐
Sudden Cardiac Death	☐	Specify:	

Maximum Addressable VC Market per year

Prevalence (US): 2,200,000

prevalence of AF = 2.2M

new cases of AF = 300,000
% addressed = 15%
total = 45,000
- cost could include cost of "system" to get from groin to RLPV
- rough number of AF ablation per years,

Incidence	45,000
Device Cost - Variable Portion	750
New devices / patient per yeai	2
Max Market Total	67,500,000

Ideas: rapido; incorporate into transseptal

Provider Opinion (quotes are good): "sometimes the doctors just give up getting there."

Total Fixed Cost Opportunity

Locations	
Devce Cost - Fixed Portion	
Devices / Location	
Fixed Cost Total	

Current Market

There is currently no specific catheter/sheath designed to specifically get to RLPV

Number of treatment / year	12,000
% Number of treatment / year	100.00%
Number of treatment per year	12,000
Cost of current device	0
Current devices / patient	0
Current Market Total	0

Feasibility Index: 3

Comments:
- # procedures performed = current # of ablations performed
- while other ablation procedures are performed in the LA, most don't target the posterior LA; even if these were included, the vast majority of procedures in the LA would be for AF

그림 2.5.2
스탠포드 바이오디자인 팀이 개발한 데이터베이스에서 요구 선택 프로세스를 지원하는 스크린 샷(Uday N. Kumar의 허가를 얻어 John White, Kiyee Au-Yeung 및 Joseph Knight와 함께 개발)

표 2.5.2 객관적 요인에 대한 표본 척도: 환자의 영향

등급	설명
4	니즈를 해결하면 환자의 생명을 구할 수 있다.
3	니즈를 해결하면 이환율을 감소시키고 심각한 합병증의 위험을 없앨 수 있다.
2	니즈를 해결하면 이환율에 영향을 미치지 않지만 질병의 바람직하지 않은 증상을 제거함으로써 삶의 질에 긍정적인 영향을 미칠 수 있다.
1	니즈를 해결하는 것이 환자에게 커다란 영향을 미치지는 않을 것이다.

표 2.5.3 객관적인 요인에 대한 표본 척도: 치료 배경

등급	설명
4	니즈와 분야를 해결할 수 있는 기존의 치료법은 존재하지 않는다.
3	니즈를 해결하기 위해 치료가 존재하지만 극복해야 할 심각한 결함이 있다.
2	니즈를 해결하기 위해 치료가 존재하지만 극복해야 할 사소한 결함이 있다.
1	치료는 일반적으로 대상 사용자 집단에 의해 잘 받아 들여지고, 니즈를 잘 해결하기 위해 존재한다.

2단계 – 각 요인에 대한 등급 지정

일단 선택 요인이 결정되면 이노베이터는 각 요구사항에 대해 해당 요인에 등급을 지정해야 한다. 이 평가 프로세스를 통해 고려 중인 요구사항은 경험적으로 서로 경쟁하게 된다.

평점을 부여하기 전에 일정 비율로 일관되게 적용 할 수 있는 평점 등급을 결정해야 한다. 평점은 궁극적으로 우수한 니즈와 그렇지 않은 니즈를 구분하기 때문에 이노베이터와 팀은 평점 척도 선택에 주의해야 한다. 이노베이터들은 때때로 홀수 선택지에서 선택할 때, 중간 지점에서 등급을 지정하여 "안전하게"하는 경향이 있다. 이는 결과적으로 비슷한 점수를 가진 요구 집단들이 생성되도록 한다. 넓은 영역에 점수를 분산시키기 위해 이노베이터들이 점수를 중간점의 한 쪽 혹은 다른 쪽으로 선택하게 만들기 위해 짝수 개의 선택지를 사용하는 것이 유용하다. 예를 들어, 1~4점 척도 중에서 4가 가장 높은 점수이며 1이 가장 낮은 점수를 가진 척도가 좋다.

다음으로, 평가 척도는 각 요인에 대해 의미 있는 용어로 더 자세히 정의되어야 한다. 예를 들어, 환자 영향과 관련된 객관적인 요인에 대해 이노베이터는 표 2.5.2에 제시된 척도를 정의할 수 있다. 치료 환경과 관련된 객관적인 요인에 대해서는 표 2.5.3의 척도가 사용될 수 있다. 필요 영역의 비용 및 이익과 같은 여타 관련 요소의 경우 샘플 평가 척도가 표 2.5.4에 나타나 있다.

표 2.5.4 객관적 요소에 대한 표본 척도: 가치를 더할 잠재력

등급	설명
4	비용 절감과 함께 긍정적인 임상적 이점을 제공한다.
3	점진적인 비용 절감으로 긍정적인 임상 혜택을 누린다.
2	비용 효과가 없는 긍정적인 임상적 이점
1	비용을 증가시키는 긍정적인 임상적 이점

표 2.5.5 주관적인 요인에 대한 표본 척도: 대규모 환자 집단에 긍정적인 영향을 주기 위한 욕망

등급	설명
4	필요성은 1백만 명이 넘는 사람들에게 직접적으로 영향을 준다.
3	필요성은 10만에서 100만 명의 사람들에게 직접적으로 영향을 준다.
2	필요성은 1만에서 10만 명의 사람들에게 직접적으로 영향을 미친다.
1	필요성은 1만 명 이하의 사람들에게 직접적인 영향을 준다.

특정 평가 등급은 이노베이터가 선택한 주관적인 요인에 대해서도 정의되어야 한다. 예를 들어, 전략적 포커스의 수용 기준 중 하나가 대규모 환자 인구에 긍정적인 영향을 미칠 수 있는 프로젝트에 종사하는 것이라면 이노베이터는 표 2.5.5에 나와있는 요인 및 등급 척도를 요약할 수 있다.

등급 부여의 가장 어려운 부분은 니즈에 대해 알려진 것에 근거하여 등급을 지정해야 한다는 것이다. 해결 방법을 독립적인 측면에서 계속 생각해야 하기 때문에 특정 해결책과 관련된 정보 또는 편향을 고려하지 않아야 한다. 예를 들어, 이노베이터는 중재적 절차를 수행하는 더 나은 방법과 관련된 시장의 크기라기보다 새로운 유형의 카테터와 관련된 시장 규모를 평가함으로써 앞서가는 경향이 있다. 이러한 편견의 결과는 선입관에 근거하여 평가 과정을 왜곡하게 된다(예: "카테터 기반 해결책은 현재 매우 인기가 많기 때문에 필요성을 높이 평가할 것이다" 또는 "약물 펌프는 어디서나 사용 가능한 상품이며 그래서 필요성이 낮게 평가될 것이다"). 이러한 유형의 편견을 방

Need ID# 245
Bucket: EPS & Ablation
Type of Need: Incremental
Personal Favorite: Kityee ☐ John ☑ Uday ☑ Joe ☐
Validation Owner: UK
Need Owner:
☐ Eliminate (50 to 12)

Need **A faster, more effective way to access and deliver therapy to the area of the pulmonary veins to improve the success of atrial arrhythmia procedures**

Est Market Size: 1
Really only an issue in AF ablations, so market should be a 1 (but could become much larger)

Patient Impact: 4
This should make the procedure faster and possibly reduce re-do rate since often don't isolate RLPV

Incidence_old:
Procedures Performed: 12000

Need met?: 2
Current method is using adjustable ablation catheter; believed to work most of the time

Provider Impact: 4
Could give provider improved ability to maneuver and provide full lesion set

AF ☑ Coronary Artery Disease ☐
Heart Failure ☐ Congenital Heart Disease ☐
SVT ☐ Bradycardia ☐
VT ☐ Other_disease ☐
Sudden Cardiac Death ☐ Specify:

Maximum Addressable VC Market per year

Prevalence (US): 2,200,000
prevalence of AF = 2.2M

new cases of AF = 300,000
% addressed = 15%
total = 45,000
- cost could include cost of "system" to get from groin to RLPV
- rough number of AF ablation per years,

Incidence	45,000
Device Cost - Variable Portion	750
New devices / patient per yeai	2
Max Market Total	67,500,000

Ideas
rapido; incorporate into transseptal

Provider Opinion (quotes are good)
"sometimes the doctors just give up getting there."

Total Fixed Cost Opportunity

Locations	
Devce Cost - Fixed Portion	
Devices / Location	
Fixed Cost Total	

Comments
- # procedures performed = current # of ablations performed
- while other ablation procedures are performed in the LA, most don't target the posterior LA; even if these were included, the vast majority of procedures in the LA would be for AF

Current Market

There is currently no specific catheter/sheath designed to specifically get to RLPV

Number of treatment / year	12,000
% Number of treatment / year	100.00%
Number of treatment per year	12,000
Cost of current device	0
Current devices / patient	0
Current Market Total	0
Feasibility Index	3

그림 2.5.3
할당된 등급(Uday N. Kumar의 승인을 얻은 John White, Kityee Au-Yeung 및 Joseph Knight와 공동 개발)을 보여주는 바이오디자인의 스탠포드 프로그램 팀에서 개발한 데이터베이스의 스크린 샷

지하는 가장 좋은 방법은 특정 유형의 해결책의 영향보다는 필요를 해결하는 것의 영향을 평가하는 데 집중하는 것이다.

주어진 요구사항에 대한 각 요소에 등급이 지정되면 그림 2.5.3과 같이 선택 프로세스를 관리하는 데 사용되는 데이터베이스 또는 스프레드 시트에 등급을 선택해야 한다.

많은 요구사항을 평가할 때마다 모든 요구사항을 채점하기 전에 평가 시스템을 "테스트"하는 것이 좋다. 고려 중인 요구사항의 작고 다양한 표본을 선택 및 할당하고 나서 다음 단계 3에 설명된 대로 각 필요성에 대해 단일 점수를 산출해야 한다. 평가 결과가 합리적이고 너무 밀집되지 않은 경우 나머지 평가에 등급 시스템을 적용한다. 또는 점수 간의 차이가 한정적이고 소수의 지배적인 그룹으로 묶여 있는 경우 이노베이터는 등

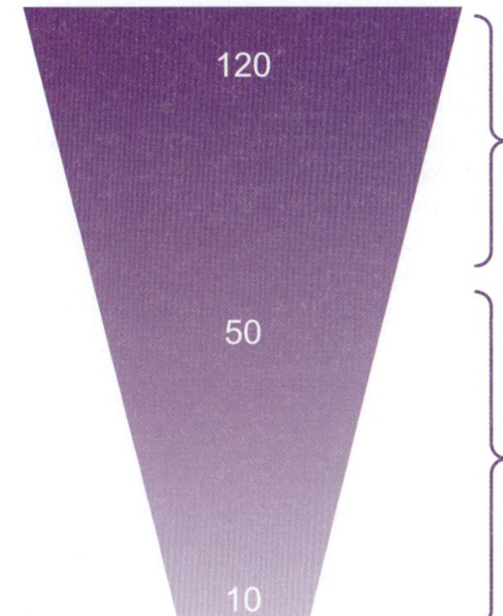

무게	파란 하늘	혼합	증대
시장	1	2	2
환자	1.25	1.5	1
제공자	1	1.5	2

무게	파란 하늘	혼합	증대
시장	2	2	3
환자	1.25	1.5	1
제공자	1	1.5	2
요구 충족	1	1	0
가능성	2	2	2

그림 2.5.4
120에서 50으로 이후 10의 요구를 얻기 위해서, 필요 유형에 따라 특정 필터링 기준에 가중치가 할당되었다(Uday N. Kumar의 허가됨, John White, Kiyee Au-Yeung, Joseph Knight와 공동 개발).

급 척도, 각 등급의 정의 또는 선택한 요인의 재고 여부를 확인한 다음, 요구사항을 다시 평가한 후 진행할 수 있다.

모든 필요성에 대한 평가가 완료된 후에는 값이 일관되고 공정하도록, 그리고 편견 없이 할당되었다는 것을 확인하기 위해 요구사항을 고려하여 요인 별로 고려해야 한다.

3단계 – 값을 결합하여 점수를 산출한다

선택 과정의 다음 단계는 각 니즈가 단일 숫자 점수로 끝나는 방식으로 평가를 결합하는 방법을 찾는다. 이 점수는 직접적인 비교 및 우선순위 부여를 허용할 필요가 있는 상대적인 강점과 약점을 반영해야 한다.

한 가지 방법은 각 요인에 할당된 등급을 단순히 추가하거나 평균하여 각 필요에 대한 점수를 산출하는 것이다. 객관적 요인과 주관적 요인이 적절하게 혼합되어 있다면 전체 점수를 계산하는 간단한 방법이 적절할 수 있다. 또 다른 방법은 다양한 요인에 다른 가중치를 할당한 다음 총 점수 또는 가중 평균을 계산하는 것이다. 이노베이터가 특정 기준이 다른 기준보다 훨씬 더 중요하다고 생각한다면, 요인을 가중하는 것이 중요하다. 예를 들어, 이노베이터가 무엇보다 번성하는 비즈니스를 구축하기 위해 추진되는 경우 시장 규모와 같은 요인에 더 큰 비중을 부여하는 것이 적절할 수 있다. 다른 한편, 이노베이터가 환자의 결과를 개선하기 위해 무엇보다도 동기를 부여한다면, 환자의 영향과 같은 요소가 더 중요할 수도 있다.

가중치 요소의 프로세스는 본질적으로 주관적이다. 실제로 이를 수행할 올바른 방법이 없다. 이노베이터는 최선의 접근 방식을 결정하는 본능을 신뢰해야 한다. 예제 팀의 점수 계산에 사용된 가중치는 그림 2.5.4에 나와 있다. 이 경우 팀원은 블루스카이가 필요한 특정 팀의 자연스런 편향을 조정할 수 있도록 필요한 유형(파란 하늘, 혼합 또는 증대)으로 가중치를 다양하게 했다. 이러한 요구는 광범위하고 성공적으로 해결 될 경우 최고의 임상 및 시장 보상을 제공할 수 있기 때문에 가장 중요한 사항을 얻을 수 있다. 그러나, 예를 들어 팀이 파란 하늘의 요구를 동반할 수 있는 중요한 위험을 무릅 쓰지 않고 비교적 단기간에 유형의 제품을 시장에 내놓으려는 강한 열망을 갖고 있다면 팀이 추구해야 할 최적의 요구가 아닐 수도 있다. 다른 지역의 이노베이터들은 지역 시장 요인 및 그들이 일하는 지역의 전반적인 의료 환경에 따라 필요를 다르게 평가할 수 있다. 이러한 라인을 따라 점점 더 비용에 민감한 환경에서 임상적 이점이 제한적일 경우, 점진적 요구가 담당자에 의해 높게 평가되지 않을 수도 있다. 그러나 회사의 제품이나 제품 라인을 차별화하는 데 도움이 되는 경우 잠재적인 기업 인수자가 가치를 인정할 수 있다. 그것은 모두 이노베이터가 일하는 맥락에 달려 있다.

각 필요에 대한 전반적인 점수를 계산한 후에 최종 점수 표본에 "gut check"를 수행하여 팀의 우선순위와 관심사, 강력한 기회를 특징짓는 것보다 객관적인 요소를 정확하게 반영하도록 한다. 점수는 각 필요의 힘에 대한 예상치를 나타내지만 완벽하게 정확하지는 않다. 이는 다른 요구(예: 27 대 28)보다

Need ID.	Need	Est Market Size	Patient Impact	Provider Impact	Type of Need	Degree to Which the Need is Met	Feasibility Index	Personal Favorite-Kit	Personal Favorite-Uday	Personal Favorite-Joe	Personal Favorite-John	Total	Rank
INCREMENTAL		3	1	2	0	0	2	0	0	0	0		
116	에너지의 한번 적용 시, 보다 많은 조직을 더 큰 면적으로 절제하는 방법	2	2	2	1	3	3	0	0	0	0	18	1
84	카테터를 이동하지 않고 카테터의 길이에 따라 RF 에너지 출력 위치를 변경하는 방법	2	1	2	1	4	3	0	0	0	0	17	3
123	동맥 계 및 혈관 계통에 정확하고 쉽게 들어갈 저렴하고 간단한 방법	3	1	1	1	2	3	0	0	0	0	18	1
51	관상 정맥동 안에 장치 줄을 안정시키는 더 나은 방법	2	1	2	1	2	3	0	0	0	0	17	3
152	3D 구조 내에서의 신속한 매핑 및 절제 방법	2	2	2	1	3	2	0	0	0	1	16	5
245	오른쪽 폐 정맥에 액세스하는 더 좋은 방법입니다. (더 좋은 "카테터 설계"를 더 좋은 방식으로 개량)	1	2	2	1	2	3	0	1	0	1	15	9
159	절제 및 EPS 처리를 위해 한 명의 카테터 작업자가 필요한 모든 기구의 움직임을 실행하는 방법	3	1	2	1	4	1	0	0	0	0	16	5
70	더 가벼운 X 선 차단 의류	1	1	3	1	3	2	0	0	0	0	14	11
21	절제 시 식도 상해를 피하는 방법	1	1	2	1	2	3	0	0	0	0	14	11
56	평균적으로 이식 된 장치에서 배터리 수명을 연장하는 방법	3	3	1	1	3	1	0	0	0	0	16	5
52	이식 된 장치 주머니를 닫기 위해 보다 효과적인 방법	1	1	2	1	2	3	0	0	0	0	14	11
321	프 로그래머 없이 내장 된 장치의 설정을 결정하는 방법	3	1	2	1	4	1	0	0	0	0	16	5
40	전기 생리 학적 카테터 케이블이 환자의 외부에 토크를 축적하는 것을 방지하는 방법	1	1	2	1	4	3	0	0	0	0	14	11
191	장치 줄에 혈전증/ 식물을 방지하는 방법	3	2	1	1	2	1	0	0	0	0	15	9
24	원격으로 많은 환자들을 진료하기 위한 비용 효율적인 방법	3	1	1	1	2	1	0	0	0	0	14	11
22	절제 카테터의 더 나은 취급 방법	2	1	2	1	2		0	0	0	0	11	16
MIXED		2	1.5	1.5	0	1	2	0	0	0	0		
300	좌심방 내에서 왼쪽 신지를 제거하는 방법	3	3	2	2	4	1	0	0	0	0	19.5	1
119	절제하면서 생긴 병변의 깊이를 평가하는 방법	2	2	3	2	4	2	1	1	0	0	19.5	1
325	심낭 강에 액세스하는 방법	2	2	2	3	3	3	0	0	0	0	19	3
76	존재하고 있던 부정맥이 없어진 여부를 판단하는 더 나은, 더 신뢰할 수 있는 방법	2	2	3	2	3	2	0	0	0	0	18.5	4
149	실제 처리 전에 수술 부위를 결정 / 추정하기 위한 더 나은 방법	2	2	3	2	3	2	0	0	0	0	18.5	4
144	풍선의 개선 및 혈관 형성 방법	3	2	2	2	2	2	1	0	0	0	18	6
57	발전기 전체를 제거하지 않고 접지 스프링 장치를 충전하는 방법	3	3	1	2	4	1	0	0	0	0	18	6
226	관심을 가진 배 안에 들어가 전선 / 납 / 카테터를 고정하는 방법.	2	1	2	2	3	3	0	0	0	0	17.5	8
118	사람이 완전한 절제하는 데 필요한 모든 기능을 수행 할 수 있도록 하는 방법 또는 장치 / 장치 군	2	1	3	2	3	2	0	0	0	0	17	9
155	조직의 변동성을 설명하기 위한 적절한 절제 "복용량"을 결정하는 방법	2	2	2	2	3	2	1	0	0	0	17	9
279	제세동 중에 에너지를 보다 효과적으로 전달하기 위한 더 나은 방법	3	2	1	2	2	2	0	0	0	0	16.5	11
284	풍선의 경도를 바꾸는 방법 (불만을 불만스럽지 않게 한다.)	3	1	2	2	2	2	0	0	0	0	16.5	11
180	비 침습 부정맥을 장기간 모니터하는 좋은 방법	3	2	1	3	2	2	0	0	0	0	16.5	11
248	수술 중 혈관 천공을 치료하는 방법	1	3	1	2	4	2	0	0	0	0	16	14
73	심장의 벽에 절제 카테터를 유지하는 더 나은 방법	2	1	2	2	3	2	0	0	0	0	15.5	15
298	절제 카테터가 형태를 만드는 방법	2	1	2	2	3	2	0	0	0	0	15.5	15
47	관상 정맥동에 접근하는 더 나은 방법	2	1	2	2	2	2	0	0	0	0	14.5	17
195	EP 녹음 시스템이 신호를 표시 할뿐만 아니라 신호를 해석하는 방법.	2	1	2	2	2	2	0	0	0	0	14.5	17
314	이전에 저장된 위치에 카테터를 유도하는 방법	2	1	2	2	2	2	0	0	0	0	14.5	17
307	카테터의 다른 부분으로 돌리는 방법 (제거됨 "핸들에 토크를 주지 않고")	2	1	2	2	2	2	0	0	0	0	14.5	17
131	와이어 / 탐침의 특성 (강성, 부드러움, 매끄러움)를 교환하지 않고 변경하는 방법	2	1	2	2	1	2	0	0	0	0	13.5	21
86	형광 이미지에 깊이 지각을 포함하는 방법	2	1	2	2	3	1	0	0	0	0	13.5	21
99	환자에게서 12 개의 ECG 패치를 제거하는 방법	2	1	1	2	0	3	0	0	0	0	13	23
299	혈전의 위험을 증가시키지 않고 왼쪽 심장에 영구적 리드를 배치하는 방법	2	1	1	2	2	2	0	0	0	0	13	23
67	장치 주머니에서 국소적으로 출혈을 방지하는 방법.	1	1	2	2	2	2	0	0	0	0	12.5	25
143	이미징 시스템 장비의 가시성을 변경하는 방법	2	1	2	2	2	1	0	0	0	0	12.5	25
305	수기 중에 심장내막 테두리를 그리는 방법	1	1	2	2	3	1	0	0	0	0	11.5	27
301	식도에 접근하지 않고 좌심방 부속물을 이미징 하는 방법	1	1	2	2	2	1	0	0	0	0	10.5	28
163	파형 전파의 방향과 그 기원을 비교하고/ 특징짓고/ 결정하는 간단한 방법	1	1	2	2	2	1	0	0	0	0	10.5	28
BLUE SKY		2	1.25	1	0	1	2	0	0	0	0		
326	심장의 수축을 개선하는 방법	3	3	2	3	4	1	0	0	0	0	17.75	1
122	형광 투시 법 대신 내부 구조를 실시간으로 시각화 할 수 있고 실시간으로 수술이 수행 될 수 있게 합니다.	3	2	3	3	4	1	0	0	0	0	17.5	2
107	파열 쉬운 관상 동맥 플라크 및 말초 동맥 플라크를 비 침습적으로 영상화하는 방법	3	3	2	3	3	1	0	0	0	0	16.75	3
14	협착을 치료하는 더 좋은 방법	3	3	1	3	2	2	0	0	0	0	16.75	3
8	현재 부정맥 증상이 없는 환자의 악성 부정맥의 가능성을 확인하는 방법	3	3	1	3	4	1	0	0	0	0	16.75	3
112	내부 심장 조직을 절제하는 비 침습 방법	2	3	3	3	4	1	0	0	0	0	16.75	3
210	상처를(예 리드선 배치에서 조직 의학적 섬유증이 아닌) 재활시키는 방법	3	3	1	3	4	1	0	0	0	1	16.75	3
324	AF를 치료하는 더 좋은 방법	3	3	1	3	3	1	0	0	0	0	15.75	8
124	전기 및 기계적 심실 부전을 평가하는 방법	3	2	2	3	3	1	0	0	0	0	15.5	9
322	낮은 EF 환자의 심근 경색 후 환자에게서 부정맥을 예방하는 방법	2	3	1	3	4	1	0	0	0	0	14.75	10

그림 2.5.5

스탠포드 바이오디자인 팀에 의해 개발된 스프레드 시트의 스크린 샷. 다수의 요구에 대해 할당된 평가 기준, 가중치(회색으로 표시) 및 총 점수를 보여준다. 참고: 강조 표시된 숫자는 각 요소(Uday N. Kumar가 허가 함; John White, Kityee Au-Yeung 및 Joseph Knight가 개발함)에 사용된 가중치를 보여준다.

약간 낮은 점수를 가진 필요성이 먼저 점수를 매기는 근본적인 이유를 먼저 평가하지 않고 신속하게 폐기해서는 안 된다는 것을 의미한다.

또 다른 유용한 운동은 차동 가중치를 실험하여 이것이 점수를 어떻게 바꿀 수 있는지 확인하는 것이다. 이렇게 하면 핵심 요소의 영향을 확대하여 점수를 분산시키는 데 도움이 될 수 있다. 특정 요구가 다른 채점 시나리오를 사용하여 지속적으로 목록 상단으로 올라가면 필요 선택 프로세스가 진행됨에 따라 주의를 기울일 필요가 있다. 또한 앞에서 설명한 것처럼 점수의 중요한 클러스터링이 남아 있으면 평가 척도, 등급 정의 및 선택 요인을 다시 방문하는 것이 좋다.

각 필요에 대한 데이터를 수집하는 것처럼 데이터베이스 또는 스프레드 시트를 사용하여 특정 요인에 가중치를 부여하는 방법을 캡처하고, 그림 2.5.5와 같이 각 필요에 대한 전체 점수를 계산할 수 있다.

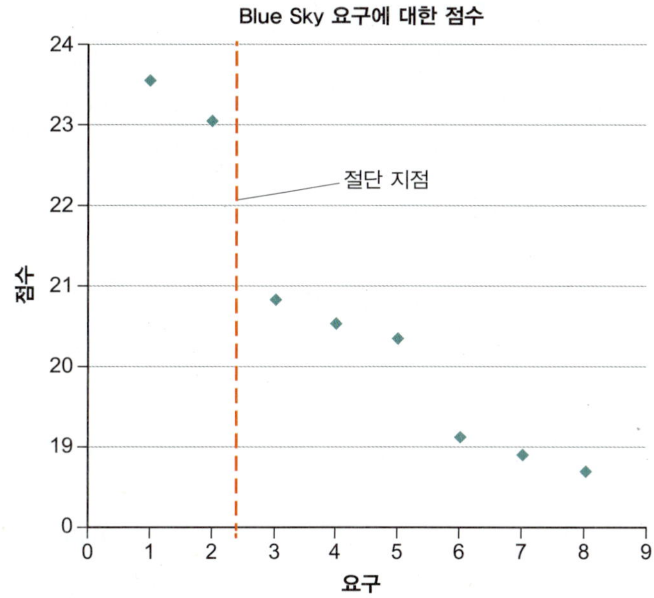

그림 2.5.6
9가지 요구들의 점수를 표시해서, 팀이 가장 필요한 두 요구들을 찾을 수 있었다(Rena Dharmawan, Prusothman Sina Raja, Benjamin Chee Keong Tee 및 Cecilia Yao Wang씨가 도움줌).

4단계 – 요구사항 선택

각 필요에 따라 점수를 부여하여 이노베이터가 직접 비교하고 지금까지 그 과정에서 가장 잘 수행한 점수를 선택할 수 있다. 이를 수행하는 한 가지 방법은 팀이 이 과정에서 선택 과정을 통해 얼마나 많은 필요를 갖고 싶은지를 결정하고 가장 높은 점수에서 가장 낮은 점수순으로 요구사항을 나열한 다음 가장 높은 점수를 가진 목표 숫자를 선택하는 것이다. 또 다른 접근법은 점수 분포에서 자연적인 틈을 찾아 그 지점 아래로 떨어지는 것을 제거하는 것이다. 자연스러운 휴식 시간은 때로는 비교적 분명하다. 예를 들어, 많은 욕구가 28, 27, 26 범위에서 점수를 얻었고 점수가 23, 22, 21 등으로 넘어가는 경우가 있다. 이러한 격차는 26점 미만의 욕구가 극복하기 어려울 수 있는 특정 이슈나 위험을 갖고 있음을 나타내므로 이러한 필요 선택 라운드의 자연스런 차단 포인트가 된다. 적절한 차단 포인트를 확인하는 또 다른 방법은 그림 2.5.6과 같이 각 필요에 대한 점수를 그래프에 구성하는 것이다.

5단계 – 선택 프로세스 반복

강조된 바와 같이, 필요 선정 과정은 반복적이어야 한다. 이 과정을 통해 처음으로 이노베이터는 필요성 진술의 수를 절반으로 줄이고 추가 연구를 완료하고 특정 등급과 점수를 조정한 다음 과정을 다시 거쳐 목록을 50% 더 줄일 수도 있다. 이러한 접근 방식은 "차단을 만드는" 가장 유망한 요구사항만을 연구하는 데 더욱 많은 시간을 투자할 수 있게 해 준다.

일반적으로 이 과정을 통해 산출된 정량적 점수는 어떤 것을 없앨지 "쉽게" 결정할 수 있는 훌륭한 방법을 제공한다. 예를 들어, 요구들이 대표하는 잠재적인 기회들의 관점에서 어떤 요구들은 다른 것들만큼 매력적이지 않을 것이고, 그들의 점수는 그들이 빨리 옆으로 치워지게 만든다. 그러나 대부분의 이노베이터들은 요구 목록이 점차 작아지면서, 양적 점수가 덜 유용해지고 더 질적인 의사결정 기준에 의존하게 된다. 이 기준은 리스트를 1~10까지 우선순위로 줄이기 위해 이전에 사용 된 주관적 기준의 일부를 잠재적으로 구축한다. 이는 과정의 한 부분이며, 이노베이터의 전문적인 판단을 근본적으로 대체할 수 없다는 것을 보여준다. 그러나 프로세스가 지속적으로 뒤따라진다면, 이것은 운동에 대한 구조와 객관성의 수준을 유지할 수 있게 도와줄 것이다.

6단계 – 이해관계자들과 요구들을 검증하기

이노베이터가 1~10의 최우선순위 목록에 도달하기 위해 중요한 단계는 입력값에 이해관계자의 의견을 도입하는 것이다. 중요한 영향력을 가진 사람과 의사결정자(1.3 니즈 요구서 참조)와 관계된 니즈를 확인하는 것은 니즈가 정말 흥미롭고 중요하다는 것을 보장하게 한다. 전통적으로, 이노베이터는 니즈 조사 중에 그들이 관찰 한 의료 종사자 및 기타 의료 제공자와 관계된 니즈를 주로 검증해 왔다. 그러나 팀의 이해관계자 분석을 재검토하고 의사결정자(대부분의 경우 결제 담당자 및 구매담당자), 영향력이 있는 사람들(의사 등)의 요구사항을 확인하는 것이 필수적이다.

이노베이터는 필요 선택 과정에서 언제든지 이해관계자의 특정한 요구를 검증하는 것을 선택할 수 있다. 그러나 그들은 중요한 덩어리를 만든 후에(예를 들어, 320개에서 50개의 요구), 작은 세트에 같은 작업을 했을 때 일반적으로 좋은 결과를 얻을 수 있다. 이해관계자들에게 수십 개의 니즈들을 고려하라고 요청하는 것은 수백 개를 고려하라고 하는 것보다 훨씬 관리하기 쉽다. 반면, 목록이 너무 적다면 이해관계자들이 진심으로 가장 이끌리는 선택지를 식별하기 위해 비교/대조하기에 니즈의 선택지가 충분하지 않을 수 있다.

이해관계자가 니즈 목록에 피드백하기 위해서는, 이해관계자가 입력을 제공하기 전에 각각의 요구를 빠르게 읽기를 권장하며(아마도 리뷰 전 리스트를 제공하는 경우) 이는 니즈 전체를 이해하기 위함이다. 각각의 니즈가 순차적으로 봐진다면, 논의되는 처음 몇 부분에 항상 더 많은 시간과 노력이 집중된다. 또 다른 잠재적인 문제는 조기에 제시된 니즈가 나중에 목록에 게재되는 더 매력적인 니즈에 대한 정보가 없기 때문에 인위적으로 재미있어 보일 수 있다.

또 다른 유용한 방법은 이해관계자에게 몇 가지 관련된 선택 요인들과 연관된 평가 척도를 제공한 후 심사자에게 객관적으로 니즈를 비교해 달라고 요청하는 것이다. 중요한 점은 이러한 요인과 그 평가 척도는 각 이해관계자의 관점에 맞게 신중하게 맞춰져 있어야 한다. 예를 들어, 의사에게 말할 때는 환자 또는 의사가 받게 되는 임팩트 선택 요인이 적절한 반면, 지불인 또는 구매 관리자에게는 비용–효율적인 선택 요인이 더 적절하다. 흥미로운 통찰력을 생성할 뿐만 아니라, 이러한 접근방식은 이노베이터가 다음 라운드의 니즈 선택에서 사용할 수 있는 이해관계자 중심의 등급을 직접 설정하는 효율적인 방법을 제공한다.

이해관계자가 요구사항을 확인하고 나면, 요구 목록이 작아 질수록 이해관계자의 의견이 크게 변하지 않기 때문에 이 단계는 일반적으로 최우선 요구의 최종 목록까지 반복될 필요가 없다.

이해관계자의 확인은 중요한 기술이며 중요한 이해관계자의 이익에 관련한 요구의 선택을 유지하는 효과적인 방법이지만, 이노베이터는 신중한 균형을 취해야 한다. 이해관계자로부터 제공되는 입력은 진행 중인 요구 선정 과정에서 하나의 데이터 포인트로만 사용되는 것이 절대적으로 중요하다. 모든 이해관계자가 편견을 가지고 어떤 개인이나 그룹도 선정 과정에 부당하게 영향을 미치는 것이 허용되어서는 안 된다. 궁극적으로, 팀은 수집한 모든 입력과 지금까지 바이오디자인 혁신 과정을 통해 실시한 연구에 따라 최우선 요구사항을 선택해야 한다. 이노베이터와 그들의 요구를 확인하기 위해 접근하는 사람들과의 관계에 따라, 이해관계자들에게 매력적일 수 있는 요구가 무시되는 것과 같은 오해가 없기 위해서 이런 부분을 미리 설명하는 것이 유용하다.

더 많은 요구의 선택 사례들

위의 6단계를 실행하기 위한 다양한 방법이 제공되기 때문에, 실제로 도입될 때 요구 선정 과정에는 많은 변화가 있다. 각 팀이 선택한 요인, 등급 척도, 가중치 점수는 고유할 것이다. 예를 들어, Stanford–India Biodesign(SIB) 프로그램의 한 팀은 소아 의학이나 어머니의 건강에 대한 요구를 심사 할 때 기본적인 프로세스를 수행했지만, 주목할만한 방식의 그림 2.5.2~2.5.5 같은 독특한 접근으로 끝났다. 그림 2.5.7에 SIB 팀의 요구 선택 방법을 요약했다.

이 팀은 370개 이상의 니즈와 함께 바이오디자인 혁신 과정의 요구 심사 단계에 들어가, 4번의 반복 선택 라운드를 거쳐 최종적으로는 3개의 최우선 요구에 도달했다. 각 라운드에서, 그들은 다양한 요소를 사용했고, 이들 각각의 요소는 추가 연구와 평가를 위해 어떤 필요는 제거하고 다른 것들은 선택하는 구조로 인해 특화된 평가 척도를 가지고 있다. SIB 팀은 각 라운드에서 사용한 요인에 가중치를 명시적으로 할당하지 않았

370 + 요구 내역서

1라운드: 대장 검사 심사						
인자 1	요구에 대한 팀의 열정	네 = 1	아니오 = 0			
인자 2	요구 타입(파란 하늘, 혼합, 증대)	혼합/증대 = 1	파란 하늘 = 0			
만약 요구 1 = 0이거나 요구 2 = 0이면, 요구는 제거된다.						

~175 + 요구 내역서

2라운드: 중간 연구에 기반한 심사						
인자 1	영향받은 환자수	대 = 3	중간 = 2	소 = 1		
인자 2	질병 상태와 문제 영역의 이해	적절한 문제 영역 = 3의 명확한 이해	어느 정도 정의된 문제 영역 = 2의 합리적인 이해	모호한 문제 영역 = 1의 제한된 이해		
인자 3	치료 현장	요구에 대응하는 선택지 없음 = 3	몇 가지 사용 가능한 옵션이 있지만, 여전히 대부분 충족되지 않는다 = 2	차선책이 될 수 있으나 요구를 해결할 수 있는 다양한 선택지가 있음 = 1		
인자 4	환자에 미치는 영향	구명율 = 5	심각한 합병증의 배제 = 4	바람직하지 않은 결과를 제거했지만 사망률에 영향은 없다 = 3	환자의 경험을 개선하지만, 임상적 영향은 없다 = 2	큰 영향 없음 = 1
인자 5	비공식 조언자에게서 긍정적인 피드백	예 = 1	아니오 = 0			
순위 순서는 총 점수에 기초하고 있으며, 상위 50의 요구를 충족						

~50 + 요구 내역서

3라운드: 더 깊은 연구와 전문가의 검증을 기반으로 심사						
인자 1	시장 규모	연간 INR 50 Cr 보다 높음(10백만 달러) = 3	연간 INR 50 Cr(10백만 달러)과 INR 10 Cr(2백만 달러) 사이 = 2	연간 INR 10 Cr 미만(2백만 달러) = 1		
인자 2	전문가의 의견	높은 선호도 = 3	중간 기호 = 2	선호도 없음 = 1		
인자 3	제공자 가치(병원비 절감, 수술 시간 단축, 더 낮은 기술 요구)	2개 이상의 인자 변화 = 3	적어도 1 인자 변경 = 2	인자의 변경 없음 = 1		
순위 순서는 총 점수에 기초하고 있으며, 상위 15의 요구를 충족						

~15 + 요구 내역서

4라운드: 최종 심사						
인자 1	상충되는 배경	심각 = 1	중간 = 2	낮음 = 3		
인자 2	산업/파트너 의견	예 = 0.5	아니오 = 0			
인자 3	Biotech 부서의 의견(및 다른 정부 기관)	예 = 0.5	아니오 = 0			
자연 중단 점을 확인하고, 상위 3개의 요구를 팀으로서 선택하기 위해 남아 있는 선택에 대해 논의하라.						

그림 2.5.7
370개에서 3개의 우선순위 요구로 가기 위해 Stanford–India Biodesign 프로그램 팀에 의해 사용된 인자, 평가 시스템 및 일반적인 접근법에 대한 개요(Ritu Kamal로부터 허가됨; Nitin Sisodia 및 Pushkar Ingale와 공동 개발)

다. 그러나 각 요소를 지지하기 위해 선정된 평가 척도는 요소의 우선순위를 암시했다. 예를 들어, 2라운드에서 환자의 영향에 대해 필요는 5점까지 얻을 수 있지만, 질환의 상태와 문제 영역 및 이해, 치료 배경에 대한 이해가 있는 환자에 대해서는 최대 단지 3점까지 얻을 수 있다. 이 시스템은 본질적으로 환자에 대한 영향력 인자에 더 큰 가중치를 부여하고 있었다. 마찬가지로, 파란 하늘의 필요성이 0을 받은 반면 혼합 또는 증대 요구가 1로 평가되었고, 팀이 선호한 부분에 따라 파란 하늘 요구에 불리하게 선택 프로세스에 효과적으로 가중되었다.

이 방법의 또 다른 흥미로운 측면은 팀이 선택 과정에서 3개의 서로 다른 시간에 4개의 서로 다른 종류의 외부 전문가의 요구를 검증한 것이다. 성숙한 의료 기기 산업이 없는 인도와 같은 신흥 시장에서는 관련성이 있고 신뢰할 수 있는 시장 데이터를 수집하는 것이 어렵다. 따라서 다양한 전문가의 여러 수준의 피드백은 팀이 다른 요구의 상대적인 장점을 이해하는 걸 도와준다. 2라운드에서 SIB 팀 멤버는 이전의 연구원과 그들이 관찰하는 동안 함께 일했던 의사와 같은 비공식 고문에게서 비교적 큰 목록의 필요에 대한 피드백을 모았다. 3라운드에서 그들은 소아과 내 부서장 및 기타 주요 오피니언 리더와 함께 최고 50개의 요구를 검증했다. 4라운드에서 이노베이터는 핵심 의학 회사 및 인도에서 일하는 법인의 대표자와 같은 미래 산업 파트너로부터 최종 15개 필요에 대한 피드백을 모았다. 그들은 또한 전달받은 특정 요구에 관심을 평가하기 위해 인도의 생명공학 부문과 다른 정부기관의 대표와 이러한 요구를 확인했다. 요구 선정 과정에 이 입력은 새로운 의료 기술 개발의 성공의 기회를 늘리기 위해 산업계 및 정부와 협력하는 인도와 같은 국가들 안의 이노베이터들의 욕구를 반영하고 있다. 확실한 보장은 없지만 요구가 미래의 파트너 또는 정부의 우선순위의 이익에 맞출 필요가 있는 경우, 자금 조달 및 상용화에 대한 장벽을 잠재적으로 제거할 수 있다. 이 경우 업계 파트너의 하나인 지멘스 헬스케어는 회사의 집중하고자 하는 영역에 밀접하게 맞추기 위해 SIB 팀의 가장 중요한 요구(자원이 제약 된 환경에서 청력 손실에 대한 신생아를 선별하기 위한 더 나은 방법)에 대해 시드 스테이지의 자금 제공을 실시했다.[1]

일반적으로 말해, 이 장에서 설명한 요구 선정 과정은 어떤 지리적 환경에서도 작동한다. 그러나 SIB의 사례에 표시된 것처럼 검증에 대해 요인, 평가 척도, 가중치 및 방법은 작업의 수행 된 장소에 따라 다를 수 있다. Jagdish Chaturvedi, Siraj Dhanani, A Vijayrajan을 포함한 Indian medtech 가속기 InnAccel 팀은 낮은 자원 환경에서의 작업에 이노베이터들이 예상해야 하는 두 가지 주요 차이점을 강조했다. 첫째, 요구 선택을 할 때 사용할 수 있는 보조 데이터가 부족하다는 것을 강조했다. 원래 SIB 연구원과 임상 작가였던 Chaturvedi는 "인도에서의 데이터 수집은 예측 불가능하며 많은 경우에 인도 환경에 대해 신뢰할 수 없거나 관련 없는 연구 정보를 얻고 있습니다." 라고 설명했다. "따라서 InnAccel의 이노베이터들은 각각의 요구사항을 평가하는 데 사용할 데이터의 품질을 고려하기 위해 요구 선택 활동의 인자를 사용합니다." 필요가 인도에 – 특화된 그리고 안정적인 정보에 의해 뒷받침된다면, 즉 동료 간 검토를 거친 신문 또는 평판이 좋은 애널리스트 보고서에서 얻은 것인 경우, 그것은 1점을 받게 된다. 인도에 특화되지 않거나 불안정한 정보원으로부터 얻은 (또는 혼합된) 데이터는 0으로 채점된다. 이런 방식으로, 데이터 품질은 각 요구에 대해 전체 점수로서 쉽게 반영된다.

InnAccel 팀은 또한 요구 선정 과정은 잠재적 해결책의 비용과 이해관계자의 의지 그리고 지불 능력에 관련된 요소에 가중치가 주어져야 한다고 강조했다. 인도의 대부분의 건강 관리는 자기 지불 모델을 사용하고 결과적으로 이 환경의 거의 모든 이해관계자가 가격에 민감하기 때문에 이노베이터는 그들이 합리적으로 사용할 수 있는 저렴한 가격으로 제공할 수 있는 고부가가치 해결책을 우선순위로 두어야 한다. 필요한 개선을 저렴한 가격에 제공하는 해결책은 모든 시장에서 점점 더 중요 해지고 있지만, 자원이 한정된 환경에서는 절대적으로 필요하다. InnAccel는 주요 이해관계자의 지불 능력을 평가하는 요소를 요구 선정 과정에 항상 포함하고 있습니다. 그룹이 때때로 고려하는 또 다른 요인은 비숙련 의료 공급자로 의료를 이동시켜 요구를 잠재적으로 해결하는 것이며, 이것은 효과적으로 비용을 절감하고 해결책을 더 저렴하게 만드는 하나의 방법이다.

지정학적 위치와 관계없이 이노베이터 팀이 요구 선택 과정을 통해 일하는 다양한 방법을 이해하는 것으로부터 많은 것을 배울 수 있었다. 다음 이야기는 미국에 본사를 둔 의료 기기 인큐베이터인 The Foundry가 사용하는 방법을 보여준다.

현장에서 The Foundry

니즈 선택에 대한 인큐베이터의 방법

2.1, 2.2절에서 설명한 바와 같이, The Foundry는 의료 기기 인큐베이터이자 이노베이터들이 '그들의 생각을 기업으로 빠르게 이동시키는 것'을 도와 주고 있다.[2] 매년 많은 요구를 기업이 평가하기 때문에, 파트너를 관리하는 Hanson Gifford와 Mark Deem은 어떤 프로젝트를 진행하고 어떤 기회가 가장 유망한 해결책일지 결정하는 요구 선정 과정에 항상 있다.

Gifford와 Deem은 매일 새로운 아이디어로 가득 차 있다. 이러한 요구 중 일부는 그들이 종사하고 있는 관련 프로젝트에서 조직적으로 발생하지만, 기업과 발명가들이 가져다 주는 것도 있다. 한정된 자원과 제한된 시간에 Gifford와 Deem은 어떤 요구에 대해 개념을 생성시키고 하지 않을지에 대해 거칠고 비교적 신속하게 결정하도록 강요 받고 있다. Gifford와 Deem은 분명하고 명확하게 구조화된 요구사항 선택 과정의 장점을 이해하지만, 그들의 방법은 단지 부분적으로만 체계적이다. Deem이 논평한 것처럼, "프로젝트 분석은 완벽하게 계산되지만, 각각의 기회는 다르다. 하루가 끝나는 시점에서, 당신은 각각에 대해 주변 사실을 가지고 결정을 해야 한다. 때때로, 우리가 진행하면서 하나의 필요를 더 이해하기 시작하기도 한다. 우리는 한 분야에서 다른 분야보다 뛰어난 아이디어와 정보를 얻고 있으며, 그것이 선도 말이 되었습니다."라고 그는 설명했다.[3]

요구사항을 선택하는 과정에서 Foundry의 비공식적인 특징에도 불구하고, Gifford와 Deem이 했던 추가 논의는 실제로 이 장에서 설명한 많은 객관적 및 주관적 요인을 평가하는 것으로 밝혀졌다. 그들이 공식적으로 정량적 평가를 하거나 전체적인 점수를 주기 위해 정확한 분석을 통해 요소에 명시적으로 가중치를 주지 않을지도 모르지만, 그들은 단순히 본능에 의존하는 것보다 훨씬 많은 것들을 하고 있다. Foundry가 어떤 요구를 진행할 것인가에 관해 어떤 결정을 내릴지에 대한 정보를 가지고 압박을 받게 될 때, Gifford는 그들이 고려할 주요 요소들에 대해 강조했다: "시장 기회, 임상적 이익 및 전반적인 투자 환경 – 이 요구가 투자자들에게 매력적인 것인지? 국가 채무보다 더 적은 비용으로 살아있는 동안 그 일을 할 수 있을까? 우리는 또한 시장에서 정말 성공할 가능성이 있는지 신중하게 검토하고 있습니다". 요구사항들에 일관되게 적용되는 이러한 기준은 선택 기준에 객관성을 부여하기 위한 비교 근거를 제공한다. 제품의 시장 규모가 작거나 지적 재산이 이미 다른 사람에 의해 실질적으로 소유되고 있는 경우, Foundry는 그 기회를 넘기는 경향이 있다. 마찬가지로 Gifford와 Deem은 소개 및 환불의 패턴이 지나치게 복잡하거나 선행 연구가 임상적 타당성이 낮다는 것을 암시한다면 필요로부터 멀리 피하려 할 것이다.

요구를 선택할 때 고려하는 요소를 계속 설명하면서, 그들은 "새로운 치료법은 환자, 의사 및 지불자에게 매력적으로 만들 필요가 있습니다"라고 말하며, 이해관계자 분석의 중요성을 강조했다. "일반적으로 Foundry는 결정을 내리기 전에 세 그룹 모두에 대한 **가치 제안**을 연구합니다."

Gifford는 요구 선정 과정에서 이노베이터의 관심과 동기를 고려하는 것도 중요하다고 설명하고 있다: "이것은 프로젝트 A, B, C가 일하기에 흥미로운지 여부에 대한 단지 일회성 결정이 아닙니다. 그것은 몇 년간 피와 땀, 그리고 눈물이 뒤따르게 되는 결정입니다. 우리는 자신을 잘 보고, 삶의 일부에 어떤 기회를 얻고자 하는지 물어야 합니다." 그것은 그들이 항상 알고 있는 것과 최고로 좋아하는 것에 집착한다는 것은 아니다 – Deem이 지적했듯이, Foundry는 역사에서 매우 다양한 프로젝트를 수행해 왔다. 오히려 그는 말했다. 그들은 진행하기로 결정한 어떤 필요에 관해서 흥분해야 한다. 시간이 지나면 재정적으로 유망하다고 할 뿐만 아니라, 관련자들이 노력하길 원하면 프로젝트는 반드시 성공한다는 것을 배웠다. 그들이 필요에 대처하는데 열정적이거나 정말로 관심이 있는 게 아니라면, Gifford와 Deem 그것을 기꺼이 보류할 것이고 앞으로 나갈 것이다. 그들은 1998년 이후 많은 신생 업체와의 경험을 통해 매일 일에 흥분하는 것이야말로 열정이라고 생각했다.

Cierra Inc라는 Foundry 이전의 기업 중 하나는 그룹의 요구 선택 기준이 새로운 기회에 어떻게 적용되는지의 예를 보여준다. Cierra는 개존 난원공(PFO) 치료를 위한 새로운 방법을 개발하기 위해 설립되었다. 이 상태는 심장의 우심방과 좌심방(상부 공간) 사이의 가운데 칸막이가 불완전 폐쇄된 결과이며, 이 공간은 폐를 통과하지 않고 태아 전체에 산소를 가진 혈액을 순환시키기 위해 출생 전까지 존재한다. 이 상태의 환자의 75%는 출산 후 난원공이 자연 폐쇄된다. 나머지 25%는 완전히 밀폐되지 않고 혈액이 특정 조건에서 우심방에서 좌심방으로 직접 흐르는 것을 허용한다.[4] PFO 존재의 결과로서, 폐가 제공하는 자연 여과는 부분적으로 무시된다. 그 결과 혈중 혈전이나 혈액 속의 다른 물질이 동맥에 직접 들어갈 수 있으며, 이는 잠재적으로 모순(성)색전증, 원인을 알 수 없는 뇌졸중, 그리고 심한 감압 증의 오른쪽에서 왼쪽으로 질소 색전증을 일으킬 수 있다.

혁신 과정 초기에, Gifford와 Deem이 PFO를 처음 보기 시작했을 때, 그들은 이것이 점점 중요한 요구가 될 것으로 예상한 그들이 알고 있는 심장병 전문의들의 충고에 그대로 따랐다. 당시에는 분명하게 정의 된 관리 기준이 없었다. 많은 의사들은 환자가 원인 불명의 뇌졸중을 경험하지 않는 한(원인 불명의 뇌졸중), PFO 치료의 이유가 없다고 생각했다. 이러한 경우, 환자들은 종종 만성 항응고 요법을 처방 받았다. 이 상태는 문제 해결을 위해 개복 수술 또는 이식 가능한 폐쇄 장치를 사용하는 카테터 경유를 통해 해결될 수 있었다. 4,000명 미만의 환자 집단을 치료하기 위해 설계된 장치에 적용되는 FDA 통관 카테고리, 인도적 장비 면제(humanitarian device exemption, HDE) 아래에서 2대의 초음파 장치가 PFO의 치료를 위해 FDA로부터 승인을 받았다.

먼저 이 질병을 연구하고 선택 기준에 대한 뇌졸중-관련 PFO 기회를 평가해 본 후 Gifford와 Deem는 필요에 그다지 열광적이지 못했다. 시장 기회가 비교적 작았고, 투자자의 매력은 불확실했으며, 임상적 이익은 뇌졸중을 시도하는 데 필요한 노력과 투자에 비해 충분하지 못했다(등록하기 위해 비싸고, 오래 걸리고, 어려운 것으로 소문이 나 있었다). "한 자리 숫자에서 또 다른 자리 숫자로 뇌졸중 비율을 개선시키기 위해서 천명의 환자들에게 임상시험을 하려던 프로젝트에 참가하는 것에 대해 우리는 단지 기뻐할 수는 없었습니다." Deem은 회상했다. "우리는 그것을 보류하려고 했습니다." 그는 계속했습니다, "편두통 – PFO 협회에 게시 된 첫 번째 문서의 일부를 우리가 발견했을 때"라고 계속했다. 훗날 Cierra의 CEO로 취임한 Erik Engelson은 설명했다, "관측된 여러 개의 – 팔 연구가 출시되었습니다. 잠수병에 대해 PFO 치료를 하는 심해 다이버들이나 또한 편두통을 가지고 PFO가 폐쇄된 뇌졸증 환자에 대해 시술 후 편두통의 빈도가 감소하는 것이 관찰되었다. 저것은 우리를 흥미롭게 했고, 우리는 그것을 좀 더 조사하기 시작했습니다." Deem은 말했다. "이것은 아직 입증되지 않았지만, 우리는 아마도 큰 기회로 바꿀 수 있는 어떤 것이 있는 것처럼 느꼈습니다". 편두통과 PFO 폐쇄 사이의 관련성을 둘러싼 불확실성뿐 아니라 해결책을 개발하는 데 필요한 시간과 비용에도 불구하고, Gifford와 Deem은 필요성을 추구하는 것에 열정적이었다.

Gifford와 Deem이 선택 기준을 편두통-관련 기회에 다시 적용했을 때, 뇌졸중 시장보다 잠재적으로 더 쉽고 빠르게 접근이 가능할 것 같았기 때문에 그것은 더 매력적이었다. 편두통 환자의 더 큰 집단이 가지는 증상은 생명을 위협하는 것은 아니지만, 그들은 심각하게 쇠약해 질 수 있었고 Gifford와 Deem은 삶의 질 향상이라는 관점에서 해결책의 임상적 이점이 중요하다고 인식했다. 또한 Gifford와 Deem는 현장에서 최근 행위에 대해 투자자의 관심을 보다 효과적으로 얻을 수 있다고 예상했다. "갑자기 이 시장 뜨거웠습니다"라고 Engelson은 회상했다. "NMT 의료라는 공개 회사가 있었습니다, 회사의 시가총액은 영국에 본사를 둔 편두통 연구가 곧 완료된다는 소문에 두 배가 되었습니다 [MIST-I 연구]."

이 기회가 갖는 뚜렷한 매력은 비임플란트 해결책(임플란트를 심장에 남기는 것이 아니라)을 가진 PFO를 폐쇄하는 새로운 개념으로 강화되었다. 그 결과, The Foundry 팀은 설계 요구사항을 포함하기 위해 요구 기준을 개선했다. "당신이 1~2회 뇌졸중을 경험하고 다음 번 것을 예방하길 원하는 75세의 환자라면 임플란트는 모두 만족스럽고 좋습니다" Deem이 말했다. 그러나 당신이 충분히 건강한 25세의 편두통 환자라면, 남은 인생 동안 당신의 심장에 금속 임플란트를 갖는 것은 일

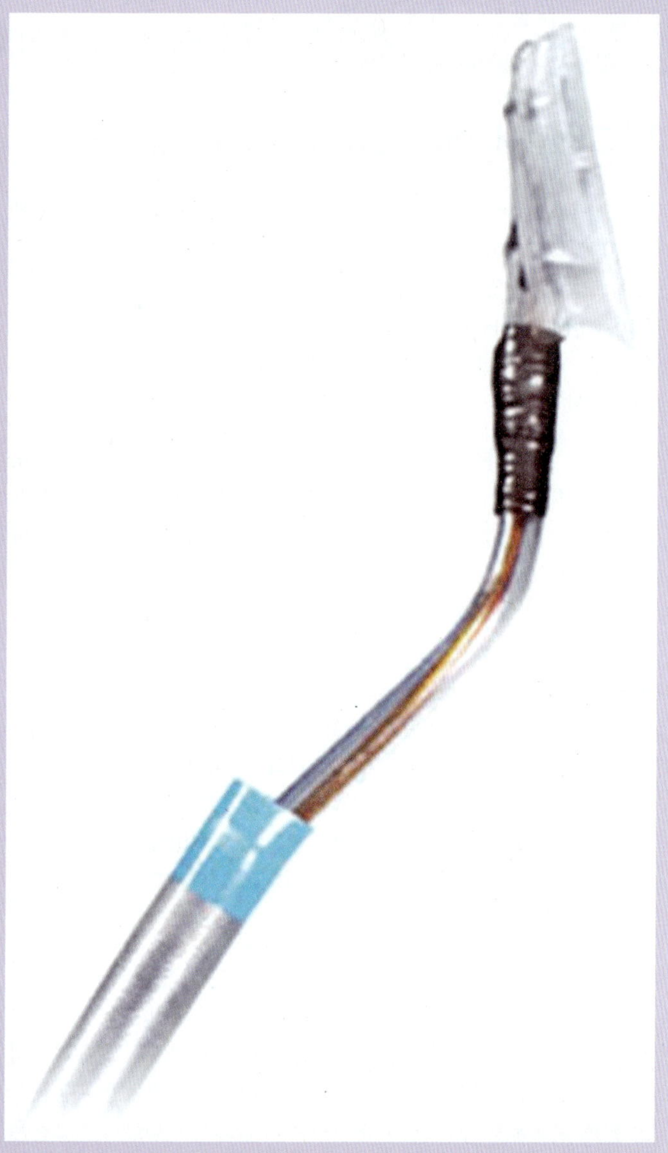

그림 2.5.8
Cierra 장치(Cierra 회사로부터 허가를 받아 사용)

부 PFO 임플란트 장치에 대한 알려진(그리고 아직 알려지지 않은) 합병증 때문에 완전히 다른 문제다. 임플란트가 없는 해결책의 개념은 심장 내과 의사, 환자, 신경과 의사 및 투자자에게 긍정적인 효과를 가져왔다. 그래서 우리는 심장에 아무것도 남기지 않을 해결책이 필요하다고 판단했다. "단순히 더 나은 임플란트를 찾는 것이 훨씬 쉽고 빠른 것입니다. 그러나 Deem이 요약 한 것처럼," 우리는 아무것도 심장에 남기지 않는 것과 다음으로 가장 좋은 클립을 남기는 것 사이에서 어떤 것이 이익인지를 앞으로 진행하기 위해서 결정해야만 하는 것처럼 느꼈다.

Engelson이 Cierra 본사에 고용되었을 때, 회사는 12명의 직원을 가

지고 있었다. 팀은 넓은 IP 위치를 구축하기 위해 클립, 스냅, 스테이플, 봉합 및 패치를 고려했지만, 결국은 고주파(RF) 에너지를 사용하여 경피적으로 이루어지는 흡입 및 "조직 용접"을 사용하여 PFO를 폐쇄하는 임플란트-없는 시스템으로 결정했다(그림 2.5.8 참조).

Engelson의 리더십 아래에서 Cierra는 제품을 향상시키고, 동물 실험을 완료 후, 독일에서 8명의 인간 환자를 치료하고(첫 번째 75% PFO 완료율) 다음의 자금 조달에서 2,100만 달러를 조달했다(8백만 달러에서 증가됨). 팀은 또한 FDA와 일련의 조짐이 좋은 회의도 가졌다. PFO-편두통 치료가 성공하기 위해서, 회사는 RF 에너지를 심장에 적용하는 것과 관계된 안전 문제를 해결할 임상연구를 설계해야 했다. "FDA는 실제로 임플란트가 없는 치료를 원하는 것처럼 보였다. 그들은 우리의 안전 데이터에 대해 말로 격려해 주었습니다." Engelson 회상했다.

그러나 잠시 후, 시에라는 운이 뒤바뀌는 것을 경험했다. "우리가 공식적으로 임상 프로토콜을 제출했을 때, 우리가 받은 서면 피드백은 이전에 FDA와 함께 논의했던 개념적인 연구 디자인에 대한 구두 피드백과는 상당히 다른 것처럼 보였습니다."라고 Engelson이 말했다. FDA의 서면 피드백(질문과 제안)은 그 연구 계획을 등록되지 않은 다른 편두통 연구를 따르도록 지시했다. 같은 시기에 회사는 스스로 엇갈리는 기술적 결과를 얻고 있다는 것을 발견했다. "우리는 크기별로 분할하는 것을 배우고 더 작은 PFO에서 PFO 폐쇄를 성공시켰지만, 여전히 큰 PFO에서 작업해야만 했습니다. 커다란 PFO를 완료하는 것은 RF 기술로 극복 불가능한 과제가 되어 있었습니다."라고 Engelson 씨는 언급했다. 또한 NMT가 2006년 봄에 MIST I 시험의 부분적인 결과를 발표했을 때, PFO-편두통에 대한 기회에 관한 소문이 줄어 들었다. 147명의 환자를 대상으로 한 이 연구에서는 PFO 폐쇄와 가짜 수술을 받은 편두통 환자 사이에서 두통 치료 시에는 어떤 차이도 발견되지 않았다.[5] 이러한 문제에도 불구하고, Engelson는 언급했다. "우리는 이렇게 생각했어요. 우리는 지원했고 이 전쟁을 함께하고 있습니다. 그래서 우리는 계속했습니다." 회사의 노력은 결국 사업을 중단 한 2007년 하반기까지 계속되었다. 흥미롭게도, NMT 메디컬은 1개월 후 MIST II (미국을 거점으로 하는 편두통) 시험을 중단한다고 발표했다. 연구를 위한 환자 등록과 뇌졸중 검사를 계속하는 데 필요한 수백만 달러를 조달하기가 어렵다고 언급했다.[6]

Engelson은 Cierra의 경험을 돌이켜 보면, 회사가 직면한 문제의 일부는 요구 선정 과정 단계까지 거슬러 올라갈 수 있다고 언급하였다. 팀의 시장 분석은 편두통이 실제로는 더 크고 잠재적으로는 더 쉽게 접근 가능한 시장이라고 입증했지만, 신경과 전문의가 연구 참가자를 통제하고 있었기 때문에 심장병 전문의가 아닌 신경과 전문의가 중요한 이해관계자 그룹인 것으로 밝혀졌다. 그리고 불행하게도, 그들은 일반적으로 PFO－편두통 연구를 지지하지 않았다. "그것은 심장병에 대한 부분이 아닙니다"라고 Engelson는 말했다. "그것은 신경학에 대한 부분이었습니다. 심장병 학자와 비교해 신경과 학자는 그다지 의욕적이지 않은 경향이 있습니다－그들은 새로운, 중재 수술을 시도하는 데 열정적이지 않았습니다. 그들은 환자를 관리하기 위해 약물을 사용하는 것에 익숙해 있었습니다." 그는 언급해야 했다. 삶의 질 문제를 해결하기 위해서 중재 수술을 시작하는 것은 심장학자들 사이에서는 받아 들여지고 있을지라도, 그 생각은 신경학자들에는 회의적으로 보였다.

이식하지 않는 해결책을 개발하기 위한 필요 기준의 정의는 쓸데없이 회사의 노력을 제약했고 결국 큰 PFO의 폐쇄와 관련된 기술적 문제를 해결하는 것을 어렵게 만들었다. Engelson에 따르면, "우리는 이것이 처음 생각만큼 중요한 것인지에 대해 확신할 수 없다는 것을 뒤늦게 깨달은 시점에, 엄청난 시간과 비용을 이식하지 않는 해결책을 개발하는 데 사용했습니다. 우리는 PFO 폐쇄를 위한 일련의 제품을 개발하여 더 나은 서비스를 제공할 수 있었습니다: 처음에는 기존의 임플란트보다 훨씬 작은 클립 같은 매우 작은 임플란트였고, 뒤이어 비임플란트 기술이 생기게 되었습니다. 우리가 내부에서 생각할 때 비전적이고 진보적인 의사를 가지고 있었다면, 이 기술－제품의 거래 결정(또는 제품 포트폴리오 계획)과정은 더 효과적이었을 수도 있습니다."

전체적으로 Engelson은 요약했다. "총체적으로 종료 결정으로 이어지게 만든 것은 FDA의 높은 연구－디자인 장애물, 편두통 신경학자에 대한 지원 부족, 그리고 임플란트 없이 더 큰 PFO를 폐쇄하기 위해 남은 기술적 문제들입니다." 비슷한 문제가 필드에서 일하는 수많은 장치－기반 회사들에게도 제기되어왔다. 결국은 미해결 PFO－편두통 링크에 대한 기본적인 과학적 문제를 해결하는 것과 함께 중재 기술에 대한 안전성과 유효성을 입증해야 한다는 조합은 회사가 일을 진행하기에는 너무 큰 위험이라는 것을 제시했다.

요구 명세서

필요 선정 과정에서 최우선 요구가 나타나면, 각각에 대한 요구 명세서가 만들어져야만 한다. 요구 명세서는 (1) 요구사항을 제시하고 (2) 요구 심사 과정(2.1~2.5절)을 통해 수집 된 데이터를 요약하고 (3) 요구사항을 충족하기 위해 해결책이 해결해야 하는 요구 기준의 윤곽을 알려주는 구체적이지만 간결한 하나의 문서이다. 이러한 기준은 각각의 카테고리에서 4~6개의 중요한 요구사항과 더불어 '필수적인 것'과 '선택적인 것'으로 분류돼야 한다.

요구 명세서의 정보는 바이오디자인 혁신 과정의 다음 단계－개념 생성에 대한 지침이 된다. 따라서 각 명세서는 완벽하게 준비되어 있어야 한다. 그러나 이것은 철저한 업무로 간주되어서는 안 된다. 이노베이터는 그들이 연구 논문을 작성할 때처럼 요구 명세서를 만들기 위해 거의 같은 수준의 노력과 엄격함을 적용해야 한다.

요구 명세서는 고정된 문서, 프레젠테이션, 개요가 아니라 그 안에 들어가는 데이터가 업데이트되고 개정되면서 진화하고 변화해야 한다는 것을 명심해야 한다. 결국, 요구 명세서는 개념 생성 단계에 들어가기 전에 확정되야 하지만 바이오디자인 혁신 과정의 많은 부분과 마찬가지로 최종 문서가 될 때까지 이 과정은 반복적이다.

요구 명세서 작성 시에, 이노베이터는 요구 선택 프로세스를 새로운 관점에서 볼 수 있게 하는 정보를 발견할 수도 있다. 예를 들어, 다양한 치료 선택에 대해 더 자세한 데이터를 집계하는 경우, 이전에 중요하지 않다고 생각했던 해결책이 실제는 중요하다는 것을 알게 될 수도 있다. 경쟁적 배경에 대한 요소들이 선택 과정에 포함되어 있다면, 새로운 정보는 특정 평가가 조정 될 필요가 있을지도 모른다는 것을 알려줄 수 있다. 사소한 조정이 필요성의 전반 평가에 중대한 영향을 미칠 가능성은 낮지만, 요구 선정 과정을 재검토하여 이를 확정하는 것은 중요하다. 중요한 정보를 첫 번째 심사 과정에서 왠지 놓쳤거나 요구의 수가 줄고 있는 경우에조차, 요구 선택의 각 단계에서 실시된 연구가 너무 피상적이라면, 주요 조정이 일반적으로 발생하게 된다. 요구 명세서와 함께 요구 선정 과정에 대한 이 상호작용은 다시 한번 바이오디자인 혁신 과정의 반복성을 강조하게 된다.

때때로 이노베이터들은 주어진 질환 상태에 중점을 둔 경우에 중복되는 여러 요구에 대한 배경 문서를 준비하여 요구 명세서를 줄일 수 있다. 그러나 이렇게 할 때, 이노베이터들은 특히 그것들이 명확하게 분리되어 있지 않은 경우는 각각의 요구들의 핵심 동력들에 대해 혼란스러움을 만들 위험이 있다. 또한, 요구 명세서가 다가올 세션에 중요한 인풋을 제공하기 때문에 정보가 통합된 요구명세서에 포함된 경우에, 상충되거나 또는 대체적인 요구가 참가자들을 혼란스럽게 하거나 그들의 생각을 편향되게 하는 것은 바람직하지 않다. 또한 약간의 요구가 남아 있어도 더 많은 정보가 알려진 것처럼, 일부는 이노베이터의 최우선 과제 목록에서 계속 줄어들 수도 있다. 각각의 요구가 자신의 명세서를 가진 경우에 이는 더 쉽게 성취될 수도 있다.

내용과 관련해, 요구 명세서는 요구를 지원하기 위해 모인 가장 중요하고 관련 있는 정보의 요약을 제공한다. 문서가 이 개요를 정확하게 따를 필요는 없지만, 다음에 요약된 단락으로 구성되는 경우가 종종 있다. 이노베이터들은 가장 관련성이 높고 유익한 내용이 포함되어 있다면 그들의 요구 명세서를 구성하는 다양한 제목과 방법을 자유롭게 시도할 수 있다. 꽤 다른 형식을 가지고 있지만 같은 기본적인 정보의 대부분을 포함하는 요구 명세서의 2개 실제 사례에 대해 온라인 부록 2.5.1 및 2.5.2를 참조하십시오. 요구 명세서의 형식도 다양할 수 있다. 요구 명세서는 일반적으로 여러 페이지의 논문, 슬라이드 프레젠테이션 또는 핵심 개요로서 만들어진다.

마지막 요점은 요구사항을 지원하는 양적 데이터를 통합해야 한다는 것이다. 요구와 관련된 문제 영역과 새로운 해결책으로 대처할 수 있는 시장을 설명할 때, 이노베이터는 관련 사실과 수치를 참조하여 문서에 특이성과 안정성을 추가해야 한다. 요구 기준은 요구 문장에서 가져온 아이디어를 수량화하기 위해 자주 사용된다. 예를 들어 요구문이 더 작은 것들의 요구사항을 참조하는 경우, 요구 기준은 특정 크기, 제한 또는 대상 범위를 제공할 수 있다. 요구 기준은 특정 요구사항이 존재하는 이유를 명확하게 할 수 있다; 예를 들어, 해결책은 작아서 특정 유형의 절개부를 통과할 수 있어야 한다.

니즈 요구서

니즈 요구서는 리서치를 통해 배운 것을 바탕으로 쓰이거나 (1.3 니즈 요구서 개발 참조) 정교하게 된 채로 사용 가능하다. 연구가 진행됨에 따라서, 이노베이터와 팀은 점진적으로 그들의 요구를 개선할 수 있다. 다른 경우에는 요구사항을 작성할 때 조정한다. 실제로 관찰된 것을 근본적으로 변경하지 않는 한, 두 가지 접근 방식 모두 허용된다. 필요성을 확인하고 명확히 함으로써 팀은 공통된 이해를 공유하고 아이디어를 통해 더 큰 성공을 거둘 수 있다.

문제

문제의 요약은 해부학 및 생리학, 질병 체계, 질병 진행, 문제를 해결하기 위한 과거 및 현재 접근법, 그에 따른 결과, 합병증 발생률 및 개선과 관련된 비용을 포함하여 기존 및 새로운 방법의 치료의 차이 분석을 다루어야 한다(2.1 질병 단계의 기초 및 2.2 기존의 해결책 참조).

시장 설명

시장 개요는 대상 시장, 절차 규모, 치료 보급률, 경쟁 구도 및 의료 시스템 부담에 관한 데이터(2.3 이해관계자 분석 및 2.4 시장 분석 참조)를 포함하여 필요 조사 프로세스의 고수준 시장 관련 정보를 다루어야 한다. 또한 필요에 대한 해결책의 잠재적 가치와 관련된 중요한 이해가 포함되어야 한다.

필요 기준

앞서 말한 바와 같이, 요구 기준은 필요성에 관심을 갖는 이해관계자(예: 효율성, 다른 장치와의 호환성, 사용 편의성)에 의한 새로운 해결책에서 요구되거나 핵심 요소이다. 필수 기준은 의사결정의 필수 요건이며 의사결정자의 핵심 요구사항을 포함해야 한다. 좋은 요구 기준은 반드시 필요한 것은 아니지만 해결책을 더욱 완전하게 만들어 줄 것이다. 이는 영향력 요인에 가장 중요한 요구사항에 부합한다.

요구 명세서가 정의될 때 요구사항에 대한 예비 기준이 일반적으로 나타난다(1.3 니즈 요구서 개발 참조). 그러나 관찰에 주로 기초한 초기 요구사항과는 달리, 요구 사양의 기준은 문제 및 시장에 대한 조사에서 수집한 데이터로 인해 크게 영향을 받는다. 이들 데이터는 욕구가 진짜로 해결되기 위해 충족되어야 하는 핵심 문제들을 이노베이터가 더 깊이 이해할 수 있게 한다.

예를 들어, 피부과 의사가 악성 흑색종을 정확하고 저렴한 진단을 할 수 있도록 요양원에서 피부 병변 검사를 수행할 필요성에 대해 고려해 봐야 한다. 이 프로젝트에 참여한 팀원들은 그들이 생각하기에 잠재적인 해결책으로 채택되기에 핵심적인 것이 될 4개의 필수 요구 기준을 개발했다. 이는 제공하는 것의 매력을 잠재적으로 높일 수 있는 양질의 기준과 함께 한다(표 2.5.6 참조).

이 예제에서 알 수 있듯이 요구 기준(특히 필수 항목)은 구체적이고 측정 가능해야 한다. 정량적인 기준은 정의한 필요성을 적절하게 다루기 위해 필요한 것을 이해하는 데 있어 가능

표 2.5.6 개념 생성 및 선택을 유도하기 위해서는 강력한 요구 기준을 결정하는 것이 필수적이다(Varun Boriah, Tiffany Chao 및 Ryan Krone의 허가).

필수 사항	권장사항
진료 시점: 피부과 전문의 진료소에서 10분 미만	환자와 1분 미만의 인터뷰 시간
정확도: 민감도 〉98% 특수성 〉50%	인터페이스 구성 요소는 물리적으로 작다(한 손에 넣을 수 있음).
저렴: 〈 190달러(현재 배상 비율 생검 병리학)	일회용 구성품
휴대성	중간 수준 공급자에 의해 수행될 수 있다.

한 모호하지 않도록 도와주는 데 특히 유용하다. 정량적 요구 기준은 일반적으로 팀의 관찰 및 필요 분야의 연구를 통해 밝혀진 벤치 마크와 관련하여 개발될 수 있다. 예를 들어, 피부과 전문의 예약 기간에 대한 전국 평균이 약 15분이라는 것을 알게 된 후, 이 팀은 피부과 의사가 새로운 진료소 진단을 실시하고 시간 내에 편안하게 시험 결과를 제공할 수 있어야 한다고 결정을 내렸다.

이들은 주요 진료 의사 그리고 피부과 의사 및 첨단 기술에 의해 설정된 기준에 의해 수행되는 현재 테스트의 성능을 평가함으로써 새로운 해결책 감도 및 특이성에 관한 요구사항을 이끌어냈다. 그런 다음 새로운 해결책의 편리성과 경제성 증대와 관련하여 유리하게 평가될 수 있는 정확도 목표를 선택했다.

요구 기준을 개발하는 것은 과학보다 예술적인 것일지도 모르지만, 니즈 조사를 통해 모아진 정보가 필수 요구사항들을 어느 정도 중요한 것으로부터 구분될 수 있게 구체화하고 재정의하는 것은 중요하다. 그러나, 너무 많은 절대 기준(6~8 이상)을 만들면 개념 생성 및 심사에 너무 많은 제약이 가해질 것임을 인식해야 한다. 이노베이터들은 필요를 해결하는 데 절대적으로 필요한 몇 가지 기준에 계속 집중해야 한다.

마지막으로, 일부 기준에 따라 제품 속성(예: 크기가 작고 혈관을 통해 배치할 수 있음)을 지정할 수 있지만 이러한 특정 특성은 여전히 높은 수준으로 유지되어야 한다. 요점은 해결책의 함축을 피하면서 필요성에 대한 허용된 제약 조건을 반영하는 것이다(예: 카테터 기반 플랫폼을 최적으로 활용해야 한다는 사실을 받아들이는 문제에 대한 해결책 개발). 또한 요구사항을 반복하는 혁신 업체로서 요구사항도 계속 진화하고 점점 구

체화되어야 한다.

참고문헌

필요 사양에 포함된 모든 양적 정보는 각주 또는 미주를 위해 일반적으로 받아 들여지는 관례를 사용하여 인용되어야 한다. 이해관계자의 인용문도 참고 문헌 목록에 인용되어야 한다.

다음은 한 팀이 필요성을 선택하고 필요 사양을 개발하는 과정을 거친 방법에 대한 내용이다.

현장에서 혈류 감염 팀

필요성 선택 및 필요 사양 개발

Stanford의 바이오디자인 혁신 과정에서 Eric Chehab, Carl Dambkowski, Jon Fritz, Siddartha Joshi, Brian Matesic 및 Julie Papanek는 카테터 관련 혈류 감염을 줄이는 방법에 대한 필요성을 생각했다. 보다 실용적이며 집중적으로 필요 진술을 수정해야 한다는 점을 인식하고 동시에 요구사항을 살펴보고 조사하는 것을 시작했다. 이들은 혈류 감염, 투석 카테터, 중심선, PICC 라인, 화학 요법 포트, 소아용 카테터와 같은 병원 환경에서 사용되는 여러 유형의 카테터를 조사하는 것을 시작했다. 각 지역의 예비 질병 상태, 치료, 이해관계자 및 시장 데이터를 수집한 후, 그들은 기회를 비교하고 이들의 초점을 좁히는 데 도움이 되는 4가지 예비 요인을 정의했다. (1) 감염률, (2) 이용률, (3) 기존 기술이 효과적으로 문제를 목표로 삼은 정도, (4) 팀의 이익과의 관계

첫 번째 선택에서 이 팀은 소아용 카테터와 관련 혈류 감염(BSI)에 집중했다. 특히 소아용 카테터의 감염률은 다른 지역보다 훨씬 높았다. "우리는 실제로 차이를 만들고 쉽게 발전을 보일 수 있는 가장 감염률이 높은 지점에 끌렸습니다."라고 Papanek이 말했다. 또한 소아의 니즈에 대응하기 위해 특별히 설계된 기존 기술의 부족과 신생아의 카테터 관련 BSI를 줄이기 위한 해결책에 종사하고 있는 기업이 거의 없다는 사실에 의해 놀랐다.

이처럼 중시된 초점으로 소아과 관련 질환, 치료, 이해관계자 및 시장 특성에 대해 더 깊이 연구하기 위해 연구를 시작하였다. "기본부터" Chehab은 이렇게 말했다. "필요성을 재확인 할 때마다 연구를 재조정했다." Papanek는 "점점 더 많은 데이터를 수집하면서 필요에 대한 우리의 이해가 크게 향상되었다."라고 덧붙였다. 총 4가지 요소를 사용하여 매번 결정을 내리는 데 도움이 되는 두 가지 추가 조사와 보완이 완료되었다. 두 번째 라운드에서 나올 때까지 미숙아의 카테터 관련 BSI에 집중했다. 세 번째 라운드는 탯줄 카테터와 BSI 감염률을 줄이기 위해 탯줄 카테터를 사용하여 신생아에서 혈류에 박테리아가 들어가는 것을 방지할 수 있는 방법이 필요했다.

니즈 문서를 검토 시에, 전문가들 대부분은 신생아 탯줄 카테터 시장이 상대적으로 작다는 사실에 주의를 돌렸다. 팀은 자체 조사에서 이것을 밝혀 냈지만 상호보완점을 제공하기로 결정했다. 시장이 독립적인 사업을 지원할 가능성은 낮았지만, 신생아 건강에 큰 영향을 끼칠 수 있는 중요한 니즈였다. 또한 신생아가 아닌 특정 장치가 이미 존재했기 때문에 해결책을 신속하게 개발할 수 있고 기술적 위험이 제한적이라고 생각했다. 팀원들은 완전히 새로운 것을 준비할 필요가 없었으며, 카테터와 독특한 환자 집단의 비정상적인 형태에 이용 가능한 기술을 적응시키는 방법을 찾아내야만 했다. 이런 이유로, 커다란 기업에 해결책을 라이센싱할 수 있고 이후 잠재적으로 더 수익성이 좋은 기회로 전환될 수 있다는 희망을 가지고 이 그룹이 착수하는 좋은 "첫 번째 프로젝트"가 될 것이다.

팀의 연구 및 필요성 확인 활동의 또 다른 중요한 통찰력은 모든 해결책이 의료 시스템에 제공해야 하는 가치와 관련이 있었다. Chehab은 "병원에서 얻은 혈류 감염은 값이 비싸고 더 이상 의료 관리가 상환되

필요 기준

추가 부작용을 증가시키지 않고 조기 신생아에서 제대 카테터로 인한 혈류 감염 줄이는 방법

필수 사항	권장사항
• BSI 비율 < 7.1/1k 환자 일수	• 14일 이상 안전하고 효과적으로 활용
• 작은 동맥 탄성의 현저한 증가 없음	• 극소 저출생 체중아에서 사용할 수 있다(< 1000g).
• 필수 TNP, 약물 및 유체 전달 및 경쟁 제품에서 혈액 모니터링 가능	• 항생제 저항성을 증가시키지 않는다.
• 출생 직후 사용 가능	• X-선 확인 없이 삽입 가능
• APGAR 점수가 7 미만인 아기에서 사용할 수 있다.	• 간호사의 지시에 따라 합법적으로 입원할 수 있다.
• 기존 절차에 통합	• 신속한 채택을 용이하게 하는 간단한 교육
• 체계에 순수한 건강관리 비용을 증가시키지 않음	

그림 2.5.9
팀에 의해 정의된 필요성 기준(Eric Chehab, Carl Dambkowski, Jonathan Fritz, Siddhartha Joshi, Brian Matesic 및 Julie Papanek로부터 허가를 받아 사용)

지 않기 때문에 병원의 전반적인 비용을 줄이려고 노력했다."라고 설명했다. BSI 계약을 맺은 유아 한 사람당 병원비는 약 4만 달러가 증가했다. 즉, 카테터 관련 BSI는 신생아 중환자실(NICU)에 입원한 아기의 5~15%에 영향을 미쳤다. 일반적으로 제대혈 카테터를 1년에 250명 미만의 환자에게 투여하는 Lucile Packard 아동 병원과 같은 시설의 경우 관련 BSI의 연간 비용은 약 260,000달러이다. Papanek가 요약한 바와 같이 "대다수의 아기들은 혈류에 감염되지 않으므로 병원용 저렴한 보험 정책이 필요합니다."

이 정보를 고려하여 팀은 해결책의 성공에 영향을 미치는 또 다른 요소를 정의했다. 널리 채택되기 위해, 회원들은 기존의 카테터 삽입 프로토콜과 원활하고 쉽게 통합해야 하는 해결책이 필요하다고 생각했다. "우리는 카테터 배치를 재발견하거나 현재의 절차를 변경할 것을 기대할 수 없었습니다. 이 해결책은 카테터 유도 감염을 줄이기 위해 현재 카테터 세트와 함께 번들로 제공된 채로 현재의 카테터 삽입 방법에 추가되어져야 합니다."라고 Dambkowski는 말한다.

이러한 요소를 염두에 두고 팀은 요구 사양 개발의 일환으로 명확한 니즈 기준을 정의할 수 있었다. 가치와 적용에 관계된 문제는 양적 지침에 따라 다양한 추가적인 임상적 및 기술적 니즈 사항과 함께 "필수"기준 목록에 의해 참고 되었다. 그림 2.5.9에 나타낸 바와 같이, 환자와 의사의 경험을 개선하고 사용하기 쉬운 해결책을 만들기 위한 추가 요구사항이 '선택'의 기준에 포함되어 있었다.

개념 생성 단계로의 이동을 희망하면서 Chehab, Dambkowski, Papanek 그리고 동료들은 이러한 필요 기준을 가이드로 사용하고 결국 해결책을 선택했다. 팀의 완벽한 요구 사양의 변형은 온라인 부록 2.5.1에 나와 있다.

궁극적으로 이노베이터들은 LifeBubble이라는 제품을 설계했다. 이 제품은 카테터 삽입 부위 주변에 배치되어 카테터를 보호하고 피부를 세우고 분리하여 BSI를 줄이고 박테리아가 피부에서 그루터기로 이동하는 것을 방지한다. LifeBubble은 아직 개발 중에 있다.

온라인 자료

더 많은 자료는 www.ebiodesign.org/2.5를 방문한다.

"Getting Started"의 활동과 링크

- Choose selection factors
- Assign ratings
- Calculate scores
- Validate and select needs
- Create need specification(s)

니즈 선택에 관한 동영상

두 프로젝트에 대한 표본 니즈 요구서를 제공하는 부록

NOTES

1 "About Us," Sohum Innovation Lab, http://www.sohumforall.com/team/ (November 19, 2013).

2 The Foundry, http://www.the-foundry.com/ (November 19, 2013).

3 All quotations are from interviews conducted by authors, unless otherwise cited. Reprinted with permission.

4 "Patent Foramen Ovale," KidsMD, Boston Children's Hospital, http://www.childrenshospital.org/health-topics/conditions/p/patent-foramen-ovale (November 19, 2013).

5 Shelley Wood, "Mixed Results for PFO Closure in Migraine Cloud Interpretation of MIST," TheHeart.org, March 13, 2006, http://www.medscape.com/viewarticle/788296?t=1 (November 19, 2013).

6 Shelley Wood, "NMT Announces Termination of Its MIST II Trial of PFO Closure for Migraine," *HeartWire*, January 24, 2008, http://www.medscape.com/viewarticle/569169 (November 19, 2013).

Acclarent 사례 연구

2단계: 니즈 스크리닝

Makower와 Chang이 만성 부비동염의 필요성을 조사하는 것과 동시에 정형 외과, 호흡기 질환 및 울혈성 심부전(CHF)의 필요성에 대한 조사를 계속했다. 그러나 정보를 수집하고 관측을 수행하기 위한 접근을 지연하는 것은 만성 부비동염이 어떤 프로젝트를 수행 할지를 식별하기 위한 노력에서 어느 정도 "리드하는 자"가 될 수 있게 해 주었다.

중요한 것은, 그들은 이 분야에서 여러 니즈를 개발했다. 예를 들어, FESS 수술에 대한 잠재적인 대안을 찾을 뿐 아니라, ENT 전문가가 환자의 상황을 보다 정확하게 평가할 수 있도록 하기 위해 개선된 보다 역동적인 진단에 대한 니즈도 또한 보게 되었다. Chang은 "ENT 수술에서 증상을 평가하기 위해 내시경 검사와 컴퓨터단층촬영(CT) 검사를 사용하고 있다. 그러나 이러한 측정의 결과가 반드시 상관 관계가 있는 것은 아닙니다. CT 스캔은 정적입니다. 내시경 검사와 마찬가지로 정시에 스냅 샷을 제공합니다."라고 말했다. 따라서 당신은 일주일 전 사진상 – 완벽한 CT 스캔을 얻을 수 있지만, 환자는 오늘 고통을 느낄 수 있고 반대도 가능하다. 따라서 외과의 사는 사실상 어둠 속에서 일하고 있다고 볼 수 있으며 단 하나의 결론적인 진단 검사보다는 최선의 임상적 판단을 하고 있는 것이 분명하다.[1]

이 분야의 임상 문제에 대한 이해와 하나 이상의 중요한 필요 사항을 해결하기 위한 작업 가설을 바탕으로 이 과정의 다음 단계는 질병 단계의 기초, 기존의 해결책, 이해관계자 및 시장에 대해서 보다 자세한 연구를 수행한다. 일단 이것이 완료되면, 더 나은 위치에서 필요성을 점검하고 가장 주요점에 대해서 집중하여 결정을 내릴 것이다.

2.1 질병 단계의 기초

질병 상태를 이해하기 위해 Makower와 Chang은 철저한 문헌 조사에 나섰다. 이들은 외과용 교과서, 사체 해부 책, 수백 건의 CT 스캔을 통해 부비동의 해부학 및 생리학을 이해하려고 노력했다(그림 C2.1 참조).

그들은 부비동염의 병리생리학을 이해하면서 더 많은 책 연구를 하고 동료가 관찰한 임상 기사를 편집하여 질병의 행동 메커니즘에 주의를 기울였다. 그러나 ExploraMed II 팀의 컨설턴트 인 샤론 램 왕(Sharon Lam Wang)은 "만성 부비동염은 특정한 것이 아닙니다. 저희는 이것이 무엇인지 이해하는 것 같지 않습니다. 심지어 현장의 의료진조차도 이에 대한 정의에 동의하지 않습니다. 증후군일까요? 질병일까요? 알레르기는 어떻게 작용할까요? 환자의 해부학적 구성은 어떻게 상태에 영향을 줄까요? 이는 다중 요인을 포함한 질병입니다." Lam Wang은 TransVascular에서 Makower와 Chang과 함께 일한 전문가 였고 Kyphon과 Hansen Medical 모두에서 중요한 초기 역할을 담당해 왔다.

질병의 복잡성을 감안할 때, Makower와 Chang은 2차 연구가 이를 충분히 이해하지 못한다고 생각했다. 그들의 주요 연구 전략은 사체 해부뿐만 아니라 직접적인 의사의 의견도 포함한다. 그러나 ENT 전문가와 초기 단계에서 조기에 인터페이싱하는 것이 매우 중요했다. "우리는 정말 안심할 만한 사람이 필요했습니다. 공간을 아주 잘 이해하고 언어학에 대해 공부하지 않은 사람이 필요했습니다." 라고 Makower가 말했다. "이런 종류의 사람은 좋은 임상 피드백과 훈련을 우리에게 줄 수 있지만 우리는 목표 시장에서 누구와도 잘못된 관계를 가지고 싶지 않습니다. 우리는 우리가 하고 있는 일에 기득권이 없는 사람이 필요했습니다." ENT 의사였지만 외모와 외상 후 치료를 위한 안면 플라스틱 전문가인 Dave Kim 박사에서 그런 사람을 찾았다. Kim 박사의 추천은 ExploraMed의 임원 중 한 사람을 통해 이루어졌다. Makower에 따르면, "우리는 그에게 가서 기본적으로 처음부터 시작했습니다. 부비강염이란 무엇입니까? 어디에 위치한 것입니까? 왜 그들은 그 구조를 제거합니까? 우리는 모든 기본적인 생리학, 그것이 어떻게 작용하는

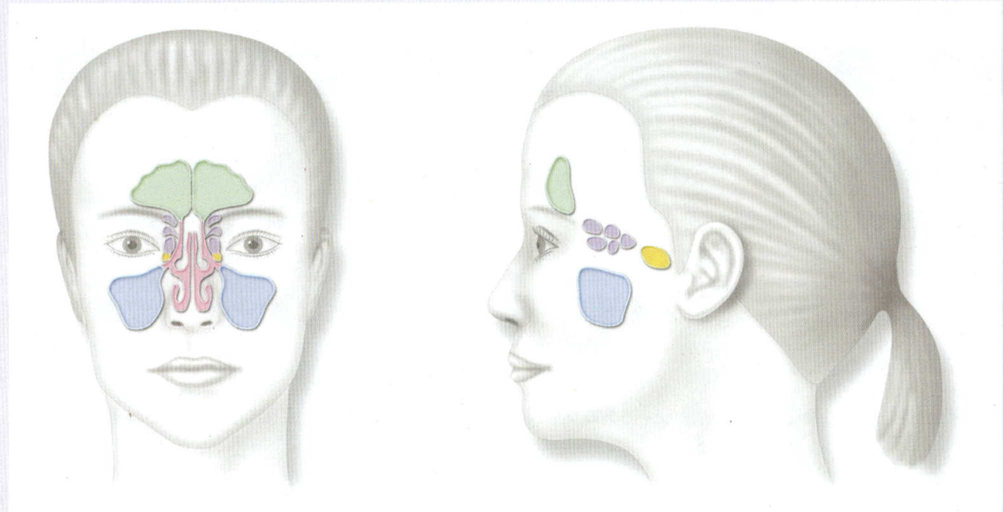

그림 C2.1
부비동은 코에 연결되는 정맥에 4개의 공기 구멍이다. 앞 정강이는 이마에 있고, 사골동은 눈 사이에 위치한 작은 공기 주머니들로 있으며 접형동은 눈 뒤에 있으며 상악동은 뺨에 있다. 각 부비동에는 점액이 배출되는 개구가 있다. 점액의 배수는 부비동을 건강하게 유지하는 정상적인 과정이다. 점액은 모세혈관을 자극하여 먼지와 박테리아와 같은 불순물로부터 코의 내부를 보호한다(Acclarent에서 제공).

지 등을 재검토했습니다. 그리고 우리는 해부학 실험실에 들어가서 구조를 지적한 모든 곳을 대상으로 상세한 해부를 실시했습니다. 이것은 매우 도움이 되었습니다." 조사에서 중요한 부분을 감안할 때 Makower는 "대부분의 사람들은 관상 정맥동에서 좋은 흐름을 보일 때 건강한 관상 정맥동을 가지고 있는 것 같았습니다. 그것이 결론 이었습니다."(그림 C2.2 참조).

팀의 질병 연구에서 수집한 다른 중요한 정보는 표 C2.1에 나와 있다.[2,3,4]

2.2 기존의 해결책

만성 부비동염의 병 상태에 대해 배우는 것과 병행하여, Makower와 Chang은 기존 및 새로운 해결책을 현장에서 연구했다. "이곳은 제가 다시 환자가 되었을 때 있었던 곳입니다." 라고 Makower는 말했다. "제가 선택한 것에 매우 좌절했기 때문입니다." 그는 임상 치료의 진전에 대해 자세히 설명했다.

> 첫째, 점액을 줄이고 경미한 증상을 완화하기 위해 Sudafed 및 기타 알레르기 약과 같은 처방전 없이 구입할 수 있는 다양한 약이 있습니다. 다음 단계에서는 의사의 처방에 따라 Flonase와 같은 항생제와 분무 가능한 스테로이드가 처방됩니다. 이들은 항상 나를 두려워했습니다 – 저는 코에 스테로이드를 뿌리는 것을 결코 좋아하지 않았습니다. 누군가가 수술을 받기에 앞서, 많은 의사들이 고용량의 경구용 스테로이드를 처방했으며, 이로 인해 심각한 부작용이 발생할 수 있습니다. 마지막으로, 최악의 경우 기능적인 내시경 수술이 수행되었습니다. 수년 동안 수술 가능성에 대해 여러 ENT를 보았습니다. 그러나 그들은 매번 CT 스캔을 보고 저에게 "당신은 우리가 뭔가 조치할 만큼 심각한 정맥동을 앓고 있는 것이 아냐."라고 주로 말했습니다. 그것은 정말로 저에게 의미가 없었습니다. 왜냐하면 저는 정말로 괴로웠기 때문입니다. 그러나 이 외과수술을 보고 저는 왜 그들이 환자를 조종하는지 이해할 수 있었습니다. 그들은 수술의 잠재적인 합병증으로부터 저를 보호해 주었습니다. FESS를 수행하는 데 사용하는 수술 도구[그림 C2. 3 참조]는 흉터를 유발할 수 있습니다. 실제로는 완전히 새로운 차원의 질병 자체를 만들 수 있습니다. 저 같이 부비강염 환자가 수술을 받지 않은 경우, 부비강염의 증상이 몇 달 동안 없어질 수 있습니다. 그러나 FESS 이후에, 지속적인 상처가 남을 수도 있고 이전보다 악화될 수도 있습니다.

표 C2.1 만성 부비동염은 심각한 환자의 상당수에게 영향을 미치는 심각한 의학적 상태이다.

부비동염에 대하여
부비동염은 매년 약 3,900만 명(미국 성인 인구의 14%)에 해당하며 미국에서 가장 흔한 건강 문제 중 하나이다.
심장 질환과 천식보다 일반적이며 만성 요통, 당뇨병, 울혈성 심부전보다 삶의 질에 큰 영향을 미친다.
신체적, 기능적, 감정적으로 환자에 영향을 미칠 수 있는 일반적인 증상으로는 안면 통증, 압박 및 울혈, 메스꺼움 및 배수, 후각 상실, 두통, 구취 및 피로가 포함된다.
축농증으로 인한 직접적인 의료 비용은 연간 총 81억 달러가 넘는다.
만성 부비동염 환자는 12주 이상 지속되는 증상이 있다(급성 부비동염 환자는 보통 4주 이내에 증상이 호전된다).
약 140만 명의 환자가 매년 만성 부비동염으로 의학적으로 관리를 받고 있다.
만성 부비동염 환자는 매년 1년에 18~22만 명이 병원을 방문하며 1차 진료 의사 방문 횟수는 2회 이상, 그렇지 않은 경우에는 약국 진료소 방문 횟수가 5회 정도이다.

(a)

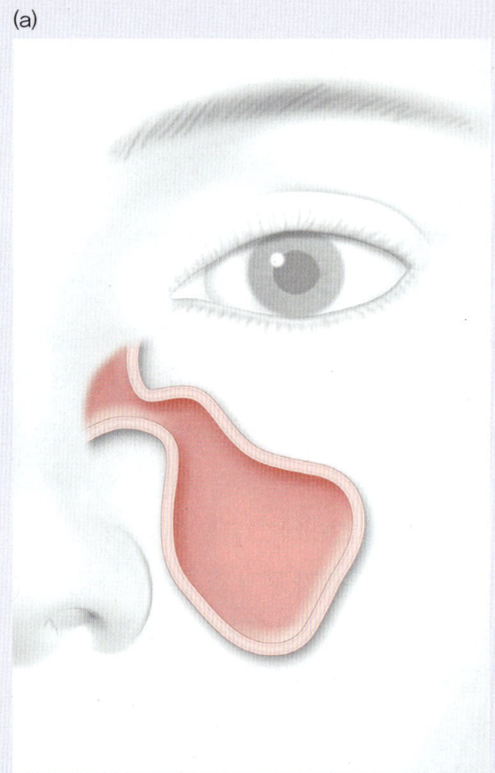

(b)

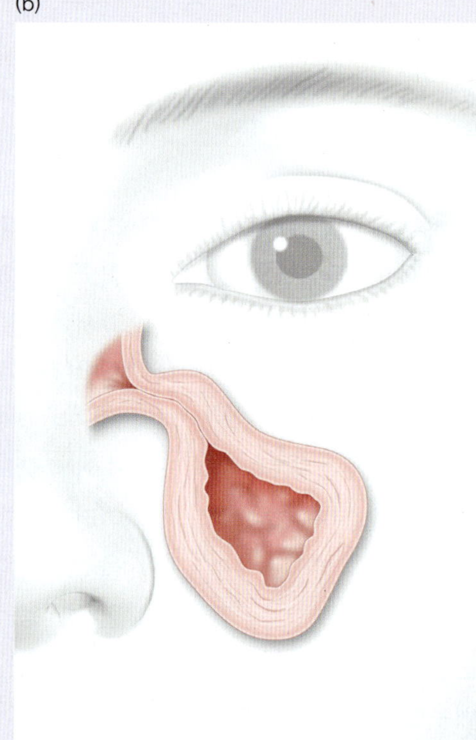

그림 C2.2
부비동염은 세균, 바이러스 또는 미생물에 의한 감염뿐만 아니라 부비동 개구부(ostium)의 막힘과 같은 구조적 문제로 인해 가장 흔하게 발생하는 부비동 내막의 부화이다. 강구가 부어서 닫히면 정상적인 점액 배수가 일어나지 않을 수 있다. 이 상태는 감염 및 부비동의 염증을 일으킬 수 있다(Acclarent에서 제공).

매년 만성 부비동염으로 의학적으로 관리되는 140만 명 중 약 97만 명이 FESS 수술의 후보자로 간주된다. 이 시술의 목적은 뼈와 조직을 제거하여 부비동 개구부를 넓히고 배수를 회복시키는 것이다. 그러나, 놀랍게도 소수의 자격을 갖춘 외과의 후보들(일년에 약 50만 명)이 FESS 절차를 밟는다.[5] 환자가 수술을 거부 한 가장 일반적인 이유 중 일부는 표 C2.2에 요약되어 있다.[6]

이러한 위험 요소를 조사한 후, Makower는 "이 시술은 아직 완전히 완료되지 않았음이 분명합니다."라고 언급했다. Chang은 "환자들은 수술 후 1~2주 동안 야구 방망이로 얼굴을 맞아 회복되어 가는 것처럼 끔직한 느낌을 경험한다고 말합니다."라고 덧붙였다. 이것은 종종 붓기와 가끔 눈이 검어지는 현상을 동반한다. 그러나 더욱 심각한 것은 재활 비율이 상당히 클 수 있다는 사실이다. 정말 최악이다! 환자들이 1/4의 확률로 다시 이 고통을 겪어야 한다면 이같이 고통스러운 수술과 회복과정을 어떻게 권할 수 있겠는가?

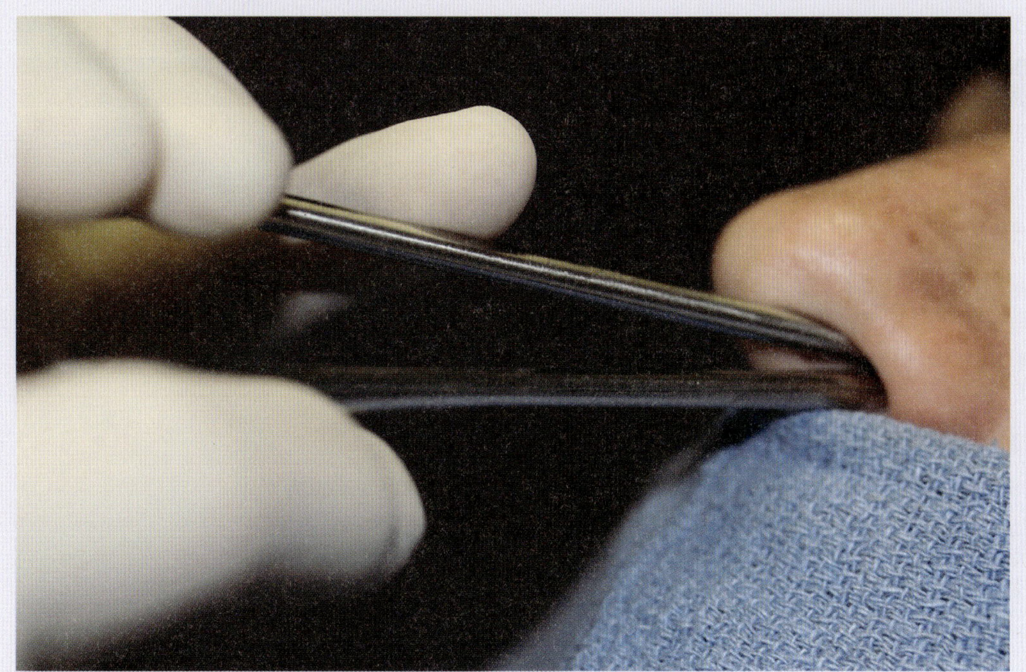

그림 C2.3
기능성 내시경 수술은 비뚤어진 부비동 해부학에서 직선형, 단단한 공구를 사용한다. 그 결과, 외과의 사는 종종 건강한 조직과 뼈를 제거하여 감염된 부비동에 도달하게 만든다(Acclarent에서 제공).

2.3 이해관계자 분석

FESS와 관련된 위험을 이해하면 Makower와 팀이 환자가 수술에 대해 어떻게 생각하는지에 대한 통찰력을 얻을 수 있었다. 결과적으로 그들은 의사의 관점을 평가하는 예비 이해관계자 분석 과정에서 대부분의 시간을 보냈다. 연구원은 지불자와 시설에 대해서도 연구를 수행했지만 이 연구는 이 사례에 대해 2.4절에서 보다 자세히 기록하고 있다(환불에 대해서).

Lam Wang은 의사 연구에서 많은 부분을 수행하여 이 팀이 현실적으로 이 분야에서 사업을 할 수 있는지 알아보았다. 그녀가 프로젝트에 참여했을 때, 그녀는 ENT 전문가가 만성 부비동염 분야의 새로운 혁신에 긍정적으로 반응할 것이라고 생각했다.

> 저는 그들이 새로운 기술에 개방적이라고 생각했는데, 이는 주로 1980년대에 일어났던 FESS 혁명 때문이었습니다. 그 전까지는 얼굴에 상처를 입히거나 잇몸을 통해 수술이 진행되었습니다. 그들은 부비동에 도달하기 위해 말 그대로 얼굴 피부를 벗겨냅니다. 내시경이 등장한 이후로 의사들은 코를 통해 부비동에 접근하기로 전환했습니다. 그것은 거의 하룻밤 사이에 바뀌었습니다. 그들은 더 나은 결과를 보이는 임상 데이터가 없는 새로운 접근 방식을 채택했습니다. 우리가 문제를 연구하고 있었을 때조차도 데이터가 거의 없었습니다. 그래서 저는 이 사람들이 일을 하는 새로운 방식이 실질적이고 개방적이 되어야 한다고 말했습니다.

이 점을 확인하기 위해 그녀는 ENT 전문 분야에서 4명에서 5명의 존경받는 의사(일상적으로 FESS를 수행한 의사)와의 인터뷰를 실시했다. 그녀는 "이러한 초기 논의 과정에서 저항적인 모습을 볼 수 없었다."하며 회상하면서 말했다.

그러나 Chang의 관점에서 볼 때, 의사의 이해관계자들로부터 몇 가지 혼합 신호가 있다. 그는 이렇게 설명했다.

> 우리가 그들과 이야기할 때 그들은 "기계를 좋아하는 사람들"이라고 주장할 것입니다. 그들은 전원이 공급된 계측 및 외과 수술과 같은 새로운 장난감을 얼마나 좋아하는 말해 줄 것입니다. 우리는 그들이 더 좋은 신기술을 채택하게 되어 기뻐한다는 느낌을 받았습니다. 한편, 우리는 그들이 말한 것중 대부분이 다른 신제품으로부터 온 점진적인 혁신임을 알게 되었습니다 – 정

표 C2.2 FESS 절차는 통증과 위험을 초래할 수 있다.

FESS에 대하여
FESS는 모든 절차의 약 76~ 98%에서 성공한다(재활 비율은 24%까지).
파편, 응고 및 흉터를 수술 부위에서 제거하기 위한 수술 후 방문은 종종 필요할 수 있으며, 고통스러울 수 있다.
단단한 강철 수술 기구를 사용하여 환자의 콧구멍을 통해 처치를 하며, 의사가 골반과 조직을 제거하여 부비동에 도달하여 배액을 용이하게 하기 위해 콧구멍을 열 수 있도록 한다.
수술은 전신 마취하에 시행된다.
부비동이 두개골과 눈에 근접해있는 상황에서 외과 의사가 부비동과 뇌 사이의 얇은 뼈 조각을 부주의하게 제거할 수 있는 모든 수술(200건 중 1건)은 척수액 누출을 유발할 수 있으며 수막염의 위험을 초래할 수 있다.
눈 구멍의 부비동 벽이 손상되면 실명을 유발할 수 있다.
코와 부비동의 혈관이 높기 때문에 비강은 때때로 거즈로 패킹을 해야 절차에서 출혈을 흡수할 수 있으며 이후에 제거하는 것은 고통스러울 수 있다.
수술은 일반적으로 외래환자에게 수행되지만, 환자들은 종종 이것이 그들의 삶에서 최악의 경험이었다고 말한다.
수술 후 소아과 개통에 성공했는지 여부를 결정하기 위해 부수적인 효과(예: 부종)가 가라앉을 때까지 몇 주가 걸릴 수 있다.

형외과의 수술용 전원 면도기와 신경외과의 수술용 탐색기. 절차적으로, 면도기와 네비게이션 시스템이 더 효율적이고 안전하게 뼈를 자르거나 제거했습니다. 이것은 분명히 개선되었지만 수술에 대한 접근 방식이 크게 발전한 것은 아닙니다. 그들은 또한 과거 12년간 같은 장비를 유지하는 것을 매우 자랑스럽게 생각했습니다. 그들은 강철 도구들을 부수고 이후 새로운 세트를 구매하기를 원치 않았기 때문에 그들은 강철 도구를 최대한 조심해서 다루었습니다. 이것은 우리를 격정시켰습니다.

Lam Wang과 Chang의 의견에 대한 불확실성에도 불구하고, 팀은 이 공간에서의 필요에 대한 조사를 진행하는 데 있어 편안한 느낌을 받았다.

2.4 시장 분석

다음 단계는 시장에 대한보다 상세한 평가를 수행하는 것이었다. 연구팀은 시장에 대한 정확한 추정치를 얻으려면 문헌에 발표된 광범위한 추정치에 의존하는 것으로는 충분하지 않다고 생각했다. 그래서 그들은 처음부터 시작했다. 매년 만성 부비동염에 걸린 사람들의 발생률을 확인하기 위해 Lam Wang은 임상 문헌을 조사하여 ICD-9 진단 코드를 사용하였고 이 상태로 진단된 성인의 실제 수를 추정하는 연구를 진행했다.

다음으로, 그녀는 손 쉬운 목표(약물 치료에서 효과를 보지 못하는 사람)들을 찾기 위해 순환 관리 분석을 진행했다. 이들은 수술 후보자로 고려되었지만 FESS 절차를 거치지 않은 채로 선정되었다. 여러 가지 사례를 분리한 후, 해당 분야의 실무 임상의들과 검증하며 반복적 과정을 통해 해당 모델을 대상으로 가정을 테스트한 후, 예비적 답안을 찾게 되었다. "대체 절차의 후보자는 연간 900,000명의 환자와 같이 엄청난 숫자였다." Lam Wang이 회상하며 말했다. 중요한 것은 아직까지 FESS를 받고 있는 연간 30만 명 이상의 환자가 포함되어 있다는 것이다(결국 대체 절차로 옮겨질 수 있다고 가정). 부비동염의 정의에 부합하지만 "다른 동물로 간주 된" 재발성 급성 부비동염이라는 특정 유형의 만성 부비동염도 고려했다. Lam Wang이 말했다. "이들은 여러 가지 사건들이 빈번하게 일어납니다. 아마도 해부학적 구조 때문일 수 있습니다. 여러 가지 사례를 얻기 위해 의사들과 함께 많은 반복 활동이 필요했습니다." 기본 모델은 그림 C2.4를 참조하라.

"엄청난 환자가 있지만, 많은 시술이 수행되지 않았습니다."라는 사실은 Lam Wang, Makower, Chang에게 현재와 미래의 기회가 매우 매력적인 것으로 보여지게 하였다. 수술실이 아닌 전문가의 도움으로 수행 할 수 있는 보다 덜 침략적인 해결방법을 만들 수 있다면, 개선된 해결책을 제공하는 과정에서

Exploramed의 예상 시장 잠재력

2004년 미국 시장 모델

294.2	M	2004년도 미국 인구
1.96%		ICD–9로 표시된 CRS의 연간 발생률
5.8	M	CRS로 진단된 개인
87.0%		비 소아과
5.0	M	2004년 CRS로 진단된 성인

X 90%		**≥ 12주 이상의 증상**	X 10%		**급성으로 재발**
4.5	M		0.50	M	
X 20%		치료에 대한 불응기	X 30%		불운한 해부/ 호흡기 장애로 인한 비율
0.9	M	수술 상담에 대한 ENT 참고	0.15	M	수술 후보자
X 90%		양성 CT 검사	- 0.03	M	오늘날 재발성 급성심근경색의 FESS
0.8	M	CRS를 실제로 가진 경우			
- 0.3	M	오늘날 CRS pts에 대한 FESS의 절차			
0.5	M	치료에 불응하지만 오늘날 수술을 받지 않은 경우	0.12	M	충족되지 않은 임상적 필요성을 수반하는 재발성 급성심근경색
515,705		**Exploramed에 대한 충족되지 않은 요구를 가진 CRS pts**	117,501		**Exploramed의 욕구가 충족되지 않은 재발성 급성 림프종**

잠재적 초기 목표 시장	**117,501**	**오늘날 구강 폐색은 있지만 수술하지 않은 재발성 급성심근경색**
잠재적 표적시장	**515,705**	**약에 내성이 있고, 폴립은 아니지만, 오늘날 수술을 하지 않은 CRS**
잠재적 확장 인구	**330,000**	**치료를 받지 않은 FESS 소아 미진단 pts**

총 잠재 시장 **963,206**

그림 C2.4
만성 부비강염에 대한 시장 분석은 의학적 필요성이 크게 만족스럽지 못한 것으로 지적되고 있다(Acclarent에서 제공).

비용을 줄임으로써 더 큰 가치를 창출 할 수 있는 가능성이 있다.

2.5 니즈 선택

팀원들이 FESS 팀원들이 FESS 수술을 위한 대체 기술의 잠재적 시장이 매년 거의 1백만 명의 환자에 이를 수 있다고 결론을 내릴 때까지는 지속적인 혁신 노력을 통해 이 기회에 부합하는 데 필요한 모든 정보를 얻게 되었다. 질병의 상태에 대해 새로운 해결책을 실현할 수 있는 방법에 대해서는 충분히 알려져 있었고, 해결 방법은 혁신에 가까웠으며, 환자는 FESS의 대안 기술에 열의를 갖고 있었고 의사는 새로운 아이디어를 검토하는 데 일반적으로 개방된 것처럼 보였다. 또한 정의된 전략적 초점과 Makower의 관련 수용 기준에 대한 강력한 요소였다.

팀은 정형외과, 호흡기 질환 및 CHF(뿐만 아니라 다른 만성 부비동염 필요)와 관련된 필요성을 조사하는 동안 출혈이 적고 통증이 적으며 뼈와 조직이 적게 제거되는 만성 부비동염을 치료하기 위한 최소 침습적 접근법의 필요성, 흉터의 위험이 적었으며, 더 빠르고, 쉽고, 더 안전하게 수행하는 방법을 찾았다. Makower가 설명했듯이, 팀은 모든 요구사항 심사 활동을 한 번에 수행하기보다는 새로운 정보가 제공될 때마다 더 많은 기준으로 필요성을 알아보았다.

우리는 필터링을 수행했습니다. 우리가 바이오 디자인 혁신 과정을 가르칠 때, 우리는 사람들이 각 단계를 명확히 하기 위해 어떻게 혁신하는지에 대한 기본 사항을 격리하는 데 초점을 맞췄습니다. 이렇게 함으로써 모든 활동이 순차적으로 발생하는 것처럼 보일 수 있습니다. 실제로는 거의 동시에 발생할 수 있습니다. 프로젝트 개발자가 주로 말하는 말이 있습니다. "성공한 프로젝트로 마무리 작업을 하는 것은 말을 타는 것과 같다." 경주 중, 어느 때나 말을 조정할 수 있으며 언제라도 말에서 떨어질 수 있습니다. 어떤 말은 경주가 시작될 때 달리고 어떤 말은 넘어져도 다시 일어나서 엄청 멀리 달리기도 합니다. 어떤 말은 멀리 달리지 못하기도 합니다. 결국에는 계속 나아가고 다른 사람들보다 앞서 나가는 말이 다른 말을 제치게 됩니다. 그렇게 되면 모든 장애물을 쉽게 넘어가게 됩니다. 다른 말보다 훨씬 앞서 나가는 말은 하나에만 집중하고 골인 지점까지 달려갑니다.

노련한 이노베이터이자 기업가로서, Makower는 다른 사람들이 더 유망해 보였을 때 기회를 놓치고도 편안해 보였다. "결국 한 번에 한 가지만 집중하면 승리할 수 있습니다. 여러 가지를 집중하면 너무 혼란스러워져서 한 가지도 잘 수행해내지 못할 것입니다. 그리고 결국 골인 지점에 다가가지 못합니다."

NOTES

1 All quotations are from interviews conducted by the authors, unless otherwise cited. Reprinted with permission.
2 "Sinusitis Overview," Balloonsinuplasty.com, http://www.balloonsinuplasty.com/learn-about-sinusitis (September 16, 2013).
3 Carol Sorgen, "Sinus Management Innovation Leads to an Evolution in Practice Patterns," *MD News*, May/June 2007, http://www.clevelandnasalsinus.com/webdocuments/Acclar-Cleveland-md-news.pdf (September 16, 2013).
4 Stephen Levin, "Acclarent: Can Balloons Open Sinuses and the ENT Device Market?," *In Vivo*, January 2006.
5 Ibid.
6 Ibid.
7 R.S. Jiang and C.Y. Hsu, "Revision Functional Endoscopic Sinus Surgery," *Annals of Otology, Rhinology and Laryngology*, February 2002, pp. 55-59.

개발하기 컨셉 생성

과정	단계	활동
파악하기	1. 니즈 탐색	1.1 전략적 포커스 1.2 니즈 탐구 1.3 니즈 요구서 개발
	2. 니즈 스크리닝	2.1 질병 단계의 기초 2.2 기존의 해결책 2.3 이해관계자 분석 2.4 시장 분석 2.5 니즈 선택
개발하기	3. 컨셉 생성	3.1 개념화 3.2 초기 컨셉 선택
	4. 컨셉 스크리닝	4.1 지적재산권의 기초 4.2 규제의 기초 4.3 보험의 기초 4.4 사업 모델 4.5 컨셉 탐색 및 시험 4.6 최종 컨셉 선택
실행하기	5. 전략 개발	5.1 지적재산권 전략 5.2 R&D 전략 5.3 임상시험 전략 5.4 허가인증 전략 5.5 품질관리 5.6 보험 급여 전략 5.7 마케팅 및 이해관계자 전략 5.8 판매 및 유통 전략 5.9 경쟁우위 및 사업 전략
	6. 사업 계획	6.1 실행 계획 및 재정 모델 6.2 전략 통합 및 의사소통 6.3 펀딩 방법 6.4 대체 방안

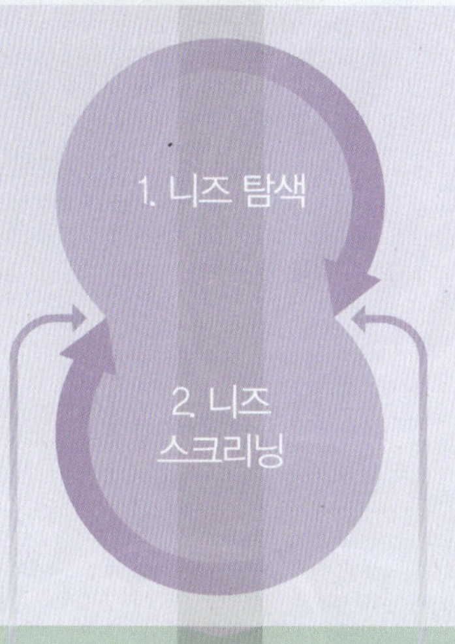

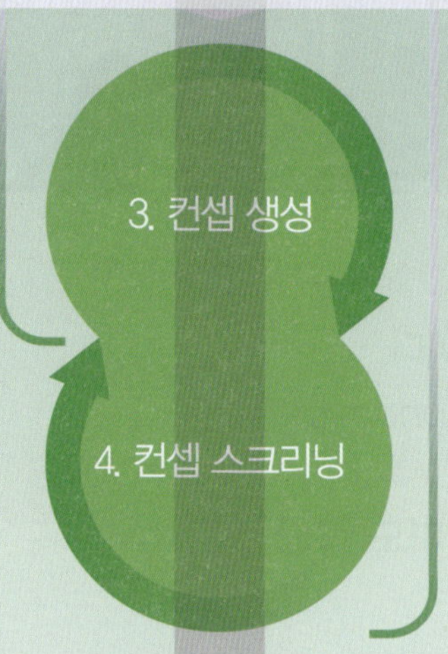

프로젝트 런칭

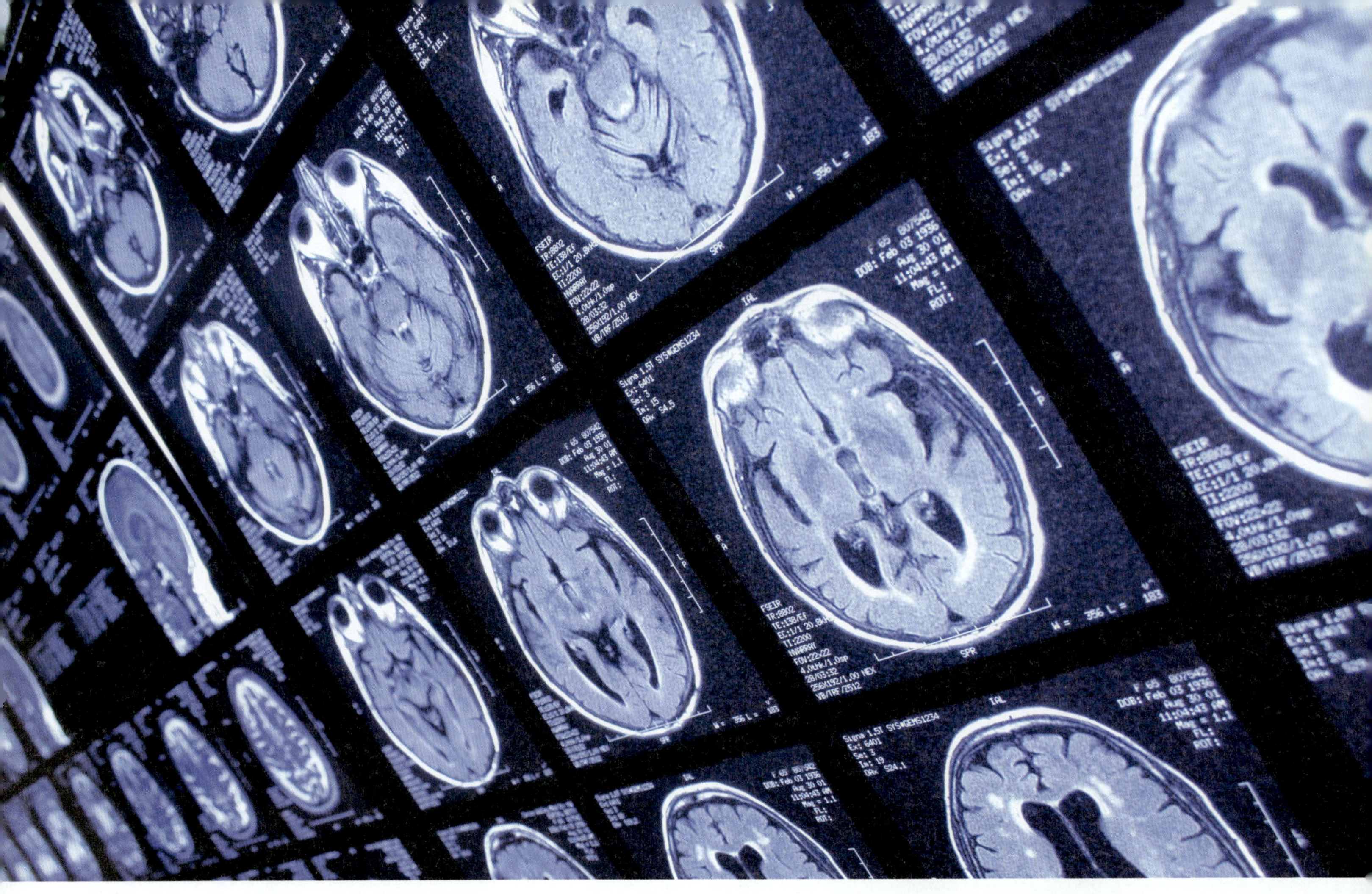

어떠한 현대 경제에서든 혁신은 이제 단 하나의 가장 중요한 구성 요소이다.

The Economist[1]

악마의 변호인(Devil's Advocate) 또는 비판자를 자처하는 사람들은 아마도 혁신에 있어 가장 큰 장애물일 것이다.

Tom Kelley[2]

3. 컨셉 생성

만일 발명/혁신이 중요하다면, 도대체 왜 그렇게 많은 비판자들(Devil's Advocate)이 존재하는 것인가? 이들을 없앨 수 있는가? 최소한 초기에 배제할 수는 없을까?

중요한 임상적 니즈가 명확하게 확인된다면, 이제 즐겨볼 시간이다. 드디어 발명에 나설 시간이 된 것이다. 구체화하기는 컨셉 생성 및 컨셉 스크리닝의 두 단계에 대한 본질적 구성 요소로서 중요한 역할을 한다.

컨셉 생성 및 아이디어 확보는 개념화에서부터 시작한다. 한 가지 흔한 접근 방법은 브레인스토밍으로, 이는 50년 전 Alex Osborn의 Applied Imagination[3]을 통해 유래되었고, 사업 개발 내 창의성 연구를 시작하게 하였다. 그 전제는 명확하다. 무언가를 하기 위해 필요한 것은 사실, 아이디어, 해결책의 세 가지이다. 각각의 단계는 그것을 해결하기 위한 충분한 시간을 가져야 한다. 자연스러운 흐름은 사실에서 해결책으로 도약하고, 새로운 아이디어를 찾는 일의 핵심이 되어야 할 조사 활동은 생략하는 데 있다. 대부분의 사람들은 사실 탐색을 경험한다. 이는 사실과 관련된 현대 교육의 관심사가 초래하는 결과이다. 또한 우리는 해결책에 익숙하고, 대체로 문제를 해결하여 다음 단계로 넘어가는 것을 좋아한다. 아이디어 탐색은 어린아이 같은 일처럼 보일 수도 있으나(사실 분명히 그럴 것이다), 사실 그 핵심에는 수많은 가능한 제약으로부터 자유로울 수 있는 가능성에 대한 탐구가 자리 잡고 있다. 만일 개념 창출 과정에서 그 모습이 혁명적이지도, 기묘하지도, 어리석어 보이지도 않는다면 그 과정은 실패한 것이다. 이런 과정은 설레는 일이어야만 한다. 즉, 이것은 무언가를 시도해 볼 수 있는 기회이며, 익숙한 연결 고리를 끊어보는 작업이고, 현재의 지식에 도전하는 일이기도 하다.

NOTES

1 As cited in Tom Kelley, *The Ten Faces of Innovation* (Doubleday Business, 2005).

2 Ibid.

3 Alex F. Osborn, *Applied Imagination* (Charles Scribner's Sons, 1957).

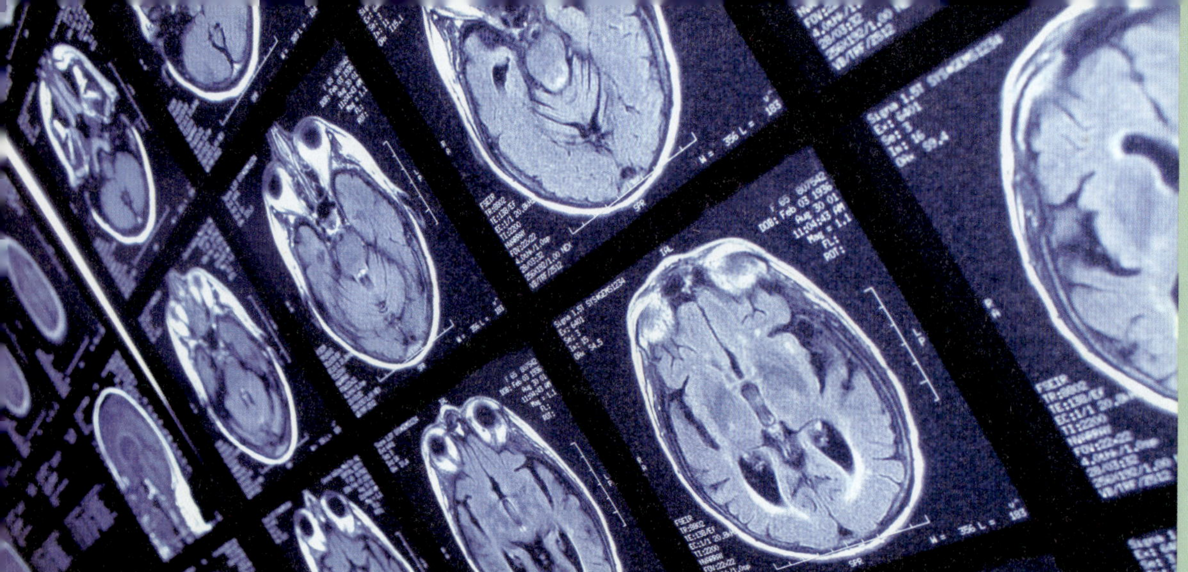

3.1 개념화

서론

한 가지의 우수한 의학적 니즈가 있다. 일정 수준의 배경과 경험을 가진 여섯 명의 유능한 참여자, 네 개의 빈 화이트보드, 60분, 사탕 몇 봉지, 그리고 75가지의 새로운 아이디어를 창출하라는 목표 - 이 중 한 가지가 결과적으로 긴급한 의학적 니즈에 대응할 수 있는 실용적인 해결책을 제시하기 위한 일종의 열쇠이기만 하면 된다.

새로운 개념이나 아이디어를 창출하는 과정을 나타내는 "개념화"는 명확한 임상 니즈에 대한 새로운 해결책이 필요한 상황이라면 언제든지 바이오디자인 혁신 과정에서 유용하게 활용 가능하다. 개념화에는 개인 또는 집단을 위해 개발된 다양한 접근법이 존재한다. 이 중 가장 익숙한 것은 집단 브레인스토밍의 형태인데, 여기서 참여자는 새로운 아이디어에 대한 비판은 잠시 접어두고, 아이디어의 창의적 가능성에 마음을 열어두어야 한다. 개념화의 다른 형태는 아이디어를 더욱 창출하기 위해 아이디어 간의 갈등을 최소화하기보다는 오히려 더 허용하는 좀 더 구조화된 접근법이다. 이노베이터는 자신의 니즈를 만족시킬 수 있는 해결책을 제시하기 위해 다양한 기술을 실험해 보려 할 것이다.

 개념화 및 브레인스토밍과 관련된 동영상은 ebiodesign.org을 참조한다.

목표

- 바이오디자인 혁신 과정에서 개념화의 역할을 이해한다.
- 브레인스토밍의 기본 개념 및 수행 방법을 학습한다.
- 다른 개념화 방법 및 의공학 기술 발명에서 특별하게 고려할만한 팁을 검토한다.

개념화의 기초

Thomas Edison 이후 혁신 과정의 전형은 "아하!"라고 외치는 순간으로 간주되고 있다. 이때, 이노베이터의 뛰어난 영감은 머리 위의 전구에 불이 번쩍 들어오게 만든다. 하지만 Edison은 발명이란 인내력을 발휘하여 고된 작업을 감수해야 한다는 의미에서 엄격한 규율을 필요로 하는 과정이라는 점을 명백히 밝혔다. "제 발명 가운데 어떠한 것도 우연히 나온 것은 없습니다. 저는 해결되어야 하는 니즈가 있는지 면밀히 살펴보았으며, 그것이 해결될 때까지 계속해서 시도를 반복했습니다. 이러한 과정은 1%의 영감과 99%의 노력으로 요약할 수 있습니다."[1] 그는 개인 발명가의 아이콘이지만, 에디슨의 생산성은 그가 뉴저지(New Jersey) 멘로 파크(Menlo Park)에 있던 실험실에서 이노베이터들의 다학제적 팀을 발전시켰기 때문에 얻을 수 있었다. 또한 그는 아이디어의 양이 중요하며, *시제품화*는 혁신에 있어 불가결한 요소이고, 다수의 잠재적 해결책이 *실패*하는 과정 역시 피할 수 없다고 보았다. 예를 들어, 위 실험실에서는 안정적인 전구 필라멘트용 물질을 얻어내기에 앞서 수천 번의 실험을 수행한 바 있다.[2]

의료 기술 영역에서의 관념 작용

의료 장비의 발명에는 다른 공학 영역에서 이루지는 발명보다 더욱 많은 요소들이 결부되어 있다. 공산품과 달리, 보건 의료는 대개의 경우 다수의 **이해관계자들**이 존재한다. 이들의 이해관계는 서로 충돌하는 경우도 많고, 규제나 **보험**과 관련된 독특한 장애물 역시 많이 존재한다. 이러한 배경에서 이노베이터들은 때때로 "아하!"라고 외치는 순간을 맞이하지만, 이는 인내력을 발휘하여 고된 작업을 무수히 실행한 다음에서야 비로소 도달할 수 있을 뿐이다. 선구적인 의료 장비 발명가이자 심혈관 관련 다수의 회사를 설립한 인물인 John Simpson은 자신의 발명 과정에 대하여 심술궂지만 통찰력 있는 방식으로 다음과 같이 서술하고 있다.[3]

> 저는 자신만의 비전을 품고 있고, 자신의 마음에 연결하는 카테터관을 설계하고 반나절 만에 장비를 만들어 어마어마한 부를 거머쥔 사람들이 존재한다는 사실을 알고 있습니다. 매일 아침 일어날 때마다, 저는 제 마음에 이러한 카테터 관이 꽂혀 있는지 살펴보고, 그런 것이 없다는 사실을 확인한 다음 출근합니다. 아직까지 저는 출근하지 않은 날이 없습니다.

논의를 시작하기에 앞서 의공학 영역에서 개념화와 관련된 몇 가지 일반적인 지침을 고려해 볼 필요가 있다. 첫째, 개념화에 필요한 마음가짐은 바이오디자인 혁신 과정의 다른 과정에서 필요한 것과는 매우 상이하다는 점을 이해해야 한다. 다른 과정에서는 비판적 필터링(Critical Filtering)이 필수적이고 중요하지만, 이러한 과정은 해결책을 처음 검토하기 시작할 때에는 생산적이지 못할 수 있다. 이노베이터들은 자신의 마음을 창의적인 아이디어의 흐름에 열어두는 한편, 자신이 이전에 떠올렸던 다양한 생각들을 한 쪽으로 치워놓은 채, 스크리닝이 필요할 때까지 의식적 또는 무의식적으로 형성되는 많은 해법들을 계속 지나치며 생각해 볼 필요가 있다. 이 단계에서는 완전히 "옳은" 해결책을 획득하는 것은 중요하지 않다. *완벽함에 대한 요구는 개념화의 적*이다.

두 번째는 개념화 과정의 교차 수분(Cross-Pollination)에 대한 중요성이다. 의료 기술에서는 전문 분야를 가로 질러 기술을 적용하고, 하나의 영역에서 다른 영역으로 접근하는 방법을 적용할 수 있다. 이 책에서 상세히 서술할 회사인 아클라런트(Acclarent)는 이러한 방법을 보여주는 적절한 사례이다. 이 회사는 내시경 수술, 그리고 심혈관 치료를 위해 개발되었던 혈관 성형술을 응용하여 만성 부비동염을 최소한의 침습적 조치만으로 치료할 수 있는 새로운 방법을 개발하였다. 의료 기술은 교차 수분의 기회와 더불어 풍성해진다. 이는 의학의 서로 다른 세부 전공을 연구하고 있는 의료 전문가, 의사와 공학자, 심지어 의료 기술과 비 의료기술 사이에서도 나타난다. 풍선 스텐트를 발명한 인물인 Julio Palmaz는 돌을 모아 쌓을 때 사용되는 육각형 철망을 보고 금속 격자 구조를 사용할 생각을 하였다.[4] 오늘날 가장 다양한 의료 기술의 혁신자 중 한 명인 Thomas Fogarty는 임상적 니즈에 대한 새로운 해결책을 찾아야 할 때 철물점 거리를 재료와 도구를 살펴보기 위해 즐겨 걸어 다녔다.[5]

세 번째로 지적할 내용은 개념화 접근은 바이오디자인 혁신 과정의 다양한 단계에 응용될 수 있다는 점이다. 예를 들어, 개념화는 발명가가 **니즈 요구서**(Need Specification)를 정한 후에 활용 가능하고, 미해결 니즈를 충족하기 위한 다른 해결책의 **개념**을 고안할 때에도 큰 도움이 된다. 하지만 다른 많은 상황에서도 이러한 활동은 적합할 수 있다. 가령, 발명가 또는 팀이 어떠한 해결책을 정립하기 위해 새롭거나 더욱 특정한 방향을 탐사하려 할 때나, 이미 널리 수용된 해결책을 향한 접근 방법을 개선하려고 할 때가 해당될 수 있다. 이는 서로 이질적인 유형의 문제, 즉 기술적 · 임상적 또는 시장과 연관된 과정에도 사용될 수 있다. 수많은 전략적 쟁점에 대한 해결책은 추후 바이오디자인 혁신 과정을 통해 논의될 필요가 있고, 개념화 접근법을 통해 발전시킬 수 있다.

마지막으로, 개념화는 반복적 또는 주기적 접근 방법의 일부라는 점을 깨닫는 일이 중요하다. 새로운 정보와 새로운 상황은 모든 혁신 과정 속에서 나타나고, 개발 팀이 개념화 단계로 돌아가기 위해 반드시 필요하다. 시제품화 및 관념화 과정 사이의 피드백 고리에는 특별한 중요성이 존재한다. 좋은 시제품은 새로운 아이디어를 일으키는 강력한 자극이 될 수 있다.

브레인스토밍을 위한 가이드

이미 언급한 바와 같이, 서로 다른 다양한 관념화 방법이 존재하며, 이 가운데 어떠한 방법이 가장 효과적인지에 대해서도 많은 논란이 있다.[6] 예를 들어, 몇몇 연구들은 집단 내에 대립적인 견해가 있을 때 더 많은 아이디어가 더욱 빠르게 창출될 수 있다고 주장한다.[7] 이와 상반되는 견해에 따르면, 집단 개념화는 쟁점 개념을 앞으로 나갈 수 있도록 만드는 개발 팀의 동기와 능력을 활용할 수 있기 때문에 성공 가능성이 큰 아이디어를 내놓는 경향이 있다고 주장한다.[8] 또 다른 논쟁은 아이디어를 비판하지 않고 받아들이는 방법을 집단 브레인스토밍의 가이드 원리로 받아들일지를 놓고 벌이는 건설적인 갈등과 연관되어 있다(이에 대해서는 추후 살펴보도록 하자). 마지막으로, 바이오디자인 과정 속에 포함된 다른 많은 단계와 마찬가지로, 이노베이터는 서로 다른 방법을 실험하고, 자신이 개인적으로 찾아낸 접근 방법을 더욱 생산적이고 잘 이행될 수 있도록 진화시켜야 한다.

문제 구성

개인 또는 팀이 개념화를 통해 무엇을 추구하는지와 무관하게, 가장 먼저 밟아야 할 필수적인 단계는 핵심 문제를 판별하는 일이다. 바이오디자인 혁신 과정 속에서, 문제 구성 과정은 요구 사양, 특히 니즈 요구서 및 니즈 기준을 기반으로 생성되어야 한다(2.5 니즈 선택 참조).[9] 니즈 요구서에서 좀 더 실행 가능한 개념화 과정으로 이행하기 위해서는, 디자인 사고에서

실제 사례
"우리는 …를 어떻게 해야 하는가" 질문을 만들기

심방세동 문제와 관련된 가상의 요구서를 생각해 보자: 외래 환자 진료의 편의성과 효율성을 향상시키기 위해, 재발성 심방세동을 겪은 환자가 심방세동에 걸린 상태인지, 그리고 어떠한 단계에 있는지에 대하여 확인할 수 있는 방법. 이러한 요구서가 만족해야만 하는 기준은 다음과 같다.

- 집이나 길에서 쉽게 적용할 수 있어야 한다.
- 편리하고 눈에 거슬리지 않아야 한다.
- 90% 이상의 민감도, 그리고 80% 이상의 특이도를 보여야 한다.
- 어느 병원에서든 판독할 수 있어야 한다.

이러한 정보들을 기반으로, 다양한 HMW 질문 견본을 만들어 볼 수 있다.

- *우리는 어떻게 환자가 자각하지 못할 만큼 작은 기억 장치를 만들 수 있는가?* 이는 브레인스토밍을 위한 좋은 출발점이다. 개념화를 촉발시킬 수 있는 흥미로운(아마도 실용적이지 못할) 해결책이 있을 수 있다.
- *우리는 어떻게 환자를 건드리지 않고 집에서 심장 박동을 기록할 수 있는가?* 이는 몇몇 공상적인 가능성을 고려할 수 있도록 이끌 수 있다는 의미에서 "확장시키는" 질문이다.
- *우리는 어떻게 휴대전화를 심장 박동을 기록하는 데 사용할 수 있는가?* 이는 개념화를 적용할만한 더욱 실용적인 장을 여는 질문이며, 이런 목적을 위해 "빌려 쓸" 수 있는 보편적인 기술로 생각을 이끌어 간다.
- *우리는 어떻게 의사나 간호사가 심전도 검사를 확인할 수 있도록 온라인 자원을 사용할 수 있는가?* 이 질문은 문제의 다른 요소에 초점을 맞추고 있다. 어떻게 의사에게 정보를 전달할 것인가?

유래한 도구인 "우리는 …를 어떻게 해야 하는가(How Might We, HWM)"라고 불리는 질문을 활용하는 것이 유용하다. 이 질문의 기본 아이디어는 개념화 과정을 시작하기 위해 "우리는 …를 어떻게 해야 하는가"라는 형식을 활용하여 요구서와 기준을 일련의 잘 규정된 질문 집합으로 변환하는 데 있다. 대개의 경우, 니즈에는 다수의 HMW가 대응하기 마련이다. HMW는 요구서에 담긴 다양한 구성 요소(문제, 인구집단, 결과), 그리고 가장 중요한 니즈 기준을 기반으로 다양한 영역을 조사해야 한다. HMW를 발전시키는 것은 개념화 과정의 진정한 첫 번째 단계이며, 이에 대해서는 이번 장의 나머지 부분에서 개괄할 접근 방식을 통해 일부 확인할 수 있다. 특히, 개발 팀을 돕는 것은 니즈에 초점을 맞추는 것으로부터 해결책에 대하여 생각하는 쪽으로 방향을 바꾸는 일이 유용할 것이다. 이러한 방법을 응용하기 위해서는 팀원들이 수많은 HMW 질문을 만들어야하고, 그 가운데 가장 유망하거나 충분히 발달한 개념화를 일으킬 수 있는 것으로 보이는 질문 몇 가지를 선택해야 한다. 그 다음 단계에서, 개발팀은 각각의 질문에 초점을 맞춘 일련의 브레인스토밍 계획을 잡아야 하며, HMW 질문들을 창조적 과정을 진행하기 위한 자극제로 사용해야 한다.

그림 3.1.1
동료 간 브레인스토밍을 위한 편안한 공간(코디스(Cordis) 사 제공)

비록 HMW 질문이 최초의 개념화를 위한 풍요로운 방법일 수 있고, 개발 팀을 "해결책 사고방식"으로 이끌어 줄 수 있다고 하더라도, 이노베이터들은 이러한 접근 방법이 자신이 고려할 아이디어의 범위를 제한하지 않도록 주의를 기울여야 한다. 예를 들어, 휴대전화에 심장 박동을 기록하는 데 사용하는 것은 심전도를 집이나 길에서 측정하는 여러 방법 가운데 단 한 가지에 불과하다. 이러한 접근 방법을 통한 "워밍업"을 거친 다음, 개발 팀은 다른 잠재적 해결책을 관념화 진행 과정으로서 조사해야 한다.

팀 브레인스토밍에 대한 전통적인 접근

브레인스토밍에 대한 핵심 개념과 "브레인스토밍"이라는 용어도 Alex Osborn이라는 뉴욕 주 버팔로 출신의 광고 회사 임원의 작업에서 유래한 것이다. Osborn은 우리가 지금 브레인스토밍이라고 하면 떠올리게 되는 기본 원칙들의 집합을 개략적으로 정하였다(물론 그 방법은 대학 프로그램과 상업 디자인 회사 양측에서 이루어진 연구와 실행을 통해 지속적으로 진화해 왔다).[10] 오늘날 가장 널리 알려진 브레인스토밍의 규칙 목록은 디자인 혁신 기업인 IDEO로부터 유래한 것이다. 더욱 상세한 사항은 IDEO의 대표이사 Tome Kelley의 저서 『The Art of Innovation』에서 찾을 수 있다.[11]

실제 사례

효과적인 브레인스토밍을 위해 IDEO가 제안하는 일곱 가지 규칙

1. **판단을 미뤄라** – 어떤 아이디어든 무시하지 마라.
2. **엉뚱한 아이디어도 독려하라** – '박스' 바깥 부분을 생각하라.
3. **다른 사람의 아이디어 위에서 시작하라** – "하지만"이 아니라 "그리고".
4. **양을 채워라** – 100개의 아이디어를 60분 내에 제안하는 것을 목표로!
5. **한 번에 하나의 대화만** – 사람들이 자신의 말을 하게 만들어라.
6. **주제에 초점을 계속 맞춰라** – 표적에 맞춰 대화를 해라.
7. **시각화하라** – 당신의 공간을 활용하라. 소품을 활용하여 아이디어를 자극하라.

1. 판단을 미뤄라 판단을 미루는 일은 아마도 모든 브레인스토밍 규칙 가운데 가장 반 직관적이고 따르기 어려울 것이다. 이것은 문제의 혁신 과정이 끝날 때까지(그리고 문제의 브레인스토밍 세션이 끝난 다음에도) 어떠한 비판적 사고나 지적을 미뤄두라는 의미이다. 브레인스토밍의 목적은 개인의 창의성과 집단의 창의적 과정을 싹틔우는 데 있다. 이런 일이 일어나게 만드는 좋은 방법은 어떠한 아이디어든 받아들이는 한편, 다음 개념으로 빠르게 넘어가는 방법이다.

판단을 미루는 일은 꽤 어려울 수도 있다. 만일 브레인스토밍 세션에 새로운 참여자가 있다면, 이 첫 번째 규칙을 정확하게 설명하고 비형식적으로 실행해 볼 필요가 있다. 이 규칙이 확실히 실행되도록 할 수 있는 또 다른 효과적인 방법은 브레인스토밍 참여자를 고를 때 주의를 기울이는 방법이다. 비평가로서는 대단히 가치 있으며 이후의 바이오디자인 혁신 과정(예를 들어 컨셉 스크리닝)에서는 필수적일 인물이라도, 초기 단계의 브레인스토밍 세션에는 참여하지 않아야 한다. 이는 그들이 창조적인 아이디어의 흐름에 부정적인 영향을 끼칠 수도 있기 때문이다.

2. 엉뚱한 아이디어를 독려하라 브레인스토밍이 이뤄질 때, 참여자들은 제안된 여러 의견에 대한 비판적 평가를 미뤄두어야 한다. 이들은 정말로 듣지도 보지도 못한 아이디어를, 다시 말해 무언가 꽉 막힌 상황에서 돌파구를 열 가능성을 제공할 수 있을 만큼 충분히 다른 아이디어를 창안할 수 있도록 새롭고 창의적인 방식의 생각을 해야만 한다. 재미있는(심지어 바보 같은) 아이디어는 지금의 대화 속에서는 아주 거리가 먼 요소를 연결시키는 방식으로 집단 창의성을 자극할 수 있기 때문에 중요한 목적에 사용될 수 있다. 이는 새로운 영감을 이끌어 낼 수도 있다. IDEO 팀의 과거 한 멤버가 비공식적으로 이야기했듯, "위대한 아이디어는 멍청한 아이디어 바로 뒤에 숨어 있다."[12] 효과적인 브레인스토밍 세션에는 리듬 또는 모멘텀이 있기 마련이며, 이러한 리듬은 참여자가 제공하는 어처구니없는 아이디어에 의해 자극될 수 있다. 게다가, 터무니없는 아이디어는 브레인스토밍 세션을 즐겁고 흥미로운 에너지로 채우는 데 도움을 줄 것이다. 이러한 에너지는 창의적 과정에 있어 핵심적이다(그림 3.1.2).

3. 다른 사람의 아이디어 위에서 시작하라 다른 사람들의 아이디어 위에서 시작하라는 말은 하나의 아이디어를 다른 아이디어를 제안하는 토대로 활용하라는 뜻이다. 이 방법의 힘은 한 참여자의 아이디어가 다른 참여자의 아이디어를 자극함에 따라 강화된 해결책이나 새로운 연결, 심지어는 다른 방법으로는 생각하지도 못했을 새로운 아이디어를 내놓을 수 있다는 데서 확인할 수 있다.

이런 일을 벌일 때 참여자를 도울 수 있는 한 가지 방법은 명시적으로 다음과 같이 말하도록 독려하는 방법이다. "[어떤 분의] 아이디어에서 시작해 보면, 만일 …" 이러한 접근은 제시된 아이디어는 물론 그런 아이디어를 제안한 개인의 기여를 인정할 수 있게 한다. 또한 이 아이디어를 비판하지 않은 채 강화 또는 향상시킬 방법 또한 제공할 수 있다. 이러한 작업은 서로 다른 직무 영역이나 분과에 속한 참여자가 다수 속한 브레인스토밍 세션을 잘 작동할 수 있게 만든다.

4. 양을 채워라 성공적인 브레인스토밍 세션은 집단의 통상적인 금기를 무너뜨리는 흐름을 만들어낸다. 이러한 효과를 얻기 위한 한 가지 방법은 얼마나 "좋은" 생각인지를 염두에 두지 않은 채 아주 많은 수의 개념을 만들어 내는 것을 목표로 설정하는 일이다. 전형적인 브레인스토밍 세션은 길어야 1시간 남짓이어야 한다(90분을 넘는 집중적인 브레인스토밍은 참여자들을 지치게 만들며 생산적이지도 않다). 제한시간 내에 참여팀은 최소한 60개의 아이디어를 생성하겠다는 또는 그 이상을 제안하겠다는 "확장된" 목표도 함께 세운 채 브레인스토밍에 나설 수도 있다. 분명, 이런 짧은 시간에 이토록 많은 수의 아이디어를 짜내는 일은 하나의 제안을 깊이 파고 들어가는 작업보다는 여러 아이디어 사이를 빠르게 오가는 작업을 필요로 한다.

5. 한 번에 하나의 대화만 이 규칙의 바탕에 깔려 있는 핵심 개념은 창의적 과정을 벌이는 동안에는 말하는 것 만큼이나 듣는 것 또한 중요하다는 통찰이다. 비록 각 참여자들이 집단 전체가 하나의 대화에 집중하도록 신경을 써야 하지만, 이 규칙을 강화하는 작업은 대개의 경우 퍼실리테이터(Facilitator)가 수행하게 된다. 다른 모든 브레인스토밍 규칙처럼 한 번에 하나의 대화만 하는 것은 퍼실리테이터가 이 규칙을 지키도록 개

그림 3.1.2
브레인스토밍을 장난스럽게 시작하면, 엉뚱한 아이디어가 막힘없이 흘러 다니는 데 도움을 줄 것이다(사진은 Steve Castillo, 스탠포드 경영대학원의 허가를 받아 사용).

입한다는 원칙을 받아들일 경우 달성될 수 있다. 브레인스토밍 규칙을 장소 안에 게시해 놓는 것도 도움이 될 수 있다. 모든 참여자들에게 규칙을 상기시키는 한편, 이 규칙을 지적하고 "기억하세요. 한 번에 하나의 대화만."이라고 말하기 좀 더 쉽게 만들 수 있기 때문에 그렇다.

6. 주제에 초점을 계속 맞춰라 잘 훈련된 참여자조차도, 브레인스토밍 세션 동안에는 대화 속에서 "배회"하는 경향을 보일 수 있다. 이런 탈선이 때로 가치 있는 아이디어와 정보로 이어지기도 하지만, 생산성과 모임의 흐름 모두에 대해 부정적인 효과를 끼칠 수도 있다. 참여자들이 주제에 계속 초점을 맞추도록 돕기 위해서는, 산만함, 다른 이야기, 실시간 분석, 그리고 아이디어 평가(이런 과정은 다음에 수행될 것이다)를 피하도록 노력해야 한다. 이에 대한 한 가지 전략은 관련성이 떨어지는 제안이나 질문을 다른 시간에 다룰 수 있도록 플립 차트나 화이트보드에 기록하는 것이다. 만일 이 모임의 모멘텀이 감소되기 시작했다면, 퍼실리테이터는 이번 브레인스토밍 세션이 다룰 일반적인 영역 가운데 논의가 되지 않은 새로운 영역으로 모임을 이동시키기 위해 노력해야 한다. 만일 이 모임이 심각하게 활기를 잃었다면, 참여자들은 휴식시간을 가지거나 그 날의 모임을 종료하는 것을 고민해야 한다.

엉뚱한 아이디어는 주제를 벗어난 것이 아니며, 오히려 브레인스토밍 과정 속에서 매우 가치 있는 요소라는 점을 염두에 둘 필요가 있다. 하지만 주제를 벗어난 발언과 엉뚱한 아이디어를 구분하는 데는 어떠한 명확한 규칙도 없다. 결국, 퍼실리테이터와 참여자들은 이러한 구분에 대해 너무 주의를 기울이지 말아야 한다. 브레인스토밍은 반복적인 과정임을 기억하라. 만일 어떤 브레인스토밍 영역이 중요하다면, 이것은 두 번 이상 수행할 만한 가치가 있다. 이러한 접근에 따르면, 오늘의 탈선은 내일의 위대한 아이디어로 바뀔지도 모른다.

7. 시각화하라 시각화 작업은 브레인스토밍이 이루어지는 물리적 공간과 함께 시작한다. 칠판, 화이트보드, 커다란 플립 패드, 포스트잇과 같이 열려 있고 빠르며 제약이 없는 아이디어의 흐름을 독려할 수 있는 다양한 수단을 활용하는 것이 유용하다. 누구든 무엇이 쓰여 있는지 볼 수 있어야 하며, 지우거나 페이지를 덮지 않고서도 의견을 적을 수 있어야 한다(즉, 무언가를 적어 넣을 공간이 충분해야 한다). 대체로 이런 작업에는 서기가 필요하며, 아이디어 흐름이 매우 빠르다면 두 명이 필요할 때도 있다. 이들은 모든 아이디어를 포착하는 한편 브레인스토밍 세션 동안 참여자들이 확인할 수 있도록 기록하여야 한다. 다른 접근 방법도 가능하다. 모든 참여자가 자신의 아

장애를 감소시키기"는 어떤 브레인스토밍을 이끌어 나가기에는 너무 일반적인 토픽이지만, "무릎 연골의 초기 열화 과정을 보여주거나 반대로 뒤집기"에 대한 브레인스토밍 세션은 생산성을 보증하기에 좋은 기회이다. 만일 쟁점이 된 문제의 범위가 특별히 넓다면, 이를 여러 번에 걸친 브레인스토밍 과정에서 다룰 수 있도록 여러 주제로 나누는 것을 고려할 필요가 있다. 브레인스토밍 과정은 잠재적인 공학적 해결책 집합에 따라 분할하거나, 잠재적인 비즈니스 모형에 따라 분할해야 한다. 좋은 주제의 선택은 실행과 함께 하는 것이다. 처음에는 논의할 주제의 선택에 너무 고심하지 않아도 된다. 참여 집단은 초점을 바꿔서 브레인스토밍 세션을 다시 가지겠다고 시간을 잡을 수도 있고, 심지어는 진행 도중에 초점을 좀 더 명확하게 하는 방식으로 방향을 바꿀 수도 있다.

참여자 선택 의료 기술 브레인스토밍을 위한 팀을 선택하는 것은 의료 장비 영역의 전문가들이 대체로 의사와 공학자로서 새로운 아이디어가 제시되면 반사적으로 비판할(물론 자신의 아이디어에 대해서도 그렇다) 수 있는 훈련을 받은 사람들이라는 점에 비춰보면 상당히 어려울 수도 있다. 의학적 훈련은 "해를 끼치지 말라"는 원칙을 기반으로 한다. 이들 전문가에게 깊숙이 각인되어 있는 환자에게 해를 끼치는 일은 피하라는 가치는 혁신이나 변화에 직면했을 때 전문가 다수가 보수적인 반응을 보이도록 만든다. 이러한 요소는 이노베이터 또는 혁신 팀이 해당 영역의 전문가들을 브레인스토밍에 특히 바이오디자인 혁신 과정의 초기 과정에 초청할지 여부를 고려하는 데 큰 영향을 끼친다. 다시 말하지만, 의사들과 공학자들의 지도는 혁신 과정의 중후반, 즉 아이디어 스크리닝과 향상이 중점되는 시기에 더 적합하다.

현재 해당 분야에서 활동 중인 전문가와 관련되어 있는 또 다른 쟁점으로, 이들이 좀 더 안전하게 또는 효과적으로 일을 할 수 있고, 단기간 내에 이룰 수 있는 개선에 대하여 불균등하게 초점을 맞출 수 있다는 사실을 들 수 있다. 예를 들어, 몇몇 의사들은 현재 사용 중인 장비의 다음 세대(대략 1~2년 뒤)에 대하여 온전하고 훌륭한 아이디어를 가지고 있을 것이다. 하지만 이들은 장기간(대략 10년에서 20년)에 걸쳐 실무 영역에 혁명을 가져올 파격적인 개념이나 근본적으로 새로운 아이디어에 대해서는 그다지 많은 시간을 들여 생각을 하지 않을 것이다. 마찬가지로, 의료 장비 회사의 임원, 경영자, 공학자는 브레인스토밍 과정 속에서 공유할만한 지식을 풍부하게 제공할 수 있으나, 이들은 자신의 회사가 투자하고 현재 마케팅을 벌이고 있는 제품에 기반한 특정 선입견이나 **편견**(bias) 또한 불러올 수 있다.

"전문가 문제"에 대한 모든 주의사항 가운데, 이러한 묘사에서 예외가 얼마든지 있을 수 있다는 점을 지적할 필요가 있다. 즉 놀라울 만큼 혁신적이며, 자유분방한 브레인스토밍 과정에 기여하는 데 어떠한 문제도 없는 의사, 공학자, 그리고 기업 임원들이 많이 존재한다. 이러한 사람들을 찾아 참여시키면 브레인스토밍 세션의 밀도는 높아질 것이며, 이는 인상적인 결과로 이어질 것이다.

각 분야 전문가의 참여와 무관하게, 의학적 지식이 적거나 없지만 독특한 관점을 가져다 줄 수 있는 또는 교차 수분을 일으킬만한 배경을 가진 사람을 참여시킨다면 브레인스토밍 과정에 큰 도움이 될 수 있다. 예를 들어, 쟁점 분야에 대해 적절한 임상 경험을 가진 한두 명의 의사에 추가로 해당 영역과 관련이 없는 전문가를 초청하는 일은 도움이 될 수도 있다. 이들의 기여는 많은 경우 자신이 속한 영역의 기술 또는 절차에 기반하는 경우가 많다. 마찬가지로, 쟁점 과정과 무관한 영역을 다루는 공학자들을 브레인스토밍에 참여시키는 것 역시 도움이 될 수 있다. 또 참여 집단에 일종의 "제작자" – 어떤 장비가 어떻게 보일 것인지 개념화할 수 있으며, 브레인스토밍 세션 내에 재빠르게 목업(Mock Up)을 만들 수 있는 시제품 장비 전문가 – 를 참여시키는 것 또한 유용할 수 있다.

브레인스토밍 과정에 다양한 참여자들을 초청할 때에는 각각의 서로 다른 영역이 해결책의 설계 및 발전에 있어 잠재적으로 어떤 역할을 할 수 있는지에 대해 고려해야 한다(물론, 문제의 해결책이 정확히 어디에 위치할 지 예측하는 일은 불가능하기 때문에, 이는 대단히 어려운 일일 수 있다). 또한 관심 분야와 현존 기술을 이해하고 있는 사람들을 찾아내는 것 역시 중요한 일이지만, 자신의 지식과 편견 너머를 통찰할 수 있는 능력을 가진 사람들을 찾아내는 일 또한 전체 집단이 특정 유형의 해결책을 향해 나아가지 않게 하는데 있어 매우 중요하다. 예를 들어, 만일 어떤 팀이 위창자관을 시각화하는 새로운 방법에 대하여 브레인스토밍을 한다고 가정해 보자. 현재 이 과정은 내시경을 통해 수행된다. 해당 집단은 유체, 빛, 전자공학, 디스플레이, 광학, 그리고 내시경의 기계공학을 이해하고 있는 사람에게서 다기능 표현을 위한 도움을 받길 원할 수 있다. 내시경의 메커니즘을 이해하는 사람을 찾을 때, 이 집단은 위창자관을 시각화하는 새로운 해결책을 제시하기 위한 효과적인 브레인스토밍을 위해 열린 마음과 현재 내시경에 대해 알려져 있는 메커니즘을 초월하여 생각할 수 있는 사람을 표적으로 삼아야만 한다.

동일한 사례 속에서, 실제로 내시경을 사용하는 임상의를 포함시키는 것은 다른 체내 기관(body corridors)에 접근하는 방법(혈관에 카테터를 삽입하는 것과 같은)을 표현할 수 있는 전문가를 참여시키는 것만큼이나 도움이 될 수 있다. 이 팀은 참여자 가운데 "비전문적" 개인이 포함될 가능성을 간과해서는 안 된다. 다양한 직무 배경(재무, 운영, 마케팅, 영업)을 가진 사업가들은 모두 창의적 과정에서 강력한 기여를 할 수 있다. 이들은 현재 실무에서 이뤄지고 있는 과정에 그다지 신경 쓰지 않고 극복할 수 있기 때문이다. 여러 해 전 스탠포드 바이오디자인 과정에서는 재무 배경을 가진 MBA 학위 소지자가 공학 박사 및 심장전문의와 함께 브레인스토밍 과정을 거쳐 한 가지 장치 개념을 제안했고, 이를 기반으로 스타트업 회사를 설립한 경우도 있었다.

퍼실리테이터를 선택하기 퍼실리테이터의 역할은 브레인스토밍 과정을 진행하는 한편, 규칙을 집행하고, 여러 과정이 매끄럽게 진행될 수 있게 하는 데 있다. 퍼실리테이터는 아이디어를 자극하고, 특정 아이디어가 너무 길게 논의되는 일을 방지하며, 아이디어 창안 과정이 느려졌을 때 참여자들이 돌파해 나갈 수 있는 신선한 방향을 제안해야 할 필요가 있다(그림 3.1.5). 일반적으로 퍼실리테이터는 브레인스토밍의 효과성을 관리하는 데 전념할 수 있도록 일반 참여자가 되지 않는 편이 좋다.

새로운 발명가 또는 새로운 팀에서는 전문 임상의나 공학자를 진행자로 지정하지 않는 것이 도움이 된다. 이들은 집단 내에서 자연스럽게 권위적인 위치에 서게 되며, 이에 따라 경험이 적은 참여자들은 아이디어를 공유하는 데서 배제될 수 있기 때문이다. 팀, 참여자, 주제의 동역학에 따라, 중립적인 제3자가 퍼실리테이터의 역할을 하게 되면 효과적일 수 있다. 물론 이러한 퍼실리테이터는 참여자들의 기여가 길을 잃지 않게 하고, 그들의 사고를 자극하는 데 충분히 효과적일 만큼 쟁점 영역을 잘 이해하고 있어야 한다. 하지만, 브레인스토밍 과정이 균형 잡힌 상태에서 보조를 잘 맞춰나갈 수 있도록 하고, 브레인스토밍 규칙을 준수하게 만드는 일종의 심판으로서 일하는

그림 3.1.5
숙련된 퍼실리테이터는 브레인스토밍 세션을 생산적이고 즐겁게 만들 수 있다(사진은 Steve Castillo, 스탠포드 경영대학원의 허가를 받아 사용).

능력 또한 퍼실리테이터에게 동등하게 중요하다.

비록 브레인스토밍당 한 명의 퍼실리테이터가 있는 모형이 좋은 출발 지점이 되기는 하지만, 다른 대안을 고려할 수도 있다. 브레인스토밍이 진행되는 동안 매시간을 신선하게 만들기 위해 퍼실리테이터를 변경하거나, 퍼실리테이터를 참여자로 활용한다거나, 진행 과정 속에서 일어나는 집단의 동역학 변화에 따라 다른 조정을 가하는 일이 얼마든지 쓸모 있을 수 있다. 핵심은, 브레인스토밍 진행의 효과성에 언제나 주의를 기울이고, 퍼실리테이터의 역할을 유연하게 유지하는 데 있다.

브레인스토밍 세션의 진행에 앞서 참여자와 퍼실리테이터를 선택한 다음, 브레인스토밍을 진행하는 개인 또는 집단은 여기에 참여하는 사람들의 아이디어 창안 과정에 도움이 될 수 있도록 브레인스토밍 시작에 앞서 제공될 수 있는 배경 정보를 반드시 검토해야 한다. 브레인스토밍의 초점을 해결책 도출에 맞추기 위해서는 통상적인 니즈 구체화가 이러한 배경 정보의 토대가 될 수 있다(2.5절 참조). 질환 상태에 대한 기본 보고(2.1절 참조), 현존하는 해결책에 대한 개요(2.2절 참조), 또는 니즈 구체화에 적절한 여타 데이터 또한 제공될 필요가 있다. 하지만, 이러한 정보를 통해 달성하려는 목표는 제한적인 프레임에 의한 창의성의 제한 없이도 효과적인 브레인스토밍을 할 수 있을 만큼 충분한 정보를 제공하는 데 있다. 이는 연구 대상이 된 의학적 또는 기술적 영역의 전문가가 아닌 참여자들을 브레인스토밍에 참여시키는 또 다른 이유이기도 하다.

의료 소도구 이미 제안했듯, 브레인스토밍 참여자들이 소도구를 사용할 수 있게 하는 일은 유용하다. 의공학 브레인스토밍에서는, 일반적인 블록이나 레고뿐만 아니라 몇 가지 실제 의료 도구를 들고 브레인스토밍 장소에 들어오는 것을 생각해야 한다. 간단한 도구 – 집게, 당김기, 뚫개, 기본 풍선 카테터 등 – 은 다른 도구들과 조합할 수 있으며, 이는 이들 도구가 어떤 개념을 신속하게 전달하는 데 또는 새로운 아이디어와 연결된 영감을 낳는 데 유용하기 때문이다(그림 3.1.6 참조).

해부도나 해부 모형은 논의를 세부 사항 속으로 지나치게 빠뜨려 놓지 않는 한 의학 관련 브레인스토밍 세션에 유용할 수 있다. 많은 회사들이 여러 기관을 묘사한 커다란 해부도를 팔고 있으며, 이들은 도움이 될 뿐만 아니라 시각적 자극도 된다. 특정한 수술이나 절차를 묘사하는 간단한 그림이나 스케치 역시 아이디어를 유도하는 데 도움이 될 수 있다. 인체 해부학을 다루는 3차원 모형은 더 나은 효과를 가져올 것이다 이들 플라스틱 모형은 대체로 비싸지만, 온라인에서 구매할 수 있거나 의대 또는 전문 진료 기관에서 빌려올 수 있다. 실제 조직 부위

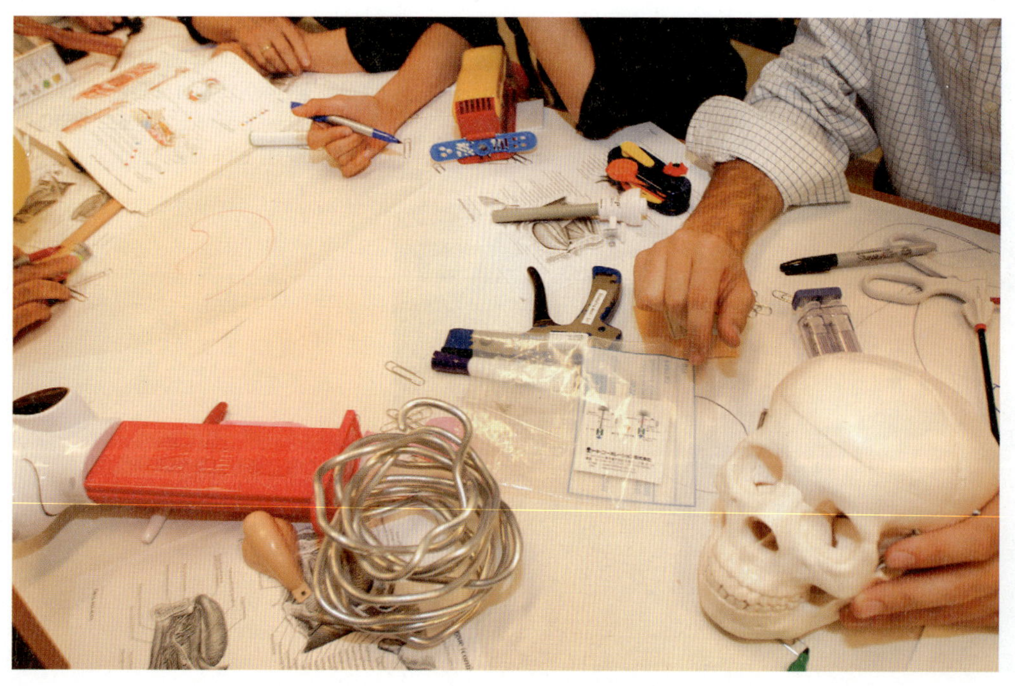

그림 3.1.6
의공학 브레인스토밍 도구 – 해부학 보조 도구, 장비, 그리고 장난감과 같이, 창의적 생각을 가능하게 해 주는 잡동사니 (사진은 Anne Knudsen, 스탠포드 경영대학원의 허가를 받아 사용)

에 대한 브레인스토밍을 할 때는, 특히 요구를 이해하고 잠재적인 해결책을 발전시키는 데 조직의 물리적 특징이 매우 중요한 경우 또 다른 아이디어가 필요할 수 있다(예를 들어, 위창자관을 탐사해야 하는 경우 돼지 위장을 살펴볼 수 있을 것이다. 사례 연구 참조). 물론 어떠한 실제 조직이든 브레인스토밍 세션에 사용하려면 쟁점 상황에 적용되는 생명 안전 규제를 확실히 이해해야만 할 것이다.

또한 이노베이터들은 개념화 과정에서 아이디어를 자극하는 데 유용할 수 있는 여러 소도구와 간단한 기구를 생각할 때 있어 의학 영역에 생각을 국한해서는 안 된다. 예를 들어, 어떤 의사는 자신이 자전거 부품과 머리집게와 같이 아주 다양한 장치에서 새로운 수술 도구에 대한 영감을 얻었는지에 대해 기록했던 바 있다. IDEO 사에서는 전문 디자이너가 서로 다른 메커니즘으로 작동하는 흥미로운 장치와 도구 모음을 유지하기도 했다. Tome Kelley가 저술했듯, "복잡하지만 대단히 믿을 만한 암벽 등반 캐멀롯의 메커니즘이나, 일본식 접는 면도날의 아주 간단한 메커니즘은 모두 자신이 이들 아이템을 손에 잡았을 때 어떻게 하겠다는 데 대해 생각하는 새로운 방식을 사람들이 가지게 만든다." 재료와 여러 부위를, 개념화 과정에 추가할 효과적인 첨가물이 되도록, 그리고 참여자들이 다양한 도구를 사용할 수 있게 되도록, 재료와 부품에 대해 창의적으로 생각하도록 하자.

설탕, 카페인, 그리고 브레인스토밍 엔돌핀 참여자들에게 사탕, 과자, 콜라를 제공해 이들이 활기차게 참여할 수 있도록 돕는 것은 브레인스토밍의 관례다. 의공학 집단이 이런 신진대사 차원의 "흥분"을 바라든 그렇지 않든(또는 건강에 좋든 아니든), 다과류는 긍정적이고, 적극적인 참여를 이끌어내며, 명랑한 분위기를 만들어 내는 데 확실한 도움이 된다. 소도구들과 그 배열은 모두 브레인스토밍 세션에 알맞게 분위기와 기분을 조율하는 데 기여할 것이다. 또한 퍼실리테이터는 참여자들이 그들의 재능과 창의성 때문에 선택된 사람들이라고 말함으로써, 그리고 초청받은 것이 명예롭다는 점을 전달함으로써 모임 시작 시점에 참여자들을 독려할 수 있다. 아이디어에 대한 긍정적인 강화는 전체 논의에 상당한 영향을 미칠 수 있으며, 그리고 참여자들이 논의를 시작할 수 있게 한다는 의미에서 도움이 될 수 있을 것이다.

브레인스토밍 세션 관리 방해받지 않은 채 주의력을 기울이는 60분에서 90분 정도의 시간을 세션 참여자들에게 요구하겠다는 점을 분명히 해야만 한다. 의사들은 특히 병원에서 걸려오는 전화나 문자에 대단히 취약하다. 가능하다면, 세션 진행 시간 동안에는 전화를 받지 말거나 "로그아웃"을 하도록 하라. 참여자들에게 세션 진행 시간동안 자신의 통신 장비를 꺼 달라고 요청하는 것도 적절하다. 만일 중대한 방해 상황이 일어난다면, 그런 상황이 벌어진 참여자는 방을 나가서 전화를 받아야만 한다. 이런 아이디어는 주제에 집중하게 만들고, 방해를 회피할 수 있게 하는 한편, 집단 전체가 만들어 나가는 모멘텀을 유지할 수 있게 한다.

세션 시작 시점에는 몇 분을 들여 빠르게 진행되는 몇몇 종류의 워밍업 활동을 수행할 필요가 있다.[15] 이는 브레인스토밍 과정에 새롭게 참여하게 된 참여자를 돕는 데 특별히 가치가 있다. 별다른 관련은 없지만 어색함을 깨는 데 도움이 되는 활동은 이런 과정을 시작하는 데 도움이 될 수 있다. 참여자들이 상대적으로 익숙해야만 하는, "평이한" 의학 관련 활동을 찾아내는 일은 세션을 시작하는 데 효과적인 방법이 될 수 있다. 예를 들어, 퍼실리테이터들은 참여자들에게 2분 내로 입원실의 침대를 개선하는 가능한 방안에 대해 최대한 많은 제안을 내놓으라고 요청할 수 있다. 이런 활동을 통해 각 참여자들이 창의적이고 심지어 괴상한 제안을 아주 빠른 속도로 내놓으려 노력하는 모습이 분명하게 드러난다면, 퍼실리테이터는 워밍업에 너무 많은 시간을 소모하지 않은 상태에서 참여자들을 브레인스토밍에 필요한 속도감 있는 단계까지 도달시킬 수 있을 것이다. 또 다른 접근은 워밍업의 필요성을 참여자들에게서 뽑아내는 방식이다. "당신을 오늘날 가장 짜증스럽게 만드는 기술적 문제는 무엇입니까?"와 같은 간단한 질문을 던져 보라. 이 질문에 대한 답변을 화이트보드에 빠르게 적고, 집단 전체가 공감하는 것으로 보이는 한 가지 답변을 고르자. 퍼실리테이터가 참여자들에게 즉각적이고, 흥미로우며, 얼빠진 답변을 생각하도록 독려하면서, 해결책을 제안하는 데 오직 몇 분만을 바쳐 보라. 몇몇 집단에게는 의학과 무관한 내용으로 워밍업을 진행하는 것이 적합할 수 있다. 브레인스토밍을 위해, "대체 어떻게 화성에서 생명이 살고 있는지 밝힐 수 있죠?"와 같은 질문을 던져 보라. 다른 전략으로, 짧은 동영상, 예를 들어 멋진 발명품들로 가득 찬 전위적인 과학 소설 장면이 담긴 영상을 보여주는 방법이 있다. 짧은 게임을 위해, 참여자들을 일으켜 세운 다음 자신의 자리에서 떠나게 만드는 방법도 좋을 수 있다. 예를 들어, "이것들, 저것들, 나가라!"라고 외치면서 한 라운드의 게임을 진행할 수 있다. 퍼실리테이터는 참여자들을 어떤 항목으로 묶을 수 있는 이름들이 쓰여 있는 칸 앞에 줄 세운 다음, 매우 빠르게 여러 사람을 지적하며 참여자 주변을 돌아다닌다. 각각의 참여자들은 항목 안에 포함된 무언가를 이름으로 받게 된다. 누군가가 그렇지 않다면, 모든 참여자들이 "나가라!"라고 외치게 되며, 또한 "나가라!"라는 말을 들은 참여자는 다음 라운드까지 게임에 참여할 수 없게 된다.[16] 불지피기 작업의 핵심은 모든 사람들이 참여하게 만드는 한편, 여러 의문에 빠르게 응답할 수 있게 만드는 리듬을 만들고, 또한 결국 참여자들을 즐겁게 만드는 데 있다.

퍼실리테이터와 참여자 모두가 신경 써야 하는 가장 도전적인 쟁점 가운데 하나는, 참여자들의 다양한 성격을 잘 다룰 수 있는지 여부다. 고전적인 브레인스토밍 접근 방법에 대한 비판 가운데 하나는 이것이 외향적인 사람을 위해 설계되었으며 내향적인 사람에게는 힘들 수도 있는 환경을 만들어 낸다는 데 있었다.[17] 만일 퍼실리테이터가 과묵하거나 조용한 참여자가 있다는 점을 알고 있다면, 참여를 고압적이지는 않은 방식으로 권하는 것은 중요한 과업이다. 모든 사람이 브레인스토밍에 동등하게 기여해야만 하는 것은 절대 아니다. 실제로, 개념화를 억압하는 가장 큰 원인은 모든 사람이 동등하게 발언하도록 만드는 "임의적 권유"이다.

또 다른 쟁점은 참여자를 위압하려 하고, 상황을 통제하려 하며, 또 지배적인 위치에 서고 싶어 하는 참여자다. 이 경우, 퍼실리테이터는 과단성이 있는 다른 참여자와 함께 이런 참여자가 좀 더 긍정적인 기여를 할 수 있도록 도울 필요가 있다. 브레인스토밍 규칙은 일반적으로 이런 제안을 달성할 수 있게 돕는 유용한 틀을 제공할 수 있다. 만일 진정시키려는 시도가 성공적이지 못했다면, 퍼실리테이터는 휴식 시간을 가지겠다고 말한 다음 문제의 참여자와 개인적으로 대화하는 방법을 택할 수도 있다.

동일한 쟁점의 덜 극단적인 경우는, 세션 참여자 사이에 어떤 위계가 존재하는 경우다. 이런 문제는 기업이나 학술적 상황에서 모두 일어날 수 있으며, 이를 해결하기 위해서는 숙련된 퍼실리테이터와 이를 극복하기 위한 집단의 의지가 모두 필요하다. 서로 다른 문화적 맥락 역시 이러한 참여자 문제를 일으키는 데 영향을 줄 수 있다. 예를 들어 인도에서 수행된 자신의 브레인스토밍 경험을 회고하면서, 콘슈어 메디컬(Consure Mdeical) 사의 공동 창업자 Amit Sharma는 이렇게 말했다. "누구나 동일한 빈도로 말하는 것은 아닙니다. 예를 들어, 때때로 경험이 풍부하고 나이가 많은 사람들은 자신의 아이디어는 다른 참여자의 아이디어에 비해 더 큰 비중을 부여받아야 한다고 생각합니다. 또한 다른 사람들은 나이가 많고 경험이 많은 사람들에게 발언 기회를 양보할 수도 있습니다. 아이디어의 진정한 이점에 대한 강조는 때때로 잊혀질 수 있습니다." 바로 여기서 중재자의 역할이 중요해진다. 중재자는 문화에 대한 깊은 지식과 지도력을 배합하여 대처해야 한다.

결과를 포착하기 모든 브레인스토밍에 있어, 결과를 가능한 한 정확하고 풍부하게 포착하고 보존하는 작업은 필수적이다. 만일 다량의 종이나 포스트잇이 사용되었다면, 이들을 모아서 보존해야만 한다. 이들을 수합할 때는 공간적 구조에 주의를 기울일 필요가 있다. 이는 특정한 기록이 방 안에서 물리적으로 위치한 지점을 기억하면, 나중에 그 내용을 상세히 되짚어 볼 때 도움이 될 수 있기 때문이다. 만일 후속 브레인스토밍이 수행된다면, 첫 번째 세션이 끝날 시점에 각 종이가 위치했던 장소에 그 종이들을 다시 되돌려 놓는 것은 유용할 수 있다. 화이트보드가 사용된 경우, 이 보드의 디지털 이미지를 사용하는 것이 편리하다. 화이트보드 사진은 두 번째 세션에 영사하는 방식으로 사용할 수 있으며, 기록을 보관하는 데도 편리하다. 심지어 해당 세션의 결과물을 단순히 써내려가는 무식한 방법이 적용된다 하더라도, 일부 기록 방법은 브레인스토밍이 끝나자마자 즉시 수행되어야 한다는 점은 매우 중요하다. 다시 말하지만, 이들 기록을 본래 있었던 방식에 따라 공간적으로 배열하는 방법은 가장 유용하다. 여기에는 쟁점 세션에서 지시를 위해 사용된 번호들을 포함해야 한다는 점을 꼭 기억하라. 숫자 브레인스토밍의 결과를 수합하고 조직화하는 데 대한 추가적인 권고 사항은 3.2 초기 컨셉 선택 부분에서 논의한다.

브레인스토밍 작업의 결과를 포착할 때 있어, 모든 해결책이 잠재적으로 컨셉 스크리닝과 시제품 개발에서 쓰일 수 있도록 충분히 면밀하게 검토 되었는지, 또는 몇몇 아이디어가 여전히 너무 일반적이어서 추가적인 브레인스토밍 과정을 필요로 하는지 평가하는 과정은 중요하다. 예를 들어, "혈전을 포획"한다는 아이디어는 아직은 잠재적인 해결책으로서 작동할 수 없는 일반적인 접근만을 나타낼 뿐이다. 반면, "목 동맥에 혈전을 포획하기 위해 촘촘한 그물망으로 이뤄진 스텐트를 사용한다."는 아이디어는 아주 구체적이다. 물론, 모든 일반적인 개념이 구체적인 작업으로 이어질 수 있는 해결책을 내놓는 것은 아니다. 어떤 접근 방법에 대해, 추가적인 브레인스토밍을 통해 더 정교하게 만들 것인지, 아니면 한 켠에 제쳐 두고 다른 방향으로 나아갈 것인지는 판단을 통해 결정할 문제다.

지적재산권의 소유권 브레인스토밍은 새로운 아이디어를 창안하며, 새로운 아이디어는 새로운 지적 자산의 핵심이다. 발명가나 팀은 브레인스토밍 참여자들에게 자신들의 세션 참여가 지적 자산과 관련해 어떤 함축이 있다고 보면 되는지에 대해 명확히 알릴 필요가 있다. 만일 참여자들이 모두 동일한 기업이나 대학 소속이라면, 중요한 아이디어의 소유권은 바로 그 조직에 계속해서 속할 것이다(그러므로, 소유권은 상대적으로 덜 복잡할 것이다). 만일 팀이 같은 회사나 대학 소속이 아닌 참여자를 채용했다면, 내용에 대한 비공개 협약을 맺는 것이 적절할 것이다.

모든 참여자가 동일한 조직에 속해 있는 상황이라고 해도, 각각의 참여자들은 세션에서 논의한 아이디어의 결과에 대해 발명가가 되고 싶어 할 수 있다는 점, 소유권이 공정하고 동등한 방식으로 정해져야 한다는 점을 인정해야 한다. 이런 과정을 어떻게 수행해야 하는지에 대한 특수한 지침을 서술하는 것은 불가능하다. 각각의 상황은 독특하기 때문이다. 실무상, 바이오디자인 브레인스토밍 세션에서 나온 아이디어를 특허로 발전시킬 것인지 여부는 바이오디자인 혁신 과정의 후반에야 분명해진다. 기본적으로 발명가는 때로 하나 또는 여러 특허 주장에 물질적으로 기여한 사람이다. 몇몇 사례에서는 단일 인물이 특허를 낼 수 있는 핵심 개념을 생각해 냈다는 점이 분명하지만, 다른 사례에서는 여러 사람 또는 집단 전체가 핵심 개념의 창안에 기여한 경우도 있다. 이런 문제를 명확히 해결하기 위한 한 가지 방법으로, 아이디어 옆에 최초 핵심 기여자의 이름을 실시간으로, 개념이 고안되었을 때 메모를 하는 방법이 있다. 이런 접근의 단점은 참여자들이 어떤 아이디어가 누구의 것인지에 관심을 기울여 초점이 흩어지고 만다는 점이다. 좀 더 눈에 띄지 않는 방법은 이런 식이다. 세션 참여자들이 서로 다른 색깔의 포스트잇을 사용하도록 요청하는 방법이다. 궁극적으로, 지적 자산의 소유권을 팀원과의 협의를 통해 결정하는 것은 팀 리더(프로젝트를 이끌어 나갈 책임이 있는 사람 또는 집단)의 책임이다. 물론, 누가 발명가이고 참여자들의 상대적 기여가 어떠한지를 명확히 하는 작업은 특허 필터링 과정 속에서 가능한 한 빨리 하는 것이 가장 적절하다.

사례를 통해, 이들 모든 고려 사항이 의공학 브레인스토밍 세션을 계획하고 시행할 때 어떻게 결합하는지를 살펴볼 수 있을 것이다.

현장에서 스탠포드 바이오디자인 프로그램

비만에 대한 초기 개념을 다루는 브레인스토밍 작업

바이오디자인 혁신 과정의 일환으로, 스탠포드 MBA 과정 학생인 Darin Buxbaum과 연구진은 *병적으로 비만한 사람들이 체중을 감량할 수 있도록 돕는*, 덜 침습적인 방법에 대한 니즈를 면밀히 검토하기 위해 협업했다. 의료기기 영역에 기반을 둔 사업에 참여한 경력이 있던 Buxbaum에 더해, 이 팀은 일반 외과에서 순환 근무를 마쳤으며 성형외과 분야에서 경력이 있는 대학원 소속 레지던트 한 명, 생체 재료를 전공으로 바이오엔지니어링 분야에서 석사 과정을 밟고 있는 학생 두 명, 그리고 기계공학을 배경으로 하고 있으며 바이오엔지니어링 분야에

그림 3.1.7
초기 브레인스토밍 세션을 가지고 있는 Buxbaum (랩탑 옆에 서 있는 사람)과 팀원들(사진은 Anne Knudsen, 스탠포드 경영대학원의 허가를 받아 사용)

서 박사과정을 밟고 있는 학생 한 명으로 이뤄져 있었다(그림 3.1.7).

병적인 비만의 특징을 탐구하고, 현존하는 해결책들이 어떤 방식으로 이뤄져 있는지 이해하는 한편, 이해관계자 및 시장 분석을 수행하고, 요구 사양을 정한 다음, Buxbaum 팀은 컨셉 생성 활동을 개시했다. Buxbaum은 이렇게 회상한다. "우리가 해결하려고 하는 니즈는 첫 번째 브레인스토밍 세션을 체중 감량과 관련된 광범위한 메커니즘, 말하자면 에너지 소비 증가나 칼로리 섭취량 감소와 같은 주제에 대해 논의해야 한다는 합의로 시작해야 할 만큼 아주 큰 것이었습니다. 그 후, 우리는 가장 유망한 것으로 보이는 범주를 찾는 데 한 세션을 모두 할애했죠."

팀원 전체는 브레인스토밍 작업을 해 본 경험이 상대적으로 적었기 때문에, 첫 번째 세션에서는 자신들을 지도할 퍼실리테이터를 외부에서 초빙하기로 했다. Buxbaum은 이렇게 지적했다. "우리가 처음 모였을 때는, 어떠한 형식적 조직화도 이뤄지지 않았습니다. 외부에서 퍼실리테이터를 초빙해 온 덕분에, 브레인스토밍에 필요한 몇 가지 구조를 짜는 데 도움을 받았습니다. 지정된 퍼실리테이터가 있었고, 팀에 참여한 다른 모든 사람들은 동등한 기여자입니다." 사업 초기, Buxbaum 팀은 대단히 제한된 예산 조건 하에서 디자인 회사에서 근무하던 친구에게 세션의 진행을 무보수로 요청했다. 하지만 Buxbaum에 따르면, 이 신참 디자인 컨설턴트에게는 그 역할에서 도출해 낸 가치에 기반하여 진행을 촉진하도록 비용을 지불할 만한 가치가 있다. 이들이 고른 퍼실리테이터는 개인적인 친구였기 때문에, 팀은 그에게 내용에 대한 비공개 협약을 요구하지는 않았다. 하지만 Buxbaum은 다른 팀에게는 좀 더 주의가 필요하다고 조언한다. "이런 종류의 세션에서는, 정말로 흥미로운 무언가를 생각해 내는 사람이 대체 누구일지는 결코 알 수 없습니다."

이 퍼실리테이터는 일련의 짧고 빠른 속도로 진행되는 워밍업 과제, 예를 들어 참여자들에게 1분 내로 될 수 있는 한 서로 다른 동물의 이름을 제시하게 하는 과제를 팀에게 수행하도록 하는 것으로 세션을 시작했다. Buxbaum은 이렇게 말한다. "이런 과정은 우리가 퍼실리테이터를 사용하지 않았다면 아마 완전히 간과하고 넘어갔을 과정입니다. 하지만 이는 사람들이 자신들이 할 수 있는 한 빠르게 아이디어를 내놓을 수 있도록, 그리고 다른 사람들의 아이디어 위에서 그렇게 할 수 있도록 하는 데 정말로 도움이 됩니다."

하지만, 퍼실리테이터가 진정으로 도움이 되었던 부분은, 거칠고 정신 나간 아이디어를 판단을 거치지 않고 내뱉는 데 어려움을 겪던 팀 멤버에게 도움을 주었다는 점이다. Buxbaum에 따르면, "언제든 정말로 말도 안 되는 아이디어, 가령 '위장에 블랙홀을 가져다 놓자'라는 아이디어가 던져졌다고 해 보죠. 이런 사람은 '그건 불가능해'라고 말할 겁니다. 그는 물리적으로 일어날 수 없는 어떠한 아이디어에 대해 불만의 목소리를 듣게 되겠죠. 결국 그는 입을 다물고, 제안을 멈추게 될 겁니다. 이런 일은 팀에게 있어 정말로 좌절할만한 일이고, 그런 말을 들은 사람에게도 고통스러운 좌절의 경험일 겁니다. 만일 퍼실리테이터가 아니었다면, 아마도 우리는 무엇을 해야 하는지에 대해 논쟁을 벌이게 되었을 것이고 브레인스토밍을 할 수는 없었을 겁니다." 하지만, 퍼실리테이터는 상황을 중재하고, 규칙을 집행하며, 세션이 계속 진행될 수 있도록 만들 수 있어야만 했다. 이에 더해, 문제를 일으켰던 팀원이 브레인스토밍 접근 방법에 점점 더 편안함을 느낄 수 있게 해야만 했다. "이후의 세션에서, 퍼실리테이터는 규칙을 좀 더 가볍게 했고, 결국 우리가 좀 더 창조적인 아이디어를 내놓도록 했지요."라고 Buxbaum은 지적한다. 이후의 세션에서, 팀은 자신들로만 브레인스토밍 작업을 진행할 수 있었다. "규칙은 우리 머리 속에 스며들었고, 때문에 우리는 스스로 자신을 다스릴 수 있었습니다."

팀원들은 다양한 배경을 가지고 있었기 때문에, 이들은 각 세션을 속도감 있게 진행하기 위해서는 몇 가지를 미리 준비할 필요가 있다고 판단했다. Buxbaum의 말을 들어보자. "우리가 손을 쓰기 대단히 힘들었던 일 가운데 하나는 인간의 몸을 작동시키는 메커니즘을 살펴보는 일이었죠. 우리 팀에 속했던 의사는 각 세션의 초반에 발표를 진행하면서 팀원들에게 관련된 해부학 정보를 가르쳐줬습니다. 예를 들어, 만일 우리가 사람들이 덜 먹게 만드는 메커니즘에 대해 말하길 원했다면, 그는 뱃속에 들어 있는 여러 부위를 살펴본 다음 이들이 어떻게 상호작용하는지에 대해 말해 주었죠. 어느 날은, 세션을 진행하기에 앞서 전체 소화 기관을 보여준 다음, 화학적 경로는 어떻게 작동하는지, 그리고 호르몬은 어떻게 포만을 자극하도록 방출되는지에 대해 발표했습니다. 심도 있는 지식은 정말로 적절한 아이디어를 내놓을 수 있게 했습니다. 예를 들어, 우리의 작업에서 아주 흥미로웠던 개념 가운데 하나는, 장에서 지방산을 용출시킬 수 있는 지점에 스텐트를 심어 사람들이 포만감을 느끼게 하고 또한 전체 소화관의 작동을 늦출 수 있는 호르몬 경로를 발동시킬 수 있게 하자는 논의였습니다." 하지만, Buxbaum은 준비 과정 가운데 일부는 너무 앞서 나간 것이었다고 인정했다. "우리가 너무 많은 것을 준비했다고 생각하는 것 가운데 하나는, 과정 초반에 지적재산권에 대해 살펴보았던 일입니다. 어떤 개념이 이미 사용되고 있는지 이해하고 넘어가자는 이야기는 좋은 아이디어처럼 보였습니다만, 실제로는 우리의 판단을 흐리게 하고 또한 우리의 생각에 불필요한 제약만 가했을 뿐이더군요."

이들 팀에게 매우 귀중한 것으로 밝혀진 또 다른 기법은, 그림이나 투박한 시제품을 사용해 설명한다던가, 세션 도중에 의학적 소도구를 사용하는 기법이었다. 몇몇 세션에서는 돼지 위장도 도구로 사용되었다(그림 3.1.8). 사실, Buxbaum은 자신의 팀이 꽉 막힌 문제를 돌파할 수 있게 한 공로를 바로 돼지 위장을 브레인스토밍 세션에서 사용하게 했던 데로 돌린다. "하루는 돼지 위장을 가지고 놀았던 적이 있습니다. 그저 생각하는 동안 손이 심심해서 말이죠. 그런데 그렇게 하다 보니 위장이 철썩하고 제 모습대로 자리를 잡는 겁니다. 우리는 실제 조직이 우리 눈 앞에 있기 전에는 위장이 바로 그런 모양을 하고 있을 거라고는 상상도 하지 못했죠." 돼지 위장을 손에 넣는 과정 그 자체도 모험에 가까웠다. 먼저 팀은 전통적인 정육점에 방문했다. Buxbaum은 이렇게 회상한다. "그 사람들은 엄청난 가격을 부르더군요. 그들은 자신들이 고기를 받아오는 곳에 전화를 걸어야 한다고 말했습니다. 도축장 라인을 멈춘 다음 위장을 절제하고 검사한 다음 포장해서 보내 달라고 설득을 해야 한다는 겁니다. 가격도 30달러를 불렀고, 2주 뒤에나 받아볼 수 있다고 말하더군요." Buxbaum은 이야기를 이어나갔다. "그런데 우리 멤버 가운데 두 명이 중국 식재료상에 방문하자, 마침 돼지 위장이 통채로

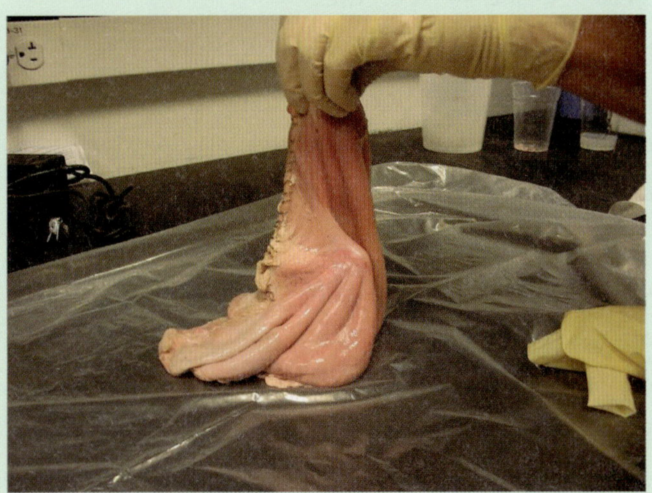

그림 3.1.8
돼지 위장을 브레인스토밍 시간에 사용한 일은 Buxbaum 팀의 발명에 중요한 통찰을 가져다 주었다(사진은 Jennifer Blundo, Darin Buxbaum, Charles Hsu, Ivan Tzetanov, Fan Zhang의 허가를 받아 사용).

눈에 들어왔다고 합니다. 가격도 1.99달러밖에는 안 되었고요." 이들 위장은 결국 저렴한 가격으로, 그리고 아주 편리하게 팀의 작업에 사용되었다.

Buxbaum 팀은 전부 합쳐서 약 12차례의 세션을 가졌으며, 그 길이는 대개의 경우 60분에서 120분 사이였다. "우리는 90분 이상 세션을 가지려고 하지 않았습니다. 물론 가장 긴 세션은 대략 두 시간 가까이 되었습니다만, 기력을 쥐어짜내서 하고 있다는 생각이 들더군요. 만일 시간 제한을 걸어 두었다면, 우리는 진행을 멈춘 후 다음 세션에서 일을 재개했을 겁니다." 이들 세션에서, 팀의 목표는 1분에 두세 가지의 아이디어를 고안해 내는 것이었으며, 때로는 한 번의 모임을 200개 이상의 아이디어와 함께 마무리했던 적도 있었다.

Buxbaum은 이러한 과정을 다음과 같이 회고한다. "우리는 브레인스토밍 과정에 대해 아주 밝은 기억을 여럿 가지고 있어요. 이건 팀을 하나로 모을 수 있는 과정이었죠." 실제로, Buxbaum은 브레인스토밍을 컨셉 생성 이상의 역할을 할 수 있는, 연료 공급을 위한 기법으로 사용할 것을 추천한다. "정확히 정해진 것이 없는 영역을 다뤄야 할 때라면, 언제든 브레인스토밍은 그 영역을 채워 넣는 데 큰 도움이 될 수 있습니다. 우리 팀은 문제의 장비를 어떻게 설계해야 하는지 파악하기 위해서는 브레인스토밍을 하지 않았습니다. 우리는 카페에서, 또는 팀원이 사는 곳에서 테이블을 돌려놓고 작업하는 우를 범했죠. 우리가 사용한 공간은 썩 훌륭하지는 않았고, 모든 규칙을 사용할 수도 없었습니다. 결국, 우리의 아이디어는 그리 창조적이지는 않았고, 어디서도 처음 브레인스토밍을 했을 때와 같은 양질의 아이디어를 얻을 수는 없었습니다."

개념화에 대한 또 다른 접근

비록 고전적인 브레인스토밍은 전 세계의 대학, 학교, 회사에서 "디자인 사고"의 핵심을 이루고 있다고 간주되는 한편 가장 대중적인 개념화 방법으로 퍼져 있지만, 이는 컨셉을 생성하는 데 있어 결코 유일한 방법은 아니다.

한 가지 대안적인 접근 방식은 건설적인 갈등이 효과적인 개념화를 자극하는 메커니즘으로 활용할 수 있다는 데 주목한다. 이러한 비판적 또는 논쟁 지향적인 스타일의 개념화는 판단을 일단 미루라는 브레인스토밍의 핵심 규칙을 한 켠으로 치워놓는다.[18] 이런 방법은 특정 상황에서는 전통적인 브레인스토밍과 비교했을 때 더욱 더 창의적인 결과물을 내놓는 이점을 보여준다. 이런 접근 방식의 옹호자들은, 이견이야말로 마음을 열게 만드는 한편 여러 가능성에 대해 더 폭넓은 고려를 할 수 있게 한다고 주장한다. 이들은 또한 경쟁이 창조성을 자극하는 데 효과적일 수 있다고 믿기도 한다.[19] 하지만, 이러한 접근을 작동시키려면 몇몇 중요한 조건이 만족되어야만 한다. 한 교수가 요약했듯이, "당신은 언제나 아이디어를 놓고 싸워야만 합니다. … 당신은 '올바른 싸움'에 참여하고 있으며, 다른 사람들의 아이디어를 비판하는 것이지 그 사람 자체를 비판하는 것은 아니라는 점이 중요합니다. 이러한 유형의 갈등은 연구자들이 '지적인' 또는 '임무를 위한' 갈등이라고 부르는 것이며, 서로 존중하는 분위기 속에서 이뤄져야 하며 사용 가능한 사설적인 정보에 기반해 이뤄져야만 합니다."[20]

캘리포니아 맨로파크에 자리한 성공적인 의학 기술 인큐베이터인 파운드리 사에 속한 한 팀은 위의 갈등 접근 방식을 채택했다. 이 회사의 매니징 파트너(Managing Partner) Mark Deem에 따르면, "파운드리(Foundry) 사에서 브레인스토밍을 할 때, 우리는 서로에게 이의를 제기하는 것을 기분 좋게 여깁니다. 우리는 긴 시간을 함께 보냈으며, 각자를 신뢰하고 또한 각자의 관점을 존중합니다. 때문에 우리는 서로의 의견이 약간 어긋나는 것을 두려워하지 않습니다. 브레인스토밍 와중에는 나쁜 아이디어와 잘못된 가정이 있으며, 우리는 여기에 이의를 제기합니다. 물론 '그건 멍청한 아이디어다'는 식으로 말하기보다는, '이러저러한 이유 때문에 그런 아이디어는 제대로 작동하지 않을 것이다'라고 말해야 합니다. 때문에 이런 태도는 사실에 입각한 것이지, 단순한 혹평인 것은 아닙니다."

개념화의 또 다른 변형은, 전통적인 브레인스토밍의 '수평적'이고 위계가 없는 철학을 버리고 몇몇 전문가들의 심층적인 지식에 우위를 두는 것을 추구하는 방향으로 향한다. 특히, 의료 장비 기업들은 의료 핵심전문가(Key Opinion Leader, KOL)를 회사로 초청해 집단 개념화 세션에 참여시킬 때 일정한 포맷을 따른다. 이런 식으로 촉진된 논의는 이번 장에서 서술한 브레인스토밍 과정의 많은 부분 유사하지만, 한 가지 중요한 부분에서 다르다. 이러한 작업 세션의 목적은 통상 전문가의 마음을 "토로하게" 만들고 흥미로운 아이디어를 자극하는 데 있다. 모든 참여자들이 최대한 동등하게 기여하는 것을 독려해야 하는 브레인스토밍 세션과는 달리, 사람들은 전문가의 아이디어에 더 많은 주의력을 기울이게 된다. 이러한 중요한 구분에도 불구하고 집단이 참여하는, 그리고 쾌활하고 흥미진진한 상호작용의 본성은 강력한 아이디어를 활성화하는 데 도움이 될 수 있다.

개념화에 대한 근본적으로 다른 접근 방식은 트리즈(TRIZ) 방법이 대표적이다. Genrich Altshuller라는 소련의 발명가에 의해 제안되었고, 그 동료들에 의해 1940년대에서 1980년대까지 발전한 이 방법은 해결책을 창출하는 데 있어 대단히 구조적이며 패턴에 기반한 접근을 옹호한다(TRIZ는 러시아어로 창의적 문제 해결 이론을 의미한다). 브레인스토밍과 같이 이 방법은 개념화를 향한 도약을 만들어 낼 수 있다. 특히 진보를 막는 장벽을 넘을 때 유용할 수 있다. 하지만 트리즈는 참여 팀의 집단 직관에 의존하지 않고, 오히려 다른 발명, 특히 다른 산업의 발명에서 아이디어를 가능한 한 활용하여, 쟁점이 된 현 시점의 요구나 문제에 대한 해결책을 찾아내는 데 있다. 간단히 말해, "누군가는, 그리고 어디선가, 이 문제(또는 이와 매우 유사한 문제)는 이미 풀려 있습니다. … 창조성은 이런 해결책을 찾아내 지금 문제가 되는 바로 이 특수한 문제에 적용하는 데 있습니다."[21]

별명가들이 다른 발명가의 해결책을 활용하는 일을 돕기 위해, Altshuller와 연구진은 300만 개의 특허를 분석해, 발명가들이 대부분 문제의 근원이라고 본 "모순" 또는 이율배반이 있다는 점을 확인했다. 이어서 이들은 문제 해결에서 찾을 수 있는 공통의 패턴을 40개의 문제 해결 원칙으로 요약했다. 이 요약 방식은, 관련 지식을 기반으로 하여 일종의 도구 모음을 구조화된 방식으로 적용할 수 있도록 하는 데 있었다.[22] 특히, 트리즈 접근은 개념화가 개념 탐사와 검사에 응용될 경우 매우 유용할 수 있다.

개념화에 대한 마무리

개념화에 대한 모든 접근에서 일치하는 것은 근본적인 문제에 대한 새로운 해결책을 내놓는 과정은 일종의 도전이라는 것이다. 심지어 매일 같이 전문가들과 브레인스토밍을 하는 디자인 회사에 소속된 전문가라도 이러한 작업이 부과하는 도전을 좀 더 효과적으로 다루는 데 도움이 되는 새로운 기술을 계속해서 개발하고 배우게 된다. 또한 이들 전문가는 개념화의 "꼴을 유지"하는 데 중요한 요소가 개인과 팀 양자에게 존재한다고 말한다. 다른 형태의 창의적이고 지적인 활동과 마찬가지로, 여러 기술들은 수행해야 할 과업에 현재 진행 중인 활동이 알맞은 방식으로 이뤄질 수 있도록 도움을 줄 것이다.

온라인 자료

더 많은 자료는 www.ebiodesign.org/3.1을 방문한다.

"Getting Started"의 활동과 링크

- Understand basic ideation and/or brainstorming concepts
- Define the topic
- Identify participants
- Choose a facilitator
- Prepare for the session
- Conduct the session and capture output

개념화와 브레인스토밍에 관한 동영상

NOTES

1 "Thomas Edison," Wikiquote.org, http://en.wikiquote.org/wiki/Thomas_Alva_Edison (October 2, 2013).

2 Paul Israel, Edison: *A Life of Invention* (John Wiley & Sons, 1998).

3 From remarks made by John Simpson as part of the "From the Innovator's Workbench" speaker series hosted by Stanford's Program in Biodesign, March 3, 2003, http://biodesign.stanford.edu/bdn/networking/pastinnovators.jsp (October 2, 2013). Reprinted with permission.

4 From remarks made by Julio Palmaz as part of the "From the Innovator's Workbench" speaker series hosted by Stanford's Program in Biodesign, February 10, 2003, http://biodesign.stanford.edu/bdn/networking/pastinnovators.jsp (October 2, 2013). Reprinted with permission.

5 From remarks made by Thomas Fogarty as part of the "From the Innovator's Workbench" speaker series hosted by Stanford's Program in Biodesign, January 27, 2003, http://biodesign.stanford.edu/bdn/networking/pastinnovators.jsp(October 2, 2013). Reprinted with permission.

6 Scott G. Isaksen, "A Review of Brainstorming Research: Six Critical Issues for Inquiry," Monograph #3-2, Creative Problem Solving Group, June 1998, http://www.cpsb.com/resources/downloads/public/302-Brainstorm.pdf (November 16, 2013).

7 Donald W. Taylor, Paul C. Berry, and Clifford H. Block, "Does Group Participation When Using Brainstorming Facilitate or Inhibit Creative Thinking?," *Administrative Science Quarterly*, June 1958, pp. 23-47.

8 Warren Bennis and PatriciaWard Biederman, *Organizing Genius: The Secrets of Creative Collaboration* (Addison-Wesley, 1997).

9 Warren Berger, "How Might We: The Secret Phrase Top Innovators Use," Harvard Business Review Blog, September 17, 2012, http://blogs.hbr.org/2012/09/the-secret-phrase-topinnovato/(February 6, 2014).

10 Alex Osborn, *Your Creative Power* (C. Scribner's Sons, 1948).

11 Tom Kelley, *The Art of Innovation* (Currency/Doubleday, 2001).

12 All quotations are from an interview conducted by the authors, unless otherwise cited. Reprinted with permission. 13 "Diego Powered Dissector System for Gyrus ACMI, ENT Division," IDEO.com, http://www.ideo.com/work/diegopowered-dissector-system/ (November 6, 2013).

14 Tom Kelley, *The Ten Faces of Innovation* (Doubleday, 2005), pp. 151-152.

15 "Ideate Mixtape," Hasso Plattner Institute of Design, Stanford University, 2012, http://dschool.stanford.edu/wp-content/uploads/2012/02/ideate-mixtape-v8.pdf (November 16, 2013).

16 Ibid.

17 Susan Cain, "The Rise of New Groupthink," *The New York Times*, January 13, 2013, http://www.nytimes.com/2012/01/15/opinion/sunday/the-rise-of-the-new-groupthink.html?pagewanted=all&_r=0 (November 20, 2013).

18 Charlan J. Nemeth, Bernard Personnaz, Marie Personnaz, and Jack A. Goncalo, "The Liberating Role of Conflict in Group

Creativity: A Study in Two Countries," *European Journal of Social Psychology*, July/August 2004, http://onlinelibrary.wiley.com/doi/10.1002/ejsp.210/pdf (October 1, 2013).

19 David Burkus, "Why Fighting Over Our Ideas Makes Them Better," 99u.com, http://99u.com/articles/7224/why-fightingfor-our-ideas-makes-them-better (October 1, 2013).

20 Ibid.

21 Katie Barry, Ellen Domb, and Michael S. Slocum, "TRIZ - What Is TRIZ?," *TRIZ Journal*, http://www.triz-journal.com/archives/what_is_triz/ (October 2, 2013).

22 "TRIZ 40 Principles," TRIZ40.com, http://www.triz40.com/aff_Principles.htm (October 2, 2013).

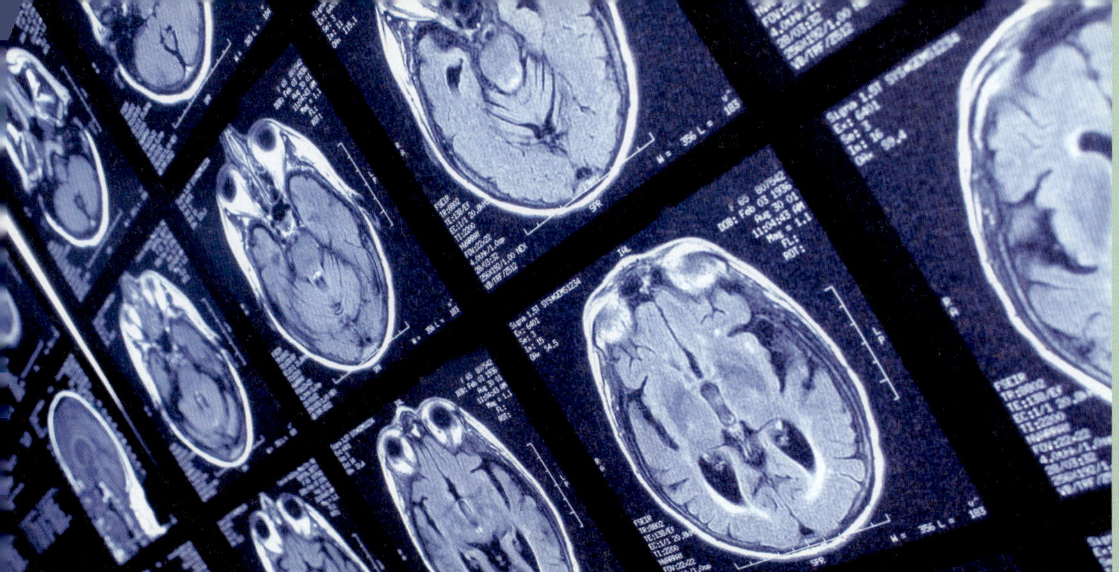

3.2 초기 컨셉 선택

서론

"믿음의 도약"이란, 살펴보거나 입증될 수 없는 무언가를 받아들이거나 신뢰하는 행동을 뜻한다.[1] 바이오디자인 혁신 과정 속에 있는 어떠한 다른 단계보다도 초기 컨셉 선택은 믿음의 도약이라고 볼 수 있다. 이노베이터들은 오직 니즈에 대한 정보에 기반하여 개념화 세션에서 제안된 수십, 수백 가지의 아이디어 가운데 유망한 해결책을 몇 가지 선택해야 한다. 이 지점에서 이노베이터들은 어떤 해결책이 궁극적으로 니즈를 가장 잘 해결할 수 있는 것인지에 대해 일부 정보만을 또는 어떠한 실질적 정보도 가지고 있지 않을 수 있다. 이들은 다만 일련의 질문들만을 알고 있을 뿐이다. 문제의 해결책을 정말로 실행할 수 있는가? 문제의 기저 메커니즘은 충분히 이해되고 있는가? 쟁점 해결책을 작용할 수 있게 만들기 위해 꼭 필요한 서로 다른 공학적 요소들 사이의 결정적인 상호작용에 대해 충분한 통찰이 제시되어 있는가? 얼마나 많은 시간, 노력, 돈을 들여야 이 아이디어가 실용적임을 확정할 수 있을까? 의사나 다른 중요한 이해관계자들은 이 컨셉에 어떻게 반응할 것인가? 이러한 수많은 요소에 직면했을 때, 이노베이터는 한 단계 도약을 할 수 있다. 이러한 도약의 핵심은 성공할 가능성이 좀 더 높아 보이는 소수의 아이디어를 탐구하기 위해 그들의 아이디어 가운데 다수는 한 데 미뤄놓는 데 있다.

목표

- 추가적인 개념화 과정이 필요한지 여부를 판단하기 위해 개념화의 결과물을 조직화하는 방법을 이해한다.
- 어떤 개념을 추구해야 할 것인지 결정하기 위해 니즈 요구서 내에 포함된 기준과 대조하여 객관적으로 평가하는 방법을 배운다.

어떤 개념을 더 심도 깊게 다룰지, 개념화에서 창안된 수많은 가능성 가운데 무엇을 더 탐구해야 하는지를 선택하는 일은 바이오디자인 혁신 과정에서 가장 중요한 단계 중 하나이다. 니즈 선택 과정과 마찬가지로, 초기 컨셉 선택 역시 가장 선호할만한 소수의 개념을 이후의 더욱 세밀한 탐구로 이어갈 수 있도록 유도하여 이노베이터의 능률을 충분히 올릴 수 있다. 다수의 개념을 세밀하게 연구하는 데 많은 시간을 소모하는 일은 그 가운데 상당수가 탈락될 것이라는 점에서 그리 가치 있는 것은 아니다.

초기 컨셉 선택에는 제안된 모든 아이디어를 각각의 해결책이 쟁점 니즈를 해결할 수 있는지 평가하기 위해 니즈 명세서와 기준에 비추어 보아 비교해 보는 작업이 포함되어 있다. 이런 과정의 일부분으로서 이노베이터들은 통상 자신의 아이디어를 제안된 해결책 안에 있는 잠재적인 간극 또는 편견을 확인할 수 있도록 서로 관련된 몇몇 집단으로 조직화한다. 만일 의미 있는 간극이 발견되거나, 해결책을 불필요하게 제약하는 특정한 편견이 발견될 경우, 추가적인 개념화를 통해 문제의 쟁점을 직접 표적으로 하는 새로운 해결책을 창안할 필요가 있을 수도 있다. 궁극적으로, 초기 컨셉 선택 과정의 결과물은 바이오디자인 혁신 과정의 컨셉 스크리닝 과정에 들여보낼 몇 가지 유망한 개념을 선택하는 데 있다.

 초기 컨셉 선택과 관련된 동영상은 ebiodesign.org을 참조한다.

초기 컨셉 선택의 기초

3.1 개념화에서 논의했듯이 브레인스토밍의 핵심적인 역할 가운데 하나는 "양을 채우기" 위해 가능한 한 많은 아이디어를 내놓도록 유도하는 데 있다. 어떤 특정한 개념을 이노베이터가 확정하기에 앞서, 수많은 다양한 해결책들을 검토해 볼 수 있도록 하는 일은 매우 중요하다. 그러나 이노베이터가 이러한 아이디어들을 모두 연구하고 발전시키는 것은 불가능하다. 가장 기본적인 차원에서 초기 컨셉 선택 과정은 개념화 과정을 통해 창출된 많은 정보를 조직화하고 평가하는 객관적이고 포괄적인 방법으로 생각할 수 있으며, 이를 통해 수많은 컨셉 속에서 소수의 핵심 컨셉을 골라낼 수 있다.

개념화에서 초기 컨셉 선택으로

초기 컨셉 선택을 시작하기에 앞서, 이노베이터들은 먼저 개념화 세션에서 나온 가공되지 않은 결과들에 대해 이들 아이디어가 모두 정확하게 포착되었는지, 그리고 명확히 이해될 수 있는지에 대해 조심스럽게 점검해 보아야 한다(그림 3.2.1). 만일 개념화 과정에서 얻은 아이디어들이 다수가 구체적인 해결책을 제시하기보다는 일반적인 접근법을 제시하는 데 그치고 있다는 점을 깨닫는다면, 이들은 초기 컨셉 선택을 선택하기에 앞서 문제의 아이디어들을 좀 더 명쾌한 해결책들로 확장시키기 위한 개념화 과정으로 돌아갈 필요가 있다.

이상적으로 말해 브레인스토밍 과정의 가공되지 않은 결과를 고찰하는 과정은 세션이 끝나자마자 이뤄져야 한다. 이는 이노베이터가 무언가가 불명확할 경우 참여자를 통해 수정과 보완을 받아을 수 있기 때문이다. 잘못된 해석은 오류로 이어지 있고, 부주의 때문에 좋은 아이디어를 제거하는 상황이 잠재적으로 발생할 수 있다. 3.1 개념화 세션에서 제안했듯이, 만일 각각의 아이디어가 그것을 제안한 사람과 연결되어 있다면, 브레인스토밍 직후(또는 도중)에 이노베이터가 그것을 따라가기 상대적으로 편해질 것이다.

서기가 기록한 것뿐만 아니라, 브레인스토밍 시간 동안 작성된 노트, 그림, 스케치, 도표, 3차원 목업을 모두 검토해야 한다는 점이 중요하다는 점을 기억하라. 이에 대한 목적은 모든 아이디어를 적절한 방식으로 평가하는 데 있다.

이노베이터가 개념화 과정에서 발생한 모든 데이터를 정확

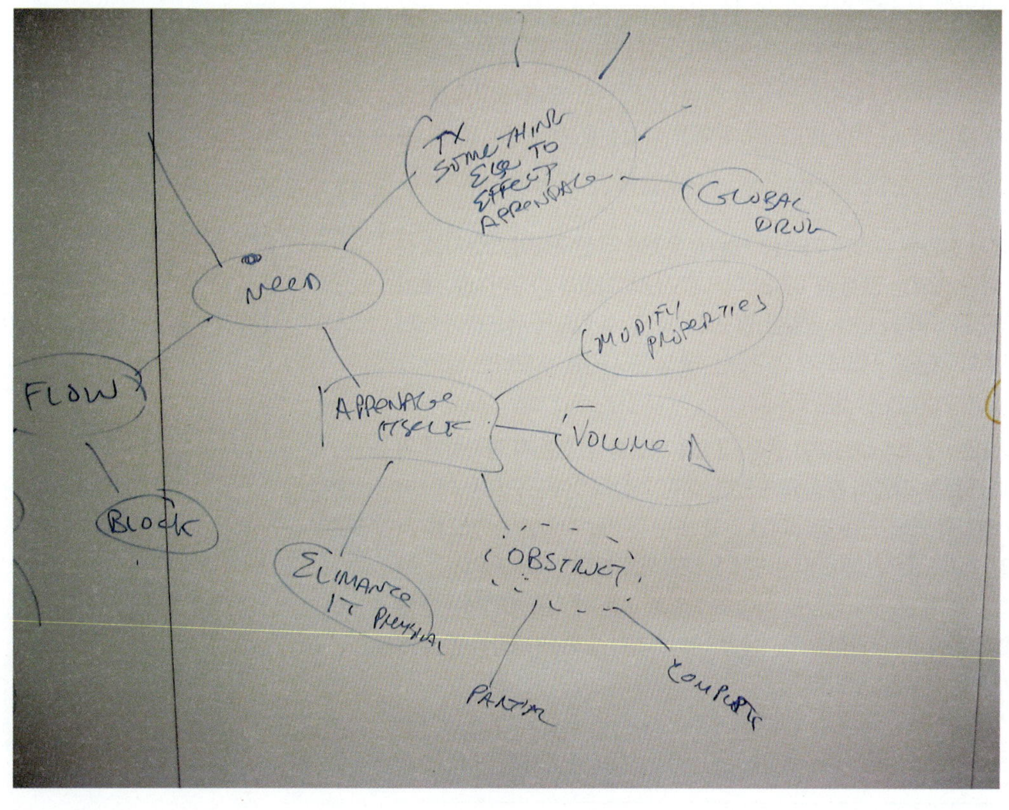

그림 3.2.1
브레인스토밍 세션에서 얻은 가공되지 않은 결과의 예시(Uday N. Kumar 제공)

하게 확인하고 해석하는 것을 편안하게 여긴다면, 그리고 아이디어들이 잘 정의된 개념을 나타낸다면, 그렇게 확보한 정보를 의미 있고 쉽게 이해할 수 있는 방식으로 기록할 수 있다. 한 가지 제안할만한 방법은 각각의 아이디어에 빠르게 확인할 수 있는 짧은 구절이나 이름표를 붙이는 것이다. 아이디어를 서술하는 방법을 표준화함으로써, 이노베이터들은 더욱 효과적으로 컨셉을 편집하고 조직화할 수 있다. 예를 들어, 비만에 대해 논의하는 세션에서 위장 안에 포만감을 일으킬 수 있는 물질을 주입하는 임플란트를 집어넣자는 아이디어는 "약물 주입 임플란트"라는 이름을 얻었다.

아이디어 묶기와 조직화

개념화 과정에서 획득한 기초 데이터를 살펴본 후 정리하였고, 이름 붙이기도 마무리했다면, 이노베이터는 이들 컨셉을 집단으로 묶고 조직화할 수 있다. 이러한 작업을 수행할 때 가장 효과적인 방법은 아이디어를 몇 가지 구조로 군집화한 후 이를 **개념 지도**를 통해 시각적으로 조직화하는 과정을 포함한다.

컨셉을 조직화하는 것은 매우 중요한 일이다. 이는 이노베이터들이 아이디어 사이의 간극, 편견 등을 확인할 수 있도록 하기 때문이다. 해결책 사이의 간극을 확인하는 일은 지금까지의 작업 속에서 놓친 것으로 보이는 기회들을 확인할 수 있도록 추가적인 개념화가 필요한지 판단하기 위해 필수적이다. 예를 들어, 만일 어떤 이노베이터가 *심장에서 온 혈전 때문에 일어날 수 있는 뇌졸중을 예방하는 방법*이라는 니즈에 대해 작업하면서 혈전을 뇌로 운반해 오는 혈관과 결부되어 있는 어떠한 개념도 포함하지 않는 해결책만을 고안했다면, 이는 차후에 수행될 개념화 세션에서 초점을 맞춰야 하는 명백한 간극이 될 수 있다.

또한 이노베이터들은 제안된 해결책의 유형 속에 있는 편견에 대해서도 볼 수 있어야 한다. 예를 들어, 뇌졸중 치료라는 요구를 해결하기 위해 처음 고안된 모든 컨셉들이 기계적인 공학적 해결책에 초점을 맞추고 있었다면, 다른 공학 분야를 전공한 참여자를 통해 사뭇 다른 접근법과 컨셉이 나올 지도 모른다.

컨셉을 조직화하는 효과적인 접근 방법은 상승 작용을 일으키기 위해 개념들을 결합할 수 있도록 이노베이터들이 개념 사이의 공통점과 보충 지점을 확인할 수 있도록 한다. 예를 들어, 뇌졸중 치료와 같은 니즈에 대해 한 집단의 해결책은 혈전을 잡아내는 그물망에 초점을 맞출 수 있지만, 또 다른 집단은 혈전을 녹이는 약물 치료에 초점을 맞출 수 있다. 이들 해결책들을 한데 묶어서 새로운 아이디어 집합, 예를 들어 혈전을 용해시키는 물질을 방출하는 그물망에 초점을 맞춘 해결책을 창출할 수 있다. 많은 경우, 여러 개념들의 조합은 포괄적으로 더 강력한 결과로 이어질 수 있다.

군집화

아이디어들을 집단으로 묶는다는 생각은 이론으로는 쉽지만 실제로 실행에 옮기는 것은 어려울 수 있다(과학보다는 기술이 필요하다). 군집화는 아이디어 사이의 공통 주제나 유사성을 확인하고, 아이디어 사이를 연결시키는 특징에 기반하여 집단으로 묶는 작업을 필요로 한다. 예를 들어, 브레인스토밍에서 약 100개의 아이디어를 얻었다면, 이를 그 아이디어들이 공유하는 특징 가운데 가장 지배적인 특징을 기반으로 10개의 일반적인 군집으로 묶을 수 있을 것이다.

군집화 과정의 첫 단계는 군집을 만들 때 사용할 기본적인 조직화 원리를 찾아내는 데 있다. 의공학 영역에서 아이디어를 군집화하는 데 사용하는 일반적인 방법의 몇 가지 사례가 표 3 2.1에 요약되어 있다. 이노베이터는 여러 해결책들을 평가할 때 있어 가장 의미 있는 조직화 원리를 찾아내야 한다. 해부학적 위치나 공학 영역과 같은 요인들은 이해하기 쉽지만, 몇몇 니즈에는 잘 부합하지 않을지도 모른다. 행동 메커니즘은 정의하거나 응용하기는 어렵지만, 아이디어 사이의 유사성과 차이를 확인하고 성공의 가능성을 평가하는 데 잠재적으로 더욱 더 의미 있는 지표일 수 있다. 이노베이터는 가장 적절하며 산출된 아이디어의 잠재적 가치를 가장 잘 포착할 수 있는 하나 또는 두 가지의 조직화 방법을 택하기 전에 몇 가지 서로 다른 방법을 실험하는 일을 고려해야 한다.

아이디어 군집화에 대한 다른 접근 방식은 조직화 원리에 위계를 도입하는 것이다. 우선 하나의 요인에 따라 군집화를 한 다음, 그 결과를 서로 다른 조직화 원리에 따라 하부 집단으로 분할하면 위계에 따라 군집화할 수 있다. 이노베이터는 더 아래쪽 층위에 해당하는 추가적인 조직화 원리를 집어넣는 식으로 이 과정을 계속 진행할 수 있다. 예를 들어, 심장에서 흘러온 혈전으로 인한 뇌졸중 예방에 초점을 맞춘 사례에서, 조직화 원리의 첫 번째 단계는 해부학적 층위였다(심장, 혈관, 두뇌). 각각의 해부학적 위치 내에서, 해결책 개념들은 공학적 영역에 따라 조직화될 수 있었다(기계적 해결책, 화학적 해결책, 생물학적 해결책). 이와 달리, 이노베이터들은 엔지니어링 영역에 따라 개념을 조직화하는 데서 출발해, 해부학적 위치에 따라 그 하위 집단을 만들어 낼 수도 있다. 다시 강조하자면, 핵심은 여러 가지 접근 방식을 시도하고, 중요한 간극 또는 개념들 사이의 공통점을 나타내는 패턴을 살펴 적용하는 데 있다.

컨셉 지도화

하나 또는 그 이상의 조직화 원리를 선택하고, 아이디어를 여러 집단에 위치시킨 다음, 이들 아이디어를 일종의 컨셉 지도에 기록할 수 있다. 컨셉 지도는 각각의 아이디어들이 다른 아이디어와, 그리고 니즈 그 자체와 어떻게 관련되어 있는지 시각적으로 묘사한다. 지적했듯이, 이들 지도는 이노베이터들이 패턴을 인지할 수 있도록 돕고, 개념과 니즈 사이의 연결뿐만

표 3.2.1 아이디어를 군집화하는 데 사용할 수 있는 기본 원리 선택

조직화 원리	서 술	사 례
해부학적 위치	아이디어가 속해 있거나 표적으로 삼고 있는 해부학적 위치에 따라 아이디어들을 묶어라. 만일 모든 해결책들이 상당히 좁은 영역(예를 들어, 척추 디스크)에 초점을 맞추고 있다면, 그룹 사이의 차이는 그리 크지 않을 수 있다. 반면 해결책들이 인체의 많은 부위(예를 들어, 혈전에 의한 색전증이 일어날 수 있는 다양한 부위)에 적용될 수 있는 요구에 초점을 맞출 경우, 특정 부위 전체나 기관 시스템 전반을 포괄하게 될 수도 있다.	비만 문제에 대응하기 위한 아이디어들은, 입, 식도, 위장, 유문, 소장, 대장, 그리고 소화관을 열고 닫는 데 사용되는 부분을 중심으로 자연스럽게 모일 수도 있다.
작동 메커니즘	쟁점 해결책을 의도대로 작동시킬 수 있는 방법에 따라 아이디어를 묶어라.	에너지 소비를 증대시키고, 음식 섭취를 규제하며, 영양소 흡수를 줄이는 한편, 에너지를 흡수할(또는 무언가를 먹을) 동기를 줄이는 것은 모두 체중을 감소시키는 상이한 작동 메커니즘이다.
공학적 또는 과학적 영역	쟁점 해결책의 바탕이 되는 공학적 또는 과학적 접근 방법에 따라 아이디어를 묶어라.	해결책들은 다음 세 가지 유형의 공학적 접근 방식을 통해 뒷받침될 수 있다. 화학적(약리학적 체중 조정), 전기적(위장 조율), 기계적(복강경 조절형 위밴드, 비만 수술, 지방흡입술) 방법
기술적 실행 가능성	기대되는 성과의 유사성에 기초해 아이디어들을 묶어라. 이러한 작업은 현재의 공학적, 과학적 방법을 사용하여 실행 가능한 것이 무엇인지에 대한 이해에 기반하며, 이러한 해결책 뒤에 있는 과학적 지식과 필요한 기술 개발 방향을 함축한다.	지방세포 재프로그래밍 해결책은 실행 가능성이 매우 낮을 것이다. 약물 용리 이식물은 중간 정도의 실행 가능성을 보유하고 있을 것이다. 위장 공간 점유 기기는 실행 가능성이 높을 것이다.
자금 조달	연구 개발에 필요한 자금의 양, 그리고 자금원에 따라 아이디어를 묶어라. 이러한 작업은 펀딩 환경에 대한 조사를 마치기 전에는 실행하기 어렵지만, 선행 정보에 따른 "최선의 추정"(2.4 시장 분석, 2.5 니즈 선택 참조)으로 충분할 수도 있다.	비만의 경우, 위장을 공간 점유 기기로 채우는 것과 같은 해결책은 약물 용리 이식물을 개발할 때보다 비용이 적게 들 것이다.
영향력 있는 행위자에 대한 호소	쟁점 요구와 결부되어 있고 영향력 있는 주요 행위자의 관심에 따라 아이디어를 묶어라. 대개의 경우 이러한 행위자는 환자 또는 의료 서비스 제공자이다. 비록 이러한 작업의 결과가 일반적인 그룹화로 이어진다고 하더라도, 어떤 개념이 이들에게 매력적인지에 대한 통찰을 제공해 줄 수는 있을 것이다(2.3 이해관계자 분석 참조).	비만의 경우, 투약에 초점을 맞춘 해결책은 외과의보다는 환자에게 호소력이 있을 것이다. 반대로 비만 치료 시술을 시행하는 외과의들은 더 효과적이면서도 실제 수술 시행은 더 쉬운, 그리고 그러면서도 그들의 시술 횟수는 유지할 수 있게 하는 외과적 중재 방법을 원할 것이다.
의사결정권자에 대한 호소	쟁점 요구에 대해 잠재적으로 지불을 결정할 수 있는 의사결정권자의 관심에 따라 아이디어를 묶어라. 대개의 경우 의사결정권자는 의료시설 또는 지불자이다. 이들 이해관계자들은 대개의 경우 새로운 치료가 현행 치료와 비교했을 때 어느 정도의 비용 효과성을 가지고 있는지에 대해 관심을 가지고 있다. 몇몇 사례에서, 환자들은 자신이 해결책의 비용을 지불하는 경우 궁극적인 의사결정자가 될 수 있으며, 이런 상황은 상당히 상이한 함축을 가질 수 있다.	비만의 경우, 1회 지불만 요구하는 해결책이 정기적인 지불을 필요로 하는 해결책보다 더 매력적일 수 있다. 시술의 장소를 수술실에서 진료실로 옮기거나, 시술자를 전문의에서 주치의로 바꾸는 방식으로 비용을 절감하는 해결책 역시 선호될 수 있다.

아니라 해결책 개념들 사이의 연결을 만들 수 있게 돕는다. 컨셉 지도는 특히 해결책 집합 사이에 있는 간극을 강조하는 데 유용하다. 예를 들어, 특정 조직화 원리에 숙달된 이노베이터는 무엇을 놓쳤는지에 대해 빠르게 통찰할 수 있다.

컨셉 지도를 그릴 때, 니즈는 그 중심에 위치시켜야 하며, 여러 아이디어 군집들은 니즈 주변의 서로 다른 방향으로 배열해야 한다. 그림 3.2.2는 비만에 초점을 둔 니즈를 사용해 생성한 컨셉 지도를 나타낸다. 이 사례에서, 첫 번째 군집은 다양한 행동 메커니즘에 따라 분할되었다. (1) 음식 섭취 통제하기, (2) 에너지 소비 증가시키기, (3) 영양 흡수 축소하기, (4) 약리학, (5) 비 생리학적 해결책. 이들 군집은 컨셉 지도에 배열되어 있듯 여러 하위 집단으로 더 세분화할 수 있다. 예를 들어, "에너지를 섭취할 동기를 줄이는 방법"에 초점을 맞춘 군집은 "허기를 줄이는 방법"이라는 이름의 하위 집합으로 조직화되었다. 여기에는 섭취량에 영향을 주는 해결책(공간 채우기, 섭취량 줄이기) 또는 신경 관련 수단을 사용하여 허기를 줄이는 해결책(위장에 대한 신경 자극, 미주신경 자극)이 포함되어 있다.

이들 조직화 원리를 사용하면, 실제로 사용할 수 있는 해결책이 이들 군집과 하위 집단 내에서 가장 잘 들어맞는 위치에 자리 잡게 될 것이다. 이들 지도의 끄트머리에 있는 아이디어를 연구할 때, 다른 개념들은 매우 일반적인 접근을 하는 와중에도 몇몇 개념들은 잘 정의된 경우가 있을 수 있다. 이런 경우에는 아이디어에 살을 붙이기 위한 추가적인 개념화 과정 없이도 초기 컨셉 선택 단계에 진입할 수 있다. 그렇지 않다면, 이노베이터는 컨셉 지도를 만들어내는 과정을 통해 이들 군집 속에서 가능한 한 더 많은 해결책을 조사해야 한다. 이러한 경우, 이노베이터는 잘 정의된 해결책으로 이루어진 군집에만 관심을 기울일 수도 있다. 또는, 이들은 어떤 한 방향으로 나아가는 것을 결정하기에 앞서 더욱 구체적인 해결책을 컨셉 지도에 채워 넣기 위해 개념화 단계로 돌아갈 수도 있다. 어떤 방향을 택하든, 컨셉 지도 그리기 작업은 다음 단계에서 무엇을 해야 하는지 확인하는 중요한 가치를 가진다.

그림 3.2.2는 폐정맥에 접근하는 더 나은 방법이라는 니즈에 초점을 맞춘 또 다른 사례를 보여준다.

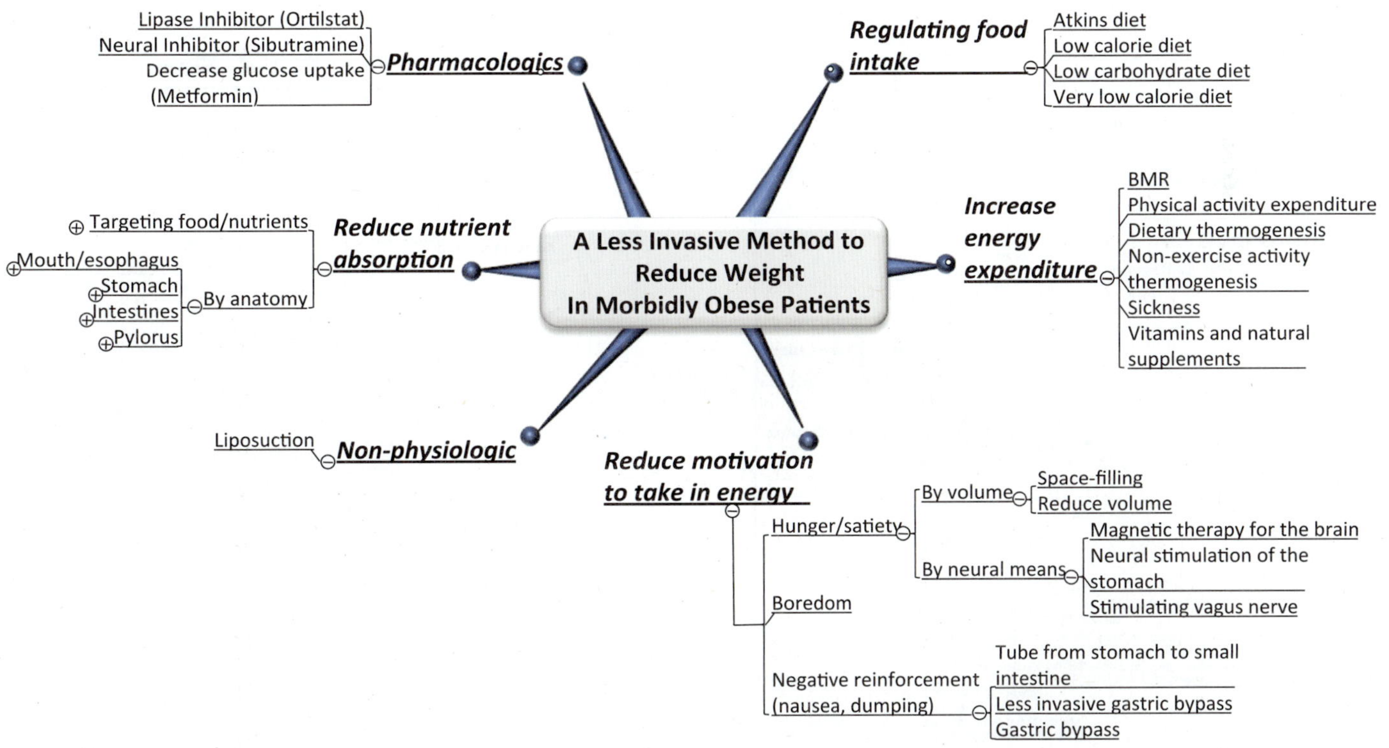

그림 3.2.2

병적으로 비만한 환자의 체중을 줄이는 덜 침습적인 방법이라는 요구에 대응하기 위한 간단한 개념 지도. 스탠포드 대학의 바이오디자인 프로그램에서 활동하는 한 팀이 그린 것이다(Darin Buxbaum; developed with Jennifer Blundo, Charles Hsu, MD, Ivan Tzvetanov, Fan Zhang의 허가를 받아 사용).

이 그림을 검토해 보면, 이른바 "폐정맥에 초점을 맞춘 시스템"이라는 군집을 뒷받침하는 수많은 해결책에 제시되었다는 점을 확인할 수 있다. 하지만 "적출 시스템"이라는 군집을 살펴보면, 아이디어에 살을 붙이기 위해서는 더 많은 브레인스토밍 작업이 필요할 수 있는데, 이는 해결책 가운데 많은 부분이 그 범위 측면에서 덜 확립되었고 핵심 니즈와 밀접하게 연관되지 않았기 때문이다. 컨셉 지도를 효과적으로 사용하기 위해 이노베이터는 모든 군집이 쟁점 니즈와 명백한 관계를 가질 수 있도록 만들어야 한다. 또한 모든 해결책이 선택된 제목 아래에 모두 잘 들어맞는지 확인해야만 한다. 만일 어떤 아이디어가 그것이 속한 집단에 "우격다짐으로" 들어간 것처럼 보인다면, 이는 이 지도가 최적의 조직화 원리에 기반하고 있지 않음을 의미한다. 이러한 상황은 이노베이터가 브레인스토밍 세션에서 특정한 유형의 해결책을 향한 편견을 가지고 있을 경우 종종 발생한다. 예를 들어, 만일 **동맥에서 출혈을 방지하는 방법**을 조사하라는 니즈가 주어졌다고 해 보자. 기계 관련 공학에 편견을 가진 집단은 무의식중에 기계적 해결책에 초점을 맞춘 채, 화학적 또는 전기적 아이디어는 완전히 잊어버릴 수 있다. 그러한 편견이 발견될 경우, 작업 팀은 추가적인 개념화 활동을 시행해야 한다. 서로 다른 배경, 전문적 지식, 경험을 가진 사람들을 참여시키는 것은 개념화 활동의 균형을 잡는 데 도움을 줄 수 있으며, 심각한 편견을 가진 해결책 집합을 창출할 가능성을 잠재적으로 줄일 수 있다.

이들 사례는 어떠한 컨셉 지도도 완전히 같을 수 없다는 것을 보여준다. 기본적인 배열 방식은 동일하지만, 이노베이터들은 개념들을 시각적 도구를 사용해 정확히 어떻게 가장 의미 있고 유용한 방식으로 보여줄 것인지에 대해 판단할 자유를 누린다. 게다가, 개념화에서 얻은 데이터들을 표현하는 최선의 지도를 선택하기에 앞서 다양한 개념적 원리에 기반한 다수의 컨셉 지도를 실험해 보면 도움이 될 수 있다. 지도를 만드는 작업을 통해, 해결책 집합 속에 있는 서로 다른 여러 간극을 더욱 더 즉각적으로 확인할 수 있다는 사실 또한 기억할 필요가 있다. 여기에 더해, 서로 다른 방식으로 정리된 컨셉 지도에서 서로 다른 군집에 잘 정리된 해결책은 각각의 개념들을 다양한 변수에 비추어 더욱 잘 정의할 수 있다는 점에서 유용할 수 있다. 이러한 결과는 모두 각각의 해결책을 니즈에 비추어 볼 때

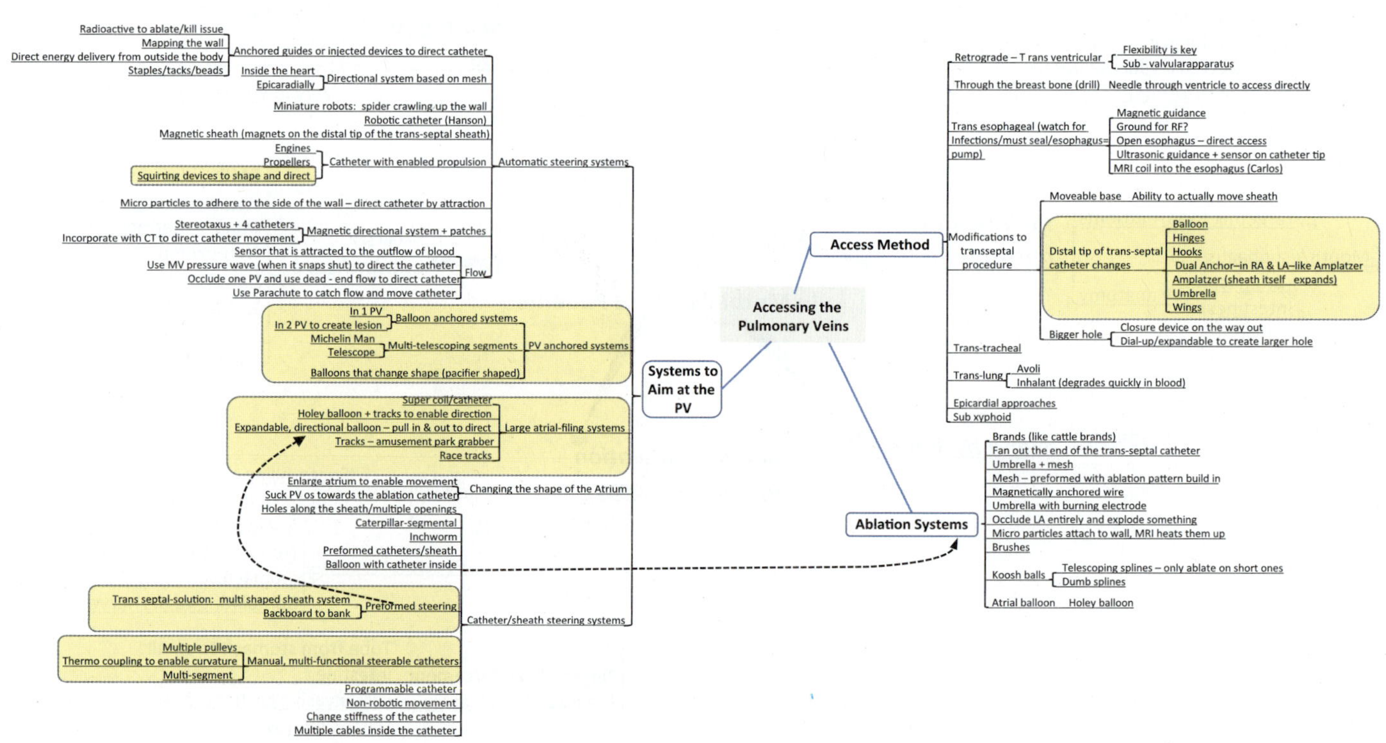

그림 3.2.3

폐정맥에 접근하는 더 나은 방법이라는 요구를 나타낸 간단한 개념 지도. 스탠포드 대학의 바이오디자인 프로그램에서 활동하는 한 팀이 그린 것이다(Uday N. Kumar; developed with John White, Kityee Au-Yeung, Joseph Knight의 허가를 받아 사용).

더 효과적으로 평가할 수 있게 할 것이다.

어느 지점에서 주어진 데이터에 대한 최적의 표현 방법에 도달할 수 있는지를 결정할 수 있는 정해진 가이드라인이란 존재하지 않는다. 다만, 이노베이터들은 컨셉 스크리닝이라는 다음 단계로 이동하기에 앞서, 논리적이고, 균형 잡혔으며, 포괄적인 지도가 작성되었는지에 대해 적절한 판단을 내릴 수 있는 능력에 의존해야만 한다.

니즈 구체화를 통해 아이디어를 비교하기

다양한 해결책과 컨셉 지도 고안의 바탕에 있는 의도를 구체적으로 이해하고 있다면, 이노베이터들은 이제 제안된 해결책들을 니즈와 비교할 준비가 된 것이다. 이런 과정의 목표는 제시된 수많은 아이디어들이 니즈를 가장 잘 만족시킬 수 있는 몇 개의 개념으로 간추리는 데 있다. 이를 위해 이노베이터는 무엇보다도 2.5절에서 발전시킨 바 있는 니즈 구체화를 다시 살펴보아야 할 필요가 있으며, 각각의 컨셉을 앞서 정해진 니즈 기준에 비추어 평가해야만 한다. 제안된 해결책 가운데 어떤 것이 니즈 명세서를 만족하는지, 그리고 니즈 기준을 만족하는지를 평가하는 작업으로 이런 과제를 시작하는 것이 현명할 것이다. 이러한 핵심적인 니즈의 조건을 만족하지 못하는 컨셉은 무시해야 한다. 반드시 가져야 하는 것(must-have)에 비추어 수행된 작업은, 가지면 좋은 것(nice-to-have)이라는 기준에 비추어 평가될 수 있다. 가지면 좋은 것이라는 니즈 조건은 동등하게 유망해 보이는 다수의 해결책 사이에서 선택할 때 일종의 "타이 브레이커"처럼 사용할 수 있다.

이러한 비교 작업이 이뤄질 때, 니즈 기준을 본래 규정되었던 대로 적용하는 일은 매우 중요하다. 니즈 기준이 어떤 식으로 다른 해결책에 적용될 수 있는지와 관련된 부분에서 기준을 뜯어 고치거나 손상시키는 일은 선택 과정의 응집성을 저하시키는 한편 부실한 선택을 부르고 말 것이다. 이는 니즈 기준이 순수하게 니즈 구체화에서만 도출되지 않을 것이기 때문이다. 해결책에 개인적인 이해관계를 개입시키려는 시도는 전체 과정이 편향되도록 만들고자 하는 유혹이 될 수 있고, 이런 시도는 실제 니즈를 적절하게 만족시킬 수 없는 해결책을 내놓는다는 의미에서 궁극적으로 값비싼 시도가 될 것이다. 기준을 함부로 뜯어고치는 행위는 결국 바이오디자인 혁신 과정을 통해 만들어 낼 수 있는 제품의 최종적인 성공을 갉아먹을 수 있다.

어쨌든, 초기 선택 과정은 어떤 해결책 아이디어가 니즈를 만족시키는 데 있어 가장 유망한지에 대해 말하기 위해 최선의 판단을 사용한다는 점에서 주관적이다. 이러한 주관성을 제거할 수 있는, 즉 실패에서 자유로운 방법이란 존재하지 않지만, 가장 유망한 해결책 컨셉을 성공적으로 포착할 수 있는 가능성은 각각의 컨셉을 일관된 방식으로 검토함으로써 상승시킬 수 있다. 앞서 언급했듯이, 서로 다른 컨셉 지도를 만들어 보는 일은 각각의 해결책을 일렬로 세워 평가할 수 있는 서로 다른 변수들을 더 잘 이해할 수 있도록 유도한다. 또한 이러한 작업은 여러 해결책들을 니즈 기준과 비교하는 일을 도울 수 있다. 이 선택 과정에 더 많은 사람들이 참여하도록 하는 일은, 개인적 편견을 최소화하는 데 사용할 수 있는 또 다른 특별한 전술이다.

이러한 평가 과정을 수행하는 한 가지 방법으로 해결책 선택 모임을 가질 수 있다. 이는 다양한 배경을 가진 여러 사람들을 초청하고, 세션에 적용할 프로토콜을 명확히 결정해 놓는다는 점에서 브레인스토밍 세션과 유사하다. 퍼실리테이터는 가장 유망한 해결책을 찾아내는 목표로 모임 구성원들을 이끌어 가는 방식으로 모임을 이끌어 나가야 한다. 퍼실리테이터는 선택 과정에 참여자들이 참여할 수 있도록 돕는 일 뿐만 아니라 아이디어를 선택하는 과정을 결정하는 책임도 진다. 하지만, 브레인스토밍 과정에서 퍼실리테이터가 하는 역할과는 달리, 이 사람은 선택 과정에 능동적으로 참여해야만 한다.

초기 컨셉 선택 과정은 브레인스토밍이나 다른 형식의 개념화 형식과는 다른 기술을 필요로 하기 때문에, 개념화 과정과는 다른 유형의 참여자를 참석시키는 것이 적절하다. 예를 들어, 이 과정은 현장 전문가들이 매우 가치 있는 단계이다. 전문가의 범위에는 의사, 간호사, 그리고 다양한 해결책의 임상적 유용성을 평가하는 데 도움을 줄 수 있는 환자가 포함된다. 다양한 유형의 공학자들을 참석시키는 것 또한 해결책의 기술적 실행 가능성을 이해하는 데 도움이 된다. 경영 배경을 가진 참여자 또한 어떻게 필요를 특정한 비용이나 마케팅, 또는 요구사양 안에 포함될 수 있는 **가치** 기준과 부합시킬 수 있는지 평가하는 데 도움을 줄 수 있다. 여러 관점을 포괄하는 판단은 의사결정 과정을 더 향상시킬 수 있다. 하지만, 실용적 목적하에서, 이노베이터들은 자신이 피드백을 부탁할 사람의 숫자를 제한할 수 있다. 만일 너무 많은 사람들이 참여한다면, 개인적 선호와 편견 덕분에 모든 사람들의 반응을 조직화하는 일은 불가능할 것이다.

모임에서 참여자들은 반응을 내놓을지, 아니면 아이디어를 제거하거나 우선순위를 높일지에 대해 물어볼 수 있다. 한 가지 접근 방식은 모든 사람들에게 대략 다섯 장의 포스트잇을 준 다음, 컨셉 지도에 있는 것 가운데 상위 다섯 개 아이디어를 골라 각자가 표를 행사하도록 요청하는 방법이다. 표를 계산한 다음, 아이디어 목록을 대략 10개 정도의 상위권 개념들로 줄일 수 있다. 아이디어 목록은 10여 개로 간추린 다음, 참여자들은 좀 더 적은 수의 컨셉 집합만이 남게 될 때까지 니즈 기준에 비추어, 반드시 가져야 할 것과 가지면 좋은 것이라는 조건에 따라 좀 더 상세하게 아이디어들을 평가할 수 있다. 이런 방법을 시험해 볼 때, 이노베이터는 참여자들에게 제안된 해결책 가운데 니즈 요구서를, 그리고 반드시 가져야 할 것이라는 니즈 기준을 가장 잘 만족한다고 보는 항목을 선택해야 한다는 점을 확실히 상기시켜야 한다. 만일 참여자가 단순히 개념을 "멋져 보이기" 때문에 선택한다면, 그는 최선의 결과를 가져올 선택과는 거리가 먼 것을 선택하게 되고 말 것이다.

때때로, 선택 과정에 참여하기를 원하는 모든 참여자를 동시에, 그리고 같은 장소에 수용하는 일이 가능하지 않을 수도 있다. 다른 접근 방법은, 표적으로 삼은 개인들을 일대일로 만나 그들의 평가를 듣는 것이다. 전문가에게서 얻은 피드백은 이노베이터와 그 팀이 사용할 선택 과정에서 참고 자료로 사용될 것이다. 참고 자료를 확보하는 방법과는 무관하게, 현장 전문가로부터의 피드백 과정 또한 초기 컨셉 선택에서 있어 핵심적이다.

이러한 과정을 밟아나가는 동안, 제안된 해결책 가운데 몇 가지를 배제하는 것도 가능하다. 해결책들이 니즈 요구서를 만족하며, 반드시 가져야 하는 것이라는 니즈 기준도 만족하는 경우에도 그렇다. 어떤 경우에는, 특정 해결책 컨셉이 비실용적이거나 실행할 수 없는 것일 수 있다. 이는 많은 경우 기술적인 제약 사항이지만, 환자, 공급자, 지불자의 관심과 연관된 다른 요인들이 아이디어를 비현실적인 것으로 만들기도 한다. 비록 추가적인 1차 또는 2차 연구가 있어야만 아이디어가 정말로 비실용적인지 밝힐 수 있겠지만, 이노베이터는 결국 무엇이 적절한 시간 내에 현실적으로 성취될 수 있는 것인지 살피기 위해 많은 경우 "직감을 통한 체크"에 의존한다.

또한 이노베이터는 자신의 개인 프로젝트가 취하고 있는 승인 기준을 기반으로 유망한 해결책 개념을 배제하기도 한다. 예를 들어, 만일 어떤 팀이 니즈 기준에 부합하는 전기 공학적 해결책을 개념화했지만, 이노베이터는 기계적 해결책을 사용해 작업하는 데 시간을 들였다면, 이 팀은 전기공학적 아이디어를 버리는 길을 택할 것이다. 또 다른 대안은 이들의 승인 기준을 변형하는 것일 수 있다.

이미 지적했듯, 이노베이터는 특수한 해결책보다는 니즈를 만족하는 서로 다른 *접근 방법*을 취하게 된다. 때때로 접근 방법은 니즈 기준에 부합하는 것처럼 보일 수도 있는데, 이는 세부 사항이 빠져 있는 상태이기 때문이다. 구체적인 세부 사항은 흔히 왜 특정한 개념이 문제의 니즈와 부합하지 않는지를 결정하는 핵심 요소다. 예를 들어, 그림 3.2.3의 사례는 *폐정맥에 접근하는 더 나은 방법*에 초점을 맞추고 있으며, 니즈 기준은 다음과 같다. (1) 폐정맥의 구석구석까지 도달할 수 있는 능력, (2) 사용의 용이성, (3) 현행 방법보다 빨라야 함, (4) 낮거나 0인 시망률(morbidity), (5) 최소한 무선 주파수대에서는 에너지 전달이 가능할 것. 하지만 지금 사용 중인 카테터 기반 절차와 관련된 해결책을 추구하려는 관심이나, 해결책의 실행 가능성, 이 팀의 전문성과 같은 다른 요인 역시 검토되었다. 이들 기준에 기반하여 팀은 제시된 개념들을 하위 집단으로 묶었고, 컨셉 지도에서 윤곽선과 강조색이 입혀진 지역에 관련된 해결책을 위치시켰다. 초기 선택 이후에도, 팀은 현실적인 대안으로 받아들여질 수 있을 때까지 추가적인 브레인스토밍을 가졌으며 이들 접근에서 나온 좀 더 특수한 개념들을 창출하기 위해 연구를 계속했다. 초기 컨셉 선택을 거친 다음 추가적인 브레인스토밍을 수행하는 일은 충분히 받아들일 만한 일이다. 하지만 만일 이노베이터들이 초기 컨셉 선택을 시작하기에 앞서 진정한 컨셉보다는 접근 방법 위주의 작업을 하였다면 많은 경우 좀 더 효율적이었을 것이다.

비록 상대적으로 드문 일이지만, 초기 컨셉 선택은 승인 기준에 부합한다는 의미에서 진정한 개념을 너무 많이 내놓을 지도 모른다. 이런 시나리오에서, 니즈 기준은 너무 넓을 수도 있다. 이는 더욱 더 세밀하게, 반드시 가져야만 하는 것, 그리고 가지면 좋은 것이라는 더 세밀한 요구 기준을 창안하기 위해 니즈 구체화를 다시 살펴보아야 할 수 있다. 특히, 이노베이터는 니즈 구체화 단계에서의 실패를 신경 쓰지 말아야 하며, 오히려 바이오디자인 혁신 과정이 가진 반복적인 본성을 보여주는 다른 사례에 주의를 기울여야 한다.

바이오디자인 혁신 과정의 다른 많은 요소들과 마찬가지로, 어느 시점에 충분한 해결책 아이디어가 창안되는지, 또한 어떻게 이들을 적절하게 스크리닝할 수 있는지 정확하게 알 수 있는 방법이란 없다. 마찬가지로, 최종적으로 검토 단계에 상정할 개념의 숫자가 얼마나 되어야 하는지에 대한 올바른 규준도 없다. 대부분의 경우에서, 이노베이터는 니즈 기준에 가장 잘 부합하는 세 가지에서 다섯 가지의 컨셉에 초점을 맞추게 된다. 이들 가운데 다수는 실용적이라는 이유에서 선택된 것일 수도 있지만, 잠재적인 돌파구를 보여줄 수 있었거나 본래 팀원들을 자극하는 아이디어를 포함하기 때문에 받아들일 수 있는 것이기도 했다. 이런 아이디어들은 더욱 더 심층적인 개념화 과정을 거치게 된다. 대개 바이오디자인 혁신 과정의 다음 단계에서는 연구와 시제품화 과정을 순서대로, 또는 동시에 진행할 뿐만 아니라 기술적 세부 사항 역시 살피게 된다. 이 단계의 이름은 컨셉 스크리닝이다.

다음은 싱가포르-스탠포드 바이오디자인 프로그램에 대한 예시이다. 이 사례는 어떻게 연구 팀이 초기 컨셉 선택 과정을 진행하는지 보여준다.

현장에서 싱가포르-스탠포드 바이오디자인 팀

컨셉 선택에 도움을 주기 위해 아이디어를 조직화하고 평가하기

Tze Kiat Ng, Luke Tay, Justin Phoon, 그리고 Pearline Teo가 싱가포르 스탠포드 바이오디자인 프로그램에 참여했을 때, 이들은 ENT 분야에서 특별히 제기되는 임상적 니즈를 해결하는 데 집중했다. 싱가포르 국립대학 병원에서의 임상 집중 과정 이후, 이 팀원들은 약 300개 이상의 니즈를 수집한 후 여덟 가지의 상위 니즈들로 조직화하였다. 이 지점에서, 팀원들은 여덟 가지의 니즈에 대해 일련의 짧고 밀도 있는 브레인스토밍 과정을 수행했다. Phoon은 이렇게 말한다. "우리는 어떤 니즈를 가장 창의적으로 해결할 수 있을지 알고 싶었습니다." 또한 이들은 최초의 브레인스토밍 세션을 니즈 구체화와 관련된 팀의 이해관계를 조율하는 방법으로 사용했다. 때문에 이들은 이들 요인을 최종 니즈 선택 과정에서도 사용할 수 있었다.

Teo는 이렇게 회상했다. "소규모 브레인스토밍 과정 이후, 어떤 연구가 팀원 가운데 누구의 이해관계와 창의성에 잘 들어맞는지 상당히 명확하게 되었습니다. 또한 어떤 아이디어가 가능한 해결책이라는 관점에서 가장 제한적인지도 분명히 드러났습니다. 우리는 이 결과에 기반해 여덟 개의 니즈를 네 개로 줄이고자 했습니다." 이 팀은 남아 있는 니즈들을 다른 다양한 요소들에 비추어 평가했으며, 네 개의 니즈 가운데 공식적으로 컨셉 창출 과정에 들어갈 두 개를 간추렸다. 이들은 니즈의 구체적 내용ㅇ을 만들어 냈으며, 추가적인 개념화 과정을 이끌 니즈 기준 또한 명확히 정했다.

Teo에 따르면, "브레인스토밍을 본격적으로 시작할 때, 우리는 니즈당 대략 두 차례의 세션을 거쳤습니다." 1차 모임은 대개의 경우 몇 가지의 폭넓은 접근 방법과 문제에 대한 해결책을 내놓았다. 예를 들어, 귀지전색(Cerumen Impaction)을 막는 안전한 방법이라는 니즈에 맞추어, 부드럽고 확대 가능한 귀이개, 흡입 장치, 귀에 쓰는 "스텐트", 내시경 큐렛과 같은 아이디어들을 제안했다. 이 팀은 브레인스토밍 결과를 실시간으로 기록해 둔 화이트보드의 기록에 최우선적으로 의존했다.

두 번째 브레인스토밍 세션을 가지기에 앞서, 팀은 자신들이 내놓은 폭넓은 접근 방법과 일반 개념을 서로 다른 범주로 조직화했다(그림 3.2.4 참조). 귀지전색이라는 니즈로 돌아가기 위해, 팀은 자신들의 아이디어를 몇 가지 범주로 묶었다. 귀지가 외이도에 엉겨 붙는 것을 방지하는 아이디어, 외이도를 씻어내는 방법을 향상시키는 아이디어, 귀지를 "먹어치우거나" 녹여버리는 아이디어, 안전한 청소 도구에 대한 아이디어 등. 이런 과정은 두 번째 브레인스토밍을 시작할 때 이들이 놓친 영역이 무엇인지 보여주었기 때문에 팀원들이 자신의 아이디어가 어떤 간극을 가지고 있는지 확인하는 데 도움을 주었다. 예를 들어, 귀지에 대한 니즈 덕분에, 팀원들은 자신들이 귀에서 귀지가 만들어지는 속도를 늦추는 방법에 대해서는 논의하지 않았다는 사실을 깨달을 수 있었다. Phoon은 이렇게 말했다. "아이디어를 여러 범주들로 조직화했던 전략은 간극을 쉽게 알아볼 수 있게 한다는 점에서 더욱 더 정확하게 초점을 맞춰 생산적인 브레인스토밍 작업을 할 수 있게 하므로 가치 있는 것이었습니다." Teo는 이렇게 덧붙였다. "이 접근 방법은 고안된 컨셉 가운데 대부분이 기본적으로 문제를 푸는 동일한 접근 방법을 변형한 것이라는 점을 우리에게 분명히 보여주었습니다. 또한 우리가 생각을 또 다른 영역으로 넓히도록 이끌었습니다."

2차 브레인스토밍 세션의 또 다른 중요한 목표는 그들이 탐구해야 하는 아이디어를 더 상세하게 다루는 데 도움이 되는 데 있었다. Teo에 따르면, "가장 흥미로운 접근 방법의 경우, 우리는 좀 더 세밀하고 행동으로 옮길 수 있는 개념을 제안하기 위해 노력했습니다. 정확히 어떻게 하면 쟁점 접근 방법을 명확하게 구체화할 수 있는 무언가를 만들 수 있을지에 대해 고민했던 겁니다." 이 팀은 그 니즈 기준이 행동으로 옮길 수 있는 개념을 고안하는 데 초점을 맞춘 구성원을 도울 수 있는 조건들을 활용했다. 예를 들어, Teo는 이렇게 설명했다. "우리는 모두 대략 6개월의 시간 내로 개발할 수 있는 상대적으로 간단한 기계적 개념을 가지고 작업하길 원했습니다." 이런 기준을 염두에 두고 더욱 더 구체적인 해결책을 생각해 내도록 서로를 격려했다.

일련의 2차 브레인스토밍 세션에서 팀은 몇몇 가장 흥미로운 접근 방법에 대응하는 세밀한 컨셉을 도출하였다. 예를 들어, 귀지 니즈에 대응해 팀원들은 그들이 잠재적으로 작업할 수 있는 8개에서 10여 개의 행동으로 옮길 수 있는 니즈를 창출해 냈다.

충분한 수의 아이디어와 함께, 바이오디자인 혁신 과정의 다음 단계, 즉 개념 스크리닝 단계로 넘어 가는데 도움을 주기 위해, 이 팀은 검토 과정에서 몇몇 아이디어를 배제할 때 투표 시스템을 활용하기로 결정했다. 각각의 요구에 대해, 개별 팀원들은 세 가지 아이디어를 투표에서 적어 냈으며, 첫 번째 자리에는 그들이 가장 혁명적으로 생각하는 아이디어를, 두 번째 자리에는 기술적으로 가장 성공할 가능성이 높다고 생각하는 개념을, 세 번째 자리에는 개인적으로 가장 작업해 보고 싶은 개념을 적어 내 달라고 요청했다. 점수를 기록하자, 가장 유망한 서너 개의 개념이 가장 윗자리를 차지하게 되었다. Teo는 이렇게 말하였다. "가장 높은 점수를 얻은 컨셉이 곧 우리가 시간을 투자하겠다고 선택한 컨셉이었습니다." 여기서, 이 팀은 니즈 사양에 비추어 높은 점수를 얻은 컨셉들을 평가했으며, 각각의 해결책들을 반드시 가져야만 하는 것, 그리고 가지면 좋은 것이라는 니즈 기준에 비추어 비교하는 데 도움이 될 수 있는 표를 만들었다. 이러한 기준에 맞추어 가장 잘 조정된 해결책들은 기술적 실행 가능성을 평가하기 위해 시제품을 제작하는 단계로 먼저 넘어갔다. 동시에, 팀은 이들 아이디어에 대한 좀 더 상세한 연구와 평가를 수행했다.

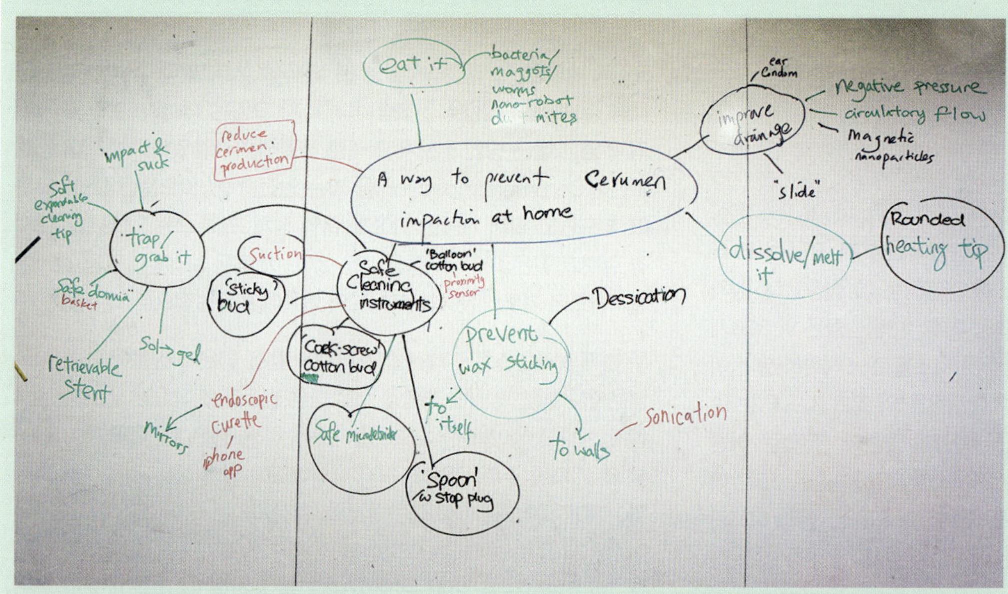

그림 3.2.4
팀의 초기 개념 지도 가운데 하나 (Tze Kiat Ng, Justin Phoon, Luke Tay, and Pearline Teo의 허가를 받아 사용)

온라인 자료

더 많은 자료는 www.ebiodesign.org/3.2를 방문한다.

"Getting Started"의 활동과 링크

- Review and document raw data
- Cluster ideas
- Develop a concept map
- Assess the concept map
- Compare concepts against the need to complete concept screening

초기 컨셉 선택에 관한 동영상

NOTES

1 "Leap of Faith," Dictionary.com, http://dictionary.reference.com/browse/leap%20of%20faith (November 19, 2013).

2 All quotations are from interviews conducted by the authors, unless otherwise cited. Reprinted with permission.

3단계: 컨셉 생성

만성 코곁굴염(chronic sinusitis)을 치료해야 한다는 확고한 니즈뿐만 아니라, 만성 *코곁굴염을 피를 덜 흘리고, 덜 고통스러우며, 뼈와 조직을 덜 제거하는 한편, 흉터의 위험을 줄이고, 쉽고 빠르며 수행하기 안전하게 치료하기 위해서 최소한의 침습적 방법만을 적용해야 한다*는 니즈 역시 정확히 확인한 다음, Makower와 Chang은 잠재적인 해결책 개념을 적극적으로 찾아 나섰다. 이를 통해, 두 사람은 이번 바이오디자인 혁신 과정을 시작하기에 앞서 Makower가 가지고 있던 여러 아이디어로 결국에는 되돌아가게 되었다. 이 아이디어에는 코곁굴염을 치료하는 데 쓰이는 "개입 장치"를 개발하자는 개념 또한 포함되어 있었다. 이러한 접근 방법은 팀원들이 질병과 그 해결책에 대해 최근에 수행한 연구의 맥락에서 볼 때 더욱 더 의미가 있었다. "시체 해부를 통한 3차원 해부 자료를 살펴보는 한편, 수많은 CT 사진을 검토해 보자, 코곁굴 안에서 뼈와 점막이 어떻게 서로 엮여 있는지를 알아볼 수 있게 되었습니다. 이 과정은 문제의 배액 경로가 혈관과 유사하게 나타난다는 관찰을 더욱 강화했습니다." Makower의 이야기했다. "때문에 우리는 어떻게 이러한 골격 네트워크를 따라 절개, 팽창, 스텐트 삽입, 에너지 전달, 그리고 약물 전달을 수행할 수 있는지에 대해 상상하기 시작했고, 심혈관 공간에 대한 우리의 경험으로부터 배운 모든 것을 사용하게 되었습니다."

3.1 개념화

좀 더 특수한 잠재적인 해결책 개념들의 집합을 발전시키기 위해 Makower와 Chang은 여러 가지 가능성을 본격적으로 탐사하기 시작했다. 초기부터 더 넓은 청중에게 자신의 아이디어를 공개하는 일에 대한 편견을 가지고 있던 Makower는 좀 더 축소되는 한편 실제로 손으로 무언가를 해 보는 개념화 과정을 옹호했다. Chang에 따르면, 이들은 형식적인 브레인스토밍 세션을 개최하기 위해 참여자를 여러 가지 일을 하는 사람들 가운데서 모으지는 않았지만, 여전히 다학제적 방법으로부터 많은 이득을 얻었다. "일정한 방식으로 우리는 다수의 관점을 취할 수 있었습니다. 이는 Josh가 공학자이자 의사이며, 과학자이자 경영 일선의 경험을 가진 사람이었고, 저는 공학자였기 때문입니다." 그는 자신의 개념화 접근 방법에 대해 이렇게 적고 있다.

> Josh와 저는 우리가 질병과 해부학에 대해 배운 것에 대해, 그리고 우리의 시체 해부 작업에 대해 많은 브레인스토밍 시간을 가졌습니다. 우리는 장애물을 우회할 수 있는 유연한 도구를 어떻게 사용할 수 있을지에 대해, 그리고 코곁굴에 접근할 수 있으면서도 해부학적 구조는 보존할 수 있을지에 대해 탐구했습니다. 또한 코곁굴에 좀 더 쉽게 접근할 수 있는 방법 또한 고민했습니다. 예를 들어, 이러한 고민을 발전시킨 방식 가운데 하나는 실습용 시신의 머리를 절편으로 만들어 내는 데 있었습니다. 견본을 절편으로 만드는 방법을 통해, 우리는 해부학적 구조를 내시경을 사용하는 대신 우리의 눈으로 직접 확인할 수 있었습니다. 우리는 견본에 늘어날 수 있는 선을 걸어 두고, 해부학적 규모가 어떻게 되는지, 구조와 통로의 상대적인 위치는 어떤지, 그리고 치료 도구가 지나갈 필요가 있는 지점은 어디인지에 대해 평가해 보았습니다. 이런 과정은 해부학적 구조를 살펴보는 과정이기는 했지만, 실제로 무언가를 손으로 해 보는 브레인스토밍 과정이었습니다.

이런 과정을 통해, 이들은 다양한 유형의 잠재적인 해결책을 개발했다. 우선, 이들은 코곁굴로 접근할 수 있는 해부학적 통로를 확장시키는 방법에 대해 생각했다. 여기에는 레이저, 풍선, 스텐트, 그리고 Chang이 "참퍼(Chomper)"라고 부른 도구가 사용되었다. 이들은 동시에 일단 막혀 있는 부위에 도달한 다음 그 부위를 다룰 아이디어 또한 창안했다. Chang은 이

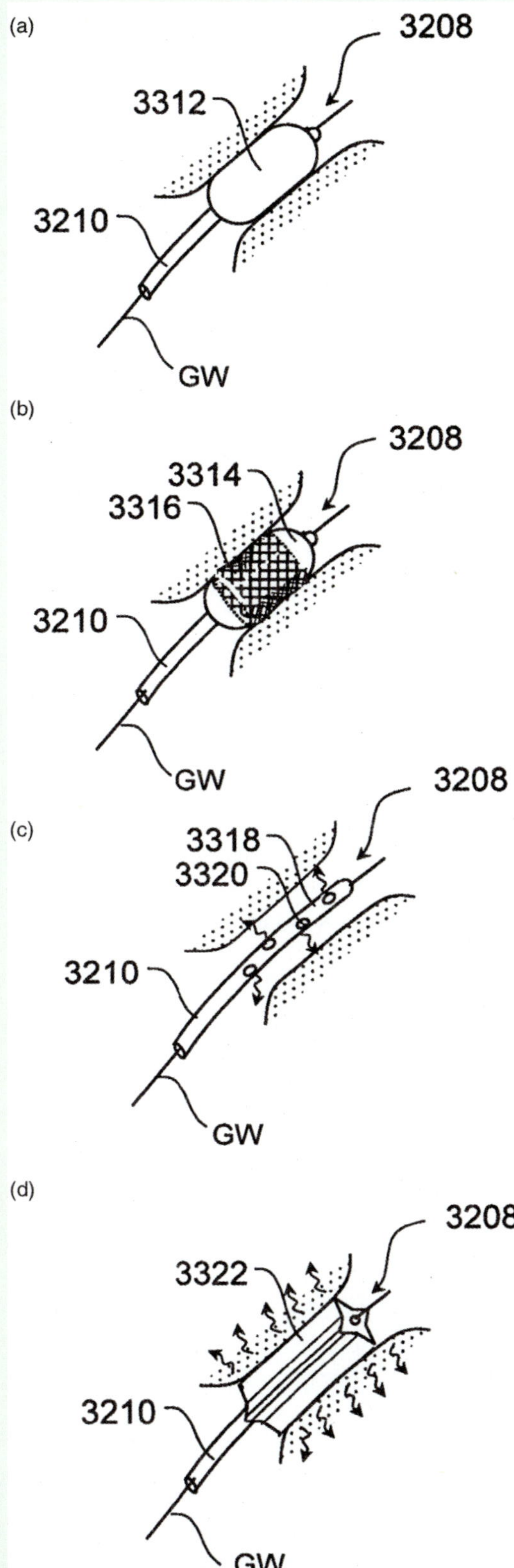

그림 C3.1
개발팀은 코곁굴 자연공을 개통시키기 위해 여러 방법을 고려해 보았다. (a) 풍선 사용, (b) 스텐트 사용, (c) 약물 전달, (d) 에너지 기반 기기(excerpted from US utility patent 7,462,175 with permission from Acclarent)

렇게 말하였다. "우리는 자르고, 구멍 뚫개를 회전시키는 카테터, 그리고 여러 종류의 레이저와 풍선에 대해 생각했습니다. 아마도 우리는 환부를 얼릴 수도 있을 것이고, 극초단파 에너지를 활용할 수도 있을 겁니다. 우리는 제거하거나 자르는 데 쓸 수 있는 것이라면, 그리고 융통성 있는 플랫폼에 실어 보낼 수 있는 것이라면 무엇이든 검토해 보았습니다." (그림 C3.1)

3.2 초기 컨셉 선택

니즈를 만족시킬 수 있는 가능성이 대체로 모두 나왔다는 생각이 들자, Makower와 Chang은 컨셉 목록을 좁히는 작업을 시작했다. 이들은 빠르게 무언가를 하고자 했으며, 또 한 번에 한 가지 아이디어를 시도해 보는 것을 선호했다. 이런 이유에서, 이들은 시제품화를 가장 빨리 할 수 있는 컨셉 가운데 하나를 골라 시작하겠다고 생각했다. 만일 그 시제품이 잘 작동한다면, 이들은 문제의 컨셉을 밀고 나갈 생각이었다. 그렇지 않다면, 이들은 다시 브레인스토밍 과정으로 돌아와 다른 해결책을 선택하려 했을 것이다. 컨셉 목록을 정리할 때, 이들은 가장 빠르게 탐구할 수 있는 아이디어가 풍선을 활용하는 방법과 연관되어 있다고 판단했다. Makower는 이렇게 회상했다. "우리는 이렇게 말했습니다. '봐, 만일 우리가 풍선으로 이걸 작동시킬 수 있다면, 정말 훌륭한 일일 거야.' 여기에는 복잡한 장치가 필요 없었죠. 출혈도 일으키지 않았고, 뭔가를 절제한다거나, 에너지를 사용하는 것도 아니었고, 하드웨어가 필요한 것도 아니었습니다. 우리의 배경을 생각해 보면, 풍선을 이용한 도구를 손쉽게 시험해 볼 수도 있었습니다. 만일 풍선이 작동한다면, 우리에게는 아주 좋은 일이었을 겁니다. 작동하지 않았다면, 우리는 에너지원을 사용하는 방법이나 칼을 사용하는 방법, 심지어 스텐트를 사용하는 방법까지도 시도해 보았겠죠. 우리는 우리 임무가 융통성 있고 덜 침습적인 방법으로 코곁굴 배액 경로를 여는 데 있다는 점은 알고 있었지만, 어떤 기술을 통해 이런 니즈를 실현시킬 수 있을지에 대해서는 정말로 아직 아무것도 분명하지 않았습니다."

NOTES

1 All quotations are from interviews conducted by the authors, unless otherwise cited. Reprinted with permission.

개발하기 컨셉 스크리닝

과정 / 단계 / 활동

파악하기

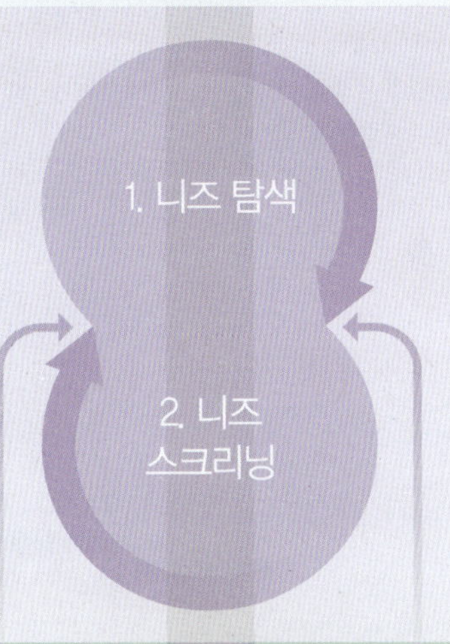

1.1 전략적 포커스
1.2 니즈 탐구
1.3 니즈 요구서 개발

2.1 질병 단계의 기초
2.2 기존의 해결책
2.3 이해관계자 분석
2.4 시장 분석
2.5 니즈 선택

개발하기

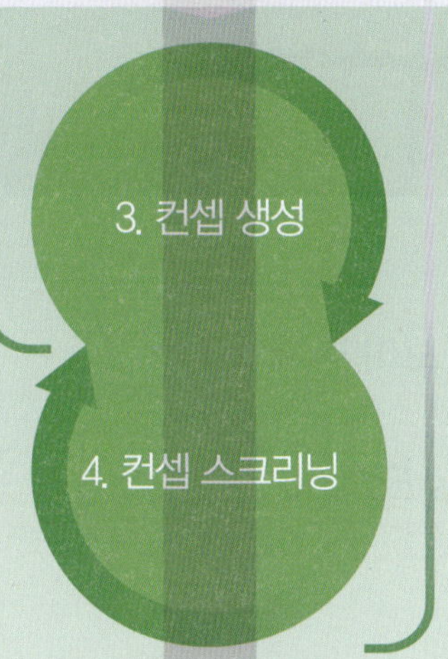

3.1 개념화
3.2 초기 컨셉 선택

4.1 지적재산권의 기초
4.2 규제의 기초
4.3 보험의 기초
4.4 사업 모델
4.5 컨셉 탐색 및 시험
4.6 최종 컨셉 선택

실행하기

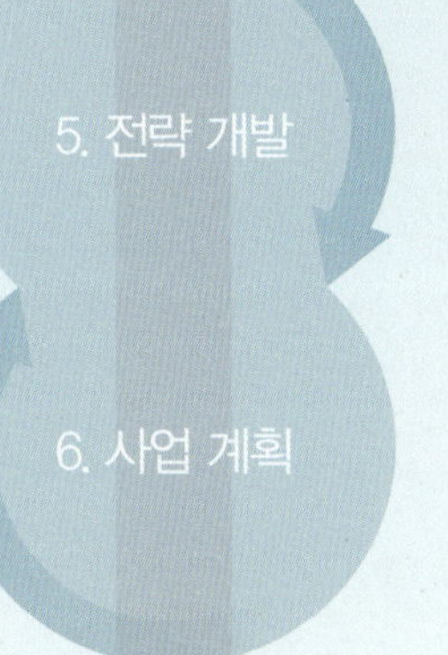

5.1 지적재산권 전략
5.2 R&D 전략
5.3 임상시험 전략
5.4 허가인증 전략
5.5 품질관리
5.6 보험 급여 전략
5.7 마케팅 및 이해관계자 전략
5.8 판매 및 유통 전략
5.9 경쟁우위 및 사업 전략

6.1 실행 계획 및 재정 모델
6.2 전략 통합 및 의사소통
6.3 펀딩 방법
6.4 대체 방안

프로젝트 런칭

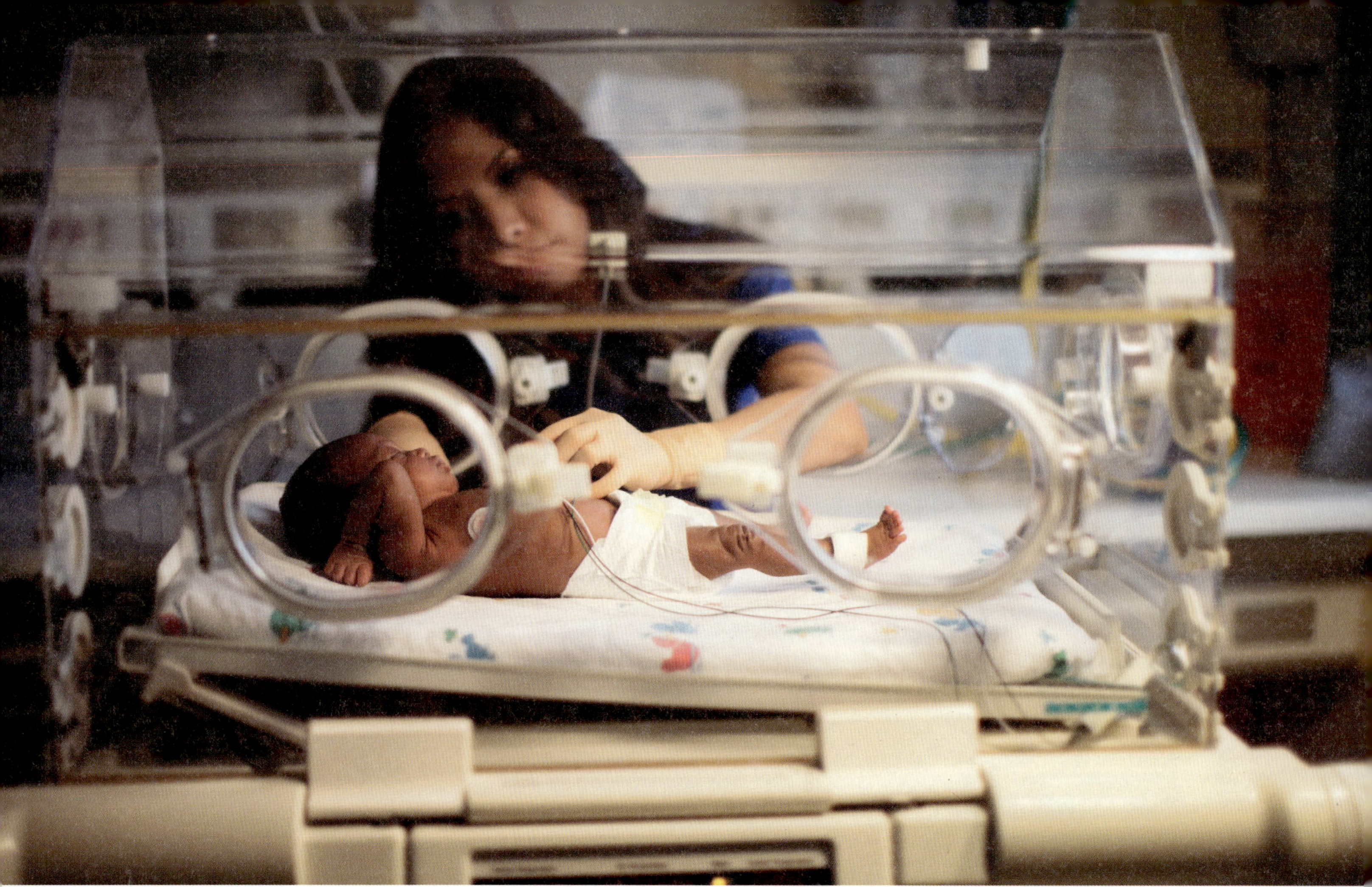

대부분의 사람들은 기회를 놓친다. 기회는 작업복 차림의 노동자처럼 보이기 때문이다.

Thomas Edison[1]

잡동사니 역시 춤을 출 수 있다.

David Kelley[2]

4. 컨셉 스크리닝

여러 가지 니즈에 대한 조심스러운 스크리닝 작업을 마치고 나면, 해결할 만한 가치가 있는 문제에 대한 명확한 요구서를 얻을 수 있다. 개념화는 수백 개의 아이디어를 창출할 것이며, 그 가운데 다수는 기묘한, 심지어는 이상한 내용일 것이다. 확인 단계에서, 많은 니즈는 초점을 잘 맞춘 임상적 니즈 구체화를 통해 드러나게 된다. 발명의 이러한 두 번째 단계가 바로 다시 선택을 해야하는 단계이다. 몇몇 이노베이터들은 불확실성 때문에 작업을 뒤로 미루는 경향이 있다. 여기서 주목할 만한 아주 평범한 사실은, 어떠한 결정도 곧 실패는 아니라는 사실이다. 여러 개의 컨셉을 동시에 시험해 보는 일은 불가능한 일이다.

미 해병대는 불확실성 속에서 의사결정을 내려야 하는 상황에 대해 파악하고 있다. 고전 서적 『War Fighting』[3]에서 해병대가 보내는 메시지는 명확하다. 완벽한 확실성은 존재하지 않는다. 그 순간에 사용할 수 있는 최선의 정보를 바탕으로 재빠르게 움직이고, 상황 변화에 맞춰, 그리고 급박한 상황 속에서 학습한 대로 유연하게 반응하는 것이 더욱 낫다.

때문에, 방향 면에서 올바른 컨셉을 선택하고, 그에 기반하여 행동하는 것은 많은 경우 새로운 통찰을 제공할 수 있을 뿐만 아니라 방향을 다듬어 줄 것이다. 험난한 길을 만나는 것, 그리고 뒤로 돌아가는 것은 수치스러운 일이 절대 아니다. 강한 팀이라면, 돌아가더라도 어떻게 성공에 도달할 수 있는지에 대해 알고 있다.

컨셉 스크리닝을 위해서는 의공학 혁신으로 가는 길의 규칙을 이해하고 있어야 한다. 지적재산권, 보험, 규제, 그리고 사업 모델 사이의 복잡하고, 서로 잦은 갈등을 빚는 상호작용을 이해하려면 세련된 논증이 필요하다. 단순한 "올바른" 길이란 존재하지 않는다.

경험 많은 기업가는 시간은 곧 돈, 그리고 그 이상이라고 강조할 것이다. 철저한 숙고, 그리고 그로 인해 발생하는 기회 비용 사이의 균형에 대한 마비 분석(Paralytic Analysis)이 필요하다.

컨셉 스크리닝 과정이 그러하듯이, 반복적인 과정이듯이, 컨셉 탐색과 검사 과정 또한 반복적인 과정이다. 이 활동의 핵심인 시제품화 과정은 여러 단계를 거쳐야 하며, 이 가운데 첫 번째 과정은 개념화 과정과 밀접하게 연결되어 있다. 우리는 배우기 위해 무언가를 만들어야 한다. 초반의 투박한 목업은 쉽게 만들 수 있는 모양으로 재료를 조립하여 만들어 낸, "그렇게 보이기 위해" 또는 "그런 느낌을 주기 위해" 만들어진 물건들이다. 잡동사니에 접근하는 일은 쉽고 재밌게 무언가를 만들 수 있게 한다. 폼코어 판, 플라스틱, 마분지, 쓰고 남은 수술 도구, 카테터, 내시경 모두는 초기 시제품화 과정을 위해 "희생"될 수 있다. 이런 과정의 목적은 초기에 실패하고, 저렴한 금액으로 실패하며, 궁극적으로 더 잘 실패하는 데 있다. 원료는 더욱 더 잘 다듬을 수 있는 것이며, 교통 법규는 다시 검토할 수 있는 것이다.

NOTES

1 As quoted in John L. Mason, An Enemy Called Average (Insight Publishing Group, 1990).

2 As quoted in Tom Kelley, The Ten Faces of Innovation (Doubleday Business, 2005).

3 U.S. Marine Corps Staff, War Fighting (Create Space Independent Publishing Platform, 2012).

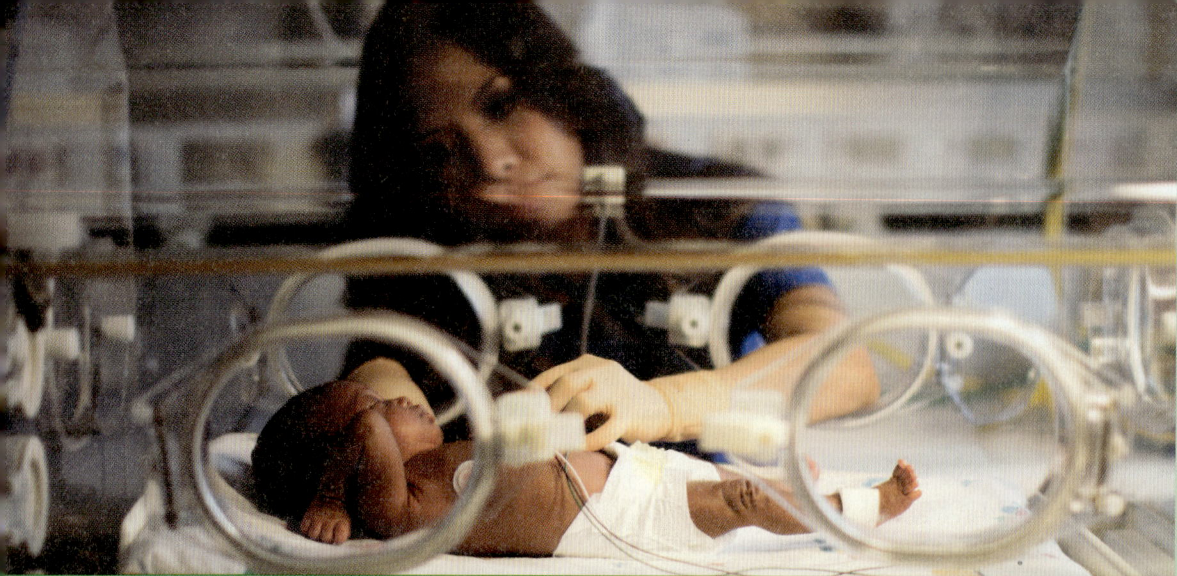

4.1 지적재산권의 기초

서론

프로젝트의 첫 달은 어떠한 실질적인 장애물도 없이 무난하게 지나가게 마련이다. 팀이 만들어 낸 시제품들은 동물 모형에서 기대했던 것보다 더 잘 작동할 것이다. 규제 경로는 쭉 뻗어 있는 것처럼 보인다. 기존의 보험 코드는 새로운 기술에 어김없이 들어맞을 것이다. 게다가 프로젝트는 몇몇 투자자의 관심도 끌게 된다. 이때, 특허권 전문 변호사로부터 한 통의 메일이 도착하게 된다. "첨부파일을 보세요. 특허협력조약에 대해 이스라엘에서 나온 간행물입니다. 지금 막 발행되었죠. 즉시 전화 주세요."

팀원들이 새로운 유망한 컨셉을 찾아냈다는 것은 곧, 지적재산권에 대해 탐사하고 특허에 대한 접근 방법을 발전시켜야 할 시간이 되었다는 말이다. 특허란 발명가에게 그가 발명한 것을 다른 사람들이 상업적으로 이용하지 못하도록 배제하는 권리를 수여한다는 법적 문서다. 기존 특허가 어떤 영역에 있다는 사실은 새로운 회사나 R&D 프로그램을 시작하려는 이노베이터의 능력을 방해하고, 때로는 일을 틀어지게 만들기도 한다. 반대로, 강력한 특허 지위는 발명에 어마어마한 가치를 더할 수 있으며, 심지어 개발 과정의 초기 단계에서도 그렇다.

이 장은 지적재산권에 대해 다루는 두 장 가운데 첫 번째 장이다. 이 장은 의공학 특허의 기초를 다루며, 특히 특허권을 얻을 때 필요한 초기 단계에 초점을 맞출 것이다. 다음 장, 5.1 지적재산권 전략에서는 어떻게 효과적인 의료기기 특허권 포트폴리오를 구성할 수 있는지에 대해, 그리고 발명가의 권리를 주장할 때 사용할 수 있는 추가적인 전략, 전술, 방법에 대해 서술할 것이다.

 지적재산권의 기초에 관한 동영상은 ebiodesign.org을 참조한다.

목표

- 예비 특허(provisional patent)와 실용 특허(utility patent)의 기초를 포함한 미국 특허의 서로 다른 유형에 대해 이해한다.
- 의료 장비를 위한 서류 정리 과정이 가진 실용적 측면을 포함한 특허성의 요구 조건에 대해 이해한다.
- 특허 검색 과정을 익숙하게 만든다.
- 특허권의 국제 적용 범위의 기초에 대해 이해한다.
- 컨셉의 우선순위를 매기는 스크리닝 작업에서 지적재산권의 위험을 어떻게 사용할 것인지에 대해 이해한다.

지적재산권(IP)의 기초

지적재산은 인간의 마음이나 지성이 만들어냈으며, 시장 가치를 가지고 있고, 궁극적으로는 유형물의 형태를 띤 것, 예를 들어 장치, 의학적 방법, 약물, 소프트웨어 프로그램, 과정, 또는 다른 발명품이 될 수 있는 모든 산물(즉, 아이디어, 발명, 표현, 고유명, 사업 방식, 산업 과정)로 정의된다.[1] 지적재산권법은 누가 지적재산권을 가졌는지, 다른 사람들이 상업적 목적으로 발명을 사용하는 것을 언제 배제할 수 있는지, 그리고 어떤 법원이 특허권자의 권리를 어느 범위까지 집행할 것인지를 결정하는 방법으로 개인과 집단이 어떻게 혁신을 이용할 수 있는지에 대해 관리한다.[2]

지적재산에는 의료 장비 이노베이터들이 주로 관심을 기울이는 몇 가지 범주가 속해 있다(**특허**, 상표, 저작권, **영업 비밀** 등)[3]. 특허는 정부로부터 어떤 발명에 대해 제조, 사용, 판매, 수출할 **배타적 권리**를 수여받는 것이다. 비록 많은 경우 이는 "독점"으로 서술되지만, 특허란 다른 사람으로부터 쟁점 기술을 만들고, 사용하고, 판매하고, 수출할 권리를 다른 사람들에게 허락하지 않을 권리라고 말하는 것이 더 정확하다. 정부는 발명가가 발명의 세부 사항을 밝히는 대신 이 권리를 특허가 유지되는 기간 – 통상 출원 시점 이후 20년 – 동안, 발명가에게 수여하려 한다. 특허는 주로 두 가지 이유 때문에 사회에 보탬이 된다. (1) 이런 보장이 없다면, 이노베이터와 혁신 기업은 시간과 자원을 들여 기술을 향상시킬 인센티브를 얻을 수 없을 것이다. (2) 발명품을 다른 사람들이 만들거나 사용하지 못하게 만들 권리는, 그 권리를 가지지 못한 사람들이 대안을 모색하도록 한다.

미국에서 의료 장비 제작자들이 받고자 하는 대부분의 특허 유형은 **실용 특허**(utility patent)이다. 미국 특허청(US Patent and Trademark Office)에 의해 부여되는 실용 특허는 새로운 발명품이 포함하는 장치나 방법이 특별한 최종 결과를 산출할 수 있기 때문에 유용하다고 서술한다. **의공학** 산업에서 실용 특허는 장비를 사용하는 방법, 생산하고 가공하는 방법뿐만 아니라 장비 자체도 대상으로 한다. 이로부터, 실용 특허는 의료 장비 지적재산권에 있어 가장 중요한 범주라는 점이 도출된다. 독특한 장식, 시각적 모양, 또는 비자연적으로 나타나는 대상의 디자인을 포괄하는 *디자인 특허*도 존재한다. 이 특허는 특히 소비재 시장에서 중요하다(한 가지 사례로 반창고의 장식적 특징을 들 수 있다). **예비 특허**(provisional patent)는 차후의 실용 특허를 위해, 통상 첫 번째로 출원했다는 점을 확실히 하기 위해 제출되는 예비 출원 단계이다.

상표(trademark)는 특정한 제품이나 의학적 방법과 지속적으로 연관된 단어, 구절, 상징이며, 그것을 가진 자는 어떤 단어, 구절, 상징을 브랜드의 이름, 표어, 로고로 사용하는 데 대한 배타적인 권리를 가진다. 상표는 장비나 의학적 방법의 이름을 붙일 때 또는 회사나 제품의 로고를 만들 때 쓰인다. 상표권은 상품 또는 서비스와 연관되어 이름 또는 로고를 사용할 때 자동적으로 발생한다. 하지만, 상표를 등록하는 것은 일반적으로 바로 그 표식의 합법성을 법정에서 주장할 때 상표 소유자의 법적 입장을 강화할 수 있으며, 다른 사람이 그것을 사용하지 못하게 막을 수도 있다.[4] 상표는 어떤 상품이나 수술 방법의 일반명이 될 수 없다. 이들은 일반적인 제품명의 앞에 형용사처럼 붙는 이름들로 생각할 수 있다. 예를 들어, 시엔스® 스텐트, 아답타® 페이스메이커, 컨티니움® 인공고관절과 같은 식이다.

*저작권*은 저작권료를 주지 않고서는 저술과 시각적 표현이 담긴 창작물을 다른 사람들이 사용할 수 없도록 저자와 예술가에게 부여하는 권리다. 의공학 산업에서 저작권은 소프트웨어 때문에 중요하다(예를 들어, 초음파 스캐너를 구동하는 데 쓰이는 프로그램이나, 심장 박동 장애를 판독하기 위한 알고리즘 등). 또한 저작권은 광고와 교육을 위한 자료(저술, 인터넷, 오디오, 비디오)에서도 적용된다. 작업들은 그것이 특정한 유형물의 형태를 가질 경우 자동적으로 저작권을 가지게 된다. 상표와 마찬가지로, 저작권을 미국 저작권청에 등록하는 것은 추가적인 절차적 권리를 이끌어 낼 수 있다.

*영업 비밀*은 일반적으로는 대중이 이해하지 못하거나 만들어내지 않는 정보, 과정, 테크닉, 디자인, 또는 다른 지식이며, 이를 소유한 자가 시장에서 경쟁 우위를 누릴 수 있게 한다. 몇몇 의공학 제품에서 영업 비밀은 특허보다 더 중요할 수도 있다. 예를 들어, 무릎 관절 장비는 접촉면을 좀 더 부드럽게 만들기 위한 특별한 제조 과정을 필요로 할 수 있다. 이 경우, 회사는 그 제조 과정을 비밀로 지키기 위해 특허를 출원하지 않는 방침을 택할 수 있으며, 자신들의 제품을 향상시킬 수 있는

비교될 수 있다고 하더라도 그렇다). 이런 개념은 그림 4.1.1에 표현되어 있다.

이런 개념은 어떤 장비가 실제로 판매되고 있는지 여부와는 무관하게 영향을 끼칠 수 있으므로, 새로운 발명에 대해 실시의 자유 여부를 결정하는 일은 특허 자격을 결정하는 일과 동등하게 중요하며, 따라서 선행 특허 기술에 대한 면밀한 조사가 요구된다. 실시의 자유라는 쟁점을 다루는 전략은 5.1 지적재산권 전략에 개괄되어 있다.

출원에 앞서: 선행 기술 조사

새로운 발명을 위해 여러 선행 기술을 이해하는 일은 바이오디자인 혁신 과정에서 가장 결정적으로 중요한 부분 가운데 하나다. 이노베이터들이 자신의 아이디어가 실제로 완전히 새로운 것임을 발견하기를 원하는 일은 자연스럽다. 하지만 연구를 통해 선행 기술이 문제투성이였다는 점을 밝혀낸 경우에도, 이런 정보는 가능한 한 빨리 찾아내는 것이 이득이다. 그러한 발견은 잘못된 아이디어를 탐구하기 위해 낭비될 수 있는 거대한 규모의 시간과 자원을 아끼는 데 도움이 될 수 있기 때문이다. 또한 이것은 발명을 특허 자격이 있는 것으로 수정하고 실시의 자유를 확보하는 데도 도움이 될 수 있다.

선행 기술 조사는 과학적인 만큼이나 기술적이기도 한 것이며, 실용 특허를 출원하기 이전에는 대부분의 단계에서 특허 변호사나 변리사(patent agent)에 의해 수행되는 전문적인 조사를 거치는 편이 현명한 일이다(특허 변호사를 채용할 때 고려할 사항은 5.1 지적재산권 전략 참조). 전문가들은 대개의 경우 기술 개발 팀이 찾아내지 못한 것들을 찾아낼 수 있다. 하

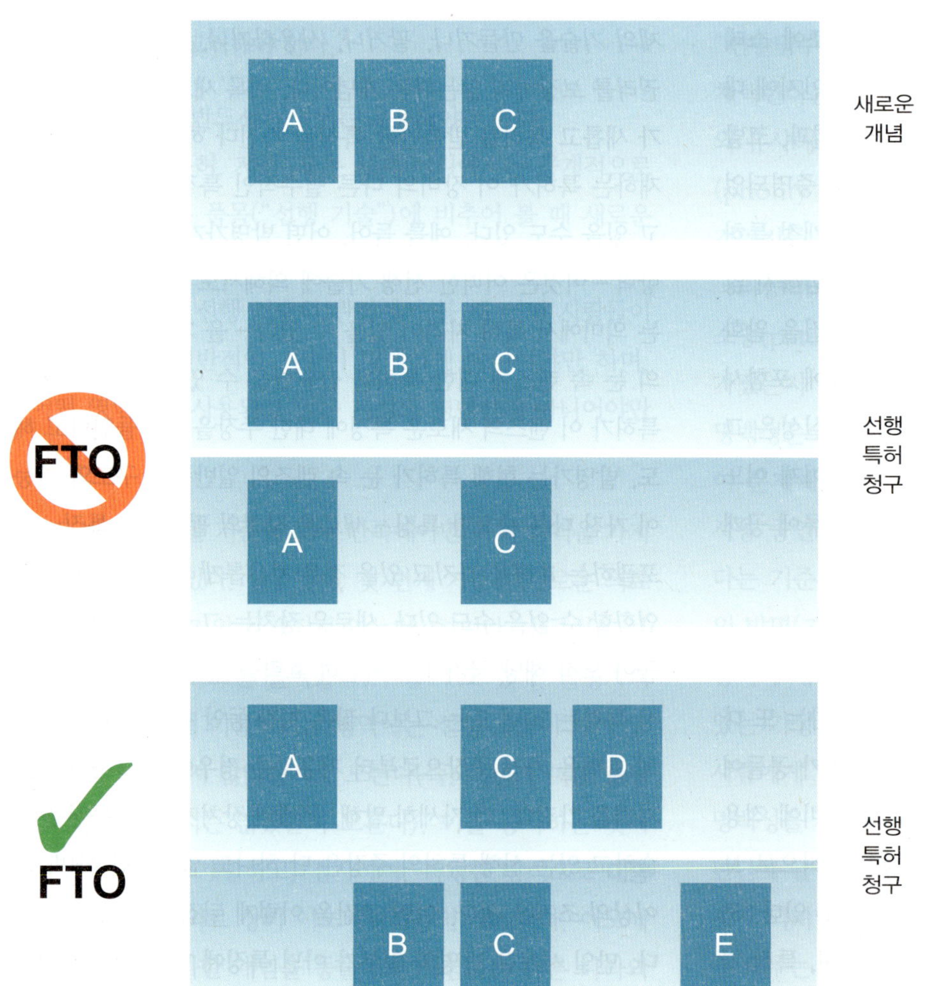

그림 4.1.1
자유실시(FTO)가 무엇인지에 대한 도식을 이용한 설명. 어떤 새로운 개념이 특징 A, B, C를 가지고 있다고 해 보자. 선행 특허의 특허청구범위가 특징 A, B, C를 포함하고 있거나 개념 A와 C만을 포함하고 있는 경우에는 새로운 개념에게 자유실시는 주어지지 않는다. 하지만 만일 다른 특허의 특허청구범위가 A와 C를 포함하지만 추가적인 특징 D도 포함하는 경우, 또는 B와 C를 포함하지만 E 역시 포함하는 경우 특허청구범위는 유지될 수 있다.

지만 이런 과정을 거친 다음이라고 해도, 전문가 변호사가 아직 발견하지 못한 선행 기술을 특허청 감사관이 찾아내는 경우는 드물지 않다. 비록 초기 조사가 완벽하지 않을 수 있다 하더라도, 발명가가 초반에 스스로 선행기술조사를 수행해야 한다는 점은 변하지 않는다. 이를 통해, 쟁점 영역에 대해 아주 많은 것을 배울 수 있으며, 미리 이런 노력을 기울이면 특허 변호사나 변리사의 작업을 더욱 효과적이고 경제적이게 만들 수 있기 때문이다.

발명가가 선행연구조사를 시작할 때는, 선행 기술로 이뤄진 광대한 영역이 위협적인 것처럼 보일 것이다. 앞서 언급했듯이, 특허 자격을 조사할 때 발명가는 대중이 볼 수 있는 방식으로 이미 공개된 것들을 살펴보아야만 한다. 여기에는 특허뿐만 아니라 어떤 시기든, 그리고 세계의 어느 지역에서든 간행된 모든 저술과 대중 발표 또한 포함된다. 실무에서 특허 데이터베이스를 조사하는 일은 조사를 시작하기에 효과적인 방법인데, 이는 상업적으로 가장 의미 있는 기술들은 특허의 대상이 되기 때문이다. 포기되거나 기간이 만료된 특허 또한 공개된 정보이며, 따라서 유효한 선행 기술이라는 사실은 많은 경우 간과되기도 한다.

조사 범위를 넓게 잡았다면, 선행기술조사 과정은 상당한 시간을 소모하는 과정이 될 수밖에 없다. 발명에 의존하는 일이지만, 컨셉 스크리닝 단계 가운데 선행기술조사 과정에 팀의 가용 시간 중 절반 또는 그 이상이 넘는 시간을 할당하는 경우는 많지 않다. 바이오디자인 혁신 과정의 다른 단계와 마찬가지로, 선행기술조사는 결과적으로 다양한 주안점들을 차례로 해결하는 과정이어야 한다. 이는 대중들이 볼 수 있는 여러 매체를 통해 잠재적인 선행 기술들의 흐름이 이어지기 때문이다. 이들은 회의, 문헌, 보도를 통한 대중 공개뿐만 아니라 특허(미국에서는 매주 화요일에 발행)와 특허 출원 서류(매주 화요일)의 형태로도 공개된다. 게다가, 특허조사과정은 서로 다른 키워드와 표현의 조합을 사용해야 하는 복잡한 과정이다. 때문에 조사 과정은 지속적으로 변화하는 과정이어야 한다. 특허와 출간물을 살펴보는 과정에서 새로운 키워드와 표현이 드러나기 때문이다. 이들 정보는 추가적인 조사 과정에서 적재적소에 사용되어야 한다.[10]

바이오디자인 혁신 과정에서 선행기술조사는 통상적으로 컨셉 생성이 완료된 다음으로 미뤄진다. 이런 결정은 선행 특허에 대한 정보를 너무 일찍 알게 되면 쟁점 영역에서 나중에 매우 풍성한 결실을 가져올 수도 있을 컨셉 개발을 섣부르게 방해하게 될지도 모르기 때문이라는 논리 위에 있다. 하지만, 이미 알려진 특허의 주요 특징을 이해하기에 앞서 특정한 해결책을 너무 깊이 파고드는 위험을 피하기 위해, 예비 특허 조사는 초기 컨셉 선택이 이뤄지고 난 직후에 완료되어야만 한다. 바이오디자인 혁신 과정의 다른 많은 부분들처럼, 지적재산권을 확인하고 이해하는 일은 반복적인 과정이며, 개념 작업을 진행해 나아갈수록 그 심도가 지속적으로 깊어지는 특징이 있다. 잠재적인 발명이 개발되었을 때, 지속적인 특허 조사 작업은 아이디어를 정련하는 데 도움을 줄 것이며, 특허 출원 서류를 올바르게 작성할 수 있도록 도움을 줄 것이다.

미국에서 발명가는 특허 출원 절차가 진행되는 도중에, 그리고 그 이후에 그들이 발견한 모든 유관한 선행 기술을 특허청에 보고해야 할 법적 요구를 받는다. 실무적으로 말해, 선행 기술을 조심스럽게 목록화하는 작업은 특허청 심사관이 제출된 기술을 좀 더 바르게 평가하고 출원 서류를 검토하는 데 도움을 줄 수 있다.[11] 이런 논의는 다음과 같은 결론으로 이어진다. 어떠한 중요한 선행 기술이라고 할지라도 – 특허청에서 심도 있는 점검이 이뤄지고 있는 시점이든, 이미 등록된 특허가 소송에 직면한 시점이든 – 발견되는 시점은 정해져 있지 않으며, 따라서 선행 기술을 가능한 한 초기에 찾아 발표하는 것은 발명가의 이해관계에 가장 잘 들어맞는다.

조사의 기초

특허 조사를 시작하기에 앞서, 발명가는 자신이 보호할 발명에 대해 정확히 이해하고 있어야 한다. 이는 심층적인 선행기술조사에 앞서 발전시키고자 하는 아이디어에 대해 어느 정도 상세하게 이해하고 있어야만 한다는 요구 조건을 뒷받침한다. 발명의 가장 근본적인 요소를 포착하는 간결한 요약이 제시되어야 하며, 여기에는 발명이 충족 또는 해결하려고 하는 니즈 또는 문제, 발명의 구조, 그리고 기능이 제시되어야 한다. 발명의 범위를 명확하게 드러내는 데 도움을 줄 수 있는 몇몇 가설적 주장을 연구에 앞서 제시하는 것 또한 도움이 될 수 있다. 이들 작업은 꼭 "법률 용어"로 서술되지 않아도 된다. 발명의 특징을 보여줄 수 있는 평이한 언어로 서술을 마치면 충분하다.

실제 연구 과정을 이해하는 데는 몇몇 개념적 초점이 중요하다(좀 더 실용적인 팁과 지침을 바라는 독자는 웹에 있는 "Getting Started" 섹션을 참조하라). 첫째, 제품 개발의 각 단계와 목적에 따라 수행되어야 할 조사의 유형은 달라진다. 발명이 뒤따르는 초기 단계에서는 두 가지 기본적인 유형의 조사가 수행되어야 한다. **특허 자격**에 대한 조사는 선행 기술에 비추어 볼 때 지금 연구 중인 기술이 신규성과 명백성을 가졌는지에 초점을 맞춘다. 이 조사는 특허청 심사관이 지금 연구 중인 개념은 명백하거나 신규성이 없다는 결론을 내리게 만들 수 있는 특허의 일부에 대한 어떠한 정보든 찾아내려는 의도하에 이뤄진다. *실시의 자유* 조사는 현재 유효한 특허 주장, 즉 다른 방식으로 설계하거나 특허 사용권을 받아내지 않는다면 개발하려는 장비를 상업화할 수 없게 만들 수 있는, 새로운 개념의 중요한 특징을 기술하고 있는 유효한 선행 기술을 찾아내는 것을 직접적인 목표로 한다. 이런 특허 주장들은 다음에서 더욱 상세하게 서술했듯이, 발명의 어떤 측면들이 이노베이터 또는 회사의 배타적인 소유가 될 것인지에 대해 정확히 지적해 놓은 부분이며, 특허의 끝부분에 번호를 매겨놓은 문단에 위치해 있다. 이것이 바로 실시의 자유에 초점을 맞춘 주장을 조사하는 이유이다.

둘째, 두 가지 1차적인 접근 방안(approach) 조사 방법이 있다. 가장 직관적 방법은 텍스트 조사 방법이며, 이는 *키워드* 조사 방법이라고도 부른다. 구글의 시대에 검색 엔진에 키워드를 입력하고 특허 데이터베이스를 전반적으로 살펴보는 방법은 익숙한 과정이다(현재 구글 자체에서도 훌륭한 특허 데이터베이스를 유지하고 있다. 이 데이터베이스는 미국 특허청이나 시작하기에 수록된 다른 여러 기관들의 데이터를 사용한다). 텍스트 조사는 통상 발명을 기술하는 키워드로부터 시작하지만, 조사가 진행되면서 해당 영역에서 저명한 발명가나 특허 양수자(Assignee, 중요한 특허를 소유한 회사), 경쟁사 등의 이름을 검색에 사용하는 것도 생산적일 수 있다. 텍스트 조사의 정확성은 AND나 OR 같은 부울 대수 연산기호를 사용해 키워드를 조합하면 크게 향상될 수 있다. 좀 더 실무와 관련된 조언도 추가해야 한다. 동일한 기술에 대해 여러 버전의 키워드가 존재한다는 사실에 주의를 기울여야만 한다는 점이 바로 그것이다. 예를 들어, 혈관성형술에서 사용되는 유도철사는 "유도철사", "유도-철사", "유도 철사", "유도 요소", "철사", "철사 유도"와 같은 다양한 표현으로 지시된다. 검색 엔진은 이러한 문제를 해결하는 데 도움을 줄 수 있는 특징을 가지고 있으며, 이를 *와일드카드 문자*(wild card symbol) 또는 "끊어짐 검색 제한자(truncation limiters)"라고 부른다. 이들은 어떤 키워드의 어근에 붙어서 검색자가 동일한 어근을 가진 다른 단어를 찾을 수 있게 한다. 예를 들어, "유도*"를 검색함으로써(정확히 무엇이 와일드카드 문자일지는 검색 데이터베이스에 의존한다), 검색자는 "유도-"라는 공통의 어근을 가진 모든 키워드를 찾을 수 있다.

조사의 다른 일반적인 범주는 *분류*를 통해 확보할 수 있다. 미국 특허청과 다른 국제 특허 관리기관은 특허를 산업, 구조, 그리고 발명의 기능과 그 의도된 용도에 따라 묶고 코드화하는 체계를 가지고 있다. 미국 특허청에 의해 개발된 데이터베이스를 미국 특허 분류(USPC) 인덱스라고 부른다. (주석: 미국은 유럽 특허청과 공동 개발한 협동특허분류(CPC) 체계를 받아들였다.[12] 이 책을 쓰는 시점에는, 이 시스템을 미국 특허청이 사용하는 시점은 2015년 초로 예정되어 있었다.)[13] 이들 체계의 한 종류나 하위 종류를 선정해서 조사를 진행하면 유용하다. 이는 선행 발명자들이 자신의 개념을 서술하기 위해 선택한 키워드가 표준적이거나 직관적으로 명백하지 않을 수도 있기 때문이다(그와 같은 이유에서, "적당한" 키워드를 사용한 텍스트 조사는 몇몇 중요한 선행 연구를 놓칠 수 있다). 몇몇 발명가들은 자신이 해 나갈 발명 주변의 상황을 이해하는 신속한 방법으로 키워드 조사보다는 분류 조사를 우선시하는 것을 선호하기도 한다. 미국 통계청과 다른 국제적 기관이 사용하는 분류 체계는 그 자체로는 반드시 직관적이거나 일관된 것은 아니므로, 인내력과 요행이 필요할지도 모른다. 이런 조사과정에 대한 더 많은 팁은 다음 실제 사례에서 확인할 수 있다.

키워드와 분류 조사를 통해 관심을 가진 특허의 핵심 집합을 추려냈다면, 이어서 다른 특허들이 이들 핵심 예제와 어떻게 연결되었는지에 대해 살펴보기 위해, 과거 방향으로, 그리고 미래 방향으로 인용을 조사하는 것이 도움이 된다. 앞선 과정을 통해 추려낸 핵심 특허의 출원 서류에 정리된 인용(참고문헌)을 사용하여 과거 방향으로 조사하라. 미래 방향으로 조사하기 위해서는, 문제의 특허가 도면과 명세서를 통해 자신의 영역에서 어떤 발전을 가져올 것이라고 제안하고 있는지 말하는 내용에서부터 출발하라. 그리고 다른 새로운 특허들이 이 발명을 어떻게 사용하고 있는지 확인하기 위해 이 발명의 고유번호를 검색어로 사용하여 미래 방향으로 조사하라.

실무에서, 이들 서로 다른 방법을 조사 과정을 진행하기 위해 서로 조합하여 사용하는 것은 그 본성에 있어 순환적인 일이다 – 이것은 특허를 받은 기술을 폭넓게 살펴본 다음, 좀 더 유관한 특허로 점차 범위를 좁혀 나가는 반복적인 과정이라는 의미이다(그림 4.1.2). 첫 번째 단계의 조사는 아마도 수백, 또는 수천 개의 특허를 그 결과로 내놓을 것이다. 이들을 조심스럽게 검토하는 과정을 통해, 이노베이터는 10개에서 20개 정도의 핵심 특허를 추려낼 수 있을 것이다. 두 번째 단계에서, 이들 관심 대상 특허들은 또 다른 확장된 조사를 이끌어 낼 수 있다. 이는 문제의 특허에서 인용된 다른 문헌이나, 그 발명이 속한 분류 때문에 발동된다(또는 양자 모두에 의해). 이런 조사는 또 다른 대규모의 특허 더미를 연구 팀에게 던져주지만, 대개의 경우 이 더미는 첫 번째 단계에서 확인한 특허보다는 작은 규모일 것이다. 두 번째 단계의 결과물을 주의 깊게 검토하면, 몇몇 새로운 관심 대상 특허를 파악할 수 있을 것이고, 관심 대상 특허의 집합은 재편될 것이다. 이런 과정을 핵심 특허들로 이뤄진 안정적인 집단이 나타날 때까지 – 영역에 따라 다르지만, 그 수는 5에서 10회 정도 될 것이다 – 여러 차례 거치고 나면, 점점 더 명확하게 유관한 특허들이 드러날 것이다. 이들이 미래 방향으로 조사하는 것을 초점에 두어야 할 특허들이다.

조사에 사용할 경우 자신들에게 가장 유관한 결과를 창출할

실제 사례

키워드 조사에 대한 몇 가지 팁

키워드 조사는 다음 세 가지 기본적인 질문을 평가하는 작업에서 시작하라.[14]

1. 이 발명으로 해결하려는 문제는 무엇인가? (바이오디자인 혁신 과정의 맥락에서, 무엇이 기본 요구인가?)
2. 이 발명의 구조는 어떠한가?
3. 이 발명의 기능은 무엇인가? (이것으로 무엇을 할 것인가?)

이들 질문에 대한 답변을 발전시킬 때는, 유관한 단어를 가능한 한 많이 사용하라. 이들 단어들이 조사의 기초를 제공할 것이다. 예를 들어, 새로운 혈관성형술 카테터에 대한 간략한 답변을 표 4.1.1에서 확인할 수 있다.

이들 키워드를 USPTO나 구글 특허 웹사이트에서의 조사에 사용할 수 있다(다른 특허 데이터베이스는 후속 조사 라운드에서 사용할 수 있을 것이다). 부울 대수 연산자나 다른 진보된 검색 기법을 사용해 이들 데이터베이스가 제공하는 검색 결과를 다듬을 수 있을 것이다. 예를 들어, “atherosclerosis AND angioplasty”(죽상경화증 AND 혈관성형술)이라는 말로 검색하면 이들 키워드 모두를 포함하는 특허를 찾을 수 있다. 반면 “angina OR myocardial infarction”(협심증 OR 심근경색)으로 검색하면 이들 두 조건 가운데 하나를 포함하는 특허를 모두 찾을 수 있다. 이러한 조사를 좀 더 효과적으로 수행하기 위해서는 와일드카드 문자나 끊어짐 검색 제한자를 사용하여 공통의 어근을 포함하는 모든 키워드를 조사할 수 있다. 이들 문자의 사용 방법은 대개의 경우 검색 사이트에 기술되어 있다.

표 4.1.1 키워드 조사에 접근하는 효과적인 방법(based on an approach outlined by David Hunt, Long Nguyen, and Matthew Rodgers in Patent Searching: Tools & Techniques (Wiley, 2007))

쟁점	가능한 검색어
발명을 통해 만족시킬 니즈	죽상경화증(atherosclerosis), 동맥경화증(arteriosclerosis), 관상동맥질환(coronary artery disease), 관상동맥협착(coronary stenosis), 동맥 폐색증(arterial blockage), 동맥 협착증(arterial stenosis), 동맥 혈류(arterial flow), 관상동맥 혈류(coronary flow), 심근경색(myocardial infarction), 심정지(heart attack), 협심증(angina), 흉통(chest pain) 등
발명의 구조	카테터(catheter), 풍선 카테터(balloon catheter), 혈관성형술 카테터(angioplasty catheter), 죽상절제술(atherectomy), 관(tube), 풍선(balloon), 유연한 재료(flexible member) 등
발명의 기능	팽창(dilate), 확대(expand), 개방(open), 부풀리기(inflate), 가압(pressurize), 폐색 제거(remove blockage), 압축(compress), 치밀(compact)

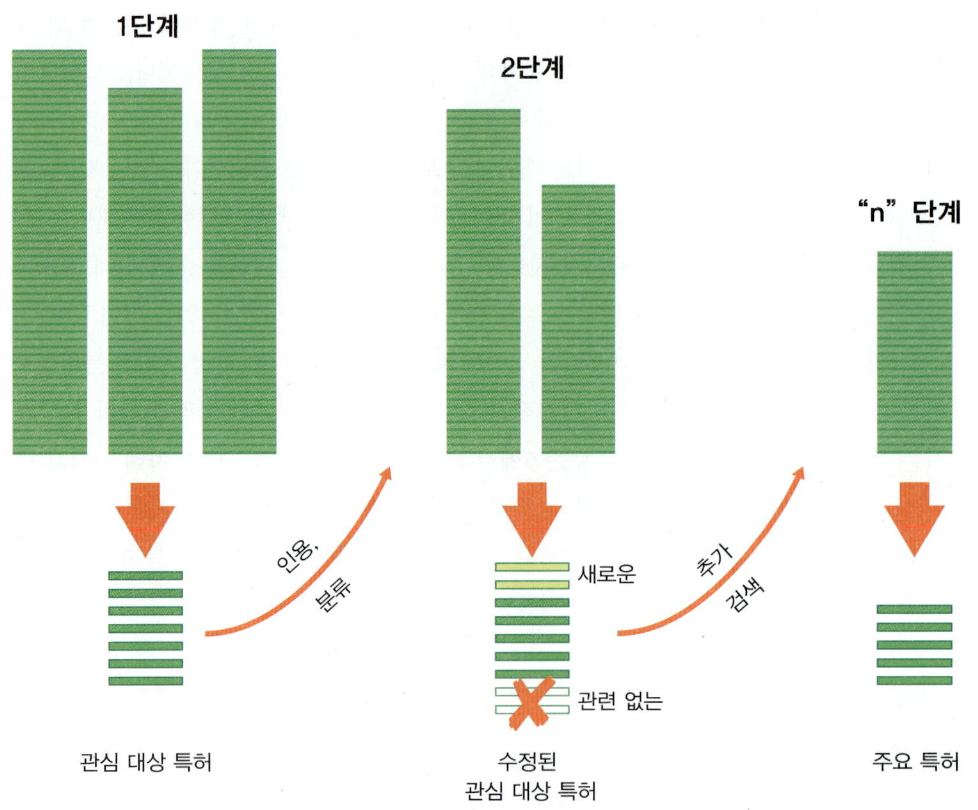

그림 4.1.2
특허 조사 과정의 순환: 특허 문헌의 범위를 넓혀 나가고, 관심 대상 특허를 찾아낸 다음, 이들 특허로부터 새롭고 좀 더 잘 정리된 조사로 나아가는 반복적인 과정

것이라고 믿는 용어들의 집합을 확인했다면, 새로운 연구로부터 뒤쳐지지 않기 위해서는 앞선 결과를 사용해 개선된 조사를 반복적으로 수행해야만 한다.

조사를 수행할 때, 그 결과를 확보하는 시스템을 발전시키는 일은 매우 중요하다. 이는 정보의 물량이 방대하고 조사가 장기간, 여러 단계에 걸쳐 이뤄지는 데다가, 정보의 수집이 결정적으로 중요한 활동이기 때문에 필수적이다. 워크시트나 스프레드 시트의 몇몇 유형은 이런 작업에 결정적으로 도움이 될 수 있다(그림 4.1.3 참조). 대부분의 유관한 특허에 대해, 이 워크시트는 특허 번호, 이름, 양수자, 핵심 주장, 발명자, 출간 및 출원일, 그리고 기관 분류를 제시해야 한다.

발명을 조사자의 말로 요약하는 한편, 핵심 주장과 수치를 붙여 넣는 것 또한 유용할 수 있다. 추가적으로, 이 발명과 주장(claim)에서 중요한 것이 무엇인지에 대해 조사자가 몇 마디 적어두는 칸을 마련해 두는 것도 좋은 아이디어이다(하지만 이 정보가 소송 과정에서 발견되어 불리하게 작용할 수 있을 가능성을 염두에 두어야 한다. 때문에 "이것은 우리 아이디어와 동일해 보인다"와 같은 말은 기록하지 않는 것이 현명하다). 관심 대상인 핵심 특허뿐 아니라, 조사 과정 속에서 찾아낸 어떠한 흥미로운 특허에 대해서도 계속해서 추적하는 것이 중요하다. 이는 이후의 조사에서 바로 그 특허가 다시 주목할 만한 대상이 될 수 있고, 그때 가서 다시 조사하는 것보다는 지금부터 추적해 두는 편이 낫기 때문이다. 또한 조사에 사용한 용어를 추적하는 것이나, 용어들을 서로 다른 방식으로 조합해 내어 "명중"을 이끌어 낸 숫자를 추적하는 것도 가치 있는 일이다.

이러한 조사 과정은 많은 경우 복잡하고 시간을 많이 소모하는 과제이기 때문에, 작업 계획을 서둘러 마련하고 팀원들끼리 과업을 분담하는 것이 현명한 일이다. 예를 들어, 한 팀원은 분류 조사를 시작하는 반면, 다른 팀원은 키워드 목록을 나누고 이들을 연구하는 일을 담당할 수 있다. 서로 다른 팀원들이 연구 결과를 기록하기 위해 동일한 중앙 스프레드 시트 파일을 공유하는 것은 매우 유용한 일이다.

특허 자격을 조사하는 과정에서, 공적으로 공개된 모든 정보는 선행 기술로 취급될 수 있다는 점을 기억하라. 학술지에 실린 논문, 대중지의 기사, 상품 전시회에서의 발표, 학회 발표문의 초록, 신문, 분석 리포트 등이 모두 포함될 수 있다. 현장 전

Title	Assignee (Company)	Key Claims	Search terms	Patent #	Inventor	Pub Date	File Date
Satiety - Flow Rate							
Gastrointestinal electrical stimulation	UT Austin	Retrograde feedback control of GI action by a stimulating electrode and a detection sensor. Method of external implantation.	"gastric bypass"	6826428	Chen, Jiande; Pasricha, Punkaj Jay	30-Nov-04	11-Oct-00
Adjustable Sphincter System	Ethicon Endo-Surgery, Inc	Artificial sphincter that encircles a passageway that adjusts with fluid. Also discusses invasive and non-invasive manual adjustment methods.		20050272968	Byrum, Randal; Huitema, Thomas; Hassler, William	8-Dec-05	2-Jun-04
Gastric ablation followed by gastric pacing	N/A	Method of ablating pacemaker cells in stomach and then replacing them with electrical stimulation from a pacemaker.		20050240239	Birinder, Boveja and Widhany, Angely	27-Oct-05	29-Jun-05
Satiety - Space Occupying							
Endoscopoic stomach insert for treating obesity and method for use	N/A	Upon release in the stomach, flexible blades for a dome shaped cage, applying pressure to stomach.	"gastric bypass"	5868141	Ellias, Yakub A	9-Feb-99	14-May-97
Endoscopic gastric balloon with transgastric feeding tube	N/A	A gastric balloon that also allows a transgastric feeding tube to go through it and nourishment to pass to the jejunum.		20060025799	Basu, Patrick	2-Feb-06	26-Jul-05
Satiety - By Neural Means							
Treatment of obesity by bilateral vagus nerve stimulation	Cyberonics	Prevent overeating by stimulating vagus nerves to condition the neural stimulus of the stomach.	"gastric bypass"	6587719	Burke, Barrett; Reddy, Ramish K; Roslin, Mitchell S.	1-Jul-03	1-Jul-99
Treatment of obesity by electrical pulses to sympathetic or vagal nerves with rechargeable pulse generator	N/A	Full system (pacemaker, programmer, leads) for stimulating or blocking sympathetic response		20050149146	Birinder, Boveja and Angely	7-Jul-05	31-Jan-05
Methods and devices for the surgical creation of satiety and biofeedback pathways	None	Sensors built into stomach restrictive devices to sense changes in the volume of the restrictive device; sensor then discharges a signal to induce satiety		2005/0267533	Gurtner, Michael	1-Dec-05	15-Jun-05

그림 4.1.3
비만 치료와 관련된 선행기술조사로부터 필요한 정보를 포착해내는 데 사용하는 양식지 견본. 스탠포드 대학의 바이오디자인 프로그램에서 활동한 한 팀에 의해 개발된 것이다. 개발 팀은 기밀성 유지라는 목적을 위해 이 사례에서 팀의 분석은 제거했다는 점을 적어 둔다(Jennifer Blundo, Darin Buxbaum, Charles Hsu, MD, Ivan Tzvetanov, Fan Zhang에게 허가를 받아 사용).

문가에게 이야기해서 발명과 유관할 수 있지만 아직은 출간되지 않은 결과의 대중 공개가 이뤄지는 곳에 대해 파악해야 한다. 의료 관련 행사장에 차려진 회사 부스 역시 훌륭한 정보원이 될 수 있다.

조사 과정에 대한 마지막 조언은 최초 발명자의 특별한 중요성을 유념하라는 데 있다. 특히 의공학과 같이 기술적으로 역동적인 영역에서는, 혁신 팀의 새로운 아이디어와 유사한 것처럼 보이는 특허 명세서(disclosure)를 찾아내는 일은 본질적으로 피할 수 없는 일이다. 조사 과정은 이런 이유에서 감정적인 롤러코스터가 될 수 있다. 발명 계획을 수정하거나 현존하는 지적재산의 소유자와 함께 작업하는 방침처럼, 특허 관련 쟁점을 해결할 수 있는 방법은 거의 언제나 있다. 중요한 것은, 이런 쟁점을 가능한 한 빠르게 표면으로 드러낼 수 있도록, 초기 조사를 철저하고 정확하게 해 내는 일이다.

예비특허

의공학 발명가들은 많은 경우 실용 특허를 출원하기 전에 예비특허를 출원한다. 기본적으로, 예비 특허는 우선일을 성립시키는 한편, 궁극적으로 특허청 심사관에 의해 발명 자격을 결정하는 일을 돕는 데 사용될 어떤 발명에 대한 초기 서술이다. 하지만 이는 발명가가 동일한 발명에 대해 실용 특허를 출원할 때에만 그런 효력을 가진다. 통상적으로 예비 특허 출원 서류는 준비하는 데 있어 실용 특허보다 적은 시간과 전문 지식만을 요구하며, 특허 변호사보다는 발명가 본인이 저술하는 경우가 많다. 또한 예비 특허는 실용 특허에 비해 특허청 출원 비용도 비교적 저렴하며, 그 비용은 개인이나 소규모 사업체의 경우 대략 150달러 정도이다. 하지만 예비 특허는 *그 자체로 미국 통계청에 의해 시험되지는 않으며*, 또한 교부된 특허라고 해도 결코 그 권리를 집행할 수는 없다. 예비 특허에 포함된 기술을 지적재산권에 의해 보호하기 위해, 그리고 예비 출원의

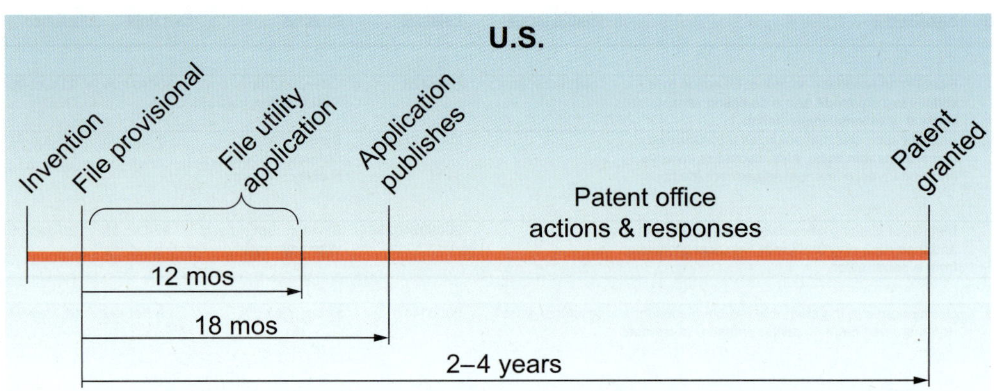

그림 4.1.4
미국 특허 출원의 전형적인 시간적 일정

우선일을 사용하기 위해, 발명가는 명백히 출원 서류 내에 서술된 기술로부터 나온 비-예비적(실용) 특허를 예비 특허가 출원된 지 12개월 내로 출원해야만 한다(그림 4.1.4).

예비 특허 출원은 결코 출간된 것이 아니어야 한다는 점은 지적할만한 가치가 충분하다. 때문에, 출원 이후 새로운 발명은 완전히 비밀리에 이뤄지는 것이 가능하다. 또한, 결국에는 출간된 발명(예비 출원일로부터 18개월 이후)은 오직 미국 실용 특허 출원 이후에만 예비 출원에 대한 우선권 주장을 할 수 있다.

실용 특허 출원이 예비 특허 출원에 힘입어 우선일을 주장하기 위해서는 두 기준이 만족되어야만 한다. 첫째, 예비 특허 출원 서류에 포함된 서술과 도면은 반드시 이후에 출원될 비-예비 특허 출원 서류에서 특허심사를 청구할 주요 문제들을 적절히 뒷받침해야만 한다. 이것은 예비 특허 출원 서류의 서술과 모든 도면이 이후에 출원될 비-예비 특허 출원 서류와 동일해야만 한다는 뜻은 아니다. 하지만 비-예비 특허 출원은 오직 그에 대응하는 예비 특허 출원에서 공개된 공통의 주요 문제에 힘입어 그 권리를 받을 수 있는 것이다. 둘째, 비-예비 특허 출원은 출원일 혜택을 받기 위해서는 예비 특허 출원에 참여한 발명가 가운데 최소한 한 명은 공유해야 한다.

많은 의공학 발명가들은 자신의 예비 특허 출원 서류를 작성하는 것을 선택한다. 이는 출원 서류가 해당 발명의 기본에 대해 소통할 수 있을 정도로, 그리고 차후의 실용 특허에 담길 특허청구범위(claim)를 뒷받침할 수 있을 정도로 충분히 면밀하고 상세하게 작성될 수 있다면 적절한 접근 방법이다. 하지만, 출원에 앞서 서류를 특허 변호사에게 맡겨 검토하는 것이 유용하다는 점은 반복해서 강조할 만하다. 예비 출원 서류에는 요구되는 형식이 없다. 하지만 출원 서류는 다음 사항에 대한 서술을 포함해야만 한다.

1. 발명이 충족하려고 하는 니즈 또는 문제
2. 현행 해결책의 불충분한 부분
3. 새로운 발명의 동기
4. 발명에 대한 서술(해당 영역에서 숙련된 사람이라면 그것을 어떻게 만들고 사용할 수 있는지에 대해 알 수 있을 정도로 충분히 세밀해야 한다)
5. 이러한 해결책이 가진 이점

제출서류에 이들 서로 다른 내용을 서술할 때, 발명가들은 특허청 심사관이 이 새로운 장치가 신규성을 가졌고 비-명백성을 가졌다고 판단하지 않을 수 없도록 중요한 세부 사항을 상세히 묘사해야 한다. 예비 특허 출원 서류가 실용 특허 출원 서류처럼 보이면 보일수록, 실용 특허가 예비 출원일의 혜택을 성공적으로 누릴 가능성이 커진다. 도표는 발명을 명확하게 설명하는 데 매우 큰 도움이 되며, 출원 서류에 반드시 포함되어야 한다. 예비 특허 출원 서류에 특허청구범위를 포함시킬 필요는 없다. 물론, 특허청구범위에 대한 서술이 발명을 명확하게 설명하는 데 도움이 될 경우 이는 권할만한 일일 것이다. 특허청구범위를 포함시킬 것인지에 대한 판단은 상황에 따라 다르며, 변호사와의 상담을 통해 논의하는 것이 적절하다.

예비 특허 출원 제도는 발명가들이 출원을 "대강대강" 진행할 수 있도록 제안된 것이라고 오해를 하는 경우가 흔히 발생한다. 사실, 이 제도는 미국의 발명가들에게 특허 기간 측면에서 해외의 발명가들과 동일한 권리를 줄 수 있도록 제시된 것이다. 20년 간의 특허 기간은 비-예비 특허 출원 서류의 출원일을 기준으로 한다. 하지만 미국 바깥의 발명가들은, 미국에서 제출한 것과 동일한 주요 주제를 다루는 미국 밖에서의 특허 출원일로부터 1년의 기간을 더 얻는다. 이러한 방식으로, 이들은 자신의 미국 특허 기간에 대한 영향 없이 빠른 출원일의 혜택을 얻을 수 있다(다시 말해, 이들은 미국 특허 출원일로부터 온전히 20년의 특허 기간을 누린다). 때문에, 이제 예비 특허 제도는 미국 발명가들에게 예비 특허 출원일로부터 비-예비 특허 출원이 제출될 때까지 정확히 12개월의 시간을 부여한다. 이러한 제도는 본래 미국 바깥에서 특허를 출원한 사람이 누리는 기간과 미국 특허 기간을 동등하게 만들었다.

예비 특허 제도에는 실용 특허의 기간을 보존하는 것뿐만 아니라, 다른 여러 부가적인 이점도 있다. 예비 특허가 매우 유용한 한 가지 상황은 발명가가 회피할 수 없고 긴급한 대중 공개 요구를 받을 때이다 – 학회에서 자신의 발명에 대해 발표해 달라는 요구를 받은 의사 – 발명가가 좋은 사례가 될 것이다. 예비 특허 출원이 발표에 앞서 소인(Postmark, 정부의 우편 서비스가 서류를 취급했다는 표식)을 통한 확인으로 특허청에서 접수했을 때, 그 날짜를 기준으로 우선일은 성립되며, 미국 특허권을 얻을 능력뿐만 아니라 외국 특허권을 얻을 수 있는 능력도 보존된다. 좀 더 심원한 이점은 예비 특허는 장비를 실제로 만들지 않고도 발명의 구현(Reduction to Practice)을 법적으로 구성할 수 있다는 사실이다. 만일 이후에 제출될 특허의 우선일에 대한 소송이 발생한다면, 예비 특허는 발명과 구현 양자 모두의 명백하고 애매하지 않은 기준 시점이 될 것이다.

반면, 예비 특허에는 그것을 제출하면 경쟁자라는 위험 요소로부터 발명을 지킬 수 있다는 잘못된 생각을 가지게 하는 단점도 있다. 발명가는 발명에 대한 몇 가지 고차원적인 아이디어가 담긴 몇 가지 칵테일 냅킨 스케치나 파워포인트 발표 자료를 출원하는 것은 최종적인 실용 특허에 사용할 수 있는 우선일을 구성하는 데 충분한 기반이 될 수 없다는 점을 분명히 알고 있어야만 한다. 만일 발명가가 자신이 긴급하게 특허를 출원해야 하는 상황에 처하게 되었다는 사실을 알아차렸다면, 예비 특허 출원 서류에 가능한 한 상세한 정보를 포함시켜야 한다는 사실은 중요하다. 많은 지적재산권 변호사들은 예비 특허 출원 서류를 작성하는 데 비-예비 특허 출원 서류를 작성하는 것만큼의 시간을 투자하라고 조언한다(예비 특허 출원 서류의 견본이 실려 있는 4.1.1에 대한 온라인 부록을 참조하시오).

실용 특허의 기본 구조

실용 특허는 다음의 세 가지 핵심 부분으로 구성된다: 명세서, 도면, 특허범위청구.

첫 번째: 명세서

명세서는 발명의 본질적인 특징을 설명하는 문서이다. 이 문서는 발명이 이루어진 영역에서 이 발명을 어떻게 만들고 사용할 수 있을지에 대해 숙련된 사람에게 가르칠 수 있을 만큼 충분히 상세한 기술을 포함해야만 한다. 의료 장비 발명에 있어, 명세서는 대체로 니즈 또는 기본적인 의학적 문제(여기에는 질병 또는 증상에 대한 서술이 포함되며, 이에 대해 현재 통용되는 치료법에 대한 논의도 또한 포함된다. 2.1 질병 단계의 기초와 2.2 기존의 해결책 참조)를 명확하게 기술하는 간략한 배경 설명으로 시작한다. 명세서 작성 시에는 심사관을 포함해 이 특허를 읽는 이가 누구든 원활하게 읽을 수 있도록 배려하는 한편, 발명의 맥락을 명확하게 이해할 수 있게 하고, 또한 읽는 이의 의학적 배경과는 무관하게 이해될 수 있도록 통상적이지 않은 의료 용어는 해설을 붙여야만 한다. 글은 《사이언티픽 아메리칸》 수준을 목표로 서술되어야 한다. 다시 말해, 특별히 의료 영역에 정통한 사람이 아니라고 하더라도 지적 능력이 어느 정도 있는 독자라면 읽을 수 있어야 한다. 또한 명세서는 이 새로운 장비가 무엇인지, 어떻게 사용하는 것인지(라벨에 제시되는 도면을 통해 해설하는 것이 적절하다), 그리고 어떻게 만드는 것인지에 대해 상세히 서술해야만 한다. 이 부분은 이 도구를 사용하는 방법에 대한 몇 가지 서로 다른 접근 방식을 사용하여 서술할 수 있으나, 앞서 지적했듯, 발명가는 해당 영역에서 숙련된 사람이라면 그것을 어떻게 만들고 사용할 수 있는지에 대해 알 수 있을 정도로 충분히 세밀한 서술을 제공해야 할 뿐만 아니라, 이 발명의 최적 형식에 대해 서술해야 할 법적 의무도 있다.

두 번째: 도면

도면이란 내용 전달을 위한 삽화를 의미하고, 대개의 경우 발명품의 구조를 전달하고 그 부품이 어떻게 함께 작동하는지 보이기 위해 일련의 지시 번호로 그 핵심 특징을 제시하는 형식을 가진다. 의료 제품 특허에서 장비가 어떻게 그것이 적용될 신체 기관이나 시스템과 상호작용하는지를 보여주는 해부학적 도해가 들어가면 많은 경우 가치가 있을 것이다. 특허 번호가 많은 경우 발명가가 제시한 스케치를 기반으로 상당히 복잡한 도면을 그리기 위해 일러스트레이터를 고용하기도 한다.[15] 그림 4.1.5(a)는 간단한 특허 도면을 보여주며, (b)는 궁극적으로 발명을 통해 진보시킬 상업적 장비의 사진이다.

세 번째: 특허범위청구

특허범위청구는 기술적으로 명세서의 일부분이지만, 특허문서의 마지막 부분에서 여러 사항들을 번호를 매겨 보여주는 부분이기도 하다. 특허범위청구는 발명이 무엇인지를 서술해 놓은 선언이며, 발명이 법률적으로 강제력을 가지게 만들 수 있는 부분이다. 때문에, 이 부분은 특허의 실질적인 "위력"이 담긴 부분이다. 출원된 특허의 등록 과정 동안, 바로 이 특허범위청구가 선행 기술과 비교되며, 이것을 기준으로 제출된 특허 자격이 있는지 여부가 결정된다. 특허권의 교부(issuance)에서, 특허범위청구는 제3자 침해조항(Third-party Infringement) – 라이선스 없이는 문제의 장비를 제조, 사용, 판매, 수출하는 행위를 불법적이게 만드는 것을 통해, 다른 기술이 쟁점 특허가 포괄하는 특징을 사용하는 것을 규제하는 조항 – 이 위배되었는지를 결정하는 기반을 제공한다. 바로 이런 의미에서, 특허범위청구는 부동산에서의 권리 증서와 유사하다. 권리 증서는 누가 이 경계선 안의 주인인지에 대해 특별히 기술하고 있다. 정확히 말해, 특허범위청구는 어떤 발명이나 발견이 정확히 어떻게 선행 기술과 다른지 명확히 설명하는 부분이다. 특허범위청구를 쓰는 일은 지적재산권 변호사의 조력을 요청해야만 하는 난해하고 전문적인 과업이다. 하지만, 지적재산권 전문가와 함께 작업한다고 하더라도, 발명가는 청구가 이루어지는 기술에 대해 기본적으로 좀 더 잘 알고 있으므로, 서류가 효과적으로 이해될 수 있도록 변호사의 작업을 도울 필요가 있다.

미국의 실용 특허는 두 가지 유형의 항목을 포함할 수 있다. *독립항*(independent claims)은 이름이 말하듯 그 자체로 권리 범위를 청구하는 항목이며, *종속항*(dependent claims)은 하나 또는 그 이상의 독립항과 관련해 권리 범위를 청구하는 한편, 일반적으로 특정한 실시예(embodiment)에 관해 언급하는 항목이다(대개의 경우 이들은 발명을 실행할 때 있어 부가적인 요소 또는 단계에 대해 진술한다).[16] 종속항은 독립항을 명료하게 만들기 위해 사용되며, 따라서 각각의 종속항은 그것이 종속된 독립항에 비해 더 좁은 초점을 맞추고 있다. 독립항은 대개 경쟁자들이 기본 설계의 특정 부분을 수정하여 특허범위청구를 침해하는 상황을 방지하기 위해 적용 범위가 넓은 용어로 서술된다. 하지만, 적용 범위가 넓은 용어를 사용할 경우, 그 용어가 포괄하는 범위 자체에 대한 질문이 제기될 수 있다.

(a)

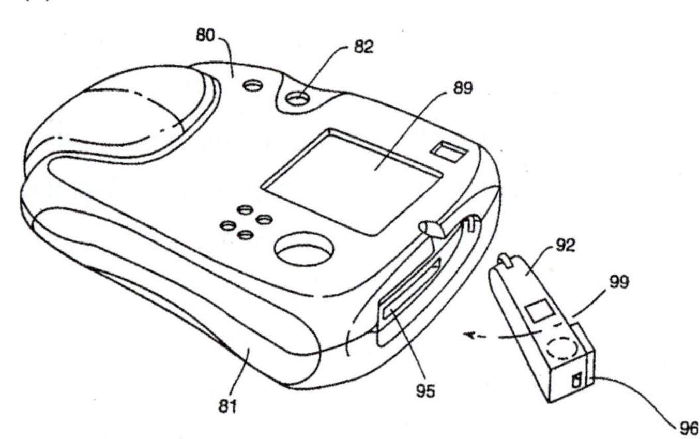

(b)

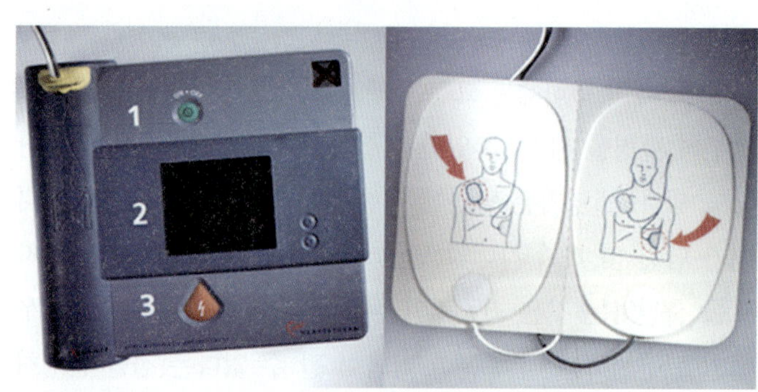

그림 4.1.5
체외 심장 제세동기에 대한 특허에 포함된 도면, 그리고 궁극적으로 제조하고 판매할 상업 제품의 사진(Philips Intellectual Property & Standards의 허가를 받아 재인쇄)

예를 들어, "다리들의 집합"을 포함하는 특허 출원 서류에서 "기반"이라는 용어에 대해 의문이 제기될 수 있을 경우, 그 구절에 대한 종속항, 예를 들어 "기반이 다리들의 집합으로 이뤄져 있다고 이야기되는 곳에서," 최소한 몇 가지 변형을 가하면 명확해질 수 있다.[17] 독립항이 발명에 대해 폭넓게 기술하는 반면, 각각의 종속항은 독립항에서 포착된 실시 예 또는 발명이 지닌 특별한 측면 또는 변이에 대해 기술한다(흔히, 중요한 독립항에 붙는 부속 조항의 역할을 하는 종속항이 많이 있다). 전략적으로 말해, 종속항은 독립항이 출원 이후 발견된 몇몇 선행 기술에 의해 효력을 상실할 경우 안전장치(safety margin)를 제공한다(종속항이 독립항과 결합된 경우, 종속항은 좀 더 세부적이고 많은 경우에 효력을 보존할 수 있도록 작성된다). 그림 4.1.6은 어떻게 독립항과 종속항이 혈관 내 스텐트에 대한 팔마즈(palmaz) 사의 고전적인 특허에서 함께 작용하는지를 보여준다.

특허범위청구에 대해 살펴볼 수 있는 또 다른 방법으로 그 항목이 포괄하는 것을 기반으로 범주화하는 기법이 있다. 제품 특허범위청구 또는 기구 특허범위청구는 물질, 시스템, 장치와 같은 물리적 실체를 포괄한다. 반면, 방법 특허범위청구는 사용이나 제조의 과정 또는 방법과 같은 활동 – 예를 들어, 의료 장비를 몸에 설치하거나 사용하는 방법 – 을 포괄한다. 수술이나 진단 절차를 포함하는 방법 특허범위청구는 미국을 뺀 대부분의 국가에서는 허용되지 않는다(국제 특허에 대해서는 아래에서 살펴보라).

특허의 본문을 구성하는 주요 요소에 더해, *표지* 역시 조사에 있어 매우 유용한 정보를 포함하고 있다(그림 4.1.7).

검토해야 할 핵심 정보는 다음과 같다.

- **특허 번호** – 미국 특허청이 할당한다.
- **출원일** – 발명가가 출원 서류를 제출한 날이며, 20년간 이어지는 유효기간의 시작일이다.
- **교부일** – 특허가 공식적으로 수여된 날이다.
- **양수자** – 특허에 대한 권리를 가지는 법적 실체이며, 대개 회사이다.
- **참고 문헌** – 발명가나 심사관이 인용한, 발명을 위해 참고된 특허와 문헌이다. 이는 쟁점 특허와 연관된 모든 특허나 문헌이 담긴 완전한 목록이 아니라 특허 조사 과정 동안 밝혀낸 문헌의 목록이며, 특별히 특허 내에서 한 번 이상 인용된 목록이라는 점을 지적할 만하다.
- **초록** – 발명에 대한 간략한 기술이다.
- **분류** – 특허청이 이 발명에 대해 할당한 분류 항목이다.

실용 특허를 준비하기

실용 특허는 의료 기술 산업에서 지적재산권의 형태를 띤 "노역장"이다. 발명가가 실용 특허를 잘 이해하는 일은 그 자체로 중요한 일이다. 실용적 목적에서 특허의 초고 작성은 거의 언제나 전문 변호사나 변리사가 수행한다. 하지만, 발명가가 변호사나 변리사에게 명세서, 도면의 초고, 분석과 논평이 덧붙은 선행 기술 조사 결과와 같은 상세한 배경 자료를 제공한다면, 상당한 시간과 비용을 절약할 수 있다. 발명가가 장비를 만들어 내는 모든 대안적 방법에 대해 분명하게 기술해야 한다

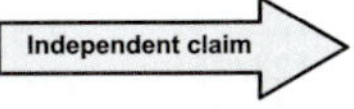

13. An expandable intraluminal vascular graft, comprising:

a tubular shaped member having first and second ends and a wall surface disposed between the first and second ends, the wall surface being formed by a plurality of intersecting elongate members,at least some of the elongate members intersecting with one another intermediate the first and second ends of the tubular shaped member;

the tubular-shaped member having a first diameter which permits intraluminal delivery of the tubular-shaped member into a body passageway having a lumen; and the tubular-shaped member having a second, expanded diameter, upon the application from the interior of the tubular-shaped member of a radially, outwardly extended force, which second diameter is variable and controlled by the amount of force applied to the tubular-shaped member, at least some of the elongate members being deformed by the radially, outwardly extended force, to retain the tubular shaped member with the second, expanded diameter, whereby the tubular-shaped member may be expanded to expand the body passageway and remain therein.

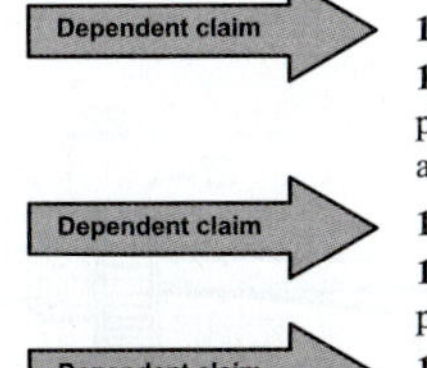

14. The expandable intraluminal vascular graft of claim **13**, wherein the plurality of elongate members are a plurality of wires, and the wires are fixedly secured to one another where the wires intersect with one another.

15. The expandable intraluminal vascular graft of claim **14**, wherein the plurality of elongate members are a plurality of tantalum wires.

16. The expandable intraluminal vascular graft of claim **13** wherein the plurality of elongate members are a plurality of thin bars which are fixedly secured to one another where the bars intersect with one another.

그림 4.1.6
특허청구범위의 독립항은 독립적으로 제시될 수 있으나, 종속항은 다른 특허청구범위 항목에 기반해야 한다(from US utility patent 4,733,665).

United States Patent [19]

Yock

[11] **Patent Number: 5,061,273**

[45] **Date of Patent: Oct. 29, 1991**

[54] **ANGIOPLASTY APPARATUS FACILITATING RAPID EXCHANGES**

[76] Inventor: **Paul G. Yock,** 1216 San Mateo Dr., Menlo Park, Calif. 94025

[21] Appl. No.: **548,200**

[22] Filed: **Jul. 5, 1990**

Related U.S. Application Data

[63] Continuation of Ser. No. 361,676, Jun. 1, 1989, abandoned, which is a continuation of Ser. No. 117,357, Oct. 27, 1987, abandoned, which is a continuation of Ser. No. 852,197, Apr. 15, 1986, abandoned.

[51] **Int. Cl.**[5] **A61M 25/00**
[52] **U.S. Cl.** **606/194;** 604/96
[58] **Field of Search** 604/96, 101, 102; 606/192, 193, 194

[56] **References Cited**

U.S. PATENT DOCUMENTS

2,043,083	6/1936	Wappler	128/303.11
2,687,131	8/1954	Raiche	128/349
2,883,986	4/1959	de Luca et al.	128/351
2,936,760	5/1960	Gants	128/349
3,731,962	5/1973	Goodyear	128/351
3,769,981	11/1973	McWhorter	128/348
3,882,852	5/1975	Sinnreich	128/4
4,195,637	4/1980	Gruntzig et al.	128/348.1 X
4,198,981	4/1980	Sinnreich	128/344
4,289,128	9/1981	Rusch	128/207
4,299,226	11/1981	Banka	128/344
4,367,747	1/1983	Witzel	128/344
4,468,224	8/1984	Enzmann et al.	604/247
4,545,390	10/1985	Leary	604/95
4,569,347	2/1986	Frisbie	128/344
4,610,662	9/1986	Weikl et al.	128/348.1 X
4,616,653	10/1986	Samson et al.	128/344
4,619,263	10/1986	Frisbie et al.	128/344
4,652,258	3/1987	Drach	604/53

FOREIGN PATENT DOCUMENTS

591963 4/1925 France .
627828 10/1978 U.S.S.R. .

OTHER PUBLICATIONS

A New PTCA System with Improved Steerability, Contrast Medium Application and Exchangeable Intracoronary Catheters, Tassilo Bonzel, PTCA Proc. Abstract, Course 3, Center for Cardiology, University Hospital, Geneva, Switzerland, Mar. 24–26, 1986.
Nordenstrom, ACTA Radiology, vol. 57, Nov. 1962, pp. 411–416.
Nordenstrom, Radiology, vol. 85, pp. 256–259 (1965).
Diseases of the Nose and Throat, at pp. 776–794–797 (S. Thomson) (6th Ed., 1955).
Achalasia of the Esophagus, at pp. 122–147 (F. Ellis, Jr. et al.) (1969) (vol. IX in the Series Major Problems in Clinical Surgery, J. Dunphy, M.D., Ed.)

Primary Examiner—Michael H. Thaler
Attorney, Agent, or Firm—Fulwider, Patton, Lee & Utecht

[57] **ABSTRACT**

Apparatus for introduction into the vessel of a patient comprising a guiding catheter adapted to be inserted into the vessel of the patient and a device adapted to be inserted into the guiding catheter. The device includes a flexible elongate member and a sleeve carried by the flexible elongate member near the distal extremity thereof and extending from a region near the distal extremity to a region spaced from the distal extremity of the flexible elongate element. The device also includes a guide wire adapted to extend through the sleeve so that the guide wire extends rearwardly of the sleeve extending alongside of and exteriorally of the flexible elongate element into a region near the proximal extremity of the flexible elongate element.

6 Claims, 3 Drawing Sheets

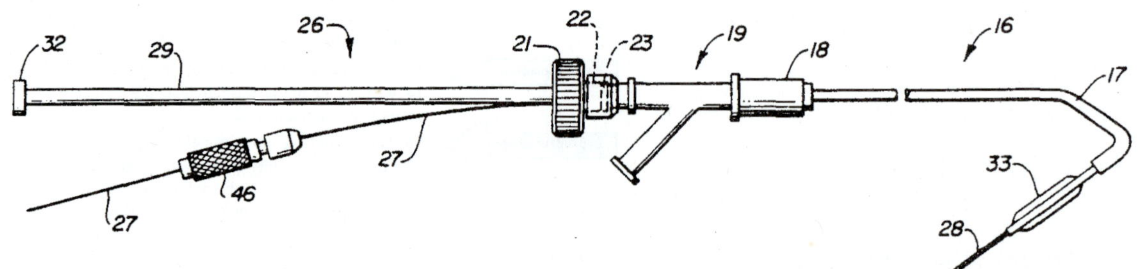

그림 4.1.7
중요한 정보에 대한 요약을 포함하고 있는, 특허의 첫 페이지(from US utility patent 5,061,273; the complete patent is shown in online Appendix 4.1.2)

는 점은 강조될 가치가 있으며, 또한 발명가들이 생각해 낸 이들 대안적 장비가 어떻게 작동할 수 있는지에 대해서도 기술할 수 있어야 한다. 핵심은 동일한 일반 개념을 다른 종류의 실시예나 기술 버전을 통해 추구하려 할지도 모를 경쟁자를 방어할 수 있도록 지적재산권 지위가 가능한 한 폭넓게 될 수 있도록 특허범위청구를 구성해야 한다는 점이다.

또한 발명가들은 변호사나 변리사에게 출원에 앞서 제출 서류의 상세한 검토와 편집을 받고자 할 수 있다. 대부분의 발명가들에게 이 과정에서 가장 낯설고 어려운 부분은 특허범위청구를 이해하는 데 있다. 특허범위청구를 검토할 때, 발명가는 이 발명의 상업적으로 유관한 모든 측면이 주장 속에 포함되도록 해야 하며, 그 범위가 너무 제한되거나 좁아서는 안 된다. 이는 발명의 물리적 형태, 재료, 사용 방법 또한 포함해야만 한다. 발명가들은 때때로 자신의 발명이 가진 임상적 중요성이나 중요한 기능성에 대해서는 적절한 관심을 기울이지 않은 채 장치의 구조적 요소만을 강조한다. 예를 들어, 발명가가 "이 장비는 X, Y, Z … 등으로 구성되어 있다"라는 식으로 특허범위청구를 제출하는 경우는 드문 일이 아니다. 하지만, 좀 더 가치 있고 전략적인 접근 방법은 그 장비가 가질 수 있는 임상적 이점(예를 들어 빠르거나, 사용이 용이하거나, 가격이 저렴하거나 등)을 염두에 두는 방법이고, 또한 특허 내에 이 장비가 가진 특유의 이점을 밝힐 수 있는 기능성을 반영하는 방법이다. 예를 들어, 여러 요소들을 개별적으로 그리고 순서대로 작동시키지 않고 동시에 작동시킬 수 있어 수술 시간을 더 빠르게 할 수 있는 장비에 대해서는, 이런 식으로 서술하는 것이다. "이 장비는 X 절차를 수행하는 데 사용되는 장비이며, 각각의 요소가 동시에 작동할 수 있다." 마찬가지로, 한 손만 사용해도 되기 때문에 외과의가 사용하기에 더 쉬울 수 있는 장비에 대해서는 이렇게 서술하는 것이 좋다. "X 절차에서 사용되는 이 장비는, 한 손만으로도 충분히 잘 다룰 수 있다." 이런 방식으로 청구주장의 초고를 작성하면, 경쟁자의 교묘한 술수로부터 발명을 지킬 수 있을 뿐만 아니라 지속적인 제품 개발 과정 속에서 장비가 진화하는 과정으로부터도 제작자를 보호할 수 있다.

청구주장을 준비하고 나면, 발명자의 경쟁자들이 벌이는 지적재산권 활동에 대해 이해하려고 노력하는 것이 중요하다. 출간된 정보, 교부된 특허를 활발하게 검토하고, 이들 정보를 발명가가 제출했고 또한 원하는 특허범위청구에 비추어 평가해 보라. 진행 중인 특허 전략을 어떻게 하면 발전시킬 수 있을 것인지에 대한 추가적인 정보는 5.1 지적재산권 전략을 살펴보라.

미국에서의 실용 특허 출원과 검토

특허 출원 서류는 편지나 이메일을 통해 출원할 수 있다. 미국 특허청은 어마어마한 물량의 특허 출원 서류를 다루고 있으며(2012년에만 실용 특허 576,763건이 접수되었다[18]), 대략 60만 건 이상으로 추정되는 누적된 잔여 출원을 줄이기 위해 분투하고 있다.[19] 몇몇 새로운 프로그램이 이들 잔여 출원을 다루기 위해 시험 중이며, 그 가운데는 "트랙 원"이라는 프로그램도 있다. 이 프로그램은 추가 비용(2014년도 기준 4,000달러[20])을 받고 심사 시간표에서 우선순위를 바꿔 준다. 기본적으로, 이러한 노선을 따르는 데는 몇 가지 전략적인 제한이 있지만(5.1에서 좀 더 자세히 서술할 것이다), 트랙 원 옵션은 대기열의 앞줄로 옮겨가는 것을 허용하며 출원 후 1년 내로 최종 조치를 받아볼 수 있도록 한다. 통상적인 출원의 경우, 어디서든 특허 심사관이 특허 출원 서류를 처음 살펴보는 데에는 약 18개월에서 3년이 걸린다.

실용 특허 출원 서류가 일단 제출되고 나면, 이 서류는 개봉되고, 분류되며, 일련번호를 부여받고, 스캔된 다음, 초기심사국(Office of Initial Patent Examination, OIPE)에서 점검된다. 미 특허청의 도면 조사관(Drawing Inspectors) 역시 지침에 따라 명확성과 적합성을 통해 도면의 질을 검토한다. 검토가 완료된(다시 말해 미국 특허청의 제출 지침을 만족한) 출원 서류는 "기술 센터", 즉 발명의 유형을 파악하는 임무를 담당하고 있는 미국 특허청의 단위 조직으로 이동한다. 의료 기술의 경우, 주요 기술 센터는 3700(기계 공학, 제조업 및 제품)이며 여기에는 37D(의료 및 외과 도구, 치료 장비, 수술 및 외과적 물품), 37E(의료 도구, 진단 장비, 치료 장비), 37F(신체 치료, 운동요법, 운동)이 포함된다. 만일 출원 서류가 정보를 누락했거나 다른 면에서 불완전하다면, 초기심사국은 출원자에게 이를 알린 다음 누락된 정보를 제출할 기한을 정한다. 시간 내에 누락되었거나 부정확한 정보를 제출하지 못하면 출원은 무효가 된다.

기술 센터 내에서 실용 특허 출원 서류는 해당 영역의 전문가로 간주되는 특허 심사관에게 배당된다. 이 사람은 앞에서 제시한 요인에 비추어 볼 때 특허를 수여해도 좋은지를 결정하기 위해 기존 특허와 가용한 기술 문헌을 조사한다.

실용 출원 서류는 가장 이른 우선일로부터 18개월 뒤에 대중에게 공표된다. 대개 "가장 이른 우선일"이란 비-예비 특허 출원 서류가 기반하고 있는 예비 특허 출원 서류의 출원일이다. 발명가는 "비공개 청구(Nonpublication Request)", 즉 미국 통계청이 자신의 발명을 출간하지 말라는 요구를 담은 방식으로 출원할 수 있다. 하지만 비공개 청구를 위해서는 발명가가 문제의 발명에 대해 어떠한 외국에서도 특허를 받지 않은 상태여야만 한다.

철저한 검사를 수행한 다음, 미국 특허청은 출원자에게 최초 **거절통지**(Office Action, OA)를 한다. 특허는 첫 번째 거절통지에서 대부분 자유롭지 못하다. 그 대신, 심사자로부터 온 편지는 출원에 대한 심사자의 반대 사유를 담고 있다(즉, 심사자는 새로운 개념을 명백하거나 신규성이 없게 만들 선행 기술을 제시할 것이다. 또한 거부해야 한다는 주장의 목록을 보여줄 것이고, 명세서와 도면에 있는 어떤 종류의 문제든 끄집어낼 것이다). 출원자는 거절통지에 대해 서면으로 세 달 내에 응답해야만 한다(만일 연장료를 지불하면 추가 기간 세 달을 더 받을 수 있다). 답변에서 출원자는 거절 통지에 적혀 있는 거부와 반대 의견에 대항해 논증해야 하며, 보정(amendment)이라고 부르는 수정 요구에 대해서도 응답해야 한다. 여기서 보정이란, 심사관의 분석에 비추어 볼 때 받아들일 수 있는 방식으로 특허범위청구를 다시 작성하라는 요구이다. 출원자에게는 출원에 대해 논의하기 위해 심사관과 만나 의견을 교환할 수 있는 옵션이 있으며, 이는 심사관의 우려를 이해하고 받아들이는 매우 생산적이고 효율적인 방법일 수 있다. 거절 통지와 보정 과정은 많은 경우 특허 출원이 특허허여상태(Condition for Allowance)가 될 때까지, 아니면 최종적으로 거부될 때까지 여러 차례 반복되는 경우가 흔하다. 균형을 위해서는, 특허 출원 절차에는 특허가 허여되거나 거부되는 지점이 두 군데 있다고 말해야 할 것이다. 만일 **등록허여통지**(Notice of Allowance)가 주어진다면, 미국 특허청은 필요한 등록 수수료를 받고 특허를 교부할 것이다. 최초의 출원에서 허여에 이르는 전체 과정은 대개의 경우 2년에서 4년 정도 소요된다. 자신이 원하는 특허를 얻지 못한 출원자에게는 미국 특허청 특허법원을 통한 소송 과정이 있다. 특허 출원 서류를 재출원할 수도 있다(물론 지속적인 심사를 거쳐야만 한다). 특허 법원에서의 판결은 미 연방 항소법원에 항소할 수 있다.

교부된 실용 특허에 대해 혼동이 일어나고 있는 한 가지 특징은 우선일, 즉 어떤 특허에 대해 선행 기술이 있다는 공격에 맞서 판결을 내리는 데 있다. 국제 출원의 경우에는, 우선일 이전에 출간이 이뤄진 어떠한 선행 기술이라도 특허를 무효화하는 것을 돕는 데 쓰일 수 있다. 미국에서 발명가가 우선일로부터 1년 이내의 과거 시점에 저술한 비-특허 간행물은 특허 출원을 무효화하지 않는다. 예를 들어, 만일 예비 특허가 2015년 1월 1일에 출원되었다면, 발명가가 우선년(즉 2014년 1월 1일 이후)에 출간한 간행물들은 선행 기술로 간주되지 않는다. 실무에서, 이는 1년 내에 관련 논문을 발표한 발명가는 미국에서는 특허권을 방어할 수 있다는 의미이다.

만일 어떤 발명가가 예비 특허를 출원하고 실용 특허를 뒤따라 출원했다면, 예비 특허를 출원한 날짜가 우선일이다. 만일 첫 출원을 실용 특허로 했다면, 실용 특허 출원일이 우선일이 된다.

실용 특허와 관련된 비용은 여러 층위로 되어 있다. 5.1절에서 좀 더 상세히 살펴보겠지만, 변호사 비용은 일반적으로 그리 복잡하지 않은 의공학 실용 특허 출원의 경우 대략 1만 달러에서 2만 달러 정도에서 형성된다. 미국 특허청에 제출해야 하는 기본적인 출원 수수료는 특허에 포함된 특허범위청구의 수와 다른 여러 요소에 의존하지만, 대략 1,600달러 정도이다.[21] 특허가 교부된 다음에도, 추가적인 세 차례의 특허청 등록 수수료가 있으며, 이는 3년에서 3년 반, 7년에서 7년 반, 11년에서 11년 반 사이에 납부하면 된다. 특허 교부와 유지에 드는 수수료는 총 13,000달러 정도이다.[22]

국제 특허 출원

미국 특허청이 제공하는 보호는 미국 국경에서 멈춘다. 미국 바깥에서 특허의 보호를 받기 위해서는, 발명가는 반드시 특허를 보호받기를 원하는 각각의 국가에 특허를 출원해야만 한다. 파리 협약이라는 조약 하에 세계 대부분의 국가(대만은 제외된다)는 특허 출원인에게 자신들의 특허청에 특허를 출원하

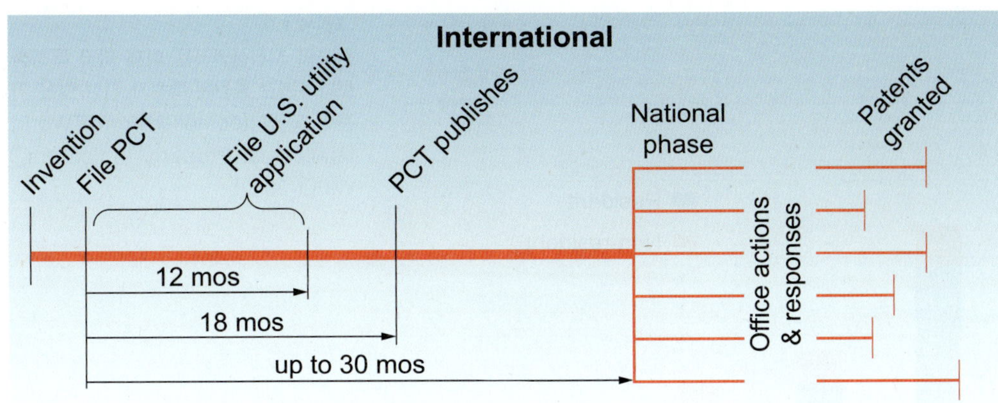

그림 4.1.8
국제 특허 출원과 관련된, 전형적인 시간적 일정

는 데 1년의 시간을 주며, 미국의 우선일을 외국에 출원이 이뤄진 효력일(effective date)로서 준용한다. 게다가, 국제 특허협력조약(International Patent Cooperation Treaty, PCT)을 통해 발명가는 수많은 조약 가입국을 포괄하는 통합 특허를 출원할 수 있다. 2013년 현재, 특허협력조약에는 148개국이 참여하며, 여기에는 주요 국가들이 거의 모두 포함된다(이라크, 파키스탄, 대만 등은 예외).[23] 특허협력조약은 유엔 산하의 특별 기구인 세계지식재산권기구(World Intellectual Property Organization, WIPO)의 후원하에 관리되고 있다. 이 기구는 특허협력조약뿐만 아니라 20개 이상의 다른 국제 특허 조약 역시 관리한다. 파리 협약의 효과와 마찬가지로, 국제 발명가들은 특허협력조약에 따라 국제 특허를 출원한 뒤 미국에서 실용특허 출원을 할 때까지 1년의 시간을 더 얻는다(이 시간은 예비 특허를 출원한 미국 발명가들에게 주어지는 것과 같다. 이는 미국 실용 특허 출원과 외국 및 특허협력조약에 의한 특허 출원을 동시에, 또는 임시 특허 출원일로부터 1년이 지나기 전에 하는 경우가 흔하다는 뜻이다).

몇몇 특허 출원자들은 먼저 특허협력조약에 의해 특허를 출원하며, 특허협력조약의 국내 단계를 통해 미국 특허로 진입한다(다음에서 상세히 논의한다). 만일 특허협력조약이 첫 번째 특허 출원 기구라면, 국제 특허 출원일은 미국에서의 우선일보다 빠를 수 있다.

특허협력조약하에서 국제 특허출원(이를 특허협력조약 출원 또는 국제 출원이라고 한다)을 통한 하나의 출원은 단일한 언어로 수리관청(Receiving Office)에 제출되어야 한다(수리관청은 대개 특허협력조약 가맹국의 특허청이다). 국제조사기관(International Searching Authority, ISA)은 포괄적인 국제 특허 조사를 수행하고, 출원된 발명의 특허 자격에 대한 견해서(written opinion)을 송부하는 역할을 한다.[24] 이 견해서는 구속력이 없는 문서라는 점은 중요하다. 특허협력조약 과정의 결과 산출되는 "국제 특허"라는 집단은 없다. 특허는 반드시 포괄하고자 하는 각국의 특허 기관에 의해 개별적으로 검토되고 수여되어야 한다. 특허협력조약이 제공하는 것은 출원 과정을 효과적이고 상대적으로 경제적인 방법으로 시작하는 길을 제공하는 한편(대개의 경우 수천 달러에 달한다), 전문적 국제기관으로부터 특허 자격에 대해 사전에 의견을 받아볼 수 있는 기회이다. 어떤 경우에는, 출원자는 국제조사기관의 견해서를 대신해 국제 예비심사기관(International Preliminary Examining Authority)의 예비 심사를 추가적으로 요청할 수 있다.

국가별로 특허 범위를 넓혀 나가는 과정을 국내 단계(National Phase/Stage)라고 부른다. 선택된 국가의 수에 따라, 이는 수십만 달러를 소모해야 하는 값비싼 과정이 될 수도 있다. 출원할 국가를 선택하는 몇 가지 전략은 5.1 지적재산권 전략에서 다룰 것이다. 특허협력조약은 발명가가 조약 가맹국에 대해 우선일로부터 30개월 뒤까지 국내 단계를 유예하는 것을 허용한다. 이는 재무적 약정에 앞서 발명을 좀 더 발전시키고 검사해 볼 수 있는 시간이다(그림 4.1.8).

국제 출원은 세계지식재산권기구의 국제사무국(International Bureau)에서 출원일로부터 18개월 후에 출간된다. 세계지식재산권기구의 특허 데이터베이스는 특허에 관한 정보를 조사할 때, 특히 미국 바깥의 정보를 조사할 때 유용하다.

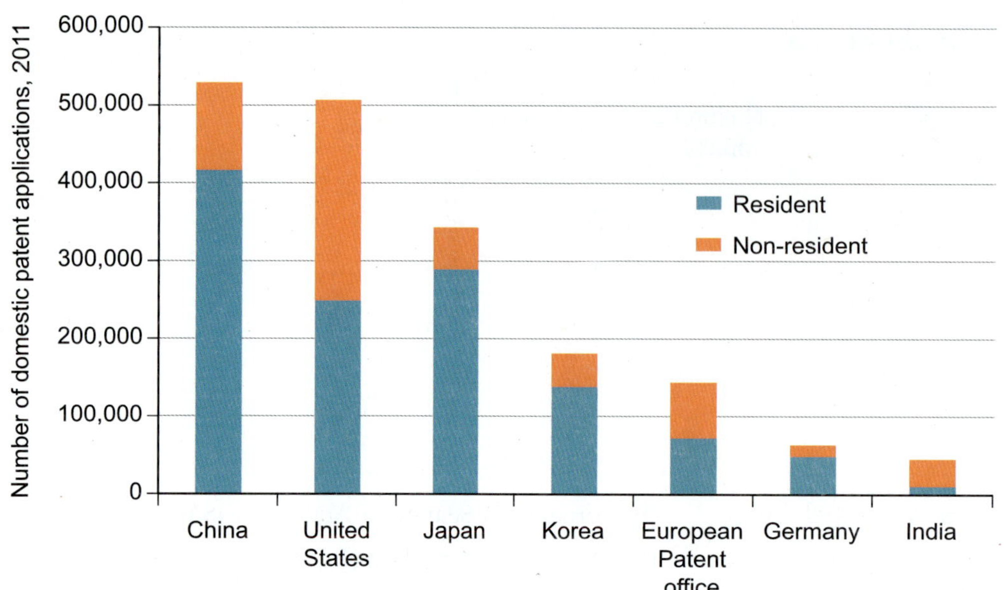

그림 4.1.9
중국의 지식산권국은 이제 미국 특허청보다 1년간 출원된 특허가 가장 많은 기관이 되었다(compiled from "World Intellectual Property Indicators," WIPO, 2012).

비록 국내 단계가 일반적으로는 나라별로 이뤄져야만 하지만, 유럽 특허청(European Patent Office, EPO)은 중요한 예외이다.[25] 유럽 특허청은 개인 발명가와 회사에게 특허협력조약 지침과 부합하는 단일 절차로 37개 유럽 국가를 포괄할 수 있는 통일된 출원 절차를 제공한다. 하지만 유럽 특허는 발명가가 권리를 설정하길 원하는 개별 유럽 국가마다 승인을 받아야 하며, 개별 국가의 언어로 번역해야 한다. 물론 이들 절차는 추가 비용을 의미하는 것이다. 그럼에도 유럽 특허를 받는 것은 발명가에게 상당한 이점이 있는 일이다. 이는 유럽 특허가 교부될 때까지 유럽 개별국의 국내 단계를 유예할 수 있고, 수리된 특허범위청구를 좀 더 명확하게 할 수도 있기 때문이다. 유럽연합 회원국 사이에서 유럽 통합 특허법원을 설립하자는 움직임도 있다. 이 법원은 유럽 특허의 승인(validity) 판정과 위반 문제를 다루는 중심 기관으로 만들어질 것이다.[26]

어느 나라에서 특허를 적용시킬 것 인지와는 무관하게, 이노베이터는 몇 가지 중요한 사항을 염두에 두어야 한다. 특허협력조약에 출원한 미국 발명가를 위해 미국 특허청은 조사 기관을 운영하고 있으며 특허 자격에 대한 의견도 제시한다(일부 발명가들은 비용을 절약하고 다른 종류의 선행 기술을 밝혀내기 위해, 미국 특허청 심사관에게 조사를 의뢰하기보다는 유럽 특허청, 러시아 특허청, 한국 특허청에 의뢰하기도 한다). 앞서 지적했듯이, 특허협력조약하에서 발명가는 미국에서 특허를 최초 출원한 날로부터 1년 뒤까지 다른 나라에서 특허를 출원하는 시기를 유예할 수 있으며, 여전히 미국 출원일을 미국 바깥의 출원에서도 유효한 출원일로 사용할 수 있다.[27]

인도와 중국에서의 지적재산권과 특허 출원

상대적으로 거대한 규모와 경제 성장의 중요성 덕분에 인도와 중국은 국제 특허에서 특별한 관심의 대상이 되었다. 두 나라는 역사적으로 지적재산권과 특허권 집행이 미약했으며, 이는 의공학을 포함하는 많은 공학적 영역에서 외국의 관심을 가로막는 장벽으로 작용했다. 두 나라의 상황이 나아졌다고는 하지만, 이들은 여전히 미국 무역대표부(US Trade Representative)의 우선감시대상국(Watch List of the Office)에 등록되어 있다(총 8개국).[28] 이 목록에 등재된 국가의 행동은 지적재산권 보호와 발명가에게 제공되는 집행(enforcement)의 권리 측면에서 면밀하게 검토된다.[29]

인도에서 특허는 인도 특허청에 의해 관리된다. 유별난 역사를 거친 이후, 지적재산권의 집행 상태는 유동적인 상태에 있다. 인도 국회가 2005년 인도 특허법을 통과시키기 전에는 인도는 제품 특허는 시행했으나 과정 특허는 시행하지 않았다. 이에 따라, 회사들은 법률적으로 인도 시장에서 역설계(reverse-engineered) 제품을 팔 수 있었다. 비록 이런 현상은 인도에서 복제약 시장의 거대한 성장을 가져왔지만, 지속되고 있는 문제인 지적재산권 보호를 느슨하게 만들었다.

2005년 인도 특허법은 실용 특허, 저작권, 상표권을 보호받는 지적재산권으로 규정했으며, 이는 다른 세계무역기구 회원국과 유사한 것이다.[30] 인도는 우선일로부터 20년 뒤까지 지속되는 최초 출원 규칙을 따른다. 이노베이터는 인도에서의 특허 적용을 위해 두 가지 기본적인 경로 가운데 하나를 택할 수 있다. 첫 번째 경로는 직접 인도 특허청에 출원 서류를 출원하는 것이다. 인도 특허청 사무소는 델리, 콜카타, 뭄바이, 첸나이에 위치하며, 발명가는 반드시 이들 지역에 기반을 둔 관련 사무소에 서류를 출원해야 한다. 출원을 준비하고 수행한 후, 발명가는 48개월 내로 특허청에게 출원을 처리하기 위한 심사를 요청할 수 있다. 통상, 최초 심사 보고서는 발행되며, 발명가는 특허 심사관에 의해 제기된 어떠한 반대에 대해서도 소명할 기회를 가진다. 이들은 앞서 고지된 제한 기간과 함께 여러 요구사항들에 반드시 응답해야 하며, 그렇지 않으면 출원은 무효가 된다. 만일 모든 특허 자격 조건을 만족했다면, 특허가 수여되고 특허청 관보에 수록된다.[31] 인도 특허청으로부터 특허를 받는데까지는 대략 3년에서 4년의 시간이 걸릴 수 있다.

두 번째 접근 방법은 특허협력조약에 출원하는 것인데, 이는 인도가 특허협력조약 가맹국이기 때문이다. 이 접근 방법은 우선일 또는 특허 출원일이 다른 국가에서 인정될 수 있다는 장점이 있다.[32]

최근의 발전에도 불구하고, 인도는 여전히 특허법 집행의 예측 불가능성, 특허청의 누적 잔여출원 증가, 느린 법적 처리 과정, 특허 정보에 대한 도용과 같은 여러 문제 때문에 비판받고 있다.[33] 제약 부분에서의 특허 보호는 특히 논쟁적인 주제이며, 특히 인도 대법원이 종양학 약물에 대한 몇몇 주목받는(high-profile) 특허를 거부하면서 논쟁은 극에 달했다.[34] 하지만, 인도의 제약 사업은 인도 보건 의료 시장에서 점점 더 지적재산권을 창출하고 보호하는 것을 합법적인 수입원으로 삼고 있다. 인도의 의료 기술 산업은 제약 산업보다는 덜 발전했으며, 따라서 특허 관련 사업에서 지배적인 움직임을 아직 찾을 수는 없다.

중국은 PCT 가맹국 중 하나로 중국지식산권국(中华人民共和国国家知识产权局, SIPO)이 특허를 관리하고 있다. 2011년, 중국지식산권국은 미국 특허청을 제치고 세계에서 가장 많은 특허가 출원되는 특허청이 되었다(그림 4.1.9).[35]

최초 출원 시스템을 사용해, 지식재산권국은 세 가지 유형의 특허를 교부한다. 발명 특허, 실용신안, 디자인 특허가 바로 그것이다. 발명 특허는 미국에서 실용 특허에 주어지는 보호와 유사한 형식의 특허다. 이 특허는 "제품, 과정, 또는 향상과 관련된 어떠한 새로운 기술적 해결책이든" 20년간 보호한다.[36] 통상적으로 발명 특허는 교부받을 때까지 3년에서 5년의 시간이 소요된다. 실용신안은 "실용적 용법과 부합하는 제품의 형태, 구조, 또는 그 조합과 관련된 어떠한 새로운 기술적 해결책"을 보호하지만,[37] 방법이나 과정은 포함할 수 없다. 실용신안을 받는 것은 발명 특허를 받는 것 보다 좀 더 쉽고 빠른데(5개월에서 10개월 정도 소요), 이는 실용신안이 실질적으로 심사를 받지 않기 때문이다. 실용신안은 출원일로부터 10년간 유효하다.[38] 중국의 디자인 특허는 미국에서의 디자인 특허와 유사하다. 이는 "심미적인 감각을 주며 산업적으로 응용하기 알맞은 형태, 패턴 또는 그 조합 또는 형태나 패턴과 색상의 조합에 대한 어떠한 새로운 디자인"을[39] 보호하기 때문이다. 디자인 특허는 중국에서의 실용신안처럼 실질적으로 심사를 받지 않으며(교부 받는데 대략 4개월에서 9개월이 소요된다.) 그 기간은 출원일로부터 10년이다. 비록 중국에서 사업을 벌이는 외국 회사들이 발명 특허를 압도적으로 많이 출원하지만, 이들에게도 중국 법률 하에서 가용한 세 종류의 특허가 제공하는 이득을 좀 더 많이 누려야 한다는 조언이 늘어나고 있다.[40] 반면, 중국 회사들과 중국 개인들은 대부분의 실용신안과 디자인 특허를 출원하고 있다.

인도의 상황과 동일하게, 중국도 2001년 세계무역기구에 가입 이후 지적재산권을 강화하는 방향으로 나아가고 있다. 중국은 성공적으로 법률적 틀을 향상시켰고 지적재산권법과 규제를 보강했지만, 이러한 새로운 규제를 집행하는 데 있어 부주의하며, 외국 법인과 개인의 특허 출원에 적용되는 요구 조건이 지나치게 까다로운 데다가, 심사되지 않은 실용신안과 디자인 특허는 막대한 양의 저품질 특허를 양산해 왔다는 비판이 제기되고 있다. 결과적으로 이러한 쟁점은 중요한 발명 특허를 받기 어렵게 만들고, 지적재산권의 집행 또한 어렵게 만든다. 이런 환경에서는 비 발명가가 본래 자신의 것이 아닌 기술에 대해 특허를 확보하기가 좀 더 쉬울 수도 있다.[41] 특히, 실용신안과 디자인 특허는 완전한 조사 과정 없이 수여되기 때문에, 실제로 문제의 기술이나 과정을 개발하지 않은 사람들에게 특허가 수여되는 불공평한 결과를 불러오는 제도로 이해할 수 있다. 이는 문제의 혁신이 자신의 것임을 보임으로써 발명가나 회사가 특허권을 지키려 할 때 입증의 부담이 발명가가 짊어져야 하는 제도이기 때문에 문제가 있다.[42] 게다가, 중국 정부는 특허 출원에 대해 재정적 보상이나 세금 감면 같은 인센티브를 제시하고 있으며, 이런 조치는 특허의 질보다는 양을 중시하는 방침이라는 비판을 받고 있다.[43]

최근 들어, 중국에서는 특허 소송이 더욱 잦아지는 경향이 나타나고 있다. 특허 소송은 이제 미국에서보다 중국에서 더 많이 벌어진다.[44] 다국적 기업에 의해, 중국 기업들이 다국적 기업의 중국 내 특허에 의해 포괄되는 외국 기술을 훔쳤다는 소송이 아주 많이 제기되고 있다. 하지만, 상대적으로 그 결과를 예측하기 어렵기 때문에, 몇몇 외국 기업은 중국 내에서 특허 소송을 제기하는 것을 꺼린다.[45] 외국 회사들은 특허 침해 행위에 대해 피고 자격으로 직접 방어해야 한다. 한 기사는 이렇게 말하고 있다. "외국 회사들은 중국 회사들이 파렴치하게 외국 기술을 중국 내에서 특허 출원하며, 중국에서 그 기술을 가지고 사업을 벌이려면 통행료를 내라고 요구합니다."[46] 이러한 사례는 법정에서 빠르게 번지고 있으며, 또한 외국인 피고들은 자신들이 중국인 원고에 비해 중요한 면에서 불리하다고 생각하고 있다. 이는 부분적으로 소송 절차에 얽힌 불확실성 때문이다.

세계 대부분의 지역에서는 지적재산권의 복잡한 맥락과 얽혀 돌아가는 영역과 관련된 중요한 문제들이 벌어지고 있다. 아래에서 살펴볼 코어밸브, 그리고 카테터 경유 대동맥 밸브 대체술 관련 기술이 한 가지 사례일 것이다.

현장에서 코어밸브(CoreValve)

경쟁 환경에서 지적재산권을 평가하기

최근 심장 치료 영역의 주된 기술적 발전 가운데 하나는 카테터 경유 대동맥 판막 대체술(Transcatheter Aortic Valve Replacement, TAVR) 또는 삽입술일 것이다. TAVR은 상대적으로 흔하고 치명적인 질환인 대동맥 협착증을 치료하기 위한 대안으로 개발된 기술이다. 대동맥 협착증은 퇴행성 질환이며, 대동맥 판막의 첨판이 점차 섬유화되고, 석회화되며, 경직되는 증상이다. 그 결과, 판막은 완전히 열리지 않게 되며, 환자의 심장에서 출발하여 대동맥, 그리고 신체의 나머지 부분을 향해 흘러가는 혈류를 방해한다. 대동맥 협착증은 생명을 위협하는 질병이며, 이는 심장을 약하게 만들어 궁극적으로는 심장의 기능 장애를 야기한다. 심장 기능의 최종적인 약화는 상대적으로 빠르게 일어난다. – 가슴 통증, 호흡 곤란, 어지러움 등을 포함할 수 있는 증상이 일단 일어나면, 치료 받지 못한 환자 가운데 절반은 2년 이내로 사망한다.

역사적으로, 대동맥 협착증은 개흉 수술을 견딜 수 있는 환자라면 외과적 판막 대체술과 심폐 우회술을 통해 치료해 왔다. 하지만 이런 증상을 겪는 인구 가운데 대다수는 개흉 수술을 견딜 수 없는 상태였다. 풍선 카테터를 사용해 좁아진 대동맥 판막을 넓혀주는 수술인 대동맥 풍선 판막성형술도 일부 환자에게 적용이 가능했으나 지속성이 있는 해결책이 되지는 못했다.

의사들은 수십 년간 최소 침습적 판막 대체술이라는 아이디어에 흥미를 기울여 왔다. 덴마크의 심장 전문의 Henning Rud Andersen은 판막 스텐트의 동물 실험을 처음으로 수행했다. 심혈관 중재의 Alain Cribier는 환자에 대한 첫 번째 카테터 경유 대동맥 판막 대체술을 프랑스에서 수행했다. 그리고 Cribier는 이스라엘에 퍼큐테이너스 밸브 테크놀로지(Percutaneous Valve Technologies)라는 스타트업 회사를 공동 창업해 실험 기술을 발전시키고 상업화했다.[47]

그 직후에, 다른 의사인 Jacques Seguin은 최소 침습적 해결책에 대한 작업을 파리 대학 심장 외과의 교수로 재직할 때 시작했다. 그는 자신의 글로 이렇게 설명하고 있다. "심장 판막 치료에 대한, 그리고 그와 같은 수술을 수행할 동안 제 아이디어의 초점은 제가 매일 해 왔던 것 – 기본적으로, 흉골을 열고, 심장을 절개한 후 판막을 갈아 끼우는 일 – 을 덜 침습적인 방법으로 수행할 수 있어야 한다는 것이었습니다. 이것이 제가 디자인 작업을, 그리고 동물 실험을 시작한 이유입니다. 결국, 저는 2001년 대학을 그만둔 다음, 카테터 기반 기술을 이용한 심장 판막 대체술을 가능하게 할 기술을 개발하겠다는 비전을 추구하기 위해 코어밸브(CoreValve)라는 회사를 설립했습니다."[48]

Cribier, Seguin, 그리고 다른 여러 사람들에 의해 발전된 기본 절차의 첫 단계는 병든 대동맥 판막을 풍선으로 넓혀서 새로운 판막을 위한 틈을 만드는 데 있다. 철사 스텐트에 부착된 인공 판막은 카테터에 의해 심장으로 유도된다. 적절한 위치를 잡았다면, 스텐트는 낡은 판막 조직이 열려 있도록 확장해 새로운 판막이 자리잡는 것을 돕는다. 때문에 새로운 대동맥 판막이 열리게 되고, 혈액을 뿜어내기 시작한다. 이 치료는 심장-폐기계(Heart-Lung Machine)를 사용하지 않고 이뤄지며, 또한 복장뼈 절개(개흉)를 필요로 하지도 않기 때문에, 표준적인 판막 대체술을 사용할 수 없는 환자들에게 적합하다고 볼 수 있었고, 또한 수술이 상당히 위험한 것으로 평가된 환자에게도 그랬다.

세귄의 경우 자신이 처음 '재조절 시스템'(그림 4.1.10)이라고 불렀던 1세대 버전을 발명하길 원했다. **첫 번째 인간** 이식이 성공하자, 그는 자신의 엔지니어링 팀을 확대했으며 해결책의 개발을 진지하게 추구하기로 판단했다. 그의 초기 실험처럼, Seguin은 프랑스의 투자 회사인 소피노바 파트너스(Sofinnova Partners)의 Antoine Papiernik을 접촉해 자금 지원을 요청했다. 처음 Papiernik은 기존 판막 치료에 대한 대안이 필요한지에 대해 회의적인 시각을 가졌지만, Seguin과 연구진은 이미 그 아이디어 속으로 깊이 들어가 있었다. Papiernik은 Cribier를 언급하면서 이렇게 회상했다. "우리는 또 다른 프랑스인 의사가 PVT라는 이스라엘 스타트업 회사와 함께 처음 몇몇 사례를 시행으로 옮겼다는 점을 알아냈습니다. 때문에 우리는 Seguin이 이 기회를 알아본 유일한 사람이 아니라는 점을 깨닫게 되었죠."[49] 흥미롭게도, Sofinnova는 이 계획에 대해 공식적인 실사 과정을 시작했다.

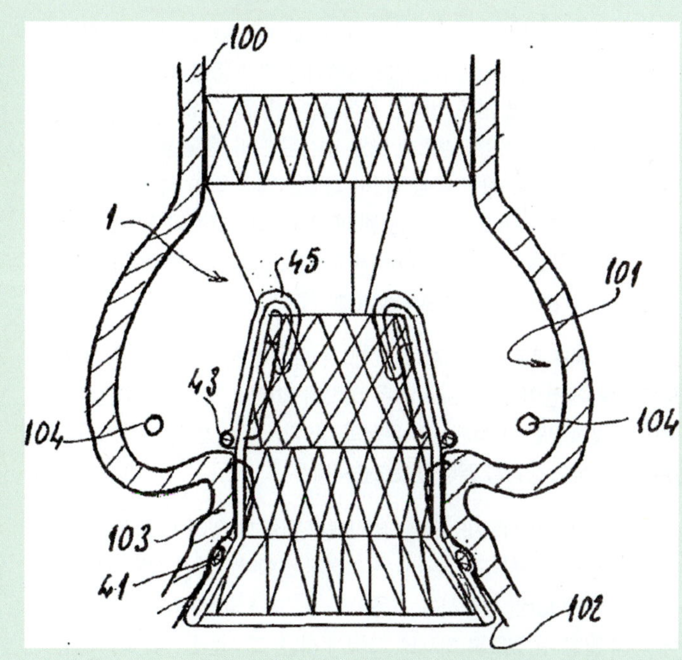

그림 4.1.10
Jacques Seguin이 2002년에 출원한 특허 출원 서류에 포함된 판막 그림 (미국 실용특허 20,050,043,790 A1).

Cribier와 그의 회사는 다수의 특허를 출원한 상태였고, 따라서 지적재산권이 실사 작업의 최우선적인 초점이었다. Papiernik의 설명을 들어보자. "우리는 뛰어난 소송 경력을 가지고 있는 전문적인 특허 변호사를 원했습니다. 그리고 잠재적인 위험에 대한 조언을 듣고 싶었습니다. 또한 이런 상황이 이어지면 코어밸브에게 문제가 되는지에 대해서도 알고자 했습니다. 우리는 결국 투자를 통해 뒷받침해야 할 강력한 입지가 남아 있다는 결론을 내렸습니다." Papiernik의 계속되는 이야기는 이렇다. "만일 당신이 혼동스러운 기술로 임상에서 성공을 거두었다면, 누군가는 거의 반드시 당신의 뒤를 쫓아올 겁니다." 지적재산권의 복잡한 세계로 들어가는 것은 Papiernik의 첫 번째 선택은 분명히 아니었지만, 그는 코어밸브가 중요한 임상적 니즈를 거대한 시장 기회로 이행시킬 수 있다는 데 확신을 가지게 되었다. 그는 투자를 결심했다.

Papiernik은 이렇게 말한다. "최소한 우리는 눈을 뜬 채로 무언가를 하길 원했습니다. 그건 믿음의 도약이었죠."

소피노바 파트너스는 코어밸브에게 주요 거래 조건(Term Sheet)을 제공했으며, 결국 이 회사의 자금 모집 시리즈 A 라운드에 참여한 유일한 투자자가 되었다. 심지어 거래가 완료되기도 전에, PVT는 미국에 기반을 둔 에드워드 생명과학사에 인수되었다. 지금은 좀 더 큰 회사의 배경 아래, Papiernik은 PVT와 에드워드가 그 지위를 지키기 위해 더 강경하게 나올 것이라고 예상하고 있다.

첫 번째 소송은 불과 몇 년에 제기되었으며, 처음에는 독일과 영국에서, 그리고 결국에는 미국에서도 제기되었다. 한 기사에서 지적하듯, "메드트로닉 [코어밸브를 2009년에 인수함]과 에드워드는 법정에서 서로 공방을 벌였으며 [그 이후로 계속], 각각은 TAVR과 관련된 다수의 특허와 관련해 서로를 기소했다."[50] "두 회사 사이의 소송은 꽤 주목할 만한데, 이는 서로를 향해 수많은 소송을 제기했기 때문이죠." Papiernik의 말과 같은 글에 인용된, 골드버그 로웬스타인 & 웨더왁스 LLP의 파트너 변호사인 Nathan Lowenstein의 말이다.[51]

비록 이들이 대체로 같은 기능을 수행한다고는 하지만, 두 기술은 여러 방식에서 서로 다르다. 예를 들어, 에드워드의 장치는 조금 더 크며, 스테인리스강으로 만들어졌고, 심장 전문의가 풍선을 위치시키고 팽창시키면 작동하는 방식이었다. 반면, 코어밸브 측의 장치는 심장 수술을 통해 이를 자리에 넣어두면 자동적으로 팽창되어 판막의 구조를 형성하는 니티놀로 만들어졌다.[52] 하지만 이 특허 소송의 특이한 점은 특허청구범위 속에 개괄된 세부 사항까지 포함하고 있다는 점이다. Papiernik이 지적했듯이, "당신은 단 한마디 때문에 이기거나 질 수 있습니다." 예를 들어, 코어밸브는 독일과 영국에서 "원통형의"라는 말이 사용되었다는 데 주로 기반해 소송에서 이겼다. 영국에서의 판결을 다룬 언론 보도에 따르면, 에드워드가 교부 받은 특허는 스텐트는 '원통형'이어야 한다는 요구 조건을 포함하고 있으며, 바로 이것이 논쟁의 핵심이었다. 법원은 기하학적 원통과 근사적인 대상에 '원통형'이라는 말을 제한하는 것은 부적절한 제한적 해석에 불과하다고 주장한 Edward의 주장을 기각했다. 비록 법원이 어떤 경우에는 특허권자가 수학적 정확성을 요구하지 않고도 기하학적 단어를 사용할 수 있다고 받아들이기는 했으나, Edward가 제안한 구성의 결과는 원통이기 위한 조건 또한 실제로 만족했으며, 따라서 법원은 이러한 주장을 받아들일 수 없다고 주장했다. 명세서에서 관련 문단을 검토해 보면, 법정은 단어 '원통형'은, 특허청구범위에서 사용된 것처럼 통상적이며 특별한 맥락 없이 사용되었다. 비록 가로 단면(Cross Section)은 원형이지만, 코어밸브의 장치는 그 길이와 직경의 비율 면에서 유의미하게 다르다. 항소 법원은 이 장치는 원통형이 아니라는 1심의 판결에 동의했다.[53]

그렇다면 메드트로닉(코어밸브)과 에드워드는 법정에서 승리와 패배를 모두 경험한 셈이다. Papiernik은 이렇게 말한다. "제 사무실에는 3m 높이로 쌓여 있는 지적재산권 문서의 더미가 쌓여 있었습니다. 그리고 우리는 아직도 상황을 끝내질 못했습니다."

이러한 경쟁적인 지적재산권 환경 하에서 일할 때 있어 어떻게 해야 하는지 조언을 구하자, Papiernik은 이렇게 말했다. "될 수 있는 한 빨리 최고의 지적재산권 변호사를 고용하고, 또 그가 당신에게 냉엄한 현실에 대해 말할 수 있도록 하세요. 그렇게 하면, 그 사람은 당신이 내놓은 아이디어를 죽이기 위해 노력할 것 입니다. 만일 당신이 아이디어를 죽일 수 없다면, 아마 변호사가 핑계를 만들어 줄 겁니다." 또 훌륭한 지적재산권 변호사는 이노베이터의 특허 지위를 강화할 수 있는 방법에 대한 도움도 줄 수 있다. Papiernik은 다음과 같은 사례를 든다. 지적재산권 소송의 위험을 경감하기 위한 노력의 일환으로, "당신은 당신의 디자인을 수정하거나 핵심 특허에 대한 사용 허가를 받을 수 있을 것입니다."

중요하게도, 그는 문제의 아이디어가, 그리고 시장이 소송을 벌일만한 (그리고 상당한 비용이 필요한) 상황을 실질적으로 충분히 정당화한다고 강조했다. 이 사례에서는, 심장 판막 시장은 미국에서만도 2016년 기준 약 15억 달러 규모의 시장이 될 것으로 전망되며, 이는 많은 부분 TAVR이 이끌고 있는 것이다.[54]

Papiernik은 또한 지적재산권에 대해 세계적으로 생각하기를 권고했다. "미국과 유럽에서 당신의 기술을 지키는 것만으로도 충분했던 때가 있었지만, 더 이상은 그렇지 않습니다. 당신은 소규모 회사로서 모든 곳으로 팔을 뻗을 수는 없겠지만, 가능한 한 넓은 범위에 손을 댈 필요가 있습니다." 코어밸브는 TAVR에 대한 특허를 유럽과 미국뿐만 아니라 전략 시장인 아시아와 남아메리카에서도 교부 받았다.

이 모든 것보다 Papiernik의 이러한 결론에 주목해 보자. "당신은 이러한 복잡한 상황을 헤치고 앞으로 나가는 데 기여할 수 있다는 의미에서 지킬 가치가 있는 입지를 확보할 수 있다고 믿어야만 합니다. 하지만 그런 입지를 확보한다고 하더라도, 당신에게는 어떠한 것도 보장되어 있지 않을 것입니다."

다른 중요한 지적재산권 개념들

특허를 둘러싼 여러 쟁점들을 그 자체로 이해하는 것에 더해, 이노베이터라면 이해하고 있어야 하는 수많은 기본적인 지적재산권 관련 쟁점들이 있다.

문서

특허 출원의 효과를 극대화하기 위해, 발명가는 혁신 과정의 초기에 혁신 노트를 유지해야 한다. 관상동맥 스텐트의 발명가인 Julio Palmaz는 자신의 초기 기록이 스텐트를 둘러싸고 벌어진 소송에서 이노베이터에게 필요한 조언을 받는 데 결정적으로 중요하다고 입증되었다는 점을 강조했다. "당신의 마음속에 있는 것들을 기록으로 남기는 습관을 들여야 합니다."[55] 만일 발명이 소송에 휩싸였다면, 혁신 노트의 내용은 어떻게 아이디어가 결실에 도달했는지 그 총괄적인 과정을 전달할 수 있다는 점에서 도움이 될 수 있다. 이러한 기록을 할 때에는 기록의 내용이 법적으로 유효하게 만드는 일을 돕도록 다음과 같은 특별한 지침을 따라야 한다.

- **형식** – 페이지 *숫자가 적힌, 바인딩* 노트를 고르라. 결코 페이지를 찢거나 더해서는 안 된다.
- **과정** – 날짜와 서명을 각 페이지마다 남겨라. 결코 어떤 항목에서도 실제보다 날짜를 당기지 마라. 비록 이전 시점에 있었던(하지만 기록되지 않은) 문제를 알아냈다고 하더라도, 언제나 각각의 항목의 날짜는 그것을 썼던 실제 날짜 그대로 두라. 항목을 늦게 기록한 일을 해명할 수는 있지만, 정보를 위조하면 법정에 가게 될 경우 사기로 기소될 염려가 있으므로 결코 해서는 안 된다.
- **인증** – 혁신에 참여하지 않은 증인이 페이지마다 서명하고 날짜를 기록하도록 하라. 이런 활동은 몇 주마다 이뤄질 수 있다. 즉, 날마다 할 필요는 없다.
- **부가** – 과거의 문제와 관련하여 추가해 놓은 어떠한 사항도 반드시 "확인"되어야만 한다(이는 페이지에 내용을 붙인 다

음, 부분적으로는 원래 페이지에, 또 다른 부분은 추가된 부분에 걸쳐 서명과 날짜를 적어 놓으라는 뜻이다).

- **여백** – 과거 날짜의 항목을 적을 수 없도록 여백에 줄을 그어라.
- **삭제** – 어떠한 것도 지우지 마라. 어떠한 오류와 수정이든 한 줄만 그어 표시하라.

발명가의 권리와 소유권

모든 특허 출원은 특허 청구범위 내에 혁신을 창출하는 데 기여한 모든 발명자를 포함해야만 한다. 발명자로 간주되려면, 개인은 아이디어의 구상에 기여해야 한다. 만일 누군가가 청구된 발명의 어느 부분이든 추가했다면, 그는 공동 발명자이다. 발명가의 권리에 대해 다루는 특허법의 견지에서 보면, 어떤 발명가가 핵심 개념의 고안에 기여했는지 아니면 오직 몇 가지 세부 사항의 창안에만 기여했는지는 관련성이 없다. 하지만, 만일 누군가가 오직 노동력, 일상적인 기술에 대한 감독 또는 다른 실질적이지 않은 기여를 했다면, 이 경우 이들은 발명자로 간주되지 않는다.[56] 의료기기 영역에서 이 쟁점은 시제품화 엔지니어링이 어떤 기기의 첫 번째 버전을 만들 때 필수적인 경우 표면에 드러난다. 만일 장치 제작자가 전적으로 발명자의 지시에 따라 시제품을 제작했다면, 그는 발명자가 아니다. 하지만, 장치 제작자가 핵심적인 착상을 더하는 경우가 매우 흔하다. 예를 들어, 이 교과서의 편집자 가운데 한 명이 스마트 니들(Smart Needle™)의 개념을 개발하는 데 참여했을 때, 시제품을 제작한 엔지니어는 신호 탐지 성능을 향상시키려면 탐촉자를 다른 지점에 설치해야 한다고 지적했다. 이것은 설계상 중요한 추가 사항이었으며, 때문에 이런 기여 덕분에 그 공학자는 발명자가 되었다.

발명가가 자신의 발명을 다른 행위자(대학교나 고용자)에게 넘겨주기로 한 고용 또는 컨설팅 계약이 없는 경우라도, 각각의 발명가는 참여한 발명에서 나오는 이익에 대한 소유권은 물론, 라이선스를 줄 권리, 상업적 개발의 권리, 발명을 *한 개인으로서*, 다른 발명가들의 인지 또는 허락 없이도 판매할 권리를 가진다. 이는 심지어 발명가가 특허청구범위 가운데 오직 하나의 항목에 대해서만 기여했다고 하더라도 인정된다. 대부분의 발명가들은 특허의 가치를 최대화하기 위해 여럿이서 함께 일하는 것을 선호하지만, 혁신 과정에 여러 명의 발명가가 개입했을 경우에는 발명가들의 개별적인 활동 능력이 권리 실현에 영향을 끼칠 수 있을 것이다.

발명의 소유권이 가진 함축을 이해하는 일은 협업을 시작하기에 앞서 본질적인 과정이다. 예를 들어, 의료기기의 경우 새로운 기술의 발명자는 자신의 초기 아이디어를 의료 전문가에게 검증 받고자 하는 것이 일반적이다. 의사가 핵심 아이디어에 몇 가지 잠재적 향상을 추가하는 것은 매력적인 일일 수 있다. 이러한 제안은 유용하고 중요할 수 있지만, 피드백을 받는 과정 속에서 본래 팀원에 새로운 발명가를 추가로 – 최소한 특허 청구범위의 일부에 대해 – 참여시키는 것이 필요할 수도 있다. 만일 새로운 발명가가 회사와 특별한 관계에, 예를 들어 추후에 갈등을 빚을 수 있는 관계라거나, 또는 지적재산에 대한 소유권을 자동적으로 상정할 수 있는 대학 교원이라면, 이런 상황은 특히 문제가 될 수 있다.

만일 어떤 특허에 대한 발명가의 권리가 부정확하다는 점이 회고적으로 발견되었다면, 그리고 이 실수가 잘못된 믿음(예를 들어, 정당한 발명가가 고의로 특허에 포함되지 않은 경우) 때문에 일어난 것이라면, 특허는 무효화될 수 있다.[57] 이런 일이 비록 자주 일어나지는 않지만, 어떤 특허에 대한 소송자는 문제의 특허를 무효화할 수 있는 기반을 찾기 위해 발명가의 권리에서 출발하는 경우가 많다.

학생, 교원, 그리고 피고용자 발명가

만일 발명이 중요한 대학교의 자원을 사용하여 고안되고 발전되었다면 발명가들은 대학 측이 발명에 대한 소유권을 주장할 수 있다는 점을 반드시 염두에 두어야 한다. 일반적으로 "중요한 자원"이라는 말은 책상, 컴퓨터, 회의실 또는 다른 일반적으로 가용한 기기 또는 시설을 의미하지는 않는다. 지적재산의 소유권에 대한 대학교의 정책은 기술의 공정성과 최적 사용이라는 관점에서 관리에 실패해 사적 과제를 지원하는 데 공적 자원(NIH의 지원과 같은)이 쓰이는 상황을 피해야 한다는 기관의 요구에서 나온다. 모든 과학기술 영역에 걸쳐 생명과학과 의과학은 실제로 대학교 발명가의 관점에서 볼 때 정부의 규제가 가장 강하게 이뤄지는 영역이다. 불행히도, 의공학 혁신의 소유권과 관련된 이해관계의 충돌이 일어난 몇몇 선명하고 비극적인 사례들이 있다(예를 들어 1999년 있었던 Jesse Gelsinger 사건).[58] 결국, 대학과 정부 기관은 의공학 기술의 소유권 쟁점에 대해 극단적으로 신중한 태도를 취하게 되었다.

몇몇 대학들은 자신들의 교수진이 전공 영역에서 내놓은 발명 역시 사실상 대학에게 속한다고 말하는 정책을 택하고 있다. 학생 발명가에 대해서는 학술 기관마다 그 방침이 서로 다르다. 몇몇 대학은 학생 역시 교수진과 정확히 동일한 방식으로 취급한다. 다른 대학들은 지적재산권과 관련된 규제를 전혀 하지 않는다. 이들 두 극단 사이에 넓은 정책적 범위가 존재한다. 대학에 기반을 둔 발명가들은 자신과 관련된 규칙을 명확하게 이해하는 것이 매우 중요하다. 만일 대학 측의 지침이 불분명하다면, 특정 대학과 그 발명가 관련 정책에 대해 경험을 가지고 있는 외부 법률가의 조력을 받는 것이 유용할 수 있다.

학생이 팀을 구성해 발명을 하는 상황에 대해서는 특별한 언급을 통해 권리 보장을 받을 필요가 있다. 만일 어떤 발명을 상업화할 준비가 이뤄지고 있다면, 팀은 개별 발명가의 개별적 기여와 관련해 오해가 일어나고 있다는 점을 알게 될 수 있다. 팀원 가운데 한 명은 집단 개념화 과정이라는 맥락 내에서 아이디어가 제안되었다고 생각하지만 다른 팀원들은 자신들이 컨셉 구성에서 중요한 기여를 했다고 생각하는 경우 갈등이 생겨날 수 있다. 이러한 쟁점 때문에 스탠포드 바이오디자인 펠로우십 학생들은 프로젝트를 시작하는 시점에 지적재산권을 어떻게 나눌 것인지에 대한 "이해 메모"를 작성했다. 이 팀은 지적재산권을 통상 공평하게 나누거나, 중요한 발명에 대한 기여를 평가하는 방법을 결정하는 몇 가지 알고리즘을 발명했다. 중요한 점은 실제 일어나는 갈등의 원천이 어떤 문제와 연결되어 있는지에 대해 적절하게 평가했다는 점이다.

기업이라는 맥락 속에서, 피고용인은 자신의 발명이 고용인의 사업 분야 내에서 이뤄졌거나 발명을 구체화하는 데 고용인이 제공한 자원을 사용했을 경우, 그 발명에 대한 소유권을 회사에게 넘겨야 할 의무가 있는 경우가 흔하다. 회사는 발명가를 위한 인센티브 또는 보상 체계를 가지고 있을 수 있으나, 구체적인 내용은 조직에 따라 다르다. 하나 이상의 회사에서 일하는 사람이라면, 또는 학생이나 교수 신분이면서 회사에서 시간제 피고용인으로 또는 상담역으로 일하는 사람이라면, 그가 누구든 발명에 대해 부여되는 소유권에 대해 이해하는 일은 매우 중요하다.

대중 공개

많은 발명가들은 특허 과정에서의 기밀성에 대해 과소평가한다. 새로운 프로젝트의 초기 단계에서 새로운 접근 방식이 얼마나 흥미로운지에 대해 주변과 공유하려는, 또는 개념을 학문적 동료들에게 보이는 행동은 매우 자연스러운 일이다. 앞서 지적했으며 그림 4.1.11에서 확인할 수 있듯이, 미국에서 발명가들은 핵심 개념을 대중에게 처음 공개한 다음 특허를 실제로 출원할 때까지 1년의 시간이라는 유예 기간을 받는다.

대중 공개는 상업적 사용, 선물, 또는 판매는 물론 출판물, 발표, 연설을 포함할 수 있다. 동료들과의 일상적 대화 역시 공개의 형식으로 간주될 수 있다는 점에 주의하라. 의료 기술 발명가은 자신의 특허권을 지켜줄 것으로 본 "대외비" 편집 과정으로 인해 자신의 발명에 대해 기술하고 있는 초록 또는 원고가 공표될 위험에 노출되어 있다. 이러한 상황은 기껏해야 대

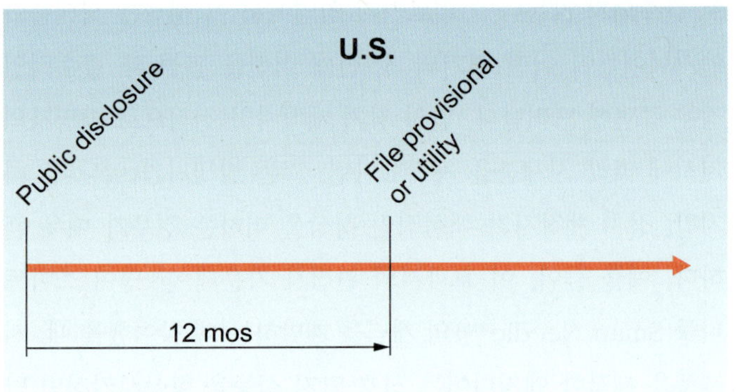

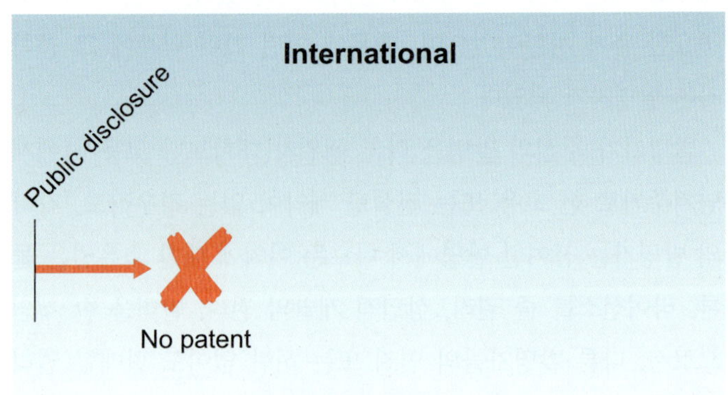

그림 4.1.11
대중 공개는 미국 특허 출원에서, 그리고 국제 시장에서 서로 다른 함축을 가진다.

중 공개에 포함될지 여부를 단정하기 어려운 회색 지대에 들어가며, 또한 초고 또는 초록을 보내기에 앞서 최소한 예비 특허 출원 서류를 출원해 놓는 것이 현명한 일이다.

국제적으로는 이러한 유예 기간은 설정되어 있지 않다. 만일 특허 출원 서류를 출원하기에 앞서 발명을 대중적으로 공개했다면, 이 공개가 미국 법률에 따른 1년간의 유예기간 내에 이뤄진 것이라고 하더라도 미국 밖에서 이 발명은 특허의 보호를 받지 못하게 된다. 결국, 쟁점 영역에서 활동하는 전문가는 어떠한 대중 공개를 하기에 앞서 특허를 출원하는 것을 강하게 고려하게 된다.[59] 의료기기 영역에서 대중 공개와 관련된 쟁점은 많은 발명가들이 자신의 특허 범위를 미국 내에 한정시키게 되는 요인이 되고 있다. 모든 의료 제품이 아니라 의료기기에 대해서만 국한해 보면, 이런 상황은 과거에는 중요한 문제가 아닐 수 있었는데, 이는 역사적으로 미국 의료기기 시장이 다른 나라의 시장에 비해 그 규모가 컸기 때문이다. 하지만 세계 시장의 확대로 인해 국제 특허 범위 역시 점점 더 중요한 문제가 되고 있으며, 이에 따라 대중 공개와 관련된 문제 역시 상대적으로 중요한 문제가 되고 있다.

기밀유지 협약

아이디어나 발명을 기밀로 유지하기 위해 발명가는 다른 말로 대외비 협약이라고도 부르는 **기밀유지 협약**(non-disclosure agreements, **NDAs**)을 맺을 강력한 동기를 가지게 된다. 기밀유지 협약은 어떤 주체가 기밀 정보를 교환할 수 있는 조건을 기록해 둔 법적 구속력이 있는 문서이다. 이러한 협약은 개인이나 회사가 그 기술적 비밀 사항에 대한 상세 정보를 공개해야만 하는 어떠한 상황에서도 유용하게 사용될 수 있다. 이러한 상황의 사례로는 잠재적 투자자, 파트너, 제3자 공급자, 피고용인, 계약자, 컨설턴트와의 논의 또는 상담을 포함할 수 있다. 학생에 대한 기밀성 요구는 다른 조언자나 가족, 친구뿐만 아니라 교수진과 연구원에 대해서도 확대될 수 있다. 지적재산권 변호사와의 논의에서는 변호사-고객 관계의 특권을 통해 기밀성은 법적으로 보호받는다.

기밀유지 협약에서 논의해야 할 핵심 쟁점은 *사용*(use)이다. 발명 또는 다른 기밀 정보에 대해 입을 다물고 있으라고 요청하는 것만으로는 충분하지 않다. 강력한 기밀유지 협약은 반드시 정보를 어떻게 사용할 수 있는지에 대해 그 방식을 명시적으로 제한할 필요가 있다.

기밀유지 협약의 견본은 온라인 부록 4.1.3에서 찾아볼 수 있다. 일반적으로 기밀유지 협약은 다음 몇 가지 요소를 포함한다.

1. 협약은 법적 당사자가 누구인지 명시한다.
2. 기밀 정보의 내용과 범위를 정의한다.
3. 기밀유지의 의무에 대한 몇 가지 합리적인 예외 사항(예를 들어, 정보를 받는 편이 이미 그 정보에 대해 알고 있다는 점을 입증할 수 있는 경우 또는 그 정보가 공개된 지식인 경우)을 제시한다.
4. 정보를 제공받는 당사자가 지는 의무에 대한 세부 사항을 포함한다 – 즉, 공개를 예방하고, 정보를 어떻게 사용할 수 있고 또 사용할 수 없는지를 명시한다.
5. 기밀성이 유효한 기간을 명시한다(대체로 3년에서 5년, 어떤 경우에는 정보가 대중에 공개될 때까지).

기밀유지 협약은 다수의 시나리오 속에서 공개를 막는 데 사용될 수 있다(개인 대 개인, 개인 대 회사, 회사 대 회사). 대개의 경우, 모임에서 말로 공개된 내용을 써서 남긴 문서를 공개할 때 그것을 공개하는 범위를 기밀유지 협약에 포함함으로써 이노베이터와 회사의 행동을 억제할 수 있다. 비록 공유된 정보를 요약해 두는 것은 언제나 좋은 아이디어이긴 하지만, 반드시 특정 기간 내로 이런 행위를 해야 한다고 요구해서는 안 되며, 또한 요약 문서 내에 포함될 수 있거나 되지 않을 수 있는 내용에 기반한 강제를 제시해서도 안 된다.

기밀유지 협약은 기밀누설이 일어나지 않는다는 보장을 주지는 못한다. 하지만 이는 문제가 일어났을 때는 회사 또는 이노베이터에게 강력한 법적 입장을 제공한다. 몇몇 행위자는 기밀유지 협약에 서명하기를 원하지 않으며, 이 경우 발명가는 어떠한 보호도 제공되지 않은 상황에서 관련 정보를 얼마나 공개해야 하는지 판단해야만 한다. 어떤 경우에는, 공개가 여전히 보장되어 있을 수도 있다. 예를 들어, 벤처 캐피탈 회사는 민감한 정보는 기밀이 유지되어야 한다는 일반적인 원칙을 선호하기 때문에 기밀유지 협약에 서명하는 것을 많은 경우 회피

한다. 이런 경우, 이노베이터는 모든 문서에 기밀이라는 표시를 하는 한편, 공개는 오직 회사의 이해에 절대적으로 필수적인 경우에만 이뤄져야 한다는 조언을 받을 수 있다. 신뢰의 수준이 불분명한 다른 시나리오에서는, 기밀유지 협약 없이는 기밀 정보를 밝히지 않는 것이 최선이다.

상황이 불확실한 경우, "먼저 출원하고, 공개는 나중에 하라"는 권고를 따르는 것이 적절하다. 또한 기밀유지 협약은 출원일 이후와 이전에 이루어지는 어떠한 기밀 정보 공유든 통제하는 데 도움을 줄 수 있을 것이다. 이노베이터가 예비 또는 실용특허 출원에 앞서 정보를 공개하면, 언제든 공개된 정보를 기반해 경쟁자들이 경쟁 발명품을 개발할 위험이 있으며, 최악의 경우에는 이들이 먼저 특허를 출원하여 특허 취득을 가로막을 수도 있다. 공개에 앞서 "먼저 출원하라"는 전략을 사용하면 이러한 위험을 최소화하는 데 도움을 줄 수 있다.

아이리듬 테크놀로지사와 관련된 다음 사례는 이 장에서 보여준 핵심 정보들이 어떻게 한데 뭉쳐 이노베이터에게 도움을 주는지 보여주는 한편, 이들 팀이 여러 과정을 통해 얻은 개념을 지적재산권 환경하에서 이해하는 방법과 이를 통해 강력한 지적재산권 지위를 확보하는 과정에 대해서도 보여줄 것이다.

현장에서 아이리듬 테크놀로지(Irhythm Technologies, INC)

지적재산권 환경을 평가하고 예비 출원을 수행하기

Uday N. Kumar, John White, Kityee Au-Yeung, Joseph Knight가 스탠포드 바이오디자인 프로그램의 펠로우십 학생이었을 때, *이들은 부정맥이 의심스러운 외래 환자에게서 잠재적인 심장 리듬 장애를 탐지하는 더 나은 방법*이라는 니즈에 응답하기 위해 작업을 시작했다. 부정맥은 비정상적인 심장 리듬(2.1 질병 단계의 기초에서 상세히 서술된 심방세동이 한 가지 흔한 유형이다)을 의미한다. 부정맥은 환자에 따라 심각하지 않을 수도 있지만, 때때로 심각한 심장 질환, 발작 또는 급성 심장사를 야기할 수도 있다.

심장 부정맥을 전문으로 하는 심장 전문의인 Kumar에 따르면, "부정맥 증상을 보이는 다수의 사람들은 가장 먼저 주치의나 응급실 근무 의사에게 가게 됩니다. 하지만 오늘날의 심장 리듬 모니터링 기술은 매우 복잡하고, 진료 활동을 제약하는 많은 약점이 있기 때문에 이들 의사가 처한 조건하에서는 완벽한 진단을 내리기 쉽지 않습니다. 따라서 실신 또는 심정지 같은 대단히 심각한 증상을 보이기 전에는 많은 사람들이 결코 진단을 받지 못합니다. 상대적으로 심각한 증상이 일어나지 않는 한, 환자는 이런 말을 듣게 될 겁니다. '당신은 2년 전에도 심장 두근거림을 겪으셨죠. 하지만 지금 당신은 괜찮아 보입니다. 일단 기다리면서 이런 일이 다시 일어나는지 지켜보죠.' 반면, 만일 이들 환자를 심장 전문의에게 보낼 경우, 진보된 모니터링 기술은 많은 경우 문제를 진단하는데, 그리고 더욱 주도적인 치료를 촉진하는 데 도움을 줄 수 있습니다. 우리는 좀 더 접근하기 쉽고 단순한 접근 방법을 통해, 더 많은 사람들을 조기에 치료로 이끌 수 있는 방법을 알아냈습니다."

니즈의 변수, 그리고 핵심 **니즈 기준**을 이해한 다음, Kumar 팀은 일련의 **브레인스토밍** 세션을 가졌다. 이들 모두는 수십 개의 잠재적인 해결책을 창출했으며, 이를 니즈에 비춰 스크리닝하였다. Kumar는 이렇게 회상했다. "우리가 생각했던 니즈 요구서와 가장 잘 부합하는 해결책을 찾아낸 후 지적재산권 조사를 수행했습니다. 우리의 초점은 심사중인 특허 출원뿐만 아니라 이미 교부된 특허에도 맞춰져 있었습니다." 더욱 중요하게도, Kumar 팀은 의학 저널이나 다른 일반적인 출처를 검토하는 데 그렇게 많은 시간을 들이지는 않았는데, 이는 심장 리듬 모니터링은 최근 그리 큰 혁신을 경험하지 못한 분야이기 때문이다.

초기 특허 조사는 부분적으로 Kumar 팀의 아이디어가 유용성, 신규성, 비-명백성을 가졌다는 점을 보이기 위해 수행된 것이었다. 체외 심장 리듬 모니터링을 위해 설계된 기기의 유용성을 보이는 작업은 최우선적인 관심은 아니었다. 하지만, Kumar 팀은 자신들의 해결책이 신규성과 비-명백성을 가졌다는 점을 명확히 보려는 의도는 가지고 있었다. Kumar와 연구진은 장치가 기반하는 개념에 대한 서술과 연관된 광범위한 검색어를 사용하여 기능성, 외양, 신체와의 상호작용, 쟁점 질병과의 연관성 등에 대한 조사를 수행했다. 기존의 심장 리듬 모니터링 기술로 진료받은 환자들 역시 유관한 정보를 찾는 데 도움이 되었다. Kumar 팀은 검색어를 여러 방식으로 조합함으로써 조사의 범위가 너무 좁아지지 않도록 했으며, 어떠한 것도 부주의하게 간과되지 않도록 노력했다. Kumar는 이렇게 말했다. "당신은 조사를 최대한 폭넓게 수행해야 합니다. 당신이 밝혀낸 정보는 당신이 어떻게 조사했는지에 의존하는 것입니다. 저는 같은 것을 기술하는 서로 다른 방식을 포함하는 시소러스를 사용했습니다. 사람들은 서로 다른 접근 방식을 사용하며, 당신은 당신의 생각이 미치지 못한 검색어 때문에 특허 전체를 잃어버리게 될 수도 있습니다." 또한 Kumar 팀은 이러한 조사 전략이 다수의 무관한 결과를 내놓을 수 있을 만큼 너무 넓다는 점도 알고 있었다. 너무 좁은 결과 또는 너무 넓은 결과가 가져오는 제약을 이해했던 덕분에, 이 팀은 현재 무엇이 있는지에 대해 적절한 감각을 줄 수 있는 조사 전략을 발전시켰다.

Kumar 팀이 특허 문서를 검토하면서, 이들이 고안한 해결책이 몇 가지 중요한 요소에서 고유한 특징을 가지고 있다는 것이 점점 더 명확해졌다. 이 장치의 비 명백성을 나타내기 위해, 이들은 심장 리듬 모니터링 영역의 상황을 분석하는 데 있어 많은 시간과 에너지를 사용했다. Kumar는 이렇게 언급하였다. "만일 당신이 이 영역에서 일어나는 일을 이해하고 있다면, 당신은 무엇이 당신에게 적합한지 결정할 수 있을 것입니다. 만일 우리가 어떤 한 가지 방향을 택했고, 다른 모든 사람들이 다른 방향을 택했다고 해 봅시다. 이 사실은 특허청이 우리가 실제로는 명백성을 보이는 안을 출원했다고 말하기 어렵게 만들 정도로 다른 사람들과 상이한 경로 위에서 작업하고 있다는 사실을 보여줍니다."

바이오디자인 혁신 과정을 구성하는 다른 활동과 마찬가지로, 이 팀은 해당 영역에서 활동하는 다른 사람들로부터 자신들의 해결책에 대한 의견을 받고자 했으며, Kumar는 "그 때문에 우리는 예비 특허를 출원했습니다."라고 말한다. "다만, 예비 특허는 냅킨 스케치일 뿐입니다. 그 뒤에는 상세한 배경 섹션과 도면을 삽입했죠." 또한 예비 출원 서류는 이 기기의 유용성에 대한 하나의 특허청구범위만을 포함했다. 예비 특허를 출원한 덕분에, 특허청에서 우선일을 확보할 수 있었으며, 또한 제3자 공개로부터도 발명을 지킬 수 있었다(그림 4.1.12).

이러한 예비적인 지적재산권 평가 기간 동안, 바이오디자인 연구원으로서 Kumar 팀은 지적재산권 변호사를 고용할 어떠한 재정적 수단도 보유하고 있지 못했다. 하지만 이들 프로그램을 수행하는 동안 Kumar는 회사를 창립하기로 결심했다. "바로 이때, 저는 특허 변호사가 필요하다는 점을 깨달았죠." 지적재산권 변호사와의 접촉을 준비하기 위해, Kumar는 팀의 초기 지적재산권 평가를 다시 살펴보았고, 선행 기술에 대한 더욱 상세한 리뷰를 작성하기 시작했다. "저는 우리가 점검했던 기존 특허를 다시 상세히 검토하는 데 많은 시간을 들였습니다. 또한 저는 세부적인 특허청구범위를 분석하기 위해 더 깊은 내용까지 살펴보는 조사를 수행했습니다." Kumar와 연구진은 특허청구범위를 분석하기 시작했으나, 이들은 이 작업을 완료하기 위해서는 외부 전문가가 필요하다는 점을 깨닫게 되었다. 이러한 이유에서, 이들은 예비 특허를 출원하기로 결심했으며, 만일 팀원 가운데 누구든 이 프로젝트를 과정 수료 이후에도 연구를 계속해서 추진하기를 원한다면 특허청구범위를 분석하기 위해 다시 돌아오기로 결정했다. Kumar는 이렇게 말한다. "과정이 끝날 때쯤, 특허청구범위가 문제라는 점이 드러났습니다. 무엇보다도, 다른 특허에 수록된 우리 것과 비슷한 서술과 그림을 살펴보자 낙담스럽더군요. 하지만 '비슷한'은 '동일한'을 뜻하지 않습니다. 당신은 특허청구범위를 면밀히 검토하고 해석해야 합니다. 특히 잠재적인 문제가 존재하는지를 결정할 독립항에 주의해야 합니다." Kumar 팀은 자신의 기기와 방법에 대한 특허청구범위 모두를 검토했는데, 이는 그의 제품과 사업 모형은 모니터링 기기 자체는 물론 모니터링 기술을 사용하는 접근방식에도 특징이 있었기 때문이다.

그림 4.1.12
첫 번째 예비 특허 출원 직후 팀원들이 찍은 사진(Uday N. Kumar로부터 허가를 받아 사용)

예비 특허청구범위 분석에 기반해, Kumar는 팀이 제안한 해결책과 가장 근접한 한편 가장 유관한 특허의 목록을 좁혀나갔다. "그 다음, 저는 특허청구범위 구성을 뒷받침하기 위한 논증을 이해하기 위해 자료들을 다시 살펴보기 시작했습니다. 또한 이러한 과정은, 왜 우리 팀이 내놓은 해결책이 이미 존재하는 것들과 비교했을 때 새롭고 비 명백한 것인지에 대한 제 논증에 대해 생각하고 다듬는 데 도움을 주었습니다."

자신의 분석을 완료한 후, Kumar는 변호사를 고용할 준비를 하였다. 그는 바이오디자인 프로그램에 참여하는 팀에게 "지적재산권 코치"로서 정기적으로 방문하던 Ben Glenn을 생각하였다. "저는 Ben에게 만나자고 전화했고, 우리 팀이 가지고 있는 아이템에 대해 이야기했습니다. 그는 의공학 영역에 대해 깊은 지식과 경험을 가지고 있었고, 때문에 저는 그의 도움을 바라게 되었습니다." Kumar의 말이다. 그는 Ben과 밀접하고 고도로 협력적인 관계를 구축하는 첫 단계로서 자신의 평가를 공유했다. 시간이 지나자, "저는 Ben과 셀 수 없을 만큼 많은 시간을 보냈고, 우리가 하길 원하는 것과 그에게 전하길 원하는 것이 정확히 무엇인지에 대해 신속하고 확실하게 설명할 수 있었습니다. 이런 방법은, 제가 우리의 작업을 분석해 보여줄 때 가장 도움이 될 수 있는 방법이었죠. 아주 유능한 지적재산권 변호사와 함께 일한다고 하더라도, 이노베이터는 특허 작성에 참여하는 한편 상황을 파악하고 있어야 하는데, 이는 당신이야말로 문제의 기술이 무엇을 추구하는지에 대해 그 누구보다도 가장 잘 알고 있는 사람이기 때문입니다." 지적재산권 상황에 대한 팀의 평가를 확인하는 데 더해, Glenn은 지금 사용되고 있는 기기와 방법에 비해 Kumar 팀의 기기와 방법이 가진 차이와 이점을 강조하는 예비 특허 출원 서류를 구성하는 작업을 지휘했다. 그 결과는 세 개의 실용 특허 출원서(기기 및 연관된 특허를 포괄함)와 특허협력조약 출원을 포함하는 지적재산권의 기반이었다. "Ben과 같이 경험이 풍부한 지적재산권 변호사를 고용하는 일은 매우 중요합니다. 그는 사려 깊게 특허청구범위를 구성하고 이를 우리에게 보내기 위해, 우리의 발명이 어디에 위치해 있는지 이해하는 데 수많은 시간을 쏟아 부었습니다. 그는 '이게 정말로 당신의 뜻이 맞습니까?'라고 물어왔으며, 또한 우리는 선행 기술과 구별되는 요소나 요소들의 조합을 규정하기 위해 노력하면서 그에 답신했습니다. Ben의 질문은 우리 팀의 해결책 가운데 대체 무엇이 특허 자격이 있는지를 포착해 특허청구범위를 발전시키는 데서 핵심적인 역할을 했습니다."

예비 특허 지위에 있는 컨셉을 발전시키기 위해 Kumar가 추천하는 한 가지 중요한 도구는 미국 특허청의 특허 출원 정보 검색 시스템(USPTO Patent Application Information Retrieval System 또는 PAIR 데이터베이스)이다. 이 시스템은 사용자가 현재 진행 중인 특허 출원이 어떤 상태인지 접근할 수 있게 한다. "이는 당신에게 특허 출원자와 특허 심사관 사이에 있었던 모든 일을 알려줍니다. 이들 정보를 읽음으로써, 당신은 언제 심사관이 출원서를 거절하였는지, 그리고 그 이유는 무엇인지에 대해 파악할 수 있습니다. 이는 어떤 특허청구범위가 거절되었는지, 그리고 이유가 무엇인지에 대해 보여줍니다. Ben의 도움 덕분에, 저는 등재된 수많은 문서 가운데 어떤 특허 출원이 정말로 중요한지를 평가할 수 있게 되었습니다. 이들 정보는 Ben과 제가 우리 팀의 특허 출원이 심사 과정에서 반송되리라고 예상할 때 특별히 도움이 되었으며, 우리가 출원한 특허 안에 있는 여러 쟁점에 대해 좀 더 현실적으로 생각하게 만들었습니다."

Kumar가 스탠포드에서 작업하고, 라이선스를 받은 지적재산권에 기반해 설립한 회사는 샌프란시스코 주에 위치한 아이리듬 테크놀로지사의 중요한 기반이 되었다. 장치를 개발하고 그것을 사용하는 방법을 확립하는 데 더해, 이 회사는 해당 영역에서 일어나는 두드러진 발전을 지속적으로 파악하기 위한 모니터링 작업을 계속하고 있다. Kumar와 Glenn에 의해 이뤄진 초창기의 지적재산 작업에서 파생된 수많은 실용 특허 이외에도, 이 회사는 여러 추가적인 특허를 출원했다.

마지막 메모: 컨셉 스크리닝과 제거에 지적재산권을 사용하기

지적재산권의 견지에서 컨셉 스크리닝을 수행하기 위해서는 정면으로 다뤄야만 하는 실무적인 문제가 존재한다. 이 장에서 명확하게 드러났듯이, 단 하나의 아이디어라고 해도 특허 자격과 자유실시 분석을 철저하게 수행하기 위해 필요한 작업의 수는 상당히 많다. 때문에, 작업 흐름이라는 관점에서만 보면, 이런 분석 자체가 개발 팀이 여러 개념의 지적재산권 상황에 대한 조사를 수행할 때 마주치는 핵심적인 도전이다. 바이오디자인 혁신 과정의 다른 많은 단계와 마찬가지로, 핵심은 효율적이면서도 효과적인 스크리닝 과정을 수행해 나가기에 충분한 정보를 차근차근 수집하는 데 있다. 이노베이터는 점진적으로 깊어지는 일련의 조사를 수행할 계획을 세워야 하며, 어떤 컨셉을 계속해서 유지할 경우 생겨날 중대한 위험을 고려해 이를 배제해야 한다. 이 단계에서, "중대한 위험"이란 프로젝트를 진행할 수 없게 하는 것이 명백할 정도로 심각한 문제를 말한다. 예를 들어, 지적재산권의 영역에서 이는 새로운 제품에 대한 라이선스나 공동 개발을 제공할 어떠한 동기도 없는 회사가 보유한 기술이 문제가 될 때, 자유실시의 권리를 확보할 수 없다는 문제가 될 수 있다.

중대한 위험에 의해 영향 받지 않는 개념의 경우, 최종 해결책을 향해 갈 때 사용할 수 있는 위험 점수화 행렬을 만들고 사용할 수 있도록 지적재산권과 관련된 데이터를 확보해야만 한다. 이러한 과정의 세부 사항은 4.6 최종 컨셉 선택에 서술되어 있다. 하지만 이들 개념과 연관된 위험을 조심스럽게 이해함으로써, 이노베이터는 자신의 팀이 여러 개의 컨셉에서 하나의 최종 해결책으로 효과적으로 나아갈 수 있는 기반을 만들 수 있다.

마지막으로, 혁신 팀은 4.6절에서 서술할 완전한 스크리닝 과정을 거치고 나서 살아남은 소수 주요 컨셉의 집합에 대하여 특허 자격과 자유실시가 있는지에 대해 조사해야 한다. 현재와 같은 중간 단계에서, 다음과 같은 팁들은 지적재산권 스크리닝 과정을 관리하는 데 도움을 줄 수 있을 것이다.

1. **빨강, 초록, 노랑** – 어떤 지적재산에 너무 깊이, 너무 일찍 많은 노력을 투입하지 않게 하려면, 모든 컨셉에 대한 초기 스크리닝을 수행할 시간 계획을 세우는 한편, 가능한 한 짧은 시간 내로 사용할 수 있는 정보를 사용하여 컨셉을 지적재산권 환경에 대한 초기 조사에 기반하여 간단한 범주로 묶어야 한다. 시간 제한이라는 조건하에서, 이노베이터는 구글 페이턴트와 같은 특허 데이터베이스를 사용해 작업을 시작할 수 있다. 다음과 같은 간단한 분류 시스템을 사용하라: 빨강(지적재산권 문제를 다루기 어려움), 초록(괜찮아 보임), 노랑(일부 쟁점이 일어날 수 있음).
2. **장점을 강조하라** – 주요 지적재산권 관련 문제가 일어날 것처럼 보이는 컨셉에 대해서는 어떠한 추가 작업도 뒤로 미뤄라. 유망한 컨셉에 대한 조사 범위를 넓혀, 의공학 문헌을 다수 살펴보도록 하라. 이러한 조사를 위해, 일정한 시간 계획을 세워야 한다. 지정된 기간 내에 되도록 많은 것을 해야 하며, 또한 추가 조사를 벌일 대상에 대해서도 이해해야 한다. 앞서 초록색을 부여 받은 컨셉 가운데 일부는 이러한 활동을 통해 노랑 또는 빨강으로 전환될 것이다.
3. **다른 기준에 기반해 우선순위를 정하라** – 지적재산권 조사의 다음 단계는 대단히 많은 시간을 필요로 하기 때문에 혁신 팀이 앞으로 어디에 시간을 투자할지를 결정할 때는 다른 범주를 사용해 컨셉을 걸러내야 한다. 만일 어떤 컨셉이 심각한 규제 대상이거나, 보험 문제가 있거나, 사업 모델에서의 문제가 크거나, 시제품화 과정에서 그 기술적 실현 가능성과 관련된 문제가 제기된다면, 팀원의 시간을 고생스러운 지적재산권 조사 과정에 낭비해서는 안 된다.

마지막으로 지적할 사항은 다음과 같다: 바이오디자인 혁신 과정 가운데, 이 단계에서 이노베이터들이 자신의 아이디어와 연관되었으며 문제의 소지가 있는 특허를 확인하게 되는 경우가 흔히 발생한다. 어떤 경우에는 이들 쟁점이 중대한 위험을 구성하는 경우도 있으며 잠재적인 해결책을 버리도록 만들 수도 있다. 하지만, 만일 이런 컨셉이 다른 모든 기준에 비추어 볼 때 유망해 보인다면, 그리고 팀원들이 그 컨셉에 대해 큰 관심을 기울이고 있다면, 아이디어를 포기하기 전에 전문가 의견을 들어보는 것도 가치가 있을 것이다. 앞서 지적했듯이, 숙련된 특허 변호사는 때때로 현재의 특허 상황 속에서 성공적으로 작업해 나갈 수 있는 방법을 찾아낼 수 있다. 문제의 영역에 대한 포괄적인 경험이 없는 이노베이터들에게는 이런 방법이 그리 명백해 보이지 않을 수 있음에도 그렇다.

온라인 자료

더 많은 자료는 www.ebiodesign.org/4.1을 방문한다.

"Getting Started"의 활동과 링크
- Compile background information
- Search the prior art
- Identify relevant prior art for patentability
- Prepare a patent application
- File a patent application

지적재산권의 기초에 관한 동영상

다음 내용에 대한 사례를 제공하는 부록
- 예비 특허 출원
- 미국 특허청 실용 특허
- 표준 기밀유지 협약

NOTES

1 David Pressman, Patent It Yourself (Nolo Press, 2008).
2 Ibid.
3 Ibid.. The following information is drawn from Chapter 1 of *Patent It Yourself*.
4 William H. Eilberg, "Frequently Asked Questions About Trademarks," http://www.eilberg.com/trademarkfaq.html (March 18, 2014).
5 Pressman, p. 5/3.
6 "8 Million Patents and Going," USPTO, http://www.uspto.gov/about/ipm/8_Millionth_Patent.jsp (November 25, 2013).
7 Pressman, 2008, op. cit., p. 160.
8 Erik Combs, "Uncertainty Surrounds the Best Mode Requirement in the Wake of the American Invents Act," Mondaq, February 19, 2013, http://www.mondaq.com/unitedstates/x/222416/Patent/Uncertainty±Surrounds±The±Best±Mode±Requirement±In±The±Wake±Of±The±America±Invents±Act (November 25, 2013).
9 2138.05 "Reduction to Practice" [R-5]," USPTO, http://www.uspto.gov/web/offices/pac/mpep/s2138.html (November 25, 2013).
10 Patent Search Tutorial," op. cit., http://www.stanford.edu/group/biodesign/patentsearch/goals.html (November 25, 2013).
11 Ibid., http://www.stanford.edu/group/biodesign/patentsearch/benefits.html (November 25, 2013).
12 Cooperative Patent Classification, European Patent Office and United States Patent and Trademark Office, http://www.cooperativepatentclassification.org/index.html;jsessionid=1nmesnh2n8a3s (December 23, 2013).
13 Bruce Kisliuk, "Introduction to the Cooperative Patent Classification (CPC) EPO and USPTO Bi-Laterla Classification System," Patent Pubic Advisory Committee Meeting presentation, September 27, 2012, http://www.uspto.gov/about/advisory/ppac/120927-09a-international_cpc.pdf (April 23, 2014).
14 Based on the approach outlined by David Hunt, Long Nguyen, and Matthew Rodgers in *Patent Searching: Tools & Techniques* (Wiley, 2007).
15 Inventors can also produce these drawings themselves using resources such as Jack Lo and David Pressman's *How to Make Patent Drawings Yourself* (Nolo Press, 1999).
16 "Claim (Patent)," www.wikipedia.org, http://en.wikipedia.org/wiki/Claim_patent)((November 25, 2013).
17 Ibid.
18 "U.S. Patent Statistics Chart, Calendar Years 1963-2012," USPTO, http://www.uspto.gov/web/offices/ac/ido/oeip/taf/us_stat.htm (November 25, 2013).
19 "Performance and Accountability Report," Fiscal Year 2012, USPTO, http://www.uspto.gov/about/stratplan/ar/USPTOFY2012PAR.pdf (November 25, 2013).
20 "Revised Fee Schedule Effective January 1, 2014," USPTO, http://www.uspto.gov/web/offices/ac/qs/ope/fee010114.htm (November 25, 2013).
21 Ibid.
22 Ibid.
23 "PCT Contracting States," World Intellectual Property Organization, October 4, 2013, http://www.wipo.int/pct/guide/en/gdvol1/annexes/annexa/ax_a.pdf (November 25, 2013).
24 Applicants are sometimes given the choice of having a search done on the invention at a patent office other than at the Receiving Office. Furthermore, not all Receiving Offices are authorized to act as International Searching Authorities.
25 See The European Patent Office's website at www.epo.org.
26 Unified Patent Court, European Patent Office, http://www.epo.org/law-practice/unitary/patent-court.html (December 23, 2013).
27 The full text of the Paris Convention for the Protection of Industrial Property can be found at http://www.wipo.int/treaties/en/ip/paris/trtdocs_wo020.html. However, the treaty is difficult to understand. Consult a patent attorney for practical advice about how to obtain international patent protection.
28 "2013 Special 301 Report," Office of the United States Trade Representative, 2013, http://www.ustr.gov/about-us/pressoffice/reports-and-publications/2013/2013-special-301-report(December 3, 2013).
29 "USTR Issues 2008 Special 301 Report," Office of the U.S. Trade Representative, April 25, 2008, http://www.ustr.gov/Document_Library/Press_Releases/2008/April/USTR_Issues_2008_Special_301_Report.html (October 2, 2008).
30 "Note on India's Intellectual Property Regime," Embassy of India, https://www.indianembassy.org/press_detail.php?nid=37 (December 4, 2013).
31 "Frequently Asked Questions," Controller General of Patents and Design Trademarks, http://ipindia.nic.in/ipr/patent/patents.htm (December 21, 2013).
32 "PCT – The International Patent System," World Intellectual Property Organization, http://www.wipo.int/pct/en/ (December 4, 2013).
33 Eric S. Langer, "Understanding India's New Patent Laws," BioPharma International, April 1, 2008, http://biopharminternational.findpharma.com/biopharm/IndiaToday/Understanding-Indias-New-Patent-Laws/ArticleStandard/Article/detail/507465 (December 4, 2013).
34 Tim Smedley, "Patent Wars: Has India Taken on Big Pharma and Won?," *The Guardian*, May 14, 2013, http://www.theguardian.com/sustainable-business/patent-wars-indiatakes-on-big-pharma (December 4, 2013).
35 Lee Chen Yee, "China Tops U.S, Japan to Become

Top Patent Filer," Reuters, December 21, 2011 http://www.reuters.com/article/2011/12/21/us-china-patentsidUSTRE7BK0LQ20111221 (December 4, 2013).

36 "Definition," China Patent Trademark Office, http://www.chinatrademarkoffice.com/index.php/ptreg (December 4, 2013).

37 Ibid.

38 Peng Li, Kenneth X. Xie, and David T. Yang, "Patent Procurement and Enforcement in China: A Field Guide," Association of Corporate Council, November 18, 2011, http://www.lexology.com/library/detail.aspx?g=d564bca4-3fdd-454a-b0a2-a30b9388a332 (December 4, 2013).

39 "Definition," op. cit.

40 Li, Xie, and Yang, op. cit.

41 Thomas S. Babel, "Patents in China – Is There Any Real Protection?," IP Frontline, April 30, 2008, http://www.ipfrontline.com/depts/article.aspx?id=18723&deptid=3#(December 4, 2013).

42 Ibid.

43 Chris Neumeyer, "China's Great Leap Forward in Patents," *IPWatchdog*, April 4, 2013 http://www.ipwatchdog.com/2013/04/04/chinas-great-leap-forward-in-patents/id=38625/(December 4, 2013).

44 Ibid.

45 Li, Xie, and Yang, op. cit.

46 Neumeyer, op. cit..

47 Brian Buntz, "TAVR: Still the Next Big Thing in Cardiology?," MDDI Online, June 29, 2012, http://www.mddionline.com/article/tavr-still-next-big-thing-cardiology(February 9, 2014).

48 "Dr. Jacques R. Seguin," The Wall Street Transcript, August 24, 2007, http://www.twst.com/interview/24705 (February V7, 2014).

49 All quotations are from interviews conducted by the authors, unless otherwise cited. Reprinted with permission.

50 Brian Buntz, "TAVR on the Global Stage," MDDI Online, June 30, 2012, http://www.mddionline.com/article/tavr-globalstage (February 7, 2014).

51 Ibid.

52 Barry Meier, "Two Medical Devices, Two Different Methods," *The New York Times*, September 30, 2009, http://www.nytimes.com/2009/10/01/business/01valveside.html?_r=1&(February 7, 2014).

53 "UK – Medtronic CoreValve v. Edwards Lifesciences," EPLAW Patent Blog, June 30, 2010, http://www.eplawpatentblog.com/eplaw/2010/06/uk-medtronic-corevalve-v-edwardslifesciences.html (February 7, 2014).

54 Arundhati Parmar, "TAVR Will Drive U.S. Heart Valve Market to Reach $1.5 Billion in 2016," MedCity News, June 27, 2012, http://medcitynews.com/2012/06/tavr-will-drive-u-s-heartvalve-market-to-reach-1-5-billion-in-2016/ (February 7, 2014).

55 From remarks made by Julio Palmaz as part of the "From the Innovator's Workbench" speaker series hosted by Stanford's Program in Biodesign, February 10, 2003, http://biodesign.stanford.edu/bdn/networking/pastinnovators.jsp (November 25, 2013). Reprinted with permission.

56 "Patent Search Tutorial," Stanford Biodesign Program, http://www.stanford.edu/group/biodesign/patentsearch/inventor.html (November 25, 2013).

57 Pressman, 2008, op. cit., p. 16/3.

58 Gelsinger was the first person publicly identified as having died in a clinical trial. An FDA investigation concluded that the scientists leading the trial took shortcuts that may have contributed to this outcome. In this case both the scientists and their university had equity in the company conducting the trial. See Kristen Philipkoski, "Perils of Gene Experimentation," *Wired*, February 21, 2003, http://www.wired.com/techbiz/media/news/2003/02/57752 (November 25, 2013).

59 Pressman, 2008, op. cit., p. 5/2.

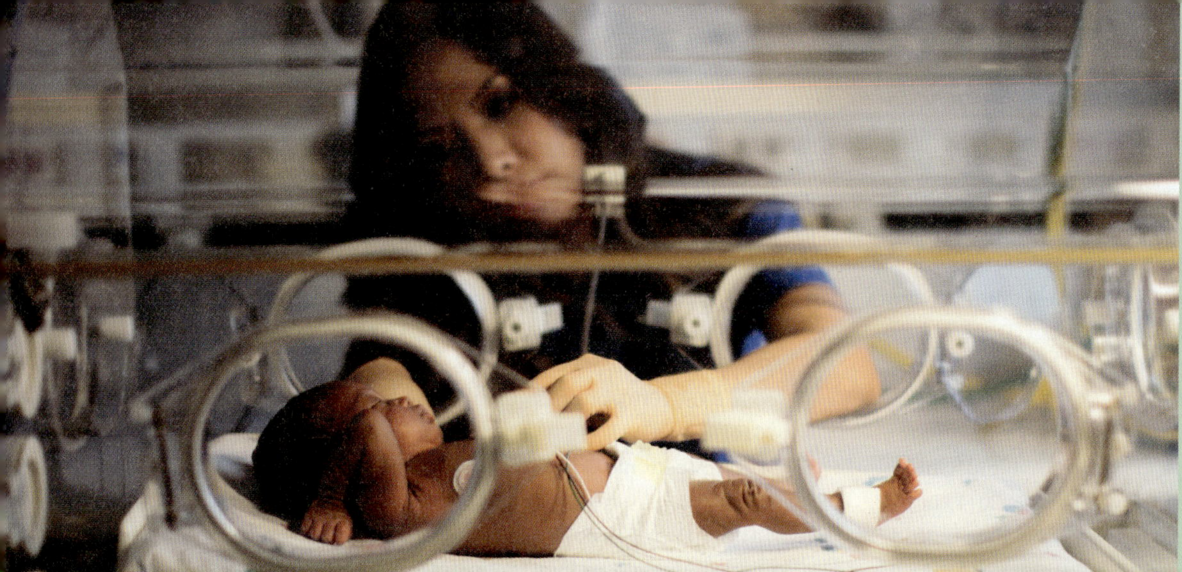

4.2 규제의 기초

목표

- FDA의 일반적인 목표를 이해하고, 이 기관이 어떻게 구성되어 있는지 파악한다.
- 미국 의료기기 분류 시스템에 대해 배우고, 의료기기에 적용되는 두 가지 규제 심사과정, 즉 510(k)와 PMA에 대하여 살펴본다.
- 미국 외부에서 규제 당국의 승인을 위한 요건에 대하여 학습한다.
- 컨셉의 우선순위를 매기는 스크리닝 작업에서 규제 위험을 어떻게 사용할 것인지에 대해 학습한다.

서론

미국 식품의약국(FDA)(또는 그와 동격인 외국의 규제 기관)의 승인이나 허가(clearance) 없이는 의료 기술에서 가장 혁신적이고 중요한 성과라고 할지라도 결코 환자에게 도달할 수 없을 것이다. 새로운 기술의 안전과 효과성을 결정하는 데 관련된 쟁점은 많은 경우 복잡하며, 결정을 내릴 때 참조하는 데이터 역시 결코 완전하지 않다. 이노베이터는 모호해 보이고, 자의적인 것처럼 보이며, 지루할 정도로 긴 과정 속에서 인내력을 잃고 말 수도 있지만, FDA 심사관은 환자들에게 어느 날 예측되지 않은 피해를 끼칠지도 모를 기기의 승인 가능성을 검토하느라 잠을 설칠 수도 있다.

새로운 기술의 궁극적인 성공에서 규제라는 쟁점이 가지는 결정적인 중요성 때문에, 규제의 상황을 바이오디자인 혁신 과정 초기에 이해하는 일은 매우 중요하다. 실무에서, 이노베이터들은 거의 언제나 자신들이 규제 당국에게 지출해야 할 서류를 작성하고 관리하기 위해 전문가를 고용한다. 하지만 규제 요건이 제품 디자인, 개발, 상업화에 큰 영향을 미치는 이상, 이노베이터들은 효과적으로 바이오디자인 혁신 과정을 이끌기 위해 최소한 규제 요구사항, 옵션, 분류법에 대한 일반적인 이해는 갖추고 있어야 한다.

이번 장은 규제 관련 전문 용어를 개괄하는 한편, 규제 심사과정에 대한 기본적인 입문 내용을 담고 있을 것이다. 두 번째 장인 5.4 허가인증 전략에서는 규제 요건에 담긴 좀 더 세밀한 내용을 서술하는 한편, 이들이 어떻게 이노베이터나 회사에게 경쟁상 이점(또는 단점)이 될 수 있는지 서술할 것이다.

 규제의 기초에 관한 동영상은 ebiodesign.org을 참조한다.

규제의 기초

미국 식품의약국(US Food and Drug Administration, **FDA**)은 미국에서 소비되는 전체 제품 가운데 대략 25%에 달하는 품목을 관할하고 감독하는 규제, 과학, 그리고 공중보건 담당 기관이다.[1] FDA의 관할하에 있는 제품은 대부분의 음식(육류를 제외한), 인간과 동물용 약품, 생물학적 기원을 가진 치료용 약물, 방사선 방출 제품, 화장품, 동물 사료 등이 있으며, 물론 의료기기 또한 포함된다.[2] 비록 다른 주요국 의료기기 시장 역시 강력한 규제 시스템을 가지고 있거나 발전시키고 있는 중이지만, FDA는 세계를 선도하는 규제 기관이다.

FDA의 배경

FDA는 1906년 통과된 연방 식품의약품법(Federal Food and Drugs Act)으로부터 시작되었다. 이 법안은 이 기관을 규제 기관으로 창설하는 근거가 되었다. 이 법률은 1938년 주로 약품 안전에 초점을 맞춘 연방 식품, 의약품 및 화장품법(Food, Drug & Cosmetic Act)에 의해 대체되었다.[3] 놀랍게도, 의료기기는 1976년 의료기기 수정법(Medical Device Amendments Act)이 입법되기 전까지는 근본적으로 규제 대상이 아니었다. 수정법은 부분적으로는 수천 명의 여성들이 자궁 내 장치인 달컨 실드(Dalkon Shield) 때문에 신체에 큰 손상을 입었던 사건 때문에 입법이 촉진되었을 것이다.[4] 의료기기 수정법은 의료기기를 그 위험에 기반해 세 가지 집합으로 나누었으며, 각각의 집합에 속한 기기는 서로 다른 수준의 규제 점검 대상이 되었다.

기본적으로, FDA의 목표는 관할하에 있는 제품들의 *안전*과 *효과성*을 입증함으로써 공중 보건을 지키는 데 있다.[5] 안전에 대한 강조는 FDA의 임무와 문화에서 핵심을 이루고 있다. 대부분의 경우, FDA의 규제 권한을 조율하는 법률은 약물이나 기기의 의도치 않은 해로운 효과 때문에 일어난 뚜렷한 사고에 대한 반응으로 나타난 것이다. 비록 FDA의 임무가 "혁신을 가속하는 일을 도와 공중보건을 향상시키는 것"을 목표로 하고 있으나, 공중보건을 지켜야 한다는 사명이 그보다 먼저이다. 이노베이터로서는 이러한 우선순위와 새로운 기술에 대한 결정적인 판단을 내리는 심사자에게 이런 목표가 어떤 영향을 끼칠지를 이해해야만 한다. 이들 심사자들은 새로운 기술이 환자들에게 이행되기에 앞서 문제를 포착하는 방식으로 공중의 이해에 봉사해야 한다는 동기를 깊이 공유하고 있다. 때문에, 심사 대상 기기를 빠르게 승인하기 위한 동기는 기기의 안전을 가능한 한 확실하게 점검하고 넘어가는 것에 대한 동기보다 약할 수밖에 없다.

효과성이 무엇을 의미하는지를 명확하게 이해하기 위해 이노베이터는 FDA 신청이 성공했다는 말이 곧 FDA가 이 장치의 마케팅과 판매가 확실하고, 특이적인 임상적 조치라는 점을 밝히고 승인했다는 뜻이라는 점을 알고 있어야 한다. 예를 들어, 어떤 박동 조율기는 증상이 드러난 서맥성 부정맥을 치료하는 것으로 승인되었다. 이 기기의 사용을 승인하기 위해, FDA는 매우 상세하게 이 제품을 심사하며, 또한 그 결과는 제품 포장과 광고 내에 포함되는 "사용설명서"에 정리되어 공표된다. 효과성을 판정하기 위해, FDA는 이 기기가 사용설명서에 명시된 대로 기능하는지에 대해 판단해야만 한다. 효과성 판정을 위해 정확히 어떤 종류의 증거가 FDA에 의해 요구되는지는 쟁점 기기와 연관된 위험에 의존한다. 비록 최소한의 위험만을 보유한 장비는 기기가 어떤 유형이 되었든 시판 전 허가에 의해 증거 제출이 면제되지만, 생명을 위협하는 조건을 취급하는 기기는 대개의 경우 승인을 받기 위해서는 대규모 **임상시험**을 거쳐야만 한다. 어떤 장비를 허가나 승인하기 위한 기준은 고정되어 있지 않으며, 새로운 임상 과학이나 의료 기술과 관련된 시장에서의 경험 축적과 같은 다양한 요소에 대한 반응을 통해 시간이 지남에 따라 진화한다. 이미 언급했듯, 규제의 기본적인 방침은 미디어와 대중의 주목을 받는 주요 안전사고에 의해 강력하게 영향을 받는다. 예를 들어, 박동 조율기의 리드 감염 사건[6]이나 금속 대 금속 인공 고관절 사건[7]은 FDA가 무엇에 특별한 주의를 기울이고 면밀하게 조사하는지를 결정하는 데 기여한 두 가지 사례이다. 이들 기기에 대한 규제는 상대적으로 최근에 실행되었고, 의료기기의 복잡성으로 인해 FDA의 실무와 정책은 상황에 뒤쳐지지 않기 위해 지속적으로 진화하고 있다.

FDA가 규제를 통해 영향력을 행사하지 않는 두 가지 넓고 중요한 영역이 있다. 첫째, *비용 대비 효과성은 새로운 기술에 대한 FDA의 평가 대상이 아니다.* 비용에 대한 데이터는 FDA에게 제출할 필요가 없으며, FDA는 가격 결정이나 **보험**(reimbursement)에 대해 개입해야 할 의무가 없다.[8] 연방 정부 내에서 의료 기술에 대한 보험 수준은 메디케어 및 메디케이드 서비스 센터(Centers for Medicare and Medicaid Services, **CMS**)에 의해 결정된다. CMS는 일반적으로 긍정적인 보험 결정을 내리기에 앞서 FDA의 승인 결정을 기다리지만, 이것이 절대적인 요구 조건인 것은 아니다. 둘째, *FDA는 개별 의사의 진료를 규제하거나 다른 방식으로 감시하지 않는다*. 어떤 기기의 판매가 미국 내에서 한 번 허가되거나 승인되고 나면, 의사들은 이것을 자신의 판단에 따라 사용할 수 있다.[9] 환자에게 무언가 잘못된 일이 벌어질 경우, 만일 기기가 의료계의 인정을 받는 임상적 **표준 치료**와 부합하지 않는 방식으로 사용되었다면 의사는 의료 과실로 인해 소송을 당할 수도 있다. 하지만 FDA는 이 문제에 대해서는 어떠한 판정도 내리지 않는다. 이 기관은 오직 기기 제조업자에 대한, 그리고 이들 회사가 자신들의 제품을 어떻게 판촉하고 판매하는지에 대해서만 판단한다.

FDA 본부는 매릴랜드 주 실버스프링시에 위치한 화이트 오크 연방 센터에 있다. 이 기관은 약 11,000명의 정규직 직원을 고용하고 있으며, 이 가운데 약 4,000명은 의료기기를 감시하는 핵심 조직인 의료기기 및 방사선 보건 센터(Center for Devices and Radiological Health, CDRH)에서 근무한다.[10] 1980년, FDA는 미국 보건복지부(Department of Health and Human Services) 산하 기관이 되었다. 이 기관은 의회에 의해 주기적으로 재인준되며, 실무에서는 수많은 위원회를 통해 국회의 감독을 받는다. FDA를 운영하기 위해 들어가는 예산은 2013 회계연도 기준 약 45억 달러 규모이다.[11] FDA 기관장은 대통령에 의해 임명되며 상원에 의해 인준 절차를 밟는다. 하지만 FDA는 대체로 다른 정부기관과 비교했을 때 정치적 영향력이 상대적으로 적은 편에 속한다.

FDA의 의료기기 및 방사선 보건 센터

FDA는 규제하는 제품의 유형에 따라 몇 종류의 센터를 산하에 두고 있다. 앞서 언급했듯, CDRH는 의료기기를 감독하며 방사선을 방출하는 제품(X-선 및 초음파 기기) 역시 규제한다. 의약품 평가 연구센터(Center for Drug Evaluation and Research, **CDER**)는 의약품을 규제하지만, 생물 의약품 평가 연구센터(Center for Biologics Evaluation and Research, CBER)는 생물 의약품(백신, 혈액제품, 그리고 생명공학 유래 제품)을 감시한다. CDRH 내의 조직 가운데는 기기 평가국(Office of Device Evaluation, ODE)에 대부분의 장비에 대한 심사 및 승인의 책임이 있지만, in vitro 진단 기술들은 체외진단 및 방사선 보건국(Office of In Vitro Diagnostics and Radiological Health, OIR)에게 책임이 있다. 2002년에는 약물 기기, 약품-생물의약, 기기-생물의약 요법의 신청을 선별하고 관리하기 위해 복합제제국(Office of Combination Products)이 발족했다.

FDA는 의료기기를 다음과 같이 정의한다.[12]

> 인간 또는 다른 동물의 질병이나 다른 상태를 진단하기 위해, 또는 질병의 완치나 경감, 치료, 예방을 위해 만들어졌거나, 인간이나 다른 동물의 신체 구조나 다른 기능에 영향을 끼치기 위해 만들어진 도구, 장치, 기구, 기계, 고안물, 삽입물, 시험관 내 시약 또는 유사하거나 관련된 항목으로서, 그 구성 부분 또는 부속물 또한 포함하며, 그 일차적인 목적이 인간이나 다른 동물의 신체 내부 또는 그 위에서의 화학 반응을 통해서는 달성되지 않으며, 그 일차적인 목적을 달성하는 데 대사 과정에 의존하지 않는 것.

이러한 복잡한 서술을 해석하는 데 있어 초점으로 삼을 부분은 화학 반응과 대사는 약물과 생물의약품의 핵심이라는 점을 이해하는 데 있다. 따라서 이러한 정의는, 만일 어떤 제품이 약물 또는 생물 의약품이 아니라면 곧 기기라는 효력을 가진다. 물론, 이러한 정의에도 불구하고 회색 지대에 속하는 요법들이 존재한다. 만일 새로운 제품이 약물 또는 생물 의약품 신청을 통해 시장에 풀려야 하는지 아니면 기기 신청을 통해 그렇게 해야 하는지에 대해 애매한 부분이 있다면, 기업은 지정 신청서(request for designation, RFD)를 제출하고 추천을 받을 수 있다.[13] 하지만 FDA가 궁극적으로 결정을 내릴 것이다. 이러한 애매한 상황을 해결할 때는 복합제제국이 나서게 된다.

기기 분류

새로운 제품이 의료기기로 간주되면, 그 다음 고려해야 할 사항은 현행 3단계 안전성 등급 시스템에 기반해 위험의 윤곽을 결정하는 일이다(표 4.2.1). **1등급** 기기는 위험이 가장 낮은 유형이며, **3등급** 기기는 가장 큰 위험이 있는 기기를 포함한다.[14] 이러한 범주화는 인체 사용에 대한 허가 또는 승인에 앞서 기기가 밟아야 하는 규제 심사과정(이른바 "시판 전"(Premarket) 단계)에서 사용된다. 이에 대해서는 아래에서 좀 더 자세히 다룬다.

기기를 개발하기 위해서는 무엇보다도 규제 전문가 컨설턴트와 함께 자신의 기기에 알맞은 분류가 무엇인지를 "최선의 짐작"을 통해 선택할 필요가 있다. FDA는 이러한 결정을 돕기 위해 기기 등급 패널과 코드를 제공한다.[15] 이 분류는 각각의 기술을 평가하는 CRDH의 각 부서에서 심사된 것이다. 모든 의료기기 가운데 대체로 절반 정도가 1등급으로 분류되며, 40~45% 정도가 2등급, 5~10% 정도가 3등급으로 분류된다.[16] 만일 어떤 기술이 현행 기기 규제에 부합하지 않거나, 안전성이 및 효과성에 대한 새로운 의문을 불러올 수 있을 정도로 너무 새로워서 적절한 분류가 무엇인지 판단할 수 없는 경우, 분류를 확정하기 위해 FDA와 비형식적 또는 형식적인 대화를 추진해 볼 수 있다. 조언하자면, 이런 과정은 기기 개발 시간과 비용에 상당한 영향을 미칠 수 있다.

CDRH를 통해 FDA는 간단한 체온계, 설압자, 핫팩부터 박동 조율기와 신장 투석기에 이르는 10만 종 이상의 의료 장비를 규제하고 있다. 이들 장비는 ODE에 의해 관리되는 기술 범주로 분류되며, 그 범주의 수효는 1,700가지에 달한다. 현재 각 분류는 의학 전공 분야에 따라 7개 부, 33개 과에서 나누어 담당하고 있다(표 4.2.2 참조).[17] ODE가 그 심사 과정을 향상시키기 위한 노력의 일환으로 등급 체계를 재조직화하는 경우도 흔하게 나타난다.

각각의 부서들은 쟁점 영역에 대한 전문가 심사자들의 팀으로 구성되어 있다. 1차 심사자들은 통상 공학이나 의공학 영역에서 최소한 학사 학위를 가지고 있다. 앞서 지적했듯이, 시험관 진단 장비는 별도로 체외 진단 및 방사선 보건국에서 평가된다. 이 국 아래에는 5개의 부가 존재한다(화학과 독성학 기기(Chemistry and Toxicology Devices), 면역학 몇 혈액학 기기(Immunology and Hematology Devices), 미생물학 기기(Microbiology Devices), 방사선 기기(Radiological

표 4.2.1 FDA는 의료기기 등급에 따라 상이한 요구 조건을 제시한다.

등급	사례	기술	FDA 요구사항
1	붕대(bandages), 설압자(tongue depressors), 실내용 변기(bedpans), 수술용 장갑(examination gloves), 손으로 잡는 수술 도구들(hand-held surgical instruments).	1등급 기기는 그것을 사용했을 때 인체에 미칠 잠재적 위험성이 최소한에 그치며 대개의 경우 그 설계 또한 단순하다.	1등급 기기의 경우, 대부분 시판 전 허가로부터 면제된다. 임상시험이나 안전성, 효율성에 대한 입증 또한 필요 없는데, 이는 적절한 경험이 유사한 기기에 대해 누적되어 있기 때문이다. 하지만 이들 역시 다음과 같은 "일반 통제"는 따라야 한다. • FDA에 대한 제조업자 등록 • 의료기기 목록 제출 • FDA의 일반적인 라벨링 요구 조건 • 특별히 규제에서 언급하지 않는 한, 품질시스템규정(quality system regulation, QSR), 디자인 컨트롤 사항의 준수
2	X-선 기기, 전동 휠체어, 수술용 바늘, 주사용 펌프, 봉합사의 재료	2등급 기기는 많은 경우 침습적이지 않지만, 1등급 기기보다 설계 면에서 더 복잡한 경향이 있으며, 따라서 그와 같은 기기가 예상대로 작동한다는 사실은 물론 손상이나 위험성을 불러일으키지 않는다는 점 또한 나타내야 한다.	2등급 기기는 규제가 면제되어 있지 않은 경우 일반적으로 510(k) 과정을 통해 시장에 진입한다. 이들은 1등급 기기의 요구사항을 모두 만족켜야 하며, 여기에 대해 다음과 같은 사항을 포함하는 "특별 통제" 또한 만족해야 한다. • 특별한 라벨링 요구사항 • 의무적인 작동 표준 • 디자인 통제 • 출시후 감시
3	심장판막 치환물, 실리콘 유방 보형물, 이식형 소뇌 자극기, 이식형 페이스메이커	3등급 기기는 위험이 큰 기기들이다. 이들은 대개의 경우 이식형 기기, 치료 목적으로 사용되는 기기, 생명 유지 기기 또는 동등한 기기(predicate device)가 없는 고위험 기기이다.	3등급 기기는, 비록 적은 수는 여전히 510(k) 허가를 취득할 수 있지만, 대부분 PMA 규제 경로를 통해 승인을 취득해야만 한다(FDA는 이들 기기 모두에 대해 PMA를 진행하는 과정을 시작했다). 3등급 기기는 반드시 1등급, 2등급 기기의 요구사항을 모두 만족해야만 하며, 여기에 더해, 이들 기기를 인간에게 사용하기에 앞서 그 안전성과 효과성을 보여줄 수 있는 타당한 과학적 증거를 제시해야만 한다.

Health), 유방촬영술 품질 기준(Mammography Quality Standards)).

이노베이터들은 의도한 기기의 용법에 기반해 자신들의 기기 신청을 어느 부서가 담당할 것인지 선택할 수 있다. 부서를 처음 선택하는 과정에 대해서는 이 절의 온라인 "Getting Started" 섹션에서 좀 더 상세하게 서술하겠지만, 기본적으로 이 과정에는 FDA의 분류 데이터베이스 조사 과정 또는 다른 유사한 기기들이 어느 부서에 할당되었는지에 대한 탐색 과정이 포함된다. 이들 도구를 사용해, 이노베이터들은 자신의 기기와 가장 잘 부합하는 서술을 찾아 적절한 분류를 결정할 수 있다. 예를 들어, 어떤 팀이 새로운 유형의 결장경(colonoscope)을 만들어 냈다면, 팀원들은 분류 데이터베이스를 찾아 "결장경"에 대해 조사할 수 있다. 또는 팀원들은 기기 분류 패널을 찾아 본 다음, 위장관 기기와 진단 기기를 고른

표 4.2.2 ODE는 현재 의학 전공에 따라 7개 부, 33개 과로 조직되어 있다(FDA의 조직별 CDRH 관리 디렉토리에서 편집).

기기 평가국(ODE)	
부	과
신경학 및 물리적 의료기기부	• 신경 자극 기기 • 신경 진단 및 신경 외과 기기 • 물리적 의료기기
정형외과 기기부	• 관절 고정기기 1과 • 관절 고정기기 2과 • 복원 및 교정 기기 • 척추 전방 기기 • 척추 후방 기기
외과 기기부	• 일반 외과 기기 1과 • 일반 외과 기기 2과 • 성형 및 재건 수술 기기 1과 • 성형 및 재건 수술 기기 2과
심혈관 기기부	• 심장 진단 기기 • 심장 전기생리 기기 • 순환기 보조 기기 • 중재적 심장학 기기 • 이식 가능한 전기생리 기기 • 말초혈관 중재 기기 • 구조적 심장 기기과 • 혈관 수술 기기
안과 및 이비인후과 기기부	• 콘택트 렌즈 및 망막 기기 • 진단 및 수술 기기 • 안구내 및 각막 이식물 • 이비인후 기기
생식, 소화, 신장, 비뇨기 기기부	• 산과, 부인과 기기 • 비뇨기 및 쇄석술 기기 • 신장 기기 • 위장병학 기기
마취과학, 일반 병원, 감염 억제 및 치과 기기부	• 마취과학 기기 • 일반 병원 기기 • 호흡기 기기 • 감염 억제 기기 • 치과 기기

다음, 결장경과 그 부속물에 대하여 심사를 받으려 할 것이다.

규제 심사과정

CDRH에 의한 의료기기 심사 과정은 세 단계의 위험 분류에 따라 나뉜다. 기기가 어떤 심사 과정을 거칠지는 이노베이터는 물론 기술을 개발하는 기업에게도 매우 중요한데, 이는 이들 세 가지 방법이 노력, 시간, 비용 면에서 상당한 차이가 있기 때문이다(표 4.2.3). CDER과 CBER에서 의약품과 생물의약품이 거치는 심사 과정은 여기서 기술된 것과는 상대적으로 상이할 수 있다.

상대적으로, 오직 소수의 의료 장비만이 시판 전 승인(premarket approval, PMA)을 받게 된다. 예를 들어, 2012 회계연도에는 ODE는 4,000건 이상의 510(k) 신청서를 받았으나, 이 가운데 오직 33건만이 오리지널 PMA 신청서 또는 패널단계 PMA 변경신청서(panel track PMA supplements)였다.[18]

면제 기기

1등급에 속한 의료기기 가운데 대략 1/3 정도는 면제 대상이다. 이들 제품은 시판을 위해 FDA 허가를 받지 않아도 된다는 뜻이다.[19] 1등급에 속하는 면제 대상 기기의 사례로는 붕대, 설압자, 변기, 수술용 장갑 등이 있다(표 4.2.1 참조). 2등급에 속한 기기 가운데 면제 대상의 수는 더 적으며(10% 미만), 이는 FDA가 위험성이 그리 심각하지 않다고 지정했기 때문에 면제 지위를 가지게 된다. 3등급에 속한 기기는 어떠한 것도 면제 대상이 아니다. 환자에게 미약한 위험만을 또는 어떠한 위험도 끼치지 않는 기기에 더해, 다른 특별한 상황하에서 면제 대상으로 분류되는 기기도 있다. 미국에서 판매되지 않는 완제품 또는 맞춤형 기기(특수한 환자나 상황을 위해 만들어진, 1회용 기기)가 그런 사례다.[20]

어떤 기기가 면제 대상으로 지정되었다고 하더라도 FDA의 최소 요구 조건, 즉 "일반 규제"는 따라야만 한다. 이에 대한 요구 조건에 따르면, 회사는 시설을 FDA에 등록해야 하며, 기기와 그 분류를 목록화해야 하고, FDA의 일반 라벨링과 포장 요구 조건을 따라야 하며, FDA의 품질 시스템 규정(Quality Systems Regulation, QSR)을 준수해야 한다. 반면, 특별한 규정이 없는 한 QSR의 디자인 규제 규정(Design Control Regulations)에는 구속되지 않는다.

510(k) 경로

510(k) 심사 과정은 현존 기술과 유사한 기술을 사용하며 중간 정도의 위험을 가진 기기에 적용된다. 이는 대부분의 2등급 의료기기에 대하여 요구되는 경로이다. 510(k)을 통과한 기기는 *허가되었다*고 부르며, 또한 시판 전 신고 지위를 받은 것이다(반면, PMA 경로를 따르는 3등급 기기는 FDA에 의해 *승인*된다). 510(k) 또는 PMA를 받은 신청서를 제출한 회사는 해당 신청의 *스폰서*라고 불린다.

"510(k)" 분류체계는 이 경로에 대해 규정한 1976년 연방 연방 식품, 의약품 및 화장품법에 대한 의료기기 수정법의 한 섹션을 지시한다. 의료기기 승인에 적용할 새로운 체계를 만들기 위해, 의료기기 수정법은 이미 폭넓게, 그리고 안전하게 사용되고 있는 현존 저위험 기기가 대단히 많다는 사실을 반영했다. 이들 기기는 기본적으로 수정법의 적용 대상에서 제외되었으며, 지금은 *선 수정 기기*라고 부른다. 또한 의료기기 수정법은 1976년 이전에 "로드 테스트"를 거친 선수정 기기와의 유사성에 기반하여 새로운 기기를 허가하는 메커니즘을 규정하

표 4.2.3 의료기기에 대한 세 가지 규제 경로는 기기와 관련된 위험의 수준에 기반하여 기기에 부과하는 요구 조건을 변경한다.

경로	서술
기기 면제	이들 기기는 규제 허가를 면제받아도 될 정도로 위험성이 낮다. 대부분의 1등급 기기는 이 경로를 밟는다.
510(k)	이 경로는 의료 기기 승인 과정 가운데 가장 흔하다. 이 과정에 따른 승인은 임상적 용도로 현재 사용되는 기기와 승인 대상 기기 사이의 유사성(또는 실질적인 동등성)을 기반으로 한다. 일부 1등급 기기, 그리고 대부분의 2등급 기기가 이 경로를 밟는다.
시판 전 승인(PMA)	가장 엄격한 경로로, 현재의 기술과 실질적으로 다르며 환자에게 매우 위험한 기기에 적용된다. 3등급 기기의 대부분이 이 경로를 밟지만, 일부 기기의 경우 510(k) 승인을 받을 수 있다(이런 승인은 궁극적으로 취소될 것이다).

고 있다. 추가적인 규정들은 1976년 이전 510(k) 허가를 획득한 다른 기기와의 비교에 기반해 새로운 기기를 허가할 수 있도록 해 준다. 이들 사례 가운데 어떤 상황에 대해서든, 새로운 장비와 비교 대상이 되는 기기는 *동등한 기기*라고 부른다(그림 4.2.1).

510(k) 경로를 지원하기 위해 이노베이터는 FDA가 새로운 기기를 현존하는 기기와 비교할 수 있도록 자신의 기기가 동등한 기기와 *실질적으로 어떻게 동등한지*를 보여주어야 한다. 핵심은 새로운 기기가 동등한 기기와 실질적으로 동등하다는 점을 보이기 위해서는 다음 조건을 반드시 만족해야 한다는 데 있다: (1) 사용 지시가 동일해야 한다. (2) 기술적 특징이 현존하는 기기와 유사해야 한다. (3) 해당 영역에 속한 동등 기기와의 차이에서 안전성과 효과성에 대한 새로운 의문이 제기되지 않아야 한다.[21] 특히, 이는 문제의 장비가 의도된 용법, 디자인, 에너지 사용이나 전달, 재료, 화학적 구성, 제조 과정, 작동, 안전성, 효과성, 표지, 생물적합성, 표준, 그리고 다른 특징과 관련하여 동등한 기기와 적절하게 비교될 수 있어야 한다는 뜻이다. 실질적 동등성은 새로운 기기와 현존 기기가 동일해야 한다는 뜻이 아니다.[22] 하지만 이는 새로운 기기가 유관한 유사성(궁극적으로 FDA에 의해 판단되는 개념이다)을 제시해야 할 것을 요구하며, 최소한 동등한 기기만큼 안전하고 효과적이어야 한다고도 요구한다.

510(k) 경로의 또 다른 중요한 측면은 개발자가 실질적 동등성의 논거를 만들기 위해 *하나 이상의 동등한 기기*를 선택할 수 있다는 점이다. 하지만 FDA는 "쪼개진 동등성", 즉 새로운 기기가 하나의 시판 중인 기기와 동일한 의도된 용법을 가지고 있다는 점을 보여주는 한편 다른 유형의 시판 중인 기기와는 동일한 기술적 특징을 가졌다는 점을 보여주어 개발자가 510(k) 의사결정 과정을 두 개로 쪼개려고 시도하는 상황을 허용하지 않는다.

510(k)의 허가를 위한 실질적 동등성은 통상 벤치 테스트 또는 동물 검사를 기반으로 보일 수 있다. 그런데 비록 FDA가 510(k) 신청서 가운데 1년에 약 10%에 대해서만 임상 데이터를 요구하고 있기는 하지만,[23] 이 수치는 지속적으로 증가하고 있다. FDA는 이노베이터와 회사들에게 임상 데이터가 허가 과정에 필수적인지에 대해 통지할 것이다. 만일 임상 데이터를 요구 받는다 해도, 그와 같은 데이터를 모으는 임상 연구는 통상 PMA 경로에 요구되는 시험보다는 더 작고, 신속하며, 저렴할 것이다(5.3 임상시험 전략 참조).

최근, 510(k) 절차의 FDA에 의한 적용은 미디어와 의회로부터 세밀하게 감독되고 있다. 미국 의학협회(Institute Of Medicine, IOM)의 보고서는 좀 더 엄격한 PMA 경로와 비교했을 때 너무 많은 제품들이 최소한의 임상 검사만을 거치고 있다는 점을 지적하면서 510(k) 과정이 너무 느슨하다고 비판하고 있다.[24] 미디어의 지속적인 조명과 함께, 이러한 보고서들은 510(k) 경로를 통해 허가된 기기를 둘러싸고 벌어지는 지속적인 논쟁에 불을 지피고 있다. 이로 인해 510(k) 과정에서 좀 더 포괄적인 데이터를 요구하는 일반적인 경향이 나타나고 있으며, 몇몇 사례에서는 PMA 과정에서 통상 요구했던 것보다 더 많은 유형의 제출 서류를 제출하라는 요구가 제기되기도 한다.

드 노보(De novo) 510(k) 허가 1997년, FDA는 이른바 드 노보 경로라는 이름의 510(k) 허가 범주를 신설했다. 이는 의회가 2013년 통과시킨 FDA 안전과 혁신 법안(FDA Safety and Innovation Act)을 통해 추가적으로 수정되었다. 드 노보 경로는 3등급 기기만큼의 큰 위험을 가지고 있지는 않지만, 어떠

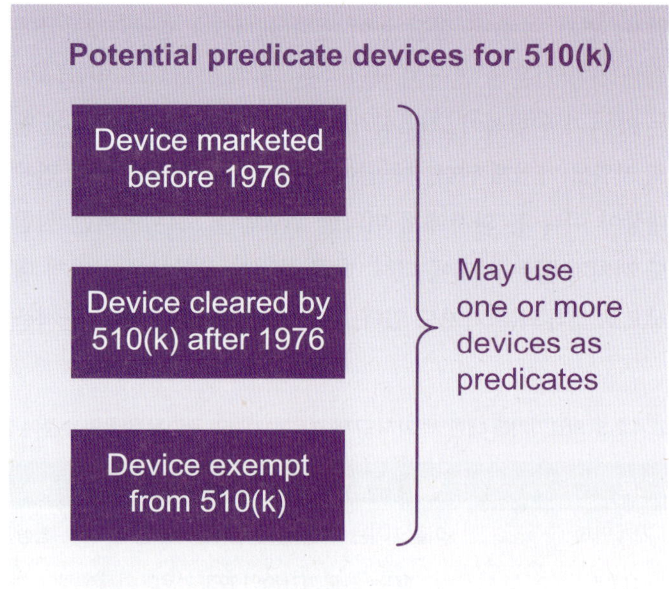

그림 4.2.1
510(k) 허가는 이미 510(k) 경로를 밟고 승인된 선수정 동등 기기, 그리고 후수정 동등 기기에 기반해 또는 510(k) 면제 기기에 기반해 이뤄질 수 있다.

한 동등 기기도 존재하지 않는 제품 또는 이미 합법적으로 시판 중인 동등 기기와 안전성 및 효과성 측면에서 다른 종류의 질문이 제기되는 제품에 적용하기 위해 개발된 것이다. 드 노보 510(k)는 일반적으로 표준적인 510(k)보다 더 높은 수준의 효력을 증명할 것을 요구 받지만, PMA 보다는 더 적은 수준의 자료를 요구 받는다. 드 노보 510(k) 허가의 한 가지 사례는 기븐 이미징 필캠(Given Imaging Pillcam)™의 내시경 캡슐이다. 이 캡슐은 위창자관을 통과하는 캡슐로 작동하면서 장 내부의 이미지를 전송하는 작은 비디오 카메라를 포함하고 있으며, 필캠 사는 캡슐이 진단 평가에 도움이 될 정도의 이미지를 제공할 수 있다는 설득력 있는 데이터를 FDA에 제출했다. 이는 표준적인 내시경 검사 절차에 부속된 것으로서 사용될 수 있었다. FDA는 이 기기가 510(k) 허가를 받을 수 있을 만큼 어떠한 현존 장치와도 충분히 유사하지 않다고 보았으나, 드 노보 510(k) 지위는 줄 수 있다고 보았는데, 이는 이 캡슐의 적절한 안전 프로필, 그리고 이미지 촬영에 있어서의 효과성 때문이었다. 이러한 경로는 역사적으로 대부분의 시험관 내 진단 장비에 대해 사용되어 왔다. 하지만 이 경로는 높은 수준의 위험이 일어나지는 않았으나 어떠한 동등 기기도 존재하지 않는 장비 또는 이미 합법적으로 시판 중인 동등 기기와는 안전성 및 효과성 측면에서 다른 종류의 질문이 제기되는 좀 더 복잡한 기기에 적용할 수도 있을 것이다.

510(k) 허가의 서로 다른 두 가지 범주에 대해서도 간략히 언급할 필요가 있다. 어떤 기업은 자신들이 개발한 장비를 개조하고, 이 개조에 대해 허가를 받기 위해 특별한 510(k)를 추구할 수 있다. 단축된 510(k)는 어떤 기업이 FDA가 인정하는 특별한 표준 과 부합한다는 사실을 입증할 수 있는 경우 사용된다. 이런 경우, 기업은 문제의 장비는 이들 표준과 부합하며 전통적인 510(k)에 필요한 세밀한 검사 보고서를 제출할 필요가 없다는 신고 서류를 제출한다.

510(k) 제출의 메커니즘 대부분의 상황에서 이노베이터들은 510(k) 제출을 준비하기 위해 규제 전문가 컨설턴트를 활용하게 된다. 필수 서류는 수백 쪽 이상(또는 그보다 더 긴)일 것이며, 동등 기기를 선택하고 실질적인 동등성을 논증하는 데는 경험이 필요하다.

어떠한 표준적인 510(k) 서류 양식도 존재하지 않지만, 510(k) 제출을 위해 충족해야 할 요구사항은 상대적으로 잘 정의되어 있다.[25] 제출 서류의 핵심은 새로운 기기를 동등 기기와 비교하는 부분이다. 여기서는 기기의 작동 특징, 벤치 테스트에서 수집한 데이터, 그리고 일부 경우에는 동물 및 임상시험의 결과를 포함하는 세밀하고 과학적인 비교 작업이 요구된다. 두 번째로 중요한 부분은 사용 지시 – 허가를 위한 임상적 지시 사항 – 이다. 또한 제출 서류는 기기와 함께 환자에게 배포되거나 제공되는 모든 설명서나 라벨의 사본도 포함해야 한다. 개발자는 광고와 교육 자료의 견본 또한 제출할 수 있다. 만일 생물적합성 또는 저장 수명이나 안정성 데이터가 요구된다면, 이들 결과 역시 제공될 수 있다. 마지막으로, 제출 서류는 만일 기기가 허가될 경우 FDA 웹사이트에 공개될 공식 문서인 510(k) 요약 또는 510(k) 명세서를 포함한다.

수많은 기기 특이적 안내 문서를 FDA 안내 문서 데이터베이스를 통해 사용할 수 있다. 이들 안내 문서는 새로운 기기와의 실질적 동등성을 결정하기 위해 현재 FDA가 무엇을 사용할지에 대한 상세한 정보는 물론,[26] 사용할 문서 형식[27] 또한 어떠한 것도 간과되지 않게 하는 방법에 대해서도 다루고 있다.[28]

510(k) 검토 절차 및 순서 앞서 지적했듯이, FDA에 대한 각각의 510(k) 제출은 검토를 위해 하나의 국으로 할당된다. 모든 부서가 검토 또는 승인 과정을 거치는 동안 동일한 접근 방식을 취하는 것은 아니기 때문에 특정 부서에 직접 서류를 제출하려는 시도가 이득이 될 수도 있다.

FDA는 전통적인 510(k) 제출 서류를 접수한 다음 90일 이내로 검토 절차를 밟을 것을 규정하고 있다. 이는 FDA가 90일 이내로 판단을 내린다는 뜻은 아니며, 다만 이 기간 내로 답신을 제공할 의무가 있다는 말일 뿐이다. 만일 FDA가 제출된 정보에 기반하여 결정을 내릴 수 없다면, 개발자는 추가 정보를 제출하라는 요청을 받게 될 것이다. 그와 같은 요청은 여러 차례 있을 수 있으며, FDA가 정보를 요청하는 각각의 시점마다, 제조업자가 요청된 정보를 제출할 때까지 심사는 잠시 멈추게 된다. 궁극적으로 FDA는 실질적 동등성(substantially equivalent, SE)이 있는지, 또는 비 실질적 동등성(non-substantially equivalent, NSE)이 있는지를 결정하게 된다.

SE 공지는 FDA로부터 발송된 쟁점 기기를 미국 내에서 시판할 수 있다는 서신 형태로 이뤄진다. NSE 결정은 회사가 다시 계획 단계로 돌아가게 만든다. 이 결정은 기기뿐만 아니라 회사에 있어서도 매우 힘든 일이 되는데, 이는 허가를 받기 위해 PMA에 출원하는 일이든 510(k)에 다시 지원하는 일이든 상당한 시간을 소비하기 때문이다.

비록 510(k) 허가에 걸리는 법정 검토 시간이 90일이며, 목표 검토 시간표가 의회에 의해 상정되어 있으나, 실제 510(k)의 검토에 들어가는 실제 시간은 예측할 수 없다. 대부분의 경우 간단한 허가가 몇 개월 정도 소요된다. 몇몇 510(k)는 분석의 복잡성과 수많은 추가 정보 요청 때문에 1년 이상의 시간이 걸릴 수도 있다. 또한 이들 절차는 개발자가 수준 이하의 준비를 했거나, 개발자와 검토자 사이의 불충분한 의사소통 때문에 지연될 수도 있다. 오늘날 FDA는 모든 요구된 정보가 510(k) 검토 절차를 시작하기 전에 제출될 수 있도록 접수된 제출 서류에 대해 초기 심사를 수행하고 있다.

PMA 경로

PMA 경로는 환자에게 높은 위험이 있으며 해당 영역에서 사용되어 온 현존 기술과 상당히 다른 기기에 대해 요구되는 절차이다. PMA는 어떤 기기를 상업적으로 사용할 수 있도록 하기에 앞서, 의도된 용법이 안전하고 효과적인지를 타당하고 과학적인 증거를 통해 검증하기 위해 FDA에 의해 이뤄지는 결정에 기반한다. PMA 기기에 대한 승인은 3등급에 속하는 유사 기기의 존재 유무와는 아무런 상관 없이 기기 자체의 이점에 기초해서 이뤄진다. PMA 제출의 대부분은 3등급 기기에 대해 이뤄진다. 비록 510(k) 경로에 의해서도 허가될 수 있는 수정 이전의 특정한 3등급 기기도 있지만, FDA는 남아 있는 기기에 대해서도 완전한 분류를 할 수 있도록 노력하고 있다.[29]

PMA를 받는 일은 510(k)를 받는 것보다 더 복잡한 일이며, 이는 무엇보다도 개발자가 안전성과 효과성을 입증할 수 있는 타당한 과학적 증거를 제출할 필요가 있으며, **주요 임상연구**(pivotal study)로부터 획득한 임상 데이터가 있어야 한다는 의미이다. 이런 자격이 있는 연구는 대개 큰 규모 및 다수의 표본을 대상으로 한 **무작위 임상시험**(randomized clinical trials)이며, 많은 경우 전체 바이오디자인 혁신 과정에서 가장 비싼 – 그리고 가장 큰 위험을 가진 – 단계일 수 있다. 단순한 경험적 경향에 비춰보더라도, 이들 연구에는 수백 명의 환자를 동원해야 하며 동시에 수백만 또는 수천만 달러가 사용될 수 있다. 그 다음 단계에서 PMA 제출 서류는 수천 쪽 분량에 도달할 수 있다(그림 4.2.2 참조).

만일 어떤 기기가 생명을 유지하는 데 관련되어 있다면, 이미 승인된 유사 기기가 있는지 여부와 무관하게 PMA의 제출이 필요하다. 예를 들어, 관상동맥 스텐트는 3등급 장비의 한 유형이다. 비록 다른 관상동맥 스텐트가 시장에서 시판되고 있다고 하더라도, 모든 새로운 스텐트는 PMA 경로를 밟아야만 한다. 앞서 3등급으로 분류되었으며, 시판 전 허가를 통해 시장에 진입한 기기는 510(k) 규제 허가 절차에서 동등한 기기로 사용될 수 없다.

PMA 제출의 메커니즘 PMA 제출 서류는 안전성과 효과성 데이터에 대한 요약문으로 시작한다. 이 제출 서류의 핵심은 연구 설계, 프로토콜, 환자 등록부 및 포괄적인 데이터, 연구의 **1차 · 2차 종료 시점**, 시험에 참여한 모든 환자에게서 얻은 데이터, 그리고 결과에 대한 상세한 통계적 분석을 포함하는 임상 연구 보고서이다. 또한 벤치 탑 테스트의 결과를 포함하는 비임상 실험실 실험의 결과와 피로와 스트레스, 저장 수명, 소독 방법, 소프트웨어 확인과 검증, 그리고 기기의 안전성과 효과성을 뒷받침하는 데 유관한 다른 비임상시험뿐만 아니라, 생물적 합성과 비임상(동물 또는 생물학적) 시험을 포함하는 부분 역시 주요 내용으로 삼고 있다. 신청된 라벨과 사용설명서도 제출 서류에 포함된다. 개발자는 의사들에 대한 훈련 계획을 제시할 수 있다. 기기의 제조와 품질 시스템 규정 준수에 대한 부분은 FDA가 승인 전 시설 조사를 준비하는 데 사용될 수 있다. 또한 기기의 승인 이후에 필요한 추가적인 연구(시판 후 안전성조사(post-market surveillance) 또는 승인 후 연구(post-approval studies)라고 부른다)에 대한 협의 또한 개괄하는 부분이 있을 수 있다. 규제와 안내 문서는 PMA 제출 서류의 내용과 형식에 대해 FDA가 기대하고 요구하는 내용을 명확하게 개괄하고 있다.[30] 다른 부서가 다루는 유사한 제품 또는 부서 내에서 다루는 다른 기기에 대한 안내 문서 역시 FDA가 어떤 기기에 대해 현재 어떻게 생각 또는 기대하고 있는지를 이해하는 데 도움을 줄 수 있을 것이다.

PMA 제출 서류는 3년간 근무하는 5명에서 15명 가량의 의사, 통계학자 또는 다른 전문가들로 구성된 특별 고문 패널에 의해 검토된다. 이들 핵심 전문가에 더해, 어떤 유형의 사례를 다루는지에 따라 관련 주제의 전문가를 패널에 추가할 수도 있으며, 투표권이 없는 산업 관계자 및 소비자 팀원도 추가할 수 있다. PMA가 제출되고 FDA의 검토 과정이 이뤄지는 동안, 패널들은 회사의 개발자들, 전문가 컨설턴트, 그리고 FDA 검토 팀의 발표를 청취하기 위해 소집된다. 패널들은 기기의 안전성 및 효과성과 관련된 질문에 답하기 위해 표결에 참여한다. 이들의 권고 사항은 구속력은 없으나, 새로운 기기를 승인 또는 불승인할지 FDA가 결정할 때 있어 상당한 가중치를 부여 받는다. 최종적인 결정은 CDRH 과의 팀의 분석에 기반해서 이뤄지며, 기기 평가국 국장의 승인에 따르게 된다.

PMA 경로에는 두 가지 서로 다른 유형이 있다.[31] 대개의 경우, 전통적인 PMA는 임상시험이 이미 완료되었을 때 또는 벤치/비임상시험 또는 다른 정보가 임상시험에 앞서 완료되지 않을 때 사용된다. 모듈 PMA는 미국에서 개발자들에 의해 점점 더 많이 사용되고 있다. 이 접근 방법에 따르면, PMA의 전체 내용은 적절하게 윤곽 지어진 구성 요소(모듈)로 쪼개지며 각각의 모듈들은 개발자들이 작업을 마치는 대로 FDA에 출원되어 시간이 지나면 완전한 PMA로 수합된다. FDA는 각각의 모듈을 받는 즉시 별도로 검토하며, 이를 통해 회사가 검토 과정이 진행되는 동안 피드백을 즉각 받아볼 수 있도록 한다. 이러한 접근 방식은 승인이 좀 더 빠르게 처리되도록 할 수 있다. 한 가지 주의 사항은 임상시험 모듈은 반드시 마지막에 제출되어야 한다는 점이다.

그림 4.2.2
공식적인 것은 아니지만, PMA 제출 서류의 분량은 페이지보다는 피트(feet)로 재는 경우가 많다(Joen Lyons 촬영, 엠파시스 메디컬의 허가를 받아 사용).

제품 개발 프로토콜(product development protocol, PDP) 방법은 PMA 과정의 대안이며, 그 내용은 본질적으로 디자인과 개발 활동, 활동의 결과, 그리고 이 결과를 수용하는 기준의 세부 사항에 대해 개발자와 FDA 사이에서 맺어진 계약이다. PDP 과정의 가장 이상적 후보는 개발에 사용할 기술이 산업 내에서 잘 확립되어 있는 기기에 대한 것이다. 비록 PDP 메커니즘이 여러 해 동안 존재해왔으나 널리 사용되지는 않았고, 또한 최근 FDA는 개발자에게 좀 더 효율적이고 매력적인 과정을 만들어 내기 위한 방법을 탐색하고 있는 중이다.[32]

PMA 검토 과정과 순서 형식상, PMA 제출서류에 대한 FDA 검토 기간은 180일이다. 510(k) 신청과 마찬가지로, FDA는 승인하거나, 거부하거나, 신청에 대한 검토와 관련된 추가적 정보를 회사에게 요청할 수 있다. 결정을 내리기에 앞서, 최소한 두 차례의 요청이 들어가는 것이 통상적이다. 만일 개발자가 새로운 정보를 스스로 또는 FDA의 요청에 따라 제출했다면, FDA는 검토 기간을 180일까지 연장할 수 있다. 최종 승인은 FDA가 보내는 서신 형태로 도착하게 되며, 신청자에게 특정한 의료기기의 판매에 대한 독점적 면허가 수여된다. PMA 제출에서 승인까지 걸리는 시간은 정해져 있지 않으나, 1년 또는 그 이상의 시간이 걸리는 것은 드문 일이 아니다.

임상시험 의료기기 적용 면제

규제 허가나 승인에 앞서 인간 대상 시험을 수행하기 위해서는 FDA나 연구 수행을 감독하는 기관으로부터 또는 두 기관 모두로부터 공식적인 인가가 주어져야 한다. 어떤 기기의 위험이 낮을 경우, 이노베이터는 하나 또는 여러 병원의 임상시험 심사 위원회(Institutional Review Board, IRB)에 연구 승인을 요청할 수 있다. 만일 IRB가 이 연구는 중요하지 않은 위험만을 품고 있다는 데 합의한다면, 참여 환자의 목록을 결정하기에 앞서 FDA나 다른 기관이 연구를 검토해야 할 필요는 없다. 하지만, IRB 가운데 한 곳이라도 연구를 승인하지 않았다면, FDA의 개입 없이는 어떠한 병원에서도 이 연구는 진행될 수 없을 것이다.

510(k) 또는 PMA 제출이 이뤄졌다면 의미 있는 위험이 있는 기기에 대해 임상시험을 시작해도 좋다는 허가는 임상시험 의료기기 적용 면제(Investigation Device Exemption, IDE)를 통해 FDA가 수여한다. 미국의 어떠한 환자도 FDA에 의해 IDE가 수여되기 전에는 이런 임상 연구의 대상으로 등록될 수 없다. 510(k)와 PMA에 필요한 과정과는 달리, IDE 등록 과정은 기기의 시험에 관심을 가진 이노베이터가 규제 전문가 컨설턴트를 고용하지 않고도 충분히 진행할 수 있다.[33] 중요한 부분은 IDE가 기기를 시장에 판매할 수 있는 허가를 포함하지는 않는다는 점이다. 이는 잘 정의되고 세심하게 통제된 상황하에서 기기를 조사할 수 있다는 법적 예외일 뿐이다. 기업은 IDE 하에서 기기에 대한 조사를 시작할 수 있다.

IDE 승인을 받기 위해서는 문제의 제품이 임상에서 인간에게 사용해도 안전하다는 점을 보여주는 충분한 데이터를 제시해야 한다. 이는 아마도 기계적 · 전기적 시험은 물론, 동물 시험, 생물동등성 시험과 같은 여러 시험을 요구할 것이다. 추가로, 연구에서 사용되는 환자 동의 양식 역시 FDA에 의해 승인되어야 한다. 또한 IRB 승인은 검사가 수행되는 모든 센터에서 수행되어야 한다. 개발자는 임상 프로토콜과 전임상 연구를 검토할 수 있는 비형식적인 제출 전 모임에서 FDA 관계자를 만날 수 있다. 이들 모임이나 다른 FDA 관계자와의 모임에서 사용할 전략에 대해서는 5.4 허가인증 전략에서 기술한다. IDE 지원 서류를 제출했다면, FDA는 이에 30일 내로 응답해야 한다. 지원은 승인되거나, 승인되지 않거나, 조건부 승인될 수 있다. 만일 조건부 승인이 내려진다면, 개발자는 45일 내로 FDA에 개량된 기기와 임상시험 계획서를 제출해야 한다.

인도적 의료기기 적용 면제

FDA는 특정한 기기가 영향을 미치는 환자의 숫자 측면에서는 그 적용이 제한적이지만 여전히 의학적으로는 중요하다는 점을 인식하고 있다. 이들 기기, 이른바 인도적 사용 기기(Humanitarian Use Devices, HUDs)에 대해서는 특별한 승인 경로가, 다시 말해 인도적 의료기기 적용 면제(humanitarian device exemptions, HDE) 경로가 존재한다. FDA는 HUD를 미국에서 연간 4천 명 또는 그보다 적은 숫자의 환자에게만 쓰이는 기기라고 정의하고 있다. HDE를 받으려면, 먼저 개발자가 희귀의약품 개발국(Office of Orphan Products Development)으로부터 자신의 기기에 대해 HUD 지정을 받아야 한다. 그 다음, 개발자는 HDE 적용을 위해 IRB 승인을 받아야 한다. 이들 기기를 위한 임상 데이터는 획득하기 대단히 어렵기 때문에, HDE 경로는 PMA와 동일한 유형의 또는 동일한 크기의 시험을 요구하지는 않는다. 개발자는 또한 HDE 경로를 사용하지 않으면 이 제품을 개발할 수 없다는 점에 대해 납득할 수 있는 논증을 제시해야 하며, 현존하는 장비 가운데 어떠한 것도 동일한 임상적 목적을 효과적으로 달성하는 데 사용될 수 없다는 점을 보여야 한다.

HDE의 검토에 들어가는 시간은 75일이다. HDE 승인을 얻은 기기의 사례로 열린타원구멍(patent foramen ovale, PFO)에 대한 치료 방법으로 쓰이는 앰플래처(Amplatzer)® 구멍 마개를 들 수 있다. 열린타원구멍이란 좌심실과 우심실 사이의 격벽이 불완전하게 닫힘에 따라 일어나는 것이며, 폐에 의해 일어나는 자연 여과 과정을 혈액이 부분적으로 우회하게 만드는 문제를 가져온다. 앰플래처에 적용된 새로운 기술은 본래 열린타원구멍과 관련된 뇌졸중 때문에 고통 받던 소수의 환자 집단을 목표로 하여 개발되었다. 하지만 다른 데이터는 열린타원구멍을 닫으면 편두통을 경감하는 데도 잠재적으로 도움이 될 수 있다는 암시를 주었다. 만일 이런 사실이 입증된다면, 이 시술을 통해 대단히 많은 환자 인구가 영향을 받을 수 있을 것이다. 이런 새로운 기회가 눈 앞에 펼쳐졌지만, 앰플래처 기기는 승인된 용법보다 광범위한 사용을 뒷받침하는 데이터를 통해 PMA 승인을 얻지 못할 경우 더 넓은 시장에 진출할 수는 없었다. 승인된 용법보다 광범위한 사용을 위해, HDE 승인을 받은 제품의 개발자가 비인가 판촉활동을 수행할 경우 이

는 IDE 취소 사유가 될 수 있다.[34]

FDA 심사의 가격

2002년 법제화된 의료기기 사용자 비용과 현대화 법률(Medical Device User Fee and Modernization Act, **MDUFMA**)은 의료기기 산업에 사용자 비용이라는 개념을 정립시켰다. 약물과 생물학 관련 출원자는 때때로 사용자 비용을 지불했으나, 의료기기에 대한 출원은 역사적으로 "무료"였다. MDUFMA는 FDA가 그 수가 계속해서 늘어나는 리뷰를 잘 수행할 수 있도록 돕는 한편, 의료기기 출원자들이 시장에 더 빠르게 접근할 수 있도록 촉진하는 재원을 만들어내기 위해 입법된 것이다. 등록 시, 그리고 제출 이후에 대한 사용자 비용은 각 회계연도마다 공표된다.

일반적으로, 510(k) 출원 비용은 FDA가 이들 제출 서류를 검토하는 데 들어가는 시간과 비용을 감안했을 때는 비교적 저렴한 편이다. 2013 회계연도의 표준 제출 비용은 4,049달러였으며, 중소기업(매출 1억달러 이하의 기업) 비용은 2,024달러였다. PMA 제출 비용은 상대적으로 비싸다.[35] 3천만 달러 이하의 수령액 또는 매출을 기록하는 회사에 대해서는 첫 번째 PMA 등록에 대한 비용을 물리지 않는다.

수수료로 인한 한 가지 주목할만한 사항은 이 법률은 이제 FDA에게 그 성과와 검토의 수 측면에서 더 많은 결과와 책임을 요구한다는 사실일 것이다. 이 법률은 출원자와 FDA 사이에서 규제 검토를 완료하는 데 대한 협정을 맺을 때 좀 더 사업적인 모형을 따를 수 있도록 유도했다. 하지만, 중요하게도 이 법률은 FDA가 출원과 연관된 특별한 시간 일정을 따라야 한다고 말하지는 않는다. 이제 FDA에게는 510(k)를 90일 이내로 허가할 또는 PMA를 180일 이내로 승인해야 할 의무가 없다. 하지만 의회는 FDA의 성과를 그 목표에 비추어 측정하고 있으며, 이 기관의 지속적인 예산 확보는 바로 성과에 달려 있다. 결국 이로 인해 FDA는 적시에 검토와 승인을 마치게 될 유인 동기를 가지게 되었다. 최근 들어, FDA의 성과는 이런 변화의 결과 향상된 것처럼 보인다.[36]

모바일 의료 기술에 대한 FDA의 규제에 대한 노트

스마트폰의 사용이 증가하면서, 수많은 건강 관련 서비스가 모바일 기기를 통해 제공되고 있다. 이런 유행은 디지털 헬스 또는 **모바일 헬스**(mHealth)라는 이름으로 알려져 있다. 2013년, FDA는 모바일 의료 애플리케이션(앱)에 대한 미국에서의 규제에 대한 안내서를 출간했으며, 이 문서의 내용은 이들 기술의 개발자들이 FDA의 관리에 직면하게 될지 아닐지를 결정하는 데 도움을 줄 수 있는 내용이었다.[37] 앱의 의도된 용법은 이러한 결정을 내릴 때 있어 중심적이다. FDA는 다음과 같은 의도를 가진 모바일 기술에 주의를 기울일 것이라고 말한다. (1) 규제 대상 의료기기의 부속물로 사용되는 경우, 또는 (2) 모바일 플랫폼을 규제된 기기로 변형시키는 경우. 이 안내서는 다음과 같이 추가적인 해명을 제시한다. "일반적으로, 만일 어떤 모바일 앱이 의학적 기능(즉, 질병이나 다른 상태의 진단, 또는 질병의 완치, 완화, 치료, 또는 예방)을 수행하려는 의도를 가지고 제작되었다면, 그것은 그것을 가동하는 플랫폼이 무엇인지와는 무관하게 의료기기이다."[38]

이 안내서는 의료기기를 규제하려는 FDA의 관점과 대응하는 방식으로 앱을 세 가지 범주로 분할했다(그림 4.2.3 참조). 피라미드의 기단부로 표현된 범주는 FDA의 의료기기 정의에 부합하지 않는 기술을 포함하고 있으며, 때문에 이들 범주는 규제 대상이 아니다(예를 들어, 의사나 환자를 위한 의료적 참고 자료, 의학적 훈련을 위한 교육 앱 또는 보험 청구 데이터를 배열하거나 추적하는 작업과 같이 의료 행정 업무를 원활하게 하는 앱 등). 중간 층에는 의료기기의 정의와 부합하는 앱이 있으나, 이들은 환자에게 제한적인 위험만을 줄 뿐이다(예를 들어, 환자를 지도하거나 건강과 관련된 조언과 주의사항을 알려주는 기술). 이들 앱에 대해, FDA는 규제 관리를 재량에 따라 수행할 것이다. 달리 말해, FDA는 잠재적인 쟁점을 사례에 기반해 조사할 것이며, 어떤 제품이 이미 시장에서 시판되더라도 규제를 집행할 권리를 그대로 가지고 있을 것이다. 이 피라미드의 꼭대기 층에는 의료기기로 간주되는 한편 이 기기가 오작동하면 환자에게 해악을 줄 수 있는 상당한 위험이 있는 앱이 자리한다. 이 범주에 속하는 기술은 전통적인 의료기기에 적용되었던, 위험 기반 틀을 사용하여 분류되며, 동일한 요구조건에 따라 규제된다.[39] 핵심 사례는 다음과 같다.[40]

- 기기를 통제하거나, 환자 특이적 의료기기 데이터를 표시,

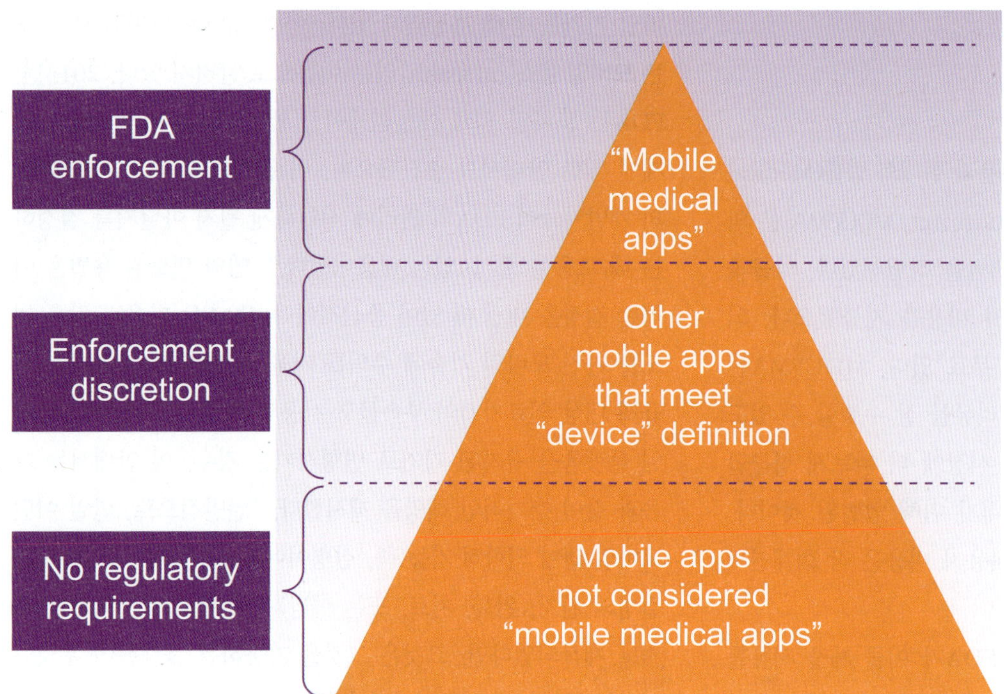

그림 4.2.3
모바일 의료 앱에 대한 FDA의 규제 방법 (www.FDA.gov)

저장, 분석, 전송(예를 들어 침상 옆 모니터로부터 얻은 데이터를 원격에서 표시하거나, 이미 저장된 심전도 파형을 표시하는 일)하려는 목적을 가진 기기와의 연결을 통해 하나 또는 *하나 이상의 의료기기의 범위에 걸쳐 있는 모바일 앱*. 이들 앱은 앱을 통해 그 기능이 확장되는 기기에 적용되는 규제에 종속된다.

- 모바일 플랫폼을 현재 규제 대상인 의료기기와 유사한 기능을 포함하고 있는 부속물, 스크린, 센서를 사용하여 *규제 대상 의료기기로 변형시키는 모바일 앱*. 이들 앱은 변형된 플랫폼과 연관된 기기 분류를 따를 것이 요구된다.
- *환자 특이적 분석을 수행하고, 환자 특이적 진단이나 치료 추천을 제공하는 방식으로 규제된 의료기기가 되는 모바일 앱*. 이런 유형의 모바일 의료 앱은 이미 허가 또는 승인된 소프트웨어 기기의 유형과 유사하거나 동일한 기능을 수행한다. FDA는 이들 기술의 제조자가 적용 가능한 규제 요구사항과 관련해 자신들과 접촉해야 한다고 권고하고 있다.

중요하게도, FDA는 모바일 앱이 배포되는 원천뿐만 아니라 구동되는 하드웨어 역시 규제 대상에서 제외한다.

이러한 안내에 대한 철학을 요약하면서, 트리플 링 테크놀로지(Triple Ring Technologies) 사의 사업개발팀 부대표 Geetha Rao는 이렇게 말한다. "모바일 의료 앱의 번창 덕분에 FDA가 모든 것을 완전하게 검토할 방법은 없어졌습니다. 때문에 이 기관은 위험 기반 접근방식을 택하고 있습니다."[41] Rao는 계속해서 이노베이터가 위험에 대한 FDA의 견해를 해석해야 한다는 데 중요한 도전이 있다고 지적한다. 프로테우스 디지털 헬스(Proteus Digital Health) 사에서 규제 업무 시니어 디렉터를 역임한 Jafar Shenasa에 따르면, 규제 여부를 보여주는 가장 유관한 표지 가운데 하나는 문제의 모바일 앱이 환자 특이적 정보를 제공하는지 여부이다. "만일 모바일 앱에서 얻은 데이터가 환자 특이적이게 된다면, 그리고 그 정보가 잠재적으로 임상적 결정을 이끌 수 있다면, 이는 규제 대상이 될 가능성이 높다." 계속해서 그는 이렇게 말한다. "만일 어떤 기술이 어떤 환자가 임상의나 의사를 회피할 수 있는 잠재력을 만들어 낼 수 있다면 이 역시 감시 대상이 될 수 있는 또 다른 대상이다." FDA는 또한 적절한 규제 요구조건을 충족하지 않은 채로 의료기기의 기능을 수행하는 앱을 판촉하는 회사를 찾아 내려고도 할 것이다.

바이오센스 테크놀로지라는 회사는 이러한 상황에서 유체크(uChek) 소변 분석기와 관련해 FDA의 단속 대상이 되었다.

이 회사는 소변에 들어 있는 당의 양을 체크하기를 원하는 당뇨 환자들에게 유체크 모바일 앱을 판촉했다. 환자들은 유체크 앱을 자신의 모바일 기기에 다운로드 받은 다음 소량의 "중간 소변을 모아" 처방 없이 살 수 있는 소변 검사지를 소변 샘플에 담근다. 몇 분이 지나면 검사지의 색은 소변에서 관련성이 있는 화합물을 반영하는 색으로 변하게 된다. 환자는 이를 환자의 기기에 달린 카메라를 사용해 촬영하고, 앱은 검사지의 색깔을 평가하고 메일로 환자에게 그 결과를 전송한다.[42]

유체크가 시장에 풀리고 난 다음, FDA는 다음과 같은 내용을 핵심으로 하는 서신을 보냈다.[43]

> 당신의 애플리케이션과 함께 사용될 소변검사지의 유형을 명시하십시오. 직접 눈으로 읽어서 해석할 수 있을 때에만 문제의 앱은 허가를 취득할 수 있습니다. 당신의 앱은 스마트폰이 소변검사지를 읽을 수 있게 하므로, 스마트폰과 기기는 자동 소변검사기의 모든 기능을 하게 됩니다. 이들 소변검사지를 자동 소변검사기가 읽었을 때, 소변검사지는 테스트 시스템의 일부로서 새롭게 허가를 취득해야만 합니다. 때문에, 이들 기기를 소변검사지의 분석, 판독, 해석을 위해 사용하라고 판촉하려는 어떠한 회사이든 전체 소변검사 시스템에 대해 허가를 받아야만 합니다.

FDA와의 의견 교환 이후, 바이오센스테크놀로지는 시장에서 본래 출시했던 기기를 철수했으며, 혈액이나 소변 내의 당분을 측정하지 않는 "유체크 라이트"라는 제품을 출시했다. 이와 함께, 이 회사는 다음 세대의 유체크 시스템 전체에 대해 규제 허가를 받기 위한 조치를 다시 밟기 시작했다.[44]

물론, FDA에서 규제 허가를 받는 것은 상당한 자원을 필요로 하는 일일 수 있다. 하지만 모바일 의료 앱의 온전한 능력을 시장화할 능력을 크게 확대할 수 있다는 점에서 상당한 이득도 가져다 준다. FDA의 허가를 처음으로 받은 앱 공급자 가운데 하나인 에어스트립 테크놀로지에 의해 추진된 규제 전략은 그런 허가의 이점이 무엇인지를 보여준다. 에어스트립 테크놀로지는 의사들이 분만 시간 동안 산모들과 신생아들을 원격으로 살펴볼 수 있도록 했으며, 또한 출산 이후의 경험에 영향을 끼칠 수 있는 임상적 결정을 내리도록 했다. 이 회사에 따르면, FDA 허가를 확실히 받기 위한 노력은 이 앱을 시장에 판매하는 데 필요한 자신감을 가져다 주었으며 단순한 모바일 앱에 그치지 않게 만들었다. 여기에 더해, 경영진은 FDA에 의해 요구되는 품질 기준 덕분에, FDA 허가를 추진한 일은 에어스트립이 더 나은 제품을 개발하는 데 큰 도움이 되었다고 보고했다.[45] 경쟁 전략의 측면에서 보더라도, FDA 허가는 또한 시장의 나머지 부분에 대한 지분을 확보하는 데도 의미가 있다. 실제로, 어떤 회사가 시장에 처음 진입하려고 할 때, FDA 허가는 잠재적으로 유사한 모든 앱 개발자들에게 강제되게 된다. 특히, 만일 규제 기준이 상당히 높게 잡혀 있으며 또한 포괄적인 임상적 확인 과정을 거쳐야 한다면, 경쟁자들 역시 "**모방**" 해결책을 시장에 쉽게 시장에 진입시키기 어려울 것이다. 또한, 만일 회사가 앱을 임상 세팅하에서 시험해 보길 원한다면 – 사용성 테스트에 불과하더라도 – IRB에 의한 허가가 대부분의 경우 요구될 것이며, 510(k) 허가는 이 과정을 간략하게 만들 수 있을 것이다. 마지막으로, FDA 허가는 보험(reimbursement)을 위한 문을 열 수 있는데 이는 **커버리지**를 위한 선결 조건이기 때문이다.

FDA의 면밀한 조사에 잘 대응할 수 있는 모바일 의료 앱을 개발하는 방법을 더 잘 이해하기 위해, 이노베이터들이 전략 계획 단계에서 모바일 의료 영역에 숙달한 규제 전문가들을 참여하게 하는 일의 가치는 크다. 라오는 국제표준화기구(International Organization for Standardization, ISO)와 국제전기기술위원회(the International Electrotechnical Commission, IEO)의 합동작업반에 의해 개발된 여러 표준들을 조사하라고도 권한다.[46] 미국에서는 미국 국가표준협회(American National Standards Institute, ANSI)가 AAMI-UL 2800이라는 합동작업반을 조직해 임상적으로 의료 장비를 사용했을 때 일어나는 상호운용성(interoperability)을 평가하고 있다.[47] FDA 자체는 모바일 기술에 대한 상세한 표준을 발전시킬 것 같지 않다. 하지만 이들 합동작업반의 성과는 새로운 모바일 기술을 규제하는 판단을 내릴 때 있어 참고 자료로 사용될 것이며, 이는 FDA가 현재 의료기기의 품질과 **위험 관리** 표준을 수립할 때 ISO와 IEC의 표준을 사용하는 것과 마찬가지다.

미국 외부에서의 규제 승인

미국 외부에서 규제 승인을 받고자 하는 이노베이터와 기업은 그들이 마주하게 될 고유한 규제 요구사항을 이해하기 위한 상세 조사를 수행해야만 한다. 진출할 각 국가에 대해 경험을 가진, 기간제 규제 전문가와 함께 작업하는 것 또한 현명한 일이다.

전통적으로, 미국 바깥에서 가장 유망한 의료기기 시장은 유럽, 캐나다, 호주, 그리고 일본(그 규모와 잠재적인 매출에 기초했을 때)이었다. 이들 국가의 규제 요구사항은 잘 이해되어 있으며 또한 지금은 국제의료기기규제당국제 포럼(International Medical Device Regulators Forum, IMDRF)에 의해 대체된 국제의료기구조화회의(Global Harmonization Task Force)에 의해 집대성되었다.[48] 하지만 오늘날, 많은 개발도상국, 특히 브라질, 러시아, 인도, 중국이 중요한 의공학 시장으로 떠오르고 있다. 이들 국가의 규제 정책은 IMDRF가 제정한 규제 모형을 향해 수렴되고 있는 중이다. 미국과 나머지 세계 사이의 가장 중요한 차이점은, FDA는 의료기기의 효력을 입증할 것을 요구하는 반면, 대부분의 국가에서는 안전성을 강조하는 한편 적절한 작동을 보여주는 것을 강조한다는 점이다.

유럽

유럽 연합에서 의료기기는 세 개의 유럽연합 집행위원회(European Commission) 지침에 의해 규제되고 있다.[49] 수술 장갑에서 심장 판막과 같은 생명 유지 관련 이식형 장치에 이르는 대부분의 의료기기를 포괄하는 핵심 지침은 의료기기 지침(Medical Device Directive, MDD)이다. 능동이식형 의료기기 지침(active implantable medical devices directive, AIMDD)과 체외진단용 의료기기 지침(in vitro diagnostic medical devices directive, IVMDD)는 의료 장비 지침으로 포괄되지 않는 영역을 포괄한다. 이들 세 지침은 EU 회원국의 국내법으로도 전환되었으며, 이에 여러 의료기기 법률이 입법되는 바탕이 되었다. MDD와 AIMDD는 2015년 이후 단일한 유럽 규제(European Regulation)으로 대체될 것이다. 지침들과는 달리, 규제는 회원국 국내법으로 전환되지 않고서도 직접 적용될 수 있다.

유럽에서의 규제 승인은 "CE"라는 확인 표지로 나타낸다. CE는 공식적인 약어는 아니지만, 불어로 유럽 연합(Communauté Européenne) 또는 유럽 승인(Conformité Européenne)을 의미하는 약자다.

이들 의료 장비 지침은 "새로운 접근방법" 지침으로 알려져 있다. 다시 말해, 이들 지침의 목적은 상품과 서비스의 자유로운 이동을 강화하려는 데 있다. 이들 지침에 기반하여, **CE 마크**를 획득한 의료기기는 31개 유럽연합 회원국 전체에서 자유롭게 유통, 판매될 수 있으며, 승인 내용에 따라 마케팅을 벌일 수도 있다. 이러한 새로운 접근방식 배후에 있는 원리는, 각각의 의료기기 지침은 어떠한 제품이든 그 적용 범위로 포괄할 수 있는 "핵심 요구사항"의 목록을 포함해야 한다는 내용으로 되어 있다. MDD의 경우, 핵심 요구사항의 목록은 두 집단으로 쪼갤 수 있다: (1) 모든 기기에 적용될 수 있는, 안정성과 작동성에 대한 일반적인 요구사항 집합, (2) 기기의 본성에 따라 적용될 수도 적용되지 않을 수도 있는 디자인과 제조에 관련된 특별한 요구사항. 예를 들어, 전기 안전에 대한 기술적 요구사항은 도뇨관(urine catheter)에 대해서는 적용될 필요가 없을 것이다. 기술적 요구사항과의 일치는 대개 유관한 유럽 조화표준(harmonized European Standard)을 사용하여 보인다. 대부분의 유럽 표준은 이제 ISO 표준과 동일하다. 조화 표준은 그것을 만족하면 핵심 요구사항과 적합성 추정 관계에 있다고 보는 데 충분하다고 유럽연합에 의해 인증된 기준이다.

MDD에는 미국 기기 범주와 일반적으로 일치하는 네 개의 기기 집합이 설정되어 있다(표 4.2.4 참조).[50]

유럽에서 임상 평가는 의료기기 지침의 핵심 요구사항(Essential Requirements of the Medical Device Directives, 90/385 또는 93/42)과의 일치를 보일 필요가 있다. 임상 평가는 서술된 검토 문서를 통해, 그리고 유사한 장비가 핵심 요구사항을 만족했다는 점을 보여주는 출간된 문헌의 요약본을 통해 이뤄질 수 있다. 하지만, IIa, IIb, III 기기에 대해서는 임상에서의 요구와 위험 관리 결과에 따라 임상시험에서 얻은 데이터가 요구된다. 일반적으로 등급 III 기기, 능동이식형 의료기기, 이식형 의료기기에 대해서는 임상 조사에서 얻은 데이터가 요구된다. CE 마크와 FDA 허가 또는 승인 사이의 핵심 차이는 CE 마크는 안전성과 성능에 기반한다는 점이

표 4.2.4 유럽에서 사용되는 기기의 네 가지 분류는 미국 FDA가 제시하는 세 가지 분류와 대응한다.

EU 분류	서술	미국의 동급 분류
분류 I	환자에게 상대적으로 낮은 위험을 나타내는 기기로, 살균 제품 또는 측정 기기를 제외하면 제조업자에 의해 인증될 수 있다. 대개의 경우, 이들은 인체 내로 삽입되지 않는다.	분류 I
분류 IIa	환자에게 중간 정도의 위험을 가하며, 품질 시스템 평가 대상이 될 수 있다. 일반적으로, 이들 기기는 인체에 침습적인 방법으로 사용되지만, 오직 인체의 자연적 구멍을 통해서만 사용된다. 이 범주는 또한 치료적 진단 기기, 그리고 상처 치료 기기 또한 포함한다.	분류 II
분류 IIb	환자에게 중간 정도의 위험을 가하며, 제3자 제품 및 시스템 인증 뿐만 아니라 품질 시스템 평가 대상이 될 수 있다. 이들은 대개 부분적으로 또는 전체가 인체에 이식될 수 있으며, 체액의 생물학적 또는 화학적 조성을 조절할 수도 있다.	분류 II
분류 III	환자에게 높은 위험을 가하며, 유럽 연합 내 인증기관에 의해 설계에 대한 고찰이나 임상시험 고찰, 제품 인증, 품질 시스템 평가를 받아야 한다. 대부분의 경우, 이들은 중추 기관이나 생명 유지 시스템의 기능에 영향을 미친다.	분류 III

며, 이 기준은 안전과 *효과성*이라는 FDA의 표준보다 일반적으로 덜 엄격하다. 이 차이는 왜 미국에서 기기를 개발하는 많은 기업들이 FDA 경로를 밟기에 앞서 CE 마크를 먼저 획득하려고 하는 주요 이유이다. EU 내에서 임상시험을 수행하기 위해 해당 연구들은 반드시 EN ISO 14155 "인간 적용 의료기기에 대한 임상 조사 – 좋은 임상 실천(Clinical Investigations of Medical Devices for Human Subjects – Good Clinical Practice)"을, 그리고 시험이 수행되는 회원국의 국내법을 반드시 준수해야만 한다. 이들은 윤리 위원회의 승인을 받아야 하며, 관련 규제 기관으로부터 허가를 반드시 받아야 하는 국가도 일부 존재한다.

유럽에서의 의료기기 규제가 가진 독특한 측면은 기기가 핵심 요구 조건과 부합하도록 만들 책임이 제조자에게 있다는 점이다. 설압자나 인공항문 가방 같은 저위험 기기의 경우, 제조자는 제품이 핵심 요구조건과 부합한다는 점을 자체적으로 입증해도 된다. 중간에서 고위험 기기 또는 멸균 기능이나 측정 기능을 가진 기기의 경우, 제조자는 적합성 평가를 반드시 제3자(**인증 기관**, Notified Body)에게 요청해야만 한다. 일정한 강도로 제조자는 어떤 기기 또는 제조 시스템의 "적합성 평가(conformity assessment)"를 수행하는 여러 방법 가운데 하나를 고를 수 있다. 최종 결과는 제조자들이 제품에 CE 마크를 붙일 수 있는 자격을 주는 적합성 증명(Certificate of Conformity)이다.

미국과 대비되는 CE 마크 획득 과정의 또 다른 주요 측면은 유럽에서 의료기기에 대한 "적합성 평가"는 중앙 규제 기관에 의해 이뤄지지 않는다는 점이다. CE 마크 시스템은 의료기기에 대한 규제 권한을 수행하는 인증 기관이라는 제3자 기관에게 많은 부분 의존하고 있다. 인증 기관은 국가별 "규제 기관(Competent Authorities)"을 통해 지정, 감시, 관리되는 독립적인 상업 조직이다. 각 회원국의 보건 부서 산하에 있는 규제 기관은 각 회원국 정부의 편에서 EC 지침의 요구사항들을 적용, 관리하는 권한을 가진다. 비록 규제 기관의 좀 더 강력한 통제가 있을 경우 크게 줄어들 수 있지만, 현재 유럽 내에는 대략 70여 곳의 인증 기관이 있다. 기업은 특정한 등급을 관할하는 곳으로 지정된 인증 기관을 자유롭게 선택할 수 있다. 인증이 이뤄진 다음, 시판 후 조사 기능은 각 회원국들이 규제 기관을 통해 수행한다.

의료기기 지침(Medical Devices Directives, MDD와 AIMDD)은 2007년에 개정되었다. 이 개정은 임상 위험 대비 이익 평가의 중요성을 강조했기 때문에 EU 내에서 승인 전 그리고 시판 후 단계의 임상 데이터에 대한 요구를 크게 증가시켰다. 더 많은 정보를 보고 싶다면, 유럽연합 집행위원회의 의료기기 지침에 대한 안내문을 살펴보라.[51]

캐나다

캐나다에서 의료 장비는 헬스 캐나다(Health Canada의 건강제품사무국(Health Canada's Therapeutic Products Directorate)에 의해 규제되며 또한 이 나라의 식품 및 의약품법(Food and Drugs Act) 아래에 있는 의료장비 규제(the Medical Devices Regulations)에 의해 규율된다. 의료장비

를 캐나다에서 판매하려면, 모든 의료 장비는 분류되어야 하며 허가 또한 취득되어야 한다. 헬스 캐나다는 기기를 네 개의 분류(Ⅰ, Ⅱ, Ⅲ, Ⅳ)로 나누며, 이는 그 사용과 연관된 위험의 수준에 기반한 것이다. 분류는 16개의 규칙 또는 요인에 기반하며, 이들 요인 가운데는 침습성의 수준, 그리고 이들 장비가 인지 여부가 포함된다.[52]

미국이나 유럽에서처럼 1등급 기기는 가장 낮은 잠재적 위험을 보이는 장비이며 의료 장비 허가(Medical Device License, MDL)를 취득할 필요가 없다. 2등급 기기는 중간 수준의 위험을 품고 있으며, 제조업자가 MDL 지원서류, 품질 시스템 확인서, 헬스 캐나다와의 적합성 공표문(declaration of conformity)을 제출할 것을 요구한다.[53] 3등급 및 4등급 기기는 실질적인 위험이 있는 기기이며, 이런 이유 때문에 허가 취득에 앞서 더욱 심층적인 규제 조사 과정을 거쳐야만 한다. 이들 장비의 제조업자는 2등급 제조업자가 제출한 것과 동일한 정보를 제출해야만 한다. 하지만 이들은 시판 전 검토 문서 또한 준비해야만 한다. 다른 정보 가운데, 바로 이 문서는 반드시 안전성과 효과성 연구에 대한 요약 내용, 위험 평가, 라벨링과 사용설명서에 대한 정보를 포함해야 한다. 4등급 기기의 경우, 완전한 임상시험 데이터를 제시해야 할 필요가 있다. 어떤 경우에는, 다른 기기 시장에서 수행된 시험에서 얻은 데이터를 제출할 수도 있다.[54] MDL 취득을 더 확실하게 할 수 있도록 제출 서류를 작성하는 방법에 대한 더 상세한 정보는 이 주제에 대한 지침서에서 제공되며,[55] 헬스 캐나다 웹 사이트에는 캐나다에서의 기기 규제에 대한 최신 정보가 수록되어 있다.[56] 허가에 필요한 검토 시간은 천차만별인데, 2등급 기기에 대해서는 1개월 미만의 시간이 소요될 수도 있으며 3, 4 등급 기기에 대해서는 6개월까지 걸릴 수 있다.[57]

호주

호주의 의료기기와 의약품 심사에 필요한 형식은 1989년 의약품법에 의해 마련되었다.[58] 호주 의약품규제기관(Therapeutic Goods Administration, TGA)은 이 법률을 집행할 권한을 가진 조직이다. 기기 규제국(Office of Devices Authorization, ODA)은 의료기기에 대한 시판 전 규제를 수행하며, 제품 검토국(Office of Product Review, OPR)은 시판 후 규제를 담당한다. 호주 의약품 등록(Australian Register of Therapeutic Goods, ARTG)은 이 나라에서 의료기기와 다른 의약품에 대한 법적 지원을 담당하는 핵심 부서다. 대부분의 기기는 상업적으로 사용할 수 있게 되기에 앞서 이 등록에 포함되어야 한다. 이러한 요구사항에 대한 예외는 대단히 제한적이며, 이 조건은 호주 의료기기 규제 가이드라인(Australian Regulatory Guidelines for Medical Devices, ARGMD)에 잘 정리되어 있다.[59]

호주는 기기의 위험에 기반하여 다섯 가지로 기기의 등급을 분류한다. Ⅰ, Ⅱa, Ⅱb, Ⅲ, 그리고 활성 이식형 의료기기(Active Implantable Medical Devices, AIMDs). 1등급 기기(멸균 또는 측정 기능을 가진 기기는 제외된다)는 ARTG에 등재되기에 앞서 TGA에 의한 평가를 받을 필요가 없다. 다른 모든 등급의 기기는 반드시 시판 전 규제 절차를 밟아야 한다. 주요 절차는 다음과 같다: (1) 제조업자의 적절한 적합성 평가 절차를 신청하는 단계, (2) 제조업자의, 호주 적합성 공표문(Australian Declaration of Conformity) – 요구된 모든 증거가 포함되어 있으며, 해당 기기는 호주의 규제 요구조건과 부합한다는 법적 선언 – 을 받는 단계, (3) 호주인 스폰서가 제조업자의 적합성 평가 증거를 TGA에 제출하는 단계, (4) 고위험 기기에 대해 TGA가 평가 가용한 증거를 평가하는 단계, (5) ARTG에 기기를 포함시키는 단계.[60] 만일 이 나라 바깥에 거주하는 의료기기 제조업자라면, 그는 반드시 호주에 거주하는 개인 또는 호주 국내에서 사업을 영위하는 법인을 스폰서로 삼아 위에서 제시한 세 번째 단계를 밟아야 한다.[61]

호주 규제 시스템은 이미 EU에서 사용된 시스템을 모형으로 삼은 것이기 때문에, 유럽의 인증 기관에서 CE 마크를 취득한 장비의 경우 좀 더 쉽게 TGA 요구조건에 따라 적합성을 입증할 수 있다.[62] 호주 규제 시스템에 대한 더 상세한 정보는 TGA 웹 사이트[63] 또는 ARGMD에서 찾을 수 있다.[64]

의료기기 시험과 관련해, 호주 정부는 강력한 임상 연구 산업을 이 나라 안에서 발전시키는 과제를 능동적으로 추진하고 있다. **제1상 임상시험**(또는 인간에 대한 첫 번째 임상시험, first–in–human testing), 그리고 **예비 시험**(pilot studies)을 이 나라의 잘 발전된 의료보험 시스템을 활용하여 수행하기 위해, 전 세계에서 기업들이 호주로 몰려들고 있다. 호주의 의사들은 매우 훌륭한 술기를 보유하고 있으며, 새로운 의료기기 기술을 시험하는 데 많은 흥미를 가지고 있고, 이들 연구를 통해 산출된 데이터는 일반적으로 국제적으로 널리 통용할 수 있는 수준이다. 게다가, 호주에서의 임상시험은 상대적으로 비용 효율적인 것으로 간주된다.[65] 더 상세한 정보는 호주 임상시험 웹 사이트에서 확인할 수 있다.[66]

일본

일본의 규제 기관은 후생노동성(厚生労働省)이다. 이 기관은 의료기기를 독립행정법인인 의약품의료기기종합기구(独立行政法人 医薬品医療機器総合機構, 영문 Pharmaceuticals and Medical Devices Agency, PMDA)를 통해 규제한다. 의료기기는 약사법(薬事法, 영문 Pharmaceutical Affairs Law, PAL)에 의해 규제되며, 여기서 의료기기 등급 방법을 결정하는 규제 경로에 대해 다룬다. 일반 의료기기(1등급)는 시판 전 신고(届出, 약사법 14조 9)를 필요로 하지만, PDMA에 의한 평가를 받지는 않아도 된다. 몇몇 2등급 기기 – 특별한 취급이 필요한 의료기기를 지시함 – 는 독립된 등록인증기관(인증기관을 통해 CE 마크를 받는 유럽과 유사하다)을 통해 시판 전 인정(認証, 23조 2) 과정을 거칠 수 있다. 위험이 높은 2등급 기기는 3등급과 4등급 기술처럼 PMDA에 의한 시판 전 승인(承認, 14조)을 받아야 한다. 기기가 확인 또는 승인을 받은 상태라면, 후생노동성은 문제의 기술에 대한 상환 여부를 결정하며, 그 가격은 규제 절차를 통해 제출된 문서와 자문 위원회의 의견을 반영하여 결정된다.

일본에서 의료기기를 제조하고 유통시키려 하는 모든 기업은 규제 절차를 밟기에 앞서 가장 먼저 그들이 판매허가보유자(MAH)임을 증명하는 영업 허가(製造販売業許可, 약사법 12조)를 취득해야만 한다.[67] MAH에는 세 가지 범주가 있다. 범주 1은 모든 등급의 기기를 유통시킬 수 있다. 범주 2는 1, 2등급에 속하는 기기를 유통시킬 수 있다. 범주 3은 1등급 기기만을 유통시킬 수 있다. 외국인 제조업자는 MAH를 지정(많은 경우 로컬 유통회사를)하거나, MAH로 지명되어(이를 독립 사업자인 D–MAH라고 부른다) 기기 등록 과정은 물론 PMDA와의 모든 의사소통 과정을 진행할 수 있다.[68]

2013년도 후반, 약사법은 기기의 특징을 좀 더 세밀하게 살펴 규제 과정을 정밀하게 하는 목적뿐만 아니라, 의료기기와 장비의 안전성 측정 기준을 강화하기 위해 개정되었다.[69] 주된 변화 가운데 하나는 일본의 제3자 등록인증기관이 좀 더 많은 수의 기기를 검토할 수 있게 만드는 데 있었다. 이 가운데는 통제되어야 하는, 그리고 더욱 더 통제되어야 하는 것으로 간주된 기기가 포함되어 있었으며, 또한 승인 과정의 속도를 높이고 혁신적 기술을 좀 더 효과적인 방식으로 사용할 수 있게 만드는 것은 이 입법의 중요한 목적이었다. 게다가, 이 개정은 진단에 사용되는 단독형 소프트웨어(stand–alone software)가 그 위험 프로파일에 따라 시판 전 제출, 인정, 승인을 받도록 하는 내용도 포함하고 있다.[70]

영어로 된 양식이 많지 않고, 또 등록 과정이 매우 복잡하다는 점은 일본을 기기 제조업자가 유럽이나 캐나다, 호주보다 진입하기 어렵고 그 과정에서 시간도 많이 소모하게 만드는 시장으로 만들고 있다. 바로 이러한 이유에서, 규제 컨설턴트에 의한 조언과 안내가 이 나라에서 사업을 벌이고자 하는 기업에는 특별히 중요하다. PMDA로부터 상담을 받는 것 또한 도움이 될 수 있다. MAH 그리고 제조업자는, 특수한 규제 요구사항과 적절한 승인 전략에 대해 논의하기 위해 기기 개발의 초기 단계에서 PMDA와의 대표자 미팅 시간을 잡을 수 있다. PMDA는 또한 제출 서류에 필수적인 임상 데이터와 핵심 문서를 어떻게 준비해야 하는지에 대한 지침도 줄 수 있다. 이러한 상담 과정을 통해, 기업은 특수한 혁신적 기기, 또는 중요한 질병에 대해 적용할 수 있는 기기를 위한 특별 규제 경로의 이점을, 이러한 기기를 개발할 수만 있다면 잡을 수 있을 것이다. 비록 일본에서의 기기 승인 규제 과정이 미국보다는 많이 느린 것이 사실이지만, 국제조화활동(International Harmonization By Doing, HBD)의 특별위원회는 2003년도 후반 일본과 미국을 제출 요구사항과 심사 시간 면에서 좀 더 유사하게 만들기 위한 과정을 출범시켰다.[71]

브릭스 국가들

거대하고 또한 성장하는 시장인 브라질, 러시아, 인도, 중국은 의료기기 시장으로서 점점 더 중요한 위치를 차지하고 있다.

브라질 브라질 보건규제청(Brazilian National Health

Surveillance Agency, ANVISA)은 브라질 보건부와 협력하여 의료기기 관리 업무를 수행하는 독립 기관이다. ANVISA는 모든 의료 제품과 의약품에 대한 규제에 대한 책임을 담당하고 있다. 2001년 의료기기 관련 결의안(2001 resolution pertaining to medical devices)은 의료기기를 상업적으로 판매하기에 앞서 등록하고 ANVISA에서 다루게 하기 위해 필수적인 여러 문서에 대해 규정하고 있다.[72] EU의 인증 기관 시스템과는 달리, ANVISA는 자체 내에 규제와 조사 기능을 갖추고 있다.[73] 브라질에 기반을 둔 회사만이 ANVISA 등록에 지원할 수 있으며, 때문에 브라질 지사나 분사가 없는 경우 외국기업은 브라질 기업이나 대리업자와 접촉해야만 한다. 이러한 대표자들은 브라질 내에서 5년간 문제의 제품을 판매하거나 유통할 수 있는 유일한 회사가 되므로, 알맞은 파트너를 찾는 일은 매우 중요하다.[74]

등록에 더해, 브라질에 의료기기를 들여오는 회사들은 소비자 보호와 방어를 위한 법률(Code of Consumer Protection and Defense)에 반드시 따라야만 한다. 이 법률은 소비자들이 안전한 기기를 사용할 수 있도록 제조업자들이 자신의 제품을 안전하게 사용하는 방법을 충분히 보여주는 문서를 제공할 것을 요구하고 있다. 다른 국가와 마찬가지로, 이들 법률이 포괄하는 의료기기는 위험에 기반해 네 개의 범주(I~IV)로 분류된다.[75] 각각의 범주는 서로 다른 수준의 안전성 조건을 가진다. 기업들은 기기의 특징에 따라 기술적 사항들을 기록한 포괄적인 문서를 편찬해야만 한다. 각각의 독특한 기기마다 특수한 요구 조건들을 명시하는 일은 상당히 복잡할 수 있으며,[76] 모든 문서는 반드시 브라질 포르투갈어로 제출되어야 한다.

매우 흔하게 요구되며 한 가지 중요한 문서로 INMETRO 확인서를 꼽을 수 있다. 이는 ANVISA가 비 전기적 기기뿐만 아니라 많은 전기 의료기기에도 제출할 것을 요구하는 문서다. INMETRO는 브라질 도량형, 표준화 및 산업품질청(Brazil's National Institute of Metrology, Standardization and Industrial Quality)의 약자이며, 이 기관은 의료기기들이 브라질 적합성 평가시스템(Brazilian Conformity Assessment System, SBAC)과 일치하는지를 평가하기 위한 조직이다. INMETRO 확인서를 받기 위해, 의료기기 제조업자들은 자신의 제품을 INMETRO가 인정한 연구기관에서 SBAC 표준에 부합하는지를 시험해 보아야 한다.[77]

또 다른 특유한 요구사항으로, ANVISA가 몇몇 기기에 요구하는 경제적 정보 보고서(Economic Information Report, EIR)를 꼽을 수 있다. EIR에는 다른 국가와의 가격 비교, 환자 또는 사용자 정보, 유사 제품에 대한 정보, 기기 마케팅에 대한 정보 등이 포함되어야 한다.[78]

몇몇 기기는 만일 이들이 통신 관련 요소를 포함하고 있는 경우 브라질 통신규제위원회(National Telecommunication Agency, 포르투갈어 약자 ANATEL)에 의한 확인서 또한 요구 받는다. ANATEL은 이들 제품이 최소한의 품질과 보안 표준을 충족하는지 감시한다. ANATEL의 확인서를 받으려면, 제품은 브라질 내에서 자격이 부여된 연구 기관에서 시험을 거쳐야 한다.[79] 추가로, 기업은 의료기기를 브라질로 들여올 때 마다 수입 허가를 받을 필요가 있다. 이들 허가는 수입 통제를 위해 사용되며, 제조업자 국가의 보건 부서로부터 등록과 안전 기준을 분리하기 위해서도 사용된다.[80]

이노베이터들은 자신의 제품이 브라질 시장에서 판매될 수 있도록 하는 데 필요한 특별한 요구사항들을 이해할 수 있도록 지역 규제 전문가들을 도와야 한다. 비록 의료 제품의 등록 과정이 남아메리카 공동시장(아르헨티나, 브라질, 파라과이, 우루과이, 스페인어 약자 MERCOSUR) 국가 전반에 걸쳐 지난 여러 해 동안 유사한 방식으로 변형되어 왔으나, 그 차이는 여전히 상당부분 크며, 여전히 출원에서 등록, 그리고 정부에 의한 최종 승인까지의 시간이 2년 이상 걸리는 경우가 있다.

러시아 러시아에서는 두 개의 정부 기관이 의료기기 규제를 담당하고 있다. 한 기관은 보건부(Minister of Health)로서, 이 기관은 등록 과정을 통해 제품의 임상적 안전성과 효과성을 보장하기 위해 작동한다. 두 번째 기관은 연방 의료감시 위원회(Roszdravnadzor)로서, 이 기관은 보건부와 러시아 연방정부에 의료기기 규제에 초점을 맞춘 보고서를 제출하는 기관이다. 연방 위원회는 이미 확립된 기술 및 안전 표준에 따라 적합성 증명서를 발급한다.[81]

적합성 증명서를 받기에 앞서, 기업은 그 제품을 보건부에 등록하고 국가 등록부에 추가해야 한다. 제출서류를 접수한 지 3일 내로, 연방 위원회는 이들 제품의 등록을 추천할만한 근거가 되는 기술, 안전, 독성, 위생, 임상 검사 결과를 조사할 뿐만 아니라 물론 제품 명세서 역시 조사할 수 있는 두 명의 전문가 위원 가운데 한 명을 골라 임명한다. 만일 이 위원이 문제의 외국 제품이 러시아의 제품과 유사하다고 판단하면, 위원회는 그 제품을 등록하기를 거부할 것이다. 일단 제품을 등록시키고 나면, 이 기업은 권한을 가진 승인 기관에 대해 지원서를 제출하는 방식으로 적합성 평가를 추진할 수 있다. 적합성 평가의 초점은 완제품 검사에 있다.[82]

연방 위원회는 외국 제조 의료 기술을 등록하는 데 필요한 요구조건을 공표하기 위하여 웹 사이트를 유지하고 있다. 하지만 이 사이트의 내용은 오직 러시아어로만 되어 있다. 게다가, 연방 위원회는 공식적으로 모든 상담을 전화나 이메일이 아니라 대면으로 수행하고 있다. 이런 이유 때문에, 등록 과정을 돕고 이 나라에서 벌어질 수 있는 다른 여러 규제 관련 문제에 대비하기 위해 경험 많은 지역 대변인을 두는 것은 피할 수 없는 일이다.[83]

인도 약품표준통제국(Central Drug Standard Control Organization, CDSCO)이 1940년 이래 의약품을 규제해 왔던 것과는 달리, 의료기기 규제는 인도에서 비교적 새로운 규제다. 새로운 의학 기술에 대한 포괄적인 규제 틀이 부재하기 때문에, 감시되고 있는 의료기기의 어떠한 형식이든 "약물"의 특정한 형식으로 분류되고 있으며, 때문에 의료기기에도 이 나라의 의약 화장품법(Drug & Cosmetic Act, DCA)의 규정이 적용되고 있는 실정이다.[84]

2014년 CDSCO는 오직 14개의 기술만을 의료기기로 공표했다. 이 목록에는 카테터, 관상동맥 스텐트, 약물 용리 스텐트, 심장 판막, 눈 속 렌즈, 정형외과용 임플란트, 체내 인공 치환물, 뼈 시멘트, 일회용 피하 주사기, 관류용 세트, 나비침(scalp vein sets), 정맥주사 삽관(I.V. cannulae), 그리고 몇몇 시험관 내 진단용 기기가 포함된다.[85] 이렇게 공표된 의료기기 목록에 포함되지 않은 의료 기술은 인도 내에서의 판매에 앞서 등록되거나 확인을 받아야 할 필요는 없다. 역사적으로, 의료기기들은 구매자의 품질 평가에 기반해 수용되었으며, FDA와 CE에 따른 규제를 받은 제품의 경우에는 특혜를 받았다. 목록에 포함된 기기로서 미국 또는 유럽에서 이미 허가 또는 승인을 받은 수입 의료기기는 인도 시장에서 별도의 적합성 평가 절차를 밟지 않고도 판매될 수 있었다.

최근, DCA를 수정하고 그 이름을 의약품, 화장품 및 의료기기 법(Drugs, Cosmetics & Medical Devices Act)으로 변경하자는 법안이 제출되었다. 이 법안은 여러 가지 변화를 제안하고 있는데, 여기에는 의료기기를 약물과 별도의 범주로 보자는 내용이 포함되어 있다. 새로운 법률에 따라, 중앙 의약품 기구(Centralized Drug Authority)가 CDSCO를 대체할 것이며, 인도 내로 수입되고, 인도에서 제조되며, 인도에서 판매되는 모든 의료기기에 대한 규제를 감독하는 별도의 조직이 이 기구 안에 설치될 것이다.[86] 새로운 법률은 인도 내에서 의료기기에 대한 좀 더 체계적인 규제를 제공하게 될 것이며, 또한 규제 요구사항들을 다른 국가들과 일치시키기 위한 노력을 기울일 것이다.

새롭게 제출된 입법안에 따르면, 새로운 중앙 의약품 기구 산하에 중앙 승인 허가국(Central Licensing Approval

표 4.2.5 인도에서 의료기기 인증에 사용하기 위해 제안된 등급 시스템(www.icac.in)

등급	위험 수준	기기 사례	시술
A	낮은 위험	체온계, 설압자	제조업자는 CLAA에 등록해야 한다.
B	중간 수준보다 낮은 위험	피하 주사 바늘, 흡입 장비	인증 기관은 제조 시설의 품질 관리 시스템을 평가하고 확인해야 하며, 제조업자는 제품을 CLAA에 등록해야 한다.
C	중간 수준보다 높은 위험	폐 인공호흡기, 골격 고정판	인증 기관은 기기 설계와 제조 과정을 확인해야 한다. 제조업자는 CLAA에 제조 허가 관련 서류를 제출해야 한다.
D	높은 위험	심장 판막, 이식형 제세동기	인증 기관은 기기 설계와 제조 과정을 확인해야 한다. 제조업자는 CLAA에 제조 허가 관련 서류를 제출해야 한다. 제조 시설은 CLAA와 국가 면허 관리 기구에 의해 합동으로 조사받아야 한다.

Authority, CLAA)이 창설될 것이다. CLAA는 표 4.2.5에서 확인할 수 있는 등급 시스템에 기반해 의료기기에 허가를 주고 분류하게 될 것이다.[87] 의료기기가 적절하게 분류되고 평가되고 허가를 얻었다면, 이들 기기는 인도 적합성 평가 확인(Indian Conformity Assessment Certificate, ICAC)마크를 획득해 인도 내에서 판매할 수 있는 자격을 얻게 될 것이다.[88]

2013년, 인도는 자국 내에서 수행되는 임상 연구에 참여하는 환자를 보호하기 위한 새로운 정책을 통과시켰다. 이 새로운 규칙의 의도는 아름답지만, 기업과 연구자들은 연구로 인한 손상이나 죽음에 대해 환자들에게 보상해야 한다는 점 때문에 정책을 실현시키기 위해 필요한 부담을 지게 되었다. 비판자들은 보상 대상에 대한 규정이 합리적이라고 보기에는 너무 넓다고 주장하기도 한다.[89] 이 정책의 장기적 효과는 아직은 두고 보아야만 알 수 있겠으나, 의공학과 의약 산업에 대한 몇몇 관찰자들은 인도에서 수행되는 시험의 수가 크게 줄어들 것이며, 결국 새로운 치료의 가능성 또한 줄어들고 말 것이라고 예상하고 있다.[90]

중국 중국은 의료기기 규제 법률을 2000년에 처음 입법했다.[91] 중국 식품의약품관리감독총국(国家质量监督检验检疫总局, China Food and Drug Administration, CFDA)과 지역별 지부가 의료기기에 대한 법률과 규제를 적용하고 집행하는 일차적인 규제 기관이다. CFDA는 의료기기의 전체 수명주기에 대해, 즉 임상시험부터 마케팅, 제조, 유통, 시판 후 안정성 조사에 이르는 전 과정에 대해 규제한다. 다른 핵심 규제 기관으로 국가품질감독검사검역총국(国家质量监督检验检疫总局, State Administration of Quality Supervision, Inspection, and Quarantine, AQSIQ), 인력자원사회보장부(人力资源和社会保障部, the Ministry of Human Resources and Social Security, MOHRSS), 국가발전개혁위원회(国家发展和改革委员会, the National Development and Reform Commission, NDRC), 국가위생 및 가족계획위원회(国家卫生和计划生育委员会, the National Health and Family Planning Commission, NHFPC), 국가공상행정관리총국(国家工商行政管理总局, the State Administration of Industry and Commerce, SAIC)이 있다.[92]

의료기기는 최우선적으로 중국 의료기기 감독관리 조례(the Regulations on the Supervision and Administration of Medical Devices)[93]에 의해 통제된다. 이 조례는 2014년에 개정되었다.[94] 중국에 의료기기를 판매하기 위해, 기업은 원하는 제품을 CFDA에 등록해야 한다. 기기는 위험의 수준에 기반해 세 개의 등급(1, 2, 3)으로 나뉜다. CFDA는 최우선적으로 3등급 제품을 규제하는 데 초점을 맞추는 한편, 1등급과 2등급 기기에 대한 감시는 성 정부 산하 기관에게 위임하고 있다.[95] 의료 장비는 중국 국내에서 제조된 장비로, 또는 중국 밖에서 제조, 수입된 물품으로 등록된다. 의료기기에 대한 마케팅 허가는 기기 제조 또는 수입 허가의 핵심이며, 당국은 허가 여부를 제조업자에게 공개적으로 알려준다. 수입된 기기는 반드시 중국에서의 등록을 추진하기에 앞서 본래 생산국에서 제조업자가 마케팅 허가를 받은 상태여야 한다는 점은 언급할 가치가 있다.[96]

어떤 경우에는, 중국 내에서 의료기기를 판매하기 위해서는 반드시 중국 보건부와 AQSIQ 양측의 허가를 모두 획득해야 할 수도 있다. AQSIQ는 의무적인 안전 규제, 허가, 그리고 몇몇 기기에 대한 조사 업무를 수행한다. 허가를 받고 나면, 기기는 중국강제인증(China Compulsory Certification, CCC)마크를 받게 된다. 이 마크는 중국 내로 수입되고, 중국 내에서 시판되며, 사용될 수 있는 제품임을 인증하는 표지다.[97]

미국 바깥에서 획득한 임상시험 데이터에 대한 FDA의 관점

많은 미국 기업들은 몇몇 국가에서 찾을 수 있는 덜 까다로운 규제 절차 때문에 외국에서 초기 임상 연구를 진행한다. 몇몇 경우에, 미국 바깥의 규제 기구는 문제의 기기가 안전하고 효과적이라고 볼 수 있는 증거로 비싼 임상 데이터 대신 몇몇 핵심 문헌과 서면 분석을 제출할 것을 요구하기도 한다. 결과적으로, 이런 나라들에서는 미국보다 허가를 빠르고 쉽게, 그리고 저렴하게 취득할 수 있다. FDA는 이런 행위를 금지하지는 않지만, 이들 연구를 통해 얻은 데이터 전체의 제출을 요구한다. 많은 경우, 기업들은 미국에서의 IDE 출원을 지지기 위해 이런 시험의 결과를 사용한다. 어떤 경우에는 다른 나라에서 얻은 데이터가 510(k) 제출을 뒷받침하기에 충분한 경우도 있으나, 질환에 따라서는 FDA가 이 기기에 대해 미국 환자들이 보일 반응에는 잠재적으로 차이가 있을 수 있을 가능성을 검토해야 한다는 결론을 내릴 수도 있다. 하지만, 환자 데이터를 필요로 하는 대부분의 PMA 출원과 다수의 510(k) 출원은 최소한 몇 가지 연구는 미국 내에서 수행되어야 한다고 요구하고 있다.

에드워드 라이프사이언스의 이야기는, 기업이 전 세계적으로 의미가 있는 획기적인 제품의 허가를 뒷받침하기 위해 임상 데이터뿐만 아니라 규제 허가 과정에 어떻게 접근해야 하는지 보여주는 훌륭한 사례이다.

현장에서 에드워드 라이프사이언스(Edwards LifeSciences LLC)

새로운 기기에 대한 국제 규제 경로를 탐색하기

1950년대 후반, 에드워드 라이프사이언스는 인공 심장 판막의 디자인과 생산에서 주도적인 역할을 시작했다. 하지만 시간이 지나면서, 이 회사는 대동맥 협착증을 치료하는 비외과적 접근방법에 대한 니즈를 파악하게 되었고, 이른바 대동맥 판막 대체술이라고 알려진 해결책에 대한 연구를 시작하게 되었다. 이 영역에서의 진보는 스타트업 회사였던 퍼큘테이너스 밸브 테크놀로지(Percutaneous Valve Technologies, PVT), 다시 말해 첨판 조직 주변에 팽창 가능한 스텐트 틀을 부착한 독특한 인공판막을 개발하고 시험한 회사 덕분에 가속되고 있었다. 판막 및 스텐트는 넓적다리 정맥을 거쳐 제방향 또는 역방향으로 심장에 삽입할 수 있도록, 카테터 경유 방식으로 시술될 수 있다. 이러한 기술은 심장허파기계를 사용하지 않아도 되었고, 또한 복장뼈 절개(개흉)을 요구하지도 않았기 때문에, 이는 표준적인 판막 대체술을 적용하지 않아야 하는 환자들과 수술이 어려울 수 있는 다른 환자들에게 적합한 것으로 보였다.

이러한 새로운 스텐트와 전달 시스템과 함께, 이 기업은 새로운 판막 기술은 3등급으로 분류되리라고 예상했으며, 허가를 위해서는 거의 모든 나라에서 임상 데이터가 필요할 것이라고 보았다. 에드워드가 마주했던 중대한 도전은, 이 기기의 안전성과 효과성을 규제 당국에게 보여줄 때 필요한 연구가 구체적으로 무엇인지에 대해 정리한 어떠한 선례도 없었다는 데 있었다. 에드워드 사의 규제 업무 부사장인 Scott Beggins는 이 회사가 취한 방식의 첫 번째 단계를 회상하면서 이렇게 말한다. "우리는 우리 기기를 구성하는 여러 요소들과 관련된 지식을 쌓아 두려고 노력했습니다." 예를 들어, 그와 연구진은 유사한 전달 체계가 어떤 규제를 받고 있는지 살펴보는 한편, 현재 시장에서 사용되고 있는 외과적 심장 판막술에 대해 서술한 안내문도 연구했다. "우리는 우리가 하려는 것과 잠재적으로 유관한 것을 다루고 있는 모든 문서를 찾아내는 작업부터 시작했습니다. 그리고 공학적 관점에서 볼 때 우리가 이러한 기기 유형을 만들 때 넘어야 할 것으로 규제 당국이 생각하는 요소가 무엇인지에 대한 의견 교환을 통해 모은 정보도 사용했습니다." 이러한 접근방식을 통해, 에드워드는 TAVR 기기의 안전성과 내구성을 입증하는 데 적용될 수 있는 잘 확립된 여러 감사 방법을 찾아냈다.

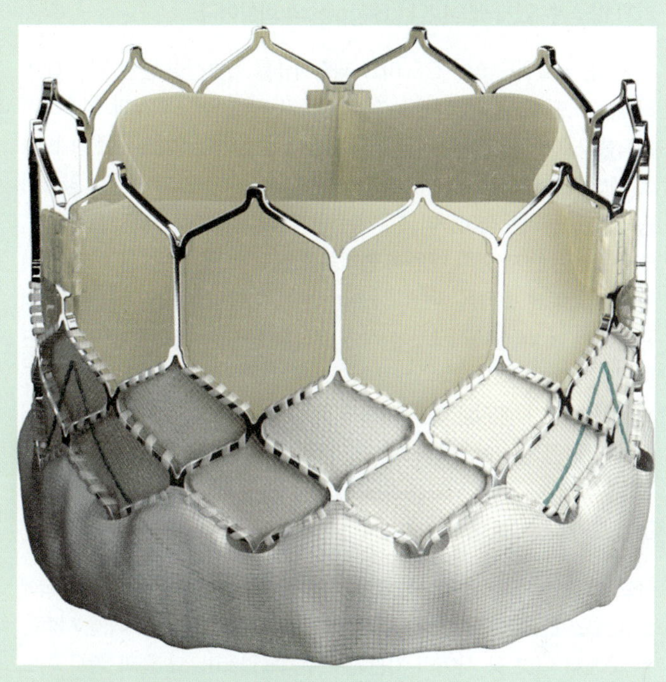

그림 4.2.4
SAPIEN 카테터 경유 심장 판막(에드워드 라이프사이언스로부터 허가를 받아 사용)

이 회사는 기기를 시장에 진입시키는 과정을 전 세계적으로 진행하고자 했다. Beggins은 이렇게 설명한다. "미국은 거대한 시장이기 때문에, 우리는 늘 그 국경 안에서 사업을 끝내게 될 것으로 생각했습니다. 문제는 타이밍을 맞추는 것 이상이었습니다. 미국을 첫 번째 시장으로 삼을 것인가, 아니면 두 번째, 아니면 세 번째로?" TAVR 프로젝트를 진행하던 당시에 대해, 그는 이렇게 설명한다. "미국 시험에서, FDA에게 IDE를 받기는 매우 어려웠습니다. 미국 밖에서 초기 임상시험을 수행하는 것이 더 간단하고, 신속하며, 안정적인 방법이었죠." 벤치 테스트를 통해 사피엔 판막이 안전하다는 것을 입증한 다음 인간 시험으로 이행하기 위해, 에드워드는 유럽과 미국에서 임상시험 과정을 함께 수행하기로 결정했다. 이를 통해, 회사는 유럽에서는 더 빠르게 진행 과정을 통과하는 것을 노렸고, 유럽에서의 과정을 FDA와의 임상적 · 규제적

소통 과정을 위한 경험으로 삼고자 했다.

유럽에서 CE 마크를 획득하는 과정 가운데 첫 번째는 이 회사의 규제 제출서류를 심사할 인증 기관을 선택하는 일이었다. "당시, 에드워드의 다른 사업 단위와 함께 일하고 있던 몇몇 인증 기관이 있었습니다." Beggins는 심장 판막 수술의 적합성 평가를 이끌던 기관을 염두에 두고 이렇게 말한다. "하지만 이 제품을 다룰 때, 우리는 인증 기관이 중재적인 심장관련 제품에 좀 더 많은 경험을 가진 곳 이기를 바랬습니다. 이 생각은 우리 기기의 특징에 부합하는 기관을 찾아내는 데 상당한 역할을 했으며, 이런 과정 속에 판막 수술에 대한 선입견을 되도록 개입시키지 않을 수 있게 했습니다." Beggins의 회상이다.

그 다음, 에드워드 팀은 CE 마크 제출서류를 뒷받침할 만한 임상 데이터에는 어떤 요구사항이 있는지 확인하기 위해 인증 기관과 접촉하기 시작했다. 이 과정에서는 한 가지 요소가 중심적인 역할을 했는데, 바로 예비 제출에서 염두에 둔 환자 인구 집단이 누구인지에 대해 양측이 동의하고 있다는 점이었다. "우리는 단계적인 접근에서 시작했습니다." Beggins는 먼저 중증 대동맥 협착증을 앓고 있으나 수술을 하기 어려운 환자들에게 초점을 맞췄다. Beggins는 이들이 시험이 비용/편익의 관점에서 볼 때 상대적으로 심각한 결과를 불러올 수도 있는 인구집단이었다는 점을 강조했다. "이들 환자에게는 어떠한 대안적인 치료도 존재하지 않았기 때문에, 이 사람들은 죽게 될 상황에 처해 있었죠." 이러한 파멸적인 상황에 기반하여, 에드워드와 인증기관은 이들 인구에게 적절한 시점에 치료 기회를 제공하기 위해서는 임상적 장애물을 조정할 수도 있다는 데 합의했다.

에드워드는 유럽에서 이 시험을 수행할 수 있는 허가를 윤리 위원회에 요청했으며, 관련 규제 기관에게 필수적인 사항을 알렸다. 이들 시험은 두 곳에서 다섯 곳 사이의 기관에서 수행되었으며, 그 결과 역시 어느 정도 유망했다. 에드워드는 처음에는 EU 내에서 이뤄진 이들 예비 연구에서 얻은 데이터를 제출할 계획이었으나, 결국에는 CE 마크 제출서류를 작성하기에 앞서 추가적인 연구를 통해 얻은 데이터와 같은 초기 경험을 추가적인 보충 자료로 첨부하게 되었다. 이러한 초기 데이터는 에드워드가 개발한 기기를 사용한 치료법이 잠재적으로 유망하다는 점을 보여주었지만, 이는 또한 몇 가지 측면에서 개선될 여지가 있었다. 특히, 이 회사는 수술 절차 그 자체뿐만 아니라 환자 선택과 전달 시스템 설계 역시 강화하려 했다. 그 다음, 에드워드는 3등급 서류를 접촉해온 인증기관에 제출했다. 그러자 인증기관은 에드워드에게 일련의 질문과 답변을 제시했다. 대략 1년가량 걸린 전체 검토 기간 이후, 에드워드는 SAPIEN 기기에 대해 CE 마크를 받을 수 있었다.

"CE 마크를 받자, 우리는 유럽에서 통제된 발매(Controlled Rollout) 과정을 밟았습니다. 이는 이것이 새로운 치료법이었기 때문입니다." Beggins는 이렇게 회상한다. "동시에, 광범위한 인구집단에 대한 연구를 계속하면서, 우리는 경심첨부 접근법(transapical access)[흉곽을 통해 심실 벽으로 접근하는 방법]에 대한 허가도 획득하려고 노력했습니다. 다음 세대의 기기인 SAPIEN XT 역시 개발 중 이었죠." 추가적으로, 에드워드는 아시아, 남아프리카, 동유럽에서 인허가 관련 작업에 착수했다.

한편 미국에서, 에드워드는 여전히 임상시험 디자인에 대한 일차적 강조사항과 관련하여 PMA 경로를 추진하는 데 필요한 요구사항을 놓고 FDA측과 논의를 계속하고 있었다. Beggins의 말을 들어보자. "우리는 시험의 요구조건에 대해 FDA와 여러 달 동안 협상하였고, IDE 프로토콜을 마무리하려 했습니다. 우리는 새롭고 참신한 무언가를 놓고, 그리고 5, 10, 15, 20년 동안 판막 수술을 수행해 온 전문가들과 함께 FDA측과 협상했습니다. 이 과정은 매우 긴 과정이었으며, 따라서 팀원들은 이 기술과 관련된 역학적 내용에 대해 모두 숙지하게 되었습니다. 또한 어떤 유형의 검사가 적절한지, 그와 같은 검사의 결과를 어떻게 보여야 하는지, 검사 기간과 수용 규준은 어때야 하는지에 대해서도 양측 모두가 자신의 생각을 다시 정리하게 되었습니다. 무엇을 시험해야 하는지에 대해 상당히 많은 의견 교환이 있었고, 또한 PARTNER 시험의 최종 설계에 대해서도 방대한 의견 교환을 할 수 있었습니다." 이런 과정은 FDA가 상대적으로 보수적인 입장에 서서 전면적인 무작위대조시험을 요구하는 상황 하에서 이뤄졌다. 이러한 판단은 새로운 판막 수술을 허가하는 현 과정에 의해 이뤄진 것으로 보인다. 이러한 과정은, 객관적 성능 기준(Objective Performance Criteria, OPC)과 비교했을 때, 공학적 검사, 그리고 지정된 규준에 따른 단일 집단 임상시험(Single Arm Clinical Trial)만을 요구한다는 점에서 상당히 관행적인 성격을 가진다.

마지막으로 에드워드는 미국에서 무작위 대조 시험을 두 차례 수행하였다. 첫 번째 시험은 판막 대체술을 선택할 수 없는 사람들을 대상으로 했으며, TAVR을 의료적 관리와 비교했고, 22곳에서 350명에 대해 1년에 걸쳐 수행되었다. 두 번째 시험은 고위험 수술 환자를 대상으로 했으며, TAVR을 전통적인 판막 수술과 비교했고, 26곳에서 650명에 대해 1년간 수행되었다.

"시험을 시작하고 환자들의 목록을 등록하자, 우리의 진보는 빈 틈 없이 이뤄졌습니다." Beggins의 말이다. "어려운 부분은, 미국 내에서 실제 결정적 시험을 어느 정도의 기간 동안 수행할 것이냐는 부분이었습니다." 임상 데이터를 모으고 난 다음 이뤄진 PMA 검토 과정은 상대적으로 평온했다. "우리는 임상 보고서를 어떻게 보아야 하는지에 대해 협상을 벌였습니다. 그리고 전체 심사 과정을 좀 더 길게 만든 패널 심사 과정을 거쳐야 했습니다." FDA는 SAPIEN을 2011년에 허가했다. CE 마크를 획득한 다음 꼬박 4년이 지나서의 일이었다. 이 시점에는 이 인공판막이 이미 40개 이상의 국가에서 허가된 상태였다.[98] 에드워드는 미국 전역에서 이 제품에 대해 통제된 발매(Controlled Rollout)를 시작했으며, 이런 과정은 새로운 기술과 연관된 요구 조건들을 의사들이 포괄적으로 훈련할 수 있도록 하는 데 초점을 맞추고 있었다.

분명, 이들 미국의 규제 과정은 에드워드에게 추가적인 시간과 비용으로 돌아왔다. 하지만 에드워드는 이들 과정을 통해 아주 많은 것을 배웠다. Beggins의 말을 들어보자. "FDA는 이들 과정 전체에 걸쳐 개입했습니다. EU에서 얻은 초기 데이터는 FDA와의 논의에서도 도움이 되었습니다. 초기 피드백 절차를 EU와 미국에서 진행할 때, 우리의 엔지니어링 팀은 다음 세대의 판막 설계에 반영할 새로운 특징뿐만 아니라 전달 시스템 역시 지속적으로 개선할 수 있었습니다."

이어서, Beggins는 규제 관련 상황이 변화를 겪고 있으며, 이는 이노베이터들이 전 세계의 규제 경로를 탐사하는 결정을 내리는 방향으로 영향을 끼칠 수 있다고 설명했다. "유럽의 관점에서 볼 때, 위험을 감수하려는 그들의 성향은 점차 감소하고 있습니다. 저는 유럽이 의료 제품의 안전성과 효과성에 대한 기준을 높여야 한다는 압력을 받고 있다고 생각하고, 또 그들이 실제로 그 방향으로 움직이고 있다고 봅니다." 한편, FDA는 좀 더 혁신적인 시도에 대응하기 좋게, 그리고 혁신에 초점을 맞추고 지원하는 방향으로 변화하고 있다. "제 말은 지금은 SAPIEN 프로젝트를 시작할 때 보다 FDA와 일하는 것이 좀 더 쉬워졌다는 뜻입니다. 저는 이제 우리가 FDA로부터 더 나은 피드백을 받을 수 있다고 생각하며, 좀 더 좋은 파트너가 되었다고 봅니다."

다른 교훈을 언급하면서, Beggins는 규제 기관과 초기에 논의를 시작하는 것은 사업을 벌이는 지역과 무관하게 필수적인 일이라고 강조하는 한편, 특히 제출을 통과시키기 위해서는 임상 데이터가 필요한 경우에는 더욱 더 그렇다고 말한다. "초기 대화는 결정적입니다. 규제 기관이 무엇을 원하는지에 대해 지레짐작해서는 안 됩니다." Beggins는 이노베이터들이 규제 당국과의 협상이 상대적으로 비형식적이고 구속력이 없으며, 때문에 어떠한 예고도 없이 중요한 변화를 부를 수 있는 특정한 권고사항이 내려올 수 있는 위험을 만들어낼 것이라는 우려를 한다고 지적한다. "하지만 현재, 규제 당국은 좀 더 명확하게 이야기하는 경향이 있으며, 이들의 피드백은 좀 더 실질적이고, 또한 이들과의 대화는 이노베이터들에게 좀 더 많은 도움이 될 것입니다." Beggins는 새로운 치료법은 물론 교육 역시 핵심적이라고 지적한다. "당신이 할 수 있는 한 규제 당국에게 당신의 새로운 치료법에 대해 교육한다면, 인허가 과정은 좀 더 잘 수행 될 수 있을 것입니다. 어떤 경우에는 규제 당국이 허가를 내어 주는 데 패러다임 전환이 필요할 수도 있고, 때문에 정보가 충분하지 않다면 규제 당국은 당신의 기기를 지지하지 않을 것입니다."

2014년 초, 전 세계에서 대략 5만 명 이상의 환자들이 SAPIEN 판막으로 치료받았다.

마지막 노트 – 컨셉을 스크리닝하고 제거하기 위해 규제 경로를 사용하는 방법

지금까지 논의한 내용을 되돌아 보자. 바이오디자인 혁신 과정의 이번 단계에서 규제 쟁점에 대해 기본적인 이해를 갖춰야 하는 한 가지 중요한 이유는 고찰의 대상이 되는 컨셉과 연관된 위험을 명확히 하는 데 있다. 이들 핵심적인 위험은 즉각적으로 제거될 수 있다. 다른 한편, 이노베이터들은 위험 점수화 행렬을 활용하여 규제 경로에 관해 수집한 자료를 사용할 수도 있다.

이 장에서 분명하게 보여주었듯이, 규제 쟁점은 대단히 복잡하다. 새로운 제품에 적용할 최종 경로를 선택하는 데는 상당한 시간과 노력이 필요하다. 하지만, 스크리닝 목적하에서는, 몇몇 간단한 지침에 따르면 이노베이터들이 유망해 보이는 개념은 우선적으로 검토하고, 잠재적인 문제가 보이는 개념은 우선순위를 미루는 데 도움이 될 것이다.

1. **팀의 전략적 포커스를 다시 살펴보기** – 규제 승인이나 허가에 이르는 경로는 어떤 기술을 진척시키는 시간과 비용을 결정하는 주된 요인이기 때문에, 서로 다른 컨셉들의 규제 관련 위험의 수준은 상당히 효과적인 스크리닝 규준이 될 수 있다. 어떤 팀이 직면하는 위험 수준은 이 팀의 전략적 포커스에 직접적으로 대응한다. 만일 어떤 팀의 목적이 혁신적인 기술적 플랫폼을 만들어내는 데 있다면, 미국에서의 PMA 승인을 필요로 하는 개념을 초점으로 삼을 필요는 없다. 만일 개발 팀이 기기를 시장에 상대적으로 신속하고 저렴하게 내놓고자 한다면, 미국에서의 510(k) 경로를 거쳐 허가를 받을 수 있는 개념을 택해야 할 것이다.
2. **탬플릿을 살펴보라** – 만일 다른 제품이 앞서 규제 허가나 승인을 받은 영역에서 작업을 하고 있다면, 이들 제품이 어떻게 규제에 대응했는지를 정리한 템플릿에 기초하여 컨셉을 걸러내는 것이 유용할 수 있다. FDA나 다른 규제 기관에 의해 상대적으로 빠르게 허가된 선행 기술이 있는 경우, 그리고 저널 논문이나 다른 수단을 통해 시험 설계를 확보할 수 있는 경우, 이러한 정보들은 규제 경로를 어떻게 헤쳐 나가

야 하는지를 기업이 좀 더 쉽게 이해할 수 있도록 돕는다. 물론, FDA나 다른 기관이 서로 같은 시험 규준에 동의하리라는 보장은 없다. 하지만, 일반적으로 선행 제품에 기반해 획득할 수 있는 명확성은 기업이 빠른 추격자 접근방법을 채택하는 데 도움이 될 수 있다. 몇몇 기술 영역에서는, 규제 기관이 어떠한 안내문도 없는 상태보다 어떤 개념에 대한 규제 경로를 더 명확하게 하기 위한 안내 문서를 작성하기도 한다(FDA는 자신들의 접근 방법이 늘 변화할 수 있다는 단서를 붙이기도 한다). 이러한 지식에 비추어 보아 탬플릿이 어떤 경로가 개발팀에게 매력적이라고 말한다면, 이러한 규제 접근방법 아래에서 사용할 수 있는 개념은 좀 더 매력적으로 보일 것이다.

3. **허가 또는 승인의 비용을 평가하기** – 개발 팀 또는 기업이 주어진 규제 요구조건을 만족시킬 때 감당해야 할 핵심 부담은 제품을 시장에 시판할 때 필요한 시간과 비용이다. 시간과 비용은 임상시험의 규모, 수집하는 데이터의 유형, 추적 기간에 의해 직접적으로 결정된다. 많은 경우, 어떤 정보를 FDA나 다른 규제 기관이 요구할 것인지를 평가해야만 하며, 이에 기반해 필요로 하는 데이터를 수집하는 데 들어갈 시간과 비용에 대해 "봉투 뒷면" 계산을 해야만 한다. 오직 벤치 테스트 데이터만을 필요로 하는 510(k) 경로와 수백 명의 환자를 대상으로 2년에 걸쳐 수행되는 임상 연구를 필요로 하는 절차의 비용 차이는 수천만 달러 또는 그 이상이 될 수 있다. 이러한 수치는 개발팀이 현실적으로 사용할 수 있는 자금의 수준과 일치하는 개념이 어떤 것인지 측정할 때 매우 결정적인 수단이 될 수 있다. 핵심은 예상되는 규제의 수준을 명확하게 드러내는 데 필요한 노력의 수준이 얼마나 크든 상관 없이 개발을 충분히 정당화할 수 있는 이득을 찾아내는 데 있다.

온라인 자료

더 많은 자료는 www.ebiodesign.org/4.2를 방문한다.

"Getting Started"의 활동과 링크
- Confirm the appropriate regulatory branch
- Classify the device
- Determine the regulatory pathway
- Secure a regulatory consultant

규제 기초에 관한 동영상

FDA 시판 전 허가 서신의 견본을 보여주는 부록

NOTES

1 "The Food and Drug Administration Celebrates 100 Years of Service to the Nation," U.S. Food and Drug Administration, January 4, 2006, http://www.fda.gov/NewsEvents/Newsroom/PressAnnouncements/2006/ucm108572.htm(December 26, 2013).

2 "FDA History," U.S. Food and Drug Administration, http://www.fda.gov/oc/history/default.htm (December 26, 2013).

3 Ibid.

4 Ibid.

5 "What We Do," U.S. Food and Drug Administration, http://www.fda.gov/aboutfda/whatwedo/ (December 26, 2013).

6 Diane Dwyer and Kelly Bauer, "Take the Lead on Safety with Temporary Cardiac Pacing" U.S. Food and Drug Administration, March 2010, http://www.fda.gov/medicaldevices/safety/alertsandnotices/tipsandarticlesondevicesafety/ucm203731.htm(October 17, 2013).

7 "Metal-on-MetalHipImplants,"U.S. Food andDrugAdministration, January 17, 2013, http://www.fda.gov/MedicalDevices/ProductsandMedicalProcedures/ImplantsandProsthetics/MetalonMetalHipImplants/default.htm (November 12, 2013).

8 Except for the agency's role in reimbursement categorization for investigational devices. Please see "Implementation of the FDA/HCFA Interagency Agreement Regarding Reimbursement Categorization of Investigational Devices," U.S. Food and Drug Administration, http://www.fda.gov/medicaldevices/deviceregulationandguidance/guidancedocuments/ucm080302.htm (October 17, 2013).

9 If a device is used in a way that deviates from the indication on the FDA-approved label, it is called "off-label" usage. While physicians may elect to engage in off-label use, the

manufacturer of the device is not allowed to promote any methods of use other than those cleared by the FDA.

10 "The State of the FDA Workforce," Partnership for Public Services, November 2012, http://www.washingtonpost.com/r/2010-2019/WashingtonPost/ 2012/11/19/National-Politics/Graphics/PEW_FDA_Public_19112012.pdf (November 12, 2013).

11 "FY 2013 Budget Overview," U.S. Food and Drug Administration, 2012, http://www.fda.gov/downloads/AboutFDA/ReportsManualsForms/Reports/BudgetReports/UCM291555.pdf (October 17, 2013).

12 "Is the Product a Medical Device," U.S. Food and Drug Administration, http://www.fda.gov/medicaldevices/deviceregulationandguidance/overview/classifyyourdevice/ucm051512.htm (December 26, 2013).

13 "How to Write a Request for Designation (RFD)," U.S. Food and Drug Administration, April 2011, http://www.fda.gov/regulatoryinformation/guidances/ucm126053.htm (October 17, 2013).

14 "Classify Your Medical Device," U.S. Food and Drug Administration, http://www.fda.gov/MedicalDevices/DeviceRegulationandGuidance/Overview/ClassifyYourDevice/ (December 26, 2013).

15 Ibid.

16 Estimates made by authors based on publicly available information.

17 "CDRH Management Directory by Organization," U.S. Food and Drug Administration, http://www.fda.gov/AboutFDA/CentersOffices/OfficeofMedicalProductsandTobacco/CDRH/CDRHOffices/ucm127854.htm (October 18, 2013).).

18 "Performance Report to Congress for the Medical Device User Fee Amendments of 2007," U.S. Food and Drug Administration, FY 2012, http://www.fda.gov/downloads/AboutFDA/ReportsManualsForms/Reports/UserFeeReports/PerformanceReports/MDUFMA/UCM342644.pdf (October 18, 2013).

19 "Classify Your Medical Device," op. cit.

20 An innovator can check the possibility of achieving exempt status (as well as any limitations that may apply) through parts 862-892 of the code of federal regulations; see http://www.accessdata.fda.gov/scripts/cdrh/ cfdocs/cfcfr/CFRSearch.cfm?CFRPartFrom¼862&CFRPartTo¼892(December 26, 2013).

21 See FDA Program Memorandum K86-3.

22 "510(k) Premarket Notification," U.S. Food and Drug Administration, http://www.fda.gov/medicaldevices/deviceregulationandguidance/howtomarketyourdevice/premarketsubmissions/premarketnotification510k/default.htm(October 18, 2013).

23 "Draft Guidance for Industry and Food and Drug Administration Staff – The 510(k) Program: Evaluating Substantial Equivalence in Premarket Notifications [510(k)]," U.S. Food and Drug Administration, December 27, 2011, http://www.fda.gov/medicaldevices/deviceregulationandguidance/guidancedocuments/ucm282958.htm (October 18, 2013).

24 "Medical Devices and the Public's Health: The FDA 510(k) Clearance Process at 35 Years," Institute of Medicine, July 29, 2011, http://www.iom.edu/Reports/2011/Medical-Devicesand-the-Publics-Health-the-FDA-510k-Clearance-Process-at-35-Years.aspx (October 18, 2013).

25 For more specific guidelines on making a 510(k) submission, see "Screening Checklist for Traditional/Abbreviated Premarket Notification [510(k)] Submissions," U.S. Food and Drug Administration, http://www.fda.gov/downloads/MedicalDevices/DeviceRegulationandGuidance/HowtoMarketYourDevice/PremarketSubmissions/PremarketNotification510k/ucm071369.pdf (October 18, 2013).

26 "How to Prepare a Traditional 510(k)," U.S. Food and Drug Administration, http://www.fda.gov/medicaldevices/deviceregulationandguidance/howtomarketyourdevice/premarketsubmissions/premarketnotification510k/ucm134572.htm (October 18, 2013).

27 See "Guidance for Industry and FDA Staff Format for Traditional and Abbreviated 510(k)s," U.S. Food and Drug Administration, http://www.fda.gov/medicaldevices/deviceregulationandguidance/guidancedocuments/ucm084365.htm (October 18, 2013).

28 See "Screening Checklist for Traditional/Abbreviated Premarket Notification [510(k)] Submissions," op. cit.

29 Julia Post, "FDA Plans to Complete Classifications of Preamendment Devices by the End of 2014," Inside Medical Devices, April 12, 2013, http://www.insidemedicaldevices.com/2013/04/12/fda-announces-plans-to-complete-calls-forpmas-and-reclassifications-for-preamendment-devices-by-theend-of-2014/ (October 18, 2013).

30 See "PMA Application Contents," U.S. Food and Drug Administration, http://www.fda.gov/MedicalDevices/DeviceRegulationandGuidance/HowtoMarketYourDevice/PremarketSubmissions/PremarketApprovalPMA/ucm050289.htm (October 18, 2013).

31 "PMA Application Methods," U.S. Food and Drug Administration, http://www.fda.gov/MedicalDevices/DeviceRegulationandGuidance/HowtoMarketYourDevice/PremarketSubmissions/PremarketApprovalPMA/ucm048168.htm (October 18, 20013).

32 Ibid.

33 See "IDE Application," U.S. Food and Drug Administration, http://www.fda.gov/MedicalDevices/DeviceRegulationandGuidance/HowtoMarketYourDevice/InvestigationalDeviceExemptionIDE/ucm046706.htm (October 18, 2013).

34 See, for example, "NMT Medical Voluntarily Withdraws CardioSEAL(R) PFO HDE and Receives FDA Approval for New

STARFlex(R) PFO IDE Study," Medical News Today, August 17, 2006, http://www.medicalnewstoday.com/articles/49797.php(October 18, 2013).

35 "Medical Device User Fees Have Been Reauthorized for Fiscal Years 2008–2012," U.S. Food and Drug Administration, September 28, 2007, http://www.fda.gov/medicaldevices/deviceregulationandguidance/overview/medicaldeviceuserfeeandmodernizationactmdufma/ucm109089.htm (October 18, 2013).

36 "MDUFMA Performance Reports," U.S. Food and Drug Administration, http://www.fda.gov/AboutFDA/ReportsManualsForms/Reports/UserFeeReports/PerformanceReports/MDUFMA/default.htm (October 18, 2013).

37 "Mobile Medical Applications: Guidance for Industry and Food and Drug Administration Staff," U.S. Food and Drug Administration, September 25, 2013, http://www.fda.gov/downloads/MedicalDevices/DeviceRegulationandGuidance/GuidanceDocuments/UCM263366.pdf (December 26, 2013).

38 "FDA Submits Final Guidance on Mobile Medical Apps," Foley and Lardner LLP, October 4, 2013, http://www.foley.com/fdasubmits-final-guidance-on-mobile-medical-apps-10-04-2013/(December 26, 2013).

39 Ibid.

40 "Mobile Medical Applications: Guidance for Industry and Food and Drug Administration Staff," op. cit.

41 All quotations are from interviews conducted by the authors, unless otherwise cited. Reprinted with permission.

42 Ben Richardson, "Why the FDA Took the Piss Out of uChek, a Urine Analysis App," Motherboard.Vice.com, 2013, http://motherboard.vice.com/blog/why-the-fda-took-the-piss-out-ofuchek-a-urine-analysis-app (December 26, 2013).

43 "Letter to Biosense Technologies Private Limited concerning the uChek Urine Analyzer," U.S. Food and Drug Administration, May 21, 2013, http://www.fda.gov/MedicalDevices/ResourcesforYou/Industry/ucm353513.htm(December 26, 2013).

44 Shiv Gaglani, "uChek Launches Indiegogo Campaign: Interview with CEO Myshkin Ingawale," MedGadget, August 7, 2013, http://www.medgadget.com/2013/08/smartphone-basedurine-analysis-interview-with-ucheks-myshkin-ingawale.html(December 26, 2013).

45 Pamela Lewis Dolan, "FDA Signals it Will Regulate Medical Apps," amednews.com, May 30, 2011, http://www.amednews.com/article/20110530/business/305309966/5/#cx (December 25, 2013).

46 See "Common Aspects of Electrical Equipment Used in Medical Practice: SC 62A Dashboard," International Electrotechnical Commission, http://www.iec.ch/dyn/www/f?p=103:29:0::::FSP_ORG_ID,FSP_LANG_ID:1359,25#1 (January 29, 2014), specifically sections JWG-3, JWG-4, and JWG-6.

47 "AAMI, UL Team Up on Interoperability Standards," AAMI News, October 2012, http://www.aami.org/publications/AAMINews/ Oct2012/AAMI_UL_Team_Up_Interoperability_Standards.html (January 29, 2014).

48 See International Medical Device Regulators Forum, http://www.imdrf.org/ (December 10, 2013).

49 See "Medical Devices," European Commission, http://ec.europa.eu/ enterprise/medical_devices/legislation_en.htm(December 10, 2013).

50 Les Schnoll, "The CE Mark: Understanding the Medical Device Directive," September 1997, http://www.qualitydigest.com/sept97/html/ce-mdd.html (December 10, 2013).

51 "Guidance MEDDEVs," http://ec.europa.eu/health/medicaldevices/documents/guidelines/index_en.htm (December 10, 2013).

52 "Medical Device Registration in Canada (Video)," Emergo Group, http://www.youtube.com/watch?v=i46hyOu5EkQ(January 8, 2014).

53 Ibid.

54 Ibid.

55 "Guidance Document: How to Complete the Application for a New Medical Device License," Health Canada, 2011, http://www.hc-sc.gc.ca/dhp-mps/alt_formats/pdf/md-im/applicdemande/guide-ld/md_gd_licapp_im_ld_demhom-eng.pdf(January 31, 2014).

56 "Guidance Documents," Health Canada, http://www.hc-sc.gc.ca/dhp-mps/md-im/applic-demande/guide-ld/index-eng.php((January 8, 2014).

57 "Medical Device Registration in Canada (Video)," op. cit.

58 "Medical Device Regulatory Requirements for Australia," Export.gov, September 25, 2002, http://www.ita.doc.gov/td/health/Australiaregs.html (January 8, 2014).

59 "Australian Regulatory Guidelines for Medical Devices," Department of Health and Ageing, Therapeutic Goods Administration, 2011, http://www.tga.gov.au/pdf/devicesargmd-01.pdf (January 8, 2014).

60 "The Regulation of Medical Devices: A Life-Cycle Approach to Regulation," Department of Health and Ageing, Therapeutic Goods Administration, November 18, 2011, http://www.tga.gov.au/newsroom/devices-basics-regulation.htm#.Us4AOZ5dV8G (January 8, 2014).

61 "Role of the Sponsor," Department of Health and Ageing, Therapeutic Goods Administration, March 28, 2013, http://www.tga.gov.au/industry/basics-role-of-sponsor.htm#.Us3-2Z5dV8E (January 8, 2014).

62 "Medical Device Regulatory Overview for Australia," Emergo Group, http://www.emergogroup.com/services/australia/australia-regulatory-strategy (January 8, 2014).

63 "The Regulation of Medical Devices" Department of Health and Ageing, Therapeutic Goods Administration, November

18, 2011, http://www.tga.gov.au/newsroom/devices-basicsregulation. htm#.Us4AOZ5dV8G (January 8, 2014).

64 "Australian Regulatory Guidelines for Medical Devices," op. cit.

65 "Australia Clinical Research and CRO Consulting," Emergo Group, http://www.emergogroup.com/services/australia/australia-clinical (February 6, 2014).

66 Australian Clinical Trials, http://www.australianclinicaltrials.gov.au/ (February 6, 2014).

67 "Japan PMDA Medical Device Approval and Certification," Emergo Group, http://www.emergogroup.com/services/japan/medical-device-approval-japan (January 2, 2014).

68 "Japan's Regulatory Process for Medical Devices," Emergo Group, October 24, 2011, http://www.slideshare.net/emergogroup/japan-webinar-presentation-oct-2011 (January 2, 2014).

69 Stewart Eisenhart, "Medical Device Regulatory Reform Advances in Japan," Emergo Group Blog, December 2, 2013, http://www.emergogroup.com/ blog/2013/12/medical-deviceregulatory- reform-advances-japan (January 2, 2014).

70 Ibid.

71 Ames Gross, "Harmonization by Doing Program Between the U.S. and Japan," Pacific Bridge Medical, January 1, 2007, http://www.pacificbridgemedical.com/news/harmonizationby-doing-program-between-the-us-and-japan/ (January 6, 2014).

72 "Medical Device Regulatory Requirements for Brazil," Export.gov, September 23, 2008, http://www.ita.doc.gov/td/health/Brazil%202008%20Medical%20Device%20Profile.pdf(October 22, 2008).

73 Tara Kambeitz "Medical Device Approvals in Brazil: A Review and Update," Med-Tech Innovation, November 14, 2011,http://www.med-techinnovation.com/Articles/articles/article/30#sthash.Z6XoU4ff.dpuf (February 25, 2014).

74 "Brazilian Medical Device Import Regulations," DRW Research & Information Services, March 2008, http://www.drwresearch.com/newsletter/Mar%2008.htm (February 25, 2014).

75 Ibid.

76 Kambeitz, op. cit.

77 Ibid.

78 "Brazil's Registration Process: Initial Steps Medical Device Registration According to ANVISA," *Medical Products Outsourcing*, June 11, 2012, http://www.mpo-mag.com/contents/view_breaking-news/2012-06-11/brazilrsquosregistration-process-initial-ste/#sthash.8Tp2MENI.dpuf(February 25, 2014).

79 "Home," ANATEL: National Telecommunication Agency Telecom Regulatory in Brazil, http://majorevents.anatel.gov.br/en/ (February 25, 2014).

80 "Latin American Medical Device Regulations," *Medical Device Link*, July 2000, http://www.devicelink.com/mddi/archive/00/07/005.html (February 25, 2014).

81 "Medical Device Regulatory Requirements for Russia," Export.gov, October 24, 2008, http://www.trade.gov/td/health/russiaregs.html (October 22, 2008).

82 Ibid.

83 "Overview of the Medical Device Approval Process in Russia," Emergo Group, http://www.emergogroup.com/resources/articles/russia-medical-device-approval-process (February 6, 2014).

84 Ames Gross and Momoko Hirose, "Regulatory Update: Asia' s Largest Medical Device Markets," Pacific Bridge Medical, January 2008, http://www.pacificbridgemedical.com/publications/html/AsiaRAFocusDevJan08.htm (January 2, 2014).

85 Frequently Asked Questions on Registration and Import of Medical Devices in India," Central Drugs Standard Control Organization, February 21, 2013, http://cdsco.nic.in/FAQIMPORT%20&%20REGISTRATION% 2002022013_DONEE.pdf(January 2, 2014).

86 "The Drugs and Cosmetics (Amendment) Bill, 2013," PRS Legislative Research, August 29, 2013, http://www.prsindia.org/billtrack/the-drugs-and-cosmetics-amendment-bill-2007-2903/ (January 31, 2014).

87 "India's Central Drugs Standard Control Organization(CDSCO)," Pacific Bridge Medical, http://www.pacificbridgemedical.com/indias-central-drugs-standardcontrol-organization-cdsco-/ (January 2, 2014).

88 "Indian Conformity Assessment Certificate (ICAC) Mark," http://www.icac.in/ (January 2, 2014).

89 Jeremy Sugarman, Harvey M. Meyerhoff, Anant Bhan, Robert Bollinger, and Amita Gupta, "India's New Policy to Protect Research Participants," *BritishMedical Journal*, July 2013, http://www.bmj.com/content/347/bmj.f4841 (January 2, 2014).

90 S. Seethalakshmi, "Foreign Companies Stop Clinical Trials in India After Government Amends Rules on Compensation," *The Times of India*, August 1, 2013, http://articles.timesofindia.indiatimes.com/2013-08-01/bangalore/40960487_1_clinicaltrials-iscr-suneela-thatte (January 2, 2014).

91 "Regulations for the Supervision and Administration of Medical Devices," Emergo Group, http://www.emergogroup.com/files/china-medical-device-regulations.pdf (March 22, 2014).

92 Information provided by Katherine Wang, Chief China Life Sciences Advisor, Ropes & Gray LLC.

93 "Regulations for the Supervision and Administration of Medical Devices,: op. cit.

94 "The State Council Passes the Draft Amendment to the Regulations for the Supervision and Administration of Medical Devices," Healthcare Cooperation Program, February 26, 2014, http://www.uschinahcp.org/state-council-passes-draftamendment-regulations-supervision-and-

administrationmedical-devices#sthash.9UlPc6w6.dpuf (March 22, 2014).

95 Ames Gross and Rachel Weintraub, "China's Regulatory Environment for Medical Devices," Pacific Bridge Medical, 2005, http://www.advamed.org/MemberPortal/Issues/International/Asia/china_reg2005.htm (October 22, 2008).

96 "China Medical Device Registration," Export.gov, August 2004, http://www.ita.doc.gov/td/health/regulations.html (October 22, 2008).

97 Ibid.

98 "Less Invasive Heart Valve Replacement Is Approved," *The New York Times*, November 2, 2011, http://www.nytimes.com/2011/11/03/business/fda-approves-less-invasive-heartvalve-replacement.html?_r=2& (December 24, 2013).

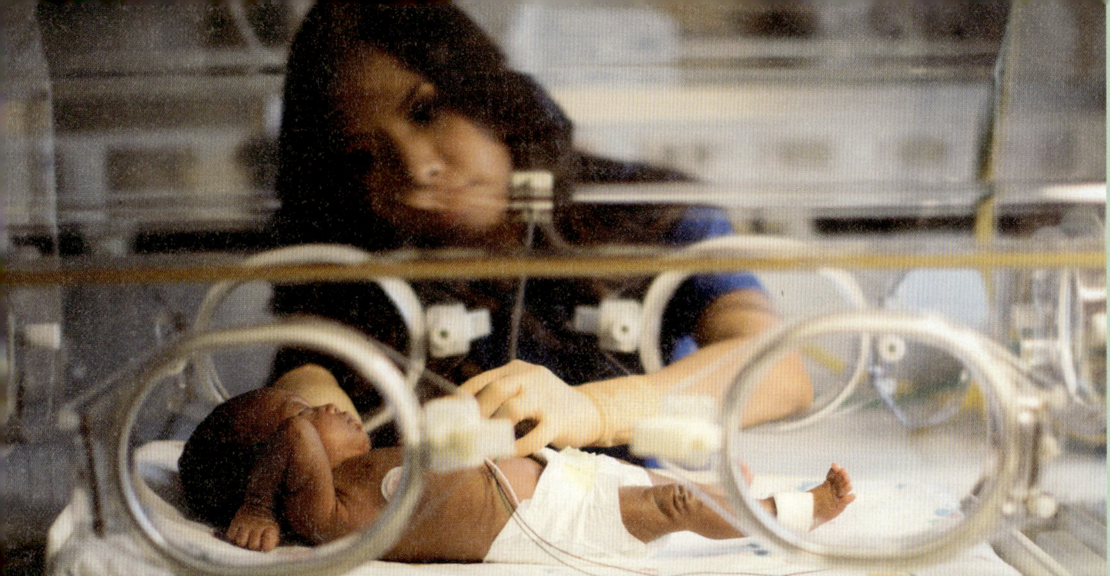

4.3 보험의 기초

서론

환자들은 새로운 기술 또는 치료에 관심이 많다. 의사들은 이를 전달하는 데 발을 담그고 있다. 많은 산업에서, 사용할 동기를 가진 소비자와 유능한 공급자는 성공의 공식을 이루고 있다. 하지만 보건의료 영역에서, 한 가지 결정적인 요인이 빠져서는 안 된다. 바로 새로운 의료기기에 대해 비용을 지불할지 여부를 판단하는 지불자 또는 제삼자 민간 또는 공적 보험 회사의 역할이 바로 그것이다. 보건의료 비용의 확대, 그리고 소수의 환자만이 자신의 의료 비용을 의료보험 급여 없이 지불할 수 있는 상황에서, 지불자는 새로운 기술의 수용, 그리고 환자 치료의 방향에 전례가 없는 수준의 영향력을 끼치고 있는 중이다.

새로운 의료 기술 개발의 초기 단계에서 보험과 관련된 상황을 이해해야 하는 이유는 현재의 보건의료 지불 인프라가 해결해야 할 임상적 니즈에 대한 새로운 해결책을 수용할 수 있을지 아니면 없을지 판단해야 하기 때문이다. 보험 분석은 해결책을 전달한 의사에 대한, 그리고 환자가 치료받은 기관에 대해 적절한 지불이 이뤄질 수 있는지 여부를 보여준다. 또한 이를 통해 의료보험 급여가 해결책 개발을 재정적으로 실행 가능하게 만들 수 있을 만큼의 목표 시장에 적용될 수 있는지 여부를 탐색할 수도 있다.

이번 장은 보험에 대해 다루는 두 개 장 가운데 하나다. 이번 첫 번째 장에서는 보험과 관련된 기본적인 사항들에 대한 이해와 개발팀 또는 기업이 자신들의 혁신이 현재의 코딩, 급여, 지불에 대한 보험 구조와 부합할 때 개발에 착수할 수 있도록 하는 접근방법에 초점을 맞추고자 한다. 두 번째 장인 5.6 보험급여 전략에서는 만일 이미 확립된 지불 및 급여 수준이 부적절한 경우 새로운 기술을 수용할 수 있도록 현존하는 지불 인프라를 확장하는 방법에 대해 탐구한다. 또 이 장에서는 미국과 외국의 진화하는 보건의료 경제 환경을 염두에 둔 포괄적인 상환 전략을 어떻게 개발할 수 있는지에 대해서도 논의한다.

 보험의 기초에 관한 동영상은 ebiodesign.org을 참조한다.

목표

- 미국의 의료기기에 대한 보험 시스템에 대한 높은 수준의 이해를 가진다.
- 어떤 요구와 연관된 현존하는 의료기기에 대한 보험을 뒷받침하는 유관한 보상범위와 지불 코드를 확인하는 방법을 배운다.
- 현존하는 의료기기 코드의 지불 지위(status)를 이해한다. 이런 지위에는 보험액, 그리고 급여가 가능한 환자의 유형에 대한 제한이 포함된다.
- 미국에 기반을 둔 사적 지급자와 공적 지급자 사이의 차이를 평가한다.
- 미국 이외의 몇몇 국가에서 상환 상황을 조사한다.
- 컨셉의 우선순위를 매기는 스크리닝 작업에서 상환 위험을 어떻게 사용할 것인지에 대해 안다.

보험의 기초

의료기기 혁신에서 **보험**이 가지는 중요성이 증대하고 있다는 점을 보이기 위해, 색전절제술용 풍선카테터와 일련의 다른 **의공학** 기기의 이노베이터로 저명한 Thomas Fogarty는 이렇게 말한다.[1]

> 규제와 보험은 언제나 기기가 마주하게 되는 두 개의 커다란 장벽이다. 나는 FDA에, 그리고 예측할 수 없는 승인 경로에 더 많이 초점을 맞췄다. 하지만 FDA는 상황이 좀 더 나은 곳이다. 최소한 그 업무를 더 낫게 만들 수 있다는 점에서는 그렇다. 내가 환자 치료를 위해 새로운 기술을 개발할 때 보험이야말로 가장 큰 걱정거리였다. 보건의료 경제학의 위력은 새로운 기술의 등장을 모두 가로막을 수 있는 것처럼 보인다. CMS만 문제인 것은 아니며 사보험이 좀 더 큰 위협이다. 이들은 보험을 위해 CMS가 요구하는 것보다 더 많은 데이터를 요구한다. 주의하라!

미국에서 의료기기에 대한 보험은 공공 및 민간 의료보험 프로그램에 의해 관리된다. 가장 큰 공공 보건의료 프로그램은 메디케어(Medicare)로, 연방 메디케어 및 메디케이드 서비스 센터(federal Centers for Medicare and Medicaid Services, CMS)에 의해 관리된다. CMS 본부는 메릴랜드 주 볼티모어, 그리고 워싱턴 D.C.에 위치한다. CMS가 작성하는 **지불** 보고서(payment transaction)의 분량은 막대한 수준이다. 매년 1백만 이상의 공급자로부터, 10억 이상의 신청(claim)을 처리하고 있기 때문이다.[2] 그 방대한 규모 덕분에 메디케어 코딩, 급여, 그리고 지불 시스템은 미국의 보건의료 시스템에 지배적인 영향력을 행사하고 있으며, 이 나라의 민간 보험회사들을 면밀하게 감시하고 있다. 미국에는 수백 개의 민간 보험회사들이 있으며, 유나이티드 헬스케어, 웰포인트, 카이저 퍼머넌트, 휴매나, 애트나와 같은 대규모 회사들도 포함한다. 미국의 헬스케어 지출은 메디케어(20%)와 민간 보험회사(21%)가 균등하게 분담하고 있으며, 나머지 부분 가운데 상당부분을 가계(28%), 메디케이드를 포함하는 주 및 지방정부(18%), 다른 민간 회사(7%), 기타 연방 지출(5%)가 분담하고 있다.[3] 전체 헬스케어 지출은 대략 3조 달러에 달하며, 2020년에는 5조 달러에 육박할 것으로 보인다.[4]

이런 배경 위에서, 미국에서의 보험 상황은 전통적인 행위별 수가제 인센티브(fee-for-service incentive, 치료의 양에 따라 상환하는 방식)에서 새로운 **가치**-기반 프로그램(value-based program, 단위 가격당 품질에 기반해 상환하는 방식)으로 이행하고 있다. 2010년 오바마 케어 법안(Affordable Care Act, ACA)의 통과는 이런 이행의 분수령이었으며, 헬스케어 산업이 환자 치료 경험의 증진, 대중의 건강 증진, 그리고 헬스케어의 인구당 비용 감소를 위한 "세 가지 목표"에 초점을 맞추도록 이끌었다.[5]

세계의 건강 보험 시스템은, 많은 선진국에서는 정부에 의한 단일 **지불자**(single-payer) 시스템으로 이뤄지고 있으나, 다수의 신흥 시장 국가에서는 자가 지불(self-pay) 제도가 여전히 일반적이다. 비록 몇몇 지불 시스템은 잘 갖춰져 있고, 또 다른 시스템은 여전히 형성되는 중이지만, 각국의 제도는 독특한 정책과 요구 조건에 따라 분류할 수 있다.

미국이나 다른 어떤 나라에서든 보험을 받고자 한다면, 이노베이터는 두 가지 사항을 염두에 두어야만 한다. 첫째, 보험 정책과 절차는 이노베이터가 상환의 상황을 이해하고 특정 지역에 알맞고 실행 가능한 지불 방법을 확립시키기 위해 숙련된 컨설턴트에게 거의 의존해야 할 만큼 복잡하다(그림 4.3.1 참조). 둘째, 이노베이터는 새로운 기술에 대해 새로운 코딩, 급여, 그리고 지불 결정을 받는 것을 추진하기보다는 현존하는 상환 절차를 적용할 수 있다면 보험을 빠르고 더 쉽게 달성할 수 있을 것이다. 현존하는 보험 경로를 적용할 것인지를 결정하는 요인은 새로운 기술의 본성, 그리고 이 기술과 전문가 조언과 안내를 필요로 할 수 있는 현존하는 지불 메커니즘이 부합하는지 여부이다. 이번 장의 핵심 목표는 이노베이터에게 보험 정책과 절차에 대한 기본적인 이해를 제공하는 것이며, 이를 통해 해당 영역의 전문가와 예비 상환 분석을 수행할 때 협업할 수 있도록 충분한 배경 지식을 전달하는 데 있다.

미국에서의 보험

미국에서 메디케어와 민간 보험회사 모두는 의료 서비스에 대한 보험을 위해 동일한 기본 절차를 밟는다. 병원에서 의사와

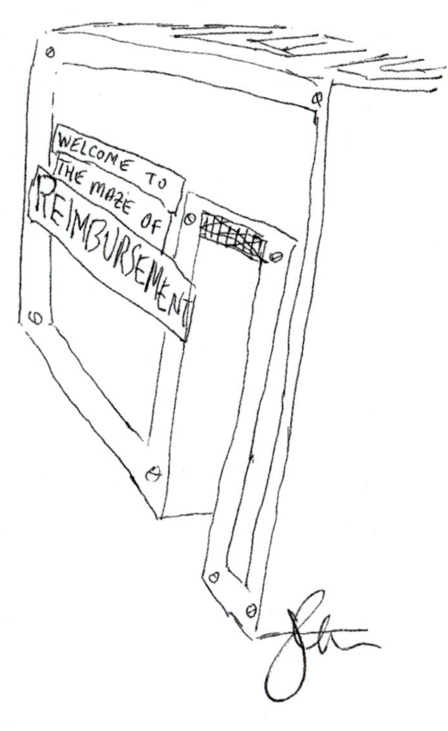

그림 4.3.1
규제 승인 단계를 지나더라도, 이노베이터들은 보험 정책이 난맥상처럼 얽혀 있는 복잡한 미로를 탐색해 나가야만 한다.[6]

시설에 대한 지불은 대개의 경우 서로 독립적인 시스템을 통해 이뤄진다. 이 과정 속의 복잡성은 부분적으로 여러 차례의 서비스로 이어질 경우 의사와 시설에 대해 반복적인 지불을 이뤄질 수 있다는 사실에서 비롯된다.

이런 지불 과정의 가장 단순한 형태는 세 가지 주요 구성 요소로 구성되어 있다. 서비스가 이뤄지면 제공자는 해당 서비스에 대응하는 하나 또는 그 이상의 적절한 코드를 확인하고, 이를 지불자에게 제출하는 신청에 포함시켜 평가를 요청한다. 이러한 신청을 받은 지불자는 이런 서비스에 대한 보상범위 여부를 평가한다. 만일 보상범위가 승인되면, 지불 코드는 의료 시설과 제공자에 알맞은 *지불*로 이행된다. 각각의 요소에 대해서는 추가적인 설명을 제시할 것이다.

코딩

간단히 말해, 코드는 보험의 언어이다. 코드는 지불자가 정확히 무엇을 해야 하는지, 그것을 어떻게 해야 하는지, 그리고 왜 해야 하는지를 말해 준다.

의사와 의료 시설이 서비스에 대해 지불을 받기 위해서는, 이들은 반드시 표준화된 코드를 사용하여 치료 과정에서 수행한 진단과 절차에 대한 문서를 작성해 지불자에게 신청을 제출해야 한다. 치료가 수행된 조건에 따라 서로 다른 코드를 선택할 수 있다(표 4.3.1 참조).

*입원 환자*에 대한 의료시설과 의사에 대한 지불은 ICD-10 코드(이 약어는 질병 국제통계분류의 10번째 버전(the International Classification of Diseases, 10th revision)을

표 4.3.1 서로 다른 절차, 서비스, 공급물에 대한 보험을 위해 서로 다른 주체에 의해 사용되는 서로 다른 코드

의료 공급자	세팅	시술 코드	진단 코드
병원	입원	ICD-10-PCS	ICD-10-CM
병원	외래	CPT(HCPCS 1등급)	
응급 수술 센터	외래		
의사	시설/진료실		

지시한다)를 통해 규정된 적합한 진단과 절차를 기반으로 이루어진다. 이 책을 쓰는 시점에는, ICD-10 코드의 사용은 2015년 말 시점까지는 의무적인 것이 될 것으로 예상된다.[7] ICD-10에는 두 가지 유형이 있다. 진단은 ICD-10-CM(임상 수정, Clinical Modification)에 의해 이뤄지며, 시술은 ICD-10-PCS(시술 코드 시스템, Procedure Coding System)에 의해 이뤄진다. 전형적인 입원은 1차 진단 및 2차 진단(적절한 ICD-10-CM 코드와 함께)으로 분류되며, 시술이 수행되었다면 ICD-10-PCS 코드를 통해 분류될 수도 있다.

외래 환자에 대하여 의료 시설은 서로 다른 유형의 절차와 환자 진단을 사용하여 보험 신청을 할 수 있다. 입원 환자와 유사하게, 환자 진단은 ICD-10-CM(진단)코드를 사용해 서술할 수 있다. 시술이나 서비스에 대해서는 HCPCS(의료 공통 기술 코딩 시스템, Healthcare Common Procedure Coding System)이라는 다른 코드 집합이 사용된다. HCPCS 시스템은 두 층위의 코드로 이뤄져 있다. **HCPCS Level I 코드**는 현행 시술 용어(Current Procedural Terminology, **CPT**)로 불린다. 이름이 말해 주듯이, CPT는 의료 전문가에 의해 제공되는 시술과 서비스를 지시하는 데 쓰인다. 한편, 이들은 병원에서는 오직 외래 환자에 쓰이고, 다른 기관이나 진료실에서는 의사 서비스에 대해 쓰인다. CPT 코드는 CMS가 아니라 미국 의학 협회(American Medical Association)에 의해 편찬되고 유지된다. **HCPCS Level II 코드**는 의사의 진료실 밖에서 사용되거나 제공되며, C에 포함 제품, 지급품, 서비스에 대해 적용된다. 예를 들어, Level 2 코드는 보철학(prosthetics), 보조기학(orthotics), 기타 진료실 밖에서 사용되는 지급품에 대한 신청을 제출하는 데 사용된다. 앰뷸런스 서비스에 대한 지급 신청에서도 Level 2 코드가 쓰인다. Level 2 코드는 CMS에 의해 편찬되고 유지된다.

보상 범위

간단히 말해, 보상 범위는 기술 또는 시술이 보험을 받게 될 것인지, 그리고 어떤 조건하에서 그렇게 될 것인지를 결정한다.

적절하게 코드화되어 CMS나 보험 회사에 제출된 신청은 자동으로 지불이 이행되지 않는다. 상환액을 지급할 때 지불자는 반드시 신청에 기술된 시술, 서비스, 지급품이 환자의 건강 보험 계획에 의한 급여 대상인지 평가하기 위해 사용하는 관련 정책에 기반해 결정을 내린다. 이들 정책은 어떤 시술을 급여 대상으로 만드는 조건을 명시적으로 정하고, 신청을 제출하고 정당화하기 위해 사용되는 코드와 관련된 세부 사항을 제시한다. 예를 들어, 급여 정책은 특정 진단을 받은 환자, 하위 인구 환자, 서비스 장소 또는 지불자가 명시하는 다른 조건에 대해서만 특정 시술은 급여 대상이 될 수 있다고 규정할 수 있다. 급여 정책은 균일하지 않으며, 지불자에 따라 극적으로 변화할 수 있다는 점은 매우 중요하다. 미국에서, CMS는 전국에 적용되는 국가 정책(National Coverage Determinations, **NCD**)를 지정하거나, 특정 지역에 적용되는 지역 정책을 지정할 수 있다. 지역급여결정(Local Coverage Determinations, **LCDs**)에 대해, 메디케어는 전국적을 여러 권역으로 나누어 관리하고 있으며, 각각의 권역 본부는 현 시점의 NCD와 모순되지 않는 범위 내에서 각 지역의 메디케어 프로그램을 집행하는데 필요한 독자적인 판단을 내릴 권한을 가지고 있다. 대부분의 상황에서, 기업은 지역 급여를 받을 것인지 국가 급여를 받을 것인지 판단할 수 있으며, 각각의 경로에 따라 서로 다른 전략적 판단을 내릴 수 있다. 민간 지급자 역시 자신의 급여 정책을 가지고 있으며, 이는 메디케어 정책과 일치할 수도 일치하지 않을 수도 있다.

지불

간단히 말해, 지불은 누가 지불할 것인지, 그리고 얼마나 많이 지불할 것인지를 규정한다. 지불은 대개의 경우 문제의 서비스가 제공되는 환경(예를 들어 의사의 진료실, 병원 입원환자, 외래 환자)에 따라 변화한다.

적절한 코드와 급여 결정이 이뤄졌다면, 상환을 위해 필요한 마지막 요소는 곧 지불이다. 메디케어에서, 지불의 층위는 상환과 관련된 좀 더 많은 약어들을 도입하게 만드는 코드 집합과 연결되어 있다(표 4.3.2 참조).

병원에 대한 메디케어 지불은 입원 환자에 대한 시술인지 외래 환자에 대한 시술인지에 따라 서로 구별되는 지불 시스템하에서 처리된다. CMS에 의해 지정된 몇몇 서비스는 오직 입원 환자에 대해 시술될 때만 지급 대상이며, 이러한 "입원 환자 지정" 서비스의 목록은 CMS에 의해 매년 발간된다. 환자가 입원

표 4.3.2 메디케어 지불 시스템은 의료적 접촉이 이뤄지는 장소, 시술과 진단 코드 지도에 기반하여 결정된다.

의료 공급자	세팅	지급	시술 코드	진단 코드
병원	입원	MS-DRG + MPFS	ICD-10-PCS	ICD-10-CM
병원	외래	APC	CPT(HCPCS 분류 I)	ICD-10-CM
응급 수술 센터	외래	ASC Fee Schedule	CPT(HCPCS 분류 I)	ICD-10-CM
의사	시설/진료실	MPFS	CPT(HCPCS 분류 I)	ICD-10-CM

환자인지 또는 외래 환자인지에 검토할 때 참고하는 특별한 고려사항도 있다. 역사적으로, 24시간 이상 또는 하룻밤 이상 입원할 필요가 있어 보이는 환자들은 입원 환경에서 치료했다고 메디케어 측에 보고하며, 반면 병원에 와서 그날로 나가는 환자는 대개의 경우 외래 환자로 보고한다. 좀 더 최근에는, 메디케어측의 요구사항은 좀 더 상세하게 변화했다. CMS의 "이틀밤 규칙(Two Midnight Rule)"이 한 사례다. 이는 환자가 최소한 두 차례 자정을 넘겨 입원해 있을 필요가 있지 않는 한 대개의 경우 외래 환자로 취급해야 한다고 말하고 있다.

메디케어 하에서 입원 환자에 대한 지불은 메디케어 중증도 진단 기반 질병군(Medicare Severity Diagnosis-Related Groups, MS-DRGs)라고 부르는 지불 범주의 집합에 기반한다. 어떤 병원에 대한 MS-DRG 지불은, 의사수가표(Medicare Physician Fee Schedule 또는 CPT 코딩)에 의해 별도로 지불되는 의사 서비스를 제외하고 입원일 동안 제공된 모든 병원 서비스(검사, 시술, 기기, 수술실, 회복실, 간호 서비스 등)에 대한 상환만큼의 지불을 전향적으로(prospectively) 결정한다. 입원과 관련된 모든 서비스에는 각각의 MS-DRG 지불 수준이 할당되어 있다. 적절한 MS-DRG 지불 범주는 일차 진단에 대한, 그리고 2차 진단에 대한 ICD-10 코드에 의해 결정된다. MS-DRG 코드는 합병증과 이환율 역시 감안하며, 합병증과 이환율에 따라 결정되는 특별한 MS-DRG 범주도 있다. 적절한 MS-DRG가 결정되고 나면, 병원이 받게 될 실제 지불은 지역 임금과 여러 조건을 반영하여 조정된다. 추가적으로, 학술적 교육이 이루어지는 병원과 다수의 가난한 환자들을 치료하는 병원들은 메디케어로부터 병원에 따라 달라지는 DRG의 일환으로 그들이 제공한 서비스 때문에 증가한 비용에 대하여 추가적인 상환을 받는다.

메디케어에 의한 외래 환자(하지만 치료 자체는 병원 시설에서 이뤄진 환자) 지불의 경우, 외래 지불 분류(Ambulatory Payment Classification, APC) 코드를 통해 수행된 시술과 서비스에 따라 신청을 할당한다. APC 코드는 대개의 경우 병원이 제출할 때 사용한 CPT 코드에 기반하여 지불자에 의해 "횡단(cross-walked)" 또는 이행된다. 각각의 APC에는 특별한 지불량이 할당되며, 그 값은 매년 CMS에 의해 최신화된다.

입원 환자 지불과 외래 환자 지불 사이의 주된 구분은, 입원 환자 지불의 경우 병원 지불이 기본적으로 환자 진단(DRG에서의 'D')에 기반하는 반면, 외래 환자 지불의 경우 외래 환경에서 수행된 시술에 기반한다는 점이다. 병원 입원은 제도 설계로 인해 하나의 MS-DRG 지불만이 이뤄질 수 있지만, 외래 환자의 경우 외래 환자가 방문하는 동안 수행된 특별한 서비스에 하나 이상의 APC 지불이 이뤄질 수 있다.

응급수술센터(ambulatory surgical centers, ASCs)는 병원이나 의사의 진료실과 별도로 오직 당일 퇴원 서비스만 수행하는 시설로 설계된 곳이다. 결장경이나 그리 복잡하지 않은 정형외과 시술이 바로 이 곳에서 수행되는 시술의 사례다. ASCs는 메디케어하에서는 여전히 병원에 대한 지불 시스템과는 별도의 수가표에 따라 지급되고 있다.

*의사 지불*의 경우, CPT코드는 메디케어 의사 수가표(Medicare Physician Fee Schedule, MPFS)를 사용하여 실제 지불로 이행된다. 미국의 많은 사보험 역시 MPFS에 기반한 의사 수가표를 자체 작성하여 사용한다. 동일한 CPT 코드를 사용하더라도, 의사에 대한 지불은 의료 서비스가 의사의 진료실에서(메디케어는 이를 "비-시설 세팅"이라고 부른다) 이뤄졌는지, 아니면 병원이나 ASC와 같은 시설 세팅 하에서 이뤄졌는지에 따라 다른 식으로 결정될 수 있다. 의사에 대한 지불은 또한 지역

에 따라 달라질 수 있으며, 이는 진료에 드는 비용이 다르기 때문이다.

특정한 코드에 대한 정확한 지불 액수에 대한 정보를 확인하기 위해서는 이 절의 온라인 시작하기를 보라. 온라인 부록 4.3.1은 앞서 소개한 모든 코드에 대한 요약문을 제공한다. 다음 예제는 상환 지불을 보증하기 위해서는 어떻게, 언제, 그리고 왜 서로 다른 코드를 사용해야 하는지를 명확히 보여줄 것이다.

의사 보험에 대한 부가적인 내용

앞서 지적했듯, 의사들은 CPT 코드(HCPCS 층위 1)를 자신들이 수행한 환경과는 무관하게 의료, 수술, 진단 시술에 대한 비용 청구(billing)를 위해 사용한다. 동시에, 이들은 자신의 보험 비용 청구와 선택한 CPT 코드를 뒷받침하고 자신이 치료하는 환자의 상태와 진단을 기술하기 위해 ICD-10-CM 코드를 사용한다.[8] 메디케어와 사보험 지불자들은 의사들의 신청을 검사하고, 진단과 수행된 치료에 기반하여 제시된 청구 코드의 적합성을 입증하기 위해 ICD-10-CM 코드를 사용한다. 심방세동으로 인한 의학적 방문에 기반한 다음 예제는, 어떻게 상당히 복잡한 사례에서도 청구를 진행할 수 있는지를 보여준다.

MPFS하에서의 의사 보험 지불은 CMS와의 계약하에 하버드 대학교의 연구진이 개발했으며 의회가 명령한 국가 수가표를 사용하여 결정된다. 이 수가표는 자원기준 상대가치등급(Resource Based Relative Value System, RBRVS)이라고 부르며, AMA와 CMS 사이의 합동 작업을 통해 유지된다. AMA의 헬스케어 전문자문위원회(Health Care Professionals Advisory Committee Review Board, HCPAC)는 진료를 보는 의사들로부터의 정보를 장악하고 있으며, CMS에게 각각의 CPT 코드에 대한 상대 가치 단위(Relative Value Units, RVUs)를 추천한다. RVU는 특정한 시술을 제공하는 데 필요한 자원에 대한 표준화된 측정지표를 제공하며, 다음 세 요소를 포함한다: (1) 작업 요소. 의사가 시술을 하는 데 사용한 시간을 반영한다, (2) 진료 비용. 환자의 간호 시간, 간접비, 시술에 들어간 물품의 비용, (3) 의료 과실의 비용. 시술에 대한 책임보험(Liability Insurance)을 포함한다. RVUs의 값은 CMS에 의해 매년 결정되는 태환 지수(Monetary Conversion Factor)로 곱하게 된다. RVUs 값은 지역의 진료 가격에 비례하는 지수(지리적 임금 지수)로 더 곱할 수도 있다. 메디케어는 이런 계산을 통해 구한 최종적인 값을 시술이나 서비스에 지급하게 될 것이다. RVU를 사용하는 핵심적인 이유는 이 단위가 자원에 대한 측정지표를, 그리고 여러 전공에 속해 비교가 매우 복잡해지는 의사들의 서비스를 표준화하는 방법을 제공하기 때문이다. 시술이나 서비스가 어디서 이뤄지는지에 따라, RVUs는 두 가지가 있다. 의사의 진료실에서 이뤄진 서비스에 대한 비-시설 RVU, 그리고 모든 다른 의료행위에 대해 이뤄지는 시설 RVU가 바로 그것이다. CPT 코드와 RBRVS의 변경은 매년 1월 1일부터 효력이 있다.

여러 비판자들은 현재 메디케어가 시행하고 있는 행위별 수가제에는 중요한 약점이 있다고 지적한다. 이 제도는 환자에

실제 사례

심방세동: ICD-10-CM과 CPT 코드

심방세동 환자들이 치료를 원할 때, 의사는 기본 ICD-10-CM 진단 코드로 바로 이 특정한 심장 박동 질환을 지시하는 코드인 I-48.91을 사용할 수 있다. 만일 환자에게 발작성 심방세동 또는 지속성 심방세동이라는 더 세부적인 진단을 내릴 수 있다면, 환자의 의료 기록에 포함되는 문서 가운데 적절한 곳에 더 세부적인 진단 코드(I48.0은 발작성 심방세동이다. I48.1은 지속성 심방세동이며, I48.2는 만성적 심방세동이고, I48.91은 달리 분류되지 않은 심방세동이다)를 사용할 수도 있다.

선택된 코드는 지불자가 심방세동과 관련하여 수행된 시술, 지시된 검사, 제공된 서비스에 대해 바로 그 비용을 지불해야 할 의료적 필요성을 정당화하는 데 사용된다. 만일 환자가 평가 또는 치료되어야 하는 다수의 상태를 가지고 있다면, 그는 의료 보험 제공자에 의해 지정된 다수의 ICD-10-CM 코드를 부여 받게 될 것이다. 이는 ICD-10-CM 코드가 특정한 의료보험 적용과 유관한 환자의 상태 가운데 일부 또는 모두를 기술하는 장치이기 때문이다.

만일 의사들이 심방세동에 대해 심장 박리술을 수행한다면 이들 의사들은 지불자에 대한 청구를 위하여 이들 절차에 CPT 코드 93656를 사용할 것이다. 만일 심장 박리술 이상의 추가적인 시술이 수행될 경우, 의사들은 수행된 모든 절차에 대해 지불을 받기 위해 다수의 CPT 코드를 사용하게 될 것이다. 그림 4.3.2(단계 2)는 의사들이 사용할 수 있는 다수의 코드에 대해 알려준다.

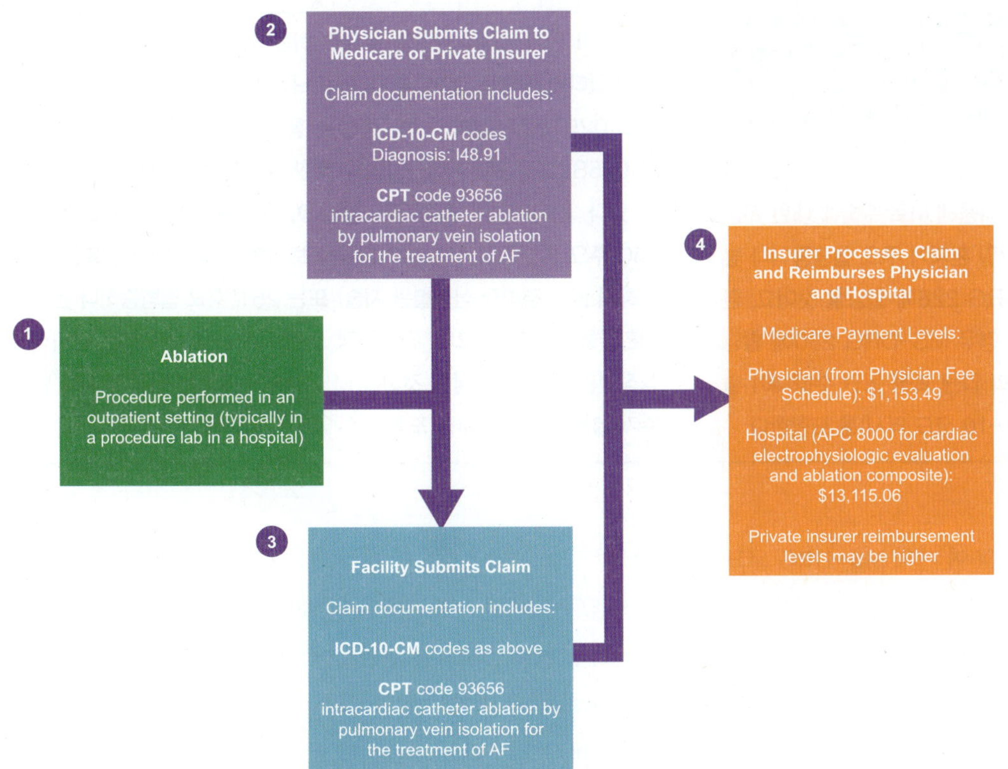

그림 4.3.2
이 사례는, 심방세동에 대한 박리술에 주어지는 보험이 어떻게 외래 환자 상환 과정을 통해 시술에 따르게 되는지를 보여준다. 지불된 금액은 메디케어가 2014년 제공한 지불액 결정 함수의 전국 평균을 반영한다.

게 제공된 서비스의 임상적 가치나 건강으로 나타난 결과, 또는 건강보험 시스템이 아니라 의료 제공자의 자원에 기반해 지불을 결정하기 때문이다. 여러 새로운 "가치 기반" 지불 방법이 메디케어 프로그램과 사보험(때로는 전통적인 행위별 수가제 시스템과 함께, 또는 추가로)에 도입되었다. 이들은 가치가 높은 서비스에는 상환액을 늘리는 반면, 가치가 낮은 서비스를 사용하는 제공자와 환자에게는 재정적 책임을 더 크게 부과시키려는 의도하에서 지불 방법을 개혁하고 있다. 이런 이행은 여러 해에 걸쳐 이뤄지고 있으며, 새로운 기술에 대한 규제 경로를 지불 시스템 속에서 다루는 복잡한 과제가 지속적으로 추가되고 있다.

입원 환자 코딩과 보험

앞서 서술했듯, 병원은 입원 환자에 대한 진단과 시술을 모두 포괄하는 ICD-10-코드를 사용하며, 이들 코드는 지불의 양을 결정하기 위해 MS-DRG 시스템으로 번역된다. 14만 개 이

실제 사례
심방세동: 의사 지불

그림 4.3.2의 단계 4에서 볼 수 있듯, 외래환자 환경에서 폐정맥 분리에 의한 심장 박리술(CPT 93656)은 메디케어 의사 수가표에 기반해 지불된다. 2014년 국가 평균 지불액 1153.49달러는 RVUs값의 합계 32.20, 그리고 변환 계수 35.83(이 값은 미국 전역에서 똑같다)을 곱해 나온 값이다. 특정 지역에서는 지리적 조절계수를 통해 상환 액수가 결정되었다. 예를 들어, 샌프란시스코에서 일하는 의사들의 경우 1238.68달러를 지급받게 된다.

의사 서비스에 외래 환자 세팅에서 수행된 심장 박리술을 포함시키려면, 환자에게 수행된 모든 의사 서비스를 반영하기 위해 하나 또는 그 이상의 CPT 코드를 사용해야 할 수 있다는 점을 지적해 두고 싶다. CPT 코드 93656이 심방세동을 치료하기 위한 박리술과 결부된 준비 및 시술 절차의 대부분을 반영하는 상대적으로 포괄적인 코드라고 하더라도, 3차원적인 전기생리학적 지도화(CPT 코드 93613), 그리고 폐정맥 분리술이 완료되고 난 다음에도 심방세동이 남아 있는 경우 시행하는 추가적인 선형 또는 국소 박리(CPT 코드 93657)와 같은 추가적인 CPT 코드는 만일 이들 서비스가 수행되었고 의료적으로 필요하다면 지불을 청구할 수 있다.

실제 사례
심방세동: MS-DRG 지불 범주

심방세동을 앓고 있는 환자가 복잡한 심장 수술을 위해 입원했다고 가정해 보자. 병원은 ICD-10 코드를 사용해 미로 수술에 대한 지불을 청구할 수 있을 것이며, CMS는 만일 환자가 주요 합병증이나 높은 이환률을 보이는 경우라면 MS-DRG 228에 할당할 것이고, 환자가 합병증이 없거나 이환율이 낮은 경우 MS-DRG 230에 할당할 것이다. 이들 코드는, 시술과 이후의 입원 과정 동안 수행해야 할 모든 유관한 치료(따라서, 유관한 ICD-10 코드 역시)를 포함한다.

환자가 단기간의 입원만을 필요로 하는 카테터 기반 심장 박리술을 받았다면, 병원은 입원 환자 서비스를 기술하는 ICD-10-PCS 코드 025T3ZZ(경피적 접근방법을 통한 좌폐정맥 파괴술), 그리고 025S3ZZ(경피적 접근방법을 통한 우폐정맥 파괴술)을 사용할 수 있다. 메디케어가 지불자인 경우, 이 코드에는 MS-DRG 코드 250(주요 합병증이나 높은 이환율을 보이며, 관상동맥 스텐트를 사용하지 않는 경피적 심장혈관 시술) 또는 251(주요 합병증이나 높은 이환율을 보이지 않으며, 관상동맥 스텐트를 사용하지 않는 경피적 심장혈관 시술)가 할당될 것이다(MS-DRG 코드는 각각의 지불 범주가 넓은 범위의 시술을 포함할 수 있도록 넓어질 수 있다).

상의 ICD-10 진단과 시술 코드는 900여 개의 MS-DRG 코드로 묶인다. CMS가 MS-DRG 범주 하에 있는 것으로 간주하는 환자들은 임상적 특징과 필요한 자원 면에서 유사하며, 병원은 환자에 대한 진단 및 수행된 절차를 반영하는 방식으로 지불액을 받게 된다. 각각의 MS-DRG는 지불액을 변경시킬 수 있는 고유의 상대적인 비중이 있다. DRG 코드의 변화 사항은 ICD-10 시술과 진단 코드의 업데이트와 함께 매년 10월 1일 자부터 효력을 발휘한다.

외래 환자 코딩과 보험

병원과 독립적인 외래 환자 기관은 외래 환자 서비스에 대해 보상 범위를 신청하기 위해 CPT 코드를 사용한다는 점을 떠올려 보라. 메디케어 아래에서, 각각의 CPT 코드는 CMS에 의해 지불액으로 변환될 수 있는 고유의 상대 비중을 지닌 외래 지불 분류(Ambulatory Payment Classification, APC)의 여러 집단으로 할당된다. APC 지불 가격은 별도의 수가표를 통해 지불되는 의사 서비스를 제외하면, 외래 환자 서비스와 결부된 병원의 지출(의료기기 가격, 환자 돌봄에 종사하는 간호사와 기술자의 임금, 수술실과 회복실의 가격, 투시검사 같은 관련 검사, 보조물품 가격, 국소 마취제와 같은 약물의 가격, 그리고 관련된 간접비)을 포착할 수 있도록 설계되어 있다. MS-DRG 시스템과는 달리, 여기서는 수행된 시술에 따라 다수의 APC가 단일한 외래 환자 방문에 할당되어 여러 부분에 별도로 지불될 수 있다.

민간 지불인에 의한 보험

지적했듯이, 민간 또는 상업 건강보험 기업은 역사적으로 메디케어의 보험과 밀접하게 연관되어 있으며, 메디케어의 급여 정책이나 의사 보험 정책 영역에서는 메디케어의 뒤를 따르는 경우도 많다. 최근 미국 의료보험 업계에서는 "메디케어가 하면, 나머지는 따른다"라는 격언까지 있었다. 비록 이런 말이 의사 지불과 시술 지불에 있어서는 사실일 수도 있지만, 병원 지불의 경우에는 민간 의료보험에게도 메디케어와는 다른 지불 방법론에 따라 개인 병원 또는 병원 그룹과 접촉해 협상을 해 온 오랜 역사가 있다. 이런 지불 방법 가운데는 "일당(per diem)" 지불, 이식형 기기에 대한 "조각조각 자르는(carve-out)" 지

실제 사례
심방세동: APC 지불 범주

그림 4.3.2의 단계 3에서 확인했듯, 병원과 의사 모두는 심방세동을 치료하기 위한 심장 박리술에 대해 이 수술이 외래 환경에서 이뤄졌다면 CPT 코드 93656를 사용해 비용을 청구할 수 있다. 의사들은 자신이 문제의 수술을 수행했다는 사실을 반영하여 이 코드를 사용할 수 있는 반면, 병원은 시술과 관련해서 병원이 진 비용, 예를 들어 의료기기와 보조 물품 가격, 간호사와 기술자 임금, 수술실과 회복실 가격 등을 반영하여 그렇게 할 수 있다. 메디케어는 이러한 외래 서비스를 APC 8000에 할당할 것이다. 이는 심장과 관련된 전기생리학 연구와 지도화 서비스뿐만 아니라, 이들과 APC로 "묶이면(Bundled)" 국가 평균 지불액이 13,115.06달러에 달하는 모든 심장 박리 수술을 포함한다.

불, 모든 지불자의 DRGs 등이 있다. 게다가, 민간 지불자는 새로운 가치 기반 지불 방법, 예를 들어 재정적 위험의 책임을 의료 제공자에게 지우는 방법이나 병원의 치료 수행 품질 및 결과 기반 수행 측정지표에 지불을 연관시키는 방법이 적용되는 범위를 능동적으로 변형하고 있다. 따라서, 민간 지불자가 메디케어와 유사한 방향으로 나아가는 것처럼 보인다고 해도, 방향 측면에서 비슷해 보인다고 하더라도, 개별 보험사의 목표와 목적에 따라 독립적인 판단을 하는 경우가 점점 더 늘어나고 있다. 이는 상환 결정이 메디케어와 민간 지불인 사이에서 다르게 나올 수 있을 뿐만 아니라, 미국 내에 있는 수백 개의 민간 업자들 사이에서도 다르게 나올 수 있다는 뜻이다. 이는 의료기기 회사들이 지불자에 따라 상환 급여가(그리고 적절한 상환율이) 달라지도록 노력하는 상환 환경을 추구하도록 만들었다. 특히 이는 제한된 자원으로 스타트업을 발굴하는 사업에 착수하기를 어렵게 만든다.

정부와는 달리 대부분의 민간 보험회사들은 이익을 남기기 위한 사업자들이다. 심지어 블루크로스/블루쉴드 협회(Blue Cross/Blue Shield, BCBS)와 같은 비영리 보험사업자도 사내유보금(Cash Reserves, 비영리 기업의 경우 이익과 동격이다.) 증가와 같은 메커니즘을 통해 자신들의 회계 상태를 신경 쓰고 있는 상황이다. 환자들이 심장에 대한 관심이 가장 크다고 생각하는 건강보험 기업이라고 하더라도, 기업이 실제로 내리는 결정은 일련의 서로 연관되고 복잡한 요인에 의해 이뤄지게 마련이다. 환자의 행복은 물론 이들의 고려사항 가운데 하나이지만, 이익, 효율, **위험 관리** 역시 중요한 요인으로 작용한다. 한 웹사이트에 올라와 있는 진술을 살펴보도록 하자.[9]

> 보험 사업자는 사업을 통해 모든 사람들에게 혜택이 돌아가도록 할 필요는 없다. 또한 이들은 사업을 통해 허가된 모든 의료서비스 제공자들이 자신의 서비스에 대해 공정하고 적절하게 상환 받을 수 있도록 보장할 필요도 없다. 의료서비스 제공자들은 흔히 보험 사업자에게 "도덕적 의무"를 부여하려고 시도하지만, 보험 사업자들은 그런 의무를 받아들일 필요가 없다. 비록 보험 사업자들이 일반 대중의 건강상 요구, 그리고 의료인들에 대한 공정한 지불에 대해 기본적인 관심을 가지고 있다는 것이 희망이라고 하더라도, 그러한 관심이 보험사업자들의 일차적인 고려사항이라고 예측해서는 안 된다.

일반적으로, 상업 보험 사업자들은 자신들이 의사들에 의해 "의료적으로 필수적인" 것으로 보이는 서비스에 대해 급여하는 것을 일종의 지도 이념으로 삼고 있다고 말한다. 하지만 의료적 필요라는 개념은 매우 주관적이며, 지불자와 여러 보험사업자 사이에서 여러 가지로 해석될 수 있는 것이다.

미국 내에는 두 개의 흔한 건강 보험 계획 조직 유형이 있다. 한 가지는 건강관리기구(Health Maintenance Organizations, HMOs)이며, 또 한 가지는 선호제공자조직(Preferred Provider Organizations, PPOs)이다. HMO는 의료서비스 공급자(즉 의사와 병원)들이 수립한 조직으로, 네트워크 참여자들에게 고정된 지불 수가나 기타 사전 협의된 약관에 따라 서비스를 제공하도록 보험사업자와 계약을 맺는 역할을 한다. 대개의 경우, HMO는 의료보험 소비자들에게 가장 저렴한 선택지 가운데 하나다. PPO와 비교했을 때, HMO가 가진 장점은 상대적으로 낮고 저렴한(또는 무료) **본인부담금**(copayment)이다. 하지만, 서비스를 낮고 고정된 가격으로 제공하기 위해, 많은 HMO들은 다수의 환자에게 의존하고 있으며 그 적용이 제한적이라는 점 때문에 악명이 높다. HMO는 어떤 의사가 환자를 진찰할 수 있고, 어디서 서비스를 제공할 수 있는지에 대해 엄격한 규칙을 적용하고 있다. 상환의 관점에서 볼 때, HMO는 어떤 서비스가 얼마만큼의 비율로 급여 대상인지, 그리고 어떤 환자 집단에게 그러한지에 대해 더 세밀한 제한을 두는 경향이 있다.[10] 반면 PPO는 HMO만큼 제한을 두지는 않는 경향이 있으며, 환자들에게 좀 더 넓은 선택지를 제시하는 경향도 보인다.[11] PPO는 의료 제공자 네트워크와 계약을 맺을 때 재정적 인센티브를 활용하여 의료비용 지출을 관리하려 한다(예를 들어, 서로 다른 부담금을 청구하는 한편 네트워크 소속 공급자에 의해 수행된 서비스에 대해서는 소속되지 않은 공급자에 비해 일정금액을 공제하거나, 예방적 치료와 교정 치료에 대해 다른 부담금을 물린다거나, 특정한 의료 시술에 대해서는 다른 시술보다 더 높은 부담률을 적용하는 등의 방법을 통해). 게다가 환자에게는 높은 프리미엄의 대가로 의사와 의료 시설에 대한, 그리고 환자 자신의 의료 서비스를 관리할 선택의 폭이 더 넓어지기도 한다.

이미 언급했듯이, 책임의료조직(Accountable Care Organizations, ACOs)은 새롭게 떠오르는 다른 유형의 의료 서비스 조직이며, 오바마 케어 법안에 의한 재정적 보조에 의해 더 활성화되고 있는 유형이다. ACO가 사용하는 지불 약정(Payment Arrangements)은 다양한 형태를 가지고 있으며, 급속도로 진화하고 있기도 하다. 이들 의사, 병원, 보험사업자의 자발적 모임은 지정된 인구가 지정된 기간 동안 누리는 메디케어 혜택을 보장할 책임을 분담한다. 하지만 이들은 복잡하거나 불필요한 시술을 피하는 방식으로, 그리고 품질과 결과를 측정하는 능력을 유지하고 있다면 그런 능력을 활용한 검사를 통해 의료서비스를 조정하여 비용을 절약할 재정적 인센티브를 가지고 있다.[12] 일반적으로, ACOs는 비용을 올리게 될 잠재력을 가진 새로운 기술이나 시술을 조심스럽게 평가할 강력한 동기를 가지고 있다.

HMOs이든, PPOs이든, ACOs이든 무관하게, 민간 보험 제공자의 정책은 동일하지 않다. 카이저 퍼머넌트는 새로운 기술을 받아들일 때 있어 엄격한 **증거 기반** 규준을 사용하는 주요 HMO(지금은 ACO로서 떠오르고 있다)로 꼽을 수 있다.[13] 이에 따라, 카이저는 많은 경우 새로운 기술이 승인 이후 환경에서 면밀하게 연구된 다음에야, 그리고 새로운 기기가 임상적 결과를 향상시켰다는 강력한 증거를 얻은 다음에야 승인하고 급여 대상으로 인정한다. 결과를 저명한 의학 학술지에 연구하고 출간하는 과정은 여러 해가 걸릴 수 있기 때문에, 카이저에 속한 의사들은 만일 어떤 최신 기술에 대한 의학적 증거가 여전히 불충분한 상태라면 그 기술을 사용하는 것을 주저할 수 있다.[14] 예를 들어, 이식형 제세동기(implantable cardiac defibrillators, ICD)는 환자의 생명을 위협하는 심장 박동 질환을 치료하는 데 쓰인다. ICD가 급성심장사(sudden cardiac deaths)를 예방한다는 점에는 논쟁의 여지가 없지만, 새로운 세대의 ICD는 이익이 된다는 점을 광범위한 임상시험 결과를 통해서는 전적으로 입증할 수 없는 특징을 가지고 있었다. 『퍼머넌트 저널』을 통해 출간된 한 논문은, 심방 심실 자극감지(dual chamber) 기능이나 심박동수 반응형 심박조율(rate responsive pacing) 기능과 같은 새로운 특징들이 ICDs의 가격을 올리는 데 기여했지만, 대부분의 환자들은 이러한 특별한 기능으로부터 이득을 보지 못한다고 지적했다. 이런 이유 때문에, 이 논문은 이들 최신 기술로 인한 추가적인 비용을 각각의 환자가 누릴 수 있는 잠재적인 이득과 비교하여 정당화하라고 의사들에게 조언하고 있다.[15]

일반적으로, 사보험 지불자의 특별한 상환 정책을 이해하기 위해 얼마만큼의 시간을 투입해야 하는지 결정하기 위해 이노베이터와 기업은 자신의 시장을 연구해야만 한다. 만일 어떤 기기에 대해 중요한 메디케어 시장이 존재하고 있다면, 메디케어가 실제로 상환을 어떻게 집행하였는지 이해하면 대부분의 경우 충분한 조사일 것이다. 하지만 대부분의 상환이 민간 사업자에 의해 이뤄졌을 경우, 민간 사업자의 정책, 상환 행동, 다른 기기에 대해 이뤄진 선례를 탐구하는 데 더 많은 시간을 투자할 필요가 있다. 몇몇 상업적 보험 사업자는 상환 결정을 내리기에 앞서 새로운 의료 기술에 대해 특별한 평가를 수행하는 조직을 거느리고 있기도 하다. 블루 크로스 블루 쉴드의 기술 평가 센터(Technology Evaluation Center, TEC)는 잘 알려진 사례 가운데 하나다.[16] 많은 개별 의료보험 계획 역시 급여와 상환과 관련된 정책을 인터넷에 게시하고 있다. 민간 사업자에게서 얻을 수 있는 개별 지불율은 공공 사업자에게서 얻을 수 있는 비율과는 다를 수 있다는 점을 염두에 두라.

자기 지불 상환 모형

정부와 민간 사업자가 미국 의료 지출의 대부분을 차지하고 있기는 하지만, 개인과 가계 역시 28% 정도의 지출을 분담하고 있다.[17] 이들의 **자기 부담** 역시 통상적인 보험 급여의 부담금으로 포함될 수 있으나, 레이저 시력교정수술이나 미용을 위한 중재처럼 선택적인 시술과 같이 자기 지불이 이뤄지는 영역에 대해서는 대개의 경우 보험사업자에 의한 급여 대상이 아니다. 게다가, 환자들이 스스로 결정을 내리는 한편 자신의 의료적 결정에 대한 재정적 책임도 지는 경우가 늘어나면서 새로운 유형의 소비자 지향 의료비용 절약 계획이 나타나고 있다.

이노베이터들은 자신이 자기 지불 모형에 적합한 요구와 관련된 작업을 하고 있는지 면밀히 검토해 보아야만 한다(5.7 마케팅 및 이해관계자 전략 부분에서 미라마르 랩 이야기를 살펴보라). 이런 접근은 상환을 가로막는 장애물 일부를 제거할 수 있기 때문에 이점이 있을 수 있다. 하지만, 자기 지불은 특정한 위험과 도전을 불러오기도 한다. 예를 들어, 대개의 경우 소비자들은 **제3자 보험사업자**에 비해 시술에 대하여 더 적은 금액만을 지불하려고 하는 경향이 있다. 미국 바깥에서, 자기 지불은 정부 보험 시스템의 급여 대상이 아닌 새로운 기술에 대한 상환 메커니즘으로 점점 더 중요해지고 있으며, 반드시 고려해야 할 요소가 되고 있다.

보험에서의 본인부담금

소비자가 의료 서비스에 대해 직접 지불하는 주된 방법을 "본인부담금"이라고 부른다. 이는 환자가 건강보험 계획 측에게 청구된 금액의 일부를 개인적으로 지불해 달라는 요청이며, 방문 시점(예: 임상 방문 시점에) 또는 그 이후의 청구 시에 납부해야 한다. 부담률은 대개의 경우 보험 제공자에 의해 결정되며, 전체 청구액 가운데 작은 부분을 차지하며 대개의 경우 상한선이 설정되어 있다. 공동부담금은 사보험 급여 대상 환자뿐만 아니라 메디케어 수령자에게도 적용된다. 평균적으로, 메디케어는 환자에게 청구되는 금액의 약 80% 가량을 지불한다. 때문에 많은 메디케어 환자들은 모든 직접 본인부담금을 지불하지 않는다면 다른 대부분의 부담금을 급여 대상으로 하는 보조보험 계획(Medigap)을 구매한다. 민간 건강보험의 관점에서 볼 때, 공동부담금의 수준은 보험 계획 사이에 있는 중요한 차이인데, 이는 상대적으로 높은 부담금은 상대적으로 덜 포괄적인 계획의 주요 특징이기 때문이다. 일반적으로, 부담금 수준은 미국에서의 상환에서 점점 더 중요한 요인이 되고 있으며, 또한 이는 시술과 의료 기술의 상대적인 가격에 환자들이 좀 더 주의를 기울이게 된다는 점에서 의료서비스의 "소비확대"에 기여하고 있다. 이러한 상황은 이노베이터들에게도 함축이 있다. 이제는 새로운 기술의 가격에 민감하게 주의를 기울이는 것은 정부나 민간 보험 지불자만이 아니다. 환자 자신들도 이제는 의료 비용에 따라 의료 서비스를 고르는 시대가 되었다.

보험 분석 준비

최종 컨셉을 선택하기에 앞서, 이노베이터들은 각각의 해결책 아이디어와 연관된 상환 환경에 대해 명확히 이해해야만 한다. 그와 같은 분석은 유사한 또는 연관된 혁신 영역에 대한 상환과 관련된 현 상황을 요약해서 전달할 수 있어야 한다. 이런 요약 속에는 유관한 코드, 급여 결정, 그리고 새로운 기술이 사용될 영역에서의 선례로 잠재적으로 사용될 수 있는 지불 수준이 포함되어야 한다. 메트리카 사(Metrika Inc.)의 사례는 어떻게 기본적인 상환 분석이 상환 전략을 짜는 더 복잡한 과제로 가는 다리의 역할을 할 수 있는지를 보여줄 뿐만 아니라(5.6 보험급여 전략 참조), 이 절에서 논의한 많은 주제에 대해 중요한 사례가 된다.

현장에서 — 당뇨의 현장 진단

지정된 코드 하에서 보험의 적합성을 평가하기

당뇨의 관리를 위해, 모든 당뇨 환자들은 1년에 두 차례 헤모글로빈 A1C(HbA1C) 검사를 받으라는 권고를 받는다. 이 검사는 검사 이전 세 달 동안의 평균적인 혈당 수치를 보여준다. 검사 결과는 이 환자를 치료하는 의사가 치료 방법을 조절하는 데 사용된다. 전통적으로, HbA1C 검사는 실험실에서 환자의 혈액을 채취하는 과정을 필요로 했다. 때문에 일부 환자들은 불편을 이유로 이 검사를 하지 않기도 했다. 캘리포니아 베이 지역을 배경으로 활동하는 이노베이터이자 기업가 Michael Allen은 실험실 환경에서 검사를 받기보다는 의사를 방문했을 때 HbA1C 검사를 받을 수 있도록, 쉽고 편리하며 손에 쥘 수 있는 HbA1C 검사 기기를 개발하고자 했다. 진료실에서 검사를 수행할 수 있도록 만드는 데는 몇 가지 잠재적인 이점이 있었다. 환자에게 좀 더 편리할 뿐만 아니라, 검사 과정을 수행하기 위해 두 번째 걸음을(즉, 실험실에 방문) 하지 않아도 되기 때문에 환자들이 좀 더 지시를 잘 따르게 만들 수 있으며, 검사 결과를 즉각적으로 확인한 다음 의사와 환자가 진료실에서 얼굴을 마주본 채 논의할 수 있기 때문에 당뇨를 더 잘 관리할 수 있기도 하다. Allen은 자신의 아이디어를 상업화하기 위해(그림 4.3.3) 메트리카 사를 창립했으며, 이 회사는 나중에 바이어가 인수하게 된다.

Allen이 자신의 기술을 개발하고 있을 때, 메디케어는 HbA1C 실험실

검사를 CPT 코드 83036(헤모글로빈: 당화됨)을 사용하여 보험을 진행하고 있었다.[18] 이것은 HbA1C 검사를 수행하는 실험실(보험 용어로 "시설")은 메디케어에게 신청을 제출하기 위해 이 코드를 사용했다는 뜻이며, 이를 통해 검사당 약 13달러를 돌려받을 수 있었다.

여기서 살펴볼 상환 분석의 핵심 포인트는 메트리카 사가 이 코드를 검사에 대해 급여를 받기 위해 사용했는지 여부다. 답은 (완전한 사후의 시각에 서서 보자면) 분명해 보인다. 현장검사(Point-Of-Care test, POC)가 당시 랩에서 수행되는 HbA1C 검사와 동격임을 제조업자가 보이려 했다면, 현존하는 코드를 사용하는 것이 이득이었을 것이다(메디케어가 서로 다른 환경 하에서 수행된 동등한 검사에 대해 같은 액수를 지불하지 않을 이유는 없다. 물론 실험실의 사업 분야에 끼칠 수 있는 잠재적인 위협에서 유래하는 이해관계자 쟁점에 대한 조심스러운 고려가 있어야만 할 것이다).

그 다음에 물어볼 질문은, 현존 코드에 연결되어 있는 상환 수준이 적절한지 여부다. 이를 결정하기 위해, 제조업자는 검사 비용과 적절한 이윤의 합이 전체 제조 비용에서 대략적으로 어느 정도 되는지(즉, 전체 비용에서 마진이 얼마나 되는지) 계산해야 한다. HbA1C POC 검사를 수행한 제조업자 가운데 누구도 이 값을 몰랐다고 하더라도, 누구라도 근사치의 "50% 규칙"으로 알려져 있는 원리를 사용하여 "봉투 뒷면 계산"을 할 수 있다. 요구된 13달러의 상환액은는 최종 사용자(의사)의 검사 습득 및 수행 비용에 제조업자의 잠재적인 이윤에 대한 급여로 충분한 액수였다는 데서 출발해 보자. 50% 규칙을 적용하면, 의사들에게 필요한 물품의 가격은 전체 상환액 가운데 대략 50% 수준을 넘지 않는다고 추론할 수 있다. 이는 의사들이 검사를 일괄로 구매할 때 대략 6.5달러가 든다는 말이다(물류비를 합쳐서). 다시 한 번 50% 규칙을 적용하면, 전체 검사의 이윤이 대체로 50%라고, 다시 말해 제조업자가 유통업자에게 기기를 넘기면서 약 3.25달러를 남겼다고 추론할 수 있다. 제조업자가 제품 개발비용을 근거로 들어 그 비용에 대해 50%의 이윤을 남기는 것을 정당화하기를 원하고 또 필요로 한다면, 기업에서 제품에 추가로 붙이는 가격은 1.62달러를 넘기지 않을 것이다. 이는 제조업자가 1.62달러 이상의 비용을 테스트에 투자할 수 없다는 뜻이다. 만일 이러한 가격 수준이 기술적으로 적절하지 않다면, 어떠한 제조업자라도 새로운 CPT 코드를 통해 더 높은 상환율을 노리는 것을 심각하게 고려해야만 한다. 또한 이 가격이 기술적으로 적절하다고 하더라도, 제조업자는 어떤 가치-기반 논증이 좀 더 높은 상환을 받아내는 데 도움을 줄 수 있는지, 그리고 다른 코드가 POC 검사에 내재한 혁신의 특징과 그로부터 생겨날 수 있는 편익을 반영하는지 평가해 볼 수 있다.

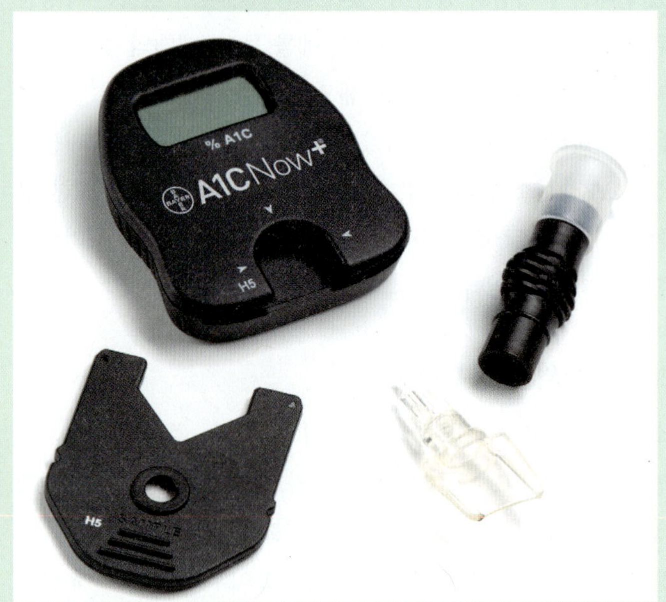

그림 4.3.3
A1CNow+®는 HbA1C를 모니터링하는 현장 진단 기기이다(바이엘 헬스케어로부터 허가를 받아 사용).

HbA1C POC 검사의 경우, 실제로 일어난 일들은 현재의 CPT 코드와 연관된 상환 수준은 제조 비용, 제조업자의 이윤, 그리고 유통업자의 이익 모두를 보장하기에는 부족하다는 점을 말해 주는 듯하다. 2005년, 메트리카가 수행하는 검사의 소매 가격은 24달러(물류비 포함)였다. 유통 과정의 각 부분 모두에 걸쳐 대략 50%가량의 이익이 붙는다고 가정하면, 이는 도매 가격은 검사당 12달러이며, 도매상에게서 메트리카에게 지불되는 금액은 대략 6달러, 검사당 들어가는 제조비용은 3달러라는 뜻이다. 2006년, AMA는 새로운 CPT 코드(83037)을 발표했다. 2007년, 메디케어는 메트리카의 기기에게 상환을 제공하기 시작했으며 주요 경쟁 제품에게는 대부분의 주에서 21.06달러를 상환하기 시작했다. 하지만 이러한 성과를 올릴 때 까지는 최초 FDA 승인(2000년 9월)으로부터 AMA의 새로운 CPT 코드 승인과 표준 상환액의 제정에 이르는 7년간의 시간이 필요했다는 점은 강조할 만하다.

포괄적인 상환 분석은 검토 대상 개념과 관련하여 표 4.3.3에 제시한 여러 주제에 대한 정보를 모두 포함해야만 한다. 이노베이터들은 이러한 정보를 사용해 상환을 받는 일이 어려울 것인지 쉬울 것인지를 기준으로, 그리고 경제적이고 상환과 관련된 관점에서 사업 계획의 재정적 실행 가능성을 기준으로 여러 개념들을 비교할 수 있다. 또한 이들은 이들 연구를 통해 수집한 정보를 시장에 대한 여러 핵심 가정들을 정교하게 만들고 확인하는 데 사용할 수도 있다. 이는 이런 정보들이 수행된 시술의 횟수, 그리고 시술당 수여되는 전체 상환액에 대한 데이터를 담고 있기 때문이다.

상환 분석을 완성시키는 과정에 대한 단계별 해설은 이 절에 대한 "Getting Started" 섹션에 개괄되어 있다.

글로벌 상환

미국 밖에서의 의료적 상환은 미국에서보다 엄격한 것으로 평가되고 있다. 미국 밖에서 의료 제품을 판매하려고 마음먹은 이노베이터는 자신이 표적으로 삼은 국가의 상환 시스템과 과정에 대해 주의 깊게 이해해야만 하는 의무가 있다. 이 절에서는 외국에서의 상환 과정을 준비하는 데 사용할 수 있는 일반적인 틀을, 그리고 주요 선진국과 신흥시장에서의 핵심 쟁점과 도전에 대한 개괄을 제시할 것이다.

어떤 나라에서든 의료기기에 대한 상환 과정을 이해하기 위해 가장 먼저 의료 서비스에 대한 재정 공급과 의료 전달 체계의 기초에 대해 조사할 필요가 있다. 많은 선진국에서, 납세자들은 의료보험에 대해 방대한 공적 재원을 납부하고 있다. 때문에 정부는 의료보험 기금이 어떻게 의료 공급자들에게 분배되는지에 대해 판단할 궁극적인 권한을 가지고 있다. 의료 보험을 전달하는 권한은 공공이 쥐고 있을 수도 있고(영국), 민간 사업자가 쥐고 있을 수도 있다(프랑스). 의료 공급자는 고정된 예산을 할당 받아 모든 의료 서비스의 비용을 충당할 수도 있고, 그들이 제공한 각각의 서비스에 대해 정부로부터 지불을 받을 수도 있다(이것은 미국에서 수행되는 지불 과정과 유사하다). 혼종적인 다른 모형도 있는데, 이는 자본비용(예를 들어 값비싼 장비를 구매하거나 시설 용량을 확충하는 데 들어가는 비용)은 할당된 예산 내에서 해결해야 하지만 제공된 각각의 의료 서비스에 대해서는 추가적인 지불이 제공되는(의사의 급여와 물품의 가격과 같은 변동비) 형태이다. 세계적으로 볼 때, 이러한 시스템은 가장 널리 사용되는 모형으로 간주될 수 있다.

이노베이터들이 공급자에게 재원을 할당하는 데 쓰이는 방법을 이해하는 것은 매우 중요한 일인데, 이는 새로운 기술의 수용에 직접적으로 연관된 요인이기 때문이다. 고정 예산 할당 제도가 개별 서비스 비례 제도로 이행한다면, 어떤 새로운 기술에 대해 적절한 상환이 주어진다면 그 의료 공급자들이 그 기술을 사용하게 만드는 인센티브로 작용할 수 있다. 이해할 필요가 있는 다른 핵심 쟁점은, 어떤 기기에 대한 구입 결정과 가격 지불은 각각의 의료 공급자와의 직접 협상에 의해, 또는 여러 공급자들이 가맹해 있는 국제 구매 협약(Global Purchasing Agreement)에 의해, 그리고 아마도 정부에 의해

표 4.3.3 상환 분석은 이노베이터들에게 니즈를 실현하는 기술에 적용되는 현재의 상환 환경에 대해 개괄적인 정보를 제공해야만 한다.

주제	서술
지불자 믹스	1차 지불자를 식별하고, 지불자에 의해 제공되는 서비스를 서로 뒤섞어 전체 지불을 구성한다.
시술 장소	새로운 기기를 사용하고, 새로운 시술을 수행하게 될 세팅에 대해 서술한다.
메디케어, 민간 지불자, 그리고 기술 평가 기관에 의한 급여 결정과 기술 평가	비교 가능한 기기와 기술에 대한 지불 결정을 요약한다. 여기에는 보험을 받을 때까지 걸릴 수 있는 시간, 그리고 급여에 영향을 줄 수 있는 제한 사항이나 예외 사항이 포함되어야 한다.
CPT 코드와 지불 금액	유관한 CPT 코드, 그리고 메디케어하에서 환자가 부담해야 할 본인부담금을 정하거나, 새로운 코드가 필요한지 여부를 결정한다.
MS-DRG, APC, 다른 코드, 그리고 지불 금액	적절한 DRG, APC, 그리고 다른 코드(예를 들어 HCPCS 등급 2)를, 그리고 메디케어 하에서의 환자 본인부담금을 정하거나, 새로운 코드가 필요한지 여부를 결정한다.
시설 비용	기기나 시술의 시설 관련 예상 비용에 대해 요약한다.
시술의 횟수	시술과 보험이 이루어질 절차의 수, 시술당 보험, 그리고 지불자 믹스에 대해 요약한다.

정해질 수 있다는 점이다.

혁신자들이 기기 판매를 고려하고 있는 세계 각지의 시장에서 물어야 할 고차적인 상환 관련 질문은 다음과 같을 것이다.

- 의료보험 재정은 공적으로 조달되는가, 민간이 조달하는가?
- 보험의 전달은 공공이 하는가, 민간이 하는가?
- 공급자는 건강 서비스에 대해, 그리고 자본 투자에 대해 어떻게 지불 받는가?
- 각 공급자가 전달할 수 있는 서비스의 양은 규제 대상인가?
- 기기의 가격은 규제 대상인가?
- 누가 기기의 구매 가격과 상환 수준에 대해 협상하는가? 어떤 과정을 통해 그런 협상이 이뤄지는가? (즉, 의료 공급자와 제조업자 사이의 직접 협상인가, 정부 계약을 통해서인가, 공급자 조합과의 계약을 통해서인가?)
- 새로운 기기는 사용과 상환에 앞서 평가를 받아야만 하는가?
- 상환을 받으며 허가된 기기의 목록이 있는가?
- 새로운 기술이 상환을 받기 위해 거쳐야 할 과정으로 어떤 것이 있는가?

이들 일반적인 질문에 대한 답변을 구체적으로 이해했다면, 이노베이터는 각국에서 사용되고 있는 상환 시스템의 독특한 측면에 대해 조사해야만 한다. 이들 쟁점에 대한 답변의 견본을 다음에서 세 개의 유럽 국가, 그리고 두 개의 아시아 국가에 대해 살펴보면서 제시할 것이다. 이노베이터들은 각국의 상환 정책을, 그리고 자신이 사업을 벌이기를 원하는 국가가 이 정책을 어떻게 실행하는지를 조심스럽게 살펴 보아야만 한다. 특히 정부 기관과 협상을 할 필요가 있다면 더욱 그렇다. 각국의 정책 실행에 대해 빠르고 쉽게 배우는 한 가지 방법은 해당국의 유통업자들을 파트너로 삼는 일이다. 해당국 사업자와 굳건한 관계를 세워 두면, 효과적인 판매와 유통 기반을 세우는 의미가 있을 뿐만 아니라 상환을 확실히 받을 수 있도록 만들어 주는 가치 있는 자신으로 작동할 수도 있을 것이다. 또한 해당국 의료 전문가 사회와 의사 오피니언 리더 역시 상환을 위한 평가와 계획에 필요한 가치 있는 정보를 제공할 수 있을 것이다.

독일

유럽에서 가장 큰 의공학 시장인 독일에서는 공적건강보험(Statutory Health Insurance, SHI) 시스템이 인구의 대략 85%에 대해 건강보험 급여를 지급하고 있다. 나머지 15%에 대해서는 민간 건강보험에 의해 급여가 지급된다.[19]

의료기기 또는 진단에 대한 상환 과정은 제품이 사용되는 하는 환경에 크게 의존한다. CE 마크를 획득한 의료기기는 이미 입원 환경에서 사용될 수 있는 것으로 허가된 것이지만, 외래 환자, 그리고 가정 치료(Home Care) 환경하에서 사용되는 기기 그리고 의료 제품에 대해서는 상환 관련 제출에 기반하여 SHI에 의해 정식으로 허가를 받아야 한다. 기업들은 반드시 자신들의 제출서류를 통해 충분한 정보를 제시해야 하며, 이 정보 속에는 상세한 제품 사양, 안전성과 품질을 보여줄 수 있는 데이터가 포함되어야 하며, 어떤 경우에는 의료적 또는 간호를 통한 돌봄의 이익을 보여줄 수 있는 데이터 역시 필요하다.[20]

병원 상환[21] 독일에서 병원의 재원은 병원 재정법에 의해 규제되며, 이는 두 가지 재원 조달 메커니즘을 포함하고 있다. 첫째, 입원 환자에 대해 병원이 수행한 치료는 SHI(또는 민간보험)이 지불할 책임이 있으며, 이때 그 급여의 범위는 시설, 노동력, 장비의 가격을 포함한다. 둘째, 각 주는 치료와 관련된 자본 비용을 급여할 책임이 있다(3년 이상의 경제 수명을 가진 자산에 대해). 이들 투자는 국가 인프라 펀드와 개별 병원 사이의 협상을 통해 이뤄진다.

입원 환자 상환에 적용되는 기본적인 메커니즘은 독일 DRG, 또는 G-DRG 예상 지불 시스템(prospective payment system)이다. G-DRG 시스템은 병원 상환 시스템 연구원(Institute for the Hospital Remuneration System, Institut für das Entgeltsystem im Krankenhaus, InEK)에 의해 관리된다. 이 기관은 병원 비용 데이터를 수집하고 분석하는 한편, 각각의 코드와 연관된 지불율을 최신화하고, 코드 그 자체를 관리하는 임무를 가지고 있다. G-DRG 시스템에 따른 진단과 시술 코드는 독일 의학정보연구소(German Institute of Medical Documentation and Information, Deutsches Institut für Medizinische Dokumentation und Information, DIMDI)에 의해 통제된다. G-DRG는 ICD-

10-CM(German Modification) 진단 코드를 사용하며, 이 코드는 세계보건기구가 사용하는 ICD-10와 상당히 유사하다. 시술 코드의 경우 OPS 시스템에서 나오며, 이 역시 DIMDI가 관리한다.

독일 의료보험 시스템에서, 새로운 기술에 대한 상환은 이러한 새로운 기술에 대한 이해력, 그리고 InEK 계산 시스템에 참여하는 병원측에서 올바른 코드번호를 붙이는 작업뿐만 아니라 적절한 진단 및 시술 코드를 사용할 수 있는지 여부에도 의존한다. InEK는 매년 G-DRG를 최신화하며, 이 작업은 전체 DRG 코드 구조와 개별 상환액 모두에 걸쳐 이뤄진다. 하지만 이러한 최신화 작업은 직전 2개 년도의 비용 데이터에 기반하여 결정되며, 따라서 이노베이터들은 새로운 코드가 수용되고 새로운 기술에 지불액이 설정되는 작업에 지연이 벌어지는 상황을 경험할 수 있다. 이러한 지연에 대응해, InEK 측은 현행 DRG 구조와 지불액으로 적절하게 포괄할 수 없는 혁신적인 새로운 제품에 대한 "우선(on-top)" 펀딩 프로세스를 만들었다. NUB(독 Neue Untersuchungs-und Behandlungsmethoden 새로운 진단 및 치료 방법) 과정하에서, 개별 병원은 새롭게 도입된 기기에 대한 상환을 요구하는 신청서를 출원할 수 있다. 이것이 승인될 경우, NUB 지불을 신청한 병원은(문제의 제품을 사용한 독일 내 모든 병원이 아니다) 해당 기술의 사용에 대한 추가적인 상환을 받을 수 있다. NUB를 부여한 다음에는, InEK는 만일 기본적인 DRG 지불액이 조정되어야 할 경우 전체 G-DRG 지불액을 전국적으로 올림으로써 자금의 용도와 지출을 통제한다. 비록 여전히 복잡하고 시간을 많이 소모해야 하는 일이지만, NUB 경로는 혁신적인 새로운 기술이 좀 더 빠르게 시장에 접근할 수 있도록 도움을 줄 수 있을 것이다.

통원 상환[22] 독일의 경우 통원(ambulatory) 또는 외래 시술은 지역사회 내의 민간 시술자에 의해 주로 이뤄진다. 이들 의사들은 자신이 속한 지역 의사 협회(Kassenärztliche Vereinigung, KV)로부터 상환을 받고, 협회는 다시 SHI에 의해 지불을 받게 된다. 이들 지불은 일반적으로 행위별 수가제에 기반하고 있다. 의사 협회는 균일 평가 척도(uniform value scale catalog, Einheitlicher BewertungsMaßstab, EBM)에 따라 구성원에게 지불액이 돌아갈 수 있게 하는 책임이 있다. EBM은 고정된 예산을 분배하는 시스템이며, 의사들은 오직 EBM에 수록되어 있는 서비스만을 수행할 수 있다. EBM은 연방 건강보험 의사 협회(Kassenärztliche BundesVereinigung, KBV)에 의해 관리되고 있다.

새로운 기술을 통원 시술에서 사용할 수 있도록 EBM에 등록하는 과정은 의사들의 지원을 필요로 하며, 보건의료 품질 경제성연구소(the Institute for Quality and Efficiency in Healthcare, Institut für Qualität und Wirtschaftlichkeit im Gesundheitswesen, IQWiG)에 의한 평가 또한 필요로 한다. 입원 환경과는 달리, 이런 기술들은 사용할 수 있으려면 먼저 상환을 위한 승인을 받아야 한다. 연방 합동위원회(Federal Joint Committee, Gemeinsamer Bundesausschuss, G-BA)가 그 사용을 불허하지 않는 한, 병원의 판단하에 이들 기술을 사용할 수 있다. IQWiG는 오직 "필수적이고, 적절하며, 경제적으로 받아들일 만한" 새로운 기술과 시술만을 허가한다. IQWiG는 의료기기와 진단에 대한 보건 기술 평가에 대한 표준적인 지침을 제공하지는 않지만, 자신들의 평가 과정 방법론에 대해서는 출간한 바 있다. G-BA는 별도의 가치평가 위원회(Valuation Committee)를 두고 EBM에 새롭게 등록된 시술에 대해 실제로 얼마를 지불해야 하는지 결정하고 있다.

프랑스

프랑스는 유럽에서 두 번째로 큰 의료기기 시장이다. 의료 서비스는 공적 재원을 받으며, 공공, 민간 공급자에 의해 전달된다. 프랑스에서 고용된 모든 개인은 그 자녀 및 배우자와 함께 사회 보장(Sécurité Sociale)이라고 부르는 국가 건강 보험 계획의 보장 대상이다. 이 프로그램에 등록되지 않은 개인은 개인 보험(Assurance Personelle)이라는 특별한 급여를 신청할 수 있다. 이들 국가 운영 프로그램의 보장 대상인 많은 사람들이 자신들의 보장 범위를 넓힐 수 있는 추가적인 보험을 구매하기도 한다.[23]

외래 환자 시술은 만일 시술이 치료재로 급여등재 목록(Liste des Produits et Prestations Remboursables)에 등재되어 있을 경우 상환을 받을 수 있다. 이 목록은 사회 보장

홈페이지에서 찾을 수 있다.[24] 입원 환자 시술은 GRG 시스템을 사용하여 급여를 받으며, 이는 동질적 입원 집단(Groupes Homogenes de Sejours)이라고 부르는 GRD 시스템을 이용하여 상환된다. 지불액은 시술이 민간 환경에서 또는 공적 환경에서 수행되었는지에 따라 달라지게 된다. 또한 승인된 외래 환자 시술의 목록 역시 그러한 환경에 따라 변화하게 된다. 값비싼 기기는 부가적인 지불을 받을 수도 있다. 공공 병원은 자신의 자본 투자를 고정된 예산 한도 내에서 집행해야 하며, 따라서 이들은 보험료에서 나오는 수익으로 자산 투자를 할 수 없다.

외래 환자 또는 입원 환자 시스템이 보유한 현행 목록에 포함되지 않은 새로운 기기를 시장에 진입시키려면, 제조업자는 새로운 기술에 상환을 적용해 달라는 신청을 제출해야 하며, 또한 의료 기술 평가를 전담하는 프랑스 공중보건부(Haute Autorité de Santé, HAS)의 특별 부서에 의한 심사를 거쳐야 한다.[25] 의료 기술 및 의료기기 평가를 위한 국가 위원회(Commission Nationale d'Evaluation des Dispositifs Médicaux et des Technologies de Santé, CNEDiMTS)라는 이름의 이 부서는 2010년에 설립되었으며, 보건 기술 평가를 좀 더 엄격하게 수행하고 의료기기와 비-약물 의료제품의 유용성, 권리(interest), 훌륭한 사용에 대해 과학적 의견을 제시하는 것을 그 목적으로 한다. 보건부는 CNDEiMTS의 조언에 기반해 어떤 기기에게 상환을 해도되는지 결정한다. 의료제품 경제성 위원회(The Comité Economique des Produits de Santé, CEPS)는 가격 또는 요금을 결정하기 위해 제조업자와 협상을 벌인다. 이들은 또한 새로운 기술의 이용 목표를 설정한 다음, 기술의 사용이 앞서 협상으로 결정한 목표를 상회할 경우 제조업자에게 일부 상환 금액을 환불할 것을 요구할 수 있도록 하는 "환불" 규정을 삽입할 수도 있다. 이들 과정은 3년에서 4년, 또는 그 이상이 걸릴 수 있다. 어떤 경우에는 혁신적인 의료기기 또는 시술은 그것을 위해 설정된 예외적인 경로를 통해 임시로 자금을 받을 수도 있다.[26] 이러한 자금 지원은 환자의 입원, 의료기기와 시술, 추가적인 데이터 수집의 비용과 관련된 상환액의 일부 또는 전액일 수 있다. 이러한 예외적인 경로에 대한 지원은 HAS의 보고에 기반해 보건장관에 의하여 결정될 수 있다.

보건 기술 평가의 일부분으로서, CNEDiMTS는 기업에게 쟁점 기술의 기술적 세부 사항과 작동 방식, 사용 설명서를 포함하는 상환 기록을 제출할 것을 요구한다. 이런 요구에는 목표 조건의 중증도, 유관한 임상적 증거, 현존 치료와의 비교, 역학과 시장 조사 데이터에 기반하여 목표 인구집단의 규모와 특징을 파악하는 과정과 같이 상환에 필요한 여러 지표가 포함된다. 비용 대비 효과성 분석은 요구되지 않지만, 제출 서류에 포함시킬 수는 있다.[27]

마찬가지로, CEPS는 기업에게 상환액으로 추천하는 가격 또는 요금, 시장 안정화가 될 때까지의 판매 예측, 현행 대안 기준 비용 최소화에 기반하여 정당화할 수 있는 가격 또는 요금, 예상 판매액, 다른 EU 국가에서의 가격 및 상환 상황에 관한 자료를 포함하는 경제성 서류를 기업에게 요구한다. 여기에 CEPS는 제조와 유통에 들어가는 비용과 기업 정보(프랑스 사무실 위치, 제조와 상업화를 하는 외국 사업소의 위치, 피고용인의 수, 총매출, 프랑스에서 상환을 받고 있는 해당 회사의 다른 모든 제품에 대한 판매 정보)를 명시적으로 밝힐 것으로 요구한다.[28] 여기서도 형식을 갖춘 비용 대비 효과성 분석이나 예산 대비 효과 데이터가 요구되는 것은 아니지만, 이들 자료를 CEPS의 검토를 위해 제출할 수는 있다.

의료기기 상환 및 시장 접근 분야에서 프랑스는 최근 혁신 고비용 혁신기술 지원(soutien aux techniques innovantes coûteuses, STIC) 프로그램을 개발했다.[29] 이 프로그램은 이미 사전 임상 연구에 의해 입증되었으나 프랑스 내에서 임상 및 경제성 평가가 완료되지 않은 혁신적인 의료 기술에게 정부 기금을 제공한다.[30] 이 프로그램은 장기적인 상환에 적격성이 있는지를 확정하는 데 필수적인 증거를 수집하는 데 그 목적이 있다. 시험 기금과 상환은 혁신 기기 기업에게 상당히 매력적인 옵션이지만, 이노베이터들은 자신들이 연구 설계와 수행에서 능동적인 역할을 수행할 수 없다는 점을 반드시 알고 이 프로그램에 참여해야 한다.

영국

영국에서, 의료 서비스의 대다수는 국민건강보험(National Health Service, NHS)에 의해 제공된다. 이 의료보험 시스템은 1948년 공공 기금을 통해 설립된 것이다.[31] NHS는 일차 의료 트러스트(Primary Care Trusts, PCTs)와 병원 트러스트를 조직해 특정 지역의 의료 책임을 담당하도록 한다. 영국 보건부는 이들 트러스트에 자금을 할당하며, 이 금액은 필수적인 의료 서비스를 제공하고 인프라에 투자하는 데 쓰인다. 트러스트는 결과에 따른 지불(payment-by-results) 시스템을 사용하여 대부분의 서비스에 대해 상환금을 지불하며, 이 시스템은 수백 개의 병원 및 외래 환자 시술에 대해 고정된 지불액을 설정하고 있다.[32] 외래 환자 세팅하에서 상환 가능한 의료기기는 약물 요금 목록에 기재되어 있다. 입원 환자 시술은 DRG 시스템을 사용하여 상환되고 있으며, 이 시스템은 보건의료자원그룹(Healthcare Resource Groups, HRG)이라는 이름으로 불린다.[33]

일반 진료의(General practitioners, GPs)는 영국의 의료 시스템에서 중요한 역할을 하는데, 이는 이들이 특화된 치료를 받도록 하기 위한 게이트 키퍼의 역할을 하기 때문이다. 마찬가지로, PCT 역시 이 시스템에서 중요한 역할을 하는데 이는 이들이 1차, 2차, 그리고 지역사회 의료 서비스 모두에 걸쳐 주어진 예산의 한도 내에서 최적의 치료를 제공하기 위해 필요한 재정적 책임을 지고 있기 때문이다.

잉글랜드, 스코틀랜드, 웨일즈, 북아일랜드 전체의 최대 지불자로서 NHS는 새로운 의료 기술의 비용 효과성을 평가하기 위한 다양한 메커니즘을 수립해 놓고 있다. 사실 이들 지역은 의료 기술 평가를 위한 각자의 접근 방법을 가지고 있다(예를 들어, 스코틀랜드에서 이 기능은 스코틀랜드 의료 컨소시엄(Scottish Medicine Consortium)의 임무이며, 웨일즈는 전 웨일즈 의료 전략 그룹(All Wales Medicines Strategy Grope)을 유지한다.).[34] 하지만 전국적인 치료 가이드라인을 발행하는 한편 잉글랜드, 웨일즈, 아일랜드에서 이뤄지는 의료 서비스의 비용 대비 효과성을 평가하는 정부 기관인 국립보건임상연구원(National Institute for Health and Care Excellence, NICE)은 세계적으로 보건 기술 평가의 한 전범으로 인식되고 있다. 이 기관은 영국에서 상환의 게이트 키퍼 역할을 하고 있을 뿐만 아니라, NICE가 튼튼한 방법론에 기초하고 있는 것으로 인식되고 있는 만큼 NICE의 지침은 다른 국가에서도 널리 참조하고 있다는 점을 점점 더 확인하기 쉬워지고 있다.[35]

1999년에 NHS의 한 부서로 설립된 NICE는 특정 의료 기술에 대한 국가적 지침을 제작하는 임무를 맡고 있었다. 이 기관은 의료기기와 약품의 사용에 대한 지침을 자신들의 기술 허가 과정에 기반하여 발행하였으며, 자신들의 가이드라인 발전 과정에 기반하여 임상적 진료에 대한 지침도 발간하였다.[36]

몇몇 다른 나라들과는 달리, NICE는 시장에 도달하도록 허용하는 모든 기술을 평가하지는 않는다. 이들은 다음과 같은 요인에 기반한 고찰을 통하여 기술을 선택해 평가한다: (1) 이 기술이 사용할 것으로 의도된 모든 환자에게 제공될 경우, 어떤 방식으로 NHS가 관할하는 인구에게 중요한 건강 이득을 줄 것인지, (2) 이 기술이 다른 보건 관련 정부 정책에 어떤 중요한 영향을 끼칠 것인지(예를 들어, 건강 불평등의 감소), (3) 이 기술이 사용할 것으로 의도된 모든 환자에게 제공될 경우 NHS의 자원(재정적, 또는 다른 여러)에 어떤 중요한 영향을 끼칠 것인지, (4) 이 기관이 국가 지침을 발표함으로써 어떤 추가적인 가치를 얻을 수 있는지.[37]

NICE는 두 가지 경로를 통해 의료 기술을 평가한다. 첫 번째 경로는 다중기술평가(Multiple Technology Appraisal, MTA)로, 대개의 경우 어떤 질병 영역과 관련된 모든 유관한 약물과 기기를 검사하는 과정이다. MTA 과정은 다수의 원천에서 제시하는 증거를 사용해 이루어지며, 제조업자, 의료 서비스 전문가, 그리고 환자 및 의료인 대표 모두가 그 원천이 될 수 있다. 이러한 평가는 독립적인 패널에 의해 이뤄지며, NICE에 의해 평가를 수행하고 평가 보고서를 발간하는 기관으로 지정된 여러 학술 기관에서 뽑은 독립적인 전문가로 구성된 위원회에서 이뤄진다.[38] 두 번째 경로는 단일기술평가(Single Technology Appraisal, STA)이다. 이 방법을 사용하기 위해서는 개별적인 기술이나 약물을 평가하기 위해 독립적인 증거 심사 집단(Evidence Review Group)을 구성할 필요가 있다. STA 과정은 그 제한적인 범위 때문에 좀 더 간소화되는 경향이 있으며, 제조업자에 의해 제출된 증거를 평가하는 데 초점을 맞추는 경우가 많다.[39]

NICE는 보건 기술 평가를 위한 제출 서류에 무엇이 포함되어야 하는지에 대한 요구사항을 명확하게 정리하여 제공하고 있다.[40] MTA와 STA 과정 모두에 걸쳐, 기업들은 기술의 배경, 사용할 수 있는 임상적 증거, 비용-효과성 데이터, 이 기술의 수용이 NHS에 미칠 수 있는 영향에 대한 데이터를 제출해야만 한다. 대개의 경우 NICE에 의한 의료 기술 평가는 12~24개월이 걸린다.[41]

비록 NHS가 NICE에 의해 추천된 약물과 치료에 대해 잉글랜드와 웨일즈 내에서 자금을 제공하지만, 때로 이런 자금 제공 과정은 예산상의 제약 때문에 지연되기도 한다. 어떤 경우에는 기기 제조자는 트러스트와 직접 접촉해 상환에 대해 협상을 벌일 수도 있다.[42]

중국

중국의 의료 서비스 부분은 급속도로 성장하고 있으며, 바이오디자인 혁신에 있어 흥미로운 기회를 제공할 것으로 보인다. 최근 중국의 의료 서비스 시스템은 정부에 권한이 집중되어 있는 형태에서 지역 병원과 서비스 제공자의 자율성이 좀 더 강화되는 형태로 빠르게 변모하고 있다. 다수의 병원은 중국 보건부에 의해 운영되고 있으나, 이들은 이제 운영비 가운데 대략 90%를 수입으로 충당하고 있는 것으로 보인다.[43] 몇몇 사례의 경우, 이런 상황은 약을 조제하는 것과 같이 돈을 징수할 수 있는 서비스를 강조하게 만드는 인센티브로 작용할 수 있다.

중국 정부는 인구의 90%에게 급여를 제공하는 의료 보험을 운영하고 있다.[44] 하지만 국가 보험 프로그램은 기본적인 의료 서비스에 급여를 제공하기보다는 파멸적인 질병으로부터 환자를 지키는 데 초점이 맞춰져 있다. 때문에 중국인들은 좀 더 기본적인 건강 문제에 대해 자비를 써야 한다. 이러한 메커니즘은 현대적인 의료 서비스가 중국 시민들의 손이 닫지 않는 곳에 머물러 있게 만드는 요인이다.

일반적으로, 중국 식품의약품관리감독총국(CFDA)에 의해 허가를 취득했으며 정부의 가격 규정에 포함된 경우에만 의료보험 급여에 따라 상환을 받을 수 있다. 하지만 가격과 상환액은 지역에 따라, 또는 성이나 지급 시 차원에서 결정되기 때문에 복잡하다.[45] 인력사회보장부(MOHRSS), 국가발전개혁위원회(NDRC), 국가위생 및 가족계획 위원회(NHFPC)는 중국 내 의료기기의 가격과 상환을 감시한다. 의료기기 사용은 국가 기본의료보험(中国基本医疗保险, Basic Medical Insurance, BMI)의 기금으로부터 직접적으로, 또는 간접적으로 상환을 받는다(간접 상환은 의료 장비에 대해 의료적 치료의 일부로서 적용될 수 있을 것인 반면, 직접적인 상환은 특정한 의료 소모품과 이식물에 대해 주어진다). MOHRSS, NDRC, NHFPC는 BMI 아래에서의 의료적 치료에 대한 상환 범위(National Scope for Reimbursement of Medical Treatments under the BMI)를 발간하고 있으며, 이는 상환 불가 목록과 부분적 상환 가능 목록 역시 포함한다. 각 성 정부는 국가 단위에서 발표한 부분적 상환 가능 목록에서 항목을 더하거나 뺄 수 있으며, 변경할 수 있는 한도는 국가가 발표한 항목 대비 15%이다. 상환율은 성 정부가 가용 예산에 비추어 보아 결정한다. 환자들은 부분적으로 상환 가능한 기기 가운데 비급여 부분에 대해 지불해야 하는 것처럼 상환 불가 항목에 대해서는 돈을 지불해야 한다.[46]

전제적으로, 중국의 의료보험 시스템은 여전히 유동적인 상태에 있다. 정부는 의료보험 시스템을 개혁하기 위한 작업을 벌이고 있으며, 이 개혁의 초점은 기본적인 의료 서비스를 대략 2020년경까지 전국적으로 누릴 수 있게 하는 데 있다.[47] 하지만 막대한 인구 덕분에, 중국 정부는 의료 서비스의 비용을 관리하기 위해 고심하고 있다. 그 결과, 중국 보건부는 의료기기 가격을 낮추라는 압력을 가져오는 정책을 도입하려는 노력을 자주 벌이고 있다. 예를 들어, 2005년 이래 값비싼 자본 설비는 중앙집중식의 정부가 운영하는 입찰 과정을 통해 구매해야만 한다.[48] 다른 가격 통제 프로그램 역시 지방정부 차원에서 실험 중이다.

인도

인도에서의 의료서비스 전달은 공공 부분과 민간 부분에 의해 모두 제공되고 있으나, 시스템 전체는 일반적으로 상당히 민영화되어 있는 것으로 간주된다. 인도에서, 민간 기관은 전체 병원의 90%를 운영하고, 85%의 의사를 고용하며, 80%의 외래 환자와 60%의 입원 환자를 진료한다.[49]

의료 서비스 비용의 측면에서 보면, 대부분 인도 시민의 주머니에서 지불되는 민간 비용이 전체 의료 지출의 70%를 차지하고 있다.[50] 여러 추산에 따르면, 어떤 형태로든 의료 보험의 급여를 받는 사람은 이 나라의 인구 가운데 15% 이하이거나[51] 높아도 25%를[52] 넘지 않는다. 게다가 그 가운데 작은 부분만이 완전한 또는 실질적인 급여를 받고 있는 형편이다.

정부와 민간 보험사업자 모두는 건강 보험의 접근성을 강화하기 위해 노력하고 있으며, 산업 역시 급속도로 성장하고 있다.[53] 몇몇 추산에 따르면, 2020년이 되면 대략 절반 정도의 인구가 건강 보험에 가입하게 될 것이다.[54] 인도에서는 민간 건강보험 프로그램, 건강 단체 보험(Grope Health, 고용인이 피고용인을 위해 보험을 구매하는 것), 그리고 정부 지원 건강 보험 프로그램을 모두 사용할 수 있다. 하지만 보험에 가입한 환자의 다수는 공공 프로그램이 포괄하고 있다. 이는 정부 피고용인, 그리고 빈곤선 이하에 속하는 개인을 이들 프로그램이 포괄하고 있기 때문이다. 예를 들어, 국가 의료 보장제도(Rashtriya Swasthya Bima Yojna, RSBY)는 가난한 가정을 건강 보험에 좀 더 많이 가입시키기 위한 중앙 정부의 프로그램 가운데 하나다.[55] 중앙정부보험(Central Government Health Scheme)은 CGHS가 포괄하는 도시에서 중앙 정부 피고용인, 연금 수령자, 그리고 그들의 부양 가족에게 제공되는 보험이다. 이들 프로그램은 여러 도전에 직면해 있음에도, 이들은 건강 보험 급여 대상자의 범위를 넓히려는 국가의 목표가 실현되기 시작하였다는 점을 보여주고 있다.

의료기기에 대한 상환이라는 관점에서 보면, 급여에는 아직 일관성이 없다. 한 기사는 이렇게 쓰고 있다. "서로 다른 정부 프로그램들이 이 기기에 상환을 해 주고는 있다. 하지만 상환액은 민간 병원보다 공공 병원에서 더 높다."[56] 상환에 대한 이러한 이질적인 접근방법은 의공학 기업들에게 그다지 선호할 만한 것은 아니다. 예를 들어, 2013년, CGHS는 약물 용리 스텐트에 대한 상환율을 60%까지 삭감했다.[57] 혈관확장술과 단순 금속 스텐트에 대한 상환액 역시 제한되었다. 비록 이러한 가격 삭감은 CGHS의 급여 대상 개인들에게만 적용되었지만 (대략 3백만 명), 병원들 역시 정부를 따라 가격을 더 낮추기 위해 협상을 벌이려 할 수 있다.[58] 더 폭넓게, 인도 보건부는 특허를 받은 약물과 의료기기의 가격에 대해 정부 차원에서 규제하기 위해 논의를 시작했다.[59]

마지막 노트: 상환 분석을 컨셉 스크리닝과 제거에 사용하기

이 절에서 보여주었듯이, 새로운 컨셉을 위한 보험 경로 분석은 극히 힘들고 복잡한 과제일 수 있다. 하지만, 일부 고차원 요소는 컨셉 스크리닝을 벌이는 동안 검토해 볼 수 있을 것이다. 이런 검토 작업은 이노베이터들이 해결책과 연관된 주요 위험을 제거하는 데 도움을 줄 수 있으며, 이런 위험과 연결되어 있는 기회와 도전을 더 잘 이해할 수 있도록 하여 4.6 최종 컨셉 선택에서 기술한 위험 점수화 행렬을 채우는 데 도움을 줄 수 있을 것이다.

보험은 새로운 혁신 기술의 성공에 근본적인 영향을 끼치기 때문에 개발 과정의 현 시점에서 보험 경로에 대한 최선의 추측을 하기 위한 시간과 노력을 들일 가치가 있다. 핵심 질문은 다음 세 가지다.

1. **현행 코드를 사용할 수 있는가?** 기업이 현행 코드를 사용할 수 있다면, 새로운 기술에 대한 상환은 언제나 좀 더 빠르고, 덜 복잡하며, 더 적은 비용으로 진행할 수 있을 것이다. 현행 코드를 평가하면서, 만일 새로운 기기와 그 용법이 어떤 식으로든 서로 부합하지 않을 경우 가장 유관한 코드에 대한 현재의 서술을 꼼꼼히 살펴보아야만 한다. 이런 경우, 코드에 대한 서술은 확장될 필요가 있으며, 새로운 코드를 요구할 수도 있다. 새로운 기기와 지시나 시술이 현 코드 기술과 조금 다르다는 이유로 지불자가 새로운 기기에 대한 상환을 거부할 수 있다는 점은 중요하다. 새로운 코드가 필요한 경우라고 하더라도, 새로운 기술에 적용할 수 있는 현 코드가 있다는 사실은 새로운 코드, 급여, 그리고 더 높은 상환을 확실히 획득할 수 있을 때까지 기업에게 일종의 "다리"가 되어 줄 수 있을 것이다.
2. **비용의 영향은 어떻게 되는가?** 현행 코드를 평가할 때, 검토해야 할 또 다른 요소는 바로 그 코드와 연관된 지불 수준이 새로운 기술과 시술을 수행하는 데 필요한 급여 수준으로 적절한지 여부다. 앞서 지적했듯, 코드는 대개의 경우 기술뿐만 아니라 시술 절차에 대한 기술도 포함하고 있다. 따라서, 현행 코드에 따른 지불은 기술의 비용뿐만 아니라 시술을 수행하는 시설과 의사의 시간 비용에 대해서도 적절히 급여할 수 있어야 한다. 이노베이터들은 때때로 자신들의 새로운 시술을 기술하는 적절한 현행 코드를 찾아냈으나, 현행 지불 수준이 기술 비용에 대해, 그리고 시설과 자신의 시간을 투입하는 의료인들에게 적절히 보상하기에 불충분한 경우가 있다.

3. **새로운 코드에 비용을 지불할 가치가 있는가?** 만일 검토 중인 개념이 정말로 임상에 획기적인 돌파구가 될 수 있다면, 새로운 보상 경로를 탐사하는 것도 충분히 가치가 있는 일이다. 이런 경우, 이노베이터는 새로운 코드, 급여, 지불을 설정하고, 이러한 그림을 투자자에게 설명하는 데 필요한 시간과 비용을 현실적으로 추산해야 할 필요가 있다. 이런 작업을 벌일 때, 유사한 규제 조건을 가지고 있으며, 비슷한 임상적 충격을 줄 수 있으며, 또한 같은 의료보험 시스템하에서 상환을 받는 데 성공한 다른 기술을 살펴보는 것이 유용할 것이다. 이러한 유형의 선례가 있더라도, 현재의 의료보험 환경이 새로운 기술이 수용되기에는 지난 수십 년에 비해 덜 우호적이라는 사실을 염두에 둘 필요가 있다.

온라인 자료

더 많은 자료는 www.ebiodesign.org/4.3을 방문한다.

"Getting Started"의 활동과 링크
- Identify payer mix
- Confirm location of procedure
- Research coverage decisions and ICD-10/CPT codes
- Investigate reimbursement information for non-covered devices
- Identify payment categories (MS-DRGs, APCs) and reimbursement rates
- Identify number of procedures

보험의 기초에 관한 동영상

미국 상환 코드를 요약한 부록

NOTES

1 All quotations are from interviews conducted by the authors, unless otherwise cited. Reprinted with permission.

2 "Innovator's Guide to Navigating Medicare," Centers for Medicare and Medicaid Services, 2010, http://www.cms.gov/Medicare/Coverage/CouncilonTechInnov/downloads/InnovatorsGuide5_10_10.pdf (March 14, 2014).

3 "National Health Expenditures 2012 Highlights," Centers for Medicare and Medicaid Services, http://www.cms.gov/Research-Statistics-Data-and-Systems/Statistics-Trends-and-Reports/NationalHealthExpendData/downloads/highlights.pdf (February 25, 2014).

4 "CMS Predicts U.S. Health Care Spending Will Increase by 6.1 Percent in 2014," September 19, 2013, California Healthline, http://www.californiahealthline.org/articles/2013/9/19/cmspredicts-us-health-care-spending-will-increase-by-6point1percent-in-2014 (February 25, 2014).

5 "Top Questions About ACOs & Accountable Care," Care Facts, http://www.accountablecarefacts.org/topten/what-are-thebarriers-and-challenges-such-organizations-might-face-1 (March 5, 2014).

6 All cartoons by Josh Makower, unless otherwise noted.

7 ICD-9-CM codes were in effect for more than 30 years, during which time they gradually became outdated and inconsistent with current medical practice. Also, the structure of ICD-9 limited the number of new codes that could be created, and many ICD-9 categories were full. The compliance date for switching to ICD-10-CM/PCS codes was originally October 1, 2013, but this deadline was delayed two times (with the expected implementation date expected to be October 1, 2015 as of the time of this writing). For more information, see "ICD-10," Centers for Medicare and Medicaid Services, http://www.cms.gov/Medicare/Coding/ICD10/index.html?redirect=/icd10 (March 11, 2014).

8 "Classification of Diseases and Functioning and Disability," National Center for Health Statistics, http://www.cdc.gov/nchs/icd.htm (January 22, 2014).

9 American Academy of Physician Assistants, 2007. Reprinted with permission.

10 Eric Wagner, "Types of Managed Care Organizations," in *The Managed Health Care Handbook* (Aspen Publishers, 2001).

11 Ibid.

12 Jenny Gold, "FAQ on ACOs: Accountable Care Organizations, Explained," Kaiser Health News, August 23, 2013, http://www.kaiserhealthnews.org/stories/2011/january/13/aco-accountable-care-organization-faq.aspx(October 2, 2013).

13 Ken Krizner, "Health Plans Apply Scientific Evidence to New Technologies," Managed Healthcare Executive, July 1, 2006, http://www.managedhealthcareexecutive.com/mhe/article/articleDetail.jsp?id=357680&sk=&date=&pageID=2 (January 22, 2014).

14 Mitchell Sugarman, "Permanente Physicians Determine Use of New Technology: Kaiser Permanente's InterregionalNew Technologies Committee," *Permanente Journal*, Winter 2001, p. 46.

15 Michael R. Lauer, "Clinical Management for Survivors of Sudden Cardiac Death," *Permanente Journal*, Winter 2001, p. 24.

16 See "Technology Evaluation Center," Blue Cross/Blue Shield Association, http://www.bcbs.com/betterknowledge/tec/ (January 22, 2014).

17 "National Health Expenditures: 2012 Highlights," op. cit.

18 This case example was developed by the authors using information from publicly available sources.

19 David Green, Benedict Irvine, Emily Clarke, and Elliot Bidgood, "Healthcare Systems: Germany," Civitas, 2013, http://www.civitas.org.uk/nhs/download/germany.pdf (February 13, 2014).

20 "Germany–Medical Devices," International Society for Pharmacoeconomics, April 2011, http://www.ispor.org/htaroadmaps/germanymd.asp (February 18, 2014).

21 This section is based on "Germany–Medical Devices," International Society for Pharmacoeconomics, April 2011, http://www.ispor.org/htaroadmaps/germanymd.asp(February 18, 2014).

22 Ibid.

23 "Healthcare in France," National Coalition on Healthcare, http://www.nchc.org/facts/France.pdf (August 8, 2007).

24 See Liste des Produits et Prestations Remboursables at http://www.ameli.fr/professionnels-de-sante/gestionnaires-decentres-de-sante/exercer-au-quotidien/liste-des-produits-etprestations-lpp/liste-des-produits-et-prestations-lpp.php(February 17, 2014).

25 "France–Medical Devices," International Society for Pharmacoeconomics, October 2011, https://www.ispor.org/HTARoadMaps/FranceMD.asp (February 17, 2014).

26 Ibid.

27 Ibid.

28 Ibid.

29 "Soutien Aux Techniques Innovantes Coûteuses," Wikipedia.org, http://fr.wikipedia.org/wiki/Soutien_aux_techniques_innovantes_co%C3%BBteuses(March 18, 2014).

30 Ibid.

31 "About the NHS: How the NHS Works," NHS Choices, http://www.nhs.uk/aboutnhs/howtheNHSworks/Pages/HowtheNHSworks.aspx (July 2, 2007).

32 "United Kingdom–Diagnostics," International Society for Pharmacoeconomics, May 2010, http://www.ispor.org/htaroadmaps/ukdiagnostics.asp (February 18, 2014).

33 See www.dh.gov.uk and www.ic.nhs.uk for more information on both programs.

34 See "United Kingdom–Diagnostics," International Society for Pharmacoeconomics, May 2010, http://www.ispor.org/htaroadmaps/ukdiagnostics.asp (February 18, 2014) for more information about other programs.

35 "United Kingdom–Diagnostics," op. cit.

36 Ibid.

37 Ibid.

38 "Developing NICE Multiple Technology Appraisals (MTAs)," National Institute for Health and Care Excellence, http://www.nice.org.uk/aboutnice/howwework/devnicetech/developing_nice_multiple_technology_appraisals.jsp (March 18, 2014).

39 "Developing NICE Single Technology Appraisals (STAs)," National Institute for Health and Care Excellence, http://www.nice.org.uk/aboutnice/howwework/devnicetech/developing_nice_single_technology_appraisals.jsp (March 18, 2014).

40 See "Guide to the Single Technology Appraisal Process," National Health Service, National Institute for Health and Clinical Excellence, October 2009, http://www.nice.org.uk/media/42D/B3/STAGuideLrFinal.pdf (February 18, 2014) and "Guide to the Multiple Technology Appraisal Process," National Health Service, National Institute for Health and Clinical Excellence, October 2009, http://www.nice.org.uk/media/42D/8C/MTAGuideLRFINAL.pdf (February 18, 2014).

41 "United Kingdom–Diagnostics," op. cit.

42 Ibid.

43 "Medical Device Reimbursement in China," International Trade Administration, http://www.ita.doc.gov/td/health/medical%20reimbursement%20in%20china%202007.pdf (October 21, 2008).

44 Bradley Blackburn, "'World News' Gets Answers on China: Health Care," ABC News, November 18, 2010, http://abcnews.go.com/International/China/health-care-china-trailsdeveloped-countries-world-news/story?id¼12171915&singlePage¼true (January 13, 2014).

45 "China Mainland–Medical Devices," International Society for Pharmacoeconomics, January 2011, http://www.ispor.org/htaroadmaps/chinamd.asp (February 18, 2014).

46 Information provided by Katherine Wang, Chief China Life Sciences Advisor, Ropes & Gray LLC.

47 "China's New Health Plan Targets Vulnerable," *Bulletin of the World Health Organization*, January 2010, http://www.who.int/bulletin/volumes/88/1/10-010110/en/ (January 14, 2014).

48 Ibid.

49 "Private Sector in Healthcare Delivery in India," National Commission on Macroeconomics and Health, 2005, http://www.nihfw.org/WBI/docs/PPP_SessionBriefs/PPP%20Course%20sessions/Need%20and%20Scope%20for%20PPP/Private%20Sector%20in%20Health%20Care%20Delivery%20in%20India.pdf (February 22, 2013).

50 "Health Financing: Private Expenditures on Health as a Percentage of Total Expenditures on Health," World Health Organization, 2011, http://gamapserver.who.int/gho/interactive_charts/health_financing/atlas.html?indicator=i2&date=2011 (October 2, 2013).

51 "India Tries to Break Cycle of Healthcare Debt," *Bulletin of the World Health Organization*, July 2010, http://www.who.int/bulletin/volumes/88/7/10-020710/en/ (March 5, 2014).

52 "Government Sponsored Health Insurance in India: Are You Covered?," The World Bank, October 11, 2012, http://www.worldbank.org/en/news/2012/10/11/governmentsponsored-health-insurance-in-india-are-you-covered(February 22, 2013).

53 "2013 Cover Note on Health Insurance," 15th Global Conference of Actuaries, February 17–19, 2013, http://gca.actuariesindia.org/images/docs/15thgca_cover%20note%20for%20gca-health.pdf (March 5, 2014).

54 "Indian Pharma 2020: Propelling Access and Acceptance, Realizing Potential," McKinsey and Company, 2010, http://www.mckinsey.com/~/media/mckinsey/dotcom/client_service/Pharma%20and%20Medical%20Products/PMP%20NEW/PDFs/778886_India_Pharma_2020_Propelling_Access_and_Acceptance_Realising_True_Potential.ashx (February 22, 2013).

55 Nagesh Prabhu, "Rashtriya Swasthya Bima Yojana for BPL Families Too," *The Hindu*, July 8, 2013, http://www.thehindu.com/news/national/karnataka/rashtriya-swasthya-bimayojana-for-bpl-families-too/article4892098.ece (March 7, 2014).

56 Ames Gross, "Medical Device Market Opportunities in India," Pacific Bridge Medical, March/April 2007, http://www.sonaenterprise.com/pdffiles/medicaldevicemarketopportunitiesinindia.pdf (February 18, 2014).

57 "India Slashes Reimbursement for Drug-Eluting Stents," Pacific Bridge Medical, April 1, 2013, http://www.pacificbridgemedical.com/news/india-slashes-reimbursementfor-drug-eluting-stents/ (February 18, 2014).

58 Ibid.

59 "Patented Drugs Face Price Caps," *The Times of India*, January 27, 2014, http://timesofindia.indiatimes.com/business/indiabusiness/Patented-drugs-face-price-caps/articleshow/29430775.cms (February 18, 2014).

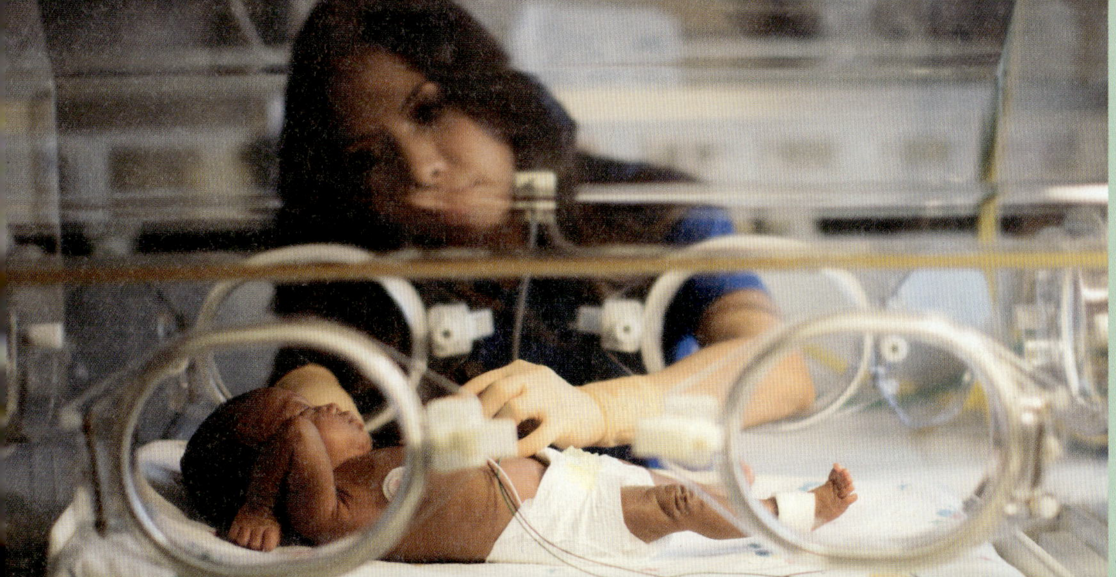

4.4 사업 모델

서론

"좋은 아이디어처럼 보이는군, 하지만 실패하면 어떻게 할 텐가?" 좌절한 엔지니어에게 이렇게 물어보자. "병원들은 이들 과에서만 해도 수백만 달러에 달하는 이미지 처리 시스템을 구매할 수 있습니다. 그러니 왜 의사들이 일회용품을 사들이는 걸 마다하겠습니까?" 발명가의 아이디어가 실현된 제품을 구매하는 데 들어가는 연간 총 비용이 현행 기기와 비견될 만하다고 하더라도(또는 더 저렴하다고 하더라도), 그가 극복할 수 없는 근본적인 문제가 있었다. 그 문제는 바로 사업 모델을 디자인하고 집행하는 데 있었다. 때로 어떤 아이디어가 의학적으로 강력한데다 모든 규제 장벽을 넘을 수 있고, 그리고 이윤을 남기면서 제조할 수 있더라도 만일 사업 모델이 제대로 작동하지 않는다면 그 사업은 실패하고 말 것이다. 이노베이터는 반드시 사업 모형을 혁신의 성공에 영향을 끼치는 핵심 요소 가운데 하나로 간주해야만 하며, 또한 기기의 실행 가능성만큼이나 사업 모델의 실행 가능성 역시 세밀하게 검토해야만 한다.

'사업 모델'이라는 말은 상품(제품 또는 서비스)을 매출이 발생할 수 있는 방식으로, 그리고 고객에게 가치를 전할 수 있는 방식으로 판매할 수 있도록 하는 방법을 폭넓게 지칭한다. 의공학 영역에서 흔한 사업 모델은 일회용품(disposable), 재사용 가능품(reusable), 이식형 상품, 자본 설비 등이 있다. 각각의 모형에서, 상품은 여러 가지 방법으로 현금화되며 또한 그 과정 중에 이노베이터는 기업의 자원, 운영, 사업 과정을 조직화하는 과업을 수행해야 한다. 사업 모형은 또한 어떻게 소비자, 그리고 다른 외부 이해관계자들과 소통하는 방법 또한 특정한 범위 내에서 결정한다. 개발 대상 아이디어와 관련해 지적재산권, 규제, 보험, 그리고 기술적 가능성을 평가할 필요가 있는 것 처럼, 마지막 개념을 선택하기에 앞서 적절한 사업 모형을 평가하는 일이 꼭 필요하다.

 사업 모델의 평가와 선택에 관한 동영상은 ebiodesign.org을 참조한다.

목표

- 의료기기 영역에서 통상적으로 사용되는 서로 다른 유형의 사업 모델을 각각의 장단점에 비추어 이해한다.
- 혁신과 그 고객의 독특한 특징에 기반하여 적절한 사업 모델을 선택하는 방법을 결정한다.
- 컨셉의 우선순위를 매기는 스크리닝 작업에서 사업 모형 위험을 어떻게 사용할 것인지에 대해 안다.

사업 모델의 기초

비즈니스 모델은 많은 경우 제품이나 서비스의 다른 모든 측면이 결정된 다음에 일종의 기본값으로 도달하게 되는 혁신의 잊혀진 축이다. 만일 이노베이터가 대안적인 사업 모델을 생각하고 있는 상태에서 고객의 **니즈**를 충족하기 위해 사용할 수 있는 또 다른 설계가 있다는 점을 인식하게 된다면, 이 혁신은 커다란 성공의 기회를 잡게 된 것이다.

이노베이터가 세계 어디에서 일하고 있든, 사업 모델이 가지고 있는 뚜렷한 특징은 다음과 같다.

1. 혁신. 이것은 제품일 수도 있고, 서비스일 수도 있으며, 양측을 뒤섞은 것일 수도 있다.
2. 고객
3. 양측의 주요한 상호작용 또는 상호작용하는 방식

이러한 상호작용에 영향을 끼칠 수 있는 지배적인 요인들은 표 4.4.1에서 확인할 수 있다.

사업 모델을 선택할 때, 이들 요인을 반드시 고려해야만 한다. 이런 고려 끝에 나온 아이디어는 기업에게는 그 힘과 역량을 강화할 수 있는, 그리고 고객에게는 만족스러운 상호작용을 제공할 수 있는 제품을 설계할 수 있을 것이다.

비즈니스 모델의 선택

바이오디자인 혁신 과정의 **컨셉 스크리닝** 단계에서 사업 모델을 선택하는 작업은 쟁점 혁신의 독특한 특징과 서로 다른 사업 모형의 주요 측면이 서로 부합하는지 평가하는 데서 시작한다. 수익의 흐름과 혁신을 고객의 손에 전달하는 방법은 서로 다른 두 고려사항이다. 사업 모델을 좀 더 완전하게 발전시키기 위해 필요한 정보는 혁신이 진행되는 다른 단계에서 추출할 수 있을 것이다.

적절한 사업 모델은 기업이 혁신으로부터 고객에게 의미 있는 가치를 뽑아낼 수 있게 만들어야만 한다. 예를 들어, 어떤 새로운 회사가 MRI 장비를 출시하려고 하며, 그에 따라 각각의 환자를 검사할 때 마다 일회용으로 쓸 플랫폼을 병원이 구매하도록 만들고자 한다면, 관심을 불러일으키기에는 어려울 것이다.[1] 심지어 이 회사가 기계를 공짜로 사용할 수 있게 하는 서비스를 제공한다고 하더라도(서비스 계약보다는 일회용품을 판매하여 얻는 지속적인 매출 흐름을 만들어내는 것이 이런 영역에서는 통상적이다), 구매자들은 이를 거부할 것이다. 대부분의 고객들은 서비스 계약에 가격을 지불하는 것이 자신들의 지출을 줄일 수 있는 방법이라고, 그리고 고기능 장비는 수리하여 사용하는 것이 좋다고 이해하고 있다. 하지만 이들에게

표 4.4.1 이들 요소 각각은 혁신 사업에 어떤 사업 모델을 선택하는지에 따라 극적으로 변화하게 된다. 사업 모델 선택의 효과를, 그리고 이들 요소에 대한 영향력을 이해하는 일은 어떤 사업 모델을 가장 선호할 만하고 성공과 친화적인지 확정하는 데 도움을 줄 수 있을 것이다.

요인	설명
수입 흐름	수입이 어떻게 발생하고, 그 빈도는 어떻게 되는가
가격	제품이나 서비스에 대해 얼마를 부과할 것인가
마진 구조	판매를 통해 기업이 올리게 될 이익(그리고 선택된 경영 모델의 내적 특징이 이런 이익에 적절한지 여부)
판매 투자	혁신을 고객의 손에 쥐어주기 위해 필요한 메커니즘
고객 훈련 요구사항	혁신을 사용하기 위해 필요한, 특별 훈련의 범위
경쟁자와의 차별화	혁신의 고유성 수준
지적재산권	경영 모델의 성공에 지적재산권 보호가 가진 중요성
다른 진입장벽	혁신의 수용을 막을 수 있는 요소들(높은 전환 비용, 브랜드 또는 고객 충성도, 유통 채널에 대한 접근성 등)
임상/규제 허들	임상 요구사항의 복잡성과 지속성(예: 임상시험), 그리고 상업화에 앞서 반드시 밟을 필요가 있는 규제 경로
상환	의사, 수술 센터, 병원이 지급을 받을 방법
재정적 요구사항	혁신을 발전시고 상업화하는 데 필요한 투자의 수준
문화와 지리	동일한 임상 영역과 관련된 고객 요구가 지리적 경계나 상이한 문화적 환경하에서 달라지는 범위

무언가, 이번 사례에서 볼 수 있는 것처럼 그 필요를 이해하지도, 그 가치를 인정하지도 못하는 일회용품 같은 것에 돈을 지불해야 한다고 설득하는 것은 더 어려운 일이다. 경쟁사의 MRI 기기가 유사한 부담을 요구하지 않는다면 더욱 더 그럴 것이다.

풍선카테터 코곁굴 확장술(Balloon Sinuplasty), 즉 코곁굴의 다양한 지점을 넓히기 위해 일종의 풍선을 사용하는 시술을 수행하기 위한 내시경과 카테터 기반 도구의 제조업자이자 판매자인 아클라런트의 실제 사례를 살펴보자. 이비인후과 영역에서, 여러 회사들은 전통적으로 그리 비싸지 않은 일회용 물품을 많은 양 판매하고, 중간 정도의 가격을 붙여 재사용 가능품을 좀 더 적은 양 판매하는 사업 모형을 유지해 왔다. 아클라런트는 환자 1인당 가격이 좀 더 높은 일회용품을 판매하는 한편 그 결과를 향상시키는 방식으로 이 영역의 사업 모형을 변화시키려 했다. 이러한 변화는 어려운 일이지만, 만일 혁신의 결과가 고객에게 중요한 하나 또는 그 이상의 규준에 비추어 볼 때 기존 제품들보다 실질적으로 낫다면 불가능한 것은 아니다. 아클라런트의 이사 가운데 한 명의 서술을 살펴보자(아클라런트가 존슨&존슨에 2010년 합병되기 이전의 글이다).[2]

> 이미 확립된 시장에서 좀 더 많은 가치를 뽑아내려 한다면, 당신은 당신이 제공하는 제품이나 서비스를 통해 좀 더 많은 가치를 전달해내야만 한다. 아클라런트가 시장을 바꾸는 데 성공한 이유는, 제품이 임상에서의 효과를 더 증진시켰으며 적용된 질병의 전체 치료 비용을 절약할 수 있었기 때문이다.

물론 언제든 기업은 지배적인 사업 모델을 바꾸려 할 수 있고, 시장 발전이라는 도전에 자동적으로 직면하게 되는 경우도 있다. 고객의 기대를 조정하고, 고객의 인식을 바꾸며, 고객의 행동을 변경하기 위해서는 더 많은 투자(그리고 많은 경우 상당한 시간 투입량)를 할 필요가 있다. 하지만 어떤 산업이나 영역에서 "게임을 변경시키는 것"은 기회 비용이라는 문제를 불러 오기도 한다. 이론적으로는 아클라런트의 기술을 낮은 마진의 재활용품으로 판매하는 일은 반드시 따라야 할 계획은 아닐 수도 있다. 하지만 여러 다른 사업 모델(높은 마진, 낮은 물량)이라는 렌즈에 비춰볼 경우 이 기회는 충분히 실행 가능한 것이었다.

의료기기 영역 내에도 여러 다양한 사업 모델이 있다는 점은 매우 중요하다. 투자자들은 순수한 자본 설비 사업 영역과는 달리 달리 의료기기 영역에서는 지속적인 수입 흐름 또는 정기적인 수입(예: 일회용품, 이식형 제품 또는 서비스 계약과 연관된 자본 설비)을 만들어 내는 모형을 역사적으로 선호해 왔다. 하지만 다양한 **의공학** 이노베이터들은 여러 다른 접근방식이 성공적일 수 있다는 점을 입증해 왔다. 몇몇 사례에서, 전통적인 사업 모형을 창의적으로 뒤틀어보는 접근은 어떤 해결책을 성공으로 이끄는 요인이었다. 예를 들어, 아주 낮은 가격을 받거나 어떠한 가격도 받지 않고 먼저 기술을 제공한 다음 그 사용자에게 사용 횟수에 따라 과금하는(소모품이 필요한지 여부와 무관하게) 방식을 고안했다. 또는, 어떤 기기는 버리기 전에 몇 차례 일정한 재사용을 허용하는 "재사용 가능한" 형식으로 제공하기도 했다. 몇몇 개인과 기업들은 과거에 새로운 사업 모델을 시도하는 것을 회피했기 때문에, 분명 의료기기 사업에 대해 혁신적 접근을 해야 한다는 점을 간과했을 것이다. 이러한 이유로, 발전이 계속되는 기술에 대해 이노베이터와 투자자들은 모두 얼마 지나지 않아 수많은 비전통 의공학 사업 모델이 나타나게 될 것이라고 예측하고 있다.

표 4.4.1에 등장한 요소들과 관련된 또 다른 트렌드가 고객과 이노베이터 사이의 상호작용에 영향을 끼치면서, 전통적인 사업 모델이 지금까지 그랬던 것과는 다른 상황에서 작동하는 경우가 늘어나고 있다. 실제로, 이러한 움직임은 저-자원 세팅하에 있으며 그 동안 의료 기술의 혜택을 누리지 못한 인구에게 중요한 의료 기술을 전달하려는 이노베이터에 의해 이뤄지고 있다. 여기서, 가장 근본적인 모형은 이런 환경에서도 동일하지만, 그러한 모델을 실현하는 방법은 다르다는 점을 지적할 수 있다. 하루에 4달러 이하로 살고 있는 사람들의 건강을 증진시키고 가처분소득을 늘리고자 하는 비영리 제품 개발 기업인 D-Rev는 자신들의 제품에 적용할 사업 모델을 결정할 때 이러한 요소들을 감안하여 창조적인 접근 방식을 실험하는 회사 가운데 하나다. 유아 황달에 대해 재사용 가능한 기기인 브릴리언스(Brilliance)라는 기기 사업을 벌일 때(그림 4.4.1), D-Rev는 제품 판매를 통해 매출을 올려야 한다는 압박에서 벗어나기 위해 R&D와 운영 비용을 기부나 다른 박애주의적

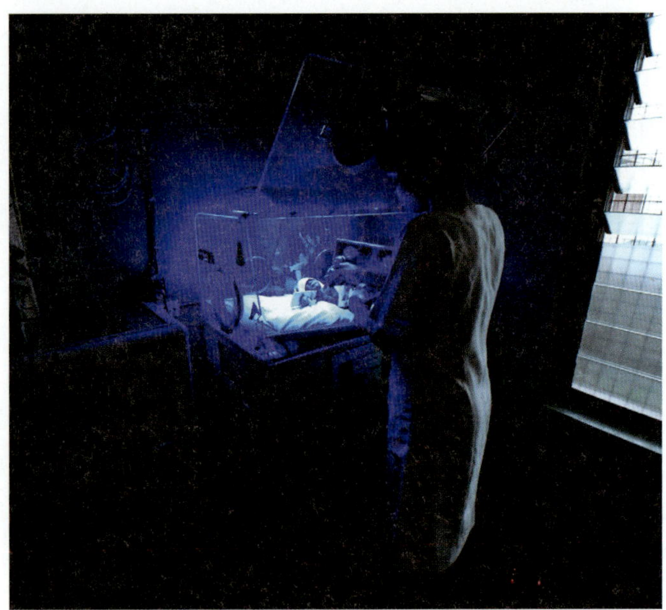

그림 4.4.1
D-Rev의 브릴리언스를 통해 치료된 첫 번째 아기, 나이지리아 오그보모소 (D-Rev의 허가를 받아 사용)

자금을 통해 조달했다. 이런 사업은 이 조직이 인도와 같은 시장에서도 제품 가격을 건강보험 제공자가 감당할 수 있는 수준으로 유지할 수 있도록 하는 데 기여했다(경쟁 제품은 약 3,000달러인데 반해 브릴리언스는 400달러 수준으로 판매된다). 이 기기를 상업화하기 위해, D-Rev는 제조 및 판매 부분에서 피닉스 메디컬 시스템과 협력했다. 이 회사는 전국적으로 이미 잘 확립된 유통망을 보유하고 있는 의료기기 유통업자였으며, 따라서 제품을 필요로 하는 사람들에게 유통시킬 수 있는 신뢰할만하고 안정적인 수단을 제공할 수 있었다. 피닉스는 D-Rev에게 기술 사용료와 로열티를 주고 기술을 사용할 권리를 얻었다. D-Rev 팀은 이 협정을 지지하는 이윤 구조에 대해 특별히 창의적인 생각을 했다. 피닉스가 브릴리언스의 판매에 시간과 에너지를 바치도록 동기를 부여하기 위해, D-Rev 팀은 공정하지만 경쟁력 있는 가격을 설정해야 한다는 점을 잘 알고 있었다. 하지만 피닉스가 의료 장비에 접근하거나 획득하는 것이 더 쉬운 도시의, 그리고 고급 의료 시설에 먼저 제품을 공급하게 만들기보다는 브릴리언스를 가장 필요로 할 인도의 공공 병원 및 농촌 지역 병원에 제품을 공급하도록 만들기 위해, D-Rev는 특별한 인센티브가 필요하다고 생각했다. 궁극적으로, D-Rev는 브릴리언스를 모든 지역과 시장 단위에 있는 고객에게 동일한 가격으로 사용할 수 있도록 만들기 위한 방법을 고안해 냈다. 예를 들어, 공공 병원 및 농촌 지역 병원에 제품을 판매할 때는 낮은 로열티만을 받는 식이었다. 자신들의 방식이 돈벌이에 생각보다 유리하다는 점을 피닉스 사에 설득하는 방식으로, D-Rev는 피닉스가 좀 더 자신들의 목표에 맞는 공급자가 될 수 있도록 만들겠다고 생각했다.[3] 이러한 접근방법은 유망한 것처럼 보였지만, D-Rev가 바라는 결과가 나올 수 있는지는 오직 시간만이 답을 줄 수 있을 뿐이었다.

사업 모델의 유형

의료기기 이노베이터들이 자신의 독특한 혁신을 평가하고 최적화하는 데 사용할 수 있는 다수의 사업 모델이 있다. 이들 각각을 평가할 때, 이노베이터들은 자신의 혁신과 경제 모형이 적절히 부합하는지 살펴보아야 하며, 의미 있고, 성장 지향적이며, 이윤을 내는 사업 모델을 계획해 보아야만 한다. 표 4.4.2에 수록되었고, 다음에서 상세히 서술한 10개의 사업 모델은 의공학 사업 모형으로 가장 흔하게 채택되는 것들이다. 비록 특정한 사업 모형이 흔한 지역이 있기는 하지만, 이런 모형의 기초는 세계적으로 동일하다고 할 수 있다. 분명, 어떤 모형이 조직이 이윤을 내는 방식으로 안정적으로 성장할 수 있는 것으로 증명되었다면, 그 모형은 어떠한 환경에서든 기능적인 것으로 볼 수 있을 것이다.

일회용품

일회용품은 사용하고 나서 재사용하지 않고 폐기하는 제품을 말한다. 저가 일회용품에는 일회용 환자 가운, (정맥내 튜브 클램프에 사용되는) 스탑코크와 같은 제품들이 포함되며, 이들은 개당 가격이 몇 페니 수준에 불과하다. 수술용 스테이플러는 좀 더 비싼 일회용품의 사례인데, 이 제품은 한 명의 환자에게 사용하는 가격이 100달러 또는 그 이상이다. 일회용품은 주요 의료 장비에 부착되어 사용될 수도 있는데, 박리술에 필요한 에너지를 전달하는 박리 카테터와 같은 경우가 그러한 사례다. 재사용 가능한 수술용 면도기의 일회용 면도날처럼 재사용 가능 기기와 함께 사용하는 일회용품도 있다.

의료 장비나 재사용 가능 기기에 부착할 때, 저가 일회용품은 다음 조건을 만족해야 한다.

Business model	Margin structure	Sales investment	Importance of IP	Barriers to entry	Customer training	Clinical/ regulatory hurdles	Financial requirements
Disposable – High Cost	High	High	High	High	High	Neutral	Neutral
Disposable – Low Cost	Low	Low	Low	Low	Low	Low	Neutral
Reusable – Pure	Low	Low	Low	Low	Low	Neutral	Low
Implantable – Mid to High Cost	High	High	High	High	High	High	High
Capital Equipment – Pure or Combined	High	Neutral	High	High	Low	Neutral	High
Service – Pure or Attached to Product	Low	Low	Low	Low	Neutral	Low	Neutral
Fee per Use – Pure or Combined	Neutral	High	High	Neutral	High	High	Neutral
Subscription	Low	Low	Low	Low	Low	Low	Low
Over the Counter – Pure or Combined	Neutral	High	Neutral	Neutral	Low	Neutral	Neutral
Prescription – Pure or Combined	High	High	High	High	High	High	High
Physician-Sell – Pure or Combined	Neutral	High	Neutral	Neutral	Neutral	Neutral	Neutral

그림 4.4.2
모든 의공학 사업 모델은 사업 계획에 극적인 영향을 끼칠 수 있는 기회와 도전의 예상 가능한 집합과 연관되어 있다.

- 다량 판매되어야 한다(낮은 마진을 보상하기 위해).
- 사용하기 쉬워야 한다.
- 낮은 가격의 유통 채널을 통해 유통할 수 있어야 한다(예를 들어 의료 장비 카탈로그).

고가의 일회용품은 대개의 경우 사용에 전문적인 훈련이 필요하며, 따라서 기술 지원 인력을 유지하고 적절한 지적재산권 범위를 유지하기 위해서는 상당히 높은 마진을 필요로 한다. 이러한 고가의 일회용품을 정당화하기 위해 이노베이터는 반드시 경쟁 제품과 차별화되는 요소를 보여야만 한다(예를 들어 경쟁 제품보다 임상 결과가 우월하다거나, 경쟁 제품이 넘지 못하는 부분을 보이는 등). 전체 마진에는 대체로 고가의 일회용품을 취급하는 편이 유리하며, 그 액수는 70~80% 정도의 범위(또는 그 이상)에 도달할 수도 있다. 만일 일회용품의 가격이 어떤 원인에 의해 제한되어 마진율이 이 범위에 근접하는 것이 비현실적인 상황이라면, 이는 당신의 기술에 사업 모델이 맞지 않는다는 점을 보여주는 지표일지도 모른다.

일회용품은 고객이 지속적으로 사용하기 위해서는 반드시 계속 구매해야 한다는 점 때문에 규칙적인 수입 흐름을 만들어 낸다. 게다가 의료적 시술의 양이 증대됨에 따라(많은 의료 서비스 제공자의 목적이기도 하다) 일회용품 사용량도 늘어나고 있다. 많은 경우 일회용품의 가치는 특정한 사태와 직접적으로 연관되며, 따라서 고객들이 그것을 이해하기도 매우 쉽다. 예를 들어, 혈액을 뽑아야 하는 일이 있다면 언제든 일회용 주사기가 꼭 필요할 것이다. 마지막으로, 상대적으로 낮은 가격과 빠른 회전율 덕분에, 일회용품을 구매할 때 구매자가 감수해야 할 위험은 적은 편이다. 이는 병원 관리직 또는 의사와 같은 의사결정자들이 어떤 제품을 처음으로 주문하겠다는 결정을 내리도록 설득하는 것이 좀 더 쉽다는 뜻이다.

한편으로는 일회용 의료기기의 환경 영향과 관련된 윤리적 쟁점이 제기되기도 한다. 이노베이터 역시, 만일 **가치 제안**(value proposition)이 그와 같은 내용으로 이뤄진다면, 일회용품이 동일한 요구에 부응하는 재사용 가능품으로 대체될 수 있다는 점을 알고 있어야만 한다.

다음에서 살펴볼 콘센트릭 메디컬의 사례는 일회용품 사업 모형과 관련된 여러 쟁점을 잘 보여준다.

현장에서 ▶ 콘센트릭 메디컬(Concentric Medical)

일회용품 모델을 통한 뇌졸중 시장의 새로운 시장 영역 개척

콘센트릭 메디컬의 전 CEO인 Gary Curtis에 따르면, 미국에서만도 매년 약 70만 명의 사람들이 뇌졸중을 겪는다. 이들 환자 가운데 대략 85%는 허혈 발작(뇌에 혈액을 공급하는 동맥이 막혀 발생한다)이다. 하지만 매년 이토록 많은 사람들이 허혈 발작에 시달림에도, "이들 환자의 95%에게 적용된 치료의 표준은 아스피린과 암실뿐이었습니다." Curtis의 지적이다. 혈관 색전증을 일으키는 혈전을 용해시키는 데 쓰이는 약물인 정맥내 재조합 조직 플라스미노겐 활성제(Intravenous recombinant tissue plasminogen Activator, t-PA)는 일부 허혈 발작에 사용할 수 있기는 하지만 오직 증상이 발생한 지 3시간 이내에만 유효하다. Curtis는 계속해서 설명했다. "의사들은 뇌졸중이 어떻게 진행되는지를 수동적으로 기다려야만 했습니다. 때문에, 하루 또는 이틀이 지나, 신경전문의들은 환자의 가족과 상담할 수 있었고, 환자가 집에 갈 수 있을 만큼 충분히 운이 좋았다고 말할 수 있었습니다. 반면 운이 나쁜 환자는 스스로 증상을 해소하지 못했고, 결국 요양병원으로 가야 할 처지가 되고 말았습니다. 이 사이에 있는 사람들도 있었죠. 이런 환자들은 재활 과정을 거쳐야 했고, 그런 과정을 거치면 정상 기능이 일부 돌아올지도 모릅니다."

콘센트릭 메디컬은 이 모델을 바꾸고자 했다. "우리는 수동성을 능동성으로 바꾸고자 했습니다." Curtis는 자신이 회사를 이끌었을 때 어떤 방침을 취했는지 설명했다. 콘센트릭의 메르시 리트라이벌 시스템(Merci Retrieval System™, 그림 4.4.3)을 사용하면, 혈류를 차단하지 않은 채 뇌졸중 환자의 뇌혈관에서 혈전을 제거할 수 있다. "우리는 이제 적절한 시점 내에 개입을 하면 됩니다. 우리는 시험에서 만일 발생 0시간에서 8시간 내로 개입해 동맥을 다시 개통시키면 뇌손상이 줄어든다는 점을 확인했습니다. 우리는 사태의 진행을 바꿀 수 있습니다. 뇌졸중에 맞서 이런 쾌거를 이룩한 것은 처음입니다."

Curtis가 콘센트릭의 CEO가 되었을 때 이 회사는 여러 프로젝트를 진행하고 있었으나 자금을 조달하는 데는 어려움을 겪고 있었다. 개발 중인 것 가운데 가장 흥미로운 기술과 연관된 것 가운데, 충족되지는 않았으나 가장 큰 요구를 뇌졸중 시장에서 찾아내고 나서, 그는 재빨리 개발 단계에 있는 다른 프로젝트를 중단한 다음 회사의 모든 역량을 끌어 모아 메르시 리트라이벌 시스템을 개발하기 위한 자금을 조달했으며 허혈 발작 환자의 혈전을 제거하는 기기로는 처음으로 콘센트릭이 FDA

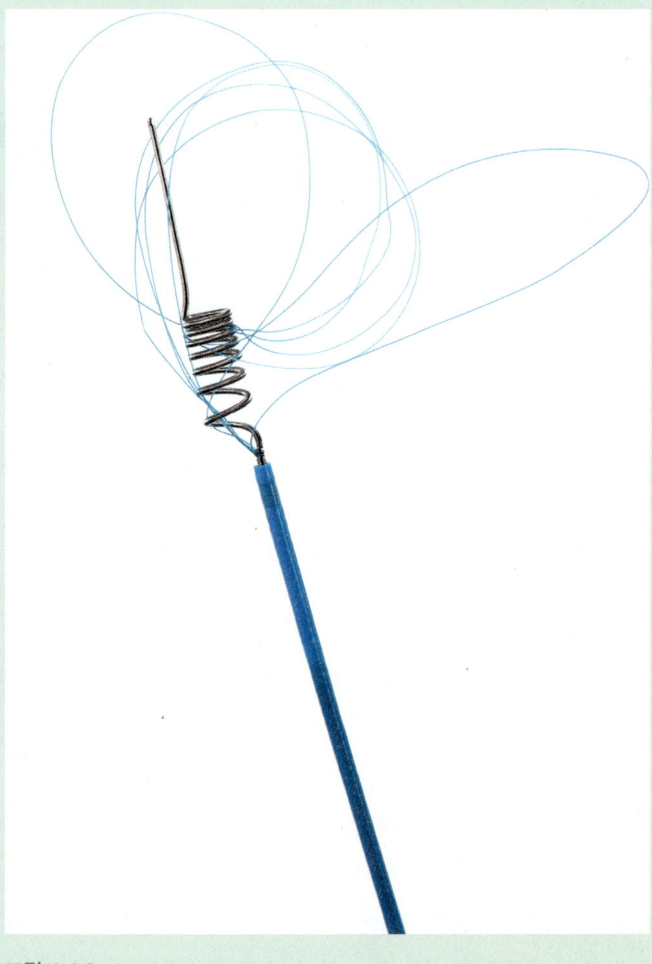

그림 4.4.3
메르시 리트라이브 시스템(콘센트릭 메디컬의 허가를 받아 사용)

허가를 받도록 했다.

콘센트릭의 제품을 가장 잘 뒷받침해 줄 수 있는 비즈니스 모델이 무엇이냐는 관점에서 보았을 때, 콘센트릭이 택할 수 있는 선택지는 어떤 면에서는 제한적이었는데 이는 혈류와 직접 접하게 되는 제품의 특성 때문에 안정화 문제가 중요하게 떠올랐기 때문이다. "이 기기는 사용시 멸균 상태라는 점이 보장되어야만 합니다." Curtis는 콘센트릭이 일회용 모델을 택한 이유에 대해 이렇게 말한다. "우리는 다른 모델은 생각하지도 않았습니다. 이 기기는 또한 어떠한 경우에도 기계적으로 정확히 동일하게 작동해야만 했습니다. 기기의 성능은 기기를 씻고, 소독하고, 다시 포장하는 동안 파괴될 수 있습니다. 만일 우리가 재사용 가능하게 만들었다면, 이들 모든 행위는 이 제품이 어떻게 작동할지에 대한 의사의 예측 능력을 훼손했을 것입니다."

Curtis에 따르면 일회용 기기를 제공하는 방식으로 사업 모델을 짜는 데는 많은 이점이 있다. "분명히 정기적인 수입은 이득입니다. 당신이 이 시술을 안전하게 수행할 수 있는 방법에 대해 외과의를 훈련시키고 나면, 그들은 이 기기를 계속해서 구매할 겁니다. 우리는 첫 번째 임상 시험을 마치고 처음 수입을 올릴 때까지 3,500만 달러를 사용했습니다. 우리는 이제 그 비용을 회수하려고 하고 있지요. 이러한 예측 가능한 수입 흐름이 있을 것이라는 사실은 우리가 벤처 캐피털로부터 투자를 얻는 한 가지 방법이 되었습니다.

한편으로, 그는 일회용 기기가 의료보험 시스템하에서 상당히 비싸다는 점을 지적했다. "이 기기를 사용할 때마다, 병원측은 환자 한 명당 약 5천 달러를 지불 받습니다. 만일 우리가 재사용 가능품을 판매했다면 그들은 그만큼 지불 받지 못했을 겁니다." 하지만 그는 이 일회용 기기와 연관된 가격은 "살아남았으나, 가난하게 살아남은" 뇌졸중 환자에 대한 극단적으로 장기적인 지출과 대비되어야 한다고 강조한다. 이 말은 동일한 니즈에 대응하기 위해 재사용 가능 기술을 사용하는 경쟁자들이 이 제품의 경쟁 상대라는 뜻이다. 예를 들어, 콘센트릭의 개발 초기 단계에서, 한 회사는 초음파 집속술(Focused Ultrasound)을 사용한 비수술적 방법으로 혈전을 제거하는 기기를 개발하고 있었다. "사람들은 더 저렴하고 재사용 가능한 해결책을 개발하려고 노력했습니다. 하지만 누구도 실제로 그렇게 할 수 있다는 점을 보이지는 못했습니다." Curtis의 말이다.

일회용품이 환경에 끼치는 영향에 대해 걱정하지 않느냐는 질문을 받자, Curtis는 신속히 답했다. "나는 2초 이상 생각한 적이 없습니다. 사람 목숨을 살릴 때 말고는 말이죠."

Curtis는 고가의 일회용 기기를 뒷받침하는 사업 모델과 저가의 대량 사용 일회용품을 뒷받침하는 데 쓰이는 사업 모델에는 차이가 있다는 점을 지적했다. 저가 일회용품의 경우, 제품의 가격을 낮추는 방법에 대해 투자자들과 소비자들로부터 지속적이고 결코 끝나지 않는 압력을 받게 된다. "생산 비용을 5센트에서 4센트로 줄이기 위해 당신이 변화시킬 수 있는 것은 별로 없습니다. 당신은 여분의 마진을 만들 수도 없을 겁니다. 그건 우리의 사업 모델이 아닙니다." 콘센트릭은 Curtis가 가치 창조 모델이라고 부른 모델에 초점을 맞췄다. "내가 받았던 압력은 모두 기기를 어떻게 하면 효과적으로 만들 것인지에 집중되어 있었다. 뇌졸중 환자의 혈류를 복원할 수 있는 확률을 어떻게 하면 50~60%에서 70~80%로 높일 수 있을 것인가?" 이런 노력의 결과, 그리고 Curtis의 후계자인 Maria Sainz의 노력의 결과, 콘센트릭은 2011년 후반 스트라이커 사에게 인수될 수 있었다.

재사용 가능품

재사용 가능품은 어느 정도의 수명을 가지고 여러 차례 사용될 수 있는 제품이지만, 그 비용은 자본 설비보다 낮은 수준인 제품이다. 작은칼 홀더(scalpel holders), 복강경 기기(laparoscopic graspers), 내시경은 결국 폐기되어 교체할 필요가 있을 때까지 여러 차례 다시 사용할 수 있는 제품의 사례들이다. 재사용 가능품은 일회용품을 부착할 수도 있고(예를 들어, 앞서 언급했던 일회용 면도날을 사용하는 수술용 면도기), 여러 차례 서비스에 투입될 수도 있다(예를 들어, 연성내시경을 사용할 때).

재사용 가능품 만으로 이뤄진 사업 모델은 교체 시기까지 수입이 발생하지 않는 경향이 있다. 결국, 이들은 일반적으로 특별한 판매력을 발휘할 수 없으며, 대개의 경우 의료제품 카달로그나 주요 유통업체를 통해 판매된다. 재사용 가능품의 마진은 상당히 높은 편이지만 – 대략 70~80% 범위에 들어간다 – 일회용품과 비교했을 때 지속적인 현금 흐름이 없기 때문에 관련 사업 기회의 규모는 상대적으로 작은 편이다. 재사용 가능품은 또한 그 위험의 수준이 높은데, 이는 고객이 이를 상당한 기간 동안 사용할 수 있기 때문이다. 제품은 사용될 때 언제나 "신선한 상태"에서 쓰이는 것이 아니며, 따라서 사용자는 작동 실패의 가능성에 직면할 확률이 더 크다. 예를 들어 수술용 가위가 무뎌지거나 시술 중 손상된다면, 다음에 사용할 때는 제대로 작동하지 않을 것이다. 많은 재사용 가능품 공급자들은 자신의 제품에 대해 사후 서비스를 제공하여 이런 문제에 대응하고 있다. 하지만 이들 제품에는 수명이 있기 때문에 고객은 대개의 경우 유지보수 비용을 지불하려 하지 않을 것이다. 이러한 특징은 재사용 가능품을 지속적으로 이익을 올리고 성장시키는 데 어려움으로 작용하는 요인이다.

몇몇 기업은 일회용품 사업 모델에서 명확히 재사용 가능한 제품을 대상으로 하는 기술로 이행하려 시도하고 있다. 하지만 이러한 움직임은 상당히 위험한 움직임일 수 있다. 만일 어떤 제품의 재사용 가능성이 밝혀지고 그것이 상당히 흔해진다면, 사업 모델은 혁신자의 통제력을 벗어날 만큼 빠른 속도로 일회용품에서 재사용 가능품으로 바뀌게 될 수 있다. 이러한 사태는 사업에 부정적인 영향을 끼칠 수 있으며, 회사에 대한 시장의 인식과 기대에 중대한 영향을 끼칠 수 있다. 여기에 더해, 어떤 경우에는 본래 재사용 가능하게 설계되었던 제품을 일회용품으로 사용하는 것이 더 적절한 경우도 있다. 주사기가 바로 그러한 사례다. 주사기의 재사용이 B형 간염 바이러스, C형 간염 바이러스, 인간면역결핍바이러스(HIV)와 같은 혈액 매개 병원체(blood-borne pathogens)의 전파에 기여할 수 있다는 사실은 상대적으로 널리 알려져 있음에도, 세계적으로 40% 정도의 주사는 여전히 주사기와 바늘의 멸균 없이 시행되고 있다. 이 문제는 특별히 저자원 세팅하에서 극심한데, 여기서 주사기와 바늘의 재사용율은 거의 70%에 육박한다.[4] 일회용 주사기의 발전과 유통은 제조업자가 이러한 문제를 해결하는 데 기여할 수 있게 하는 한 가지 방법이며, 또한 이는 언제 재사용 가능품 모델에서 일회용 모델로 움직일 필요가 있는지를 보여주는 사례다.

물론 재사용 가능품에도 이점은 있다. 고객은 직관적으로 재사용 가능품에 대해 반응하며, 문제의 사업에서 재사용 가능품을 사용하는 것이 이치에 맞는다면 그것을 일회용품보다 더 선호할 것이다. 예를 들어, 체중계나 청진계가 재사용 가능품이 아니라고 생각하는 사람은 없을 것이다. 이들 기기의 비용 대비 이득의 비율은 대단히 높다. 기준이 되는 기기가 시장에 도입되고 나면, 이러한 사업 모형에 도전하고자 하는 새로운 기술은 가격이 조금 상승하더라도 상당히 많은 연구 없이는 성공하기 어려울 것이며 실패의 위험 또한 클 것이다. 이러한 위험이 기기를 사용하는 여러 상황에서 극적으로 좋은 결과를, 또는 상당한 가격 인하를 가져올 수 있는 발전을 막는 것은 아니지만, 이노베이터들은 넘어야 할 조건이 상대적으로 높다는 점을 반드시 깨닫고 있을 필요가 있다.

이식형 제품

이식형 제품은 대개 중간(1천~5천 달러 사이) 또는 높은 비용(5천 달러 이상)이 드는 품목들이다. 중간 수준의 가격인 이식형 제품의 사례로 관상동맥 스텐트가 있다. 높은 가격을 가진 이식형 제품의 사례로 페이스메이커와 박동 조율기와 인공관절이 있다. 이식형 제품은 순수하게 그것만 판매될 수 있고, 또는 박동 조율기에 대한 지속적인 서비스처럼 서비스와 연관되어 제공될 수도 있다. 이식형 제품은 상당히 높은 마진 -80% 또는 그 이상-을 보이며, 또한 이런 가격 수준은 전통적으로 기술에 대한 높은 진입 장벽, 예를 들어 규제 경로, 상환, 지적재산권 요구 등을 지지하는 것으로 간주되었다. 하지만 이 부분에서도 변화의 기류가 감지되고 있다. 이러한 높은 마진을 가진 기기들은 천천히 특허가 만료되고 있으며, 따라서 일종의 제네릭 버전을 만들어 낼 수 있는 기회도 그에 따라 오고 있다. 이러한 흐름은 이식물 사이의 차별화를 감소시키는 한편, 가격 또한 낮추고 있다. 자신의 마진을 보존하고자 하는 기업은, 새로운 요구에 초점을 맞추거나, 자신이 의도한 사용자에게 가치를 제대로 전달할 수 있는 다른 상품을 개발해야만 한다.

이식형 제품은 높은 수준의 임상적 입증을 필요로 하며, 결과적으로 이는 개발자에게 중요한 임상적 장애물로 돌아오게 된다. 종합적이고 장기간에 걸친 임상시험을 지원하기 위해서는 막대한 양의 투자가 필요하기 때문에, 이식형 기기 시장에서 투자자가 장기간의 원금 회수 기간 동안 상대적으로 큰 금액을 회수할 수 있다는 점 또한 중요한 특징이다. 지속적인 지적재산권 적용은 이식형 제품에 대한 사업 모델의 또 다른 중요한 특징이다.

이식형 기기에 초점을 맞춘 사업 모델의 한 가지 이점은 가치 제안과 시술이 직접적으로 결합된다는 점이다. 다시 말해, 이식물 시술을 받은 환자들은 대개 하나 또는 그 이상의 이식물을 얻게 된다. 결국, 이식형 제품의 지속적인 수입 증가는 시술의 횟수가 매년 증가하고 있다는 사실과 직접적으로 연결되어 있게 된다. 게다가, 특정한 기기는 지속적인 사용으로 인해 계속해서 마모가 되기 때문에 환자들은 기기를 교체해야 할 수 있고, 이런 기기들은 지속적인 매출의 원천이 될 수 있다.

하지만 그 이면에는 위험도 있다. 이식형 제품을 제조하고 판매한 기업에게는 지속적인 책임이 있다. 오작동하기에 앞서 기기를 교체하거나 다른 방식의 서비스를 제공할 수 있도록 이식물을 설계하는 것이 이들 기업에게 주어진 숙제다. 많은 이식물은 1차 기능을 한다. 다시 말해, 이식물의 기능은 일정한 시간 동안 유용하며, 이식물이 더 이상 기능하지 않는 시점 이후에도 지속하는 다른 생리학적 과정을 일으킨다. 하지만 이들 경우에도, 이식물로 인해 일어나는 잔여 효과는 판매 기업에 의해 관리되고 감안할 필요가 있는 여러 위험을 일으킬 수 있다. 게다가, 이식형 제품은 많은 경우 돌봄이 필요한 시점에 연락을 받을 수 있고, 질문에 응답하며, 후속 조치를 제공하기 위해 **직접 영업** 팀을 필요로 한다. 비록 "선매권(preemption)"에 의해, 다시 말해 미국에서 시판 전 허가(premarket approval) 경로를 통해 미국 내에서 허가를 받은 기기는 FDA와는 다른 요구를 부과하는 법률의 적용 대상이 아니라는 법적 규정에 의해 제한된 보호가 제공되기는 하지만,[5] 이식형 제품을 판매하는 기업은 책임의 위험(liability risk)에 계속해서 직면하게 될 것이다.

현장에서 세인트 프랜시스 메디컬 테크놀로지

이식형 기기 영역의 개척자가 되기 위한 도전

세인트 프랜시스 메디컬 테크놀로지는 2007년 1월 키폰(Kyphon)에 의해 인수될 때까지 퇴행성 척수 질환에 대한 새로운 치료법은 발견, 개발, 상업화하는 데 초점을 맞췄던 회사였다. 이 회사의 첫 번째 제품은 X-STOP은 척추뼈 사이의 압력을 낮춰주는 시스템으로, 허리뼈관협착증(lumbar spinal stenosis, LSS)의 증상을 경감시키기 위해 개발된 것이다. LSS는 중년과 노년 성인에게 주로 발생하는 척추의 문제로, 등과 다리에 상당한 통증을 유발할 수 있다.

전통적으로, LSS에 대한 가장 흔한 외과적 해결책은 고리판절제술(laminectomy)이었다. 이 수술은 척추신경근에 가해지는 압력(이 압력은 통증을 유발하는 한편 협착과 관련되어 다른 여러 좋지 못한 효과를 불러온다)을 낮추기 위해 척추뼈 일부를 절제하는 시술이다. 세인트 프랜시스의 전 대표이자 CEO였던 Kevin Sidow에 따르면, X-Stop® 으로 실현된 아이디어는 두 명의 척추 전문 정형외과의이자 *척추 협착증에 대해 덜 침습적인 방식의 치료*를 계속해서 시도해 왔던 Jim Zucheman과 Ken Hsu가 제안한 것이다. "그들은 전신 마취로 인해 치매를 잠시 마나 경험한 노인들을 치료했습니다." Sidow는 이렇게 설명한다. 시술의 이러한 부적절한 부작용에 기반해, "이들은 국소 마취 하에서 환자를 치료하는 방법을 찾아내려고 했습니다."

Zucheman과 Hsu가 필요를 개념화하여 만들어 낸 해결책은, 이식물(그림 4.4.4)을 사용하는 방법이었다. 이에 따라, 세인트 프랜시스의 공동 창업자이자 척추 기기에 조예가 깊었던 경영진들은 Zucheman과 Hsu의 초기 개념에 기반해 사업 모델을 구상하기 시작했다. 이들은 이식물을 사용하는 사업 모형에 대해 어느 정도 지식을 가지고 있었다. 이

그림 4.4.4
X-STOP 이식물(메트로닉 스피널&바이올로직스의 허가를 받아 사용)

모형의 이익에 초점을 맞추면서, Sidow는 이렇게 말한다. "초점은, 이식물은 수익과 밀접하게 연관되어 있다는 점이었습니다. 또한 척추 전문의들에게 신뢰받고 있으면서, 시장에 제품을 쉽게 진입시킬 수 있는 강력한 유통망도 있었습니다."

한편, Sidow는 이식물에는 바이오디자인 혁신 과정의 초기에 고려해

야 할 필요가 있는 상당한 위험이 여럿 있었다고 인정했다. 그의 말에 따르면 "첫 번째 위험은 규제 장벽, 특히 새로운 치료 방법에 대한 규제 장벽이었습니다. 이것을 넘는 과정은 정말 어려웠는데, 이는 모든 사람들은 새로운 것에 대해 '아니오'라고 말하고 싶어 하거나, 주요 시험 일정을 늘리고 싶어 하기 때문입니다." Sidow가 존슨&존슨에서 세인트 프랜시스로 옮겼을 때, 이 회사는 FDA 허가를 곧 취득할 수 있을 것이라고 예상했다. 하지만 불과 두 달 뒤, 세인트 프랜시스는 FDA로부터 X-STOP 이식물에 대한 PMA 지원서가 거부되었다는 연락을 받았다. Sidow의 지도력 하에 회사는 FDA에 의해 제기된 여러 쟁점에 답하기 위한 체제로 미국 내 업무를 완전히 전환했다. Sidow는 이 당시를 회상하면서 이렇게 말한다. "이건 일종의 이해 부족에서 온 상황이었습니다. FDA에 있는 사람들은 무언가를 완전히 이해하지 못하면 그 제품의 허가를 거부하는 경향이 있습니다. FDA에 있는 어떤 사람도 환자를 돕기 위해 제품을 더 빨리 시장에 내놓는 일로 보상을 받지 못합니다. 오히려 바이옥스(Vioxx) 사건과 유사한 결과가 나오게 되면 FDA 직원들은 징계를 받게 됩니다." FDA가 제기한 문제를 더 세밀하게 다루자, "심사는 더 객관적이고 간단한 과정이 되었습니다." 그리고 그러한 과정을 통해 X-STOP은 FDA의 승인을 획득하게 되었다.

Sidow는 또 다른 위험성을 강조한다. 새로운 이식 기술은 제품의 적용 대상 인구 집단을 상대하는 의사들과 관련된 쟁점이 바로 그 위험의 원천이다. Sidow의 말을 들어보자. "고리판 절제술은 아주 후한 상환이 이뤄지는 큰 수술이었습니다. 의사들은 이렇게 작은 회사가 바로 이런 영역에 쓰이는 새로운 기기를 개발하고 있다는 데 의구심을 품었죠. 문제를 더 심각하게 만든 것은, 이 산업에 관련된 모든 대기업 – J&J, 메드트로닉, 스트라이커 등 – 이 이런 의사들과 아주 가까운 관계를 유지하고 있었으며 강력한 신뢰를 받고 있었다는 점입니다. 또한 이들 기업은 수백 명의 세일즈맨들을 통해 의사들에게 우리의 기기가 일종의 속임수에 불과하다고 말하고 있었지만, 우리에게는 그런 세일즈맨이 아무도 없었습니다." 세인트 프랜시스가 이러한 의심과 기존 사업자들의 저항을 극복하기 위해서는 포괄적인 노력이 필요했다. 새로운 이식물이 시장에서 큰 성공을 거두자, "크고 지배적인 기업들이 경쟁에 뛰어들 강력한 인센티브를 가지게 되었던 겁니다." Sidow가 반복해서 지적했다.

규제 장벽, 그리고 수용이라는 장벽에 더해, Sidow는 새로운 임플란트를 개발한 기업들이 바이오디자인 혁신 과정을 많이 진행하기 전에 상황에 대해 주의 깊게 생각해야만 한다고 조언한다. "상환에 대해 개발 과정의 초기에 알아보는 작업은 점점 더 결정적이게 될 것이며, 이는 당신이 임상 연구를 설계하는 시점보다 먼저 이뤄져야 하는 것입니다." Sidow의 말이다. 궁극적으로, 세인트 프랜시스가 시장에 내놓은 기기는 한 시간 이내에 수행할 수 있으며 이전보다 덜 침습적인 시술에 의해 외과적으로 이식될 수 있었다. Sidow에 따르면, 세인트 프랜시스가 FDA허가를 취득한 첫 해에만 세계적으로 5천 8백만 달러의 매출을 올릴 수 있었다. 키폰이 인수할 당시, X-STOP 기기는 1만 명 이상의 환자에게 이식된 상태였다. 세인트 프랜시스는 사업을 키폰에게 7억 2천 5백만 달러를 받고 팔았다.[6]

자본 설비

자본 설비 제품은 본질적으로 재사용 가능품의 다른 형태다. 일정한 기간 동안(예를 들어, 1년 이상) 반복적으로 제품을 생산하거나, 판매하거나, 서비스를 제공하기 위해 어떤 기술을 획득하려는 사람은 자본 설비에 지출을 할 필요가 있다. 자본 지출은 기업이나 병원과 같은 기관에 의해, 운영 사업의 범위나 경쟁력을 유지하거나 강화하기 위해 물리적 자산을 획득하거나 강화하는 데 지출되는 자금을 말한다.[7] 의료 영역에서 자본 지출은 많은 경우 MRI나 CT 장비,[8] 혈액 분석 장비, 또는 초음파 장비와 같은 여러 장비를 구매하기 위해 사용된다. 자본 지출은 또한 기관 상대적 지출뿐 아니라 전자 건강 기록 시스템처럼 중요한 소프트웨어 프로그램을 구매하기 위해 사용될 수도 있다.

순수한 자본 설비 사업 모델은 어떤 설비를 판매할 것인지에 의존하며, 새로운 설비를 구매하는 경우를 제외하면 기업과 고객이 지속적인 상호작용을 벌이지 않는다. 하지만, 앞서 지적했듯, 이들 제품은 서비스(예: 기술 지원과 유지보수 계약)나 일회용품과도 연관될 수 있다. 이런 경우, 설비를 기대 가격보다 낮은 가격에 팔고 서비스나 일회용품의 판매에서 나오는 정기적인 수익을 노리는 것도 그리 흔하지 않은 일은 아니다.

자본 설비 구매 결정은 대개의 경우 의료 서비스 시스템의 관리자 층위에서 이뤄진다. 예를 들어 비록 의사(제품의 사용자로서)들이 많은 일회용품, 재사용 가능품, 이식형 제품 기술의 목표인 경우가 많지만, 자본 설비를 구매하는 결정에는 병원의 구매 위원회가 거의 대부분 개입해 있다. 이러한 계약 업무는 여전히 한 분야 또는 여러 분야의 전문의들의 지원을 필요로 한다. 하지만 자금을 투자하는 결정은 해당 의료 기관의 여러 우선순위에 기반해 위원회에 의해 이뤄진다. 그 결과, 판매 주기는 상당히 길어질 수 있으며(18개월 이상), 구매 결정(자본 설비에 대한 투자액을 구매자가 어떻게 상환할 것인지에 대한 계획)을 할 때 판매자는 판매를 위해 사업에 대해 여러 가지 지원을 해야 할 수 있다.

자본 설비 사업의 이점은, 구매자가 기술의 판매에 장기적으로 개입하게 된다는 사실이다. 예를 들어, MRI 공급자를 다른 사업자로 바꾸는 비용은 극단적으로 높다. 결국 설비에 심각한 문제가 없다면 구매자는 한 번 설비를 구매한 회사에게 계속해서 충성하는 경향이 있다.

가디언 헬스 시스템 사례는 자원이 제한적인 환경하에서도 제품에 더 많은 곳에서 접근할 수 있게 만드는 창의적인 방법뿐 아니라 자본 설비 모델과 연결된 여러 동역학 또한 보여줄 것이다.

현장에서 가디언 헬스(Gradian Health) 시스템

저자원 환경에서도 자본 설비를 사용할 수 있도록 하기 위한, 상업적 접근과 박애주의적 접근의 결합

세계적으로 20억에서 30억 명 사이의 사람들이 적절한 외과적 치료에 접근할 수 없는 상황에 놓여 있다.[9] 이 문제는 특히 개발도상국에 널리 퍼져 있으며, 이는 병원이 안전한 외과수술을 제공할 수 없는 열악한 시설만을 구비하고 있기 때문이다. 영국인 마취 전문의인 Paul Fenton은 말라위의 한 분주한 대학 병원의 마취과 학과장을 15년간 역임하면서 이러한 상황에 절망하게 되었다. 자신의 병원의 마취 설비와 인프라가 신뢰할 수 없기 때문에 지연되거나 취소된 외과수술로 인해, 살 수 있었던 사람들이 너무나 많이 죽어가는 것을 본 Fenton은 정전이 일어난 상황에서도 안전하고 신뢰할 수 있는 방식으로 마취를 할 수 있는 기계를 설계하기 시작했다. Fenton이 범용 마취 기계(Universal Anaesthesia Machine)라고 부른 이 기기는 산소를 값비싼 실린더나 파이프라인 가스에 의존하지 않는, 농축 산소발생장치(Intergrated Oxygen Concentrator)로부터 얻는다. 전원이나 다른 에너지원을 사용할 수 없는 경우에도 UAM은 계속 작동하며, 농축 산소 산소발생장치를 통해 방 안의 공기를 활용하여 마취 가스의 안전성을 확보한다(그림 4.4.5).[10]

Fenton은 말라위에 있는 자신의 병원에서 이 기기의 **시제품**을 사용하기 시작했다. 이 기기가 자신의 병원에서 잘 기능한다는 사실을 확인한 다음, 그는 범용 마취 기계의 혜택을 널리 퍼뜨리고자 기기의 생산을 확대하려 했다. 불행히도 Fenton은 이 기술의 추가적인 발전을 위해 투자해야 한다고 투자자들을 설득하지 못했다. 그는 또한 바이어나 의료기기상에게 이러한 아이디어가 구현되었다는 점을 보여주지도 못했다. 동시에, 그가 이야기를 꺼내 본 사람들은 아프리카에 기반을 둔 사업에 참여하는 것을 꺼렸고, 또 저자원 의료 서비스 제공자들을 대상으로 하는 자본 설비가 상업적으로 의미가 있을 것이라고 생각하지도 않았다.

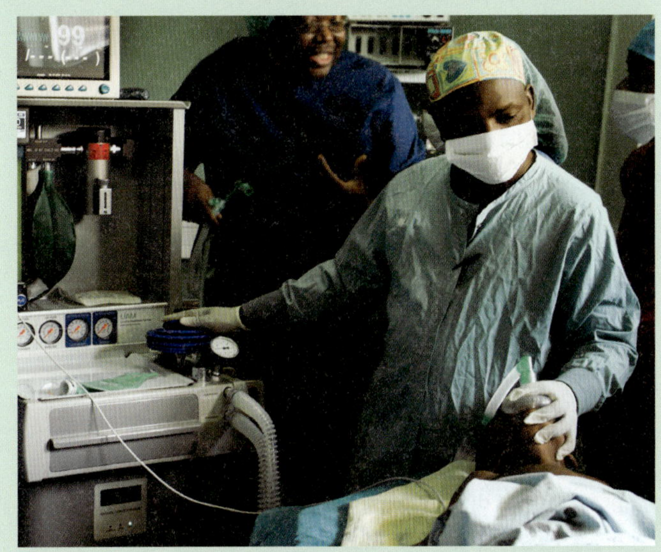

그림 4.4.5
말라위의 한 병원에서 가디언의 UAM을 사용하여 마취를 제공하고 있는 모습(가디언 헬스 시스템의 허가를 받아 사용)

학과장 자리에서 물러난 다음, Fenton이 자신의 아이디어를 실행에 옮기는 데는 몇 년이 걸리지 않았다. 닉 사이먼 재단(Nick Simons Foundation, NSF)이라는 민간 자선단체는 UAM를 다른 병원에서도 사용할 수 있는 모델로 발전시키는 데 필요한 종잣돈을 제공해 주었다. 이들은 CE 인증 과정을 도와줄 영국의 제조업자를 알선해 주었고, 이어서 NSF는 이 기기를 영국과 네팔의 병원에서 시험해 보았다. UAM의 성공에 결정적인 요인은 이 기기가 모든 환경에서 효과적이라는 사실이었다. 자원이 제한된 보건 기관이든, 가장 높은 표준을 충족시키는 고도로 발전된 의료 센터에서든 마찬가지였다. "UAM은 '가난한 사람'의 기계로 따로 설계된 것이 아닙니다." 후에 이 프로젝트에 참여한 Erica Frenkel은 이렇게 강조했다.

모든 검사에서 얻은 긍정적인 결과에 기반해, 닉 사이먼 재단은 이 기계를 시장에 내놓는 데 열을 올렸다. 재단은 재단측의 전액 출자로 이 목표를 달성하기 위해 가디언 헬스 시스템이라는 회사를 설립했다. 재단 이사회는 가디언을 단일 출자자(Single Member) 유한책임회사(Limited Liability Corporation, LLC)로 설립함으로써[11] 어떠한 의료 장비 회사든 연관될 수밖에 없는 책임의 위험에 대응할 수 있는 유연성, 그리고 그러한 위험으로부터 보호를 받을 수 있는 새로운 조직을 위한 법적 구조를 만들었다. 세금을 계산할 때 이 조직은 "불인정 법인(Disregarded Entity)"으로 간주된다. 이는 미국 국세청(Internal Revenue Service, IRS)가 이 조직을 소유주와 분리된 기업으로 "불인정"하는 한편, 그 재무제표를 재단의 재무제표와 합산하여 계산한다는 뜻이다. 결국 가디언 역시 닉 사이먼 재단처럼 면세 대상이 되었다.

가디언의 첫 번째 큰 도전은 UAM을 지원할 수 있는 사업 모델을 설계하는 일이었다. 의료기기 산업의 베테랑인 Steve Rudy, 그리고 세계 보건 전문가인 Erica Frenkel이 이 조직을 운영하기 위해 고용되었다. Rudy와 Frenkel은 가디언만의 접근법을 개발하기 위해 수없이 많은 혼용 모델을 검토했다.

마취 기계의 가격은 대개 5만 달러를 상회한다. 가디언의 UAM은 그보다 훨씬 낮은 가격인 대당 1만 5천 달러를 목표로 했으나,[12] 이는 여전히 자본 설비로 간주될 수 있으며, 이 제품이 목표로 하고 DT는 시장인 저자원 환경 하의 병원과 외과 수술 센터에게는 여전히 상당한 지출이다. 가디언은 UAM의 선행 판매를 위해, 이 기기와 연관된 훈련, 서비스, 유지를 결합한 혼합 모델을 개발했다. "이러한 비영리 활동을 돕기 위해, 당신은 오직 기계와 그 유지에 필요한 주변 서비스에 기부하기만 하면 됩니다. 조직을 세우기 위해 가격을 매기고 물품을 판매할 필요는 없습니다. 우리는 비영리가 전통적인 사업 전략과 통합될 수 있다는 강한 느낌을 받았습니다."

결국 Rudy와 Frenkel은 가디언이 이 제품을 비영리 조직과 정부에게 값을 받는 방식으로 UAM의 생산과 유통을 경비를 부담하게 하자고 결정했다. 이렇게 모인 금액은 이 회사가 제품 위해 필요한 건물을 건축할 수 있을 만큼의 규모였다. "만일 당신이 이 기계를 줘 버렸다면, 당신은 오직 당신의 예산이 허락하는 만큼만 만들 수 있습니다. 하지만 만일 당신이 제품을 팔고 있고 당신의 비용을 감당할 수 있다면, 당신은 시장의 요구만큼 많이 제품을 생산하고 또 유통시킬 수 있을 겁니다." Frenkel의 지적이다. 재단으로부터의 자금은 이로 인해, 비싸지만 마취 제공자가 이 기계를 사용할 수 있게 만들도록 핵심적인 훈련을 시키고 이 기술에 대해 고객이 원하는 지속적인 서비스와 유지보수를 수행하는 것과 같이 처음 몇 년 동안 사업이 자리를 잡는 데 필요한 다른 측면에 사용되었다. 가디언은 이런 비용을 자신들의 제품이 가질 수밖에 없는 특징이라고 보았는데, 이는 기부된 기계는 많은 경우 훈련이나 지원을 포함하지 않았으며 또한 새로운 기계를 판매한 기업은 자신의 제품에 대해, 판매국 국내의 지원 서비스센터도 없이, 상당히 비싼 가격으로 오직 가장 기본적인 지원만을 제공하는 것으로 악명이 높았다.

이들 기본적인 모형을 정의하면서, 가디언은 여전히 수익 실현과 판매 주기와 관련된 쟁점에 대해 논의해야만 했다. 대부분의 자본 설비 모델에서처럼 마취 설비의 판매 주기는 상당히 길다. 게다가, 가디언은 마취 기계 판매의 타이밍이 중요하다는 점을 깨닫고 있었다. "어떤 병원이 한 대의 마취 기계를 올해 샀다면, 이 회사는 3~4년 동안은 마취 기계를 구매하지 않을 겁니다." 때문에, 운영을 위한 이 회사의 매출은 균일하지 않고, 판매 주기를 놓쳤다는 것은 곧 여러 해 동안의 판매 기회를 잃었다는 것을 의미한다.

게다가, 가디언의 소규모 팀은 UAM을 네 개의 서로 구분되지만 상호 연결되어 있는 이해관계자집단에 팔아야만 했다. 사용자, 병원, 보건부, 자선 조직이 바로 그 관계자들이다. 이 제품을 직접 사용하는 사람들은 개발 도상국의 마취 제공자로, 많은 경우 의사가 아니다. 그 대신, 이들은 기본 마취 전달에 전문화된(비록 많은 경우 최소한의 수준이지만) 중간 단계의 의료서비스 수행자이다. 이들 제공자들은 UAM의 이익에 대해 쉽게 확신하겠지만, Frenkel이 지적했듯 "이들은 자원이나 의사결정 능력을 가지고 있는 사람들이 아니다." 구매 결정을 내릴 수 있는 능력은 병원장에게나 있다. 하지만, 개발도상국 의료 시설의 상당부분은 그 자원이 심각하게 제한된 상태이며, 운영 예산으로는 정규적인 자본 투자를 할 수 없다. 마취 기계와 같은 새로운 설비를 획득하기 위해, 많은 병원들은 이들 구매를 지원하는 비정부 기구(Non-Governmental Organizations, NGO)나 국제 기부 단체에게 의존한다. 이들 조직 내의 의사결정자들은 이 문제로부터 가장 멀리 떨어져 있으며, 때로는 마취 영역의 상황에 대해, 그리고 자신들이 상대하려 하는 시설의 요구와 제한 사항에 대해 적절한 정보를 가지고 있지 못하다. "자신들에게 무엇이 필요한지 알고 있는 사용자와 병원은 많은 경우 자신들이 획득하게 될 설비의 구매에 대한 의사결정 과정에 참여하지 못할 수 있습니다." Frenkel의 말이다.

자본 설비 사업 모델을 운용하기 위해, 가디언은 구매 과정에서 핵심 이해관계자의 관심을 한데 맞출 수 있는, 잘 조정되고 매우 전략적인 마케팅 계획이 필요하다고 보았다. 이상적으로 볼 때, 마취 제공자는 자신들이 필요로 하는 것에 대하여 병원 측에게 보고할 수 있어야 한다. 그리고 병원 측은 이 정보를 구매 결정을 내릴 권한이 있는 자신들의 정부나 기부자에게 통보할 수 있어야 한다. 시장 상황을 이러한 최적 모델로 이행시키기 위해, 가디언 팀은 여러 단계의 계획을 수행했다: (1) **피어 리뷰 저널**에 의미 있는 결과를 출간한다, (2) 핵심 오피니언 리더와의 인적 네트워크를 만들어 낸다, (3) 컨퍼런스와 전문 학회를 통해 다른 사용자들과 연결을 시도한다, (4) 대규모 입찰에 응찰한다, (5) 기부 조직에 대해 조사한다.

가디언은 최우선적으로 UAM의 효과를 보여줄 수 있는 양질의 임상 데이터를 얻기 위해 잘 알려지고 존경 받는 파트너와의 협업을 통해 UAM에 대한 현장 연구를 수행했다. 동시에, 가디언은 전략적으로 노리고 있던 지역에서 "실력자" – UAM이 전달하는 가치를 직접 체험해

온 존경 받는 사용자, 그리고 병원 관계자 – 들의 네트워크를 적극적으로 확대하는 데 힘썼다. 이런 사람들이 UAM에 긍정적인 의견을 가지는 것은 극단적으로 도움이 되며, 이는 특히 UAM과 같은 커다란 자본 설비의 구매에서 더욱 그렇다. 이들은 자발적으로, 또는 가디언의 요청에 따라 UAM에 대한 질문에 답을 할 수 있고, 자신의 경험을 다른 사용자나 병원과 공유할 수도 있다. Frenkel은 이렇게 말한다. "이런 과정은 매우 영향력이 컸고, 또한 우리가 직접 UAM이 위대한 기계라고 말하지 않아도 되게 함으로써 우리의 신뢰성을 끌어올릴 수도 있었습니다." 가디언은 의학 컨퍼런스와 전문 학회 활동을 통해 UAM을 홍보하는 방법으로도 사용자 커뮤니티 내에서 옹호의 기반을 더 넓혀 나갔다.

아프리카 국가의 정부에 의한 자본 설비 구매는 많은 경우 입찰 과정을 통해 이뤄지므로, 가디언은 UAM이 응찰한 제품 가운데 최적의 대안이라는 점을 보이기 위해 이들 정부가 무엇을 필요로 하는지 이해하는데, 그리고 입찰을 시행한 기관에게 제공할 자금을 확보하는 데 많은 시간과 노력을 투입했다. "입찰 과정의 일부분은 이들 주요 조직의 의사결정 과정이 어떻게 작동하는지 이해하는 데 있었습니다." Frenkel은 이렇게 말했다. 또 다른 핵심 요인은 이들 조직에게 UAM과 같은 적정기술이 있다는 점을 알리는 데 있었다. 이를 돕기 위해, 가디언은 "이런 유형의 조직에게 무슨 말을 해야 하는지 배우기 위해" 아프리카의 보건 의료 영역에서 광범위한 경험을 한 외부 컨설턴트를 고용했다. 입찰 과정 바깥에 있는 수많은 구매자들에게 도달하기 위해서는 가디언은 개별 병원을 위해 자본 설비 구매 결정을 내릴 수 있는 여러 다양한 조직의 목록을 만드는 계획을 세웠다. 예를 들어, Frenkel은 이렇게 말한다. "말라위에서, 우리는 우리가 함께 일했던 될 다수의 조직을 목표로 삼았으며, 우간다에서는 사용자를 훈련시키는 조건뿐만 아니라 설비에 자금을 제공할 방법을 찾는 데도 역점을 두었습니다." 가디언 팀은 적절한 시점에 팀원이 이들 조직에 접근할 수 있도록 이들 조직에 대한 정보를 모았고, 또 이들의 구매 주기가 어떻게 되는지에 대해 추적하기 시작했다. "이런 아이디어는 실제로 UAM를 구매할 수 있는 조직보다, 이들이 마취 설비에 대해 판단을 내리는 것보다 앞서 나가자는 것입니다. 때문에 우리는 대화를 통해 그들 조직이 UAM에 대해 알 수 있도록, 그리고 그들의 질문에 답할 수 있도록 만들었습니다."

저자원 환경 하에서 자본 설비를 더 잘 접근할 수 있게 만드는 가디언의 전략을 반성해 볼 때, Frankel은 이렇게 지적한다. "이건 우리가 풀어볼 수 있는 커다란 매듭과 같습니다. 어떤 식으로든 이런 문제를 풀었다고 말하기는 어렵습니다. 하지만 우리가 적어도 무언가 의미 있는 일을 한 것은 사실입니다." 이러한 계획의 초기 단계임에도, 가디언은 2년 만에 UAM의 사용 국가를 2개 국에서 15개 국으로 늘리는 데 성공했다.

가디언의 이야기는 자본 설비가 아닌 다른 영역에도 적용 가능한 이노베이터들이 새로운 기술을 저자원 환경에서도 좀 더 쉽게 접근할 수 있도록 만들 수 있는 창의적인 접근 방식을 고안하는 방법을 보여준다. 하지만, 이노베이터들은 자신들의 제품이나 서비스의 가격이 사업을 운영하는 가격을 완전히 포괄하지 못할 경우 자신들의 조직의 장기적인 존속 가능성이 위협받을 수 있다는 점을 반드시 염두에 두어야만 할 것이다.

서비스

서비스는 다른 사람의 이익을 위해 어떤 사람 또는 집단이 수행하는 작업을 말한다. 장기 요양 시설은 전형적인 순수 서비스 모형의 사례다. 투석 서비스 센터는 또 다른 순수 서비스 모형의 사례다. 하지만, DEJS 경우, 이들 서비스를 제공하는 기업은 또한 자본 설비와 일회용품 또한 제공하는 역할도 수행한다. 따라서, 이런 시장의 조직은 제품/서비스 혼합 사업 모델을 수행하게 된다. MRI 기계를 설치한 다음, 유지하고 보수하는데 대한 서비스 계획은 이러한 제품/서비스 혼합 사업 모델의 사례다.

제품/서비스 혼합 모델의 주목할만한 특징은, 기업들이 제품을 낮은 가격에(그리고 상당히 낮은 낮은 마진만 붙여) 판매하여 서비스 수입을 창출하는 경우가 많다는 사실이다. 제너럴 일렉트릭, 필립스, 지멘스 같은 회사들도 자본 설비에 대한 마진율을 저렴한 수준으로 낮춘 다음, 통상 높은 마진율을 붙여 더 많은 서비스 계약을 맺고 지속적인 매출 흐름을 만들어 내는 경우가 흔하다. 이런 계약이 맺어지고 나면, 앞서 언급한 높은 전환 비용 때문에 계약은 매우 안정적으로 유지되는 경향이 있다. 어떤 경우에는, 설비에 대한 서비스 계약은 일종의 보험 정책으로 간주될 수도 있다. 고객은 자신의 설비가 적절히 관리되고, 문제가 발생하면 신속하게 수리될 것이라는 보장을 받게 된다. 하지만 고객과 기업 모두는 실제로 (정기적인 정비 이외의) 서비스가 필요하지 않은 경우 이익을 누리게 되는데, 이는 의도하지 않은 설비 비가동 시간이 없다는 뜻이기 때문이다. 비가동 시간은 고객에게 상당한 비용과 위험의 원천이 될 수 있다.

이러한 혼합 서비스와는 달리, 순수 서비스 모델은 도전을 받을 수 있다. 이런 서비스는 기업이 모델을 성공시킬 수 있는 적절한 경영 능력 조직 도구, 자원, 직원을 보유했는지 여부에 크게 의존한다. 게다가, 고객들은 경영과 기업 리더십의 변화에 민감하게 반응하는 경향이 있으며, 기업 내부자와의 개인적 관계를 기업이 제공하는 서비스보다 더 중요하게 여기는 경우도 많다. 또한 서비스 사업을 실현시킬 수 있는 규모의 경제는 달성하기도 어려울 수 있다. 물리적 기기의 생산과는 달리(기업은 새로운 고객을 추가했다면 단순히 "생산라인을 가동시켜" 제품을 생산하기만 하면 된다), 서비스 사업은 반드시 새로운 고객을 확보하기 위해 추가 직원을 고용해야만 한다. 결국, 서비스 사업자는 사업이 불안정한 시기 동안 자신의 비용을 관리해야 한다는 위험에 대응해야 한다. 위험이 다가오는 다른 실질적인 원천은 인적 자원을 보충하고, 고용하고, 훈련하고, 관리하고, 유지하는 데서 온다.

비록 자본 설비에 대한 서비스 계약의 수익성이 좋을 수 있지만(높은 마진율로), 순수한 의료 서비스는 **제3자** 공공 및 민간 **지불자**에 의해 낮은 마진율을 받도록 압력을 받을 수 있다. 나아가, 기업 자신이 생산하거나 통제하지 못하는 기술이나 시술에 초점을 맞추거나 그것을 활용하는 서비스는 외부 환경이 크게 변화할 경우 더 많은 위험을 부담해야 한다. 예를 들어, 만일 어떤 기업이 자본 설비의 일부에 대해 서비스를 제공한다면(하지만 그 기계 자체를 생산하지는 않을 때), 이들의 사업은 만일 이 기술이 시장에 나타난 새로운 혁신에 의해 갑작스럽게 대체될 경우 증발해 버릴 것이다. 비록 이런 모델이 상대적으로 이러한 자본 설비 영역에서는 상대적으로 드물지만, 서비스 모델을 사용하는 기업은 외부 기업 환경에 맞춰 사업을 조정하고 자신들의 사업 모델을 적응시킬 준비를 해야 한다는 점만은 강조할 필요가 있다.

래디올로지 파트너스의 이야기는 어떻게 서비스 사업이 잠재적으로 이 모형과 연결되어 있는 몇몇 도전들을 극복할 수 있는지에 대한 실례를 보여준다.

현장에서 ▶ 래디올로지 파트너스(Radiology Partners)

방사선 의학에서의 국가 서비스 모델 건설

지난 10년간, 벤처 캐피털 회사인 뉴 엔터프라이즈 어소시에이트(New Enterprise Associates, NEA)에서 의료 서비스와 의료 서비스 정보 기술(IT) 투자 업무의 공동 디렉터 직무를 수행하고 있는 Mohamad Makhzoumi는 IT 혁신이 방사선 의학으로 이행하는 장면을 목도했다. 그는 이렇게 회고한다. "이런 이행은 원격진료 방사선의학에서 시작해, 세부적인 사항과 공유된 방사선 의학 모델의 증가로 이어졌습니다." 좀 더 최근, Makhzoumi는 미국의 의료보험 개혁과 연결된 압력이 이 영역에서 새로운 불확실성을, 특히 치료 주기 가운데 중요한 시점에서 환자에 대한 진단을 내릴 때 방사선의학 집단에 의존했던 병원에게 압력을 가한다고 보았다. 그는 이렇게 강조한다. "보험 인센티브가 바뀌었습니다. 병원들은 환자들을 오랫동안 입원시키기보다는 빠르게 퇴원시키는 데 인센티브를 받기 시작했습니다. 여기서 방사선의학은 이 모든 것을 가능하게 하는 열쇠의 역할을 하게 되었죠." 한편, 아웃소싱 사업은 비용을 줄이고, 품질을 향상시키며, 마취, 집중 치료, 응급실과 같은 다른 병원 기반 의료 영역에 대한 서비스 수준을 증가시키는 데 기여할 수 있었다. "하지만 우리는 방사선 의학에서는 이러한 목표 가운데 어떠한 것도 이룰 수 없었습니다." Makhzoumi의 지적이다.

기회를 포착하자, NEA의 벤처 파트너이자 의료서비스 베테랑 운영자인 Rich Whitney는 규모 있는 국가적 서비스 사업을 발전시킬 전략을, 그리고 부가 서비스를 통해 효과적인 치료를 전달할 수 있는 기술을 생각해 냈다. 그의 계획은 래디올로지 파트너스라는 이름의 사업체를 통해 의사 주도 품질 및 서비스 문화를 가진 지역 방사선의학 집단과 제휴하는 방식으로 사업을 진행하는 데 있었다. 의료 서비스를 이루는 다른 부분의 경험에 기반하여, 위트니는 규모가 임상 품질, 고객과 자문의뢰 의사에 대한 서비스, 수입 증대, 비용 절감, 전략적 위치 선정이라는 측면에서 중요한 경쟁적 이점을 불러올 수 있다고 믿었다. "국가적 집단 의료에 참여함으로써, 의사들은 자신들의 환자에게 더 나은 진료를 할 수 있고, 좀 더 안전하게 진료할 수 있으며, 수입을 늘릴 수도 있고, 소규모 병원에서는 불가능한 수준으로 리더십과 커리어를 발전시킬 기회를 얻을 수도 있습니다."

래디올로지 파트너스가 그 파트너 의료인들에게 제공한 이점 가운데 가장 중요한 것은 업무 부담의 분산이었다. Makhzoumi의 설명을 들어보자. "방사선의학 집단은, 그들의 고객인 여러 병원을 최대의 용량으로 가동할 수 있을 만큼의 인원을 보유하고 있어야 합니다. 하지만 그와 같은 최대 용량은 일시적으로만 실현될 뿐입니다. 수십만 명의 방사선 전문의로 이뤄진 국가 규모의 집단을 통해, 우리는 원격 의료 기술, 그리고 정교한 작업 흐름 조정 도구를 사용하여 방사선 전문의들의 업무 부담을 분산시키는 방법으로 상당한 효율성과 비용 절감 효과를 거둘 수 있었습니다."

방사선 그룹의 두 번째 중요한 이점은 최신의, 그리고 가장 진보한 IT 기술에 대한 접근성을 확보하는 데 있다(그림 4.4.6). Makhzoumi가 설명했다. "임상 결정 지원 도구와 지능형 작업 목록을 통해 보충된 최첨단 시각화 시스템을 제작하는 작업은 상당히 비싼 일이고, 또한 소규모의 또는 지역적인 집단이 그와 같은 시스템을 구축하는 데 필수적인 자본 투자를 하기도 어려울 것입니다." Whitney는 이렇게 덧붙였다. "하지만, 이들 기술은 의료 실천을 관리하는 능력을 제공하며, 또한 임상적 탁월성, 서비스, 그리고 데이터를 소규모 의료 사업은 할 수 없는 방식으로 전달할 수 있습니다."

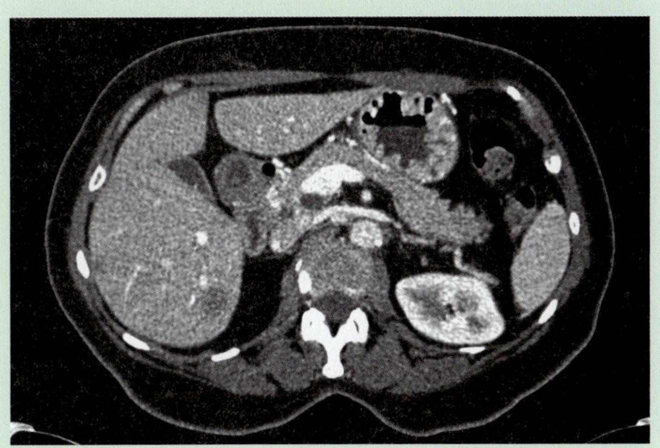

그림 4.4.6
후기 세대 스케너를 사용해 이뤄진 복부 CT 스캔(스탠포드 의대 방사선의학과 교수 Sandy Napel로부터 허가를 받아 사용)

또 다른 결정적인 부분은 상환과 연관되어 있다. NEA 팀의 회원인 Christine Guo의 설명을 들어보자. "방사선 의학에 대한 상환율은 전통적으로 상당한 수준이었습니다. 하지만 방사선 의학에서도 실질적인 활용에 대한 강조로 인해 상환 압력이 계속해서 증가함에 따라, 많은 독립적인 방사선 의학 집단 역시 상당한 피해를 입었습니다." 의사 집단의 규모가 커지면 협상력과 매출 주기 관리에 사용할 수 있는 자원이 증강되듯이, 래디올로지 파트너스는 지불자에게 더 만족스러운 상환율을 제공할 수 있었으며, 더 효과적인 방식으로 받아야 할 돈을 모을 수 있었다.

병원을 고객으로 끌어들이기 위해, 래디올로지 파트너스는 무엇보다도 자신들의 사업 모델이 치료 제공자의 품질을 향상시키는 데 도움이 된다는 점을 보이려 했다. 이는 래디올로지 파트너스의 네트워크 전반에 걸쳐 최신 기술을 적용하는 방식으로, 그리고 의료 제공자에게 방사선 의학의 여러 세부 전공에 대해 포괄적인 접근을 가능하게 하는 방식으로 달성될 수 있었다. 이러한 방법은 특별히 지역 병원에게 이득이 되었으며, 특히 전문가가 접근하기 어려운 오지에서 매우 유용했다. "적시에, 적절하게 촬영하여, 적절한 방사선 전문의가 촬영된 사진을 판독하게 하는 데는 거대한 이득이 있었습니다." Guo의 설명이다.

추가로, 래디올로지 파트너스가 지역 방사선 의학 진료와 경쟁하기보다는 협력 관계를 구축한 이래, 병원과 국가 단위 집단에서 활동하는 자문 의사들은 인증된 지역 방사선 전문의들과의 관계, 그리고 임상적 관계를 유지할 수 있게 되었다.

병원 고객들이 더욱 효율적이고 비용을 절감할 수 있는 방법을 전달하는 데 도움을 주기 위해, Whitney와 팀은 소요 시간이나 다른 중요한 계량 지표에 대한 국가 표준을 실현하려 하였으며, 또한 조심스럽게 자신들의 네트워크에 속한 방사선 전문의들의 성과를 측정했다. 이런 모델의 핵심을 요약하기 위해, Makhzoumi는 이렇게 말한다. "우리는 병원에 방문해 이렇게 말할 수 있습니다. '방사선 의학은 당신의 병원에게 상당히 고통스러운 일이 될 수 있습니다. 당신의 돈을 상당히 많이 잡아먹을 수도 있고, 관리하기도 어려우며, 환자가 접수하고 진단을 받은 다음 병원을 나설 때까지 가장 많은 시간이 걸리는 과정이 바로 방사선 의학이기 때문입니다. 당신의 방사선의학과를 우리에게 넘기십시오 – 100% 넘기면 됩니다. 우리는 이를 당신을 위해, 지금까지보다 더 잘, 그리고 더 비용 효율적으로 관리할 수 있으며, 또한 당신의 의료 품질과 효과 또한 향상시킬 수 있습니다.'"

래디올로지 파트너스의 사업 모델은 병원 측이 자신들의 방사선 의학 수요를 바로 이 회사에 맞기는 데 의존하기 때문에 병원 경영진이 이러한 통합 서비스 계약을 체결하는 결정을 내리는 역할을 담당하게 된다. 하지만 Makhzoumi는 래디올로지 파트너스는 자신들의 서비스에 대해 서비스 계약을 체결한 병원의 환자에게 급여를 제공하는 보험 회사 및 다른 지불자로부터 지불을 받는다고 지적했다. 이에 따라, 이 회사는 사업 모델을 성공시키기 위해 자신의 상품을 두 이해관계자, 즉 병원은 물론 보험 사업자에게도 매력적이도록 만들어야만 한다. 병원에게 매력적이려면, 래디올로지 파트너스는 병원의 전체 방사선 의학 필요를 효과적으로 만족시킬 수 있다는 점을 병원 관계자들에게 확신시켜야 한다. 지불자에게 매력적이려면, 국가적 방사선의학 모델이 높은 품질의 치료를, 그리고 적시에 정확한 진단을 내릴 수 있다는 점을 들어 지불자들을 설득할 수 있어야 한다. Whitney와 NEA 팀은 바로 이런 요소가 중요하다고 생각했다. 의료 서비스에 정착한 새로운 지불 모델의 관점에서 볼 때, 방사선 의학 진료는 병원과 다른 지불인들이 이미지를 활용하는 과정을 감소시키는 방법을 연구해야만 한다. Whitney에 따르면, "미래에는, 방사선 진료에 필요한 이미지의 숫자는 줄이면서도 치료의 품질은 유지하거나 증진시키는 임상적 · 절차적 · 기술 의존적인 접근을 수행해야 할 것입니다. 또한 이러한 일은 의사들의 수입을 감소시킬 수도 있으며, 90년대 초반과는 달리 방사선 의학 이익 관리자(Radiology Benefit Managers)의 일을 늘리게 될 것 같지도 않습니다. 소수의 집단만이 이러한 종류의 프로그램을 발전시키고 전달하는 데 필수적인 대규모 투자를 할 자원을 보유하고 있습니다. 하지만 방사선 전문의들이 문제의 시스템에게 이러한 가치를 제공하지 못한다면, 과연 지불자는 낮은 효과를 벌충하기 위해 돈을 더 지불하는 데 동의할 수 있을까요?"

래디올로지 파트너스의 사업 모델이 성공한데는, 이 회사가 적절한 방사선 의학 병원들과 개별 방사선 전문의들을 동료로 끌어들이는 능력을 발휘한 것도 한 몫 했다. Guo가 강조하듯이, 서비스 사업을 만들어 내고 크기를 조정할 때 있어 풀어야 할 핵심 과제 가운데 하나는 양질의 서비스를 전달하는 데 핵심적인 독점적 기술이 대개의 경우 존재하지 않는다는 점이다. 환자 중점 임상 품질, 그리고 서비스 품질에 집중하기 위해서는, 네트워크에 참여하는 병원 집단과 의사들이 이러한 목표에 동등하게 참여할 수 있도록 하기 위해 엄격한 스크리닝 과정을 거쳐야만 한다. "우리와 함께 진료하도록 요청하기에 앞서, 래디올로지 파트너스는 핵심 의사들을 만나 그들이 래디올로지 파트너스가 추구하는 가치와 사명을 받아들이고 있는지 확인해 왔습니다. 이런 과정은 당신이 하루 안에 얼마나 많이 읽을 수 있는지를 놓고 벌이는 대결이 아닙니다." Guo의 말이다. 래디올로지 파트너스는 그들이 스태프로 활용할 잠재적인 파트너 의사들의 임상 수행 평가에 비추어 볼 때 그들이 달성한 장기적인 성과나 자신들의 환자에게 가능한 한 최선의 치료를 전달하고자 하는 열정뿐만 아니라 인품 또한 평가했다. 이러한 기준을 통과하는 병원들만이 파트너로 초빙될 수 있었다. 파트너십 협약의 세부 사항에 대한 정보는 제한되어 있지만, 이 네트워크에 참여하는 집단은 네셔널 래디올로지 파트너스 컨소시움의 이익을 공유하는 기회를 얻게 되었다. 사실, 네트워크 참여 의사 가운데 다수가 래디올로지 파트너스의 소유권을 가지고 있는 상황이다.

서비스 모델과 관련된 다른 도전을 반성하는 맥락에서, Guo는 반복해서 강조한다. "서비스 사업을 일관성과 품질을 유지한 채 전국적 규모에서 운영하는 것은 제품의 품질을 유지하는 것보다 상당히 어려운 과제입니다." 서비스 수행은 조심스럽게 검토되어야 하며, 문제가 벌어지면 소비자의 만족에 영향을 주기에 앞서 재빠르게 수정되어야 한다. 또한 서비스를 사용하는 여러 사람들이 모두 만족하게 만드는 것은 매우 어려울 수 있다. "당신은 환자들에게 주의를 기울여야 할 뿐만 아니라 의사, 원무 관리(Hospital Administration), 건강 보험에도 그렇게 해야만 합니다." Guo의 말이다. 이러한 다수의 관계를 관리하기 위해서는 "인적 자본의 층위를 포함하는 여러 층위의 인프라를 완비해야만 합니다." Makhzoumi의 말이다. "이러한 도전을 더 까다롭게 만드는 것은, 개별 이해관계자에게 알맞게 서비스를 조정할 필요였습니다. 서비스란, 언제나 동일한 방식으로 사용되는 정적인 기기를 판매하는 것과는 매우 다릅니다. 당신은 당신의 서비스를 고객에게 맞춰 변화시키고, 진화시키고, 조정해야만 합니다. 정말로 어려운 도전이라고 할 수 있죠."

이런 이유 때문에, Whitney는 여러 명의 의사들과 방사선 전문의를 포함하는 다양한 기능적 분야에서 경험을 쌓은 최고의 팀을 고용했다. 이들 가운데 다수에게는 리더십 개발을 위해 잘 알려진 대규모 의료 기관에서 주요 직책을 담당했던 경력이 있었다. "결국, 훌륭한 서비스 문화와 의사들의 리더십을 개발해 낸 것이야말로 우리의 가장 큰 자산이었습니다. 실제로, 래디올로지 파트너스가 그 잠재력을 온전히 실현한 것은 아주 많은 것들을 훌륭하게 해 냈기 때문입니다. 하지만 우리는 방사선 의학의 모습을 바꾸려 했던 우리의 열정을 공유하는 예외적인 의사 리더들을 이끌고, 유지하고, 성장시키는 데 있어 아주 명민하게 움직여야만 했습니다."

의료서비스 사업을 창출하고 싶은 이노베이터들에게 래디올로지 파트너스 팀의 구성원들은 다음과 같이 조언하고자 한다. 첫째, 기회의 창을 열어줄 시장의 힘과 산업적 동역학에 대해 면밀하게 의식하고 있어야 한다. Guo의 말을 들어보자. "타이밍이 적절하지 못하면 앞으로 나아갈 수 없습니다. 우리의 경우, 이 모델을 뒷받침할 기술이 상당히 성숙했다는 점, 그리고 시장의 추세가 의료서비스의 가격은 낮추면서 접근성과 품질은 향상시키는 방향으로 나아가고 있었다는 점이 매우 중요했습니다." 둘째, 이들은 서비스 사업의 모델을 정의할 때는 시장 적응을 위하여 유연할 필요가 있다고 강조했다. 마지막으로, 모든 서비스 사업이 그러하듯이, 이들은 사람이 기업의 가장 큰 자산이라는 점을 반복해서 강조했다. "당신의 새로운 조직의 모든 층위에서, 당신이 할 수 있는 한 최선의 리더를 찾아내 고용하십시오."

사용료

사용료 사업 모델은 제품과 서비스의 교차점에서 이뤄진 혁신에게 적절할 수 있다. 예를 들어, 레이저를 이용한 눈 수술은 장비 가격만큼의 자본 지출을 필요로 한다. 하지만 의사들은 이 기계를 수술을 위해 사용할 때마다 요금을 지불하기도 해야 한다. 여기서, 오직 기계의 사용만이 회사로 지불이 이뤄지게 만드는 방아쇠로 작용했다.

의료기기 영역에서 사용료 사업 모델의 또 다른 형식은 사람 수 모델(Capitated)이라는 이름으로 불린다. 이러한 접근 하에서, 의료 제공자는 필요한 장비나 치료와 무관하게 환자당 사용료를 받게 된다. 예를 들어, 복강경 담낭 절제술을 수행할 때 필요한 모든 일회용품을 제공하는 기업은 실제로 일회용품이 얼마나 쓰였는지와는 무관하게 환자 숫자에 따라 고정된 가격을 받을 수 있다. 마찬가지로, 심혈관 관련 제품을 만드는 기업은 이미 정해진 특정한 절차를 수행하기 위해 필요한 스텐트, 풍선, 카테터에 대해 환자 숫자에 따라 고정된 가격을 받을 수 있다. 이러한 접근방식은 폭넓은 제품 라인을 보유한 기업들이 더 적은 관련 제품만을 제공할 수 있는 기업보다 더 유리한 위치에 설 수 있게 한다 – 제품을 번들로 판매하면, 더 적은 경쟁자만이 경쟁에 참여할 수 있게 된다.

이러한 모델은, 자신들이 수행하는 개별 진료의 복잡성과 무관하게 환자당 지불액이 고정되어 있다는 점에서 비용 요소를 좀 더 확실하게 통제하고자 하는 고객들에게 호소력이 있다(예를 들어, 병원들은 전통적으로 한 명의 환자에게 두 개 또는 세 개 이상의 약물 용리 스텐트를 사용할 경우 더 많은 돈을 지불해야 했다). 반대로, 소비자들은 적은 숫자의 기기가 필요한(예를 들어 한 개의 스텐트) 환자에게도 고정된 가격을 지불하는 데 저항할 수 있으며, 이런 상황이 벌어질 가능성은 이들 기업이 사업 모델을 유지하는 데 추가적인 시간과 노력을 필요로 하게 만든다. 또한, 어떤 사업이 지적재산권이나 다른 진입 장벽으로 강력하게 보호되고 있지 않다면, 이러한 유형의 사업 모델은 좀 더 전통적인 방식으로 도전해 오는 다른 사업체에 의해 위협받을 수 있다.

VISX 사례는 사용료 사업 모형과 연관된 도전이 무엇인지, 그리고 그 이점이 무엇인지 세밀하게 보여준다.

현장에서 VISX

시력 교정 영역에서 사용료 모델을 발전시키기

1980년대 후반, VISX의 설립자이자 CEO인 Charles Munnerlyn, 그리고 이 회사의 COO(Chief Operating Officer)인 Allen McMillan은 본래 레이저 시력 교정술에서 사용되던(그림 4.4.7) 굴절조정 레이저 각막절제술(photorefractive keratectomy, PRK)을 수행하기 위한 최초의 시스템을 어떻게 상업화할 것인지 고민하고 있었다. 이들은 전통적인 자본 설비 모델보다 더 나은 방법이 있어야만 한다는 점만은 합의하고 있었다. 자본 설비 판매의 주기적 본성 때문에, 다시 말해 하나의 모델을 가능한 한 다수의 고객들에게 판매한 다음 동일한 고객들이 다음 세대 설비를 구매할 때까지 기다리는 특징 때문에, 연구 개발에 사용할 수 있는 금액을 제한하는 결과를 가져 왔다. 이들은 또한 자본 설비의 높은 구매 가격 때문에 기업들이 어떤 분야에 상당히 천천히 진입하는 결과가 벌어질 수 있다는 점 또한 우려했다.

좀 더 안정적인 매출 흐름을 실현시키는 한편, 상업적으로 의미 있는 지위를 좀 더 빠르게 달성하기 위해, Munnerlyn과 McMillan은 설비를 먼저 판매한 다음 그 고객과 서비스 계약을 체결할 뿐만 아니라 시스템을 한 번 사용할 때마다 사용료를 지불하는 사업 모델을 설계했다. "레이저 시력 교정술 산업은 확실히 미국에서는 최초로 진료당 지불 모형이 적용된 의료기기 시장이었습니다." 2000년대 초반 VISX의 CEO였던 Liz Davila의 말이다.

1980년대 후반에서 1990년대 초반에 걸쳐, VISX와 그 주요 경쟁자였던 서밋 테크놀로지는 각각 인구 수술에 엑시머 레이저를 사용하는 방법을 개발하는 한편 이 기술의 서로 다른 측면에 대해 특허를 출원했다. 특허 등록을 피하기 위해, 이들은 1992년 서로의 지적재산권을 병합하여 제3의 사업자인 필리아 포인트 파트너스가 이렇게 병합된 지적재산권을 소유하도록 만들었다. 필리아 포인트 파트너스는 VISX, 서밋, 그리고 다른 기업들에게 이들 특허의 재실시권(Sub-license)을 부여했다. 재실시권자들은 모두 시술당 일정액의 로열티를 필리아 포인트에게 지불했다. 필리아 포인트는 이익금을 VISX와 서밋에게 배당했다. 재실시권자들이 시술당 일정액의 금액을 지불하기 때문에, 그들이 고객들에게도 시술의 횟수에 맞춰 과금하는 것이 논리적이었다. 그 결과, 미국 레이저 시력 교정 산업은 사업 모델로 사용료 모델을 받아들이게 되었다.

VISX의 이해관계자들은 이러한 새로운 모델의 가치를 즉시 알아보았지만, 외과의들은 분노하였고 기업측에게 항의를 하게 되었다. VISX는 본래 설비의 가격을 50만 달러 이상으로 매겼고, 여기에 안구 시술 1회당 250달러를 추가로 요구했다. 250달러의 가격은 라이선스 수수료(Licensing Fee)로 간주되었다. 이 회사의 CEO였던 Mark Logan(머널린 이후, 그리고 다빌라 이전 재임)은 『트리뷴 비즈니스 뉴스(Tribune Business News)』에 실린 인터뷰에서 이렇게 설명한다. "우리는 이 시장에 진입하기 위해 5천 2백만 달러를 소모했으며, 때문에 이들 레이저 기계를 50만 달러 이하로 판매해서는 우리가 투자한 금액을 회수할 수 없었습니다. 만일 시술당 요금을 250달러로 설정하지 않았다면, 우리는 이들 시스템을 대당 3백만 달러에 판매했어야 했을 것이고, 이렇게 되면 그 결과는 결국 누구에게도 좋지 못했을 겁니다."[13] VISX는 또한 이 요금이 이를 통해 새로운 적응증을 치료하는 기술을 지속적으로 연구 개발하는 자금으로 쓰인다고도 주장했다.

외과의들은 시술에 필수적인 일회용품에 대한 지불은 받아들인다. 이러한 제품들은 실질적인 기능을 가지고 있기 때문이다. 하지만 이들은 VISX 키 카드(설비 사용을 추적하고 관련 라이선스 비용을 계산하는 기기)의 가치에 대해서는 이해하지 못했다. Davila에 따르면, "의사들은 결국 자신들이 얼마나 많은 돈을 벌어들이게 되었는지 깨닫고 나서야 조용해졌습니다." 앞서, 각막 전문의들과 마찬가지로, 대부분의 VISX 외과의들은 백내장 수술을 수행해 왔다. 이 시술은 메디케어의 급여 대상이며 절차당 약 1600달러 정도 상환을 받았다. 하지만, Davila에 따르면, "시력 교정술로 그들의 진료 범위를 넓히자, 외과의들은 이제 자신들이 시술한 눈마다 1500달러에서 2500달러를 받을 수 있었고, 따라서 이들은 이전에는 만져보지 못했던 돈을 만질 수 있게 되었습니다." 결국, 이들은 더욱 더 유리한 레이저 수술 시장을 만들어내기 위해 시술당 250달러의 지출을 받아들이게 되었다.

VISX와 서밋은 미국에서 이러한 기술을 제공한 첫 번째 회사들이었기 때문에, 이들은 상당한 시장 지배력을 누릴 수 있었다(30% 정도의 시장 점유율에 비해, 시장 지배력 수치는 70%에 달했다). 하지만, 결국 다른 경쟁자들이 시장에 진입하기 시작했다. 몇몇은 특허에 대한 라이선스를 요구했다. 하지만 니덱이라는 이름의 회사는 필리아 포인트 파트너스로부터 라이선스를 받기를 거부한다. 비록 이 회사는 한 단계 낮은 기술만을 제공할 수 있었지만, 절차당 라이선스 수수료를 부과하지 않았기 때문에 시장 점유율을 확보할 수 있었다. 시장 잠식이 실질적인 수준에 도달하자, VISX는 수수료를 250달러에서 110달러로 낮췄다. 외과의들은 이러한 변화에 긍정적으로 반응하였으며, 니덱으로 옮겨갔던 많은 의사들도 다시 VISX의 기술력이 더 나았기 때문에 VISX로 돌아오기 시작했다. 결국, 니덱은 기술적으로 점점 더 뒤쳐진 회사가 되고 말았다. VISX는 지속적으로 경쟁자들을 능가할 수 있도록 자신들의 기술을 향상시키고 있기 때문에, 이 회사는 얼마 안 가 수수료를 다시 절차당 250달러로 올릴 수 있었다.

니덱의 사례는 사용료 사업 모델에는 산업이나 시장과는 무관하게 성공한 사업 사이에는 유사한 면이 있다는 점을 보여준다. 이 회사가 채택한 모델은 고객의 관점에서 볼 때는 추가적인 가치를 지불할 만한 강력한 경쟁적 이점을 유지해야만 하는 것이었다. "VISX 모델이 그들에게 작동했다면 어떻게 되었을지 물어보는 사람들이 있습니다. 저는 그 사람들에게 니덱의 기술이 정말로 혁명적이었냐고 물어봅니다. 그렇지 않다면, 의료 전문가들이 절차의 횟수에 맞춰 수수료를 지불하기는 매우 어려운 일입니다."

Davila는 또한 보호할 수 있는 지적재산권의 중요성을 강조했다. VISX가 니덱과의 경쟁 속에서 사용료를 인하한 이유 가운데 하나는 특허 집행 과정이 상당히 느리다는 사실이었다. VISX는 니덱을 특허 침해로 고

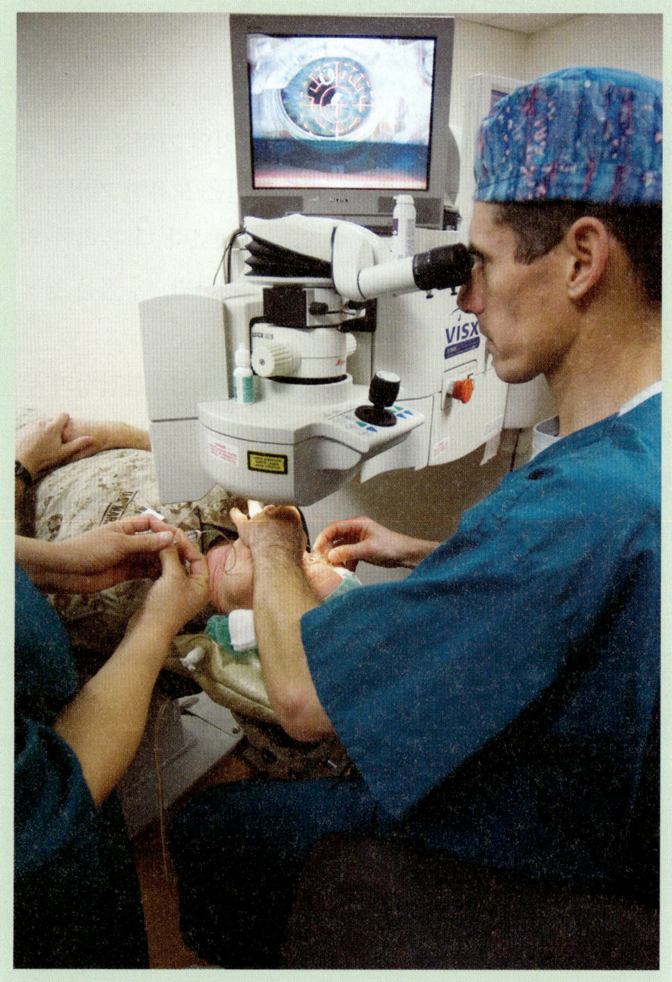

그림 4.4.7
레이저 시력 교정 시술을 준비하고 있는 한 의사(미 해군, 공보담당관 브라이언 아오(상사)의 사진, 위키피디아 커먼스에서)

발했지만, 배판 과정은 여러 해가 걸렸으며 VISX는 이 과정을 그냥 기다리는 것은 너무 비용이 많이 들어가는 일이라고 판단했다.

마지막으로, Davila는 안구 수술은 메디케어로부터 상환을 받을 수 없는 선택적인 시술이며, 민간보험 제공자에게 급여를 받는 일도 드물다는 점을 강조했다. 실제로 VISX는 새로운 사업 모델을 구상할 때 제3자 지불자를 아예 염두에 두지도 않았다. 이 회사는 오직 자신들이 줄 수 있는 가치가 이전에는 없던 수준의 비용보다 더 중요하다는 점을 의료 제공자와 환자에게 설득시키는 데만 중점을 두었다. 이는 보험 사업자들이 요구하는 비용효과성에 대한 입증보다 어떤 면에서는 좀 더 넘기 쉬운 것이었다.

VISX는 어드벤스드 메디컬 옵틱스(AMO)에 2005년 인수되었으며, AMO는 2009년에 애봇에 인수되었다.

납입금

납입금 모델은 지정된 시간 동안 제품이나 서비스에 접근할 수 있는 권리에 대해 고객에게 고정된 가격을 물리는 사업 모델이다. 이 모델은 출판업계에서 처음 사용되었으며, 지금은 의료 서비스를 비롯한 여러 산업에서 널리 사용되고 있다. 납입금을 통해 주어지는 접근 권한은 제품 또는 서비스의 특정한 분량 또는 국면으로 제한될 수도 있고, 제한이 없을 수도 있다. 또한 제품이나 서비스는 개인이나 집단에게 이전 가능한, 또는 이전 불가능한 형식으로 제공될 수 있다. 이노베이터들은 납입금 사업 모델을 평가할 때 이러한 선택지를 모두 고려해 보아야만 한다. 이 가운데 가장 중요한 요소는, 납입금 지불자와 비 지불자가 제품 또는 서비스와 맺는 관계를 어떤 방식으로 차별화할 것인지에 있다. 특히 상품 가운데 일부 기본적인 부분을 공짜로 풀어둘 경우 이 문제는 매우 중요하다.

납입급 기반 상품의 한 가지 사례로 웰톡을 들 수 있다. 이는 의료보험 관리자, 자영업자 고용주, 그리고 다른 여러 집단 건강 관리자(population manager)들을 자신들의 관리 대상자들과 연결시키는 한편 건강한 행동에 따른 보상을 줄 수도 있는 소비자 참여 플랫폼이다. 이들 집단 건강 관리자들은 웰톡의 카페웰에 자신의 개별 관리 대상자들을 대신해 납입금을 지불한다. 이렇게 되면 이들 관리자들은 "사회적 건강 관리 플랫폼(Social Health Management Platform)"에 접근할 수 있게 된다. 이들은 건강 정보, 운동 과제, 생활 방식을 좀 더 건강하게 바꿀 수 있는 인센티브 프로그램, 만성 질환과 관련해 동료과 전문가에게 지원을 받는 방법, 그리고 다양한 사회적 네트워킹과 관련된 여러 정보를 담고 있다. 납입금의 대가로, 집단 건강 관리자들은 관리 대상자의 건강과 참여 수준에 대한 정보를 열람할 수 있게 된다.[14] 제품을 소비하는 데서 수입을 창출하는 대신, 웰톡은 의도적으로 지불자가 되는 것을 추구했다. 회장이자 CEO로서, Jeff Margolis는 이렇게 설명한다. "보험 회사는 자본 흐름의 먹이 사슬에서 그 정점에 있습니다."[15]

납입금 모델의 또 다른 사례는 주치의 서비스(direct primary care offerings)에서 찾을 수 있다. 이들 가운데 가장 흔한 접근방법은 전담 의료(concierge medicine), 그리고 주치의 서비스(direct Primary care)이다. 이들 납입금 기반 의료 서비스들은 환자에게 특정한 범위의 건강 관련 서비스를 제공하기 위해 60달러에서 30,000달러에 이르는 범위의 금액을 지불 받는다. 원 메디컬(One Medical)과 같은 직접 돌봄 제공자와 계약한 환자들은 통상 1년에 150에서 200달러를 지불하고 당일 진료, 온라인 처방, 의사와의 개인 이메일 교환과 같은 서비스를 받게 된다. 많은 환자들은 급성 질환이나 응급 상황에 급여를 제공하는 건강 보험을 유지하지만, 직접 지불 납입금 모델이 제공하는 더 나은 접근성과 편의성을 누리기 위해 많은 돈을 지불한다. 한편 의사들은 매일같이 많은 환자를 살펴야 한다는 압박에서 벗어나 지속성 있는 현금 흐름을 유지할 수 있다는 점에서 이러한 진료 형태를 받아들이는 경우가 많다. 이들 의사들은 환자들의 건강과 예방에 좀 더 많은 시간을 투입할 수 있다고 보고하기도 한다.[16]

여기에 더해, 납입금 사업은 고객-제품 관계가 한 번 성립되고 나면 일종의 연금과 같은 이득을 준다. 이 유형의 사업은 제공하는 제품이나 서비스에 대한 고객의 만족에 의해, 그리고 이 서비스를 다른 여러 고객에게 퍼뜨리는 것에 의해 성장한다. 하지만 납입금 사업은 동일한 또는 유사한 제품이나 서비스를 공짜로 제공해 광고나 다른 종류의 정보 환기 효과를 통해 더 넓은 고객들로부터 수입을 창출하려고 하는 다른 사업 모형에 의해 위협받을 수 있기도 하다.

일반의약품

일반의약품(over the counter, OTC) 사업은 치료 경로를 선택할 수 있는, 그리고 제품을 직접 손에 넣을 수 있는 환자의 능력에 의존한다. OCT 제품은 대개의 경우 약물(모트린, 베나드릴)로 보이지만, 기기 또한 포함할 수 있다(코막힘을 치료하기 위한 제품, 가정용 혈압 측정 기기, 혈당 측정기, 이외에 다양한 영역에서 "스스로 측정"하는 기술들이 포함된다). OTC 제품은 서비스와 결합될 수 있다. 예를 들어, 기업은 가정용 혈압 측정 장치를 판매한 다음 컴퓨터를 통해 혈압 측정 결과를 업로드한 사용자에게 데이터 분석 결과를 제공하고 피드백 서비스를 제공할 수도 있다.

OTC 치료에는 많은 경우 의사가 결부되어 있지 않기 때문에, OTC는 상대적으로 사용하기 단순하고 쉽다. 광고는 많은 경우 직접적으로 소비자를 목표로 하며, 복제약 소매점이 판매를 지원하는 데 사용될 수도 있다. 한편, OTC 제품은 값비싼 직판 인력을 거의 필요로 하지 않는다. 하지만 이들은 극복해야 할 중요한 장벽인 브랜드 인식도를 높이기 위해 상당히 많은 마케팅 예산을 사용한다. 이러한 모델하에서 마케팅의 목표는 소비자들이 제품을 더 잘 인지하게 하는 한편, 재래식의 광고 채널을 통해 이 제품을 인지시키는 데 있다. 이런 구조 속에서 기업들은 자신의 제품을 주변과 차별화하는 데 상당한 노력을 기울여야만 하는데, 이는 환자들이 의사들보다 제품의 임상적 이점에 대해 이해하는 데 적은 시간만을 소비하기 때문이다.

의사들이 자신의 환자에게 특정한 OTC 제품을 지정해 주는 모델은 좀 더 어려운 것일 수 있다. 대개의 경우, 기업으로서는 수가 적고 더 특별한 전문의 집단에게 접근하는 것이 더 쉽다. 하지만 적용 분야가 제한적인 OTC 제품들 역시 일반 개업의의 추천에 의존하는 경향이 있다. 이들은 어떠한 단일 회사라고 해도 납득할만한 수준의 시간, 비용, 자원을 들여서는 결코 효과적으로 도달할 수 없는 거대한 시장을 이루고 있다.

처방전 제품

처방약은 처방 기반 의료 제품의 고전적인 사례다. 하지만 처방은 기기에 대해서도 이뤄질 수 있으며, 서비스(예: 물리 치료), 일회용품(예: 혈당검사지, 약물 전달 체계에서 쓰이는 포장), 하드웨어(예: 통증 관리 유닛의 신경 자극기, 의료용 흡입기) 등과 결합될 수도 있다. 이러한 유형의 사업 모델의 경우, 의사들이 치료를 선택하고 환자들이 이것을 사용하도록 관리하기 때문에, 환자들은 의사의 지시에 따라 행동할 필요가 있다.

처방전 제품의 용법은 그에 대응하는 OTC제품보다 이해하는 데 더 전문적인 훈련이 필요하고, 그 판매는 의사가 치료의 선택에 직접 관계되기 때문에 더 복잡하다. 하지만, 직판 인력을 사용하면, 제품을 차별화하는 데 사용할 수 있으며 임상적으로 초점을 더 잘 맞춘 판매 방식을 찾을 수 있을 것이다. 직판 인력의 규모는 대개의 경우 기업이 도달하길 원하는 의사의 수에 비례한다. 예를 들어 주치의에 초점을 맞출 경우 직판 인력은 가장 커질 것이며, 반면 전문의를 지원하기 위한 제품, 예를 들어 화학 요법을 받고 있는 환자에게 급여할 항구토제의 경우 더 작지만 중요한 직판 인력을 고용할 필요가 있을 것이다. 이러한 요구사항을 뒷받침하기 위해, 제품으로부터의 마진은 반드시 충분히 높게 설정되어야 하며, 이는 대부분의 처방약과 기기에 공통되는 사항이다. 의사에게 초점을 맞춘 판촉 활동뿐만 아니라 소비자에 대한 광고 또한 가끔 이뤄지는데, 이는 의사들은 환자들의 열망과 요구에 맞춰 반응하리라고 기대되기 때문이다.

대기업들이 지난 수십 년 동안 여러 뛰어난 마케팅 전문가들을 긁어 모은 덕분에, 처방약 시장은 소규모 스타트업이 뚫고 들어가기에는 어려운 시장일 수 있다. 경쟁 제품과 자신의 제품이 명확하게 차별화되는 경우, 그리고 이미 판로를 확립해 놓고 있는 대규모 제약 회사와의 공동 개발 협약을 맺을 수 있는 경우에만 처방약 사업에 진입해야 한다고 조언할 수 있다. 마케팅 "근육"이 없다면, 그리고 주요 파트너의 재력이 없다면, 모방 제품에게는 극히 적은 성공의 기회만이 돌아갈 뿐이다.

의사 판매 제품

의사 판매 제품은 의사에 의해 직접 판매되는 치료들을 말한다. 이러한 사업 모델하에서, 의사들은 근본적으로 해당 치료의 소매상이며, 이 치료를 제공하고 판촉하는 데 도움이 되는 직접적인 인센티브를 받는 경우가 많다. 이러한 사업 모델의 사례로 보톡스 주입, 치아 미백 제품, 보청기 등을 들 수 있다. 의사들은 또한 콘택트 렌즈나 보존액 같은 일회용품이나 OTC 제품을 판매할 수도 있다.

대개의 경우, 의사 판매 제품은 외래 환자에게 제공되며, 보험사업자보다는 환자에 의해 지불되는 경우가 많다. 여기서도 이 채널을 통해 판매되는 제품의 마진율은 기업에게 보상이 될 수 있을 뿐만 아니라 의사들의 기여에도 보상할 수 있을 만큼 충분히 높아야만 한다. 몇몇 의사 판매 제품은 상당한 이윤을 확보할 수 있지만, 이 모델의 다른 측면에는 윤리적인 갈등이 숨어 있는 경우도 있다. 환자를 특정한 치료로 이끌어 가는 데 의사들이 직접적인 인센티브를 받는다는 것은, 의사들이 환자의 이해 관계를 정말로 마음에 두고 있는지 여부에 대해 질문을 던지게 만든다. 이러한 이유에서 의사 판매 제품은 비본질적이고 환자들이 원하지만 순수한 의학적 관점에서 볼 경우 꼭 필요하지는 않은 선택적인 치료를 다루는 것으로 제한되는 경우가 많다. 비록 피부과나 치과에서처럼 의사 판매 모델이 완벽하게 합법적이고 적합한 경우도 있지만, 최근의 법률은 의사가 진료실에서 자신의 이익을 위해 판매할 수 있는 제품의 범위를 변화시켜 왔다. 따라서 이러한 사업 모델을 채택하기에 앞서, 의사 판매에 대한 규제에 대해 조사하는 것은 매우 중요하다.

모바일 헬스에 대한 노트

모바일 헬스(m-Health)와 건강 정보 기술(health information technology, HIT)은 의공학 산업에서 급속도로 중요한 분야가 되고 있는 중이다. IT 기반 앱, 기기, 서비스가 빠른 속도로 나타나고 있으며, 이들 모두는 환자, 의료서비스 제공자, 그리고 의료서비스 생태계에 속한 다른 이해관계자 사이에서 좀 더 효과적인 정보의 흐름을 창출하기 위한 목적을 가지고 있다.

모바일 헬스 앱이나 기기는 연관된 서비스 제품과 함께, 두 가지 넓은 범주에서 급속도로 증식하고 있다. 소비자를 대상으로 하는 기술, 그리고 의사와 의료 기관을 대상으로 하는 기술. 원격 모니터링 기기에 대한 환자/소비자 시장의 규모는 77억 달러에서 430억 달러 사이로 추정되며, 한 조사에 따르면 소비자 가운데 40%는 원격 모니터링 기기 대해 지불할 의사가, 그리고 데이터를 자동으로 의사에게 보내는 월 주기 서비스에 사용료를 지불할 의사가 있다.[17] 의사 커뮤니티 내에서, 헬스 리서치 인스티튜트(Health Research Institute)의 조사에 따르면 의사들은 원격으로 전자 의료 기록에 접근할 수 있게 하고, 처방을 내릴 수 있게 하며, 환자를 병원 안팎에서 모니터링하며, 환자와 더 잘 커뮤니케이션 할 수 있게 하는 모바일 헬스 제품이라면 얼마든지 사용할 것이라고 답한다. 모바일 헬스가 의사결정을 도울 수 있다고 보는 의사들은 56%에 달했으며, 39%는 행정 업무에 들어가는 시간을 절약할 수 있을 것이라고 답했고, 36%는 의사들 사이의 협업 가능성을 증대시킬 수 있다고 답했으며, 26%는 환자에게 더 많은 시간을 투자할 수 있다는 기대를 비쳤다.[18]

모바일 기술에는 다양한 방식으로 가치를 창출할 수 있는 잠재력이 있다. 예를 들어 더 적은 비용으로 해결책을 전달하는 데 도움이 될 수 있는 능력, 돌봄을 관리하는 새로운 방식을 가능하게 하는 능력, 더 나은 건강 결과를 촉진할 수 있는 능력이 바로 그것이다. 하지만 이들 기술을 의료 서비스 영역에서 실제로 수익으로 연결시킬 방법은 과제다. 가장 먼저, 이들 기술을 전통적인 수가제 상환 모델, 다시 말해 의사의 진료실에 내원하는 환자의 수에 따라 의사에게 보상하는 모델에 포섭하는 방향이 있다. 헬스 리서치 인스티튜트의 의사들은 만성 질환 관리와 관계된 몇몇 전화 상담에 대해 상환이 이뤄졌었다는 점을 밝혀냈지만, 환자의 건강과 예방을 위한 원격 처리에 대해서는 보험 지불이 지연되었었다는 점 또한 밝혀냈다.[19] 미국 의료보험 개혁의 성과에 의해, 그리고 지불 개혁을 위한 노력이 가속화됨에 따라, 공공 및 민간 건강보험 사업자들이 결과에 대해 지불하는 방향으로 지불 방침을 전환하고 있으며, 덕분에 다수의 모바일 헬스와 HIT 해결책 역시 상환 지위를 확보하는 데 더 좋은 환경에 처하게 되었다. 예를 들어, 책임진료기구(Accountable Care Organizations, **ACOs**)과 같은 새로운 **성과지불모델**(Pay for Performance Healthcare Models), 그리고 환자 중심 의료기관 내에서 의사와 의료 조직은 특정한 인구 집단의 건강 결과를 향상시키는 데 직접적인 인센티브를 가지게 되었다. 원격 모니터링을 가능하게 하고, 환자들이 자신의 건강 상태에 문제가 생겼거나 급작스러운 신체 변화를 겪을 때 의료인에게 신속하게 접근할 수 있게 하는 모바일 기술은 이러한 조직을 성공으로 이끄는 데 핵심적인 역할을 하게 될 것이라고 예상할 수 있다.[20] 하지만 이러한 접근방법은 미국 내에서 상대적으로 작은 규모로 실험되고 있을 뿐이다. 다른 나라에서는 더 나아간 실험이 이뤄지고 있다. 예를 들어, 영국에서는 국민건강보험(NHS)에 의해 수행되는 원격 의료 시험이 환자들의 진료실 방문을 15% 감소시켰으며, 응급실 입원율을 20% 감소시켰고, 예약된 입원의 필요는 14%, 그리고 사망률은 45% 감소시켰다.[21] 2012년 2월, 정부에 의해 운영되는 지불자이자 의료 제공자인 NHS는, 의사들이 스마트폰 앱을 이용하여 내원 사이의 기간 동안 환자를 모니터링하는 노력을 기울이도록 권고했다. 이렇게 하면, 환자가 안정적일 상황에서 불필요한 내원을 감소시킬 수 있고, 또한 환자의 상태가 악화되고 있을 경우 선제적으로 중재를 벌일 수도 있다.[22]

모바일 헬스 앱과 온라인 건강 서비스에 대한 상환 환경이 변화할 때까지 기다리는 동안, 많은 기업들은 처방약 사업 모델을 통해 자신들의 기술에 환자들이 지불하게 만드는 시도를 했다. 수많은 건강 관련 소비재들은 먼저 온라인 서비스에 의해 지원을 받으며 재사용 가능한 하드웨어나 소프트웨어를 무료로 제공하는 방식으로 시장에 나왔다. 예를 들어, 대략적으로 100달러에 판매되는 핏비트(FitBit) 같은 일일 행동 추적장치는 개인이 하루에 몇 보를 걸었는지, 몇 칼로리를 소모했는지, 건강을 증진시키기 위해 계단 오르기와 같은 활동은 얼마나 벌였는지를 자동으로 기록하는 기능이 있다. 200달러가량에 판매되는 얼라이브코어는 심박수를 모니터링하는 어플, 그리고 임상에서 사용하는 품질을 갖춘 심전도 기기에 아이폰을 통해 데이터를 전송하는 센서를 제공한다. 이외에도 수천 개의 건강 관련 스마트폰 앱을 온라인에서 찾을 수 있으며, 2012년에만도 이들에 대한 소비자들의 다운로드 횟수는 4천 4백만 회에 달했다.[23]

사용료 모델과 납입금 모델 역시 모바일 헬스에서 흔하다. 예를 들어, 헬스탭은 무료로 이용 가능한 온라인 의학 정보 데이터베이스이며, 포럼 형식의 온라인 공간에서 실제 진료를 보고 있는 의사들에게 일반적인 건강 관련 질문을 할 수 있는 권한도 준다. 하지만 질문당 10달러 정도를 지불하면, 환자들은 적절한 전공의 전문의와 사적이며 일대일로 이뤄지는 좀 더 세밀하고 특화된 질문을 할 수 있다(추가 질문은 횟수 별로 5달러를 받는다). 기본 서비스는 무료로 제공한 다음, 추가적인 서비스를 원하는 사람들에게는 과금하는 이러한 접근 방식은 때로 "Freemium" 모델이라는 이름으로 불리고 있다.[24] 2013년 중반, 헬스탭은 전문의와의 연결이나 답변을 더 빨리 받는 것과 같은 프리미엄 서비스에 대해 과금하는 추가적인 방식을 고안해 냈다. 헬스탭은 납입금 모델뿐 아니라 추가적인 의료 행위 수가제도 역시 고려하고 있는 것으로 보인다.[25]

몇몇 납입금 모델은 소비자뿐만 아니라 의사들도 대상으로 하고 있다. 조크도크는 의사들에게 자신들의 웹사이트를 통해 환자를 맞기는 것을 대가로 월 정액 수수료를 징수하고 있다. 이러한 정보 중개를 대가로 한 납입금 기반 사업 모델은 1-800-덴티스트 같은 기업에 의해서도 사용되고 있다.

다른 종류의 모바일 헬스 상품과 온라인 헬스 상품은 자신들의 사업을 뒷받침하는 광고 모델에 의존하고 있다. 건강정보 데이터베이스를 제공하는 웹MD의 경우, 판매 광고를 가장 먼저 제약 회사나 다른 종류의 건강 관련 기업에게 제공하는 것으로 사업을 시작했다.[26] 무료 전자 건강 기록 시스템을 개별 의료인들과 소규모 또는 중규모 의료인 집단에게 제공하는 업체인 프랙티스 퓨전의 경우, 자신들의 수입 가운데 상당 부분을 광고 판매로 충당하고 있다. 하지만, 이들 역시 다른 모델로 사업을 다각화하려는 시도를 계속하고 있다.[27] 광고를 수입원으로 삼기 어렵게 만드는 한 가지 요소는, 경제적 요동은 광고주들에게 상당히 극적인 영향을 미친다는 사실이다. 인터넷에서 지배적인 전통적인 디스플레이 광고는 전 세계적으로 번창하고 있는 스마트폰이나 더 작고 더 이동성이 좋은 기기에서는 그리 잘 실현되지 않는다는 점 또한 감안해야만 한다.[28]

전체적으로, 모바일 헬스 시장은 급속도로 변모하는 중이다. 비록 다수의 흥미로운 접근방식이 이 영역에서 개발되고 시험되고 있지만, 더욱 효과적인 전략들은 아직 입증되기를 기다리고 있는 상태다. 다음의 사례는 원격 모니터링 기업인 카디오컴의 사례이다. 메트로닉이 이 기업을 인수하기 전의 이야기는 어떻게 소규모 기업이, 그리고 인수한 다음의 이야기는 대규모 기업은 어떻게 모바일 헬스 공간에서 사업 모델을 시험할 수 있는지를 보여준다.

어떤 질병 영역과 관련된 고객들의 니즈를 통합적으로 만족시키기 위해 여러 제품을 묶어서 판매하는 전략은 자신들의 제품 및 서비스의 가치를 증대시키는 새로운 방식으로 기업들에게 점점 더 각광받고 있는 상황이다. 이러한 접근방식에 대한 추가적인 정보를 확인하기 위해서는 5.9 경쟁 우위 및 사업 전략 부분을 확인하라.

현장에서 카디오컴(Cardiocom)

모바일 헬스 영역에서의 사업 모델 진화

미네소타 주 챈하센에 기반을 두고 있는 카디오컴은 심부전 환자들의 급성 증상으로 인한 병원 입원을 감소시키기 위해 설계된 원격 모니터링 기기인 텔레스케일을 통해 원격 의료(Telehealth) 영역에 1999년 진입했다. 이 기기를 사용하려면, 기기의 저울 부분에 발을 올리고, 자신이 느낌에 따라 "네/아니오" 질문에 답하여 정보를 제공한 다음, 무엇을 먹었고 어떤 약물을 복용했으며 어떤 운동을 얼마나 했는지에 대해서도 답하면 된다. 이러한 데이터는 전화선을 통해 환자의 의료 서비스 제공자에게, 그리고 카디오컴으로 전송된다. 카디오컴은 환자에게서 나타난 잠재적인 건강 위험 요소를 미리 파악하고 대처하기 위해 데이터 분석 소프트웨어를 활용했다. 예를 들어, 체중 증가는 심부전 환자가 수분 축적(Retaining Water) 상태에 있다는 의미일 수 있으며, 이는 이 질병의 위험한 증상이다. 위험 요소를 식별한 다음, 카디오컴 콜 센터에 등록된 간호사들은 환자에게 전화를 걸어 상황을 설명한 다음 다음에 취할 적절한 조치를 찾게 되는데, 이러한 조치의 범위는 환자 교육에서부터 즉각적이고 완전한 진단을 위해 의사 진찰 예약을 하는 데 이른다.[29]

시간이 지나면서, 카디오컴은 심부전뿐만 아니라 다른 만성 건강 문제, 예를 들어 만성 폐쇄성 질환(Chronic Obstructive Pulmonary Disease), 천식, 당뇨, 고혈압, 비만과 같은 문제를 다루는 기기로 사업 분야를 확대했다. 각각의 하드웨어 기반 제품, 그리고 소프트웨어 기반 제품(관련 서비스와 함께)들은, 이러한 질병 영역의 증상을 나타내는 환자를 식별하는 한편 이들을 병원에 내원하지 않은 상태에서 초기에 중재하기 위해 설계된 것이다.[30] 커멘더 플렉스는 이 회사가 내놓은 핵심 제품 가운데 하나다(그림 4.4.8). 이 기기는 환자에게 자신의 건강에 관한 질문을 내놓는 작은 디스플레이를 포함하는 기기다. 환자들이 질문에 응답하면, 시스템은 이 질문에 기반해 추가적인 질문을 제기하기 위하여 몇 가지 분기 논리를 활용한다. 이 기기는 또한 카디오컴이 제작한 보조적인 생체 정보 모니터링 기기와 연결되어 있으며, 이들 기기로 수집한 생리학적 정보는 카디오컴으로 넘어가 콜 센터에 근무하는 간호사들이 환자의 특별한 증상과 그 중증도를 이해하는 데 도움을 준다.

원격 모니터링 서비스에 대한 상환은 수가제 패러다임 하에서는 불가능하기 때문에, 카디오컴은 만성 질환 환자를 돌보는 비용을 절감하는 데 관심을 가진 보험 회사에게 제품을 판매하는 데 사업 모델의 초점을 맞췄다. 또한 이들은 자신들의 서비스를 좀 더 경쟁력 있게 만들 방법으로 카디오컴의 기술을 잠재적으로 받아들일 수 있는 가정 의료 기관 또한 목표로 삼았다.[31] 카디오컴은 "환자당, 월별(Per Member Per Month, PMPM)" 납입금 모델을 통해 수익을 확보했다. 기기의 소유권은 카디오컴에게 있었으며, 고객으로부터 환자당 월별 100달러의 사용료를 받았다. 예를 들어, 평균 100명의 복합적이고 고위험군 환자

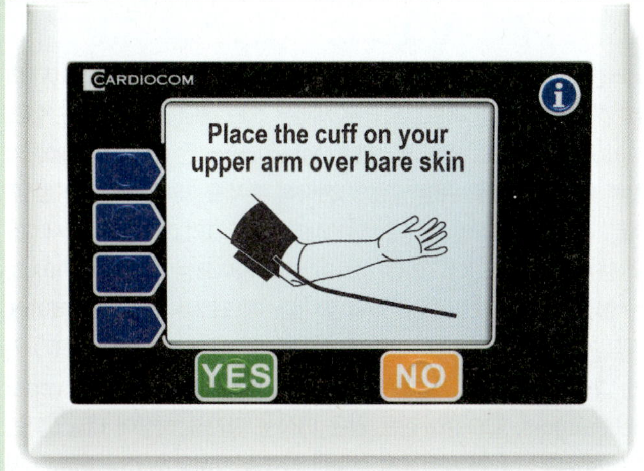

그림 4.4.8
커멘더 플렉스 원격 의료 시스템(메드트로닉의 허가를 받아 사용)

를 관리하는 가정 의료 기관은 카디오컴으로부터 100개의 기기를 구매하게 된다(서비스 기간은 통상 3년이다). 이들 기관은 고위험 환자에게 지정된 기간 동안 카디오컴 커뮤니케이션 허브에 대한 접근 권한과 적절한 플러그 인을 제공할 것이다(예를 들어 심부전을 경험한 환자들은 병원에서 퇴원한 지 30일 뒤까지 이 시스템의 서비스를 제공받음으로써 이 위험 기간 동안 병원에 다시 입원하는 것을 예방할 수 있다). 환자가 안정기에 접어들면, 그는 설비를 재정비한 뒤 다음 환자에게 다시 주기 위해 기관에게 설비를 다시 반납하면 된다. 메트로닉스 미국에서 전략기획부(Strategy & Corporate Accounts) 이사를 역임한 Brett Knappe는 이렇게 말한다. "환자들이 매일 모니터링과 의료 지원을 받을 수 있게 하기 때문에, 그리고 동시에 의료 제공자들 역시 자신들의 자원을 인구집단 전체에 걸쳐 비용 효과적으로 분배할 수 있기 때문에, 이 모델은 매우 매력적입니다."

이러한 접근 방법을 사용해 카디오컴은 2010년 매출 규모를 1천만 달러–1천 5백만 달러 규모로 성장할 수 있었다.[32] 이후 두 가지 중요한 사건이 벌어졌다. 첫째, 미국에서 원격 모니터링 기술에 대한 수요를 자극하게 될 오바마 케어 법안(Affordable Care Act, ACA)이 통과되었다. 특히, ACA의 병원 재입원 감소 프로그램(Hospital Readmission Reduction Program, HRRP)은 퇴원한 지 30일 이내에 급성 심근경색, 울혈성 심장 질환, 폐렴으로 재입원한 환자가 있을 경우 병원에게 벌칙을 가하는 제도를 세웠다.[33] 같은 선상에서, 오바마 케어 법안은 메디케어 수혜 집단 가운데 어떤 지정된 인구집단에게 투입되는 총 돌봄 비용을 절감하여 병원, 의사 집단, 그리고 민간 지불자들로 이뤄진 컨소시엄이 그 절감분을 나눌 수 있게 하는 책임의료조직(Accountable

Care Organizations, ACOs)를 구성할 수 있게 허용하였다.[34] 둘째, 카디오컴은 2011년 미국 보훈처로부터 2억 2천 5백만 달러 규모의 건강 모니터링 서비스 계약을 체결한 여섯 개 회사 가운데 하나가 되었다.[35]

이러한 중요한 변화와 거의 동시에 또 다른 미네소타 기반 기업이자 의료기기 제조업체인 메드트로닉은 새로운 CEO를 임명했다. GE 헬스케어 시스템에서도 일한 바 있던 Omar Ishrak은 이러한 상황에 기반해 메드트로닉을 위한 일련의 전략적 주제를 제시했다. 이러한 주제로, 세계화, 경제적 가치에 대한 강조 증대, 그리고 헬스케어 서비스의 팽창을 들 수 있다. "이런 것들이 바로 카디오컴이 맞춰 나가야 하는 현실이었습니다." Knappe의 말이다. 메드트로닉은 페이스메이커, 심장 제동기화 치료(cardiac resynchronization therapy, CRT) 기기, 그리고 이식형 심장율동변환 제세동기(implantable cardioverter defibrillators, ICDs)와 같은 많은 이식형 기기를 시장에 내놓았다는 점에서 심부전 관련 시장에서 강력한 역량을 가지고 있었다. 하지만 메드트로닉은 이 질병 영역에서 자신들의 역량을 더 확대하려 했고, 원격 모니터링 기기는 바로 이러한 과업을 실현하는 데 좋은 도구처럼 보였다. Knappe는 이렇게 지적한다. "기기를 판매할 뿐만 아니라 돌봄과 서비스 또한 통합적으로 제공하는 방법으로, 메드트로닉은 의료 서비스 사업의 다양한 이해관계자들에게 맞춰 나갈 수 있었습니다. 이런 방침은 우리가 급성 환경 뿐만 아니라 환자들이 겪는 다른 여러 결과에도 더 큰 영향을 끼칠 수 있게 만들었습니다. 또한 우리는 장기적인 치료 결과를 증진시키고, 의료서비스 시스템에 투입되는 가격을 낮추는 데도 기여할 수 있었습니다." 의료 서비스 방향으로 사업을 확장하면서, 메드트로닉 측은 원격 의료 영역에서 전략적 입지를 다지고자 했다. 메드트로닉은 이런 입지를 지속적으로 구축하는 데 필요한 임계 질량을 확보하려 했다.

카디오컴은 이러한 입지를 다지는 데 강력한 후보로 떠올랐는데, 이는 이 기업이 부분적으로 독립적인 회사였기 때문이다. Knappe는 이렇게 설명한다. "만일 당신이 기업 순위표(Leader Board)를 살펴볼 경우, 보쉬, 필립스, 허니웰과 같이 환자 모니터링을 위해 보안상의 지위 또는 주거와의 다른 연결 방식을 활용하는 대기업들의 원격 모니터링 제품을 확인할 수 있을 것입니다. 특정한 지침에 대한 집중 투자 방침의 드문 사례로서, 카디오컴은 다른 방식의 접근을 했던 기업입니다." 이 시기, 카디오컴은 여러 해 동안 연간 80% 이상의 성장을 했으며, 연매출 규모는 대략 5천만 달러 수준이었다. 이 액수는 메드트로닉의 2012년 순 매출이 160억 달러였다는 점과 비교하면 그리 큰 규모는 아니다.[36] 하지만 원격 모니터링 산업은 여러 해 동안 매년 두 자리 수 성장을 할 것으로 예상되었다.[37] "그리고 카디오컴은 그 중에서도 매우 급격한 성장을 했던 회사였죠." Knappe의 말이다. 이는 메드트로닉의 한 자릿수 성장과 대조되는 수준의 성장율이었다. "우리는 또한 메트로닉의 상업적 성공을 이끌어냈습니다." Knappe는 카디오컴의 VA 계약을 언급하면서, 카디오컴이 이 계약을 "여러 우량 고객들에게 아주 잘 수행했습니다."라고 말했다. 실사 과정을 거친 다음, 메드트로닉은 카디오컴은 2013년 8월 2억 달러에 인수했다.[38]

인수 이후의 통합 과정을 관리하기도 했던 Knappe에 따르면, 카디오컴은 얼마 동안은 PMPM 납입금 모델을 유지했다. 하지만, 어느 정도 시간이 지난 다음 이 회사는 사업 모델을 변형하려는 메드트로닉의 전략에서 매우 중요한 역할을 하게 된다. Knappe의 설명을 들어보자. "이 방법은 기기의 기능을 의사에게 판매할 때 사용되었지만, 이들 의사들은 상당수가 소속 기관의 예산 집행에는 어떠한 권한도 없었습니다. 이것이 바로 의료기기 산업에서 옛 모델이 성장하게 된 배경입니다. 이 옛 모델이란, 병원 그리고 의사들과 깊은 인적 연계를 맺고 있는 세일즈맨에 의한 관계 기반 판매를 말합니다." 메드트로닉의 미래 비전은, 이식물을 이러한 전통적인 방법에 따라 판매하는 데서, 결과 차이를 줄이는 한편 고객들의 위험 요소 또한 경감하는 데 도움을 주기 위해 제품과 서비스에 대한 전체적인 관리를 제공하는 방식으로 이행하는 데 있었다. "이러한 새로운 전략은 지불자, 통합 지불–제공자(integrated payer–providers), ACOs, 그리고 재입원 벌칙이라는 위험에 빠질 수 있는 병원과 우리 사이의 연결을 강화했습니다. 우리는 기기의 특징과 기능만을 판매한 것이 아니기 때문입니다. 우리는 의료서비스 동맹이나 병원 시스템에 접근할 수 있었고, '우리는 당신이 위험에 처해 있다는 점을 알고 있습니다. 그리고 우리는 환자 결과를 증진시킬 수 있는 해결책을 보유하고 있기 때문에, 당신의 상황을 개선할 수 있습니다'라고 말할 수 있었습니다. 환자 결과가 실제로 더 나아진 경우, 병원측과 우리는 이익을 공유하고 있습니다. 결과가 그다지 나아지지 않은 경우, 병원측과 우리는 함께 방법을 찾기 위해 노력하고 있습니다." 그는 계속해서 이렇게 말한다. "어떤 의미에서, 위험을 감소하는 능력은 제품의 일부가 되었으며, 의사들과 의료보험 제공자들을 돕는 데 우리가 도움을 줄 수 있는 새로운 방법이 되었습니다."

이런 아이디어를 카디오컴과 연결시키면서, Knappe는 이렇게 말한다. "심부전 환자에게, 우리는 우리의 케어링크 시스템을 활용하여 데이터를 주고받는 이식물을 삽입했습니다. 케어링크 시스템은 심장 전기생리학 전문의에게 전달되는 보고서를 작성하며, 이를 심부전 전문의들과 공유할 수 있습니다. 문제는 심부전 환자 가운데 오직 8~10%만이 이러한 종류의 이식물 치료를 필요로 하며, 또한 그 가운데 일부만이 메드트로닉의 기기를 사용한다는 사실입니다. 결국, 이러한 바탕 위에서, 우리는 병원이나 지불자에게 이렇게 말해야만 했습니다. '우리는 당신들이 보는 심부전 환자 가운데 일부에 대해서는 정말로 아주 중요한 해결책을 확보했습니다.' 병원이나 지불자의 응답은 이런 식이었습니다. '감사합니다. 하지만 우리가 어려움을 겪고 있는 것은 나머지 환자들인걸요.' 때문에 카디오컴과 함께, 우리는 이식형 기기를 필요로 하지는 않지만 약물 치료를 필요로 하는 대다수의 심부전 환자들에게 이득이 될 수 있는 무언가를 제시해야만 했습니다." 이들 환자를 근접하게 관리함으로써, 메드트로닉은 의료 비용의 절감을 의도했다. "우리는 어떠한 문제든 예약된 임상 방문을 통해 치료할 수 있었습니다. 그리고 이러한 방문은 응급실에서 이들을 치료하는 것보다 매우 비용 효율적입니다."

이렇게 조율된 인센티브 모델이 입증했듯, Knappe는 낙관적이었다. "위험을 줄이려면, 위험을 발생시키는 요인들을 통제할 수 있어야만 합니다. 그리고 폭넓은 환자 인구집단의 건강 결과를 향상시키려면, 추가적인 기술과 서비스가 필요할 수 있습니다. 또한 우리는 지불자, 통합 의료전달자 네트워크(integrated delivery networks), ACOs가 짊어지는 위험도 경감시킬 수 있었습니다." 자신의 생각을 요약하면서, Knappe는 이렇게 덧붙였다. "우리가 하려 했던 것은 심부전으로 진단된 모든 환자들의 건강 결과를 증진하는 일이었고, 또한 건강보험 시스템 일반을 강화하는 일이었습니다. 카디오컴은 이런 노력의 중요한 시발 지점이었습니다."

비즈니스 모델의 입증

비즈니스 모델을 쭉 늘어놓을 경우, 그 가운데 하나 또는 두 가지 모델이 즉각적으로 사용 가능한 것처럼 보일 것이다. 하지만, 어떤 기회나 위험을 간과하지 않기 위해 이노베이터들은 판단을 내리기에 앞서 모든 가능한 대안을 평가해야만 할 것이다. 현재의 의료서비스 환경하에서, 상환 장벽과 같은 외적 요소는 급속도로 변화하고 있으며 비용 민감도 역시 상당히 심각한 문제가 되고 있기 때문에, 어떤 모델이 가장 성공의 가능성이 높을 것인지 예상하는 일은 매우 어려울 수 있다. 이런 지점에서, 고객(의사 결정권자)에게 가장 큰 가치를 전달할 수 있는 방법이 무엇인지 검토하는 일은 시작하기에 좋은 지점이다.

궁극적으로, 이노베이터들은 자신들의 연구와 판단이 어떤 사업 모델과 부합하는지에 따라 행동해야만 한다. 하지만 다른 이노베이터들, 기업가, 사업 고문들로부터의 조언을 받아들여 자신의 선택을 검증하는 작업도 꼭 필요하다. 이들에게 꼭 물어볼 필요가 있는 질문으로 다음 몇 가지 질문을 제시할 수 있다.

- 이 기술 또는 치료가 별도의 여러 비즈니스 모델에 의해 전달될 수 있지 않은가?
- 만일 그렇다면, 그리고 그러한 다른 비즈니스 모델을 경쟁자가 활용하고 있다면, 이런 사실은 선택된 비즈니스 모델을 위협하는가, 아니면 여전히 그 모델을 적절하게 만들 수 있는가?
- 만일 다른 비즈니스 모델이 당신의 사업을 위협한다면, 당신의 혁신이 선택한 사업에 비추어 볼 때 고객이나 다른 사업자가 그와 같은 비즈니스 모델을 실행할 수 없도록 만드는 장벽이 존재하는가?

만일 이노베이터가 선택한 비즈니스 모델이 가장 적절하고 또한 가능한 한 적절하게 유지될 수 있다면 의심의 여지 없이 이 모델은 앞서 검토한 여러 경쟁 시나리오들 가운데 가장 위쪽에 설정해야만 한다. 어떤 비즈니스 모델의 선택은 진공 속에서 이뤄지는 것이 아닌 만큼, 최종 결정을 내리기에 앞서 비즈니스 모델들은 판매할 해결책들에 대한 잠재적인 구매자들을 통해 검사될 필요가 있다. 또한 이노베이터들은 이러한 모델과 연관된 일차적인 위험에 대해 검토해야만 하며, 또한 이를 관리할 특별한 계획도 발전시켜야만 한다. Michael Porter의 Five Force와 같은 틀은 의공학 산업 내에서 사업 모델들을 평가하는 데 상당한 도움이 될 수 있다.

비즈니스 모델의 운용

근본적으로, 사업 모델을 선택한 다음 거치게 되는 바이오디자인 혁신 과정의 각 단계들은 이노베이터들이 선택한 사업 모델을 최적화하는 과업에 집중되어 있다. 사업 모델을 한 차례 선택하고 나면, 어떤 종류의 전문가가 이 모델을 실행으로 옮기는 데 필요한지에 대해 생각을 시작하는 것이 중요하다. 이상적으로는, 젊은 기업은 자신들이 만들고자 하는 사업 모델을 앞서 수행해 보았던 인력을 찾아 나서야 한다. 예를 들어, 일회용품 모델을 선택했을 경우, 과거에 성공적으로 일회용품 시장을 개척했던 사람들을 엔지니어링 팀에 고용할 수 있을 것이다.

어떤 기업에 고용된 전문가들을 선택한 사업 모델에 맞게 조율하는 데는 여러 방법이 있다. 물론 한 가지 접근방식은 적절한 경험을 한 개인을 직접 고용하는 방식이다. 하지만 기업의 성장 단계에 따라서는 컨설턴트를 활용하는 것도 도움이 된다. 또 다른 접근 방식은 기업의 이사회에 참여하는 고문의 형태로 이런 전문가들을 활용하는 방식이다. 어떠한 종류의 전문가가 필요한지 고찰하고 나면, 사업 모델을 성공적으로 활용하는 데 결정적인 역할을 하게 될 기술적 · 사업적 역량을 평가하는 것이 필요하다.

때때로, 기업이 성장하는 동안 기업의 포트폴리오에 포함되어 있던 다른 제품이 사용하던 사업 모델이 아닌 다른 사업 모델을 새로운 제품에 적용할 것을 고려해야 하는 상황이 벌어지기도 한다. 최우선적이고 가장 중요한 단계는, 이러한 사실을 제품 개발 이전에 인지하는 데 있다. 예를 들어, 대개의 경우 대규모 자본 설비와 관련된 서비스 계약을 수행하기 위해 조직화된 기업의 경우, 일회용품 회사로 변모하기 위해서는 상당한 노력이 필요할 것이다. 비록 자본 설비 모델과 일회용품 모델을 모두 잘 수행하는 인튜이티브 서지컬과 같은 중요한 예외가 있지만, 두 종류의 사업 모델을 모두 잘 구사하는 기업의 목록은 그리 길지 않다. 사업 모델 관리자가 여러 사업 모델을 실제 실행에 옮겨야 한다는 부담에 잘 대응할 수 있는 것이 아니라면, 최선의 선택은 "단순함을 유지"하고 기업이 처한 전반적 기회에 대한 면밀한 평가에 기반해 한 번에 한 개의 모델에만 초점을 맞추는 데 있다.

마지막 노트: 컨셉 스크리닝과 제거를 위해 사업 모델 사용하기

사업 모델을 컨셉 스크리닝을 위해 사용하는 일은 지적재산권, 규제, 보험을 그렇게 사용하는 것과는 근본적으로 다른 일이다. 다른 요소 역시 각각의 개념과 연관된 위험을 평가하는 데 있어 중요할 뿐만 아니라 심층적으로 조사할 필요가 점점 더 커지고 있지만, 비즈니스 모델 스크리닝을 위해서는 이들 요소들보다 더 많은 사고실험이 필요하기 때문이다. 이번 장에서 개괄한 질문을 통해, 자신의 개념에 가장 적절한 사업 모델이 무엇인지를 결정할 수 있을 것이다. 때문에, 이러한 스크리닝 작업은 과도한 시간과 노력을 소모하지 않고도 모든 아이디어에 적용될 수 있다. 만일 어떤 개념이 어떤 사업 모델 범주 안에 적절하게 떨어지는 한편, 의공학 영역 안팎에서 유사한 기술에 이 모델을 적용하여 성공한 기업의 사례가 존재한다면, 이 아이디어에 대해서는 높은 우선순위를 부여할 필요가 있다. 반면, 어떤 개념이 전형적인 의공학 사업 모델과 잘 들어맞지 않는 것으로 보이거나 유사한 제품에 대해 선택하려는 사업 모델을 성공적으로 적용한 기업의 수가 적을 경우, 이노베이터들은 자신의 컨셉 또는 비즈니스 모델을 어떻게 수정해야 하는지 검토해야 할 것이다. 어떤 사업 모델이 특별히 어렵거나 실행할 수 없는 것으로 드러날 경우도 있다. 이러한 경우에는 이를 핵심 위험으로 간주하는 한편, 이 개념이 다른 개념 스크리닝 작업에서 최선의 개념이 아니었을 경우, 이런 검토 결과가 나온 컨셉을 배제할 필요가 있다.

온라인 자료

더 많은 자료는 www.ebiodesign.org/4.4를 방문한다.

"Getting Started"의 활동과 링크

- Understand characteristics of different business models
- Choose a business model
- Validate the preferred business model and identify risks
- Determine what new expertise will be required to operationalize the model

사업 모델에 관한 동영상

사업 모델을 선택하기 위한 경험적 규칙을 요약한 부록

NOTES

1 An MRI machine, which stands for magnetic resonance imaging, provides a non-invasive method for visualizing various structures and disease functions within the body.

2 All quotations are from interviews conducted by the authors, unless otherwise cited. Reprinted with permission.

3 See Stefanos Zenios, Lyn Denend, and Julie Manrqiuez, "Brilliance I–From Prototype to Product Company," *Global*

Health Innovation Insight Series, 2012, http://csi.gsb.stanford.edu/brilliance-i-prototype-product-company (September 12, 2013) and Stefanos Zenios, Lyn Denend, and Julie Manrqiuez, "Brilliance II-Achieving Impact Through Licensing," *Global Health Innovation Insight Series*, 2012, http://csi.gsb.stanford.edu/brilliance-i-prototype-product-company (September 12, 2013).

4 "Injection Safety," World Health Organization, October 2006, http://www.who.int/mediacentre/factsheets/fs231/en/ (September 12, 2013).

5 Brianne Bharkhda, "Preemption Applies to 510(k)-Cleared Components of a PMA-Approved Device," *Inside Medical Devices*, November 20, 2013, http://www.insidemedical devices.com/2013/11/20/preemption-applies-to-allcomponents-of-a-pma-approved-medical-device-evencomponents-that-were-previously-510k-devices/ (April 22, 2014).

6 "Kyphon Stock up 30 Percent on $725 Million St. Francis Medical Tech Acquisition," *Silicon Valley/San Jose Business Journal*, December 4, 2006, http://sanjose.bizjournals.com/sanjose/stories/2006/12/04/daily2.html (September 12, 2013).

7 "Capital Expenditure," Investopedia.com, http://www.investopedia.com/terms/c/capitalexpenditure.asp (September 12, 2013).

8 CT scanners, which perform computed tomography, provide another type of diagnostic imaging.

9 Jeremy P. Hedges, Charles N. Mock, and N. Cherian, "The Political Economy of Emergency and Essential Surgery in Global Health," *World Journal of Surgery*, 2010, pp. 2003-6, http://www.gradianhealth.org/wp-content/uploads/2012/08/Hedges_Politica-economy-of-EES.pdf (September 13, 2012).

10 "Birth of the UAM," Gradian Health Systems, http://www.gradianhealth.org/case-studies/#case-study-2 (September 17, 2012).

11 An LLC protects the owner's personal assets from the debts and obligations of the company as long as the owner maintains an account of business income and expenses separate from personal [foundation] accounts. However, any personal [foundation] assets used as collateral for business loans are not protected. See Tom Chmielewski, "What Is an LLC Disregarded Entity?," *Houston Chronicle*, http://smallbusiness.chron.com/llc-disregarded-entity-3645.html (December 9, 2013).

12 R.M. Schneiderman, "Reinventing Anesthesia," *Stanford Business Magazine*, March 1, 2013, http://www.gsb.stanford.edu/news/headlines/reinventing-anesthesia (October 30, 2013).

13 "VISX, Incorporated," Answers.com, http://www.answers.com/topic/visx-incorporated?cat=biz-fin (September 13, 2013).

14 Jonah Comstock, "WellTok Raises $18.7 Million for Healthy Social Network CafeWell," *Mobihealthnews*, April 10, 2013, http://mobihealthnews.com/21570/welltok-raises-18-7m-forhealthy-social-network-cafewell/ (September 23, 2013).

15 Michael Davidson, "WellTok Raises $18.7 Million Series B to Gamify Healthcare, Gets New CEO," *Xconomy*, April 10, 2013, http://www.xconomy.com/boulder-denver/2013/04/10/healthcare-it-startup-welltok-closes-18-7-million-series-bround/(September 23, 2013).

16 "Clinical Transformation: New Business Models for a New Era in Healthcare," Accenture, 2012, http://www.accenture.com/SiteCollectionDocuments/PDF/Accenture-Clinical-Transformation-New-Business-Models-for-a-New-Era-in-Healthcare.pdf (September 12, 2013).

17 "Healthcare Unwired: New Business Models Delivering Care Anywhere," Health Research Institute and PricewaterhouseCoopers, September 2010, http://www.mobilemarketer.com/cms/lib/9599.pdf (September 16, 2013).

18 Ibid.

19 Ibid.

20 "mHealth: Mobile Health Poised to Enable a New Era in Health Care," Ernst & Young, 2012, http://www.ey.com/Publication/vwLUAssets/mHealth_Report_January_2013/$FILE/mHealth%20Report_Final.pdf (September 16, 2013).

21 Ibid.

22 Brian Dolan, "U.K. to Encourage Doctors to Prescribe Health Apps," *Mobihealthnews*, February 22, 2012, http://mobihealthnews.com/16401/uk-to-encourage-doctors-toprescribe-health-apps/ (September 16, 2013).

23 "mHealth: Mobile Health Poised to Enable a New Era in Health Care," op. cit.

24 Oliver Roup, "Mobile App Monetization: Think Business Model, Not Ads," *VentureBeat*, June 2, 2013, http://venturebeat.com/2013/06/02/mobile-app-monetization-think-business-modelnot-ads/ (September 16, 2013).

25 Parmy Olson, "Medical Device Network HealthTap Surpasses One Million Users," *Forbes*, April 17, 2013, http://www.forbes.com/sites/parmyolson/2013/04/17/medical-advice-networkhealthtap-surpasses-one-million-users/ (September 12, 2013).

26 Susan J. Aluise, "WebMD's Business Model May Need Surgery," *InvestorPlace*, January 11, 2012, http://investorplace.com/2012/01/webmds-business-model-may-need-surgery/ (September 16, 2013).

27 Ken Congdon, "The Truth Behind 'Free' EHRs," *Healthcare Technology Online*, January 25, 3013, http://www.healthcaretechnologyonline.com/doc/the-truth-behind-freeehrs-0001 (September 16, 2013).

28 Roup, op. cit.

29 Chris Newmaker, "Cardiocom Set to Cash in on Health Care Reform," Finance & Commerce, May 2, 2011, http://financecommerce.com/2011/05/cardiocom-set-to-cash-in-on-healthcare-reform/ (October 11, 2013).

30 "About Us," Cardiocom, http://cardiocom.com/about.

asp(October 11, 2013).

31 Newmaker, op. cit.

32 Ibid.

33 "Hospital Readmission Reduction Program," Centers for Medicare & Medicaid Services, http://www.cms.gov/Medicare/Medicare-Fee-for-Service-Payment/AcuteInpatientPPS/Readmissions-Reduction-Program.html(October 11, 2013).

34 "Accountable Care Organizations(ACOs): General Information," Centers for Medicare & Medicaid Services, http://innovation.cms.gov/initiatives/aco/ (October 11, 2013).

35 Jonah Comstock, "Medtronic Increases Focus on Home Health with $200M Cardiocom Buy," Mobihealthnews, August 12, 2013.http://mobihealthnews.com/24603/medtronic-increases-focuson-home-health-with-200m-cardiocom-buy/ (October 11, 2013).

36 "Transforming for Growth: 2012 Annual Report," Medtronic, http://www.medtronic.com/wcm/groups/mdtcom_sg/@mdt/@corp/documents/documents/ar12_annual_report_final.pdf(October 11, 2013).

37 "Concern Over ER Diversions Driving Patient Monitoring System Sales," Kalorama Information press release, July 10, 2012, http://www.kaloramainformation.com/about/release.asp?id=2877 (October 25, 2013).

38 Comstock, "Medtronic Increases Focus on Home Health with $200M Cardiocom Buy," op. cit.

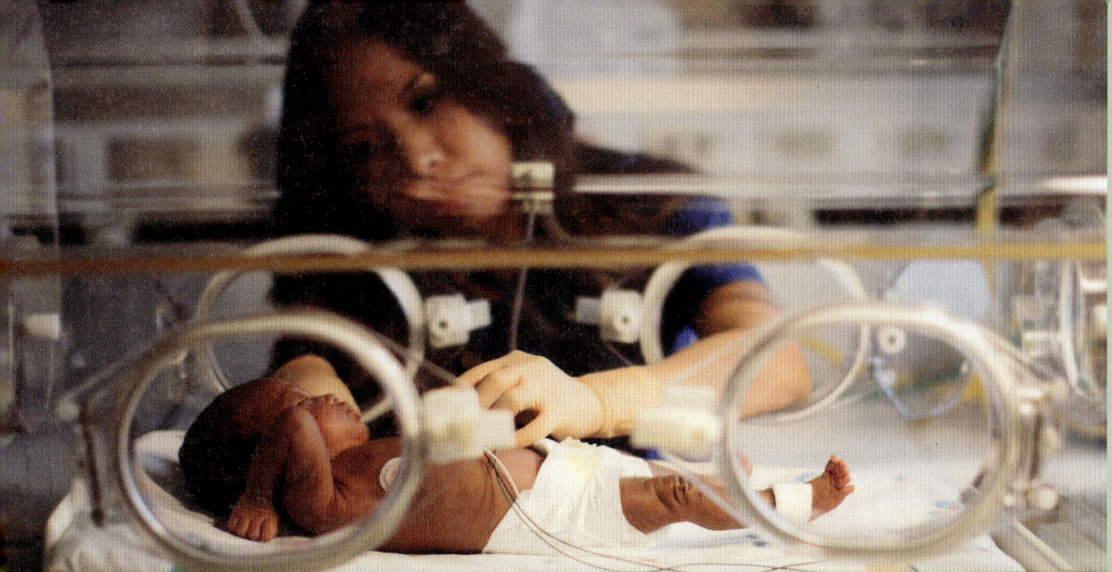

4.5 컨셉 탐색 및 시험

서론

"한 장의 그림이 천 마디 말보다 낫다"면, 의공학 영역에서는 "한 개의 시제품이 천 장의 그림보다 낫다." 근본적으로, 모든 종류의 개념적 · 추상적 사고를 실행으로 옮기고 물리적 또는 기능적 형식을 부여하는 데 시제품 이외의 대안은 없다. 간단한 컨셉 역시 문제로 가득 찬 것일 수도 있고, 우아하고 효과적인 해결책으로 이어질 수도 있다. 복잡한 아이디어들은 혁명적인 결과로 이어질 수도, 성공하는 것이 불가능한 것일 수도 있다. 그 결과가 어떻게 될 것이지 찾아내는 유일한 방법은 시제품화와 같은 기법을 통해 컨셉을 좀 더 깊이 탐구하기 시작하는 데 있을 뿐이다.

컨셉 탐색의 목표는 중대한 개념적 질문에 답변해 유망한 개념을 아이디어 단계에서 기초적인 디자인을 갖춘 단계로, 그리고 그에 따라 추가적인 작업을 벌일 수 있는 단계로 이행시키는 데 있다. 개념 탐색은 연구 개발 단계의 시작 지점으로 생각할 수 있는데, 이는 이노베이터들이 제품의 기능성에 대해 배우는 한편, 사용자들로부터 예비적인 피드백을 받고, 디자인을 실제로 구현해야만 이해하고 증명할 수 있는 여러 특징들을 검사하는 데 있어 근본적으로 중요한 단계이기 때문이다.

컨셉 탐색에서 사용되는 가장 중요한 기법 가운데 하나는 시제품화, 다시 말해 어떤 제품의 초기 실험 버전을 제작하는 과정이다. 시제품화는 바이오디자인 혁신 과정의 여러 단계에서 중요한 역할을 수행한다. 아이디에이션 단계에서, 여러 조잡한 소품들을 사용하여 아이디어에 대해 소통하는 과정은 시제품화의 한 형태라고 부를 수 있다. 그 이후, 개념 스크리닝 단계에서 시제품화는 최종 개념을 결정하기에 앞서 여러 해결책 아이디어들을 특정한 디자인 규준에 비추어 평가하는 신속하고 저렴한 방법으로 사용될 수 있다. 앞으로 전진하기 위해, 이노베이터들은 자신의 기술적 요구사항, 디자인, 그리고 모델을 좀 더 향상시켜 나갈 필요가 있다. 결과적으로 좀 더 강건한 시제품일수록, 사용자 시험, 벤치 테스트, 모의 사용 시험, 조직 시험의 조합을 거치면서 제품의 기능과 특징을 다듬는 데 쓰일 수 있다. 이들 검사가 완료되었을 때, 성공적인 시제품들은 아주 중요한 디자인 조건과 좀 더 포괄적으로 부합하게 될 것이며, 이제 시제품화에서 연구 개발, 또는 제품 개발로 넘어갈 수 있게 될 것이다.

이 절은 이노베이터들에게 어떻게 여러 다른 유형의 시제품을 만들 것인지에 대한 조언을 제공하려 하지 않는다(이 주제에 대한 몇 가지 예비적 정보가 온라인 부록 4.5.1, 4.5.2, 4.5.3, 4.5.4에 수록되어 있다). 그 대신, 이 절은 어떻게 컨셉 탐색과 시험을 가장 효과적으로 할 수 있는지에 대해 논의할 것이다.

 컨셉 탐색 및 시험에 관한 동영상은 ebiodesign.org을 참조한다.

목표

- 컨셉 탐색이 어떻게 시제품화와 같은 기법을 통해 촉진될 수 있는지, 그리고 바이오디자인 시험이라는 연속적인 과정 속에서 개괄할 수 있는 검사 방식에 의해 뒷받침될 수 있는지 이해한다.
- 컨셉 탐색의 핵심 기법인 시제품화에 대한 가이드라인을 익히고, 어떤 질문들이 이러한 접근방식을 통해 해결될 수 있는지에 대해 파악한다.
- 서로 다른 공학 분야에서 어떻게 시제품화를 활용할 수 있는지에 대해 익숙해진다. 이런 활용 방법 가운데는 컨셉들을 기능적 단위로 이행시키는 작업이 포함되어 있다는 점을 이해한다.
- 시제품화를 통해 어떻게 디자인 요구 조건을 만들어 낼 것인지, 그리고 제품의 실현 가능성과 관련해 어떻게 높은 수준의 기술적 사양을 결정할 것인지에 대해 이해한다.
- 사용자 시험, 벤치 테스트, 모의 사용 시험, 조직 시험을 통해 어떻게 컨셉을 바이오디자인 혁신 과정의 진보를 통해 점점 더 진보해 나가는 시제품으로 만들어 낼 수 있는지 파악한다.
- 컨셉 사이의 우선순위를 스크리닝하기 위해 어떻게 개념 탐색 방법을 사용할 수 있는지 이해한다.

컨셉 탐색 및 시험의 기초

최초 컨셉 선택은 이노베이터들이 수백 가지에 달하는 컨셉들을 몇 가지로 초점을 좁힐 수 있도록 도와준다. 반대로, 시제품화를 통해 컨셉을 탐색하는 과정은 이노베이터의 초점을 그렇게 고른 몇몇 컨셉들을 기술적으로 실현시키는 여러 가지의 서로 다른 방법을 탐색할 수 있도록 넓혀줄 수 있다. 물론 이러한 시제품화 과정 다음에는 다시 다양한 검사 방식을 통해 가장 유망한 해결책으로 초점을 좁혀 나가게 된다. 하지만, 이들 모든 활동들은 동일한 목표를 가지고 있다. 다시 말해, 이노베이터들이 최종 컨셉을, 그리고 중요한 **니즈**에 대해 접근하는 단일한 방법을 선택하는 데 도움을 주는 추가적 데이터를 확보하는 것이 이들 활동의 목표다.

컨셉 탐색을 진행하는 동안 어떤 활동을 할 것인지, 그리고 시제품화를 통해 어떤 질문에 답변하려 하는지 결정할 때, 이노베이터는 반드시 컨셉이 포함하고 있는 요소 가운데 무엇이 아이디어의 기술적 실현 가능성에 대해 가장 큰 위협을 제기하는지에 따라, 그리고 그에 따라 초기에 탐색되어야 하는지에 대해 따라 전략적 우선순위를 결정할 필요가 있다. 예를 들어 어떤 컨셉이 대단히 새로운 방식으로 특정한 재료를 사용해야만 한다면, 이노베이터는 개념 탐색을 벌이는 동안 문제의 재료가 가설을 세웠던 것처럼 작동하는지 살펴보아야만 할 것이다. 만일 제한된 시제품화 실험이 문제의 재료가 의도했던 방식에 따라 성공적으로 활용할 수 있다는 점을 밝힐 경우, 이러한 정보는 쟁점 개념의 실현가능성에 대한 중요한 위험을 완화하는 데 큰 도움을 줄 수 있을 것이다. 위험이 완화되었다면, 이노베이터들은 자신의 해결책에 더 깊은 관심을 기울이려 할 것이다. 이에 따라, 이노베이터들은 자신의 작업에서 무엇을 우선해야 할 것인지 생각할 수 있게 될 것이다.

좀 더 전술적인 차원에서, 컨셉 탐색, 그리고 그 결과 확보한 **시제품**에 대한 시험은 연구개발 과정의 가장 첫 번째 단계에 해당한다. 그림 4.5.1에서 볼 수 있듯, 바이오디자인 시험이라는 연속체는 초기 시제품에서 출발하여 본격적인 제품에 도달하는, 점진적으로 세밀하고 혹독해지는 시험으로 구성되어 있기 때문이다. 하지만, 이노베이터들은 대개의 경우 컨셉 탐색

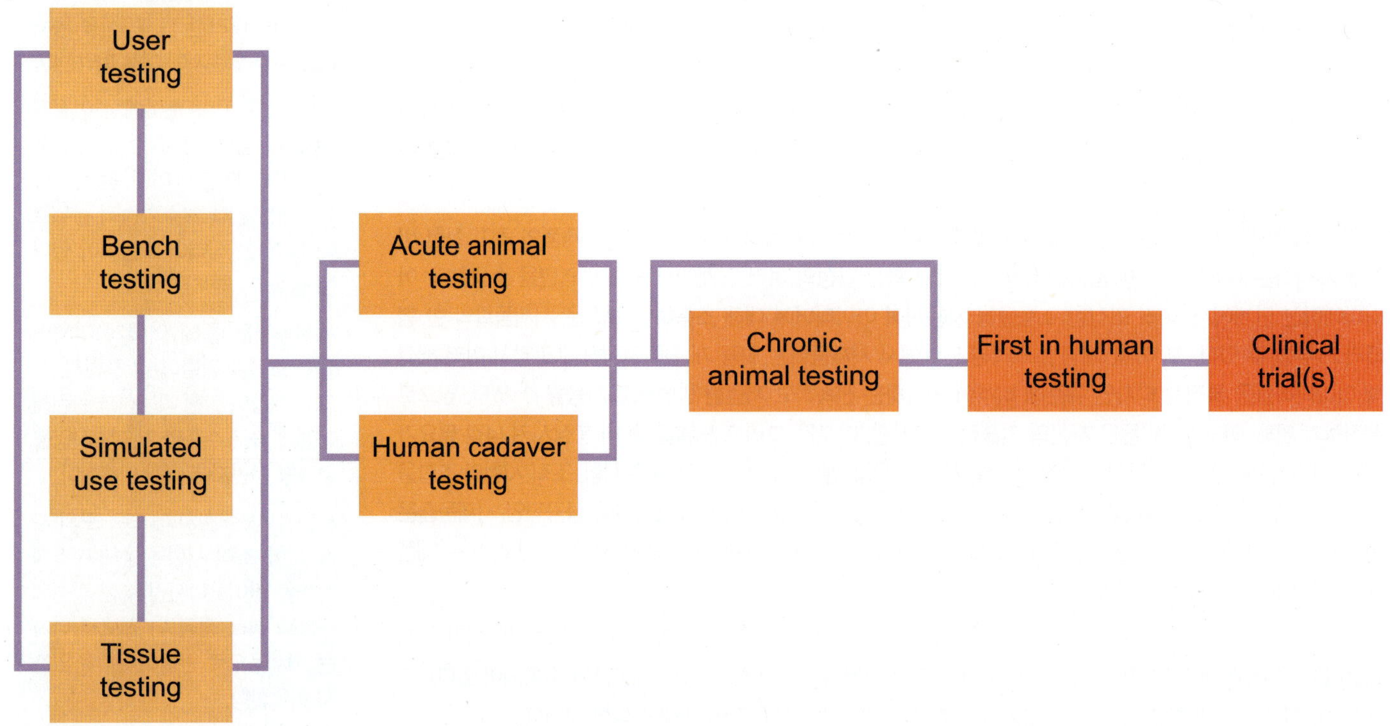

그림 4.5.1
바이오디자인 시험 연속체는 시제품에서 제품으로 움직여 나갈 때 평가와 피드백이 이뤄지는 지점이 어디인지를 보여준다. 모든 프로젝트가 모든 검사를 필요로 하지 않는다는 점을 지적해 둔다. 제품의 특징에 따라 각각의 시험이 진행되어야 한다.

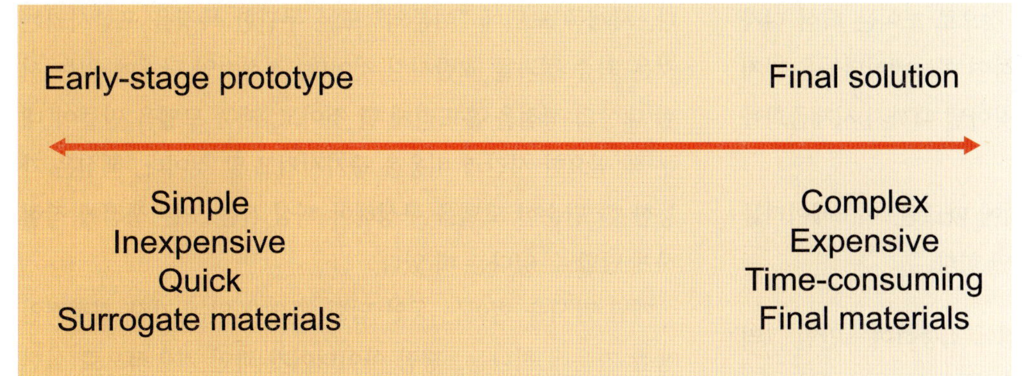

그림 4.5.2
바이오디자인 혁신 과정의 각 단계에 따라 바뀔 수 있는 상이한 목표를 달성하기 위해, 상이한 유형의 시제품이 사용될 수 있다.

을 벌이는 동안 사용자 시험, 벤치 테스트, 모의 사용 시험, 조직 시험에 의존하게 된다. 이 그림의 마지막 단계는 5.2 R&D 전략, 5.3 임상시험 전략에서 다룰 것이다.

효과적인 시제품화에 대한 가이드라인

초기 단계의 시제품화 과정은 많은 정보를 얻을 수 있는 과정일 뿐만 아니라 에너지가 넘치는 창조적 과정이다. 이 단락에서 서술한 접근 방식은 모든 유형의 시제품에, 다시 말해 기계적 해결책은 물론 생체재료 과학, 전자공학, 컴퓨터 과학에 기반한 해결책에 적용될 수 있다. 그림 4.5.2에서 볼 수 있듯이, 몇몇 시제품은 빠르고, 쉽고, 저렴하게 개발할 수 있지만, 다른 시제품은 복잡하고, 비싸며, 많은 시간을 소모하는 방식으로 개발해야만 한다. 이는 바이오디자인 혁신 과정에서 문제의 시제품화가 어떤 단계를 이루고 있는지, 그리고 추구하고 있는 목표가 무엇인지에 따라 결정된다.

시제품화는 대단히 반복적인 작업이며, 이는 각각의 시제품들은 이노베이터들이 앞선 버전의 시제품들이 가진 능력에서 유래한 질문에 답하기 위해 제작된 것이기 때문이다. 반복적이고 특정 초점을 맞춘 방식으로 시제품화를 진행하는 한 가지 효과적인 방법은, 쟁점 컨셉을 서로 다른 기능에 대응하는 더 작은 규모의 단위로 쪼개는 데 있다. 이노베이터들은 전체 개념을 한 번에 시제품화하기보다는 더 작고 핵심적인 요소들을 하나의 시스템으로 시험하기에 앞서 각각의 실현 가능성에 초점을 맞출 필요가 있다. 예를 들어, 오랫동안 상업적으로 판매되어 온 약물에 용리되는 새로운 혈관 내 약물 용리 스텐트를 개발할 경우, 용리 시간을 좀 더 길게 할 수 있는 중합체 또는 메커니즘 단위에 초점을 맞추어 조사를 벌일 수도 있고(생체 재료 과학, 화학공학 단위), 또 혈관 내에서 정확히 자리를 잡는 데 도움이 될 수 있도록 이 스텐트의 기계적 특징 그 자체에 주목해 조사를 벌일 수도 있으며(생체 재료 과학, 기계공학 단위), 스텐트의 전달에 도움이 될 수 있도록 접혔을 때의 모양과 접힘 패턴에 주목해 조사를 벌일 수도 있다(기계공학 단위). 이러한 조사는 각 요소들의 실현 가능성을 입증하는 초기 개념 탐색 과정에서의 시제품화 활동과 함께, 그리고/또는 새롭게 지적할 필요가 있는 쟁점을 밝히는 과정을 통해 각각의 단위마다 별도로 수행할 수도 있고, 동시에 수행할 수도 있다. 이러한 접근방식은 각각의 예비적인 시제품화를 만들 때마다 좀 더 세밀하고 특수한 목적을 규정하기 쉽게 만들어 주는 한편, 어떤 개념 가운데 정말로 새로운 부분이 무엇인지 확정하는 데 도움을 주기도 하며, 경감시킬 필요가 있는 큰 위험을 드러내는 데도 상당한 도움을 준다. 게다가, 큰 규모의 개념을 다루는 프로젝트라고 하더라도(예를 들어, 새로운 유형의 X-선 스캐너), 작은 단위들은 프로젝트의 초기 단계에서 작업할 시제품화 목표가 될 수 있다.

일련의 반복적인 시제품화 과정을 통해, 이노베이터들은 쟁점 개념이 어떻게 작동하지는지에 대한 이해를 발전시킬 수 있을 뿐만 아니라, 그러한 개념의 기술적 실현 가능성과 관련된 여러 쟁점에 대한 적절한 이해에도 도움을 받을 수 있다. 더 작은 기능적 단위를 성공적으로 시제품화했다면, 이제 이들 단위를 한데 모아 대체 어떻게 이들 다양한 단위들을 잘 작동하는 해결책으로 조합할 수 있을 것인지 이해하는 작업을 시작할 수 있다. 이런 과정이 전개됨에 따라, 이노베이터들은 사용자의 마음 속에 있는 니즈를 만족시킬 것으로 보이는 핵심 디자인 요건을 식별하게 된다. 이에 대응하여 이노베이터들은 기저에 깔린 요구에 대해 적절한 방책을 찾아낼 때까지 시제품화를 반복할 수 있다.

시제품화에 대한 이러한 접근 방식에 따르면, 이노베이터들은 다음과 같은 가이드라인을 따라야만 한다.

- 중요한 위험을 경감할 수 있는 쟁점에 집중하여 – 만일 그러한 쟁점이 시제품을 통해 답변될 수 있다면 – 시제품화 과정을 통해 제기된 질문들을 명확히 식별하라.
- 서로 다른 유형의 시제품들이 서로 다른 질문에 답변하기 위해 필요할 수 있다는 점을 인지하라.
- 탐구할 필요가 있는, 가장 중요한 기능적 단위를 분리하라.
- 각각의 기능적 단위가 무엇인지, 그리고 무엇을 익히거나 증명해야 하는지 이해하라.
- 시제품화를 통해 익힌 것을 좀 더 세밀한 디자인 요건과 기술적 사양을 결정하는 데 사용하라.

이들 가이드라인을 이해하는 데 도움을 주기 위해, *좌심방이* (left atrial appendage, LAA) *혈전 때문에 일어나는 심방세동을 겪는 환자의 뇌졸중을 예방해야 한다는 니즈*에 대해 해결책을 찾아내려 하는 사례를 사용해 보자. 2.2 기존의 해결책에서 기술했듯이, 좌심방이는 좌심방에 달려 있는 작은 주머니 모양의 구조물로서, 비정상적인 심장 리듬(심실 세동과 같은)을 보이는 환자의 경우 피가 혈전으로 응집될 수 있는 곳이다. 이들 혈전은 두뇌로 움직여 동맥을 막을 수 있으며, 이 경우 뇌졸중이 일어나게 된다. 이 사례에서 이노베이터들은 좌심방에 액체 형식으로 어떤 물질을 도달시켜 꽉 채운 다음, 이 물질을 좀 더 안정적인 형태로 응고시켜 혈전이 형성될 수 있는 공간을 없애는 방식으로 좌심방이 혈전을 예방한다는 개념에 초점을 맞췄다.

해결해야 할 질문을 식별하기

시제품을 준비하기 위해서는 먼저 시제품화 과정 전반에 적용할 수 있는 특별한 질문 또는 쟁점을 규정해야 한다. 이러한 질문을 각각의 시제품마다 명확히 설정하는 것은, 어떤 개념의 핵심 요소들이 이 모델에 포함되었는지 식별하는 데 도움이 된다. 시제품 모델에 "여분의" 또는 무관한 특징을 포함시키는 것은 최종 결과를 교란시킬 것이며, 결정적인 단계에 있는 시험 대상의 쟁점을 흩뜨리게 할 것이고, 제품 모델을 만들어 내는 데 필요한 시간과 비용을 증가시키고 말 것이다. 핵심은 가능한 한 단순한 모델을 구성해야 핵심 질문 또는 쟁점에 적절하게 답할 수 있다는 데 있다.

개념 탐색을 벌이는 동안 답할 필요가 있는 가장 결정적인 쟁점 가운데 하나는, 쟁점 아이디어가 과연 기술적으로 실현 가능한지 여부다. 대부분의 초기 시제품화 작업은 쟁점 아이디어의 기술적 실현 가능성에 초점을 맞춘다. 예를 들어, 동물 조직 시험에 사용되는 간단한 목업은 시험 대상이 되는 기본적인 접근 방식이 실현 가능한지를 보이는 데 사용될 수 있다. 좌심방이 사례의 경우, 심장은 카테터와 같이 현재 존재하는 기기를 통해 접근할 수 있는 부위다. 조금의 수정만 가하면, 카테터는 소의 심장에 있는 좌심방에 염료를 주입해 좌심방에 액체를 채워 넣는다는 기본 접근 방식이 기술적으로 실현 가능하다는 점을 보일 수 있다. 비록 이런 초기 모델의 기능은 상당히 제한적이지만, 이노베이터들은 이를 통해 좌심방을 액체로 채울 수 있다는 점을 배울 수 있고, 또한 이러한 질문에 답하는 데 필수적이지 않은 다른 특징에 신경을 쓰지 않을 수 있다.

시제품화가 진행됨에 따라 기술적 실현 가능성 이외의 질문이 점점 더 중요해진다. 시제품화는 이러한 쟁점을 해결하는 데에도 동등하게 중요하다. 시제품화에 결부시킬 수 있는 다양한 유형의 질문 표본은 표 4.5.1에서 확인할 수 있다.

좌심방이 사례를 계속 살펴보면, 이노베이터들은 어떤 개념을 실현 가능하도록 만드는 데 필요한 요소가 무엇이냐는 질문에 대해 답하려 했다. 단순한 카테터와 소의 심장은 액체로 좌심방을 채운 다음 그 액체를 응고시키는 데 다양한 물질을 사용할 수 있다는 점을 보이는 데 사용할 수 있다. 그 다음, 살아 있는 동물의 몸 안에서 이러한 기능을 수행할 수 있는 핵심 물질을 찾아야 한다. 이들은 카테터를 더 발전시키거나 개조한 다음, 앞서 동물 연구를 통해 확인된 물질을 주입하고, 사후 검사를 통해 이 물질의 병리생리학적 작용을 연구하게 될 것이다. 마지막으로, 이노베이터들은 디자인 단계로 이행해 그 동안 연구한 모든 것을 인간에게 문제의 물질을 주입할 때 적용할 기술적 사양에 적용할 것이다. 이러한 기술적 사양 내에는

표 4.5.1 시제품화 과정을 통해 답변해야 할 상이한, 그리고 중요한 다수의 질문이 있다.

쟁점	쟁점 해결 과정	관련 챕터
이 개념은 작동하는가? 이 개념은 기술적으로 실행 가능하고 또한 제품은 설계된대로 기능할 것인가?	쟁점 임상 문제의 근본을 이해한 다음, 시제품을 제작하고 시험한다.	2.1 질병 단계의 기초 5.2 R&D 전략 5.3 임상시험 전략
이 혁신은 참신하며 뻔하지 않은 내용인가? 이 혁신으로 특허를 출원할 수 있는가?	아이디어에 대한 스케치와 시제품은 발명에 대한 특허범위청구를 작성하는 데 도움이 될 것이다.	4.1 지적재산권의 기초 5.1 지적재산권 전략
고객은 이 제품을 받아들이고 사용할 것인가?	분야 지도자들과 시장의 표적 사용자들에게 시제품을 제공하라. 그들이 피드백을 제공하고 자신의 관심을 반영할 수 있도록 시제품을 만지고 느낄 수 있게 하라.	5.3 임상시험 전략 5.7 마케팅 및 이해관계자 전략
이 제품은 제조될 수 있는가?	스케치와 CAD 드로잉의 발전은 제조가능성을 살펴보는 데 큰 도움이 될 수 있다. 또한 이는 선례를 찾고 역설계 방법을 적용하는 데 도움이 된다. 시제품 재료나 부품과 관련된 데이터, 재료상이나 부품상의 아이디어, 그들의 관심에 대해 이해할 수 있도록, 재료상이나 부품상과 논의를 계속하라.	5.2. R&D 전략
명확한 **가치 제안**과 지속가능한 사업을 뒷받침할 수 있는 가격으로 제품을 제공할 수 있는가?	제품을 생산하는 데 들어갈 현실적인 가격이 얼마인지 파악하기 위해, 판매상의 추정, 그리고 시세(물량과 가격)를 활용하라. 이 정보는 제품이 내놓는 가치 제안에 대응하는 가격을 추정하는 데, 그리고 경쟁 제품의 가격 추정에 대해 사용할 수 있다. 이는 또한 이노베이터들이 예상 판매 가격에 기반해 사업을 합리적으로 유지할 수 있는지를 파악하는 데도 도움이 될 것이다.	5.2 R&D 전략 5.7 마케팅 및 이해관계자 전략 6.1 실행 계획 및 재정 모델
언제 이 제품을 사용할 수 있는가?	현실적으로 최종 제품을 출시할 수 있을 것으로 기대할 수 있는 시점을 추정해 프로젝트 계획을 발전시키기 위하여 판매상의 추정과 시세(물량과 시간의 양)를 사용하라. 이 활동을 보조하기 위해 컨설턴트 고용을 고려하라.	5.2. R&D 전략 6.1 실행 계획 및 재정 모델

추가적인 디자인 요건 또한 포함될 것이다. 이들을 또한 추가적인 연구를 필요로 할 수 있으며, 카테터와 해당 물질이 비활성이며 인간의 혈류에 어떠한 부작용도 끼치지 않도록 디자인을 세밀하게 수정하려 할 것이다.

이러한 사례에서 확인할 수 있듯이, 시제품화 과정에서 제기할 수 있는 질문 또는 쟁점은 디자인 과정을 거치면서 점점 진화해 나간다. 각각의 시제품은 앞선 모델로부터 배운 것을 통해 만들어진다. 이런 식으로, 시제품화 그리고 이와 결부된 질문 그리고 쟁점들은 바이오디자인 혁신 과정의 다른 많은 부분들처럼 여러 차례의 반복을 거치게 된다(그림 4.5.3 참조).

최선의 시제품 유형을 선택하기

시제품화 기간 동안 중요한 것으로 식별된 특별한 질문이나 쟁점에 답하기 위해, 이노베이터들은 다음과 같은 모델을 조합하여 사용할 수 있다.

- **유사-작동 모델** – 개발하려는 기기가 어떻게 작동하는지를 보여주는 모델. 이는 비슷하게 보이거나 비슷한 느낌을 주는 기기일 필요가 없지만, 기본적인 기술적 실행 가능성을 보여줄 수 있어야 함은 물론, 기기가 이러한 새로운 방식으로 작동하는지 관심을 기울이고 있는 고객에게 접근할 수 있어야 하며, 고객들이 선호하거나 선호하지 않는 기능적 측면이 무엇인지에 대한 피드백을 수집할 수도 있어야 한다. 수많은 시제품화 작업은 많은 경우 이러한 유사 작동 모델을 사용하여 이뤄진다. 유사 작동 모델은 기계적 개념, 소프트웨어, 앱, 그리고 검사할 필요가 있는 특별한 기능을 가진 다른 유형의 개념 대부분에 대해 적용될 수 있다.
- **유사-느낌 모델** – 인간공학적 요인이나 손에 쥐어지는 방식, 무게, 크기, 그리고 다른 전술적 요인들을 보이기 위해(예를 들어 외과용 도구에 대해), 최종 재료, 또는 대체 재료로 무언가를 만들어 낼 수 있다. 3차원 프린트 기술, 그리고 다른 급속 시제품화 기법은 이러한 유사 느낌 모델에 따라 만들어질 수 있으며, 특히 어떤 개념의 물리적 구조나 다른 구체적인 요소를 나타내는 데 사용할 수 있다. 이러한 모델은 사람들에게 제품의 모습이나 다른 구체적인 요소를 나타내는 데

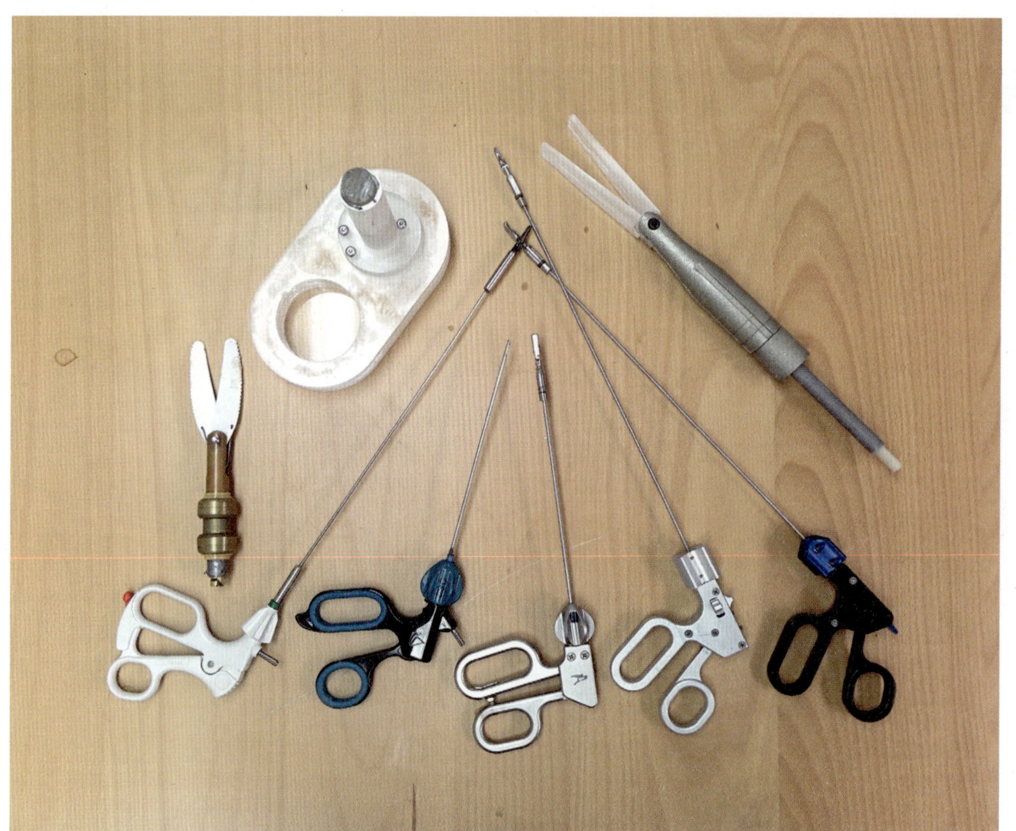

그림 4.5.3
반복적 개발 과정을 거친 시제품들을 늘어놓은 모습. 초기의 유사-작동 시제품(좌상)부터 현행 제품(우하)까지 나와 있다(미렛 서저리 사로부터 허가를 받아 사용).

중요한 요소가 될 수 있다. 이러한 이유에서, 이들 모델은 착용형 기술을 개발하는 경우 **사용자 경험**에 대한 피드백을 수집하기 위해 도움이 될 수 있다. (온라인 부록 4.5.1을 통해, 3D 프린트에 대한 추가적인 정보를 살펴보라.)

- **유사-실제 모델** – 원하는 기능을 수행하고 원하는 대로 작동하는 시제품. 모델은 최종 형태와 꼭 닮을 필요는 없지만, 임상에서 사용될 수 있는 형태여야만 한다. 기기의 본성, 그리고 규제 조건에 의존해, 이런 모델은 동물, 또는 가능하다면 초기 단계의 인간 시험에서 사용될 수 있을 것이다. 이들은 인간 시험과 제조로 이행하는 과정에서 사용될 수 있다. 소프트웨어 해결책의 경우, 유사-실제 모델은 해당 소프트웨어는 알파 버전 또는 베타 버전일 수 있다. 하지만 이는 여전히 내적, 외적 검사를 거쳐야 하며, 일반 판매가 이뤄지지는 않았다. 또한 이들 모델은 사용자 경험 피드백을 수집하는 데 매우 유용하다.
- **유사-모습 모델** – 모양, 색깔, 모양, 그리고 포장과 같은 면에서 실제 기기와 비슷해 보이는 모델. 비록 개발의 최종 단계와 비슷해 보이는 것이 사용자 피드백과 마케팅 결단을 내릴 때 중요하기는 하지만, 단순히 유사-모습 모델 역시 혁신자가 개발을 위해 다른 사람들과 의사소통하는 작업을 도울 수 있다. 3D 프린터에 좀 더 쉽게 접근할 수 있고 그 가격도 저렴해지면서, 이노베이터들은 좀 더 세밀하고 "최종 상태와" 가깝게 보이는 모델을 제작할 수 있게 되었다. 이들 모델은 투자자나 고객과 같은 여러 다양한 이해 관계자들과 소통하는 데 도움이 될 수 있는 훌륭한 도구일 수 있다. 소프트웨어 애플리케이션의 경우, 이노베이터들은 목업 스크린샷을 통해 사용자 인터페이스에 대한, 그리고 소프트웨어와 앱의 설계에 대한 피드백을 수집할 수 있다.
- **유사-모습/유사-실제 모델** – 이는 방금 소개한 두 모델을 결합한 모델이다. 이런 유형의 모델은 최종 기기와 기능과 형태 면에서 흡사하다. 이러한 단계는 디자인 단계에서 제조 단계로 이행하는 과정 속에서 유사-실제 모델에 유사-모습 모델의 요소를 더하는 방식으로 이뤄진다. 이러한 좀 더 구체적인 모델은 제품과 앱의 사용자 경험을 가장 잘 이해하는 데 사

용할 수 있는 자연스러운 후보이며, 이러한 평가는 소프트웨어나 앱에 국한되지 않고 기계적 해결책에도 적용될 수 있다.

다시 강조하자면, *오직* 핵심 개념에 대한 기본적인 정보만을 전달하는 한편 단순한 질문에 답하는 단순한 유사 작동 시제품이 어떤 시제품보다 일반적으로 더 효과적이다. 좌심방이 사례로 돌아가 보자. 이노베이터들은 가장 먼저 만일 좌심방에 접근할 수 있으며 그것을 액체로 채울 수 있다면 어떨지에 대해 탐구했다. 정확한 모양, 크기, 무게, 보이는 것과 느낌, 기기의 완전한 기능은 이러한 기본 질문에 답하는 일과는 무관하다. 따라서, 간단한 유사 작동 모델은 적절한 모델일 뿐만 아니라 상대적으로 구성하기도 쉽고 저렴한 모델이기도 하다. 또한 시제

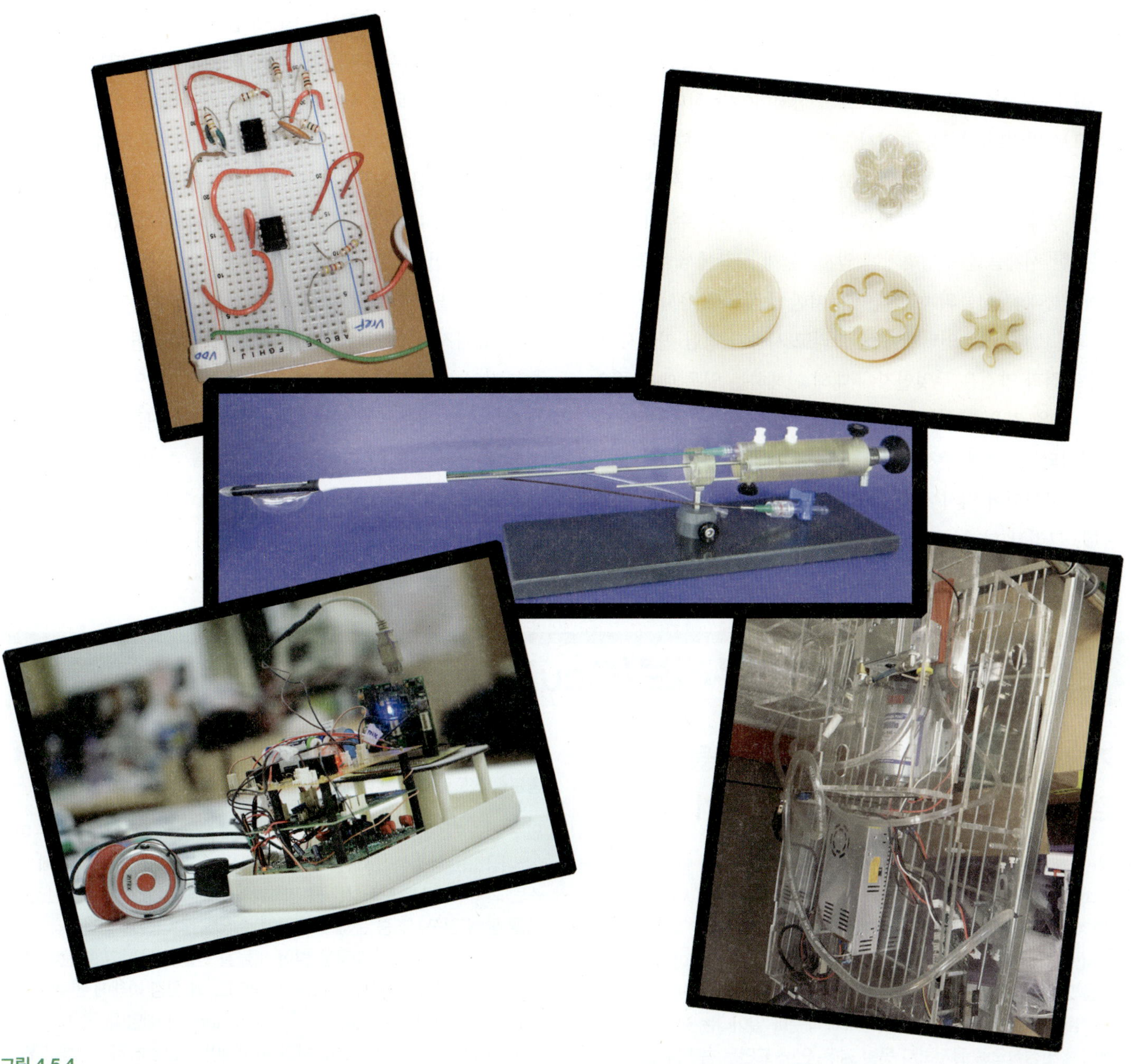

그림 4.5.4
좌측 위 그림부터 중앙 그림 쪽으로, 시계방향에 따른 순서: 전기공학적 실험을 위한 기판(아이리듬 테크놀로지스), 체내 통로를 압박하기 위한 기기의 단순한 시제품, 그리고 그것의 본을 뜨기 위한 주형(제레미 쾰러), 펌프와 진공 시스템의 시제품(칼큘러 테크놀로지스), 신생아의 청각 스크리닝 기기의 초기 모델(소움 이노베이션 랩), 그리고 혈관 내 도구의 간단한 기능적 시제품(인터벤 사)

품의 디자인을 통해 답변하고자 하는 상대적으로 단순한 질문에 답하는 과정에 불필요한 복잡성을 가미하지 않을 수도 있다.

단일 시제품을 통해 본래 답하고자 했던 질문보다 더 많은 질문에 답하는 것은 이노베이터가 해당 모델의 결과를 이해하기 어렵게 만들 수 있다. 이 말은 최종 디자인에 좀 더 가까운, 더 발전한 시제품을 만들지 말아야 한다는 뜻이 아니다. 오히려, 이런 시제품은 전체 개념을 입증하기 위해 꼭 필요하다. 하지만 이러한 시제품은 지금까지 제대로 작동했던(그리고 앞선 시제품에 의해 답변된 모든 질문들을 반영하는 방식으로) 모든 구성요소들을 조합하는 방식으로 구성되어야만 한다. 이러한 방식으로 발전된 시제품들 역시 단일 질문에 답변하기 위해 구성될 수 있다. 물론 이런 질문은 고차원의 연구를 요구하는, "이 모델이 생체 내에서 제대로 작동할까?"라는 질문일 수 있다.

복잡한 시제품을 구성하기에 앞서, 현재 시장에서 유통되고 있는 기능과 자신들의 해결책이 어떠한 방식으로 유사한 것인지, 그리고 디자인, 인터페이스, 그리고 사용자 경험 면에서 이들의 강점과 약점은 무엇인지에 대해 이해하는 일은 매우 중요하다. 많은 경우 "역설계(Reverse Engineering)"이라는 말로 지시되는, 현재 존재하는 제품이나 기기를 분해하고 분석한다는 아이디어 역시 시제품화 과정을 좀 더 효과적으로 만드는 데, 그리고 현재의 해결책에서 작동하는 것, 그리고 작동하지 않는 것에 대해 근본적인 이해를 도모하는 데 도움이 될 수 있다. 하지만, 이노베이터들이 "현 상태"에 고정되어 버린다거나, 현재의 기술 속에 포함된 불필요한 제약 사항에서 벗어나지 못하는 경우 이런 방법은 위험하다.

불필요하게 복잡한 방식으로 시제품을 개발하는 것은 이노베이터들을 혼란에 빠뜨릴 수 있을 뿐만 아니라 사용자들로부터 피드백을 받는 과정에서 사용자 역시 혼란에 빠뜨릴 수 있다. 예를 들어, 만일 초기 유사-모습 모델이 최종 제품과 지나치게 유사할 경우, 사용자들은 이 기기의 근본 기능과 관련된 핵심 쟁점에 주목하기보다는 이 기기가 어떻게 어떻게 보이고 느껴지는지에 주목하게 될지도 모른다. 시제품의 수준은 반드시 쟁점으로 삼을 질문 또는 쟁점과 부합해야 하며, 여기에 대해 답변하는 데 필요한 수준의 복잡성만을 가지고 있어야 한다. 일반적인 재료만을 사용한 간단한 시제품은 어떤 기기의 기본 기능을 시험해 보는 데 있어 시간, 그리고 비용 측면에서 매우 효과적인 메커니즘이 될 수 있다. 이러한 기본적이지만 효과적인 시제품은 그림 4.5.4에서 살펴볼 수 있다.

아큐레브 사례는 여러 다른 유형의 시제품들이 여러 유형의 질문에 답하는 데 어떤 방식으로 사용될 수 있는지 보여줄 수 있을 뿐만 아니라, 손질이 덜 되어 있고 "낮은 기술"만을 사용한 모델이 어떤 가치를 제공할 수 있는지 보여줄 것이다.

현장에서 아큐레브(Oculeve)

기술적 가능성, 그리고 적용 가능성을 검사하기 위해 초기 모형을 사용하기

몇 년 전, 스탠포드 바이오디자인 프로그램에 소속된 한 팀은, 현재 **표준적인 치료 방법**(Standard of Care)인 인공 눈물(국소 사이클로스포린) 처방보다 만성적인 안구 건조증에 더 효과적인 방법을 찾는 작업을 시작했다. 안구건조증(dry eye disease, DED)는 눈물샘이 충분한 눈물을 만들어내지 못하거나, 안구 표면에서 눈물이 너무 빠르게 증발하는 이유에서 눈에 눈물막이 불충분하기 때문에 일어나는 질환이다.[1] 눈물막을 안정적으로 유지하지 못할 경우, 안구 표면은 충혈을 일으키게 되며, 이는 환자가 고통스러운 건조 증세, 작열감 또는 이물감, 그리고 시력 장애를 경험하게 만든다.[2] 대략 2천만 명의 미국인들이 안구 건조증을 앓고 있으며, 이 가운데 1백 6십만 명은 쇠약 증상을 불러오기에 충분할 정도로 심각한 증상을 앓는다.[3]

안구 건조증을 진료하는 팀의 일원으로서, Michael Ackermann은 이에 대응하는 해결책에 대한 아이디어를 생각하기 시작했다. 이전에 보스턴 과학에서 신경자극 기기를 제작한 바 있던 Ackermann은 신경자극을 통해 안구건조증 문제를 해결할 수 있을 것이라고 생각했다. "눈물샘은 부교감 신경의 자극을 받아 눈물을 만들어 냅니다. 때문에, 이 신경을 활성화하는 자극을 가하는 방식으로, 이 신경 아래에 연결된 눈물샘을 활성화시킬 수 있습니다." Ackermann의 설명이다.[4] 비록 이 아이디어가 즉각적으로 전체 팀의 아이디어와 공명하지는 않았지만, Ackermann은 이렇게 지적한다. "사실 우리는 이 아이디어를 곧바로 채택한 것은 아닙니다. 우리는 바이오디자인 혁신 과정의 각 단계를 따라 천천히 진행했죠. 하지만 안구 건조증이 제기하는 필요를 상세히 살펴보니, 이 해결책은 다시 가장 위로 떠올랐고, 또한 우리가 수행한 여러 시험에 대해서도 잘 견뎌냈습니다."

신경자극을 사용하자는 아이디어는 개념 탐색과 시험 단계까지 넘어갔고, 팀은 어떻게 이 해결책으로 시제품화할 것이냐는 문제에 직면하게 되었다. "이것은 우리에게 흥미로운 단계였습니다." Ackermann은 이렇게 운을 띄웠다. "신경자극을 아래로 내려 보내기 위해서는 정말로 정밀한 기기가 필요했으며, 때문에 우리가 원하는 기기를 정확하게 만들어 내 피드백을 받아내는 것은 매우 어려운 작업이었습니다." 이러한 도전에 직면하여, 이 팀은 자신들이 답해야 했던, 가장 긴급한 질문에 집중했다. "우리는 두 가지를 알 필요가 있었습니다. 첫째, 어떻게 전기 자극이 눈물로 이어지는가, 둘째, 의사 및 환자들은 이것을 어떻게 사용할 것인가." 이에 따라, 팀은 두 가지 초기 시제품 유형에 초점을 맞추겠다는 판단을 내렸다. "유사-모습" 그리고 "유사 작동" 모델이 바로 그것이다.

"유사-모습" 시제품은 사용자 피드백을 수집하고 설정된 질문에 답변하기 위해 사용되었다. 이러한 "낮은 해상도 모델"은 의사들에게 개념을 설명하는 데, 그리고 이들 의사들의 관심을 표현하는 데 도움이 될 수 있는 시각적 도구인 플레이도(Play-Doh)나 카드보드(cardboard)와 같은 장난감에서 유래한 것이다. "최초의 유사-모습 시제품은 흉부에 이식되어 눈확(ocular orbit)에 도달하는 기기였습니다. 두 번째 제품은 와우각(cochlear)에 이식되어 귀를 통과하는 제품처럼 보였습니다." 두 버전은 의사들로부터는 대부분 부정적인 피드백을 얻게 되었으며, 이들 피드백은 디자인 단계로 다시 되돌아가게 되었다. 다음 버전에서, Ackermann과 연구진은 자신들의 개념을 상당히 진화시켜 직접 눈확에 설치할 수 있는 아주 작은 기기를 만들어 냈다. "지금 우리가 판매하는 기기와 매우 비슷하게 생긴 우리의 첫 번째 눈확 내 시제품은 도구의 포장에서 잘라낸 몇 조각의 플라스틱, 그리고 티타늄 부분을 묘사하는 점토 조각들로 이뤄져 있었습니다(그림 4.5.5). 이때 우리가 받았던 피드백은 이런 식이었습니다. '네, 만일 당신이 이렇게 생긴 무언가를 만들어 내고 실제로 그것이 작동한다면, 상당히 고무적인 성과라고 할 만 할 것입니다.'" 고무적이게도, 이 팀은 외과 수술 절차가 어떻게 이뤄질 것인지, 그리고 기기가 어떻게 눈확 내에 자리잡게 될 것인지 이해하기 위해 스탠퍼드 의대의 해부학 랩에서 실습용 시체에 유사-모습 시제품을 시험하기 시작했다.

이와 동시에 Ackermann과 연구진은 눈물 생성량을 증대시키기 위해 눈물샘에 전기 자극을 가한다는 개념을 검사하기 위해 유사 작동 시제품을 개발하기 시작했다. "우리는 마취과학에서 차단해야 할 신경을 확인하기 위해 사용되는 임상 시뮬레이터에서 시작했습니다. 또 우리는 여기에 경피적 방법으로 얇은 전극을 붙였습니다." 비록 이 시제품은 최종 제품과 전혀 닮지는 않았지만 애커먼 팀이 벤치 테스트 그리고 동물 실험을 이 제품으로 성공시킬 수 있을 만큼 작동 메커니즘을 충분히 정밀하게 복제한 것은 사실이다. "우리가 사용한 신경자극기는 FDA

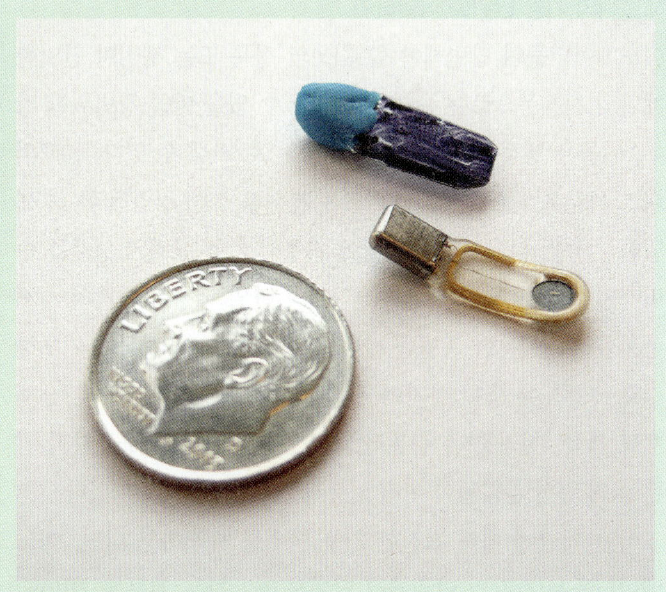

그림 4.5.5
최종 버전에 가까운 눈확 내 이식물 옆에 놓인 아큐레브의 유사-모습 시제품 (아큐레브로부터 허가를 받아 사용)

허가를 취득한 기성품이지만, 우리는 이것을 사람에게 사용하기에 앞서 좀 더 조심스럽게 시험을 진행하기 위해 입증 시험을 거쳤습니다." 예를 들어, 이러한 동물 시험 가운데 한 가지에서, 이 팀은 10여 회 정도 토끼에게 자극을 가하는 시험을 벌였으며 시험의 효과는 물론 안정성을 검증하기 위해 조직학적 연구를 수행했다. "우리는 우리가 임상에서 마주칠 수 있는 모든 중요한 위험을 검토하고 경감시키기 위해 광범위한 위험 분석을 수행했습니다." Ackermann은 이렇게 덧붙였다.

Ackermann은 팀의 초기 시제품화 및 시험 과정을 이렇게 평가하였다. "두 유형의 시제품 모두가 우리를 앞으로 갈 수 있게 만들었습니다." 그는 또한 "팀 외부에서 조언을 아끼지 않은" 스탠포드 의대 안과 조교수인 Daniel Palanker, 스탠포드대 메디컬 센터의 안과 교수인 Mark Blumenkranz에게도 감사를 표했다. Ackermann은 이렇게 강조한다. "이들은 안과 전문의로서 상당한 명성과 경험을 가진 분들입니다. 현장 경험에서 우러나온 이들의 피드백과 조언은 우리가 개념을 조합하는 데 상당한 도움이 되었습니다." 마지막으로, Ackermann은 무엇이 작동하는지를 신속하게 떠올릴 수 있게 해 주는 간단한 시제품을 사용하는 일이 얼마나 중요한지 강조했다. "쟁점 개념의 또는 그 일부의 작동을 보여줄 수 있는 대체 기기, 그리고 초기 시제품을 사용함으로써 당신은 많은 것을 배울 수 있습니다." 컨셉 탐색과 시험을 통해 수집한 정보들은 팀이 좀 더 구체적인 연구개발에 대해, 그리고 아이디어를 실천으로 옮길 임상 전략을 구상할 때 출발점으로 작용했다(이 프로젝트에 대해 더 상세한 정보를 알고 싶다면, 5.2 R&D 전략에 수록된 Ackermann 팀이 아큐레브 유한회사라는 이름의 기업을 세우게 되는 이야기를 보라).

해결책의 기능 단위를 식별하기

이노베이터들이 답변해야 할 최초의 질문 또는 쟁점이 단일한 계열의 시제품으로는 손쉽게 해결할 수 없을 만큼 광범위한 경우, 이들은 쟁점 개념을 "기능적 단위"로 쪼갤 수 있다. 본래의 니즈 기준은 4.1~4.4절에 이르는 분석을 통해 정립된 좀 더 세밀한 기능적 디자인 요구사항에 비추어 기능 단위의 경계를 수립시키는 데 사용될 수 있다. 각각의 단위는 쟁점 개념의 시제품화할 수 있는 한 측면을 나타내야만 하며, 그 성격에 기초해 서로 구분되는 공학 분과와 묶일 필요가 있다. 기계공학, 생체 재료 과학, 전기공학, 컴퓨터 과학 또는 소프트웨어 공학과 같은 여러 공학 분과들이 여러 기능적 단위를 담당할 수 있다.

어떤 개념에 대해 적절한 기능 단위를 규정하고 나면, 이노베이터들은 각각의 단위에서 답변하고자 하는 질문에 기반해, 그리고 이들을 전체 개념을 구현하는 시제품으로 한데 묶는 것을 염두에 두지 않은 채, 독립적으로 시제품화를 진행할 수 있다. 어떤 아이디어의 실행 가능성을 보여줄 수 있는 핵심 요소는 몇몇 단위만으로도 나타낼 수 있다는 점은 매우 중요하다.

좌심방이 사례의 시제품화에서 사용된 일차적인 기능 단위들은 그림 4.5.6에서 확인할 수 있다. 이들 단위에서 확인할 수 있듯, 본래 개념은 기계공학적 요소 #3, 그리고 생체 재료 과학 요소(#1, 2, 4)로 이뤄진다. 이들 개념들은 단일한 공학 분과 내에 있는 "순수한"해결책을 보여주지만, 혁신적 개념들은 많은 경우 서로 다른 공학적 영역을 조합하는 방식으로 얻을 수 있다. 이 사례에서는 쟁점을 생체 재료 과학에 비추어 다수의 단위로 쪼개는 대신, 이들 모든 단위를 문제의 재료가 무엇인지에 따라 여러 가지 속성을 가진 단일 단위로 분류하는 대안적 방식을 생각할 수 있다. 비록 이러한 접근방식이 이들 단위들이 서로 밀접하게 연관되어 있다는 점에 호소하고는 있으나, 개발대상 개념을 좀 더 세밀하게 쪼개는 방식을 통해, 그리고 각각의 공학 분과와 관련된 여러 단위를 함께 고려하는 방식으로, 이노베이터들은 이들 세부 단위가 어떤 방식으로 시제품화되어야 하는지를 좀 더 쉽게 결정할 수 있다. 이러한 결정은, 무엇이 이런 단위 속에서 새로운 것인지, 그리고 대응할 필요가 있는 가장 강력한 위험은 무엇인지에 기반해 이뤄져야 할 것이다. 어떤 단위가 현존하는 해결책에 즉각 적용될 수 있다는 점이 드러난 경우, 이런 적용이 의미 있는 범위 내에서는 현존의 해결책과 기능 단위를 결합하는 데는 어떠한 해로운 면도 없을 것이다.

관상동맥 질환을 치료하기 위한 약물 용리 스텐트나 생물학적 코팅 스텐트와 같은 조합 제품을 개발하기 위해서는 이제 좀 더 세밀한 시제품화 과정이 필요하다. 이들 새로운 기기들은 때로 복잡하고 예측되지 않은 방식으로 상호작용하는 매우 복잡한 기능적 단위로 이뤄져 있다. 스텐트 사례에서, 생물학적, 그리고 약학적 단위는 그 본성에 있어 기계적, 전기적, 또는 화학적 방식으로 행동하는 다른 여러 메커니즘들이 추가되어 실제 스텐트를 이루게 된다. 이 사례에서, 약학과 분자생물학에서의 전문가들은 시제품화 과정에서 필수적이었다. 게다가, 이 제품에 대한 거시적, 그리고 미시적 평가를 위해서는 실험실 자원도 필수적이었다. 이런 평가 작업에는 세포와 조직 배양 시설뿐만 아니라 이들 기술을 평가하기 위한 새로운 기술, 예를 들어 크고 작은 동물 조직 이미지 분석 기술 또한 필요했다.

알려져 있는 것을 이해하기

어떤 개념의 기능적 단위가 일단 규정되었다면, 이노베이터들은 이들 단위에 대해 이미 알려져 있는 것들을 평가할 수 있게 된다. 이러한 과정은 매우 중요한데, 이는 가장 커다란 위험을 드러내기 위해서는 어떤 단위에 가장 먼저 초점을 맞춰야 하는지 확정하는 데 도움을 줄 수 있기 때문이다. 또한 어떻게 유사하거나 경쟁적인 해결책의 기능이 어떤 방식으로 도울 수 있는

1 A material that is liquid when injected into the LAA via a delivery system

2 A material that can fill up the LAA completely to prevent blood flow from subsequently getting into the LAA

3 A delivery system that can deliver this material to the LAA and be removed without causing perturbation of the material-filled LAA

4 A material that "hardens" or polymerizes in the LAA without leakage into the bloodstream

그림 4.5.6
좌심방이 사례에서 살펴볼 수 있는 주요 기능 단위들

지 포괄적으로 이해하게 되면, 어떠한 기능적 단위가 정말로 새로운 것인지, 그리고 어떤 개념을 실현시킬 수 있는 적절한 해결책이 무엇인지 식별할 수 있을 것이다. 어떤 경우에는, 해결책 개념을 구성하는 상당수의 요인들은 이미 잘 이해되어 있으나 하나 또는 두 측면은 시제품 개발을 통해 입증할 필요가 있는 경우가 있다. 예를 들어, 좌심방이 사례에서 이노베이터들은 심장에 물질을 전달하는 메커니즘으로서 잘 이해되어 있는 카테터 기반 전달 시스템을 활용하여 심장전문의와 같은 특정한 이해관계자들이 자신들의 방안을 받아들일 수 있도록 만들었다. 하지만 좌심방을 채우는 물질과 심장 사이의 상호작용에는 매우 많은 불확실성이 남아 있었다. 결과적으로, 이노베이터들은 기능 단위 #3으로 넘어가기에 앞서 재료 과학과 관련된 기능 단위 #1, #2, #4을 다루는 시제품화 단계에 집중해야 한다는 판단을 내리게 되었다.

기능 단위를 검사할 때, 이노베이터들은 어떤 해부학적 공간을 채울 수 있으며 카테터를 통해 액체 형태로 전달될 수 있는, 재료들이 현재 있다는 점을 파악할 수 있었다. 대조적으로, 이들은 혈류와 접촉한 상태에서도 폴리머화 상태를 유지하는 재료가 있는지에 대해서는 확실하게 알지 못했다. 개발진은 당시 알려지지 않았던 후자의 기능 단위에 초점을 맞췄고, 다른 영역에 연구 시간을 투입하기에 앞서 해결해야 하는 문제로 간주했다. 생체 재료 과학에는 알려지지 않은 내용이 다른 개발 관련 영역보다 훨씬 많았다는 이유 때문에, 생체 재료 과학의 여러 측면을 하나의 단위로 간주하기보다는 서로 구분되는 기능 단위로 분할하는 것이 의미가 있었다는 점을 지적하고 싶다.

세밀한 디자인 요구사항, 그리고 기술 사양을 규정하기

해결책 개념들을 기능적 단위로 분할하는 것이 시제품화 과정에 접근하는 방법을 단순화할 수 있었던 것처럼, 디자인 요구사항과 기술 사양을 더 세밀하게 규정하는 것 또한 도움이 될 수 있다. 본래의 요구 규준뿐만 아니라 각각의 기능 단위와 유관한 추가적 규준 역시 개념 탐색과 시험 과정을 통해 배운 내용에 기반하여 설정할 수 있다. 좌심방이 사례를 다시 살펴보자. 단위 #3을 위한 좀 더 세밀한 디자인 요구사항은, 직경이 8프렌치[5]를 넘기지 않아야 하며 좌심방을 채울 물질을 전달하기 위해 조작할 수 있어야 하는 카테터 기반 전달 시스템이어야 한다는 내용이다. 이러한 내용은, 심장 외과의가 아니라 심장전문의가 이 절차를 수행할 것이며, 또한 이들이 선호하는 방법 및 도구가 그러한 조건이 유사하다는 점에 기반해 결정된 것이다. 이러한 기술 사양들은, 관련성 있는 외부 요인들과 함께 시제품 개발을 이끄는 원리로 사용될 것이다. 또한 세밀한 디자인 요구사항들은 각각의 연속적인 시제품화 과정을 통해 답변할 필요가 있는 질문을 더욱 더 세밀하게 규정하는 데 도움이 것이다.

어떤 개념이 핵심 요소들을 작동 가능한 형태로 만들어 냈다면, 개발 중인 아이디어의 유용성과 상업성을 향상시킬 수 있는 특별한 성분을 찾아내는 일은 더욱 쉬워지게 된다. 실제 사용자들은 이노베이터들에게는 알려지지 않은 세밀한 디자인 요구사항을 식별하는 방식으로 시제품 개발 과정을 이끌어 가는 데 중요한 역할을 하게 된다. 어떤 경우, **"디자인 요구사항"** 이라는 말은 "사용자 요구사항"이라는 말과 교환 가능하며, 이를 통해 방금 언급한 정보를 수집할 때 사용자들이 수행하는 역할의 중요성을 강조할 수 있다. 사용자들은 또한 개발 대상 개념에 너무 깊이 발을 들여놓았기 때문에 "눈이 멀어버린" 이노베이터들에게 여러 위험과 관련된 문제를 제기할 수 있다.

핵심 기능 단위에 대한 니즈 기준, 그리고 몇 가지 기본적인 디자인 요구사항과 부합하는 간단한 시제품을 만들어 내는 것은, 좀 더 상세한 정보를 수집하는 과정을 출발시키는 가장 손쉬운 방법이다. 다시 좌심방이 사례를 살펴보자. 여기서 이노베이터들은 일반적인 심장 카테터, 풀과 같은 물질, 그리고 소 심장에 기반한 모델을 사용자들에게 보여주는 방식으로 중요한 정보를 전달할 수 있었다. 이 시나리오에서, 풀이 어떻게 카테터를 통해 좌심방을 채우게 되는지, 그리고 이것이 어떻게 폴리머화 되며 한 시간 내로 응고되는지를 보여주었다. 이 다음, 심장전문의들은, 카테터가 한 시간 동안 좌심방에 머무는 것은 너무 길게 머무르는 것이며 따라서 풀이 20분 내로 폴리머화될 필요가 있다고 지적했다. 이에 따라, 다음 단계의 시제품은 이렇게 수정된 디자인 요구사항을 만족해야만 했다. 여러 사용자에게 조언을 구하는 일은 이노베이터들이 어떤 개인이든 가질 수 있는 **바이어스**에서 자유롭게 만들어 준다.

시제품을 점점 더 세밀하게 개발함으로써, 그리고 디자인 요구사항을 개선해 나감으로써, 이노베이터들은 핵심 기술 사양을 자연스럽게 발전시켜 나가게 된다. 기술 사양은 요구와 핵심 디자인 요구사항을 서로 부합하게 하려면 해결책들이 반드시 만족해야 할 공학적 파라미터를 지시한다. 물론 문제의 디자인 요구사항들은 기술적으로 실현 가능한 범위 내에 있어야만 한다. 달리 표현하자면, 기술 사양은 해결책이 어떻게 기능해야 하는지를 포착하고 설명한다. 이들 사양은 대개의 경우 기술적 특징에 초점을 맞추고 있다. 하지만, 사용자가 기기의 기능성에 대해 원하는 좀 더 "연성" 속성 또한 여기에 포함될 수 있다(다른 기기와의 호환성, 작동 방법, 인간공학적 특징 등). 이들 모든 사양들은 차후의 바이오디자인 혁신 과정에서 이뤄지는 연구개발 과정이나 제품 개발 활동에 영향을 끼칠 수 있기 때문에, 기기를 디자인할 때 신중한 검토를 거쳐 결정되어야만 한다.

또한 기술 사양은 서로 다른 시제품을 개발할 때 거치는 성공과 실패로부터 도출될 수도 있다. 좌심방이 사례가 이를 예증한다. 살아 있는 동물에 적용할 시제품화 작업은 카테터를 혈관에 삽입했을 때 카테터가 수축되지 않게 하려면 어느 정도 강도가 있어야 한다는 점을 보여주었다. 시행 착오를 거쳐 이노베이터들은 카테터의 수축을 막는 적절한 부하 계수를 알아낼 수 있었다. 이렇게 되자, 이러한 사양은 이 해결책의 기술적 실행 가능성에 있어 핵심적인 요소로 간주되기에 이른다.

비록 바이오디자인 혁신 과정의 초기에 디자인 요구사항과 기술 사양을 합리적으로 결정해야 한다는 점을 강조하는 경우는 그다지 많지 않으나, 디자인 및 개발 과정 속에 있는 이러한 파라미터 사이의 필연적인 교환 관계에 대해 인지하고 있어야 한다. 일단 디자인이 시작되고 나면, 기술적으로 복잡한 여러 특징에 대한 요구사항을 만족시키고자 할 때, 이러한 복잡성을 축소하는 데 있어 한계에 마주하게 될 것이다. 이노베이터들이 어떤 요구 조항이 가장 결정적인지 분명히 결정하지 못한 상태에서는, 유관한 기술 사양에 비추어 보아 디자인 요구사항의 균형을 맞추는 작업에 사용자 피드백이 큰 도움이 될 수 있다. 또한, 다수의 디자인을 핵심 요구사항을 서로 다른 강조 사항에 따라 조합하는 방식으로 만들어 낼 수도 있다. 이렇게 되면, 목표 사용자들에게는 초기 디자인 속에 있는 여러 요구사항들의 우선순위를 조정하는 데 도움을 요청하기보다는 특별한 디자인에 대한 평가를 요청할 필요가 있을 것이다 – 이런 작업은 많은 사람들에게 좀 더 어려운 작업이 될 것이다. 어떤 접근 방식을 택하든, 이노베이터들은 어떤 해결책이 공학적으로 실현 가능하도록 디자인 요구사항과 기술 사양 사이의 상호작용을 세심하게 모니터링해야만 한다.

제품의 특징을 결정할 기술 사양의 우선순위를 결정하고 합리화하는 데 유용한 접근 방식 가운데 하나는, 카노 모델 분석이라는 이름으로 부른다. 이노베이터들은 각각의 특징 차원에 대한 결정을 체계적으로 내리기 위해 또는 사용자들이 가장 선호하는 한편 핵심 이해관계자들에게 실질적인 가치를 제공할 수 있는 최적의 특징 조합을 식별하기 위해 이 방법을 사용할 수 있다.[6] 카노 분석에 대한 더 많은 정보는 이 절의 사용자 시험 섹션에서 제시할 것이다.

시제품화의 타이밍

시제품화를 시작할 "올바른" 시점은 없지만, 많은 전문가들은 시제품화 과정을 통해 많은 것을 배울 수 있도록, 그리고 이렇게 배운 것을 반복적인 디자인 및 개발 과정에 적용할 수 있도록 가능한 한 빠르게 시작하라고 권고한다. 만일 시제품화를 통해 답변할 수 있는 질문이 있다면, 시제품화를 통해 그에 대한 탐색에 나서는 일은 일반적으로 가치가 있을 것이다. 디자인 기업인 IDEO의 Tom Kelley는 이렇게 말하고 있다.[7]

> 신속한 시제품화 과정은 당신의 답변을 앞당길 수 있으며, 약간의 망설임이 들 수도 있지만 중요한 것으로 드러나게 될 어떤 기회를 포착하는 데 도움이 될 수 있다. 또한 살아 있고 움직이는 시제품은 당신의 아이디어를 형성하는 데 도움을 줄 수 있다. 당신이 이 세계에 무언가 새로운 것을 만들어 내고자 한다면, 경쟁자의 어깨 너머를 보는 것만으로는 부족하다. 당신은 무언가 새로운 영감의 원천을 찾아내야만 한다. 당신이 무언가를 그리거나 만들기 시작했다면, 낙서, 스케치, 모델링을 통해 새로운 것을 발견할 가능성을 열기 시작한 것이다. 아이디어를 스케치하고, 물건을 만들어 내는 한편, 우연한 발견으로 이어질 수 있는 것들을 하라. 가장 기본적인 층위에서, 당신이 말하는 것부터 하나의 활동이고, 또한 개념의 한계를 넓혀 나가는 일이다.

바이오디자인 혁신 과정에서 시제품화를 너무 일찍 시작하는 것의 단점은 핵심 요구 규준이나 디자인 요구사항을 만족하는 해결책인지 확신하기에 앞서 작동하는 모델 제작에 휩쓸려 들어갈 수 있다는 점을 꼽을 수 있다. 또 다른 함정으로, 최종 제품의 기술적 실현가능성에 영향을 끼칠 수 있는 근본적인 결함에도 불구하고, 어떤 개념을 작동 가능한 형태로 만들어 내게 되는 상황이 일어날 가능성도 꼽을 수 있다. 이러한 가능성은, 핵심 요구를 만족하는 데 궁극적으로는 부적합한 개념을 확인하는 데 비용과 여러 날, 몇 주 또는 몇 달의 시간을 투입하도록 만든다. 이노베이터들은 시제품화를 시작할(그리고 유지할) 이상적인 시점이 언제인지 찬반 의견(표 4.5.2)을 종합해 조심스럽게 판단할 필요가 있다.

바이오디자인 시험의 일부로 진행되는 컨셉 탐색

컨셉 탐색은 좀 더 폭넓은 연구개발 과정의 핵심 초기 구성요소다. 특히, 시제품은 사용자 피드백을 수집하고 다양한 유형의 초기 시험을 통해 특정한 개념의 기술적 실현 가능성을 입증하기 위해 사용될 수 있다. 그림 4.5.7에서 볼 수 있듯이, 이러한 시험 방식을 개념 탐색의 일부로 이해하는 것은 매우 중요하다.

사용자 시험, 벤치 테스트, 모의 사용 시험, 조직 시험은 통상 반복적인 디자인 과정 전반에 걸쳐 여러 차례 수행되게 마련이다. 동물 시험, 카데바 시험, 그리고 인체 시험 모두는 좀 더 발전한 유사 작동 모델 그리고 유사-실제 모델을 사용할 수 있을 경우 바이오디자인 혁신 과정의 후반부 단계에서 여러 차례 수행된다(5.2 R&D 전략 및 5.3 임상시험 전략 참조). 이러한 시험 연속체 전반에 걸쳐, 이노베이터들은 핵심 디자인 요구조건에 대한 정보를 수집하게 되며, 또한 중요한 기술 사양에 대해서도 점점 더 잘 이해할 수 있게 된다. 사용자 시험, 벤치 테스트, 모의 사용 시험, 조직 시험과 관련해 고려해야 할 핵심 사항은 다음에서 논의하기로 한다.

사용자 시험

사용자 시험은 사용자들의 반응을 수집하고 사용자와 제품 사이의 상호작용을 관찰하는 방식으로 어떤 개념을 평가하는 시험이다. 무엇보다도, 이런 활동은 어떤 해결책이 초점으로 두고 있는 사용자를 그림 또는 스토리보드로 표시하는 작업과 결부되어 있다. 그 다음 단계는, 이들 사용자들에게 유사 작동 모델, 유사-모습 모델, 실제와 비슷한 모델을 보여주고 사용자들이 이 모델에 대해 스스럼없이 보이는 반응과 상호작용을 관찰하는 작업이다. 시험이 거듭될수록, 이러한 시험은 통제된 상황하에서 양적 · 질적 데이터를 체계적으로 수집하여 사용성 검사를 위해 사용하는 기법에 의존해 더욱 혹독한 방향으로 진화하게 된다. 사용성 검사는, 사용자들에게 상대적으로 발전한 시제품을 지급한 다음, 핵심 요구 조건이나 기술 사양과 시험 대상 기기가 얼마나 잘 부합하는지 확정하기 위해 사용자와 시제품 사이의 상호작용을 관찰하는 방식으로 이뤄진다. 예비적인 개념 탐색 기간 동안 제대로 된 사용성 검사를 수행하기는 어려운 일이지만, 이는 연구 개발을 진척시키기 위해 검토해 볼 만한 유용한 방법일 것이다.

표 4.5.2 시제품화 과정의 일부로서 초기 모델을 사용하는 작업의 장점과 단점

초기 작동 모델의 장점	초기 작동 모델의 단점
• 유연하며, 상대적으로 쉽게 바꿀 수 있다. • 상대적으로 저렴하다(후기 시제품에 비해). • 초기에 사용자로부터 핵심 디자인 요구사항을 파악해내는 데 도움이 될 수 있으며, 개발 과정 전반에 걸쳐 반복할 수 있다. • 자금을 확보하는 데 필수적인, 개념 검증을 가능하게 할 수 있다. • 실행 가능성의 관점에서 볼 때 기술적으로 핵심적인 도전과 쟁점을 보일 수 있다. • 사용자에게 최종 제품이 어떻게 보일 것 같은지, 그리고 어떻게 작동할 것 같은지에 대한 아이디어를 전달하는 데 도움이 될 수 있다. • 개발 과정에 사용자들이 능동적으로 참여하도록 독려할 수 있다. • 제품 개발 속도를 끌어올릴 수 있도록 이노베이터들을 격려할 수 있다.	• 사용자들이 요구와 디자인 요구사항을 아직 적절하게 이해하지도, 합리화하지도, 디자인에 반영하지도 못할 수 있다. • 초기 디자인은 사용자 기대를 적절하게 만족시키지 못할 수 있으며, 따라서 청중들을 실망시키게 될지도 모른다. • 초기 시제품에 비생산적인 특징을 위쪽에서(사용자 요구사항) 또는 아래쪽에서의 (기술적인 실행 가능성, 그리고 제조 가능성) 관점에서 성급하게 덧붙이게 될 수 있다. • 이노베이터들은 불완전하거나 결함이 있는 설계에 기반한 성급한 시제품화로 인해 시간과 돈을 낭비하게 될 수도 있다.

Stage 4: 컨셉 스크리닝

앞서 언급했듯이, 카노 모델 분석은 사용자 피드백을 체계적으로 수집할 수 있는 또 다른 가치 있는 도구다. 이러한 접근 방법은 시험의 특징을 다음 네 가지 범주로 요약할 수 있는 틀을 제공한다는 점에서 초기 작업에 큰 도움이 된다.[8]

1. **반드시 가져야 할** – 고객들에게 가장 결정적인 특징
2. **불만 유발자 또는 반드시 가져서는 안 될** – 사람들이 불만을 가지고 결국 제품에서 마음을 돌리게 만들 특징
3. **무관한 특징** – "어쩌라고?"라는 반응을 부르게 될 특징

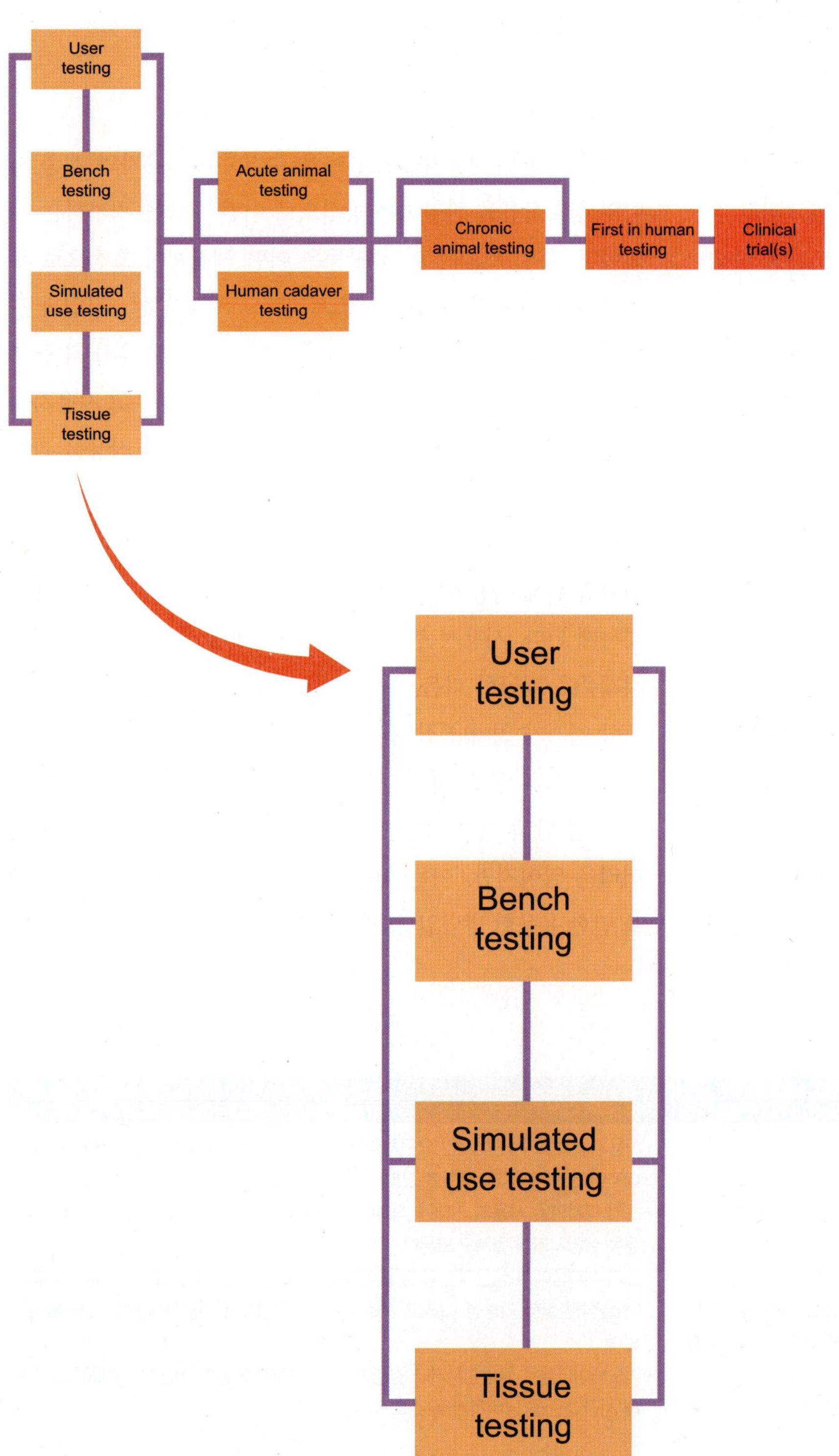

그림 4.5.7
사용자 시험, 벤치 테스트, 모의 사용 시험, 조직 시험의 조합은 이노베이터가 자신의 초기 시제품을 효과적으로 평가할 수 있도록 도울 수 있다.

4. **흥분을 불러올 특징** – 사용자들을 기쁘게 할 뿐만 아니라 예상 밖의 흥분을 가져다 주고, 좀 더 높은 수준의 만족이나 가치에 기여할 수 있는 특징

이러한 방식으로 특징을 분류하면, 이노베이터들은 사용자들에게 일련의 특징을 제시하기 위해 시제품 또는 모델을 사용할 수 있게 된다. 각각의 분류군에 대해 다음과 같은 "기능적" 질문 또는 "기능부전" 상황에 대한 질문을 던질 수 있다.[9]

- 이러한 특징을 그 설계의 일부로 포함하고 있는 기기를 당신이 받았다면, 어떤 느낌이 들 것 같습니까?
- 이러한 특징을 그 설계의 일부로 포함하고 있지 않은 기기를 당신이 받았다면, 어떤 느낌이 들 것 같습니까?

이들 두 질문에 대해, 사용자들은 다음 답변 가운데 하나를 선택해 달라는 요청을 받게 될 것이다.[10]

- 이 특징은 내게 흥분을 준다.
- 이 특징은 반드시 있어야 할 필요가 있다.
- 이 특징은 내게 있어도 그만, 없어도 그만이다.
- 나는 이 특징을 선호하지는 않지만 받아들일 수는 있다.
- 나는 이 특징을 받아들일 수 없다.

결과를 수집하고 나면, 카노 기법은 각각의 특징에 대한 사용자들의 우선순위 부여나 선호가 어떤 식인지 이해하는 데 필요한 데이터를 분석하는 방법을 제공하며, 혁신자들은 이에 기반해 어떤 제품 특징을 조합하면 최적 해에 도달할 수 있을지 파악할 수 있게 된다. 상세 내용을 살펴보기 위해서는 "Getting Started" 섹션에서 카노 분석에 대해 살펴보라.

사용성 검사나 카노 모델 분석과 같이 형식을 갖춘 검사 방법을 사용하기에 앞서, 이노베이터들은 다음과 같은 일반적인 지침에 따라 유용한 사용자 데이터를 획득할 수도 있다.

- **열린 질문 형식을 이용하여 사용자 경험 피드백을 수집하라** – 당신은 이 특징에 대해 어떻게 생각하는가? 어떻게 하면 더 낫게 만들 수 있을까? 왜 당신은 이런 특징을 선호하지 않는가? 이러한 당신이 이들 특징을 선호하지 않는 이유는 기능적인가, 디자인과 관련되어 있는가, 의료 실행 과정에서 가능한 문제 때문인가?
- **사용자들이 시제품을 다루는 방법을 관찰하여 사용자 인터페이스와 경험에 대해 이해하라** – 대체 어떤 특징이 벤치 테스트나 동물 실험에서 당신이 이 제품을 사용하기 가장 어렵게 만드는가?(예를 들어, 지나치게 기계공학적으로 치우쳐 있는 해결책이기 때문에?) 또는, 이러한 제품이 사용되는 주변 환경과의 상호작용(예를 들어, 앱이나 소프트웨어 프로그램에 대해) 가운데 무엇이 애로사항을 불러오는가? 이들 제품의 특징 가운데 무엇이 당신에게 매력적이거나 호소력이 있는가?
- **임상 환경 하에서 문제의 기기가 어떻게 사용될 수 있을지에 대해 상상해 달라고 사용자들에게 요청함으로써 디자인에 대한 요구를 수집하라** – 어떤 기기나 기술을 사용자가 사용하는 것을 직접 관찰할 수 없을 경우(예를 들어 프라이버시 문제나 규제로 인한 제약 사항으로 인해), 또는 발전된 모델을 사용자들에게 제공하기 어려운 개발 초기 단계에는, 사용자들에게 수술실, 진료실, 카테터 삽입술 실험실, 의료보험 시스템과 같은 여러 환경 속에 이 기기를 통합시킬 때 반드시 검토할 필요가 있는 다른 요소들이 있는지 물어보아야만 한다. 이 기기의 사용에 영향을 끼칠 수 있는 다른 장비, 또는 환경 요소를 고려할 필요가 있는가? 소프트웨어와 앱의 경우, 호환성 또는 통합성 쟁점을 검토할 필요가 있는가?

이 모든 것에 대해 다수의 사용자들로부터 피드백을 받는 일은 현실적이지 않지만, 폭넓은 범위의 의견을 검토하는 일은 문제의 시제품이 가진 힘이 무엇인지, 그리고 그 결점은 무엇인지에 대해 아주 많은 것을 밝혀낼 수 있는 방법이다. 이런 단계를 거친 이노베이터들은 자신의 관찰에 기반해 시제품에서 추가적으로 수정할 필요가 있는 부분은 무엇인지, 그리고 받아들여야 할 부분은 어떤 것인지에 대해 결정할 뿐만 아니라 어떤 사용자 피드백에 따를 것인지에 대해서도 결정하게 될 것이다.

빈카(Vynca)는 사용자 의견을 자주, 그리고 조기에 수집하는 일이 얼마나 중요한지 보여준다. 비록 의공학 기술의 모든 부분을 넘나드는 작업이 이뤄졌지만, 소프트웨어나 모바일 헬스 앱과 같은 고객 지향적 제품에 대한 사용자 의견을 조기에 수집하는 일은 개발 과정에 매우 유익하다.

현장에서 빈카(Vynca)

사용자와 사용자 시험의 중요성을 이해하기

Rush Bartlett, Ryan Van Wert, Frank Wang은 모든 **의공학** 해결책을 – 특히 소프트웨어 기반 해결책을 – 개발하는 데 있어 가장 중요한 요소는 기기로부터 가장 중요하고 큰 영향을 받는 최종 사용자의 요구에 맞도록 기기의 구성을 조율하는 데 있다고 보았다. 이들은 인공 소생술을 벌이는 중환자 전문의들을 둘러싼 여러 문제에 대해 답하려는 시도를 벌였으며, 이에 따라 개발 과정에서 염두에 두어야만 할 다수의 사용자(이해관계자)를 판별해 낼 수 있었다. "이해관계자 분석은 우리의 분석에서 단일 요소로서는 가장 중요한 부분이었습니다." Bartlett의 말이다. 환자, 의사, 간호사, 요양시설과 병원 관리자, 복지센터 직원, 그리고 병원 내 IT 인력이 이 영역에서 새로운 해결책을 받아들일 때 영향을 받을 수 있는 핵심 이해관계자였지만, 이들은 의사나 병원 IT 직원을 자신들의 설계를 받아들이거나 저항하게 될 최우선적인 이해관계자로 보고 개발을 이어갔다.

바이오디자인 펠로우 연구원으로서 호흡기 의학과 중환자 의학(Critical Care Medicine)을 임상적으로 관찰할 당시, Bartlett과 Van Wert는 갑작스러운 인공 소생술과 관련된, 그리고 임종기와 관련된 여러 문제를 이끌어 낼 수 있었다. 1주일이라는 시간 동안, 이들은 연명의료에 해당하는 중재를 거부하고자 하는 의사를 명확하게 서술해 놓은 연명의료지시서(Physician Orders for Life-Sustaining Treatment, POLST)를 앞서 작성한 상황에서 소생 치료를 받게 된 두 명의 노인 환자 사례를 접하게 되었다. 연명의료지시서 형식은 의료계에서 널리 받아들여지고 있지만, 여기서 문제는 의사가 그러한 문서가 있다는 정보에 신빙성 있게, 그리고 적시에 접근할 수 있도록 만들어 내는 일이었다. 이러한 쟁점은 말기 환자 가운데 대부분은 임종기에 접어든 상황에서 적극적인 치료를 받길 원하지 않지만, 다른 지시사항이 없는 상황이라면 의사들은 반드시 이러한 치료를 제공해야만 하는 의무를 가지고 있기 때문에 제기된다.

한 환자는 병원으로 이송될 당시(자신은 소생 치료를 받기를 원하지 않는다고 적어 놓은) 연명치료지시서 양식을 몸에 지니고 있었으나, 이 서류가 그만 앰뷸런스에 떨어지고 말았다. 스스로 말을 할 수 없는 상태에서 이 환자는 인공 호흡기를 단 채 중환자실(Intensive Care Unit, ICU)로 이송되었다. 빈카 팀이 쟁점 니즈를 확인하기 위해 응급 의료 시설을 추가적으로 관찰하는 동안, 팀원들은 연명의료지시서가 다른 종이 문서들처럼 등록 사무원에게 제출된 후 전자 의료 기록(Electronic Medical Record, EMR)으로 업로드되고, 병원의 중앙 문서 관리 센터로 전달된다는 점을 확인하게 되었다. 이러한 과정은 대개의 경우 하루에서 이틀이 걸렸다. 때문에, 응급실에서 연명의료지시서를 처리하는 현재의 과정은 치료 현장의 의사가 이 문서를 살펴보지 못하게 만드는 방식이었다. Bartlett과 Van Wert의 의사 고문이자 중환자 전문의였던 Allen Namath 역시 다양한 상황에서 환자의 의사를 기록하고 그에 따라 행동하는 문제에 부딪혀 왔다. 호흡기 전문의, 그리고 중환자실 전담 전문의로서 Namath는 이 문제의 양 측면을 바라보는 독특한 관점을 가지고 있었다. 그는 자신의 호흡기 클리닉에서 연명의료지시서 양식을 전통적으로 채우도록 했으나, 결코 중환자실에 들어가길 원하지 않는다는 점을 명확하게 밝힌 환자를 뜻밖에도 업무 교대 이후 중환자실을 순회하면서 발견하는 경우가 많았다. Van Wert의 설명을 들어보자. "환자에 대한 영향, 그리고 소생 치료 시스템의 고비용 때문에, 이 문제는 우리의 문제 목록에서 단숨에 최상위 자리를 꿰차게 되었습니다. 미국 메디케어 예산 가운데 1/3가량은 환자의 일생 가운데 마지막 1년에 소모되고 있죠. 이 가운데 상당부분은 환자들이 애초에 원하지 않았던 치료에 투입되고 있는 실정입니다." 때문에, 빈카 팀은 *의료 서비스 환경의 어떤 부분에 대해서든 쾌속으로 연명의료지시서를 전달하는 방법*이라는 요구에 초점을 맞춰야 한다는 판단을 내리게 되었다.

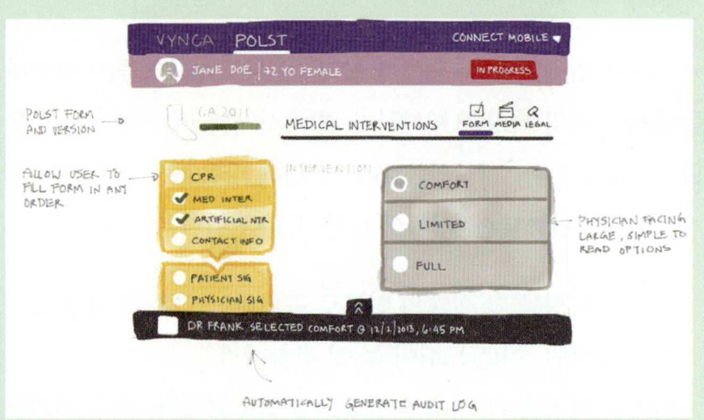

그림 4.5.8
빈카 팀이 사용자들로부터 피드백을 수집하기 위해 사용한, 예비 웹사이트 개념에 대한 간략한 스케치(빈카로부터 허가를 받아 사용)

이들은 임종기 치료 희망 여부에 대한 정보를 포착하고 전달하는 데 관련된 광범위한 개념에 대해 브레인스토밍 작업을 벌였다. 하지만 Bartlett에 따르면, "우리는 연명치료지시서 양식이 지난 20년간 누적된 임상 문헌을 통해 아주 질 받아들여져 왔으며 뒷받침되고 있다는 사실을 깨달았습니다." 이런 이유에서, 팀원들은 이 양식을 디지털 형식으로 완성하기 더 쉽게 만드는 데 최우선적인 초점을 맞췄다. 보안을 향상시키고, 환자 교육을 돕는 한편, 환자들의 선호를 더 정확히 반영하는 방식으로 정보를 포착하는 방향에 기여할 수 있는 여러 특징을 더하는 작업이 함께 했다. 두 번째 결정적인 단계는, 어떤 환경에 있는 의료서비스 제공자에게든 지난 20년간 누적된 임상 문헌을 통해 신속하게 이러한 정보를 전달할 수 있도록 정보 전달 방식을 혁신하는 데 있었다.

의사들은 가장 중요한 사용자 집단이었는데, 이는 이들이 진료실에서, 또는 외래 환자를 보면서 이들 양식을 완성하는 데 핵심적인 역할을 수행했기 때문이다. 이들은 또한 소생 치료 여부를 결정할 때 문제의 정보에 적시에 접근해야만 할 필요가 있는 사람들이기도 했다. 게다가, Van Wert의 지적에 따르면, "간호 단위 챔피언을 두는 것은 어떤 보건 시스템이 새로운 기술을 도입하도록 하는 데 늘 핵심적이다." 이러한 사람들을 염두에 둔 채, 이 팀은 자신들의 해결책에 적용될 일련의 사용자 요구사항을 정리하기 시작했다. 이러한 요구사항에는 종이를 사용하지 않기, 이 양식을 전자 의료기록 시스템과 통합하기, 연명치료서 정보를 단 한 차례의 체크를 통해 확인할 수 있도록 만들기 등이 있었다. Van Wert의 말을 들어보자. "저는 수많은 병원 IT 소프트웨어를 살펴보았습니다. 모든 여분의 마우스 클릭, 그리고 여분의 로그인 요구는 의사들의 업무 시간 가운데 상당한 부분을 빼앗아갔습니다. 특히 그들이 반복적인 작업을 수행할 때 더욱 더 그렇더군요. 우리는 시스템을 구축할 때 의료서비스 제공자의 입장에서 생각하기로 했습니다. 바로 그 사람들이 이 시스템을 받아들일 사람들이니 말입니다."

이 지점에서 빈카 팀은 시제품화 작업을 시작했다. "소프트웨어 기반 해결책의 한 가지 매력적인 면은 시제품을 만들고 또한 검사하는 과정을 신속하게 진행할 수 있다는 데 있었습니다." Bartlett의 말이다. "전통적인 의료기기와 비교해 볼 때, 소프트웨어 제품의 경우 잠재적인 고객에게 내놓고, 그 사용성에 대해 더 많은 정보를 수집하기 위해 서로 다른 유형의 시제품을 손쉽게 만들 수 있습니다."

이 팀의 시제품화는 점점 더 구체화되는 모델을 개발하는 데 기반을 두고 있었다. 팀원들은 웹사이트의 작동 방식을 서로 다른 사용 시나리오에 따라 종이 위에 펜으로 그리는 방식으로 개시했다. 이들 목업에 대한 예비적인 피드백에 기반해, 이들은 좀 더 상세한 그림과 슬라이드를 만들었고, 이를 피드백을 받기 위해 더 많은 사람들에게 보냈다(그림 4.5.8). 이 다음, 이들은 온라인으로 실제 스크린에 표현되는 것과 유사하지만 기능이 활성화되지는 않은, 유사-모습 모델을 개발했다. 마지막으로 이들은 폭넓은 사람들로부터 중요한 지적을 받기 위해 "오직 뼈대뿐"이지만 기능적인 웹사이트(유사-모습/유사-실제 모델)를 만들어 냈다. "기능적인 시제품을 잠재 고객들에게 보여주는 일은 매우 강력한 효과로 이어졌습니다." Wang의 말이다. "우리는 구체적이고, 의료보험의 양도 및 책임에 대한 법률(Health Insurance Portability and Accountability Act, HIPAA)과 합치하며, 확장성 있는 최종적인 사이트가 완성되었다는 확신이 들 때 까지는 사이트를 개통시키고 싶지 않았습니다. 우리는 이런 목표를 한 번에 이루고 싶었습니다."

각각의 모델을 통해(그림 4.5.9), 이 팀은 갈수록 넓어지는 의사 사용자 집단으로부터 세밀한 피드백을 수집할 수 있었다. 이들은 팀 내에서, 그

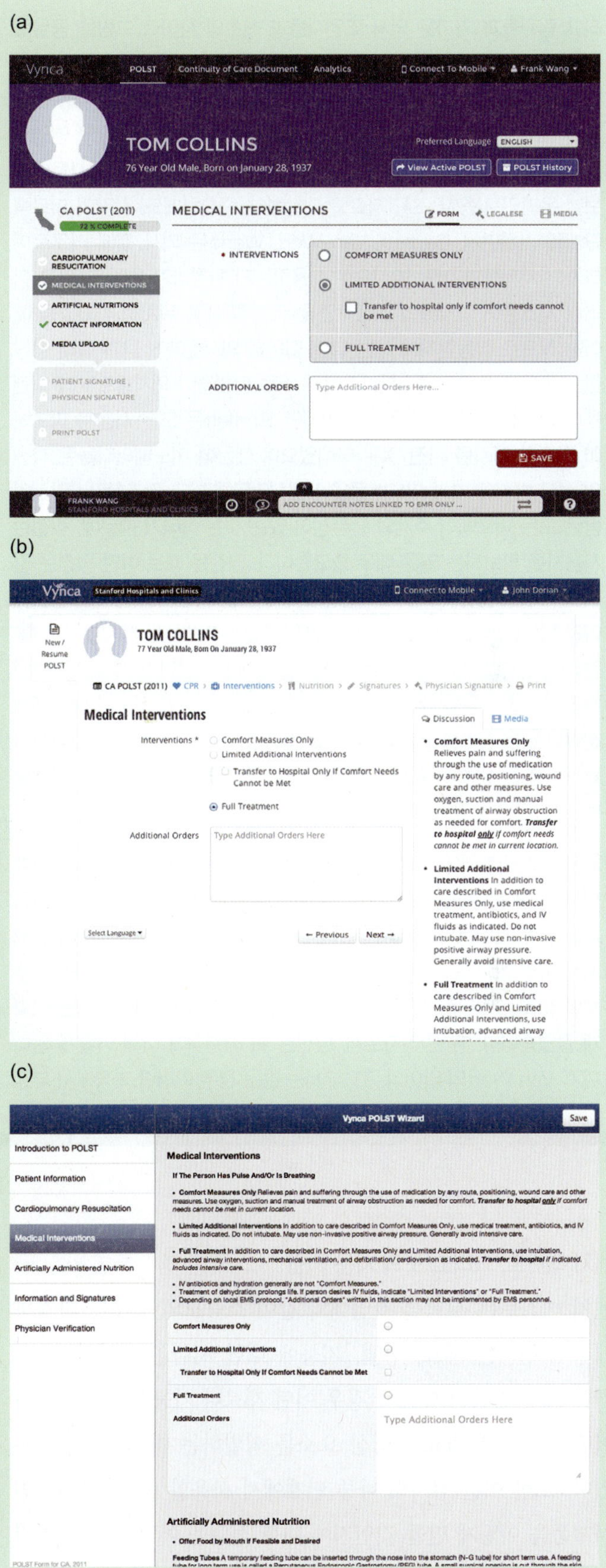

그림 4.5.9
이 스크린샷은 빈카 웹사이트가 어떻게 핵심 이해관계자들로부터의 피드백을 통해 변화해 왔는지 보여준다(빈카의 허가를 받아 사용).

리고 팀원들과 가까운 의사 조언자들과 최초의 사이트 그림을 공유했다. 또한 이들은 그 다음 단계의 스토리보드 슬라이드와 비슷해 보이는 모델을 자신들의 네트워크와 연계된 조금 더 넓은 의사들과 공유했다. 유사-모습/유사-실제 모델이 준비되었을 때, 이들은 자신들의 연명의료지시서 양식에 대한 잠재적인 사용자인, 폭넓은 범위의 의사들에게 보낼 온라인 사용자 조사 자료를 개발했다. 중요하게도, 각각의 피드백 단계를 거치면서, Bartlett, Van Wert, Wang은 의사 곁에 머무르며 그들이 시제품과 어떤 방식으로 사용하는지 관찰하기 위해, 그리고 이러한 시스템이 의사들의 일상적인 업무 흐름 내에 위치하게 되었을 때 어떤 식으로 작동할지에 대한 열린 질문을 의사들에게 묻기 위해 상당한 노력을 공동으로 투입했다. 비록 이들 팀원들이 의사들로부터 의견을 듣기 위해 많은 노력을 기울였지만, Bartlett은 모든 사용자 피드백이 동등한 가치를 가진 것은 아니었으며 때문에 이노베이터들은 자신의 접근 방식에 따라 피드백들을 선별해야만 한다고 강조한다. "당신이 받은 모든 피드백이 주제와 관련성이 있는 것은 아니기 때문에, 적절한 사용자를 확보하는 일은 매우 중요합니다. 당신은 때로 어떤 의견은 걸러 들어야만 할 겁니다. 그 의견을 경청할만한 양질의 사용자를 확보해야만 합니다. 이들이야 말로 가장 영향력 있는 피드백을 제시할 수 있을 겁니다. 만일 당신이 어떤 블로그의 팔로워에게 임의의 이메일을 보냈다면, 그 결과 얻을 수 있는 피드백은 쓰레기 수준일 것이며 당신에게 전달되어 온 신호를 흐리게 하고 말 겁니다." 이러한 이유에서, Bartlett과 연구진은 완화 치료(Palliative Care) 영역의 리더들과 깊은 관계를 맺는 데 많은 시간을 투입했다.

자신들의 해결책에 대한 의사 사용자들의 요구사항을 깊이 이해하게 되면서, 이 팀은 또한 병원 IT 부서가 어떻게 이를 받아들이게 할 것인지에 대해서도 탐사하기 시작했다. "IT 부서 사람들과 이야기하기 위해서는 아주 많은 곳의 문을 두들겨야만 했습니다." 팀원들은 병원 IT 부서와 접촉하기 위해 자신의 스탠포드 동문들을 활용했다. "우리는 이렇게 물었습니다. 'IT 관리자로서, 당신은 이 해결책에 대해 어떻게 봅니까?'" Van Wert의 말이다. "IT 부서는 많은 경우 이러한 과정에서 부정적인 이해 관계를 가진 사람들입니다. 이들은 변화에 반대하는 로비를 벌이기도 하는데, 그런 변화가 그들에게 위협이 되기 때문입니다. 게다가 이들은 사람들의 업무를 병원 전자 의료기록으로 통합하기 위해 수많은 새로운 도구를 만들어 내기도 합니다. 하지만 이들이 의료 기록 뒤에 있는 임상적 요구에 관심이 있는 것은 아닙니다. 결국 이들은 자신들이 어떤 위험에 노출되는지 이외의 기준에 의해서는 어떤 해결책의 장점에 대해 판단할 수 없습니다." 따라서, 팀원들은 자신들의 해결책이 가능한 한 최소한의 파괴적 결과만을 가져올 것이라는 점에서 다른 종류의 해결책과 차별화된다는 점을 분명히 하고자 노력했다. 또한 이들은 병원 시스템 전반에 걸쳐 새로운 시스템이 필요하고 폭넓은 지원 또한 요청된다는 점을 설명하기 위해 상당한 시간을 투입했다.

이러한 접근 방식을 상세히 설명하면서, Bartlett은 이렇게 말한다. "통합성 문제를 완화하기 위해 IT 부서와 함께 일함으로써, 이노베이터들은 받아들여야 할 위험을 경감시킬 수 있습니다." 이 과정 속에서, 이들이 했던 대화는 지금까지 드러나지 않았던 추가적인 기술적 요구사항과 사용자 요구사항을 밝히는 데, 특히 HIPAA와의 합치 문제, 프라이버시 문제, 그리고 보안 문제를 둘러싼 쟁점을 드러내는 데 도움을 주었다. Wang은 이렇게 말한다. 이런 정보를 보강할 때, "우리는 전자 의료기록 시스템과 통합되어 있으며, 시장에서 구할 수 있는 제3의 도구를 살펴봄으로써 많은 것을 배울 수 있었습니다."

2014년, "빈카"라는 이름을 얻은 이 팀은 한 유명 대학 병원을 시작으로 e-POLST 프로젝트를 발족했다. 이 기관은 미국에서 POLST 관리라는 영역을 개척했던 기관이었으며, 여전히 이 나라에서 POLST 관리로 명성이 높다. 이러한 시작 사업을 통해, 빈카는 좀 더 완전한 기능을 가지고 있으며, 클라우드를 기반으로 하고, HIPAA와 합치하는 한편 더욱 더 큰 규모로 사용자 피드백을 얻을 수 있는 버전의 소프트웨어를 시험하려 하고 있다. 또한, 이 대학 병원은 자신들이 POLST 관리에서 쌓은 지도력을 바탕으로 다른 잠재적인 병원 고객과 빈카 팀을 연결시키는 일을 돕고 있다.

벤치 테스트, 그리고 모의 사용 시험

벤치 테스트는 실험실 작업대와 같이 소규모의 통제된 환경하에서 수행되는 재료, 방법, 기능에 대한 시험을 의미한다. 이러한 초기 검사는 대개의 경우 어떤 재료나 기능성의 관점에서 어떤 디자인에 필요한 핵심 요소를 식별하는 데 도움을 줄 수 있다. 또한 이는 검사의 나중 단계에서 사용할 좀 더 구체적인 시제품을 어떻게 만들 것인지에 대한 선택을 어떻게 하면 최적으로 할 수 있는지 판단할 수 있게 한다. 벤치 테스트에서 개별 요소 또는 구성물은 관련된 모든 변수가 독립적으로 통제, 특정, 기록될 수 있는 상황에서 검사의 고리 위에 오른다.[11] 벤치 테스트는 가능한 한 단순한 방식으로 설계되어야 한다. 예를 들어, 팔과 손잡이 메커니즘이 분리된 카테터 기기의 경우, 이노베이터들은 카테터의 연결 또는 윤활성과는 독립적으로, 각각의 특징이 잘 작동할 수 있도록 하기 위해 팔 메커니즘을 시험해야만 한다. 이러한 분리는 결국 각각의 특징을 조합해 시험했을 때의 시험 결과를 더 쉽게 이해할 수 있도록 할 것이다.

모의 사용 시험에서 시제품의 다양한 특징 또는 기능은 해부학적 모델 또는 그 대리물에 대응하는 시스템을 통해 검사될 수 있다. 기기의 특징과 디자인 변수는 실제 작동을 보여주기 위해 예측 가능하고 재현 가능한 방식으로 방식으로 검사될 수 있다. 예를 들어, 생리학적 혈류역학 그리고 혈관 해부학과 닮은 시스템을 사용하는 벤치 시뮬레이션은 상당한 비용을 필요로 하는 동물 연구 단계로 접어들기에 앞서 혈관 이식물 시제품을 시험하고 개선하는 데 사용할 수 있다. 몇몇 기기에 대해서는 모의 사용 검사가 FDA나 다른 규제 기관의 입증 시험 요구 조건을 충족하는 데 도움이 될 수 있다.

벤치 테스트나 모의 사용 시험을 개발할 때, 이노베이터들은 간단한 방법, 그리고 일반적인 재료나 기계를 사용해야만 한다. 기기 설계가 실제 조직에서 작동할 가능성이 충분히 높아질 때까지 저가의 대체물을 사용하여 시제품을 개발하고 수정할 수 있도록 하고, 시제품을 실제 조직에 적용하는 시험은 전체 시험의 후반부에 이뤄져야 한다. 예비 시험이 이뤄지는 동안에는 실제 조직을 대체하는 물질, 예를 들어 실리콘, 인조가죽, 나일론, 스폰지, 거품, 세라믹 조각(뼈 대체) 등을 사용해야 할 필요도 크다.

스탠포드 바이오디자인 펠로우 연구원인 Brian Fahey가 설립한 기업인 니베어스 메디컬은 초기 시제품의 설계와 기능성에 대한 가치 있는 피드백을 확보하기 위해 모의 사용 시험을 사용했다. 이 회사는 활동하지 못하는 또는 안정 치료를 받았던 기간이 지난 다음, 허약 증세, 쇠약 증세 또는 근육 위축증(muscle atrophy)을 보이는 환자들의 문제를 해결하기 위해 새로운 근육 자극 장치를 개발하려 했다. 이러한 해결책을 설계할 때, 설계 팀은 일련의 인적 요소를 쟁점으로 삼아 개념 탐색을 벌였다. 이들 가운데 일부는 기기와 환자 사이의 상호작용에 대해 연구했는데, 이는 이 해결책이 피부에 직접 부착되는 요소를 포함하고 있었기 때문이다. 다른 쪽에서는 이 기기를 환자에게 장착하고 그 사용법을 모니터링하는 간호사들의 작업 동선을 연구했다. 이 혁신 과정 가운데 컨셉 생성과 스크리닝의 초기 단계에서, 니베어스 팀은 자신들의 제품이 병원 환경에서는 매우 흔한 복잡하고 긴박한 사용 환경에 알맞은 형태로 디자인되어야 한다는 점을 깨닫게 되었다. "어떠한 실행 가능한 해결책이라도, 그것은 최소한의 훈련만을 받은 사람들이라도 매우 쉽고 빠르게 적용할 수 있으며 사용법을 직관적으로 알아볼 수 있도록 해야만 했습니다." Fahey가 언급하였다.

이러한 인적 요소에 대응하기 위해, 니베어스 팀은 유사 모습 시제품을 제작했다. 이는 일회용 전극 패드, 연결 케이블, 그리고 모의 자극생성기로 이뤄져 있었다. 그 다음, 엔지니어들은 두 가지 서로 다른 유형의 모의 사용 시험을 수행했다. 첫째, 이들은 적합성, 제품 크기, 피부 부착과 연관된 서로 다른 인적 요소를 마네킹을 사용하여 시험했다. 둘째, 이들은 8~10명의 간호사 집단에 초점을 맞춰, 오직 제한된 훈련만을 제공한 다음, 유사 모습 시제품을 침상에 누워 있는 마네킹에게 사용해 달라고 요청했다. "때문에 우리는 제품만을 시제품화 과정에 넘긴 것이 아니라, 작업 과정 자체도 시제품화한 것입니다." Fahey가 말하였다. 이 팀은 제품을 선반에서 찾아낸 다음 패드를 마네킹에 부착하고, 자극 생성기를 패드와 연결한 후 모든 과정을 끝내고 시스템을 제거하는 전체 과정에 걸쳐 간호사들을 검사했다. "전체 작업 과정을 시험하는 과정은 몇몇 가정을 입증하는 데 도움을 주었을 뿐만 아니라 새로운 사실을 배울 수 있는 기회가 되기도 했습니다." 예를 들어, 이 팀은 서로 다른 간호사들이 자극 생성기 부분을 방 안의 다른 지점에 위치시킨다는 점을 발견했는데, 이는 연결 케이블이 유연해야 하며 여러 다른 조건에도 적용할 수 있을 만큼 충분히 길어야 한다는 의미였다. 이런 통찰의 결과, 공학자들은 연결 케이블을 다시 디자인했고, 결국 연결 케이블과 일회용 패드의 접속부 위치를 변경하는 방식으로 설계를 바꾸게 되었다. Fahey는 동시에 이 제품으로 사용자들이 "자연스럽게 하는" 것이 무엇인지, 예를 들어 구부리거나 부러뜨리는 등의 행동 가운데 무엇을 하는지 관찰하는 일은 매우 중요하다고 강조했으며, 이런 과정은 개발 팀이 기기가 어떤 식으로 부서질 수 있는지 감안한 설계를 내놓을 수 있게 했다. Fahey는 이렇게 덧붙였다. "당신의 한계를 가능한 한 빠르게 알아내는 것은 언제나 좋은 일입니다."

대개의 경우, 이노베이터들은 시제품의 개발 단계와 부합하는 사용 시험을 수행해야만 한다. 시제품과 모델이 점점 더 정교해지고(디자인 진화 과정을 통해), 위험이 줄어들 수록, 시험은 실제 사용과 점점 더 유사해지는 방향으로 복잡해져야만 한다. 결과적으로(그리고 많은 경우 아주 빠른 속도로), 개발 팀은 다음 단계의 설계 요구 조건을 파악하기 위해서는 조직 검사가 필요한 단계에 도달하게 된다.

조직 시험

조직 시험은 좀 더 단순한 시험을 통해 검증한 어떤 개념이 거쳐야 하는 과정으로, 특정한 유형의 의료기기 시제품화 과정에서 본질적인 요소에 해당한다. 이는 조직 검사를 개발 과정의 초기에 수행해서는 안 된다는 뜻은 아니며, 벤치 테스팅과 모의 사용 시험을 통해 간단한 질문에 답변하고 난 다음 조직 시험을 수행한다면 중요하지 않은 데이터에 의해 시험 결과가 교란될 가능성이 낮아진다는 뜻이다. 이노베이터들은 동네 식료품 가게나 정육점에서 쉽게 구할 수 있는 동물 조직을 사용하여 기기가 사용하는 메커니즘을 손쉽게 평가할 수 있다. 예를 들어, 조직을 관통하는 방식으로 사용하는 새로운 종류의 봉합 기기의 능력을 시험할 때 생닭의 피부를 인간의 피부를 모의하는 용도로 사용할 수 있다. 전기 메커니즘 역시 동일한 방법으로 시험할 수 있다. 예를 들어, 껍질을 벗긴 닭 가슴살을 사용하면, 새로운 절제 수술용 카테터의 에너지원이 조직에 얼마만큼의 손상을 불러오는지 평가하는 데 사용할 수 있다. 화학적 메커니즘 역시 동일한 접근방식을 적용할 수 있는 대상이다. 좌심방이 사례에서 심장 내막 표면에 고착될 수 있는 일종의 풀을 개발하는 것은 매우 중요한 과제였다. 예비적인 조직 시험, 즉 그리 비싸지 않은 소 심장 조각을 구매하여 풀과 조직 사이의 상호작용을 평가하는 것은 매우 중요한 단계였다.

다른 종류의 메커니즘 역시 쉽게 구할 수 있는 동물 조직(예를 들어 소 혀, 스테이크용 고기, 젤라틴, 가금류 고기)을 통해 평가할 수 있지만, 어떤 기기의 실행 가능성은 반드시 그 기기를 적용하고자 하는 부위와 해부학적 또는 생리학적 속성 면에서 가능한 한 유사한 동물이나 카데바 조직을 통해 입증될 필요가 있다. 예를 들어, 돼지와 양의 부속은 상업 도살장 주변에서 쉽게 구매할 수 있다. 이들 조직은 냉장 상태로 또는 향후의 사용을 위해 냉동 상태로 수송될 수 있다. 동물 조직을 사용할 때 많은 경우 시제품의 기본 기능에 대해 평가하려는 의도를 가지고 있다. 동물 부위들은 다수의 시제품(물론 모든 경우는 아니다) 개발에 있어 좋은 대체물로 작동할 수 있지만, 어떤 제품과 인체의 상호작용 방식을 보이고자 할 때는 궁극적으로 인간 조직 검사가 중요하다. 인간 조직은 특정한 기관에서는 동물의 기관과 해부학적으로 극히 다를 수 있기 때문에, 어떤 기기를 평가하기 위해서는 좀 더 발전된 검사가 필수적이다. 인체 조직 검사를 설계하기에 앞서, 크기, 모양, 기기의 작동을 위해 필요한 점유 공간의 윤곽에 대해서는 좀 더 명확하게 이해하기 위한 노력이 필수적이다. 게다가, 적절한 면허와 사용 의도 공개(disclosure of intent)가 있다면, 카데바 조직을 상업적으로 구매하는 것도 가능하다(물론 이는 인체 조직을 사용한 연구를 진행하는 적절한 랩에 한정되는 것이며, 안전한 시험 과정과 폐기 과정이 이뤄진다는 점을 반드시 입증해야 한다). 5.3 임상시험 전략에서 더 많은 정보를 확인할 수 있다.

살아있는 조직과 비교했을 때 죽은 조직에는 명백한 한계가 있다는 점을 명심해야 한다. 하지만 개발 초기에 해부학적 · 생리학적 속성을 이해하기 위해 죽은 조직을 사용하는 것은 연구의 시작을 위해서는 적절하다. 산소가 공급되는 혈액에 담긴 채 체온을 유지하고 있는 살아있는 조직을 제공받았다면, 그리고 훼손되지 않은 해부학적 관계가 연구에 필요하다면, 조직 시험이 꼭 적절한 시험 방식이 아닐 수도 있다. 또한 죽은 동물 조직을 다룰 때라고 하더라도 적절한 관리 지침을 따를 필요가 있다는 점은 강조할 가치가 있다. 예를 들어 조직 표본을 다룰 때는 작업화(closed toe shoes)를 신고, 실험복, 실험 장갑, 그리고 가능하다면 눈과 입을 가릴 수 있는 장비를 해야 한다는 지침은 대학이나 실험실에서는 매우 흔한 권고 사항이다.

사내 시제품 개발, 그리고 사외 시제품 개발

이노베이터 또는 기업에서 시제품 제작을 시작할 때, 이들은 이 작업을 사내에서 수행할 것인지, 아니면 시제품화 개발에 특화된 제3자에게 외주를 줄 것인지 판단해야만 한다. 이러한 판단은 많은 부분 시제품화 개념의 본성, 각 접근방식의 비용 효율성, 그리고 개발 팀이 보유한 기술과 자원에 의존하게 된다. 제3자가 방대한 경험, 특화된 장비와 재료를 보유하고 있다고 하더라도, 개발 팀이 자신들의 시제품 개발을 외주화하게 될 경우 이들은 아주 중요한 배움의 기회를 상실하게 되는 것이다. 하지만 이러한 외주화는 좀 더 복잡하고 세밀한 프로젝트를 진행하기 위해서는 필수적인 과정이다. 상대적으로 경험이 부족한 이노베이터들은 시제품화 과정 가운데 적어도 일

표 4.5.3 사내 시제품 개발과 사외 시제품 개발의 장단점

	사내 시제품 개발	사외 시제품 개발
장점	• 시제품화 경험의 전달은 사내 엔지니어들의 전문 경험에 기여하게 될 것이다. • 기업 내 엔지니어들은 작동하는 것과 작동하지 않는 것에 대해 직접 배울 수 있을 것이며, 이렇게 익힌 내용을 설계에서 직접적으로 변화된, 또는 추가되거나 삭제된 특징을 검사하는 데 사용할 수 있다. • 직접적인 시제품화 경험은 순환 과정을 좀 더 빠르게 진행할 수 있게 한다. • 사내 시제품화 과정은, 만일 문제의 설계가 실행 불가능하다는 점이 입증되었을 경우 상당한 시간을 아낄 수 있게 한다. • 전반적으로, 시내 시제품화는 아웃소싱보다 저렴하다(복잡한 과정, 그리고 맞춤 부품을 제외하면). • 무엇이 작동하고 무엇이 작동하지 않는지에 대한 지적재산권과 소유권 정보를 포착할 수 있다. 이 정보는 경쟁자를 봉쇄하는 데 사용될 수 있다.	• 외부 전문가는 특수한 과정과 장비를 다루는 데 있어 높은 수준의 전문 기술을 가지고 있다. • 외부 기관은 다른 기업을 위해 수많은 시제품을 개발했으며, 그 값을 따지기 어려운 조언과 디자인 도움을 줄 수 있다. 특히 덜 결정적이고 입증된 요소를 사용하는 시제품화 과정에서 그렇다. • 어떤 경우, 외주화는 사내에서 작업을 진행할 때 필요한 장비를 구매하는 것 보다(그리고 그 가동에 필요한 훈련을 시키는 것 보다) 저렴할 수 있다.
단점	• 몇몇 기기는 소규모의 스타트 업 기업이 구매하기에는 너무 비싸다. • 일부 과정은 사내에서 구할 수 없는 전문 기술을 필요로 한다. • 개발 팀은 시제품화 요구에 맞춰 신속하게 또는 제품의 크기를 축소하여 제작할 수 없으며, 이는 시간과 비용에 상당한 영향을 끼치게 된다.	• 외주화에는 더 많은 시간이 소요될 수 있으며, 이는 해당 기관이 다수의 고객의 요구에 부응해야 하기 때문이다. • 외부 기관은 개발 대상 혁신에 대해 고유한 또는 광범위한 지식을 가지고 있지 못하다. • 모든 외주 계약에서 지적재산권 관련 쟁점은 조심스럽게 관리될 필요가 있다. • 외주화는 사내 시제품화 과정보다 좀 더 비쌀 수 있으며, 특히 간단한 설계를 가진 시제품의 경우 더욱 그렇다.

부는 사내 엔지니어링 팀에게 담당하도록 하여 그 가치를 따질 수 없는 학습 기회를 활용하게 해야만 한다. 이들 두 방법의 강점과 약점은 표 4.5.3에 요약되어 있다. 이들 원리는 여러 유형의 프로젝트에, 즉 기계공학적 해결책부터 소프트웨어에 이르는 여러 유형의 프로젝트에 적용될 수 있다.

가능하다면, 이노베이터들은 초기 시제품화 활동을 수행하기 위해 자신들이 소유한 기본적인 시제품화 랩을 설립하기 위한 노력을 기울여야만 한다. 프로젝트의 성격에 따라 이러한 랩은 기계적, 전기적, 재료적, 소프트웨어적 모델 또는 이들 여러 분과를 결합한 시제품을 만들어 내기 위해, 여러 도구, 재료, 계산 자원을 보유할 필요가 있다. 다음으로, 모델의 복잡성이 증가함에 따라, 그리고 좀 더 특수한 설비나 재료가 요구됨에 따라, 특별한 연구 단계 또는 시제품은 필요에 따라 외주화될 수 있다. 이러한 혼합 접근 방법은 많은 경우 단독으로 활동하는 이노베이터나 스타트업 기업을 설립한 이노베이터들에게 가장 적절하고 감당할 수 있는 방법이다. 하지만, 좀 더 종합적인 시제품화 시설을 설립하는 방향을 택하는 경우도 분명히 있다. 예를 들어, 넓적다리 혈관 폐쇄 영역을 개척한 기업인 퍼큘로즈는 자신들의 개발 주기 동안 이러한 접근 방법을 채택해 개발 과정을 매우 효율적으로 이끌었으며, 개발 투자를 통해 상당한 수익을 실현할 수 있었다. 이러한 시나리오에서, 시제품화 랩을 만들어 내는 과정에 들어가는 비용을 조달하는 일은 초기 금융 모델의 영역에 해당할 것이다.

이밸브 사의 이야기는 사내 시제품 개발을 통해 실현할 수 있는 이점이 무엇인지, 그리고 한 기업이 이 절에서 제안한 가이드라인을 어떻게 따를 수 있는지 보여줄 수 있다.

현장에서 이밸브 사(Evalve INC.)

바이오디자인 혁신 과정의 일부로 시제품화를 이해하기

이밸브 사는 심장에 있는 네 개의 판막 가운데 하나인 승모 판막(mitral valve)에 피부를 경유하여 도달하는 판막 수리 기기와 도구를 개발하기 위해 설립된 기업이다.[12] 승모판막 역류(mitral valve regurgitation, MR)는 승모 판막의 첨판이 완전히 닫히지 않을 때 발생하며, 이 결과 좌심실에서 좌심방과 폐로 넘어가는 혈류가 역류하게 되며, 결과적으로 좌심방과 좌심실이 팽대하게 된다. 미약한 승모판막 역류 증상은 성인 가운데 70%가 경험하게 된다.[13] 중증 승모판막 역류를 보이는 사람은 그리 흔하지 않지만, 미국인 가운데 약 4백만 명 정도로 추정된다.[14] 치료되지 않은 승모판막 역류는 심방세동, 심근 기능장애, 울혈성 심부전, 그리고 급성 사망의 위험 증대와 같은 중요한 부작용을 야기하지만, 미국에서는 1년에 약 5만 명 가량의 사람들만이 승모판막 역류에 대한 수술적 치료를 받고 있는 상황이다.[15] 승모판막 역류를 치료하기 위한 전통적인 치료법－개심 수술－을 받을 필요가 있을 만큼 충분히 심각한 증상과 합병증을 경험하지만 수술을 받지 못하는 환자의 수는 이보다 세 배에서 네 배에 달하며, 이들이 수술을 받지 못하는 이유는 이들이 심장 수술을 받기에는 너무 약하거나 "조심스럽게 기다려야 할" 상태에 있기 때문이다. 이밸브의 창업자이자, 스탠포드에서 교육을 받은 중재적 심장 전문의인 Fred St. Goar는 개심 수술의 이환율에 정통해 있었으며 따라서 덜 침습적인 해결책이 상당한 상업적 가능성을 가졌다는 점을 알 수 있었다. 판막의 첨판을 봉합하는 방법에 초점을 맞춘 브레인스토밍을 여러 차례 거친 다음, St. Goar와 연구개발 부사장을 역임한 Troy Thronton을 비롯한 다른 이밸브 팀원들은 첨판을 안정화할 수 있으며 판막이 닫힌 상태를 유지할 수 있게 만들어 첨판이 적절한 방식으로 기능할 수 있도록 하는 클립이라는 아이디어에 도달하게 되었다.

공학자, 기술자로 이뤄진 이밸브의 소규모 팀은 초기 개발 과정에 시제품을 제작하기 시작했다. 무엇보다도 이들은 손으로 기본적인 스케치를 남겼다. 그 다음, 이들은 이밸브 소유의 랩에서 간단한 형태의 첫 번째 시제품과 두 번째 시제품을 개발했다. 이 제품들은 실험실 부근의 도살장에서 구해 온 돼지 심장을 이용한 것이었다. Thronton에 따르면, "여러 선택지를 쳐내는 과정이 시제품 제작 과정에서 매우 중요했습니다." 이러한 초기 시제품을 이용한 간단한 실험을 통해, 길에 많은 시간과 돈을 버릴 수도 있었던 여러 개념들과 아이디어를 제거할 수 있었다. 게다가, 비록 이들 팀이 돼지 심장으로 작업을 시작했지만, 이런 작업을 통해 이들은 조기에 인간에게서 발생하는 승모판막 역류 질환을 치료하는 데 무엇이 필요한지를 이해할 수 있게 되었다. 개발 초기에는 유망해 보였던 많은 개발 경로들은, 인간 해부학 고유의 복잡성 때문에 무너지는 경우가 많다. Thronton의 설명을 들어보자. "우리는 몇 명의 엔지니어를 골라 승모 판막 질환을 가진 인간 심장을 연구하는 병리생리학 랩으로 파견을 보냈습니다. 우리는 이런 과정을 통해 많은 것을 배웠고, 그 내용은 매우 중요했습니다. 외과의들은 당신의 눈에 무엇이 보일 것인지에 대해 말해 줄 수 있고, 또 당신은 교과서에서 몇 장의 그림을 살펴볼 수 있지만, 실제로 사람에게서 발생한 문제를 살펴보는 일은 이와는 아주 다른 일이었습니다." 인간에게서 벌어진 이 질병을 직접적으로 이해함으로써, 이 팀은 시제품 개발 과정에 더욱 더 효과적으로 접근할 수 있었고, 성과를 얻을 수 없는 것으로 입증된 경로를 상대적으로 빠르게 제거할 수 있었다.

이밸브가 보여주었던 것처럼 하나의 엔지니어링 팀이 다루기에는 너무나 많은 시제품화 과정과 시험 과정이 있을 수 있다. 판막에 설치할 클립에 더해, 이밸브는 클립 유도 시스템과 클립 전달 기기를 개발할 필요가 있었으며, 이들은 문제를 더 작은 규모로 쪼개어 더 다루기 쉽게 만들기 위해 세 개의 엔지니어링 집단이 개발을 진행할 수 있게 했다. Thronton의 회고를 들어 보자. "개념적 관점에 서게 되자, 우리는 이 프로젝트가 한 덩어리로 다루기에는 너무 거대하다는 점을 깨닫게 되었습니다. 이처럼 복잡한 프로젝트를 다룰 때는, 제품을 다루기 좋은 단위로 쪼개는 것이 아주 결정적입니다." 유도 시스템을 다루게 된 한 팀은 동물 실험을 통해 이러한 변수를 만족시키는 데 어떤 기능이 필요한지 구분하고 이해하기 위해 동물 실험을 설계하고 수행하는 데 여러 달을 소모했다. 클립 전달 카테터를 연구한 또 다른 팀은 이미 심장에 삽입된 클립을 이동시킬 수 있는 방법에 대해 연구하기 위해 그렇게 했다. 나머지 한 팀은 승모 판막 첨판을 닫힌 채 유지하여 통상적인 심장 기능을 유지하는 데 도움이 되는 최적의 클립을 설계하는 일에만 몰두했다. 이렇게 개발 팀을 여러 개로 쪼갠 덕분에 기기의 핵심 요소들을 이해하는 일은 효과적으로 이뤄질 수 있었다. 하지만 이런 접근 방식은 조율을 위한 추가적인 기능을 필요로 했다. Thronton은 이렇게 설명했다. "모든 것은 하나로 통합되어야만 했습니다. 세 개의 엔지니어링 팀은 언제나 서로 이야기를 주고받았습니다. A라는 부분에서 무언가가 바뀌면, B, C에서도 무언가가 바뀌어야만 했기 때문에, 이들은 서로 정확히 의사소통을 해야만 했습니다." 각 요소들의 상호 의존성 때문에 각 팀은 서로의 노력을 동기화하기 위해 각자의 요소가 만족시켜야 할 특유한 디자인 요구사항을 문서화해 유지할 필요가 있었다. 연구 자원을 조정하는 과정 또한 이들 세 연구 팀이 연구 기간 동안 동일한 연구 페이스를 유지할 수 있도록 돕기 위해 여러 차례 수행되어야만 했다. 하지만 이러한 과제에도 불구하고, 각 엔지니어링 팀의 연구 초점을 최대한 좁혔다는 사실은, 이들이 단일 팀으로 작업했을 때보다 더 빠르고 효과적인 방식으로 이밸브가 혁신을 이끌어 나갈 수 있도록 했다.

이밸브의 시제품화 과정에서 주목할 만한 또 다른 점은 가능한 한 빠르게, 그리고 잦은 빈도로 이뤄진 의사들의 피드백이었다. St. Goar는 이렇게 말한다. "많은 기업들은 엔지니어들이 대단히 세련되고 정교하며 복잡하지만 의사들로서는 그것을 임상에서 어떻게 써야 하는지 상상할 수 없는 무언가를 내놓았을 때 몰락하게 됩니다." 이밸브의 경우, 의사들로부터의 피드백은 조기에 결함을 발견하는 데 도움이 되었으며, 또한 설계 과정에 반영된 의사들의 피드백은 초기 설계보다 더 중요하게 취급되었다. 이러한 과정에 모두 참여할 수 있었던 사용자들이 여러 버전의 시제품을 살펴본 다음 여러 디자인 특징들에 대해 긍정적으로 또는 부정적으로 평가하는 과정은 개발 과정에서 매우 결정적이었다. 게다가, 비록 새롭고 덜 침습적인 절차가 궁극적으로는 카테터 삽입술 실험실에서 중재적 심장 전문의에 의해 수행되었으나 St. Goar와 Thronton은 외과의들 역시 이밸브의 시제품화 작업에 참여시켰다. St. Goar는 이렇게 설명한다. "우리는 외과의들이 하는 것과 우리의 제품을 조화시키려 했습니다. 만일 우리가 중재적 심장전문의의 관점에서 제기된 요구에 대해서만 응답했다면, 우리는 치료와 관련된 여러 요구사항들을 놓치고 말았을지도 모릅니다. 외과의들은 치료를 완료하려면 무엇이 필요한지 알고 있었으며, 게다가 우리는 그들의 요구하는 임상적 표준의 하한선조차 맞추지 못하고 있었습니다. 외과의들을 우리 개발 과정에 참여시킨 일은 가치를 따질 수 없을 만큼 중요했습니다."

엔지니어링 작업이 진행되어 나가면서, 이밸브는 언제 인간에게 자신들의 제품을 시험할 것인지 결정해야만 했다. "그건 일종의 비약을 필요로 하는 일이었죠." St. Goar의 말을 들어보자. "우리는 단단히 마음먹고 이렇게 말했죠. '좋아요. 때가 되었군요. 이제 시작하죠.' 하지만 쉬운 것은 아무 것도 없었습니다." 이밸브는 동물 실험에서 장기적인 긍정적 결과를 얻었고, 이는 인체 실험 결정에 도움을 준 요소였다. 시제품의 설계가 핵심 디자인 요구조건을 만족한다는 점도 중요했다. 또한 경영진의 판단도 중요했다. "대표이자 CEO인 Ferolyn Powell이 큰 도움을 줬습니다. 훈련 받은 엔지니어로서 Ferolyn은 이 기술의 개발 과정에 깊이 발을 들여놓고 있었으며, 바로 이런 사실이 이 기술이 어떤 위험을 가지고 있는지 완전히 이해하게 만들었던 것이죠." 이사회 또한 중요했다. Thronton은 한 이사가 했던 말을 기억하고 있다. "당신은 당신이 원하는 모든 동물 실험을 할 수 있습니다. 하지만 그 기술을 사람에게 적용하기 전에는, 그 물건이 대체 어떻게 작동하게 될 지 알 수는 없는 겁니다. 아마도 여섯 달 정도 이 물건을 개량하는 데 시간을 들일 수도 있을 것입니다. 하지만 저는 바로 지금이 시험을 시작할 때라고 생각합니다."

이런 결단은 많은 이노베이터들과 혁신 기업이 개발 과정에서 마주치게 되는 도전과 밀접하게 연결되어 있다. 디자인 지연 또는 엔지니어들이 기기의 전체 성능에 그리 큰 영향을 미치지 않는 어떤 설계나 시제품의 덜 중요한 측면을 변경하는 데 너무 많은 시간을 쏟아붓게 되는 경향이 바로 그것이다. 어떤 기기가 "반드시 가져야 할" 것을 "가졌으면 좋을" 것과 명확히 구분하는 작업은 반복적인 과정을 통제할 수 있게 만드는 한편 디자인 지연을 피할 수 있게 만드는 한 가지 전략일 수 있다. 반드시 가져야 할 요구조건을 만족시키는 것은 개발 팀이 다음 단계로 넘어가야 한다는 신호로 취급되어야 한다. St. Goar와 Thronton에 따르면, FDA는 인체 시험이 진행된 다음 이뤄지는 디자인 변화에 대해, 매우 엄격한 기준을 적용하며, 이는 특히 영구적인 이식물에 대해 강력하다. 때문에 디자인 지연 경향은 인체 시험을 시작한 기업에게는 매우 큰 문제가 될 수 있다. "어떤 기기를 지금보다 더 개선할 수 있는 방법은 언제나 존재합니다. 하지만 당신이 인체 시험으로 넘어가야 한다는 결정을 내린 상태라면, 당신은 당신의 설계에서 벗어나지 않겠다고 말한 것이나 다름 없는 것입니다."

비록 이밸브가 자신의 시제품을 사내에서 개발하기는 했지만, 이들은 의료기기 설계, 개발, 제조 분야에서 경험을 갖춘 외부 컨설턴트와도 함께 작업했다. "저는 외부 컨설턴트를 엔지니어의 일원으로 초빙하는 것이 쉽지 않다는 사실을 잘 알고 있습니다. 하지만 그런 저항감을 극복하고, 이렇게 말하는 게 좋습니다. '다른 사람들한테도 무언가 배울 점이 있을 겁니다.' 우리는 클립 설계를 더 정밀하게 하는 작업을 돕기 위해, 클립 팀에서 일하고 있던 세 명의 수석 엔지니어와 함께 일하도록 외부 컨설턴트를 초빙했습니다. 우리는 브레인스토밍 과정과 아이디어 개발 과정에서 그를 아주 폭넓게 활용했습니다. 이 외부 컨설턴트는 우리에게 꼭 필요했지만 우리 팀원 중에는 그에 대한 지식을 가진 사람이 아무도 없었던 미세 성형 과정(micro stamping process)에 대해 여러 해 동안의 전문적인 경험을 갖췄고, 우리에게 특별히 필요한 지식을 제공해 줄 수 있었던 사람이었습니다. 외부 전문가를 적시에 프로젝트에 투입하는 일은 매우 결정적인 단계가 될 수 있습니다."

다른 이노베이터들과 기업에게 주는 조언으로 Thronton과 St. Goar는 다른 바이오디자인 혁신 과정과 마찬가지로 시제품화 과정에서는 인내심이 필요하다는 점을 강조했다. 이밸브의 경우 상황이 어땠는지에 대해 Thronton은 이렇게 말한다. "이륙할 때까지 우리는 여러 해를 투입해야만 했습니다." Goar는 이러한 인내력은 어디에나 필요하다고 덧붙였다. "우리는 수많은 접근 방법을 시도하기 위해 많은 시간을 보냈습니다. 이 가운데 어떠한 것도 우리의 최종 결과물과 닮은 것은 없었죠." (그림 4.5.10)

2008년, 이밸브는 미트라 클립에 대하여 CE 마크를 획득하였다. 1년이 지나, 이 회사는 애봇 배스큘러에 인수되었다. 2013년, 이 기기는 FDA로부터 시판 전 승인 자격을 취득해 심각한 퇴행성 승모판막 역류 질환을 앓고 있으나 높은 위험 때문에 승모 판막 수술을 금지해야 하는 환자에게 사용할 수 있게 되었다.[16]

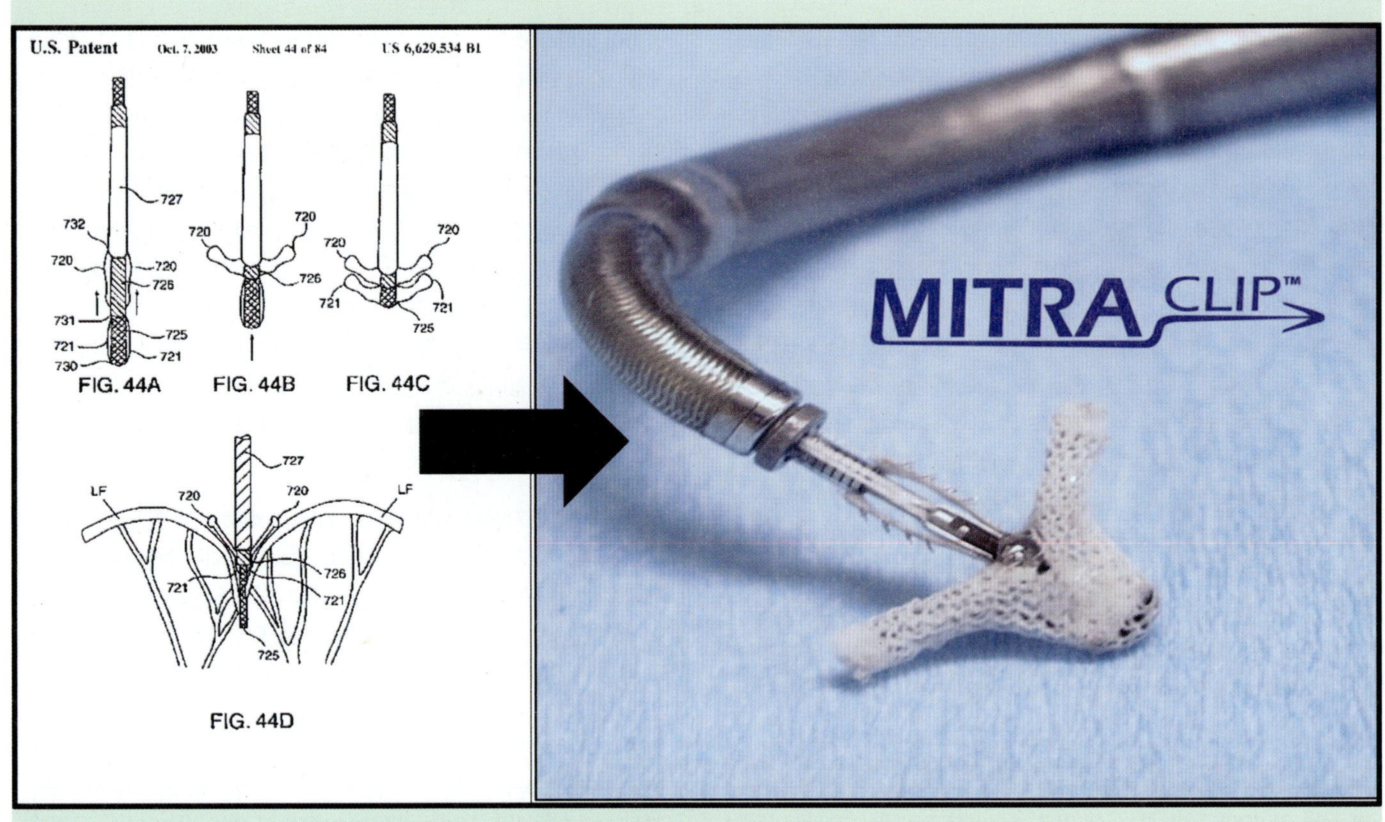

그림 4.5.10
특허 서류 속 드로잉에 나타난 초기 설계에서 최종 제품에 이르기까지 미트라 클립은 시간이 지나면서 크게 진화했다(이벨브 사의 허가를 받아 사용).

효과적인 컨셉 탐색을 위한 몇 가지 팁

이노베이터들이 시제품화와 시험을 통해 다양한 경험을 하게 되며, 모델을 효과적으로 설계하고 개발하는 데 큰 자신감을 얻게 된다. 하지만 방대한 경험을 배경으로 하지 않더라도, 다음 여러 조언을 따르면 효과적인 컨셉 탐색에 큰 도움이 될 것이다.

- **여러 요인을 고려하라.** 개념 탐색을 벌일 때는 어떤 기기나 소프트웨어 해결책의 기능, 형태, 재료, 제조 방법, 가격, 그리고 실현 가능성에 대해 확실히 생각하라.
- **경쟁 해결책이 어떤 방식으로 작동하는지 이해하라.** 개념 탐색 과정의 초기에 해야 할 가장 중요한 것 가운데 하나는 유사한 또는 경쟁 기기 또는 해결책의 사례를 확보하여 이들이 어떻게 작동하는지, 그리고 그 설계, 사용자 인터페이스, 기술적 기반에서 훌륭한 점과 나쁜 점은 무엇인지에 대해 이해하려 노력하는 데 있다. 이러한 지식을 보유하는 일은 개념 탐색 과정을 좀 더 효과적으로 진행할 수 있게 할 것이다. 현존하는 기술이 채택한 접근 방식을 사용하지 않도록 주의를 기울여야만 한다.
- **스케일에 신경 써라.** 작은 기기를 시제품화할 때는, 5배 또는 10배 척도로 제품을 제작하는 것이 초기 컨셉 탐색 과정을 좀 더 쉽게 만들 수 있을 것이다. 제품이 어떻게 기능하는지 세밀하게 이해할 수 있도록, 제품을(특히 가동 부위를) 현미경으로 관찰해 보라. 실제로 사용하기에 적합한 크기로 복제할 수 있는 해결책을 찾아내야만 한다는 사실만을 기억해 두라.
- **반복하라.** 개념 탐색과 특별한 시제품화 과정 및 시험은 여러 차례의 반복을, 그리고 수많은 시행착오를 거쳐야 한다는 점

을 기억하라. 실수를 교정하기 위해서는 충분한 자원과 재료를 손에 쥐고 있어야 한다는 점을 명심하라.

- **재사용 효과를 고려하라.** 재사용 가능한 시제품을 만들고, 시간과 반복 사용에 따른 열화 효과를 시험해 보라. 컴퓨터 모델링이나 특별한 시험 기계 역시 시제품이 반복적인 생리학적 부담을 받게 된다는 점을 고려해야 한다. 이러한 과정(그리고 수집된 시험 데이터)을 규제 당국에 제출하는 것이 필요할 수도 있다. 예를 들어, 혈관계에 이식되는 기기들은 반드시 수만 회 이상의 모의 심장 박동을 견딜 수 있어야 한다. 몇몇 컴퓨터 모델이 이런 목적을 위해 상업적으로 사용 가능하다.
- **그림을 사용하라.** 모든 것을 사진으로 남겨라. 각각의 시제품이 어떻게 이전 모델에 기반해 발전하게 된 것인지에 대한 기록을 이해하고 유지하는 과정으로부터 많은 것을 배울 수 있다. 이러한 기록은 또한 기업에게는 흥미진진한 역사가 될 수 있으며, 고객들에게는 이 제품이 어떤 과정을 거쳐 시장에 등장했는지, 그리고 이 기업의 이야기가 어떻게 진화할 것인지를 알려주는 가치가 있을 수 있다.
- **모든 작업을 저장하라.** 모든 시제품을 물리적 개발 과정의 기록으로 보관하라.
- **세부 기록을 유지하라.** 정확히 어떻게 최초 시제품을 제작하였는지에 대해 세부 기록(측정, 기법, 재료 등에 대한)을 남겨 그 과정을 다시 재현할 수 있도록 하라. 모든 그림에 대해서는 잘 정리된 버전 통제 시스템을 사용하여 시제품 설계를 필요할 경우 추후 다시 재현할 수 있도록 하라.
- **기밀유지에 신경 써라.** 시제품화 과정 동안 상당한 수의 발명이 이뤄질 수 있기 때문에, 외부 컨설턴트와는 설계 과정을 통해 만들어 낸 지적재산에 대한 모든 권리를 포기하는 데 동의하는 계약을 체결해야만 한다. 시제품화 과정의 결과 개발된 모든 기술을 보호하라. 여러 부류의 공급상들과도 기밀유지 협약을 체결할 필요가 있다.

기계공학적, 생물재료 과학, 전자공학, 컴퓨터 과학/소프트웨어 분야에 특화된 시제품화 과정에 대한 더 많은 정보와 팁을 확인하기 위해서는 온라인 부록 4.5.1, 4.5.2, 4.5.3, 4.5.4를 참조하시오.

온라인 자료

더 많은 자료는 www.ebiodesign.org/4.5를 방문한다.

"Getting Started"의 활동과 링크

- Identify the questions or issues to be addressed through concept exploration
- Design the minimal model needed to answer those questions
- Identify and prioritize functional blocks
- Build the model
- Test/refine prototypes to develop design requirements and technical pecifications

컨셉 탐색 및 시험에 관한 동영상

독서 목록 및 추가 지침이 포함된 부록

- 기계 장치 시제품
- 생체 재료 중심의 시제품
- 전기 시제품
- 응용 프로그램 및 소프트웨어 시제품

NOTES

1 Johnny L. Gayton, "Etiology, Prevalence, and Treatment of Dry Eye Disease," Clinical Opthamology, 2009, pp. 405–12.
2 "Dry Eye," American Optometric Association, http://www.aoa.org/patients-and-public/eye-and-vision-problems/glossary-ofeye-and-vision-conditions/dry-eye (October 31, 2013).
3 According to Oculeve estimates.
4 All quotations are from interviews conducted by the authors, unless otherwise cited. Reprinted with permission.
5 The French catheter scale is used to measure the outside diameter of a cylindrical medical instrument. 1 French (Fr) is equivalent to approximately 0.33 mm.
6 Gerard Loosschilder and Jemma Lampkin, "Using Kano Model Analysis for Medical Device Product Configuration Decisions," MDDI Online, January 7, 2014, http://www.mddionline.com/article/using-kano-model-analysis-medical-device-productconfiguration-decisions (February 5, 2014).
7 From Vadim Kotelnikov, "Prototyping," 1000ventures.com, http://www.1000ventures.com/business_guide/new_product_devt_prototyping.html (January 9, 2014). Reprinted with permission from Tom Kelley.

8 Loosschilder and Lampkin, op. cit.

9 Ibid.

10 Ibid.

11 Bill Adams, "Bench vs. System Testing: The Pros and Cons," Overclockers.com, October 16, 2002, http://www.overclockers.com/articles638/ (January 9, 2014).

12 The heart's mitral valve lies between the left atrium and the left ventricle.

13 William H. Gaasch, "Mitral Regurgitation: Beyond the Basics," UptoDate.com, http://www.uptodate.com/contents/mitralregurgitation-beyond-the-basics (January 9, 2014).

14 "About Mitral Valve Regurgitation," Abbott Vascular, http://www.abbottvascular.com/int/mitraclip.html#about-mitralregurgitation (January 9, 2014).

15 Ibid.

16 Amanda Pedersen, "FDA Approves MitraClip, But Reimbursement Still an Issue," Medical Device Daily, October 28, 2013, https://www.medicaldevicedaily.com/servlet/com.accumedia.web.Dispatcher? next=bioWorldHeadlines_article&forceid=84529 (January 9, 2014).

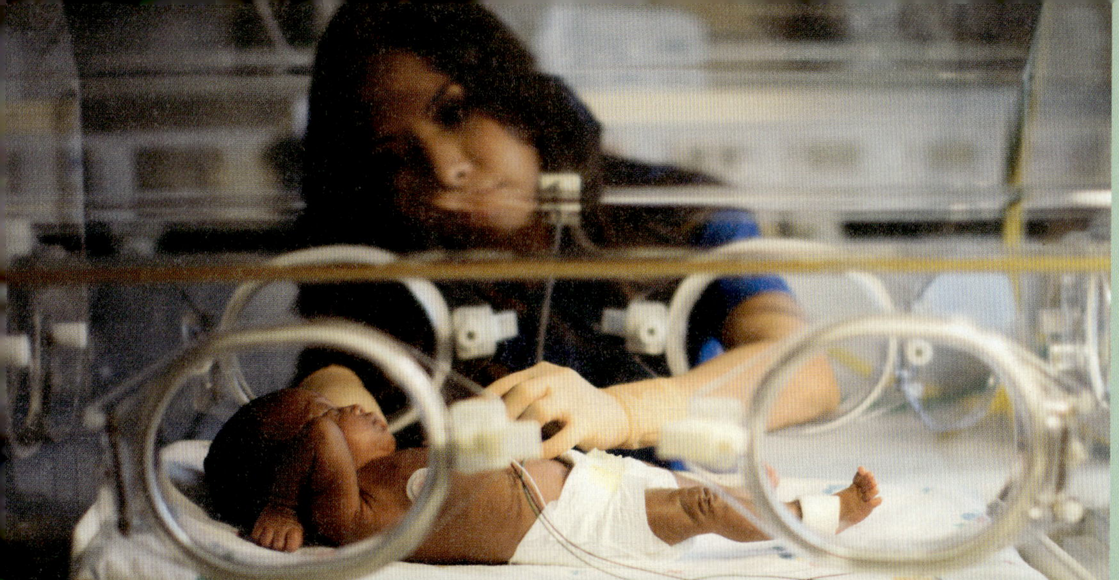

4.6 최종 컨셉 선택

서론

개발 팀은 덕트 테이프, 철물점에서 구해 온 파이프, 찬장에서 나올 법한 온갖 잡동사니에서 작업을 시작하기 마련이다. 이런 과정 끝에 개발 팀은 사용 가능한 것으로 밝혀진 세 개의 시제품을 얻게 되었다. 하지만 팀의 시간, 돈, 인력은 단 하나의 시제품만을 더 세밀하게 개발할 수 있는 수준이었다. 단 하나의 패에 모든 것을 걸어야 하는 것과 같은 상황에서, 이노베이터들은 세 개의 해결책 가운데 무엇이 가장 많은 성과를 가져올 것인지, 현재 해당 영역에서 통용되는 "황금율"과 부합하는 것은 어떤 것인지, 핵심 이해관계자들이 제품을 받아들이지 않을 수 없도록 그들의 니즈와 일치하는 해결책은 무엇인지 또한 지속 가능한 사업을 만들어 내는 데 도움이 되는 것은 무엇인지 판단해야만 한다.

목표

- 바이오디자인 혁신 과정을 통해 수집한 지적재산권(IP), 규제, 상환, 사업 모델, 그리고 기술적 실행 가능한 데이터를 최고의 해결책 개념을 효과적으로 식별할 수 있는 방식으로 종합하는 방법을 이해한다.
- 퓨(Pugh) 방법과 같은 구조화된 접근 방법을 최종 개념 식별을 위한 개념 선택 행렬을 개발할 때 어떻게 사용할 것인지에 대해 파악한다.

최종 컨셉 선택의 목적은 고려 중인 개념 가운데 무엇을 개발 과정으로 넘길 것인지 결정하는 데 있다. 이러한 최종 컨셉은 이후의 개발 과정을 통해 지속적으로 개량되고, 시험되며, 반복되며, 향상되겠지만, 하나의 컨셉을 선택하는 방법을 통해 이노베이터들은 주의를 여러 가지의 니즈와 컨셉으로 분산시키지 않은 채, 하나의 아이디어를 최적화하는 데만 집중할 수 있게 된다.

이번 최종 컨셉 선택에 앞서 있던 절 – 4.1 지적재산권의 기초, 4.2 규제의 기초, 4.3 보험의 기초, 4.4 사업 모델, 4.5 컨셉 탐색 및 시험 – 은 이노베이터들이 자신들의 아이디어를 스크리닝할 수 있게 하는 한편, 이들 아이디어를 정말로 실현할 수 없게 만드는 치명적인 결함을 제거하는 작업을 시작할 수 있게 한다. 이러한 스크리닝 과정을 거치면서도 살아남은 여러 컨셉 집합들은 이제 좀 더 세밀하게 조사될 수 있으며, 이러한 추가적인 조사 과정을 통해 얻은 데이터들은 하나의 최종 컨셉을 선택하는 과정에서 참조하게 될 것이다.

비록 경험이 풍부한 일부 이노베이터들은 이러한 최종적인 결정을 단순한 직관에 기반해 내릴 수 있지만, 좀 더 체계적인 과정을 밟는 것이 더 큰 이득이 될 수 있다. 이러한 과정에는 퓨(Pugh) 방법과 같은 기법이 함께 적용될 수 있다. 비록 최종 컨셉 선택 과정의 일부로서 통합적으로 구조화된 접근을 사용하는 것이 모든 사람들에게 호소력이 있지는 않지만, 이런 방법은 핵심 사용자와 디자인 요구사항이 이러한 중요한 결정 과정에서 최우선적으로 고려될 수 있도록 만들 것이다. 또한 이러한 방법은 사용자 요구사항과 디자인 요구사항에 따른 스크리닝 과정을 통해 획득한 어떠한 데이터라도 최종 결정 과정에 반영할 수 있는 메커니즘을 제공할 수 있다.

 최종 컨셉 선택에 관한 동영상은 ebiodesign.org을 참조한다.

최종 컨셉 선택의 기초

최종 컨셉을 선택하는 일은 제품 개발 과정에서 가장 중요한 단계 중 하나이다.[1] 개발 팀은 너무 이른 시점에 하나의 해결책에 고착되어 버리는 실수를 회피하기 위해, 최종 컨셉을 결정할 때 많은 시간을 들여야 한다. 물론, **니즈**를 만족할 가능성이 가장 높은 컨셉을 식별하기 위해 모든 가능한 대안을 완전히 탐색해야 할 필요는 없다.

최종 컨셉을 선택하는 것은 본질적으로 위험을 완화시키는 과정이다. 그림 4.6.1은 컨셉 선택과정이 어떻게 작동하는지를 묘사하고 있다. 개념화 과정을 벌이면서 얻을 수 있는 아이디어의 수는 수천 개에 달할 것이다. 이노베이터는 이 가운데 니즈 명세서나 반드시 가져야 할 니즈 기준(3.2 초기 컨셉 선택)을 가장 잘 만족시키는 개념을 선택하여 평가할만한 가치가 있는 개념 집합을 식별할 수 있다. 이 다음, 이노베이터들은 이들 *다수*의 개념 각각과 연관된 핵심 위험을 이해하기 위한 조사를 시작할 수 있다. 특히, 이들은 관련 시장이나 **이해관계자**와 관련된 쟁점으로 무엇이 있는지 이해하기 위해, 잠재적 해결책과 관련된 지적재산권, 규제, 보험, 그리고 사업 모델이 어떤 함축을 가지고 있는지 검토해야 한다. 이들 영역 가운데 어디에서든, 개발 팀이 명백한 위험을, 다시 말해 해결책에 대한 개발 작업을 더 이상 진척시킬 수 없을 것이 명백할 정도로 심대한 문제를 찾을 수 있을 것이다. 스크리닝 과정을 통해 이러한 중대 위험(killer risk)이 없다는 점이 드러난 컨셉들은 실행 가능한 것으로 간주될 수 있으며, 이에 따라 컨셉 탐색과 시험 과정(4.5에서 기술됨)에 따라 기술적 실행 가능성을 평가할 수 있을 것이다. 이 과정에서 개발 팀은 기술적으로 불가능한 것으로 입증된 해결책은 기각하지만, 기술적으로 유망한 것으로 보이는 해결책은 팀의 주요 컨셉이 되게 된다.

물론, 바이오디자인 과정을 이루는 다른 많은 활동들처럼, 이들 단계가 그림에서 표현한 것처럼 꼭 선형적으로 진행되지는 않는다. – 예를 들어, 지적재산권, 규제, 보험, 사업 모델에 대한 평가를 **시제품화** 과정과 동시에 진행하는 경우는 상당히 일반적이다. 핵심은, 컨셉이 몇 가지만 남을 때까지 지속적으로 평가되고, 때로는 배제되어야 한다는 점이다. 여기서, 이노베이터들은 각각의 해결책 속에 들어 있는 위험을 충분히 이해할 필요가 있으며, 이들 위험을 어떻게 경감할 수 있는지, 그리고 어떠한 아이디어를 최종 컨셉으로 삼아 개발을 지속해 나갈 것인지 판단을 내릴 수 있어야 한다.

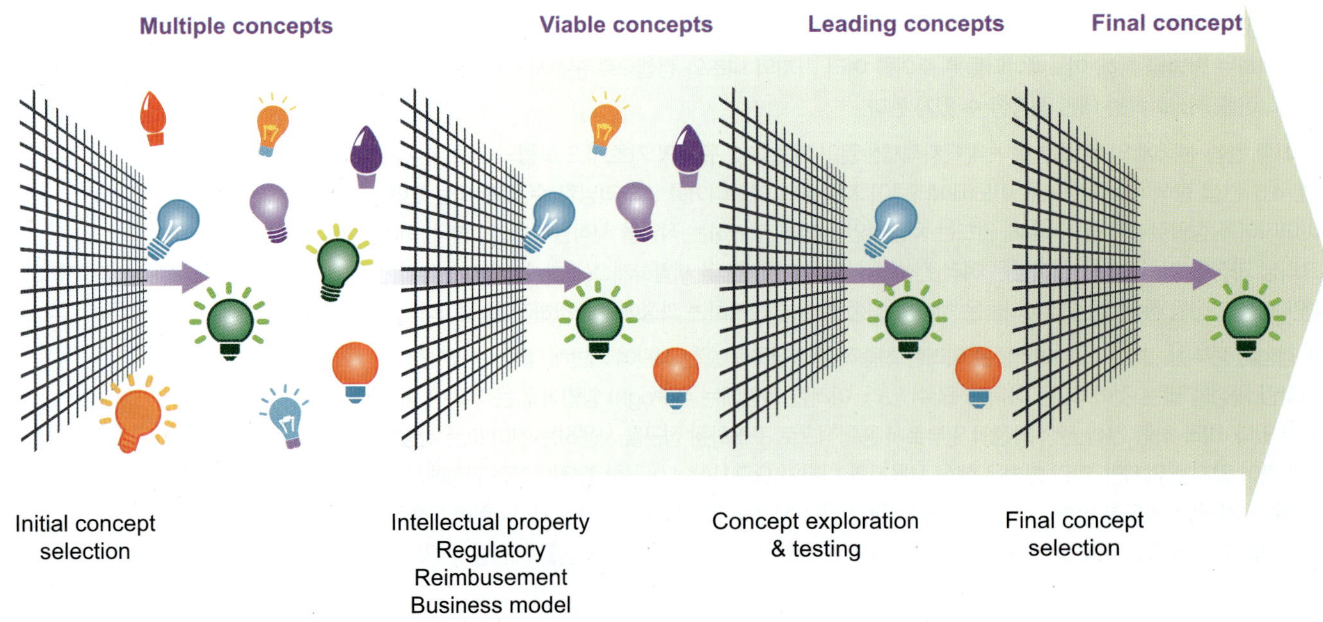

그림 4.6.1
컨셉 스크리닝, 그리고 최종 컨셉 선택에 대한 시각화(John Woock의 허가를 받아 사용)

주요 컨셉 집합을 효과적으로 선택하는 방법

컨셉 스크리닝의 첫 단계에서 이노베이터들은 중대 위험을 살펴볼 필요가 있다. 직관에 반하는 듯 하지만, 이러한 치명적인 문제를 발견하는 것을 기쁘게 받아들일 필요가 있는데, 이는 이러한 발견은 곧 매우 흔한 함정을 성공적으로 회피했다는 뜻이기 때문이다. 다시 말해, 많은 비용과 시간을 투입해 개발했지만 어떤 프로젝트를 결국에는 파멸로 이끌어 갈 개념을 발견했다는 뜻이기 때문이다. 의료기기 인큐베이터인 파운드리의 공동 창업자인 Mark Deem은 자신과 자신의 팀이 어떤 해결책을 지적재산권, 규제, 보험, 그리고 사업 모델 관련 위험에 좀 더 많은 기반을 두고 어떤 해결책을 배제했다고 말한다. 예를 들어, "5년간 1,000명의 환자를 추적하여 연구할 필요가 있는 커다란 아이디어가 있다고 해 봅시다. 이러한 연구는 막대한 비용을 투입해야만 가능합니다. 때문에 벤처 금융을 조달하지 못한다면 이런 사업을 진행한다는 말에는 의미가 없게 됩니다."[2] 마찬가지로, 만일 검토 중인 어떤 컨셉과 관련해서는 이미 많은 지적재산권이 출원되어 있으나, 다른 개념들은 상대적으로 출원이 적은 경우, 이노베이터들은 지적재산권 위험에 기반해 어떤 컨셉을 기각하겠다는 판단을 내릴 수 있다. 컨셉 탐색과 분석을 다루는 첫 번째 단계는 깊이보다는 넓이를 필요로 할 수밖에 없다. Deem이 지적했듯이, "우리는 이러한 최초 개념 평가 과정을 대단히 세밀하게 전개할 필요가 없으며, 당신이 어떤 위험에 직면하게 될 것이냐는 관점에서 볼 때 최우선적으로 필요한 분석을 하면 충분합니다." 그리고 이에 따라 개념들은 신속하게 제거될 것이다.

비록 지금까지의 작업을 통해 여러 중대 위험을 식별해 냈다고 하더라도, 이들 앞에는 여전히 반드시 치명적이지는 않지만 문제를 불러올 수 있는 여러 쟁점이 있을 수 있다. 이러한 쟁점이 식별되면 개발 팀은 여기에 주의를 기울여야 하지만, 추가 연구를 수행할 컨셉 목록에서 이를 반드시 배제해야 할 필요는 없다. 이러한 판단은 이들 쟁점이 실제로 얼마나 심각한지 측정하는 추가적인 작업에 기반해 이뤄져야 한다. 앞서 지적했듯이, 지적재산권 쟁점은 많은 경우 이러한 '점이 지대'에 있는 것처럼 보인다. 실제로, 어떤 컨셉에 대해 상당히 세밀한 지적재산권 조사를 벌일 경우, 자유 실시나 특허 자격에서 심각한 문제가 있는 경우가 거의 대부분이다.

이러한 발전 과정에서 이노베이터들은 각각의 컨셉들이 가진 여러 위험에 대해 수집한 정보를 위험 점수화 행렬을 만들어 내는 데 사용할 수 있다. 이러한 작업은 첫 단계에서는 지적재산권 위험을 평가하는 간단한 점수화 시스템을 확장하여 수행할 수 있다. 빨강(심각한 쟁점), 초록(괜찮아 보임), 노랑(몇 가지 문제가 일어날 수 있음)으로 이들 점수를 나타낼 수 있다. 빨강으로 표현된 점수는 중대 위험과 다른 값이라는 점을 강조할 필요가 있다. 중대 위험은 어떤 프로젝트를 즉각적으로 멈추게 만들 정도로 중대한 장벽을 지시한다. 반면, 빨강 점수는 프로젝트의 불확실성이나 복잡성, 투입해야 할 시간, 비용 측면이 지속적으로 증대할 수 있다는 점에서 문제가 있다는 뜻이지 '개발 차단기'로 작동할 것으로 보인다는 뜻은 아니다. 지적재산권, 규제, 보험, 그리고 사업 모델 위험을 결합하여 일반적인 평가를 내리기 위해서는, 개발 팀은 각각의 개념이 가진 위험 프로파일을 종합적으로 표현하는 한 장의(비록 단순화되었지만) 그림을 그릴 필요가 있다.

네 가지의 우선적인 스크리닝 범주 전체에 걸쳐, 모든 컨셉에 대해 위험 행렬을 모두 작성하기에는 시간이 제한적일 수

	IP	Regulatory	Reimbur-sement	Business models
Concept 1	● (green)	● (yellow)	● (red)	● (yellow)
Concept 2	● (yellow)	● (green)	● (yellow)	● (yellow)
Concept 3	● (red)	● (red)	● (red)	● (red)
Concept...	● (yellow)	● (red)	● (yellow)	● (yellow)

그림 4.6.2
검토해야 할 여러 컨셉을 다루고 있는 간단한 위험 점수화 행렬의 사례

있기 때문에, 개발 팀은 현실적으로 접근해 나갈 필요가 있다(그림 4.6.2). 만일 이러한 점수화가 합리적인 노력의 결과 얻은 것이라면, 어떤 컨셉이 모든 면에서 "초록"으로 평가되는 경우는 그리 흔하지 않은 일이다. 하지만 주로 녹색이고 약간의 노란색이 섞인 종합 점수가 나온 컨셉이라면, 좀 더 탐구를 진행해 볼 가치가 있을 것이다. 경험에 비춰보자면, 스탠포드 바이오디자인 프로그램의 펠로우 연구원들은 대략 10개의 컨셉에 대해 위험 행렬을 채울 수 있을 만큼의 정보를 얻을 수 있었다. 이러한 작업은 이 팀이 모든 핵심 쟁점과 관련해 '바닥에서부터' 출발하지 않았기 때문에 실망스러운 결과로 이어질 수 있다. 주어진 시간 내로 가능한 최고의 결과를 획득하기 위해 데드라인을 설정하는 일은 이노베이터들이 작업의 초점을 유지할 수 있게 도울 뿐만 아니라 이들이 실망스러운 결과에 봉착하게 되는 일 또한 최소화할 수 있을 것이다.

지적재산권, 규제, 보험, 사업 모델 데이터를 사용해 개발 가능한 컨셉을 식별하는 과정은 컨셉 탐색 및 검사 단계와 자연스럽게 뒤섞인다. 서로 다른 해결책에 대한 시제품화 과정을 통해 이러한 아이디어들의 기술적 실현 가능성, 그리고 규정된 니즈를 만족시키는 데 합리적으로 사용할 수 있을 가능성을 평가할 수 있게 만들어 주는 추가적인 데이터를 산출할 수 있다. 이러한 방식으로 기술적 실현 가능성은 개발 팀이 소수의 주요 컨셉 집합을 추가적으로 스크리닝해 낼 수 있게 하는 데 도움을 줄 수 있다. 그림 4.6.1에서 이러한 과정은 컨셉 스크리닝 과정 속에서 시제품화가 가지는 결정적인 역할을 별도로 강조하기 위해 사용되었다.

최종 컨셉을 선택하기 위해 구조적 접근 방법을 사용하기

앞서 기술한 방식을 거쳐 남게 된 주요 컨셉들이 중요한 사용자 요구사항 및 디자인 요구사항을 얼마나 만족하는지 평가하는 방법을 통해, 이노베이터들은 최종 컨셉으로 다가가게 된다. 이러한 과정하에서 많은 경우 주요 해결책을 직접 비교하는 일에는 상당한 의미가 있는데, 이는 이들 요구사항이 모든(또는 다수의) 해결책에 보편적으로 적용될 수 있기 때문이다. 이노베이터들은 일반적으로 하나의 해결책을 다른 해결책과, 그리고 현행 표준과 대조하게 된다. 이러한 평가 방식이 가진 경쟁적 본성 덕분에 개발 팀들은 많은 경우 객관성, 정확성, 철저성을 도울 수 있도록 구조화된 접근 방식을 취하게 된다.

사용자 요구사항과 디자인 요구사항이 최종 컨셉 선택에서 핵심적인 역할을 하기 때문에, 이노베이터들은 해결책들을 평가하기에 앞서 반드시 이들 기준을 면밀히 평가해야 한다. 최초의, 그리고 대부분의 기본적인 사용자 요구사항과 디자인 요구사항은 반드시 가져야 할, 그리고 가지면 좋은 니즈 기준의 형태로 이뤄진 니즈 명세서에서 획득할 수 있다. 하지만 이들 요구사항을 지적재산권, 규제, 보험, 사업 모델, 그리고 기술적 실행가능성에 대해 수집한 정보에 기반하여 이들 정보를 수정하게 된다. 예를 들어, 이노베이터들은 이러한 조사를 통해 많은 이해관계자 요구사항을 발견하게 될 수도 있다 – 다시 말해, 이러한 기술의 선택, 배치, 사용에 있어 매우 중요한 역할을 하는 영향력 있는 이해관계자의 요구에 기반한 기준을 발견할 수도 있다. 또는 개념 영역에 대한 연구에 기반하여, 이들은 중요한 것으로 드러나게 될 기술 또는 디자인 그 자체의 일정한 특징을 식별하게 될지도 모른다. 많은 경우, 새로운 특징에 대한 요구사항은 개발 팀이 수집한 심층적인 지식에 기반하여 개발을 시작할 때보다 더 넓은 요구 규준에 기반할 수 있으나, 이런 과정을 거치면서 여러 특징들의 변수는 좀 더 정확하게 측정할 수 있게 되었다. 만일 이렇게 습득한 지식을 사용자 요구사항 및 디자인 요구사항과 결합시킬 시간이 충분하지 않다면, 근본적인 결함이 있는 개념을, 다시 말해 핵심 이해관계자들의 요구를 효과적으로 만족시킬 수 없거나, 다시 칠판 앞으로 돌아가야만 할 위기를 불러올 수 있는 다른 문제가 있는 개념을 손에 넣게 될 것이다.

이번 장은 지도적 해결책들을 비교하고 최종 컨셉을 선택하는 데 구조적 접근법을 사용해야 한다고 주장하지만, 최종 컨셉 선택의 방법에는 여러 가지가 있을 수 있다는 점 또한 충분히 인식하고 있어야만 한다. 간단히 말해, 이들 사이에는 일종의 연속적 공간이 펼쳐져 있다. 한쪽 극단에서 이노베이터들은 그들이 확보한 정보를 객관적으로 분석하고 행동으로 옮기는 데 도움을 주는 구조적 방법에 따라 이뤄지는 포괄적인 조사에 의존한다. 다른 쪽 극단에는 무엇보다도 여러 해 동안의 경험에 기반한 직관에 따라 이들 중요한 결단을 내리는 방법이 있다. 대부분의 이노베이터들은 최종 컨셉을 결정할 때 이들 유형의 접근 방법(구조적, 그리고 직관적)을 혼용한다.

노련한 이노베이터들은 자신들이 컨셉 선택을 벌일 때 체계적인 과정을 거칠 필요가 없다고 주장하기도 한다. 하지만 그들이 어떤 선택을 내리는 과정을 탐구해 보면, 이들이 컨셉을 선택할 때 역시 (의식적이든, 무의식적이든) 어느 정도 구조화된 접근 방법이 적용되고 있다는 사실이 명백하게 드러날 것이다. 의공학 영역의 전문가들이 사용하는 잘 규정된 방법들 가운데 일부는 형식을 갖추지 않은 방법일 수도 있다. 하지만 이들이 선호하는 판단 과정은 오랜 기간의 경험을 통해 벼려진 것임에도, 이러한 과정 역시 최종 개념에 대한 판단을 내리기에 앞서 중요한 요소 – 시장 규모, 규제 경로, 보험 가능성, 제품과 사용자 유형 사이의 부합 여부 등 – 을 충분히 엄격하게 고려하여 이뤄지는 것임은 분명하다.

퓨 방법

퓨 방법은 최종 컨셉 선택을 내리기 위해 사용되는 구조적 접근 방법 가운데 가장 널리 인용되고 쉽게 이해할 수 있는 방법이다. 이는 사용자 요구사항과 디자인 요구사항에 초점을 맞추는 한편, 간단한 순위 시스템 또한 사용한다. 이 방법은 1981년 스코틀랜드 글래스고에 있는 스트래드클레이드(Strathclyde) 대학교의 교수 Stuart Pugh에 의해 개발되었다. 이 방법의 세부 사항은 Phgh의 저서 『총체적 디자인(Total Design)』[3]에서 확인할 수 있다. 상대적으로 단순하고 또한 그 효과는 일반적이기 때문에 퓨(Pugh) 방법은 경험 많은 의공학 시술자들은 물론 초심자들에 의해서도 빠르고 쉽게 응용될 수 있었다. 퓨 방법의 또 다른 이점으로 다음의 항목을 꼽을 수 있다.[4]

- 디자인 팀이 사용자 요구사항과 디자인 요구사항을 세밀하게 검토할 수 있게 할 뿐만 아니라 이들 요구사항을 어떻게 쟁점 개념에 적용할 수 있는지 이해할 수 있게 한다.
- 개발 팀이 최초 컨셉에서 명백하게 보이는 부분 이상을 살펴볼 수 있게 하는 한편 이 컨셉의 폭넓은 함축을 탐사할 수 있는 틀을 제공한다.
- 다양한 컨셉들을 평가하는 객관적인 방법을 제공한다.
- 이 방법을 따르면, 어떤 제품의 디자인 역사를 쉽게 이해할 수 있게 할 뿐만 아니라 여러 문제에 대응할 수 있는 역할을 할, 간단하고 잘 정리된 문서를 산출할 수 있다.

그림 4.6.3에서 확인할 수 있는 그 가장 단순한 형태에서, 퓨 방법은 네 단계로 구분된다. 이러한 과정을 통해, 이노베이터들은 기준 컨셉(baseline concept)에 비추어 여러 주요 컨셉에 대한 품질 평가를 수행하게 될 2차원 판단 행렬을 만들어 내게 된다. 각각의 잠재적 해결책을 기준 컨셉과 비교하는 방법은 분석을 상당히 단순하게 만들 수 있다.

비록 이러한 방법이 최종 컨셉을 선택할 때 유용하지만, 어떤 해결책을 세밀하게 조정하는 과정이 해결책의 선택과 함께 종료되지 않는다는 점을 염두에 두어야 할 필요는 있다. 개발 중인 컨셉의 설계는 분명 조정될 수 있다. 퓨 방법은 요구 조건을 더 세밀하게 만드는 방법으로 어떤 개념의 여러 변종들에 대해서도 적용될 수 있다. 특히, 시제품화 과정을 통해 초기의 컨셉에 특이적이라는 점이 밝혀진 기술 사양 역시 이러한 후기 선택 라운드와 결합될 수 있다. 이러한 특징은 바이오디자인 혁신 과정의 핵심 특징인 반복적이고 지속적인 교정 과정을 다시 한 번 뒷받침할 수 있다.

퓨 방법이 어떻게 작동하는지 묘사하기 위해서는 4.5 컨셉 탐색 및 시험 부분에서 도입되었던 사례를 여기서도 활용할 필요가 있다. 좌심방이(left atrial appendage, LAA) 혈전 때문에 일어나는 심방세동을 겪는 환자의 뇌졸중을 예방해야 한다는 니즈에 대응해 작업하는 사례가 바로 그것이다. 앞서 지적했듯이, 좌심방이는 좌심방에 달려 있는 작은 주머니 모양의 구조물로 비정상적인 심장 리듬을 보이는 환자의 경우 피가 혈전으로 응집될 수 있는 곳이다. 이들 혈전은 뇌 방향으로 움직이면서 뇌동맥을 막을 수 있으며, 이 경우 뇌졸중이 발생하게 된다.

제1단계 – 사용자 요구사항과 디자인 요구사항을 식별하라. 이노

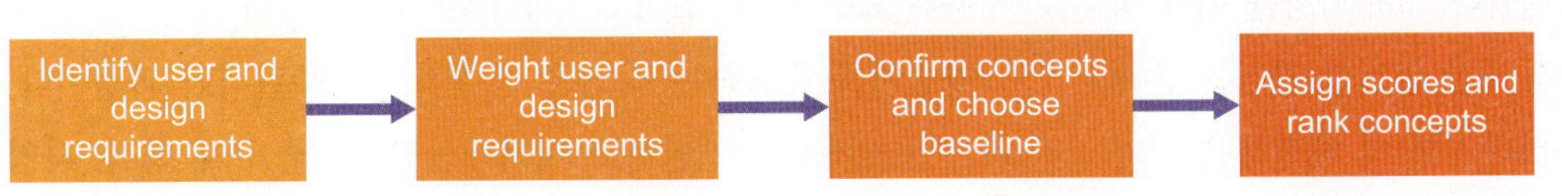

그림 4.6.3
퓨 컨셉 선택 방법의 일반적인 단계들

베이터들은 니즈 기준에 비추어 최종 컨셉 선택 과정을 시작해야 한다. 특히 반드시 가져야 하는 것이라는 기준은 최종 해결책 컨셉이 본래 염두에 두었던 대상을 만족시키는지 판단할 때 있어 가장 중요하고 포괄적인 요구사항이다. 니즈 기준은 특수한 해결책이 어떤 요구와 부합하는지 검토하기에 앞서 규정되어야 한다는 점은 강조할 가치가 있다. 이는 이들 기준이 브레인스토밍 과정에서, 그리고 이를 통해 얻은 아이디어를 스크리닝하고 다듬는 과정에서 핵심적인 역할을 하기 때문이다. 컨셉 선택 대상이 되는 이들 잠재적인 해결책은 모두 니즈 기준을 만족할 필요가 있다.

이노베이터들이 기억을 환기하기 위해 니즈 기준을 다시 참조할 때, 이들은 대부분의 중요한 사용자, 그리고 디자인 요구사항을 수집해야만 한다. 니즈 기준과는 달리, 사용자 요구사항과 디자인 요구사항은 반복적인 브레인스토밍 과정을 통해 조사될 수 있는 개별적인 해결책으로부터, 그리고 지적재산권, 규제, 보험, 사업 모델, 그리고 컨셉 탐색 과정과 관련해 수행될 필요가 있는 연구로부터 드러나게 된다. 이러한 이유에서, 이들은 많은 경우 니즈 기준보다 더 세밀하며 특정 컨셉에 특이적이다. 예를 들어, 좌심방이 사례에서 좌심방이를 풀로 채운다는 아이디어는 대동맥에 그물망을 집어넣는다는 아이디어와는 상당히 동떨어진 디자인 요구사항을 보유하게 되었다. 근본적인 층위에서 사용자 요구사항과 디자인 요구사항은 제품 사양(product specification)과 유사한 면이 있다.

최종 컨셉 선택에서 어떤 요구사항을 택할지 결정할 때는 신중하고 균형 잡힌 자세가 필요하다. 이 단계에서 어떤 제품의 사양과 비슷해 보일 만큼 너무 세밀한 요구사항을 제기하면, 비교 과정을 특정 아이디어로 쏠리게 만들 우려가 있다. 좌심방이 사례에서, 직경이 7프렌치 또는 그 이하의 카테터를 사용해서 할 수 있는 시술이라는 규정을 도입한 것은 결국 풀을 사용하는 해결책을 선호했기 때문에 가능한 일이었을 수 있다. 반면, 비록 흔한 일은 아니지만, 니즈 기준과 가까운 일반적인 사항만을 요구사항에 포함시키는 일(예를 들어, 기기는 반드시 경피적으로 전달될 수 있어야 함)은 이노베이터들이 여러 컨셉들을 적절하게 차별화하는 것을 방해한다. 요구사항을 어느 정도까지 세밀하게 제시해야 하는지에 대한 굳건한 지침은 존재하지 않지만, 이런 과정의 목적은 하나 이상의 해결책을 평가할 수 있도록, 그리고 이들 해결책 사이의 중요한 차이를 보여줄 수 있도록 균형 잡힌 요구사항 집합을 규정하는 데 있다는 점을 명심할 필요가 있다. 평가 과정을 관리 가능하고 충분히 진척시키기 위해서는 세 개에서 일곱 개 이상의 사용자 또는 디자인 요구사항을 선택하는 일은 피해야 한다.

앞서 지적한 대로 다수의 사용자 요구사항, 그리고 디자인 요구사항은 시제품화 과정을 통해 밝혀낼 수 있지만, 이노베이터들은 4.1, 4.2, 4.3, 4.4절에서 논의한 활동을 통해 밝혀낸 핵심 사실 역시 이 단계에서 함께 고려해야만 한다. 이는 요구사항을 어떤 식으로 언어화할 것인지, 그리고 어떤 부분에 가중치를 부여할 것인지 결정하는 데 도움을 줄 수 있을 뿐만 아니라 특정한 컨셉의 한계를 이해할 수 있게 하기 때문이다. 예를 들어, 시판 전 허가 경로를 밟으려는 시도는 어떤 경우에는 이해관계자로부터 지지를 받을 수 없다는 사실을 알고 있다면(예를 들어, 투자자들은 대개 장기간의 시판 전 허가 경로를 밟는 행위를 용납하지 않을 것이며, 환자들은 현존하는 방법으로 자신의 질환을 치료할 수 있을 경우에는 시험에 참여하지 않을 것이다), 이노베이터들은 510(k) 경로를 밟을 수 있는 경우에는 이 경로를 선택하려 할 것이다. 결국, 이러한 정보는 선택되어 언어로 옮겨진 사용자 요구사항과 디자인 요구사항을 다듬는 데 도움이 될 수 있을 것이다.

제2단계 – 여러 사용자 요구사항과 디자인 요구사항의 상대적 중요성을 평가하라. 의미 있는 요구사항의 집합이 규정된 다음, 개발 팀은 반드시 이들의 상대적 중요성을 반영하여 가중치를 부여해야 한다. 크게 보면, 이 과정은 2.5 니즈 선택과 유사하지만, 여기서 결정할 값은 니즈를 평가하는 데 사용할 핵심 요인이 아니라 사용자 요구사항과 디자인 요구사항에 적용할 가중치이다. 예를 들어, 1부터 5까지의 값이 있는 척도를 사용할 경우, 발명가는 "5점"을 "핵심적" 또는 "반드시 가져야 할" 사항에 부여하고, "1점"을 "가지면 좋을" 사항에 부여할 수 있다. 각각의 사용자 요구사항과 디자인 요구사항은 (이러한 가중치에 따라) 선택 행렬 속에 배열될 수 있다. 좌심방이 사례에서 사용된 요구사항은 표 4.6.1에서 확인할 수 있다.

가중치를 할당하는 작업은 상대적으로 주관적인 과정이다. 하지만 시제품을 개발하고 지적재산권, 보험, 규제 쟁점, 사업 모델에 대해 수집한 정보를 이해하는 과정을 통해, 이노베이터들은 사용자에게 중요하며 디자인 요구사항으로 옮길 수 있는 쟁점에 대해 상당히 좋은 아이디어를 획득할 수 있다. 좌심방이 사례를 살펴보자. 연구 팀은 비교할 수 있는 현행 시술이 30분 내로 완료될 수 있으며, 이에 따라 의사들이 다수의 환자를 치료할 수 있으며 매주 일정 수준의 상환도 받을 수 있다는 점을 파악하게 되었다. 이에 따라, 연구 팀은 보험뿐만 아니라 의사들의 사업 방법이라는 쟁점 또한 팀이 최종 선택한 컨셉의 설계 속에서 특별한 사용자 요구사항으로 반영하게 되었다. 지적재산권, 규제 쟁점, 보험, 사업 모델과 관련된 여러 다른 쟁점 또한 특징한 개념을 선택하는 데 또는 배제하는 데 서로 다른 여러 영향을 끼칠 수 있다.

가중치를 할당함에 있어 이노베이터들은 요구사항의 실질적 중요성이나 영향력을 실제로 반영하도록 서로 다른 범위의 값을 부여해야만 한다. 만일 모든 가중치가 높거나(예를 들어, 모두 "5점"인 경우), 모두 낮은 경우(모두 "1점", "2점"인 경우), 한 컨셉을 다른 컨셉과 구별하기는 어렵다. 표 4.6.1에서, 첫 번째 요구사항인 "기기는 반드시 경피적으로 전달되어야 하며 외과적 절개술을 통해 전달되어서는 안 된다"는 조건은 매우 높은 가중치를 받았다. 이는 이 조건이 핵심 니즈 기준과 직접적으로 연결되어 있으며, 경피적 해결책은 핵심 이해관계자들이 선호할 510(k) 규제 경로를 사용할 수 있을 가능성이 더 높은 방법임이 조사 결과 드러났기 때문이다. 반면, 조사 결과 요구 영역에서 12프렌치 이상의 카테터가 널리 쓰이고 있음에도 더 작은 카테터가 선호되고 있다는 사실이 밝혀질 경우 "기기는 그 지름이 12프렌치 미만이어야만 한다"는 조건은 낮은 가중치를 부여 받아야 한다.

표 4.6.1 좌심방이 사례에 대한 사용자 및 디자인 요구사항, 그리고 가중치 할당의 예시

요구사항	가중치
기기는 반드시 경피적으로 전달되어야 하며 외과적 절개술을 통해 전달되어서는 안 된다.	5
기기는 반드시 심장 카테터 환경하에서 사용될 수 있어야 한다.	3
기기는 의인성 혈전을 발생해서는 안 된다.	5
기기는 반드시 12프렌치 이하의 지름이어야 한다.	1
기기는 반드시 30분 이내에 시술을 마칠 수 있도록 설계되어야 한다.	3
기기 또는 해결책은 시술 시간 동안 가역적이어야 한다.	4

얼마만큼의 가중치를 부여해야 하는지 의심스러운 경우, 이노베이터들은 사업 고문, 의사, 간호사, 환자 또는 규정된 요구조건의 상대적 중요성을 평가할만한 입장에 있는 다른 전문가에게 적절한 대안이 무엇인지 물어볼 수 있다. 이러한 종류의 외부 조언은 평가 과정이 현실 세계에 발을 디딜 수 있게 하며, 개발 팀 내에서 부주의하게 나타날 수 있는 어떠한 바이어스에 대해서든 안전을 지켜줄 수도 있다. 얼마나 많은 전문가들에게 접근해야 하는 것인지 의문을 제기할 개발 팀이 있을 수 있다. 그들에게는 경영계에 통용되는 지혜를 들려주고 싶다. 다양하고 객관적인 의견을 얻으려면, 광범위한 범위에서 의견을 구해야 한다. 반면, 좀 더 초점을 좁힌 접근 방법에 이점이 있다고 주장하는 경우도 있다. 기업가이자 척추 외과의인 Todd Alamin은 이런 권고를 남겼다. "똑똑하고 창의적이며 자신의 영역에 대해 아주 많은 것을 알고 있는 임상의를 찾아내세요. 그리고 그 사람한테 다가가세요. 너무 많은 사람들과 이야기를 나누다 보면 당신은 결국 아무런 의미도 없는 소음들의 불협화음 속에 서 있게 될 겁니다. 몇몇 의사들은 다른 의사들과는 정확히 정 반대의 것을 추천할 것이기 때문이죠. 너무 많은 사람들에게 조언을 요청하는 방법이 가진 위험은, 곧 어떠한 것에도 뿌리내리지 못할 위험이라고 할 수 있습니다."[6] Alamin과 함께 심피리카 스파인에서 함께 일한 Ian Bennett, Louie Fielding, 그리고 Colin Cahill은 한 가지 이상의 의견을 청취하는 시간을 마련하는 것이 도움이 될 수 있다는 점을 알고 있었다. 이 기업에서 개발 업무를 할 때, Bennett은 의사들이 견해를 내놓기에 앞서 그들에게 조언을 구했다. Bennett은 이렇게 말했다. "당신은 그들의 배경에 대해, 그들이 무엇을 하고 싶어하는지에 대해, 그리고 그들의 본래 성향에 대해 알고 있어야 합니다. 그렇게 해야만 이들 요소를 염두에 둔 채 그들의 답변을 이해할 수 있습니다. 이런 정보들은, 의사들이 내놓는 답변이 서 있는 맥락을 보여줄 수 있습니다. 즉, 의사들의 말을 꼭 액면가로 받아들이기보다는 의사들의 말을 더 잘 이해할 수 있게 만들어 줍니다. 적절한 전문가를 식별하고 나면, 언제든지 그와 만날 수 있도록 준비하십시오. 그들의 일정은 대단히 빡빡하고 오락가락합니다." 이 또한 Bennett의 지적이다.

Cahill은 이렇게도 강조했다. "첫 만남을 가지기에 앞서, 가능한 한 많이 공부해 두길 바랍니다. 당신이 이 영역에서 신참 수준이라면, 당신의 공부는 아마도 전혀 맞지 않을 겁니다. 하지만 적어도 당신이 숙제를 해 오기는 했다는 사실을 상대에게 보여줄 수는 있습니다."

제3단계 – 컨셉을 입증하고, 기준 컨셉을 선택하라. 다음 단계는 평가가 이뤄진 개념을 입증하는 단계다. 이는 컨셉 스크리닝 과정을 통과했으며 지적재산권, 규제, 보험, 사업 모델, 기술적 실행가능성과 관련해 심각한 위험이 없어 배제되지 않아 가장 유망한 해결책으로 드러난 해결책에 대해 이뤄져야 한다. 대개의 경우, 세 개에서 다섯 개를 넘지 않는 수의 컨셉들이 이 단계에서 고려할 수 있는 대상으로 남는다. 좌심방이 사례를 다루는 그림 4.6.4는 컨셉 스크리닝을 통해 선택된 잠재적 해결책에 대한 추가적 조사가 어떻게 이뤄지는지 보여준다.

모든 해결책을 그에 비춰 비교해 볼 기준 컨셉을 선택하는 것 또한 중요한 일이다. 이러한 기준컨셉으로 개발 팀이 제시한 해결책 가운데 가장 성공할 가능성이 높아 보이는 아이디어, 현존 치료 대안 가운데 "황금율"에 해당하는 것 또는 경쟁 해결책을 선택할 수 있다.[7] 여기서 중요한 것은 각각의 새로운 해결책을 그에 비추어 평가할 수 있을 만큼 충분한 정보를 기준 컨셉에 대해 수집해야만 한다는 점이다. 좌심방이 사례를

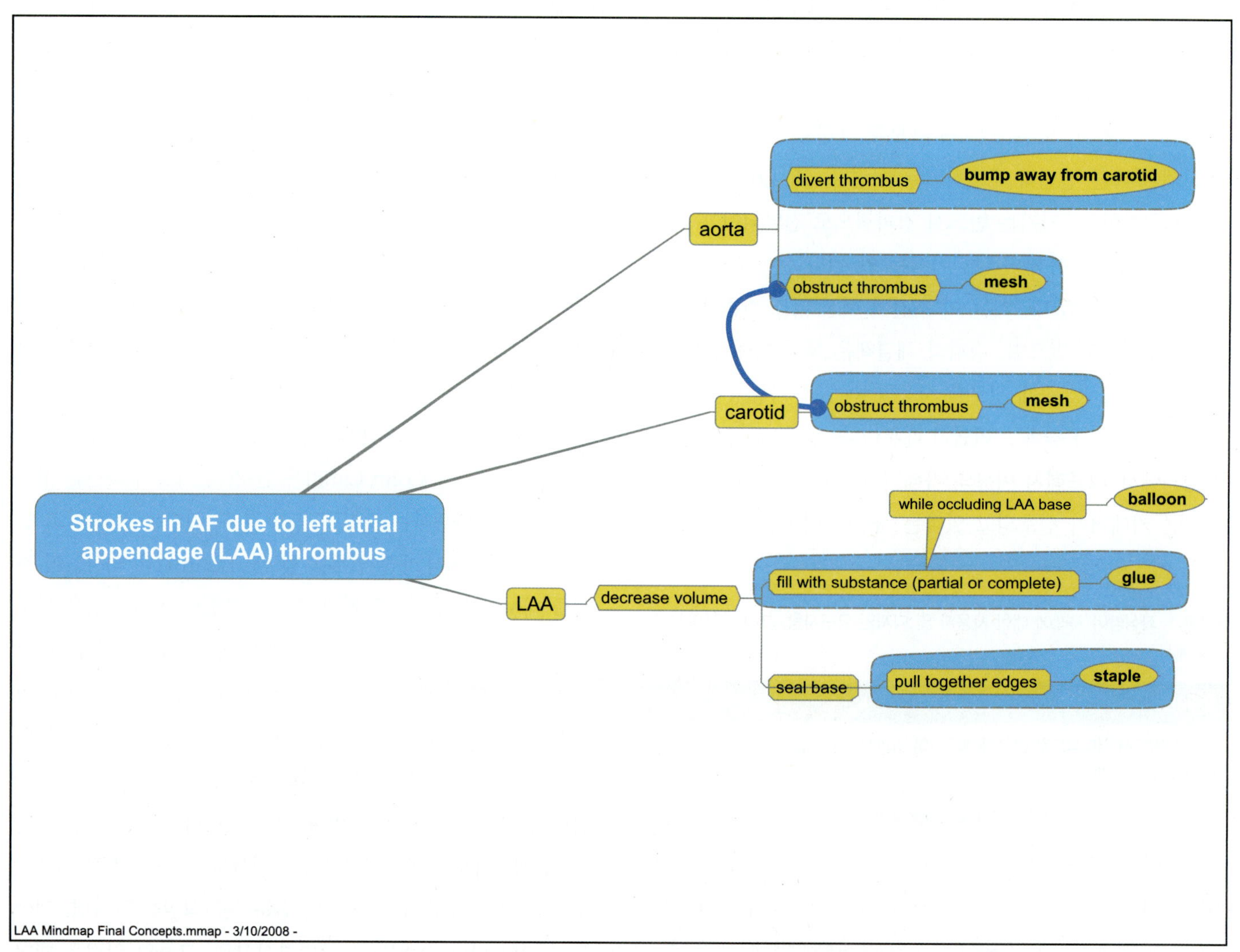

그림 4.6.4
좌심방이 혈전으로 인해 발생한 심방세동 때문에 환자에게 일어나는 뇌졸중을 예방하는 방법에 대한 간단한 마인드 맵에서 얻은 핵심 개념들(Uday N. Kumar 제공)

살펴보자. 여기서 기준 컨셉은 그림 4.6.5에서 확인할 수 있는 와치맨 기기였다. 이 기기는 미국에서 인간 대상 임상시험에서 사용되었으나, 이 글을 쓰고 있는 시점까지는 아직 FDA 승인을 받지는 못한 상태다.

제4단계 – 선택 행렬을 활용하여 점수를 배정하고 컨셉 사이의 순위를 매겨라. 각각의 컨셉들은 기준 컨셉보다 더 나은 방식으로 작동할 가능성(+1), 그보다 뒤처질 가능성(−1) 또는 유사한 수준으로 작동할 가능성에 기반해 사용자 요구사항 점수를 부여 받아야 한다. 이러한 점수는 비교의 기준으로 사용될 수 있기 때문에, 기준 컨셉의 점수는 모든 요구사항에 대해 0점으로 설정해야 한다. 기준 컨셉이 특정한 요구 조건 측면에서는 제대로 작동하지 않는 경우에도, 이에 대해서는 0점을 적용해야 하는데 이러한 성능 수준이 현 단계의 표준을 나타내기 때문이다.

각 컨셉이 취득한 총점은 각각의 사용자 기준에 부여된 가중치를 앞서 부여한 점수에 곱한 다음, 그 결과를 합산하여 구할 수 있다. 총점이 가장 높은 컨셉이 주요 컨셉이 된다. 이런 과정을 그림으로 표현할 경우, 각각의 컨셉에게 한 개의 열을 배

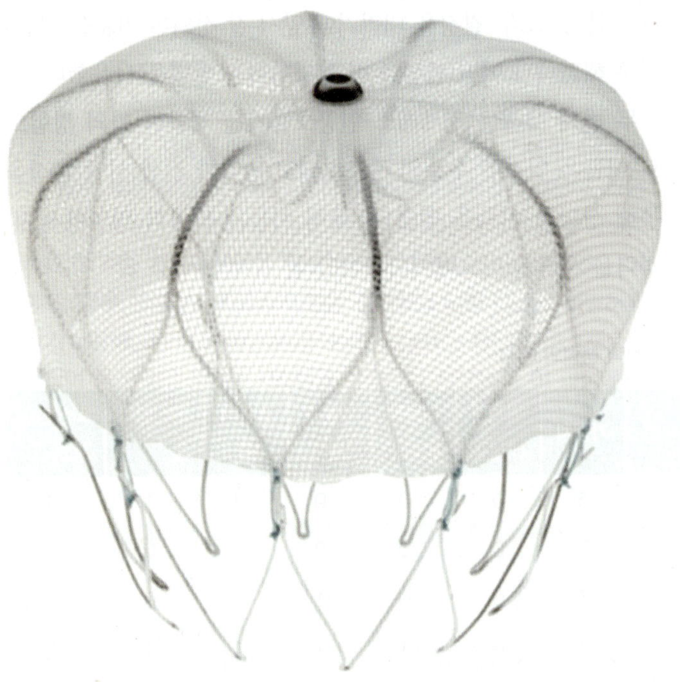

그림 4.6.5
와치맨 좌심방이 기기는 니티놀 합금으로 된 틀 위에 투과성 섬유를 결합한 구조로 되어 있다. 이 기기는 카테터를 이용해 좌심방이 안으로 전달되는 방식으로 이식된다(아트리테크의 허가를 받아 사용).

정하는 한편, 기준 해결책은 가장 왼쪽 편에 배정된 행렬을 구성할 수 있다. 좌심방이 사례의 경우, 작성이 완료된 선택 행렬은 표 4.6.2에서 확인할 수 있다. 여기서 좌심방에 풀을 주입하는 컨셉이 명백한 주요 컨셉으로 떠올랐다.

몇몇 사례에서는 기준 컨셉에 비해 형편없는 점수를 받은 수많은 컨셉들을 확인할 수 있다. 이들 요구사항이 일반적으로 타당하다고 가정한다면, 이러한 사실에 기반해 기준 컨셉은 니즈, 그리고 현재 규정된 사용자 및 디자인 요구사항을 상대적으로 잘 만족시킨다고 주장할 수 있다. 뒤집어 말하면, 이런 사실은 여러 요구사항을 만족시킬 수 있을 만큼 충분히 상세한 새로운 컨셉이 아직 개발되지 않았다는 뜻이기도 하다. 이러한 경우, 이노베이터들은 사용자 및 디자인 요구사항을 다시 점검해야만 할 것이다. 이런 점검은 특이성이 적절한지, 그리고 요구사항에 대한 가중치가 적절하게 할당되었는지 체크하는 과정을 포함해야 한다.

요구사항과 가중치가 적절해 보이지만, 검토 대상 컨셉 가운데 선두 주자가 아직 마땅하지 않은 경우가 있을 수 있다. 이 경우 좀 더 유망한 컨셉을 찾아내기 위해 추가적인 개념화 활동을 벌일 필요가 있다. 이러한 개념화 작업에서 개발 팀은 어떤 한 컨셉의 성공적인 요소가 다른 컨셉에 적용되었을 때 성공 가능성을 더욱 증대시키게 될 것인지에 대해 검토할 필요가 있다. 반복적인 순환 과정 속에서 추가적인 시제품화 작업은 이러한 검토를 돕는 데 상당한 가치가 있는 통찰을 제공할 수 있다. 이들 단계를 밟아나간 다음, 그리고 선택 행렬 내에 포함된 요구사항과 가중치를 재검증한 다음, 개발 팀은 주요 컨셉이 명료해 질 때까지 각각의 컨셉에 대해 다시 점수를 매기는 과정을 반복해야 한다.

궁극적으로, 이노베이터들은 그림 4.6.1에서 간단하게 묘사된 것과 같이 전체 컨셉에 대한 스크리닝 활동을 통해 형식을 갖추고, 형식과 무관하게 수집되고 분석된 정보 모두를 감안하여 최종 컨셉을 선택해야만 한다. 다시 강조하자면, 이 과정은 선형적이라기보다는 요구사항을 조정하고 가중치를 부여해 이노베이터를 "선두"로 이끄는 작업뿐만 아니라 개념화, 조사, 시제품화까지 여러 차례 필요로 하는 반복적인 과정이다. 만일 개발 팀이 이러한 순환 과정을 단 한 차례만 밟은 상태라면, 그들의 컨셉은 훌륭할 수 있을지 몰라도 추가적인 조사와 분석을

어 있었다. ACS는 카테터 기반 시술을 관찰하고, Gruentzig 시스템과 같은 경쟁 제품이 어떤 식으로 작동할 수 있고 어떤 식으로는 그렇지 않은지 연구하기 위해 심장학 랩에 자신들의 엔지니어들을 정기적으로 파견했다. "당신은 의사들이 실제 니즈가 무엇인지를 더 잘 이해해야만 합니다. 또한 기업은, 사용자 요구사항을 어떻게 이끌어 내야 할 것인지 이끌어 낼 때 정말로 그 지적 능력을 최대로 사용해야만 합니다."

이들 요구사항을 확인하고 나자, ACS 개발 팀은 이들 요구사항이 디자인과 시제품 제작 기간 동안 감당해야 할 비용에 비해 얼마나 중요한지 비교할 수 있게 되었다. Carl Simpson은 이렇게 말한다. "우리는 고객들이 다음에 무엇을 원할지에 대해 평소에 알고 있던 것을 기반으로 요구사항들을 평가했습니다." 예를 들어, 풍선 카테터를 개발 중이라고 해보자. 얇고 편평한 풍선이라는 요구 조건은 최우선적인 중요성을 가질 것이다. "편평함은 언제나 제1의 조건이었습니다. 병변을 뚫고 나갈 수 없다면, 그것을 넓힐 수도 없기 때문입니다." 개발 팀은 필요할 경우 팽창 압력과 같은 다른 요구사항을 풍선의 편평도를 최대화하기 위해서는 희생할 수 있다고 보았다. Carl Simpson은 이렇게 말한다. "비용은 임상적 요구로부터 나온 것이었습니다. 이것이 바로 엔지니어들이 지혜로운 판단을 내리기 위해 의학적 요구를 이해해야만 했던 이유입니다."

근본적으로, 시장에서 경쟁하는 기기가 단 하나뿐이었기 때문에, Gruentzig의 기기는 ACS가 수행한 모든 검사 결과를 비교하게 될 기준 기기가 되었다. ACS는 하나의 컨셉을 구체적인 개발로 옮기는 최종적인 판단을 내리기에 앞서 여러 가지의 컨셉을 시험해 보았다. 개발 팀이 그와 같은 결정을 어떤 방식으로 내려야 하는지 질문했을 때, Carl Simpson은 이렇게 답변했다. "우리가 아는 그 방식대로 하세요." 개발 팀의 풍선 카테터 개념을 실현한 시제품이 ACS가 선정한 세 가지 기본적인 사용자 요구사항 모두에 걸쳐 기본선 기기보다 더 잘 작동할 수 있다는 점을 밝히게 되자, ASC는 이제 다음 단계로 나아갈 준비가 되었다는 점을 알 수 있었다(그림 4.6.6). 이 단계의 개발에 접어들자, Carl Simpson은 이렇게 말했다. "만일 이런 도약의 단계가 직관적으로 명백해 보이지 않는다면, 당신은 외부의 도움을 받아야만 합니다. 이 사업 영역에서 경험이 있는 다른 성공적인 기업가들과 말을 나눠 보시기 바랍니다." 그는 또한 발명가들에게 의사들에게 돌아가 어떤 컨셉이 가장 중요한 요구사항들을 만족시킬 것 같은지에 대한 느낌을 확실하게 받을 때까지 최대한 더 많은 정보를 수집해 보라는 조언도 남겼다.

Carl Simpson은 이러한 종류의 직관을 개발하는 일은 전혀 쉽지 않다는 점을 알고 있었다. "당신은 그런 직관을 어떻게 사용하는 것인지 익혀야만 합니다." 하지만, 새로운 발명가라고 할지라도 "일정 수준의 지식을 쌓았다면 올바른 해결책은 스스로 드러나게 마련입니다." 또한 그는 성공은 일련의 실패 위에 건설되는 것이라는 점을 기억하라고 주문했다. "환자와 고객이 진정으로 무엇을 원하는지 알아내는 것 말고는, 올바른 공식이란 없습니다." Simpson은 다른 발명가들이 이런 의미에서 직관을 개발할 수 있도록 돕는 데 개인적으로 노력을 아끼지 않았다. 그가 ACS에서 근무하던 당시, 이 회사에서 단련된 사람들이 100개 이상의 의료기기 기업을 창업했다는 사실 덕분에 주변에 실리콘 밸리 의료기기 대학이라는 별명으로 불리게 되었다.[8] ACS는 1984년 엘리 릴리에 매각되었으며, 1994년에는 스핀오프 방식을 통해 가이던트라는 회사로 분사되었다.

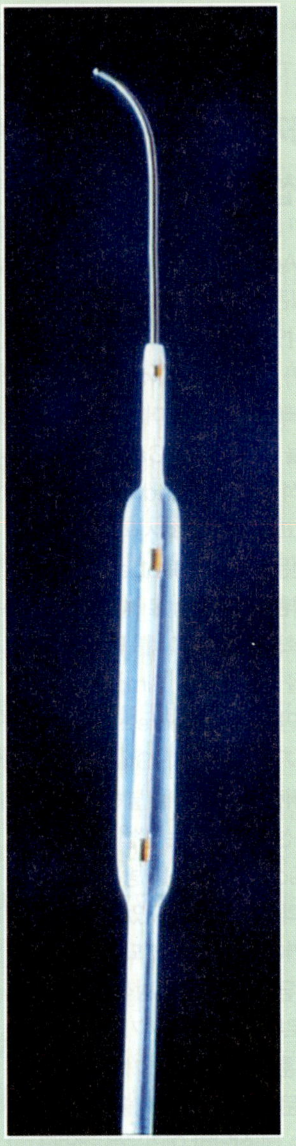

그림 4.6.6
ACS의 첫 카테터의 초기 심슨-로버스 버전(Carl Simpson의 허가를 받아 사용)

현장에서 원브레스(OneBreath)

컨셉 스크리닝에 대한 대안적인 접근 방식을 반영하기

Matthew Callaghan은 조류 독감이 전 세계적으로 관심을 끌고 있을 때 샌프란시스코에 있는 캘리포니아 대학에서 외과 인턴 과정을 보내고 있었다. 조류 독감은 개인의 호흡기 시스템을 심각하게 손상시킬 수 있으며, 이를 치료하기 위해서는 환자의 호흡을 돕기 위해 인공호흡기가 필요한 경우가 많다. 미국 정부에 의해 이뤄진 병원 준비태세 분석(Analyses of Hospital Preparedness)에 따르면, 범유행(Pandemic) 시나리오하에서는 훈련된 의료서비스 제공자가 부족하다는 사실이 정부의 대응 능력이 마주치게 되는 가장 큰 도전이었다. 두 번째로 중요한 도전은 기계적 호흡 장치를 필요한 모든 곳에 충분한 수량의 기계적 인공 호흡기를 제공하는 일이었다. 전통적인 인공 호흡기는 비싼데다가, 설치하고 사용하기 위해서는 특별한 훈련을 필요로 했고, 주기적으로 유지보수 작업을 해야만 했기 때문에 응급 상황을 위해 보관해 두기에는 적절하지 못했다. Callaghan의 말처럼, "기계적 인공호흡기는 전체 과정 속에서 일종의 율속 단계(Rate Limiting Step)였습니다. 비싸고, 가장 부담스러우며, 가장 복잡하고, 융통성은 가장 없는 장비였기 때문입니다."

훈련 받은 엔지니어로서, Callaghan은 범유행 및 대량 사망자 발생 사태라는 재난에 좀 더 효과적으로 대응하는 데 사용할 수 있는, 더 편리하고 가격도 낮은 인공 호흡기의 개발에 흥미를 가지게 되었다. 이 즈음, 그는 또 다른 엔지니어-외과의인 Bilal Shafi와 접촉하게 되었다. Shafi와 Callaghan은 다른 곳에서 정규직으로 근무했지만, 바로 이 문제를 탐구하기 위해 주말을 투자해 모임을 가지기 시작했다. 이들의 초기 조사 결과, 새로운 인공호흡기는 두 개의 주요 시장을 대상으로 삼아 판매되어야 했다: (1) 재난 대응 시장. 응급상환 준비태세에 대비하기 위한 장비의 주요 구매자인 미국 정부가 그 판매 대상이었다, (2) 일반적인 병원 시장, 특히 제기된 요구에 효과적으로 대응할 자원이 제한적이지만 좀 더 사용하기 편리한 인공호흡 장비를 원하는 병원이 그 대상이었다.

당시 시장에서는 세 가지 유형의 기계적 인공호흡기 제품이 유통되고 있었다. 최첨단의 집중 치료나 응급실 환경에서 사용되며, 모든 기능을 갖춘 인공호흡기의 가격은 대략 2만 달러에서 5만 달러에 달한다. 또한 이 장비의 운용을 위해서는 신뢰할 수 있는 외부 전원 공급은 물론 숙련된 운용자도 필요하다. 이동형 인공호흡기의 가격은 조금 낮은 편이지만(8천~1만 5천 달러 선), 배터리 지속 시간이 짧은 데다가 중환자에게는 사용할 수 없었다. 마지막으로, 좀 더 기본적인 기기로 저가형의 소생기(resuscitator)가 있다. 이 기기의 가격은 5백 달러에서 1천 달러 선이며, 숙련된 의사나 간호사가 매뉴얼에 따라 조작하면 되는 기기였다. Callaghan 팀은 가격 스펙트럼의 아래쪽에 있지만 기능과 효과성 면에서는 높은 곳에 있는 새로운 기기를 만들어 내려는 생각을 하게 되었다(그림 4.6.7).

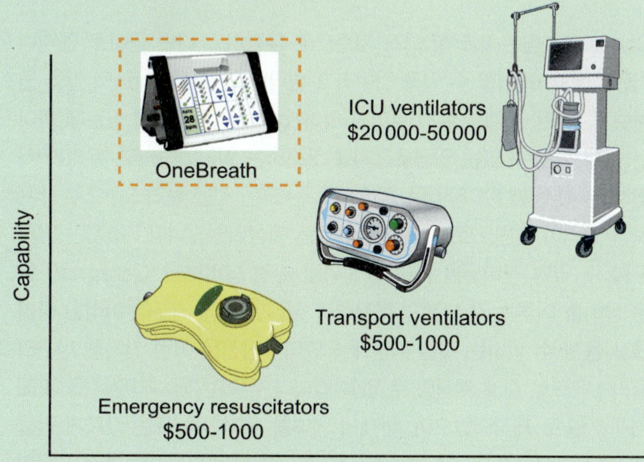

그림 4.6.7
원브레스 팀이 그린 기계적 인공호흡기 사용 치료의 지형도(원브레스의 사용 허가를 받아 사용)

Callaghan과 Shafi는 여러 임상 문헌에서, 그리고 미국 보건복지부(US Health and Human Services Department)가 범유행 상황하에서 사용할 인공호흡기에 필요한 특징에 관해 출간한 지침서를 이용해 인공호흡기에 대한 지식을 배워 나갔다. 문제에 대한 축적된 이해를 바탕으로, 이들은 저자원 환경에서 극심한 호흡 곤란에 빠진 환자에게 감당 가능한 가격으로 인공 호흡과 여러 지원을 제공하는 방법이라는 요구사항에 초점을 맞춰야 한다는 결정을 내리게 되었다. 이들은 저자원 환경을 제한된 인프라 환경(전력, 의료가스, 온도 제어, 수리 역량)은 물론 미숙련 사용자(새로 채용된 간호사)가 있는 상황으로도 규정했다. 다음 단계에서, Callaghan 팀은 컨셉 산출에 큰 도움을 준 다음과 같은 니즈 기준을 포함하는 요구 사양을 정리하게 된다.

1. 경제성: 환자당 한 대의 비율로 이 기기를 배분하는 데 충분할 만큼 값이 싸야 한다(Callaghan 팀은 가격 목표를 대당 3천 달러 수준으로 잡았다).
2. 이동성: 전력이나 압축 가스 없이도 독립 유닛으로 작동할 수 있으며, 긴 배터리 지속 시간과 유지 요구사항이 낮아야 한다.
3. 운용성: 특별한 훈련 없이도 실무 간호사들이 운용할 수 있을 만큼 충분히 단순해야 한다.
4. 적응성: (대부분의 다른 기기와는 달리) 성인과 소아 모두에게 사용할

수 있을 만큼 충분히 유연해야 한다.
5. 호환성: 현재 사용할 수 있는 호흡 튜브, 그리고 다른 일회용 장비와 보편적으로 호환될 수 있어야 한다.

Callaghan 팀은 이러한 니즈 기준으로 무장하고 나면 곧바로 엔지니어링 작업에 돌입할 수 있을 것이라고 생각했다. Callaghan의 말을 들어보자. "제품 설계를 위해 우리가 하려 했던 첫 번째 작업 가운데 하나는 현재 구할 수 있는 인공호흡기를 분해하는 일이었습니다. 우리가 시험해 본 첫 번째 아이디어는 금속으로 된 모든 것을 플라스틱으로 대체하면 가격이 절반으로 떨어질 것이라는 예상이었습니다." 하지만 당시 구할 수 있던 장비들을 뜯어보기 위해 빌려 살펴보자, Callaghan 팀은 장비를 이루는 각 부분의 복잡성과 정밀한 특징 덕분에 이러한 방법을 사용할 수 없다는 것을 깨닫게 되었다. "당신은 이런 기기를 싸구려 플라스틱으로 결코 제작할 수 없을 겁니다. 우리는 당시의 기기들이 레거시 기술로 제작되었으며, 현재의 형태를 유지한 채로는 값싸게 만들 수 없다는 점을 알게 되었습니다. 누구도 뒤로 돌아가 처음부터 시작할 수는 없는 일이죠. 설계가 나아갈 수 있는 지점까지 페인트를 덧칠하고 또 덧칠하는 것과 같은 작업이 이뤄져 있었고, 또한 누구도 원한다고 해서 옛날 페인트를 떼어내 버릴 수도 없었습니다." Callaghan의 설명이다. 몇 주 동안 땜질을 벌인 다음, 이들은 컨셉 창출을 위해 좀 더 창의적인 접근 방식을 택해야 한다는 결정을 내렸다. "우리는 역설계 방식 또는 땜질 식의 접근 방식으로는 아무 것도 시작할 수 없었을 겁니다." Callaghan은 이렇게 인정했다. 하지만, 이러한 작업 방식은 호흡 곤란의 메커니즘－사람들은 어떻게 호흡하는가, 기도는 어떤 방식으로 기능하는가, 또한 이런 기능은 잠재적으로 어떤 방식으로 복제될 수 있는가－을 완전히 이해하기 위한 추가적인 조사를 수행하도록 만든 동기로 작동했다는 점에서는 이점을 가지고 있었다. 또한 이러한 조사 결과는 이들의 후속 개념화 과정에 대해 매우 중요한 역할을 하게 되었다.

Callaghan에 따르면, 그의 팀은 여러 차례의 개념화를 수행했지만, 팀원들이 모두 다른 곳에서 정규직으로 근무하고 있었기 때문에 전통적인 방식으로 개념화를 진행할 수는 없었다. "우리는 매일 저녁 모여 여러 아이디어를 놓고 토론을 벌였습니다." Callaghan은 자신의 팀이 아이디어를 화이트보드에 스케치하는 한편 이들을 몇몇 집단으로 묶어 토의의 대상으로 삼았다고 회상한다. 이런 과정을 거친 다음, 이들은 아이디어를 관련 영역에 대해 가장 많은 경험을 가지고 있는 팀원들에게 배분했다. 팀원들을 이렇게 배분 받은 아이디어를 더 깊이 탐구해 유망한 아이디어로 조직화했고, 다음 개념화 세션에서 더 많은 정보를 사용할 수 있도록 자신들의 노트에 독립적으로 그 결과를 스케치하는 한편 논의의 대상이 될 아이디어에 대해 추가적인 작업을 진행했다.

Callaghan은 이렇게 말한다. 형식에 구애 받지 않은 이러한 과정을 통해, "우리는 대략 20~30개의 아이디어를 모았습니다. 그 중에는 현대화된 흉외 인공호흡기처럼 비현실적인 아이디어도 섞여 있었죠. 우리들은 종이 위에 있는 이들 아이디어 가운데 제대로 작동하지 않을 것으로 보이는 것들을 배제했습니다." 이러한 접근 방식은 대략적으로 여섯 개의 유망한 아이디어만 남기고 여러 컨셉을 배제할 수 있도록 만들었다. 하지만, Callaghan 팀은 이들 컨셉을 동시에 스크리닝하는 대신, 한 번에 한 가지의 아이디어에 대해 스크리닝을, 그리고 그 다음 엔지니어링 작업을 하기로 결정했다. "첫 번째 시제품은 문서 위에서는 물리학적으로 잘 작동할 것처럼 보였지만, 실제로 시제품으로 만들자 제대로 작동하질 않았죠." Callaghan의 회상이다.

두 번째로 유망한 개념은 공압 전기(pneumatic electrical) 해결책, 그리고 공압 접근방식과 소프트웨어 접근방식을 결합한 아이디어를 포함하고 있었다. Callaghan 팀은 공압 전기적 해결책에 따른 시제품을 먼저 제작하기 시작했다. "이 컨셉은 우리의 배경[기계 공학]과 매우 가까웠기 때문에, 제작하기 가장 쉬웠으며 이러한 아이디어를 일종의 약호로 기록할 필요도 없었습니다." 다양한 시제품을 통한 작업을 거치는 동안, 팀은 자신들의 니즈 기준을 다듬는 한편 새로운 인공 호흡기의 가능한 용법을 분석해 도출할 수 있었던 몇 가지 추가적인 요구사항도 추가할 수 있었다. 불행하게도, 팀은 여러 달 동안의 개발 과정 끝에 공압 전기 접근방법은 이들이 규정한 니즈 기준, 그리고 사용자 및 디자인 요구사항을 결코 만족시킬 수 없다는 점을 인정해야만 했다.

다음 아이디어로 넘어가기 위해, Callaghan 팀은 호흡 전달 알고리즘을 통해 인공호흡기의 기능을 제어하는 소프트웨어를 사용하는 모델을 사용해 작업을 시작했다. 대략 여섯 개의 시제품을 만들어 보고 나서, 이러한 유형의 컨셉이 요구 사양을 만족한다고 확신하게 되었으며, 나중에 원브레스 v1 인공호흡기로 이어지게 될 설계를 얻을 수 있었다.

이러한 경험을 반성하면서, Callaghan은 자신의 팀이 컨셉 스크리닝과 최종 컨셉 선택에서 취했던 선형적인 접근의 한계를 절감하게 되었다. "우리는 어떤 설계 컨셉을 우리의 설계 목표와 부합하도록 조정하는 데 힘을 기울이기보다는 구체화하는 단계로 너무 빨리 넘어갔던 것입니다. 우리는 우리가 정리한 요구 사양에서 떨어져 있었고, 우리에게 가장 익숙한 것에 너무 메여 있었습니다. 만일 우리가 바이오디자인 혁신 과정을 좀 더 주도 면밀하게 진행했다면, 최종 컨셉에 아마도 1년은 더 빠르게 도달할 수 있었을 것입니다. 우리의 접근 방법은 시간을 지나치게 소모했고, 프로젝트가 실패하지 않았던 것은 운이 좋았기 때문입니다."

Callaghan에 따르면, "우리는 문제를 이해하는 데는 좋은 직업을 가지고 있었지만, 요구 사양을 결정하는 데는 충분한 권위를 가지고 있었다고 볼 수 없습니다." Callaghan 팀이 자신의 해결책 컨셉을 니즈 기준에 비추어 총괄적으로, 그리고 현실적으로 평가했다면, 자신들이 제기한 아이디어 가운데 일부는 자신들의 요구사항과 부합하지 않을 것이라고 예상하게 되었을 것이다. Callaghan은 이렇게 인정한다. "요구 사양과 부합하지 않는 컨셉들은 초기에 배제되었어야만 합니다." 엔지니어로서 아이디어 내에 들어있는 근본적인 제약 사항을 좀 더 창의적인 방법을 사용하거나 더 열심히 일해서 극복할 수 있다고 생각했던 것 같다.

사후 관점에서 볼 때, 핵심 사용자 요구사항에 비추어 잠재적인 해결책을 명시적으로 평가할 있도록 하는 좀 더 객관적이고 비교 가능한 과정은 원브레스가 최종 컨셉을 좀 더 효과적으로 선택할 수 있게 하는 데 큰 도움을 주었다. Callaghan은 최적의 컨셉 선택 과정은 니즈를 스크리닝하고 선택하는 데 사용할 수 있는 혹독한 접근 방식을 택하는 데 있다고 본다. "당신이 일단 니즈를 내놓았다면, 당신은 이들 니즈가 올바로 제기된 것인지 검사해야만 합니다. 또한 당신은 당신의 해결책이 자신에게 문제가 된다고 보는 단 한 명의 의사뿐만 아니라, 여러 이해관계자들로부터 해결책을 검증 받아야 합니다. 달리 말해, 당신은 이들 해결책을 시도하고 '제거'할 수 있어야 합니다. 우리는 우리가 관심을 가진 해결책을 깊이 탐색해야 합니다 – 이런 해결책을 실현하려면, 중요한 문제에 대해 어떠한 보상도 받지 못한 채 오랜 시간 동안 무언가를 개발하는 데 열정을 투입해야만 합니다. 하지만 이러한 작업은 마치 강아지 음식을 고를 때도 강아지의 취향을 염두에 두는 것처럼, 실제 이해관계자들에 대한 관심과 조화를 이뤄야만 합니다. 설계 컨셉을 선택할 때도 똑같은 주의를 기울여야 합니다."

원브레스는 이제 개도국의 자원 제한 의료기관에서 사용할 수 있는 인공호흡기뿐만 아니라 재난 대응 시장에도 사용할 수 있는 저가형 인공호흡기를 개발하는 데도 초점을 맞추고 있다. 이 회사는 인도, 다시 말해 이 회사가 첫 번째로 노렸던 시장에서 단독투자 자회사(wholly-owned subsidiary)를 설립했으며, 2013년에는 국제 투자자들로부터 일련의 투자 계약을 체결했다. 원브레스는 2015년 초에 첫 번째 제품을 시장에 출시하는 것을 목표로 하고 있다.

온라인 자료

더 많은 자료는 www.ebiodesign.org/4.6을 방문한다.

"Getting Started"의 활동과 링크

- Complete research, prototyping, and preliminary concept screening
- Identify user and design requirements
- Weight user and design requirements
- Confirm the concepts and choose a baseline
- Assign scores and rank concepts using the selection matrix

최종 컨셉 선택에 관한 동영상

NOTES

1 David Warburton, "Getting Better Results in Design Concept Selection," *Medical Device Link*, http://www.devicelink.com/mddi/archive/04/01/006.html (November 20, 2013).

2 From remarks made by Mark Deem as part of a lecture for the Biodesign Innovation course offered by Stanford's Program in Biodesign, 2010. Reprinted with permission.

3 Stuart Pugh, *Total Design: Integrated Methods for Successful Product Engineering* (Addison-Wesley, 1991).

4 Ibid.

5 The French catheter scale is used to measure the outside diameter of a cylindrical medical instrument. 1 French (Fr) is equivalent to approximately 0.33 mm.

6 All quotations are from interviews conducted by the authors, unless otherwise cited. Reprinted with permission.

7 Pugh, op. cit.

8 Carl Simpson biography, Stanford Biodesign: People, http://biodesign.stanford.edu/bdn/people/csimpson.jsp (November 20, 2013).

9 "Advanced Development of Next Generation Portable Ventilators," Solicitation HHS-BARDA-08-20, April 18, 2008.

Acclarent 사례 연구

4단계: 컨셉 스크리닝

만성 코곁굴염을 치료하는 데 풍선을 사용한다는 아이디어가 실현 가능한 것인지 파악하기 위해, Makower와 Chang은 앞서 기술한 바이오디자인 혁신 과정의 컨셉 스크리닝 단계를 수행해야만 했다. 이들이 풍선 해결책을 다른 아이디어와 직접 비교하지는 않았지만, 이들은 이 해결책이 최종 컨셉이 될 수 있는지 여부를 결정하기 위해서는 모든 유관한 장애물을 확실히 넘어야만 했다. "우리는 코곁굴 통로를 넓혀야 한다는 간단한 장애물을 넘기 위해서도 답해야 할 질문이 수백만 개는 된다는 점을 알게 되었습니다. 하지만 이 가운데 어떠한 질문도 제대로 작동하는 기술을 찾을 수 없을 경우에는 의미가 없었을 겁니다." Makower의 말이다.[1]

4.1 지적재산권의 기초

지적재산권 상황을 평가하기 위해, Makower와 Chang은 이비인후과 영역 환자를 조사하는 데 상당한 시간을 투입했다. 이들은 특히 코와 관련된 환자의 상황을 이해하는 데 초점을 맞췄다. Chang은 이렇게 말한다. "우리는 이들 영역을 세밀하게 살펴보았습니다. 그렇게 하니 뭔가가 열리는 것처럼 보이더군요." Chang의 세밀한 서명을 들어보자.

> 코피와 관련된 몇 가지의 지적재산권이 설정되어 있었다. 또한 비갑개 축소술, 절개술, 축소술, 다량의 에너지 전달과 관련해서도 지적재산권이 설정되어 있었다. 하지만 이 영역은 중재 방법과 여러 시술뿐 아니라 중재 기기의 관점에서 볼 때 일반적으로 매우 넓은 기회가 열려 있는 영역이었다. 우리는 약물 전달과 관련이 있으나 이비인후과 영역에만 특이적인 증상을 보이는 것은 아닌 환자를 찾아냈다. 우리는 약물 전달이 우리가 원하는 해결책의 일부라는 사실을 초기에 파악했기 때문에 이 환자는 매우 중요했다. 또한 풍선과 카테터에 대해 조사해 보니, 이들 기기는 심장학과 같은 다른 영역에서 오랜 기간 동안 사용되었다는 사실을 쉽게 파악할 수 있었다. 때문에 우리는 풍선이나 카테터 기술을 이비인후과에 적용할 때 필요한 독특한 여러 측면에 주목해야만 했으며, 방대한 특허 명세서를 작성하는 작업은 바로 여기서 시작했다.

추가적인 조사를 수행하는 한편 지적재산권 변호사에게 상담을 받으면서, Makower와 Chang은 자신들의 해결책에 특허 자격이 있다는 사실을 상대적으로 빠르게 알게 되었다. 이들은 특허 과정의 첫 번째 단계를 코에 특이적으로 설계된 풍선 및 다른 여러 도구의 독특한 사용 방법 주변에 울타리를 두르는 데 초점을 맞춰 진행했다. Chang에 따르면, "우리는 처음부터 그와 같은 방법이 우리에게 정말로 중요하게 될 것이라는 점을 인식하고 있었습니다." 그 다음, 이들이 풍선 및 카테터에 대해, 그리고 그 사용방법에 대해 더 많은 것을 익히게 되자, 이들은 심혈관 중재를 위해 쓰이던 풍선과 카테터와 자신들의 기기를 다르게 만드는 독특한 여러 특징에 대해 더욱 강력한 지적재산권 보호를 설정하기 시작했다.

"결국 우리는 일련의 특허를 출원하게 되었습니다. 우리의 첫 번째 특허는 예비 특허가 아니었습니다. 우리는 변호사와 함께 아주 열심히, 그리고 빠른 속도로 작업했고, 특허를 취득하기에 앞서 어마어마한 노력을 투입해야만 한다고 결정하게 되었습니다." Chang은 이들 초기 특허 출원에서 사용한 종합적인 접근 방법에 대해 이렇게 말한다. "우리는 우리가 선호하는 기술, 그리고 선호하는 사용 방식에 대해 명확하게 기술했지만, 동시에 미래의 제품이 기반하게 될 많은 다른 기술과 방법에 대해서도 염두에 두어야만 했습니다. 원하는 결과를 얻는 데 다수의 접근 방법이 있으며, 만일 당신이 어떤 방법에 대해 조치를 취하지 못했다면, 당신이 해 놓은 것을 보고 다른 누군가가 추격을 해 올지도 모르는 일입니다." (그림 C4.1)

(12) **United States Patent**
Chang et al.

(10) **Patent No.:** **US 7,462,175 B2**
(45) **Date of Patent:** **Dec. 9, 2008**

(54) **DEVICES, SYSTEMS AND METHODS FOR TREATING DISORDERS OF THE EAR, NOSE AND THROAT**

(75) Inventors: **John Y. Chang**, Mountain View, CA (US); **Joshua Makower**, Los Altos, CA (US); **Julia D. Vrany**, Sunnyvale, CA (US); **Theodore C. Lamson**, Pleasanton, CA (US); **Amrish Jayprakash Walke**, Milpitas, CA (US)

(73) Assignee: **Acclarent, Inc.**, Menlo Park, CA (US)

(*) Notice: Subject to any disclaimer, the term of this patent is extended or adjusted under 35 U.S.C. 154(b) by 524 days.

(21) Appl. No.: **11/037,548**

(22) Filed: **Jan. 18, 2005**

(65) **Prior Publication Data**

US 2006/0095066 A1 May 4, 2006

Related U.S. Application Data

(63) Continuation-in-part of application No. 10/829,917, filed on Apr. 21, 2004, and a continuation-in-part of application No. 10/912,578, filed on Aug. 4, 2004, now Pat. No. 7,361,168, and a continuation-in-part of application No. 10/944,270, filed on Sep. 17, 2004.

(51) **Int. Cl.**
A61M 31/00 (2006.01)

(52) **U.S. Cl.** **604/510**

(58) **Field of Classification Search** 604/509–510, 604/94.01, 103.1, 103.04, 103.05, 96.01, 604/164.01, 164.09, 164.1, 164.11, 164.13, 604/164.08, 171, 173, 101.02
See application file for complete search history.

(56) **References Cited**

U.S. PATENT DOCUMENTS

705,346 A 7/1902 Hamilton
2,525,183 A 10/1950 Robison

(Continued)

OTHER PUBLICATIONS

Strohm et al. Die Behandlung von Stenosen der oberen Luftwege mittels rontgenologisch gesteuerter Balloondilation Sep. 25, 1999.*

(Continued)

Primary Examiner—Kevin C Sirmons
Assistant Examiner—Deanna K Hall
(74) *Attorney, Agent, or Firm*—Robert D. Buyan; Stout, Uxa, Buyan & Mullins, LLP

(57) **ABSTRACT**

Sinusitis, mucocysts, tumors, infections, hearing disorders, choanal atresia, fractures and other disorders of the paranasal sinuses, Eustachian tubes, Lachrymal ducts and other ear, nose, throat and mouth structures are diagnosed and/or treated using minimally invasive approaches and, in many cases, flexible catheters as opposed to instruments having rigid shafts. Various diagnostic procedures and devices are used to perform imaging studies, mucus flow studies, air/gas flow studies, anatomic dimension studies and endoscopic studies. Access and occluding devices may be used to facilitate insertion of working devices such asendoscopes, wires, probes, needles, catheters, balloon catheters, dilation catheters, dilators, balloons, tissue cutting or remodeling devices, suction or irrigation devices, imaging devices, sizing devices, biopsy devices, image-guided devices containing sensors or transmitters, electrosurgical devices, energy emitting devices, devices for injecting diagnostic or therapeutic agents, devices for implanting devices such as stents, substance eluting or delivering devices and implants, etc.

21 Claims, 44 Drawing Sheets

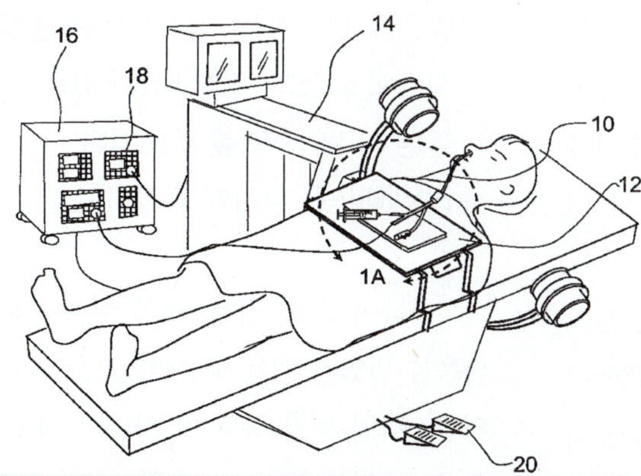

그림 C4.1
최초의 핵심 풍선카테터 코곁굴 확장기 특허는 2008년 12월 아클라런트에 의해 최종 출원되었다(아클라런트 제공).

이러한 지적재산권 노력의 한 가지 예상하지 못한 결과는, 이들 팀이 "스텔스 모드"라고 부른 방법을 사용하게 되었다는 점이다. 개발 중인 해결책에 대해 더 많은 것을 파악해 나가면서, Makower는 다른 기업이 자신들의 아이디어를 배우지 못하게 하는데, 그리고 동일한 해결책을 바탕으로 시장에 진입하지 못하도록 막는 데 점점 더 많은 신경을 쓰게 되었다. 이들은 자신의 아이디어를 의도적으로 가능한 한 소수의 사람들에게만 공개하겠다고 판단했으며, 기밀유지가 절대적으로 필요한 경우 이들과 기밀유지 협약(NDAs)을 체결하기도 했다. Chang은 이렇게 설명한다. "풍선 아이디어의 경우, 우리는 잘 이해된 기술에 바탕을 두고 기본 개발 작업을 벌였습니다. 풍선, 도선, 카테터 선에 대해 풍부한 경험을 가진 회사는 아주 많습니다. 우리가 하고자 하는 것을 할 잠재력이 있는, 그리고 우리의 작업물을 보고 힌트를 얻어서 우리보다 빠르게 발명을 해낼지도 모를 똑똑한 사람들은 얼마든지 있습니다. 우리의 잠재적 경쟁자들이 우리가 하는 것에 대해 아무 것도 모르게 만드는 것이 더 나은 이유입니다."

4.2 규제의 기초

주요 해결책과 관련된 규제 경로에 대해 검토하면서, Makower는 "과학적 실험이 없다"는 주문을 다시 외우게 되었다. 이는 문제의 해결책이 510(k) 경로를 밟을 필요가 있다는 뜻이었다. Chang은 이렇게 말한다. "우리는 상대적으로 단순한 규제 경로를 밟길 원했습니다." 임상 데이터를 제한적으로만 요구하기 때문이다. "때문에, 우리는 규제 컨설턴트를 만나 어떻게 하면 이러한 종류의 제품이 허가를 취득할 수 있을지에 대해 논의하기 시작했습니다." 이들은 이비인후과 영역에서 어느 정도 경험을 쌓은 규제 컨설턴트를 찾아낼 수 있었다. "그의 인상에 따르면, 대부분의 ENT 기기는 등급 Ⅰ이나 Ⅱ를 받게 됩니다. 그와의 상담에서, 우리는 우리가 규제에 대해 알고 있는 것을 명확하게 만들기 위해 끄집어 내 보았습니다. 이들 정보를 컨설턴트와 조심스럽게 점검해 본 결과, 우리는 510(k) 경로를 밟기로 한 우리의 결단을 FDA가 발표한 지침과 직접적으로 부합한다는 사실에 상당한 자신감을 얻게 되었습니다. 핵심은, 이 기기에 대한 제출 서류의 내용이 기반하게 될 동등한 기기들을 통해 매우 효과적인 집합을 구성할 수 있었다는 점이었습니다.

4.3 보험의 기초

보험 단계로 접어들었을 때, 이 팀은 기능적 내시경 코곁굴 수술(functional endoscopic sinus surgery, FESS)와 연관된 코드, 보상 범위, 지불 결정을 이해하는 데 세심한 주의를 기울였다. 이 팀에 2004년 11월 합류해 곧 설립될 기업의 CEO로서 남긴 William Facteau의 기록에 따르면, 이비인후과 전문의들은 자신들의 시술이 어떻게 상환될 것인지에 상당한 관심을 기울였다.

> 기능적 내시경 코곁굴 수술은 만성 코곁굴염의 외과적 치료에 대한 황금률이며, 이 시술에는 다른 모든 민간 보험 계획은 물론 메디케어도 상환을 한다. 하지만 이 시술을 상환 받는 일이 꼭 순탄했던 것은 아니었다 – 이런 갈등은 "FESS 사태"로 지시되는 경우가 많았다. 이비인후과에서 지도적인 입지를 가지고 있던 의사들은 이들 코드를 성립시키기 위해 많은 정치적 자본을 투입해야만 했다. 또한 이들은 이비인후과 전체에 걸쳐 가장 신성불가침한 코드가 되었다 – 이들 시술에 대한 지불은 아주 원활하게 이뤄졌고, 이런 지불은 코곁굴 마다 이뤄졌으며, 상처 치료술[debridement, 상처로부터 흉터 조직을 절제하는 외과 수술]이라는 이름으로 불리며 이비인후과에 고유한 후속 치료 대해서도 의사들은 추가적인 상환을 받을 수 있었다. 이처럼 상환에 대한 선호 덕분에, 코곁굴 수술은 의사에게든 병원에게든 가장 많은 이득을 올릴 수 있는 외래 환자 시술이 되었다. 또한 바로 이런 이유에서, 전문 학회는 물론 이비인후과를 주도하던 인물들 역시 이를 보호하려는 태도를 취하게 되었다.

의사들이 코드, 급여, 지불 수준을 확립하기 위해 길고 힘든 싸움을 벌였기 때문에, 개발 팀은 보험 기준에 부합하는 것이 의심스러워 보일 경우 이 시술의 개발을 진행할 수 없다는 점을 알고 있었다. 반면, 만일 이러한 기술이 코곁굴 수술에 단지 다른 부류의 도구를 사용하는 것으로 간주될 경우, 이들의

CPT Code	Description	Hospital Outpatient APC	APC Paymt	Ambulatory Surgical Ctr ASC Grp	ASC Paymt	Physician Payment Total RVUs	Ave Paymt
31254	Nasal/sinus endoscopy, surgical, with ethmoidectomy, partial	0075	$1,112	3	$510	7.92	$296
31256	Nasal/sinus endoscopy, surgical, with maxillary antrostomy	0075	$1,112	3	$510	5.71	$213
31276	Nasal/sinus endoscopy, surgical, with frontal sinus exploration	0075	$1,112	3	$510	14.76	$551
31287	Nasal/sinus endoscopy, surgical, with sphenoidotomy	0075	$1,112	3	$510	6.73	$251
61795	Stereotactic computer assisted volumetric (navigational) procedure	0302	$345.20	N/A	$0	7.05	$263.23

그림 C4.2

코곁굴 수술은 일련의 현행 코드에 따라 메디케어와 민간 지불자에 의해 상환되었다(아클라런트 제공).

시술은 현재의 상환 가이드라인에 정확하게 부합할 수 있을 것이며 또한 상환의 전체 풍경에서 차지할 지위를 연구 팀이 정확히 부여할 수 있게 될 것이다. 이 시기에 검토된 코드는 그림 C4.2에서 확인할 수 있다.

Lam Wang은 상환 상황을 상세하게 분석했다. 비록 코곁굴염 환자라는 대상 인구는 많은 부분 사보험에 의한 급여를 받고 있었으나, Wang은 지불 수준와 지불율을 결정하기 위한 기본 데이터로 쉽게 확보할 수 있는 메디케어 측의 데이터를 사용하였다. 또한 대부분의 민간 보험 지불자들은 CMS의 지도를 따르고 있었기 때문이었다. 의사들에게 CMS는 가장 높은 가중치를 받은 코드에 해당하는 금액의 100%를 지불하고, 모든 추가적인 코드에 해당하는 금액의 50% 역시 지불한다. 이미지 가이드 시스템의 사용은 별도로 100%의 금액을 지불하는 근거가 되었다. 의료 기관들 역시 최초의 코곁굴염에 대해 100%를 상환받고, 재발에 대해서는 50%를 상환받는다. 하지만, 비록 이미지 안내를 사용하는 병원이 외래 환자 환경에 대해 100%의 추가 지불을 받는다고 하더라도, 응급 수술 센터(ambulatory surgical center, ASC) 환경에서는 추가적인 지불을 받지 못한다. CMS 데이터는 당시 이뤄진 모든 코곁굴염 수술 가운데 대략 70~90%가 외래 환자 시설에서 수행되었다는 점을 보여주었다. 게다가, 당시 FESS 코드는 진료실 세팅에 대해서는 사용될 수 없었다. 만일 개발 팀이 자신들의 해결책을 진료실 기반 시술의 자리에 위치시키려 했다면, 이 시술에는 새로운 코드를 적용해야 할 필요가 있었다(물론 이 시술이 진료실 환경에서 수행되어도 안전하다는 점이 밝혀져야 했다).

자신이 배운 것을 입증하고 형식을 갖춰 의견을 제시하기 위해, Lam Wang은 상환 컨설팅 전문 회사－클리어파이 코딩－와 접촉했다. 이 회사는 보고서에서 개발 팀은 현존하는 FESS 코드를 사용해야만 한다는 점을 지적했는데, 이는 풍선을 사용하는 이 절차의 객관성은 다른 도구를 사용하는 FESS의 객관성과 근본적으로 동등하며 이에 따라 코드의 언어 내에서 이해될 수 있기 때문이다. Facteau에 따르면, "달리 말해, 기능적 내시경 코곁굴 수술에 대한 코드는 대체 무엇으로 코곁굴을 개방할 것인지 밝히지 않아도 될 정도로 광범위했습니다. 이 코드는 어떤 도구와 기기, 기구를 사용해 코곁굴을 개방할 것인지에 대한 판단을 의사들의 손에 남겨 둡니다." 아클라런트의 기술은 이 시술을 수행하는 데 있어 외과의가 선택할 수 있는 하나의 추가적인 옵션에 불과할 수 있었다.

이러한 결과에 고무되어 있었지만, 여전히 FESS 코드의 신성 지위를 염두에 두고 있었던 Facteau는 자신의 팀에 합류해 있었던 다른 상환 전문가의 의견을 듣게 된다. 그는 이렇게 설명했다.

> 상환은 내게 매우 중요한 관심사입니다. 나는 리드 스미스(Reed Smith)라는 곳에서 법률 및 상환 전문가로 최근까지 근무했고, 때문에 나는 이 회사에 연락해 그 의견이 어떤지에 대해 물을 수 있습니다. 리드 스미스는 조사를 거쳐 클리어리티 코딩(Clarity Coding)과 동일한 견해를 제게 보내왔습니다. 사실, 제가 아는 직원은 이렇게 말했습니다. "Bill, 나는 당신과 퍼클로즈에서 함께 일할 때 아주 즐거웠어요. 불행하게도, 우리가 그 때처럼 많은 일을 함께 할 수는 없을 것 같군요. 이건은 너무나 명백합니다. 현행 코드를 적용해도 좋고, 필요한 모든 것이 설정되어 있어요. 그러니, 행운을 빕

니다."

4.4 사업 모델

Makower, Chang, Lam Wang의 팀에 합류할 때, Facteau의 마음 속에 떠오른 또 다른 쟁점은 바로 사업 모델이었다. "제가 보기엔, 이 사업이 마주한 가장 큰 위험은 이 시술이 이비인후과를 대상으로 하고 있다는 사실입니다. 저는 당신이 이비인후과만을 다루면서 지속 가능한 기업을 건설할 수 있을 것인지에 대해 의문이 많았습니다. 제가 이 영역에 대해 조사해 보니, 상황은 그리 좋지 않았습니다. 이 영역은 여러 해 동안 그리 많은 혁신이 벌어지지 않은 곳입니다. 이런 상황은 재사용 가능품, 그리고 자본 설비 사업 모델에게 적절한 환경입니다." Facteau의 말이다. 중재적 심장학이 성립되는 경로를 따라가 보면, Makower와 Chang이 설계한 기기는 일회용품으로 의도된 것이었다. 시술, 그리고 기기 자체의 본성 때문에 일회용품 사업 모델은 그 자체로 실용적인 의미가 있었다. 더욱 중요한 부분은 개발 팀이 이러한 접근이 이비인후과 영역에 더 큰 혁신을 불러올 수 있는 방법이라는 점을 알게 되었다는 사실이다. Lam Wang에 따르면, "재사용 가능한 도구를 일회용품으로 바꿨다고 해 봅시다. 당신은 아주 커다란 혁신이 일어날 수 있는 영역을 연 것입니다. 이는, 의사들은 작년에 썼던 것과 동일한 도구에 꼭 얽매여 있는 것은 아니기 때문입니다." Facteau의 더 상세한 설명은 이렇다. "일회용품은 혁신을 이끌어 냅니다. 우리는 복강경과 외과용 봉합기를 사용하는 일반적인 외과 수술이나, 정형외과, 척추외과, 심장학에서 일회용품을 얼마든지 볼 수 있습니다. 이들 영역은 모두 이식물과 혁신적인 일회용품 기술에서 나타난 것입니다. 일회용품 모델하에서, 우리는 아주 빠르게 혁신을 해 낼 수 있습니다. 핵심 질문은 이비인후과 의사들이 이러한 새로운 일회용품 기술을 받아들이려 할 것인지 여부입니다. 어느 정도까지는 일회용품 사업 모델은 의사들을 혁신으로 끌어들이는 한편, 이들에게 여섯 달에서 아홉 달 사이에 한 번 정도 새롭고 추가적인 가치를 제공하는 기술을 제공할 수 있는 우리의 능력에 의존합니다."

이러한 종류의 패러다임 전환을 이끌어 낼 때 접하게 될 한 가지 장애물은 표적이 되는 의사 집단이 현재 사용하고 있는 재사용 가능한 도구를 포기하도록 만들어 내는 데에 있다고 할 수 있다. 이 팀은 또한 가격과 관련된 저항이 있을 수도 있다고도 예상했다 – 많은 이비인후과 전문의들은 비용에 상당히 민감한 것으로 알려져 있다. Lam Wang은 이렇게 지적한다. "일반적인 경험 원칙에 따르면, 재활용품은 상당히 높은 마진을 부릅니다." 하지만, 이러한 일회용품의 이득이 비용을 초과한다는 확신 덕분에, 그리고 지적재산권, 규제, 보험 영역에서 상대적으로 장애물이 없는 경로라는 점이 밝혀진 덕분에, 개발 팀은 이비인후과에서도 일회용품 모델에 기반하여 사업을 벌일 수 있다는 점을 기꺼이 받아들이게 되었다. "이러한 사실이 우리를 멈추게 하지는 못했습니다. 우리는 이렇게 말했을 뿐입니다. '좋습니다. 이 사실들을 기억해 둡시다. 이제 도전을 시작하죠.'"

4.5 컨셉 탐색 및 시험

다른 노력과 더불어, Makower와 Chang은 기본 시제품의 개발에 본격적으로 착수했다(그림 C4.3).

이들의 목표는 개발 중인 컨셉의 기술적 실행 가능성을 입증하는 데 있었다. Chang은 시제품화를 어떻게 시작했는지에 대해 이렇게 회고한다.

> 우리는 먼저 자신에게 이렇게 물었다. "기존 제품들은 어떤 면에서 코곁굴을 더 잘 치료할 수 없는가?" 한 제품은 내시경술을 이용하여 작동되었다 – 다시 말해,

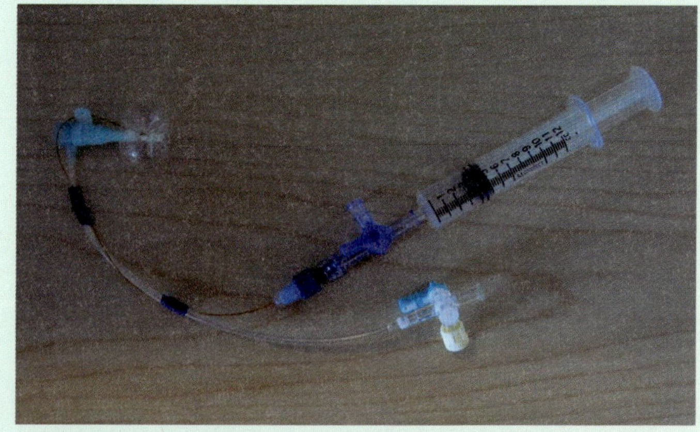

그림 C4.3
제안 컨셉에 대한 기본적인 시제품(Acclarent로부터 허가를 받아 사용)

직접적인 시각화를 필요로 했다. 우리의 기기가 코곁굴 내의 특정한 지점에 위치해 있을 때, 그 주변부, 그리고 코곁굴 내의 다른 여러 구조물에 의해 가려진 부분을 시각화하는 대안적인 방법에 대해 검토하기 위해서는 가장 흔한 내시경에서 벗어나야만 했다. 우리는 중재적 심장전문의들이 심장 안에서 카테터를 유도하는 것과 마찬가지로, 방사선투시가 코곁굴의 구조를 탐색하는 데 가장 적절한 방법이라고 보았다. 해부 구조를 제거할 필요는 없었다. 방사선 투시를 통해 구조 주변을, 또는 구조를 관통해서 관찰할 수 있었기 때문이다. 또한 우리는 FESS를 수행하는 도구 가운데는 유연한 도구가 없다는 사실도 발견할 수 있었다. 의사들이 해왔던 것은 조직을 짓이기거나, 자르거나, 찢는 방식으로 통로를 확보한 다음, 자연공을 넓히는 일일 뿐이었다. 우리는 외상을 덜 입힐 수 있는 방법이, 출혈을 덜 일으킬 수 있는 방법이 있는지, 환자에게 생긴 흉터를 성형술을 통해 되돌려 놓을 수 있는 방법이 있는지 있는지 스스로에게 계속 물어보았다. 우리는 와이어와 유연한 도구를 사용할 수 있는지 검토해 보았다. 우리는 이런 생각도 했다. "좋아요. 당신이 구멍을 넓힐 수 있다고 해 봅시다. 풍선의 팽창으로 인한 골절은 낮은 수준의 외상인 겁니까? 점막의 괴사, 또는 다른 문제를 일으키지는 않을 것 같습니까?" 우리는 답을 알지 못했지만, 답을 해 내길 원하게 되었다. 결국 우리는 시제품화에 나서게 되었다.

Chang은 계속해서 설명한다. "우리는 뼈를 팽창시킬 수 있는 무언가가 있다는 점을 전혀 읽지도, 듣지도 못했습니다. 때문에 우리는 아무 것도 모른 채 많은 것을 그저 실행에 옮겨 보았습니다." 당시 사용할 수 있었던 재료만을 사용해, 이들은 예비적으로 작동하는 모델을 제작했으며 카데바 랩에서 이 모델이 실제로 작동하는지 실험해 보았다(중요하게도, 개발 팀은 인간의 코곁굴과 유사한 어떠한 동물 모델도 없다고 판단하고 있었다). Chang에 따르면, "시제품이 어떻게 작동할 것인지에 대해 아는 것이 없었던 만큼, 우리는 맥가이버처럼 덕트 테이프와 몇몇 재료를 자르고, 녹이고, 묶고, 모양을 잡아서 시제품을 만들어 냈습니다. 우리는 카데바 랩에서 변화를 일으킬 준비를 했던 겁니다."

Makower는 시제품을 처음 사용해 본 경험에 대해 이렇게 쓰고 있다.

> John과 나는 도선, 와이어, 풍선만 들고 실험실로 향했다. 우리는 우리의 첫 연구가 어떤 범위에서 이뤄져야 하는지에 대해서도 알지 못했다. 우리는 카데바 앞에 서서 그의 이곳 저곳을 찔러 보기 시작했다. 놀라운 일일지 모르지만, 우리는 와이어를 카데바의 머리에 있는 모든 코곁굴에 집어 넣을 수 있었고, 이들 와이어를 따라 풍선 카테터를 진입시킬 수 있었으며, 스텐트를 설치하고 풍선을 전달할 수 있었다. 믿기지 않는 일이었다. 첫 번째 시도에서 도구를 제대로 작동시킬 수 있었던 것이다. 때문에, 기술적 실현 가능성이라는 면에서 우리는 "좋아, 이거라면 할 수 있겠어!" 라고 외치게 되었다. 우리 손에 없던 것은 우리가 하고 있는 것을 평가할 실질적인 방법이었다. 또한 우리는 얼마만큼 압력을 가하면 풍선이 팽창하는지도 알지 못했다. 하지만 우리는 어떤 시점에 도달하자 풍선이 자연공을 벌리기 시작한다는 점을 확인할 수 있었고, 또한 우리가 뼈를 팽창시키고 있다는 사실도 확인할 수 있었다. 이렇게 되자, 우리가 정확히 알지 못하는 것은 우리가 하는 무언가가 좋은 것인지 또는 나쁜 것인지 여부뿐이었다.

이러한 고무적인 초기 결과 덕분에, Makower와 Chang은 전력을 다해 프로젝트를 진행시켰다. "우리는 대외비 협약을 맺고 Dave Kim을 초빙하여 예비 연구를 수행하는 데 도움을 받았습니다. 우리는 그로부터 많은 통찰을 얻을 수 있었습니다. 예비 연구를 수행하는 동안 우리는 이 기기가 어떻게 보일 것인지 대해 살펴보았고, 이들 기기의 모습은 상당히 훌륭해 보였습니다. 따라서, 우리는 이제 몇몇 코 전문의와 논의를 나누고, 이러한 시제품이 어떤 이점을 가지고 있는지 평가해야 할 시점이 되었다고 생각했습니다."

이들은 자신의 컨셉에 대한 간략한 발표를 진행했다. 이 발표의 내용은 요구 사양, 시제품화된 기술에 대한 개괄, 예비적인 실행 가능성 연구에서 사용된 접근 방법과 결과, 그리고 X-선 사진 등이었다. 네트워크에 참여할 구성원을 선별하기 위해, 이들은 당시 미국 비과학회(American Rhinological Society, ARS) 대표였던 Mike Sillers의 주선을 기반으로 모임을 조직했다. Sillers는 아주 엄격한 비판으로 유명했고, 때문에 개발 팀은 최악의 경우를 가정하여 준비를 해야 했다. Makower는 Sillers와의 모임을 이렇게 회상하고 있다.

> Mike[기밀유지 협약을 맺은 동료]와 함께 자리에 앉아, Sillers는 말없이 발표를 듣고 있었다. 발표를 마치자, 그는 테이블을 밀치고 뒤로 물러난 다음 우리를 살펴보면서 이렇게 말했다. "이런 게 만일 작동한다면, 우리가 해 왔던 모든 것이 바뀌게 될 거예요." 그 다음, 나는 이런 질문을 받았다. "환자에게 이걸 적용하려고 한다고 해 봅시다. 당신이 살펴봐야 할 게 무엇입니까?" 이어서 그는 이렇게 말했다. "좋습니다. 나도 카데바 머리에 당신의 방법을 한 번 사용해 보고 싶군요." 여기에 우리는 이렇게 답했다. "네. 카데바 실험실로 곧 모시죠." "그 다음에 할 일은 뭔가요?" Sillers의 말이다. "당연히 환자들한테 사용해 보는 일이죠." 나는 답했다. "그렇군요. 당신은 몇 명이나 살펴볼 겁니까? 그리고 당신이 생각하기에, 이 기기를 상업화 하기에 앞서 수행할 필요가 있는 연구로는 어떤 것들이 있습니까?" Sillers의 첫 번째 답변은 이런 식이었다. "당신도 알다시피 이건 다만 도구일 뿐입니다. 내가 나를 찾아온 환자들에게 이걸 실험해 보면, 아마 나는 환자들의 자연공을 충분히 넓힐 수 있을 거예요. 내게는 이 이상의 임상 연구가 필요 없습니다. 알맞은 환자에게 자연공을 넓히는 시술을 한다면, 그 환자에게는 아주 좋은 일이 될 테니 말입니다."

4.6 최종 컨셉 선택

Sillers로부터 이러한 피드백을 받은 Makower 팀은 결단을 내려야 할 지점에 도착하게 되었다. Makower의 회상을 들어 보자. "John과 나는 Mike와의 미팅을 마치고 로비에 앉아 있었습니다. 해결해야만 하는 문제들이 아직 산적해 있었지만, 이제 무언가를 결정해야 할 시점에 도달했다는 점은 알 수 있었습니다. 만일 잠재적인 비판이 컨셉을 어떠한 측면에서도 파기할 수 없다는 점을 파악했다면, 풍선 해결책을 밀어붙일 때가 되었다는 점도 알게 된 겁니다. 우리는 서로를 살펴본 다음, 이렇게 말했습니다. '이제 찾았다. 밀어 붙이자.'"

이러한 컨셉 선택 과정 속에서 고려해야 할 모든 핵심 쟁점은 선호할만한 방향으로 흘러갔기 때문에(지적재산권, 규제, 보험, 사업 모델, 시제품화 과정까지), 이들은 결정을 내릴 때 구조화된 컨셉 선택 활동 대신 형식에 구애 받지 않는 방법을 택했음에도 별다른 문제에 부딪히지 않았다. 하지만, 이들이 이비인후과 영역을 지도하는 또 다른 전문의 – 이비인후과 영역에서 저명한 외과의이자 해부학 전문가인 Bill Bolger – 에게 자신들의 아이디어를 검토 받았다는 사실은 분명히 기억해야 한다. Bolger (기밀유지 협약에도 서명했다) 역시 Makower 팀의 발표에 상당한 감명을 받았고, 이 기기의 개발 과정에서 일정한 역할을 하고자 했다. 따라서 Makower 팀은 *풍선카테터 코곁굴 확장기*(Balloon Sinuplasty™)라는 이름으로 알려지게 될 기기의 개발을 시작하기로 결심했다.

NOTES

1 All quotations are from interviews conducted by the authors, unless otherwise cited. Reprinted with permission.

실행하기 전략 개발

과정 | 단계 | 활동

파악하기

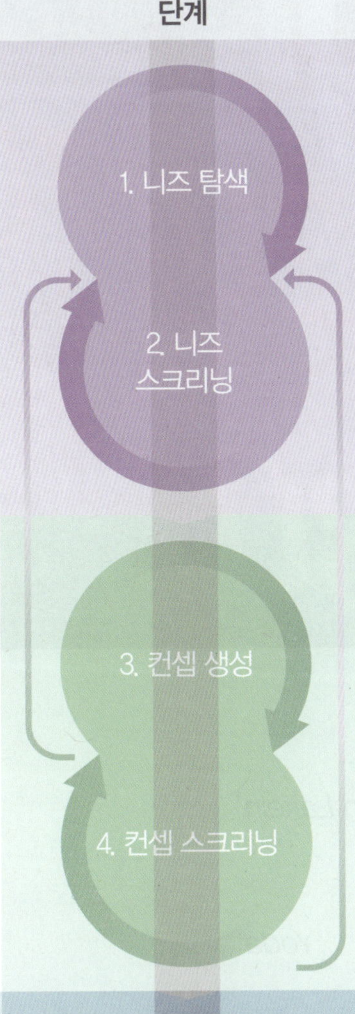

1.1 전략적 포커스
1.2 니즈 탐구
1.3 니즈 요구서 개발

2.1 질병 단계의 기초
2.2 기존의 해결책
2.3 이해관계자 분석
2.4 시장 분석
2.5 니즈 선택

개발하기

3.1 개념화
3.2 초기 컨셉 선택

4.1 지적재산권의 기초
4.2 규제의 기초
4.3 보험의 기초
4.4 사업 모델
4.5 컨셉 탐색 및 시험
4.6 최종 컨셉 선택

실행하기

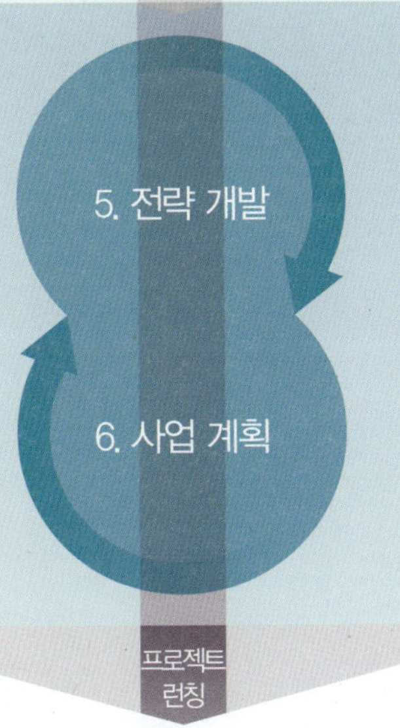

5.1 지적재산권 전략
5.2 R&D 전략
5.3 임상시험 전략
5.4 허가인증 전략
5.5 품질관리
5.6 보험 급여 전략
5.7 마케팅 및 이해관계자 전략
5.8 판매 및 유통 전략
5.9 경쟁우위 및 사업 전략

6.1 실행 계획 및 재정 모델
6.2 전략 통합 및 의사소통
6.3 펀딩 방법
6.4 대체 방안

계획하지 않는 것은 실패를 계획하는 것과 같다.

Alan Lakein[1]

끊임없이 움직이는 것이 성공적인 미래를 가져다 준다.

Yoda[2]

5. 전략 개발

여기까지 당신은 규명하고 발명하는 단계를 밟아왔다. 이제 어떻게 실행할지 생각할 시간이다. 훌륭한 외과의사이자 발명가인 Tom Fogarty는 "실행되지 않은 좋은 아이디어는 쓸모없는 아이디어보다 가치가 없다. 만약 환자의 생명을 개선할 수 없다면, 그것은 가치가 없는 것이다."라고 말했다.[3]

전략 개발은 이유 있는 바이오디자인 혁신 과정의 단연코 가장 길고 복잡한 단계이다. 필요성, 컨셉의 독창성, 시장의 규모와 범위의 타당성에 상관없이 가장 중요한 것은, 어떤 제품이 판매자와 서비스에 대한 무료 전화번호가 옆에 적힌 상자에 포장되어 현관문까지 배송된다고 한다면 우량기업의 뒷받침은 필수적일 것이다.

이런 현실성을 얻는 것은 일련의 포개지고 중복된 전략이 추가된 4단계(지적재산권, 규제, 보험/배상, 사업 모델)로부터의 통행 규칙의 균형 있는 고려를 요구한다.

이 전략들은 더욱 깊게 다음 주요 부분들에 중점을 맞춘다: (1) 진행 중인 연구와 개발, 임상계획을 통합한 지적재산; (2) QM (품질관리)이 포함된 규제전략; (3) 보험/배상 전략; (4) 기본적 사업 도르래 장치 - 마케팅, 영업, 유통; (5) 지속 가능한 경쟁적 우의를 개발하기 위한 모든 자산의 결합.

지금까지 작은 팀은 독립적으로 일하는 데 필요한 돈이 있어야 할지도 모른다; 지금은 '대표팀 선수'를 참여할 시간이다. 그들을 자문위원이나 멘토로 삼고, 그들을 파트타임제로 유지하거나 고용해라. 해박한 기술지식 없이는 실패 가능성이 높다.

무엇을 먼저 해야 하는가? Gordon Bethune이 콘티넨털 항공(Continental Airlines)의 적하와 재적재 시간을 기록한 저서 〈최악에서 최고로(From Worst to First)〉는 문제들과 기회들을 바로 그리고 한 번에 맞서는 것의 중요성을 옹호했다.[4] 교훈은 그저 순차적인 것은 없고, 고립된 곳에서는 아무것도 고려되지 않고, 시간은 그 누구도 기다려주지 않는다는 것이다. 의학 기술 분야에 있어서 빠른 속도의 변화에서 6개월의 지연은 당신을 경쟁자들보다 뒤처지게 할지도 모른다.

NOTES

1 Unsourced quotation widely attributed to Alan Lakein, author of *How to Get Control of Your Time and Your Life* (New American Library, 1973).

2 From the movie *Star Wars: Episode V – The Empire Strikes Back*.

3 From remarks made by Thomas Fogarty as part of the "From the Innovator's Workbench" speaker series hosted by Stanford's Program in Biodesign, January 27, 2003. Reprinted with permission.

4 Gordon Bethune, *From Worst to First: Behind the Scenes of Continental's Remarkable Comeback* (Wiley, 1999).

5.1 지적재산권 전략

서론

그 팀은 6개월 전에 최초의 임시 특허를 제출했고, 지난 달 두 번째 임시 특허를 제출했다. 벤처 기업은 지적재산권(IP)의 실사를 완료했고, 비록 놀랄만한 일은 없었지만 잠재적인 경쟁사들이 그들과 같은 움직임을 보이고 있다는 우려를 제기했다. 팀은 핵심 아이디어를 보호하고 미국 이외의 지역에서 특허권을 얻을 수 있는 곳을 결정하기 위한 계획을 수립할 필요가 있다. 벤처 기업은 실사를 맡았던 법률 회사를 고용할 것을 권유하고 있으나, 사내 특허 협의회를 설립하는 것이 더 이치에 맞을 것이다.

지적재산권(intellectual property, IP)은 의료기기 분야에서 특히 중요한 전략적 비즈니스 자산이다. 뿐만 아니라 강력한 지적재산권은 비용이 많이 드는 법적 합의를 완화시킬 수 있으며, 경쟁사에 대한 진입 장벽을 형성하고 라이선스 계약을 통한 잠재적인 수익의 초기 원천 및 기업가 또는 비즈니스에 대한 중요한 담보 형태의 역할을 할 수 있다. 또한 지적재산권은 투자자가 기술 또는 관련 기업에 자금을 조달할지 여부를 결정할 때 고려하는 주요 요인이다. 효과적인 지적재산권 전략을 개발하는 가장 좋은 방법은 특허 절차에 대한 탄탄한 실무 지식을 확립하고, 숙련된 지적재산권 전문 변리사를 고용하여 특허를 추진하는 것이다. 중요한 것은 특허를 획득하는 것이 지적재산권 환경에 대한 지속적인 모니터링과 특허 포트폴리오 조정을 필요로 하는 지속적인 활동임을 이해하는 것이다.

'4.1 지적재산권의 기초'에서는 기본적인 지적재산권의 개념에 대한 개요를 제공하지만, 이 장의 목적은 이노베이터가 지적재산권에 대한 전략적 접근법의 가치를 이해하고, 효과적인 포트폴리오를 개발할 수 있도록 돕는 데에 있다.

 지적재산권 전략에 관한 동영상은 ebiodesign.org을 참조한다.

목표

- 임시 특허 및 실용 특허 출원과 관련된 전략을 이해한다.
- FTO (freedom to operate) 분석을 수행하고 활용하는 방법을 이해한다.
- 변리사를 고용할 시기와 방법을 이해한다.
- 국제 특허 출원의 기본 전략을 검토한다.
- 지속적인 내부 및 외부 모니터링을 기반으로 지속적인 특허 관리 전략의 중요성을 인식한다.
- 다양한 방어 및 공격적인 지적재산권 포트폴리오 전략을 고려한다.

지적재산권 전략의 기초

미국에서만 210만 건이 넘는 **특허**가 존재하기 때문에[1] 지적재산권 환경을 탐색하는 것은 매우 복잡하다. 2012년 기준으로 미국의 지적재산권 관련 소송 건수는 매년 5,000건으로 증가하고 있다.[2] **의료기술** 산업은 대규모 팀과 특허 취득 및 보호를 위한 막대한 예산으로 인해 법적 문제를 제기한다. 이러한 배경에서 고려해야 하는 지적재산권 전략은 첫째, 특허 취득 및 운영의 자유를 추구하면서 이노베이터가 염두에 두어야 할 문제 둘째, 통합적이고 지속적인 지적재산권을 관리하는 프로세스를 수립하고 유지하는 두 가지 주요 범주가 있다.

특허 범위를 추구하는 전략

특허 자격(patentability)에 관하여 고려해야 할 많은 전략적 이슈가 있지만, 처음으로 특허를 준비하는 이노베이터에게 특히 중요한 사항이다. 자주 제기되는 질문 중 하나는 임시 출원(provisional application)으로 출원할 것인지 또는 완전한 실용 특허(utility patent)로 출원할 것인지 여부이다. 잘 준비된 임시 출원은 미국 이외의 국가에서 특허를 출원한 이들과 다르게 1년 동안 보호를 받을 수 있는 이점을 가지고 있다. 실용 특허 출원(utility application)은 출원일로부터 20년의 효력을 가지고 있으며, 임시 출원 후 1년 이내에 출원되어야 한다. 그래서 임시 출원은 출원일의 우선일(priority date)을 정립하는 기준이 될 수 있다. 또한 기기가 판매되면 유틸리티 특허출원으로부터 받는 보호는 즉시 출원된 경우보다 1년 더 오래 지속될 수 있다.

또 다른 중요한 고려사항은 비공식 임시 출원(non-provisional application)보다 임시 출원으로 출원하는 것이 더 빠를 수 있다는 점이다. 4.1절에서 설명한 바와 같이 미국에서는 특정 발명의 제1발명자일 가능성을 높이기 위해서는 USTPO에 빠르게 우선일을 받는 것이 중요하다. 더욱이 임시 출원(provisional application)의 초안을 작성하는 데 변리사를 고용하지 않는다면, 임시 특허(provisional patent)는 실용 특허 출원에 비하여 비용의 이점을 가지고 있다. 그러나 결과적으로 임시 특허 출원(provisional patent application)이 철저하고 고품질이 아니라면, 이것은 엉터리 절약이 될 수 있다. 4.1절 지적재산권의 기초에서 자세히 살펴보았듯이, 부주의한 임시 출원은 이노베이터와 해당 기업에 막대한 후속 문제와 비용을 초래할 수 있다.

자주 제기되는 두 번째 문제는 출원된 임시 특허 출원을 '개선(improve)'할 수 있는지 여부이다. 간단하게 말하면 임시 출원의 내용을 추가하거나 수정하는 것은 불가능하다. 만약 최초 출원의 내용과 다른 새로운 발견이 있는 경우, 이노베이터는 새로운 임시 출원을 하거나, 기존의 특허와 새로운 내용을 모두 포함한 실용 특허 출원(utility filing)을 새로 시작해야 한다. 그러나 새로운 임시 특허 출원의 우선일은 새로이 출원한 날짜로 기록된다. 일단 초기 임시 특허 출원이 신청되면, 첫 번째 임시 전환 기한까지 잠정적인 임시 특허 출원을 제출하는 것이 유리할 수 있다. 이러한 추가적인 출원(application)은 제품 또는 제품 기능이 1년 동안 개발되는 동안, 새로운 단계적인 변화 내용을 위해 적절한 시기에 제출해야 한다. 첫 번째 임시 특허를 출원한 이후 새로이 발명한 주제를 포함한 비공식 임시 특허 출원을 기다리는 동안, 다른 이가 특허 출원을 하거나 새로운 주제를 공개하는 경우 새로운 주제에 대한 특허권을 획득할 권리를 잃을 위험이 있다.

이노베이터들은 발명의 모든 측면을 하나의 특허로 묶을지, 또는 여러 개의 특허로 나누는 것이 좋은지 고민한다. 하지만 임시 출원의 경우 이 문제는 중요하지 않다. 실용 특허 출원을 신청하는 경우, 지적재산권 변리사는 이노베이터에게 여러 신청서를 제출할 것인지 여부를 조언할 수 있다. 이 과정에서 여러 가지 고려사항이 작용할 수 있다. 다수의 특허 신청의 단점은 비용 문제이다(국제 출원일 경우, 비용은 크게 상승한다). 그러나 다수 특허의 **개념**(concept) 일부가 다른 것보다 더 분명하고 명확하다면, 다수의 특허 신정은 매력적일 수 있다.

임시 특허를 분리하여 준비하는 것은 이노베이터가 특정 청구항(claim)에 대한 승인을 제품 출시와 같은 상황보다 앞서 더 빨리 얻을 수 있게 도움을 줄 수 있다. 마찬가지로, 이노베이터가 **로열티**(royalty)를 위해 기업에 지적재산권의 일부를 허가할 가능성이 있는 경우, 라이선스 계약을 보다 수월하게 하기 위해 특허 출원에서 기술의 측면을 분리하는 것이 이치에 맞을 수 있다.

특허 출원(patent application)을 분리하는 것은 연속적인 출원을 통하여 수행할 수 있다. 자세한 내용은 다른 절에서 다루고 있다. 특허 출원을 분할하는 또 다른 방법은 특허청의 **의견 제출 통지**(office action, OA)에 대응하는 것이다. 이것은 특허 심사관이 원본 출원이 하나 이상의 발명을 다루는 것으로 간주하여 여러 신청으로 나눌 필요가 있을 때 발생한다(특허법에서는 특허 하나당 하나의 발명만을 허용함). 특허를 이러한 조건에서 분리하는 출원 매커니즘을 **분할**(divisional)이라고 부르며, 분할은 원 특허의 특허설명서(specification)에 명시된 관련 부분을 기반으로 한 독창적이거나 독립적인 발명을 주장하는 새로운 특허 출원이다.

개인 발명가보다 기업에서 자주 다루는 특허 출원 전략 문제는 특허가 아닌 **영업 비밀**(trade secret) 보호를 추구할 것인가의 문제이다. 4.1절에서 설명한 바와 같이, 영업 비밀은 공개되지는 않았지만 이노베이터에게 경쟁우위를 제공하는 정보, 프로세스, 기술 또는 기타 지식이다. 의료 기술(medtech) 분야에서 영업 비밀은 특정 장치가 제조되는 방식(재료, 제조 공정 등)과 관련이 있다. 영업 비밀에 대한 출원은 없으며, 정부가 이 권리를 공식 승인하지 않는다. 이노베이터나 기업들은 자신들의 운영에 대한 보호 조치를 취한 다음, 보호된 정보를 부당하게 획득하는 것을 제소함으로써 영업 비밀 보호를 이행한다. 기업은 영업 기밀을 보호하기 위해 정보를 보호하는 예방책을 강구하고 있음을 증명해야 한다(예를 들어 영업 비밀을 공개하지 않겠다는 계약서를 서명하거나, 영업 비밀이 보호되는 보안성 높은 보안실을 만드는 등).

처음 특허 출원을 하는 이노베이터들이 영업 비밀 보호가 특허 출원보다 훨씬 효과적인 것을 깨닫지 못하는 경우가 있다. 애초에 발명이 영업 비밀로 유지된다면 경쟁자는 이를 알 방법이 없다. 대조적으로 실용 특허는 출원 후 18개월이 지나 공개된다. 더욱 중요한 것은, 적절하게 보호된 영업 비밀은 기업이 정보를 비밀로 유지하는 한 영원히 지속될 수 있다(가장 유명한 사례는 코카콜라의 방식이다). 영업 비밀 보호는 어떤 수수료도 필요로 하지 않지만 프로세스 비결을 유지하는 데 사용되는 비용과 조직 노력은 상당할 수 있다. 일반적으로 의료기술 분야에서 기업은 자사의 제조 방법을 영업 비밀로 보호하는 것을 고려해야 하며, 특히 상용 제품을 검사하여 역설계가 쉽지 않은 경우라면 영업 비밀은 보호할 수 있다.

특허 보호가 약하고 침해가 많은 시장에서 지적재산권 자산을 보호하기 위해 영업 비밀에 의존하는 것은 매력적일 수 있다. Biosensors International의 회장인 Yoh-Chie Lu는 Shandong Weigao라는 중국 의약품 제조업체와 협력하기 시작했을 때, 이러한 상황을 중국에서 직면했다. 파트너십은 중국 시장에서 약물 용출 스텐트(drug-eluting stents, DES)를 제조 및 판매한 JM Medical Systems (JWMS)라는 50-50 형태의 합작 기업이었다.[3] 외국인 파트너인 Biosensors는 혁신적인 DES를 제조하는 데 필요한 지적재산과 기술적 노하우를 소유하고 있었고, Shandong Weigao는 중국 현지에서의 존재감, 넓은 네트워크 및 비용 효율적인 제조 시설을 갖추고 있었다. Biosensors는 중국에서 스텐트 시술용 새로운 약물 폴리머 코팅 기술을 특허 보호했지만, Lu는 특허 침해로 인하여 기업을 중국 법정에 데려가는 데 발생한 비용과 시간이 가치가 없다는 것을 알았다. 대신 Biosensors는 현지 파트너로부터 영업 비밀을 보호하기 위한 몇 가지 전략을 구현하기로 결정하였다. JWMS는 Shandong Weigao 제조 시설 내에 별도의 공간을 마련하고 자체 보안 팀을 고용했다. Shandong Weigao의 엔지니어들은 JWMS 시설 출입이 제한되었으며, 일부 JWMS 직원만 중요한 문서를 볼 수 있는 권한이 있었다. Biosensors의 CEO인 Jack Wang은 새로운 스텐트 코팅을 만들기 위한 약물과 폴리머를 혼합하는 공식을 알고 있는 유일한 JWMS 직원이었다.

이러한 엄격한 영업 비밀 보호 전략을 통해 Biosensors는 새로운 약물 폴리머 코팅 스텐트의 독점 제조업체로서 중국 시장에서 입지를 유지할 수 있었으며, JWMS는 중국에서 세 번째로 큰 DES 기업가 되었다.[4]

자유실시 전략

발명을 처음하는 이들 사이에는 장치의 특허를 얻는 것이 장치의 자유로운 상업화가 가능하다고 생각하는 일반적인 오해가 있다(4.1 지적재산권의 기초 참조). 기기는 특허 기능을 가질 수 있지만, 현재 시행 중인 기존 특허를 침해하는 다른 기능을 포함할 수도 있다. 의료기기의 경우, 발명자는 새로운 발명에 대해 신중한 분석을 수행하면 잠재적인 자유실시(freedom to operate, FTO) 문제를 발견한다. 예를 들어, 혈관 스텐트와 같은 의료기기의 밀거래 영역에서 자유실시(FTO)가 완료된 아이디어를 찾는 것은 극도로 어려운 일이다.

FTO분석은 현재 유효한 특허를 포괄적으로 검색하는 것으로 시작된다(일반적으로 20년). 발명가는 새로운 발명품과 동일한 영역에 있는 **선행 기술**(prior art)을 살펴본다. 중요한 것은 철저한 검색으로 잠재적인 우려가 있는 선행 기술을 찾아야 한다는 것이다. 기존 특허의 개요 또는 도면을 살펴보고 낙담하기 쉽지만, 특허에 명시되었거나 개요에 설명된 기기가 발명된 기기와 유사하다면, 발명가는 FTO가 없다고 가정해서는 안 된다. *중요 포인트는 청구항*에 있다.

새로운 발명이 선행 기술과 구별되는지 여부를 이해하는 방법은 잠재적으로 침해된 특허의 주장이 새로운 발명에 적용되는지 주의 깊게 평가하는 것이다. 발명가가 기존의 특허 때문에 발명을 방해받지 않기 위해서는 독립청구항(independent claim) 중 적어도 하나의 부분이 발명에 적합해야 한다. 예를 들어 발명가가 혈관 성형술 카테터(angioplasty catheter, 혈관 내 좁아짐을 확장시키는 데 사용되는 카테터)를 개발했다고 가정해본다. 핵심 특징은 벌룬(balloon)의 끝보다 중간이 넓은 것이다. 특허 검색에서 발명자는 "원형 단부에서 상기 벌룬이 양 단부보다 중간 영역에서 더 큰 치수를 가지며, 중간 영역이 볼록한 외측 형상인 벌룬을 갖춘 관형 부재(tubular member)"와 같은 기존 특허를 찾을 수 있을 것이다. 좋은 소식은 새로운 발명품의 가운데가 볼록하지 않다면, 특별한 청구항은 다뤄지지 않는다는 것이다. 사실 이 청구항은 발명가들이 볼록한 모양 이외의 것은 효과가 없을 것이라고 생각하여 특허가 될 수 있는 다른 모양을 남겨둔 것이라 생각할 수 있다. 나쁜 소식은 기존의 청구항이 일반적인 아이디어를 포괄하고 있으며, 새로운 발명품이 특허를 획득하지 못할 것이라는 것이다. 게다가 볼록한 모양에 대한 특정 언어의 포함은 특허권이 광범위한 청구항을 포함하는 가능성을 높인다(그렇지 않으면, 독립 청구항을 구체적으로 만들 필요가 없을 수 있다). 이러한 상황에서 청구항이 어느 부분과 중복이 되는지 확인하기 위하여 특허에 인용된 선행 기술을 살펴보는 것이 도움이 될 것이다. 또한 청구항의 출원 경과(prosecution history)를 살펴보는 것도 도움이 된다. 청구항을 등록하기 위하여 보정(amendments)과 의견서(arguments)를 검토함으로써 청구항에 대한 많은 정보를 얻을 수 있으며, 광범위한 특허 영역에 적합한지 여부를 알 수 있다. 공시된 출원(application)의 출원 경과(prosecution history)는 USPTO의 공개 특허 출원 정보 검색(Public Patent Application Information Retrieval, PAIR) 시스템에서 검색할 수 있다. 실제로 FTO 문제가 있는지 여부를 판단하기 어려울 수 있다. 의료기기 분야 전문 지식을 갖춘 변리사는 여러 상황을 명확하게 판단할 수 있다. 궁극적으로 FTO에 관한 최종 결정은 소송 절차를 통해 법원에서 제기될 수 있다.

FTO 분석에서 이노베이터는 미국 특허법에 따라 발명가가 특허 출원에서 "**사전 편찬자**(lexicographer)로서 행동한다"를 명심해야 한다. 즉 일반 단어나 구문에서 일반 정의와는 다른 특수한 의미를 부여할 수 있음을 의미한다. 그러나 모든 용어는 특허 명세서(patent specification)의 설명 부분에 설명되거나 정의되어야 한다. 설명(description)에 용어가 정의되어 있는 경우, 정의에 따라 특허 및 청구항의 나머지 부분에서 해석되어야 한다. 그렇지 않으면 특정 분야의 사람이 이해하는 방식에 따라 단어가 사용된다.

의료기기 특허에서 용어의 사용을 명확하게 하는 데 도움이 되는 예제는 다음과 같다. 예를 들어 팔마즈(Palmaz®) 스텐트 특허에서의 핵심 주장은 "확장성 관내 혈관 이식편(expandable intraluminal vascular graft)"과 관련 있었다.

이 특허권에 대한 용어의 의미는 다음과 같은 예시로 명확하게 규명할 수 있다: "관내 혈관이식에 사용된 구조물에는 나선형 코일 스프링 및 확장 스테인리스 스틸 스텐트와 같은 코일형 스테인리스 스프링이 포함되어 있다."[5] 때때로 변리사는 정의를 가능한 한 넓게 유지하기 위해 "X, Y, Z를 포함하지만 이에 국한되지 않는다."라고 말함으로써 핵심 용어를 정의할 것이다.

그림 5.1.1에서 볼 수 있듯이 FTO분석을 통하여 다양한 결과를 낼 수 있다. 분석에서 FTO 문제가 될 수 있는 여지가 있다면, 발명가가 문제를 회피할 수 있도록 도와주는 여러 조건들이 있다.[6] (1) 기업이 운영하고자하는 국가에서 특허가 출원 또는 승인되지 않을 수 있다. (2) 특허가 만료될 수 있다(예: 특허 보유자가 유지 보수 비용 지불을 지키지 않은 경우). (3) 특허가 만료되었을 경우가 있다(만료일을 확인해야 한다). (4) 특허가 유효하지 않을 수 있다(이를 분류하면 법적 전문지식을

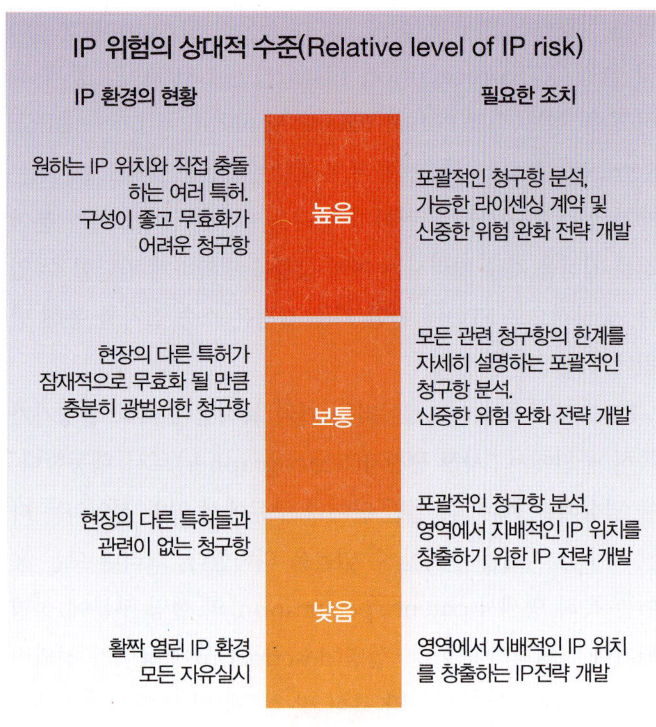

그림 5.1.1
기술 보호와 관련된 우험 수준은 발명가와 기업에 중대한 전략적 함의를 지니고 있다(Morrison & Foerster LLP의 Mika Mayer와 Top Ciotti와 공동으로 개발).

갖게 될 것이다).

명확하고 위험도가 높은 FTO 문제가 있는 경우, 혁신 업체는 잠재적으로 유익한 옵션을 추구한다. 첫째, 특허 출원이 유지되도록 문제들을 수정함으로써 특허를 "우회 설계(design around)" 하고, 현재 특허권을 침해하는 특징들을 제거하거나 변경할 수 있다. 이는 대부분의 발명가가 발명을 통해 수행하는 바이오디자인 혁신 과정의 일반적인 부부이다. 이것은 **브레인스토밍 섹션**(brainstorming sessions)을 모을 수 있는 기회이며, 특허 침해를 피하는 다른 방법이 있는지 살펴보는 것이다. 이 과정은 본 발명에 대한 중요하고 예기치 않은 개선을 가져올 수 있다.

두 번째 옵션은 FTO 분석에서 밝혀진 기능이 새로운 발명에 절대적으로 필수적이라면, 특허의 소유권을 가진 업체로부터 라이선스를 취득하는 것이다. 대학이 소유하고 있는 메디테크 특허는 대기업에 라이선스를 제공하는 데 복잡하고 시간이 많이 소요되기 때문에, 이노베이터는 쉽게 사용할 수 있다. 일반적으로 기업의 핵심 특허에 대한 라이선스를 받는 것은 더욱 어렵다. 기업이 관심이 없는 제한된 분야(일반적으로 임상 영역)에 대한 라이선스를 취득하는 것은 때때로 가능하다. 기업은 IP를 교환할 의사가 있을 것이다. 즉, 이노베이터들은 중요한 특허권에 대한 권리를 얻기 위한 새로운 발명(일반적으로 제한된 분야)의 권리를 기업에 부여할 수 있다. 라이센싱 전략에 대한 자세한 내용은 6.4 대체 방안을 참조하라.

Spiracur 예제는 한 신흥 기업이 IP 전략 개발의 일환으로 복잡한 특허 환경 분석(patent landscape analysis)을 어떻게 관리하였는지 보여준다.

현장에서 Spiracur

효과적인 IP 전략 수립

Moshe Pinto, Dean Hu 및 Kenton Fong은 Stanford Bidodesign 프로그램의 학생들이 만성 창상의 치료를 촉진할 필요성을 제기하면서 함께 작업하기 시작했다(그림 5.1.2 참조). 이들은 Spiracur을 조직하여 광범위한 선행 기술 조사와 임시 특허 출원을 통해 지적재산권(IP) 전략을 개발하였다. 그러나 이 단계는 단지 Spiracur 활동의 시작일 뿐이었다.

팀은 심층적인 특허 분석 작업을 즉시 진행하였다. Spiracur는 IP 활동과 전략 개발을 위하여 IP 상담자와 협력하는 것이 중요하다는 것을 알았다. 그러나 팀은 초기 작업의 상당 부분을 수행하기를 강하게 원하였기에 변리사에게 구체적이고 포괄적인 분석을 제공하는 것으로 비용을 절감할 수 있었다. 이 작업은 그들이 투자자 및 다른 이해관계자들과의 신뢰를 높이고 현장에서 더 많은 지식을 갖도록 도왔다. 이러한 이유로 세 기업가는 USPTO 데이터베이스와 Free Patents Online과 같은 자원을 사용하여 광범위한 검색을 수행하여 독자적으로 분석을 시작하였다.

Pinto는 특허 검색을 수행할 때, "사용하는 검색어에 정통해야 합니다."

라고 말하였다. 많은 신생 기업이 광범위하게 시작한 퍼널(Funnel) 접근 방식을 사용하는 동안 Pinto는 "퍼널 반전"이라고 하는 다른 제안을 제시하였다. 이 아이디어는 상대적으로 적은 수의 관련 특허를 산출하는 매우 구체적인 검색어를 사용하여 시작하는 것이다. 이러한 특허를 검토한 후 팀은 특허 내의 참조 차트를 사용하여 다른 관련 특허를 식별할 수 있었다. 또한 더 많은 수의 결과를 산출하는 광범위한 검색어를 개발하였다. "이 접근법을 통해 발명가들은 자신의 공간에서 IP 환경에 빠르게 익숙해질 수 있었고, 광범위한 검색어로 분석을 계속하면서 중요 요인을 효과적으로 분리할 수 있었습니다."라고 Pinto는 설명하였다.

특허 분석을 지원하기 위하여 팀은 각 검색 결과를 신중하게 분석했다. 어떤 특허법 교육도 받은 적 없었기 때문에, 팀은 분석에 있어 다소 불리한 입장에 있었다. Pinto는 "Dean은 공학박사였고, Kenton은 성형외과 레지던트였습니다."라고 설명했다. 그러나 팀은 프로세스를 완성했다. Hu와 Fong은 과학 교육 경험을 통하여 주제에 대한 초기 검색 결과를 가려내었다. 이것의 중간 결과는 비즈니스 경험이 많은 Pinto에게 전달되었으며, 그 후 변리사에게 전달되었다.

Pinto는 특허 분석이 어려운 것처럼 보일 수 있다는 것을 인정하였다. "예를 들어 '욕창'이라는 단어를 검색하면 6만 건의 특허가 나타납니다. 거의 모든 사람들이 초록을 보면서 할 수 있는 특허의 초기 평가가 있습니다. 그러나 당신이 발견한 것을 근거로 하여 결론을 내릴 때가 되면 법적으로 정통한 이가 이 일을 수행하는 것이 중요합니다." 전체적으로 Pinto의 팀은 1,000건이 넘는 특허의 초록 및 도면을 검토하여 변리사가 기술에 대한 특허 전략을 개발할 수 있도록 약 250~300건의 특허를 파악하였다. Spiracur가 Series A 자금 조달 단계에 진입하였을 때, 팀은 투자자의 변리사가 수행한 실사를 준비하여 성공적으로 자금 조달을 할 수 있었다.

Pinto는 IP 전략을 수립하는 다른 이들에게 IP가 기업가의 주된 관심사가 되어야 한다고 강조하였다. "발명가들은 의료기기 벤처 사업 분야가 IP 위치의 장점에 의해 제한되거나 결정되었다는 것을 깨달아야 한다." 고 말하였다. "내가 배운 한 가지가 있다면, 우리가 했던 것보다 전체적인 IP에 더 많은 시간과 노력을 투자하여야 한다."고 말했다. 신생 기업이 투자해야하는 시간을 추정해 달라는 질문에 그는 이렇게 말하였다. "투자자들은 시간을 계산합니다. 예산 관점에서 따져본다면 한 달에 약 2만 달러의 변리사를 고용하길 원합니다. 이것은 한 달에 약 25~30시간의 IP 전문가를 보는 것과 같습니다."

그림 5.1.2
Spiracur의 Hu, Pinto, Fong (Spriracur의 허가를 받아 사용)

Pinto는 지적재산권에 대한 관심이 지속적이고 진보적이어야 한다고 강조했다. "제가 제안하는 것은 당신이 법률 전문가의 도움을 받아 청구서를 제출 제출한 후 1개월 뒤에 다시 방문해야 한다는 것입니다. 12개월의 기간이 끝날 때까지 기다리지 마십시오. '자, 우리가 이것을 실용 특허 출원으로 어떻게 바꿀 수 있는지 보자.' 더 많은 정보가 수집되면 더욱이 빨리 반복 작업을 수행할 수 있습니다." 마지막으로 그는 "수량이 중요하다는 것을 기억하십시오."라고 말하였다. 올바른 IP 전략은 기업의 기술을 둘러싼 범위와 보호를 지속적으로 개선해야 한다. Pinto는 "후반기 투자자들이 우리가 지적재산권과 관련하여 했던 것을 물었을 때, 나는 우리에게 8개의 임시 특허와 3개의 보류 중인 실용 특허 출원이 있다. 이런 종류의 지속적인 활동을 통해 지적재산권에 충분한 관심을 기울이고 있습니다."라고 말했다.

법률 고문 고용

메디테크 분야의 이노베이터는 임시 특허 신청을 제출할 때, 전문 변리사에게 검토를 받는 것이 유용하다. 실용 특허 신청을 준비하려면 전문가를 고용하는 것은 필수적이다. 변리사의 비용은 다양하나, 보통 초기 상담은 무료이다. 이후 시간당 요금은 300달러에서 800달러 사이이다. 상대적으로 간단한 의료기기 분야의 실용 특허 신청은 특허자격 검색을 포함하여 8,000~14,000달러 정도 비용이 필요하다. 복잡한 기술의 실용 특허 출원은 30,000달러까지 필요하다. 특허 자격 의견을 가진 검색은 3,000달러에서 5,000달러 정도 필요하다. 완전하고 공식적인 FTO의견은 25,000달러에서 100,000달러까지 요구된다(이 비용은 광범위한 검색 작업을 반영할 뿐만 아니라,

경우에 따라 변리사가 FTO에 대한 상세한 서면 의견을 제시한다). 일부 메디테크 분야의 변리사(pendent attorney)는 선행기술에 대한 탐색과 잠재 투자자 및 발명가와의 FTO에 대한 토론을 통하여 중간 접근법(intermediate approach)을 제공한다. 이 분석의 비용은 특허 분야의 복잡성에 따라 5,000달러에서 10,000달러 정도 필요하다.[8]

법률 기업은 발명가가 바이오디자인 혁신 과정의 초기 단계에서 자금으로 인한 어려움을 인지하여 지불을 연기하거나 보통 주주권(equity)을 포함한 대체 전략을 제안할 것이다. 대규모 특허 "비용"을 신속하게 운영하기 쉽기 때문에 많은 기업들은 단지 지불을 미루거나 지분을 취하고 싶어 하지 않는다. 특허 변리사와 일하는 것보다 비용이 적게 드는 또 다른 옵션은 특허 대리인(patent agent)을 고용하는 것이다. 특허 대리인은 USTPO 이전에 활동할 수 있도록 등록되어 있으며, 법원에서 특허 소송을 수행하거나 지방자치단체가 법적 효력을 발휘하는 행위를 수행할 수 없다(예를 들어 특허 자격, 소유권 또는 유효성, FTO분석에 대한 의견을 제시하는 것).[9] 일반적으로 특허 대리인은 USTPO 특허 사무소 시험에 합격한 사람이거나, 민간 특허 실무에 들어가기 전 미국 특허 심사관으로 4년 이상 근무한 전문가이다.[10]

특허 대리인은 혁신 업체의 IP 요구사항이 간단하거나, 광범위한 FTO 분야에 있거나, 소송을 예상하지 않는 경우에 효과적인 비용 접근 방안을 제시할 수 있다. 많은 법률 기업이 특허 대리인 및 변리사를 고용함에 있어 고객이 되는 기업은 다양한 범위에서 이익을 얻을 수 있다. 예를 들어 대리인을 통하여 특허 신청서 초안을 작성하거나 IP전략 및 소송을 도울 수 있다.

변리사 또는 대리인을 찾는 데에는 몇 가지 지침이 있다.[11] 가능한 경우 유사한 기술 및 임상 분야에서 메디테크 특허를 제출한 경험이 있는 사람을 찾는 것이 중요하다. 메디테크 특허 기업은 많은 분야에서 상세한 특허 환경 분석(patent landscape analyses)을 수행할 것이며, 이들은 상당한 경험을 가진 기업에게 변리사를 제공하여 줄 것이다. 어떤 경우에는 특정 변리사가 잠재적인 이해 상충을 나타내는 케이스를 가지고 있기 때문에 출원 작업을 할 수 없을 것이다. 법률 기업은 계약을 체결하기로 동의하기 전에 이에 대한 결정이 필요하다. 컨설턴트를 고용하는 것과 마찬가지로 현장의 숙련된 발명가나 기업가로부터 추천을 받는 것이 도움이 된다. 교수 또는 학생 발명가는 대학의 기술 라이선스 부서의 특정 변리사에게 조종될 수 있다는 점에 주의해야 한다(OTL- 6.4 대체 방안 참조). 그러므로 진행하기 전에 변리사의 전문성을 검증할 필요가 있다.

변리사 또는 특허 대리인과 가까이에 있는 것이 작업하기에 수월하다. 그러나 전자 통신이 발전함에 따라 기술적 및 임상 영역에서 전문 지식을 가진 사람을 찾는 것이 더 중요해졌다. 변리사들이 그들의 시간에 대해 얼마나 많은 비용을 청구하는지 명확하게 이해해야 된다. 변리사의 접근 방식을 평가하고, "궁합(chemistry)"을 평가하기 위해 직접 대면 상담을 요청해야 한다(개방적이고 명확한 의사소통이 필수적이다).

변리사와의 미팅에서 책을 읽거나 온라인 검색을 통해 알 수 있는 일반적인 질문은 하지 않는 것이 좋다. 전문가의 시간을 더 효율적이고 복잡한 문제(기본적인 질문보다는)를 해결하기 위해 시간을 투자하여 IP 이슈를 사전에 미리 알아두는 것이 필요하다. 특허 초안 작성 프로세스에 시작하기 전에 신청서와 청구항의 초안을 작성하는 것을 고려해야 한다. 변리사가 초안을 수정하게 되겠지만, 모든 사람들이 특허 출원이 어떻게 생겼는지에 대한 동일한 이해를 보장함으로써 시간과 돈을 절약할 수 있을 것이다.

국제 출원 전략

국제 IP 전략은 미국 외에서의 서류 작성과 관련된 비용과 편익을 염두에 두고 개발되어야 한다. 모든 외국 특허 출원은 재정적 책임이 요구된다(예를 들어, 특허 수명 기간 동안 잠재적 소송비용이 포함되지 않은 250,000~500,000달러가 청구될 수 있음). 이러한 높은 비용은 주로 각 국가별로 특화된 법률 및 번역 서비스의 필요성에 의해 요구된다(유럽 특허기구는 예외이다, 4.1 지적재산권의 기초 참조). 상당한 재정적 책임을 정당화하기 위해, 이노베이터나 기업은 외국 특허 출원의 이익이 측정될 수 있고 전반적인 비즈니스 전략의 중심이 될 것임을 확신해야 한다. 특히 기업 발전의 초기 단계에서 명확한 전략적 근거가 있을 때 외국 출원을 해야 한다(예를 들어, 제품은 국제적 수입의 상당 부분을 차지할 것이라고 예상되는 경우). 국가 선택은 사례 마다 다르다. 의료기기의 경우,

유럽 · 일본 · 호주 · 캐나다 및 이스라엘을 미국 특허의 국제 출원(International Filling)에 포함시키는 것이 일반적이다. BRICs 국가(브라질, 러시아, 인도, 중국)는 매력적인 신흥 시장을 제공할 수 있기 때문에 많은 관심을 받고 있다. 멕시코 역시 제조비용 측면에서 효과적이기 때문에 고려되고 있다.

기타 특별한 고려사항 및 지역은 신생 기업의 기술 및 비즈니스 목표의 성격에 영향을 받는다. Neodyne Biosciences를 예로 들어 보자. Neodyne은 흉터 형성을 최소화하는 조직 복구 장치를 개발 및 상용화하였으며, 기업은 초기에 미용 성형과 재건 성형외과 분야를 표적으로 삼았다.

미국 이외의 미용 성형 수술 시장의 매력을 고려하여, Neodyne은 국제 특허 보호 전략을 일찍이 분석하기 시작했다. 기업의 사장 겸 최고 운영 책임자(COO)인 Bill Beasley에 의하면, "Neodyne은 특허 보호를 요청할 국가를 선정 할 때, 두 가지 주요 이슈에 대하여 조사했다. 첫째, 해당 국가에서 우리 제품은 시장 기회가 존재 하는가? 둘째, 이들 국가는 지적재산권을 어떻게 평가하는가?" 또 다른 요소는 특정 국가에서 특허를 출원하는 데 필요한 비용과 복잡성이며, 해당 시장에서 기업의 기술을 보호할 수 없는 위험에 대비해야 하는 것이다. Bill Beasley는 "특정 투자자들은 포괄적인 특허 보호에 대해 다른 사람들보다 더 관심이 있어 IP 전략에 투자하려는 신생 기업의 결정을 이끌어 낼 수 있다."라고 말했다. Neodyne은 거대한 시장을 형성하고 있는 중국과 인도에 특허를 출원했다. 또한 미용 제품 시장이 형성되어 있는 브라질, 일본, 한국에 특허를 출원했다. Bill Beasley는 "이스라엘은 강력한 특허 지위를 확보하기에 좋은 국가이다."라고 말했다. Neodyne은 유럽 특허청(European Patent Office, EPO)를 통하여 유럽에 출원하였으며, **임상시험** 접근을 위하여 호주에 출원하였다. 또한 미국 본사에서 지리적으로 근접한 캐나다에 출원하였다. Bill Beasley는 이노베이터들에게 상용화 전략에 대한 생각을 권하였으며, 어떤 시장이 이노베이터의 기술에 가장 매력적인지에 대하여 조언하였다. "잠재적인 취득자(인수자)에게 지적재산권을 가치 있는 자산으로 생각하세요. 또한 귀사의 지적재산권 투자에 대한 전반적인 욕구 및 기술 및 시장 기회가 대규모 투자를 보증할 수 있는지 여부를 이해하는 것이 중요합니다."

이노베이터는 다른 국가에서 *제조하기*를 원한다는 사실을 고려해야 한다. 그들이 예상할 수 있는 후보 지역(의료기기 역량이 있는 벨기에, 코스타리카, 아일랜드, 멕시코, 대만 및 기타 국가)을 염두하는 것이 중요하다. 이노베이터가 잠재적 기술 취득자로 특정 대기업을 목표로 삼는다면, 기업이 가장 깊은 뿌리를 가지고 있는 곳을 고려해야 한다. 예를 들어, Maquet와 같은 독일의 의료 기술 기업은 특허권이 없는 기술을 획득하는 데 주저할지도 모른다.

특허 포트폴리오 관리 전략

많은 초기 단계 이노베이터들은 포괄적이고 지속적인 특허 전략을 개발하는 것보다 초기 특허 출원 및 획득에 더 중점을 두고 있다. 이러한 종류의 지적재산권 접근 방식은 상당한 비용이 소요될 수 있으며, 이는 기업의 생존 가능성을 위협하며 이노베이터의 자금 조달 능력에 부정적인 영향을 미칠 수 있다. 반대로 지적재산권 포트폴리오를 전략적으로 관리하는 혁신업체 및 기업은 지적재산권과 관련된 위험을 최소화하고 경쟁자와의 차별화를 통해 그들의 비즈니스 가치를 높이기 위해 노력한다. 지적재산권 관리에 적극적인 접근방식을 취함으로써, 기업이 지적재산권 투자를 통해 얻게 되는 가치는 단순히 자사의 발명품을 보호(경쟁 선점)하여 경쟁 통제, 시장 구축, 수익 창출 및 비즈니스 전략 추진으로 진화할 수 있다.[12] 그림 5.1.3에

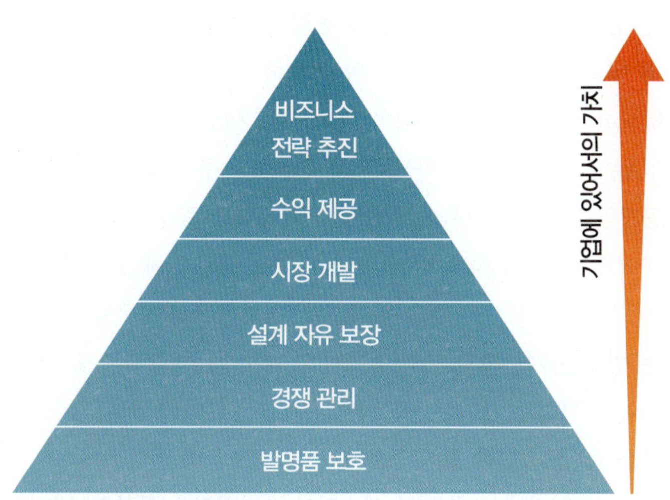

그림 5.1.3
이노베이터와 기업이 IP 관리에 보다 전략적인 접근 방식을 취함에 따라 IP 투자에서 얻어지는 가치는 증가한다(Ron Epstein, "비즈니스 관련 IP 전략 수립"을 기반, IPotential, LLC의 허가로 전재).

서 볼 수 있듯이 이러한 이점들이 중요한 이득이 되는 기반 구조의 근간이 되는 형태로 생각할 수 있다.

효과적이고 가치 있는 특허 포트폴리오에는 두 가지 기본적인 특징이 있다. 첫째로, 특허는 실제로 개발된 제품들을 다루어야 한다. 이것은 당연하게 생각할 수도 있겠지만, 실제로는 의료기기의 개발과 개선으로 인하여 특허 범위를 벗어날 수 있는 위험이 있다. 이는 개발과정에서 IP에 대한 지속적인 관심이 부족하여 발생한다(예를 들어, 시제품 제작과 테스트에 대응하여 팀은 디자인에 특허 가능 여부에 따라 주요 기능을 추가한다). 제품 출시를 서둘러야 한다는 압력을 받고 있는 팀은 새로운 IP가 생성되었다는 사실(또는 새로운 기능이 기존 특허를 침해할 수 있는 사실)을 잊을 수도 있다.

효과적인 특허 포트폴리오의 두 번째 특징은 실질적인 진입장벽을 만든다는 것이다. 이노베이터는 새로운 장치의 기능을 특허화하는 것만으로는 충분하지 않다. 비슷한 장치나 차세대 제품을 개발할 수 있는 경쟁자를 예측해야 하며, 이러한 상황이 발생하지 않도록 특허를 개발해야 한다. 이를 위해서는 경쟁사에 대한 심층적인 이해가 필요할 뿐만 아니라 주요 경쟁자의 특허 포트폴리오와 비즈니스 전략도 파악해야 한다.

귀중한 특허 포트폴리오를 개발하고 유지하는 메커니즘은 지속적인 내·외부 모니터링이다. 내부적으로 IP는 지속적인 연구, 개발 및 비즈니스 계획 전략이 통합되어야 한다. 즉, 모든 팀원들의 인식과 활동이 능동적이어야 한다. 시제품 제작 및 테스트와 관련된 진행 상황과 특허 출원 과정이 관련될 수 있도록 많은 시간과 관심이 필요하다. 새로운 팀원이 합류할 경우, 특허와 관련된 **혁신문서**를 신중하게 유지하는 것과 **정보공개**의 위험성을 교육해야 한다. 외부 모니터링은 팀 구성원 중 적어도 한 명이 경쟁 업체 및 잠재적인 경쟁 업체를 정기적으로 조사해야 한다는 것을 의미한다. 정보를 효과적으로 수집하는 방법은 기술자와 대화를 꾸준히 나누고, 심포지엄 및 전시회에 참석하는 것이다. 이것은 팀이 해당 분야의 개발(임상 과학을 포함)에 대한 최신 정보를 얻는 데 도움이 된다.

내부 및 외부 IP에 대한 지속적인 모니터링은 공격적이고 방어적인 특허보호전략의 기본으로 이어진다.

방어적 전략

방어 전략은 이노베이터들이 추구할 수 있는 접근방식을 더욱 잘 나타낸다. 방어적인 전략은 발명자가 발명한 기술을 다른 사람이 제작·사용 또는 판매하는 것을 방어하는 특허 개발을 의미한다. 핵심은 임상 실험을 진행하면서 혁신이 어디로 향하고 있는지를 이해하는 것이다. 발명에 대하여 생각할 때, 기기만 고려하는 것뿐만 아니라 기기를 어떻게 사용할지를 고려해야한다는 것을 의미한다. 발명이 시스템의 일부인가? (그렇다면 해당 시스템의 다른 부분도 보호해야 하는가?) 어떻게 포장되어 있는가? 키트에 들어 있는가? 기기 청구항과 함께 특허를 받아야 하는 특정 사용 방법이 있는가? 기기를 사용할 수 있는 다른 징후(신체의 다른 곳 또는 대체 절차)가 있는가? 만일 그렇다면, 추가해야 할 다른 구성 요소나 측면이 있는가? 이러한 고려사항을 통하여 경쟁자의 진입장벽으로 작용하는 2차 특허 및 청구항을 작성하는 것을 피켓 펜스 전략(picket fence strategy)라고 한다(그림 5.1.4).

이 접근법을 설명하기 위하여 생체 흡수성 혈관 스텐트를 고려하여 보자. 발명가는 스텐트가 동맥을 열 수 있도록 요골에 힘을 주는 특수한 흡수성이 있는 재료와 지주 형태로 구성된 스텐트를 보호하는 것에 관심이 있다. 이것은 핵심 IP(Core IP)이다. 그러나 이 부분이 커버될 수 있는 스텐트를 사용하여 특허를 낼 수 있는 다른 측면이 있다. 스텐트를 어떻게 확장하는가(예: 벌룬 또는 일부 다른 전개 메커니즘(deployment mechanism)으로 확장)? 카테터 납품 시스템에는 선택된 배포 방법과 관련된 특수 기능을 가지고 있는가? 예를 들어, 새로운 스텐트 재료의 수명을 위하여 포장을 특수화해야 하는가?

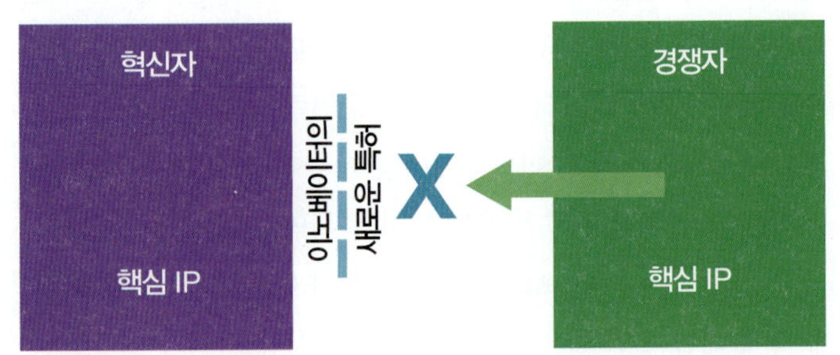

그림 5.1.4
피켓 펜스 전략은 핵심 지적재산권을 둘러싼 보조 특허를 사용하여 경쟁 업체를 핵심 특허 영역 밖에 두고 있기 때문에 붙여진 이름이다.

다른 종류의 스텐트(예: 폐쇄증이 있는 어린이의 식도 개방(좁아짐))에서 이러한 종류의 스텐트가 필요한가? 이러한 다양한 영역의 특허를 추구하는 것은 이노베이터들에게 핵심 지적재산권에 대한 방어막을 제공할 수 있을 것이다. 이 분야의 법률은 끊임없이 변화하고 있음을 명심하고, "비 활동 기관(non-practicing entities)"을 목표로 하는 노력은 기업이 직접적으로 추구하지 않는 분야의 특허를 보호할 수 있는 능력이 제한될 수 있다.

방어적인 특허 전략을 수립하는 데 있어 가장 중요한 도구 중 하나는 발명가가 특허 기소 과정에서 청구 구조를 개선할 수 있도록 연속 특허 출원을 통해 이루어진다. 후속 청구는 원본 특허의 동일한 설명 또는 명세서를 사용하여 발명에 대한 추가적인 청구권을 추구하기 위해 제출되는 신청서이다. 연속 출원은 최초 특허와 동일한 발명가 중 적어도 하나를 기재해야 한다. 계속되는 청구의 일환으로 제기된 청구 사항은 최초 출원과 동일한 출원일 우선권을 갖는다.

방어 전략에 대한 지속적인 프로세스의 힘은 상당하다. 추가적인 시제품 제작 및 테스트를 포함한 기존 컨셉과 더불어 팀이 경험을 습득함에 따라 발명의 중요한 측면이 보다 명확해진다. 시간이 지남에 따라, 팀은 잠재적인 경쟁자들이 무엇을 하고 있는지, 그리고 핵심 지적재산권을 보호하기 위해 무엇을 할 것인지에 대한 더 많은 정보를 얻게 될 것이다. 따라서 지속적인 프로세스를 통해 팀은 지속적인 경험, 사고 및 보안 감시를 기반으로 발명에 초점을 맞춘 새로운 청구를 준비할 수 있다. 발명의 새로운 청구는 "무언가를 얻는 것"처럼 보일 수 있지만, 그것은 청구하는 것이 발명을 구성하는 것을 명확히 정의하기 위한 것이라는 것을 명심해야 한다. 특허 발명 명세서에 기술된 발명품은 연속 특허 출원으로 변경 될 수 없기 때문에 설명이 잘된 예를 본래의 출원에 포함시키는 것이 중요하다. 새로운 청구는 발명품이 어떤 것인지 더 정확하게 전달할 수 있는 방법을 제공한다. 연속 특허 출원 프로세스는 원래 특허 명세서의 출원일로 돌아가고, 만료일은 우선일을 기준으로 하기 때문에 특허의 수명을 연장시키지 않는다는 것을 명심해야 한다.

특허 보호를 위한 방어 전략을 개발하는 것은 특허 변리사와 개발 팀 간의 활발한 대화를 촉진하는 것은 필수적이다. 초기에 변리사 비용에 대해 걱정하는 경향이 있다. 이는 새로운 테스트 결과, 개발 단계 및 개념에 대한 간결한 업데이트를 정기적으로 체크하는 것을 통하여 완화할 수 있다. 또한 팀이 성장함에 따라 모든 구성원들은 변리사나 그 팀의 숙련된 구성원에 의해 지적재산권에 대해 교육을 받아야 한다. 이러한 커뮤니케이션과 교육은 미국이나 국제적으로 특허권 침해를 막는 최선의 방법이다.

방어적인 특허 포트폴리오를 구축할 경우, 팀의 창의적인 인재를 고용하는 한 가지 메커니즘은 브레인스토밍 중심의 발명을(또는 설계를) 구성하는 것이다. 경쟁 업체 입장에서 생각을 하고, 기존의 특허 청구를 우회할 수 있는 설계 접근법을 생각하도록 독려한다. 이 세션은 변리사가 참석하는 데 가치가 있다. 이 결과는 새로운 특허 출원이나 지속적인 프로세스를 통하여 빈틈없는 자세를 채우는 데 사용될 수 있다.

청구와 관련하여 방어 전략을 개발하는 중요한 접근법은 때로는 "계층화된" 보호라고 하는 광범위하고 좁은 범위의 청구를 만드는 것이다. 물론 광범위한 청구가 바람직하지만, 그들이 소송에서 무효로 선언될 위험이 높다는 것을 명심해야 한다. 좁은 범위의 청구는 많은 보호 기능을 제공하지 않지만(즉, 해결하기가 쉽다), 더 빠르게 부여될 수 있다. 예를 들어 좁은 범위의 청구는 특정 상업적 구현을 목표로 하는 언어를 포함할 수 있다. 넓고 좁은 청구의 조합으로 이루어진 조합은 특허 기소 후 효과적인 방어 장벽을 유지할 수 있는 최상의 기회를 제공한다. 시장에 제품을 출시하는 시기는 광범위한 청구와 상세한 청구를 적절히 혼합해야 하는 전략에 중요한 요소가 될 수 있다. 만약 FDA 승인이 상대적으로 빠르게 이루어질 것으로 예상(예로 510(k) 허가)되고 제품이 쉽게 시장에 출시될 수 있는 경우, 보호할 장치에 대해 좁은 청구를 발행하는 것이 전략적으로 중요할 수 있다.

특허권 침해로부터 이익을 얻기 위해, 소유주들은 자신의 지적재산권을 침해하는 모든 사람을 경계하거나 법적인 조치(예: 소송 제기)를 취해야 한다. 의료 장비의 영역에서 지적재산권을 부여 받았거나 특허를 허가한 기업은(예를 들어 대학에서) 일반적으로 잠재적인 침해자를 소송할 책임이 있다. 때로는 대학도 이 역할을 맡을 것이지만, 메디테크에는 비교적 적은 수의 "크게 성공한" 특허가 있어 대학 측에서 이 수준으로 주목을 한다.

공개된 선행 기술의 완충 장치를 만들기 위해 일부 이노베이터들과 기업들이 채택하는 피켓 펜스 전략에 대한 비용 효율적인 변동이 있다. 즉, 경쟁자를 멀리하기 위해 핵심 지적재산권 자산과 관련된 개선 및 새로운 용도에 대한 정보를 의도적으로 게시하는 것이다. 이는 경쟁 업체가 개선 사항을 소유하지 못하게 하는 면에서 추가 특허 적용 범위와 동일한 효과가 있지만, 빠르고 자유롭게 이용할 수 있는 이점이 있다.

공격적 전략

공격적인 특허 전략이란 경쟁 구도를 참조하고 다른 기업의 특허권을 활용하려고 하는 접근법을 의미한다. 이러한 전략은 최초 이노베이터(주로 발명품 개발 및 보호에 주안점을 두는)를 위한 방어 전략보다 직관력이 낮고 어려울 수 있다. 그러나 시장에서 경쟁 업체의 방향을 이해하고 지적재산권 포트폴리오에 대한 반응(또는 예상)에 대한 대응적이고 사전 예방적인 방법을 취하는 것은 이노베이터의 제품이 성공적으로 임상 치료에 성공하도록 보장하는 필수적인 수단이다.

첫 번째 공격 전략은 경쟁자가 나아갈 방향을 예측하고 그 접근을 차단하는 지적재산권을 생성하는 것이다(그림 5.1.5). 때로는 이노베이터는 특정 경쟁자를 차단하기 위한 목적으로 새로운 지적재산권을 생성할 수도 있을 정도로 경쟁 경로를 분명하게 살펴볼 수 있어야 한다. 다른 경우, 두 그룹 모두 동일 기술에 대한 개발 방향을 독립적으로 볼 경우, 한 그룹이 다른 그룹보다 먼저 발명하는 것이 다른 그룹에 방해가 발생하게 되는 것이다.

Intuitive Surgical의 사례에서 Freed 박사는 로봇 공학 기업인 Intuitive Surgical의 경쟁 업체인 Computer Motion이 소유한 특허에 관심을 갖게 된 상황에 대하여 설명하였다. Intuitive가 da Vinchi 로봇을 개발하기 위해 추구하던 과정에서 손의 움직임을 도구 움직임으로 변환하는 소프트웨어 제어 메커니즘 특허가 직접적으로 사용되었다. 많은 논쟁 끝에, 공격적인 방해는 결과적으로 Intuitive가 Computer Motion을 **인수**하는 결과로 이어지게 되었다.

두 번째 공격 전략은 경쟁자의 지적재산권 포트폴리오와 사업 전략에 대한 지식을 기반으로 하지만 이 경우 그림 5.1.6과 같이 새로운 특허로 다리를 놓아 경쟁 업체의 지적재산권에 연결하는 것이다. 이 전략은 이노베이터가 새로운 기술을 습득하기에 적합하다고 생각하는 후보 기업이 있을 때 특별히 사용되어야 한다. 이노베이터에게는 인수 기업의 지적재산권 지위와 새로운 기술 방향에 대한 기업의 우선순위에 대한 감각이 필요하다. 실제로 후자의 정보는 발명가가 핵심 기술의 잠재적인 라이선스에 관하여 기업과 논의한 후에 분명해질 수 있는 것이다.

이러한 모든 공격과 방어 전략은 경쟁 기업에 대한 정보를 추구하는 데 고도의 노력이 필요하다. 지적재산권과 관련하여 해당 키워드, 경쟁 업체 및 해당 분야의 잘 알려진 발명가를 통하여 미국 및 국제 특허 데이터베이스를 정기적으로 검색하는 것이 중요하다. 특허 검색 외에도 해당 분야의 임상 문헌을 숙

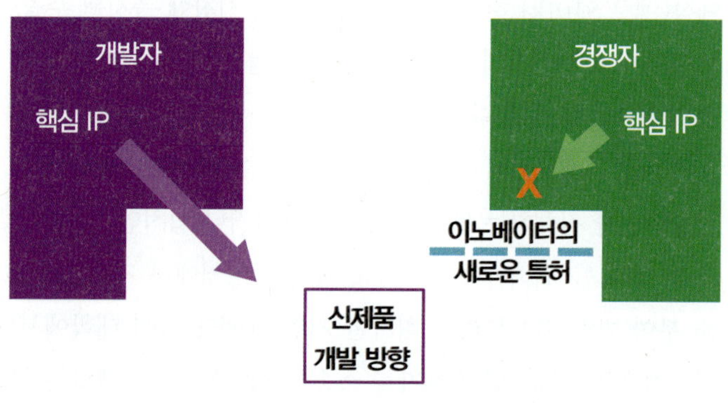

그림 5.1.5
하나의 공격적인 IP 전략은 특허 차단을 통해 경쟁 업체가 신제품 설계를 향해 나아갈 수 있는 능력을 미연에 방지하기 위한 것이다.

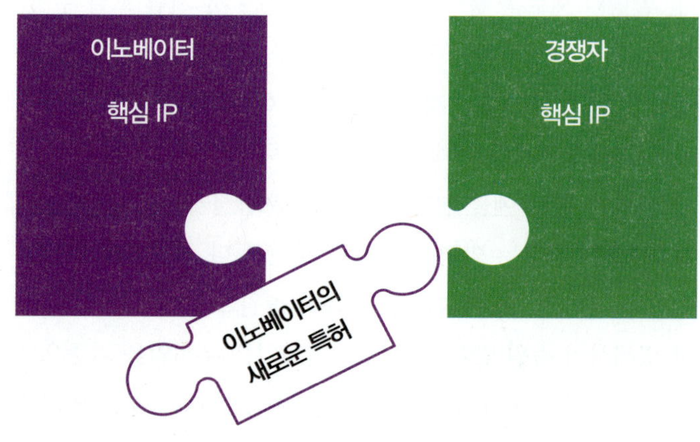

그림 5.1.6
경쟁 업체의 IP 포트폴리오에서 차이를 보완하거나 채우는 공격적인 브릿징 전략은 대기업에 기술을 인가하거나 판매하려는 혁신 업체에게 효과적일 수 있다.

지하고, 최신 제품 출시를 유지하여 기술 · 핵심 기업 · 발명가 및 임상의에 대한 Google 검색을 주기적으로 수행해야 한다. 활성화된 기술 분야에서 일주일에 50개 이상의 '히트작(Hits)'을 찾는 것은 흔한 일이 아니다.

특허 타이밍과 관련된 전략

진정한 특허권은 실용 특허가 발행될 때 시작된다. 이노베이터는 공개 일과 실용 특허 발행일 사이에 다른 기업이 발명을 기획하는 것을 막을 수 없다. 짧은 시간 동안이라도 같은 분야에서 다른 기업이 움직임을 보인다면 다른 기업 제재를 당하더라도 장기적으로 수익에 영향을 줄 수 있다. 이상적으로 이노베이터가 제품을 시장에 출시할 때 특허 범위(발행된 실용 특허로)를 가질 수 있다.

USTPO의 새로운 도구는 "Track One"으로 알려진 우선 특허 심사 프로그램이 있다.[13] 이 프로그램은 신청자가 유료로 12개월 이내에 USTPO로부터 특허 신청서에 대한 최종 조치를 받을 수 있도록 한다. 이러한 프로세스는 기업의 시장 진입을 통해 특허 발행 시기를 조정하는 데 도움이 될 수 있다. 또한 자금 모금과 관련된 일정을 고려할 경우, 포트폴리오에서 적어도 한 건의 특허를 발급 받았음을 보장하는 데 사용할 수 있다. 나아가 Track One은 특허청을 통해 경쟁 업체보다 앞서고, 지적재산권 위치를 지킬 수 있는 기반을 제공한다(즉, 특허 출원은 특허 출원 중일 때 특허 소송을 제기할 수 없다). Track One은 특허청을 신속하게 통과하고 소송에서 잘 대처할 수 있기 때문에 좁은 청구권의 특허 출원에 가장 적합하다. 기업이 그것을 감당할 수 없는 경우 Track One을 수행하지 않는 주된 이유가 된다. USTPO에 추가 비용을 지불해야 하며, 신속한 접근법은 제출 후 즉시 시작하여 기업이 신청서 제출에 사용하는 변리사 비용을 1년으로 축소시켜준다.

또 다른 접근법은 기업이 특허기간을 가능한 한 길게 연장하기 위해 출원을 연기하는 것이다. 이 전략은 특허 출원을 공개할 때까지 공개되지 않기 때문에, 경쟁 업체가 새로운 장치 및 방법에 대해 학습하는 것을 방지할 수 있다. 단 지연 시간이 너무 길어지면 이노베이터가 원하는 지적재산권 위치에 부정적인 영향을 미칠 수 있다. 또한 기업이 실수로 파일을 제출하기 전에 발명 내용을 공개할 위험이 있다.

약간 기술적이지만 타이밍 문제는 "임시 보호"라고 하며, 발행된 형태가 실질적으로 동일한 형태로 발행된 경우, 기업은 발행일을 기점으로 손해 배상을 청구할 수 있다. 즉 기업 B가 기업 A의 청구를 침해하는 경우, 기업 A는 청구가 부여된 날짜가 아니라 처음 게시된 날짜(일반적으로 제출 후 18개월)를 기준으로 손해를 청구할 수 있다(몇 년이 될 수 있음). 따라서 첫 출원에서 승인이 될 가능성이 높은 청구를 작성하는 것이 중요하다.

이노베이터나 기업이 시장에 제품을 출시하는 것을 정당한 사유로 지연할 수 있는 경우, 기존 20년을 초과하여 특허 범위를 확장할 수 있다. 이 전략은 제약 산업에 널리 사용되고 있으며, 제약 산업은 개발 시간이 길어 특허의 20년 수명이 한계로 인식된다(FDA가 의약품이나 생물학적 제제를 승인할 때까지는 10년 또는 그 이하의 특허 범위가 있을 수 있다). 이러한 상황에서 기업은 특허 기간 연장을 위해 특허청에 신청할 수 있다. 특허 기간은 임상시험 및 규제 승인에서 개발이 지연된 기간을 기준으로 계산된다. 그러나 한 기업만이 기술에 대해 특허를 획득할 수 있도록 허용되며, 기업이 FDA 승인을 받아 확장 신청을 하는 경우에는 비교적 짧은 기간이 소요된다. 과거에는 의약품 혹은 생물학적 제제보다 훨씬 빠른 승인 절차가 필요한 의료기기 분야는 이러한 메커니즘과 같이 특허를 연장하지 못하였다. 그러나 최근 의료기기의 복잡성이 증가함에 따라(특히 의약품과 의료기기 조합의 경우) 특허를 확대하는 방법에 대한 접근법이 Medtech 산업에서 빈번하게 증가하고 있다. 예를 들어 Abbott Vascular는 장치에 대한 비교적 긴 FDA 승인 프로세스를 기반으로 Xience 약물 방출 스텐트 Rapid Exchange 전달 시스템의 확장을 신청하였다. 일반적으로 이노베이터는 FDA의 타임 라인에 대한 변리사의 최신 정보를 유지해야 한다. 변리사는 이것이 실행 가능한 전략인지 판단하고 통관 또는 승인을 받기 위해 조치를 취할 것이다.

일부 이노베이터와 기업에서 사용하는 지적재산권 타이밍 전략은 "**에버그리닝**(evergreening)"이라고 한다. 이 전략은 기존 발명에 대한 변경 사항을 도입하고, 본래의 발명을 20년 이상으로 보호하기 위하여 새로운 특허를 신청하는 과정을 뜻한다. 다시 말하지만, 이 전략은 의약 산업에 비하여 Medtech에 훨씬 광범위하게 적용되고 있다. 그러나 특정 상황에서 장치가 이러한 접근 방식에 적합할 수 있다. 예를 들어

2000~2010년 스텐트 시장의 급속한 확장 기간 동안, 기업은 12~18개월마다 빈번한 특허 변경이 가능한 새로운 스텐트와 스텐트 납품 계획을 발표했다. 이로 인하여 지적재산권 보호가 지속적으로 이루어졌으며 일부의 경우 본래의 특허 수명보다 연장되기도 하였다.

특허 소송

특허 소송을 위한 전략은 일반적으로 기업 내에서 제품 개발의 후반 단계에서 필요하며, 기업 경영진 및 법률 전문가가 참여하기 때문에 이 본문의 범위 밖에 있다. 그러나 몇 가지 기본적인 쟁점은 지적재산권 전략을 개발할 때 Medtech 이노베이터가 이해하는 것이 중요하다.

의료기기 특허 소송에는 몇 가지 잠재적인 결과가 있다. 드문 경우로, 법원은 침해 혐의로 기소된 당사자(원고의 특허권을 침해하는)에 대해 금지 명령을 발부할 수 있을 만큼 충분히 명백한 소송으로 간주할 수 있다. 결과적으로 특허 침해 혐의로 기소된 기업은 장치 제조 및 판매를 중단해야 한다.

훨씬 더 일반적으로 사건은 재판을 받지 않거나 금지 명령 없이 해결된다. 재판의 결과는 소송의 성격에 따라 판사나 배심원에 의해 결정될 수 있다. 특허 소유자가 이기면(즉, 침해가 있었다는 것을 입증하는 경우), 해당 이노베이터나 기업은 일반적으로 기업이 침해하는 기업의 매출액에 근거한 합당한 로열티를 받는다(예: 순 매출의 5%). 최근 몇 년 동안 심혈관 및 정형외과 분야에서 핵심 특허를 보유한 개인 발명가에게 대기업이 지불한 수백만 달러 규모의 의료기기 특허 침해 합의가 있었다. 법원이 "고의적인 침해"에 대한 결정을 내릴 경우, 즉 법원이 저작권을 침해하는 기업이 저작권을 침해하고 상황을 완화시키지 않는다는 전제하에 악의적인 행동을 했다고 판단하면 손해는 3배가 될 수 있다.

특허 소송을 수행하는 변리사는 두 가지 유형이 있으며 모두 동일한 기업에서 근무할 수도 있지만, 특허를 작성하고 "기소" 승인을 수행하는 변리사와는 일반적으로 서로 다르다. 특히 소송중인 것으로 알려진 분야에서 벤처 캐피털이나 지적재산권에 대한 실사를 하는 기업들이 특허 보호의 견고성을 평가하기 위해 기소자에게 지불하는 것은 드문 일이 아니다.

특허 소송은 시간과 비용이 많이 들고 감정적으로 소모가 심하다. Medtech 산업을 장악하고 있는 대기업들은 지적재산권 소송을 위한 대규모 "전쟁의 장"을 갖고 있다. 현재 그것은 중요한 제품이 특허 소송에 휘말리지 않는 산업 문화의 일부이다. 실제로 이노베이터가 중요한 의료기기를 개발할 경우, 추후에 중요한 소송에 개입할 수 있다. 생산성 측면에서 볼 때, 소송의 부담은 상당할 수 있다. 발명가 및 제품 개발에 대한 주요 기여자는 재판에 앞서 선서 증언(deposition)에 참석해야 한다. 이 선서 증언은 사건에 대한 필수적인 요소를 발견하기 위해 양측의 변호인에게 주어지는 공식적인 기회이다. 이것들은 대단히 치밀한 준비를 필요로 하는 매우 까다로운 만남이다. 발견 과정은 재판이나 합의가 이루어지기 전 수개월 간 진행될 수 있으며, 발명가 및 기타 직원들로부터 잠재적으로 생산적인 시간의 수백 또는 수천 시간을 소비한다.

특허에 대한 대안 메커니즘

2011년 미국 발명법(AIA)은 기업이 자체 특허를 강화하거나 경쟁력 있는 특허에 도전하기 위해 활용할 수 있는 새로운 개선 절차의 모음을 선보였다. 이러한 방법에는 사전 공개 제출, 보완 검토, 사후 승인 검토 및 Inter Partes Review가 포함되어 있다.[14]

우선권 제출자(preissuance submissions)는 특허 출원의 심사에 대한 설명과 함께 출판물(publication)을 제출함으로써, 제3자가 경쟁사의 특허 출원 과정에 대해 감독하고 잠재적으로 영향을 미칠 수 있는 메커니즘을 제공한다. 출판물 및 설명은 신청서의 기소 내역에 기록이 되며, 이는 향후 특허 침해 소송에 유용 할 수 있다.[15]

보충 심사는 기업이 추후의 무효화에 대비하여 자체 특허를 강화할 수 있는 수단을 제공한다. 특히 보충 심사는 발행된 특허에 관련된 것으로 여겨지는 "고려, 재고, 또는 수정된 정보를 고려하여" 발행된 특허에 대한 재검사를 제공한다.[16]

Post Grant Review 및 Inter Partes Review 절차는 제3자에게 무효 문제와 관련된 특허 소송의 대안을 제공한다. Post Grant Review 절차에 대한 규칙은 특허 소유자가 아닌 다른 당사자가 특허 청구의 가능성에 대한 Post Grant Review를 제출할 수 있는 탄원서를 허용한다. 청원은 특허 발급일로부터 9개월 이내에 완료되어 제출되어야 한다. 따라서 기업 또는 변리사가 이 기간 내에 청원서를 제출하기 위해 대기하고 있는 경쟁 특허를 면밀히 모니터링하는 것이 중요하다.[17] Inter Partes Review에 대한 이의 신청은 특허 및 출판물에 근거한 특허 청구의 타당성을 따져볼 수 있으나, 발행일로부터 9개월 후에 제출될 수 있다.[18] 그러나 근거가 부족하고 제출될 수 있는 근거가 두 번째 옵션에 한정되어 있다는 점에서 Post Grant Review와 Inter Partes Review 간에는 상당한 차이가 있다.[19]

Intuitive Surgical의 이야기는 경쟁 위협을 효과적으로 관리하는 데 있어 지적재산권 전략의 중요성을 보여주는 사례이다. 일반적으로 이노베이터들은 제품 개발에 몇 년(일반적으로 판매가 시작된 후)까지 소송에 직면하지는 않지만, 성공적인 소송을 위한 시작은 바이오디자인 혁신 과정의 시작부터 이다. 4.1절에 제시된 기본 사항에 초점을 두면 소송에서 가장 큰 문제를 피할 수 있다. 조심스럽고 정직한 기록 유지, 유능한 변리사와의 초기 만남, 선행 기술 및 특허 공개에 대한 부지런함이 주요 성공 요인이다.

현장에서 Intuitive Surgical

IP 전략을 사용한 위험 및 기회 관리

Intuitive Surgical은 최소 침습을 활용한 로봇 보조 수술 분야의 개척자인 Fred Moll과 John Freund, Robert Yunge가 설립했다. 이 기업의 주요 제품인 다빈치 수술 시스템(Da Vinci Surgical System)은 외과의사의 손과 손목의 미세한 움직임과 상응하는 콘솔의 컨트롤로 변환하여 작은 절개를 통해 환자 내부에서 미세 동작으로 변환하다.[20] Da Vinchi는 전립선 절제술, 자궁 절제술, 근종 절제술, 위 우회술 및 승모판 재건술과 같은 최소 침습 접근을 가능하게 한다(그림 5.1.7).

기업의 첫 번째 CEO인 Moll은 미국 육군과 계약을 맺어 Stanford Research Institute (현 SRI International)라는 비영리 연구기관을 통해 이 기술을 개발하였다. Moll과 팀은 최소 침습 수술의 가능성을 높이기 위하여 시스템의 잠재력을 파악하고 SRI의 외과 로봇의 핵심 IP를 취득하였으며, Intuitive Surgical을 설립하였다. Moll은 "우리는 일찍이 시스템에 중요한 발명품과 외과용 로봇 공학에서 개발하고 싶은 핵심 기능의 초기 특허 포트폴리오를 취득한 점이 운이 좋았습니다." 자체 독점 기술을 추가하여 IBM, MIT 및 기타 연구 기관과 협력하여 2000년에 예비 FDA 허가를 받은 다빈치 시스템을 개발하였다.[21]

Intuitive Surgical은 기업의 초기 IP 전략에 큰 중요성을 두었다. Moll은 SRI와 라이선스 계약에 있어 IP에 관하여 적절한 통제권을 유지하기 위해 기업이 취한 조치를 설명하였다. "지적재산권을 발명가에게 허가할 때 다양한 형태로 할 수 있습니다. 그러나 중요한 점은 우리가 얻을 수 있었던 독점적인 **전 세계 라이선스**를 얻는 것입니다. 또한 우리는 특허를 스스로 관리할 수 있는 능력을 확보했습니다. 그것은 우리가 IP 수행을 인수한 것을 의미합니다." 이를 통하여 Intuitive Surgical은 특허 포트폴리오에 추가하고 개발 중인 특정 제품을 잘 관리할 수 있는 방식으로 보호할 수 있었다. "우리가 이 역량을 가지지 않았다면, 그것은 진정한 불이익이 될 수 있었습니다."라고 Moll은 말하였다.

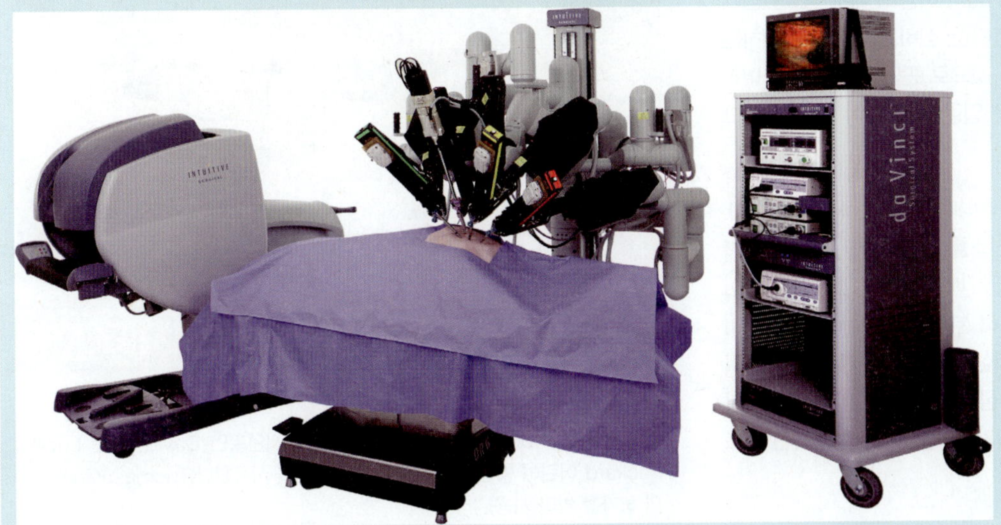

그림 5.1.7
다빈치 시스템(Intuitive Surgical의 허가를 받아 사용)

Moll은 기업의 IP 지위를 확대하는 측면에서 "특정 영역에서 Intuitive 제품을 지속적으로 보호하기 위하여 특허 포트폴리오에 대한 후속 작업을 수행하였습니다. 이를 통하여 우리는 SRI에 처음 제출한 내용에서 다루지 않았지만, 예상했던 기능과 기능의 확장을 위하여 초기 특허의 날짜를 사용한 것을 의미합니다." 또한 기업은 IP 지위 관리에 체계적이고 적극적인 방식을 취했다. "당신은 선진 기술을 지속적으로 찾고 특허 출시가 가능한지, 또는 특허의 강도에 대한 견해를 수정해야 합니다. 또한 발명 정보를 수집하고 이를 매주, 매월 개발 중인 기술의 새로운 측면을 보호하는 지속적인 흐름을 파악해야 합니다." Moll은 설명했다. 이를 위하여 Intuitive는 기업 초창기에 자체적으로 IP 변리사를 팀에 추가하였다. "창업 기업이라도 추후에 사내 IP 자문을 일찍이 고용하는 것은 큰 의미가 있습니다." Moll은 말했다. "사내 변리사는 기업 내부에서 진행되고 있는 일들과 제품에 있어 가장 중요한 것을 외부 법률 기업보다 항상 잘 이해합니다." Moll은 "대부분의 사람들은 지적재산권에 과소 투자하는 경향이 있는데, 이것은 큰 실수가 될 수 있습니다."라고 덧붙였다.

Intuitive Surgical은 외과용 로봇 시장에서 주도적인 지위를 확보하였지만, Computer Motion과 같은 기업의 진입으로 인하여 신속한 경쟁력을 갖추어야 했다. da Vinci와 Computer Motion의 Zeus 시스템 간에는 차이점이 있었지만 서로 경쟁을 벌였다. 오랫동안 기업은 특허 분쟁에 얽혀있었다. Moll은 분쟁의 핵심에서 다음과 같은 문제를 말하였다. "Computer Motion은 직접적인 기계 대신 연결이 전자기계적이며 관련 소프트웨어인 경우 견고한 도구를 제어하는 근본적인 방법과 관련이 있는 손의 움직임을 도구 끝의 움직임으로 변환하는 방법과 관련한 광범위한 청구권과 함께 초기 특허권을 갖게 되었다. 그리고 몇몇 특허는 **사용자**가 제어하려는 방식대로 장비를 운용할 수 있는 능력을 제한할 가능성이 있었다."

Intuitive Surgical 팀은 강력한 IP로 Computer Motion 특허를 무효화할 수 있다고 믿었다. 그러나 "특허가 유효한지 여부를 확인하기 위하여 법적 절차를 밟을 경우 발생하는 위험과 비용도 매우 중요했습니다. 우리가 소송 절차를 성공하지 못하였다면, 장비를 어떻게 통제하는지에 대한 광범위한 청구권을 침해하는 것으로 판단되는 경우에 어려운 상황이 될 수 있고 우리가 했던 많은 일을 다시 해야 합니다."라고 말했다.

이러한 위험에도 불구하고 "앞이 깜깜했습니다."라고 Moll은 회상했다. Intuitive Surgical은 간단히 교차 라이선스를 고려했지만, 이것이 매력적인 해결책은 아니라고 생각했다. Moll은 "배심원 재판에서 끝날 것이라고 확신했습니다. 많은 기소자들이 특허 분쟁에서 배심원 재판에 이르는 확률은 약 50%입니다. 대부분의 배심원은 고도의 기술 분쟁을 이해하기가 어렵습니다. 따라서 당신은 배심원 재판으로 가기를 원치 않을 것입니다. 왜냐하면 당신이 이길 기회가 전적으로 당신의 사건 강도와 관련이 있는 것이 아니기 때문입니다."

팀은 소송에서 이길 수 있다고 계속 믿었지만, 이에 따른 위험이 크다고 판단하여 더 많은 옵션을 고려하기로 결정했다. Moll은 "기업을 인수할 기회가 있을 것이라고 확신했습니다."라고 회상했다. "인수의 장점은 우리가 Computer Motion 제품 계열을 고려하지 않았기 때문에 새로운 제품 라인을 얻는 것이 아닙니다. 그것은 경쟁적이었고, 임상적으로 유용하다고 생각되지 않았습니다. 하지만 우리는 단단한 기구를 제어하는 외과용 로봇 분야에서 IP 포트폴리오를 결합하여 경력한 지위를 얻을 수 있었습니다." 궁극적으로 그는 "여러 선택지 중에서 결과의 확실성과 기업을 인수하는 데 드는 비용이 얼마인지에 대해 판단하는 판결 요청까지 이르렀습니다." 다행히도 Intuitive Surgical은 기업의 대차대조표가 튼튼하여 Computer Motion의 인수는 실행 가능한 대안이었다. 두 기업은 2003년 3월에 힘을 합쳤다.

Moll은 결합된 IP 위치가 수술 로봇 시장에서 몇몇 경쟁을 저지시켰다고 강조하였다. 그는 "우리는 항상 일본인이 외과용 로봇 시장에 진입하는 것을 염려했습니다. 지금까지 그들은 중요한 범위가 아니었습니다. 그 중 일부는 기술 개발의 성공과 직관적인 시스템 구축, 관련된 노하우 때문이라고 생각합니다. 그리고 우리가 개발한 시스템 주변에서 매우 강력한 IP 장벽이나 울타리를 감지한 것이라고 생각됩니다."라고 말했다. 최초의 da Vinci 시스템 판매 이후, Intuitive Surgical은 2,500개 이상의 병원에 설치하였으며, 현장에서 글로벌 리더로서의 지위를 유지해왔다(그림 5.1.8 참조).[22]

Moll은 자신의 경험에 비추어 강력한 IP 전략의 중요성을 강조했다. "단순히 기업을 설립하고, 특허를 출원하는 것으로 최고를 희망할 수 없다. 초기 기술 노력과 둘러싼 발명에 대한 지속을 가능한 한 빨리 시작해야 합니다. 다시 말해 종업원에 의한 발명 공개, 신규 출원 및 기업이 운영되는 기간 동안 지속되는 서류 정리의 등 엄격한 프로세스가 있어야 합니다. 선행 기술 및 현장에서 진행되는 다른 발명품을 지속적으

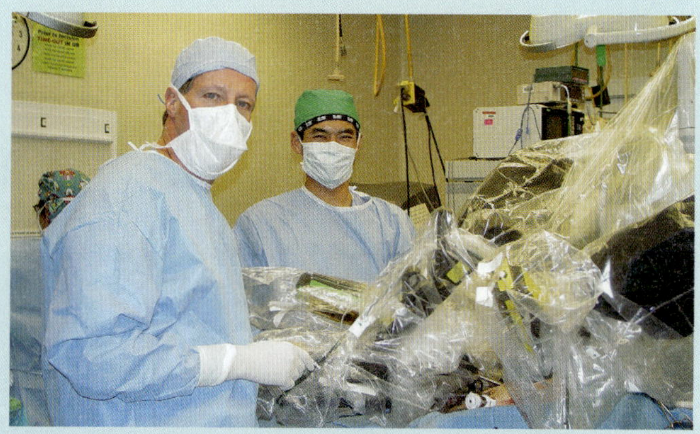

그림 5.1.8
외과의사인 Thomas Krummel와 외과 레지던트인 David Le는 Lucille Packard 어린이 병원에서 da Vinci 시스템을 사용한다(Thomas Krummel의 허가를 받아 사용).

로 모니터링하는 것도 아이디어로 도움이 됩니다. 내가 참여한 모든 기업에서 기업이 소유하지 않은 지적재산권 문제가 있습니다. 이 게임에서 당신의 약점을 늦게 공격하면 그것은 치명적일 수 있습니다."

마지막으로 그는 "의료기기 산업에서 매년 IP가 점점 더 중요해지고 있습니다. 그 이유 중 하나는 누가 막대한 것을 소유했는지에 대한 명확한 이해와 관련된 비용입니다. 강력한 IP 전략을 시작하고 유지한다면 제품 개발 단계에서처럼 IP 소송에 많은 돈을 지출하는 상황에 처하지 않을 수 있습니다." 라고 말하였다.

온라인 자료

더 많은 자료는 www.ebiodesign.org/5.1을 방문한다.

"Getting Started"의 활동과 링크
- Understand the IP landscape
- Validate freedom to operate
- Hire IP counsel
- Devise defensive and offensive IP strategies
- Develop a comprehensive IP strategy and implementation plan

지적재산권 전략에 관한 동영상

NOTES

1 Dennis Crouch, "How Many U.S. Patents Are In-Force?," Patently-O, May 4, 2012, http://www.patentlyo.com/patent/2012/05/how-many-us-patents-are-in-force.html (January 20, 2014).
2 "2013 Patent Litigation Study: Big Cases Make Headlines, While Patent Cases Proliferate," PricewaterhouseCoopers, 1995–2012, http://www.pwc.com/en_US/us/forensicservices/publications/assets/2013-patent-litigation-study.pdf (January 20, 2014).
3 Pamela Yatsko, "Biosensors International and China (A)," Stanford University Biodesign Case CHINA-01-A, November 18, 2012, http://biodesign.stanford.edu/bdn/resources/casestudies/chin-01-A_biosensors_111812.pdf (January 22, 2014).
4 Ibid.
5 "Expandable Intraluminal Graft, and Method and Apparatus for," Google Patents, http://www.google.com/patents?id=iioBAAAAEBAJ&dq=4733665 (January 20, 2014).
6 "What Does Freedom to Operate Mean?," *Patent Lens*, http://www.patentlens.net/daisy/patentlens/g4/tutorials/2768.html (January 20, 2014).
7 All quotations are from interviews conducted by the authors, unless otherwise cited.
8 Based on estimates provided by Tom Ciotti and Mika Mayer of Morrison & Foerster LLP, Fall 2008. Updated by Jessica Hudak of the Hudak Consulting Group, Winter 2014.
9 "Attorneys and Agents," USPTO, http://www.uspto.gov/web/offices/pac/doc/general/attorney.htm (January 20, 2014).
10 "Patent Agents and Patent Attorneys," Wilson Enterprises, http://www.wilsonenterprises.org/AgntAtty.htm (January 20, 2014).
11 Sujith Pillai, "Working with a Patent Attorney," Invention Patenting Group, http://www.inventionpatenting.com/patentarticle-23.html (January 20, 2014).
12 Ron Epstein, "Building a Business Relevant IP Strategy," IPotential, November 10, 2006.
13 "Track One Prioritized Examination," USPTO, http://www.uspto.gov/patents/init_events/Track_One.jsp (January 20, 2014).
14 Leahy–Smith America Invents Act, Section 6, Post–Grant Review Proceedings," Bitlaw, http://www.bitlaw.com/source/America-Invents-Act/6.html (January 20, 2014).
15 "Preissuance Submissions," USPTO, http://www.uspto.gov/aia_implementation/faqs-preissuance-submissions.jsp(January 20, 2014).
16 "Supplemental Examination," USPTO, http://www.uspto.gov/aia_implementation/faqs-supplemental-exam.jsp (January 20, 2014).
17 "Post Grant Review," USPTO, http://www.uspto.gov/aia_implementation/faqs_post_grant_review.jsp (January 20, 2014).
18 "Inter Partes Review," USPTO, http://www.uspto.gov/aia_implementation/faqs_inter_partes_review.jsp(January 20, 2014).
19 "Inter Partes Review," Fish & Richardson, http://fishpostgrant.com/inter-partes-review/ (January 20, 2014).
20 "Intuitive Surgical's da Vinci Surgical System Receives First FDA Cardiac Clearance for Mitral Valve Repair Surgery," Intuitive Surgical press release, November 13, 2002 http://phx.corporate-ir.net/phoenix.zhtml? c=122359&p=irol-newsArticle&ID=355838&highlight= (January 20, 2014).
21 Gary Singh, "The Robot Will See You Now," Metroactive, October 2004, http://www.metroactive.com/papers/metro/10.06.04/scalpelbots-0441.html (January 20, 2014).
22 "Company Profile," Intuitive Surgical, http://www.intuitivesurgical.com/company/profile.html (January 20, 2014).

5.2 R&D 전략

서론

선택된 개념의 초기 탐색과 테스트는 기술적으로 실현 가능하며, 사용자 요구사항을 해결할 수 있음을 보여 준다. 그러나 이제 해결책이 만들어져야만 한다. 연이은 반복은 이용자에게 안전하고 효과적으로 수행되는 장치이어야 하며, 효율적으로 제조될 수 있어야 한다. 수천 시간, 수십 톤의 원자재 및 다양하고 값 비싼 장비는 프로젝트 위험을 점진적으로 줄이며, 최종 제품을 생산하기 위해 엔지니어링 및 테스트에 전념할 것이다. 이것이 R&D 이다.

목표

- R&D는 이노베이터들이 위험을 감수하고 가치를 창출하도록 협력하는 광범위한 반복적인 활동들을 포함하는 것임을 이해한다.
- 전략적 R&D 목표를 정의하는 것의 중요성을 이해한다.
- 각 목표와 관련된 주요 기술 당면 과제를 식별하고 우선순위를 정하는 방법을 알아본다.
- 고도의 R&D 계획의 일환으로 당면 과제를 해결하는 데 필요한 엔지니어링 활동, 리소스 및 테스트를 개괄적으로 학습한다.

의료 기술분야에서 연구 개발(R&D)은 일반적으로 초기 단계의 시제품에서 사용자가 사용할 수 있는 최종 장치로 컨셉을 잡아가는 과학적 및 공학적 연구를 일컫는다. 초기 시제품화(prototyping)는 아이디어의 실현 가능성을 입증하는 데 초점을 맞추지만, R&D의 목표는 모든 사용자 요구사항과 핵심 기술 사양이 충족될 때까지 일련의 개선된 작업을 반복하여 개발하는 것이다. 그 과정에서 벤치(bench), 조직(tissue) 및 동물 실험을 통해 제품이 이용자에게 안전하고 효과적으로 사용될 수 있는지 확인한다. 전체 과정은 길고 복잡 할 수 있으며, 다양한 엔지니어링 분야와 기술을 요구한다. 그러나 전반적으로 R&D의 두 가지 주된 결과는 기술, 비즈니스 또는 임상 전 실험의 위험을 줄이고, 그 과정에서 중요한 가치 창출로 이어지는 것이다. 따라서 R&D에 접근하기 위해서는 응집력 있는 전략이 필요하다.

R&D 전략은 개발 진행 상황을 입증하기 위해 달성해야 할 핵심 일정을 정의하고 각 목표(milestone)를 달성하기 위해 해결해야 하는 기술적 문제를 파악하고 우선순위를 지정한다. 또한 이러한 당면 과제에 대한 해결책을 검증하기 위해 필요한 엔지니어링 활동, 리소스 및 테스트를 수행한다. 효과적인 R&D 전략과 이를 지원하는 전술적 R&D 계획은 가능한 한 빠른 시일 내에 혁신과 시간, 최선의 노력을 다해 혁신을 도모하는 것과 관련된 문제를 해결하는 것이다. 궁극적으로 명확하고 전략적으로 목표들을 달성하는 방법에 대한 이해가 있는 건전한 R&D 전략은 혁신의 성공적인 개발을 가능하게 하는 가장 중요한 요소 중 하나이다.

이 장에서 핵심적인 R&D 계획에 대한 개요와 R&D 전략 개발을 위한 권장 접근법을 제공하는 것에 초점을 두고 있다. 엔지니어링 경력이 없는 사람은 시작 섹션에 나열된 추가 리소스에 대한 R&D에 관한 전술적인 정보를 찾아야 한다. 또한 토론은 주로 전통적인 의료기기에 중점을 두고 있지만, R&D 전략에 통합된 많은 개념과 접근법들은 소프트웨어부터 더 복잡한 프로젝트에 이르기까지 광범위한 의학 혁신에 똑같이 적용된다.

 R&D 전략에 관한 동영상은 ebiodesign.org을 참조한다.

R&D 전략의 기초

의료 기술의 설계 및 개발은 엔지니어링 분야와 관련된 활동에 크게 의존하기 때문에 R&D는 의료 기술 분야에서 "엔지니어링"이라고 한다. 바이오디자인 혁신 과정의 맥락에서 R&D는 개념 탐색 및 최종 개념 선택(4.5, 4.6절 참조)부터 제품이 출시될 준비가 될 때까지 모든 엔지니어링 및 테스트 활동을 포함한다. R&D 지원에 사용되는 테스트 유형은 프로젝트마다 다르지만, 이노베이터는 바이오디자인(biodesign) 시험 연속체에 약술된 모든 유형의 시험에서 도출할 수 있다(그림 5.2.1).

4.5 컨셉 탐색 및 시험에 설명된 개발 및 테스트와 이 절에서 설명하는 활동 간의 1차적인 차이는 이노베이터가 앞으로 나아갈 최종 해결책 아이디어를 선택할 수 있도록 모델을 작성하고 테스트를 하는 것이 아닌, 단일 개념으로 작업을 하는 것이다. 일반적으로 최종 개념을 선택하고 나면 이노베이터들은 추가적인 간단한 시험(예: **사용자**, **벤치**, 시뮬레이션 사용 또는 조직 테스트)을 수행하고, 프로젝트 **위험**이 없어지면서 고급 시험 방법(예: 동물 및 인간 연구)으로 전환할 수 있다. 그러나 R&D는 이노베이터들이 시험 연속체에서 뒤쪽으로 후퇴하도록 요구되는 매우 반복적인 활동이다. 예를 들어 동물의 만성적 이식 상태에서 예상치 못한 물질의 분해가 발생하여 장기간의 이식을 실패한 경우, 중요한 기술적 수정이 필요하다. 이러한 변화가 이루어지면 동물 연구를 다시 시작하기 전에 벤치 및 조직 검사를 다시 해야 한다. 전반적으로 초기 개념을 "개념증명(proof-of-concept)"의 **시제품 타입**으로 변환하여 최종 제품으로 만들 수 있는 능력이 생존 능력의 핵심 요소이다. 그러나 R&D에 대한 전략적 접근이 중요한 많은 이유가 있다. 실질적이고 단기적인 관점에서 효과적인 R&D 전략은 다음과 같다.

- 궁극적으로 본래 **필요성**이 어떻게 처리되는지 결정할 수 있는 역할을 수행한다.
- 기업의 기술을 개발하는 데 최적화된 엔지니어링 프레임 워크를 제공하여 중요한 기술적 위험을 해결한다.
- 실제 사용을 위한 제품을 만들기 위하여 **사용자 경험** 피드백과 디자인 입력을 통합하여 **임상시험** 및 사용상 위험을 줄이는 접근 방식을 수립한다.

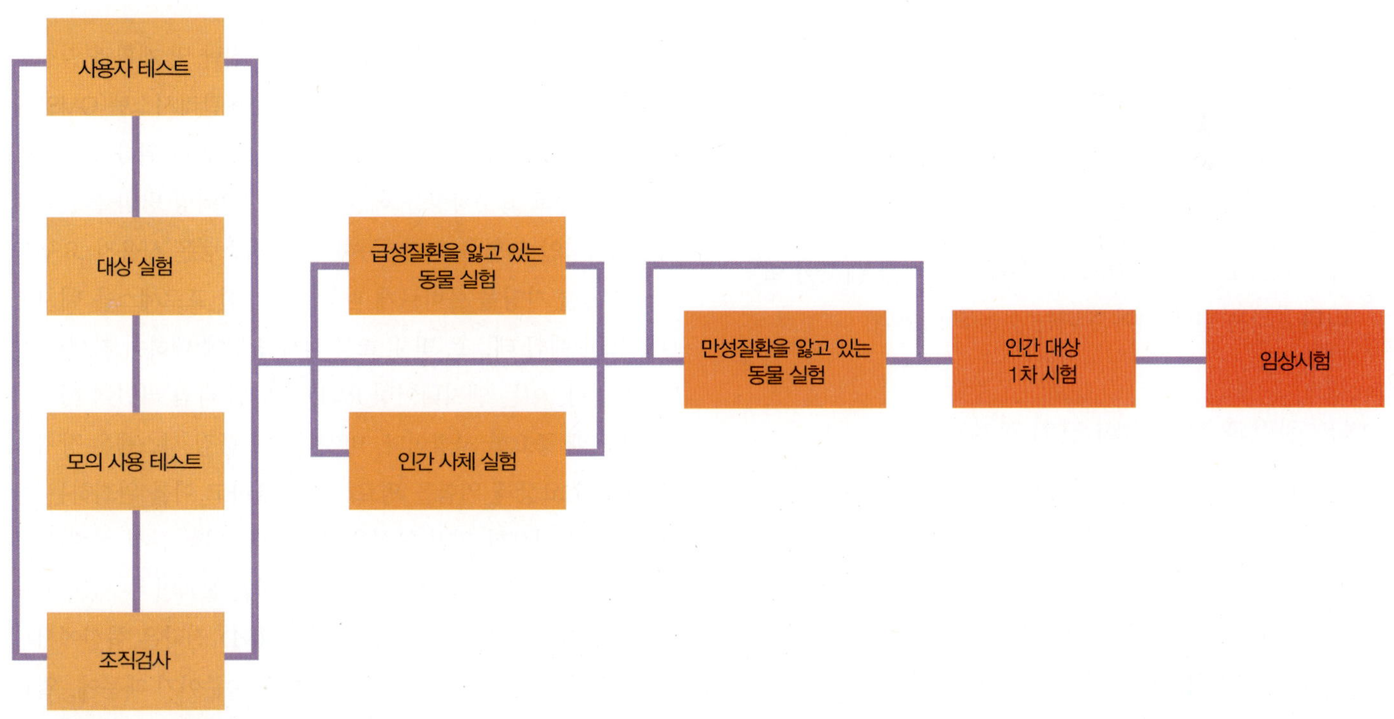

그림 5.2.1
바이오디자인 테스트 연속체는 원래 도입된 개념 테스트 및 탐색(4.5절)뿐만 아니라 R&D에도 적용된다. 또한 인간의 임상시험에도 적용된다(5.3절).

- 직원 및 기타 리소스를 사용하는 방법과 관리 방법 측면에서 초기에 기업의 운영 비용을 관리하는 데 도움이 된다.
- 새로운 제품 및 제품 반복(product iteration)을 개발하기 위해 기업이 혁신을 지속하는 데 도움이 되는 기초(프로세스 및 문화)를 마련한다.
- 기업의 지적재산권(IP) 위치와 관련된 중요한 통찰력을 이끌어 낼 수 있다.

장기적으로 R&D에 대한 전략적 접근이 기업에 도움이 될 수 있다.

- 지속적인 제품 차별화 및 시장 위험 완화를 지원
- 신제품 혁신을 통한 성장 촉진
- 기업이 투자자 및 예비 취득자에게 더 매력적으로 만들 수 있는 제품 개발 파이프 라인을 만든다.

이러한 이점이 입증됨에 따라 R&D는 비즈니스의 중요한 측면과 밀접한 관련이 있으며, 다른 기능을 염두에 두어야 한다. 또한 R&D 전략은 임상적 요구에 명확한 초점을 두고, 기술적 관점뿐만 아니라 표적 고객의 관점에서 어떻게 최선의 방법으로 해결할 수 있는지에 기반하여 계획되어야 한다. Cordis Copotation의 회사 그룹 회장이 된 의사이자 사업자인 Guy Lebeau는 다음과 같이 말하였다.[1]

> 하나의 큰 이슈는 임상적 욕구와 순수 공학적 욕구 사이에서 발생할 수 있는 연결 부족이다. 즉, 엔지니어에게 "매일 도구를 사용하는 사람들과 연락을 취해야 합니다." 라는 말을 해야 한다는 것을 의미한다.

R&D 전략과 계획 수립 간의 연계성

R&D 전략은 최종 제품 개발에서 예상되는 핵심 엔지니어링 과제를 해결하기 위한 기업의 전반적인 접근 방식으로 생각할 수 있다. 일반적으로 이노베이터는 이미 최종 개념이 해야 할 일에 대한 일반적인 아이디어를 이미 가지고 있다. 또한 핵심 **사용자 요구사항**을 해결하고 개념 탐색 및 최종 개념 선택에서 수행된 작업을 기반으로 중요한 기술 사양을 충족시키는 방법에 대한 아이디어를 가지고 있다(4.5, 4.6절 참조). R&D 전략은 팀 또는 기업이 실제로 개발하는 방법을 명확하게 명시함으로써, 극복해야 할 장애물과 소요될 것으로 예상되는 장애를 고려하여 명확하게 나타낸다. 따라서 세 가지 주요 활동에 초점을 맞춤으로써 R&D 전략을 개발할 수 있다.

1. 높은 수준의 R&D 목표 정의
2. 목표를 통하여 예상되는 기술적 문제를 파악하고 우선순위의 지정
3. 문제를 해결하는 데 필요한 엔지니어링 작업, 테스트 방법, 리소스 및 시간을 식별하는 초기 R&D 계획 작성

엔지니어링 인력, 자원 및 일정과 관련된 문제를 이해하는 것이 특정 일정에 달성할 수 있는지 결정하는 데 중요하기 때문에 초기 R&D 계획을 수립하는 것은 R&D 전략의 일부로 간주될 수 있다. 이 절의 정보를 바탕으로 R&D 계획에 대한 자세한 내용은 6.1 실행 계획 및 재정 모델에서 찾아 볼 수 있다. R&D 계획의 세부 사항은 최종 해결책을 상용화하는 데 필요한 인력과 자원을 모두 고려하는 통합 접근 방식으로 표현된다. 6.1절의 "Getting Started" 섹션에 언급된 자원 중 일부는 보다 자세하고 전술적인 R&D 계획을 개발하는 데 도움이 될 수 있다.

품질(및 품질 시스템의 구현)은 R&D 전략 및 계획과 밀접하게 연관된 개발의 또 다른 측면이다. 품질관리시스템(QMS)은 새로운 의료 기술혁신에 대한 규제 승인을 받기 위하여 필요한 개발 및 제조 요구사항을 해결하는 엔지니어링 방법을 알려주는 핵심적인 역할을 한다. 특히 품질 시스템은 사용자 요구사항 및 기술 사양을 올바르게 파악하기 위한 프로세스를 배치한다. 또한 핵심 테스트 및 유효성 검사 방법에 대하여 자세히 설명을 한다. 이는 엔지니어링 R&D 작업의 타임 라인에 대하여 고려할 때 중요한 사항이다. 마지막으로 품질 시스템은 장치의 잠재적인 고장과 위험을 명료하게 설명하고 이를 완화하는 방법에 대한 상세한 위험 분석을 요구한다. 위험 분석 실행과 그 결과는 최종 제품이 안정하고 규정 검사를 통과할 수 있도록 하는 R&D에 중요한 요인이다. 그러나 R&D 전략은 혁신에서부터 혁신까지 다양하고 일반적으로 높은 수준이기 때문에, 일관성 있는 품질 시스템을 구현하고 R&D와 관련된 보다 많은 측면을 아우르는 품질 시스템의 구현 요건을 설명한다.

높은 수준의 R&D 목표 정의

위에서 요약된 것과 같이 R&D 전략을 수립하기 위한 첫 번째 단계는 필수적인 R&D 목표을 정의하는 것이다. 이러한 목표는 일반적으로 R&D 프로세스에서 중요한 사건을 구체화하고 주요 위험 요소가 제거하는 것과 상응한다. 이러한 위험의 대부분은 시장 출시 과정에서 해결해야하는 규제 및 임상 요구사항과 관련되어 있으므로 이를 해결하기 위한 계획이 중요하다. 중요한 것은 이노베이터들이 일정한 목표에 위치하고 있다는 점이며, 제품을 규제하는 과정에 영향을 미칠 수 있음을 의미한다. 예를 들어, 장치가 미국에서 510(k)를 필요로 한다면, 이노베이터는 목표를 선택하고 속성에 대해 알려진 것을 기반으로 위험을 예상할 수 있다. 대조적으로 미국의 PMA 또는 EU의 Class III를 사용하는 경우, 선례를 따르지 않을 수 있기 때문에 이노베이터는 추가 위험을 제거하기 위하여 추가적인 목표를 달성해야 할 것이다.

핵심 R&D 목표 달성은 기업이 투자자 및 잠재적인 최종 사용자 관점에서 가치를 입증할 수 있는 방법이다. 특정 R&D 목표는 투자자에게 잘 받아 들여지는 **평가** 포인트이기도 하다. 예를 들어 침습형 또는 치료형 장치를 만드는 창업가는 임상의 사이에서 신뢰받는 것으로 여겨진다. 또한 장치의 실현 가능성을 보여준 후, 동물 실험에 시제품을 개발하거나 초기 인간 연구에 안전하고 효과적인 사전 생산 모델을 개발하면 투자자에게 더 매력적으로 여겨진다. 특히 소프트웨어 또는 모바일 헬스 애플리케이션과 관련된 프로젝트의 경우, 인터페이스 및 경험에 대해 많은 사용자로부터 광범위한 피드백을 수집하는 것이 중요하다. 이러한 단계 중 일부는 개념 탐구 및 테스트 중에 수행되었을 수 있지만, 이 영역에서 반복적으로 추가 작업을 수행하면 위험을 성공적으로 제거하고 가치 창출의 목표를 달성할 수 있다. 목표를 조기에 고려함으로써 이노베이터는 기업의 발전과 관련된 중요한 사건(예: 재정 지원 또는 임상 자문위원회의 구성)이 일치하도록 목표를 시퀀싱(sequencing)하고 타이밍을 설정하여 R&D 전략을 전략적 이점으로 사용할 수 있다.

기업이 선택한 특정 R&D 목표는 다양할 수 있지만 많은 의료기술의 경우, R&D 전략은 표 5.2.1과 비슷할 수 있다. 기업의 전반적인 운영 계획에서 R&D 목표는 작은 숫자로 "겹쳐서

표 5.2.1 주요 R&D 목표는 일반적으로 위험의 제거를 입증하기 위해 선택된다.

중요한 R&D 목표
개념의 과학적 기술적 타당성을 제시하는 개념 증명
벤치 모델에서 효과적으로 수행되는 첫 번째 작업 시제품
조직 검사에서 효과적으로 수행되는 첫 번째 시제품
살아 있는 동물에서 효과적으로 수행되는 첫 번째 시제품
살아 있는 동물에서 장기적인 안전성을 가져 오는 첫 번째 시제품
인간에서 안전하고 효과적으로 수행하는 첫 번째 시제품
제조 타당성을 입증하는 사전 제작 장치
확장 가능한 제조를 지원하는 생산 장치

표시" 될 수 있다(6.1절 참조). 그럼에도 불구하고 이노베이터는 일련의 진보적 성향을 인식해야 한다. 성공적으로 해결되기 전에는 획기적인 단일 목표를 달성할 수 없다.

즉, 차후의 목표와 관련된 연구는 이노베이터들이 변경 사항을 변경하기 위해 초기 R&D 활동을 재검토할 수 있는 결과를 도출할 수 있다(만성적인 동물 연구에서 예기치 못한 물질의 분해로 인하여 실패한 장기 임플란트의 예를 고려해 봐야 한다. 이런 경우 동물 연구가 재개되기 전 벤치 및 조직 검사에서 수정 및 재시험을 해야 한다). 또한 개념 증명 및 시제품과 같은 목표가 이미 개념 탐색 및 테스트의 일부로 달성되었을 수도 있다(R&D 전략에 대한 많은 의견이 제기되기 전). 하지만 이들은 추가적인 정교함이 더 필요할지라도 완성되고 있는 것으로 주목해야 할 중요한 R&D의 목표이다. R&D의 반복적인 특성을 감안할 때 이러한 목표를 달성하는 프로세스가 반드시 직선적인 것이 아닌, 개발단계에서 수차례 연속 시도를 수행할 가능성이 있다는 것을 이해하는 것이 중요하다.

4.5 컨셉 탐색 및 시험에서 소개된 작업 예제가 이노베이터가 R&D 전략을 정의하는 방법을 설명하기 위하여 이 장에서 계속되어 소개된다. 이 예는 LAA 혈전으로 인한 심방 세동 환자의 뇌졸중을 해결하기 위한 방법으로 경피적 접근을 통해 혈전 형성이 가능한 공간을 제거하고 고체와 같은 밀도로 변환하는 액체형태로 전달될 수 있는 물질을 좌심방 부속기에 주입하는 것과 관련이 있다.

이 필요성을 추구하는 이노베이터들이 개념을 실현할 수 있

표 5.2.2 LAA 사례와 관련된 주요 기술적 과제

#	기술적 과제
1	한 시간 안에 LAA에 물질을 전달할 수 있는 시제품 개발(장치를 사용할 의사에 따른 사용자의 요구사항에 기반을 둔 기간) (참고: 요구사항은 이후 목표와 관련되어 있기 때문에 이 특정 요구사항에 대한 해결책은 반드시 경피적일 필요는 없음)
2	납품 시제품에서 만들어진 물질이 전달되는 물질과 반응하지 않도록 보장하는 것
3	살아 있는 동물에게 전달하기 위해 액체 형태로 남아 있을 수 있는 물질을 찾는 것
4	생체 조건에서 필요할 때 안정적이고 예측 가능하게 고체가 될 수 있는 재료를 찾는 것
5	방출된 장소에서 이동하지 않는 물질을 찾거나 체내 이동을 방지하는 방법을 찾는 것

음을 보여주기 위하여 시제품 및 벤치 테스트와 같은 조잡한 작업을 수행했다고 가정하면, 달성해야할 가장 중요한 전략적 목표는 다음과 같다. (1) 생존 동물의 생체 적합성을 입증한다. (2) 동물을 통하여 장기적인 안전을 입증한다. (3) 동물을 통하여 경피 전달의 효과를 입증한다. (4) 인간에게서 안전성과 효능을 입증한다.

중요한 것은 선정된 목표와 순서가 정해지는 방법은 프로젝트와 이를 이끄는 이노베이터에 대한 정보를 나타낸다. 예를 들어, 특별한 목표는 경피적인 해결책을 개발하는 것보다 위험이 높다는 것을 감안할 때 생체 조직에서 효과성 및 장기적인 안전성을 입증하는 것이 더 중요하는 이노베이터의 믿음을 나타내는 것처럼 보인다. R&D 계획과 관련이 있기 때문에, 이 순서는 해결책의 경피 구성 요소 개발과 연계 된 자원 및 인력이 R&D 노력의 일부로 장기간의 조직 적합성을 이해한 후에 또는 이와 병행할 필요성이 있음을 나타낸다.

기술 과제식별 및 우선순위 지정

R&D 목표을 설정한 후, 이노베이터는 이를 달성하기 위해 해결해야 할 핵심 기술 과제를 고려해야 한다. 그들은 발생할 수 있는 중요한 엔지니어링 문제를 모두 생각하고 우선순위를 정해야 한다. 일반적으로 불확실성이 가장 큰 문제는 추후에 처리하는 것이 아니라 우선적으로 처리해야 하므로 특정 문제를 해결할 수 없는 경우, 최소한의 시간을 소비해야 한다.

기술 과제는 프로젝트마다 크게 다르다. 각각의 프로젝트는 전체 개발 경로에서 관련된 중요 시점에 따라 다른 초점을 가지고 있다. 그러나 엔지니어링 과제를 식별하는 것은 개념 탐색 및 테스트 중 개념의 기능 블록(functional blocks)을 고려하는 것과 유사하다(4.5절 참조). 해결해야 할 과제는 다양한 엔지니어링 분야(예: 기계 공학, 재료 과학, 전기 공학)의 라인을 따라 나뉜다. 이런 식으로 기술적 문제는 시작품의 기능 블록이 해결하고자 하는 핵심적인 질문을 던진다.

LAA 사례를 통하여, 동물의 효과를 알아보는 목표를 둔 이노베이터는 표 5.2.2와 같이 핵심 기술 과제의 목록을 제시할 수 있다. 이러한 기술적 문제가 확인되면 이노베이터는 우선순위를 정하는 방법에 대해 고려해야 한다. 위의 목록에서 LAA를 채우기 위한 자료와 관련된 세 가지 중요한 문제가 있다. 하나는 전달 메커니즘과 관련된 것이고, 다른 하나는 두 가지 상호작용과 관련되어 있다. 우선순위를 부여하기 위하여 이노베이터는 어떠한 도전 과제가 이전에 해결되었는지, 어떤 도전 과제가 해결되지 않았는지를 고려해야 한다. 예를 들어 다른 프로젝트를 수행하는 많은 이노베이터가 동물의 LAA에 접근하였다. 대조적으로 3~5항에 설명된 문제를 해결하는 자료를 찾은 적이 있는지의 여부는 불분명하다. 이러한 이유로 이노베이터는 4, 3, 5, 2, 1과 같이 작업 순서를 지정할 것이다. 이 순서는 살아 있는 조직과 특정한 방식으로 반응하는 물질을 발견하게 하며, 가장 내재적인 불확실성을 가진 큰 도전일 것이다.

이 사례에서 알 수 있듯이 이노베이터는 어떤 기술적 문제가 해결하기 가장 어려울 것인지 추측해야 한다. 그렇게 함으로써, 존재하는 다양한 엔지니어링 분야에서 기초 지식으로부터 벗어나고 더 중요하게는 다른 엔지니어들의 전문성을 활용해야 하는 것을 잊지 말아야 한다. 이러한 지식의 일부는 최종 개념의 타당성과 관련된 초기 개념 탐구와 관련된 것일 가능성

이 있지만, 모든 기술적인 문제들을 고려할 때 이 지식을 활용하는 것이 중요하다. 실제로 이노베이터의 배경과 경험 수준에 때문에 그들은 기술적 난제가 가장 중요한 것인지에 대한 결정을 내리는데 어려움을 겪을지도 모른다. 예를 들어 LAA 개념을 사용하면 기계 공학에 대한 강한 배경을 가진 이노베이터가 경피 전달 시스템 개발과 관련된 어려움을 명확하게 이해할 수 있지만, LAA에 전달할 재료를 찾는 데 수반되는 어려움을 예측하지 못할 것이다. 지식 기반의 갭을 극복하고 개인적인 **편견**의 영향을 피하는 가장 좋은 방법은 전체 해결책 개발에 참여하는 모든 엔지니어링 분야의 전문가를 참여시키는 것이다. 전문가는 이노베이터가 문제와 관련된 엔지니어링의 복잡성과 불확실성의 정도를 이해하도록 도와준다. 이는 우선순위 결정 과정에서 중요하다. 그러나 종합적이고 유능한 팀의 의견을 투입하더라도, 예상치 못한 기술적 난제들은 R&D 분야 노력에서 항상 발생할 것이다. 처음부터 예상할 수 있는 도전 과제를 고려한 계획과 예상치 못한 문제를 해결하기 위한 계획을 수립함으로써 이노베이터는 발생할 수 있는 모든 문제를 극복할 수 있는 최상의 위치에 있게 될 것이다.

혁신 업체와 기업이 R&D 전략을 개발하기 시작할 때, 그들은 특정 프로젝트를 위해 선택한 목표와 시험 전략을 어떻게 커스터마이즈할 것인지 방법을 신중하게 고려해야 한다. 이러한 가정들에 대하여 비판적으로 생각하고 중요한 것을 테스트하는 것의 중요성은 ArthroCare 사례에서 설명된다.

Oculeve에 관한 두 번째 이야기는 보다 엄격한 규제 경로가 필요한 제품에 대한 특정 R&D 목표 및 테스트 요구사항을 보여준다.

현장에서 ArthroCare Corporation

R&D 전략 조정

ArthroCare Corporation의 창시자인 Hira Thapliyal과 Phil Eggers는 혈관을 "녹이는" 동맥 협착 및 폐색의 근본 원인이 되는 관상동맥 플라크와 접촉하여 전극으로 향하는 전류의 흐름을 사용하는 방법을 구상했다. 그러나 Thapliyal[2]은 "스텐트 도입으로 관상동맥 중재술 분야가 인기를 끌기 이전에 이 일이 발생했습니다."라고 말하였다. 따라서 그는 Eggers와 그 아이디어에 대한 자금 조달에 어려움을 겪었다. 그들은 해결책으로부터 이익을 창출하기 위하여 의료 기술 분야에서 경험이 많은 동료로부터 조언을 구하기 시작했다. 그 중 "관절경 검사에서 경력을 쌓은 마케팅 담당자"인 Bob Garvey와 인터뷰를 하였다. Garvey는 폐색 치료 경험에서 조직 제거와 관련하여 아직 충족되지 않은 분야가 있었기 때문에 다양한 정형외과 전용 응용 제품을 검토할 것을 제안했다. 당시 작은 내시경을 포함하는 최소 침습 정형외과 수술 및 관절 상태를 검사하고 치료하기 위한 절개 삽입 도구는 활성이 되지 않은 상태였다. 이 조언을 듣고, 두 사람은 조인트 티슈를 제거하는 방법에 대한 필요성을 느끼고, "관절 뼈 사이의 개스킷(Gasket)"와 비유하여 그들의 장치를 닭의 반월판(menisci)에 시도를 해 보았다. Thapliyal은 "매우 효과적이었습니다. 그것은 녹아 버린 조직을 제거했습니다."라고 말하였다.

Thapliyal, Eggers, Garvey 및 Thapliyal의 과거 동료인 Tony Manlove는 관절경에 적용을 위한 기금을 모금하였다. 이러한 노력으로 투자자들에게 의미 있는 R&D 전략을 세우고 프로젝트가 단기간에 규제 정리를 달성할 수 있는 기회를 제공하였다. Thapliyal과 연구진은 발생할 수 있는 일련의 사건들에 대하여 모든 가정을 만들었다. "모든 의료기기에 대한 제조법은 동일합니다. 벤치 상단, 일부 살아있는 동물, 사체 유형, 그리고 모든 인간에게 말이죠. 그러나 그것은 규제 체제의 전체적인 맥락에서 바라보아야 합니다. PMA 장치가 있는 경우 510(k)와 다르게 구조를 구성해야 합니다. 510(k)라면 그것의 요구사항에 대하여 자세히 이해해야 합니다. 일부는 간단한 **실질적인 동등성**이 있다. 많은 이들은 살아 있는 동물 데이터를 요구합니다. 그러나 당신은 거기에 속고 싶지 않을 겁니다. 규제 제출을 할 때까지 많은 자원, 시간, 돈과 노력을 쏟아 붓지만, 올바른 데이터 없이는 착수하길 원하지 않을 겁니다. 모든 초기 가정을 검토하십시오."

팀은 여러 출처를 통하여 조언을 구하였고, 그 정보를 통하여 최선의 행동 방침을 결정했다. 연구팀은 관절경 검사에 사용되는 전기 수술 도구와 동등한 것을 근거로 510(k) 파일을 제출하기로 결정하였다. 규제 자문관은 그들에게 이렇게 말하였다. "510(k)의 지루함을 유지하십시오. 그것의 큰 거래를 하지 마십시오. 전기 수술 도구는 이미 시장에 나와 있습니다. 당신은 시장에 나가길 원합니다. 일부 실제 동물 데이터를 사용하면 기기가 이미 사용한 것과 동등한 성능을 발휘합니다." 이러한 규제 접근법을 염두하고 다음 연구에서 가장 중요한 R&D 목표와 예상되는 기술적 과제를 바탕으로 우선순위를 정하였다.

그들은 이미 닭의 반월판에 대한 연구를 통하여 초기 기술의 실현 가능성을 보였다. 다음 목표에는 두 가지 옵션이 있었다. 그들은 살아있는 동물 실험을 통하여 살아 있는 조직에서의 효과를 보거나, 인간의 해부학적 타당성을 보여주기 위하여 사체 연구를 수행할 수 있었다. 특히 전기 및 기계 구성 요소의 조합을 사용하는 경우, 살아 있는 조직에서 전기 공학 기능을 위한 연구가 먼저 수행된다. 이것을 달성하고 생체 조직에서 장치를 사용하는 것과 관련된 위험이 제거된다면, 이 기술을 인체 해부학에서 사용할 수 있도록 되어 있다. 그러나 Thapliyal의 경우, 효과적인 관절경 검사는 해부학적으로 의존적이라고 느꼈다. 따라서 그들은 동물 실험을 수행하기 전, 시신을 사용하여 인간의 해부학적 구조에 맞게 장치의 기계적 구성 요소에 초점을 맞추는 것으로 결정하였다.

이를 위해 샌디에이고의 의사인 Jamse Tasto는 사체 샘플 작업을 도와주었다. "우리는 그와 관련되어 있고, 그는 '물론, 당신은 내가 저녁에 일하고 있는 곳에서 일부 반월판에 도구를 시험할 수 있습니다.'라고 말했습니다." 시체에 대한 수 개월의 실험 및 반복 설계를 통하여 인체 해부학에서 이 기술을 사용할 수 있는 가능성을 검증하고 설계를 최적화할 수 있었다. "우리는 사체 데이터를 사용하고 우리가 개발한 장치가 사람이 사용하기에 적당한 크기로 설계되었는지 확인했습니다." 라고 Thapliyal은 말했다. 예를 들어 인간의 관절과 호환되도록 정확한 각도를 이해하는 것이 필수적이었다.

다음 과제는 적절한 동물 모델을 찾는 것이었다. 이 모델은 인간의 해부학적 구조와 유사성을 제공할 필요가 있으며, 널리 사용 가능한 자원이 되어야 했다. Thapliyal은 "우리는 염소 모델을 선택했습니다. 그 당시 염소 모델은 잘 활용되었으며, 인간과 중요한 공통점을 가지고 있었습니다. 관절의 크기는 조금 작았지만, 해부학과 반월상 연골의 모양은 비슷했습니다." 몇 달 동안 팀은 규제 허가를 지원하기 위하여 생체 내 데이터를 생성하는 목적으로 염소 12마리에 대한 실험을 수행했다. "우리는 만성적인 연구를 할 필요는 없었습니다. 우리는 현재 시장에 나와 있는 것과 같은 방식으로 조직을 제거할 수 있다는 것을 보여 주어야 했습니다. 실험은 모두 비열등성을 보이기 위해 통계적으로 고안되었습니다. 우리는 조직 손상이 낮은 것을 목표로 삼았지만, 조직 손상은 거의 나타나지 않았습니다."

염소 검사의 결과에 따라 기업의 관절경 장치에 대한 규제 허가가 부여되었다(규제 당국에 이르는 고차원 연구 개발 목표에 대한 요약은 그림 5.2.2 참조). 일단 시장에 출시되면 이 기술은 낮은 온도에서 작동하고 기존 수술 도구보다 정밀하여 목표 영역에 둘러싼 건강한 조직의 손상을 최소화할 수 있기 때문에 상대적으로 신속하게 자리를 잡을 수 있었다.

진행 중인 R&D 전략의 관점에서 팀은 시간, 자원 및 엔지니어링 직원 중 80%를 관절경 개발의 기회로, 20%는 새로운 분야를 탐색하는 데 전념했다. 시간이 지남에 따라 ArthroCare는 척추와 ENT 분야로 확장하였다. Thapliyal에 따르면, "우리가 발견한 것은 플랫폼이 있다는 것입니다. 그것은 단지 관절경 검사가 아닙니다. 우리는 이 기술이 다른 분야에서도 유용할 것이라고 믿었으며, 기술의 한계를 탐구하고 싶었습니다." 그러나 그는 R&D 전략을 관리하면서 이노베이터에게 조언을 하였다. "기업의 초점에서 벗어날 수 있는 프로젝트는 경계하십시오. 너무 지나치면 핵심 사업을 보호하기 위한 무언가를 해야 합니다."

Thapliyal은 자신의 경험에 비추어 이노베이터는 "많은 조언을 받아야 합니다."라고 말하였다. 또한 그는 "당신이 생각한 추정의 우아함에 현혹되지 마십시오. 당신은 돌아가서 검토하고 수시로 테스트해야 합니다."라고 말했다. 이 철학은 Thapliyal이 어려움에 처했을 때, 효과적으로 초점을 재조명하고 중요한 회사 목표의 달성을 통해 복잡한 기술 개발 노력을 유지할 수 있게 하였다.

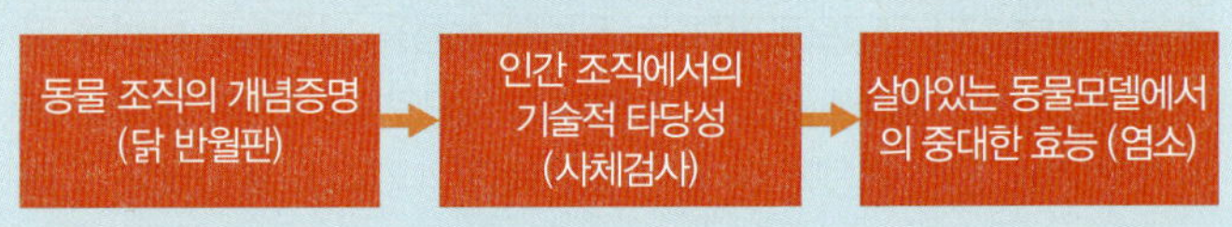

그림 5.2.2
Arthrocare의 초기 R&D 목표는 장치에 대한 규제승인을 이끌어냈다.

현장에서 Oculeve

핵심 리스크를 극복하기 위한 R&D 전략 수립

Micahel Ackermann과 그의 Stanford Biodesign팀은 현재의 치료 기준보다 더 효과적인 치료법으로 처방할 수 있는 건조한 눈병을 치료하는 방법을 모색하였다. 그들은 눈물샘을 자극하여 눈물을 흘리게 하는 아이디어를 개발하였다. 이전 바이오디자인 혁신 과정에서 의사들은 안와 궤도 이식 장치에 대한 아이디어를 연구하기 위하여 일련의 "외모와 같은(lookes-like)" 시작품을 개발했다. 또한 그들은 아이디어의 기술적 생존력을 실험하기 위하여 "작품과 같은" 모델을 만들었다. 여러 번의 재정비를 통하여 팀은 벤치와 동물 실험을 진행하였으며, 기본 **매**

커니즘을 확인하기 위하여 작품과 유사한 시작품을 사용했다(4.5 컨셉 탐색 및 시험 참조).

Ackermann은 추후 과정을 차트화하기 위하여 팀을 위한 전략적 R&D 목표를 정의하였다(그림 5.2.3 참조). 이 목표는 프로젝트에서 가장 중요한 위험을 순차적으로 극복하고 팀이 시장을 향해 꾸준히 발전하도록 하기 위한 것이다. "목표를 세우는 것은 이노베이터가 가치 창조자들이 무엇인지를 알아내는 것을 필요로 합니다."라고 Ackermann은 말했다. "스스로에게 물어야 합니다. 자신과 잠재적 투자자 및 대중에게 무엇을 증명해야 합니까?" 그는 종종 "이러한 것들은 연구 개발에만 국한된 것이 아니지만, 달성하기 위해서는 연구 개발이 필요합니다."라고 덧붙였다.

Oculeve의 경우 초기 전략적 R&D 목표는 팀의 관심 분야에서 행동 매커니즘이 제대로 활용되었는지 확인하는 것이었다. Ackermann은 "안구 건조증의 증상이 환자들에게 나타날 수 있음을 입증하기 위해 인간 임상데이터가 필요했습니다." 기술적인 관점에서 볼 때, 이 기업은 이미 병원에서 개념을 테스트할 수 있는 제품과 유사한 시작품(시판 중인 510(k)가 승인된 신경 자극 장치를 기반으로 하는)을 가지고 있었다. 그러나 Ackermann과 동료들은 연구 계획 및 실행 측면에서 중대한 과제에 직면했다. Ackermann은 "우리는 현금 부족과 재정적 압박 속에서 신속하게 목표를 달성했습니다."라고 회상했다. "우리는 자금 조달에 관심이 있는 벤처 기업이 있었지만, 파트너는 인간의 임상데이터를 보고 싶어 했습니다."

Oculeve는 팀이 연구 및 클리닉의 품질에 익숙한 Stanford에서 최초의 비인간적 연구를 수행하기를 원했지만, "초기 단계 임상 작업의 현실은 불가능했습니다."라고 Ackermann은 말했다. "미국에서 연구를 할 자본이 많지 않은 중소기업에게는 현실적이지 않습니다. 특히 FDA의 IDE (Investigational Device Exemption)가 필요한 경우에는 더더욱 그렇습니다." 그는 이 과정이 힘들고 시간 소모적이며, 많은 필요로 한다고 했다. "다행히도 미국 밖에서는 양질의 초기 임상 연구 분야가 많이 있다." 라고 그는 말했다. 팀의 멘토인 Daniel Palanker는 스탠포트 의과대학 안과학과 부교수 Mark Blumenkranz와 함께 멕시코에서 근무했습니다. "Daniel과 Mark는 멕시코 시티에서 높은 평가를 받고 있는 임상 시설에서의 경험이 있었으며, 정교한 임상시험을 진행한 훌륭한 연구원이었습니다."라고 Ackermann은 말했다. 중요한 것은 이 시설이 윤리위원회 승인을 받고 중요한 요구사항을 처리하기 위한 공정이 간소화되어 불과 몇 개월 만에 10인 1인칭 연구(ten-person, first-in-human)를 시작할 수 있었다. "우리는 작업 방식의 시작품을 사용하여 안구 건조증 환자의 실제 임상데이터를 얻기 위해 빠르게 진행할 수 있었습니다."라고 말했다.

이 연구는 전기적 자극이 눈물샘을 생성한다는 일반적인 개념을 확인했다. "바늘은 누선에 가깝게 놓음으로써 눈물 생산을 심하게 자극하여 그 개념이 인간에게 효과가 있음을 증명했다."라고 Ackermann은 보고했다. 이 데이터를 바탕으로 그는 수십억 달러의 벤처 후원 자금을 확보할 수 있었다. Ackermann은 이러한 기금을 활용하여 전기 공학 작업의 다음 단계로 진입하기 위하여 "소형 마이크로 자극 장치용 전자 장치를 구축한" 물리학자, 전기 엔지니어 및 생체 공학자인 Jim Loudin 박사를 초빙했다. Loudin, Ackermann, Palanker

R&D 목표	중대한 기술적 과제	연구 타입	결과에 따른 극복할 위험
인간에게 안전하고 효과적으로 수행되는 첫 번째 작업물과 유사한 시작품	• 사람의 눈물샘 조직의 신경자극으로 눈물이 생기는 것을 확인	최초의 인체 안정성 및 유효성 연구	행동 메커니즘은 DED를 가진 인간에게 작용한다.
인간에게 안전하고 효과적으로 수행되는 첫 번째 작업물/외형이 같은 모델	• 맞춤식 신경 자극 전자 장치 제작 • 필요한 모든 기능을 안구 궤도에 이식 할 수 있는 폼 팩터 구현 • 임플란트의 밀폐성, 생체 적합성 및 신뢰성 보장 • 기본적인 삽입 장치 및 기술 개발 • 신체 외부의 원격 에너지 공급 장치에서 임플란트와 교감기능의 유효성 확인	만성 안정 및 효능 연구	행동 메커니즘은 기능적 형태로 주어지며, DED를 가진 인간에게 일정 기간 동안 작용할 수 있다.
인간에게 안전하고 효과적으로 수행하는 사전 제작 시스템	• 큰 규모로 사용하기 위한 시스템의 기능 최적화 • 임플란트 설계 마무리 • 합리적인 가격으로 임플란트를 제조할 수 있는지 확인	예비연구	미국 규제 기관 제출 자료를 수집하기 위한 최적의 시험 설계 식별
인간을 안전하고 효과적으로 수행하는 시장 출시 시스템	• 상업적 규모로 사용하기 위한 시스템의 기능 최적화 • 삽입 장치 및 에너지 공급 장치의 인적 요소 및 유용성 검증 • 모든 시스템 구성 요소의 대규모 제조 가능성 확인	중추적 연구	미국 규제 기관 제출 자료 수집

그림 5.2.3
Oculeve의 R&D 전략의 기초가 된 주요 일정

및 Blumenkranz는 공식적으로 Oculeve를 공동 설립하였다. 초기 기금으로 경험이 풍부한 기계 엔지니어인 Janusz Kuzma를 고용하였고, Loudin의 전자 제품을 위한 공간을 확보할 수 있었다. "Janusz는 1980년대에 획기적인 달팽이관 이식을 도왔습니다."라고 Ackermann은 설명했다. "우리는 실제로 그를 고용하기 위하여 기계적 노력을 주도했다. 그래서 그는 젊고 똑똑하고 근면한 사람들과 많은 경험을 가진 사람들과 훌륭한 조합을 가질 수 있었다."라고 덧붙였다.

Oculeve 팀은 다른 중요한 R&D 목표로 관심을 돌렸다. 시간이 흐름에 따라 인간에게 안전하고 효과적으로 수행할 수 있는 "작품과 같은/외형이 같은" 모델을 개발하는 것이다. 이 목표를 달성하기 위하여 팀은 안구 궤도에 들어갈 수 있는 소형 장치에 모두 'Smarts'를 패키징하여 기밀성, 신뢰성 및 안전성과 같은 문제를 해결하는 등 여러 기술적 문제를 극복하였다. 또한 Oculeve는 신체외부의 장치에 적절하게 전원을 공급하고 통신 할 수 있음을 보여주어야 했다. 만성 임상 연구에서 사용할 모델을 결정하기 전, Loudin과 Kuzma는 해결할 관련 규격의 목록을 통하여 30~50번 반복을 진행하였다. 약 15개월의 개발 및 테스트 후, Oculeve는 자사의 해결책이 안전 및 효율성 연구에 안전하다는 것을 입증하였다.

팀의 다음 R&D 목표는 파일럿 시험에서 사람에게 안전하고 효과적으로 수행할 수 있는 시험 준비 시스템을 개발하는 것이었다. 시범 시험의 중요한 목표는 Oculeve가 FDA에 대한 기업의 규제 제출을 위한 실험의 후속 조치를 준비하는 것이었다. 아이디어는 Oculeve가 실험을 위한 최적의 설계에 도움이 되는 두 가지 혹은 세 가지 시험 연구를 수행하는 것이었다. Ackermann은 "중요한 규제의 문제에도 불구하고, 미국은 여전히 가장 큰 시장입니다. 따라서 우리는 시판 전 승인(PMA) 과정을 준비하고 있으며, 우리는 중대한 재판 결과에 자신감을 갖기 위하여 최선을 다하고 있습니다."라고 말했다.

시험 연구에 앞서 해결해야 할 주요 기술적 과제는 Oculeve 시스템의 세 가지 구성 요소 개발을 발전시키는 것이었다. (1) 선내를 자극하고 눈물을 복원하는 작은 전기 펄스를 전달하는 체내 임플란트, (2) 임플란트를 삽입하기 위한 기구, (3) 임플란트에 전원을 공급하고 통신하기 위한 외부 "원격제어" 역할을 하는 에너자이저(그림 5.2.4 참조).

이 R&D 단계에서 팀은 임플란트에 특별한 시간과 자원을 투입했다. 첫째, 엔지니어는 임플란트 디자인을 고정하는 것을 시도했다. Ackermann은 시스템과 관련된 테스트 사항 및 주기가 훨씬 적기 때문에, 삽입 장치 및 에너지 공급 장치의 설계를 반복할 수 있다고 설명했다. 그러나 임플란트에 변화를 줄 때마다 값 비싼 동물 실험, **생체 적합성** 검사 등을 완료해야 했다. 그는 "제품 원가와 제조 가능성과 같은 걱정은 처음부터 중요했다."라고 말했다. "다른 두 구성 요소는 훨씬 더 중요하고 위험합니다. 우리는 임플란트가 실제로 잘 작동할 때까지 제품 출시를 연기할 수 있었습니다."

그러나 그들은 장기 제조 가능성에 중점을 두고 의사결정자 및 기타 이해관계자가 강하게 공감할 수 있는 가격으로 이식 장치의 생산을 시작할 수 있도록 하였다. 이 변화에 대하여 Ackermann은 다음과 같이 말하였다. "저는 훌륭한 품질의 시스템을 도입하는 것이 좋은 작업 장치가 있다고 확신할 때까지 지연되어야 한다고 생각합니다. 처음에는 약간의 밀고 당기는 요인들이 있습니다. 시작품과 함께 임상 작업을 하기 위해서는 충분한 품질 요소가 필요합니다. 하지만 그렇게 많은 것은 아니기 때문에, R&D 노력과 신속한 재처리 능력을 저하시킬 것입니다. 우선은 임상 수준과 다양한 비즈니스 및 상업 상황에서 작업하고 있다는 확신을 갖게 되면 공식 제품 개발에 착수할 단계입니다."

Ackermann은 R&D 전략 수립에 대한 조언을 구하였을 때, 다른 이노베이터들에게 "큰 그림"을 명심해야 한다고 권고하였다. "엔지니어로서 장치를 만드는 데 집중하는 것이 유혹적이지만, 가치를 입증하는 데 집중하는 것이 더 중요합니다." "당신은 R&D 전략 자체를 목적이 아니라 목적을 위한 수단으로 보아야 한다."라고 말하였다.

다른 혁신을 돕기 위하여 Miros는 팀이 숙련된 이를 그룹에 추가하거나 노련한 파트너와 계약함으로써 제조를 위한 설계에서 역량을 개발할 것을 권장했다. 특히 초기 단계의 벤처 기업은 기술적 어려움이 극복되고 고객이 정립되기 전 제조 공정에 대한 배경 지식을 갖춘 인력을 투입하여야 한다. 만약 그들이 설계 과정 및 R&D 기획 노력의 일부분인 경우, 이들은 R&D 팀의 중요한 선택에 영향을 줄 수 있으며, 재작업을 방지하고 제품을 보다 효율적으로 제조할 수 있다.

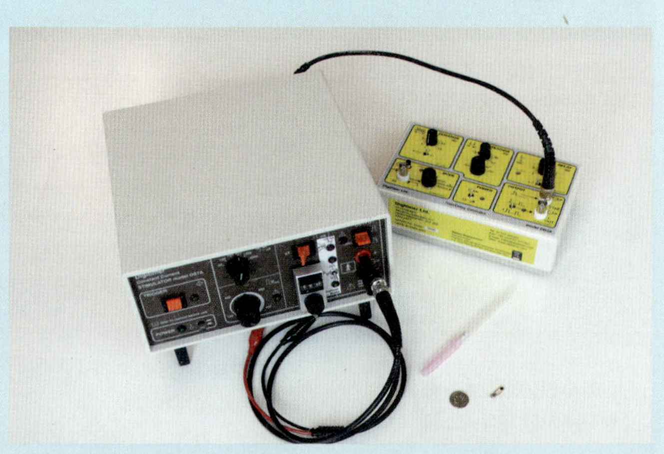

그림 5.2.4
임플란트, 삽입 장치 및 에너지 공급 장치를 포함한 Oculeve 시스템 (Oculeve의 허가를 받아 사용)

초기 R&D 계획 개발

특정 R&D 목표 및 관련 기술 과제가 확인되고, 우선순위가 지정되면 이노베이터는 초기 R&D 계획을 개발할 수 있다. R&D 전략의 일환으로 초기 계획은 상대적으로 높은 수준으로 유지되어야 한다. 그러나 높은 수준의 계획을 세우기 위해서는, 이노베이터가 각 목표를 달성하는 데 필요한 엔지니어링 활동의 세부 목록으로 시작해야 한다. 또한 이를 달성하기 위한 필요한 기술적 과제와 테스트를 철저히 고려해야 한다. 이러한 이해를 바탕으로 R&D 인력, 장비 및 시설과 같은 엔지니어링 자원을 구축할 수 있으며, 이는 연구 개발 일정을 결정하는 데 도움이 된다. 많은 이노베이터는 시간을 두고 순차적으로 활동을 표시하는 Gantt차트에서 R&D 계획을 기획한다(그림 5.2.5 참조). 상세한 Gantt 차트는 상호 의존성을 파악하는 데 사용될 수 있다(그림 5.2.8 참조).[3]

비용과 같은 구체적인 사항은 기업의 통합 운영 및 인력 계획에 포함되도록 해야 된다(6.1절 참조). 프로젝트는 분야마다 비용이 크게 다르기 때문에 이 절에서는 비용을 직접적으로 다루지 않는다. 예를 들어, 모바일 헬스 애플리케이션을 개발하는 것은 전통적인 의료기기를 만드는 것보다 훨씬 저렴할 수 있다. 여러 엔지니어링 분야에 의존하여 복잡한 시스템을 개발하는 것은 간단한 기계 해결책을 설계하는 것보다 훨씬 비용이 많이 든다. 이노베이터가 R&D 관련 비용의 벤치마크를 얻는 가장 좋은 방법은 자신의 프로젝트와 비슷한 프로젝트에 종사하는 다른 이노베이터와 네트워크를 연결하는 것이다.

이노베이터가 R&D 목표를 현실적으로 충족시킬 수 있는 시기를 보다 정확하게 예측하기 위하여, R&D 전략 프로세스의 일부로 문제에 대한 토론이 필요하다. 언급한 바와 같이 주요 목표의 시기가 결정되면, 이노베이터는 R&D를 자금 및 규제 허가와 같은 기타 중요한 개발 이정표의 기여자로 전략적으로 배치할 수 있다.

R&D 활동

R&D 계획 수립의 첫 번째 단계는 주요 R&D 목표와 관련된 기술적 문제를 해결하기 위한 작업 범위를 정의하는 것이다. 모델을 만드는 것과 관련된 모든 단계를 나열한 다음, Biodesign 실험 연속체에서 가장 적합한 방법을 통하여 실험을 해야한다(그림 5.2.1 참조). 이를 위해 기업 또는 팀장은 핵심 활동이 계획에 반영되도록 엔지니어와 긴밀히 협력하여야

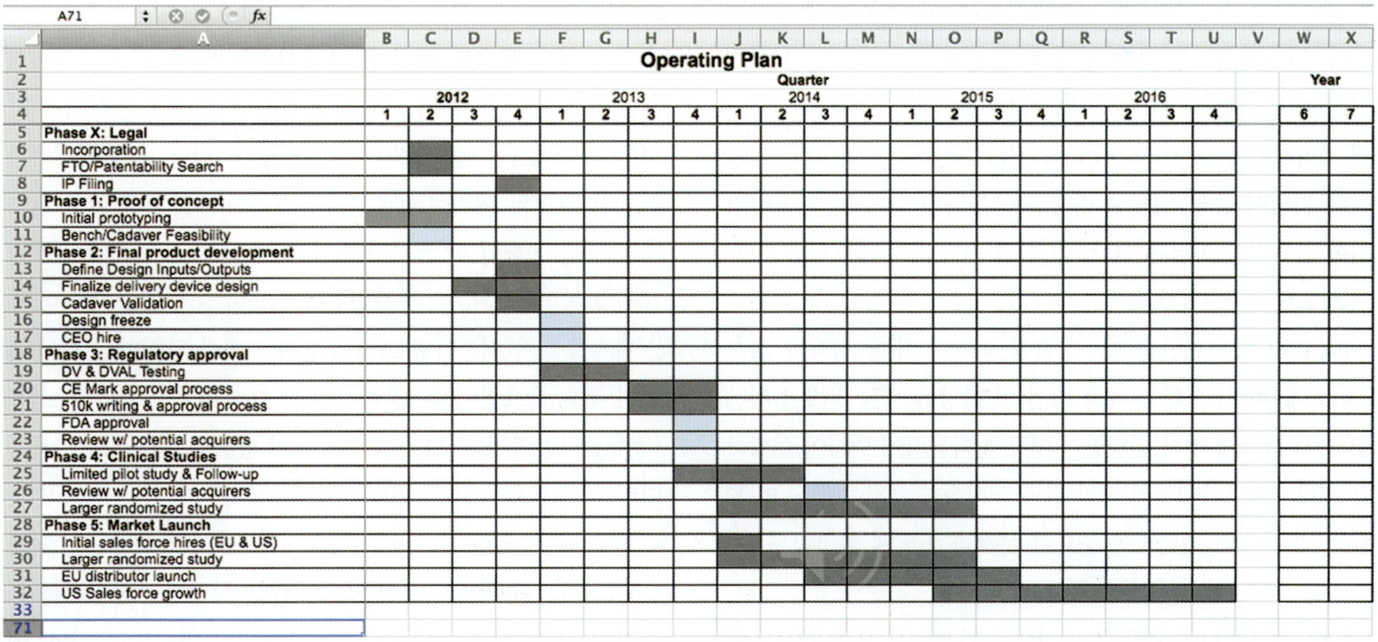

A71

	A	B	C	D	E	F	G	H	I	J	K	L	M	N	O	P	Q	R	S	T	U	V	W	X
1		Operating Plan																						
2										Quarter													Year	
3		2012				2013				2014				2015				2016						
4		1	2	3	4	1	2	3	4	1	2	3	4	1	2	3	4	1	2	3	4		6	7
5	**Phase X: Legal**																							
6	Incorporation																							
7	FTO/Patentability Search																							
8	IP Filing																							
9	**Phase 1: Proof of concept**																							
10	Initial prototyping																							
11	Bench/Cadaver Feasibility																							
12	**Phase 2: Final product development**																							
13	Define Design Inputs/Outputs																							
14	Finalize delivery device design																							
15	Cadaver Validation																							
16	Design freeze																							
17	CEO hire																							
18	**Phase 3: Regulatory approval**																							
19	DV & DVAL Testing																							
20	CE Mark approval process																							
21	510k writing & approval process																							
22	FDA approval																							
23	Review w/ potential acquirers																							
24	**Phase 4: Clinical Studies**																							
25	Limited pilot study & Follow-up																							
26	Review w/ potential acquirers																							
27	Larger randomized study																							
28	**Phase 5: Market Launch**																							
29	Initial sales force hires (EU & US)																							
30	Larger randomized study																							
31	EU distributor launch																							
32	US Sales force growth																							
33																								
71																								

그림 5.2.5

투자자 또는 이사회 회의에 제공될 수 있는 상대적으로 높은 수준의 Gantt 차트는 기업 전체에서 중요한 이정표를 전달하는 데 사용될 수 있다(Ciel Medical의 허가를 받아 사용).

한다. 대부분의 팀은 R&D 목표를 Gantt 차트의 주요 제목으로 설정하여 시작해야 한다. 그런 다음, 각각의 식별된 중요 기술적 과제를 나열한다. 다음으로 각 기술 과제를 이해하고 해결하는 데 필요한 작업 단계에 대하여 설명한다. 마지막으로 기술 과제가 극복되고 목표가 충족되었는지 확인하는 테스트 활동을 추가한다.

기억해야 할 중요한 요소는 개발과 테스트는 매우 반복적이라는 것이다. 이 요소는 이노베이터가 R&D 계획에 포함되어야 하는 활동을 예상하기 어렵게 만든다. "올바른" 답은 없지만, 이노베이터는 복잡한 기술 과제를 해결할 때, 여러 단계의 개발 및 테스트를 수행하는 것이 좋다.

이노베이터는 초기 R&D 계획에 포함시킬 수 있는 세부 사항을 고민할 수 있다. 다시 한 번 강조하지만, 각 팀은 자체적으로 판단을 해야 한다. 하지만 모든 핵심 활동이 과제에 할당될 수 있도록 모든 핵심 활동을 나열하는 것이 유용할 수 있다는 점을 명심해야 한다. 일반적으로 R&D 계획에 포함되지 않은 것은 이러한 활동과 과업을 수행하는 방법이다. 이 방식은 일반적으로 계획이 전반적으로 정의된다면, 개별 엔지니어 또는 엔지니어링 하위 팀에게 맡겨진다.

중요한 목표가 되는 것을 설정하는 것 외에도, 특정 테스트를 완료하는 일은 중요한 기술적인 문제를 극복하는 데 필수적이다. 따라서 합리적으로 정확한 R&D 계획을 수립하기 위해서는 여러 단계가 필요할 수 있으므로 수행할 테스트를 신중하게 고려해야 한다. 이러한 작업은 자원 집약적일 수 있다. 예를 들어 기업이 동물 연구로 방향을 옮긴다면, 목표를 달성하기 위한 반복적인 실험은 시간, 인력 및 기타 측면에서 많은 비용이 필요할 수 있다.

LAA 사례를 보았을 때, 기술적 과제에 대한 생각과 초기 R&D 계획에서의 활동 예측 방법 및 다양한 실험 방법이 시간 및 자원 사용에 미치는 영향이 어떻게 다른지에 대하여 설명하고 있다. 또한 잠재적인 실험 결과를 지속하는 것이 후속 R&D 활동 및 목표와 관련하여 중요한 문제를 어떻게 설명할 수 있는지를 보여준다.

LAA 사례에서 중요한 초기 기술적 과제는 벤치 톱 테스트에서 시제품을 사용하여 시뮬레이션된 LAA를 가릴 수 있는 재료를 확인하는 것이다. 이 실험을 수행하기 위하여 LAA 모양의 주머니는 가동성이 있고 가열된 피로 채워진 플라스틱 백으로 간단히 만들 수 있다. 플라스틱 파우치에 재료를 전달하면, 이노베이터는 그것이 폐색을 이루기 위해 응고되었는지 확인할 수 있다. 만약 응고되지 않았다면 새로운 플라스틱 백으로 교체할 수 있으며, 실패한 시작품의 한계를 해결하는 새로운 시작품(예: 상이한 재료를 사용하는 경우)이 만들어진다면 다시 한 번 테스트를 수행할 수 있을 것이다. 그것은 재료, 전달 메커니즘 또는 인위적인 구성으로 인하여 실패한 것일 수 있다. 이 단계에서 반복적인 시제품 제작 및 벤치 테스트가 신속하게 수행될 수 있다. 하지만 이노베이터들은 가능한 고장 상황의 수를 고려하여 여러 번 반복하는 시간을 할당하는 것을 고민하게 될 것이다.

재료가 응고되었다면 기술적인 문제를 해결할 수 있으며, 이노베이터가 기술자의 응고 시기를 파악할 수 있다. 초기에 예상되는 않았지만 발견이 의미하는 것을 이해하면 계획의 다른 부분에 영향을 미칠 수 있다. 예를 들어 많은 시간이 소요되는 경우, 중요한 사용자 요구사항은 재료가 1시간 이내에 응고되는 것이 문제가 될 수 있다. 따라서 다음 단계에서 이노베이터는 중요한 설계 요건이 충족될 때까지 반복적인 수정 작업을 해야 한다. 적당한 시제품이 만들어지면 해결책의 다른 구성요소와 통합하는 것과 관련하여 해결책을 최적화하기 위하여 추가 실험이 필요할 것이다. 추가실험은 벤치 및 시뮬레이션된 실험을 통하여 여러 기술적 문제를 동시에 실험하거나 한 번에 하나의 변수를 변경하여 실험할 수 있다. 이노베이터가 필요한 일련의 예비실험이 얼마나 필요한지를 고려하여 활동의 범위를 정해야 할 필요가 있다. 하지만 사전 단계에서 계속해서 반복하면 많은 추가 자원이나 비용이 들지 않을 것이다.

예제를 더 살펴본다면 조직 모델의 효과를 달성하는 것이 후반기 주요 목표인 경우, 플라스틱 백 대신 암소의 심장을 사용하여 유사한 설정을 만들 수 있다. 이 방법은 가용성과 비용에 따라 다소 복잡할 수 있지만, 이러한 유형의 실험은 비교적 빨리 수행될 수 있다. 살아있는 동물 실험을 포함하지 않는 목표를 성취하기 위해서는 실험 방법이 많은 시간과 비용을 필요로 하지 않는다. 하지만 반복적인 시제품 출시와 실험을 위한 예산과 시간은 중요하다.

대조적으로 동물 실험을 통한 R&D 목표는 준비 및 계획에 많은 시간이 소요되고, 훨씬 많은 비용을 필요로 하며 승인된 시설에서 수행되어야 한다. 살아 있는 동물과 함께 작업 할 경우, 윤리적 및 기타 요구사항(5.3 임상시험 전략 참조) 때문에 여러 단계의 시작품 반복에 대한 요구가 R&D 타임 라인에 중요한 영향을 미칠 수 있음을 명심해야 한다. 장기간의 안전과 효과를 조사하기 위하여 많은 동물, 중요한 통제 및 특정 후속 프로토콜을 필요로 하는 연구가 필요한 경우, 이를 수행하기 위한 시간과 비용이 더 많이 소요될 것이다. 따라서 만성적인 동물 실험은 필요할 경우만 사용되어야 하며, 원하는 결과를 얻기 위해 가능한 적게 수행되어야 한다.

실제 인체 시험과 관련된 목표를 진행하려면 최종 시작품은 동물 시험(동물 시험이 필요한 경우)의 안전성과 유효성을 입증하고 품질 요구사항을 충족해야 한다(5.5 품질관리 참조). 또한 디자인을 설계를 변경해야 한다. 많은 이노베이터들은 R&D 계획 후반에 제조 가능성을 고려한 설계를 실시한다. 그러나 시간과 비용을 통제하면서 결과를 극대화하려면, 이노베이터는 초기 R&D 전략 및 계획을 수립할 때 이러한 요소를 고려해야 한다. 대량 생산을 위한 제품을 설계한 경험이 있는 엔지니어는 초기 단계의 R&D 라이프 사이클에서 굉장한 가치를 포함시킬 수 있다. 그 중 하나는 올바른 재료를 사용하여 기술이 인간에게 안전할 뿐만 아니라 대규모 제조 기술로 이어질 수 있도록 보장하는 것이다. 또한 불필요한 설계 제약을 없애고, 시간, 비용 및 복잡성을 가중시키는 비효율적인 설계를 제거할 수 있다. 게다가 엔지니어는 신뢰할 수 있으며, 더 큰 규모를 처리할 수 있는 공급 업체 및 업체의 핵심 구성 요소를 확보할 수 있다. 마지막으로 R&D 계획에서 조기에 필요한 생산 요구사항을 예상하고, 긴 리드 타임 활동을 시작하여, 개발 및 테스트 진행에 있어 병목 현상이 발생하지 않도록 시간을 단축할 수 있다.

3rd Stone Design과 DoseRight 주사기 클립에 대한 이야기는 시제품 화와 초기 R&D에서 대량 생산을 위하 디자인으로 전화하는 것과 관련된 몇 가지 문제를 보여준다. 제조에 대한 추가 참고 자료는 온라인 "Getting Started" 섹션에서 찾을 수 있다.

현장에서 DoseRight® Syringe Clip

제조 가능성을 위한 디자인의 중요성

디자인, 전략 및 개발 컨설팅 업체인 3rd Stone Design의 CEO인 Robert Miros는 제조를 위한 설계와 관련된 이슈는 야심이 가득한 이노베이터로, 특히 대학 기반 팀과 초기 창업 기업들 사이에서 공통점이 있다고 한다. 초기 단계 디자인, 개념 생성, 시작품 개발, 예비 벤치 및 현장 테스트에 중점을 두기 때문에 프로세스 초기에 제조 및 산업 공학 문제를 고려하는 것이 중요하다. 결과적으로 많은 초기 엔지니어링 팀은 중요한 기술적 문제를 극복하기 위하여 제어된 상황에서 소수의 시작품을 개발 및 생산할 수 있지만, 때때로 대량 생산을 할 수 있는 설계 전문 지식이 부족하고, 의도한 대로 작동하는 제품을 만들지 못할 수도 있다. "대학 팀은 주로 이론 교육에서 나옵니다. 따라서 제조의 기초는 종종 마음속에 떠오르지 않습니다. 즉, 공장을 설립하고 올바른 종류의 도면과 품질 문서 및 검사 기준을 갖도록 하는 것이 가장 좋습니다."라고 Miros는 덧붙였다.

3rd Stone Design은 이러한 도전에 대처할 수 있도록 Rice 360_ Traditional Borders(TBT) 프로그램의 학부생 한 팀과 함께 일을 하였다. 팀은 자원이 제한된 설정에서 액체, 항 레트로 바이러스 약물 투약 정밀도를 높이기 위하여 DoseRight 주사기 클립으로 불리는 것을 성공적으로 설계하고 테스트하였다. 이 제품은 표준 구강 주사기의 상단 부분에 삽입 할 수 있는 간단한 플라스틱 클립으로 주로 주사기에 들어갈 약물의 양을 제어한다. 다양한 투여량에 맞게 다양한 길이로 제작된 클립은 표준 주사기에 빠르고 쉽게 부착하여 간병인의 인지 능력이나 시력과 상관없이 투여 정확도를 보장한다(그림 5.2.6). Clipon Health Access Intiative (CHAI)는 아프리카의 스와질랜드에서 보건부를 통해 20만 개의 클립을 배포할 것을 요청했다. 이에 학생들은 3D 프린터를 사용하여 사내에서 시작품을 제작했다. 이러한 접근 방식으로 개념 증명을 완료 할 수 있었지만, 대용량 생산에는 비용 측면에서 효율적이지 않았다. Miros는 "기술로는 20만 개를 만들 수 있다하더라도, 아마도 1달러마다 비용을 지불했을 것입니다."라고 말했다. CHAI가 저렴한 가격으로 클립을 빨리 조달하길 원했기 때문에 BTB는 Miros에게 도움을 요청했다. 3rd Stone Design은 Rice의 기술을 허가하고 프로젝트를 추진했다.

일차적인 과제는 공정을 생산 규모로 이전하는 방안을 파악하는 것이었다. 사출 성형(Injection Molding)은 고품질을 생산할 수 있는 3D 프린팅보다 비용이 저렴하다. 이 공정에서 가열된 중합체는 본질적으로 원하는 부분의 음성 형태인 다중 부품 주형으로 변환한다. 냉각 후 몰드가 열리고 완성된 부품은 배출된다. 심플한 디자인을 감안할 때 부품 성형은 상대적으로 쉽다. 그러나 DoseRight 클립은 0.5 mL에서 5.0 mL까지의 투약량을 제공하기 위해 10개의 다른 길이로 생각해야 했다. 일반적으로 이럴 경우 10개의 다른 금형을 만들어야 한다. 3rd Stone Design 팀은 10개의 금형이 200,000~300,000달러의 비용이 소요될 것으로 예상하였는데, 이는 출시 전 상태에 비해 큰 비용이다. 자본 투자를 합리적으로 유지하고 완성된 클립의 품질을 유지하면서 글로벌 헬스케어 고객이 지불할 수 있는 비용으로 클립을 생산하기 위해서는 툴링 비용이 그만큼 유지되어야 했다.

Miros와 팀은 합리적인 가격으로 고품질을 생각할 수 있는 다양한 크기의 다중 인서트(insert)를 기반으로 제한된 금형 세트를 설계하여 이 문제를 해결하였다. 이 해결책은 클립당 적은 비용으로 낮추지는 못했지만, 좋은 시작이었다. DoseRight 클립의 첫 번째 고객인 CHAI는 처음에 제품에 대하여 기존보다 더 지불해야 하며, 생산량이 증가함에 따라 후속 비용이 감소할 수 있다는 것을 이해했다. "고객은 초기 가격 책정에 대한 지침을 받았지만, 우리는 그 가격을 치르고, 여전히 이익을 얻을 수 있었습니다."

제한된 금형 세트를 사용하여 3rd Stone은 폴리프로필렌(Polypropylene)으로 DoseRight 클립 10개를 효율적으로 제조했으며, 모든 부품을 일회용 의료용품에 적합한 방식으로 포장 및 라벨링했다. CHAI와 파트너십을 통해 스와질란드 보건부는 HIV/AIDs 프로그램의 전염 예방으로 200,000개 이상의 투약 클립을 배포하기 시작했다. 3rd Stone은 개발 도상국에서 추가 주문을 받았으며, 전국적인 예방 접종 프로그램을 운영하거나 이것을 기획하고 있는 대형 비정부기구 및 지역 보건부와 협력했다.

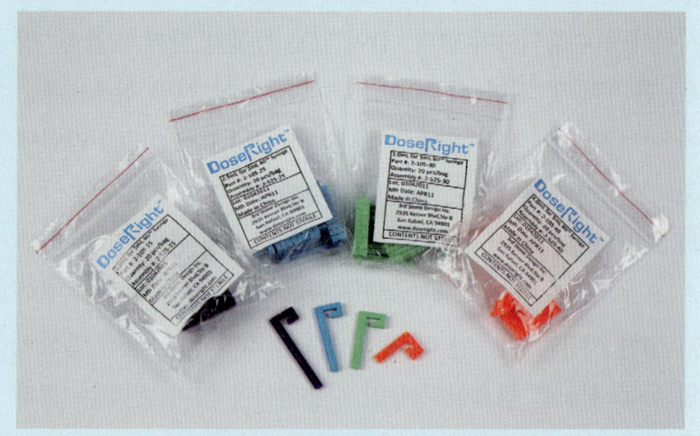

그림 5.2.6
DoseRight 주사기 클립(3rd Stone Design의 허가를 받아 사용)

R&D 담당자

R&D 계획의 활동이 개설된다면, 이노베이터는 R&D 인력이 그 활동을 완료하는데 필요한 것을 고려한다. 기술 세트 및 필요한 엔지니어의 수를 생각하는 것은 R&D 목표가 달성될 수 있는 시기에 영향을 미치기 때문에 중요하다. 또한 R&D 인건비는 가장 높은 예산 지출이 될 수 있으므로 재무부문에 영향을 미친다.

기업이 필요로 하는 엔지니어링 및 기술 자원의 유형을 결정하기 위해서 이노베이터는 특정 작업을 처리하는 데 필요한 기술 측면에서 각각의 목표 및 관련 활동을 개별적으로 평가해야 한다. 그런 다음 R&D 계획은 전체적으로 평가되어야 하며, 주요 측면과 이를 해결하는 데 필요한 엔지니어링 기술 간의 상호작용에 주의를 기울여야 한다.

특정 활동과 관련된 어려움을 평가하는 것은 쉽지 않다. 특히 자신의 전문 분야가 아닌 곳에서 일하는 이노베이터에게는 더욱 그렇다. 그러나 합리적인 추정치를 개발하는 것은 적당한 시간 내에 필요한 엔지니어의 수(및 기술 수준)를 결정하기 때문에 중요하다. 이 장애요인을 극복하기 위한 최선의 방법은 다양한 배경을 가진 다른 사람들에게 질문을 하여 도전 과제를 해결하는 데 필요한 시간과 노력을 대략적으로 파악하는 것이다. 일반적으로 엔지니어링에 소요되는 시간은 개발되는 혁신의 복잡성에 따라 좌우된다. 명확한 계획이 있더라도 특정 목표를 달성하는 것은 복잡한 해결책을 취하는 것보다 오래 걸릴 것이다.

개념 탐구 과정에서 이노베이터들은 목표를 위해 노력하고, 관련 서적을 연구하며, 전문 지식이 있는 사람들로부터 지침 및 코칭을 통하여 개념의 가능성을 입증한 작업 모델을 개발할 수 있었다. 그러나 초기 단계 시제품화에서 R&D로의 전환은 대개 관련 기능 블록이나 엔지니어링 분야에 대하여 더 깊은 지식과 전문 지식을 필요로 한다. 기업이 혁신 개발을 아웃소싱하려고 하지 않은 한, 숙련된 엔지니어 팀을 고용하고 지속적인 목표 달성을 위하여 시간이 흐름에 따라 팀이 어떻게 성장할 것인지 계획해야 한다.

LAA 사례의 표 5.2.2의 기술적 과제를 해결하기 위하여 이노베이터는 기계 공학 및 재료 과학 전문 지식의 필요성을 인식하게 될 것이다. 이러한 과제에 우선순위를 부여하는 방법을 기초하여, 이노베이터는 기계적 측면에 대해 고려하기 전에 재료 과학 전문가를 먼저 선임하는 것이 원하는 속성을 가진 재료를 찾을 위험을 줄이는 데 유리하다고 생각할 것이다. 추후에 기계 공학 자원이 전달 시스템의 개발을 위하여 도입될 수 있다. 물질 및 전달 시스템이 어떻게 상호작용하는지에 대한 전문가의 제3의 자원은 추후 적절한 시점에 추가될 수 있다. 자원이 제한된 환경에서 해결책에 사용된 핵심 소재에 대하여 충분히 파악하기 전까지 후자의 두 가지 자원을 고용하는 것이 실용적이지는 않다. 왜냐하면 전달 메커니즘과 그것의 구성 요소의 디자인에 영향을 미치기 때문이다. 이러한 유형의 순차적 상호작용을 이해하면 이노베이터는 자원 및 시간의 제약 속에서 R&D 인력을 보다 효율적으로 관리할 수 있다.

다른 프로젝트들은 병행 개발 노력에 좀 더 쉽게 도움이 될 수 있다. 예를 들어 4.6 최종 컨셉 선택에서 ACS 사례를 생각해보자. 벌룬 카테터, 카테터 네비게이션용 가이드 와이어 및 가이딩 카테터에 대한 병행 개발 노력이 설명되어 있다. 이 시나리오에서 기업은 순서대로 작업을 하지 않고, 여러 엔지니어링 작업 흐름을 실행하는 전략을 결정하였다. 시간과 돈이 허락하는 경우, 대안을 팀에서 사용할 수 있다.

요점은 부족한 자원으로 창업을 할 때, 기업이 R&D 전략 및 제품 개발 경로를 기반으로 고용 방식을 엇갈리게 하는 것일 수 있다는 점이다. 그러나 이 결정은 초기 단계에서 다루어짐으로써 개발 경로의 조정이 가능한 한 빨리 이루어질 수 있도록 보장되는 것을 전제로 해야 한다.

R&D 계획의 일환으로 인력 충원을 고려해야 하는 또 다른 이유는 고용 자체가 위험 요소를 제기하기 때문이다. 예를 들어 핵심 기술 과제를 해결하는 데 다년간의 경험을 보유한 숙련된 전기 기술자가 3개월 이하로 필요한 경우, 요건을 갖춘 자원을 찾고 채용하는 것이 주어진 시간 안에서 이뤄지기 쉽지 않다. 특히 이러한 엔지니어에 대한 수요는 높고 가용성이 낮다. 이를 이해하면 이노베이터는 핵심 기술 과제를 보다 현실적으로 재정리할 수 있다. 이것은 순차적으로 특정 전략적 목표의 시기에 영향을 미치기 때문에, 회사 자금 조달과 같은 다른 요소에 더 큰 영향을 미칠 수 있다. 또한 R&D 팀에 더 많은 인력이 투입되어도 반드시 중요한 문제를 신속하게 해결할 수 있는 것은 아니다. 하지만 적절한 직원을 계획하면 R&D 진행에 있어 제약 조건을 제거할 수는 있다.

R&D 인력을 고용 할 때 기업들은 트레이드-오프(trade-off) 관계에 직면하게 된다. 그들은 전문화된 경험을 가진 엔지니어를 고용하기 위하여 더 많은 비용을 쓸 수 있다. 또는 비용은 적게 들면서 상대적으로 경험이 부족한 직원을 선호할 수 있다. 경험이 부족한 엔지니어는 쉽게 찾고 고용할 수 있지만, 일반적으로 기술적인 문제를 해결하는 데 많은 시간이 필요하다는 점에서 개발의 관점에서 위험 요소가 있다. 반면, 경험이 풍부한 엔지니어는 지식의 관점에서 위험 요소를 줄일 수 있지만, 비용이 많이 들고 찾기가 어렵다. 즉, R&D 프로세스를 감독하고 제품 개발이 올바른 방향으로 진행되도록 제품 개발 전문 지식을 갖춘 숙련된 관리자가 적어도 한 명은 있어야 한다. 그 외에도 기업은 목표를 달성하기 위하여 성취해야 하는 업무 유형과 합리적인 시간 안에서 경험 많은 엔지니어를 고용할 가능성을 고려해야 한다. 상대적으로 검증이 부족한 치료 분야의 기술을 사용하는 경우, 기업이 적은 인원을 고용하거나 고용에 많은 시간을 투자하더라도 경험이 풍부한 엔지니어를 고용하는 것이 일반적이다. 반대로 시장 출시 시점이 중요한 요인이 될 수 있는 영역에서 순차적 기술을 연구할 경우, 경험이 부족한 인원이 많아질수록 개발 과제를 더욱 효과적으로 수행할 수 있다. 그러나 일반적으로 신생 기업은 가능한 최고의 인재를 고용함으로써 거의 항상 혜택을 얻는다. 특히 경험이 풍부한 엔지니어 팀을 구성하여 제품 개발이 올바른 방향으로 시작되도록 하는 것이 중요하다.

컨설턴트를 활용하여 특정 업무를 지원하는 것은 기업이 R&D 인력에 대한 투자를 신중하게 관리하는 데 도움이 될 수 있는 또 다른 방법이다. 계약 기반의 엔지니어 채용은 여러 면에서 기업에 도움이 된다. 첫째는 특정 엔지니어링 과제를 해결하는 데 필요한 전문 기술에 대한 접근권을 얻기 위한 효과적인 매커니즘이다. 그러나 지속적으로 요구되는 것은 아니다.

예를 들어 LAA 시나리오에서 전문가 컨설턴트는 기업에서 근무하는 재료 과학자보다 신속하게 적절한 재료를 찾을 수 있도록 안내할 수 있다. 하지만 일단 이러한 노력이 완료되면 필요하지 않을 수 있다. 경우에 따라 계약 기반으로 전문성을 찾는 것이 풀타임 직원을 고용하는 것보다 더 현실적일 수 있다. 왜냐하면 비판적이지만 특정한 기술을 가진 많은 엔지니어들이 지식 기반의 성격으로 컨설팅에 몰두하기 때문이다(즉, 부가가치 기술은 장기간의 프로젝트에서는 필요하지 않다). 둘째는 고용 컨설턴트가 전용 리소스를 고용하지 않는 상태(또는 해고하지 않은 상태)에서 엔지니어링 작업량의 단기 또는 피크에 기업이 대응할 수 있도록 하는 것이다. 예를 들어 LAA 전달 시스템이 규제 제출로 옮겨감에 따라 동시에 수행할 수 있는 여러 가지 단기 시험이 있을 것이다. 계약직 인력을 고용하면 자체 엔지니어가 다른 우선순위에 방해받지 않고 테스트를 수행할 수 있는 장점이 있다. 마지막으로 컨설턴트는 도전적인 문제를 해결하기 위한 새로운 시각을 갖도록 도울 수 있다.

ArthroCare의 Hira Thapliyal에 따르면 기업은 계약 제조사를 통하여 동물 연구를 위한 시작품을 개발 및 생산했다. 그는 "특정 분야의 전문 지식을 가진 단체를 찾아보십시오."라고 말했다. 또한 "초기 단계에서는 아웃소싱을 하면 많은 작업을 매우 빠르게 처리할 수 있습니다. 조직 내에서 의사소통이 가능하고 필요한 것을 공급 업체에 전달할 수 있는 현명한 직원이 필요합니다." 그러나 팀은 계획의 일환으로 개발을 자체적으로 수행해야 한다는 것을 인지하고 있다. Thapliyal은 ArthroCare의 FDA 접수 시점까지 "우리는 R&D 담당 이사, 몇 명의 엔지니어 및 품질보증 담당자를 보유하고 있습니다. 우리는 일회용 장치 개발을 사내에 도입하기 시작했습니다. 왜냐하면 우리가 이 장치를 제어해야 한다는 것을 알고 있었기 때문에, 더 빨리 반복할 수 있었기 때문입니다."

컨설턴트를 통할 경우, 사내 직원과 다르게 적용되고 다른 인센티브가 필요하다는 점을 알고 있어야 한다. 때로는 컨설턴트가 헌신적인 풀타임 직원처럼 자신의 업무를 수행하는 것과 동일하게 행하지 않을 수도 있다. 또한 그들은 개발 과정의 모든 복잡한 점에 대하여 모를 수도 있다. 게다가 계약 업무가 시작되기 전에 기밀 유지 및 지적재산권 관련 문제를 적절하게 해결해야 한다. 마지막으로, 컨설턴트가 과제를 마무리하면 참여를 통해 축적된 지식은 회사에 귀납됨을 고려해야 한다. 기업은 사전 지식 이전을 조율하고 시작전에 관련 문서를 작성해야 한다.

엔지니어링 자원

R&D 인력 외에도 기업은 R&D를 지원하기 위하여 설비, 장비 및 기타 자원에 투자해야 한다(그림 5.2.7 참조). 타임 라인 관점에서 자원의 획득 및 활용과 관련된 위험은 적다(즉, 이러한 다른 자원의 대부분은 즉시 취할 수 있다). 하지만 전략적 개발 관점에서 확보한 자원이 R&D 인력의 가용성과 효율적 활용에 부합할 수 있도록 고려해야 한다. 엔지니어링 자원과 관련된 결정이 재정적 영향에 미칠 수 있으므로 특히 중요하다.

LAA의 사례에서 기업이 사내 엔지니어링을 통해 전달 시스템을 개발하기로 결정한 경우, 이 활동을 지원할 수 있는 장비를 충분히 구매해야 한다. 그러나 만약 경피적 시스템 개발 기술을 갖춘 기계 엔지니어를 찾는 데 많은 시간이 필요하다면 개발 작업을 외부 회사에 위힘할 수 있다. 이는 장치의 일부를 개발하는데 필요한 장비를 구입할 필요성을 없애준다. 또 다른 시나리오를 고려해보면, 엔지니어를 고용할 수 있지만 장비를 구매하지 않고 엔지니어가 제품을 개발할 기계와 장비를 소유한 외부 공급 업체와 협력하게 할 수도 있다. 이러한 모든 선택사항은 전달 시스템을 개발하기 위한 타임 라인에 영향을 미친다. 또한 자원과 관련된 쟁점에서 직접적인 영향을 미치기 때문에 전반적인 운영 계획을 수립할 때 고려해야 한다. 마지막으로 궁극적인 결정은 필요한 자금 조달 수준에 영향을 미칠 수 있다(다른 회사와 계약을 맺지 않고 엔지니어링 샵을 유지보수하려면 여러 가지 투자가 필요하기 때문이다).

제품 개발 과정에서 특수한 장비, 부품, 재료 또는 공정에 대한 필요성이 예상될 경우, 리드 타임(lead-time) 문제를 종종 고려하여야 한다. 기업이 구하기 힘든 항목을 필요로 하는 경우, 직원 고용, 과제 해결 순서 및 목표 달성에 소용되는 시간에 영향을 미치기 때문이다. 예를 들어 특정 전자 회로를 만들려면 최종 보드 설계를 위해 많은 회로 보드 개정이 필요할 수 있다. 각각의 개정마다 시작품 보드 디자인 제조를 아웃소싱하는 것은 수개월의 리드 타임을 필요로 할 수 있다. 이러한 요구를 이해하고 예측함으로써 다른 개발 경로가 더 효율적인지 결정할 수 있다(예: 아웃소싱 설계 및 동일한 보드 하우스에 대한 제조).

고려해야할 기타 리소트 문제는 실험실 공간과 필요한 실험실 장비이다. 이러한 질문은 주로 수행하는 엔지니어링 작업의 유형과 기업에서 아웃소싱을 할 수 있는 기능에 따라 결정된다. 예를 들어 내부에서 개발할 계획이 있는 기계공학기반 장

그림 5.2.7
왼쪽 위부터 시계 방향: ExploraMed의 팀이 R&D 연구소의 새로운 개념을 연구하고 있다(ExploraMed). 엘리먼트 사이언스(Element Science)의 엔지니어들은 두 가지 유형의 장치 테스트를 수행한다(Element Science, Inc.). 그리고 R&D 공간과 장비에 대한 두 가지 견해가 있다(싱가포르 – 스탠포드 바이오디자인).

치를 갖춘 기업은 공장, 선반, 드릴 및 분쇄기, 일반적인 수공구를 비롯하여 하드웨어 상점의 다양한 소모품(너트, 볼트, 스프링, 튜빙 등)을 필요로 할 수 있다. 개발되는 특정 유형의 장치에 따라 더욱더 특수화된 장비 및 테스트 설비가 필요할 수도 있다. 예를 들어 엔지니어링 팀이 컴퓨터 지원 설계(CAD) 프로그램(예: SolidWorks, SolidEdge)을 사용하려는 경우 컴퓨터 장비가 필요하다. 3D 프린터의 비용이 지속적으로 감소함에 따라 장비는 엔지니어링 상점에서도 보편화되고 있다.

재료 과학 엔지니어들은 기계 엔지니어의 장비와는 상당히 다른 장비를 필요로 한다. 예를 들어 화학 약품의 분석, 혼합 및 테스트 공간뿐만 아니라 광범위한 조직 검사를 위한 습식 연구장치(예: 싱크, 버너, 정밀 저울 및 측정 장비, 오븐, 흄 후드 및 배기 장치)가 필요할 수 있다. 보통 특정 중합체의 경우 원재료 및 조직 샘플은 비싸다.

전기 공학 및 컴퓨터 과학 프로젝트의 경우, 고급 컴퓨터 장비 및 다양한 소프트웨어 프로그램(MatLab, Labview)이 필요로 할 수 있다. 하지만 더 작은 수의 프로그램을 구매해야 한다. 또한 일반적으로 원재료가 필요로 하지 않는다.

R&D 일정

앞에서 설명한 바와 같이 R&D 타임 라인을 추정하는 것은 R&D 계획에서 중요한 부분을 차지한다. 왜냐하면 자본과 자원의 소비와 연결성을 감안할 때 시간과 위험은 모두 중요한 동인이기 때문이다.

현실적인 일정을 결정하기 위한 핵심 사항은 디자인의 효과 및 안전성, 필요한 R&D 인력 유형 등 엔지니어링 리소스 양과 유형을 명확하게 하기 위하여 수행되어야 하는 필수 R&D 활동 및 실험이다. 사용자 요구사항, 기술 설계, 실험 보고서, 확인 및 검증 시험(품질 시스템의 모든 면, 5.5절 참조)에 대한 문서화 또한 연구 개발 일정에 영향을 미친다. 서로 다른 시나리오 간의 절충점을 이해하면 이노베이터는 핵심 기술 과제를 해결하고 위험을 줄이기 위한 노력을 고려하여 현실적인 일정을 파악할 수 있다. 이러한 정보는 이노베이터가 중요한 전략적 질문인 "R&D가 얼마나 걸릴 것인가?(그림 5.2.8 참조)"에 대답을 할 수 있게 한다.

노련한 이노베이터와 엔지니어는 과거의 경험을 바탕으로 R&D 계획에서 많은 활동과 관련된 시간을 예측할 수 있다. 그러

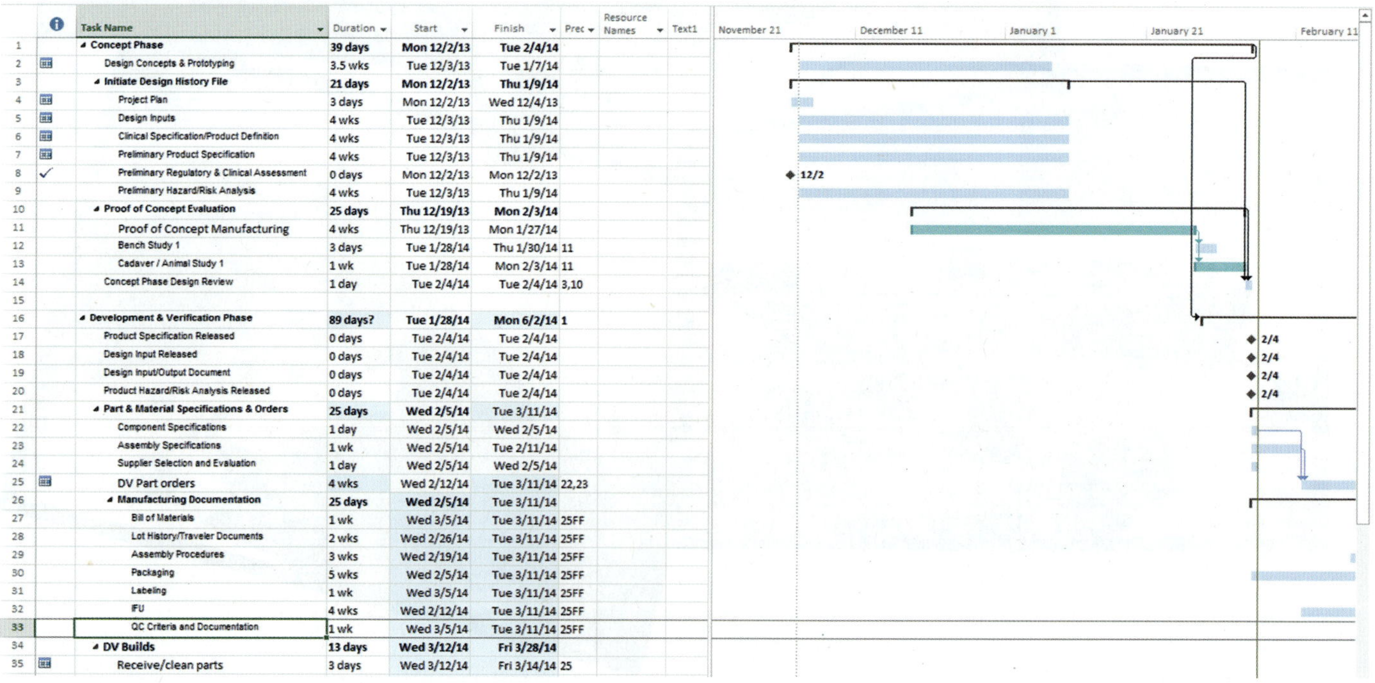

		Task Name	Duration	Start	Finish	Prec	Resource Names	Text1
1		**Concept Phase**	**39 days**	**Mon 12/2/13**	**Tue 2/4/14**			
2		Design Concepts & Prototyping	3.5 wks	Tue 12/3/13	Tue 1/7/14			
3		**Initiate Design History File**	**21 days**	**Mon 12/2/13**	**Thu 1/9/14**			
4		Project Plan	3 days	Mon 12/2/13	Wed 12/4/13			
5		Design Inputs	4 wks	Tue 12/3/13	Thu 1/9/14			
6		Clinical Specification/Product Definition	4 wks	Tue 12/3/13	Thu 1/9/14			
7		Preliminary Product Specification	4 wks	Tue 12/3/13	Thu 1/9/14			
8	✓	Preliminary Regulatory & Clinical Assessment	0 days	Mon 12/2/13	Mon 12/2/13			
9		Preliminary Hazard/Risk Analysis	4 wks	Tue 12/3/13	Thu 1/9/14			
10		**Proof of Concept Evaluation**	**25 days**	**Thu 12/19/13**	**Mon 2/3/14**			
11		Proof of Concept Manufacturing	4 wks	Thu 12/19/13	Mon 1/27/14			
12		Bench Study 1	3 days	Tue 1/28/14	Thu 1/30/14	11		
13		Cadaver / Animal Study 1	1 wk	Tue 1/28/14	Mon 2/3/14	11		
14		Concept Phase Design Review	1 day	Tue 2/4/14	Tue 2/4/14	3,10		
15								
16		**Development & Verification Phase**	**89 days?**	**Tue 1/28/14**	**Mon 6/2/14**	1		
17		Product Specification Released	0 days	Tue 2/4/14	Tue 2/4/14			
18		Design Input Released	0 days	Tue 2/4/14	Tue 2/4/14			
19		Design Input/Output Document	0 days	Tue 2/4/14	Tue 2/4/14			
20		Product Hazard/Risk Analysis Released	0 days	Tue 2/4/14	Tue 2/4/14			
21		**Part & Material Specifications & Orders**	**25 days**	**Wed 2/5/14**	Tue 3/11/14			
22		Component Specifications	1 day	Wed 2/5/14	Wed 2/5/14			
23		Assembly Specifications	1 wk	Wed 2/5/14	Tue 2/11/14			
24		Supplier Selection and Evaluation	1 day	Wed 2/5/14	Wed 2/5/14			
25		DV Part orders	4 wks	Wed 2/12/14	Tue 3/11/14	22,23		
26		**Manufacturing Documentation**	**25 days**	**Wed 2/5/14**	Tue 3/11/14			
27		Bill of Materials	1 wk	Wed 3/5/14	Tue 3/11/14	25FF		
28		Lot History/Traveler Documents	2 wks	Wed 2/26/14	Tue 3/11/14	25FF		
29		Assembly Procedures	3 wks	Wed 2/19/14	Tue 3/11/14	25FF		
30		Packaging	5 wks	Wed 2/5/14	Tue 3/11/14	25FF		
31		Labeling	1 wk	Wed 3/5/14	Tue 3/11/14	25FF		
32		IFU	4 wks	Wed 2/12/14	Tue 3/11/14	25FF		
33		QC Criteria and Documentation	1 wk	Wed 3/5/14	Tue 3/11/14	25FF		
34		**DV Builds**	**13 days**	**Wed 3/12/14**	**Fri 3/28/14**			
35		Receive/clean parts	3 days	Wed 3/12/14	Fri 3/14/14	25		

그림 5.2.8
이 Gantt 차트는 작업 흐름 간 주요 활동 및 중요한 상호 의존성에 할당된 기간을 포함하는 보다 상세한 엔지니어링 프로젝트 계획을 보여 주며, 이는 이노베이터가 전체 R&D 프로세스의 소요 시간을 이해하는 데 도움을 줄 수 있다(Ciel Medical의 허가를 받아 사용).

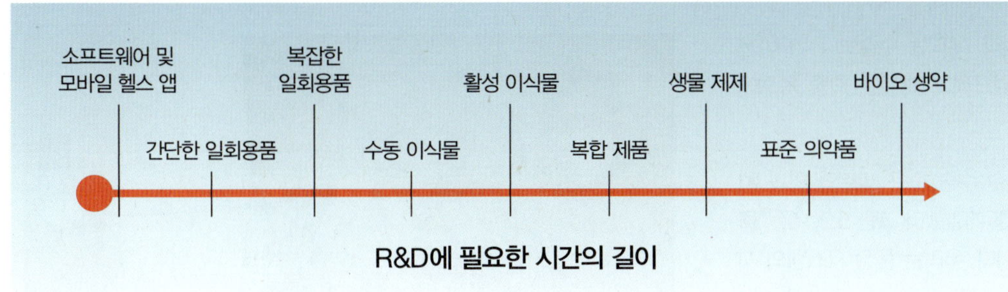

그림 5.2.9
서로 다른 유형의 프로젝트에 소요된 상대적 R&D 시간을 간략하게 보여준다. 혁신 업체는 제품, 서비스, 소프트웨어 및 기타 제품을 포함하는 결합된 비즈니스 모델이 보편화됨에 따라 테스트 및 통합 활동뿐만 아니라 R&D에 더 많은 시간을 할애할 것으로 기대할 수 있다.

나 R&D 계획에 익숙하지 않은 단계가 있거나, 이노베이터가 상대적으로 경험이 없는 경우, 유사한 프로젝트를 진행하는 컨설턴트 또는 다른 이노베이터와 네트워크를 구축하는 것이 좋다.

R&D 타임 라인은 프로젝트마다 다양하지만, 일부 엔지니어는 주로 소프트웨어 기반 또는 모바일 헬스 애플리케이션 관련 기계 장치 및 해결책에 대한 주요 R&D 목표를 달성하는 데 소요되는 시간이 상대적으로 적게 든다고 생각한다. 대조적으로 재료 과학 및 전기 공학 기초에 의존하는 장치는 더 많은 시간을 소비한다(그림 5.2.9). 예를 들어, 통제된 동물 실험을 위한 준비가 된 기계 장치를 개발하는 데 1년이 걸릴 수 있다. 다른 한편으로는 의약품 용출 스텐트와 같이 복잡성이 높은 복합 제품의 경우 목표를 달성하는 데 5년 이상이 필요할 수 있다. 이러한 변화는 주로 화학, 생명 공학 및 기타 과학 분야가 의료기기 연구 개발 프로세스의 일부가 될 때 도입되는 많은 수의 밝혀지지 않은 요인에서 유발된다.

R&D 계획을 수립하는 것은 주로 엔지니어링 팀이 수행하는 고립된 활동으로 보일 수 있지만, 광범위한 조직의 맥락에서 통합되어야 한다. 기술적 목표 달성과 대규모 임상, 규제 및 마케팅 요구 사이에서 상호작용을 고려하지 않은 R&D 계획은 타임 라인의 불일치로 이어지며, 상당한 비효율을 야기하며 많은 시간과 노력이 요구된다. 또한 앞으로 나아가야 할 자원이 많아 자금 사항에 영향을 미칠 수 있다. NeoTract의 사례는 제품 개발에 사용자 중심 접근 방식을 우선순위로 설정한 기업이 조직의 우선순위를 중요한 것으로 식별하여 엄격한 R&D 목표와 병합 할 수 있는 방법을 보여준다.

현장에서 NEOTRACT, Inc.

R&D에 대한 사용자 중심 접근 방식 개발 및 배포

캘리포니아의 Pleasanton에 본사를 둔 NeoTract, Inc.의 공동 설립자이자 CTO인 Ted Lamson에 따르면 양성 전립선 비대증(BPH) 및 이에 수반되는 비뇨기과 증상을 가진 환자는 미국에 420만 명이 있다고 한다. 그러나 매년 130만 명의 환자가 약을 복용하지 않고 있으며, 약 25만 명만이 질병을 치료하기 위하여 병원을 찾고 있다. 나머지 이들은 여전히 고통을 겪고 있지만, 치료를 받지 못하고 있다. Lamson은 2005년 기업을 설립할 당시 "우리는 왜 이러한 불일치가 발생하는지 알아내고자 했습니다."라고 말했다. "우리는 현재의 중재적 옵션이 무엇인지와 환자가 원하는 편익이 왜 맞지 않는지 알아내려고 노력했습니다." 팀은 상대적으로 빠르고 쉽게 수행할 수 있는 사무 절차를 개념화하고 국소 마취만을 추구했다. 이 해결책을 실현하려면 임플란트 및 이를 전달하는 도구의 개발이 필요했다.

그러나 NeoTract가 R&D에 대한 방식을 개발하기 시작하였을 때, 더 정교한 디자인보다는 최종 사용자(환자)에게 중점을 두고 기본 기술 개념을 입증하는 데 초점을 두는 전략 목표를 세웠다. Lamson은 "완벽한 고급 해결책을 개발하려면 상당한 시간과 비용이 필요했습니다."라고 회상했다. "그러나 우리는 이 투자를 하기 전에 '환자가 우리의 방식에 잘 반응할 것인가?'라는 질문에 답을 얻지 못했습니다. 따라서 완벽한 장치를 만드는데 시간을 소비하는 것보다는 우리는 이 질문에 가장 빨리 대답할 수 있는 방법을 찾았습니다. 이것은 더 좋은 결과를 얻을 수 있는 개념인지 알기 위해서 보다 침습적이며 근본적인 방법을 찾아내어 수술 환경으로 가져오는 것이었습니다. 우리는 수술보다 더 나은 결과를 제공할 것이라는 임상적 증거를 얻으려고 했지만, 최종 목표에 도달하지는 못했습니다."

NeoTract 팀은 임플란트를 전달하기 위한 수술 도구 세트와 외과 치료와 유사한 전신 마취하에 수행된 절차를 개발했다(그림 5.2.10). "물론," Lamson은 "아직도 많은 일이 있습니다. 우리는 품질 시스템의 지침 안에서 모든 것을 구축해야했습니다. 하지만 더 훌륭한 해결책을 구축하기 위해서 설계 작업과 엔지니어링 작업이 보류될 수 있습니다." 기업은 윤리적인 행동을 취해야하며, 부작용이 있을 경우 전통적인 치료를 받을 수 있도록 가역적인 절차를 개발해야했다. 그러나 사용자 피드백은 고무적이었다. "우리는 그 장치를 가진 10명의 환자를 만났습니다. 그때까지 우리는 그들이 우리의 생각에 긍정적으로 반응했음을 확인했습니다."라고 Lamson은 설명했다. "그 시점에서 우리는 올바른 접근법을 알고 있었고, 실제 장치를 개발하기 위한 프로그램을 시작할 준비가 되어있었습니다."

"우리는 첫 번째 목표를 위해 약 6개월을 보냈는데 궁극적으로 최종 제품 출시를 지연 시켰습니다."라고 그는 계속 말했다. "그러나 초기 임상 경험(및 직접적인 사용자 의견)은 우리에게 이것이 가치 있는 것이라는 확신을 주었습니다. 더 많은 시간을 투자함에 따라 프로젝트를 통해 잘 설계된 장치 및 정차를 개발하였습니다. 또한 클리닉에서 활용되며 치명적인 결함이 발생할 수 있다는 것을 알 수 있었습니다. 엔지니어링 프로세스 후반에 이러한 일이 발생하면 프로젝트를 포기하기는 것은 쉽지 않습니다. 더 심한 경우에는 많은 추진력을 얻어 해결책에 비판적인 결함이 있을 때 해결책을 조정할 것을 지속하고 추진 방법을 변경해야 합니다. 우리에게 도움이 되는 충고가 있다면, 팀은 프로그램에서 가장 큰 위험을 확인하고 이를 선행해야 한다고 강조합니다."

NeoTract의 빠른 R&D 작업, 초기 임상 경험 및 사용자 정보 수집과 같은 사용자 중심 접근 방식의 또 다른 이점은 이 장치가 BPH 환자의 **삶의 질** 향상에 중점을 둔다는 것이다. "고통과 불편함을 제거하는 방법은 동물실험에서 얻을 수 있는 것이 아닙니다."라고 말했다. "이러한 사례들은 우리가 하고 싶은 일은 실현 가능하고 환자를 도울 수 있는지 파악할 뿐만 아니라, 환자의 '기분이 좋지 않다', '나는 그것을 원하지 않는다'를 파악하는 것입니다."라고 Lamson은 말했다.

사용자 지향 접근법의 주요 대상은 환자였지만, NeoTract는 의사의 피드백에 세심한 주의를 기울였다. "병원에 일찍 활용하는 것을 통하여 우리는 설계가 잘못될 수도 있는 것을 치료법의 측면에서 배웠습니다." 라고 Lamson은 말했다. "예를 들어 우리는 외과의사가 장비의 힘을 측정하기 위해 멸균된 힘 게이지를 잡고 시술을 수행하게 했습니다. 이를 통해 우리는 어떠한 힘이 작동하는지 파악하고, 이를 핵심 요구사항으로 만들었습니다." 또한 팀은 의사의 사용자 경험을 평가하고 클리닉에서 수집한 데이터를 분석하고 설계 요구사항과 기술 사양의 정보를

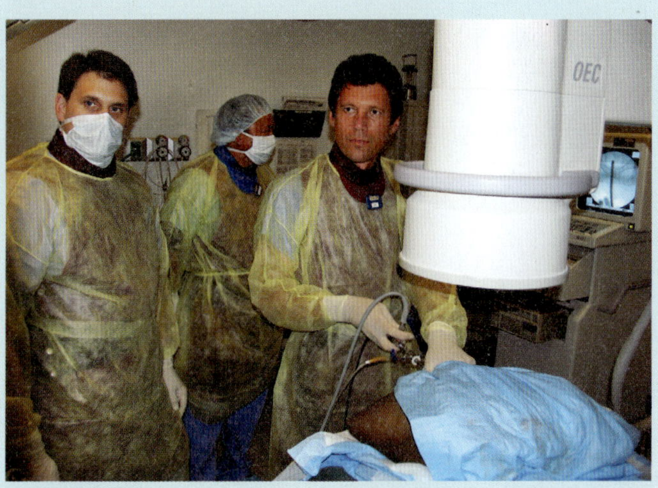

그림 5.2.10
동물 실험에서 장치를 테스트하는 Lamson (NeoTract의 허가를 허가를 받아 사용)

변환하여 R&D 노력에 반영되는 데 상당한 시간을 보냈다.

NeoTract의 차기 전략적 R&D 목표는 팀의 모든 목표를 보다 완전하게 다룰 수 있는 장치와 시술을 개발한 다음 해당 목표를 클리닉에 제공하는 것이었다. 이를 달성하기 위해 Lamson은 극복해야 할 핵심 기술 과제를 파악하고 체크 포인트와 하위 목표를 설정하여 프로젝트가 잘 진행될 수 있는지 확인하는 데 주력했다. "사람들이 서로 다른 프로젝트를 하고 있을 때, 모두가 함께 해야 합니다. 당신은 모든 것이 효과가 있다는 것을 확실히 하기 위해 끝이 너무 멀다는 것을 깨달을 것입니다. 오랜 기간 동안 우리는 개발 작업을 기능 요소로 분리했습니다. 그러나 특정 구성을 개발하기에 앞서 너무 지연된다면, 우리는 간단한 단계에서 테스트할 수 있는 핵심 사항을 파악하여 올바른 디자인을 갖추고 있는지 확인하려 노력해야 합니다. 이러한 접근법은 잘못된 경로에 오래 머물지 않게 도와줍니다." 엔지니어가 주요 체크 상황에 도달하면 전체 R&D 팀이 함께 작업을 검토하고 질문하여 치명적인 결함을 식별하는데 도움을 준다. "종종 그 요소를 연구하지 않은 이들은 문제를 제기 할 수 있는 것에 대하여 가장 가치 있는 통찰력을 가지고 있습니다."라고 Lamson은 말했다.

Lamson은 연구팀을 돕기 위하여 팀을 지지하는 다른 접근 방법은 "아마추어 외과 의사가"가 되는 것이었다. "실제로 동물이나 시체에서 시술을 수행하고 장치를 작동할 수 있을 정도까지는 임상가가 우려하는 점과 걱정하지 않는 점을 이해하는 데 도움이 됩니다." Lamson과 팀은 사전 임상 절차의 약 80~90%를 수행하여 주요 학습 내용을 포착할 수 있었다. 그는 "저는 항상 초기 실험을 하기 위해, 우리에게 그들의 우려에 대해 가르치고, 시술을 파악하는 것을 도와줄 최소 한 명의 의사를 부릅니다."라고 말했다. 그리고 전문가들은 개발 프로세스 전반에 걸쳐 장기적으로 '우리가 보고 있는 것에 편향되어 있지 않은지 확인하고

업무에 대한 새로운 시각을 제공할 것'이라고 덧붙였다.

R&D 과정에서 흔히 발생하는 함정에 대하여 Lamson은 "중요한 핵심 요소를 평가하고 해당 문제를 해결할 수 있도록 훈련받는 것이 중요합니다."라고 강조했다. 가능한 한 빨리 클리닉에 적용하여 "중요한 임상 문제에 대하여 영리하게 대답하십시오."라고 말했다. 또한 그는 추후 모든 것에 적용되는 실험과 품질의 분야(Bed)를 만들어야 할 필요성을 강조했다. 그는 계속해서 "이전 테스트가 차세대 장치에 얼마나 잘 적용되는지 평가하려면 무엇을 할 수 있고, 무엇을 다시 해야 하는지의 사이에서 항상 미묘한 균형을 유지해야 합니다. 추가 실험 혹은 다른 종류의 실험의 필요성을 항상 만들어 내고 있는지, 이에 대한 충분한 개선이 이루어지고 있는지를 파악하기 위해 일정하고 지속적인 대화가 필요합니다."라고 하였다.

마지막으로, Lamson은 "신생 기업을 운영할 때 추구해야 할 핵심 전략 중하나는 전문가의 조언을 지속적으로 추구하는 것입니다. 비판적으로 알아야 할 것이 무엇이고, 누구에게 물어볼 수 있는지를 스스로에게 물어보십시오. 사람들은 일반적으로 정보를 공유하며 일반적으로 답을 얻기 위해 고개할 필요는 없기 때문입니다. 당신은 '나는 이렇게 무언가를 만들고 있어요. 제 생각엔 그 팀이 이렇게 생겼다고 생각해요. 그리고 우리의 제안된 제안 방식은 여기 있습니다.'라고 말할 수 있습니다. 만약 당신이 그 사람과 관계가 있다면, 그들은 일반적으로 몇 가지 사항에 대하여 당신에게 도전할 것이며, 생각할 중요한 정보를 줄 것입니다." 이러한 것들은 R&D 전략을 개선하는 데 사용할 수 있다.

2013년 말 NeoTract는 FDA가 de novo 510(k) 경로를 통해 미국 시장에서 UroLift 시스템을 통과시켰으며, R&D 노력과 철저한 임상 실험을 토대로 주요 목표를 달성했다.[4] 그 직후 기업은 미국의 **CMS**(US Centers for Medicare and Medicaid Services)와 영국의 **NICE**(National Institute for Health and Care Excellence)로부터 미국과 영국의 의사가 사용하는 코드를 작성하고 지원한다고 발표했다.[5,6] UroLift 시스템은 미국의학협회(**AMA**, American Medical Association)에 의해 카테고리 1 **CPT**(Current Procedure Terminology) 코드를 수여 받았다.[7]

온라인 자료

더 많은 자료는 www.ebiodesign.org/5.2를 방문한다.

"Getting Started"의 활동과 링크
- Determine strategic R&D milestones
- Identify and prioritize key technical challenges
- Develop an initial R&D plan

R&D 전략에 관한 동영상

NOTES

1 From remarks made by Guy Lebeau as part of the "From the Innovator'sWorkbench" speaker series hosted by Stanford's Program in Biodesign, April 5, 2005, http://biodesign.stanford.edu/bdn/networking/pastinnovators.jsp. Reprinted with permission.

2 All quotations are from interviews conducted by the authors, unless otherwise cited. Reprinted with permission.

3 "What Is a Gantt Chart?," Gantt.com, http://www.gantt.com/ (January 30, 2014).

4 "NeoTract, Inc. Receives U.S. FDA De Novo Approval for the UroLift® Prostate Implant," NeoTract press release, September 16, 2013, http://www.prnewswire.com/news-releases/neotractinc-receives-us-fda-de-novo-approval-for-the-urolift-prostateimplant-223893231.html (March 31, 2014).

5 "NICE Gives Go Ahead to NeoTract's Groundbreaking UroLift Prostate Implant That Can Preserve Sexual Function While Offering Urinary Symptom Relief for Millions of Men Affected by Enlarged Prostates," NeoTract press release, January 29, 2014, http://www.prnewswire.com/news-releases/nice-gives-goahead-to-neotracts-groundbreaking-urolift-prostate-implantthat-can-preserve-sexual-function-while-offering-urinarysymptom-relief-for-millions-of-men-affected-by-enlargedprostates-242576791.html (February 4, 2014).

6 "NeoTract's UroLift® Implant Procedure for Men with Enlarged Prostate Receives Medicare and Medicaid Outpatient Billing Codes for Reimbursement," NeoTract press release, March 13, 2014, http://www.prnewswire.com/news-releases/neotracts-urolift-implant-procedure-for-menwith-enlarged-prostate-receives-medicare-and-medicaidoutpatient-billing-codes-for-reimbursement-250045231.html(March 31, 2014).

7 "CPT® Editorial Summary of Panel Actions," American Medical Association, February 2014, http://www.ama-assn.org/resources/doc/cpt/summary-of-panel-actions-feb2014.pdf(March 31, 2014).

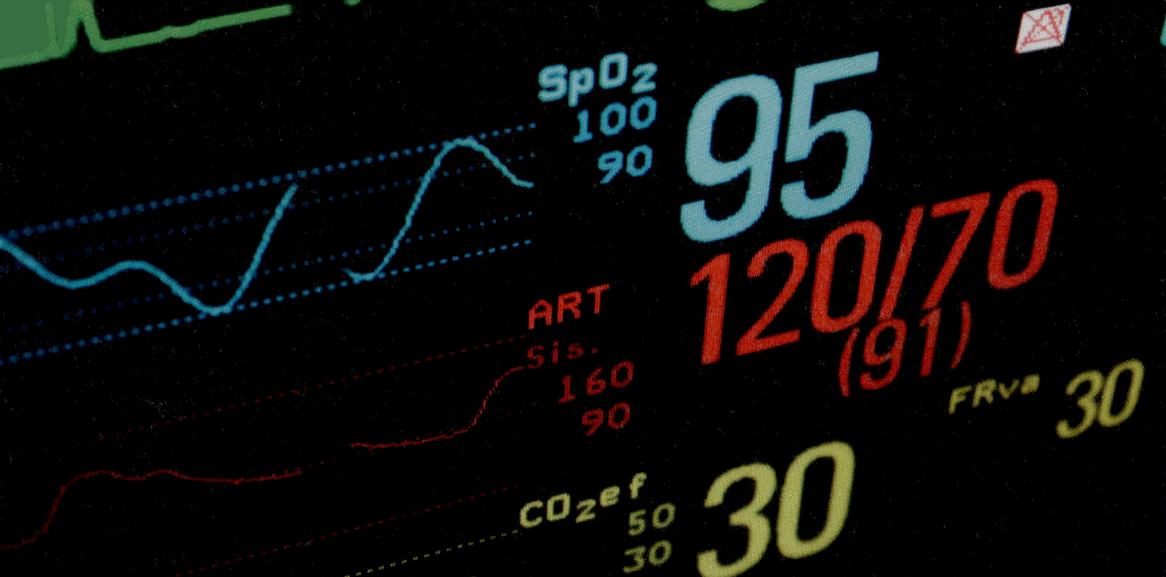

5.3 임상시험 전략

서론

휴먼 디바이스 테스트는 의료 기술 혁신 과정의 정점이다. 스테이크(stakes)는 매우 높다. 환자 모집, 등록, 조사 및 후속조치를 수행하는데 2~3년이 소요된다. 연구되는 환자 1인당 100,000 달러의 높은 비용을 지출한다. 규제 허가 및 상환은 균형에 달려 있다. 기업의 신뢰성과 상업적 실행 가능성의 위태로움, 그리고 가장 중요한 것은 환자가 위험에 처한다는 것이다. 이들은 임상 기기 시험을 위험하고 도전적인(그러나 필수적인) 사업으로 만드는 문제 유형들이다. 효과적인 임상 전략은 이노베이터가 시험을 계획하고 시작하는 메커니즘을 제공할 뿐만 아니라 임상 개발에 대한 전반적인 접근 방식을 최적화하는 것이다.

바이오디자인 혁신 과정의 맥락에서 임상시험은 새로운 의학 기술의 사용에 기초하여 특정 결과를 파악하기 위해 수행된 인간 연구(human studies)로 광범위하게 정의된다. 전통적으로 임상시험의 목적은 새로운 장치가 효과성과 안전성 측면에서 환자에게 임상적으로 측정가능한 중요한 이점을 제공한다는 것을 입증하는 것이다.[1] 이 증거는 장치의 규제 허가를 지원하는 데 필수적이다. 그러나 임상 개발의 복잡성은 지난 15 ~ 20년 동안 급격하게 변화했다. 이제 실험 자료는 환자에게 임상적 가치를 입증하고 상환 경로의 일부로 지불자에게 재정적 가치를 입증하기 위해 필요하다. 또한 시장채택을 촉진하기 위해 의사들의 관심과 우려를 해결하기 위해서도 유사한 데이터가 필요하다. 필요한 모든 규제, 상환 및 마케팅 종점을 충족할 수 있는 단일 연구를 설계하는 것이 어려울 수 있기 때문에 이노베이터들은 연구 설계에 대해 종종 기업의 중요한 목표를 달성하기 위한 일련의 진보적인 실험을 포함하는 대규모 임상 전략의 일부로 생각하도록 권고 받는다. 그러나 이 접근법의 단점은 보통 임상시험이 착수 시에 가장 비용이 많이 들고, 복잡한 활동인 경우가 많으며, 가장 유망한 프로젝트조차도 여러 연구를 통해 많은 자원에 무리를 줄 수 있다는 점이다. 따라서 효과적인 임상시험 전략은 기업의 최우선 사항을 현실적인 방법으로 다루는 임상경로를 정의해야 한다.

임상 개발 경로가 기기 공학과 밀접하게 통합되어야 하기 때문에 의료 기술 임상 전략의 창출은 연구 개발(R&D)과 병행하여 시작된다(5.2 R&D 전략 참조). 추가로 R&D에 밀접한 연계를 유지하는 것 외에도 효과적인 임상 전략은 개발 단계에서 5.4 허가인증 전략, 5.6 보험 급여 전략, 5.7 마케팅 및 이해관계자 전략, 5.8 판매 및 유통 전략 등 다른 전략적인 작업의 흐름과 동기화되어야 한다.

 임상시험 전략에 관한 동영상은 ebiodesign.org을 참조한다.

목표

- 초기의 임상 전 단계와 인간 임상 연구를 위해 임상 전략 수립의 중요성을 인식한다.
- 다양한 종류의 임상 연구와 그들의 설계가 임상 개발의 전반적인 목표와 어떤 관련이 있는지 평가한다(규정, 상환 및 시장 채택 고려사항 포함).
- 인간 임상시험을 계획하는 과정을 학습한다.
- 안전하고, 비용 효율이 높고, 통계적으로 확신에 찬 임상시험을 개발하기 위한 전술적 고려사항을 이해한다.

임상시험 전략의 기초

모든 이노베이터는 규정된 임상적 **요구사항**을 해결할 수 있는 의료 혁신을 개발하려고 노력한다. 포괄적인 임상전략의 일환으로 수행되는 임상 연구는 새로운 혁신이 안전하고 효과적임을 보장하는데 필요한 증거를 제공한다.

임상 전략은 조직이 프로젝트와 관련된 임상적 위험을 예측하고 관리할 수 있는 잠재적 접근법을 정의한다. 또한 잘 발달된 임상전략은 임상 활동이 바이오디자인 혁신 과정의 일환으로 기업 내에서 진행 중인 다른 중요한 활동과 밀접하게 연계되도록 하는 데 도움을 준다. 더 이상 이노베이터들은 단순히 개발 및 테스트를 요구하는 것만으로 제품을 평가할 수 없다. 더 정확히 말하면, 그들은 임상 전략을 통해 최종적으로 환자에게 긍정적인 영향을 미칠 수 있는 명확한 임상적 요구를 충족하고 규제, **보험** 및 시장 요구사항을 충족시키는 기술을 도출하는 일련의 **가치** 개발 단계의 일환으로서 개발 계획에 실험을 통합하기 위해 노력해야 한다.

이노베이터와 기업은 **임상실험** 실행을 준비하면서 흥분과 불안감을 느끼는 경우가 종종 있다. 최근에는 규정, **보험** 및 채택문제를 해결하기 위한 임상 자료 요건은 점점 엄격해지고 있으며, 계속해서 복잡해지고 있다. 코놀 메드시스템(Conor Medsystems)의 전 회장이자 CEO인 프랭크 리트백(Frank Litvack)은 다음과 같이 말했다 :[2]

> 중요한 의료기기에 대한 임상시험의 복잡성, 크기 및 비용은 더 작아지기 전에 더 커질 것이다. 그리고 이것이 비즈니스를 시작하는 모든 사람들에게 영향이 있다고 생각한다. 그것은 더 오래 걸릴 것이고 더 많은 돈이 필요할 것임을 의미한다. 그리고 더 많은 위험이 따를 것이다. 그것은 단지 우리가 사는 세상이다.

새로운 의료기술을 개발하는 이노베이터들의 경우, 임상시험은 보통 그들의 사전 예산 내에서 가장 비중이 큰 항목이 된다. 혁신 과정의 초기 단계에서, 실험 데이터를 만들어 내는 것은 프로젝트에 인재와 자금을 끌어들이는 데 절대적으로 필요하지만 팀은 비교적 작은 규모에서도 종종 연구비를 충당하는 데 어려움을 겪을 수 있다. 멕시코(학생들이 그들의 필요한 연구활동을 했던 곳)와 같은 제한된 환경에서 사용하기 위한 천식 스페이서를 개발한 스탠포드 대학 팀인 레스피라 디자인(Respira Design)팀을 생각해 보자. "우리는 가능한 한 가장 낮은 비용으로 최고의 품질을 달성하는 것에 중점을 두었다," 라고 기업 창립자 중 한 명인 Santiago Ocejo는 회상했다.[3] 의사들은 소아 환자의 폐에 천식 치료제를 전달하는데 도움을 주기 위해 사용되는 make-shift 해결책을 벤치마킹한 후, "우리의 가격 기준은 플라스틱 탄산음료 병의 가격이었다."라고 설명했다. 레스피라 팀의 혁신적인 해결책은 한 장의 종이로 제작된 스페이서로서, 배송 및 편평하게 포장 보관이 가능하며, 자르거나 접는 것을 통해서 사용가능한 장치로 변환된다(그림 5.3.1). 디자인의 간단함과 생산 및 유통비용이 저렴함에도 불구하고, 팀은 장치에 대한 규제 허가를 얻기 위한 임상데이터를 수집을 해야 했다. 이 데이터는 또한 의사와 환자의 안전성과 효과성을 입증하는 데 사용되므로 팀은 제품이 천식 약물 전달에 영향을 미치는 정도, 각 장치는 얼마나 사용이 가능한지(내구성), 그리고 그 스페이서가 비상 사태나 위험 상황에서 의도한 대로 작동하는지 여부를 이해하는 것이 필수적임을 느꼈다.

다른 공동 설립자인 Barry Wohl은 "이것은 천식 발작이 있는 사람에게 잠재적으로 사용될 수 있는 의료기기였다."라

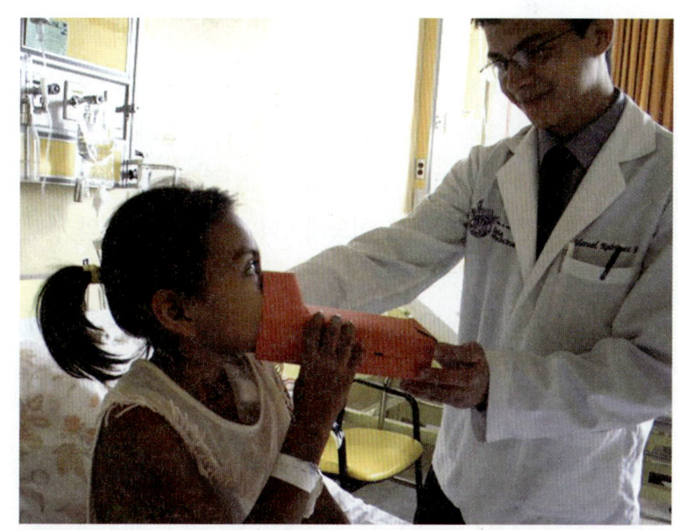

그림 5.3.1
멕시코의 어린 환자가 레스피라(Respira) 천식 스페이서를 사용하고 있다(레스피라의 허가를 받아 사용).

고 설명했다. "에어로졸 입자를 흡입기에서 폐로 옮기는 데 장치가 얼마나 효과적인지에 대해 상세한 이해 없이는 그 장치를 부모의 손에 쥐어줄 수 없었다. 그 정도의 임상데이터를 얻고 나서야 밤에 편히 잠에 들 수 있었다." 필요한 실험을 수행하기 위해 레스피라 팀은 상당한 자금이 필요했다. 안타깝게도 Ocejo, Wohl 및 제3의 공동 창업자인 Eric Green은 잠재적 기부자 와 투자자들은 상당한 액수의 재정적 지원을 하기 전에 장치가 작동한다는 임상데이터를 보고 싶어 한다는 사실을 빠르게 발견했다. 궁극적으로 이 난제는 해결책 개발을 지연시킨 요인 중 하나였다. "재료와 유통면에서 비용은 처음부터 우리 관심(radar)에 있었다."라고 Green은 말했다. "그러나 우리는 얼마나 고비용의 테스트가 될지 알아차리지 못했다." 팀은 다른 의료기기 이노베이터들에게 상대적으로 단순하고 직접적인 기술이라 할지라도 안전하고 도덕적인 방법으로 사용자 데이터를 수집하는 것과 관련된 시간과 비용에 대해 능동적이고 신중하게 계획하도록 주의를 주었다.

위험 요소가 높은 더 복잡한 기술의 경우 임상데이터를 생성하는 부담이 더욱 커질 수 있다. 규제기관, **지불자** 및 전문의들은 장기간에 걸친 대규모 임상시험 데이터를 요구하기 때문에 임상 활동을 완료하는 데까지 보다 많은 시간이 걸리며, 특히 완전히 신기술인 경우 계획 및 실행까지 더 복잡하고 많은 비용이 든다. 기업은 스스로 실험 자금을 조달하기 위해 재원을 마련해야 할 뿐만 아니라 기술이 시장에 가까워짐에 따라 중요할 수 있는 그들의 월간 현금 지출을 감당해야 한다. 엠파시스 메디컬(Emphasys Medical)이라는 기업의 두 편의 이야기는 막 활동을 시작한 조직에 가해질 수 있는 스트레스를 잘 보여준다(이 장의 끝에 파트 1 및 5.4 허가인증 전략에 파트2 참조). 잘 구성된 임상 전략은 이노베이터가 임상 테스트와 관련된 극복 과제를 예상하고 관리하는 데 도움이 된다.

이 장에 나오는 임상 전략 개발 및 전략적 실험 계획에 대한 자세한 개요를 살펴보기 전에 임상 평가를 시작할 때 이노베이터들이 생각하는 윤리적 책임을 강조하는 것이 중요하다. 개개인의 이노베이터들과 기업들은 그들의 연구에 관련된 모든 동물들과 인간 피실험자의 존엄성에 대한 윤리적인 대우에 충실해야 하며, 임상 전략의 개발 및 수행을 관리하기 위해 이 책임을 다해야한다. 또한 실제(및 인식된) 연구 결과에 부정적인 영향을 미칠 가능성이 있는 이해 상충 및 기타 윤리적 딜레마를 피하기 위해 주의를 기울여야 한다.

임상 연구 목표

임상 전략의 개발은 기업이 수행하고자 하는 전략 및 연구의 목표(원하는 결과)에 대한 정의로 시작된다. 이노베이터들이 스스로에게 물어야할 첫 번째 질문 중 하나는 "해결책이 실제로 사용될 방법에 대한 지표는 무엇인가?"이다. 주로 높은 목표는 결과적으로 이노베이터들이 그들의 해결책의 강점과 한계를 깊게 이해하기 전에 지나치게 광범위한 징후를 목표로 하는 전략의 결과를 야기한다. 비록 대규모 시장 지표를 통한 특정한 임상 연구가 사업 계획을 검토할 때 투자자에게 호소력이 높을지라도, 더 상세한 징후를 가진 일련의 연구들로 구성된 임상시험 전략은 성공할 가능성이 훨씬 높다.

프로젝트나 기업이 전략을 바탕으로 연구를 진행하는 것은 드문일이 아니며, 팀의 목표는 점진적으로 달성될 수 있다. 예를 들어 특정 목적(규제, **보험** 또는 마케팅)을 가진 실험은 기업의 운영 계획에서 중요한 단계와 동시에 발생하게 되어 그러한 실험에서 발생된 데이터를 가장 필요로 할 때 사용할 수 있게 된다(6.1 실행 계획 및 재정 모델 참조). 이식 가능한 심장 제세동기(ICDs)는 임상시험에 대한 단계별 접근법의 좋은 예를 제공한다. 초기에 ICD는 심실 세동으로 인해 심정지를 겪은 환자에 대한 2차적인 예방의 한 형태로 사용하기 위해 연구되고 허가되었다. 그러나 이 허가 이후, MADIT(다기관 자동 제세동기 이식 연구; Multicenter Automatic Defibrillator Implantation Trial) 실험은 관상동맥 질환 및 심장 펌프 기능 장애의 병력이 있는 환자가 ICD를 1차 예방의 한 형태로(즉, 심실세동에 의한 심장 문제를 아직 경험하지 못했다고 하더라도) 활용할 수 있음을 보여주었다.

이 프레임 워크 내에서 이노베이터들은 "규제 허가를 지원하기 위해 어떠한 결과가 필요한가? **보험** 결정을 뒷받침하기 위해 경제적 결과가 중요한가? 의료기기를 의사나 환자에게 판매하는데 도움이 되는 데이터가 필요할 것인가?" 같은 질문을 스스로 해야한다. 궁극적으로 각 임상 연구의 설계 및 실행은 이러한 유형의 규정, **보험** 및 마케팅 의문에 대한 해답을 기반으로 한다.

규정상의 고려사항

대다수의 의료기기 임상시험의 경우, 규정상의 고려사항은 실험 설계의 주요 추진요인이다(미국의 510(k) 또는 PMA 두 가지 주요 규제 경로에 대한 기본 요구사항은 4.2 규제의 기초에 설명되어 있다. 보다 전략적인 규정상의 고려사항은 5.4 규제 전략에서 다루고 있다). 일반적으로 최종적인 실험 설계는 기업과 규제기관 사이의 협의를 통해 이루어진다. 유럽연합 **CE 마킹** 프로세스, 미국 식품의약국(FDA) 또는 다른 규제기관의 일환으로 **인증기관**을 다루는지 여부에 따라, 이러한 규제 기관들은 유사한 기술에 대한 사전 경험뿐만 아니라 과학 및 시간의 경과에 따른 의료 실무 방식의 변화에 대한 그들의 의사결정을 근거로 삼으려고 노력한다. 특정 지역에서는 기업 및 기관의 이해관계는 실험설계의 세부적인 사항과 관련이 있다. 즉, 양 당사자는 실험에 참여하는 연구 대상자에게 최대한 안전한 보안을 제공하면서 고급 의학 학술지에 등재될 수 있는 유효한 데이터를 획득하고자 한다. 그러나 기업은 가능한 한 빨리 제품에 대한 우위를 달성하고 최소한의 비용으로 투자자에게 가치를 전달할 추가적인 의무를 지닌다.

보험 등재시 고려사항

점진적으로, 의료기기 임상 실험은 비용 효율성 결과와 **보험 등재를 위한** 경제적 증거를 제공하기 위해 설계되어지고 있다(특히 미국의 메디케어 및 메디케이드 서비스 센터(CMS) 및 미국 이외의 기술 평가기관 – 5.6 보험 급여 전략 참조). 여기에는 규제 기관이 일반적으로 요구하는 것보다 결과 및 더 엄격한 종점의 재정적 영향의 측정과 함께 공식적인 비용 분석을 실험에 통합하는 것이 포함될 수 있다. 반면에, 이러한 요구사항은 더 확실한 데이터 및 경쟁 업체의 진입장벽을 야기하는 보다 엄격한 실험으로 이끌어질 수 있다. 그러나 이 후자의 결과는 종종 **보험 등재**를 정당화하기 위해 필요함으로써 그들이 원하는 결과가 (예를 들어, FDA에서 요구하는대로) 기기의 안정성과 효율성을 입증할 뿐만 아니라 시중에 나와 있는 기존의 기술 또는 절차에 대한 동등성 또는 우월성을 보여주기 때문에 실험 설계를 더욱 복잡하게 만든다.

마케팅 고려사항

많은 임상시험의 세 번째 목적은 신기술을 시장에서 최적의 출시로 만드는 데 도움이 되는 데이터를 생성하는 것이다. 이러한 마케팅 고려사항은 임상시험 설계에 중요한 영향을 줄 수 있다. 새로운 기술을 목표로 하는 의사 그룹은 예를 들어 새로운 기술을 현재의 치료 기준과 비교하는 무작위 실험과 같은 특정 유형의 임상시험에서 가장 확신할 수 있을 것이다. 또는 다른 환자 그룹에서 기술을 테스트할 수 있는 선택이 있다면, 마케팅 관점에서 특정 집단을 대상으로 하는 것이 유리할 수 있다(예를 들어, 기술에 대해 직접 지불하고자 하는 젊은 환자들은 기업의 초기 수익원을 제공함). 실험에 어떤 연구원을 포함시킬지 선택하는 것도 중요할 수 있다. 기업은 자주 회담을 갖고 그들의 동료들에게 영향력을 행사하는 명확한 입장의 전문 종사자 같은 가장 유명한 의사와 주요 의견선도자들(KOLs)을 자주 찾는다(5.7 마케팅 및 이해관계자 전략 참조).

전임상시험 및 임상시험

시작품, 장치 R&D, 및 임상 전 동물 실험은 종종 프로젝트마다 차이가 있지만, 흔히 중첩되며, 한 연구의 시작점이 다른 연구의 종료점이되는 경계를 가지고 있다. 이러한 노력이 어떻게 상호 연관되어 있는지 이해하기 쉽도록 일반적으로 전임상 및 임상시험의 2가지 다른 종류의 노력으로써 바이오디자인 실험 연속체의 단계(4.5 컨셉 탐색 및 시험에서 처음 소개된 그림 5.3.2 참조)에 대하여 생각할 수 있다. 전임상시험은 기본적인 시작품 제작부터 시작하여 만성 질환을 앓고 있는 동물 실험을 통하여 계속한다. 초기 실험의 중점은 사용자, 대상, 모의 사용, 조직, 그리고 사체 실험 또는 급성 질환을 앓고 있는 동물 연구를 통해 타당성을 평가하는 것이다. 추후, 실험은 일반적으로 안전성을 평가하기 위해 주로 추구하는 동물 모델에 대한 가설 중심의 연구를 포함하지만 때로는 장치의 잠재적 효능에 대한 통찰력을 제공할 수도 있다. 임상시험에는 안전성과 효과성 모두 포함하는 특정한 결과들의 평가를 위한 인간 장치 테스트가 포함된다.

전임상시험

개념 형성 및 실험 중에 수행된 연구는 임상 전 실험의 일부이

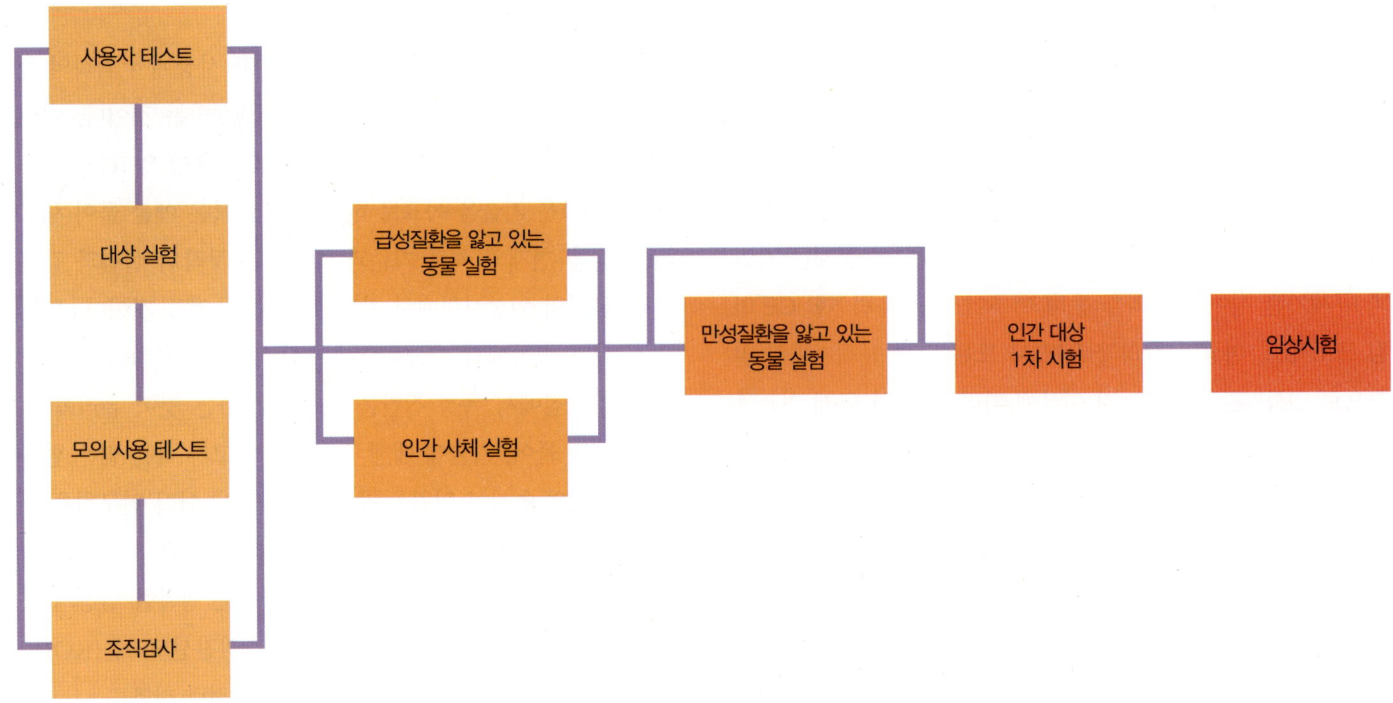

그림 5.3.2
바이오디자인에서 제안하는 임상시험 프로세스에는 전임상 및 임상시험이 포함된다. 모든 테스트가 모든 프로젝트의 일부로 요구되는 것은 아니며, 기술의 특성에 따라 결정되어야 한다는 것을 기억해야 한다.

다(4.5절 참조). 기업이 초기 장치 기능의 시작품을 뛰어 넘는 중요한 타당성 문제에 답하고자 하는 경우 일반적으로 임상 전 실험을 인간의 사체 또는 살아 있는 동물 실험으로 확장한다. 일반적으로 임상 전 살아 있는 동물 실험은 급성 질환을 앓고 있는 동물 연구로 수행된다. 체내 동물 실험을 통해 연구자들은 장치가 생명시스템에서 원하는 대로 작동하는지 여부의 예비 평가를 수행할 수 있다. 예를 들어, 절제 카테터는 간단한 조직검사에서 조직을 성공적으로 궤멸시킬 수 있다(즉, 동물 심장 조직이나 심장을 대신하여 식육점에서 사온 스테이크를 사용). 그러나 장치가 생명시스템에 배치되기 전까지는 발명가는 근본적인 장치의 타당성에 대해 확신할 수 없다(예: 올바른 해부학 영역에 도달할 수 있는 장치인가? 동물 혈액과의 상호 작용이 효과적으로 조직을 제거하는 능력에 영향을 주는가?).

급성 동물 임상시험 급성 동물 연구는 종종 기기 타당성을 평가하기 위한 이상적인 방법이다. 이 연구는 특정 질문이나 중요한 질문에 응하기 위해 수행되며, 실험 이후 동물은 즉시 안락사 된다. 급성 동물 연구를 통해 연구자는 보다 광범위하고 체계적인 임상 전 연구를 착수시키는 것의 위험과 비용을 수용하기 전에 작고 한정된 수의 생명 시스템에서 장치를 평가할 수 있다. 어떤 동물 연구와 마찬가지로, 연구자는 실험을 수행하기 전에 반드시 허가를 신청해야 하며, 동물의 윤리적 치료를 위한 정의된 프로토콜을 준수해야 한다(자세한 정보는 "실험동물운영위원회" 부분 참조).

살아있는 동물 실험을 시작하는 첫 번째 단계는 인간의 질병이나 장애가 있는 동물모델이 존재하는지 확인하는 것이다. 만약 여러 동물 모델이 실행 가능한 테스트를 제공할 가능성이 있다면 과거에 비슷한 기존의 기술로 어떤 동물 모델을 사용 했는지와 같은 2차적인 요인을 고려한다. 예를 들어, 관상동맥 스텐트를 평가하기 위해 돼지 모델을 사용한 오래된 역사가 있다. 그러나 모든 모델이 이처럼 간단하지는 않다. 인간의 고유한 특성과 임신 중에 경험한 높은 호르몬 수치로 인해 임신과 출산에 관련되는 장치를 위해 사용할 수 있는 동물 모델은 없다.

만성 동물 실험 일단 연구원이 급성 동물 연구를 통해 장치의 타당성과 관련된 중요한 문제를 성공적으로 해결하면 만성 동물 실험과 같은 보다 체계적인 전임상 연구로 전환할 수 있다. 주로 기술의 생존 능력에 초점을 맞춘 급성 동물 연구와는 달리, 만성 동물 연구는 일반적으로 더 많은 수의 표본을 포함하며 크거나 작은 동물 모델(예를 들어, 각각의 쥐 또는 돼지)들에서 사전에 정의된 특정 가설을 증명하거나 반증하는 것을 추구한다. 이 실험의 가장 중요한 목적은 사람의 연구를 정당화하기 위한 증거를 수집하는 것이기 때문에 장치의 안정성과 효율성이 중요한 목표가 된다.

안전성과 효율성에 중점을 두어, 동물 생존은 만성 연구에서 중요한 결과로 포함된다. 통증, 수술 후의 편안함, 이동성에 주의를 기울이는 것은 필수적이다.

연구 결과에 어떤 영향을 미치는지에 관계없이 과도하게 고통 받고 있는 동물에 대한 윤리적인 안락사를 위한 동물 모니터링 방법을 설정하고 절차를 정의해야 한다.

건강한 동물에 대한 만성 질환 연구와 관련된 중요한 문제는 질병, 여러 합병증 및 고령의 환자의 경우와 비교하여 장치 성능을 정확하게 예측하는 것이 어려울 수 있다는 것이다. 어떤 상황에서는 인간 조건의 최소 몇 가지 측면을 모방하기 위해 개발된 동물들에 질병 모델이 있다. 예를 들어, 돼지 관상동맥은 사람에게서 볼 수 있는 혈관 조영술적으로 유사한 협착을 만들기 위해 사전에 처리될 수 있다. 그러나 이러한 병변의 조직 구성은 인간 관상동맥에 형성되는 플라크(plaque)와 실질적인 차이가 있다. 결과적으로, 이 동물 모델을 기반으로 한 장치 성능을 추정하는 것은 유용성이 제한적이다. 일반적으로 동물의 질병 모델과 해당 인간 조건의 비교 가능성은 매우 다양하다. 그리고 이것은 팀이 이러한 유형의 테스트에 투자하기 위해 선택한 시간, 노력 및 비용을 결정하는 주요 요인이 될 수 있다(이 장 뒷부분의 엠파시스(Emphasys) 사례 참조).

일반적이지는 않지만 일부 임상 전 연구에서는 특정 종점의 효능을 통계적으로 입증하기 위해 안전성을 넘어서는 것을 볼 수 있다. **효능의 종점**이 선택되어 있고 장치 치료의 효과성을 분석하기 위해 위약 또는 "엉터리" 절차(적극적인 치료를 제공하지 않고 장치 절차의 위험을 시뮬레이션하기 위해 설계된)가 사용된다. 이러한 실험은 동물 모델이 인간의 질병 특성을 반영하고 선택된 종점이 인간 연구에 의미가 있는 경우에만 데이터가 가치 있기 때문에 설계에 세심한 주의가 필요하다. 예를 들어, 새로운 장치의 목표가 손상된 심장에 줄기세포를 이식하여 심장 기능을 향상시키는 것이라면 세포 이식 후 펌핑 기능의 변화를 조사하여 효능을 평가할 수 있다. 이 예시에서, 식염수의 주입은 주사의 효과를 평가하는 데 사용될 수 있지만 심장 기능에 대한 식염수 주입 효과와 심장 기능에 대한 줄기 세포 주입 효과의 차이는 줄기세포의 효능을 평가하는 데 사용될 수 있다. 장치 테스트를 시작하기 전에 임상 전략을 명확하게 정의하면 연구자들은 각 임상 전 연구에 가장 적합한 종점을

실제 사례
실험동물 운영위원회의 개요

미국 연방법에 따르면 연구 또는 교육 목적으로 실험용 동물을 사용하는 기업 또는 기관은 연구를 시작하기 전에 동물실험윤리위원회(IACUC)의 허가를 받아야 한다. IACUC의 목적은 기업의 동물 관리 및 사용 프로그램의 모든 측면을 감독하고 평가하는 것이다. 그러한 위원회는 동물 실험을 수행하는 기관에 의해 소집되며 종종 관리자, 수의학 전문가 및 대중 시민을 포함한다. 살아 있거나 죽은 척추동물을 포함한 모든 연구 및 교육 활동은 연구가 시작되기 전에 IACUC에 의해 검토되고 허가되어야 한다. 허가는 연구의 이유를 입증하는 의정서를 제출하고, 의학적 문제를 평가하기 위해 동물 연구가 왜 필요한지에 대한 사유서, 그리고 연구 속에서 동물의 윤리적인 대우를 보장하는 프로세스를 제출한 뒤에야 이루어진다.

괄목할 점은 지난 10년 동안 IACUC 감시의 강도와 품질이 크게 향상했다는 점이다. 위원회의 위원은 동물의 안전과 편안함뿐만 아니라 실험으로 얻을 수 있는 과학적 결과의 질까지 신경쓰는 전문가들이다. 위원회 자체는 정부 기관의 꼼꼼하고 정기적인 정밀 검사를 받고 있다.

대중의 많은 구성원들이 동물 실험에 대한 심각한 윤리적 우려를 가지고 있다는 사실은 주목할 가치가 있다. 이 구성원들 중에는 개발 팀의 팀원이 포함될 수도 있음을 명심하자. 중요한 것은 동물을 가두거나, 마취시키거나, 수술하거나, 잠재적으로 희생하기 전에 장치를 테스트할 수 있는 다른 모든 옵션을 시행했는지 검토해야 한다는 것이다. 더 나아가, 결정에 있어 윤리적 이의가 있는 팀원이 우려를 표하고 연구에서 빠질 수 있도록 동물 실험 전에 이런 문제에 대해 토론하는 것이 중요하다.

선택하는 것에 도움이 된다. 이는 인간 실험으로 전환될 때 데이터의 가치를 극대화하는 데 도움이 될 수 있다.

최초의 인간 실험의 허가를 얻으려면 안전성 증명이 필수적이다. 만성 질환을 앓고 있는 동물 실험은 제한적이긴 하지만 최초의 인간 윤리위원회 제안을 뒷받침하는 안전성에 대한 강력한 증거 중 몇 가지를 제공한다. 이러한 데이터는 또한 의사들이 연구에서 환자들을 등록할 수 있도록 장치의 잠재적인 임상적 가치를 확립하는 데 도움이 될 수 있다. 게다가 연구자들의 지식의 기반을 확장하여 환자에게 피해를 끼칠 확률(또는 원하는 종점을 충족하지 못할 확률)을 줄여준다.

인간 임상시험

전임상시험에서 인간 임상시험으로의 진전은 대부분의 장치 기업들에게 중요한 단계로 나타난다. 새로운 의료기기를 테스트하고 평가할 기회는 인간에게 기회와 위험이다. 인간에게서 실패한(더 중요하게는 환자에게 해를 입히는) 의료기기는 다시는 사용되지 않을 것이다. 장치의 특성, 처리 중인 임상 문제, 그리고 테스트 단계에 따라 여러 유형의 연구를 인간 장치 실험을 위해 수행할 수 있다. 각 연구 유형은 기술을 더 발전시킬 수 있는 기회를 제공할 수도 있다(그림 5.3.3).

인간 대상 1차 임상시험 기업이 대규모 임상 연구를 시작하기 전에, 먼저 최초의 인간 연구를 완료해야 한다. 연구자들은 장치가 의도한 대로 작동하는지 여부를 알아보기를 원하지만, 이러한 소규모의 예비 인간 연구의 가장 중요한 결과는 안전성이다(비록 특정 효능의 종점이 정의되지 않았더라도). 인간 대상 1차 시험은 임상적 이점을 확립하기 위해 설계된 것이 아니기 때문에 그 효능은 입증되지 않는다. 그 의의를 고려해 볼 때, 최초의 인간 연구를 수행하기 위한 적절한 시간과 장소를 신중하게 고려해야 한다. 인체 해부학적 구조에 최적화된 장치 설

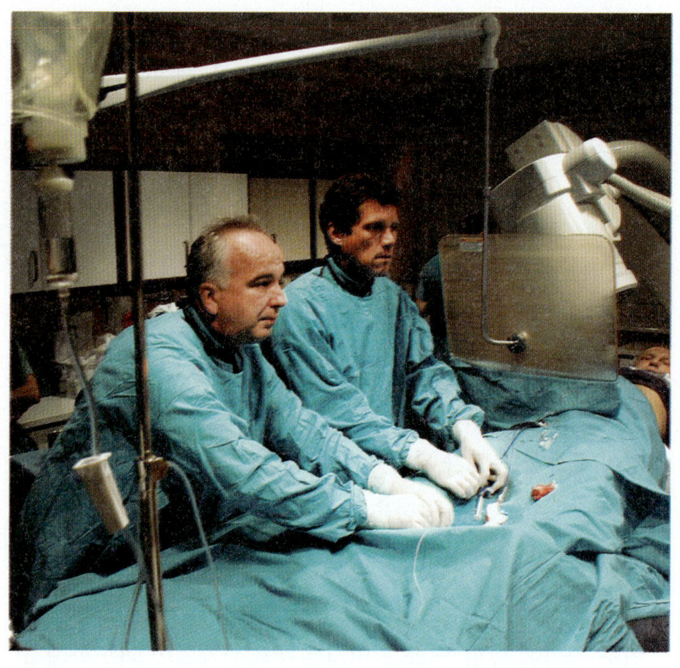

그림 5.3.3
인간 임상시험은 다양한 형태를 취할 수 있지만, 모두 신중한 계획과 최고 수준의 윤리 및 안전 기준을 요구한다(익스플로라메드(ExploraMed)의 허가를 받아 사용).

실제 사례
우수실험실 운영기준에 관한 개요

전임상 연구를 수행할 때 연구원은 FDA에서 정의한 비임상시험기준(GLP)이라는 연구 기준을 따르는지에 대한 여부를 결정해야 한다. 본질적으로, GLP는 연구가 어떻게 수행되고 어떻게 데이터가 수집되어야 하는지를 상세하게 설명하는 일련의 지침이다. FDA는 510(k) 또는 시판 전 허가(PMA) 신청 제출을 지원하기 위해 생성된 데이터를 GLP 표준에 따라 수집해야 한다고 요구한다. 이 지침은 실험 수행에서 사용된 안전 프로토콜, 시설, 인원, 장비, 테스트 및 제어 활동, 품질보증, 기록 보관 및 보고서에 대한 최소 기준을 규정한다. GLP는 또한 연구실이 연구 수행을 위해 광범위한 운영 지침(표준 운영절차 또는 SOP라고 함 – 5.5 품질관리 참조)을 작성하도록 요구한다. 미국 이외의 규제 기관은 기업이 GLP 표준을 준수할 것을 요구하지 않지만, 그들은 연구 제출물에 대한 ISO 표준 준수를 주장 할 수도 있다.

중요한 것은 모든 임상 전 연구가 GLP 지침에 따라 수행되어야 하는 것은 아니다. GLP 표준이 확고한 결과를 보장하기는 하지만 타당성을 평가하거나 안전 문제에 대한 답변을 하기 위해 수행되는 초기 연구에는 프로젝트에 시간이 많이 소요되고, 비용이 증가할 수 있는 엄격한 기준이 필요하지 않다. 기업의 개발 일정과 임상 전략의 동기화는 핵심 일정을 지원하기 위해 GLP 연구의 필요성을 입증하는 데 도움이 된다.

계가 보증되면 연구자의 성공 가능성을 높이고 해를 끼칠 위험을 최소화할 것이다. 인간 대상 1차 시험에서 장치 실패를 설명할 수 있는 많은 이유가 있지만, 보통 기관이나 시스템이 지나치게 관대하고 질병으로부터 자유로웠던 이전 동물 연구에 지나치게 의존하기 때문이다. 이런 위험은 임상 전략의 일환으로 인체 해부학 및 인간 사체 연구의 주의 깊은 평가를 통해 최소화될 수 있다.

레지스트리 및 관찰 연구 **레지스트리**는 구체적으로 설계된 비교 연구에서 다룬 환자보다는 실제 상황에서 수행된 사례 모음이며, 여러 가지 사례가 수행된 후에 장래에 관하여 또는 회고적으로 축척될 수 있다. 유망한 레지스트리는 "**관찰**" 연구라고도 하며, 일반적으로 기업, 연구자, 또는 규제 기관이 최종적인 실험을 설계하기 위해 장치 성능에 대한 충분한 지식을 배우려고 시도할 수 있는 경우, 인간 대상 1차 시험 이후 처음 10~100가지 사례는 보통 새로운 장치 실험의 예비 단계에서 사용된다. 예를 들어, 해외의 레지스트리는 최근에 임상 증거의 부담이 적은 510(k) 신청을 지원하는 데 사용되었다(즉, 장치는 비교적 안전하다고 알려져 있다).

점점 증가하는 레지스트리의 중요한 용도는 규제 기관의 허가를 받고, 보다 광범위한 임상 사용에 착수한 후 기기의 결과를 모니터링 하는 것이다. 이 접근법은 최근에 허가를 받은 후 예기치 않은 합병증을 보인 장치(예: 삽입형 심장 제세동기, 약물 용출 스텐트)의 주목할 만한 최근 사례에서 비롯된 것이다. 레지스트리는 일반적으로 무작위 실험보다 덜 복잡하고 비용이 많이 들지 않지만, 식별할 수 있는 중요한 차이점을 증명하는 데 더 낮은 힘을 가지고 있다.

사례 조절 연구 사례 조절 연구는 새로운 장치 또는 절차로 치료 받은 환자 집단의 결과를 치료받지 않은(또는 **표준 치료**를 받은) 그룹과 대조하여 통계적으로 비교한다. 두 그룹의 환자들은 나이 또는 합병증 상태와 같이 질병 상태에 대한 치료와 관련된 결과에 영향을 미치는 것으로 알려진 특성들과 잘 조화되어야 한다. 사례 조절 연구는 종종 표준 장치(또는 그렇지 않은 장치) 또는 절차로 치료받은 환자의 대규모 데이터베이스를 검색하여 새 장치나 절차로 치료된 환자의 특성과 일치하는 그룹을 찾는다. 결과적으로 더 나은 결과가 나타난 그룹을 식별하기 위해 회고비교가 수행된다. 예를 들어 데이터베이스에서 환자의 연령, 성별, 체중, 허리 통증의 심각한 정도 및 기간, 디스크 이탈의 위치 등에 따라 새로운 치료를 받는 환자와 대조되는 융합 수술을 받은 환자를 찾음으로써 요추 간판 탈출증 치료를 위한 새로운 장치는 융합수술(허가된 기술)과 비교될 수 있다. 비교 가능한 집단이 확인되면 연구자는 새로운 장치 또는 융합 수술이 더 호의적인 결과를 가져오는지 여부를 결정하기 위해 두 그룹의 의학적 결과를 분석할 수 있다.

사례 조절 연구의 주요 이점은 무작위 연구보다 비용이 적게 들고, 더 작은 규모의 연구자 팀들에 의해 수행될 수 있으며, 전향적 연구보다 더 적은 시간이 소요된다는 것이다. 가장 큰 단점은 연구 결과가 전향적, 무작위, **통제** 실험과 같이 확정적이지 않으며, 거의 항상 추가연구가 필요하다는 것이다. 그러나 이러한 연구는 기술 개발의 중요한 단계이며 기술의 강점과 한계를 밝히는 데 도움이 될 수 있다. 사례 조절 연구는 또한 이노베이터가 잠재적인 치료효과를 이해하도록 도와줌으로써 대규모의 연구가 통계적 및 임상적 결과를 성공적으로 충족시킬 수 있도록 설계될 수 있다.

전향적, 무작위, 통제적(맹목적) 임상시험 전향적, 무작위, 통제 임상시험들은 의료기기 테스트의 "최적 표준"으로 간주된다. 미국에서 FDA의 허가와 CMS에 의한 환급에 대한 요구사항이 점차 증가하고 있으며(5.6 보험 급여 참조), 이는 임상시험의 비용과 복잡성이 시간이 지남에 따라 급격히 증가한 하나의 이유이다.[4] 기간 전향적은 어떤 장치가 테스트되기 전에 실험이 계획된다는 사실을 의미한다. 환자는 통계적으로 무작위 할당에 의해 치료 및 비교 또는 대조군으로 분류된다. 결과의 해석은 새로운 장치 또는 절차로 치료한 집단의 결과에 근거하며, 보다 확실한 접근법으로 치료를 받거나 치료를 받지 못할 수 있는 대조군과 비교한다. 전향적, 무작위, 통제 실험들의 이점은 신기술의 결과와 안전성 프로파일이 실제로 대조군 보다 우수한지 여부를 구별하기 위한 가장 큰 통계적 능력이 있다는 것이다. 이러한 종류의 실험들의 주요 단점은 위에서 설명한 간단한 실험 구조에 비해 연구를 완료하는 데 상당한 시간과 비용이 필요하다는 것이다.

어떠한 경우에는 연구 참여자(환자, 의사, 간호사, 데이터 분석가)가 사용 중인 장치를 인식하지 못하게 할 수 있는 경우, 전향적, 무작위, 통제 실험에 추가적인 엄격함을 더해 줄 수 있다. "이중 맹검"이라는 용어는 환자와 의사가 모두 치료에 대한 **정보를 모를 때** 사용된다. 예를 들어, 의사 또는 환자가 외관이나 전개에 근거하여 두 개의 스텐트의 차이를 구별할 수 없는 경우, 이중 맹검 실험은 약물 방출 스텐트 대 베어 메탈 스텐트를 평가하기 위해 수행될 수 있다. 실험을 위해, 두 스텐트 모두 어떤 환자에게 어떤 유형의 스텐트가 설치되었는지 알아내기 위해 사용된 코드 번호가 있는 별 특징 없는 포장으로 제공된다. 때로는 장치 실험에서 치료를 위해 의사에게 블라인드 하는 것이 불가능하여(예를 들어 상이한 외관을 갖는 2개의 임플란트의 비교에서) 단일 맹검 연구만 수행될 수 있다.

수행할 연구를 결정하기 전에 연구자는 연구 중인 상태에 대한 이용가능한 문헌의 철저한 검토를 완료하고 지금까지 연구된 것을 상세하게 이해하는 것을 완료할 것을 권장한다. 또한 결과를 비교할 수 있도록 이전에 발표된 연구 결과와 유사한 결과를 명시하는 것을 고려해야 한다. 이는 관찰 연구들에 특히 중요하지만 무작위, 대조 연구에서도 유용하다. 구형 장치의 이전 실험에서의 동일한 결과와 비교하여 새로운 장치의 실험에서 결과가 특별히 더 향상되었음을 증명할 수 있다는 것은 중요한 영향을 미칠 수 있다. 규제 당국, 사용자 및 지불자와의 협의는 데이터가 수집됨에 따라 수정 사항을 적용하여 최상의 연구 설계를 만드는 데 도움이 될 수 있다.

또한 이노베이터들은 신뢰할 수 있고 유익한 결과를 도출하기 위한 적은 비용의 방법을 찾는 데 초점을 맞춘 임상시험에서 새로운 동향을 조사할 것을 권장한다. 무작위 실험은 여전히 임상 연구자가 이용할 수 있는 가장 강력한 도구들 중 하나이지만, 지나친 복잡성과 높은 비용뿐만 아니라 연구 참여자를 모집하는데 필요한 시간과 그 결과가 항상 광범위한 집단에게 일반화 될 수 없다는 사실과 관련된 문제에 대하여 과학계의 인식이 증가하고 있다. 이에 대한 대응으로, 레지스트리는 업무 패턴과 추세를 설명하고, 이상치를 식별하며, 안전 신호를 탐지하는 메커니즘으로 점점 더 주목을 끌고 있다.[5] 연구원들은 비록 관찰 실험 결과는 **무작위 추출**이 없기 때문에 내부적으로 타당하지 않을 수 있음을 인정하지만, 비교의 효과성을 평가하기 위해 레지스트리를 사용한다.[6]

무작위 설험과 레지스트리 간의 트레이드 오프에 대한 하나의 대응은 무작위로 구분되는 무작위 실험이었다. 최근의 사례는 스칸디나비아의 Thrombus Aspiration ST-Elevation Myocardial Infarction (TASTE) 실험이다.[7] 이것은 뉴 잉글랜드 저널 오브 메디슨(New England Journal of Medicine)의 한 논문에 설명되어 있다.[8]

TASTE 연구자들은 중요한 임상 질문에 대한 답을 찾기 위해 대규모 실험을 계획하고 현존하는 고품질의 관찰 레지스트리의 플랫폼을 구축하여 매우 저렴한 비용으로 실험을 실시했다. 이 레지스트리를 비롯해 다른 이미 존재하는 데이터베이스에 모아지고 있던 임상적 정보를 사용하는 기발한 생각을 바탕으로, 연구자들은 재빠르게 잠재적인 참여자들을 확인하고, 긴 케이스 보고서 서류를 작성하지 않고 몇 천 명의 환자들을 입원시키고, 최소한의 노력으로 정확한 후속 조치를 취해 해당 연구결과를 보고할 수 있었다. 이 모든 과정은 통상적인 프로세스보다 훨씬 적은 비용으로 이뤄졌다. [국립보건원에서 주어지는 개인 연금 보조금 기준 비교] 연구자들은 무작위 추출 과정에서 연구분야의 ST-분절 상승 심근경색으로 치료를 받은 환자의 대다수를 포함시켰기 때문에, 그들의 연구결과는 크게 일반화가 가능하다고 볼 수 있다.

이러한 특정 접근법이 모든 상황에 적용 가능하진 않지만 실험 설계 및 실행에서 새로운 기회를 열 수 있는 혁신적인 사고를 대표한다. 또 다른 사례는 **증거 기반** 연구의 더 나은 구현을 통해 임상 연구를 향상시키려는 미국의 환자중심성과연구소(**PCORI**; Patient-Centered Outcomes Research Institute)의 연구에서 발견할 수 있다. PCORnet 프로그램을 통해 연구자 주도형에서 환자중심 연구로의 변화를 촉진하기 위한 모델을 실험하고 있다.[9]

기타 실험 명명법

FDA의 규제 허가를 얻기 위해 수행 된 연구와 관련하여 **"지침**

(pilot)"이라는 용어는 초기 임상시험을 설명하는 데 사용되며 일반적으로 레지스트리로 수행된다. 허가(그리고 가능하다면 상환)를 위해 수행된 최종적인 임상시험은 **"중추적인"** 실험으로 알려져 있다. **"시판 후"** 연구는 장치의 상업적인 허가 후에 수행된 시험을 의미한다. 이러한 연구는 PMA 장치의 허가 조건으로 요구되는 경우가 많지만 단계별 임상시험 전략의 일부로 다른 목적으로도 사용할 수 있다(지침, 중추 및 시판 후 연구 그리고 의약품산업의 실험 비교에 대한 더 자세한 정보는 온라인 부록 5.3.1 참조).

임상시험 설계에서의 기본적인 문제

특정 실험을 설계할 때, 이노베이터들은 실험의 가설, 종점, 그리고 그것의 통계적인 능력과 크기를 포함하는 중요한 요인들의 수를 고려해야 한다.

가설

임상시험 계획은 가설로 시작하여 연구에서 증명하거나 반증한다. 일반적으로 이것은 대조군과 관련하여 새로운 장치 또는 절차로 치료된 환자에서 얻은 결과(종점)를 비교한 형태이다. 예를 들어, 안과학 실험을 위한 가설은 새로운 인공 수정체 렌즈가 기존 렌즈에 비해 우수한 시력과 동등한 안전성을 제공할 수 있다는 것일 수 있다.

미국에서의 FDA 규제의 목적상, 이노베이터나 기업은 연구 대상 장치가 기존 기준과 동일하거나 "열등하지 않다"는 가설을 정의할 수 있다. 즉, 결과는 통계적으로 구분되지 않는다. 통계적 관점에서 동등성은 대개 우월성을 입증하는 데 필요한 것보다 훨씬 작은 실험으로 입증될 수 있다. 상당한 액수의 돈을 절약할 수 있고, 장치의 성능을 기반으로 경쟁에 대비하여 여전히 효과적으로 판매할 수 있기 때문에 기업은 자사의 장치가 경쟁 업체보다 우수하다고 생각하더라도 동등성 실험을 착수할 수 있다.

종점

새로운 장치 및 절차의 효과성은 종점의 형태로 측정된다. 종점(endpoints)은 연구가 충족될 수 있도록 설계된 이상적으로 증명되고, 수량화된 매개변수이다. 종점은 임상적 사용을 위해 요구되는 규제 요구와 관련이 있다. 잘 설계된 연구는 기업, 연구자, 및 규제기관이 동의하는 장치 또는 시술이 평가되는 주된 기준이 되는 하나 이상의 **주요 종점**이 될 것이며, 그 연구는 능력 관점에 초점을 맞출 것이다. 과학적으로나 임상적으로 관심 있는 **2차적인 종점**이 있을 수 있지만 일반적으로 규제 허가을 받지는 못한다(예: 상환을 위한 비용 효율성을 결정하기 위한 종점). 모든 연구에 적합한 종점을 선택하는 것은 대단히 중요하며, 이는 보통 기업과 규제 기관 사이의 주요 협상 포인트가 된다.

유용하게 사용하려면 종점은 측정 가능하고 가능한 한 명확해야 한다. 예를 들어, 결과가 삶의 질(예: 테니스 엘보를 위한 새로운 치료법)이 향상되는 상황일지라도 그 결과를 측정하는 몇 가지 방법 사용해야 한다(예: 개선 정도를 측정하기 위해 고안된 정량적 설문지). 또 다른 중요한 고려사항은 합리적인 기간에 실험 종점을 달성할 수 있어야 한다는 것이다. 새로운 심장 장치는 수명을 연장시킬 수 있는 잠재력을 가지고 있지만 기업은 이 점을 통계적으로 증명하기 위해 40년이 소요되는 실험에는 관심이 없을 것이다. 이 경우에는 **대리 종점**을 선택해야 한다. 심장 사례에서, 예를 들면 대리 종점은 이전 연구에서 생존과 상관관계가 있는 변수인 심장의 펌핑 기능 및 혈액 공급의 핵의학 측정치를 측정하는 척도가 될 수 있다.

중요한 것은 전향적으로 식별된 경우에만 종점의 통계적 능력이 유지된다는 것이다. 실험 후 데이터 분석("데이터 준설")은 예상치 못한 일부 환자의 하위 집단이 장치로부터 특별한 혜택을 얻는 것으로 보일 수 있음을 시사한다. 그러나 이를 확실하게 증명하기 위해서는 새로운 실험에서 이 종점을 전향적으로 테스트 하는 것이 필요할 것이다.

임상시험 종점을 결정하기 전에 임상시험을 후원하게 될 이노베이터 또는 기업은 연구 중인 상태를 위해 이용 가능한 문헌의 철저한 검토를 완료해야 하며 지금까지 배운 내용을 자세히 이해해야 한다. 또한 결과를 비교할 수 있도록 이전에 발표된 연구 결과와 유사한 결과를 선택하는 것이 도움이 될 것이다. 이는 관찰 연구에 특히 중요하지만 무작위 통제 연구에도 유용하다. 기존 장치의 이전 실험에서의 동일한 결과와 비교하여 새 장치를 테스트했을 때 결과가 훨씬 더 낫다는 것을 입증할 수 있는 방법은 상당한 영향을 미칠 수 있다.

통계적 능력 및 실험 규모

실험 설계에서 가장 중요한 쟁점 중 하나는 연구에 포함시킬 환자의 수이다. 적절하게 설계된 실험은 가설을 적절하게 검정하기 위해 치료 집단과 대조 집단에서 얼마나 많은 환자들이 요구되는지 결정하기 위해 **"전력 계산"**을 사용한다. 이 계산은 새로운 치료법이 1차 종점에 미치는 영향을 가장 잘 예측한 것이다. 예를 들어, 비만에 대한 새로운 기술이 예비 관측 연구에서 테스트 되었고 연구 그룹의 체질량 지수(BMI)를 20% 감소시키는 것으로 나타났다. 기업과 연구원들은 10% BMI 감소의 주요 종점을 제안할 수 있었다. 이것은 장치가 실제로 BMI를 10% 감소시킨다면, 실험 결과는 그것을 입증할 것이라는 것을 의미한다. 그러면 임상시험은 가설 검정을 수행하기 위해 데이터를 수집할 것이다. 귀무가설은 차이가 없다는 것이며, 대체가설(연구가설)은 10% 개선이 있다는 것이다. 만약 차이가 있다면 귀무가설은 기각될 것이다.

그것은 1:1 모델 외에 무작위 추출의 다른 형태를 사용하여 전력분석의 목표를 달성하는 것이 가능할 수도 있다. 예를 들어, 대조군이 비교적 잘 아는 절차나 기술을 통해 치료받을 때, 2:1 무작위 추출을 수행하는 것이 가능할 수 있다(즉, 새로운 치료를 받는 그룹은 대조군 그룹 규모의 두 배가 될 것임). 이 접근법은 결과의 중요성에 부정적인 영향을 미치지 않으면서 실험의 규모와 비용을 감소시킨다(통계 설계에 대한 기본 지침은 온라인 부록 5.3.2 참조).

임상시험 계획 및 운영

실험의 설계 외에도 이노베이터는 다음 절에서 설명하는 대로 실험을 계획하고 준비하기 위해 일련의 중요한 문제를 해결해야 한다.

연구자 및 센터 선택

임상시험의 후원자로서 이노베이터나 기업은 점점 더 중요한 기준으로 임상시험 경험, 임상시험 결과 보고 기록, 현장에서의 위상, 지원 인력의 질, 그리고 재정적 이해 상충으로부터의 자유를 포함하는 여러 가지 고려사항을 바탕으로 실험을 위한 한 명 이상의 연구 책임자(PIs)를 선정할 것이다. 일반적으로 PI들은 기업이 실험을 수행하기 위해 추가적인 연구자들을 선택하는 데 도움을 줄 것이다. 이 시험자들은 유사한 장치 또는 절차에 대한 그들의 기술적 능력, 환자를 신속히 등록할 수 있는 능력(일반적으로 더 큰 행위를 의미), 임상시험 경험, 동료들 사이의 평판, 연구지원 인력의 효율성, 그리고 지리학적 위치를 기반으로 선택된다.

문헌 조사를 통해 높은 생산성을 지닌 시험자를 찾는 것이 용이해질 수 있다(설계 중인 것과 유사한 이전 연구들에 참여한 기여자들을 찾는다). 특정 치료 영역에서 근무한 여론 조사 기업 및 계약 연구 기관(CROs)도 도움이 될 수 있다. 그러나 신참자(특정 분야에 익숙하지 않은 의사)들은 종종 실험에 상당한 기여를 할 수 있으므로 간과해서는 안 된다. 많은 유망한 의사들이 업적을 남기는 데 굶주려 있다. 임상시험을 통해 가장 유명한 의사들과 관련되는 것은 이러한 새로운 의사들에게 큰 동기부여가 될 수 있으며, 결과적으로 덜 알려진 장소들로부터 중요한 등록을 할 수 있다.

일반적으로 임상시험에 관여하는 모든 시험자와 그들의 기관들은 모든 데이터의 정확한 기록 및 합병증의 시기적절한 보고를 포함하는 그들의 특정 의무를 명시하는 실험 스폰서와 계약을 체결하게 될 것이다. 이 계약은 또한 연구 과정에서 만들어진 새로운 발견(IP)에 대한 배상 및 소유권 양도를 다루고 있다. 연구자들과 그들의 센터는 그들의 시간(및 직원의 시간), 여분의 장비, 테스트, 병원 시간, 그리고 기타 비용 등을 포함하여 연구를 수행하는 대가로 비용을 상환 받는다. 연구자들이 대학의 교수진일 경우 대학과의 계약이 이루어지며 일반 대학 인프라를 지원하기 위해 "간접적인" 요금(일반적으로 25~50%의 추가)이 추가된다. 이노베이터들과 기업들은 계약을 맺고 있는 기관의 유형에 따라 계약 완료까지 2~12개월 정도 소요될 것으로 예상해야 한다.

연구원 및 센터의 수는 실험 규모 및 예상되는 등록률에 따라 달라진다. 실제로 등록자 수는 연구자가 믿는 것보다 훨씬 느리게 나타난다. 이 위험을 관리하는 데 도움이 되는 대략적인 경험에 의거한 법칙은 스폰서가 예상한 등록 속도보다 절반 정도 빠르게 예산을 책정하고, 각 센터의 총 등록자 수는 예상치의 절반 수준으로 책정해야 한다.

임상시험 의료기기의 적용 면제

4.2 규제의 기초에서 언급했듯이 환자에게 위험이 있으며 미국에서 규제 제출을 지원하는 데 사용될 데이터가 있는 대부분의 임상 연구에는 임상시험 의료기기의 적용면제(IDE)가 필요하다. IDE는 FDA 제출을 지원하기 위해 필요한 안전성 및 효과성 데이터를 수집할 수 있도록 시판 전 장치를 사람에게 테스트할 수 있게 한다. PMA의 경우 IDE가 지원하는 임상 연구가 항상 필요하다. 반대로, IDE는 임상데이터가 필요한 510(k) 제출물 중 적은 비율을 지원하기 위해서만 필요하다. IDE는 또한 법적으로 판매되는 장치의 약간의 수정이나 새로운 용도의 임상 평가를 다루기 위해 사용될 수도 있다[10](예: 인가되지 않은 약품 사용).

IDE 프로세스의 목적은 연구자가 "제안된 조사에서 인간 피험자에 대한 위험이 피험자에 대한 예상 이익과 얻어지는 지식의 중요성보다 더 중요하다고 생각할 수 있는 근거가 있음을 입증하고, 과학적으로 건전하며 사용을 위해 제안된 장치가 효과적일 것이라고 믿을만한 이유가 있음을 입증하는 것"을 보증하기 위한 것이다.[11] 허가된 후, IDE는 상업적 유통에서 장치에 대한 FDA 요구사항을 준수하지 않고 임상시험을 수행하는데 합법적으로 사용될 장치를 허가한다. 장치가 IDE 요구사항에서 제외되는 경우를 제외하고, 연구를 시작하기 전에 실험용 장치가 포함된 모든 임상시험에는 허가된 IDE가 있어야 한다.[12]

IDE를 얻기 위해서는 연구자가 IDE 신청서 제출을 완료해야 한다. 5.4 규제 전략에서 논의된 바와 같이, FDA 및 IDE 사전 회의를 통한 초기 의사소통은 IDE 프로세스를 통해 보다 효율적인 허가를 촉진하는 데 도움이 될 수 있을 뿐만 아니라 규제 허가를 위해 원하는 혹인 필요한 종점을 지원하는 연구 설계를 개발하는 것을 지원하는 데 도움이 될 수 있다. FDA는 30일 이내에 모든 IDE 지원서에 응답해야 한다. 처음 30일 동안에는 IDE가 거의 허가되지 않지만 FDA는 신청자에게 피드백을 제공하고 이 기간 내에 추가 정보를 요청해야 한다. 신청서가 승인되기 전에 종종 기관과 일련의 의견 교환을 위한 커뮤니케이션이 필요하다. 만약 30일 이후에 FDA가 IDE 신청서에 응답하지 않은 경우, 기업은 자동적으로 연구를 진행하기 위한 권한을 허가받게 된다.

연구 기간 동안 연구원들은 다음을 포함한 특정 IDE 요구사항을 준수해야 한다(그러나 이에 국한되지 않음).

- 연구를 수행할 장소는 임상시험심사위원회(IRB)로부터 사전 허가를 얻고, 실험의 실행을 통해 IRB와 협력한다.
- 연구에 참여한 모든 환자로부터 사전 동의를 얻는다.
- 연구에 사용하기 위한 장치에만 표시기재사항을 붙인다.
- 연구를 주의 깊게 모니터링한다.
- 필요한 모든 기록 및 보고서를 작성한다.

드문 경우지만, FDA는 IDE가 허가된 임상시험의 일부가 아닌 환자를 위해 임상시험 장치를 사용할 수 있도록 허용한다. 이러한 사용은 명확히 정의된 비상 상황용, 동정적 사용, 치료용 또는 지속적인 접근하에 허용된다(자세한 정보는 온라인 부록 5.5.3 참조).[13]

임상시험 심사위원회의 허가

일단 IDE가 확보되면, 연구자들은 연구가 시작되기 전에 IRB의 허가를 얻어야 한다(연구가 IDE 면제인 경우, IRB 신청서 제출은 실험 프로토콜의 설계를 따르는 첫 번째 단계임). 임상시험이 수행되는 각 장소에는 연구 대상자의 권리, 안전 및 복지를 보호할 책임이 있는 IRB가 있다. IRB는 직접 개발 및 관리하거나 제3자 제공업체와 계약하여 관리할 수 있다. 두 시나리오 모두에서 IRB는 FDA에 의해 규제되며, 정책 및 관행은 정기적인 검토 및 인증의 대상이 된다. IRB는 일반적으로 임상의, 간호가 및 한 명 이상의 병원 관리자로 구성된다. 최적의 IRB에는 통계 전문가, 의료 윤리 전문가, 그리고 한 명 이상의 "전문 지식이 없는 일반" 대표자(지역사회 지지자, 성직자, 또는 직업 전문가 등과 같은)로 구성된다. IRB는 연구의 합병증을 모니터링할 책임이 있으며, 또한 많은 경우 연구자나 그들의 기관과 이해 상충의 문제에 대한 심사 지점으로서 역할을 한다.

임상 연구 팀장은 연구가 수행될 각 기관의 IRB 신청서 작성을 담당한다. 이 신청서는 장비를 설명하고, 제안된 임상 연구 및 실험의 종점을 간략히 설명하며, 표본 환자 동의서를 포함한다. IRB는 공식적으로 이 신청서를 검토하고 연구를 허가하기 전에 필요에 따라 수정을 요청한다. 이 프로세스는 보통 완료하는 데까지 몇 개월이 소요된다. IRB의 회원이 얼마나 자주 만나고 그들이 어떻게 협력하는지에 따라 더 많거나 또는 더 적은 시간이 필요할 수 있다.

지역 IRB들은 종종 FDA가 지정한 일반적 요구사항 이외의 추가 정책 및 제한사항이 있음을 알아두는 것이 중요하다. IRB들은 펜실베이니아 대학에서 1999년 유전자 요법 실험에 등록한 환자의 사망에 대한 결과의 일환으로 최근 정밀 조사를 받았다. 18세의 Jesse Gelsinger와 관련된 이 사건에서 IRB가 연구의 안전성과 보호제도가 적절하게 검토되지 않았다고 주장되었다. 게다가, 연구자들은 연구에 포함된 위험의 범위에 대해 연구 참여자들에게 충분히 조언하지 않았고,[14] 그들에게 유전자 요법 실험과 관련된 예상치 못한 부작용을 보고하도록 요구하는 모든 연방 규정들을 따르지 않았다.[15] Gelsinger 사건은 다른 사건과 함께 IRB 개혁과 인간 연구 피험자의 개선된 보호를 위한 촉매역할을 했다. 2000년 6월, 연구위험 보호사무국(OPRR)은 공식적으로 인체연구방지사무국(OHRP)으로 개명되었고, 국립보건원(NIH)에서 보건사회복지부로 또는 FDA를 감독하는 보건후생부(HHS)로 이전되었다. 이 조치는 연발 시스템에 의해 감시되는 인간 연구 보호의 가시성과 책임성 모두를 높이기 위한 것이다.[16] 이 임무를 수행하기 위해 OHRP는 미국 및 해외의 거의 10,000개의 대학, 병원 및 기타 연구 기관과 인간 피험자의 보호와 관련된 규제를 준수하겠다는 공식적인 협정을 체결했다.[17]

각 IRB는 자체적인 관리체제를 유지하기 때문에, 실험 스폰서들은 기관 간에 일관성이 없는 경험을 가질 수 있다. 스폰서들과 연구자들은 각 IRB의 요구사항을 충족시키기 위해 **임상 프로토콜**(특히, 사전 동의 문서)를 수정할 준비를 해야 한다. 스폰서는 각 장소에 대한 적절한 문서 관리를 보장하는 책임이 있으며, 여러 장소를 이용하는 실험에 대한 복잡한 제어/관리 문제를 제기할 수 있다. 또한 많은 IRB가 서비스 비용(지속적인 검토뿐만 아니라 연구의 초기 검토 및 허가까지)을 청구한다는 점도 중요하다. 초기 검토는 어디에서나 2,000달러에서 4,000달러에 이르는 반면, 진행 중인 검토는 6개월에서 12개월마다 1,000달러에서 2,000달러까지 범위를 포함할 수 있으며, 이는 스폰서가 지불하는 수수료를 통해 지불될 수 있다.

환자 등록

환자는 연구자와 그의 직원에 의해 연구 대상으로 선별된다. 신중한 실험 설계, IRB 검토, 그리고 환자 옹호의 현대적인 시대에서, 피험자를 등록하기 위한 연구자들의 능력은 임상 연구에서 속도 제한 자원이 되었다.[18] 이 문제에도 불구하고, 이노베이터와 기업은 실험을 등록하기 위한 모든 지침과 요구사항을 신중하게 고수해야 한다(그림 5.3.4 참조).

환자가 새로운 장치 및 약물 실험에 참여하기 위해 동의하는 것에 대하여 점점 더 조심스러워 한다는 것은 사실이다. 최근 기사에서는 심장 제세동기 실험에 참여하는 것에 대한 환자의 관점을 다음과 같이 요약했다. "장치가 작동하지 않을 가능성이 50%이고 FDA-승인 장치가 이미 시판 중이라고 가정할 때 실험용 심장 제세동기 실험(대조군)에 대한 등록 하시겠습니까?"[20] 임상시험을 후원하고 수행하는 사람들의 경우, 임상 연구를 위해 지원하는 것은 환자와 그 가족의 편에서 관대하고 공적인 도움의 행위라는 중요한 사실을 명심하는 것이 중요하

그림 5.3.4
오늘날의 환경에서 이노베이터는 인간 연구를 수행할 수 있는 기회를 놓치지 않도록 주의를 기울여야 한다.[19]

다. 결과적으로, 연구 참가자들은 모든 존경과 감사를 마땅히 받아야 한다.

환자를 연구에 등록시키는 과정은 세심해야 하며 종종 많은 시간이 소요된다. 피험자는 자신의 상태와 건강 수준이 장치 표적 고객과 일치하는지 확인하기 위해 신중하고 철저하게 평가해야 한다. 이것은 상세한 검사를 통해서 이루어진다.[21]

- **포함기준**(Inclusion Criteria) – 임상시험에 참여하기 위해 피험자가 가져야 하는 특성 또는 징후. 예를 들어 새로운 척추 디스크가 검사되고 있는 경우, 참가자는 연구에 포함될 추간판변성의 특정 부위를 증명해야 한다.
- **제외기준**(Exclusion criteria) – 피험자가 임상 연구에 참여하지 못하게 하는 특성 또는 금기사항. 예를 들어, 개인적으로 융합 수술을 받았거나 척추 관절염 환자는 이미 치료하고자 하는 것과 상당한 차이가 있기 때문에 제외될 수 있다.

세심한 환자 검사는 치료의 연속체에서 복수의 참가자들이 포함된다. 우선, 환자는 올바르게 진단되어야 한다. 그런 다음 의사는 환자가 자격을 갖출 수 있는 임상연구에 대해 잘 알고 있어야 한다. 연구원들은 실험 기준에 맞는지 확인하기 위해 종종 환자에게 다른 요구사항과 검사절차를 적용한다. 동시에 환자들은 다른 헬스케어 전문가로부터 상담을 받을 수도 있는데, 이는 특히 그들이 질병에 관하여 스트레스를 받거나 생활 변화 소식을 다룰 경우에 그렇다.

환자가 여러 가지 방법에서 실험 참여를 통해 이익을 얻을 수 있음을 명심해야 한다. 새로운 기술이나 절차는 진료의 실질적인 향상을 나타낼 수 있다. 대조군에 배정되더라도, 환자는 추가 검사 및 제공자 방문을 포함하여 실험 참가자에게 제공되는 향상된 의료 수준의 혜택을 누릴 수 있다. 환자는 또한 연구에 참여함으로써 자신의 상태에 대해 더 많은 것을 알 수 있는 기회를 갖게 된다. 일부 연구는 특히 환자가 추가 평가 나 검사를 받기 위해 복귀해야 할 필요가 있는 경우 환자에게 실험 참여에 대한 보상을 제공할 것이다. 마지막으로, 그리고 아마도 가장 중요한 것은 많은 환자들이 진정으로 다른 사람들에게 봉사하고자하는 욕망에 의해 동기 부여를 받는다. 스스로 고통을 겪은 후에, 그들은 다음 환자의 의학적 문제를 줄이거나 제거하기 위해 할 수 있는 일을 위해 영감을 받는다.

사전 동의 및 환자 보호

연구에 참여하기 전에 환자는 서면 사전 동의를 제공해야 한다. 실제로 이는 누군가가(일반적으로 의사가 절차를 수행하지 않음) IRB가 허가한 동의서 양식을 환자와 함께 검토하고, 연구의 위험 및 이점을 설명하고, 질문에 답변하고, 환자 또는 보호자의 형식에 따른 서명을 얻는 것을 의미한다. 동의서는 환자가 연구 중 언제든지 철회할 수 있는 기회를 제공하며, 이를 통해 실험에 부정을 감지하거나 기타 문제가 있는 경우 접촉할 수 있는 제3자를 확인할 수 있다.

필수 정보에 의한 동의를 포함하여 인간 연구 피험자의 보호를 관리하는 기준은 20세기 초반에 수행된 몇 가지 부끄러운 실험에서 비롯되었다(가장 주목할 만한 것은 나치 독일에서와 알라바마의 터스키기(Tuskegee)의 경우). 임상 연구 분야가 체계화되고 잘 확립되었기 때문에 1940년대에 사전 동의의 기준이 등장했다. 오늘날, 국제 표준에 정의된 대로 인체 피험자를 대상으로 한 연구에서 사전 동의를 위한 요구사항은 모든 국가에 존재한다.

새로운 연구용 장치는 정의상 인간에게 실험되어지지 않았으므로 임상시험에 참여한 피험자에게는 일정 수준의 위험이 존재한다. 장치 침습성과 절차 복잡성 수준이 높아짐에 따라, 위험 수준도 높아진다. FDA에 따르면, "임상실험 참가자에게 위험을 통제하기 위한 노력이 있지만, 새로운 의료 제품을 포함하는 임상 연구에 내재된 불확실성 때문에 일부 위험이 불가피할 수 있다. 그러므로 사람들이 전체 과정과 위험 요소를 완전히 이해한 후에만 임상시험에 참여하는 결정을 내리는 것이 중요하다."[22] 이 철학은 사전 동의를 위한 FDA의 정책의 핵심이며, 그 진술은 다음과 같다.[23]

> 연구자가 피험자 또는 피험자의 법적 대리인의 합법으로 유효한 사전 동의를 얻지 않는 한 [FDA] 규제가 적용되는 연구 대상에 그 사람을 포함시킬 수 없다. 연구자는 참여에 대한 여부와 강요 또는 부당한 영향을 최소화 할 수 있는지 여부를 고려하는 것을 통해 예비 대상자 또는 대리인에게 충분한 기회를 제공할 수 있는 상황에서만 그러한 동의를 구해야 한다. 피험자 또는 대리인에게 제공되는 정보는 그들이 이해할 수 있는

언어로 작성되어야 한다. 구두 또는 서면 여부에 관계없이 정보에 입각한 사전 동의에는 해당 주체 또는 대리인이 그 피험자의 법적 권리를 포기하거나 포기한 것처럼 보이는 모든 조건어, 또는 연구자, 후원자, 기관 또는 그 대리인을 직무 태만에 대한 법적 책임으로부터 해방시키거나 면제하는 것으로 보이는 모든 표현을 포함할 수 없다.

데이터 입력 및 모니터링

많은 의료기기 실험에서 장치가 사용되는 시간은 일반적으로 집중적인 데이터 수집이 수행되는 연구에서 중요한 부분을 나타낸다. 일반적으로 이것은 만남에 대한 모든 관련 정보를 수집하는 연구 간호사나 기타 숙련된 전문가에 의해 수행되어진다. 주요 데이터는 파일이나 공책(그림 5.3.5 참조) 또는 더 최근에는 전자 데이터 캡처를 통해 문서화하여 조심스럽게 보관될 수 있다. 품질 보장을 위해 주된 데이터를 정기적으로 모니터링 하고 연구자의 프로토콜 준수 여부를 평가하는 것은 후원자의 책임이다. 프로토콜 위반은 조심스럽게 문서화되고 추적되어야 한다. 연구자는 데이터 품질이나 프로토콜 준수에 문제가 있는 경우, 실험에 계속 참여하는 것에 대해 종종 상담을 받는다. 또한 이 전체 프로세스는 규제 기관의 감사 대상이다.

핵심 실험실

임상 연구의 특정 종점은 특별한 **핵심 실험실**에서 분석될 수 있으며, 필요한 양적 측정을 하기 위해 전문 장비 및 전문 지식을 갖춘 임상 과학자가 배치된다. 또한 이러한 핵심 실험실은 연구자 및 후원자와 독립적인 데이터 분석에 대한 일관성과 객관성 수준을 추가한다. 핵심 연구소는 대학 또는 사설 임상 연구기관에 있을 수 있다. 예를 들어, 관상동맥 스텐트의 임상시험은 스텐트 삽입 전후의 동맥의 방사선 이미지(혈관 조영술)를 주의 깊게 평가하는 주요 혈관 조영술 실험실을 일상적으로 사용한다. 핵심 실험실은 일반적으로 환자 당 기저로 요금이 청구되며 FDA의 감사 대상이 된다.

임상 사건 위원회

환자에게 해를 가할 수 있는 잠재력을 가진 연구는 임상 사건을 평가하기 위한 메커니즘이 포함되어야 한다. 임상적 사건은 연구 과정에서 발생하는 임상적 징후 또는 증상이다. 이러한 사건에 대한 모니터링은 종종 독립적인 검토위원회를 통해 수행된다. 임상 사건 위원회(CEC)는 보통 임상 사건을 독립적으로 판결하고 연구자와 연구 후원자에게 결과를 보고하는 업무를 부여받은 임상의들과 통계학자들로 구성되어 있다. 임상 사건은 일반적으로 부작용(AEs) 또는 심각한 유해 사례

그림 5.3.5
임상 연구 간호사와 코디네이터는 등록된 모든 환자에 대한 상세한 기록을 보관해야 한다(Todd Brinton의 허가를 받아 사용).

(SAEs)로 선별된다. 위원회는 결정해야 한다. 만약 그의 회원들이 그 사건과 절차 또는 기술이 관련이 없다고 생각하는지, 관련이 있을 수도 있다고 생각하는지, 아마도 관련이 있을 것이라고 생각하는지, 또는 관련이 있다고 생각하는지를 결정해야 한다. 예를 들어, 새로운 심박조율기를 받은 환자가 수술 후 장기간에 걸쳐 통증을 경험하고, 궁극적으로 삽입 몇 주 후에 이식물의 감염이 발생한다고 가정해보자. 위원회는 모든 검사를 포함하는 병원 기록 및 보고서를 검토하고, 아마도 이 AE가 수술 및 장치와 관련된 통증이라고 간주할 수 있다. 또한 감염이 수술과 관련된 SAE로 판단할 수 있지만 감염 가능성이 장치 자체가 아닌 수술 부위의 오염의 결과일 가능성이 높기 때문에 기술과 관련이 있을 수도 있을 것으로 판단할 수도 있다. 이러한 결과는 임상시험의 안전성 종점에 영향을 미치는 중요한 데이터 기준점이다. CEC의 회원들은 후원자에 의해 보상을 받지만, 그 기업에 대해서는 더 이상 재정적인 유대관계를 가질 수 없다. CEC의 보고서는 규제 기관에 의해 감사를 받을 수 있어야 한다.

데이터 안전 검토 위원회

상당한 크기의 실험은 일반적으로 환자가 연구에 의해 의도치 않게 피해를 입지 않도록 하기 위해 실험 중 사전 지정된 시점에서 예비 결과를 검토하기 위한 독립적인 데이터 안전 검토 위원회(DSMB)가 있을 것이다. DSMB는 초기 실험 결과가 예상된 결과 범위 내에 있고 실험을 계속할 수 있도록 허용하는 것을 결정할 수 있다. 그것은 치료 그룹에서 예기치 않은 나쁜 결과를 기반으로 임상시험을 종료할 수 있고 또는 예기치 않은 좋은 결과를 기반으로 조기에 종료될 수 있다(대조 치료를 계속하는 것이 더 이상 윤리적이지 않은 경우).

임상시험 관리

일단 임상실험이 시작되면 이노베이터는 실험의 시기적절하고 효과적인 완료를 보장하기 위해 다음과 같은 다수의 지속적인 관리 문제를 해결해야 한다.

연구 현장 직원

무작위, 대조 실험에 필요한 고품질 연구를 수행하기 위해 각 센터에서 필요로 하는 자원들은 방대하다. 현장에서 임상시험 프로그램을 시작하고 관리하는 데 필요한 자원 외에도, 연구 센터는 각 연구를 위한 연구 간호사를 투입해야 한다. 연구 간호사는 일반적인 연구 관리, IRB 프로세스 관리 및 사례 보고서 양식의 정확한 완성을 포함하여 임상시험의 모든 단계에서 중요한 역할을 한다. 각 임상 현장(의사, 시설 및 장비를 포함하는 현장)이 프로토콜에서 요구되는 요구사항을 충족시키는데 필요한 자원을 갖추고 있는지 확인하는 것은 전적으로 후원자의 책임이다.

의뢰자 인력

대부분의 의뢰자는 팀 전체가 아닌 임상시험을 관리하는 하나 혹은 두 명의 사내 직원을 관리할 것이다(기업이 적절하다고 판단한 통제 및 지원수준에 따라 다름). 시험 의뢰자들이 일반적으로 채택한 다양한 모델은 다음과 같다.

- 기업은 CRO와 협력하여 연구의 현장 요소뿐만 아니라 데이터 관리도 할 수 있다. 일반적으로 CRO는 구성원 모집, 자격 부여 및 감사를 위해 필요한 인프라를 제공한다. CRO는 임상시험의 범위가 크고 CRO가 실행하는 연구 유형에 경험이 있는 경우 특히 유용하다. 또한 임상시험의 일시적인 성격 때문에 회사는 전체 연구자를 정규직으로 고용할 의미가 없을 수도 있다.
- 그렇지 않으면, 일부 기업은 자체 관리를 통해 임상 연구에 대한 엄격한 제어를 유지하는 것을 선호한다. 이러한 경우에는 아직 일부 CRO가 모니터링 전용, 데이터 관리, 또는 규제(IRB, ODE 등) 책임과 같은 "별도(a la carte)"의 서비스를 제공하는 것과 같은 실험의 특정 요소가 아웃소싱될 수 있지만, 실험은 여전히 내부 팀에 의해 수행된다.

스폰서, 또는 CRO는 실험의 진행 상황, 프로토콜 준수 여부 및 기타 여러 요구사항을 모니터링해야 한다. CRO를 사용할 때는 외부 조직을 신중하게 관리해야 한다. 또한 모든 계약은 기대 및 상품에 대하여 명확히 해야 한다. 아웃소싱은 계약자가 스폰서만큼 지분을 가지고 있지 않기 때문에 위험할 수 있다. 반면에 CRO는 젊은 신생기업에게 가치가 있을 수 있는 많은 경험과 전문성을 갖추고 있다. 비슷하게, 어떤 외부 파트너의 사전 예방적인 관리를 통해 이러한 이점을 활용하는 동시에 위험 요소를 최소화하는 데 도움을 줄 수 있다.

데이터 관리

데이터 관리는 아마도 임상시험의 가장 중요한 요소 중 하나일 것이다. 그러나 이 요소는 데이터가 캡처될 때까지 간과된다. 각 방문시 각각의 환자에 대해 서류 양식을 작성한다. 이러한 데이터 양식은 연구 종점의 진행 상황을 추적하기 위해 데이터베이스에 입력되어야 한다. 점차 웹 기반 데이터 캡쳐가 더 많이 사용되고 있으며, 이는 팩스나 전자메일을 통해 사건 보고서 형태를 여러모로 최소화하는 데 사용될 수 있다. 이러한 웹기반 시스템의 또 다른 장점은 데이터를 입력하는 사람이 정의된 기대치를 위반하는 값을 재확인하도록 촉구하면서 예상 한도 내에 있는 데이터(즉, 의미 있는 데이터)만을 받아들이도록 설계할 수 있다는 것이다.

임상시험 비용

언급했듯이, 의료기기 임상시험의 비용은 시판 방법에 대한 초기 예산의 상당 부분을 차지할 수 있다. 연구의 목적과 복잡성에 따라 의료기기 임상시험 비용은 수십만에서 수천만 달러까지 그 범위가 다양하다. 연구 비용은 다음에 의해 결정된다.

- 실험에 사용된 장치의 비용
- 필요한 경우, 의사 비용 및 입원비를 포함하는 절차 수행 비용
- 의료기기의 안전성과 효능을 평가하기 위한 후속 임상 방문 및 검사비용
- 임상 연구를 수행하기 위해 연구원과 기관 연구 코디네이터에게 지불하는 비용
- 교육, 모니터링 및 데이터 관리를 포함하는 실험 실시 비용
- 환자 모집 비용(광고 및 환자에 대한 지불 가능성 포함)
- 사내 관리 및 인사 비용
- CRO가 제공하는 실험 지원 및 기타 자원 비용
- IRB 비용
- 시험 결과를 독립적으로 평가하기 위한 데이터 안전 검토 위원회, 의사 자문위원회 및 핵심 연구소에 대한 컨설팅 비용

임상시험 비용은 환자당 적게는 2,000달러(예: 짧은 투병 기간을 갖는 이식 불가능한 장치)에서 많게는 1만 달러(예: 긴 투병 기간을 갖는 이식 가능한 또는 치료 장치의 경우)까지 범위가 다양할 수 있다. 투자자들은 전체 시장 기회의 크기와 같은 요소들을 기반으로 높은 임상비용이 예상된 장치에 자금을 제공할 크거나 작은 의향이 있음을 보여줄 것이다. 레스피라(Respira)팀(앞서 언급된)은 개발도상국의 환자들을 대상으로 저비용의 천식 스페이서를 목표로 했기 때문에 저비용으로 실험을 수행하기 위해 자금을 모으는 것은 장치를 판매하기 위한 확실한 상업적 기회가 없으면 어려울 수 있다. 이 가격 범위의 가장 높은 수준으로 실험해야 하는 장치를 보유한 기업들은 종종 "압도적인(blockbuster)"시장 잠재력이 있는 장치를 보유하는 것을 기대한다.

미국 내 PMA 제품 승인 절차로 인해, 임상시험 비용의 막대한 지출이 예상되는 신규 의료기기 업체들은, 재정 문제로 인해, 임상시험 과정을 조율해야 하는 일을 종종 경험한다. B 또는 C 단계 재정 진행(초기–중기) 상태에 인간 대상 1차 시험 또는 예비 연구와 일치하는 경우가 많다. C 단계에서 E 단계(중기–후기)의 재정 진행 상황은 중심 연구 단계에 해당된다(6.1 실행 계획 및 재정 모델, 6.3 펀딩 방법 참조). 재정과 임상시험 단계 간의 밀접한 상호작용은 연속값을 구성하여 자금 조성 단계로 이어지는 임상 연구의 진행과 결과 수집의 중요성을 강조한다. 이는 또한 임상 연구와 관련된 상당한 재정 부담을 시사한다. 임상 연구와 관련된 주요 문제뿐 아니라, 이 같이 막대한 비용에 대한 효과적 관리 문제의 해결을 위해 세심한 전략이 필요할 것으로 사료된다.

임상 연구 장소

연구원들은 또한 임상시험을 미국 내에서 시행할지, 해외에서 시행할지를 고려해야 하며, 연구 목적, 특히 의료기기 허가에 문제가 없는 장소인지에 근거하여, 결정을 내려야 한다. 해외에서 연구가 이루어지는 가장 흔한 이유는, 인간 대상 1차 실험의 편의를 위해서이며, 이는 환자 접근성, 신속한 등록, 비용 절감 등을 포함한다. 호주, 유럽 중동부 및 중남미 지역은, 임상시험 환경에 적합한 환경이 조성되어 있으며, 전 세계 의료기술 기업의 임상시험에 효과적이고 비용 효율적인, 유자격 연

구원을 다수 보유하고 있다. 이런 이유로, 의료기기 임상시험의 상당수가 해외에서 이루어진다. 예를 들어, 문헌 검토를 통해, 2005년의 해외 임상시험 건수는 1995년의 두 배에 달하며, 미국과 서유럽 국가 내의 임상시험 건수는 감소했다는 사실을 알 수 있다.[24]

신기술 도입가가 임상 전략의 세계화를 주장하는 또 다른 이유는, 다른 나라와 비교하여, 미국 내에서 임상시험에 착수하는 과정이 어려우며, 착수까지의 기간이 훨씬 오래 걸린다는 점 때문이다. 예를 들어, 200개 이상의 의료기기 업체 설문에 따르면, IDE 취득에 필요한 평균 기간은 약 14개월이다. 응답자들은 주요 효능 종점의 정의(27%), 주요 안전 종점의 정의(15%)의 주요 요인과 과거 대조군 사용(8%), 임상시험의 크기(12%), 통계 기술(6%), 무작위 대조군의 필요성(5%) 등의 기타 요인과 관련된 FDA와의 의견 충돌이 지연을 야기했다고 언급했다. IDE를 취득하게 되면, 기업이 FDA 규정에 부합하도록 설계된 주요 실험 시행일까지 평균 21개월이 소요되었다. 미국 내 임상시험 실행까지의 이러한 지연 때문에, 막대한 시간과 비용의 추가 발생이 야기된다.[25] 또 다른 이유는, 유럽 연합(EU) 등의 담당 기관들과 비교하여, 미국 내 기관은 보다 크고 확장된 임상시험을 요구한다는 점 때문이다. 한 논문의 저자는 "유럽의 접근 방식은, 임상 환경의 응급 상황에 대한 이해와 경험이 부족한 정부 기관보다는 의사와 그들의 임상 평가에 책임을 맡기는 것입니다."라고 언급한 바 있다.[26]

하지만, 미국 외 국가의 임상시험 규제 및 연구 감시 절차는 점진적으로 강화되고 있으며, 특히 개발도상국들은 임상시험 시행의 국제 기준을 차용하고 있는 실정이다. 예를 들어, 최근 인도는 국내에서 시행되는 임상 연구 참가 환자의 보호를 위한 새로운 규정을 입법했다.[27] 이 새로운 법의 의도는 많은 공감을 사고 있으나, 일부에서는 이 정책이 기업과 연구원들에게 부담을 가중시킨다는 비판의 목소리를 내고 있다. 4.2 규제 기본에서 언급한 바와 같이, 이 새로운 법으로 인해, 인도 내에서 시행되는 임상시험 건수가 상당수 감소할 것으로 예상은 되지만, 정책의 장기적 효과는 지켜봐야 할 것이다.[28] 하지만, 연구 중에 있는 질병의 상태와 조건에 따라, 단순히 환자의 수가 많은 해당 해외 지역에 보다 신속하게 등록할 수 있다는 점은 현재에도 동일하다.

실제 사례
임상시험 수행을 위한 임상시험 실시기준의 개요

IDE에 따라 미국에서 임상시험을 실시할 때 연구자, 스폰서, IRB 및 의료기기 자체는 모두 임상시험 실시기준(GCP)규제의 적용을 받는다. 이 규정은 재임상 연구의 실행을 위한 FDA의 GLP 가이드라인과 유사하다. 그것들은 데이터 및 보고된 결과가 신뢰할 수 있고 정확하며, 실험 피험자의 권리, 진실성 및 기밀사항이 보호되고 있다는 확실성을 제공하기 위해 임상시험의 설계, 수행, 성능, 감사, 기록, 분석 및 보고에 대한 특정 기준을 보여준다. GCP 규정에 대한 자세한 내용은 책의 도입 부분에서 찾을 수 있다.

중요하게도 IDE면제 실험은 GCP 요건만큼 강력하지 않은 자체 규정(FDA의 면제 규정에 명시됨)의 적용을 받는다. 그러나, 면제 실험이 최소한의 신뢰를 유지하려면 인간 피험자의 보호에 관한 모든 GCP요건을 준수해야 한다는 점에 주목할 필요가 있다.

기업은 해외 지역 임상시험에 대한 임상 전략을 고려할 때, 이 제품이 미국 시장 내에서 판매되며, FDA는 해외에서 시행된 연구 대상자에 대한 효용성을 국내 환자들과 동일하게 간주하지 않을 수 있다는 점을 이해하는 것은 매우 중요한 일이다. 임상 자료를 미국 규제 절차에 부합시키기 위하여, 대상 환자를 미국 내 환자와 비교해야 할 것이다(치료법 및 인종). 해외에서 수집된 자료가 FDA의 허가를 받을 수 있도록, 임상시험 착수 이전에 세심한 지침 준수가 선행되어야 한다.

FDA의 PMA 규제 허가를 위해 수행된 임상시험 대부분은 미국 내에서 시행된다. 기업들은 의료기기를 판매하고자 하는 주요 시장 국가의 등록 및 지지 기반 확충을 진행하며, 대규모 주요 연구를 위해, 세계에 분산되어 있는 연구 장소를 물색할 것이다. 하지만, 미국 시장이 최종적인 표적 시장인 경우, 주요 임상 연구는 미국 내에서 이루어져야 한다. FDA는 해당 의료기기의 초기 안전성 검증을 시행하는 IDE의 책임자로서, 해외에서 시행된 연구를 더욱 철저히 검토하는 경우가 많다. 그러므로, 본 연구는 미국 내 주요 임상시험을 준비하는 기업들에게 유용한 전략을 제공할 것이다.

임상시험에 대한 이해 상충에 대한 주의

임상시험 맥락의 이해 상충이란, 개인이나 집단이 실험 결과에 따른 이익을 두고 잠재적인 경쟁을 벌이는 상황을 의미한다. 예를 들어, 환자에게 유익한 실험 결과 도출을 원하는 동시에, 신기술 개발 기업에게 유용한 결과를 구해야 하는 것이다. 임상시험 과정을 통해, 각기 다른 **이해관계자들**이 경쟁 이득을 얻게 된다. 예를 들어, 대표 의사들은 주요 의학 학술지에 게재할 수 있는 연구 결과를 위해, 임상시험에 대한 강한 의욕을 갖게 된다. 하지만 철저한 감시 속의 이해 상충이, 제품 성공에 대한 재정적 구속이라는 점은 의심의 여지가 없다.

이익에 대한 재정 갈등은 의료 신기술 검증의 필수 불가결한 부분이다. 신기술의 임상시험에는 많은 비용이 소요되기 때문에, 이에 대한 NIH (미국 국립 보건원) 또는 FDA (미국 식품의약국)와 같은 의료 관련 정부 기관의 재정 지원은 극히 제한적일 수밖에 없으며, 이로 인해 임상시험의 재정 부담은 기업에게 전가된다. 기업들은 이런 이유로 실험 과정의 이해 충돌을 기정사실화 한다. 그러므로, 충분한 규정 검증과 조화를 유지하여, 이러한 갈등이 실험 자료에 유의한 왜곡을 유발하지 않도록 만전을 기해야 한다.

이해 충돌이 모든 조직 차원에서 발생된다는 사실에 대한 이해는 매우 중요하다. 모든 실험 참가자는 실험 결과를 통한 경제적(또는 명성이나 출판 등) 이득을 원하는 경우, 잠재적 갈등 요인을 갖게 된다. 참가자의 소속 단체 역시 이해 충돌을 갖는다. 예를 들어, 대학은 교직원이 개발한 신기술에 대한 로열티를 받게 되는 것이다. 최근, 대학들은 이 같은 재정적 이해 상충을 이유로, 신기술 장비에 대한 임상시험에 참여하지 않는 추세이다. 국립 신문사는 최근 제약 회사 및 의료기기 업체로부터 거액의 보수를 받은 다수의 의사와 병원에 관한 기사를 대서특필한 바 있다.

의사가 의료기기의 발명과 초기 개발에 참여하여, 초기 연구에 주요한 역할을 맡게 되는 경우, 특수한 상황이 발생된다. 임상의/개발자는 이러한 참여를 통해, 의료기기의 성능과 실패 요인에 대한 직접 지식을 상세히 알게 된다. 환자 안전의 관점에서, 발명과 개발 참여의 경험을 가진 의사가 1차 임상 연구를 수행하는 것이 가장 윤리적인 방법일 수 있다. 하지만, 임상의/개발자가 의료기기 개발 업체의 주요 직책 및 지분을 갖고 있는 경우가 있기 때문에, 이해 상충 완화와 관리에 조심스러운 접근을 해야 한다. 이해 상충에 대한 미국 의과 대학 연합(AAMC) 지침에 따르면, 갈등 당사자, 즉 주요한 임상 전 경험을 가진 수술의/임상의가 인간 대상의 1차 연구를 시행할 수는 있으나, 최종 임상시험 및 다기관 임상시험의 대표 연구원으로 참여하지 않을 것을 권고하고 있다.[29] FDA의 의료기기 임상 안정성 허가(이하 IDE) 절차에는, 연구가 시행되는 임상 시설에 대하여 다양한 임상시험 심사위원회(이하 IRB)가 실시하는 절차와 더불어, 상당량의 기업 자본을 소유했거나 기업에게 이해관계 컨설팅을 제공하는 연구원에 대한 공개도 포함되어 있다. 의료기기에 대한 관련 연구원의 연구 참여가 금지되어 있지는 않으나, 기업과 연구원 간의 명확한 관계를 FDA, IRB 및 연구 대상자에게 공개해야 한다.

성공적 임상시험 설계 및 관리 요령

의료기기 발명가와 기업의 임상시험 준비에 유용한 몇 가지 조언을 하고자 한다.[30]

- 각기 다른 의료 기관으로부터 환자 명단 자료를 초기 수집하여 유형을 파악하라. 이러한 연습을 통해, 전체 임상시험 속도에 대한 현실감을 가질 수 있으며, 각 임상 연구 장소의 모든 환자를 검토함으로써 우선 연구 대상자 선정에 도움이 될 수 있다.
- 통계는 자료 요약을 위한 도구일 뿐이다. 초기 지표와 문제 파악을 위해, 실제 자료를 직접 조사하라.
- 다수의 연구 대상자에 대한 소표본으로부터의 추론 판단을 주의하라. 선행 연구 결과가 사실보다 지나치게 낙관적일 수 있다는 점을 유념하여, 주요 임상시험을 설계하라. 이제껏 해당 분야에서 성취한 연구 결과에 대한 "정상성 검증 (sanity check)"을 위해, 최근까지 출판된 모든 자료를 검토하라.
- 지나치게 큰 포부를 가진 연구 설계 개발의 유혹을 뿌리쳐라. 해당 기업의 전략을 검토하여, 연구 종점에 반영될 중요한 질문의 해답 추구를 위한 연구를 계획하라.

시험 종점 선택은 매우 중요한 문제이며, 많은 임상 전문가들은 가장 적절한 종점에 대해 각기 다른 의견을 제시하기도 한다. 하지만, 해당 기업과 임상 연구원 그리고 연구 조언자들은 기술 연구를 위한 자신들의 목표를 위해 공통의 태도를 고수해야 한다. 혈관 중재 기기 업체에 대한 이야기를 통해, 임상 시험 설계 시 기업, 과학 자문 위원회, 대표 연구원 간의 상호 작용이 얼마나 힘든 도전 과제가 될 수 있는지를 알 수 있을 것이다. 이는 또한 각 임상시험을 전체 임상 전략의 중요한 각 부분으로 생각해야 된다는 점을 강조하고 있다.

현장에서 혈관 중재 기기

비즈니스 성공에 대한 임상전략과 시험 설계의 전반적인 중요성

1980년대 중반, John Simpson 관상동맥 죽종 절제술(DCA)의 개념을 개척했다. DCA 절차에서는 AtheroCath®라는 장치를 사용하여 관상동맥에서 플라크를 절단, 포착 및 제거했다. 이 장치의 필요성은 모든 환자에게 내구성 있는 결과를 제공하기 위해 경피적 관상동맥 혈관 성형술(PTCA)의 지각된 실패뿐만 아니라 심장 동맥 우회술(CABG)보다 폐색성 동맥 손상 제거를 위한 덜 침습적이고 더 비용 효율적인 해결책에 대한 이 분야의 지속적인 요구에 의해 만들어졌다.[31] Simpson은 죽종절제술(atherectomy)을 통한 플라크의 깨끗한 제거가 더 크고 작은 충격적인 내강을 만들며, 이에 따라 재협착이 적을 것이라고 생각했다.[32] 그는 이 새로운 접근법을 개발하고 상업화하기 위한 메커니즘으로 혈관 중재 기기(DVI)를 개발했다(그림 5.3.6 참조).

Allan Will이 1986년 마케팅 및 영업 담당 부사장으로 DVI에 입사하여 1987년 기업의 CEO가 되었다. 그는 "그 시점에서 대부분의 연구는 말초 혈관에서의 성공률을 관상동맥 질환으로 전환시키고 관상동맥 질환 제품을 FDA의 허가를 받기 위해 우리가 필요로 하는 것에 초점을 두었습니다."라고 회상했다. 그리고 그는 "우리는 결국 우리가 대규모 임상 연구에 참여할 것이라는 것을 알았습니다."라고 말했다. 1988년과 1990년 기업의 자문위원회의가 있던 시기 사이에, 873명의 환자를 대상으로 한 AtheroCath의 임상시험이 12개의 미국 병원에서 수행되었다. DCA의 가치는 급성 및 말기 임상 결과를 목록으로 만든 대규모 환자의 레지스트리를 사용하여 평가한 다음 이를 과거 대조군과 비교했다. Will은 말했다. "궁극적으로 최종 PMA 등록 데이터에는 약 2,000명의 환자가 포함되었습니다." "이 데이터는 일반적으로 수용된 혈관성형술 결과와 비교되었다. 이 초기 임상 연구 동안, 우리는 성공의 종점으로서 중요한 협착증에 대해 일반적으로 수용되는 50% 이상의 잔류 협착이라는 임계값을 사용했습니다." 이 연구의 데이터에 따르면 풍선 혈관 성형술로 얻은 결과보다 DCA가 더 우수하거나 더 좋은 결과를 얻었으며 DCA 이후 심각한 관상동맥 절개 및 갑작스런 폐색의 발생률이 낮았다.[33] DVI는 이 연구의 결과에 따라 1990년 9월 FDA 허가를 받았다. AtheroCath 이용은 미국의 상업적 출시 이후 빠르게 성장했다. "매출액은 FDA 승인 연도에 약 1천만 달러에서 4천1백만

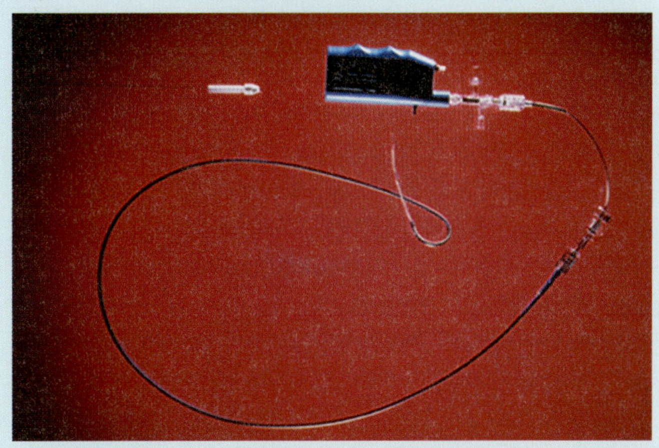

그림 5.3.6
DVI의 AtheroCath (Allan Will의 허가를 받아 사용)

달러로, 그 다음 6천만 달러, 그리고 마지막 만기해인 3년차에는 8천 4백만 달러로 증가했습니다."라고 Will은 언급했다.

그러나 DVI는 1989년 Eli Lilly에 인수되었다. Will은 "**인수**의 일환으로 Lilly는 **수익**을 포함하기를 원했고, 그 때문에 궁극적으로 지불한 가치는 실제값 대비 추측값을 기반으로 했습니다. 그리고 그들은 원래 PTCA에 비해 재협착이 50% 이상 감소한 것으로 보이는 전향적인 무작위 임상 연구의 결과를 기반으로 매우 많은 양의 이익연계지불이 제안되었는데 저는 그것이 2,500만 달러에 육박할 것으로 생각했습니다. 당시 우리는 장치가 어떻게 가설적, 전향적, 무작위적 임상 연구에 수행이 되었는지는 말할 것도 없이 우리의 승인 연구의 전체 결과를 알지 못했습니다." 더욱이, 이러한 종류의 연구는 의약품에서는 흔히 볼 수 있지만 의료기기 산업에서는 비교적 새로운 기술이다. Will에 따르면 "나는 이것이 진심으로 중재적 심장병 분야의 의료기기에 대한 최초의 무작위 임상 연구라고 믿습니다."라고 말했다.

Will과 팀은 Lilly의 경영진의 제안을 "뒤로 미뤘습니다." 그는 "우리는 단지 우리가 최종 실험을 시작하기 전에 이 장치를 가장 잘 사용하는 방법에 대하여 배울 필요가 있었습니다."라고 말했다. DVI는 궁극적으로 500만 달러까지 낮춰 임상 연구에 연계된 이익연계지불의 양을 협상할 수 있었지만, 릴리 경영진은 기업이 그 연구를 수행해야한다고 주

장했다.

절차를 더 잘 이해하고 가능한 가장 긍정적인 결과를 산출하기 위한 노력으로 DVI팀은 의도적으로 이익연계지불 기간 후반까지 실험을 연기하려고 시도했다. Will은 "우리는 이 장치를 가장 잘 사용할 수 있는 방법을 충분히 배울 때까지 연구를 수행하는 것을 피했습니다." "우리는 어떤 플라크를 제거해야 하는가? 특정 병변은 다른 병변과 비교시 죽종절제술에 대해 다르게 반응하는가? 특정 혈관이 다른 혈관보다 더 잘 반응하는가? 와 같은 질문에 대한 해답이 필요했습니다."라고 말했다. 이러한 이유로 DVI는 1991년까지 늦춰 CAVEAT 실험으로 알려질 제품을 출시했다.

Will과 그의 임상 직원도 연구 설계를 제안하기 위해 신중하게 노력했다. "우리는 최적의 죽종절제술 결과를 얻기 위해 잔여협착증을 20% 미만으로 달성하기 위해 충분한 플라크를 제거해야 한다고 확신하게 되었습니다. 그러나, 우리가 성공적인 죽종절제술을 위한 기술적 종점과 연구에서 죽종절제술을 수행하기 위한 지침으로서 제안했을 때, 몇몇의 매우 강경한 연구자들은 임상의들이 20% 미만의 잔여협착증에 이르도록 요구하는 것은 죽종절제술에 대한 연구를 **편향**시킬 수 있음을 주장했습니다. 그들은 우리에게 그 종점을 정하면 그것은 모든 혈관성형술과 비교하여 성공적인 죽종절제술만을 측정할 것이라고 말한 것과 같다고 말했습니다. 우리의 주장은 혈관성형술이 꽤 오랫동안 입증되고 수용되어졌기 때문에 성공적인 혈관성형술의 종점이 꽤 잘 알려져 있다는 것이었습니다. 우리가 하고 있는 모든 것은 임상적 종점이 무엇인지에 관해서는 아직 널리 이해되지 못했던 기술에 대해 비슷한 표준을 수립하는 것이었습니다."

명확하게 정의된 종점의 필요성은 DCA가 지향성 절차였고, 혈관성형술은 중심적이었다는 사실로 인해, 부분적으로 제기되었다. 풍선 혈관성형술이 팽창되었을 때, "그것은 혈관 주위에서 작용했습니다."라고 Will은 설명했다. "DCA을 사용하면 완전한 원주식 죽종제거술을 시행하지 않고도 훌륭한 혈관조영술의 결과를 얻는 것이 상대적으로 쉽습니다."라고 설명했다. DCA 종점을 적절하게 평가하기 위해서는 혈관을 다양한 혈관조영술에서 평가하여 수술 결과를 확인해야 했다. "또는 의사들은 혈관을 12시와 6시 방향으로 죽종절개했다고 하더라도, 혈관을 축 방향으로 내려다 볼 때 자신이 훌륭한 결과를 얻었다고 생각할 수도 있으며, 그 결과는 '잘못된' 횡단면 관점에서의 관찰을 통해 평가되어 왔습니다."

DVI는 그 사건을 적극적으로 주장했지만 "그러나 유감스럽게도, 우리는 실험에 수석 연구원을 선출했는데, 그는 무엇이든지 그가 죽종제거술 또는 기업을 선호하지 않는다는 것을 확실하게 하기 위해 매우 열정적이었습니다. 그러므로 편견에 대한 어떤 전조도 제거해야 했습니다. 결국 그것은 우리의 실패에 대한 원인 요소 중 하나였습니다. 우리는 그 논쟁에서 졌습니다. 왜냐하면 우리는 연구원 그룹에 대한 시험 설계를 효과적으로 통제하지 못했기 때문입니다."라고 Will은 말했다. 죽종제거술의 잔류 협착이 20% 미만인 종점을 정의하는 대신 DVI는 당시 협착이 심했던 시점에서 임상적으로 인정된 종점을 채택해야 했으며, 이는 50% 이상이었다. Will은 "만약 50% 미만의 재발협착증을 달성한 경우, 당신은 CAVEAT에 의한 측정으로 성공적인 절차를 완성했을 것입니다."라고 회상한다. "우리는 임상의가 20% 미만으로 달성하는 것을 '권장'하는 것을 허용했지만, 성공을 위한 기술적 종점으로 요구하는 것은 허용하지 않았습니다."

1993년 미국 심장협회 회의에 앞서 데이터를 공개할 예정이었던 초기 연구 책임자가 실험결과를 기업과 공유하는 것을 처음 거부했을 때, DVI의 문제는 계속되었다. "우리 임상시험의 연구원장은 데이터를 공개할 때까지 임상연구에 대한 통제를 유지하기로 결정했습니다. 우리는 그에게 '우리는 데이터와 질문의 답을 이해하기 위해 우리 제품을 사용하는 환자와 임상의에 대한 책임이 있습니다. 임상의가 우리의 부스에서 우리에게 다가왔을 때 우리는 무엇을 말합니까?'" 궁극적으로 DVI팀은 데이터를 확보하고 그것의 발표 준비를 신속하게 완료할 수 있었다. 그러나 윌은 "우리의 PI가 데이터를 공개하기 전에 데이터를 완전히 분석할 수 없었기 때문에 좋지 않았습니다."라고 말했다.

설상가상으로 CAVEAT 임상시험의 결과는 DCA를 이용한 초기 또는 후기 임상 및 혈관 조영술 결과에서 유의미한 향상을 보이는 데 실패했다.[34] 흥미롭게도 American College of Cardiology 학회지의 논설에 따르면 "CAVEAT의 놀랄만한 결과는 일부 연구자들이 실험의 수행에 의문을 제기하게 만들었습니다. CAVEAT는 운영자의 경험과 기술에 상당한 변화가 있는 여러 센터가 함께하는 연구였습니다. 재발협착증을 줄이기 위한 DCA의 실패는 여러 주요 DCA 센터들에 경험과 조화될 수 없었습니다. 대중적인 이론은 절차가 모든 협력센터에서 최적으로 수행되지 않았기 때문에 DCA는 CAVEAT에서 제대로 수행되지 않았다는 결과로 발생했습니다."[35] 두 가지 추가적인 연구(BOAT 및 OARS)는 이 기술에 대한 실질적인 경험뿐만 아니라 절차에서 DCA에 대한 강한 의지를 통해 병원에서 차후에 완료되었다. 이러한 실험들에서, 일반적으로 보조 풍선 혈관성형술과 결합한 진취적인 죽종제거술은 단독으로 시행된 풍선 혈관성형술과 비교했을 때, 재발협착증 비율이 크게 감소했다. 그러나 많은 사람들에게 이 결과는 "너무 늦었습니다."라고 묘사되었다.[36]

CAVEAT 실험 결과에 비추어, Will은 "사업에 지장을 주었습니다."라고 인정했다. 그러나 그는 계속해서 "사업에 훨씬 큰 영향을 미쳤던 것은 스텐트가 등장하고 있었다는 것입니다. 그 당시 스텐트 시술의 주요 단점은 급성 혈전증으로 인식되었습니다. 바로 그때, Antonio Colombo 박사는 스텐트 시술 후 급성 혈전증은 스텐트의 불완전한 팽창에 의한 것임을 발견했습니다. 그래서 임상의들은 '오, 이제 나는 스텐트를 설치할 수 있고 우리가 경험해온 급성 혈전증 문제를 갖지 않을 수 있으며, 그 절차는 혈관성형술보다 오래 걸리지 않는다. 그리고 아마도 나는 죽종제거술 만큼 좋은 결과를 얻을 수 있지만 죽종제거술은 대략적으로 평균 2배 정도의 시간이 더 소요되는 훨씬 더 힘든 작업이었다.'라고 생각하기 시작했습니다. 따라서 CAVEAT가 가진 구체적인 영향을 평가하는 것은 어렵습니다. 분명히 그것은 부정적이었고, 스텐트 시술에서 나온 이 발견에 취약할 수밖에 없었습니다. 우리가 그 연구에서 우리가 재발협착증 비율을 낮추었다는 것을 확실히 입증했다면 ... 아마도 사람들은 죽종제거술을 포기하기 전과 스텐트 시술이 실행되기 전에 잠재적이고 무작위적인 결과를 갖기 위해 스텐트 시술을 원했을 것입니다. 대신에, 그들의 스텐트 시술은 전향적 무작위 임상 연구가 발표되기 전에 유행이 시작되었습니다."라고 말했다.

Will은 임상시험을 계획 중인 기업가와 기업에 어떤 조언을 할 것인지 물었을 때, 이렇게 말했다. "우선, 실험을 점진적인 구성 요소로 보세요. 어떤 하나의 실험을 본질로 그리고 궁극의 목적이라고 생각하지 마세요. 첫 번째 연구에서 보여줄 필요가 있는 것과 앞으로의 연구에서 증명해야할 것에 대해 신중하고 전략적으로 생각해 보세요. 당신은 장치를 사용하거나 최적화하는 방법을 배울 것이고 이를 당신의 임상시험 전략에 반영할 것을 인식하세요. 오늘날에는, 불행하게도, 오늘날에 기업들은 FDA에 의해 최초의 대규모 임상연구를 통해 장애물에서 벗어나 전향적, 무작위 연구에서 수용 가능성을 증명하는 것이 요구됩니다. 연구의 허가를 위해 당신이 해야 하는 일을 하되 욕심은 내지 말아야 합니다. 둘째, 이러한 장치들의 대한 대가를 받으려면 당신의 허가된 연구에 상환 종점을 설정해야 합니다. 셋째, 항상 당신의 임상시험 설계에 성공 가능성과 등록의 속도를 선택합니라. 그리고 마지막으로 객관적 타당성을 포기하지 않으면서도 가능한 한 넓은 범위로 임상시험의 설계 및 수행에 대한 통제를 유지하세요. 당신은 공정해야 하고, 정직해야 하며, 훌륭한 과학적 연구를 해야 합니다. 그러나 임상 연구의 설계와 수행에 대한 통제를 유지하는 것은 여전히 중요합니다."

Will은 또한 "우리가 CAVEAT연구를 시작했을 때와 오늘 사이에 많은 토대를 닦았습니다. 이제 전향적 무작위 임상연구를 수행하는 장치 업계에서 15년 이상의 경험이 있습니다. 이와 같이, 훨씬 더 인정된 관행이며, 좋고, 나쁘고, 그리고 그 사이의 선택할 수 있는 최고의 연구자들이 많습니다. 기술의 잠재력을 믿는 사람, 신속한 실험을 진행할 사람, 개발단계를 고려하여 공정하고 효과적으로 기술을 평가하는 것 외에 다른 의제가 없는 사람 등 좋은 선임 연구원을 신중하게 선택하는 것이 매우 중요합니다."라고 말했다. 또한 윌은 기업가에게 현장의 경험 많은 컨설턴트 및 FDA와 협력하여 객관적이고 명확하게 정의되고 긍정적인 결과를 도출할 수 있는 연구를 설계할 것을 권장했다.

엠파시스 메디컬(Emphasys Medical)이라는 기업에 관한 이 이야기는 실험 설계와 실행에 대한 합의 도출의 중요성을 강조한다. 또한, 이 이야기는 "미개척" 신기술에 대한 임상 전략 개발의 어려움을 부각시킨다. 이는, 임상 분야에 신제품을 소개한 개척자가 될 수 있다는 장점이 있지만, 임상 개발을 위한 지침이 존재하지 않는다는 단점이 있다. 신기술 도입을 원하는 이는 기존의 기술이 설계되었고, 실행되고 있는 임상 분야에서 일을 하며, 질병에 관한 지식, 환자 간 이질성, 효과적인 동물 모형, 연구 설계 종점에 관한 지침을 얻게 된다. 또한, 연구팀은 이 분야 연구 경험이 있는 다른 기업의 임상 전략을 평가하여, 엄청난 양의 시간, 노력, 비용을 절약할 수 있다. 이러한 지침의 부재시, 임상 전략의 정의는 일상적 불확실성 및 위험과는 비교도 안 될 만큼 큰 위험 부담을 주는 작업이 될 것이다. 이런 경우, 임상 전문가, 연구원, 실험 참가자, 통계학자, 규정 담당자의 투입과 협력이 도움이 될 수 있다. 하지만, 수많은 관계자들의 요구를 충족하는 임상 전략의 정의, 실행 및 자금 조성은 어려울 수 있다.

현장에서 엠파시스 메디컬

시장 진출 경로에 대한 복잡한 임상 및 규제 문제 탐색 – 1부

2.2 기존의 해결책에서 설명한 바와 같이 엠파시스 메디컬(Emphasys Medical)은 악화된 폐기종을 가진 환자에게 더 나은 해결책을 제공하기 위해 의료 기술 기업 인큐베이터인 파운더리(Foundry)에 의해 출시되었다.[37] 폐기종은 폐의 아주 작은 원형 폐포가 점차 파괴되는 만성 폐쇄성 폐질환(COPD)의 한 형태이다. 폐포의 손상된 클러스터는 비기능성 폐

조직의 크고, 불규칙한 주머니로 변질되어 산소/이산화탄소 교환이 가능한 폐의 표면적을 감소시킨다. 게다가, 공기가 이 주머니에 갇히게 되어 완전한 발산을 방해하고 폐의 기능적 부분을 메운다. 결과적으로, 이 질병으로 고통 받는 환자는 적절한 산소를 흡입하고도 끊임없이 호흡이 짧아지는 것을 느끼게 되어 더 힘들게 호흡해야 한다.

폐기종은 돌이킬 수 없으며 치료 옵션이 거의 없다. 치료의 표준은 증상을 완화하기 위해 구강 및 호흡을 들이마시는 기관지의 확장제와 보충용 산소 장치를 포함한 내과적 관리이다. 중증 폐기종을 가진 환자의 경우, 다른 옵션으로는 폐의 질병이 있는 부분을 외과적으로 제거하여 남아 있는 건강한 조직이 기능할 수 있는 더 많은 공간을 갖게 하는 폐용적 감축술(LVRS)이 있을 수 있다. 그러나, 이 절차는 매우 침습적이며(가슴을 여는 것이 요구됨) 실행할 수 있는 환자 집단은 허약한 상태이기 때문에 LVRS는 고위험의 수술로 간주되며, 사용이 제한적이다. 유일한 다른 수술 옵션은 기증 장기의 극심한 부족으로 인해 제약을 받는 최후의 수단인 폐이식이다.

엠파시스 메디컬의 기술은 수술없이 LVRS와 동일한 방식으로 호흡을 완화하도록 설계되었다. 그 개념은 폐에서 가장 병이 심한 부분으로 이어지는 주요 기도에 배치된 작은 일방향성 판막(valve)이 질병이 있는 부분으로 공기가 들어가는 것은 막지만 공기가 빠져나가는 것은 허용한다. 연구진은 폐의 병이 있는 부분이 붕괴되어(무기폐라고 불림) 폐의 건강한 부분이 기능을 발휘할 수 있는 공간을 넓히고, 환자가 호흡하기 편하게 할 것이라고 가설을 세웠다. 엠파시스는 양(sheep)의 기관지에 일방향성 판막을 설치함으로써 접근법의 기술적 타당성을 입증했다. 이 판막은 처리된 엽의 즉각적이고 완전한 붕괴를 만들었다.

이러한 결과에 힘입어 기업은 가이드와이어를 이용하여 기도를 통해 배치할 수 있는 새로운 일방향성 판막을 개발했다(스텐트가 혈관 내에 있는 것과 같은 방식 – 그림 5.3.7 참조). 수술은 비 외과적이었고 완전히 원상회복될 수 있었다. CEO인 John McCutcheon이 이끄는 팀은 초기 대상 실험을 마친 후에 장치, 판막의 배치, 기계적 성공, 생체적합성, 및 안전성의 목표를 실험하기 위해 양을 이용하여 만성 질환을 가진 동물 연구를 시작했다.

동물 실험의 긍정적인 결과에 근거하여, 엠파시스는 장치의 510(k) 허가를 위해 FDA에 신청서를 제출했다. McCutcheon은 "우리는 실질적인 동등성을 확보하기 위해 기관지 스텐트 및 일부 외과용 제품과 함께 매트릭스 인자를 사용했습니다."고 말했다. "시판되는 몇 개의 폐장치 중 하나인 기관지 스텐트가 510(k)를 통과했으므로 우리는 이것이 가능한 접근법이라고 생각했습니다." 기업의 제출물은 FDA의 기관 및 방사선 건강센터(CDRH)에서 검토되었는데 이는 기관지 스텐트가 배정된 곳이기 때문이다. 파운더리 파트너인 Hank Plain은 "우리는 FDA가 되받을 수도 있고 상업화 전에 어쨌든 해야 하는 제출물을 뒷받침할 임상시험을 요구할 수 있다고 예상했습니다."라고 말했다. "하지만 그들은 '아니 이것은 확실히 PMA'라고 말했습니다."

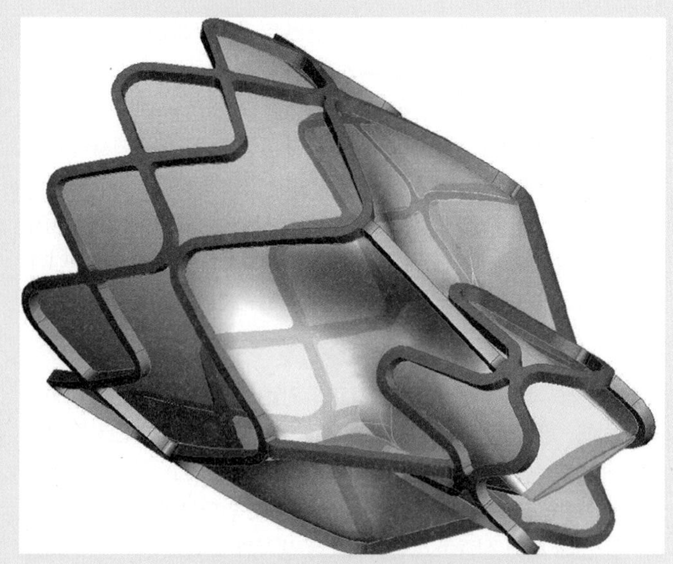

그림 5.3.7
엠파시스 기관지 내 삽입용 판막의 묘사(엠파시스의 허가를 받아 사용)

임상데이터가 PMA 경로 탐색 성공에 무엇보다 중요하다는 것을 알고 엠파시스는 그 다음 단계를 생각했다. 인간의 폐 해부학이나 인간의 폐기종을 모사하는 동물 모델이 없었기 때문에 팀은 추가적인 임상 전 검사를 통해 효능을 측정할 수 없었다. McCutcheon은 이렇게 말했다. "오직 동물에 대해서만 배울 수 있습니다." "인간 임상에 도달하면 진짜 학습이 시작될 것입니다." 팀은 시술의 실현 가능성, 보다 구체적으로 인간에게 장치의 안전성과 효과성을 검증하기 위해 인체 예비 실험으로 전환하기로 결정했다. 중요하게도 엠파시스 역시 환자들이 개입으로 인하여 가장 많은 혜택을 받을 가능성이 있는 예비 연구에서 배우는 것을 희망했다. 폐기종은 괴사된 조직의 영역이 폐의 특정 엽[38] 또는 일부분에 국한될 수 있거나(이질적인) 폐 전체에 더 넓고 고르게 퍼질 수 있다는 점(동질적인)에서 복잡한 질병의 상태이다. 또한 기업은 판막이 일면으로(폐의 한쪽에만) 또는 양쪽으로(폐의 양측에) 설치될 수 있고, 하나 이상의 완전한 폐엽 또는 부분 폐엽을 포함할 수 있으므로 어떤 치료법이 가장 효과적인지 연구될 것이다. 예비 연구기간 동안 다른 환자의 특성과 치료법을 테스트함으로써, 엠파시스는 FDA가 기업의 PMA 신청서 제출의 일부로 검토할 중추적인 실험 설계를 설명하기에 충분한 정보를 수집하려고 했다.

엠파시스의 장치로 치료받은 최초 10명의 환자들은 호주 멜버른에 있었다. 모든 환자들은 심각한 이질성 폐기종을 앓고 있었으며, 연구의 목적을 위해 엠파시스는 오른쪽 중엽을 치료하지 않고 우상엽을 치료하고, 그리고 폐 소설을 치료하지 않고 좌상엽의 일부를 치료했다는 것을 의미하는 판막의 양측 설치를 받았다. 그러나 아무도 무기폐라는 원하는 결과를 경험하지 못했다. 파운더리의 또 다른 파트너인 Hanson Gifford는 "우리는 70세의 폐기종 환자가 어린 양과는 매우 다르다는 것을 빠르게 알게 되었습니다. 그들의 폐는 엉망이고 전반적으로 훨씬 약합니다. 그래서 우리는 양을 통한 실험에서 얻은 결과와 같은 종류의 인상적인 결과를 보지 못했습니다."라고 말했다.

추가적인 예비연구는 다른 다양한 측면에서 문제를 증명했다. 환자를 의학적으로 관리하는데 익숙한 많은 폐질환 전문 호흡기내과 전문의들이 중재시술을 시도하는 것을 꺼려했기 때문에 등록은 예상보다 느렸다. 이러한 예기치 않은 장애물은 그들 질병의 특성면에서 광범위한 환자뿐만 아니라 실험 장소의 광범위한 지리학적 분산으로 이어졌다. 추가 합병증으로 인해 팀은 양에서 관찰되지 않은 방식으로 판막이 새고 있다는 것을 발견했다. 엠파시스 엔지니어는 설계를 수정하고 계속해서 데이터를 수집했다.

수정된 장치가 도입된 후, 팀은 임상적으로 좋은 성과를 보이기 시작했다. 그러나 예비실험으로부터 더 많은 데이터가 사용 가능해짐에 따라 기업은 차이점에 대한 명확한 이유 없이 현장들 간의 성공률에 유의미한 변동성이 있음을 관찰했다. 판막의 재설계 이상을 반영하여, 변동성은 환자의 선택의 차이 또는 현장들 간 기술에 차이가 있음이 분명하게 나타났다. 또한 예비연구는 엠파시스의 임상 전문가가 예견하지 못했던 문제의 발견으로 이어졌다. 엠파시스 연구원은 왜 모든 기도의 완전한 판막 폐색이 있는 엽이 때때로 붕괴되지 않았는지 이해하려고 시도한 것에서 일련의 정교한 테스트를 수행하여 때때로 판막으로 처리된 엽이 인접한 엽으로부터 부차적인 공기 흐름을 충분히 받으면서 그 엽을 부풀려지게 하는 경우가 있다는 것을 확인했다. 연구팀은 폐 사이(엽 내의 한 부분)의 부행 흐름을 알고 있었지만, 양에서 양측 엽간 기류 현상이 발생하지 않았고, 폐질환 전문의의 자문에 의해 예상되지 않았으며, 또한 임상 기록에서 문서화되지 않았다.

총 연구자들은 예비실험 현장들을 통해서 약 100명의 환자들을 치료했다. 결과데이터를 주의 깊게 분석했을 때, 통계학자들은 일면적인 시술이 양측의 시술보다 더 효과적이라고 판단했다. LVRS에 대한 최근 국가 연구에서 수술이 양측에서 시행되었을 때 환자가 더 좋았던 것으로 밝혀졌기 때문에 이 연구 결과는 놀라웠다. 궁극적으로 엠파시스는 100명중 일면적인 엽의 제거 없이 치료받은 38명의 환자 하위 집합이 치료된 엽의 가장 큰 부피 감소를 경험했다고 밝혀졌다. 이 효과는 두 가지 폐기능 테스트를 통해 정량화할 수 있었다. 이때, 두 가지 테스트에서 하나는 환자가 1초에 한 번 숨을 강하게 내쉴 때 공기의 양을 측정하는 것(강제 공기 호기량 또는 FEV1)이고, 두 번째는 6분 도보 테스트(6MWT)라고 불리는 운동 부하 측정이었다.

이 기업은 여전히 성공적인 엽의 붕괴와 표준화된 선택 알고리즘을 위해 해부학적/질병 표지(maker)를 명확하게 정의하지 못했지만 "우리 연구원들은 성공에 대한 충분한 증거가 있으며 환자에게 안전하고 내성이 좋은 것으로 나타났습니다"라고 McCutcheon이 말했다. "우리가 원했던 모든 것은 우리의 중추적인 역할에 들어가는 것과 이것을 증명하는 것이었습니다." Gifford는 추가로 "이 시점에서 우리는 실제로 중추적인 실험을 설계할 수 있는 혜택을 누릴 환자들에 대해 도움이 될 수 있는 작동된 장치와 충분한 예측 가능성을 가지고 있는 것처럼 느껴졌습니다."라고 했다. 무엇보다 중요한 것은 Plain이 지적한 것처럼, "무작위로 시행할 때까지는 최종 데이터를 얻지 못합니다."는 것이다. 마지막으로 젊은 신생기업에 대한 외부 압력이 작용했다. 한 달에 약 1백만 달러에 달하는 신생 기업의 경비 지출 속도와 공간을 탐험하는 많은 수의 예상 경쟁자들로 인해 엠파시스는 앞으로 나아갈 수밖에 없었다.

중추적인 연구를 시작한 첫 번째 단계는 엠파시스가 FDA에 IDE를 신청하는 것이었다. McCutcheon에 따르면 "우리는 이 특정 공간에서 IDE 응용프로그램을 제출한 최초의 기업이었으며 플래스틱스(Plastics) 및 재건 수술 부서는 제안된 프로토콜을 평가할 전문 지식이 없었습니다. 결과적으로, 그들은 그들의 부서 외에서 두 명의 의학 검토위원을 데려왔습니다. 그 중 한 명은 의약품 부문의 호흡기내과 전문의였고, 다른 한 명은 임상 검토위원으로 FDA에 대해 상담했던 흉부외과 전문의였습니다." 회사의 관점에서 보았을 때 약간의 어려움을 자아냈다. 컨설턴트는 엠파시스가 LVRS와 비교하여 비침습적 치료법을 무작위로 추출해야 한다고 생각했다. 그러나 최근 발표된 임상 자료에 따르면 LVRS는 고위험군 환자에서 용인할 수 없을 만큼 높은 사망률을 보였다. 뉴 잉글랜드 저널 오브 메디슨(New England Journal of Medicine)에 실린 기사의 결과로,[39] LVRS는 "사실상 하룻밤 사이에" 총애를 잃었다. McCutcheon은 "통제수단으로 LVRS를 이용해서 우리의 실험에 누군가를 등록시키는 것은 불가능하기 때문에 이것은 우리에게 처음부터 가능성이 없는 것이었습니다."라고 기억했다.

이러한 논의가 진행되는 동안 FDA는 폐기종의 의료기기 치료를 위한 적절한 시험 설계 매개변수 및 임상 종점을 수립할 수 있는 패널을 소집했다. McCutcheon은 "전에는 우리의 것과 같은 장치를 본 적이 없습니다. 게다가, 그들은 스피레이션(Spiration), 풀몬스(Pulmonx), 브론커스(Broncus)가 우리 뒤에서 경쟁 장치로 곧 올 것임을 알고 있었습니다. 그래서 그들은 우리 것과 같이 표적 환자 집단, 종점, 대조 그룹 및 후속 조치 기간 같은 장치에 대한 실험을 설계하는 방법을 지정하기 위해 전문가 패널을 소집하기로 결정했습니다."라고 반복했다.

결국, FDA 패널은 폐기종을 치료하기 위한 장치의 시험 설계에 관한 일련의 권장 사항을 만들었다(그림 5.3.8 참조). McCutcheon은 "우리는 패널 집단이 대조군으로 LNRS보다는 내과적 치료법의 사용을 옹호한다는 것에 너무 좋아서 흥분했습니다."라고 덧붙였다. 엠파시스는 다른 패널 권장사항을 준수하기 위해 실험 설계를 약간 수정했으며, 중추적인 연구를 진행하기 위해 IDE 허가를 받았다. McCutcheon은 "그러나, 대조군으로 LVRS 사용을 주장한 외과의사 컨설턴트는 패널의 결정에 결코 동의하지 않았다. 이것은 차후 검토 과정에서 우리에게 문제를 야기했습니다."라고 했다.

FDA 가이드라인에 따라, 엠파시스 연구의 두 가지 주요 효능 종점이 있다. 첫 번째는 FEV_1(강제호기량: 1초 이내에 호흡할 수 있는 공기의 양)에 의해 측정된 폐기능 향상, 그리고 두 번째는 6MWT 운동(6분 도보테스트: 환자가 6분 동안 평평한 지면을 얼마나 멀리 걸을 수 있는지)로 측정한 운동 부하 능력이다. 또한 주요 합병증 구성요소, 즉 호흡부전, 폐렴, 판막과 관련된 심각한 출혈을 포함하여 의도하지 않은 결과가 복합적으로 발생하는 요소들로 구성된 기본적인 안전성 종점이 있었다. 치료 그룹에서 환자는 최적의 의료 관리에 이어 완전한 폐엽 제거를 달성하기 위해 하나의 표적 엽의 판막치료를 받게 된다. McCutcheon은 "중요하게도, 돌이켜 보면 오른쪽 상부엽이 치료 대상이었을 때, 오른쪽 중엽은 함께 치료되지 않았습니다. 반대로 왼쪽 상부엽을 치료할 때, 치료는 폐 소설을 포함합니다."라고 지적했다. 대조군 **부분** 환자는 최적의 의료 관리를 받을 수 있다. 두 그룹의 환자들은 사후 개선이 수술 후 재활 요법에 의한 것이 아니라는 것을 보장하기 위해 등록 전 6주간 폐 재활 치료를 받게 된다. 연구 프로토콜에 따르면, 이번 시험은 FEV 1에서 치료군의 15%의 향상과 6MWT의 17%의 개선을 발견할 수 있었으며, 예비연구 결과를 기반으로 각각의 표준편차는 플러스 · 마이너스(±) 33.7%에서 41.5% 로 나타났다. 엠파시스 팀은 미국과 유럽 모두에서 참여할 수 있는 센터를 모집했다.

예비 연구에서 관찰된 현장 간의 차이로 인해 엠파시스는 폐를 엽으로 나누는 열구의 완전성과 같은 중요한 정보를 탐지하고 측정하기 위해 UCLA의 코어 이미지 실험실을 사용하여 일관된 환자의 선택 및 대상 지정을 위해 FDA에서 요구한 것 이상을 수행했다. 이 정보를 분석함으로써 핵심 실험실은 팀이 어떤 대상으로 하는 환자들을 보다 정확하게 파악하는 데 도움을 주는 패턴을 찾을 수 있을 것이다. 핵심 실험실의 사용이 정립되고, 중재적 심장학 연구에 높은 평가를 받았지만, 엠파시스는 이를 폐 연구에 사용한 최초의 기업이었다.

엠파시스는 제품 개발을 계속 이어갔다. 폐를 통해서 카테터를 조종하기 위해 기관지 내시경을 사용하는 것에 더 익숙한 호흡기내과 전문의에게는 판막을 이식하는 본래의 오버 더 와이어(Over-the-wire) 접근법이 어려웠다. 이러한 이유로 기업은 기관지내시경의 작업채널을 통해 제공될 수 있는 장치의 새로운 변화를 개발했다. 중추적 실험 도중에 새로운 시스템을 사용할 준비가 되었다. FDA는 임상시험 계획서의 변경에 동의했지만, 엠파시스가 이미 치료받은 62명의 환자를 제외하고 실험을 다시 시작하는 것을 요구했다.

중추적 연구가 끝나자 31개의 시험 현장에서 321명의 환자를 엠파시스 장치로 치료했다. 그러나 기업이 데이터를 받았을 때, 결과를 완전히 이해하려면 약간의 작업이 필요했다. 영업 및 마케팅 담당 부사장인 Greg Bakan은 "우리는 종점을 만났지만 데이터에 잡음이 많았습니다."라고 회상했다. 어느 정도의 "소음"은 모든 임상시험에서 공통적이었지만, 특히 이 시험만큼 복잡한 하나의 문제는 기본적인 결과에 미치는 영향을 결정하는 것이었다. 그 이유 중 하나는 그날 그날의 좋거나 나쁨을 느끼는 환자의 기분을 통해 질병이 좋아지고 악화됨에 따라 폐기종은 FEV_1 및 6MWT와 같은 조치에서 환자의 성과를 왜곡할 수 있다는 것이다. 이 규모의 대부분의 연구처럼, 일부 환자의 후속 정보도 누락되었다. 후속 프로토콜에서는 광범위한 실험실 작업, 폐기능 테스트, 그리고 X-선 촬영을 통해 각 환자에 대해 말 그대로 수천 개의 데이터 포인트를 수집하는 것이 필요했다. 이것은 폐기능 검사 조차도 COPD 증상의 악화를 야기할 수 있기 때문에 연구에서 많은 만성 질환 환자에게 큰 부담으로 작용했다. McCutcheon은 말했다. "그러나, 궁극적으로 우리의 통계학자들은 우리가 안정성과 효능 모두 성공적으로 주요 목표점을 충족했다는 것을 확인했습니다." 그 발견을 바탕으로, 우리는 PMA를 제출하고 2010년 6월에 패널 검토 일정을 잡았다. 그러나 2010년 5월, 검토 위원들은 기업에 연락하여 패널에 외과전문의 자문위원은 그것의 안전성과 효능의 종점을 충족시켰다고 생각하지 않는다고 통보했다. McCutcheon은 "그 메시지는 우리가 패널 회의에 갈 수 있다는 것이었지만, FDA는 우리가 종점을 충족하지 못했다고 말했고, 우리가 가진 것을 진술할 수는 없다는 것을 패널에게 말한 것입니다."라고 했다. "우리가 자발적으로 패널을 철회한다면, FDA는 이 문제들을 해결하기 위해 우리와 협력할 것"이라고 말했다.

#	권고사항
1	실험에는 다른 시술방법이 없거나 다른 치료방법을 거절한 환자들만 포함되어야 한다. 모든 환자는 등록 전 3~6개월 동안 최적의 치료를 받아야 한다. 폐용적 감축술 환자는 적절한 대조군이 아니며, 다중 센터 연구에서 최적화된 치료를 받는 환자와 비교해야 한다.
2	안전 분석에는 사망, 출혈, 기계적 환기, 폐렴, 공기 누출로 인한 병원입원일수, 재수술, 호흡부족, FEV_1 감소, 3, 6, 9, 12개월 후 장치 배치 평가, 장치제거의 용이성, COPD 악화, 삽관, 출혈, 그리고 유익성 부족으로 중단된 환자의 도표작성을 포함해야 한다.
3	효과성 결정에는 운동능력, 6분 도보테스트, 세인트 조지의 삶의 질 평가, 폐활량 측정(FEV 증가), 산소 소비 감소 및 수명의 증가가 포함되어야 한다.
4	추적조사 기간은 유효성을 위해 최소 6개월, 안전을 위해서는 최소 1년간 지속되어야 한다.

그림 5.3.8
폐기종 치료를 목적으로 하는 장치의 임상시험 설계에 관한 FDA 패널의 권장사항(미국 식품의약국)

이러한 문제들과 데이터를 더 잘 이해하기 위해 엠파시스는 시험결과를 엄격한 분석에 적용했다. Gifford에 따르면, "우리가 추적 관찰 데이터를 가지고 있지 않은 환자들에게는 결과를 전가해야 했습니다. 모든 정교한 통계학자들이 데이터를 보고 정확하게 우리가 전가하는 데 해야 하는 방법 등을 알려줬습니다. 우리는 몇 달을 보냈고, 그리고 어떻게 했는지와 상관없이, 우리의 데이터가 통계적으로 유의하며, 치료받은 환자와 대조환자들 사이간 약 6%의 차이가 있음을 알게 되었습니다." 마침내, FDA 통계전문가는 엠파시스가 종점을 충족시켰음에 동의했다. McCutcheon은 말했다. "이제 우리는 2010년 12월에 패널 회의를 준비하는 시기에 PMA를 다시 제출할 수 있었습니다. 그러나 우리 패널의 외과 컨설턴트는 FDA 통계학자들이 치료가 임상적으로 유의하다고 생각하지 않는다는 것을 우리에게 경고했습니다." 중추적인 임상시험을 시작한 지 4년이 넘은(그리고 약 7500만 달러를 넘은) 엠파시스 팀은 임상 보고서를 작성하고, 그것의 PMA 신청서를 FDA에 제출했다. 어드벤스 테크놀로지 벤처(Advanced Technology Ventures, ATV)의 투자자 이자 엠파시스 이사회 맴버인 Mike Carusi는 "우리는 데이터에 결함이 없지 않다는 것을 알고 있었지만 허가를 얻기에 충분하다고 굳게 믿었습니다."라고 했다.

플레인은 임상시험에서 팀이 직면한 수많은 도전과제를 반영하여 상대적으로 미개척 된 질병 영역에서의 치료법을 개척하는 경우 이러한 문제 중 많은 부분이 공통적이라고 지적했다. Frankly는 "스텐트 삽입에 대한 정보를 제공하는 혈관성형술의 이력이 있는 곳, 그리고 약물용출 스텐트에 대한 정보를 제공하는 베어 메탈 스텐트의 이력이 있는 곳에서 중재적 심장병을 작업하는 것과는 다릅니다. 이것은 새로운 영역이었고, 솔직히 우리는 알려지지 않은 많은 것들을 극복해야 했습니다."라고 말했다. 추가로 McCutcheon은 "전문가들조차도 예상할 수 없는 많은 숨겨진 변수가 있었습니다. 그래서 우리는 우리 자신과 우리가 알고 있다고 생각한 것에 끊임없이 도전해야 했습니다. 그러나 우리 팀은 매우 절망적인 환자그룹에게 임상적 이점을 제공하는 기술을 개발한 것을 자랑스럽게 생각합니다. 모든 흥망성쇠와 FDA와의 투쟁에도 불구하고 우리는 계류 중인 패널 회의를 통해 고생 끝에 마침내 빛을 볼 수 있었습니다."라고 덧붙였다. 5.4 허가인증 전략에서 엠파시스 메디컬(Emphasys Medical)의 규제 경험에 대해 자세히 읽어보시오.

온라인 자료

더 많은 자료는 www.ebiodesign.org/5.3을 방문한다.

"Getting Started"의 활동과 링크

- Determine the purpose of the clinical strategy
- Determine the overall study strategy
- Identify clinical research specialist(s) to work/consult with the internal team
- Choose a trial design/model
- Determine trial endpoints
- Write research protocol
- Decide where to conduct the trail(s)
- Determine resources required to implement protocol
- Understand and implement GCP

임상시험 전략에 관한 동영상

다음 내용에 대한 사례를 제공하는 부록

- 제약 산업의 임상시험에 대한 Medtech 파일럿, 중추 및 시판 후 연구의 비교
- 귀무가설, 유형 I/유형 II 오류, P-값 및 표본 크기에 대한 추가 정보
- 임상시험 기기가 IDE 승인 임상시험 외에 사용될 수 있는 시기에 대한 정보

NOTES

1 Carol Rados, "Inside Clinical Trials: Testing Medical Products in People," Vidyaa, http://www.vidyya.com/vol5/v5i262_1. htm (March 31, 2014).

2 From remarks made by Frank Litvack as part of the "From the Innovator's Workbench" speaker series hosted by Stanford's Program in Biodesign, March 5, 2007, http://biodesign.stanford.edu/bdn/networking/pastinnovators.jsp. Reprinted with permission.

3 All quotations are from interviews conducted by the authors, unless otherwise stated. Reprinted with permission.

4 "Creating a Learning Healthcare System: Defining a New Approach to Clinical Research," PCORnet, December 30, 2013,

http://www.pcornet.org/2013/12/558/ (March 31, 2014).

5 Michael S. Lauer and Ralph B. D'Agostino, "The Randomized Registry Trial – The Next Disruptive Technology in Clinical Research?," *New England Journal of Medicine*, October 24, 2013, http://www.nejm.org/doi/full/10.1056/NEJMp1310102 (March 31, 2014).

6 Ibid.

7 Ole Fröbert et al., "Thrombus Aspiration During ST-Segment Elevation Myocardial Infarction," *New Englance Journal of Medicine*, October 24, 2013, http://www.nejm.org/doi/full/10.1056/NEJMoa1308789 (March 31, 2014).

8 Lauer and D'Agostino, op. cit.

9 "Creating a Learning Healthcare System: Defining a New Approach to Clinical Research," op. cit.

10 "Device Advice: Investigational Device Exemption," U.S. Food and Drug Administration, http://www.fda.gov/medicaldevices/deviceregulationandguidance/howtomarketyourdevice/investigationaldeviceexemptionide/default.htm (March 31, 2014).

11 "IDE Application," U.S. Food and Drug Administration, http://www.fda.gov/medicaldevices/deviceregulationandguidance/howtomarketyourdevice/investigationaldeviceexemptionide/ucm046706.htm (March 31, 2014).

12 One of the most common reasons that a trial is exempt from IDE requirements is if the device being studied has been cleared for commercial use under a 510(k), but the company wishes to conduct trials to support reimbursement, market adoption, or consumer preference testing.

13 "IDE Expanded/EarlyAccess," U.S. Food and Drug Administration, http://www.fda.gov/MedicalDevices/DeviceRegulationand Guidance/HowtoMarketYourDevice/InvestigationalDevice ExemptionIDE/ucm051345.htm (May 31, 2014).

14 Nicholas Wade, "Patient Dies During a Trial of Therapy Using Genes," *The New York Times*, September 29, 1999, http://query.nytimes.com/gst/fullpage.html?res=9E06EED8173EF93AA1575AC0A96F958260 (March 31, 2014).

15 Larry Thompson, "Human Gene Therapy: Harsh Lessons, High Hopes," *FDA Consumer Magazine*, September/October 2000, http://archive.is/CeHVZ (March 31, 2014).

16 "A New Broom? From OPRR to OHRP: Transforming Human Research Protections," *Modern Drug Discovery*, November/December 2000, http://pubs.acs.org/subscribe/journals/mdd/v03/i09/html/Clinical1.html (March 31, 2014).

17 "OHRP Fact Sheet," U.S. Department of Health and Human Services, http://www.hhs.gov/ohrp/about/facts/ (March 31, 2014).

18 Nancy Stark, "The Clinical Research Industry: New Options for Medical Device Manufacturers," Medical Device Link, January 1997, http://www.devicelink.com/mddi/archive/97/01/029.html (January 28, 2008).

19 All cartoons drawn by Josh Makower, unless otherwise cited.

20 Stark, op. cit.

21 "Clinical Trials of Medical Products and Medical Devices: What You Need to Know," Spine Health.com, http://www.spinehealth.com/research/what/trials01.html (March 31, 2014).

22 Rados, op. cit.

23 "Protection of Human Subjects," U.S. Food and Drug Administration, http://www.accessdata.fda.gov/scripts/cdrh/cfdocs/cfcfr/CFRSearch.cfm?CFRPart=50&showFR=1 (March 31, 2014).

24 Glickman et al., "Ethical and Scientific Implications of the Globalization of Clinical Research," *New England Journal of Medicine*, February 19, 2009, http://www.nejm.org/doi/full/10.1056/NEJMsb0803929 (April 1, 2014).

25 Josh Makower, Aabed Meer, and Lyn Denend, "FDA Impact on U.S. Medical Technology Innovation," November 2010, http://www.nvca.org/index.php?option=com_docman&task=doc_download&id=668<emid=93 (April 1, 2014).

26 Paul Citron, "Medical Devices: Lost in Regulation," *Issues in Science and Technology*, 2011, http://www.issues.org/27.3/p_citron.html (April 1, 2014).

27 Jeremy Sugarman, Harvey M. Meyerhoff, Anant Bhan, Robert Bollinger, and Amita Gupta, "India's New Policy to Protect Research Participants," *British Medical Journal*, July 2013, http://www.bmj.com/content/347/bmj.f4841 (January 2, 2014).

28 S. Seethalakshmi, "Foreign Companies Stop Clinical Trials in India After Government Amends Rules on Compensation," *The Times of India*, August 1, 2013, http://articles.timesofindia.indiatimes.com/2013-08-01/bangalore/40960487_1_clinicaltrials-iscr-suneela-thatte (January 2, 2014).

29 "Protecting Subjects, Preserving Trust, Promoting Progress II," Association of American Medical Colleges, Task Force on Financial Conflicts of Interest in Performing Clinical Research, October 2002, http://ccnmtl.columbia.edu/projects/rcr/rcr_conflicts/misc/Ref/AAMC_2002CoIReport.pdf (March 31, 2014).

30 Adapted from Harvey Motulsky, Intuitive Biostatistics (Oxford University Press, 1995).

31 Stephen N. Oesterle, "Coronary Interventions at a Crossroads: The Bifurcation Stenosis," *Journal of the American College of Cardiology*, December 1998: 1853.

32 Ibid.

33 David O. Williams and Mary C. Fahrenbach, "Directional Coronary Atherectomy: But Wait, There's More," *Circulation* (1998): 309.

34 Charles A. Simonton et al., "'Optimal' Directional Coronary Atherectomy," *Circulation* (1998): 332.

35 Oesterle, op. cit.

36 Ibid.

37 This story is based on a case study by Stefanos Zenios, Paul Yock, Lyn Denend, Marianna Samson, and Cynthia Yock, "Emphasys Medical: Navigating Complex Clinical

and Regulatory Challenges on the Path to Market," Stanford Graduate School of Business, 2010, https://gsbapps.stanford.edu/cases/detail1.asp?Document_ID=3331 (January 29, 2014).

38 Human lungs are separated into lobes by fissures. The right lung has three main lobes (upper, middle, lower); the left has two lobes (upper and lower), as well as a small appendage to the upper lobe called the lingula.

39 National Emphysema Treatment Trial Research Group, "Patients at a High Risk of Death After Lung-Volume-Reduction Surgery," *New England Journal of Medicine*, October 11, 2001, http://www.nejm.org/doi/full/10.1056/NEJMoa11798(January 25, 2014).

5.4 허가인증 전략

서론

연구팀은 임상 실험에서 28개월의 시간과 4,500만 달러 이상을 소비했다. PMA 제출물은 10,000페이지가 넘었으며, FDA의 질문에 3가지 상세한 답변이 필요했다. 패널 회의는 여러 명의 전문가들로 구성되어 있으며, 그 전문가들은 장치의 안전성 프로파일에 대한 주목할 만한 우려를 표명했다. 마침내 CDTH로부터 공식적인 서신이 도착했으며, 팀은 "당신은 장치의 상업적 배포를 시작할 수 있습니다."라는 하나의 짧은 문장을 음미하고 있다.

효과적이고 전략적인 규제 접근법을 개발하는 것은 바이오디자인 혁신 과정에서 매우 중요하다. 이는 제품의 임상적 사용의 관문이 될 뿐만 아니라 작업 흐름과 관련하여 상당한 시간, 비용 및 노력이 필요하기 때문이다. 철저하고 세심한 전략적 규제 계획은 새로운 기술의 경쟁적 포지셔닝과 밀접하게 연관되어 있으며, 그것은 혁신자들이 구현한 판매 및 마케팅 접근법, 임상 전략, 품질 프로세스, 및 위험관리 정책에 영향을 미친다. 규제 전략은 기초를 확립하고 이러한 상호 연관된 문제를 관리해야 하는 제약조건을 설정한다.

4.2 규제의 기초는 필요요건에 대한 기본적인 정보와 현행 규제 요건의 전술적 의미를 제공하지만, 이 절에서는 광범위한 바이오디자인 혁신 과정의 일환으로 규제의 전략적 측면을 다룬다.

 허가인증 전략에 관한 동영상은 ebiodesign.org을 참조한다.

목표

- 미국의 PMA 및 510(k) 경로와 관련된 전략적 위험 및 기회를 이해한다.
- FDA를 대처하는 전략적 · 전술적 문제를 탐구한다.
- 미국 이외의 지역에서 대안적 허가인증 접근법을 고려할 뿐만 아니라 FDA 승인을 통해 이러한 전략들을 통합하는 방법을 고려한다.
- 일반적인 허가인증 제도의 오류를 인식하고 강력한 허가인증 전략의 수립 및 이행을 통해 이를 방지하는 방법을 학습한다.

그림 5.4.1
특히 최초의 혁신 업체에게는 FDA에 접근하는 것은 어려운 일이다. 잘 짜여진 전략, 올바른 컨설턴트, 그리고 효과적인 커뮤니케이션은 성공의 핵심 요소이다.[1]

허가인증 전략의 기초

이노베이터들이 미국을 표적시장으로 포함하는 허가인증 전략 개발을 착수했을 때, 결과를 이끌어낼 수 있도록 하는 몇 가지 주요 고려사항이 있다. 첫째, 의료 기술 혁신의 허가인증 경로에 대한 미국 식품의약국(FDA)의 입장을 알리는 데 도움이 될진 모르지만, 최종 결정을 내리는 것은 제출물을 검토하는 특정 그룹의 의견과 경험을 기반으로 하는 센터, 부서 및 지사에 의해 결정된다.

4.2 규제의 기초에 설명된 바와 같이 FDA의 전반적인 문화는 공공 의료를 보호하는 주요 임무에 강하게 뿌리를 두고 있다. 특정 제출물에 대한 결정을 내릴 때, 이 사안이 어떻게 해석되는지는 현재 시사의 맥락에 달려 있다(그리고 장치나 약물에 대한 최근 문제로 인해 크게 영향을 받을 수 있음). 의료기기에 대한 허가인증 절차가 더욱 엄격해지고 있으며, 요구되는 증거 수준이(장치의 실험 규모, 복잡성, 지속기간 및 비용은 여전히 낮아지는 경향이 있지만) 약물에 대한 규제 수준에 가까워지고 있다. 지속적으로 변화하는 상황 내에서 근무하는 혁신자들과 기업들에게는 상당한 위험이 있다(그림 5.4.1 참조). 그러나 이러한 위험은 규제 환경의 역동성을 이해함으로써 완화될 수 있다. 동시에 FDA는 혁신 기술을 위한 허가인증 과정을 가속화하려는 의지와 일반적으로 환자들에게 신제품을 마련하는 데 소요되는 시간과 비용을 줄이기 위한 방법을 모색하기 위해 기업들과 협력하고자하는 의사를 증가시키고 있다.

두 번째로 중요한 "전체상"의 문제는 FDA의 허가 또는 승인은 기업이 중요한 기술 혁신을 위한 비용을 지불할 방법이 없다면 그것은 본질적으로 가치가 없다는 것이다. 5.6 보험 급여 전략에서 더 자세히 설명되어 있지만, 메디케어 및 메디케이드 서비스 센터(CMS)는 미국 정부가 장치를 상환할지 여부를 결정할 책임이 있다. 이것은 결국 수백 개의 민간 보험회사의 업무에 영향을 미칠 수 있다. 따라서 개인 소비자가 장치를 지불하지 않으려는 경우, 상환 전략을 수립하는 것은 허가인증 전략을 수립하는 과정과 함께 진행되어야 한다.

규제된 장치인가?

처음에 명확히 해야 할 중요한 질문 중 하나는 혁신 제품을 의료기기로 허가인증해야 하는지에 대한 여부이다. 몇몇의 경우에는 FDA 경로의 밖에서 취급되는 제품의 사용에 대한 청구권을 개발할 수 있다. 한 예로 운동장비가 있는데, 이는 의료기기인지 아닌지에 대한 경계가 명확하지 않다. 제품을 의료기기가 아닌 소비자 제품으로 개발하고 판매할 수 있다면 FDA 허가 또는 승인을 우회하는 경로를 취하는 것이 유리할 수 있다. 그러나 혁신자는 제품을 FDA의 관할 하에 놓이지 않도록 제품을 홍보하는 방법에 주의해야 한다. 예를 들어, 트레드밀 운동은 맥박수를 증가시키는 방법으로 광고될 수 있지만 심장 질환의 발병률을 감소시키는 기술로 광고될 수는 없다. 경우에 따라 FDA가 의료기기로 간주하는 관련 제품을 개발하는 동안 소비자에게 직접 제품을 판매하는 것이 가능할 수도 있다. 혁신자는 FDA정의에 따른 의료기기인지 여부에 대한 공식적인 결정을 얻기 위해 FDA에 청원서를 제출할 수 있다(이것은 513(g) 청원으로 알려짐). 513(g) 청원에 대한 응답으로 FDA가 제품이 의료기기임을 결정할 경우, 해당 기관은 장치 분류 및 해당 허가인증 요건에 대한 정보를 제공한다.

모바일 건강관리 및 기타 **mHealth**(mobile Health) 기술(예를 들면, 보행 및 심장 박동수 모니터링 장치)의 경우 FDA에 참여할지 안할지 여부에 대한 전략적인 문제가 자주 제기된다. 트레드밀의 예와 마찬가지로 의학적 주장이 기술에 대해 주장되고 있는 정도와 관련하여 회색지대(이도 저도 아닌 애매한 범위)가 있을 수 있다. 2013년에 발표된 모바일 의료 애플리케이션에 대한 최종 지침은 그들의 기술이 해당 기관의 감독을 받을 것인지 여부를 혁신자들에게 명확히 하는 데 도움이 된다.[2] 그 중심에는 모바일 기술 또는 응용 프로그램이 환자 맞춤형 정보를 활용하여 의료기능(즉, 질병 또는 기타 조건의 진단, 또는 질병의 치유, 완화, 치료 또는 예방)을 수행하기 위해 사용되는 경우에 이는 의료기기이며, 규제의 대상이 될 것이다.[3] 모바일 앱의 개발 수가 급속도로 증가함에 따라 FDA는 마케팅 주장을 지나치게 확대하는 기업들을 추적하기 위한 "집행 재량권"에 의존할 것이다(모바일 의료 애플리케이션의 허가인증에 대한 자세한 내용은 4.2 규제의 기초 참조).

이노베이터와 기업들은 허가인증을 받을 것인지 여부와 적절한 행동 방침에 대한 전문적인 조언을 구할 것인지 여부에 대하여 신중하게 생각할 것을 권장한다. 유전자 검사 신생기업 23andMe에 대한 조치와 같은 사례는 허가인증을 우회하기로 결정할 때 발생할 수 있는 잠재적인 위험을 점차 강조한다. 2013년 말, FDA는 23andMe가 건강관련 유전자 검사가 정확한 결과를 제공한다는 것의 충분한 과학적 증거가 없다는 우려를 표하는 경고문을 발부했다. 게다가 그들은, 개인유전체조사(PGS)에 의해 제공된 입증되지 않은 유전 정보가 소비자로 하여금 불필요하거나 위험할 수 있는 건강 관련 결정을 내리게 한다고 발표했다. 이 발표는 23andMe의 주장과도 일치하는데, 그들은 여러 번의 시험 결과가 소비자들에게 "예방을 위한 첫 걸음"을 제공하여 "심각한 질병을 완화시키도록" 돕는다고 주장했다.[4] 어느 한 기사는 "정의에 따르면, 이러한 주장은 PSG를 연방 식품, 의약품 및 화장품 법에 따라 의료기기로 분류하며, 마케팅 이전에 FDA 승인 또는 허가요건을 포함하여 FDA 규정의 적용을 받는다. 그러나 23andMe는 그러한 허가를 한 번도 받지 않았습니다."라고 설명했다.[5] 이에 대한 대응으로 기업은 510(k)허가 절차를 밟기 위해 건강 관련 유전자 검사의 마케팅을 중단하기로 합의했다.

목표로 할 센터와 분과/분점(부서/지점)은 어떤 것인가?

만약 한 제품이 FDA에 의해 규제될 것으로 결정되면, 개발자들은 제품을 장치, 약물, 생물제제 중 어떻게 분류해야 할지 초기 결정을 내려야 한다. 또한, 그 기술을 장치 및 방사선 건강 센터(CDRH), 약물 평가 및 조사 센터(CDER), 혹은 생물제제 평가 및 조사 센터(CBER) 중 어떤 단체에서 평가해야 할지 역시 결정해야 한다. 의료기기에 대한 대부분의 경우 이것은 간단한 결정이며(FDA의 장치 정의에 대해서는 4.2절 참조) CDRH는 평가를 수행하기 위한 적합한 센터이다. 한 가지 실용적인 점은 CDRH가 다른 센터보다 이노베이터가 다루기 쉬우며, 임상데이터가 안전성과 효능을 입증해야 하는 경우에는 피험자의 필요조건과 대상의 수가 실질적으로 더 적을 수 있다. 만약 어떤 기술이 명확히 분류되기에 애매하다면, 이노베이터들은 종종 CDRH의 허가인증를 추진하라는 권고를 받는다.

점점 더 많은 장치들이 약물이나 생물제제와 통합되고 있으며 이로 인해 혼합제품사무국(**OCP**)이 만들어졌다. OCP의 헌장은 신기술이 혼합제품을 구성하는지 여부에 대한 결정을 내리고, 어떤 센터가 그것을 허가인증하는지(그리고 누가 주도권을 쥐고 있는지)에 대한 결정을 내리는 것이다. 복합제품의 예로 가장 잘 알려진 것은 베어 메탈 스텐트과 함께 출현된 약물용출 스텐트가 있는데, 이는 동맥을 개방하는 데 사용되는 기본 금속 격자 장치가 재발협착증(조직재성장)을 억제하기 위한 코팅된 표면이나 약물을 방출하는 표면으로 개선되었다. 이 경우 OCP는 동맥을 열 때의 기계적 효과가 작용의 1차적인 메커니즘이며, 재발협착증에 대한 약물 효과가 의도한 용도를 달성할 때 기계적인 측면에서 부수적인 것이라고 결정했다. 그 결과, CDRH는 CDER로부터 상당한 정보를 얻어 주요한 규제 기관으로의 역할을 수행했다.

모든 조건이 그대로라면, 만약 장치에 들어간 약물이나 생물제제가 이미 각 센터의 허가를 받은 품목이라면(그리고 스폰서는 제품의 장치적 측면을 더 중요하게 여길 경우) 혼합 제품의 허가를 받는 것이 훨씬 쉬워질 것이다(그 평가는 CDRH를 기반으로 할 가능성이 높음). 그러나 혼합제품의 제출이 매우 복잡하기 때문에 이를 다루기 위한 전략들을 사례별로 개발해야 한다. 혼합된 제품이 CDRH에 의해 평가되더라도, CDER 또는 CBER에 의한 협의 검토가 가능할 것이며, 어떠한 경우에도 약물 또는 생물제제에 대한 요건을 충족시켜야 할 것이다.

우선 기술이 CDRH로 보내지면 어떤 부서 또는 어떤 지사가 제출물을 검토하는지에 관하여 자유가 있을 수 있다. 다양한 부서와 지사는 그들의 전통과 경험을 토대로 다소 다른 증거기준(실험의 유형과 기간, 피험자의 수 등)을 가지고 있는 경향이 있다. 예를 들어, 혈관 문합 장치(외과의가 손으로 봉합하지 않고 혈관을 연결하는 장치)에 대한 허가를 요청한 최초의 기업은 제너럴 써저리 그룹(General Surgery Group)에 의해 검토되었다. 기기가 시장에 진입했을 때, 몇몇의 예상치 못한 심혈관 합병증이 있었다. 결과적으로 그 사이에 허가인증 프로세스를 시작한 수많은 다른 기업들과 함께 시장 선두 주자들은 더 충족하기 어려워진 새로운 기준이 설정된 심혈관부서로 전환되었다. 실제로 이노베이터 또는 기업은 부서를 선택하는데 있어 자유를 갖는 것은 흔치 않지만, 다른 부서와 비교하여 한 부서를 다루는 것의 의미를 이해하는 것은 가치가 있다. 전문 허가인증 컨설턴트들은 이러한 역학 관계를 면밀히 추적하며 이러한 프로세스를 탐색하는데 있어 조언자로서 매우 중요하다.

IDE와 관련된 전략들

4.2 허가인증 기본에 설명된 바와 같이 미국 환자와의 임상 실험을 시작하기 전에 임상시험 의료기기의 적용 면제(IDE)가 필요하다. **중대한 위험**이 있는 장치 또는 연구의 경우 이노베이터들은 임상 조사를 시작하기 전에 FDA에 IDE를 제출해야 한다. FDA는 프로토콜과 기타 관련 정보를 검토하고 연구를 시작하기 위해 IDE허가를 부여해야 한다. 기업이 환자에게 크지 않은 위험을 제기한다고 생각되는 장치나 연구의 경우, 병원의 임상시험 심사위원회(IRBs)가 연구 프로토콜 및 정보에 대한 동의 문서를 승인하면 기업은 FDA에 IDE를 제출하지 않아도 된다. 이 경우 연구는 진행될 수 있다(예를 들어, 510(k) 제출을 위한 데이터를 생성을 위한 연구). 그러나 IRB가 연구를 거절하는 경우, 몇몇 다른 사람들이 그것을 허가했더라도, 그것은 상당한 위험을 내포하고 있기 때문에 FDA에 반드시 통보해야 한다는 것을 유념해야 한다.

또한 FDA와 사전 논의 없이 마케팅 제안 제출을 지원하기 위해 데이터 사용을 기대하며 크지 않은 위험 연구를 수행하는 것은 문제가 될 수 있다는 것도 강조하고 있다. 이 상황에서, 혁신자들은 연구 결과가 기관에 제출된 후 FDA가 궁극적인 주장을 뒷받침하기 위해 적합한 데이터로 고려할 것인지에 대한 직접적인 견해를 가지고 있지 않다. 이러한 이유로 일반적으로 중요하지 않거나 중대한 위험 요소에 대한 검토 부서가 있는 IDE에 사전 제출 회의를 요청하는 것이 좋다. 회의의 목적은 임상 실험을 수행하기 전에 기업과 FDA가 일반적인 합의를 이루도록 하는 것이다. 이러한 회의들은 미국 이외의 지역에서 **기초** 인체 연구를 시작하려는 기업에게도 유용하다. 이 회의에서, 종종 수석 **임상 연구원**을 동반하는 기업은 CDRH의 검토팀에게 데이터를 제출한다. 기업은 이 장치를 설명하거나 시연하고 임상 전과 임상 계발 계획을 대략적으로 설명한다. 프로그램 제출 전에 기업은 또한 FDA에 특정한 질문을 제기해야한다. 기관 그룹의 구성원들은 기존의 **실험**과 동물 데이터를 검토하고, 그들은 제안된 사용 목적과 제품 주장을 지원하기 위한 연구 설계의 적합성에 대해 언급할 뿐만 아니라 추가적인 임상 전 데이터에 대한 필요성과 관련된 비공식적이고 구속력이 없는 제안을 한다, FDA는 일반적으로 그룹에 통계학자들을 보유하고 있으므로 연구에 대한 상세한 통계 분석 계획을 제공하는 것이 좋다(그리고 선택한 통계 방법에 대한 이론적 근거를 설명하고 질문에 답하기 위해 기업 측에서 통계 전문가들을 데려

오는 것이 좋다). 장치 및 연구의 복잡성에 따라 계획 프로세스의 여러 단계에서 2개의 회의가 발생하도록 요청하는 것이 유용할 수 있다.

각 회의는 일반적으로 1시간 정도 소요되며, 일반적으로 최소 4주~6주 전에 예약을 해야 한다. FDA는 웹사이트에서 제공되는 사전 제출 회의 패키지 내용에 대한 구체적인 권고사항을 가지고 있다.[6] 팀은 제안에 대한 의미있는 기관의 피드백을 요청하고 제기되는 구체적인 질문을 해결하기 위해 충분히 세부적인 연구 계획을 간략하게 설명하는 것이 매우 중요하다. 연구 설계에 도움이 되는 지침을 요구하는 FDA의 개방형 접근법은 좋은 방법이 아니며 이는 기업이 수행하기를 원하는 것보다 더 복잡하고 비용이 많이 드는 연구를 야기하게 될 가능성이 있다(그리고 종종 기관에 대한 기업의 신뢰를 손상시킬 수 있다).

FDA는 이 회의에서 연구 설계의 모든 측면을 "허가"할 의무는 없으며, 연구가 발달되었거나 새로운 정보가 있을 때 그것의 의견을 바꿀 권한이 있음을 명심해야 한다. 그럼에도 불구하고 가능한 구체적이고 유용한 지침으로써 제공할 기관에 대한 질문을 수립하는 것은 기업에 있어서 매우 중요하다. 예를 들어, 기업은 "FDA는 100명의 환자가 임상 실험 결과에서 20%의 개선을 입증하기 위한 이번 실험을 위해 충분한 연구 집단임을 동의합니까?" 또는 "9개월 간의 후속 데이터가 효과의 안전성 및 유효성, 또는 내구성을 적절하게 입증하기에 충분한가?"를 질문할 수 있다. 기업의 지정된 구성원 팀은 회의에 대한 상세한 기록을 작성해야 하며, FDA의 그룹 대표에게 요약본을 보내야 한다. 일부 기관팀들이 회의록을 작성할지라도 FDA가 메모를 기록할 필요는 없다. 그러나 FDA는 사전 제출 패키지의 일환으로 제출된 특정 질문에 대한 응답을 보낼 것이다.

510(k) 대 PMA

CDRH의 510(k) 대 시판 전 사전허가(PMA) 내에서의 적절한 허가인증 경로는 일반적으로 장치의 위험 분류에 의해 결정된다. 4.2 규제의 기초에서 강조한 바와 같이, 혁신자나 기업이 선택한 경로에 대해 중대한 영향력을 행사할 수 있는 기회를 갖는 것은 흔치 않은 일이다. 그러나 표 5.4.1과 다음의 두 경로에 대한 논의에 요약된 바와 같이 510(k) 대 PMA의 높은 수준의 장점과 단점을 명확하게 이해하는 것은 가치가 있다.

510(k) 허가를 위한 전략

510(k)의 허가는 1976년 이전에 삭제된 장치, 510(k) 프로세스를 통해 FDA에 의해 이미 삭제된 장치 또는 510(k) 면제 장

표 5.4.1 510(k)와 PMA 승인 방식의 장단점은 주요한 전략적 함의를 가진다.

승인 방식	장점	단점
510(k) 승인용 기기의 실질적 동등성(SE)	• 시장 진출이 빨라진다. • 서류 제출 비용이 적은 편이다. • 승인 후 기기 내용 변경이 용이하다. • 기간의 10~15%에 해당하는 임상 자료만이 요구된다. • 시판 후 조사를 위한 준비 사항(서류 등)이 적다. • 시설 가동전 검사가 불필요하다. • 심사관 면접이 없다.	• 경쟁사의 시장 추격이 용이하다(신제품 승인을 위해, 실질적 동등성이 필요). • 제품 출시를 위한 기업의 역량에 잠재적 한계가 있다(승인서에 표기된 지시 사항 준수 필요).
PMA 인정된 과학적 근거(임상시험)를 통한 안정성 및 효능의 합리적 확인	• (경쟁 업체 역시 PMA 요구 조건을 충족해야 하므로) 경쟁사의 시장 추격이 쉽지 않다. • 기존 제품과 상이한 신제품 출시 시, 판매 촉진용으로 이용 가능하다. • 생산물 불량 책임 건에 대한 법적 책임이 없다.	• 안정성과 효능 증명이 반드시 필요하다. • 제품 등록 및 승인 절차가 길고 복잡하다. • 서류 제출 및 승인 절차 비용이 많이 든다. • 임상 자료를 제출해야 한다(무작위, 통제 연구 등). • 심사관 면접을 할 수도 있다. • 시설 가동 사전 승인이 필요하다(PAI). • 기기 내용 변경에 대한 사후 승인이 어렵다. • 승인 조건에 시판 후 연구가 포함될 수 있다.

치로써 정의되는 기존 장치에 대한 실질적인 동등성의 개념에 의존한다. 실질적 동등성이란 새로운 기기가 최소한 기존 기구나 기기만큼 안정하고 효과적이어야 한다는 것을 의미한다. 중요하게도, FDA에 따르면 실질적인 동등성은 신규 장치와 기존 장치가 동일해야 함을 의미하지는 않는다. 실제로, 성공적인 510(k) 지원에 사용된 기존제품들은 새로운 장치와 거의 유사하지 않은 것으로 나타난다. 그러나 기관의 관점에서, 그것들은 적절한 비교를 제공한다. 실질적 동등성에 대한 FDA의 기준은 4.2절에 요약되어 있다.

전략적으로, 기존 장치를 선택하고 새로운 장치에 대해 의도하는 용도를 지정하는 것은 실질적 동등성에 대한 높은 수준의 이해가 필요하며 실제로는 허가인증 전문가로부터 조언이 필요하다. 510(k) 허가는 장치의 사용을 명확하게 정의된 징후들의 한정된 집합으로 제한한다(궁극적으로 제품이 판매되면 패키지 삽입물에 설명될 것이다). 신속한 510(k) 허가를 위해 새 장치에 대한 징후들은 선택된 기존 장치에 대한 허가를 얻는데 사용된 것과 동일한 표현으로 설명되어야 한다. 징후에 대한 표현에는 "크리에이티브 라이선스"가 없어야 한다. 징후를 둘러싼 새로운 표현이 FDA에서 허가될 수 있는 유일한 방법은 기술적 특성과 기기의 용도에 관하여 실질적 동등성을 검증하는 동안 수정사항들을 뒷받침할 데이터를 제공하는 것이다. 이러한 이유로 기업은 자신이 선택한 기존 장치와 촉진하려는 임상적 용도에 대해 신중하게 생각해야 한다. 그렇지 않으면, 그들은 새로운 장치의 규제허가가 달성된 상황이 되더라도 원하는 주장을 가진 표적 임상 집단에 새로운 장치가 판매될 수 없는 상황을 마주할 수 있다.

실질적 동등성에 관한 해석이 FDA의 축적된 경험과 그들 기관에서 일하는 허가인증 전문가에 따라 변화한다는 점에서 규제 관행은 판례법과 유사하다는 점에 주목할 가치가 있다. 당연히 FDA는 대중과 의회의 우려에 반응한다. 예를 들어, 1990년대 실리콘 유방 이식물과 자가 면역 상태의 연관성은 사실상 위험 요소로 여겨지는 액체 실리콘이었을 때, 실리콘 탄성중합체가 함유된 많은 장치들을 불신하게 만들었다(이러한 우려는 과학적으로 입증된 적이 없음). FDA가 이러한 두려움에 의해 발생하는 사건에 반응하는 동안 어떠한 형태든 실리콘을 함유한 장치의 허가는 중지되었다.

510(k) 전략을 추구하는 기업은 자사의 장치를 시장에 출시하려는 징후의 맥락에서 원하는 시장출시 속도를 고려해야 한다. 만약 시장 출시 속도가 특별히 중요하다면, 기업은 가장 간단한 기존 장치와 장치를 빠르게 통과시키기 위한 사용 지시사항을 선택하고, 그 후 초기 허가에 따라 추가 징후를 추적할 수 있다. 이것은 FDA검토자와 여러 차례의 조사를 거치고 기존 제품 공급의 한계를 테스트하는 것보다 더 적은 시간이 소요될 수 있다. 한 예로 외과의사의 역량을 향상시키는 로봇 기술을 개발한 인튜이티브 서지컬(Intuitive Surgical)에서 수행한 510(k)전략(5.1 지적재산권 전략의 사례 참조)이 있다.

첫 번째 단계로서 인튜이티브 서지컬(Intuitive Surgical)은 외과의사가 수술을 하는 동안 수술 보조원으로 장비를 사용하는 개념으로 FDA에 접근했다. 이것은 510(k) 허가를 위한 대부분의 실험 데이터를 필요로 했다. FDA는 수술을 수행할 목적에 대한 허가를 얻기 위해 무작위 대조 시험을 요구했다. 그러나 기업은 수술을 수행하기 위한 두 번째 510(k)허가를 얻는 것에서 자체에 대한 속성으로 수술 보조원에게 초기 510(k)허가를 사용할 수 있었다. 그 동안에 초기 510(k) 허가는 기업이 외과 의사들에게 기술에 익숙해질 수 있는 기회를 제공하고, 좀 더 제한적으로 사용할 수 있는 로봇 시스템과 장비의 판매로부터 초기 수익을 얻는 기회를 제공했다.[7]

한 번의 제출(제품의 초기 시장 출시 이후 추가 징후를 추구하는 것과 비교)로 모든 원하는 징후를 생성한다는 측면에서 기업이 기꺼이 부담해야 하는 시간과 위험의 양은 허가인증 프로세스 초기에 신중하게 생각해야 하는 중요한 문제이다. 신속한 제품 출시를 통해 기업은 장치에 대한 초기 경험을 축적하고 향후에 어떤 대안적 임상 응용이 연구할 만한 가치가 있는지 직접 파악할 수 있다. 반면에, 장치가 이미 시장에 출시된 제품에 대한 직접적인 경쟁자가 된다면 기업은 추가 징후에 대한 허가를 얻거나 장치의 이점을 입증하는 데이터를 수집하는데 더 많은 시간을 할애하는 것으로부터 이익을 볼 수 있다.

기업이 경쟁하는 장치와 실질적 동등성에 근거하여 간단한 510(k) 하에서 규제허가를 받는 경우, 기업은 마케팅 목적을 위해 기존의 것으로부터 새로운 장치를 차별화하기 어려울 수 있다. 장치가 510(k)에 의거하여 사용을 위해 허가된 경우, 기업은 실질적으로 동등한 장치보다 우위의 것과 510(k)에서 허

표 5.4.2 기업은 전략적 우선순위에 따라, 510(k) 승인 방식 접근과 관련된 대안책을 가지고 있다.

510(k) 전략	장점	단점
초단기: 초기에 목표한 시장 진입에 필요한 사용 설명서를 제공하는 경우, 승인용 기기 한 가지를 사용한다.	짧은 심사 기간을 통해, 승인 완료까지의 시간이 단축된다(90일 이하).	목표 시장에서의 제품 판매를 위해 사용될 지침서 마련이 없는 경우가 있다.
중도 위험: 원하는 사용법 추가를 위해, 2개 이상의 승인용 기기를 제출한다.	기기 판매 가능성이 있는 잠재적 시장을 확충한다.	검토 기간을 증가시키는 추가 심사 또는 추가 시험이 요구될 수 있다.
고위험도: 실질적 동등성에 대한 논변이 적은 승인용 기기를 사용하여, 2등급 기기의 한계를 극복하고자 한다.	PMA 절차가 요구되지 않을 수 있다.	FDA 심사, 추가 자료, 현재 시장에 해당 제품과 유사한 제품이 출시되어 있지 않다는 확인서 제출이 요구된다.
		주의: 승인용 기기의 재사용이 불가하다. 즉, 승인에 필요한 한 가지 절차를 위해 각기 다른 제품이 제출되어야 한다.

가에서 허용된 범위 이상의 것의 허가를 요구할 수 없다. 일반적인 510(k) 허가인증 전략은 표 5.4.2에 요약되어있다.

510(k) 제출물에 대한 장치의 특징을 가능한 한 넓게 설명하는 것이 유용하다. 예를 들어, 한 기업이 다양한 직경의 카테터를 만드는 경우 510(k) 제출에 기존 장치의 모든 직경뿐만 아니라 미래에 개발될 수 있는 것의 직경까지도 크기 범위에 포함시켜야 한다. 따라서 동일한 설계의 가이드 카테터의 본래 제품의 크기가 6 Fr 인 경우에도 카테터는 5, 6, 8 및 9 프렌치 사이즈(Franch size)[8]로 제출할 수 있다(원래 제출물의 성능 데이터는 허가가 요구되는 모든 크기를 포함해야만 한다). 따라서 동일한 디자인의 가이드 카테터는 5, 6, 8 및 9 프렌치 사이즈로 제출될 수 있다.

510(k) 제출물의 임상데이터

현재, 임상데이터의 포함은 모든 510(k)제출물의 10~15%에서만 요구된다. 어떤 경우, FDA는 지침서에 임상데이터에 대한 특정 요구사항이나 기대사항을 발표한다. 임상데이터를 제출하는 것이 전략적으로 중요한 기타 상황들이 있다. 새 장치와 기존 장치 간에 측정 가능한 차이가 있는 경우, 새 장치의 안전성과 효율성을 입증하기 위해 임상데이터가 사용될 수 있다. 임상데이터는 또한 장치 사용 목적의 확장(기존 장치에 의해 보여진 것 이상)을 지원하기 위해 FDA에 제출될 수도 있다.

FDA가 510(k) 허가를 위해 임상데이터를 더 자주 요구하고 연구 설계에서 더 높은 수준의 임상 증거를 요구하는 추세가 계속되고 있다. 임상데이터는 다양한 형태로 나타날 수 있다. 기업들이 데이터 요구 조건을 충족시키기 위해 적은 수의 인체 레지스트리 유형 실험 결과를 제출하는 경우는 드문 일이 아니다. 일반적으로 510(k) 설정에서 임상데이터는 실험 데이터를 검증하고 유효성보다는 안전성을 확립하는 데 사용된다. 실험들은 최대한 작고 간단하게 설계되어야 한다. 혹시라도 510(k) 경로에 필요한 무작위 임상시험은 드물며, 규모가 커야하는 연구도 드물다(일반적으로 20~100명의 피험자가 적절하다고 생각됨). 보통 필요한 임상데이터는 미국 이외의 지역에서 수집될 수 있으므로 연구결과는 IDE의 공식적인 요구사항에서 면제된다. 그러나 그들은 여전히 국제 윤리 기준 및 정보에 근거한 동의를 받아야 하며 해당 국가의 관할 기관(해당 국가의 임상연구를 감독하는 규제기관)의 허가를 요구할 수도 있다(자세한 내용은 4.2 규제의 기초, 5.3 임상시험 전략 참조).

FDA와의 회의

임상데이터가 필요없는 510(k)의 제출물의 경우 일반적으로 신청서를 논의하기 위해 기관과 "사전미팅"을 가질 필요가 없다. 기술 및 기존 장치가 비교적 간단하다면, 그런 회의에 대한 요청은 기업이 자신의 의무를 이해하고 준수하는 데 필요한 전문지식을 소유하고 있지 않다는 것을 FDA에게 보여질 수 있다(기업이 FDA에 의해 어떻게 인식되는지에 대한 책임이 될 수 있음). 그러나 510(k)의 사전회의는 (1) 기업이 사용할 계획인 기존 장치에 문제가 있음을 알고 있을 때, (2) 기업은 응용된 기술에 근거하여 안전성 또는 효과성에 대한 새로운 의문을 가질 수 있다고 우려될 때, (3) 기업이 동일한 조건의 장치, 기술 또는 재료를 사용하는 경쟁자를 알고 있고, 그것의 제출에 어려움을 가지고 있을 때 등과 같은 상황에서 적절할 수 있다. 마찬가지로 FDA와의 회의는 개발 과정에서 상당한 시간이나 노력을 투자하기 전에 혁신자나 기업이 적절한 경로를 확인하기를 원하는 경우에도 적절할 수 있다. 앞서 언급했듯이 중요한 임상실험이 있을 경우 실험 계획의 타당성을 검토하기 위해 FDA와 면담하는 것이 좋다.

시판 전 허가(PMA) 전략

대략 1:50에서 1:100까지의 범위에 이르는 510(k) 제출물에 대한 PMA 비율은 PMA경로에 관련된 시간, 비용, 위험이 510(k) 허가보다 상당히 높다는 사실을 반영한다. 그러나 PMA 경로에는 몇 가지 분명한 이점이 있다. 승인된 PMA는 본질적으로 기기를 시장에 판매할 수 있는 권한을 소유자에게 부여하는 비공개적인 라이선스이다.[9] 사실상 이것은 일종의 "규제 특허"이다. PMA는 같은 유형의 장치 및 동일한 적용을 원하는 경쟁자가 더 많은 시간과 비용이 소요되는 PMA 프로세스 수행을 요구하는 진입장벽을 제공한다. 2008년 초, 미국 대법원은 리에젤(Riegel) 대 메드트로닉(Medtronic)의 획기적인 의료기기 선점 결정 중 하나에서 고등법원은 사용된 장치가 PMA 또는 PMA 변경에 의해 승인된 경우 의료기기 제조업체는 합병증에 대해 고소될 수 없다고 진술하여 PMA의 중요성에 더 무게를 더했다.[10] 그것은 대부분의 경우에 근거하여 불법 행위를 하는 것을 방지하기 때문에 이 판결은 일반적으로 법률적 관점에서 볼 때 산업의 방패로써 간주되었다. 그러나 기업들은 여전히 과실에 대한 소송은 제기될 수 있으며 이 결정의 모든 의미는 추가적인 설명과 해명의 대상이 된다.

510(k)가 정당화 될 수 있는 경우 기업이 PMA를 수행하는 것은 일반적이지 않지만, 기업은 PMA를 추구하여 기존 510(k) 장치에 대한 허가할 범위를 넘어서는 징후에 대한 승인을 얻기 위해 PMA를 수행하기로 결정할 수 있다. 이것은 보통 상당한 자원과 경쟁장벽을 세우려는 적극적인 욕구를 가진 대기업에 의해서만 수행된다. 만약 성공한다면, **선도자**는 필요한 임상실험을 수행하기 위한 자원이 없는 추격자들을 간단히 차단할 수 있으며, 첫 번째 PMA에 의해 설정된 새로운 제재로 인하여 발생하는 다른 장애물을 극복할 수 있다. 또한 메디케어 및 기타 보험 계획들이 상환 결정을 뒷받침하기 위해 PMA 실험의 규모 및 복잡성과 비슷한 무작위 임상시험들의 증거를 점점 필요로 하고 있음을 언급할 가치가 있다. 만약 기업이 상환의 목적으로 대규모 실험을 실시할 의무가 있는 경우 PMA 승인의 추가적인 혜택은 비교적 적은 비용으로 발생할 수 있다. 또한 최근 몇 년 동안 FDA와 법무부는 **"인가되지 않은"** 용도에 대한 장치, 즉 FDA에서 명시적으로 허가하거나 승인한 것을 넘어서는 용도의 장치를 촉진하는 의료 기술 기업들을 추적하는데 보다 더 적극적으로 하고 있음이 분명하다(비인가 사용에 대한 자세한 내용은 다음에 제시되어 있다). PMA 승인은 연구되어진 징후에 대한 장치를 마케팅하기 위한 분명한 허가를 제공한다.

Class Ⅲ(고위험) 장치, 분야에 경쟁업체들과 유사한 제품들의 경우에 PMA 승인이 필요하다(예: 스텐트 및 심박 조율기). 후속장치로 PMA 경로 하에서의 인허가 승인을 얻으려는 것은 장단점을 모두 가질 수 있다. 임상의 안전성과 효능이 확립된 오랜 역사를 지닌 기술의 경우(예: AngioSeal과 Perclose가 개척한 대퇴 봉합 장치), 유사한 장치에 대해 PMA를 수행하는 것은 추측을 거의 남기지 않는다. 연구 설계와 결말은 잘 확립되어 있으며, FDA는 이 기술에 익숙하다. 따라서 PMA 프로세스는 여전히 엄격하지만 이전 경험의 직접적인 결과로써 활용될 수 있는 많은 교훈과 간단한 방법 때문에 위험이 현저히 감소된다.

반면 FDA는 습득한 학습을 PMA프로세스 쪽으로 도입할 수 있다. 이 현상은 복부 대동맥류 스텐트 이식(파열의 위험을 줄이기 위해 대동맥 돌출부 내에 배치된 인공 혈관) 수술에서 발생했다. FDA는 초기의 촉망되는 결과에 근거하여 두 가지 기술(메드트로닉의 Aneuryx와 가이던트사의 Ancure)을 승인했다. 이 두 기술이 광범위한 상업적 사용과 시장점유율을 누리는 동안 성능 문제와 설계 문제에 대해 더 많은 것을 알게 되었다. 따라서, 이 분야의 후발주자들은 본래 신청자가 직면한 요구사항 위에 훨씬 상회하는 요구사항에 부딪히게 되었다.

PMA 승인을 얻기 위해 기업은 임상 연구 데이터를 통해 탐색하는 모든 징후를 입증하는 것이 요구된다. 종종 최초의 제출물로 가능한 한 많은 징후를 연구하는 것에 대한 유혹이 있다. 그러나 이것이 임상시험 설계를 더 복잡하게 만드는 방법을 고려하게 하는 본질적인 것이다. 초기 임상시험 설계는 연구의 성공 가능성을 극대화할 수 있는 가장 단순하고 가장 달성 가능한 결말에 초점을 맞추어야 한다(5.3 임상시험 전략 참조).

많은 기업들이 이용한 전략은 초기 시장을 포착하기 위해 사용한 중요한 징후를 표적으로 삼고, PMA 변경으로 알려진 메커니즘을 통해 최초 승인을 받은 후 징후를 추가하는 것이다. 기업이 장치의 안전성이나 효율성에 영향을 미치는 어떠한 변화가 발생하기 전에 PMA 승인을 받은 다음 FDA에 의해 PMA 변경이 요구된다. 이러한 변화에는 장치 사용에 대한 새로운 지침, 상표의 변화, 멸균절차 또는 포장재의 변화, 성능, 기술 또는 설계 사양의 변화, 장치의 조작 또는 레이아웃의 변화 그리고 장치를 제조하거나 처리하기 위해 다른 시설을 이용하는 것이 포함 될 것이다.[11] PMA 변경의 승인은 30~180일의 검토 기간을 필요로 할 수 있으며 경우에 따라 또 다른 자문위원회의가 필요할 수도 있다.

핵심 징후에 대한 PMA 승인을 먼저 획득하는 전략(이후 PMA 변경이 뒤따름)은 기업이 추가적인 징후에 필요한 개발과 테스트를 지원하기 위한 초기 수익을 얻을 수 있게 한다. 매년 PMA 신청서보다 더 많은 PMA 변경이 FDA에 접수되고 승인되고 있다.

FDA와의 회의

전략적인 관점에서 볼 때, PMA 프로세스는 FDA와 기업 대표자 간에 발생하는 수많은 상호작용과 함께 매우 협력적이어야 한다. 협력을 위한 매우 중요한 기회 중 하나는 평가 및 제출 과정의 초기에 발생한다.[12] 장치개발에 많은 비용과 시간이 투입되기 전에 적절한 FDA 지부와 회의가 이루어져야 한다. 이런 회의는 선택사항이지만 FDA와의 관계 형성을 돕고 대행사가 최종 제출에 앞서 안전성 및 효율성 측정 방법의 선택을 위해 비공식적으로 참여할 기회가 되기 때문에 굉장히 강력하게 권고되고 있다. 기업들은 PMA 신청 절차가 착수되기 전에 공식적인 결정회의를 요청할 수 있으며, FDA는 제안된 연구에 공식적인 응답을 제공할 의무가 있다. 그러나 결정회의는 보통 기업에 생산적인 모습을 드러내는지는 않는다(즉, 기관은 연구를 지지하지 않음). 이러한 이유로 기업들은 보다 비공식적인 회의의 맥락에서 협업하는 것을 권장한다.

PMA 승인 후 요구사항

FDA는 기술이 보다 널리 보급됨에 따라 PMA 승인 후 점점 더 신기술의 영향에 대한 데이터를 수집하는 데 관심을 가진다. 약물 용출 관상동맥 스텐트 삽입 후 나타나는 스텐트 혈전증(응고)이 세간의 이목을 끌면서 이러한 추세가 더 증가했다. FDA는 재발협착증 비율이 기존의 베어 메탈 스텐트보다 낮다는 데이터를 기반으로 처음 2개의 약물 용출 스텐트를 승인했다. PMA 승인 후, 스텐트는 수백만 명의 환자들에게 효율적으로 사용되었고, 임상의들은 수술 후 수년 간 발생할 수 있는 심각한 사건으로 일부 스텐트가 갑작스럽게 완전히 응고되는 문제를 발견하기 시작했다. 이러한 합병증은 PMA 임상 실험에서 발견되지 않았으며 FDA는 승인된 제품을 보유한 두 기업에 대해 시장 조사를 요구할 뿐만 아니라 다른 기업의 새로운 약물 용출 스텐트 제품의 승인을 위해 보다 규모가 크고 장기간의 실험을 요구했다.

장치 사용목적의 안전성, 유효성 및 신뢰성에 대한 지속적인 평가 및 주기적인 보고를 포함할 수 있는 승인 후 요구사항은 PMA 환경 측면에서 점차 보편화되고 있다. 평가 및 보고는 결과를 추적하기 위한 사후 시장 조사 또는 레지스트리, 장치의 사용과 관련된 지속적인 위험 요소와 혜택에 대한 보고, 공공 보건을 보호하기 위해 위와 같은 정보가 필요한 경우 기업과 FDA가 환자를 추적할 수 있는 기록들을 유지하는 것, 공공 보건을 보호하기 위해 장치나 그것의 기재사항에 대한 식별코드, 또는 이식물의 경우 환자에게 주어진 카드에 대한 식별코드의 포함, 장치 또는 관련 장치를 포함하는 임상 조사나 비임상적인 실험 연구에서 얻은 자료의 공개 또는 미공개 보고서 제출, 그리고 연간 사후 승인 보고서 제출과 같은 방법들 중 하나를 통해 수행될 수 있다.[13] 개발 중인 또 다른 승인 후 보고 메커니즘은 장치 제조업체가 공개적으로 사용 가능한 데이터베이스를 통해 추적할 수 있도록 장치제조업체가 미국에서 배포되는 대부분의 의료기기의 고유 번호를 할당해야하는 고유 장치 식별 시스템(UDI)이다. 이 프로그램의 목적은 의료과실을 줄이고 부작용에 대해 보다 정확하게 보고하는 것을 가능하게 하며, 장치가 가진 근본적인 문제에 대한 이해 향상을 제공하는 것이다. Class III에 속하는 장치들은 가장 먼저 새로운 시스템을 준수해야 하며 Class II 및 Class I의 장치들이 지켜야 하는 기한과는 시간적 차이가 있다.[14]

5.3 임상시험 전략의 사례 연구의 연속인 강조 사례는 인허가 전략을 수립하고 실행하는 많은 과제 중 일부를 보여준다.

현장에서 엠파시스 메디컬(EMPHASYS MEDICAL)

시장 진출 경로에 대한 복잡한 임상 및 규제 문제 탐색 – 2부

엠파시스(Emphasys) 팀이 극심한 폐기종 환자 치료를 위한 새로운 기관지 판막에 대해 FDA에 PMA를 제출 했을 때(엠파시스 이야기의 첫 번째 부분에 대한 5.3 임상시험 전략 참조), 이 기업은 장치 및 방사선 건강 센터(CDRH)의 플라스틱스(Plastics) 및 재건 수술 부서와 다시 협력할 것으로 예상했다. 이 부서는 폐 영역에서 사용 가능한 몇 가지 장치 개입 중 하나인 기관지 스텐트를 허가했다. 엠파시스는 IDE 응용 프로그램에 대한 플라스틱스 및 재건 수술 그룹과 장치에 대한 **중추적인 실험**의 매개변수를 논의했다(그림 5.4.2 참조). 그러나 엠파시스의 CEO인 John McCutcheon은 "일주일 후 우리의 제출물이 CDRH의 마취 및 호흡 치료 장치로 옮겨졌음을 알았습니다."라고 회상했다.[15] 이것은 폐장치를 평가하는 데 더 논리적인 장소로 보였지만, 이 부서는 엠파시스 연구나 기업의 PMA 제출물에 경험이 없었다. McCutcheon은 "점진적으로 구축한 신뢰를 발전시켜야 했습니다."라고 말했다. 엠파시스를 따라 새로운 부서로 이어지는 유일한 검토자는 중추적인 연구를 위한 대조군에 대해 팀과 의견을 달리한 컨설턴트였다.

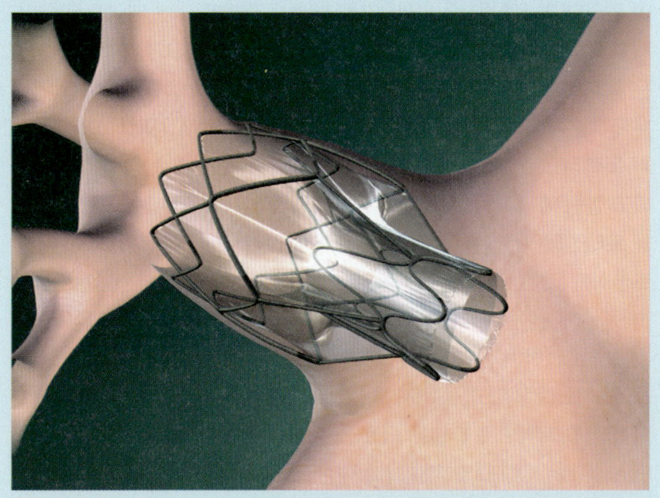

그림 5.4.2
엠파시스(Emphasys) 장치(엠파시스 메디컬의 허가를 받아 사용)

폐기종 환자가 사용할 수 있는 치료 옵션이 없기 때문에 FDA는 엠파시스 장치에 신속한 검토 자격을 부여했다. 그러나 파운더리(Foundry)의 파트너인 Hanson Gifford는 "FDA는 우리의 제출물을 1년간 검토했습니다. 그들의 통계학자들은 모든 세부사항을 검토했고, 그 검토에서 '당신은 통계값을 잘못 측정했다.'라고 말했습니다. 우리는 기분이 안정되지 않았습니다." 의견충돌의 주요 원인은 엠파시스가 전체 후속조치 데이터가 없는 연구 환자의 약 20%에게 결과 데이터를 전가한 것과 관련이 있었다. 엠파시스 팀은 FDA와의 대립을 해결하기 위해 이 분야의 선도적인 "전문가"를 고용하여 데이터를 한 번 더 검토했다. FDA 통계학자가 '그래. 당신이 옳다. 아무리 당신이 전가를 했다 하더라도 그것은 실제로 통계적으로 유의하다.'라고 말했다고 Gifford는 말했다. 통계에 대한 합의에 도달한 FDA는 자문단 회의를 계획하여 기업의 PMA 제출물을 검토했다.[16]

이와 동시에, 외부 환경에서의 사건들의 합류는 FDA와 장치 제조업체의 공적인 조사를 증가시켰다. 먼저, 시장에서 관절염 치료제 바이옥스(Vioxx)의 회수와[17] 가이던트(Guidant) 제세동기의 리콜은 FDA 승인 의약품 및 기기의 안전성에 대한 대중의 우려를 증폭시켰다. 그 결과, 의약품 및 장치 제조업체들이 패널 맴버를 통한 승인 프로세스에 대한 과도한 영향력을 행사하고 있다고 비판했고, 이에 대응하여 FDA는 자문 패널 참여에 관한 새로운 이해 상충의 규칙을 통과시켰다. CDRH 과학자들과 의사 그룹은 에너지 및 상거래관련 하원위원회의 위원장에게 "장치센터의 관리자들이 고의적으로 과학적 검토 프로세스를 훼손하고 법률 및 기관규정에 대한 중대한 위반으로 의료기기 신청을 승인 또는 허가했습니다."라고 주장하는 편지를 보내 논란에 불을 지폈다.[18] 이러한 주장들은 엠파시스 장치가 패널로 갔을 때 진행 중이던 문제에 대한 하원위원회의 조사를 이끌어냈다. 한편 뉴욕 타임즈(The New York Times)는 FDA가 매년 어떻게 허가하는지 그 방법을 검토할 목적으로 "수천 개의 의료기기를 단순한 검토만으로도 시장에 출시되었으며, 임상결과가 개선되었다는 확실한 증거도 없습니다."라는 "The Evidence Gap" 기사 시리즈를 출간하기 시작했다.[19] 불행히도, 일부 관찰자들이 지적한 바와 같이, FDA는 그들의 일을 잘하고 좋은 치료법을 허가한 것에 대한 공로를 거의 인정받지 못했다. 대신, 그것은 의약품과 장치가 허가된 후에 발생한 모든 문제에 대해서만 비난을 받았다.

이러한 추세는 비록 기관(또는 기업)이 허가 당시 잠재적인 모든 문제를 예견할 수 없을지라도, 임상 연구를 아무리 철저하게 시행했는지 관계 없이 계속되었다.

이러한 배경에서 FDA는 엠파시스의 의료용 판막 시스템에 대한 사전 승인 허가 신청에 대해 논의하고, 권고하고, 투표하기 위해 마취 및 호흡기 치료 장치 패널(Anesthesiology and Respiratory Therapy Devices Panel)을 소집했다. 의장 외에도 패널에는 소비자 대표, 업계 대표, 그리고 사무총장 등 13명의 의결권을 가진 회원들이 포함되어 있었다. 투표회원 중 3명만 기도학(호흡기학)에 대한 배경지식을 가지고 폐기종 환자와 직접 일했으며, 3명은 마취학 교육을 받았고, 3명은 흉부외과 전문의, 2명은 통계학 그리고 1명은 소아과, 그리고 1명은 장치연구 및 개발에 종사했다. 패널 회의에 앞서 엠파시스와 FDA가 독립적으로 준비한 브리핑 자료를 참가자들(PMA 신청의 "후원자"라고 불림)에게 제공했다. 회의 자체에서 후원자와 FDA는 모두 패널에게 프레젠테이션을 하고 질문 및 답변 시간이 이어졌다. 다음으로 패널 토론회가 있었는데, 그 기간 동안 후원자는 토론자들의 추가 질문에 답변했다. 패널들은 FDA가 제출한 PMA 신청서에 대한 미리 지정된 질문들을 고려하여 심의를 진행했다. 그 후, 기관과 후원자는 요약된 발언을 할 기회를 얻었고, 소비자와 산업계 대표들은 의견을 제시할 기회를 가졌다. 마지막으로 패널은 FDA의 기기평가사무국(Office of Device Evaluation, ODE) 및 제출물에 대한 PMA를 담당하는 부서에 제출할 수 있는 (1) 허가 가능, (2) 조건에 부합됨, (3) 인정되지 않음으로 구성된 세 가지 가능한 추천 중 하나를 투표했다. 일단 추천이 이뤄지면, 각 패널 회원은 자신의 표를 설명하도록 요청 받았다. 회의가 끝나면 ODE는 부서의 의견과 함께 추천사항을 고려한 후, 최종 결정을 내릴 수 있었다.

회의 도중 엠파시스 팀은 완료된 사례만 고려할 때도 기업이 통계적으로 유의한 수단으로 주요 종점을 충족했다고 단언했다(포함/제외 프로토콜 위반이 있는 귀속된 데이터 또는 환자는 제외). 또한, 핵심 실험실을 사용하여 추가적인 통찰력을 얻음으로써 연구팀은 임상시험에서 일반 환자 집단보다 폐기능 검사에서 훨씬 더 개선된 두 개의 임상 하위 집단을 확인했다. 이러한 알고리즘은 환자선택 및 치료 대상선정을 용이하게 하기 위해 향후 환자 검사에 사용될 수 있다. 안전성 측면에서 치료 그룹에 더 많은 합병증이 있었지만, 그 차이는 통계적으로 유의하지 않았고 시간이 지남에 따라 그 수는 감소했다. 또한 팀은 필요한 경우 장치를 안전하게 제거할 수 있다는 데이터를 발표했다.

이에 대해 FDA는 피료 효과 추정에 영향을 미쳤다고 생각되는 네 가지 주요 쟁점을 제기했다. 여기에는 (1) 연구에서 블라인딩의 부족, 플라시보 효과의 가능성에 대한 문호개방, (2) 엠파시스가 명시적인 FDA 승인없이 후속 기간을 연장했다는 사실, (3) 환자의 20% 이상의 데이터가 누락된 문제, (4) 실험에 대한 **포함** 및 **제외 기준**에 위반이 있음 이렇게 네 가지가 포함된다. 또한 FDA는 엠파시스가 통계적으로 유의한 수단으로 종점을 충족시켰지만 그 결과는 임상적으로 반드시 중요한 것이 아니라고 주장했다. FDA에 따르면, "연구는 일반 및 성형 수술 장치 패널에 의해 권고되는 FEV_1과 6MWT의 공동 주요 종점을 위한 15%의 치료 및 대조집단 사이에 미리 정해진 임상 차이를 보여주는 것으로 설계되었다. 개인에 대한 15%의 임상적 유의한 반응이 실험에 힘을 실어 예비연구 결과와 함께 사용되었다."[20] 그래서 기관은 다음과 같이 주장했다. "공동의 주요 효과성 종점의 분석은 6개월 후에 통계적으로 유의한 차이를 보였습니다. 그러나 어떤 시점에서도 어느 한쪽 종점이 임상적 유의함에 도달하지 못했습니다." 엠파시스는 15% 임계값이 연구에서 각각의 공동 주요 종점에 대한 임상적 의미의 요구사항으로 공식적으로 확립되었다고 논쟁했다. "FDA는 우리의 연구 프로토콜로 되돌아가서 15%의 수치를 가진 우리의 동력수를 뽑은 다음 '우리는 이것이 임계치라는 것에 동의한다.'"라고 말했다. McCutcheon은 "그러나 그건 사실이 아닙니다."라고 했다. 이 의견 차이는 회의에서 해결되지 않았지만 패널 토론자는 이 문제를 논의하는 데 많은 시간을 할애했다. 핵심실험실에서 얻은 결과를 기반으로 한 하위 그룹 분석과 관련하여 FDA는 기관에 의해 정당성이 입증되지 않은 그 분석을 위해 연구실이 사용한 소프트 웨어를 제시하면서 결과에 대해 논쟁을 벌였다.

이 문제와 다른 문제들을 둘러싼 오랜 논쟁 끝에, 패널은 11:2 표결에 의해 "승인할 수 없는" 권고안에 도달했다. 의미심장한 두 패널 위원은 폐기종을 가장 직접적으로 경험한 사람들이었다. 투표 후 성명서에서, 이 두 의사들은 폐기종 환자가 이용할 수 있는 제한된 옵션, 기업이 기술을 가장 적절하게 사용하는 방법을 잘 알고 있다는 사실과 치료에 의해 전달된 개선이 제한된 안전 문제를 능가한다는 것을 강조했다.

ODE는 패널 권장사항에 의거하여 엠파시스에 어떤 가능한 승인 이전에 확증적인 연구를 요구했다. 이 어려운 상황에 직면한 기업은 다른 실험을 지원하기 위해 추가 자금을 모으는 것을 포함하여 다양한 전략적 옵션을 평가했다. 그러나 엠파시스의 후원자 대부분은 5년에서 8년동안 투자자였으며 더 많은 자본을 투입할 수 있는 입장이 아니었다. 이 투자자중 한 명인 어드벤스 테크놀로지 벤처의 Mike Carusi는 "우리는 또 다른 5천만 달러를 투입하기 위한 계산을 수행했으며 투자 수익률은 거기에 없을 것이라고 결론지었습니다. 게다가 투자자들은 지쳐 있었습니다. 사람들은 예산이 없고 경제가 나빠지기 시작했습니다. 아무도 그러한 어음을 쓰려고 하지 않았으며, 이런 종류의 FDA 위험을 가진 기업에 대한 확신이 없었습니다." 또 다른 옵션은 엠파시스 예비연구 결과를 토대로 5년 넘게 허가된 유럽에서 보다 적극적으로 장치를 판매하는 것이었다. 그러나 기업은 자사의 자산을 Pulmonx라는 경쟁사에 경매로 매각해야만 했다.

파운드리 파트너인 Hank Plain은 엠파시스의 경험에 비추어 "현재 환경에서 이는 정말 환자와 혁신에 불행한 일이라고 생각하는 점점 수가 적어지는 이 같은 프로젝트는 지금 조달이 가능할 것입니다. 불확실성, 재정위험, 임상 위험, FDA 위험 등 모든 장애물들이 너무 높습니다."라고 말했다. Gifford는 추가로 "파운드리에 대해 말하면, 우리가 새로운 것을 바라볼 때 엄청나게 많은 환자 집단에 드라마틱한 이익을 가져다 줄 수 있다는 명백한 경우가 아니면 PMA 제품을 고려하지 않을 것"이라고 덧붙였다.

엠파시스 기술에 관해서는, 그것이 미국의 폐기종 환자에게 언제 도달 할지는 불확실했다. 인수 당시 Pulmonx와 창업자인 Rodney Perkins의 초기 전략은 유럽에서 장치 마케팅에 집중하는 것이었다. Perkins는 "우리는 FDA에 너무 일찍 돌아가기를 원치 않습니다. 왜냐하면 분리 기간을 갖지 않으면 그저 같은 짐을 나르고 있는 것이기 때문입니다."라고 설명했다. 중요한 것은 기업이 차티스(Chartis)평가 도구를 사용하여 장치를 판매하려고 했는데, 이 도구는 흉부외과 전문의가 판막의 효율성을 떨어뜨릴 수 있는 폐 기도의 누출(측부환기)을 감지하는 데 도움을 줄 수 있다. Pulmonx는 유럽의 연구를 신중하게 고안하여 허가된 판막을 실험 현장에 판매한 후에 FDA로 언제 돌아갈지 결정할 것이다. 그러나 Perkins는 "미국 밖의 시장이 확대 되면 미국 시장에서 성공할 필요가 없다는 점을 고려해야 합니다."라고 강조했다.

향후 몇 년 동안 Pulmonx는 스위스에 대규모 현장 사무소를 설립하고 유럽 전역의 120개 이상의 병원에서 8,000건 가까이 거래를 완료했다. 결과의 효과를 바탕으로 Pulmonx 팀은 FDA의 허가를 얻기 위해 다시 한 번 시기가 됐다고 판단했다. Perkins는 "우리가 좋은 치료법을 알고 있기 때문에 미국으로 돌아가길 원합니다."라고 말했다. 2013년, Pulmonx는 판막에 대한 새로운 시판 전 제출물을 지원하기 위해 미국의 중추적인 실험을 시작하려고 FDA에 신청하고 그들로부터 IDE를 부여 받았다.[21]

오프라벨(off-label) 장치 사용에 관한 전략

허가인증 전략의 보다 이해하기 어려운 영역 중 하나는 허가되거나 승인된 FDA 징후의 범위를 넘어 사용되는 장치들을 다루는 것이다(소위 말하는 오프라벨의 사용(인가되지 않은 약품의 사용)). FDA는 의약품의 관행을 규제하기 위한 관할권을 가지고 있지 않다는 것을 상기하자. 의사들은 제공된 이 사용이 환자에 대한 최선의 이익을 위해 그리고 보편적으로 치료 기준 내에 속할 경우에 그들이 적절하다고 생각하는 어떤 방식으로든 의료기기를 사용할 수 있다. 실제로 이것은 많은 장치들이 FDA에 의해 허가 또는 승인된 징후의 범위를 넘어 사용된다는 것을 의미한다. 전형적인 예로는 소장에서 쓸개관을 개방하는 것에 승인된 담관 스텐트가 있다. 사실 수년간 담관 스텐트의 대부분은 이 스텐트가 이 징후에 대해 승인되지 않은 사실에도 불구하고 관상동맥의 폐색을 치료하기 위해 심장 전문의들에 의해 사용되었다(관상동맥 스텐트는 미국보다 몇 년 앞서서 유럽에서 승인되었으며, 미국 심장 전문의에게 이러한 방법이 합리적인 치료 기준에 해당한다고 설득했다).

기업들이 최종적으로 FDA에 관상동맥 스텐트에 대한 승인을 요청했을 때, 그들은 스텐트가 기존의 풍선 혈관 성형 기술보다 우수하다는 사실을 입증하기 위해 전략적으로 실험을 설계했다. 무엇보다도, 이것은 호의적인 결과를 야기할 가능성이 있는 혈관 크기를 목표로 했다(직경 3 mm 이상의 혈관보다 작은 관상동맥은 스텐트 시술 후 재수축의 빈도가 높음). 그러나, 스텐트가 최적 크기 범위의 혈관에 대하여 승인되자마자, 심장 전문의는 소형 혈관에서 폭넓게 스텐트를 사용하기 시작했다.

비록 기업은 종종 장치에 대한 오프라벨의 잠재력에 대해 유혹을 받긴 하지만, 이 접근법을 기반으로 한 뻔한 전략은 바람직하지 않다. FDA는 이 문제를 잘 이해하고 있으며, 인가되지 않은 제품의 사용을 조장하는 기업들에 주의를 기울이고 있다. 교훈적인 이야기로서, 담관 스텐트를 만드는 10개 이상의 기업들은 제품의 지배적인 용도에 대해 더 이상의 언급을 하지 않았다는 이유로 FDA로부터 사실상의 비난을 받았다.

미국, 유럽 및 기타 국가의 허가 인증 전략 통합

혁신자는 지역 전체에 걸쳐 허가인증 전략을 통합함으로써 중요한 강점을 획득할 수 있다. 일부의 경우 규제 당국의 승인, 상환, 또는 시장 채택까지 걸리는 시간을 단축하기 위해 한 시장에서 얻은 임상데이터 및 허가인증 승인을 활용하여 허가인증 프로세스를 최적화할 수 있다. 예를 들어, 많은 미국 의료기기 신규업체들은 미국의 승인 전에 PMA 경로 대상 기기의 CE 마킹을 따라간다(4.2 규제의 기초의 에드워드 라이프사이언스(Edwards Lifesciences)사례 참조). 반대로 기업은 EU시장에 진입하기 전에 미국에서 510(k) 장치의 허가를 요청한 다음 미국의 임상데이터를 사용하여 해외에서 상환 받을 수 있다.

또 다른 일반적인 전략은 이전에 미국의 중추적인 임상시험을 시작하기 위해 미국의 실험 연구 대신 **CE 마킹** 실험의 임상데이터를 사용하는 것이다. 이 데이터는 캐나다와 같은 다른 시장에서 허가인증 승인을 얻는 데 사용될 수도 있다. 이러한 통합 전략에 대한 자세한 내용은 다음에 제시되어 있다.

PMA 장치의 초기 CE 마킹

미국에 PMA 경로에 있는 대부분의 장치의 경우, CE 마크를 PMA보다 더 빠르게 얻을 수 있다. 이것은 여러 가지 이유로 기업에 도움이 될 수 있다: (1) 미국에서 제품이 FDA 승인을 통하여 작업이 진행되는 동안 귀중한 수익원을 제공할 수 있다. (2) 장치 성능 및 채택에 대한 초기 사용자의 피드백을 기업에 제공한다. (3) 차후 FDA 변경에 사용될 수 있는 초기 임상데이터를 제공한다.

Class III 장치의 CE 마킹이 시판 전 허가보다 빠른 이유는 미국과 EU 허가인증 경로 사이의 임상데이터 요구사항의 차이와 직접적인 관련이 있다. FDA는 Class III 장치가 합당한 안전성과 효과성을 입증할 것을 요구하며, 이는 일반적으로 수백 명의 환자를 포함하는 잠재적인 무작위 비교 연구를 통해 이루어진다(5.3 임상시험 전략 참조). 반대로 CE 마킹은 전통적으로 단지 장치의 안정성과 성능을 입증할 것을 요구한다. 일반적으로 Class III 장치의 경우에도 EU 요구사항의 준수 여부는 훨씬 간단한 실험으로 입증할 수 있다. 예를 들어, 혈관 내압 치료시 색전술로부터 생성되는 잔해물을 방지하기 위해 그것을 억류할 수 있게 해주는 퍼큐서지사(Percusurge, Inc.)의 가드와이어®(GuardWire®)는 환자 22명의 단일 암 연구를[22] 기반으로 안전성과 성능을 보여줌으로써 CE 마킹 지급 판정을 받았다(즉, 중재 절차 동안에 해당 잔해물이 흡입됨). 그러나 미국에서 FDA는 효과성 검증을 위해 800명의 환자를 대상으로 다중 센터 무작위 실험[23](즉, 합병증의 감소를 입증하기 위해 장치를 표준치료와 비교함)을 요구했다.

500(k) 장치의 EU 시장 진입 연기

510(k) 장치가 임상데이터를 필요로 하지 않는 한, 미국에서 510(k) 승인을 목표로 하는 장치의 초기 유럽 승인은 PMA 장치의 경우처럼 미국 시장에 침투하고자 하는 기업에게 좀처럼 동일한 가치를 제공하지 않는다. 임상 실험을 필요로 하지 않는 510(k) 승인들은 보통 시판 전 허가보다 훨씬 빨리 얻을 수 있으므로 미국 의사에게 해당 장치를 제공하고 이것의 시장 구축을 시작할 수 있다. 또한 미국에서 510(k) 승인 전·후에 생성된 임상데이터는 이후에 다른 지역의 시장을 구축하는 데 사용될 수 있다. 예를 들어, 이 전략은 척추 압박 골절 치료를 위해 척추 성형술을 수행하기 위한 중재 장치인 키폰®(Kyphon®)을 통해 성공적으로 사용되었다.

미국 및 기타 국가의 허가인증 승인을 위한 EU 임상데이터의 사용

임상 실험 계획 및 실시의 특정 측면이 필요한 요건을 준수하는 경우에 한하여 제공된 사전 및 사후 CE 마킹 실험은 미국이나 기타 국가규제승인 또는 그 둘 모두에 사용될 수 있다. 여기에는 관련 있는 모든 현지 규정 및 적용 가능한 의약품 임상시험 관리기준(예: ICH에 의해 제시된[24])에 대한 준수가 포함된다. 모든 이러한 요구사항은 임상데이터가 EU의 외부 당국에 의해 수용될 수 있도록 보장하기 위해 처음부터 실험으로 설계되어야 한다.

FDA는 미국 환자 집단에 대한 적용 가능성 측면에서 외국 연구로부터 얻은 데이터에 비판적인 시각을 가지고 있다는 점을 인식하고 있는 것이 중요하다. 의학 요법이나 관행이 미국과 크게 다를 경우, 또는 미국 내외의 환자 집단 간에 예상되거나 설명할 수 없는 차이점이 있는 경우, 해당 데이터는 적용 불가능한 것으로 간주될 수 있다. 예를 들어, 관상동맥 중재술에서는 특정 종류의 혈액 희석제 또는 항응고제(IIb/IIIa 억제제)는 일반적으로 EU에서는 미국에서처럼 사용되지 않는다. 따라서 관상동맥 중재술을 위한 장치를 포함하는 실험은 스폰서가 미국의 승인을 지원하기 위해 그 장치가 사용되기를 기대하는 경우 해외에서 확보한 데이터를 FDA가 승인하도록 신중하게 설계해야한다. FDA는 데이터가 미국에서 의료기기를 시장에 출시하기 위한 승인을 얻을 목적으로 타당한지 여부를 확인하기 위해 해외 임상 사이트를 감사할 권리를 가지고 있다는 것을 명심해야 한다. FDA는 이러한 목적을 위해 전문화된 바이오 리서치 모니터링(Bioresearch Monitoring, BIMO) 프로그램을 운영하고 있다.

규제 기준의 조화 증대를 향한 노력은 강력한 국제 경험을 갖춘 허가인증 컨설턴트를 요구하는 역동적이고 복잡한 환경을 조성했다. 유럽연합은 아직 대부분의 의료기기 분야에서 미국 외에 가장 큰 시장이며 허가인증 측면에서 가장 잘 이해된 지역이다. 일본은 상환 능력이 뛰어난 시장이만 보통 기업이 일본에서 임상연구를 반복할 것을 요구하여 새로운 장치를 승인하는 속도가 매우 느리다(정부는 승인 과정을 간소화하기 위해 노력하고 있음). 젊은 기업들은 호주와 남아메리카(특히 아르헨티나와 브라질)에서 **"최초 임상"** 연구가 수행되기 때문에 해당 국가들의 규제 당국에 점점 더 익숙해지고 있는 중이다. 4.2장에서 설명한 것처럼 다른 대형 시장(예: 중국, 인도)의 규제들은 점차 발전하고 있다. 초기 임상 실험을 수행하는 수단으로 해외 규제 기관의 승인을 고려할 때, 현명한 투자를 보장하기 위해 데이터의 신뢰성 및 적용 가능성에 대하여 유의해야 한다.

온라인 자료

더 많은 자료는 www.ebiodesign.org/5.4를 방문한다.

"Getting Started"의 활동과 링크
- Validate device classification and regulatory pathway
- Develop a regulatory strategy
- Modify and monitor regulatory strategy

허가인증 전략에 관한 동영상

일반적인 규제 함정에 관한 부록

NOTES

1 Cartoons created by Josh Makower, unless otherwise cited.
2 "Mobile Medical Applications: Guidance for Industry and Food and Drug Administration Staff," U.S. Food and Drug Administration, September 25, 2013, http://www.fda.gov/downloads/MedicalDevices/DeviceRegulationandGuidance/GuidanceDocuments/UCM263366.pdf (December 26, 2013).
3 "FDA Submits Final Guidance on Mobile Medical Apps," Foley and Lardner LLP, October 4, 2013, http://www.foley.com/fdasubmits-final-guidance-on-mobile-medical-apps-10-04-2013/(December 26, 2013).
4 Joanne Gibbons, "There May Be More to the FDA/23andMe Story Than Meets the Eye," *Xconomy*, December 12, 2013, http://www.xconomy.com/boston/2013/12/12/mayfda23andme-story-meets-eye/ (December 27, 2013).
5 Ibid.
6 "IDE Approval Process," U.S. Food and Drug Administration, http://www.fda.gov/medicaldevices/deviceregulationandguidance/howtomarketyourdevice/investigationaldeviceexemptionide/ucm046164.htm#pre_ide(December 4, 2013).
7 From in-class remarks made by Howard Holstein as part of Stanford's Program in Biodesign, Winter 2008. Reprinted with permission.
8 The French catheter scale is used to measure the outside diameter of a cylindrical medical instrument. 1 French (Fr) is equivalent to approximately 0.33 mm.
9 "PMA Review Process," U.S. Food and Drug Administration, http://www.fda.gov/MedicalDevices/DeviceRegulationandGuidance/HowtoMarketYourDevice/PremarketSubmissions/PremarketApprovalPMA/ucm047991.htm (December 4, 2013).
10 Janet Moore, "Ruling Shields Medtech Firms," StarTribune.com, February 20, 2008, http://www.startribune.com/business/15801117.html (December 4, 2013).
11 "PMA Supplements," U.S. Food and Drug Administration, http://www.accessdata.fda.gov/scripts/cdrh/cfdocs/cfcfr/CFRSearch.cfm?FR=814.39 (March 3, 2008).
12 "Draft Guidance for Industry and FDA Staff Medical Devices: The Pre-Submission Program and Meetings with FDA Staff," U.S. Food and Drug Administration, July 13, 2012, http://www.fda.gov/MedicalDevices/DeviceRegulationandGuidance/GuidanceDocuments/ucm310375.htm (December 4, 2013).
13 "PMA Postapproval Requirements," U.S. Food and Drug Administration, http://www.fda.gov/MedicalDevices/DeviceRegulationandGuidance/HowtoMarketYourDevice/PremarketSubmissions/PremarketApprovalPMA/ucm050422.htm (December 4, 2013).
14 "Unique Device Identification," U.S. Food and Drug Administration, http://www.fda.gov/medicaldevices/deviceregulationandguidance/uniquedeviceidentification/default.htm (December 4, 2013).
15 All quotations are from interviews conducted by the authors, unless otherwise cited. Reprinted with permission.
16 All PMA applications are reviewed by a special panel, a group of 5 to 15 physicians, statisticians, and other experts (all non-FDA employees) who serve a 3-year term. In addition to the core experts, the panel can add topic experts on a case-by-case basis and also has nonvoting industry and consumer members. After the PMA is submitted, the panel convenes to hear presentations from the company sponsor,

its expert consultants, and from the FDA team. The panel votes to recommend whether the technology should be approved, approved with conditions, or disapproved. The recommendation is non-binding, but generally carries great weight in the approval process. The final decision is based on the analysis of the CDRH branch team, subject to the approval of the director of the Office of Device Evaluation (ODE).

17 In September 2004, drug maker Merck withdrew its arthritis medication Vioxx from the market in the face of new data that showed its sustained use doubled a patient's risk of heart attacks and strokes. In the investigation, which followed, the FDA faced allegations in the press that its relationship with drug companies was "too cozy" and was interfering with public safety.

18 '"Ordered, Intimidated, and Coerced'? CDRH Targeted in Misconduct Probe," *The Gray Sheet*, November 24, 2008.

19 "New York Times Examines FDA Market Approval of Medical Devices," *Medical News Today*, October 28, 2008, http://www.medicalnewstoday.com/articles/127109.php (January 6, 2014).

20 "FDA Executive Summary," Anesthesiology and Respiratory Therapy Devices Panel, December 5, 2008, http://www.fda. gov/ohrms/dockets/ac/08/briefing/2008-4405b1-01-FDAExecSummary_Final_Panel%20Pack.pdf (January 6, 2014).

21 Pulmonx Gets FDA Nod for U.S. Trial of Emphysema Therapy," Pulmonx press release, August 27, 2012, http://pulmonx.com/en/news/pulmonx-gets-fda-nod-for-us-trial-of-emphysematherapy/ (December 30, 2013).

22 J. G. Webb, R. G. Carere, R. Virmani et al., «Retrieval and Analysis of Particulate Debris Following Saphenous Vein Graft Intervention," *Journal of the American College of Cardiology*, 1999, pp. 468–75.

23 D. S. Baim, D. Wahr, B. George et al. "Randomized Trial of a Distal Embolic Protection Device During Percutaneous Intervention of Saphenous Vein Aorto-Coronary Bypass Grafts," *Circulation*, 2002, pp. 1285–90.

24 ICH stands for the International Conference on Harmonization of Technical Requirements for Registration of Pharmaceuticals for Human Use. This project brings together experts and regulatory authorities from Europe, Japan, and the United States to discuss scientific and technical aspects of product registration.

5.5 품질관리

서론

엔지니어는 심장 전문의의 어깨를 바라보며 절대로 일어나서는 안 될 환자의 동맥에 내장된 부러진 니티놀 스텐트를 보고 있다. 얼마 지나지 않아 전국의 여러 병원에 있는 의사들이 동일한 결과를 보고하기 시작했다. 하지만 몇몇의 다른 의사들은 전혀 문제가 없었다고 했다. 모든 기업을 조사한 결과, 시장 출시 전에 모든 테스트가 성공했음에도 불구하고 일부 스텐트가 부러진 상태로 있다는 것을 확인했다. 엔지니어는 고장이 발생한 이유를 찾기 위한 노력 중 하나로 실패에 대한 원인을 철저히 검토했다. 이처럼 품질관리 시스템의 일환으로 기업에서 유지 · 관리하는 세부 기록을 확인함으로써 특정한 경로를 가진 스텐트만이 고장난 것으로 판단되었고 이것의 경로 추적을 통해 그 실패는 특정 니티놀을 사용하는 장치와 관련이 있다는 것을 알았다. 실패의 원인인 특정 재료를 처리했으며, 문제의 스텐트를 회수하고 문제와 해결 방법을 해당 기관에 통보한 후, 기업은 실패를 제거하여 이 문제를 극복했으며, 큰 성공을 거두기 위해 다시 시장으로 진입할 수 있었다.

목표

- 아이디어에서 확장 가능하고 신뢰할 수 있는 제품으로의 전환을 촉진할 때 품질 시스템이 수행하는 중요한 역할을 이해한다.
- 품질 시스템의 핵심 구성 요소와 특정 하위 시스템의 초기 구현이 비즈니스 관리에 전략적으로 중요한 이유를 이해한다.
- FDA의 품질 관련 규정 요구사항과 다른 국가에서 요구하는 것과 어떻게 다른지를 이해한다.

위와 같이 혁신적인 제품을 시장에 내놓을 때는 개발 및 생산에 대해 엄격해야 하며, 엄격한 접근 방식이 필수적이라는 사실을 강조한다. 혁신 업체의 최종 목표가 정확한 사양에 따라 제조하고, 안전하고, 신뢰할 수 있어서 의료분야에서 사용될 수 있는 새로운 의료기기를 만드는 것이라면, 엄격한 품질 프로세스가 이러한 일을 할 수 있게 하는 핵심 요소이다. 따라서 이러한 프로세스는 신기술에 대한 규제 승인을 달성하는 데 중요할 뿐만 아니라 이노베이터와 연구팀이 생산한 장치에 대한 성능을 테스트하고 검증하여 제품을 안정적으로 생산할 수 있게 한다. 하지만 개발 및 후속 생산을 유도하는 품질 프로세스가 의도한 대로 생산되는 제품에 대해 보장하지 못하고 모든 지정된 안전 요건을 충족하지 못하는 경우에는 환자의 생명이 위험에 처할 수도 있다.

 품질관리에 관한 동영상은 ebiodesign.org을 참조한다.

품질관리의 기초

바이오디자인 혁신 과정의 초기 단계에는 일반적으로 "실질적인" 의료기술 기업이 없다. 즉, 이노베이터는 혼자 또는 소규모 엔지니어 그룹과 협력하여 문제를 해결하고 예비 테스트를 위한 충분한 **시제품**을 제작할 수 있다. 그러나 테스트가 시작되는 시점에서, 개발에 대한 비공식적 접근 방식은 제품이 규제허가를 얻을 수 있도록 하기 위해 정의된 운영 절차를 통합해야 한다. 또한 팀은 예측가능하고 안정적으로 장치를 생산할 수 있는 정확한 시스템을 갖춘 독립체로 전환되어야 하며 적절한 시기에 이를 최종 사용자에게 제공하고 임상 환경에서 성능을 모니터링해야 한다. 이것은 필수적이지만 이러한 전환에는 위험이 따르게 된다. 어떤 식으로든 시스템이 충분하지 않다면 잠재적으로 벤처 기업의 성공을 저해할 수 있다. 기업이 초기 단계에서부터 제품 개발, 제조, 포장, 라벨링, 보관, 유통, 설치 및 의료기기의 서비스와 관련된 것을 포함하여 상업화를 준비할 때 확장되어야하는 모든 활동을 통제하려면 엄격한 프로세스가 필요하다. 이러한 프로세스를 관리하고 모니터링하는데 사용되는 시스템을 총칭하여 "품질관리시스템(QMS)" 또는 품질 시스템이라고 한다.

제품 개발 및 제조에 대한 품질관리

"품질"이란 용어는 특정 규제 요구사항이 충족되고 고객(주로 환자 및 의사)에게 유통되는 제품이 안전하고 신뢰할 수 있는지 확인하기 위해 기업이 수행하는 활동을 의미한다. 관련 규정에 따라 기기에 대한 세부 사양이 개발되어야 하며, 기기는 이러한 사양에 따라 시험하고 제조하며, 배포 및 설치할 때에도 이 사양에 따라 수행한다. 또한 규제 기관에 문제를 보고하고 수정할 수 있도록 해당 성과를 모니터링해야 한다.

품질 시스템이 빠른 제품 개발주기, 낮은 불량률 및 생산비용으로 측정된 우수한 품질로 이어질 경우 기업의 경쟁우위 원천이 될 수 있다. 또한, 우수한 품질 시스템은 제품의 인식된 가치에 기여한다(반대로 시장실패로 인해 제품의 **가치**가 떨어지지 않게 방지한다). 마지막으로 품질 시스템은 미국 식품의약국(FDA) 및 전 세계의 다른 정부 당국과 같은 규제 기관에 의해 요구되므로 모든 규제 제출의 일부분으로 간주된다. FDA는 "의료기기가 해당 요구사항 및 규격을 지속적으로 충족시킬 수 있도록 품질 시스템을 수립하고 준수해야 한다"라고 요구하고 있다.[1] FDA는 품질 시스템 규정(QSR)이라는 정확한 규정을 가지고 있으며, 제품이 시장에서 승인 또는 승인되기 전에 기업의 품질 시스템이 충족해야 할 정확한 요구사항을 지정한다고 연방규정 제 21편 820(간단히 21 CFR 820이라고도 한다)에 명시되어 있다. 품질 시스템 및 규제 프로세스의 긴밀한 협력에도 불구하고 품질은 규제 승인 또는 승인 과정에서 요구사항 또는 확인 사항 보다 훨씬 중요하다는 점에 유의해야 한다. 좀 더 전체적으로 보자면, 품질관리는 위험을 식별, 분석, 제어 및 모니터링 하는 작업에 정책, 절차 및 관행을 체계적으로 적용해야한다는 점에서 의료기술 기업의 **위험관리**에 대한 하나의 구체적인 접근 방식으로 생각할 수 있다.[2]

전통적으로 품질관리는 많은 조직 내에서 "치안 유지" 기능이 있다는 오해를 가지고 있다. 예를 들어, 품질 측정은 측정 가능한 작은 수익을 위해 많은 노력을 필요로 하는 추가 작업 단계 및 엄격한 요구사항을 부과하는 것으로 인식되었다. 직원들은 때때로 기업(특히, 아직 시장에 제품이 없는 신생업체)이 공식적인 품질 프로세스를 필요로 하는 이유에 대한 의문을 제기한다. 그러나 최근 사례를 통해 기업이 효과적인 품질 시스템을 갖추지 않았을 경우에는 현재 도달해있는 개발 단계에 상관없이 엄청난 손실이 있음을 입증하였다.

예를 들어 Boston Scientific의 경우를 생각해 보자. 2000년과 2004년 FDA 품질 검사관은 미국에 있는 제조 시설을 가지고 있는 회사 6곳에서 수백 건의 품질관리 소홀에 대해 발견하였다. 그 결과, FDA는 Boston Scientific에게 3통의 경고장을 발급하였다. 세 곳의 공장에서 후속 검사를 통해 품질관리 및 규제 문제가 밝혀지자 FDA는 이전의 위반 사항을 해결하기 위한 기업의 시정조치가 부적절하다는 것을 나타내는 광범위한 "기업 경고장"을 발행했다. 기업의 전반적인 품질관리 시스템에 대한 광범위한 비판으로 간주한 FDA의 이러한 조치는 매우 이례적이다.[3] 이러한 경고장을 계기로 Boston Scientific의 주가는 거의 5%가 하락하였다.[4]

기업에서 발견된 품질 문제는 시설마다 다르겠지만, Boston Scientific은 기업 품질관리 시스템의 절차, 프로세스 및 적시성과 관련이 있었다. 한 공장에서 종업원은 기업 본사가 암 환자의 종양 치료용 바늘을 회수했음을 알지 못했다. 다른 지역에서는 Boston Scientific 장비가 심각한 고장이 발생한 것에 대해 FDA에 통지해야 하는 마감일을 놓쳤다(연방 규정집에 따르면 30일 이내에 공지를 해야 한다).[5] 이로 인해 FDA는 기업의 경고가 발효되는 동안은 Boston Scientific의 품질 문제에 영향을 받을 수 있는 새로운 장치에 대해 승인을 하지 않겠다고 통보하였다. 이 기업은 경고를 받은 시기에 새로운 약물 용출 스텐트의 FDA승인 제출에 대해 준비를 하고 있었기 때문에 잠재적으로 큰 타격을 입었다.

이로 인해 FDA의 경고를 받은 Boston Scientific은 의료기기 역사상 가장 체계적이고 광범위한 품질 시스템 개선 프로그램을 시작하게 되었다. 기업은 2년 동안 수백 명의 직원과 수백만 달러를 들여 제조, 유통 및 모니터링 시스템 변경을 구현하기 위해 노력했다.[6] 예를 들어, 이 기업이 취한 조치 중 하나는 불만 사항을 단일 시스템으로 추적하기 위해 23개의 개별 프로세스를 통합하는 것이었다.[7] FDA는 기업의 개선노력에 기초하여, 이 기업이 나머지 문제를 해결할 수 있도록 에이전시와 협력하게 하였으며, 경고 서한에서 부과한 몇 가지 제한을 해제하였다.[8]

이처럼 소규모 창업 기업에서도 효과적인 품질 시스템을 갖추지 못했을 경우의 비용은 높을 수 있다. 여기에서 비용은 요구사항을 충족시키지 못하거나 고객의 **요구**를 충족시키지 못하는 제품 또는 서비스의 결과로 발생하는 비용인 실패비용을 말한다. 이 비용은 미국 품질 협회(ASQ)에서 내부 및 외부 고장 범주로 분류된다.[9] 내부 고장 비용은 제품(또는 서비스 제공)을 고객에게 인도하거나 선적하기 전에 발생하는 비용을 말한다. 여기에는 스크랩, 재작업, 재검사, 재시험, 재료 검토 및 다운 그레이드가 포함된다. 외부 고장 비용은 제품 또는 서비스가 고객에게 전달 된 후에 발생한다. 이러한 비용에는 고객 불만처리, 고객반품, 보증청구, 제품**회수** 및 FDA 또는 다른 규제기관에 의한 폐쇄 위험까지 포함된다. "소프트"비용 또한 고려해야 하며, 특히 기업이 시장에서 입지를 굳히고자 할 때도 마찬가지이다. 여기에는 기업의 평판에 나쁜 영향을 미치는 부정적인 영향, 투자자 유치 능력, 그리고 유능한 직원들을 유치하고 유지하는 능력을 포함한다.

제품의 설계 및 개발 초기 단계에 능동적으로 품질을 처리하는 조직은 장기간에 걸쳐 상당한 시간, 자금 및 기타 자원을 절약하고 제품안전 문제 및 리콜로 인한 막대한 손실 발생가능성을 줄여준다. 이노베이터와 초기 창업 기업은 품질 시스템을 구현하는 데 필요한 작업량에 압도당하는 경우가 많지만 완벽한 시스템의 모든 요소를 즉시 적용해야 하는 것은 아니다. 처음에는 이노베이터들은 그들의 성장 단계와 관련된 요소에만 집중할 수 있다. 그런 다음 창업이 확장될수록 품질 시스템도 마찬가지로 확장될 수 있다. 이러한 단계적 접근 방식은 초기 단계 기업에 과부하가 걸리지 않고 견고한 기반과 우수한 품질의 관행이 수립될 수 있도록 보장해 준다.

품질관리의 구성요소

품질관리의 개념은 두 가지 구성요소로 분류함으로써 가장 잘 이해할 수 있다(그림 5.5.1 참조). 품질보증(QA)은 제품이 요구하는 사양을 충족시키고 최종 사용자에게 제공될 때 사양에 따라 수행되도록 사전에 확인하려는 프로세스를 의미한다. 품질보증은 정의한 것 과 같이 설계, 개발, 생산, 포장, 라벨링, 문서화 및 서비스는 물론 직원 교육 및 절차와 같은 지원활동을 포함한 포괄적이고 광범위한 개념이다. 품질관리(QC)는 사

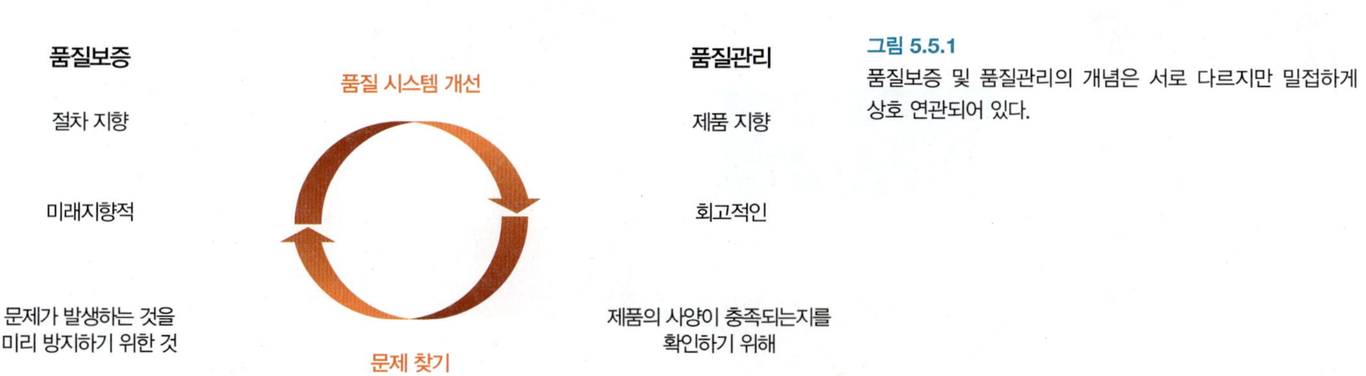

그림 5.5.1
품질보증 및 품질관리의 개념은 서로 다르지만 밀접하게 상호 연관되어 있다.

양이 실제로 충족되었는지 확인하기 위한 프로세스가 실행된 후(예를 들어, 제품이 생산되었지만 고객에게 출시되기 전)에 수행되는 활동을 말한다. 이때, 단위 테스트는 결함을 발견할 목적으로 품질관리를 실행하는 방법 중 하나이다.[10] 품질관리는 입고되는 재료, 공정 중 재료의 모든 생산 단계에 적용되며, 부분 조립품 테스트 및 완제품 테스트에도 적용된다.

두 가지의 차이점은 품질보증은 과정 지향적이고, 품질관리는 제품 지향적이라는 것이다. 품질보증은 기업이 올바른 방법을 수행하도록 하는 것인 반면, 품질관리는 기업이 수행한 결과가 예상대로 수행되었는지 확인하는 것이다. 다른 말로 하면, 품질보증는 잠재적인 전향적 프로세스이고, 품질관리는 제품개발 과정에서 사후 처리를 하는 프로세스라고 할 수 있다. 그러나 이 둘은 서로 관련이 되어 있다. 품질관리는 품질보증시스템의 구성요소 중 하나로 품질보증 사례의 변경으로 이어질 수 있는 문제를 식별하여 동일한 문제가 발생하지 않도록 한다.

품질관리 시스템

품질관리시스템(QMS)은 품질보증 및 품질관리 활동이 모두 실행되는 수단이다. 품질관리시스템에는 조직 내의 모든 품질 관련 활동을 계획하고 실행하기 위한 정책, 프로세스 및 절차가 포함되어 있다. 또한 고위 경영진부터 시작하여 책임에 대해 명확히 하고, 핵심 비즈니스 프로세스의 측정 및 체계적 관리를 통해 성과 향상을 도울 수 있다. 이때 중요한 것은 품질 활동은 실수한 팀의 책임이었으나, 직무 전반에 걸친 품질 활동에 대한 것은 고위 간부들이 책임을 져야 한다.

대부분의 규제 기관의 기본 요구사항을 충족시키는 일반적인 품질관리 시스템에는 최대 7개의 구성요소가 포함되어 있으며 이들은 특정한 방식으로 상호 연관이 되어 있다. 그림 5.5.2에 있는 품질관리시스템은 FDA 품질시스템 규정의 요구사항을 반영하고 있지만, 기본 원칙은 잘 만들어진 규제시스템이 있는 다른 국가에도 적용할 수 있도록 되어 있다.

최상위 수준에서의 **관리 제어**는 전체 시스템을 관리하기 위한 프로세스 및 지침을 제공하며 처음부터 필수적인 것이다. **설계 제어**는 설계 사양 및 수정 사항을 관리하는 데 사용되는 특정 프로세스를 말한다. 이러한 프로세스는 우수한 품질 시스템의 초석이 되기 때문에 혁신 과정에서 비교적 이른 시일 내에 디자인 제어를 구현하고 소비하는 것이 중요하다. **생산 및 공정 제어**(P&PC)는 생산 공정이 원하는 성능 목표와의 편차를 적게 하여 안전한 제품을 생산할 수 있도록 한다. **시정 및 예방 조치**(CAPA)는 고장을 예방하고 수정하는 데 사용되는 시스템을 말한다. FDA의 검사 기술에 따르면, 이 네 가지의 하위 시스템은 기업 품질 시스템의 핵심을 구성한다. 나머지 세 가지의 구성요소는 기록이나 문서를 통한 **재료 관리**, 시설에 대한 **변경 및 제어** 그리고 기본 서브 시스템을 보완할 수 있는 **장비 제어**가 있다. 이 중 기록, 문서 및 변경 관리는 일반적으로 초기 제품 개발을 위한 견고한 프레임 워크를 제공하는 데 있어 핵심이 되기 때문에 혁신 과정 초기에 구현하는 것이 중요하다.

중요하게도, 이 분야의 실력 있는 실무자는 단 하나의 성공

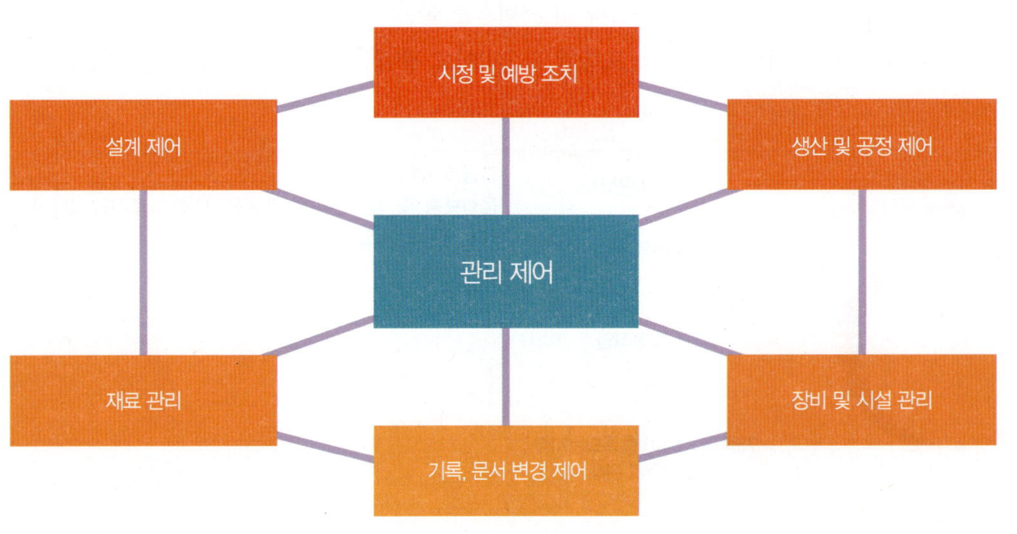

그림 5.5.2
품질 경영 시스템의 구성 요소(FDA의 품질 시스템 규정에 기반함)

적인 품질 시스템 모델이 없다는 점을 지적한다. 시업의 품질 시스템이 적절한지 평가하는 방법은 특정 핵심 목표 달성 여부에 대해 확인하는 것이다:

- 모든 제품이나 시스템의 요구사항을 문서화한다.
- 직원의 교육은 잘되어있어야 하며, 그들은 문서화된 요구사항을 준수해야 한다.
- 요구사항을 지속적으로 잘 이행하고 있다는 기록이 있어야 한다.
- 기업의 문제 식별과 해결 및 개선할 수 있는 능동적인 시스템을 수립해야 한다.

이노베이터는 FDA 및 기타 당국에 의해 작성된 품질 관련 규정을 각 기업의 제품 및 비즈니스 모델에 적합하게 해석해서 방향성의 지침으로 사용해야 한다. 이와 같이, 품질관리 시스템은 다양한 서브 시스템을 구현하는 데 정해진 순서는 없지만, 일반적으로 관리, 설계 및 기록, 문서 및 변경 통제에 대한 요소는 품질관리 시스템의 다른 요소 이전에 현실적 문제 발생 시 필요하다. 생성 및 공정 제어 그리고 시정 및 예방 조치와 같은 서브 시스템은 일반적으로 조금 더 철저하게 구현될 수 있다. 그러나, 이 두 시스템은 FDA가 감사하는 동안 주어진 하위 시스템의 기본 부분을 유용하게 활용할 수 있기 때문에 품질 시스템의 핵심요소로 간주된다. 기업이 접근 방식에 대해 해석하고 문서화하는 방법은 FDA가 준수 여부를 심사하는 기준이 된다(즉, 기업은 자체 품질 방침 및 내부 문서에 대해 감사를 받는다).

일반적인 품질관리 시스템의 7가지 하위 시스템은 다음 절에서 자세하게 설명이 된다. 이보다 더 자세한 참조 목록은 "Getting Started" 섹션에서 찾을 수 있다.

관리 제어

관리 제어 서브 시스템의 목적은 기업의 경영진이 효과적인 장치 설계, 제조, 유통, 설치 및 서비스 활동 지원에 대한 적절한 자원을 제공하도록 보장하는 것이다. 또한 품질 시스템이 제대로 작동하고 있는지, 경영진이 품질 시스템을 모니터링하고 지속적으로 필요한 조정을 할 수 있도록 하는 메커니즘을 수립해야 한다. FDA에 따르면, 이러한 근거로 만들어진 서브 시스템인 품질 시스템이 효과적으로 실행되면 문제를 식별하고 해결하기 위해 모니터링이 되면 의도한 대로 작동하는 장치를 생산할 가능성이 더 높아진다.[11] 관리 제어 서브 시스템의 주요 구성 요소는 다음과 같다.[12]

1. 품질 정책 및 계획을 명확하게 정의하고, 문서화하며, 구현한다.
2. 잘 정의된 품질 목표
3. 품질관리 담당 임원
4. 조직이 명시된 품질 목표 및 요구사항을 충족할 수 있도록 품질관리 전담 자원에 대한 조항을 포함하는 조직 구조
5. 품질 시스템의 적합성과 효과성을 모니터링하고, 시스템을 효과적으로 실행하는 데 필요한 시정조치를 취하는 관리 검토 시스템
6. 결함이 있는 문제가 해결되고 있는지를 확인하기 위한 감사 프로세스

설계 제어

엔지니어링 관점에서 볼 때, 설계 제어는 모든 품질 시스템에 절대적으로 필수적이며 초기 작동 시 처리해야 하는 품질 시스템의 첫 번째 요소일 가능성이 크다. 설계 제어의 주요 목적은 설계 자체가 재현 가능하고 추적이 가능하며 안전하고 효과적이라는 것을 입증하는 것이다. 상세한 **사용자의 요구사항**이 수집됨에 따라 설계 제어의 기초는 4.5 컨셉 탐색 및 시험에서 시작된다. 그러나 이 정보를 체계화하고 문서화하는 프로세스는 설계 제어 프로세스의 실행과 밀접한 관련이 있다.

설계 제어 요구사항은 모든 장치가 상업적 유통을 위해 의도한 대로 작동되도록 하기 위해 구현되는 것이다. 이러한 요구사항을 충족시키기 위해 엔지니어는 설계 및 개발 활동을 설명하고, 실행에 대한 책임을 규정하고, 설계 입력을 제공하는 (또는 결과로 나타나는) 다양한 그룹 및 활동이 있는 인터페이스를 식별 또는 설명해야 하는 설계 계획 및 절차를 수립하고 유지해야 한다.[13] 이러한 계획은 장치의 설계 및 개발이 진화함에 따라 검토, 업데이트 및 승인되어야 한다. 이러한 활동은 규범적이지 않지만 경영진이 초기 설계 작업을 적절하게 제어하고 설계 활동 범위와 일치하는 책임을 할당할 수 있는 방법을 제

공한다.

위험관리는 설계 관리의 중요한 부분이다.[14] 위험 관리 내에서, 위험은 잠재적 손해를 의미한다. 이때, 손해는 신체 상해 또는 사람의 건강 손상 그리고 재산 및 환경의 손실을 포함한다. 따라서 위험은 손해가 발생할 확률과 그 손해의 잠재적 심각도를 나타낸다.[15] QSR은 이노베이터가 공식적으로 위험을 식별하고 다루는 것을 돕기 위해 설계 프로세스 전반에 걸쳐 위험 평가 및 관리하는 활동을 통합하는 것을 말한다. 이러한 접근 방식을 통해 허용할 수 없는 위험을 조기에 인식하여 완화할 수 있으며, 비용이 적게 들고 구현하기가 쉽다. 이때, 경영진은 지침을 성공적으로 처리하기 위해 경험, 통찰력, 판단력을 제공할 책임이 있다.[16]

설계 제어의 핵심인 두 가지 중요한 개념은 **설계 검증**과 **설계 확인**이며 이러한 요소를 "V&V"라고 한다. 설계 검증을 통해 제품 개발 팀이 만든 사양을 충족하는지 확인하고, 설계 확인을 통해 설계 사양이 고객 요구사항을 충족하는지를 확인한다. 모든 설계 규격은 생산 시스템에서 구현되기 전에 검증되어야 하며 제품이 고객에게 전달되기 전에 확인되어야 한다. 이 둘의 차이를 보여주는 간단한 예로 시멘트 구명조끼를 생산하기로 결정한 기업이 있다. 기업은 설계 입력 및 출력을 통해 시멘트 구명조끼가 **제품 사양**(즉, 시멘트로 제조되었는지)을 충족하는지 확인할 수 있다. 그러나 시멘트 구명 조끼는 분명히 물에 뜨지 않기 때문에(사용자 요구사항이나 구명용의 용도를 충족시키지 못하기 때문에) 사용자 요구사항에 맞춰 설계 확인을 하려고 할 때 문제가 발생한다.

미국의 경우, 일반적으로 3등급 장치에 대한 시판 전 승인(PMA)에 제출할 510(k) 제출물에는 기업이 구현한 설계 관리에 대한 모든 설명이 포함되어야 한다. 이 정보가 없으면 FDA는 시판 전 검사를 완료할 수 없다(품질 검사에 대한 자세한 내용은 이 장 뒷부분에 나와 있다). 표 5.5.1은 효과적인 설계 제어 시스템을 달성하기 위해 수행되어야 하는 위험 평가 및 관리와 관련된 주요 활동을 요약한 FDA 지침을 보여주고 있다.[17]

생산 및 공정 제어

생산 및 공정 제어 시스템은 기업이 제조한 장치가 사양을 충족하는지를 확인하기 위한 프로세스를 개발하는 과정에 초점을 맞추고 있다. 또한 프로세스와 활동을 모니터링하고 제어하기 위한 프로세스 및 활동의 유효성을 검증(또는 결과를 완전히 검증)하는 데 중점을 두고 있다.[19] 이와 관련하여 유효성 검사는 설계 제어에서 말한 설계 유효성 검사 및 확인을 언급하지 않는 점에 유의해야 한다. 오히려, 이 경우에는 프로세스 검증 및 확인을 의미하며, 프로세스 자체와 이러한 프로세스를 가능하게 해주는 관련 장비들의 작동 및 사용에 중점을 둔다. 공정 검증의 관련된 좋은 예로는 사용자에게 전달 시, 제품의 무균을 위해 사용되는 멸균 공정의 검증을 들 수 있다. 이러한 활동의 일환으로, 지속적으로 공급할 멸균 제품을 사양을 충족하기 위해서는 성능에 대한 기준 및 허용 가능한 작동 범위를 설정하기 위해 멸균 장비, 수행되는 단계 순서 및 환경에 대해 모두 테스트해야 한다. 기업이 생산하려는 장치에 대해 R&D 활동을 하게 될 경우에는, 이러한 유형의 제어를 고려해야 하지만 이 제어 서브 시스템의 몇 가지 기본 요소를 구현한다면 FDA 감사를 준비하는 데 도움이 될 수 있다.

생산 및 공정 제어 시스템을 개발할 경우에는, 제조 공정이나 환경의 결과로 장치에 대한 사양의 편차가 발생할 수 있는 부분을 이해하고 잠재적인 편차 위험이 높은 프로세스에 대해서는 각별한 주의를 기울이는 것이 중요하다. 또한 경영진은 프로세스가 새롭거나 기업이 익숙하지 않은 경우, 또는 위험도가 높은 장치를 생산할 경우, 여러 장치를 제조할 경우에는, 생산 및 공정 제어 잠재적인 문제에 대해 주의 깊게 관찰해야 한다. 즉, 특정 프로세스에 대한 문제가 시정 및 예방 조치 서브시스템을 통해 식별되거나, 프로세스가 장치가 고장을 일으킬 위험이 높거나, 다양한 기술과 프로파일 등급을 사용하거나, 검사 또는 확인을 받지 않을 경우 생산 및 공정 제어 문제가 나타날 수 있다.[20]

생산 및 공정 제어 문제에 대한 평균 이상의 위험이 있는 프로세스는 이러한 지표 중 하나 이상을 기반으로 하여 플래그가 지정되면, 생산 편차를 최소화하기 위한 제어 및 모니터링 방법을 개발하고 구현할 수 있다.

시정 및 예방 조치(CAPA)

시정 및 예방 조치 서브시스템의 목적은 제품 및 품질 문제와 관련된 정보를 수집하고 분석하는 프로세스를 수립하는 것이

표 5.5.1 이노베이터들이 완전한 품질 시스템을 갖추기 전에 설계관리에 대해 이해하고 구현하는 것은 가치 있는 일이 될 수 있다.

활동	설명
장치의 설계 요구사항을 식별해라	• 장치와 관련된 설계 입력(또는 요구사항)이 적절하고 사용자나 환자의 필요를 포함하여 의도된 용도로 다루는지를 확인하는 절차를 수립하고 유지한다. • 절차에는 불완전하거나 모호하거나 상충되는 요구사항을 해결하기 위한 원리가 포함되어야 한다. • 설계 입력은 제품 설계의 시작점으로 후속 설계 작업 수행과 설계를 검증하기 위한 기초를 제공한다. 따라서 요구사항에 대한 확실한 기반을 개발하는 것이 가장 중요한 설계제어 활동이다. 대부분 설계시간이 선행적으로 이루어지면 올바르게 수행할 수 있으며, 나중에 설계 단계를 신속하게 처리할 수 있다. • 설계 입력 요구사항은 포괄적이어야 하며 기능(장치의 기능), 성능(속도, 강도, 응답시간, 정확도, 신뢰성 등) 및 인터페이스(호환성 사용자, 환자 및 기타 외부 요구사항)를 포함해야 한다. 거의 모든 장치에는 세 가지 유형의 요구사항이 있다. • 위험 요소 분석을 수행하여 장치의 여러 구성 요소, 수용 가능한 오류 발생률, 이러한 오류의 결과 및 시정 조치에 대한 모든 가능한 오류 원인을 식별한다. 오류의 결과가 심각할수록 수용 가능한 오류가 낮아지고 **교정** 작업과 백업 시스템이 보다 견고해진다.
장치의 설계 출력과 설계 입력을 확인해라	• 설계 입력 요구사항에 대한 적합성에 대해 적절하다고 평가할 수 있는 관점에서 설계 출력(즉, 설계 계획 및 입력의 물리적 표현)을 정의하고 문서화하는 절차를 수립하고 유지한다. 입력 요구사항은 일반적으로 제품 사양이라고 불려진다(설계 의도를 충족시키기 위해 장치가 충족해야 하는 기술적이거나 임상적인 요구사항을 상세히 기술한 문서). • 설계 출력 절차에는 장치가 적절한 기능을 수행하는 데 있어 필수적인 설계 출력을 확인하기 위해 허용기준(제품 규격)을 참조한다.
설계 출력이 설계 입력을 충족하는지 확인해라	• 설계 출력이 설계 입력 요구사항을 충족하는지 확인하기 위한 절차를 수립하고 유지해야 한다(즉, 장치가 설계 사양을 준수합니까?).
설계 프로세스 전반에 걸쳐 설계 검토를 실시하여 설계나 설계 프로세스의 중요한 문제점을 식별해라	• 설계 결과에 대한 공식적인 문서화 검토는 장치 설계 개발의 적절한 단계에서 계획되고 수행되도록 하는 절차를 수립하고 유지하게 한다. • 설계 검증에 대한 여러 검토는 연속적인 설계 반복을 거치는 복잡한 장치에서는 드문 일이 아니며 설계 프로세스의 각 단계에서 발생한다. 검토는 상호기능팀이 수행을 하며, 철저히 문서화를 해야 하고 책임자가 고위 경영진을 통해 승인(사인)을 해야 한다.
설계가 정의된 사용자의 요구사항과 의도된 용도를 충족하는지를 확인해라	• 장치가 정의된 사용자의 요구 및 의도된 용도에 적합함을 확인하기 위한 절차를 수립하고 유지관리 해야 한다. 이는 실제 또는 모의 실험 조건에서 생산 시설의 테스트를 포함해야 한다.[18] • 설계에 대한 유효성 확인은 초기생산시설에 정의된 작동 조건에 따라 수행된다. • 설계 검증에는 적절한 경우에 소프트웨어 검증 및 위험분석이 포함되어야 한다.
장치 설계를 생산 사양으로 전환해라	• 장치 설계가 생산 사양으로 올바르게 변환되었는지를 확인하는 절차를 수립하고 유지관리해야 한다.
설계 과정에서 설계 변경 사항과 시장에서의 제품 설계 변경 사항을 제어해라	• 구현하기 전에 설계 변경에 대해 식별, 문서화, 유효성 확인(해당되는 경우) 또는 검토 및 승인을 위한 절차를 수립 및 유지해야 한다. • 이것은 일반적으로 문서 제어 또는 변경 제어 시스템에서 다루어진다. 특히 설계 과정에서, 설계 팀은 종종 변경 사항을 관리한 다음 설계를 생산으로 이전하는 과정에서 문서 제어 시스템으로 설계를 이동한다.
설계 기록 파일(DHF)에서 설계 제어 활동을 문서화해라	• 설계 기록 파일에는 승인된 설계계획 및 모든 설계 관리 요구사항에 따라 설계가 개발되었음을 의미하는 기록을 포함하거나 참조하도록 설정되어야 한다. • 설계 기록 파일은 FDA(또는 다른 공인 검사원)가 검토할 수 있도록 만들어야 한다. FDA는 Class Ⅲ급에 대한 사전 승인 검사에서 제조업체의 설계 통제 요구사항 준수에 대한 적합성을 평가하며 설계 제어 대상 기기의 모든 등급에 대한 품질 시스템 검사를 평가한다. • 설계 기록 파일이 없는 제품은 미국에서 합법적으로 판매할 수 없다.

다. 품질제어/품질관리의 구분을 살펴보면, 품질관리의 결과는 시정 및 예방조치의 핵심 부분이기도 하지만, 품질관리 결과를 처리하는 데 사용되는 프로세스도 통합한다. 반면에 품질보증은 좀 더 넓은 의미로, 품질관리시스템의 모든 구성요소가 결합되어 있으며, 고품질의 제품을 제공하기 위한 인프라와 함께 작동하는 방식을 반영하는 포괄적인 개념이다.

시정 및 예방 조치는 부적합한 원재료의 보고, 생산 공정의 편차 및 고객 불만과 같은 프로세스로 구성되어 있다. 이 시스템은 생산 공정의 편차, 불만 및 기타 문제가 보고하고 기록할 뿐만 아니라 문서화도 할 수 있지만, 문제의 재발을 방지하고 예방하기 위한 적절한 조치가 취해진다. 시정 및 예방 조치 활동을 책임자에게 알리고, 관리 검토를 위한 관련 정보를 제공하고, 이러한 활동을 문서화하는 것은 제품 및 품질 문제를 효과적으로 처리하고 재발을 방지하며 장치 고장을 최소화하는 데 필수적이다.[21] 결과적으로 이 서브시스템은 품질 시스템의 가장 중요한 구성 요소 중 하나이며, FDA와 같은 것으로 간주된다. 그러나 제품 및 품질 문제가 종종 제품 개발주기의 시작 부분에서 조금 더 발생하기 때문에, 혁신 과정의 초기 단계에 이노베이터들이 시정 및 예방 조치의 서브시스템과 관련 프로세스를 완전히 구현해야 할 때를 잘 알고 있어야 하며, 제품 관리, 설계 및 문서 관리를 수립한 후에는 이 서브시스템의 일반적인 프레임 워크를 적용할 수 있다.

이 영역에서 수행되어져야 할 주요활동에는 품질 관련 문제가 조직의 최상위로 전달될 수 있도록 하는 강력한 시정 및 예방 조치 프로세스의 정의, 문서화 및 구현이 포함되어 있다. 시정 및 예방 조치 서브시스템은 의료기기보고(MDR)와 밀접한 관련이 있다. 의료기기보고는 FDA가 제조업체의 중대한 이상반응에 대한 정보를 받아 신속하게 수정할 수 있도록 하는 메커니즘이다. 이러한 이유로 시정 및 예방조치 그리고 의료기기보고 프로세스는 긴밀하게 통합되어야 한다(의료기기보고에 대한 자세한 내용은 온라인 부록 5.5.1 참조).

장비 및 시설 관리

장비 및 시설 관리는 기업의 장비 및 시설이 자격을 갖추고 있는지(즉, 의도된 목적에 부합하는지)를 확인하고 기업에서 관리하는 모든 장비 및 시설에 대해 표준 운영 절차가 설계, 구현 및 시행되도록 하는 것을 의미한다. 장비의 자격 요건은 설치, 지속적인 운영, 예방 정비 및 관련 프로세스의 전반적인 검증을 포함한다. 이 서브시스템은 설계, 생산 및 후반 작업과 관련된 장비 및 설비에 적용이 된다. 이러한 관리를 통해 기업은 특정 시설의 장비와 관련된 품질 이벤트가 있는지를 결정할 수 있기 때문에 품질 이벤트를 처리하기 위해 장비 변경 사항을 신속하게(필요한 경우) 만들 수 있다.[22] 실제로 초기 단계의 기업은 종종 제품 개발의 다양한 측면에 대해 외부 서비스, 공급업체 또는 제조업체를 사용한다. 간혹 의료기기분야의 품질 요구사항을 잘 알고 있는 기존 장비 및 시설 관리 계약 파트너를 선택하면, 규제 및 제조과정과 관련된 품질 평가에 장기적으로 도움이 될 수 있다.

재료 관리

디자인, 생산 또는 후반 작업과 관련 여부와 상관없이, 의료기기에 사용되는 모든 재료는 신중하게 관리해야 한다. 의료기기 기업은 자재의 품질을 보장하고 최종 제품이 설계 사양을 충족시키기 위해 모든 자재 및 관련 공급 업체를 추적하는 프로세스를 유지해야 한다. 모든 공급 업체는 엄격한 심사를 거치면서 해당 재료가 적합하고 올바른 출처를 알 수 있음을 보여줘야 한다. 발생 가능한 모든 문제가 재료 수준에서 출처를 알 수 있도록 상세한 기록(공급 업체 및 특정 납품 경로에 대한 추적도 포함)을 가지고 있어야 한다.[23] 품질 관점에서 재료에 대해 생각하는 것 외에도, 이노베이터들은 사실상 선택한 재료에 대해 신중하게 생각해야 하는데, 특히 그 재료가 인체에 접촉하거나 이식하는데 사용되는 경우에는 더욱 그렇다. 또한 재료의 **생체 적합성**에 대한 핵심 요구사항이 있기 때문에 의학적 등급이 다른 재료를 선택하거나, 다른 인체에 적용되거나, 이미 사용된 재료를 선택하면 비용 및 추진일정에 상당한 영향을 미칠 수 있다.

기록, 문서 그리고 변경 제어

이 서브 시스템은 의료기기 기업이 품질 시스템과 관련된 모든 기록 및 문서를 관리하기 위해 안전하고 포괄적인 중앙 집중 접근 방식을 유지하는 데 중점을 두고 있다.[24] 설계 제어와 더불어, 이것은 초기 제품 개발 활동뿐만 아니라 추후 제품개발이 진행되는 동안에도 영향을 미치기 때문에 이노베이터가 구현해야할 가장 중요한 서브시스템 중 하나이다. 예를 들어 DHP를 유지하는 것이 필수적이다. 명확하게 규정된 프로토콜은 프로세스, 정책 및 제품 자체의 변경 사항을 추적하고, 버전 제어를 관리할 수 있다. 또한 이것은 작업자가 설계, 생산 및 후반 작업 중에 필요한 문서에 접근할 수 있도록 설계되어야 한다. 또 다른 핵심 원칙은 참여하는 모든 당사자가 어떻게 작업이 수행되는지를 알아야 한다. 이러한 원본 근로 계약서의 변경이 요구 될 경우에는 공식적으로 평가되고 확인되어야 한다.

품질 시스템 구현

세부 프로세스 및 절차를 신중하게 조율하고 문서화해야 하기 때문에 품질 시스템을 도입하는 데는 많은 시간과 자원이 소요될 수 있다. 규제 기관은 품질 시스템이 필요하다고 요구하지만, 이러한 요구사항은 단순히 절차가 어떻게 이행되어야 하는지에 관한 것이 아니라 이 시스템의 목표에 중점을 두고 있다. 따라서 품질 시스템을 설계하는 것은 다소 창의적인 연습이 될 수 있다(앞서 말했듯이 기업의 이해는 규제되는 기준이 된다). 한편으로는 기업이 특정 요구사항을 충족시키고 기업 문화에 적합한 시스템을 반복 및 개발할 수 있다. 반면, 규정을 달성할 수 있는 "적절한" 의사결정을 내리는 데 필요한 해석 및 분석의 정도는 어려울 수 있다. 품질 컨설턴트가 지적한 것처럼, 규정 준수를 하기 위해서는 많은 "애매한 부분"이 존재한다.

기업들은 어려움을 겪고 있는 또 다른 문제는 품질 시스템에 대한 경영진의 지속적인 관심이다. 대부분의 관리자는 문제가 발생한 후 품질 시스템에 주의를 기울이는 습관이 있다. 그렇지만 일단 품질 문제가 발생하게 되면 많은 비용이 들기 때문에 품질 시스템의 가치를 매기는 것은 너무 어렵다. 그러나 경영진은 전반적인 리스크 관리 전략의 일환으로 품질 시스템을 설계하고 도입하는 부분에만 점점 더 중점을 두고 있기 때문에, 경영진은 관리 및 유지가 전반적인 비즈니스에 매우 중요하다는 점을 인식해야 한다. 조직 전반에 걸쳐 직원들이 품질 시스템을 지원하고 유지할 수 있게 하기 위해서는 경영진의 헌신과 관심이 필수적이다. 경영진이 관리 제어 서브시스템의 일부로서 품질 시스템의 대부분에 대해 "승인"해야 한다는 점을 감안할 때, 결과에 대한 책임을 분담해야 하고, 시스템이 설계되고 구현되었는지 확인하는 것이 좋다. 품질 시스템 설계 초기에 관리 제어를 구현하는 데 주의를 기울이는 것도 도움이 될 수 있다.

많은 기업들이 직면하는 세 번째 문제는 품질관리에 대한 대응적 접근 방식과 사전 대응적 접근 방식이다. 특히 초창기 벤처 기업의 경우, 너무 많은 의료기기 기업들이 품질 시스템의 개발을 늦추거나 필요성을 간과하고, 품질 계획서에 명시된 절차에 따라 작업을 적절히 문서화하지 않다. 결과적으로, 문제가 발생했을 경우 혼란을 겪고 다시 "채워 넣어야 한다". 품질 시스템은 번거롭거나 혁신적이고 안전한 제품을 설계 및 생산하는 기업의 궁극적인 목표를 지원하는 시스템으로 간주될 수 있다. 나중을 생각한다면, 규정 준수는 추가적인 부담보다는 일상 업무의 일부로써 최상의 시스템을 제공한다. 또한 이노베이터들은 지원 품질 시스템 보유와 적절한 작용 없이 미국에서 의료기기를 판매하는 것은 불법임을 기억해야 한다. 표 5.5.2는 품질 시스템의 효율성과 투자 수익을 위태롭게 할 수 있는 구현 함정에 대한 것을 요약한 것이다.

다시 말하지만, 고위 경영진은 품질 시스템 설계 및 준수를 위한 분위기를 조성해야 한다. 경영진이 품질 목표를 조직의 목표를 달성하는 데 필수적이고 중요하며, 부가가치가 있는 활동으로 생각한다면, 이 시스템은 시간이 지남에 따라 더 가치있게 평가되고, 유지 보수 및 개선될 가능성이 있으며 향후 기업의 성장과 확장에 도움이 될 것이다. 기업 초창기에는 모든 것을 한 번에 구현하려고 하는 것보다는, 품질 시스템의 가장 관련성이 높은 구성요소(일반적으로 관리 제어, 설계 제어 및 기록, 문서 및 변경 제어)를 구현함으로써 전사적 차원에서 보다 많은 기업의 참여를 얻을 수 있다.

품질 시스템을 개발하고 구현할 때 기업은 일반적으로 품질 담당(중소기업의 R&D 부회장) 임원을 정하는 것부터 시작하게 된다. 이 담당자는 업무 현장의 우수한 인력을 후원하고 경영진 및 관리자들과 협력하여 부서별 지원을 받을 수 있도록 한다. 또한 품질 엔지니어(QSR 경험이 있는 엔지니어)는 부서별 참여를 통해 적절한 프로세스, 프로토콜 및 문서화의 전술적 개발을 주도하기 위해 필요하다. 중요성과 업무에 영향을 미치는 특정 요구사항을 비롯하여 품질 시스템에 대한 교육을 실시하는 것은 또 다른 중요한 단계이다. 그런 다음 기업은 원하는 성과 수준을 달성할 수 있도록 정기적인 검토 회의를 할 수 있다.

미국 대법원은 불법 행위에 대해 알지 못하거나 불법 행위에 가담하지 않았을지라도 위반을 예방하거나 교정할 수 있는 직위에 해당하는 자에 대한 형사처벌을 허용했다:[25]

> [식품 의약품 및 화장품] 법은 발생할 수 있는 위반 사항을 찾아내고 해결할 뿐만 아니라 위반이 발생하지 않도록 보장할 수 있는 조치를 이행할 의무를 부과한다. 책임감 있는 기업 에이전트에 부과된 통찰력과 경계에 대한 요구사항은 부담스럽겠지만, 서비스와 제품이 대중의 건강과 복지에 영향을 미치는 비즈니스 기업에서 자발적으로 권위를 차지하는 사람들이 기대할

수 있는 권리보다 대중이 기업에 기대할 수 있는 것보다 엄격하지 않다.

갈수록 심화되는 시행 실시 여건

품질 시스템을 구현하는 최선의 방법에 대해 고려할 때, 이노베이터들은 FDA와 대중 모두 의료 장비와 관련하여 점점 보수적이고 위험 회피성이 있다는 것을 인식하는 것이 중요하다. FDA가 QSR(품질시스템 규정)의 요구사항을 충족시키지 못하자 기업 및 개인에 대한 권한 행사에 대해 더욱더 경계를 한 사례로 2007년 FDA가 심장 판막 및 심장 수술용 이식 장치 제조업체인 Shelhigh에 현장 급습한 경우가 있다. 이 과정에서 FDA의 수사관과 미 연방 수사국 수가관 FDA가 제조 공정에서 중대한 결함이 있는 것을 확인한 후, 기업의 모든 장치를 압류했다.[26] FDA의 서술에 따르면, Shelhigh의 제조시설에 대한 FDA 감사에 따라 **압수 수색**을 하였으며, FDA는 Shelhigh에게 위반 사항을 시정하지 못하면 집행 조치가 취해질 수 있다고 경고하였다. 또한 FDA는 기업의 제조 결함 및 기타 위반 사항을 경고하는 2건의 경고문을 발급하였다.[27]

QSR 시행을 위해 FDA 조치의 잠재적 심각성을 보여주는 또 다른 사례는 C.R.Bard Inc. 이다. 이 기업은 1995년 승인되지 않은 심장 카테터를 불법으로 판매하고 유통한 것에 대한 유죄 판결을 받았다. 이에 따라 이 기업은 범죄 혐의와 민법 위반 혐의로 총 6천 1백만 달러를 지불해야 했다. 또한 이러한 불법 행위가 다시 발생하지 않도록 엄격한 조치를 시행하는 것이 필요했다.[28] 따라서 바드(bard) 전직 고위 간부 3명은 음모를 꾸미는 것에 대해 유죄 판결을 받았다. 이 세 명은 심각한 합병증과 FDA의 허가 없이 자사 제품을 바꾸려고 한 것에 대해 알고 있었음이 밝혀졌다. 이로 인해 이 남성들은 각각 18개월의 감옥 생활을 하게 되었다.[29]

이와 같은 이야기들은 품질에 대한 사람들의 태도가 왜 보수적으로 바뀌었는지를 보여주고 있다. 또한 이러한 문제는 시판 전의 품질 요구사항뿐만 아니라 시판 후의 품질에 대한 관심을 증가시키고 있다.

표 5.5.2 품질 시스템을 구현할 때 자주 발생하는 실수

품질 시스템을 구현할 때 자주 발생하는 실수
기업의 효율성을 높이기 위한 메커니즘이라기보다는 오히려 요구사항을 부담으로 간주한다.
품질 시스템에 대한 교육과 경험이 없는 직원들에게 품질시스템 관리를 위임한다.
경영진과 고위 경영진의 참여를 통해 비즈니스에 통합하는 대신 품질을 고립되고 필수적이지 않은 기능으로 만든다.
제품개발이나 단계를 고려하지 않고 너무 초기에 관행적으로 사용한다.
시스템 설계 분야의 전문가를 포함하지 않으며, 시스템 설계에 있는 모든 사용자를 포함하지 않는다.
품질 시스템이 다른 비즈니스 부분에서 성장을 지속하기 위해 측정 및 확장해야 하는 방법에 대해 생각하지 않는다.
전반적인 품질시스템뿐만 아니라 시스템 작동에 필수적인 역할을 하는 모든 인력을 교육하는 것에 대한 생각을 하지 않는다.
품질 시스템을 설계하거나 구현하지만, 그것에 대해 유지관리는 하지 않는다(궁극적으로 시스템을 쓸모없게 만든다).
시스템 내에서의 문제를 비효율적이고 시기적절하지 못한 조치와 시정 및 예방 조치 시스템을 부적절하게 사용한다.

의료기기 산업의 품질 시스템 규정: QSR 및 ISO

의료기기 업계에서 가장 많이 알려진 품질 시스템은 FDA의 QSR과 ISO 13485이다. **ISO 13485**는 국제 표준화기구에서 개발하였으며, 유럽 연합(EU) 및 **CE 마크**를 인정하는 기타 국가에서 판매되는 장치에 필요하다. 제품의 목표 시장에 따라 기업은 품질 시스템 중 하나 또는 둘 모두를 따르게 될 것이다. 두 시스템은 공통된 요소를 가지고 있지만 근본적으로는 분리되어 있으며 다르게 규제가 되고 있다.

FDA가 의료기기를 규제하기 시작한 1976년, FDA는 기기 제조 업체의 품질 요구사항을 규정하기 위해 **GMP**(Good Manufacturing Practice)를 개발했다. FDA는 1997년 OSR rubric라고 기기 품질 규정을 개정하고 확장하였다("GMP"라는 용어가 여전히 남아 있긴 하지만). FDA는 품질관리와 대조적인 품질보증에 초점을 두어 규제를 강화하기 위해 QSR를 하였다. QMS 및 그 서브 시스템(이 장의 앞 부분에 설명이 되어 있음)은 기본적인 QSR 요구사항을 충족한다. 초기 단계 이노베이터들에게 중요한 것 중 하나는, 미국 품질 규제에 대한 설계 통제의 도입이었다.

GMP에서 QSR로의 전환에서 중요한 변화는 1980년대 후반과 1990년대 초반 출현한 **ISO 9001** 인증이다. ISO 9001 시스

템은 전 세계 모든 국가의 산업에 적용할 수 있는 품질관리를 위한 최고의 모델로 간주되었다. 1994년 ISO는 의료장비 제조업체에게 품질 요구사항을 충족시키기 위해 ISO 9001과 함께 보충 지침(EN46001)을 도입했다. 의료기기 기업이 GMP 표준과 함께 자발적으로 ISO 인증을 채택하기 시작하자 FDA는 품질에 대한 시스템 기반 접근법의 장점을 인식하게 되었다. 이러한 인식은 GMP에 대한 정밀 검사와 FDA가 ISO 9001 표준에 보다 체계적이고 일관성 있게 접근하도록 하였다. 2001년에는 ISO 9001/EN 46001의 조합을 대체한 ISO 13485가 의료기기 제조업체를 위해 특별히 고안되어 전 세계에 품질관리 시스템으로 출시되었다. ISO 13485는 2003년과 2012년에 업데이트되었다(단, 2012년 업데이트에는 2003년의 업데이트된 글로벌 스탠더드의 본문과는 차이가 없었지만, 서문과 부속서의 개정판은 수정이 되었다). ISO 9001과 동일한 기본 원칙을 기반으로 하고 있는 ISO 13485는 설계 및 제조 프로세스가 국제 규제 요건을 충족하는 고품질 제품을 일관성 있게 생산하도록 하는 중요한 첫 번째 단계로 간주되고 있다.

중요한 것은, ISO 13485는 제품 수명주기의 모든 단계에서 위험관리를 철저히 문서화하고 실시해야 한다고 규정하고 있으나 관련 표준 시스템인 ISO 14971 : 2001은 의료기기에 대한 리스크 관리의 적용에 대한 세부 사항을 남겨 둔다. ISO 14971은 장치 관련 위험 요구사항을 충족시키기 위해 경영진이 수행해야 하는 단계에 대해 설명을 하고 있다. 따라서 ISO 13485 인증을 획득하려는 기업은 공식적으로 ISO 14971 인증을 받을 필요가 없다. 하지만 ISO 14971을 준수하게 될 경우 ISO 13485 인증을 획득하는 데 도움이 된다.[30]

ISO 13485 인증은 미국에서는 필수조건이 아니지만, EU, 캐나다, 호주 및 일본에서는 마케팅 승인을 얻기 위한 전제조건이다.[31] 중국이나 인도와 같이 여전히 현대화가 진행 중인 규제 체계 및 규제 시스템을 갖추고 있는 국가에서는 특정 품질 시스템 요건이 덜 정의되거나 유동적일 수 있다. 따라서 이 국가에서 일하는 이노베이터들에게는 요구사항을 이해하기 위해서 규제 환경에 대한 지식을 갖춘 컨설턴트나 기업을 찾아보도록 권장하고 있다. 하지만 이와 관계없이 ISO 및 QSR 표준에 의해 구현된 원칙을 능동적으로 준수함으로써 이노베이터들은 그들이 직면할 수 있는 요구사항에 대비할 수 있도록 지원할 수 있다.

QSR과 ISO 13485의 차이점

FDA는 유럽 ISO표준과 QSR의 일치에 참여했으나 ISO표준을 즉시 채택하지는 못했다. 두 시스템의 가장 큰 차이점은 ISO는 미국의 자발적인 표준이고, QSR은 그렇지 않다는 점이다. 따라서 규제 프로세스를 통해 기업은 매우 다른 경험을 하게 된다. ISO 표준이 QSR보다 엄격하며, QSR 규제와 같은 내용은 아니다. 이 외의 다른 상위 수준의 차이점에 대한 내용은 표 5.5.3에 나와 있다.

미국 기업의 중요한 요구사항은 단 · 장기적으로 장치를 판매하고 제조할 곳을 결정하는 것이다. 그들은 QSR 및 ISO의 품질 시스템을 구축할지, 아니면 또 다른 표준 품질 시스템을 구축할지 여부를 반드시 고려해야 한다. 미국에서 장치를 유통하기 위해서는 QSR을 준수해야 하며, 일반적으로 FDA에 등록을 해야 하는 기업은 QSR 요구사항을 준수해야 한다(Class I 기기는 면제 대상으로 제외). 그러나 기업의 전략은 미국 이외 지역(즉, EU 또는 기타 국가)에서 수행되는 초기 임상실무를 포함할 수도 있다. 이 경우에는 ISO 준수가 QSR 준수보다 우선적이 될 수 있다. 또는 기업이 미국에서 하고 있다가 나중에 EU(또는 그 이상)로 확장하려는 경우에는 ISO 및 QSR을 모두 준수하는 시스템을 구축하는 것이 좋다. 많은 전문가들은 그러한 하이브리드 시스템을 구축한 경험이 있다. 만약 시스템의 요소가 지금 당장 적용되지 않을 경우에는 모든 요소를 한 번에 적용할 필요는 없다. 필요한 요소를 필요에 따라 "온라인"으로 가져와서 프레임 워크를 설정할 수도 있다.

ISO 13485에 대한 추가 정보는 온라인 부록 5.5.2를 참조하면 된다. FDA의 QSR에 대한 해석 요약은 온라인 부록 5.5.3에 나와 있다.

Sympara Medical에 대한 사례는 하나의 **의료 기술** 창업 기업이 품질 시스템을 구현하는 프로세스에 어떻게 접근했는지를 보여준다.

표 5.5.3 QSR과 ISO품질시스템의 중요한 차이점

	QSR	ISO 13485
일반 요구사항/조항	"각 제조업체는 설계 또는 제조된 특정 의료기기에 적합한 품질 시스템을 수립하고 유지해야 하며 이 부품의 요구사항을 충족해야 한다."	"조직은 품질 경영 시스템을 수립, 문서화, 구현 및 유지하고 국제 표준의 요구사항에 따라 그 효율성을 지속적으로 개선해야 한다."
규제 승인 링크	미국에서는 Class Ⅱ및 Ⅲ 의료기기에 모두 필요하다(일반 통제가 요구되는 일부 Class Ⅰ).[32]	미국에서는 자발적이지만 EU 및 캐나다에서는 규제 승인을 위한 전제 조건이며, 다른 국가에서는 국가별 요구사항과 함께 요구된다.
감사원	FDA 검사관	EU(CABs) 또는 기타 제3자 ISO공인 검사관
감사 주기	일반적으로는 2년마다 하지만 시간이 제한적인 FDA에 의해 거의 일정하지 않다. 안전관련에 대한 것은 더 자주 방문하는 것이 좋다.	기업은 일반적으로 매년 또는 반기마다 "유지보수" 감사 절차를 따라야 한다.
감사 일정	감사에 대한 일정을 공지할 수도 있고 공지하지 않을 수도 있다.	미리 예정되어 있다.
비용	FDA심사에는 품질 시스템을 구현하고, 유지관리하며 인력을 감사 프로세스에 투입하며 필요한 조치를 처리하는 데 필요한 비용 이상으로는 들지 않는다.	초기 인증 비용은 3만~4만 달러를 초과할 수 있지만, 연간 유지 보수 비용 이외에는 조직의 규모에 따라 다르며 선택한 등록기관에 따라서도 달라진다.
감사 결과	FDA는 조직에 대한 집행 권한을 보유하고 있으며 감사 결과가 처리되어야 한다.	ISO는 자발적으로 이루어지기 때문에 "실패한 감사" 결과는 인증 연기를 발생시킨다.

현장에서 Sympara Medical

품질 시스템 설치

캘리포니아 주 샌프란시스코에서 벤처 기업으로 시작한 Sympara Medical은 고혈압 치료를 위한 혁신적인 장치를 설계하기 시작하면서, 개발 프로세스 초기에 품질관리에 관해 생각할 필요가 있음을 깨달았다. 이 글을 쓰고 있던 당시, 이 기업의 공동 창업자인 Kevin Ehrenreich는 기술의 세부 사항에 대해서는 공유하지 않았지만 "다른 의료 장비와 비교했을 때 설계가 다르기 때문에 프로세스의 전통적인 단계를 거치지 않고도 신속하게 이동할 수 있습니다."라고 하였다.[33] 창립 직후 가속도가 붙은 개발 및 테스트 일정으로 인해 Ehrenreich와 팀은 위험에 대해 가장 효율적으로 관리하고 연구를 위한 장치를 준비하기 위해 품질 시스템을 구축하는 방법에 대해 생각하기 시작했다.

Sympara의 시리즈 A의 주요 목표 중 하나는 1년 이내에 진료소에서 First Human Use연구를 시작하는 것이었다. 이 목표를 달성하기 위해서는 기업은 즉시 제조할 수 있는 공간을 임대해야 했으며, 캘리포니아 의료기기 제조 라이선스가 있어야 임상 연구에 사용할 의약품을 제조할 수 있기 때문에 이 팀은 라이선스를 취득하기 위한 준비를 해야 했다. Cal-State 라이선스는 FDA의 생물학적 승인 허가서, FDA승인 검사 장비 면제서(IDE), 지난 2년 내에 완료된 연방 검사 사본 또는 ISO 표준 준수 증명서와 같은 항목 중 적어도 하나 이상이 필요했다.[34]

첫 번째로 리더십 팀에서는 기업과 장치에 대해 약 6개월 동안 학습하여 가까운 시일 내에 Sympara의 요구사항에 맞게 조정된 품질 시스템을 설계 및 구현하는 데 도움을 줄 수 있는 외부 품질 컨설턴트를 선임했으며 이것은 향후 5년 동안 기업이 확장할 수 있는 확실한 기반을 제공할 것이다. 따라서 그들은 FDA의 품질 시스템 규정과 ISO 13485의 조합을 사용하였다. QSR과 ISO는 의료기기 제조업체에게 품질 시스템을 설계하고 구현하는 데 도움이 되고 필수 규제 요건을 충족하는 지침을 제공하지만 기업은 표준을 통해 장치의 고유특성과 안전성을 보장하기 위해 가장 필요한 것을 기준으로 접근해야 한다. Ehrenreich는 "우리는 단지 Cal-State 검사를 위한 품질 시스템을 출시하기를 원한 것이 아니라, 시스템을 실제로 테스트하여 우리가 구축한 장치 유형에 맞는지를 확인하고 싶었습니다."라고 말했다.

Ethrenreich는 품질관리에 대한 접근법은 규정 준수에 근거를 두고 있었지만, 요즘의 새로운 추세는 품질관리시스템을 위험 관리의 메커니즘으로도 고려한다고 말했다. 초기에 Sympara 팀은 제조업체, 의사, 간호사, 장치를 구입한 약국직원, 환자 등을 포함하여 장치와 상호작용할 모든 **이해관계자** 리스트를 작성했다. 그리고 그는 "우리는 실제로 이러한 이해관계자들의 사진을 올려 놓습니다."라고 말했다. 그런 다음 조직 전체의 각 부서의 대표자들과 함께 **치료주기**에 모든 단계에서 장치가 잠재적으로 각 이해관계자 그룹에 악영향을 미칠 수 있는 방법들을 생

각했다. 이러한 것을 통해, 기업은 설계, 개발 및 품질관리를 통해 완화하려는 치명적인 위험과 관련 위험 요소를 확인했다. 그는 "초기에 위험 분석에 대해 생각하기 시작하면 빨리 이 장치의 적절한 사양을 설정하고 환자를 안전하게 유지하는 데 집중할 수 있게 됩니다."라고 하였다.

실제로 품질 시스템을 설계하고 구현하는 부분에서 "팀의 핵심 컨설턴트는 기본 품질 절차 및 품질 매뉴얼 개발에 중점을 두었습니다."라고 계속해서 말했다. "시작하는 방법은 주어진 개발 단계에서 기업에 부가된 가치와 나중에 온라인으로 전환할 필요가 없는 것에 대해 생각해 보는 것입니다."라고 말했다. Sympara팀은 품질 컨설턴트와 협력하여 개발 프로세스의 초기 단계에 있어야 하는 설계 관리, 기록, 문서 및 변경 통제, 검증된 시험방법 및 부품 식별과 같은 다양한 기능을 제공하는 혼합 품질 시스템 요구사항의 10~12개의 핵심 요소를 확인했다. 그리고 개발이 진행된 다음 기업이 진료소(더 나아가 시장 진출)에 한 발자국 다가서게 되면서 품질시스템에 고급 기능을 통합할 것이다. Ehrenreich는 "기업의 개발 요구를 수용할 수 있는 유연한 품질 시스템을 갖추는 것이 중요합니다."라고 언급했으며 "필요하기 전에 품질 시스템을 과도하게 구축하고 싶지는 않지만 이러한 요구사항은 개발 초기 단계에서 많은 가치를 부여합니다."라고 했다.

Sympara의 품질 컨설턴트의 지침에 따라 양질의 시스템 구성요소를 작성하고 출시하는 것이 좋으며 그 예로 시간이 지날수록 표준 테스트 방법을 개선하고 수정할 것이라고 기대하는 표준테스트 방법 등이 있다. Ehrenreich가 설명했듯이, "처음 쓰면 완벽하지 않을 것이고 좋지도 않을 수 있습니다. 하지만 계속해서 작성하고 출시하고 해당 설명서를 사용하면서 부품을 제작하거나 테스트를 해 보십시오. 그러고 나서 편집하는 것에 대해 부끄러워하지 마십시오. 처음에 했던 문서나 프로세스에서 50%는 변경할 수 있을 것입니다. 그것이 충분히 좋을 수도 있지만 좋은 것의 적은 완벽함이라는 것을 잊지 마십시오"라고 덧붙였다.

물론 이 작업은 품질 컨설턴트와 공동으로 수행해야 한다. 실제로,

그림 5.5.3
"Sympariancs" (Sympara medical의 제공)

Ehrenreich는 이노베이터들에게 기업에 다른 관점을 가진 컨설턴트와 함께 일하는 것을 권고했다. 또한 "품질 시스템에 대해 잘 알고 있으며 보수적인 사람과 개방적인 컨설턴트 두 명을 초빙하여 기술과 기업에 대해 최고의 접근 방식을 통해 해결할 수 있도록 하세요."라고 자세히 말했다.

또한 Ehrenreich는 기업의 실제 경험을 토대로 사례 연구에 대해 토의하여 품질 시스템 구축에 관여하는 사람 모두를 조직의 구성원으로 유지할 것을 강력하게 권고했다. 이어 그는 "임상 팀의 누군가가 임상적인 문제를 제기하고 품질 시스템이 그것을 해결하는 데 어떻게 도움을 줄 수 있는지 이야기해 보십시오."라고 예를 들어 말했다. 여기서 궁극적인 것은, 최상의 품질 시스템은 모든 부서 간 기능 팀의 요구와 의견을 기반으로 한다는 것이다(그림 5.5.3 참조).

마지막으로 "위험 분석이 중요하다는 걸 기억하세요. 그게 당신을 진료소로 갈 수 있게 해 주며, 당신의 장치가 안전하다는 것을 보여줄 수 있을 것이다. 즉 이것이 품질 시스템을 갖추어야 하는 전체적인 이유입니다."라고 말했다.

품질 시스템 감사 및 기대 사항

의료기기 규제의 중요한 구성요소는 품질 시스템 감사 수행이다. FDA 규제 제품을 제조하거나 가공하는 기업은 2년마다 감사를 받을 수 있지만 실제 검사 간격은 더 긴 경우가 많다. 예비 감사는 규제 제출 및 사람이 사용하는 장치 응용 프로그램에 의해 촉구된다. 규제 승인이나 허가에 따라 일반적인 검사를 하지만, FDA는 문제가 밝혀지면 원인에 대한 감사도 실시한다.

FDA는 자원을 절약하고, 감사의 가치를 극대화하기 위해 품질 시스템 검사 기술(QSIT)을 개발했다. 이 프로세스는 품질 시스템의 핵심에 경영진을 배치하여 검사에 대한 "하향식" 접근 방식을 기반으로 하고 있다. QSIT는 특정 품질의 서브 시스템이나 잠재적인 부적합 문제를 조사하여 감사("상향식")를 시작하는 대신, 기업의 전체 시스템에 대해 평가한다. 그런 다음 QSIT는 이 장의 앞부분에서 설명한 기업의 전반적인 품질 시스템(관리 제어, 설계 제어, P&PC 및 CAPA)의 네 가지 주요 서브 시스템을 평가하기 위한 특정 지침과 프로세스를 설명하고 있다.[35]

품질 감사의 분위기는 종종 감사관이 아니라 감사 기업에서 설정하는 경우가 종종 있다. FDA 검사관은 기업이 QSR을 준수하고 있는지를 확인함으로써 공익을 도모하는 일을 한다. 따라서 기업은 FDA에게 실제로 규정을 준수하고 있는지를 증명해야 할 의무가 있다. 이것은 주로 문서화된 증거와 일부 시설 검사를 통해 증명할 수 있다. 품질 감사 기간은 감사의 성격과 원인, 기업의 규모에 따라 다르며 간략한 감사 기간은 1~2일이고, 길거나 복잡한 감사는 1~2개월 정도가 소요된다. 감사원은 일반적으로 감사 기록 검토(기업의 품질 시스템 요구사항이 지속적으로 준수된다는 증거를 찾기 위해)에 전체 시간의 80%를 소비한다. 나머지 20%는 프로세스에 대한 인터뷰와 관찰을 수행하는 데 소비된다.

감사관은 QSIT 검사를 위해 기업에게 연락하여, 기업의 품질 방침 사본뿐만 아니라 고급 품질 시스템 절차, 관리 검토 절차, 품질 매뉴얼, 품질 계획 그리고 기타 문서에 대해 요청을 한다(QSIT 검사 기법은 사전에 예고된 감사에만 적용되지만 모든 감사에 대해 사전에 예고하지는 않는다). 기업은 문서를 제공할 의무는 없다. 그러나 이 정보가 사전에 제공되고 기업이 FDA와 협조적인 자세를 취하는 경우에는 일반적으로 감사가 더 빨리 진행될 수 있다. 모든 문서는 감사 당일에 반환이 된다.[36] 잘 설계된 품질 시스템을 갖춘 기업에서는 이 문서를 만드는 것은 효율적이고 간단하고, 단순한 과정이다.

각 FDA 품질 검사는 관리 제어 시스템의 평가를 시작하고 끝낼 수 있게 설계되어 있다. 검사관은 검사가 시작되면 우선적으로 품질 시스템에 대한 개요를 파악하고 적절한 관리 통제가 이루어지고 있는지를 확인하기 위해 기업 내 품질 책임자와 만나야 한다. 일반적으로 검사관은 평가할 하나의 설계 프로젝트를 엔드 투 엔드(end-to-end) 설계 프로세스를 통해서 선택한다. 가끔은 검사관에게 특정 설계 프로젝트를 검사하라는 임무를 지시하기도 한다(즉, "원인 조사"의 일부로써, 특정 부분에서 비준수를 나타내는 몇 가지 증거에 의해 시작된 감사). 그렇지 않으면 기업의 설계 통제 시스템에 가장 많은 문제를 제공하는 프로젝트를 선택하게 된다. 표 5.5.1은 요약된 설계 관리 요구사항을 구현하기 위해 기업이 수립한 프로세스, 방법 및 절차를 평가하는 데 사용된다.[37]

검사관은 경영진과의 토론을 토대로 생산 편차의 가능성이 있는 제조 공정을 선택하게 된다. 그런 다음, 선택된 제조 공정의 특정 절차뿐만 아니라 공정 제어 및 모니터링 방법을 검토하게 된다. 이 과정의 목적은 프로세스가 잘 제어되는지, 모니터링이 잘 되고 있는지를 확인하는 것이다.

또한 이들은 CAPA 시스템의 절차가 제대로 규정되고 문서화가 되었는지를 확인하고, 제품 및 품질 문제의 적절한 출처를 확인하고, 이러한 자원의 데이터를 분석하여 수정 조치가 필요한 제품 및 품질 문제를 확인한다. 또한 문제가 발생했을 경우 규정된 CAPA 프로세스가 잘 준수되고 있는지 검사를 통해 확인한다.[38]

감사를 하고 있는 중에는, 직원은 감독관이 요청한 질문에만 대답하고, 추가 정보를 제공하지 않도록 지시를 받는다. 품질 문제가 될 가능성이 있는 관련한 것들을 봐야 하는 것은 감사관의 책무이다. 문제를 해명하기 위한 감사는 시간이 연장이 될 가능성이 있으며, 이러한 감사는 시간이 많이 걸리고 조직에 혼란을 야기하기 때문에 기업들은 FDA가 필요 이상으로 길게 감사하는 것을 원하지 않는다. 그들은 직원들에게 위협적으로 보일 수 있으나, 처음부터 효과적이고 포괄적인 품질 시스템을 구현한 기업은 FDA로부터 숨길 것이 없다. 마찬가지로, 잘 설계된 품질 시스템은 어렵지 않게 성공적으로 감사를 받는다. 기업은 절대로 아무것도 숨기려고 해서는 안 된다. 정보(불법적인)를 은폐해서 더 나빠지는 것보다는 시스템을 개선하는 데 도움이 되는 결과를 얻는 것이 좋다.

두 번째 사례에서는 긍정적인 최종 결과를 얻기 위한 FDA 품질 검사를 관리하는 효과적인 방법을 보여준다. 감사 결과에 대한 응답 및 제품 리콜에 대한 중요한 정보를 포함하여 준수에 대한 조치 및 시행에 대한 자세한 내용은 온라인 부록 5.5.4를 참조하면 된다.

현장에서 Diasonics and OEC Medical Systems

품질 시스템을 강화하여 비즈니스 성과 향상

Allan May는 기업이 대대적인 전환점을 맞이하면서 주요 사업 개발 수석 부사장으로써 Diasonics에 합류했다. May에 의하면, "Diasonics는 의료기기 시장에 실시간 영상을 도입한 회사였습니다. 그 전까지는 영상을 원할 때는 방사선 영상 촬영실이나 영상을 찍을 수 있는 다른 장소로 가야 했습니다. 이때까지만 해도 수술 중에 움직이는 영상을 볼 수 있다는 생각은 하지도 않았습니다." 초음파 및 형광 투시 검사와 같은 혁신적인 새로운 실시간 영상 기술을 도입함으로써 기업은 1978년 설립부터 1983년까지 성공적인 기업 공개(IPO)로 빠르게 성장했다. 하지만 얼마 지나지 않아 대대적인 턴어라운드 팀 구성을 요구하는 일련의 성능 문제에 직면하게 되었다.

May가 기업에 입사했을 때, Diasonics는 자체 기술을 4~5개 보유하고 있는 대기업이었다. 그는 턴어라운드 팀이 직면한 문제 중 하나는 "주주들에 대한 수익을 높이기 위해 이러한 여러 요소들에서 더 많은 가치를 창출하는 방법이었습니다." 그는 계속해서 "OEC Medical Systems은 이 기업 그룹에서 꽃이었습니다. 하지만 문제는 월스트리트가 우리가 OEC의 진정한 가치라고 느꼈던 것에 대해서 Diasonics가 인정하지 않았다는 것입니다." OEC는 다양한 복강경이나 내시경 과정에서 실시간 영상을 위해 외과 수술이나 특수적인 과정으로 이동할 수 있는 투시경 C-arm인 이동식 기계 제작에 특화되어 있었다(그림 5.5.4 참조). "그 시장은 1970년대에는 매우 작았지만, 최소 침습적 시술의 확산과 더불어 1980년대에는 매우 커졌습니다."라고 말했다.

처음 OEC제품은 "불필요한 기능"으로 인해 비용이 많이 들고 과도하게 만들어진 것으로 유명했었다. May는 "투시검사는 폭스바겐이었고, OEC는 메르세데스를 건설했습니다."라고 회상했다. "그러나 이러한 절차가 진행되고 시장이 정말로 시작되면서, 최소 침습적 시술이나 심장 또는 신경 치료와 같은 긴 절차가 있는 장비에 대한 새로운 요구가 생겼습니다. 과도하게 설계된 기능이 중요해졌고, OEC의 경쟁업체는 고급 설계술이 없었기 때문에 OEC를 복제할 수 없었습니다. 그래서 새로운 요구사항은 추가할 수가 없었습니다."라고 설명했다.

이로 인해 OEC는 GE, Siemens, Philips 및 Toshiba와 같은 경쟁 업체에 비해 약 70%의 시장 점유율을 확보할 수 있었다. "이 기업은 유타주 솔트 레이크 시티에 있습니다."라고 말했으며 "이러한 주요기업들과 전 세계적으로 경쟁하고 있습니다. 몇 년마다 그들은 부사장을 임명하여 작은 신규 사업을 연구하고 좌절했지만, 결코 파산하진 않았습니다. 그리고 우리는 그러한 시도가 증가하고 있음에도 불구하고 시장점유율을 유지했습니다."라고 May는 말했다.

OEC는 성장과 동시에 한 번도 없었던 사전 예고가 없는 FDA 감사를

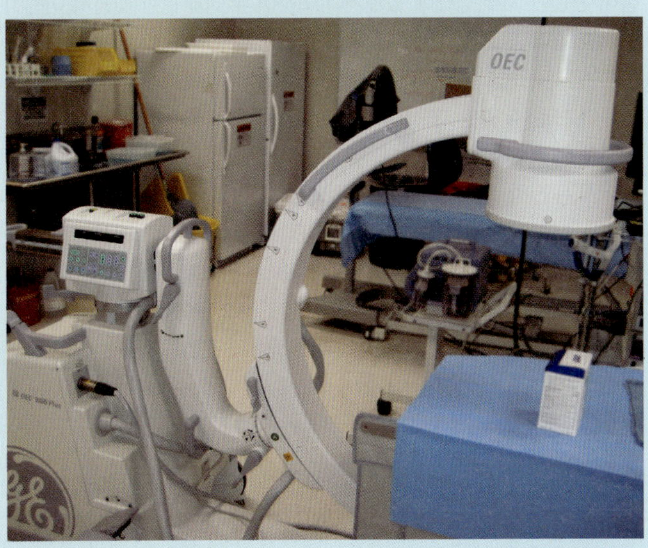

그림 5.5.4
OEC® C-Arm은 OEC가 Diasonics의 일부였을 때의 생산된 제품과 유사합니다. OEC는 후에 GE(Acclarent, Inc.)에 인수되었다.

경험했다. "그 당시에는 세간의 이목을 끄는 몇 가지의 문제가 FDA에 제기되었으며, 각 부서들마다 검사를 강화하라는 지시를 받았다는 것을 알았습니다."라고 말했다. "FDA의 검사관은 솔트 레이크 시티의 OCE 공장에 들어와서 검사를 실시했으며, 공장 가동을 중단해야 하는 것으로 보인다고 말했습니다." 같은 기간 동안 몇몇 중요한 경쟁자들의 미국 공장들은 폐쇄가 되었거나 수입이 제한되었다.

FDA의 보고서는 일련의 문제를 다루지만 주로 불만 처리 및 기업의 시정 조치 및 절차에 중점을 두었다. "공정하게"라고 May는 말했다. "이 사건이 일어났을 때 그 규정은 실제로 시행되고 있었다.[39] 그러나 효과적인 불만 처리 시스템의 개념은 OEC에는 존재하지 않았습니다. 원래는 누군가 불평을 하게 되면 엔지니어 중 한 명이 문제를 조사하고 해결하려고 했습니다. 고위직급의 개입이나 검토가 없었으며, 몇 가지의 정의된 프로세스와 시정 조치와 관련된 포괄적인 불만 처리 시스템은 없었습니다. 대부분의 문제점은 '중복되거나 검증이 불가능한 것'으로 간주되었기 때문에 제품을 재설계하거나 생산 프로세스를 변경하여 문제가 반복되지 않도록 하는 것은 거의 불가능했습니다. 또한 나는 우리가 작업장에 제조공정 지시서를 제조했다고 생각하지 않습니다. 우리는 세계 최고의 제품을 만드는 중이었습니다(같은 제품 중의 최고였습니다). 그들은 모두 특정한 일을 하는 방법을 이미 알고 있었습니다. 그것이 사람들에게 발생하진 않았지만, 누군가가 버스에 의해 타격을 당하면 아무도 자신이 하고 있던 일이 무엇이었는지 알지 못할 것입니다."

검사 결과에 대한 소식을 받았는데, 그 결과는 직원들은 May가 쓴 내용에 대해 "분노"와 "관료주의 마인드"라고 받았다. May는 "많은 직원들이 완전한 거부 상태에 있었거나 이것이 무엇에 관한 것인지 이해하지 못했습니다. 그렇기 때문에 우리의 첫 번째 과제는 문제의 핵심에 도달하는 것이었습니다. 우리는 즉시 FDA에 가서 에이전시에 관여를 했습니다. 또한 우리는 그들이 대립하지 않을 것이라는 것을 그들에게 분명하게 알려주고 싶었습니다. 우리는 이 문제를 이해하고 해결하는 데 있어서 완전히 협조적이었고, 무엇에 대해 바꿀 것인가에 대한 토론에 그들을 포함시켰습니다. 그런 다음 공장으로 돌아가서 조직의 가장 높은 직급부터 모든 직원들에게 왜 우리가 일을 다르게 해야 하는지와 그런 것들이 무엇인지에 대해 설명했습니다."라고 말했다. "핵심은 사람들의 관심을 끌고 실제 문제에 대해 이해하는데 초점을 맞추는 것이었습니다. 우리는 그들이 마음이 벗어나도록 그냥 둘 수 없었습니다. '우리는 서류를 작성해야 한다. 그러나 우리는 맞고 FDA가 틀렸다'".

May와 팀은 공장내에서 FDA의 우려 사항들을 조사하기 시작하면서, 이러한 품질 문제가 기업의 비즈니스 성과와 직접적으로 관련되어 있다는 사실이 점차 분명해졌다. "장비에 대한 서비스 요청은 연간 1~2회에서 연간 10~12회 정도 쇄도했다"라고 May는 다시 말했다. "우리 고객은 영업 사원보다 기술자를 더 많이 보게 되었습니다. 우리 장비에 몇 가지 문제가 있다는 것을 알고 있었지만, 이 특정 부분에서 독보적인 제품이 되는 바람에 우리는 고객이 어느 정도까지 참았는지에 대해 알지 못했습니다. 그러나 그들은 정말로 불평하기 시작했습니다. 그러나 그들은 정말로 불평하기 시작했습니다. 그 뿐만 아니라 장비를 수리하는 데 많은 비용이 들기 때문에 마진이 감소했습니다 "

향후 18개월 동안, OEC는 모든 제품의 고장 원인을 파악하기 위해 광범위하게 그 원인에 대한 분석을 하기 시작했다. 결과에 따라, 기업은 포괄적이고 철저한 문서화로 새로운 프로세스를 구현하여 품질 시스템을 완전히 개편하였다. 그들은 전체 제조 시설에 대해 재조직하고 많은 프로세스와 시스템을 변경했다. 따라서 FDA가 공장을 다시 재검토했을 때, 완전히 준수하고 있는 것으로 판명되었다. 또한 May는 "우리는 이러한 서비스 요청을 1~2년으로 줄이고 비용을 줄였습니다. 그리고 제품의 품질과 우리의 명성, 고객의 만족도를 향상시켰습니다."

양질의 시스템 구현을 위해 그에게 조언을 구했을 때, 그는 "당신은 이것이 서류작성에 관한 것이라는 생각을 완전히 잊어야 한다. 당신이 서랍 어딘가에 넣을 여러 문서에 대한 초안을 작성하기 위해 컨설턴트를 고용할 수는 없습니다. 당신의 제품을 설계하고 제조하는 데 사용하는 품질 시스템은 전적으로 사고방식에 관한 것입니다. 그리고 품질관리 규정에서 말하는 것과 같이 실제로 이해한다면, 재무성과 향상으로 이어질 수 있는 개선을 통해 더 나은 제품을 설계하고 제조하게 될 것입니다."

May는 추가적으로 "조직의 최상위에서는 품질에 대해 이해해야 됩니다. 우리가 이러한 일을 겪었을 때, 모든 사람들이 이사회에 참여해야 하는 많은 회의들을 개최했습니다. 조직에 많은 사람들이 참여할수록 이런 종류의 일에 대해 많은 사람들이 불평할 수 있습니다. 하지만 고위 간부들은 이것을 위임할 뿐만 아니라 그것이 옳은 일이라고 기대할 수 없습니다. 따라서 고위 간부들은 개인적으로 관여해야 합니다. 우리는 '품질은 목적지이지, 여행이 아니다'라는 말을 가장 많이 했습니다."

전반적으로, 기업의 품질 시스템의 강점은 전략적 목표를 달성하는 데 있어 도움이 되거나 방해가 될 수 있다. 예를 들어, Diasonics의 고위 경영진은 시장에서 부가가치를 "창출"할 수 있도록 OEC(다른 운영기업과 함께)를 추진하기 위한 기업 전략을 개발했다. 그러나 OEC의 품질 문제가 해결되고, FDA에 의해 중단될 상황이 종료되기까지 "우리는 OEC를 기업의 보호 아래 두어야 했습니다."라고 May는 말했다.

온라인 자료

더 많은 자료는 www.ebiodesign.org/5.5를 방문한다.

"Getting Started"의 활동과 링크

- Identify quality needs and decide on an approach
- Hire a quality professional
- Engage executive and cross-functional management and define quality policies
- Build a "shell"of a quality system and develop elements as the product progresses
- Assign cross-functional champions to monitor and maintain quality system
- Anticipate and prepare for audits

품질관리에 관한 동영상

다음에 대한 추가 정보를 제공하는 부록

- 의료기기보고서
- ISO 13485
- CER 820
- 준수 조치 및 집행

NOTES

1 "Medical Devices; Current Good Manufacturing Practice (CGMP) Final Rule; Quality System Regulation," U.S. Food and Drug Administration, http://www.fda.gov/medicaldevices/deviceregulationandguidance/postmarketrequirements/qualitysystemsregulations/ucm230127.htm (February 3, 2014).

2 "Design Control Guidance for Medical Device Manufacturers," U.S. Food and Drug Administration, March 11, 1997, http://www.fda.gov/cdrh/comp/designgd.html (February 3, 2014).

3 Ibid.

4 "U.S. FDA Warns Boston Scientific," *CBC News*, August 23, 2005.

5 Barnaby J. Feder, "Device Maker Moves to Appease the FDA," *The New York Times*, http://www.nytimes.com/2006/02/03/business/03device.html?ex=1296622800&en=7b669a64d72d2e90&ei=5088&partner=rssnyt&emc=rss (February 3, 2014).

6 John Chesto, "Boston Scientific Reaches a Crucial Milestone," *The MetroWest Daily News*, March 3, 2008.

7 Todd Wallack, "A Blockbuster Revisited," *The Boston Globe*, January 13, 2008, http://www.boston.com/business/globe/articles/2008/01/13/a_blockbuster_revisited/ (February 3, 2014).

8 "FDA Lifts Boston Scientific's Product Approval Ban," *USA Today*, October 22, 2008, http://usatoday30.usatoday.com/money/economy/2008-10-22-1637289307_x.htm (March 21, 2013).

9 "Cost of Quality," American Society for Quality, http://www.marketwatch.com/story/boston-sci-fda-lifts-some-of-warningletter-restrictions (February 3, 2014).

10 "Difference Between Quality Assurance, Quality Control, and Testing?," Test Notes, http://geekswithblogs.net/srkprasad/archive/2004/04/29/4489.aspx (February 3, 2014).

11 "Guide to Inspections of Quality Systems," U.S. Food and Drug Administration, August 1999, http://www.fda.gov/downloads/iceci/inspections/ucm142981.pdf (February 3, 2014).

12 Ibid.

13 "Quality System: Design Controls," U.S. Food and Drug Administration, http://www.accessdata.fda.gov/scripts/cdrh/cfdocs/cfcfr/CFRSearch.cfm?CFRPart=820&showFR=1&subpartNode=21:8.0.1.1.12.3 (February 3, 2014).

14 "Design Control Guidance for Medical Device Manufacturers," op. cit.

15 Niamh Nolan, "Quality Risk Management – The Medical Device Experience," Parenteral Drug Association, http://www.pda.org/Chapters/Europe/Ireland/Presentations/Quality-Risk-Management-The-Medical-Device-Experience.aspx (February 26, 2014).

16 "Design Control Guidance for Medical Device Manufacturers," op. cit.17 Ibid.

18 See Dick Sawyer, "Do It By Design: An Introduction to Human Factors in Medical Devices," U.S. Food and Drug Administration, http://www.fda.gov/medicaldevices/deviceregulationandguidance/guidancedocuments/ucm094957.htm (February 3, 2014).

19 Ibid.

20 Ibid.

21 Ibid.

22 "Medical Device Makers Find Solution to FDA Demands," Tooling and Production, December 2007, http://www.toolingandproduction.com/features/2007_December/1207_medical_device.aspx (February 3, 2014).

23 Ibid.

24 Ibid.

25 Daniel P. Westman and Nancy M. Modesitt, *Whistleblowing: The Law of Retaliatory Discharge* (BNA Books, 2004), p. 39. See United States versus Park, 421 U.S. 658, 672 (1975) for more information.

26 "FDA Seizes All Medical Products from N.J. Device Manufacturer for Significant Manufacturing Violations," U.S. Food and Drug Administration, April 17, 2007, http://www.fda.gov/NewsEvents/Newsroom/PressAnnouncements/2007/ucm108893.htm (February 3, 2014).

27 Ibid.
28 Paula Kurtzweil, "Ex–Bard Executives Sentenced to Prison," *FDA Consumer*, December 1996, http://connection.ebscohost.com/c/articles/9704076198/ex–board–executives–sentencedprison (February 3, 2014).
29 Ibid.
30 "ISO 13485," ISOConsultants.com, http://www.isoconsultants.com/iso_13485.htm (February 26, 2014).
31 "Management System Certification for Medical Device Manufacturers," www.sriregistrar.com, http://www.sriregistrar.com/A55AEB/sricorporateweb.nsf/layoutC/078690568D3D722586257299004F9FC4?Opendocument&key=Standards (February 3, 2014).
32 For a list of exempt devices, see http://www.accessdata.fda.gov/scripts/cdrh/cfdocs/cfPCD/315.cfm (February 3, 2014).
33 All quotations are from interviews conducted by the authors, unless otherwise cited. Reprinted with permission.
34 "Procedure for Obtaining a New Medical Device License," California Department of Public Health, http://www.cdph.ca.gov/programs/Documents/Procedure%20for%20Obtaining%20MedDevice%20License.pdf (February 25, 2014).
35 "Inspection of Medical Device Manufacturers," U.S. Food and Drug Administration, June 15, 2006, http://www.fda.gov/medicaldevices/deviceregulationandguidance/guidancedocuments/ucm072753.htm (February 3, 2014).
36 "Guide to Inspections of Quality Systems," op. cit.
37 Ibid.
38 Ibid.
39 Recall that the FDA's good manufacturing practices for medical devices were not issued until two years after the Medical Device Amendments of 1976 were enacted. It then took quite some time for these guidelines to have an effect on the processes used to produce products that were already in the market.

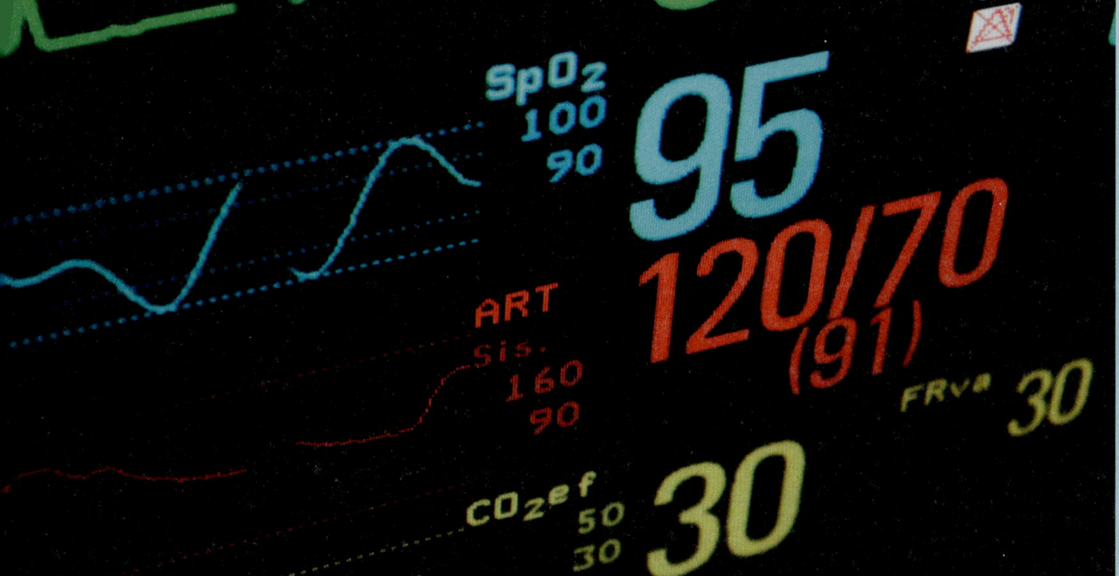

5.6 보험 급여 전략

서론

좋은 소식은 연구팀이 개발한 기술이 전 세계 수백만 명의 환자를 도울 수 있는 잠재력을 가진 돌파구라는 것이다. 또한 입원하는 횟수 감소나 장기 헬스케어 시스템의 비용 절감을 통해 장기적으로 의료시스템 비용을 절감할 수 있다. 그리고 큰 문제는 미국에서 보험 급여를 위한 기존의 코드가 없다는 것이다. 연구팀은 PMA 중재실험을 위한 합리적이고 명확한 계획을 가지고 있지만, 앞으로의 해야 하는 일은 Medicare와 주요 개인 지불인으로부터 보험 급여를 얻는 전략적인 접근법을 개발하는 것이다. 경험도 많고 이것에 대해 잘 알고 있는 보험 급여 컨설턴트들은 보험 급여에 대한 환경들이 극적이고 예측할 수 없는 방식으로 변화하고 있음을 분명히 알아야 할 것이라고 지적했다.

목표

- 관련 법규를 준수하는 데 필요한 단계와 시기, 적절한 보장 범위 결정 및 신기술에 대한 적절한 지불 비율을 이해한다.
- 미국의 Medicare와 CMS 및 민간 보험사를 다루는 중요한 전략에 대해 배운다.
- 보험 급여 전략의 요소와 R&D, 마케팅 및 임상 연구를 포함한 다른 기능으로 개발을 조정하는 방법을 이해한다.
- 보험 급여를 받을 때(미국 및 해외에서) 경제적 가치 계산의 중요성을 인식한다.

모든 의료 기술의 상업적인 성공 여부는 대상 고객에게 제공하는 비용을 적절하게 지불할 수 있는 기업의 능력에 달려 있다. 하지만 상환 환경이 점점 더 어려워지고 있다는 데는 의심의 여지가 없다. 이에 따라 지리적 위치에 관계없이 모든 지불자들은 점점 더 기업에 임상적인 이익뿐만 아니라 제품의 경제적 가치를 증명하도록 요구하고 있다. 미국의 의료 시스템은 가치를 명확하게 보상하는 지불시스템으로 진화하는 것처럼 보이지만 지금은 여전히 유료 서비스 지불에 의해 주도되고 있으며, 아직도 많은 이해관계자에 대해 상충되는 재정적인 인센티브를 제공하고 있다. 따라서 성공적인 건강 및 보상 전략으로 이러한 유형의 문제를 탐색할 수 있는 능력은 기술의 성공 여부를 결정하는 중요한 요소가 될 수 있다.

4.3 보험의 기초는 새로운 해결책이 기존의 코드화, 적용 범위 및 지불에 대한 패러다임에 어떻게 적용이 될 수 있는지를 결정하기 위해 미국의 보험 급여 환경에 대한 기본 정보를 제공한다. 이 절에서는 확정된 보험 급여가 부적절한 경우에 새 기기를 등재하기 위해 지불에 대한 인프라를 확장하는 데 필요한 프로세스에 중점을 두고 있다. 또한 포괄적인 상환 전략을 수립하기 위한 핵심 요소를 탐구한다.

 보험 급여 전략에 관한 동영상은 ebiodesign.org을 참조한다.

보험 급여 전략의 기초

새로운 기술이 목표 시장 내의 법규, 보상 및 지불 구조에 적합하면 기업은 뚜렷한 우위를 가지게 된다. 그렇지 않은 경우, 보험 급여 전략을 수립하기 위한 첫 번째 단계로는 적합한 법규, 긍정적인 범위 결정 및 오퍼링에 대한 유리한 지불 수준을 체계적으로 준비하는 것이다(이 세 가지 핵심 개념에 대한 소개는 4.3절 참조).

새로운 기술에 대한 보험 급여 확대

미국에서 Medicare로부터 상환 승인을 얻는 데 필요한 단계에 대해 아는 것이 이 문제에 접근방법을 결정할 수 있는 출발점이다.

코드화

신기술에 대한 코드화를 하기 위해서는, 기업은 필요한 코드 유형과 목적에 따라 구체적인 행동 방침을 선택해야 한다. 이때, 가장 관련성이 높은 두 가지 절차 코드는 환자가 입원할 때 사용하는 **ICD-10코드**와 병원 외래 및 외래 수술 센터에서 환자에게 서비스 및 장비를 제공할 때 사용하는 HCPCS 코드이다. ICD-10 진단 코드는 병원시설 및 의사가 환자의 증상을 기록하거나, 건강 보험 청구가 이루어지는 모든 서비스 현장에서 사용된다.

병원 입원 환자 청구에 대한 ICD-10 코드[1] 입원 절차의 경우, 병원비 청구서는 적절한 진단과 받은 시술에 대한 확인을 ICD-10 코드에 기초하고 있다.[2] 이러한 ICD-10코드에 대한 책임은 두 기관에서 나눠서 유지관리하고 있다. CMS는 시술에 대한 분류를 유지하고, 질병통제 예방센터(CDC) 내의 국립 보건 통계 센터(NCHS)에서는 질병 분류 체계를 유지 관리하고 있다. NCHS와 CMS의 대표가 공동 의장으로 하는 ICD-10에 대한 조정 및 유지 관리 위원회(C&M Committe)는 새로운 ICD-10코드를 만들거나 기존 코드를 수정하라는 요청에 대해 검토한다. C&M 위원회는 제안된 개정안에 대해 논의하고 대중의 의견을 듣기 위해 연 2회(보통 3월과 9월) 공개 회의를 개최한다. C&M 위원회의 역할은 자문이며 회의에서는 어떠한 결정도 내리지 않는다. NCHS 임원(진단에 대한)과 CMS 관리자(시술에 대한)가 모든 코드화에 대한 결정을 한다.

코드화 변경 요청은 공공 및 민간 부문 모두에서 허용이 된다.[3] 이해 당사자들은 예정된 회의 2개월 전에 C&M 위원회에 ICD-10 수정을 위한 권고안을 제출하도록 지시를 받는다. 새로운 규범에 대한 제안에는 시술에 대한 배경 정보, 절차를 수행하는 환자, 결과 및 합병증에 대한 내용이 포함되어야 한다. 또한 제안서에는 절차의 코드화되고 있는 방식, 기존 ICD-10 코드가 적절하게 시술을 포착하지 못하는 이유, 요청된 코드에 대한 설명 및 새 코드 제목에 대한 권장 옵션이 설명되어 있어야 한다. 이때 참고문헌 및 문헌이 포함될 수 있다.

C&M 위원회는 각 제안에 대해 검토하고 C&M회의 의제에 포함시킬지 말지에 대한 결정을 한다. 그리고 코드 분석가는 선택된 각각의 제안서에 지정이 된다(코드에 대한 예시는 온라인 C&M 이전 회의의 요약 보고서에서 찾을 수 있다). 회의에서 요청자는 신청 항목의 임상적 내용에 대해 20분간 프레젠테이션 할 기회가 주어진다. 코드 분석가는 고려해야 할 대체 대안을 포함하여 개정 가능한 코드에 대해 논의한다. CMS는 이 토론과 공개 의견을 기반으로 하여 최종 결정을 내리게 된다. 이때 개정된 코드는 다음 해의 10월 1일에 발효된다.

병원 외래 및 진찰 청구에 대한 HCPCS Level I (CPT) 코드 4.3절에서 설명한 것처럼 HCPCS 시스템은 두 가지 수준의 코드로 구성된다. 첫 번째 유형인 **레벨 I 코드**는 시술 용어(CPT)코드로써, 외래환경 설정 및 의료 전문가 의료전문가의 모든 진료 환경에서 사용한다. CPT 코드는 미국의학협회(AMA)에서 제정 및 유지를 한다.

기존 CPT 코드가 새로운 기술 관련 절차에 대해 의사와 진단 청구 목적으로 새로운 시술에 관련하여 설명이 불충분(또는 존재하지 않는)한 경우, 새로운 코드를 만들거나 기존 코드를 수정할 수 있다. 이때 두 상황 모두 미국의학협회에 신청서를 제출해야 한다. 그러나 기업이 직접 AMA에 제출하는 것이 아니라, 신청서는 새로운 코드에 대해 요청하는 의사들의 전문가 협회에 의해 후원되고 관리되고 있다. 근본적으로 새로운 CPT 코드(카테고리 I 코드라고 한다)의 적용 및 지원 데이터는 다음에 대해 입증해야 한다 :[4]

1. 시술이나 서비스의 이행이 필요한 경우에는, 시술수행에 필요한 모든 장치와 약품은 시술이나 서비스는 FDA의 허가 또는 승인을 받아야 한다.
2. 시술 또는 서비스는 미국 전역의 많은 의사나 자격을 갖춘 의료전문가에 의해 수행된다.
3. 시술 또는 서비스는 의도된 임상적 사용과 빈도를 고려해서 수행된다.
4. 시술 또는 서비스는 현재의 의료행위와 일치한다.
5. 시술 또는 서비스의 임상적 효능은 CPT코드 변경 신청서에 명시된 요구사항을 충족하는 문헌에 문서화가 되어 있어야 한다.

CPT코드를 추가, 수정 또는 삭제하기 위한 제안은 AMA, 민간 건강보험회사, 미국 병원협회, 보건 전문가 자문위원회 및 CMS의 대표를 포함한 CPT편집 패널에 의해 고려된다. 이 그룹은 90개 이상의 의료 전문 협회와 기타 의료 전문 단체로 구성되어있는 CPT 자문위원에 의해 지원된다. CPT 편집위원회는 적어도 일 년에 세 번 정도 회합을 한다. 새로운 규범에 대한 신청은 계속해서 접수가 되지만 다음 회의에 고려하기 위해서는 최소한 4개월 전에는 미리 접수가 되어야 한다. 이때 신청서와 CPT 변경 요청에 대한 지침은 AMA 웹사이트에서 제공되고 있다. 카테고리 I CPT 코드는 의학 기술 및 지침의 변화를 반영하여 매 년 업데이트되고 있으며, 코드에 대한 변경사항은 매년 1월 1일에 발효된다.[5]

대부분의 경우, 중추적인 임상시험이 수행되어 결과가 발표되고, FDA 승인 및 허가가 부여되며, 그것이 채택되었다는 증거가 있을 때까지 AMA은 새로운 CPT 코드를 승인하지 않는다. 이것은 대부분의 기업의 경우 제품 출시 전까지는 코드 적용을 위한 노력을 시작할 수 없다는 것을 의미한다(이 장의 뒷부분에서 설명한 것처럼 보험 급여 전략 계획은 훨씬 일찍 시작해야 한다). 제품이 출시되면 기업은 코드 생성 또는 수정을 정당화하기 위해 필요한 추가적인 연구를 수행하는 데 상당한 시간과 자원이 소요될 수 있다. 따라서 이 프로세스는 장치, 연구 설계, 후속 조치 기간 및 저널 게시 일정에 따라 전체적으로 3~6년 정도가 걸릴 수 있다. 증거가 수집되어 AMA에 제출한 후, 기업은 AMA가 코딩 변경 요청에 대해 검토하고 결정을 내리는 동안 추가로 1~2년을 더 기다릴 수 있다. 예를 들어 Metrika(4.3 청구에 대한 기초에 설명된 당뇨병 환자를 위한 헤모글로빈 A1C(HbA1C)검사를 받은 기업)는 FDA의 승인을 받고난 후, 적절한 CPT 코드와 지불 수준을 받기까지 7년이 걸렸다. 대조적으로, 판막에 대한 카테터를 생산하는 기업은 규제 당국 승인 후 2년 이내에 CPT 코드를 받기 위해 FDA 프로세스와 병행하여 의료계와 협력했다. 중요한 것은, 기업이 이러한 장황한 과정에 투자한다고 해서, AMA가 코드에 대한 요청을 승인할거라고 보장할 수 없다.

AMA는 CPT 코드를 세 가지 카테고리로 나누었다(표 5.6.1 참조). 보험 급여를 받을 수 있는 대부분의 CPT 코드는 카테고리 I 코드로, 평가 및 관리, 마취학, 수술, 방사선학, 병리학 및 실험실 및 의학의 6개 섹션 중 하나에 속한다.[7] 카테고리 I의 경우 CMS는 일반적으로 서비스에 대한 국가별 Medicare 의사 비용 일정을 할당하며, 대부분의 사설 지불자들은 의사 급여를 위한 목적으로 이것을 사용하기도 한다. 품질 시스템을 문서화하고 모니터하기 위해 의료 시스템에서 적용되고 사용되고 있는 카테고리 II 코드는 의료기기 보험 급여에 적용되

표 5.6.1 CPT코드의 각각의 범주마다 다른 용도로 사용된다.[6]

CPT코드 구분	설명	사용법
카테고리 I	현행 의료 행위와 광범위하게 수행되는 절차와 서비스를 위한 절차 및 서비스	RVU 가치 및 지불은 카테고리 I 코드가 있는 절차 및 서비스에 대해 설정된다.
카테고리 II	성능 측정에 사용할 수 있는 추가적인 코드	지불에 대한 것은 없으며, 데이터 수집을 용이하게 하기 위해 사용되고 있다. Medtech보험 급여와는 관련이 없다.
카테고리 III	신기술, 서비스 및 절차를 위한 임시 코드	혁신이 평가되는 동안 데이터 수집을 용이하게 하기 위해 사용되며, 지불과 관련해서는 개인 지불자와 협상되어야 한다.

지 않는다. 그리고 카테고리Ⅲ코드는 새롭게 떠오르고 있는 절차를 위한 코드이다. 그것들은 FDA 승인이나 광범위한 채택 이전에 얻을 수 있으며 일반적으로 사용을 추적하고 카테고리 I CPT 코드의 필요성을 입증하기 위한 중간 코드로 사용된다. 기업이 카테고리Ⅲ코드를 신청하면 카테고리Ⅲ코드가 결국 카테고리 I 로 분류될 수 있도록 광범위한 사용 내역을 작성한다.[8] 이때 지불자는 일반적으로 카테고리Ⅲ코드에 대한 고정 수수료 지불 수준을 가지고 있지는 않지만, 사례별로 해당 사례코드에 대한 지불을 결정한다.

많은 기업들이 카테고리 I 코드를 얻기 위한 중간 단계로서 카테고리Ⅲ코드를 신청한다. 카테고리Ⅲ코드를 확보하기 위한 경로는 지원 근거가 적을 수 있지만, 반복적으로 지불해야 하는 것은 아니며[9,10] 시험 절차로 플래그를 지정하여 잠재적으로 일부 지불자의 보상 범위에서 제외시킬 수 있다. 카테고리Ⅲ CPT코드를 포함하는 전략은 보상 컨설턴트의 도움을 받아 신중하게 평가되어야 한다.[11]

카테고리Ⅲ코드가 보통 카테고리 I 코드가 되기까지 최대 6년이 걸린다. 역사적으로 매우 주목할 만한 기술 중 일부는 카테고리Ⅲ코드에서 카테고리 I 코드로 더 빠르게 이동했다. 예를 들어, Conceptus Inc.는 자사의 Essure 장치의 카테고리Ⅲ코드를 신청했으며, 2002년 후반에 최소 침습성 식도염을 치료하기 위해 FDA 승인을 받았다. 이 기업의 계획은 채택을 위해 일하는 동안 카테고리Ⅲ코드를 사용하는 것이었다. 그러나 AMA는 신청서와 함께 제출된 삶의 질과 비용 절감 데이터를 기반으로 FDA 승인 후 2년 만에 카테고리 I 코드를 부여했다. 이처럼 최근에 카테고리Ⅲ에서 카테고리 I 로 빠르게 전환된 사례로는 경도관 대동맥판막 대체 시스템, 경피적 승모판막 복구 시스템 및 피하 이식형 심장 제세동기가 있다.

아직 카테고리 I CPT 코드가 없는 장치 및 시술에 대한 청구하기 위한 일반적인 접근법은 기타 CPT 코드를 일시적으로 사용하는 것이다. 해부학적 시스템 및 시술 유형별로 그룹화된 기타 CPT 코드는 "청구할 품목이나 서비스를 적절하게 설명하는 기존 국가 코드가 없는 경우"에 사용할 수 있다.[12] 그것들의 장점은 새로운 절차가 FDA에 의해 승인되고 기업이 코드를 신청하는 즉시 사용할 수 있다는 것이다. 단점은 기타 규정에 대한 청구는 통상적인 청구보다 더 상세한 문서화가 필요하며 종종 Medicare 및 다른 지불인에 의해 수동으로 검토된다는 것이다. 따라서 제조업체가 이러한 청구에 대해 제출하는 과정을 면밀히 모니터링하고 지원하는 것이 제조업체의 이익이기 때문에 적절한 수준에서 확실하게 보험 급여가 결정되어야 한다. 이 프로세스를 적절하게 지원하지 않는 경우, 보험 급여가 일상적으로 거부되거나 지불이 부적절한 경우 새 장치의 평판에 영향을 미치는 나쁜 선례가 생길 수 있다.

종종 기업은 병원 및 의사에게 초기에 기타 코드를 사용하는 것을 권유하며, 기업은 카테고리Ⅲ코드(FDA승인을 받은 카테고리 I 코드로 가능한 한 빨리 변환할 의사가 있음) 또는 카테고리 I 코드(FDA 승인 후)의 작성을 모색한다. 이러한 접근 방식은 기업이 장치를 보급하는 데 소요되는 비용을 가속화할 수 있다. 하지만 최적의 전략은 특정 기술에 따라 달라지며 기업은 자격을 갖춘 보상 전문가로부터 의견을 구하는 것이 좋다. 그림 5.6.1은 Medtech 기업이 이용할 수 있는 CPT 코드화 경로를 요약한 것이다.

외래환자 진찰을 위한 HCPCS Level II 코드[13] HCPCS Level II 코드는 주로 CPT코드에 포함되지 않은 제품, 소모품 및 서비

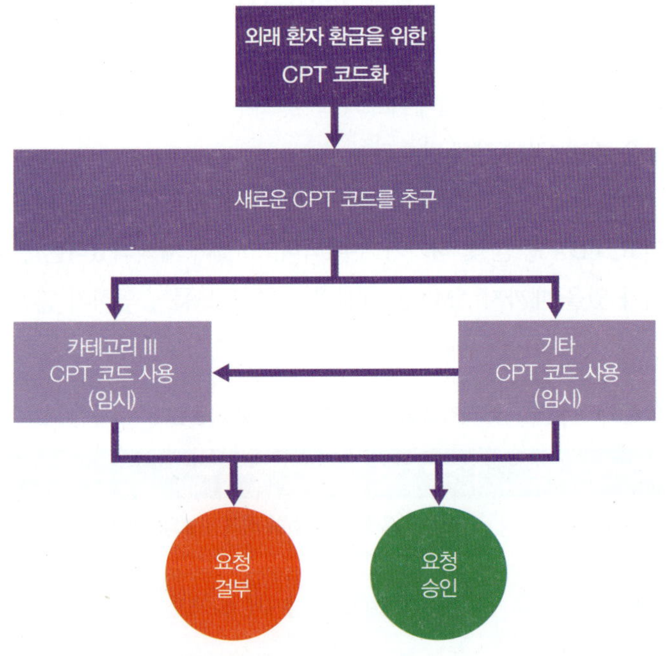

그림 5.6.1
기업이 새로운 카테고리 I 의 CPT 코드를 추구할 때는, 카테고리Ⅲ코드를 찾거나 기타 코드를 사용하여 관련 사례를 구축할 수 있다.

스에 대한 청구서를 제출하는 데 사용된다. 이 코드는 내구성 있는 의료 장비, 보철, 교정용 제품 및 용품(의약품 및 생물제제)에 적용된다. 설명자는 해당 코드를 사용하여 청구할 수 있는 항목과 서비스의 정의를 제공하는 코드에 할당된다.

임시 국가 HCPCS코드는 CMS에 의해 유지되고 배포된다. 임시코드는 영구 국가코드에 대한 연간 업데이트 전이나 영구 국가코드에 대한 합의가 이루어질 때까지 CMS가 특정보험회사(예를 들어 메디케어, 메디케이드, 민간보험 부문)의 국가 프로그램 운영 요구를 충족시키는 데 필요한 코드를 확립할 수 있는 유연성을 허용한다.

CSM HCPCS 작업그룹은 HCPCS코드 집합의 특정 섹션을 특정 항목이나 보험회사 유형에 대한 임시 코드로 지정했다. 예를 들어, G코드는 전문 의료 절차 및 서비스를 확인하기 위해 Medicare에서 CPT로 코딩되어 사용되고 있지만, 적합한 CPT 코드가 없는 경우에도 사용한다. 또한 Medicare는 패스스루(pass-through) 장치를 포함한 특정 외래 환자의 품목 및 서비스에는 C코드를 사용한다(변천하는 **패스스루 지불**에 대한 자세한 내용은 이 장 뒷부분의 병원 외래 환자 지불에 관한 절을 참조하시오).

임시코드는 만료 날짜가 정해져 있지 않으며 분기별로 추가, 변경 또는 삭제할 수 있다. 일단 설립이 되면, Medicare 임시 코드는 보통 90일 이내에 시행된다.

코드화 및 민간 지급인 AMA(CPT 코드) 또는 CMS(ICD-10 및 HCPCS Level Ⅱ)에 의해 설정되는 코드는 민간 지급인에 의해서도 사용된다. 고유코드가 발행되기 전 오랜 지연이 있을 경우, 민간 지급인들은 공급자에게 기존 코드를 사용하여 중간에 서비스에 대해 청구하고 해당 코드에 따라 확대 적용 범위 또는 지불 조건에 동의하도록 요청할 수 있다. 대부분의 경우 민간 지급인은 영구코드가 아니더라도 차라리 공급자가 고유 코드를 사용하게 하여, 사용현황을 추적하고 모니터링를 통해 보다 효율적으로 처리할 수 있다. 민간 보험 회사는 영구 국가 코드는 없지만 정책, 프로그램 또는 청구 처리를 구현하는 데 필요한 의약품, 서비스 및 소모품을 보고하기 위해 S코드를 사용한다.

적용 범위

환급을 받기 위한 새로운 절차는 보험자로부터 발행된 명시적 보험 급여 정책이나 보험자의 "의학적으로 필요한"것으로 정의 된 보험 혜택에 해당하는 지급인의 결정에 근거하여 보험자로부터 상환을 받아야 한다. 또한 보험 적용 결정은 호의적이거나, 부정적이거나, 제한적일 수 있으며 정책 내에서 공식화되거나 사례별로는 비공식적으로 언급될 수도 있다.

보험 급여 결정을 내릴 때 일반적으로 지불자는 다음의 주요 기준에 대한 정보를 찾는다:

- 관련 정부 기관(예를 들어 미국의 FDA, 다른 국가의 CE마크)의 최종 승인
- 서비스가 제공되고 있는 현재 사용 가능한 치료법에 비해 안전성과 효과면에서 더 우위적이라는 것을 입증하는 증거
- 실제(단지 조사환경이 아닌) 건강 상태에 유리한 건강 결과 및 임상 개선을 지원하는 데이터
- 저널에(높은 영향력이 있는) 개재되어 있는 증거, 미국 납부자들에게 다른 나라에서 실시된 연구는 영향을 덜 미친다.
- 임상 실습 지침 및 건강 기술 평가 검토서 리뷰
- 보험 급여 관한 전문집단의 지지이나 직위 부여

Medicare에서 보험 가입을 신청할 때 기업은 (1) 국가범위결정(**NCD**), (2) 지역범위결정(LCD) 두 가지 접근법 중 하나를 추구할 수 있다. NCD는 CMS에 의해 만들어지며 전국의 수혜자들에게 적용된다(기업은 CMS 보험담당 직원과 상담하여 Medicare 보험 급여 문제에 관한 비공식 안내를 얻을 수 있다). LCD는 메디케어 관리 공사(Medicare Administrative Contractors, MAC)에 의해 만들어지며 관할 구역의 수혜자(일부 계약자가 전국 여러 주를 포함함)에 적용된다.[15] 현재 CMS에는 14개의 관할권을 대상으로 하는 9개의 MAC가 있다. 보험 급여 청구는 지방 차원에서 이루어지기 때문에 공급자와 기업은 현지 계약자와 협상해야 하고, 장치의 출시 단계(다음 참조)에서 다른 계약자의 동일한 장치에 대해 다른 LCD가 설치될 수 있다.

지역범위결정

의료기기용 LCD에 대한 요청은 지역 공급자, 기업을 대표하는

전문/보험 직원이나 컨설턴드에 의해 제출되는 경우가 많다. Medicare 계약자 중 의료 전문가는 지역의 의료계와 강한 인간관계를 유지하는 경향이 있다. 이러한 관계를 LCD 프로세스의 일부로 기업에서 활용할 수 있다. LCD를 만들 때 지역 계약자는 문헌 검토 결과, 제출된 의학적 증거, 의사의 증언 및 기존의 체계적 검토(예를 들어 기술 평가)의 결과를 비롯한 다양한 의견을 고려할 것이다. 일단 권고안이 작성되면 모든 제안된 지역 범위 결정에 대해 계약자 기반의 자문위원회(CAC)의 검토가 필수적이다. CAC은 여러 전문 분야를 대표하는 전문의사로 구성된다. 제안된 LCD는 최종 결정에 대한 정보를 입력하여 공공 및 CAC 의견을 수집할 수 있도록 90일 동안 CAC 웹 사이트에 게시된다. 일단 결정이 이행되면, 변화를 정당화하기 위해 새롭고 충분히 설득력 있는 증거가 제시될 때마다 범위 정책을 개정하거나 확장할 수 있다. 또한 LCD는 구속력이 없으므로 계약자 수준에서 "일회성" 판결이 내려지기도 한다. 예를 들어, 지역 계약자는 일회성 접근을 허용하거나 지역 범위결정을 하기 전에 개입에 대한 청구를 거부하거나 지불할 수 있다.[16]

일반적으로 기업 대표자 및 LCD를 추구하는 지역 의사는 기타 및 임시 코드를 사용하여 새로운 기술 및 관련 서비스에 대한 보장 약속을 확보하기 위해 해당 지역 Medicare 계약자를 방문한다. 이러한 노력이 유리하고 공개된 보상 결정을 내리기 전까지 보상이 잠재적으로 거부되거나 부족한 경우 제공자가 혼동을 일으킬 수도 있다(지역 범위 결정의 초기단계에서 흔히 발생한다). 또한 LCD가 구속력이 없거나 언제든지 변경이 가능하거나 전체적으로 일관성이 없기 때문에 추가적인 혼란이 발생할 수 있다. 이 불확실성과 관련된 작업은 새로운 기술을 사용하려는 공급자에게 상당한 행정적 및 재정적 부담을 준다. LCD를 포함하는 보험 급여 전략을 통해 기업은 강력한 지역 옹호 및 공급자와의 관계를 구축하고 문제를 관리함에 있어 도움이 되는 현지 계약자와의 협력에 대한 긴밀한 관계를 구축하고 유지할 것을 요구한다. 지역 수준에서의 성공은 일련의 작은 이익을 통해 이루어지며 모든 호의적인 정책은 기업의 지속적인 유지 관리가 필요하다.

국가범위결정

CMS는 매년 제한된 수의 NCD를 발행한다. 대부분의 보험 적용 결정은 아직도 Medicare 계약자에 의해 지역적 수준에서 발행한다. NCD는 주로 건강과 예산에 상당한 영향을 줄 수 있는 Medicare 프로그램 제품 및 서비스에 사용된다. CMS는 의사결정 과정에서 Medicare 프로그램에 예상되는 예산 영향을 비공식적으로 고려하며, 비용 효과성은 CMS가 NCD를 만들 때 고려하는 요인이 아니라 명시적인 요인이다. 이러한 결정을 돕기 위해 가끔 CMS는 외부 전문가로 구성된 Medicare Evidence Development & Coverage Advisory Committee (MEDCAC)를 소집하여 NCD 적용 범위에 대한 검토 전이나 검토 중에 특정 주제에 대한 자문을 제공한다. 기업은 주요 의견 선도자(KOL), 전문가 또는 보험 급여 전문가로부터 의견을 구하도록 강력히 권고한다.

경우에 따라서는 LCD 옵션이 가능할지라도 여러 LCD와 관련 될 수 있는 불일치와 혼란을 피하기 위해 기업은 NCD를 모색할 수 있다. 이노베이터들은 NCD를 요청하기 전에 CMS 공무원을 만날 것을 강력히 권장한다. 만약 해당 국가의 서비스 범위를 추구하기로 결정한 경우에는 CMS 요구사항을 충족하는 서면 요청서를 제출해야 한다. 또한 이 요청은 제조업체, 의학학회가 제출하거나 CMS에 의해 내부적으로 제출될 수 있다.

NCD와 관련된 많은 이점이 있지만, 이것은 모든 기업이 추구하는 현실적인 전략은 아니다. 일반적으로 CMS는 임상적 이점이나 비용 효과 면에서 획기적인 가능성을 보여주는 장치 또는 개입에 대한 NCD 요청만을 고려한다. CMS는 심각한 물의를 일으키는 기술에 대해 NCD를 만들 수도 있다. 이 기술은 현지 계약자의 개별적인 판결에 부적합하다고 판단된다(이 경우 CMS는 기업의 요청없이 NCD를 내부적으로 작동시킬 수 있다).[17] 게다가 CMS는 Medicare 프로그램에 막대한 잠재적인 예산 영향이 있는 경우, 치료의 임상적 가치에 대한 중요한 논쟁, MAC에 의한 지역 범위의 실질적인 불일치나 위의 일부 조합에 대한 NCD만 고려할 것이다. NCD를 추구하는 과정은 시간이 많이 걸리고 자원 집약적일 수 있기 때문에 대부분의 소규모의 기기 신생기업은 실행 불가능하다. 대기업의 자원이 NCD 추구에 전념하지 않으면 이 접근법은 매우 위험한 것으로 간주된다. 따라서 훨씬 안전한 모델은 일련의 LCD를 사용하여 국가 범위에 대한 기반을 구축하는 것이다.

NCD 대 LCD NCD와 LCD 중 어떤 것을 추구할지에 대해 고려할 때, 기업이 염두에 두어야 할 몇 가지 요인이 있다. 첫째, CMS 국가 범위 그룹에 의해 발행된 NCD가 출판되었음에도 불구하고 각 지불 서비스 설정에 대한 국가 지불 시스템에 따라 CMS 지불 직원이 별도의 의사결정 프로세스를 통해 실제 지불 요금을 설정한다. 이것이 유리한 지불 조건을 확보하기 위해 국가 차원의 CMS지불 담당자의 많은 노력이 요구 될 수 있음을 의미한다. 둘째, NCD는 기업에 대해 바람직하지 않고 돌이킬 수 없는 정책을 초래될 수도 있는 국가의 결정을 구속한다는 점에서 문제가 될 수 있다. 예를 들어, 2005년에 FDA는 치료에 실패한 환자의 우울증 치료를 위해 Cyberonics에서 제조한 미주신경자극(VNS) 장치를 승인했다. 이 장치는 이전에 승인되어 간질 치료에 적용되었지만 우울증 시술에 함에 있어서 이 장치의 가치는 논란의 여지가 있었다. 때문에 장치 및 이식 절차에 대해서도 대략 3만 달러의 비용이 들었을 때, 지불인은 저항성 우울증에 대한 보험 적용을 거부하고 있었다. 2006년 Cyberonics는 VNS에 대한 NCD가 저항성 우울증을 포함하도록 확대될 것을 요청했다. 하지만 2007년 이러한 것이 정당화 할 수 있는 확실한 증거가 없다는 이유로 부정적인 NCD가 발행되었다.[18] 물론 NCD가 공식적으로 Medicare에만 적용되더라도, 개인 납입자는 이 지침을 따르지 않아도 되지만 종종 CMS의 결정에 의해 영향을 받을 수 있다. Cyberonics는 내성 우울증에 대해 VNS에 상환하도록 일부 민간 납부자를 납득시켰지만, 여전히 사례별로 사례금을 요구하도록 의료 제공자에게 지시해야 했다.

병렬검토 2011년에 FDA와 CMS는 특정 중고 의약품 규제 당국의 제출 및 국내 보험 보상 결정에 대한 동시 검토를 위한 시범 프로그램을 수립했다. 이 프로그램의 목표는 혁신적인 제품의 개발을 촉진하고 FDA의 마케팅 승인과 Medicare 범위 사이의 시간을 줄임으로써 이들 제품을 환자에게 제공하는 데 필요한 시간을 단축하는 것이다. 기업이 자발적으로 참여하도록 초대된 파일럿 프로그램은 FDA 장치 승인 및 CMS 범위결정에 대한 뚜렷한 심사기준을 변경하지 않는다.[19] 그러나 두 기관은 검토와 의사결정 과정에서보다 긴밀하게 협력하고 있다.

시범 프로그램을 이용하는 기업 중 Exact Sciences는 2011년 12월 병렬검토를 위해 대장 암을 진단하기 위한 비 침습적 Cologuard™ 진단 테스트를 제출했다. 검토 기간 동안 Exact Science는 그 경험에 대해 확신적이었다. CEO인 Kevin Conroy이가 강조한 주요 이점 중 하나는 FDA뿐만 아니라 CMS에서 시험 설계에 대한 사전 의견을 제시할 수 있는 능력이 있다는 것이다. "CMS의 가장 중요한 투입물 중 하나는 임상시험을 위한 환자 인구가 Medicare 환자들로 충분히 힘을 얻었는지 확인하는 것이었습니다."라고 그는 기관이 다른 중요한 제안들을 제공했다는 점을 주목했다.[20] 여러 시도를 할 수 있는 자원이 없는 신생기업의 경우 규제 및 보험 급여를 위한 단일 연구를 수행하는 것은 상당한 이점을 제공한다. Conroy가 말했듯이, "나는 FDA의 승인과 Medicare 보상 및 지불을 병행하지 않고도 투자의 관점에서 어떻게 할 수 있었는지 모르겠습니다."라고 말했다.[21] 또한 Conroy는 이 프로그램이 전체 리뷰 시간 동안 전체 검토시간을 최대 2년으로 단축할 수 있다고 밝혔다.[22] 결국 2014년 10월, Cologuard는 병렬검토 프로세스의 일환으로 FDA 승인을 받은 첫 번째 의료기기 및 최종 NCD가 되었다.

그러나 병렬검토가 위험이 없는 것은 아니다. 다른 기업의 경영진은 평행검토 프로세스를 통해 NCD에 강요당하는 것에 대해 불안해했다. 또한 그들은 서로 다른 위임장과 증거를 가진 두 기관을 동시에 만족시키려는 것에 대해 불확실성을 표명했다.[23]

병렬검토 프로그램을 기반으로 FDA의 CDRH(Center for Devices and Radiologic Health)센터는 CDRH 보상 프로그램이라는 규제 및 보상 승인 간의 연계를 능률화하는 데 도움이 되는 또 다른 파일럿을 발표했다. 이러한 노력의 일환으로 의료기기 보험 급여 특별전담팀은 세 가지의 새로운 프로세스의 구현에 중점을 두었다. (1) 장치 만드는 기업이 FDA의 승인/허가 및 지급인 보상 범위를 뒷받침하는 데 필요한 증거를 스폰서에게 보다 잘 알리기 위해 선정된 한 명 이상의 지불자가 사전 제출 회의에 참가하도록 자발적으로 요청할 수 있게 한다; (2) 승인된 IDE하에서 수행된 연구를 배상할지 여부를 결정할 때 CDRH의 현재 조사 장치 면제 체크리스트를 적절히 수정하고 CMS에 요청하여 Medicare 기관 지원을 요청할 수 있다; (3) 납부자 및 건강 시술 평가 기관과 협력하여 CDRH가 보험 보상을 지원하기 위해 장치에 대한 안전성이나 유효한 정보를 제공할 경우 납부자에게 제출해야 하는 증거를 줄일 수 있는지에 대한 여부를 결정한다.[24] 이 프로그램이 어떻게 발전할 것인지에 대해서는 지켜봐야 하지만, 이러한 노력은 규정 및 보상 심사 간의 조정 증가에 대한 관심이 증가하고 있음을 나타낸다.

민간지불인을 위한 범위 결정 Medicare 사업자와 민간 지불업인이 신기술을 평가하고 보험 적용결정에 도달하는 과정에는 많은 유사점이 있지만, 중요한 차이점도 있다. 민간 지불인은 전형적으로 의사, 계획 행정관, 보건 경제학자 및 통계학자로 구성된 자체 내부위원회(의료정책 또는 기술 평가위원회)를 운영하고 있다. 이 위원회는 학문적이고 제대로 측정되서 얻은 증거에 특별한 주의를 기울여 새로운 절차의 임상 필요성을 뒷받침하는 증거를 평가한다. 이때, 다른 주요 지불자의 우선순위 설정 범위 결정도 평가된다. 예를 들어, bariatric surgery의 적용 범위에 도달하기 위해 Cigna(주요 개인 지불자)는 CMS 적용 범위 결정에 제공된 정보에 대한 결정을 기반으로, 미국의 BCBS(Blue Cross Blue Shield) 기술 평가 센터(TEC)의 기술 평가보고서, National Institute 영국 보건 의료 우수성(NICE) 및 문헌에 대한 포괄적인 리뷰를 제공한다.[25]

민간 지불범위 결정의 최종 결과는 전체 보상이나 보상없음 또는 제한 적용이다. 민간지불인과 Medicare의 중요한 차이점은 민간 지불인은 특정 절차가 특별히 의학적으로 필요한 경우라 할지라도 특정 계획을 제외하고 여러 계획을 제공할 수 있다는 것이다.

지불

4.3절에서 설명한 바와 같이, 지불은 병원(입원환자 및 외래환자), 외래환자서비스센터(ASC) 및 의사에게 보험 급여를 위한 다른 시스템을 중심으로 구성된다.

병원 지불[26] 병원 입원 환자의 지불의 경우, MS-DRG코드 시스템은 특정 입원과 관련된 모든 병원 서비스에 대해 전향적으로 결정된 지불 금액을 할당한다. 새로운 기술이 도입이 되고 제공되는 치료가 개선되더라도 병원은 경제적인 불이익을 받을 수 있다. 이 상황에서 기업은 근본적으로 두 가지 옵션을 가지고 있다; (1) 신기술 추가 지불(NTAP)을 신청한다, (2) 또는 새롭거나 수정된 MS-DRG를 찾는다(그림 5.6.2 참조).

NTAP 자격을 얻으려면 기업은 새로운 기술에 관한 문서를 CMS에 제공하여 세 가지 주요 기준을 충족하는지 입증해야 한다: (1) 기존 기술과 실질적으로 유사하지 않은 혁신적인 신기술인지, (2) Medicare 수혜자에게 상당한 임상적 개선을 제공하는지, (3) 비용이 많이 들며 CMS가 정한 한계점을 기준으로 MS-DRG 시스템에서 부적절하게 지급이 되는지. CMS가 공개 의견을 검토하고 자체 검토를 한 후 이러한 기준들을 충족한다고 판단하면 추가 결제가 발행된다. 데이터가 확실하다면 추가 지불은 새 장치의 평균 비용의 50%까지 혹은 신기술과 관련된 전체 비용의 50% 중 적은 금액으로 설정된다. 추가 지불은 FDA 승인 및 상품화 이후 2년에서 3년동안 지속된다. 이 기간이 끝날 때까지 기업은 새로운 DRG가 발행되는지 여부나 기존 DGR가 새로운 기술을 수용할 수 있도록 개정될지 여부를 알아야 한다. 경우에 따라서는 새로운 기술에 대해 지불을 받는 것이 더 큰 보상 전략의 한 단계로만 이루어질 수도 있다. 기업은 추가 지불을 신청할 수도 있지만, 적절한 APC 및 CPT 코드가 있어야지 외래 환자에 관련하여 보험 급여가 상환될 것

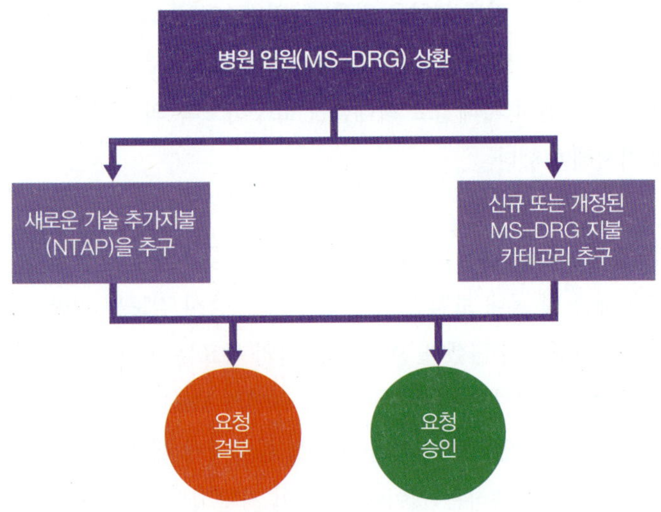

그림 5.6.2
신기술을 포함한 병원 입원비 지불을 위해 기업은 신규 또는 개정된 MS-DRG 지불이나 NTAP를 신청할 수 있다.

이다. 이때, 대체 전략은 기존 MS-DRG 지급 범주에서 계속적으로 지불에 대해 찾고 병원이 이 기술을 사용하여 경험을 쌓은 후에 새롭게 개정된 MD-DRG를 신청하는 것이다. 기업이 FDA 승인을 받은 신기술 추가 지불에 대한 기준을 충족시키지 못하거나, FDA 승인을 받은 즉시 차별화된 가치를 입증할만한 임상 증거가 충분하지 않거나, 기존 기술을 상용화할 수 있다.

만약, FDA 승인 시 새로운 기술이 추가적으로 지급되는 모든 기준에 부합하지 않거나, FDA 승인을 받은 즉시 차별화된 가치를 증명할 수 있는 임상 증거가 충분하지 않거나, 추가 경험을 하는 동안 초기 단계에서 FDA 승인 시 기존 DRG 내에서 상업화가 가능할 경우에는 기업은 이러한 접근 방식을 사용할 수 있다. 예를 들어 뇌 동맥류의 카테터 기반 치료를 위해 Guglielmi Detachable Coil (GDC)에 대한 새로운 DRG를 확보하기 위해 Boston Scientific 기업은 이러한 접근법을 사용했다(그림 5.6.3 참조). 기본적으로 이 절차는 액세스를 위해 특수 카테터를 사용하여 동맥류 내에 단단히 내포된 백금 코일을 배치하는 것과 관련이 있다. 이 코일의 구조적 지지와 결합하여 동맥류를 안정화시키고 파열의 가능성을 감소시켜 국소적인 혈액 응고를 형성한다. Boston Scientific이 직면한 문제는 병원들이 이 코일을 사용하여 많은 돈을 잃고 있다는 것이다.

부적절한 MS-DRG 지불 수준

2003년 말, Medicare 보험 청구 데이터를 분석을 CMS에 제출하였으며, 이를 통해 동맥류를 클리핑하는 외과 수술 및 침습 수술에 대한 비용이 병원비를 크게 초과한다는 것을 보여준다. 2004년 규칙 재정 주기 동안 CMS는 파열된 동맥류 치료를 위한 새로운 DRG 창설에 동의하여 입원당 평균 17,000달러에서 34,000 달러의 평균 병원 기반 MS-DRG 지불액을 두 배로 늘렸다. 이렇게 해서 Medicare 수혜자가 이 결정적인 생명을 구하는 치료법을 성공적으로 이용할 수 있게 되었다.

병원 외래 진료(병원 시설 내에서 치료가 제공되는 것)의 경우 신기술을 시작하는 기업은 외래 환자 급여 분류(APC) 시스템을 사용해야 한다. 기존 APC 지불 범주가 적절한 환급을 제공하지 않거나 설명자가 새 장치의 지불 규정과 일치하지 않는 경우 기업은 세 가지의 선택사항을 갖는다; (1) 당연 급여 코드를 찾는다; (2) 새로운 기술의 APC를 모색한다; (3) 고비용 신규서비스(일반적으로 새로운 CPT 코드를 포함)를 다른 APC 급여 카테고리로 재분류하는 것을 추구한다.

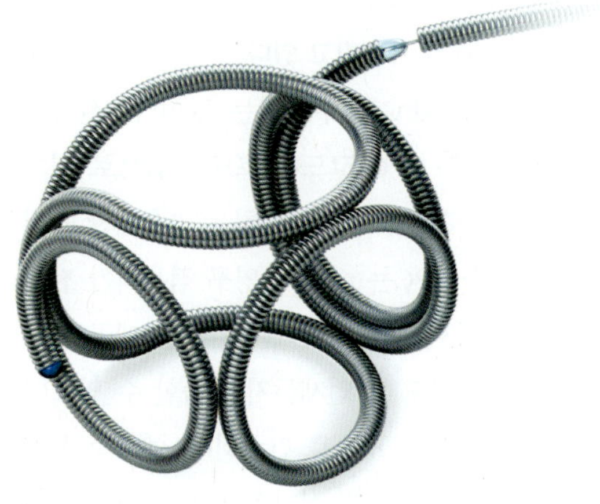

그림 5.6.3
GDC의 예시인 Target® 백금코일(Stryker Neurovascular의 제공)

기업은 새로운 장치의 비용을 충당하기 위해 HCPCS Level II C 코드 사용과 관련된 과도기 통과 지급 범주를 신청할 수 있다. 기존의 절차(적절한 APC가 있음)에 임상적으로 유익하고 고비용의 새로운 장치가 사용되는 경우에는 통과 지불 방식을 사용한다. 당연 급여 금액(pass-through payment)은 일반적으로 장치의 실제 비용에서 대체되는 기술에 대한 APC 지불에 이미 포함된 금액을 뺀 값으로 계산된다. 이 패스 스루(pass-through)는 2~3년 동안 추가 지불을 제공하지만 CMS는 기술 비용에 대한 추가 데이터를 얻는다. 예를 들어, 2000년대 초반에 몇몇 기업은 충전식 전원 공급 장치를 갖춘 차세대 척수 자극 장치를 출시하여 보다 오래 지속되는 전원을 공급하였다. 따라서 발전기 교체 기간이 길어질수록 이러한 시스템의 기능으로 인해 환자의 삶에서 Medicare에 상당한 비용 절감 효과가 있었다. Boston Scientific, Medtronic 그리고 St. Jude의 공동 교육에 힘 입어 2006년 CMS는 기존 코드가 신기술을 "적절하게 기술하지 못했다"는 이유로 승인했다. 세 기업의 재충전용 신경 자극기는 신기술 인증을 받았으며 충전식 시스템은 미국 시장의 대부분을 차지했다. 2008년 CMS가 신기술 결제를 중지한 후, 충전식 또는 비 충전식 용으로 별도의 APC 지불 범주를 작성하지 않기로 결정했다. 그러나 이 두 기술의 비용 차이에도 불구하고 충전식 시스템의 임상적 우위는 미국에서 지속적으로 널리 사용되고 있다.

두 번째 옵션은 신기술 APC를 추구하는 것이다. 신기술 APC는 새로운 장치가 기존 APC 코드나 코드 조합으로 쉽게 설명될 수 없는 완전히 새로운 절차를 보증하는 경우에만 발행된다. 이 경우에는 신기술 APC는 APC가 영구 적용되기 전에 Medicare가 실제 사용 데이터를 수집하는 기간을 제공한다. 신기술 APC 신청은 해당 연도 중 언제든지 제출할 수 있으며 분기별 코드 업데이트에 포함될 것으로 간주된다. 예외적인 경우를 제외하고, 과도기 통과 지급 및 신기술 APC에 대한 신청은 제품이 규제 승인/승인을 받지 않는 한 제출할 수 없다. 일반적으로 CMS이 결정하는 데는 몇 개월이 걸린다.

경우에 따라 비용이 많이 드는 신기술에 대해 고유한 CPT 코드가 설정되었을 때, 새로운 프로시저의 비용이 동일한 APC로 분류된 최하위 비용 집계 절차의 계산된 비용의 2배를 초과하는 경우 제조업체는 다른 APC 지불 범주로 프로 시저를 재분류하도록 CMS를 설득할 수 있다(CMS에서는 "2회 규칙"이라고 한다).[27]

그림 5.6.4는 의료 기업에 제공되는 APC 코딩 경로를 요약한 것이다.

의사 지불 4.3절에서 언급했듯이, Medicare에서의 의사 진료는 각 CPT 코드와 관련된 RVU (Relative Value Unit)가 국립 Medicare 의사 수수료 가격표에 포함되도록 결정한 것에 기초한다. 기업이 신기술과 관련된 새로운 코드 또는 개정된 코드를 찾고 있는 경우 CMS는 적절한 AMA 위원회의 권장 사항을 찾는다. AMA 전문가 협회의 상대적 가치 등급 위원회(RUC)는[28] 연습 중인 의사에 대한 RUC 조사를 기반으로 새 코드에 대해 RVU를 권장한다. 경우에 따라 기업은 장치 사용/절차 수행과 관련된 시간과 노력을 입증하는 증거를 CMS에 제공할 수도 있다. 이 증거에는 의사의 시간에 대한 조사나 시간 및 운동 연구에 기반한 경제 연구, 기타 실무 비용(노동 및 공급품과 같은) 및 의료과실 위험이 포함될 수 있다. RVU 권장 사항은 AMA에 의해 최종 RVU 결정이 이루어지는 대로 CMS로 전달된다.

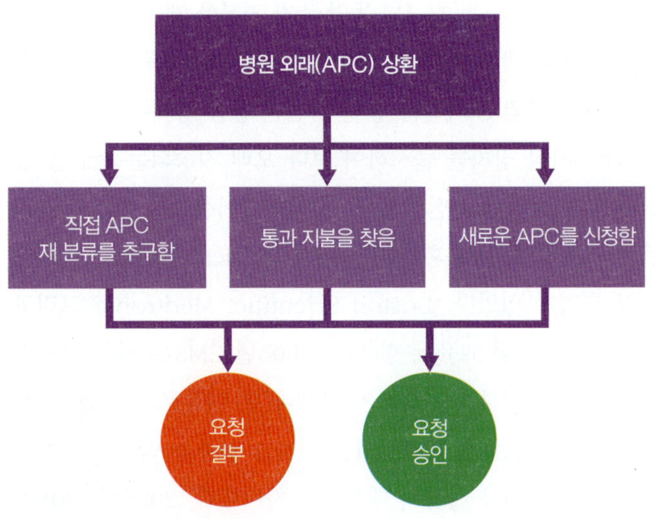

그림 5.6.4
신기술과 관련된 외래 진료의 경우, 기업은 패스스루 지불을 요청하거나 신기술 APC를 신청할 수 있다.

흥미롭게도 CMS에 의한 RVU를 기준으로 한 지불 비율 할당은 예산 중립적으로, 즉 모든 CPT 코드에 대한 총 Medicare 자금이 주어진 예산 연도 내에서 일정하게 유지되는 걸 의미한다. 새 CPT코드가 생성되거나 기존 코드가 수정되고 해당코드에 값이 할당되면 변경 사항을 보완하기 위해 다른 CPT 코드를 통해 지불해야 한다. 기업은 AMA가 새로운 코드를 승인하는 것을 저해하는 원인이 된다는 것을 인식해야 한다. 특히 AMA가 새로운 코드를 하나의 전문 분야로 증액하는 경우에는 더 그렇다. 예산 중립성은 이해 당사자 문제에 대해서도 제기할 수 있는데, 특히 전문 사회에서는 총 지불율이 낮아지고 다른 사람들이 자라나는 것을 볼 때 문제가 제기될 수 있다. 결과적으로 이러한 문제는 조기에 확인하여 사전에 관리해야 한다.

진단 검사 및 치료를 위한 CPT 코드의 경우 Medicare는 두 가지 방법 중 하나를 사용하여 새 코드에 대한 지불 수준을 설정한다. 기존 코드가 비용, 기술 및 임상 사용과 관련하여 새 코드와 충분히 유사하다면 CMS는 하나 이상의 기존 코드와의 유사성을 기반으로 새로운 코드에 상응하는 보험 급여 비율을 할당하는 코드를 "비교(crosswalking)"하여 지불 금액을 결정한다. 만약 비교 가능한 코드가 없는 경우에는, "gap-filling" 방법을 사용하여 새로운 급여 금액을 결정한다. 여기에는 각 지역 Medicare 보험 회사가 새 코드에 대해 적절한 지불 금액을 개별적으로 결정하도록 하는 것이 포함된다. 이러한 권장 사항은 운송 업체가 결정한 금액을 분석하고 다음 연간 스케줄이 게시될 때까지 사용할 새 코드에 대한 적절한 지불 레벨 설정하는 CMS와 공유된다. 따라서 스폰서는 이러한 노력을 뒷받침하기 위한 구체적인 경제학적 연구를 개발할 것이다.

민간 결제자의 지불

보험 적용 결정과 마찬가지로, 지불 수준을 설정하기 위한 기본 사항은 몇 가지 중요한 차이점을 제외하고는 Medicare ALC 개인 지불자는 유사하다. 모든 지불자는 증거 기반 약품, 비용 및 가치 입증에 중점을 두고 있다. 그러나 미국 의료 서비스의 가장 큰 구매자인 Medicare는 공개적으로 코드와 지불 요율을 보급할 책임이 있으며, 이러한 결정은 다른 지불인의 정책에 영향을 미치는 길잡이로써의 역할을 할 수 있다. 당분간 Medicare는 신기술에 대한 보험 적용 범위를 평가할 때 비용을 명시적으로 고려할 수 없다(CMS 관계자는 가치에 대한 인식이 그들의 의사결정에서 비공식적인 역할을 한다는 것을 인정했음에도 불구하고). 뿐만 아니라, CMS 및 현지 계약자 대표는 정치적 압박과 로비의 대상이 될 수 있다. 민간 납부자는 선출직 공무원에게 직접적인 연결 고리가 없으며 정책 및 지불 일정이 공개되지 않기 때문에 그러한 압력에 직면할 가능성이 적다. 그러나 민간 납입자는 그들의 공급자와 그들의 계획을 지지하는 고용주와 개인에게서 배려를 받는다. 이노베이터와 기업의 경우, 납세자가 종업원의 사업후원행사 및 활동 참여를 제한하기 때문에 개인 납세자와 사업 관계를 발전시킬 수 있는 기회가 더 많다. 이와는 관계없이 기업이 지불자와 어떤 접촉 및 관계를 맺어도 적절한 지불 수준을 확보하고 새로운 규정, 적용 범위 및 지불 수준이 수립될 때 원활한 환급 절차를 용이하게 하는 데 활용되어야 한다.

Medicare Advantage 프로그램 및 건강 교환 프로그램의 가입이 증가함에 따라, 많은 민간 보험 회사는 검증된 가치를 제공하는데 있어 비싸고 아직도 실험 중인 카테고리Ⅲ 치료제에 대한 적용 범위가 더욱 엄격해질 것으로 예상된다. 예를 들어, 강력한 비용/편익 데이터가 없는 경우 일부 민간 납부자는 이전에 범주Ⅲ CPT 코드에 따라 상환한 전립선 암에 대한 값비싼 양자광선 치료의 범위를 소급하여 거부했다.[29]

기타 및 임시코드의 청구에 대한 처리를 할 때, 민간 지불자는 의사 진료 그룹 및 병원 시스템을 포함한 특정 제공업체와의 계약 협상을 기반으로 하여 지불 수준 계산에 대해 서로 다른 독점 공식을 가지고 있다. 일반적으로 각각의 민간 지불자는 자체 수식을 사용하여 체출된 청구에 대한 청구액을 변상한다. 이때, 기타 코드 청구의 경우 지불 요금은 대개 서비스 및 장치에 대한 청구 요금의 비율이나 일정한 사전 허용 금액에 해당된다. 일부 민간 지불인은 조직 내에서 특별 검토가 진행될 때까지 수동으로 제출된 청구서를 거부하거나 지연시킨다. 기업은 보험 급여 전략에서 이러한 잠재적인 결과를 이해하고 예상해야 한다. 최근 승인된 의료기기 및 절차의 경우, 민간 지불자는 일반적으로 Medicare의 일부 비율(대개 100% 이상)이나 유사한 절차 및 장치에 근접한 비율로 지불금을 설정한다.[30] 병원에서는, 민간 지불자는 개별 장치에 대해 별도로 지불할 가능성이 높으며 병원에서 돈을 잃는 것을 막기 위해 일당을 지불하지 않는다. 지불 비율은 개인 간 지불 방식에 따라 크게 달라지며, 공급자, 지불자 및 제조업체 간의 협상에 따라 달라진다.

보험 급여 전략 수립

기업이 새로운 코드화, 적용 범위 및 지불을 신청하거나 기존의 보험 급여 구조에 맞출 것인지에 상관없이 보험 급여 전략을 개발해야 한다. 응집력 있고 사전 예방적인 보상 전 전략을 통해 이노베이터는 질문자 및 기타 이해관계자가 새로운 기술에 대해 제기하고, 보험 급여 기회 및 장벽을 파악하고, 필요한 증거 요구사항을 제품 개발 및 비즈니스 계획에 통합할 수 있다. 보험 급여 환경의 복잡성을 감안할 때 보험 급여 전략의 시작은 보험 급여 전략이 시장에 가까워지기 훨씬 전 바이오디자인 혁신 과정 초기에 시작해야 한다. 모든 지연은 제품 채택에 부정적인 영향을 미칠 수 있으며 신생 기업의 생존 가능성을 위협할 수 있다.

보험 급여 전략을 개발할 때 기업은 여러 분야의 접근 방식을 취해야 한다. 규제, 임상, 마케팅, 판매 및 보험 급여 기능의 리더들은 핵심 상업화 활동을 적절히 통합하고 순서를 정하기 위해 최소한의 협력을 해야 한다. 이때, 숙련된 전문 컨설턴트의 개입을 통해 얻을 수 있는 전문 지식과 축적된 경험이 필요할 수 있으며, 이는 숙련된 외부 컨설턴트의 개입을 통해 얻을 수 있다.

전 세계적으로 의료 경제 환경에서 진행 중인 주요 변화를 고려할 때 보험 급여 전략을 개발하는 것은 어려운 일이다. 이것은 2010년에 오바마 케어(ACA)가 통과하여 비용 절감 압력의 새로운 시대가 시작된 미국에서는 명확히 알 수 있다. ACA는 많은 국가에서 부상하고 있는 경제성을 둘러싼 정책과 전략을 대표하는 기능이 있다. 이 법안은 비용감독 자문위원회(IPAB)의 설립과 함께 진료비 지불에 대한 점진적인 삭감을 촉진했다. IPAB는 의회의 사전 승인없이 Medicare 지급율 및 프로그램 규정을 변경할 수 있는 권한을 가지고 있다. 또한 ACA는 환자 중심 연구 결과 연구소(PCORI)를 만들었는데, 이는 부분적으로 장치와 같은 새로운 혁신의 비교 효과를 평가하는 곳이다. ACA는 특정 유형의 간병에 대한 일괄 지불과 같은 비용을 포함하는 다양한 메커니즘을 실험하기 위해 CMS를 승인했다. 부분적으로 ACO(Accountable Care Organisation)의 형성을 통해 제공자 간의 조정을 촉진하기 위해 새로운 공유 저축 프로그램도 만들었다. 이 법안은 의사와 병원이 의료 서비스 제공에서 달성한 비용 절감과 관련된 지불을 받을 수 있는 **"이익 공유"** 메커니즘의 구현을 더욱 확대했다(이득 공유와 같은 프로그램은 5.7 마케팅 및 이해관계자 전략에서 논의된 것처럼 이노베이터가 제품가격을 책정하는 방법에 영향을 줄 수 있다).

변화의 범위와 복잡성을 감안할 때, 이노베이터와 기업은 어떤 정책 변화가 이미 실행되고 있는지, 그리고 앞으로의 전개를 위한 일정이 무엇인지를 이해하는 데 큰 어려움을 겪고 있다. 이러한 상황은 의료 개혁의 강력한 정치적 특성에 의해 더욱더 복잡해지며, 이와 함께 법의 주요 부분이 철회가 될지 아니면 변경이 될지에 대한 여부가 불확실해진다. 그러나 이러한 불확실성에도 불구하고 미국이나 다른 세계 시장에서의 의료개혁의 일반적인 방향은 분명하다: 보험 급여에 관한 결정은 의료비 지출을 줄이기 위한 전반적인 목표와 함께 가치 평가를 통해 이루어질 것이다. 결과적으로 그 어느 때보다 상환 전략이 새로운 기술의 도입에 있어 성공의 핵심 동력이 되고 있다.

급여 전략은 지불 환경에 영향을 줄 수 있는 모든 시나리오에 대해 설명할 수가 없다. 즉, 이노베이터는 전략을 수립할 때 미래 지향적인 입장을 취해야 하며, 변화가 가장 많이 발생할 것으로 예상하고 최선을 다해야 한다는 것이다. 이러한 프레이밍을 염두에 두었을 때, 효과적인 급여 전략은 경쟁업체/대리인, 가격 책정, 지불자의 세분화, 임상시험설계, 지불자의 **가치 제안**과 관련된 의사결정 및 활동을 포함하는 조합을 다루고, 의사 및 환자 옹호 단체뿐만 아니라 잠재적인 **지급자 자문위원회**의 지원을 받기 위해 중요한 정보를 보급하는 것이다. 이 모든 주제에 대해서는 다음 단락에서 다루어진다.

경쟁자 및 대리인

진행 중인 경쟁 제품 및 임상시험을 확인하는 것은 보험 급여 전략을 고안하는 중요한 초기 단계이다. 두 기업이 유사한 제품을 상품화하는 경우, 보험 등재에 대한 경쟁 업체의 접근법을 이해하면 양측을 위험에 빠뜨릴 수 있는, 상충되거나 모순되는 보험 등재 노력을 방지할 수 있다.

기술이 완전히 새로운 것이라면, 분석은 프록시 장치를 중심으로 분석할 수 있다. 이때 기술은 이미 시장에 나와 있고 신제품과 관련성이 높은 기술을 말한다. 프록시 장치는 동일하거나 유사한 전문 분야에서 관련 기능을 가져야하며 유사한 의료기관에서 동일한 유형의 공급자가 사용해야 한다. 이때 고려해야 할 다른 비교 측정 도구로는 질병 상태 또는 행동 메커니즘이 있다.

미국을 비롯한 대부분의 국가에서 일종의 기술에 대해 보험 등재가 이루어지며, 이때 제조업체별로 다르다. 2등 기업은 첫 번째 시장 진입자의 전략을 이해함으로써 잠재적으로 이익을 얻을 수 있으며 만약 전략이 자사 제품에 적합할 경우에는 상당한 자원을 절약할 수 있다. 경쟁 업체의 출시 시기에 따라 기업들은 기존 코드에 맞는 상환 범위를 찾는 것과 비슷한 상황을 고려할 수 있다. 그러나 경쟁사가 먼저 상환을 받기 때문에 후속 기술에 대한 보험등재가 보장되지는 않는다. 보험 등재 정보는 일반적으로 제공되지 않지만 Clinicaltrials.gov에서 임상시험 정보의 공개소스를 볼 수 있다.

가격

가격 결정은 기업의 보험 등재 전략의 필수 구성 요소이다. 5.7 마케팅 및 이해관계자 전략에서 설명한 바와 같이, 기업은 지불자로부터 확보할 것으로 기대되는 보험 급여 수준에서 장치를 저렴하게 만들 수 있는 가격을 설정해야 한다. 적절한 가격을 결정하기 위해 많은 기업은 수요 곡선 분석이나 가치 기반 가격 결정을 수행한다. 이러한 것은 기업이 적절한 보상을 확보할 수 있는 범위를 결정하기 위해 제공자와 핵심 지불인의 가격 민감도를 평가하고, 그에 따라 제품의 가격을 현실적으로 책정하는 방법을 결정한다. 5.7절에서 제공된 지노믹 헬스(Genomic Health)의 사례는 가치 기반 가격 책정이 어떻게 작용하는지를 보여준다.

가격추정은 비용 모델에 직접적인 영향을 주며 보험 급여에 상당한 영향(긍정적 혹은 부정적)을 줄 수 있다. 예를 들어 신기술로 인해 임상 결과가 크게 향상되었지만 기업은 신기술 추가 지불 비용 한도를 충족시키지 못하는 수준으로 가격을 책정하면 이 기술은 프리미엄 보험 급여를 받을 수 없다. 또한 급여율이 공식화되기 전에 기업이 가격을 낮추면 최종 급여는 저비용에 대해 설명하고 시술 및 장치의 비용을 충당하지 못하는 상환 수준으로 이어져 채택이 제한된다. 대조적으로 만약 가격이 임상 또는 경제적 가치가 없는 지불자에게 미치는 예산영향을 현저히 증가시키는 수준으로 설정되면 지급자는 채택을 제한하는 부당한 지급 결정으로 응답할 수 있다.

또한 미국 이외의 지역에서는 **참조가격제**라 불리는 접근법을 사용하여 가격이 결정된다(즉, 다른 시장 또는 지역에서 청구되는 가격에 비례하여 가격설정). 참조 가격 책정이 이루어지면 기업이 다른 시장에서 제품을 출시하는 순서가 중요할 수 있는데, 이때 더 높은 가격을 받을 수 있는 국가에서 먼저 발표되어야 한다.

지불자의 세분화

초기 단계의 신생 기업은 자원이 제한되어 있기 때문에, 먼저 지불 담당자에게 접근해야할 필요가 있다. 출시하기 최소 1년 전에는, 기업은 지불인을 분할하기 시작해야 한다. 일부 지불자들은 출시하자마자 승인된 장치(제품 라벨에 따라)를 즉시 사용할 수 있는 반면, 다른 지불자는 6개월에서 12개월의 대기 기간이 있다. 이러한 보다 제한적인 계획 내에서, 예외는 다양한 수준으로 허용될 수 있다. 일부 지불자들은 의사 또는 의사 조직에 의해 정당성이 증명된 후 장치 사용을 허가할 것이다. 종종 이러한 대기기간은 임상적 및 경제적 데이터를 면밀히 조사하는 사이에 기술에 대한 집중적인 검토(즉, 기술 평가)에서 절정에 이르며, 새로운 기술은 그것의 등급이나 치료영역에서 다른 것들과 전체적으로 비교된다. 이 분석의 결과로 해당 계획 내에서 기기의 보험 급여 현황에 대한 최종 결정을 도출한다. 일부 지불인은 TEC 또는 다른 위원회가 수행한 평가를 기다리고 있으며, 다른 지불인은 라벨과 일치하는 방식으로 더 신속하게 승인할 가능성이 있다.

다른 지불자들이 새로운 기술(1차 지불자 조사에 기초한)에 어떻게 반응하는지에 대한 정보는 일반적으로 보험 등재 컨설팅기업에서 구입한 다음 예비 지불자 세분화를 수행하는 데 사용된다. 지불자 구분에 사용되는 공통 기준에는 신기술에 대한 개방성과 검토 프로세스의 엄격성이 포함된다.

각 세그먼트에서 지불인 중 차지하고 있는 지불 환자의 수를 추정하여 기업이 보다 효율적으로 시간을 할당하고 각 지급자에게 전념할 수 있도록 하는 데 도움이 되어야 한다. 일반적으로 80/20규칙에 따라야 하기 때문에, 환자의 80%를 차지하는 상위 20%를 목표로 해야 한다. 최소한 미국에서 근무하는 기업은 초기 보험 등재 전략에 메디케어와 1~3명의 중요한 민간 지불자를 포함해야 한다(민간 지불자의 경우, 신기술을 채택/적용할 가능성이 큰지에 대해 확인해야 한다).

임상시험 설계

5.3 임상시험 전략에서 언급했듯이, 상환과 관련된 고려사항은 임상시험 설계에 점점 더 중요한 영향을 미친다. 기업 대표자가 바이오디자인 혁신 과정 초기에 FDA나 기타 규제 기관을 만나 규제 승인을 얻는 데 필요한 증거를 이해하는 것처럼, 지불 담당자는 동일한 데이터를 통해 납득할만한 데이터가 무엇인지 이해를 해야 새로운 기술의 가치 제안 및 상환으로 이어진다. 특히, 임상시험을 위한 환급 관련 종점(endpoint)에 대해 지불자의 피드백을 요청해야 한다. 규제 목적을 위해 포함된 엔드 포인트에 대해 점진적으로 증가하는 이러한 엔드 포인트는 생성비용이 비쌀 수 있다. 또한 환급을 지원하려는 노력에 긍정적인 효과가 있음을 보여주지 못하기 때문에 상당한 위험을 초래할 수 있다.

지불자로부터 피드백을 얻으면 결과 데이터가 긍정적 영향을 미칠지 결정하는 데 도움이 된다. 종점은 중요한 지불자의 우려를 해결할 가능성(해결할 우려 사항 목록은 표 5.6.2 참조), 그들의 성공 가능성, 그리고 의사, 환자 및 대중과 공감하는 간단하고 명확한 가치 메시지를 지원할 수 있는 그들의 능력을 기반으로 선택되어져야 한다.

기업의 목표가 미국 이외 지역, 특히 영국, 프랑스 또는 호주와 같은 국유화된 결제 시스템이 있는 국가에서 제품을 판매하는 것일 경우, 경제적 가치를 다루는 결과 데이터는 상환에 있어 중요하다. 또한 미국에서 개인 지불자 상환을 설정하는 것이 점차 중요해지고 있다. 임상 연구의 데이터는 강력한 지불자 가치 제안을 뒷받침하는 데 필요한 경제적 증거를 만드는 것에 대한 직접 입력의 역할을 한다.

지불자 가치 제안 및 경제적 증거 구축

상용화를 위한 중요한 목표는 자사가 제공하는 상품에 대한 하나 이상의 가치 제안을 개발하는 것이다(5.7 마케팅 및 이해관계자 전략 참조). 가치를 입증하기 위한 측정 지표는 매우 다양할 수 있지만 대개 치료비용 대비 제품사용으로 인한 결과를 개선하고자 하는 것이다. 그러한 결과는 개인, 집단, 기관 또는 사회 전체에 대해 평가될 수 있다. 그리고 임상적, 경제적, 사회적 또는 기타 측정 가능한 효과를 포함할 수 있다. 이때, 상환에 관해서는 공공 및 민간 **제3자 지불** 및 기술 평가 패널은 제품이 강력한 가치 제안에 의해 뒷받침되어야 한다고 주장한다. 그러나 이해관계자들은 점점 이러한 가치 진술을 뒷받침하는 데이터를 검토하기를 원한다.

가치 제안은 효과의 중간 시장에 근거하여 미약한 예측은 피하면서 명확하고 단순해야 한다. 또한 가능할 때마다 **무작위 통제 임상시험** 및 잘 정의된 가치 모델을 기반으로 해야 한다. 환자 모집단과 유사한 데이터를 사용하여 수집한 데이터를 사용하는 것도 기업의 성공 가능성을 극대화하는 데 중요하다. 이식형 심장 제세동기에 초점을 맞춘 예는 강력하고 데이터 중심적인 가치 제안을 보여주고 있다.

앞서 언급했듯이 CMS는 미국에서 적용 범위를 결정할 때 명백한 비용 및 비용 효율성 증거를 제외한다. 반면에 Blue Cross Blue Shield나 Aetna와 같은 사설 지불인들은 상환의 적합성을 평가할 때 명백한 가치 측정(건강향상을 위한 비용함수)을 찾고 있다(Blue Cross Blue Shield 기술 평가 센터에 대한 개요는 온라인 부록 5.6.1 참조). 미국 이외의 국가에서는

표 5.6.2 보상을 뒷받침하는 증거는 임상전략의 일부로 명시적으로 수집되어야 한다.

보험 등재 관련 임상시험 종점에서 다루어야 할 문제
이 질병이나 상태를 가진 환자에게 향후 많은 비용이 드는 것은 무엇 때문인가?
기술 자금 지원의 결과로 지불자들이 피할 수 있는 지출은 무엇인가?
현재의 치료 표준에 어떤 비효율적인 요소가 존재하며, 새로운 장치는 이를 어떻게 해결하는가?
현재 치료 표준에 내재된 위험 요소는 무엇이며, 이 장치가 어떻게 이를 최소화하는가?
장치가 제공하는 결과는 환자가 치료를 받고자 하는 강력한 이유를 제공하는가?
환자 모집단의 나이에 따라 기기의 생산성이나 작동성능에 영향을 미치는가?

건강 경제 데이터가 상환 받기 전에 건강 기술 평가의 일환으로 요구되는 경우가 종종 있다. 예를 들어, 대부분의 선진 유럽 국가 및 아시아의 여러 국가에서 새로운 장치는 국영화된 헬스케어 시스템에서 사용에 대한 승인을 받기 전에 기술평가를 거친다.

지불자 가치 제안은 건강 증진과 그에 상응하는 비용 사이의 관계를 나타내는 경제적 모델의 정보를 포함시킴으로써 향상될 수 있다. 이러한 모델은 출간 전에 경제적 증거를 개발하고자 하는 기업이(제한된 임상 및 비용 정보가 제공되는 경우) 시간 경과에 따른 결과 및 관련 비용을 계획할 수 있게 하는데 특히 유용하게 사용된다. 구현할 모델의 유형은 사용 가능한 데이터의 성격, 분석 목적, 대상 국가 및 기관의 특성에 따라 달라진다. 기업은 일반적으로 의료 전문가나 보상 전문가와 협력하여 모델 개발자와 관리자의 요구사항을 충족할 수 있도록 모형 개발을 지원해야 한다. 가장 널리 사용되는 건강–경제적 가치 모델의 일부는 다음과 같다(각 부록에 해당하는 예는 온라인 부록 5.6.2 참조):

- **비용 분석** – 비용 분석은 지불자와 관리자에게 가장 강하고 설득력 있는 모델링 유형이라고 할 수 있다. 이 분석은 지불자, 제공자 또는 사회적 관점에서 시간이 지남에 따라 치료 경쟁에 소비된 돈을 비교한다. 비용 절감 효과를 야기하는 것을 볼 수 있는 대체 치료를 위한 안전하고 효과적인(우수하거나 적어도 열악하지 않음) 새로운 치료법은 광범위한 모

델링을 수행할 필요 없이 긍정적인 상환 결정을 보증하기에 충분할 수 있다.

- **비용 효과 모델** – 비용 효과 분석은 환자가 경험한 순 의료 혜택의 증분 단위당 증분되는 총 조정 비용을 평가하는 것이다. 비용 효과 분석에서 건강 증진은 다양한 "자연 건강 단위"척도로 측정될 수 있다(예를 들어 치료 성공, 치료법, 살아남은 생명, 혈압 수준, 반복되는 혈관 재건술 방지).
- **비용–효용 분석** – 건강 증진은 삶의 질과 수명을 반영하기 위해 경제전문가에 의해 고안된 질 보정 수명(QALY) 구조를 사용하여 측정된다는 점에서 비용 효과 분석의 특수한 형태이다. 삶의 질 지수는 얻어진 년 수와 곱해지게 된다. 증분 비용 효과는 다른 치료와 비교할 때 한 치료로 얻은 증분 QALY에 대한 증분 비용의 비율로 표현된다. 이 모델은 미국 이외 지역의 상환 평가 기준으로 국가 보건 시스템에서 자주 사용된다. 미국에서 허용되는 경제상의 "가격에 맞는 합당한 가치"를 구성하는 것을 결정하기 위해 일반적으로 사용되는 기준점은 사용 가능한 최고의 치료법과 비교했을 때 얻어진 QALY당 50,000달러 또는 얻어진 QALY당 100,000달러이다.
- **예산 영향 모델** – 예산 영향 모델은 예상된 수용 및 가격 수준을 기반으로 장치 보장 계획을 위해 예상되는 연간 비용뿐만 아니라 특정 서비스(예: 정부 헬스케어 프로그램, 민간 의료보험, 병원 시스템) 구매자 관점에서 경비 및 치료 가능한 집단을 조사한다. 결과는 일반적으로 연간 비용 또는 회원별, 월별 비용으로 평가된다. 가끔은 비용효과성 모델과 예산 영향 모델이 결합되기도 한다.

모델을 개발할 때, 기업은 특정 이해관계자의 고유한 관심사 및 요구사항을 처리하기 위해 여러 변화를 생성할 수 있다(예를 들어 의료 전문가 협회, 정부 및 개인의 제3자 지불시스템, 병원 시스템, ACO). 또한 데이터가 불확실하거나 광범위한 결과를 다루는 경우, 다양한 분석 결과의 강도와 의미를 더 잘 이해하기 위해 민감도 분석을 실험할 수 있다. 이 접근법은 "기본 사례"를 정의한 다음 모델의 주요 투입 가정을 조정하여 기본 사례 연구 결과의 견고성을 테스트하는 것이다.

일단 향후 제품을 배경으로 잠재적으로 작용할 가능성이 있는 모델이 배포되면 "영원히 존재"할 수 있기 때문에 이노베이터는 모델에 포함된 가격 인상이나 경쟁 업체 할인에 민감해야

실제 사례
이식형 제세동기의 치료비용에 대한 표준값 제안[31]

연구에 따르면 삽입형 심장 제세동기(ICD)는 가장 위험한 사람들을 위해 귀중한 "생명보험"의 형태를 제공하여, 갑작스런 심장마비(SCA)사망에 대해 98% 정도 예방한다. 증거를 기반으로 하는 의학은 ICD가 가장 위험한 미국인의 사망을 현저히 감소시킨다는 것을 입증했다:

- 두 번째 사건에서 SCA 생존자 중 사망률이 31% 감소했다.
- 심장발작을 겪은 환자 중 사망률이 31% 감소했다.

이러한 통계에도 불구하고, ICD는 갑작스런 심장마비나 치명적인 상태의 경제적 결과를 줄이는 데에 충분히 활용되지 못하고 있다.

- 갑작스런 사망 위험이 높지만 환자의 20% 미만만 ICD의 혜택을 받는다.
- SCA예방은 유방암, 폐암, 뇌졸중 및 HIV/AIDS를 합친 것보다 더 많은 사망을 일으키지만, SCA 예방에 대한 지출은 에이즈 195억 달러, 뇌졸중 60억 달러, 폐암 1.6억 달러, 유방암 8억 달러와 비교했을 때 SCA 2.4억 달러(약물 및 치료 요법 포함)로 낮다.

ICD의 가치는 시스템에 대한 비용보다 크다:

- ICD 비용은 약 2만 5천 달러(임플란트 비용 포함)이며, 이는 기기의 평균 수명(4년에서 5 년)을 볼 때 하루에 10달러 미만이다.
- ICD 보호를 위한 하루 비용은 1990년 90달러 이상에서 10년 후 10달러 미만으로 90% 가량 감소했다(동일한 환자의 경우 최적의 의료 치료 비용과 동일).
- ICD Medicare 지출은 다른 심혈관 시술보다 현저히 적다. 2002년 Medicare는 ICD 시술에 12억 달러를, 스텐트 임플란트에 64억 달러, 우회 수술을 위해 78억 달러를 보험 급여로 지불했다.
- 향후 10년 동안 예상되는 ICD 치료 비용은 Medicare 지출의 0.2% 미만이다.

한다. 모델에서 파생된 가치 제안은 기업이 지지를 모으는 것을 돕고 보상 및 상환 정책에 좋은 영향을 미치는 기업의 지지자를 돕기 위한 중요한 도구가 될 것이다.

폐쇄성 수면 무호흡증에 대한 새로운 치료법에 대한 비용 효율성 연구는 가치 모델을 만드는 복잡성을 보여주며 노력으로 실현될 수 있는 이점을 강조한다.

현장에서 WING TECH ING.

상환을 지원하는 초기 단계 가치 모델링

종종 초기 단계의 기술은 보험 급여 결정의 기초가 되는 장기적인 임상데이터 또는 동료 검토 논문이 부족하다. 많은 경우에, 새로운 진단 또는 치료 장치의 사용으로 인한 이익 및 비용 절감에 대한 것은 개입 후 몇 년까지 측정이 불가능하다. 그러한 데이터의 부재에서, 건강–경제 모델링은 예상된 장기적인 성과와 새로운 개입의 비용에 대한 정량적인 예측을 제공할 수 있다. 따라서 가치 모델링은 정부 기관과 개인 지불자의 보험 급여 관련 결정을 알리는 중요한 도구가 되었다. 또한, 그러한 모델을 개발하는 데 필요한 초기 단계의 평가는 이노베이터에게 핵심 가치요인 및 성과 지표에 대한 확실한 이해를 구축할 수 있게 함으로써 도움을 준다. 초기 단계의 가치 모델링 전문 컨설팅 업체인 Wing Tech Inc.의 CEO인 Jan Pietzsch는 "건강–경제 모델링을 통해 이노베이터들이 새로운 기술과 관련된 광범위한 잠재적 편익에 대해 정량적이고 객관적인 증거를 작성할 수 있게 해 준다."[32]

이러한 연구들의 최근 사례를 보면, Wing Tech는 수면 중에 환자의 상부기도가 반복적으로 좁아지는 만성적인 상태인 폐쇄성 수면 무호흡증(OSA)에 대한 진단 및 치료전략을 평가하기 위한 건강–경제적 모델을 만들기 위해 Northwestern University의 수석 연구원인 John Linehan과 공동연구를 하였다. OSA는 상당히 과소 진단되고 치료가 되지 않으며 심혈관 질환, 우울증, 당뇨병, 비만 및 뇌졸중뿐만 아니라 운동매개체 충돌(MVC)을 초래할 수 있는 과도한 주간졸림증 등이 있다.

"폐쇄성 수면 무호흡증의 진단 및 치료에 있어서 의료 기술의 영향 평가"는 보건기술연구소의 연구비 지원을 받았다. 이는 OSA 진단 및 치료에 사용되는 기존 의료 기술의 가치 기여도를 정량화하기 위해 고안되었으며, 다양한 진단 전략을 평가하기 위한 분석적 틀을 개발한다. 추가적 목표는 새로운 유형의 OSA 진단 또는 치료 중재에 대해 미래에 평가를 하기 위한 분석틀에 대한 개발이었다.

OSA를 위한 현재의 **표준치료**는 지속적 기도양압술(CPAP)이다. 의사는 세 가지 일반적인 진단 전략 중 하나를 사용하여 환자의 OSA 여부와 CPAP 치료 여부를 결정한다.

- 야간 수면다원검사(FN–PSG) – 환자는 수면실에서 2박을 보낸다. 하루는 평가를 위해서고, 다른 하루는 OSA에 대한 진단이 양성인 경우 CPAP요법을 측정하는 것이다.
- 분할야간 수면다원검사(SN–PSG) – 환자는 평가와 측정을 하기 위해 수면 실험실에서 하룻밤을 보낸다.
- 무인 휴대용 홈 모니터링(UPHM) – 환자는 휴대용 홈 모니터로 평가한 후 무인 CPAP 자동 측정기로 검사를 받는다.

이러한 진단은 민감도와 특이성은 물론 의료 시스템 비용도 다르다. 어느 방법이 비용 면에서 가장 효율적인지를 결정하기 위해, 연구원은 환자의 생애과정에 걸쳐 CAPA와 병행하였을 때, 각 진단 전략과 관련된 종단 간 비용과 효율성을 비교하기 위한 두 부분으로 구성된 모델을 구축했다.

그들은 발표된 대규모 코호트 연구를 확인함으로써 현재 사용 중인 진단이나 치료에 대한 경로를 정의하기 위한 다른 임상 증거를 사용하고, OSA와 관련된 건강 결과에 대한 각 경로의 상대적인 효과를 확립한다. Pietzsch에 따르면 모델 개발에 있어 가장 중요한 과제 중 하나는 장기간 예측에 기반한 정보를 게시할 수 있는지에 대한 여부이다. 그는 "확립된 모델과 장기간의 역학 연구가 있을 때 연구자들은 보통 위험한 상황을 정의하고 모델을 채워야 한다는 증거를 가지고 있다."라고 설명했다. "그러나 그런 정보를 이용할 수 없는 곳에서는 의미 있는 모델을 만드는 것이 훨씬 더 어렵다."

기존의 연구는 Wing Tech 연구 팀이 기존 기술 수행 방법, 임상에서 성능을 측정하는 방법, 그리고 기술 관련 중재 및 임상 이벤트 비용과 같은 현재 치료 표준의 관련 요소를 이해하는 데 도움이 되었다. 또한 이 팀의 연구는 운동매개체 충돌(MVC)로 이어지는 주간졸림증을 포함하여 OSA와 관련된 사회적 결과의 중요성을 정량화하고 평가할 수 있게 해주었다. 삶의 질, 직장 복귀, 독립성 및 생산성과 같은 비 임상 결과를 측정하는 것은 종종 기술이나 절차의 가치에 대한 지불자의 이해를 심화시키는 데 중요한 역할을 한다. 건강–경제 모델에 통합될 때, 사회적 결과에 기인하는 비용과 절약은 쉽게 알 수 있다. Pietzsch는 이노베이터가 궁극적으로 건강–경제 모델을 개발하기 위해 계속 진행하든 안 하든 간에, 이 연구단계는 필수적이라고 설명했다. "이 기술을 사용하면 실제로 중요한 기술의 특성을 식별하고 정확하게 지적할 수 있으며, 해당 기술에 대한 가치 진술을 어떻게 활용할 수 있는지 알 수 있다" OSA 연구의 두 번째 부분에 대해서는, Wing Tech 팀은 OSA로 진단받은 환자의 CPAP 진단 및 치료의 이점과 비용효과를 정량화하기 위해 기존 문헌을 분석했다. 연구팀은 50%의 중증 OSA의 유병률을 지닌 50대 남성 환자들의 가상 코호트를 기본 사례 집단으로 삼았다.[33] 연구팀은 OSA 환자가 가질 수 있는 세 가지의 높은 위험인 심혈관, 운동매개체 충돌과 뇌졸중과 CPAP 관련에 중점을 두어 10년 동안의 평균 사건 수 및 환자의 예상 수명을 분석했다.

이 분석에서, 연구팀은 두 개의 보완적인 수학적 모델을 개발했다. 첫 번째는 현재 진단 경로의 다각적인 의사결정 트리 모델(그림 5.6.5 참조)로, 연구자들은 문헌에 기술된 바와 같이 각각의 시험 성능, 진단 결과 및 비용으로 채워진다. 이 모델은 연구자가 진단 및 질병 상태에 따라 환자를 분류할 수 있게 하며, 연구기간 동안 경로를 따라 환자의 결과를 평가할 수 있다. 두 번째 모델은 Markov 모델이다. 이 유형의 모델은 일련의 상호 배타적이며 전체적으로 건강 상태를 통해 가상집단의 예상 질병의 진행에 대해 설명하기 위해 일반적으로 사용된다. OSA 연구의 경우, 건강 상태에는 심근 경색증(MI) 및 심근경색 후, 그리고 뇌졸중과 뇌졸중 후(그림 5.6.6 참조) 고혈압과 같은 임상적 및 경제적으로 관련된 질병 상태가 포함된다. 이 두 번째 모델을 통해 진단 경로 모델의 초기 결과를 사용하여 환자의 생애동안 예상되는 질병의 진행, 비용 및 결과에 대해 계산할 수 있었다.

OSA 연구의 결과는 CPAP 치료에 이어 진단의 이점을 정량화했으며, 질병 및 상망의 감소로 인한 치료 비용 절감에 대한 효과를 입증했으며, 연구에 따르면 가장 비용이 많이 드는 진단 방법이 실제로 가장 비용

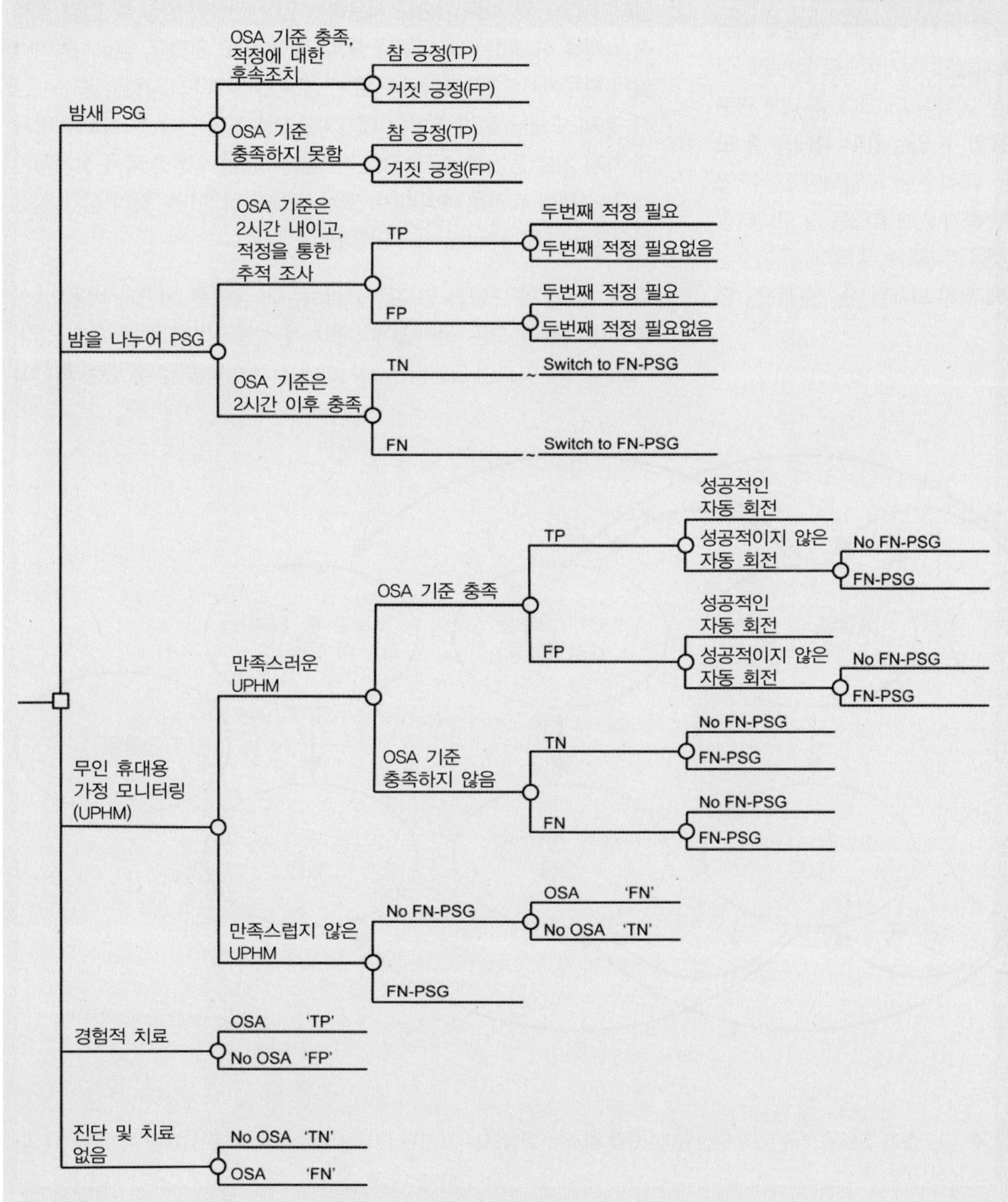

그림 5.6.5

의사결정나무 구조의 단순화된 일러스트레이션(진단 및 적정 전용). 작은 사각형은 특정 진단 기술을 사용하는 전략을 구현하기로 한 결정을 나타낸다. 원은 기회에 대한 사건을 나타낸다. TN: 확실한 음성; FN: 허위음성; TP: 확실한 양성; FP: 허위양성(Wing Tech Inc. 제공)

효율적인 방법이라는 것을 입증했다. 10년 동안 계획된 분석 결과에 따르면 CPAP 요법은 자동차 충돌 위험을 52%, 예상되는 심장마비 횟수를 49%, 뇌졸중 위험을 31%로 줄여줄 것으로 예상된다.[34] 일생동안을 봤을 때, 예측된 위험감소는 CPAP 관련 평균 수명 증가의 결과로 덜 두드러졌지만 여전히 유의했다.[35]

일생동안 산출된 데이터를 통해 연구팀은 CPAP 치료를 받은 OSA 환자의 이환률 및 사망률 감소와 관련된 비용에 대한 절감을 계량화하였다. 치료를 받지 않은 것에 비해 CPAP 치료의 점증적 비용-효율성 비율(ICER)은 24,222달러였고, 품질 조정된 수명(QALY)은 15,915달러로, 일반적으로 드는 비용인 50,000달러에서 100,000달러의 지불 한도보다 훨씬 낮았다.

밤새도록하는(full-night) 수면다원검사는 선불 비용면에서 가장 비싼 방법이지만, 가장 두드러진 진단 정확도를 가지고 있었기 때문에 허위양성에 대한 결과비율을 유의하게 감소시켰고, 장기적으로 볼 때도 다른 접근법보다 비용이 적게 들고 건강상 이점이 더 크다. 동시에 연구 결과에 따르면 실험실 기반 진단을 이용할 수 없는 경우 휴대용 홈 모니터링이 실행 가능하고 비용-효율적인 대체 진단 해결책이 될 수 있음이 나타났다. Pietzsch는 OSA를 진단하기 위해 휴대용 홈 모니터링을 보상하거나 보험 급여를 제공하는 것을 주저하는 시점에서, 이것은 "다양한 진단 전략의 적용 범위와 보상에 관한 의사결정을 안내하는 유용한 통찰력을 제공한다."고 하였다.

연구원은 새로운 OSA관련 기술 및 치료법을 평가하는 데 관련된 모델을 만들기 위해 치료법 준수 또는 허위양성 및 허위음성 비율과 같은 신기술 또는 시술의 테스트 또는 임상시험 중 이노베이터에 의해 먼저 수집된 새로운 임상 및 경제적 증거를 먼저 통합한다. OSA모델에서 이러한 데이터를 사용하여 건강 및 사회적 결과 또는 비용에 관련하여 혁신이 미치는 영향을 예측할 수 있다. 다음으로, 새로운 모델에 의해 생성된 결과는 기존 기술에 비해 신기술의 상대적으로 임상적 및 경제적 이익을 평가하는 데 사용될 수 있다.

Linehan은 건강-경제 모델링의 가치에 비추어 볼 때, "사회적 영향이 임상 결과만큼 중요할 수 있는 OSA와 같은 복잡한 의료 시나리오에서는 의사결정을 지원하기 위해 모든 이용 가능한 증거를 사용하는 것이 중요하다. 이 연구에서 완료된 것과 같은 의사결정분석 모델은 정책 입안자가 진단 및 치료 기술을 사용하는 임상 전략의 임상 및 건강 경제적 가치를 이해하는 데 도움을 줄 수 있다."라고 말했다. 임상시험이나 실제 사용에서 얻은 데이터가 없는 경우 헬스케어 의사결정권자는 건강-경제 모델을 통해 개발된 예측치를 인식하게 된다. "이노베이터가 몇 가지 기본 증거를 수집하여 단기 임상시험을 수행한 다음 장기적인 건강-경제적 측면을 예상할 수 있는 모델을 창안하는 것이 점차 일반화되고 있다."고 Pietzsch가 덧붙였다.

즉, 건강-경제 모델과 연구를 개발하는데 상당한 시간과 비용이 소요되기 때문에 모든 신기술이나 절차가 실용적이지 않을 수도 있다. Pietzsch에 따르면 모델링은 장기간에 걸쳐 이익을 낼 수 있는 혁신에

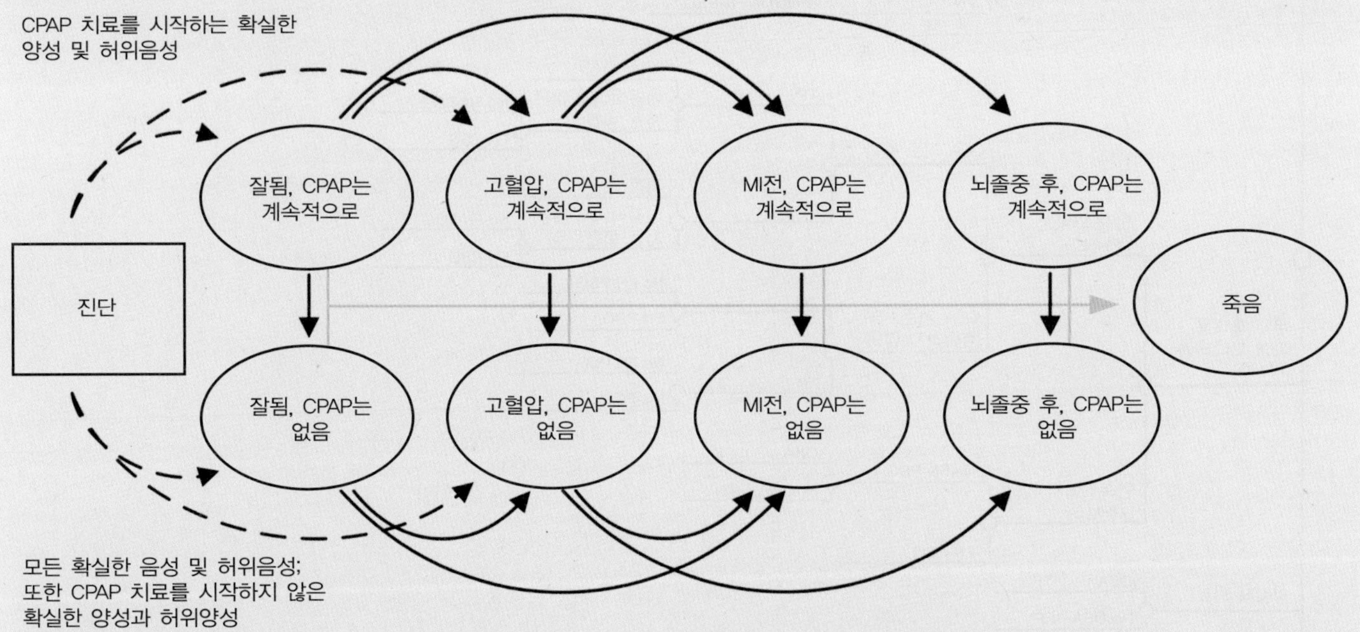

그림 5.6.6
Markov 모델의 구성요소에 대한 도식이다. 환자는 초기 진단을 기준으로 분산된다. 매월 환자는 화살표로 표시된 대로 사망하거나, 기존 상태를 유지하거나, 다른 건강 상태 중 하나로 전환될 수 있다(Wing Tech Inc. 제공).

대해 연구하는 데 적합하다. "기술 및 절차의 효과가 임상시험의 연구 및 추적 기간 내에 완전히 분명해지면, 그 정보와 비용에 대한 몇 가지 증거에 근거하여 채택 및 보상을 위한 논의를 공식화하는 것이 가능하다. 그러나 장기적인 효과가 있는 기술의 경우에는, 예측이나 모델이 이노베이터와 지불인이 제품의 가치제안에 대해 정의하고 장기적으로 영향에 대해 이해하고 인식하는 데 도움이 될 수 있다."고 말했다. 이노베이터들이 공식적인 모델을 개발하지 않기로 결정했다 할지라도, Pietzsch는 적어도 그들은 어떤 증거가 새로운 치료법의 임상 효과와 비용효과를 구별할 수 있는지를 뒷받침해 줄 수 있는 치료결과와 비용의 표준을 정하는 기준을 세워야 한다고 제안했다. 또한 "궁극적으로 이노베이터들은 그들의 신기술의 예상 비용-효율성에 대한 검증되고 의미 있는 진술을 할 준비가 되어 있어야 한다."고 결론을 내렸다.

OSA 사례가 강조한 것처럼 가치 모델이 보상 및 채택을 추진하는 데 유용 할 수 있는지 고려하면 이노베이터는 설득력 있는 지불자 가치 제안을 지원하는 데 필요한 데이터를 비판적으로 생각하는 데 도움이 될 수 있다. 특히 의미 있는 가치 진술을 명확히 하는 데 어려움을 줄 수 있는 알려지지 않은 요소를 밝혀내는 데 도움이 된다. Pietzsch는 "어떠한 정보가 누락되는지를 이해하는 것은 이노베이터들이 해결해야 할 주요 불확실성을 알고 있는 것이기 때문에 이노베이터들은 그들의 기술을 조기에 매우 집중된 방식으로 위험에서 벗어나게 할 수 있다."고 하였다.

또 다른 이점은 가치 모델을 통해 어떤 사람들이 치료로부터 혜택을 받을 가능성이 가장 높은지 판단하는 데 도움을 줄 수 있다는 점이다. 다양한 특성을 지닌 다양한 환자 집단과 관련된 데이터를 통합함으로써 후속 임상시험을 설계하고 포함 기준을 결정하는 데 유용할 수 있다. 또한 역학 및 치료 효과를 분석하면 이노베이터가 적절한 종점을 선택하고 적절한 임상 증거를 확보하여 지불자에게 시술의 가치를 입증할 수 있다. 이 때, 연구 데이터는 혁신 기술자가 기술에 대한 출시 전략을 고안하는 데 도움이 될 수 있다.

경제적 증거의 보급

중요한 결정권자 및 다른 이해관계자들에게 잘 정리된 경제적 증거를 제공하는 것은 모든 보험 등재 전략에서 매우 중요한 부분이다. 이때 문서는 이 프로세스를 통해 제품을 지원하기 위한 보험 급여 **서류**(때로는 "글로벌 가치 서류"라고 하기도 함) 형태로 기업과 스폰서에 의해 자주 배포된다. 보험 급여 서류는 표 5.6.3에 요약된 주제의 일부 또는 전부를 포함하여 제품에 관한 모든 주요 정보의 공식 출처로 사용될 수 있다.

서류의 내용이 포괄적이기 때문에 지불자에게 제시할 때 로드맵과 같다. 서류 작성을 완료하기 위해서는 데이터와 메시지를 편집해야 한다. 전문 의료계 종사자뿐만 아니라 비용 모델링, 마케팅 및 관리 의료 전문가를 필요로 하는 길고 집약적인 과정이다. 작업은 승인 전 최소 2년 전에는 시작되어야 한다. 또한 서류 개발 계획은 더 일찍 시작되어야 한다. **컨셉**을 심사하는 과정에서 기업은 보험 등재를 위해 필요한 증거에 대해 예상하기 시작한다. FDA(또는 기타 관련 규제 기관)에서 최종 라벨링을 사용할 수 있게 된 직후에 서류가 지불자에게 배포되는 것이 이상적이다.

미국 이외의 지역에서의 보험 급여 결정을 위해서는 산업 인력 및 옹호자와의 심의 회의가 발생할 가능성이 적기 때문에 서류 준비가 필수적이며 문서에 의해 충분히 입증된 기술에 **필요성**이 필수적일 것이다.

보험 급여 문서를 작성하고 배포하는 것 이외에도, 임상시험 대상자를 대상으로 하여 피어 리뷰 임상 저널과 학술지에서 기업이 경제적 결과와 핵심 가치 제안에 대해 게시하는 것이 중요하다. 종종 보건 경제학자나 보험 등재 컨설턴트가 임상시험과 관련된 주요 의견 선도자인 의사와 함께 학술에 대해 공동으로 개발하고 공동집필할 것이다. 또한 임상 저널뿐만 아니라 관리의료저널에서도(managed care journals) 가능한 한 빨리 임상시험 결과에 대해 발표할 계획을 가져야 한다. 시간이 지날수록 사용을 확장할 가능성이 있는 기기의 경우에는 그러한 확장을 뒷받침할 연구 및 출판물을 미리 계획하는 것이 중요하다.

메시지를 최대한 활용하기 위해서는 기업은 전문 집단에서 추상적인 자료를 제출하고, KOL에서 관리 회의를 게시하여 발표해야 한다. 초록 및 프레젠테이션은 긍정적인 언론을 창출하

표 5.6.3 보험 급여 서류는 기업의 보험 등재 전략과 관련된 정보를 전달하는 중요한 수단이 될 수 있다.

주제	설명
기본 제품 정보	행동에 대한 내용 및 메커니즘, 표시 및 제품 라벨링, 제품 비용, 관련 코드, 액세스 및 유통
치료 제품의 위치	질병의 역학, 치료법, 대체 치료법, 제품 포지셔닝 및 기술의 예상 결과
주요 임상과 경제에 대한 연구	치료 집단, 연구사람 수, 설계 연구, 임상 및 경제적 결과를 측정했다.
결과 요약	임상 연구의 결과는 공개하거나 미공개
질병 관리 전략	치료를 동반하는 부수적인 질병 관리에 대한 개요
결과 연구 및 데이터를 뒷받침하는 경제적 평가	결과와 경제 연구 결과
보고서 모델링	비용 모델 및 가정에 대한 정보, 입력 결과, 매개변수에 대한 추정, 적용 가능한 시간 범위 및 할인
제품가치 및 전체 비용	제시된 데이터에 대한 전반적인 정당성 입증
참고문헌	지원을 하기 위한 모든 데이터 제공

는 좋은 수단이며, 효과적인 조정을 통해 업계, 지역 또는 국가 수준에서 제품의 새로운 적용 범위를 제공할 수 있다. 국가 관리 의료 회의에서 과학 심포지엄이 지불자에게 임상 및 경제적 데이터를 보여주기 위해 제조업체가 후원할 수 있다. 이때, 일부회의에서는 전시 부스도 후원을 위해 사용할 수 있다.

의사 및 환자의 지지

의사의 지지는 보험 등재 성공의 핵심이다. 의사 보험 등재에 중점을 둔 가치 제안을 개발하는 것은 의사에게 새로운 기술을 적용하는 데 있어 유용할 수 있다(5.7절 참조). 관리진료계획은 좋은 의사를 유지하는 동기부여가 되며, 비용이 많이 들지 않을 경우에는 의사가 훌륭한 치료를 제공하는 데 필수적인 것으로 생각되는 치료자원에 대해 거부하지 않는 것이 좋다. 의사는 종종 새로운 장치가 충족되지 않은 요구를 채우거나 안전성과 효율성을 높일 수 있는 잠재력을 지닌 중요한 혁신으로 간주된다.

전문 집단은 전문직 활용에 투자되어, 의사가 혁신적인 치료를 제공하고, 명성을 얻고, 재정적으로 견고한 실무를 운영할 수 있도록 도와준다. 또한 전문 집단은 새로운 보험 등재 코드 작성을 후원하기 위해서도 요구될 뿐만 아니라 긍정적인 압력을 만들어 의료보험의사결정에 영향을 줄 수 있다. 반대로, 만약에 신기술이 특정 의사 집단의 오랫동안 확립된 관행(및 수입흐름)에 대해 위협할 경우 이 집단과 보험 등재 과정에서 강력한 적이 될 수 있다(우수사례 연구의 6단계를 참조). 따라서, 보험 등재를 위한 사례를 수립할 때는 해당 전문 협회의 의사 구성원 및 임원과 개인적 또는 전문적 관계를 구축하고 유지하는 것이 필수적일 수 있다.

환자 옹호 집단도 문제의 질병이나 상태에 따라 보상지원에 동원될 수 있다. 특히 기술의 이점이 이해하기 쉽고 삶의 질을 크게 향상시킬 것이라는 점을 약속하게 될 경우 더욱 그렇다. 환자 옹호 집단은 보험 등재 과정 초기에 참여해야 한다. 강력한 가치 제안은 환자를 유치하고 신기술에 관심이 있는 다른 사람들과 네트워크를 형성하기 위한 옹호 메시지를 조화시키는 데 있어 중요하다. 환자 옹호 집단은 홍보 캠페인을 통해 지불자에게 영향을 줄 수 있으며 의료보험에 직접 호소할 수도 있다. 현장 생산성과 관련된 향상된 환자 결과를 입증하는 능력은 의료보험에 의해서 매우 중요하게 평가된다(왜냐하면 그들은 마케팅 메시지에서 이 정보를 사용하여 고객 기반을 구성하는 고용주를 보유하고 획득할 수 있기 때문이다). 게다가 민간 의료 보험은 환자가 유용하다고 인식되는 기술에 대한 접근을 거부함으로써 그들의 회원을 잃을 위험을 감수하고 하는 것을 원하지 않는다. 또한 부정적인 홍보의 위협은 특정 기술을 다루는지 여부를 결정할 때 지불자의 주요 고려사항이다.

지불자 자문위원회

지불자 자문위원회(지불자 대상 중 일부 선출자의 KOL 및 의료관리자로 구성된 위원회)를 설립하는 것은 기업이 지불자들과의 관계를 맺고 인지도를 높이고 지원을 하는 중요한 방법을 제공한다. 초기에는 제품에 대한 피드백을 수집하기 위해 보다 작은 자문위원회 회의를 개최할 수 있다. 또한 서로 다른 가격으로 보험 등재 성공의 가능성을 평가하고 임상 및 경제적 종점(end-point)을 검증하는 데 사용할 수 있다. 임상시험이 진행되고 규제 제출 프로세스가 시작되면, 자문 위원회 회의에서 수집된 정보의 성격은 가능한 결과, 코딩 권장 사항 및 지불자와의 진보적인 전략을 고려해 볼 때 보험 등재의 성공 가능성으로 변할 것이다. 출시 직전에 지불자는 보험금 청구 처리, 지불 금액, 환자 사전 승인 요구사항, 제공자 및 시설 요구사항, 기술 평가시기에 대한 정보를 신속하게 제공할 수 있을 것이다. 그들은 또한 **재무 모델**, 서류, 마케팅 자료 및 개발된 보험 등재 관련 자료에 대한 피드백을 기업에 제공할 수 있다.

성공적인 자문위원회는 국가적이지만, 실제로는 더 지역적이다. 때때로, 그들의 회의는 지불자들이 쉽게 참여할 수 있도록 하기 위한 관리 의료 협의회와 동시에 계획되기도 한다. 또한 그들은 직접하거나 전화회의 또는 인터넷 방송을 통해 개최할 수도 있다. 회의의 전형적인 안건은 역학 데이터, 충족되지 않은 필요성에 대한 증거, 임상데이터, 임상 비네트(vinette), 그리고 지불자 자문위원회의 다른 회원들에게 제안된 사용법을 제시하는 의사 KOL(기술을 지지하고 제품 테스트 또는 임상시험에 참여하는 자)로부터 시작된다. 이상적으로 이 의사는 임상 공동체 내에서 강한 명성을 가지고 있으며 관련 전문 집단 및 지불자와 좋은 관계를 유지하게 될 것이며, 나아가 이러한 청중들에게 성공적인 모습을 보여줄 것이다. 기업 대표자(고위간부, 환급직원 또는 임상 규제리더)들은 제품 포지셔닝, 환자에 대한 정보, FDA 진행 상황, 출시 일정, 제안된 코드 사용, 부가가치 서비스 및 배포 계획을 제시할 수 있다. 이것은 또한 제품 서류의 섹션이나 경제적 모델의 유효성을 확인하기에 좋은 시기가 될 수 있다. 이때, 충족되지 않은 필요성에 대한 지불자와 환자의 이해 간에 불일치가 있을 경우, 임상시험의 환자 옹호자가 회의에 도움이 될 수 도 있다. 일반적으로 참석자에게 명예를 제공하기 때문에 모든 후원자 대표가 외부 산업이 후원하는 자문위원회에 참여할 수 있는 것은 아니다(일부 건강보험은 이해 상충을 피하기 위해 직원 개입을 제한한다).

VNUS Medical에 대한 사례연구는 처음에는 기존의 Medicare 코드화, 적용 범위 및 지불정책 내에서 작동할 수 있다고 생각했지만 궁극적으로 결국 다른 보험 등재 경로를 사용하게 된 기업에 대해 보험 등재 전략이 수행한 중요한 역할에 대한 흥미로운 예를 제공한다.

현장에서 VNUS Medical

환급전략의 왜곡과 탐색

Brian Farley는 정맥 역류 증상을 보이는 질환을 치료하기 위해 정맥 박리 수술에 대한 최소 침습성 대안을 최초로 개발한 VNUS Medical Technologies, Inc.의 직원이다. 이 질환에 대한 진행상태는 다리 정맥이 막히면서 혈액이 뒤로 흘러 나와 다리 통증, 붓기, 피부 궤양 및 정맥류를 유발시킨다. 고주파 열 제거라고도 알려진 VNUS Closure™ 기술은 혈관벽을 가열하기 위해 고주파 에너지를 사용하여 감염된 정맥에 이용된다. 열은 벽에 있는 콜라겐을 수축시키고, 붕괴시키고, 정맥을 막는다. 고주파 열 제거는 정맥류 역류를 완화시키는 데 효과적이고, 수술 후 통증과 타박상을 현저히 줄이고 정상적인 활동을 빠르게 할 수 있도록 한다. VNUS Closure 기술은 부분적으로 40명 임상시험 데이터에 기반하여 510(k) 경로를 통해 FDA에 의해 허가되었다(그림 5.6.7 참조). VNUS 팀은 미국 시장을 위한 상용화 전략을 준비하면서 보험 등재 환경에 대한 초기 조사를 실시했다. "이 제품 사용에 관심이 있는 의사들은 Medicare 환급에 기존의 CPT 코드를 활용할 수 있을 것입니다."라고 당시 기업의 사장 겸 CEO인 Farley는 설명했다. "경도관 흡장에 대한 모든 방법"을 다루는 CPT 코드 37204는 원래 고주파 열 제거를 염두에 두고 설계된 건 아니지만, 그것은 "CPT 코드화 책에 따르면 CPT 코드를 선택하는 데 가장 적합한 방법입니다."라고 Farley가 요약했다. VNUS는 초기에 보험업자들과 함께 점검을 위해 의사들에게 자문을 구했으며, 많은 의사들은 다리 정맥의 카테터 설치를 설명하기 위해 비 침습적 초음파 영상을 사용할 수 있었기 때문에 해당 방사선 촬영 코드인 CPT 75894(감독 및 해석 또는 S&I 코드)와 함께 이 코드의 사용을 지원했다. 이 조합에서, 두 가지 코드와 관련된 지불은 장치의 비용과 의사의 시간을 적절히 충당했기 때문에 이 기술의 조기 채택에 도움이 되었다.

또 다른 긍정적인 징후는 정맥 박리와 관련된 의학계인 혈관 외과 학회에서 나왔다. Farley는 "이 학회는 새로운 코드가 필요하거나 몇 년 동안 개입했음을 암시하지 않음으로써 새로운 절차에 37204 코드 사용을 지지했습니다."라면서 회상했다.

VNUS 팀은 Medicare 및 개인 지불자로부터 보험 적용 범위를 확정하는 것과 관련하여 이것이 예측할 수 없는 사업일 수 있다고 예상했다. 예를 들어, 일부 민간 보험 회사는 치료가 의학적 필요성은 있지만 CPT 코드 37204에 대한 설명이 적절하지 않다고 생각했다. 그 결과, 그들은 기존의 기술자가 없는 혈관시술을 다루기 위해 고안된 CPT 코드 37799를 사용하여 의료기관에 보험 급여 청구서를 청구했다. 기타 규정에 따라 적절한 수준의 보험 급여를 실현하기 위해 의사는 시술과 관련된 활동에 대한 단계별 설명 및 제공하는 모든 장비와 소모품의 포괄적인 목록을 포함하여 세부적인 요령을 제출해야 했다. 비록 과정은 어렵지 않았지만, 의사는 각 치료환자에 대한 수술 보고서를 각 환자에 맞춰 작성하는 데 소요되는 추가 시간과 노력을 싫어했다. Blue Cross Blue Shield와 같은 대형 보험사는 공급자에게 기타 코드 대신 특정 S 코드를 사용하도록 요청했다. S 코드는 보험회사가 사용 추적 및 모니터링을 돕기 위해 고안된 민간 부문을 위해 지정된 임시 코드로서 장기 상환 정책을 개발하기 위해 만들어졌다.[36] Farley에 따르면 두 시나리오의 문제점은 코드가 설정된 지불 수준과 관련이 없다는 것이다. "개인 지불자는 기타 코드 및 임시 코드로 지불 수준을 계산하는 자체적인 방법을 가지고 있습니다. 그리고 지불 수준에 대해 개별 제공자가 사전에 결정을 내리는 것은 6~8주가 소요될 수 있습니다."라고 말했다. 중요한 것은, 이 불확실성으로 인해 일부 의사는 새로운 시술을 채택하지 못하게 했다. "새로운 의료 절차의 임상 효능이 잘 입증된 경우에도, 의사가 지불할 금액을 정확하게 알기 전까지는 비즈니스 및 시술을 파악하고 운영하기가 어렵습니다."

약 3년 동안 VNUS 시술을 수행하려는 공급자는 확립된 CPT코드, 기타 코드나 S 코드에 따라 상환을 청구했다. 그 기간 동안 여러 주요 민간 지불인이 부정적인 범위결정을 내리기 시작했다. "연구팀은 현재까지 발표된 임상데이터에 만족하지 않았으며, 100명 미만의 환자의 6개월과 12개월이라는 한정된 추적조사를 한 것과 이 치료가 안전하고 효과적이라는 강력한 증거를 보고 싶었습니다."라고 Farley는 설명했다. 다행히도, VNUS는 이 문제를 예상하여 자발적으로 대규모시장에 출시한 후 다기관 임상등록을 시작했다. 6개월, 1년, 2년 그리고 치료 후 5년을 포함하여 다양한 간격으로 추적 관찰하여 국내 및 국제 피어리뷰 저널에 역류의 제거와 증상의 완화를 보여주는 등록 데이터를 게시했다. Farley는 "추가 임상데이터를 제공하는 것 외에도 이 연구는 우리가 시술을 수행하는 최적의 방법과 그 시술이 만들어 낼 가능성이 있

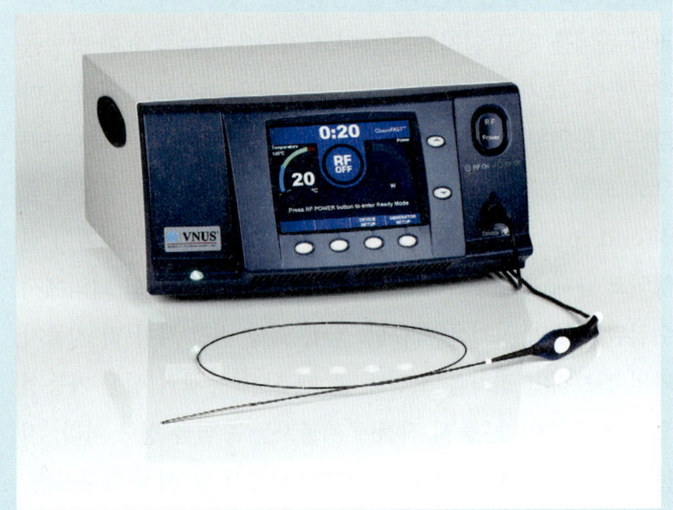

그림 5.6.7
VNUS 고주파 절제 카테터와 고주파 발생기(Brian Farley의 제공)

는 결과에 대한 더 깊은 이해를 불러일으키는 데 도움을 주었습니다."라고 했다.

긍정적인 연구 결과에 힘입어 추가 임상데이터와 간행물이 계속해서 환급과 보다 광범위한 상용화를 위한 노력을 강화할 것이라고 확신하며, VNUS는 열 절단 시술을 정맥 박리와 직접 비교하기 위해 무작위 통제 시험을 시작했다. EVOLVeS 무작위 추출 시험의 첫번째 보고서는 정맥 박리와 비교하여 VNUS 폐쇄 시술의 단기적인 이점을 보여 주었고, 이는 동등한 효능을 가지고 있었다. 그것은 FDA의 허가를 받은 지 2년 만에 출판되었다. "이 연구는 대규모 개인 지불자에게서 긍정적인 보험 적용 정책을 얻고 Medicare로부터 지역 보험 적용 결정을 얻는 중요한 연구였습니다."라고 Farley가 말했다. 무작위 통제 시험의 단기간 데이터가 간행물에 채택된 후, BCBS협회는 의료정책 패널을 통해 VNUS Closure 시술을 검토하고 BCBSA가 의학적으로 필요한 시술을 찾았다고 발표했다. Farley는 "임상적 증거를 검토하여 현장 전문가에게 말한 다음 결정을 내리는 과정이 진행됩니다. 그러나 이러한 결정이 항상 최종적인 것은 아닙니다. 새로운 증거가 있는 경우 지급인은 부정적 정책을 보험 증권 정책으로 되돌릴 수 있고, 우리의 경우에 그것이 일어난 것입니다."라고 설명했다. BCBSA가 조사 결과를 발표한 후, 거의 모든 독립적인 BCBS 계획은 향후 9개월 동안 공식 보장 정책을 채택했다.

2년간의 환자 80명의 EVOLVeS 임상시험의 결과가 발표되었으며, 다기관 임상시험에서 VNUS Closure 시술은 부작용이 훨씬 적고, 회복 시간이 단축되어 치료 후 2년간 정맥 스트리핑만큼 효과적이라는 결과를 얻었다. 이 자료는 FDA 허가 후 5년 동안 *Journal of Vascular Surgery*의[37] 피어리뷰 논문에 게재되었으며 미국에서 100% 보험 적용 범위를 달성하는 데 기여했다. VNUS가 보험 문제를 해결한 그 즈

음에는 기업은 상환 전략에 또 다른 예기치 않은 것을 겪었다. 새로운 혈관 절제 기술이 개발되었는데 이것을 EVLA라고 불렀다. EVLA는 레이저 에너지를 사용하여 정맥 벽을 열적으로 손상시키고 정맥을 붕괴시킨다.[38] 이 기술은 중재적 방사선 학자들 사이에서 인기를 얻었으며, 어떤 전문의는 복부 정맥 역류를 치료하는 것으로 결정을 전환했다. 예전부터 이 환자들은 전통적으로 정맥 박리를 시행했던 혈관 및 일반/혈관 외과 의사에 의해 치료를 받았다. 이에 따라 Interventional Radiologists 학회는 에너지 기반 정맥 절제술을 다루는 새로운 규약을 신청하기 위해 주도권을 잡았다. 새로운 코드는 RF 정맥 절제 및 레이저 정맥 절제에 대해 별도로 설명하고 다른 지불 수준을 허용한다. 이 프로세스가 진행 중임을 알게 된 후 VNUS와 EVLA 제품을 판매하는 레이저 기업은 시술이 적절히 설명되고 가치가 있음을 보장하기 위해 두 협회와 협력하여 공급 및 장비비용 데이터 및 게시된 임상데이터를 미국의 심사저널에 제공했다.

그러나 이러한 노력에도 불구하고 VNUS는 새로운 코드의 수립이 기업발전에 긍정적일지에 대한 여부가 불확실했다. 주요 위험은 RUC가 권장하고 CMS가 새 코드를 위해 수립한 지불 수준이 의사가 현재까지 받은 지불 비율(payment rate)보다 낮을 것이라는 점이다. Farley는 "우리는 보험금이 거의 100%에 달하고 현재의 지불 수준이 적당하다는 좋은 점을 가지고 있다는 것을 알았지만, 약간의 위험이 있다는 것도 알고 있습니다."라면서 회상했다. 당시 VNUS 일회용 제품은 시장에서 EVLA보다 약 350달러의 가격 프리미엄을 받았으며, 이 기업은 더 나은 결과를 산출할 뿐만 아니라 환자의 통증과 불편함을 덜 수 있는 더 비싼 카테터를 가지고 있었기 때문에 적절하다고 느꼈다. 또한 VNUS는 정맥 절제술 분야의 선구자 역할을 수행했다. "우리는 시장에서 처음으로 무작위 실험을 시도하고 레지스트리를 게시했습니다. 우리는 EVLA에 비해 고객에게 더 높은 비용을 반영하기 위해 시술에 대한 새로운 코드에 대한 지불을 기대했습니다."라고 Farley는 말했다. 불행히도 기업의 경우, CMS가 의사의 시간과 장치 비용을 충당할 수 있는 새로운 코드를 발표했을 때, 그것은 EVLA를 넘어 고주파 정맥 절제술에 대해서만 175달러의 프리미엄 허용했다. 이로 인해 의사가 레이저 시술을 선택하여 더 높은 수익을 올릴 수 있는 상황을 만들었으므로 VNUS는 일부 시장 점유율을 잃었으며 기술의 가격을 낮춰야만 했다. 그러나 이 사건에서 재밌는건, EVLA 시스템의 여러 지지자들은 CMS에 편지쓰기 캠페인을 시작하고 175달러의 지불 차이에 대해 대응하기 시작했고, EVLA 공급 및 절차의 비용을 상세히 설명하고 EVLA의 환급 수준을 무선 주파수 접근법과 동등하게 향상시킬 것을 요청했다. Farley는 "그러나 무슨 일이 일어났습니까?" "CMS가 편지를 살펴본 결과 편지에 인용된 실제 공급 비용이 CMS 데이터 베이스에 입력한 실제비용보다 낮았으며 레이저 절제에 대한 지불 수준이 감소했음을 확인했습니다. 이것은 상환이 예측할 수 없을 수 있다는 것을 보여주는 대표적인 사례였습니다."라고 말했다. 다음 몇 년 동안, 두 시술의 지불 수준은 "지불 차이가 300달러를 넘을 때까지 조정되었는데 처음부터 있어야 했던 방식에 가깝습니다."라고 Farley는 보고했다. "의사들은 환자에게 가장 잘 맞는 기술을 선택하기 위해 임상에 기반한 결정을 내릴 수 있으며 시술마다의 이익은 같을 것입니다."

VNUS는 병원 외래 환자 환경에서 수행되었을 때 시술에 지정된 초기 APC코드와 연결된 지불 수준과 관련된 문제를 해결해야 했다. 대부분의 VNUS 폐쇄 시술은 의사 진료실에서 진행이 되었지만 병원 외래 진료에서 합리적인 숫자가 발생했기 때문에 별도의 APC코드가 필요했다. Farley에 따르면, CMS에는 혈관 수술 절차를 위한 두 개의 APC 코드가 있었으며 초기에는 VNUS 시술을 정맥 박리술과 함께 두 개의 코드를 더 낮은 가격에 지불했다. 이러한 낮은 지불 수준의 불리한 결과를 인식한 VNUS의 경영진은 시술의 실제 비용을 입증하는 증거와 함께 워싱턴 D.C.를 방문했다. VNUS는 적절한 APC 코드를 결정하기 위한 CMS 방법은 해당 기관이 시술 비용을 평가해야 하지만 이 분석은 수행되지 않았다고 주장했다. CMS는 즉각적으로 시술을 다시 코딩하는 것에 대해 거부했지만, 비용 정보를 수집하고 평가하는 프로세스를 시작했다. "1년 후, 그들의 대표자들은 우리의 것을 동의했고, 그들은 혈관 수술을 위한 높은 지불을 받는 APC코드로 옮겼습니다. 처음부터 끝까지, 과제를 변경하는 데 2년이 걸렸습니다."라고 Farley는 말했다. 편지쓰기 캠페인과 달리 "실수가 있었고 지불 수준이 처음에 제대로 조정되지 않으면 긍정적인 변화를 일으킬 수 있음이 가능합니다. 물론 그것은 빠르지 않고 확실한 내기가 아니지만, 그 일이 일어날 수도 있습니다."라고 말했다.

미국 이외 지역의 VNUS는 일부 지리적 위치에서 동일하지만 복잡한 상환전략 포트폴리오를 발전시키고 있었다. 초기에 초점은 유럽에 있었다고 Farley는 언급했다. "모든 나라는 그 자체가 도전입니다" 예를 들어, 영국에서는 기업이 개인 보험 회사에 집중하기 시작했으므로 약 25%의 인구가 이용할 수 있었다. "그것은 시장의 작은 비율이었지만, 방법은 있었습니다."라고 그는 말했다. 결국 VNUS는 NICE에서 긍정적인 기술 평가를 받았다. 그러나 기업은 의사가 수술실에서 수행한 정맥 절개술에 비해 의사가 수술실 밖에서 이 시술을 수행할 수 있음을 입증하기 위해 NHS Trust 사업 계획을 제출해야 했다. 기업은 그 사업 계획이 수락되서, 영국에서 전국적인 환급 범위를 성공적으로 확보했다. VNUS Medical이 Covidien에 인수된 시점에서 이 기업은 미국, 영국 및 네덜란드에서 완전한 보험 적용 범위와 함께 독일, 프랑스 및 호주에서 보류된 상환 결정과 함께 38개 국가에서 판매를 했다. Farley에 따르면 약 150만 명의 환자가 2014년까지 VNUS 정맥 절제술 제품으로 치료를 받았다고 한다. 그는 "이것은 강력한 임상증거와 효과적으로 실행된 상환 전략으로 달성할 수 있다는 결과를 보여줍니다."라고 말했다.

Farley는 VNUS에 대한 상환 경험에 비추어볼 때 "새로운 의료 시술에 대한 상환은 종종 움직이는 표적입니다. 코드화 단계부터 지불 단계까지 최종 결정은 없습니다. 시술이 매우 새롭고 지불자들이 아직 데이터를 검토하지 않았거나 부정적 적용 정책을 발행하지 않아 보험 및 보상에 대해 초기에 성공을 할 수 있습니다. 또한 보상 범위를 확보하고 지급 수준을 설정한 후에도 이러한 지급 수준은 CMS가 매년 조정하고 RUC는 5년마다 검토합니다."

핵심은 새로운 시술이 포함된 새로운 의료 제품에 대한 규제 허가가 "빙산의 일각"이라고 기억하는 것이라고 그는 말했다. "이것은 임상적으로 받아들여지고 상업적으로 실현 가능한 전반적인 과정의 작은 부분입니다." 특히, Farley는 규제 승인이 필요하지 않더라도 강력한 임상데이터를 개발할 필요성을 강조했다. "당신은 처음부터 스스로에게 물어봐야 합니다. '우리의 기술이 기존의 치료보다 낫다는 것을 의사에게 증명하기 위해 어떠한 임상연구가 필요하며, 지불자에게 그것을 지불하는 것이 가장 많은 이익이라는 것을 증명할 수 있습니까?'" 또한, Farley는 교양 있는 지도자를 갖는 것이 중요하다고 강조했다. 환급환경의 변화에 신속하게 대응하며, 다른 상급기업의 중역들을 끌어들일 수 있다. "이런 것들이 기업에서 가장 중요한 우선순위 중 하나입니다." 라고 그는 말했다.

상환 전략에 대한 출시 후 지원

제품 출시 시점에서의 상환 지원은 제공자에게 주요 상환 과제를 교육하고 보상 범위를 확인하고 적절한 지불을 확보하는 데 도움이 되는 지원 시스템에 대한 액세스를 제공하는 것으로 시작된다. 이때, 기업은 해당 지역의 특정 지급자 요구사항에 대해 공급업체를 교육하고 신기술에 대한 환급을 지원하는 지불 담당자를 식별해야 한다. 만약 의료보험이 해당 집단의 일부에 대한 의료기기의 적용 범위를 제한하는 경우에는 의사와 그 직원은 적절한 환자 선택 및 사전 승인 요구사항에 대해 교육을 받아야 한다. 청구서 작성 담당자는 계획별 청구서 작성, 코드화 및 청구 제출 절차에 대한 교육을 요구하게 될 것이며, 이러한 청구 제출 패키지는 매우 유용할 수 있다. 제품 판매원 및 보험 전담 직원은 보험 급여 지원의 최전선에 있으며 환급 관련 질문에 대한 교육을 받아야 한다. 또한 그들은 지불자 행동을 모니터링해야 한다. 적절한 보험 등재 기대는 공급자, 내부 이해관계자 및 투자 커뮤니티와 함께 설정되어야 한다.

이러한 지원 활동은 전반에 걸쳐, 보험 등재 전문가 및 숙련된 법률 고문의 감독이 필수적이다. 실무 관리 지원은 기업에 문제를 야기할 수 있는 보험 등재과 관련된 주요 영역 중 하나이다.

도움이 되는 정보는 의료 서비스 제공자가 급여를 받는데 도움이 되기 때문에, 어떠한 경우에는 정부 납부자로부터 뇌물, 유인책, 또는 부주의한 법률 고문과 관련하여 불법적인 행위를 피하기 위해 많은 주의를 기울여야 한다. 이 영역에서의 실수는 엄청난 벌금, 부정적인 평판 그리고 회복하기 거의 불가능한 마케팅 제한을 의미한다.

출시 후 단계에서는 기업은 의료보험과 함께 상호 이익이 되는 파트너십 협약을 개발할 수 있는 기회를 가질 수 있다. 예를 들어, 민간 납부자와 협력하여 계획한 모집단 내에서 사용 및 성과 결과 측정을 추적할 수 있다. 이 유형의 파트너십은 종종 계약자가 합의한 사전에 공유되거나 양적 목표에 도달하여 할인 가격이나 리베이트를 받는 계약의 연장이다. 이는 양 당사자가 보상 범위를 공동으로 홍보할 수 있는 인센티브를 제공한다. 예를 들어 Conceptus Inc는 신규 가입자가 나팔관 폐쇄를 막기 위한 최소 침습적 시술에 대해 유리한 적용 정책을 추가할 때마다 보도 자료를 발행한다.[39] 또한 이 기업은 본인이 "선호하는"것으로 장치를 홍보하는 공동 브랜드 영업 일부의 형태로 기업 내 pull-through활동을 사용할 수도 있다. 영업 담당자는 제공업자에게 어떤 지불자가 장치에 대해 보험 급여를 지불하고 있는지에 관하여 알리는 것을 유지하기 위하여 보상 정책을 광고하는 것에 도움이 되는 영업담당자를 이용할 수도 있다. 이러한 모든 활동은 지속적인 보험 급여 전략을 통해 신중하게 통합되고 관리되어야 한다.

온라인 자료

더 많은 자료는 www.ebiodesign.org/5.6을 방문한다.

"Getting Started"의 활동과 링크

- Assess the reimbursement landscape
- Perform primary market research with payer decision makers
- Evaluate strategic options
- Develop evidence
- Organize information into a reimbursement strategy

보험 급여 전략에 관한 동영상

환급전략에 대한 추가 정보를 제공하는 부록

- BCBS 기술평가 센터
- 공통 비용 모델

NOTES

1 Drawn from "Innovators' Guide to Navigating Medicare," Centers for Medicare and Medicaid Services, 2010, http://www.cms.gov/Medicare/Coverage/CouncilonTechInnov/downloads/InnovatorsGuide5_10_10.pdf (March 11, 2014), unless otherwise cited.

2 As noted in 4.3 Reimbursement Basics, the ICD-10 code set was delayed twice but expected to take effect in October 2015 as of the time of this writing.

3 "Process for Requesting New/Revised ICD-10-PCS Procedure Codes," Centers for Medicare and Medicaid Services, http://www.cms.gov/Medicare/Coding/ICD9ProviderDiagnosticCodes/newrevisedcodes.html (March 11, 2014).

4 "Applying for CPT Codes," AMA, http://www.ama-assn.org/ama/pub/physician-resources/solutions-managing-yourpractice/coding-billing-insurance/cpt/applying-cpt-codes.page (March 17, 2014).

5 "Innovators' Guide to Navigating Medicare," op. cit.

6 "Understand the Three CPT Code Categories," op. cit.

7 "Understand the Three CPT Code Categories," Advance Health Network, October 12, 2004, http://health-information.advanceweb.com/Article/Understand-the-Three-CPT-Code-Categories-2.aspx (February 24, 2014).

8 "CAD Sciences Announces the Creation of the First Ever Category III CPT Code for Breast MRI CAD," DeviceSpace, January 10, 2006, www.devicespace.com/news_story.aspx?NewsEntityId=6631 (February 24, 2014).

9 "CPT Coding Change Request Form Instructions," AMA, http://www.ama-assn.org//ama/pub/physician-resources/solutionsmanaging-your-practice/coding-billing-insurance/cpt/applyingcpt-codes/request-form-instructions.page (March 17, 2014).

10 "New Category III CPT Code Created for NeoVista's Novel AMD Treatment," PR Newswire, January 22, 2008, http://www.prnewswire.com/news-releases/new-category-iii-cpt-codecreated-for-neovistas-novel-amd-treatment-57115967.html (February 24, 2014).

11 E. R. Scerb and S. S. Kurlander, "Requirements for Medicare Coverage and Reimbursement for Medical Devices," *Clinical Evaluation of Medical Devices* (Humana Press, 2006), p. 74.

12 Healthcare Common Procedure Coding System (HCPCS) Level II Coding Procedures, https://www.cms.gov/Medicare/Coding/MedHCPCSGenInfo/Downloads/HCPCS LevelIICodingProcedures7-2011.pdf (February 24, 2014).

13 Drawn from "Innovators' Guide to Navigating Medicare," op. cit., unless otherwise cited.

14 "HCPCS Decision Tree," Centers for Medicare and Medicaid Services, https://www.cms.gov/Medicare/Coding/MedHCPCSGenInfo/Downloads/HCPCS_Decision_Tree_and_Definitions.pdf (March 11, 2014).

15 "Intermediary-Carrier Directory," U.S. Department of Health and Human Services, http://www.cms.hhs.gov/ContractingGeneralInformation/Downloads/02_ICdirectory.pdf (February 24, 2014).

16 "Innovators' Guide to Navigating Medicare," op. cit.

17 "Medicare Coverage Determination Process," Centers for Medicare and Medicaid Services, http://www.cms.gov/Medicare/Coverage/DeterminationProcess/(February 24, 2014).

18 "Vagus Nerve Stimulation (VNS) for Resistant Depression," *MLN Matters*, Centers for Medicare and Medicaid Services, June 20, 2013, https://www.cms.gov/Outreach-and-Education/Medicare-Learning-Network-MLN/MLNMattersArticles/downloads/MM5612.pdf (February 24, 2014).

19 "FDA-CMS Parallel Review," U.S. Food and Drug Administration, http://www.fda.gov/MedicalDevices/DeviceRegulationandGuidance/HowtoMarketYourDevice/PremarketSubmissions/ucm255678.htm (February 28, 2014).

20 Turna Ray, "Exact Sciences Discusses Benefits of Taking Cologuard through FDA/CMS Parallel Review Pilot," Pharmacogenomics Reporter, April 3, 2013, http://www.genomeweb.com/clinical-genomics/exact-sciences-discussesbenefits-taking-cologuard-through-fdacms-parallel-revie (February 28, 2014).

21 Ibid.

22 Ibid.

23 Ibid.

24 Rebecca Kern, "CDRH Preps New Program To Streamline Approval-To-Reimbursement Path," *The Gray Sheet*, December 19, 2013.

25 "Cigna HealthCare Coverage Position: Bariatric Surgery," May 15, 2007, http://www.cigna.com/customer_care/healthcare_professional/coverage_positions/medical/mm_0051_coveragepositioncriteria_bariatric_surgery.pdf (February 24, 2014).

26 Drawn from "Innovators' Guide to Navigating Medicare," op. cit., unless otherwise cited.

27 "Two-Times Rule Defined," *APCs Insider*, HC Pro, May 13, 2004, http://www.hcpro.com/HIM-39495-859/Twotimes-ruledefined.html (March 19, 2014).

28 "The RVS Update Committee (RUC)," AMA, http://www.amaassn.org/ama/pub/physician-resources/solutions-managingyour-practice/coding-billing-insurance/medicare/the-resourcebased-relative-value-scale/the-rvs-update-committee.page (February 24, 2014). The purpose of the RUC process is to provide recommendations to CMS for use in annual updates to the new Medicare RVUs. The RUC is a unique committee that involves the AMA and specialty societies, giving physicians a voice in shaping Medicare relative values. The AMA is responsible for staffing the RUC and providing logistical support for the RUC meetings.

29 Amitabh Chandra, Jonathan Holmes, Jonathan Skinner, "Is This Time Different? The Slowdown in Healthcare Spending," Economic Studies at Brookings, September 2013, http://www.brookings.edu/~/media/Projects/BPEA/Fall%202013/2013b%20chandra%20healthcare%20spending.pdf (February 24, 2014).

30 Barbara Grenell, Debbie Brandel, and John F.X. Lovett, "Obtaining Reimbursement Coverage from CommercialPayers," *Medical Device Link*, http://www.devicelink.com/mddi/archive/06/01/009.html (February 24, 2014).

31 Compiled from available data on the Cost Effectiveness of ICD Therapy in SCD-HeFT, Medtronic's Sudden Cardiac Death in Heart Failure Trial. Reprinted with permission.

32 All quotations are from interviews conducted by the authors, unless otherwise cited. Reprinted with permission.

33 Moderate-to-severe OSA was defined as an apnea-hypopnea index (AHI) of 15 events per hour.

34 Jan B. Pietzsch, Abigail Garner, Lauren Cipriano, and John Linehan, "An Integrated Health-Economic Analysis of Diagnostic and Therapeutic Strategies in the Treatment of Moderate-to-Severe Obstructive Sleep Apnea," *Sleep*, vol. 34 (2011):695 - 709, http://www.journalsleep.org/ViewAbstract.aspx?pid=28141 (March 5, 2014).

35 Ibid.

36 Healthcare Common Procedure Coding Systems (HCPCS) Level II Level II Coding Procedures," Center for Medicare and Medicaid Services http://www.cms.gov/Medicare/Coding/MedHCPCSGenInfo/Downloads/HCPCSLevelII CodingProcedures7-2011.pdf (February 11, 2014).

37 F. Lurie, D. Creton, and B. Eklof, "Prospective Randomized Study of Endovenous Radiofrequency Obliteration(closure procedure) Versus Ligation and Stripping in a Selected Patient Population (EVOLVeS Study)," *Journal of Vascular Surgery*, August 2003, http://www.jvascsurg.org/article/S0741-5214(03)00228-3/fulltext (February 12, 2014).

38 Neil M. Khilnani, "Varicose Vein Treatment With Endovenous Laser Therapy," Medscape.com, http://emedicine.medscape.com/article/1815850-overview (February 12, 2014).

39 "Cigna Now Covering the Essure Procedure," Conceptus, February 15, 2006, http://investor.conceptus.com/common/mobile/iphone/releasedetail.cfm?ReleaseID=252092&CompanyID=CPTS&mobileid (February 24, 2014).

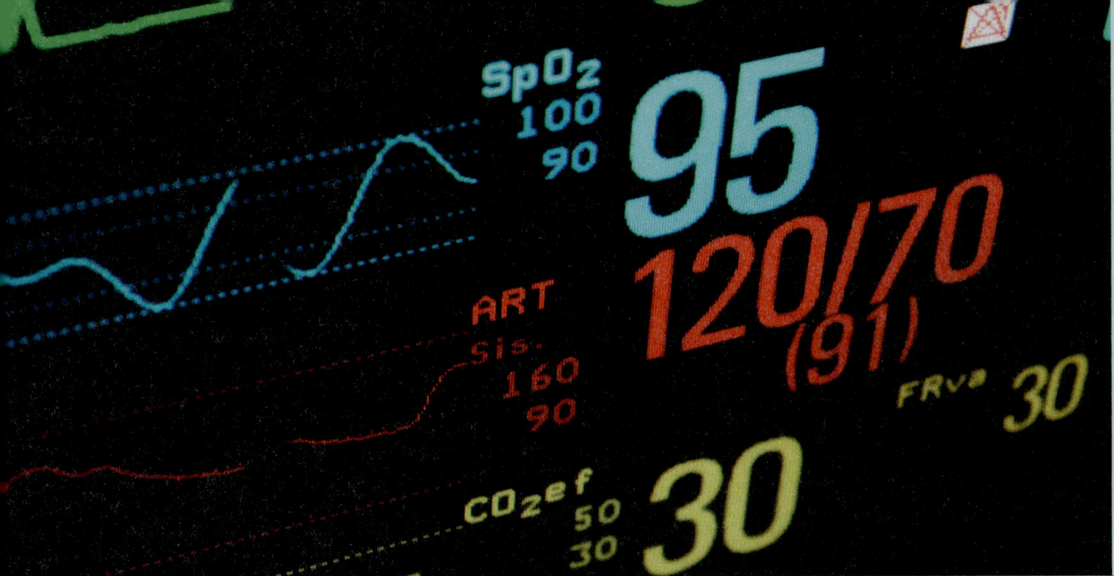

5.7 마케팅 및 이해관계자 전략

서론

유사한 임상데이터를 가진 두 개의 새로운 의료기기는 그들의 안전성과 효율성을 확립한다. 하나는 중요한 발전으로 환영받고, 전문 집단의 전폭적인 지지를 받으며, 그것의 상업적인 출시와 함께 빠르게 채택되고 있다. 다른 하나는 "실험적"이라고 불리며, 주요 의견 선도자(KOLs)들에 의해 막혀 시장에서 고군분투하고 있다. 비록 신기술의 채택에 영향을 미칠 수 있는 요소가 많지만, 그것의 성공 또는 실패의 차이는 종종 회사가 얼마나 잘 발전하고, 능동적이고, 진보적이며, 다각적인 마케팅 및 이해관계자 전략을 실행하느냐에 달려 있다. 특히, 이러한 전략은 개선-비용 상황이 핵심 의사결정권자가 자신의 행동을 바꾸고 그것을 채택하도록 유도하는 것과 같은 방법으로 오퍼링의 가치를 효과적으로 전달해야 한다.

목표

- 특정한 필요성 및/또는 새로운 해결책에 대한 주요 이해관계자들의 지각을 보다 깊게 이해하는 것의 중요성을 인식한다.
- 주요 이해관계자가 자신의 행동을 변화시킬 수 있는 개선/비용 상황을 명확하게 표현하는 증거 기반 가치제안을 개발하기 위한 방법을 학습한다.
- 회사가 가치제안을 효과적으로 지원하고 이행할 수 있게 하는 마케팅 믹스 개발 방안을 이해한다.

최고의 메디테크 혁신은 파괴적이다. 그들은 환자 결과에 획기적인 개선을 제공하고, 근본적으로는 병원 운영을 변화시킨다. 그렇지만, 의학 윤리의 "해를 끼치지 않는다" 라는 원칙은 신기술의 채택과는 상반될 수 있는 보수적인 문화를 지지한다. 마찬가지로 많은 선진국에서 지속 불가능한 헬스케어 비용 지출의 증가와 신흥경제국에서 수백만 이상의 시민으로 의료 서비스를 확대해야 하는 필요성은 모두 새로운 메디테크 제품을 받아들이는 것에 대한 신중한 태도에 기여한다. 이러한 긴장 상태는 이노베이터들에게 도전이 되며, 정보가 원하는 변화에 대한 촉매 역할을 하는 방식으로 새로운 장치 기술의 가치를 수립하고 전달할 것을 요구한다. 잘 설계된 마케팅 및 이해관계자 전략은 주요 의사결정권자와 영향력을 행사하는 자들을 행동으로 이끌어내도록 유도하여 이를 달성하고자 한다. 의료기기분야 안에 채택결정을 좌우할 수 있는 다수의 이해관계자들이 있기 때문에 효율적인 전략은 다차원적이어야 하며, 각 주요 이해관계자 그룹의 특별한 관점에 맞춰야 한다. 전략의 핵심 요소는 대상자들에게 혁신의 가치를 전달하고 채택하도록 그들을 유도하는 데 사용되는 마케팅 믹스와 함께 가치제안이다.

마케팅 및 이해관계자 전략을 수립할 때 내린 결정은 5.3 임상시험 전략, 5.4 허가인증 전략, 5.6 보험 급여 전략과 관련된 중요한 선택에 의해 뒷받침되어야 한다(이 주제들은 참조되나, 이 절에서는 상세히 언급하지 않는다). 마케팅 및 이해관계자 전략은 5.8 판매 및 유통 전략에 설명된 활동들에 대해서 또한 알려준다.

 마케팅 및 이해관계자 전략에 관한 동영상은 ebiodesign.org을 참조한다.

마케팅 및 이해관계자 전략의 기초

시장의 초기 검토를 통한 바이오디자인 혁신 과정의 초기 단계에서 이노베이터는 핵심 **이해관계자**가 그들의 행동을 바꾸고 그것을 채택하도록 하기 위해 새로운 해결책이 충족시켜야 하는(또는 넘어야 하는) **필요** 부문 및 비용/개선 한계점과 관련된 **가치**에 대한 기초적인 이해를 얻는다. 그러나 최근에는 특정 해결책이 설계되고 개발 중이므로, 새로운 오퍼링에 대한 **가치 제안**은 훨씬 더 상세하게 연구되고 건설될 수 있다. 정의되고 나면, 가치제안은 전통적으로 제품/서비스 믹스, 포지셔닝, 그리고 장소를 포함하는 회사의 **마케팅 믹스**–"4Ps"를 통하여 뒷받침되고 구현된다.[1] 그러나, 이 텍스트에서 "장소"(또는 오퍼링을 판매하고 유통시키는 채널과 접근방법)는 5.8 판매 및 유통 전략에서 다루어진다. 이 절에서 다루어지는 4번째 P는 "촉진(Promotion)"이다(그림 5.7.1 참조).

이해관계자 분석 재검토

가치제안이 공식화되고 마케팅 믹스의 4가지 요소 모두에 의해 지원되는 방식은 고객이 새로운 해결책을 받는 방법에 직접적인 영향을 미친다. 따라서, 팀의 첫 번째 우선순위 중 하나는 초기 이해관계자 분석을 재검토하는 것이다. 새로운 해결책을 정확하게 마음에 두고(2.3 이해관계자 분석에서 연구된 필요 영역만이 아님), 이노베이터들은 다음 세 가지 요소에 대한 확실한 이해를 더 분명히 해야 한다.

1. 가장 중요한 이해관계자는 누구이며 그들 중 누가 중대한 의사결정자가 될 것인가?
2. 필요성과 새로운 해결책에 대한 그들의 의견은 무엇인가? 그리고 이 의견들이 행동에 변화를 야기할 만큼 충분히 강한가?
3. 새로운 해결책에 저항하거나 이해관계자 그룹 간의 갈등을 일으킬 가능성이 가장 큰 사람은 누구인가?

2.3절에서 서술한 것처럼 **치료주기**와 **자금흐름**의 분석은 관련된 이해관계자를 식별하기 위한 좋은 기준점을 제공하고, 의사결정자와 영향력자들의 중요성을 우선순위로 삼기 시작한다. 이러한 평가를 반복하면 특정 해결책을 구현할 방법 및 대상에 대하여 더 많은 것을 이해할 수 있기 때문에 도움이 될 수 있다. 또한 채택결정에 영향을 줄 규제, 지적재산권(IP), 보상 및 임상문제에 대해서도 잘 알려져 있다. 예를 들어 제안된 해결책을 제시하면, 팀은 현재 발생할 수 있는 세부적인 당면과제를 고려하여 일의 흐름에 대한 영향을 평가할 수 있다. 결과적으로, 간병주기와 자금의 흐름 분석은 원래의 평가에서 다른 결과를 나타낼 수 있다(필요가 분명히 명시되기 전에 수행되어짐).

바이오디자인 혁신 과정의 이 시점에서, 이노베이터들은 종종 이해관계자 분석을 더욱 심층적으로 수행한다. 이제 그들의 강조점은 영향력을 행사하는 사람들과 의사결정권자의 식별, 그리고 높은 수준에서 그들의 행동을 이끄는 동기가 무엇인지에 대한 이해로부터, 그들이 가장 활동성이 높은 시기와 이유 및 그 방법에 대한 그리고 기업이 그들의 관점과 결정에 영향을 미칠 수 있는 방법에 대한 이해로 이동되어야 한다. 이노베이터는 상대적으로 단순한 것부터 정교한 것까지 범위의 많은

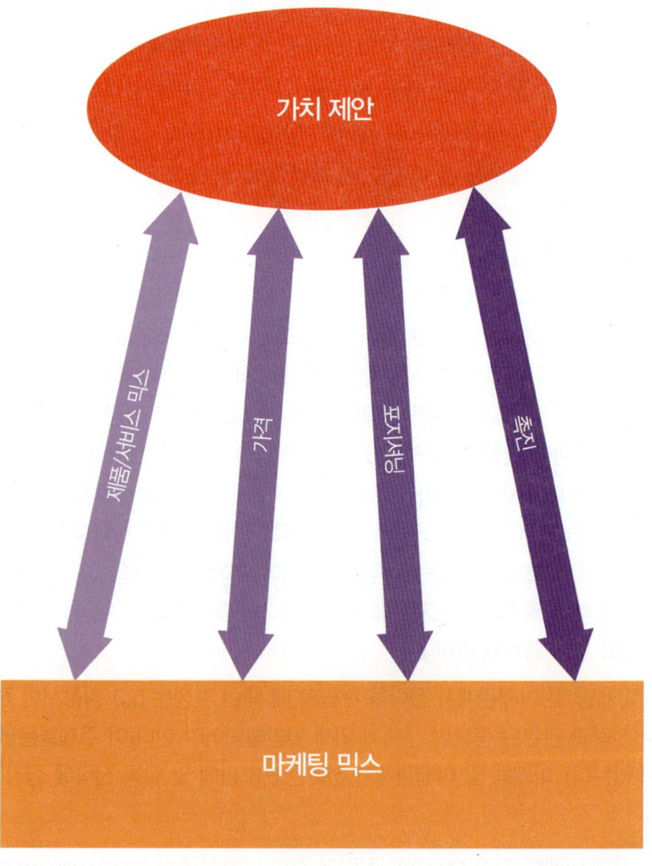

그림 5.7.1
가치 제안은 효과적인 마케팅 및 이해관계자 전략 수입 시 마케팅 믹스에 의해 뒷받침된다.

수의 세부 정보를 수집하는 다양한 기술을 선택할 수 있다. 스펙트럼의 한쪽 끝에서 "워크 스루" 오퍼링의 설명을 직접 할 수 있고/할 수 있거나, 잠재적인 사용자들과 인터뷰를 할 수 있다. 예를 들어 이노베이터는 때때로 마케팅 전략을 구축하기 전에 10~100명의 이해관계자들과 만나기 위한 목표를 세우는 경우가 있다. 그들은 또한 다양한 유형의 연구조사를 수행할 수 있다. 시장연구조사는 수십 년 동안 소비재와 같은 다른 산업분야에서 효과적으로 사용되었지만 의료 기술 분야에서는 거의 활용되지 못했다. 신중하게 설계되고 실행된 연구는 새로운 기술을 채택하거나 다른 시나리오에서 원하는 조치를 취할 가능성뿐만 아니라 이해관계자 선호도 및 신념에 대한 유용한 통찰력을 제공할 수 있다. 다른 범위에서는 이노베이터가 특정한 지리적 또는 1세대 제품에 한정된 상업적 출시를 포함하는 준비조사를 선택할 수 있다(미라마르 랩(Miramar Labs) 이야기 참조).

이 모든 방법의 핵심은 더 많은 인구에 대한 적용 가능성 측면의 조건에서 데이터의 타당성을 왜곡시킬 수 있는 **편견**과 다른 주관적인 의견을 최소화하는 접근법을 사용하여 올바른 질문을 하는 것이다. 이와 관련된 문제는 그들의 응답을 제공하는데 있어서 정직하고 객관적인 응답자들일 것인지 식별하는 문제이다. 설문조사 도구 또는 인터뷰 가이드를 설계하고 대상 고객을 정의하기 위해 마케팅 조사 전문가와 협력하면 프로젝트의 비용이 증가할 수 있지만, 이는 종종 투자를 할 만한 가치가 있다.

이해관계자들로부터 1차 자료를 수집할 때, 이노베이터들은 새로운 해결책이 표적 고객들이 주의를 기울이고 그들의 행동을 변화시킬 만큼 충분히 중요하다는 지표를 찾고 있다(응답자가 "흥미롭다"다고 묘사한 점진적인 향상 및 혁신은 종종 행동 변화를 유발할 만큼 충분히 설득력이 있는 것은 아니다). 그들은 또한 직접적인 의견을 수렴하여 가치제안을 수립하고 이러한 이해관계자들이 새로운 오퍼링에 어떻게 반응할 것인지를 최적화하는 마케팅 믹스를 정의한다. 미라마르 랩의 이야기는 주요 이해관계자 연구 수행의 가치를 분명히 보여준다. 그것은 또한 이 정보가 효과적인 마케팅 전략을 형성하는 데 어떻게 활용될 수 있는지 보여준다.

현장에서 미라마르 랩(Miramar Labs)

마케팅 전략을 개발 시 시장조사 적극 활용

Darrell Zoromski는 생활 소비재(Proctor&Gamble, General Mills, and S.C. Johnson) 및 소비자 의료기기(Carl Zeiss Vision and Align Technology, Invisalign의 제조사) 분야의 경력을 가지고 미라마르 랩(Miramar Labs)에 합류했다. 그 당시 미라마르 랩(Miramar Labs)은 겨드랑이 밑의 다한증을 치료하기 위한 신기술에 대해 **중추적** 임상 연구를 수행하는 중에 있었다. 겨드랑이 다한증은 겨드랑이 밑에 과도한 땀을 유발하는 의학적 상태인데, 미국 전체 인구의 1.4%(대략 400만 명)에 영향을 미친다. 온전히 130만 명의 개인들은 그 상태가 간신히 참을 수 있고, 종종 일상생활을 방해한다고 하거나, 참을 수 없고 일상생활을 항상 방해한다고 보고하고 있다.[2] 현재로서 겨드랑이 다한증은 발한 억제제 또는 신경에서 나오는 화학적 신호들이 땀샘을 자극하는 것을 일시적으로 차단하는 겨드랑이 보톡스®(보툴리눔독소) 주사들을 이용하여 가장 자주 치료된다.

그러나 이러한 두 가지 중재들 모두 환자들 사이에서 만족도가 낮다. 발한 억제제는 그리 효과적이지는 않으며, 보톡스는 다수의 주사가 필요하고 다시 시술할 필요가 있기까지 평균 7개월간 지속된다. 미라마르 랩의 기술인 미라드라이(miraDry)는 겨드랑이 다한증에 수술을 하지 않고 영구적인 해결책을 제공하기 위해 극초단파 에너지를 이용한다. 미라드라이 시스템은 자본설비 콘솔 그리고 각각의 시술을 전달하기 위해 이용되는 일회용 바이오팁(bioTip)으로 구성된다(그림 5.7.2 참조).

회사의 새로운 CEO로서 Zoromski의 첫 번째 우선사항들 중 하나는 주요한 이해관계자들에게 마케팅하기 위한 세부적인 접근방식의 마련을 포함하여 그 기술의 상업화 전략에 초점을 맞추는 것이었다. 그 당시, 미국은 미용 시술들에 대한 많은 국내 수요 때문에 미라마르의 (유일하지는 않지만) 주요한 시장 초점이었다. "우리는 미국 시장이 우리 판매액의 큰 부분을 차지할 것이고 회사에 결정적인 가치 동인이 될 것이라고 예상했기 때문에 우리의 목표는 출시할 때 미국에서 성공적일 것임을 확신하는 것이었습니다."라고 그는 설명했다.[3]

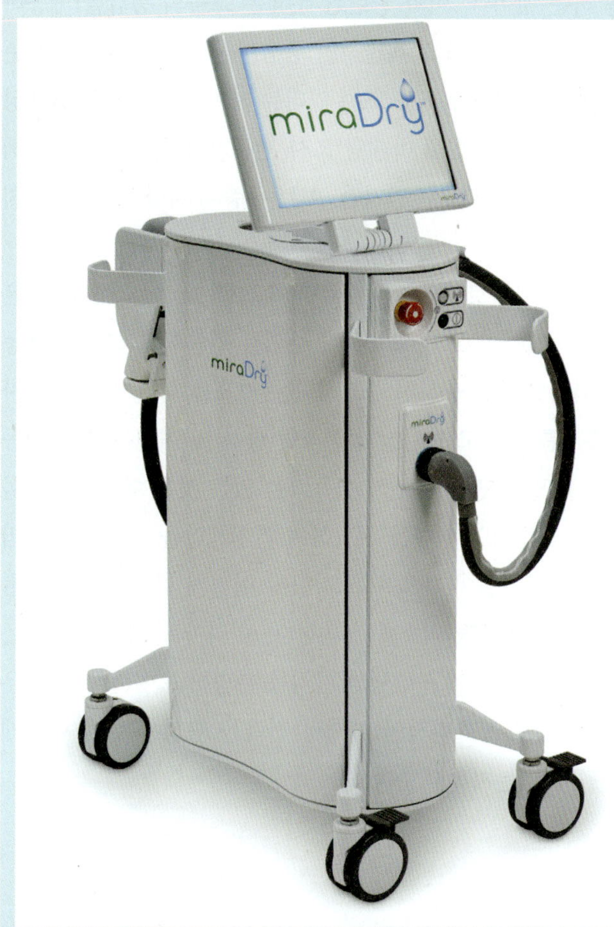

그림 5.7.2
미라드라이 시스템(Darrell Zoromski의 허가를 받아 사용)

상환 상황에 대한 철저한 검토를 통해 미라마르는 미국에서 가장 현실적인 접근방식은 미라드라이를 환자 지불 시술로 만드는 것이라고 결정했다. 비록 이용 가능한 대안들에 비해 그 치료법의 몇몇 유리한 특징들을 토대로(예, 그것은 영구적인 반면에 보톡스 주사들은 7개월마다 다시 시술되어야 했다) 상환을 보장할 수 있는 어느 정도 가망성이 있었음에도 불구하고, 미라마르는 **지불 비율**이 비교적 낮게 책정되어 그 기술이 의사들에게 덜 매력적이게 만들 수 있다고 믿을만한 이유들이 있었다.

환자 지불 모델을 염두에 두고, 회사는 최고 우선순위의 이해관계자들로서 그 기술을 구매하고 중재를 전달할 의사들뿐만 아니라 치료를 받을(그리고 자금을 지불할) 환자들을 확인했다. 이해관계자 및 마케팅 전략 마련의 시동을 걸기 위해 Zoromski는 이러한 두 이해관계자 집단들의 개인들로 구성된 대표 표본을 조사하기 위해 시장조사 회사를 고용했다. "이러한 유형의 연구들은 생활소비재 산업 분야의 마케팅 수단에서 흔한데, 그러한 산업 분야에서 소비자들은 상품이나 서비스 구매 결정에서 비판적 이해관계자들입니다. 하지만 건강관리 결정들을 함에 있어서 소비자들의 점점 더 많은 중요성을 특히 감안한다면 의료기기 회사들은 그 똑같은 접근방식으로부터 혜택을 받을 수 있습니다." 라고 그는 말했다. Zoromski에 따르면, 공식적인 시장조사 연구들은 구체적인 범위와 접근방식에 따라 완료하는 데 대략 3~6개월 그리고 70,000~250,000달러가 소요될 수도 있지만 그러한 정보는 회사의 마케팅 전략을 형성하는 데 매우 귀중한 도움이 될 수도 있을 것이다.

환자 조사는 18~65세 일반 미국인들 중에서 3,000명의 가망성 있는 치료 이용자들을 표본으로 추출했다. 응답자들 중 4%가 이전에 과도한 겨드랑이 다한증을 진단받은 적이 있다고 지적했고 또 다른 17%는 그 문제 때문에 심각하게 불편했다고 지적했다. 이러한 양적 조사는 질적 포커스 그룹들과 일대일 인터뷰들로 완성되었다. 결과는 소비자 대상 프로필(consumer target profile)이었는데, 두 집단들 모두에서 개개인이 젊은 사람이고(18~44세), 여성이며, 직장인이고, 관계 지향적이며, 다른 사람들에게 어떻게 보이는지에 대해 걱정하는 경향이 있음을 나타냈다. Zoromski와 연구진은 겨드랑이 다한증 진단을 받았거나 그것에 대해 심각하게 걱정하는 개인들 중 21%를 회사의 첫 번째 표적으로 삼기로 결정했다.

의사들의 서베이도 마찬가지로 미라마르 랩이 의사들 내에서 표적들을 확인하는 데 도움이 되었다. 이 서베이는 피부과 및 성형외과분야에서 미국에 근거지를 두고 있는 300명의 전문가들에게 송부되었다. 결과들은 두 전문분야의 의사들이 그 시술을 시행하는 데 잠재적으로 관심이 있을 것임을 나타냈지만, 피부과 의사들의 예비 구매 의향이 더 높았기 때문에 기업은 피부과 의사들을 대상으로 시작해야 했다. 다시 말해서, 두 집단들 모두 제안된 해결책의 가치를 보았지만 피부과의사들이 단기적으로 볼 때 그 기회에서 행동에 옮기는 경향이 더 많았다. 특히, 연구에 따르면 이상적인 표적은 이미 겨드랑이 다한증을 치료하고 있고, 진료실에 여타 다른 형태의 자본설비를 가지고 있으며 시술의 일부로서 일회용 제품에 값을 지불/청구하는 데 익숙한 피부과의사들일 것으로 드러났다.

미라마르 랩이 어떤 이해관계자들에 초점을 맞출지 결정하는 데 도움을 준 것 이외에도, 회사는 가치 제안들과 마케팅 믹스의 토대를 형성할 정보를 수집하기 위해 서베이를 이용했다. 그 조사에서 이용된 한 가지 기법은 두 대상자들 모두에게 일련의 이익에 관한 설명을 제공하고 그들에게 가장 의미가 있는 설명들의 순위를 매겨달라고 요청하는 것이었다. 서베이는 또한 포지셔닝(positioning), 가격책정, 그리고 표적 대상들에게 시술을 촉진하기 위한 최적의 방법들에 도움이 되는 질문들을 포함시켰다. 일단 결과들이 나오자 회사는 마케팅 전략을 고안하기 시작할 준비가 되어 있었다. Zoromski가 설명했듯이 "양적 결과들과 질적 결과들은 우리의 계획들을 구성하기 위한 좀 더 객관적인 토대를 제공해 주었다. 그것들은 우리가 필요로 했던 정보의 약 50%를 제공했다. 나머지 50%는 팀의 직관력과 경험으로부터 나왔다."

환자들에게 어필하기 위해 미라마르는 일련의 간단한 아이디어들에 초점을 맞춘 가치 제안을 규정했다. 즉 시술이 안전하고, 매우 효과적이고 영구적이라는 것이며, 그것들 모두 여타의 다른 해결책들의 비용에 비해 그 기술의 가치를 높여준다. Zoromski는 "보톡스 시술을 받고 있지 않았던 환자들에게도, 우리는 과도한 땀에 대처하고 다루는데 평생의 높은 비용을 감안할 때 미라드라이(miraDry)가 발한 억제제와 비교해서도 확실한 가치를 제공할 것임을 전달하고자 노력했습니다. 만약 사람들이 발한 억제제를 집에도 하나, 자동차 안에도 하나, 사무실 서랍에도 하나 가지고 있으면서 발한 억제제에 얼마나 많은 돈을 지출하는지, 누런 겨드랑이 얼룩을 제거하기 위한 드라이클리닝 비용, 그리고 네 번 착용으로 망쳐버린 멋진 옷 등을 본다면, 정말로 맞는 말일 수 있습니다. 그리고 당황스럽게 만드는 겨드랑이 땀 분출의 감정적 비용이 있는데, 그것도 중요합니다."라고 말했다.

의사들의 경우, 가치 제안은 일차적으로 치료의 안전성과 효험에 초점을 맞췄고 이차적으로는 그들의 진료에 수지가 맞을 최첨단 중재라는 사실에 초점을 맞췄다. Zoromski가 지적했듯이, "조사에서 의사들은 수익성이 그다지 중요하지는 않다고 표현했지만(규범적 답변) 우리는 그것이 실질적으로 이전의 경험 그리고 의사들과의 솔직한 일대일 논의들에 토대를 둘 것임을 알고 있었습니다. 그래서 우리는 이러한 주요한 요인을 어떻게 역점을 두어 다룰지에 대해 좀 더 신중해야만 했습니다."

안전성과 효험에 대해 걱정하는 대상자들로, 미라마르 랩은 **임상실험** 데이터가 그것의 가치 제안들을 뒷받침하는데 중요한 역할을 할 것임을 깨달았다. 회사가 FDA에 제출한 510(k) 출원을 뒷받침하기 위한 중요한 임상실험을 완료했을 때, 결과들은 그 시술의 효험 비율이 한 달 후에 89%이었지만 그 후 감소하였고 장기적으로는 70%에서 안정화되었음을 나타냈다. R&D 팀과 함께 Zoromski는 비록 많은 피부과 시술들이 그 범위에서 효험을 보이기는 하지만 70% 이상으로 높이기 위해 노력하기로 결정했다. 이것은 궁극적으로 더 만족스러운 환자들과 의사들로 이어질 것이고, 다른 의료업계 경쟁자로부터 미라마르 랩을 차별화 해 줄 것이었다. 임상 결과들로 뛰어들었을 때 그들은 실험 중에 의사들이 치료 동안 일부 땀샘들을 빼먹고 있으며 이것이 시술의 효과성에 부정적 영향을 미치고 있다는 것을 발견했다. 기술이 작용하는 방식에 약간의 조정들을 가함으로써 미라마르 랩은 이 이슈를 중점적으로 다룰 수 있었고 90% 이상이라는 장기적이고 안정적인 효험을 제공할 수 있었다.

가격 책정과 관련하여, Zoromski는 이러한 결정에 일부 "복잡한 분석들"이 필요하다는 것을 인정했다. 구체적으로, 그 팀은 (1) 기꺼이 값을 지불하고자 하는 환자의 의향, (2) 기꺼이 값을 지불하고자 하는 의사의 의향, (3) 미라마르 랩이 성장할 수 있고 지속 가능한 비즈니스가 되기 위해 요구되는 재정적 수익을 조화시켜야만 했다. 그 방정식에 투입할 인풋(Input)으로서 조사에서 나온 데이터를 이용하여, 기업은 높은 수준의 효험을 위해 소비자들이 치료를 받기 위해 필요한 2회분의 진료들에 대략적으로 총 3,000달러를 부담할 것이라고 결정했다. 그에 비해 보톡스 주사들은 특정 보험 계획들 하에서만 보험이 적용되었는데, 일시적인 결과들을 위해 한 번의 진료에서 최고 30개의 주사들에 1,000~1,500달러의 비용이 든다. 어떠한 치료도 받고 있지 않은 장래의 환자들을 위해, 미라마르 랩은 탈취제와 드라이클리닝 비용과 같은 "대처 메커니즘들"의 비용을 산정할 수 있도록 해줄 계산기를 만들었다. Zoromski는 "당신이 보톡스를 이용하고 있고, 배상 받고 있지 않다면 미라드라이는 매우 가치가 있습니다. 하지만 단지 그 문제에 대처하고 있는 사람들에게도 좋은 가치가 있었습니다."라고 말했다. 조사에서 기업은 자본설비에 더 높은 비용과 일회용품들에 비해 더 낮은 비용 또는 그 반대의 상황을 포함하는 여러 다른 가격책정 시나리오들을 의사들에게 테스트했다. 결국, Zoromski와 연구진은 자본설비에 대략 50,000만 달러 그리고 각각의 소모품에 350달러(2회 진료 전반에 걸쳐 환자 한 명에 총 700달러)를 청구하는 것이 "가장 좋은 가격책정"이라고 결정했다. 또한 회사는 이러한 가격책정 계획이 타깃 대상의 전문가들에 의해 시행되고 있는 여타의 다른 시술들에 비해 유리하다는 것을 확인했다. 이러한 가격들로, 미라마르 랩은 시간이 지남에 따라 합리적인 매출총이익을 달성하여 투자자에게 매력적이며 장기적으로 지속 가능한 수익성 있는 비즈니스를 창출하는 동시에 기업이 고객에게 다가가는데 필요한 마케팅 및 영업비용을 지원할 수 있게 했다.

양적 조사 데이터와 질적 조사 데이터로 다시 돌아가서, 미라드라이를 어떻게 포지셔닝시킬지 관련한 제안들도 회사에 도움이 되었다. 예를 들어, 미라마르 랩 팀은 그 기술이 새롭고 혁신적이며 극초단파 기술에서 작동한다는 사실에 대해 의사들은 흥분한 반면에 이 똑같은 정보가 많은 환자들을 무섭게 했다는 것을 알아냈다. 이 때문에 기업은 "극초단파 에너지"라는 용어를 의사들에게만 사용하고 환자들과 상호작용할 때에는 "전자기 에너지"라고 언급했다. 또 다른 이슈는 치료가 겨드랑이 다한증을 영구적으로 막아준다는 개념과 관련이 있었다. 그 팀이 놀랐던 것은 환자들은 그것이 시술을 되돌릴 수 없도록 만든다고 보고하면서 이러한 기술에 부정적으로 반응했다는 점이다. 그러나 치료가 "오래 지속"된다는 점에 대해 회사가 말해 주었을 때에는, 비록 환자들은 "오래 지속"된다는 것이 "영구적"이라는 말과 대략 똑같은 것을 의미한다는 것을 인정하기는 했지만 환자들에 눈에 이것은 주요한 이점으로 인식되었다. "표현에 있어서 매우 미묘한 차이들이 타깃 집단에게 당신이 얼마나 호소력 있는가에서 매우 큰 차이를 만들 수 있습니다."라고 Zoromski가 말했다.

프로모션 관점에서 볼 때, 조사와 양적 연구조사도 또한 회사의 표적시장들에서 환자들과 의사들에게 의사소통을 하는 가장 좋은 방법들에 대한 중요한 정보를 드러냈다. 환자들에게는 강력한 온라인 존재를 확립하는 것이 열쇠가 될 것이다. "우리는 웹이 많은 정보를 얻어낼 수 있는 비용 효율적 방법이기 때문에 우리의 가장 중요한 초점 분야가 될 것임을 알고 있었습니다. 소비자들, 특히 우리의 표적이면서 더 젊고, 여성이고 이미지 의식적인 소비자들은 웹으로 시작합니다."라고

Zoromski는 설명했다. 기업은 확고한 환자 중심적인 자체 웹사이트를 개발함으로써 시작했고 그런 다음 WebMD처럼 표적 소비자들이 신뢰할 수 있다고 인식할 여타의 다른 사이트들에서 존재를 확립했다.

의사들에게 미라드라이를 프로모션하기 위해, 미라마르 랩은 유사하게 확고한 의사-중심적 웹사이트를 구축하는데 투자했다. 회사는 또한 시술에 대해 옹호자들로서 행동할 **주요한 의견 선도자(KOLs)**들의 확고한 네트워크를 구축했다. Zoromski는 회사의 의사 자문위원회도 이와 관련하여 결국 도움이 되었다고 언급했다. "우리의 임상적 접근방식 그리고 의사들이 제안을 어떻게 인식할 것인지에 대해 우리에게 조언을 제공한 것 이외에도, 그들은 미라드라이에 대해 자신의 동료들 일부에게 말했습니다. 그래서 그들은 우리가 인식을 높일 수 있는 또 다른 신뢰할 만한 방법을 제공했습니다."라고 그는 말했다. 의사들을 상대로 한 그 프로모션 노력들의 또 다른 측면들은 성형외과 의사들과 피부과 의사들을 겨냥한 무역전시회들과 컨퍼런스들에서 이루어진 발표회들과 강력한 존재감, **동료-검토** 저널들에 임상데이터 발표, 백서 작성, 그리고 전문 직업 저널들에서 일부 제한적인 광고 수행하는 것을 포함했다. 또한 회사는 의사 소비자들을 겨냥하고 트레이닝시키는 데 도움을 주기 위해 소규모 직접 판매 인력 그리고 미국에 있는 임상 전문가들로 구성된 팀을 고용했다.

소비자들과 의사들로부터 미라마르 랩은 얼리 어댑터들(early adopters)이 구매 결정을 빠르게 할 수도 있지만 대다수는 전환 통로를 통해 이동하기 위해 다수의 "접촉들"이 필요할 것임을 깨달았다. 미라드라이 시술에 대해 관심을 표명하는 사람들에게 주제 업데이트들과 관련 정보를 제공하기 위해 두 이해관계자 집단들 모두에게 웹-기반의 선도적 경영 프로그램이 확립되었다.

미국 밖에서 미라마르 랩은 일본, 한국 그리고 브라질처럼 미용제품 시장이 큰 여타의 다른 국가들로 확장을 꾀했다. 그러므로 미국 마케팅 전략과 병행하여 이러한 여타 지역들에서는 상업화 계획들에 공을 들이고 있었다. 그러나 그 전체적 규모와 현저성과 관련하여 회사에게 있어서 미국 시장의 중요성을 감안하여, Zoromski와 팀은 미국 출시 전에 어느 정도 빠른 상업적 경험을 얻는 것이 유익할 것이라고 결정했다. 그들은 중요한 여타 지역들에 대한 포괄적 분석을 수행했고 일본이 마케팅에 대한 그들의 접근방식과 상업적 가정들의 타당성을 확인하기에 가장 좋은 위치일 것이라고 결정했다. 그들이 이 시장을 선택한 주요한 이유들 중 하나는 일본의 **의약 및 의료장비 기관(PMDA)**의 규제 승인을 구하지 않고도 신속하게 이동하여 의사가 직접 판매 할 수 있는 장치 수입을 시작할 수 있다는 것이었다.[4] 대략 12개월 기간 동안에 걸쳐서 미라마르 대표들이 일본 의사들 및 환자들과 상호작용을 했고 회사의 가치 제안들과 마케팅 믹스가 어떻게 받아들여지는지 관찰했다(그림 5.7.3 참조). 비록 회사가 일본 시장에서 독특한 요인들과 선호도를 다루기 위해 약간의 조정을 하기는 했지만(예: 냄새 감소 vs 과도한 땀을 더 많이 강조하는 것; 일본의 피부과의사들보다 겨드랑이 다한증을 치료할 가능성이 더 많은 성형외과 의사들을 표적으로 하는 것), 상업적 테스트는 풍부한 학습이라는 결과를 낳았고 또한 조기 수입을 촉진하는 데 도움이 되었다. 가장 중요한 점은 미라마르 랩이 그 접근방식을 확인했다는 것이다: 즉 의사들은 기업이 원래 모델로 삼았던 것보다 두 배나 더 많은 시술들을 수행했고 기술은 초기에 계획되었던 것보다 더 높은 값어치가 붙을 수 있었다.

일본에서의 경험을 반영하여, Zoromski는 다른 이노베이터들에게 상업적 실험들을 수행할 것을 고려하도록 권장했다. 그는 "여러분의 주요한 시장에 진입하기 전에 어느 정도 빠른 교훈을 얻어야 합니다. 틀려도 괜찮습니다. 여러분은 소규모로 실패한 것이고 비즈니스 모델과 마케팅 접근방식을 다시 생각할 수 있습니다. 그리고 만약 옳다면 금상첨화겠지요. 계속해서 여러분의 상업화를 가속하십시오."라고 조언했다.

전체적인 마케팅 전략을 만드는 것과 관련하여, 그는 잘 설계된 시장조사 연구를 수행하는 것으로 나올 수 있는 가치도 강조했다. Zoromski는 "우리와 같은 B2B2C [business to business to consumer] 제안을 상업화하는 방법을 알아내고자 할 때에는 각각의 이해관계자의 입장에서 그것에 무엇이 있는지, 영향을 미치는 사람들이 누구인지, 의사결정자들은 누구인지, 그리고 그들이 추구하고 있는 가장 중요한 이점들은 무엇인지를 정말로 이해할 필요가 있습니다. 그러한 이점들에 대해 당신은 어떻게 말해야 합니까? 그리고 그것을 위해 어떤 언어를

그림 5.7.3
Zoromski (왼쪽)와 일본의 초기 고객 중 한 명인 Hiroyuki Kanamaru (Darrell Zoromski의 허가를 받아 사용)

이용해야 합니까?"라고 말했다. 이러한 정보를 원천으로부터 직접 얻는 것의 장점들이 중요하다고 그는 덧붙였다. "당신의 접근방식에서 작은 차이들은 상업적 성공에서 큰 차이를 만들 수 있기 때문에, 이것을 하는 한 가지 완벽한 방법은 없지만 양적 연구조사, 질적 연구조사, 그리고 경험을 토대로 한 직관의 조합이 꽤 좋은 비결입니다."

중요한 것은 모든 시장 조사가 미라마르 랩의 사례처럼 광범위하게(또는 비싸게) 이루어져야 하는 것은 아니며, 특히 사업 시작 초기 단계에 필요하다. 많은 이노베이터가 온라인 설문 조사 도구(예: SurveyMonkey)를 사용하여 전문적인 시장 연구 비용의 일부만으로 예비 사용자 피드백을 수집했다. 어느 한 스탠포드 바이오디자인 팀은 어린이들의 밤 공포증에 관한 주제로 육아잡지에 저렴한 안내광고를 게재하고 500건 이상의 응답을 받았다. 다시 말하지만, 핵심은 더 많은 인구에 대한 그것의 적용가능성 측면에서 편견을 최소화하고, 데이터의 타당성을 극대화하는 방식에서 올바른 질문들이 질문되어지도록 신중하게 준비하는 것이다.

가치 제안 개발

가치 제안은 이해관계자가 자신의 행동을 바꾸고 새로운 기술이나 오퍼링을 채택하도록 설득하기 위한 핵심이다(**지급인**들에게 제시된 가치제안은 5.6절에 소개됨). 마케팅에서 가치 제안은 회사가 지불(또는 다른 가치 이전)에 대한 대가로 고객에게 약속 한 개선의 총합을 의미한다.[5] 가치 제안에 대해 생각하는 또 다른 방법은 고객이 특정 제품이나 서비스를 채택해야 하는 이유를 요약한 마케팅 성명서 같은 것이다. 이 성명서는 잠재고객에게 신제품 또는 서비스가 다른 경쟁 제품보다 합리적인 가격으로 더 나은 가치를 창출하거나 더 좋게 문제를 해결할 것이라는 설득을 시켜야 한다. 다시 말하지만, 오늘날의 가치 중심 환경에서는 사용 가능한 옵션보다 조금 더 많은(또는 조금 더 적은) 가격에 점진적인 개선을 제공하는 것으로는 충분하지 않다.

중요한 점은 새로운 해결책에 의해 제공되는 개선은 변화를 일으키는 전체 집단의 비용을 극복할 수 있을 만큼 충분히 매력적이어야 한다. 여러 상황에 있는 고객의 경우에 이는 제공 가격을 훨씬 초과하며, 신기술과 관련된 다른 이해관계자를 조정하는 비용, 구매 결정을 하는 비용, 그 후 치료 표준에 대하여 필요한 부분을 수정하고 새로운 해결책을 적용하기 위해 수립한 워크 플로우를 구현하는 비용을 포함한다.

회사들은 대부분 구매 결정을 내리는 것과 관련된 주요 의사결정권자를 위한 가치 제안을 만든다. 그러나 많은 건강 관련 해결책에는 여러 의사결정자가 관련되어 있으며, 결과적으로 여러 가지 가치제안이 필요하다는 사실을 명심하는 것이 중요하다. 예를 들어 미라마르 랩의 경우, 이 회사는 기술을 구입하고 정차를 수행하는 의사들뿐만 아니라 치료를 받고 지불할 의사를 선택하는 환자를 대상으로 하는 독특한 가치 제안이 필요했다. 만약 기업이 결국 중재에 대한 보상을 추구하기로 결정하면 공공 및 개인 납부자들과 공감하는 가치 제안들을 개발해야 할 것이다.

의사결정권자를 제외하고, 이노베이터는 해결책의 채택을 도울 수 있거나 방해할 수 있는 개인이나 그룹에게 특별한 주의를 기울여야 한다. 다른 이해관계자들에게 부정적인 영향을 줄 수 있는 경우 이러한 2차적 가치 제안은 제안의 옹호자들처럼 다른 이해관계자들을 고무하는 것을 돕거나 해결책에 대한 저항을 최소화하려는 시도를 돕기 위해 고안될 수 있다. 미라마르 랩의 사례를 다시 한 번 참조하면, 피부과, 성형외과 및 재건수술 분야 의사 전문 협회 구성원 간의 잠재적인 우려를 예측하고 이를 해소하기 위한 가치 제안(및 마케팅 전략)을 개발해야 할 수도 있다.

가치 제안은 2.4절 시장 분석의 일부로 팀이 개발한 **가치 추정치**와 밀접한 관련이 있다. 그러나, 그것은 더 구체적이고(필요성뿐만 아니라 해결책을 제시), 포괄적이며(규정, IP, 보상 및 임상문제와 같은 그것의 시장 진입과 관련된 해결책 및 요소에 대한 자세한 정보를 고려함), 실용적인 것(목표 이해관계자에 대한 이해와 이를 뒷받침하는 기준)이다. 결과적으로, 가치제안은 상업화를 준비하고 이해관계자의 반응을 예상하기 위한 유용한 도구이다.

2.4절에서 개발된 치료영역 차트는 일반적인 효과 및 비용 측면에서 필요영역에서 사용 가능한 해결책을 계획한 것임을 상기하자(그림 2.4.1 및 2.4.2 참조). 가치제안의 개발은 바로 이 작업을 기반으로 한다. 첫째, 이노베이터는 해결책이 대체 가능한 기존 치료를 선택해야 한다. 이 치료의 비용 및 효능은 새로운 해결책에 대한 가치제안을 구축할 수 있는 기준선이 된다. 이 문맥에서 "효능"이라는 용어는 비용과 특별하게 관련이 없는 거의 모든 값(예: 품질, 환자 만족도, 진단 대기시간)의 특성에 대한 대용(프록시)으로 사용된다는 것을 명심해야 한다. 마찬가지로, "비용"이라는 개념은 시스템 비용, 제품단가 또는 환자당 노동 비용을 대변하는 절차 시간까지 반영할 수 있다.

그림 5.7.4에서 볼 수 있듯이, 가치 제안이 존재할 수 있는 세 가지 실행 가능한 사분면이 있다: 해결책은 (1)높은 비용으로 높은 효능을 제공할 수 있고, (2) 낮은 비용으로 더 낮은 효능을 제공할 수 있다. 또는 (3) 낮은 비용으로 높은 효능을 제공할 수 있다. 상단 및 하단 오른쪽 사분면(#1 과 3)의 해결책은 그것들이 기존 해결책보다 더 우수한 효능을 제공한다는 사실에 경쟁한다. 그림 5.7.5는 이노베이터가 이러한 오퍼링들에 대한 가치 제안에서 강조할 수 있는 개선 유형을 설명한다.

하위 사분면(#2와 3)의 오퍼링은 가능한 대안보다 저렴한 비용으로 해결책을 제공할 수 있는 능력에 경쟁한다. 더 낮은 비용의 오퍼링은 그림 5.7.6에 요약된 개선 사항 중 하나 이상을 반영하는 경향이 있다.

중요하게 사분면 #3에 그릴 수 있는 해결책은 기준보다 저렴한 비용으로 향상된 효율성을 산출한다는 것을 약속한다는 점에서 특별한 두 부분의 이점을 제공한다. 현재 모든 헬스케어 이해관계자들이 가치 최적화에 초점을 맞추고 있다는 점을 고려하여, 최근 이 영역에서의 해결책은 종종 더욱 강력한 가치 제안을 제공하는 것으로 인식된다(비록 효능의 개선 정도는 행동변화를 보장하기 위한 비용의 감소에 비해 여전히 상대적으로 충분해야 함).

몇 가지 예는 이 접근법이 실제 제품으로 어떻게 변환되는지 보여준다(그림 5.7.7 참조). 관상동맥질환을 치료하기 위한 스텐트의 경우를 고려해 보면, 오른쪽 위의 사분면 #1에 나타난다. 2.1 질병 단계의 기초에서 설명한 바와 같이, 혈관성형술은 관상동맥 질환 치료를 위한 관상동맥 우회수술(CABG)에 대한 덜 침습적이며 리스크가 적은 대안으로 소개되었다. 그러나 동맥치료를 하려고 시도하는 과정의 6개월 이내에 환자의 30~40%가 재발협착증이 발생했다. 이러한 이유로 많은 환

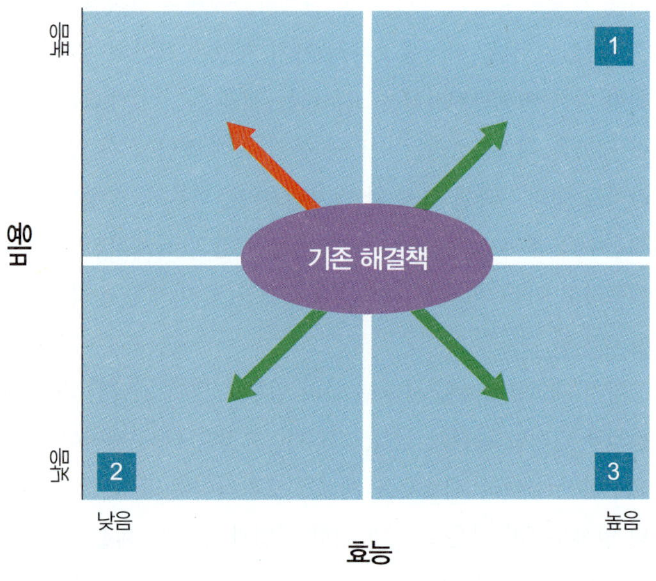

그림 5.7.4
가치 제안은 새로운 해결책이 사용 가능한 치료법과 관련하여 어떻게 포지셔닝되는지를 알려준다.

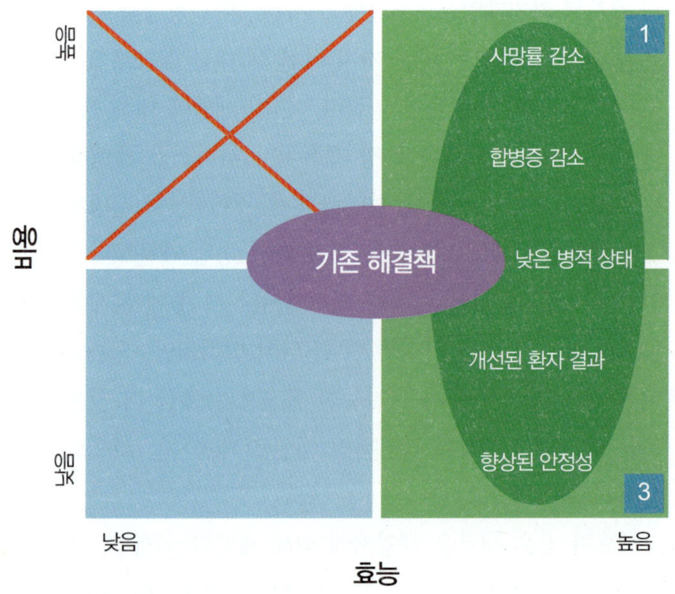

그림 5.7.5
혁신자는 오퍼링이 제공하는 효능의 개선을 기반으로 기존 해결책에서 1, 3 사분면의 해결책을 차별화할 수 있다.

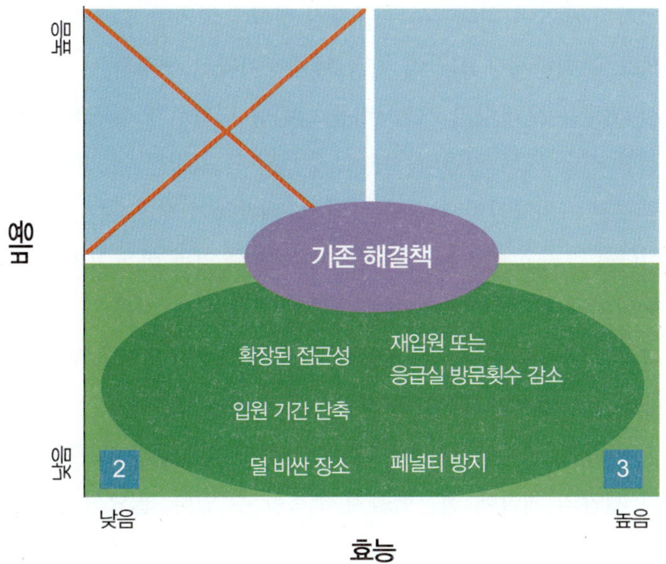

그림 5.7.6
혁신자는 오퍼링이 제공하는 효능의 개선을 기반으로 기존 해결책에서 2, 3사분면의 해결책을 차별화할 수 있다.

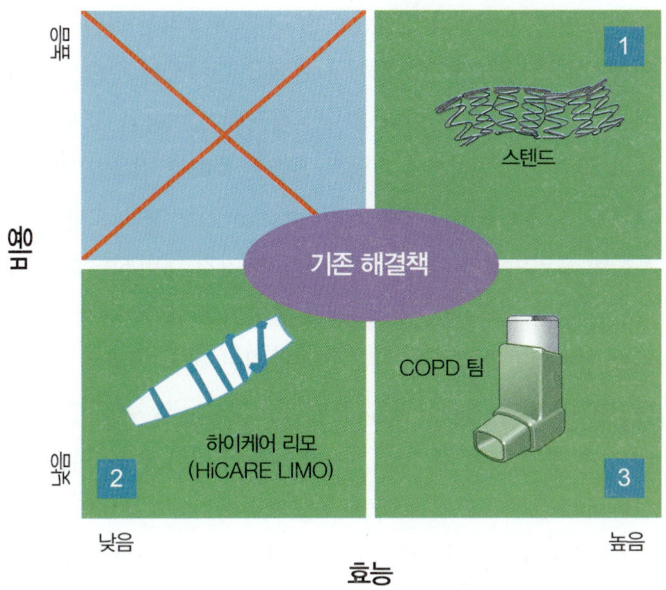

그림 5.7.7
혁신자는 오퍼링이 제공하는 효능의 개선을 기반으로 기존 해결책에서 1, 3사분면의 해결책을 차별화할 수 있다.

자들이 반복적인 혈관성형술 절차나 CABG를 필요로 했기 때문에 환자의 위험이 증가하고 의료시스템에 대한 비용이 추가되었다. 장치 제조업자는 1992년 미국에서 동맥을 개방 상태로 유지하고, 그것의 움츠러듦으로부터 방지하고, 장기적인 재발협착증의 비율을 줄이기 위해 베어 메탈 스텐트(BMS)의 마케팅을 시작했다. 이 신기술은 합병증을 줄이고 반복수술의 필요성을 감소시킴으로써 치료의 효능을 향상시켰지만, 혈관성형술 비용에 스텐트당 약 1,600달러를 추가하게 되었다.[6] 10년 후 미국에서 약물용출 스텐트(DES)가 출시되었을 때, 그들은 효율성 비율을 더욱 향상시킴으로써 BMS를 대체하려고 했다. 예를 들어 1:1 임상 연구에서는 BMS의 경우 33% 수준의 비율에 비해 DES의 경우 재발협착증 비율이 9% 수준으로 나타났다.[7] 그때까지 BMS의 가격은 스텐트당 약 1,000달러로 떨어졌지만 각각의 DMS는 1대당 3,000달러 이상의 가격이 부과되었다.[8] 비록 납부자 및 시설은 재발협착증과 관련된 반복적인 절차를 피함으로써 비용절감을 실현하고 있었지만 기술과 관련된 추가비용은 총 절감액보다 훨씬 컸다. 감당할 수 없는 보건의료 지출로 인해 많은 이해관계자들이 **치료 기준**에서의 무제한적 확대와 관련된 경제를 재고려하도록 강제하기 이전에는, 이러한 유형의 가치 제안(더욱 높은 비용에서 더 높은 효능을 바탕으로 하는)이 일반적이었다.

효과적이고 저렴하며 사용하기 쉬운 새로운 하체용 부목을 개발한 가이던트 LIMO 팀에 초점을 맞춘 두 번째 예시는 아래쪽 사분면 #2에 나타난다. 신기술에 대한 아이디어는 인도의 많은 구급차 운전사와 다른 의료서비스 제공자들이 현대 부목의 대안수단들에 대한 접근성을 가졌지만, 비용이 높아 환자에게 이용하기를 주저하거나 운송 후 그대로 남겨둔다는 관찰에서부터 시작되었다. 이 경우 팀은 최고 품질의 부목(과 그들이 제공한 효능)의 발전된 기능 중 일부를 트레이드-오프하여 비용을 절감할 수 있는 장치를 만들고자 했다. 저렴한 가격에 장치를 사용하면 의료서비스 제공 업체가 의료기기를 배포할 수 있을 것이고, 환자들이 그것을 필요로 할 때 부목에 대한 환자의 접근성을 증가시킬 수 있다. 환자 인구의 상당수가 제한된 자원을 가질 수 있고 일반적으로 개인 지불 건강 지출부분이 더 높은 새로운 경제 환경에서 사업 활동을 하는 기업들에서는 (상당히 더 낮은 비용으로 기능 없는 해결책을 개발하는) 이러한 종류의 가치 제안이 점점 보편화되고 있다. 또한 이러한 가치제안은 고객의 부분 집합에서 현재 해결책의 저비용 대안을 모색하는 대규모 전통시장의 소규모 세분화를 목표로 하는 데 사용될 수 있다.

예를 들어 오소패닉 임플란트 컴퍼니(OIC)라는 기업은 정형외과 의사가 골절을 치료하거나 관절을 대체하는 수술 절차에서 사용하는 나사 및 이와 유사한 하드웨어 비용을 크게 줄이려고 노력하고 있다. 이 기업의 전략은 **특허**를 취득한 장치를 확인한 후 린(Lean), 아웃소싱(outsourced) 제조 모델을 사용하여 프리미엄 임플란트의 평균 시장 가격 대비 50~60% 저렴한 제품을 제공하는 것이다.[9,10] 물론 이러한 특허 제품에는 주요 정형외과 임플란트 제조업체의 최신 세대 제품이 제공하는 최근의 발전 기술이 모두 포함되어 있지는 않지만, 전체 고객 기반 중 일부는 이러한 저가형 제품이 기본 요구사항을 적절하게 해결한다고 결론 내릴 수 있다.

2.4절에서 프로파일링된 COPD 팀에 초점을 맞춘 마지막 사례는 오른쪽 아래 사분면 #3에 나타나는 기술을 보여준다. 이 팀은 악화에 대한 위험 요소를 원격으로 모니터하는 데 사용할 수 있는 스마트 흡입기를 설계하여 케어 매니지먼트 콜센터 내부에 간호사들이 이런 신호가 감지될 때 사전에 개입할 수 있게 했다. 이 장치는 악화를 경험하고 있는 환자들을 붙잡기 위해 반 무작위 발신 전화를 수행하도록 요구하는 것보다는 그들의 서비스를 직접 제공하는데 도움이 되는 데이터를 제공함으로써 케어 매니지먼트 콜센터의 효율성(또는 효과성)을 증가시키기 위한 것이었다. 이와 함께, 스마트 흡입기는 응급실의 방문자 수와 병원 재입원을 예방하고 만성 폐쇄성 폐질환(COPD) 재입원으로 인한 불이익을 방지하기 위한 시스템을 사용하는 시설을 허용함으로써 전반적인 치료비를 줄일 수 있다. 이러한 유형의 가치 제안(효능이 향상될 수 있는 동시에 시스템 비용을 절감되는)은 일반적으로 보다 제한된 자원의 시대와 치료비용에 대한 관심 증대에서 이해관계자의 지원을 얻는 가장 강력한 접근법으로 여겨지고 있다.

다른 유형의 개선이 다른 이해관계자들에게 호소력을 발휘하므로 가치제안은 각 이해관계자 그룹별로 맞춤화되어야 한다. 예를 들어, 지불자(payer)가 원하는 품질 매트릭스에 근거한 미국의 오바마 케어로 불리는 건강보험개혁안(Affordable Care Act, ACA)에 따라 부과되는 보상 페널티가 개개인의 의사와 환자의 관심을 끌지 못할 수도 있지만, 피할 수 있는 지출과 부정적인 여론을 미연에 방지하고자 하는 의료시설(healthcare facilities)에는 매우 중요할 수 있다.

가치 제안이 취해야하는 규정된 형식은 없지만, 그들은 종종 목표 이해관계자 집단이 가장 매력적이라고 생각하는 관점에서 새로운 오퍼링의 개선-비용 상황을 명확하게 설명하는 간결한 진술 또는 일련의 진술로 구성된다. 최소한 이 진술에는 규제된 가치제안이 전달되는 대상, 해결책이 제공하는 개선사항(들) 그리고 이러한 이점들을 실현할 수 있는 비용 표시가 포함되어야 한다. 가치제안을 작성하기 위한 또 다른 접근법은 그들이 필요로 하는 것, 해결책, 그리고 그것이 경쟁을 위해 제공하는 상대적인 개선점을 요약하는 것을 시사한다.[11]

미라마르의 사례를 예로 들자면, 회사가 어떻게 그 주요 가치 제안의 개발에 접근했을지 추측할 수 있다. **필요성 진술**로 시작하여, 회사는 관심 초점에 따라 *현재의 대안적 비용으로 좀 더 영구적이고 효과적인 치료가 필요한 다한증이 심한 환자를 치료하는 방법의 기틀*을 마련할 수 있다. 일단 팀이 해결책을 개발하고, 초기연구를 실시하고, 예비 시장조사를 수행하면 그것의 가치진술은 다음과 같이 읽을 수 있다:

- **환자의 경우:** 미라마르 랩은 안전하고, 매우 효과적이며, 오래 지속 가능한(90% 이상의 안정적인 효능을 가진) 의사진료소에서 7개월마다 한 번씩 반복 실시해야 하는 BOTOX 치료와 같이 효과가 적은 대안과 그러한 문제를 적절히 해결하지 못하는 대처 매커니즘의 수명 비용에 비해, 좀 더 신속하고 저렴한 치료법을 제공한다.
- **의사의 경우:** 미라마르 랩은 수익성 있는 방향으로 실무를 확장하면서 의사가 중증 다한증 환자에게 BOTOX에 비해 좀 더 긴 지속성을 갖는(90% 이상의 안정적인 효능을 가진) 최첨단 해결책을 제공할 수 있는 안전하고 효과적인 개인 부담 치료를 제공한다.

앞서 설명한 바와 같이, 질적 자료는 가치제안(예: 주요 의견 선도자(KOLs)의 추천 및 일화)을 지원하는 데 사용될 수 있으나, 최대의 효과를 얻기 위해서는 그러한 주장을 뒷받침하는 질적 정보가 이상적으로 보강되어야 한다. 실제로 이해관계자들은 일상적으로 고품질의 임상 및 경제적 증거에 의해 뒷받침되는 양적 제안에 대해 높은 타당성을 부여한다.[12] 이러한 자료들은 서베이, 시장조사의 다른 형태, 임상시험 그리고/또는 가치모형(5.6 보험 급여 전략 참조)을 통해 수집될 수 있으며, 그런 다음 가치제안의 구조화를 위한 기초로 사용된다.

미라마 랩스의 가상적인 가치제안을 참고하면, 회사는 이러한 단일 가치 진술을 각각의 청중에 대한 일련의 진술로 확장하여 추가적인 정량적 정보를 만들 수 있다. 예를 들어, 환자의 경우, 회사가 반복적인 보톡스 치료의 특정 비용을 강조하거나 중증 다한증을 가진 환자가 mira-Dry의 1회 3,000달러라는 비용과 비교하여 드라이 크리닝과 발한억제제에 평생 지불해야 하는 비용의 평균을 언급할 수 있다. 의사들의 경우, 그들은 불과 700달러의 일회용 장비들을 가지고 시술당 3천 달러가 들어가는 각각의 환자들을 커버함으로써 어떻게 그들이 선투자한 5만 달러의 자금을 회수하고 추가수익이 있는 절차를 만들었는지 보여줬다.

유타대학교의 발견과 혁신을 위한 소렌슨 센터의 전무이사인 Chris Wasden은 이노베이터가 가치를 창출하고 측정할 수 있는 다섯 가지 핵심 요소를 권고한다:[13]

- **비용** – 혁신은 고객의 사용 가능한 대안에 비해 비용을 얼마나 절감할 것인가?
- **편의** – 해결책을 사용 가능한 대안과 비교하는 것이 얼마나 쉬운가?
- **신뢰도** – 사용 가능한 대안보다 해결책이 얼마나 더 정확하거나 우수한가?
- **이익** – 주요 이해관계자가 대안을 통해 얼마나 많은 돈을 벌 수 있는가?
- **연결** – 그 해결책이 사용 가능한 대안보다 얼마나 더 유행하고, 멋지고, 사회적이며, 감성적이고, 전위적인가?

오토그램(Otogram)이라고 하는 자동화된 청력 장치를 포함하는 예시는 정량적 가치제안이 이런 요소들을 통해 무엇을 볼 수 있는지를 보여준다. 이 장치에 대한 상용화 계획을 개발하는 팀이 가치제안을 실험하기 시작했을 때, "우리는 테스트 비용을 줄이고 테스트 정확도를 향상시킬 수 있습니다."라고 한 접근법에 대한 열정은 거의 찾아볼 수 없었다. 대신, 다음과 같은 더 정량화 되고 구체적인 진술은 의사 이해관계자에게 보다 강한 영향을 미쳤다.[14]

일반적인 의사진료에 대해 오토그램은 다음을 할 수 있다:

- 청각 검사비를 연간 75%(또는 약 100,000달러)를 감소시킨다. (비용)
- 청력학자 없이 하루 중 언제라도 그리고 11개의 언어로 검사함으로써 환자에 대한 편의를 증가시킨다. (편의)
- 임상 실험에 나란히 근거하여 전문 청력학자의 99% 정확도를 보장한다. (신뢰)
- 청각 검사에서 연간 30,000달러씩의 진료수익을 그리고 보청기 판매량을 연간 100,000달러로 두 배로 증가시킨다. (이익)
- 진료업무가 환자를 의료진과 연결하는 직관적이고 우아한 디자인을 사용하는 청력 건강 기술 분야의 최첨단에 있음을 보여준다. (연결)

처음에는 이노베이터가 양적 가치제안을 지원하는 데 필요한 모든 데이터를 보류하지는 못했지만 이것은 그들이 마케팅 믹스를 개발하고, 가격을 책정하며, 임상 및 경제적 연구를 수행함에 있어서 앞으로 해야 할 일이다(향상된 효율성 제공에 중점을 둔 가치제안이 있는 기술의 경우 기존의 근무시간 활용 연구의 변화에도 유익할 것이다). 중요한 점은 이노베이터들이 그들의 오퍼링을 촉진하기 전에 몇몇의 데이터가 가치제안에 포함되어야 한다는 것이다. 그들은 영향력을 미치려고 하는 다양한 이해관계자 그룹의 데이터 요구사항을 만족시키기 위하여 필요한 증거를 산출할 연구 설계를 위해 상호 기능적으로 작업해야 한다. 물론 연구는 상대적 중요성과 초기 목표인 자원의 제약을 고려하여 목표를 달성할 수 있는 회사의 역량에 잠재적인 영향은 물론 연구는 특히 초기단계의 자원제약을 고려하여 목표를 달성할 수 있는 회사의 능력에 대한 그들의 상대적 중요성과 잠재적인 영향에 기초하여 우선순위를 매기거나 순서대로 정렬할 필요가 있을 것이다. 그러나 시간이 지나 더 많은 데이터가 수집됨에 따라 회사의 가치 제안은 발전하고 점점 탄탄해질 것이다. 예를 들어, 시장 출시에 있어 이노베이터들은 그들의 시장조사에서 규제 승인과 이해관계자의 증언에 사용되는 임상데이터보다 조금 더 노력할 수도 있다. 따라서, 그들의 가치 제안은 이 정보를 활용할 수 있지만, 현장에서 최초의 사용자 및 선구자 되고자 하는 고객들에게 흥미를 일으키는 것에 더 중점을 둔다. 추후에 추가적인 임상 그리고/또는 경제적 연구가 완료되고 발표된 후에도 가치제안은 혁신이 많은 임상시험에서 얻어진 데이터에 의해 뒷받침된다는 확신을 얻고자하는 고객을 유치하기 위해 변화할 수 있다. 도움이 될 수 있는 연구 유형에 대한 더 자세한 정보는 5.3 임상시험 전략 및 5.6 보험 급여 전략을 참조하라.

팀 또는 기업이 수행해야할 연구를 결정할 때, 가치제안은 이해관계자의 관점에서 누가 그러한 연구에 참여할 것인지 고려하는 것에 도움이 된다. 연구 설계 및 관리는 기업과 관련된 주요 의견 선도자(KOLs)를 확보하고 자사의 오퍼링에 친근해질 수 있는 효과적인 방법을 제공한다. 주요 의견 선도자로 간주되는 의사들은 높은 성공 확률을 가진 연구를 설계하고 구현하는 데 도움이 될 수 있는 풍부한 경험을 가지고 있다. 또한 그들의 전문지식과 참여는 신뢰성을 제공하고 주요 의견 선도자들의 동료 그룹 간 연구결과에 대한 관심을 유발하는 데 도움이 된다. 어떤 주요 의견 선도자를 목표로 할지 결정할 때, 기업들이 학계 또는 지역 의료 담당 의사를 선호하는지, 그리고 연구가 수행될 지리적 위치와 같은 요인들에 대해 생각해야 한다(5.3 임상시험 전략 참조).

연구 설계 및 실행에 앞서, 주요 의견 선도자들은 회사가 중요한 가치제안을 개발하거나 개선하는 데 도움을 줄 수 있다. 주요 의사결정자들은 전통적으로 의사 집단 내에서 타깃이 되고 있지만, 이노베이터들은 영향력 있는 개인들이 시설관리자, 생물통계학자, 건강 경제학자, 교수, 지원 전문가들(예: 간호사, 기술자), 환자그룹 간에 발견될 수 있음을 기억해야 한다. 그러한 모든 전문가들은 어떤 가치제안이 관련 대상 고생에게 가장 매력적인지, 그리고 가치제안을 효과적으로 지원하기 위해 필요한 데이터에 관하여 귀중한 조언을 제공할 수 있다.

때로는 회사가 특정 기술의 가치에 대해 특정한 이해관계자들을 설득할 수 있기 전에, 가치제안은 해결책에 대한 필요성이 조금도 존재하지 않는다고 설득해야 한다. 종종 "시장 개발"이라고 불려 필요에 대한 인식을 낳고, 차례로, 해결책에 대한 요구는 많은 시간이 걸리고, 복잡하며, 값비싼 노력이 될 수 있으며, 신규 업체에 의해 가볍게 착수되어서는 안 된다. 예를 들어, 회사는 특정 기술을 효과적으로 내놓기 전에(마케팅하기 전에) 목표 고객의 마음속에 필요성을 확립하기 위해 단순히 연구를 수행하거나 후원해야 할 수 있다.

삽입형 심장 제세동기(ICDs)의 경우를 생각해 보자. MADIT-II(다기관 자동 제세 동기 이식 시험-II; Multicenter Automatic Defibrillator Implantation Trial-II) 및 SCDHeFT(심부전시 갑작스런 심정지; Sudden Cardiac Death in Heart Failure Trial) 시험 결과가 발표되기 전에, ICD는 비교적 적은 수의 2차 예방 환자, 즉 갑작스런 심장 마비 증상이 있었던 환자를 치료하는 데 주로 사용되었다. 그러나, MADIT-II와 SCD-HeFT는 ICD가 1차 예방 환자, 즉 급성심장마비를 아직 경험하지 못한 사람들의 사망률을 급격히 감소시킨다는 것을 입증했다. 결과적으로, FDA는 주요 예방 환자들을 포함하여 ICD 이식에 대한 지시를 확대했다. 유사하게, 메디케어(미국에서 시행 중인 노인의료보험 제도)와 공공지급인은 1차 예방에 사용되는 ICD에 대한 **보험**을 제공하기 위해 그들의 정책을 수정했다. 2차 예방 그룹보다 이 그룹이 더 컸기 때문에 이것은 추가적인 1백만 명 환자들에 의해 ICD에 대한 시장을 증가시켰다. 의사, 지급인, 그리고 환자는 이 광범위한 집단 안에 정당한 필요성이 존재한다는 결정적인 조건으로 보여져야 했다. 비슷한 예는 말기 신장질환(end-stage renal disease, ESRD)으로 악화되기 전에 만성 신부전(Chronic Kidney Disease, CKD)을 가진 환자들의 치료 안에 존재한다. ESRD을 보유한 환자에게 심장질환관리의 필요성은 비교적 잘 알려져 있었지만, 대부분의 preESRD 환자들에게 심장 질환은 사전 대책을 강구하거나 지속적으로 관리되지 않았다. 그러나, New England Journal of Medicine[15]에 발표된 연구에 따라 preESRD 환자가 심부전의 위험이 높다는 사실이 밝혀지면서 이 환자 집단에 새로운 치료 패러다임의 필요성을 정립하기 충분했다. 그것은 또한 CKD와 관련된 기회를 추구하는 이노베이터와 기업들에게 새로운 치료영역을 열어주었다.

기업의 경쟁우위와 비즈니스 전략은 그것이 정의된 가치제안을 지원할 수 있다. 각 가치제안에 대해, 팀은 어떤 전략들과 잠재적인 기업의 강점들이 약속대로 성공적으로 이행될 수 있는지 조심스럽게 평가해야 한다(자세한 정보는 5.9 경쟁우위 및 사업 전략 참조). 헬스케어 가치사슬에서 기업의 위치(position)와 고유한 역량들은 가치제안을 실현하는 데 중요한 영향력의 원천이다.

마케팅 믹스

주요 이해관계자 그룹에 대한 명확한 가치 제안을 정의하면, 이노베이터는 다음으로 이러한 가치 진술을 지원하고 전달할 마케팅 믹스에 대한 일련의 결정을 내려야 한다. 효과적인 마케팅 믹스가 없으면 가치 제안은 그들의 목표 고객에게 도달하지 않을 것이며 채택은 점점 더 어려워질 것이다.

제품/서비스 믹스

이 장에서 제시되는 마케팅 믹스의 첫 번째 요소는 제품/서비스 믹스를 제시하는 것이다. 아이디어는 회사가 구축한 가치제안을 제공할 가능성이 가장 높은 오퍼링을 정의하는 것이다. 일반적으로 제품/서비스 믹스는 회사에서 채택한 비즈니스 모델에 따라 결정된다(4.4 사업 모델 참조). 예를 들어, 일회용 또는 이식형 기기가 있는 많은 **메디테크** 기업들은 부수적인 서비스를 통해 지원할 수 있는 순수한 제품을 제공한다(예, 교육 및 훈련). 반면에, 자본설비 기업들은 일반적으로 서비스(예, 유지 관리 계약 및 업그레이드 계약)뿐만 아니라 다양한 제품(예, 장비뿐만 아니라 일회용 또는 재사용 가능한 부품)의 일괄 판매를 포함하는 좀 더 복잡한 제품/서비스 믹스를 가지고 있다. 예를 들어, Accuray(이 장에 뒷부분에서 설명함)는 기본 제품 제공의 일부로 향후 제품 업그레이드를 포함한다.

응집력 있는 오퍼링으로 제품과 서비스의 일괄 판매는 의료 공급자와 지불자/구매자가 더 가치지향적이 됨에 따라 점점 더 보편화되어지고 있다. 이 변화를 반영하는 새로운 비즈니스 전략 중 하나는 질병관리 또는 **"질병 소유"**(5.9절 참조)라고 한다. 이러한 접근방식을 통해 기술 기업들은 그들의 고객이 지속적으로 치료해야 하는 문제를 해결할 수 있도록 하는 통합된 제품과 서비스를 제공하려고 하고 있다. 이러한 추세가 지속된다면, "순수한" 제품 회사로 남을 메디테크 기업들은 점점 감소할 것이며, 하이브리드 제품/서비스 오퍼링이 시장에 더 많이 나타날 것이다.

가격 책정

가격 책정은 오퍼링에 대한 적절한 기준가는 무엇인가? 라는 믿을 수 없을 만큼 간단한 질문으로 시작된다. 제품 및 서비스 또는 그 둘 중 하나의 가격은 특히 이해관계자가 보다 많은 비용을 의식하게 됨에 따라 채택을 권장하거나 막는 데 중요한 역할을 할 수 있다. 따라서 가격 책정은 직접적으로 오퍼링의 가격을 부담할 의사결정자의 기준 가격을 설정하는 것뿐만 아니라 가격(및 상환과 관련된 문제)이 채택에 영향을 미칠 수 있는 다양한 방식을 인식하는 것이 포함된다. 상환관련 문제는 5.6 보험 급여 전략에서 다루어진다. 그러나 그것들은 마케팅과 관련된 범위까지 이 절에서 약간의 논의를 보장한다.

이노베이터는 기준가격을 설정하기 전에 먼저 제품을 개발, 제조 및 상용화하는데 드는 모든 비용을 파악해야 한다. 그들은 또한 기업이 자사의 간접비와 지속적인 개발 노력을 지원하기 위해 이상적으로 벌어들일 수익창출(이익)의 종류를 결정해야한다. 이러한 요소들이 명확하게 파악되면 다음 단계는 오퍼링과 관련된 실제 가치와 인지된 가치를 평가를 수행하는 단계이다. 서베이 자료, 오퍼링에 대한 가치제안의 정의, 그리고 비용/이익 모델과 같은 고급 분석은 이 평가에 중요한 조언을 제공할 수 있다.

가치기반 가격책정은 일반적으로 기업이 지원하는 가장 효과적인 가격 책정 전략이다. 신기술의 가격이 제공할 개선의 가치에 직접적으로 연결될 수 있다면(비용을 초과하는 가치로), 구매자와 지불인은 오퍼링의 채택을 더욱 지원할 것이다. 가장 설득력 있는 가치기반 가격 결정론은 헬스케어 비용의 직접적인 절감과 관련이 있다. 그러나 이노베이터들은 잠재적인 절감 효과를 확신하고 내부적으로 가치 기반 구입을 정당화하기 위해 고객이 종종 높은 수준의 문서화를 요구한다는 점을 인식해야 한다. 만약 의사나 병원이 (현재 치료 기준에 관련하여) 사용되는 각 장치를 통해 비용을 절감한다면, 이것은 기업이 가격을 정당화하는 것에 강력한 논거를 제공하게 된다. 또 다른 일반적인 가격 결정론은 개선된 결과와 관련이 있다. 만약 장치가 지불자나 제공자가 후속관리 또는 합병증과 관련된 치료에 비용을 절약하게 되는 개선된 결과로 이어지면 이는 종종 설득력 있는 논쟁이다. 그러나 가격 결정론이 **삶의 질**을 기반으로 할 때, 기업들은 때때로 반대의견과 마주칠 수 있다. 영국과 같은 일부 지역에서는 구매자와 지불자가 일반적으로 삶의 질에서 중요하고, 측정 가능하며, **근거에 기초한** 개선을 도출하는 기기의 채택을 기꺼이 지지한다. 그러나 이러한 변화를 입증하기 위한 기준은 헬스케어 시스템에 상당한 잠재적 비용 부담을 초래하는 고급품, 고비용의 기기의 경우 특히 점점 더 엄격하게 변하고 있다.

기업이 기준 가격을 설정할 수 있는 또 다른 방법은 **비교 분석**을 수행하는 것이다. 현장에서 유사한 오퍼링의 가격 책정 전략(및 관련 상환 상태)를 평가함으로써 기업은 가격을 책정하는 데 도움이 되는 중요한 정보를 얻을 수 있다. 일반적으로 기존 제품에 대한 의료기기의 가격 전략은 이노베이터가 시장에 어떤 영향을 미칠지에 대한 강한 인식을 제공해야 한다. 비교 분석은 1차 및 2차 연구를 통해 수행할 수 있다. 토론된 바와 같이 시장조사를 수행하는 것은 주요 이해관계자들의 가격 민감도를 알아보는 측면에서 도움이 될 수 있다(즉, 다양한 가격 전략의 시나리오를 탐색하고 이해관계자들이 기술을 반대할 수 있는 가격대를 파악).

지노믹 헬스(Genomic Health)의 이야기는 한 기업이 자사 제품에 대한 가격을 책정하는 문제에 어떠한 방법으로 접근했는지 보여준다.

현장에서 지노믹 헬스(Genomic Health)

새로운 진단 도구에 대한 가치-기반 가격책정

2.4 시장 분석에서 설명되었듯이, 환자 차원의 유전체 검사를 토대로 한 가치가 높고 정보가 풍부한 진단법이 초기 단계의 N-, ER+유방암의 재발을 예측하고 개인화된 치료 결정들을 가능하게 해야 할 필요성을 중점적으로 다루는 기업인 지노믹 헬스(Genomic Health)는 자사의 제품에 흥미로운 가격책정 문제에 직면했다. 진단 기업들은 전통적으로 검사에 25~50달러를 청구했고 마진은 겨우 5~10%였기 때문에, 그 기업은 유전체-기반의 검사를 시장에 출시하기 위해 필요한 R&D와 임상 연구들의 높은 비용을 뒷받침하기 위해 완전히 다른 가격 책정 패러다임을 개척해야만 했다.

세 가지 유형의 분석들은 검사당 1,000~7,000달러 범위의 가격이 실행 가능할 수 있음을 암시했다. 그 첫 번째는 비교 분석이었다. 지노믹 헬스의 최고운영책임자(COO)인 Kim Popovits는 다음과 같이 회상했다. "그 당시 시장에는 또 다른 진단법이 있었는데, 여성의 유방암 유전 위험을 평가하기 위해 BRAC-1과 -2 유전자들의 돌연변이를 살펴보는 유전 검사였습니다." 이 검사는 3,000달러 안팎으로 가격이 책정되었고 비교적 광범위한 규모로 상환을 받는 중이었다.

두 번째 접근방식은 필요성에 대한 가치 추정에 토대를 둔 것이었다. 시간이 흐르면서 지노믹 헬스의 검사는 전체적인 헬스케어 시스템에 돈을 절약할 수 있는 잠재성을 가지고 있었고, 가격결정력을 치료법에서 진단법으로 전환시킬 수 있었다. 구체적으로, 초기 단계의 유방암 환자들에게 화학요법의 전체 비용은 보수적으로 잡아도 15,000달러였다. 만약 검사가 화학요법을 받고 있는 환자들의 수를 50% 줄인다면(낮은 재발 위험을 예측함으로써), 헬스케어 시스템에 전체적으로 절약되는 돈은 환자 한 사람에 대략 7,000달러일 것이다. 이것은 잠재적으로 지노믹 헬스가 테스트 한 건당 최대 7,000달러까지 가격을 강요할 수 있다는 것을 의미했다.

마지막으로, 그 기업은 30~40 명의 미국 메디컬 디렉터들을 대상으로 한 시장조사를 포함하여 추가적인 시장조사를 수행했다. 이러한 노력을 통해 지노믹 헬스는 지불인들의 가격 민감성을 테스트했고 그들이 1,000달러 이상의 검사를 비싸다고 간주한다는 것을 알아냈다. 그러나 검사가 높은 가치 책정을 뒷받침하는 임상적 가치와 충분한 타당성을 가지고 있다고 가정한다면 그들의 반응은 1,500~4,500달러의 가격대로 큰 차이는 없었다. 이러한 모든 정보를 평가하고, 그 회사는 결국 자사 상품에 대해 대략 3,500달러로 가격을 결정했다.

검사들의 비교적 높은 비용에도 불구하고(전통적인 진단법 기준들에 의한), 지노믹 헬스는 제품에 대해 꾸준한 상환을 얻어내는데 대략 18~24개월이 소요될 것이라고 예상했다. 그러나 회사가 지불인들로부터 상당한 저항에 봉착했을 때(부분적으로는 환자들이 검사를 받을 것이지만 검사 결과들과 상관없이 여전히 화학요법을 추구할 것이라는 우려에 의한), 채택을 유도하기 위한 혁신적인 접근방식을 취했다.

지노믹 헬스는 주요한 지불자인 유나이티드헬스케어와 성과별 지급 거래에 돌입하기로 동의했다. 그 보험사는 지노믹 헬스와 함께 결과들을 모니터링하는 동안인 18개월 동안 검사에 대해 상환할 것이라고 말했다. 만약 너무 많은 여성들이 여전히 화학요법을 받기로 선택한다면, 검사 결과 그것이 필요 없음을 암시한다고 할지라도, 유나이티드헬스케어는 검사가 실질적인 의료 진료에 의도된 영향을 미치고 있지 못하다는 것을 근거로 더 낮은 가격을 협상하고자 모색할 것이다.[16] 지노믹 헬스의 경영팀은 여성들이 테스트에서 권장하는 치료 과정을 따를 것이라고 확신했고, 성과별 지급 계약은 검사에 대한 기업의 신뢰를 광고하기 위한 방법으로 이용될 수 있다고 믿었다. 나중에 밝혀진 것처럼, 실험은 성공적이었고 유나이티드헬스케어는 이 기술에 대한 지급인 계약을 발표했으며, 이 계약은 실험 기간 이후 유나이티드헬스케어의 모든 계획에 걸쳐 보상이 적용되었다.[17]

지노믹 헬스의 사례가 보여주듯이 기준 가격을 선택하는 것은 여러 가지 미묘한 점이 있다. 게다가 기업은 기준 가격에서 벗어나기 위해 확신할 수 있도록 어떤 상황을 결정해야 한다. 기업이 가격책정에 보다 복잡한 접근방식을 채택해야 하는 가격 책정 전략은 **차등** 및 **묶음 판매 가격 책정**, **수익배분**과 **성과급**이 포함된다. 각 대안들에 대한 자세한 내용은 다음에서 확인할 수 있다.

차등 가격 책정 차등 가격 책정은 다른 고객계층에 대해 동일한 제품 또는 서비스의 가격을 다르게 책정하는 기본 개념을 나타낸다. 예를 들어 몇몇의 경우, 의료기기 기업은 대량 구매자(예: 단체구매 조직, 통합 배달 시설)와 가격 할인 협상을 하는 경우가 있다. 이 전략은 판매량을 늘리는 데 효과적일 수 있지만, 지불자뿐만 아니라 고객들 간에 시장에서도 갈등을 야기할 수 있다. 그것은 또한 의사에게 재정적인 유인책을 조장하는 것으로 인식된다면 법적 문제를 야기할 수도 있다.

차등 가격 책정 전략은 기업이 여러 지역에 걸쳐 일을 하고 있을 때 점점 보편화되고 있다. 특히, 자원이 제한적인 환경에서 소외계층의 니즈를 해결하기 위한 사명을 가진 조직에게 인기가 증가하고 있다. 예를 들어, Cycle Technologies사는 차등 가격 접근방식을 사용하여 전 세계 여러 국가에서 자연적인 산아제한 장치인 CycleBeads(조지타운 대학교의 생식보건 연구소 연구원들과 함께 개발함)를 제공한다. 회사의 주요 목표는 의료 및 외과적 피임방법이 제한되거나 받아들여지지 않는 개발도상국의 사용자들에게 도달하는 것이고, 그것의 이차적인 초점은 효과적이고 비외과적인 산아제한 및 이전의 산아제한 도구를 탐색하는 선진국 여성들의 요구를 충족시키는 것이다. 회사가 지속 가능한 토대 위에서 이러한 목표들을 달성할 수 있도록 하기 위해 Cycle Technologies사는 미국에서 장치를 판매하여 이익을 남기고, 그 수익금을 이용하여 인도 및 아프리카 일부와 같이 자원이 부족한 환경에서 저렴한 비용으로 제품을 사용할 수 있도록 만들어 도움을 제공한다.[18]

묶음 가격 책정 묶음 가격 책정이란 제품 및/또는 서비스의 조합에 대해 단일 가격을 설정하는 것을 말한다. 의료기기 제조업체는 매출 증대를 위해 기본 제공물과 함께 서비스 계약이나 부수적인 상품 및 서비스를 묶어 제공할 수 있다. 묶음 가격 책정은 구매자에게 할인 혜택을 제공하는 동시에 그들이 원하는 것보다 더 광범위한 제품과 서비스를 구매하도록 유도하는 방법일 수 있다. 이 방법을 수행하는 동안 일부의 경우, 모든 오퍼링에 대해 성공적이지는 않다. 전형적인 사례로서 가이던트(Guidant)사는 보다 광범위한 보급을 유도하기 위한 노력으로 카테터와 가이드와이어 제품에 대한 묶음 가격 책정을 제공했다. 그러나, 이 분야에서 의사의 선호도가 매우 강했기 때문에 의사들은 결합상품을 구입함으로써 얻을 수 있는 할인 혜택에도 불구하고 최고의 제품을 선택하는 것을 원했다.

보건시스템 관점에서 볼 때, 연구 결과에 따르면 묶음지불은 병원, 후기 급성 치료 제공자, 의사 및 다른 전문직 종사자들을 포함하는 의료기관에 대한 인센티브를 조정할 수 있으며, **치료 에피소드**를 통해 더욱 긴밀하게 협력을 권장하는 것으로 나타났다. 메디케어 및 메디케이드 서비스 센터(CMS)는 CMS혁신센터를 통해서 지불모델의 4가지 새로운 유형을 시험할 수 있는 'Bundled Payments for Care Improvement(BPCI) Initiative(치료개선을 위한 묶음지불 방안)'로 알려진 프로그램을 시작했다. 이 프로그램의 목표는 메디케어에 저렴한 비용으로 어떤 모델이 높은 품질과 더 조율된 치료를 제공할 수 있는지 결정하는 것이다.[19]

수익 배분제 병원과 의사 간의 수익배분 협정은 가격 책정에 있어서 또 다른 미묘한 점을 나타낸다. 이러한 협정에 따라 병원들은 거래량 증가의 대가로 특정 제조업체들과의 가격 인하를 협상할 수 있다. 수익 배분은 의사들이 특정 장치를 선택하는 것에 직접적인 혜택을 받는다는 점에서 차등 가격 책정과는 다르다. 예를 들어, 이러한 계획들은 종종 시술 중 폐기물 감소와 특정 지급품의 사용에서 얻어진 비용 절감에 대한 수익의 일부를 의사에게 제공한다.[20] 몇몇의 관찰자들은 수익 배분을 효과적인 비용절감의 도구로서 보고 있지만, 다른 사람들은 고유한 이해 충돌, 혁신과 올바른 환자 치료에 대한 걸림돌, 그리고 불법적인 리베이트 반대 법령의 위반까지도 포함하고 있다고 인식한다.[21] 최근 일부 병원에서는 의사들에게 엉덩이와 무릎을 비롯한 고가의 정형외과 이식물의 구매 표준화를 돕기 위해 수익 배분제를 사용했다. 수익 배분제 준비를 시작하기 전에, 정형외과 의사들은 그들의 개인적인 제품 선호도를 보호하는 데 성공했고, 이는 각 병원에서 구입한 제품들의 확산을 초래했다. 선호하는 공급업체를 선택하고 수익 배분제를 실행함으로써 병원은 소수의 공급업체와 함께 더 많은 비즈니스를 수행함으로써 구매행위를 획기적으로 간소화하고 비용절약을 실현할 수 있었다.

비록 수익 배분제는 여전히 논쟁의 여지가 있지만, 치료개선방안을 위한 CMS 묶음지불의 일부로 테스트된 4가지 지불 모델은 참여 시설이 제공협력업체들 간의 수익 배분 방식을 제안할 수 있도록 한다.[22]

성과에 대한 지급 지노믹 헬스에서 보여줬듯이, 기업은 특정 결과의 달성여부에 따라 그들의 보상을 책정하는 것에 대해 합의할 수 있다. 만약 기업이 그것의 가치제안(서로 동의한 성과 지표에 의해 측정된)을 제공하면 지급자나 고객이 기본 가격을 지불하게 된다. 그렇지 않은 경우, 특정 할인은 장치에 대한 낮은 "자금회수"를 정당화 할 것으로 예상된다. 수익 배분과 마찬가지로, 성과급 지급은 상대적으로 새롭고 산업 내에 여전히 논쟁의 여지가 있다. 그러나 모든 유형의 구매자가 비용과 가치를 더 중시하게 됨에 따라 이러한 유형의 제도에 대한 관심이 증가하고 있는 것으로 보인다.

어떤 기업이든 가격 책정 전략을 수립할 때 법률 고문을 찾아야 한다. 헬스케어 공간은 엄격한 규제와 절차로 되어있어 의사가 특별한 장치나 치료를 사용하는 것을 유도하는 것으로 인식될 경우 스타크 법에 위배될 수 있다. 이 법은 의사의 자체 의뢰 또는 의사가 환자에게 금전적인 관심을 갖고 해당 환자를 소유, 투자 또는 구조적 보상 협정을 체결하는 의료시설(또는 치료방법)의 행위를 규제한다.[23] 법률은 논란이 되고 있는 반면에, 이노베이터들은 잠재적인 이해 상충을 피하기 위해 적절한 주의를 기울여야 한다.

포지셔닝

포지셔닝이란 기업이 경쟁업체와 차별화되고 고객에게 뚜렷하고 지속적인 이미지를 심어주기 위해 시장에서 제공하는 것을 나타내는 방식을 의미한다. 의료 시장은 잠재고객의 관심을 끌고 영향력 있는 이해관계자들의 지지를 얻기 위한 많은 메시지들을 가진 "시끌벅적한 장소(noisy)"이기 때문에, 이노베이터들은 포지셔닝을 선택적 활동으로 간주해야 한다.

기업들은 스스로에게 "홍보를 시작할 때 고객을 끌어들일 수 있는 우리의 해결책의 가장 중요한 측면은 무엇인가?" 그리고, "어떻게 이용가능한 대안으로부터 해결책(또는 다른 해결책이 없는 경우)을 효과적으로 구별할 수 있을까?"를 자문해야 한다. 이 질문들에 대한 가장 설득력 있는 답은 기업의 포지셔닝 메시지의 기초를 형성하는 것이다.

중요한 것은, 모든 제품의 특성이나 가치 제안의 측면이 주요 포지셔닝 메시지의 수준까지 올라가지 않는다는 것이다. 포지셔닝의 목표는 고객에게 메시지의 "긴 목록"을 제시하는 것이 아니라 고객의 행동변화를 일으킬 가능성이 가장 높은 설득력 있는 몇몇의 주장에 초점을 맞추는 것이다. 이러한 메시지들은 고객에게 이성적인 수준이나 감성적인 수준(또는 둘의 이상적인 조합)으로 관심을 끌 수 있다.

그들의 임시 가치제안을 정의하고 고객화(custeomizing)할 때, 이노베이터들은 각 주요 이해관계자 집단에게 무엇이 가장 중요한지 고려하게 된다. 그러나 포지셔닝을 할 때, 각 이해관계자들은 제품/서비스 믹스 및 오퍼링에 대한 가격과 관련되는 보다 구체적인 정보를 가지고 있다. 이를 통해 팀은 어떤 속성이 고객의 다른 대안으로부터 해결책을 차별화하는 특성에 대해 보다 명확하고 정확하게 초점을 맞추고 이를 시도하도록 유도해야 한다.

표현은 포지셔닝 메시지를 만들 때 고려해야 할 또 다른 중요한 요소이다. 미라마르 랩의 이야기에서 알 수 있듯이, 제품이나 서비스를 설명하기 위해 선택한 단어와 용어의 사소한 차이는 고객에게 메시지가 전달될 때 메시지에 호의적인(또는 부정적인) 반응을 보이는지에 대한 여부에 중대한 영향을 미칠 수 있다. 잠재적 환자들에 대한 시장 조사가 없었다면, 미라마르 팀은 대상 환자에게 "영구적" 또는 "지속적"이라는 단어에 대한 부정적 의미를 인식하지 못했을 것으로 보인다.

포지셔닝은 이노베이터들의 이야기와 혁신이 실현된 방법에 대해 알리는 것이 아니라는 것을 명심해야 한다. 또한 팀이나 기업이 오퍼링에 대해 가장 중요하거나 흥미로운 것을 공유하는 것도 아니다. 포지셔닝은 전적으로 각 이해관계자 그룹에게 가장 중요한 것을 구분하고 이러한 요소들을 해당 고객에게 의미 있는 방식으로 전달할 수 있는 최적의 방안을 고안하는 데 초점을 맞춰야 한다.

인튜티브 서지컬(Intutive Surgical)(5.1절에서 소개됨)은 하나의 예시를 제공한다. 이 기업이 '다빈치 수술(da Vinci) 시스템'으로 로봇이 보조하는 수술 분야를 개척했을 때, 개발 팀은 그 장치에 의해 활성화된 기술적 능력에 열광하였다. 다빈치는 외과의사의 손과 손목의 미세한 움직임과 상응하는 콘솔의 컨트롤로 변환하여 작은 절개를 통해 환자 내부에서 미세동작으로 변환하여, 전립선절제술, 자궁절제술, 근종절제술, 위우회술, 승모판재건술 등의 시술에 최소 침습적 접근을 가능하게했다. 시스템 구매 결정권자인 병원 이사들이, 자신들이 그 지역에서 이 기술을 처음으로 도입해 얻게 되는 명성에 더 많은 관심을 보인다고 판단된다면, 기업은 제품 포지셔닝에서 정밀도 향상 및 발생되는 합병증의 감소에 대한 내용을 우선적으로 전달했을 것이다. 시설들은 경쟁 병원과 차별화되기를 열망하면서 기능관리자들은 그들 기관의 명성을 높이기 위한 방법을 적극적으로 모색하고 있었고, 다빈치 시스템을 구매하는 것은 이것을 달성하기 위한 방법이었다. 시간이 지남에 따라, 더 많은 시설들이 시스템을 채택하고 경쟁 차별화 요소가 적어짐에 따라 인튜티브 서지컬은 장치에 의해 제공되는 기술적 이점을 강조할 기회를 얻었다. 그러나 초기 판매의 상당 부분은 병원의 명성을 높이기 위해 장치의 인식된 기능을 기반으로 했다. 이 명성의 증가가 환자의 공급을 높이고, 추천을 강화하고, 중요한 외과의를 유지할 수 있는 능력을 향상시키는 결과가 발생하는 것이 그들의 희망이었다.

또 다른 흥미로운 예는 TRUE Dilatation™의 혈관 성형술 카테터에서 볼 수 있다. C.R.Bard에 의해 인수된 로마 비스타 메디컬은 경피적 대동맥판막 치환술(TRVR) 및 혈관 성형술(BAV)에서 사용하기 위해 제품을 마케팅하기 위한 준비에서 효과적인 접근법을 개발했다. 이 제품은 다음을 포함하여 기존 풍선(좁아진 혈관을 확장시키는 작은 풍선)에 비해 여러 가지 이점을 제공했다.[24]

- 파열, 천공 및 찢어짐에 대한 저항성이 높음
- 다른 풍선에서 나타나는 치명적인 실패 방지를 위한 립스톱 섬유
- 섬유의 강화는 풍선 직경 최대치를 라벨에 표시된 크기로 정확히 제한하면서 해부학적 차이에 대한 대응을 가능케 함
- 평가된 압력 범위보다 (경쟁사의 15~40%에 비해) 최대 1.5% 이내의 직경 제어
- 경쟁사의 풍선 보다 2~3배 빨리 팽창 및 수축시켜 심박조율 시간을 최소화
- 깨끗한 재포장(re-wrap) 가능 및 팽창 후의 낮은 수축률
- 삽입 전 공기 제거 기능

기업은 이러한 이점들을 신중히 고려하여 주 고객인 의사에게 우선순위를 부여하는 방법을 모색했다. 물론, 이 모든 정보는 그들의 질문에 답하고, 그들이 제품의 총 가치를 이해하는 데 도움이 될 때 중요하다. 그러나 팀은 어떤 메시지를 이끌어 내고 어떻게 즉각적이고 지속적인 인상을 만들 것인지를 결정해야 했다. 궁극적으로, 그림 5.7.8과 같이 4가지 간단하고 직접적인 아이디어로 좁혀졌다.

포지셔닝은 이점들 중에서 핵심아이디어를 도출했지만, 의사들에게 그것의 힘과 간단함에 관하여 흥미롭고 기억에 남을 만한 방법으로 표현했다.("정말 정확하다. 정말 튼튼하다. 정말 빠르다. 정말 좋다.") (Loma Vista Medical에 대한 자세한 내용은 6.3 자금 지원 접근법 참조).

촉진과 지지

이 절에서 다루는 마케팅 믹스의 마지막 측면은 촉진이다. 촉진은 기업이 목표 고객과 커뮤니케이션하는 방법을 포함한다. 기업은 일반적으로 마케팅 커뮤니케이션 및/또는 대중 인식 전략을 통해 이러한 상호작용을 관리한다.

마케팅 커뮤니케이션 전략을 통한 인지도 제고(Raising awareness through a marketing communication strategy) 마케팅 커뮤니케이션 전략의 목적은 구매결정을 내리거나 다른 원하는 방식으로 그들의 행동을 변화시킬 수 있도록 준비할 필요성이나 해결책에 관하여 이해관계자들 사이에서 인지도를 높이는 것이다.

기업에서 배포하는 정보는 직접적인 인식의 한 형태로 간주된다. 간행물, 회담, 주요 의견 선도자 등과 같은 다른 출처에

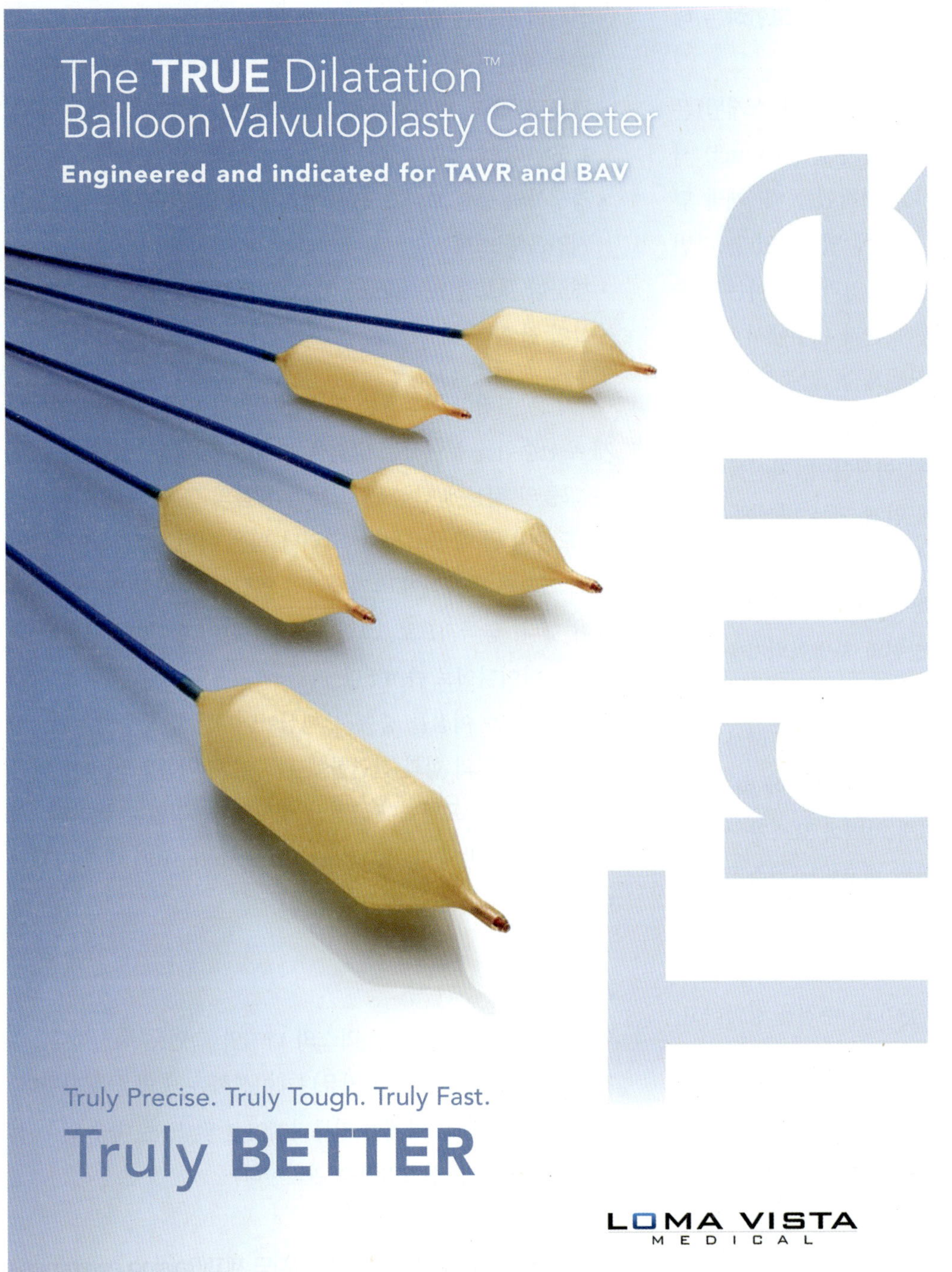

그림 5.7.8
TRUE Dilatation™ 풍선 판막 성형술 카테터 제품 포지셔닝(C.R. Bard의 허가를 받아 사용)

서 오는 정보는 간접적인 인식으로 간주된다. 효과적인 마케팅 커뮤니케이션 전략은 일반적으로 목표 고객에게 다가갈 수 있는 직간접적인 인식 메커니즘을 추진한다.

보통, 마케팅 커뮤니케이션 전략은 각 주요 이해관계자 그룹에 어떤 통신 수단을 사용할 것인지, 각 커뮤니케이션에 대한 주요 메시지는 무엇인지, 그리고 각 커뮤니케이션이 출시될 때에 대해 설명한다. 아이디어는 각 이해관계자 집단에 대해 그들의 인식을 고취하고 주요 메시지(예, 가치제안 및 관련된 포지셔닝 메시지)를 받아들이고 강화시키며 목표 집단이 의사결정이나 장치가 출시될 때 행동을 변화시킬 준비를 하도록 만들 일련의 의사소통 과정을 구축하는 것이다. 표 5.7.1은 마케팅 커뮤니케이션 전략에 포함될 수 있는 다양한 통신 수단을 제시한다. 5.8 판매 및 유통전략에서 논의된 바와 같이 판매 과정의 일부로 간주되기 때문에 세부사항(영업 담당자 및 임상 전문가가 의사 또는 병원 방문할 때)은 생략된다.

표 5.7.1에서 제안하듯이, 새로운 의료기기의 촉진 및 채택에서 마케팅의 역할은 논란의 여지가 없는 것은 아니다. 의료기기 기업과 주요 의견 선도자(KOLs) 사이의 관계가 적절하게 사용되면 기업에 유익할 수 있으며, 더 나은 혁신적인 제품으로 이어 질 수 있다. 그러나, 어떤 경우에는 과학적인 진실성과 의료에 부당한 영향을 미치는 것으로 인식될 수 있다. 첨단 의료 기술 협회(AdvaMed; The Advanced Medical Technology Association)는 잠재적인 이해 충돌에 대한 우려를 해결하기 위한 목표로 의료 전문가와의 상호작용에 대한 윤리 강령을 개발하였다. 이 규범은 제품 트레이닝 및 교육, 교육 컨퍼런스 지원(CME(의학교육위원회)에 사용된 것과 같은), 판매 및 마케팅의 일환으로 제공되는 선물 및 식사에 대한 제한, 컨설턴트와의 협의 제한 등에 대한 지침을 제공한다.[25]

무엇보다 이노베이터들은 임상연구를 수행하고 평가하는 사람들이 회사의 성공과 관련된 인센티브를 가지고 있지 않음을 보장함으로써 갈등과 편견의 가능성으로부터 그들의 임상 활동을 보호하는 것이 좋다. 만약 이런 방식으로 연구가 수행되면 가치제안 및 마케팅 믹스를 지원하는 데 사용되는 데이터는 신뢰성 있고 매력적으로 인식될 매우 높은 가능성을 가지고 있다.

의사들이 충분히 알기 전에 기업들은 환자들 사이에 그들의 기술에 대한 인식을 만들지 않도록 주의해야 한다. 만약 의사가 특정 신제품에 관하여 갑작스러운 환자의 문의를 받게 된다면, 기업을 향한 분노를 불러 일으킬 수 있으며 제품의 채택에 부정적인 영향을 미치거나 더 나아가 경쟁 제품의 채택까지 발생시킬 수 있다. 이 문제는 제약 업계에서 흔히 볼 수 있는 것이지만, 의료기기 분야에서는 여전히 주의해야 할 부분이다. 그리고 그것은 온라인 및 소셜미디어와 관련된 커뮤니케이션 채널이 계속 확산되면서 더 큰 문제가 될 것이다. 전통적으로, 최고의 접근법은 주요 의견 선도자(KOLs)들 사이에서 인지도를 먼저 높이고 기관 및 지불 담당자들의 커뮤니케이션을 확대하는 것이었다. 이런 이해관계자들이 기술 및 가치제안에 대한 기본적인 이해를 갖게 되면 기업은 다른 의사(주요 의견 선도자(KOLs)가 아닌)와 환자(적절한 경우)를 마케팅 메시지로 타겟팅을 시작할 수 있다. 오늘날의 온라인 세계에서는, 건강 관련 혁신에 대한 뉴스는 빠르게 퍼지고 있으며, 이러한 방식으로 메세지를 전달하는 것은 보다 어렵다. 환자들은 그들의 대안을 연구하고 적극적으로 새로운 치료법을 찾기 위해 그 어느 때보다도 적극적이다. 경우에 따라, 그들은 부모들이 자녀들의 만성질환을 추적 관찰할 수 있는 새로운 방법과 같은 새로운 의료 해결책을 제공하기 위한 지지자이자 단골 고객이 될 수 있다.

지적했듯이, 전문적 사회와 신도자들은 새로운 기술에 대한 가치 있는 지지자가 될 수 있다. 단체는 새로운 의료기술을 그들의 실무 가이드 라인에 포함시키고, 심포지엄을 후원하고, 보상을 위해 지불자를 지지하는 것으로써 인지도를 높일 수 있다(5.6 상환 전략 참조). 주요 의견 선도자(KOLs)들은 다른 의사들에게 영향을 줄 뿐만 아니라 차세대 제품 개발을 유도하여 부가가치를 창출하고 유지할 수 있게 한다. 1994년부터 2005년 말까지 가이던트(Guidant)사의 Ron Dollens 사장 겸 CEO는 의견 선도자(KOLs)와의 관계가 메디테크의 초기 개척자인 고급 심혈관 시스템(Advanced Cardiovascular Systems, ACS)의 성공에 대한 핵심 요소 중 하나라고 평가한다. ACS는 1984년 엘리 릴리(Eli Lilly)에 인수되었고, 1988년부터 1994년 가이던트를 설립하여 분리되기까지 Dollens에 의해 이끌어졌다. Dollens에 따르면 :[26]

> ACS는 의견 선도자와 훌륭한 관계를 맺어온 영업 조직을 가지고 있었다. 그래서 그것은 다른 수준에 치료를 받고 있는 사람들과 관련이 있었다.

기업이 한 개 이상의 이해관계자 집단의 강력한 반발을 예상하는 경우, 대중인식전략은 마케팅/이해관계자 전략의 필수 요소가 될 수 있다. 대중인식전략의 개념은 대중과의 우호적 관계 설정 및 개선을 위해 기업이 설정하는 방법과 활동을 의미한다. 홍보(PR)기업들이 대기업과 협업하는 경우가 대부분이기는 하지만, 그들의 집중적이고 기민한 대중인식 활동은 중소기업에게도 효과적이다. 예를 들어, 초기에 병원비 정산 소프트웨어 및 진료를 위한 인터넷 서비스를 제공했던 아데나헬스(athenahealth)사는 병원비의 시간별 청구 절차를 기준으로 보험사 순위를 발표했고, 이를 통해 상당수 대중매체의 이목을

표 5.7.1 소통 수단의 조합은 목표 투자자에게 접근하는 가장 효과적인 방법이다.

소통 수단	설명	고려해야 할 쟁점
동료 검토 간행물	동료 검토는 저자의 학문 연구 또는 조사를 해당 분야의 전문가들(동료)로부터 검증을 받는 과정이다. 관심 있는 제3자와 외부의 영향에 대해 독립적인 저자의 제출물을 집계, 필터링 및 검증하기 때문에 동료 간행물은 다른 출처보다 더 신뢰할 수 있는 것으로 간주된다.	• 제출된 데이터는 분명한 증거를 바탕으로 해야 한다. • 간행물은 간행물, 주제, 및 데이터의 질에 따라 제출 후 최소 3개월부터 최대 2년까지 소요될 수 있기 때문에 계획수립이 어렵다. • 출간 전에 수정/정정이 필요할 수도 있다. • 출간이 확실히 보장되지는 않는다. • 기업과 저자간의 잠재적 이해관계 상충을 공개해야 한다. • 최소 15,000달러의 비용이 소요될 수 있지만 출간물로 이어지며 연수를 지원하기 위해서는 수십만 달러가 필요할 수 있다(연구의 과학적 타당성을 손상시킬 수도 있는 연구 후원자와 연구자 간의 관계 이해관계 상충에 대한 적절한 관리와 공개가 필요하다).
동료 검토(초록) 학술회의 발표	초록은 연구 프로젝트의 주요 구성요소들에 대한 간결한 설명을 제공한다. 초록은 다른 제출 자료에 비추어 검토되며 그 중 일부는 학술회의 기준에 맞는 간단한 발표(또는 포스터 발표)를 위해 선택된다.	• 제출된 데이터는 명확한 증거를 바탕으로 해야 한다. • 초록의 요건은 학술회에 따라 다르기 때문에 제출 전에 충분히 이해해야 한다. • 연구 프로젝트의 목적, 방법, 결과를 기술한 초록을 학술회의 주최 측에 제출하여 발표할 수 있는 진행 중인 연구 과정 또는 완성된 연구를 통보한다. • 초록은 학술회 개최 전 평균 6~8개월 전에 제출되어야 한다.
기술/임상 발표회	기술/임상 발표회는 회의의 맥락에서, 이브닝 세션으로써 또는 사전 회의 세션에서) 주요 의견 선도자(KOL)에 의해 제공된다.	• CME 요건 충족에 이용될 수 있다(다음 참조). • 동료 검토된 발표보다 더욱 광범위하며, 새로운 기술에 대해 보다 상세한 범위를 이해하는 기회를 제공한다.
지속적인 의학 교육 (Continuing Medical Education, CME)	CME는 미국의 대부분 주에서 의사들의 라이선스를 유지하기 위해 요구된다. CME는 의사들이 해당 분야의 새로운 발전에 관해 정보를 습득하고 학습할 수 있는 기회를 제공한다. CME 프로그램 내용은 일반적으로 개별 임상 영역의 전문가인 교수들이 개발, 검토 및 제공한다.	• CME 프로그램은 의학보수교육인증위원회(Accreditation Council for Continuing Medical Education)의 인증을 받아야 한다. • 기업과 저자간의 모든 잠재적 이해상충을 공개해야 한다. • CME 프로그램은 기업 또는 전문가 협회를 통해 직접 후원 받을 수 있다. • 비용은 높은 편이다. 200명이 2일간 참석하는 회의의 비용은 10만 달러 이상일 수도 있으며, 50명을 대상으로 하는 1~2일의 학술대회 비용은 5만 달러 이상일 수도 있다.(10명의 발표자에 대한 5,999~15,000달러의 발표자 사례비를 기본으로 여기에 회의장 사용료, 위원회 비용, 출장료 등이 추가된다.)
보험 급여 문서	보험 급여 문서(reimbursement dossiers)는 진단과 치료 과정의 제품의 위치를 포함한 주요 임상 및 경제적 연구의 결과, 질병 관리 전략, 모델링 보고서, 제품 가치 및 전체 비용, 참고문헌을 포함해 일반적으로 제품에 관한 모든 핵심 정보의 공식적 자료 역할을 한다(5.6 보험 급여 전략 참조).	• 제품에 대해 정확히 입증되고 검증된 사실을 바탕으로 해야 한다. • 그 준비에는 특별한 전문지식과 상당한 리드타임이 필요하기 때문에 많은 시간이 소요될 수 있으며 자원 집약적일 수 있다. • 각 표적 집단의 니즈와 관심을 충족시키기 위해 개개인의 요구에 맞춰야 한다. • 비용 범위 5만 달러(단순 문서)부터 최대 25만 달러(더욱 더욱 완전한 자료제공)까지 이른다.
소비자 직접(Direct-to-consumer, DTC) 광고	DTC 광고는 신문, 잡지, TV, 인터넷을 통해 환자에게 의료기기를 홍보하는 것을 말한다. 기업은 또한 의사 진료실에서 환자에게 전달할 수 있는 브로셔, 동영상 및 기타 자료를 이용할 수 있다. 최근의 한 가지 추세는 환자직접(direct-to-patient, DTP) 광고(즉, 예를 들어 당뇨병 환자들을 위한 Diabetes Digest와 같이 환자들이 독점적으로 접근하는 채널에서의 광고)에 초점을 맞추는 것이다.	• DTC 광고는 단 두 국가(미국, 뉴질랜드)에서만 합법적이다. • 모든 의료 기술이 DTC 광고에 적합한 것은 아니며 이 접근방식은 전통적으로 의료 기술 분야에서는 거의 사용되지 않았다(예: 선택적 라식 수술, 보톡스, 약물-추출 스텐트, 비만 수술을 위한 Lap Band). • 하지만 최근 고객 지향적 의료기기의 보급으로 인해 DTC 및 DTP 광고는 더욱 보편화 되고 있다. • 특히 소비자 지향적 의료 장비 및 건강/생활스타일 기술들에서 온라인 소비자/환자 지원활동 및 소셜 미디어 사용이 DTC와 DTP 광고를 위한 주요 채널들이 되었다. • 제품군에 따라 다르지만, DTC 광고는 여전히 규제기관, 일부 의사와 환자 집단 사이에서 다소 논란이 있다고 여겨진다. • DTC 광고는 복잡하며 많은 비용이 소요될 수 있다.

집중시켜, 의사들로 하여금 자사 제품에 대한 관심을 유발하는 결과를 발생시켰다.[27]

모든 의료 기구 관련 업체가 이렇게 직접적인 대중인식전략을 필요로 하는 것은 아니다. 하지만 기업이 제품 기술 채택에 있어 잠재적 한계를 염려한다면, 대중인식전략이 불가피할 것이다. 예를 들어 신기술 사용을 위해 새로운 청구 코드가 요구되는 경우, 지불자는 신기술에 대한 거부감을 갖게 될 것이다. 하지만, 판매 기업이 효과적인 대중인식 활동을 통하여 의사(및 의사 협회)로부터 유의미한 지지를 얻게 되면, 지불자는 해당 의료 기구에 대한 구매 지연이나 거부에 어려움을 겪게 된다. 이와 유사하게, 의사들의 밥그릇 싸움이 새로운 의료 장비 도입을 부추기게 되면, 그들 사이의 분쟁에도 불구하고, 신기술을 통한 환자 수요 창출 목표의 대중인식 활동은 의사들의 신기술 도입 유도에 효과적인 방법이 될 수 있다.

가이던트사는 ICD에 대한 보다 포괄적인 보험 적용 방안을 탐색하며, '메디케어 및 메디케이드 서비스 센터(고령인구 및 저소득층을 위한 의료 보장제도 센터; 이하 CMS)'에 압력을 가하기 위한 대중인식 활동을 시작하였다. 수많은 연구를 통해, ICD가 위험한 비정상 심박을 감지하고 환자에게 정상적인 리듬으로 충격을 가하여, 돌연사를 예방한다는 사실이 입증되었으나, CMS는 ICD의 효과가 예상되는 환자들 중 극히 일부에 대해서만 보험 적용을 허가하고 있었다. 가이던트사는 7백만 달러의 기금을 조성하여, 1회 이상 심장 발작을 경험했던 환자들을 대상으로, ICD의 사용이 심장마비를 예방한다는 가설의 실험을 시행함으로써, 이 문제의 해결 방안을 모색하였다. 실험 결과가 발표되자, 많은 개인 구매자들은 ICD의 가치를 인지하게 되었고, 본 연구에서 입증된 결과와 동일한 효과가 예상되는 모든 환자들이 ICD에 대한 보험 적용을 받아야 한다는 데 동의했다. 하지만, 메디케어(고령환자 의료 보장제도)는 보다 보수적인 접근을 하여, 실험에서 나타난 환자군 중 고위험군 환자에만 보험 적용을 허가한다는 입장을 고수했다. (이러한 결정의 주된 이유는 수많은 환자에 대한 보험 적용을 위해 수십억 달러 예산이 추가되어야 하기 때문이었다.) 가이던트사는 이러한 반대를 극복하기 위해, 신망이 높은 주요 신문과 의학 저널에 ICD에 대한 사설을 게재하고, 환자 집단, 전문가 집단, 다른 ICD 제조사(Medtronic 및 St. Jude)와 2년간 지지 기반을 규합하여 자신들의 주장을 널리 알렸다. 결국, 의료 보험 적용을 제한한다는 비판 여론에 덕분에, CMS는 보험 적용 확대에 동의하였다.[28]

기업이 대중인식전략을 시작할 때, 언론사와 기자, 환자 지원 시민단체, 의사 협회, 병원 협회, 국회의원 등은 목표를 위한 최고의 자산이 된다(단, 해당 의료 기구의 가치가 이 모든 이들의 관심을 모으기에 충분할 경우). U-Systems사는 대중인식과 환자 지원을 통한 법적 혜택뿐 아니라, 긍정적인 인식을 현실화한 기업이다. 이 기업은 고밀도 유방 조직을 가진 여성 환자에게 사용되는 표준 유방조영술과 병용되는 최초의 초음파 기구를 개발하였다. 전체 여성의 40%가량이 고밀도 유방조직, 즉 유방암의 초기 진단을 어렵게 하는 조건을 가지고 있다.[29] Nancy Capello라는 환자는 11년간 표준 유방조영술 결과 "이상 없음" 진단을 받았음에도, 2003년에 3기 유방암 진단을 받게 되었다. 고밀도 유방조직을 가진 여성에 대한 진단 착오가 매우 흔히 발생한다는 사실을 알게 된 후, 그녀는 '더 많은 질병 발견과 더 많은 검진'을 위한 지지자를 자처하게 되었다. 그녀는 자신의 고향인 코네티컷 주에서 지지활동을 시작하였고, 고밀도 유방조직을 가진 여성 대상의 (표준 유방조영술은 물론) 유방 초음파가 의료 보험 적용 대상에 포함되도록 법이 제정되어야 한다는 주장에 앞장섰으며, 결국 2004년 입법에 성공하였다. 이후 그녀는, 고밀도 유방조직을 가진 환자에 대한 의사의 고지 의무를 위해 투쟁했으며, 이는 2009년 입법에 성공하였다. 두 사건 모두 본보기가 되어, 미국의 다른 주들도 이를 표방하게 되었다.[30] 2011년, U-Systems의 이러한 신기술은 의료 시장, Capell사의 협력사, 관련 단체인 Are You Dense, Inc.까지 확대되어, 고밀도 유방조직 및 유방암 조기 발견의 중요성에 대한 인식을 지속적으로 확대시켜, 다른 주에 유사한 입법을 요구했다. 이 새로운 법률 제정은 U-Systems 사로서는 매우 반가운 사건이며, 이는 그들에게 유방 조영술을 대체한 새로운 검진을 원하는 환자의 수요를 얻는 호재로 작용했다. 2014년 현재, 미국의 14개 주에 유방조직 밀도법이 제정되어 있다.[31]

아래의 Accuray 사의 이야기는 마케팅 커뮤니케이션과 대중인식 기술 및 활동이 과거 마케팅 전략과 이해관계자 전략의 일환으로 어떻게 이용되었는지를 강조한다.

현장에서 아큐레이 주식회사(Accuray INC.)

효과적인 마케팅 전략을 개발하기 위해 이해관계자 분석 이용하기

아큐레이(Accuray) 주식회사는 전통적인 외과적 절제술 없이 종양들을 제거하기 위해 사용될 수 있는 영상추적 방사선수술 장비를 개발하기 위해 스탠포드 대학의 신경외과 의사 John Adler에 의해 1999년에 설립되었다. 처음에 Adler는 1980년대 스웨덴에서 감마나이프(GammaKnife)라고 불린 이전의 장비를 이용하여 시행된 시술들을 관찰하는 동안에 그 아이디어를 생각해냈다. Adler가 설명했듯이, "아큐레이(Accuray)는 감마나이프의 단점에 부응하여 개발되었는데", 감마나이프는 비-침습적인 방사선수술을 통해 뇌종양을 치료할 수 있었지만 뼈 나사들을 통해 환자의 신체에 고정되어야 했다. 뼈대가 없는 입체적인 방사선수술 시스템(frameless stereotactic radiosurgical system)인 아큐레이의 제품은 이러한 침습성의 고통스러운 고정 장치들의 필요성을 제거하고 동시에 동등한 결과들을 성취함으로써 방사선수술을 단순화했다. 사이버나이프(CyberKnife®)라고 불리는 아큐레이 시스템은 또한 척추, 흉부, 그리고 복부를 포함하여 고정시키기가 쉽지 않은 신체 부위들에서 방사선수술을 가능하게 할 것이다. 비-침습적 수술 기술을 확대함으로써, 아큐레이는 위험성과 환자 회복 시간을 줄이는 동시에 다수의 해부학적 위치들 또는 지극히 중요한 장기들 근처에 있는 암을 치료하는데 더욱 진취적인 옵션을 외과 의사들에게 제공할 것이다(그림 5.7.9 참조).

스탠포드를 시작으로 Adler는 사이버나이프(CyberKnife) 아이디어를 개발하고 그것을 시장에 출시할 팀을 구성했다. 자본장비와 관련된 높고 지속적인 R&D-관련 비용을 충당하기 위한 충분한 돈을 모으는 어려움을 겪었음에도 불구하고, 아큐레이는 1994년까지 조사장치 면제하에 인간 실험을 위한 사이버나이프를 준비했다. 비록 사이버나이프의 뼈대가 없는 설계는 아큐레이가 신체의 여러 다른 부분들에 있는 종양들을 치료할 수 있게 해 주었지만, 기업은 원래 뇌종양들에 초점을 맞췄었고(감마나이프와 흡사하게) 기존의 시술들을 변화시켰지만 신경외과 분야 밖으로는 아직 확대하지 않았었다. "1세대는 감마나이프 시술들 중 많은 수를 대체하는 것이 목적이었는데, 우리는 뼈대 없이도 그것을 할 수 있었고 생물학적으로 다소 더 나은 시술로 만들기 위해 이전에 행해졌던 것을 변화시킬 수 있었기 때문입니다."라고 Adler는 말했다.

신경외과를 표적으로 삼아 시작하겠다는 결정은 부분적으로는 일련의 이해관계자 이슈들에 의해 추진되었다. 이 시장에서 아큐레이는 주요 이해관계자들의 관심을 명확하게 이해했고, 그들의 우려를 해결할 가장

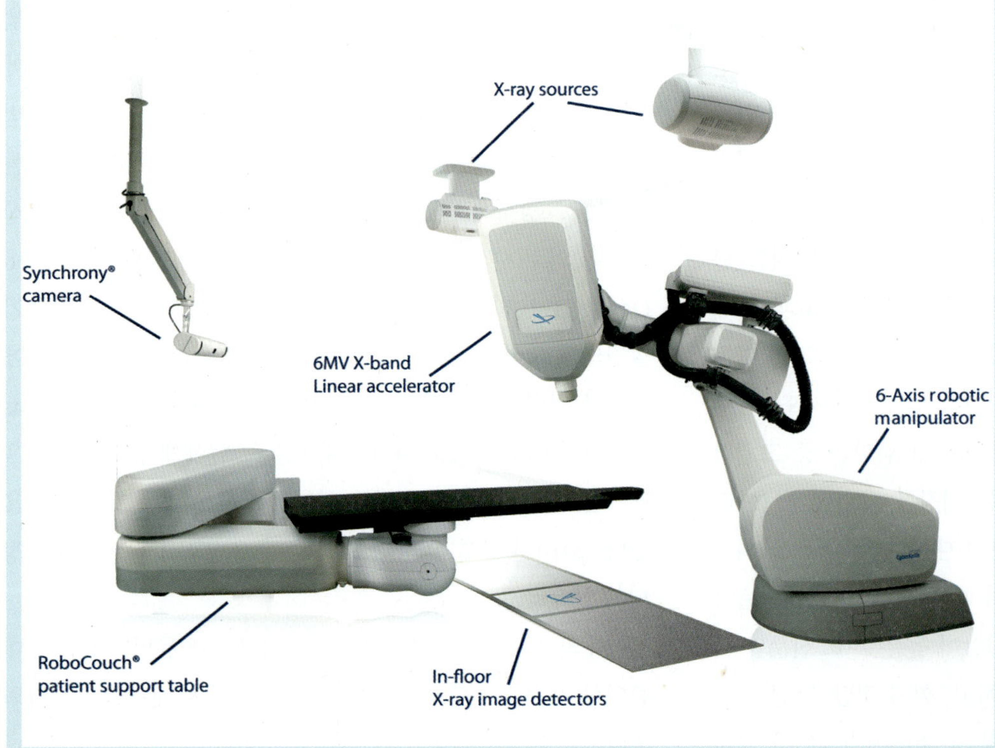

그림 5.7.9
아큐레이의 사이버나이프(CyberKnife) 시스템(Accuray의 허가를 받아 사용)

좋은 기회를 얻었다. 기업에 따르면, 두 가지 가장 주요한 이해관계자 그룹은 신경외과 의사들과 방사선 종양 전문의들이었다. 신경외과 의사들은 뇌종양 환자들과 일차적인 관계를 가지고 있었고 사이버나이프가 대체하게 될 절개 수술들(고형의 종양들을 제거하기 위한)을 수행했었다. 이러한 사람들은 새로운 외과적 시술들과 혁신들을 잘 받아들였다. 많은 신경외과 의사들과 Adler의 개인적 사이는 이 커뮤니티 내에서 사이버나이프에 대한 흥미 불러일으키는 데 도움이 되어 그 장치의 수용을 위한 길을 열었다. 그 기술에 얼리 어댑터들을 끌어들이기 위한 자원과 자금이 제한적이었으므로 아큐레이 신경외과 의사들이 수용적인 고객일 것이라고 확신하게 되었다.

반면에, 방사선 종양 전문의들은 새로운 장비에 대해 다소 덜 수용적일 수 있는 이해관계자 집단을 대표했다. 그러나 아큐레이는 정부 규정에 방사선수술을 포함하여 어떤 형태의 방사선 전달에도 방사선 종양학자들이 참여해야 한다고 규정했기 때문에 그들의 지지를 얻어야만 했다. 다양한 영역 싸움들과 재정적 이슈로 인해, 아큐레이는 여러 다른 외과 전문의들이 사이버나이프를 사용하기 시작했을 때 방사선 종양학자들로부터 어느 정도 저항을 예상했다. 그러나 기업은 신경외과 분야에서 이러한 우려들을 줄일 수 있을 것이라고 믿었다. Adler는 그 이유를 다음과 같이 설명했다: "방사선수술은 신경외과 의사들에 의해 개발되었고 30~40년 동안 이 분야에서 주도해왔습니다. 그러므로 시간이 지남에 따라 방사선 종양 전문의들은 이러한 유형의 방사선 전달에서 신경외과 의사들의 역할을 받아들이게 되었습니다. 그러한 역사를 감안한다면, 방사선 종양학자들의 반대는 단순히 그들이 방사선의 다른 형태들을 통제한다는 사실에 근거를 둘 수는 없습니다." 이러한 결론에 도달하자 아큐레이는 신경외과 분야에서 사이버나이프 사용에 방사선 종양학자들과 신경외과 의사들 둘 모두 끌어들이고자 하는 노력으로 앞으로 나아갔다.

기업이 2000년에 향상된 버전의 사이버나이프를 출시했을 때, 그 기술은 신경외과 분야를 넘어서 그 장비의 영향을 확대하기 시작할 준비가 되었다. 그러나 이러한 변화로 기업은 신경외과와 방사선 종양전문의 이외에 외과의사들에게 신체의 다른 부분들에 종양들이 있는 환자들을 치료하기 위해 사이버나이프를 이용하는 것을 시작하라고 설득해야 하는 훨씬 더 큰 도전에 직면할 것임을 깨달았다. 아큐레이가 장기적으로 성공하기 위해, 기업은 광범위한 방사선 수술 분야와 관련되어 있는 이해관계자들 그리고 그들에게 다가가는 방법을 완전히 이해할 필요가 있었다.

의사 이해관계자들을 시작으로, Adler는 다른 전문분야들의 외과 의사들(비 신경외과 의사들)이 새로운 기술에 덜 개방적인 경향이 있다는 것을 관찰했다. 또한 그들 중 많은 수는 다른 방식으로도 위협을 받았는데, 전통적으로 수술을 통해서 다루어졌던 상황들에 덜 침습적인 방법으로 수행하여 흉부외과 전문의들, 심장병 전문의들, 그리고 위장병 전문의들에 의해 그들의 방법이 줄어드는 것을 이미 목격했기 때문이다.

"아큐레이가 하고 있는 것은 매우 이단적입니다. 그것은 보수적인 외과 의사들의 눈에는 반-수술(anti-surgery)인데, 왜냐하면 우리는 사람들의 신체를 절개하여 열지 않고, 전신마취도 없으며 그리고 출혈도 없기 때문입니다. 그것은 전통적인 수술만큼 극적이지는 않습니다. 그러므로 그것은 외과 의사들이 스스로를 바라보는 방식을 뒤흔듭니다. 외과 의사들에게 출혈과 통증에 의해 정의될 필요는 없다는 것을 이해시킨다는 것은 사소한 문화적 변화가 아닙니다."라고 Adler는 말했다.

이러한 이해관계자 집단 내에 존재하는 우려들을 해결하기 위해 아큐레이는 유리한 두 가지 주요한 주장들을 가지고 있었다. Adler에 따르면, 그 첫 번째는 그 옵션을 제공받는 환자들 중 90%가 전통적인 외과 수술보다 방사선수술을 선택할 것이라는 점이었다. 게다가 외과 의사들은 그러한 시술에 참여할 필요가 있으며 그렇지 않으면 방사선 종양학자들에게 자신들의 비즈니스 전부를 잃을 위험이 있다는 것을 마지못해 인정했다. 현재의 헬스케어 전달 모델 내에서, 방사선수술은 외과 의사와 방사선 종양 전문의가 수술동안에 참여해야 했는데, 두 전문가들 모두 그에 대해 별도의 상환을 요청했다. 그 이용되는 방식 때문에 사이버나이프 시술들은 아마도 의사 한 명에 의해 수행될 수도 있을 것이다. 그리고 대부분의 주 규정들에 따라 방사선 종양전문의들의 참여가 필요했기 때문에 잠재적으로 외과 의사들은 소모용 참가자들이라고 간주될 수도 있었다. 이러한 사실을 깨닫는 것은 외과 의사들에게 사이버나이프의 채택에 참여하도록 동기부여하는 데 도움이 되었다. 치료를 위해 환자들에게 추천하는 것을 넘어 시술에서 자신들의 역할을 개척하는데 도움이 되었다. "외과 의사들이 이것이 필연적이라는 것을 깨달았을 때 우리는 일종의 중요한 목표를 달성한 것이었습니다. 그들은 참여해야 하거나 아니면 뒤처지든가 둘 중 하나라는 것을 깨달은 것입니다."라고 Adler는 회상했다.

신경외과 이외의 분야들에서 사이버나이프 이용이 새로운 부류의 환자들을 치료하는 데 방사선 종양 전문의들의 참여를 크게 증가시킬 것이기 때문에, 아큐레이는 이러한 이해관계자 집단이 그 장비의 사용을 확대하고자 하는 기업의 노력을 잘 받아들일 수 있기를 희망했다. 그러나 현실에서 이러한 영역 싸움은 Adler가 설명했던 기업의 "가장 큰 문제들" 중 하나인 것으로 판명되었다. 방사선 치료의 이용을 더 많은 환자들에게 확대할 수 있는 기회들을 보는 것 대신에, "그들은 전통적으로 그들의 장난감이었던 새로운 의사 그룹에 대해 걱정했습니다. 규제 관점에서 볼 때, 방사선 종양전문의들이 이러한 유형의 일을 감독할 수 있는 권한을 주와 연방 정부로부터 부여 받았지만 그들은 여전히 위협을 받고 있다는 것은 명백합니다. 그들은 '이제 우리가 80~90% 이상의 환자들을 치료하게 될 것이므로 이것은 좋은 거야'라고 절대 그런 식으로 생각하지 않았습니다. 특히 위치가 더 높은 고위급 실무자들이 자신들의 작은 영지를 만들고 다른 사람들이 침입하지 못하도록 지키는 일에 더 몰두하는 것처럼 보였습니다."라고 그는 회상했다.

외과 의사들과 방사선 종양 전문의들 모두 신경외과 이외의 분야들에서 사이버나이프를 채택하는 것에 어느 정도 싫은 기색을 보였기 때문에 아큐레이는 채택 촉진을 위한 강력한 마케팅 커뮤니케이션 전략을 개발했다. 기업이 취한 활동들은 환자들, 지불인들, 그리고 시술이 수행될 병원들뿐만 아니라 이러한 외과 의사들과 방사선 종양 전문의들의 구체적인 우려사항들을 직접 표적으로 삼았다.

아큐레이가 방사선 종양 전문의들과 다른 전문 분야의 외과 의사들에게 사이버나이프의 이점들에 대해 설득하기 위해 활용했던 가장 성공적인 마케팅 활동에 대해 질문을 받았을 때, Adler는 그것은 바로 간행물들(출판물들)의 이용이었다고 확신했다. "가장 효과적인 단일 전략은 임상 결과 연구들을 수행하고 그것들을 피어-리뷰 저널들에 발표하는 것입니다."라고 그는 말했다. 아큐레이가 얼마나 많은 연구들을 수행했는지에 대해 질문을 받았을 때, Adler는 "아마도 100건 정도일 것입니다. 그것은 결코 끝나지 않습니다."라고 답했다. 기업의 전략은 특정한 전문 시장에서 관련 연구들을 수행한 다음 해당 분야에서 가장 저명한 피어-리뷰 저널에 결과를 게시하여 신뢰도를 극대화하는 것이었다. 비록 다수의 연구들을 착수하는 것이 더 많은 비용이 들지만, 각각의 상태에 대해 향상된 임상 결과를 보여주는 것이 외과 의사들, 방사선 종양전문의들, 그리고 지불인들에게 훨씬 쉽게 마케팅 할 수 있게 만든다. 또한 아큐레이는 잠재적 이용자들과 광범위하게 네트워킹할 뿐만 아니라 수많은 컨퍼런스에서 타깃 전문가들에게 데이터를 제공했다.

기업의 또 다른 흥미로운 움직임은 자체 전문가 협회를 개발한 것이었는데, 이는 바로 '사이버나이프 협회'이다(지금은 방사선수술 협회라고 불림). 이 그룹의 목적은 "전 세계적으로 방사선수술과 관련된 다양한 의료 전문가들을 모아서 학술 정보 교류를 촉진하고 신체 전반의 암, 외상, 그리고 종양들과 같은 의학적 상태들을 사이버나이프를 이용하여 치료하는 것에 관한 정보를 일반 대중에게 알리는 것이었습니다. 그러한 것들 대부분은 여타의 다른 방사선요법 시스템으로는 도달할 수 없습니다." Adler는 강력한 온라인 입지로 "그 협회는 지속적인 전문가 트레이닝을 제공하는 것 그리고 외과 의사들과 방사선 종양전문의들에게 최신 업데이트 사항들과 최대 역량으로 이 기술을 이용하기 위해 필요한 의료 도구들을 제공하기 위한 방법에 중점을 둡니다."라고 말했다. 환자들에게 있어서 그것은 자신들의 상태들에 대해 학습하고, 그 기술에 대한 수요를 창출하며, 다른 사이버나이프 환자들과의 네트워킹을 형성하는 또 다른 정보 원천이다.

Adler에 따르면, 일단 환자들이 사이버나이프 시술에 대해 이해하고 그것이 전통적인 개방 수술과 어떻게 다른지 비교하고 이해하면, 대다수는 흥미를 갖게 되고 수술의 절차 대한 더 많은 추가 정보를 요청한다. 아큐레이는 "전도사들(성공적으로 사이버나이프 치료를 받은 환자들)"을 환자 옹호 및 지지 단체들에게 보냄으로써 이러한 행동을 촉진하고자 모색한다. 전도사들로서 그들의 역할에서, 환자들은 또한 메디케어, 민간 보험회사, 및 기타 지불자들과 같은 이해관계자 집단들에게 영향을 주는 것이 매우 중요하다.

아큐레이는 **미국의학협회**(AMA)와 메디케어가 의사들과 시설들이 사이버나이프 시술에 대해 적절히 상환을 받을 수 있도록 새로운 코드 및 보험적용 요율을 책정하도록 설득하는데 매우 중요한 도움이 된다는 것을 일찍 깨달았다. 기업은 사이버나이프 수용자인 워싱턴 D.C의 조지타운 대학병원과의 관계를 통해 의사결정과정에서 의료기기 및 메디케이드 서비스 센터(CMS)에 자사 기기의 가치를 알리는 데 도움을 주었다. 그는 "그 모든 것은 고집의 문제이며 충분한 압력을 가하는 것입니다."라고 말했다. 지불자가 흔들리는 것을 돕기 위해 아큐레이는 제품 사용자 회원인 사이버나이프 연합을 형성하여 고객들이 상환과 관련된 이슈들에 대해 로비스트들과 협력할 수 있도록 지원했다.

마지막 이해관계자 집단이자 아큐레이에게 가장 중요한 집단들 중 하나는 사이버나이프의 수백만 달러 구매를 승인하기로 결정하는 병원의 운영자들이다. 그러한 상당한 규모의 지출을 정당화하기 위해, 아큐레이는 병원에 그 장비를 구매하도록 적극적으로 로비할 의사들이 필요했다. 신경외과 의사들은 자신들이 창출하는 수입과 수익을 토대로 종종 병원 내에서 영향력이 있기 때문에 우선 신경외과 분야로 시작하기로 한 결정이 기업에 유익하다고 판명되었다. 그러나 아큐레이는 제품에 대한 지지에서 적극적인 그리고 대부분의 병원들에서 장기적이고 관료적인 구매 프로세스를 기꺼이 참고 견딜 의사들이 필요하다는 것을 발견했다. 병원 운영자들이 그 시스템에 투자하도록 설득하는 것을 돕기 위해, 아큐레이는 각각의 병원이 사이버나이프를 통해서 전문분야 전반에 걸쳐 얼마나 많은 수입을 창출할 수 있을 것인지 개요를 설명해주는 커스터마이즈된 자세한 비즈니스 사례를 만들었다(판매활동에 대한 아큐레이의 접근방식에 대해 더 많은 정보는 '5.8 판매 및 유통 전략 참조). 비록 기업이 병원들의 채택을 추진하는 데 어느 정도 성공을 경험했지만, 이러한 이해관계자 집단은 만족시키기 여전히 어려웠고 미래에 더 광범위한 채택을 가로막는 주요한 방해가 될 수도 있을 것이다.

Adler가 "게릴라 마케팅 기법(guerilla marketing techniques)"이라고 일컬었던 것을 이용하여, 아큐레이는 그 비즈니스를 성공적으로 성장시킬 수 있었다. 그 기업은 2007년에 주식시장에 상장되었다.[32]

온라인 자료

더 많은 자료는 www.ebiodesign.org/5.7을 방문한다.

"Getting Started"의 활동과 링크

- Revisit preliminary stakeholder analysis
- Develop value propositions and collect required evidence
- Define product/service mix
- Develop a pricing strategy
- Decide on positioning
- Develop an approach to promotion

마케팅 및 이해관계자 전략에 관한 동영상

NOTES

1 Stephen N. Silverman, "An Historical Review and Modern Assessment of the Marketing Mix Concept," *7th Marketing History Conference Proceedings*, 1995, http://faculty.quinnipiac.edu/charm/CHARM%20proceedings/CHARM%20article%20archive%20pdf%20format/Volume%207%201995/25%20silverman.pdf (February 24, 2014).

2 D.R. Strutton, J.W. Kowalski, D.A. Glaser, and P.E. Stang, "U.S. Prevalence of Hyperhidrosis and Impact on Individuals with Axillary Hyperhidrosis: Results from a National Survey," *Journal of the American Academy of Dermatology*, August 2004, http://www.ncbi.nlm.nih.gov/pubmed/15280843 (February 11, 2014).

3 All quotations are from interviews conducted by the authors, unless otherwise cited. Reprinted with permission.

4 Japan's regulatory system allows for devices that are approved in other markets or undergoing clinical trials in Japan to be directly imported by a physician into the country without Japanese regulatory approval if the physician receiving the device is: (1) able to name the specific patient that will use the device, and (2) is willing to personally accept the risks associated with importing the product.

5 Kotler and Keller, *Marketing Management*, 14th edn. (Prentice Hall, 2011).

6 Lyn Denend and Stefanos Zenios, "Drug Eluting Stents: A Paradigm Shift in the Medical Device Industry," Stanford Graduate School of Business, February 13, 2006, https://gsbapps.stanford.edu/cases/detail1.asp?Document_ID=2787(February 26, 2014).

7 Ibid.

8 Ibid.

9 Tiger Buford, "OIC, the Generic Implant Company in Reno, Is Revolutionizing the Price of Implants," May 9, 2012, Orthostreams, http://orthostreams.com/2012/05/oic-thegeneric-implant-company-in-reno-is-revolutionizing-the-priceof-implants/ (February 26, 2014).

10 "OIC Releases High Value Proximal Humerus Plate," OIC press release, December 13, 2010, http://orthoimplantcompany.com/category/news-and-events/ (February 26, 2014).

11 "NABC Value Creation," SRI International, September 15, 2010, http://www.slideshare.net/HumInno/nabc-value-creation-5204311 (February 19, 2014).

12 Christopher L. Wasden and Mitchell L. Wasden, *Ride the Innovation Cycle* (expected release date 2015).

13 Ibid. Reprinted with permission.

14 Ibid.

15 A.S. Go, G.M. Chertow, D. Fan, C.E. McCulloch, and C.Y. Hsu, "Chronic Kidney Disease and the Risks of Death, Cardiovascular Events, and Hospitalization," *New England Journal of Medicine*, September 23, 2004, http://www.ncbi.nlm.nih.gov/pubmed/15385656?dopt=Abstract (March 11, 2008).

16 Brandon Keim, "Pay-For-Performance Pharmaceuticals: Satisfaction Guaranteed or Your Money Back," *Wired*, July 16, 2007, http://blog.wired.com/wiredscience/2007/07/pay-forperform.html (February 5, 2014).

17 "Genomic Health Announces National Payor Agreement With UnitedHealthcare Insurance Company," Genomic Health press release. http://investor.genomichealth.com/releasedetail.cfm?ReleaseID=225085 (February 5, 2014).

18 Julie Manrriquez, Lyn Denend, and Stefanos Zenios, "CycleBeads II: Creating a Dual-Market," Global Health Innovation Insight Series, March 2012, http://csi.gsb.stanford.edu/sites/csi.gsb.stanford.edu/files/CycleBeadsIICreatingaDualMarket.pdf (February 12, 2014).

19 "Fact Sheet: Bundled Payments for Care Improvement Initiative," Centers for Medicare and Medicaid Services, http://www.cms.gov/Newsroom/MediaReleaseDatabase/Fact-Sheets/2014-Fact-sheets-items/2014-01-30-2.html (March 10, 2014).

20 Lauren Uzdienski, "OIG Approves New Gainsharing Plan," HealthPoint Capital, November 28, 2006, http://www.healthpointcapital.com/research/2006/11/28/oig_approves_new_gainsharing_plan_advamed_critical/ (February 5, 2014).

21 Mark Prodger, "A Primer on Gainsharing," Hospital Buyer, http://www.hospitalbuyer.com/materialsmanagement/cost-savings/a-primer-on-gainsharing-145/ (February 5, 2014).

22 "Fact Sheet: Bundled Payments for Care Improvement Initiative," op. cit.

23 "Stark Law Guidelines," Stark Law, http://starklaw.org/stark_guidelines.htm (February 5, 2014).

24 "TRUE Dilatation™ Balloon Valvuloplasty Catheter," C.R. Bard, http://lomavistamedical.com/wp-content/uploads/2013/05/Datasheet.pdf (March 13, 2014).

25 "Code of Ethics," AdvaMed, http://advamed.org/issues/1/code-of-ethics (February 5, 2014).

26 From remarks made by Ron Dollens as part of the "From the Innovator's Workbench" speaker series hosted by Stanford's Program in Biodesign, March 21, 2005, http://biodesign.stanford.edu/bdn/networking/pastinnovators.jsp. Reprinted with permission.

27 "athenahealth causing Trouble Again," The Health Care Blog, May 7, 2007, http://www.thehealthcareblog.com/the_health_care_blog/2007/05/cigna_ranks_no_.html (February 5, 2014).

28 Thomas M. Burton, "More Are Eligible for Heart Device-Accused of Rationing Care, Medicare Expands Use of Implantable Defibrillators," *The Wall Street Journal*, September 29, 2004, p. D4.

29 "FDA Approves First Breast Ultrasound Imaging System for Dense Breast Tissue," U.S. Food and Drug Administration press release, September 18, 2012, http://www.fda.gov/NewsEvents/Newsroom/PressAnnouncements/ucm319867.htm (February 12, 2014).

30 "Are You Dense, Inc. and U-Systems Announce Partnership to Increase Awareness of Breast Density and Access to Adjunctive Screening Tools," U-Systems press release, April 4, 2011, http://www.businesswire.com/news/home/20110404005186/en#.UvvsJvldV8E (February 12, 2014).

31 "New Jersey Passes Breast Density Law," American Society of Radiologic Technologists, February 5, 2014, http://www.asrt.org/main/standards-regulations/regulatory-legislative-news/2014/02/05/new-jersey-passes-breast-density-law (February 12, 2014).

32 "CyberKnife Frequently Asked Questions," Accuray, Inc., http://www.cyberknife.com/faq/index.aspx (February 5, 2014).

33 "Direct-to-Consumer Advertising," SourceWatch, http://www.sourcewatch.org/index.php?title=Direct-to-consumer_advertising (February 5, 2014).

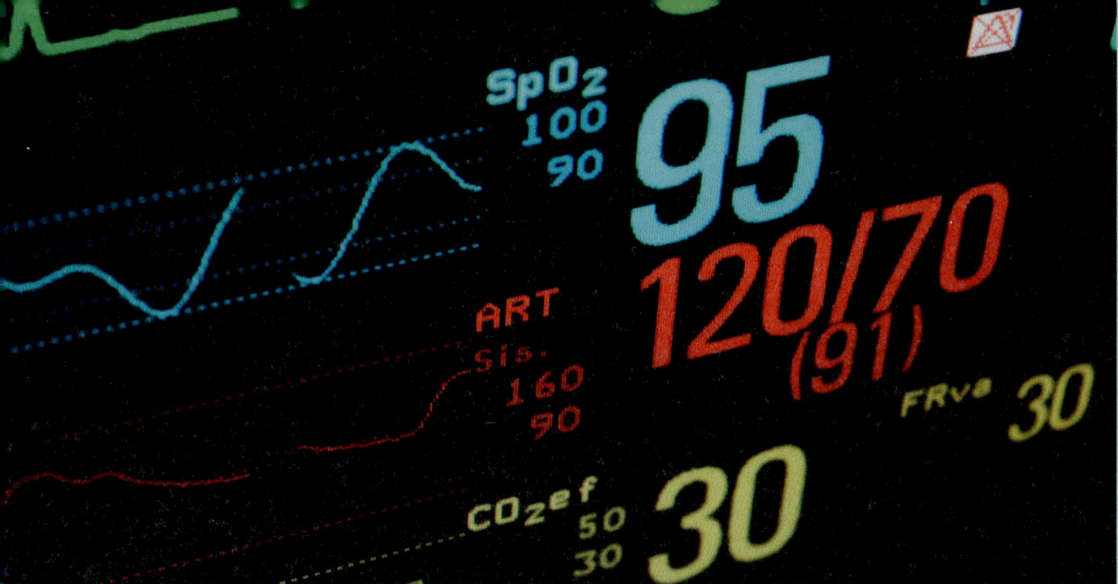

5.8 판매 및 유통 전략

서론

경험이 풍부한 메디테크 이노베이터, 경영진, 또는 투자자들과 새로운 의료 기술 상업화에 대한 이야기를 할 때, 그들은 모두 필연적으로 "당신은 어떻게 주요 의사결정자에게 그것을 채택하게 설득할 것인가?"라고 질문한다. 수천 명의 의사인 사용자들을 대상으로 한 전문 기술을 목표로 하거나 잠재적으로 수백만 명의 환자들에게 직접 접근하는 것에 초점을 맞추는 것은 드문 일이 아니다. 어떤 시나리오에서든 기술을 도입하고, 고객에게 그 가치를 알리고, 구매결정을 내리고, 오퍼링을 제공한 후, 그것을 사용하도록 유도하는 것은 만만치 않은 도전일 수 있다. 그러나 이러한 모든 단계는 메디테크 분야에서 지속 가능한 비즈니스를 창출하기 위해 연속적으로 그리고 반복적으로 필요하다.

바이오디자인 혁신 과정의 이 단계에서, 기업은 고객에게 제품을 판매하고 제공하는데 사용할 방법을 정의한다. 이 노력은 "최종 단계(last mile)"로 알려진 것 또는 동일하거나 동일하지 않을 수도 있는 주요 구매자와 이용자에게 기술과 그것의 혜택에 대하여 교육하는 과정뿐만 아니라 제품 또는 서비스가 의료 패러다임에 적절하게 통합되었는지 확인하기 위해 그들과 협력하는 것에 초점을 맞춘다. 주로 의사와 의료기관을 대상으로 한 기술의 경우, 중요한 질문은 헌신적인 영업 인력을 통해 제품을 제공하는 것(직접 모델)인지 아니면 다른 업체와 파트너십을 통해(간접 모델) 제공해야 하는지 여부이다. 이것이 결정되면, 선택한 접근법을 실행하기 위한 구체적인 전략과 전술을 시행할 수 있다.

 판매 및 유통 전략에 관한 동영상은 ebiodesign.org을 참조한다.

목표

- 기업의 비즈니스 모델이 고객에게 미치는 영향을 이해한다.
- 전통적인 직접 및 간접 판매 모델이 메디테크 분야에서 어떻게 작동하는지 이해한다.
- 가치 분석 및 구매 위원회, 보다 고객중심적인 제품, 그리고 세계적인 고찰을 포함한 변화하는 요인들이 메디테크 판매모델에 어떤 영향을 미치는지 인식한다.
- 어떻게 특정 오퍼링에 가장 적합한 판매 및 유통 모델을 결정하는지 배운다.

판매 및 유통 전략의 기초

좋은 기업은 고객과의 관계를 기반으로 구축되며, 훌륭한 관리자는 이러한 강력한 관계를 구축하는 데 끊임없는 노력을 기울이고 있다. Boston scientific의 공동 설립자인 John Abele은 다음과 같이 말했다:[1]

> 로비에 매일 주가를 게시하는 기업의 안으로 들어가면 항상 나를 미치게 만든다. 내 생각에 그것은 잘못된 인센티브이다. 인센티브는 고객에게 뛰어난 **가치**를 제공하는 것이다. 그렇게 한다면, 주가는 결국 뒤따르게 될 것이다.

Abele의 표현은 메디테크 벤처 기업의 성공은 판매 조직과 시장 및 재정적 제약 속에서 긍정적인 고객경험을 제공하는 적절한 판매 모델의 선택에 달려 있다는 것을 강하게 상기시켜주는 내용이다.

판매 및 유통에 대한 최적의 방법을 선택하고 구현하는 것은 결코 쉬운 일이 아니다. 그리고 불행하게도, 이 과제는 더욱 복잡해지고 있다. 미국의 진행 중인 변화를 예로 들어 생각해 보자. 수십 년 동안 의사들은 미국 의료 기술 판매의 핵심이었다. 대부분의 의사들은 자영업자이거나, 혼자 일하거나, 소규모 민간 의료행위를 하고 있었다.[2] 이런 독립적인 의사들은 대개 시설 내에서 의료서비스를 제공할 권한이 있는 하나 또는 그 이상의 병원에서 "특권"을 가졌다. 그 대신, 그들은 기관을 대신하여 특정 서비스를 제공할 것으로 예상되었다. 병원은 환자유치를 위해 의사들에게 의존했기 때문에, 전통적으로 의사들은 어떤 기술을 확보해야 하는지 등과 같은 의사결정에 상대적으로 높은 영향력을 가지고 있었다.[3] 한 기사가 지적했듯이, "의사들이 병원 이용으로부터 재정적 이익을 얻었으나 이 기관들의 재정건전성에 대한 직접적인 책임을 지지 않기 때문에 특이한 경제적 관계를 창출했다."[4] 의사가 병원 자원의 소비에 대한 책임이 거의 없다는 사실은 의사와 의료기관에 대한 인센티브가 역사적으로 어떻게 어긋났었는지에 대한 한 가지 예일 뿐이다.

그러나 미국 헬스케어 지출이 지속 불가능한 수준에 도달함에 따라 이런 전통적인 관계의 변화가 시작했다. 병원과 진료소는 비용을 줄이고 효율성을 높이기 위한 노력으로 통합하기 시작했고, 의사들은 봉급을 받는 직원들로 합류하기 시작했다. 추산은 매우 다양하지만, 미국의학협회(American Medical Association)의 조사에 따르면 2012년 의사의 28% 이상이 병원 직원으로, 2008년 16.3% 보다 증가한 것으로 어림하여 추산되었다.[5] 다른 출처에서는 추정치를 50%에 가깝게 평가하였다.[6]

헬스케어 개혁은 또한 정부가 책임 진료 기구(ACOs)를 구성하여 정부 장려책의 이점을 활용하고자 하는 의료 서비스 제공업체들과의 통합에 크게 기여했다. 이러한 ACOs는 비용 절감 및 품질향상 목표를 달성할수록, 예산절약공유의 형태로 메디케어로부터 얻는 재정적 이익이 더 커진다고 주장한다.[7] 이에 따라, 이러한 많은 조직들은 진료 표준화에 보다 적극적으로 참여하고 있다. 이것은 종종 그들이 하는 일, 그것을 하는 방법, 그리고 그들이 프로세스에서 사용하는 기기의 관점에서 의사들의 자율성의 일부분을 박탈하는 것이 포함된다.

이러한 변화는 전통적인 메디테크 판매 모델의 변화를 주도하고 있다. 장치업체는 새로운 기술을 판매하고 배포하기 위해 의사를 통해서 일을 할 수 있는 것보다는, 더 적은 수의, 크고 영향력 있는 병원과 기관들을 다루어야 한다. 이러한 조직 내에서, **가치분석위원회** 또는 신기술 평가 그룹들은 점차 새로운 장치 채택의 문지기로서의 역할을 수행하고 있다. 의사들은 여전히 병원과 진료소로 어떤 기술이 투입되는지 결정하는 역할을 담당하고 있지만 설비 관리, 구매, 자재관리, 재무 및 경영진의 대표자들을 포함하는 다른 **이해관계자**들은 더 중요한 부분을 담당하고 있으며, 증가하는 다양한 사례에서 최종 의사결정권자일 수 있다.[8] 중요한 것은, 의사결정권자의 새로운 계층은 혁신영역을 변화시킬 잠재력이 있는 임상적 및 재정적 목표를 달성하는 데 도움이 될 제품을 수용하도록 명확하게 동기부여를 받았다. 존슨 앤 존슨의 CEO, Alex Gorsky는 다음과 같이 말했다.[9]

> 미국에서는 구매 결정이 의사에서 비용에 민감한 병원의 바이어로 전환될 것이다. 이로 인해 현재 의료기기 비용의 15%로 현재 기능의 50%를 제공하는 의료기기 설계를 단순화하여 제품에 대한 수요를 창출할 수도 있다.

이 절의 나머지 부분에서는 메디테크 판매모델의 기본, 그 안에 내제된 고려사항 및 트레이드오프, 그리고 이들이 어떻게 진화하고 있는지 설명하는 데 전념한다.

메디테크 판매 모델

메디테크 기업들이 그들의 기술들을 의사나 업무를 담당하는 의료기관 또는 그 둘 모두에게 판매할 준비를 할 때, 그들은 판매 및 유통에 대한 **간접모델**과 **직접모델**의 두 가지 기본 접근방식 중 하나를 선택할 수 있다. 간접모델에서는, 유통업체 또는 타사 제조업체의 하나 이상의 영업팀은 제품 판매 및 배송을 관리하기 위해 최종 **사용자**와 접촉하는 주요 담당자 역할을 한다. 이들은 일반적으로 하나의 기업으로부터 특정한 한 제품에만 전적으로 헌신하지 않고, 삭제 여러 기업의 보완 상품 포트폴리오를 대표한다. 즉, 일부 유통업체는 여러 분야에 걸쳐 광범위한 제품을 취급하지만, 나머지 다른 곳들은 특정 분야의 제품, 특정 유형의 의사들, 그리고/또는 협소하게 정의된 지역을 대상으로 하는 보다 전문화된 기업일 수 있다. 직접모델에서, 기업은 모든 영업 기능을 다루기 위해 자체적인 내부 영업팀을 만들고, 최종 사용자에게 제품의 유통을 관리하는 별도의 고객지원 부서를 설립한다. 세 번째로 메디테크 산업에서 점차 보편화되고 있는 하이브리드 모델은 직접 판매 인력과 유통업체의 결합을 포함한다. 예를 들어, 기업은 미국 시장 및 아시아와 유럽의 현지 유통업체에서 직접 판매 인력을 사용하는 것을 결정할 수 있다. 또는 제품을 병원으로 가져가기 위해 유통업체와 협력할 수도 있지만, 교육 및 기타 중요한 고객 상호작용을 관리하기 위해서 소규모의 제품 전문가 팀을 고용할 수도 있다.

특정 비즈니스 모델은 특정한 판매 및 유통 방식을 다른 비즈니스 모델보다 더 효과적으로 제공한다. 차이점은 주로 혁신이나 제품을 제공하는 것의 특성에서 비롯되지만, 고객 요인도 작용한다. 4.4절에서는 총 10개의 서로 다른 비즈니스 모델을 개괄적으로 설명하며, 그 중 4개는 의료기술 분야(일회용 제품, 재사용 가능 제품, 이식물(implant; implantables) 및 자본설비)에서 가장 많이 채택된다. 이 네 가지 주요 비즈니스 모델에 해당하는 일반적인 제품 특성은 다음과 같다.

일회용 제품들은 일반적으로 두 개의 범주로 나눠진다. 첫째, 실험실 소모품, 주사기 또는 장갑과 같은 가격이 저렴한 제품(이 경우 판매가격으로 정)이 있다. 이 모든 것들은 수익성을 높이기 위해 높은 판매량, 높은 생산량, 그리고 낮은 간접비에 의존한다. 또한 그것들은 복잡성이 낮고, 차별화되지 않은 제품인 경향이 있다(의사들은 일반적으로 그들이 사용하는 제품의 어떤 브랜드에 대한 선호도를 나타내지 않음을 의미함). 결과적으로, 가격은 낮게 그리고 품질은 일정하게 유지된다고 가정할 때, 저렴한 가격의 일회용 제품은 흔히 초기제품 출시 이후에 제한된 판매 활동만을 필요로 한다. 마케팅 및 제품관련 정보 공유는 일반적으로 전화로 이용할 수 있는 고객 서비스 담당자를 포함하여 공급업체 카탈로그나 온라인 리소스를 통해서 이루어진다.

고가의 일회용 제품에는 심방 세동 치료에 사용되는 절제용 카테터 또는 카디카(Cardica, Inc.)에서 개발한 심장 동맥 우회술(CABG)을 위한 자동 문합술 시스템과 같은 제품이 포함된다(6.1 실행 계획 및 재정 모델에서 설명). 이러한 고가의 일회용 제품은 상대적으로 높은 가격을 요구하고, 복잡한 경향이 있으며, 그것을 판매하는 데 필요한 집중적이고 장기적인 노력으로 인해 직접 판매 모델을 통해 적절하게 취급될 수 있다. 매번 사용 후 멸균되고, 기대 수명이 10년 이상인 재사용 가능 제품은 상대적으로 낮은 마진을 제공하고, 중규모 내지 대규모 판매량을 유지해야 수익성이 확보되는 오퍼링이 되는 경향이 있다(수술 도구가 대표적인 예이다).

일회용 제품처럼, 재사용 제품들은 공급 업체 카탈로그 및 인터넷 자원을 통해 판매될 수 있다. 하지만 그 제품들이 상당히 복잡하거나 약간 더 높은 가치를 가지거나 혹은 (이동식 심박 모니터와 같이) 가격이 다소 높은 편인 경우에는 대체 제품을 전문적으로 다루는 제3자 유통업자를 통해 판매되고 유통될 수도 있다.

수술로 설치되고 신체에 이식되는 이식물의 특성을 고려할 때, 두 가지 범주로 고려하는 것이 유용하다. 심박조율기 및 인공관절과 같은 고가의 복잡한 이식물에는 판매를 완료하고 적절한 장치 사용을 (훈련 등을 통해) 보장하기 위해 전문지식을 갖춘 전문화된 영업 인력이 필요하다. 일반적으로 고가의 제품들은 대개 좀 더 긴 판매주기를 가지고 있다. 예상 판매량에 따라 고가의 이식물들은 일반적으로 직접 판매 인력이나 전문화된 제3의 유통 업자에게 적합하다. 한편, 중저가의 이식물들은 위에 설명된 것처럼 재사용가능한 제품과 더 유사한 특성을 가질 수도 있다. 따라서 직접 판매 인력 없이 유통하는 것이 더 적합한 방법일 수 있다.

MRI와 초음파 장비 같이 고정자산으로 간주되는 자본장비 제품 또는 독립형 기계는 보통 매우 복잡하다. 그 장비들은 사용자에게 높은 가치를 제공하며, 높은 마진을 제공한다. 이러한 제품들은 판매를 하기 위해 장기간의 노력이 필요하기 때문에 판매주기가 특히 길어지는 경향이 있다. 이러한 이유로 관련된 비즈니스 모델은 직접 판매 인력을 선호한다. 시설들은 일반적으로 광범위한 공급업체 정보의 유무에 관계없이 자본장비 구매자로서의 역할을 한다. 일반적으로 영업팀은 규모가 작아 그 수가 적기 때문에 장비를 서비스하기 위해 보조적인 현장 인력이 필요하다.

그림 5.8.1에서 볼 수 있듯이, 제품 특성의 비즈니스 모델과 선호되는 판매 및 유통 방식이 함께 나타난다. 이 그림은 메디테크의 일반적인 시나리오를 나타내지만 최적의 접근법에 대한 결정이 항상 명확한 것은 아니다. 언급한 바와 같이 기업은 그들의 선택한 비즈니스 모델, 그들의 고유한 제품 제공, 타깃 고객 및 고객과의 원하는 상호작용을 기반으로 가장 효과적인 판매 및 유통 모델을 결정해야 한다. 고객 접근성과 수용성은 기업이 타깃 고객과 함께 만들려고 하는 바람직한 상호작용의 두 가지 중요한 요소이다. 예를 들어 직접 판매 모델을 사용하려면 표적 의사들과의 관계에서 신체적인 접촉이 필요하다. 그러한 모델은 기업이 그런 타깃 의사들에게 확실하게 접근할 수 있고, 일반적으로 영업 프로세스에 참여할 의사가 있는 경우에만 적합하다. 5.7 마케팅 및 이해관계자 전략(Accuray사의 사례를 참조)에서 언급했듯이, 각 의학 전문 분야는 새로운 의사결정을 수용하는 의사가 새로운 혁신을 실험하는 방법, 신제품에 대해 얼마나 호기심을 가지고 있는지, 확립된 치료법에 얼마나 충실한지에 관해 자신만의 "성격"을 갖는 경향이 있다. 기업이 발판을 마련하고자 하는 분야의 의사들의 마음을 이해하는 것은 최적의 영업 및 유통모델을 결정하는 것에 필수적이다. 경쟁 업체가 사용하는 모델을 검토하는 것은 매우 중요한 통찰력의 원천이 될 수 있다.

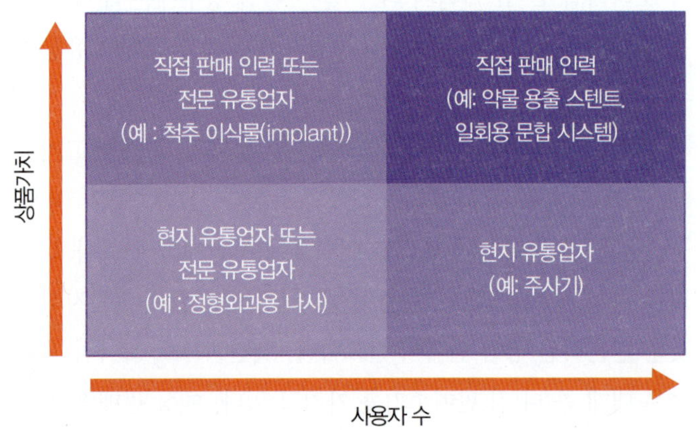

그림 5.8.1
판매 인력 모델은 보통 제품속성과 연결된다.

고려해야 할 또 다른 요소는 다양한 유형의 오퍼링을 판매하는 데 필요한 기술 경향이 크게 다를 수 있다는 것이다. 예를 들어, 자본 장비를 효과적으로 판매하려면 영업담당자("reps")는 여러 단계의 영업 프로세스에 익숙해야 하며, 재무 정보를 산출하고, 시간의 경과에 따라 장비를 분할 상환하며, 금융 옵션 논의, 세부적인 서비스 계약 및 설치조건 등을 협의해야 한다. 반대로 일회용 제품을 판매하는 사람들은 훨씬 더 상호교류를 기반으로 운영되는 경향이 있으며, 제품 시연에 많은 시간을 투입하고, 영업을 보다 신속하게 성사시키기 위해 사용자가 관심을 가지고 있는 기능 및 이점을 자세히 설명한다. 기업은 그들이 고용하는 영업사원 유형과 그들이 대표로 하는 제품 간에 나쁜 조화를 갖게 됨으로써 실패할 수 있다. 그리고 조직에서 매우 다른 두 가지의 제품을 판매하려는 경우, 완전히 다른 영업 역량을 갖춘 두 집단의 영업담당자가 필요하며, 이는 비용이 급격히 높아질 수 있다.

판매 모델의 선택은 상세한 재무 분석을 기반으로 한다. 일반적으로 기업이 직접 판매 인력을 구축하기로 결정한 경우, 영업 사원을 고용하고 유지하는 것과 관련된 모든 간접비와 비용을 부담할 준비가 되어 있어야 한다. 간접적인 접근방식을 선택할 때, 직접적으로 이러한 비용들이 발생하지는 않지만, 제품 판매로부터 얻은 수익의 일부를 유통업체와 나누어야 한다. 이 결정의 재정적 영향을 평가하는 한 가지 방법은 팀의 시장분석에 근거하여 제품의 잠재적 수익이 지속적으로 유지될 수 있는 최대 직접 판매 인력을 결정하는 것이다. 그 다음에, 이노베이터들은 그러한 판매 인력이 그 만큼의 수익을 실현할 수 있는지 여부에 대한 판단을 내릴 수 있다. 그렇지 않은 경우, 간접모델이 필요할 수 있다(또는 독립 실행형 비즈니스가 독자 생존이 불가능할 수 있는 가능성이 있을 때에도). 적절한 모델의 선택을 지원하는데 사용할 수 있는 정확한 재무 계산은 6.1 실행 계획 및 재정 모델에 설명되어 있으며, 6.4 대체 방안은 독립 실행형 비즈니스가 실현 불가능할 때 발명가에게 사용 가능한 옵션을 설명한다. 자세한 내용은 이 장의 뒷부분에도 제시되어 있다.

간접 모델

간접 판매 모델의 주요 이점은 소기업 또는 신흥 기업이 최소한의 투자로 시장에 진입할 수 있다는 것이다. 주요 단점은 정의에 따라 기업이 여러 제품을 촉진하기 위해 돈을 지불한 유통업자 대표에게 영업 프로세스를 위탁함으로써 그것에 대한 통제와 마진의 일부를 포기한다는 것이다. 즉, 영업 담당자(및 고객)의 시간과 관심을 얻기 위해 경쟁하기 때문에 총 매출이 최적화 되지 않을 수도 있다. 게다가 기업이 고객과 직접 접촉하지 않기 때문에 신제품 영업 기회와 관련된 중요한 고객 피드백을 놓칠 수 있다.

메디테크 분야에서 판매 및 유통을 위한 간접 모델을 채택하는 일반적인 접근법은 현지 또는 전문 유통업체와 판매 및 유통계약을 체결하거나 다른 제조업체와 제3자 파트너십을 구축하는 것을 포함한다. 이러한 접근법의 주요 차이점은 아래에 요약되어 있다(그리고 온라인 부록 5.8.1에 요약됨).

현지 유통업자

현지 유통업자는 비교적 단가가 낮고 중간 수준의 복잡함을 가진 일회용 제품, 재사용이 가능하고 간단한 이식물에 특히 적합하다. 이러한 경우, 판매 및 유통 프로세스는 대부분 현지 유통업자 또는 도매업자가 관리한다.[10] 기업은 일반적으로 유통업자에게 할인 판매를 한다. 결과적으로 유통업자는 차액을 보상의 형태로 유지하면서 제품을 정가에 판매한다. 기업은 자사 브랜드를 유지하고, 유통업자는 다른 상품을 대표할 권리를 유지한다(즉, 판매 및 유통 계약이 독점적이지는 않음). 이 모델은 주사기, 수술 장갑 및 기타 의료장비와 같은 필수 제품에 대해 거의 항상 채택되지만, 간헐적으로 일부 고급형 일회용 제품 및 재사용 제품에 대해서도 효과적일 수 있다.

대부분의 경우, 현지 유통 업자를 통해 판매 및 배송되는 제품에 대한 고객은 장치의 최종 사용자나 의사가 아니다. 대신, 현지 유통업체는 병원이나 진료소의 구매부서와 상호작용하는 경향이 있거나, 구매 대행업체(GPOs)나 통합 전송 네트워크(INDs) 및 ACOs의 바이어와 같은 중개인과 상호작용한다(이러한 개체에 대한 자세한 내용은 이 절의 뒷부분에 나와 있음).

전문 유통 업자

메디테크 분야에서 널리 사용되는 또 다른 간접 모델은 전문 유통업자와 협력하는 것이다. 이 접근법은 일정 수준의 차별성을 가지고, 상대적으로 더욱 복잡하며 사용자에게 최소한 일정 수준의 가치를 제공하는 장치에 가장 적합하다(예를 들어 특정 종류의 이식물과 같은 브랜드명 장비에 대한 의사의 선호도에 의해 측정되기 때문). 또는 해당 전문 유통업자가 다루는 복잡한 제품 라인을 완성시켜 주는 낮은 복잡성의 제품이 적합하다.

전문 유통업자 모델을 통해 기업은 특정 유형의 제품 또는 치료영역의 전문가인 영업 담당자에게 접근할 수 있다. 이 모델을 지원하는 영업 사원들은 종종 제품 판매로 얻은 마진의 일부에 대해 기업과 직접적으로 계약을 맺고 독립적인 외판원으로 일한다. 이러한 외판원들은 특정 지역 내에서 강한 고객 관계를 갖는 경향이 있으며, 그 시점에 보유하고 있는 어떤 제품을 판매하기 위해 이런 관계를 활용할 수 있다. 단일 품목 유통업체는 하나의 기업 제품을 보유하고 있지만, 다품목 유통업체는 제품 특성과 가격을 명확하게 구분하여 몇 개의 제품군을 보유하고 있다. 가능한 많은 브랜드를 보유하는 것이 유통업자의 최대 관심사이지만 제조업체들은 독점성을 선호하고, 그들이 충분히 크다면 그것을 요구할 수 있다.[11] In-vivo Surgical Systems은 척추 고정 이식 제품 라인과 장비를 운반하는 다품목 프랜차이즈 유통업체의 한 예이다. In-vivo Surgical Systems은 북동부 및 뉴잉글랜드 지역으로 제품 범위를 제한하고 제품 판매를 위해 자체 영업 인력을 모집한다.

전문 유통업자는 마스터 리셀러 또는 대리인으로 설정할 수 있다. 그 둘의 주요 차이점은 제품의 소유권을 가지고 있는지에 대한 여부에 있다. 이 차이는 판매의 경제성에 중요한 영향을 미친다. 마스터 리셀러인 전문 유통업자는 고객으로부터 주문을 예상하여 기업에서 제품을 구입하고, 이를 최종 사용자에게 재판매한다. 마스터 리셀러는 제품의 소유권을 갖기 때문에 최종 사용자와 계약 및 할인을 협상할 수 있는 권한이 더 많다.[12] 대리인의 역할을 하는 전문 유통업자는 위탁 제품을 판매하고 제조업체를 대신하여 판매를 협상하고 수수료를 받는다. 그들은 가격책정의 유연성이 제한되어 있으며 제조업체가 수용할 수 있는 조건으로만 계약하고 할인 할 수 있다. 마스터 리셀러는 협상할 수 있는 유연성을 더 많이 가지고 있지만 더 많은 재정적 위험을 감수한다. 그들은 제조업체로부터 목표 마진과 대략적으로 거의 동일한 가격으로 할인하여 제품을 구입하지만, 최종 사용자가 소매가로 구매할 것이라는 보장은 없다. 반대로 대리인은 각 판매에 대해 20~30%의 커미션(수수료)을 받고,[13] 판매하지 않은 제품에 대해서는 책임을 지지 않는다. 그러나 최종 사용자로부터 낮은 가격을 받고 제품을 판매하면 그들이 받는 커미션의 일부를 잃을 위험이 있다.

제3자 파트너십

간접판매에 대한 세 번째 접근법은 독자적인 직접 판매 인력을 보유한 기존 의료기기 제조업체와의 파트너십을 통해 프로세스를 관리하는 것이다(이 형태의 파트너십은 6.4 대체 방안에 설명된 제품 개발에 초점을 준 파트너십과는 다름). 제3자 파트너십은 제약 업계에서 널리 사용되는 반면 의료장비에는 비교적 생소한 방식이다. 라이프스캔(LifeScan)의 메드트로닉(Medtronic)과의 혈당 모니터 유통 협정은 이러한 종류의 파트너십의 한 예를 제공한다.[14] 이러한 협정에 내재된 위험을 보여주는 고전적인 사례는 장기간의 법적 투쟁으로 끝난 1990년대 중반 보스턴 사이언티픽(Boston Scientific)을 통해 스텐트를 판매 및 유통하려는 이스라엘계 메디놀(Medinol)사의 결정이었다.[15] 이 협약은 두 파트너 모두에게 유익한 것으로 보였다. 보스턴 사이언티픽은 자체 제품을 개발할 때보다 더 빨리 스텐트 시장에 진입할 수 있었고, 미국에서 상업적 경험이 없는 소규모 신생 기업인 메디놀은 보스턴 사이언티픽의 규모, 상용화 및 마케팅 전문 지식의 혜택을 받을 수 있었다.[16] 두 기업은 장치의 이후 버전에 대해 함께 협력할 계획을 포함하는 장기 계약에 서명했다. 파트너십이 시작되고 2년 후, 메디놀의 제조업 제품 생산량에 대한 일부에서의 우려 때문에 보스턴 사이언티픽은 비밀리에 아일랜드에 스텐트 생산 시설을 건설했다. 이 시설에 대해 알게 된 후, 메디놀은 보스톤 사이언티픽과의 계약을 종료하고 손해배상을 청구했다. 결국 보스턴 사이언티픽은 메디놀에 대한 22%의 소유 지분을 반환하고 7억 5000만 달러를 지불함으로써 분쟁을 해결하기로 합의했다.[17] 때로는 전 세계적인 판매 및 유통 권한이 제3자 계약의 일부로 부여되는 경우도 있다. 기본적으로 다른 시장에서는 판매 및 유통을 "아웃소싱"하는 것(예: 유럽)에 반하여, 다른 시나리오에서 소규모 기업은 현지의 권리를 유지한다(예 : 미국).

제3자 판매 및 유통 파트너십은 일반적으로 제품을 명확하게 차별화되고, 최소한의 적당한 인지된 가치를 지니며, 대형 파트너가 제공하는 복잡한 시스템을 완성할 수 있는 기업에서만 사용할 수 있다. 중소기업이 이러한 파트너십을 체결하는 가장 보편적인 이유는 직접 판매 인력을 만들고 유지하는데 따른 막대한 경제적 부담을 피하기 위해서다. 기업은 판매 하고자 하는 그들의 제품 라인에서 경험의 폭이 부족하면 완전한 제품 생산 라인을 구매하고자 하는 업체들에게 이런 거래들을 고려할 수 있다. 또한 확실히 자리를 잡은 제조업체들은 GPO 및 기타 중요한 바이어들에 대한 더 큰 영향력을 가지며, 중소기업에 이러한 관계에 대한 접근성을 제공한다.

이러한 제3자 파트너십을 구축하기 위해서는 두 가지의 중요한 재무 처리방식이 있다. 그 차이는 유통업체가 제품을 제조할 것인지 여부에 따라 결정된다. 만약 중소기업이 제조업체가 될 경우, 제품이 유통업체로 출하될 때마다 제조업자에게 보상을 할 수 있도록 양도가격이 정해진다. 만약 유통업체가 제조업체가 될 경우 순이익을 기준으로 중소기업에게 로열티가 지급된다(일반적으로 5~8%). 두 가지 시나리오 모두에서 제품을 시장에 출시하는 재정적 수단을 제공하기 위해 선급금을 중소기업에게 제공할 수 있다.

제3자 판매 및 유통 파트너십은 제품을 빠르게 구현하는 데 도움이 되는 자원, 인프라, 관계 및 경험을 제공할 수 있지만 그러한 관계를 맺는 것은 소형 장치회사, 특히 단일 제품 기업일 경우 위험할 수 있다. 대기업은 모든 고객 관계를 통제하고 제품의 가격 책정, 교육 및 사용을 관리하기 때문에 중소기업은 근본적으로 파트너의 손에 운명이 달려 있다. 피닉스 메디컬 시스템(Phoenix Medical System)의 사례가 보여주듯이, 이것은 일부 기업이 값진 교훈을 얻는 가르침이 된다.

현장에서 피닉스 메디컬 시스템(Pheonix Medical Systems)

파트너의 매출이 기대에 미치지 못할 때[18]

인도의 선도적인, 고품질, 저비용 신생아 의료 장비인 피닉스 메디컬 시스템(Phoenix Medical Systems)은 초창기에 주요 다국적 기업의 관심을 끌었다. 보다 대규모의 조직이 인도의 의료 영상 및 환자의 진단/관찰 시스템 시장에 존재했으며, 성장 중인 산모/유아 의료 분야에서 피닉스는 자사의 역량을 확대할 방법을 적극적으로 모색 중이었다. 그 다국적 기업이 피닉스의 설립자인 V. Sashi Kumar에게 파트너 거래를 위해 접근했을 때, 그는 열렬히 환영했다. 그는 "이처럼 놀라운 기업과 제휴를 맺게 되어 무척 기쁩니다."라고 말했다.[19] 기업의 대표들은 피닉스를 사들이자고 제안했지만 Kumar는 기업이 피닉스의 기술에 대한 접근성을 얻게 될 **라이선스** 계약을 원했다. 그 다국적 기업은 특히 피닉스의 제품 중 세 가지, 즉 두 가지 유아 보온기와 광선 요법 장치(그림 5.8.2 참조)에 관심이 있었다. Kumar가 회상하기로, 그 다국적 팀은 3년 내에 그 장비의 연간 매출액이 100만 달러가 될 것으로 예측했다.

결국, 그들은 두 가지 주요 요소가 담긴, 2년 간의 독점적 계약을 맺었다. 두 가지 주요 요소는 첫째, 다국적 기업은 인도 시장에서 독점적으로 피닉스의 브랜드 명칭하에, 피닉스의 포트폴리오에 담긴 모든 제품들을 판매하기 위해 그곳이 확립한 유통 채널을 이용한다. 피닉스는 제품들을 계속 제조하고, 기업은 인도의 매출을 지원하기 위해 재고품을 구매할 것이다. 둘째, 새로운 파트너는 공유의 국제 요건을 충족하기 위해 위에서 언급한 세 가지 제품을 변경할 것이며, 그런 다음 다국적 브랜드 명칭 하에 인도 이외의 시장에서 그것들을 제조, 판매, 유통한다는 것이었다.

인도의 자국 조직은 유아 보온기와 광선 요법 장치들을 초음파 기계의 소비자인 부인과 전문의들을 통해 산부인과에 판매하려 했다. Kumar는 "그들이 제품을 산부인과에 팔기가 쉬울 것이라고 생각했던 이유는 그들은 이미 그곳에서 사업을 하고 있었기 때문입니다."라고 말했다. 유감스럽게도, 그 매출액은 예상치에 미치지 못했다. 그는 "그들이 초음파 기계를 판매할 수 있었던 이유는 그들의 상호가 그곳에서 잘 알려져 있었기 때문이었습니다. 하지만 그 기업은 인큐베이터와 광산 요법 장치 분야에서 같은 수준의 명성을 누리지 못하고 있었습니다."라고 설명했다. 또한 그 파트너의 영업 담당자들은 산부인과 전문의 외에도 내과 의사들과도 종종 상호작용을 해야 했다. 그 대표들은 일반적으로 새로운 장비를 작동하는 법에 익숙하지 않았기 때문에 그들은 구매 결정자들에게 그것을 효과적으로 제시하지 못했다. Kumar는 "그 제품들은 기존 제품처럼 판매할 수 있는 게 아니었습니다."라고 말했다. 의사들은 판매부 대표들이 시장에 있는 다른 제안적 제품보다 그 제품의 유익함을 깊이 이해하고 그들의 기술적 질문에 답할 것으로 예측했으나 그렇지 못했다. 즉, 판매부서 인력이 그런 상황들을 효과적으로 해결하기 위해 필요한 지식을 얻도록 동기부여를 해 줄 특별한 인센티브가 없었기 때문에 매출은 감소했다고 볼 수 있다.

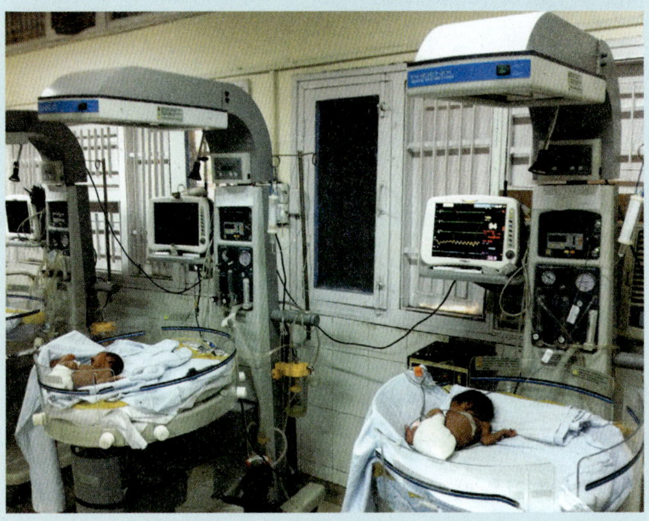

그림 5.8.2
비와니(Bhiwani)의 정부 병원에서 사용 중인 피닉스(Phoenix) 장비 (피닉스 메디컬 시스템의 허가를 받아 사용)

그러는 동안, 피닉스는 다국적 기업이 예측한 수요를 맞추기 위해 자사의 제조 역량을 키우려고 대규모 투자를 했다. Kumar는 "그들은 우리가 1년에 판 것보다 2개월 만에 더 많은 장치를 팔 것으로 예측했습니다."라고 회상했다. 새로운 생산 시설과 인력이 나타남에 따라, 매출은 계속 정체되었다. 결과적으로 재고품이 쌓이기 시작했다. "우리는 수입도 없이 서비스를 제공해야 하는 곤란한 상황에 처했습니다." 피닉스는 새로운 계약에 따른 재정적 압박을 느꼈지만, 기업의 양손은 묶인 상태였다. Kumar는 "우리는 모든 유통 권한을 다국적 기업에게 넘겨주어서, 우리의 제품을 시장에 직접 판매 할 수 있는 기회가 없었습니다."라고 설명했다. 그 계약 때문에 직접 판매를 금지가 금지된 것은 아니었지만 피닉스(Phoenix)는 파트너십 계약이 체결되었을 때 모두 회사를 떠나 영업 담당자를 가지고 있지 않았다. 그는 "그 당시 매우 힘들었습니다."라고 첨언했다.

Kumar는 피닉스가 생존하려면, 적어도 인도시장에서 기업이 판매 촉진에 도움을 주는 데 더욱 적극적 역할을 해야 한다는 것을 깨달았다. 첫째, 그는 피닉스가 쌓아온 재고품 위에 앉아 있을 여력이 없다는 점을 다국적 기업이 인식하도록 하였다. 이에 대해, 다국적 기업은 장비 중 일부를 미리 구매한다는 데 동의했다. 둘째, Kumar는 인도에 설립된 피닉스 장비 기반을 유지하기 위해 현장에 남아 있던, 자신의 서비스 기술자들의 네트워크를 동원했다. 그는 "우리는 그들이 많은 리더를 끌어

오도록 한 다음, 그들이 우리의 파트너가 되도록 적극 노력했습니다."라고 말했다. 이러한 열띤 선례는 충분한 매출을 자극하여 피닉스가 살아남을 수 있게 하였다. Kumar가 말하듯, "우리는 가까스로 살아남았습니다."

2년의 계약 종료 시, 다국적 기업은 그 계약 연장을 위해 피닉스에 접근했지만 Kumar는 피닉스의 제품 통제권을 되찾는 데 단호한 입장을 보였다. Kumar는 자신의 기존 영업 담당자들을 재고용하고 영업팀을 재건하기 시작했다. 또한 피닉스는 자사의 고객들이 기업이 제품의 포트폴리오에 대한 직접적 통제권을 재확립했다는 점을 알도록 하기 위해 서비스 기술자들로 이뤄진 네트워크를 활용했다. Kumar는 "고객들은 우리가 돌아온 것에 기뻐했습니다."라고 말했다. 점차 피닉스는 자사의 매출을 증가시킬 수 있었다. 기회는 2013년 말까지 약 180억 달러라는 최고 기록을 달성할 것으로 예측했다.

제3자 파트너십은 주로 기업이 협력하고 있는 파트너십 계약에 관하여 몇몇 장치의 성과가 상세히 기록되거나(예: **매입, 취득**) 기업이 상당히 강한 통제력을 발휘하는 또 다른 주력 제품을 보유하고 있을 때, 가장 효과적으로 적용된다. 제3자 파트너십이 적절할 수도 있는 또 다른 시나리오는 기업이 다른 대안이 없는 경제적 어려움에 직면했을 때이다.

직접모델

자본장비와 고가의 일회용 제품 또는 이식재(implant)와 같이 더 복잡하고 고가의 장치인 경우 직접 판매 모델이 필요한 경우가 많다. 의사와 구매 전문가, 그리고 (달러 금액에 따라)시설 관리를 대표하는 "C 레벨" 경영진을 포함하는 이러한 종류의 판매와 관련된 "영향의 삼각관계"에 영향을 주기 위해서는 이러한 하이터치 방식이 필요할 수 있다(그림 5.8.3 참조).

앞서 언급했듯이, 구매 과정에서 의사의 영향력이 약화됨에 따라 전문가 및 관리자의 구매력이 점차 증대되고 있다. 3명의 이해관계자 모두가 구매 과정에서 각 역할을 갖기 때문에 고객으로 간주되어야 한다. 의사는 제품의 성능을 평가하고 보증하며, 구매자는 구매 결정의 경제적 파급효과를 평가한다. 그리고 경영진은 조직의 방향(특히, "주요 타깃" 항목)에 맞게 전략의 적합성을 확보한다. 보통 서로 다른 이해관계자 그룹에게 제품을 구매하도록 설득하는 것은 직접 판매 인력만이 제공할 수 있는 정보, 연락처 및 전문지식을 필요로 한다. 직접 판매 인력 양성을 위한 결정(그리고 그 규모를 정하는 방법)은 복잡하며 6.1절에서 설명된 세부적인 **상향식** 재정 모델링을 기반으로 해야 한다.

직접 판매 인력을 보유한 기업은 자체적으로 판매 직원을 고용하여 6단계 프로세스로 제공자(의사 및 시설 대표자)의 관심을 이끈다. 다음에 설명된 대로 (1) 계정(Account) 조사; (2) 관계 구축; (3)이해관계자에게 **가치 제안** 판매; (4) 클로징; (5) 의사 사용자 교육; (6) 어카운트(Account; 고객집단이나 대규모 또는 국제적인 고객) 매니지먼트의 과정을 거친다.

1단계: 계정(Account; 고객) 조사

궁극적으로 완성된 비즈니스로 이끌어 낼 목표에 대한 판매 노력을 집중시키는 것은 두 단계의 과정이다. 첫째, 초기 판매 목표량은 타깃이 미래에 산출할 수 있는 잠재적인 비즈니스의 양

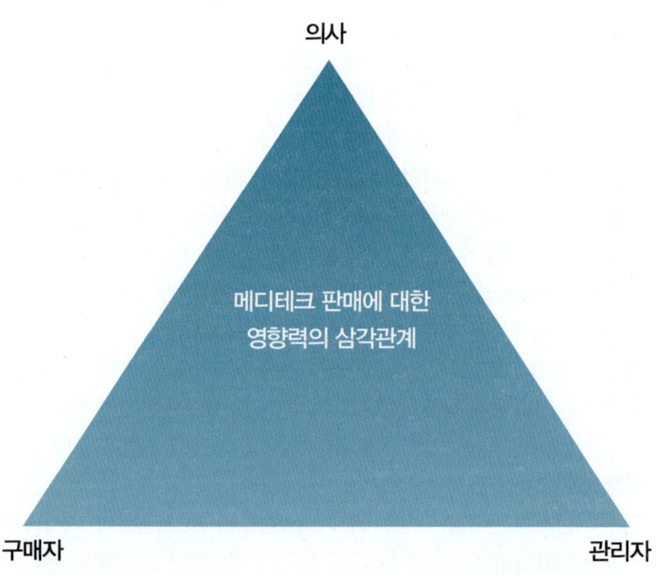

그림 5.8.3
"영향력의 삼각 관계"에 대표되는 주요 이해관계자는 매매를 하기 위해 많은 의료 기술 구매 결정에 맞춰야 한다.

을 기준으로 기업이 설정한다(6.1 실행 계획 및 재정 모델). 다음으로 영업담당자는 이러한 타깃을 방문하거나 "전화를 한다." 시간이 지남에 따라 그들은 가장 수용적인 공급자의 하위 집합을 식별하고 거기에 초점을 맞춘다. 또한 영업 담당자들은 네트워킹 및 기타 전문적인 활동들을 통해 본래의 표적 목록에 포함되지 않은 추가적인 제공업자들을 식별할 수 있다.

2단계: 관계 구축

파트너십을 구축하고 공급 업체 및 시설 대표와 신뢰를 쌓기 위해서는 공식적 및 비공식적인 관계 구축 활동이 필요하다. 영업 프로세스의 이 단계에서 영업 담당자는 제공기관의 니즈를 지속적으로 평가하고 그들의 **니즈**를 해결할 때 제품의 가치를 확신하고자 노력한다(5.7 마케팅 및 이해관계자 전략 참조). 의약품 산업에 의해 대중화된 사외 사교모임(예: 저녁, 스포츠 경기 및 기업 후원 주말 자문위원회 모임)은 초기에는 의료기기 분야에서 의료기관에 접근하기 위한 하나의 수단으로 채택되었다. 그러나 2013년에 미국 연방 헬스케어 프로그램에 참여하는 의약품, 의료기기 및 생명공학 제조업자들에게 의사 및 대학병원에 제공되는 특정 지불 및 가치 항목을 보고하도록 요구하는 선샤인 법(Physician Payment Sunshine Act; 의사 대상 지불내역 공개법)의 재정 이후,[20] 이러한 활동이 크게 축소되었다.

구체적인 인센티브가 없는 상황에서 이 단계의 초점은 주로 의사들로부터 지지를 얻는 것이므로 그들은 구매과정이 필요한 모든 것을 통해 제품을 지지할 것이다. 영업 담당자는 제품 설명을 제공하고, **임상 실험** 결과를 공유하며, 공급자 질문 및 우려사항에 답하는 것에 상당한 시간을 할애한다. 결과적으로 의사들은 보통 제품 시행에 근거한 임상 및 경제적 개선에 대한 평가를 바탕으로 제품을 지지하기로 결정한다. 그들은 영업 담당자의 전문성과 개인적 특성(정직과 성실과 같은), 그리고 거래처에 대한 기업의 책임(시간, 제공기관의 니즈에 대한 관심과 향후 연구협력에 대한 가능성을 통해 보여주는)을 고려할 수도 있다.

3단계: 가치 제안 판매

지속적인 제품 판매는 관계가 적절히 확립되고 의사에게 제품 혜택이 명확해지면 시작된다. 특히 더 가치 있는 메디테크 환경에서 영업 담당자는 영업 프로세스의 이 단계를 처리하기 위해 광범위하게 교육을 받아야 한다. 영업담당자들은 그들의 제품에 대한 정당성을 입증하기 위해 의사결정자의 잠재니즈 또는 "고충"을 파악할 뿐만 아니라 임상, 경제, 경쟁자, 및 질병 상태 정보를 활용한다. 자료들은 각 이해관계자의 상황과 영향력의 삼각관계에 대한 관심사에 맞게 맞춤화된다. 영업 담당자는 가치분석위원회 또는 신기술평가위원회를 포함할 수 있는 각 기관의 구매과정에서 요구사항을 신중하게 따르도록 준비해야 한다. 이러한 위원회는 일반적으로 조직의 모든 부문의 여러 분야에 걸친 담당자들을 포함하기 때문에 여러 가지 다른 관점을 대표하는 이해관계자들로부터의 이의 제기를 처리할 능력을 갖추고 있다(관련 사례는 다음에 나오는 액세스클로져(AccessClosure)사의 이야기 참조).

영업 프로세스에서 이 단계의 필수적인 부분으로, 특히 대형 기관 및 의료인 단체에 판매되는 고가 품목의 경우, 기업은 제품이 어떻게 결과를 개선시키고 비용을 절감시키는지를 증명할 수 있고, 이 기술의 이용에 대해 비용 상환(또는 기타의 방법으로 지급) 과정을 보여줄 수 있는 맞춤형 비즈니스 사례 모델을 개발해야 한다는 점이다. 이것은 복잡하고 많은 시간이 소요되는 노력일 수 있다.

4단계: 클로징(Closing)

사실상의 "클로징"은 영업 담당자가 특정 환자 또는 정해진 기간 내에 제품을 구매할 것을 요청하고 의사결정자가 동의할 때 발생한다. 영업을 클로징함과 동시에 가격 협상과 계약 협상이 진행될 수 있으며, 일부 제공 기관은 최종 합의에 도달하기 전에 이러한 문제를 해결하길 원하는 반면에, 기타 다른 제공 기관들은 제품 테스트를 거친 후 몇 명의 환자에서 만족스러운 발견을 한 후에 해결하는 것을 선호한다.

의사들은 제품 구매에 대한 권장사항을 작성하는 데 필수적이지만, 그들은 제품의 가격 및 모든 관련 거래 조건(납품, 교육, 사용법, 서비스 등)의 설명에 동의하는 것을 포함하여 구매 협상에 자주 참여하지 않는다. 한 가지 예외적인 경우는 기술이 독립적인 의사의 의료방식에 관해 판매되어 여전히 의사가 당사자 간 판매 과정의 주요 접점 역할을 할 가능성이 높은 경우다.

단일 병원 및 소규모 병원 체인점에서는 영업 담당자와 구매 및 시설 담당자 간의 가격 및 계약 협상이 구매 및 보다 빈번하게 이루어진다. 대형 IDNs, GPOs, ACOs 및 주요 대형 병원과 같은 전략적 고객의 경우, 계약협상은 대개 기업 차원(영업 및 마케팅 담당 부사장 또는 최고 의료 책임자)에서 다루어진다. 이러한 협상은 복잡하고 시간이 오래 걸릴 수 있다. 게다가, 그들은 현실적으로 종종 전략적이며, 큰 액수의 돈에 영향을 미치는 변수들을 포함할 수 있다(예: 시설 대표자가 거래량에 대한 대가로 가격 할인을 요구하는 경우),

5단계: 사용자 교육

판매가 이루어지거나 약속되면 영업 담당자는 의사와 시설이 신기술을 실용화하는 데 도움을 준다. 예를 들어, 그들은 먼저 이식물을 사용하여 장치의 적절한 모델과 크기를 선택하는 방법에 대해 공급기관을 교육한 후 절차를 이행하는 방법을 교육한다. 적절한 경우, 영업 담당자는 의사들이 각 환자에 대한 의료기기의 모델 또는 크기를 선택하는 것을 도와주고 발생하는 문제와 쟁점을 해결하는 데 도움을 주는 처음의 몇 가지 절차에 참석한다(그림 5.8.4 참조). 매우 복잡한 장치의 경우, 의사들이 기업의 담당자로부터 적절한 교육을 마칠 때까지 기업에서 장치 사용을 제한하는 것은 드문 일이 아니다(이 장의 키폰(Kyphon)사 이야기 참조). 이러한 상호작용의 질은 의사들과 시설들이 재품을 계속 사용할 것인지 여부를 결정하는 데 매우 중요하다. 중요한 것은 직접 판매 모델을 선택할 때 기업은 항상 이러한 교육을 제공하는 비용을 부담해야 한다는 것이다. 항상 그렇진 않지만 간접모델을 사용하는 경우, 유통업자들은 때때로 기업을 대신하여 교육을 제공하기도 한다. 이노베이터들은 유통업자들과 마진을 공유하면서 교육비용을 자체적으로 충당할 수 있을 것이라고 여기거나 거래를 협상할 때, 이런 종류의 문제점들을 신중하게 고려해야 한다.

6단계: 어카운트 매니지먼트

판매 후 어카운트 서비스에는 계약에 포함된 모든 서비스(예: 장비에 대한 서비스, 제품 관련 문의 답변, **상환** 문제 지원)를 지원하기 위해 거래 후에 발생하는 모든 것이 포함된다. 뿐만 아니라, 고객 유지 및 동일한 어카운트를 통해 향후 매출 성장에 중점을 둔다. 고객의 관심사에 능동적으로 대처함으로써 영업 인력은 어떤 문제점으로 인해 고객이 다른 제품을 선택할 수 있는지 원인을 파악할 수 있으며, 대부분의 경우 문제를 회피하기 위해 오퍼링을 조정한다. 지속적으로 관리해야 하는 메디테크 분야의 공통적으로 고려해야 할 구체적인 예로는 장치 또는 절차의 어려움, 예상보다 좋지 않은 환자 결과, 차선의 고객서비스를 포함한다.

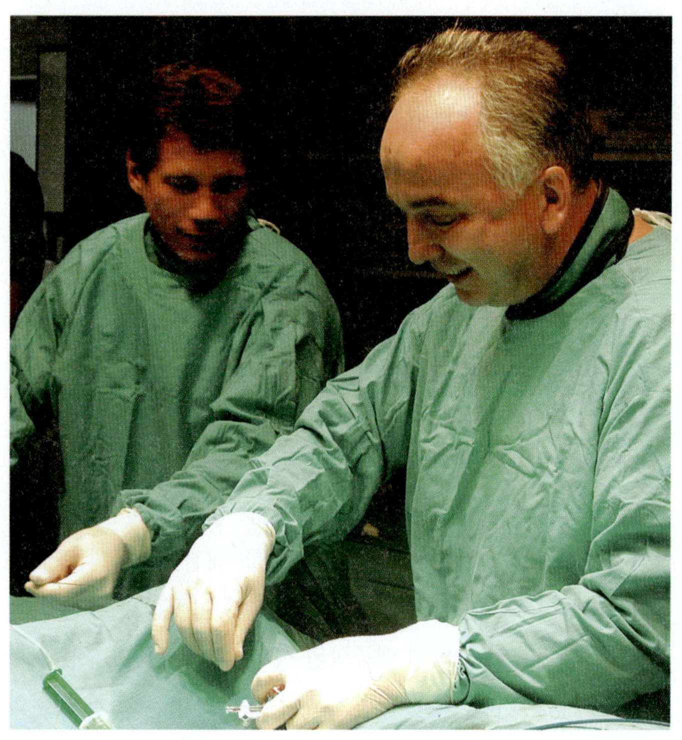

그림 5.8.4
트란스바스큘라사(Transvascular, Inc.)의 대표 Ted Lamson은 Tomasz Siminiak 박사에게 줄기세포를 심장에 주입하기 위한 새로운 시술법에 대해 가르치고 있다(익스플로라메드(ExploraMed)의 허가를 받아 사용).

이러한 우려를 해결하기 위해 어카운트 매니지먼트는 새로운 제품 아이디어 개발과 밀접하게 관련되어 있다. 영업 담당자들이 장치 사용 및 제품 문제 해결에 도움을 줌으로써 엔지니어 및 기타 기술 전문가들이 기업의 오퍼링을 개선하거나 확장하는 데 사용할 수 있는 피드백을 수집한다.

직접 영업 프로세스에 대한 간략한 설명에서 알 수 있듯이, 각 판매를 성사시키기 위해 상당한 시간과 자원의 투자가 이루어진다. 그러나 일단 의사와 의료기관들이 영업 담당자들과의 신뢰할 수 있는 관계를 맺고 기업 제품을 사용하기 시작하면 향후 영업을 더 쉽고 시간을 절약할 수 있는 강력한 유대감이 형성되어 경쟁자에 대한 진입장벽이 형성된다.

액세스클로져(AccessClosure)사의 사례는 직접 판매 모델은 물론 영업 담당자, 의사 및 의료시설의 각 역할이 어떻게 발달하고 있는지를 보여준다.

현장에서 액세스크로져 주식회사(Accessclosure INC.)

변화하는 메디테크 환경에서의 직접판매

연쇄 창업가 Fred Khosravi는 액세스클로져(AccessClosure Inc.)를 공동 설립하여 심혈관 및 말초 혈관 시장의 니즈에 중점을 두었다. 특히 그는 혈관 내(또는 최소 침습성) 시술 후 동맥 폐쇄를 위한 더 나은 해결책을 만드는 데 관심을 갖게 되었다. 현재의 **치료 표준**은 수동 압축이며, 관상동맥 질환의 경우 약 55% 그리고 말초 질환의 경우 80%에서 사용되었다.[21] 이것은 환자의 출혈이 멈출 때까지 10~30분 동안 상처에 압력을 가하기 위해 손을 사용하는 간호사가 필요했다. 효과적이기는 하지만 압박은 많은 시간이 소요되고, 자원 집약적이며, 종종 환자에게 불편함을 주었다. 두 개의 주요 혈관 폐쇄 장치가 시판되었다. 그것도 효과적이었지만 Khosravi는 개선의 여지를 발견했다. 그가 한 기사에서 기술했듯이, "현행 폐쇄 기술은... 상당한 합병증과 관련이 있으며, **사망률**의 관점에서 볼 때, 환자에게 우호적이지 않다. 그것들은 주로 사용하기 쉽고 조작하기 간단하는 점에서 의사에게 우호적으로 고안되었습니다."[22] 주요 관심사는 출혈 위험 및 해결책이 장기간의 불편함을 유발하고 혈관 장애를 일으킬 수 있는 천자 부위에 이식 된 채로 남아 있다는 사실을 포함한다.[23]

액세스클로져 팀은 2007년 5월 마인(Mynx)혈관 폐쇄장치에 대한 FDA 허가를 받았다(그림 5.8.5 참조). 새로운 장치는 30일 이내에 용해되는 유일한 하이드로겔 실란트를 사용하여 대퇴 동맥을 문합하고, 치유된 동맥 뒤에는 아무것도 남기지 않았다.[24] 중요하게도 이 장치는 의사가 사용하기 쉽고 출혈 위험을 최소화하며 환자에게 덜 고통스러웠다.[25]

규제 당국의 승인을 얻는 것과 병행하여 팀은 장치 판매 및 유통에 대한 접근 방식을 계획하기 시작했다. 회사의 사장 겸 CEO가 된 그 Gregory Casciaro에 따르면 "전국의 유통업체 네트워크를 통해 갈 수도 있고 직접 영업 사원을 확보할 수도 있다 그리고 기업은 몇 가지 이유로 후자와 함께 했습니다." 그는 심장병 전문의, 혈관외과 의사 및 중재적 방사선 전문의가 직접 판매 담당자에게 전화를 받는 데 익숙해졌다고 설명했다. "당신은 그 분야에서 주의를 기울여야 한다. 즉, 의사에게 기술 사용 방법에 대한 지침을 제공해야 한다." 또한 영업 담당자와 의사 사이에 발달된 개인적인 관계가 의사가 제품을 사용해 볼 때 필요한 믿음, 신뢰성 및 일관성을 구축하는 데 중심적인 역할을 하는 것으로 나타났다. 또한 "경쟁업체들은 직접 영업 인력을 사용하고 있었다. 그래서 다방면에서 그 장소에 표준이 있었다. 만약 우리가 이 부문에서 경쟁하기를 정말로 원한다면 우리 제품 이외의 다른 많은 제품들로 산만하게 될 유통업자에 의지하기보다는 우리 자신의 판매원을 이용하는 것이 더 나을 것이라고 생각했습니다."라고 Casciaro가 말했다. 기업은 또한 기술을 차별화한 그 고유의 특성을 강조하는 직접 영업 인력이 이전의 혈관 폐쇄장치와 비교할 때 더 나을 것이라 생각했다. 이러한 요소들이 결합되어 "우리의 선택이 상대적으로 쉬워졌습니다."라고 그는 말했다. 엑세스클로져와 Khosravi의 방대한 네트워크와 강력한 영업 실적을 활용하여 영업팀을 고용하는 데 필요한 자금에 접근할 수 있었으며, 주요 미국 시장을 다루기 위해 15~20명의 영업 담당자로 시작했다.

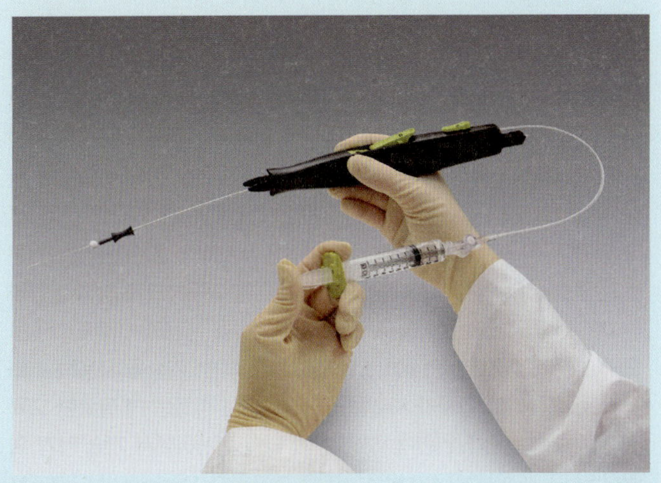

그림 5.8.5
Mynx Ace 혈관 폐쇄 장치는 오리지널 Mynx 제품의 추후 진화이다(AccessClosure의 허가를 받아 사용).

새로운 영업팀은 주로 의사에게 직접 판매를 실시하였다. Casciaro는 "우리 담당자는 병원에 가서 의사들과 이야기할 것입니다. 그들은 기술에 대해 기뻐서 흥분을 느끼게 될 것이며 다음 10가지 절차에서 장치를 사용해보는 것에 동의할 것입니다."라고 말했다. 영업 인력은 이러한 경우 의사와 협력하여 필요한 교육과 지원을 제공하여 판매에 성공해야 한다. "그 후" 그는 계속해서 말했다. "그들이 '나는 이게 좋다. 가서 자원 관리부에 가서 내가 이것을 사고 싶다고 말해 봐라.'" 이것이 엑세스클로져가 의료기기를 병원 진열대로 가져오게 만드는 방법이다. 이 접근 방식을 사용하여 기업은 상용화 첫 해에 3,200만 달러의 매출을 올렸다.[26] 2013년까지 연간 매출액은 약 8,000만 달러로 증가했다.[27]

그러나 이 기간 동안 카시아로는 영업 프로세스가 크게 바뀌었음을 인정했다. 그는 "우리는 여전히 사용자와 구매자 사이에서 제품을 전처리 하고 있습니다."고 말했다. "하지만 이제 의사들은 종종 우리에게 '나는 당신을 여전히 자원관리부에 보내고 제품을 원한다고 말할 수 있다 그러나 당신은 샤프연필을 가지고 들어가는 것이 더 좋을 것이고, 경제적으로 좋고 임상적 주장을 하는 것이 더 좋을 것입니다. 행운을 빌어요.'"라고 말한다. 직접 영업 인력은 반드시 새로운 기술 평가 위원회를 통과할 필요 없이 소규모 지역병원에 신제품을 제공할 수 있다. 그러나 더 큰 규모의 헬스케어 재벌기업들은 판매가 기관에 의해 이루어지는 것이 점점 더 흔한 일이 되고 있다. Casciaro는 "판매가 의사에 의해 시작되고 끝나기는 하지만, 그 기관은 중간에서 큰 역할을 합니다." 고 말했다. 이 프로세스의 착수 준비(front end)에서 기술 평가 위원회는 한명 이상의 의사가 신제품을 지지할 것을 요구하므로 영업 담당자는 여전히 의사에게 관심을 갖도록 하고 그것을 실험하는 것에 그들을 도와야 한다. 마지막에(back end) 영업 담당자는 기술을 사용하는 의사의 수를 늘리고 의사가 시술을 성공적으로 수행하는 데 필요한 교육 및 지원을 받는지 확인한다. 그러나 이 단계들 사이에서 기술 평가 위원회 및 구매담당자가 의사결정권자로 대표한다. Casciaro는 "때때로 평가위원회 회의가 한 달에 한 번 또는 두 달에 한번만 발생하는 경우도 있습니다."고 말했다. "이 환경에서는 모든 것이 시간이 조금 더 소요됩니다."

점점 더 흔한 시나리오는 기업이 그룹 구매 조직을 통해 협력해야 한다는 것이다. Casciaro는 "이러한 구매자들은 규모의 경제를 추구한다. 그들은 일반적으로 '만약 우리가 10개의 병원에서 당신의 제품을 사용하게 할 수 있다면 어떤 종류의 협상을 할 것인가?'를 묻는다. 큰 소리지만 의사가 한 제품만을 사용하는 것은 큰 도전이다."라고 Casciaro는 말했다. 규제추적은 또 다른 어려운 문제였으며 이러한 고객 계정(Account)에서 약속된 사용량과 실제 사용량 사이의 차이는 특이한 것이 아니었다. 그는 계속해서 "지금 당장은 이런 기관에 들어가서 그들과 관계를 형성하는 것이 더 중요합니다. 그런 다음 계정 내에서 판매량과 성장을 구축하는 것은 영업 담당자의 몫입니다."라고 했다.

이 두 가지 새로운 판매 시나리오를 반영하여 Casciaro는 제품 비용 및 제공 가치에 대해 설득력 있는 논의를 하는 것이 훨씬 더 중요하게 되었다고 강조했다. "우리의 경우 혈관 폐쇄 장치를 사용하여 환자가 병원에 입소문을 내준다는 것을 입증해야 합니다." 또한 그는 "이는 더 복잡한 과정일 것입니다. 영업 담당자는 의사 수준에 관계를 형성하는 것을 넘어 확장이 필요합니다. 그들은 자원관리부에서부터 경영진에 이르기까지 모든 직급의 사람들을 다루는 데 있어서 정말 능숙해야 할 필요가 있습니다."고 말했다.

2014년 초, 엑세스클로저는 주요 헬스케어 기업인 오하이오베이스드 카디널 헬스(Ohiopbased Cardinal Health Inc.)에 의해 3억 2천만 달러에 인수되었다. 양사에 따르면 이 인수는 병원 서비스 및 시술의 비용 효율성을 높이면서 환자 치료를 개선하는 제품을 제공하는 카디널 헬스의 전략을 뒷받침했다. Casciaro는 카디널 헬스의 전 세계적인 범위와 중요한 인적 자원들이 모든 수준의 고객니즈를 충족시키면서 급속한 비즈니스 성장을 이끄는 데 도움이 될 것이라고 예측했다.[28]

일반적으로 직접 판매 팀들은 지리적으로 조직되어 있으며, 각 개별 담당 구역 관리자는 지역 관리자에게 보고하고, 차례로 지역관리자는 역어영업 부장이나 부사장 또는 영업부에 보고한다(조직 내의 계층 수에 따라 달라짐). 판매에 대한 책임은 지역관리자와 담당 구역 관리자 간에 어느 정도 공유된다. 그들은 종종 영업을 클로징 하기 위해 팀 접근방식을 택한 후, 지역 관리자가 계약 협상을 처리하고 담당 구역 관리자가 영업 담당자와 협력하여 어카운트 유지 · 관리와 고객 유치를 담당한다. 일반적으로 모든 계약 및 할인은 기업에 의해 중앙 통제 방식으로 관리된다.[29]

직접 모델에서 의료기기의 물리적인 유통은 일반적으로 영업 담당자가 수행하거나, 기업 창고에서부터 직접적인 배송을 통해 수행된다(물론, 중요한 설치를 요구하는 자본 장비는 이 규칙에 대한 하나의 예외임). 제공 기관은 주문서를 작성하여 제출하거나 기업의 고객 서비스 부서에 전화를 걸거나, 또는 영업담당자를 통해 직접적으로 주문한다. 결과적으로 제품은 수송되거나 직접 인편으로 전달된다. 경우에 따라, 의사가 제품의 다양한 크기 또는 모델들을 위탁 형태로 보유하면서 항상 조건에 맞는 정확한 사양의 장비를 이용할 수 있도록 한다. 장치의 물리적인 유통은 근본적인 영업 과정만큼 복잡하지 않기 때문에 제조업체는 직접 영업 인력을 유지하는 경우에도 제3자 유통업자와 협력하여 납품을 담당할 수 있다.

직접 모델에서 지불자의 역할

지불자들은 새롭고 고가의 제품에 대한 점진적인 상환에 책임이 있으므로 더 복잡하고 가치가 높은 의료기기의 고객으로 간주되어야 한다. 5.6 보험 급여 전략에서 논의되었듯이, 상환 과정은 이 챕터에서 기술되는 판매 과정과 다르지 않으며 여기에는 주요 지불자가 누구인지 파악하고, 어떤 제품 정보와 가치 제안이 필요한지를 이해하기 위한 초기 관계 수립, 그리고 제품의 출시, 계약, 할인, 지불자 계정 유지(즉 제품 관련 의문점이나 우려 사항의 처리)를 예상한 또는 그와 연계된 **유통 범위**와 **지불 방침**에 대한 로비가 포함된다.

그러나 지불자에게 "판매"하는 데는 상당한 노력과 집중이 필요하지만 일반적으로 그것은 한 번만 발생해야 한다. 지불자가 제품을 수용한 후에는 제품을 선호 포지션에 머물게 하기 위해 지속적인 후속조치가 필요하지만, 제품 수용을 유지하는 데 필요한 노력은 줄어든다.

영업인력 교육

모든 직접 판매 인력은 타깃 고객에게 복잡한 제품을 효과적으로 제시하고 판매하기 위해 광범위한 교육이 필요하다. 이러한 교육은 영업사원들이 제품의 속성, 치료하는 질병의 상태, 실제로 사용되는 방법, 경쟁제품과 비교하는 방법 및 치료기준 그리고 그것을 사용하는 의사들과 시설들의 핵심 가치제안을 깊이 이해할 수 있도록 장치를 개발한 기업에서 직접 제공해야 한다. 영업 담당자가 의사들에게 의료기기 사용에 대한 교육, 훈련 또는 지도하도록 요청을 받은 경우, 영업 담당자들은 더욱 상세한 준비가 필요하다. 담당자들은 특히 가치분석 위원회 또는 신기술 평가위원회에 맞설 경우 임상적 이익, 경제적 이익, 그리고 청구 및 상환과 관련된 상세하고 종종 기술적인 질문에 답변할 수 있도록 준비해야 한다. 영업 회의에서 담당자들은 종종 "역할 놀이"를 요청 받을 수 있는데, 이런 식으로 영업 프로세스에서 발생할 수 있는 많은 어려운 문제들을 해결하는 것에 대한 경험을 얻을 수 있다. 때때로 영업 담당자들은 새로운 절차나 의약품 분야에 대해 배우는 동안 의사들과 함께할 기회가 제공된다.

미국에서는 기업 및 그 영업 담당자들이 제품의 기능 또는 의사가 달성하도록 도울 수 있는 결과에 대해 구매자에게 광고할 수 있는 (그리고 할 수 없는) 사항들이 FDA에 의해 광범위하게 규제되고 있다는 점을 반드시 유의해야 한다. 예를 들어 특정 장치가 510(k)에 의거해 사용 허가를 받으면, 해당 기업은 해당 장비와 실질적으로 동일한 장비 이상으로는 주장하지 못한다. 기업은 PMA하에서 승인된 장치에 대해 새로운 또는 다른 지표를 요구할 수 있다. 그러나 이러한 요구는 승인되어진 장치에 대한 의도된 용도를 넘어서서는 안 된다(5.4 허가인증 전략 참조).

또한 영업 담당자는 의료 윤리강령을 준수하도록 교육을 받아야 한다(특히, "첫 번째, 해를 끼치지 않는다."라는 원칙). 담당자들은 의료기기가 사용되는 환자 및 의사 또는 기기 사용자에게 가장 가까이에 있기 때문에, 영업 담당자들은 기업 경영진들에게 모든 우려를 제기할 의무가 있으며, 우려를 적시에 해결할 것을 요구한다. 이식형 심장 제세동기(ICDs)와 같은 주요 의료기기의 **리콜**을 둘러싼 이야기는 기업이 발생하는 안전 효능 문제에 대해 적시에 대응을 하는 것이 얼마나 중요한지 강조하고 있다. 영업 담당자가 잠재적인 문제를 파악하고 사전에 대응하기 위해 교육을 받은 경우, 기업은 제품들이 환자에게 위험을 가져오거나 리콜로 이어지거나 또는 제품 및 기업의 명성에 영향을 미치기 전에 문제를 조기에 발견하고 해결할 수 있다.

게다가, 영업 담당자는 임상의와 상호작용으로 발생할 수 있는 잠재적인 이해 충돌을 인식하고 능동적으로 관리해야 한다. 5.7 마케팅 및 이해관계자 전략에 설명된 AdvaMed 윤리강령은 최소한의 지침을 제공한다. 언급한 바와 같이, 선샤인 법은 이해 충돌을 야기할 가능성이 있는 활동을 줄이는 데 도움이 되고 있다. 메디테크 분야에서 만장일치로 인기를 얻은 것은 아니지만, 일부 이노베이터들은 주요 의견 선도자 및 더 많은 자원을 보유한 대형 장치 제조업체와 협력하기 위한 제한된 예산 안에서 소기업 기술회사 간의 "공평한 경쟁의 장을 만드는데" 도움을 주었기 때문에 이 규정을 환영했다. 액세스클로져의 회장 겸 CEO인 Greg Casciaro는 "솔직히 대기업의 지출과 경쟁할 수 없는 소규모 민간 기업으로서 선샤인 법은 우리에게 이익이 된다. 우리는 이미 의사와 기업의 행동에 긍정적인 변화를 확인했다."라고 말했다.

마케팅과 상호작용

마케팅과 영업활동은 가치를 포착하고 유지하기 위한 기업의 노력을 극대화하기 위해 긴밀하게 조정되어야 한다. 잘 정의된 마케팅 활동들은 영업 담당자에게 영업 프로세스를 효과적으로 실행뿐만 아니라 거래가 완료된 후 고객을 유지하는 데 도움이 되는 모든 정보들을 제공함으로써 영업 인력을 지원한다. 복잡한 의료기기 판매의 높은 과학적 특성 때문에 촉진/지지는 영업 지원의 측면에서 마케팅 믹스의 가장 중요한 요소 중 하나이다. 의료교육은 특별히 의료 시술 방식을 바꾸고자 하는 의료기기에 특히 중요하다(**피어 리뷰** 저널에 발표된 데이터를 기반으로 함). 아큐레이의 이야기는 마케팅 및 영업 활동이 어떻게 협력해야 하는지를 보여준다.

현장에서 아큐레이 주식회사(Accuray Incorporated)

복합적 자본 장비 판매에 대한 다면적 접근법

5.7 마케팅 및 이해관계자 전략에서 설명했듯, 아큐레이(Accuray)는 신경외과의사인 John Adler가 사이버나이프(CyberKnife) (그림 5.8.6 참조)라 불리는 프레임리스 정위 방사선수술 시스템을 개발하기 위해 설립했다. Adler에 따르면, 사이버나이프 시스템의 비용은 초기 거래의 일부로 확립된, 기술 업그레이드 비용을 포함해, 500만 달러를 상회할 수 있다. 각 장치는 설치를 지원하기 위한 전문화된 시설 혁신을 요하며, 이로 인해 병원에서 시스템 비용에 더하여 추가로 100만 달러를 부담할 수 있다. 요구되는 투자 수준을 감안해, 이 제품의 매출 주기는 일반적으로 길며, 도전적이고, 관료적이었으며, 아큐레이는 18개월부터 7년이나 8년까지 정도 걸려 계약을 체결했다.

자사의 매출 목표를 달성하기 위해, 아큐레이는 대략 10명의 풀타임 직접 판매 대표들을 고용했다. Adler의 말에 따르면, “우리는 초보 수준의 대표들을 이용할 수 없습니다. 이런 판매를 하려면 병원 내에서 최고위층까지 상대해야 합니다. VP들, 구매 위원회, 이사 위원회, 온갖 종류의 법률가들의 승인을 요하게 될 겁니다.” 아큐레이 대표들의 대다수는 자신들의 배경을 통해, 존슨앤존슨(Johnson & Johnson)이나 GE와 같은 중장비 의료기술 기업 출신인 의료 장비 판매 인력들과 인맥을 구축한다.

아큐레이의 판매 과정은 다면적이며, 초기 소비자 확보 및 소비자 유지에 초점이 맞춰져 있다. 1차 소비자는 병원이었고, 병원의 관리자들은 판매 과정에서 최종 결정권자들이었다. 하지만 아큐레이는 의료 분야의 챔피언 역할을 하는 의사들이 매출 과정에서 거의 모든 단계에 중요하다는 점을 재빨리 알아차렸다. Adler는 “의학적 챔피언들은 얼리 어답터이자, 지역의 의료 시장에서 우위를 점하고 싶어하거나, 단지 호기심 많고 새로운 장난감과 장치를 좋아하는, 의료분야의 챔피언입니다.”라고 말했다. 처음에, Adler는 매출을 선도하고 고객을 확보하기 위해 자신의 심층적인 직업 네트워크를 활용했다.

하지만 아큐레이가 성장함에 따라, Adler의 연락망을 넘어, 의료 분야

그림 5.8.6
Adler와 사이버나이프(CyberKnife) 시스템(John Adler의 허가를 받아 사용)

챔피언들로 이뤄진 공동체(커뮤니티)를 확대해야 했다. 그 기업은 신경외과 회의나 기타 직업 학회 회의에서 발표함으로써 신경외과의들에게 사이버나이프의 장점에 대해 설득하려 했다. 또한 그 기업은 사이버나이프 테크놀로지와 전통적인 외과를 비교하는 임상 실험을 관리하는 데 주요 의견선도자들을 참여케 했다. 앞서 언급했듯, Adler는 이런 연구들의 결과를 피어리뷰 의료 저널에 발표하는 일의 중요성을 강조했

다. 일단 이 의사들이 사이버나이프의 장점을 납득하게 되면, 대부분의 경우, 그들은 자신들의 병원에서 그 시술(그리고 그 장치의 필요성)을 옹호하기 시작할 것이다.

지역의 의사 공동체 내에서 수요가 높아진 후, 아큐레이의 영업담당자들이 직면한 그 다음 도전과제는 다양한 층의 병원 관리자들에게 필요한 투자를 해달라고 설득하는 것이었다. 이 목적을 달성하기 위해, 기업은 맞춤형 비즈니스 사례와 시스템을 고려한 각 병원의 방사선 수술의 경제성을 입증하는 재무 모델을 만드는 데 상당한 시간과 노력을 기울였습니다. Adler는 그 기업이 초기 판매가 이뤄지게 하려고 수익배분을 어떻게 했는지 설명했다. "우리가 그 사업을 처음 시작할 때 했던 일은 여러 병원들과 배분된 수익 모델을 이행하는 것이었습니다." Adler는 다음과 같이 회상했다. '그 병원들에게 사이버나이프를 들일 공간을 마련해 달라고 요구했고, 우리는 그것을 무료로 제공했다. 그런 다음, 우리는 환자들을 함께 치료했고 수익을 나눴다. 우리는 병원을 위해 유리한 요율로 대출을 제공할 수 있는 다양한 금융 기관과도 연계했다.' 아큐레이가 병원의 관리자들이 자사의 제품을 구매하도록 설득할 수 있었던 또 다른 요소는 사이버나이프가 시장 내에서 차별화를 이룰 요소로써, 여러 시설들이 이용할 수 있다는 사실이었다. Adler는 "의료 시장에서 살아남기 위해, 병원들은 기술곡선보다 앞서야 합니다. 수많은 병원들이 우리의 시스템을 사용합니다. 자신들의 기관 전체를 알리기 위한 선전용 기술로 이용합니다."라고 설명했다.

일단 사이버나이프 시스템이 병원에 설치되면, 현직 의사들이 적절한 훈련을 받는 한 다양한 전공 분야에서 쓰일 수 있었다. 그 장치를 다른 전공 분야로 확대하면, 그런 병원들은 사이버나이프의 임상적 가치를 더욱 잘 활용할 수 있을 뿐 아니라, 좀 더 이른 투자를 유치하도록 할 그것의 잠재성을 실현시키는 데 도움을 주었다. 이와 유사하게, 그것은 기업은 새로운 매출 선도를 하도록 도움을 줄 수 있었다. 왜냐하면 의사들은 다른 시설에 있는 동료들과 바이러스처럼 네트워크화되어 있기 때문이었다(주어진 기관 내 외과 전문의들과 방사선 종양학자들 간의 입소문은 강력한 마케팅 도구이다). 결과적으로, 아큐레이가 초기 고객 확보를 관리하는 동시에 그 장치의 임상적 시사점을 확장함으로써 고객의 가치를 높이는 게 병원과 기업 모두에게 최고의 이익이 되는 일이었다.

하이브리드 모델

소규모 직접 영업 인력과 간접적인 접근방식을 결합한 하이브리드 유통 모델은 특히 초기 단계의 일부 메디테크 기업들에게 좋은 선택이 될 수 있다. 완전한 직접 영업 인력을 확보하는 것과 관련된 시간, 비용 및 기타 자원은 신설기업에게는 부담이 될 수 있다. 그러나 제품의 복잡성, 가치 및 예상 수량이 적정 수준에 이르면 기업은 독립적인 유통 업자에 의해 활동이 보완되는 소규모 직접 영업 팀을 출범할 수 있다. 직접 영업 인력은 기업의 최고 가치 고객들 중 좁은 부분을 표적화할 수 있으며, 유통업자 또는 대형 제조업체와의 제3자 파트너십을 통해 전체 가용 시장에서 기업의 폭을 넓힐 수 있다. 하이브리드 모델의 이점은 영업팀과 파트너가 긴밀히 협력할 때 가장 잘 나타난다.

집중된 시장에 직접 영업 인력을 배치하는 기업의 하이브리드 모델은 주로 지리적 위치를 기반으로 하지만 확장시장, 폐쇄시장, 또는 글로벌 시장에서 지역별 전문 유통 업자에 의존한다. MAKO 서저리컬은 이러한 접근 방식을 선택한 하나의 메디테크 기업이다. MAKO는 RIO 로봇 팔이 처음으로 도입된 정형외과에서 로봇 보조 수술의 사용을 개척했다. 이 장치는 외과 전문의들이 뼈를 매우 정밀하게 절단할 수 있게 해 준다. MAKO는 미국에서 RIO 시스템을 판매하기 위해 직접 영업 인력을 고용하고 있지만, 시장에 독립적인 유통업자와 계약을 체결하여 국제 시장에서 자사 제품을 판매하고 지원한다. 기업은 글로벌 상업화 전략을 정의하고 실행하며 독립적인 유통업자들과 긴밀한 관계를 유지하는 데 전념하는 2명의 영업 담당자를 두고 있다.[30]

액세스클로저는 미국의 혈관 폐쇄 제품군의 상업화를 관리하기 위해 직접 영업 인력을 활용하고 다른 지역에 기술을 상업화하기 위해 유통 업자에 의존하는 하이브리드 모델을 채택했다. 사례를 제시하면서, 회장 겸 CEO인 Greg Casciaro로는 "유럽 각국은 각기 다른 구매 프로그램과 가격 체계로 인해 그들 고유의 문제점들을 가지고 있습니다. 그들은 자원이 없기 때문에 또는 판매 가격이 사람을 기반으로 한다고 생각하지 않기 때문에 유통업자 모델을 채택합니다."라고 말했다. 그는 계속해서 "우리에게 유통업자들은 일을 효율적으로 처리할 수 있는 방법입니다. 그러나 직접 영업 인력으로부터 얻을 수 있는 관심과 초점을 잃게 됩니다. 유통업체 영업 담당자들은 의사와 대화할 내용을 결정합니다. 일부는 그들의 가방 안에 4개의 제품을 가지고 있을 수도 있고, 일부는 40개를 가지고 있을 수도 있으며, 담당자들은 그들의 마인드셰어(Mindshare; 기업이나 상표에 대한 태도를 경쟁기업 또는 경쟁상표 전체에 대한 비율로 표시한 수치, 시장점유율의 선행 지표가 됨)를 위해 경쟁하고 있습니다."라고 말했다.

하이브리드 모델의 새로운 변형은 기업이 특정 지역의 강력한 유통업자와 협력하여 주요 병원 및 진료소에 제품을 제공하는데 도움을 주는 것이다. 또한 유통업체 영업담당자들은 제품 구매 및 제품 리필과 관련된 모든 일의 실행 계획을 관리한다. 그러나 기업은 중요한 관계에 대한 직접적인 통제를 유지하고 이러한 어카운트들을 확장하는 데 도움을 주기 위해 소규모의 제품 전문가 팀을 직접 고용할 것이다. 기술의 모든 면을 전문으로 하는 이 팀의 구성원들은 중요한 영향력을 행사하는 사람들과의 회의에 참석할 수 있고, 기업을 대신하여 모든 교육을 제공할 수 있으며, 의문사항이나 문제가 발생할 경우 사용자들에게 도움을 줄 수 있고, 유통 업자에 대한 지원을 제공할 수 있다. 이러한 유형의 계약에서 유통 업자에게 주어진 마진은 일반적으로 기업의 지원이 불가능했을 경우보다 더 낮다. 네오트랙트(NeoTract)는 유럽의 일부지역에서 Uro-Lift 시스템을 상용화하기 위하여 이런 접근법을 사용하는 기업의 예를 제공한다.

증가하는 구매 대행 회사(GPOs), 통합 전송 네트워크(IDNs), 책임 진료 기구(ACOs)의 중요성

메디테크 판매와 관련하여 GPO, IDN 및 ACO는 보다 유리한 판매 및 유통 조건에 대해 협상하기 위해 참가자 그룹의 구매력을 활용하고자 한다. 세 가지 유형의 조직 모두 헬스케어 비용증가에 대응하기 위하여 형성되었다. 대형 GPO는 1,000~2,000개 정도의 병원을 대표할 수 있다.[31] 그 결과, 그들은 기업과 같이 높은 수준의 협상력을 가지고 있으며, 모든 비노동 의료시스템 지출의 약 72~80%가 GPO를 거친다. 추정치는 다양하지만 일반적으로 제공자들은 GPO를 통해 제품을 구매함으로써 제품 비용에 10~18%를 절약할 것으로 예상한다.[32] 그 대신 GPO는 계약당 2~3%의 계약 관리 수수료(CAF)를 받는다.[33] 일반적으로 의료기기 분야에서는 이 비용을 제조업체가 담당한다. 또한 많은 GPO들은 제품 평가, 교육, 서비스 및 재고 관리와 같은 부가 가치 서비스를 회원들에게 제공한다.

통합 전송 네트워크(IDNs)는 병원, 의사, 지원보건 전문인, 진료소, 외해 환자 시설, 가정 간호 전문가, 관리 진료 및 공급 업체를 하나의 폐쇄된 네트워크로 통합함으로써 한 단계 더 나아가 통합의 개념을 도모한다. 카이저 퍼머넌트(Kaiser Permanente), 테닛(Tenet) 및 인터마운틴 헬스(Intermountain Health)는 IDN의 예이다. 평균 8개의 병원을 포함하는 IDN은[34] 구매력을 얻고 직접 GPO로서 활동하기에 충분할 만큼 커지고 있다. IDN은 크기뿐만 아니라 치료의 연속체로 각각의 헬스케어 장소를 포함하고 있기 때문에 기업(또는 그들의 유통업자들)이 제품 라인 전체를 계약할 수 있는 매력적인 장소를 제공하는 협상력을 얻게 된다. IDN의 통합된 단일 소유 특성은 구매계약 준수를 크게 향상시켜 할인에 대한 대가로서 목표 판매량에 도달할 수 있게 한다.

오바마 케어(ACA)에 대한 응답으로 미국에서 출현한 책임 진료 기구(ACOs)는 IDN과 비슷한 역할을 수행하는 독립적인 의사 집단, 병원 및 보험사의 자발적 컨소시엄으로 규정된 기간 동안 정의된 메디케어 수혜자 집단을 돕는 책임을 분담한다.

메디테크 기업들은 독점 또는 한정독점이라는 유리한 지위에 대한 보상으로 가격과 납품 면에서 더 큰 양보를 하면서 GPO, IDN, 또는 ACO와 저가 제품의 대량 구매에 대한 협상을 할 기회를 가질 수도 있다. 이는 일반적으로 GPO 또는 IDSN과 기존 관계가 있는 유통 업자를 통해 이루어진다. 직접 영업 인력을 통해 판매되는 고부가가치 기기 제조업체는 이런 종류의 조직들과 계약을 체결할 수도, 하지 않을 수도 있다.[35] 그러나 헬스케어 제공자는 때로는 복잡하고, 높은 가치의 의료기기를 구매하기 위한 그들 자체적으로 구매 그룹을 조직한다. GPO와 마찬가지로, 이러한 그룹들은 개별적인 의사의 의견을 고려하지만 동시에 장치, 고객 서비스 기능, 가격 책정 및 할인 혜택의 유일한 공급자로서의 역할을 하기 위한 기업의 능력과 같이 모든 참가자의 이익을 충족시키는 구매 의사결정을 내리기 위한 공동의 기준에 크게 의존한다. 이러한 구매그룹에 고부가가치 장치를 판매하는 것의 어려움에 직면한 기업들은 일반적으로 그들에게 제품의 가치를 납득시키기 위해 더 열심히 노력해야 한다. 마찬가지로, 일단 구매 결정이 내려지면 그들

은 비즈니스를 유지하기 위해 혁신과 개선을 계속해야 한다.[36]

증가하는 소비자의 중요성

의료기기 판매에 영향을 미치는 또 다른 중요한 요인은 의료 기술을 선택하고 사용하는 소비자의 역할이 증가하고 있다는 것이다. 특히, 소비자들은 예방 의료기기 및 홈 모니터링 시스템의 확산에 중심이 될 것이다. 미국에서 의료 개혁으로 인해 그리고 완료된 서비스 거래의 양이 아닌 환자의 생애 전체에 걸쳐 제공한 진료의 질을 기준으로 의료인에게 보상하는 방식으로의 변화로 인해 이러한 제품 카테고리가 성장하고 있다. 사람들이 수명이 길어지고 만성 질환의 빈도가 증가함에 따라, 이러한 요인들은 더 나아가 모든 지역에서 소비자 의료 기술 성장에 기여할 것이다. 미국에서만 소비자 의료기기 시장은 2017년까지 100억 달러 이상에 달할 것으로 예상되어진다.[37]

이노베이터들과 기업들은 소비자 중심의 의료 기술을 판매하는 두 가지 주요 접근법을 사용할 수 있다. 첫 번째는 제품을 고객에게 직접 홍보하고 판매하는 것이다. 두 번째는 의사, 의료인 집단, 건강 보험을 판매 표적으로 하여 그들을 통해 제품이 소비자에게 전달되도록 하는 것이다. 기업이 선택하는 모델은 오퍼링으로부터 최대 가치를 얻을 수 있는 포지셔닝된 고객을 기반으로 결정되는 것이 가장 좋다. 두 시나리오 모두에서 원하는 결과를 달성하기 위해 적절한 수준의 참여(또는 승낙)를 촉진하기 위해 소비자와 함께 설계되어야 한다.

네일메드(NeilMed®)는 일반 소비자에게 판매되고 유통되는 일반의약품의 예다. 이 기업은 세계 최대 규모의 대용량, 저압 식염수 비강세척 시스템의 제공업체이자 공급업체이다.[38] 사이너스 린스(Sinus Rinse)와 네티팟(neti pot)이 포함된 네일메드 제품군은 일반적인 비강과 부비강 증상을 완화시키는데 도움을 준다. 처음에는 창업자인 Ketan과 Nina Mehta가 이 제품을 지역의 약사들에게 판매했으며, 그들은 부비동 관련 질환을 앓고 있는 고객들에게 이 제품을 추천했다. 그들은 또한 알레르기 학회에서 그 제품들을 홍보하고 전국의 알레르기 전문 의사와 이비인후과(ETN) 의사들에게 샘플을 보내 제품 채택을 촉진하기 위해 노력했다. 그러나 오프라 윈프리쇼(Oprah Wingrey Show)에서 부비동 관개의 이점에 대해 메흐메츠 오즈(Mehmet Oz)박사가 이야기할 때까지는 매출이 증가하지 않았다.[39] 네일메드는 몇 주 만에 수만 개의 네티팟을 판매하면서 수요가 급증했다. Mehta는 기사에서 "우리는 그 쇼 전에 의사와 약사들 사이에서는 잘 알려져 있었지만 오프라 윈프리 쇼는 우리를 대중들에게 소개했다."라고 설명했다.[40] 네일메드는 현재 멕케슨(McKesson), 카르디날(Cardinal), 및 아메리소스버진(AmerisourceBergen)과 같은 전국 유통 업체와 협력하여 미국 전역의 슈퍼마켓, 약국 체인점, 및 월마트나 코스트코와 같은 창고형 매장을 통해 해당 제품들을 판매하고 있다. 그 제품들은 캐나다, 유럽, 호주, 뉴질랜드. 말레이시아, 싱가포르 및 인도의 지역 유통 업자를 통해서 구입할 수도 있다.[41] 추가적으로, 네일메드는 웹 사이트를 통해 직접 온라인 판매를 수행한다. 프로펠러 헬스(Propeller Health)의 사례는 헬스케어 제공업자와 지불인을 통해 소비자 중심의 의료기술을 판매하는 기업의 사례를 제공한다.

현장에서 프로펠러 헬스(Propeller Hhalth)

천식 결과를 개선하기 위한 지불자, 제공자 및 환자에게 판매

David Van Sickle은 호흡기 질환 발발 조사를 수행한 미국 질병통제예방센터(CDC)에서 일할 때, 천식 환자에게 영향을 미치는 요인에 대한 이용 가능한 정보가 적시에 충분하지 않거나 목표된 해결책을 지원할 만큼 지리적으로 특별히 충분하지 않다는 것을 알게 되었다. 이후, 위스콘신 의과 대학 공공 보건학과에서 그는 "나는 천식에 대한 치료와 임상적 치료를 방해 것과 동일한 정보의 격차를 보았습니다. 방문하는 사이에 의사들은 환자의 행동 방식을 잘 알지 못했고, 많은 사람들이 치료를 제대로 수행하지 못했다는 것을 임상 기록에서 알 수 있었습니다. 천식에 걸린 대부분의 사람들은 모두 천식에 대해 알고 있고 그것을 치료하는 방법을 알고 있음에도 불구하고 그것을 통제하지 못했습니다.

그래서 많은 보건 시스템은 불필요한 응급실 방문과 입원을 초래하는 악화 중 예방 가능한 악화를 다루는 데 많은 시간과 비용을 소비하고 있습니다."라고 말했다.

이러한 니즈에 대응하여 Van Sickle은 센서와 스마트폰 응용 프로그램을 포함하는 시스템으 개발했다. 천식 환자가 흡입기에 부착한 센서에는 어떤 종류의 약물이 사용되고 있는지, 언제 어디서 증상이 나타나는 지를 인식한다(그림 5.8.7 참조). 데이터는 약물 사용, 위치 및 기타 정보를 추적 및 삼각화하여 환자 및 의사가 목표가 정해진 맞춤형 간병 패러다임을 구현할 수 있도록 앱과 공유된다. 이 앱은 또한 의사가 방문하는 사이에 사용자에게 질병을 보다 효과적으로 제어하는 데 도움이 되는 실시간 팁을 제공한다(종이 보고서는 스마트 폰이 없는 사용자도 사용할 수 있다). 이 시스템은 2012년에 Class II 의료기기로 FDA 510(k) 허가를 받았다.

판매 및 유통 전략을 개발할 때, 프로펠러 팀은 처음에 제공 상품(offering) 구매자로서 건강 보험 및 헬스케어 제공업체에 집중하기로 경정했다. "주요 고객은 천천히 통제된 천식과 관련된 결과에 경제적 위험이 있는 조직"이라고 Van Sickle은 말했다. 연구에 따르면 통제되지 않은 천식 환자는 연간 3,000~4,000달러의 의료비가 추가적으로 부과되고 있다. 그는 "그래서 그런 사람들을 데리고 질병을 더 잘 통제할 수 있도록 돕는 즉각적인 기회가 있으며, 그들이 소비하는 헬스케어 서비스의 양을 상당히 줄일 수 있습니다."라고 계속해서 말을 이었다. 응급실 및 병원에서 환자를 보호함으로써, 지불자, ACO 및 통합 의료 시스템과 같은 단체들은 비용을 직접적으로 절감 할 수 있다. 벤 시클은 "또한 천식은 기관이 제공하는 전반적인 치료 품질을 반영하기 위한 품질 메트릭스에 널리 사용됩니다."라고 말했다. 이는 공급업자가 이 기술을 채택할 수 있는 또 다른 인센티브를 제공한다.

Van Sickle은 프로펠러의 접근 방식을 확장하여 "계획이나 지불자에 의해 선택되는 기업 기술입니다. 개별 환자와 함께 발생하는 금융거래는 없지만 여전히 일어나야 하는 직접적인 소비자 판매는 있습니다. 환자는 이 기술을 사용하고 그 기술에서 가치를 찾아야 합니다. 그들이 그것을 좋아하지 않거나 그것을 사용하는 것을 원한다면, 우리는 기업이 원하는 모든 것을 판매할 수 있지만 그것은 차이를 만들지 않을 것입니다."라고 빠르게 지적했다.

프로펠러 헬스는 미국 내 공급업자 및 건강 보험에 환심을 사기 위해(기업 최초의 지리적 시장) 광범위한 인바운드 및 아웃바운드 마케팅뿐만 아니라 소규모 직접 판매 인력을 사용했다. 또한 사례를 만드는 데 도움을 주기 위해 **예비** 연구 및 임상시험으로부터 얻은 자료를 사용하여 제품의 혜택에 대해 구매자를 확신시키는 데 도움을 주기 위한 온라인 상에서의 존재를 유지하고 웹 기반 데모를 수행하는 것을 유지한다. 벤 시클은 "여러 방면에서 자문 판매이다."라고 설명했다. "우리는 사람들이 천식치료 대금을 지불하는 데 이용되는 청구서는 사실 할인하기 쉽다

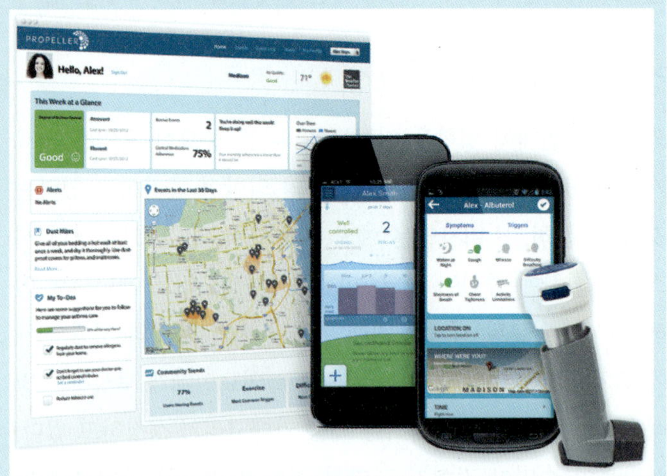

그림 5.8.7
프로펠러 헬스(Propeller health) 시스템

는 것을 이해하는 데 도움을 주고자 합니다." 각 판매에는 여러 이해관계자가 참여하며(대상이 되는 조직 유형에 따라 다름) 6개월에서 9개월 정도의 시간이 소요될 수 있다. 그는 "가장 보편적인 시나리오에서 최고 의료 책임자(Chief of medical officer) 또는 최고 정보통신 책임자(Chief of information officer)가 기술 조사와 증거 조사에 앞장섭니다. 그러나 항상 의사가 관련되어 있습니다. 그리고 케어 매니지먼트 팀은 제품이 그들의 작업의 흐름에 어떤 영향을 미칠 것인지 이해해야 합니다. 즉, 제품을 통해 가치를 찾아야 합니다."라고 말했다.

조직이 이 기술을 채택하기로 결정하면 사용자 단위, 월 단위를 기반으로 가입한다. 프로펠러는 건강 보험 또는 제공자 그룹은 어떤 환자가 오퍼링으로부터 잠재적으로 가장 혜택을 입을지를 식별하기 위해 협력한다. 지불자를 통해 프로펠러는 보통 그들의 등록을 돕기 위해 제품을 등록한 개개인의 대상에게 직접 장비 세트를 발송한다. 공급자를 통해 기업은 사무실 방문 및 기타 정기적인 환자와 상호작용하는 동안 유통을 위해 자주 의사와 케어 매니지먼트 팀에게 장비 세트를 제공한다.

이 시점에서 기업의 채택 문제는 기관에서 환자로 이동된다. 프로펠러 헬스는 환자가 기술을 사용하게 하는 방법에 대해 전략적으로 생각하는데 상당한 시간과 노력을 기울이고 있다. Van Sickle은 "어떤 면에서는 보험회사나 의사를 통해 환자에게 다가가면 소비자에게 직접판매보다 더 어려울 수 있습니다."라고 말했다. "만약 누군가가 신용카드를 훔치면, 당신은 그들이 당신의 제품에서 어떠한 가치의 식역을 발견하고 그것의 사용에 확실하게 투자할 가능성이 있다는 것을 알 것입니다. 그러나 우리 장치를 사용하면 인구 전체에 퍼져나갔기 때문에 환자들 사이의 인식 된 가치에 대해서는 항상 불확실성이 있습니다."라고 말했다.

Van Sickle은 환자가 시스템을 사용하는 것을 가능한 한 쉽게 만들었다. 그는 "환자가 프로펠러 시스템을 채택하게 하는 가장 중요한 요소

는 수동적인 참여만 필요하다는 것입니다."라고 말했다. 모든 환자들은 센서를 흡입기에 부착하는 기술로부터 이익을 얻기 위해 전화나 기지국과 연동하고 프로펠러 헬스 계정을 설정해야 한다. 그는 "그 외에도 우리가 많은 양의 귀중한 정보를 수집하고 그들이 할 일에 대해 알려주고 더 나은 통제를 달성하는 데 도움이 되는 놀라운 개인화된 지침을 제공하기 위해 해야 할 일은 그들이 우리를 허락해야 한다는 것 외에 정말 없습니다."라고 말했다. 설치 과정을 간단하게 하기 위해 프로펠러 헬스 장비 세트는 환자가 소매 약국에서 구입하거나 어떤 소비자 가전 제품매장에서 얻는 것처럼 보이고 느낄 수 있도록 설계되었다.

수동적 접근법을 고객에게 호소하는 이유는 매일 천식 일지에 약물 복용, 증상 및 기타 요인을 수동으로 기록하도록 의사가 요청하는 데 익숙하다는 것이다. 많은 환자들은 이러한 일지가 부담스럽고 환자가 정확한 기록을 계속하는 것을 잊거나 일지를 작성하지 않으면 역효과를 낼 수 있다. 프로펠러 제품이 자동으로 이 기록 보관 기능을 수행할 뿐만 아니라 의사 방문 시 그들의 건강을 개선하기 위해 즉각적이고 실질적인 피드백을 환자에게 제공한다. Van Sickle에 따르면, 천식을 효과적으로 관리하기 위한 지식의 깊이는 존재한다. "그러나 그것은 임상 기록에 갇혀 있습니다. 우리의 중점은 이를 깨고 증거기반 가이드라인을 작성하며, 주어진 시간에 환자에게 가장 중요한 것이 무엇인지 알아내는 것입니다." 이 정보는 적기 공급 방식을 기초로 시스템을 통해 제공된다. Van Sickle은 "대부분의 사람들의 경우, 증상을 조절하는 방법을 배우지만, 그들이 해야할 만큼 잘 수행하지 못하고 있다는 것을 깨닫지 못하는데 그것은 꽤 놀라운 것입니다."라고 말했다.

Van Sickle은 소비자 채택에 대한 그의 접근법을 요약하면서 "우리는 사람들이 더 적은 노력으로 천식을 잘 관리할 수 있도록 돕고자 노력하고 있습니다."라고 말했다. 그는 계속해서 "참여가 목적이 아니라 목적을 위한 수단으로 생각하는 것이 정말 중요합니다. 나에게 그것은 매일 천식의 부담에 전념하는 시간의 비율을 증가시키는 것에 대한 것이 아닙니다. 그것은 환자의 달력에서 그 시간을 실제로 지울 수 있다는 것입니다."라고 말했다.

Van Sickle은 소비자 지향적인 의료기기를 건강보험 및 의료기관에 판매하는 것에 대한 조언을 구했을 때, 이노베이터들에게 제품 실험에 대해 무분별하게 동의하는 것에 대해 경고했다. "당신은 매력적이고 혁신적인 것이라고 여겨지는 예비 프로젝트가 되지 않도록 조심하세요. 그러나 정말로 어느 누구도 일상적인 업무 흐름에 당신의 기술을 투입하는데는 투자하지 않습니다. 프로그램이 성공적이지 않은 경우, 실제로 판매자는 종종 불완전하게 계획된 이행일 때 비난을 받습니다."라고 말했다. 기술을 어떻게 활용하고 예산을 어디에 두어야 하는지에 대해 조직 전체의 합의를 이끌어 내야 하며, 모든 적절한 인력이 투자되는지 확인해야 한다. 때때로 당신이 하길 원하는 모든 것에서 "Yes, yes!, yes!"라고 말하면 매우 틀렸다는 느낌을 받아 이것이 더 긴 판매 주기를 주장하는 것을 의미한다. 프로펠러 헬스는 천식 치료제와 만성 폐쇄성 폐질환(COPD)에 중점을 둔 제품 출시를 통해 국제적으로 확장하기 위한 계획과 함께 빠르게 성장하고 있다.

가장 적합한 판매 및 유통 모델 결정

언급한 바와 같이 기업은 선택한 비즈니스 모델, 고유한 제품 오퍼링의 복잡성, 가치 및 예상 판매량, 표적으로 할 고객, 그리고 고객, 기업 및 장치 간의 원하는 상호작용을 바탕으로 지속 가능한 가치를 위해 가장 효과적인 판매 및 유통모델을 결정해야 한다, 그러나 실제로는 기업의 규모와 재원, 시장 복잡성 정도, 치료 영역에서의 경쟁 정도 등을 포함하여 고려해야 할 다른 고려사항이 있다(영업 및 유통과 관련된 경제에 대한 자세한 논의는 6.1 실행 계획 및 재정 모델을 참조).

만약 기업이 영업 인력을 구축하기 위해 필요한 자원 및 자본에 접근할 수단이 부족한 경우, 적어도 단기적으로는 유통업자를 활용하거나 다른 제조업체와 제3자 파트너십을 체결할 수밖에 없다. 간접 판매 및 유통 모델이 최상의 옵션으로 결정되면 기업은 제품의 특성을 평가하여 어떤 유형의 간접 접근방식이 가장 적합한지 판단해야 한다. 복잡성이 낮거나 차별화되지 않은 제품의 경우 일반적으로 대형 현지 유통 업자를 통한 유통이 가장 좋은 전략이다(개인 상표 또는 제조업체의 브랜드 이름으로). 가장 경쟁력 있는 특성을 가진 높은 복잡성의 제품에 경우 전문 유통 업자를 통해 판매하거나 대형의 안정된 제조업체와의 파트너십 협약을 통해 판매할 수 있다.

기업이 영업 인력을 구축하는 데 필요한 자원에 접근할 수 있는 경우 직접 판매 및 유통 모델이 가능해진다. 직접 영업 인력은 높은 마진을 낼 수 있는 복잡하고 가치 있는 제품에 적합하지만, 그 대가로 상당한 지원과 교육이 필요로 할 것이다. 영업 인력에 대한 제한된 자금이 존재할 때, 하이브리드 모델은 그림 5.8.8과 같이 간접 판매에서 직접 판매 및 유통 모델로 기업을 움직이게 하는 효과적인 전략이 될 수 있다.

많은 메디테크 기업들이 이 장에서 설명한 일반적인 접근법에 적합하지만 주목할 만한 예외가 있다. 기업들은 자사 제품을 제공하는 판매 및 유통과정에 접근하기 위해 끊임없이 혁신적인 새로운 방법을 모색하고 있다. 그들은 또한 특정 의학 분야 내에서 역동적인 방법을 신중하게 고려하여 대체 접근법을 적절하게 만들 수 있다. 예를 들어, 요추 척추관 협착증의 증상을 완화하기 위해 X-STOP® 기술을 개발 한 세인트 프란시스 메디컬(St. Francis Medical)은 다른 의료 전문 분야에서는 드문 것처럼 보일 수 있는 장치 유통 방법을 사용했다(세인트 프란시스 메디컬에 대한 더 자세한 정보는 4.4 사업 모델 참조). 전통적으로 복잡성이 높고 고가의 이식물인 X-Stop은 특히 기존의 치료 기준에 상당한 변화가 필요할 것이기 때문에 직접 판매 및 유통 모델을 위한 좋은 후보였을 것이다(이 조건의 치료가 개복술에서 최소 침습적 임플란트로 변화). 그러나 기업은 대신에 척추분야에서 독립적인 전문 유통업자를 중심으로 만들어진 간접 모델을 사용하기로 결정했다. 세인트 프란시스(St. Francis)는 설립된 수술 절차가 의료시술에 깊이 뿌리내리고 잘 상환되었다는 사실에 기반하여 의사의 수용 문제를 예상했다. 척추외과 의사들은 또한 주요 의료기기 기업의 영업 담당자들과 긴밀한 관계를 맺고 있는 것으로 알려져 있다. 영업팀에 수백 명의 담당자들과 함께 영향력 있는 외과의에게 쉽게 접근할 수 있는 Medtronic, J&J, Stryker와 같은 기업은 X-STOP이 관심을 끌기 위한 술책에 불과하다는 것을 설득하여 St. Francis와 그 장치에 대한 불신을 제기할 가능성이 있었다(강력한 임상데이터에도 불구하고).

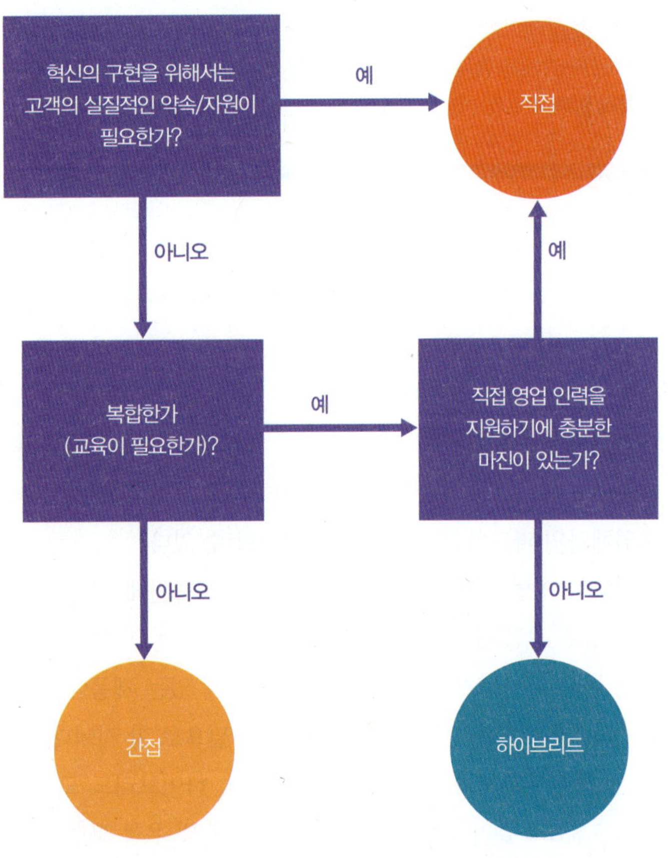

그림 5.8.8
이노베이터는 단순한 의사결정 트리를 따라 적절한 영업 및 유통 방법을 결정할 수 있다.

이러한 가능성에 능동적으로 대처하기 위해 St. Francis는 정형외과 분야에 존재하는 독립적인 전문 유통업자의 고도로 숙련되고, 잘 연결된 네트워크를 활용하기로 결정했다. 크고 작은 메디테크 기업들 모두를 위한 독립적인 에이전트로 일하던 이런 유통업자들은 척추외과의들과 강한 유대관계를 가진 것으로 알려져 있었다(그리고 잠재적으로 주요 장치 제조업체의 영업 담당자보다 객관적인 것으로 인식되었다). St. Francis의 전 CEO인 Kevin Sidow는 이러한 접근 방식의 이점에 대해 다음과 같이 설명한다. "영업망을 구축하고서 전혀 관계도 없는 영업 사원에게 미끼 상품을 들고 불쑥 찾아가게 한다면, 그 의사는 그를 6개월~1년은 쳐다보지도 않을 것이다. 한편 의사가 의견을 존중해 주는 그의 친구가 걸어 들어가서 '이것 좀 봐, 이거 너무 간단해 보여서 나도 믿기지 않지만 일단 나랑 같이 가서 교육을 받고 데이터를 검토하면서 잘 좀 보자고.'라고 말한다면 의사가 그 제품을 이용해 볼 가능성은 훨씬 높아진다."[42] 이러한 독립적인 전문 유통업체를 통해 세인트 프란시스의 제품은 비교적 빠른 속도로 채택되어 FDA의 승인을 얻은 첫해에 전 세계 매출에서 약 5,800만 달러에 육박하는 수익을 올렸다.

이 방법은 St. Francis에게 성공적이었지만, 또 다른 정형외과 신규업체인 키폰(Kyphon)은 이 기업의 사례에서 볼 수 있듯이 척추 압박 골절을 치료하기 위한 이식물을 시장에 내놓을 직접 영업 인력을 구축함으로써 척추시장에서 번성했다. 이러한 분명한 모순은 판매 및 유통모델을 결정하는 데 있어서 "옳은" 답이 없다는 사실을 강조한다.

현장에서 키폰 주식회사(Kyphon, INC.)

하이터치 직접 판매 모델에의 투자

바이오디자인 혁신 과정의 어느 시점에서 기업 설립자, 이사진 및 임원인 Karen Talmadge는 키폰에 가장 적합한 판매 및 유통 모델을 고려하기 시작했고, 그녀는 "나는 두 번째로 제품에 대해 들었던 매출에 대해 생각하기 시작했습니다."고 말했다. 그녀는 계속해서 "일단 경피적 풍선 척추 성형술이 된 수술에 대해 상상하고, 임상 필요성을 이해하기 위해 학문에 들어간 Mark Reiley를 만났을 때, 나는 우리가 회사를 설립할 수 있을지 확인하기 위해 즉시 사업의 모든 측면을 생각해야했습니다. 그것은 연구 및 규제 문제 같은 분명한 사실뿐만 아니라 이것을 환자에게 전달할 방법도 포함되었습니다."고 말했다.

Talmadge, Reiley 및 Arie Scholten는 1994년에 커스텀 의료기기 개발업체인 키폰을 공동 설립하여 척추체 압박골절(vertebral body compression fracture, VCF)환자의 척추변형을 교정하고 척추를 안정화했다. 이 골절은 척추 앞쪽의 뼈의 큰 블록에서 발생하며, 대부분 골다공증이나 암에 의해 뼈가 약화된 노인 환자에서 흔히 발견된다. 미국 내의 골다공증 환자군만으로 VCF가 연간 75만 명의 사람들에게 영향을 미친다.[43] 이 고통스러운 상태에 대한 치료는 전통적으로 장기 요양, 처방전 없이 구입할 수 있는 진통제, 소염제, 및 등 교정기를 포함한다.

1980년대 중반, 척추성형술이라 불리는 프랑스에서 소개된 수술 절차가 도입되었는데, 이것은 X-선 지침 및 척추용 주사바늘을 사용하여 특별히 고안된 아크릴 골형 시멘트를 접은 척추에 주입한다.[44] 시멘트는 척추 변형이 회복되지 않았지만 골절된 곳을 강화시키고 안정화시키기 위한 것이었다. 일반적으로 방사선전문의가 수행하는 이 시술은 1990년대 후반 미국에서 널리 사용되기 시작했다.

또한 경피적 풍선 척추성형술의 아이디어는 1980년대 중반에 시작되었는데, 정형외과 의사인 Mark Reiley가 척추성형술을 수행하는 것에 대해 생각했지만 뼈 시멘트 누출에 대한 우려 때문에 기각됐다. 그는 뼈에 구멍을 만들기 시작했고, 뼈 시멘트는 최소한의 침습성으로 낮은 압력과 정밀한 제어하에 뼈 안쪽에 놓일 수 있었다. 경피적 풍선 척추성형술은 Arie Scholten이 혈관 성형 풍선 기술을 뼈 내부 기능에 적용하여 구멍을 만드는 것을 제안했을 때 생겨났으며, Reiley는 잃어버린 척추 구조의 일부 또는 전부를 복원하는 추가 이점을 제공할 것이라고 즉시 인식했다. 외과의사는 2개의 작은 캐뉼라로 척추에 접근하고 붕괴된 뼈의 중앙에 정형외과용 풍선을 삽입했다. 그런 다음 풍선을 팽창시켜 안쪽 뼈를 압박하고 바깥쪽 뼈를 벌리면 환자의 척추 구조를 복원할 수 있었다(그림 5.8.9 참조).[45] Talmadge는 풍선을 제거하고 필러(예: 뼈 시멘트)를 삽입하여 척추를 안정화시키고 환자의 증상을 완화시키는 데 도움을 주었다. Talmadge는 "골절 통증 이외에도 척추 변형은 이 환자들에게 중요한 문제다. 연구는 골절 통증과 무관한 척추 변형과 폐 기능의 상실, 소화 장애, 독립성이 감소 및 낙상의 위험이 증가하는 걸음걸이의 변화, 삶의 질 저하, 미래 골절 위험의 증가 및 사망 위험의 증가와 관련이 있다. 그래서 우리는 통증과 함께 변형에 초점을 맞추고 있다.[46]

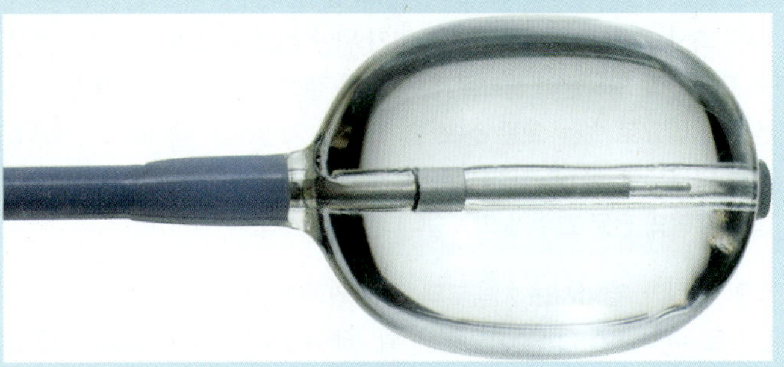

그림 5.8.9
기구 척추성형술을 수행하는 데 사용되는 카이팩스 스펜더®(KyphX Xpander®) (메드트로닉 스피넬 & 바이올로직(Medtronic Spinal & Biologics)의 허가를 받아 사용)

과학자로 교육받은 Talmadge는 키폰 팀에 합류하기 전에 비즈니스 문제를 다루는 생명 공학 부문에서 수년을 보냈다. 소시오스(Scios)라고 불리는 기업의 사업 개발에서 그러한 역할 중 하나는 영업의 중요성에 대한 그녀의 인식을 높였을 뿐만 아니라 정형외과 시장에 대한 그녀의 이해를 도왔다. 소시오스는 제품 개발위원회의 일원으로, Talmadge는 미국 아카데미 정형외과의 학회(American Academy of Orthopedic Surgeons, AAOS)의 회의에 참석했다.

Talmadge는 "임상 환경을 이해하기 위해 몇몇 강의를 들었지만, 나는 부스에서 부스로 이동하면서 '어떻게 제품을 판매합니까?' 하고 묻는 시간을 많이 보냈습니다." 라고 회상했다. 대부분의 사람들은 믿을 수 없을 정도로 도움이 많이 되었다. 그들은 10분 동안 나를 데리고 "우리 제품을 어떻게 마케팅 했는지, 여기에 몇 가지 이슈가 있습니다."라고 말하면서 그들은 많은 정형외과 기업들이 사용하는 유통 업체 네트워크 및 대리점의 장단점에 대해 설명했고, 대기업에는 최소한의 직접 판매 인력이 있어 더 많은 비용과 투자를 필요로 하지만 더 많은 관심과 집중을 얻을 수 있다고 지적했다.

Talmadge는 정형외과 분야에 대한 과학 교육과 그녀의 소개를 통해, "키폰의 개념뿐만 아니라 그 주변의 비즈니스 문제를 이해할 준비가 되어있었습니다."라고 말했다. 따라서 그녀는 "제품이 성공하려면, 우리는 의학 실습을 바꿔야만 합니다. 1차 진료 의사는 환자에게 그 시점까지 그들이 한 번도 받은 적이 없는 수술을 의뢰해야 한다. 이를 위해서는 모든 것을 올바르게 잡아야 했고, 이는 기본적인 과학, 임상연구 및 전문교육이 엄격해야 한다는 것을 의미했습니다."라고 인식했다. Talmadge는 이를 위해 기업은 소수의 학문적 척추 전문의들과 골다공증 전문가들과 협력하여 "골다공증과 골절, 해부학적 구조, 시술의 기술적 측면, 그리고 결과를 문서화하기 위한 적절한 기계적 임상적 연구를 포함하여 의사들이 필요로 하는 모든 정보뿐만 아니라 향후 영업사원들이 필요로 하는 모든 정보"를 그들이 개발하는 중이라고 말했다. 그런 다음, "학구적인 척추외과 의사들은 수술을 생각한 Mark Reily와 함께 우리의 전문 교수가 되었습니다."라고 했다.

뿐만 아니라, 탈마지는 처음부터 "정형외과에 관해 배운 모든 것을 기반으로 우리는 직접 영업 인력을 확보해야 합니다."라고 분명히 했다. 다른 혜택 중에서도 직접 판매 담당자는 제품이 현장에서 올바르게 사용되었는지 확인하는데 도움이 되는 기득권을 가지고 있으며, 척추 환자에게 치명적일 수 있는 제품 오용의 결과를 방지하는 데 도움이 될 것이라는 혜택에 관심을 표명했다. Talmadge는 "우리가 회사를 그만 뒀을 때 그 동안 우리가 내린 모든 결정들은 우리가 새로운 척추 시술을 만들고 환자들에게 주의를 기울일 책임이 있다는 사실에 의해 알려졌습니다."라고 말했다.

키폰 팀은 직접 영업 인력을 만들기 위해 영업 및 전문 교육 경험을 겸비한 소수의 직원 몇 명을 고용함으로써 시작됐다. 이 전문 교육 관리자 기술 팀은 1999년 초에 키폰의 사후 허가 임상실험의 일환으로 수행된 사례들을 뒷받침하기 시작했다(기업의 팽창식 뼈대 기술은 1998년 510(k)에 따라 FDA에 의해 상업적 용도로 허가되었으며, 그리고 얼마 뒤 곧 그것은 제품 허가를 뒷받침하는데 필요한 임상 데이더를 수집하기 위해 무작위 **대조 임상 연구**를 시작했다).

키폰은 훈련된 외과 의사만이 제품을 사용하고 제품 오용과 관련된 부정적인 결과를 방지하기 위해 노력한 결과, Talmadge에 따르면, "의료기기 업계에서 전형적으로" 수행되는 모든 경피적 풍선 척추성형술에 기술 전문가들 중 한 명을 출석시킬 것을 요청했다. 그녀는 다른 단계는 특이한 것이었다고 말한다. 기업은 **시판 후 임상 연구**에 참여하는 외과의에게 제품 사용을 제한하고 재고를 위해 병원에 제품을 판매하지 않았다. 탈마지는 "약 2년간 병원에 제품을 직접적으로 판매하지 않았습니다."라고 설명한다. 대신, 기술 전문가는 그와 함께 제품을 가져와 "수술실의 현장에서 구매 주문을 만들 것"이라고 말했다. 기술 전문가들은 이러한 절차를 관찰하면서 "제품과 그것의 사용에 대한 정보를 외과의사들에게 제공했습니다. 그들은 또한 풍선이 다른 압력과 부피에서 어떻게 작용했는지와 같은 제품에 대한 기술 정보를 기록했습니다." 그 결과 키폰은 그 도구들을 개량하고 그것의 교육 자료들을 개선하기 위해 데이터를 사용했다.

Talmadge는 "일단 우리가 지식의 핵심을 구축하고 나서, 임상 결과 데이터가 수집되었고, 경피적 풍선 척추성형술과 비수술적 관리만 비교한 무작위 대조 임상시험이 진행 중이었으며, 우리는 직접 영업 인력을 개발할 준비가 되어 있었습니다."고 회상했다. 1999년 말, 기업은 영업부장을 고용하고, 영업담당자를 모집하기 시작했다. 그러나 "우리 영업 인력의 역할은 아직 제고품 조사 전 날이었기 때문에 일반적인 영업 인력들과 차이가 있었습니다. 우리는 판매뿐만 아니라 시장 개발이라는 사실을 이해하는 사람들이 필요했습니다. 그들의 역할은 기술적으로 의사들을 지원할 뿐만 아니라 새로운 치료옵션에 대해 의사가 현지 위탁 의사들을 교육하는 것을 도와주는 것이었습니다."

Talmadge는 대부분의 VCF가 1차 진료 의사들에 의해 진단된 분야에서 시장 개발을 위한 키폰의 위탁 기반 접근법을 다음과 같이 설명했다. "판매원은 외과의사들에게 '누가 당신을 언급했나요? 라고 물었을 것입니다. 우리는 또한 노인 환자를 포함하는 각 지역에서 의사들에 대한 시장 데이터를 얻었습니다. 그러고 나서 우리는 가서 문을 두드리고 '당신은 척추체 압박골절에 대한 새로운 치료옵션에 대해 관심이 있습니까?' 라고 물었다. 그리고 영업 인력들은 시술을 수행하는 외과의사가 점심 식사 또는 저녁식사에 와서 의사 그룹과 대화할 수 있는 회의를 가능하게 했습니다. 또한 그들은 그들의 동료들에게 자신이 하고 있는 일, 그들이 가지고 있는 결과, 및 그들이 이용할 수 있게 된 것으로 연구에서 얻은 임상 결과에 대해 이야기할 것입니다."

키폰은 판매원들이 팀으로 일할 것으로 기대했고, Talmadge는 이를 "이례적이다"라고 설명했다. 이 팀 기반 접근방식은 의사가 이를 요청하면 20개 판매지역에 걸친 모든 시술에 키폰의 담당자가 참석하도록 하는 것에 대한 기업의 지속적인 약속에 의해 주도되었다. Talmadge는 "만약 같은 날 같은 지역에서 두 건의 사건이 발생하고 한 사람이 그 사건을 모두 처리할 수 없다면, 우리는 이 사건에 대한 제품을 가져오기 위해 다른 지역에서 누군가를 움직이고 시술을 관찰했습니다."

담당자를 선발하는 측면에서 그녀는 "우리가 고용한 영업사원들은 척추분야에서 나올 필요가 없었습니다. 실제로, 때때로 우리는 척추는 실제로 임상 실습에 변화를 수반하는 많은 제품들을 가지고 있지 않았기 때문에 종래의 척추 하드웨어 기업에서 오는 것이 단점이 될 수 있다고 느꼈습니다."고 회상했다.

탈마지에 따르면, 최초의 담당자들 중 상당수는 "영업 교육의 수준이 매우 높고 이전 10년간의 다양한 복강경수술과 같은 새로운 시술을 위해 장치를 판매한 경험이 있는 곳"인 존슨 앤 존슨(Johnson & Johnson) 및 에티콘(Ethicon)과 같은 주요 의료기기 기업에서 나왔다. 특별한 강조는 올바른 성격을 가진 개인을 찾는 데 중점을 두었다는 것이다. 그녀는 "우리는 지능, 열정, 헌신, 그리고 최고의 윤리기준이라는 가장 중요한 일련의 특징들을 택했습니다."고 말했다. 동시에 담당자는 새로운 장치 구입을 위한 승인 프로세스를 포함하여 병원 환경에서 판매하는 방법을 알아야 했다.

2000년에 임상 결과 연구의 초기 결과는 경피적 풍선 척추성형술의 안전성과 효과성을 입증한 반면에 무작위 임상 실험은 등록이 불가능해졌다. 환자들은 수술을 받지 못할 수도 있는(예: 대조군) 연구에 참여하기를 원치 않았다. 동시에, 외과의사는 제품 사용이 임상연수 지역으로 제한되어야 한다는 정책에 좌절감을 느꼈다. 이것을 인정하면서, 기업은 무작위 임상시험을 유럽으로 옮기고 나머지 임상데이터를 기반으로 미국에서 전체 시장 출시를 시작하기로 결정했다. 이 변화를 지원하기 위해 기업은 영업 인력을 20명의 담당자들로 확대했다. 키폰은 매출액이 추가된 영업사원 수와 비례하여 증가했다는 사실을 발견했다. 결과적으로, 임상 연구에 대한 지속적인 투자와 함께 판매 이전에 영업 인력의 규모를 지속적으로 확대했다. 외과의사가 경피적 풍선 척추성형술에 대한 경험을 갖기 시작하자 기업은 키폰 담당자가 참석하지 않은 채 시술을 수행되어지는 것이 더 편하게 느껴지게 되었다. 그러나 이 변화 이후에도, 의사들은 계속해서 기업의 높은 수준의 전문적인 지원을 요구했다. Talmadge는 "그들은 그것을 좋아합니다. 사실 우리에게는 그것이 조금 실망스럽습니다. 100번째 경피적 풍선 척추성형술 후에 우리는 정말로 그들이 우리가 참석하는 것을 원하지 않을 것이라고 생각했습니다. 그러나 그들은 그렇지 않았습니다. 그들은 정말로 우리가 참석하기를 원했습니다. 의사는 영업사원이 제공하는 전문 기술을 좋아합니다. 왜냐하면 의사들은 100회의 경피적 풍선 척추성형술을 했을 수도 있지만 영업사원은 1,000회의 경피적 풍선 척추성형술을 보았을 것이기 때문입니다. 그래서 영업 담당자들에게는 많은 지식이 있습니다."라고 말했다.

키폰의 하이터치 직접 판매 모델이 기업의 성공에 대한 도구였지만, Talmadge는 그것이 비싸고 자원 집약적이라는 점을 인정했다. 그녀는 "분명 이것은 상당한 투자를 해야 하기 때문에 당신의 시장이 충분히 크다는 것을 일찍 결정해야 합니다."고 말했다.

키폰의 이해관계자들의 경우, 이 투자는 엄청난 수익을 가져다주었다. 2007년에 메드트로닉(Medtronic)은 총 40억 달러에 달하는 총 가치를 가진 거래에서 그 기업을 인수했다.[47]

온라인 자료

더 많은 자료는 www.ebiodesign.org/5.8을 방문한다.

"Getting Started"의 활동과 링크

- Evaluate the impact of the business model on options for reaching the customer
- Assess the impact of intermediaries on sales and distribution
- Choose a sales and distribution model
- Coordinate marketing, training, and support activitie

판매 및 유통 전략에 관한 동영상

간접 판매 및 유통 모델을 요약한 부록

NOTES

1 From remarks made by John Abele as part of the "From the Innovator's Workbench" speaker series hosted by Stanford's Program in Biodesign, February 2, 2004, http://biodesign.stanford.edu/bdn/networking/pastinnovators.jsp (October 9, 2013). Reprinted with permission.

2 Atul Gawande, "Big Med," *The New Yorker*, August 13, 2013, http://www.newyorker.com/reporting/2012/08/13/120813fa_fact_gawande (December 3, 2013).

3 "The Relationship of Hospitals and Physicians," New Jersey Commission on Rationalizing Health Care Resources, Final Report, Chapter 8, 2008, http://www.nj.gov/health/rhc/finalreport/documents/chapter_8.pdf (December 3, 2013).

4 Ibid.

5 Carol Kane and David W. Emmons, "New Data On Physician Practice Arrangements: Private Practice Remains Strong Despite Shifts Toward Hospital Employment," American Medical Association, September 4, 2013, http://www.amaassn.org/resources/doc/health-policy/prp-physician-practicearrangements.pdf (December 3, 2013).

6 Robert Kocher and Nikhil R. Sahni, "Hospitals' Race to Employ Physicians - The Logic Behind a Money-Losing Proposition," *The New England Journal of Medicine*, May 12, 2011, http://www.nejm.org/doi/full/10.1056/NEJMp1101959 (December 5, 2013).

7 "Accountable Care Organization 2013 Program Analysis," Quality Measurement & Health Assessment Group, Centers for Medicare & Medicaid Services, December 21, 2012, http://www.cms.gov/Medicare/Medicare-Fee-for-Service-Payment/sharedsavingsprogram/Downloads/ACO-NarrativeMeasures-Specs.pdf (December 5, 2013).

8 Mike Miller, "Evolution of Sales Models in the Medical Device Industry," Alexander Group, 2012, http://www.alexandergroup.com/sites/default/files/images/documents/AGI%20Whitepaper_EvolutionofSalesModelsinthe MedicalDeviceIndustry_Final(4).

pdf (December 5, 2013).
9 From remarks made by Alex Gorsky as part of the "From the Innovator's Workbench" speaker series hosted by Stanford's Program in Biodesign, March 2012, http://biodesign.stanford.edu/bdn/networking/pastinnovators.jsp (December 5, 2013). Reprinted with permission.
10 The terms *wholesaler and distributor* are often used interchangeably, although there is a difference between the two: wholesalers sell to another intermediary (such as a pharmacy or a specialty distributor) while distributors sell directly to the end buyer. For simplicity, the focus of this chapter is on distributors since wholesalers are less frequently used in the medtech field.
11 Invivo Surgical System, http://www.invivosurgical.com/product_lines2.htm (April 1, 2008).
12 Healthpoint Capital, "Devices, Distribution and Dollars: Orthopedic Sales Backgrounder and Distribution Model Comparison," 2005, p. 8.
13 Ibid., p. 13.
14 "Medtronic Announces Alliance with LifeScan to Bring Leading Blood Glucose Meter to Its Diabetes Patients in United States," Medtronic press release, August 21, 2007, http://www.businesswire.com/news/home/20070821006155/en/Medtronic-Announces-Alliance-LifeScan-Bring-Leading-Blood (December 13, 2013).
15 Barnaby J. Feder, "Boston Scientific Settles With an Ex-Partner," *The New York Times*, September 22, 2005, http://www.nytimes.com/2005/09/22/business/22stent.html?_r=0 (December 13, 2013).
16 "The Case of the Medical Stent," Harvard Law School, Problem Solving Workshop, 2009, http://weblaw.usc.edu/assets/docs/contribute/MedicalStent.pdf (April 22, 2014).
17 Barnaby J. Feder, "Boston Scientific Settles with an Ex-Partner," *The New York Times*, September 22, 2005, http://www.nytimes.com/2005/09/22/business/22stent.html?_r=0 (December 13, 2013).
18 From Lyn Denend and Julie Manriquez with Christine Kurihara, Anurag Mairal, and Stefanos Zenios, "When Partnership Sales Fall Short of Expectations," Global Health Innovation Insight Series, July 2012, http://csi.gsb.stanford.edu/sites/csi.gsb.stanford.edu/files/PhoenixII-PartnershipSales.pdf (December 5, 2013).
19 All quotations are from interviews conducted by the authors, unless otherwise cited. Reprinted with permission. 20 "Toolkit for Physician Financial Transparency Reports (Sunshine Act)," American Medical Association, http://www.ama-assn.org/ama/pub/advocacy/topics/sunshine-act-and-physician-financial-transparency-reports.page (October 9, 2013).
21 Stephen Levin, "AccessClosure: FDA Clearance - Yes; Product Launch - Not Yet," IN VIVO, June 2009, http://inceptllc.com/website/wp-content/uploads/2011/12/4_Article-2009800119.pdf (December 10, 2013).
22 Ibid.
23 Ibid.
24 "Products," AccessClosure, http://www.accessclosure.com/products/ (December 10, 2013). 25 Levin, op. cit.
26 Ibid.
27 Estimate from Greg Casciaro.
28 "Cardinal Health Expands Portfolio of Physician Preference Items," Fierce Medical Devices, April 2, 2014, http://www.fiercemedicaldevices.com/press-releases/cardinal-healthexpands-portfolio-physician-preference-items-company-acquir (April 21, 2014).
29 Healthpoint Capital, op. cit., p. 9.
30 "Annual Report," MAKO Surgical, 2012, http://files.shareholder.com/downloads/MAKO/2828377767x0x658217/5F390A66-ED2A-46D3-AA22-3A6AD686F47C/131165_Mako_Annual_Report_Web.pdf (December 6, 2013).
31 L. R. Burns et al., *The Health Care Value Chain: Producers, Purchasers and Providers* (Jossey-Bass, 2002), p. 74.
32 David E. Goldenberg and Roland King, "A 2008 Update of Cost Savings and a Marketplace Analysis of the Health Care Group Purchasing Industry," Locus Systems, Inc., July 2009, http://c.ymcdn.com/sites/www.supplychainassociation.org/resource/resmgr/research/goldenberg_king.pdf (October 9, 2013).
33 Burns, op. cit., p. 48.
34 Ibid., p. 67.
35 Burns, op. cit., p. 43.
36 Richard Cohen, "The Narrowing Distribution Funnel: How to Get Your Medical Device to Market," *Medical Device Link*, February 1999, http://www.devicelink.com/mddi/archive/99/02/003.html (December 13, 2013).
37 Bruce Japsen, "New Study Says Obamacare Will Boost Consumer Medical Device Market to $10 Billion," *Forbes*, September 13, 2013, http://www.forbes.com/sites/brucejapsen/2013/09/13/obamacare-will-boost-consumermedical-device-market-to-10-billion/ (December 15, 2013).
38 "About Us," NeilMed, http://www.neilmed.com/usa/about.php (December 15, 2013).
39 Matt Villano, "Sinus Sufferer Turns Nasal Spray Project Into Sales Leader," *The New York Times*, November 12, 2008, http://www.nytimes.com/2008/11/13/business/smallbusiness/13wash.html?pagewanted=all (December 15, 2013).
40 Ibid.
41 "About Us," op. cit.
42 From remarks made in an interview with the authors in Fall 2007. Reprinted with permission.
43 "Vertebral Compression Fractures," American Association of Neurological Surgeons, March 2007, http://www.aans.org/

Patient%20Information/Conditions%20and%20Treatments/Vertebral%20Compression%20Fractures.aspx (December 13, 2013).

44 Ibid.

45 Steve Halasey, "Growing Up, Globally," November/December 2006, *Medical Device Link*, http://www.devicelink.com/mx/archive/06/11/cover.html (December 13, 2013).

46 Ibid.

47 "Medtronic Buys Kyphon for $3.9 Billion," *Forbes*, July 27, 2013, http://www.forbes.com/2007/07/27/medtronic-kyphonkyphoplasty-biz-sci-cx_mh_0727kyphon.html (December 13, 2013).

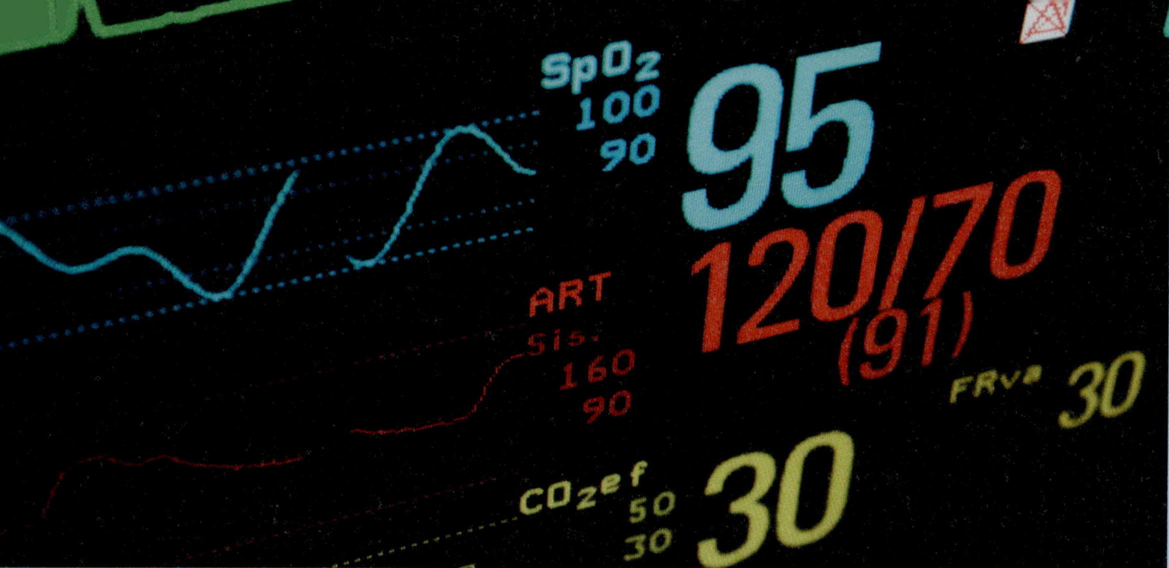

5.9 경쟁우위 및 사업 전략

서론

압도적으로 들릴지 모르겠지만, 지적재산권, 연구 개발, 품질, 임상시험, 규제 상황, 마케팅 및 영업에 대한 접근법을 생각하는 것만으로는 충분하지 않다. 또한, 이노베이터들은 이러한 요인들이 어떻게 경쟁우위를 창출하고, 비즈니스 전략을 수립할 수 있는지에 대해서 생각해야 한다. 복잡하고 역동적인 메디테크 분야에서 회사와 기술의 경쟁방식과 어떻게 차별화가 될 것인지에 대한 명확한 관점이 없으면 제품은 시장 잠재력을 달성하거나 유지할 수 없다.

목표

- 경쟁우위를 정의하기 위한 기본적인 틀을 적용하는 방법에 대해 이해한다.
- 우위를 활용하도록 설계된 비즈니스 전략을 개발하는 방법을 이해한다.

기본적으로, 경쟁업체가 자사의 제품을 복제할 수 없다면 그 기업은 경쟁우위를 갖게 된다. 이러한 경쟁우위의 가치는 핵심역량의 개발을 통해 시장에서의 자사의 입지와 진입장벽을 강하게 함으로써, 새로운 경쟁자들이 시장에 진입하는 것을 방지할 수 있다. 또한 기업을 모방하기 위해 설립된 경쟁사의 노력을 약화시킬수 있다. 경쟁우위를 정의하는 것은 시장내 외부요인(예를 들어, 지적재산권(IP), 규제, 고객 그리고 경쟁세력)뿐만 아니라 기업의 내부요인(예를 들어, 기업의 강점, 약점, 조직적 문제) 의해서도 크게 좌우된다. 일단 정의된 바와 같이, 기업의 비즈니스 전략은 경쟁우위를 최적화하기 위해 구축되어야 한다.

 경쟁우위 및 사업 전략에 관한 동영상은 ebiodesign.org을 참조한다.

경쟁우위 및 사업 전략의 기초

기업의 경쟁우위는 경쟁기업과 차별화되고, 이해관계자를 위한 가치를 창출하며, 경쟁업체가 자사가 창출한 가치를 포착하지 못하게 하도록 한다. 따라서 경쟁우위는 독특하거나 다른 사람이 모방할 수 없도록 어려움이 있어야 한다. 두 기업이 같은 경쟁우위를 가질 수는 없다. 즉, 동일한 산업의 비슷한 기업조차도 경쟁우위를 확보할 수 있는 보편적인 원천이 없다고 할 수 있다.[1] 가치제안이란 고객에게 의미가 있는 측면에서 고객이 인식할 수 있는 개선 사항에 관한 용어이다(5.7 마케팅 및 이해관계자 전략 참조). 적절한 비즈니스 전략과 결합된 경쟁우위는 기업이 고객가치제안을 운영하고 제공할 수 있도록 도움을 준다. 이러한 경쟁우위는 위치와 역량에 근거하여 두 가지 유형으로 분류된다.[2]

위치우위

위치우위는 기업이 경쟁기업 및 이해관계자와 관련하여 전략적으로 포지셔닝을 할 수 있는 능력에서 비롯된다. 이러한 위치우위는 정량화 또는 측정이 가능하다. 만약 기업이 처음으로 시장에 진출하거나 핵심 특허 또는 가장 널리 알려진 브랜드와 같이 쉽게 얻을 수 없는 자산을 보유하고 있다면, 그 기업은 위치우위를 누리고 있다고 말할 수 있다. 예를 들어 직접 판매나 유통업체 네트워크를 통하여 고객에게 직접 접근하는 기업은 주요 고객관계를 제어함으로써 위치우위를 확보할 수 있다(예를 들어 정형외과 시장에서의 외과 의사들). 이러한 관계를 갖고 있지 않은 기업들은 시장에 진입하려고 할 때 분명히 불이익을 가지게 된다. 위치우위를 얻는 또 다른 방법으로는, 기술적 제한이나 기타 리소스 요구사항 때문에 경쟁자들이 쉽게 모방할 수 없는 포괄적인 해결책을 제공할 수 있는 강력한 제품 포트폴리오를 만드는 것이다. 이때 광범위한 IP 포트폴리오는 위치우위의 원천이 될 수 있다. 예를 들어, J&J Interventional Systems는 최초의 관상동맥 스텐트를 둘러싼 생체 적합성 특허 포트폴리오를 통해 강력한 포지셔닝 경쟁우위를 달성하였다. 또한 Kyphon®은 자사의 coblation® 기술을 사용하여 ArthroCare처럼 유사한 이점을 얻었다.

역량기반의 우위

역량기반의 우위는 경쟁력을 갖춘 기업의 노하우나 역량뿐만 아니라, 주요 영역에서 경쟁 업체보다 우수한 역량을 활용할 수 있는 능력을 기반으로 하여 경쟁력을 확보할 수 있다. 이러한 역량기반의 우위는 때로는 정량화하기가 어렵고, 주로 팀이나 조직 내에 내재되어 있는 가치를 반영한다. 예를 들어, 기업의 특허 포트폴리오를 지속적으로 발전시키고 개선할 수 있는 유능한 IP팀을 개발한 의료기기 기업은 이러한 역량을 기반으로 경쟁우위를 누리고 있다. 또 다른 예로는 SciMed Lifesystems는 개선된 성능 특성을 갖춘 카테터 및 스텐트 제품을 생산하기 위해 빠르게 진화하는 프로세스의 전문가가 되어, 역량기반의 우위를 확립하였다. 또한 US Surgical는 저비용 제조기법과 신속한 제품 반복 기술을 개발함으로써 최소 침습수술 장치의 선두 주자로 자리 잡게 되었다.

위치와 역량기반 우의간의 상호작용

일반적으로, 위치 경쟁우위는 기업의 외부환경과의 관계에 의해 좌우된다. 또한 그들은 시기, 크기, 위치, 특정 자산 및 중요한 자원에 대한 접근과 같은 요소를 기반으로 한다. 이러한 위치우위는 그 분야에 속해있는 모든 이해관계자(고객, 공급자, 실질적 및 잠재적 경쟁자)와 관련이 있으며, 지속적으로 변화하고 있다. 따라서 외부환경을 이해하고 위치우위를 확보하기 위해서는, 이노베이터들은 그들이 바이오디자인 혁신 과정 초기에 수행한 경쟁분석을 재검토해야 한다(2.4 시장 분석 참조). 이때, 새로운 해결책을 개발하고 도입하는 데 걸리는 수년간의 기간 동안 시장 상황이 정적이라고 가정하는 것은 실수이다. 중요하게도, 프로세스의 이 단계에서 경쟁 분석을 수행할 때, 이노베이터는 현재의 **필요성**과 해결책만을 다루기 때문에 훨씬 더 집중적이고 구체적으로 평가할 수 있다.

즉, 위치우위가 반드시 한 영역에서 다른 영역으로 효과적으로 전달되는 것은 아니다. 예를 들어, Medtronic은 능동형 이식 장치(예: 맥박 조정기)를 사용하는 심혈관 해결책의 선두주자로서 이 분야의 브랜드 및 관계 속에서 강력한 위치우위를 누리고 있다. 그러나 이 기업은 카테터 기반 심혈관 요법 분야에서 내구성 있는 위치우위를 창출하는 데 어려움을 겪고 있다.

반대로, 역량기반 우위는 기업 *내부* 요인에 의해 좌우된다. 또한 그들은 경쟁기업이나 고객보다 더 나은 무언가를 할 수 있는 기업의 능력에 기반을 두고 있다. 이러한 기능은 단일 프로세스에 한정되거나 여러 프로세스에 걸쳐 일반화될 수 있다. 또한 역량기반 우위는 한 분야에서 다른 분야로 전달이 가능하다. 예를 들어, Pfizer의 의약품을 효과적으로 마케팅과 유통을 할 수 있는 역량(의약품의 승인 또는 획득과 관련하여 수주 또는 수개월 만에 가장 높은 매출을 달성 할 수 있을 경우)으로 인해 한 의료분야에서 다른 의료분야로 어떻게 이전할 수 있는지에 대해 보여주었다.

때로는 위치우위와 역량기반우위를 구분하는 것이 다소 불분명할 수 있다. 예를 들어, Pfizer의 경우 자사의 마케팅 능력을 통해 경쟁우위를 확보할 뿐만 아니라 의사와의 관계 측면에서 얻은 위치를 통해서도 경쟁우위를 확보할 수 있었다. 또한, 폭넓은 제품 포트폴리오는 더 많은 제품을 다룰 수 있기 때문에 의사들이 Pfizer의 영업담당자와 함께 시간을 보내는 시간을 더 매력적이게 하였다. 마찬가지로 Medtronic은 이식형 심장 혈관(implantable cardiovascular) 해결책에서 위치 우위를 가지고 있지만 다른 사람들이 쉽게 모방할 수 없는 복잡한 폐쇄 루프 시스템을 지속적으로 개발할 수 있는 역량을 개발하였다. 이처럼 이노베이터는 기업의 우위를 창출하기 위해 여러 가지 강점들이 결합되어 작동한다는 것을 반드시 인식해야 한다.

경쟁우위와 가치제안의 관련성

다양한 전략과 경쟁우위를 결합하여 기업의 가치제안을 지원할 수 있다. 예를 들어 기업의 가치제안이 고객에게 지속적으로 최첨단 혁신을 제공하는 것이라면 어떤 혁신(**선도자** 전략)을 통해 최초로 시장에 출시할 수 있을 뿐만 아니라, 강력하고 끊임없이 발전하는 IP 개발 역량과 함께 위치우위를 지원할 수도 있다. 또한 개선된 **사용자 경험**의 가치제안을 고객에게 제공하고자 하는 또 다른 기업은 선두기업 뒤를 따라가며, 이미 초기시장에 진입한 선두기업의 실수와 사용성 문제를 배울 수 있다. 또는 저비용 및 저가형 리더로서 기업은 가격 장점을 위하여 시장 확대 혁신을 덜 강조할 수 있는 "최상의 가치를" 제안할 수 있다.

가치제안은 항상 고객의 관점에서 측정되어야 한다. 즉 가치제안은 제품, 서비스, 또는 기업이 외부에서 어떻게 보고 있는지를 나타낸다. 이러한 가치제안을 만들고 유지하는 데 필요한 위치우위 및 역량기반 우위는 기업을 위한 비즈니스 전략 개발을 주도한다. 기업이 이해관계자에 대해 정의한 각각의 가치제안은 신중하게 고려하여, 전략 및 잠재적 우위를 통해 해당 비전을 성공적으로 구현시키고 경쟁기업의 모방으로부터 스스로를 보호할 수 있도록 한다.

의학기술에서의 위치우위 유형

의료기술 분야에서, 많은 이노베이터와 젊은 기업들이 초기에 위치우위를 제공할 수 있는 핵심자산을 개발하려고 한다. 이러한 위치우위에 대해 생각할 수 있는 또 다른 방법으로는 진입장벽이다. 이러한 위치우위에 대한 주요 원천은 9가지가 있다.

1. 지적재산

합법적으로 방어 할 수 있게 초기에 특허 포트폴리오(예를 들어, 피켓 펜스 전략-5.1 지적재산권 전략 참조)를 구축하는 것이 다른 기업의 사업운영 자유를 제한하고 자사의 광범위한 위치우위를 가질 수 있게 된다. J&J와 Medtronic은 폭넓게 효과적인 특허 포트폴리오를 구축하는 것으로 유명한 기업이다. 또한 Intuitive Surgical, Kyphon, 그리고 Acclarent은 기업 설립 초기단계에서 이를 효과적으로 수행하였다.

2. 주요 관계

중요한 이해관계자, 특히 의사의 주요 의견선도자(KOLs)와 강력한 의사결정자와의 관계의 강도는 기업이 보다 쉽게 고객을 확보할 수 있도록 도와준다. 예를 들어, 정형외과 및 맥박조정기의 영업 담당자는 영향력 있는 이해관계자와의 강력한 유대관계로 인해 기업을 대신하여 상당한 권한을 행사한다. 의료분야에서 기술이 계속 발전함에 따라 환자와의 주요관계(일부 의료 제품의 소비자 및 관련 서비스 제공업체) 또한 위치우위의 원천이 될 수 있다. 따라서 다양한 이해관계자와의 관계는 효율적으로 규제 승인을 얻는 등 바이오디자인 혁신 과정의 다른 측면에서도 도움이 될 수 있다.

3. 환급 범위

제3자 납부자로부터의 **지불**이 의료 시스템을 지배하고 있는 지역에서 치료분야에서의 첫 발을 내딛는 기업은 때로는 독특한 기술을 선호하는 **상환 코드** 및 **범위**를 설정하여 위치우위를 얻을 수 있다. 물론, 그들은 종종 상환을 설정하는데 상당한 시간과 자원을 투자해야 한다. 그러나 일단 이러한 목표를 달성하면 다른 기업에서 같은 코드를 활용하거나 동일한 치료분야에서 추가코드를 작성하는 것을 정당화하기가 어려울 수 있다.

4. 전략적 제휴

대기업이나 기관과의 파트너십을 통해 신규기업 또는 소기업은 명성을 "차용"하여, 다른 기업이 제한된 리소스에 접근하지 못하게 할 수 있다(독점적인 동맹일 경우). Angiotech의 Boston Scientific과 약물 방출형(drug-eluting) 스텐트 기술과의 관계는 효과적인 의료기술 제휴 파트너십으로서의 우수한 사례이다. 최근 전략적 제휴는 기업의 역량을 확장할 뿐만 아니라 의료기술의 가치 사슬에서 다른 참가자와 함께 위험부담을 나눌 수 있는 혁신적인 방법을 모색함에 따라 점점 더 흥미로워지고 있다.

5. 지리적 범위/유통경로

주요 시장에서 고객에게 서비스를 제공하기 위해 우선 공급 업체에 대해 접근하여 제품을 공급하는 것이 경쟁기업이 달성할 수 있는 것보다 낮은 거래 비용과 더 나은 조건으로 이어질 수 있다. Stryker의 경우와 마찬가지로 초기에 유통 관계를 미국 이외 지역에 강력하게 설립했을 때처럼 모방하기는 매우 어려울 수 있지만, 대부분 지금까지 계속되고 있다.

6. 브랜드

프리미엄 브랜드는 보통 프리미엄 가격을 책정한다. 또한 브랜딩은 제품인지도를 높여 매출 증가로 이어질 수 있게 한다. 고객 기반에서 강력한 브랜드 인지도를 구축하고 있는 기업은 경쟁에서 중요한 위치우위를 가지고 있다. 예를 들어 Edwards Lifsciences에서 판매하는 심장 판막이나, Zimmer에서 판매하고 있는 고관절과 무릎관절 임플란트와 같이 수술성공확률이 높은 제품의 경우, 이 제품을 사용하고 있는 외과 의사들은 다른 브랜드로 전환하기를 꺼려한다. 환자가 계속해서 건강관리에 더 많은 힘을 축적함에 따라 이노베이터는 소비자의 브랜드인지도가 점차 중요해질 것으로 기대할 수 있다. 이러한 것은 당뇨병 관리 등의 분야에서 이미 이루어지고 있다. 그 예로 환자(소비자)는 혈당 검사 시스템을 선택할 때 브랜드와 관련하여 선택을 한다.

7. 재정적 접근

자본은 한정되어 있다. 최고 수준의 벤처 캐피탈, 은행, 기타 자금 제공 기관들을 제어함으로써 경쟁자가 동일한 자본 자원에 접근하는 것을 못하도록 하여, 그들에게 차선책이나 덜 바람직한 대안으로 남겨두었다. 비만 분야에서 초기 개척자였던 Satiety, GI Dynamics, 그리고 Endogastric Solutions와 같은 기업들은 의료기기의 초기단계에서 많은 벤처기업을 확보함으로 인해, 추후 진입하고자 하는 사람들이 자본에 접근하려는 것을 더 어렵게 하였다.

8. 핵심자원에 대한 독점적, 저비용의 접근

핵심자원은 찾기 힘든 재료(예를 들어 니티놀이나 독점적인 유전자 시퀀싱 데이터베이스(proprietary gene sequencing databases), 또는 제한적인 조직샘플)나, 특정 분야(카테터를 위한 코팅, 폴리마 약품 용출 플랫폼, 혼합용 실리콘 폴리에틸렌)의 기술 공급자와의 독점적인 관계를 포함할 수 있다. 따라서, 핵심자원에 독점적으로 더 쉽고, 더 저렴한 비용으로 접근할 수 있는 기업은 경쟁기업보다 위치우위를 가지고 있다.

9. 정보 접근

헬스케어 제공이 치료 주기 전반에 걸쳐 더욱 밀접하게 연계됨에 따라, 의사, 시설, 환자, **지불자**, 기타 이해관계자들은 보다 긴밀하고 적극적으로 협력하기 위한 노력을 지속적으로 확대하고 있으며, 이에 따라 주요 건강 관련 상호작용에 대한 가장 실용적인 정보를 제공하는 기업은 강력한 위치우위를 창출할 것이다. 이러한 데이터를 의료계획 및 제공자가 사용할 수 있도록 함으로써 성과를 향상시키고 비용을 절감하게 하는 가치를 발생시킨다. 또한 정보를 분석하여 고객의 행동을 이해하고, 잠재고객의 니즈를 파악할 수 있다. Cardiocom을 **인수**한 Medtronic은 부분적으로 치료가 진행 중인 환자의 경험을 최적화시키는 데 사용할 수 있는 정보에 대한 접근을 기반으로 경쟁우위를 구축하고자 하는 기업의 사례를 보여준다(4.4 사업 모델 참조).

성공한 의료기술 기업은 적어도 어느 시점에서는 경쟁을 피하기 위해, 하나 이상의 위치우위를 개발하였다. 예를 들어 말초동맥질환(ev3에서 인수한)치료에 초점을 맞춘 Fox Hollow 기업은 이 분야에서 KOL는 아니지만, 대부분의 KOL과 효과적인 전략적 관계를 개발함으로써, 경쟁에 거의 침투할 수 없는 장벽을 만들어 냈다. 의사관계의 이용은 정형외과 산업에서 우위를 창출하기 위한 근본적인 기반이 되었다(비록 이러한 관행이 이해관계의 충돌을 일으킬 가능성에 대해 염려가 어느 정도 있다). 전략적 기업관계는 위치우위를 달성하기 위한 또 다른 접근법을 제공하는데, 예를 들어 J&J와 Guidant는 balloon 카테터와 Rapid Exchange (RX)™기술과 관련협정을 함으로써, 두 기업이 몇 건의 소송을 중단하고 보다 생산적인 활동으로 노력할 수 있도록 한다.

앞서 언급했듯이, 위치경쟁우위는 상대적으로 변질되기 쉽다. 즉, 언덕 위에 있는 군대는 골짜기 아래에 있는 반대 세력을 공격하는 데 있어 뚜렷한 위치상의 우위가 있겠지만, 반대 세력이 동등한 위치를 발견하자마자 그 우위는 약해진다. 따라서 의료기기 분야에서도 위치상의 우위를 가지고 시장에 진입하는 기업들은 자사의 우위를 유지하기 위해 지속적으로 개선을 하거나 방어해야 한다. 예를 들어 주요 의견 선도자와 의미 있는 관계를 구축하고 있는 기업들은 지속적으로 이러한 관계에 대한 모니터링과 투자를 반드시 해야 하며, 그렇지 않은 경우에는 경쟁기업이 그 안으로 서서히 접근하여 몰아낼 수 있다. 마찬가지로 경쟁기업은 시장이 충분히 매력적이라면, 기업의 초기 IP 위치를 설계할 수 있는 방법을 찾을 수 있다. 그리고 충분한 시간과 비용으로 기존 인프라와 경쟁할 수 있는 새로운 판매 및 유통채널을 구축할 수 있다.

의료 기술에서의 역량기반의 우위 유형

이노베이터와 젊은 기업은 경쟁기업이 제공하는 서비스보다 좋거나 저렴하고, 효율적인 제품을 개발하거나 서비스를 제공함으로써 경쟁우위를 창출할 수 있다. 이렇게 함으로써 경쟁우위를 창출할 수 있으며, 또한 이러한 경쟁우위는 위치우위가 지속적으로 유지할 수 있도록 도와주기도 한다. 즉, 위치 경쟁우위를 선점하거나 그 영역에서 강력한 역량을 기반으로 방어할 수 있도록 하여 위치 경쟁우위를 유지할 수 있다. 대부분의 경우, 기업이 경쟁보다 주어진 영역에서 일관된 성과를 얻는 법을 배울 수 있다면, 위치우위가 기업에 역량이 될 수 있다. 특정 영역에 초점을 맞춘 특정 시스템 및 프로세스의 생성은 독특한 능력을 개발하는 첫 번째 단계가 될 수 있다. 가치 있는 6개의 의료기술 능력이 아래의 요약되어 있다.

1. 지적재산 관리

기업이 세계적 수준의 IP 팀을 채용하거나, 개발 및 유지하고자 하는 경우, 강력한 IP 위치를 최강의 IP 기능으로 전환할 수 있다. 이는 IP 환경을 지속적이고 적극적으로 모니터링하도록 설계된 시스템 및 프로세스를 통해 경쟁사의 동향을 예측하고, 경쟁사 보다 신속하게 행동하여 자사의 IP 포트폴리오를 강화 및 방어할 수 있게 해 준다.

2. 규제, 품질 또는 환급 관리

마찬가지로 기업은 인재를 발굴 · 함양하고 이러한 분야에서 세계적 수준의 프로세스를 구축 및 관리함으로써 규제, 품질 또는 환급 관리에서 역량 기반 우위를 구축할 수 있다. 또한 이 분야의 역량을 갖춘 기업은 필수 요구사항을 보다 효율적으로 충족시키고, 관련 위험을 보다 효과적으로 예측하여 완화시킬 수 있다.

3. 관계 관리

주요 관계에 중점을 둔 역량 기반의 우위를 창출하기 위해서는, 기존의 사고방식으로 기업의 입지를 관리하고 보호하는 것만으로는 충분하지 않다. 따라서 후속 세대의 잠재적인 의견 선도자를 식별하고, 경쟁사와의 관계를 발전시키기 위한 시스템 및 프로세스가 만들어져야 한다.

4. 동맹 관리

기업은 혁신적이고 새로운 방식으로 동맹에 대해 생각할 수 있는 적절한 프로세스와 자원을 갖추고 있다면 파트너십과 관련하여 고유한 역량을 개발할 수 있다. 마찬가지로, 상호간에 유익한 파트너십을 위해 외부 환경을 지속적으로 모니터링하고 경쟁사보다 더 독점적이고 유리한 조건으로 협상할 수 있다.

5. 인적 자원 관리

HR(Human Resources)관리란 시장에서 성공하기 위해 필요한 핵심 역량을 갖춘 최적의 팀 구성원을 창출하는 것이다(예를 들어 기술, 임상, 상환). 이는 모든 산업에 내재 된 자연스러운 회전율에도 불구하고 지속적으로 목표를 달성하는 역량 기반 우위이다.

6. 일반적 관리

기업 내 주요 직책에 훌륭한 리더십과 잘 훈련된 관리자를 보유하고 있으면 강력한 역량기반우위를 가질 수 있다. 이때, 관리 교육 및 피드백 프로그램을 설치하면 이러한 장점을 강화하고 유지할 수 있다. 역량기반우위는 기업의 위치우위와 관계없이 독특한 프로세스 전문지식을 보유하고 있는 다른 영역에서도 우위를 확보할 수 있다. 예를 들면 의료기술 기업은 다음 요소와 관련된 역량기반우위를 얻을 수 있다.

- **시장 출시 시간** – 경쟁사보다 더 빨리 시장에 출시할 수 있는

인력, 프로세스 및 시스템을 갖추고 있어야 한다.

- **R&D 생산성** – 현장에서 다른 사람보다 체계적으로 혁신적인 것을 더 많이 생성해야 한다.
- **저비용 제조** – 저비용으로 제조를 하는 것이 위치우위이며, 보다 효율적인 프로세스를 통해 달성하는 것이 역량 기반 우위이다.
- **글로벌 시장 접근 및 개발** – 조직 내에서 글로벌 R&D, 제조 및 판매 및 유통을 수립하고 관리하는 재능과 경험을 갖추는 것이 점점 더 가치 있는 기능이 되어가고 있다.

만약 하나 또는 그 이상의 경쟁 기업과 겨룰 수 있다면, 혁신 기업의 가장 인상적인 역량이 경쟁력의 우위가 아니라는 것을 기억해야 한다. 역량은 모방하기가 어렵거나 다른 기업이 따라잡을 수 없기 전에 지속적으로 개선할 수만 있다면 지속 가능한 경쟁우위의 원천이 될 수 있다. 또한 경쟁우위가 경쟁에 대항할 때, 지속가능하다고 알려져 있다.[3]

역량 기반의 경쟁우위는 산업계에서 널리 이해되지만, 아무도 그들이 무엇을 야기시키는지 확신하지 못하기 때문에 여전히 복제하기가 어렵다. 조직 내의 복잡한 루틴, 구조 및 개인 속성은 높은 수준의 암묵적 지식을 결합하여 경쟁자들이 모방하기 어렵게 만든다.[4] 예를 들어 Ethicon은 외과용 폐쇄 기술 및 봉합 기술 분야의 세계적인 선두기업으로 널리 간주되어왔다. 그러나 1970년대 미국의 Surgical에서 최소 침습성 복강경 수술에서 전통적인 봉합선의 대체품으로 외과 스테이플러 기술을 도입하여 Ethicon의 시장에 진출하기 시작하였다. 그리고 성공에 힘입어 미국의 Surgical은 봉합 시장에 진입하였고, 1991년에는 봉합선을 도입하여 핵심시장에서 Ethicon과 직접 경쟁하기로 결정하였다. 하지만 미국의 Surgical은 Ethicon의 봉합 제조 역량을 너무나도 과소평가하였다. 이 기업은 끊어지지 않고 고품질의 봉합선을 생산하며, 봉합바늘에 붙어 있고, 일관되게 포장하는 과정이 얼마나 어려운지 깨닫지 못했다. 결국, 기업이 출시한 제품은 의사들의 기대수준을 충족시키지 못하였고 결과적으로 미국의 Surgical에서 기대했던 시장 점유율을 달성하지 못했다. 이로써 봉합선 제조에 대한 Ethicon의 독점적인 노하우는 미국의 Surgical이 막대한 자원으로도 극복할 수 없었던 엄청난 경쟁우위를 보여주었다.

기본적인 비즈니스 전략

기업이 경쟁우위의 잠재적 원천을 확인한 후, 그것들의 최적화를 위해 추구해야 할 가장 기본적인 비즈니스 전략에 대해 효과적으로 평가할 수 있다. 어떠한 단일 전략도 기업에서 무기한으로 작동할 수 있을 것으로 기대할 수 없다. 따라서 이노베이터는 기업이 장기적으로 성공을 거둘 수 있는 전략의 조합을 선택하는 것을 고려해야 한다. 아래의 설명된 전략 중 일부는 역량기반의 우위보다는 위치기반의 우위가 더 쉽게 도움이 될 수 있지만, 조합을 하거나 순차적인 사용을 통해 두 유형의 경쟁적 차별화를 가능하게 할 수 있다.

선도자

선도자 전략은 시장에서 제품이나 서비스를 처음으로 제공한 기업을 의미한다. 처음으로 시장에 진입하는 기업은 진입장벽으로 작용할 수 있는 주요 IP를 설정하고, 중요한 고객 및 기타 자원과의 초기 관계를 형성할 수 있으며, 미래의 경쟁자들이 고려해야 할 가장 중요한 제품 속성과 규제 및 상환 전략을 미리 정의할 수 있는 상당한 이점을 가지고 있다. 경우에 따라서는 선도 기업은 고객들에게 높은 **전환 비용**을 발생시켜 지속적으로 기존의 고객을 유지할 수 있다. MRI나 CT장비와 같은 자본 장비를 구입할 때 병원에서 대규모의 초기 투자가 필요한 경우가 종종 있다.

그러나 선도자는 이 전략이 일반적으로 제공하는 위치우위에 대한 특정 비용을 발생시킨다. 이러한 비용에는 규정 및 보상 경로를 정의하고, 고객에게 새로운 제품 범주의 선택을 유도하고, 새로운 기술에 대해 **사용자**를 교육해야 할 필요성이 포함된다. 이러한 경로를 다른 기업에서 사용하면 후속 제품을 더 빠르고 저렴하게 만들 수 있다. 그래서 일반적으로, 선도자에 의해 만들어진 상환 및 규제 대한 것들은 후속 기업들에 의해 이용된다. 그러나 선도자가 이러한 경로를 개발함으로써 그 시장에 들어가기를 원하는 사람들에 대한 진입장벽을 만들어 놓는다. 예를 들어 특정 심장 이식술의 초기 개발자들은 10년에 걸쳐 그 기준들을 볼 수 있는 표준 시험 주기를 만들었다.

선도자의 우위는 선두 기업이 최초 선도자 위치를 개발하는 창의적인 방법을 계속해서 찾음으로써 지속이 가능하다. 하지만 그렇지 않으면 다른 기업이 시장으로 진입하면서 선도 기업이 가질 수 있는 우위를 잃어버리게 된다. 이와 관련된 선도기업의 성공적인 사례로 Kyphon을 들 수 있다. Kyphon은 척추압박 골절 치료에 중점을 두었고, 이전에 간과되고 덜 완성된 시장으로써 척추압박골절이라고 불리는 새로운 최소 침습 절차를 개발하였다. 따라서 지배적인 IP 포트폴리오를 구축함으로써 많은 경쟁 기업이 시장에 진입하는 것을 막았으며, 경쟁기업이 가장 큰 위협이 될 때까지 선도기업으로써 자리매김하였다. 반면에, Guidant는 수년 동안 선두기업으로서의 역할을 수행하였지만, 심장학 분야에서는 선두 기업으로서의 우위를 유지할 수 없었다. 관상동맥 스텐트 영역과 같은 신제품을 연구하는 것을 기업의 초기 꺼림 때문에 추적자의 위치로 넘어갔다.

빠른 추종자

빠른 추종자들은 다른 이점을 활용하여 선도 기업의 시장 점유율을 신속하게 선점한다. 빠른 추종자 위치에 있는 대기업은 그들이 가지고 있는 기존의 유통 채널과 고객 관계를 활용할 수 있다. 대기업과 중소기업 모두 자신의 기술과 선도기업의 제품 간의 미묘한 차이를 만드는 새로운 기능을 도입할 수 있으며, 이를 통해 선도 기업의 IP 위치에 의해 생성된 진입장벽을 극복할 수 있다. 또한 새로운 기능으로는 선도기업의 기술에 대한 단점을 해결함으로서 위치에 대해 더욱 강화시킬 수 있다. 빠른 추종자는 이미 선도기업이 수행한 환급, 규제 및 인식/교육 캠페인의 혜택도 얻을 수 있다.

Boston Scientific의 약물 방출 스텐트(DES)는 성공적인 빠른 추종자 전략으로 좋은 사례이다. 존슨 앤 존슨(J&J)은 Cypher 스텐트로 미국 시장에서 독점적 위치를 약 1년 동안 유지하였으며, 동시에 DES 시장에서도 독보적인 위치를 차지하였다. 그러나 이 기간 동안, 터무니없는 수준으로 기술의 가격을 책정함으로서 많은 의사들과의 갈등을 일으켰다. 또한 이 기업은 심각한 공급 문제로 의사들이 기다리는 환자들을 만족시킬 수 있는 충분한 제품을 공급 받을 수 없게 하여 의사들을 더욱 화나게 하였다. 따라서 Boston Scientific이 Taxus 스텐트를 출시하였을 때, 의사들은 이미 약물 용출 장치의 이점을 이해하고 새로운 기술을 받아들일 수 있었다. 또한 이 기업은 J&J의 공급 및 가격 문제로 인해 손해를 입은 관계를 의도적으로 활용하였으며, 상호 보완적인 가격 전략을 개발하기 위해 병원과 협력을 하였다. 더구나 Boston Scientific은 DES의 제품 기능을 향상시킴으로써, Cypher 스텐트에 대한 비판에 직접적으로 대응할 수 있어 더욱 유연하고 쉽게 작업을 할 수 있었다. 결과적으로 Boston Scientific은 약 7주간에 걸쳐 J&J의 DES 시장의 약 70%를 차지할 수 있었다.[5]

미투(Me-too) 전략

빠른 추종자의 제품과는 달리 **미투** 제품은 이미 시장에 나와 있는 제품과는 차별되지 않는다. 일반적으로 미투 제품은 개발이나 제조 비용이 저렴한 제품을 만들어 초기 플레이어의 기술 및 시장 개발의 혜택을 얻음으로써 저렴한 비용으로 제공될 수 있다. 초기 경쟁자를 보면서 미투 제품을 제공하는 사람들은 실수를 피할 수 있으며, 때로는 덜 힘든 규제 단계를 거칠 수 있는 경우가 많다. 미투 기업은 선도자나 빠른 추종자보다 개발 비용이 낮기 때문에 가격에 따라 경쟁하는 경우가 많다.

SciMed가 초기 혈관 성형 카테터 시장에 진출한 첫 사례는 미투 제품의 대표적인 사례이다. 이 기업의 첫 번째 제품은 당시 시장에서 다른 경쟁 기업과 크게 차별화되지 않았다. 그러나 SciMed는 강력한 기능을 개발하게 되면서 이를 통해 이 전략을 선도하는 전략으로 전환하였다.

미투 제품 전략의 또 다른 예로는 일반적인 버전의 약품에서 볼 수 있다. 일반 의약품은 시장 출시에 상당한 시간을 절약할 수 있으며 신약 승인에서 사용된 것과는 별도의 규제 경로를 사용하여 개발 비용을 절감할 수 있다. 일반적으로 시장에 진입하면 원래는 제품의 브랜드를 활용하여 어떠한 우위를 유지해야한다. 그러나 가격에 민감한 고객이 덜 비싼 대안을 선호하기 때문에 위치 상표 효과가 빨리 사라질 수 있다. 이때 미투 전략은 일반 의약품에만 적용되는 것이 아니라 다른 기업의 선구 제품, 특히 해당 제품의 카테고리가 잘 정립 된 후에 시장에 참여하는 추종자에게도 적용된다. 빠른 추종자는 보통 특허처럼 생각되는 차별화된 제품으로 진입하지만, 일반 추종자는 핵심 특허가 끝나면 그때 진입한다. 두 경우 모두 추종자는 시장의 선도자가 실수를 하거나 전략을 조정하는 것을 지켜볼 수 있다는 장점이 있다. 따라서 선도자에 의해 세워진 경쟁 장벽이 무엇이든지에 탐색을 돕기 위해 이러한 전략을 사용할 수 있다면, 그들은 시장 점유율을 훨씬 더 빠르게 확보할 수 있는 기회를 얻게 된다.

틈새 전략

틈새 전략은 제품의 카테고리를 소유하기보다는 특정 의학 분야에서 특정 고객 관계를 유지하는 데 초점을 두고 있다. 기업들은 의사들이 소규모 시장에서 부진한 채로 남아 있을 경우에 틈새 시장을 추구한다. 이때, 틈새 시장의 필요성을 충족시키기 위해 기업은 의사/환자의 특정 요구사항을 충족하는 제품을 선택할 수 있다. 가장 중요한 목표는 경쟁 업체를 차단하는 방법으로 강력한 고객 관계를 통해 위치 이점을 얻는 것이다. 또 다른 틈새 전략으로는 특정한 지리(또는 인구통계학적)를 대상으로 하고, 이후 기업은 이것을 추진력으로 삼아 다른 분야로 도약하는 발판을 마련할 수 있다. 인도와 같이 적은 자원 환경의 창업 회사는 그들의 제품이 개발과 발전 모두에서 매력적일 수 있는 잠재력을 가지고 있다고 믿을 때 이런 방법을 사용하고 있다.

American Medical System(AMS)는 비교기과 시장을 이기기 위한 틈새 시장 조사를 실시하였다. 그리고는 다른 기업이 일반 외과 의사를 불러 동일한 영업 담당자를 가진 비뇨기과 의사에게 전화를 하는 동안, AMS는 발기 부전, 요실금 및 전립선 암과 같은 질환을 치료하기 위한 제품으로 비뇨기과 전문 분야 사업으로써 자리매김하였다. 비뇨기과 전문의들에게 초점을 맞추고 배려함으로써, 기업은 여러 시장 분야에 참여한 경쟁 업체에 비해 상대적으로 "비뇨기과 시장의 성장 혜택을 누릴 수 있을 뿐만 아니라 그것을 추진할 것"이라고[6] 밝혔다. 이처럼 이러한 전략은 AMS가 다른 사람들이 접근하는 데 어려움을 겪고 있는 고객과의 강력한 관계를 구축할 수 있게 하는 데 매우 효과적이었다.

틈새 시장 전략으로는 희귀하고 "고립된" 약물과 질병, 즉 의학 기술과 제약 회사에 의해 이전에 간과되었던 희귀한 질병들(예를 들어 신 세포암, 신경교종, 급성 골수성 백혈병)을 추구하는 것이다.[7] 이러한 고립된 질병은 백신이나 치료의 제조업체가 이익을 기대할 수 없는 질병으로 정의된다(많은 열대성 질병은 수백만 명의 환자들이 치료를 받기에 너무 가난하기 때문에, 고아가 되기도 한다).[8] 그러나 일부 분석가들은 고립된 질병이 약물 및 장치 제조업체에게 흥미로운 기회가 될 수 있다고 생각한다. 의학이 더욱 개인화가 되고 "블록 버스터(blockbuster)" 제품의 발견이 점점 줄어들면서 전 세계 지역에 있는 기업들은 규제 과정에서 정부가 제공하는 특별한 인센티브를 점차 활용하여(예를 들어 **FDA의 인도 주의적 장치 면제**—4.2 규제의 기초 참조)수익성 있는 시장 서비스를 제공하고[9] 관련 치료 분야로의 도약을 할 수 있게 되었다.

저가 공급업체

저가의 공급업체 전략은 고립된 질병을 추구하는 등 다른 전략과 잘 병행되는 접근법이다. 이러한 접근 방식을 통해 기업은 경쟁 업체보다 훨씬 저렴한 비용으로 혁신을 이끌어내는 창조적인 방법을 찾고 유지하기 때문에 고객에게 저렴한 가격으로 전달할 수 있다. 성숙한 의료 시장에서, 혁신은 전통적으로 진보된 보건 시스템의 욕구를 자극하여 그들의 인프라를 구축하고 그들의 능력을 확장시켰다. 그러나 일부 분석가들은 심각한 자원 제약 및 인프라 제한으로 지리적 위치나 기타 환경에서 점점 더 많은 혁신이 나타나면서 이 모델은 시대에 뒤떨어질 것으로 예상한다.[10] 게다가 전통적으로 의료기술을 지배해 온 제품 개선에 대한 점진적 접근 방식은 기존 제품에 비해 점진적으로 개선되는 이점을 누리고 있으나, 개선 사항을 실현하는데 드는 비용과 비교할 때는 매우 적다.[11] 상당히 낮은 가격의 혁신은 이미 중국, 인도, 브라질과 같은 저가 공급업체 전략을 사용하고 있는 기업에서 나타나고 있다. 따라서 미국과 같이 확립된 시장에 있는 기업은 만약 전통적인 사고방식에 정착하게 된다면, 저가 혁신 전략을 추구하는 데 있어 불리한 입장에 놓이게 될 것이다. 그러나 시간이 지남에 따라 의료 비용을 낮추려는 정부와 경쟁 압력으로 인해 모든 의료기관에서 사고방식과 행동 방식이 달라질 수도 있다.

종종 저가 공급업체 전략을 가진 기업은 급진적인 혁신에 비해 제품의 "특색이 없다"를 강조한다. GE의 MAC 심전도(ECG)기계는 기존 ECG에 대해 2,000달러에서 10,000달러 대신, 500달러에서 800달러의 비용으로 기본 기능을 제공하면서 잘 알려진 사례 중 하나이다.[12] 그러나 일부 기업들은 합리적인 가격과 고품질의 혁신을 둘 다 제공할 수 있다.[13]

유통 전략

유통 전략은 제품의 우수성보다는 제품의 폭과 채널 관계에 초

현장에서 Mindray Medical

낮은 비용의 공급자 전략으로 경쟁우위 실현

2014년에 Mindray Medical International Limited는 중국의 최대 의료기기 기업이었다.[14] 설립자 Xu Hang은 주로 농촌 지역에서 의료기기를 구입할 여력이 없는 중국병원에 서비스를 제공하기 시작했다. 이 기업의 초기 목표는 가능한 가장 저렴한 가격으로 적정 수준의 체외 진단 및 환자 모니터링 시스템을 제공하는 것이었다. 그러나 시간이 지날수록 Mindray의 야망은 커지기 시작되었다. 그래서 이 기업은 글로벌 의료기기 제조업체들과 경쟁을 하기 위해 더 혁신적으로 제품을 만들고 전반적인 품질을 향상시킴으로써 저가형 공급자 전략을 강화하고자 했다.[15] 그렇게 하기 위해, 기업은 "가격 대비 성능 비율"이라고 부르는 것을 개선하기 위해 사업을 최적화할 것이다.[16]

Mindary는 이러한 변화를 주도하면서도 대형 다국적 기업에서 무시당한 중간병원의 요구에 세심한 주의를 기울이는 데 초점을 두었다. 그런 다음 니즈에 직접적으로 기초하여 기기의 기능을 향상시키기 위해 노력하였다.[17] 이 기업은 매년 매출의 10%와[18] 전체 직원의 30%를[19] 연구개발을 하는데 사용한다고 보고했다. 즉, 이러한 투자를 통해 Mindray는 연간 13개의 신제품을 출시할 수 있는 R&D 역량을 개발하였다.[20]

Mindray는 혁신과 품질을 향상시킴과 동시에 비용을 줄이기 위해 자체적으로 기기를 설계, 개발 및 제조할 수 있는 수직 통합 생산 모델을 구축했다. 중국에서는 노동비가 기업의 저비용 접근 방식을 뒷받침하는 하나의 요소이다. 그러나 제품 라인 전반에 걸쳐 공통적인 자원[21] 및 모듈식 구성요소를 사용하는 등의 전략도 비용 우위를 유지하는 데 도움이 된다. Mindray은 일반적으로 자사의 기기를 다국적 경쟁사보다 40% 정도 저렴한 가격대로 제공한다.[22]

이 기업의 국내 최초로 개발된 장치 중 하나인 디지털 컬러 초음파 이미징 시스템은 중국에서 출시되었을 때, Mindray의 글로벌 경쟁자들의 관심을 끌었다(그림 5.9.1 참조).[23] Mindray는 아시아, 아프리카, 유럽, 미국을 포함한 전 세계 140개국에서 판매되는 제품 포트폴리오를 60개 이상의 제품으로 확대했다.[24] 이 기업 매출의 약 절반은 중국 이외 지역에서 발생한 매출이다.[25] 이러한 글로벌 시장에서 Mindray는 교두보에서 확대하려는 의도로 개인 병원뿐만 아니라 중소 규모의 병원에도 계속적으로 중점을 맞추고 있다.[26]

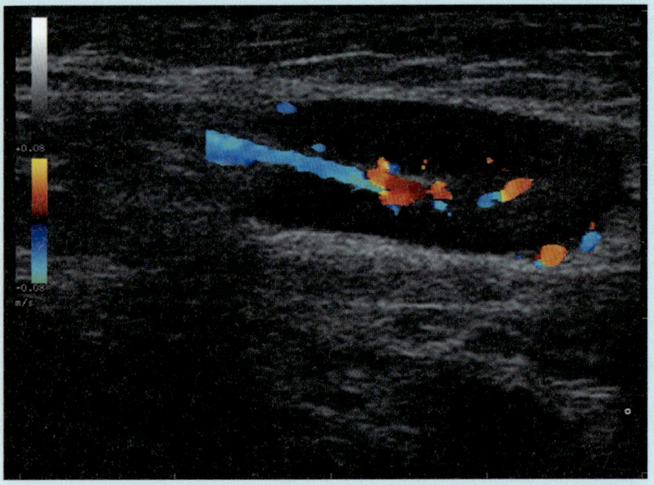

그림 5.9.1
림프절의 컬러 초음파 이미지(Nevit Dilmen 대 Wikimedia Commons)

Mindray는 국내 경쟁 업체와 비교하여, 브랜드네임과 품질면에서 명성을 얻으면서 20%의 프리미엄을 받고 있다.[27] 그러나 미국과 같은 시장에서는 일부 고객에게 저렴한 비용으로도 고품질의 제품을 제공할 수 있다고 설득하기 위해 노력하고 있다. 워싱턴 시애틀에 있는 Mindray 해외 R&D센터 총괄 책임자인 Lee Weng은 일부 해외바이어들이 중국의 의료기기에 대해 나타낸 혐오감은 "우세한 편견"이라고 언급하였다.[28] 따라서 Mindray는 이러한 인식을 극복하고 전략을 강화시키기 위해 유럽 연합 및 미국의 규제 기관의 요구사항을 충족하는 저렴하고 혁신적인 제품을 개발하는 데 주력하고 있다.[29]

점을 맞추고 있다. 다양한 제품 제공을 통해 고객의 요구를 충족시킴으로써 보다 유연한 지불약정, 제품 및 서비스를 묶어서 제공하는 묶음전략을 통해서 시장에서 더 많은 관심을 끌어 올 수 있다.

정형외과용 제품의 선두 제조 업체인 Stryker는 광범위한 제품 포트폴리오를 제공하므로써 병원의 정형외과 기술 요구에 모두 적합한 단일적 해결책이 될 수 있었다. 이론적으로 Stryker는 엉덩이와 무릎 임플란트를 함께 묶는 것이 가능할 거라고 생각하였고, 새로운 무릎 임플란트 기업을 제외시킬 수 있었다. 특히 상품 시장에서 Sherman Act와 같은 독점 금지법에 의해 제품 묶음이 규제되지만[30] 하나의 해결책만 제공하는 회사를 이길 수 있다. 좋은 사례로 Baxter와 J&J는 병원 공급(예를 들어, I.V. 가방, 장갑, 붕대) 및 저비용 사품 시장에서 유리한 위치를 유지하기 위해 유통 전략을 사용하는 기업이다.

질병 관리

의료기술 부문에 등장하는 제품 및 서비스의 묶음과 관련된 고급 전략은 때로는 질병 관리 전략 또는 **"질병 소유"**라고도 한다.[31] 이러한 접근 방식을 사용하는 기술 회사는 다음과 같다.

> 에피소드 또는 중재 중심의 비즈니스 모델에서 집중치료 모델에 이르기까지 다양한 의료 서비스를 제공한다. 이러한 접근법에 내재된 통합 해결책인 약물, 장치, 진단 및 소비자 중심의 해결책을 결합하여 기업이 질병이나 상태의 진단 및 치료를 독점할 수 있는 창의적인 플랫폼을 구축한다.[32]

간단히 말해, 하드웨어 공급 업체로 일한 적 있는 일부 기업은 뚜렷한 개입을 위해 고안된 의료기기 판매에 중점을 두었으며, 이제는 고객을 위한 엔드 투 엔드(end-to-end) 해결책을 제공하는 문제 해결사가 되는 것에 관심이 있다. 이 전략은 진료 때마다 지불하는 건강 시스템의 전통적인 용량기반에서 더 비용 중심적이고, 가치 중심적이며, 결과 지향적인 방향으로 전환하는 것과 일치한다.

규모가 큰 조직은 병을 가지게 되면 작업의 규모, 그들이 마음대로 처리할 수 있는 자원과 해결책의 모든 부분을 해결하는 데 시간을 소모할 수 있는 능력으로 인해 확실한 우위가 있다.[33] 그러나 기존의 전략을 그만두고 새로운 전략을 선택하는 데 필요한 급진적인 변화를 취하는 것이 기존의 조직에게는 어려울 수 있다(Merck Serono 사례 참조). 이러한 이유로 신생기업 및 중소기업은 엔드 투 엔드 해결책을 성공적으로 조립할 때 큰 성공을 거둘 수 있다. 예를 들어 Well-Doc는 블루스타(BlueStar) 제품을 통해 의사, 기업의 트레이너 및 의료 공급자, 통신 회사, 지불하는 사람 및 환자를 대상으로 제 2형 당뇨병을 관리하는 다각적인 해결책을 개발했다.[34] FDA에서 승인을 받은 이 시스템은 당뇨병 관리에 관심이 있는 대기업의 서비스보다 훨씬 더 파괴적이다.[35]

현장에서 질병관리 전략을 통한 결과 실현

질병관리 전략을 통한 결과 실현

Merck Serono의 서유럽 수석 부사장 겸 전무 이사인 Don Cowling은 대규모의 확립된 조직에서 질병 관리 전략을 효과적으로 운용하기 위해서는 "먼저 지금의 모델을 날려 버려야 합니다."고 말했다.[36] 그의 조직은 내분비 및 대사 장애에 대한 성장호르몬 치료제 시장을 독점하고자 했다. 그래서 Saizen®(somatropin)이라는 약품이 일반화가 되기 시작했을 때, 이 기업은 "힘 중심의 영업 조직에서 지식이 풍부한 조직으로 전환시키는 전략"을 선택했다.[37] 이 전략은 이미 가지고 있는 제품에 가치를 더하는데 중점을 둔다.[38] 어떤 기사에서, 그는 모든 처방전의 절반이 채워지지 않았으며, 절반은 절대 복용하지 않기 때문에 새로운 환자를 찾는 것보다는 약품(그리고 그들을 지지하는 기기)의 성장이 더 순조로울 것이라는 결론을 내렸다.[39] 그러나 환자, 의사, 시설 및 지불자를 비롯한 이해관계자가 규정 준수 비용을 지불하는 것을 원하지 않는다고 하였으며 "그들은 약리경제학에 대한 성과를 삽니다."라고 하였다.[40]

광범위한 연구와 접근법에 대해 상당한 재고가 있은 후, Merck Serono는 초기 휴대전화와 유사한 무선 가능 전자 기계 장치인 easypod™ 주사기를 설계했다(그림 5.9.2 참조). 약물의 카트리지가 장치의 측면에 삽입되어 있으며, 일회용 바늘이 그 끝에 붙어 있다. 그래서 의료 공급자는 복용량, 치료계획, 주사 깊이 및 기타 사양으로 easypod의 프로그램을 한다. 환자에게 사용될 때 이 기기는 다른 관련 데이터와 함께 주사한 날짜 및 시간을 기록한다. 센서는 각 주사의 각도(불쾌한 부작용을 예방하는 데 중요함)를 감지하고 적절하게 투여한 경우 투여량 확인 기능을 통해 나온 정보를 환자에게 알려준다. 이 정보는 기기에 저장이 되며 Serono 팀에 업로드가 되며, 이는 모니터링을 통해 복용량에 대해 준수하지 않거나 기타 경고 신호를 통해 개입이 필요할 때 환자나 병원에 연락하여 상담할 수 있게 한다.

일단 팀이 기기에 대한 규제 허가를 받으면 Serono는 약물의 정확하고 일관된 사용법이 올바른 치료결과를 보여줄 수 있는 증거를 수집하기 시작했다. 그로 인해 환자들의 행동 패턴에 대한 통찰력을 얻게 되었으며, 제공자와 지불자에게 약물을 다르게 판매하기 시작하였다. 기업은 고객의 특정 관심사에 맞는 가치제안을 문서화할 수 있었다. 이로써 Serono는 환자의 데이터를 활용하여 그들의 행동 패턴을 분석하고, 납부자가 사용되지 않은 처방전과 처방을 받았지만 사용하지 않는 비용에 대해 걱정하는 경우, 보험 회사가 관리 치료만을 위해 지불할 수 있도록 하는 1인당 가격을 제공하도록 했다. 또는, 공급자가 비용 초과분을 관리하는 방법에 대해 더 우려할 경우, Serono는 데이터를 사용하여 제한된 지출에 대비하여 병원이나 진료소를 보장하는 제한된 지불 계약을 수립할 수 있게 하였다.

Cowling이 Saizen의 모델을 구축하고 최적화한지 10년 후인 2012년에 그는 총 지원수를 대폭 줄이면서 매출액을 약 3배로 증가시켰다. 공개적으로 이용할 수 있는 재무 결과는 거의 없지만, 한 보고서에 의하면 Serono는 특정 질병을 가지고 있는 환자들을 중심으로 하는 접근법을 통해 성숙기에 접어든 성장 호르몬 시장에서 연간 38%의 성장률을 달성했다고 나와 있었다.

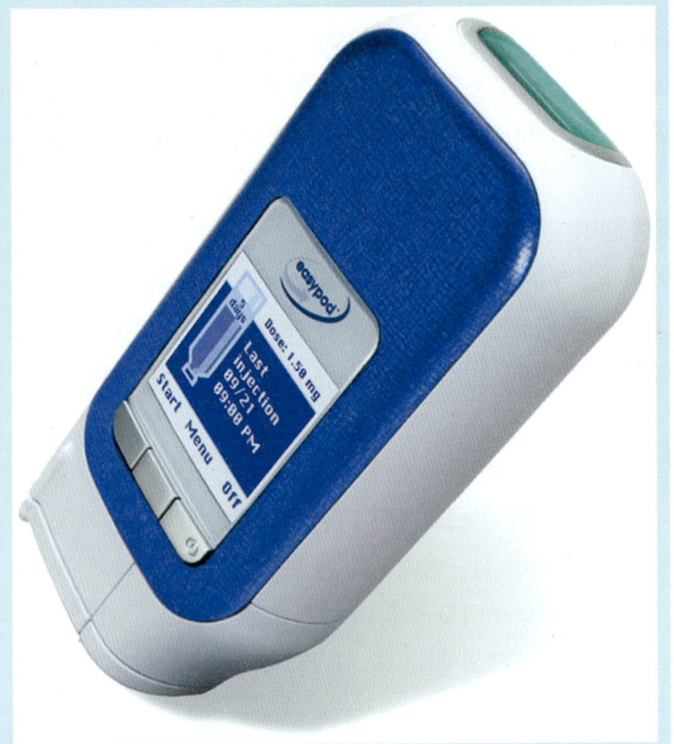

그림 5.9.2
easypod 인젝터(EMD Serono, Inc.의 제공을 받아 사용)

정보 수집자

의료 기술에서 또 다른 전략으로는 **정보 수집자**가 되는 것이다. 의료 기술이 점점 더 많이 연결됨에 따라 새로운 장치의 가치는 더 이상 제품에만 국한되지 않고,[41] 데이터가 생성할 수 있는 정보뿐만 아니라 데이터가 제공하는 통찰력 및 해결책에서도 존재한다. 그러나 이러한 정보를 효과적으로 활용하는 것은 쉬운 일이 아니다. 연결, 대역폭, 통합 및 보안 문제는 데이터를 이해하고 활용하는 데 필요한 분석은 말할 것도 없이 어려운 과제이다. 따라서 의료 관계자랑 연결될 수 있는 모바일 헬스에 대한 것을 효과적으로 관리하고 위험을 완화하는 데 도움이 되는 기업이 필요하다.

이러한 기회에 부응하여, 건강관리 회사들은 기술과 전기통신 회사 분야에 진출하고 있다. 예를 들어, Verizon은 FDA에서 허가한 원격 건강 모니터링 서비스인 융합형 헬스케어 해결책을 출시했다. 이 제품은 언제 어디서나 모니터링할 수 있도록 의사와 환자에게 연결된 생체 인식 장치의 데이터에 대한 실시간 액세스를 제공한다.[42] Qualcomm은 다음과 같은 사례에서 강조한 바와 같이 자사의 Qualcomm사를 통해 건강 관리 분야에 진출한 또 다른 회사이다.

현장에서 QUALCOMM LIFE

의료 연결 및 정보학 분야의 새로운 기회

모바일 헬스(mHealth) 및 건강 정보 기술(HIT)해결책은 환자의 건강 증진, 진단 및 치료를 최적화하고 환자, 제공 업체 및 기타 의료 관계자가 보다 효율적으로 정보를 원활하게 전달할 수 있도록 빠른 속도로 확산되고 있다. 그 예로 현재 성장 중인 환자의 혈압, 혈당치, 활동 및 기타 중요한 건강 지표를 추적하기 위한 무선 원격 모니터링 장치가 있다. 이러한 비교적 새로운 의료 분야의 성공은 개발되고 있는 장치뿐만 아니라, 수집 가능한 데이터를 액세스 가능하고 실행 가능하게 만드는 기능에 의존하게 되었다.

연결, 통신 및 건강데이터에 대한 관리의 교차로 형성을 돕기 위한 기업인 Qualcomm Life, Inc는 Qualomm를 런칭했다. 이 자회사에는 Qualcomm벤처가 관리하는 1억 달러 투자 펀드인 Qualcomm Life Fund는 창업 무선 의료 기업에 중점을 두고 있으며, 대학교, 무역 및 정책 그룹 및 연구소와 협력하여 의료분야에서 무선 기술을 적용하려는 개발자에게 리소스를 제공하는 전략적인 생태계 그룹, 그리고 헬스케어 고객에게 최적화 된 클라우드 기반의 통신 플랫폼(특히 2net™ 및 HealthyCircles™ 플랫폼)을 판매하는 비즈니스 파트너라는 3가지의 핵심적인 계획이 있다.

Qualcomm Life의 첫 번째 제품은 의료기기 데이터의 무선 전송, 저장 및 표시를 가능하게 하는 2net 플랫폼이다. 이 플랫폼은 "기술에 구애받지 않는 기술"로 설계되었다. 즉, 환자 및 의료기관이 지속적 치료를 하기 위해 사용하는 각각의 다른 제조업체의 다양한 의료기기 및 애플리케이션 간에 무선 연결 및 상호 운용성을 원활하게 제공한다.[43] 이러한 장치나 응용 프로그램의 데이터는 4개의 게이트웨이 중 하나를 통해 2net 플랫폼에 도달한다. 첫 번째는 FDA에 등록된 Class I 의료기기 데이터 시스템(MDDS)인 야간 조명의 크기와 모양을 가진 독립형 연결 장치인 2net허브이다. Qualcomm Life의 글로벌 전략 및 시장 개발 담당 부사장인 Don Jones는 "2net은 Wi-Fi가 잡히면 작동을 한다. 상자를 열고 벽면에 꽂으면 우리 플랫폼과 클라우드 기반의 관계가 있는 의료장비를 인식합니다."하고 설명했다. 다른 것으로는 휴대폰의 의료데이터, 내장된 휴대폰에 장착된 장치, 그리고 Qualcomm Life와 기타 서비스 플랫폼 서버간의 인터페이스가 포함된다.[44] Jones는 "2net 플랫폼은 이러한 게이트웨이에서 데이터를 수집하여 의료 공급자[그리고 다른 이해관계자들]에게 'mash-up'형식으로 안전하게 전달한다. 즉, 여러 데이터 스트림을 캡처하여 하나의 큰 그림으로 만들어서 전달한다"(그림 5.9.3 참조).

Qualcomm Life의 두 번째 제품인 HealthyCircles 플랫폼은 의료팀 조정, 사후 과도기 진료 및 복잡한 상태관리를 위한 안전한 통신 및 기록을 공유할 수 있는 인프라를 제공하는 SaaS(sofeware-as-a-service) 플랫폼 해결책이다.[45] 이러한 제품은 기기 및 앱 데이터, 약물 내역, 실험실, 관리 팀 데이터 입력 및 환자의 증상을 평가하고 통합하여 Qualcomm Life의 고객을 위한 강력한 데이터 세트를 생성한다.

Jones에 따르면, 의료분야에 진입을 위한 Qualcomm의 결정은 고객들의 충족되지 않은 요구에 대한 인식이 증가하면서 가속화되기 시작했다. 그는 "문자 그대로 수백 개의 기업이 무선, 연결 및 네트워크 구성을 사용하여 건강관리 해결책을 만드는 방법에 대한 조언을 구했습니다"라고 회상했으며, "그리고 그들 중 많은 사람들이 똑같은 것으로 시간 낭비를 하고 있었습니다"라고 말했다. 또한 Jones는 Qualcomm은 실현 가능한 플랫폼 및 연결 인프라를 구축해야 하는 어려움이 있다는 걸 깨닫고, "보다 효율적이고, 효과적으로 수행할 수 있을 뿐만 아니라 의료 해결책을 통해 많은 비용을 절감하여 기업의 생태계를 지원할 수 있었습니다"라고 말했다.

Qualcomm은 중요한 경쟁우위를 제공하는 핵심 기능을 보유함으로써, 헬스케어의 매력적인 기회를 찾아냈다. 특히 이 기업의 무선 및 통신 프로토콜에 대한 깊은 전문 지식뿐만 아니라, 무선 네트워크 인프라는 모바일 헬스와 관련된 여러 사용자들의 요구를 충족할 수 있는 견고한 플랫폼을 비용적인 측면에서 효율적으로 개발할 수 있게 해 준다. 또한, 이 기업은 위치적 자산을 보유하고 있어 상당한 규모의 국제적 입지를 함께 비즈니스를 신속하게 구축할 수 있었다. Jones는 "Qualcomm은 전 세계 거의 모든 국가에서 사업을 수행하고 있으며 다양한 운영 센터 네트워크를 갖추고 있었습니다"고 말했다. 또한 Qualcomm은 전 세계적으로 구축된 대부분의 3G 및 4G 장치 내부에 "숨겨진 이름"이라고 말했다. 또한 "우리는 이러한 장치를 작동시키는 기본 시스템, 칩, 보안 또는 IP시스템에 대한 책임이 있었습니다"고 했다. 이로써 Qualcomm Life는 새로운 제품에 대한 유통 인프라 및 고객 기반을 수립하는 데 앞장 설 수 있었다. 이 기업이 가지고 있는 경쟁우위 덕분에 43개국의 보안, 개인 정보 보호 및 규제 요구사항을 충족하는 통신 플랫폼을 설계할 수 있다. Jones는 "우리는 저렴한 비용으로 헬스케어의 특정 요구사항을 충족하며 가장 강력한 해결책을 제공하는 효율적인 네트워크 구조를 설계하는 방법을 이해하는 데 있어서 독보적인 위치에 있었습니다."

전략적인 관점에서 보면 Qualcomm Life는 그 분야에서 최초의 선도자이자 정보수집자로써 혁신을 주도해왔다. 이러한 자리를 유지하기 위한 기업의 계획은 비즈니스 확장에 대한 집중을 유지하는 것이다. "더 많은 사용자와 더 많은 기업이 연결되어 있으면, 우리가 구축하고 있는 생태계는 가치가 상승합니다."라고 Jones는 말했다. 또한 "환자와 제공업체는 각기 다른 장치에서 건강에 대한 데이터를 얻기 위해 개별 포털로 이동하는 것을 원하지 않습니다. 그들은 한 곳에서 모든 것을 이용할 수 있기를 원합니다."라고 말했다. "따라서 우리는 사용자가 어떠한 한 제조업체의 체중계나 혈압계 또는 심장 모니터에 얽매일 필요가 없는 시나리오를 구축하고 있습니다. 또한 네트워크가 성장함에 따라 기기들이 생성하는 데이터를 Qualcomm 클라우드 인터페이스를 통해 사용할 수 있기 때문에, 우리는 다른 제조업체의 수백 가지 장치 중에서 선택할 수 있습니다."

초기에는 Qualcomm Life는 주로 이해관계자가 데이터를 연결하고 공유하는 방법을 도와줌으로써 수익을 창출한다. 2net 플랫폼을 예를 들어, "2net에는 소비자부터 의료 보험 상품 또는 건강 관리 공급자, 장치 제조업체에 이르기까지 누가 지불하느냐에 따라 6가지 비즈니스 모델이 있습니다. 그러나 대부분의 고객은 일정 기간 액세스에 대해 일회성 요금을 지불하거나 매월 요금을 지불합니다." 그러나 그는 시간이 지날수록 기업이 정보 제공 업체로서의 더 많은 가치를 끌어낼 것이라고 예상한다. "궁극적으로 정보학으로의 전환이 있을 것"이라고 그는 말했다. 또한 Jones은 "건강 데이터가 디지털화 된 것은 역사상 처음입니다."라고 말했다. 따라서 그는 Qualcomm Life가 데이터 관리 및 분석과 관련하여 상당한 기회를 가질 것으로 생각했다. 그는 "Qualcomm은 의료 기업이 아닙니다."라고 강조했다. "하지만 우리는 도구를 개발하여 고객이 익명이나 적절한 권한으로 이 데이터들을 효과적으로 사용할 수 있도록 도와주고, 보다 나은 임상 의사결정을 지원해 주는 예측 모델을 개발할 것입니다."라고 말했다.

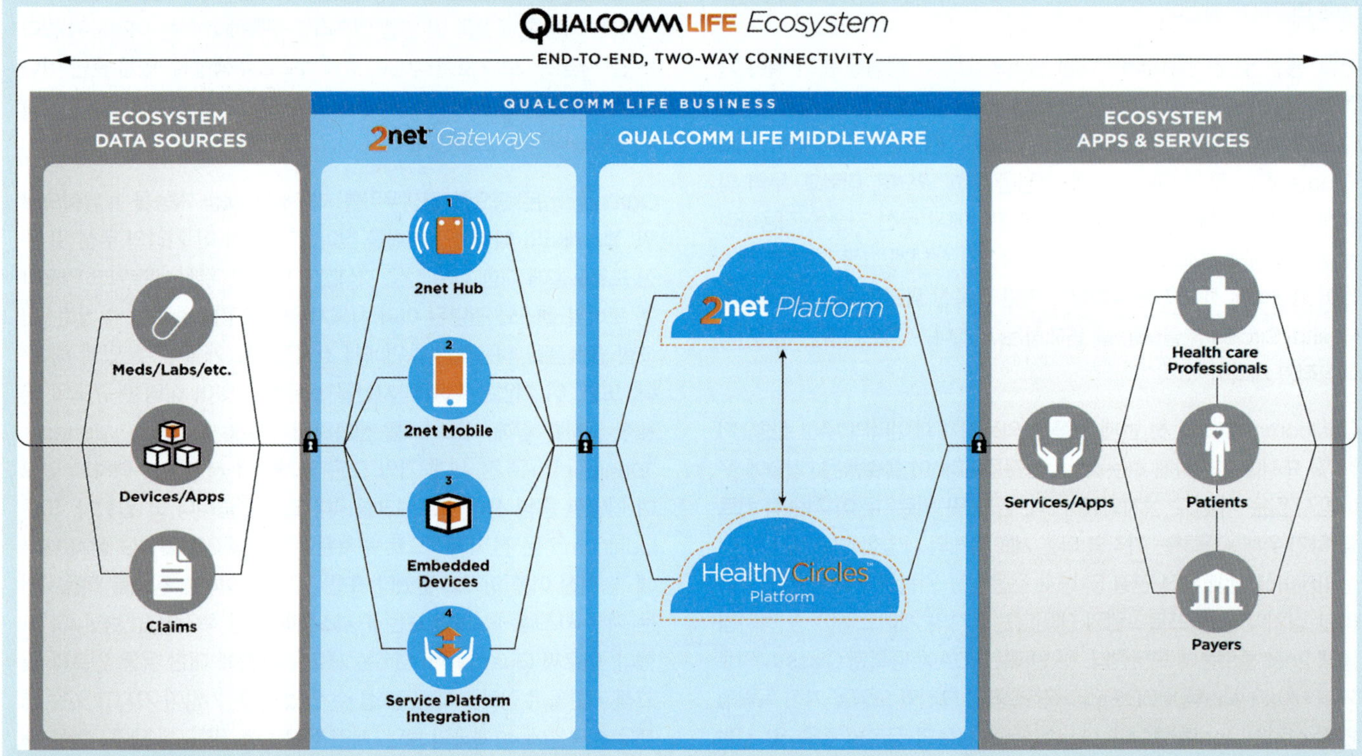

그림 5.9.3
Qualcomm Life 2net 에코 시스템의 시각적 표현(Qualcomm Life 제공)

장비 제조업체/라이선스

OEM(Original Equipment Manufacturer)전략을 사용하여 회사는 완성된 제품을 조립 및 판매하는 다른 회사에 기술이나 구성요소를 제공한다. 이 전략은 하드 드라이브, 프로세서 및 단일 컴퓨터용 비디오카드와 같은 구성요소가 모두 다른 제조업체에서 제공되는 컴퓨터 업계에서 보편적으로 사용하고 있다. 이처럼 초기자본을 줄이고자 하는 의료기기 제조업체는 OEM과 계약을 체결할 수 있다. 또는 물리적 제품을 판매하거나 다른 회사에서 사용하기 위해 자체 기술을 라이선스 함으로써 OEM이 될 수도 있다. OEM 관계와 관련된 예로는 Gyrus와 Ethicon(내시경 장비포함) 그리고 Surmodics와 J&J(Cypher 스텐트의 폴리머 코팅제공)가 있다.

OEM이 되거나 **라이선스** 협약과 관련된 계약은 단순한 것에서 복잡한 것까지 다양하다. 가장 전략적으로 중요한 용어 중 하나는 계약이 독점적인지 비 독점적인지의 여부이다. 독점 계약을 통해 그 기술을 보유한 회사를 다른 회사와 공유하는 것은 제한할 수 있다는 것이다(라이선스 제공자에게 강력한 위치 우위를 부여한다). 따라서 라이선스 제공자는 이 기술만 사용하고 대체 공급업체를 찾지 않을 수도 있다. 비 독점 계약에서 양 당사자는 다른 회사와 자유롭게 거래할 수 있다.

예를 들어, Wilson Greatbatch는 특정 배터리 및 전기 부품 기술의 OEM이 주요 전략인 기업이다. 이 기업은 이식형 의료기기의 중요한 구성요소 개발, 설계 및 제조 분야의 선두 기업으로 자리 매김하고 있다.[46] Wilson Greatbatch는 모든 대형 이식형 페이스 메이커 제조업체가 생산하는 심장 박동기에 배터리 및 전기부품을 공급하는 것이다. 이 예에서 알 수 있듯이 희귀하지만 잠재적으로 광범위하게 사용할 수 있는 구성 요소나 서비스를 회사에서 소유하고 있는 경우는 OEM 전략을 경쟁우위로 활용할 수 있다. OEM 전략에 적합한 제품이나 서비스의 예로는 정형외과 임플란트를 만드는 데 사용되는 부품과 5축 가공, 주요정형외과 제조업체나 Lake Region Corporation이 주도하는 가이드 와이어 기술로 만드는 제품 등이 있다.

파트너 관계

때로는 두 기업이 파트너가 되어 각각의 기업의 경쟁우위를 활용할 수 있다(자세한 정보는 6.4 대체 방안에 포함되어 있음). 일반적으로 두 기업은 제품을 시장에 선보이기 위해 독점 계약을 맺는다. 가장 일반적인 **파트너 전략**은 제약 생명 공학 분야와 제약 그리고 약물 분야에서 사용한다. 일반적으로 소규모 기업은 새로운 기술을 이용할 수 있고, 대규모 제약기관은 자본, 전문 지식 및 유통을 파트너에게 제공한다. 파트너십은 종종 대기업이 개발 비용의 일부를 충당하고 **로열티**를 지불하도록 구성되어 있다. 그 대가로 대기업은 제품에 대한 마케팅 및 배포 권한을 얻는다. 위와 같은 예로는 소규모의 생명 공학 회사인 Nekter Therapeutics와 대규모 제약회사인 Pfizer가 인슐린을 개발하여 시장에 공급한 예가 있다.

의료기기 분야에서 대기업과 중소기업 간의 파트너십은 종종 유통, 투자 또는 기술 관계에 중점을 두지만, 기업이 질병 관리 전략을 고려할 때는 더 많은 변화가 탐구되고 있다. 파트너를 얻는 것이 기업에 대한 전략적 선택의 폭을 줄이거나 경쟁 업체의 전략적 옵션을 줄일 수 있다. 결과적으로 파트너십은 때로는 신중한 단계가 될 수 있다. 특히 이러한 관계에서 생성된 유용한 전략적 옵션이 상대적으로 부족한 것으로 판단되는 경우 더욱 그렇다. 예를 들어 통합으로 인해 일부 시장에서 기업 또는 기술을 인수한 사람은 거의 없다. 즉, 주요 파트너십은 경쟁 관계에 있는 드문 관계 중 하나를 단단히 하고 출구 옵션을 제한할 수 있다. 이러한 시나리오는 보스턴 사이언티픽, J&J, 애보트 혈관, 메드트로닉 등 네 개의 주요 기업이 있는 중재적 심장학 분야에서 볼 수 있다. 소규모 창업 기업이 비슷한 제품이나 서비스를 가진 방대한 수의 기업과 경쟁하고 있는 경우 이들 주요 업체 중 하나와 파트너 관계를 맺음으로써 동종업계 대비 상당한 이점을 제공할 수 있다. 네 개의 주요 기업 중 하나가 다른 기업보다 우세한 위치에 있다면 그 지도자와의 관계는 더욱 강력한 이점을 제공할 수 있다.

경쟁우위를 사용한 경쟁기반 정의

이노베이터와 기업은 경쟁우위를 활용하기 위해 적절한 비즈니스 전략을 선택하는 것 외에도 자신의 강점을 발휘하고 경쟁자의 약점을 공격할 수 있는 해당 분야의 경쟁 기반을 마련해야 한다. 경쟁의 기본은 기업이 서로 경쟁하는 방식의 중심이 되는 기능이나 이점 또는 자질을 말한다. 가격, 품질, 브랜드 인지도, 고객 지원, 교육 또는 특정 기술은 모두 경쟁의 기반이 될 수 있다. 기업이 비교적 새로운 분야에 대한 선도자거나 초기 진입자인 경우, 이러한 측면에서 더 많은 통제를 할 수 있으며, "활동 분야"를 정의할 수 있다. 이와 관련된 예로 스텐트 시장에 진입한 J&J가 관상동맥 스텐트 시술 초기에 경쟁의 기초로 '스텐트 지주 강도'를 사용하는 방식이 있다. 이로 인해 모든 후속 경쟁사는 다른 고객의 요구사항을 해결하기 위해 경쟁하기 어려운 표준장치로 테스트를 해야 했다. 이러한 경쟁 기반은 경쟁사에 의해 나중에 침식이 되었지만 초기 스텐트 개발의 장벽으로 작용했다.

기업이 확립된 분야에 진출할 경우, 리더가 없는 영역에서 역량과 위치를 개발함으로써 경쟁기반을 변화시켜야 한다. 예를 들어 중소기업이 Medtronic이나 J&J와 의료기기 시장에서 경쟁하기를 원한다면 유통망과 역량의 강점을 가지고 이들 기업에 도전하려고 시도하는 것은 비현실적이다. 그러나 주요 이해관계자와 상호작용하여 이러한 기업의 약점을 이해한다면 소규모 기업이 발판을 마련할 수도 있다. 예를 들어 의사가 기존 장치의 사용 용이성 때문에 힘들어하는 경우에는 기업은 이 분야의 혁신을 목표로 삼을 수 있다. 또는 J&J 또는 Medtronic이 고객 서비스를 소홀히 한 경우에도 경쟁업체는 이 분야에 관련된 역량을 개발할 수 있다.

능동 이식 장치 분야에서는 완전히 새로운 경쟁 기반이 개선되어 환자 치료를 개선하기 위해 임플란트를 제공하는 기업이 주최하고 의사가 사용하는 웹 기반 질병관리 시스템(예를 들어Medtronic's CareLink®)이 포함되었다. 2.3 GB/s 분석의 Innerpulse 사례는 신규 진입자가 자사의 제품을 차별화하고 경쟁우위를 새롭게 정의할 수 있는 방법을 보여주는 또 다른 예를 제공한다. Innerpulse는 심장마비의 예방에 초점을 맞춘 대기업과의 대결 경쟁을 피하기만 하지 않고, 2차적으로 예방하는 시장을 목표로 삼아서 정공적인 ICD 제조업체를 설립했다.

이때 중요한 것은, 투자할 곳과 개발할 수 있는 장점이 무엇인지를 결정하는 것이다. 그렇지 않으면 기업은 "모든 것을 잘하지만 뛰어난 재주가 없는 사람"이 될 위험이 있기 때문에 경쟁우위를 방어하기가 어려울 수 있다. 어떠한 기업이라도 이 장에서 논의된 경쟁우위의 원천을 개발할 수 있다고 기대하는 것은 현실적이지 않다. 따라서 기업은 처음에 그들의 잠재적 경쟁자들과의 제품의 갭을 먼저 파악한다. 그러고 나서, 그들은 이러한 갭을 이용하여 우위를 가지기 위해 그들의 전략에 더 투자할 것인지 새로 개발할 것인지를 결정해야 한다. 다른 전략과 마찬가지로 경쟁우위에 관한 결정도 외부 및 내부 환경의 변화를 기반으로 유효성과 달성 가능성을 보장하기 위해 자주 검토해야 한다.

ev3의 이야기는 한 기업이 어떻게 경쟁우위에 대해 어떻게 정의하고 관리했는지를 보여준다.

현장에서 EV3

기업의 역량 및 비즈니스 전략 구축

관상동맥 질환, 말초혈관 및 신경 혈관 치료에 필요한 제품을 공급하는 기업인 ev3의 설립은 벤처 기업을 후원하는 펀드 투자자인 Warburg Pincus가 전통적인 제품보다는 역량 기반 경쟁우위와 지원 비즈니스 전략에 자금을 지원한다는 점에서 독보적이었다. ev3의 전 CEO인 Jim Corbett은 기업 설립 당시의 이점에 대해서 설명했다. "우리는 시장 경험이 풍부한 임원들로 팀을 구성하여 적합한 기술 분야를 파악한 다음 제품을 획득 또는 개발하여 회사를 설립할 수 있을 것이라고 생각했습니다."라고 말했다.

ev3의 시장은 혈관 분야를 추구하였다. Corbett는 "혈관 시장의 규모는 지난 10년에서 15년 동안 매우 커져서 병합이 되었습니다"라고 말했다. "이 통합으로 인해 Cordis/ J&J, Boston Scientific, Medtronic, 그리고 Abbott Vascular와 같은 일부 대형 글로벌 기업이 생겼습니다. 이 성공한 기업들은 그들이 방어하고 있는 메가 제품(mega-product) 카테고리를 개발했습니다. 만약 카테고리가 심장리듬관리(CRM)에 있거나 약물 용출 관상동맥 스텐트에 있는 경우에는, 수십억 달러의 수입이 걸려있기 때문에 교두보를 빼앗길 여유가 없을 수 있습니다. 결과적으로 혈관에 대한 시장의 혁신 속도는 크게 떨어졌습니다. 그 이유는 대규모 R&D센터가 모두 새로운 **개념**이나 새로운 장치, 또는 새로운 세분시장에 창출하기 보다는 현재 시장 위치를 방어하거나 유지하는 데 집중했기 때문이입니다." 그래서 경험이 풍부한 관리 능력을 갖춘 ev3은 "혁신 격차" 내에 존재했던 기회를 목표로 하는 명확한 비즈니스 전략을 개발하였다.

이 기업의 이름은 수익성있는 혈관 확장 시장에서 목표로 삼을 수 있는 세 가지 기본 기회 유형을 나타내고 있다: 관상동맥 질환, 말초 혈관 및 신경 혈관 치료 장치 그리고 해결책이다. 이미 제품의 위치를 확립하기 위해 ev3는 합리적인 비용으로 경쟁력 있는 시간대에 상용화가 될 수 있다고 믿는 9개의 기업이나 기술을 빠르게 인수했다. 말초혈관과 신경혈관 쪽은 주요 의료기기 때문에 상대적으로 열중하지 않았기 때문에, ev3의 전략은 틈새시장이었다. 예를 들어 Corbett에 따르면 말초 스텐트 기술의 시장리더는 약 8년 동안 혁신을 도입하지 않았다. 또한 신경혈관에서 시장 선두 주자 역시 거의 10년 동안 동일한 기본 제품만 제공하고 있었다. 그는 "그래서 우리는 경쟁사의 갑옷에서 덩어리를 찾아

플랫폼 기술을 개발하고 혁신하며 시장에 새로운 것을 가져올 수 있는 진정한 기회가 생겼고, 이것은 시장에 새로운 무언가를 가져다 줄 것"이라고 말했다.

ev3가 생각한 아이디어는 발판을 마련한 마음 그 위치를 확장하기 위한 틈새 전략을 사용하는 것이었다. 예를 들어 미국보다 유럽에서 강세를 보이는 신경 혈관 시장에서 지배적인 위치를 차지하기 위해, ev3는 새로운 위치 및 역량 기반 경쟁우위의 개발을 통해 강화시키기 위해 틈새시장 접근법에 지리적 요소를 추가하였다. Corbett는 "신경 혈관 제품의 세계 시장 규모는 미국 이외 지역에서 발생했기 때문에 대부분의 의료기기에서는 예외적이었습니다."라고 설명하였다. 또한 그 당시에는 "일반적으로 미국시장이 지배적이거나, 두 나라로 세분화되어 있었습니다. 하지만 우리는 유럽에서 직접 판매 활동을 하는 초기 전략의 일부로 만들었습니다. 그래서 글로벌 유통에 많은 노력을 기울였으며, 초기 유통 단계의 의료기기 기업으로서는 드문 선택이었습니다. 실제로 요즘 많은 기업들은 그것을 선택하지 않고 있으며, 실제로 합병을 계획하고 있기 때문에 미국에서도 제품을 개선하는데 중점을 두고 있습니다. 하지만 그것은 우리 기업입장에서는 매우 중요한 유통에 대한 선택이었으며, 많은 배당금을 지불했습니다." 상대적으로 짧은 기간 내에 ev3의 매출 중 상당한 부분이 미국 이외 지역에서 발생했으며, 이는 비즈니스에서 가장 빠르게 성장했던 부문이었다.

시간이 지남에 따라, ev3은 비즈니스 전략과 시장 접근 방식에 더욱 집중할 필요성을 인식했다. 규모가 큰 기존 기업들은 관상동맥 분야에서 경쟁우위를 지속적으로 누리고 있으며, Corbett은 DES만 위해 R&D 비용을 연간 15억 달러를 지출한 것으로 추정했다. ev3는 주요 경쟁 업체를 중심으로 혁신을 하고자 하는 기업의 요구에 충실함과 동시에 관상동맥 시장을 중점 분야로 지정하기로 결정했다. Corbett은 혁신을 위한 가장 큰 기회로 두 분야에 집중하는 것이 쉬운 결정이었다고 말했다. 그 당시에는 많은 장치 및 신경 혈관 장치는 재사용이 되거나 축소된 관상동맥 질환 장치였기 때문에, 새로운 장치나 개입 혁신을 위한 준비가 되어있는 ev3는 그 시장을 떠났다. 게다가, 이 제품의 개발은 관상동맥 제품보다 훨씬 빠르기 때문에 ev3에 대한 투자 위험이 낮았기 때문이다.

이 기업이 내린 또 다른 결정은 내부 개발 및 혁신에 대한 강력한 역량 개발에 투자하자는 것이었다. 이렇게 하는 이유 중 하나는 기업에 보다 지속가능한 경쟁우위를 제공하기 위해서 이다. Corbett은 "제품 혁신은 업계에서 경쟁의 핵심 기반입니다."라고 말했다. 이 분야에서 역량 기반의 강력한 경쟁우위를 개발함으로써 ev3는 "제품 라인뿐만 아니라 기업의 입지를 다질 수 있습니다."고 했다. 또한 그는 "우리는 2005년과 2006년에 혈관에 대한 4곳의 경쟁 제품을 합친 것보다 많은 신제품을 출시했습니다. 그리고 그것은 모두 기업내부 개발이었습니다."고 자랑스럽게 말했다. 그중 기업에서 가장 흥분했던 신제품 중 하나는 EverFlex 말초 스텐트었다(그림 5.9.4 참조). 말초 스텐트의 파손은 사용하는 모든 경우의 25%에서 발생하며 이로 인해 재협착, 수술 및 절단을 야기시킨다. 그러나 ev3의 EverFlex 스텐트는 이와 같은 카테고리 내의 주요 제품보다 4~5배 낮은 파손율을 보였다. 경쟁우위를 발전시키려고 생각하는 기업가들에게 Corbett은 다음과 같은 충고를 했다: "집중하지 않도록 저항하십시오. 시작과 외길을 가는 것 모두 새로운 업무를 수행할 수 있는 기회는 있습니다. 하지만 핵심 전략에서 실행할 수 있는 능력으로부터 벗어날 수 있을 것이다. 집중은 의심할 여지도 없이 성공의 길입니다." 또한 그는 신속하게 움직이는 것의 중요성을 강조했다. "속도는 중요합니다. 분명히 속도는 탁월하게 수행되어야 하지만, 만약 품질, 윤리 또는 이러한 유형의 문제를 타협하는 경우에는 절대 속도를 내서는 안 된다. 그러나 시장에 진출하는 데 걸리는 시간에는 현금이 소모되고 현금이 필요하다. 종종 신생기업에서는 이것에 대해 어설프게 생각하는 경향이 있으며, 특히 비공개 회사의 경우 더 그렇다. 그러나 속도는 처음부터 발전시켜야 하는 핵심 능력이다."라고 말했다.

그림 5.9.4
EverFlex 말초 스텐트(ev3의 제공)

ev3는 2010년 Covidien에 의해 약 26억 달러에 인수되었다.[47]

경쟁우위 진술 개발

이노베이터나 기업이 그들의 경쟁우위의 원천과 그들을 뒷받침하는데 필요한 비즈니스 전략을 정의할 때, 경쟁우위의 진술을 분명히 해야 한다. 그러나 진술을 개발할 때 다른 기업에서 만든 아이디어를 통해 핵심 아이디어를 효과적으로 포착하는 방법에 대한 아이디어를 얻을 수 있다(다른 권장 단계는 시작하기 섹션에서 찾을 수 있다). 불행하게도 다른 기업의 경쟁우위 에 대한 자세한 정보는 독점적인 것으로 간주되기 때문에 다른 기업들의 경쟁우위에 관해서 항상 이용할 수는 없다. 그러나 내부 통찰력이 없더라도, 이노베이터들은 가끔 기업이 공개적으로 이용할 수 있는 정보로부터 기업의 경쟁우위를 파악할 수 있다. 예를 들어 민간기업이 공개될 경우:

- 해당 지침서의 주의 사항을 신중하게 평가한다. 일반적으로 관련 정보가 포함된 "전략" 또는 "비즈니스 전략"이라는 섹션이 있다.
- 기업의 핵심 자산과 선택된 기본 비즈니스 전략을 나타내는 이 텍스트의 측면을 식별해야 한다.
- 전문적인 판단과 현장 지식을 활용하여 이 정보의 경쟁우위를 확보할 수 있도록 한다. 공개적 자료에서 수집한 정보는 Kyphon의 실무 사례에서도 볼 수 있듯이 경쟁우위의 진술을 재구성하는 데 사용할 수 있다.

실제 사례

Kyphon, Inc.: 공개 정보로부터 경쟁우위를 판단

다음 정보는 기업의 공개 공모 이전에 발표된 Kyphon 안내서에서 가져왔다.[48] 이 기업의 전략에 대한 공개 설명 내에서 Kyphon의 핵심 자산에 해당하는 요소는 기울임 꼴로 표시가 된다. Kyphon은 골다공증이나 암으로 인한 척추 골절을 최소 침습적으로 치료할 수 있는 장치에 대한 전문 기업이다.

사업전략

우리의 목표는 독점적인 기구 시술을 정형외과용 응용 분야의 치료 표준으로 사용하는 것이다. 또한 우리는 초기에 척추체 압박 골절에 대해 중점을 맞추고 있다. 우리 전략의 핵심요소는 다음과 같다:

직접 판매 인력을 이용하여 척추 시장에 침투하라

우리는 직접 판매 인력이 가장 효과적으로 교육을 받을 수 있으며, 의사들이 우리의 제품을 사용함에 있어 효과적으로 가르쳐 줄 수 있다고 믿는다. 당사의 제품은 20명의 영업 담당자, 3명의 관리자 및 판매 담당 부사장으로 구성된 숙련된 판매팀에 의해 의사들에게 직접 판매를 한다. 광범위한 척추 시장 경험을 활용함으로써 영업 인력은 주요 의사들을 식별하여 효율적인 사례 지원을 제공하여 시장 도입을 가속화할 수 있다. 우리의 판매팀은 2명의 코디네이터와 4명의 현장투입 직원이 서포터를 한다.

의사와 환자를 대상으로 교육 실시

가끔 척추체 압박 골절 환자는 외과 의사에게 치료를 의뢰하지 않는다. 우리의 목적은 처음에 척추체 압박 골절을 진단하는 의사로부터 Kyphoplasty를 수행하는 척추 중심 외과의에게 소개하는 것이다. 결과적으로 우리는 내과 의사, 가정의, 다른 주치의에게 Kyphoplasty에 대해 교육하고 효과적인 치료법이 될 가능성에 대해 인식을 하도록 마케팅 캠페인을 실시했다. 이 캠페인의 일환으로 우리는 의사들을 대우하고, 의사와 환자를 알려주고, Kyphoplasty에 대해 교육받은 의사가 있는 지역 시장에서 세미나를 주최하기 위한 교육 자료도 제공한다.

Kyphoplasty 시술의 임상 지원 확대

우리는 의학계내에서 시술에 대한 인식을 높이기 위해 결과 연구를 실시하고 있으며, 추가적으로 마케팅을 개발하고 제3자 배상을 지원한다. 우리의 결과 연구와 현재 Kyphoplasty 시술을 하고 있는 외과 의사의 결과 연구를 통해 동업자평가에 대한 자료를 수집함으로써 우리는 환급노력을 지원하고 있다.

의견 선도자와의 협력

우리는 우리의 제품과 시술을 개발하고, Kyphoplasty의 이점을 입증하고, 제3자 배상을 받는 데 도움이 되는 명성 있는 척추 외과 의사에 대한 조언과 지원을 얻었다. 이러한 의사는 전문 분야에서 의료 정책을 수립하고 결과 평가에 대한 경험이 있기 때문에 환자를 소개하고 제3자 배상을 지원하는데 도움이 될 것이라고 생각한다. 이 의사들의 명성과 의료계에서의 리더십은 우리 제품에 대한 인정과 신뢰를 얻게 한다.

Kyphoplasty 교육을 통한 외과 의사 채용 확대

우리는 전문교육 프로그램을 시행하고 있으며 Kyphoplasty에서 교육받은 의사의 수를 확대하고 있다. 2000년 8월 31일 현재 미국과 유럽에서 약 300명의 의사들을 교육시켰으며, 2000년 말까지 400명 이상을 교육시킬 계획이다. 우리는 지역 세미나에 자금을 지원하고 국가 의료 컨퍼런스 여행에 대한 자금을 지원하고, 게재하기 위한 논문 준비 지원 등 전문적인 개발 프로그램을 통해서 의사들을 지원한다.

추가적인 정형외과 시장으로의 확장

우리는 손목, 무릎 및 엉덩이의 압박 골절을 포함하여 다른 응용프로그램에도 독자적인 풍선 기술 플랫폼을 활용하려고 한다. 이러한 새로운 응용 프로그램으로 현재 제품에 대한 개선을 포함하여 시장채택을 지원하기 위한 결과 연구를 수행할 것이다. 우리는 정형외과 시장에서 자사의 지적재산권과 자사의 위치가 압박골절 치료를 위한 최소 침습 의료기기의 선두 공급업체가 될 것이라고 믿는다.

이 개요를 통해, Kyphon은 다음 핵심 자산에 따라 경쟁우위를 발전시키고 있다고 추측할 수 있다:

지적재산권 – 척추 정형 외과 분야의 혁신적인 기술을 보호하기 위해, Kyphon은 초기 시장을 간결하게 정의하고 시장에서 원하는 위치를 보호하기 위해 강력하고 광범위한 IP 장벽을 구축했다. 이러한 IP 전략을 통해서 이 기업은 다른 시장으로의 확장을 위한 자리매김을 했다.

주요관계 보유 – 경쟁자에 대한 추가 진입장벽을 만들기 위해, Kyphon은 교육 및 전문적인 개발 활동을 통해 전문 시장(현재 핵심 의견 선도자를 포함)을 폐쇄하는 데 막대한 투자를 했다. 또한 이 기업은 일반 관계자(상태를 진단하고 치료 여부를 말해 주는)를 통해 관계를 더욱더 강화시켰고, 이로 인해 경쟁 업체가 임상 고객을 확보하기가 더 어려워진다. Kyphone은 임상 공동체가 제품의 가치를 인정받고 유지할 수 있도록, 지속적으로 검토결과를 저널에 게시하기 위한 결과 연구를 수행하고 있다.

핵심 채널 수립 – 의사들과의 관계 발전과 교육을 지원하고 진입장벽을 더욱 강화하기 위해, Kyphon은 강력한 직접 판매 인력을 개발하였다. 이 유형의 채널은 Kyphon 제품의 특수성을 감안할 때 영업 및 유통에 가장 적합하다. 의사를 교육하는 데 도움을 줄 수 있는 고학력의 영업 담당자 팀에 투자함으로써 기업은 보다 쉽고 빠르게 사용자 채택이 가능하며, 경쟁자들이 영업 및 유통을 복제하는 것을 더 어렵게 만들 수 있다.

기업이 제시한 핵심 자산과 업계에 대한 기본 지식을 바탕으로 Kyphon이 틈새시장 전략을 추구하고 있다고 추측할 수 있다. 처음에는 일반적인 정형외과 시장을 따르기보다는 작은 하위분야를 목표로 했으며, 이 분야에서 주도적인 위치를 차지하기 위해 많은 투자를 했다. Kyphon은 핵심 자산을 효과적으로 활용할 수 있는 선도자가 가지고 있는 이점의 혜택을 받았다(즉, 의견 선도자를 막고 침입할 수 없는 IP 장벽).

이러한 포지셔닝을 감안할 때 기업의 경쟁우위에 대한 진술은 다음과 같다: Kyphon은 강한 IP 위치를 통해 골다공증이나 암으로 인한 척추 골절의 최소 침습 치료에 선도적인 지위를 확립하고(틈새시장에서부터 확장하여), 전문적인 판매인력 교육에 의해 현장 전문가 및 주요 의견 선도자와의 깊은 관계가 개발되고 유지되며 의사들 사이에서 Kyphoplasty의 효능에 대한 전반적인 인식이 널리 알려지고 있다.

온라인 자료

더 많은 자료는 www.ebiodesign.org/5.9를 방문한다.

"Getting Started"의 활동과 링크

- Understand the competitive advantages of competitors
- Identify the company's competitive advantage(s)
- Create a statement of competitive advantage
- Set a strateg

경쟁우위 및 사업 전략에 관한 동영상

NOTES

1 The following overview is drawn from Garth Saloner, Andrea Shepard, and Joel Podolny, Strategic Management (John Wiley & Sons, 2001).

2 Ibid.

3 Ibid.

4 Ibid.

5 Shawn Tully, "Blood Feud," *Fortune*, May 31, 2004, p. 100.

6 American Medical Systems, S-1 Registration Document: Business Description, May 19, 2000.

7 Aarti Sharma, Abraham Jacob, Manas Tandon, and Dushyant Kumar, "Orphan Drug: Development Trends and Strategies," *Journal of Pharmacy and Bioallied Sciences*, October–December 2010, http://www.ncbi.nlm.nih.gov/pmc/articles/PMC2996062/ (December 11, 2013).

8 Ibid.

9 Ibid.

10 "The Race for Global Leadership," PricewaterhouseCoopers, January 2011, http://pwchealth.com/cgi-local/hregister.cgi/reg/innovation-scorecard.pdf (December 11, 2013).

11 "Medtech Companies Prepare for an Innovation Makeover," PricewaterhouseCoopers, October 2013, http://pwchealth.com/cgi-local/hregister.cgi/reg/pwc-medical-technologyinnovation-report-2013.pdf (December 11, 2013).

12 "Market-Relevant Design: Making ECG's Available Across India," GE Healthcare, September 30, 2011, http://newsroom.gehealthcare.com/articles/ecgs-india-reverse-innovation/ (December 11, 2013).

13 Developed from public sources.

14 Edward Tse, John Jullens, and Bill Russo, "China's Mid-Market Innovators," Booz & Co., May 29, 2012, http://www.strategybusiness.com/article/12204?pg=all (December 12, 2013).

15 Ibid.

16 "Mindray Introduces Enhancements for M Series Ultrasound Platforms at ASA," Mindray press release, October 14, 2011, http://ir.mindray.com/mobile.view?c=203167&v=203&d=1&id=1617299 (December 12, 2013).

17 Kwaku Atuahene-Gima and Xu Leiping, "Case Study: The Right Focus for Innovations," FinancialTimes.com, June 25, 2012, http://www.ft.com/cms/s/0/104517b4-ba0f-11e1-aa8d-00144feabdc0.html#axzz2nJ2IW9Ij (December 12, 2013).

18 Mena Venu, "A Trend to Low-Cost Imaging?," MorningStar.com, March 12, 2010, http://ibd.morningstar.com/article/article.asp?id=328275&CN=brf295, http://ibd.morningstar.com/archive/archive.asp?inputs=days=14;frmtId=12,%20brf295 (December 12, 2013).

19 Deng Yu, "Mindray Eyes Medical Device Leadership," *China Daily USA*, December 14, 2012, http://usa.chinadaily.com.cn/epaper/2012-12/14/content_16018407.htm (December 12, 2013).

20 Ibid.

21 David Barnes, "Buy Recommendation: Healthcare Sector, Mindray Medical," March 16, 2010, http://www.sba.pdx.edu/faculty/johns/jsaccess/0web/573/Sectors/Healthcare/MR/MR_Mindray%20Medical_Buy_Barnes_Winter10.doc (December 12, 2013).

22 Paul Glader, "Mindray Eyes U.S. as West Looks East," *The Wall Street Journal*, September 14, 2010, http://online.wsj.com/news/articles/SB1000142405274870396000457548203154206362 8 (December 12, 2013).

23 Atuahene-Gima and Leiping, op. cit.

24 Barnes, op. cit.

25 Yu, op. cit.

26 Atuahene-Gima and Leiping, op. cit.

27 Venu, op. cit.

28 Yu, op. cit.

29. Ibid.

30 "Sherman Anti-Trust Act, (1890)," Ourdocuments.gov, http://www.ourdocuments.gov/doc.php?flash=true&doc=51 (December 11, 2013).

31 This term was dubbed by the Global Healthcare Innovation practice at PricewaterhouseCoopers. See Christopher Wasden and Brian S. Williams, "Owning the Disease: A New Business Model for Medical Technology Companies," *IN VIVO*, December 2011, http://www.elsevierbi.com/publications/invivo/29/11/owning-the-disease-a-new-business-model-formedical-technology-companies (December 11, 2013).

32 Christopher Wasden and Brian Williams, "Owning the Disease II: Adapting Strategy Into Successful Business Tactics," *IN VIVO*, April 9, 2013, http://www.elsevierbi.com/publications/in-vivo/31/4/owning-the-disease-ii-adaptingstrategy-into-successful-business-tactics (December 11, 2013).

33 Wasden and Williams, "Owning the Disease: A New Business Model for Medical Technology Companies," op. cit. 34 "WellDoc Launches BlueStar, First FDA-Cleared, Mobile Prescription Therapy for Type 2 Diabetes with Insurance Reimbursement," *BusinessWire*, June 13, 2013, http://www.businesswire.com/news/home/20130613005377/en/WellDoc-Launches-BlueStar-FDA-Cleared-Mobile-Prescription-Therapy (December 11, 2013).

35 Wasden and Williams, "Owning the Disease: A New Business Model for Medical Technology Companies," op. cit. 36 "The Race for Global Leadership," op. cit.

37 All quotations are from interviews conducted by the authors, unless otherwise cited. Reprinted with permission.

38 "Healthcare Unwired: New Business Models Delivering Care Anywhere," Health Research Institute, September 2010, http://www.mobilemarketer.com/cms/lib/9599.pdf (December 11, 2013).

39 Ibid.

40 Ibid.

41 "Medtech Companies Prepare for an Innovation Makeover," op. cit.

42 "Verizon Gains FDA Clearance for Remote Health Monitoring Solution," Verizon press release, August 8, 2013, http://newscenter.verizon.com/corporate/news-articles/2013/08-08-fda-clearance-for-remote-health-monitoring/ (December 12, 2013).

43 "What is 2Net," Qualcomm Life, www.qualcommlife.com/wireless-health (December 12, 2013).

44 Ibid.

45 "HealthyCircle Platform: Care Coordination Engine," Qualcomm Life, http://www.qualcommlife.com/healthycircles (February 20, 2014).

46 Home, Greatbatch, http://www.greatbatch.com/ (December 12, 2013).

47 "Covidien Acquisition of ev3 Inc.," Covidien press release, June 12, 2010, http://investor.covidien.com/phoenix.zhtml?c=207592&p=irol-newsArticle&ID=1446653&highlight= (December 12, 2013).

48 Kyphon Inc. S-1 Form, 2000 http://www.secinfo.com/dut49.54We.htm (December 12, 2013). Reprinted with permission.

5단계: 전략 개발

팀이 다음 단계의 작업에 대해 생각하기 시작하자, 벤처 기업의 이름을 마련할 때가 되었다. 여러 가지 다른 가능성을 고려한 후에, 그들은 Acclarent로 합의했다. 그룹이 해당 분야에서 충족되지 않는 니즈를 해결하기 위한 많은 기회에 대한 기대가 점점 더 증가하기 시작했기 때문에 새로운 기업 이름에 ENT를 포함시키기로 결정한 것은 의도적이었다.

그들의 다음 노력은 풍선 성형술의 개념을 상품으로 전환하고 해당 기술을 시장에 출시할 수 있는 비즈니스를 구축하는데 중점을 두었다.

5.1 지적재산권 전략

앞에서 설명한 것처럼, 팀은 지적재산을 기업 생활 초기에 중요한 업무 요소로 인식했다. 이 시점에서 특허의 전체 전망을 평가하고 선행 기술을 연구하기 위해 전체 IP 검색을 수행하기로 결정했다. 특허청에 제출된 정보 공개 성명서에 몇몇의 관련 선행 기술 참조가 발견되고 추가되었지만, 팀이 선택한 기술을 상용화하는 과정에 있을 것이라고 믿는 것은 아무것도 발견되지 않았다. Makower는 "이 시점에서 우리는 매우 빠른 속도로 발명하고 있었고, 우리의 노트북에서 할 수 있는 만큼 기록하려고 시도했습니다."라고 말했다.[1] "우리가 보았던 곳에서 우리는 벌룬 성형술의 기술을 더욱 광범위하게 확장할 수 있는 기회를 보았고, 여전히 혁신을 요구하는 다른 제품 확장 및 기타 ENT 니즈를 보았습니다."라고 말했다.

5.2 R&D 전략

엔지니어링에 대한 기업의 부회장이 될 Sillers, Bolger, 그리고 Chang과 회의 후, 첫 번째 조치는 광범위한 배경을 가진 경험 많은 엔지니어를 충원하는 것이었다. "우리는 팀을 추가할 필요가 있다. 나는 혼자서 이 모든 것을 할 수 없습니다." "나는 모든 거래가 잘되고, 실행되며, 압박과 스트레스에서 벗어나 일을 잘하는 사람이 필요했습니다." 이 역할을 수행하기 위해 Chang은 "최초 인간 실험을 위한 제품 개발의 전 범위의 임상 프로토콜 작성, 사체 실험, 개발, 공급업체와의 협력, 품질, 멸균, 확인 및 검증 실험, 그리고 패키징"부터 모든 작업을 수행할 수 있는 이전 동료인 Julia Vrany를 고용하였다. Chang의 다음 고용은 초기 경력의 젊은 엔지니어 John Morris였다. "그는 똑똑하고 경험을 갈망하는 스탠포드 졸업생이었습니다." 라고 Chang은 말했다. 개발이 진행되면서 Chang은 더 많은 벌룬 전문 기술에 대한 필요성을 인식하고 이 분야의 전문가인 OEM 공급업자를 알아봤다. Chang은 "우리는 좋은 프로젝트 관리자, 기술 노동자들, 그리고 벌룬을 실제로 알고 있는 OEM 파트너 같은 매우 넓은 범위의 전문직원들이 있었습니다."라고 말했다. Chang은 기업 최초의 인간 연구에서 사용된 실용 제품을 개발할 팀을 구성했다. 그는 "그것은 서로를 만족시키는 행위입니다."라고 덧붙였다. "당신은 목표에 도달하게 하기 위해서 충분한 자원이 필요하지만 이해되는 것은 많지 않습니다."(그림 C5.1 참조).

이 시점에서 그들은 벌룬뿐만 아니라 시스템의 가이드, 팽창 장치 및 기타 주요 요소를 포함하는 부비강에 사용할 기구 확대 시술을 수행하기 위해 필요한 장치의 "집단"과 관련된 주요 기술적 도전에 대해 작업을 시작했다. 그러나 극복해야할 가장 큰 문제는 벌룬과 관련이 있었다. Chang은 자세히 설명했다.

> 우리는 모형을 유지하는 불규칙적인 것을 필요로 했다. 우리는 뼈가 골절되면, 어느 정도의 압박이 필요한지 알아내야 했다. 그리고 아마도 가장 중요한 것은 우리가 벌룬을 망가뜨리고 있다는 것을 본 것이다. 우리는 관상동맥 또는 말초 혈관 시술에서 일반적으로 볼 수 있는 것보다 벌룬에 대해 더 많은 압박을 가하고 있음을 깨달았다. 목표로 한 뼈는 강할 뿐만 아니라 일반적으로 날카롭다. 그리고 우리는 의사들이 여러 부비

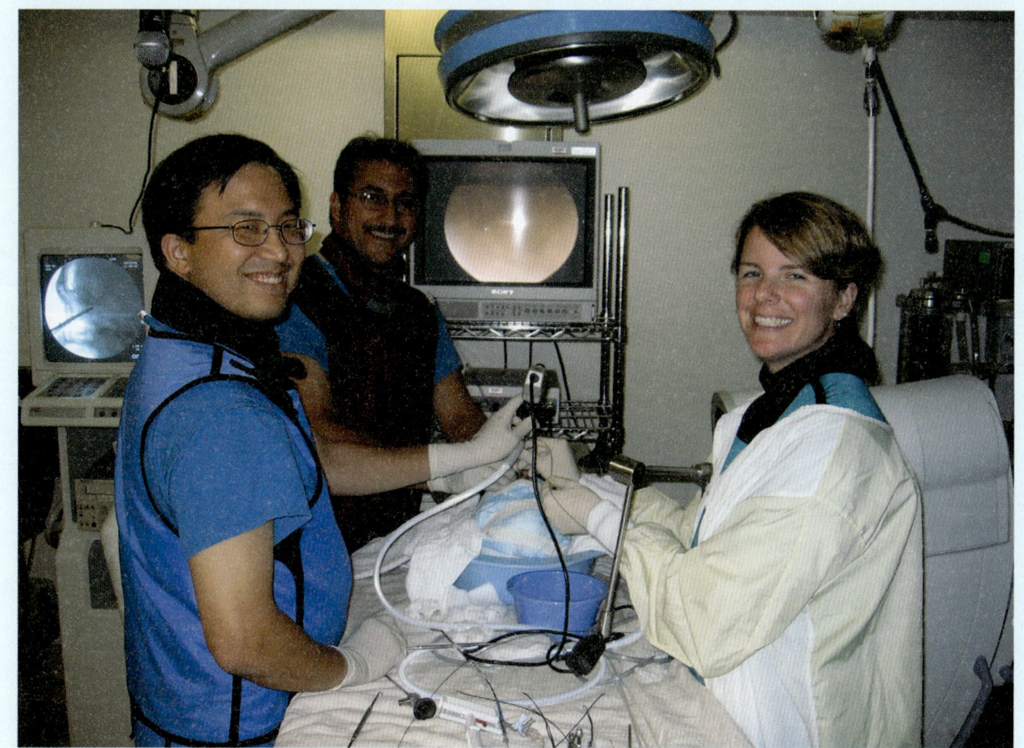

그림 C5.1
팀의 초기 맴버, 왼쪽부터: Chang, Makower, Vrany (ExploraMed의 제공)

강에서 같은 벌룬을 사용하는 경향이 있음을 인식했기 때문에 벌룬은 배치, 팽창, 제거의 여러 주기를 넘겨야 할 필요가 있었다.

이 내구성 문제로 인해 팀은 기존의 벌룬 기술을 사용할 수 없었고, Chang과 그의 기술자들은 뭔가 특별한 것을 개발해야 한다는 것에 동의했다. "개발을 돕는 것을 우리의 공급업자가 매우 잘 해 줬다는 것이 정확히 나타났습니다."라고 그는 말했다. 다음 단계는 Acclarent가 협력업체에 제공한 요구사항을 개선하기 위해 전문 의사(Sillers와 Bolger 같은)의 의견을 이용하여 공동 개발 루프로 전환하는 것이었다. Chang에 따르면, "의사와 협력하였고, 우리는 의사와 실험실[테스트를 수행한 곳] 그리고 벌룬 제조업체 간 신속하게 여러 번 실험을 반복하여 카테터의 길이, 벌룬 크기, 압력 요건, 그리고 파열 요건을 조정할 수 있었습니다. 그것은 훌륭한 파트너십이였습니다."라고 했다.

물론 Chang은 "우리는 당시 매우 은밀한 상태에 있었다. 그래서 우리는 NDA가 있음에도 불구하고 실제로 우리가 무엇을 하고 있었는지 공급업자에게 말하지 않았습니다. 몇 차례 반복하고 상당한 진전을 이룬 후, 그들은 우리가 무엇을 하고 있는지 더 빈번하게 질문했습니다. 저는 '당신들은 우리가 무엇을 하는 중인지 알려주지 않는 것을 이해해야 합니다. 그러나 저는 필요로 하는 벌룬의 스펙이 무엇인지는 말해줄 수 있습니다.'고 말했습니다. 그것은 재미있는 농담이 되었다. 우리는 다음 반복실험에 대해 전화를 했고 그들은 '그래서 당신들은 어디에 이것을 사용할 것입니까?'라며 접근했습니다. 그리고 저는 단지 '인간일 수도 아닐 수도 있는 것의 신체 근처, 신체 내 또는 주변 어딘가에서' 라고 대답했을 것입니다."

Acclarent는 이 공급업체와 ENT 분야의 기구에 대한 독점 공급 계약을 체결했다. Chang은 "창업 기업으로서의 우리의 접근 방식은 모든 해결책 또는 모든 기능을 소유할 필요가 없다는 것입니다. 벌룬을 만드는 방법을 알고 있는 사람들이 많이 있습니다. 우리 목표는 우리의 필요를 충족시키는 것을 찾는 것이었습니다. 우리가 적절한 공급업체를 확인했을 때, 프로젝트 기반 OEM 관계에서 확장 가능한 장기적 파트너십으로 지체없이 전환했습니다."라고 설명했다.

실용제품을 얻기 위해, 팀은 필요한 다른 장치를 개발하는데 비슷한 접근법을 사용했다. 기본 개발, 견고한 테스트 및 모든 사양에 대한 세부적인 조정사항은 사내에서 수행되었지만 실제 장치를 생산하는 것은 외부 공급업체가 위임받았다. 상업적 출시 이전에 Facteau의 지도하에 Acclarent는 모든 개발 및 제조를 내부에서 이끌기로 결정했다. 그때까지 이 모델은 기업에 만족스럽게 도움이 되고 있었다.

Chang은 당시 엔지니어링 환경을 "모두 손을 모아 도와야 했습니다."라고 설명했다. 팀의 모든 구성원이 최대의 능력으로 기여할 것으로 예상되었다. 그는 철학적 측면에서 다음과 같이 말했다.

> 때때로 사람들은 완벽한 해결책, 완벽한 시제품을 원하는 오류를 범하기도 한다. 우리는 실제로 시간을 대체할 수 없으므로 더 빠를수록 좋기에 조금 조잡하고 빠른 것을 시도하는 것을 두려워하지 않는다. 각 시제품에서 많은 것을 배울 것이기 때문에 완벽해야할 필요는 없다. 실패는 당신에게 많은 것을 가르친다, 그럼 당신이 할 수 있는 만큼 반복하라. 우리는 문자 그대로 우리가 이틀 간격으로 가서 제품을 한계까지 시험할 실험실을 가지고 있었다. 만약 어떤 것이 잘 작동하지 않으면, 우리는 되돌다가서 그것을 해결하도록 시도하고, 다른 시체를 마련하여 다시 시도할 것이다. 그것은 속도에 대한 모든 것이었다. 다른 방법으로 당신은 완벽한 시제품을 만들기 위해 1개월, 2개월, 3개월 혹은 그 이상을 보낼 수 있다. 다만 그것은 우리의 관점에서 이해가 되지 않았다.

얼마 후 팀은 의사가 부비강에 접근할 수 있게 해 주는 장치 시스템을 갖는 부분에 이르렀고, 그들은 정말로 벌룬을 가로질러 놓아 입구를 넓히며 그것이 내부에 있다는 것을 입증하고, 형광 투시와 내시경 검사를 통해 확대한 것을 보여준다(그림 C5.2 참조).

이 시점에서 Chang은 "우리는 개념, 안전성 및 실현 가능성의 증명을 입증하기 위해 임상적으로 증명할 준비가 되었음을 느꼈습니다."라고 말했다.

5.3 임상시험 전략

최초의 인간 연구를 준비하기 위해 Acclarent는 전문 의사들과 긴밀히 협력하여 적절한 행동 방침을 계획했다. 팀이 의사들에게 인간 시술 수행과 관련된 위험에 대해 물었을 때, 심각한 합병증을 유발할 수 있는 두개골 골절을 언급했다. Chang은 "우리는 고압 벌룬의 팽창으로 인해 골절이 제어되지 않아 전파되거나 뼈의 '구조적 변이'를 일으키는 경우, 두개골 골절과 뇌척수액 누출 또는 더 심각한 손상을 초래하는지를 결정할 필요가 있었습니다."라고 말했다. Bolger, Sillers 및 다른 사람들은 기업이 이러한 위험이 아주 적다는 것을 입증할 수 있다면, 최초의 인간 안정성 및 타당성 실험으로 들어갈 준비가 되어 있을 것이라고 조언했다.

이러한 장애물을 없애기 위해 그들은 의사들과 브레인스토밍을 통해 벌룬을 이용한 부비강 확대술 장치가 이상 반응을 일으키지 않았음을 입증하는 연구를 제안했다. 결국 그들은 부비강에 접근하고 확장된 전후의 CT스캔이 필요한 사체 연구를 설계했다. "최악의 시나리오"를 실험하기 위해 연구는 Acclarent가 개발한 가장 큰 벌룬을 사용하고 최대 합력까지 팽창되었다. CT스캔의 비교는 모든 부작용을 평가할 수 있었다. 그러나 CT스캔에서 누락될 수 있는 미세골절에 대한 우려로 인하여 한 의사는 완전한 해부가 시술 결과를 검사하는 데 사용될 수 있다고 제안했다. Chang에 따르면

> 그래서 우리는 그것을 했다. 우리는 6개의 사체 머리를 가져와서 그것을 스캔하고, 안치실에 넣고, 사체 연구소로 가져가서 확장시키고, 다시 가져와서 스캔한 다음 반으로 잘라 다시 실험실로 가져왔다. 거기에 있던 의사 [Bolger]는 우리와 3일을 보냈다. 그는 밖으로 뛰어나가 모든 사체의 머리를 하나하나 절개하고 "좋아 보인다. 골절은 없다."라고 말했다. 우리는 그 결과를 종합했고 그 연구는 살아 있는 인간에게 적용할 수 있는 우리의 주장을 뒷받침하는 논문과 토대가 되었다.[2] 이 기술이 인간에게 사용하기에 안전하다는 아이디어로 윤리위원화를 납득시키는 데 필요한 마지막 핵심 요소였다.

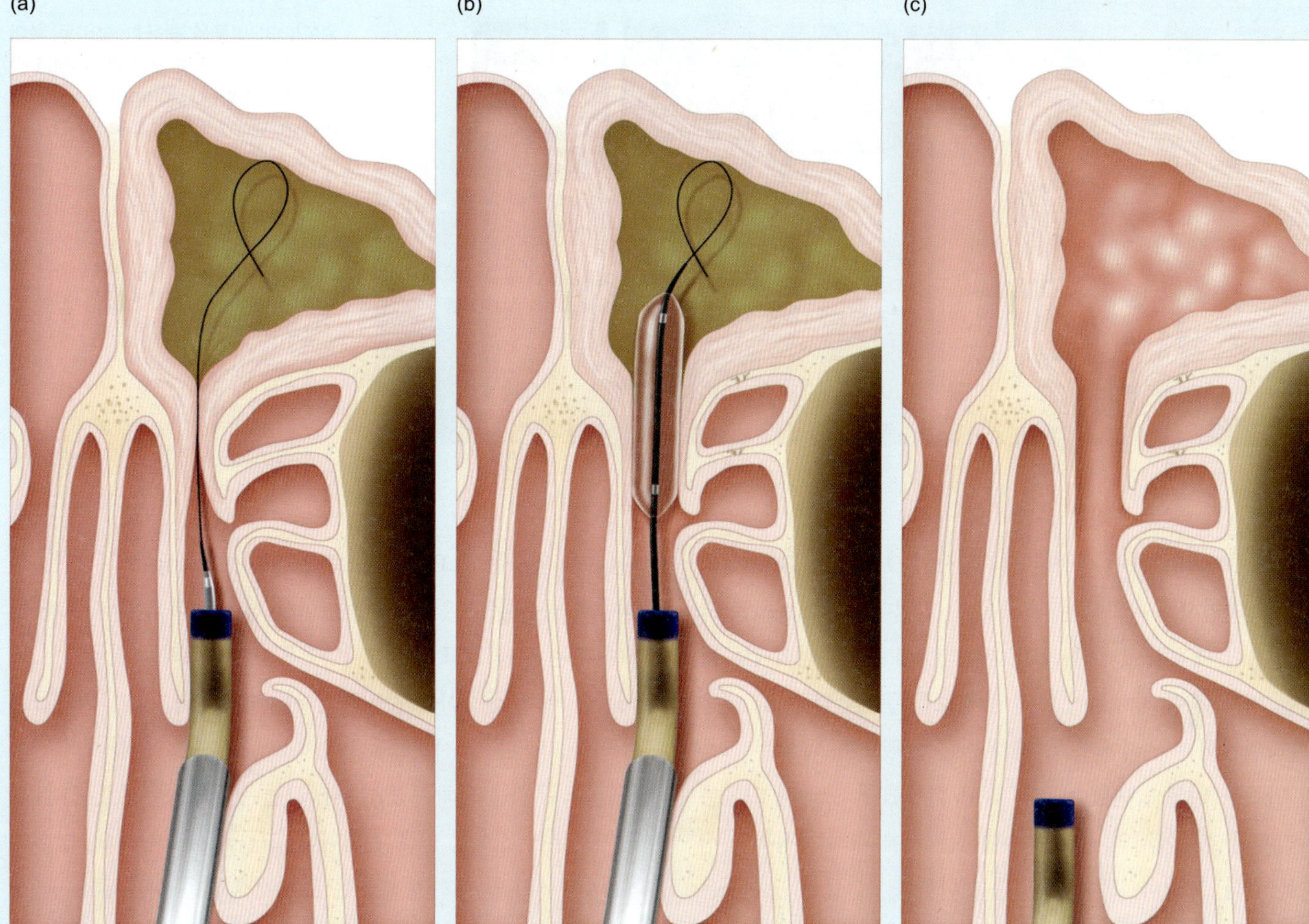

그림 C5.2
벌룬을 이용한 부비동 확대술의 기술은 세 가지 기본 단계가 있다. 첫째, 유연한 비외상성의 가이드와이어는 부비동맥에 완전한 진입로를 얻는다(a). 둘째, 벌룬 카테터가 와이어를 부드럽게 따라간다. 벌룬 확장은 폐쇄된 부비강을 연다(b). 셋째, 장치는 제거되고, 최소한의 조직 손상으로 부비강을 개방된 채로 둔다(c) (Acclarent에서 제공).

스텔스 전략에 따라 Acclarent는 호주에서 최초의 인간 실험을 수행하기로 결정했다. 이 접근법은 FDA에 의해 미국에서 받아들여질 가능성이 상대적으로 높은 결과를 만들고 기업의 연구를 조용히 유지할 수 있게 했다. 게다가 호주는 상당히 높은 수준의 생활 및 헬스케어를 누리고 있는 인구를 보유하고, 잘 설립된 규제기관인 의약품 규제기관(Therapeutics Goods Agency, TGA)가 있었다.

Chang은 "일반 사람들은 데이터가 어떻게 받아들여질 것인지에 대해 결코 긍정적일 수 없습니다. 그러나 그것이 미국에서 호의적으로 받아들여지기를 희망했습니다."라고 말했다. 해외 연구를 수행하는 것에 대한 또 다른 이점은 그 접근법이 국내 시장에 나오기 전에 Acclarent가 연구 결과를 기반으로 경쟁 위협을 더 늦추고 IP 지위를 강화하는 것에 도움이 된다는 것이었다.

호주에서는 임상시험이 TGA에 의해 규제되었으며 출시되기 전에 윤리위원회의 승인이 필요했다. 윤리위원회의 승인을 얻는 과정은 시술이 수행될 병원이나 기타 시셀에 의해 미국에서 임상시험심사위원회(IRB)의 승인을 받는 것과 유사하다. 첫 번째 단계는 연구를 수행하기 위해 기업과 협력하고자 하는 조사관을 찾는 것이었다. 다행히도 팀의 네트워크에서 전문 의사

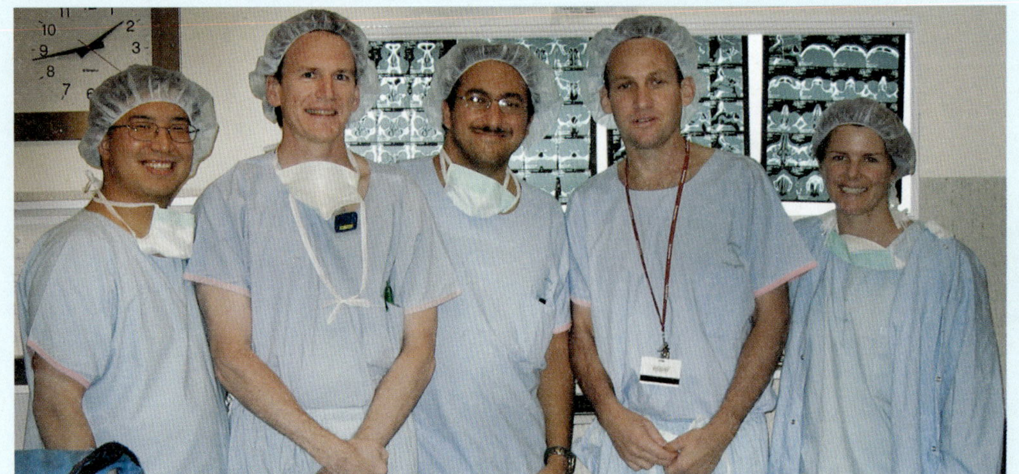

그림 C5.3
왼쪽부터: 벌룬을 활용한 부비동 확대술 기술을 사용한 첫 번째 임상시험을 완료한 후 Chang, Bolger, Makower, Brown, Vrany (ExploraMed의 제공)

들은 호주 멜버른에서 적절한 외과의사인 Dr. Chirs Brown의 참여를 확인하고 확보하는 데 도울 수 있었다. Acclarent는 모든 필요한 배경정보, 사체 실험 데이터, 및 윤리위원회 검토를 위한 기타 관련 자료들이 포함된 정보를 준비했다. Chang은 "윤리위원회는 우리에게 두 가지 질문을 했으며, 우리는 그들의 만족을 위해 답변했습니다."라고 회상했다. 그래서 그들은 우리에게 호주에서의 사례를 수행하는 것에 대해 긍정적인 신호를 줬다. 그러나 그들은 우리를 제한했다. "그들은 '당신들은 10명의 환자에게만 수행할 수 있으며, 각 환자마다 2개의 부비동만 치료할 수 있다.'라고 말했습니다. 우리는 '좋습니다. 그것으로 충분합니다.'"라고 말했다.

기업은 전체적으로 이 연구를 수행하는 것의 승인을 얻기 위해 약 2개월이 걸렸다. 그런 다음 모든 것이 사전에 준비되어 있었으므로 환자 등록, 필요한 모든 재료 및 물품을 호주로 운송하고, 시험을 실행하기까지 한 달 정도 걸렸다(그림 C5.3 참조).

Chang은 "우리는 시술을 수행하였고, 10명의 환자 중 10명이 성공적으로 치료되었다는 믿을 수 없는 결과를 받았습니다. 우리가 꿈꾸던 것 이상이었습니다. 사람들은 그런 좋은 일에 대해 예측하거나 기대하지 않습니다. 우리는 아주 운이 좋았습니다."라며 그 결과를 설명했다(그림 C5.4 참조).

중요한 임상적 목표가 달성 되었지만 Acclarent는 이를 단지 임상 전략의 시작으로 간주했다. 이 기업의 계획은 FDA 허가를 받은 직 후 미국에서 시작될 인간 실험을 준비하는 것이었다(다음 연구는 CLEAR 연구로 알려짐). Chang은 "우리는 사람들과 공유할 수 있는 더 많은 임상 경험과 더 많은 자료가 필요하다는 것을 알고 있었습니다." "그래서 우리는 미국에서 조사관을 매우 신중하게 준비하기 시작했습니다. 초기 의사들은 우리가 더 많은 조사관들을 확인하고 소개하기 위해 미리 전화를 걸어 우리를 도와주었습니다. 그들은 동료들에게 '당신은 누군가로부터 전화를 받을 것입니다. 그들과 대화하세요. 당신이 NDA에 서명할 때까지 그들은 당신에게 많은 것을 말해 줄 것입니다."라고 말했다. 이 과정은 우리의 규모를 증가시키고, 학회와 민간 기관의 결합으로부터 데이터를 얻을 필요가 있음을 예상했다.

또한 호주 연구에서 기업은 임상적 접근법을 변경해야 한다는 중요한 교훈이 있었다. 예를 들어, Chang은 "우리가 호주에서 사용한 성과 측정 설문지는 너무 복잡했습니다. 사람들은 그것을 스스로 채울 수 없을 정도로 이해하지 못했습니다. 우리는 그것을 인식하고 보다 간단한 결과 측정 도구로 바꾸었습니다."라고 말했다.

또한 최초 인간 실험의 결과는 장치 개발에 영향을 미쳤다. Chang은 "호주에서의 경험을 바탕으로 우리는 가이드의 설계를 완전히 바꾸었습니다. 우리는 전성기에 대해 준비하기 위해 상당한 수정을 했습니다. 우리는 상업화가 되기 전에 이러한 변화유형에 많은 시간을 할애했습니다." 또 다른 예를 들었다.

제목: 부비동 벌룬 카테터 확장술의 안전성 및 타당성: 예비 연구

저자: Cristopher L. Brown, MD, William E. Bolger, MD

목표: 내시경 부비강 수술(ESS)은 부비동염에 대한 의학적 치료가 실패한 환자를 관리하기 위한 효과적인 옵션이다. 그러나 ESS가 항상 성공적인 것은 아니며 심각한 합병증이 발생할 수 있다. 결과를 개선하고 합병증을 줄이는 새로운 기술과 장비는 진정으로 환영받을 것이다. 혁신적인 카테터 기반 기술은 관상동맥 질환, 말초혈관 질환 및 뇌졸중과 같은 여러 조건의 치료를 개선했다. 최근에는 부비강을 위한 카테터 장치가 개발되었다. 사체 연구는 부비동염에서 이러한 장치들의 사용 가능성을 확인해 준다. 이 연구의 목적은 부비동염을 가진 환자들에서 부비동과 오목의 카테터 기반 확장을 수행하는 데 있어 새롭게 개발된 장치의 타당성과 안전성을 확인하기 위한 것이었다.

방법: 비무작위 전향적 집단으로 구성된 10명의 ESS 후보자에게 부비강 소공의 벌룬 카테터 확장술에 대한 새로운 기술로 치료되었다. 전두동, 상악동 및 설상골동은 혁신적인 카테터 기반 기술에 적절하다고 간주되었다. 연구의 주요 결론은 수술 중의 절차적 성공과 부작용이 없었다는 것이다.

결과: 10개의 상악골, 5개의 나비뼈, 3개의 전두오목을 포함하여 총 18개의 부비동 부분들이 성공적으로 카테터가 삽입되고 확장되었다. 부작용은 발생하지 않았다. 점막외상과 출혈은 ESS 기술에서 일반적으로 관찰되는 것보다 카테터 확장성이 낮은 것으로 나타났다.

결론: 벌룬 카테터 기반 기술을 통한 부비동 폐쇄부위의 확장술은 상대적으로 안전하고 실현 가능성이 있는 것으로 나타났다. 향후 안전성을 확립하고 이 새로운 기술의 역할을 결정하기 위해 이제 더 큰 다기관 임상시험이 필요하다.

그림 C5.4
결과가 최종적으로 발표된 임상 저널 논문의 초록에 요약되어 있는 것으로, Acclarent의 최초 인간 임상시험의 결과에 대한 개요(2006년 4월, 이(耳)과학, 비(鼻)과학, 후두 과학의 연보에서)

5.4 허가인증 전략

Acclarent는 모든 장치군에 대한 규제전략이 필요했다. Chang에 따르면 "벌룬의 크기는 세 가지였고, 다섯 개의 다른 가이드와 수많은 다른 인플레이션 장치가 있었습니다." 팀은 이전에 510(k) 규제경로를 수행하기 위한 결정의 일환으로 시스템의 구성요소들이 각 FDA 등급으로 나뉠지 사전에 평가했다. 다음 단계는 각각에 대한 적절한 속성을 식별하는 것이었다. Acclarent는 튜빙, 가이드와이어, 바늘과 같은 구성요소에 대한 속성들을 찾았다. 그러나 벌룬에 대해 중요한 동등성을 입증할 수 있는 장치를 식별하는 것은 조금 더 찾아봤다. Chang은 "벌룬의 관점에서 보면, ENT 안에서 속성을 찾기가 어려웠습니다."라고 말했다. "우리는 실제로 눈에서 제법 가까이 있는 누관 카테터를 발견했습니다."

이 벌룬 장치는 눈을 비강과 연결시키는 수축된 누관을 확장시키기 위해 개발되었다. 따라서 위치는 Acclarent가 의도된 용도와 유사했다. 기업은 FDA가 상업적 용도로 면제 또는 허가목적으로 시스템의 속성 장치들을 사용하여 제출물을 만들 것이다.

벌룬에 대한 제출물과 관련하여 전략적 결정을 내릴 필요가 있었다. Acclarent는 이 장치에 대한 510(k) 적용과 함께 호주의 연구 자료를 제출할지 여부를 결정해야 했다. 이 범주에서의 다른 어떤 장치도 기관의 허가를 받기 위한 임상데이터를 필요로 하지 않았기 때문에 FDA에 의해 데이터가 요구될지는 명확하지 않았다. 이러한 이유로 임상데이터 없이 510(k)를 제출하도록 결정하였다. 그러나 FDA가 직접적인 요청을 할 경우 데이터를 제공할 준비를 해야했다.

Acclarent가 Class I 장치에 대한 제출물을 작성했을 때, FDA는 10일 이내에 시판 전 신고요건으로부터 그들의 모든 것이 면제되었음을 나타내는 응답을 했다. 첫 번째 제출 후 1주일 만에 기업은 벌룬에 대한 510(k) 신청서를 제출했다. 2개월 후, FDA는 부작용이 없음을 입증하는 임상데이터요청을 포함하여 일련의 질문들로 답을 했다. Chang은 "우리가 IDE로 신청할 것으로 예상한 것 같습니다"면서 "우리는 이미 연구 결과를 가지고 있었습니다."고 말했다. 일주일 이내에 팀은 FDA의 질문에 종합적인 답변을 준비했다. "우리는 일주일 동안 우

리가 할 수 있는 가장 철저하고 완벽한 방식으로 그들의 질문에 답하기 위해 서둘렀습니다. 그것은 진정한 팀의 노력이었습니다. 일주일 이내에 FDA의 검토를 위해 제출된 데이터로 철저하고 면밀하게 검토된 임상 패키지를 가지고 있었습니다. 몇 차례 추가 전화와 질문 후, 마침내 510(k) 허가로 이어지는 적절한 정보를 제공받습니다. 기업은 허가를 받은 후 즉시 시작하려고 계획하는 미국에서의 임상시험에 한걸음 더 가까워졌습니다."

5.5 품질관리

Acclarent 팀은 임상 및 규제 노력을 병행하여 품질 시스템 및 기업이 중요한 프로세스를 관리하는 방식에 대해 몇 가지 구조를 도입할 필요성을 생각하기 시작했다. Chang에 따르면,

> 우리가 인력을 갖추기 시작하고 주요 임상 경험을 향하여 나아가고 있음을 깨달았을 때, 우리는 품질 시스템과 특정한 통제 기능이 필요하다는 것을 인식했다. 우리는 탄탄하게 운영되고 있었기 때문에 컨설턴트를 도입해 그와 함께 새롭고, 유연한 품질 시스템을 개발하기 위해 협력했다. 우리는 설계관리, 공급업체 감사에 대한 프로세스 및 기타 표준 운영 절차가 필요하다는 것을 알게 되었고, 제품의 상업적 출시를 준비할 수 있었다.

초기 아이디어는 FDA의 요구사항을 충족시킬 수 있는 품질 시스템을 구축하는 것이었지만 기업이 성장함에 따라 효과적이고 효율적으로 기업을 확장할 수 있는 능력을 가지고 있었고 접근 방식에서 더 많은 구조와 형식이 필요했다. Chang은 "우리는 유연성과 적응력이 있는 표준 운영 절차[SOPs]로 시작했습니다."라고 말했다. "우리가 성장함에 따라 이러한 SOP를 맞춤화하고 보다 구체적으로 만들 수 있다고 인식했습니다. 그리고 그것은 지난 4년 동안 실제로 일어난 일입니다."

계획을 수립하고 팀은 이를 실행하기 시작했다. Acclarent는 첫 번째 제품군을 생산하기 위해 계약 제조업체들을 활용하고 있었으며, Chang은 여러 공급업체 감사를 수행하는 것에 대한 생생한 기억을 가지고 있었다. "우리는 공급업체로 갔고 우리의 체크리스트를 사용하여 감사를 했습니다. 우리는 그들의 품질 매뉴얼, 재료의 수령 및 검사방법, 제조 공정 및 다수의 이력 기록 보관 방법 등을 검토했습니다." 이 검토 결과를 토대로 팀은 특정 공급업체를 선정하여 대규모 계약 업체에서부터 특정 분야의 전문지식을 갖춘 소규모 '맘엔팝' 매장에 이르기까지 다양한 업체와 협력하게 되었다. Chang은 "시간이 지남에 따라 우리가 배운 것은 일부 공급업체는 다른 이들과 마찬가지로 적절한 품질 시스템을 갖춘 프로세스를 개발하는 데 도움이 되지 못한다는 것입니다."라고 말했다. Acclarent는 출시에 점차 가까워지면서, 점점 증가하고 있는 기업의 요구를 보다 잘 지원할 수 있는 다른 공급업체로 바꿔야했다.

5.6 보험 급여 전략

예비 상환 분석의 일환으로 Acclarent는 벌룬을 이용한 부비동 확대술 장치에 대한 상환을 받기 위해 기존 FESS 규범을 사용할 수 있다는 두 가지 호의적인 의견을 받았다. 그러나 Lam Wang이 지적한 것처럼 "그것보다 훨씬 정치적이다" 기업은 새로운 벌룬 기술을 이 코드와 함께 사용할 수 있다는 입장을 보증하기 위해 이 분야에서 선도적인 전문 협회인 미국 이비인후과 학술원(AAO)을 설득하는 것이 중요하다고 생각했다. Lam Wang은 더 자세히 설명했다.

> 결국 그것은 기술 비용을 지불해야 하는 제3자 지불담당자이다. 일반적으로, 새로운 절차를 채택하는 외과의사에 의해 제출되는 청구의 양이 적으면, 청구는 아무도 모르게 사라질 수 있다. 보험 회사가 지불하지 않을 이유를 찾기 시작하는 것이 청구액이 높아지기 시작할 때이다. 사람들은 이것의 일정 수준에 이르렀을 때, 그들은 그것에 대해 질문을 하기 시작한다. 그리고 만약 당신이 지지하는 전문 집단이 있다면 "우리는 동의합니다."라고 말하면 정말 좋다. 의사들의 의견을 따르는 제3자 보험회사들은 의료업에 종사하는 시늉을 하지 않는다. 의사들이 "의학적 필요성 때문에 FESS 시술을 수행하기 위해 이 신제품을 사용했으며, 이러한 규범에 따라 다루어져야 한다는데 동의합니다."라고 말하면 그들은 동의할 가능성이 더 크다.

AAO의 지지를 얻기 위해서 Acclarent의 상환 컨설턴트는 기업이 벌룬을 이용한 부비강 확장술 장치를 다루기 위한 FESS 규범을 사용하는 것에 동의했다는 것을 증명하기 위해 협회에서 서신을 받는 것을 권고했다. 그런 다음 Acclarent는 미국의학협회(AMA)에 그 서신을 보내고 이 권고사항을 현재 규범정책에 추가시키기 위한 해당 조직과 협력한다. 이상적으로, 이 서신은 기술에 익숙하고 경험이 풍부한 의사가 작성하여 제공한다. 따라서 조사관의 선택은 이 전략을 개발하는 중요한 단계였다. 좋은 소식은 장치의 사용이 기존 규범에 따라 곧바로 행해지게 되었다는 피드백으로부터 분명해졌다는 것이다.

5.7 마케팅 및 이해관계자 전략

상환을 위한 기업의 노력은 마케팅 및 이해관계자 전략과 밀접하게 연관되어 있다. 상환은 의사들이 Acclarent의 제품으로 시술을 수행하는 것이 어떻게 지불되는지 검토하는 동안, Acclarent는 더 넓은 마케팅 및 이해관계자 전략은 벌룬을 이용한 부비강 확대술 장치가 그들의 업무에 영향을 줄 수 있는 이점을 홍보하고 단점을 완화할 수 있도록 다른 방법을 이해하려고 시도했다. Lam Wang은 몇몇 의사들(NDA에 속한 모든 의사들)과 실시한 심층 인터뷰를 다음과 같이 설명했다. "나의 방식은 그들이 누구인지, 그들의 업무가 어떻게 실시되는지를 이해하는 것이었다. 근본적으로 나는 벌룬을 이용한 부비강 확대술의 제품 포지셔닝을 의사들의 업무와 환자 집단의 치료 내에서 이해하기를 원했습니다."

Lam Wang에 따르면, 그녀가 받은 반응은 상당히 다양했다. 일부 의사들은 이 벌룬이 타당할 때, 또는 전통적인 FESS와 벌룬 부비동 확장술 도구들 모두 사용하는 하이브리드 절차에서 사용할 수 있는 "골프가방의 클럽"처럼 생각했다. 그녀는 "한 명의 의사가 그것을 부비동 접근법으로 이르게 했습니다"고 회상했다. "그는 '상악동은 내가 벌룬 사용에 대해서 신경쓰지 않을 정도로 매우 빠르고 쉽다. 그러나 전두동에 대해서 이것은 확실히 놀라운 해결책이다.'라고 말했습니다." 다른 의사들은 기술측면에서 벌룬을 보다 근본적인 도약이라고 여겼다. "그들은 더 이상 날카로운 도구가 아니며, 조직을 손상 시키지 않고, 벌룬, 카테터 그리고 와이어를 사용하여 환자를 치료하는 방법에 관하여 패러다임의 전환으로 보았습니다." 도구는 부비동의 대부분에서 유용성을 가질 수 있었지만, 당시에는 사골동이라 불리는 부비동에 이 기술이 어떻게 적용될 것인지 명확하지 않았다. 그것은 다른 것들처럼 하나의 단순한 배액법이 없었기 때문이다. 일부 의사들은 이 제한적인 사항을 장치의 유용성을 저하시킬 수 있는 이유로 언급했다. 이와 같은 의견들은 Acclarent가 벌룬 부비동 확장술이 의사들의 진료에 어떻게 부합하는지, 확장성에 따라 어떻게 사용되는지, 그리고 재정적으로 어떤 영향을 미치는지에 대해 확실히 이해하게 했다.

Lam Wang은 병원 외래 환자 시설과 외래 수술센터와 같은 시설에 대한 효과에 대한 추가적인 몇몇 연구를 수행했다. "나는 또한 내시경 부비동 개입술을 다시 연구실로 가져와 결과를 살펴보았지만, 이것은 쉬운 일이 아니었음이 분명했습니다." 출시가 다가오면서, Acclarent는 환자의 니즈를 재검토하고 관련이 있는 의사들(예: 환자들을 부비동 전문가에게 의뢰하는 일반 의사)의 이익을 평가하였다. Lam Wang은 이해관계자 그룹별로 명확한 가치 제안을 정의할 시기가 되었을 때, 메시지를 상황에 맞게 표현하고자 했다.

> 나는 이야기 하는 것이 중요하다고 느꼈다. 나는 이것이 새로운 기술을 가진 새로운 기업을 위한 마케팅 프로그램의 핵심이라고 생각한다. 그래서 Acclarent를 위한 이야기를 정리하는 데 시간을 보냈다. 그것은 "신제품, 충족되지 않은 욕구, 거래의 성립"이라고 말하는 것으로는 충분하지 않다. 이 기술이 왜 의미가 있는지에 대한 이야기를 해야 한다. 그것이 제공하는 가치는 환자든, 외과의사든, 또는 시설들이든 당신의 모든 이해관계자에게 전달하는 메시지의 핵심 요소이다.

이러한 가치제안이 각 이해관계자 그룹에 대한 이야기의 맥락 안에 정의되고 포함되자(그림 C5.5 참조), Lam Wang은 홍보와 지지를 지원하기 위한 계획의 발전으로 관심을 돌렸다. 그녀는 "우리의 다음 초점은 상업적 출시를 위한 준비에 관한 것입니다."라고 말했다. 팀은 제품의 모양과 느낌뿐만 아니라 브랜드를 설립하는 데 돕기 위하여 광고 대행사를 고용했다. 이 브랜드는 광고책자와 웹사이트를 포함한 모든 마케팅 커뮤니케이션의 기반으로 사용되었다(기업의 출판 전략은 별도로

그림 C5.5
Acclarent는 각 주요 이해관계자 그룹의 핵심 가치 제안을 포함하는 이야기를 개발했다. 이 예는 ENT 외과 의사를 대상으로 한 일부 메시지를 보여준다(Acclarent의 제공).

ENT 외과 의사들에게 보내는 주요 메시지

- 미국에는 연간 60만 명 이상의 충족되지 않는 임상치료 욕구를 가진 만성 부비동염 또는 재발성 급성 환자가 있다.
- 이 환자들은 의학적 요법으로 치료받지 못한다. 그들은 수술 후보자이지만 FESS를 받지 못하고 있다.
- 부비동 수술의 목표는 가능한 정상적인 해부학 구조와 점막을 유지하면서 막힌 부비강을 열어 통풍 및 정상정인 부비동 기능을 회복시키는 것이다.
- 그러나 오늘날의 수술도구와 관련된 단점들이 있어. 이러한 목표를 달성하는 데 어려움을 겪고 있다. 직선형의 단단한 도구는 목표가 된 시술의 세심한 주의를 위해 길고 복잡한 부비강 구조에서 사용된다. 결과적으로
  - 필요한 것보다 더 많은 조직 제거가 필요한 경우가 있다(예: 설상골 또는 전두골 부분에 접근하지 위한 사골동 절재술, 갈고리 모양의 상악골 절제술 동안 균형 있게 제거되지 않는 경우).
  - 과다 출혈, 팩킹, 전신 마취, 장기 회복 같은 환자가 견디기 어려운 시술. 많은 환자들이 수술을 받는 것을 주저한다.
  - 곧고 단단한 강철 도구로 눈이나 뇌의 구멍에 침투로 인한 잠재적인 합병증은 심각할 수 있다. FESS는 미국에서 ENT 외과의사를 상대로 소송을 제기하는 가장 일반적인 이유이다.
  - 전두골 시술은 도전적이며, 사골 수술 동안 세련되지 못한 도구들은 오목부문에서 점막 내층을 쉽게 자르거나 찢거나 벗길 수 있어 흉터와 협착증을 일으키는 경향이 있다.
- 그 분야에 대한 개선이 되었지만 여전히 곧고 단단한 도구 사용하는 것과 같은 기본적인 문제가 발생한다.
  - 마이크로데브리더(Microdebrider) 전동기구는 정상조직을 보호하면서 질병이 있는 조직을 제거한다.
  - 외과의사가 기록된 CT 표식과 관련하여 도구의 위치를 볼 수 있는 영상 유도 수술
- 부비동 수술을 수행하는 새로운 방법이 필요하다.
  - 구불구불한 부비동의 구조에 부합하는 장치
  - 찢거나 자르지 않고 부비동 조직을 늘리는 장치
- 이제는 덜 침습적인 새로운 대안적인 시술이 있다.
- 벌룬을 이용한 부비동 확장술은 부드럽고 유연한 벌룬 카테터를 사용하여 막힌 부비강을 부드럽게 열어 배액을 허용하고 정장적인 부비동 기능으로 되돌린다.
  - 직선형의 견고한 기기에서 부드럽고 유연한 카테터 기반 장치에 이르는 혁신적인 플랫폼 변경
  - 장치는 구불구불한 부비동 구조에 일치시킨다.
    - 진입로를 얻기 위해 부비동 조직을 제거할 필요가 적다.
    - 더 멀리 떨어진 부분의 개선된 접근을 가능하게 한다.
    - 안구나 뇌에 침투할 가능성이 적다.
  - 벌룬 카테터는 찢거나 자르지 않고 부비동 조직을 늘린다.
    - 수술 중 및 수술 후 출혈이 적다.
    - 흉터 조직을 자극할 가능성이 적다.
    - 재수술의 가능성이 낮다.
  - 부비강 수술의 생리학적 원리와 목표를 고수한다.
  - 안전하고, 낮은 합병증
- FDA 승인
- 벌룬을 이용한 부비동 확대술 연구
  - 현재까지의 임상데이터
  - 사례 연구
- 우리는 선두 기업의 지지가 있다.

관리되었다; 전문 훈련 및 교육에 대한 자세한 정보는 영업 및 유통전략 부분 참조). 미국 이비인후과 학술원의 2005년 9월에 열린 두경부외과학(AAO-HNS) 학회에서 주요 제품 출시를 계획하는데 상당한 노력을 기울였다. 이것은 Acclarent가 은폐 방식에서 벗어나 전 세계에 기술을 발표하는 것을 계획한 회의였다. 이 사건의 시작 계획에는 분야의 업계선도자(예: Bolger 및 Sillers)에 의한 발표와 함께 현장 심포지엄과 실제 환자에게 시술이 어떻게 작용했는지 보여주는 비디오뿐만 아니라 Acclarent 직원이 회의 전체에서 기술을 보여주고 질문에 답변하는 작은 부스가 포함되어 있었다.

가격 책정

Acclarent는 또한 제품 가격, 기업 비즈니스 모델, 자금 요구사항, 및 전반적인 타당성과 밀접한 관련이 있는 활동을 결정해야 했다. Lam Wang은 "우리는 시술당 정당하다고 할 수 있는 평균가격을 생각해야 했습니다."라고 말했다. 그녀는 그녀의 접근 방식을 설명했다.

> 첫 번째 단계의 경우, 치료된 부비동당 FESS의 평균 지불액을 재검토한 다음, 시술별로 재검토 했다. 이 분석을 통해 주어진 FESS 시술에서 의사는 최대 9개의 코드를 제출할 수 있었고, 코드가 겹칠 수도 있는데, 이는 특정 부비동에 대해 수행된 첫 번째 시술에 대한 전액을 지불하고 그 이후에 각 코드의 50%를 받음을 의미한다는 것을 알게 되었다. 다음으로, 나는 당시의 전형적인 사례가 무엇인지 알아내기 위해 심층분석을 실시했다. 그때 나는 우리의 의사조언자들과 이야기하기 위해 되돌아갔다. 그리고 대표적인 부비강의 조합이 있다는 것을 배웠다. 그 후, 손익분기 관점에서 평균적인 경우를 조사했다. 내가 [재사용할 수 있는 장치에 비용을 청구하여] 시스템에 비용을 추가하려는 경우, 시스템에서 비용을 절감할 수 있는 부분을 찾아야만 했다.

Lam Wnag은 "나는 이 신기술에 대해 경제적으로 정당화하기 위해 장기적인 관점에서 보았습니다."라고 말했다. 궁극적으로 의사 또는 시설이 증가하는 환자 흐름 및 감소하는 시술 시간으로부터 얻을 수 있는 사례별 이익의 총합은 제3자 보험회사가 지불하게 되는 것을 고려하여 Acclarent가 청구할 수 있는 것의 최고치를 나타낸다. 그녀는 계속해서 "나는 12페이지 분량의 분석을 완료하고 범위를 제시했습니다. 이것은 사례당 1,000~2,000달러와 같은 것입니다. 따라서 단지 벌룬당, 장치 당, 부비동 당이 아니고 환자당입니다."라고 말했다.

이 범위를 염두에 두고, Acclarent 팀은 가격 책정을 논의하기 위해 조언자에게 다시 접근했다. 대화의 목적을 위해, 기업은 시술당 약 1,200달러의 액수를 사용했다. Fecteau는 다음에 일어난 일을 설명했다.

> 이것에 관해 우리의 의사 조언자들과 이야기할 때, 우리는 초기의 몇 가지를 다시 시작했다. 이 시점에서 우리는 처음부터 의료기기 기업을 구축하기 위해 실제로 필요한 것이 무엇인지에 대한 의견을 얻는 것에 도움이 되기 위해 몇 가지 기밀 정보를 공유하기로 결정했다. 우리는 P&L과 현금 흐름 가정을 그들과 공유하고, 우리의 첫해에 1,600만 달러를 잃을 것을 언급하며, 어떻게 그리고 왜 우리가 가격에 대한 우리의 결정에 도달했는지 그들에게 설명했다. 우리는 훨씬 적은 비용을 들여 일을 할 수 있었지만, 훌륭한 기업을 설립하기 위해서 해야할 일은 임상연구, 의사 훈련(사체 경험 포함), 그리고 혁신적인 제품에 투자하는 것이라고 생각했다고 언급했다. 이러한 투자와 직접 판매 조직을 결부시켜 생각하고 손익분기에 도달하기 전에 7,500만 ~ 1억 달러를 모을 필요가 있다고 예상했다. 따라서 이 시점에서, 시술당 이용 가능한 1,200달러는 실제로 그들에게 큰 문제로 보이지 않았고, 그들은 가격전략을 지지하게 되었다.

5.8 판매 및 유통 전략

Facteau는 판매 및 유통의 측면에서 처음에 그가 채택하기 원하던 모델과 관련하여 명확한 비전을 가졌다.

> 나는 우리가 직접 다녀야 한다는 강한 편견을 가지고

> 있었고, 그래서 당연히 우리는 우리의 비전을 실행할 수 있는 경험 있고, 임상적으로 지식이 있는 판매 조직을 고용하는 것이 필요했다. 우리는 안전한 도구로서 벌룬 부비동 확장술의 평판을 보호하고, 장치와 시술의 안전성을 보존하기 위해 의사들을 실제로 잘 훈련시키는 것이 필요했다. 우리는 유통업체를 어떻게 활용할 수 있을지 생각했지만, 직접 모델이 더 의미가 있었다. 나는 이 직접 모델의 강력한 지지자였다. 어느 누구도 내적으로 또는 투자자들에게 실질적인 저항을 주지 않았을 때, 우리는 미국에 직접 판매 조직을 만드는 것에 동의했다.

Lam Wang은 이 접근법의 주요 이점을 강조했다. 그녀는 직접 판매 인력이 더 비싸고 많은 시간이 소요되는 반면, "더 많은 통제력을 유지할 수 있다."고 말했다.

Acclarent의 기술을 대표하는 데 가장 적합한 영업 담당자의 유형을 결정하는 것은 어려운 일이었다. Facteau는 "우리는 영업 경력에서 우리가 면접을 본 모든 사람들에 대해 얼마나 많은 사람들이 ENT에서 왔는지 우리 스스로에게 물었습니다."고 회상했다. "그리고 우리는 하나를 지적할 수 없었습니다." 이러한 이유 때문에 기업은 ENT 경험을 가진 영업 사원을 목표로 하지 않기로 결정했다. 대신에, 그들은 벌룬 부비동 확대술 시스템의 구성요소와 유사한 중재적 심장학 계열에서 근무한 사람과 및 벌룬, 카테터, 가이드와이어 그리고 기타 장비를 판매한 경험이 있는 사람들을 찾았다. Facteau는 "그것이 우리가 시작한 곳입니다. 그러나 그것이 우리에게 맞는 모델이 아니라는 것으로 드러났습니다."라고 말했다. 궁극적으로, Facteau와 팀은 심장학 영업 사원들이 기술을 이해하는 동안, 실제로 대부분은 수술실로 패러다임의 전환 기술을 도입하기 위한 기량을 개발하지 못했다는 사실을 발견했다.

결국 Acclarent는 경험이 풍부한 훈련받은 의사들과 수술실에서 많은 시간을 보낸 영업 사원들이 필요하다고 결정했다. Facteau에 따르면, 전에 창업을 했던 담당자들은 과거에 새로운 시장을 개발하는 데 도움을 준 사람들처럼 잘 적응하는 경향이 있었다. "시장 개발은 확립된 시장에서 점유율을 얻는 것과는 많이 다릅니다. 그리고 나는 많은 사람들이 그것에 적합하다고 생각하지 않습니다. 만약 그들이 더 나은 쥐덫을 가지고 있고, 그것에 대해 확립된 시장이 있다면, 그것은 나가서 처음부터 새로운 시장을 창출해야 하는 것보다 훨씬 쉽고, 예측 가능한 영업이다."라고 말했다.

훈련

직접 영업 인력을 통해 Accarent는 자사 기술에 대한 의사들의 교육에 상당한 투자를 하고자 했다. Facteau는 "ENT에서 전에도 해본적은 없지만, 우리가 해야 하는 일이라는 것을 알게 되었습니다."라고 말했다. 이 기업은 벌룬 부비동 확장술 제품이 외과 의사가 일관되게 사용하는 경우 개선된 결과를 가져올 것이라고 믿었다. 핵심은 각자가 제품을 사용사고 동일한 방법으로 시술을 수행하여 기업의 연구에서 얻은 결과와 유사한 성과를 얻는 것이었다. Facteau는 "우리는 표준화해야 했습니다."라고 회상했다. "부비강 수술에서 누락된 부분은 표준화였습니다. 10개의 다른 병원에 가서 부비동 수술을 볼 수 있지만, 10가지 다른 방법으로 볼 수 있을 것입니다."라고 덧붙였다. 이런 이유로 팀은 의사에게 일관성 있게 가르쳐지고 훈련 후 쉽게 모사할 수 있는 최고의 시술 프로세스 및 프로토콜을 정의하기 위해 열심히 노력했다. Facteau는 더 자세히 설명했다.

> 나는 US Surgical에서 경력을 쌓기 시작했으며, 나는 그들이 의사 훈련에 대한 관례를 처음으로 열었다고 생각한다. 그들은 새로운 의료 시술을 위한 적절한 교육을 보장하기 위해 상당한 양의 자원을 보냈다. 성공적인 환자 결과 및 채택을 위한 처리 원칙 중 하나는 표준화에 초점을 맞춘 것이었다. 그들은 무슨 일이 있던 상관없이 일반 외과 의사들은 같은 장소에 투관침을 배치했는데, 그들은 같은 방식으로 기구를 잡고 더 나은 가시성을 얻기 위해 동일한 수축 기술을 사용했다. 이것은 궁극적으로 더 나은 결과를 가져왔다. 우리는 벌룬 부비동 확장술 기술을 사용하여 동일한 목표를 달성하기 위해 나섰다. "이런 식으로 하면 우리는 적절한 기술로 우리의 임상연구에서 좋은 결과를 가져온다는 것을 알고 있기 때문에 우리는 좋은 결과를 얻을 것

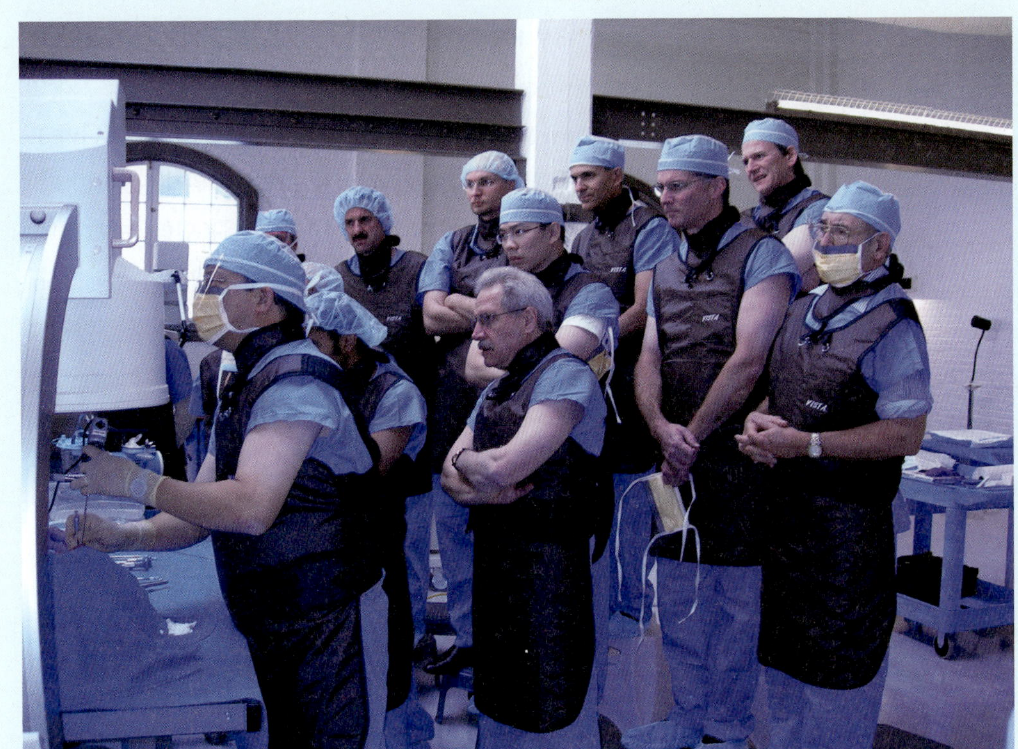

그림 C5.6
볼티모어 매릴랜드에서 벌룬 부비강 확장술 제품을 사용하도록 훈련받는 외사의사들(Acclarent의 제공)

이라고 믿는다."

그림 C5.7
Facteau는 직원 회의에서 Acclarent에 대한 자신의 비전을 제시하고 있다(Acclarent의 제공).

숙련된 의사와 Acclarent의 영업 담당자가 주도하여 의사는 이 표준화된 접근방식에 대해 교육을 받게 된다. 그러한 외과의사들이 훈련의 개방적인 마음을 가진다면, 팀은 환자와 기업의 명상을 보호하면서 원하는 결과를 얻을 수 있다고 확신했다. 그러나 Facteau는 다음과 같이 설명했다. "우리는 표준화의 수준 그리고 표준화에 대한 우리의 헌신이 제조사에 의해 ENT에서 한 번도 해 보지 않았기 때문에 특히 초기에 잘 받아들여지지는 않을 수도 있다는 우려가 있었습니다." 이 잠재적인 저항에도 불구하고, 기업은 수십 년 동안 큰 혁신을 보지 못한 시장에 참신한 기술을 도입할 때 적절한(그리고 필요한) 접근방법이라고 강하게 믿었다(그림 C5.6 참조).

판매조직을 구축하기까지, Facteau는 다소 신중한 접근법을 취했다. 예를 들어 Acclarent는 풍선 기술에 대해 FDA로부터 허가를 받을 때까지 영업담당자를 고용하지 않기로 결정했다. 상업적 실행 가능성 및 기술의 채택과 맞춰 영업조직이 확장되는 비율을 유지하기 위한 기타 중요한 목표들이 자리를 잡았다. 이로 인해 팀의 일부 구성원은 영업 인력 배치없이 빠르게 출시일이 다가오면서 약간 긴장하게 되었지만, "우리는 재정상의 책임이 있는 것처럼 올바른 일을 해야 한다고 느꼈습니다."라고 Facteau가 말했다.

5.9 경쟁우위 및 사업 전략

기업이 경쟁우위를 창출하는 것에 대한 생각을 시작할 때, Acclarent팀은 상대적으로 신속하게 세계 최고수준의 직접 영업 인력/교육조직을 구축하고 혁신 경로를 수립하는 것이라는 두 가지 핵심 역량에 초점을 맞췄다. Facteau는 설명했다(그림 C5.7 참조).

> 첫 번째는 상업화에 관한 것이었다. 우리는 세계에서 최고의 ENT상업조직을 만들고 싶었다. 다른 전문 분야에 대한 기업들의 좋은 사례들이 있었지만, 아무도 ENT에서 그 문제를 다루지 않았다. 우리는 키폰(Kyphon), 폭스 할로우(Fox Hollow) 및 퍼클로즈(Perclose)와 같은 기업들을 벤치마킹했다. 우리는 그들이 무엇을 잘했는지 이해하고 그들의 실수로부터 배우려고 노력하기 위해 사례연구를 수행했다. 이렇게 함으로써, 우리가 깨닫게 된 것 중 하나는 오랜 기간 동안 유기적인 성장을 이끌 수 있는 진정한 혁신 경로를 개발한 기업이 없었다는 것이었다. 우리는 쉬운 일이 아니지만 두 가지 모두에서 훌륭한 업적을 이루길 원한다는 결정을 내렸다.

강력한 내부 R&D역량 개발은 Accalent의 비즈니스 모델 및 "혁신에 중독된" ENT 의사들을 얻고자 하는 기업의 욕구와 일치한다. Lam Wang은 "Bill의 비전은 단지 'N' 뿐만 아니라 'E' 그리고 'T'에 초점을 맞추는 것이 아니었다. 우리는 ENT 외과 의사를 위한 모든 것이 되길 원한다."고 덧붙였다. ENT 분야 전반에 미개발된 기회가 존재한다는 사실을 감지한 Acclarent는 혁신적인 제품의 지속적인 경로로 발전할 수 있다는 아이디어의 근원을 제공했다. 이 역량을 개발하는 데 집중하기로 결정한 것은 모든 R&D 및 제조과정을 사내에 도입하는 것의 절차를 시작하는 것에 대한 Acclarent의 결정과 잘 들어맞았다.

NOTES

1 All quotations are from interviews conducted by the authors, unless otherwise cited. Reprinted with permission.

2 William E. Bolger and Winston C. Vaughan, "Catheter–Based Dilation of the Sinus Ostia: Initial Safety and Feasibility Analysis in a Cadaver Model," *American Journal of Rhinology*, May/June 2006, pp. 290–4.

실행하기 사업 계획

과정	단계	활동
파악하기	1. 니즈 탐색	1.1 전략적 포커스 1.2 니즈 탐구 1.3 니즈 요구서 개발
	2. 니즈 스크리닝	2.1 질병 단계의 기초 2.2 기존의 해결책 2.3 이해관계자 분석 2.4 시장 분석 2.5 니즈 선택
개발하기	3. 컨셉 생성	3.1 개념화 3.2 초기 컨셉 선택
	4. 컨셉 스크리닝	4.1 지적재산권의 기초 4.2 규제의 기초 4.3 보험의 기초 4.4 사업 모델 4.5 컨셉 탐색 및 시험 4.6 최종 컨셉 선택
실행하기	5. 전략 개발	5.1 지적재산권 전략 5.2 R&D 전략 5.3 임상시험 전략 5.4 허가인증 전략 5.5 품질관리 5.6 보험 급여 전략 5.7 마케팅 및 이해관계자 전략 5.8 판매 및 유통 전략 5.9 경쟁우위 및 사업 전략
	6. 사업 계획	6.1 실행 계획 및 재정 모델 6.2 전략 통합 및 의사소통 6.3 펀딩 방법 6.4 대체 방안

프로젝트 런칭

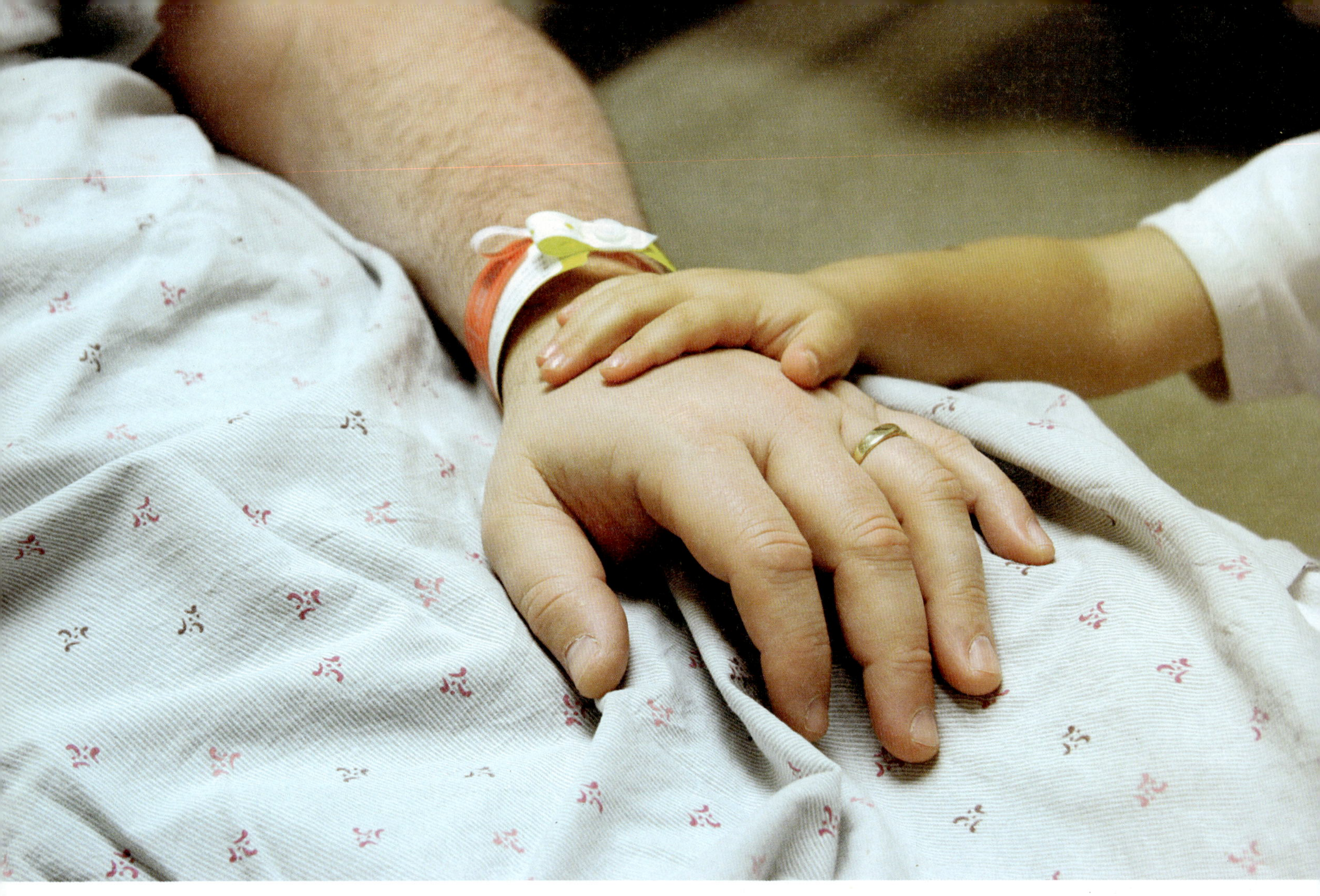

무엇을 해야 하는지 아는 것만으로는 충분하지 않다.
우리의 주된 권장사항 중 하나는 더욱 자주 사려 깊은 행동을 하는 것이다.

Jeffrey Pfeffer and R. Sutton[1]

지금은 끝이 아니다. 끝 부분의 시작 부분조차도 아니다.
아마도, 시작 부분의 끝 부분일 것이다.

Winston Churchill[2]

6. 사업 계획

실행하기

사업 계획은 바이오디자인 혁신 과정의 최종 단계이기는 하지만 실제로는 시작 단계라고 할 수 있다–검증된 니즈와 발명 또는 혁신을 중심으로 제품 개발 또는 사업을 시행하려는 지속적인 노력의 시작이다. 사업 계획은 제5장에서 발전된 모든 전략 계획의 통합 및 직접적인 실행을 지원한다.

본 단계의 핵심 초점은 스타트업(start–up) 과정과 관련되어 있다. 중소기업을 구축하고 관리하며, 비즈니스 모델을 생성하고, 응집력 있는 제품을 개발하고, 자금 조달 계획을 수립하는 것은 필수 구성 요소로 심도 있게 논의되어야 한다. 외부 자원이 개입되면 기업은 더 이상 이노베이터에게만 속한 것이 아니라는 점을 명심해야 한다.

마지막 장에서는 사업을 시작하기 위한 대체 접근 방식, 즉 동업, 허가 또는 아이디어의 완전한 판매, 새로운 소유주에게 권한을 이전하는 방법을 논의한다. 만약 당신이 훌륭한 아이디어를 보유하고 있음에도 불구하고, 이를 개발하기 위한 더욱 훌륭한 자원을 보유한 회사가 존재한다면, 이런 방법들은 훌륭한 해결책을 제시할 수 있다.

접근 방법에 관계없이 여행은 재미있어야 한다. 그것은 많은 교훈이 어려운 방법을 통해 배울 수는 없다는 것이 아니라, 혁신주의자들의 낙관주의와 이상주의는 의료계의 변화를 완전하게 촉진시킬 수 있다는 의미이다. 행운을 빈다.

NOTES

1 Jeffrey Pfeffer and Robert I. Sutton, *The Knowing–Doing Gap: How Smart Companies Turn Knowledge into Action* (Perseus Distribution Services, 1999).

2 According to the Churchill Centre, this statement was made at the Lord Mayor's Luncheon, Mansion House, London, following the victory at El Alamein in North Africa, November 10, 1942.

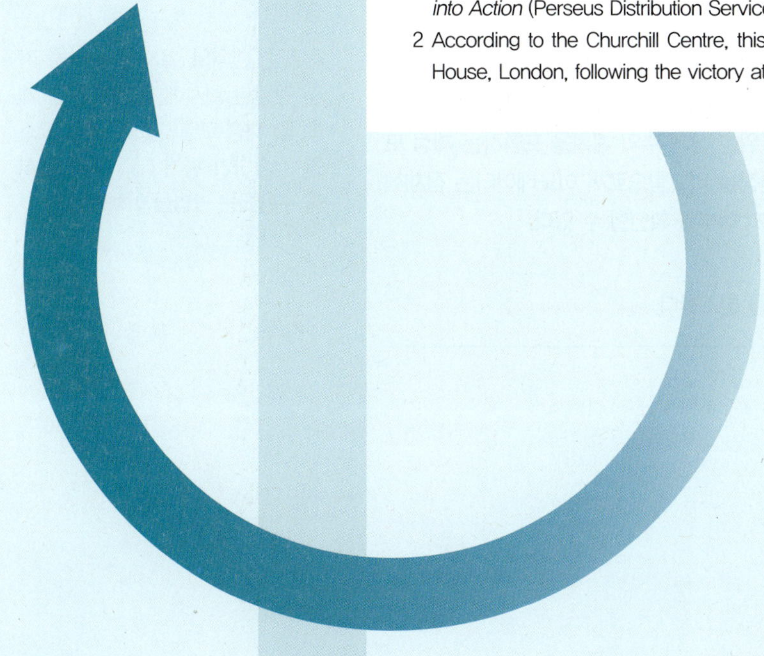

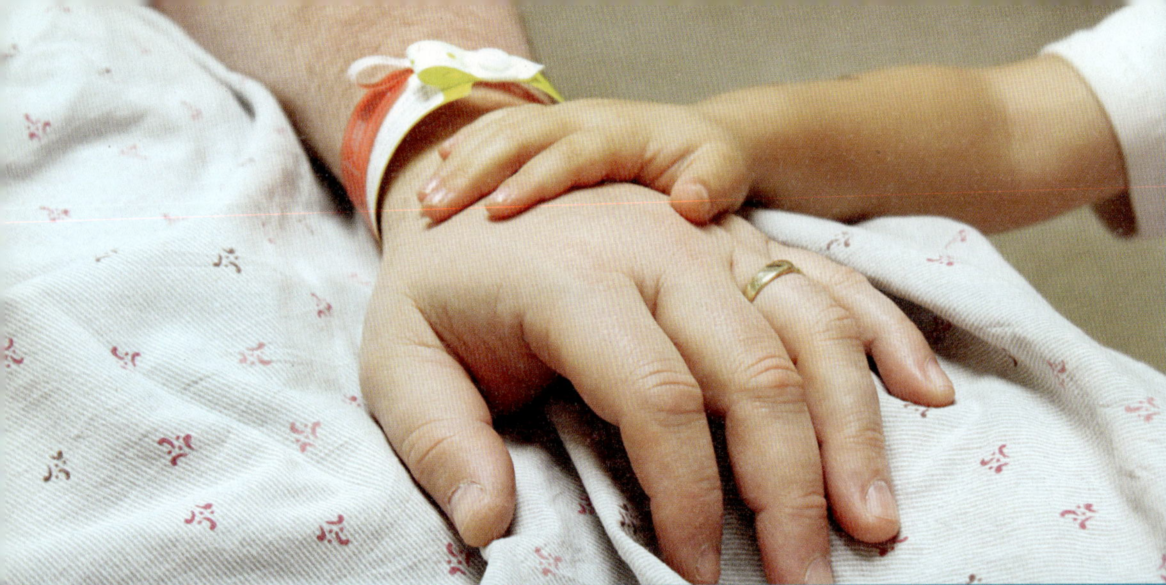

6.1 실행 계획 및 재정 모델

서론

엔지니어들은 신제품을 설계 및 개발하고, 나아가 시제품화 및 제조한다. 임상의는 임상시험을 수행한다. 통계 분석가는 자료를 분석한다. 경영진은 마케팅 및 영업 전략을 개발한다. 보험 컨설턴트는 코드, 보상범위, 지급을 보장한다. 영업 담당자는 기술을 고객에게 제공하고, 주요 오피니언 리더가 이에 대한 선정을 촉진한다. 이러한 모든 개인들은 의료기기의 개발 및 상용화에 있어 필수적이다. 그러나 복잡하고 상호 의존적인 노력을 포착하고 조정할 수 있는 신중한 계획이 없다면 이노베이터는 제품 개발 및 상용화에 필요한 노력이 관련 투자를 정당화하는지의 여부를 완벽하게 이해할 수 없다.

실행 계획 및 재정 모델을 통해 이노베이터는 새로운 해결책을 개발하고, 상용화하는 데 필요한 시간과 비용을 분석한다. 이러한 정보는 제안된 해결책의 실행 가능성을 평가하며, 회사의 사업 전략을 구현하고 비전을 실현하며, 달성 결과를 모니터링 하기 위한 청사진을 제공할 수 있다.

실행 계획을 준비하기 위해 이노베이터는 바이오디자인 혁신 과정의 전략 개발 단계와 주요 활동이 언제, 어떤 순서로 수행되는지, 그리고 어떤 자원을 사용하여 다양한 전략을 실행할 것인지 정확하게 지정한다. 이러한 정보는 비용으로 환산되어 잠재적인 시장 점유율을 확보하기 위한 상세 수익 계획을 포함하는 재정 모델로 통합된다. 수익 계획과 실행 계획에서 비롯된 상세한 비용 산정을 비교함으로써 이노베이터는 잠재적 시장이 제품 개발 및 상용화를 위한 재정적 요구사항을 정당화하는지 여부를 확인할 수 있다.

 실행 계획 및 재정 모델에 관한 동영상은 ebiodesign.org을 참조한다.

목표

- 실행 계획, 비용 예측 및 수익 모델을 개발하고, 이를 사업 계획의 검증에 사용할 수 있는 통합 재정 모델의 개발 방법에 대하여 이해한다.
- 실행 계획 및 재정 모델 생성을 지원하기 위한 의료기술에 대한 가정을 만들고, 검증하는 방법을 이해한다.
- 실행 계획 및 재정 모델에 반영되어야 하는 가장 중요한 전략적 및 전술적 문제를 파악하는 방법을 학습한다.
- 새로운 벤처와 유사한 속성을 가진 탄탄한 회사에 대하여 운영 계획 및 재정 모델의 모든 구성 요소를 검증하기 위해 대리 회사 분석을 수행하는 방법을 이해한다.

실행 계획 및 재정 모델의 기초

30개가 넘는 의료기술 회사의 이노베이터이자 창립자인 Thomas Fogarty는 새로운 기기를 시장에 출시하는 데 필요한 기술의 다양성을 강조하였다.[1]

> 특히 이 시대에는 다양한 분야의 사람들이 필요하다. 지적재산권 변호사와 기업 변호사가 필요하고 규제 전문가가 필요하며 훌륭한 엔지니어가 필요하고... 다른 유형의 엔지니어가 필요하다. 개념화할 수 있는 사람, **원형**을 구현할 수 있는 사람, 생산 엔지니어 및 필자가 "종결자"라고 부를 수 있는 사람이 필요하다. 이 전체 팀을 구성하려면 가치 할당을 이해해야 한다. 이 모든 사람들은 **가치**를 창조한다. 그들은 테이블 위에 다른 것을 가져온다. 생각해 보면, 아이디어가 있고 모든 가치를 가져 왔다고 해서 당신이 성공하는 것은 아니다. 누군가 당신의 아이디어를 구현해야 하며, 이는 혼자서는 하기 어렵다.

새로운 벤처를 위한 **재정 모델**은 Fogarty의 진술을 상세하고 양적으로 표현되었다. 이 시점까지 이노베이터들은 주로 조경 및 경쟁 스캔을 통해, 그리고 보다 집중된 접근 방식을 통해 바이오디자인 혁신 과정의 특정 단계와 관련된 중요 활동 및 비용에 대하여 생각해왔다. 이제는 이러한 정보를 응집력 있는 계획에 통합하여 해결책을 시장에 출시하는 데 필요한 시간, 노력 및 비용의 규모에 대한 포괄적인 이해 체계를 구축해야 한다. 미국에서는 510(k) 제품을 시장에 출시하는 데 3년 이상, 400만~1,500만 달러 이상이 소요되는 일이 적지 않다. **시판 전 사전허가(PMA)**를 위한 기술들은 허가 인증까지 7~10년, 5천만~1억2천만 달러가 소요된다. **CE 마크** 제품을 출시하는 것은 약 2년 및 400만 달러로 훨씬 더 효율적이다. 물론 이러한 견적은 프로젝트마다 상이하지만, 의학기술의 개발 및 상용화가 자원 집약적이라는 점을 강조할 필요가 있다. 무엇보다 이노베이터는 필요한 것이 무엇인지 현실적이고 실용적으로 이해해야 하는데, 이는 명확한 운영 계획과 재정 모델을 통해 제시 가능하다.

이 훈련은 회사의 운영 계획에서 시작하여 5~7년 동안 혁신과 개발 및 상용화 비용을 시장 수익과 함께 추적한다. 적어도 처음 3년(이상적으로는 최초 5년) 동안의 모델은 분기별 및 연간 기준으로 비용과 수익을 추적한다.

비용에는 급여, 자본 장비, 소모품, 시설 비용 및 판매된 상품의 가격(COGS)이 포함되며, 이는 생산을 위한 총 자재비용이다.[2] 수익은 총 단위에 판매 가격을 곱한 값이다. 그림 6.1.1은 재정 모델의 기본적인 원동력에 대하여 간략하게 설명한다.

재정 모델에는 개발의 여섯 단계에 해당하는 여섯 가지 구성 요소가 존재한다. **운영 계획**은 기술을 개발하기 위해 수행해야 하는 활동, 시기 및 지원되는 주요 단계에 대한 개요를 제공한다. **인력 배치 계획**은 운영 계획을 실행하는 데 필요한 인력을 지정한다. **시장 모델**에는 수익 및 시장 점유율 예측뿐만 아니라, 이러한 예측을 달성하는 데 필요한 영업 인력의 예비 평가가 포함된다. **비용 예측**은 모든 비용을 통합한다. 즉 급여, 시설, 장비, 소모품 및 제품 제조 원가가 통합된다. **손익계산서**는 회계명세서를 생성하기 위해 수익에서 모든 비용을 뺀다. 중요한 차이점은 회계 이익으로 장비를 구입한 해에 자본 장비 비용을 공제하지 않는다는 것이다. 대신, 이는 장비의 수명 기간에 걸쳐 분배된다. 그러나 장비를 구입하는 데 필요한 자본은 구입한 해에 필요하다. 현금 흐름은 이러한 차이를 반영하며 주어진 기간 동안 기록된 현금 수익에서 실제 현금 지출을 뺀 값으로 계산된다. 현금 흐름 분석은 회사의 자금 수요를 예측하는 기초를 제공한다. 각 구성 요소는 다음 절에서 더 자세히 설명된다. 그림 6.1.2는 해당 요소가 어떻게 작동하는지에 대한

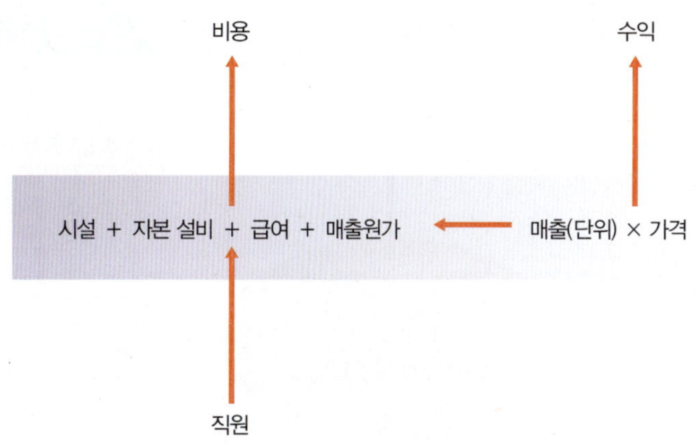

그림 6.1.1
비용과 수익은 모든 재정 모델의 근본적인 원동력이다.

개요를 제공한다.

이 장 전체에서 재정 모델의 각 구성 요소를 보여주기 위해 예제를 참조할 것이다. 이 예제는 비교적 전통적인 의료장비를 개발하는 가상의 사업에 중점을 둔다. 다른 유형의 제품에 대한 운영 계획과 재정 모델의 핵심 요소들은 유사해야 하지만, 세부 사항들은 크게 다를 수 있다. 예를 들어, 모바일 건강(m–Health) 애플리케이션의 경우, 제품은 일반적으로 시제품보다 빠르게 만들어 지고, 사용자 테스트 단계로 빠르게 넘어갈 수 있다. 또한, 개발을 위한 전반적인 자본 요구량은 낮지만 마케팅에 대한 해당 지출은 더욱 높을 것이다.

다음의 예시는 심방을 불규칙하게 수축시키는 비정상적 심장 리듬인 심방세동(atrial fibrillation, AF)을 치료하기 위한 제품에 초점을 둔다. 이러한 질병은 심계항진과 뇌졸중에 이르는 다양한 부작용을 야기할 수 있다. 심방세동을 치료하는 한 가지 방법은 질환의 근원인 전기 신호의 발생을 담당하는 심장의 특정 부위를 제거하는 것이다. 절제는 절개 카테터를 통해 수행되는데, 절개 카테터는 심장 조직을 제거하기 위해 혈관을 통해 심장으로 진입이 가능하다. 자세한 내용은 2.1 질병 단계의 기초, 2.2 기존의 해결책을 참고한다.

운영 계획

운영 계획을 준비하려면 이노베이터는 회사가 진행 과정을 차트화하기 위해 선택한 고수준의 공정표(milestone)를 초기에 반드시 고려해야 한다. 초기 정공표 중 상당수는 5.2 R&D 전략에서 설명한 바와 같이 연구개발(R&D)과 관련되어 있다. 특정 공정표는 회사마다 다르지만 높은 수준에서 다음 항목들을 포함한다.

1. **컨셉** 증명
2. 제품 개발 진행
3. 제조 가능성
4. **첫 임상연구**, **임상시험** 및 FDA 제출

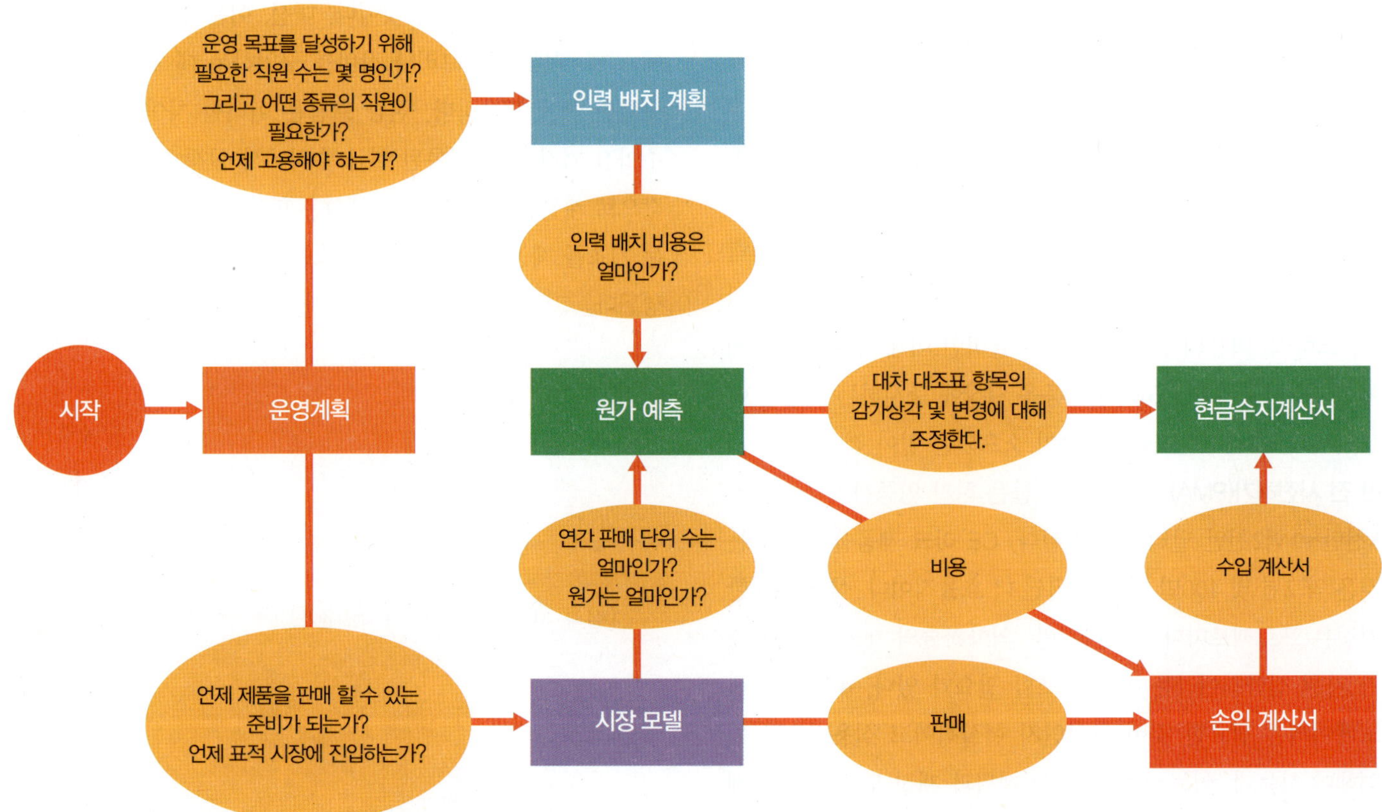

그림 6.1.2
재정 모델의 6대 핵심 요소 및 작용 절차

5. **보험 급여** 진행
6. 확장 가능한 제품의 개발
7. 마케팅 및 판매 (미국, 유럽, 아시아)

상세한 운영 계획은 이러한 공정표를 추가적으로 세분화한다(예: 보험 급여 계획이 지급인 유형별로 나뉠 수 있다). 그림 6.1.3은 가정용 절제 카테터 사업(510(k) 규제 경로 및 기존 규정에 따른 보험을 가정)에 대한 분기별 샘플 운영 계획을 나타낸다.

이노베이터는 종종 운영 계획이 바뀌지 않는다고 생각할 수도 있다. 그러나 어느 시점에서 대부분의 벤처 기업은 기술적 또는 임상적으로 중대한 문제에 직면하여 팀이 계획과 공정표를 재고하도록 할 것이다. 한 예로, Cardica, Inc.는 FDA가 경쟁 제품의 안전성 문제로 인해 임상 연구의 중간 단계에서 임상시험 요구사항을 변경하여 막대한 어려움을 겪었다.

인력 배치 계획

인력 충원 계획에는 시간이 지남에 따라 고용되어야 하는 직원 수가 요약되어 있다. 인력 충원 계획은 직접적이고, 회사의 전략적 의사결정에 따라 결정해야 하기 때문에 운영 계획 단계의 결과물이 될 수 있다. 본질적으로, 이노베이터는 영업 계획에 명시된 공정표를 달성하는 데 필요한 직원 유형(기술 또는 기능면에서)과 전체 직원 수를 파악해야 한다. 앞서 살펴본 개발된 전략은 이러한 측정에 대한 중요한 정보를 제공한다.

그림 6.1.4는 그림 6.1.3에 제시된 운영 계획을 통해 추진되는 인력 배치 계획의 예시를 나타낸다. 인력 충원 계획은 세 가지 구성 요소, 즉 제조, 연구개발 및 **판관비**(SG&A, 판매 및 일반 관리) 비용으로 구분된다. 인력 계획의 수준은 운영 계획의 공정표와 직접적으로 일치해야 한다. 예를 들면 다음과 같다.

- R&D 인력 충원은 1/4분기부터 시작되지만 12분기(Q12)에 제품 출시가 증가함에 따라 증가된다. 회사는 제조 프로세스 개발과 관련된 R&D 활동을 지원하기 위해 Q10에 두 번째 카테터 팀의 R&D 엔지니어를 고용한다. 이는 운영 계획의 특정 목표(예: 제조 설계 완료 및 제조 프로세스 개발 시작)의 달성과 일치해야 한다.
- 2단계에서의 제조 설계가 Q10에서 완료되고 제조 프로세스가 Q11과 Q12에서 완료된다. 따라서 제조 관련 직원은 Q9에 고용되어 제조가 실제로 시작되기 전에 제조 프로세스를 완료하는 데 참여한다.
- FDA 승인은 Q11에 맞춰져 있기 때문에 판매부의 첫 구성원은 제품을 확보한 후 Q12에 고용한다. 이 예에서는 집중적인 직접 판매 모델(의사 또는 시설 고객에게 직접 판매)이 가정된다. 가정 판매원의 최대 판매 규모(50)는 영업 사원과 비교하여 상대적으로 적으며 보다 상세한 모델을 기반으로 합리화되어야 한다(이러한 모델을 개발하는 데 사용된 방법

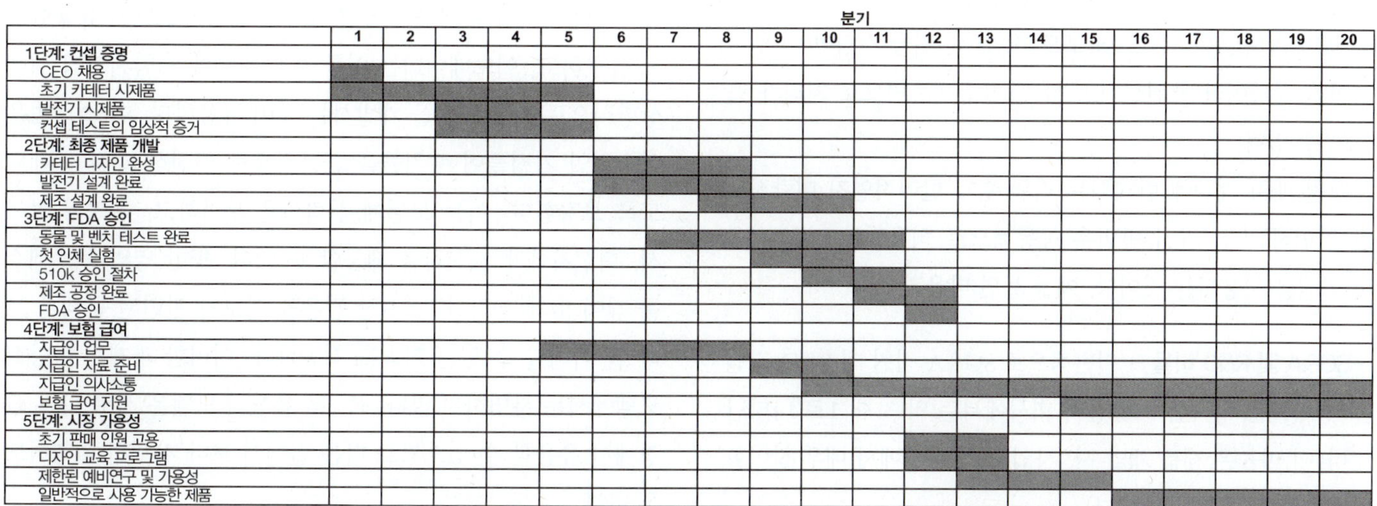

그림 6.1.3
가상의 절개 카테터에 대한 사업 운영 계획 예시

	분기																				연도	
	1	2	3	4	5	6	7	8	9	10	11	12	13	14	15	16	17	18	19	20	6	7
제조 팀																						
엔지니어	0	0	0	0	0	0	0	0	1	2	3	4	6	6	6	6	9	9	9	9	9	12
제조 조립자	0	0	0	0	0	0	0	0	2	2	2	2	5	5	5	5	10	10	10	10	18	35
R & D																						
카테터 팀																						
엔지니어	1	1	1	1	1	1	1	1	1	2	2	2	2	2	2	2	2	2	2	2	3	5
기술	2	2	2	4	4	4	4	4	4	4	4	6	6	6	6	6	6	6	6	6	7	10
발전기 팀																						
엔지니어	1	1	1	1	1	1	1	1	1	1	1	1	1	1	1	1	1	1	1	1	3	5
기술	2	2	2	2	4	4	4	4	4	4	4	4	4	4	4	4	4	4	4	4	7	10
SG & A																						
판매 인력	0	0	0	0	0	0	0	0	0	0	0	4	4	8	12	12	12	12	12	12	25	50
마케팅, 사업 개발 및 보험	0	0	0	0	0	1	1	1	1	1	2	2	3	3	3	3	3	4	4	4	5	5
임상 고문	1	1	1	1	1	1	1	1	1	1	1	1	1	1	1	1	1	1	2	2	2	2
허가인증	0	0	0	0	0	0	0	1	1	1	1	1	2	4	4	4	4	5	5	5	5	5
행정부	0	0	0	0	0	1	1	1	1	1	1	1	1	1	2	2	2	3	3	3	4	5
관리	1	1	1	1	2	2	2	2	2	2	2	4	4	4	4	6	6	6	6	6	8	8

그림 6.1.4

인력 계획의 예시

은 이후의 **상향식 시장 모델**을 통해 일부 논의된다). 유통 업체의 사용과 같은 기타 판매 모델에는 사내 영업 팀이 더욱 적어야 하며, 이 수치는 직원 배치 계획에 적절하게 반영되어야 한다.

일반적으로 직원 수는 선택되는 허가인증 경로, 보험 환경 및 판매 모델과 같은 요소에 따라 달라질 수 있다. 예를 들어, 직판 영업 사원은 최고 100~200명의 영업 담당자를 필요로 할 수 있으며 2~3인의 영업 팀은 **간접 판매 모델**을 지원하는 데 충분할 수 있다. 또한, 대상 의사 인구(예: 다수의 1차 진료 의사와 비교하여 작은 전문 분야)의 크기는 판매력에 상당한 영향을 미칠 수 있다. 보험은 다국적 상환이 예상되고 높은 수준의 지원이 필요한 경우에는 최대 10명으로 구성된 팀이 필요할 수 있다. 반면, 유리한 보험 코드, 범위 및 지급 결정이 이미 이루어진 상황이라면 컨설턴트 한 명 또는 두 명으로 처리가 충분할 수 있다.

직원 배치 계획에 반영되는 직원 수가 합리적인지 대략적으로 확인하는 한 가지 방법은 공통적으로 허용되는 직원 비율 및 공식을 사용하는 것이다. 예를 들면 다음과 같다.

- **SG&A 및 R&D 비율** – 일반적으로 SG&A 직원 대 R&D 직원의 비율은 성숙한 의료장비 회사에서는 약 3 대 1로 나타난다(이 비율은 제품 개발 시, 사업 초기 단계에서 매우 상이할 수 있음에 유의해야 한다).
- **조립 기술자 당 제품 단위** – 회사에서 자체적으로 제품을 조립하거나 제작하려는 경우 제품에 대한 수요를 충족시킬 만큼 충분한 조립 기술자들이 있어야 한다. 각 조립 기술자를 통해 생성된 총 단위 수를 계산하여 예상된 요구와 합당한지, 그리고 일정 기간 동안 기술자들이 얻을 수 있는 합리적인 양인지 확인해야 한다. 이러한 경우가 아니라면, 더욱 많은 또는 더욱 적은 기술자들이 필요할 수 있다. 조립공의 수는 특정 기간 동안 생산되어야 하는 단위의 수를 정의하는 시장 모델에 연결된다.

시장 모델

2.4 시장 분석에 설명된 바와 같이, 시장 모델에 대한 접근 방법으로는 하향식 및 상향식의 두 가지 방법이 존재한다. "간단히 계산한" 시장 수치를 개발할 때에는 **하향식 모델**이 유용함에도 불구하고, 이노베이터는 이를 재정 모델에 포함시키기 위해 상향식으로 시장 모델을 개발하는 것이 유용하다. 이 접근법은 연속적인 가정들이 수치들을 근본적으로 건전하고 잘 이해되도록 보장한다. 이는 모델에 신뢰성을 부여하고, 권리의 방어 시, 혁신자에게 자신감을 제공할 수 있다. 또한 영업 프로세스를 깊이 있게 생각하고, 시장 점유율 확보와 관련된 문제를 보다 잘 이해할 수 있는 기회를 제공한다. 이러한 과제는 하향식 모델에서는 분명하지 않다. 즉, 두 유형의 모델은 서로 다른 환경에서 유용할 수 있으므로 다음 절에서 보다 자세히 설명하도록 한다.

하향식 모델

하향식 시장 모델은 시장 분야를 개괄하고, 회사가 서비스를 제공할 고객 수를 결정한 후 (치료할 환자 수, 판매될 병원/판매될 사무실 수) 고객 수에 혁신 가격을 곱하여 연간 예상 수익을 예측한다. 이 접근법은 시장이 얼마나 매력적인지를 신속하게 확인하는 데 유용하다. 그림 6.1.5는 시장 모델의 예시를 나타낸다. 계산에 대한 자세한 설명은 그림과 같다.

언급한 바와 같이, 하향식 시장 모델은 전적으로 통계적 가정을 기반으로 한다. 이노베이터는 과학 저널 및 분석 보고서에서 다양한 관련 통계를 찾을 수 있지만, 특정 참조가 없는 경우 "풍부한 정보와 경험을 바탕으로 추정"을 작성해야 한다. 합리적인 가정을 개발하는 것은 재정 모델을 구축하는 과정의 일부이며, 이노베이터가 편안하게 해야 할 일이다. 추가적인 데이터의 활용이 가능하게 되면, 이러한 예상치는 항상 향상될 수 있다는 점을 기억해야 한다. 참고 문헌이 있는 곳에서는 이러한 자료를 인용하여 예측의 신뢰성을 향상시킨다. 또한 2.4 시장 분석의 일환으로 완료된 초기 작업을 활용해야 한다.

특정 하향식 시장 모델을 개발하기 위한 첫 번째 단계는 1년에 960,000명에서 시작하여 매년 2%씩 증가하는 발작성 발작 환자 수를 계산하는 것이다. 다음으로, 연간 발작성 심방세동 환자의 수에 약물 내성(즉, 약제 요법에 반응하지 않음) 환자의 퍼센트를 곱하고, 절제를 위한 후보(28%)를 곱한다. 이것은 절제술로 치료할 수 있는 총 환자 수를 나타낸다. 그 숫자는 실제로 연간 치료 환자의 수를 획득하기 위해 실제 치료받는 약물 내성 심방세동 환자의 비율로 곱해진다. 이 백분율은 Frost & Sullivan 연구 보고서에서 발췌한 것이다(게시된 통계를 통합하는 것은 항상 좋은 시도이다).

환자는 여러 번의 시술을 필요로 할 수 있기 때문에 연간 총 시술 횟수를 도출하기 위해 시술 환자의 수에 환자당 시술 횟수를 곱한다. 총 시장 규모를 달러로 환산하기 위해 연간 시술 횟수에 절차당 평균 판매 가격(average selling price, ASP)을 곱한다(2,000달러). 회사가 이 시장의 일부를 차지할 것이라는 사실을 언급하기 위해, 시장 점유율 예측에 연간 시술 횟수 곱하고, 이는 연간 판매 단위 수에 해당된다(한 번의 시술에 한 개 이상의 장치가 사용 되었다면, 이 또한 고려해야 할 필요가 있다). 마지막으로 연간 판매 단위 수에 평균 판매 가격을 곱하여 연간 매출 목표를 산출한다.

시장 점유율을 결정할 때 시장 점유율의 증가는 다양한 요소에 의해 결정됨을 명심해야 한다. 기술이 얼마나 혁신적이고 독창적인지, 의사가 이를 받아들일 가능성 등이 포함된다. 회사의 판매 계획이 얼마나 적극적인지, 몇 명의 영업 담당자를 고용할지와 같은 요소도 고려해야 한다. 마지막으로, 이미 시장에 나와 있는 경쟁 업체의 수와 자원의 범위를 고려해야 한다.

전문가들은 시장 진출을 계획할 때 지나치게 공격적이어서는 안 된다고 주의한다. 대부분의 경우 제품에 대한 수요가 많지 않고, 판매 채널이 이미 확립된 경우를 제외하고는 1년 내에

주요 가정		
가정	#	출처
발작성 AF 환자 수	960,000	미국 심장 협회
인구 증가율	2%	미국 팝 통계 – 베이비 붐 세대
약물 난치성	28%	뉴 잉글랜드 의학 저널
절제 카테터 (ASP)의 평균 판매 가격 ($)	2000	회사 연구
ASP의 연간 감소 %	1%	추정

미국 시장 모델							
년	1년	2년	3년	4년	5년	6년	7년
주요 공정표			FDA Approval				
발작성 AF 환자	960,000	979,200	998,784	1,018,760	1,039,135	1,059,918	1,081,116
약물 난치율(%)	28%	28%	28%	28%	28%	28%	28%
난치성 AF 환자	268,800	274,176	279,660	285,253	290,958	296,777	302,712
난치성 환자의 치료 비율(%)	*2.5%*	*4.5%*	*7.5%*	*15.0%*	*25.0%*	*30.0%*	*35.0%*
환자당 절차	1.15	1.12	1.10	1.08	1.07	1.06	1.05
전체 절제 절차 수행	7,728	13,818	23,072	46,211	77,831	94,375	111,247
총 시장 크기($)	**15,456,000**	**27,498,756**	**45,683,536**	**91,042,470**	**152,572,428**	**184,078,320**	**215,901,728**
% 절제 환자의 시장 점유율	*0.0%*	*0.0%*	*0.1%*	*1.0%*	*5.0%*	*12.0%*	*20.0%*
총 판매 단위	-	-	23	462	3,892	11,325	22,249
평균 판매 가격($)	2,000	1,990	1,980	1,970	1,960	1,950	1,941
수익($)	**-**	**-**	**45,684**	**910,425**	**7,628,621**	**22,089,398**	**43,180,346**

그림 6.1.5
하향식 시장 모델의 예시

시장 점유율이 1%를 넘지 않는다. 일부 주목할 만한 예외가 있지만, 이노베이터는 장기적으로 경쟁자가 시장에 참여할 것이며(아직 존재하지 않는다면), 반드시 일부 시장은 접근이 불가능할 것이라고 가정해야 한다. 결과적으로, 성공적인 시나리오에서조차도 장기적 시장 점유율의 예측은 15~30%가 현실적으로 적당한 수치이다.

상향식 모델

상향식 모델은 다음에 열거된 7단계를 통해 시장 평가에 대하여 다른 접근 방식을 취한다.

1. **비즈니스의 기본 단위 결정** – 첫 번째 단계에서의 핵심은 시장에서 비즈니스를 주도하는 요소를 결정하는 것이다. 자본 설비를 판매하는 회사의 경우 "사업 단위"는 기계를 구매하는 시설의 개수이다. 그러나 다른 의료 회사의 경우 의사는 특정 절차 내에서 장치를 직접 사용한다는 이유로 의사들이 핵심 사업 단위일 수 있다. 회사가 비상장 사업 모델(4.4절 경영 모델 참조)에 종사하고 있다면, 환자는 근본적인 사업 단위가 될 수 있다.
2. **판매 주기 고려** – 판매 주기에는 하나의 사업 단위를 판매하는 데 필요한 모든 시간과 비용이 포함된다. 여기에는 기술에 대한 구매자의 인식을 높이고, 관심을 갖게 하고, 거래를 마무리하는 데 드는 시간과 비용이 포함된다. 구매자가 시설 또는 병원인 경우에는 표준 구매 과정 및 주기를 고려해야 한다. 모든 과정을 완료하는 데에는 일반적으로 6개월에서 1년이 소요된다. 구매자가 의사인 경우 장치를 사용하기 위해 훈련하는 시간과 비용을 계산할 필요가 있을 뿐만 아니라 추후 훈련도 필요하다. 새로운 영업 담당자의 경우 학습 곡선도 계산에 포함시켜야 한다. 새 담당자가 교육을 받고 첫 번째 판매가 종료되기까지 3~6개월(또는 그 이상)이 걸릴 수 있다.
3. **수용 곡선을 고려하라** – 수용 곡선은 구매자가 기술을 활용하거나 소비하는 비율을 나타낸다. 상대적으로 낮은 위험 그리고/또는 명백한 장점을 나타내는 장치의 경우, 주어진 단위 시간 동안 사용되는 장치의 수가 상대적으로 꾸준히 증가할 수 있다. 그러나 고위험 장비 또는 더욱 실험적인 기술의 경우 사용률이 더욱 점진적으로 증가할 수 있다. 예를 들어, 의사는 기술을 사용하여 첫 번째 시술을 수행한 다음 시술을 하기 전 예비 환자가 어떻게 대응하는지 몇 달 동안 기다릴 수 있다. 특정 시설 및 의학 전문 분야는 신기술을 다른 기술보다 신속하게 채택하는 경향이 있으며, 수용곡선을 개발할 때 이를 고려해야 한다. 핵심은 회사가 판매량을 얼마나 빨리 창출할 수 있는지 예측하기 위해, 하루, 이틀 등 단일 사업 단위의 예상 가동률을 도출하는 것이다. 사용률을 파악하는 데 사용할 수 있는 몇 가지 일반적인 측정 항목에는 벤처 제품을 사용하는 사업 부문의 비율, 제품 사용에 대하여 교육을 받은 의사 수(Cardica 사례 참조) 또는 제품의 활동적인(반복적인) 사용자로 간주되는 개별 내과 의사 등이 존재한다.
4. **상업적인 노력 구축** – 이 시점에서 이노베이터는 개별 영업을 단일 비즈니스 단위로 만들기 위해 무엇이 필요한지에 대한 생각을 멈추고, 합리적인 비즈니스를 구축하기 위해 영업 담당자를 얼마나 많이 고용해야 하는지를 고려해야 한다. 1단계에서는 이노베이터가 목표 시장 내에 존재하는 비즈니스 단위 수를 결정할 수 있다. 2단계에서는 판매를 위해 얼마나 많은 노력이 필요하며 예상되는지 이해한다. 3단계에서는 현실적인 도입률을 추정한다. 이제는 이러한 요소들을 모아서 적절하고 현실적인 속도로 비즈니스를 성장시키는 데 필요한 영업 담당자 수를 파악해야 한다. 핵심은 이노베이터의 "보상"에 대한 욕구와 위험에 대한 허용 간의 균형을 맞추는 것이다. 판매 주기 및 수용곡선에 대한 주요 가정이 시장에서 테스트될 때까지 한 번에 너무 많은 영업 담당자를 고용하는 것은 위험할 수 있다. 반면, 회사는 운영을 유지하고 투자자에게 약속을 지키기 위해 현실적인 시간 내에 충분한 매출을 올릴 수 있어야 한다. 또한 초기 영업 인력을 소수의 대표자에게 알리고 계획에 포함된 가정이 실제 현장 경험에 의해 검증될 때까지 확장을 미루는 것이 일반적이다. 일반적으로 여러 가지 시나리오를 함께 실행하는 것이 좋을 수 있다(5명의 영업 담당자? 10명의 영업 담당자? 15명의 영업 담당자? 로 시작). 그런 다음 최고의 위험/보상 비율을 산출하는 시나리오를 선택한다.
5. **시장 발전 요인 고려** – 다음 단계는 전체 시장 모델에 영향을

줄 수 있는 외부 환경의 다른 요소를 고려하는 것이다. 예를 들어, 보험 범위는 시장 수용에 중요한 영향을 줄 수 있다. 보험 문제가 아직 해결되지 않았다면, 이는 초기 영업 인력의 규모에 영향을 미칠 수 있다. 마찬가지로 전문 사회가 아직 기술을 보증하지 않았거나 핵심 데이터가 게시되지 않은 경우, 더욱 광범위한 판매를 지원할 수 있을 때까지는 얼리어댑터를 중점에 둔 소규모 영업 인력으로 시작하는 것이 좋다. 중요하게도, 하향식 시장 모델은 고유한 약점 중 하나인 이러한 유형의 요인을 명시적으로 고려하지 않는다.

6. **제품 진화 요인** – 이노베이터가 차기 버전의 기술이 1년에서 3년 이내에 사용 가능할 것으로 예상하는 경우 이를 시장 모델에 반영해야 한다. 새 버전의 기술은 향상된 기술 및 잠재적인 기술로 인해 사용률을 높이거나 부가가치를 반영하여 판매 가격을 인상할 수 있는 기회를 제공할 수 있다.
7. **다른 요소 고려** – 마지막으로 이노베이터는 판매에 영향을 줄 수 있는 다른 요인이 있는지 판단하기 위해 시장, 구매자 및 기술을 면밀히 검토해야 한다. 예를 들어, 일부 의학 전문 분야는 다른 분야보다 계절에 더 영향을 받는다(예: 정형외과는 사람들이 계절 스포츠 활동에 참여하는 겨울철과 여름철에 가장 바쁘다). 특정 의료 분야의 구매 행동은 특정 시간대(의사 및 병원 관리자가 현장에서 신기술을 확인하기 위해 소집 하는 시기)에 발생하는 주요 의료 회의의 영향을 받을 수도 있다. 이러한 유형의 고려사항은 전체 시장 모델 및 주요 시장 결정 시기에 고려되어야 한다.

Cardica, Inc.의 다음 사례는 의료장비 스타트업에서 실제로 상향식 시장 모델이 어떻게 개발되었는지 설명한다.

현장에서 Cardica, Inc.

CABG의 직판 영업사원을 위한 상향식 시장 모델 개발

1997년 관상동맥 우회술(coronary artery bypass graft, CABG) 중 혈관의 연결 또는 문합을 자동화하는 독점 제품을 설계 및 제조하기 위해 Bernard Hausen과 Steve Yencho 박사는 Cardica, Inc를 공동 창립하였다. CABG 시술에서 정맥 또는 동맥은 관상동맥이 폐쇄되거나 좁아진 부분을 넘어서 혈류를 복원하기 위해 "우회" 도관을 구성하는 데 사용된다. 이것은 일반적으로 정맥이나 동맥 도관의 한쪽 끝을 대동맥에 봉합하고 다른 쪽 끝을 막힌 곳을 지나 관상동맥에 연결하여 완성된다. Cardica의 제품 포트폴리오에는 2004년까지 두 가지 제품이 포함되었는데 C-Port® Distal Anastomosis System (C-Port라고도 함; 그림 6.1.6 참조) 및 PAS-Port® 근위부 문합 시스템(PAS- 포트라고 함)이다. C-Port 제품은 PAS-Port가 이식편과 대동맥의 연결을 자동화하는 동안 우회 이식편을 관상동맥에 연결하는 데 사용되었다. 2005년 11월 Cardica는 C-Port에 대해 510(k)의 허가를 받았지만 PAS-Port는 PMA 및 **무작위 임상시험**을 필요로 하였다. 그 결과, C-Port와 PAS-Port 시스템의 미국 내 상용화 사이에 잠재적으로 3년의 지연이 예상되었다.

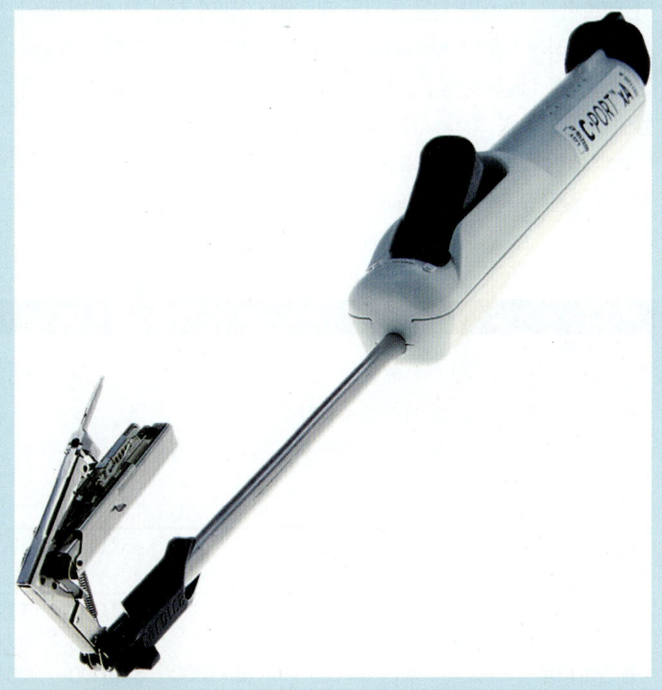

그림 6.1.6
Cardica의 C-Port xA 말초 문합 시스템(Cardica, Inc.의 허가를 받아 사용)

초기 바이오디자인 혁신 과정에서 Cardica의 경영진은 직접 영업 인력을 개발하기로 결정하였다. Bob Newell은 Cardica의 CFO가 "우리 사업의 진도를 측정하는 데 사용하는 주요 척도는 제품을 사용하는 훈련된 외과의사의 수이다. 미국에서는 1,000개의 병원에서 약 3,000명의 외과의가 연간 약 25만 건의 CABG 수술을 수행한다. 약 225개의 병원이 모든 절차의 50%를 수행한다. 따라서 우리는 표적화된 영업 인력을 통해 이와 같이 많은 규모의 시설을 수행할 수 있었다. 영업 인력은 중재적 심장학에 종사하는 것처럼 거대하지 않아도 된다. 또한 이 병원의 모든 외과의를 표적으로 삼을 필요도 없다. 펌프 및 펌프 외의 CABG 수술에는 두 가지 기본 부문이 존재하는데, 온-펌프(on-pump)는 심장이 멈추고 환자가 우회 기계에 있는 우회 수술을 하는 전통적인 방법이다. 우회 기계는 혈액을 걸러 내고 심장이 멈추는 동안 혈액이 흐르게 한다. 시장의 약 75%가 여전히 이와 같이 우회 수술을 수행한다. 우회 수술을 하는 가장 새로운 방법은 심장 박동 수술(off-pump or beating heart surgery)이라고 하며, 멈추지 않은 심장에서 수술이 수행된다는 것을 의미한다. 심장이 계속 뛰고 혈액이 우회로로 우회되지 않는다. 심장외과 의사는 얼리 어댑터의 성향을 많이 가지고 있어 우리의 첫 고객 대부분이 심장외과 의사일 가능성이 높다."[3] Cardica의 경영진은 225명의 외과의가 심장박동 수술의 대부분을 수행했다고 추정하였다.

Cardica의 기본적인 영업 전략은 C-Port 장치를 사용하여 외과의사를 먼저 교육하는 것이었다. 이 회사의 목표는 PAS-Port 제품이 승인되고 출시될 때까지 많은 수의 박동 심장 외과의를 훈련시키는 것이었다. 이로써 C-Port가 처음 출시된 때로부터 3년이 지난 후 첫 번째 의사를 교육하게 되었다. Newell은 외과의사 교육의 주요 비용은 영업 사원이 교육을 제공하는 데 걸린 시간이라고 추정하였다. 실험실의 짧은 방문을 포함하여 회사 시설에서 4~6시간의 초기 교육을 마친 후 Cardica 판매 담당자는 외과의사가 수행한 처음 5~6건의 사례에 참석한다. 일단 외과의가 훈련되면, 그 고객을 위한 안정적인 판매에 도달하는 데는 2개월에서 9개월 정도 걸릴 수 있다.

Cardica 경영진은 C-Port의 평균 말단 문합술 횟수가 수술당 3.5건이고, 총 시술 수는 250,000건으로 이론적인 미국 시장 규모가 875,000개가 될 것으로 추정하였다. 이 중 심장박동 부분은 약 25%를 차지하거나, 이론적으로 20만 개가 넘을 것이다. 한편, PAS-Port는 잠재적으로 수술당 평균 1.5회의 근위부 문합을 토대로 이론상 총 375,000개의 시장 규모를 나타낼 것이다(원위부 및 근위부 문합의 평균 차이는 내부 유방 동맥과 같은 일부 동맥 우회 도관이 근위부 혈류 부위가 손상되지 않고 사용되기 때문에 근위부 문합이 필요하지 않기 때문이다). C-Port의 가격은 문합당 800달러이며 PAS-Port는 문합당 600달러이다. 이 수치를 사용하여 C-Port당 이론적 연간 미국 판매 총액은 약 7억 달러(= 250,000시술 건수 × 3.5개/시술 × 800달러/장치) 및 PAS-Port에 대해 2억2,500만 달러(= 250,000시술 건수 × 1.5개/시술 × 600달러/장치)가 될 것으로 관리자는 추정하였다. 박동 심장 부분에 해당하는 금액은 1억7,000만 달러 및 5,600만 달러로 나타났다(모든 숫자는 가장 가까운 백만에 반올림됨).

회사는 판매원이 연간 350,000~400,000달러의 비용을 지급하고, 연간 매출액이 최대 150만~250만 달러가 될 것으로 예상하였다. 영업 사원이 그 기준에 도달하면 추가 외과의사를 포괄할 수 있는 새로운 영업 사원이 필요하다. Cardica는 영업 사원을 양성하는 데 2~3개월이 걸릴 것이며, 회사는 각 영업 사원이 분기마다 3명의 새로운 외과의사를 영입하고 훈련할 수 있을 것으로 예상하였다.

이러한 정보를 바탕으로 상향식 시장 모델을 개발하려면, 두 가지 단계가 필요하다. 1단계는 C-Port와 PAS-Port 시작 사이의 초기 기간을 다룬다. 2단계는 PAS-Port 출시와 그 이후를 포함한다.

단계 I의 목표는 분기별 25~30의 속도로 얼리 어댑터를 훈련시키고 PAS-Port가 승인될 때까지 C-Port를 사용하여 250~300명 이상의

	C-Port® 출시					PAS-PORT® 출시			
분기	1	2	3	4	......	9	10	11	12
직접 판매원	3	3	3	10		10	10	10	10
현재 분기에 훈련된 의사	10	10	10	30		30	30	30	30
이전 분기에 훈련된(및 유지되고 있는) 의사		7	7	7		20	20	20	20
2분기 이전에 훈련된(및 유지되고 있는) 의사			7	7		20	20	20	20
완전히 훈련되고 유지되고 있는 의사				7		80	100	150	140
총 훈련 된 의사	10	20	30	40		190	220	250	280
C-포트 총 판매		37,037	111,111	222,222		1,666,667	2,000,000	2,333,333	2,666,667
총 PAS-Port 판매									
총 매출		37,037	111,111	222,222		1,666,667	2,000,000	2,333,333	2,666,667
영업 담당자당 분기 매출		12,346	37,037	22,222		166,667	200,000	233,333	266,667
총 판매 비용	300,000	300,000	300,000	1,000,000		1,000,000	1,000,000	1,000,000	1,000,000

그림 6.1.7

1단계 시장 모델. 주목: (1) "총 훈련된 의사"라는 항목은 훈련 된 의사의 누적 수를 반영하며, 2/3의 유지율을 무시한다; (2) 두 제품 출시 이후 판매 지연은 의사 교육 시간의 필요성을 반영한다.

외과의사를 훈련시키는 것이다. 3년 동안 2/3의 유지율을 가정하면, 이는 Q12에 약 180~200명의 의과의사가 확보된다고 해석된다. 이 계산은 첫 해에 분기마다 약 10명의 새로운 외과의가 훈련될 수 있음을 의미한다. Q5에서 Q12까지의 합리적인 목표는 분기당 30명의 새로운 외과의사(이것은 10명의 직접 판매 인력으로 번역됨)를 훈련하는 것이다. 그림 6.1.7의 모델이 세부 사항을 설명한다(모델의 각 행은 4분의 1을 나타내고, 완전 판매 직원의 비용은 연간 40만 달러 또는 분기당 10만 달러이다).

처음 3/4분기에는 3명의 판매 인력이 소규모로 배치되며 4/4분기에는 10명으로 증가할 것이다. 이 모델은 신규 판매 직원에 대하여 4분의 1 교육을 가정한다. 따라서 1분기 동안 교육을 한 후에 추가 영업 직원은 Cardica가 Q5에서 목표 훈련 수준인 30에 도달할 수 있도록 한다. 이 모델은 새로 훈련된 외과의가 정상 판매에 도달하는 데 필요한 3~9개월을 캡처하기 위해 지난 2분기와 마찬가지로 이번 분기에 훈련된 외과 의사 수를 추적한다. 총 매출액의 계산은 현재 분기에 훈련된 외과의사가 어떤 시술도 수행하지 않는 것으로 가정하고, 이전 분기에 훈련된 외과의사는 훈련을 완료한 후 9개월 이내에 사례 수의 10%에 도달할 때까지 점점 더 많은 시술을 수행한다. 이 모델은 영업 인력이 Q8 (해당 없음)까지 비용을 충당하기에 충분한 매출을 발생시킬 것임을 나타낸다.

다음 단계는 단계 II : PAS-Port 진입 및 그 이상을 고려하는 것이다(그림 6.1.8 참조). Q12까지 훈련 받고 유지된 180명의 외과의사(140명 이상이 2/4 이상의 경험으로 훈련을 받았고 40명 이상을 훈련시키고 적어도 1년 또는 2년 동안 유지)의 확립된 기반으로 성공적인 출시와 잠재적으로 PAS-Port에 대한 신속한 "하키스틱" 채택 유형을 기대할 수 있다. Cardica의 경영진은 PAS-Port가 출시된 후 2분기 이내에 PAS-Port에서 모든 C-Port 외과의를 교육할 수 있다고 예측하였는데, 이는 Cardiac 영업 직원과의 친밀도, 심장기기의 사용 및 친근한 관계를 고려한 것이다. 새로운 외과의사는 C-Port와 PAS-Port 모두에서 분기당 30의 비율로 계속 훈련될 것이다.

PAS-Port는 C-Port와 비교하여 더욱 많은 사례 수를 확보할 수 있는 임상적 장점을 가지고 있다(PAS-Port의 장점 중 하나는 뇌졸중을 유발할 수 있는 대동맥을 고정할 필요가 없다는 점이다). 그들은 출시로부터 3/4분기 내에 25~50%의 보급률을 기대하는 것이 타당하다고 생각하였다(다음 모델은 35% 가정). 이러한 가정하에 Cardica의 미국 내 총 분기 매출은 17억 달러를 초과할 것으로 예상된다. 이러한 매출 성장은 영업 인력 10명을 분명히 압박할 것이다. 따라서 Cardica는 이러한 성장을 예상하여 영업 인력을 구축해야 한다. 다음 모델은 영업 인력 모집 및 교육이 Q11의 초기에 10명에서 13명으로 완만하게 증가하여 기존 교육 기반의 새롭고 추가적인 요구사항을 예상한다고 가정한다. 그러면 영업 사원이 Q16까지 17명이 된다. 또한 이 모델은 판매 지역의 기존 판매가 연간 1.5백만~2.5백만 달러에 도달하고 새로운 영업

그림 6.1.8
PAS-Port 근위 문합 시스템(Cardica, Inc.의 허가를 받아 사용)

사원이 1/4분기의 교육을 필요로 할 때 판매 지역을 분할하고 새로운 판매 직원을 추가한다고 가정한다. 그림 6.1.9의 모델은 Q10부터 시작하여 PAS-Port 제품 출시로 인해 증가한 요구를 포착하기 위해 표에서 판매 사원의 행을 수정한다.

이 모델은 Q18에 의해 17명의 영업 사원이 300명의 훈련되고 유지된 외과의를 대체할 수 있음을 보여주며 이는 판매 사원당 약 17명의 외과의를 나타낸다. 영업 활동에는 기존의 외과의를 지원하고 새로운 외과의사를 데려 오는 것이 포함된다. Q18에서 분기당 총 860만 달러의 매출이 달성될 것이다. 독자는 판매 인력이 현저히 증가했음에도 불구하고 분기당 새로운 의사 훈련 인력의 수는 일정하다는 것을 알게 될 것이다. 대부분의 영업 직원이 기존의 외과 의사를 유지하고 지원하는 데 더 많은 시간을 소비하고 있으며, 새로운 외과의사를 모집하는 데 소요되는 시간도 그만큼 적기 때문이다. 모델에서 가정한 내용은 다음과 같다.

- 미국 내 1,000개 병원에서 3,000명의 외과의사들이 CABG 수술을 수행한다.
- 225개의 병원은 모든 시술의 약 50%를 수행한다.
- 미국에서 연간 250,000건의 CABG 수술 중 약 25%는 "오프-펌프(off-pump)" 또는 심장 박동 수술이다.
- 오프-펌프 CABG 수술을 수행하는 외과의사는 회사의 첫 번째 사용자이다.

- Cardica의 목표는 PAS-Port가 상업적 용도로 승인될 때까지 C-Port 사용에 대해 300명 이상의 외과의사를 양성하는 것이다.
- C-Port 상용 출시 시점부터 PAS-Port 승인까지 약 3년(Q1~Q12)이 소요될 것으로 예상된다.
- 일단 외과의사가 훈련되면 정상 판매량을 달성하는 데 2~9개월이 소요된다.
- 훈련된 외과의사는 약 2/3가 "유지"되거나 제품을 계속 사용한다.
- C-Port는 CABG 시술에서 약 10% 가량 사용되며, 수술당 평균 3.5건(건당 800달러)의 문합이 수행된다.
- PAS-Port는 모든 심장박동 수술의 25~50% 및 온-펌프 수술의 5~10% 수준에서 사용되며, 수술당 평균 1.5회(건당 600달러)의 문합이 이루어진다.
- Cardica 직판 담당자의 비용은 연간 약 35만~40만 달러가 될 것이다.
- 각 영업 담당자는 연간 1,500만~2,500만 달러의 판매 능력을 가지고 있다.
- 영업 사원이 이 기준 액에 도달하면 새 담당자를 고용하고 해당 지역을 분할해야 한다.

	C-Port® 출시					PAS-PORT® 출시		
분기	11	12	13	14	15	16	17	18
직접 판매 사원	13	13	13	13	13	17	17	17
현재 분기에 훈련된 의사	30	30	30	30	30	30	30	30
이전 분기에 훈련된(유지된) 의사 Q	20	20	20	20	20	20	20	20
2분기 전에 훈련된(유지된) 의사	20	20	20	20	20	20	20	20
완전히 훈련 받았거나 유지되고 있는 의사	120	140	160	180	180	220	240	260
총 훈련된 의사	250	280	310	340	370	400	430	460
총 C-Port 판매	2,333,333	2,666,667	3,000,000	3,333,333	3,666,667	4,000,000	4,333,333	4,666,667
총 PAS-Port 판매				964,286	2,142,857	3,937,500	3,937,500	3,937,500
총 매출	2,333,333	2,666,667	3,000,000	4,297,619	5,809,524	7,937,500	8,270,833	8,604,167
영업 담당자당 분기 매출	179,487	205,128	230,769	330,586	446,886	466,912	486,520	506,127
총 판매 비용	1,300,000	1,300,000	1,300,000	1,300,000	1,300,000	1,700,000	1,700,000	1,700,000

그림 6.1.9
2단계 시장 모델

Cardica 상향식 모델 논의

이 모델은 단지 출발점일 뿐이다. 회사는 핵심 가정, 특히 Q12의 램프-업(ramp-up)과 PAS-Port의 기존 외과의사에 대한 교육 요구사항 및 C-Port와 PAS-Port가 모두 시장에 출시되면 새로운 외과의사를 교육하는 것과 관련하여 더 많은 실험을 할 수 있다. 모델에 포함될 수 있는 다른 고려사항은 다음에 요약되어 있다.

보험 급여

분석의 단점은 판매에 대한 보험 효과를 고려하지 않는다는 것이다. 실제로 제품 채택은 보험 범위에 따라 크게 영향을 받을 수 있으며, 이는 모델에 통합되어야 한다.

사용 확대

이 모델은 주로 심장마비 수술을 수행하는 외과의사들 사이에서 C-Port 및 PAS-Port의 사용에 중점을 두고 있지만 Cardica의 관리팀은 비파괴 심장 CABG 수술에 두 장비가 결국 사용될 것이며, 또한 다른 혈관 이식 절차에서 잠재적인 응용 가능성이 있다고 생각하고 있다.

비즈니스 환경의 변화

모델을 통해 회사의 목표가 달성 가능한지 여부를 결정하기 위해 외부 환경의 변화와 비즈니스 내 진행 상황을 모니터링할 수 있다. 그러한 모델은 절대로 정적이어서는 안 된다. 경영진은 적극적으로 다양한 조건들을 모니터링하고 모델에 반영하여 영업 인력을 확장하거나 영업 지역을 나눌 수 있는 최적의 시간을 결정해야 한다.

영업 조직

현재 모델에서는 초기 판매 지역을 구성하는 방법에 대한 세부 정보를 제공하지 않는다. 일반적으로 이러한 종류의 분석은 판매 지역에 대한 예비 설계로 보완되어야 한다. 지역마다 판매 수준이 다를 수 있기 때문이다. 미국에서는 뉴욕, 보스턴, 시카고, 샌프란시스코, 로스앤젤레스, 샌디에이고, 덴버 및 마이애미와 같은 대도시 지역에 예비 판매 노력을 집중시키는 것이 일반적이다. 메디케어(Medicare) 및 Dartmouth Healthcare Care[4]의 이용률 데이터를 기반으로 초기 지역을 설계할 목적으로 가장 많은 양의 지역을 결정할 수 있다.

하향식 모델을 통한 조정

앞서 언급한 바와 같이, C-Port와 PAS-Port가 사용될 수 있는 심장 CABG 수술의 미국 전체 시장 규모는 각각 1억 7,000만 달러 및 5,600만 달러로 추정된다. C-Port와 PAS-Port가 박동 심장 CABG 수술의 총 건수에 대하여 각각 10% 및 35% 점유하였다고 가정하면(두 가지 가정 모두 상향식 모델을 통해 생성), 미국 내 연간 판매액은 1,700만 달러 및 2,000만 달러로 예상되고, 연간 3,700만 달러(분기당 900만 달러)의 매출을 올릴 것으로 예상된다. 이러한 신속한 계산은 상향식 모델에서 Q18에 860만 달러의 분기 매출 예측치와 일치함을 알 수 있다. 이러한 판매 측정은 모두 Cardica의 최종 정상 상태의 판매량을 나타내는 것이 아니라 오히려 박동 심장 수술의 첫 번째 사용자 시장 부문에 대한 안정적인 판매량을 나타낸다.

비용 예측

비용 예측(손익계산서라고도 함)은 **제조 비용** 및 운영 비용(OpEx)을 포함하여 예상되는 비즈니스 비용을 계산한다. 제조 원가(COGS)에는 자재 원가와 노동, 설비 및 장비가 모두 포함된다. 이는 회사가 판매하는 제품을 만드는 데 소요되는 비용을 파악한다. OpEx는 R&D, 영업 직원, 일반 및 행정 기능, 비생산 설비 비용을 포함하여 제조 비용에 포함되지 않은 모든 기타 비용을 파악한다.

비용 분석은 다양한 세부 수준에서 수행될 수 있다. 재정 모델에 대한 목표 대상을 충족시키는 데 얼마나 많은 세부 사항이 필요한지 결정하는 것은 혁신 업체에 달려 있다.

급여 분석

절제 카테터 예시를 기반으로 비용 예측은 다음의 세 가지 요소를 포함하는 직원 급여 분석으로부터 시작된다.

1. 유형별로 평균 고용 인원을 계산하여 인력 계획을 요약한다.
2. 연간 급여 가정 또는 회사가 직원 유형별 급여에서 각 직위 유형별로 지급해야 하는 금액을 개략적으로 설명한다.
3. 각 직원에 대한 직원 건강 관리 및 기타 혜택, 보험, 컴퓨터, 책상 의자, 장비 등을 고려하여 직급별 연간 **부담 비용**을 계산한다. 전체 사용 비용은 각 직원의 총 연간 비용을 나타낸다.

평균 연봉에 대한 벤치마킹은 널리 사용 가능하다. 표 6.1.1은 2012년 연봉 조사에 기초한 몇 가지 샘플 데이터를 제공한다.[5]

보상 비용을 정확히 계산하기보다는 많은 전문가들이 직원 1인당 연봉의 2배에 해당하는 비용을 사용한다(예: R&D 사원의 전액 부담 비용은 100,500달러 × 2 = 201,000달러). 급여, 보험 등을 설명하기 위해 사용된 2배율은 제조 직원을 제외한

표 6.1.1 의료기술 분야의 급여는 지리적 위치와 회사 개발 단계에 따라 상이할 수 있지만 일반적으로 표준 범위(의료기기 및 진단 산업 연봉 설문 조사 2012 기준, 별도의 언급이 없는 경우) 내에 포함된다.

직위	중간 연봉	중간 총 연봉 (보너스 포함)
일반 및 기업 경영	$ 145,600	$ 190,300
규제 및 법률 업무	$ 126,600	$ 163,000
연구 및 개발	$ 100,500	$ 120,000
생산 및 제조	$ 100,00	$ 125,000
제품 설계 및 엔지니어링	$ 94,200	$ 100,000
품질 보증 및 품질관리	$ 93,100	$ 110,000
의료기기 판매액	$ 78,489[6]	$ 150,890[7]
컨설턴트	$ 1,000 ~2,500 달러(일)[8]	–

모든 직원에게 적용되며, 제조 직원은 1.5배율을 사용해야 한다. 또한 연봉 인상을 고려하는 것뿐만 아니라 높은 수준의 인재를 유치 및 보전할 수 있어야 한다.

그림 6.1.10은 모델의 직원 배치 계획을 기반으로 작성된 월급 분석의 예시를 나타낸다.

제조 비용

제조 원가는 제조 인건비, 설비 비용 및 원자재 비용(COGS)의 세 가지 주요 요소로 구성된다. 그림 6.1.11은 이에 대한 예시 모델을 나타낸다.

이 분석에서는 제조 인건비를 계산하기 위해, 직원 채용 모델로부터 엔지니어(연간)에 전액 부담 급여 비용을 곱하여 총 엔지니어 비용을 산출하였다. 연간 총 노동 인원(예: 조립업자, 가공업자, 테스터)의 총 부담액은 총 제조 인건비를 산출하기 위해 전액 부담된 급여 비용과 유사하게 곱해졌다. 총 제조 인건비는 두 수치를 더해 산출한다.

	1년	2년	3년	4년	5년	6년	7년
제조 팀							
엔지니어	0	0	3	6	9	9	12
조립 기술자	0	0	2	5	10	18	35
R & D							
카테터 팀							
엔지니어	1	1	2	2	2	3	5
기술자	3	4	5	6	6	7	10
발전기 팀							
엔지니어	1	1	1	1	1	3	5
기술자	2	4	4	4	4	7	10
SG & A							
영업사원	0	0	1	9	12	25	50
마케팅, 사업 개발 및 보험	0	1	2	3	4	5	5
임상 자문	1	1	1	1	2	2	2
허가인증	0	0	1	4	5	5	5
행정 보조	0	1	1	2	3	4	5
관리	1	2	3	5	6	8	8

급여 가정	요소	급여 ($)
엔지니어링	2	130,000
기술자	2	50,000
임상, 규제 및 품질관리	2	130,000
판매, 마케팅, 사업 개발	2	100,000
행정	2	35,000
제조	1.5	35,000
관리	2	200,000
연봉 인상률	2.5 %	

직원 당 최대 부담 급여($)	1년	2년	3년	4년	5년	6년	7년
공학	260,000	266,500	273,163	279,992	286,991	294,166	301,520
기술자	100,000	102,500	105,063	107,689	110,381	113,141	115,969
임상시험, 허가인증 및 품질 보증	260,000	266,500	273,163	279,992	286,991	294,166	301,520
판매, 마케팅, 사업 개발	200,000	205,000	210,125	215,378	220,763	226,282	231,939
행정	70,000	71,750	73,544	75,382	77,267	79,199	81,179
제조	52,500	53,813	55,158	56,537	57,950	59,399	60,884
경영진	400,000	410,000	420,250	430,756	441,525	452,563	463,877

그림 6.1.10
급여 분석 예시

제조 설비 비용을 계산하기 위해 분석은 평방피트당 설비 공간의 비용에 대한 추정으로 시작되었다. 이 모델은 평방피트당 연간 25달러를 가정하였고, 이는 연간 2.5%씩 증가하였다. 그러나 실리콘밸리 사무실 공간에 대한 현재 예상치는 평방피트당 연간 약 31달러이며,[9] 이 지역의 연구개발 공간은 평방피트당 약 18달러로 임대할 수 있다.[10] 많은 의료장비 업체가 R&D 공간을 임대한다. 실험실 공간, 청정실, 기계 상점, 제조, 출하/수령 등 다양한 기능을 한 지붕 아래에 수용할 수 있기 때문에 비용을 절감할 수 있다.

다음으로, 직원당 250평방피트를 가정하여 직원당 공간을 계산하였다. 이 추정치는 제조 공정이 보다 효율적으로 개선됨에 따라 직원당 210평방피트로 감소될 수 있다.

다음으로, 필요한 총 공간은 직원 당 공간에 제조 직원 수를 곱하여 결정된다.

계획된 시설 공간에 대한 추가적인 가정이 생성 가능하다. 예를 들어, 이 모델은 회사가 시설 공간을 블록 단위로 임대할 수 있으며 항상 필요한 것보다 많은 시설 공간을 가지고 있다고 가정하지만, 직원 이동은 합리적인 수로 제한된다. 예시에서 제조 첫 2년은 3,000평방피트로 만족하지만, 5년 내에 15,000평방피트 규모의 시설로 이동한다. 마지막으로, 계획된 설비 공간에 설비 공간 비용을 곱하여 제조 설비 비용을 산출한다.

원 재료비를 계산하기 위해 총 판매 예측량(시장 모델에서 가져옴)에 제품당 원재료 비용을 곱한다. 이 모델에서는 학습 및 대량 할인을 반영하여 생산량이 증가함에 따라 원재료 비용이 연간 10%씩 감소한다고 가정한다(3년차 600달러에서 7년차 394달러로 감소).

마지막으로 이 세 가지 비용 요소를 합산한 결과를 총 제조 비용으로 간주한다. 정확한 모델을 개발하기 전에 다음 질문에 대한 답을 얻을 수 있어야 한다: 제조 공정은 어떻게 할 것인

제조	1년	2년	3년	4년	5년	6년	7년
엔지니어 수	–	–	2.5	6.0	9.0	9.0	12.0
Fully loaded employee cost ($)	260,000	266,500	273,163	279,992	286,991	294,166	301,520
직접 노동자의 수	–	–	2.0	5.0	10.0	18.0	35.0
Fully loaded employee cost ($)	52,500	53,813	55,158	56,537	57,950	59,399	60,884
제조인건비 ($)	–	–	793,222	1,962,633	3,162,424	3,716,676	5,749,180
제조 설비	1년	2년	3년	4년	5년	6년	7년
평방피트당 비용 ($)	25.00	25.63	26.27	26.92	27.60	28.29	28.99
인플레이션	n/a	2.5%	2.5%	2.5%	2.5%	2.5%	2.5%
평방피트/직원	250	250	250	240	230	220	210
제조 종업원 수	–	–	4.5	11.0	19.0	27.0	47.0
필요 평방피트	–	–	1,125	2,640	4,370	5,940	9,870
예상 평방피트	–	–	3,000	3,000	15,000	15,000	15,000
제조설비비용 ($)	–	–	78,797	80,767	413,930	424,278	434,885
원자재	1년	2년	3년	4년	5년	6년	7년
판매된 단위	–	–	23	462	3,892	11,325	22,249
단위당 원자재 비용 ($)	–	–	600	540	486	437	394%
%향상	n/a	n/a	n/a	10%	10%	10%	10%
원재료 및 포장비 (원가) ($)	–	–	13,843	249,539	1,891,298	4,953,558	8,758,685
제조 원가	1년	2년	3년	4년	5년	6년	7년
제조 인건비 ($)	–	–	793,222	1,962,633	3,162,424	3,716,676	5,749,180
제조 설비 비용 ($)	–	–	78,797	80,767	413,930	424,278	434,885
상품 원가 ($)	–	–	13,843	249,539	1,891,298	4,953,558	8,758,685
합계 ($)	–	–	885,862	2,292,939	5,467,652	9,094,512	14,942,750

그림 6.1.11
제조 비용 측정을 위한 샘플 모델

가? 제조는 어디에서 수행될 것인가(사내, 미국 내 또는 미국 외 외주)? 사내에서 만들 수 있는 구성 요소는 무엇이며 구입 또는 외주를 구성할 수 있는 구성 요소는 무엇인가? 누가 외주 제작 부품 공급 업체가 될 것이며 누가 원료를 공급할 것인가? 어떤 종류의 장비가 필요한가? 이러한 구성 요소에 대한 비용 예측은 어떻게 되나?

운영비용

운영비용(OpEx)은 모델의 다음 구성 요소를 나타낸다. R&D 직원 비용, 임상시험 비용, 판관비 직원 비용 및 비제조 시설 비용. 그림 6.1.12는 OpEx 분석 예시를 나타낸다.

운영비용을 계산하려면 해당 연도의 R&D 관련 직원 수와 각 직원 유형별 완전 부담 급여를 곱하여 R&D 직원 지출을 산정

R&D	1년	2년	3년	4년	5년	6년	7년
직원 비용							
엔지니어 수	2.0	2.0	2.8	3.0	3.0	14.0	30.0
Fully loaded employee cost ($)	260,000	266,500	273,163	279,992	286,991	294,166	301,520
기술자 수	4.5	8.0	8.5	10.0	10.0	28.0	46.0
Fully loaded employee cost ($)	100,000	102,500	105,063	107,689	110,381	113,141	115,969
직원 비용	970,000	1,353,000	1,644,228	1,916,865	1,964,787	7,286,269	14,380,198
임상시험 비용							
연간 환자 예측 수	0	50	100	0	0	0	0
연간 인당 비용	15,000	15,000	15,000	15,000	15,000	15,000	15,000
총 시험 비용	0	750,000	1,500,000	0	0	0	0
연구개발비 ($)	970,000	2,103,000	3,144,228	1,916,865	1,964,787	7,286,269	14,380,198
SG&A	**1년**	**2년**	**3년**	**4년**	**5년**	**6년**	**7년**
직원 비용							
영업 사원 수	0.0	0.0	1.0	14.0	27.5	70.0	140.0
Fully loaded employee cost ($)	200,000	205,000	210,125	215,378	220,763	226,282	231,939
임상, 규제 및 품질 평가	1.0	1.3	2.0	4.5	6.5	9.0	18.0
Fully loaded employee cost ($)	260,000	266,500	273,163	279,992	286,991	294,166	301,520
마케팅 & 사업 개발 수	0.0	0.8	1.5	4.0	4.8	12.0	20.0
Fully loaded employee cost ($)	200,000	205,000	210,125	215,378	220,763	226,282	231,939
행정 보조원 수	0.0	0.8	1.0	1.5	2.8	8.0	10.0
Fully loaded employee cost ($)	70,000	71,750	73,544	75,382	77,267	79,199	81,179
관리직 수	1.0	2.0	2.5	5.0	8.0	12.0	12.0
Fully loaded employee cost ($)	400,000	410,000	420,250	430,756	441,525	452,563	463,877
직원 비용	660,000	1,360,688	2,195,806	7,403,623	12,729,722	27,266,938	48,915,868
시설 비용							
평방피트당 비용 ($)	25.00	25.63	26.27	26.92	27.60	28.29	28.99
인플레이션	n/a	2.5%	2.5%	2.5%	2.5%	2.5%	2.5%
평방피트/직원	200	200	200	200	200	200	200
직원 수	8.5	14.0	17.8	38.0	57.8	141.0	256.0
필요 평방피트	1,700	2,800	3,550	7,600	11,550	28,200	51,200
예상 평방피트	3,000	3,000	15,000	15,000	15,000	60,000	60,000
시설비용 ($)	75,000	76,875	393,984	403,834	413,930	1,697,112	1,739,540
판관비 ($)	735,000	1,437,563	2,589,791	7,807,457	13,143,652	28,964,050	50,655,409
운영비용	**1년**	**2년**	**3년**	**4년**	**5년**	**6년**	**7년**
R&D비용 ($)	970,000	2,103,000	3,144,228	1,916,865	1,964,787	7,286,269	14,380,198
판관비 ($)	735,000	1,437,563	2,589,791	7,807,457	13,143,652	28,964,050	50,655,409
총 운영 비용 ($)	1,705,000	3,540,563	5,734,019	9,724,322	15,108,439	36,250,319	65,035,607

그림 6.1.12
OpEx 모델의 예시

해야 한다. 예시에서 엔지니어 및 기술자는 R&D 직원으로 간주되었고, 모든 직원 데이터는 모델에 사용된 인력 계획 및 급여 분석을 참고하였다.

다음으로 임상시험 비용을 추정한다. 먼저 임상 계획 및 5.3절 임상시험 전략을 검토하여 임상시험 기간 및 환자 수를 결정한다. 시험 운영 기간 및 전략은 전반적인 운영 전략의 일환으로 조기에 결정되어야 한다. 예시에서 임상시험은 6분기에 완료된다(분기 7~12). 따라서 2년차에는 2분기 또는 0.5년의 임상시험(4분기 7 및 8)이 포함되며 3년차에는 4분기 또는 1년이 모두 포함된다. 임상시험에 참여한 환자 수는 100명으로 가정한다. 2년차에는 0.5년간의 임상시험이 포함되어 있기 때문에 50명의 환자가 포함되고, 3년차에는 100명의 환자 포함된다. 환자당 연간 비용인 1만 5,000달러에 대하여 추가적인 가정이 생성되는데, 이는 침습적 의료장비의 임상시험에 대하여 적당한(그러나 다소 낙관적인) 추정치로 판단할 수 있다(환자당 연간 비용은 1년간의 추적 관찰을 통해 임상시험에 참여한 환자의 비용이다). 환자–년에 환자당 연간 비용을 곱하고 관련 년도에 대한 합계(이 경우에는 2년 및 3년)를 포함하여 총 임상시험 비용을 산출한다.

다음으로, R&D 직원 지출과 동일한 방법으로 판관비 및 직원 지출액을 계산해야 한다. 예시에서 SG&A 직원은 영업 담당자, 마케팅 및 사업 개발, 임상 및 규정 직원, 관리 보조자 및 관리자를 포함한다. 제조 시설 비용에 적용되는 것과 유사한 방법을 사용하지만 평방피트당 초기 비용이 더 높은 비제조 또는 SG&A 시설 비용을 결정한다. 마지막으로 R&D, 판관비 및 시설 비용을 합산하여 회사의 총 운영비용을 계산한다. 임상 및 규제 직원이 R&D 직원 및 때로는 판관비로 분류되는 경우도 있다. 예시에서는 SG&A로 할당되었다.

임상시험 비용은 장비의 침습성과 연구 추적 기간에 따라 크게 달라질 수 있다. 추적 기간이 짧은 비이식형 치료 장치 및 진단 프로그램에 대한 평가는 환자당 연간 2,000달러(평균 환자당 3,500달러)의 비용이 소요될 수 있다. 그러나 이러한 비용은 일반적으로 긴 추적 기간을 필요로 하는 이식형 또는 치료용 기기의 경우 환자당 최대 10만 달러까지 상승할 수 있다. 시험 비용은 환자를 치료하기 위한 비용 중 일부(예: 의사 및 시설 보험)는 메디케어(노인의료보험제도) 또는 개인 보험 여부에 따라 달라질 수 있다.[11] 또한 임상시험의 환자 수는 특정한 임상 결과를 도출하기 위해 통계적으로 필요한 환자 수를 기준으로 정해야 한다. 임상시험 전략 및 계획은 5.3절 임상시험 전략에서 보다 심도 있게 논의된다.

표 6.1.2 손익계산서의 주요 구성 요소

항목	설명
수익(매출)	해당 연도의 총 매출
제조 비용	회사가 실제로 판매한 제품의 총 비용. 절제 카테터의 경우, 장비를 조립하는 원재료 및 인건비와 장비 제조에 직접 들어간 다른 구성 요소의 비용이 포함된다. 마케팅, 판매 비용, 관리 급여 등의 비용은 포함되지 않는다.
운영(총) 마진	수익–제조 원가
운영비용 (OpEx)	COGS에 통합되지 않은 사업 운영과 관련된 기타 비용. R&D, 시설 임대, SG&A, 회사 기능 등의 항목이 포함된다.
영업 이익	영업 마진–영업 비용

손익계산서

손익계산서에는 재정 모델의 모든 요소가 통합되어 회사의 예상 재정 상태가 표시된다. 이익명세서, 운영 보고서 또는 손해–이익 계산서(P&L)라고도 하며, 표 6.1.2의 항목을 포함한다.

손익계산서를 작성하는 것은 이노베이터가 이전 계산을 취합하기만 하면 되기 때문에 매우 간단하다. 그림 6.1.13은 손익계산서의 예시를 나타낸다.

투자자가 손익계산서를 분석할 때에는 일반적으로 재정 계획이 현실적인지 여부를 확인하기 위한 일련의 지침을 적용한다. 다음은 성숙 단계에 접어든 의료장비 회사에 적용되는 원칙이다.

- 일반적인 매출 총이익은 약 70%선이어야 한다(매출 총이익과 수익이 동일하고, 제조원가가 적다). 많은 기업들이 최초 재정 모델에서 60%의 매출 총이익을 목표로 한다.
- R&D 비용은 대략 매출의 10~15% 정도이다.
- SG&A 경비는 대략 매출액의 15~30%이다(초기 비용이 가장 높고 점차 감소한다).
- 일반적으로 손익계산서에서 따로 강조되지는 않지만 SG&A 시설비용은 매출액의 1% 정도이다.

	1년	2년	3년	4년	5년	6년	7년
매출액 ($)	–	–	45,684	910,425	7,628,621	22,089,621	43,180,346
제조원가 ($)	–	–	885,862	2,292,939	5,467,652	9,094,512	14,942,750
매출총이익 ($)	–	–	(840,178)	(1,382,514)	2,160,969	12,994,886	28,237,595
매출총이익 (매출액대비 %)	N/A	N/A	N/A	-152%	28%	59%	65%
영업비용							
R&D 비용 ($)	970,000	2,103,000	3,144,228	1,916,865	1,964,787	3,348,968	5,334,590
매출액 대비%	N/A	N/A	6883%	211%	26%	15%	12%
SG&A 비용 ($)	735,000	1,437,563	2,458,463	6,165,199	8,408,295	13,492,043	19,708,990
매출액 대비 %	N/A	N/A	5382%	677%	110%	61%	46%
SG&A시설비용 ($)	75,000	76,875	262,656	269,223	275,953	707,130	724,808
매출액 대비 %	N/A	N/A	575%	30%	3.6%	3.2%	1.7%
총 영업 비용	1,705,000	3,540,563	5,602,291	8,082,064	10,373,082	16,841,011	5,043,579
매출액 대비 %	N/A	N/A	12264%	888%	136%	76%	58%
세전영업이익 ($)	(1,705,000)	(3,540,563)	(6,442,869)	(9,464,578)	(8,212,112)	(3,846,125)	3,194,016
영업이익률	N/A	N/A	N/A	N/A	N/A	-17%	7%

그림 6.1.13
가상 절제 카테터 사업에 대한 손익계산서 예시

이러한 비율을 참고하여 손익계산서를 재차 확인해야 한다. 이는 잠재적 투자자의 반응을 예측하고 조정하는 데 도움이 된다. 이 예시에서 유일하게 의료장비 분야의 일반적 통념에서 벗어나는 비용 카테고리는 SG&A뿐이었다. 그러므로 이노베이터는 손익계산서의 구성 요소를 신중하게 검토하여 이를 받아들일 것인지 감소시킬 것인지를 결정하여야 한다.

절제 카테터 사업의 예를 보면, 처음 6년간은 R&D, 임상시험 등과 같은 중요한 초기 투자로 인해 사업체가 손실을 보는 것을 알 수 있다. 일반적으로 장비(device) 회사는 변화와 심해진 경쟁 때문에 수익을 내는 데 전보다 더 오랜 시간이 걸린다. 예시된 회사의 운영 마진은 7년차에 7%에 도달하였다. 의료기기 회사임을 고려할 때 그리 높은 수익은 아니다.

현금 수지 계산서

이 시점에서 이노베이터는 경영에 필요한 정확한 현금의 양을 결정할 준비가 되어 있어야 한다. 이는 손익계산서의 최종 결과와 동일하지 않은데, 그 이유는 감가상각이라는 회계 개념 때문이다. 때로는 기업이 현금을 사용할 때, 손익계산서에 그것을 즉시 기록하지 않는다. 예를 들면, 한 회사가 3년 동안 사용할 컴퓨터를 1,000달러에 구매하고 손익계산서에 3년 동안 매년 333달러의 비용을 지출한 것으로 기록할 수도 있다. 그러나 컴퓨터를 구매하려면 1,000달러의 비용을 선불로 지급해야 한다. 유사하게, 기업은 상품 제조에 필요한 원자재를 구매하는 데 현금을 지출하지만, 상품이 판매되고 손익계산서에 매출로 기록되기까지는 시간이 걸린다(따라서 손익계산서에는 매출로 인식된다). 이에 기업은 차후 판매를 뒷받침하기 위한 더 많은 상품을 생산하고 완성품과 공정 과정의 상품을 포함한 재고 목록을 만들기 시작한다. 이것 또한 현금을 소비하고 사용된 자금의 계산에 반영되어야 할 필요가 있다. 그 결과, 해당 매출을 인식하기 전에 기업의 현금 보유량이 줄어든다. 채무 및 채권(또는 오버타임 순운전자본)의 변화를 위한 조정은 모델에서 보이지 않았지만 조정이 필요할지도 모른다. 왜냐하면 이는 **현금 수지 계산서**에서 현금의 출처와 사용의 또 다른 동력이 될지도 모르기 때문이다.

기업의 현금이 0이 될 때 근본적으로 파산한 것으로 본다. 이런 이유로, 현금 필요 예상액을 갖는 것은 매우 중요하다. 또한 이러한 계획은 기업이 성장을 위한 투자 자금을 적정한 수준에서 사용하여 균형을 잡는 것을 도울 수 있다. 이는 모든 기업이 반드시 해결해야 하는 섬세하지만 필수적인 균형이다.

그림 6.1.14는 자금 조달을 포함하는 **현금 수지 계산서**를 나타낸다. 현금 필요 예상액 계획을 완성하기 위해서 이노베이터는 손익계산서의 실질 세전 **영업이익**(손실)부터 봐야 한다. 추

	1년	2년	3년	4년	5년	6년	7년
세전영업이익(손실) ($)	(1,705,000)	(3,540,563)	(6,442,869)	(9,464,578)	(8,212,112)	(3,846,125)	3,194,016
자본설비구입							
비제조업 직원#	8.5	14.8	21.8	41.5	52.8	78.0	117.0
컴퓨터, 전화, 책상 / 직원의 비용 ($)	7,500	7,500	7,500	7,500	7,500	7,500	7,500
컴퓨터, 전화, 책상의 총비용 ($)	63,750	46,875	116,250	195,000	200,625	384,375	493,125
클린룸($)	0	0	300,000	0	0	600,000	0
제조 장비 ($)	0	150,000	150,000	300,000	150,000	300,000	200,000
총 자본 장비 구입액($)	**63,750**	**196,875**	**566,250**	**495,000**	**350,625**	**1,284,375**	**693,125**
원재료비 ($)	0	0	13,843	249,539	1,891,298	4,953,558	8,758,685
요소	0.35	0.35	0.35	0.35	0.35	0.35	0.35
인벤토리 구축 ($)	**0**	**0**	**4,845**	**87,339**	**661,954**	**1,733,745**	**3,065,540**
연간 총 현금 흐름 ($)	(1,768,750)	(3,737,438)	(7,013,964)	(10,046,917)	(9,224,692)	(6,864,245)	(564,649)
누적 현금 흐름 ($)	(1,768,750)	(5,506,188)	(12,520,152)	(22,567,069)	(31,791,760)	(38,656,006)	(39,220,655)
필요 현금	1년	2년	3년	4년	5년	6년	7년
현금 잔고($)	(1,768,750)	(2,506,188)	2,479,848	(7,567,069)	10,208,240	3,343,994	2,779,345
조달된 제안 금액 ($)	3,000,000	12,000,000		27,000,000			
자금 조달 후 은행 내 현금($)	1,231,250	9,493,813	2,479,848	19,432,931	10,208,240	3,343,994	2,779,345

그림 6.1.14

현금수지 계산서의 예시

후 현금 흐름을 대표하는 요소이며, 손익계산서에서 즉시 공제되지 않는 현금 "아웃 더 도어"가 추가될 수 있다. 이는 사용된 모델에서 나타난 것처럼 세 가지 카테고리에서 구입한 자본 설비를 포함한다.

- 직원당 자본 설비비용. 컴퓨터, 전화기, 책상 등의 비용을 포함한다. 이 모델에서는 직원당 7,500달러로 추정된다.
- 제조 시설 구축 기간 동안의 청정실(Clean Room) 비용
- 제조 설비 비용

다음으로, 재고를 축적하는 데 필요한 제조 원료 비용(개발 비용 예상 시 제조 분석으로부터 나옴)을 고려한다. 이 예시에서는 총 원료비용의 35%로 추정된다.

연간 총 현금 흐름을 산출하기 위해 이러한 요소를 세전 영업이익(손실)에서 감한다.

이어서, 현재 연도의 누적 현금 흐름을 산출하기 위해, 전년 누적 현금 흐름(1차년도 이전 0달러 예상)과 현재 연도 총 현금 흐름을 더한다. 자금 조달이 있기 전에는 현금 필요성 아래에 나열된 현금 잔고가 누적 현금 흐름과 동일하게 될 것이다.

현금 잔고 및 재정 요구

일단 현금 흐름이 산출되면 창업자는 회사의 자금 조달 필요성(예: 증가 되어야 할 자금)과 현금 잔고를 결정할 수 있다. 현금 잔고는 항상 플러스(+)여야 한다. 따라서 자금 조달은 현금 잔고가 0이 되기 전에 발생해야 한다. 누적 현금 흐름을 기반으로 현금 필요 예상액을 살펴보면, 플러스 현금 잔고 유지를 위한 최소 현금 투입양이 얼마인지와 같은 정보를 알 수 있다. 이를 통해 이노베이터는 다양한 금액을 투자하여 자금 조달 증가를 변화시킬 수 있다. 어떤 중요한 시점에 얼마나 많은 자금을 증가시킬 것인가와 관련된 선택은 중요한 전략적 결정이다(6.3 펀딩 방법 참조). 또한 각 재정 주기 내에 얼마 동안 회사가 플러스 현금 흐름을 유지할 수 있는가에 대한 결정을 내포하고 있기도 하다.

그림 6.1.14는 전년도 현금 잔고에 현재 연도의 자금 조달을 더하여 은행 내의 사후 현금 잔고를 계산하는지 나타낸다. 차

후 년도(사전 자금조달)의 현금 잔고는 반드시 현금 흐름을 현금 잔고에 더하여 조정되어야 한다. 이러한 과정은 기업이 매출에 기반을 둔 충분한 세전 영업 이익을 보유하여 독립적으로 현금 흐름을 플러스로 만들 수 있을 때까지 매년 반복될 것이다.

예를 들어, 언제 투자자로부터 자금을 모을 것인가와 같은 재정 일정은 재정 모델로부터 나오는 매우 중요한 산출물이다. 어떤 경우에는 투자자의 이익과 회사의 자금 필요를 조절하기 위해 중요하지 않은 재정 일정이 발생하기도 한다. 결과적으로 이 시기를 통해 자금을 더 모으던가, 아니면 지속적인 가치 창출을 위해 위험 요소를 줄이고 시장에서의 측정 가능한 성장을 보여주는 방향으로 영업 계획을 재고해야 할 것인가를 선택해야 할 필요가 있다. 더 자세한 정보는 6.3 펀딩 방법을 참고한다.

현금 흐름 모델을 개발할 때, 이노베이터는 기업을 설립하기 위해서는 빠듯한 예산으로 일해야 할 필요가 있다는 것을 깨닫게 된다. 이는 어려운 도전일 수도 있지만, InCube Labs의 설립자이자 최고 경영자인 Mir Imran은 다음과 같은 긍정적인 말을 전한다.[12]

> 나는 충분한 자본을 가지고 있지 않다는 점에도 분명 좋은 점이 있다고 믿는다. 이러한 상황은 지출을 더욱 꼼꼼히 생각하게 하고 돈을 덜 경솔하게 쓰도록 만든다.

수익성 노트

재정 모델을 개발하는 데 있어 현실적인 수익 목표를 정하는 것은 매우 중요하다. 가치는 수익과 상관관계가 있기 때문에 수익성 목표는 기업의 가치(기업의 가치가 얼마나 될 것인가)에 직접적으로 영향을 미친다(더 높은 수익, 더 높은 가치–6.3절 참조). 비즈니스의 가치에 영향을 미치는 요소는 다음과 같다.

- **매출 램프(Ramp)** – 얼마나 빨리 기업의 매출이 성장할 것인가, 때때로 "성장률"이라고 일컬어진다.
- **수익 창출까지의 시간** – 수익 분기점을 깨고 지속적인 영업 이익을 창출하는 데까지 얼마나 걸리는가.
- **영업 이익 비율** – 기대 영업 이익이 얼마나 되는가(매출 대비 퍼센트로).
- **경쟁력 있는 벤치마크** – 벤치마크, 기업이 정한 비즈니스 모델 타입(예: 처분 가능, 재사용 가능, 자본 설비; 4.4절 경영 모델 참조) 및 기업이 운영하는 분야/산업과(예: 장치, 유전학, 약제) 관련된 비교할만한 데이터

합리적인 벤치마크 영업 이익은 장기적으로 볼 때 약 세전 수입의 30% 정도이다. 하지만, 기업이 어떻게 이 목표를 달성할 것인가는 시장 진출 전략에 달려 있다. 기업은 수익을 유통업자와 나누지 않는 직접 판매 전략을 취하여 매출 총이익을 높일 수 있다. 하지만 이는 대규모 인력을 고용해야 하기 때문에 높은 판매비용이 든다. 이에 대한 대안으로, 기업은 유통 업체와 함께 일하여 매출 총이익이 낮아지더라도 판매비용을 감소시키는 전략을 취할 수도 있다. 또 다른 옵션은 이 두 전략을 합한 것인데, 어떤 시장에서는 유통 업자와 함께 일하고 다른 시장에서는 직접 판매를 하는 것이다. 가능한 이익 모델/목표를 결정하기 위해 비교 업체를 조사하여 합리적 매출과 비용을 예상할 수 있는 통찰력을 얻는 것도 좋다. 제시된 예에서 7년차의 영업 이익 마진은 직접 판매 시스템 구축에 들어간 많은 비용 때문에 상대적으로 낮다. 재정 모델 개발의 일환으로 이노베이터는 서로 다른 전략이 가진 장단점을 반드시 고려해야 한다(직접 판매와 하이브리드 방식).

프록시 기업(유사기업)

프록시 기업은 유사기업이라고도 불리며 상품을 상업화하는 데 있어 영업 활동이 비슷한 기업을 일컫는다. **유사 분석**의 개념은 역사적 전례가 재정 모델을 검증하는 근거로 이용될 수도 있다는 것이다. 광범위하게 볼 때는 다른 의료장비 기업들이 유사기업으로 포함될 수 있다. 더 나아가서는 임상 및 규제 경로에서 비슷한 개발상의 어려움을 겪고 있거나 이미 겪은 기업 또는 비슷한 질병에 초점을 두고 비슷한 상품을 보유하고 있는 유사 기업으로 범위가 좁혀질 것이다.

프록시 기업을 분석하는 데는 다음과 같은 세 가지 주요 목표가 있다.

- 기업이 비즈니스를 개발함에 있어 선택했거나 성취했던 중요 사건을 선택한다.

- 기업이 사업 개발 중 직면했던 주요 위험 요소를 파악하고 비슷한 위험을 경감하기 위한 계획을 고안한다.
- 발견하지 못한 세부 사항을 고려하여 기업의 영업 계획과 재정 모델을 재구성하고 벤치마킹한다.

투자자와 이노베이터 모두 유사기업을 이용하고, 6.3 펀딩 방법에 서술된 가치 모델을 사용하여 새로운 벤처의 적정 가치를 결정한다. 유사 기업 분석이 가진 또 다른 장점은 이노베이터가 투자자와의 협상을 더 잘 준비할 수 있도록 도와준다는 것이다. 왜냐하면 유사기업은 시장이 주도한 기업 가치에 공정하게 도달하는 데 중요한 역할을 하기 때문이다.

대리 기업 분석은 이노베이터의 요구에 따라 높은 수준 또는 매우 자세한 수준으로 시행될 수 있다. 철저한 분석을 통해 새로운 기업은 자신의 계획을 다수의 유사기업과 비교하고 수정하면서 유사기업으로부터 성공과 실패를 배울 수 있다. 높은 수준의 또는 보다 좁게 초점을 맞춘 분석은 이노베이터에게 방향성 있는 정보 또는 특정 질문에 대한 답을 제시한다(예: 유사기업이 임상시험을 얼마 동안 수행하였는가? 합리적인 자금 모집 목표는 무엇이며 중요한 시점은 언제인가?).

이노베이터는 거의 모든 유사기업으로부터 배울 수 있지만 가장 도움이 되는 것은 성공한 기업의 사례를 고려하는 것이다. 이노베이터가 다수의 유사기업 중에서 선택하려는 경우 표 6.1.3을 이용하여 어느 기업이 더 해당 벤처 비즈니스와 비슷한지를 결정할 수 있다.

기업가 제도에 대한 노트

이미 설립된 기업에서 개발하고 상업화된 신기술에 대한 재정 모델을 기업가 제도라고 부르며, 이 절에 서술된 스타트업 기업과 동일한 기본 구성요소를 가지고 있으나, 적어도 두 가지의 중요한 차이점을 가지고 있다.

기존 자원 활용

새로운 독립형 벤처 기업을 시작한 창업 기업과 달리, **사내 기업가**는 기관 내의 자원을 활용하여 비용을 절감할 수 있다. 기존의 R&D 엔지니어, 자본 설비, 영업 인력을 활용할 수 있는 것이다. 따라서 가장 먼저 해결해야 할 과제는 기존 자원을 새로운 프로젝트에 활용할 수 있는지 확인하는 것이다. 기존 자원을 활용할 수 있다고 하더라도 비용이 전혀 들지 않는 것은 아니며, 꼭 이용하여야 하는 것도 아니다. 기관의 재정부서는 기존 자원의 비용에 대한 가이드라인을 제공하면 좋다. 또 다른 고려사항은 타이밍이다. 제한된 내부 자원을 필요로 하는 다중 프로젝트로 인해 진행이 예상보다 느려질 수 있다. 따라서 기업가는 서로 다른 내부 자원의 의존 정도를 포함하는 다수의 재정 모델을 개발하여 어느 정도까지 내부 자원이 사용되어야 하는지 고위 경영진에게 권고해야 한다.

표 6.1.3 유사기업을 찾기 위한 전형적인 지표

시기	기업 중점 사항
1,2차	• 제품 개발 • 지적재산권(IP) 파일링 • 사전 임상적 발견
3,4차	• 임상 가치 확립 • 여러 번의 반복 작업을 통해 제품 규정 • 규제 승인 완료 • IP 발급
5,6차	• 매출 증가 • 프랜차이즈 설립 • 파이프라인 반복 • 임상적 실용성 확립

기존 제품과의 상보성 및 기업의 전략

재정 모델은 기존 제품과의 상보성과 기업의 전략, 프로젝트가 기업의 재정 상태에 미칠 영향을 명백하게 제시해야 한다. 반드시 해결해야 할 문제 중 하나는 새로운 프로젝트를 통해 "기존 시장 점유율을 방어할 것인가" 아니면 "시장 점유율을 증가시키는 데 사용할 것인가"에 관한 것이다. 두 경우 모두 기업에 대한 재정 이익은 자세하게 나타나야 한다. 방어 사례의 경우 시장 모델은 혁신이 없다면 어떻게 시장 점유율이 줄어들 것인가를 설명해야 한다. 공격적인 모델의 경우 새 프로젝트가 어떻게 기존 매출에 피해를 주지 않으면서 수익을 창출할 수 있는지, 그리고 수익 증가가 유의미한 차이를 만들 수 있는지를 강조해야 한다.

온라인 자료

더 많은 자료는 www.ebiodesign.org/6.1을 방문한다.

"Getting Started"의 활동과 링크

- Develop detailed bottom-up financial model
- Identify proxy companies
- Develop proxy company analysis
- Compare and rationalize bottom-up and top-down approach

실행 계획 및 재정 모델에 관한 동영상

프록시 회사 분석의 광범위한 예제를 제공하는 부록

NOTES

1 From remarks made by Thomas Fogarty as part of the "From the Innovator's Workbench" speaker series hosted by Stanford's Program in Biodesign, January 27, 2003, http://biodesign.stanford.edu/bdn/networking/pastinnovators.jsp. Reprinted with permission.

2 Walter T. Harrison and Charles T. Horngren, Financial Accounting (Prentice Hall, 2007).

3 All quotations are from interviews conducted by the authors, unless otherwise cited. Reprinted with permission.

4 The Dartmouth Atlas of Healthcare, http://www. dartmouthatlas.org/ (February 24, 2014).

5 "Medical Device and Diagnostic Industry Salary Survey 2012: Data Tables," http://www.mddionline.com/article/mddisalary-survey-2012-data-tables (February 20, 2014).

6 "2013 Medical Device Sales Salary Report," MedReps.com, http://www.medreps.com/medical-sales-careers/2013medical-device-sales-salary-report/ (February 20, 2014).

7 Ibid.

8 Broad estimate by the authors based on informal input from experienced device executives.

9 "Silicon Valley Office," Kidder Matthews Real Estate Market Review, Fourth Quarter 2013, http://www.kiddermathews.com/downloads/research/office-market-research-silicon-valley-20134q.pdf (February 20, 2014).

10 Ibid.

11 "Medicare Coverage: Clinical Trials," Centers for Medicare and Medicaid Services, http://www.cms.hhs.gov/clinicalTrialPolicies/Downloads/finalnationalcoverage.pdf (February 24, 2014).

12 From remarks made by Mir Imran as part of the "From the Innovator's Workbench" speaker series hosted by Stanford's Program in Biodesign, April 28, 2004, http://biodesign.stanford.edu/bdn/networking/pastinnovators.jsp. Reprinted with permission.

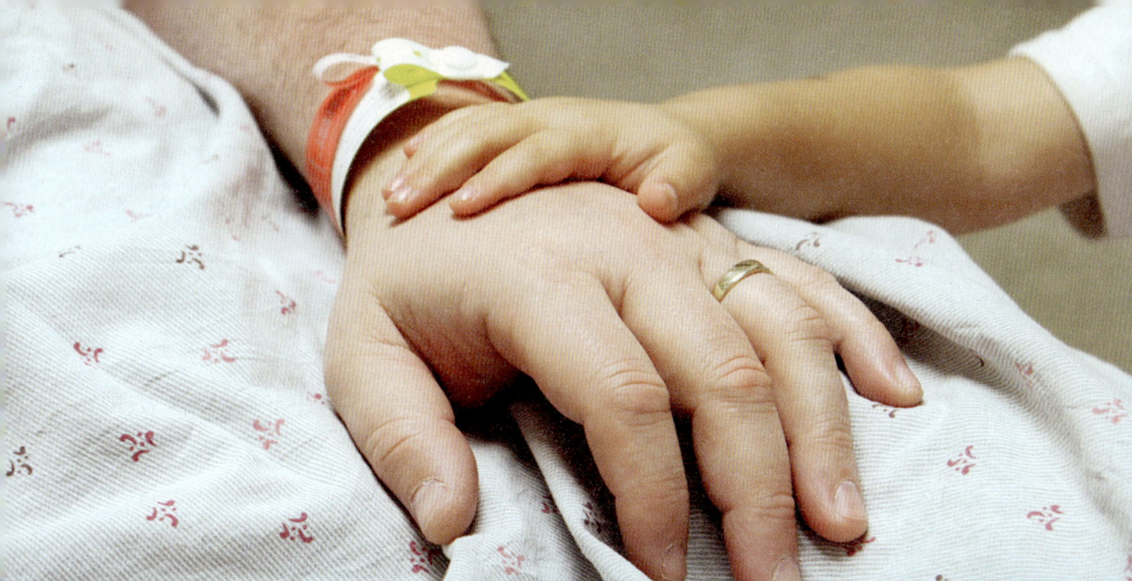

6.2 전략 통합 및 의사소통

서론

성공적인 의료기술 기업을 설립하는 데 필요한 복잡한 구성 요소를 확보한 후에도 한 가지 아주 중요한 단계가 더 남아 있다. 기업의 비전과 계획을 잠재적 투자자, 사업 파트너, 고문 및 직원에게 설득력 있는 방법으로 설명하는 것이다. 기업이 영업 계획과 기능적 전략을 통합하는 과정에서, 호소력 있는 "이야기"를 만들고 세상과의 공유를 준비하는 것은 전통적 사업 계획의 기반이었다. 오늘날의 의료기술 환경에서는 형식적인 비즈니스 플랜을 갖는 것이 예전보다 덜 중요하게 여겨진다. 하지만, 사업에 대한 총체적인 그림을 그리고, 무엇을 성취하고자 하는지 자세히 명시하는 것, 계획을 기반으로 어떻게 비즈니스를 실행해 나갈 것인가에 대한 개요를 짜는 것은 여전히 매우 중요하다. 대부분의 경우, 기업은 피치(pitch)를 통해 이러한 정보를 전달한다. 피치는 리더십 팀에게는 관리 도구의 역할을 하고, 다른 사람들에게는 시간과 자금을 프로젝트에 투자하게 만드는 합리적 근거를 제공한다.

기업의 피치는 지금까지 바이오디자인 혁신 과정에서 완료된 모든 심층 전략과 계획 작업의 통합된 요약을 제공한다. 다른 정보와 함께 피치는 임상적 필요성, 상품의 가치 제안, 시장 잠재력, 그리고 개발 및 상업화 경로를 기술한다. 이러한 자료를 하나의 일관성 있는 글로 작성함으로써 이노베이터는 어떻게 내외의 청중들과 소통할 것인지, 자신의 사업이 가치를 창조하고 유지해 나갈 방향에 관한 이야기를 어떻게 전달할 것인지에 대하여 자신의 생각을 확고히 해야 한다. 또한 시장에 새로운 변화를 가져오기 위해 순차적으로 해결해야 하는 가장 중요한 미지수 또는 위험 요소들과 관련된 주요 질문들을 확인해야 한다. 분명하고 설득력 있는 이야기를 명확하게 하는 것은 이노베이터가 미래의 직원, 투자자, 고객과 중요한 상호작용을 준비하는 데 도움을 준다(피치에 직접 참여했는지 여부와 상관없이). 또한 비즈니스의 실현과 관련된 모든 사람의 목표를 일치시키는 메커니즘으로 사용될 수 있다. 피치의 개발이 목적 자체가 되어 기술적 전략과 영업 계획을 실행시키는 것에 집중하는 것이 소홀해져서는 안 되지만, 비즈니스에 대한 잘 정비된 생각과 통합된 의견을 갖는 것은 팀에게 매우 중요하다.

 전략 통합 및 의사소통에 관한 동영상은 ebiodesign.org을 참조한다.

목표

- 기업의 기능적 전략과 영업 계획이 통합된 비즈니스 견해를 갖는 데 어떻게 도움이 되는지 인식한다.
- 내부적으로는 새로운 벤처를 관리하고, 외부적으로는 잠재 투자자와 파트너, 직원들과 소통하는 데 있어 피치 개발의 목적과 기능을 이해한다.
- 피치의 주요 구성 요소를 식별하고 개발하는 것을 학습하여 주요 문제를 해결하고 청중이 가장 관심 있어 하는 흥미로운 정보를 다룬다.
- 훌륭한 피치가 반드시 펀딩을 보장하는 것이 아님을 인식한다. 하지만 훌륭한 피치는 잠재 투자자 유치를 위한 기회를 제공하는 데 도움이 됨을 이해한다.

전략 통합 및 의사소통의 기초

과거에는 이노베이터가 계획, 경영, 소통이라는 주요 목적을 위해 세부적인 경영 계획을 개발하도록 권고 받았다. 계획 도구로서 경영 계획은 기업이 상품을 시장에 내놓고 수익을 실현하기 위한 절차의 윤곽선 역할이었다. 또한 벤처를 뒷받침하는 기능적 전략과 이러한 전략의 실행을 돕는 자세한 절차 및 필요 자원을 통합하였다. 경영의 도구로서 경영 계획은 중요한 성취 목표를 나열한 간결한 목록과 장 · 단기 목표를 포함하는 예상 일정을 제시하였다. 이는 기업이 더 큰 목표를 달성하는 데 있어서의 진행 상황을 모니터하는 데 사용되었다. 마지막으로 경영 계획은 내 · 외부 소통의 틀을 만들고 안내하는 역할을 하였다. 내부적으로 계획은 교차 상호작용을 촉진시켰고, 사내 다른 부서에서 동일한 목표와 활동을 유지하도록 하는 데 도움을 주었다. 외부적으로, 경영 계획은 다른 기업을 설득하여 전략적 파트너십을 체결하도록 하고 투자자가 자본을 투자하도록 하는 데 사용되었다.

경영 계획을 만들기 위해서 이노베이터는 먼저 운영 모델과 6.1절에서 개발된 재정 계획을 수립하였다. 거기에 바이오디자인 혁신 과정 중 전략 개발 단계의 연구와 계획으로부터 나온 추가적 정보와 자료를 통합하였다. 일반적으로, 이러한 자료는 세부적인 서술 형식으로 모아졌다.

어떤 경우에는 경영 계획이 경영 팀으로부터 적극적으로 참조되고 유지되었으며, 미래의 파트너와 투자자에게 공유되어 기업이 추구하는 기회 가치에 관심을 모으는 데 성공하였다. 하지만 전통적 방식의 경영 계획은 점차 사용되지 않고 중요성이 간과되고 있다. 동시에 투자자와 같은 주요 외부 **이해관계자**도 더 이상 비즈니스에 관한 길고 장황한 설명을 원하지 않는다. 격식을 차린 경영 계획보다는 간결한 "**피치** 데크(Pitch Deck)"와 경영종합보고를 요구한다. 경영종합보고는 경영 계획과 비슷한 정보를 담고 있지만 보다 목표에 집중한다는 특징이 있다.

이러한 중대한 변화를 고려할 때 이 절에서는 효과적인 피치를 개발하는 것에 큰 비중을 둘 것이다. 이와 관련하여 이노베이터가 반드시 이해해야 하는 몇 가지 필수적인 요소가 있다.

- 기업은 더 이상 경영 계획을 개발해야 할 필요는 없지만, 여전히 영업 계획과 기능 전략들을 포함하는 심층적인 경영 계획화 활동을 마쳐야 한다.
- 전통적 경영 계획의 상당 부분이 직접적으로 피치에 연관되어야 한다.
- 피치는 이를 뒷받침 하는 연구와 분석이 있어야 강력한 힘을 가진다.
- 기업에 투자 전 "실사"를 통하여 경영계획, 투자자, 파트너, 심지어 미래 직원까지 피치의 유효한 측면으로 고려될 수 있다.

한 논문의 저자가 이를 효과적으로 요약하였다.[1]

> 나는 전통 방식의 30~50페이지의 경영계획이 과거의 유물이라는 것에 전적으로 동의한다. 하지만, 사람들이 피치만 하고 계획하지 않는다는 아이디어를 가지는 것은 단순히 단어만 바꾸는 것에 그치지 않는다. 계획은 신속해야 하고 기업을 운영하기 위한 정보에 초점을 맞춰야 한다. 또 어느 부분을 잘하고 있는지 알아차리고, 문제에 직면하기 전에 미리 대비할 수 있도록 도와주는 진행형 프로세스여야 한다. 비즈니스에 대한 많은 정보를 모으고, 이러한 정보가 시장과 경쟁, 가격, 최종 결과, 현금과 어떠한 관련이 있는지 더 잘 이해하면 할수록 당신이 성공할 가능성은 더욱 높아진다.

바이오디자인 혁신 과정을 따르는 이노베이터를 위한 좋은 소식은 피치를 만드는 데 필요한 대부분의 연구와 조사가 이미 완료되었다는 것이다. 언급한 것처럼 세부적인 **영업 계획**과 **재정 모델**은 비즈니스 계획 실행의 근본 역할을 한다. R&D, 허가 인증, **임상시험**, **보험 급여**, 마케팅, 판매 분야에서 개발된 기능 전략 또한 중요한 정보를 제공한다. 마지막으로, 이러한 전략을 통합시키고 기업의 방향을 전달해야 한다.

피치에 대하여

모든 발명과 모든 기업의 뒤에는 스토리가 있다. 어떻게 이야기를 효과적으로 전달하여 유능한 인재, 자금, 자원을 프로젝트로 유치할 것인지 아는 것은 매우 중요하다. 이노베이터는 중요한 이해관계자의 **요구**에 부응하고 기업의 **가치**를 전달하기 위해 "어떻게 작동하는가?"에 대한 문제를 생각하는 것에서 "기업이 하는 일"을 설명하는 것으로 초점을 바꾸어야 한다.

가장 중요한 시점에서 피치는 왜 이 기업이 성공할 수 있는가에 대한 일관성 있는 주장을 펴야 한다. 많은 창업자가 기업 성공의 주요 원동력이 테크놀로지, 특히 기업의 특별한 기술력에 달려 있다는 잘못된 신념을 가지고 있다. 하지만 이와 동등한 주요 고려사항이 있다. 무엇이 청중에게 가장 중요한지를 반영하여 피치에 수립하는 것이다. 투자자로부터 자금을 유치하기 위한 피치를 예로 들어보자. 이노베이터는 투자자가 테크놀로지(실행 가능한) 주도형 시장보다 고객 주도 시장(기업)에 투자하는 것을 선호함을 인지해야 한다. 따라서 청중에게 혁신의 세부 특징을 알려주는 것보다 목표 시장의 크기와 성장률, 잠재 매출, 기대 수익과 관련된 사례를 설득력 있게 소개하는 것이 더 중요하다. 또한 투자자는 중요한 재정 전망과 비즈니스의 자본 요구사항에 관한 많은 정보를 원할 것이다. 반면, 피치가 전문 임상의의 견해를 얻기 사용된다면, 어떻게 이 테크놀로지가 의료 서비스를 향상시킬 것인가와 관련된 주제를 통해 필요성을 더 강조해야 할 것이다. 피치를 통해 직원은 기업의 비전과 팀이 함께 성취해야 할 영업 계획의 중요한 일정에 더욱 주목하게 될 것이다. 이러한 모든 시나리오에서 이노베이터는 목표 청중에게 낯설거나 청중을 어리둥절하게 만드는 용어나 어려운 개념에 대한 설명을 피해야 한다. 가장 효과적인 피치 덱은 청중의 우선순위와 이슈, 질문에 대한 이해도를 보여주고 이들을 종합적으로 쉽게 다루는 것이다.

활동 지향적인 피치를 구성하는 것도 중요하다. 기업의 비전과 중요한 전략을 전달하는 것뿐만 아니라 어떻게 혁신이 개발되고 상업화될 것인지를 보여주는 전략적 영업 활동을 자세하게 알려야 한다. 또한 피치는 청중에게 팀이 해야 할 일을 잘 처리하고 있고 시장 진출에 필요한 요소를 잘 이해하고 있으며 팀의 구성원은 이를 실현시킬 충분한 능력이 있음을 보여주어, 자신감을 가질 수 있도록 해야 한다. 발명가이자, 기업가이며 InCube Labs의 설립자인 Mir Imran은 다음과 같이 말했다. "좋은 아이디어는 10센트밖에 되지 않습니다. 중요한 것은 '그것을 실행하는 것' 입니다."[2] 어떤 가이드라인에 따르면 이노베이터는 하나의 전략마다 10개의 실행 계획을 개발해야 한다.[3]

표적 청중에게 자신감을 심어 주는 데 가장 중요한 요소 중 하나는 위험 이슈를 연관시키는 것이다. 대부분의 청중이 의료 기술 개발과 상업화 과정은 본질적으로 위험 요소를 포함하고 있다는 것을 알고 있다. 효과적인 피치는 프로젝트가 앞으로 맞닥뜨릴지도 모르는 가장 큰 위험 요소들을 간과하지 말고 확인하고 다루어야 한다. 이노베이터는 기업이 직면한 주요 문제에 대하여 정직해야 한다. 왜냐하면 이러한 이슈들은 주로 피치나 프레젠테이션을 통해 더욱 명백히 드러나기 때문이다. 투자자들은 어떻게 이노베이터가 위험 요소를 계속적으로 해결해 나가면서, 계획대로 기업이 필요로 한 자금을 준비해 나갈 것인가에 대해 특히 관심 있을 것이다. 모든 프로젝트는 위험에 직면하기 마련이다. 여기서 중요한 것은 위험 요소를 일찍 발견하고 팀이 이를 완화할 수 있는 결정적 절차의 윤곽을 그리는 것이다.

기능적 전략을 개발함으로써 이노베이터는 각 핵심 분야의 특정 위험 요소를 발견할 수 있다(기술 · 임상 · 허가승인 · 보험 · 채택 위험 등). 하지만 전략을 하나의 비즈니스로 통합하려면 위험 요소를 총체적으로 다뤄야 한다. 주요 문제점을 찾아야 하는 이유는 기업의 모든 직면 가능한 문제를 예측하여 반드시 먼저 해결되어야 하는 가장 중요한 이슈를 순차적으로 정리하고 프로젝트가 실행 가능하게 만들기 위함이다. 예를 들어 기업이 기술의 주요 활동 메커니즘을 의도된 인체 해부학적 기능으로 할 것인가에 대한 문제를 확실히 정하지 못했다면, 이 문제는 많은 시간과 노력이 임상 개발과 허가승인 전략, 관련 위험 요소 경감에 더 투자되기 전에 꼭 먼저 해결되어야 한다. 주요 문제가 언제나 그런 것은 아니지만 기술 자체에 있는 경우도 자주 있다. 예를 들어, 팀은 시간과 돈을 개발에 더 투자하기 전에 새로운 장비를 채택하려는 의사의 의지를 고려하는 것이 기업이 먼저 확인해야 할 이슈라고 볼 수 있다. 하지만, 모든 위험 요소는 다르게 발생하며, 동시에 발생하지도 않고, 같은 수준의 주의를 요하는 것도 아니다. 이노베이터가 명백하게 어떤 위험이 가장 먼저 해결되어야 하는지 인식하고 가까운 시일 내 위험을 해결하기 위해 계획을 고안하여 기업의 큰 목표가 장기적으로 성취되도록 해야 한다. 이러한 과정에서 소통할 수 있는 최선의 방법을 생각하고 기대치를 관리하는 것이 전략적 통합 메커니즘이다.

피치 개발에서 고려해야 할 또 한 가지 중요한 요소는 좋은 프레젠테이션이 가지고 있는 청중과의 감정적 연결고리를 만드는 것과 팀이 선택한 문제를 해결하고자 하는 열정이다. 모든 피치는 반드시 분명한 논리와 현실성, 합리적인 접근 방식을 보여줘야만 한다. 그러나 감정적 요소는 비전에서 종종 누락되기도 한다. 대개 감정적 호소는 이목을 끌고 청중을 끌어당기는 데 좋은 역할을 한다. 다른 산업과 비교하여 건강관리 분야는 다른 사람을 돕고자 하는 열정과 소망을 표현하는 것이 어렵지 않고, 피치에서 이 요소가 결코 간과되어서는 안 된다. 예를 들어 건강관리 피치는 "생활 속의 하루"를 통하여 문제가 해결되는 방식을 환자의 경험을 통해 묘사할 수 있고 이는 청중들에게 더 분명하고 의미 있게 다가갈 것이다.

효과적인 피치는 10~50장 정도의 슬라이드로 구성되며 15~30장의 슬라이드가 최적의 분량이라고 여겨진다. 적정 슬라이드 수는 표적 청중과 프레젠테이션의 목적에 따라 다양하다. 예를 들어 주요 스태프를 모집하기 위한 피치에서는 높은 수준의 비즈니스 개관을 제공하기 위해서 10개의 슬라이드가 적당할 것이다. 투자자와 첫 미팅을 잡기 위해 피치를 보낼 때는 투자 기회를 더 자세하게 설명하기 위해서 10~20개의 슬라이드가 필요할 것이다. 투자자와의 첫 번째 미팅에서 이노베이터는 슬라이드 50장 정도의 프레젠테이션을 준비하여 중요한 질문이 나왔을 때 답변하고 추가 정보를 제공할 수 있도록 준비한다.

이노베이터는 대개 피치 데크를 파워포인트(또는 다른 프레젠테이션 소프트웨어 프로그램)를 사용하여 만든다. 프레젠테이션 내용이 분명 형식보다 더 중요하지만, 프레젠테이션 디자인 또한 상당한 차이를 만들어낼 수 있다. 무엇보다 이노베이터는 피치가 전문성 있게 보이고, 기업이 만들고자 하는 이미지를 잘 투영했는지 확실히 해야 한다. 복잡한 주제를 전달하기 위해 흥미로운 그래픽, 비디오, 추천서 또는 애니메이션과 같은 요소를 꼭 사용할 필요는 없다. 하지만 언급된 방법으로 제안된 벤처에 대한 흥미를 갖게 하고 이해를 증진시키는 데 도움을 줄 수 있다. 어떤 청중은 피치가 너무 겉만 번지르르 해 보이거나, 기업이 피치를 준비하는 데 너무 많은 돈을 쓰는 것에 부정적으로 반응하기도 한다. 균형을 잡는 것이 중요하다.

가독성 향상과 피치의 호소력을 높이기 위한 추가적인 가이드라인을 표 6.2.1에 제시하였다.[4]

표 6.2.1 피치의 질에 있어 부분에 집중하는 것이 큰 차이를 만들 수 있다 (based, in part, on J. Skyler Fernandes, "The 'Best' Start-Up Pitch Decks & How to Present to Angels/VCs," One Match Ventures, July 2013).

간단 명료화하기 – 질을 강조하고 길이 보다 명확성에 집중하라. 한 슬라이드에 너무 많은 단어를 사용하지 말라. 각 슬라이드를 깔끔하고 읽기 쉽게 만들어라. 글자가 너무 작지 않도록 주의하라(폰트 크기 20 이상).
구체화하기 – 일반화를 피하라. 중요한 이슈를 직접적으로 다루고 준비가 잘되었음을 보여주기 위해 충분한 세부사항을 제공하라. 주요 문제에 대한 걱정을 완화시켜라.
말보다 직접 보여주기 – 지금까지의 진전 상황과 성과를 강조하라. 적절한 소비자의 피드백을 포함하라. 절대 과장 하지 말고 사실이 스스로 말하도록 하라.
단순화하기 – 각 슬라이드를 따로 설명할 필요 없이 만들어라. 복잡한 설명이 필요한 내용(그래픽 등)을 포함하지 마라.
재차 확인하기 – 적절한 스타일과 톤을 사용하여 피치가 잘 작성되도록 하라. 오타 확인과 계산의 정확성, 인용 등을 조심스럽게 확인하라. 구두점과 대소문자를 일관성 있게 사용하라.

피치의 개발

모든 피치가 각기 다르지만, 대부분 비슷한 주제를 다룬다. 이러한 공통된 주제는 다음과 같다.[5,6] 설명을 단순화하기 위해 초창기 투자 자금을 모으기 위한 목적에 초점을 맞춰야 한다.

표지 슬라이드

표지 슬라이드에는 기업명과 로고, 프레젠테이션 목표(예: 투자자 프레젠테이션), 날짜를 포함하라. 때때로 이노베이터는 슬라이드의 위쪽 또는 아래쪽 코너에 유인물 관리와 추적을 위해 생산 및 공유된 유인물 개수를 카피 넘버로 포함할 수 있다. 이 접근 방식은 투자자가 이 계획이 다른 사람들과 너무 많이 공유되지 않았음을 확인할 수 있고, 이에 안심하게 만들 수 있다.[7]

엘리베이터 스테이트먼트

"엘리베이터 피치"에서 이노베이터는 한두 문장으로 그들이 개발하는 영업의 핵심을 잘 전달해야 한다. 이 핵심 스테이트먼트는 기업이 해결하고자 하는 핵심 문제와 지금까지 준비된 해결책, 목표 고객에게 전달되는 혜택을 포함해야 한다. **가치 제안**과 **요구사항**을 위한 엘리베이터 스테이트먼트를 작성하는 데 유용할 것이다.

임상적 니즈

혁신 기술이 치료하고자 하는 질병에 대한 간략한 개요와 임상적 니즈를 제공한다. 임상 조언가의 의견을 포함하여 혁신이 정말 필요하고 중요하다는 증거를 제공하라. 경쟁사 분석을 통하여 기존의 해결책과 이노베이터 기업의 차이를 강조하여 보여줘야 한다.

그림 6.2.1은 Kate Garrett와 Dan Azagury에 의해 창립된 Ciel Medical이라는 스타트업 기업의 피치 데크 예시를 나타낸다. Ciel은 인공호흡기가 필요한 환자를 위한 혁신 상품을 개발한다. "시엘 부기(C.L. Bougie)"는 이 기업의 첫 상품이며 기관 내 튜브 배치 교환 시 잘못된 위치에 삽입하여 발생하는 합병증을 막기 위한 최적의 장치이다. 두 번째 및 세 번째 상품은 인공호흡기 관련 폐렴을 발생시킬 수 있는 흡입을 막기 위한 장치이다. 이러한 문제의 해결책은 BronchoGuard의 흡입 장벽과 Sora의 석션 카테터를 포함한다. Ciel 팀은 명확하고 전문적으로 주요 메시지를 전달하는 것의 중요성을 인식하였고, 피치 개발을 위해서 컨설턴트인 Devesh Khanal과 함께 일하였다.

해결책

혁신과 그것이 주요 이해관계자를 위해 무엇을 하는지, 전달해 주는 가치는 무엇인지를 설명한다. 짧은 시연을 통해서 상품이 어떻게 작동하는지 보여주되 여기에 시간을 너무 많이 할애해서는 안 된다. (많은 이노베이터가 비디오를 피치에 넣기도 하는데, 비디오가 실패할 경우 부정적 인식을 줄 수도 있다.) 잠재적 사용자에게 상품이 매력적일 것이라는 증거를 사용자 연구 결과, **사용자** 인터뷰 인용, 새로운 또는 잠재 사용자로부터의 인용 등을 통해 제공한다.

시장

혁신을 위한 최초 목표 시장을 정의하라. 시장 규모, 예상 성장, 중요 트렌드의 윤곽을 그려라. 구매 결정 방법, **시장 분화**, 경쟁사의 중요 측면(그림 6.2.2 참조), 어떤 시장 상태가 혁신에 가장 적합한지와 같은 시장의 주요 특징을 설명하라. 가장 큰 시장 위험 요소를 줄일 수 있는 전략과(예: 기존 대안과 혁신이 어떻게 다른가. 혁신이 1세대 상품이라면 어떻게 2세대 상품으로부터 방어할 것인가.) 경쟁 기업을 묘사하라. 잠재 시장 확장 전략을 언급하라.

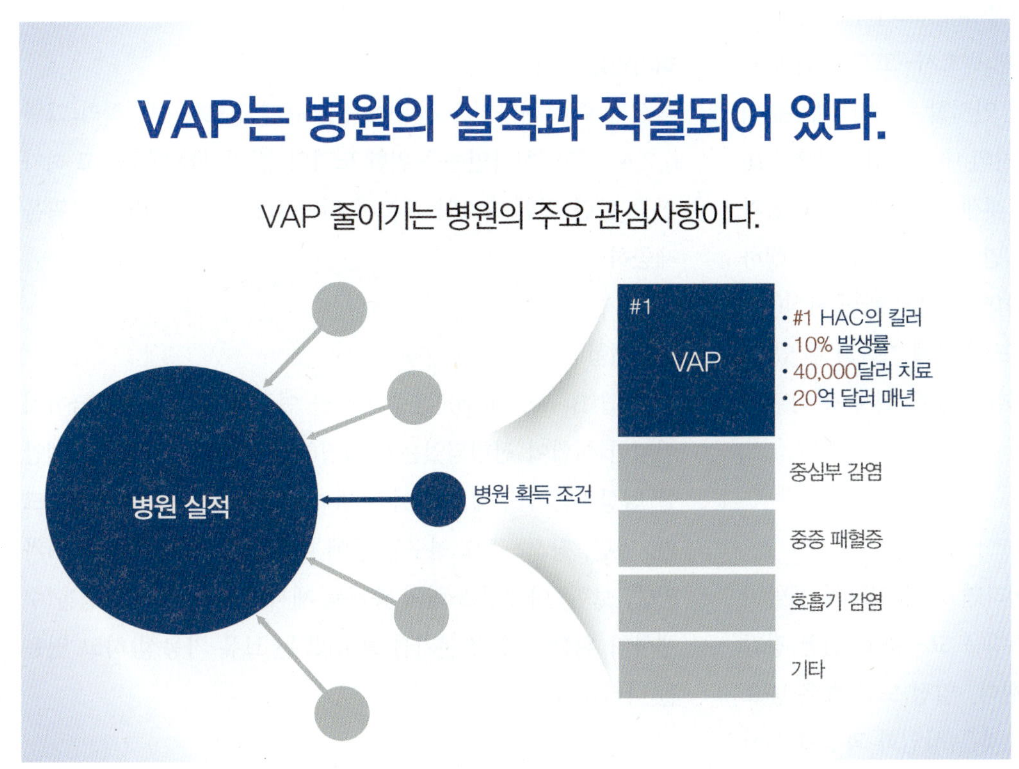

그림 6.2.1
VAP 해결책의 필요성을 다루기 위한 슬라이드(Ciel Medical의 허가를 받아 사용)

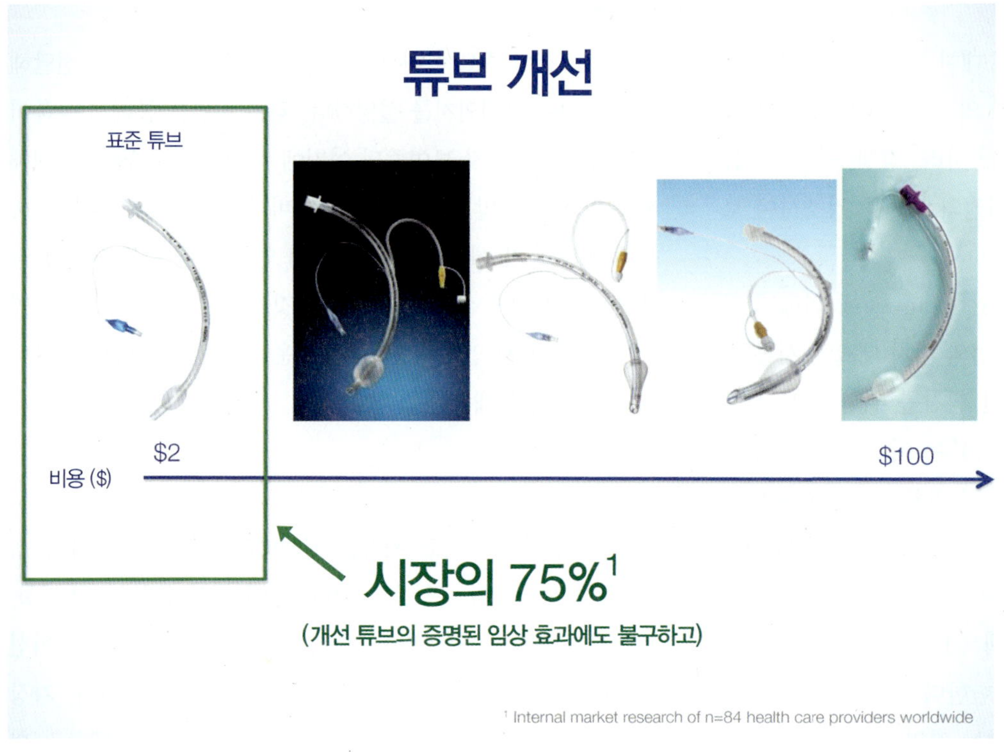

그림 6.2.2
Ciel Medical 피치 중 기관내관 산업의 경쟁 환경 묘사에 사용된 슬라이드(Ciel Medical의 허가를 받아 사용)

지적재산권(IP)

대부분의 의료기술 스타트업이 그러한 것처럼 제안된 비즈니스에 대한 지적재산권이 중요한 측면이라면, 지적재산권 이슈는 반드시 다루어야 하는 중요한 문제이다. 그러나 세심한 청중들은 IP에 대한 자세한 언급이 대개 변호사–고객 특권 보호 없이는 이루어지지 않을 것이라는 걸 인지할 것이다. 대부분의 피치가 기밀임에도 이노베이터는 피치의 내용이 잠재적으로 IP 소송에 걸릴 수 있음을 생각하고 프레젠테이션에서 클레임과 기소 전략을 언급하지 말아야 한다. 만약 기업이 IP를 발행하거나 허가권을 받아 이미 공개하였다면, 요약된 관련 사실(예: 진행 중인 신청서 수)과 함께 슬라이드에 함께 기록될 수 있다. 계획의 IP 관련 문제에 대한 더 자세한 사항은 실사 중 다뤄질 수 있다.

연구개발(R&D)

만약 혁신 기술이 여전히 개발 중이라면 추가 연구와 개발이 얼마나 필요한지, 기술적 위험의 특징을 묘사하고 위험 경감 메커니즘을 다루는 윤곽을 잡아야 한다. 일정 또한 매우 중요하다. R&D Gantt 차트를 포함하는 것은 상업화 과정에서 신속하게 주요 일정을 전달하는 데 도움을 준다(그림 6.2.3 참조). 하지만 R&D Gantt는 일반적으로 R&D 절차를 관리하기 위해 사용된 것의 단순화된 버전일 뿐이다.

허가인증 전략

혁신과 주요 허가인증 전략에 대한 규제 경로를 설명하라(그림 6.2.4 참조). 허가인증을 위한 노력의 현 위치를 제공하고 허가인증 관련 위험 요소와 계획된 위험 요소 완화 전략의 윤곽을 제공하라.

임상시험

벤치 탑(Bench-top) 검증과 동물 연구를 포함하여 지금까지 어떠한 실험이 진행되었는지 설명하라. 기업이 스폰서를 제안한 임상시험 연구에 대하여 자세히 설명하라. 종말점, 샘플 크기, 기간, 장소, 주요 연구원 등에 대한 정보를 포함하라. 허가인증, 보험, 마케팅 노력의 증거를 제시하고, 기업이 시험을 수행하기 위한 필수 전문가를 보유(또는 보유 가능성)하고 있음을 나타내라.

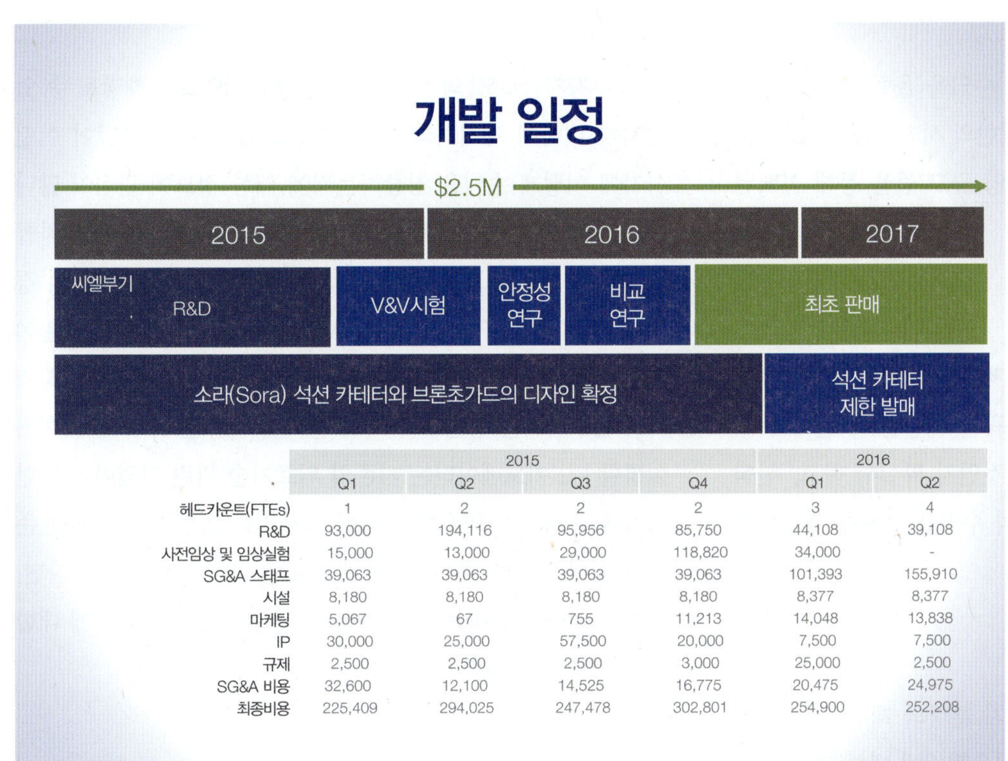

	2015				2016	
	Q1	Q2	Q3	Q4	Q1	Q2
헤드카운트(FTEs)	1	2	2	2	3	4
R&D	93,000	194,116	95,956	85,750	44,108	39,108
사전임상 및 임상실험	15,000	13,000	29,000	118,820	34,000	-
SG&A 스태프	39,063	39,063	39,063	39,063	101,393	155,910
시설	8,180	8,180	8,180	8,180	8,377	8,377
마케팅	5,067	67	755	11,213	14,048	13,838
IP	30,000	25,000	57,500	20,000	7,500	7,500
규제	2,500	2,500	2,500	3,000	25,000	2,500
SG&A 비용	32,600	12,100	14,525	16,775	20,475	24,975
최종비용	225,409	294,025	247,478	302,801	254,900	252,208

그림 6.2.3
이 슬라이드는 Ciel Medical 포트폴리오의 세 가지 상품 개발에 대한 개발 일정을 보여준다(Ciel Medical의 허가를 받아 사용).

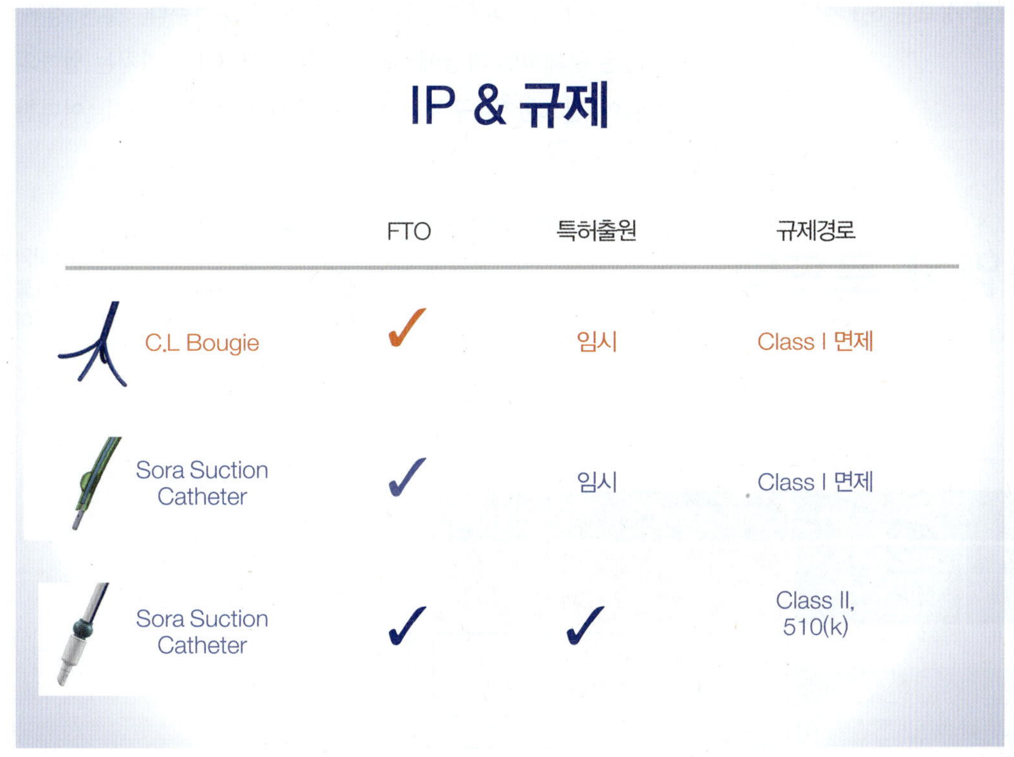

그림 6.2.4
이 슬라이드는 Ciel 상품에 대한 규제 경로와 IP 상태를 간략하고 명확하게 보여준다(Ciel Medical의 허가를 받아 사용).

보험 급여

상품의 보험 급여 전략을 서술한다. 배상을 요구 받을 수 있는 가능성(과 정당성)에 대한 윤곽을 그려야 한다. 보험 코드가 있다면 사용될 수 있도록 이에 대한 예시를 제시하고 배상을 보장하기 위한 지금까지의 성과를 간략하게 서술해야 한다. 또한 보험 관련 위험 요소와 이를 완화시키기 위한 전략도 제시한다.

경영 모델

예상 가격과 마진 등 어떻게 기업이 수익을 올릴 것인지를 강조하라. 기업의 주요 매출원, 수익 실현의 시기와 빈도, 모델을 실행 가능하게 만드는 데 필요한 경영 규모 등을 통해 선택된 비즈니스 모델을 정당화하라.

마케팅과 판매

기업의 경쟁력과 매출을 위한 가치 제안을 명확히 해야 한다. 판매 계획과 마케팅 노력에 대한 윤곽을 제공한다. 판매와 프로모션 관련 비용을 어떻게 해결할 것인지 확실히 하고, 선택한 방법이 어떻게 합리적으로 최대의 수익을 가져올 것인가에 대한 설득력 있는 설명을 제시한다.

재정 정보

향후 2~3년의 영업에 관한 한 페이지 분량의 재정 예상 요약과 필요 자금, 또한 자금이 어떻게 사용될지에 대한 지표도 제공해야 한다. 재정 정보에 대한 자세한 정보는 6.1 실행 계획 및 재정 모델을 참고한다.

출구 전략

어떤 투자자가 그들의 투자에 대한 **환급 이벤트**에 해당될 수 있는지에 대하여 제시하라. 투자자는 그들의 자금 조달이 어떤 시기에 어떻게 수익을 창출하는지에 대한 정보에 관심이 많다(그림 6.2.5 참조). 의료기술 기업이 **배당**을 통해 자본 투자를 돌려주는 경우는 드물다. 대신, 가장 자주 사용되는 환급의 경로는 기업 공개(IPO, 최근 드물게 나타남)와 트레이드 세일이다. 트레이드 세일은 새로운 벤처를 더 큰 기업으로 합병시키거나 **인수**시키는 방법으로 가장 흔하게 사용된다. 투자 기회를 설명할 때, 이노베이터는 기존의 의료기술 관련 기업이 어떠한 시기에 비즈니스 인수에 관심이 있을지를 확인하고 토론할 준비가 되어 있어야 한다. 이전에 비교할 만한 전략이 있었다면, 그 데이터를 포함하는 것도 도움이 된다(출구 시나리오에 대한 추가 정보는 6.3 펀딩 방법 참조).

질문

이 슬라이드는 피치의 목표를 분명하게 보여준다. 많은 경우, 질문은 구체적인 자금에 대한 것이다. 그렇다면 피치는 얼마의 자금이 필요한지, 구체적으로 어떻게 사용될 것인지, 어떠한

그림 6.2.5
이 슬라이드는 Ciel Medical의 상용화와 출구 표적, 비교 출구 정보에 대한 개요를 제시한다(Ciel Medical의 허가를 받아 사용).

진전/공정표가 기업의 성취를 가져올 것인지에 대한 개요를 잡아야 한다.

경영팀

기업 경영진의 주요 프로파일을 제공하고 관련 경험, 리더십, 성공, 경영 성과 등을 강조하라. 그 분야에서 존경 받고 잘 알려진 고문 위원이나 이사회 위원을 포함하는 것도 도움이 될 수 있다.

마무리 슬라이드

마무리 슬라이드에는 기업명을 재기입하고 연락처 정보(이름, 전화번호, CEO의 이메일 주소 등)를 제공한다. 이노베이터는 추가 정보나 질문이 있을 때 어떻게 기업에 연락할 수 있는가에 대한 너무 적은 정보를 피치 데크에 포함한다. 마무리 슬라이드에서는 프로세스를 더 진전시킬 수 있는 실행 가능하고 구체적인 다음 단계를 안내할 수 있다(예: 2주 내에 추후 회의를 다시 개최하는 것). 하지만 몇몇 이노베이터는 다음 단계에 대하여 투자자와 상의할 기회를 갖기 위해 이 단계를 생략한다. 다음 절차를 결정하는 방식으로 양측 간의 미래 경영 스타일을 알 수 있다.

피치의 섹션이 특정한 방식으로 제시되어야 할 필요는 없지만, 이 구조는 많은 기업이 사용하였고 논리적인 흐름을 보여준다. 이노베이터는 다양한 슬라이드 배치를 시도해 보고 그들의 이야기를 가장 잘 뒷받침하는 선택을 해야 한다.

언급된 주제들을 한 장씩으로만 담아도 17페이지가 만들어진다. 일부 내용은 팀의 가장 중요한 메시지를 분명하게 정하고 지금까지의 진행 상황을 알려야 하기 때문에 슬라이드 한 장으로는 부족할 것이다. 다른 접근법은 기업의 스토리를 분명하게 전달하기 위해서 필요한 모든 슬라이드를 개발하는 것이다. 그리고 슬라이드를 청중의 요구와 관심사에 따라 관련된 부분은 넣고 필요 없는 부분은 삭제하면서 서로 다른 방식으로 합쳐서 구성한다. 전형적인 백업 목록 또는 부록 슬라이드는 표 6.2.2에 나타내었다.

피치 개발을 시작함에 있어서, 이노베이터가 표 6.2.3에 제시된 일련의 질문에 대답하는 것은 도움이 될 수 있다. 이 질문들은 지금까지의 성과를 살펴보고 프레젠테이션에 사용할 가장 중요한 아이디어와 정보를 찾는 것을 도울 수 있다.

다른 접근은 "이야기"를 4~5가지의 주요 포인트로 구분하여 한 장에 담는 것이다. 이는 이노베이터가 자신의 주장을 뒷받침하기 위해서 어떤 정보가 필요한지, 어떤 정보가 흥미롭지만 필수적이지 않은지를 더 잘 인지하게 해 준다. 신뢰를 쌓기 위해서는 비즈니스 설립과 관련된 모든 기능적 세부 사항을 공유해야 한다고 생각하는 것은 이노베이터가 종종 저지르는 실수이다. 하지만 주장을 견고히 하기 위해서 현재 가지고 있는 사실 정보를 선별적으로 사용함으로써 더 신뢰를 얻을 수 있다. 만약 투자자가 프로젝트에 관심이 있다면, 팀은 실사 기간 동안 세부적 지식을 제공하여 투자자에게 좋은 인상을 남길 기회를 얻을 수 있을 것이다(실사에 관한 더 많은 정보는 6.3 펀딩 방법 참조).

대안적 방법은 대략적인 초안을 슬라이드 15장 이내로 간략하게 작성하는 것이다. 이 대략적 초안 데크를 통해 팀은 왜 이 데이터를 공유하는가? 이 정보로 무엇을 전달하고자 하는가? 되짚어 볼 수 있다. 항상 기억해야 할 것은 피치 데크의 모든 내용은 기업의 중요한 이야기를 뒷받침하는 것이어야 한다는 것이다.

표 6.2.2 이 표는 주요 피치에는 포함되지 않았지만 주주가 질문했을 때 답하기 위해서 참고할만한 백업 또는 부록 슬라이드를 만드는 데 도움이 될 수 있다(J. Skyler Fernandes, "The 'Best' Start-Up Pitch Decks & How to Present to Angels/VCs," One Match Ventures, July 2013).

일정: 역사, 공정표, 이전 자금
주요 주주를 위한 가치 제안 세부사항
구체적 재정 (수입 및 지출 내역)
손익분기점 분석(기본 케이스 vs 베어본 케이스)
잠재고객의 파이프라인(각각의 클로징 가능성과 잠재 수익)
자본 구조(설립자와 현 투자자의 소유권)
경쟁업체 (자금 조달/투자자)
인원 (직원 수, 예상, 필요한 주요 채용)
코어 데크에 포함되지 않은 독점적 측면

표 6.2.3 바이오디자인 혁신 과정에서 피치의 주요 섹션은 세부적인 단계로 나눌 수 있다. 이노베이터는 다음에 나열된 모든 질문을 고려해야 한다. 그러나 질문에 대한 모든 답이 피치 데크에 포함되는 것은 아니다. 목표에 집중하는 것이 중요하다.

주요 섹션	다루어야 할 문제	바이오디자인 혁신 과정 관련 활동(어디서 정보를 구할 것인가)
엘리베이터 스테이트먼트	• 비즈니스가 다루고자 하는 핵심 문제는 무엇인가? • 지금까지 개발된 해결책은 무엇인가? • 어떤 주요 수익이 목표 고객에게 혜택을 가져다 줄 것인가?	5.7 마케팅 및 이해관계자 전략 5.9 경쟁우위 및 사업 전략
임상적 필요성	• 다루고 있는 요구는 무엇인가? • 왜 이 요구가 중요한가? • 현재 이 요구가 어떻게 다루어지고 있는가? • 어떤 점에서 현재의 해결책이 부적합한가?	1.3 니즈 요구서 개발 2.1 질병 단계의 기초 2.2 기존의 해결책 2.5 니즈 선택
해결책	• 이 요구를 어떻게 충족시킬 것인가? • 어떻게, 누구에 의해서 사용될 것인가? • 이 해결책이 어떤 점에서 기존의 해결책보다 나은가? • 제안된 가치는 무엇인가?	5.7 마케팅 및 이해관계자 전략
시장	• 목표 고객은 누구인가? • 시장의 크기는 어느 정도인가? • 얼마나 빠르게 성장하고 있는가? • 주요 경쟁사는 누구인가? • 경쟁사와 차별화되는 점은 무엇인가? • 진입 장벽은 무엇인가?	2.4 시장 분석 5.7 마케팅 및 이해관계자 전략 5.9 경쟁우위 및 사업 전략
지적재산권(IP)	• IP를 어떻게 보호할 것인가? • IP의 입지가 얼마나 강한가?	4.1 지적재산권의 기초 5.1 지적재산권 전략
R&D 전략	• 기술이 실현 가능하다는 것을 어떻게 증명할 것인가(하였는가)? • 반드시 해결해야 하는 문제는 무엇이며 이를 어떻게 완화시킬 것인가? • 어디서 어떻게 상품이 생산될 것인가?	4.5 컨셉 탐색 및 시험 5.2 R&D 전략 5.5 품질관리
규제전략	• 어떻게 상품이 시장에서 승인 받을 것인가? • 안정성과 효율성을 보여주기 위해서 무엇이 필요한가?	4.2 규제의 기초 5.3 임상시험 전략 5.4 허가인증 전략
임상 연구	• 안전성과 효율성에 관련된 데이터를 어떻게 수집할 것인가? • 연구 장소는 어디이며, 주요 연구자는 누구인가? • 어떤 다른 종말점이 연구될 것인가(그리고 왜 연구될 것인가)?	5.3 임상시험 전략
보험	• 배상 경로는 어떻게 되는가? • 어떤 코드가 사용될 것인가? • 어느 정도의 저항이 예상되는가?	4.3 보험의 기초 5.6 보험급여 전략
경영 모델	• 어떻게 기업이 수익을 창출할 것인가?(예상 가격과 마진) • 수익 실현의 빈도와 타이밍은 어떻게 되는가? • 모델을 실현 가능하게 만들려면 어느 정도의 경영 규모가 요구되는가?	4.4 사업 모델 5.7 마케팅 및 이해관계자 전략 6.1 실행 계획 및 재정 모델
판매 및 마케팅	• 고객이 왜 제품을 사용하게 될 것인가? • 어떻게 기업은 판매를 마감할 것인가? • 어떻게 제품을 고객에게 소개할 것인가?	5.7 마케팅 및 이해관계자 전략 5.8 판매 및 유통 전략
재정 정보	• 기업에게 조달되어야 하는 자금은 어느 정도인가? • 조달 자금으로 하려는 것은 무엇인가(어떤 일정을 따를 것인가)? • 어떻게 그리고 언제 투자자에게 수익을 돌려줄 것인가?	6.1 실행 계획과 재정 모델 6.3 펀딩 방법

표 6.2.3 계속

주요 섹션	다루어야 할 문제	바이오디자인 과정 관련 활동(어디서 정보를 구할 것인가)
출구 전략	• 어떻게 하면 투자자가 수익을 돌려받을 가능성이 가장 커지는가? • 언제 시장에서 벗어나야 할 가능성이 가장 큰가?	6.1 실행 계획 및 재정 모델 6.3 펀딩 방법
경영 팀	• 기업을 구성하는 주요 경영진은 누구인가? • 주요 경영진의 구체적인 경력 사항은 무엇인가?	6.1 실행 계획 및 재정 모델

경영종합보고서 만들기

피치 데크와 더불어 많은 이노베이터들이 기업의 가장 중요한 측면을 요약한 1~2페이지의 짧은 서술식 경영종합보고서를 유용하다고 생각한다. 모든 투자자가 그런 것은 아니지만, 몇몇 투자자들은 미팅 전 경영종합보고서를 요청한다. 또한 경영종합보고서는 파트너, 고문 및 주주와의 의사소통을 돕는다.

어떤 전문가는 경영종합보고서의 초안이 피치 개발을 가이드할 수 있기 때문에 먼저 작성하는 것을 제안한다. 하지만, 피치가 모두 완성될 때까지 경영종합보고서 작성을 기다리라고 조언하는 전문가도 있다. 어떤 경우든, 경영종합보고서를 간결하고, 호소력 있게 쓰는 것이 중요하다. 이노베이터가 경영종합보고서 작성 준비를 시작할 때 다음의 가이드라인이 도움이 될 수 있을 것이다.

- **서론** – 임상적 필요성, 제안 해결책, 시장 기회에 대한 호소력 있는 엘리베이터 스테이트먼트로 시작하라.
- **본론** – 피치에 기재되어 있는 가장 관련성이 높은 각각의 토픽에 대하여 가장 중요한 수준의 정보를 제공하라. 지금까지 성취한 활동과 결과에 초점을 맞춰라. 상품의 필요성과 문제의 해결책이 유효하다는 주장을 뒷받침하기 위한 증거를 포함하라. 주요 위험 요소를 설명하고 위험 요소 경감 전략을 제안하라. 제목을 사용하여 요약의 구성을 더욱 직관적이고 분명하게 하라. 개요(Overview)의 한 부분에서 다음 부분으로의 텍스트 흐름을 부드럽게 하라. 필요하다면 변화를 주라.
- **결론** – 경영종합보고서를 피치의 목적에 맞게 명확하게 제시하며 마무리하라(예: "이 피치의 목적은 상품 기술의 실현과 동물 실험을 시행하는 데 필요한 200만 달러의 자금을 모으는 것이다."). 만약 기업의 역량과 요구를 경영종합보고서에 분명하게 설명한다면, 독자를 끌어들일 수 있는 가능성이 훨씬 높아진다. 이노베이터는 피치와 마찬가지로 경영종합보고서를 개발할 때에도 항상 목표 독자를 염두에 두어야 한다.

다음 사례는 한 팀이 어떻게 피치와 경영종합보고서를 효과적으로 개발하여 예비 자금을 모으는 데 성공했는지를 보여준다.

현장에서 Simpirica Spine

피치 구성하기

스탠포드 대학교 바이오디자인 프로그램의 Colin Cahill, Ian Bennett, Louie Fielding 세 학생은 이노베이터는 척추의 움직임을 손상시키지 않고 척추를 안정화시키는 방법을 연구하였다. 세 학생은 지속적인 연구를 통해 마침내 업계의 오랜 연구 분야였던 초기 퇴행적 디스크 통증을 완화시키는 최소 침습적 이식 장치를 개발했다(그림 6.2.6 참조). 이 이식 장치의 동작 메커니즘은 분명하고 간단하였으며, 축방향의 큰 하중을 불필요하게 만들었고, 기술적 결함의 위험성을 줄였다. 척추 외과 의사이자 팀의 멘토였던 Todd Alamin은 팀의 긍정적 성과를 높이 평가하여 팀에게 추가 연구를 계속 하라고 조언하였다.

공식적인 바이오디자인 프로그램을 마친 후, 팀은 향후 연구 방향을 결정하기 위해 탐색 기간을 가졌다. Cahill과 연구진은 시장이 매우 경쟁적임을 인지하고 "스텔스 모드(Stealth Mode)"로 일하기로 결정하였다. 스텔스 모드는 장비 관련 정보 공유를 보수적으로 하는 것을 의미한다. "처음에는 아이디어가 상당히 미숙했기 때문에 우리는 편집증적으로 일했고, **개념**에 대해 말하는 것을 매우 조심스러워 했습니다."[8]라고 그가 말하였다.

탐색 기간 동안 팀의 최우선순위는 그들의 아이디어가 기술적으로 실현 가능하다는 것을 증명하는 것이었다. "우리는 **시드 펀딩(Seed Funding; 종자 기금)**을 요청하였고, 이를 받을 수 있었기 때문에 시제품 제작과 테스트를 진행할 수 있었습니다."라고 Cahill이 설명하였다. 팀은 몇몇 기술적 구성 요소 개발을 외주 의뢰하였지만, 결코 어떻게 이 요소가 사용될 것인지, 또는 어떤 완제품이 나올지에 대한 정보를 공유하지 않았다.

또 다른 우선순위는 이 장비가 유일한 기술로 인정받고 강력한 지적 재산권(IP)을 가지도록 하는 것이었다. 이를 위해 팀은 핵심 **특허**를 초기에 신청하였고 외부 IP 변호사와 함께 일하였으며 제3자와 대화할 때 아이디어 관련 정보가 누설되지 않도록 비밀 유지 계약(non-disclosure agreement, NDA)을 사용하였다. 이와 더불어 팀의 기술이 계속 일을 추진해 나갈 만큼 임상적으로 가치 있는지를 조사하였다. 이를 위해, Alamin으로부터 큰 도움을 받았고, 아이디어를 지속적으로 점검하기 위해 신뢰 받는 소규모 척추 외과의사 그룹과 상의하였다. "확실히 성공할 수 없다면, 기업을 시작하고 싶지 않았습니다. 다른 옵션도 있었습니다. 이것을 프로젝트의 일환이라고 생각할 수도 있었고, 논문으로 발표할 수도 있었고, 대기업에 아이디어 허가권을 판매 할 수도 있었습니다."라고 Cahill이 말하였다.

1년여 간의 노고 끝에, 이 세 가지의 일이 모아지기 시작하였다. 팀의 예비 시험에서 나온 자료는 매우 전도유망해 보였으며, IP 포지션도 강해 보였고 컨설턴트의 피드백 또한 매우 긍정적이었다. 더 나아가, 척추 기술(예: St. Francis Medical의 IPO 필링, 다른 종류의 척추 이식 장치 개발 회사) 관련 외부 환경은 시장이 혁신적인 척추 관련 기술을 발표하기 좋게 무르익었음을 나타냈다. "몇몇 경험 많은 기업가들이 우리에게 접근해서, 만약 우리가 비즈니스를 설립할 의향이 없다면 직접 인수하고 싶다고 말했습니다." Cahill이 당시 상황을 전하였다. 이러한 모든 요소가 우리가 가진 기회가 매우 긍정적임을 시사하였다. 그가 말했다. "우리는 한 번 해보기로 했죠." Cahill, Bennett, Fielding, Alamin은 Simpirica Spine을 창립하였다. 그리고 Cahill이 CEO를 맡았다.

그들이 개념을 완성시키겠다고 결정한 후 찾아온 첫 번째 도전은 추가 자금을 모으는 것이었다. Cahill과 팀은 그들의 아이디어를 투자자에게 가장 잘 전달하기 위해 고민하기 시작하였다. Cahill은 전통적인 경영 계획이 잘 활용되지 않는 것으로 보고, 20장 정도의 개요(Overview) 프레젠테이션을 만드는 것에 집중하였다. 이 프레젠테이션에는 기업의 비전, 요주, 현재 치료 방법, 새로운 기술에 대한 설명, 가치 제안, 지금까지의 사전 임상 결과, 주요 프로젝트 컨설턴트와 팀에 대한 소개가 포함되어 있었다. "프로젝트 초기부터 '이야기'를 생각해 왔다. 그래서 프레젠테이션을 만들 때 우리가 한 일은 견고한 데이터를 바탕으로 한 빈칸 채우기와 다름없었다."라고 Cahill이 설명하였다. 이러한 데이터의 대부분은 영업 계획과 재정 모델, IP 중심의 실사, 사전 임상 결과, 그리고 그 외의 다른 정보들로부터 나왔다. 팀의 탐색 기간 동안 수집하였던 Simpirica에 대한 방대한 정보가 피치를 만드는 것을 도왔던 것이다. "만약 계획이 성공하지 못할 것처럼 느껴졌다면, 또는 이야기에 큰 조각이 빠져 있었다면, 사업을 진행하지 않았을 것입니다." Cahill이 언급하였다.

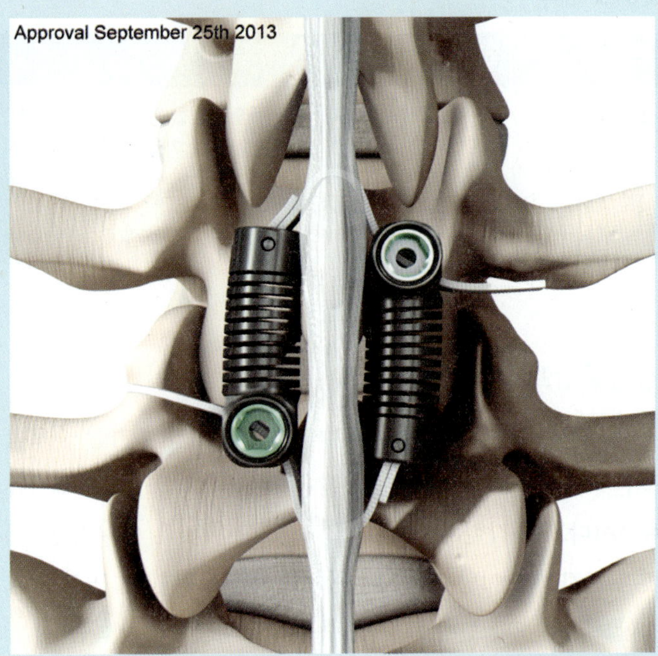

그림 6.2.6
The LimiFlex™ Paraspinous Tension Band (courtesy of Simpirica Spine의 허가를 받아 사용)

프레젠테이션 슬라이드와 2장의 경영종합보고서로 Simpirica는 투자자와의 미팅 준비를 거의 마쳤었다. 또한 미팅 전에 팀은 신뢰받는 컨설턴트에게 자료를 공유하였고 피치를 연습하였다. 이를 통해 귀중한 피드백을 얻었고 결과적으로 팀의 접근법을 개선할 수 있었다. 비록 핵심 메시지는 같았지만, 프레젠테이션을 수정하여 청중에게 최대한 효과적으로 전달하는 법을 배웠다. "최종 피치는 꿈, 회사의 비전, 꿈과 비전을 이뤄낼 수 있는 우리의 역량을 종합한 것이었습니다."

잠재 투자자와 이야기할 때 **정보를 공개**하는 것에 대한 우려 사항을 어떻게 해결했냐고 물었다. 이에 대해 Cahill은 투자자 개개인에게 비밀 유지 계약(NDA)에 서명하라고 요청하지 않았다고 말했다. "사전에 벤처 투자자는 절대 NDA에 서명하지 않는다고 들었습니다. 절대적으로 사실은 아니었지만 말입니다. 하지만, 프레젠테이션이 인터넷에 공개된다 하더라도 크게 걱정하지 않을 정도로 프레젠테이션을 만드는 것이 더 좋다고 생각했습니다."라고 말하였다.

하지만, 모든 슬라이드에 "기밀"이라고 표기하였으며 아이디어가 대중에게 공개되기 전에 IP 신청이 제대로 이루어지도록 했다. 처음에는 공개 관련 이슈에 너무 보수적으로 접근했는지도 모르겠다고 Cahill은 말하였다. "IP만 제대로 확보된다면, 많은 사람과 아이디어를 나누는 것도 좋습니다. 사람을 만날 때 성격을 잘 파악하되, 편집증적으로 반응하기보다는 공유하는 것이 낫습니다." 가끔, 하나의 대화가 또 다른 대화로 이루어질 수 있으며, 새로운 인맥과 계약을 가능하게 하여 프로젝트에 크게 기여할 수 있다고 그는 설명하였다.

또한 Cahill은 투자자와 초기에 접촉하고 여러 번 대화하는 것을 제안하였다. 그리고 "Simpirica는 누구와도 너무 일찍 접촉하고 싶지 않았었습니다."라고 말하였다. "하지만, 사람들이 결정을 내려야 하는 순간이 오기 전에 프로젝트의 주요 계약 사항을 잘 전달하고, 주요 일정에 대한 진행 상황을 보여주는 것은 꽤 중요한 일입니다. 특히, 의료기술 시장에서 자금을 모으기가 힘들어진 상황에서는 말입니다. 내 생각에는 위험보다 가치가 더 중요한 것 같습니다."

마지막으로, 그는 피치를 준비하고 시행하는 것, 실사를 받는 것은 매우 긴장되는 일이라고 말하였다. "하지만 잘 정리하고 준비한다면, 예상치 못한 일이 많이 발생하지는 않을 것입니다."라고 Cahill이 전하였다.

Simpirica 팀은 예비 피치를 사용하여, **엔젤 투자자**(벤처기업에 투자하는 사람)의 자금을 모았다. 이어서 벤처 후원 시리즈 A라운드가 시작되었다. Simprica 이식물은 2014년에 유럽 시장에 진출하였고 1,500명의 환자가 이 기술을 사용하였다. 미국에서는 FDA에 PMA 신청을 하기 위해 핵심 시험을 시작하였다.

피치와 펀딩에 관한 추가 정보

종종 피치를 개발하는 가장 큰 이유가 자금을 모으기 위한 것이라고 잘못 생각하는 이노베이터가 있다. 자금을 모으는 것이 팀의 중요한 목표이기는 하지만, 피치의 진정한 가치는 이노베이터가 어떻게 경영을 이끌어 나갈 것인가를 조심스럽고 심도 있게 생각해 보는 것에 있다(6.1 실행 계획 및 재정 모델에서 제시한 활동 참조). 피치는 투자자와의 대화를 촉진하고 펀딩으로 이끄는 데 있어 아주 중요한 도구이다. 투자자는 훌륭한 피치를 기대하며, 만약 프레젠테이션이 좋지 못하면 투자자는 신속하게 프로젝트를 배제할 것이다.

물론, 외부 투자자의 펀딩만으로는 새로운 벤처를 계속해서 유지할 수 없다. 이익과 수익 창출 상품이 있어야 유지될 수 있다. 투자자가 수익을 돌려받기 전까지 장기적으로 많은 자금을 투자해야 하므로 투자자는 회사의 영업 능력에 높은 기대를 걸고 있으며, 엄격한 실사를 진행한다. 훌륭한 피치는 회사의 수익 창출 방법과 투자자에게 수익을 되돌려 줄 수 있는 팀의 비즈니스 경영 능력을 보여준다.

이노베이터가 피치를 만들 때 가장 많이 저지르는 실수 중 하나는 주요 비용을 과소평가하거나 시장을 과대평가 하는 것이다. 이는 추정치를 부정확하게 만들 뿐만 아니라 신뢰와 잠재적 투자자를 잃게 만든다. 같은 분야에 있는 비슷한 규모의 기업이 어떻게 사업을 확장하였으며, 어떻게 판매 매출을 증가 시켰을 지를 연구하여 기업의 재정 예상 수치가 현실적인지를 효과적으로 검증할 수 있다. 비록 이노베이터가 현실적인 추정치를 제공한다 하더라도 투자자는 예상 매출을 50%까지 줄이고 비용을 증가시킬 수 있다. 판매와 지출 비용에 관한 재정 모델을 다양화함으로써 이노베이터는 각 예상 추정치의 영향력을 모두 연구하고, 계획의 실현 가능성을 제시하여 투자자를 안심시킬 수 있다. 예상 추정치를 다양화하고, 이를 분석하여 결과를 투자자에게 제공하는 것을 "민감도 분석(Sensitivity Analysis)"이라고 하며, 이는 투자자에게 자신감을 심어주고 기업을 신뢰하게 만드는 데 도움이 된다.

투자자에게 접근하기

자금을 모을 때, 투자자에게 접근하기 위하여 인맥을 사용하는 것도 좋은 방법이다. 전화, 우편 또는 온라인을 통해 경영 계획을 알리는 것은 일반적으로 긍정적인 결과를 기대하기 힘들며, 이를 통해 자금을 지원 받을 수 있는 기회를 놓치게 되기도 한다. 투자자를 소개 받는 다양한 방법이 있다. 다른 이노베이터나 서비스 제공자(변호사, 컨설턴트) 또한 훌륭한 인맥으로 작용할 수 있다. 만약 이노베이터가 관련 산업에 직접적인 인맥이 없다면, 인적 네트워크를 활용하여 연결고리를 찾는 것이 좋다. 예를 들어, 이노베이터가 알고 있는 첨단기술 산업의 벤처 또는 엔젤 투자자가 건강관리 또는 의료장비 분야의 다른 벤처 또는 엔젤 투자자를 소개시켜 줄 수 있다. 단호하면서도 다른 사람을 존중하는 태도로 인맥을 형성하고 연결고리를 만들라. 만약 이노베이터가 콜드 컨택(불특정 다수)을 사용할 수밖에 없는 상황이라면 투자 기준이 자신의 비즈니스와 맞는 투자자에 초점을 맞추어야 한다. 회사명과 잠재 투자자에 대한 관련 정보는 온라인 디렉토리에서 찾을 수 있다.

일단 잠재적 목표가 확정되면 이노베이터는 투자자에 대하여 가능한 모든 연구를 진행해야 한다. 이 연구에는 투자자의 현 포트폴리오, 실적, 투자 기준, 경영 스타일, 기업(또는 기업의 기술)과 투자자가 관심 있어 하는 분야가 잘 맞는지 결정할 수 있는 정보가 포함될 수 있다. 투자자가 투자했던 기업과의 인터뷰를 통해 투자자의 접근 방식과 경영 스타일을 이해하는 것도 좋은 방법이다. 회사와 투자자가 잘 맞는지를 확인하는 것은 정말 중요하다. 표 6.2.4의 질문은 이를 평가하는 데 도움이 될 것이다.

잠재 투자자와 연락하기 전에, 이노베이터는 적어도 엘리베이터 스테이트먼트를 준비하고 회사가 필요로 하는 자금도 생각해 놓아야 한다. 피치와 경영종합보고서를 사용한다면 더 좋은 결과를 기대할 수 있을 것이다.

피치 실행 전 준비

대부분의 투자자가 찾는 이상적인 기업은 회사의 가치가 높고, 신중하게 회사 운영을 하며, 상품 또는 서비스를 가치 있는 시장에서 판매할 능력이 있는 경영진을 보유하고, 단기간에 수익을 내며 분명한 출구 전략을 가진 기업이다. 다시 말하면, 투자자는 적은 위험 요소와 큰 보상을 원한다.[9]

ReSound Corporation, Laserscope, Collagen Corporation, Novacept, Pulmonx의 설립자인 Rodney Perkins는 투자자의 질문에 대비할 때 도움이 되는 조언을 남겼다.[10]

> 이야기를 나눌 때 복잡한 이야기를 하면 투자자는 긴장하기 마련이다. 하나의 상품을 간단명료하게 설명하는 것이 좋다. 잘 알려진 시장에 상품을 판매할 것이며, 이것이 개발상의 위험 요소이고, 이것이 허가인증 위험 요소이며, 우리 회사가 이러한 요소를 잘 이해하고 있다는 것을 보여주어야 한다.

표 6.2.4 투자자가 투자 기회를 위해 정보를 모으는 것만큼 이노베이터도 투자자에 대한 정보를 알아보아야 한다.

투자자 관련 정보를 알아보는 데 필요한 질문
어떤 시점에 개인 또는 기업 투자자가 주로 투자하는가?
기업의 과거 이력으로 볼 때 기업의 투자 레벨은 어느 정도 인가?
1회 투자 시, 어느 정도의 자금을 투자하는가?
마지막으로 벤처에 투자했던 적은 언제인가? (만약 5년 이내에 벤처에 투자했었다면, 추가로 자금을 지원할 여력이 없을 수 있다.)
개인 투자자라면, 소득 출처는 어디이며, 투자하고 있는 기업의 수는 얼마인가?
그 기업에 얼마의 시간을 투자할 것인가? 투자자나 기업이 관여할 때 무엇을 기대하는가?
이 산업 분야에서 개인 투자자나 기업이 거래 했던 부분은 무엇인가?
기업을 추천해 줄 만한 사람이 있는가? (이 기업과 이미 일 해 보았던 다른 이노베이터) 누구에게 연락할 수 있는가?

많은 투자자가 다음과 같은 6가지 주요 사전 질문을 한다. (1) 기술 또는 서비스 개념, (2) 시장 규모와 시장 역학, (3) 경영 팀, (4) 비즈니스 모델과 재정적 필요, (5) 출구 전략 시나리오, (6) **평가**와 거래 구조. 표 6.2.5는 투자자가 기회 가치를 판단할 때 각 분야에서 물어볼 수 있는 구체적인 질문의 예를 나타낸다. 이노베이터는 피치 전달을 준비할 때 질문에 대한 답을 미리 생각해 놓아야 한다. 또한 투자자가 대답할 수 없는 어려운 질문을 할 것이라는 것도 예상해야 한다. 피치와 실사 과정에서 투자자는 어려운 질문을 탐사 도구로 사용하여 이노베이터가 자신의 부족한 부분을 인정하고 계속적으로 더 나은 해답을 찾기 위해 노력하며 자문을 구하려는 태도를 가지고 있는지 확인하고자 한다. 요약하자면, 모든 혁신은 확실한 지식보다는 가정으로부터 시작하고 이노베이터는 이러한 현실을 인지하고 있다는 것을 보여주어야 한다.

모든 투자자가 이러한 질문을 궁금해 할지라도 각 투자자가 원하는 답은 모두 다를 것이다. 6.3 펀딩 방법은 다양한 펀딩 소스에 대한 개요와 투자자의 다양한 우선순위 및 기대치에 대한 정보를 제공한다.

투자자의 질문에 대한 답을 준비하는 것과 더불어, 이노베이터는 프레젠테이션의 흐름, 타이밍, 전환, 그리고 톤이 자연스럽고 전문적으로 보이도록 연습해야 한다.[12] Simpirica 사례에서 언급한 것처럼 피치를 컨설턴트나 다른 멘토에게 먼저 전달

표 6.2.5 전문 투자자가 자주 사용하는 질문(based on Ross Jaffe, "Introduction to Venture Capital," October 6, 2004; reprinted with permission)

질문 영역	기술 또는 서비스 개념
기술 또는 서비스 개념	• 상품/서비스 개념이 뚜렷한가? • 충분한 원리 증명과 실현 가능성의 증거를 가지고 있는가? • 상품 및 서비스 등록–특허, 기업 기밀, 또는 다른 진입 장벽은 적절히 다루어지고 있는가? • 합리적인 비용으로 생산될 수 있는가? • 규제 관련 이슈가 있는가?
시장 규모와 시장 역학	• 현실적으로 시장이 얼마나 큰가? 실질적 잠재 구매자는 어느 정도 되는가? • 현실적으로 보았을 때, 기업이 시장에서 상당한 수익을 낼 잠재력을 가지고 있는가? • 구매자 또는 사용자의 의사결정 과정이 잘 이해되었는가? • 합리적인 마케팅 비용과 판매비용은 얼마인가? 판매 사이클과 유통 시스템은 어떻게 되는가? • 위탁 업체, 구매자, 제공업체, 소비자 간의 사업적 관계는 잘 이해되었는가? • 기업이 경쟁력 있는가? • 기술 또는 서비스가 시장, 허가인증, 보험 급여 경향과 일치하는가?
경영 팀	• 경영 팀이 우수한가? 이 비즈니스에 대한 지식을 가지고 있는가? • 경영 팀이 이 비즈니스 분야에서 검증된 경력을 가지고 있는가? • 경영 팀이 정직하고 청렴한가? 믿을 만 한가? • 상품/서비스 개발의 어려움, 기업 성장률, 필요 자금, 궁극적 기업 규모와 수익성에 대해 합리적 기대를 가지고 있는가?
비즈니스 모델과 재정적 필요	• 현실적인 수익과 예상 지출은 얼마인가? • 플러스 현금 흐름에 도달하기 위해 필요한 자금은 얼마인가? • 필요 현금의 출처와 타이밍에 대한 현실적 기대는 무엇인가? • 이 거래에서 현실적인 출구 전략 기회는 무엇인가?
출구 전략 시나리오	• 투자자는 어떻게 해야 출구 전략을 실현할 가능성이 가장 높은가? • 인수 후보와 관련하여, 어떤 기업이 관심을 보일 확률이 높은가? 그 기업이 최근에 인수한 회사는 무엇인가? 이러한 기업과 관계가 수립되어 있는가? 왜 이 기업이 독자적으로 기술을 개발하지 않고, 기술을 가진 회사를 인수하려고 할 것인가?[11] • 출구 전략을 실행하기에 가장 현실적인 타임라인은 무엇인가? • 출구 전략이 실현되는 데 영향을 줄 가능성이 가장 큰 요소는 무엇인가?
평가와 거래 구조	• 이 거래의 투자를 통해 큰 수익을 돌려받을 가능성이 높은가? (40% 또는 그 이상의 내부 수익률) • 투자한 시간과 노력이 가치 있을 수 있도록, 이 거래가 충분한 자본을 공급할 것인가? • 누가 공동 투자자가 될 것인가? 함께 일하기 좋은 사람들인가? • 투자자 기술적 재정적 위험을 최소화 하도록 구성되었는가?

하여 건설적인 피드백을 구하는 것이 좋다.

다음의 이야기는 투자자의 관점과 관련된 중요한 정보를 제공한다. 더불어 의료기술 벤처 투자자가 매년 마주하는 수백 개의 경영에 대해 어떻게 생각하는지에 대한 예를 제공한다.

현장에서 Versant Ventures

새로운 비즈니스 기회를 찾는 데 있어 투자자의 역할

Versant Ventures는 진단 및 치료용 의료기기를 포함하는 생명과학 분야에 초점을 둔 밴처 캐피탈 선도 기업이다. Versant Ventures는 1999년 설립 이후 Acclarent(Johnson & Johnson에 인수됨), St. Francis Medical(현재 Medtronic 일부로 편입) 등 의료기술 분야에서 성공한 많은 기업에 투자하였다. Versant의 상무이사인 Ross Jaffe는 의료장비 투자에 초점을 둔다. Ross Jaffe는 임상 트레이닝 경험과 비즈니스 경험을 살려 의료기술 투자 분야에서 20년 이상 일했다.

2014년, 의료기술의 펀딩 전망에 대해 물었을 때 그는 "현재 의료장비 투자 환경은 내가 봐온 것 중 가장 어렵습니다. 특히 의료기술 초기 단계 투자자에게 더욱 어려운 상황입니다. 1995년 이래로 의료장비 스타트업 펀딩 자금이 가장 낮습니다." Jaffe는 현재의 어려움이 일정 부분 금융 시장 긴축과 벤처 자금 산업의 장기 사이클에 기인한다고 보았다. 하지만 이것이 전부는 아니었다. "IT 산업과 비교할 때 건강관리 분야는 더 복잡하고 복합적인 것으로 여겨진다. 규제와 보험의 어려움 때문입니다. 이러한 추가적인 위험을 감수하려는 투자자가 더 줄어들었습니다."라고 그는 설명하였다.

하지만, 최악의 상태는 아니다. Jaffe는 "다윈의 환경(Darwinian Environment)"을 예측하였다. 정말 뛰어나고 환경에 적응할 수 있는 기업들은 벤처 자금을 유치하는 데 성공할 것이다. "이러한 환경은 제한된 자금으로 많은 일을 해낼 수 있는 방법을 생각해 내는 기업가에게 유리할 것입니다." 잠재적인 기업 인수가를 매료시킬 확실한 기술을 지닌 회사 또한 분명한 출구 전략을 보유하고 있으므로 좋은 성과를 낼 것입니다." 초기 단계의 의료기술 기업 투자자 증가하고 있기는 하지만 Jaffe에 따르면 기업 펀딩의 증가는 의료장비 벤처 투자의 감소를 만회하기는 힘들 것이다. "또한 진화하는 건강관리 시스템에 적합한 새로운 기술을 생각하는 것도 매우 중요합니다." 그가 조언하였다. "비용은 절감하고 효과는 높이는 기술이 새로운 패러다임에서 성공할 확률이 높습니다. 반대로 성능은 개선하였지만, 더 좋은 결과를 가져오지 않거나, 비용 절감의 효과가 없는 경우는 더 이상 매력적인 투자처가 아닙니다." Jaffe가 덧붙였다. 또 새로운 환경에서는 오랜 R&D 기간을 필요로 하는, 어느 기업도 시도하지 않은 완전히 새로운 기술이 나오기가 어려워질 것이라고 전망하였다.

Jaffe와 연구진(그림 6.2.7 참조)은 다양한 소스로부터 새로운 아이디어와 기술을 찾았고 그 중 몇몇은 수익성이 다른 곳과 비교해 더 높았다. "최고의 기회가 많이 나오는 출처에 순위가 있습니다."라고 그가 말하였다. 가장 전도유망한 아이디어는 과거에 함께 일했던 기업가와 그

그림 6.2.7
Jaffe(중앙) 파트너 미팅(Versant Ventures의 허가를 받아 사용)

들의 네트워크로부터 나왔다(예: 기업변호사, IP 변호사, 규제 컨설턴트와 같은 신뢰할 수 있는 동료와 서비스 제공자). Jaffe는 "우리는 그들의 판단력을 믿고, 그들은 우리가 어떻게 세상을 바라보는지 알고 있어, 최고 수준의 양질의 거래를 가져다줍니다. 우리가 주로 일하는 기업 **인큐베이터**(사업에 대한 안내를 해 주는 기업)로부터 나온 프로젝트도 이러한 범주에 속합니다."라고 언급하였다. 다음으로는 거래 에이전트나 투자 상담사가 Versant에 가져온 정보이다. 세 번째 출처는 Versant가 생명과학 분야의 초기 단계 투자자로 알려져 있기 때문에 요청 받지 못한 기회다. 다른 전문가에 의해 검증되지 않았기 때문에 제안의 질에 편차가 큰 특징이 있다. 그는 다음과 같이 덧붙였다. "만약 벤처 투자자와 직접적인 인맥이 없다면, 전문적인 지식을 가지고 있는 사람에게 당신의 제안서를 보여주고 피드백을 받아 수정 보완하여 수정된 계획을 벤처 투자자에게 보여준다면 당신의 제안서는 더 높은 평가를 받을 수 있을 것입니다."

Versant는 세 곳의 주요 출처로부터 온 300~400개의 의료장비 투자 기회를 매년 검토한다. Jaffe는 "하지만 투자할 수 있는 거래는 일 년에 2~8개 정도 밖에 되지 않습니다."라고 말하였다. "그래서 아이디어를 성공적으로 실현시킬 수 있는 상위 1~2% 안에 드는 최고의 기업가가 제안하는 상위 1~2%의 기회를 잡으려고 노력합니다."

요즘은 전통적 경영 계획을 보내는 기업이 드물다. 대부분의 스타트업은 파워포인트로 만들어진 피치를 제출한다. Jaffe에 따르면, 이러한 프레젠테이션은 임상적 필요성, 시장의 규모와 특성, 기술, 어떻게 시장의 필요에 부응할 것인가, 시장에 진입하기 위해 필요한 요소, 채택 동인(임상시험, 허가인증, 보험 급여, 상업화 경로), 팀의 지식과 경험, 지적 재산의 영향력, 영업 계획과 재정 예측 결과, 자금 조달 전략과 회사를

위한 출구 전략 등에 대한 내용이 포함되어야 한다.

Jaffe가 피치를 받을 때 가장 먼저 하는 질문은 "주어진 시장 기회, 필요 자금의 양을 고려할 때 이 투자에 들어간 시간, 수익, 위험을 상쇄할 만큼의 수익을 가져다주는가?"이다. 그는 계속 말하였다. "나는 사실 프레젠테이션을 5분 정도 보고 투자를 고려할지 안 할지 결정합니다." 결과적으로 피치는 호소력이 있어야 한다. Jaffe와 같이 유명하고 자금력이 좋은 벤처 투자 회사의 투자자에게는 시간이 자금보다 더 부족하다. 그는 "조금 심하게 들릴 수도 있겠지만, 나는 빠르게 '아닌 것'을 배제하는 것을 목표로 삼고 있습니다. 그래야만 가장 매력적인 투자 기회를 찾는 것으로 넘어갈 수 있습니다."라고 설명하였다. "한 가지라도 '아니다'라고 할 만한 이유가 있으면 바로 배제합니다. 피치는 왜 내가 이 비즈니스에 관심 있어야 하는지에 대한 모든 요소를 전달해야 합니다. 그렇지 않으면 주의조차 끌 수 없습니다."

마지막으로 Jaffe는 어떻게 호소력 있는 피치를 준비할 것인가에 대한 팁을 주었다. 먼저 그는 "간결함과 명확함이 중요합니다."라고 말하였다. 피치는 너무 길거나 장황하지 않고 직접적이고 완성도 높으며 분명해야 한다. 이노베이터는 전달해야 하는 스토리를 잘 생각하고 20장 정도로 이를 전달할 수 있어야 한다. 둘째, 그가 계속 말하였다. "나는 명확하지 않은 프레젠테이션에 대해서는 감명 받지 않습니다." 피치는 구체적이고 자세한 디테일을 가지고 있어 이노베이터가 단지 판매 문서만 준비한 것이 아니라, 계획을 세밀하게 검토하였음을 보여주어야 한다. 그는 "내가 감명 받을 때는 내가 구체적으로 질문하려고 했던 주요 질문을 프레젠테이션이 예측할 때 입니다."라고 말하였다.

이노베이터는 현실성 있게 경영 계획을 만들어야 한다. 단지 피치를 만들어 투자를 받으려고만 해서는 안 된다. 기업가는 잠재적인 투자자만큼이나 계획의 현실성과 질에 신경을 써야 한다. Jaffe가 "기업가로서 당신의 인생, 시간, 자아, 당신의 돈 심지어 당신 가족의 돈을 이 기회에 투자하려고 합니다. 당신 삶의 중요한 시간을 투자할만한 가치가 있는지, 투자자보다 스스로를 먼저 설득해야 합니다. 가치에 대한 확고한 신념이 필요합니다."고 말하였다.

만약 피치가 괜찮아 보이면 Versant 팀은 이노베이터를 초청하여 프레젠테이션을 직접 하도록 한다. 이 미팅은 한 시간 정도 진행되고 다음 일정에 대한 결정은 빠르게 이루어진다. 이 결정은 아이디어가 얼마나 좋은지, 팀과 전반적인 피치는 어떤지, 다른 결정을 했을 경우와 비교하여, 이 프로젝트를 진행하는 것에 대한 **기회 비용**은 얼마인지와 같은 요소에 의해 결정된다. Jaffe는 "우리는 계속적인 분류 모드에 있습니다."고 말하였다. "우리는 항상 수십 개의 투자 기회를 평가하고 함께 순위를 결정합니다. 많은 제안이 잠재적으로 매우 흥미롭지만 우선순위 리스트에 들어갈 만큼 훌륭하지는 않습니다."

유망한 기회에 대한 다음 단계는 실사이다. Jaffe는 "실사가 진행되는 동안 나는 가장 큰 위험 요소와 가장 우려되는 부분을 찾아 더욱 깊게 파고듭니다. 또다시 '왜 내가 이 투자를 하면 안 되는가'를 증명하려고 합니다."고 언급하였다. 기본적인 이슈를 해결해 나가는 동안, 이 과정은 각각의 투자 기회마다 개별화된다. 또 임상적 필요성의 충족, 시장의 특성, 고려중인 기술의 종류, 팀의 계획에 의존한다. 모든 위험요소가 동일하게 만들어지는 것은 아니다. 어떤 것은 시간이 지남에 따라 완화되거나 줄어든다. 기술적 또는 임상적 위험이 이에 해당된다. 반면, 해결되기 어렵거나 문제가 되어 잠재적으로 영향을 미칠 수 있는 위험 요소도 존재한다. 예를 들어, 시장 규모나 IP 이슈와 같은 문제이다.

실사가 완료되면 Versant는 재정 결정을 위한 정보를 가지고 있게 된다. Jaffe는 정보를 다른 팀원과 상의하여 모든 파트너가 동의하는지 확인한다. 다음으로 회사는 "현 시점에서 자금을 최고 및 최선의 방법으로 사용"할 수 있는 **주요 거래 조건**을 협상하기 시작한다.

Jaffe는 "자금을 유치하는 것은 얼마나 많은 현금이 시장에 유통되는가, 다른 기회는 무엇이 있는가, 기업의 신용과 기업에 대한 우리의 신뢰도에 크게 좌우됩니다."고 요약하였다. "훌륭한 기업가는 이러한 조건을 갖추고 자금을 모으게 됩니다. 하지만 보통의 기업가에게는 어려운 일입니다." 따라서 "이미 회사를 설립한 사람들과 연락하여 주요 문제에 대한 피드백을 초기에 받아야 합니다. 또 그들이 부정적으로 반응하더라도 방어적인 태도를 취해서는 안 됩니다. 대부분 그들은 당신이 미처 생각하지 못했던 부분, 더 자세히 살피고 깊게 생각해야 할 부분에 대해 알려줄 것입니다."

경영 계획화와 팀

새로운 비즈니스를 만드는 것은 새로운 기술이 아니라 오히려 팀과 사람이라는 것을 대부분의 이노베이터와 투자자가 인정한다. 언급한 것처럼 효과적인 피치는 벤처의 주요 팀과 경영 구조를 설명하는 데 도움이 된다. 더욱 중요한 것은 설립 및 경영 구성원이 목표를 명확하게 하는 데 도움이 된다. 개개인이 서로 다른 포부와 목표를 가지고 새로운 벤처에 참여한다. 피치를 만드는 것은 서로의 아이디어를 통합하고, 시너지 효과를 만들어 낸다. 예를 들어, 어떤 설립자는 소유권과 통제에 강조점을 둘 것이다. 만약, 피치를 개발하는 과정에서 외부 자금이 꼭 필요하다는 것이 명백해지면 경영 통제와 소요권이 약화된다는 것을 알게 될 것이고, 이를 통해 토론의 기회가 만들어질 것이다.

성공적인 벤처 기업으로의 토대를 마련하는 경영 구조를 확립하기 위하여 경영 계획화 과정에서 꼭 해결되어야 할 몇몇 문제점들이 있다.

- 각 설립자의 소유주 지분은 어떻게 되는가?
- 지분과 주식 옵션은 주요 직원들에게 어떻게 분배할 것인가?
- 이러한 문제는 어떤 방식으로 결정할 것인가?
- 설립자와 초기 직원의 책임은 무엇인가?
- 회사가 진화하고 성장할 때 설립자와 초기 직원은 어떤 역할을 할 것인가?
- 누가 CEO가 될 것인가? 영구 CEO를 대체할 수 있는 임시 CEO를 정할 것인가?
- 초기 직원이 가져야 하는 바람직한 역량은 무엇인가?
- 주요 고용은 어떻게 어디서 이루어질 것인가?

이러한 문제에 대한 신중한 결정은 초기 경영 계획화 과정과 피치 개발 단계에서 이루어져야 한다. 왜냐하면, 이는 서로 다른 기대 사항을 발견하는 데 도움이 되기 때문이다. 더 나아가 이러한 질문에 대한 답은 기업의 전략적 방향과 펀딩 옵션, 사내 문화와 성과에도 영향을 줄 수 있다. 이러한 중요한 이슈를 다루는 일을 절대로 미루지 말아야 한다. 몇몇 주제는 초기에 토론하고 해결하는 데 어려움이 있을 수도 있다. 하지만, 어떤 투자자도 이러한 문제에 대한 만족할만한 답을 듣기 전에 투자하려고 하지 않을 것이다.

문제를 해결하는 데 융통성을 발휘할 수도 있지만, 시장의 상황이 이를 허락하지 않을 수도 있다. 예를 들어, 어떻게 지분과 주식 옵션을 주요 직원에게 분배할 것인가에 대한 문제는 다른 회사가 주요 직원에게 얼마를 제안하는가에 크게 달려 있다.[13] 만약 현재 트렌드가 주요 고위 간부에게 회사의 2%를 제안하는 것이라면, 회사가 이보다 적게 제안할 경우 회사의 제안은 경쟁력을 잃게 된다. 반대로 간부에게 더 많은 지분을 제안한다면 투자자들이 이를 받아들이지 않을 것이다. 주요 직원의 소유 지분 문제와 관련된 세부 사항은 6.3 펀딩 방법에 자세히 나타나 있다.

경영 계획화와 사내 기업제

대부분의 사람들이 피치를 기업가 활동이라고 생각하지만, 피치는 사내 기업제(이미 설립된 회사나 조직 내의 기업가 활동)에 있어서도 매우 중요한 역할을 한다. 6.1 실행 계획 및 재정 모델에서 나타난 것처럼, **사내 기업가**가 피치나 경영종합보고서를 만들어 기회를 제안하려고 할 때, 사내 기업가는 기업에 이미 존재하는 자원을 어떻게 이용할 것인가에 대해 고민해야 한다. 또 현존 상품과 어떤 상호 보완성을 가지고 있는지도 잘 알아보아야 한다. 새로운 기회가 어떻게 기존 기업 구조에 맞는지, 어느 정도까지 재정적 어려움에 도움이 될 것인지도 고려해야 한다. 사내 기업제가 자주 발생하는 대기업은 대개 확립된 조직 구조를 가지고 있는데, 이는 기회를 성공으로 이끌기 위해 필요한 내·외부 지지자와의 관계를 저해하거나 도움을 줄 수 있다. 또한 수행되는 모든 프로젝트의 투자 수익(ROI)에 대한 자본 예상 프로세스와 요구사항이 명확하게 규정되어 있다. 따라서 재정 모델은 내부 프로세스와 요구사항을 반영하기 위해 반드시 조정되어야 한다. 이러한 요소는 사내 기업가가 피치를 개발할 때 도움이 될 수도 방해가 될 수도 있다.

대기업 내의 이노베이터는 지지를 얻기 위해 피치에 대하여 매우 중요한 세 가지 측면에 특히 주의를 기울여야 한다. 첫 번째는 기업의 우선순위와 이익에 이 프로젝트가 전략적으로 적합하다는 것을 뒷받침할 수 있는 증거를 제시하는 것이다. 전략적 적합성은 이미 가지고 있던 위험 요소에 대한 새로운 해결책을 제시하는 것이기 때문에 주로 논쟁거리가 된다.

두 번째 이슈는 계획이 성공하기 위해 요구되는 조직의 자율성 정도이다. 사내 기업가는 기업의 핵심 비즈니스와 새로운 프로젝트와의 관계, 그리고 갈등을 일으킬 수 있는 잠재적 요소를 자주 언급해야 한다. 기업 이노베이터는 인력 배치와 관련하여 특히 주의를 기울여야 한다. 대규모 조직의 명백한 장점 중 하나는 숙련된 인적 자원이 많다는 것이다. 하지만, 이것은 효과적인 실행을 방해하는 요소로 작용할 수도 있다. 바이오디자인 혁신 과정은 초기에 요구를 탐색하는 단계에 중점을 둔다. 대기업에서는 매우 자주 핵심 비즈니스 과업을 수행하는 직원을 "on-loan" 파트타임으로 활용할 수 있다고 생각하는 경향이 있다. 경험에 따르면, 적어도 한 명이라도 풀타임 팀원이 있을 때 긍정적인 결과를 낳는다. 또한 초기 단계의 목표를 달성하기 위해 필요 이상으로 큰 팀을 만들지 말아야 한다. 2명에서 4명의 팀원으로 이루어진 소규모 팀이 대개 가장 효과적이다.

마지막으로, 세 번째 요소는 위험의 특성을 파악하고, 이를 관리하기 위한 명백한 프로세스를 개발하는 것이다. 이미 확립된 기업은 낮은 위험도 허용하지 않으려는 경향이 크기 때문에 높은 위험을 가진 계획을 실행하는 것이 어려운 경우가 많다. 사내 기업가는 자신의 주요 질문에 대답함으로써 이러한 문제를 해결할 수 있다(예: 가장 질서 있는 방식으로 주어진 프로젝트의 위험을 줄이기 위해 취해야 할 조치를 나열하고 설명한다). 팀은 회사의 대규모 재정 자원을 위험 요소를 줄이는 데 사용하지 말아야 한다. 다소 믿기 힘들겠지만, 바이오디자인 혁신 과정은 자원이 제한되고 시간적 압박을 받으며 결정했을 때 더 잘 운영되었다. 기업은 사내 기업의 계획 실패율이 대개 높다는 것을 미리 인식해야 한다. 성공과 실패 모두 혁신 문화를 창출하는 데 중요한 역할을 하며, 생산적인 사내 기업 프로세스의 일부로 이해되어야 한다.

온라인 자료

더 많은 자료는 www.ebiodesign.org/6.2를 방문한다.

"Getting Started"의 활동과 링크

- Define the purpose and audience for the pitch
- Identify the key questions
- Develop an outline
- Conduct research and compile supporting documentation
- Write the pitch, seek input, and iterate

전략 통합 및 의사소통에 관한 동영상

NOTES

1 Sabrina Parsons, "Pitching Your Business Versus Planning Your Business," *Forbes*, February 29, 2012, http://www.forbes.com/sites/sabrinaparsons/2012/02/29/pitching-your-business-vsplanning-your-business/ (February 20, 2014).

2 From remarks made by Mir Imran as part of the "From the Innovator's Workbench" speaker series hosted by Stanford's Program in Biodesign, April 28, 2004, http://biodesign.stanford.edu/bdn/networking/pastinnovators.jsp. Reprinted with permission.

3 Tim Berry, "Keys to Better Business Plans," Bplans.com, June 15, 2004, http://www.bplans.com/dp/article.cfm/198 (March 3, 2014).

4 Based, in part, on J. Skyler Fernandes, "The 'Best' Start-Up Pitch Decks & How to Present to Angels/VCs," One Match Ventures, July 6, 2013, http://www.slideshare.net/Sky7777/the-best-startup-pitch-deck-how-to-present-to-angels-v-cs (February 20, 2014).

5 Ibid.

6 "Writing an Effective Business Plan," Deloitte Touche Tohmatsu International, 1993.

7 Stanley E. Rich and David E. Gumpert, "How to Write a Winning Business Plan," *Harvard Business Review*, May 1, 1985, p. 136.

8 All quotations are from interviews conducted by the authors, unless otherwise cited. Reprinted with permission.

9 Ross Jaffe, "Introduction to Venture Capital," October 6, 2004.

10 From remarks made by Rodney Perkins as part of the "From the Innovator's Workbench" speaker series hosted by Stanford's Program in Biodesign, April 14, 2003, http://biodesign.stanford.edu/bdn/networking/pastinnovators.jsp. Reprinted with permission.

11 Fernandes, op. cit.

12 Ibid.

13 "Sharing Equity in a Start-Up or Established Entrepreneurial Venture," The National Center for Employee Ownership, https://www.nceo.org/articles/equity-compensation-startup(March 10, 2014).

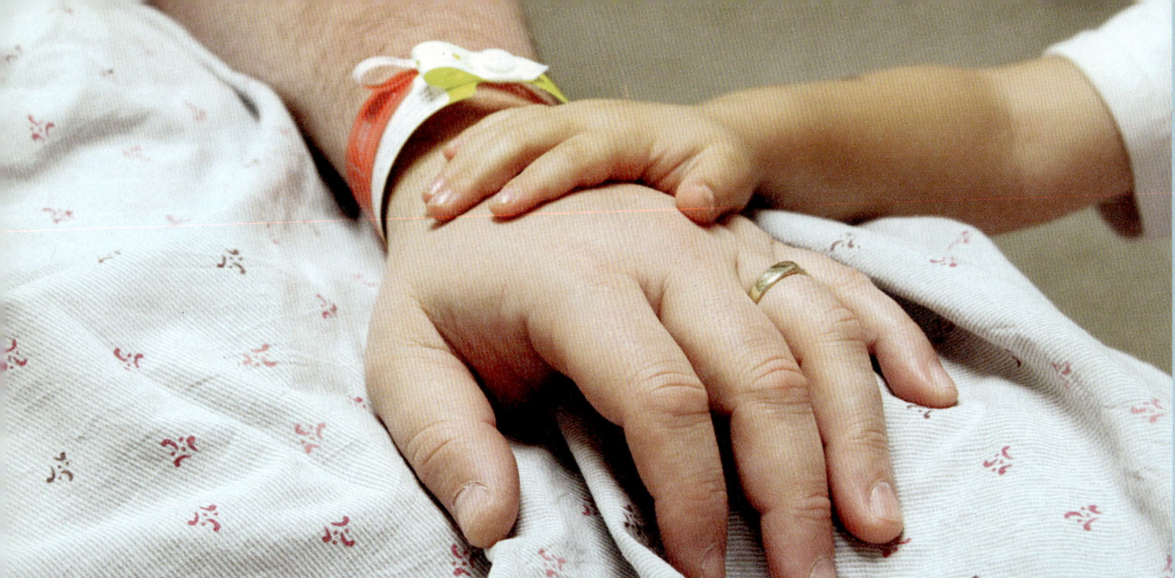

6.3 펀딩 방법

서론

2007년, 미국의 벤처 투자자는 39억 달러를 365개의 의료장비 스타트업 회사에 투자하였다.[1] 2013년까지 벤처 투자는 21억 달러, 308개의 거래[2]까지 감소하였다. 이중 단 49개의 기업만이 처음으로 펀딩을 받는 기업이었다.[3] 이러한 문제로 새로운 의료장비 스타트업이 펀딩을 받는 것이 여러 면에서 어느 때보다 어려워졌다. 의료장비 분야에 수십 년간 투자해 오던 미국 기반 벤처 투자자들이 덜 위험하고, 수익을 빨리 돌려받을 수 있으며, 더 성공적인 기업 공개 활동을 하는 다른 분야로 시선을 돌리고 있다. 반면 의료기술 회사의 자금 필요는 장기 허가인증 일정, 복잡성, 예측할 수 없는 보험 과정 등의 이유로 계속 증가하고 있다. 간단히 말해, 의료기술의 펀딩 분야는 역사적 전환기에 놓여 있다. 기존의 비즈니스 방식은 크게 혼란에 빠졌고 새로운 기회가 생기기 시작하였다. 성공한 이노베이터는 미국 보건 의료 산업의 구조 조정을 겪고 글로벌 시장과 비즈니스가 계속적으로 확대됨에 따라 발생하는 진화된 펀딩 소스의 혜택을 받을 것이다.

드문 경우이긴 하지만, 의료기술 회사가 기관 투자자의 개입 없이 시장에 진출할 수도 있다. 그러나 대부분의 경우 이노베이터는 기관 투자 유형의 지원을 필요로 한다. 늘어나는 펀딩 소스로 인해 의료기술 스타트업이 자금을 조달 받을 수 있는 기회가 늘어나고 있다. 또 이노베이터는 점점 더 창의적으로 자금 출처를 찾고, 목표 투자자 조합을 다양하게 하고 있다. 자금 출처를 고를 때, 이노베이터는 프로젝트가 필요로 하는 자본과 잠재적 투자자의 목표가 가장 잘 맞는 곳을 찾는 데 초점을 맞춰야 한다. 좋은 투자자를 고르는 것이 특히 중요하다. 왜냐하면 수년간 함께 할 기업, 조직 또는 개인과 비즈니스 관계를 형성하게 되기 때문이다. 따라서 그들의 진정한 재정 목표, 일정, 경영 스타일이 일치할수록 모두의 만족도가 높아질 것이다.

이 장에서는 자금(펀딩)의 종류, 펀딩과 관련성이 가장 높은 시기, 이노베이터가 고려해 볼 수 있는 다양한 자금 출처, 어떻게 다양한 자금 출처의 장단점을 고려하여 비교할 것인가를 알아볼 것이다. 추가적으로 이 장은 펀딩 프로세스와 펀딩을 받기로 결정했을 때 이노베이터가 기대할 수 있는 것에 대해서도 설명한다. 또한 이 장에서는 충분한 임상적 · 상업적 진보를 달성하기 위해 또는 궁극적으로 자립할 수 있는 기관이 되기 위해 필요한 현금 흐름을 창출할 수 있도록 하는 데 도움이 되는 자금 자원을 강조한다. 새로운 기술이 다루는 요구가 독립된 회사를 지원하지 않는다면, 다른 펀딩 옵션이 필요하고, 이는 6.4 대체 방안에 나타나 있다.

펀딩 방법에 관한 동영상은 ebiodesign.org을 참조한다.

목표

- 다양한 펀딩의 종류, 어떤 단계가 가장 적절한가, 어떻게 펀딩이 기업에 영향을 미치고 투자자 출구 전략에 영향을 미치는가에 대해 배운다.
- 새로운 의료기술 펀딩 환경에서 이노베이터가 접근할 수 있는 다양한 종류의 자금 출처와 언제가 참여하면 가장 좋은 시기인지를 이해한다.
- 서로 다른 투자자가 비즈니스 기회를 평가하기 위해 사용하는 기준을 이해한다.
- 펀딩은 하나의 이벤트가 아니라 벤처에 전략적 가치를 더할 수 있는 펀딩 출처와의 긴 관계의 시작이라는 것을 인식한다.

펀딩 방법의 기초

많은 이노베이터가 새로운 회사를 위해 자금을 모으는 것이 매우 힘들고 스트레스를 받는 과정이라고 말한다. 더불어, 투자자가 아이디어의 잠재성을 발견하지 못하고 투자를 거절하는 것에 당혹스러워 한다. 장비 관련 기업가 Mir Imran은 이노베이터의 입장도 되어 보았고 투자자의 입장도 되어 본 경험이 많은 사업가이다. 그는 다음과 같이 펀딩 관련 상황을 묘사한다.[4]

> 나는 왜 벤처 투자자가 내 회사에 모두 투자하지 않고 나에게 큰 수표를 써주지 않는지 궁금했다. 하지만 내가 수표를 써주는 입장이 돼서야 마침내 답을 찾을 수 있었다. 투자자의 입장이 되어 보면 다른 일련의 질문을 하게 된다. 어떻게 위험 요소를 판단하고 추정하는가를 생각한다. 위험 요소를 보게 되는 것이다. 그래서 나는 투자자와 이노베이터 모두를 공감할 수 있다.

의료기술 산업에서는 새로운 벤처를 창업함에 있어 비용과 관련된 위험 요소가 크다. 새로운 상품을 시장에 산업화하여 내놓는데 임상시험, 허가인증, **보험 급여** 요구 관련 요소들이 걸림돌이 되기 때문이다. 200개 이상의 의료장비 회사를 대상으로 한 조사에 따르면 **개념**이 규제를 통과하여 기술적으로 FDA의 PMA 승인을 받기 위한 평균 회사의 지출은 1,072억 원(9,400만 달러)이었다. 또한 354억 원(3,100만 달러)이 **510(k)** 승인을 받기 위해 사용된다.[5] 종합 의료기술 회사와 **출구 전략**을 위한 펀딩 요구 예시는 표 6.3.1에 잘 나타나 있다. 많은 자본이 필요하기 때문에, 의료기술 업계의 자금 조달은 대규모 펀딩을 할 수 있는 벤처 캐피탈(Venture Capital, VC) 투자자가 주도하였다. 그러나 벤처 캐피탈 분야 전체가 2008년 금융위기 때 큰 타격을 받았다. 그 여파로 벤처 회사는 스타트업에 투자하던 것을 덜 위험한 대기업에 투자하는 것으로 투자 전략을 바꾸기 시작하였다.[6]

의료장비 기업은 다른 산업보다 이러한 여파에 더욱 큰 타격을 받았다. 왜냐하면 의료기술 투자를 덜 매력적으로 만드는 다른 변화가 함께 있었기 때문이다. 특히, 투자자는 더 길어진 규제 검토 기간, 임상 요구의 증가, 보험의 예측 불가능성, 그리고 2012년 미국에서 시행된 2.3% 의료장비 소비세의 시행에 크게 낙담하였다.[7] 결과적으로, 2013년 의료장비 벤처 캐피탈 투자는 투자자 가장 활발했던 2007년보다 40% 이상 감소하였다.[8] 대규모 자본이 소프트웨어 분야로 흘러 들어갔고, 생명과학 분야에서는 생명공학기술에 자금이 몰렸다.[9]

이러한 이유로 많은 의료장비 스타트업이 자금을 모으는 데 과거보다 더 힘든 시간을 보내고 있다. 한편, 이러한 펀딩 환경이 의료장비의 혁신을 저해할 것이라는 우려의 목소리도 커지고 있다. 다른 한편으로, 주목 받는 기업은 시장 진출을 계획함에 있어 더욱 엄격해지고 임기응변적으로 대응하며, 의료기술 분야에서 벤처 캐피탈 이외의 펀딩 출처를 보다 적극적으로 활용하고 있다.[10]

벤처 캐피탈 펀딩의 침체는 주기적으로 발생하지만, 의료기기 분야의 최근 펀딩 추세는 다음의 몇 가지 중요한 포인트를 강조한다. 첫째, 의료기술을 개발하고 상업화하기 위해서는 상당히 많은 자금이 필요하며, 기관의 펀딩을 지원 받아야 할 가능성이 크다는 것을 이노베이터가 잘 인식하고 있어야 한다. 매우 적은 수의 기업이 스스로 **부트스트래핑**(Bootstrapping)하여 시장에 진출할 수 있다. 둘째, 자금 조달 전략을 결정하려면 자금의 종류를 광범위하게 조사하여 어떤 유형의 자금을, 개발의 어느 시점에, 어떤 자금원에서 조달할지를 결정해야 한다. 셋째, 외부 투자자로부터 자금을 모으기 위해 이노베이터는 투자자가 기업 경영에 투입한 내용을 어떻게 회수할 것인지에 대한 설득력 있는 이야기를 할 수 있어야 한다. 중요한 것은 모든 자금 출처가 재정적인 수익을 요구하는 것은 아니지만 거래에서 얻어지기를 기대하는 특정 요구사항을 가지고 있다는 것이다. 자금 조달 방안의 구상 초기에 이러한 요구사항을 직접 고려함으로써 이노베이터는 성공 가능성을 크게 높일 수 있다.

이 세 가지 중요한 사항과 관련된 주제와 일련의 예시는 다음 장에서 다룬다. 이 장에서는 자금 조달의 유형, 자금의 단계/용도, 그리고 출구 전략 시나리오를 통해 이노베이터가 이용할 수 있는 자금원의 전체 범위를 평가하고, 최상의 전략적 적합성을 제공할 수 있는 것을 목표할 수 있도록 한다.

자금의 종류

모든 실제적인 목적을 위해 주식은 기기 스타트업의 초기 단계

표 6.3.1 스타트업 자금에 대한 요구사항은 광범위 하지만 중요하다(compiled from Preqin, unless otherwise cited).

인수				
회사	첫 번째 자금 지원 날짜	알려진 자금 총계 (단위: 백만 달러)	엑시트(회수) 날짜	출금의 알려진 총 가치 (단위: 백만 달러)
Acclarent	2004년 6월	$103.5	2010년 1월	$785
Ardian	2005년 2월	$64.1[11]	2011년 1월	$800
BarRx	2006년 6월	$42.8	2012년 2월	$325
CoreValve	2004년 6월	$63	2009년 2월	$700
Lutonix	2007년 7월	$35	2011년 12월	$225
Minnow Medical (현 Vessix Vascular)	2010년 10월	$27.2	2012년 11월	$425

상장				
회사	첫 번째 자금 지원 날짜	알려진 자금 총계 (단위: 백만달러)	엑시트(회수) 날짜	상장 시장 한도 (단위: 백만 달러)
Foundation Medicine	2010년 4월	$89.5	2013년 9월	$394.2[12]
GI Dynamics	2003년 7월	$113.6	2011년 8월	$304[13]
LDR	2006년 9월	$48.7	2013년 10월	$339.8[14]
Stentys	2007년 1월	$22.2	2010년 10월	$121[15]
Tandem Diabetes Care	2008년 6월	$158.79	2013년 11월	$287.7[16]

에서 가장 널리 사용 가능한 자금의 유형이다. 그러나 특정 상황에 대하여 이노베이터는 부채와 보조금을 조사할 수 있다.

주식

주식은 돈을 대가로 투자자가 받은 소유권의 지분을 가리킨다. 이것은 외부 단체가 의료기술 창업에 투자하는 가장 일반적인 방법이다. **주식 자금 조달**의 주요 장점은 주식 공헌은 일반적으로 (기업이 파산하더라도) 갚아야 할 필요가 없으며, 회사의 자산을 담보로 사용할 필요가 없고 매월 지급할 필요가 없다는 것이다. 다른 한편으로 주식 투자는 이노베이터가 사업의 일부 소유권을 포기하도록 요구하며, 투자자는 사업이 어떻게 운영되어야 하는지에 대한 압력을 가하여 소유권을 주장할 수 있다. 회사는 **배당금** 지급(이익은 배당금으로 분배되거나 이익 잉여금으로 사업에 재투자될 수 있다)을 통해 지분 투자자와 이익을 공유할 것이다.

주식 투자는 **보통주**와 **우선주**의 두 가지 기본 형식을 취한다. 보통주주와 우선주주 둘 다 회사의 일부를 소유하고 있지만 투자의 대가로 다른 권리가 부여되고, 각 주주들에게 **투표권**을 부여한다. 그러나 우선주는 주주에게 추가 권리를 제공하며, 여기에는 잔여 재산 분배 우선(우선주주는 회사가 매각되거나 자산이 청산되면 보통주주보다 먼저 지급된다는 의미이다) 또는 선매권(주식의 신주를 발행할 때 추가 주식을 매입하여 회사의 비례적 소유권을 유지하는 옵션)이 포함된다. 우선주 보유자는 이사회에서 선언한 경우 배당금 지급에 있어 보통주주보다 우선순위를 부여 받는 경우가 많다. 우선주와 관련된 권리를 근거로 벤처자금 및 기업이 기관 투자자에 의해 덜 위험하고 일반적으로 선호하는 것으로 간주된다. 반면, 창립자 및 초기 직원뿐만 아니라 개인은 보통주를 더욱 자주 발행 받는다. 창업자는 보통주를 소유할 가능성이 높지만 주요 직원에게는 인센티브 프로그램의 일환으로 보통주 또는 드물게 우선주에 대한

표 6.3.2 이노베이터는 상황에 따라 다양한 유형의 대출을 고려하기로 결정할 수 있다.

대출유형	설명	주요 고려사항
브릿지 론	• **브리지 론**은 이노베이터와 회사가 사용할 수 있는 가장 일반적인 형태의 중간 부채 금융이다. • 일반적으로 일정 기간 동안(예: 회사가 계류 중인 M&A 거래를 종결하거나 회사가 긍정적인 현금 흐름을 달성하기 전, 추가 금융을 확보하기 전에) 사용된다. • 금액은 십만 달러에서 수백만 달러까지 다양하다.	• 기존의 엔젤 또는 벤처 캐피탈 투자자에 의해 일반적으로 회사로 확장되었다. • 일반적으로 신속하게 처리할 수 있지만(제한된 서류로) 기존의 부채보다 높은 금리를 요구한다. • 원금과 미지급 이자는 보통 대주주의 선택에 따라 대개 현행 가격/주식에 대한 할인을 통해 자본으로 전환될 수 있다. • 대출금을 확보하기 위한 포인트, 수수료 및 기타 비용은 단기간에 상환되어야 한다. • 때때로 짧은 기간(일반적으로 2년 미만)이고 대금업자는 전환이 발생하지 않는 경우 원금의 상대적으로 빠른 상환을 요구한다.
벤처 부채	• **벤처 부채**는 적어도 한 명의 전문 투자자를 회사의 중요한 주주로 둔 회사가 이용할 수 있는 채무 금융이다. • 브리지 론과 비슷한 목적을 가지고 있지만 주로 장비 구매 자금으로 사용된다. • 대출은 일반적으로 100만 달러에서 1,500만 달러까지이고, 부채는 2년에서 4년 사이에 만기되어야 한다. • 때로는 이자 지급만 미리 정의된 기간 동안 이루어질 수 있다.	• 전문 은행 및 비 은행 대금업자는 긍정적인 현금 흐름이나 기타 중요한 담보가 없는 회사에 벤처 부채를 제공한다(IP를 포함한 어떤 자산에 대해 유치권을 여전히 행사할 가능성이 있음에도 불구하고). • 대금업자는 최소 현금 잔액을 명시하는 운영 계약을 요청할 수 있다. • 대출 기관은 고금리와 **보증서**의 혼합을 통해 채무불이행 위험에 대해 보상을 받을 수 있고 다른 투자자가 지급한 주당 가격으로 회사의 주식을 매입할 권리가 있다.
로열티 지원 대출	• **로열티 지원 대출**을 통해 대출 업체는 제품 판매의 로열티에 대한 대가로 회사에 대출을 제공한다. • 대출 기관은 때로는 대출을 결합하여 주식 투자를 한다. • 대출 금액은 500만~1,000만 달러이다.	• 대금 상환의 원천은 제품의 성공을 기반으로 하기 때문에 대개 회사가 제품의 판매 가능성을 명확하게 입증할 수 있어야만 대출이 가능하다. • 로열티를 지급할 수 있는 충분한 총 마진이 있어야 하며, 여전히 경제적으로 매력적인 비즈니스 기회가 남아 있어야 한다.

스톡 옵션이 할당될 수 있다.

부채

부채는 사업체가 빌린 돈을 의미한다. 부채는 차용자가 지급해야 하는데, 보통 모기지와 마찬가지로 일정 기간 동안 원금과 이자를 월별로 지급해야 한다. 이는 일반적으로 개인, 은행 또는 다른 전통적인 대출 기관으로부터 얻어진다. 언급 한 바와 같이, 부채는 주로 회사가 수익을 창출하고 담보로 사용할 수 있는 거래 가능한 자산을 보유하고 있는 초기 창업 단계에서 주로 사용 가능하다. 이 후속 단계의 방향을 감안할 때, 이노베이터는 회사의 다른 투자자에게 부채가 미치는 영향을 명시해야 한다. 채권 금융 기관은 항상 회사의 자산에 대한 첫 번째 청구권을 가지고 있으며 우선주 주주와 일반 주주가 뒤를 따른다. 이는 회사가 매각될 경우, 수익금은 먼저 대출금을 지급하기 위해 사용된 후 특정 유형의 주식에 해당하는 권리에 따라 주주들에게 분배된다는 것을 의미한다.

후기 단계 회사의 **부채 자금** 조달의 주요 이점은 대개 이노베이터가 회사의 소유권이나 미래의 이윤을 대부업자에게 넘겨줄 필요가 없으며 대금업자가 사업을 통제하지 않고 대출에 대한 이자가 일반적으로 회사의 세금에서 공제된다는 것이다. 반면 부채 조달을 위해서는 회사가 대출금을 지급하기에 충분한 현금 흐름을 유지해야 한다. 신생 기업에 대한 대출은 일반적으로 위험하게 간주되며 이자율이 상대적으로 높고 공동 서명자 또는 보증인이 필요할 수 있다. 또한 신생 기업은 회사의 자산을 담보로 사용하도록 규정할 수 있다(이는 회사가 지급을 하지 않을 경우 잠재적으로 압류 될 수 있음을 의미한다). 부채가 너무 많으면 회사 신용 등급에 부정적인 영향을 미치고 장래에 자금 조달 능력을 손상시킬 수 있다. 신생 기업이 가장 많이 사용하는 대출의 유형은 표 6.3.2에 요약되어 있다.

특정 조건에서 회사는 현금을 연장하고 차기 주식 조달을 지연시키기 위해 적당한 수준의 부채를 사용할 수 있다.[17] 그러나 실용적인 관점에서 볼 때 회사의 전망이 유망해 보일 때만 부채 자금을 고려해야 한다.

보조금

보조금에는 회사에서 상환할 필요가 없는 자금이 포함된다. 특정 프로젝트를 지원하기 위해 정부 기관, 법인, 재단 또는 기타 보조금 조직이 팀 또는 회사에 출연한다. 보조금은 전통적으로 중요한 상업적 잠재력이 없는 분야에서 일하는 의료기술 이노베이터들이 찾는 주요 자금 지원 유형이었다. 보조금 지원 기관은 기금에 대한 재정적인 수익을 추구하기보다는 그들의 우선순위와 이해관계에 부합하는 측정 가능한 다른 형태의 "영향"에 대한 수혜자가 되도록 요구해야 한다. 그러나 보조금 및 보조금의 수와 유형이 증가함에 따라 보조금은 점점 더 많은 의료기관을 위한 초기 단계의 자금 조달 대안이 되고 있다.

보조금이 상환될 필요가 없다는 것 외에도, 보조금을 분배하는 조직과 같은 많은 이노베이터들은 관련 전문 기술 및 자원, 다른 이노베이터와의 연결, 프로젝트의 가시성과 신뢰성 등 다른 형태의 지원을 제공하는 경우가 많다. 그러나 보조금 조달은 시기적 관점에서 융통성이 없기 때문에 이노베이터가 프로젝트 자금 조달 시기를 고려하기보다는 자금 조달 주기를 결정해야 한다. 또한 이노베이터는 보조금 지출에 대한 엄격한 제한을 받을 수 있으며, 이 자금에는 창업 회사에게 부담이 되는 감시 및 보고 요구사항이 있을 수 있다.

보조금을 수령하려면 팀은 일반적으로 보조금 신청서를 작성하여 보조금 신청 기관이 정한 지침과 마감일을 지켜야 한다. 보조금 승인에 대한 경쟁이 치열하기 때문에 보조금을 수여할 것인지에 대해서는 항상 불확실성이 존재한다.

기금의 단계/용도

초기 단계의 회사 인지도와 가치는 낮을 수밖에 없다. 많은 위험이 존재하고, 팀이 아직 입증되지 않았기 때문이다. 이것은 돈을 모으는 비용이 비싸다는 것을 의미한다–상대적으로 소량의 돈을 벌기 위해 회사의 소유권의 상당 부분을 포기하게 된다. 회사가 주요 성취(6.1 실행 계획 및 재정 모델 참조)를 달성함에 따라 고용, 제조, 마케팅, 영업 및 유통 및 기타 **가치** 창출 활동을 지원하기 위해 더 많은 돈을 모을 수 있다. 점진적으로 더 많은 공정표가 달성되면서 투자자의 위험 부담이 줄어들기 때문에 초기 자금 조달 비용이 낮아진다.[18]

회사는 발전 단계를 거치면서 자금이 사용될 방식에 따라 다음과 같은 다양한 투자 형태를 모색할 것이다(그림 6.3.1 참조).

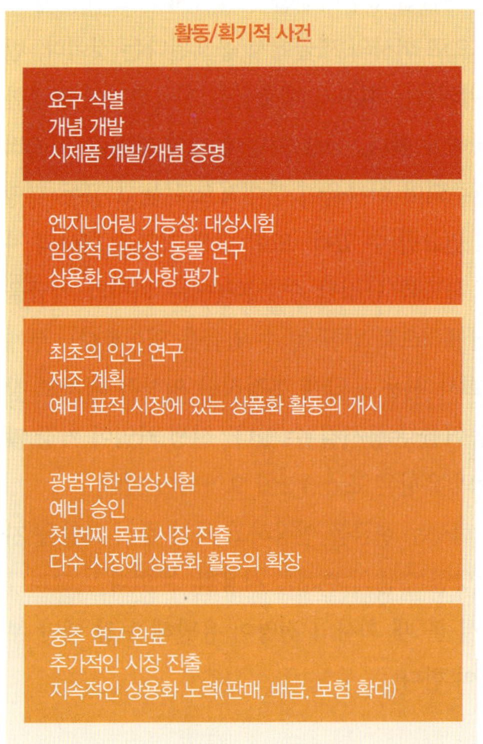

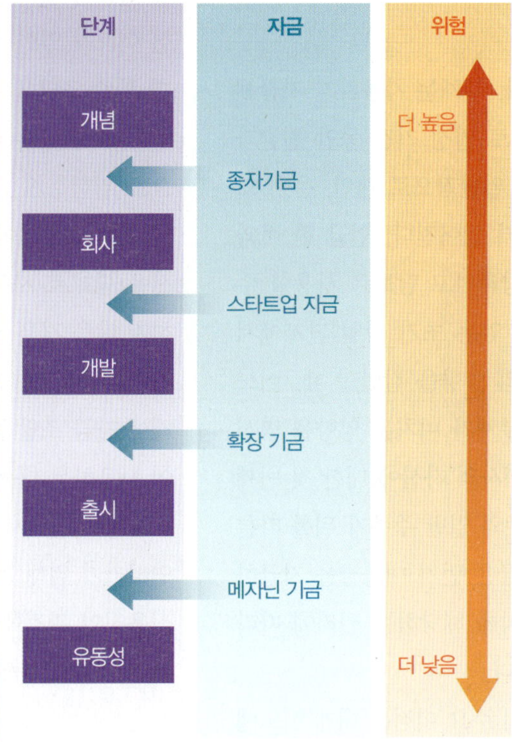

그림 6.3.1
다양한 회사 발전 단계에서의 자금 조달 및 바이오디자인 혁신 과정에서의 일반적인 활동들(adapted from Leslie Bottorff, "Funding a Medical Device Start-Up," Medical Device & Diagnostic Industry magazine; reprinted with permission)

- **종자 기금** – 팀이 강력한 필요성을 정의하며 이를 해결하기 위한 개념을 생성한 후 **시제품**을 개발하고, 기본적인 개념 증명을 수행하였다면 **종자 기금** 조성을 고려할 수 있다. 종자 기금은 보통 10,000~100,000달러씩 증가한다. 이것은 프로젝트 진척을 촉진하고 팀이 실질적인 투자를 유치할 수 있는 단계에 도달하는 데 도움이 된다. 이노베이터는 주식, 보조금 또는 심지어 개인 부채를 종자 기금의 형태로 사용할 수 있지만, 이 단계에서는 이노베이터와 투자자에 대한 위험이 매우 높기 때문에 가능한 한 가장 합리적인 조건으로 기금 유형을 찾아야 한다.
- **스타트업 펀드** – 스타트업 펀드를 위한 공통적인 공정표는 제품 개발 및 엔지니어링 실행 가능성, 동물시험 검사, 상업화와 관련된 문제(허가인증, 보험 급여 등)에 대한 초기 검토와 관련되어 있다. 이 유형의 기금은 종종 100만~1,000만 달러씩 증가하며, 각 단계에는 글자(예: 시리즈 A, 시리즈 B ...)가 지정된다.
- **확장 자금** – 회사는 인적 자원 연구를 시작하고 예비 시험을 시작한 후 목표 시장에서의 초기 출시를 준비하기 위해 허가인증/보험 및 기타 상업 활동을 시작하여 확장 자금을 유치할 수 있다. 확장 자금은 제품을 시장에 출시하기 위해 프로젝트의 현재 활동을 가속화하고 확장하는 데 사용된다. 의학기술 회사가 확장 자금으로 수천만 달러를 요구하는 것은 드문 일이 아니다.
- **메자닌 기금** – 이 단계에서 회사는 가장 중요한 위험 요소로부터 벗어났지만 아직 성장을 유지하고 자급자족할 수 있는 충분한 수익을 창출하지 못하고 있다. **메자닌(Mezzanine) 자금**은 일반적으로 제품이 승인되고 출시되면 사용할 수 있다. 유통 채널을 만들고, 판매 및 마케팅 캠페인에 자금을 지원하고, 제품 라인을 확장/개발하는 데 사용된다. 일반적으로 이 유형의 자본은 회사가 장래의 공공 투자자에게 강력한 대차대조표를 보여줄 수 있도록 상장 준비 과정에서 제기된다. 메자닌 자금은 벤처 캐피탈과 같은 후기 단계 투자자들에 의해 제공되기도 하지만, 종종 이러한 유형의 자금을 전문적으로 취급하는 사모 펀드 회사("크로스 오버" 투자자라고도 함)에서 나오기도 한다.

출구 전략 시나리오

6.2 전략 통합 및 의사소통에서 설명한 바와 같이, 의료기술 회사에 대한 초기 단계의 투자는 쉽지 않다 – 투자자는 자신의 소유 지분을 **쉽게 팔 수 없다**. 그러나 결국 대부분의 투자자들은 수익을 실현할 수 있도록 투자액을 만들고 싶어 한다. 지금까지 의료기술 업계에서 가장 흔한 수익 창출 방법은 회사 및 기술을 기업이 인수하는 것이었다. 또는 회사는 상장을 통해 공개 시장에 진입할 수도 있다. 예를 들면, 2013년에 30개의 의료기기 회사가 인수되었지만, 오직 4개 업체만 공개되었다.[19] 또 다른 옵션은 유의미한 **허가권** 거래가 점차 사라지고 있지만, 수익을 창출하고 투자자에게 환급하는 수단으로 허가권 계약을 체결하는 것이다(허가권에 대한 자세한 내용은 6.4 대체 방안 참조).

인수

추정치가 다양하지만 의료기기 분야의 **인수**는 매년 전체 시장 탈출 기업의 약 80~90%를 차지한다.[20] 일반적으로 기업의 판매는 취득한 것의 자산 또는 기술과 그것을 얻은 사람의 전략 사이에서 전략적인 조화에 의해서 이루어진다. 인수는 투자자에게 매력적인 출구 전략이 될 수 있다. 현금 또는 즉시 거래 가능한 주식을 얻는 동시에 상장과 관련된 변동성 및 위험을 상당 부분 피할 수 있기 때문이다. 또한 투자자에게 문제가 있는 회사를 떠나는 합리적인 방법을 제공할 수도 있다.[21]

인수하는 회사가 구매 시점에 한 번의 지급을 통해 비즈니스의 완전한 소유권을 획득할 때, 즉 "지배 변경(Change of Control)" 시점에 인수가 **완전히** 발생한다. 이 접근법의 주요 장점은 창립자와 현 경영진을 대체할 수 있는 깨끗한 변화를 제공할 수 있다는 것이다. 반면, 주요 단점은 취득자가 미래성과의 전체 위험을 감수하기 때문에 철저한 인수는 보통 일반적인 범위의 최하단에서 **평가**하게 된다는 것이다. 또한 창업자와 현 경영진은 미래 성과에 영향을 줄 수 있는 능력을 잃고 잠시 동안의 과도기가 끝난 후 퇴장하는 경우도 있다.

구조화된 인수는 지배권이 변경된 후에 판매 주주가 가능한 상위 구조에 참여할 수 있도록 하는 완전 구매의 변형된 형태이다. 일반적으로 초기 지급에 동의한 구매자를 수반하고 이후 지정된 일련의 사건에 의해 발생하는 추가적인 이익 연계 지급이 수반된다. 스타트업의 설립자 및 종업원은 인수 회사가 지정된 일정을 충족시키는 데 도움을 주기 위해 보통 계속 참여하게 된다. 이러한 공정표가 달성되고 추가 지급이 주주들에게 배포되면 보상을 받게 된다. 이 접근법의 한 가지 이점은 미래의 위험을 "공유"함으로써 판매자와 구매자 간의 인식된 가치의 차이를 해결할 수 있고 창업자에게 더 큰 가치 실현을 가져오는 데 사용할 수 있다는 것이다. 또한 창립자는 참여자로서의 전환을 통해 비즈니스에 영향을 미친다. 반면, 궁극적으로 실현되는 가치 수준(구매자가 제품을 개발하고 홍보하는 데 얼마만큼 투자 할 수 있느냐에 따라)의 확실성이 낮을 수 있으며 배당금은 창업자의 직접 통제 하에 있지 않을 수 있다. 설립자는 회사에 남아 있어야 하고, 인수된 조직이 스스로를 감독할 수 있도록 해야 한다.

인수를 통해 얻을 수 있는 또 다른 형태는 **구매 옵션**이다. 이는 구매자가 특정 가격, 지정된 시간 또는 지정된 일정의 완료 후 회사를 구매할 미래의 권리를 수령할 때 발생한다. 행사 시 옵션 계약을 통해 구매자는 선불금과 적립금을 조합하여 완전한 구매 또는 구조화된 구매를 사용할 수 있다. 옵션 보유자는 종종 이사회의 대표를 통해 관리에 참여하지만 옵션을 행사할 때까지는 실제로 통제권이 변경되지 않는다. 이를 통해 경영진은 사업을 계속해서 수행할 수 있다(6.4절 Nanostim 사례 참조). 이노베이터에게 있어 옵션 계약을 체결할 때 가장 큰 단점은 어떤 이유로든 인수자가 마지막에 옵션을 행사하지 않기로 결정해야만 신생 기업이 생존할 수 있을 만큼 충분히 강하게 될 것이라는 점이다.

일반적으로 구매자는 구매를 위해 두 가지 유형의 회사를 목표로 삼는다. 첫째, 대규모 개발도상국 시장에서 "블록버스터"급 잠재력을 지닌 신생 기술을 개발하는 창업 기업을 발굴한다. 이 시나리오에서는 혁신적인 기술, 강력한 지적재산권(IP) 및 강력한 **임상시험** 데이터를 바탕으로 매년 10억 달러 이상의 잠재적 매출을 추구한다. 둘째, 기업이 현재 비즈니스에 잘 맞는 더욱 성숙한 회사를 구입하고 즉각적인 매출(5억~10억 달러) 및 수익을 회사의 제품 포트폴리오에 추가할 가능성이 있는 것은 훨씬 더 일반적이다. 이러한 거래를 통해 지속 가능한 비즈니스 모델, 강하고 수익성 높은 판매 및 유망한 제품 파이프라인에 초점을 맞추고 있다. 인수에 관한 더 자세한 정보는 6.4절 대체 방안에서 제공된다.

초기 공개 공모

신규 상장이란 회사의 일반 주식을 일반(개인에 대한) 투자자에게 최초로 판매하는 것을 의미한다. 상장의 주요 목적은 회사의 자본을 늘리는 것이다. 또한 민간 투자자가 공공 시장에서 주식을 교환할 수 있기 때문에 잠재적 출구 전략을 제공한다. 그러나 원래 투자자는 회사 공개 후 주식을 매각할 수 있는 시기에 제약이 있으며 일부는 매각을 시작하기 전에 수년간 주식을 보유해야 하는 경우도 있다. 상장은 신생 기업의 상장 빈도를 감소시킨 이유 중 하나인 비즈니스에 대한 엄격한 규정 준수 및 보고 요구사항(예: 미국의 Sarbanes-Oxley Act 2002)을 부과한다. 1990년대 후반과 2000년대 초반에 상장이 쏟아져 나왔는데, 이 기간 동안 많은 의료장비 회사들이 높은 평가를 받지 못하고 실패하였다. 2006~2007년 동안에는 의료기술 회사의 상장은 상승세에 있는 것처럼 보였으나, 그 경향은 비교적 짧게 유지되었다.[22,23] 이와는 대조적으로, 생명공학 기업들은 상장 붐을 경험하고 있으며, 2013년에만 33건의 공개 공모가 진행되었다.[24]

자금 출처

회사 자금은 다양한 출처에서 나올 수 있다. 의료기술 산업에 적용 할 수 있는 일반적인 자금 조달원은 다음의 설명과 그림 6.3.4에 요약되어 있다.

부트스트랩

부트스트랩은 회사가 취한 주식 투자, 보조금 또는 대출을 사용하지 않은 작은 벤처 기업에 자금을 공급하는 것을 의미한다. 많은 경우 이노베이터들은 회사를 창업하기 위해 저축, 개인 융자, 두 번째 모기지 또는 신용 카드 부채를 사용한다. 임상적 또는 규제적 제한이 없는 제품의 경우 소규모 고객의 선수금을 통해 예비 개발에 자금을 지원할 수도 있다.[25] 초기 단계의 학생 팀은 때때로 최고 상금 10만 달러 규모의 대학교가 후원하는 비즈니스 계획 경연에 참가할 수 있다. 일부 대학교는 교수 및 학생 프로젝트를 위한 내부 종자 기금 프로그램을 개발하였다. 부트스트랩은 프로젝트를 시작하는 효과적인 방법일 수 있지만, 시장 진출 경로에서 팀을 얼마나 멀리 보낼 수 있는지에 대해서는 명백한 한계가 있다.

친구와 가족

친구와 가족 투자자는 적절한 방법으로 프로젝트에 투자할 수 있는 이노베이터의 개인 네트워크 구성원을 지칭한다. 지원금 조달 외에도, 친구와 가족은 일반적으로 시간과 예상 수익 면에서 전문 투자자보다 융통성이 있기 때문에 이것은 가장 덜 비싼 자금 조달 방법 중 하나이다.

친구 및 가족 투자자와의 개인적인 유대 관계에도 불구하고 이노베이터는 이 그룹의 구성원을 전문 투자자로 취급하는 것이 좋다. 친구와 가족에게는 회사의 사업 계획이나 피치를 제공해야 하며 투자 계약을 체결해야 한다.[26] 이러한 투자자는 회사에서 일정한 가격으로 주식을 부여 받을 수 있다. 또는 투자는 **전환 사채**로 만들 수 있다. 즉, 친구와 가족이 돈을 빌려주지만 회사가 전문 금융의 첫 번째 단계를 확보할 때 때때로 할인된 가격으로 주식으로 전환될 수 있다.[27]

친구와 가족을 사로잡는 것은 다른 잠재적인 투자자에게 이노베이터가 아이디어를 믿으며 다른 사람들이 돈으로 자신을 신뢰하고 있음을 보여준다.[28] 가장 큰 단점은 이들 투자자가 내재하고 있는 위험성을 이해하지 못할 수 있다는 것이다. 또한 후속 자금 조달에 참여할 수 없으며 회사의 성장을 도울 기술, 전문 지식 또는 연계가 없는 경우가 많다.

인큐베이터

비즈니스 **인큐베이터**는 새로운 벤처 창업 또는 혁신 진행을 지원하기 위해 조직된 영리 또는 비영리 단체이다. 이들은 인프라 및 자원, 전문 지식 및 연결, 초기 자금 지원 등을 조합하여 신생 기업에게 제공함으로써 이러한 목표를 달성한다. 일부 인큐베이터 모델에서는 자금이 완전하게 제공되는 반면 일부에서는 자금이 서비스와 지원을 통해 간접적으로 제공되기도 한다.

인큐베이터가 제공하는 기금의 액수와 유형은 조직마다 크게 상이하다. 가령, StartX와 같은 비영리 인큐베이터는 무료 사무실 공간 및 법률 서비스뿐 아니라 최대 10만 달러의 간접비를 제공하고, 이노베이터에게 생활 기본급을 제공한다.[29] Rock Health는 실습 멘토링 및 지원 외에도 선택 가능한 10만 달러의 태환 지폐 또는 1만 달러에서 2만 달러의 보조금 형태로 직접 자본을 제공한다.[30] 어느 조직도 포트폴리오 회사의 지분율을 필요로 하지 않는다. ExploraMed, The Foundry, Innovation Factory 또는 Coridea와 같은 영리 목적의 인큐베이터는 확실한 지분을 확보하고 장기간 상당한 지원을 제공할 수 있는 회사를 양성하고자 한다.

다국적 기업은 미래의 인수로 이어질 수 있는 발명을 지원한다는 목표로 인큐베이터를 운영한다. Johnson & Johnson의 Janssen 연구소와 같은 일부 기업은 주로 국내에 주력하고 있으며 다른 기업은 다른 지역에서의 혁신을 목표로 삼고 있다. 예를 들어, 미국 기반의 Medtronic은 유럽에서 MDStart라 불리는 인큐베이터 이니셔티브를 지원하였으며,[31] 일본의 Sony는 이스라엘에서 의료기기 인큐베이터인 Rainbow Medical을 출시하였다.[32] 많은 정부가 기업가 정신을 장려하는 방법으로 인큐베이터를 양성하고 있다. 가령, 싱가포르에서는 정부가 인큐베이터 개발 프로그램(Incubator Development Program, IDP)에 약 3,000만 달러를 투자하였다.[33]

재정 지원 외에도 창업 보육 센터에서 일하는 주된 이점은 젊은 신생 기업이 도달할 수 없는 시설 및 자원에 대한 접근할 수 있다는 것이다. 즉 고품질 전문 지식 및 지침, 멘토, 의료기술 공간에서 일하는 다른 이노베이터들, 그리고 추후 후원 기금 모금자들과의 연결을 기대할 수 있다. 많은 이노베이터는 인큐베이터 커뮤니티에 참여하여 동기 부여를 받을 수 있다. 이에 대한 주요 단점은 인큐베이터 모델에 따라 다르기는 하지만 이노베이터는 제공된 자금 지원에 연결된 "연줄", 인큐베이터 내의 다른 팀에 의한 산만함, 인큐베이터 리더의 미세 관리 가능성 등을 고려해야 한다는 것이다.[34]

정부

정부가 경제 성장을 촉진하기 위한 방법 중 하나는 새로운 제품과 서비스로 이어지는 연구개발을 지원하는 것이다. 건강관리를 최우선으로 여기는 정부들이 있는 가운데 의료기술 혁신은 많은 정부 기관이 보조금으로 제공하는 투자의 최우선순위가 되었다.

미국의 주요 정부 보조금 메커니즘에는 SBIR (Small Business Innovation Research) 프로그램과 STTR (Small Business

Technology Transfer) 등이 존재한다. SBIR의 목적은 미국을 우선순위로 연방 연구 기금 투자를 통해 과학적 우수성과 기술 혁신을 지원하는 것이다. 이 프로그램을 통해 소규모 영리 또는 비영리 기술 회사(또는 회사를 구성하는 개개의 혁신 업체)는 초기 단계의 R&D 보조금으로 최대 115만 달러까지 단계적으로 지원 받을 수 있다.[35] STTR는 동일한 임무 및 자금 지원 수준을 가지고 있지만 대학 및 기타 연구 기관의 연구원들과 협력하여 수익을 올리는 비영리 단체를 위해 작은 규모의 보조금을 수여한다. 두 가지 유형의 보조금을 받는 사람은 그들이 개발하는 기술에 대한 지적재산권을 보유해야 한다. 자금 조달은 경쟁적으로 이루어지지만 절차는 비교적 **사용자**에게 친숙할 수 있다. 다수의 연방 기관은 매년 SBIR 및 STTR 보조금을 수여해야 한다. 그러나 각 기관은 자체 R&D 우선순위를 지정하고 별도의 프로그램을 각자의 관리 지침에 따라 관리하므로 이노베이터는 해당 기관과 유사한 이해관계를 갖고 각 신청 과정에 개별적으로 접근해야 한다.[36] 예를 들어, 국립 보건원(National Institutes for Health, NIH)은 인체 건강 개선을 위한 임무를 지원하는 생물 의학 또는 행동 연구에 SBIR 및 STTR 보조금을 제공한다.[37]

미국 이외의 국가에서도 의료기술 혁신에 적극적으로 자금을 지원하고 있다. 물론, 이들 프로그램은 미국과 비교하여 목적 및 세부 사항이 크게 다르다. 그러나 몇몇 사례는 기업가와 중소기업이 이용할 수 있는 정부 보조금 기회의 범위를 강조하고 있다. 예를 들어, 인도 정부는 인도에 관심이 있는 미국 기반의 기업에 최대 50만 달러의 지원금을 수여하는 인도-미국 과학 기술 기금(India-US Science and Technology Endowment Fund)을 비롯한 여러 가지 계획을 통해 의료기기 창업을 위한 기금을 제공하고 있다.[38] 아일랜드 정부는 이 나라를 의학 연구, 개발 및 제조의 중심지로 만들기 위해 적극적으로 노력하고 있다. Enterprise Ireland 에이전시를 통해 정부는 이 나라에 기반을 둔 의학기술 프로젝트에 초기 단계 보조금을 제공하기 위한 R&D 펀드와 상업화 기금을 설립하였다.[39] 또한 창업 회사와 투자자 모두를 위한 정교한 세금상의 인센티브 구조를 비롯하여 프로젝트 유치에 도움이 되는 다양한 인센티브를 제공한다.[40] 싱가포르는 정부가 강력한 의료기술 시스템을 개발하기 위해 노력하고 있으며, 지역에 이노베이터와 중소기업을 끌어 들이기 위해 보조금 및 기타 인센티브를 지원하고 있다.[41]

정부 보조금만으로는 창립자의 재정적 관심은 희석되지 않는다. 그러한 보조금을 수령하는 것은 창업을 위한 신뢰의 원천이 될 수 있다. 반면에 정부 보조금 수여자는 이노베이터가 가장 까다로운 학술 기관에서 요구하는 것과 유사한 부지런한 연구를 수행할 것을 기대하게 된다. 자금 경쟁은 치열할 수 있으며 자금을 수여하기 위한 검토 주기가 길어질 수도 있다. 또한, 프로젝트당 약 100만 달러의 상한이 있고, 기금의 액수는 의료 회사의 완전한 자금 수요를 충족시키기에 충분하지 않을 수 있다.

재단

역사적으로 재단 기금은 의료기술 회사에 널리 적용되지는 않았었다. 그러나 지난 10년 동안 일부 재단의 초점이 바뀌고 제공되는 보조금의 성격에 따라 창업을 위한 보다 효과적인 의료 기금의 출처가 되었다.

재단의 광범위한 지원 범주에서 일부 보조금 수여자는 특정 질병 상태 또는 의학적 상태에 초점을 맞추고 있다. 예를 들어, Main of St. Jude Medical Foundation은 심장질환이나 만성 통증으로 고통 받는 환자의 삶을 변화시킬 수 있는 장치와 관련된 프로젝트에 자금을 지원한다.[42] 다른 경우에는 재단의 초점을 보다 일반적으로 정의할 수 있다(즉, 세계 보건의 불균형). Bill & Melinda Gates Foundation은 모든 사람이 생산적이고 건강한 삶을 영위 할 수 있도록 돕는 전반적인 사명을 가지고 있다.[43] 세계 보건 당국은 에이즈, 소아마비, 말라리아와 같은 감영성 질병을 예방하기 위한 백신, 약물, 진단에 중점을 두고 개발도상국에 사는 사람들의 생명을 구하기 위해 과학기술의 발전을 도모하고 있다.[44] 특정 인구에 긍정적인 영향을 줄 수 있는 잠재력을 지닌 프로젝트를 연구하고 있는 이노베이터들은 그들과 일치하는 목표를 가지고 있는 재단을 찾기 위해 노력해야 한다.

최근 몇 년간 나타난 새로운 재단들은 비영리 창업 기업과 영리를 목적으로 하는 사회적 기업가 정신을 가진 기업(사회적 변화를 주도하기 위한 상업적 접근 방식)을 지원할 것이다. 또한 많은 재단이 전통적으로 프로그램 및 서비스 자금에 익숙해졌지만 점점 더 많은 기술 기반 해결책의 제품 개발을 보증하기 시작하였다. 예를 들어, Gates Foundation은 그랜드 챌린지(Grand Challenge) 프로그램으로 알려진 가족 기부금을 통해 새로운 기술에 10억 달러 정도를 수여하였다.[45]

자선 재단은 보조금에 대한 재정적인 수익을 기대하지 않지만 결과에 대한 명확한 기대를 가지고 있다. Embrace, Mobile Medic 및 D-Rev와 같은 의료기술 회사에 자금을 제공한 The Mulago Foundation은 웹 사이트에서 다음과 같이 설명하고 있다. "우리는 이익을 위한 영향력을 가진 자선 벤처 펀드처럼 운영하고 투자 수익 비용에 미치는 영향 등을 포함한다."[46] 그러한 조직과 협력하는 혁신 업체는 기술이 제공할 결과에 대해 비판적으로 생각하고 제품 개발 및 상용화 노력에 대한 측정 및 평가 프로세스를 구축할 준비가 되어 있어야 한다. 중요한 점은 재단 참가자의 우선순위가 추후 단계에서 회사에 자금을 조달할 수 있는 다른 투자자의 우선순위와 반드시 일치하지 않는다는 것을 인식해야 한다. 이러한 단절은 회사 리더의 지속적인 시간과 관심을 필요로 하는 갈등을 일으킬 수 있다.

의료기술 회사를 위한 또 다른 자금 출처는 일반적으로 기업가 정신을 지원하는 데 초점을 둔 재단이다. 이러한 유형의 프로그램 중 다수는 VentureWell(기존 National Collegiate Inventors and Innovators Alliance, NCIIA)과 같은 대학 기반 이노베이터를 대상으로 한다. 이 그룹은 E-Teams 프로그램을 통해 새로운 시장 기반 기술을 개발하는 학생 기업가에게 종자 보조금을 제공한다.[47] Wallace H. Coulter 재단은 중계 연구에 종사하는 교수진에 대한 지원을 목표로 하고 있다. 새로운 제품을 시장에 내놓을 수 있기를 바란다면, 이 재단은 획기적 개발에 대한 진보와 다른 측정 가능한 결과의 실현에 관한 엄격한 기준을 가지고 있는 경우가 많다. Coulter 재단의 사례는 자금을 기반으로 하는 대학 기반 프로젝트에서 창업 중심의 재단이 기대하는 바를 보여준다.

현장에서 Coulter Foundation

대학 기반의 중계 연구 프로젝트의 위험을 줄이고 가속화하기 위해 비즈니스 규율 적용하기

발명가이자 기업가인 Wallace Coulter는 인류에 봉사하기 위해 과학을 사용하는 것에 열정적이었다.[48] 그의 가장 유명한 발명품인 Coulter Principle은 액체에 떠 있는 입자를 세고 크기를 측정하여 의료 진단 및 인쇄에서부터 식품 및 우주 탐사에 이르기까지 다양한 산업 분야의 혁명적인 발전을 이끌었다. Coulter 사는 혈액세포 분석 장비 및 기타 실험실 진단 분야의 선두 주자이다. 이 민간 기업의 회장으로 40년 동안 재임한 Coulter는 기업가 정신의 문화를 육성하고, 직원들에게 위험 관리의 중요성을 강조하였다. 그는 건강에 관련된 긴급 사항을 해결하는 데 중점을 둔 독자적 R&D 프로젝트에 상당한 자원을 일상적으로 투자하였다. Coulter는 1997년 Beckman Instruments (현재 Beckman Coulter, Inc.로 알려짐)에 인수될 때까지 조직을 이끌었다.

1998년 Coulter가 사망한 후 Sue Van은 그의 열정을 계속 유지하기 위한 재단을 설립하였다. Van은 Coulter 사의 부사장, CFO 및 재정을 역임했으며 Coulter가 그를 자신의 재산 수탁자로 지명하였다. 그는 그녀에게 환자를 도우려는 강한 의지를 주입 시켰으며 생물의학 혁신을 지원하기 위한 헌신을 계속하기로 결심하였다. 특히, Van은 이노베이터가 벤치에서 환자에게 직접 이익을 가져다 줄 수 있는 시장에 자신의 발명품을 가져갈 수 있도록 돕는 데 계속 관심을 보였다. 그녀는 Coulter와 함께 일하는 시간을 기억하며 "내가 CFO였을 때 그에게 보여줄 모든 R&D 프로젝트를 만회하고 싶었습니다."고 말하였다.[49]

밴은 변화하는 경제 환경에서 이노베이터가 얻을 수 있는 신기술에 대한 초기 단계의 자금 조달이 어렵다고 인식하였다. 또한, 그녀는 획기적인 기초 연구를 위한 엔진인 대학들이 종종 재미있는 발견을 실용적인 혁신으로 바꾸기 위해 투쟁하는 것을 관찰하였다. "Wallace는 연구를 위한 연구를 믿지 않았습니다."라고 그녀는 말하였다. "그는 사람들의 생명을 구할 수 있는 연구를 지원하기를 원했습니다." 학계와 산업계의 가장 좋은 면을 최대한 활용하고자 하는 목적으로 Van은 "웅장한 실험"을 시작하여 결국 Coulter Translational Research Partnerships in Biomedical Engineering을 만들게 되었다.[50] "그러나 쉽지 않았습니다."라고 그녀는 회상하였다. 당시 많은 대학이 기초 연구에 전적으로 초점을 두었으며, 산업 영역으로 간주되는 응용 연구에 초점을 맞추기를 꺼려했다. 또한, "의공학(biomedical engineering, BME)은 공학 분야의 최신 기술이지만, 위험을 무릅쓰고 훈련을 받았으므로 우리는 앞으로 나아갔습니다."라고 Van이 말하였다. 궁극적으로, 그녀의 노력은 대학 환경에서의 중개 연구를 검증하고 의공학 학위의 가치를 향상시키는 데 도움이 되었다. 또한 Wallace H. Coulter 재단은 환자 치료 향상을 위한 새로운 기술의 도입을 가속화하기 위해 의공학의 중개 연구를 지원하는 선구자로 자리매김하였다.

Coulter 재단의 기술 개발 담당 부사장인 Elias Caro는 공동 연구 파트너십에 대하여 "아직 충족되지 않은 임상 요구를 해결하고, 의료 서비스 개선을 위한 상용 제품을 개발하는 공동 연구를 지원하는 것이 목표입니다."라고 설명하였다. 재단은 "브리지 펀딩(bridge funding)"을 제공하고, 이를 엄격한 프로젝트 관리와 결합하여 대학 외부의 투자자가 후속 자금을 지원하는 "중요한 종점"으로 이끌 수 있었다. 시간이 지남에 따라 Coulter 재단은 미국 전역의 대학교와 파트너십을 체결하였다.[51]

참여 대학의 교수진은 프로젝트가 본질적으로 중개적이고 다학문적이며 의공학 부서의 수석 연구원과 의과대학 임상 부서의 수석 연구원이 한 명 이상일 경우 Coulter 기금을 신청할 수 있다. 임상의는 아이디어와 프로젝트의 필요성에 대한 이해를 충분히 설명할 수 있기 때문에 재단은 의사와 엔지니어 간의 파트너십을 강력하게 지지하고 있다. 반면, 엔지니어는 아이디어를 혁신적인 해결책으로 변환한 다음 현실화하기 위해 전문 기술을 제공한다.[52]

각 대학에는 Coulter 프로그램 감독과 감독위원회가 있으며, 이 부서는 의공학 부서장, 기타 주요 대학 대표, 기술 이전 사무소 직원, 기업가, 지역 벤처 자본가 및 업계 전문가로 구성되어 있다. 이들 모두는 Coulter 재단 기금을 모색하는 프로젝트를 선별, 선정 및 관리하기 위해 엄격한 단계의 프로세스를 적용한다(그림 6.3.2 참조). Coulter 프로세스는 각 교육 기관에 프로젝트의 위험성은 줄이고 개발 일정은 단축하며 투자자의 관심을 끌고 시장에서 제품 발전 가능성을 높이기 위해 가장 중요한 활동에 초점을 맞춘 규칙적인 프로그램 관리 방법을 제공한다.[53]

Coulter 프로세스의 첫 번째 단계는 임상의와 엔지니어가 함께 협력하여 매력적인 아이디어를 제시하는 것이다. 다음으로 프로젝트가 적절한 개발 단계에 도달하면 Coulter 기금에 대한 관심을 나타낼 수 있다. Coulter 프로그램 감독이 포스터, 이메일 및 프레젠테이션을 통해 요청서를 각 학년에 발행하고, 대부분의 대학에서 제안은 1월에 마감된다. "일부 대학은 Coulter 자금 지원을 위한 제안서를 작성하는 방법을 지도하기 위해 신병 훈련소를 설립했습니다."라고 Caro는 설명하였다. 다른 이들은 팀이 제안서를 제출하기 전에 Coulter 프로그램 감독을 만날 것을 권장한다. 이 회의에서 프로그램 책임자는 팀이 Coulter 기금 마련 준비가 되어 있는지의 여부와 프로젝트가 수여금의 범위와 목적에 부합하는지의 여부를 평가한다. Cato 박사는 "제안 이전에 많은 연구가 이루어져야 합니다."라고 인정하였고, "다음 달에 자금을 조달하기 위해서는 무엇을 입증해야 하는가?", "어떤 종류의 임상적 실험이 필요한가?", "기술이 시장에 나오고 궁극적으로는 환자들에게 가려면 무엇이 필요한가?" 등에 대한 질문에 답하였다.

신청서가 제출되면, Coulter 감독위원회는 각 제안을 신중하게 검토하고 각 프로젝트의 역량과 진행 상황을 평가한다. 평가 기준에는 과학적 가치, 잠재적인 의료 영향, 기술적 타당성 및 상용화 가능성이 포함된다. 엔젤, 벤처 캐피탈리스트, 기업 투자자, 허가권자 또는 인수 기업으로부터 후속 자금을 끌어 들이지 못하게 할 수 있는 "가장 큰 위험(White Hot Risks)"를 식별하는 데 중점을 둔다. 여기에는 이해관계자 및 경쟁 역학, 건강한 경제 및 채택을 촉진하거나 방해할 수 있는 기타 요소에 대한 엄격한 평가가 포함된다. 위원회는 Coulter 과정을 넘

그림 6.3.2
위험성을 감소시키기 위한 Coulter 프로세스와 대학 외부의 투자 자금 유치를 위한 방안

어서 자금을 조달할 사람들에게 다음 기회에 대한 외부 자금 조달자를 위한 가장 가능성 있는 출구 전략 시나리오와 잠재적 투자 수익률의 계산을 통해 기회가 얼마나 매력적인지 고려한다. 마지막으로, 위원회는 Coulter 자금의 지원과 향후 12개월 동안 평가될 공정표를 통해 팀이 아이디어를 준비하는 과정에서 중요한 기술적 및 상업적 위험을 감소시키기 위한 방법을 평가한다.

위원회는 신청자의 3분의 1 정도를 직접 초대하여 20분 정도의 프레젠테이션을 수행하도록 한다. 일부 학교에서는 결선 진출자의 제안에 대한 IP 위험성을 평가하기 위해 외부 IP 변리사를 섭외하기도 한다. 위원회는 6~8건의 제안서를 선택하여 연간 약 10만 달러의 상금을 수여한다(이 금액은 상환될 필요가 없고, 재단은 프로젝트에 대한 주식을 요구하지 않는다).

선발 결정이 내려진 후 Coulter 프로그램 감독 및 감독위원회의 초점은 팀이 정의된 이정표를 달성하고 후속 기금을 얻는 목표를 달성하도록 돕기 위해 팀에 지침을 제공하는 것으로 변화된다. 예를 들어, 중요한 기술적 위험에 대처하기 위해 모든 Coulter 자금 지원팀은 "살인적인 실험(Killer Experiment)"을 수행하도록 권고 받는다. "기술에는 종자 기금을 확보하기 위한 개념 증명 데이터가 필요합니다."라고 Caro가 말하였다. 프로젝트 팀은 도메인 전문가와 상의하고 임상 사례를 조사하여 프로젝트의 실험을 설계하여 결과가 제품의 추가 개발에 대한 확신을 갖게 하거나 프로젝트를 포기하도록 권장해야 한다. 상업적 위험에 대처할 수 있도록 각 프로젝트에는 새로운 의료기술의 상업화에 대한 광범위한 경험을 갖춘 산업계 멘토가 임명된다. 팀은 멘토와 정기적으로 회의를 가질 것을 권장한다.

Caro는 "프로젝트가 끝날 수도 있고, 때로는 자금 조달이 취소될 수도 있습니다."라고 말하였다. 이는 프로젝트가 계획대로 진행되지 않고, 공정표가 2분기 연속 충족되지 않았거나 기술이 의도된 바를 수행하지 못할 때 발생한다. 또한 감독위원회는 제 기능을 하지 못하는 팀이 가진 프로젝트에서 기금 지원을 중단하기도 한다.

자금 조달 기간 동안 팀은 간략한 분기별 진행 보고서를 작성하고 해당 연도의 지정된 시점에 감독위원회에 프로젝트의 업데이트 정보를 제공해야 한다. 이 과정은 기금 마련 기간이 끝나면 대학 외부의 엔젤, 벤처 또는 기업 투자자로부터 후속 자금을 확보하는 프로젝트로 연결될 수 있다. Coulter 재단은 공식적으로 "중매(Match Making)" 프로세스에 관여하지 않지만, 프로그램 감독, 감독위원회 위원 및 팀의 멘토는 비공식적으로 협력하여 팀 구성원을 이해관계자에게 소개한다. 2012년 말까지 Coulter 중개 연구 파트너십은 250개 이상의 프로젝트에 자금을 지원하였다. 그 중 45개는 총 8억 4천만 달러를 축적한 창업 회사가 되는 바탕이 되기도 하였다. 20개 기업은 자금 조달을 모색하는 창업 회사를 만들었고, 29개사는 의료기술 회사를 창업하기 위해 그들의 기술에 허가권을 획득하였다. 한 신생 기업은 2013년 초에 4억 5천만 달러에 판매되었으며, 9개 제품은 이미 FDA 승인을 획득하였다. Caro에 따르면, 대학 파트너는 27% 이상의 프로젝트 성공률을 달성하였다.[54]

Coulter의 자금 지원 여부에 관계없이 Caro는 모든 이노베이터에게 환자를 중점적으로 생각하는 것이 중요하고 기술을 시장에 출시하는 데 필요한 것이 무엇인지 강조하면서 "끝을 생각하면서 시작하라."고 권고하였다. "많은 팀들은 프로젝트를 실패시킬 수 있는 상업적 위험의 중요성을 과소평가하고 기술에만 집중합니다. 프로젝트의 상업적 측면을 이해하고, 이러한 과제를 해결하는 데 도움을 줄 수 있는 비즈니스 멘토를 찾아볼 필요가 있습니다." 단계적 접근 방식을 통한 위험 감소 프로젝트에 주력하면서 Coulter 프로세스는 "모든 의료기술 혁신 팀에 적용 할 수 있습니다."라고 Caro는 이야기하였다. "어떤 이노베이터들은 Coulter 비용이 너무 많은 요구사항을 가지고 있기 때문에 '비싸다'고 말하지만, 이러한 견해는 프로젝트를 성공적으로 이끌 수 있는 요소가 되기도 합니다." 그리고 성공적인 프로젝트마다 Coulter와 그의 중개 연구에 대한 헌신을 기린다. Van은 "환자에 대한 연구의 영향을 다른 사람들이 파악하기를 바랍니다."라고 결론지었다.

투자자 영향

일부 의료기관에 적용될 수 있는 자금 조달의 또 다른 출처는 임팩트 투자라고 한다. 임팩트 투자자는 투자에 대한 사회적 영향과 재정적 수익을 추구한다(두 개의 축[Double Bottom Line]). 구체적으로 말하자면, 시장 속도(또는 그보다 약간 아래)에서 투자에 대한 재정적 수익을 창출할 뿐만 아니라 측정 가능한 사회적 영향을 제공할 수 있는 비즈니스 모델을 추구하는 회사를 찾는다. 많은 임팩트 투자자들은 아시아 및 아프리카와 같은 세계 시장에서의 요구에 중점을 두고 있다.

이에 대한 개척자 중 하나는 Acumen Fund이다. Acumen Fund는 기금을 재정적으로 기대하지는 않지만 사회 변화와 영향을 유도하는 데 관심이 있는 재단 및 개인 기부자로부터 기부금을 모금한다. Acumen은 대상 지역의 빈곤층에게 영향을 미치는 핵심 문제를 해결하기 위한 혁신적인 방법을 찾는 회사를 탐색한다. 이 회사는 비영리, 영리 목적 또는 복합 조직 일 수 있다. 엄격한 실사를 거친 후, Acumen은 대출을 제공하거나 자본과 교환하여 지분을 가지고 특정 프로젝트에 투자한다. 일부 상황에서는 제3자 대금업자에게 지역 자본 출자를 용이하게 하기 위해 보증을 하거나, 지적재산권(IP)의 창설 또는 등록을 지원할 때 허가권이나 로열티 계약을 설정하며, 중요한 결과를 나타낼 것으로 예측되는 위험하지만 혁신적인 실험을 지원하기 위한 실험실 투자를 제공한다. 영리 및 복합 회사는 주식 투자를 받고 비영리 기관은 대출을 받는다. 비영리 단체인 Acumen은 모든 수익금을 다시 기금에 투자하여 본래의 자선 활동에 여러 번 재투자할 수 있다.[55]

임팩트 투자에 대한 자본의 양은 계속 증가하고 있으며, 많은 투자자는 포트폴리오 성과가 사회적 · 환경적 · 재정적 기대를 충족시키거나 초과한다고 하였다.[56] 그러나 임팩트 투자는 의료기기 분야로의 확장이 더디게 진행되었다. Acumen Fund는 남성 포경 수술을 위한 비 수술 장비 제조업체인 Circ Medtech라는 회사에 투자하였으며,[57] 또 다른 임팩트 투자 회사인 Khosla Impact는 Embrace 유아 보온 장치의 개발을 지원하였다.[58] 그러나 이 분야의 전반적인 기금 활동은 그다지 많이 발생하지는 않았다. 반면, 모바일 기술은 의료기술에 더 많은 투자자의 관심을 끌 수 있는 한 가지 방법이 될 수 있다. Acumen과 Khosla는 모두 최근에 모바일 건강 애플리케이션(Sproxil, Inc. 및 EyeNetra)을 지원하였다.

임팩트 투자자와 함께 일하는 것을 고려하는 이노베이터는 적절한 기업을 신중하게 목표로 삼아 자신의 기대를 명확하게 이해해야 한다. 이 중 두 개의 축에 대한 결과를 제공하는 것은 많은 이노베이터에게 매력적이지만, 달성하기가 쉽지 않은 경우가 많다.

크라우드 펀딩

최근 기금 모금으로 개발된 크라우드 펀딩(Crowd Funding)은 이노베이터가 인터넷을 통해 많은 수의 기부자 또는 투자자로부터 자본을 조달할 수 있도록 한다. 이 접근법은 기술, 소비재 및 엔터테인먼트와 같은 부문에서 다양한 프로젝트에 자금을 투입하는 데 성공적으로 사용되었다. 전 산업 분야에서의 크라우드 펀딩 규모는 2013년 기준 30억 달러에 달하고,[59] 2025년까지 전 세계적으로 930억 달러를 상회할 것으로 예상된다.[60]

크라우드 펀딩에는 두 가지 주요 모델이 있다. (1) 기부금을 기반으로 하는 기금. 재정적 이익을 기대하지 않고 돈을 모으는 경우. 일부 기부금이나 보상은 기부자에게 지급될 수 있다. (2) 기업이 회사의 지분과 교환하여 자본을 조달할 수 있는 투자 자금. MedStartr과 같은 의료 분야의 크라우드 펀딩 플랫폼을 사용하면 혁신 업체는 보상금을 대가로 대중으로부터 재정적인 기부금을 모을 수 있다. 예를 들어 장치나 서비스의 선 주문.[61] Healthfundr과 같은 다른 회사는 건강 관련 회사에 대한 지분 투자를 제공하지만, 공인 투자자(순자산이 100만 달러 이상이거나 수입이 연간 20만 달러를 초과하는 개인)가 글을 쓰는 시점부터 참여할 수 있도록 한다.[62]

투자 기금 모금은 잠재적으로 의료 이노베이터에게 매력적인 모델이지만 미국에서는 증권 거래위원회(SEC)가 비공식 투자자가 참여하는 것을 주저하고 있다. 2012년 법안에 서명된 Jumpstart Our JOBS (Joint Business Start-ups) Act라고 하는 새로운 법안은 신생 기업이 비승인 투자자로부터의 주식 기반 크라우드 펀딩에 최대 100만 달러를 조성하도록 허용한다[63](투자자가 얼마나 기여할 수 있는지에 대한 제한은 있다). 이 조항이 효력을 발생하려면 SEC는 투자를 규율하는 규칙을 발행해야 했다. 이 규칙은 2013년에 실행될 것으로 예상되었지만, 기관이 기존의 투자자 보호를 완화하는 가장 적절한 방법으로 간주됨에 따라 2014년 말 현재 여전히 시행되지 않고 있다.[64] SEC가 판결을 내릴 때까지 비공식 투자자는 어떤 유형의 주식 크라우드 펀딩에도 참여할 수 없다.

VentureHealth.com에 대한 이야기는 크라우드 펀딩과 관련된 많은 문제를 탐구하고, 그 혜택과 위험에 대해 설명한다.

현장에서 VENTUREHEALTH.COM

크라우드 펀딩 의료기술 혁신

다작의 기업가이자 노련한 의료기술 투자자인 Mir Imran은 모금 운동에서의 차이를 확인하였다. 그와 그의 팀은 자본을 배치하고자 하는 공인 투자자가 종종 가장 매력적인 의공학 혁신에 접근할 수 없다는 사실을 관찰하였다. 또한 유망한 의료 기회는 지속적으로 투자자 적게 이루어지고 이노베이터는 기술 개발 및 상용화를 위해 막대한 에너지를 소비한다. 그의 투자 회사인 In Cube Ventures를 통해 신중하게 통제된 실험을 수행하기 위해 그와 그의 팀은 승인된 투자자 그룹이 **연합** 투자에 참여하도록 했다. 투자자들의 반응은 열성적이었고, 그 결과는 매우 유망하였다.

JOBS 법이 통과되면서 개인 투자자의 온라인 금융에 대하여 자세한 평가를 시작하기로 결정하였다. Imran은 많은 온라인 크라우드 펀딩 활동을 발견했지만, 그에게 호소력을 가진 모델은 많지 않았다. 일반적인 접근 방식 중 하나는 크라우드펀딩 포털이 창업 회사의 사업 계획이나 슬라이드 데크를 게시하고 투자자가 자금을 지원하도록 유도하는 것이다. 그러나 그는 많은 웹 사이트가 기회에 대해 거의 실사를 하지 않는다는 사실을 발견하였다. 그는 "그들은 기회의 성격이 아니라 플랫폼에 있는 회사의 규모에서 돈을 벌고 있습니다."라고 말하였다.[65] (일반적으로 포털은 창업 회사가 모금한 총 금액의 5~10%를 보유하고 있다) "이것은 상대적으로 단순한 접근법"이라고 그는 계속하였다. "품질관리가 없으므로 투자자는 적절하게 평가할 수 없는 위험에 노출됩니다. 나는 이 접근법에서 벗어나기 위해 이노베이터와 투자자에게 조언할 것입니다."

더 나은 해결책을 모색하기 위해 Imran과 연구진은 제시하는 기회와 그것이 끌어당기는 투자자에 대해 훨씬 더 높은 표준을 지닌 크라우드 펀딩 모델을 개발하였다. 즉, 건강관리 부문에 접근하고자 하는 공인 투자자를 위한 온라인 벤처 펀드 플랫폼으로 VentureHealth를 창립했다(그림 6.3.3).[66] VentureHealth는 선정된 그룹에 투자하도록 초대된 지식이 풍부하고 공인된 투자자의 집합체 역할을 한다. "이것은 위험이 관여하지 않는다는 것을 의미하는 것이 아니라 보다 높은 품질관리를 제공한다는 것입니다." 투자자는 전통적으로 벤처 투자자를 위해 확보된 파괴적 혁신에 접근할 수 있다. 그들은 벤처 자본가들과 비슷한 조건으로 투자한다. VentureHealth 팀은 다른 벤처 기업과 마찬가지로 엄격한 심사를 수행하였다.

VentureHealth 팀은 회사 설립에 대한 깊은 경험을 토대로 투자를 평가한다. "초기 창업 기업의 사업 계획은 상세한 조사 프로세스를 거치며, 우리의 기준을 충족하는 경우에만 VentureHealth 거래 제안으로 선정됩니다."라고 Imran 부사장은 강조하였다. 예를 들어, 팀은 보상이 잘 확립되어있는 대형 시장에서 주요 임상 돌파구를 찾고, 이노베이터는 사려 깊은 임상 및 규제 전략을 고안하였다. VentureHealth가 어떻게 수익을 창출하는지에 관해서는 "우리는 신생 회사로부터 비용을 받지 않습니다. 대신, 벤처 캐피탈 회사의 전형적인 성공 보수 모델을 사용합니다." 성공 보수는 기업이 성공적으로 출구 전략을 세운 후에 투자자에게 지급되는 이익의 공유를 말하며 투자자의 수익을 회사의 성공과 일치시킨다.

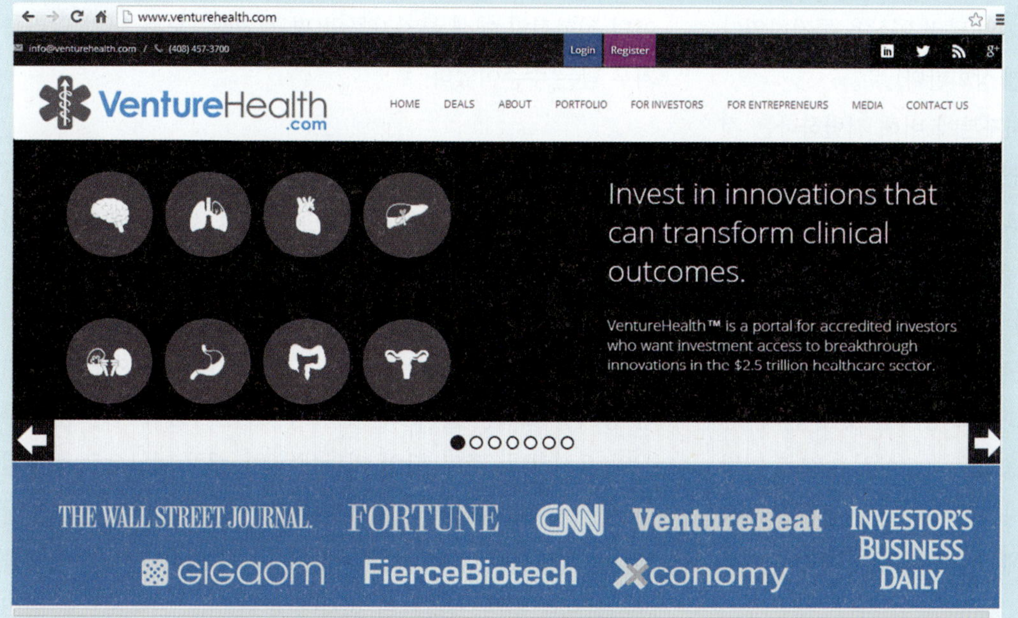

그림 6.3.3
VentureHealth 포털
(VentureHealth의 허가를 받아 사용)

VentureHealth는 세분화된 거래 단계와 회사의 포트폴리오를 구축하였으며 이는 초기 단계 및 이후 단계 투자에 모두 관여한다는 것을 의미한다. "두 번째 및 세 번째 단계의 거래를 통해 투자자들은 유동성을 더 빨리 얻게 됩니다. 이것은 그들에게 자신감을 주고 투자를 계속하도록 장려할 수 있습니다. 그렇지 않으면 개발 기간이 길어지기 때문에 Health Care 분야에 자본을 투자하는 데 익숙하지 않은 투자자에게 피로감을 줄 수 있습니다."라고 그가 말하였다. 최근 VentureHealth는 Rani Therapeutics, InCube Ventures 및 Google Ventures와의 공동 투자자로서 약 2주 만에 260만 달러의 시리즈 B 라운드를 마감하였다.[67] Channel Medsystems는 또한 VentureHealth가 참여한 Boston Scientific이 주도하는 투자자 협동 조직을 통해 970만 달러의 시리즈 B 라운드를 기부할 수 있었다.[68]

사례에서 알 수 있듯이 Imran은 의료 이노베이터들이 전체적으로 의존하지 않고 자금 조달의 일환으로 크라우드 펀딩을 수행할 것을 권고하였다. "그런 식으로, 적어도 창업 회사는 몇 가지 추가적인 노력을 해야 할 것입니다. 다른 유형의 투자자를 도입하면 거래의 평가를 확인하는 데 도움이 되며 이노베이터가 엔젤 및 벤처 캐피탈이 제공하는 연결 및 전문 지식과 같은 다른 자금 출처에서 제공하는 혜택 중 일부에 접근할 수 있습니다. 우리는 의료기기의 크라우드 펀딩에 관해서는 여전히 답변보다 더 많은 질문을 가지고 있습니다."라고 Imran은 지적하였다. "예를 들어, 리드 투자자가 없는 거래에서 누가 평가를 하고 주요 거래 조건을 작성해야 할지 명확하지 않을 수 있습니다." 그는 일정한 실험과 학습이 아직 진행 중이지만 적어도 지금은 VentureHealth가 투자자를 대표한다는 것을 인정하였고, 회사와의 모든 상호작용과 협상을 처리하여 스타트업 회사들이 수백 명의 소액 투자자를 다룰 필요가 없어졌다.

Imran은 전반적인 자금 조달 전략의 일환으로 크라우드 펀딩을 고려하고 있는 이노베이터들을 위해 다음과 같이 말하였다. "잠재적인 투자자에게 양질의 기회를 제공하는 데 주의를 기울이세요. 경험이 부족한 투자자가 위험을 이해하고 의료기술을 시장에 출시하는 데 필요한 시간과 비용에 대해 적절한 기대를 갖도록 보장하는 것은 기업가의 책임입니다." 그는 계속해서, "크라우드 펀딩은 여기 있습니다. 나는 그것이 의공학 회사들을 위한 막대한 기금으로 성장할 것이라고 생각합니다. 투자자와 이노베이터 모두 최선의 방법을 활용할 수 있도록 교육해야 합니다."라고 말하였다.

엔젤 투자자

엔젤 투자자는 개인 재산을 스타트업 회사에 투자하는 많은 경험을 가진 공인 투자자이다. 의학기술 부문의 벤처 자본의 하락으로, 장비 개발자들에게 엔젤 투자자들은 더 중요한 자금원이 되었다. 2012년 기준 엔젤 투자자들은 광범위한 건강관리/메디컬 서비스/의학 장비 사업에 30억 달러 이상을 투자하였다(이는 벤처자본의 총 투자량을 크게 상회한다).[69]

엔젤 자본의 긍정적인 면은 벤처자본에 비해 저렴하다는 것이다. 엔젤 투자자는 다른 투자자들에 비하여 기꺼이 위험을 감수하고자 한다. 따라서 엔젤 투자자들은 비즈니스를 시작할 수 있는 강력한 초기 자본금을 제공해 왔다. 최근에는 엔젤 투자자들이 확장 자본에 투자하기 위하여 벤처 투자와 연합하는 경향을 보이고 있다. 2011년부터 2012년에 사이에는 후기(Later-stage) 투자자 15%에서 29%로 증가한 것에 반해, 엔젤 투자자들의 초기 자본 투자의 총량은 40%에서 33%로 하락하였다.[70] 이러한 변화는 엔젤 투자자들이 최근에 생긴 크라우드 펀딩을 통해 프로젝트의 후기에 접근하기 용이해졌기 때문으로 설명된다(벤처 헬스 참조).

부정적 측면으로는 회사가 필요한 자본을 충족하기 위해 몇 명의 엔젤로부터 자본을 유치 받아야 한다는 점과 그 엔젤 투자자들의 강력한 요구를 처리해야 한다는 점이 있다. 또한, 엔젤 투자자들은 벤처 투자자와 비교하여 복수 투자를 더욱 적게 하는 경향이 있다. 2012년 기준 몇 천 달러에서 백만 달러 사이의 전형적인 엔젤 투자자들의 평균 거래규모는 34만 달러를 겨우 넘는 수준이었다.[71]

법인 투자

기업 투자자들은 새로운 의료기술에 대한 자금의 제공과 기업들이 투자금을 회수하는 데 있어 항상 중요한 역할을 해 왔다. 그러나 스타트업 기업의 투자 참여는 경제 상황의 영향을 많이 받는다. 벤처 지원이 부족할 때에는 늘어나지만, 자금의 유치가 용이할 때에는 줄어드는 경향이 있다. 기업 투자는 벤처 투자와 유사하나, 주로 단일 기관에 의한 벤처 기금으로 설립된다(예를 들면, 다국적 의료기술 기업). 민간 벤처 기업과는 달리, 큰 기업들은 투자금 환수에 고집하지 않고 전략적 목적을 우선적으로 하여 스타트업 회사에 투자한다. 기본적으로 법인 투자자들은 사업 기반을 다지는 방법이나 고객 영향력 확장 방법 같은 성장 가능성을 살펴본다. 구체적으로 말해서 기업 투자자들은 내부 포트폴리오 안의 프로젝트와 외부 환경에서 발생하는 혁신이 시너지를 불러일으키기를 바란다.[72] 대부분의 기업 벤처 투자자들은 자신들이 투자한 회사가 추후에 인수되어 기업 성장의 목표를 이루는 데 도움이 되기를 원한다.

과거에는 회사들이 프로젝트의 후기 단계에서 의료기술에 투자하는 것이 관행이었다. 그러나 Sonsini Goodrich & Rosati's lifesciences practice의 대표인 Casey McGlynn은 한 기사에서 "대부분의 회사들이 신생 의료기술 회사의 시작부터 투자해서 가장 큰 투자자들이 되었습니다. 이러한 큰 의료기술 회사들의 사업 개발 인력은 매우 꼼꼼합니다. 그들은 자신들의 과제를 수행하며, 자신들의 전문 영역에 대하여 폭넓은 지식을 가지고 있습니다. 그들은 벤처 자본가보다 더욱 집중하여 가장 좋은 신설 프로젝트를 찾고 투자하기 위해 엄청난 압박을 받을 것입니다."[73]

기업 투자자들은 벤처 자본 투자에 비해 사업가에게 가해지는 부담이 적으며, 특이한 영향력을 행사할 수 있다(예를 들면, 매출 목표나 유통망, 보완 기술에 관여). 메이저 회사와의 연계는 신생 회사를 신용할 수 있게 한다. 더욱이, 기업 투자자와의 강한 공생 관계는 무난하게 회사를 매각할 수 있도록 해 준다.

말하자면, 기업 관계에 연관된 사업자는 사업 자금 조달을 받음에 따라 투자자와의 마찰이 발생할 수 있음을 인식해야 한다. 일부 회사들은 반드시 "(경쟁자들보다 더 나은 잠재적 이득을 주는) 조건"을 붙여서 투자하려 한다. 이러한 조건들은 저작권이나 최초 협상권, 심지어 경쟁사의 기업 인수에 대한 거부권을 포함하기도 한다. 법인 투자자가 최고의 이익을 내려 할 때, 의견의 충돌이 일어날 수도 있다. 오너를 둘러싼 새로운 지적재산권(IP)에 대한 이슈가 발생하기도 하는데, 스타트업 기업과 법인 투자자 양측 모두에 이득이 되는 경우도 있을 수 있다. 게다가, 기업 투자는 경제의 변화에 민감하기도 하며 사업자에 대한 후속 투자금이 줄어들 수 있다. 마지막으로, 복수의 입찰자가 존재하며 법인 투자자가 인수에 대한 최초 권한을 가지고 있을 시, 법인 투자에서 빠져나가기 어려워질 수 있다.

종래의 법인 투자의 다양성은 독립 유통업자가 언젠가 대표 제품 리스트에 추가할 의료기술에 전략적으로 투자할 때 발생한다. 합리적인 가격의 자금 조달 흐름의 조성 이외에도, 이러한 투자 유형은 사업자들이 빠르게 규제 당국의 승인을 득할 수 있도록 한다. 더욱이, 유통업자는 회사를 내과의나 다른 의사결정권자와 연결시킴으로써 전략적 가치를 부여할 수 있다. 보통, 유통업자는 제품의 잠재적 구매자와 긴밀한 관계를 가지고 있으며, 구매자들로부터 구매를 위해서 필요한 것에 대한 의견을 얻을 수 있다. 그러나 이러한 유형의 자금 지원은 회사가 다른 유통업자를 통해 그 제품을 판매하기로 결정한 경우 갈등을 일으킬 수 있다(매입 시). 유통업자를 투자자들로 인식하고 있는 사업자는 매수인이 직접 인수 후 상품을 판매하기 시작할 수 있도록 매수 조항을 거래에 포함시키는 방안을 고려해야 한다. 이로써 유통업자는 지분 투자와 매수계산을 하며 매입에 긍정적으로 참여할 수 있기 때문에 어떠한 충돌도 피할 수 있다. 유통업자에게 인센티브를 부여하여 판매에 대한 노력을 최대화할 수 있다. 투자자로서의 유통업자에 대해서 더 알고 싶다면, 이 장 후반에 다룰 Loma Vista Medical을 참조하라.

벤처 자본

벤처 자본가는 높은 이득을 위해 잠재력 있는 회사에 투자하는 데 특화된 전문 투자 관리자이다.[74] 일반적으로 벤처 자본가는 기관 투자자(예: 연금 관리자)나, 개인 투자자, 공공채로부터 투자금을 모아 투자한다. 투자를 관리하는 벤처 자본 회사는 업무 집행 조합원(General Partner, GP)으로 불리고, 외부 투자자는 펀드 출자자(Limited Partners, LPs)라고 한다. 펀드의 규모는 5,000만~20억 달러 또는 그 이상으로 다양하게 나타난다.

각 펀드는 특정한 투자 영역(의료기기, 생명공학, 정보기술)과 시간 영역(보통 3~7년)을 가지고 있다. 펀드 자본은 **유동화**를 기대할 수 있는, 즉 인수 되거나 상장될 가능성이 있는 스타트업 회사에 투자된다.[75] 벤처 자본가는 펀드 투자로부터 발생한 이익의 일부를 받는다(약 20%). 추가로, 전체 펀드 모금액에 대한 일정 비율의 연회비를 받는다.

벤처 자본 회사는 여러 펀드를 관리할 수 있으며, 각 펀드는 각기 다른 회사들의 다른 그룹에 투자될 수 있다. 모든 펀드는 벤처 자본의 투자자 유지되는 동안 수익을 창출할 것으로 기대되는 별도의 자본 풀을 의미한다. 특정 기금을 지원하는 파트너십은 보통 10년이며, 대부분의 투자 수익은 해당 기간 내에 발생할 것으로 예상한다. 이에 따라, 사업가가 미래의 잠재적 자금 요청을 지원하기 위해 경영 및 재정 능력을 확보할 수 있도록 특정 펀드의 투자 목표와 시점을 이해하여 투자를 유치하는 것이 중요하다.

벤처 자본가들은 가치 있는 투자에 관해서는 "큰 손"으로 알려져 있다. 이들은 일반적으로 투자자 종료될 때까지 평균 300~3,000만 달러를 투자한다. 또한, 벤처 자본은 여러 차례 자금 조달을 할 능력을 가지고 있다. 게다가, 벤처 자본은 다른 투자 회사와 협력하여 스타트업 기업이 실질적인 산업 경험으로부터 혜택을 얻을 수 있을 뿐만 아니라, 광범위한 네트워크(다른 잠재적 투자자들을 포함하여)를 통해 스타트업 회사를 도울 수도 있다. 더 큰 규모의 자금 조달은 벤처 자본 투자자들이 연합을 통해 이루어질 수 있고, 회사의 필요 자금을 연합 내부에서 조달할 수 있도록 한다.

이에 대한 단점은 벤처 자본 조달이 높은 비용을 수반한다는 것이다. 이는 사업자들이 투자를 유치하기 위해서 상당한 주식을 양도해야 한다는 것과 자금 조달 과정에서 소요되는 상당한 시간과 노동력 때문이다. 벤처 자본은 적극적인 투자자이며, 일반적으로 주주의 동의나 지분율을 통하여 회사를 효과적으로 통제하려고 한다. 벤처 자본은 출구 전략을 기반으로 하는 분명한 목표를 가지고 회사에 개입한다. 이러한 목표는 회사 설립자의 장기 목표에 부합하지 않을 수도 있다.

회사에 있어 최고의 투자자를 선택하는 것

펀드 자본을 고려할 때, 사업가에게 있어 무엇이 중요한지를 명확히 해야 한다. 예를 들어, 장기 투자자를 찾는 것이 필수적인가(그리고 다중 자금 조달에 대한 잠재적 기여)? 아니면 회사의 전략적 선택을 제한하지 않을 투자자를 찾는 것이 더 중요한가(예를 들면, 큰 지분을 요구하거나 주요 투표권을 행사하여 회사가 투자자의 직접적인 지원에 의존하게 하는 것)? 투자자가 필요로 하는 관련 경험이나, 전문 지식의 양은 조언자(advisor)나 이사회의 힘에 따라 사업자마다 그리고 회사마다 다를 수 있다.

투자자를 신중하게 선택해야 할 또 다른 이유는 사업가가 자금 조달원인 자본가 그룹의 커뮤니티에 속하게 되기 때문이

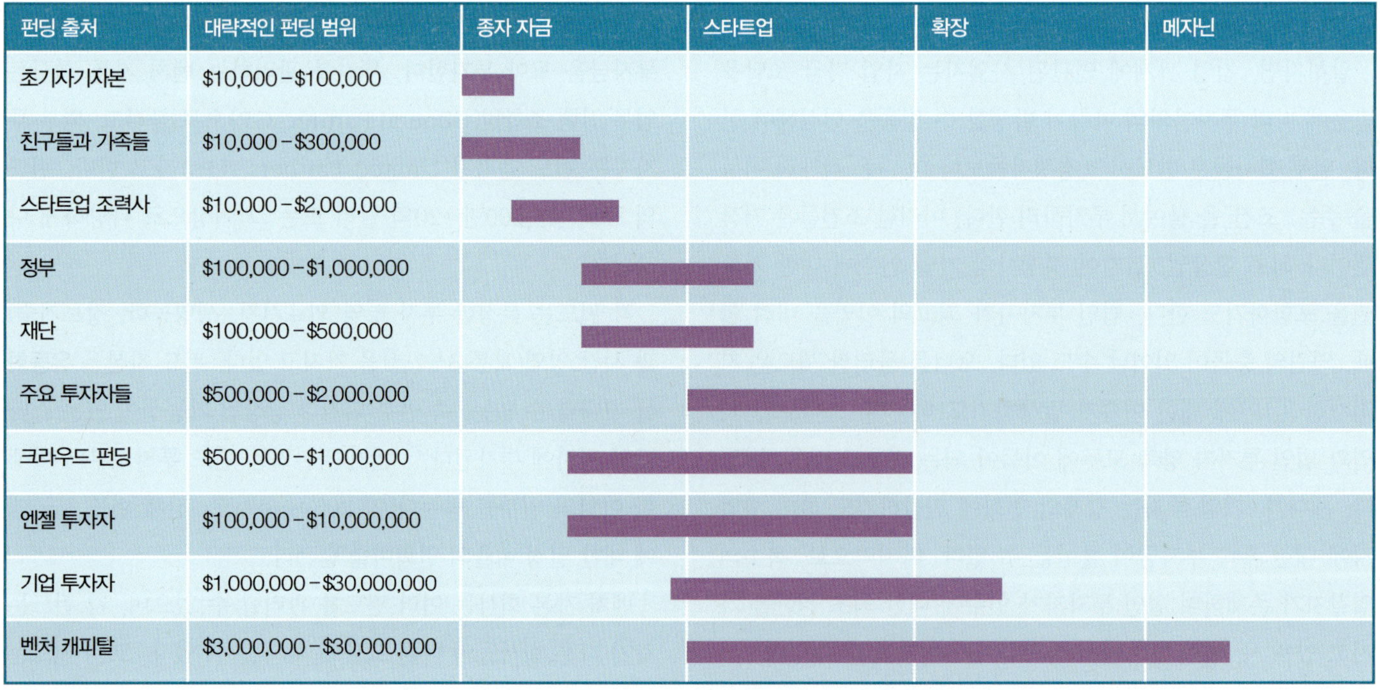

펀딩 출처	대략적인 펀딩 범위	종자 자금	스타트업	확장	메자닌
초기자기자본	$10,000-$100,000				
친구들과 가족들	$10,000-$300,000				
스타트업 조력사	$10,000-$2,000,000				
정부	$100,000-$1,000,000				
재단	$100,000-$500,000				
주요 투자자들	$500,000-$2,000,000				
크라우드 펀딩	$500,000-$1,000,000				
엔젤 투자자	$100,000-$10,000,000				
기업 투자자	$1,000,000-$30,000,000				
벤처 캐피탈	$3,000,000-$30,000,000				

그림 6.3.4
각 투자유치의 타이밍과 금액은 꽤 다를 수 있다. 그러나 이 요약은 사업가들에게 무엇을 기대할 수 있는지를 보여준다.

다. 이는 일반적인 사실이며, 초기 투자자, 큰 손, 엔젤, 벤처 자본, 기업 자본 혹은 배급사 등과 같은 신생 기업의 자금 출처와는 상관이 없으며 반드시 정부 기금이나 기타 종류의 기금에 의해 자원을 제공받아야 할 필요는 없다. 지금까지 은행이 비즈니스 자산을 담보로 신생 기업에게 대출을 제공하는 것에 반해, 의료장비 스타트업에 투자한 투자자는 사업자가 회사를 성공적으로 키우겠다는 말과 주식을 담보로 수백만 달러를 사업자에게 건넨다. 높아진 위험을 감당하기 위해 스타트업에 투자한 투자자들은 보통 더 많은 보상을 기대하고, 회사에 더 많은 통제권을 행사하길 원하며, 회사 지분을 더 많이 소유하길 원한다. 이 자본은 은행 대출에 비해 몇 배나 큰 수익을 기대할 수 있을 뿐 아니라, 대규모 투자자는 회사의 미래를 좌지우지할 수 있는 의결권을 가진 이사회 위원을 겸하기도 한다. 이러한 이유에서, 회사의 가치를 증진시키며, 회사 경영진의 목표와 부합하는 투자자를 선택하는 것이 중요하다.

투자자를 고를 때 두 가지 중요한 요인은 회사의 성장 단계에 있는지에 따라 어떠한 자금이 필요한지, 어느 정도의 규모가 필요한지를 결정하는 것이다. 그림 6.3.4에서는 각 투자자들이 어느 시기에 투자하기를 선호하는가와 각 종류의 자금 지원에 대한 대략적인 규모를 보여준다.

특정 시점에서의 대부분의 의료기기 회사는 엔젤, 벤처자본, 혹은 기업 투자자와 거래하게 될 것이다. 표 6.3.3은 비즈니스 기회를 평가할 때의 우선순위와 투자 가이드라인의 차이점에 대해 전반적으로 비교하고 있다.

투자자 실사

6.2절에서 언급된 바와 같이, 투자자가 투자 기준의 적합성 여부를 평가하기 위한 프로세스를 실사(Due Diligence)라고 한다. 실사는 지속적인 조사와 발견을 요하는 반복 작업이다. 실사는 투자자의 특정한 목표와 회사의 성격에 따라 변하는데, 필요한 접근법과 소요되는 시간에 의해 영향을 받는다. 그러나 일반적인 경우에는 그림 6.3.5의 절차에 따라 이루어진다.[76]

투자자들은 이러한 절차를 통해 수집된 정보들은 계속해서 검토하게 된다. 만약 부정적인 정보가 나온다면, 투자자는 현재까지 진행된 실사를 폐기할지도 모른다(그리고 투자를 포기할지도 모른다). 벤처 자본 분야에서 이러한 절차는 적게는 4주에서 드물긴 하지만 길게는 3년까지도 걸릴 수 있다. 보통의 경우 실사 기간은 3개월에서 9개월 정도 소요된다. 다른 종류의 투자자들도 실사를 실시할 수 있지만, 그렇게 많은 시간을 투자하지 않을 수도 있다. 그러나 투자의 유형과 상관없이 대

표 6.3.3 투자자들은 투자 분야마다 다른 잣대를 가진다.

	엔젤 투자자	벤처 투자자	기업 투자자
시장 크기	작음, 신흥시장	큼, 매출 5억 달러 이상의 기성 시장	벤처 자본 투자 시장과 크기는 비슷하지만 사업을 하고 있거나 장래에 성장의 전략적 이익에 관심이 있는 시장에 초점
투자 규모	$100,000~$10,000,000	$3,000,000~$30,000,000 또는 그 이상	$1,000,000~$30,000,000
기대 수익	초기 투자 자금의 4~10배	첫 투자금의 4~10배	투자자 자신들의 전략과 궤를 같이 하면 더 낮은 수익률도 수용 가능
투자 강도	조건이 덜 까다로운 작은 시장; 보통 벤처 자본의 영향이 없는 시장	잠재적 수익이 충분히 크면 경쟁률이 높더라도 투자하려는 의지가 있다.	벤처 투자(VC)가 동일
전략	사명감이 꽤 높음	특정 영역과 상관없이 초대형 수익 추구	자신들의 포트폴리오를 보충해 줄 수 있는 기회 추구
투자 기간	유동적, 8년 이상도 가능	4~10년; PMA 규율 통로나 미국 밖의 조기 상용화를 510(k) 기반보다 선호	VC가 동일하나 더 짧을 수 있다.
소유권 추구	작지만 결국 창업사가 자본 유치를 VC나 기업 투자자로부터 받기를 원하게 된다.	초기 라운드에는 회사 소유권의 30~80%를 추구하고, 매각 시점에는 95%까지 오른다.	궁극적으로는 기술 획득이다.
이사회 출석	자주	거의 항상	때때로

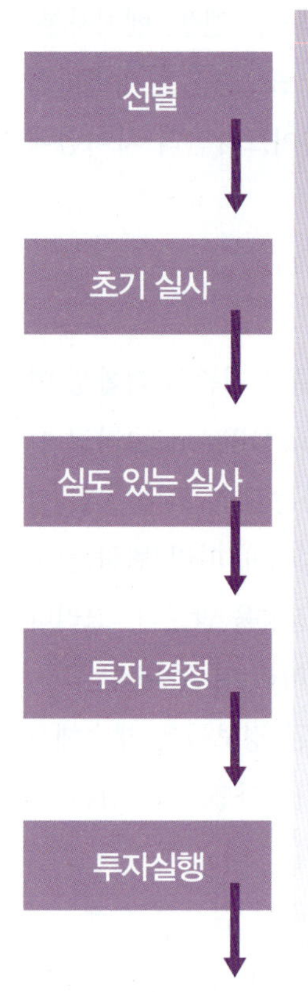

- 결과적으로 사업 계획이 되는 투자자와 사업자 간의 직접 또는 간접적 연락
- 사업 계획과 투자자와 사업가 또는 관리자 팀과의 첫 회의의 검토

- 투자자-파트너 간 최초의 개념 논의(적절한 경우에); 투자자는 기술/서비스 분야에 최초 연락함으로써 개념에 대한 전반적인 의견을 얻고 해결이 필요한 문제를 확인한다.
- 기술/서비스 개념, 시장, 경영 경험, 사업/재정 모델 그리고 기업 가치 기대 수준을 논의하기 위한 사업가/관리자 팀과의 한번 이상의 미팅

- 기술/서비스 개념, 시장 및 경영 경력에 관한 회사 참고인과의 전화와 미팅
- 기술/서비스 분야의 실제적이거나 잠재적인 고객들 중 전문가 또는 지식이 많은 사람들과의 전화나 미팅, 경영에 관한 참고인들. 투자자는 독립적인 컨설팅업체를 통해 기술적 · 시장적 · 법률적 · 보상적, IP 이슈와 같은 사업의 여러 가지 면들을 평가할 수도 있다.

- 재정의 독자적인 분석과 평가 시나리오
- 사업가와 관리팀과의 특정한 사업 이슈와 회사의 기업 가치에 대한 토론 진전
- 실사를 바탕, 긍정 시, 조건 시트 발행(아래 참조)

- 투자자가 모르는(예로, 회사의 성장을 방해하거나 유동화의 문제를 일으키는 법적 소송, 회사의 문제, 자본화, 직원들, 공급자 또는 그 누군가와의 문제) 숨겨진 이슈가 없다는 것을 확실시하는 과정 동안 만약 투자 기한에 대해서 동의가 이루어지면, 법적이고 특허 실사 과정이 이루어진다.

그림 6.3.5
사업가와 투자자가 합의에 이르면서 실사 과정은 강렬해지고 공고해진다(Ross Jaffe, "Introduction to Venture Capital"의 허가를 받아 재인쇄).

부분의 투자 유치는 사업가들이 생각하는 것보다 훨씬 오래 걸리고 훨씬 많은 노력을 요구한다.[77] 사업가들은 투자 유치 기간이 짧게는 11개월에서 길게는 18개월까지 걸릴 수 있다는 사실을 명심해야 한다. 평균적으로 보통 약 15개월 정도의 시간이 소요된다. 투자자들은 더 좋은 조건에서 투자를 하길 원하기 때문에 대개 최소 1년 이상을 두고 사업가들의 사업 목표 성취도를 지켜본다. 이 실사를 위해 소요되는 시간의 실제적 의미는 사업가들이 거의 항상 "시장에서" 다음 재정 지원을 받기 위해 적극적으로 움직이고 있다는 것이다.

공정표(사업목표)

벤처 회사에 대한 투자는 단계적으로 이루어진다. 투자자는 아주 많은 금액을 바로 주는 것보다는 사업이 **운영 계획**에 놓여 있는 목표를 성취해 나가는 것에 따라 투자하게 된다. 이러한 방식은 투자자들에게 회사 정보를 주기적으로 업데이트하여 제공할 수 있다. 그리고 사업 과정을 모니터링하며 전망을 검토하고 추가적인 투자를 할지, 아니면 프로젝트를 폐기할지 평가를 한다. 또한 이러한 방식은 회사의 방향을 더 잘 조절하게 한다. 이것은 투자 유치를 하려는 사업가에게도 중요하다. 투자 단계에 대한 사업적 성취는 다음의 투자 협상 단계에서 회사의 기업 가치를 돌려주고 소유권의 가치를 올려준다.

투자 시점은 신생 기업에게 상당히 중요하고, 그 시점은 매우 신중하게 선택되어야 한다. 6.1 실행 계획 및 재정 모델을 만들 때 선택된 운영 시점은 투자 유치 시점을 선택하기 위한 시작점이 될 수 있다. 투자자의 관점에서 보았을 때, 투자 시점은 상당한 기술적 · 임상적 또는 시장의 위험이 제거되었을 때를 나타낸다. 보통 이 투자 시점들은 개념의 증거, 임상시험 개시, 법률적 승인 등과 같은 운영 계획안의 시점들과 동시에 발생한다. 궁극적으로, 최종적인 투자자의 투자 시점은 인수나 IPO를 통한 매각이나 유동화이다. 표 6.3.1의 샘플을 다시 확

인하여 여러 단계에 걸친 투자 과정에서 투자자들이 이루어지길 기대하는 활동/공정표를 보도록 하자.

각 공정표가 성취됨에 따라 회사는 자본 비용을 낮출 수 있는 잠재성을 가지게 된다. 기술한 바대로, 투자의 초기 단계에서 회사의 가치는 최하이며 자금 유치의 비용은 최고이다. 왜냐면 사업을 입증할 실적이 없어서 투자자에게 상당한 위험을 주기 때문이다. 그런데 회사가 목표치를 성취하기 시작함에 따라 위험성이 낮아지기 때문에 더욱 빠른 속도로 많은 투자 금액을 유치할 수 있게 된다.[78] 상승된 가치를 보여주기 위해 회사가 극복해야 할 세 가지 가장 중요한 장애물은 다음과 같다.

- **기술적 실현 가능성**–이것은 공학, 과학 그리고 임상적 상호작용이 매우 중요하다. 그리고 시험관 실험(초기 투자 유치), 동물 실험(몇몇 초기 투자와 스타트업 투자), 인체 실험(스타트업 투자유치와 확장투자)에 관한 증명된 데이터가 있어야 한다.
- **제품 생산 실현 가능성**–이는 주로 R&D와 임상적 · 법률적 전문 지식이 뒷받침되어야 한다. 제품 생산 실현 가능성은 상업적 실행 가능성을 보여주는 것이며 주축이 되는 시도, 법률적 승인, **주요 의견 선도자**들의 지원과 처음의 상업적 매출(스타트업 자금과 확장 투자)을 통해서 현실화된다.
- **회사 실현 가능성**–이는 지속적인 수익 창출을 만들어내는 지속적인 R&D, 매출과 마케팅 그리고 제조에 달려 있다. 회사 실현 가능성은 수익과 이윤 성장, 연이어 개발되는 장비들과 함께 제품과 기술의 공급, 강한 브랜드 인지도와 무결점 품질(확장 투자, 메자닌 투자, IPO)에 달려 있다.

투자를 결정할 때, 사업가들은 회사의 성공에 있어 가장 큰 장애물을 통해 가능성이 가장 큰 것으로 선택해야 한다. 그것이 달성되었을 때, 회사 수익이 가장 크게 신장한다. 회사의 계획을 조정하는 것에 융통성 있고 열린 마음을 지니는 것이 중요하다. BioTrace Medical, Inc.의 공동 창업자인 Aravind Swaminathan은 340만 달러의 시리즈 A 라운드를 마치고 말하였다.[79] "이상적인 실행 계획을 수립하는 것과 이상적인 투자자들을 찾는 것을 크게 중요하게 생각합니다. 우리가 배운 교훈은 이러한 환경에서 위와 같은 시각을 가지며 융통성 있게 대처하는 것입니다. 하나의 프로젝트가 갈 수 있는 잠재적으로 성공적인 길은 여러 가지가 있으며, 어떠한 투자자라도 어떻게 최선으로 투자 시기와 투자를 다룰지 자신만의 평가를 수행합니다. 요점은 프로젝트를 계속 움직여 나가는 것이고, 유연성은 이에 대하여 큰 도움이 된다는 것입니다."

평가, 희석 그리고 소유권

한 회사나 어떤 사업의 가치는 다음의 요소에 의해 직접적인 영향을 받는다.[80]

- 비교 회사들의 현재와 미래 예상 가치, 그리고 활용 가능한 민간 시장: **비교** 대상들의 가치가 더 크고 그들의 전망이 더 긍정적 일수록 평가 결과는 더 우수하다. 사업가들은 벤처 자본가들과 같은 활발한 전문적인 투자자들이 자신들의 다양한 재정 활동을 통해 시장 가치 기준을 감지하는 뛰어난 감각을 계발하는 것을 감사해야 한다.
- 재정 자본의 공급과 수요: 투자할 대체 옵션이 부족하면 가치가 높아진다. 반대로 투자할 곳이 많아지면 가치는 내려간다.
- 한 특정 회사의 눈에 보이지 않는 특별한 것들, 매니저 팀의 질, 회사의 경쟁 우위, 그리고 수익 성장과 수익성의 속도: 증명이 가능한 실적이 가치를 높여준다.
- 투자자를 위한 유동화 처분의 특성과 타이밍: 유동화 처분의 시간이 가까워질수록, 그 확실성도 높아지고 가치도 올라간다.
- 회사 자본 구조의 **옵션**을 늘리기 위한 미래 자본 확충과 필요: 투자 단계의 횟수가 늘어남에 따라 가치는 낮아진다.

가치 평가는 투자자를 끌어들이려는 회사에게 중요하다. **투자자들은 투자 전과 후의 기업 가치**를 참고한다. 투자 전 기업 가치는 그 회사가 투자를 받기 전의 가치 또는 가장 최근의 투자를 받기 전의 가치를 말한다. 투자 후 기업 가치는 펀드를 받고 난 직후의 가치를 말한다.[81] 투자 전 기업 가치는 회사가 그 동안 키워온 자산이나 공약에 대하여 평가한 가치이다. 투자 후 기업 가치는 투자 전 기업 가치에 투자 자금을 합친 것이다.

Conor Medsystems의 예시는 투자 전 후 기업 가치의 개념을 잘 나타낸다. 그리고 투자자, 창업자 및 직원의 희석 개념도 소개한다. 이 예시는 민간 및 공공 투자를 포함한 전체적인 투자 라이프 사이클을 기업 가치의 변화에 따라 완벽하게 제공한다. 또한 Conor Medsystems가 두 번의 유동화 과정을 가졌기 때문이기도 하다. 활발하게 개발되었던 의료기술 시장의 조건이 야기한 IPO(주식공개상장)는 시리즈 A 투자에서 28.6배의 이익을 가져왔다. 그리고 두 번째 유동화는 회사가 Johnson & Johnson에게 14억 달러에 인수되면서 발생하였다.[82] 거기에, 핵심 기술의 궁극적인 결과는 의료기술 개발의 잠재된 위험을 감소시켰다. Johnson & Johnson의 인수 3개월 뒤, 제품은 마지막 단계의 임상시험에서 실패하였다. 결과적으로 Johnson & Johnson은 임상시험을 종료시켰고, 미국 FDA 허가 계획도 중지시켰다. 그리고 이미 승인이 된 유럽, 아시아 및 라틴 아메리카 국가들에 대하여 해당 기술의 판매를 중지시켰다.[83]

실제 사례

코놀 메드시스템(Conor Medsystems)에 대한 투자 전, 후 기업 가치

Conor Medsystem은 차세대 약물 용출 스텐트 기술(Drug-Eluting Stents, DES)을 개발하기 위해 1999년 설립되었다. 이후 2004년 12월 정식 공개가 되기 전까지 78만 달러 이상의 자금을 모았고, 2007년 2월 Conor Medsystem은 Johnson & Johnson의 완전 소유 자회사가 되었다. 표 6.3.4는 기업 공개까지 발생한 Conor Medsystem의 투자자들에 의한 수익 개요와 펀딩 라운드, 펀딩 평가 및 지분율 구조를 나타낸다.

투자 후 기업 가치는 투자 전 기업 가치에 늘어난 펀딩을 합산하여 계산한다. 예를 들어, 2000년 2월 1일 첫 번째 자금 조달 과정에서 기업의 성과와 계획에 기반한 투자자들의 투자 전 가치는 2.675백만 달러였다. 0.325백만 달러가량 조성된 펀드는 투자 전 가치 금액에 합산되고(300만 달러), 이는 기업의 자산 가치와 계획의 이행, 그리고 조성된 현금을 나타낸다.

다음으로, 가치 저하의 효과에 대한 예시를 살펴보면, 더 많은 투

표 6.3.4 Conor Medsystem 평가(compiled from VentureXpert and the Conor Medsystems prospectus)

날짜	펀딩 투자액 (in 000s)	투자 전 가치 (in 000s)	투자 후 가치 (in 000s)	설립가/소유권	투자자 지분율					
					시리즈 A	시리즈 B	시리즈 C	시리즈 D	시리즈 E	기업공개
02/01/00	$325	$2,675	$3,000	89%	11%					
11/01/00	$1,500	$8,500	$10,000	75.65%	9.35%	15%				
06/27/02	$10,200	$17,800	$28,000	48.11%	5.95%	9.54%	36.4%			
10/22/03	$28,000	$29,000	$57,000	24.88%	3.08%	4.93%	18.82%	48.28%		
08/01/04	$38,900	$111,100	$150,000	18.42%	2.28%	3.65%	13.94%	35.76%	25.93%	
12/14/04 (IPO)	$78,000	$409,000	$487,000	15.47%	1.91%	3.06%	11.71%	30.03%	21.78%	16.02%
개요										
초기투자					$325 K	$1.5 M	$10.2 M	$28.0 M	$38.9 M	
종료가치				$75,339	$9,302	$14,902	$57,028	$14,624	$10,606	
투자자본수익률					28.6 x	9.93 x	5.59 x	5.22 x	2.72 x	
연평균성장률					110%	75%	93%	356%	630%	

반올림 오차가 있을 수 있음.
투자자본수익률: 투자수익 ¼
연평균성장률: 연평균성장률 ¼

자자들이 기업의 지분을 목적으로 돈을 지급할수록, 발행된 주식수가 증가함에 따라 주주들의 지분 비율이 감소한다.[84] 첫 번째 자금 조달에서 투자자들의 지분 비율을 계산하기 위해서는 모인 펀딩 금액에 투자 후 기업 가치를 나눠주면 된다.

$$\text{소유권(지분율)} = \frac{\text{현 회차의 투자금}}{\text{투자 후 기업 가치}}$$

예를 들어, 1차 펀딩 라운드가 끝난 후 투자자들은 Conor Medsystem의 주식을 인수하기 위해 0.325만 달러를 투자하였다. 투자 후 기업 가치가 300만 달러를 기록함에 있어, 이는 투자자들이 기업의 약 11%를 획득한다는 것을 의미한다. 나머지 비율(89%)은 창업자/경영진과 직원 옵션 풀에 남아 있다. 각 라운드에서 새로운 투자자에게 매각 된 회사의 비율을 결정하기 위해 동일한 초기 계산이 수행된다(예를 들어, 2라운드에서 $1,500,000/$10,000,000 = 15%).

그러나 이전 라운드에서의 각 후속 자금의 효과를 계산하기 위한 추가 계산이 필요하다. 예를 들어, 두 번째 라운드에서 원래의 투자자와 설립자의 소유권(지분율)은 15%(신규 투자자의 소유 공유)가 감소된다. 새로운 투자자들의 몫은 원래의 투자자들과 설립자들의 지분율에서 온다. 만약, 설립자들이 회사의 89%를 소유하고 있다면, 새로운 자금 후원자들은 기존 투자자들과 설립자가 소유한 지분의 89%를 소유하게 될 것이다(85%). 따라서 설립자들의 희석 주당 이익은 89%에 85%를 곱한 값인데, 이는 희석 주당 75.65%가 된다. 이와 유사한 산출은 시리즈 A의 투자자들에게도 적용된다(새로운 지분은 85%의 11%, 즉 9.54%).

Conor Medsystems이 공개되었을 때, 각 투자자의 종료 가치는 단순히 주식의 환매가(주당 발행 주식수 − 주식수 × 주당 가격)에 따른 것 이다. 따라서 각 주주들의 ROI는 이와 같다:

$$\text{투자자본수익률(ROI: Return On Investment)} = \frac{\text{종료 가치}}{\text{초기 가치}}$$

터미널 값 ROI ¼ 초기값 예를 들어 A 라운드 투자자의 경우 ROI는 $9,301/$325 = 28.6이다. 이는 A 라운드 투자자들의 최초 투자자 28.6배가 되었음을 나타낸다(현재의 펀딩 상황이 아닌 당시 시장 상황을 반영하는 수익).

복합 연평균 성장률(CAGR)은 각 투자자의 초기 투자자 경험한 연간 성장률을 의미하고, 이는 다음을 통해 계산 가능하다:

$$\text{연평균 성장률(CAGR: Compound annual growth rate)} = \frac{1}{\text{최초 투자와 환매 사이의 시간}} \ln\left(\frac{\text{종료 가치}}{\text{초기 가치}}\right)$$

2000년 2월 1일부터 2004년 12월 14일까지 라운드 A 투자자들의 펀드는 28.6배 증가하였다. 이는 연평균 성장률이 110%였음을 의미한다. 다시 말해, 투자금은 연평균 110%씩 증가한 것으로 나타났다.[85]

이 예는 보도된 바와 같이 Conor Medsystems에 대한 펀딩 조건과 기업 가치 평가를 나타낸다. 그러나 향후 기업의 자금 조건을 찾기 위해서 이노베이터들은 실행 계획 및 재정 **모델**을 반드시 고려해야 한다. 자금 조건들은 반드시 기업이 운영 계획에 있어 중요한 일정에 도달할 수 있는 충분한 자금이 있을 때 결정되어야 한다. 이는 기업이 위험 요소 감소를 명백히 하고 다음 펀딩 라운드를 안전하게 이끌 수 있도록 한다.

비록 Conor Medsystems 팀과 그 투자자들에 의한 수익이 오늘날의 의학기술 환경에 대한 현실적 벤치마크를 제공하진 않지만, 다른 면에서는 유익할 수 있다. 특히, 기업의 평가가 어떻게 이노베이터/설립가의 지분 비율을 결정하는지를 명확하게 보여 준다. 회사가 더욱 발전하고, 더 많은 자본이 쌓일수록 개개인은 그들의 지분율이 줄어들 것이라고 예상해야 한다. 하지만, 그와 동시에 기업의 가치 평가가 높아질 것이며, 이는 소유주의 총 가치를 높일 것이다.

펀딩 과정에서 기업 가치가 떨어지는 것은 드문 일이 아니다("하향식 라운드, Down Round"). 이는 실망스러울 수도 있지만, 보통의 경우 미래에 역전될 수도 있는 일시적인 후퇴를 의미한다. 그러나 신생 기업들은 위험한 투자 대상이며, 그 중 일부는 아예 투자 자본금 수익을 내지도 못할 수 있다. 투자자들은 이러한 위험 요소들을 인식하고 두 가지 방법을 통해 해결책을 찾고자 한다. (1) 투자한 기업들에 대한 높은 지분의 소유권을 요구함으로써, 성공적인 벤처 기업에 대한 투자 수익이 실패한 신생기업 투자금과 균형을 이루도록 한다. (2) 주식 투자 가치가 떨어지는 것을 방지하는 선에서 가치 저하 방지 방안을 통합한다("주요 거래 조건" 참조). 보증서는 투자자들을 가치 저하로부터 막는 하나의 수단이다. 이는 투자자에게 지정된 가격으로 기업의 주식을 추가적으로 매입하거나 그들의 지분율에 대한 가치 저하를 그냥 받아들이는 선택권을 부여한다.[86] 이노베이터들는 주요 위험 요소를 신중하게 평가하고 관리함으로써 기업의 소유권을 유지할 수 있다.

전략적 고찰: 각각 라운드 사이의 펀딩은 얼마이며 어떠한 가치가 있는가?

각 펀딩 공정표에 도달하는 데 필요한 자본과 시간에 대하여 고려할 때, 이노베이터들은 운영 계획서(상대적으로 검증된 **대리 기업** 또는 기업들)를 검토해야 한다. 또한 한계 자본 양에 어떠한 편차가 있는지 명시해야 한다. 각각의 라운드는 이러한 편차들을 명시하는 "쿠션(예비비, 완충제)"을 포함해야 하며, 이는 가치 관점들에 따른 현금 부족이 비즈니스를 위태롭게 할 수 있기 때문이다. 하지만 불필요하게 많은 자본금을 소유하는 것은 이노베이터들과 이전의 투자자들의 지분율 가치를 떨어뜨린다는 것을 잊지 말아야 한다.

각 라운드에서 기업의 가치를 결정하는 것은 예술과 과학 두 가지이다. 기업은 예상 수익과 잠재적 환매 가치를 바탕으로 "어림짐작(Back of the Envelope)" 계산을 간단한 모델링을 통해 시작할 수 있다. 신생 기업의 평가를 위한 각 라운드에서의 두 가지 공통 방법은 (1) 종료 가치 할인, (2) 유사 연구이다. 종료 가치 할인을 뒷받침하는 전제 조건은 투자자들이 그들의 투자 자본에 대한 특정 수익을 요구한다는 것이다. 명확한 평가 방법은 아니지만, 이 접근법은 가치의 원인(근본)을 이해하는 좋은 방법이다. 초기 펀딩 라운드에는 벤처 투자자 더 위험한데 투자자들은 후기 라운드 중 위험 요소가 낮았을 때보다 이때 더 높은 수익률을 기대한다. 각 라운드에서 회사 가치를 결정하는 중요한 구성 요소는 다음과 같다.

- **종료 가치** – 현재의 환매 전략으로 투자자들이 회사의 가치를 어느 정도로 예상할 수 있는가? 예를 들어, 신생 기업은 대형 의료기기 기업에 의해 4억 달러로 인수당할지 또는 말지를 결정할 수 있다. 종료 가치는 유사 기업들의 매각 가격에 근거한 것이지만, 매각 후 발생할 수도 있는 장래의 현금 흐름에 기초할 수도 있다. Conor의 경우, 종료 가치는 기업공개 투자 전 가치 4.07억 달러였으며, 인수를 나타내는 대체 종료 가치가 있을 수 있다.
- **존속 기간** – 특정 라운드와 환매 사이의 시간 프레임
- **할인율** – 할인율은 투자자들이 위험이 큰 상황에서 자본금을 넣었을 때, 보상 받을 것으로 기대하는 수익률이다. 표 6.3.5는 다양한 유형의 프로젝트에 대한 전형적인 할인율을 나타낸다. 경험에 근거하여, 할인율은 각 연속 펀딩 라운드에 따라 감소할 수 있다.
- **계산** – 자금 조달의 각 라운드에 대하여 라운드와 출구 사이의 예상 기간 동안 발생하는 예상 할인율을 사용하여 종료 가치를 계산한다. 이 계산에 대한 일반적인 형태는 다음과 같다.

$$\text{투자 후 가치} = \frac{\text{종료가치}}{(1+\text{할인률})^{\text{존속기간}}}$$

예를 들어, 2000년 12월 1일의 Conor 평가에 대한 대략적인 계산은 다음과 같다. 종료 가치가 100만 달러, 할인율 70%, 존속 기간은 5년이라고 가정하면; $100/(1+0.70)^5 = 700$만 달러라는 수치가 나온다. 이 시점에서 실제로 실현한 평가액은 300만 달러이며, 이는 투자자들이 더 긴 존속 기간과 낮은 환매율 또는 70% 이상의 할인율을 필요로 하는 것을 의미한다.

종료 가치를 사용하는 것 외에도, 유사 분석은 기업의 현실적인 평가를 하는 데 도움이 될 수 있다. 이 분석은 적어도 다음 기준을 바탕으로 하여 유사기업을 선정해야 한다: 펀딩의 단계, 분야 및 애플리케이션, 설립자의 경험. 각 펀딩 라운드에 대한 평균 투자 전 가치, 투자 후 가치 평가와 기업의 단계는 이 다음에 평가된다. 혁신 기업의 투자 후 기업 가치는 반드시 유사 기업의 투자 전 기업 가치에 기반하여야 하며, 기업의 재정 모델을 통해 다음 주요 펀딩 목표를 달성하기 위한 예상 운용 비용을 고려해야 한다.

유리한 평가를 확보하기 위한 최선의 방법은 다수의 거래 조건을 가지고 있는 많은 투자자들을 확보하는 것이다. 이러한 분석들은 기업의 합리적 평가를 도울 수 있고, 팀의 경험, 경쟁 상대의 위협, 특정 분야에 대한 투자자들의 선호도, 거시 경제 시장조건 등 다양한 요인들이 최종 수치에 영향을 미친다.

표 6.3.5 신 의료기술 프로젝트에 대한 공동 대출 금리[88]

위험도	예시	기대 수익
무위험 프로젝트	수요 급증이 있을 때, 제품을 더 많이 생산할 수 있도록 새로운 공장을 구축한다.	10~15%
저위험 프로젝트	기존 제품을 점진적으로 개선한다.	15~20%(업체의 주주들에게 돌아가는 희망 수익보다 높음)
저-중위험 프로젝트	기존 제품에 대한 차세대 개발을 이행한다.	20~30%
중위험 프로젝트	기존 기술을 활용하여 신제품을 개발한다.	25~35%
중-고위험 프로젝트	기존 기술을 활용해 새로운 제품을 개발해 새로운 시장을 겨냥한다.	30~40%
고위험 프로젝트	신기술을 이용하여 신제품을 제작해 새로운 시장을 겨냥한다.	35~45%
극고위험 프로젝트	신기술을 이용해 개발한 신제품을 하나 또는 여러 개의 고위험 요소를 가진 새로운 시장에 내놓는다.	50~70%

옵션 풀 산정하기

설립자들과 초기 투자자들이 직면한 또 다른 중요한 결정은 기업들이 핵심 사원들을 위해 얼마나 많은 돈을 비축하고 있느냐 하는 것이다. 전형적인 주식 옵션 형태의 주식 소유권은 중요한 팀 구성원을 모집하고 유지하는 데 사용할 수 있는 중요한 인센티브이다. 실리콘 밸리에 기반한 법률 사무소 Wilson, Sonsini, Goodrich & Rosati에 따르면 기업 주식의 약 20%는 1차 펀딩 후 옵션 풀의 선택을 위해 비축되어야 한다고 한다.[87] 다음 시리즈 A에 따라 직원들(기업 전체 주식의 백분율)을 위해 비축된 주식 옵션의 양은 표 6.3.6에 제시된 대략적인 경험 법칙을 따라야 한다.

주요 거래 조건

일부 유형의 투자자들은, 투자자와 회사 간의 계약을 체결할 때 그 펀딩 과정이 최고점에 달한다. 최종 계약서의 중요한 세부 사항은 통상적으로 펀드를 제공하는 투자자와 그것을 받는 기업 간의 매매동의서와 거래를 위한 조건을 약술해놓은 주요 거래 조건에 의해 산출된다.[89] 주요 거래 조건의 가장 중요한 두 가지 기능은 거래와 관련된 모든 중요한 재정적 · 법적 용어를 요약하고, 거래의 가치를 정량화하는 것이다.[90] 주요 거래 조건은 일반적으로 다른 투자자 유형 중 벤처 자금, 기업 투자자들 및 신생기업 투자자들의 연합체들에 의해 사용된다.

중요한 것은, 주요 거래 조건은 투자자들이 법적, 그리고 특허 실사 전에 실행되기 때문에 법적 효력을 갖고 있지 않다는 것이다. 하지만 이 거래에 연루된 양측은 합의된 조건의 본질을 유지하기 위해 펀딩이 끝날 때까지 선의의 상호작용을 고수할 것으로 예상된다. 주요 거래 조건은 보통 대표 투자자가 준비하고 회사의 CEO에게 제출된다. 주요 거래 조건은 기업에 대한 투자자의 선호를 표현하고, 투자자가 투자에 관심이 있는 투자 조건을 약술한다. 제시된 주요 거래 조건에 따르면, 기업이 투자자가 제안한 조건들을 받아들일 것이라는 기대 속에서 기업과 투자자 사이에 일련의 논의가 계속되었다. 만약 기업이 여러 투자자들로부터 관심을 얻고 있다면, 주요 거래 조건의 내용은 잠재적으로 협상의 대상이 될 수 있다. 합의에 동의하고, 주요 거래 조건의 변경을 제안하는 것은 기업과 투자자 사이의 거래 관계에 심각한 타격이 될 수 있다. 결과적으로 잠재적 변화나 변동은 신중하게 고려되어야 하며, 극히 드문 상황에만 발의되어야 한다.[91]

표 6.3.6 필수 인력의 주식 매입 선택권 프로그램 수준은 기업의 고용 및 보유 전략의 중심이다(from Doug Collom, "Starting Up: Sizing the Stock Option Pool," The Entrepreneurs Report, Wilson Sonsini Goodrich & Rosati).

피고용자(직책으로 분류)	시리즈 A 이후 우선주
[설립자/최고경영자] CEO	5~10%
부사장	2~3%
재정 최고 책임자	1~2%
임원	〈 0.5%

표 6.3.7 거래 조건들의 일부는 때때로 이노베이터들이 가장 흥미롭고 중요하게 생각하는 것들 사이에 있다(derived in part from Chapter 3 of Term Sheets and Valuations, by Alex Wilmerding, and used with permission. Copyright © 2006 Thomson Reuters/Aspatore).

구분	내용
재정 요약	이 초기 부분은 주요 거래조건의 내용과 요약하고 제안된 거래에 대한 개요를 제공한다. 대개 다음 사항들을 포함한다: • 투자자 성명 • 기업명 • 제공된 자금액수 • 새로 발행된 주식수 • 주당 구매 가격 • 투자 후 자본구조(투자자들에게 투자 전 가치와 투자 후 가치의 계산을 가능케 함) 자금 해제에 대한 마일스톤 또한 이 부분에 약술되어 있을 것이다. 자금과 공정표를 연결하여 투자자들은 기업의 발전 요소과 위험 요소들을 관리할 수 있다.
청산 우선권	청산 우선권은 회사가 문을 닫을 시 거래 조건을 명시한다. 보통 주주들보다 우선순위에 있는 주주들에게 우선권을 부여할 때, 거래조건상 그들의 초기 투자액의 우선적 가치와 보통 주주들이 받을 가치를 배로 정의해 한걸음 더 나아간다. 이러한 조건들에 따르면, 우선주주들에게 약속된 배의 보장은 보통 주주들에게 지급되기 전, 우선주들에게 지급될 것이다.
가치저하	기업이 성장함에 따라 투자자들에게 가장 중요한 문제 중 하나는 새로운 라운드의 자금과정이 각 주주의 투자액 가치에 영향을 미칠 것이라는 사실이다. 가치 저하 조항은 만약 향후 새로운 라운드가 가치 저하를 야기한다면, 우선주들의 전환 가격이 계산되는 방법을 명시한다. 향후 주식이 지금보다 더 낮은 가격에 책정된다면, 기업이 더 많은 자본을 투입하지 않고, 반가치 저하 조항에 따라 우선주들이 같은 (가까운) 백분율의 지분율을 가질 수 있도록 도와준다.[92]
투표권	투표권은 주주 투표가 발생될 때, 모든 주식이 동등하게 취급되도록 보장하기 위해 거래조건에 추가되어 있다. 일반적으로 우선주와 보통주 모두 1회 투표권을 가진다.
이사회 구성	이사회 구성 조항은 이사회의 좌석수와 좌석이 어떻게 충원되는지 명시한다. 일반적으로, 기업들은 우선주와 보통주, 두 주주의 각 대표를 세워 이사회를 소집한다. 투자자의 우선적인 구조는 우선주들에게 과반수의 결정권을 부여한다. 보다 중립적인 것을 원한다면 우선주(투자자)와 보통주(경영진)의 좌석수를 동일하게 하고 추가적으로 독립적 참가자 1명에게 좌석을 준다.

주요 거래 조건은 실질뿐만 아니라 스타일과 구조에서 거래마다 상당히 다르게 나타난다. 왜냐하면 주요 거래 조건은 다음의 펀딩 합의에 관련한 모든 세부 사항을 제시하고, 해당 사업에 장기적 영향력을 미치기 때문이다. 이노베이터들은 이러한 사항들을 검토할 때 최고의 변호사들, 그리고 신뢰할 수 있는 조언자들과 함께 상의해야 한다. 일반적으로 주요 거래 조건에는 8개에서 18개의 사항들이 있으며, 몇 가지 가장 중요한 부분들은 표 6.3.7에 수록되어 있다.

펀딩 과정 관리

기업들은 가능할 때마다 펀딩 과정을 사전에 적극적으로 관리하고 투자자들 사이의 경쟁을 이끌어내야 한다. 투자자 발표회를 하는 동안, 그들의 관심사를 예측하고 상세히 다룰 준비를 해야 한다. 또한 예기치 못한 질문이 발생할 경우도 대비해야 한다. 답변하기 전, 주의 깊게 듣고, 모든 답변을 명확하고 간결하게 해야 한다. 투자자들은 분명 이노베이터들이 답을 가지고 있지 않은 또는 답변하기 어려운 질문을 할 것이다. 이노베이터들은 신뢰를 유지하기 위해 거짓된 답변보다는 투자의 불확실성과 미지수를 인정해야 한다. 어떠한 투자자도 모든 해답을 얻을 수 있는 것은 아니다. 투자자들이 묻는 것들이 지나치게 강조되지 않도록 집중해야 하는데, 이는 한 명의 투자자가 질문을 하면 다른 투자자들도 같은 문제에 대해 관심을 가지게 될 것이기 때문이다. 따라서 각 미팅에 앞서 전형적인 질문에 대한 답변을 모아두는 것은 매우 효율적이다.

일단 혁신자들이 주요 거래 조건표를 받으면, 제안된 거래가 기대를 충족시키지 못할 시 그들은 다른 투자자들을 찾으려 할 수도 있다. 하지만 주요 거래 조건에 독점 조항이 없다 하더라도, 일정 투자자에게 또 다른 거래 조건 항목들을 가지고 접근하는 방식은 역효과를 초래할 수 있다. 상대적으로 작고 상호 연결된 벤처 자금 세계와 엔젤 자본 금융에서 "거래를 쇼핑한다(Shopping a deal)."는 것은 잠재적으로 이노베이터의 평판을 떨어뜨릴 수 있다. 이 "쇼핑"을 사전에 실시하는 것이 보다 전문적이고 효과적일 수 있다. 두 명 또는 세 명의 잠재적 투자자들이 동시에 여러 개의 주요 거래 조건표들을 입수할 수 있도록 한 후 누가 기업의 자금 조달 필요와 기대에 부응하기 위해 최선을 다하는지 결정한다.[93]

Loma Vista Medical의 이야기는 한 회사가 다양한 펀딩 전략을 어떻게 정의하고 투자 회수까지의 자금 조달 과정을 어떻게 관리했는지를 보여 주고 있다.

현장에서 Loma Vista Medical

린 펀딩 전략에 대한 정의와 시행

Alex Tilson은 자기 자신의 의학기술 회사를 세우는 데 관심을 갖게 되었을 때 그는 기존의 기기를 쓰는 신생 기업들보다 적은 자원과 적은 시간이 드는 모델을 사용할 수 있는 방법을 적극적으로 모색하였다. 그의 비전은 새로운 기술을 개발하고 외부 펀딩에 덜 의존적이며 시장에 더 빠르게 입점할 수 있는 신기술을 개발하고 상업화하는 데 초점을 맞췄다. "이 표준 모델은 70만~80만 달러를 조달하고 상품 출시를 위해 8~10년을 소요하였습니다."라고 Tilson이 설명하였다. "그러나 이러한 접근법에는 많은 문제점이 있음을 경험하였습니다. 또한 기금 모금의 3분의 1을 집행하는 것을 본 적이 있었고, 저는 그것을 하고 싶지 않았습니다."

차고에서 작업하며 Tilson은 우선적으로 대장 내시경 분야에 대한 기회를 찾고 있었다. 그는 환자에게 고통스럽고 시간 집약적인 내시경 과정을 개선하고 환자에게도 비용과 시설을 절감할 수 있게 하고자 했다. 하지만 이런 좋은 초기의 발상도 기준에 부합하는 의료 소재의 한계로 인해 실현이 불가능하였다. 그는 America's Cup 요트에 대한 경험이 있었기 때문에 의료기기가 아닌 얇은 필름 유연 화합물 같은 다른 기계 용어에도 익숙했었다. 이 소재의 가능성은 무궁무진했지만 이런 독특한 설계에 대한 수요는 흔치 않았다. 새로운 의료 화합물을 개발할 파트너를 찾던 중 한 회사(Loma Vista Medical, LVM)와 함께 인하우스(in-house) 파트너로 들어가 새로운 소재를 위한 개발에 뛰어들게 되었다.

개발이 진행되면서 연구팀은 연구 중인 새로운 소재가 대장 내시경을 넘어 다양한 기회를 창출할 것임을 깨닫게 되었다. Tilson은 해당 자료가 모든 시술에 적합한 것은 아니지만 치수 관리나 인성을 요하는 시술에 대단히 적합하다고 인식하였다. 또한 이 소재로 특정한 모양과 특성의 풍선이 탄생하게 되었다. Tilson은 "우리 스스로에게 질문을 던졌습니다. '우리 강점이 뭐지? 대장 내시경 회사가 아니라 의료용 풍선 제조회사라면 우리가 할 수 있는 게 뭘까?' 저희 기술에 적합한 가능한 모든 적용 범위를 살펴보았습니다. 그리고 저희가 다양한 의료 니즈를 충족시킬 수 있겠다 판단했습니다."라고 말하였다.

Loma Vista Medical은 현존 기술에 대한 열망과 실현 가능한 의료 풍선기술 간의 간극에 대해 탐구하기 시작하였다. 연구팀은 고통스럽게 척추를 압박하는 부위에 풍선을 삽입하여 골시멘트로 그 틈을 메우는 척추성형술에서 높은 가능성을 확인하였다. "Kyphon은 풍선기술이 가진 한계를 보완할 수 있는 성공을 거두고 있었습니다." Tilson은 회고하였다. Loma Vista Medical은 파트너십을 통해 풍선기술을 상용화시키고자 척추성형술에 쓰일 수 있는 풍선 원형을 만들어 Kyphon 임

초기 펀딩	전환 사채	시리즈 A	시리즈 B	보조금	브릿지 펀딩	시리즈 C	시리즈 D	종료
$422K	$390k	$1.1m	$1.4m	$240k	$900k	$3.5m	$2.7m	~$40m
2006~2007년	2008년 7월	2009년 4월	2010년 4월	2010년 10월	2011년 1월	2011년 8월	2013년 2월	2013년 7월
스스로, 자가비용 친구&가족		엔젤투자자 VCs	VCs	정부	VCs	VCs 분배자	VCs 분배자	C.R. Bard가 인수

그림 6.3.6
시작부터 종료까지의 Loma Vista Medical의 펀딩 전략 개요

VC = 벤처 캐피탈(벤처 자금)

원들과 회의를 하였다.

경피적 카테터 대동맥판막 삽입술(transcatheter aortic valve replacement, TAVR) 분야에서 또 다른 기회가 나타난 것이었다. Loma Vista Medical 이사진 한 명이 과거 CoreValve의 고문으로 있었고 회사가 이 분야에 대해 도전할 것을 제안하였다. "CoreValve는 이미 밸브에서는 완벽한 수준이지만 제대로 된 부속품이 필요했습니다." "풍선기술이 있으면 치수 관리와 이물질 침투력 면에도 좋았고 부풀리거나 다시 접기도 용이했습니다. 이런 부분에서 우리 회사가 최적이라고 느꼈고 해결책을 제시할 유일한 회사였습니다."

결국 Loma Vista Medical은 척추성형술과 경피적 카테터 대동맥판막 삽입술 중에서 집중할 한 분야를 택해야 했고 대동맥판막 삽입술로 최종 결정을 내렸다. 이 신생 회사는 틈새시장을 노렸고 TRUE Dilatation™ Balloon라는 TRUE 풍선삽입술 회사로 성장하였다. TRUE 제품은 2011년 **CE인증**을 받았고 2012년 초 유럽시장에서 상업적 판매를 시작하게 되었다. 또한 그 직후 10월 FDA 510(k) 마케팅 승인을 받았다. 2013년 초 미국 시장에 진출하여 두 대리 판매사를 두었고, 6개월 후 C. R. Bard가 넘겨받게 되었다.[94]

모든 과정 대부분이 Loma Vista Medical의 펀딩 전략이라 볼 수 있다(표 6.3.6 참조). Tilson은 자신의 초기 목표를 위해 신중한 자금 전략을 고안하였다. "많은 사업가들이 벤처 캐피탈 펀드를 좋다고는 생각하죠. 그런데 아주 대단한 기술이나 발상이 있어야 도움을 받을 수 있을 거라 생각합니다. 처음 창업에 도전하는 사람이라면 어떤 대단한 업적이 없는 이상 벤처 캐피탈 펀드 생각은 하지도 못할 걸 알고 있습니다."라고 Tilson이 말하였다. 그도 회사 초기에는 자신이 가진 돈을 활용하거나 친구 또는 가족에게 돈을 빌려 회사를 경영하였다. "그 정도 뻔뻔해져야 사업을 할 수가 있습니다." 그가 덧붙였다.

2008년 중반만 해도, 거의 2년 동안 Tilson은 차고에서 회사를 꾸려나가고 있었다. 그는 De Novo 벤처의 투자자들을 몇 차례 만나며 전환 사채에 대해 논의하였다. 이 무렵 Loma Vista Medical은 IP 충전재, 대장 내시경을 위한 성능 데이터, 동물 실험 데이터, 척추성형술을 위한 풍선기술 등 여러 성공을 거두고 있었다. 더욱이 De Novo 팀은 Tilson이 끈질기게 회사를 위한 노력한다는 것을 알고 있었다. Tilson은 다음과 같이 말하였다. "사업 계획이 중요합니다. 기회의 규모, 기술도 물론 중요합니다. 하지만 투자자들은 기술뿐만 아니라 사람에게도 투자하는 것입니다. 내 생각에 De Novo는 우리 회사의 끈질김을 본 것 같습니다. 지구 끝까지라도 갈 것 같은 그런 모습을." 그는 결국 2008년 39만 달러의 전환 사채 투자를 받을 수 있었다. 이런 종류의 투자에 대해 "전환 사채는 벤처 회사에 정말 적합합니다. 미래 가치를 따져보고 투자를 하게 되는데 이자율도 높지 않고 스톡옵션도 합리적입니다. 중요한 것은 사람들이 직접 투자를 하면서, 그로 인해 다른 사람들도 우리에게 따라서 투자해 줄 수 있다는 것입니다."

이후 두 번의 펀딩은 비교적 빠르게 연달아 이루어졌다. 2009년 초, Loma Vista Medical은 척추성형술 시스템과 사체 대상 연구 데이터를 보유하고 있었고, 이는 다음 자금 마련의 토대가 되었다. 이로써 4월 벤처 자본과 몇몇 개인에게 110만 달러의 시리즈 A 단계인 초기자금을 투자받았고, Loma Vista Medical은 이 돈을 풍선기술과 대동맥판막 삽입술을 위한 연구에 투자하였다. 하지만 시리즈 B 단계의 투자를 준비하면서 척추성형술 풍선기술로는 역부족임을 깨달았다. 연구팀은 상업화를 위한 더 심도 있는 연구가 필요하다고 느끼게 되었다. Tilson은 자금 조달의 다양화를 꾀했다. Tilson은 한 투자자를 통해 텍사스 주 달라스 소재 벤처 자금 회사 Scientific Health Development(SHD, 과학적 의료 성장)를 소개받게 되었다. SHD그룹은 Loma Vista Medical에 호의를 보였고, 이에 투자를 약속하였다. Tilson은 "작은 회사의 장점은 결정과 행동이 빠르다는 점입니다."라고 말하였다. 새로운 투자자가 나타나자 De Novo와 다른 투자자들 또한 투자에 뛰어들었다. Loma Vista Medical은 2010년 4월경에는 총 140만 달러를 투자받게 되었다. 그 당시 Loma Vista Medical의 경비 지출 속도는 한 달 10만 달러에 달하였다.

Loma Vista Medical 연구의 많은 부분이 경피적 카테터 대동맥판막 삽입술로 집중된 상태에서 연구팀은 중요한 작업을 완수해야했다. 또한 화합물 기술이 새로운 제조 패러다임을 필요로 하여 벤처 자본 측에서 불만이 생길 정도로 상당한 투자자 필요했었다. 회사는 다음 중요한 단계를 위한 새로운 투자를 찾아 나서기 시작하였다. 첫 째로 Tilson은 경제 부양책의 한 부분으로 미국 정부로부터 24만 달러를 신청하여 조달받을 수 있었다. 이뿐만 아니라 한 투자자로부터 무려 100만 달러를 투자 받을 수 있었다. Tilson은 "우리는 운이 좋았습니다. 그 투자자가 '100만 달러를 투자하겠어요, 수수료 없이요. 이미 한 배를 탔으니 당신을 믿습니다. 당신이 성공해야 제가 성공하잖아요.'라고 말해 주었습니다."라고 말하였다. Loma Vista Medical은 이런 자금과 시리즈 B 단계 투자자금을 합쳐 경피적 카테터 대동맥판막 삽입술 상품을 발전시킬 수 있었다(표 6.3.7 참조). 특히, 회사가 생산 절차를 발전시켜 생산 규모가 커졌고, 이는 Loma Vista Medical의 성공의 열쇠가 되었다. 그는 "생산부문을 개발하면서 저희 최대 문제가 해결되었고, 이는 저희의 강점이 되었습니다."하고 말하였다.

회사는 제조 방법을 최적화하고 검증 조사를 마치고 제품을 설계 동결 및 회사의 CE 마크 제출을 한 이후에 시리즈 C를 진행할 준비가 된 것을 느끼게 되었다. 언제나 투자자들을 더 다양화하는 데 관심을 가진다고 Tilson은 유통업체 사람들에게 말해왔다. Medtronic이 CoreValve를 인수할 때 회사의 유통 계약권도 함께 획득해서 경피적 카테터 대동맥판막 삽입술을 위한 제품을 자신들만의 채널을 이용해 유통할 수 있었다. 이는 대동맥판막 삽입술 분야의 많은 유통업자들이 새로운 기술에 투자할 돈을 가지고 있음을 뜻했다. 유통업체들은 의사들과 지속적인 관계를 유지하고 있었고 투자에 대해서도 함께 논의하였기에 Loma Vista Medical에 대한 투자에 흥미를 보였다. "갑자기 전 세계 곳곳에서 시리즈 C 투자 단계에 관심 있는 30개의 투자자들이 나타났습니다."고 Tilson이 떠올렸다. "깜짝 놀랐죠. 다 처리하는 데 좀 걸리긴 했지만 발 뻗고 잠을 잘 수 있었습니다." Loma Vista Medical은 2011년 8월 C 투자 단계에서 350만 달러를 투자받았다. "유통업체를 투자자로 받았던 점은 우리 숨통의 틔어줬습니다. 경피적 대동맥 판막술을 위한 밸브를 잘 아는 여러 곳에서 자사 제품이 좋다는 것을 안다는 뜻이니까 벤처 자본에는 신뢰를 줄 수 있었죠. 또 유럽 시장에 진출할 때 제품을 판매할 준비가 된 유통업자들과의 2년간의 관계를 통해 즉각적으로 허가를 받을 수 있었습니다." 유통업자들은 이를 넘어 Loma Vista Medical의 제품을 영향력 있는 인사들에게 소개시켜주며 귀중한 피드백들을 제공하였다.

Loma Vista Medical은 시리즈 C 투자 단계 자금을 CE 인증을 위해 사용하였고 유럽에서의 상용화를 위해 노력하였다. Loma Vista Medical의 기술은 좋은 평가를 받았다: Tilson은 출시 후 6개월 이내에 Loma Vista Medical 풍선이 CoreValve 절반 이상에서 사용된 것으로 추정하고 있다. Loma Vista Medical은 FDA의 승인도 받아 대량 생산에 들어갔고, 더 발전된 다음 제품에도 성과를 보이기 시작했다. Tilson은 꾸준히 잠재적인 소비자들과의 관계를 이어나갔지만 세세한 부분에 대해서 까지는 이야기하지 않았다. 그 시점에 그는 한 결정에 부딪혔다. "'이제 50만 달러가 남았는데 전환 사채를 써야 할까, 벤처 사채(벤처기업을 위한)를 써야 할까? 50만 달러로도 유용이 가능할까? 아니면 대동맥판막 삽입술 제품이 좋은 반응을 얻고 있고 실린더에 매진하고 있는 상황에서 시리즈 D로 넘어가서 새로운 투자를 받아야 할까?' 이런 결정을 해야 했습니다. 지금은 인정받고 있지만 세상은 언제 바뀔지 모릅니다."고 그가 말하였다. 이사회에서 숙고한 결과 그들은 시장에서 성공을 거둔 것을 기반으로 2013년 2월 시리즈 D 단계인 30억 원(270만 달러)을 투자받아 지난 6년간 총 120억 원(1,060만 달러)을 투자받았다.

당시의 기술에 대한 사업을 마무리할 때를 깨닫자 Tilson은 그 과정이 얼마나 복잡하고 긴지 알게 되었다. 수년 간 그는 10개가 넘는 인수 기업들과 접촉하였고, 시리즈 D 단계 바로 직전에 C.R. Bard와 협상에 들어가게 되었다. 8개월 후 2013년 7월 Bard가 455억 원(4,000만 달러)에 인수하기로 결정되었다.[95] 인수를 떠올리며 Tilson은 "사업가로서 유효기간이 정해져 있는 성공이 미래를 판단하기도 더 쉬웠고 투자자들도 정리를 원했습니다. 당시 의료기술 분야가 힘들었고 저희는 제안을 받아드리기로 한 것입니다." Loma Vista Medical은 단지 19명만으로 그런 성공을 이루었지만 또 다른 사업을 위해 더 많은 인력이 필요하였다. "개발 단계였던 다음 제품을 위해 다음 차원으로 넘어갈 수 있는 새로운 생산 패러다임을 만들었고 판매 네트워크도 덩달아 넓혔습니다. 우리의 무궁무진한 가치를 스스로 잘 알고 있었지만, 그만큼 돈도 필요했습니다. 생각보다 가치가 떨어질 수도 있고 위험 부담도 있었습니다." "매일 매일 사업해나가는 자체가 위험입니다. 생각보다 많은 것이 내 손을 떠나 관리가 되지 않습니다. 기회는 사라져버릴지도 모르고 사람들은 점점 지쳐갑니다. 때로는 정말 손 안의 단 한 마리 새가 수풀에 있는 세 네 마리보다 낫습니다."라고 그가 강조하였다. 다른 혁신적 사업가들에게 자금 마련 전략에 대한 조언을 묻자 Tilson은 기민하게 접근해야 한다고 말하였다. "희귀성이 효율성을 가져다줍니다. 기민한 접근법이 실패하기가 더 힘듭니다. 저희는 세상이 필요로 하는 실효성 있는 기술을 가지고 있었고, 따라서 불필요한 지출이 없어 자금 지출 속도도 느렸습니다."

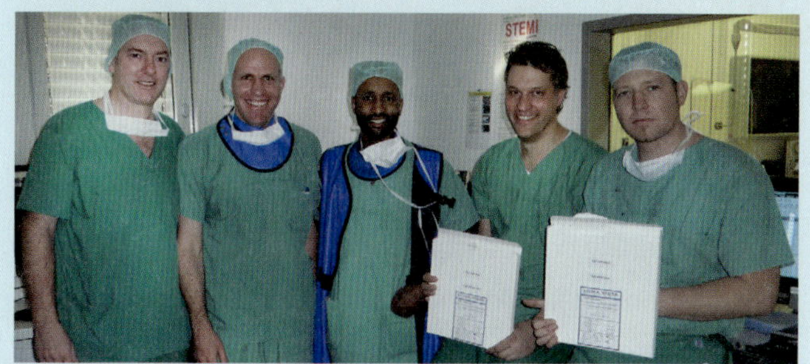

그림 6.3.7
대동맥판막 삽입술의 첫 시술 후. 왼쪽부터: M. Braun, A. Tilson, T. Johnson, Dr. H. Mollmann, Dr. G. Kempfert (courtesy of Alex Tilson의 허가를 받아 사용)

Tilson은 또한 자금 마련을 구애처럼 생각하라고 조언하였다. "모든 상호작용이 중요합니다. 투자자들은 믿음직하고 장기적으로 함께 할 수 있는 사람을 찾습니다." 이에 대해 말하며 작은 것들이 큰 변화를 부른다고 지적하였다. 예로, Loma Vista Medical은 투자자들에게 정기적으로 회사의 성과들을 업데이트하여 보냈다. "정말 많은 회사들이 하지 않는 부분입니다. 매 분기마다 우리는 한 페이지 정도로 회사의 여러 상태에 대해 투자자들에게 보고 했습니다. 이게 우리 브랜드 힘의 한 부분이 되었습니다. 투자자들은 이를 통해 저희가 아주 끈질기면서도 기민하고 효율적으로 일하면서도 동시에 정직하고 활발한 소통을 한다고 생각했습니다. 열린 소통과 정직은 그대로 저희에게 자금으로 돌아왔습니다."라고 그가 말하였다.

그는 마지막으로 벤처 기업가들에게 사업 마무리 단계에 대해 현실적이어야 한다고 이야기하였다. 그는 기술이나 사업 인수자들이 더 심각해지는 단계에 이르기 전에 상품을 상용화해서 수입을 얻어야 한다고 말하였다. "이는 현실적이고 실질적인 런칭을 통해 당신 회사에서 제품을 유통할 수 있고, 수입을 얻어 재주문을 유도하고 상품에 관한 어떤 불만이라도 처리할 수 있음을 의미합니다. 품질 보증 시스템이 잘 작동하고 있고 신뢰 가는 생산 방식과 회사의 상품이 사랑받고 있다는 뜻도 됩니다. 적은 자금으로도 이 모든 일을 해낼 창의적 사고도 필요합니다."라고 그가 강조하였다.

온라인 자료

더 많은 자료는 www.ebiodesign.org/6.3을 방문한다.

"Getting Started"의 활동과 링크

- Identify comparable companies
- Confirm funding milestones and capital needs
- Determine a company valuation
- Research and select investors
- Approach investors

펀딩 방법에 관한 동영상

NOTES

1 "2007 Venture Capital Investing Hits Six Year High At $29.4 Billion," PWCMoneytree.com, January 21, 2008, https://www.pwcmoneytree.com/MTPublic/ns/moneytree/filesource/exhibits/07Q4MT_Rel_FINAL.pdf (March 24, 2014).

2 "Annual Venture Investment Dollars Rise 7 Percent and Exceed 2012 Totals, According to the MoneyTree Report," PricewaterhouseCoopers press release, January 17, 2014, http://www.pwc.com/us/en/press-releases/2014/annual-venture-investment-dollars.jhtml (February 26, 2014).

3 Alex Nixon, "Medical Device Start-Ups Hit by Decline of Venture Capital Investment," TribLive, November 30, 2013, http://triblive.com/business/headlines/5150030-74/companies-medical-capital#ixzz2uTT0xMW9 (February 26, 2014).

4 From remarks made by Mir Imran as part of the "From the Innovator's Workbench" speaker series hosted by Stanford's Program in Biodesign, April 28, 2004, http://biodesign.stanford.edu/bdn/networking/pastinnovators.jsp. Reprinted with permission.

5 Josh Makower, Aabed Meer, and Lyn Denend, "FDA Impact on U.S. Medical Technology Innovation," November 2010, http:// nvca.org/index.php?option=com_docman&task=doc_download&gid=668&item=93 (March 1, 2014).

6 Loren Bonner, "Is Venture Capital Funding Shifting Away from Med Tech?," *DOTmed Daily News*, November 20, 2013, http://www.dotmed.com/news/story/22475/ (February 28, 2014).

7 "Medical Device Excise Tax: Frequently Asked Questions," Internal Revenue Service, http://www.irs.gov/uac/Medical-Device-Excise-Tax:-Frequently-Asked-Questions (February 28, 2014).

8 "2007 Venture Capital Investing Hits Six Year High At $29.4 Billion," op. cit.

9 Vlad Lozan, "Venture Capital Fundraising Trends in the Medical Device Industry – The Data," KnobbeMedical.com, October 20, 2013, http://www.knobbemedical.com/ medicaldeviceblog/article/venture-capital-fundraising-trends-medical-device-industry-data/9350/ (February 28, 2014).

10 Bonner, op. cit.

11 "Ardian," CrunchBase, http://www.crunchbase.com/organization/ardian-inc (April 25, 2014).

12 "Foundation Medicine," IPOScoop.com, http://www.iposcoop.com/index.php?option=com_content&task=view&id=3277&Itemid=134 (March 16, 2014).

13 "DLA Piper Advises GI Dynamics, Inc. on Largest Float in Australia This Year," DLA Piper press release, September 16, 2011, http://www.dlapiper.com/dla-piper-advises-gi-dynamics-inc-on-largest-float-in-australia-this-year-09-16-2011/ (March 16, 2014).

14 "LDR Holding" IPOScoop.com, http://www.iposcoop.com/index.php?option=com_content&task=view&id=3309&Itemid=148 (March 24, 2014).

15 "Successful IPO of STENTYS on NYSE Euronext Paris," Stentys press release, October 27, 2010, http://www.stentys.com/file_bdd/documents/1287767756_STENTYS_CP_closing_IPO_UK.pdf (March 16, 2014). Note: Market capitalization converted from Euros to U.S. dollars at prevailing conversion rate on access date.

16 "Tandem Diabetes Care," IPOScoop.com, http://www.iposcoop.com/index.php?option=com_content&task=view&id=3383&Itemid=148 (March 16, 2014).

17 Patrick Gordan, "Venture Debt: A Capital Idea for Start-Ups," Kauffman Fellows Press, http://kauffmanfellows.org/ journal_posts/venture-debt-a-capital-idea-for-startups/ (March 5, 2014))

18 Leslie Bottorff, "Funding a Medical Device Start-Up," *Medical Device & Diagnostic Industry Magazine*, January 2000, http://www.mddionline.com/article/funding-medical-device-start (March 24, 2014).

19 Timothy Hay, "Medical Device Investing Drops, Though Some VCs Welcome 'Weeding Out' Process," *The Wall Street Journal*, February 7, 2014, http://blogs.wsj.com/venturecapital/2014/02/07/medical-device-investing-drops-though-some-vcswelcome-weeding-out-process/ (March 4, 2014).

20 Lyn Denend and Stefanos Zenios, "Drug Eluting Stents: A Paradigm Shift in the Medical Device Industry," Stanford University, Graduate School of Business, 2006, https://gsbapps.stanford.edu/cases/detail1.asp?Document_ID=2787 (March 4, 2014).

21 Ross Jaffe, "Introduction to Venture Capital," October 6, 2004.

22 "Medical Device IPOS Are Back . . . For Now," MedGadget, November 28, 2006, http://medgadget.com/archives/2006/11/medical_device_2.html (March 24, 2014).

23 "IPO Round Up: Is the Window Slamming for Life Sciences?," Venture Beat, February 2007, http://venturebeat.com/2008/02/07/ipo-roundup-is-the-window-slamming-shut-for-lifesciences/(March 24, 2014).

24 Leo Sun, "A Year-End Look at 3 High-Flying Biotech IPOs of 2013: PETX, RCPT, STML," The Motley Fool, December 26, 2013, http://www.fool.com/investing/general/2013/12/26/a-year-end-look-at-3-high-flying-biotech-ipos-of-2.aspx(March 4, 2014).

25 Valdim Kotelnikov, "Bootstrapping," Venture Finance Step-by-Step Guide, http://www.1000ventures.com/venture_financing/bootstrapping_methods_fsw.html (March 24, 2014).

26 Michael J. Weickert, "Funding a Medical Device Start-Up in the Current Economy," S.E.A. Medical Systems, June 2009, http://www.slideshare.net/mweickert/funding-a-medical-devicestartup-in-the-current-economy (March 5, 2014).

27 Ibid.

28 Ibid.

29 "About Us," StartX, http://startx.stanford.edu/about (March 5, 2014).

30 "FAQs," Rock Health, http://rockhealth.com/about/faq/ (March 5, 2014).

31 "About Us," MdStart, http://www.mdstart.eu/aboutus.php (March 24, 2014).

32 Damian Garde, "Sony Sinks $10M into Israeli Medical Device Incubator," FierceMedicalDevices, May 9, 2013, http://www.fiercemedicaldevices.com/story/sony-sinks-10m-israelimedical-device-incubator/2013-05-09 (March 5, 2014).

33 Incubator Development Program, Spring Singapore, http://www.spring.gov.sg/Entrepreneurship/FSP/Pages/incubatordevelopment-programme.aspx#.UxUdSfldV8E (March 3, 2014).

34 Bhrigu Pankaj Prashar, "Pros and Cons of Joining an Incubator," *Forbes*, April 12, 2013, http://www.forbes.com/sites/bhrigupankajprashar/2013/04/12/pros-and-cons-ofjoining-an-incubator/ (March 6, 2014).

35 "About SBIR," United States Government, http://www.sbir.gov/about/about-sbir (March 6, 2014).

36 Ibid.

37 "Small Business Innovation Research (SBIR) and Small Business Technology Transfer (STTR) Programs," National Institutes of Health, January 3, 2014, http://grants.nih.gov/grants/funding/sbirsttr_programs.htm (March 6, 2014).

38 United States-India Science and Technology Endowment Fund, http://www.indousstf.org/US-India-Endowment-Board1.html(March 3, 2014).

39 Keith O'Neill, "Medical Device Innovation in Ireland," Enterprise Ireland, http://www.bdi.ie/presentations/taiwan_workshop/irish_agencies/Dr_Keith_O_Neill_Enterprise_Ireland_Ireland-_Medical_Device_Innovation_in_Ireland.pdf (March 6, 2014).

40 "Support for Startups," Enterprise Ireland, http://www.enterprise-ireland.com/en/Start-a-Business-in-Ireland/Startups-from-Outside-Ireland/Funding-and-Supports-for-Start-Ups-In-Ireland/ (March 3, 2014).

41 "Pharmaceuticals & Biotechnology," Future Ready Singapore, http://www.edb.gov.sg/content/edb/en/industries/industries/pharma-biotech.html (March 6, 2014).

42 "Foundation Requests," St. Jude Medical Foundation, http://www.sjmfoundation.com/foundation-grants/grant-requestinstructions(March 6, 2014).

43 "Who We Are: Foundation Fact Sheet," Bill & Melinda Gates Foundation, http://www.gatesfoundation.org/Who-We-Are/General-Information/Foundation-Factsheet (March 6, 2014).

44 "What We Do," The Bill & Melinda Gates Foundation, http://www.gatesfoundation.org/What-We-Do (March 6, 2014).

45 "Grand Challenges in Global Health," The Bill & Melinda Gates Foundation, http://www.grandchallenges.org/about/Pages/Overview.aspx (March 3, 2014).

46 "How We Fund," The Mulago Foundation, http://www.mulagofoundation.org/how-we-fund (March 6, 2014).

47 "Student Overview," NCIIA, http://nciia.org/students/ (March 3, 2014).

48 "The Grand Experiment: Translating University Innovations to Benefit Patients," Wallace H. Coulter Foundation white paper, September 18, 2013.

49 All quotations from interviews conducted by the authors unless otherwise noted. Reprinted with permission.

50 "The Grand Experiment," op.cit.

51 Coulter Translational Partnership, Wallace H. Coulter Foundation, www.whcf.org/partnershipaward/overview (November 19, 2014).

52 "The Grand Experiment," op.cit.

53 "Translating University Innovation: The Coulter Way," Missouri University, 2011, http://bioengineering.missouri.edu/coulter/Coulter%20Orientation%20for%20MU.pdf (March 9, 2014).

54 "The Grand Experiment: Translating University Innovations to Benefit Patients," op. cit.

55 Lyn Denend and William Meehan, "Acumen Fund and Embrace: From the Leading Edge of Social Venture Investing," Stanford University, Graduate School of Business, 2011, https://gsbapps.stanford.edu/cases/detail1.asp?Document_ID=3457 (March 7, 2014).

56 "Survey Shows Market Growth in Impact Investments and Satisfaction Among Investors," J.P. Morgan press release, January 7, 2013, https://www.jpmorgan.com/cm/cs?pagename=JPM_redesign/JPM_Content_C/Generic_Detail_Page_Template&cid=1320509594546&c=JPM_Content_C(March 7, 2014).

57 "Acumen Fund Invests in Circ MedTech, Developer of Breakthrough Innovation in HIV Prevention," Acumen Fund press release, July 7, 2011, http://www.prweb.com/

releases/2011/7/prweb8625404.htm (March 7, 2014).

58 Sainul K. Abudheen, "Infant Warmers Maker Embrace Raises Funding from Khosla Impact, Kiran Mazumdar-Shaw, Others," VC Circle, August 26, 2013, http://www.vccircle.com/news/medical-devices/2013/08/26/infant-warmers-maker-embraceraises-funding-khosla-impact-kiran (March 7, 2014).

59 "Let's Get Together: Crowdfunding Portals Bring in the Big Bucks," Deloitte, 2013, http://www.deloitte.com/assets/Dcom-Shared%20Assets/Documents/TMT%20Predictions%202013%20PDFs/dttl_TMT_Predictions2013_LetsGetTogeather.pdf (March 5, 2014).

60 "Crowdfunding's Potential for the Developing World," Information for Development Program, The World Bank, 2013, http://www.infodev.org/infodev-files/wb_crowdfundingreport-v12.pdf (March 5, 2014).

61 Mohana Ravindranath, "Crowdfunding the Next Medical Cure," *The Washington Post*, July 8, 2013, http://www.washingtonpost.com/business/on-small-business/crowdfunding-the-next-medical-cure/2013/07/08/5b3b562cc871-11e2-9f1a-1a7cdee20287_story.html (March 5, 2014).

62 "Investor FAQ," Healthfundr, https://healthfundr.com/investor_faq (March 5, 2014).

63 Brandon Glenn, "Is Crowdfunding a Viable Option for Medical Technology Start-Ups?," *MedCity News*, April 11, 2012, http://medcitynews.com/2012/04/is-crowdfunding-a-viable-optionfor-medical-technology-startups/ (March 5, 2014).

64 Amy Cortese, "The Crowd-Funding Crowd is Anxious," *The New York Times*, January 5, 2013, http://www.nytimes.com/2013/01/06/business/crowdfunding-for-small-business-is-stillan-unclear-path.html?pagewanted=all&_r=0 (March 5, 2014).

65 All quotations are from interviews conducted by the authors, unless otherwise cited. Reprinted with permission.

66 "About," VentureHealth.com, http://www.venturehealth.com/about (March 7, 2014).

67 Venture Health Portfolio, http://www.venturehealth.com/portfolio (March 7, 2014).

68 Ibid.

69 "The Angel Investor Market In 2012: A Moderating Recovery Continues," Center for Venture Research, University of New Hampshire, October 16, 2013, http://paulcollege.unh.edu/sites/paulcollege.unh.edu/files/Q1Q2%202013%20Analysis%20Report.pdf (March 7, 2014).

70 Ibid.

71 Ibid.

72 "How Corporate Venture Capital Investing Increases Innovation," Knowledge@Wharton, October 19, 2005, http://knowledge.wharton.upenn.edu/article.cfm?articleid=1299&CFID=7207756&CFTOKEN=25757895(January 24, 2007).

73 Heather Thompson, "A Near-Term Look at Medtech Investing," Medical Device and Diagnostics Industry, May 16, 2012, http://www.mddionline.com/article/near-term-look-medtechinvesting(March 7, 2014).

74 Bottorff, op. cit.

75 Bob Zider, "How Venture Capital Works," *Harvard Business Review*, November 1, 1998.

76 Ibid.

77 Ibid.

78 Bottorff, op. cit.

79 Chris Walker, "Stealthy BioTrace Medical Reels in $3.4 Million," *MassDevice*, March 4, 2014, http://www.massdevice.com/news/stealthy-biotrace-medical-reels-34m (March 26, 2014).

80 Alex Wilmerding, *Deal Terms* (Aspatore Books, 2003), p. 18.

81 "What's the Difference Between Pre-Money and Post-Money?," Investopedia.com, http://www.investopedia.com/ask/answers/114.asp (March 24, 2014).

82 "J&J to acquire Conor Medsystems for US $1.4 billion," *Cardiovascular News*, February 16, 2007, http://www.cxvascular.com/cn-archives/cardiovascular-newsinternational-issue-4/jj-to-acquire-conor-medsystems-for-us14-billion (April 22, 2014).

83 "CoStar Stent Fails Head-to-Head Test against Taxus," *Medical Device & Diagnostic Industry*, May 1, 2007, http://www.mddionline.com/article/costar-stent-fails-head-head-testagainst-taxus (April 22, 2014).

84 "Dilution," Investopedia.com, http://www.investopedia.com/terms/d/dilution.asp (March 24, 2014).

85 Ln = the natural logarithm.

86 According to Investopedia, a warrant, like an option, gives the holder the right but not the obligation to buy an underlying security at a certain price, quantity, and future time. However, unlike an option, which is an instrument of the stock exchange, a warrant is issued by a company. Companies will often include warrants as part of a new-issue offering to entice investors into buying the new security. A warrant can also increase a shareholder's confidence in a stock, if the underlying value of the security actually does increase over time. See http://www.investopedia.com/articles/04/021704.asp (March 24, 2014).

87 Doug Collom, "Starting Up: Sizing the Stock Option Pool," The Entrepreneur's Report, Wilson, Sonsini, Goodrich & Rosati, Summer 2008, http://www.wsgr.com/publications/PDFSearch/entreport/Summer2008/private-companyfinancing-trends.htm#4 (March 24, 2014).

88 Note that discount rates reflect prevailing interest rates. When interest rates are low, it means the cost of capital is lower and, therefore, discount rates (or the expected return) can be commensurately lower.

89 Alex Wilmerding, *Term Sheets & Valuations* (Aspatore Books, 2006), p. 9.

90 Ibid.
91 Ibid.
92 Alex Wilmerding, *Deal Terms* (Aspatore Books, 2003), p. 63.
93 Wilmerding, *Term Sheets & Valuations*, op. cit., pp. 19–20.
94 "Form 10 Q, C.R. Bard," U.S. Securities and Exchange Commission, September 30, 2013, http://phx.corporate-ir.net/External.File?item=UGFyZW50SUQ9NTIyNDQ5fENoaWxkSUQ9MjA3NTc3fFR5cGU9MQ==&t=1 (March 19, 2014).
95 Ibid.

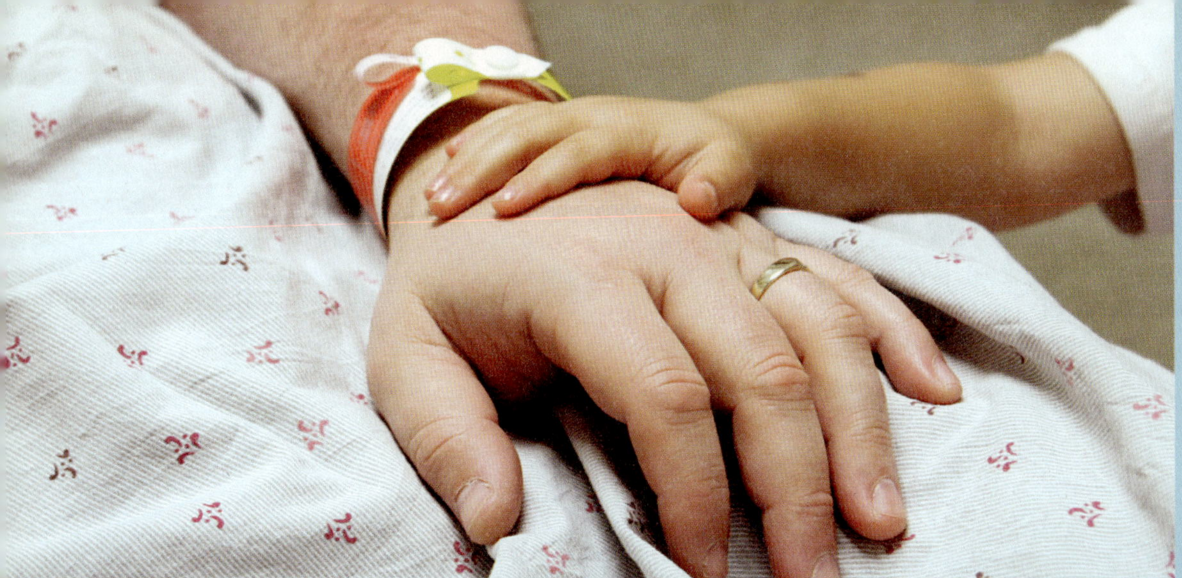

6.4 대체 방안

서론

기업가가 되려는 포부는 가지고 있지 않으면서, 혁신적 개념을 가지고 자신의 연습에만 몰두하는 의사가 있다. 한 엔지니어는 자신의 생각이 흥미로운 제품으로서의 잠재성이 있으나 독립된 회사를 만들지는 않겠다고 한다. '하나의 기기' 발상을 추구하는 과정에서 개발 팀은 또 다른 기회를 엿보고 있으나, 둘 다 갖출 수 있는 대역 폭이나 자원이 없다. 이러한 상황에서 어떻게 이런 혁신적인 발상들이 의학을 발전시키는 데 적용될 수 있을까?

일부 이노베이터들이 기업가가 되어 그들만의 의료장비 회사를 설립할 때, 많은 사람은 그들의 발상을 허가 등록하거나 판매함으로써 또는 다른 기업들과 협력하여 시장 진출 방법을 모색한다. 모든 이노베이터들은 그들의 기업을 운영하기를 원하는데, 모든 발상이 독립적인 사업체의 실현을 위해 쓰이지는 않는다. 때때로 외부 기관의 개입은 발상이나 기술이 보다 신속하고 성공적으로 또는 비용 효과적으로 그 잠재력을 발휘할 수 있게 해 준다. 이 장에서는 기술의 개발 또는 상업화 더 나아가 주식 회수까지의 활동에 대해 전환적 책임을 갖는 대체 모델들을 설명한다.

 대체 방안에 관한 동영상은 ebiodesign.org을 참조한다.

목표

- 모든 의학기술 발명품이 독립적 사업으로 발전되어야 한다는 것은 아니라는 것을 인식한다.
- 대체 개발 방안과 성공적 거래를 관리하기 위한 접근법과 방법을 결정하기 위한 프로세스를 이해한다.
- 허가권, 파트너십 및 판매/인수 거래의 주요 측면에 대해 이해한다.

대체 방안의 기초

대체 방안을 추구하기 위한 결정은 종종 아이디어를 개발하는 개인이나 팀의 개인적 상황에 의해 강요된다. 어떤 이노베이터들은 기업가적 방식이 매력적이지 못하거나 비호감적이게 만드는 다른 우선 사항들과 기술들을 가지고 있을지도 모른다. 너무 오랜 시간 동안 한 영역에서 얽매이는 것을 피하고, 발상을 추구함에 있어 그들의 관심을 끌려고 하는 것을 방지하는 역할을 한다. 다른 사람들이 적절한 자질과 흥미를 가지고 있을지도 모르지만, 종종 의료기술 사업에 있어 위험 요소에 끌리진 않는다. 다른 이들은 여전히 새로운 기회나 그들의 현재 주안점을 벗어날 수 있는 새로운 아이디어를 얻기 위해서, 부족한 자원을 가진 팀이나 회사의 일원이 될 수도 있다. 이와 같은 경우, 이노베이터들의 상황은 그들이 독립적인 기업을 만들고 유지하는 것을 탐탁지 않게 만들었다. 1.1 전략적 포커스에서 설명한 바와 같이, 아이디어가 있는 개인 또는 팀은 창업 회사를 시작할지 여부를 결정하기 전에 중요한 자체 평가를 거쳐야만 한다.

아이디어 자체와 관련된 요소들과 제약들 또한 이 결정에 영향을 미칠 수 있다. 기업의 창설을 보장하기 위해, 이노베이터들은 독립형 기업이 아이디어의 적절한 **가치**를 창출, 점유할 수 있는지 또는 다른 조직이 더 나은 위치에 있는 경우인지에 대해 자문해야 한다. 예비 **재정 모델링**은(6.1 실행 계획 및 재정 모델 참조) 적어도 두 가지 공통적인 장애물을 가지고 있다(시장 접근 문제와 수익, 시기, 비용과 관련된 문제).

시장 접근의 부재

6.1절에 나온 **상향식** 시장 분석 기법은 특정 제품의 판매 원가가 해당 제품이 유지할 수 있는 잠재적 마진보다 크다는 것을 나타낼 수 있다. 만일 그렇다면, 신제품을 수익성 있는 방식으로 시장에 내놓을 수 없다. 이러한 시나리오에서는 시장 접근성이 부족하며, 해당 아이디어는 전용 회사의 설립을 정당화할 수 없다.

확고하게 자리를 잡은 시장에서 경쟁 업체들은 매출 및 유통 인프라에 많은 투자를 하여 고객들을 "유치"한다. 그리고 이는 소기업과 신생기업들이 쉽게 복제할 수 없는 장기적인 종속 관계에 있다. 예를 들어, 주사기 제품에 대한 새로운 아이디어를 가진 이노베이터는 아이디어가 수백 개의 판매 대리점들을 보유하고, 관련된 생산품의 역사 깊은 카탈로그를 가지고 있으며, 상품에 적합한 구매자들과의 연결 관계 등을 확립한 Johnson & Johnson, Baxter, Becton Dickinson과 같은 기업들과의 경쟁하기는 거의 불가능하다는 것을 알게 될 것이다. 이 기업들 중 누구라도 새로운 주사기를 빠르고 저렴하게 도입할 수 있는 상황에서 신생기업이 새로운 것을 구매자들에게 판매하는 데 필요한 시간과 노력, 관심 유도, 그리고 소비자에게 생소한 작고, 알려지지 않은 업체로부터 나온 자신의 생산품을 사용하게 하도록 설득하는 과정의 중압감 속에서 살아남기란 쉽지 않을 것이다. 다시 말하면, 새로운 고객을 확보하기 위한 비용은 새로운 시장 진입자에게는 엄두도 못 낼 일인 것이다.

시장 접근의 문제점은 일반적으로 제품이 다른 제품과 묶여서 판매될 때 발생할 수 있다. 예를 들어, 가이드 와이어의 역할을 위한 새로운 도관을 개발한 이노베이터들은 그들의 아이디어를 마케팅하는 데 어려움을 겪을 것이다. 왜냐하면 도관과 가이드 와이어는 카테터 시스템의 다른 요소들과 함께 판매되기 때문이다. 바이어들은 도관에 대하여 상대적으로 낮은 가치를 가지고 있다. 결과적으로 구매자들은 과거에 이용한 도관들보다 더 나아진다 하더라도, 그것들을 각각 구입할 확률이 적다. 전체 시스템의 통합적 역할을 하는 도관을 이용할 때가 제품을 각각 구매하여 할인된 가격으로 제공하는 경우보다 혜택이 더욱 크게 나타난다. 결국 자신이 직접 개발에 힘쓰는 것 외에 시장에 접근할 때 허가권의 정당화 혹은 제품 **개념**의 계획 판매를 뒷받침할 수 있는 몇 가지 방법에 불과하다.

수익, 시기 및 비용 문제

제품 개발 비용은 독립적 사업체의 창설에 있어 또 다른 걸림돌이 될 수 있다. 새로운 기술을 개발할 때 발생하는 재정 부담은 엄청날 수 있다. 기술의 잠재적 수익성이 수용할 수 있는 기간 내에 원금을 충분히 회수할 수 있는지의 여부를 결정하기 위해 이러한 비용과 예상 수익 시기의 평가를 완벽하게 마무리하는 것이 중요하다.

중요한 것은 모든 투자자가 자신들의 투자 시기와 수익률에 대해 똑같은 기대치를 갖고 있지 않다는 것이다. 이노베이터는 주어진 발상에 펀딩하게 될 투자자들을 선택하기 전, 이 점을 고려해야 한다. 6.3 펀딩 방법에 나와 있듯이, 벤처 투자자들은 주로 수십억 달러 규모의 시장과 그들의 투자 자본의 5~10배 사이의 잠재적 수익률을 가진 펀딩 발상에 관심을 가질 것이다. 반면에 친구나 가족뿐만 아니라 엔젤 투자자들은 더 적은 수익률을 내는 소규모 시장에 관심이 있을 수 있다. 임팩트 투자와 보조금은 수익이 비금융 조건(6.3절 참조)에서 측정될 수 있는(부분적 혹은 전체적) 잠재적인 펀딩 소스를 제공한다. 그러나 투자자의 기대와 혁신 사이가 부합하지 않는다면, 그것이 대체 개발 방안을 추구하는 또 하나의 강력한 이유가 될 수 있다.

대체 개발 방안의 종류

대체 개발 방안은 다른 조직들에게 보다 효과적이고 효율적으로 개발 또는 상용화할 수 있게 지렛대 효과를 가져다준다. 이러한 과정을 통해 이노베이터들은 프로젝트에 대한 책임을 전가하거나, 전통적인 시장 모델을 추구하는 경우보다 시장 진출을 더 빨리 수행할 수 있게 된다. 독립적인 사업체를 구축하거나 유지하지 않는 결정을 한 이노베이터들에게는 세 가지 주요 대체 방안이 존재한다(**허가(저작)권, 파트너링, 판매/인수**). 이러한 옵션들은 여러 가지 면에서 차이가 있으나, 거래 완료에 대한 보상 관련 이노베이터의 관여도는 매우 명확하다. 어떤 경로를 선택하든 이 유형의 계약을 체결할 땐 법률 자문을 구하는 것이 필수적이다.

라이선싱

라이선스는 지속적인 저작권 사용료나 기타 지급액을 대가로 교환하는 이노베이터의 아이디어나 발명을 포함한다.[1] 라이선스는 때때로 발명의 잠재적 이득이 매우 불확실할 때나 이노베이터들이 제품을 개발하는 데 필요한 기술적 능력, 경험, 시간 또는 자금을 가지고 있지 않을 때 사용된다.

저작권 사용료와 지급액이 이노베이터들에게는 매력적일지 모르지만, 그들은 그것이 통제권/관리권을 상실하게 한다는 것을 인식해야 한다. 라이선스의 일부로 얻은 다른 사항들에 따라서 이노베이터들은 진행 중인 방식에 참여할 계약상 의무가 있을 수도, 없을 수도 있다. 그들은 종종 목표로 한 커뮤니티 내에 인가를 받은 기술 전문가나 제품 옹호자로서 중요한 가치값을 가할 수 있다. 하지만 이러한 시나리오에서도 그들의 지속적인 참여는 파트너십에 비해 더 제한적이다. 인계자가 기술의 인계 후 그 기술에 대해 지속적인 경영을 추진하기는 어렵다. 이노베이터들은 인가 계약을 체결할 때 통제권/관리권을 포기할 각오가 되어 있어야 한다. 이러한 이유로, 적합한 허가권의 선택은 단지 거래의 잠재적 수입에 초점을 맞추는 것이 아니라 인수자/기업의 개발 및 상업화 능력을 고려해야 한다.

재정적 조건 외에도 라이선스는 정확히 어떤 권리들이 인가되는지,[2] 권리가 부여되는 사용 영역, 허가가 전용적인지, 비전용적인지 혹은 독점적인 것인지를 포함한다(그림 6.4.1 참조).[3]

전용적 허가는 오직 인수자가 (인계자 불포함) 기술을 사용할 권리를 가진다. **비전용적 허가**는 인수자가 허가권상 사용

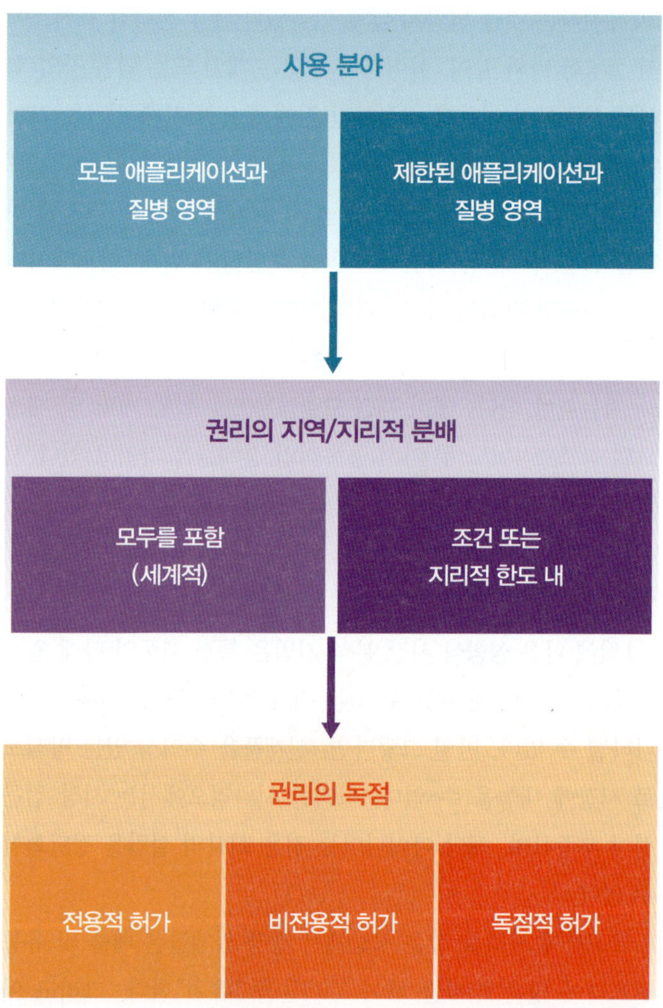

그림 6.4.1
허가 및 인수자에게 각기 다른 권한을 부여하는 다양한 유형의 허가권이 존재한다.

될 수 있는 범위 내에서 권리를 가지지만 인계자 및 다른 단체의 권리도 보장한다. 독점적 허가는 허가권 인수자 및 인계자에게 동일한 권리를 부여하지만, 인계자가 다른 사람에게 권리를 부여하는 것을 막는다. 일반적으로, 전용적 허가는 허가권을 더 좋은 조건으로 체결하는 경향이 있으며, 더 높은 급여를 지급하는 경향이 있다. 단, 목표의 달성은 (저작권 사용료의 흐름도) 당사자의 손에 달려 있기 때문에 인수자의 재량에 따라 허가권의 위험이 높아질 수 있다. 비전용적이고 일부 전용적인 허가는 다수의 경로와 파트너들이 기술을 시장에 출시할 수 있도록 허용한다. 그러나 부정적인 측면에서 이러한 구조는 허가권을 차별화하기 위한 인수자의 역량을 제한한다. 이러한 이유로, 전용적 허가는 비전용적 허가보다 더 많은 가치를 가지고 있을 수 있다.

사업을 위한 적합한 독립체를 선택하는 것 외에 허가의 성공(혹은 파트너십)보다 더 중요한 것은 없다. 허가권 계약은 허가가 상업화되지 않은 경우, 인계자가 허가를 해지하거나 저작권을 다시 찾을 수 있는 조항들을 포함하지만, 그러한 결정들에 대한 시간 낭비와 상당한 **기회 비용**이 종종 존재한다.

파트너링

동업 관계에서 두 단체는 사업의 발전 및 아이디어나 발명의 상업화에 대해 같은 책임을 가진다. 결국, 특정 비용과 수익이 이들 사이에서 배분된다. 동업 관계에서 각각의 참여자들은 서로가 필요한 것들을 제공한다. 예를 들어, 이노베이터들이 단일 아이디어를 능가하는 지적재산권과 기술 능력을 가지고 있을 때 동업 관계는 잠재적으로 유리한 대안일 수 있다. 이노베이터들은 동업을 통해 각각의 제품을 서로 다른 협력자와 분석하며 다양한 상품들의 발전과 상업화를 모색할 수 있다. 이와 같은 경우, 이노베이터들은 전형적 개발 파트너이며, 파트너들이 판매와 마케팅을 담당할 때 핵심 IP 권리와 개발 책임을 선택할 수 있다.

동업 관계의 계약에는 몇 가지 형식이 있으며, 각 조직의 현금 흐름과 책임은 양사의 독자적 요구사항에 맞추어 조정될 수 있다. 이러한 방식으로 동업 관계는 필요한 기술, IP, 전문 지식 등의 위험 요소를 관리할 수 있는 효과적인 방법을 제공하고 자원들은 하나 이상의 단체로 퍼지게 된다. 게다가 대기업들이 소기업들을 **전면적인 인수** 합병하기 위한 중간 단계로 평가할 수 있는 메커니즘을 제공할 수 있다. 예를 들어, AstraZeneca가 5년간의 연구를 위해 캠브릿지 항체 기술팀(Cambridge Anti-body Technology, CAT)과 개발 제휴를 맺었을 때, 겨우 2년 만에 캠브릿지 항체 기술팀을 인수 경매하기로 하였다.[4] 이러한 접근 방식은, 인수 과정에서 AstraZeneca가 표준 실사 과정에서 얻은 목표보다 **높은 수준**의 장점과 약점에 대한 더 큰 통찰력을 얻을 수 있게 해 주었다.[5]

의학기술에서는 동업의 가치와 장기적 생산성의 능력에 대한 의심이 존재한다. 대부분의 경영진들은 원하는 종점이 분명하게 있는 경우 두 단체 모두에게 이로움을 줄 때, 그리고 적당한 기간 안에 목적을 이룰 수 있을 때에만 파트너십을 추천한다. 더욱 긴 협력 관계를 원할 경우, 합의에 따라 더 많은 유동성이 있도록 조정하는 것을 추천한다. 그렇지 않으면, 양측은 원래의 합의 조건을 충족시키기 위해 불필요한 시간을 소모할 수 있다. 일반적으로, 대부분의 의료기기는 짧은 수명 주기로 인해 개발 일정과 시장 상품이 상당히 긴 반면, 다른 의료 분야보다 다소 낮은 역할을 했다.

협력 관계에선 책임을 공유하기 때문에, 이노베이터들과 그들의 팀은 다른 독립체의 대표들과 가까이에서 협력하여 프로젝트를 진행하는 데 핵심적 역할을 한다. 명확한 관리 체계와 개방적인 소통 채널을 갖추는 것은 성공적인 협력 관계를 유지하는 데 중요하다. 공유된 문화적 가치와 작업 스타일에 기초하여 파트너를 신중하게 선택하면 얻고자 하는 결과에 도움이 된다. 이러한 것들이 조화를 이루지 못할 경우, 동업 관계가 어려움을 겪을 수 있다.

효과적인 파트너십 관리에 대한 어려움은 아마도 진정한 동업 관계가 의학기술계에서 상대적으로 드문 이유 중 하나일 것이다. 의학기술계에서 동업 관계의 결여는 파트너십이 널리 퍼져 있고, 성공 확률이 높은 생명공학과 제약 산업계와는 극명한 대조를 이룬다. 생명공학과 제약 산업계에서 협력사들은 종종 제품을 개발하고 상업화하기 위한 엄청난 비용과 위험을 공유하기도 한다. 많은 제약 회사들이 상품들의 마진이 90%에 달한다고 가정할 때 대부분의 제품 출시에 대해서 한 명 혹은 여러 명의 동업자들과 몫을 나눌만한 적절한 가치가 있다. 이러한 경우, 동업의 결정은 회사의 근본적인 사업 전략의 일부가

될 수 있다.

Nanostim과 St. Jude Medical의 이야기는 설립자와 초기 투자자들에게 빠른 투자 회수를 이끌었던 성공적인 예시를 제공한다.

현장에서 Nanostim

획기적인 제품을 개발을 위한 제휴(파트너십)

의료장비 엔지니어인 Alan Ostroff와 Peter Jacobson은 각자 25년의 심장박동 관리의 경험, 성공적인 협업, 그리고 잠재적으로 업계에 혁명을 일으킬 수 있는 무납(납이 없는) 심박조율기의 아이디어를 가지고 있었다. 그들은 아이디어를 상업화시키기 위해 필요한 비즈니스의 전문성을 확보하기 위해 다수의 의료장비 및 생명공학 창업 회사의 창업자, 이사회 의장 및 최고 경영자를 역임한 Allan May의 도움을 받았다. May, Ostroff 및 Jacobson은 카테터를 통해 심장에 직접 이식될 수 있는 무납 심박조율기(Leadless Cardiac Pacemaker, LCP)(그림 6.4.2 참조)를 개발하기 위한 목적으로 Nanostim을 설립하였다. 기존의 모든 심박조율기의 단점이었던 납 불량이 해결될 경우 기기 성능이 향상되고, 납 감염과 재수술 비율이 획기적으로 감소할 수 있다. 또한 기존 심박조율기 크기의 1/10인 무납 심박조율기는 내부에서 발생하는 지속적인 시각 및 촉각적인 측면을 제거함으로써 환자에게 심리적인 도움이 될 뿐만 아니라 덜 제한적인 생활을 가능하게 해 줄 수 있다.

기존의 심박조율기는 수술을 통해 쇄골 근처 환자의 피부 바로 아래에 생성된 "주머니"에 이식되는 펄스 발생기로 구성되는데, 이때 납(절연 전선)이 펄스 생성기를 심장에 연결시켜준다. 펄스 생성기에는 배터리와 심장박동에 문제가 감지될 때 배터리로 하여금 심장에 펄스를 보내도록 지시하는 전자 회로(때때로 기기의 "두뇌"라고 함)가 들어 있다.

심박조율기의 설계에서 중요한 엔지니어링 과제 가운데 하나는 이식 배터리의 수명과 소형화 사이에서 균형을 최적화하는 것이다. 배터리의 최대 소모는 정기적인 박동수 조절 활동 때문이 아니라 기기가 프로그램을 위해 연결되거나 정보가 파악될 때 요구되는 추적인 파워로 인해 발생한다. Ostroff와 Jacobson은 초기에 소형 패키지로 된 보다 강력한 배터리를 물색하기 위해 장기간 동안 극소량의 전력을 공급할 수 있는 원자력 배터리를 연구하는 발명가를 접촉하였다. 하지만, 이 방법은 결과적으로 철회되었다. "투자자들이 한 번에 2개의 획기적인 창업에 손대는 것은 너무 위험합니다."라고 May가 언급하였다. "우리는 기존 배터리를 사용하는 발상을 실현시킬 방법을 찾아야만 했습니다."[7]

Nanostim 팀이 페이싱 펄스 전력을 제외하고는 아무 것도 사용하지 않고 기기를 프로그램하고 조사하는 방법을 발견하면서 돌파구가 마련되었는데, 이 방법을 통해 기존 심박조율기 배터리와 비교하여 동등

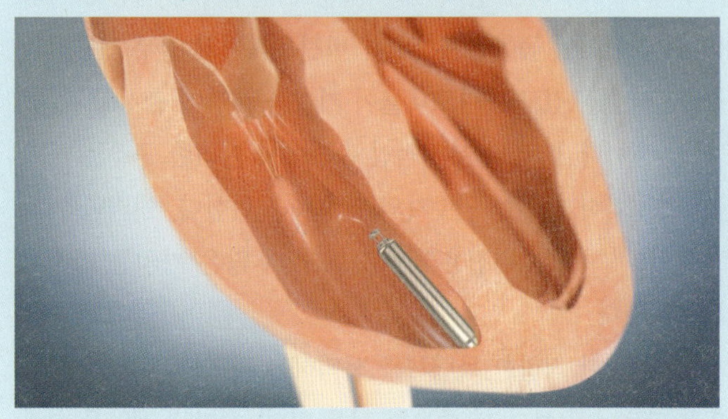

그림 6.4.2
Nanostim™ 무납 심박조율기(St. Jude Medical의 허가를 받아 사용)[6]

하거나 더 긴 평균 수명을 유지하면서도 크기를 최소화할 수 있었다.[8,9] 이후 설계에서, 펄스 발생기, 전자 회로 및 배터리가 모두 내부 심장 벽에 직접 부착되는 하나의 밀봉된 케이스(AAA 배터리보다 작은)에 담겨짐으로써 납이 필요 없게 되었다. 이 심박조율기는 카테터를 이용하여 대퇴 정맥을 통해 이식되며, 필요 시 동일한 방법으로 회수될 수 있다. 최소한의 침습 절차로 인해 외과적 절개가 필요치 않았으며, 기존의 심박조율기가 들어갈 수 있는 주머니가 만들어졌다. 이 기술의 또 다른 장점은 유선형 설계로 인해 생산 비용이 기존 심박조율기와 비교하여 경쟁력이 있다는 것이다.

May가 이끄는 팀은 시장 심사를 위해 개념을 처음 제시했던 심장 전문의 중심의 포커스 그룹을 구성하였다. "기존의 심박조율기에 비해 덜 침습적인 절차와 더 작은 대신 더욱 오래가는 대안을 환자들에게 제공하고자 열망했던 의사들이라 그 반응은 뜨거웠습니다."라고 그는 회상하였다. 고무된 May는 그 개념을 실현시키기 위해 자금 조달 방안을 강구하기 시작하였다. 하지만, 극복해야 할 두 가지 장애물이 있었다. 첫 번째는 장치(주문형 집적회로, Application-Specific Integrated Circuit, ASIC)의[10] 펄스 발생기와 회로망 개발이었는데, 이는 완성하는 데 거의 2년 반이나 소요되는 복잡한 과정이었다. "이것은 일반적으로 의료기기 이노베이터들이 6~12개월 내에 정상적인 **시제품**을 생산할 수 있다는 점에 비추어 볼 때 커다란 문제였습니다."라고 May가 말하였다. "우리는 투자자들에게 제대로 된 기기를 개발하는 데 몇 년이 걸릴지라도 투자를 포기하지 말아달라고 요청하였습니다." 두 번째는 미국에서 심박조율기를 판매하기 위해 미국 FDA로부터 승인을 얻기

위해서는 시판 전 승인(PMA)이 필요했는데, 이는 길고 위험하고 비용이 많이 드는 과정이다.

이러한 문제에도 불구하고, May와 공동 설립자들은 Life Science Angels 회원들을 설득하여 이 사업에 대해 50만 달러의 투자를 받아냈다. 하지만, 전자 기계의 복잡성과 규제 위험이라는 이중 문제 때문에 설득에 실패하여 다른 개인 투자자들로부터는 투자를 받아내지 못하였다. 이에 개의치 않은 May는 자신이 알고 있던 많은 벤처 캐피탈 회사들에게 접근하였는데, 홍보 과정에서 놀라웠던 것은 Nanostim은 "절대 문제를 해결하지 못한다."는 것이었다. May는 "대부분의 반응은 '심박조율기는 수십억 달러 시장으로서 누구나 갖고 있으며, 괜찮은 성능이기 때문에 새로운 심박조율기를 만들 필요가 없다.'라는 것이었고, 비전이 부족하다는 것이 놀라웠습니다."고 회고하였다. May의 생각에는 심박조율기 하드웨어가 수십 년 동안 혁신되지 않은 상황이라서, 진정한 제품 차별화를 통해 기존 시장을 교란시켜 우위를 점하기 쉬운 매력적인 투자처로 남아 있었던 것이다. 또한, 납 불량 및 대체를 둘러싼 문제, 부피가 큰 이식 물질을 선호하고 와이어를 제거하는 환자들의 경향, 수술 흉터 및 혹 주변의 미용상 문제, 그리고 가끔 일어나는 감염 문제 등을 포함한 문제들도 있었다. 하지만, "벤처 캐피탈들은 시장을 교란할 수 있는 기회를 보지 못하거나, 이러한 문제들이 7년이라는 시판 전 허가 과정을 거치고, 데모할 수 있는 시제품이 전혀 없는 발상에 수백만 달러를 투자하는 것을 정당화시킬 수 있을 만큼 중요하다는 데 동의하지 않았습니다."라고 그가 말하였다. 마지막으로, May는 InterWest Partners의 벤처 자본가로 있었던 심장기기 분야의 선구자인 Michael Sweeney에 도움을 청했다. 전자기계 배경과 함께 개인적인 심장박동 관리 경험을 보유한 Sweeney는 "Nanostim이 심박조율기 업계를 뒤흔들 수 있는 잠재력을 갖고 있음을 즉각 알아차렸습니다."고 May가 말하였다. InterWest와 Sweeney의 견해에 동조한 투자자 **연합체** 사이에서 May는 시리즈 A 자금 조달에서 1천만 달러를 모집하여 Nanostim의 다음 단계인 개발 및 심사를 위한 자금을 조성할 수 있었다. 중요한 것은 Sweeney와 벤처 투자자들이 광범위한 자체 네트워크를 활용하여 Drew Hoffman을 최고 경영자로 영입하였고, 일상적인 차질과 예기치 못한 문제에도 불구하고 계획 수립과 예산 집행을 위한 팀 능력을 최적화하면서 모든 관련 부문의 심장박동 전문가들로 이루어진 "A 팀"을 구성할 수 있었다는 것이다.

그 후 2년 동안, Nanostim은 주문형 집적회로 개발이라는 복잡한 과정을 수행하였다. "이는 매우 오래 걸리는 작업이었습니다."라고 May가 말하였다. "설계, 제작, 제조, 디버그 그 다음에는 다른 모든 부속 회로망을 조립, 심사, 조정해야 하는 등 할 일이 많습니다." 이와 함께 그 팀은 전자기술이 적용되는 기기의 정확한 규모(예를 들어, 크기, 중량, 비중량, 밀도)를 알고 있었기 때문에 하우징을 설계하고, 이식기술, 유도 카테터 및 회수 시스템을 완벽하게 만들기 위한 광범위한 동물 시험을 실시하였으며, 주문형 집적회로가 준비되기 오래 전에 심장 벽에 장비를 자유 고정시키는 것과 관련된 문제를 탐구할 수 있었습니다. "우리는 실제 이식의 위험을 없애기 위해 가능한 모든 연습과 심사를 실시했습니다."라고 May가 말하였다. "우리는 단지 그 기기가 완전하게 작동하는 것을 보여줄 수 없을 뿐이었습니다."

일단 주문형 집적회로가 완성 및 심사되고 나자 다음 장애물은 유럽 규제 승인(**CE 마크**) 신청에 필요한 **중요한 임상시험**이었다. May는 이 시험을 완료하는 데 거의 6,000만 달러가 소요될 것으로 예상하였다. 하지만, 회사가 연구개발 작업에 착수하자마자 세계 경제가 침체에 빠져 의료기술 벤처 캐피탈 자금조달이 난관에 봉착하게 되었다. 초조한 투자자들은 상당한 임상 및 규제 요구사항을 갖는 프로젝트에 투자하기를 주저하였으며 Nanostim의 기존 벤처 자본 투자자 연합체도 어려움에 처하게 되었다.

당시, 심박조율기 시장은 Medtronic, St. Jude Medical, Boston Scientific/Guidant 등과 같은 몇몇 주요 회사 제품이 지배하고 있었다. Medtronic은 자체 무납 심박조율기 프로젝트를 갖고 있었으며, Boston Scientific은 Guidant의 인수를 마친 직후였다. Nanostim이 초기 단계였고 아직도 주문형 집적회로에 관해 연구 중이었음에도 불구하고, St. Jude가 이 제품에 관심을 갖게 되었다. 이어진 기나긴 파트너십 협상에서 Nanostim과 St. Jude는 공동의 자금 조달 장치를 개발하였고, 진행 프로젝트의 위험성을 제거해 줄 일련의 광범위한 주요 사항에 대해 합의하여 공동작업에 따른 상호 역할 및 책임을 명확히 하였다. 이 협상의 주요 내용은 St. Jude는 중요한 시험과 CE 마크 제출을 위해 필요한 대부분의 자금 조달을 담당하기로 했고, Nanostim과 투자자 연합체는 나머지 부분에 대한 자금 조달을 담당하기로 했다는 것이다. 지배 구조 측면에서 Nanostim은 St. Jude에게 이사회 가운데 관측자 자격을 부여하였다.

"우리는 6,000만 달러 정도가 필요했는데, 이 규모는 모든 업체가 PMA을 취득한 이후 사투를 벌이고 있었던 상황에서 2~3개의 대규모 자금 조달이 있어야만 가능한 상황이었습니다. 그래서 우리는 St. Jude와의 협의 과정에서 Nanostim이 CE 마크를 획득하는 데 필요한 대부분의 자금을 St. Jude가 조달하는 대가로 그들에게 획기적인 기술이 완성되면 더 나은 종료 가치를 제공해 주기로 약속했습니다. 유망하지만 위험이 큰 기술에 초창기에 개입한다는 것이 St. Jude 입장에서는 대담한 결단이었습니다. 그 새로운 거래는 공정한 교환이었고, 거기서 우리는 적대적인 의료기기 자금 조달 상황에서 자금 조달의 위험성을 줄이는 대가로 교란적인 기술이 가져다 줄 수 있는 이론상의 혜택을 포기했던 것입니다."라고 May가 요약하였다.

좀 더 전술적인 수준에서 St. Jude가 기술 및 규제 관련 전문성을 제공하는 가운데 Nanostim은 향후 2년 동안 계속해서 개발 및 심사 노력을 주도할 것이다.

주문형 집적회로는 일정대로 완료되어 제품이 처음으로 실현되었다. Nanostim 팀이 St. Jude 직원들과 교류하면서, 자연적으로 신뢰감과 유대가 형성되어 인수 결정이 내려진 후 통합의 굳건한 토대가 되었다. 동시에 기기에 대한 열정과 관심이 대외적으로 점증하였다. 회사가 컨퍼런스나 협회 모임에서 기기를 공개(다른 곳에 비공개 조건으로)할 때마다 의사들로부터 뜨거운 관심을 받았다. "환자들이 이것을 좋아할 것이다."라는 반응이 이어졌다.

Nanostim 기기는 2013년 10월에 CE 마크 승인을 획득하였다. 그로부터 불과 며칠 후, St. Jude는 계약에 따라 123.5백만 달러에 그 회사를 인수할 것이며, 특정 매출액을 달성하는 시점에 6,500만 달러를 추가로 지급할 것이라고 발표하였다.[11] 이에 대한 논평에서 May는 이것이 모든 관련 당사자들에게 훌륭한 결과임을 확인하였다. "이는 St. Jude가 여러 대형 심장기기 회사들 가운데 계산된 위험을 기꺼이 감수할 의지를 갖고 있는 이노베이터임을 나타내는 것입니다. 이는 안정된 벤처 수익을 의미합니다. 이는 개인 투자자들에 대한 훌륭한 보상입니다. 그리고 이는 수십억 달러 규모의 기존 시장에 큰 영향을 미칠 것으로 보이는 장비의 인수자에게 있어 커다란 가치입니다."

St. Jude Medical과 Nanostim 간 계약을 되돌아보면서 May는 "St. Jude는 아주 초창기 단계에 있었던 위험한 기술 개념에 자금을 투자하기로 동의하였습니다. 따라서 모든 것을 감안할 때, 6,000만 달러 정도의 자금을 조달하는 위험을 감수하면서 1,000만 달러의 초기 투자로 거의 2억 달러의 출구 가치를 달성했다는 것은 모든 당사자들에게 탁월한 거래였습니다."라고 말하였다. 또한 May는 그 기술을 효율적이고도 효과적으로 추진하는 데 파트너십이 굉장히 유용했다고 생각하였다.

오늘날의 위험 방어적 자금 조달 분위기에서 볼 때, 이 같은 종류의 공개 기업과 창업회사 간 파트너십은 "시판 전 허가 프로젝트의 미래를 보여주는 것"이라고 그는 평가하였다. "벤처자본은 미국에서 1년에 24개에 못 미치는 시판 전 허가 프로젝트에 자금을 조달하는 것으로 축소되었습니다. 더 많은 혁신을 원한다면, 사람들은 프로젝트를 위한 자금을 조달할 방법에 있어서 창의적이 되어야 하는데, 이 사례야말로 환자를 위한, 그리고 미국의 의료 시스템을 위한 혁신을 적극적으로 진전시키기 위해 널리 채택될 수 있는 모델입니다." 또한, 파트너십은 단순한 상업적 이익이 아닌 사회에 긍정적인 영향을 주기 위한 목적을 가진 개발자들에게 제품 구매에 대한 효율적 메커니즘을 가져올 것이다. 여기서 핵심은 완전 다른 유형이나 성격의 동업자를 찾는 것이다. 최근 몇 년간, 일부 비정부 기구들과 재단들은 의료기술 분야에서 제품 개발 노력을 지원하려는 자발적인 의지를 보여 주었다. 워싱턴 주 시애틀에 본사를 두고 있는 패쓰(PATH)는 그 중 하나이다. 국제적, 비영리 단체로서 "혁신을 통해 국제적 보건을 바꾼다."[12]의 뜻을 가진 PATH는 미국 정부를 포함, Bill & Melinda Gates 재단, 개인, 그리고 각기 다른 기관으로부터 상당 부분의 자금을 지원받았다. PATH는 혁신적인 파트너십을 통해, PATH의 개입 없이 민간 우선순위 밖의 발상을 제시해 온 특정 기업들을 도와줌으로써 공중 보건에서 보다 지속적인 이익을 불러올 수 있다고 믿는다.[13] 이를 달성하는 한 가지 방법은 "민간 부문 협력자에게 협력자의 제품 개발 지원을 위해(펀딩, 경영, 공동개발, 임상시험 지원 등의) 상당한 자원 또는 전문 지식을 제공하는 것이다."[14] 바늘이 없는 주사기를 제조하여 개발도상국을 포함한 의료 환경이 열악한 국가들에 도입시키는 기업인 PharmaJet과의 제휴/동업 관계를 예로 들 수 있다. 이 기업은 제품을 위해 투자자들로부터 1,400만 달러를 투자 받았지만,[15] 시장에서 좀 더 고가로 팔릴 수 있는 정교한 제품을 개발하도록 끊임없는 압력을 받았다. PATH와의 동업을 통해, PharmaJet은 서비스가 부족하고, 낮은 자원 환경을 위한 기기를 개발, 시험, 평가할 수 있었다. 이 협정의 일환으로 PATH는 브라질에 퍼져 있는 홍역, 볼거리, 풍진을 치료할 수 있는 효과적인 기기를 개발하기 위하여 투자를 아끼지 않고 있다.[16]

판매/인수

일부 사례에서 확인 가능하듯이 이노베이터들은 아이디어를 전적으로 판매하여 취득자에게 통제권을 완전히 양도할 수 있다. 인수는 바이오디자인 혁신 과정의 어느 단계에서나 발생할 수 있다. 거래가 일찍 발생하는 경우, 취득자는 대개 기술 및 지적재산권만을 취득한다. 만약 취득이 이후에 이루어지는 경우, 취득자는 초기 회사의 모든 자산을 취득할 수 있다. 기업이 IP, 기술 또는 회사를 인수하는 이유는 다양하지만, 이러한 이유에는 현재 또는 향후 예상되는 제품들을 보호하는 광범위한 **특허** 포트폴리오를 확보하려는 욕구도 포함될 수 있다. 또한 인수자는 새로운 영역으로 확장하거나 해당 영역을 경쟁으로부터 차단할 수 있다. 제품을 직접 개발하거나 로열티를 추적하고 지급하고 싶지 않을 때 인수를 선택할 수도 있다. 흥미로운 기술을 보유한 중소기업을 인수하는 것도 대기업이 연구개발 노력을 확장하고 강화할 수 있는 한 방법이 될 수 있다. Abbott의 전 회장 겸 최고 경영자(CEO)인 Richard Gonzalez는 "우리는 기본적으로 내부 R&D에 적극적으로 투자한다는 전략을 가지고 있지만, 이러한 투자를 외부의 기회들로서 보완합니다."라고 설명하였다.[17]

상당한 개발 또는 채택 위험이 존재하는 특정 인수들에서 취득자는 특정한 공정표가 달성될 때까지 거래의 완전한 가치를 지급하기를 원하지 않을 수 있다. 이러한 방식을 일반적으로 **언아웃**(earn-out; 차후 정산)이라고 한다. 차후 정산 방식은 판매자가 사전에 정의된 목표가 충족될 때 추가적인 미래의 보상을 얻는다는 계약상의 조항이다(그렇지 않으면 차후 정산은 취소된다). 예를 들어, 차후 정산은 규정 통과 달성, 특정 실험 또는 심사의 긍정적 결과, 미리 결정된 총 매출 또는 이익 목표 달성 또는 특정 기간 동안의 특정 개인의 성과와 관련될 수 있다. 5.3 임상시험 전략에서 설명한 바와 같이, 혈관 중재 장비의 설립팀은 회사가 Eli Lilly에 인수되었을 때 중요한 임상시험을 성공적으로 완료한 것과 관련하여 큰 성과를 거두었다. 차후 정산은 이노베이터들에게 인수로부터 얻는 총 가치를 높일 수 있는 한편, 전체 가치는 이정표의 성취에 전적으로 달려 있다. 전체적으로 이익 연계 지급은 판매자에게 상당한 위험을 수반하고 종종 분쟁이나 소송의 원인이 되지만 이익 연계 지급의 요인들이 달성되면 그것들은 이노베이터들에게 더 많은 가치를 제공할 수 있다.

주식형 펀드 또는 풋/콜 옵션 병행 대출은 미래에 해결되어야 할 실질적인 위험이 남아 있을 때 종종 활용되는 또 다른 구조이지만 구매자는 판매자가 희망하는 가격이 현재 가치와 일치하지 않는다고 생각한다. 이 상황에서 당사자들은 대출, 주식 투자 또는 자금 제공 시기 이내에 달성될 것으로 생각되는 특정한 공정표들에 기반한 사전에 설정된 인수 가격을 통해 일부 수준의 자금 제공에 동의할 수 있다. 이 구조는 판매자가 잠재적 가치를 완전히 달성하는 것을 방해하는 문제들을 잠재적으로 제거할 수 있게 해 주며, 구매자는 공정표가 완료된 이후에 가격을 합리화하도록 해 준다. 그러나 이러한 구조는 일반적으로 일들이 계획대로 정확하게 진행되지 않을 때 또한 자금이 다 떨어졌지만 공정표는 달성되지 못했을 때 두 당사자가 힘든 상황을 겪을 수 있다는 단점이 있다. 또한 벤처 주주들은 이러한 구조에 대해 부정적인 경향이 있는데 이는 그들이 해당 구조를 잠재적 수익 및 가치를 최대화할 수 있는 능력을 제한하는 것으로 간주하기 때문이다. 그럼에도 불구하고 이 구조는 **기업 투자**를 보호하는 데 중요한 전략적 가치가 있을 때, 그리고 사전 정의된 결과들에 대한 필요가 존재할 때 고려해야 할 실용적인 대안이다.

인수에서 양 당사자는 거래 가격이 자산의 가치에 대한 거의 완벽한 근사치가 아니라는 점을 인지해야 한다(예: 구매자가 초과 지급을 하거나 할인을 받았을 때, 판매자가 프리미엄을 받았거나 할인을 제공했을 때처럼). 허가권 계약에서 혁신자들에게 제공되는 혁신의 진정한 가치를 보다 긴밀하게 추적하는데, 이는 로열티가 일반적으로 수익에 직접 연결되기 때문이다. 이와 대조적으로, 인수에서 거래의 합의된 가치는 고정된 시점에서 내려진 "최선의 추측"을 나타낸다. 일단 협상을 거친 후에는 자산이 실제로 시장에서 어떻게 수행되는지에 관계없이 결과가 동일하게 유지된다(거래로부터의 가치가 혁신의 진정한 가치를 더 잘 추적할 수 있도록 해 주는 차후 정산이 없는 경우에 한해서). 이러한 불확실성에도 불구하고, 기업은 자산을 직접 통제하기 위해 허가(저작)권을 취득하는 것보다는 자산을 취득하려고 노력하고, 자산의 비용을 손익계산서에서 전환하려 하기도 한다(허가권 지급이 필요한 경우).

의료장비 업계에서 인수는 가장 일반적인 종료/매각 시나리오가 되었기 때문에, 일부 혁신 업체들은 법인 기업들에 어필할 수 있는 기술들을 설계하는 것에 대해, 그리고 출구에서의 수익 극대화를 위해 이들을 보다 자본 효율성이 높은 방식으로 개발하는 것에 대해 전략적으로 생각하기 시작하였다. 이 접근법은 생명공학 부문에서 성공을 거두었으며, 이를 **"주문형(Build-To-Buy, BTO)"** 모델이라고 한다. 이 접근법은 생명공학 분야에서 일단 기술이 개발되면 기업체를 구매하기 위해 사전에 협의된 옵션을 가진 제휴 협약과 유사하다. Versant 벤처는 이러한 거래를 지지하는 벤처 캐피탈 회사 중 하나이다. 한 기사에서 설명한 바와 같이, Versant는 초기 신약 개발 회사에 투자하고 신생 회사가 특정 의약품이나 장치를 개발할 수 있도록 기존의 제약 회사들과의 대형 계약들을 조율하는 데 도움을 준다. 제약 회사는 회사를 인수할 권리가 있지만 인재/팀들은 얻지 못하며 이들은 또 다른 새로운 생명공학 스타트업 창업을 추진하게 된다.[18] Versant의 회장인 Jerel Davis는 "우리가 하는 일 중 일부는 중매인의 역할입니다."라고 말한다. 그는 "우리는 훌륭한 학문적 과학을 이러한 유형의 프로그램들을 찾고 있는 제약 회사들과 연결해주고, 그러한 회사들에게 자금을 지원합니다. 이는 제약 회사의 매입(buy-in; 바이인)을 얻는 훌륭한 방법이기도 합니다. 여기에는 상당한 이익이 걸려 있으며 또한 우리를 위해 미리 출구를 만들어줍니다."라고 덧붙였다.[19]

생명공학 업계에서 제약 회사 인수 업체들과 초기 단계 회사들 간의 구조화된 거래를 포함하는 "주문형" 모델이 인기를 얻고 있는 한편, 이 접근법은 의료기기 분야에서 잘 발달되지 못했다. 캘리포니아 멘로 파크에 위치한 Versant 벤처의 상무이사인 Ross Jaffe는 다음과 같이 설명한다. "우리와 다른 사람들은 의료 장비들에 대한 이러한 종류의 관계를 모색하고 있지만 아직 모델을 개선하지는 못했습니다." 그가 강조하는 요점은 "우리는 혁신적인 기업을 위한 벤처 자본 자금 조달의 전통적인 모델이 압력을 받고 있는 신세계에 들어와 있습니다. 따라서 우리는 새로운 금융 환경에 적응하기 위해 계속적으로 발전해야 합니다."라는 것이다.

순수한 주문형 모델의 한 가지 변형은 가능한 최초의 기회에서 기술을 판매한다는 명백한 목표를 가진 기술을 설계하고 개발하는 방식을 취하는 것이다. Vortex Medical의 사례는 종료 시나리오를 분명히 염두에 둔, 의료기술 혁신에 대한 이러한 특정한 접근 방식이 어떻게 작용할 수 있는지를 잘 보여준다.

현장에서 Vortex Medical

상업화 개념에서 종료까지 자본의 효율적 접근

대략 20여 년간 Mike Glennon은 Guidant, Stryker, Medtronic와 같은 기업들과 협력하여 의료장비 산업에 대한 풍부한 경험을 쌓았다. 하지만 그가 지금까지 지나온 경력 중 이노베이터들에게 아웃소싱에 대한 포괄적 공급망 해결책을 제공하는 Accellent라는 회사에서의 리더십 역할을 수락했을 때 가장 흥미로운 방향으로 전환을 불러왔다. "Accellent는 입고 및 배포를 위한 포괄적 공급망 해결책을 개발해 서비스를 제공합니다."라고 Glennon은 설명하였다.

그는 이 단체와 일해 오면서, 그가 "가상 모델"이라고 부르는 시장에 혁신을 불러올 수 있는 방안에 대해 생각하기 시작하였다. 이 전략은 설계 개념에서 상업화로 가는 발명을 하고, 종교까지 엄청나게 의존적인, 자본 효율적 접근을 하는 것이었다. "의료 장비에 대한 대부분의 좋은 아이디어는 의사로부터 나옵니다. 문제는 의사들이 항상 그들의 발상을 실현시키기 위한 시간, 기술, 경험들을 가지고 있지 않다는 것입니다." 라고 Glennon은 말하였다. 그런 이들을 팀이나 기업체를 세우기 위해 수천만 달러의 자금을 모아야 하는 상황에 놓이게 하느니, 한 명의 정규 사원을 통해 개발, 상업화, 그리고 자문단, 계약자 및 아웃 소싱 서비스 제공에 대한 노동력을 구축하여 해결책을 찾을 수 있을 것이라고 예측하였다.

Glennon의 이러한 가상 모델을 심사할 수 있는 첫 번째 기회는 그가 개방 대수술, 내부 출혈 및 혈전 퇴축과 관련된 합병증의 위험을 덜기 위해 혈관 내 물질을 최소한, 그리고 일괄적으로 제거하는 방법들을 고안해 낸 Lishan Aklog 박사를 만났을 때 이루어졌다.[20] "기본 개념은 풍선 작용형, 팽창형, 원심형 카테터 및 원심펌프를 사용하여 현전을 제거하는 것이었습니다. 원치 않는 혈관 수축은 한쪽으로만 빨아들여지고, 흐른 피는 실시간으로 응고되므로 출혈을 완전히 막을 수 있습니다."라고 그가 요약하였다(그림 6.4.3 참조).

Glennon, Aklog, 심장 전문의 Brian deGuzman은 Pavilion Holdings Group을 함께 창설하였고, Aklog의 정맥 환류 캐뉼라를 그들의 첫 번째 프로젝트로 결정하였다. 그들은 기업 명칭을 Vortex Medical로 정하고 Glennon이 회사 대표이자 동시에 한명의 유일한 정규 사원이 되었다. 발명가이자 경영자인 Albert Chin 박사는 유일한 독립 이사회 구성원으로 일하였다.

이 새로운 역할에서, Glennon은 몇 가지 직접적 우선순위를 가지고 있었다. 또한 "우선, 당신은 당신의 아이디어와 주장을 뒷받침하는 것에 근거하였을 때 참신하고 뻔하지 않은 것이 될지를 알아야 합니다. 가능성을 예측하는 것은 펀딩의 초기 단계에서 가장 중요합니다."라고 말하였다. "다음은, 공급망 해결책을 살펴보아야 합니다. 기기를 어떻게 만들 것인가? 시장에서 무엇을 판매할 수 있는가? 의료 장비 업계에서 예상되는 총 매출액을 지원할 수 있는 전체적 상품 가격을 고려하는 것은 매우 중요합니다." 마지막으로, 그는 계속해서 "탄탄한 개발 과정에 초

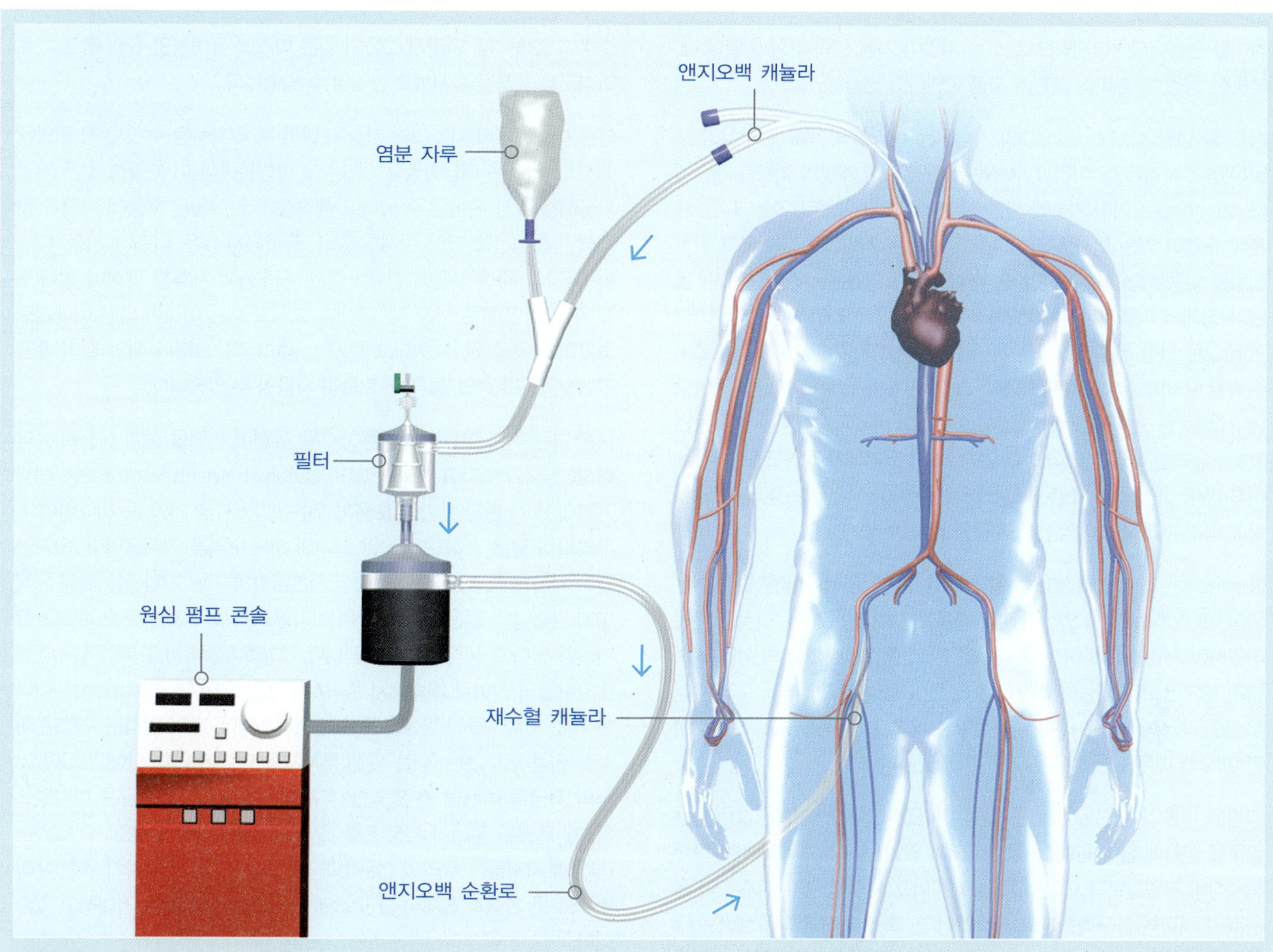

그림 6.4.3
The AngioVac system (AngioDynamics의 허가를 받아 사용)

점을 맞춰야 합니다. 특히 의존적 가상 모델의 사용을 시도할 때, 아이디어에서 상업화로의 전환을 위해 다양한 프로세스 전문 지식 요소를 취합하는 전략과 구조를 갖춰야 합니다."라고 말하였다.

그리고 기업은 당연히 자금을 모아야 한다. "우리는 파워포인트 프레젠테이션을 통해 자금을 모았습니다."라고 Glennon은 기억하였다. "우리는 시제품이나 개념의 임상적 증명 또는 특허권 같은 것이 없었습니다. 하지만 우리는 효율적인 자본 시장 출시에 필요한 전문 지식과 아웃소싱을 통한 제품 유통을 약속하며 엔젤 투자자와 벤처 자본 그룹을 설득했습니다. 그리고 그것은 대부분의 신생 업체들과는 매우 다른 접근법이었습니다." 종합적으로, Vortex는 엔젤 투자 자금 약 35만 달러와 벤처 자본 기업인 Catalyst Health Ventures로부터 320만 달러를 벌어들였다. "우리는 그것을 'only'의 o를 붙여 시리즈 O라고 불렀습니다." 라고 웃으며 말하였다. "우리는 그 돈으로 기술 개발, 허가인증 작업, 임상 심사, 제조업, 시장 준비, 마케팅, 판매, 기기 분배와 같은 모든 것을 진행해야 한다는 것을 알았고, 기업을 위한 인수자도 찾아야 했습니다."

의료기기 분야에서의 밀접한 경험들을 토대로 Glennon은 아웃소싱 서비스 공급 업체 및 계약자와 협력하여 회사의 큰 목표들과 관련된 주된 활동들을 완료할 수 있도록 하였다. 그는 가상 인력을 관리하는 것이 매우 복잡하고 세심한 감독이 필요하다는 것을 알게 되었다. 그러나 그는 전문가들과 함께 일하는 것에 대하여 몇 가지 중요한 이점들을 말하였다. "모든 활동에서 주어진 시간 안에 책정된 예산으로 일이 마무리 될 것이라는 걸 알고 있습니다. 그리고 효율적이고, 필요한 것에만 돈을 낼 수 있으며 창업 비용은 정규 자문단에 의해 관리됩니다." 또한 그는 광범위한 기능 영역에서 최고 수준의 자문단 및 서비스 제공 업체의 유용성에 대해 강조하였다. "아웃소싱을 기반으로 한 엔지니어링, 운영, 허가 인증 또는 품질 고문단을 찾고 있다면, 모두 이용할 수 있습니다. 그들은 모두 숙련되고 경험이 풍부합니다. 그들은 모두 우리와 계약을 맺고, 함께 일하고 싶어 하고, 그들은 저의 모델을 이해하고 그것을 포용하기를 원합니다." 마지막으로, 그는 기업이 가상 인력과 함께 일할 때, 부동산, 공장 및 장비에 대한 투자를 없앤다고 언급하였다.

향후 몇 년간, Glennon과 그의 가상팀은 Vortex의 목표에 성실히 도달하였다. AngioVac이라고 부르는 제품이 아직 개발과 심사를 계속할 때, Glennon은 이미 기술에 대한 인수자를 찾고 있었다. 그는 "나는 제품에 관심이 있는 회사들을 식별하고, 올바른 사람들과 대화하기 위한 절차를 실행했습니다. 하지만, 궁극적으로 그 대화는 우리가 1년 반 동안 시장에서 머물기까지는 가열되지 않았습니다."라고 말하였다. 이후 Vortex는 가상 유통망을 이용하여 탄탄한 고객 기반을 구축함으로써 수백만 달러의 수익을 창출하였다. 그 당시, Glennon이 대화를 이어오던 기업들 중 한 곳이 제안하였다. AngioDynamics는 처음 5년 동안 5백만 달러를 보장 받았다(이후 연간 15만 달러에서 적어도 8만 달러). 이후 예비 5년 동안, Vortex Medical은 AngioVac 시스템의 순 판매량에 따라 추가적인 이익 연계 지급을 받을 수 있다.[21]

Glennon은 이 기업이 350만 달러에 달하는 자금에 도달한 것이 쉬운 일이 아니었다는 것을 인정하였다. 다음과 같이 말하였다. "그것은 큰일이었지만 사업에 대하여 깊은 경험을 하고, 종료/매입까지의 상업화 개념과 필요한 모든 기능을 이해하는 데 큰 도움이 되었습니다. 우리는 매우 효율적인 방식으로 예산을 책정할 수 있었고, 제품을 출시하는 것뿐만 아니라, 매우 높은 수익을 거둘 수 있었습니다."

경험을 떠올리며, Glennon을 말을 이어갔다. "저희와 같은 회사들은 상품을 상자에 담아 판매할 준비가 되어 있었습니다. 그리고 저는 다른 의료장비 기업들보다 보다 비용-효율적이고 시간의 관리 안에서 더 활용적인 해결책을 구축했다고 생각합니다. 그러나 대형 의료장비는 대규모 판매망뿐만 아니라 세계적 수준의 마케팅, 전문 교육, 임상 능력을 갖추고 있습니다. 따라서 그들의 팀은 박스에 들어가면 훨씬 빠르고 효과적으로 제품을 출시하고 판매할 수 있습니다."

다른 이노베이터들의 의해 가상 모델이 복제/사용될 수 있는지 물었을 때 Glennon은 대답하였다. "저는 그 방법은 경험이 부족한 젊은 기업가들에겐 조금 위험할 수 있다고 생각합니다. 그들은 제품의 가격과 전체적인 총생산에 대한 관계를 알고, 충족되지 않은 니즈나 시장, 디자인, 공급망 해결책 등에 경험이 많은 사람들과 제휴를 맺어야 합니다. 할 수 있는 일들은 무궁무진합니다. 그리고 저는 이것이 다른 이에게도 최고의 전략이 될 수 있다고 보지는 않습니다. 그러나 저와 같이 좋은 구성원을 구축하면, 물론 이 모델을 사용할 수 있습니다."

또한 그는 어떤 부류의 사람들이 이런 유형에 펀딩을 할지 신중히 생각해 볼 필요가 있다고 충고하였다. "Catalyst Health Ventures는 신생기업의 초기 펀딩에 가장 도움이 되는 벤처 자금 기업 중 하나입니다. 우리의 모델은 적어도 350만 달러의 8배 수익을 가져옵니다. 하지만 벤처 자본은 총 자본금 중 소량의 자본금만 투자된 기업들을 위해 움직이지 않습니다. 많은 벤처 자본이 이러한 종류의 투자는 단순히, 그만한 가치가 없다고 생각하기 때문입니다." 그러나 의학기술 분야에서 엔젤 투자자들의 참여가 계속해서 증가하고 있는 가운데, Glennon은 이러한 개인 투자자들의 관심을 중요히 생각하였다. 그가 일하는 새로운 회사를 인용하여 그는 "나는 엔젤 투자자들 덕분에 이틀 만에 300만 달러의 자금을 마련할 수 있었습니다. 이는 충분한 양의 돈은 아니었으나, 제 모델을 통해서 시장 진출에서 매각/종료까지 수행할 수 있었습니다. 투자자들은 우리의 접근법과 잠재적 수익을 이해하기 위한 우리의 새로운 기술과 전체적 팀 구조에 투자하는 것에 매우 기대하고 있습니다."

동업, 허가권, 판매에 대한 가치 구축

이노베이터들이 대체 개발 방안을 마련하기로 결정하면, 이들 중 어떤 방안을 진행할지 그 시점이 정확하지 않을 수 있다. 많은 사례를 통해 실질적인 결과는 거래를 이끄는 협상에 의해 결정된다. 예를 들어 이노베이터들은 라이선스 계약을 통해 기업에 접근할 수 있지만, 최종 거래는 판매/인수의 형태를 취할 수 있다. 이노베이터들은 유연성을 유지하고 모든 거래의 재정적 장점과 단점, 소유권 및 지속적인 참여를 고려하는 것이 좋다.

개발 경로와 상관없이, 이노베이터는 다른 기업을 포함시킬 최적의 시간을 결정해야 한다. 허가(저작)권 및 아이디어를 팔거나 파트너십을 체결하기 전에, 아이디어를 기술이나 제품에 어느 정도까지 전개시킬지를 아는 것은 어려운 일이다. 일반적으로 바이오디자인 혁신 과정을 거칠수록 더 많은 위험 요소들이 제거되므로 자산은 더 많은 가치가 있게 된다. 이것은 어떤 거래에서도 유리한 조건으로 이어질 수 있다. 반면, 각 바이오디자인 프로세스의 단계는 이노베이터들에게 자본과 시간에 대한 투자의 증가를 요구한다. 몇몇 이노베이터들은 펀딩을 증가시킬 필요성을 피하기 위해 과정 내에 다른 업체를 일찍 포함시키기를 선호한다. 발명의 성격에 따라 허가권 제공자, 취득자 및 동업자 역시 그들이 제품 개발의 방향성에 대해 도움을 줄 수 있도록 더 빠르게 개입되기를 원한다. 예를 들어, 새로운 카테터 내비게이션 기술을 습득하고자 하는 회사는 기존 카테터 시스템의 나머지 부분과 최적으로 동작하게 만들기 위해 디자인이 끝나기 전에 그것을 구입하는 것을 원할 수도 있다.

대체 개발 경로로 전환할 최적의 타이밍을 계산하는 입증된 공식은 없다. 그러나 이노베이터들은 그들의 독특한 기술을 위해 최적의 시기를 결정하게 도와주는 많은 요인을 평가에 이용할 수 있다. 다음 정리된 요소들은 허가화, 획득 또는 파트너십 거래에서의 가치를 대변한다. 이노베이터가 각 문제를 해결하는 것이 바람직하지 않을 수도 있지만(필요한 경우라 할지라도), 그들은 이러한 요인이 어떻게 위험을 줄이고, 거래에서 가치를 창출하는 데 기여하는지 이해해야 한다.

사람

이노베이터들은 그들이 거래에 제공하는 가치를 평가하는 것부터 시작해야 한다. 예를 들어, 만약 신장병 치료 효율을 향상시킬 수 있는 아이디어를 가진 이노베이터가 20년 경력의 신장병 학자라면, 그는 일반 사업이나 공학과 관련된 배경을 가진 사람들보다 해결책의 임상적 강점을 설명함에 있어 어려움이 적을 것이다. 만약 기술이 발전 단계에 있다면, 라이선스 사용자, 취득자 및 파트너는 제조 가능성에 대한 문제 혹은 의사 이외 사람이 해결하기에 더 적합한 다른 문제들에 관심을 가질 수 있다. 어떤 개인도 좀처럼 이러한 염려들에 대해 말하지 못한다. 결과적으로, 이노베이터는 솔직하게 자체 평가를 수행해 다른 중요한 영역에서 신뢰를 높이는 데 도움을 주는 사람들을 주위에 두어야 한다.

고용인, 조언자, 컨설턴트 및 임원진 등의 수준은 그들이 이노베이터와 프로젝트에 신뢰성과 전문성을 제공하기 때문에 매우 중요하다. 의사 고문이(및 고객) 실전에서 기술을 어떻게 사용했는지 또는 현장에서의 치료에 예상되는 영향에 관한 증거를 제공하는 것은 특히 강력할 수 있다. 이사진 선출도 중요하며, 이노베이터가 실수를 저지르는 공통 영역이기 때문에 특히 주의를 기울여야 한다. 의료 현장의 선도적인 의사이거나 신뢰할 수 있는 조언자라고해서 그것이 좋은 이사진을 구성한다는 의미는 아니기 때문이다. 이사회의 자리는 이노베이터가 회사의 통제권을 기꺼이 인계할 수 있는 개인들에게만 허용되어야 한다–예를 들어, 중요한 결정을 하기 위해 이사회 투표가 필요한 경우이다. 이러한 이유로, 이사진들에게 강력한 일반 사업에 대한 통찰력만큼 적절한 분야에 특화된 전문성은 중요하다. 이상적으로, 그들 또한 이사진에게 제공할 이전 경험을 가지고 있을 것이고, 관련된 재정적 책임의 전체 범위를 이해할 것이다.

개발 중인 기술이 고 난이도의 기술을 요구하는 엄청나게 특수한 분야에 속하는 경우, 외부 기관은 지식이 풍부한 직원들과 확립된 고문 및 이사회 멤버들의 구성에 심혈을 기울여야 한다. 이것은 이노베이터와 팀이 개발 진행 중인 프로젝트에 관여하도록 요구하는 파트너십에 대해 더욱 그렇다. 그러나 라이선스 및 인수를 통해 때로는 외부 업체가 제한된 직원의 오버 헤드로 기술을 추구하는 것을 선호할 수 있음을 명심해야 한다.

지적재산권(IP)

파트너십, 허가권 또는 판매/인수 등에 관한 협의를 시작하기 전에 이노베이터가 그것들의 지적재산권을 보호하는 것은 필수적이다. 아이디어나 발명이 보호되지 않는다면 이것은 큰 가치를 갖지 못한다. 특허 출원과 보안 유지 합의가 없다면, 그 아이디어는 지적재산권이 없는 단순한 제안 정도로 비춰질 수 있다. 대조적으로 고급 지적재산권을 가진 이노베이터는 거래로부터 상당한 가치를 발생시킬 수 있다(특허 출원, 선행 기술 조사, 분석의 자유에 관한 자세한 내용은 4.1절과 5.1절 참조).

시장 사정

시장 사정이 거래의 가치를 증가시키는 정도는 부분적으로 이노베이터가 접근하는 대상 고객에 달려 있다. 만약 그들이 주어진 분야의 세계 주도 기업에게 기술을 허가하나 판매하기를 희망한다면, 업체는 해당 분야에 대해 이노베이터가 가지고 있는 것보다 더욱 많은 지식을 확실히 가지게 된다. 이 경우 20~30명의 잠재고객을 대상으로 설문 조사를 하여 혁신에 대한 니즈가 있음을 입증하는 것이 의미가 있다. 반면 이노베이터가 외부 업체를 새로운 방향으로 바꾸거나 다른 방식으로 시장을 볼 것을 요구하는 기술을 가진다면, 보다 광범위한 시장 평가가 유용할 수 있다. 핵심은 잠재적인 동업자, 허가권 취득자 및 인수자가 시장에 대해 알고 있는 것을 결정한 다음 시장 평가를 조정하여 이해를 보완하고 확장하는 것이다(시장 평가에 포함할 것에 대한 구체적인 정보는 2.4 시장 분석 참조).

개념의 시제품과 증명

개념의 시제품과 증명은 위험을 제거하는 데에 중심 역할을 수행하기 때문에 가치를 더한다. 이러한 맥락에서, 시제품은 기술의 기본 타당성을 입증하는 비임상 모델을 의미한다. 개념의 증명은 일반적으로 장점을 입증하기 위해 전임상시험에서 사용할 수 있는 기기의 발전된 버전을 의미한다(예: 동물 또는 벤치 탑 연구). 4.5 컨셉 탐색 및 시험에서 언급한 바와 같이, 아이디어가 실제로 어떻게 작용 하는지를 누군가에게 보여 줄 수 있는 대체물이 없다. 따라서 허가권을 취득, 판매하거나 파트너를 찾고자 하는 모든 이노베이터는 정상 작동하는 시제품을 가지고 있어야 한다. 전 임상 및 임상 데이터는 분명히 효과적이지만 외부 업체의 관심과 거래의 형태에 따라서 항상 필요한 것은 아니다.

보험, 규제, 및 임상적 발전을 위한 계획

이노베이터들이 거래에서 전임상 또는 임상 데이터를 지렛대로 사용할지 여부와 관계없이, 그들은 항상 숙고된 임상 계획을 가지고 있어야 한다. 마찬가지로 그들은 한 명 이상의 허가 인증과 보험 급여 컨설턴트로부터의 견해를 잠재적으로 포함하는, 장치 관련 규제 및 상환 경로를 꼭 이해하고 있어야 한다. 이러한 평가들은 허가권 취득자 또는 동업자에게 기술적 위험에 대한 현실적인 평가를 알려주고, 그들이 기술에 대한 잠재적인 가치를 평가하게 도움을 준다. 임상시험, 허가인증 및 보험 급여 계획에서 다루는 정보의 유형에 대한 자세한 내용은 5.3절, 5.4절, 5.6절을 참조한다.

재정 모델

시장 평가와 마찬가지로 다양한 금융 모델의 가치는 거래의 성격에 따라 달라진다. 직원, 기타 자원, 그리고 인프라 구축 등 잘 개발된 사업은 재정 모델이 매우 중요할 수 있다. 바이오디자인 혁신 과정과 같이 진행되지 않은 초기 아이디어의 경우, 특히 이노베이터가 이미 인프라를 갖추고 있는 회사에 아이디어를 허가권을 등록하거나 팔려고 하면, 상세한 재정 예측을 만드는 데 상당한 시간을 할애하는 것은 의미가 없을 수 있다.

정확한 재정 모델은 판매자에 의해서가 아닌 (거래에 따르는) 구매사의 직원, 자원 및 인프라에 의해 결정된다. 따라서 판매자에 의해 만들어진 재정 모델은 상대적으로 쓸모없어 보일 수 있다. 예를 들어, 이노베이터는 20명의 판매원으로 이루어진 소규모 팀을 기반으로 상세한 수익 모델을 개발하는 데 많은 시간을 소비할 수 있지만, 인수자가 150명으로 구성된 영업 인력을 보유하고 있다면 20명 모델은 가치가 거의 없다. 순전히 판매 목적으로 모델을 만들 때, 이노베이터는 이러한 문제점을 고려해야 한다. 궁극적으로, 재정 모델은 이노베이터가 이루고 싶은 비전이 아닌 인수자(혹은 라이선스 취득자)의 사업과 부합해야 한다. 때때로, 이노베이터는 6.1절 운영 계획과 재정 모델에서 설명된 것과 같은 세부 재정 모델보다 기회를 정당화하는 데 도움이 되는–수익 및 비용 예측–상위 수준의 재정 전망을 발전시키기에 더 적합하다.

프로세스를 위한 준비 과정

외부 업체와의 접촉을 시작하기 전에, 이노베이터는 모든 면에서 적절한 준비가 되어 있어야 한다. 준비가 많이 된 이노베이터일수록 더 강한 협상의 입지를 가지며, 더 좋은 결과를 얻는다. 종종 우연히 협상에 참여하는 이노베이터의 경우 상호 간의 조율을 하는 경험 많은 외부 단체에 의해서 그들 스스로 "기습 당했다"는 느낌을 받게 될 수도 있다.

준비과정의 첫 번째 단계는 거래 체결에 가장 관심이 있는 표적 업체에 대해 몇 가지 검토를 수행하는 것이다. 확인할 질문은 다음과 같다.

- **그들은 누구인가?** – 이노베이터의 기술을 통해 비슷하거나 보완적인 이해관계의 도움을 얻을 만한 회사는 어떤 회사인가? 그 회사는 시장 내에 어떤 입지를 가지며, 어떻게 기술이 그들을 도울 것인가(예: 시장 점유율 증가, 수익 증대, 정체된 제품 영역에서의 혁신 소개)?
- **그들의 평판은 어떠한가?** – 어떤 회사가 거래를 성사시킬 가능성이 높은가? 어떤 회사가 함께 일하기에 최상의 조건을 가지고 있는가?
- **누가 협상을 이끌 것인가?** – 회사 내에서 허가(저작)권, 인수

및 파트너십의 책임자는 누구인가? 이 사람(혹은 사람들)으로부터 무엇을 배울 수 있는가?

- **그들의 연혁은 어떠한가?** – 과거에 어떤 종류의 거래를 진행했는가? 얼마나 성공적이었는가?
- **그들에게 접근하기 위한 최선의 방법은 무엇인가?** – 이노베이터는 그들의 네트워크 내에 잠재적으로 소개를 할 수 있는 사람들을 보유하고 있는가? 그렇지 않다면, 접근할 수 있는 다른 옵션은 무엇인가?
- **표적 간의 경쟁을 일으킬 만한 기회는 무엇인가?** – 표적은 직접적인 경쟁자인가? 누가 시장에서 누구를 쫓고 있는가?

소수의 적절한 목표가 정해지면, 이노베이터는 자신의 팀에 대해 생각하기 시작해야 한다. 특히, 이 과정에서 그들을 대표하는 사람은 누구인가에 관해서 말이다. 이노베이터에게 있어 프로세스 각 단계에 깊숙이 투입된 법률 고문을 보유하는 것은 매우 중요하다. 사업 고문 역시 매우 유용하다. 허가권, 인수 및 파트너십 거래 진행 경험을 가진 고문은 더욱 그러하다.

심혈을 기울여 정보를 모으는 일도 역시 중요하다. 캘리포니아 주 산타 클라라에 있는 Abbott Vascular의 연구개발 담당 부사장인 Jamey Jacobs는 이노베이터에게 정보 패킷을 매력적인 R&D 프로젝트를 "도약"하려는 잠재고객이 사용할 도구로서 생각하라고 조언한다.[22] 모아진 정보는 완벽하고 상세하며, 각각의 표적에게 독특한 니즈와 흥미에 맞도록 커스터마이징되어야 한다. 이노베이터가 표적으로 하여금 기술이나 아이디어가 첫 날부터 프로젝트를 가속화할 수 있다는 확신을 줄수록 거래 성공률이 높아진다.

어떤 정보를 포함시킬 것인지를 결정할 때 기밀성은 중요한 문제이다. 하나의 효과적인 전략은 어떤 정보가 대외비로 여겨져야 하는지, 그리고 어떤 정보가 공개적으로 공유되어야 하는지에 대해 고려하는 것이다. 공개적으로 공유되는 정보는 절대로 기술에 대한 독점적인 내용을 드러내지 말아야 한다. 그러나 거래에 관심 있는 대상을 얻으려면 충분한 설득력을 가져야 한다. 대부분의 회사는 아이디어가 매력적이라고 확신이 들지 않는 비밀 유지 계약(NDA)에는 서명하지 않을 것이다. 그래서 이노베이터들은 공유할 것을 결정할 때 신중하게 균형을 유지해야 한다. 예를 들어, 사업 계획 및 피치의 개요는 NDA 없이 공개된 것일 수도 있지만, 그 뒤의 자세한 내용은 기밀로 공유된다. 이보다 자세한 정보도 실사(실제 특허, 사례별 시험 결과, 공급 업체 목록, 계약서 사본 등)를 지원하기 위해 구성되어야 한다, 하지만 공식적인 관심에 대한 표명이 있기 전까지 표적에게 제시하지 말아야 한다. 파트너, 허가권 제공자 또는 공식 계약을 체결할 의도를 가진 매수자의 정식 계약서 서면(구속력은 없지만)은 실사 단계를 시작하기 전에 외부 업체가 관심 표명을 할 수 있는 적절한 방법이다.

BATNA 정의하기

모든 정보가 제공됨에 따라 이노베이터는 자신의 협상 자세에 대한 생각을 시작할 수 있다. 구체적으로는 협상에 대한 최선의 대안을 결정하는 데 상당한 시간을 투자해야 한다(Best alternative to a negotiated agreement, BATNA).[23] 협상 이론에서 BATNA는 협상이 합의를 이끌어 내지 못할 경우 취할 조치의 과정이다. BATNA가 일단 정의되면, 이노베이터는 절대로 이보다 나쁜 결과를 받아 들여서는 안 된다.[24] 이러한 방식으로, BATNA는 안전망이 될 수 있고, 교섭에서 지렛대 역할을 할 수도 있다. 다음의 간략한 시나리오는 BATNA의 실례를 제공하고 있다: 이노베이터 팀은 특허의 나머지 15년 동안 연간 약 100만 달러에 상당하는 로열티를 얻고 기술 허가권을 제공하는 제안을 가지고 있다. BATNA를 기반으로 팀 구성원들은 회사를 팔기에 현재의 순 가치보다 낮은 금액에 대한 지급을 받아들이지 않을 것이다. 만일 협상의 순간 다른 활용할 만한 선택이 없을 경우(자체적으로 아이디어를 개발하는 것도 고려하지 않을 경우), BATNA는 0이 되는데, 이는 거의 모든 거래가 고려할 가치가 있다는 것을 의미한다.

BATNA에 대한 대안을 효과적으로 평가하기 위해 이노베이터들은 관계 가치, 시간 가치 및 상대방이 협상에 부응할 가능성 등 모든 고려사항을 생각해야 한다. 이와 같은 고려사항은 쉽게 측정하고 정량화할 수 있는 것이 아니라 정성적이며 불확실하므로 평가하기 어렵다. 그러나 고려사항들은 제안과 BATNA 중 하나를 선택할 때 중요한 차이를 만들 수 있다.

중요한 점은 이노베이터가 자신의 BATNA를 정의하는 것 외에도 표적의 BATNA에 대해 주의 깊게 생각해야 한다는 것이다. 거래에 대한 외부 업체의 최선의 대안을 이해함으로써 회사의 행동에 대한 통찰력을 얻고 다른 니즈에 어떻게 반응할지 예상할 수 있다. 표적의 대안이 무엇일지, 회사와 또 다른 누가 일할 수 있을지, 그리고 추구할 수 있는 기술의 대안을 제공하는 다른 사람이 있는가를 생각해 보라. 또한 외주 업체가 단순히 아무것도 하지 않을 경우, 어떤 일이 일어날지 고려하라. 종종 이것은 표적에게 이노베이터들이 이용할 수 있는 것보다 쉬운 대안을 제공하기도 한다.

효과적인 프로세스 관리하기

일단 이노베이터가 적절한 준비를 마치면, 효과적인 프로세스를 시작한 후 능동적으로 관리할 수 있다. 어느 이노베이터가 말한 것처럼 "목표는 프로세스에 이끌리는 것이 아닌 프로세스를 이끌어 나가는 것"이다.

첫 번째 단계는 협상 일정을 정하는 것이다. 이 단계는 외부적 요소에 의해 정해질 수도 있다(예: 6개월만 지속할 수 있는 현금 밖에 없다). 그러나 이상적인 협상은 기술이나 발명과 관련된 가치의 최적화된 수준에 있을 때 시작될 것이다(예: 소규모 동물 연구로부터 긍정적 결과를 당장 얻을 수 있다 하더라도, 최초 임상시험을 시작하기 전에 협상을 진행하는 것이 좋다). 일반적으로 파트너십, 허가권 또는 인수 계약은 6개월에서 18개월 정도 걸릴 수 있으며 중소기업은 큰 회사보다 빠르게 처리하는 경향이 있다.

넓은 일정 내에서 중요한 중간 일정에 날짜를 지정하는 것은 유용하다(그림 6.4.4 참조). 예를 들어, 이노베이터는 30일 이내에 모든 적절한 대상과 접촉을 시도하고, 발표, 회의 및 동의서 전달을 위해 45일을 별도로 설정할 수 있으며, 45일간의 실사를 거쳐 협상 기간과 거래 성사까지 60일을 할애하도록 설정해 둘 수 있다. 이 같은 일정을 설정함으로써 이노베이터는 여러 대상과 접촉할 수 있고, 프로세스를 거의 같은 속도로 진전시켜 좋은 결과를 얻을 기회를 극대화할 수 있다(일정이 현실적이라고 가정했을 경우). 일정이 없을 시, 이노베이터는 종종 표적이 관심을 갖기에 충분한 시간을 갖기 전에 스스로 하나의 제안을 결정해야만 한다. 최선의 시나리오에서 이노베이터는 파트너십을 맺거나 허가권을 취득하거나 아이디어를 획득하는 과정에서 타깃들이 경쟁해야 하는 것을 서로 알고 그들로부터 며칠 내에 여러 제안을 받게 될 것이다.

현실적인 일정으로부터 이노베이터는 계약에 관심 있는 대상을 결정하기 위해 표적에게 접근을 시작할 수 있다. 소개는 대개 더 길고 상세한 대화로 이어진다. 실사는 하나 이상의 표적이 공식적으로 관심을 표현한 후에 시작된다. 그 다음, 가장 진중한 표적과 공식 협상이 진행되고 파트너, 허가권 보유자 또는 취득자가 최종 선정되며 거래가 종결된다.

거래의 구성 요소

인수는 다소 다르게 다뤄지지만, 허가권 및 파트너십에 대한 공통 재정 거래 조건에는 겹치는 부분이 상당부분 존재한다. 일반적인 의료기술 허가권 또는 파트너십 계약에는 표 6.4.1에 요약된 조건 중 일부(전부는 아님)가 포함될 수 있다.

주식이나 로열티 지급을 포함한 계약을 체결하는 경우 의사 발명가는 이해 상충의 우려를 피하기 위해 신중하게 추진해야 한다. 지난 몇 년 동안, 광범위한 언론 보도는 의사와 의료기관 간의 정보 및 자금의 흐름에 주목하였다. 이에 대하여 미국 의회는 2009년 의사 지급 선샤인 법(Physician Payments Sunshine Act)을 통과시켰다. 새로운 법안에 따르면 의료기기 회사는 의사에게 10달러 이상의 가치가 있는 선물을 하거나, 100달러를 초과하는 금액을 지급한 내역을 추적해야 한다. 또한 의료기기 회사는 의사와 직계 가족이 보유한 직간접 소유권 및 투자 이익을 매년 공개해야 한다.[25]

이러한 새로운 규칙에 따라 혁신의 개발, 검진 또는 상업화에 참여하고자 하는 의사 발명가가 주식이나 로열티 지급을 포함한 모든 종류의 허가권, 파트너십 제휴 또는 인수 계약을 수락한다면 더욱 자세한 정밀 검사를 받게 된다. 이런 비용은 의

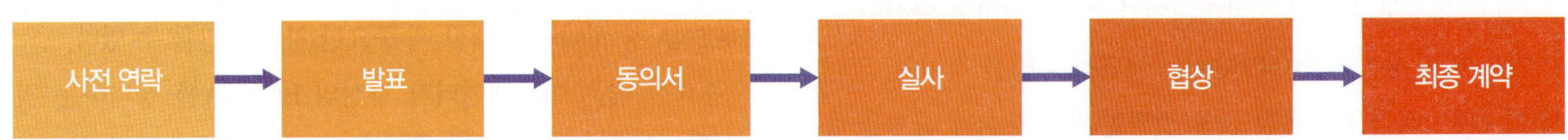

그림 6.4.4
향상된 결과를 이끌어내기 위해 심혈을 기울여 구성된 프로세스

표 6.4.1 허가권과 파트너십 계약의 재정 조건은 유사하다고 할 수 있다—계약 사이의 차이는 이노베이터에 의해 정식으로 유지되는 관리 수준 및 지속적인 책임 사이에 존재한다(compiled from Shreefal S. Mehta, Commercializing Successful Biomedical Technologies (Cambridge University Press, 2008)).

금전적 조건	설명
선불 비용	서명 시 허가권 사용자/파트너가 이노베이터에게 지급한 일시불
지적 기소와 유지비	허가권 사용자/파트너는 특허를 유지하기 위한 법적 수수료 및 USPTO 수수료를 지급할 것을 요구 받을 수도 있다.
기초 비용	기술 개발의 새로운 단계에 성공했을 경우, 허가권 사용자/파트너는 위험이 감소되었기 때문에 이노베이터에게 비용을 추가 지급해야 할 수도 있다. 기초 비용은 다양할 수 있다(결과가 좋은 경우 이노베이터는 10만 달러, 나쁜 경우는 2만 5천 달러로 감액된다).
로열티	이노베이터에게 허가권 사용자/파트너로 지급해야 할 상업 판매량의 퍼센티지 로열티는 판매량 정도에 따라 오르거나 내려갈 수 있다(만약 판매량이 연간 50만 달러에 이른다면 혁신자는 3%를 받는다. 만약 백만 달러에 이른다면 5%를 받는다). 매출에 상관없이, 로열티는 연간 오십만 이하 최대 백만을 초과하지 않는다.
보통주 가치	허가권 사용자/파트너는 이노베이터 회사에서 비용의 일부분으로 보통주를 구입하거나 이노베이터가 허가권 사용자/파트너 회사에서 금액 비용 대신 보통주를 받을 수 있다.
재실시권과 비용	만약 지적재산권이 라이선스에 의해 재실시권(sublicense)된다면 허가권이라고 하여 만들어진 재실시권 비용은 이노베이터에게 전가된다. 이 비용은 보통 요금이나 판매량의 퍼센티지로 구조화될 수 있다(이 특별한 용어는 파트너십 계약과는 무관하다는 것을 명심해야 한다).
로열티 스태킹 방지 충당금	허가권 사용자가 제품을 시장에 출시하기 위해 다른 특허의 허가권을 취득해야 하는 경우(약물과 전달 메커니즘에 의해 허가권을 요구하는 스텐트) 허가권 사용자가 이노베이터(본래 허가권 소유자)와 별도의 두 번째 허가권 소유자 두 명에게 전체 로열티를 지급하는 것은 경제적으로 실행 불가능하다. 로열티 안티 스태킹 규정은 허가권 사용자가 이중(또는 스택) 허가권 비용의 부담을 줄이기 위한 구조를 제공한다(이 특별한 용어는 파트너십 계약과는 무관하다는 것을 명심해라).

사 행동에 잠재적인 과학적 **편견**을 만들 수 있다. 예를 들어, 만약 의사 발명가들이 **임상 조사관** 역할을 한다면, 어떤 사람들은 그들이 당국의 승인과 시장 도입을 촉진하고 개인의 재정적 이익을 촉진하겠다는 희망을 가지고 더 우호적으로 시행한 데이터를 해석하거나 보고하려는 유혹에 빠질 수 있다는 것을 걱정한다.[26] 이것이 사실이든 아니든, 이러한 요구사항은 의사 발명가로 하여금 혁신을 추진하는 데 적극적인 역할을 하거나 전형적으로 허가권, 인수 혹은 파트너십 계약의 일부가 되는 금전적 이득을 받아들이는 것 사이에서 선택하길 강요한다.

급속하게 변화하는 기술에 대한 다음의 예는 성공적인 거래(허가권 합의)를 만들어 내기 위해 이 장에서 제시된 개념이 결합되는 방식을 나타낸다.

현장에서 급속한 변화

새로운 기술을 기존에 확립된 분야에 라이선싱하기

Paul Yock는 캘리포니아 주 레드 우드 시티 세쿼이아 병원에서 획기적인 개발이 진행되는 동안 혈관 성형 연구원으로 재직하고 있었다. 혈관 형성술에서 부풀린 카테터를 환자의 사타구니와 팔 동맥에 삽입하고, 긴 메탈 가이드 와이어를 이용하여 신속히 대동맥으로 이동해야 하고, 다음에 플라크에 의해 막힌 혈관을 확장해야 한다. Yock는 "135cm 길이의 풍선 같은 카테터가 위치를 잃지 않고 심장 안과 밖으로 풍선을 움직이기 위해, 가이드 와이어는 와이어가 고정되게 하거나 카테터가 나오게 할 수 있도록 하기 위해 두 배 이상 길어야 합니다."라고 설명하였다. 또한 "숙련된 의사가 풍선 와이어를 위, 아래로 움직이는 데 책임자가 되고, 숙련도가 부족한 사람은 환자의 발 아래쪽에서 와이어를 안정된 상태로 유지되게 합니다. 주니어들은 와이어를 같은 위치에 유지하게 시니어의 움직임을 지원합니다."라고 계속 말하였다. "문제는 이것이 300cm 길이의 와이어이며, 끝부분을 1cm만 움직여도 문제가 된다는 점입니다. 그래서 그것은 매우 이상한 움직임의 조합을 발생시킵니다." Yock는 당시 견습생으로서 "절차의 잘못된 마무리"라고 언급했던 것에 대해 상당한 시간을 회상하였다.

Yock는 "선배 의사들은 그 이상을 생각하지 않은 채로 졸업했기 때문에 문제 영역이라고 인식하지 못했습니다."라고 말하였다.[27] "그러나 돌이켜 생각해 보면, 그것은 너무나도 필요한 부분이었습니다." 그의 수련 기간 동안 두 명의 환자들이 가이드 와이어의 위치를 어쩔 수 없이 잃은 후, Yock는 더 나은 장비의 디자인을 떠올리기 시작하였다. 그는 설계도를 만들었고 시제품으로 빠른 교환이 가능한 카테터를 개발하였다. 최종적으로 그는 RX 혈관 형성 시스템(그림 6.4.5 참조)으로 알려진 기술 개발에 도달하였다. RX는 한명의 의사가 전체 절차를 수행하는 것을 (두 손을 사용하여) 가능하게 하였다.[28]

Yock는 다행히 이름난 심장병 전문의며, 다목적 발명가이자 당시 카테터 시스템, ACS를 선도하던 설립자 John Simpson에게 수련을 받았다. 그는 Simpson와 RX의 아이디어를 공유하고 Simpson은 그를 특허권 변호사라고 불렀다. 젊은 의사로서 그때를 생각하며 Yock는 언급하였다. "지적재산권에 지급하는 것은 나에게는 문제였습니다. 그러나 나는 그것을 계속 진행하는 것을 선택했습니다." 그는 상업화를 위한 가장 좋은 방법은 기술을 허가권화시키는 것이라고 결론을 내렸고, 심슨의 회사 ACS를 목표로 하였다. "나는 한번도 RX 주위에 있는 새로운 회사와 시작하는 것을 진지하게 생각해 본적이 없습니다."라고 Yock는 기억하였다. "나는 중재 시술을 하는 심장 전문의가 되길 원했고 다른 길을 가는 데 관심이 없었습니다." 대신에 그는 ACS를 혈관 형성술 분야에서 강력한 주자로서 나타난 흥미진진한 회사로 보았다. 그는 또한 그곳을 RX 기술을 허가할 수 있는 이상적 후보자로 생각하였다. "오래된 스타일, 오버 더 와이어 시스템에서, 풍선 카테터와 가이드 와이어를 모두 함께 도입했습니다. 우리 시스템에서 가이드 와이어는 카테터 없이 먼저 들어갈 수 있습니다. 그것은 정말 좋은 가이드 와이어의 성능을 필요로 합니다." Yock는 현장의 다른 회사에 신중하게 집중하였고 ACS가 가장 좋은 가이드 와이어 성능을 보유하고 전체적으로 RX로부터 이득을 얻을 수 있는 위치를 가지고 있다고 느끼게 되었다. 그리고 "그들이 지역 회사라는 것은 멋진 우연이었습니다."라고 덧붙였다.

Yock는 ACS의 R&D 부회장인 Carl Simpson(John Simpson과 무관)을 만나고 RX 개념을 소개해 주기로 회의를 잡았다. 그의 첫 번째 회의 전, Yock는 합의를 NDA(비공개)로 놓기로 약속하였다. Yock는 "나는 내 NDA가 없었습니다."고 말하였다. "나는 칼과 함께 비공개 항목과 회사의 두 가지 기준법을 미리 알려주었습니다." 또한 Yock는 그의 공개에 약간의 보호 조치를 취하였다. "나는 그들이 작업하는 것이 토론에 의해 잠재적으로 영향을 받을 수 있다고 알고 있었습니다. 그래서 나는 이 카테터가 어떻게 사용되는지에 대한 내 생각을 요약한 문서를 가지고 왔습니다."고 그는 기억하였다. Carl Simpson은 회의에 앞서 이 내용이 Yock의 소유라는 것을 알리는 문서에 사인하였다.

공개 조치를 하고 Yock는 심장 모델과 시제품을 사용하여 RX 시스템을 시연하였다. Simpson은 즉시 흥미를 드러냈다. Yock에 따르면

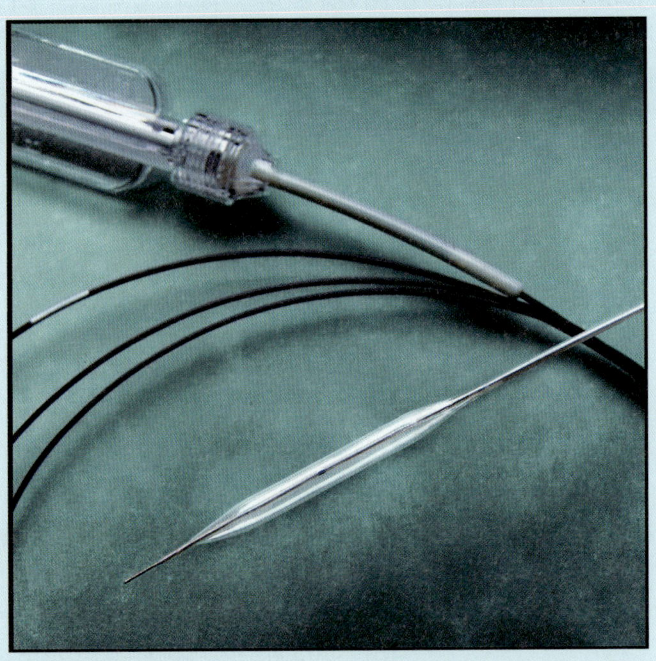

그림 6.4.5
ACS RX Comet VP™ 관상동맥 확장 카테터는 급속 전환 기술이 허가권 계약을 통해 영향력을 끼친 풍선 혈관 형성 시스템의 예시 중 하나이다.

"Carl은 시스템에 흥분해 있었고 그래서 복도 아래쪽의 판매부서의 부사장에게 전화를 걸었습니다. 판매 담당 부사장은 그것이 어떻게 기능하고 있는지를 보자마자 '나는 그것을 판매할 수 있습니다'라고 말하는 듯 했습니다."고 하였다.

단지 몇 주 후에 Yock는 Ron Dollens(당시 ACS회장이자 CEO)을 보기 위해 다시 초대되었다. ACS는 자신의 실사(철저한 IP 등급 포함)를 완료하였고, 허가권 조건을 협상할 준비가 되어 있었다. 회사는 Yock의 로열티 비용은 시스템 판매량에 연결될 것이라고 계약을 제의하였다. 판매량이 증가할 때, 로열티 비율은 아래쪽으로 움직이게 되며, 볼륨의 증가는 미리 정해진 각 판매량에서 로열티 비율의 감소량을 보충한다. 그는 회사가 협의했던 특허 비용을 충당해 달라고 부탁하였다. Yock는 "제품 오작동에 대해 개인적으로 보상도 있었습니다. 그것은 확실하게 재확인되었습니다. 나는 그것을 생각하지 못했지만, 계약상 그것을 보게 되어 매우 기뻤습니다."라고 말하였다. 교환상에서 그는 그의 재산권을 ACS에게 독점적으로 허가권을 제공하고 회사에 의해 일어난 RX 특허 소송을 도울 것에 동의하였다. "또한 그들이 지적재산권을 재실시권을 준다면, 나는 로열티 스트림을 얻을 수 얻을 수 있고, 이는 중요한 것으로 판명되었습니다."라고 그는 말하였다. 왜냐하면 RX는 결국에는 다양한 회사들에 의해서 서브 라이선스화되었기 때문이다.

Yock는 허가권 지급 절차가 놀랍도록 너무 빠르고 매끄럽게 진행되었고, 그것은 대부분의 이노베이터들에게 있어 흔치 않은 일이라고 인정하였다. 그는 "요즘 회사들은 발명가들과 계약을 다루는 데 있어 정말

복잡합니다."라고 말하였다. 이런 점은 상호 호의적 계약 관계로 진입할 때 기술을 허가권화하는 데 관심을 가진 사람들을 더욱 어렵게 만든다. Yock는 "많은 권력들이 회사와 함께 하고, 그래서 발명가들은 그들이 더 빠르고 적극적으로 움직일 수 있는 인센티브를 만들어야만 합니다. 그것은 만약 발명품이 충분히 좋다면 자발적으로 일어날 것입니다."라고 언급하였다. 그러나 경우에 따라서는 기술을 가지고 한 번에 여러 기업에 접근함으로써 발명가가 경쟁 상황을 조정할 수 있다.

현재 의학 기술 환경의 또 다른 점은 회사는 보통 아이디어를 허가권화하기 전에 위험을 제거하길 원한다는 것이다. Yock는 "나는 단지 RX를 시제품으로 허가권을 지급할 수 있어서 운이 매우 좋았습니다."고 말하였다. "지금 당신은 발명에 조치를 취할 수 있도록 준비돼 있어야 합니다." 임상 및 장치의 타당성 문제 이외에도, 그는 허가권 사용자의 위험을 제거하기 위한 메커니즘으로 허가인증, 보험 급여, 판매 등의 바이오디자인 혁신 과정에서 다른 작업 흐름을 해결하는 것이 가치 있다고 강조하였다.

물론 그는 검열관에게 잠재적 위협 요소가 있다고 지적하였다. "내가 생각하기에 가장 큰 위협은 회사가 당신의 아이디어를 허가권화 하지만 그것에 대해 아무것도 하지는 않는다는 것입니다."

그들이 허가권화할 때 그들은 기술을 발전시킨다는 좋은 의도를 갖고 있었을지도 모른다. 그러나 만약 우선순위 명단에 없다면 아무 것도 일어나지 않을 것이다. 따라서 당신이 그것을 얻을 수 있다면, 어느 일정한 시기에 달성된 중요 단계의 여러 형태를 계약에서 갖는 것은 매우 중요하다. 중요 단계의 예시에는 FDA 승인 혹은 첫 상업 판매가 포함되어 있다. RX의 경우에도 Yock는 개발 프로세스를 신속하게 진행하기 위해 허가권 계약의 첫 해에 긴밀하게 관련되어 있어야 했다. 그는 기술에 있어 **이해관계자들**에게 흥미를 모으는 것을 돕기 위해 또한 전도사의 역할을 해야 했다. Yock에 따르면 "처음에 사람들이 그것을 좋아할지 혹은 사용할지도 불확실했습니다. 그것은 되돌려보면 이상했지만 관습의 주요한 변화였다. 우리는 예상치 못한 장소로 밀려났습니다. 예를 들어, 사람들은 견습생이 하나의 운영체제이기 때문에 우리가 견습생을 그림 밖으로 끌어내면, 다음 단계로 발전시키기 어려울 것이라고 걱정했습니다." Yock와 ACS는 이런 어려움을 극복할 수 있었고 RX는 세계적으로 사용되는 주도적인 풍선 혈관 형성술 시스템이 되었다.

구체적으로는 파트너십의 계약 내용에는 계약 시 고려해야 할 다른 조건이 존재한다. 여기에는 미래 개발 활동의 정확한 묘사, 각 당사자의 특정 책임과 현금 흐름, 공정표, 쌍방이 제공해야 할 자원 활동 및 관리/감독 구조를 포함한다. 보통 단계(예를 들어, 개발)가 완료되자마자 혹은 조건의 종결 시 하나 혹은 양쪽 분야를 위해 파트너십을 계속할지 아닌지, 다음 단계는 무엇일지에 관한 결정을 하는 시기가 있다. 파트너십 활동은 한 단계에서 다른 단계로 계속하는 것이 가능하다(예를 들어, 개발에서 상품화에 이르기까지). 그러나 대부분의 경우 양쪽 중 하나가 상품을 지정된 시장으로 상업화하는 책임을 맡는다. 유사하게 한 쪽이 제조의 책임을 맡는다. 이런 계약이 상대적으로 일반적이지만, 파트너의 이해와 파트너십이 합리적인지의 이유를 기반으로 각 계약은 모두 다르게 나타난다.

학문적인 상황에서 개발이 진행된 경우 허가권에 주목하기

대학의 이노베이터들은 그들의 학문적 연구를 통해 발명을 하게 되면 반드시 허가권 획득을 고려해야 한다. 일반적으로는 자금 출처에 관계없이 대학의 교원, 직원 또는 학생에 의한 특허 발명 소유권은 대학에 귀속된다.[29] 이노베이터가 기술의 상용화에 참여하고자 하는 경우(예를 들어, 시작 수단으로서) 대학에서 허가권을 취득하는 것이 필요할 것이다.

주요 대학에는 모든 IP 자산 관리를 담당하는 기술 허가권(OTL 기술이전사무소라고도 함)의 사무소가 있다. 보통 OTL의 목표는 대학의 기술 이전을 촉진하고 교육 기관에서 진행되는 연구와 교육을 돕기 위해 수입을 만드는 것이다. 대학 환경 중 이노베이터들이 알아야 할 중요 문제는 불확실한 기술을 기반으로 혼자 사업을 진행하거나 허가권의 2차 인가, 취득 또는 파트너십을 만들기 전에 그들의 발명품을 OTL에 공개하고 사무실과 협력해서 작업 후 라이선스 계약에 이를 수 있도록 해야 한다는 점이다. Spiracur의 예시는 어떻게 이노베이터가 OTL과 함께 상호 이득이 되는 계약에 도달할 수 있는지를 보여준다.

현장에서 Spiracur

대학과 함께 기술 허가권 협의하기

앞서 설명했듯 Moshe Pinto, Dean Hu 학장과 Kenton Fong은 만성 상처 치유를 향상시킬 필요성을 느껴 힘을 합치게 되었다. 그들의 발명품 Snap 상처 관리 시스템(그림 6.4.6 참조)은 그들이 스탠포드 학생일 때 발명되었기 때문에 그들은 예비 임시 특허 출원을 제출하고, 발명품 허가권을 둘러싼 조건을 합의하기 위해 대학 OTL을 통해 작업해야 했다.

이런 협상을 진행하기 위해 Pinto는 "준비, 준비, 준비"의 중요성을 강조하였다. Spiracur 팀은 신중하게 동기와 OTL의 요구를 이해하고 상호 유익한 해결책을 제공하기 위해 준비하는 방식을 통해 궁극적으로 긍정적 결과를 얻을 수 있을 것이라고 믿었다. "당신에게 예시를 보여주죠."라고 Pinto가 말하였다. "우리는 OTL이 보통 말했던 1~5% 범위의 로열티 비율에 대해 협의해야만 했습니다. 분명 스탠포드는 이 범위의 높은 쪽 끝에서 시작하길 원했지만, 우리는 1%에 가깝게 결론지었습니다. 정당화를 위해 우리가 했던 것은 일반 시장에서 보통 이익을 보여주는 재무제표를 포함한 견적 모델을 구축하는 것이었습니다. 우리는 컴퓨터 등의 기술을 판매하는 기존의 사용자에 대한 경쟁력 있는 분석을 사용하여 높은 로열티를 지급하는 경우 우리는 실행 가능한 비즈니스를 실현할 수 없다는 설득력 있는 사례를 만들었습니다. OTL 사람들은 합리적이었습니다. 그들은 우리가 무엇을 했고 더 낮은 로열티 비율로 계약하기 위해 우리가 그들에게 제시한 데이터에 대해 수긍했습니다."

또한 Pinto는 스탠포드 같은 대학은 "경제적 동물(Economic Animal)"이 아니라는 점을 강조하였다. "그들의 결정이 영향을 미치는 지역 사회에 더 넓은 관심이 있습니다."고 그는 말하였다. "우리에게 명확한 것은 OTL 사람들은 이익 극대화에 관심이 있는 것이 아니라 스탠포드를 위해 돈을 벌어들이는 것을 목적으로 합니다. 그들은 기본적으로 세계를 더 나은 곳으로 만들기 위해 기술이 퍼지는 것을 보고 싶어 합니다. 우리가 이것을 알아냈을 때, 우리는 IP의 독점권을 지속적으로 관리하는 동안 어떻게 이런 흥미를 채울 수 있을지에 대해 생각하기를 시작했습니다." 마침내, Spiracur는 Bill & Melinda Gates 재단, Ashoka 재단, 유엔 보건 프로그램 등의 개발도상국에서 일하는 자선단체에 비용적으로 가능한 기술을 만드는 창조적인 해결책을 제안하였다. 또한 다섯 개의 아프리카 정부에도 같은 약속을 제공하였다. 상품이 완전히 발명된다면 계약은 2012년에 효과를 발휘한다. "우리는 매 30초마다 지구 어딘가, 주로 아프리카에서 사람이 당뇨로 인한 다리 궤양으로 사지를 절단한다는 것을 알고 있습니다." Pinto는 말하였다. "그러나 이것이 우리의 자연적 목표 시장은 아닙니다. 그러한 사람들은 약을 살 여유가 없습니다. 그래서 이 합의는 스탠포드의 이타적 니즈를 충족하고 투자자의 예상 수익의 흐름에 영향을 주지 않고 우리를 매우 기분 좋게 할 수 있었습니다."

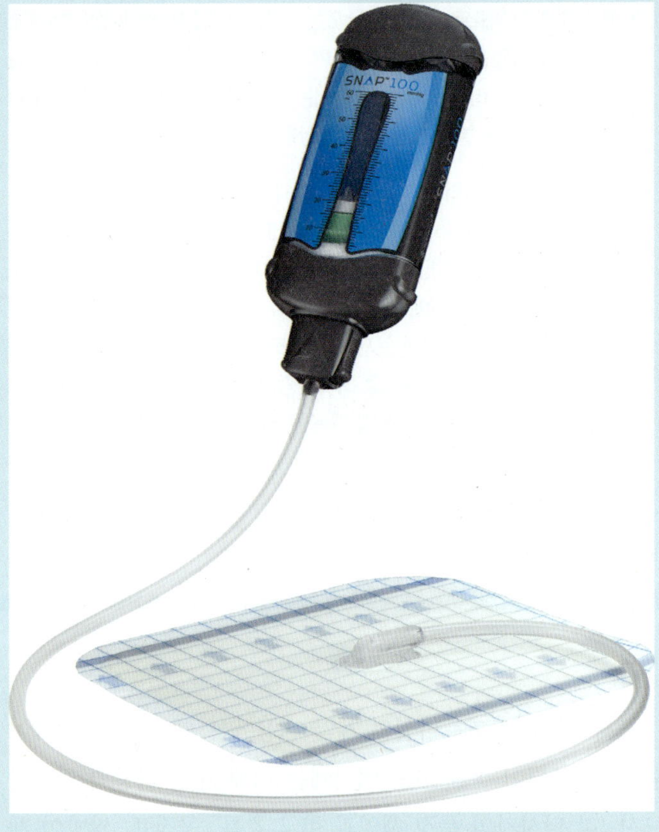

그림 6.4.6
The SNaP® Wound Care System (Spiracur의 허가를 받아 사용)

Pinto가 강조하는 핵심은 대학의 이익과 팀의 이익이 반드시 맞지는 않는다는 점이다. 만약 더 협조적 접근을 취한다면 "타협안을 찾을 수 있다."라고 그는 말하였다.

온라인 자료

더 많은 자료는 www.ebiodesign.org/6.4를 방문한다.

"Getting Started"의 활동과 링크

- Determine whether or not to pursue an alternate pathway
- Asses the best timing for a transaction and build value toward that goal
- Identify and evaluate targets
- Prepare to initiate contact
- Manage the process

대체 방안에 관한 동영상

NOTES

1 Shreefal S. Mehta, *Commercializing Successful Biomedical Technologies* (Cambridge University Press, 2008).

2 While many licensing deals focus on patents and patent rights, it is important to recognize that technology development rights, product distribution rights, and brand names can also be licensed.

3 Mehta, op. cit.

4 "Cambridge Antibody Technology and Astrazeneca Announce Major Strategic Alliance to Discover and Develop Human Antibody Therapeutics in Inflammatory Disorders," Cambridge Antibody Technology press release, November 22, 2004, http://www.prnewswire.com/news-releases/cambridgeantibody-technology-and-astrazeneca-announce-majorstrategic-alliance-to-discover-and-develop-human-antibodytherapeutics-in-inflammatory-disorders-75510212.html (March 22, 2014).

5 "AstraZeneca: CAT's in the Cradle," DataMonitor Research Store, May 16, 2006, http://www.datamonitor.com/store/News/astrazeneca_cats_in_the_cradle?productid=B4A56667-EBAA-45BD-AE84-12A7CABB362E (January 16, 2014).

6 Nanostim and St. Jude Medical are trademarks of St. Jude Medical, Inc. or its related companies. Reprinted with permission of St. Jude Medical, ©2014. All rights reserved.

7 All quotations are from interviews conducted by the authors, unless otherwise cited. Reprinted with permission.

8 "Treatments and Devices: Pacemakers," Arrythmia.Org, http://www.arrhythmia.org/pacemaker.html (January 20, 2014).

9 "St. Jude Announces Implant of World's First Leaderless Pacemaker in Germany," St. Jude Medical press release, http://www.sjm.com/~/media/SJM/corporate/Media%20Kits/nanostim/Nanostim%20First%20Implant_Germany_SJM_FINAL.ashx (January 9, 2014).

10 An application-specific integrated circuit (ASIC) is an integrated circuit (IC) customized for a particular use, rather than intended for general-purpose use; such as a chip designed solely to run a cell phone. The one-time cost to engineer an ASIC can be in the millions of dollars. For more information see: http://www.princeton.edu/~achaney/tmve/wiki100k/docs/Applicationspecific_integrated_circuit.html (January 20, 2014).

11 "St. Jude Medical Announces Acquisition and CE Mark Approval of World's First Leadless Pacemaker," St. Jude Medical press release, http://www.sjm.com/~/media/SJM/corporate/Media%20Kits/nanostim/NanostimAquisition_CEMarkApproval_FINAL_WEB.ashx (January 9, 2014).

12 "About PATH," PATH.org, http://www.path.org/about/ (January 16, 2014).

13 PATH"s Guiding Principles for Private-Sector Collaboration," PATH.org, http://www.path.org/publications/files/ER_gp_collab.pdf (January 16, 2014).

14 Ibid.

15 Jeff Bailey, "PharmaJet Finally Gets Unstuck," Inc.com, October 1, 2010, http://www.inc.com/magazine/20101001/pharmajetfinally-gets-unstuck.html (January 16, 2014).

16 Ibid.

17 From remarks made by Richard Gonzalez as part of the "From the Innovator's Workbench" speaker series hosted by Stanford's Program in Biodesign, June 9, 2006, http://biodesign.stanford.edu/bdn/networking/pastinnovators.jsp.Reprinted with permission.

18 Nelson Bennett, "American Venture Capital Firm Building New Biotech in Vancouver," *Business Vancouver*, December 9, 2013, http://www.biv.com/article/20131209/BIV0112/131209937/-1/BIV/american-venture-capital-firm-building-new-biotech-invancouver(March 3, 2014).

19 Ibid.

20 "AngioDynamics to Acquire Vortex Medical," AngioDynamics press release, October 8, 2012, http://investors.angiodynamics.com/releasedetail.cfm?releaseid=711973 (February 27, 2014).

21 Ibid.

22 From in-class remarks made by Jamey Jacobs as part of Stanford's Program in Biodesign, Winter 2008. Reprinted with permission.

23 Roger Fisher, William Ury, and Bruce Patton, *Getting to Yes: Negotiating Agreements Without Giving In* (Houghton Mifflin Books, 1991).

24 Ibid.

25 "Physician Payment Sunshine Act: Reporting Physician Ownership," Policy and Medicine, July 25, 2013, http://www.

policymed.com/2013/07/physician-payment-sunshine-actreporting-physician-ownership.html (January 16, 2014).

26 "Guidelines for Avoiding Conflicts of Interest in Multi-center Clinical Trials," National Heart, Lung, and Blood Institute, National Institutes of Health, 2000, http://www.nhlbi.nih.gov/funding/policies/coi-res.htm (December 8, 2011).

27 Jeffrey S. Grossman, *Innovative Doctoring* (Innovative Doctoring, 2006).

28 Burt Cohen, "Four Minus Two Equals Two - Hands, That Is," The Voice in the Ear, October 5, 2005, http://www.ptca.org/voice/archives/2005_10.html (January 16, 2014).

29 "Our Policies," Stanford University Office of Technology Licensing, http://otl.stanford.edu/inventors/inventors_policies.html (January 16, 2014).

Acclarent 사례 연구

6단계: 사업 계획

사업적 성공을 위한 Balloon Sinuplasty의 다양한 측면을 준비하기 위해 만들어진 전략과 함께, Acclarent는 이와 같은 계획을 사업상의 통일된 비전으로 통합해야 하는 도전에 직면하게 되었다.

6.1 실행 계획 및 재정 모델

Acclarent 계획 수립의 핵심은 실행 계획 및 재정 모델의 작성이다. Lam Wang에 따르면, 회사의 실행 계획과 재정 모델은 "가정을 모두 통합하고 계획을 어떻게 실행하려고 하는지"와 관련이 있다.[1] 발전하는 ACC 모델에서 그녀는 "우리는 많은 사전 경험을 기초로 합니다."고 말하였다. 그러나 팀은 방법이 효과가 있는 것을 확인하기 위해 유사기업의 벤치마킹을 시도하였다. "우리가 ENT에 준비해야 하는 것처럼 당신이 이전에 해 본 적이 없는 것을 시도하려고 하면, 참고할 모델이 그다지 많지 않습니다."라고 Facteau가 설명하였다. "우리는 기술 적용이 어떻게 될지 모릅니다. 초기에 우리는 의사들을 얼마나 빨리 교육시킬지, 그들이 고객으로 얼마나 빨리 변하게 될지, 그리고 그들이 다시 주문하는 비율에 대해 신경 썼다. 우리는 살펴볼 참고 데이터가 없었습니다."

ENT 밖에서 회사를 조사하는 것이 더 유용하다고 밝혀졌다. "우리는 대략 10개 회사를 조사했습니다: Fox Hollow, VNUS, Kyphon, Perclose, 그리고 다른 것들. 우리의 CFO는 그들의 실행 비용과 수익을 배치하는 경이로운 일을 수행했습니다."고 Facteau는 기억하였다. "팀은 이러한 벤치마킹을 시간의 관점(예를 들어 0~3년)에서 평가했지만, 수익의 임계값(2,000만 달러, 2100만~5000만 달러 등)에 대해서도 평가하였습니다. 이러한 수익 밴드에 의해 Acclarent는 기업이 주요 인프라 투자를 어디에 할지(그리고 언제)를 결정하였고 일정 비용을 부담하였습니다. "그 다음 우리는 한 단계를 연습하고, 그들의 사업 모델을 살펴보았다. 비슷한가? 일회용인가? 시장 개발형 상황인가, 아니면 시장 점유율 쟁탈전인가?" Facteau는 덧붙였다. "그것은 완벽하지는 않았지만 우리에게 앞으로 진행하기 위해 어떤 식으로 보고서를 계획하고 유지해야 하는지에 대한 방법을 주었습니다. 우리는 이 정보로 사업 계획 및 재정상의 요구사항에 대해 이사회를 설득했습니다. 만약 이것이 당신이 우리의 회사로부터 기대했던 성장유형이라면, 이러한 부분은 회사가 해왔던 유형이고 이것이 그들이 목표에 도달하기 위해 필요한 투자입니다. 그래서 당신이 이 회사들이 성공하리라 믿는다면 자금 제공을 준비할 것입니다."

Lam Wang 모델의 개발에 대해 접근의 중요한 측면을 간략하게 설명하였다.

> 우리는 그것을 의사의 훈련 모델로 가정했다. 즉, 제품이 현장에 도입되고 수익을 얻는 방법이 의사의 훈련이었다. 그래서 대, 중, 소를 의미하는 전국적, 지역적, 지방의 코스가 있으면 모델링했고, 이러한 과정의 각각에 대해 코스와 달마다 많은 의사가 있을 것이다. 일단 그들이 훈련을 받자마자 우리는 그들의 사업이 확실한 경우 램프 비율로 증가할 것이라 생각하였다. 그들이 교육받은 첫 달, 우리는 그들이 해야 할 사례가 없을 것으로 가정했지만, 그들이 안정된 상태에 도달할 때까지 구축하는 것을 시작했다. 램프 속도를 계산하기 위해 나는 그들이 FESS에서 무엇을 하고 있었는지를 본 후 기존의 FESS 사례를 부분적으로 변환하고 안정적인 상태에 도달하기 위해 60만 명의 신규 환자로부터 부분적으로 그림을 그리는 것과 같은 더 많은 추정을 했다. 12개월 후, 그들은 준비된 상태에 도달했다. 그래서 그것이 모델이 성장하는 방식이다. 그러나 그 다음 나는 수술 생산성과 같은 현실적 요인을 더 했다. 심지어 가장 좋은 시나리오는 아마도 수술의사의 절반 정도만이 실제로 그들이 해야만 하는 방식대로

수행했을 것이다. 또한 임상 상황에서 설명되어야 하는 계절적 변동상황이 있었다. 그리고 경쟁력 있는 요인이 있다. 그래서 우리가 얻을 것이라 생각했던 모든 경우에 대해, 미래에 새로운 기술에 일부분을 잃을 수도 있다는 부분을 고려해야만 했다. 이런 모든 요인들을 고려하는 것은 우리가 매달 많은 사례를 얻게 하였고, 한 달 수익으로 사례에 1,200달러를 곱하였다. 거기서부터 탑 라인과 필요한 인력을 늘리는 것과 관련된 비용을 예측할 수 있었다.

금전적 모델은 ACC가 얼마의 자금이 상품의 예비 상업화를 통과하는 데 필요한지를 결정하는 데 사용되었다(대략 1,450만 달러) 회사의 운영 계획의 주요 단기 목표는 풍선기술에 대해 FDA 승인을 받아 시판 후 임상시험을 시작하고 본 시험의 결과가 안전하고 효과적임을 확인한 후 상업 영업을 강화하는 것이었다.

경험을 돌이키면서 Facteau는 "이 모델은 그 안에 들어가는 정보만큼 좋은 것입니다."라고 말하였다. 그러므로 당신은 진심으로 연마해야 하고 네가 만들고 있는 가정에 초점을 맞추어야 한다. 네 스스로 다른 회사를 벤치마킹하도록 도전하라. 그리고 스스로와 너의 팀 실행력에 정직하라.

6.2 전략 통합 및 의사소통

발명가, 이해관계자와 다른 계약과 중요한 커뮤니케이션을 알리기 위해, ACC 팀 구성원은 그들에게 회사의 임상적 필요, 시장 기회, 기술, 그리고 선택된 IP, 허가인증, 보험 급여와 판매/교육 경로뿐만 아니라 이런 모든 부분들이 모두에게 맞는지에 관한 정보를 그들에게 잘 설명할 수 있게 편집하고 통합하기 시작한다. "이런 프레젠테이션은 사업 계획의 주요 요소에 포함됩니다."라고 Facteau는 말하였다. 그리고 "그러나 우리는 절대 공식적으로 계획을 발전하고 내보내지 않습니다. 우리는 모든 시간이 스텔스 모드이며, 외부 커뮤니케이션은 정말로 목표가 되었습니다."라고 하였다.

6.3 펀딩 방법

펀딩 방법과 관련하여 ACC는 비록 희귀한 위치지만 실현 가능하였다. ExploraMed II의 부분으로써, 독립체는 도약하기 위해 ExploraMed로부터 종자 자금을 받았다. 이 자본으로 증가된 시기일 때, Makower은 신생 독립 자금 회사 NEA와 상대적으로 빠르고 견고한 관계로 다가갈 수 있었다. 그와 Facteau는 2005년 1월 쉽게 시리즈 A의 자금(1450만 달러)밀수를 막았다. 이것은 기술의 상업적 시작에 앞서는 완성된 회사의 자금 모으는 방식이다. 투자자 Versant Ventures와 NEA는 원형을 나눴다.

중요하게도 회사의 자금 모음 노력은 사람의 임상연구의 첫 단계 완료와 일치한다. 이 시도의 긍정적 결과는 최정점의 투자자 이득과 기술의 생존능력 신뢰성을 만드는 데 사용된다. 이런 신중한 시간대를 제외하고 Facteau는 회사가 요구된 자금에 쉽게 접근하는 것이 얼마나 운이 좋은지 강조하였다. "오늘 끝날 때, 당신은 자금을 모으는 세계에서 그들이 무엇을 하고 누구인지 찾아야 합니다. 그들이 당신의 경계에 넣든지 말든지, 그들은 당신의 회사로 데려오거나 그들과 함께 다른 멘토 관계를 가져야 합니다. 당신은 어떤 사람이 어떻게 당신을 자금을 모으는 상황과 투자자가 무엇을 살펴야 할지를 누군가에게 이해하도록 도와야 합니다. Josh는 우리를 위해 이런 역할을 하고 이것은 정말 유익했습니다."

상업화 속으로: 어떤 일이 일어나는가?

FDA에서 전화로 대표와 이야기하고 대략 한 달 후, ACC는 풍선 기술이 510(k) 승인을 받았다는 알림을 받았다(그림 C6.1 참조).

이런 중요한 규칙적 공정표의 성취는 팀이 적극적으로 2005년 9월에 다가오는 AAO-HNS 컨퍼런스에 상업적 시작을 강요하기 시작할 때 선풍적 행동이 시작되었다.

ACC가 가장 처음에 했던 것은 다음 임상적 시도, CLEAR 연구를 공적으로 시작했던 것이다. 사람들 결과의 처음 직후 시작했던 발품 파는 일을 기초로 회사는 이미 여러 가지 작업화된 IRB 승인과 즉시 환자를 등록하기 시작하였다. Facteau에 따르면 상업결과 시기에 "우리는 75명 환자를 아홉 곳의 장소에서 합병증이 없이 치료하면서 삶의 질을 크게 발전시킨 놀라운 결과를 얻었습니다."

Facteau는 또한 판매 팀을 고용하는 허가권을 주었다. 그의

DEPARTMENT OF HEALTH & HUMAN SERVICES

Public Health Service

Food and Drug Administration
9200 Corporate Boulevard
Rockville MD 20850

APR 5 2005

ExploraMed II, Inc.
c/o William M. Facteau
President & CEO
2570 W. El Camino Real
Suite 310
Mountain View, CA 94040

Re: K043527
Trade/Device Name: Relieva Sinus Balloon Catheter
Regulation Number: 21 CFR 874.4420
Regulation Name: ENT manual surgical instrument
Regulatory Class: Class I
Product Code: LRC
Dated: March 24, 2005
Received: March 25, 2005

Dear Mr. Facteau:

We have reviewed your Section 510(k) premarket notification of intent to market the device referenced above and have determined the device is substantially equivalent (for the indications for use stated in the enclosure) to legally marketed predicate devices marketed in interstate commerce prior to May 28, 1976, the enactment date of the Medical Device Amendments, or to devices that have been reclassified in accordance with the provisions of the Federal Food, Drug, and Cosmetic Act (Act) that do not require approval of a premarket approval application (PMA). You may, therefore, market the device, subject to the general controls provisions of the Act. The general controls provisions of the Act include requirements for annual registration, listing of devices, good manufacturing practice, labeling, and prohibitions against misbranding and adulteration.

그림 C6.1
2005년 4월 Acclarent은 Balloon Sinuplasty 시스템의 핵심 구성 요소에 대해 FDA 승인을 받았다(Acclarent의 제공을 받음).

첫 번째 움직임은 2005년 7월에 합류한 VP판매와 마케팅 팀원을 데려온 것이다. Facteau는 "나는 정말 그를 매우 다른 상황에 넣고 싶었습니다."라고 회상하였다. "교육 조직, 마케팅 조직, 판매 관리팀 그리고 판매팀에 9월까지 고용할 겁니다."하고 시작할 때, 회사는 판매 대표를 더했지만, 여전히 완전한 팀을 구성 중이었다. 이런 새 구성원들이 빠르게 속도를 증가시키길 돕기 위해 Facteau는 말하였다. "우리는 조직의 모두가 사건을 관찰하기에 도전했습니다. [Clear 시도의 부분으로서 수행하면서] 서로에게 배우기 위해 그리고 보통의 접근법에 공헌하기 위해서 우리는 같은 방식을 모든 한 번의 시도로 교육할 수 있습니다."

AAO-HNS 컨퍼런스가 다가오고 팀의 시작 기획이 함께 다가왔을 때, Facteau, Makower, 그리고 팀은 그들의 종점 전략과 결정 언제(또는 만약)시간이 그들의 침묵을 바로 깰지는 평가해야 했다. 최종적으로, 그들은 시작에 앞서 목표가 된 주요 오피니언 리더에게 연락하기를 결정하였다. Makower가 설명하였다.

우리는 우리의 시작에 의해 놀라길 원치 않는 특정 분야의 중요한 의사 모임을 구별해냈다. 우리는 그들이 만약 그들이 컨퍼런스에서 당혹치 않게 부탁 받거나 보장 받는다면 우리가 무엇을 하고 있는지에 관해 그들 집단에게 말하기를 원했다. 우리는 그들에게 기술을 설명하고 우리의 임상경험을 나누기 위해 한 달 먼저 접근하였고 불행하게도 많은 사람들은 더 먼저 관련이 없고 우리가 임상 사체 데이터로 과시하기 위한 위치로 빠르게 움직였다는 다소의 불신은 많은 사람을 모욕하였다.

컨퍼런스가 시작할 때, ACC는 "흥미의 해일"로 시작하였고 Chang은 쇼의 처음을 다음과 같이 설명하였다:

전시층은 9시 30분에 열렸고 우리는 8시 30분에 부스에서 만나 격려 연설을 하고 우리는 잘 준비되었다는 것을 확인했다. 우리의 부스는 홀의 바로 뒤에 있었고,

양해를 구해 문자 그대로 화장실 옆이었다. 우리는 가능한 한 입구에서 멀리 떨어져 있었다. 9시 30분에, 우리는 장애물을 뛰어넘고 나는 내 서류가방을 방해가 되지 않도록 비켜 움직이려고 집었다. 내가 그것을 내려놓고 최소한 40명의 사람들이 이미 부스에 있는 것을 둘러보았다. 그것이 단지 나를 떠올렸다. 명확히 이런 사람들이 우리를 구하는 것이다. 그들은 전시 홀을 넘치지는 않았다. 그들은 와서 정확히 무엇이 진행되는 것을 발견하기를 원했으며 우리의 부스에 직선 코스를 만들었다.

팀은 전체 컨퍼런스 내내 흥미를 가진 의사 관중에 직면하였다. 회사는 공식적으로 AAO-HNS의 대표를 팀의 흥미가 다른 감정으로 변할 때 접근 가능하였다. 학회의 사람들과 우리의 부스에 들린 확실한 위원회가 있었고, 기본적으로 '당신의 상품은 흥미로운 부호를 다루지는 않는다. 이것은 다르고 우리는 다양한 부호의 쓰임을 권하는 위치 진술서를 출판할 것이다.'라고 Facteau가 설명하였다. 다양한 부호의 쓰임 아래에서 의사와 교수들은 부풀린 부비강 상품의 사용과 연관 있는 부비강 수술을 수행하는 어떤 환급도 받지 않았다. Facteau는 다음에는 어떤 일이 진행될지 설명하였다.

다음에는 절차는 스스로 떠맡지 못한다. 60일 안에 당시 AAO-HNS의 회장에 의해 기술이 평가되는 것이 만들어진 헌신적인 대책 위원회가 있었다. 현장과 잘 연계되어 있고 영향력이 큰 David Kennedy 의사는 네 명이나 다섯 명이 포함된 대책위원회를 앞세웠다. 케네디 의사는 FESS 암호와 가치를 만드는 데 책임감 있는 사람 중 하나이다. 유사하게 학회의 구성원은 공격적인 자세를 취하고 우리의 웹사이트에서 교육받은 의사들을 불렀으며, 그들에게 당시 ENT에 전례 없는 암호 사용을 권유하지 않는다고 말했다. 답변으로 우리는 우리가 할 수 있는 모든 것을 했다. 우리는 학회의 리더와 그들의 관심을 더 잘 이해하고 우리의 위치를 설명하기 위해 소통하려고 노력했다. 우리는 즉시 CMS와 함께 문제 상황에 관해 의견을 얻기 위해 모임을 즉시 시작했다. 운이 좋게도 CMS는 "우리는 당신에게 동의한다. 이것은 장비이다. 이것은 부비강 수술에 이용된 기구이다. 이 기술은 다른 특정 분야에서 있었다. 우리는 그 자체로는 새로운 장비와 기구를 위한 새로운 암호를 만들 수 없고 우리는 새로운 절차를 위해 해야 한다. 우리가 면도기, 험담, 부풀린 카테터를 사용하여 개봉하든지 말든지는 중요치 않다. 부호는 이런 도구들의 사용을 해석하기 위해 충분히 폭넓다.

Acclarent는 또한 우려를 반박하기 위해 반응을 만드는 데 상당한 시간을 투자하고 전략적 조언자를 교육시키고 코딩 속 위치가 중요한 의사들을 교육시켰다(그림 C6.2 참조). "우리는 전문가가 암호의 언어를 검토하고 우리는 어떤 것도 간과하지 않는다는 것을 확인하는 소품문에 자금과 자원을 상당히 많이 할애했습니다. 있는 코드를 적용하는 다양한 확인 후에 우리는 신념을 가지고 '아니오'라고 대답할 수 있었습니다." Facteau는 말하였다. "우리는 정치적으로 동기화된 개인 몇 사람이 우리의 장래를 지배하는 것을 허용하지 않았습니다. 왜냐하면 그것이 기초적으로 회사를 망하게 할 요인이기 때문입니다. 그래서 우리는 인내했고 의사, 환자, 회사를 위해 우리가 옳다고 믿는 일을 했습니다."

부풀린 부비강 상품을 사용하여 수행된 부비강 수술을 환급하기 위해 FESS 암호를 사용하는 것이 잠재적으로 FESS 환급의 가치를 떨어뜨리는 것이 학회의 가장 곤란한 부분이었다. 어떤 사람들은 FESS가 작업 가치 환급에 영향을 끼치는 새로운 도구를 가지고 수행하는 것이 상당히 쉽다고 인식하였다. 반대자들 역시 새로운 기술은 의사가 정말 그들이 해야 할 환자의 수술을 더 빨리 야기한다고 추측하였다. 이것은 차례대로 유용성에 영향을 미치고 암호를 재평가하게 만들었다.

다른 보통의 우려는 방사선 전문의와 심장병 전문의는 부비강 수술을 시작해야 한다는 것이다. "일어날 수 있을까요?" Facteau는 물었다. "아마도, 그러나 가능성은 정말 낮습니다." 고 설명하였다.

우리의 카운터 포지션은 "들어 보세요. 이것은 많은 환자들에게 도움이 될 훌륭한 기술입니다. 만약 당신이

그림 C6.2
Facteau (왼쪽), Bolger (중앙), Fred Kuhn(오른쪽)는 2005년 로스앤젤레스 AAO-HNS에서 열린 코딩 논의에 대해 어떻게 대응할지 문서를 검토하고 아이디어를 논의하였다(Acclarent의 허가를 받음).

그것을 받아들이지 않는다면, 다른 사람들도 그렇게 할 것입니다." 의학계에서 전에 일어난 많은 사례가 있다. 심장학은 그 중 하나이다. 심장 혈관 외과의사는 초기에는 혈관 성형술을 수행할 수 있었지만 외과의였고, 조직을 자르고, 수술을 하고, 중재적 기법을 사용하지 않기로 결정했다는 의식적인 결정을 내렸다. 그 결과, 중재적 심장 내과 의사라고 하는 기회주의적 그룹이 생겨서 의사결정을 이용할 준비가 되었다. 그래서 우리는 그것이 그 것이 유효한 논쟁이라고 생각했고, 우리의 고문도 마찬가지였다. 그들은 "부비강 외과 의사는 이 기술을 사용할 자격이 있습니다. 우리는 그것을 받아들일 필요가 있는 사람들입니다. 우리는 그것을 연구할 필요가 있습니다. 우리는 그것을 공부할 필요가 있습니다. 우리는 다른 사람이 아니라 그것에 어디에 맞는지 판단해야 합니다." 그래서 ENT의 전담 회사를 만들려고 한다는 사실과 함께 결국 우리를 그 염려를 통과할 수 있었다.

"우리는 이 모든 주장에 모두 대응해야 했습니다."라고 Facteau는 계속 말하였다. "우리는 우리의 대답이 일관성 있고, 잘 생각되고, 왜 우리가 이러한 일이 일어나지 않을 것이라고 생각하지 않았는가에 대해 명확히 밝힐 수 있도록 생각을 정리해야 했습니다. 우리는 또한 '환자의 삶에 긍정적인 변화를 일으킬 기술이다. 우리는 그것을 여기 머무르게 하는 방법을 찾아야 한다'라는 말을 오랫동안 했습니다."

이 과정을 통해 Acclarent의 고문과 훈련된 의사는 중요한 전도자가 되었다-Acclarent는 인정하지만 처음에는 그들이 기대하지 않았던 역할이었다. "우리의 고문은 아마도 풍선 부비강 확대술과 Acclarent를 그들이 원하는 것보다 더 많이 방어 한 것으로 보였을 것입니다. 그러나 그들은 단지 환자와 전문 분야 모두에게 옳은 일을 하려고 노력하고 있었습니다."

Facteau에 따르면 풍선 부비강 확대술을 조사하는 특별 전담반이 2005년 11월에 결성되었다. 실험실 코드를 실험적으로 추천하고 기타 코드의 사용을 권고하는 입장 진술은 2006년 1월 아카데미에서 발표되었다. Facteau는 마케팅 측면에서 회사에 대한 비판적인 말을 남겼다. 〈The New York Times〉가 2006년 5월에 비평 기사를 발표했을 때 회사의 상황은 더욱 악화되었다. 2006년 10월, 미국 비 과학회(ARS-AAO의 하위 부문)는 기술에 대한 자신의 불리한 입장 진술을 발표하였다.

그 시점부터 모든 부비강 수술 회의 및 위원회 회의에서 열린 포럼과 폐쇄 포럼 모두에서 투쟁과 논쟁이 격렬해졌다. 논란에도 불구하고, Facteau, Acclarent, 그리고 부비강 수술에서 기술과 그 위치를 믿었던 의사들은 포기하지 않았다. 2007년 3월까지 풍선 부비강 확대술의 의사 사용자(그 시점에서 수

찾아보기

ㄱ

ㄴ

ㄷ

ㄹ

ㅁ

ㅂ

ㅅ

ㅇ

ㅈ

ㅊ

ㅋ

ㅌ

ㅍ

ㅎ

A

C

F

G

H

I

M

N

O

P

R

S

W

숫자